Gesamtverzeichnis des deutschsprachigen Schrifttums (GV) 1700 – 1910

Bearbeitet unter der Leitung von
Hilmar Schmuck und Willi Gorzny

Bibliographische und redaktionelle Beratung:
Hans Popst und Rainer Schöller

151

Verp - Voir

K · G · Saur München · New York · London · Paris 1986

CIP-Kurztitelaufnahme der Deutschen Bibliothek

Gesamtverzeichnis des deutschsprachigen Schrifttums :
(GV). – München, New York, London, Paris : Saur.
Bd. 1 – 6 bearb. unter d. Leitung von Peter Geils
u. Willi Gorzny.
ISBN 3-598-30000-X

1700 – 1910 / bearb. unter d. Leitung von Hilmar
Schmuck u. Willi Gorzny. Bibliograph. u. red.
Beratung: Hans Popst u. Rainer Schöller

NE: Schmuck, Hilmar [Bearb.]

151. Verp – Voir. – 1986.

Techn. Realisierung und Druck: Norbert Gaertner, Mainz-Kastel
Binden: Karl Schaumann, Darmstadt
Printed in the Federal Republic of Germany
ISBN 3-598-30000-X (Gesamtwerk)

Verpachtung, über d., des Christenthums u. öffentl. Abgaben. 8. Prag 793. Neureutter. 12 ngl

Ueber parzellenweise *Verpachtung* grösserer Güter ... Als Manuskr. gedr. Weimar 1846. 33 S. P.

Verpachtung, die, der Zuckerfabriken Swoleňowes u. Smitiz u. ihre Folgen. gr. 8. (36 S.) Lpz. 889, Hirschfeld. * — 80

Verpachtungs-Bedingungen für die der Stadt Altona gehörige Diebsteicher Mühle nebst Ländereien, auf 10 Jahre, vom 1. Mai 1859 bis zum 1. Mai 1869. o. O. (1859). Fol. Lithographirt.

Verpflegs- und Bequartierungs-Normale für sämmtliche im Konigreich Ungarn verlegten Truppen. Fol. 1. November **1751**.

Verpflegs-Patent, Grosses, von Kaiserin Maria Theresia (Donation Liechtenstein.) Fol. Wien **1749**.

Verpflegsreglement Darmstadt 1829.

—— f. d. deutsche Bundesheer währ. e. Bundesaufgebotes. Genehm. 31. 12. 1863. Frankfurt a. M. 1864.

Verpflegsreglement für das deutsche Bundesheer während eines Bundesaufgebotes, provisorisch genehmigt durch Bundesbeschluss vom 31. December 1863 und 21. Juni 1866. 8. Frankfurt a. M. **1866**.

Verpflegs-Reglement für die grossherzoglich - hessischen Truppen. 8. Darmstadt **1829**.

Die **Verpflegung** der russischen Armee im Kriege gegen Japan. (Nach d. Intendanturjournal von 1909.) Dresden: Major Edm. v. Witzleben 1910. 32 S. 8° [Umschlagt.]
(Internationale Revue über d. gesamten Armeen u. Flotten. Beih. 122.) (10. 10133

Verpflegung. Von der, der Armeen. (Mit Rückblicken auf den 7jährigen Krieg.) 8. Breslau **1779**.

Verpflegung, üb. die, der Kinder in ihren ersten Lebensjahren. Ein Wort der Belehrung von nachbenannten älteren Aerzten des Regierungs-Bezirks Merseburg: v. Basedow, Bernhardi I., Böttger, Buhle etc. gr. 8. (16 S.) Merseburg 852, Garcke'sche Buchhandlung. n 1/12 ß

Von den Verpflegungen der Armeen. Breslau 1779. 8°.

Verpflegungen (Von den) der Armen. (Von J. Erdm. Korge.) 8°. Breslau, J. F. Korn, 1779.

— über die, d. Invaliden. 8. Berl. 788. Maurers B. 2 ngl

Verpflegungs-Anstalten i. d. Churpfalzbaierischen Milit.-Spitälern. München 1801. 4°

Verpflegungs-Etats f. d. Kdo-, Dienstes- u. Verwaltungsstellen f. 1882/83 u. 1886/87. München 1882. 1886. 4°

Verpflegungsgebühren. 3 Verordnungen a. d. J. 1691, 1707 u. (?). 2°

Kgl. Preuß. Verpflegungs-Ordonnantz und Einquartirungs-Reglement, vor die sämbtliche Regimenter Cavallerie und Dragoner. Halberstadt 1721. 8°.

Verpflegungsstationen, die, zur Fürsorge f. herumziehende, arbeitslose Personen. gr. 8. (12 S.) Magdeburg 884. Faber. — 15

Verpflegungsvorschrift f. d. Bayer. Heer i. Frieden. (Friedens-Verpflegungsvorschrift.) Mit 1 Entw. München 1898. 1902.

Verpflegungsvorschrift für das Preußische **Heer** im Frieden. (Friedens-Verpflegungsvorschrift.) Fr. V. V. 3. 4. 1902. *Berlin: E. S. Mittler & Sohn 1902.* (X, 324 S.) 8° [F.]
(D. V. E. No 43.) (03. 11751

Verpflichtung, über die eidliche, der protestantischen Geistlichen in Sachsen auf die kirchlichen Symbole. Replik auf das Votum des Hrn. Prof. Dr. Harleß. gr. 8. Leipzig 846, O. Wigand. n. 4 ngl

Verpflichtung, über die, d. kathol. Clerus zum tägl. Breviergebet. 8. Augsb. 814. Doll. 3 ngl

— die, der Lippischen Prediger auf die im Heidelberg. Katechismus enthaltene Lehre der nach Gottes Wort reformirten Kirche bei ihrer Aufnahme unter die Landescandidaten. Behauptet u. bezeugt von 5 Predigern. gr. 8. Bielefeld 846, Velhagen u. Klasing. 1/4 ß

DIE STAATLICHEN VERPFLICHTUNGEN DER AERZTE nach Lage der heutigen Gesetzgebung. Gutachten, erstattet in der 57. General-Versammlung des Vereins der Aerzte des Regierungs-Bezirks Düsseldorf. Düsseldorf 1874. Stahl'sche Buchdruckerei. 8°.

28 Karten für längere Zeit. **Verpflichtungsbuch** f. d. Verein d. Blauen Kreuzes ... *Barmen: Elim [o. J.]* (28 Ktn.) 1 Bd quer-8. (98. 16868 Io

36 Karten für kürzere Zeit. **Verpflichtungsbuch** f. d. Verein d. Blauen Kreuzes ... *Barmen & Bern: Agentur d. Blauen Kreuzes [o. J.].* (36 Ktn.) 1 Bd quer-8. (98. 16867 Io

Verpflichtungsbuch für den Verein des Blauen Kreuzes in Bern. Bern 1890.

Verpflichtungsformeln, die, der Geistlichen in Bezug auf die symbolischen Bücher. 8. Hanau 839. König. 1/12 ß

Verpoorten(n), Albrecht Meno

— analecta ad libros symbolicos ecclesiarum. Aug. Conf. addictarum. 4. Danzig. 745.

Verpoorten, Alb. Men., commentatio histor. de Martino Bucero. 8. Coburg, Ahl. 709.

— fasciculus Dissertationum ad theologiam maxime exegeticam, et philologiam sacram pertinentium. 8. Coburg. (W. G. Korn in Breslau.) 729.

Verpoorten, A. M., de doxologia orat. dom. subjuncta. Gedan. 1736. 4.

Verpoortenn, Albert Meno 4° Thl. I, 232/II, 6

Disputatio VI. de fermento Herodis e Marci VIII, 15. coll. Matth. XVI, 6. et Luc. XII, 1.
Präs. Gottlieb Wernsdorf.
In: Wernsdorf: Disputationes academicae, exegetici argumenti ... Vol. II. Wittenberg (Ahlfeld) 1737. S. 194-230.

Diss. 5. IX. 1724. 35130

Verpoortenn, Albert Meno [Praes.], s. Kautz, Nathanael Friedr.: Ad protheoriam generalem theses de nomine theologiae.

Verpoortenn, eigentl. van der Portenn, Albr. Meno, († d. 3. Juni 1752.) positiones theologicae ex articulis August. Confessionis de Deo etc. Praef. est filius Wlh. Paul Verpoortenn, de veritatibus religionis Christianae fundamentalibus. 4. Danzig 751. Knoch. 16 gr.

Verpoorten, Albrecht Meno, Ed. K. L. Hobeisels vier auserlesene Predigten, Dantzig (1733)
siehe Karl Ludwig Hobeisel.

— primitiae Gedanenses. 4. Danzig, Knoch. 736.

— de G. L. Seidenbecher Vita et institut. ad illustrand. et supplendam. hist. superioris Saeculi ecclesiast. comment. 4. ibid. 743.

Verpoorten(n), Johann Burkhard

Verpoortenius, Jo. Burc.: Commentatio de investitura allodiorum ejusdemque originibus usu et auctoritate praesente. Cum praef. Franc. Car. Conradi. Helmstadii 1743.

Verpoorten, I. Burc., commentatio de investitura allodiorum. 4. Helmstaedt, Reusner. 743.

Ver Poortenn, Johann Burkhard (Coburg) A. S. 357/5

Dissertatio juridica de usu practico tituli institutionum de his, qui sui vel alieni juris sunt.
Präs. Christian Thomasius.
Halle (Salfeld) 20. VII. 1712. 29 S.
35131

Ver Poortenn, Johann Burkhard (Coburg) A. S. 825/1

Dissertatio juridica de usu practico tituli institutionum de his, qui sui vel alieni juris sunt.
Präs. Christian Thomasius. Rec.
Halle (Salfeld) 1723. 29 S.

Diss. 20. VII. 1712. 35133

Ver Poortenn, Johann Burkhard (Coburg) A. S. 59/26

Dissertatio inauguralis de usu practico tituli institutionum de patria potestate.
Präs. Christian Thomasius.
Halle (Salfeld) 30. VII. 1712. 47 S.
35132

Verpoorten(n), Philipp Theodor

Verpoortenn, Ph. Th., Diss. tres de regno Salaminio in Cypro, de graeco verbo ξενος, de peregrinorum apud veteres conditione, et de fidei πληροφορια, ed. Jh. Fr. Fischer. 8maj. Leipz.... (List in Berl.) 16 gr. 1779

Verpoorten, Ph. Th., Diss. tres de regno Salamino in Cypro, de graeco verbo ξενος, de peregrinorum apud veteres conditione, et de fidei πληροφορια. ed I. Fr. Fischer. 8. maj. Lps. Sommer, 1779

Verpoortenn, Philipp Theodor Altd. Thl. 21/35

Theses theologicae de fidei plerophoria.
Altdorf (Kohles) 6. VIII. 1708. 38 S.
35134

Verpoorten(n), Wilhelm Paul

Verpoorten, W. P.: De conjugio clericorum. – Gedan. 1786.

Verpoortenn, Wlh. Paul, († d. 17. Jan. 1794.), s. A. M. *Verpoortenn*, positiones.

Verrath, der, oder die Absetzung des Lehrers Birnbaum u. ihre Folgen. Erzählung aus den letzten Zeiten des Absolutismus. 12. (88 S.) Westhofen 850. (Haaen, Butz.) n. 1/6 ℛ

Verrath in allen Ecken. Eine Dresdener Tagesgeschichte von Mister. Dresden (858.) (Chemnitz, May.) 8. (174 S.) n. 15 ngr.

Verrat militärischer Geheimnisse. Rg. v. 3.7.93. (Gareis, Rges. 167) Giessen 1894

Verrath militärischer Geheimnisse, s. a. Gareis, Carl, deutsche Reichsgesetze.

Verrath u. Treue. Ein Roman, v. Regina Frohberg. 8. Berl. N. Societätsbuchh. 812.

Verrath und Treue, von Regina Frohberg. 2te verb. Aufl. mit 1 Kupf. 8. Wien, Pichler. 816.

Verrat, der, am Volke. Der liberale Mord der freien Wahl in Bayern. Von e. Volksfreund. (23 S.) 8. München 904. Münchener Volksschriften-Verlag. n. — 15

Warkotsch Verrath d. 30. Nov. 1761.

Verräther, Die. Nach Diderot . . . Monomotapa [Berlin] 1793. V: *Meyer, Friedrich Ludwig Wilhelm.* (GGr) (BGE) (Wr) (MGT) (Ky) (EE)

Verräther, die, n. d. Franz. d. Diderot, (übers. v. Meyer.) 2 Bde. 8. (Vieweg in Brschw.) 793. 1 16
Velinp. 2 12

Verräther, der, Lustsp. in 1 Akt, von Franz v. Holbein. gr. 8. Rudolst. Hofbuchh. 811. Rthlr.

Verräther, Die. [Leipzig 1818.] V: *Naubert, Christiane Benedicte Eugenie geb. Hebenstreit.* (schl)

Verräther, für, und Freunde der Offenbarung, von J. D. T. (Tewaag.) 8. Halle 790. Trampe. (Hahn in Hannov.) 8 gr.

Verräther, der getreue; Lstspl.; aus d. Italien. 8. Leipz. 775. (Linke). 2 gr.

Verrätherey u. Eifersucht. Trauersp. in 5 A. v. Chr. H. Spieß. 8. Leipz. Joachim.

Verreaux, E., histoire naturelle des oiseaux mouches, s.: Mulsant, E.

JOSEPH VERRES, Die Deutsche Pilgerfahrt zum Heiligen Lande im Frühjahr 1893. Herausgegeben vom „Palästina-Verein der Katholiken Deutschlands". Aachen (1893). Druck und Verlag von Albert Jacobi & Co. 8°.

Verres, Paulus, de Tib. Silii Italici Punicis et Italici Iliade Latino quaestiones grammaticae et metricae. Diss. Münster 1888, H. Mitsdörffer. 8°. 92 S.

Verri, ..., d. Leben des Herostrat. Aus d. Italien. von Ernestine v. Ulmenstein. 8. Nordh. 824. (Dörffling in Leipz.) 20 gl.

Verri, das Leben des Herostrat. Aus d. Italien. v. Ernestine v. Ulmenstein. 8. Nordhausen 824. Landgraf.

Verri, Charles, Comte

Verri, Graf Ch. u. Ph. Fontaneilles, prakt. Anleit. zur Maulbeerbaum- u. Seidenzucht nach den vortheilhaftesten Methoden. Aus d. Französ., mit Erfahrr. deutscher Maulbeerbaum- u. Seidenzüchter vermehrt. 8. Ulm 830. Ebner. 12 gl.

Verri, Ch. Graf, die Maulbeerbaumzucht rc., s. Anleitung.

Verri, Graf Karl, die Kunst der Maulbeerbaumzucht. Aus dem Französ. übersetzt, mit Anmerk. von J. B. Mayer. 8. (Mit 1 Steintaf.) Trier 841, Lintz'sche Buchh. 1/3 Thlr.

Verri, Graf Carl, d. Kunst d. Maulbeerbaumzucht. Aus d. Französ. v. J. B. Mayer. Mit 1 Steintaf. 8. Trier, 1842. Lintz. — 10

Verri, Pietro, Conte

Verri, Graf Pt., Betracht. über d. Staatswirthschaft. Aus d. Italien. 8. Dresd. 774. Walther. 10 gl. Dass., aus d. Italien. von L. B. M. Schmid. 8. Manh. 785. Schwan u. G. 18 gl.

—— Geschichte der im Jahr 1630 in Mailand errichteten Schandsäule, s. Manzoni, A.

Verri, v., Meditazioni sulla economia politica. 8. Lausanne, Pott. 771.

— drei Nächte im Grabe der Scipionen. Aus d. Italien. übersetzt von Lebr. Günther Förster. 8. Ronneburg 833. Weber. 1 Thlr. — 2e Aufl. 8. Gera 835. Schumann. 3/4 Thlr.

— Reflexions sur l'Economie politique, ouvrage trad. de l'Italien. 12. Lausanne, Pott. 795.

Verri, Conte Pietro, Storia di Milano. II Tomi. gr. 8. Milano 834, 35. (Wien, Rohrmann u. Schweigerd.) n. 6 1/4 Thlr.

Verri, Pietro, über die Tortur rc., s. Manzoni, A.

Verrichtung der Special Conferenz der Evangelisch-Lutherischen Prediger und Abgeordneten im Staate Virginien, gehalten in der Neuen Röders-Kirche, Rockingham County, den 6ten October, 1806. *Mit zugesetzter Ermahnung an alle Glieder der Kirche, auf besserem Kirchengang; und etliche Verse die bey der Einweihung besagter Kirche gesungen wurden, wie auch eine kurze Nachricht von den deutschen Kirchen und ihre gegenwärtigen Lage in Nord-Carolina. New-Market, Va.: Ambrosius Henkel 1806, 24 S.*

Verrichtungen, allgemeine, der Pioniere im Felde. In Fragen u. Antworten eingerichtet für den Gebrauch in den Schulen der k. k. Linien-Infanterie- u. Grenz-Regimenter u. der Jäger. Mit 1 (lith.) Figurentaf. (in Fol.) Wien 860. Dirnböck. 16. (VIII, 119 S.) 8 ngr.

Verrichtungen der General Conferenz der Ev.-Luth. Prediger, Ohio, und den angrenzenden Staaten: 1812–1820?
Organ of Allgemeine Ev.-Luth. Synode von Ohio und anderen Staaten. Reprinted, Columbus, Ohio, 1879. Also published in English. Caption title of Verrichtungen. Proceedings of the first and second conferences were printed by Johann Herman in Lancaster, the 7th proceedings printed by Edward Schaffer, Canton, Ohio, and the 11th to 13th proceedings again printed by Johann Herman
Lancaster, OH

Verrichtungen der ersten General Conferenz der Evangelischen-Lutherischen Prediger in Ohio, und den angrenzenden Staaten [1818]. *Lancaster, O.: Johann Herman 1819. 32 S.*

Verrichtungen der . . . General Conferenz der Evangelisch-Lutherischen Prediger in Ohio, und den angrenzenden Staaten; *seit 1825:* . . . der Evangelisch Lutherischen Synod von Ohio und, . . .; *seit 1826:* . . . der Synodal Versammlung, der Evangelisch-Lutherischen Prediger von Ohio und den angrenzenden Staaten . . . ; *seit 1828:* Verhandlungen . . .; *seit 1831:* Protokoll der . . . Sitzung der Synode und des Ministeriums der Evangelischen Lutherischen Kirche in dem Staate Ohio . . . *1819 jährlich ff. bis (15ten Sitzung) 1832.*

Verrichtungen, monatl., sowohl im Felde, als im Küchen-, Obst-, Blumen- u. Weingarten. 4. Nürnberg (1773.) 1804. Endter. — 3 3/4

Verrichtungen, monatl., im Felde u. zu Hause, mit Kpf. gr. 4. Nürnb. 804. Riegel u. W. 4 gl.

Verrichtungen, Monatliche landwirthschaftliche, der brauchbarsten Landwirthschafts-Kalender auf jedes Jahr . . . Prag 1800. 2. Aufl. 1807. V: *Puteani, Johann Freih. von.* (EngOec) (Ky) (WÖ) (MGT)

„Monatliche landwirthschaftliche Verrichtungen", herausgegeben von einem böhmischen Landwirthe (Baron Puteani), mit 11 Monatstabellen, Prag 1800.

— monatliche, landwirthschaftl. v. e. prak.. Landwirthe mit 11 Tabellen. 8. Prag, Calve. 800.

Verrichtungen, monatl. landwirthschaftliche, d. brauchbarste Landwirthschafts-Kalender auf jedes Jahr. Herausgeg. von e. prakt. Landwirth, mit 11 Tabell. 2te verbess. Aufl. 8. Prag, Calve. 807.

Verrichtungen, monatliche landwirthschaftliche, herausgegeben von einem praktischen Landwirth. Mit 11 Tab. 3te Aufl. 8. Prag, Calve. 820.

Die Verrichtungen der Special Conferenz der Evangelisch Lutherischen Prediger und Abgeordneten in der Salomons-Kirche Schenandoah County, Va., gehalten den ersten und zweyten October, 1809. *New-Market, Va. 1810. 24 S.*

Verrichtungen der Spezial Conferenz der Ev.-Luth. Prediger im Staate Ohio, und dem westlichen Theil von Pennsylvanien
1816–1816?
Columbus, OH

Verrichtung der 6ten Special Conferenz der Evangelisch-Lutherischen Prediger im Staate Ohio, und dem westlichen Theil von Pennsylvanien. *Lancaster, Ohio: Johann Herman 1816. 24 S.*

Verrichtungen der Ev.-Luth. S y n o d e (bezw. Synodalversammlung) von Ohio, . . . s. V e r r i c h t u n g e n der . . . General Conferenz d. Ev.-Luth. Prediger in Ohio. . . .

Verrier, Paul, Conversations allemandes, s.: Otto, Emil.

— grammaire anglaise, }
— nouvelle grammaire anglaise, } s.: Mauron, A.

Verrier, Paul, petite grammaire allemande, s.: Otto, Emile.

— **Lectures allemandes, s.: Otto, Emil.**

— erstes (deutsches) Lesebuch f. französische Kinder. (XI, 238 S. m. Abbildgn., 1 Karte u. 1 Plan.) gr. 8. Heidelberg 903. J. Groos. Geb. in Leinw. n. 2. 40

— erstes deutsches Lesebuch (f. Portugiesen). (Sonderausg. v.: Erstes deutsches Lesebuch f. französ. Kinder.) (XI, 238 S. m. Abbildgn., 1 Karte u. 1 Plan) 8. Ebd. 905. Geb. n. 2. 40

Verrier, le, de la Gorterie, s. Leverrier.

VERRIER de la CONTERIE: Normännischer Jäger, oder die neueste Jagdschule, nebst den Jagdstücken in Musik, und der Erklärung, bey welchen Gelegenheiten und Umständen man solche blasen soll. Mit einem Anhange von den Arzneymitteln für Parforcehunde und Pferde. - Münster 1780. 469 S., 27 Taf. - (A. d. Französischen übers. v. F. M. S. A.)

Verrier, le, de la Corterie, neueste Jagdschule, nebst d. Jagdstücken in Musik rc. m. 1 Anh. von Jagdarzneymitteln u. e. Jagdlexicon, m. 27 K. gr. 8. Münster, Perrenon. (Coppenrath, auch Sommer in Lpz.) 781.

Verrius Flaccus, Marcus

Verrii Flacci, M., Fragmenta edid. A. E. Egger, s. **Scriptorum** Latinorum. II.

Verrocchio's, A. del, Biographie und Charakteristik, s. Semper, H.

Verrohung, die, d. Jugend u. Mittel dagegen, s.: Vorträge u. Abhandlungen, pädagog.

Verron, Albert

Verron, A. The construction or arrangement of words and sentences in the present English language. Part I. Construction of the attributive combination. Part II. Construction of the members of a sentence. Part III. Inverted constructions. Münster, Rg., 1876, 78, 79. 24, 24, 28 S. 4. Progr.

Verron, A., englisches Lesebuch für die unteren und mittleren Klassen der höheren Lehranstalten. gr. 8. (VIII, 267 S.) Münster 883, Coppenrath'sche Buchh.

Verron, A., englisches Lesebuch f. d. mittleren Klassen d. höh. Lehranst. 2., nach d. Anfordergn. d. neuen Lehrpläne umgeänd. Aufl., besorgt v. Karl Holtermann. gr. 8. (VIII, 230 S. m. 1 Karte.) Münster 897. Coppenrath. n. 2. 40; geb. n.n. 2. 90

Verron, Hermann, Gerichtsref.: **Verwechslung und Abirrung.** *Dortmund 1903: F. W. Ruhfus.* (IX, 63 S.) 8°
Rostock, Jur. Diss. v. [15. März] 1903

V e r r o n i u s, v. V e r o n i u s.

Verruf der nicht mehr vollwichtigen *churbaierischen 11 Kreuzer-Stücke,* welche fortan nur 10½ Kr. gelten sollen, de dato München, d. 30. März 1774. 1 Bl. Quer-Fol. Cart. in Lederpappe.

Verruf/Wegen verbottener Gold- und Silber-Tracht ... München, den 12. November 1750 ...
1 Bl. 8°

Verrufserklärung als gewerkschaftliches K a m p f m i t t e l. Hrsg. vom Wirtschaftlichen Schutzverband Hamburg-Altona. Hamburg, 1910. 16 S.

Verry, Charlotte, die famose Wiener Köchin in der Schürzentasche. Original-Muster-Kochbuch od. gründl. Anleitg., um sowohl die feinsten u. schmackhaftesten Speisen f. Tafeln, als auch eine kräft. Hausmannskost f. bürgerl. Haushaltgn. auf die billigste Weise zu bereiten. Ein verläßl. Rathgeber f. angeh. Hausmütter, Haushälterinnen u. Köchinnen. 8. (442 S.) Brünn 873. Karafiat. n. 2. —

Vers adressées à S. A. S. Monseigneur Leopold Frédéric Prince. Règnant d'Anhalt pour son jour de naissance Le 10ieme d'Août 1765. Berlin. V: *Ligne, Charles Joseph Prince de.* (Der Fürst von Ligne. Erinnerungen und Briefe. A. d. Franz. übers. u. hgbn. von Victor von Klarwill. Wien 1920. S. 394) (Biblport)

Vers à la gloire de sa Maj. le Roi de Prusse à l'occasion de la prise de Schweidnitz. Berlin 1758. 4. (8 S.) Mit schönen Holzschnittornamenten.

Vers à l'occasion de la victoire signalée, remportée le vingt-cinquième du mois d'Août sur les Russiens, par le roi en personne à Zorndorf, près de Custrin. Très humblement addressés à la Reine par une Muse étrangère. Berlin 1758. 4. (4 Bl.)

Vers par un officier français prisonnier de sa Maj. roi de Prusse. Berlin 1758. 4. (16 S.)

Vers Publics a Spa Le 19 Août 1783. V: *Casanova de Seingalt, Giovanni Jacopo.* (Bibliothek Dux) (Biblport)

Versace, Friedrich: Der Tempel und die Stoa im Amphiaraeion bei Oropos. Athen: Meissner & Kargaduris 1908. 30 S. 8°
(Aus: Mitteilungen d. Kais. Dtsch. archäol. Instituts. Athen. Abt. Bd 33.)
Würzburg, Phil. Diss. v. 20. Nov. 1908, Ref. Wolters
[Geb. 8. Juni 79 Piraeus; Wohnort: Piraeus; Staatsangeh.: Griechenland; Vorbildung: Gymn. Athen Reife 04; Studium: Berlin 3, München 3, Würzburg 1 S.; Rig. 2. Febr. 08.]

[5.] **Versammlung** zur **Abwehr** der bei der ersten Lesung des Entwurfes eines Börsengesetzes im Reichstage gegen den Handelsstand gerichteten Angriffe am Sonntag, d. 2. Febr. 1896 ... im Börsengebäude veranst. v. den Aeltesten d. Kaufmannsch. v. Berlin. Stenogr. Bericht. *Berlin: Dr. v. A. Haasmann [1896?].* (20 S.) 1 Bd 4 ... 6,60

Versammlung, Allgemeine V. der Abgeordneten kantonaler Hülfsvereine für schweizerische Wehrmänner ... den 17. April 1871 ... in Bern. 8. Bern.

Versammlung, Die 3. Allgemeine, der deutschen Gesellschaft für Anthropologie, Ethnologie und Urgeschichte zu Stuttgart ... 1872, ... red. von A. v. Frantzius, die 4., ... zu Wiesbaden ... 1873, ... red. von A. v. Frantzius, die 5. ... zu Dresden ... 1874, ... red. von H. v. Jhering, die 6. ... zu München ... 1875, red. von Kollmann, die 7. ... zu Jena ... 1876, ... red. von Kollmann, die 8. ... zu Constanz ... 1877, ... red. von J. Ranke, die 9. ... zu Kiel ... 1878 ..., die 10. ... zu Strassburg ... 1879 ..., die 11. ... zu Berlin ... 1880, die 12. ... zu Regensburg ... 1881, die 13. ... zu Frankfurt a. M. ... 1882, die 14. ... zu Trier ... 1883, die 15. ... zu Breslau ... 1884, die 16. ... zu Karlsruhe ... 1885. 9–16 red. von J. Ranke. — 3—5.: Braunschweig 1872–75. — 6–16.: München 1875–85. 4.

Versammlung, die 4. allgemeine, der deutschen Gesellschaft f. Anthropologie, Ethnologie u. Urgeschichte zu Wiesbaden am 15–17. Septbr. 1873. Nach stenograph. Aufzeichngn. red. von A. v. Frantzius. gr. 4. (58 S.) Heidelberg 874. K. Groos. 1. 50

— die 5. allgemeine, der deutschen Gesellschaft f. Anthropologie, Ethnologie u. Urgeschichte zu Dresden vom 14–16. Septbr. 1874. Nach stenograph. Aufzeichngn. red. von Herm. v. Ihering. gr. 4. (81 S.) Braunschweig 875. Ebend. 1. 50

— die 6. allgemeine, der deutschen Gesellschaft f. Anthropologie, Ethnologie u. Urgeschichte zu München am 9. bis 11. Aug. 1875. Nach den stenograph. Aufzeichngn. red. v. Kollmann. [Beilage zum Correspondenz-Blatt f. die Mitglieder der deutschen anthropolog. Gesellschaft.] gr. 4. (94 S.) München 875. Ebend. 1. 50

Die IX. allgemeine **Versammlung** der Deutschen Gesellschaft für Anthropologie, Ethnologie und Urgeschichte zu Kiel am 12. bis 14. August 1878 mit den wissenschaftlichen Stationen in Hamburg und Lübeck. Nach stenographischen Aufzeichnungen ... Ranke. (Correspondenz-Blatt Nr. 9, 10 und 11. 1878.) München 1878. ... S. 2 ... 4. (C 1029

DIE ... ALLGEMEINE VERSAMMLUNG DER DEUTSCHEN GESELLSCHAFT FÜR ANTHROPOLOGIE, ETHNOLOGIE UND URGESCHICHTE ...
XVII. ... Versammlung ... zu Stettin den 10. bis 12. August 1886. Nach stenographischen Aufzeichnungen redigirt von JOHANNES RANKE. Correspondenz-Blatt Nr. 9, 10, 11 und 12. 1886. München. 1886. Akademische Buchdruckerei von F. Straub. 4°.

Die XXXV. allgemeine **Versammlung** der deutschen Gesellschaft für Anthropologie, Ethnologie und Urgeschichte in Greifswald mit Ausflugen nach Stralsund u. Skandinavien v. 4. bis 13. August 1904. Nach stenogr. Aufzeichnungen red. von Prof. Dr. Johannes Ranke. München 1905: F. Straub. (S. 65–164.) 4°
Aus: Korrespond.-Blatt d. deutschen Ges. f. Anthrop. Jg. 35 No. 9/12 ... 1881 9

Allgemeine **Versammlung** von Interessenten behufs Besprechung der Bundesrats Verordnung vom 18. Febr. 1902, betr. die Ausführung des § 21 des Reichsgesetzes über die Schlachtvieh- und Fleischbeschau. Abgeh. zu Berlin 1902. Berlin (1902): J. Sittenfeld. (59 S.) 4°(8°) ...

Allgemeine Versammlung der Evangelisch-Lutherischen Kirche in Amerika. Zweite Convention. ... *(Mit einem Auszug aus den Verhandlungen der ersten Convention)* ...; *seit 1877:* Verhandlungen der ... Convention des Generalkonzils der Evangelisch-Lutherischen Kirche in Nord-Amerika. *Jährlich 1869—1891, einschließlich; zweijährig seit 1893 — 31. Versammlung 1907. (Erschienen 1908.)*

Allgemeine Versammlung der Evangelisch-Lutherischen Kirche in Amerika. Zweite Convention, gehalten zu Pittsburg, Pennsylvanien vom 12.—18. November 1868. Mit einem Auszug aus den Verhandlungen der ersten Convention zu Fort Wayne, 20—26 November 1867. *Philadelphia, Pa.: G. P. Lippe. 1869.* 51 S.

Allgemeine Versammlung der Vorturner des Erzgebirgs-, Kohlenfeld-, Niedererzgebirgs-, Südvogtländischen, Vogtländischen, Westlich-Sächs. Grenzgaues und der T. V. aus Plauen und Zwickau zu Zwickau, den 13. 3. 1887, Zwickau 1887, 24 S., kl.-8°.

Versammlung, die, vom 8. April 1861. Hannover 861. Klindworth. gr. 8. (21 S.) 1½ ngr.

Versammlung, die 13., deutscher Architecten und Ingenieure, abgehalten vom 3. bis 6. Septbr. 1862 zu Hannover. 4. (V und 197 S. mit eingedr. Holzschn.) Hannover 863, Schmorl und v. Seefeld. *

Ausserordentliche Versammlung der Grossen Loge von Hamburg zur Feier des 50jährigen Maurerjubiläums des deputierten Grossmeisters Brs. C[arl] E[duard] Buek, Dienstag den 13. März 1866 unter dem Vorsitz des Grossmeisters Brs. Buek sen., im Beistande sämtlicher Grossbeamten. [Unterz.:] J[oh.] L[udw.] Völckers. [Hamburg 1866:] Nobiling. 6 S. 2°.
358a.

— erste, zur Besprechung der Angelegenheiten der deutschen Real- u. Bürgerschulen gehalten zu Meißen am 30. Septbr., 1., 2. u. 3. Octbr. 1845. gr. 8. Meißen 846, Gödsche. ¼ ₰

Burgergemeinde der Stadt Bern. Versammlung (Urnenabstimmung) Mittwoch, den 4. Dezember 1901... Vortrag des Burgerrates und Anträge desselben an die Burgergemeinde. 14 S. 8.

—— die, der Deputirten u. Vorstände des osnabrück. Gustav-Adolph-Vereins zu Bramsche den 6. Novbr. 1843. Anlagen: 1. Die Predigt des Mag. Wübbel. 2. Der Bericht des Rector Stüve über den jetzigen Stand des Gustav-Adolph-Vereins. 3. Verzeichniß der anwesenden Fremden. gr. 8. (2⅔ B.) Osnabrück 844, (Meinders.) *

—— die deutsche, zur Förderung der christlichen Sonntagsfeier gehalten im Cooper Institut zu New-York, am Sonntag Abend den 16. Oktbr. 1859. Mit den Reden von Guldin, Adams, Schaff rc. und den Beschlüssen der Versammlung. gr. 8. (24 S.) New-York 860. (Philadelphia, Schafer und Koradi.) *

Versammlung, die, der deutschen Erzbischöfe u. Bischöfe zu Würzburg im Novbr. 1848. gr. 8. (76 S.) Würzburg 849, Stahel'sche Buchhandlung. 9 ngr

Versammlung, die erste eucharistische, in Graz am 7. V. 1896. Predigten, Vorträge u. Verhandlgn. auf derselben. Gesammelt u. hrsg. v. Jos. Stradner. 8. (IV, 104 S.) Graz 897. (Styria.) n. — 70

Die ... Versammlung des Preußischen Forstvereins für die gesammte Provinz Preußen. — 2.–42. Vers. 1872–1924.
Forts.: Ausgew. Vortr. v. d. Vereinstagg. Preuß. Forstver.

Versammlung werktätiger Freimaurervereine in Dresden am 14. und 15. Sept. 1907. [Dresden 1907: Pässler.] 23 S. 8° [Kopftit.]
Abgedr. in: DrL. 38 (1907—1908) S. 35—46, 75—83.
Bericht üb. die 1. Versammlung. 109. 358a.
Anderer Bericht in: Brh. 4 (1907) S. 133, 135, 137, 149, 151, 153, 155; MitteilRuT. (Hamburg) 3 (1907) S. 72—76 (R. Löwenhaupt).
cf. L. 30 (1907) S. 334—336 (P. Fischer), abgedr. in: Bh. 50 (1907) S. 379—381; FZ. 62 (1908) S. 44—45.

Versammlung. Die V der Freunde der Zürcherblätter im Neumünster den 17. April 1842. 8. Zürich 1842.

—— von Geistlichen, gehalten zu Prag am 18. und 22. Mai 1848. (Hrsg. von Frz. Náblowský.) gr. 8. (31 S.) Prag 848, (Credner und Kleinbub.) *

2. Gemeinsame Versammlung der Deutschen und der Wiener anthropologischen Gesellschaft, zugleich XXV. allgemeine Versammlung und Stiftungsfest der Deutschen Anthropologischen Gesellschaft in Innsbruck vom 24. bis 28. August 1894. Nach stenographischen Aufzeichnungen redigirt von Johannes Ranke. ([S.-A.] Mittheilungen der Anthropologischen Gesellschaft in Wien. Sitzungsberichte. Bd. 24. N. F. 14. S. 65—195.) Wien 1894. 131 S. 4°.

[W. M.] DIE VERSAMMLUNG DES HAN.-GÖTTINGEN. Separat-Abdruck aus den SISCHEN GESCHICHTSVEREINS IN Lüb. Blättern 1878. (o. O. 1878.) 4°.

— über die große, bedeutungsvolle u. volksthümliche, deutscher Land- u. Forstwirthe zu Altenburg. (Im Sept. 1843.) Bericht des Hrn. Dr. Heine an Prof. Beyer. Aus dem Archiv der Landwirthschaft abgedr. u. mit mehren Zusätzen herausgeg. v. Mor. Beyer. 8. Leipzig 843, Voigt u. Fernau. n. 1/2 ℔

Versammlung, an eine Hohe, des durchl. deutschen Bundes, Darlegung der zwischen d. Herzoge Karl v. Braunschweig-Lüneburg u. dessen Landständen obwaltenden Differenz, die unterm 25. April 1820 publicirte erneuerte Landschaftsordnung betreffend, mit desfallf. unterthän. Antrage von Seiten der dazu angewiesenen Mitglieder d. engern u. größern Ausschusses ꝛc. Nach e. sorgfältig durchgesehenen Exemplare d. Originals besorgte Ausgabe. gr. 8. Leipz. 829. Brockhaus. 18 gl

Versammlung, zweite internationale, in Zürich, gegen den Missbrauch alkoholischer Getränke. Zürich 1887. 4 S.

Die Versammlung zu Gunsten der Kanalvorlage am 20. Jan. 1901 im grossen Festsaale d. Rathhauses zu Berlin. Bericht über d. Verhandlungen nach d. stenogr. Aufnahme. Mit e. Karte d. Wasserstrassen Deutschlands. Berlin (1901): A. W. Hayn's Erben. (16 S.) 4°
(Zeitschrift f. Binnen-Schiffahrt. Jg 8. 1901. Sonder-Ausg. Beil. zu H. 4.)

— evangelischer Kirchenfreunde zu Greifswald, den 17. u. 18. Sept. 1844. Protokollar. Bericht des Moderamens. ... Berlin 845, Müller. n. 1/4 ℔

— evangel Kirchenfreunde zu Putbus am 12. u. 13. Septbr. 1848. Protokollar. Bericht des Moderamens. gr. 8. (98 S.) Stralsund 849. (Löffler.) n. 1/3 ℔

— 2. kirchliche, f. Rheinland u. Westfalen zur Herbeiführung größerer Freiheit der evangelischen Kirche im Saale der „Herberge zur Heimat“ in Essen am 7. März 1888. Stenographischer Bericht der „Westdeutschen Zeitg.“ 4. (23 S.) Barmen 888. Wiemann. —15

Versammlung des Internationalen Meteorologischen Comités in Bern v. 9. bis 12. Aug. 1880. Hamburg 1881.

Comité, Internationales Meteorologisches. Versammlung des — und der internationalen Commission fur Wolkenforschung zu Upsala, 1894. Berlin 1895.

Versammlung, Die constituirende, der Leo-Gesellschaft in Wien, Donnerstag den 28. Januar 1892. 8. (57 S.) —.25
Wien: Drescher 1892.

—— die neunte, der deutschen Kunstgenossenschaft in Kiel am 17. Juli 1865 von einem Schleswig-Holstein. Kunstfreunde. 8. (14 S.) Kiel 865, Schwers'sche Buchh.

— die landeskirchliche, in Berlin am 26. April 1887. Lex.-8. (86 S.) Berlin 887. Buchh. der Berliner Stadtmission. n. — 20

[H.] Die landeskirchliche Versammlung betreffs der theologischen Fakultäten am 8. Mai 1895 ... *Berlin: Buchh. d. Berl. Stadtmiss. 1895.* (94 S.) 1 Bd 8. [95. 5924

—— zweite, der kirchlichen Landes-Konferenz in Mecklenburg-Schwerin, gehalten zu Wismar am 10. und 11. Septbr. 1877. gr. 8. (50 S.) Stavenhagen 877, Beholtz. *

Versammlung, Die elfte, deutscher Land- und Forstwirthe zu Kiel. Hamburg 1847. V: *Ingwersen, Paul.* (Russell V, 406)

— die eilfte, deutscher Land- u. Forstwirthe in Kiel, abgehalten vom 6. bis 11. Septbr. 1847, in ihrem Verlaufe kurz dargestellt von einem Mitgliede der Versammlung. gr. 8. (123 S.) Altona 847, Lehmkuhl. 18 ngl

—— die 22., deutscher Land- und Forstwirthe in Schwerin am 11—19. Septbr. 1861. Geschichte und Uebersicht der Verhandlungen. Von einem Mitgliede der Versammlung. 4. (IV und 130 S.) Schwerin 861. (Leipzig, R. Hoffmann.) *

— IV. u. V., süddeutscher Laryngologen zu Heidelberg. [Aus: „Münch. med. Wochenschr.“] gr. 8. München, J. F. Lehmann's Verl. à n. 2. —
IV. 7. VI. 1897. (Nach d. offic. Bericht d. I. Schriftführers Eulenstein-Frankfurt a. M.) (62 S.) 897.
V. 30. V. 1898. (Nach dem offic. Bericht des Schriftführers Hedderich-Augsburg.) (85 S. m. Abb.) 898.

Versammlung, VI., süddeutscher Laryngologen zu Heidelberg, 8. IV. 1899. (Nach dem offiziellen Bericht v. Hedderich.) gr. 8. (VIII, 97 S.) München 900. J. F. Lehmann's Verl. n. 2. —
Sonderabdruck aus: „Münchner med. Wochenschrift“.

—— die letzte, der erbgesessenen Bürgerschaft. (Ein Erinnerungsblatt.) gr. 8. (18 S.) Hamburg 859, [Nolte.] *

LÖBLICHE VERSAMMLUNG, deren Christ-Glaubigen beydes Geschlechts unter dem Titul: Die-Angst Jesu Christi aus dem Creutz, um ein selig: zu Neusol in denen Berg-Städten in den Kirchen der Societät Jesu aufgerichtet. Tyrnau 1744. Gedr. in der academischen Buchdruckerey. 40 S. - 160 mm

Versammlung der Grossen Loge von Hamburg zur Feier des Johannisfestes den 24. Juni 1864, 1868, 1870 bis 1882. Hamburg. Druck von Nobiling (bis 1878) und Altschwager 1868 bis 1882. Fol. 14 Protocollhefte der Grossloge von Hamburg Nr. 103 (1864). 127 (1868). 138 (1870). 144 (1871). 154 (1872). 161 (1873). 167 (1874). 171 (1875). 176 (1876). 182 (1877). 187 (1878). 192 (1879). 197 (1880). 202 (1881). 207 (1882).
Jeder Bericht enthält einen geschichtlichen Rückblick des Grossmeisters Dr. H. W. Buek und F. J. H. Glitza und Festreden von G. Morgenstern, Georg Karl Hirsche und J. H. Seler u. A. Am Johannisfeste 1872 wurde gleichzeitig das 25jährige Grossmeisterjubiläum des Dr. Buek gefeiert, wobei Glitza dessen maurerisches Lebensbild entrollte.

Schleswig-Holsteinischer Logen-Gau-verband. **Versammlung** in Kiel am 24. August 1902. Kiel 1903: Handorff. 30 S. 8°. 1 Bl. Abbild. 4°. 358a.

Versammlung, monatl., zum Gebrauch gottgeheil. Ordenspersonen, u. Anweis. für Neuangehende zum Klosterleben. 8. Bamb. 768. (Stahel in Würzb.) 4 gl

Versammlung, Die, der deutschen Naturforscher und Aerzte in Berlin i. J. 1828 kritisch beleuchtet. Leipz. 1828. V: *Sachs, Johann Jacob.* (EBHN) (BrVV) (EngM) (NN) (Call) (Choulant)

Versammlung, die, der deutschen Naturforscher u. Aerzte in Berlin im J. 1828, krit. beleuchtet. (Von Joh. Jak. Sachs.) gr. 16. (4 B.) Leipzig 829, Brockhaus.

Versammlung, Die 19., deutscher Naturforscher und Ärzte zu Braunschweig im September 1841. Leipz. 1842. V: *Seckendorff.* (EngM)

Versammlung, Die 19., deutscher Naturforscher und Ärzte zu Braunschweig ... Leipzig 1842. V: *Klencke, Hermann.* (Brü IV, 14) (Zeitschr. f. Büch. N. F. 15, 1923, 126)

— die 19te, deutscher Naturforscher u. Aerzte zu Braunschweig, im Sept. 1841, u. deren Charaktere, Situationen u. Forschungen. Ein humoristisches Album. Mit 1 Titelbild, das Lokal der allgem. Sitzungen darstellend. 8. Leipzig 842, Kollmann. 19 ngl

—— 42., deutscher Naturforscher und Aerzte, s. Tageblatt.

Versammlung, 70., deutscher Naturforscher und Ärzte zu Düsseldorf 1898. Historische Ausstellung für Naturwissenschaft und Medicin . . . Düsseldorf 1898. V: *Sudhoff, Carl.* (Berl)

Versammlung, 73., deutscher Naturforscher u. Aerzte. Hamburg. (Festlieder.) 12. (112 S.) Hamburg 901. (C. Boysen.) n. — 50

Die erste öffentliche **Versammlung** zur Förderung des niederösterreichischen Landesmuseums in Wien und die erste Konferenz niederösterreichischer Museen. Wien: Ver. f. Landeskunde von Niederösterreich 1907. 4° [07. 8614

Versammlung, öffentliche, der Centrumspartei im Nibelungensaale des Rosengarten in Mannheim am 10. VII. 1904. Roeren, Herm., Katholizismus u. Ultramontanismus. — Wacker, Thdr., Bedeutung u. Aufgabe des Centrums. 1. u. 2. verb. Aufl. (à 36 S.) 8. Mannheim (904). J. Gremm. — 20

. . . ordentliche Versammlung der Probstei-Synode Kiel. 1. Tages-Ordnung. 2. Bericht des Synodal-Ausschusses mit 2 (oder 3) Anlagen. 8°
10.–15. Kiel. 1888–93; 17. ebd. 1895.

Versammlung, die erste ordentliche, der Riograndenser Synode in Santa Cruz am 4. u. 5. Mai 1887. gr. 8. (51 S.) São Leopoldo 887. Evang. Buchh. n. — 45

Versammlung, die 26., deutscher Philologen und Schulmänner. Bericht von —r. (Graff.) 8. (29 S.) Dorpat 869, Gläser. [Schnakenburg.]

—— die 27., deutscher Philologen und Schulmänner in Kiel. Bericht von —r. 8. (38 S.) Ebendas. 869.

— auf d. Rosenberge bei St. Gallen, am 12. d. Heumonats 1832 u. d. Adresse an d. Tagsatzung. 8. St. Gallen 832. Büreau d. Freimüth. 2 gl

DER XXXII. VERSAMMLUNG DER DEUTSCHEN PHILOLOGEN UND SCHULMÄNNER IN WIESBADEN am 26. September 1877 zur Begrüssung dargebracht von dem Verein von Alterthumsfreunden im Rheinlande. (Mit 2 Tafeln.) Bonn 1877. Univ.-Buchdr. von Carl Georgi. 4°.

DER XXXIV. VERSAMMLUNG DER DEUTSCHEN PHILOLOGEN UND SCHULMÄNNER IN TRIER am 24. September 1879 zur Begrüssung dargebracht von dem Verein von Alterthumsfreunden im Rheinlande. (Mit 4 Tafeln.) ib. 1879. Univ.-Buchdr. von Carl Georgi. 4°.

Versammlung, Erste protestantische, wider die Feinde des Lichts. Gehalten zu Cassel . . . 1839. Cassel 1839. V: *Henkel, Wilhelm.* (BrMm)

Versammlung, Die, der Provinzialstände für das Herzogthum Schlesien, die Grafschaft Glatz. [Breslau] 1826. V: *Sohr, Wilhelm Heinrich.* (Nowack, Schles. Schriftst.-Lex. Breslau 1836—43. I, 138.)

Corporation d. Kaufmannschaft von Berlin. **Versammlung** in den Salen des Börsengebäudes zu Gunsten Freundschaftlicher Beziehungen zwischen England und Deutschland einberufen auf d. 17. Dez. 1905 von d. Ältesten d. Kaufmannschaft von Berlin. Berlin 1906: Pass & Garleb. (26 S.) 8° [06. 13176

Die 4. **Versammlung** deutscher Turnlehrer zu Stuttgart 1867. Hrsg. v. M. Kloß. Dresden 1867. 68 S. Sonderdr. aus: Neue Jahrbücher f. d. Turnkunst. Hrsg. v. M. Kloß. Dresden. Bd. 13. 1867.

Bericht über die Verhandlungen der Badefachmänner. [1.] 1902. (2 ff.: **Versammlung** des Vereins der Badefachmänner . . .) Elberfeld (1902): Born. 4°

— die XXII., d. deutschen Vereins f. öffentl. Gesundheitspflege. [Aus: „Aerztl. Monatschr."] gr. 8. (15 S.) Leipzig 898. H. Hartung & Sohn. n. — 50

Versammlung des Vereins für Eisenbahnkunde vom 10. März 1896. (Vorträge:) Goering: Rettung eines durchgegangenen Güterzuges auf steilem Gefälle durch ein Sandgleis am 21. Dec. 1895. Wedding: Herstellung und Verwendung von Flußwaaren. Froitzheim: Der zur Zeit leichteste Körper und seine Verwendbarkeit. Berlin 1896

VERSAMMLUNG des Vereins für Reformationsgeschichte zu Strassburg im Elsaß im April 1895. (o. O. o. Dr.)

—— die, der Schleswig-Holsteinischen und Kampfgenossen-Vereine am 23. Jan. 1866 im Englischen Garten in Altona. gr. 8. (16 S.) Hamburg 866, Fischer's Buchdruckerei. *

Vereinigung Schweizerischer Bibliothekare (2 ff.: **Versammlung** der Vereinigung . . .) 1. Dat. Basel; Bern 1897. 4° [11. 16288

6. und 16. Versammlung der freien Vereinigung von Vorturnern aus Chemnitz, Dresden, Leipzig, Plauen und Zwickau 13. 6. 1909 in Chemnitz, Reichenbach i. V. 1909, 16°. 2 Bde.

— d., der Weisen, siehe J. C. C. Nachtigall.

Versammlungen, die, ungarischer Aerzte u. Naturforscher mit besonderer Beziehung auf die am 4. August 1842 zu Neusohl abgehaltene dritte Versammlung, beschrieben von C. A. Zipser. gr. 8. (XX u. 239 S. m. 2 Tab. in qu. gr. Fol.) Neusohl 846, Ph. Machold.

Hundert **Versammlungen** der Königsberger Geographischen Gesellschaft 1881—1898. Zur 100ten Versammlg im Auftr. d. Gesellsch. hrsg. v. Schriftführer Dr. W[ilhelm] Tesdorpf, Oberlehrer. *Königsberg i. Pr.: Buchdr. v. R. Leupold 1898.* (XII, 198 S., 2 Portr.) 1 Bd 8. 98.3661

Versammlungen, die, deutscher Katholiken, s. Schriften f. d. evangelische Deutschland.

Versammlungen, Die, deutscher Naturforscher und Ärzte in Wien. Wien 1894. V: *Kerner Ritter v. Marilaun, Anton.* (EB)

Versammlungen, Öffentliche, in Sachen der Jugend- und Schulsparkassen. Hannover 1883. V: *Senckel, Ernst.* (Kat. d. stat. Bureaus. Dresd. 1890.)

Versammlungen, die, und Vereine. Gesetz vom 26. Febr. 1850. 8. (7 S.) Würzburg 878, Stahel'sche Buchh.

Versammlungen, die, der freien Vereinigung zur Wahrung u. Förderung der Eisenbahn-Verkehrsinteressen im Gebiete der oldenburgischen Staatseisenbahnen. Bericht, erstattet im Auftrage d. Vereins als Festschrift zu der am 2. März 1889 stattfind. 25. Versammlg. v. mehreren Mitgliedern. Beigefügt sind: Graphische Fahrpläne u. e. Uebersichtskarte der oldenburg. Bahnen. gr. 8. (II, 216 S.) Oldenb. 889, Schulze. * 4 —; feine Ausg. * 6 —

Versammlungsrede der R. C. des alten Systems. Wien 1781. V: *Wöllner, Johann Chph.* (Kl 2647) (Auct. Eckel 3/350) (wrztg 1782, Nr. 9 Anhang) (Geissau, Verzeichniss, S. 62) V: *Göhrung, Jos. Fch.* (wolfstieg I, 213) (BiblPort)

Versammlungs-Rede der R. C. des alten Systems. Wien: Ghelen 1781. 8°
Kl. 2647. Wöllner ist nach Lenning, 3 1867 S. 483 der Verf.

Versammlungsreden, Einige freymäurerische, hsg. von einem innigen Verehrer der Wahrheit . . . Frankf. u. Leipz. [Bresl.] 1784—85. V: *Eugen Friedrich Heinrich, Prinz von Würtemberg.* (Kl) (Tt) (MGT) (SJL) (Gradmann, Gel. Schwaben. 1802.)

— freymaurerische, herausg. v. e. innigen Verehrer der Wahrheit. 2 Thle. 8. Frankfurt, Löwe. 784—85.

— freimaurerische, herausg. von e. innigen Verehrer d. Wahrheit, (von Eugen Fr. Heinrich). 2 Thle. 8. Frankf. a. M. 784, 85. (Leipz., W. Nauck). 14 gl

Versammlungsreden, Freymäurerische, der Gold- und Rosenkreutzer des alten Systems . . . Amsterdam [Hof] 1779. V: *Ecker und Eckhoffen, Hans Heinrich Freih. von.* (Tt) (SJL)

Freymäurerische Versammlungsreden der Gold und Rosenkreutzer des alten Systems. Mit zwölf eingedruckten Vignetten. Amsterdam, 1779. pp. [xvi]-304, 8vo.

Versammlungsreden, freimaurerische, d. Gold- u. Rosenkreuzer alten Systems, mit 17 Kpf. 8. Amsterd. 779. (W. Nauck in Leipz.) 1 ₰ (Grau in Hof). 16 gl

Versatzamt, Das k. k., in Wien 1870. H: *Hoch, Ferdinand Ritt. v.* (Mitth. Dr. Ign. Schwarz.)

Versatzamt, Das k. k., in Wien von 1707—1900. Wien 1901. V: *Starzer, Albert.* (Litt. Centralbl. 1902. Nr. 12, S. 400.) (Berl)

Das k. k. Versatzamt in Wien von 1707 bis 1900. Herausgegeben von der Direction des k. k. Versatzamtes. Wien. 1901. Selbstverlag des k. k. Versatzamtes. [In Comm. Manz.] Lex.-8°. 104 S. mit 5 Tafeln. K 1.—

Versäumnis-Liste für Volksschulen für 144 Schüler. Fol. (24 S.) Osnabrück 886, [Veith.] Pillmeyer. *

Versbau, Der deutsche, oder Wortmessung, Wortbewegung und Wohlklang der Verse. Berlin 1827. V: *Garve, Carl Bernhard.* (GGr) (Ba) (Gi)

Versbau, der deutsche, oder Wortmessung, Wortbewegung u. Wortklang d. Verse. (Von C. Garve.) 8. Berlin 827, Reimer.

Vers-Blätter, Odaische und andere. O. O. 1793—96. V: *Tobler, Johs.* (Cat. d. Stadtbibl. Zürich. Zürich 1864—97.)

Versbüchlein enth. ein Verzeichniß der gebräuchlicheren Verse des Brüdergesangbuchs zum Lernen für die Jugend in den Brüdergemeinen. 12. (66 S.) Gnadau 865. (Leipzig, H. Schultze.) *

Versbüchlein, goldenes. Eine Sammlg. d. schönst. Verse, Liedchen u. Sprüche f. die lieben Kleinen. 12. (32 S.) Wien, Carl Fritz. 10 kr. 1885.

Vers-Büchlein, goldenes. Eine Sammlg. der schönsten Verse, Liedchen u. Sprüche f. die lieben Kleinen. 12. (32 S.) Wien 893. (Leipzig, Literar. Anstalt A. Schulze.) n. — 10

Verschen u. Lieder, Berndeutsche, zum Auswendiglernen u. Vorlesen für Kinder von 3 bis 8 Jahren. 16. (VI u. 149 S.) Bern 847. (Dalp.) n. 18 ngl

Verschen u. Lieder, berndeutsche, für Kinder von 3—8 Jahren. 5. umgearbeitete Auflage. In-8°. Bern, B. F. Haller. 1879 2 50

Verschickung, die administrative, in Russland. Von W. W. gr. 16. (33 S.) Zürich 896. O. A. Schmidtli. — 15

VERSCHIEDENES über Allerhand auf Burg Esthenz in den Sommerjahren 1780 u. 1781 niedergeschrieben. Basel, 1782. bey Joh. Schweighäusern. Gr. 8°.
Magaz. d. Buch- u. Kunst-Handels. Jahrg. 1782. (Lpz.) S. 761. — Höchst selten!

VERSCHIEDENES zum Lesen für die Liebhaber der guten Sitten. Aus d. Französ. (von Jordan Simon). Augspurg 1768. 8⁰.
Cat. Fritz. München 1770. p. 491. —\`Rarl

— zum Lesen, für Liebhaber d. guten Sitten u. schönen Wissenschaften. Aus d. Französ. übers. von Raobin: (Jord. Simon) gr. 8. Augsb. 769. Rieger. 14 Kr Mit n. Titelbl. Ebd. 774. 12 Kr

Verschiedenes zum Lesen für die Liebhaber der guten Sitten und schönen Wissenschaften; a. d. Franz. . . . Erfurt 1774. Ü: *Simon, Jordan.* (ML)

— über d. Fachinger Mineralbrunnen. 8. Hadamar ... 2e Aufl. 802. (Lanz in Weilb.) 2 Kr

Ueber die **Verschiedenheit** unserer Kleidertrachten. ... Leipzig, bey [illegible] Hilscher 1775.
40 S. [illegible]

Verschiedenheit, über die, d. Kleidertrachten, (von J. F. Opitz). 8. Leipz. 775. Hilscher. 4 Kr

Pertinenter Verschlag was sich bey den Schwed. Trouppen gesund, kranck, und Paucken, Standarten, Fahnen, Trommeln u. Gewehr 12. Maji 1713 befunden. (1 B.) 4. Hamburg.

Verschlechterung, Die, der Gummiqualitäten. Dresden 1901

Verschleyerte, die, Roman in 3 Büchern, v. Karl Stein. 8. Berl. Schüppel. 814. 1 —

VERSCHLEYERTE, Die, im schwarzen Schlosse. Eine abentheuerliche Geschichte. Mit Titelkpfr., gestoch. v. J. Gerstner. Leipzig, Joachim, 1802. 8⁰. (½ Rthl.) (2 Kr. 40 H. Franz Malota, Wien, 1910.)

Verschlimmerung, d. ganz unleugbare, d. christl. Lehre durch ihre neueste Verbesserungen, (von Jh. Dn. Müller). 8. Frankf. u. Leipz. 774.

Verschmäht. E. Liebeswerben aus d. Jugendtagen e. edlen Mannes. In Orig.-Briefen (1779—1780). 8. (III, 136 S.) Leipzig 895. G. Wigand. n. 2. —; geb. n. 3. —

Die Verschmelzung des Verkehrs-Wesens der Herzogthümer mit dem Preussischen. (Kiel. 1865.) 4⁰
Als Manuscript gedruckt.

Verschmelzung, Die, der Eisenbahn Wädensw.-Einsiedeln mit der projectirten Zürichsee-Gotthardbahn; Bericht. Zürich 1873. V: *Widmer, Conrad.* (Cat. d. Stadtbibl. Zürich. Zürich 1864—97.)

Verschollen, nicht vergessen! Ein Erlebniß, meinen lieben Freundinnen, den jungen Mädchen, erzählt von der Verfasserin von »Ein Blatt auf Vrony's Grab« etc. Gotha 1879. V: *Spyri, Johanna.* (Russell IV, 722)

Verschollen, nicht vergessen! Ein Erlebniß, meinen lieben Freundinnen, den jungen Mädchen erzählt von der Verf. von „Ein Blatt auf Vrony's Grab" ꝛc. 8. (II, 202 S.) Gotha 879, F. A. Perthes. ℳ 2,40., geb. '
2. Aufl., f. Spyri, Joh.

Verschollene, Der. Nachlass aus Italien in zwei Gesängen. Berlin 1833. V: *Blankensee, Georg Graf von.* (Bll. f. liter. Unterh. 1836, 173) (GGr VIII, 281) (Zeitschr. f. Büch. N. F. 15, 1923, 126)

Verschollene, der, Nachlaß aus Italien in zwei Gesängen. 8 Berlin (Posen u. Bromberg) 833. (Mittler.) ¾ ₰

Verschönerung der Kirchen, über die, aus der kathol. Zeitschrift „der Seelsorger" von J. B. Jarbl abgedruckt. gr. 8. München 843, Franz. $1/12$ ₰

Die **Verschönerung** der Umgebung Greifswalds. *Greifswald 1904: J. Abel.* (28 S.) 8⁰ [Umschlagt.: [J.]]
Erw. Abdr. aus: Greifsw. Zeitung. 1903. 1904. [04. 4706 B

Verschönerungskunst, die, in ihrem ganzen Umfange, oder 100 d. geprüftesten Recepte, alle Erfordernisse d. körperl. Schönheit, als des Gesichts, Busens, Haare, Hände ꝛc. zu erhöhen ꝛc. 8. Berl. 806. W. Oehmigke. (Sander). 21 Kr

Breslauer **Verschönerungsverein.** (Gabe z. Erinnerung an die v. Vereine vollzogene Arbeit 1893—1906.) (Breslau 1906: Graß, Barth & Co.) (30 S.) quer-8⁰. [07. 9187 2

[Umschlagt.:] [J.] Der Elberfelder **Verschönerungsverein** in seiner Thätigkeit während d. ersten 25 Jahre seines Bestehens. Festschr. z. Jubiläums-Feier am 23. Mai 1895. *Elberfeld: Gedr. b. i R. L. Friderichs & C. 1895.* (50 S., 3 Pl.) 1 Bd 4. [96. 1070

Verschraege, P. F., Clarae simplicesque explicationes libri Apocalypseos b. Joannis apostoli praecipuis ecclesiae universae historiaeque imperiorum eventibus applicatae usque ad nostra tempora. Adiunctis quibusdam plausibilibus circa futura coniecturis ex Scriptura s., ss. patribus aliisque catholicis interpretibus. Adiectis etiam hinc inde nonnullis ex proprio studio et meditatione. Münster, Cazin, 1855, Lex.-8⁰, 1. Bd., V und 539 S., 7 Mk.
Der 2. Bd. ist nicht erschienen.

Verschreibungsregister zum Börsenblatt 1866. № 1 — № 52. 3. Januar — 30. April. (Ohne bes. Titelblatt.) 4⁰.

***Verschuir*, Gualth., de arteriarum et venarum vi irritabili ejusque in vasis excessu et inde oriunda sanguinis direct. abnormi. 4. Gröning. 766. ... 12 Kr**

Verschuir, J., Erfahrungslehre, wie d. Wahrh. d. Reichs Christi nicht nur mit Verstande begriff. sondern auch aus Erfahr. erkannt werd. müsse. 4. Zürich, Orell. 743.

***Verschuir*, J. H., dissertationes philologico-exegeticae. 4. Frankf. 773. ... 1 ₰ 8 Kr**

Verschuir, J. H., Dissertationes philologico-exegeticae. 4. Lps., Gleditsch. 774. Rthlr.

— opuscula in quibus de variis s. literarum locis critice et libere disseritur, ed. atque animadv. adj. J. A. Lotze. 8maj. Traj. ad Rhen. 810. (Weidmann in Leipz.) 3 ₰ 18 Kr

Verschuldung, Die ländliche, in Preussen. Tl 1—3. Berlin 1905—1908. 4⁰
1: Verschuldung u. sonst. wirtschaftl. Verhältn. d. Eigentümer von Grundstücken m. mindest. 60 M. Grundsteuer-Reinertrag nach Grundsteuer-Reinertragsklassen sowie nach Einkommensgruppen i. J. 1902. Bearb. von F. Kuhnert. M. 9 Taf. graph. Darstell. Hälfte 1. 2.
2: Verschuldung u. sonst. wirtschaftl. Verhältn. d. Grundeigentümer m. mindest. 60 M. Grundsteuer-Reinertrag u. m. Haupterwerb a. Land- u. Forstwirtschaft nach Grundsteuer-Reinertragsklassen sowie nach Verschuldungsgruppen im J. 1902. Im amtl. Auftr. bearb. von F. Kühnert. 1906.
3: Verhältnis d. Schulden d. Eigentümer von Grundstücken mit mindestens 60 M. Grundsteuer-Reinertrag z. Gesamt-, Grund- u. Kapitalvermögen sowie z. Grundsteuer-Reinerträge i. J. 1902. Im amtl. Auftr. bearb. v. F. Kuhnert. 1908.
(Preuss. Statistik. 191.)

Verschuldung, die, unseres Offizierkorps, ihre Ursachen u. Konsequenzen. Nach hinterlassenen Aufzeichngn. e. höh. Generalstabsoffiziers bearb. v. Salvator R. (Zum Tl. aus: „Danzer's Armee-Ztg.") (VIII, 114 S.) gr. 8. Wien 910. Manz. 3. —

v. Verschuer, Geo., († d. 15. Sept. 1789.) Abhandl. über den Wehrstand u. dessen Erforderniß aus Erfahrungsgründen, in besond. Anmerkk. 8. Stadtamhagen 778. u. 8. Reval u. Leipz. 780.

Verschuer, M. Reichsfreiin von (Red.), s. Aristokratie.

Verschuer, Otto Christoph Frh. von

Verschuer, O. C. Frhr. v., die Hessen u. die andern deutschen Hülfstruppen im Kriege Gross-Britanniens gegen Amerika, s.: Lowell, Edward J.

Verschuer, Undine Freiin v., die Homosexuellen in Dantes „Göttlicher Komödie". (S. 351—363.) 8. Leipzig 906. M. Spohr. n. — 60
Sonderabdruck aus: „Jahrb. f. sex. Zwischenstufen".

Verschüttung. Die V. beim Dörfchen Kienholz (*Heft 2:* Der Untergang des Dörfchens K.) bei Brienz.... 2 Hefte. 8. Wytikon-Zürich [1896].
[Heft 1] ...durch einen Erdrutsch ... den 31. Mai 1896.
Heft 2 ...durch grosse Erdrutsche ... den 22. August 1896. Mit zwei Abbildungen.

(Verschüttung. Die V. des Lowerzer-Thales....) Njbl. s. [Fehr, Johannes].

Verschwender, der, ein neues Gesellschaftsspiel. Mit 12 illum. Bildern. Fol. Nurnberg 839. Endtersche Buchh. 1/4 ₰

Verschwender, Der. Ein Lebensbild mit Gesang in vier Akten ... Wien 1906. V: *Schwartz, Anton M.* (EB)

Verschwender, Die gebesserten, und der bestrafte Geitz. Donauwörth 1781. V: *Mayr, Beda.* (ML 8, 581) (Zeitschr. f. Büch. N. F. 15, 1923, 126)

Verschwender, der Londner, v. Shakespeare; u. Leben u. Tod Cromwells, v. demselben. 8. Mannh. Schwan.

Verschwiegenheit, Die; Schäferspiel. Berlin 1773. V: *Brumbey, Carl Wilhelm.* (GGr) (Ky)

Verschwiegenheit, die,. Schäfersp. 8. Berlin, Birnstiel. 773.

VERSCHWIEGENHEIT, Die belohnte, in der Geschichte des Herrn Thenasso, aus der Erzählung seines Freundes beschrieben von *S***. (Stellenweise freier Roman.) Leipzig, bey Joh. Christoph Gollner, 1760. 8°. 131 S. (incl. Titel). (In Berlin: Yv 6056.) (2 Mk. Frdr. Klüber, München, c. 1902.)

— die unglückliche,. Trauersp. von Möller. 8. Leipz. Böhme. 778.

Verschwinden, das, der Emma Tacke, wie es geschah u. was es lehrt. gr. 8. (23 S.) Leipzig 890. Buchhandlg. d. Evangel. Bundes v. C. Braun. n. — 10

Verschworenen, Die; aus dem Archiv der Brüderschaft des heil. Paulus. Gotha 1794—97. V: *Reinecke, Joh. Chph Matth.* (MGT) ›1794—1802‹ (Ky)

Verschwornen, die, aus dem Archiv der, Brüderschaft des heiligen Paulus, nach einem italiänischen Manuscripte, 2 Theile, 8. Gotha, 794-97. Perthes. 1 Rthl. 23 ggl.

Verschwornen, die, a. d. Archiv der Brüderschaft des heil. Paulus, nach einem italien. Manuscripte, (v. M. Reinicke.) 2 Thle. 8. Gotha, Perthes. 802.

— die, od. die Ruinen der Rothenburg. Ritter- u. Räubergeschichte d. Vorzeit. 3 Thle. 8. Quedl. 821. Basse. 3 ₰ 4 gl.

Verschwornen, die, oder die Ruinen der Rothenburg. Ritter- u. Räubergeschichte aus der Vorzeit. 3 Bde. 8. Quedlinburg 839. Basse. 3 1/6 ₰

Verschworenen, Die neuen, ein historisches Gemälde. Zürich 1805. V: *Vibeau, Xaver Maximilian Amadeus Edmund.* (MGT) (StAt) ›Leipzig‹ (Ky)

Verschwornen, Die Neun. Ein historisch-romantisches Gemälde. Leipzig 1805. V: ***Vibeau, Xaver Maximilian Amadeus Edmund.*** (BGE VIII[3], 104)

— die neun, ein histor. Gemälde, (v. X. M. A. E. Vibeau). 8. Leipz. 805. Andrä. 21 gl.

— die neun, ein histor. Gemälde. 8. Lpz. Bauer. 805.

VERSCHWORNEN, Die Neun. Ein historisch-romantisches Gemälde. (Pikanter Roman von *Xaver Maxim. Amadeus Edmund Vibeau*). Leipzig, v. Kleefeld, 1805. 8°. (2 Mk. H. Lesser, Breslau, 1875; jetzt theurer!)
246 SS. Theilweise dialogisirt. — Das Anon.-Lex. IV. p. 295 gibt den Titel unrichtig (nach Meusel u. A. G. Schmidt).

Verschwörung, Die, zu Bern 1749. Bern 1853. V: *Stierlin, Emanuel.* (ZÜRKL)

Verschwörung, die, zu Bern 1749. Neujahrs Blatt. Der bernischen Jugend gewidmet für das Jahr 1853. Mit 1 (lith.) Abbildg. Bern, Huber u. Co. 4. (25 S.) n. 12½ ngr.

Verschwörung, die, in Buchheim, die Hagelsburger, und der Brautwerber. 3 Erzähl. v. Fr. Gleich. 8. Leipzig, Wergand. 821.

Verschwörung, die, d. Cinq Mars, s.: Bibliothek, neue, f. das deutsche Theater.

— Fiesko's, wider die Doria im J. 1548, dramat. bearb. v. K. Schreiber. 8. Zürich, Geßner. 805.

Die Verschwörung des Fiesko zu Genua. Bearb. v. Plümicke. 8°. Breslau: Gutsch 1796. (Sommer in Leipz.)

Verschwörung, die, des Fiesko zu Genua. Trauersp. v. Schiller. gr. 8. Mannheim, Schwan. 804.

— — dasselbe. gr. 8. Tübing. Cotta. 806.

Verschwörung, die, des Fiesko zu Genua, Trauerspiel von Fr. v. Schiller. Neue Aufl. gr. 8. Tübingen, Cotta. 818.

Eine Verschwörung gegen die neue Gouvernante. Lustspiel in 1 Akt von Elisabeth P. *Paderborn: J. Esser [1903].* (18 S.) 8° [F.] = Sammlung, J. Esser's, leicht aufführb. Theaterstücke. II. 81. [03. 15774

Verschwörung, e., gegen die neue Gouvernante, s. Esser's, J., Sammlung leicht aufführbarer Theaterstücke. 81. Heft.

Verschwörung, Die, der Gracchen. Leipzig 1803. V: *Saint-Real, César Vichard de.* Ü: *Grohmann, Johann Gottfried.* (Ky)

Verschwörung, die, d. Gracchen. (Aus d. Französ. des Abbé von Saint-Real u. mit Nachrr. von des Verfassers Lebensumständen begleitet von J. G. Grohmann.) 8. Leipz. 803. Martini. (Cnobloch). 12 gr.

Verschwörung. Die grosse V. gegen die Freiheit des Volks. Ein Wort zu ernster Beherzigung an das Luzernervolk. 8. (Luzern) 1841

Verschwörung, Die, in Krähwinkel. Historisch-romantische Tragi-Comödie in 4 Aufzügen. Anhang zu Krähwinkel, wie es ist. Hamburg 1829. V: *Niedmann, Carl Christian Friedrich.* (GGr VI, 417)

— die, in Krähwinkel. Histor.-romant. Tragi-Comödie in 4 A. Anhang zu „Krähwinkel wie es ist." 8. Wolfenb. 829. Verlags-Compt. 10 gr.

— gegen d. Legitimität d. Throne u. d. Freiheiten d. Völker. Verbrechen Don Miguels u. Rechte Don Pedros u. seiner Tochter. Aus d. Französ., mit Anmerkk. des Uebersetzers. gr. 8. Trogen 829. (Stuttg., Hoffmann). 12 gr.

Verschwörung gegen d. Legitimität der Throne u. die Freiheiten d. Völker. Verbrechen Don Miguel's u. Rechte Don Pedro's u. seiner Tochter. A. d. Franz. Mit Anmerkn. d. Uebers. gr. 8. (3½ B.) Trogen 829. (Stuttgart, Weise u. Stoppani.)

Verschwörung, die mißglückte, am 15. Oktbr., od.: Die rothe Rose im Gambrinus. Ein Schauergemälde, worin sich der dicke Stein das Herz herausbeißt u. an der Abzehrung stirbt. In 5 Akten, nebst einem Vor- u. einem Nachspiel. Sehr frei nach Blömer, von Linden-Müller, Bürger u. Ex-Präsident der weiland polit. souveränen Ecke rc. Erster dramat. Versuch. 4. (8 S.) Berlin 849, Hopf. 1½ ngr

— die, der Odaliken; od. die Löwenjagd. Singsp. v. Hensler. 8. Wien, Wallishaußer. 792.

Verschwörung, Die, der Pazzi gegen die Medici zu Florenz; ein Trauerspiel in fünf Aufzügen . . . Leipzig 1791. V: *Finck, Wilhelm.* (ML) (Ky)

— die, der Pazzi zu Florenz. Trauersp. 8. Leipz. Crusius. (W. Vogel.) 791.

Verschwörung, die, d. Pazzi zu Florenz Trspl. in 5 A. (v. Gust. Edinhard: Wlh. Fink). 8. Leipz. 791. (W. Vogel). 12 gr.

— die, des Pelopidas. Schausp. in 5 A. 8. Frankf. Eichenberg. 801.

— die, des Pelopidas. Schspl. in 5 A. 8. Frankf. 807. Eichenberg. 21 gr.

Verschwörung, Die, der sieben Perser oder der Mann ohne Ohren. [Braunschweig 1777.] V: *Heise, Johann Christoph Friedrich.* (MGT)

— die, wider Peter d. Großen; od. Menzikof und Natalie. Trauersp. v. Kratter (eine Forts. d. Stücks: Mädchen von Marienburg). 8. Frkft. Eßlinger. 793. — 10
Schreibp. — 20

Verschwörung, die polnische, zu Anfang des Jahres 1846. 1. Heft. kl. 8. Grimma 846, Verl.-Comptoir. ¼ rß — dies. 2. Heft. kl. 8. Ebend. 846. 1/12 rß

— dies. 2. durchaus umgearb. u. berichtigte Aufl. Mit Abbild. eines Krakusen. 8. Ebend. 846. ⅓ rß

Verschwörung, Die schauderhafte, der sächsischen Nationsuniversität . . . [Hermannst. 1848.] V: *Schuller, Johann Carl.* (Pk)

— wider den freien Staat von Venedig, im J. 1618; aus St. Real's Werken übersetzt. 8. Wien 755. ... 4 gr.

Verschwörung der XIII Stämme Israels, die. Das Geheimniss der Kabbala. Prophezeihung, dass die Israeliten im neuen Jahrhundert die Macht u. die Herrschaft über alle Völker der Erde ausüben. München, F. Fränkel, o. J. 12°. Beibd.
Titel (roth u. schwarz in Bordüre) u. 21 S.

— die, wider Venedig. Trauersp. 8. Wien. 754.

Verschwörung, Die, von Venedig. Bremen 1793. V: *Schreiber, Alois Wilhelm.* (GGr) (EE) (Ky) »gegen« (MGT) (NN)

Verschwörung, die, v. Venedig. 8. Bremen, Willmanns. (Muller.) 793.

Verschwörung, die, von Venedig, mit 1 Kupf. 8. Bremen, 794. Wilmans. 20 sgl.

Verschwundene, der. Culturhistorische Novelle. Nach Akten des Kölner Stadtarchiv's bearb. Von E. W. 12. (114 S.) Bamberg 893. C. Schneider, Verl. — 60

Verse zu den biblischen Bildern der Diakonissen-Anstalt zu Kaiserswerth. 16. (19 S.) Kaiserswerth 864. (Berlin, Beck.) *

Verse, Epigrammatische, auf Scherzkupferstiche nach Art der englischen . . . O. O. 1772—74. V: *Steinsky, Franz Anton.* (MGT)

Verse und Erzählungen von G. J. G. Augsp. 1761. V: *Gessler, Johann Georg.* (GGr) »1760. *Gesler, J. G.*« (MGT) ML) (ADB)

— u. Erzählungen (von J. G. Gesler). 8. Augsb. 760. Lotter. 7 gr.

Verse u. **Erzählungen**, v. G. J. G. 8. Augsburg, Lotter. 762.

Verse zum neuen Jahre. 12. Leipz. 774. Hilscher. 3 gr.

Verse, letzte, vom armen Kurtl (K. Kamlah), s.: **Reigen**, lyrischer.

Verse in antiken Massen zur Zeit von Opitz Auftreten. O. O. [1887]. V: *Martin, Ernst.* (Cat. d. Stadtbibl. Zürich. Zürich 1864—97.)

— **neue**, in **Stammbücher**. 2 Bändchen. 16. Berlin, Moritz. (Kunst u. Industrie Comptoir in Commission) (1r 8 gr. 2r 6 gr.)

— **neue, in Stammbücher.** 16. Berl. 809. Matzdorf. 8 gr.

— **u. Prosa, von N.** (Ldw. H. Nicolai), enth. 14 Elegien; e. Brief aus Phyllis; d. Schöne; d. Leben Agricola; Entwurf d. polit. Zustandes in Europa, nach d. Engl. d. Robertson rc. 2 Thle. 8. Basel 773. Schweighäuser. 12 gr.

Verse und Prosa, von N. . . . Basel 1773. V: *Nicolai, Ludwig Hnr.* (Ky)

—— und **Reime** eines alten Pfälzers. In pfälz. Mundart. gr. 16. (IV und 124 S.) Heidelberg 864, C. Winter's Universitäts-Buchh. cart. *

Verse auf die Sonn- und Festtage des ganzen Jahres . . . Norden 1799. V: *Gittermann, Johann Christian Hermann.* (GGr) (NN) (Ky) (MGT) (Rotermund, Gel. Hannover. Bremen 1823.)

— **auf d. Sonn- u. Festtage d. ganzen Jahres.** Nebst e. Anhang f. Confirmanden, (von J. R. H. Gittermann). 8. Norden 799.

— **in Stammbücher**, geb. mit gold. Schnitt in Futteral. Leipz., (Rauck). 21 gr.

Verse, 200 und etliche, vom Whist-Spiel von Robert Schlemm. 4. verb. rc. Aufl. Freiburg im Br. 855. Wagner. 16. (70 S.) n. 6 ngr.

Versé, Bernhard, approb. Arzt aus Elberfeld: **Aus d. chirurg. Klinik zu Kiel. Beitrag zur Casuistik der Darmausschaltung.** *Kiel 1904: H. Fiencke.* (18 S.) 8°
Kiel, Med. Diss. v. [4. Febr.] 1904

Über die Entstehung, den Bau und das Wachstum der Polypen, Adenome und Karzinome des Magen-Darmkanals. Von Dr. Max **Versé**. Mit 7 Taf. Leipzig: S. Hirzel 1908. (VI, 175 S.) 8°
— **Arbeiten** aus d. patholog. Institute zu Leipzig. Bd 1, H. 5. [08. 1445]

Versé, Max, approb. Arzt aus Crefeld: **Aus d. pathol. Institut zu Leipzig. Die Histogenese der Schleimhautcarcinome.** *Leipzig 1903: B. Georgi.* (36 S.) 8°
Leipzig, Med. Diss. v. (21. Febr.) 1903

Verseghy, Frz., Ungarische Sprachlehre. gr. 8. Pesth 806. Eggenberger. 1 rthl 16 gr.

Versell, M(artin). Ueber die Entwicklung des Bündnerischen Strassen- und Eisenbahnwesens und des Fremdenverkehrs. ([Mit Vignetten.] Separatausgabe [aus der] Festschrift [zur 40. Generalversammlung] des Schweizerischen Ingenieur- und Architektenvereins.) IV + 45 S. 4. Chur, Buchdr. Hermann Fiebig (Komm. Jul. Rich), 1903. [cart. fr. 2. —]

Versemann (Fritz Jürn), das Geheimniß des bürgerl. Gesetzbuchs in Reime gebracht. Zum fröhl. Genuß in Tagesportionen f. e. Kalenderjahr. 8. (96 S.) Berlin 900. C. Heymann's Verl. n. 1. 60

Versen, Alex. v., des alten treuen Wächters am Rhein, Prof. Ernst Mor. Arndt, Leben u. Wirken für die Freiheit u. Einheit unseres gesammten deutschen Vaterlandes; nebst einer kurzen historischen Darstellung des weiland „römischen Reiches deutscher Nation" u. einigen interessanten Correspondenzen des großen Verstorbenen. Danzig 861. Anhuth in Comm. 8. (34 S.) n. 6 ngr.

Versen, Alex. v., die Natur in ihrem Walten. Populaires Handbuch für prakt. Landwirthe. Eine auf Grund der Wissenschaft gegebene Erklärung über die Ursachen aus denen der Dünger auf die Pflanzenernährung wirkt, nebst einer Anleitung zur Vorbereitung des Bodens und einer prakt. Behandlung und Vermehrung des Düngers, so wie einer Anweisung zur vollständ. Bereitung verschiedener Sorten von künstl. Dünger mit Vorschlägen zur Anlage von Urate-Poudrette- und Düngesalz-Fabriken, wie auch zur Einrichtung von Versuchswirthschaften und einem Anhang über den aus dem materiellen Wohlstande eines Volkes hervorgehenden, glücklichen, socialen Zustand und die daraus emporkeimenden Fortschritte der Civilisation. gr. 8. (XX und 447 S.) Danzig 854, (Anhuth — Devrient's Nachfolger.) **

Versen, Alex. v., die Natur in ihrem Walten. Populaires Handbuch für prakt. Landwirthe. 2. Aufl. gr. 8. (XII, 462 S. mit 1 Stnt.) Danzig 869, (Anhuth.) *

Versen, Alex. v., die Natur in ihrem Walten. Populäres Handbuch für praktische Landwirthe. Eine auf Grund der Wissenschaft gegebene Erklärung über die Ursachen, aus denen der Dünger auf die Pflanzenernährung wirkt, sowie eine Anleitung zur Vorbereitung des Bodens u. einer praktischen Behandlung u. Vermehrung des Düngers mit einer Anweisung zur vollständigen Bereitung verschiedener Sorten von künstlichem Dünger, nebst Vorschlägen zur Anlage von Urate-Poudrette-Fabriken u. Hinweisung auf die zweckmäßigste Haltung von Nutzvieh. 4., umgearb. Aufl. gr. 8. (115 S.) Danzig 882. (Homann.) geb. 4. 50

— **Ob Mineral- oder Stickstofftheorie?** auf populäre Weise veranschaulicht und erläutert für praktische Landwirthe und Pflanzenphysiologen. Königsberg 857. Bornträger. gr. 8. (IX, 270 S.) 1 rthl. 7½ ngr.

— **das ewige Werden und die Kunst der rationellen Pflanzenpflege.** Populäres naturwissenschaftliches Handbuch für prakt. Landwirthe und alle Freunde der schaffenden Natur. Königsberg 857. Bornträger. gr. 8. (XII, 372 S.) 1 rthl. 24 ngr.

Versen, [illegible] De methodo antipodagristica. Berolini (1836). (26 S.) 8°
Berlin, Med. Diss. v. 13. Aug. 1836

Geschichte des Geschlechts v. Versen und v. Fersen. Von Friedrich v. **Versen**. Als Ms. gedr. Bd 1. 2. Berlin: Trowitzsch (2: Stettin: Herrcke & Lebeling) 1885–1909. 4°
1. Die Geschichte. Mit 5 Kunstbeil., 12 Portr. u. 1 Stammtaf. 1885.
2. Urkundenbuch ... Zsgest., neu bearb. u. hrsg. von Egmont v. **Versen**. 1909. [10. 7093]

Versen, Friedrich Leopold von

Versen, v., Geschichte der Unteroffizierschule in Potsdam 1824—1899. Im Auftrage des Kommandos bearb. Mit mehreren Abbildgn. u. e. Grundriß der Kaserne. gr. 8. (VIII, 172 S.) Berlin 899. E. S. Mittler & Sohn. n. 3. 40; geb. in Leinw. n.n. 4. 20

Versen, Herm. Gust. Adolf Hugo (geb. Frankfurt a. O. 17. 7. 1844) Ueber einen Fall von Hermaphroditismus transversalis muliebris. Berlin (1868). (28 S.) 8°
Berlin. Med. Diss. v. 10. Okt. 1868

Versen, Margarethe v., meine jungen Lieder. (117 S.) 8. Großenhain 906. Baumert & Ronge. n. 2. —

Versen, Max v., Reisen in Amerika und der südamerikanische Krieg. Mit einer (lithogr.) Uebersichtskarte (in Fol.) und den erforderl. (2 lithogr.) Specialkarten (in Fol.). 1. Aufl. Breslau 872, Mälzer, und 2. unveränd. Titel-Aufl. gr. 8. (IV, 220 S.) Gera 874, Reisewitz' Verlag. *

Versen, Max v., Reisen in Amerika u. der südamerikanische Krieg. Mit e. (lith.) Uebersichtskarte u. den (2) erforderl. (lith.) Specialkarten (in Imp.-Fol. u. qu. Fol.) 2. unveränd. Ausg. gr. 8. (IV, 220 S.) Gera 876. Reisewitz' Verl. n. 5. —

Versen, Max. v., transatlantische Streifzüge. Erlebnisse und Erfahrungen aus Nordamerika. gr. 8. (VI, 428 S. mit 3 lithogr. Karten in qu. gr. 4.) Leipzig 876, Duncker und Humblot. *

Versen, Rud., Dortmund, s.: Städtebilder u. Landschaften aus aller Welt.

Versendungsliste der Neuigkeiten von allen denjenigen Buchhandlungen, welche solche zu ihren Bedarf näher bestimmt haben. Quedlinburg 1827. V: *Ernst, F.* (cb)

Versetzbarkeit der Succursal-Pfarrer. Eine Abhandlung, gewidmet dem rheinischen Clerus. gr. 8. (22 S.) Berlin 849, G. Reimer.

Vershofen, Wilhelm L.

Charakterisierung durch Mithandelnde in Shakespeare's Dramen von Dr. Wilhelm **Vershofen**. Bonn: P. Hanstein 1905. (157 S.) 8°
= **Beiträge**, Bonner, z. Anglistik. H. 20. [05. 7056

Vershofen, Wilhelm, a. Bonn: Charakterisierung durch Mithandelnde in Shakespeare's Titus Andronicus. Bonn: P. Hanstein 1905. (32 S.) 8° ¶ (Ersch. vollst. u. d. T. 'Charakterisierung durch Mithandelnde bei Shakespeare' als: Bonner Beiträge zur Anglistik, H. 20.)
Bonn, Phil. Fak., Ref. Bülbring, Diss. v. 16. Mai 1905
[Geb. 25. Dez. 78 Bonn; Heimatsort: Bonn; Staatsangeh.: Preußen; Vorbildung: Realgymn. Wiesbaden Reife 01; Studium: Bonn 2, München 1, Bonn 4 S.; Rig. 14. Dez. 04.]

— **Gedanken zur Technik des Dramas**, erläutert an Shakespeare's Hamlet. (Progr.) (37 S.) 8. Bonn 907. P. Hanstein. — 75

— **Die Reisen Kunzens v. der Rosen, des Optimisten.** (Titel u. Buchschmuck nach Orig.-Zeichngn. v. Christoph Natter.) (128 S.) 8. Jena 910. B. Vopelius. 1.50

— s.: Vierteljahrshefte, Jenaer, f. nationale u. freiheit-Kultur.

Versichere Dein Leben! Religiöse Zeugnisse f. die Lebens-Versicherg. Nach der Zeitschrift „Annalen d. gesammten Versicherungswesens" in Leipzig. 16. (VIII, 53 S.) Lpz. 887, Jüstel u. Göttel. * 1 —

Vershofen, W. L., wir Drei, s.: Kneip, J.

Deutsche **Versicherten-Zeitung**. Mitteilungen über Wirtschaft, Recht u. Technik d. privaten u. öffentl. Versicherung. Hrsg. von Dr. jur. Gerhard Wörner, Rechtsanw. Jg. 1. 1905/06. Leipzig: Deutsche Versicherten-Zeitung (1906). 4° [07. 15689 10

Versicherten-Zeitung, deutsche. Mitteilungen üb. Wirtschaft, Recht u. Technik der privaten u. öffentl. Versicherg. Organ des deutschen Versicherten-Verbandes zu Leipzig. Hrsg. v. G. Wörner. 5. Jahrg. Mai 1909—April 1910. 8 Nrn. (Nr. 1. 48 Sp.) Lex.-8. Leipzig, J. Wörner. 6. 50; einzelne Nrn. 1. —

Versicherten-Zeitung, deutsche. Mitteilungen über Wirtschaft, Recht u. Technik der privaten u. öffentl. Versicherg. Organ des deutschen Versicherten-Verbandes zu Leipzig usw. Hrsg. v. Gerh. Wörner. 6. Jahrg. Juli 1910—Juni 1911. 10 Nrn. (à ca. 24 Sp.) Lex. 8. Leipzig, J. Wörner 8. —

Die Versicherung der Aufsichtsrathaftpflicht. Berichte, erstattet in der Versammlung der Abteilung für Versicherungsrecht und Versicherungswirtschaft [des Deutschen Vereins für Versicherungs-Wissenschaft] am 21. Februar 1906. Berlin, 1906. 60 S.

Versicherung, die, gegen die Folgen der Arbeitslosigkeit, s.: Einrichtungen, die bestehenden, gegen die Folgen der Arbeitslosigkeit.

Versicherung auf das Leben des Menschen bei der k. k. privil. Nuova Società Commerciale d'Assicurazioni in Triesto 1857. 2te Kathegorie. Versicherung von Kapitalien oder Renten zahlbar von der Anstalt nach dem Ableben des Versicherten. Triest, 1857. (1 Bog. 8.) (Oh. A. d. D.)

Versicherung von Militär-Einstands-Geldern. Allgemeine Renten-Anstalt zu Stuttgart. gr. 8. (19 S.) Stuttgart 862, Lindemann. *

Versicherung, die, d. Rindviehbestände. Gesetz v. 26. Juni 1890, nebst d. Vollzugsvorschriften. 8. (93 S.) Karlsruhe 896. (G. Braun'sche Hofbuchdruckerei u. Verlag.) n. 1. 50

Versicherung, Die, der Rindviehbestände. Gesetz vom 26./VI. 1890 nebst Vollzugsvorschriften. (93 S.) Karlsruhe 96. Braun. M. 1.50

Versicherung, die, der Rindviehbestände. Gesetz vom 26. VI. 1890 12. VII. 1898, nebst den Vollzugsvorschriften. 8. (85 S.) Waldshut, H. Zimmermann 1900.

Versicherung, die, der Rindviehbestände. Gesetz vom 26. VI. 1890/12. VII. 1898, nebst den Vollzugsvorschriften. gr. 8. (87 S.) Karlsruhe 903. G. Braun'sche Hofbuchdr. n. 1.20

Versicherung, die, der Rindviehbestände. Gesetz vom $\frac{\text{26. VI. 1890}}{\text{12. VII. 1898}}$ in der Fassg. vom 22. VII 1904, nebst den Vollzugsvorschriften (87 S.) 8. Waldshut '04, H. Zimmermann. —. 30.

Die Kgl. Schwedische aufs neue bestätigte Versicherungs-Acte, die Titulatur betreffend. o. O. 1743. 8°.

Versicherungs-Anstalten, über landwirthschaftliche, u. Vereine mit besonderer Rücksicht auf das Königr. Bayern. gr. 8. (36 S.) München 847. Franz. 4 ngr

Versicherungsbeamte, der. Zeitschrift f. die Interessen der Versicherungs-Angestellten. Hrsg. vom Verband der deutschen Versicherungsbeamten. Schriftleitung: Alex. Liening. 3.—5. Jahrg. 1908—1910. à 24 Nrn. (à ca. 16 S.) Lex. 8. München, M. Steinebach. à Jahrg. 6.—

Schleswig-Holst. Landesbrandkasse. **Versicherungs-Bedingungen** für Acetylengas-Anlagen. Kiel 1901: Vollbehr & Riepen. (4 S.) 8° [Umschlagt. ℑ.] [07. 17446 8

Allgemeine Versicherungsbedingungen von 1910. Entwurf der Hamburger Assekuranzmakler. Hamburg 1910.

Allgemeine **Versicherungsbedingungen** v. 1910. Entwurf d. Kommission deutsch. Seeversicherer. Hamburg 1910.

Schweizerische Mobiliar-Versicherungs-Gesellschaft in Bern. Versicherungs-Bedingungen. (1901 November 25.) 8.

Ausg. A: 23 S. — *Ausg. B:* (Bern, Stämpfli & Cie.) 24 S.

Versicherungs-Beobachter, der. Unabhängiges populäres Organ zum Schutze der gegenseit. Interessen der deutschen Assecuranz-Gesellschaften und des Publikums. (1. und 2.) Jahrg. 1878 und 1879. à Jahrg. 52 Nrn. (à 1/2 Bog.) hoch 4. Dresden, (Kaufmann's Sortiment.) à Jahrg. *

Versicherungs-Blätter, deutsche. Hrsg. von Kühne. 1.—3. Jahrg. 1875—1877. à Jahrg. 52 Nrn. (à 1—1 1/2 Bog.) Fol. Leipzig, (M. Schäfer.) à Jahrg. *
Nicht weiter erschienen.

Versicherungs-Börse f. alle Interessenten d. Versicherungswesens. Offertenblatt. Hrsg. v. der „Allgemeinen Börsen-Zeitg." Redact.: Paul Ellerholz. 1. Jahrg. Octbr. 1892—Septbr. 1893. 52 Nrn. (à Nr. 1 1/4 Bog.) gr. 4. Berl., Verlag der Versicherungs-Börse. * 8 —

Versicherungs-Börse f. alle Interessenten des Versicherungswesens. Offertenblatt. Unter Mitwirkg. namhafter Fachautoritäten hrsg. v. der „Allgemeine Börsen-Zeitg." Chefred.: Osk. Wolff. 2. Jahrg. 1893. 52 Nrn. (Bog.) gr. 4. Berlin SW., Zimmerstr. 5/6, Verlag der Allg. Börsen-Zeitung. n.n. 12. —

Versicherungs-Börse für alle Interessenten des Versicherungswesens. Offertenblatt. Unt. Mitwirkg. namhafter Fachautoritäten hrsg. v. d. „Allgemeine Börsen-Zeitg." Red.: G. Gützlaff. 4.—7. Jahrg. 1895—1898. à 52 Nrn. (à ca. 6 S.) gr. 4. Berlin (sw., Zimmerstr. 5/6), Expedition. à Jahrg. n.n. 12. —
Kann auch vierteljährlich bezogen werden.

Versicherungs-Börse für alle Interessenten des Versicherungswesens. Offertenblatt. Unter Mitwirkg. namhafter Fachautoritäten hrsg. v. der „Allgemeine Börsen-Zeitg." Red.: G. Gützlaff. 8. Jahrg. 1899. 52 Nrn. gr. 4. (à ca. 8 S.) Berlin (SW., Zimmerstr. 5/6), Expedition. n.n. 12. —

Versicherungsbote, der. Organ für die Agenten d. Versicherungswesens u. f. alle Versicherten. Redact.: Gust. Werner. 1.—3. Jahrg. Juli 1890—Juni 1893. à Jahrg. 24 Nrn. (Bog.) gr. 4. Lpz., (Hucke). à Jahrg. * 6 —

Versicherungsfreund, der, und allgemeine Wiener Post. Volksthümliche Zeitschrift für Assecuranzwesen und Volkswirthschaft. 7.—11. Jahrg. 1880—1884. à Jahrg. 52 Nrn. (Bog.) 4. Wien, Administration. à Jahrg. *

Versicherungsfreund, der, und allgemeine Wiener Post. Volksthümliche Zeitschrift für Assecuranzwesen und Volkswirthschaft. 12.—15. Jahrg. 1885—88. à Jahrg. 52 Nrn. (Bog.) 4. Wien, Administration. à Jahrg. *

Versicherungsfreund, der, u. allgemeine Wiener Post. Volksthümliche Zeitschrift f. Assecuranzwesen u. Volkswirthschaft. 16.—19. Jahrg. 1889—92. à Jahrg. 52 Nrn. (Bog.) 4. Wien, Administration. à Jahrg. * 16 —

Versicherungsfreund, der, u. allgemeine Wiener Post. Volksthümliche Zeitschrift f. Assecuranzwesen u. Volkswirthschaft. Chefred.: Herm. Loewenthal. 21. Jahrg. 1894. 52 Nrn. (Bog.) gr. 4. Wien, IX., Maximiliansplatz 10, B. Bartelt. n. 16. —

Versicherungsfreund, der, u. Volkswirtschaftl. Post. Internat. Organ f. Assecuranzwesen u. Volkswirthschaft. Chefred.: Herm. Loewenthal. 23.—25. Jahrg. 1896—1898. à 36 Nrn. (Bog.) gr. 4. Wien (IX/1, Porzellangasse 49 A.), Administration. à Jahrg. n. 20. —; einz. Nrn. n. — 50
Kann auch halbjährlich bezogen werden.

Norddeutsche Versicherungs-Gesellschaft, Hamburg. 1857 bis 1907. — (Hamburg-Horn 1907 :Rauhes Haus.) 20 S. 4° [Umschlagt.]

Die Oldenburger Versicherungs-Gesellschaft in Oldenburg. 1857—1907. Ihre Gründung und Entwickelung. — (Bremen 1907. Hauschild.) 14 S. 4°

Deutsches Versicherungs-Journal von Amerika: 1897–1905?
Monthly. Published in interests of insurance. Sub-title: Wahrer Vermittler zwischen Gesellschaft, Agent und Publikum. Quarto, each issue 12 pages. Edited & published by Z. Zellermayer, 1899–1905.
Brooklyn, NY

Versicherungs-Kalender, allgemeiner, f. 1890. Taschenbuch f. Assecuranzbeamte, Inspectoren, Acquisiteure etc. Hrsgbr.: D. V. Junk. gr. 16. (VII, 235 S.) Wien, Perles. geb. * 3 50
Nicht weiter erschienen.

Versicherungs-Kalender, deutscher, für das J. 1871. Hrsg. von Fr. Wallmann. 2. Aufl. [Der astronom. Kalender ist für die Provinz Brandenburg und den Meridian von Berlin aufgestellt.] 8. (362 S.) Charlottenburg. (Berlin, Grieben.) geb. *

—— dass. — für die J. 1872—1875. 3.—6. Jahrg. Hrsg. von Fr. Wallmann. 8. (XX, 392; 392; 280; VII, 416 S.) Ebendas. à Jahrg. *

Versicherungs-Kalender, deutscher, für die J. 1876—1880. Hrsg. von Fr. Wallmann. gr. 16. (IV, 122, 359; 122, 351; IV, 122, 300; XVI, 132, 327; XVI, 132, 338 S.) [Berlin.] (Leipzig, Grieben's Verlag.) Jahrg. 1876 Jahrg. 1877—1880

Versicherungs-Kalender, deutscher, für das J. 1881—1885. Hrsg. von Fr. Wallmann. 12. (à Jahrg. ca. 500 S.) Lankwitz b. Berlin, Wallmann's Verlag. Jahrg. 1882—1884 à * *ℳ* 9.; Jahrg. 1885

—— deutscher, f. d. J. 1890—1893. 20.—23. Jahrg. 12. (à Jahrg. ca. 500 S.) Lankwitz-Gr. Lichterfelde, Wallmann's Verlag. à Jahrg. * 10 —

Versicherungs-Kalender, deutscher, f. d. J. 1895. 12. (XV S., Schreibkalender u. 527 S.) Gross-Lichterfelde, Wallmann's Verl. Geb. in Leinw. n.n. 10. —

Versicherungs-Kalender, deutscher, f. d. J. 1900. XXXI. Jahrg. 8. (XV S., Tagebuch u. 628 S.) Gross-Lichterfelde, Wallmann. Geb. in Leinw. 10. —

Versicherungs-Kalender, deutscher, f. d. J. 1902. XXXIII. Jahrg. 8. (XVI S., Tagebuch u. 712 S.) Gross-Lichterfelde, Wallmann. Geb. in Leinw. n.n. 10. —

Versicherungs-Kalender, deutscher, f. d. J. 1903. 35. Jahrg. 8. Gross-Lichterfelde, Waldmann. geb. 10. —

Versicherungs-Kalender, deutscher, f. d. J. 1905. 36. Jahrg. kl. 8. Gr.-Lichterfelde, Waldmann. geb. 10. —

Versicherungs-Kalender, deutscher, f. d. J. 1906. 37. Jahrg. kl. 8. Gr.-Lichterfelde, Wallmann. geb. 10. —

Versicherungs-Kalender, deutscher, f. d. J. 1907. 38 Jahrg. (XVI S., Tagebuch u. 864 S.) kl. 8. Gross-Lichterfelde, Wallmann. Geb. in Leinw. n.n. 10. -

Versicherungs-Kalender, deutscher, f. d. J. 1908. 39. Jahrg. kl. 8. Gr.-Lichterfelde, Wallmann. Geb. 10. —

Versicherungskalender, deutscher, f. d. J. 1909. 40. Jahrg. (XVI S., Schreibkal. u. 901 S.) kl. 8. Gross-Lichterfelde, Wallmann. Geb. 10. —
— — f. d. J. 1910. 41. Jahrg. (XVI S., Schreibkal. u. 900 S.) Ebenda. Geb. 10. —

Versicherungs-Kalender, deutscher, f. d. J. 1911. 42. Jahrg. (XVI S., Schreibkalender u. 916 S.) kl. 8. Gross-Lichterfelde, Wallmann. Geb. in Leinw. n.n. 10. —

Versicherungs-Kalender, Oesterr.-ung., 1896. Unentbehrliches Taschenbuch für Versicherungsbeamte, Mathematiker, General- und Bezirks-Agenten, Acquisiteure aller Branchen. Herausgegeben und redigirt von Hermann Löwenthal. I. Jahrg. 16. (163 S. mit Tagebuch.) In Leinwd. geb.
Wien: M. Perles

Versicherungs-Kalender, Oesterr.-ungar., 1897. Unentbehrliches Taschenbuch für Versicherungsbeamte, Mathematiker, General- und Bezirks-Agenten, Acquisiteure aller Branchen. Herausgegeben und redigirt von Hermann Löwenthal. II. Jahrg. 16. (173 S. mit Tagebuch.) In Leinwd. geb. 1.70
Wien: M. Perles.

Versicherungs-Kalender, österr.-ungar., 1898. Unentbehrl. Taschenbuch f. Versicherungsbeamte, Mathematiker, General- u. Bezirks-Agenten, Acquisiteure aller Branchen. Hrsg. u. red. v. Herm. Loewenthal. 3. Jahrg. gr. 16. (IV, 173 S. u. Tagebuch.) Wien, M. Perles. Geb. in Leinw. n. 3.40

Oesterr.-ungar. Versicherungs-Kalender 1900. Unentbehrliches Taschenbuch für Versicherungsbeamte, General- und Bezirks-Agenten, Acquisiteure aller Branchen. Herausgegeben und redigirt von Hermann Loewenthal. V. Jahrgang. Wien. 1900. Perles. 8°. VI, 200 S. Geb. K 4.—

Oesterr.-ungar. Versicherungs-Kalender 1901. Unentbehrliches Taschenbuch für Versicherungsbeamte, General- und Bezirks-Agenten, Acquisiteure aller Branchen. Herausgegeben und redigirt von Hermann Loewenthal. VI. Jahrgang. Wien. Perles. 8°. 200 S. und Tagebuch Geb. K 4.—

— **österr.-ungar.,** 1902. Unentbehrliches Taschenbuch f. Versicherungsbeamte, General- u. Bezirks-Agenten, Acquisiteure aller Branchen. Hrsg. u. red. v. Herm. Loewenthal. 7. Jahrg. 12. (VI, 182 S. u. Tagebuch.) Wien, M. Perles. Geb. in Leinw. n. 4.—

— österr.-ungar. 1904. Unentbehrl. Taschenbuch f. Versicherungsbeamte, General- u. Bezirks-Agenten etc. Hrsg. Löwenthal. 9. Jahrg. 12. Wien, Perles. geb. 4. —

— öster.-ungar. 1905. Unentbehrl. Taschenbuch f. Versicherungsbeamte, General- u. Bezirks-Agenten etc. Hrsg. Löwenthal. 10. Jahrg. kl. 8. Wien, Perles. geb. 4. —

— **österr.-ungar.,** 1906. Unentbehrliches Taschenbuch f. Versicherungsbeamte, General- u. Bezirks-Agenten, Akquisiteure aller Branchen. Hrsg. u. red. v. Herm. Loewenthal. 11. Jahrg. (VI, 160 S. u. Tagebuch.) kl. 8. Wien, M. Perles. Geb in Leinw. n. 4.

— öster.-ungar. 1907. Unentbehrl. Taschenbuch f. Versicherungsbeamte, General- u. Bezirks-Agenten etc. Hrsg.: Löwenthal. 12. Jahrg. (VI, 159 S.) kl. 8. Wien, M. Perles. geb. 4. —

— öster.-ungar. 1908. Unentbehrl. Taschenbuch f. Versicherungsbeamte, General- u. Bezirks-Agenten etc. Hrsg.: Löwenthal. 13. Jahrg. (VI, 159 S.) kl. 8. Wien, M. Perles. Geb. 4. —

— öster.-ungar. 1909. Unentbehrl. Taschenbuch f. Versicherungsbeamte, General- u. Bezirks-Agenten etc. Hrsg.: H. Löwenthal. 14. Jahrg. (V, 159 S. u. Tagebuch.) kl. 8. Wien, M. Perles. Geb. 4. —

— **österr.-ungar.,** 1910. Unentbehrliches Taschenbuch f. Versicherungsbeamte, General- u. Bezirks-Agenten, Akquisiteure aller Branchen. Hrsg. u. red. v. Herm. Loewenthal. 15. Jahrg. (VI, 157 S. u. Tagebuch.) kl. 8. Wien, M. Perles. Geb. in Leinw. 4. —

I. Internationaler Versicherungskongreß in Brüssel 1895. Brüssel 1895.

II. Internationaler Versicherungskongreß in London. London 1899.

Versicherungs-Correspondent, allgemeiner deutscher, für das gesammte Assecuranzwesen und die mit demselben verwandten Zweige. Zur Orientirung der Regierungsbehörden, der Tagespresse und der öffentl. Meinung. Redig. unter Leitung von W. Karup. 1. Bd. Jahrg. 1870. 52 Nrn. (Bog.) gr. Fol. Leipzig, Fritsch.

Versicherungslexicon. V'-Lexikon. Ein Nachschlagewerk für alle Versicherungsgebiete der Privat- und der Sozial-Versicherung, insbesondere in Deutschland, Oesterreich und der Schweiz. Unter Mitarbeiterschaft von Präsident Professor Dr. (Richard) v(an) d(er) Borght ⟨Berlin⟩, Justizrat Direktor Dr. (Karl) Domizlaff ⟨Hannover⟩, ... Oberlandesgerichtsrat (Konrad) Schneider ⟨Stettin⟩ hrg. von Professor Dr. Alfred Manes. (2 Halbbände.) XVI S. + 1682 Sp. gr.-8. Tübingen, J. C. B. Mohr, 1909. (*je* M. 14. — ; *cpl.* 28. —, geb. 30. —)

Versicherungs-Politik und Beleuchtung des Gutachtens der Pest-Ofner Handelskammer über freie Versicherung. Von L. A. . . . Triest, 1857. Weis'sche Buchdruckerei Eigenthum des Verfassers. (19 S. 8.)

Versicherungs-Post. Zeitschrift f. die Organe der Versicherungs-Gesellschaften. Red.: O. Kuphal. 5.—7. Jahrg April 1900—März 1903. à 52 Nrn. gr. Fol. (à ca. 8 S.) Gr.-Lichterfelde, Wallmann. à Jahrg. n.n. 12. —

Versicherungs-Post. Zeitschrift f. die Organe der Versicherungs-Gesellschaften. Red.: O. Kuphal. 8.—11. Jahrg. April 1903—März 1907. à 52 Nrn. (à ca. 6 S.) Fol. Gr.-Lichterfelde, Wallmann. à Jahrg n.n. 12. —

Versicherungs-Post. Zeitschrift f. die Organe der Versicherungs-Gesellschaften. Red.: O. Kuphal. 12.—15. Jahrg. April 1907—März 1911. à 52 Nrn. (à ca. 6 S.) 42,5×30 cm. Gr.-Lichterfelde, Wallmann. à Jahrg. nn 12. —

Versicherungspraxis, die. Zeitschrift f. Versicherungstechnik u. Versicherungsrecht, f. Feuerschutz, Feuerlöschwesen u. Unfallverhütg. Hrsg.: O. Prange. 6. Jahrg. 1908. 12 Nrn. (Nr. 1. 16 S.) Berlin, Geschäftsstelle. S. —
Bisher u. d. T.: Feuerversicherung u. Feuerschutz.

Versicherungspraxis, die. Zeitschrift f. Versicherungstechnik u. Versicherungsrecht, f. Feuerschutz, Feuerlöschwesen u. Unfallverhütg. Organ des deutschen Versicherungs-Schutzverbandes, E. V., Berlin, u. des Vereins f. Feuerschutz u. Feuerlöschwesen zu Berlin. Hrsg.: Otto Prange. 6.—8. Jahrg. 1908—1910. à 12 Nrn. (II, 194; II, 186 u. II, 154 S.) 31,5×23,5 cm. Berlin (W. 30, Viktoria-Luise-Platz 10), Geschäftsstelle. 8. —

Versicherungs-Presse, allgemeine. Organ für die Interessen der Assekuranz. Redact.: L. Dombrowsky und L. Heimann. 1. Jahrg. 1876/77. 52 Nrn. (à 1—2 Bog.) Fol. Berlin, L. Heimann. *
Nicht weiter erschienen.

Versicherungs-Presse, allgemeine. Organ f. die Interessen der Assekuranz. Hrsg. u. Red.: L. Dombrowsky. 19. Jahrg. 1894. 52 Nrn. (à ca. 2 Bog.) Fol. Berlin W., Friedrichstr. 196, Expedition. Vierteljährlich n. 7.50; einzelne Nrn. n. — 60

Versicherungs-Presse, allgemeine. Organ f. d. Interessen d. Assekuranz. Hrsg. u. Red.: L. Dombrowsky. 20.—22. Jahrg. 1895—1897. à 52 Nrn. (à ca. 10 S.) Berlin (W., Friedrichstr. 196), Expedition. à Jahrg. n. 30. —; einz. Nrn. n. — 60

Versicherungs - Projecte. Differenz in der Belastung der Arbeitgeber nach den Versicherungsprojekten Forrer und Greulich. O. O. 1893. V: *Moser, Christ.* (BSchwLk V, 9 f)

Versicherungs-Rundschau. Beiblatt des National-Oekonom. Hrsg. u. Red.: Bernh. Irányi. 1.—4. Jahrg. 1899—1902. à 12 Nrn. hoch 4. (à ca. 8 S.) Wien. (J. Eisenstein & Co.) à Jahrg. n. 1. 70

Versicherungs-Rundschau. Beiblatt des National-Oekonom. Hrsg. u. Red.: Bernh. Irányi. 5.—8. Jahrg. 1903—1906. à 12 Nrn. (à ca 8 S.) Fol. Wien (J. Eisenstein & Co.). à Jhrg. n.n. 1. 70
Nicht mehr im Buchhandel.

Versicherungs-Rundschau. Beiblatt des National-Oekonom. Hrsg. B. Irányi. 9. Jahrg. 1907. 12 Nrn. 4. Wien, Eisenstein & Co. 1. 70.

Versicherungs - Rundschau, Beiblatt des National-Ökonom. Hrsg. B. Irányi. 10. Jahrg. 1908. 12 Nrn. 4. Selbstverlag, Wien XIII 16, Feldmühlgasse 15. 1. 70.

Versicherungs-Rundschau, Beiblatt des National-Oekonom. Hrsg. B. Irányi. 12. Jahrg. 1910. 12 Nrn. 4. Selbstverlag, Wien XIII/6, Feldmühlengasse 15. 1. 70.

Versicherungsschutz. Internationales Informationsblatt für Versicherte. Hrsg.: Herm. Fischer. Red.: Karl Rausch. 1. Jahrg. Dezbr. 1906—Mai 1907. 6 Nrn. (à 12 S.) 4. Wien, J. Eisenstein & Co. 5. —
Erscheint nicht mehr.

Versicherungs-Statistik f. 1902 u. 1903 üb. die unt Reichsaufsicht stehenden Unternehmungen. Hrsg. vom kaiserl. Aufsichtsamte f. Privatversicherg. (LXXVII, 384 u. LXXVI, 388 S.) Lex.-8. Berlin 905. 906. J. Guttentag. à n. 10. —

Versicherungs-Statistik f. 1904 über die unter Reichsaufsicht stehenden Unternehmungen. Hrsg. vom kaiserl. Aufsichtsamte f. Privatversicherung. (LXXIX, 403 S. m. 1 Taf.) Lex.-8. Berlin, J. Guttentag. 1907. 10. —

Versicherungs-Statistik f. 1905 üb. die unter Reichsaufsicht stehenden Unternehmungen. Hrsg. vom kaiserl. Aufsichtsamte f. Privatversicherg. (80 u. 408 S. m. 1 Taf.) Lex.-8. Berlin, J. Guttentag. 1908. 10. —

Versicherungs-Statistik f. 1906 üb. die unter Reichsaufsicht stehenden Unternehmungen. Hrsg. vom kaiserl. Aufsichtsamte f. Privatversicherg. (80 u. 408 S. m. 1 Taf.) Lex.-8. Berlin, J. Guttentag. 1908. 10. —

Versicherungs-Statistik f. 1907 üb. die unter Reichsaufsicht stehenden Unternehmungen. Hrsg. vom kaiserl. Aufsichtsamte f. Privatversicherg. (68 u. 331 S. m. 1 Taf.) Lex.-8. Berlin, J. Guttentag. 1909. 10. —

Versicherungs-Statistik f. 1908 üb. die unter Reichsaufsicht stehenden Unternehmungen. Hrsg. vom kaiserl. Aufsichtsamte f. Privatversicherg. (67 u. 331 S. m. 1 Taf.) Lex.-8. Berlin, J. Guttentag. 1910. 10. —

(F) Die privaten Versicherungsunternehmungen in den im Reichsrathe vertretenen Königreichen und Ländern im Jahre 1898. Amtliche Publication des k. k. Ministeriums des Innern in Gemässheit des § 42 der Verordnung der Ministerien des Innern, der Justiz, des Handels und der Finanzen vom 5. März 1896, R.-G.-Bl. Nr. 31. Wien. 1901. Hof- und Staatsdruckerei. Fol. III, 295 S. K 8.—

Versicherungsunternehmungen, die privaten, in den im Reichsrathe vertretenen Königreichen u. Ländern im J. 1899. (III, 335 S.) gr. 4. Wien, Hof- u. Staatsdruckerei. 1902. 8. —

Versicherungsunternehmungen, die privaten, in dem im Reichsrate vertretenen Königreichen u. Ländern in den J. 1900—1903. Amtliche Publikationen des k. k. Ministeriums des Innern in Gemäßheit des § 42 der Verordnung der Ministerien des Innern, der Justiz, des Handels u. der Finanzen vom 5. III. 1896, R. G. Bl. Nr. 31. (III, 352; III, 372; III, 389 u. III, 384 S.) gr. 4. Wien 902—905. (Hof- u. Staatsdruckerei.) à n. 8. —

Versicherungsunternehmungen, die privaten, in den im Reichsrate vertretenen Königreichen u. Ländern im J. 1904. Amtliche Publikation des k. k. Ministeriums des Innern in Gemässheit des § 42 der Verordng. der Ministerien des Innern, der Justiz, des Handels u. der Finanzen vom 5. III. 1896. R. G. Bl. Nr. 31. (III, 370 S.) Wien '05, Hof- u. Staatsdruckerei. 8. —

Versicherungsunternehmungen, die privaten, in den im Reichsrate vertretenen Königreichen u. Ländern im J. 1905. Amtliche Publikation des k. k. Ministeriums des Innern in Gemässheit des § 42 der Verordng. der Ministerien des Innern, der Justiz, des Handels u. der Finanzen vom 5. III. 1896. R. G. Bl. Nr. 31. (III, 401 S.) Wien, Hof- u. Staatsdruckerei. 1909. 8. —

Versicherungsunternehmungen, die privaten, in den im Reichsrate vertretenen Königreichen u. Ländern im J. 1906. Amtliche Publikation des k. k. Ministeriums des Innern in Gemässheit des § 42 der Verordng. der Ministerien des Innern, der Justiz, des Handels u. der Finanzen vom 5. III. 1896. R. G. Bl. Nr. 31. (401 S.) Wien, Hof- u. Staatsdruckerei. 1910. 8. —

Versicherungs-Verein, der. Ein Wort zur Beherzigung f. alle deutschen Versicherungs-Gesellschaften (v. Hugo Meyer). [Als Handschrift gedr.] gr. 8. (16 S.) Magdeburg 852 (Baensch.) 6 *ngl*

Versicherungs-Welt. Organ f. die gesamte Assekuranz. 4. Jahrg. April 1901—März 1902. 52 Nrn. gr. 8. (à ca. 16 S.) Gross-Lichterfelde (Mittelstr. 5), Fritz Schiffmann. n.n. 30. —; vierteljährlich n. 8. —

Versicherungs-Welt. Organ f. die gesamte Assekuranz. 9. Jahrg. April 1906—März 1907. 52 Nrn. (à ca. 16 S.) gr. 8. Gr.-Lichterfelde, F. Schiffmann. n.n. 30. —; vierteljährlich n.n. 8. —

Versicherungswesen. 1. u. 2. Heft. gr. 8. Darmstadt, G. Jonghaus. n. — 95
1. Schlachtviehversicherung, d. staatliche, im Großherzogl. Hessen, u. zwar Gesetz u. Verordng., die staatliche Schlachtviehversicherg betr., beide vom 12. IV. 1905. Amtliche Handausg. m. Motiven, Erläutergn. u. e. Sachregister. (Bearb. im Auftrag großherzogl. Ministeriums des Innern v. Hölzinger.) (25 S.) 905. n. — 35
2. Gesetz, die Brandversicherungsanstalt f. Gebäude betr., vom 30. IX. 1890 in der Fassung der Bekanntmachung vom 30. IX. 1899 u. des Abänderungsgesetzes vom 2. VIII. 1902. Amtliche Handausg. (28 S.) 906. n. — 60

Versicherungswesen, das gesamte, in Einzeldarstellgn. 1. Bd. gr. 8. München 910. M. Steinebach. 2.50; geb. 3. 50
Transport-Versicherung. Von Gust. Cruciger. (130 S.)

Versicherungs-Zeitschrift, juristisch-technische. Hrsg. u. redig. v. E. Zacharias. 2.—4. Jahrg. 1890—1892. à Jahrg. 52 Nrn. (à Nr. 1—1¼ Bog.) gr. 4. Berl., (Siemenroth u. Worms). à Jahrg. ** 30 —
1. Jahrg. erschien im Selbstverlag d. Herausgebers.

—— österreichische. Internationales Assecuranz-Organ. Hrsgbr.: A. Ehrenzweig. 19. Jahrg. 1892. 52 Nrn. (à Nr. 1½ Bog.) Fol. Wien. (Lpz., Rossberg.) ** 25 —
Die früheren Jahrgg. erschienen in der Administration der österr. Vers.-Ztg. in Wien.

Preußische Versicherungs-Zeitschrift. Organ für Recht . . . Hrsg. von F. Wallmann. Jg. 2—5. Charlottenburg, [später:] Berlin u. Charlottenburg 1868—71.

Versicherungs-Zeitschrift, preussische. Organ für Recht, Verfassung und Verwaltung der Versicherungs-Gesellschaften. Hrsgbr.: Fr. Wallmann. Redact.: J. C. Huber. 7. Jahrg. 1872. (102 Nrn.) Berlin, Grieben. *
Vgl.: Wallmann.

Versicherungs-Zeitschrift, Wallmann's. Jhg. 9—13. 1875—1879. Berlin. gr. 8.

Versicherungs-Zeitschrift, schweizerische. — Revue suisse des assurances. Unter Mitwirkg. hervorrag. Fachmänner red. v. W. Nauer. 1. Jahrg. Oktbr. 1908—Septbr. 1909. 12 Hefte. (1. Heft 24 S.) gr. 8. Zürich, Art. Institut Orell Füssli. 6. —; einzelne Hefte —. 60.

Versicherungs-Zeitschrift, schweizerische. — Revue suisse des assurances. Unter Mitwirkg. hervorrag. Fachmänner red. v. W. Nauer. 2. Jahrg. Okt. 1909—Sept. 1910. 12 Hefte. gr. 8. Zürich, Art. Institut Orell Füssli. 6. —; einz. Hefte —. 60.

Versicherungs-Zeitschrift, schweizerische. — Revue suisse des assurances. Unter Mitwirkg. hervorrag. Fachmänner red. v. W. Nauer. 3. Jahrg. Okt 1910—Sept. 1911. 12 Hefte. gr. 8. Zürich, Art. Institut Orell Füssli. 6. —; einz. Hefte —. 60.

Versicherungs-Zeitung. (Beilage zu den „Nachrichten aus dem Gebiete der Staats- und Volkswirthschaft", mitgetheilt von Otto Hübner.) 1. Jahrg. Juli — Decbr. 1853. 26 Nrn. (½ Bog.) gr. 4. Berlin 853. (Leipzig, Hübner.) *

Versicherungs-Zeitung, allgemeine. Herausgeber u. Redacteur E. A. Masius. 1. Jahrg. 1845. Juli bis December. 26 Numm. (Bog.) 2. Jahrg. 1846. 52 Numm. Mit Beilagen. Roy.-4. Leipzig, Große. 1. J. n. 2 ℔ 2. J. n. 4 ℔

—— dass. 2. u. 3. Jahrg. 1846 u. 1847. à 52 Nrn. (Bog.) Mit Beilagen. Roy.-4. Ebds. à J. *

„Allgemeine Versicherungs-Zeitung", herausgegeben und redigiert von E. A. Masius, 1.—5. Jahrgang, Leipzig 1845—1849. (Von 1850 an in Verbindung mit dem „Deutschen Volkswirt"). — Vorh.: Com. Bibl. Hamburg.

Versicherungs-Zeitung, allgemeine. Redig. von E. A. Masius. 4—6. Jahrg. 1848—50. à Jahrg. 52 Nrn. (Bog.) Imp.-4. Leipzig, [O. Klemm.] à Jahrg. *
1—3. Jahrg. 1845—47. Ebendas. *10 Thlr. Die Fortsetzung s. Rundschau.

Versicherungs-Zeitung, deutsche. Organ für das gesammte Versicherungswesen. Hrsgbr.: Th. Saski. 3.—5. Jahrg. 1862—64. à Jahrg. 52 Nrn. (Bog.) gr. 4. Berlin, Bach. à Jahrg. *

—— dass. — Redact.: A. F. Elsner. 6.—8. Jahrg. 1865—67. à Jahrg. 102 Nrn. (Bog.) Fol. Berlin, (Grieben.) 1865. * 6 Thlr., 1866. * 6 Thlr. 20 Ngr., 1867. *

Versicherungs-Zeitung, deutsche. Organ für das gesammte Versicherungswesen. Redact.: A. F. Elsner. 9.—15. Jahrg. 1868—1874. 102 Nrn. (Bog.) Fol. Berlin, (Grieben.) 1868—1871. à *
1872 und 1873. à *
1874. *

—— dass. — 16. Jahrg. 1875. 104 Nrn. (à 1—2 Bog.) Fol. Mit wöchentl. Gratis-Beilage: „Das neue Blatt." 52 Nrn. (à 2 Bog.) gr. 4. Ebendas.

Versicherungs-Zeitung, deutsche. Organ für das gesammte Versicherungswesen. Chefredact.: A. F. Elsner. 17.—20. Jahrg. 1876—1879. à Jahrg. 104 Nrn. (à 1—2 Bog.) Fol. Berlin, Elsner. à Jahrg.

Versicherungs-Zeitung, deutsche. Organ für das gesammte Versicherungswesen. Chefredact.: A. F. Elsner. 21.—25 Jahrg. 1880—1884. à Jahrg. 104 Nrn. (à Nr. 1—2 Bog.) Fol. Berlin, Expedition. à Jahrg.

Versicherungs-Zeitung, Deutsche. Organ für das gesammte Versicherungswesen. Herausg.: Th. Saski. Jhg. 3—5. 1862—64. Red.: A. F. Elsner. Jhg. 6—30. 1865—89. Berlin. Fol. . . . . (880.)

Versicherungs-Zeitung, norddeutsche. Wochenschrift f. alle Zweige des Versicherungswesens. Hrsg.: Herm. Schade. 1. Jahrg. Jan.—März. 1904. 13 Nrn. (à ca. 8 S.) Fol. Hamburg, H. O. Persiehl. n. 5. —
Erscheint nicht mehr.

Versicherungs-Zeitung, oesterreichische. Internationales Assecuranz-Organ. Hrsgbr.: A. Ehrenzweig. 15. Jahrg. 1888. 52 Nrn. (à Nr. ½—1 Bog.) gr. 4. Wien, I. Schottenring 9, Administration. *

Versicherungs-Zeitung, österreichische. Internationales Assecuranz-Organ. Hrsg.: A. Ehrenzweig. 19.—21. Jahrg. 1892—1894. à 52 Nrn. (à ca. 2 Bog.) Fol. Wien, Administration. —
Vgl. Versicherungs-Zeitschrift, Österreichische.

Versicherungs-Zeitung, österreichische. Internat. Assecuranz-Organ. Hrsg.: A. Ehrenzweig. 22.—25. Jahrg. 1895—1898. à 52 Nrn. (à ca. 6 S.) Fol. Wien (I, Schottenring Nr. 9), Administration. à Jahrg. n.n. 21. —

Versicherungs-Zeitung, österreichische. Internationales Assecuranz-Organ. Hrsg.: A. Ehrenzweig. 26. u. 27. Jahrg. 1899 u. 1900. à 52 Nrn. Fol. (à ca. 6 S.) Wien (XIX, Cottage, Vegagasse 5), Administration à Jahrg. n.n. 21. —

Versicherungs Zeitung, österreichische. Internat. Assecuranz-Organ. Begründet v. A. Ehrenzweig. Hrsg. Maschlufsky. 28. Jahrg. 1901. 52 Nrn. Fol. Wien, Administration 21. —

— **Zeitung**, österreichische. Internat. Assekuranz-Organ. Begründet v. A. Ehrenzweig. Hrsg. Maschlufsky. 29. Jahrg. 1902. 52 Nrn. Fol. Wien, Administration. 21. —

— österreichische. Internation. Assecurranz-Organ. Begründet von A. Ehrenzweig. Hrsg. u. Red.: R. C. Suess. 30.—32. Jahrg. 1903—1905. à 52 Nrn. (372, 372 u. 362 S.) Fol. Wien (VIII, Albertg. 31), Administration. à Jahrg. n.n. 22. 10

Versicherungs-Zeitung, österreichische. Internat. Assecuranz-Organ. Begründet v. A. Ehrenzweig. Hrsg. Suess. 33./34. Jahrg. 1906/07 je 52 Nrn. gr. 4. Wien, Administration. je 22. 10.

Versicherungs-Zeitung, österreichische, u. Versicherungsrecht. Internat. Assecuranz-Organ. Begründet v. A. Ehrenzweig. Hrsg. Suess. 36. Jahrg. Hauptblatt 52 Nrn., Beiblatt 12 Nrn. gr. 4. Wien VIII, Administration, Albertgasse 57. 1908 36. —

Versicherungs-Zeitung, österreichische, u. Versicherungsrecht. Internat. Assecuranz-Organ. Begr. v. A. Ehrenzweig. Hrsg.: Suess. 37. Jahrg. 1909. Hauptbl. 52 Nrn., Beibl. 12 Nrn. gr. 4. Wien VIII, Administration, Albertgasse 57. Kr. 36. —

Versicherungszwang, der indirekte, für Gebäude bei der Landesbrandcasse von Schleswig-Holstein. gr. 8. (16 S.) Schleswig 878, Bergas. *

Versicherungszweige, Die.

[Bern 1906.] V: *Hilty, Edgar.* (Bibliogr. Bull. d. Schweiz 1907.)

Versiculi et responsoria in vesperis. Zum Gebrauche für die Musik-Chöre in der Stadt und auf dem Lande. qu. gr. 4. (8 S.) Augsburg 860, Schlosser'sche Buchh.

Versiegelt, s. Liebhaber-Bühne, neue.

VERSIFEX, Jocosus (ps.), Die weibliche Beredsamkeit. Neues Carmen. 1877.
Weller, Lex. Ps. p. 591.

Versing-Hauptmann, Anna, Gedichte. Leipzig 861. O. Wigand. 16. (VIII, 175 S.) 18 ngr.

Versing-Hauptmann, Anna, Jugendlieder und Lebensbilder. 16. (XII, 267 S. mit Portr. in Lichtdr.) Wien 881, Rosner.

Versinnlichungsmethode beim Unterricht in Sprachen, (von F. S. Springer). 8. Leipz. 817. Lauffer. 10 ℳ

Versio psalmorum eleg. vide Mattha, methaphrasis psalm.

Versionen, die Wolfenbütteler mittelniederdeutschen, der Benediktinerregel, hrsg. v. Ernst A. Kock. (IV, 124 S.) gr. 8. Wolfenbüttel 903. A. Stichtenoth Nachf. n. 2. 50

Versluys, Jan

Versluys, J., die Gorgoniden der Siboga-Expedition. I. Die Chrysogorgiidae. [Siboga-Expeditie XIII.] Imp.-4. (120 S. m. 170 Fig.) Leiden 902. Buchh. u. Druckerei vorm. E. J. Brill. n.n. 6. 25

Versluys, J., die Gorgoniden der Siboga-Expedition. II. Die Primnoidae. [Siboga-Expeditie XIIIa.] (187 S. m. 178 Fig., 10 Taf., 1 Karte u. 10 Bl. Erklärgn.) 4. Leiden 906. Buchh. u. Druckerei vorm. E. J. Brill. n.n. 28. — (I. u. II.: n.n. 34. 25)

Versluys jr., Jan, in Amsterdam: Die mittlere und äussere Ohrsphäre der Lacertilia und Rhynchocephalia. Mit 8 Taf. u. 1 Textfig. *Jena: G. Fischer 1898.* (247 S.) 8°
Giessen, Phil. Diss. v. 1898

Versluys, J., Pseudocladochonus Hicksoni, s.: Alcyoniden, die, der Siboga-Expedition.

Versmann, E. Chr., wie kann Einer in das Reich Gottes kommen? in einer Auslegung v. Joh. 3, 1—21 beantw. gr. 8. (.. B.) Hamburg 839, Perthes-Besser u. Mauke.

Versmann, E. Fr., wie kann Einer in das Reich Gottes kommen? in einer Auslegung von Joh. 3, 1—21 beantwortet. gr. 8. Hamburg 839. Perthes-Besser u. Mauke. ½ ℳ

Versmann, Ernst

Versmann, E., zur Erinnerung an den Tag der Confirmation. 8. (34 S.) Itzehoe 884, Nusser. Dän. Ausg. 3. Aufl.

Versmann, E., zur Erinnerung an den Tag der Confirmation. 71.—75. Tausend. 8. (34 S.) [Itzehoe 886.] Rostock, Nusser.

Versmann, E., zur Erinnerung an den Tag der Confirmation. 86.—90. Tausd. 12. (36 S.) Itzehoe 892. A. Nusser. — 15; in dän. Sprache 6. Aufl. (34 S.) — 15

Versmann, E., zur Erinnerung an d. Tag d. Confirmation. 91. bis 95. Tausd. 12. (36 S.) Itzehoe (898). Ch. Bachmann & Petersen. — 15

Versmann, E., zur Erinnerung an den Tag der Konfirmation. 100.—103. Taus. (43 S.) kl. 8. Itzehoe (906). Ch. Bachmann & Pertersen. — 25

Versmann, E., christliches Festbüchlein. gr. 8. (VI 229 S.) Kiel 876. Homann. n. 3. —; geb. n. 4. —

Versmann, E., die zehn Gebote nebst der Erklärung Dr. Luthers ausgelegt. gr. 8. (IV, 372 S.) Itzehoe 869, Nusser. *

Versmann, E., die zehn Gebote nebst der Erklärung Dr. Luthers ausgelegt. Itzehoe 870. Nusser. gr. 8. (IV, 372 S.) n. 1 ℳ 10 ngr.

Versmann, E., der Gottestisch. Sieben Betrachtungen über die im Kirchenbuche für Schleswig und Holstein enthaltene Ansprache an Communicanten. (Aus dem Sonntagsboten abgedr.) Itzehoe 857. Nusser. 8. (100 S.) n. 12 ngr.
Dass. 2. Aufl. Ebda. 1866.

— **der Gottestisch.** Sieben Betrachtgn. üb. die im Kirchenbuche f. Schleswig u. Holstein enthaltenen Ansprache an Communicanten. 3. Aufl. gr. 8. (100 S.) Itzehoe 874. Nusser. n. 1. 20; geb. m. Goldschn. n. 2. 25

— der Gottestisch. Sieben Betrachtungen über die im Kirchenbuche für Schleswig und Holstein enthaltene Ansprache an Communicanten. 4. Aufl. gr. 8. (IV, 96 S.) Ebendas. 886. geb. mit Goldschn.

— das Haus. 12 Betrachtgn. gr. 8. (228 S.) Kiel 874. Homann. n. 3. —

— dasselbe. 2. Aufl. gr. 8. (IV, 228 S.) Ebend. 876. n. 2. —

Das Haus. 12 Betrachtungen von E[rnst] **Versmann**, weil. Propst in Itzehoe. 3. [u. 4.] Aufl. [Vorr.: Theodor Jeß.] Kiel: M. Liebscher [1899]. (228 S.) 8° [F.]
Erschien zuerst in: Sonntags-Bote. 1871–73. 05. 1908 8

— **Hausthüren** u. **Herzensthüren.** Eine Erzählg. 8. (46 S.) Itzehoe 874. Nusser. n. — 60

Versmann, Ernst: Der Herr unser Helfer. Predigt über Psalm 146 im Gebetsgottesdienste am 2. März 1864. Itzehoe. 1864. 8°

Versmann, E., Kirchen- u. Schulblatt f. die Herzogth. Schleswig, Holstein rc., s. Kirchen- u. Schulblatt.

— **das Krankenbett.** Betrachtungen üb. Matth. 9, 1—8. [Aus „Sonntagsbote."] 8. (58 S.) Ebend. 871. n. — 40

Versmann, E., das Leben Jesu. Zwölf Vorträge. gr. 8. (IV und 207 S.) Itzehoe 865, Nusser. *

Versmann, E., Predigt bei Wiedereröffnung der St. Jürgenskirche in Itzehoe, am 12. Aug. 1847 gehalten. Beigegeben: Altargebete u. Rede bei Einweihung einer neuen Orgel. gr. 8. (24 S.) Itzehoe 847, Nissen in Comm. n. ⅙ ℳ

Rede am Sarge des Verbitters **W. H.** von **Rumohr**, Erbherrn auf Rundhof, am 23. Novbr. 1862 gehalten von E[rnst] Versmann. — Itzehoe 1862: Pfingsten. 8 S. 8°

Versmann, E., Reden bei der Bestattung Ihrer Hoheit der Prinzessin Julie zu Hessen, Aebtissin des adeligen Klosters in Itzehoe, am 20. März 1860 gehalten. Itzehoe 860. Nusser. gr. 8. (20 S.) n. 4 ngr.

— Schleswig-Holstein u. seine Verkläger. [Aus dem Kirchen- u. Schulblatt abgedr.] gr. 8. (101 S.) Kiel 850, Schwers in Comm. n. 8 ngr

Versmann, E., der Sonntags-Bote. Mit einer Auswahl aus dem 1. Jahrg. aufs Neue ausgesandt. gr. 8. (IV und 123 S.) Kiel 853, Schwers'sche Buchh.

Versmann, Ernst: Ein armer Sünder. Lebensgeschichte des Johann Lau aus Brockdorf, nebst einer am Sonntage nach dessen Hinrichtung gehaltenen Predigt. (Die Lebensgeschichte ist aus dem Sonntagsboten abgedruckt.) Itzehoe. 1857. 8°

— **Timm Thode.** Mittheilungen über sein letztes Lebensjahr. 2. Aufl. 8. (41 S.) Ebendas. 868.
aus: Sonntagsbote, besonders abgedruckt.

Versmann, F. W. G., über die Rotz= u. Wurmkrankheit des Pferdes. Mit besond. Rücksicht auf ihre Heilung u. specieller Mittheilung eines von mir an 7 rotzkranken Pferden gemachten u. gelungenen Heilversuches. gr. 8. Hannover 843, Helwing'sche Hofbuchh. n. 1/3 Thlr

Versmann F. W. G.: Uber Rotz- u. Wurmkrankheit d. Pferdes . . . Hann. 1843. 46 S. P.

Versmann, G., Predigt, s. Demmler.

Versmann, Johs., Jenaer Studentenbriefe. Mitgeteilt v. Adf. Wohlwill. (34 S.) gr. 8. Hamburg 908. L. Gräfe & Sillem. 1. 50
Sonderabdruck aus: „Ztschr. d. Ver. f. hamburg. Gesch."

Versmolt, Kurt, die Kochkiste, nebst e. reichen Auswahl dazu passender Speisen. (Anleitung zur Selbstanfertigg. einer Kochkiste. Eine prakt. u. bewährte Methode zum Gartochen d. Speise ohne Feuerg. m. Anh.: Kochkisten-Kochbuch.) (47 S.) kl. 8. Leipzig (909). S. Schnurpfeil. — 30

Versöhnerin, Die. Eine Erzählung . . . Meissen 1811. V: *Lindau, Wilhelm Adolph.* (NN) (Ky) (EE)

Versöhnerin, die. Ein Roman, v. Verf. der Hellodora u. des Erato. 8. Meißen, Gödsche. 811. — 21

Versöhnung.

— die,. Schausp. in 3 Akten, s. Schausp. der Frau von Weißenthurn 5r Bd.

— die,. Schausp. in 5 A. v. A. v. Kotzebue. 8. Leipz. Kummer.

Versöhnung, Die, ein rührendes Drama. Wien 1772. V: *Gebler, Tobias Philipp Freih. von.* (Ky) (ML)

Versöhnung, Die, oder: die Liebe macht alles gut. Ein Schauspiel in einem Akte. Pilsen, Klattau u. Leipz. 1793. V: *Komareck, Joh. Nepomuk.* (MGT) (Ky) (Mn)

— die, v. A. J. v. Guttenberg. Schausp. in 4 A. 8. München, Lindauer. 800.

Versöhnung, die.. Eine philosophisch=heroische Posse. gr. 4. Schleswig, Röhs. 803. geheft.

Versöhnung. Zur V.! von einem Berner. 8. Bern 1854.

Versöhnung, die. Eine Orig.=Erzählung. 5. Aufl. Neuhaus 865. Landfraß & Sohn. 8. (52 S.) n. 2 ngr.

Versöhnung! Zeitgemäße Betrachtgn. e. Frau (Frau Emma Gebauer). 8. (42 S.) Kösen 893. Berlin, U. Kracht. — 75

— Mittwochsblatt f. unsere vaterländ. Gemeinsamkeit. Eine Ergänzg. f. die Tageszeitgn. aller heut. Parteien u. Richtgn. Begründer u. Hrsg.: M. v. Egidy. Schriftleiter: G. Schalk. 1. Jahrg. 1894. 52 Nrn. (Bog.) gr. 4. Berlin, A.-G. Pionier. n. 6. —
s.: Christenthum, einiges.

Versöhnung. Zusammenschluß aller d. Gesammtwohl förd. Bestrebgn. Begründer u. Hrsg.: M. v. Egidy. Schriftleitg.: H. Driesmans. 2. Jahrg. 1895. 52 Nrn. (Bog.) gr. 4. Charlottenburg, A. Gerb. 6. —

— **M. v. Egidy.** — Bisher Sprechsaal d. deutschen Volks-Bundes. Vereinigg. zur Förderg. deutscher Volkserziehg., deutscher Rechtsanschauung u. allgem. Volkswohlfahrt, begründet durch Lehmann=Hohenberg. Red.: Wilh. Schwaner. 3. Jahrg. 1. Sem. Jan. — Juni 1896. 26 Nrn. (à ca. 2 Bog.) Fol. Kiel. Berlin, Geschäftsstelle. n. 2. —
Fortsetzg. u. d. T.:

— Monatsschrift. Hrsg. v. M. v. Egidy. Juli 1896 — Juni 1899. à 12 Hfte. (à ca. 40 S.) Berlin, Geschäftsstelle. à Jahrg. 4. —
Kann auch vierteljährlich bezogen werden.

Versöhnung, Fortsetzung, s.: Wollen, ernstes.

— ebeliche,. Nachsp. 12. Mannh. Kaufmann. 795.

— ehrliche; Nachspiel. 12. Manh. 795. (Hinrichs in Leipz.) 3 gr.

Versöhnung, Fausts, mit dem Leben . . . Köln 1816. V: *Groote, Eberhard von.* (Engel, Bibl. Faustiana. 2. Aufl. Oldenb. 1885.) (Ky) (MGT)

Versöhnung mit Gott und tägliche Aufopferung aller heiligen Messen, kräftigstes Mittel zur Abwendung gegenwärtiger u. zukünftiger Drangsale. Aus dem Italien. übersetzt nach einer zu Rom erschienenen Schrift. 2. Aufl. Einsiedeln 861. Gebr. Benziger. 16. (15 S.) 12 Exempl. 4 ngr.

— und Ruhe; Schspl., s. J. v. Soden.

— und Ruhe, oder Menschenhaß u. Reue. 2r Thl. Schspl. gr. 8. Leipz., Andrä. 12 gr.

— und Ruhe. Schausp. in 5 Aufz. 8. Wien, Wallishäußer.

Die Versöhnung | auf dem Schlachtfelde | in Abessinien. *(Text)*.
Kol.: Druck von C. Schulze u. Co. in Schmiedeberg, Prov. Sachsen.
o. J., 4 Bl. n. n., 177 × 114.
LBO Bänkelsängerlit. III, 127.

Zur Versöhnung zwischen Volk, Heer u. Führer in Bayern. Augsburg 1866. 14 S.

Versöhnung, die schon vollbrachte. 8. (17 S.) Breslau 887. Dülfer's Verlag.

Versöhnung, Zarathustras. Leipzig 1901. V: *Findel, Josef Gabriel.* (Berl 1912, S. 523)

Versöhnungskomödie, die polnische. Von Teut II. (43 S.) 8. Lissa (908). O. Eulitz. — 50

Blumauers Versöhnungslied an die Schwestern, beantwortet von einem Frauenzimmer. Jena 1786. 8°.
Cit. in einem Verzeichnis antiquarischer Schriften (siehe: Beyer, Katalog der Samml. des Allg. Freim. Museums der Grl. zur Sonne. Bd. I. Nr. 94).

Versöhnungsopfer, das ewige. Ein christkathol. Gebet- u. Andachtsbuch, enth. e. reiche Sammlg. v. Gebeten u. Andachten f. alle Bedürfnisse d. religiösen Lebens, besonders zur Feier der hl. Messe. Mit (2 chromolith.) Bildern. 16. (418 S.) Einsiedeln 875. Eberle, Kälin & Co. geb. m. Goldschn., Rahmen u. Schließe. n. 2. 70

Versöhnungsopfer, das große, auf Golgatha, oder die Leidens- u. Todesgeschichte Jesu nach den 4 Evangelisten mit bildl. Vorstellungen aus d. alten Bunde etc. 4. Landshut 840. (Augsburg, Kollmann.) 1 6 ngß

— das große, auf Golgatha od. die Leidens- u. Todesgeschichte Jesu nach den vier Evangelisten m. bildl. Vorstellgn. aus dem alten Bunde zur Betrachtg. u. Erbaug. Zu Oberammergau vollständig aufgeführt. br. 8. (32 S.) Weilheim 870. (München, J. A. Finsterlin.) — 20

Versöhnungsopfer, das große, auf Golgatha oder die Leidens- und Todes-Geschichte Jesu. Nach den vier Evangelisten mit vorbild. Darstellungen aus dem alten Bunde zur Erbauung und Betrachtung mit allerhöchster und allergnädigster Bewilligung aufgeführt zu Oberammergau in Oberbayern. 16. (40 S.) Oberammergau 880. (München, L. Finsterlin.) * *
— — dass. — 8. (32 S.) Weilheim 880. (München, J. A. Finsterlin.)

Versöhnungstag, Der; eine Cantate. Schleswig 1778. V: *Reimer, Georg.* (Adel) (MGT) (Kordes, Schlesw.-holst. u. eutin. Schriftst. Schleswig 1797.)

Versöhnungstrunk, der. Eine Frauenkomödie in 3 Aufzügen v. Aristus. (36 S.) gr. 8. Leipzig (904). (Leipziger Buchdruckerei.) n. — 50

Versöhnungswerk, Das, oder Einfache Beleuchtung des Planes der Schöpfung des Menschen im Zusammenhange mit dessen vollbrachter Erlösung belegt mit buchstäblichen Zeugnissen der heiligen Schrift, der Väter, ältesten Liturgie u. s. w. als eine Betrachtung in der Charwoche. In einer Anzahl kunstloser Verse Seinen Gönnern und allen Theilnehmenden gewidmet von Ign* Bl*l. Prag 1790. V: *Blümel, Ignaz.* (GGr VI/740, Nr. 45/1) (Biblrort)

Verson, Enrico

Verson, E., und E. Klein, über die Bedeutung des Kochsalzes für den menschlichen Organismus, s. Klein, E.

Verson, E., Beiträge zur Anatomie d. Bombyx Yama-Mai. 1. Mittheilg. [Mit 3 (lith.) Taf. (in gr. 8. u. 4.)] [Aus: „Sitzungsber. d. k. Akad. d. Wiss."] Lex.-8. (17 S.) Wien 870. (Gerold's Sohn.) n. 1. 20

— Beiträge zur Kenntniss des Kehlkopfes u. der Trachea. [Mit 1 (lith.) Taf. (in qu. 4.)] [Aus den Sitzungsber. der k. Akad. der Wiss.] Wien 868. (Gerold's Sohn.) Lex.-8. (25 S.) n. 5 ngr

— über die Beziehungen d. Amylens zum Terpentinöl, s. Bauer, A.

— zur Geschichte d. Benylens, s. Bauer, A.

— zur Insertionsweise der Muskelfasern. [Mit 1 (lith.) Taf.] [Aus den Sitzungsber. der k. Akad. der Wiss.] Wien 868. (Gerold's Sohn.) Lex.-8. (4 S.) n. 4 ngr

— Studien über die Körperchen der Cornalia, s. Haberlandt, F.

Verson, Franz Xaver: Der Arzt am Krankenbette der Kinder und an der Wiege der Säuglinge. Th.1 - 3, gbd.

Wien: Heubner 1838

Versorgung, die, unserer Arbeiter durch das Arbeiter-Pensionsbuch oder durch die Erleichterung des Erwerbs von Grund-Eigenthum? 8. (16 S.) Leipzig 881, F. Fleischer.

Üb. d. Versorgung d. Armee m. Arzneien u. Verbandmitteln. Berlin 1837. — Dazu 1 Heft m. 5 Taf. Abb. u. 1 Abänderg d. Beil. C. (Je 1 Bd.) 3 Bde.

Über Versorgung d. Armee m. Arzneien u. Verbandmitteln. Berlin 1859.

Versorgung, die, und Erziehung armer verwahrloster Kinder. Ein Wort zur Beherzigung für die Bürger der Gemeinde Schwyz. Schwyz 855. (Zürich, Hanke.) 8. (52 S.) n. 5 ngr

Versorgung, die, der Militairpersonen in Civildiensten, oder: Sammlung der gesetzl. Vorschriften über die Erwerbung von Versorgungs- u. Anstellungs-Ansprüchen aus geleisteten Militairdiensten; über die Versorgungen, auf welche die erworbenen Ansprüche ein Anrecht geben, u. über mehrere hiermit in Verbindung stehende Gegenstände. Zusammengestellt v. W. Dittmar. gr. 8. (11⅞ B.) Magdeburg 815, Baensch. *

Versorgung, die, v. Städten m. elektrischem Strom. Nach Berichten elektrotechn. Firmen üb. die v. ihnen verwendeten Systeme. Red.: F. Uppenborn. Festschrift f. die Versammlg. deutscher Städteverwaltgn. aus Anlass der internationalen elektrotechn. Ausstellg. zu Frankfurt a. M. 26.—29. Aug. 1891. hoch 4. (VII, 271 S. m. Abbildgn., Taf. u. Tab.) Berlin 891. J. Springer. — München, R. Oldenbourg. Geb. in Leinw. n. 16. —

Versorgungs- und Beschäftigungs-Anstalt — die, für erwachsene Blinde zu Wien, in der Josefstadt Nr. 184 u. 185. Wien, 1857. Druck von A. Pichlers Witwe und Sohn. (8 S. 8.)

Versorgungs-Anstalt, Die von dem Vereine der ersten österreichischen Sparcasse in Ausführung gebrachte allgemeine ....., in ihren rechtlichen Verhältnissen und in ihrem Wirken dargestellt von der Administration dieser Anstalt. 8. Wien 1850.

Versorgungs-Anstalt, die mit der ersten österr. Spar-Casse vereinigte allgem., f. Unterthanen d. österr. Kaiserstaates. Im Geiste ihrer Statuten geschildert u. mit tabellar. Uebersichten üb. die zweckmäßigste Art d. Benützung dies. Anstalt, dann üb. den Erfolg d. Einlagen versehen. Von e. Menschenfreunde. Allen Familienvätern rc. zur Beherzigung. 1. Aufl. (3¾ B. u. 8 Tab.) 829., 2., verm. u. verb. A. (3½ B. u. 9 Tab. qu. Fol.) gr. 8. Wien 832, Tendler. a

Versorgungs-Anstalten, Die, zu Grätz. [Grätz 1843.] V: *Streinz, Wenzel.* (EB)

Versorgungsanstalten (Die) in Grätz. 8°. Grätz 1843.

Versorgungsanstalten, Die öffentlichen, für Pfarr-Wittwen und Waisen im Grossherzogthum Hessen . . . Friedberg 1840. V: *Fertsch, Ferdinand Friedrich.* (HS) (ZU)

Versorgungs-Anstalten, die öffentlichen, für Pfarr-Wittwen u. Waisen im Großherz. Hessen u. unmaßgebl. Wünsche in Beziehung auf dieselben. Von einem Freunde der evangel. Geistlichkeit in Hessen. 8. Friedberg 840. Bindernagel. 1/8 ₰

Versorgungs-, Unterstützungs- und Stiftungs-Beneficien für Offiziere und Militär-Beamte des activen und nichtactiven Verhältnisses, des Ruhestandes und des Landsturmes, sowie für deren Kinder, Witwen und Waisen, nebst einer Zusammenstellung der Staats- und Privat-Stiftungen. Hrsg. von Fachmännern. Redact.: O. J. Schmid. gr. 8. (IV, 187 S.) Wien 885, (Seidel und Sohn.) *

Versorgungs-, Unterstützungs- und Stiftungs-Beneficien für Officiere und Militär-Beamte des activen und nichtactiven Verhältnisses des Heeres, der Kriegsmarine, der Landwehr und des Landsturmes, sowie für deren Kinder, Witwen und Waisen nebst einer Zusammenstellung aller Staats- und Privatstiftungen. Nach amtlichen Quellen bearbeitet. 2. Auflage. Gr.-8. (190 S.) Ebda. 1898 1.50

Versorgungshäuser, die, der Stadt Wien. Dem löbl. Gemeinderathe der Haupt- u. Residenzstadt zur Kenntnissnahme empfohlen von der Redact. der „Wiener medicinischen Wochenschrift." (L. Wittelshöfer.) Wien 862. Seidel & Sohn. gr. 8. (23 S.) n. 6 ngr.

Versorgungshäuser, Die, der Stadt Wien . . . Wien 1862. V: *Wittelshöfer, Leop.* (Stam)

Verspohl, Theodor, a. Lippstadt in Westf.: Das Heerwesen des Münsterschen Fürstbischofs Christoph Bernhard von Galen 1650—1678. Kap. 1. Die Organisation des Heeres. Hildesheim 1908: A. Lax. (73 S.) 8° [ℑ.] ¶ (Erscheint vollst. in: Beiträge f. d. Gesch. Niedersachsens u. Westfalens.)

Münster, Phil. Fak., Ref. Erler, Diss. v. 29. Mai 1908

[Geb. 6. Dez. 82 Lippstadt; Wohnort: Münster; Staatsangeh.: Preußen; Vorbildung: Realgymn. Lippstadt Reife M. 03; Studium: München 2, Münster 6 S.; Rig. 13. Dez. 07.]

Verspohl, Theodor: Das Heerwesen des münsterschen Fürstbischofs Christoph Bernhard von Galen 1650 1678. Hildesheim: Lax 1909. 132 S. 8°

[Ein T. erschien als Inaug.-Diss. Münster 1908.]

(Beiträge f. d. Geschichte Niedersachsens u. Westfalens. H. 18.)

Verspoell, Eph. Bhrd., († d. 5. Jan. 1818.) Gesänge beim römisch-kathol. Gottesdienste, nebst angehängtem Gebetbuche. 8. Münster 810. N. A. 830. Aschendorff. 8 gr. Melodien dazu. 8. Ebd. 810. 15 gr. Der Anh. einzeln. 4 gr. Orgelbegleitung dazu. Fol. Ebd. 810. 1 ₰ 8 gr. Der Anh. einzeln 10 gr.

Versp o e l l, E. B., Gesänge beym römisch-kathol. Gottesdienste, nebst angehängtem Gebetbuche. 6te Aufl. 8. Münster, Aschendorff. 820.

Ueber die Verspottung der christlichen Religion durch die Presse. (S.-A. aus d. Beilagen zur „Neuen Münchner Zeitung" no. 170/73.) O. O. u. J. (1849). Fol. (in 4. gebd.) Cart.

2 Bll. à 2 Col. Polemisirt im Eingang gegen eine freche Verspottung des christl. Ritus, enth. in den „Leuchtkugeln" Bd. VIII, Nr. 4. (1849).

Versprechen, das erfüllte. 64. (16 S.) Elberfeld 878, (Faßbender's Buchh.)

Versprechen, das erfüllte. 64. (16 S.) Elberfeld 878. (Langewiesche.) n. — 12

Versprechen und Halten. Ein Neujahrsbüchlein … Luzern 1891 s. [Weibel, Joseph Leonz]

Versprechen macht Schuld. Lustsp. v. Miersch. 8. Berlin, Schöne. 791.

Versprechen muss man halten oder: Ein guter Mensch macht andere gute Menschen. Lustspiel für Kinder in einem Akt. Leipzig 1779. V: *Weisse, Chn Felix.* (GGr)

— muß man halten; oder ein guter Mensch macht andere gute Menschen. Lustsp. 8. Leipz. Crusius. 779.

Versprechen muß man halten. Lstspl. 8. Leipz. 779. (W. Vogel). 4 gr.

Versregister zum Gesangbuch für evangelische Gemeinden Schlesiens. 8. (48 S.) Breslau 888, Korn.

Versregister, üb. d. gebräuchl. Lieder. 8. Nürnberg, Endter. 755.

Vers-Register, Vollständiges, über 670 Lieder, welche haubtsächlich in denen zu Nürnberg und Altdorf dermalen gedruckten Gesangbüchern enthalten . . . Altdorf 1724. V: *Bohner, Leonh.* (Bibliotheca Norica Williana. Altdorf 1772—78. I, 3, 177.)

Verstaatlichung des Betriebs schweizerischer Eisenbahnen. Basel 1894. V: *Zschokke, Olivier.* (BSchwLk V, 9 b)

Verstaatlichung, die, d. Grundkredits. Ideen zu e. nationalen Verwaltungsrecht d. Grundbesitzes. Von H. F. gr. 8. (III, 49 S.) Jena 885. Fischer. n. 1. —

Verstaatlichung, die, des Hagel-Versicherungswesens im Königr. Bayern. Von L. in A. 12. (8 S.) Berlin 883, H. J. Meidinger.

Aus: Die Nation, besonders abgedruckt.

Verstaatlichung, die, d. hessischen Ludwigsbahn. E. ernst-freundl. Mahnwort an alle Theile. gr. 8. (24 S.) Darmstadt 896. E. Zernin. n. — 80

— die, der Mobiliarversicherung in der Schweiz. Eine Warng. zur rechten Zeit. Von Ignotus. gr. 8. (VIII, 129 S.) Bern 884. (Jent & Reinert.) n. 1. 60

Verstaatlichung des Versicherungswesens. Stenographischer Bericht über die Verhandlungen des 21. Kongresses deutscher Volkswirte zu Königsberg i. Pr. am 21. IX. 1883. Berlin 1883.

Verstand und Erfahrung. Leipzig 1799. V: *Herder, Joh. Gfr. von.* (GGr)

Verstand u. Glück im Bunde. Ein theoret.-prakt. Spielbuch aller bis jetzt bekannten, älteren u. neuesten, ihrer Solidität wegen beliebten u. erlaubten Kartenunterhaltungen. Nach d. verschied. üblichen Arten, dann alle Bretspiele, nebst einigen Winken zur Erkenntniß betrüger. Mischungen der sogen. Grecs; f. Jedermann faßl. vorgetragen. gr. 8. (22¼ B.) Wien 830, Tendler.

Verstand ist mehr als alle Schätze. Eine ausgewählte Sammlung von Erzählungen, Gedichten, Fabeln rc. Wien 856. Grund. 8. (120 S. mit Holzschn. im Text.) n. 6 ngr.

Verstand u. Leichtsinn. Lustsp. von Jünger. 8. Leipz. Dyk. 785.

Verstand und Narrheit, die Regenten der Welt. Von einem Narren. Berlin und Leipzig [= Erfurt] 1811. V: *Wezel (Wetzel), Johann Carl.* (BGE VIII³, 105)

Verstand u. Narrheit, die Regenten d. Welt. Ein Buch f. d. Verständigen, von einem Narren. 4 Bde. 8. Erfurt, Hennings. 811.

— Witz u. Satyre d. besten Schriftsteller alter u. neuer Zeit. 8. Leipz. 778. Marbach. 16 gr

Verstandesthum, das, u. das Individuum. gr. 8. Leipzig 846, O. Wigand. 1½ ß

Verstandes- u. Gedächtnißübungen f. d. früheste Jugendalter; in einer Samml. leicht faßl. relig. Sprüche u. Lieder. gr. 12. (2 B.) Bern 835, Jenni, Sohn. *

Verstandesübungen für Kinder in allen Klassen. 8. Straubingen 803. Heigel. (Schorner). 3 gr

— nach Pestalozzi's Lehrmethode, s. J. E. Fischer.

— durch d. Rechenkunst, für d. gemeine Leben. 8. Ruppin 804. Kühn. 8 gr

Verständigung (Zur) in der Bodenentlastungsfrage (Ablösungsfrage), von K. O. W. gr. 8⁰. München (Franz) 1848.

Verständigung für evangelisch gesinnte Christen über die Gründung einer deutsch-katholischen Kirche . . . Dresden 1845. V: *Francke, August.* (ZU)

Verständigung für evangelisch gesinnte Christen über die Gründung einer deutsch-kathol. Kirche. Von einem christl. Seelsorger. gr. 8. Dresden 845, Gottschalck. n. 2 ngl

Verständigung, Kurze, über Idee und Einrichtung einer höhern Bürger- oder Realschule . . . Leipzig 1834. V: *Vogel, Carl.* (Krusche) (Ky)

Verständigung, kurze, üb. die Idee u. die Einrichtung e. höheren Bürger- od. Realschule f. Knaben, v. e. höheren Töchterschule, nach d. Bedürfnissen d. Stadt Leipzig. gr. 8. (1½ B.) Leipzig 834, Barth. Thlr.

Zur Verständigung über die neuesten kirchlichen Streitigkeiten in Hamburg. Von einem benachbarten Prediger. Altona. 1839. P.

Zur **Verständigung** über die preußische Verfassungsfrage. Berlin 1841. 15 S. 8.

VERSTANDLIEB, (ps.), s. Seltsamkeiten, Poetische, Vorrede.
Nicht in Weller's Lex. Pseud

Zum **Verständnis** des Denkmals Kaiser Wilhelms I. *Berlin: Schultze & Velhagen [1901].* (7 S.) 8° [Umschlagt.] [illegible]

Zum **Verständnis** der deutschen Frage. Mit zahlreichen, theilweise bisher nicht gedruckten Actenstücken. — Stuttgart: Aue 1867. 118 S. 8°

VERSTÄNDNISZ, Das geheime, oder die Entdeckung am Fichtenberge. Ein romantisches Gemälde. Mit Titelkpfr u. gestoch. Titel. Leipzig, im lit. Central-Comptoir in Commiss., o. J. (c. 1805). Kl. 8⁰.
168 S. (incl. Titel). Zahm. — Fehlt Kayser unter Romanen.

Verständniß, das geheime, oder die Entdeckung am Fichtenberge. Eine romant. Geschichte. 8. Leipzig, literar. Central-Cptr. 820.

Verständniß unserer Zeit, zum, über einige Ursachen d. gegenwärt. Aufregung, u. d. Mittel zu ihrer Beruhigung. 8. Leipz. 831. Barth. 9 gr

Anonym: „Zum Verständniss der Zollvereins-Krisis und der Stellung der zu Darmstadt verbündeten Zollvereins-Regierungen auf den Berliner Conferenzen. Mit Rücksicht auf die amtlichen Beiträge zur Beurtheilung der Zollvereinsfrage"
Giessen 1852. — Vorh.: Preuß. Staatsbibl. Berlin.

Verständnisse, geheime, s. Wilhelm's Tagebuch.

Verstehen wir auch Bonaparte? Constantinopel [Leipzig] 1806. V: *Bergk, Johann Adam.* (Wr) (NN) (Ky) (MGT)

Verstehen wir auch Bonaparte? (von J. A. Bergk). 8. Konstantinopel 806. Joachim in Leipz. 8 gr

Der **Versteigerer**. Zeitschrift f. Versteigerer u. Taxatoren. Anzeiger f. d. Mobilien- u. Immobilien-Markt. Schriftleit.: Rich. Wilh. Schneider, beeid. Versteigerer, Anklam. Jg. 1, Nr 1–11. [Mehr nicht ersch.] Anklam: Poettcke 1908. 88 S. 4° [Kopft.] [illegible]

Versteigerer, der. Zeitschrift f. Versteigerer u. Taxatoren. Anzeiger f. den Mobilien- u. Immobilien-Markt. Schriftleitung: Rich. Wilh. Schneider. 2. Jahrg. 1909. 12 Nrn. (à ca. 16 S.) Lex. 8. Anklam, R. Poettcke Nachf. 3. —
Erscheint nicht mehr.

Versteigerung von Fr. Mr. Schriften, den 6. October 1864 im Logenhause zu Altenburg. 8. 6 S.

VERSTEIGERUNG. Gelehrte – nach dem Lucian. Kurzböck, Wien 1781 82.

Versteigerung — im Zunfthause zur «Meise» in Zürich — der Sammlungen des † Vicomte [Edouard] de la Villestreux in Genf und des Schlosses «Mühlberg». ... 1906..., 21. und ... 22. November, event. 23. November... ... Auktionator: H[einrich] Messikommer, zur «Meise», Zürich (*Umschlag:* Kunstauction in Zürich...). [Illustrierter Katalog.] II + 31 S. 4. (Zürich, Orell Füssli.)

Versteinerungen, merkwürdige, aus d. Petrefactensammlung d. verstorb. wirkl. Geh. Raths Frh. v. Schlotheim. (Neue Ausg.) gr. 8. (66 Kpfrt. gr. 4. u. 2½ B. Text.) Gotha 833, Becker.

Verstellung, Die entdeckte, Oder: Die geheime Liebe der Diana . . . Hamb. 1772. V: *König, Johann Ulrich von.* (Schr)

Verstellung, die unglückliche, Trauersp. in 3 Aufz. von S. 8. Halle am Kocher, Schmeißer. (Esling. Firdorff und K.) 811.

Verster, J. F., XL musikalische Bücherzeichen m. e. Liste v. mehr als CCC Wahlsprüchen, welche auf dieser Art v. Bücherzeichen vorkommen. (In holländ., französ., deutscher u. engl. Sprache.) 4. (23 S. m. 40 Taf.) Amsterdam 897. F. Muller & Co n. 6. —

Verster van Wulverhorst, J. A., Traité de fauconnerie, s. Schlegel, H.

Versteyl. Heinrich Anselm

Versteyl H A, d. kirchliche Leinwandstickerei. Bd 1 u 2. (45 T) 4° Düsseldorf 1878. 80

Versteyl, Heinr. Anselm, die kirchliche Leinwandstickerei. Musterblätter im mittelalterl. Style mit erläut. Texte. 1. und 2. Lfg. gr. 4. Düsseldorf 879, Schwann. [1. Lfg. 1.—3. Aufl. (20 Stnt. mit 18 S. Text.); 2. Lfg. (25 Stnt. mit 7 S. Text.)] à Lfg. * M 4.

Versteyl, die kirchliche Leinwandstickerei. Muster-Blätter im roman. und goth. Style. 3. (Schluß-)Lfg. qu. gr. 4. (24 Stnt.) Düsseldorf 883, Schwann'sche Verlagsb. In Mappe *
1. und 2. Lfg. Ebendas. 1879. In Mappe. à * M 4.

Versteyl, H. A. Die heiligen Monogramme. 15 Blätter nach älteren Mustern gezeichnet und erläutert. Düsseldorf 1879. 4°.

—— die heiligen Monogramme. 15 (lithogr.) Bl. nach älteren Mustern gezeichnet und erläutert. qu. gr. 4. (4 S.) Ebendas. 880. In Mappe *

Verstimmung, die, unserer Zeit nach ihren Ursachen u. Wirkungen. 8. Leipz. 820. Dyck. 4 gr

Verstorbene, der. Ein romant. Gemälde in 3 Aufz. v. Franz v. Holbein. gr. 8. Rudolst. Hofbuchh. 811.

Verstorbene, der, Lustspiel in 1 Akt v. F. L. W. Meyer. 8. Altona, Hammerich. 818.

Verstoßen u. gefunden, s.: Missionstraktate, kleine. 6.

Verstoßene, der, Schausp. in 5 A. v. Fr. Rambach. 8. Lpz. Dyk. 799.

Verstossene, Der, oder die ungleichen Brüder: ein Schauspiel in fünf Akten . . . Braunschw. 1805. V: *Bertrand, Gottlieb.* (MGT) (Ky)

Verstoßene, die, oder die ungleichen Brüder. Schspl. in 5 A. (von Gli. Bertrand). 8. Braunschw. 805. Schröder. 14 gr

Verstossene, Der. A. d. Engl. übers. von C. Richard. Aachen 1829. V: *Bulwer, Edward Lytton.* (EE)

Verstoßene, der, v. Verf. des Pelham; aus d. Engl. von C. Richard. 4 Thle. gr. 12. Aachen 829. Mayer. 4 ₰ 12 gr

Verstoßene, der (the Disowned), s. Bulwer, compl. Works. Vol. IV. — Uebers., dess. sämmtl. W. (Aachen, Meyer.) 15—17. Bd., (Zwickau, Gebr. Schumann.) 13—16. Thl. u. einzeln.

Die Verstoßung der französischen Freyheit und Gleichheit aus Himmel, Fegefeuer und Hölle, verbannt an ein besonder viertes Ort; samt Einem lustigen Staats-Discours zwischen der französischen Gleichheit und dem höllischen Archivario Fizlipuzli.
Lancaster, Pa.: Albrecht. 1798. 36 S. 8°.
Library Company of Philadelphia
Vgl. Das merkwürdige Leben . . ., 1798.
Bristol B 10660.

Verstovšek, Karl: Simonidovi jambi „Περὶ γυναικῶν". S. 3–35. 8. K. k. Staats-Gymn. *Marburg a. D.* 1905.
Mit Text und Übersetzung.
Progr

VERSTOVSEK, Karl: Quellenstudien über die in Plutarchs Schrift „De genio Socratis" und in den Dissert. des Maximus Tyrius τί τὸ δαιμόνιον Σωκράτους und ἔτι περὶ τοῦ Σωκράτους δαιμονίου vorhandenen Ansicht über das Dämonium des Sokrates und Dämonen überhaupt. — 1903. 130 S. Diss. Graz, Univ.

Verstraeten, A. M., S. J., Leben d. P. Petrus Johannes Beckx, s.: Martin, Jos.

Verstraeten, Fr., et Em. Doms, Cours complet de langue flamande à l'usage des établissements d'instruction moyenne. 1re partie: Cours élémentaire. 8. (IV, 176 S.) Köln 878, DuMont-Schauberg'sche Buchh.

Verstraeten, Fr., et Em. Doms, Cours complet de langue flamande à l'usage des établissements d'instruction moyenne. 1re partie: Cours élémentaire. 2e et 3e édit. (IV, 174 S.) 1880,82; 4e et 5e édit. 8. (IV, 180 S.) Köln 882,83, DuMont-Schauberg'sche Buchh.
—— dass. — 2e partie. 8. (IV, 283 S.) Ebendas. 881.

—— et Em. Doms, cours complet de langue flamande à l'usage des établissements d'instruction moyenne. 1re partie: Cours élémentaire. 6me et 7me édit. 8. (IV, 180 S.) Ebendas. 885,86.

Verstraeten, Fr., et Em. Doms. Cours complet de langue flamande à l'usage des établissements d'instruction moyenne. 2 parties. 8. Köln, DuMont-Schauberg. * 4 —
1. Cours élémentaire. 9e édit. (178 S.) 892. * 1 60.
2. Cours moyen et supérieur. 2e édit. entièrement refondue et corrigée. (III, 284 S.) 889. * 2 40.

Verstraeten, Fr., et Em. **Doms**, cours complet de langue flamande à l'usage des établissements d'instruction moyenne. 1. partie. Cours élémentaire. 10. éd. 8. (179 S.) Köln 895. M. Du Mont-Schauberg. n. 1. 60

Verstraeten, Fr., volledige leergang van duitsche taal, ten gebruike der gestichten van middelbaar onderwijs. Naar den leergang van G. Möhl. 1. deel: Voor eerstbeginnenden. 8. (IV, 175 S.) Köln 885, Du-Mont-Schauberg'sche Buchh.

Versuch, vgl. Versuche.

Versuch, Der. nach Marivaux Epreuve. Wien 1783. V: *Meyer, Friedrich Ludwig Wilhelm.* (MGT)

Versuch, Ein, von F. v. L. Berlin 1802. V: *Linckersdorf*, *Francisca von.* (Ky) (GGr)

— ein, von F. v. L. (Lynckersdorf). 8. Berl. 802.

Anonym: „Versuch über die oft wiederholte Abänderung der Steuern", Wien 1781 (Gerold).

— e. histor. Abbildung d. gelehrten Welt in ihrer Hoheit, vor u. nach d. Geburt Christi bis auf den Ausgang d. 16. Jahrh., (von E. F. Sonnenschmid). gr. 8. Leipz. 756. Breitkopf u. H. 8 gr.

Versuch einer historischen Abbildung der gelehrten Welt . . . Leipzig 1756. V: *Sonnenschmid*, *Ephr. Frdr.* (ML) (Ky)

Versuch über d. vorzüglichste Abgaben-System. Heidelb. 1811.

Versuch einer Abhandlung v. Eigenthum d. Bauern, nach Anleitung einer Frage. Riga 1770. 111 S.

Anonym: „Versuch einer Abhandlung vom Eigenthum der Bauern", Riga 1770 (Hartknoch in Leipzig). — Vorh.: Bibl. des German. Museums Nürnberg.

—— einer Abhandlung üb. die Geschichte des im Rheinkreise besteh. Instituts d. Friedensgerichten, von seiner Entsteh. in Deutschland an; üb. die Natur d. friedensrichterl. Funktionen, aus d. Gesichtspunkt d. Staatsdienstes betrachtet etc., hrsg. von e. Beamten d. Rheinkreises. 8. (5 B.) Weissenburg 831. (Carlsruhe, Marx.)

Versuch einer Abhandlung über die Gesundheiten und Trinkgefässe der Alten. [Hamb. 1837.] V: *Hagedorn*, *Frdr. von.* (schr)

Versuch einer gründlichen Abhandlung von der Jurisdiction gegen die . . . Soldaten im heil. Röm. Reich . . . Gotha 1742. V: *Laurentii*, *Joh. Glieb.* (ML)

Versuch einer historischen Abhandlung von den Kometen. [Hannover 1757.] V: *Meisner*, *Carl Friedrich.* (ML)

Versuch einer kurtzen Abhandlung von dem in Holstein beybehaltenen . . . Einlager und dessen Rechte. Kiel 1754. V: *Dantzmann*, *Joh. Balth.* (schles)

— einer prakt. Abhandlung von Einrichtung d. Bibliotheken. 8. 788. Wolff. 3 gr.

Versuch einer Abhandlung von dem Ursprung der vormaligen Besitzer und Umstände der Grafschaft Schärnding. Münch. 1771. V; *Lipowsky*, *Anton Johann.* (Holz)

Versuch e. theolog. jurist. Abhandlungen üb. das Wesen u. d. Unterschied d. kathol. u. protestant. Beichtsigels etc. gr. 8. Bamb. Göbhardt. 813.

Versuch e. theolog.-jurist. Abhandl. üb. d. Wesen u. d. Unterschied d. kathol. u. protest. Beichtsiegels, hauptsächlich in Bezieh. auf Entdeckung u. Beweis begangener, wie auch auf Verhütung künftiger Verbrechen. *Bamberg*, (Wesché, *Frkf.*) 815. gr. 8. (1 Thl. 4 Gr.)

Versuch einer kenntl. Abschilderung des Anti-Machiavells unserer Zeiten in Lebensgrösse von einem Schles. Patrioten. Breslau 1759. 4.

Anonym: „Versuch einer Abschilderung des Antimacchiavells", Breslau 1759 (W. G. Korn).

Versuch unsern jungen Landsleuten . . . die gemeinsten und beträchtlichsten Sprachfehler abzugewöhnen. Lübeck 1788. V: *Thiess*, *Johann Otto.* (Ky) (Mz) (MGT) (ABJP)

— unsern jungen Landsleuten, besonders Niedersachsen d. gemeinsten u. beträchtlichsten Sprachfehler abzugewöhnen, (von J. O. Thieß). 8. Lübeck 788. Donatius. 2 gr. (Voigt in Jena). 6 gr.

— uns. jung. Landsleut. besond. Niedersachsen d. gemeinst u. beträchtl. Sprachfehler abzugewöhnen. 8. Lübeck, Donatius. (Niemann.) 788.

Versuch diejenigen, welche den Stein der Weisheit zu erfinden trachten, durch Aussprüche hermetischer Schriftsteller von Irrwegen abzuleiten. 208 S., gbd.

Frankfurt u.Leipzig: 1759

— diejenigen, welche den Stein d. Weisheit zu erfinden trachten, durch Ausspruch hermetischer Schriftsteller von Irrwegen abzuleiten. 2 Thle. 8. Jena 759. Cröker. 7 gr.

P . . . ., L. von, Versuch, die Natur der geraden Linie aus einer Definition abzuleiten. Breslau 1822.

— ein, über Agrikultur, zur Prüfung vorgelegt. 8. Bresl. 804. Barth. 4 gr.

Versuch einer Allegorie, besonders für die Kunst. Dresden 1766. V: *Winckelmann*, *Johann Joachim.* (ML) (Cat. d. Stadtbibl. Zürich. Zürich 1864—97.) (ADB)

Versuch über die kirchlichen Alterthümer der Gnostiker. Anspach 1790. V: *Münter*, *Friedrich.* (winer) (Bruun, Bibl. Danica I, 140.)

— über d. kirchl. Alterthümer d. Gnostiker, (von Fr. Münter). 8. Ansb. 790. (Gassert). 14 gr.

— üb. d. kirchl. Alterthümer d. Gnostiker. 8. Ansbach, Haueisen. 790.

Versuch einer thematischen Analyse der Musik zu Siegfried Wagners »Kobold«. Als Anhang zum Textbuche zusammengestellt von E. G. Leipzig 1904. V: *Glasenapp*, *E.* (Berlzu 1917, I, 897)

Versuch e. thematischen Analyse der Musik zu Siegfried Wagner's „Kobold". Als Anh. zum Textbuche zusammengestellt v. E. G., eingeführt durch C. Fr. Glasenapp. (VI, 50 S.) kl. 8. Leipzig 904. M. Brockhaus. n. — 80

— über d. Angenehme für den Zuhörer bei den Predigten. 8. Leipz. 783. Hilscher. 2 gGr

Versuch angestellt zwischen der Sprache der Menschen und deren der Thiere. [Cassel 1751.] V: *Huber, Joh. Jacob.* (Stri)

—— eines Anhangs zu den Rabnerischen Satyren. (Auch m. d. Tit.: Der Neueste Zuschauer nach dem Geschmack Rabners u. Swifts.) 26 Stücke (soviel ersch.). Mit 1 Titelkpf. u. 1 Titelvign. (unsign.). Frankfurt u. Leipzig (o. Adresse) M DCC LXV. (1765.) 8⁰. (Besaß Dr. jur. Ed. Grisebach in Berlin.) (5 Mk., nur St. 1—13, 20—26. Bernh. Liebisch, Lpz., 1908.)

— e. Anleit. zu Abfassung geschickter Relationen u. Defensionen für angehende Juristen. 8. Dresd. 803. Richter. (Joachim in Leipz.) 12 gGr N. A. 8. Ebd. 818. 14 gGr

Versuch einer Anleitung zur Abfassung geschickter Relationen . . . Dresden 1803. V: *Erhard, Chn Daniel.* (Ky)

— e. Anleit. zu Anlegung eines Gartens im engl. Geschmack, mit 2 ill. Plans. 4. Leipz. 793. Göschen. 18 gGr

Versuch einer Anleitung zur Anlegung eines Gartens im engl. Geschmacke. Leipz. 1794. V: *Schoch, Joh. Glieb.* (StAt)

— e. Anleit. z. Anlegung e. Gartens im engl. Geschmack. Mit 2 ill. Plänen. 4. Leipzig, 1794. Göschen. — 22½

Versuch einer Anleitung zu Anlegung eines Gartens im englischen Geschmack. Leipz. 1794. 68 S. 4°.

Versuch einer Anleitung zur Aufmachung der Ertragsanschläge über Landgüter. Rostock 1847. V: *Kracht, Peter.* (Bachmann, Mecklenburg. Güstrow 1889. S. 275.)

— einer Anleitung zur Ausbildung u. Führung der Blänker für Subalternoffiziere der Infanterie, von dem Verf. der Anleitung zum Unterricht über Felddienst für Bataillonsschulen. gr. 8. Dresden 845, Gottschalck. n. 1/2 Thlr

Versuch einer Anleitung z. Ausbildung u. Führung der Blänker (.). Dresden 1845. 82 S.

— e. ausführl. Anleitung zur Glasmacherkunst, mit Rücksicht auf d. neuern Grundsätze d. Chemie, nach d. Französ. des Bürger Loysel u. nach eigenen Erfahrungen bearb. Mit 10 Kpf. gr. 4. Frankf. a. M. 802. Andreä. 2 Thlr 12 gGr 2r od. prakt. Thl., mit 8 Kpfr. gr. 4. Ebd. 818. 4 Thlr 16 gGr

Anonym: „Versuch einer Anleitung zur Behandlung des staatswirthschaftlichen Rechnungswesens nach Form und Grundsätzen des merkantilen doppelten Buchhaltens und mit Rücksicht auf die Selbstrevision der Erben verstorbener Rechnungsbeamten". Jena 1818 (Leipzig, Kummer).

Versuch einer Anleitung zum Decretiren in Proceßsachen. Für angehende Juristen. Von einem pract. Juristen. I. Thl.: Das summar. Civilproceß=, Executions=, Subhastations= und Kaufgelderbelegungsverfahren. 8. (VII und 127 S.) Berlin 853, Hempel. *

— e. Anleit. z. Disposition d. Orgelstimmen nach richt. Grundsätzen. 8. Waldenburg, Hoffmann. 777.

— eine Anleit. z. Finanzrechnungswissenschaft, siehe K. L. Seefeld.

Versuch einer Anleitung zur Geschäftsführung der im Königreich Preussen anzustellenden Schiedsmänner. Danzig 1828. V: *Siewert, Frdr. Gotthelf.* (EngJ)

Versuch einer Anleitung für junge Herrschaftsbeamte in Österreich zur Kenntnis einiger der besten Bücher, die von den Hauptgegenständen einer Herrschaftsverwaltung handeln. Grätz 1777. V: *Schwizen, Chph. Frhr. v.* (wrztg 1788, S. 1093) (M. Kunitsch, Biogr. merkw. Männer 3/178) (BiblPort)

Anonym: „Versuch einer Anleitung zur Kenntnis der politischen und kreisämtlichen Geschäfte", 1. (einziger) Teil, Wien 1789 (Heubner).

— e. Anleit. zur physikal. Kenntniß d. menschl. Körpers rc. 8. Berl.... 4e A. 790. Reimer. 4 gGr

— e. Anleit. z. physikal. Kenntniß d. menschlichen Körpers rc. 8. Berlin, Realschulbuchhandlung. 799. — 4

Versuch einer Anleitung zum Lagerdienste im Felde bei der königlich-preussischen Armee, grösstentheils für die Infanterie, nebst 2 in Kupfer gestochenen Lagerzeichnungen. 8. Potsdam 1787.

—— einer Anleitung zur mathemat. Lehrart in d. Theologie. Von e. Antisupranaturalisten in Heidelberg. gr. 8. (5 B.) Mannheim 829, Schwan u. Götz.

Versuch einer methodischen Anleitung zu Felddienstübungen der leichten Cavallerie. Beihft. z. „Milit.-Wochenblatt". – Berlin 1847.

Versuch e. Anleit. nach welcher Dorfgemeinde=Ordnungen errichtet werden können. 8. Lpz. Benj. Fleischer. 797. Mibler. -

— e. Anleit. nach welcher Dorfgemeinde=Ordnungen errichtet werden können, (von F. W. Friederici). 8. Leipz. 797. Fr. Fleischer. 5 gGr

Versuch einer Anleitung, nach welcher Dorfgemeindeordnungen errichtet werden könnten . . . Leipz. 1797. V. *Friederici, Franz Wilhelm.* (MGT) (Ky)

Versuch einer nähern Anleitung zur gründlichen Abfassung der Vertheidigungsschriften für peinlich Angeschuldigte . . . Dresden u. Leipzig 1786. Leipz. 1805. Grimma 1826. V: *Herrmann, Johann Friedrich.* (MGT) (Ky) (Kappler, Lit. d. Criminalrechts. Stuttg. 1838.)

— e. nähern Anleit. zur gründl. Abfassung d. Vertheidigungsschriften für peinl. Angeklagte rc., (von J. Fr. Herrmann). gr. 8. Dresd. u. Leipz. 786. Göthe. 20 gr 2e A., s. Herrmann.

— e. nähere Anleit. z. gründl. Abfass. d. Vertheidigungsschriften f. peinlich Angeklagte rc. gr. 8. Lpz. Göthe. 811. — 20

Versuch einer Anleitung zur Sittenlehre für alle Menschen, ohne Unterschied der Religionen . . . Berlin 1783—84. V: *Schulz, Johann Heinrich.* (MGT) (ErGr) (Ky) (ADB) (ErschDL) (Kappler, Litt. d. Criminalrechts. Stuttg. 1838.)

Versuch e. Anleit. zur Sittenlehre für alle Menschen, nebst e. Anhang von d. Todesstrafen (von J. H. Schulz). 4 Bde. gr. 8. Berl. 783. N. A. 791. Schöne. 3 Rthl. 6 gr

Versuch e. Anleit z. Sittenlehre für alle Menschen, nebst e. Anh. v. d. Todesstrafen. 4 Bde. gr. 8. Berlin, Schöne. 786 — 90. (I. 14 gr. II. 16 gr. III. IV. 2 Rthlr.) Rthlr. 5 6

Versuch einer theoretisch-practischen Anleitung zur Buchhaltung für Buchhändler. Dessau 1833. V: *Ackermann, C. G.* (cb)

Versuch e. theoret.-pract. Anleitung zur Buchhaltung f. Buchhändler. 4. (9½ B., mit Beilag. u. Bücherformularen, 22 B.) Dessau 833, (Ackermann.)

Versuch von Annalen des ehemahligen Franciskanerklosters in Ulm. Ulm 1807. V: *Veesenmeyer, Gg.* (Ky) (Heyd) (MGT)

— einer neuen Ansicht über d. mosaische Geschichte vom Fall d. ersten Menschen. 8. Gotha 785. Ettinger. 6 gr

Versuch über die Ansprüche eines Christen auf die Güter des gegenwärtigen Lebens. Berlin 1764. V: *Hermes, Hermann Daniel.* (LS)

Versuch einer Anthropologie oder Philosophie des Menschen . . . Bern 1794. V: *Ith, Joh.* (AarK)

— einer Antwort auf die Frage, giebt es Gespenster, Erscheinungen von Verstorbenen, oder von Geistern an Lebende? von Dr. J. H. A. H***. 8. Emmerich 834. (Wesel, Bagel.) n. ¼ Rthl.

Versuch einer Anweisung zur Anlegung, Verbesserung und Nutzung der Wildbahnen so wohl im Freyen als in Thiergärten. - Berlin, Stettin 1779. 356 S. 18 Kupf.

Versuch einer Anweisung zur Anlegung, Verbesserung und Nutzung der Wildbahnen . . . Berlin 1779. V: *Mellin, August Wilhelm Graf von.* (BrMm) (MGT)

— e. Anweis. zu Anleg. u. Nutzen d. Wildbahnen rc. siehe A. W. v. Mellin.

— e. Anweis. Thiere, besonders wilde, zu entwerfen u. auszuzeichnen. 16 Heft, Hunde, mit 6 Kpft. qu. Fol. Nürnb. 801. Bauer u. R. 1 Rthl.

— e. Anweis. zur Geburtshülfe d. Pferde. 8. Marb. 806. Krieger. 4 gr

Versuch einer Anweisung zur Logistik, oder zur Berechnung des Raumes und der Zeit taktischer Stellungen und Bewegungen . . . Züllichau u. Freistadt 1801. V: *Biberstein (Marschall von Bieberstein, Fr.).* (KA)

— e. Anweis. z. Logistik, od. z. Berechn. d. Raums u. d. Zeit taktischer Stellungen u. Bewegungen, f. angeh. Officiere, v. e. preuß. Officier, m. 1 K. gr. 8. Züllichau, Darumann. 801. 1 —

— e. Anweis. zur Logistik, oder zur Berechnung d. Raums u. d. Zeit taktischer Stellungen u. Bewegungen, für angehende Offiziere, von e. preuß. Offizier. Mit 1 Kpf. gr. 8. Züllichau 801. (Serig in Leipz.) 1 Rthl. Hbg. Pr. 18 gr

Versuch einer Anweisung zur Logistik oder zur Berechnung des Raums u. der Zeit taktischer Stellungen u. Bewegungen. Von einem preuß. Offiz. Mit 1 Taf. Züllichau 1801. 232 S.

Versuch e. prakt. Anweis. z. Katechisiren, siehe Johann Wohlers.

— e. prakt. Anweis. zum Katechisiren; oder Unterricht in d. Sittenlehre in Frag u. Antworten, (von Joh. Wohlers). 3 Stücke. 8. Götting. 784—89. 2e A. 800. Dieterich. 1 Rthl. 12 gr

Versuch einer practischen Anweisung für Schullehrer, Hofmeister und Ältern, welche ihren Zöglingen und Kindern . . . zur Buchstabenkenntniss . . . verhelfen . . . wollen. Erlangen 1801. V: *Pöhlmann, Johann Paul.* (Fiker) (MGT)

— ein. prakt. Anweisung f. Schullehrer, welche ihren Zöglingen zu e. gründl. Kenntniß ihrer Muttersprache verhelfen wollen. 8. Erlang. Palm. 812.

— eines zweckmäßigern Vorpostendienstes bei den deutschen Armeen. Mit Pl. Leipzig 1805. 396 S.

Anonym: „Versuch einer Anweisung, wie man gutes Gesinde bekommen und behalten kann. Ein Geschenk für gutdenkende Herrschaften; nebst einem nöthigen Anhang für die, welche Hofmeister halten", Leipzig 1794 (Gabler).

— e. Anweis. wie man gutes Gesinde bekommen u. erhalten kann rc., s. Anweisung.

— über die Anwendung der Minen im Belagerungskriege. Stück 1—3. Mit 10 Taf. Breslau 1778. 1779.

— über Anwendung d. Minen im Belagerungskriege. 3 Stücke. gr. 8. Bresl. 783. W. G. Korn. 20 gr Hbg. Pr. 5 gr

— moral. Anwendungen d. bibl. Bücher des neuen Testaments. 1r Bd. 8. Gotha 819. Steudel. 16 gr

Versuch Schornsteine u. Oefenkamine ... zweckmässig anzulegen, u. übelziehende zu verbessern. Marb. 1792. 76 S. 2 Tvl.

— Schornsteine u. Ofenkamine in jedem Verhältniß nach Grundsätzen zweckmäßig anzulegen u. übelziehende zu verbessern. ... 2e verb. Aufl., von ... Dresler. Mit 2 Kpf. 8. Marb. 795. Krieger. 6 gr

Versuch bey angehender Frühlings-Zeit die Vergrösserungs Werkzeuge zum nützlich und angenehmen Zeitvertreib anzuwenden. ... Nürnberg 1764. V: *Ledermüller, Martin Forber.* (EBHN)

— e. Apologie des Epikurs, von e. Anti-Battensianer, (J. G. Bremer). 8. Berl. 776. Eisfeld. 8 gr

Versuch einer Apologie des Epikurs ... Leipzig 1776. V: *Bremer, Johann Gottfried.* (Ky) (Kordes, Schlesw.-holst. u. eutin. Schriftst. Schleswig 1797.)

Versuch, Aristobuli, über eine akademische Frage. Königsberg 1760. V: *Hamann, Johann Georg.* (R-N)

Versuch über die holländische Armee vorn. in Hinsicht auf ihren gegenwärt. Feldzug gegen die Neufranken. Von e. Oberst der leichten Truppen 8. 1794.

Versuch über die Holländische Armee, vorzüglich in Hinsicht auf ihren gegenwärtigen Feldzug wider die Neufranken; a. d. Franz. ... Berlin 1794. Ü: *Nolte, Johann Wilhelm Heinrich.* (MGT) (Ky)

Versuch über die holländische Armee. 8. Frankfurt 1794

Versuch über eine zweckdienliche Armen-Verwaltung. *Frankfurt a/M.* 1810.

Versuch über die beste Art der Kriegs- und Friedenspredigten. Leipzig 1779. V: *Niemeyer, Dav. Glieb.* (Ky) (MGT)

Versuch über die Art die verschiedenen Ordnungen in dem Laufe der Streitsachen zu ertheilen. Luxemburg: Witwe J. B. Kleber 1787.
1 Bd., kl-8° (12°).

Versuch einer einfachen Arzneimittellehre. Wien 1797. V: *Neurohr, Joh. Ant.* (Call)

— e. einfach. prakt. Arzneymittellehre. 8. Wien, Camesina. 797.

Versuch einer einfachen praktischen Arzneymittellehre. 327 S., gbd.

Wien: Rötzel 1797

— e. einfachen, prakt. Arzneimittellehre. 8. Wien 797. (Schaumburg u. C.) 12 gr

— über Assekuranzen, Havereien, Bodmereien insgemein, (v. N. Magen). 4. Hamb. 753. Herold. 3 ß

Versuch über Assecuranzen, Havereien und Bodmereien ... [Hamburg] 1753. V: *Magens, Nicolaus.* (ML) (Schr) (CBH) (Adel) (Ky) (Schz) (BrMm) (Schletter, Handb. d. jurist. Litt. Grimma 1843. S. 310.)

— e. Aesthetik d. Toilette, s. Aesthetik.

Versuch einer Aufklärung der Freiheit, welche Frankreichs Revolutionen auch in Deutschland verbreiten wollten. 8°. Frankfurt a. M., Gebhardt u. Co., 1793.

Versuch einer Auflösung der Aufgabe, die Natur der Analyse und der analytischen Methode in der Philosophie genau anzugeben ... Münch. 1805. V: *Reinhold, Carl Leonhard.* (ErGr) (ErschDL)

— einer Auflösung der v. d. philosoph. Classen d. Berliner Akademie für 1805 aufgestellten Aufgabe: die Natur d. Analysis und d. analyt. Methode in d. Philosophie rc. gr. 8. Münch. 805. J. Lindauer. 12 gr

Versuch einer Auflösung der wichtigen ... Aufgabe: Wie ist die Ordnung in den Finanzen unserer lieben Vaterstadt, wiederherzustellen? ... Nürnberg 1795. V: *Spiess, Gg Chph Albrecht.* (Will)

— einer sehr einfachen u. allgemeinen Auflösung des berühmten Problems e. Correspondenz in ab- u. unabsehbaren Weiten. 8. Münch. 789. Jos. Lindauer. 2 gr

— einer Auflösung d. Stoll'schen Problems: wie kann ein u. derselbe Krankheitsstoff in der Luft verschiedene Krankheiten, die durch einerlei Mittel gehoben werden, hervorbringen? (von J. Friedländer). gr. 8. Bresl. 794. W. G. Korn. 14 gr

Versuch einer Auflösung des Stollischen Problems: Wie kann ein und derselbe Krankheitsstoff in der Luft verschiedene Krankheiten ... hervorbringen. ... Berlin 1797. V: *Friedländer, Joachim.* (MGT) (Call) (Ky)

Versuch die Frage aufzulösen: Woher das Wasser der Sündfluth gekommen sey? [Laub. u. Leipz. 1750.] V: *Koch, Gottlieb.* (OL)

Versuch junge Officiere zum Studium der Kriegsgeschichte aufzumuntern . . . Tübingen 1809. V: *Hoyer, Johann Gottfried von.* (MGT) (Ky)

— junge Offiziers zum Studium d. Kriegsgeschichte aufzumuntern, (von J. G. v. Hoyer). Mit 1 Plan von d. Lager bei Pirna. gr. 8. Tübing. 809. v. Cotta. 1 ꝛß

Versuch junge Offiziere zum Studium der Kriegsgeschichte aufzumuntern. [Krit. Analyse der Feldzüge 1756 u. 1757.] (236.) 8. Tübingen 1809. 3,00.

Versuch, Ein, leichte und deutliche Regeln zur richtigen Anwendung der Casus aufzustellen. Riga 1815. V: *Tiling, Heinrich Friedrich Adolph.* (Ky) (R-N)

— eines geometr. Augenmaßes, od. Samml. e. geometr. Aufgaben, die sowohl bei geograph. u. topograph. Vermessungen ganzer Länder u. Provinzen als auch bei kleinen Situationen angewendet werden können, von S. S. v. L. (Sege v. Laurenberg), mit 11 Kpft. gr. 8. Riga 785. Hartknoch in Leipz. 14 ℊ

Versuch eines geometrischen Augenmasses, oder Sammlung einiger geometrischer Aufgaben . . . Riga 1785. V: *Sege von Laurenberg, Siegmund.* (Ky) (R-N)

Versuch eines geometrischen Augenmaasses oder Sammlung einiger geometrischen Aufgaben, die sowohl bey geographischen und topographischen Vermessungen ganzer Länder und Provinzen, als auch bey kleinen Situationen angewendet werden können. von S. S. v. L. - Riga 1785. 112 S., 11 Taf.

„Versuch in politischen und ökonomischen Ausarbeitungen", 2 Theile, Wien 1765 (Trattner).

Versuch zu Ausführung des Gesetzes über Erfüllung der Militärpflicht. Vom 24. Dez. 1866. Dresden 1866. 57 S.

Versuch einer richtigen Auslegung u. Anwendung des Hauptschlusses der außerordentlichen Reichs-Deputation zu Regensburg vom 25. Febr. 1803. § 35. 36. [Nebst] Beilagen. o. O. 1804.

Versuch einer richtigen Auslegung und Anwendung des Hauptschlusses der ausserordentlichen Reichsdeputation zu Regensburg . . . 1803 . . . O. O. 1804. V: *Rudloff, Frdr. Aug.* (MGT)

Versuch einer richtigen Auslegung und Anwendung des Hauptschlusses der ausserordentlichen Reichs-Deputation zu Regensburg vom 25. Februar 1803, §. 35, 36. 2. Aufl. o. O. 1804. 8°

— einer Auslegung des Hauptschlusses der Reichsdeputation von 1803. 2 Thle. gr. 8. Wism. 805. Bödner. 1 ꝛß 2 ℊ

— zu einem gemeinnütz. u. erklär. Auszug aus d. Bibel, von e. Standesperson. 8. Berl. 791. Mylius. 3 ℊ

— e. Auszugs d. Römischen Gesetze, in e. freien Uebersicht z. Behuf d. Abfass. des Volkscoder. 1s bis 50s Buch (v. Luk. Fenderlin.) gr. 8. Bresl. 783—87. W. G. Korn. 3 ꝛß 12 ℊ

Anonym: „Versuch eines Auszuges aus den Polizeyverordnungen, Gesetzen und der Verfassung für angehende Cameralisten in den königlich preussischen Staaten. Mit freimüthigen Anmerkungen", Breslau, Hirschberg 1798. — Vorh.: Preuß. Staatsbibl. Berlin.

— in Auszügen aus den Polizeiverordnungen, Gesetzen ꝛc. in den preuß. Staaten. gr. 8. Bresl. 798. J. F. Korn. 1 ꝛß 8 ℊ

Versuch über die Bau-Kunst, a. d. Franz. Frankf. u. Leipzig 1756. V: *Laugier, Marc. Ant.* (Cat. d. Stadtbibl. Zürich. Zürich 1864—97.)

— üb. die Baukunst, (v. Chr. Ludw. Stieglitz.) 8. Jena. 756.

Versuch zur Beantwortung einiger Einwendungen gegen die Kuhpockenokulation. Mitau 1801. V: *Parlemann, Carl Friedrich.* (R-N)

— ein. Beautwortung d. Frage, s. a. Beantwortung d. Frage.

Versuch einer Beantwortung der Frage: Handelt der Staat klug, wenn er sich seines Rechts, milde Stiftungen abzuändern bedient. *Nürnberg.* 1799.

Versuch einer Beantwortung der Frage: In wie weit ist es rathsam . . . der Veräusserung und Vertheilung der Bauergüter Schranken zu setzen. [Frankf. 1786.] V: *Paulus, Joh. Conrad.* (Stri) (MGT) (ML)

—— einer Beantwortung der Frage: „Ist es überall im protestant. Deutschlande an der Zeit, an d. allgem. u. statutar. Einführung e. neuen Katechismus zu denken?" Mit besond. Berücksicht. des hiezu von d. kgl. bair. Oberkonsistorium in München den Generalsynoden vorgelegten Entwurfs. gr. 8. (2 B.) Coburg 831, Sinner.
Aus den „Annalen d. gesammt. theol. Literatur" abgedruckt.

— e. Beantwort. d. Frage: kann d. Liturgie in der Hof- u. Domkirche zu Berlin eingeführt, auch von andern evangel. Gemeinden der protest. Kirche mit Nutzen angenommen werden? Mit Anmerkk. aus Lutheri Schriften. 8. Leipz. 824. Mittler. 6 ℊ

Versuch einer Beantwortung der Frage: Muss der Freimaurer nothwendig Bekenner des Christenthums seyn? Als Ms. f. Brr. Nürnberg: Campe 1828. 80 S. 8°
cf. AZ. 1827—1831 S. 355—361.
Kl. 2717, Tt. 1829. Spricht sich gegen die Zulassung der Juden aus. 23. 138.

— e. Beantwort. der Frage: ob die jetzige Modelectüre der Ritterromane mehr Schaden oder Nutzen nach sich ziehe, von L. C. 8. Wittenb. 792. Kühne. 3 ℊ

— einer Beantwortung der Frage: Ob die im Jahre 1849 zwischen dem regierenden Herzog von Sachsen-Coburg und Gotha und der damaligen Abgeordneten-Versammlung des Herzogthums Gotha getroffene Vereinbarung, den Staatshaushalt betreffend, für den Regierungsnachfolger des Herzogs verbindliche Kraft habe. Ein Beitrag zur Domainenfrage des Herzogthums Gotha. Erfurt 854. Hennings u. Hopf. (Leipzig, Lehmann.) gr. 8. (32 S.) 6 ngr.

— e. Beantwort. der Fr: ob die Stallfütterung allgem. einzuführen ist? gr. 8. Lpz. Böhme. 786.

— e. Beantwort. d. Frage: ob d. Stallfütterung allgemein einzuführen ist? gr. 8. Leipz. 786. (Enobloch). 3 gl

— einer Beantwort. d. Frage: was ist bei Staatsveränderr. rücksichtl. d. Territorial-Unterthanen u. vorzügl. derj. Rechtens, welche sich in Diensten anderer Staaten u. d. Fremden, welche sich z. Zeit d. Uebergabe in dem neu erworbenen Lande angestellt befinden? gr. 8. Passau 182.. Ambrosi. 6 gl

Anonym: „Versuch einer Beantwortung der Frage: was ist von dem sogenannten Propheten Adam Müller zu halten?" Berlin 1817 (Maurer'sche Buchhandlung).

Versuch einer Beantwortung der Frage: Was ist von dem neuen Propheten A. Müller zu halten? Berlin 1818. V: *Schaden, Joh. Nepomuk Adolph v.* (sch) (NN)

Versuch einer Beantwortung der Frage: was ist Wucher, und durch welche Mittel ist demselben ohne Strafgesetze Einhalt zu thun? (Von Graf F. v. Kufstein.) 8°. Wien, Wucherer, 1789.

Versuch einer Beantwortung der Frage: Was ist Wucher . . . Wien 1789. V: *Kufstein (Kuefstein), Ferdinand Graf von.* (Stam) (Ky) (MGT) (WBL)

— einer Beantwortung der Frage: Welches Ziel sollen Präparanden Behufs ihrer Aufnahme in das Königl. evangelische Schullehrer-Seminar zu Breslau erreicht haben? Beigefügt sind: Nachrichten über das Seminar-Lehrjahr 18 39/40 (von ... Binner). gr. 8. 840. (Neiße, Hennings). 1/8 rß

Versuch ein. Beantwortung d. Frage: Welches Ziel sollen Präparanden ꝛc., s. a. Binner.

Ms f. Br. Ein **Versuch** zur Beantwortung der vom Freimaurer-Congresse in Genf [1902] zu verhandelnden Fragen. (Loge Hrvatska Vila, Agram.) o. O. [1902]. 15 S. 8° [Kopftit.]
Abgedr. in: O. 27 (1902) S. 217—224. 193.

— ein. consequenten Beantwortung, s. a. Beantwortung, consequente, ...

Versuch einer konsequenten Beantwortung der Frage: Ziemt es einem Prediger, Maurer zu werden? . . . Guben 1814. V: *Köhler, A.* (SJL) (Kl) *Kähler, Ludw. Aug.* (winer) (Ky)

Versuch einer konsequenten Beantwortung der Frage: Ziemt es einem Prediger, Maurer zu werden? Von A. K. Z. K. Guben 1814. V: *Köhler, A. K. Z.* (wolfstieg II, 13) (Kl 586) (Tt 1643)

— einer konsequenten Beantwort. d. Frage: ziemt es einem Prediger Maurer zu werden? Von K. Z. K. (Kähler). 8. Guben. 814. (Leipz., Engelmann). 20 gl

Versuch einer Beantwortung der . . . Preisfrage über die Natur und die Heilart der Ruhr . . . Frankf. a. M. o. J. V: *Wedekind, Gg Chn Glieb Freih. v.* (Call)

Versuch einer Beantwortung der Preisfrage: welches sind die besten ausführbaren Mittel, dem Kindermord Einhalt zuthun? Nürnb. 1781. V: *Donauer, Georg Friedrich.* (Fiker) (Call) (Ky) (MGT) (Cat. d. Stadtbibl. Zürich. Zürich 1864—97.)

— e. Beantw. d. Preisfr: wie dem Kindermorde Einhalt zu thun? 8. Nürnb. Grattenauer. 781.

— einer Beantw. der Preisfrage: Welches sind die besten Mittel, d. Kindermord Einhalt zu thun. 8. 781. Hat jetzt Lauffer in Leipzig.

— über d. Bedeutung ständischer Verfassung für deutsche Völker. 8. Bremen 817. Schünemann. 1 rß

Versuch über den eigentlichen neutestamentlichen Begriff vom Glauben. Tübingen 1779. V: *Cless, David Jonathan.* (winer)

— eines kurzen Begriffs d. Universalgeschichte. 8. Wien 778. (Heubner). 3 gl

— e. kurzen Begriffs d. Universalgeschichte. 8. Wien, Kurzböck. (Camesina.) 778.

Versuch über den wahren Begriff der Ehe und der Rechte bey deren Einrichtung . . . Cassel 1776. V: *Engelhard, Johann Philipp.* (ErschJ) (Ky) (MGT) (Schletter, Handb. d. jurist. Litt. Grimma 1843. S. 263.)

— über den wahren Begriff d. Ehe u. deren Rechte, (von Jh. Ph. Engelhard). 8. Hannov. 776. Schmidt. 10 gl

Versuch einer Begründung der Ethnologie durch die Anthropologie . . . Marburg 1851—55. V: *Vollgraff, Carl* (Hauptkat. d. Univ.-Bibl. Tüb. A, Erg.heft 1.)

— e. neuen Behandlung d. griechischen Conjugation u. Declination, ein Handbuch zum leichten Verständniß d. griech. Autoren. gr. 8. Halle 799. Gebauer. 1 rß 6 gl

Versuch eines Beytrages zur Bildung eines edlen Hertzens in der ersten Jugend . . . Herborn 1756. V: *Dörrien, Catharina Helena.* (Linde, Nassauer Drucke. Wiesbaden 1882.)

— e. Beytrags z. Bildung d. positiven Rechtswissenschaft. 8. Jena, Akadem. Buchhandl. 795.

— e. Beitrags zur Bildung d. positiven Rechtswissenschaft. 1s Stück. 8. Jena 795. (Hennings in Neisse). 8 gr.

— e. Beitrags zur Charakteristik Friedrichs, Ludwig Karl v. Preußen. 8. Berl. 797. Belitz. 6 gr.

— e. Beytrags z. Wahrheit u. z. gut. Geschmak. siehe Joh. Franz Wagner.

— e. Beiträge zur histor. Auslegung d. alttestamentl. Bibel. gr. 8. Leipz. 794. Schwickert. 1 thl. 6 gr.

Versuch in Beyträgen zur deutschen Sprachlehre, Beredsamkeit und Geschichte . . . Altdorf 1757. H: *Will, Georg Andreas.* (ML) (Ky) (BB) (Rüdiger, Neuester Zuwachs. Liegnitz 1782—93. IV, 167.)

— in Beiträgen zur deutschen Sprache, Beredsamkeit u. Geschichte. (Von G. A. Will), herausg. von d. deutschen Gesellschaft in Altdorf. 8. Altd. 757. Monath u. K. 4 gr.

— d. Streit üb. Katholicismus u. geheime Proselytenmacherey beyzulegen, vermittelst einer genauen Revision derselben nach Maaßgeb. d. darüb. vorhand. Schr. 2 Stk. gr. 8. Berlin, Nicolai. 789. (I. 9 gr. II. 12 gr.)

Versuch, den bisherigen Streit über Katholicismus und geheime Proselytenmacherey beyzulegen. Berlin 1790. V: *Schäffer, Wilhelm Frdr.* (MGT) (NN) (Ky)

Versuch, den bisherigen Streit über Katholicismus und geheime Proselytenmacherey beyzulegen, vermittelst einer genauen Revision desselben nach Maassgebung [St. 2:] Massgebung der darüber vorhandenen Schriften. Aufgesetzt von einem Liebhaber der Wahrheit und des Friedens. [Stück 1.] 2. Berlin u. Stettin: Nicolai 1790. 8°
[1.] VIII, 136 S.; 2. 184 S.
cf. D. neuesten Religionsbegebenheiten. 12 (1789) S. 749—759.
Kl. 3429. 281.

Versuch der zugerischen Jugend die Thaten ihrer allgemeinen und besonderen Vorväter . . . einiger Massen bekannt zu machen . . . Zug 1785—86. V: *Kolin, Carl Caspar.* (CLZür Forts. II)

Versuch einer Beleuchtung der Geschichte des jüdischen und christlichen Bibelkanons. Halle 1792. V: *Corrodi, Heinrich.* (ML) (Ky) (Cat. d. Stadtbibl. Zürich. Zürich 1864—97.)

— e. Beleucht. d. Gesch. des jüdischen u. christlichen Bibelkanons. 2 Bde. 8. Halle, Curt. 792.

— e. Beleuchtung d. Geschichte des jüdischen u. christl. Bibelkanons, (von H. Corrodi). 2 Bde. 8. Halle 792. (Laue in Berl.) 9 gr.

Versuch einer gründlichen Beleuchtung der Lehrsätze des neuern Krieges . . . Berlin 1805. V: *Bülow, Adam Heinrich Dietrich von.* (MGT) (Ky) (BrMm)

— e. gründl. Beleuchtung d. (H. v. Bülow'schen) Lehrsätze d. neuern Krieges, (von H. v. Bülow). gr. 8. Berl. 805. (Boike). 1 thl. 16 gr.

— einer Beleuchtung der (v. Bülowschen) Lehrsätze des neuern Krieges. gr. 8. Berlin. 805. Jetzt Liebeskind in Leipzig Rthlr.

— e. Beleucht. von J. H. Finks fortgesetzter Nachricht über d. Erfolg d. Sommerstallfütterung d. Schafe zu Gröbzig. 8. Celle 788. Richter. 8 gr.

Versuch einer Beleuchtung des vom „kathol. Schullehrerverein Bayerns" der Kammer der Reichsräthe jüngst eingereichten Petitums — Betreffs erziehlicher Zwecke. v. G. H. K . . . . . r. gr. 16. (36 S.) Fürth 850, Schmid. 3 ngr.

Versuch über die Beredsamkeit nur für meine Zuhörer bestimmt. Halle 1781. 2. Aufl. Wien u. Prag 1801. Neue [3.] unveränderte Aufl. Halle 1807. V: *Bahrdt, Carl Fch.* (GGr IV^1/823, Nr. 8/58) (Baer 737/1088)

— über d. Beredsamkeit, für meine Zuhörer bestimmt. N. Aufl. gr. 8. Leipz. 787. Haugs Wwe.

— einer Berichtigung d. Idee d. bürgerl. Zustandes d. Israeliten. 8. Frankf. a. M. 816. Körner. 4 gr.

— einer Berichtigung der Ideen des bürgerlichen Zustandes der Israeliten. 8. Frankfurt a. M., Körner. 816.

Versuch über die uneingeschränkte Berufungsfreiheit. O. O. [1784]. V: *Steck, Johann Chph Wilhelm von.* (Pütter, Litt. d. Teutsch. Staatsr. Gött. 1773—91. IV, 377.)

— üb. d. Beschneiden d. Obstbäume. Mit 5 Kpf. Aus d. Französ. (d. Pelletier de Frepillon.) 8. Colmar. (Frankfurt), 1783. (Gebhard u. Körber.) — 10

— über d. Beschneiden d. Obstbäume; aus d. Französ. Mit 5 Kpf. 8. Frankf. 783. Garbe. (Gebhardt u. K.) 8 gr.

Versuch üb. das Beschneiden d. Obst-Bäume. Durch eine Gesellschaft v. Liebhabern dieser Kunst. Aus d. Franz. übers. Colmar 1783. 55 S. 5 Tvl. P.

Versuch einer Beschreibung der Stadt Boitzenburg. [Nürnberg 1797.] V: *Jugler, Johann Heinrich.* (MGT)

Versuch einer Beschr. d. Bergstädtch. Brand, s. Beschreibung.

Versuch einer dichterischen Beschreibung der mineralischen Wasser überhaupt ... O. O. 1794. V: *Henke, L. E. A.* (EngG)

Versuch einer Beschreibung von Eiderstedt; in Briefen ... Garding u. Hamburg 1795. V: *Volkmar, Frdr. Carl.* (MGT) (schles) (Ky) (CBH) (Collin, Anonymer. Kiobenh. 1869.) (Kordes, Schlesw.-holst. u. eutin. Schriftst. Schleswig 1797.)

Versuch einer Beschreibung v. Eiderstädt. In Briefen an einen Freund im Hollsteinischen. Garding u. Hamb. 1795. 355 S.

Versuch einer genauen und umständlichen Beschreibung der ... Hauptstadt Cassel ... Cassel 1767. V: *Groschuf, Frdr. (Fabian) & Joh. Balth. Hundeshagen.* B: *Schmincke, Frdr. Chph.* (ML) »1768« (Ky) (CBH) (EngG)

— e. Beschreib. d. Hessischen Haupt- u. Residenzstadt Cassel, nebst den nahe gelegenen Lustschlössern, Gärten ɾc., (von Fr. Cph. Schmincke). gr. 8. Cassel 768. Cramer. 20 gr (Wurde vom Justizr. Groschuff angelegt, vom Regier.-R. Hundeshagen weiter ausgearbeitet, von Schmincke durchgesehen u. mit e. Anmerkk. begleitet.)

Versuch einer geographisch-naturhistorischen Beschreibung des Fichtelgebirges. Hof 1800. V: *Helfrecht, Johann Theod. Benjamin.* (EB)

— e. histor.-geograph.-statist. Beschreib. d. kaiserl. freien Reichsstädte, nach den Bestimm. d. Regensburg. Deputat.-Hauptschlusses im J. 1803. 8. Leipz. 805. (Köhler). 8 gr

Versuch zu einer historisch-pragmatischen Beschreibung der alten deutschen Oekonomie, und des daraus erwachsenen fürstl. Kammerwesens. 4°. Leipzig, Breitkopf u. H., 1755.

Versuch einer historisch-pragmatischen Beschreibung der alten deutschen **Ökonomie ... Leipzig 1755. V: *Fischer, Heinrich August.* (EB) (weber)**

Versuch einer historisch-topographischen Beschreibung der Ruinen der Burg Gerenstein und Umgebung. Bern 1852. V: *Bachmann, R. A.* (BSchwLk V, 3)

Versuch einer historisch-topographisch-statistischen Beschreibung der unmittelbaren freyen Reichs-Ritterschaft in Franken nach seinen sechs Orten. Ulm-Stettin 1801. V: *Bundschuh, Joh. Casp.* Kat. d. ständ. Bibl. Stuttg. 1908. S. 215.)

— e. histor.-statist.-topograph. Beschreib. d. unmittelbaren freien Reichs-Ritterschaft in Franken. gr. 8. Ulm 801. Stettin. 16 gr

Versuch einer Beschreibung historischer und natürlicher Merkwürdigkeiten der Landschaft Basel. Basel 1749—63. V: *Brückner, Eman. Daniel.* (AarK) (EBHN) (Gatterer, Repert. d. mineral. Litt. Giessen 1778—99. I, 173.) »1749—64« (CBH)

— einer Beschreibung historischer u. natürl. Merkwürdigkeiten der Landschaft Basel. XXIII. Stück. (Enthält die Beschreib. von August (Augusta Rauracorum), mit 26 Taf. Antiquitäten, worunter der Situationsplan von Augst, Abbild. des Theaters, nebst vielen in den Text eingedr. Abbild.) ... Basel 1763. (Schneider.) 1 1/3 rf

Versuch einer orographisch-mineralogischen Beschreibung der Landes-Hauptmannschaft Hof ... Hof 1797. V: *Helfrecht (Helfrich), Joh. Theod. Benj.* (Fiker)

— e. orograph.-mineralog. Beschreib. d. Landeshauptmannschaft Hof. 8. Hof 797. Grau. 16 gr

— e. Beschreib. d. Regierungsverfassung in d. Reichsstadt Nürnberg. gr. 8. Weimar 797. Ind.-Compt. 9 gr

Versuch einer Beschreibung der Säcularfeyer in Schneeberg, am 1. Januar 1801. Schneeberg 1801. V: *Beck.* (MGT)

— e. Beschreib. d. Säcularfeier in Schneeberg am 1. Jan. 1801, nebst Beilagen. 8. Leipz. 801. Baumgärtner. 6 gr

Versuch einer Beschreibung der k. k. Schatz-Kammer zu Wien. Nürnberg 1771. V: *Murr, Christoph Gottlieb von.* [1733—1811.] (D. Murray, Museums. Their History and their Use. Glasgow 1904. Vol. III, p. 241) (Hdschr. Mitth. von Otto Kurz, Wien)

— e. Beschreib. d. k. k. Schatzkammer in Wien. gr. 8. Nürnb. 771. Bauer u. R. 16 gr

— e. Beschr. d. K. K. Schatzkammer in Wien. gr. 8. Nürnberg, Raspe. 771.

Versuch einer topographischen Beschreibung des Oberamts Lichtenberg und Thierbach. [Bayr. 1767.] V: *Wunderlich, Johann Georg.* (Fiker)

Versuch den am 29. November 1780ten Jahres erfolgten . . . Hintritt Jhro . . . Majestät Marien Theresiens . . . zu besingen. . . . Kronstadt 1781. V: *Fronius, Michael Traugott.* (GGr)

Versuch, den Begriff des Rechts zu bestimmen. Schwerin 1793. V: *Stavenhagen, Johann Chn Dietrich.* (MGT) (Ky)

— d. Begriff d. Rechts z. bestimmen. 8. Schwerin, Bärensprung. 793.

— den Begriff des Rechts zu bestimmen, (von J. C. D. Stavenhagen). 8. Schwerin 793. (Wienbrack in Leipz.) 4 gr

Versuch, die Entfernung u. die Bahnen der Sternschnuppen zu bestimmen, s. Benzenberg, J. Fr.

— d. sichern Gebr. d. span. Fliegen u. Blasenpflaster zu bestimmen. 8. Lpz. Crusius. (F. C. W. Vogel.) 793.

Versuch die Höhe des Riesengebirges zu bestimmen. Breslau 1769. V: *Felbiger, Joh. Ign. von.* (WBL IV/167) (biblPort)

— e. genauern Bestimmung d. Rechts widerkäufl. u. unablegl. Zinsen bei entstand. Concursen. gr. 8. Altenb. 777. (Hennings in Neisse). 8 gr

— e. genauern Bestimm. d. Rechts widerkäufl. u. unablegl. Zinsen d. entstand. Concursen. gr. 8. Altenb. Richter. (Akadem Buchhandl. in Jena.) 777.

Versuch einer Bestimmung der Grundsätze, wonach die Religionsbeschaffenheit der deutschen Reichstagsstimmen . . . zu beurtheilen ist. Göttingen 1780. V: *Meister, Georg Jacob Friedrich.* (Schletter, Handb. d. jurist. Litt. Grimma 1843. S. 156.)

— e. nähern Bestimmung d. Baums d. Erkenntnisses d. Guten u. Bösen, in e. Sendschreiben. 8. Berl. 775. Rottmann. 6 gr

Versuch einer richtigen Bestimmung und Beschreibung des Bodens in architektonischer Hinsicht. Nürnberg 1803. V: *Glaser, Carl Frdr. Wilh.* (Ky)

— e. richtigen Bestimmung u. Beschreib. d. verschied. Arten Pfähle, welche bei d. sogen. Bauwesen vorkommen, (von K. F. W. Glaser). 8. Nürnb. 803. ...

Versuch einer richtigen Bestimmung und Beschreibung der verschiedenen Arten Pfähle . . . Nürnberg 1803. V: *Glaser, Carl Frdr. Wilh.* (Ky)

Versuch einer richtigen Bestimmung des kaiserlichen Ratificationsrechts . . . Göttingen 1769. V (Beobachtungen dazu): *Schrötter, Franz Ferdinand.* (Pütter, Litt. d. Teutschen Staatsr. Götting. 1773—91. III, 233.)

Versuch einer Betrachtung der wichtigen Folgen des Misbrauchs der Eide für den Staat . . . Hamb. 1796. V: *Beermann, Johann Heinrich.* (Stri) (MGT) (Ky)

— e. Betracht. d. wichtig. Folgen d. Mißbrauchs d. Eide f. d. Staat. 8. Hamburg, Bohn. 796.

— e. Betrachtung über d. Geisteskultur d. Griechen, insofern dieselbe den Verfall d. griech. Staats erzeugt hat. Nach den ältern, mittlern u. neuern Zeitraum d. Geschichte dieses Staats, bearb. von W. C. V*** (Vetter). 8. Pernau 814. (23 S.)

Versuch einer Betrachtung über die Geistes-Kultur der Griechen . . . Pernau 1814. V: *Vetter, Frdr. Chn Wilh.* (GGr) (Ky)

— e. Betrachtung über d. Hülfswissenschaften zur militär. Bildung neu angehender Offiziere, (von J. H. Beermann). 8. o. O. 797.

Versuch einer Betrachtung über die Hülfswissenschaften zur militairischen Bildung . . . O. O. 1797. V: *Beermann, Johann Heinrich.* (Stri) (Ky) (MGT)

— zweckmäß. Betracht. üb. die bibl. Weissagungen überhaupt und besond. über die Offenbarung Johannis, vom Verfass. d. Briefe üb. d. protestantischen Lehrbegriff. gr. 8. Leipz. 801. Kummer. 1 ℛ 20 gr

Versuch zweckmässiger Betrachtungen über die biblischen Weissagungen . . . Leipzig 1801. V: *Hermes, Hermann Daniel.* (Ky) (MGT)

Versuch einer rechtlichen Beurtheilung der Hannöverschen Verfassungsfrage. Hamburg 1838. V: *Waitz, Georg.* (KGBerlin I, 1818)

Versuch einer rechtlichen Beurtheilung der Hannoverschen Verfassungsfrage . . . Hamburg 1838. V: *Werner, George Johann Peter.* (Schr)

Versuch einer rechtlichen Beurtheilung der hannöverschen Verfassungsfrage. Von G. W. Hamburg, Berendsohn 1838. VI 77 S. 8.

— e. Beurtheilung des vom Prediger Senger zu Reck gethanen Vorschlags, Papiere aus Conferva oder Wasserwolle zu verfertigen. Von e. Papierfabrikanten (A. Engels). (Gedruckt auf e. neuen Sorte grünen Papiers, nebst Vorschlägen, solches zur Conservation d. Augen zu gebrauchen). kl. 8. Essen 800. Bädecker. 3 gr

Versuch einer Beurtheilung des ... Vorschlags, Papiere aus Conferva oder Wasserwolle zu verfertigen. ... Essen 1800. V: *Engels, J. Adolph.* (Ky) (EngMt)

— e. Beurtheil. d. Vorschl. Papier aus Wasserwolle zu verfertigen, nebst Probe. 8. Lpz. (Bädecker in Duisb.) 80[illegible].

Versuch eines ausführlicheren Beweises der nohtwendigen Verbindung der Wissenschaften. Copenhagen 1752. V: ***Arboe, Fr.*** (Bruun, Suppl. 418)

— des Beweises, daß d. Aufhebung d. Mediatklöster im Reiche wider den westphäl. Frieden nicht anstoße. 8. Ulm 775. Wohler. 1½ ℊ

Versuch eines Beweises, dass die Kaiserin von Russland den Westphälischen Frieden weder garantiren könne, noch dürfe ... O. O. 1794. V: *Wackerhagen, Johann Carl Christian.* (Ky) (MGT) (Oa)

— e. Beweises, daß d. Kaiserin v. Rußland den westphäl. Frieden weder garantiren könne noch dürfe, (v. J. K. C. Wackerhagen). gr. 8. 794. (Riemann in Lübeck). 12 ℊ

— e. Beweises, daß d. Seele des Menschen nach d. Trennung vom Leibe nicht schlafe, sondern sich bewußt sey ꝛc. 8. Halle 775. Waisenh.-B. 2 ℊ

— üb. Gmeiners Beweis: daß d. Ordensgelübde d. Orden ꝛc. ohne vorherg. Dispensation ihre Verbindlichkeit verlieren. gr. 8. Wien, Gerold. 783.

Versuch eines Beweises über die physiognomische Kenntniss der Pferde. Frankfurt a. M. 1778. V: *Günderode gen. von Kellner, Friedrich Justinian Freiherr von.* (ML) »1779« (Ky) (BrMm) »über die Physiognomie der Pferde.« (Adel)

— e. Beweises über d. physiognom. Kenntniß d. Pferde, (von Fr. Just. v. Günderode). 8. Frankf. 779. Eßlinger. 3 ℊ

Versuch eines Beweises üb. die phisiognomische Kenntniss d. Pferde. Frankf. a. M. 1778. 42 S. P.

Versuch eines kurtzen Beweises fůr die Warheit [!] der Religion in einen [!] Schreiben eines Vaters an seine Sǒhne von einen [!] Frey Mauer [!] a 5 ÷ 8 ÷ 2 = g + 12 ÷ 10 + 7 + 3. Frankfurt: Faber 1778. 16 S. 8⁰ 215.

— e. ganz neuen u. unwidersprechl. Beweises, daß d. Lehre Jesu d. allerhöchste u. seligste Wahrheit sey ꝛc. 8. Halle 770. Waisenh.-Buchh. 4 ℊ

Versuch eines philosophischen Beweises für die Freyheit Gottes. Halle 1769. V: *Hansen, Pet.* (Bruun, Bibl. Danica I, 942.) *Weisse.* (Ky)

— eines philosoph. Beweises für d. Freiheit Gottes, (v. ... Weisse). Halle 769. Hendel. 3 ℊ

— e. streng philosoph. Beweises für d. Unsterblichkeit d. Seele. 8. Dessau 784. Gelehrten-B. 3 ℊ

Versuch eines schriftmässigen Beweises, dass Joseph der wahre Vater Christi sey. Berlin u. Stralsund 1792 [1791]. V: *Walter, Ernst Johann Conrad.* (ML) (Winer) (Ky)

— e. schriftmäß. Beweises, daß Joseph d. wahre Vater Christi sey, (von E. J. K. Walter). gr. 8. Stralf. 792. (Lange in Berl.) 4 ℊ

Versuch, eines theoretischen Beweises der Zuverlässigkeit, der im Handbuch der grundsätzlichen Forstwissenschaft aufgestellten neuen Holz-Taxations-Methode; als Zusatz des hierüber erschienenen Auruf eines praktischen Forstmannes an seine Kameraden entworfen von B. von L. - Jena 1803. 38 S.

— e. theoret. Beweises d. Zuverlässigkeit d. im Handbuch d. grundsätzl. Forstwissenschaft aufgestellten neuen Holz-Taxations-Methode ꝛc. gr. 4. Jena 803. Acad. B. 7 ℊ

— e. Beweises von der Wirklichkeit Gottes aus der Geschichte 8. Halle, Hemmerde u. S. 770.

— e. Beweises von d. Wirklichkeit Gottes aus d. Geschichte. 8. Halle 770. Schwetschke u. S. 5 ℊ

Versuch die genaueste Uebereinstimmung der biblischen Zeitrechnung mit der Profangeschichte zu beweisen. Copenh. 1786. V: *Wedel-Jarlsberg, Frdr. Wilh. von.* (Bruun, Bibl. Danica II, 426.) (Collin, Anonymer. Kiobenh. 1869.)

— d. genauesten Uebereinstimmung d. bibl. Zeitrechnung mit d. Profangeschichte zu beweisen. gr. 8. Kopenh. 786. Pelt. 1 ℛ 6 ℊ

Versuch über die deutschen Bewohner der österreichischen Monarchie. Wien 1804. V: *Rohrer, Joseph.* (MGT) (MS) (EngG) (CBH) (Feil) (Kat. d. stat. Bureaus. Dresden 1890.)

Versuch über d. deutschen Bewohner d. österreich. Monarchie. 2 Thle. gr. 8. Wien 804. Kunst- u. Ind.-Compt. 1 ℛ 8 ℊ

Versuch über die jüdischen Bewohner der österreichischen Monarchie. Wien 1804. V: *Rohrer, Joseph.* (Feil) (CBH) (Sulamith II, 37 ff.)

Versuch über die Slavischen Bewohner der Östreichischen Monarchie. ... Wien 1804. V: *Rohrer, Joseph.* (CBH) (EngG)

Versuch einer musikalischen Bibliothek. [Hamburg 1770.] V: *Ebeling, Christoph Daniel.* (Petz)

Versuch einen Haus-Hofmeister zu bilden in fünf Abtheilungen. Franckfurt u. Leipzig 1765—1766. Wien 1766—1767. V: *Wiegand, Johann.* (KY 6/65) (WBL 56/12) (Biblport)

— e. Haushofmeister zu bilden, (von Jh. Wigand). 2 Thle, in 5 Abtheill., mit Anh. 8. Wien 766—67. Kraus. (Kummer in Leipz.) 1 ß 8 gr

— z. Bildung e. edlen Herzens. 2 Thle. s. Cath. Hel. Dörrien.

— e. Biographie Karl Egon's, Fürsten v. Fürstenberg, (von Hermann v. Hermannsdorf). Mit Kpf. 4. Dresd. 788. Walther. 10 gr

Versuch einer Biographie von Karl Egon, Fürsten zu Fürstenberg. Dresd. 1788. V: *Hermann von Hermannsdorf, Joh. Frdr.* (MGT) (BrMm) (Ky)

— e. Biographie d. Hrn. Joh. Mayer, d. freien Künste, Weltweisheit u. Arzneiwissenschaft Doctor 2c., († d. 5. Juni 1807.) Verfaßt von Eleonore Mayer, geb. v. Leber; herausg. von G. F. Walther. 8. (Dresd.) 807. Walther. 4 gr

Versuch ein. pragmat. Biographie Jesus, von sein. Geburt an. 8. Zerbst, Füchsel. 812.

Versuch in freundschaftlichen Briefen . . . Frankf. [Weimar] 1753. V: *Reyher (Reiher), Samuel Gottfried.* (ML) (Adel) (Ky)

— in freundschaftl. Briefen, von B. G. G. (S. G. Reyher). 8. Frankf. 753. (Hoffmann in Weimar). 3 gr

Versuch die Lehre von dem Vorrecht der vollen Geburt vor der halben in Erbschaftsfällen . . . in Richtigkeit zubringen. Lübeck 1746—48. V: *Krohn, Hermann Georg.* (ML)

— üb. das 5te Buch von Euclids Elementen. gr. 8. Altenburg, ... Schnuphase. 2 gr

Versuch eines Bürgers über die Verbesserung der öffentlichen Erziehung . . . Basel 1779. V: *Iselin, Isaac.* (Cat. d. Stadtbibl. Zürich. Zürich 1864—97.)

Versuch über den Character des grossen Arztes . . . Herman Boerhaves . . . A. d. Franz. . . . Leipzig u. Freyberg 1748. V: *Maty, Michael.* (BrMm)

— üb. d. Charakter d. großen Arztes, od. d. Leben Boerhaave. 8. Freyberg, Reinhold. 748.

Versuch über den Charakter und die Werke der besten italienischen Dichter. Braunschw. 1763—74. V: *Meinhard, Joh. Nic.* (Cat. d. Stadtbibl. Zürich. Zürich 1864—97.)

— e. Chronologie für d. Volk u. d. Volksschulen, (von Pt. J. Peters). Fol. Altona 796. (Hammerich). 6 gr

Versuch einer Chronologie für das Volk und für Volksschulen. Altona 1817. V: *Peters, Peter Jung.* (MGT) »1796« (Ky)

Versuch einer biblischen Dämonologie. Halle 1776. V: *Hesse, Otto Just. Basil.* (Choulant)

Versuch e. biblischen Dämonologie, od. Untersuchung der Lehre der heil. Schrift vom Teufel u. seiner Macht. Mit Vorrede u. Anfang v. Jo. Sal. *Semler.* 356 S. Halle. 4°. 1776.

Versuch einer biblischen Dämonologie oder Untersuchung der Lehre der heiligen Schrift vom Teufel und seiner Macht, Halle 776. 8. mit Semler's Vorrede. Halle 783. 8.

— e. allgem. verständl. Darstell. d. krit. Philosophie f. Freunde des philosoph. Studiums. gr. 8. Münster 800. Waldeck. 1 ß

Versuch einer begründeten Darstellung des Organisationspatentes der österr. Finanzen von 20. Febr. 1811. Von K . . . 8°. Wien, Ant. Doll, 1811.

Versuch einer Darstellung der kriminellen Eigenschaften der Stadtbevölkerung von Görlitz in den Jahren 1899—1901 . . . Görlitz 1903. V: *Tschierschky, Gust.* (Berl)

— e. faßl. Darstellung d. bey d. 4 Rechnungsarten gewöhnl. Regeln, s. K. Nürnberger.

F. J. B—b. Versuch einer geographischen Darstellung des neuen Königreiches Westphalen, nach seiner speciellen Eintheilung. 8. Tübingen 1809.

— e. geograph. Darstell. d. neuen Königr. Westphalen nach seiner speciellen Einthl. f. Freunde d. Länderkunde v. F. L. B—s. 8. Tübing. Heerbrand. 809.

— e. geograph. Darstellung des Königr. Westphalen, nach seiner speciellen Eintheilung. (Von Frdr. Edw. Brieglieb.) 8. Tübing. 809. (Osiander). 12 gr

Versuch einer historisch-kritischen Darstellung des bisherigen Einflusses der Kant'schen Philosophie auf alle Zweige der wissenschaftlichen Theologie. Hannover 1796—98. V: *Flügge, Christian Wilhelm.* (BrMm) (Ky)

— e. histor.-krit. Darstellung d. bisher. Einflusses d. Kant'schen Philosophie auf alle Zweige d. wissenschaftl. Theologie, (von C. W. Flügge). 2 Thle. 8. Hannov. 796, 98. Hellwing. 2 ß 10 gr

— e. hist. krit. Darstell. d. bisher. Einflusses d. Kantischen Philosophie auf alle Zweige der Theologie. 2 Thle. s. a. C. W. Flügge.

Versuch einer Darstellung der hungarischen Konstituzion.
8. Leipzig 1812.

— e. Darstell. d. ungar. Constitution, (v. Max. Fr. v. Mastiaux). 8. Wien 812. Geistinger. 1 Thlr 8 gr

Versuch einer Darstellung der ungarischen Constitution. Wien 1812. V: *Mastiaux, Maximilian Frdr. von.* (Ky)

— einer Darstellung der Hungarischen Constitution. 8. Wien. (Leipzig, W. Vogel.) 820.

Versuch einer kurzen Darstellung vom Entstehen, Nutzen u. Bestand der Landwehr. Regensburg 1819. 70 S.

— e. kurzen histor. Darstell. d. allmäligen Entwickelung u. Ausbildung d. heutigen Gerichtsverfassung d. Stadt Frankfurt a. M. gr. 8. Frankf. 806. Mohr in Heidelb. 16 gr

Versuch einer kurzen Darstellung der gemeinen Rechte und Landesverordnungen . . . Hannover 1796. V: *Weidemann, Chph Erich.* (MGT) (JStBbH) (Ky)

Versuch einer Darstellung der gemeinen Rechte und Landesverordnungen für den Landmann in Braunschweig-Lüneburg . . . Hannover 1796. V: *Weidmann, Chph Erich.* (EB)

— e. Darstell. d. gemeinen Rechte u. Landesverordnn. für d. Landmann in Braunschw.-Lüneburg, insonderheit Calenberg. Theils, (v. C. E. Weidemann). 8. Hannov. 796. N. A. 803. Hahn. 6 gr

— e. Darstell. d. gemein. Rechte u. Landesverordn. f. d. Landmann in Brschw. Lüneburg. rc. s. a. C. E. Weidemann.

— — einer Darstellung der gegenwärt. polit. Lage mehr. deutschen Bundesstaaten; Betrachtungen üb. d. Ursachen, die sie herbeigeführt haben; u. Winke üb. die gesetzl. Mittel, welche d. besteh. Bundesgesetze darbieten, um die Gefahr e. republikan. Umwälzung abzuwehren. 8. (1¾ B.) Aschaffenburg 833, Pergay.

— e. Darstell. d. kurhess. Landtagsvorschriften, rücksichtl. d. Mühlen. 8. Cassel 831. Bohné. 6 gr

Versuch einer Darstellung der Lebensweise, Herkunft und Sprache der Zigeuner . . . Prag 1868. V: *Wratislaw Graf von Mitrovic, Rudolph.* (EB)

Versuch einer Darstellung der Lehre vom Diamagnetismus. 24 S. 8°. – Gran, Progr. 1856,57.

— e. leichten u. faßl. Darstell. des Laufs d. Gestirne, (von e. Jugendliebhaber (Jh. Friese). Mit 2 Kpft. gr. 8. Straßb. 790.

— e. Darstell. nothwend. Maßregeln zur mehrern Heilighaltung d. Eides u. Sicherungsmittel d. Wahrheit u. des Rechts. 8. Aachen 827. Mayer. 16 gr

Versuch einer milit. histor. Darstellung des großen Befreiungskrieges oder Übersicht der Feldzüge i. d. J. 1813 bis 1815. (In deutsch. u. französ. Sprache.) T. 1–3. Mit Krt. u. Pl. Weimar 1814–1816.
T. 1. Feldzug 1813. T. 2. Feldzug 1814. T. 3. Feldzug 1815.

— e. militär.-histor. Darstellung d. großen Befreiungskrieges, od. Uebersicht d. ewig denkwürd. Feldzüge vom J. 1813, 14 u. 15. 1r Thl., d. Feldzug vom J. 1813, deutsch u. französ., mit Plänen u. Karten. A. u. d. T.: Uebersicht des Feldzugs im Jahr 1813, zwischen den alliirten u. kaiserl. französ. Armeen. 1e Abtheil., von d. Schlacht bei Lützen, bis zum Uebergange beider Armeen über d. Elbe. Mit 2 Karten. 2e umgearb. Ausg. gr. 4. Weimar 814. Geograph. Instit. 1 Thlr 12 gr 2e Abtheil., vom Uebergange beider Armeen über d. Elbe bis zum Uebergange üb. d. Oder u. dem Waffenstillstande. Mit 5 Karten. gr. 4. Ebd. 2e A. 814. 2 Thlr 12 gr 3e Abtheil., vom Wiederausbruche d. Feindseligkeiten nach Ablauf d. Waffenstillstandes bis u. mit d. Schlacht von Leipzig, d. 16.—19. Oct. Mit 9 Planen u. Karten. gr. 4. Ebd. 814. 4 Thlr 12 gr 4e Abthl., enthalt. d. Operationen d. verbündeten Armeen nach d. Schlacht von Leipzig zur Verfolgung d. fliehenden französ. Armeen bis an d. Rhein, mit d. Schlacht von Hanau rc. gr. 4. Ebd. 814. 1 Thlr 5e Abtheil., enthalt. den ganzen Feldzug d. F. Z. M. Grafen v. Hiller in Italien, gegen d. Vicekönig v. Italien, von sr. Eröffnung d. 17. Aug. bis zum 15. Dec. gr. 4. Ebd. 814. 1 Thlr 2r Thl. Uebersicht d. Feldzugs im J. 1814. 1e Abthl., von Eröffnung d. Feldzugs bis zur Schlacht von Brienne. Mit 2 Karten. gr. 4. Ebd. 815. 2 Thlr 12 gr 2e Abthl., Operationen d. Haupt- u. Schlesischen Armee von d. Schlacht von Brienne bis zur ersten Einnahme von Paris. Mit 2 Karten. gr. 4. Ebd. 815. 3 Thlr 3e Abtheil., Operationen d. Armee im südl. u. nördl. Frankreich u. Uebersicht d. Ereignisse von sämmtl. belagerten u. blokirten Festungen u. des Feldzugs d. österr. Armee in Italien. gr. 4. Ebd. 816. 1 Thlr 18 gr 3r Thl. Uebersicht d. Feldzugs im J. 1815. 1e Abtheil. Darstellung d. Feldzugs in Italien. Mit 1 Karte. gr. 4. Ebd. 816. 1 Thlr 6 gr 2e Abtheil. Feldzug d. alliirten Mächte gegen Frankreich bis zur 2ten Einnahme von Paris. Napoleons Verbannung u. den Frieden. Mit 5 Karten u. Planen. gr. 4. Ebd. 817. 4 Thlr 12 gr Das ganze Werk vollständig 23 Thlr 12 gr

Versuch einer Darstellung der österreichischen Monarchie in statistischen Tafeln. Jahrg. 1 (1828); 2 (1829). (Die Fortsetzung siehe „Tafeln zur Statistik der österr. Monarchie".) Fol. Wien 1829–1830.

Versuch einer pragmatischen Darstellung der Steuerfreyheit der Prälaten . . . in . . . Schleswig-Holstein. O. O. 1802. V: *Schrader, Ludwig Albert Gottfried.* (A) (schles) (Bruun, Bibl. Danica III, 699.)

— e. Darstell. der, im Markgrafthum Oberlausitz, zwischen Erbherrschaften u. Erbunterthanen stattfindenden Rechte u. Verbindlichkeiten. gr. 8. Dresd. 824. (Hentze in Bresl.) 10 gr

Anonym: „Versuch einer Darstellung der im Markgrafenthum Oberlausitz zwischen Erbherrschaften und Erbunterthanen stattfindenden Rechte und Verbindlichkeiten", Dresden 1824 (Hilscher).

Versuch einer Darstellung der Rechte des Lüneburg-Cellischen Theils und der Grafschaft Hoya. V: *Weidemann, Chph Erich.* (Ky)
Hannover: Hahn 1802.

Versuch einer richtigen Darstellung des Freimaurer-Ordens. Aus alten und neueren, bekannten und unbekannten Nachrichten gesammlet [!] und bearbeitet. Osnabrück: Blothe 1805. 61 S. 8⁰
cf. ALZ. 1807 Nr 113.
Kl. 2830, Tt. 356a. Geschichte, Verfassung, Grundsätze, Zweck des Frmrbundes, Schilderung der Frauenzimmermrei, der rozenkreuzerischen, theosophischen u. ähnlichen Verbindungen. 23. 25.

Versuch einer richtigen Darstellung des Freimaurer-Ordens. Aus alten und neuern, bekannten und unbekannten Nachrichten gesammelt und bearbeitet. Osnabrück: Blothe 1805. 61 S. 8⁰.
Selten. 21.

Versuch e. richtigen Darstellung d. Freimaurerordens. 8. Osnabrück 805. Andrä in Leipz. 7 gr.

— ein. Darstellung d. merkwürd. Schlachten bei Ligny u. Belle-Alliance, am 16. u. 18. Juni 1815, mit einem Schlachtplane. gr. 4. Weim. Geograph. Instit. 815.

einer Darstellung der merkwürdigen Schlachten bei Ligny und Belle Alliance geliefert am 16. und 18. Juni 1815. Mit 1 Kt. Weimar 1815. 20 S.

— einer sokrat. Darstell. des hannöver. Landes-Katechismus, 4 Stck. s. Katechisation.

— einer Darstellung der Staatsumwälzung des Kantons Schaffhausen im Jahre 1831 nebst einem Rückblicke auf dessen frühere politische Zustände. gr. 8. Zürich 838. Orell, Füßli u. Comp. 5 gr.

Versuch einer Darstellung der Staatsumwalzung des Kantons Schaffhausen ... Zurich 1838 s. Meyenburg-Rausch, Franz Anselm von].

— e. systemat. Darstellung d. Amtsgeschäfte u. des Wirkungskreises eines Friedensrichters für d. Königr. Westphalen, (von Paul Wigand). gr. 8. Marb. 810. Krieger. 20 gr. N. Aufl., s. P. Wigand Handbuch ꝛc.

Versuch einer systematischen Darstellung der Amtsgeschäfte und des Wirkungskreises der Friedensrichter . . . Cassel u. Marburg 1810. V: *Wigand, Paul.* (MGT) (Ky)

— ein. systemat. Darstellung d. Amtsgeschäfte u. des Wirkungskreises d. Friedensrichter. Ein Hülfsbuch f. die Friedensrichter d. Königreichs Westphalen ꝛc. 8. Marb. Krieger. 812.

Versuch einer systematischen Darstellung der Lehre vom Retentionsrecht. Halle 1790. V: *Faselius, Johann Christian Wilhelm.* (MGT)

— e. systematischen Darstellung der Splanchnologie. 8. Magdeb. 798. Creutz. 18 gr. Hbg. Pr. 10 gr.

— e. systemat. Darstellung d. Splanchnologie. 8. Magdeburg, Creutz. 799.

Versuch einer Darstellung des fünften eidgenössischen Übungslagers bei Wohlen 1828. Basel 1820. V: *Geygi, W.* (Pr)

Versuch einer urkundlichen Darstellung des reichsfreien Stiftes Engelberg.... Luzern 1846 s. Liebenau, Hermann von].

Versuch einer urkundlichen Darstellung des reichsfreien Stiftes Engelberg ... Luzern 1846. V: *Fruonz, Conrad & Hermann von Liebenau.* (zuwzür 1911)

—— einer Darstellung d. vorzüglichsten landwirthschaftl. Verbesserungen, welche durch das Beispiel d. Hrn. Frh. v. Voght in d. Nachbarschaft v. Flottbeck zu Stande gekommen; daher auch an and. Orten unfehlbar nützlich anzuwenden sind. Nebst einigen gelegentl. Beilagen. 8. (7 B.) Kiel 831. (Hamburg, Herold.)

Versuch einer Darstellung der Verbrennung und Plünderung Moskwa's durch die Franzosen . . . St. Petersburg 1813. V: *Horn, Johs. von.* (MGT) (Ky) (R-N)

— e. Darstellung der Verbrennung u. Plünderung Moskwa's durch die Franzosen im Sept. 1812. (v. ... Horn). Mit Kpf. u. 1 Plan. gr. 8. St. Petersb. 813. (Braunschw.) Pluchart. 1 rthl 16 gr.

— ein. Darstellung d. Verbrennung u. Plünderung Moskwas durch die Franzosen im Sept. 1812, mit K. u. Plan. gr. 8. Braunschw. Pluchart. 814.

— einer Darstellung der Verbrennung und Plünderung Moskwas durch die Franzosen im Sept. 1812. Mit Kupf. und einem Plan. gr. 8. Braunschweig, Pluchart. 815.

— e. Darstell. uns. höchst. rein philosoph. Wissens, s. A. Schönberger, krit. Untersuch.

Versuch einer Darstellung unsrer Zeit. Berlin 1819. V: *Nienstädt, Wilhelm.* (Hitzig) (AarK) (Ky) (AarF)

— e. Darstellung unserer Zeit, (v. W. Nienstädt). 2 Bde. gr. 8. Berlin 819. Duncker u. H. 3 gr 16 gr.

Versuch, die Bedingungen der Menschenerlösung oder das Christentum aus der Idee darzustellen. München, Lentner, 1810, gr. 8°, 1,20 Mk.

Versuch über das, waswegen der Kopfzeuge in Chur-Sachsen Rechtens ist. Dresden [1777]. V: *Schultze, Christian August.* (Bem I, 1, S. 38)

Versuch, Ein, in der Dichtkunst. Erlangen 1795. V: *Semler, Johann Christoph.* (GGr) (Ky)

— ein, in der Dichtkunst, (von J. C. Semmler). 8. Erlang. 795. Walther. 12 gr.

Versuch über die Dichtkunst. Leipzig 1795. V: *Merkel, Garlieb Helwig.* (NN) (MGT) (EE) (Ky)

— über Dichtkunst, (v. Garl. H. Merkel). 8. Riga 795, Hartknoch in Leipz. 4 gr

— über Dichtkunst (v. Gottlieb Merkel.) 8. Riga, Hartknoch in Lpz. 795.

Versuch in der Tragischen Dichkunst bestehend aus vier Trauerspielen . . . Bresslau 1754. V: *Schönaich, Christoph Otto Freih. von.* (Mn) (Ky) (MGT)

Versuch in d. tragischen Dichtkunst, (v. Frhr. Cph. Otto v. Schönaich); in 4 Trauerspielen. 1) Zaide. 2) Mariane. 3) Thusnelde. 4) Zarine. gr. 8. Bresl 754. ... 8 gr

Versuch, der, eines Dilottanton. Vertraulicho Briefe an Grafen Harry v. Arnim von Minranov. gr. 8. (78 S.) Frankfurt a/M. Foesser. n. 1. 50

Versuch über Dositheus. Berlin 1837. V: *Lachmann, Carl.* (BrMm)

Versuch, Ausführlich durchgeführter —. Die Erscheinung des Tischrückens auf rein mechanischem Wege zu erklären. Von einem Physiker. 8. (Falz. 20 S.) Wien. Kaulfuß Witwe, Prandel und Komp. Druck der Edlen von Ghelen'schen Erben. 1854.

Versuch einer Einleitung zu den Geschichten des Bernerischen Stadtrechts. Bern 1780. V: *Walther, Isaac Gottlieb.* (MS) (BrMm) (AarK) (Cat. d. Stadtbibl. Zürich. Zürich 1864—97.) (ADB)

— e. Einleitung in die Gesetze für diejenigen, welche keine Rechtsgelehrten sind; besonders in Absicht auf Chursächsische Unterthanen. gr. 8. Leipz. 775. Weidmann. 6 gr

Versuch einer katechetischen Einleitung in jeden Katechismus der christlichen Lehre . . . Helmstädt 1803. V: *Huhle.* (MGT) »1803—4« (Ky)

— e. katechet. Einleitung in jeden Katechismus der christl. Lehre, mit besonderer Beziehung auf Luthers kleinen Katechismus (v. ... Huhle). 2 Bde. 8. Helmst. 803. 4. Fleckeisen. 1 Thlr 18 gr

Versuch einer Einleitung in die Staatsverfassung der Reichsstadt Frankfurt. Frankf. 1785—86. V: *Günderode, Johann Anton Moriz von.* (MGT) (Ky)

— e. Einleitung in die Staatsverfass. d. Reichsstadt Frankfurt, (v. J. A. M. v. Günderode). 2 Thle. 8. Frankf. a. M. 785, 86.

— e. Einleitung z. Verstand d. Offenbarung Johannis. 8. Stuttg. 788. Erhard. 1 Thlr

— über die beste Einrichtung der Kriegs- u. Friedenspredigten 8. Leipz. 779. Weidmann. 8 gr

— über die beste Einrichtung u. den zweckmäß. Unterricht in Bürger- u. Dorfschulen, (v. J. Biörensen). 4. Hadersleben 792.

Versuch einer systematischen Einrichtung von Cameral-Ämtern. O. O. 1801. V: *Vischpach, Carl Albrecht Hector Freiherr von.* (MGT) (Ky)

Versuch einer verbesserten Einrichtung des öffentlichen Gottesdienstes . . . a. d. Dän. Kopenhagen u. Leipzig 1785. V: *Bastholm, Christian.* (BrMm)

Versuch über die zweckmässige Einrichtung der PfarrAmtsRegistraturen. Baireuth 1797. V: *Kiessling, Johann Georg Gottfried.* (Fiker) (Adel) (MGT) (Ky)

— üb. zweckmäß. Einricht. der Pfarramtsregistraturen, (v. J. G. G. Kiesling). Nebst d. Anhang. 8. Bayreuth 799—800. Lübeck. (à 5 gr) 10 gr

Versuch über die zweckmässigere Einrichtung des rhetorischen Studiums. Wien 1808. V: *Dotter, Philipp Ernst.* (Hr)

Versuch den Fleiss unter dem Landvolk einzuführen, zu verbreiten und allgemein zu machen. Wien 1772. V: *Wiegand.* (WrDiar 1772, Nr. 7, Nachtr.) (Ky 6/232) (Realzeitung 8/2 1772, S. 68) (BiblPort)

— eines Elementarbuchs für Kinder, d. Abbild. der merkwürd. Dinge u. derselben deutsch-latein., französ. u. italien. Benennungen, mit Kpf. 8. Nürnb. 770. Bauer u. Raspe. 16 gr, illum. 2 Thlr

— eines Elementarbuchs f. Kinder, d. Abbild. d. merkwürd. Dinge u. derselb. deutsch-latein., frz. u. italien. Benennungen, m. K. 8. Nürnberg, Raspe. 771. illum.

Versuch einer Elementartaktik der Infanterie und deren Anwendung in verschiedenen Gefechtsverhältnissen des Bataillons . . . Darmstadt 1860. 2. Aufl. 1862. V: *Wachter, v.* (KA)

Versuch einer Elementartaktik der Infanterie und deren Anwendung in verschiedenen Gefechtsverhältnissen des Bataillons, basirt auf das Compagnie-Colonnensystem. Von einem deutschen General. gr. 8. (IV und 63 S.) Darmstadt 860, Zernin.

Versuch einer Elementartaktik der Infanterie und deren Anwendung in verschiedenen Gefechtsverhältnissen des Bataillons, basirt auf das Compagnie-Colonnensystem. Von einem deutschen General. 2., mit einem Anh. verseh. Aufl. gr. 8. (IV und 73 S. mit 1 Steint. in qu. Fol.) Darmstadt 862, Zernin.

Versuch einer nähern Entdeckung und bessern Zusammenhangs der lustigen Physicae aenigmaticae . . . O. O. [1740]. V: *Bonorden, Johann Friedrich.* (ML) (Adel)

— e. Enthüllung d. Räthsel des Menschenlebens u. Auferstehung. 8. Lemgo 824. Meyer. 4 gl

— einen Streit zwischen Middleton u. Ernesti über den philosophischen Charakter d. Ciceronischen Bücher vom Wesen d. Götter zu entscheiden, (von G. S. Franke). 8. Altona u. Leipz. 799. Köhler. 14 gl Mit Zusätzen unt. d. T.: Geist u. Gehalt d. Ciceronischen Bücher von d. Natur d. Götter etc. 8. Altona 806. Hammerich. 16 gl

Versuch einen Streit zwischen Middleton und Ernesti zu entscheiden, s.a. Francke, Georg Samuel. 1799.

Versuch einer neuen Entsiegelung der Epistel Judä. Braunschweig 1731. V: *Reimann, Jac. Frdr.* (Myl) (Jöch)

Anonym: „Versuch eines Entwurfs zur Beschreibung eines Eisenhüttenwerks", Breslau 1804 (Hamberger; auch Heymann in Glogau).

Versuch eines Entwurfs einer Bibliothek des deutschen peinlichen und Lehn-Rechts. Frankf. u. Leipzig 1788. V: *Gruber, Johann Siegmund.* (MGT) (Petz)

Versuch zu einem Entwurfe eines Gemeindegesetzes für Tirol und Vorarlberg . . . Von einem wahren Freunde des Vaterlandes. Innsbruck 1848. 2. Aufl. 1848. V: *Spiegelfeld, Franz von.* (Margr)

— e. Entwurfs einer den deutschen Staaten angemeß. Verfassung. 8. Frankf. 816. (Gebhard in Grimma). 16 gl

— eines Entwurfs ein. den deutschen Staaten angemeß. Verfassung. 8. Frankf. Wilmanns. 816. Rthlr. — 16

Versuch eines zusammenhängenden Entwurfs von dem ganzen Inhalte der Epistel S. Pauli an die Römer. Bützow 1776. V: *Reinhard, Adolph Frdr. von.* (Ky) (ML)

— e. zusammenhängenden Entwurfs v. d. ganzen Inhalt der Episteln Pauli an die Römer, (v. Ad. Fr. v. Reinhard). 4. Wism. 776. Bödner. 2 gl

Versuch einiger kameralistisch-ökonomischer Entwürfe . . . Erlangen 1784. V: *Brandenstein, Frdr. Wilh. Ferd. von.* (Ky) (MGT)

Versuch einer theologischen Encyclopädie und Methodologie . . . Leipzig 1778. V: *Heckel, Johann Christoph.* (Ky) (ADB)

Versuch e. theolog. Encyclopädie u. Methodologie etc., (v. J. C. Heckel). 8. Leipz. 778. Hilscher. 4 gl

Versuch einer historischen Erdbeschreibung für die Jugend. Leipzig 1776. V: *Jünger, Christian Friedrich.* (ML)

— e. histor. Erdbeschreibung f. die Jugend. 2 Bde. 8. Leipz. 776. Dyck. 2 Thlr

Versuch einer systematischen Erdbeschreibung der entferntesten Welttheile, Afrika, Asien . . . Frankf. a. M. 1791 —95. V (S. 1—176): *Schneidler, Lor.* (S. 176 ff.): *Bruns, Paul Jacob.* (MGT) »1791 —99« (Ky)

— e. systematischen Erdbeschreibung d. entfernt. Welttheile, Afrika, Amerika u. Südindien. (1r Thl. bis S. 176 v. L. Schneidler), fortges. v. P. J. Bruns. 6 Thle. mit Anh. gr. 8. Frankf. u. Nürnb. 791—99. Schneider u. W. 7 Thlr 12 gl (Afrika 5r Thl. Frankf. 798. Guilhaumann. 1 Thlr 8 gl)

— e. systemat. Erdbeschreibung d. entfernt. Welttheile, Afrika, Amerika u. Südindien. 1r. Bd. gr. 8. Frankfurt, Fleischer. 791

— — dessen 2r bis 6r. Th. nebst Anhang, v. P. J. Bruns. gr. 8. Nürnberg, Schneider u. W. 798—99. (II. 22 gr. III. IV. à 1 Rthlr. 6 gr. V. 1 Rthlr. 4 gr. VI. 1 Rthlr. 8 gr. Anhang 12 gr.)

— über das sichtbare Erhabene in der bildenden Kunst. 8. Mannh. 781. Schwan u. G. 6 gl

Versuch die Bewegungen und den jetzigen Zustand der Weltkörper auf chemisch-physikalischem Wege zu erklären. Quedlinburg 1852. V: *Bischof, Wilhelm.* (Biblchem)

— e. Erklärung üb. d. innere Empfindung der Seele bei Betracht. der göttl. Wahrheiten. gr. 8. Bresl. 775. Gutsch. 12 gl

Versuch einer Erklärung des grossen Gesichtes von dem Lamm Gottes Jesu Christo. [17??] V: *Reimmann, Jacob Fch.* Jöch III, 1982)

Versuch einer Erklärung des Namens Jeren. [Helmstädt 1810.] V: *Ballenstedt, Johann Georg Justus.* (MGT)

Versuch einer nähern Erklärung d. Hornviehseuche, nebst einigen Wahrnehmungen üb. die Einpropfung derselben. Braunschw. 1763. 56 S.

Versuch einer näheren Erklärung der Hornviehseuche, nebst einigen Wahrnehmungen über die Einpfropfung derselben. 4. Braunschweig 764. Vieweg & S. M. —.35

— e. nähern Erklärung der Hornviehseuche, nebst e. Wahrnehmungen üb. d. Einpfropfung derselben. 4. Braunschw. 764. Waisenhausb. (Schulbuchhandl.) 3 gl

Versuch einer natürlichen Erklärung des siebenten Friedensartikels von Luneville. Germanien 1801. V: *Batz, Aug. Frdr.* (MGT) (Wr)

Versuch einer neuen Erklärung der sogenannten Constitutionis de eligendo Rege Romanorum . . . O. O. 1753. V: *Nettelbladt, Daniel.* (ML) (Koppe, Gel. Mecklenburg. Rostock u. Leipz. 1783—84.) [Halle] »1751« (Pütter, Litt. d. Teutsch. Staatsr. Gött. 1773—91. III, 860.)

Versuch einer neuen Erklärung der Stelle Sam. VI, 19f. von der Strafe der Bethsemiden . . . [Leipzig 1778.] V: *Rosenmüller, Johann Georg.* (Stri) (MGT)

— einer neuen Erklärung d. bekannt. chaldäischen Zeitrechnung. 8. Dessau 755. Cörner. 4 ℊ

Versuch einer pragmatischen Erklärung des Westphälischen Friedens. Frankf. u. Cöln [Salzb.] 1767. V: *Drümel, Johann Heinrich.* (Wr) (Hr)

Versuch einer Erklärung des CXI. Psalmen. [ca. 1700.] V: *Reimmann, Jacob Friedrich.* (Jöch III, 1982)

— e. Erklärung der Mosaischen Schöpfungsgeschichte nach Naturgesetzen. 8. Hildburgh. 788. Hanisch. 3 ℊ

Versuch einer Erklärung von den Ursachen der Electricität. Hrsg. von A.G.R.P.M. Breßlau: Korn 1745. 90 S. 8°

Versuch einer Erklärung des Ursprungs der Sprache. Riga 1772. V: *Tiedemann, Dieterich.* (Stri) (MGT) (JL) (Gi) (Ky) (ErschDL)

— e. Erklärung des Ursprungs der Sprache, (v. D. Tiedemann). 8. Riga 777. (Hartknoch in Leipz.) 16 ℊ

—— ein. Erläuterung d. Fragen, welche nach bernerischen Gesetzen d. Ärzte bei gerichtl. Obductionen vorgelegt werden, s.A. Schneider, Jos.

— einer Erläuterung der Fragen, welche nach bernerischen Gesetzen dem Ärzte bei gerichtlichen Obductionen vorgelegt werden. Den Aerzten, Regierungsstatthaltern, Gerichtspräsidenten u. Amtsrichtern gewidmet (von Dr. Schneider). gr. 8. Bern 835. Fischer u. Comp. 1/4 ℛ

Versuch einiger Erläuterung der Geschichte von der Dauer der Assyrischen Monarchie. [Halle 1770.] V: *Mörl, Joh. Siegmund.* (ML)

Versuch zu einer Erläuterung d. mosaischen Geschichte, s. Versuch, Kritischer, üb. d. mos. Urgeschichte.

Anonym: „Versuch einer historischen Erläuterung der Zoll-Concessionen im H. R. Reich in Anmerkungen über den 8. Art. der Kayserl. Wahl-Capitulation", Merseburg 1756. — Vorh.: Bibl. des Kammergerichts Berlin — Je. 3097.

— zur Erläuter. d. Privatrechts d. Reichsstadt Frankfurt a. M. gr. 8. Frankf. a. M. 804. Hermann. 6 ℊ

— d. Studium d. Mathematik durch zweckmäßige Erläuter. e. Grundbegriffe u. Methoden zu erleichtern, (von Jh. Nep. Fischer oder Frz. v. Spaun ?) gr. 8. Bamb. 805. Göbhard. (Frankf. a. M., Wesche). 1 ℛ 16 ℊ

Versuch das Studium der Mathematik . . . zu erleichtern. Bamb. u. Würzb. 1805. V: *Spaun, Franz Anton Ritter von* (WBL) (MGT) oder: *Fischer, Johann Nepomuk* [?]. (Ky)

Versuch zur Erleichterung des inneren Gebetes. O. O. 1833. V: *Droste von Vischering, Clemens August.* (ADB)

— einer rechtlichen Erörterung der Frage: ob die aus den declarirten englischen Waaren hergeleitet. Forderungen d. kaiserl. französ. Behörden vom Staate od. von den Declaranten getragen werden muß? gr. 8. Lübeck 808. Niemann u. C. 4 ℊ

Versuch, der erste. qu. 8. (6 Holzschntaf. in Buntdr.) Stuttgart 872. G. Weise. — 20

Versuch, Erster, einer wissenschaftlichen Begründung sowohl der allgemeinen Ethnologie . . . wie auch der Staats- und Rechts-Philosophie . . . Marburg 1851—55. V: *Vollgraff, Carl Friedrich.* (CBH) (Haupkat. d. Univ.-Bibl. Tübingen. A, Erg.-Heft 1.)

Versuch, erster, einer Begründung sowohl der allgemeinen Ethnologie durch die Anthropologie wie auch der Staats- und Rechts-Philosophie durch die Ethnologie oder Nationalität der Völker. In 3 Thln. 1. Thl. A. u. d. T.: Anthropognosie oder zur Kunde des Menschen überhaupt. Als Grundlage und Einleitung sowohl zur Ethnologie wie zur Staats- und Rechts-Philosophie. gr. 8. (XXII und 359 S.) Marburg 851, Elwert'sche Universitäts-Buchh. *

—— erster, einer wissenschaftlichen Begründung sowohl der allgemeinen Ethnologie durch die Anthropologie wie auch der Staats- und Rechts-Philosophie durch die Ethnologie oder Nationalität der Völker. In 3 Thln. 2. Thl. A. u. d. T.: Ethnognosie und Ethnologie oder Herleitung, Classification und Schilderung der Nationen nach Maasgabe der Cultur- und Raçe-Stufen. 2 Abthlgn.: 1. Die Stufen und Classen. §. 1. bis §. 215. — 2. Die Ordnungen und Zünfte. §. 216. bis §. 489. gr. 8. (XXVIII und 966 S.) Marburg 853, Elwert'sche Universitäts-Buchh. Thlr. *

Versuch, erster, einer wissenschaftlichen Begründung etc. (Von Carl Vollgraff.) 3. (letzter) Thl. A. u. d. T.: Polignosie und Polilogie oder Genetische und comparative Staats- und Rechts-Philosophie auf anthropognost., ethnolog. und histor. Grundlage. gr. 8. (XXXII und 1013 S.) Ebds. 855. *

1. Thl. Ebendas. 1851. * 1 Thlr. 25 Ngr.

— erster, einer wissenschaftlichen Begründung der Ethnologie, s. Vollgraff.

Versuch --- , Erster Versuch // Zur Poetisch=verbesserten // Sing=Andacht /// In sich begreiffend einen grossen Theil// Von des Seel. D. Luthers / und ande= //rer Gottseeliger Männer / in denen gemeinen // Gesang= //Büchern befindlichen Liedern /// Welche // ihrem geistreichen und Schrifftmäs= //sigen Inhalt nach / mit Beybehaltung so wol // derselben Melodeyen / als auch dessen / was darinn // mit den Regeln der Deutschen Ticht= u. Reim= //Kunst übereinstimmig gewesen /// In reinere Verse gebracht /// Und mit noch andern / zu unterschiedenen Zei= //ten / verfasten Geistlichen Oden ver= // mehret worden. // Zum Lobe und Ehre GOttes /// Zur Erbauung Christlicher Gemüther /// und Aufmunterung derer Kunstgefliessenen /// das angefangene weiter fort= // und in vollkomneren // Stand zu setzen /// Nunmehr in Druck gegeben. // ANNO MDCC VIII. // Königsberg/ zu finden // bey Michael Langen / Buchhändlern. - Titelblatt, 256 S. und noch 4 Blatt (nicht paginiert) Register.

— erster, einer Uebersetzung des jüngst aufgefundenen Fragmentes aus Homers Odyssee XXV, der 29. Philologen=Versammlung in Innsbruck 1874 vorgelegt. (Von Jos. Steeger.) Erweit. Abdr. 8. (32 S. m. eingedr. Vignetten.) Oehringen 877. Stürmer. n. 1. —

Versuch, Erster, einer Uebersetzung des jüngst aufgefundenen Fragmentes aus Homers Odyssee XXV ... Oehringen 1877. V: *Steger, Joseph.* (Hr)

— d. Nothwendigkeit d. nähern Offenbarung zu erweisen. 8. Halle. 747. — 6

Versuch, die Grenzen der Wohlthätigkeit gegen Menschen und Thiere zu erweitern ... Wien 1800. V: *Berchtold, Leop. Graf.* (EB)

Versuch die Grenzen der Wohlthätigkeit gegen Thiere und Menschen zu erweitern. Wien 1800. V: *Berchtold, Leop. Graf.* (Bibliotheca Cerroniana 43) (Trautenberger Chronik von Brünn 4/213) (BiblPort)

Versuch in moralischen Erzählungen. Leipzig 1757. V: *Pfeil, Joh. Gebhard.* (ML) (ADB) »1768« (Ky)

Versuch in moralischen Erzählungen. Leipzig 1760, s. Pfeil, Johann Gottlob Benjamin.

— in moralischen Erzählungen, vom Verfass. d. Grafen von P. (Jh. Gbhrd. Pfeil). 8. Leipz. 768. (Brockhaus). 12 kr

— in moralischen Erzählungen, v. Verf. d. Grafen v. P. 8. Lpz. Junius. (Gleditsch.) 768.

Versuch in Poetischen Erzählungen ... Frankf. u. Leipzig 1756. V: *Pfeiffer, Christoph Ludwig.* (GGr)

— in poetischen Erzählungen, von L. C. P. gr. 8. Frankf. u. Lpz. 756. ... 12 kr

—— in rührenden (zahmen, auch einzeln gedruckten) Erzählungen. Von dem Verfasser der Begebenheiten eines Freymaurers. Stuttgart 1770. 8°. 484 S.

— in rührenden Erzählungen, vom Verfass. der Begebenheiten eines Freimaurers. 8. Stuttg. 772. Metzler. 20 kr

— üb. d. Erzeugung, (h. a. d. Tit: Versuch üb. d. organische Natur als Einleit. z. e. neuen Theorie d. Erzeugung.) gr. 8. Wien, Schaumburg. 806.

Versuch über die organische Natur ... Wien 1806. V: *Boxberger.* (EngM)

— über d. Erzeugung. (Auch u. d. Tit.: Versuch über d. organische Natur als Einleit. zu e. neuen Theorie d. Erzeugung). gr. 8. Wien 806. N. A. 814. Schaumburg u. C. 3 fl.

Versuch über die Erziehung, s. de la Coste.

Versuch von der Erziehung und Unterweisung der Kinder. Zürich 1745. 2. Aufl. 1748. V: *Sulzer, Johann Georg.* (Krusche) (Zuwachsverz. d. Bibliotheken in Zürich. Zürich 1898 ff.)

— in Fabeln. 8. Wien 768. Beck. 8 kr

Versuch in Fabeln und Gedichten. Braunschweig 1773. V: *Fuhrmann, Otto Ludwig.* (Ky) (MGT)

Versuch in Fabeln und andern Gedichten. Kopenh. 1781. V: *Burchardi, Christian August.* (NN) (Ky) (MGT) (Collin, Anonymer. Kiobenh. 1869.) (Kordes, Schlesw.-holst. u. eutin. Schriftst. Schleswig 1797.)

Versuch in poetischen Fabeln und Erzählungen. Hamb. 1738. V: *Hagedorn, Friedrich von.* (Myl) (Mn) (Schr) (Cat. d. Stadtbibl. Zürich. Zürich 1864—97.)

— eines leichtfaßl. Fastenunterrichts, d. Seelsorgern, Eltern und Lehrern d. Landjugend gewidmet. 12. Augsb. 826. M. Rieger u. Al. Eurisch. 1 kr

K.: Versuch einer Feststellung der Wegkaraktere. Aus dem 12. Hefte der „österreichischen militärischen Zeitschrift" 1827 besonders abgedruckt. 8. Wien 1827.

Anonym: „Versuch, einige sichere Grundsätze zur Ausmittelung des reinen Ertrages der Aecker festzusetzen; mit besonderer Anwendung auf den Canton Soest", Halle 1811 (Hemmerde & Schwetschke).

— einige sichere Grundsätze zur Ausmittelung d. reinen Ertrags d. Aecker festzusetzen; mit Anwendung auf den Kanton Soest. 4. Halle 812. Schwetschke u. S. 6 kr

Versuch, die Staatswissenschaft auf eine unwandelbare Grundlage festzustellen ... Wien 1835. V: *Kraus Ritter von Elislago, Anton Joseph Emanuel.* (WFM) (WBL)

— die Staatswissenschaft auf eine unwandelbare Grundlage festzustellen. Von einem Staatsmanne. gr. 8. Wien 835. Rohrmann (u. Schweigerd.) n. 3 ℛ

—— einen Leitfaden in dem Labyrinth d. Staats-Wirthschaft zu finden. gr. 16. (3 B.) Leipzig 835, [Gebhardt u. Reisland.]

— einen Leitfaden in dem Labyrinth der Staats-Wirthschaft zu finden. gr. 16. Leipzig 835. Weygand. 1/4 ℛ

Versuch über die im fränkischen Kreise bekannte sogenannte Fingersprache Nürnb. 1796. V: *Donauer, Georg Friedrich.* (Ky) (Fiker)

— über die im fränk. Kreise bekannte sogenannte Fingersprache, (v. G. F. Donauer). Mit 1 Kpft. 8. Nürnb. 796. Monath u. K. 5 gr Dass. ohne Epilog, mit Kpf. 8. Ebd. 796. 2 gr

— einer Flora der Ufer des Niederrheins, der Ahör, d. Durte u. d. angränz. Gegenden, nach Anleitung v. J. W. Meigens u. H. L. Wenigers systemat. Verzeichn. 18. Köln 822. Kommerskirchen. 1 ℛ Velinp. 1 ℛ 12 gr

Versuch über die Frage: Ob ein Herr seinen verpflichteten Beamten ohne Ursache . . . entlassen könne? . . . Regensburg 1791. V: *Rebmann, Andreas Georg Friedrich.* (Ky) (MGT)

— über die Fr.: ob ein Herr seinen verpflicht. Beamten, ohne Ursache, fr. Dienste entsetzen oder entlassen könne? nebst e. Zugabe (v. A. G. F. Rebmann). 8. Regensb. 791. Montag u. W. 8 gr

— in Fragen bei der Confirmationshandlung. 8. Heidelb. 809. Mohr. 2 gr

— moralischer Fragmente, v. F. 8. Stendal, Franzen und Groß. 785. — 5

Versuch über das Frauenzimmer. Aus d. Engl. des Ritters W. London 1769. V (nicht): *Wilkes, John.* V: *Wanlovi, J.* (?). (BGE VIII[a], 108/110)

— eines Frauenzimmers in Gedichten. 8. Delitzsch 755. Vogelgesang. 4 gr

Versuch über die Freiheit. O. O. 1765. V: *Legler, Joh. Ulrich.* (Cat. d. Stadtbibl. Zürich. Zürich 1864—97.)

Versuch über die Freymaurerey oder von dem wesentlichen Grundzwecke des Freimaurer-Ordens . . . A. d. Franz. . . . Frankfurt 1785. V: *Beyerlé, Jean Pierre Louis de.* Ü: *Knigge, Adolph Franz Friedrich Ludwig von.* (Tt) (Kl) (Zuwachsverz. d. Bibliotheken in Zürich. Zürich 1898 ff.)

— üb. die Freimaurerei, oder von dem wesentl. Grundzweck des Freimaurerordens. 2 Thle.; aus d. Französ. 8. Frankf. a. M. 786. Brönner. 1 ℛ 12 gr

Versuch einer vollständigen Sammlung Freymaurerlieder . . . Hamburg 1790. H: *Schütz, Frdr. Wilhelm von.* (Kordes, Schlesw.-holst. u. eutin. Schriftst. Schleswig 1797.)

Versuch, Freymüthiger, über den Buchhandel vorzüglich in Hinsicht auf die Kaiserlichen Erblande. Wien u. Prag 1782. V: *Gerle, Wolfgang Adolph* [?]. (BrMm)

freimüthiger Versuch über das Leben und den Charaktor Davids. 8. s. l. 1784.

Versuch über eine patriotische Freundschaft, worinnen unfehlbare Mittel vorgeschlagen werden, die Menschen tugendhaft und zu besseren Bürgern zu machen. Aus dem Franz. übers. Prag: Gerle [in Komm. Leipzig: Vogl] 1771. 8°

Kl. 2786. Flugschrift. Mahnt die Brr an die Pflichten, die sie bei ihrer Aufnahme in den Frmrbund eingegangen waren.

[*Kayser: Vollst. Bücher-Lexikon. 6 (1836) S. 63.*]

Versuch üb. d. regelmässigen Gärten, s. a. Würdigung u. Veredlung d. regelmässigen Gärten . . .

Versuch über die regelmässigen Gärten. Leipzig 1803. V: *Semler, Chn August.* (Engoec) (NN) (ADB)

Versuch eines Gebetbuchs für kleinere und grössere Kinder. Schleswig 1795. V: *Bartels, Aug. Chn.* (Kordes, Schlesw.-holst. u. eutin. Schriftst. Schleswig 1797. Zusätze.) (MGT)

— über den Gebrauch der Artillerie, im Kriege, im freien Felde u. bei Belagerungen; aus d. Französ. von e. preußischen Officier (G. F. v. Tempelhoff), mit Kpf. 8. Berl. 773. Nicolai. 1 ℛ 4 gr

Versuch über den Gebrauch der Artillerie im Kriege . . . A. d. Franz. . . . Berlin 1773. V: *Du Puget.* Ü: *Tempelhoff, Georg Friedrich von.* (Pr) (Ky)

Versuch über den Gebrauch der Artillerie im Kriege, im freien Felde und bey Belagerungen. Mit Tab. A. d. Französ. Berlin 1773. 462 S.

— moralischer Gedanken über die erforderlichen Eigenschaften einer verheyratheten Weibsperson. Aus d. Französ. übers. v. F. L. Frhrn. v. R. O. O. 1751. 8°. 32 S. Selten! (4 Mk. Jacques Rosenthal, 1912.)

Versuch einiger vernünftiger Gedanken von der Auferziehung und Unterweisung der Kinder. Zürich 1745. V: *Sulzer*, *Johann Georg.* (Cat. d. Stadtbibl. Zürich. Zürich 1864—97.)

Versuch über die Gedanken des Weltweisen zu Sans-Souci von der göttlichen Vorsehung. Altdorf 1760. V: *Will*, *Georg Andreas.* (ML)

Versuch einiger Gedichte von *G. v. H.* Hamburg 1729. (In Posen: Bibl. d. Histor. Gesellsch., laut Cat. von 1889, S. 214.) Rar!

Versuch einiger Gedichte. O. O. 1746. V: *Bachoff von Echt*, *Ludwig Heinrich Freih. von.* (ML) (Koterm) (GGr)

Versuch in Gedichten. Leipzig 1755. V: *Müller*, *Carl Wilhelm.* (ADB) (GGr) (Minor, Weisse. Innsbr. 1880. S. 18.) (Mn) (Ky) (MGT) (Adel)

— in Gedichten. gr. 8. Lpz. Fritsch. 755.

— in Gedichten, (v. Karl W. Müller). gr. 8. Leipz. 755. (Hahn). 3 K

—— in einigen Gedichten. (Hübsches typogr. Ornament.) Franckfurt am Mayn, bey Joh. Benj. Andreä, 1758. Gr. 8°.

— in einigen Gedichten, (v. Konr. Gli. Pfeffel). 8. Frankf. a. M. 762. Andreä. 3 K

Versuch in Gedichten. München 1770. V: *Fronhofer*, *Ludwig.* (GGr)

Versuch in Gedichten. Göttingen 1774. V: *Würtzer*, *Heinrich.* (NN)

— in Gedichten. 8. Celle 791. Schulze. 12 K

Versuch in angenehmen und ernsthaften Gedichten. Halle 1756. V: *Le Petit*, *Joh. Georg Wilhelm.* (Ky) (MGT)

— in angenehmen u. ernsthaften Gedichten, (v. J. G. W. le Petit). 8. Halle 756. Schwetzschke u. S. 2 K

— in angenehm. u. ernsthaft. Gedichten. 8. Halle, Hemmende u. S. 756.

— in Gedichten u. poet. Ausarbeitungen. 8. Dresden. 748.

Versuch in freundschaftlichen Gedichten . . . Dressden 1755. V: *Wilhelmi*, *C. F.* (Mn) (GGr)

Versuch einiger geistlichen und moralischen Gedichten hgbn von D. D. W. Triller. Stuttgart 1743. V: *Rieger*, *Magdalene Sibylle.* (GGr)

— in geistlichen u. weltlichen Gedichten, nebst e. Melodien. 8. Berl. 758.... 6 K

Versuch in kleinen Gedichten. Leipzig 1758. V: *Gentzkow*, *Johann Adolph Friedrich von.* (GGr) (ML) (JL)

Versuch in moralischen und Schäfergedichten. Hamb. u. Leipz. 1748. V: *Zernitz*, *Christian Friedrich.* H: *Uhlich*, *Adam Gottfr.* (Waniek, Gottsched. Leipzig 1897. S. 591.) (GGr)

— schwäbischer Gedichte. 8. Tübing. 752.... 3 K

Versuch Schweizerischer Gedichte. Bern 1732. V: *Haller*, *Albrecht von.* (JL) (Mn) (Cat. d. Stadtbibl. Zürich. Zürich 1864—97.)

—— in vermischten Gedichten. Erster (einz.) Band: Versuch in Erzaehlungen und epigrammatischen Gedichten. Danzig und Leipzig, bey Daniel Ludwig Wedel (Leipz., Jacobäer) 1770. 146 S. 8°.

Versuch, Ein, in vermischten Gedichten. Hadamar 1801. V: *Schmidt*, *Carl Christian Friedrich Ludwig.* (GGr) (MGT)

— in vermischten Gedichten. 8. Hadamar, Gelehrten Buchhandlung. 801.

— in vermischten Gedichten, (v. Karl Chr. Fr. Ldw. Schmidt). 8. Hadamar 801. (Lanz in Weilb.) 5 K

Versuch in Zärtlichen Gedichten . . . Rostock 1746. V: *Klein*, *Friedrich.* (Bibl. litt. Verein. Stuttg. 218, 468.)

— in zärtl. Gedichten. 8. Rostock, Koppe. 746.

— üb. e. Gegenstände des Cavallerie-Dienstes, von e. Preuß. Officier. 8. Bresl. 806. (Gosohorsky). 12 K

— üb. e. Gegenstände d. Cavallerie-Dienstes, v. e. preuß. Officier. 8. Breslau, Meyer. 806.

Versuch über einige Gegenstände des Kavallerie-Dienstes von einem preuß. Offizier. Breslau 1806. 141 S.

— über wichtige Gegenstände der Politik u. Moral. 2 Thle. 8. Leipz. 762—64. Hilscher. 16 K

Versuch über den Geist der Gesetzgebung. Mietau 1769. V: *Groot*, *Joh. Hermann.* (MGT)

— über den Geist unserer Zeit, in Rücksicht auf Moralität u. Religiosität. 8. Nordh. 825. (Dörffling in Leipz.) 8 gr

— über den Geist unserer Zeit, in Rücksicht auf Moralität u. Religiosität. 8. Nordh. 825, Landgraf. — 8

— einer gründlichen Gelehrsamkeit in Betrachtung der Welt. 3 Stücke. 8. Wien ... Camesina. 4 gr

Versuch, Glücklich gemachter, nützlicher Spielereien mit einem jungen Cavallier . . . Leipzig 1776. V: *Kirsten, Johann Adam Gotthard.* (Adel) (MGT) (Ky)

— glücklich gemachter, nützlicher Spielereien mit e. jungen Cavalier, (von J. A. G. Kirsten) u. fortgesetzte Schulspiele mit einem Cavalier. 8. Leipz. 776. Müller. 9 gr

Versuch einiger Gemählde von den Sitten unsrer Zeit . . . Hannover 1747. V: *Möser, Justus.* (ML) (MD) (GGr)
Schon 1746 unt. d. T.: „Ein Wochenblatt" erschienen.

— e. Gemälde v. d. Sitten uns. Zeit, im J. 1746 wöchentl. ausgetheilt 50 Blatt. 8. Hannover. 747. 1 2

Versuch üb. d. menschl. Gemüth. Dresd. 4°. 1789

— über d. menschliche Gemüth, e. philosophische Abhandlung (von B. v. U.) 8. Dresd. 799. Walther. 8 gr

Versuch üb. d. menschliche Gemüth. 120 S. Dresden. 8°. 1799

— über Shakespeare's Genie u. Schriften, in Vergleich mit den dramat. Dichtern d. Griechen u. Franzosen; aus d. Engl., mit e. doppelten Anhang von J. J. Eschenburg. 8. Leipz. 771. Schwickert. 16 gr

Versuch über Shakespeares Genie und Schriften . . . A. d. Engl. . . . Leipzig 1771. V: *Montagu, Elizabeth.* (BrMm)

Versuch einer gedrängten Geographie von Böhmen. Ein Handbüchlein für Schüler d. d. Schulen. Prag 1819. V: *Komarek, J. N.* (zibrt 1/1764) (BiblPort)

— e. histor. Geographie Chursachsens u. seiner Beilande, (v. Chr. S. Pollmächer.) 2 Thle. gr. 8. Dresd. 788. Gerlach. 1 rthlr

Versuch einer historischen Geographie Kursachsens und seiner Beylande . . . Dresden 1788—89. V: *Pollmächer, Christian Salomon.* (MS) (Ky) (EngG) (Kat. d. stat. Bureaus. Dresden 1890.)

— e. landwirtschaftl. Geographie, od. Nachr. v. d. Landwirthsch. einz. Länder etc. f. prakt. Oekonomen. 1r Bd. 8. Lpz. Crusius. 795. — 16

Versuch einer landwirthschaftlichen Geographie od. Nachrichten v. der Landwirthschaft einzelner Länder u. Landgüter ... Bd. 1. Leipz. 1795. 256 S.

Versuch e. mathematischen Geographie für Ungelehrte, m. K. 8. Lübeck, Donatius. (Niemann u. Comp.) 790. Rthlr.

— geolog., über d. Bildung d. Thäler durch Ströme, (von J. L. Heim). 8. Weimar 791. Hoffmann. 12 gr

Versuch, Geologischer, über die Bildung der Thäler durch Ströme. Weimar 1797. V: *Heim, Johann Ludwig.* (Ky) (MGT)

Versuch eines allgemeinen evangelischen Gesang- und Gebetbuchs . . . Hamburg 1833. H: *Bunsen, Chn Carl Josias Baron.* (Winer) (BrMm) (Verz. d. v. Meusebachschen Bibl. Berl. 1855. S. 161.)

— eines allgem. evangel. Gesang- u. Gebetbuchs zum Kirchen- u. Hausgebrauche. (2 Abthln.) Lex.-8. (67¼ B. u. ½ B. Musikbeil.) Hamburg 833, Fr. Perthes. 2 Thlr. 20 Gr., Schrbvlnp.

Versuch eines verbesserten und vermehrten Gesangbuchs für die Hausandacht. Dessau u. Leipzig 1783. V: *Dietrich, Johann Christian.* (Ky) (MGT)

— einer Geschäftsanleitung zur Geschäftsführung der im Königr. Preußen anzustellenden Schiedsmänner; nebst ein. Anh. der dießfälligen Ministerial-Verordnung selbst u. sonst nöthigen Beilagen u. Beispielen. .. Danz. 182.. Anhuth. 1 gr

— e. Geschäftskalenders für e. Kircheninspektor u. Prediger der Churmark Brandenburg (v. H. K. J. Lipten.) 4. Berl. 792. Reimer. 12 gr

Versuch eines Geschäftskalenders . . . Berlin 1792. V: *Lipten, Heinrich Carl Jacob.* (Ky)

Versuch einer akademischen gelehrten Geschichte von der k. k. Leopoldinischen Universität zu Innsbruck. [Innsbr.] 1782. H: *Luca, Ignaz de.* (EB)

Versuch einer aktenmässigen Geschichte der zehen vereinigten Reichsstädte im Elsass . . . Ulm 1791. V: *Gumpelzhaimer, Christian Gottlieb.* (MGT)

— einer aktenmäßigen Geschichte d. 10 vereinigten Reichsstädte in Elsaß, von ihrem Ursprunge bis auf gegenwärt. Zeiten. 8. Ulm 791. Wohler. 3 gr

Versuch einer allgemeinen Geschichte der Handlung und Seefahrt in den ältesten Zeiten. A. d. Schwed. Rostock 1761. Ü: *Schlözer, Aug. Ludw.* (CBH)

— e. allgem. Geschichte d. Handlung und Schiffahrt etc. s. a. Geschichte.

Versuch einer Geschichte der bayerischen Allianzen. 8. Süddeutschland 1816.

— einer Geschichte d. baierischen Allianzen. 8. Salzb. 816. (Mayr.) 6 gGr

Versuch einer Geschichte des Apothekerwesens in der freyen Reichsstadt Nürnberg. ... Nürnberg 1792. V: *Roth, Joh. Ferdin.* (BrMm) (MGT) (Call) (Choulant)

Versuch einer Geschichte des Arianismus. Berlin 1783—85. V: *Starck, Johann August Freih. von.* (R-N) (Schmal) (Ky) (Winer)

— e. Geschichte d. Arrianismus (v. J. A. Starck.) 2 Bde. gr. 8. Berl. 784, 85. Maurerс.-B. 2 ℛ

Versuch einer Geschichte über die holländische Armee, vornemlich in Hinsicht auf ihren gegenwärtigen Feldzug wider die Neufranken. Aus dem Französischen [von Joh. Wilh. Heinrich Nolte]. [Berlin: Felisch; Leipz.: Gräff] 1794. 8°

Versuch einer Geschichte über die holländische Armee ... Berlin 1794. V: *Nolte, Johann Wilhelm Heinrich.* (Pr)

— einer Geschichte u. Beschreibung der Stadt Pola in Istrien. 8. Triest 813, Favarger. 1/4 ℛ

Versuch einer besondern Geschichte des Freystaats Unterwalden. Lucern 1791. V: *Zelger, Franz Nicolaus & Jos. Bussinger.* (MGT) »1789—91« (Ky)

— e. besond. Geschichte d. Freistaats Unterwalden (v. F. N. Zelger u. J. Businger.) 2 Thle. 8. Luzern 789—91. Anich. 1 ℛ 8 gGr (Huber u. Co. in St. Gallen). 2 ℛ

Versuch einer Geschichte und Charakteristik der französischen National-Literatur ... Wismar 1834—39. V: *Mager, Carl Wilhelm Ernst.* (Ky)

—— einer Gesch. u. Charakteristik d. franz. National-Litteratur, nebst zahlreichen Schriftproben. Ein Lehr- u. Lesеb. f. d. öffentl. u. häusl. Unterr., so wie f. gebildete Leser überh. Von —r.—r. 1. Bd. Die franz. Litteratur v. Anfange d. 12. Jahrh. bis gegen d. Ende d. 18. gr. 8. (33 B.) Wismar 834, Schmidt u. v. Cossel.

—— —— s. a. K. W. E. Mager.

Versuch einer Geschichte der deutschen Dichtkunst, Dichter und Dichterwerke ... [Danzig 1782.] V: *Brun, Gfr.* (JL)

Versuch einer diplomatischen Geschichte der Edlen von Scharnachthal. Bern 1823 s. [Sinner, Carl Ludwig von].

Versuch einer Geschichte des ehemahligen Dominikanerklosters in Ulm. Ulm 1803. V: *Veesenmeyer, Gg.* (MGT) (BrMm)

— e. Geschichte d. Feldzüge Friedrich Wilhelm des Großen. 8. Berl. 800. Braun. 20 gGr

Versuch einer Geschichte der Feldzüge des Churfürsten Friedrich Wilhelm des Grossen. 8. Berlin 1801.

Versuch einer Geschichte der Feldzüge des preussischen Heeres ... Berl. 1801—5. V: *Böhmer.* (Pr)

Versuch einer Geschichte der Feldzüge des preuß. Heeres vom Großen Churfürsten bis auf die neueren Zeiten. T. 1. 2. Berlin 1801—03. 8°.
Dass. u. d. T.: Kurze Geschichte der Feldzüge ... 1816.

Versuch einer Geschichte der Handelsschaft der Stadt und Landschaft Zürich. 1763. V: *Schinz, Johann Heinrich.* (EngG) (CBH) (Ky) (AarK) (ADB) (ML) (BrMm) (Cat. d. Stadtbibl. Zürich. Zürich 1864—97.)

— e. Gesch. d. Handelsschaft d. Stadt Zürich, (v. J. H. Schinz.) 8. Zürich 763. Orell. 8 gGr

Versuch einer Geschichte der Burschenschaft Hannovera zu Göttingen. Göttingen [1897]. V: *Römpler, C.* (Erman & Horn, Bibl. d. dtsch. Univ. 2. Leipz. u. Berl. 1904.)

Versuch einer Geschichte des vormaligen fürstlichen Cisterzienser-Stiftes Heinrichau. Breslau 1846. V: *Pfitzner, Wilhelm.* (LVS) (Nent)

—— einer Geschichte des vormal. fürstl. Cisterzienser-Stiftes Heinrichau bei Münsterberg in Schlesien. gr. 8. (25 1/2 B.) Breslau 846, (Trewendt.) *

— einer Geschichte des vormal. Fürstl. Cisterzienser-Stiftes Heinrichau bei Münsterberg in Schlesien. Mit 1 (lith. u. color.) Karte (in Fol.) gr. 8. (XVI u. 391 S.) Breslau 847, Trewendt in Comm. n. 1 1/2 ℛ

Versuch einer Geschichte des Schlosses Helfenstein. Ulm 1796. V: *Veesenmeyer, Georg.* (Heyd) (BrMm)

Versuch einer Geschichte Kayser Karls des Grossen, s. a. Hegewisch, Dietr. Herm. 1777.

— e. Geschichte Karl des Großen (v. Dtr. H. Hegewisch.) gr. 8. Leipz. 777. Weygand. 10 gGr

Versuch einer Geschichte des Ulmischen Catechismus. Ulm 1803—4. V: *Veesenmeyer, Georg.* (MGT) (Heyd)

— eine Geschichte d. europäischen Colonien, von d. Entdeckung Amerikas bis auf unsere Zeit; nach d. besten u. neuesten Quellen, vorzüglich nach Raynal bearbeitet u. mit geographisch-statistischen Uebersichten verbunden. 2 Bde. 8. Oldenb. 811, 12. Schulze. 2 ℛ 8 gGr

Versuch einer Geschichte der französischen Konstitution . . . Helmstädt 1796. V: *Remer, Julius August.* (Ky) (MGT) »1795« (BrMm) (Adel) (Cat. d. Stadtbibl. Zürich. Zürich 1864—97.)

— e. Geschichte d. französ. Konstitution v. Eintritt d. Franken in Gallien bis auf Ludwig XVI. Regierung. (v. J. G. Remer.) gr. 8. Helmst. 796. 2e Aufl. 808. Fleckeisen. 2 ℛ︎

Versuch einer Geschichte der Cultur des menschlichen Geschlechts . . . Leipzig 1782. V: *Adelung, Johann Christoph.* (MGT) (JL) (Ky) (Kläbe, Neuest. Gel. Dresden. Leipzig 1796.)

— e. Geschichte d. Kultur d. menschl. Geschlechts. (Von Jh. Chr. Adelung). 8. Leipz. 782. 2te Aufl. Ebd. 800. Hertel. 1 ℛ︎ 4 𝒢

— e. Geschichte d. Cultur d. menschl. Geschlechts, siehe a. J. Ch. Adelung.

Versuch einer kurzen Geschichte der Decimationssteuer, mit besond. Rücksicht auf Bayern. 8⁰. Landshut, Thomann, 1818.

Versuch einer kurzen Geschichte der Landstände des Königreichs Hannover und des Herzogthums Braunschweig bis zum Jahre 1803. Hannover 1832. V: *Müller, Wilh.*[?]. (BrMm) (CBH)

—— einer kurzen Gesch. der Landstände d. Königr. Hannover u. d. Herzogth. Braunschweig bis zum J. 1803. gr. 8. (1½ B.) Hannover 832, (Hahn.)

—— einer kurzen Gesch. d. adel. Magdalenen-Stifts bei Altenburg, bis z. J. 1831. gr. 8. (2 B.) Dresden 832, (Leipzig, Kummer.)

Versuch einer kurzen Geschichte der Pfarr Pilgramsreuth und den dazu gehörigen Orten. [Bayr. 1767.] V: *Wunderlich, Johann Georg.* (Fiker)

— e. kurzen Geschichte der Rigaischen Stadtkirchen seit ihrer Erbauung u. ihrer Lehrer von d. Reformation bis auf d. jetzige Zeit, (v. Lib. von Bergmann.) 4. Riga 792. u. zweiter Versuch e. Beitrags zur Rigaischen Kirchengeschichte. Nebst Beitr. 4. Ebd. 794.

Versuch einer kurzgefassten Geschichte der Stadt Königinn-Hof . . . Prag 1782. V: *Biener von Bienenberg, Carl Jos. v.* (Haydinger) (weber)

— e. Geschichte d. Lebens u. Regierung Karl Ludwigs, Churfürsten von d. Pfalz (v. D. L. Wundt.) 8. Genf 786. (Braun in Heidelb.) 1 ℛ︎

Versuch einer Geschichte des Lebens und der Regierung Karl Ludwigs Churfürsten von der Pfalz. Genf [Heidelb.] 1786—88. V: *Wundt, Daniel Ludwig.* (Wr) (MGT) (Ky) (BrMm) (ADB 15, 331)

Versuch einer Geschichte von Schloss und Stadt Mansfeld. Mansfeld 1869. V: *Krumbhaar, C.* (Kat. d. stat. Bureaus. Dresden 1890.)

Versuch einer Geschichte von Schloß u. Stadt Mansfeld. Mansfeld 869. Hohenstein. 8. (IV, 68 S.) n. 6 ngr.

Versuch einer militärischen Geschichte des Bayrischen Erbfolgekrieges im Jahr 1778 . . . Königsberg 1781. V: *Seidl, Carl von.* (MGT) (Ky) (BrMm) (Pr) (ADB)

— e. militair. Geschichte des Baierischen Erbfolgekriegs im J. 1778. im Gesichtspunkte der Wahrheit betracht. von e. Preußischen Officier (v. ... Seidl.) 3 Bde. gr. 8. Königsb. 781. (Walther in Dresd.) 2 ℛ︎ 8 𝒢

Versuch einer Geschichte des K. Sächsischen Militair-St. Heinrichsordens. Dresden 1829. V: *Gebhard, Carl.* (Ky)

—— einer Gesch. d. Kgl. Sächs. Militair-St. Heinrichs-Ordens. 8. (1 B. u. 6 ill. Abbild.) Dresden 829, Walther.

Versuch einer Geschichte der Mineralogie. Zürich 1796. V: *Orell, Joh. Heinrich von.* (Ky)

— e. Geschichte der christl. Moral, Ascetik u. Mystik, vorzüglich in literar. Hinsicht. 1r Bd. gr. 8. Dortmund, Mallinkrodt. 798.

— e. Geschichte d. christlichen Moral, Ascetik u. Mystik, vorzüglich in literar. Hinsicht. 1r Bd. gr. 8. Dortmund 798. (Schulz in Hamm). 1 ℛ︎ 4 𝒢 Hbg. Pr. 16 𝒢

Versuch über die natürliche und politische Geschichte der böhmischen und mährischen Bergwerke. Wien 1780. V: *Peithner Edl. v. Lichtenfels, Joh. Thadd. Anton.* (CBH)

— e. Geschichte der Neger u. Beschreibung ihrer Länder. 8. Leipz. 805. Compt. f. Litt. 20 𝒢 Schrbp. 1 ℛ︎

— e. neuen Gesch. d. Jesuiterordens von dessen ersten Stiftungen, bis auf gegenwärtige Zeiten. (Von Jh. Chr. Adelung.) 2 Thle. gr. 8. Berl. u. Halle 769, 70. (W. Vogel in Leipz.) 2 ℛ︎ 8 𝒢

Versuch einer neuen Geschichte des Innern Ordens. Berlin und Halle 1769.
Kl. 2294.

Versuch einer Geschichte der vornehmsten Orakel. Bern 1775. V: *Christmann, Christian Daniel.* (ML) (AarK) (Ky)

— e. Geschichte d. vornehmsten Orakel (v. Chr. D. Christmann.) 8. Bern 775. 2e A. unt. d. T.: über d. allgem. Gesch. d. Orakel. 8. Ebd. 780. Haller. 8 gr.

— üb. d. Geschichte d. Orakel. 8. Bern, Haller. 776.

Versuch einer Geschichte von Parga. Prag 1908. V: *Ludwig Salvator Erzherzog von Österreich.* (Berl)

Versuch einer Geschichte der Pfarrkirche zu Schweidnitz. ... Schweidn. 1830. V: *Görlich, Frz Xaver.* (LVS) (Nent)

— e. Geschichte d. Physiognomik u. d. damit verbund. Wissensch. v. Orbilio Anthroposcopo. 8. Wien. (Böhme in Lpz.) 784.

— e. Geschichte d. Physiognomik, u. der damit verbundenen Wissenschaften von Orbilio Anthroposcopo. 8. Wien 784. (Gnobloch in Leipz.) 1 Rthl.

Versuch einer pragmatischen Geschichte des Hauses Braunschweig-Lüneburg ... Braunschw. 1764. V: *Koch, Hnr. Andr.* (Dn) (CBH) (Ky) (Verz. d. v. Meusebachschen Bibl. Berlin 1855. S. 50.)

— e. pragmat. Geschichte d. Hauses Braunschweig-Lüneburg. (v. H. A. Koch, herausg. v. H. J. Hinze.) gr. 8. Braunschw. 764. (Schulbuchh.) 1 Rthl.

Versuch einer pragmatischen Geschichte der Grafen von Andechs ... Innsbruck 1797. V: *Hormayr zu Hortenburg, Joseph Freih. von.* (GGr)

Versuch einer pragmatischen Geschichte der staatsrechtlichen Kirchenverhältnisse der schweizerischen Eidgenossenschaft ... Germanien [Zürich] 1816. V: *Fuchs, Ildephons.* (Tb) (ADB) *Fuchs, G. von.* (Wr) *Balthasar, Jos. Ant. Fel.* (Bibliogr. d. schweiz. Landeskde. V, 10e.)

— e. pragmat. Geschichte d. staatsrechtlichen Kirchenverhältnisse der schweizerischen Eidgenossen. 1r Bd. 8. (Zürich 816. Orell.) 1 Rthl. Hbg. Pr. 12 gr.

Versuch einer pragmatischen Geschichte der Lehen aus den Zeiten vor der Errichtung der Fränkischen Monarchie bis zur Erlöschung des Karolingischen Stammes in Deutschland von D. H. B. Frankfurt u. Leipzig 1785.

— e. pragmat. Geschichte d. Lehen, a. d. Zeiten vor d. Errichtung der fränkischen Monarchie. gr. 8. Frankf. Fleischer. 785.

— e. pragmat. Geschichte d. Lehen, aus d. Zeiten vor d. Errichtung der Fränkischen Monarchie rc. (v. H. Büchler.) gr. 8. Frankf. 785. (Guilhaumann). 16 gr.

Versuch einer pragmatischen Geschichte des Reichs-Krieges und der Friedens-Unterhandlungen mit Frankreich. Als eine Einleitung zur Geschichte des Rastatter Friedens-Congresses. (Nur 1 Band vorhanden.) 8. Frankfurt 1799.

— e. pragmat. Geschichte d. Reichskrieges u. d. Unterhandl. mit Frankreich als Einleit. zur Geschichte des Rastadter Friedenscongresses. 1r Bd. 8. Frankf. u. Leipz. 799. (Schwan u. G. in Mannh.) 1 Rthl.

Versuch einer pragmatischen Geschichte des Schlafes. Cöln 1768. V: *Grulich, Adolph Bogislav.* (ML) (MGT)

Versuch einer pragmatischen Geschichte von der Zusammenkunft des Teutschen Nationalgeistes und der politischen Kleinigkeiten auf dem Römer zu Frankfurt. Frankf. a. M. 1767. V: *Creutz, Friedrich Casimir Carl Freih. von.* (ML) V (Suppl.): *Moser, Frdr. Carl von.* (Ky)

— e. pragmatischen Geschichte von d. Zusammenkunft d. deutschen Nationalgeistes u. d. Kleinigkeiten auf dem Römer zu Frankfurt (v. F. K. K. v. Creuz.) 8. Frankf. 767. Warrentrapp. 7 gr. Supplement d. Versuchs rc. (gegen Moser.) 8. Ebd. 767.

Versuch einer Geschichte des deutschen Reichs vom 17ten Jahrhundert an. Halle [ca. 1795]. V: *Senkenberg, Renatus Leopold Chn Carl von.* (Ky)

— einer Geschichte christlicher Religion. 8. Wien 785. Wucherer. 4 gr.

Versuch einer Geschichte d. merkwürdigsten Religionen, besonders d. Christenthums; e. Lesebuch für Landleute. gr. 8. Nürnb. 798. Bauer u. Raspe. 16 gr.

— e. Geschichte d. Religions- u. Kirchenverbesserung Luthers, für Studirende (v. Jh. Geo. Tieftrunk.) Mit e. Vorrede v. Th. Tieftrunk. 8. Berl. 793. Vieweg in Braunschw. 1 Rthl. 8 gr.

Versuch einer Geschichte der letzten Polnischen Revolution vom Jahr 1794 ... [Zürich] 1796. V: *Woyda, Carl.* (AarK) (Ky) »1794« (BrMm) (Pr) (MGT)

— e. Geschichte der letzten Polnischen Revolution vom J. 1794. mit d. dabei ersch. Regierungsschreiben belegt, (v. Woyda.) 2 Thle. 8. o. O. (Zürich) 796. Orell. 1 Rthl. 16 gr.

Versuch einer Geschichte der Liefländischen Ritter- und Landrechte ... [Riga 1779.] V: *Schwarz (Schwartz), Joh. Chph.* (MGT) »[Riga 1794]« (R-N)

— e. Geschichte d. Liefländ. Ritter u. Landrechte. 8. Riga 784. (Hartknoch in Leipz.) 18 gr.

Versuch einer Geschichte der Kirche St. Petri und St. Pauli. Hamb. 1823. V: *Behrmann, Rudolph Gerhard.* (Schr)

Versuch einer Geschichte d. St. Petrikirche zu Freiberg. Denkschrift zum 100jähr. Jubiläum d. Wiederaufbauung ders. gr. 8. (2 B.) Freiberg 834, Engelhardt. Thlr.

— e. Geschichte d. abwechs. Schicksale d. protestant. Religion in Ungarn, vom Anfang der Reformation bis auf d. neuesten Zeiten. 8. Zürich 797. Orell. 8 gr.

Versuch über die Schlesische Geschichte vom Jahr Chr. 1163 bis 1740. Breslau 1777. V: *Pachaly, Friedrich Wilhelm.* (Adel) (Ky) (MGT) (BrMm) (Nent)

— über d. Schlesische Geschichte vom J. 1163—1740. 8. Bresl 777. (Gosohorsky). 12 gr.

— e. Geschichte d. Hall. Schützengesellsch. } s. J. Ch. Hendel.
— e. — d. Lpz. — }

Versuch über Schwedens Geschichte und dermalige Staatsverwaltung. Stralsund 1780. V: *Thomas, Daniel Heinrich.* (MGT) (Ky) (BrMm)

— über Schwedens Geschichte u. dermalige Staatsverwaltung (v. D. H. Thomas.) 8. Rostock 780. Koppe. 1 Rthlr.

— e. Gesch. der engl. Sprache u. der damit verwandten Dialekte, s. C. G. v. Murr.

Versuch einer Geschichte der rigischen Stadtrechte. [Riga 1785.] V: *Schwarz (Schwartz), Joh. Christoph.* (R-N)

Versuch einer Geschichte des Tempelherrenordens. Leipz. 1779. 2. Aufl. 1781. V: *Anton, Carl Gottlob von.* (Pr) (SJL) (MGT) (Winer) (OL) (Kl) (BrMm)

— e. Geschichte des Tempelherrnordens. 8. Lpz. Böhme. 779.

Carl Gottlob Anton. Versuch einer Geschichte des Tempelherren Ordens. 2. verm. und verbess. Aufl. 8. Leipzig 1781.

—— einer topograph. Gesch. der Pfarrei Roggenburg in d. Diözese Augsburg, aus alten u. neuen Urkunden verfaßt. Nebst e. Anh. von d. heil. Blute, u. a. vorzügl. heil. Reliquien in dieser Pfarrkirche. (Von Th. L. Weiller.) 8. (6½ B. u. 1 Ansicht.) Augsburg 828, N. Doll. (Regensburg, Manz.)

Versuch einer umständlichen Geschichte des Königs David. . . . Nürnberg 1783. V: *Mirus, Carl Gottfried.* (Ky) (ML)

C. G. M. Versuch einer umständlichen Geschichte des Königs Davids. Mit e. Vorrede von Joh. Esaias Silberschlag. 8. Nürnberg 1783.

— e. umständl. Geschichte d. Königs Davids, (v. K. G. Mirus.) Mit Anmerkk. erläut. v. J. E. Silberschlag. gr. 8. Nürnb. 783 Zeh. 1 Rthlr. 20 gr.

— e. Geschichte der Unterwerfung der Reichsst. Regensburg unter d. Herzoge von Baiern von 1486—92. gr. 8. Nürnb. 796. Raw. 6 gr.

Versuch einer urkundlichen Geschichte der Burg Unspunnen . . . Bern 1830. V: *Mülinen, Nic. Frdr. v.* (Zuwachsverz. d. Bibliotheken in Zürich 1898 ff.)

Versuch einer Geschichte über den Ursprung und die Fortpflanzung des Christenthums in Europa . . . Tübingen 1766—73. V: *Gratianus, Philipp Chph.* (ML)

— e. vaterländ. Geschichte Ottokar VI. ersten Herzog in Steuermark (v. J. A. Kumar.) 8. Grätz 808. Ferstl. 20 gr.

Versuch einer vaterländischen Geschichte Ottokar VI. . . . Grätz 1808. V: *Kumar, Joseph August.* (MGT) (Feil) (Ky)

— e. vollständ. Geschichte d. sämmtlichen Lehren von Gott, ihrer Bekenner und Widersacher. 1r Thl. gr. 8. Leipz. 788. Hertel. 1 Rthlr.

— e. Geschichte d. Herzogl. Waisenanstalt in Weimar rc. gr. 8. Weimar 795. Hoffmann. 6 gr.

Versuch einer Geschichte des herzoglichen Waisenhauses zu Weimar. *Weimar.* 1795

Versuch einer Naussauischen Geschichtsbibliothek. Hadamar u. Herborn 1799. V: *Steubing, Joh. Hermann.* (MGT) (Ky) (BrMm)

— e. Nassauischen-Geschichts-Bibliothek. 8. Hadamar, Gelehrt. Buchhandl. 799. — 18

— einer Nassauischen Geschichtsbibliothek (v. J. H. Steubing.) 8. Hadamar u. Herborn 799. (Lanz in Weilb.) 18 gr.

Versuch eines Geschlechts-Registers der Grafen von Rechteren-Limpurg. 1813. 4.

Versuch einer vollständigen Geschlechtstabelle des Kurhauses des Pfalzgrafen bei Rhein. Mannheim 1795. V: *Winterwerber, Joh. Jac.* (Ky)

— über den Geschmack in der Baukunst (v. Chr. Ldw. Stieglitz.) gr. 8. Leipz. 788. Dyk. 5 gr.

Versuch über den Geschmack und die Ursachen seiner Verschiedenheit. Leipzig u. Mietau 1776. V: *Herz, Marcus.* (Mn)

Versuch über die Gesetze. An Se. Excellenz, den Kgl. Preuß. Großkanzler v. Carmer. Th. 1. [einz.] Breslau 1781.

— über d. Gesetze, (v. Chr. Ldw. Paalzow.) 1r Thl. 8. Bresl. 781. Löwe. (J. F. Korn). 20 gr.

Versuch über die Gesetzgebung. Basel 1758 . . . Zürich 1760. V: *Iselin, Isaac.* (JL) (GGr) (Cat. d. Stadtbibl. Zürich. Zürich 1864—97.)

— üb. d. Gesetzgebung 8. Zürich. 760.

Versuch in landwirthschaftlichen Gesprächen. Frankf. u. Leipzig 1781. V: *Springer, Joh. Christoph Erich von.* (ML) (stri)

Versuch über die erste Gestalt und Bevölkerung Tyrols. Wien 1783. V: *Michaeler, K. J.* (KY 4/104) (BiblPort)

— der auf den Friedländischen Gütern cultivirten Gewächse, nebst einem Beitrag zur Flora d. Mittelmark (v. Fr. Walter.) 8. Berl. 803. 2e A. 808. 3e A. 815.

—— über die kirchliche Gewalt in Ehesachen. 2 Thle. Frankf. 1791. 8°.
Bibl. Günther. III. Dresd. 1834. No. 7183.

— über d. Gewehrfabriken, d. Schießkunst u. d. Jagdwesen; aus d. Engl. von G. C. L. Timäus. gr. 8. Leipz. 790. Reinicke in Halle. 1 Thlr. Schrbp. 1 Thlr. 6 Gr. Velinp. 1 Thlr. 12 Gr.

— üb. die Gewehrfabriken d. Schießkunst u. d. Jagdwesen, a. dem Engl. v. G. C. Timäus. gr. 8. Lpz. Reinicke. 792.
Schreibp.
Velinp.

— d. Schatten Montagnes gewidmet, v. Alex. Dewson, s. Dewson.

Versuch das Herz eines Religionsverächters durch Vorstellung seines eigenen Vortheils zu gewinnen. Leipzig 1770. V: *Gerstenberg, Jacob Heinrich von.* (ML) (Ky)

— das Herz e. Religionsverächters durch Vorstellung seines eigenen Vortheils zu gewinnen, (von Jak. Hnr. v. Gerstenberg). 8. Leipz. 771. Büschel. 8 Gr.

Versuch einer Glaubenslehre für Kinder aus den höhern Volksklassen . . . Breslau 1787. V: *Peuker, Johann Georg.* (MGT) (Ky)

— e. Glaubenslehre für Kinder aus den höhern Volksclassen (von J. G. Peuker.) 8. Bresl. 787. Löwe. (J. F. Korn). 6 Gr.

— über d. polit. Gleichgewicht d. europ. Staaten. Mit Tabellen, (von Ad. Chr. Gaspari). 8. Hamb. 790. Bohn. (Campe). 1 Thlr.

— über d. menschl. Glückseligkeit. 8. Züllichau 776. Frommann in Jena. 14 Gr.

Versuch über Gott, die Welt und die menschliche Seele . . . Berlin u. Stettin 1788. V: *Corrodi, Hnr.* (ML) (Ky)

— über Gott, d. Welt u. d. menschl. Seele, (von H. Corodi). 8. Berl. 788. Nicolai. 1 Thlr. 4 Gr.

—— einer Grammatik der dajackschen Sprache. Bearb. und hrsg. im Auftrage und auf Kosten der niederländ. Bibelgesellschaft (von Aug. Hardeland). gr. 8. (VIII und 374 S.) Amsterdam 858. (Leipzig, T. O. Weigel.) *

Versuch e. griech. u. latein. Grammatologie, (von Jh. Gf. Hasse). 8. Königsb. 792. Nicolovius. 6 Gr.

Versuch einer Grundlage zur Macht und Glückseligkeit der Monarchie Oesterreichs. Wien 1783. V: *Gigelleithner, Franz.* (Bespr. Realzeitung 1783, Nr. 35, S. 548/9) (Ign. de Lucca, Wiens gegenw. Zustand, S. 302) (wallishausser 1/85) (BiblPort)

— e. Grundlegung zur Kritik d. christl. Religion, von e. preuß. Offizier. 8. Bresl. 791. Gutsch. 5 Gr.

Versuch zur Grundlegung einer subjektiven Tugendlehre. Frankfurt a. M. 1788. V: *Kellner, Georg Christoph.* (Adel) (Ky) (MGT)

— zur Grundlegung e. subjektiven Tugendlehre, (von G. Chr. Kellner). 8. Frankf. a. M. 788. N. Aufl. unt. d. T.: Anleit. zur Tugendlehre. 8. Ebd. 795. (Schäfer). 20 Gr.

— e. mathemat. Grundlehre für d. wiederkehrende Ursystem d. Arzneiwissenschaft. gr. 8. Nürnb. 809. Stein. 20 Gr. Schrbp. 1 Thlr.

— e. mathemat. Grundlinie f. das wiederkehrende Ursystem d. Arzneywissenschaft. gr. 8. Nürnberg, Stein. 809.
Schreibp.

Versuch eines Grundrisses der Erdbeschreibung für Anfänger. Bresl. 1775. V: *Löwe, Andreas Friedrich.* (MGT) (Ky)

— e. Grundrisses d. Erdbeschreibung für Anfänger, (von A. F. Löwe). 8. Bresl. 775. Löwe. 3 Gr.

— e. Grundrisses d. Erdbeschreibung für Anfänger. 8. Breslau, Löwe. 781.

Versuch eines fasslichen Grundrisses der Rechts- und Pflichtenlehre . . . Königsb. 1796. V: *Maczewski, Frdr. Gustav & Gottlob Benjamin Jäsche.* (Ky) (ErGr) (ErschDL) (MGT)

— e. faßl. Grundrisses d. Rechts- u. Pflichtenlehre für d. Jugend. (Von G. B. Jäsche u. F. G. Maczewski). 8. Königsb. 796. (Michelsen in Leipz.) 5 Gr.

— e. faßl. Grundr. d. Rechts- u. Pflichtenlehre f. d. Jugend. 8. Königsb. Nicolovius. 796.

Versuch eines Grundrisses der alten Würtembergischen Verfassung. 1815. V: *Schott, Chn Frdr. Alb.* (Kat. d. ständ. Bibl. Stuttg. 1907. S. 247.)

Versuch eines Grundrisses der alten württembergischen Verfassung im November 1815. 8. 1815.

— eines Grundrisses der alten würtemb. Verfassung. 8. (Heidelberg, Mohr und Winter.) 816.

— e. Grundrisses zu e. zusammenhängenden Vortrag d. christl. Glaubenslehre für d. Jugend. 8. Lüneb. 783. Lemke. 5 gr

— über anwendbare Grundsätze bei Kulturs-Processen. 8. München 794. Lentner. 5 gr

Versuch von den Grundsätzen der Policey . . . in den Städten der Chur- und Neumark Brandenburg. Frankf. a. d. O. 1756. V: *Litzmann.* (ML)

— von den Grundsätzen d. Polizei in den Städten d. Kur- u. Neumark Brandenburg. 4. Frankf. a. M. 756. Gäbler. 4 gr

— über d. Grundsätze des Styls in Privat- u. öffentl. Geschäften; nach Sonnenfels Vorles. 2 Thle. 8. Wien 782. Gerold. 1 rß

Versuch einiger Grundzüge zu einem einfachen und gerechten Steuersysteme. Einem hohen Gesammtministerio und beiden hohen Kammern ehrfurchtsvoll gewidmet von einem praktischen Geschäftsmanne. 8°. Freiberg, Craz u. Gerlach, 1833.

Versuch, F. von H., einiger Gedichte oder Erlesene Proben Poetischer Neben-Stunden. Hamb. 1729. V: *Hagedorn, Frdr. von.* (ML) (Schr) (Bz) (Deutsche Litteraturdenkmale X, 1.) (Bibl. Rinckiana. Lips. 1747.)

— e. artistischen Handbuchs, mit Rücksicht auf d. chemische Zubereitung d. Farben. Mit Kpf. gr. 8. Jena 799. Cröker. 16 gr

— e. Handbuchs für diejenigen, welche d. Cameral-Wissenschaft nicht als ein Handwerk lernen u. gelernt haben wollen, sondern wünschen vernünftige u, natürl. Grundsätze darin zu finden u. mit d. Landwirthschaft den Anfang zu machen, (von Jh. Eph. Erich Springer). 8. Frankf. a. M. 778. Varrentrapp. 14 gr

Versuch eines Handbuchs der Gesetze durch Auszüge vielfältiger . . . 1740 bis . . . 1781 erlassener allerhöchster Anordnungen. Grätz 1781. V: *Löwenwolde, Christian Graf von.* (Schletter, Handb. d. jurist. Litt. Grimma 1843. S. 180.) (Stur)

Versuch eines gründlichen . . . Handbuches der italienischen Sprachlehre. Brixen 1836. V: *Malpaga, Bartolommeo.* (Hr)

— e. Handbuchs für prakt. Juwelire, Gold- u. Silberarbeiter. 2 Abtheill. gr. 8. Leipz., Indust.-Compt. 1 rß 12 gr

Versuch einer Handleitung zur fehlerlosen Aussprache und Rechtschreibung lettischer Wörter . . . Mitau 1806. V: *Mylich, Gottfried Georg.* (R-N)

Versuch eines allgemeinen Handlungs- und Fabriken-Adressbuches von Deutschland . . . Zwickau 1790. 8.

„Versuch eines allgemeinen Handlungs- und Fabriken-Adressbuches von Deutschland", Zwickau 1798 (Schumann).

Versuch in Handlungs Briefen, s. May, Jo. Carl. 1756.

Versuch über einige Hauptstücke der Metaphysik . . . Hanau 1768. V: *Sohm, Ludwig.* (ML)

— über e. Hauptstücke d. Metaphysik, oder d. Wesensgrundlehre. 8. Hanau 768. Schulz. 2 gr

Versuch einer Hebammenverbesserung zur Wohlfahrt und Bevölkerung des Staats . . . Leipzig 1786. V: *Fielitz, Frdr. Gottlieb Heinrich.* (MGT) (Call) (Ky)

— e. Hebammenverbesserung zur Wohlfahrt u. Bevölkerung des Staats, (von G. H. Fielitz). 8. Leipz. 786. Linke. 3 gr

— e. Hebammenverbesserung rc. s. G. H. Fielitz.

Versuch, die Missverständnisse zuheben, welche zwischen dem Könige von England und dem Herzoge von Braunschweig durch den Grafen Ernst von Münster herbeigeführt worden. . . . Hamburg 1828 [1829]. V: *Wit gen. von Dörring, Ferdinand Johannes.* (WBL) (Nowack, Schles. Schriftst.-Lex. Bresl. 1836—43.) (Ky) (LS)

—— die Mißverständnisse zu heben, welche zwischen dem Könige v. England u. dem Herzoge v. Braunschweig durch den Grafen Ernst v. Münster herbeigeführt worden. Von e. Privatmanne, aus officiellen Quellen. gr. 8. (13 B.) Hamburg 828, Hoffmann u. Campe.

— e. allgemein prakt. Heilkunde. 8. Leipz. 793. Schwickert. 10 gr

— e. mathematischen Historie. 1r. Thl. 8. Ulm. 739.

Versuch, Historischer, über das Gleichgewicht der Macht bey den alten und neuen Staaten. Leipzig 1796. V: *Hendrich, Franz Josias von.* (MGT) (Schletter, Handb. d. jurist. Litt. Grimma 1843. S. 289.) (Ky)

— histor., über d. Gleichgewicht d. Macht bei den alten u. neuen Staaten, (von F. J. v. Hendrich). 8. Leipz. 796. (Gr. Fleischer). 1 rß

— histor., üb. d. Gleichgewicht d. Macht bey d. alten und neuen Staaten. 8. (Lpz. Gerh. Fleischer.) 796.

— histor., über den Handel u. d. Schifffahrt auf d. schwarzen Meere rc., s. Bibliothek d. neuesten u. wicht. Reisebeschreibungen. 28r Bd.

Versuch, Historischer, über die Leibeigenschaft. Hamburg 1797. V: *Ranzau, Christian Detlev Carl Graf von.* (Ky) (MGT) (Collin, Anonymer. Kiobenh. 1869.) (Stam) (LS)

Versuch (Historischer) über die Leibeigenschaft. (Vom Grafen v. Ranzau.) 8⁰. Hamburg, Hoffmann, 1797.

Versuch, Historischer, über einen österreichischen Pfennig . . . Prag 1798. V: *Braunhofer, Lorenz Joseph.* (Ky) (MGT) (Fr) (Goovaerts, Ecrivains de l'ordre de Prémontré. I. Bruxelles 1899.)

— histor., über e. österreich. Pfennig, von e. Liebhaber d. Numismatik, (L. J. Braunhofer). 8. Prag 798.

— histor., über d. Privatleben Marien Antoinettens v. Oesterreich, Königin v. Frankreich, nebst d. Grafen Artois Glaubensbekenntniß; aus d. Französ. 8. Hof ... Grau. 8 K

— histor., über Protestationen u. Verwahrungen gegen Friedensschlüsse, Traktaten u. Congreßverhandlungen. 8. Münch. 819. (Finsterlin). 3 K

— histor., über Protestationen und Verwahrungen gegen Friedensschlüsse, Traktaten und Congreßverhandlungen. 8. München, Thienemann. 819.

Versuch, Historischer, über die Revolution in Neapel. A. d. Ital. . . . Berlin 1805. V: *Cuoco, Vincenzo.* (Pr)

Versuch, histor., über d. Revolution in Neapel, a. d. Ital. v. W. M. 2 Thle. gr. 8. Berlin, Quien. (Dunker u. H.) 805. Rthlr.

— historischer, über die Revolution v. Paraguay u. die Directorial-Regierung v. Dr. Francia. Ein Abschnitt d. Reise nach Paraguay v. J. R. Rengger u. M. Lonchamp. gr. 8. Stuttg. 827, v. Cotta.

Histor. Versuch über d. Ursprung und Fortgang d. Rechte u. Usurpation der Kurfürsten, Kaiser u. Reichsvikarien, zur Beschränkung der deutschen Freiheit u. der Rechte andrer Glieder d. Reichs. *Görlitz*, (Anton in *Halle.*) 790. gr. 8. (12 Gr.)

— histor., üb. d. Urspr. u. Fortg. d. Rechte u. d. Usurpationen d. Churfürsten. gr. 8. Halle, Franke. (Anton in Görlitz.) 790.

Versuch, Historisch-kritischer, über das angebliche Verhältniss der östlichen Gränzprovinz und Gränzgrafen zu Bayern . . . [Wien] 1796. V: *Dolliner, Thomas.* (NN) (MGT) (WBL) (Ky)

— histor.-krit., über d. angebl. Verhältniß d. östl. Grenzprovinz u. Grenzgrafen zu Baiern unter den Karolingern, (von Th. Dolliner); herausg. von Frz. Delßner etc. gr. 8. Wien 797.

— ein, den Ort Schiringsheal der fünfmal in dem Periplus von Othere u. Wulfstan enthalten in der Angloſächſ. Uebersetzung von Orosius d. Königs Alfred, mit einer Stadt zu identifiziren, in der Lage, wo die vermeinte Veneta nahe an Rügen gelegen haben soll. [Als Mscr. gedr. v. d. Verf.] gr. 8. (24 S.) London 847. (Berlin, Asher & Co.) n. 1/2 ℛ

Versuch, Ein, den Ort Schiringsheal . . . mit einer Stadt zu identifiziren . . . London 1847. V: *Bell, Will.* (EngG) (BrMm)

Versuch zu einem slesischen Idiotikon . . . Stendal 1787. V: *Berndt, Johann George.* (LVS) (Vater) (Mz)

— zu e. umfassenden Instruktion für Wirthschaftsbeamte, welche Brauhäuser zu verwalten haben, von S...i D...s. 8. (Prag 822. Kraus). 4 K (Haase S.) 5 K

Versuch, in wie weit es einem Staate vortheilhaft sey, die Einwohner durch Fremde zu vermehren . . . Wittenberg 1756. V: *Weickhmann, Gabr. Joach.* (Baumgarten, Nachrichten v. merkw. Büchern. Halle 1752—57. 10, 546.)

Versuch, Katechetischer, die Vernunftmässigkeit des christkatholischen Glaubens für denkende Leser zu erörtern. Mainz 1839. V: *Fell, Johann Bapt.* (HS II, 217) (Zeitschr. f. Büch. N. F. 15, 1923, 126)

Katechetischer Versuch, die Vernunftmäßigkeit des christkatholischen Glaubens für denkende Leser zu erörtern. Mainz, Kunze, 1839, 8°.

—— eines allgem. evangel.-christl. Katechismus, s. Katechismus, der, d. christl. Lehre etc.

Versuch eines unsern Zeiten angemessenen kleinen Katechismus für die lettische Jugend . . . Mitau 1806. V: *Mylich, Gottfried Georg.* (R-N)

— e. faßl. Katechismus d. christl. Religion; den Eltern, Seelsorgern u. Lehrern d. Landjugend gewidmet. 12. Augsb. 813. M. Rieger. (Al. Eurisch). 1½ K

Versuch eines kleinen Katechismus nach dem Vorbilde des kleinen Lutherischen. Mitau 1773. V: *Schlegel, Gottlieb.* (R-N)

— e. neuen Katechismus. 8. Berl. 781. (Linke in Leipz.) 6 K

Versuch eines Katechismus der natürlichen Religion. Wien 1784. V: *Hiltenbrandt, Anton.* (WBL IX/33) (Biblport)

— e. Katechismus d. allgemeinen Sittenlehre. 8. Bresl. 783. (Gosohorsky). 10 K

— eines Katechismus der allgem. Sittenlehre. 8. Bresl. Meyer. 783.

Versuch eines Katechismus zum allerersten Unterricht in der Religion . . . Mitau 1784. V: *Mylich, Gfr. Georg.* (R-N)

— eines zeitgemäßen vernunftgläubigen Katechismus der christl. Glaubens- u. Sittenlehre f. Schul- u. Confirmanden-Unterricht an die Stelle der alten Landes-Katechismen. Allen aufgeklärten Geistlichen, Schulmännern, Eltern u. Erziehern gewidmet. 8. (175 S.) Leipzig 850, Kollmann. 1/2 rß

— e. Katzengeschichte, mit Kpf. 8. Augsb. 771. Felsecker. 3 gr

Versuch über die Kenntniss des Menschen. Leipzig 1784—85. V: *Wezel, Johann Carl.* (MGT) (Ky) (GGr) (JL) (Call)

— über d. Kenntniß d. Menschen, (von Jh. K. Wetzel l.). 2 Thle. 8. Leipz. 784, 85. Dyck. 1 rß 12 gr

Versuch einer Kirchengeschichte des achtzehnten Jahrhunderts. Lemgo 1771. V: *Lachmann, Friedrich Ludolph.* (ML) (Ky)

— e. Kirchengeschichte d. 18. Jahrh., (von Fr. Ldlf. Lachmann). 3 Thle. 8. Lemgo 771. Meyer. 1 rß 1 gr

Versuch einer Kirchenkatechisation . . . [Zürich 1782.] V: *Breitenstein, Johann Philipp.* (MGT) (NN)

Versuch eines natürlichen Kirchenrechts aus der Natur des Begriffs einer Kirche entwickelt. Berlin 1799. V: *Steger, Johann Andreas Friedrich.* (MGT) (Ky)

Versuch e. natürl. Kirchenrechts, aus d. Natur des Begriffs Kirche entwickelt, (von J. A. F. Steger). gr. 8. Berl. 799. Fröhlich. (Duncker u. H.) 18 gr Hbg. Pr. 8 gr

Versuch eines Oberlausitzischen Kirchenrechts. Frankf. u. Leipzig [Zittau] 1796. V: *Schuster, Carl Gottfried.* (Ky) (OL) (MGT) (BrMm) *Sintenis, Carl Frdr.* [?]. (Schletter, Handb. d. jurist. Litt. Grimma 1843. S. 246.)

Versuch eines oberlausitzischen Kirchenrechts für Predigtamts-Kandidaten und angehende Landgeistliche. Görlitz 1796. V: *Sintenis, Karl Heinrich.* (KGBerlin I, 1966)

— e. Oberlausitz'schen Kirchenrechts für Predigt-Amts-Candidaten u. angehende Landgeistliche, (von Karl Gf. Schuster). gr. 8. Frankf. u. Leipz. 796. (Schöps in Zittau). 16 gr (Anton in Halle). 1 rß

Versuch, Der populären Gemeinnützigkeit gewidmeter . . ., über die logisch-mathematische Klang- . . . und Temperaturlehre . . . Dresden 1793. V: *Wiese, Christian Ludwig Gustav Freih. von.* (ML) »1795« (Ky)

— über d. logisch-mathemat. Klangs-Eintheilungs-, Stimmungs- u. Temperaturlehre, (von Chr. L. G. v. Wiese). gr. 4. Dresd. 795. Walther. 6 gr

— üb. d. logisch-mathemat. Klangs-Eintheilungs-Stimmungs- u. Temperaturlehre, s. C. L. v. Wiese.

Versuch, Ein kleiner, von Annalibus Von Anno 1409 biß 1629. Eine etwas genauere Einsicht in die Historie von Ursprung und Fortgang der Universitäten in Teutschland . . . O. O. 1717. V: *Thomasius, Christ.* (Erman & Horn, Bibliogr. d. dtsch. Universitäten. 2. Leipz. u. Berl. 1904.)

Versuch. Kleiner V. einer besondern Geschichte des Freystaats Unterwalden. Luzern [illegible] (Businger, [Joseph], und Zelger, [Franz Niclaus]).

Versuch, Kleiner, in Policey-Sachen. Riga 1788. V: *Buschen, Gottfried von.* (R-N)

Versuch über die gesetzgebende Klugheit, Verbrechen ohne Strafe zu verhüten. Frankfurt u. Leipzig [Göttingen] 1778. V: *Prätorius, Ephraim Heinrich.* Vgl. Ersch II (1923), 2. Abschn., Nr. 827. Meusel, Gel. T. 6, 160 ohne Anonymitätszeichen. (DARP)

— über d. gesetzgebende Klugheit, Verbrechen ohne Strafen zu verhüten. 8. Frankf. 778. (Vandenhöck u. R. in Göttingen). 8 gr

Versuch eines Commentars zu den Russischen Beschwerden über die Beeinträchtigung des Russischen Handels durch England. Altona 1808. V: *Jacobsen, Frdr. Joh.* [?]. (OA)

Versuch eines Commentars über das allgemeine preussische Landrecht. Züllichau 1797—98. V: *Stenger, Hnr.* (Ky)

— e. Commentars über d. allgem. preuß. Landrecht, (von Stenger). 1r Bd. 1e, 2e Abtheil. gr. 8. Züllichau 797, 98. Frommann in Jena. 1 rß 6 gr Schrbp. 1 rß 12 gr

Versuch über das Contrefechten auf die rechte und linke Hand; nach Kreußlerischen Grundsätzen. Jena 1786. V: *Roux, Franz.* (Roux, die Kreußlerische Stoßfechtschule. 2. Aufl. 1857. S. V.) (Erman & Horn, Bibliogr. d. dtsch. Universitäten. 1. Leipz. u. Berl. 1904.)

— über d. Contrafechten, auf d. rechte u. linke Hand, nach Kreußler'schen Grundsätzen. 4. Jena 786. Cröker. 9 gr

Versuch über das Contrafechten auf die rechte und linke Hand, nach Kreußlerischen Grundsätzen. Jena 1786. X u. 122 S., 8°.

Versuch über das siebenbürgische Costüm . . . Hermanstadt 1807. V: *Benigni von Mildenberg, Joseph Heinrich.* (KU) (Pk) V: *Neuhäuser, Joseph.* (EngG)

— über d. Costüm der vorzüglichsten Völker des Alterthums. s. Rob. Spallart.

— über d. Kriegsbaukunst; aus d. Französ. von Jh. Paul Eberhard. Mit 8 Kpf. 8. Götting. 757. Vandenhöck u. R. 18 gr

Versuch einer Critik über die Deutschen Dichter. [Leipzig 1742.] V: *Müller, G. E. E.* (Dtsche Litt.-Denkm. 12.)

Versuch einer Kritik über die Ilgenersche Gesellschaft. Rostock 1776. V: *Koppe, Joh. Chn.* (MGT) »1788« (Adel (NN)

— e. Kritik d. Lehre von d. freien Gnade Gottes in Christo. 8. Leipz. 801. Weigel. 4 gr

Versuch einer Critik aller Offenbarung. Königsberg 1792. V: *Fichte, Joh. Gottlieb.* (GGr) (ErGr) (MGT) (Winer) (Ky) (Cat. d. Stadtbibl. Zürich. Zürich 1864—97.) (ADB)

— e. Kritik aller Offenbarung, (von J. G. Fichte). gr. 8. Königsb. 792. 2e A., s. Fichte.

Versuch einer Kritik der Religion und aller religiösen Dogmatik . . . Berlin 1790. V: *Tieftrunk, Johann Heinrich.* (MGT) (Winer) (Ky)

— e. Kritik d. Religion u. aller religiösen Dogmatik ꝛc., (von J. H. Tieftrunk). 8. Berl. 790. Acad. B. (Burchardt; auch Krause). 1 ß

— e. Kritik d. Religion u. aller religiös. Dogmatik ꝛc. s. J. H. Tieftrunk.

— e. Kritik von A. Smith Untersuchung üb. d. Nationalreichthum, s. Adm. Smith.

Versuch, Kritischer, über die mosaische Urgeschichte. Halle 1789. V: *Thormeyer, Friedrich Chn.* (NN) (Ky) (MGT)

— krit., über d. Mosaische Urgeschichte, (von A. F. Chr. Thormeyer). gr. 8. Halle 789. Mit folg. neuen T.: Versuch zu e. Erläuter. d. Mosaischen Geschichte. gr. 8. Ebd. 795. (Anton). 16 gr

— z. e. Erläut. d. mosaischen Geschichte, (h. a. d. Tit. krit. Versuch über die mosaische Urgesch.) gr. 8. Halle, Franke. (Anton in Görlitz.) 795.

Versuch, krit. üb. d. neutestamentl. Wunder. gr. 8. Meißen, Erbstein. (Gödsche.) 797. Rthlr. — 9

— e. Kulturgeschichte, von den ältesten bis zu den neuesten Zeiten. 8. Frankf. 798. (Köhler in Leipz.) 12 gr

Versuch über die Kunst, junge Soldaten zu bilden. Prag 1782. V: *Eckardt (Eckard), Friedrich von.* (Ky) (Bibl. d. Kriegs-Archivs.)

— über d. Kunst, junge Soldaten zu bilden, (von Fr. v. Eckardt). 8. Prag 782. Gerle. (W. Vogel in Leipz.) 3 gr

Versuch über die Kunst gut und viel zu schreiben, in vertrauten Briefen eines Vaters an seinen Sohn auf der Universität . . . Jena 1797. V: *Büschel, Johann Gabr. Bernhard* (?). (Erman & Horn, Bibliogr. d. dtsch. Universitäten. 1. Leipz. u. Berl. 1904.)

— über d. Kunst, gut u. viel zu schreiben, in vertrauten Briefen eines Vaters an seinen Sohn auf d. Universität ꝛc. 8. Jena 797. (Brockhaus in Leipz.) 10 gr

— üb. d. Kunst gut und viel zu schreiben, in vertr. Briefen e. Vaters an s. Sohn a. d. Universität ꝛc. 8. Jena, Voigt. (Gleditsch in Lpz.) 797.

Versuch über die Kunst stets fröhlich zu seyn. Leipzig 1760. V: *Uz, Johann Peter.* (GGr) (Uz-Gleim, Briefw. Tübingen 1899. S. 510.) (BB) (Ky)

— über d. Kunst, stets fröhlich zu seyn, (von J. P. Uz). 8. Leipz. 760. Dyck. 4 gr

Versuch über die Kunst, freudig zu sterben, ein Nachlass für meine Töchter Luise und Sophia. Münster 1801. V: *Kleine, Anton Friedrich.* (Adel) (Ky) (MGT)

Versuch über die wichtige Kunst, interessante Kanzelvorträge zu halten . . . Chemnitz 1788. V: *Liebe, Johann Christlieb Gottlob.* (MGT) (NN) »Freiberg« (Ky)

— über d. wichtige Kunst, interessante Kanzelvorträge zu halten, (von J. C. G. Liebe). 8. Frberg 788. Craz u. G. 4 gr

— üb. d. wicht. Kunst interess. Kanzelvortr. zu halten. 8. Freyberg, Craz. 789.

Versuch, Kurzer, über die beste Einrichtung und den zweckmässigen Unterricht in Bürger- und Landschulen. Hadersleben 1792. V: *Biörensen, Johann.* (Kordes, Schlesw.-holst. u. eutin. Schriftst. Schleswig 1797.) (Ky) (MGT) »von der besten Einrichtung und einem . . .« (Bruun, Bibl. Danica I, 1004.)

Ein kurzer Versuch, den Charakter Ihro weiland Königl. Majestät Carolinä, Königin von Gross-Britannien, zu entwerfen, Aus dem Englischen — — übersetzt von Gebhard Ludwig Meyer. Altona, 1738. 8°. (In Berlin 2 Expll.: Tu 1576; Bibl. Diez. 8° 5090.)
Orig.: London 1738. 8°. (In Berlin: Tu 1568.)

—— kurzer, üb. die wahre Hierarchie, od. üb. die Herrschaft des Heiligen. Von Th. Alethophilos. gr. 8. (3 B.) Glogau 830, [Flemming.]

Kurzgefaszter Versuch einer Geschichte der Kreuzzüge, deren Einflusz in die Wissenschaften und Handlung überhaupt, besonders aber auf die Ausbreitung der christlichen Religion in Europa. Nach Veranlassung der letztern Unruhen in Pohlen von Mxxx Pxxx, einem damaligen Dissidenten. Altona. 1783.

— kurzgefaßter, e. Geschichte der Kreuzzüge, deren Einfluß auf die Wissenschaften. 8. Altona 783. Hellmann. 5 gr.

Versuch über die Lage des Menschen . . . Halle 1795. V: *Neuendorf, Carl Gottlieb.* (Ky) (ML)

— über d. Lage d. Menschen, (von K. G. Neuendorf). 8. Halle 795. Waisenh.-B. 8 gr.

Versuch einer Landesgeschichte, Mangersreuth betreffend. Culmbach 1782—91. V: *Jahn, Johann Chn.* (Pr) »Versuch zur« (Ky)

— einer Landes- u. Regentengeschichte d. beiden fränkischen Fürstenthümer Bayreuth u. Ansbach, von den ältesten bekannten Bewohnern derselben bis auf d. neuesten Zeiten, (von Fr. Ele. Er. Barth). 8. Hof 795. Grau. 20 gr.

Versuch einer Landes- u. Regentengeschichte der beyden fränkischen Fürstenthümer Bareuth u. Anspach, von den ältesten bekannten Bewohnern dieser Lande bis auf gegenwärtige Zeiten. Hof, bey Gfr. Adolph Grau, 1795. 8°. Pp5.
VIII [illegible]

Versuch über die Landprediger. Han. 1787. V: *Holscher, Johann Conrad Achatz.* (NN)

— über den Landprediger, (von J. C. A. Holscher). 1s Stück. 8. Hannov. 787. Ritscher. (Hahn). 6 gr.

— üb. d. Landprediger, f. e. Leser d. Fragmente J. H. Campen's 1s Stck. 8. Hannov. Ritscher. (Hahn.) 787.

Anonym: „Versuch die Landwirthschaft betreffend". Von einem Landwirthe, aus dem Englischen. Leipzig 1776 (Weidmann).

— vom langen Leben, als e. Belohnung d. Tugend. 8. Jena 783. Cuno. 6 gr.

— e. kurzen Lebensbeschreibung Alexanders I., Kaiser v. Rußland, König v. Polen etc. gr. 8. Dresd. u. Leipz. 826. Arnold. 4 gr.

Versuch einer Lebensbeschreibung des Feldmarschalls Grafen von Seckendorff . . . [Leipzig] 1792—94. V: *Seckendorf, Theresius Joseph Carl Sigismund Ludwig Baron von.* (BrMm) (Pr) (MGT)

— e. Lebensbeschreibung d. Feldmarschall Grafen v. Seckendorf, meist aus ungedruckten Nachrichten bearb. (v. Theres. v. Seckendorf). 4 Thle. 8. Leipz. 792—94. Barth. 3 Rthl. 8 gr.

— e. Lebensbeschreibung des Feldmarsch. Gr. v. Seckendorf, s. Ap. Th. Seckendorf.

Versuch einer Lebensbeschreibung der beyden hingerichteten Grafen Struensee und Brandt aus zuverlässigen Nachrichten ausgezogen. Mit Ihren Abbildungen. o. O. 1773. 8°

Versuch kurzer Lebensbeschreibungen berühmter Würtemberger. Stuttgard 1791. V: *Kielmann, Christian Friedrich.* (Heyd) (MGT) (Ky)

— kurzer Lebensbeschreibungen berühmter Wirtemberger. 3. Stuttgart, Erhard. (auch Löflund.) 791.

Versuch einer Lebensgeschichte des sehr berühmt gewesenen Hofraths Joh. Gottfr. Gross . . . O. O. 1788. V: *Will, Georg Andreas.* (ML)

Versuch einer Lebensgeschichte des ersten Herzogs v. Oesterr. (Heinrich II. Jasomirgott) . . . Wien 1819. V: *Groppenberger von Bergenstamm, Alois.* (Feil) (Karajan)

— e. Lebensgeschichte d. ersten Herzogs in Oesterreich, Heinrichs II. Jasomirgott, mit d. angehängten Nachrr. von d. Burg Medling in Oesterreich. Mit 4 Kpft. gr. 8. Wien 819. Bauer. 12 gr.

— e. Lebensgeschichte Johann Friedrich d. Großmüthigen. gr. 8 Weißenf. 799. Severin. 8 gr.

Versuch einer Lebensskizze von Johan Nikolas Böhl von Faber. Nach seinen eigenen Briefen . . . Leipzig 1858. V: *Campe, Elisabeth geb. Hoffmann.* (BrVV) (ADB) »*Campe, Julie*« (Klüpfel)

Versuch über die beste Lehrart Taubstumme zu unterrichten. Zürich 1786. V: *Keller, Heinrich & Joh. Conr. Ulrich.* (Cat. d. Stadtbibl. Zürich. Zürich 1864—97.) (Mell)

— über d. beste Lehrart, Taubstumme zu unterrichten. 8. Zürich 786. Orell. 6 gr.

Versuch über die beßte Lehrart Taubstumme zu unterrichten, Zürich, bei Orell, Geßner, Füßli und Comp. 1786. Neudruck besorgt und mit einem Vorwort versehen von C. Renz. gr. 8. (VI, 53 S.) Friedberg 888, Bindernagel. *

— e. faßlichen Lehrart Kindern die Decimalrechnung beyzubringen. gr. 8. Mühlhausen. (Ziegler in Zürich.) (Hinrichs in Lpz. in Commiss.) 800.

Versuch eines kurzgefassten Lehrbuchs der nöthigsten Kenntnisse und der Religion ... Quedlinburg 1787. V: *Cramer, Hnr. Matthias Aug.* (Ky)

— e. kurzgefaßten Lehrbuchs d. nöthigsten Kenntnisse u. d. Religion für Schulen, (von H. M. A. Cramer). 8. Quedlinb. 787. Reußner. 9 gr 2e A. 8. Ebd. 790. Ernst. 9 gr

Versuch eines systematischen Lehrbuchs des natürlichen Staatsrechts. Altona 1790. V: *Eggers, Georg Wilhelm von.* (Ky) (MGT) (Bruun, Bibl. Danica I, 1045.) (Kordes, Schlesw.-holst. u. eutin. Schriftst. Schleswig 1797.)

— e. systemat. Lehrbuchs d. natürl. Staatsrechts, (von G. W. v. Eggers). gr. 8. Altona 790. Hammerich. 16 gr

—— einer allgem. faßl., wahrhaft populär-medicin. Lehre v. d. Wirkungen u. d. vernünft. Gebrauche d. kalten Wassers in Gesundheit u. Krankheit. Von e. ärztl. Beförderer d. rationellen Wasserheilkunde. gr. 8. (6 B.) Leipzig 840, Otto Wigand.

Versuch über die Lehre der Seelenwanderung und des Fegfeuers der Braminen in Indostan; a. d. Franz. Leipzig 1772. V: *Sinner Herr zu Sallaigue, Joh. Rudolph.* Ü: *Bremer, Johann Gfr.* (Ky)

— über d. Lehre d. Seelenwanderung, des Fegefeuers d. Braminen v. Indostan. 8. Leipz. 773. Hilscher. 7 gr

Versuch e. Lehre d. latein. Sprache rc. 3 Thle. gr. 8. Münch. 818. Fleischmann. 1 Rthlr 12 gr

— der Lehre v. d. Vorrechte d. vollen Geburt, siehe H. G. Krohn.

— d. Kinder, die schon deutsch lesen können, in sehr kurzer Zeit u. auf eine sehr leichte Art französ. lesen zu lehren. 8. Basel 802. Schweighäuser. 5 gr

— die Kinder, die schon deutsch lesen können, in sehr kurzer Zeit u. auf eine sehr leichte Art französ. lesen zu lehren. gr. 8. Frankf. a. M. 802. Behrens. 3 gr

— e. nach Grundf. d. Erregungstheorie abgef. medicin. prakt. Leitfadens f. Heil. e. sthen. besond. asthen. Krankheitsformen rc. f. C. A. Pudor.

—— eines Leitfadens zur zweckmäß. Ausbildung der Tirailleurs u. ihrer Führer. 8. (5 B., 1 Stnt. u. 1 Vign.) Berlin 830, Herbig.

— eines Leitfadens zur zweckmäßigen Ausbildung der Tirailleurs u. ihrer Führer. Mit Kpf. Berlin 1830. 76 S.

Versuch eines Leitfadens zur taktischen Belehrung für Subaltern-Offiziere der Infanterie und Cavallerie. Adorf 1838. V: *Pönitz, Carl Eduard.* (KA)

— eines Leitfadens zur taktischen Belehrung für Subaltern-Offiziere der Infanterie u. Cavalerie, bearbeitet von Pz. gr. 8. Adorf 838. Verlags-Bureau. n. $2^1/_2$ Rthlr

— e. Leitfadens zur planmäßigen Bildung künft. Volksschullehrer. 8. Straubing. 825. Schorner. 2 gr

Versuch eines Leitfadens zum stufenweise fortschreitenden Unterricht der Kinder in der Religion. Linz 1806. V: *Freindaller, Franz Joseph.* (Schmal) (Th)

— e. Leitfadens zu einem stufenweise fortschreitenden Unterricht d. Kinder in d. Religion, als Anhang zur theolog.-prakt. Linzer Monatsschrift. 8. Linz 806. (Haslinger). 10 gr

Versuch eines formularisch und tabellarisch vorgebildeten Leitfadens, in Bezug auf die Quelle des harmonischen Tönungsausflusses . . . Dresden 1791. V: *Wiese, Christian Ludwig Freih. von.* (ML) »1795« (Ky)

— e. formularen u. tabellar. Leitfadens, in Bezug auf d. Quelle d. harmon. Tönungsausflusses, d. Stimmungsübertragung rc. d. fixen Temperaturstimmung auf d. Orgel rc., (von Chr. L. v. Wiese). gr. 8. Dresd. 795. Walther. 1 Rthlr 8 gr

— e. formular. u. tabellar. Leitfadens, in Bezug a. d. Nationalstimmung und d. Temperaturstimmung a. d. Orgel rc. f. a. C. L. v. Wiese.

— e. deutschen Lesebuchs mit latein. Lettern, zunächst für Kinder von 8—10 Jahren. 8. Gotha 805. Ettinger. 8 gr

Versuch eines elementarischen Lesebuchs der Französischen Sprache . . . Nürnb. 1815. V: *Cunradi, Joh. Glieb.* (MGT)

— e. poet. Lexikons. 8. Erfurt 760. Jungnickel. 8 gr

Versuch über eine patriotische Liebe. V: *Sagar, Johann.* (WBL 28/68) (BiblPort)

— in geistl. Liedern, bestimmt zu e. tägl. Handbuche für nachdenkende u. heilbegier. Christen. 2 Thle. gr. 8. Düsseld. 797. Dänzer. (Leipz., Barth). 1 Rthlr 12 gr

Versuch in Scherzhaften Liedern. Berlin [1744]. V: *Gleim, Joh. Wilh. Ludw.* (GGr) (Bibl. litt. Verein. Stuttg. 218, 455.) (Mn) (MGT) (Ky) (Grisebach, Weltlitteraturkat. Berlin 1898—1900. I, 205.) »1753« (Körte, Gleim. Halberstadt 1811.)

— in scherzhaften Liedern, (von Fr. W. Gleim). 3 Thle. 8. Berl. 744—53. N. A. 753—58. Lange. 12 gr

Versuch einer unpartheyischen Liederprüfung, darin allerley alte und neue geistliche Lieder geprüfet ... werden ... [Leipzig 1760.] V: *Elsner, Johann Gottlieb.* (ML)

Versuch einer Litteratur deutscher Reisebeschreibungen, sowohl Originale als Übersetzungen; wie auch einzelner Reisenachrichten aus den berühmtesten deutschen Journalen. Prag 1793. 8.

— e. Literatur deutscher Reisebeschreibungen, sowohl Originale als Uebersetzungen. In alphabet. Ordnung. gr. 8. Prag 793. Herrl. (Joachim in Leipz.) 1 rß 12 gr

Versuch einer Litteratur der Schiffbaukunst. Stade 1791. V: *Müller, Christian Gottlieb Daniel.* (MGT) (CBH) (Ky)

Versuch einer praktischen Logik, oder eine Anweisung, den gesunden Verstand recht zu gebrauchen. Leipzig 1786. V: *Besecke, Johann Melchior Gottlieb.* (Ky)

— e. prakt. Logik, oder e. Anweis., den gesunden Verstand recht zu gebrauchen, (v. J. M. G. Besecke). 8. Leipz. 786. Müller. 12 gr

— e. reinen u. allgemeinen Logik nach Kant's Grundsätzen. 8. Frankf. a. M. 797. Pech. 10 gr

Versuch einer Lohnstatistik in Winterthur und Umgebung. 8⁰. Zürich 1894.

Versuch einer Lösung d. sozialen Frage d. dtsch. Apothekerstandes. Von e. dtsch. Apotheker. (O. J.)

— einer Lösung der socialen Frage d. deutschen Apothekerstandes. Von e. deutschen Apotheker. gr. 8. (38 S.) Leipzig 885. (O. Gracklauer.) n. — 50

Versuch e. Lösung des grossen Fermatschen Satzes: $a^n + b^n = c^n$. Verb. Aufl. (12 S.) gr. 8. Halle 909. Leipzig, E. Karras. -- 60
1. Aufl. (14 S.) 908. -- 60.

— über Lucian, oder Gemälde alter u. neuer Sitten. 8. Halle 794. Kümmel. 12 gr

Lyrischer, einer bayerischen Muse. O. O. 1788. 8⁰. Rar! (In München: L. eleg. m. 813.)

— eines alten Mannes, zur Erklärung der Offenbarung Johannis. Verfaßt während d. Jahre 1832 u. 1833. Aus d. Schwed. gr. 8. Hamburg 835. (Nestler u. Melle.) 5/12 rß

— e. Mappe-monde Littéraire. s. C. W. Roth.

— mathemat., e. Abhandl. von Kegelschnitten. 8. Götting. 759. Bossiegel. 5 gr

Versuch eines allgemeinen Maurer- und Logenrechtes. [Berlin 1801.] V: ***Fessler, Ignaz Aurel.*** (wolfstieg II, 5)

Versuch, Medicinisch-chemischer, m. d. Geilnauer Mineralwasser, s. a. Amburger, J. A.

— medicin.-chem., mit dem Geilnauer Mineralwasser, (v. J. A. Amburger). 8. Offenb. 795. 2e A. 809. Brede. 8 gr mit latein. Lettern 9 gr

Vgl. Versuche u. Beobachtungen...

Versuch von dem Menschen in vier Sittenbriefen; a. d. Engl. Frankf. a. M. 1741. Ü: *Lersner, Friedrich Maximilian von.* (ML)

— über den Menschen nach seinen geistigen Vermögen, als Einleitung in d. Studium d. empirischen Psychologie u. Logik. 8. Hildesh. 821. Gerstenberg. 20 gr

— e. Menschenlehre, sich selbst u. andere Menschen kennen zu lernen, dargestellt in einer Reihe histor.-moral.-satyr. Gespräche zur Belehrung u. Unterhaltung, von J. D. A. u. D. 3 Thle. gr. 8. Regensb. 802. Daisenberger. 1 rß 16 gr

— e. Menschenlehre sich selbst u. and. Menschen kennen zu lernen, dargestellt in e. Reihe histor. moral. satyr. Gespr. z. Belehr. u. Unt:rhalt. v. J. T. A. u. D. 3 Thle. gr. 8. Regensburg, Daisenberger. (auch Liebeskind in Lpz. 802.) 1 16

Versuch, Menschlicher, über den Sohn Gottes und der Menschen. Brem. 1776. V: *Kleuker, Johann Frdr.* (winer) »1796« (LS)

— menschl., über den Sohn Gottes u. d. Menschen. 8. Bremen 776. Cramer. 16 gr

Versuch vom Mergel, und dessen Wirkungen ... [Bern] 1763. V: *Seip, F. G. P.* (Gatterer, Repert. d. mineral. Litt. Giessen 1798—99. II, 48.)

Versuch über die zweckmässigste Methode, liturgische Verbesserungen einzuführen ... Altona 1795. V: *Boysen, Diederich.* (Ky) (MGT) (Bruun, Bibl. Danica I, 165.) (Kordes, Schlesw.-holst. u. eutin. Schriftst. Schleswig 1797.)

— über d. zweckmäß. Methode liturg. Verbesserungen einzuführen, mit vorzügl. Rücksicht auf Schleswig u. Holstein, (von D. Boysen). gr. 8. Altona 796. Hammerich. 12 gr

Versuch einer vollständigen Militairbibliothek ... Dresden 1783—99. V: *Walther, Conrad Salomon.* (Ky) (MS) (Pr) (MGT) (Petz) (Kläbe, Neuest. Gel. Dresden. Leipz. 1796.)

— e. vollständ. Militärbibliothek; oder classificirtes Verzeichniß aller bekannten Militärbücher in allen Sprachen, nebst doppeltem Register, (von K. S. Walther). 2 Thle. gr. 8. Dresd. 784 —99. Walther. 1 rß 6 gr

Versuch einer neuen Mineralogie aus d. Schwed. übersetzt. Kopenh. 1760. V: *Cronstedt, Axel Frdr.* Ü: *Wiedemann, G.* (Bruun, Bibl. Danica II, 199.)

— e. neuen Mineralogie; aus d. Schwed. 8. Kopenh. 760. Rothe. 6 ℊ

Versuch über den Missbrauch des moralischen Guten . . . Berlin u. Leipzig 1784—85. V: *Dalléra, Joh. Ant. Franz.* (Ky) (MGT)

— über den Mißbrauch d. moral. Guten, ein Betrag zur Geschichte d. Menschheit, (von J. A. F. Dalléra). 3 Thle. 8. Berl. u. Leipz. 784, 85. Beygang. 1 ℛ 16 ℊ

Der missglückte **Versuch** oder: Aus Gnaden selig. Autor. Übers. von L. Harnisch. Kassel: J. G. Oncken Nachf. [1904]. (83 S.) 8° [F.]
— Jugendheim. 33. 105. 1130 4

Versuch einer Mittheilung an solche, die sich zur Aufnahme in den Bund der Freymaurer melden. o. O. u. J. 2 Bl. 4° [Kopftit.] 155.

Versuch einer Mittheilung an solche, die sich zur Aufnahme in den Bund der Freymaurer melden. [Hirschberg 1828.] 4 Bl. 8° [Kopftit.] 358a.

Versuch einer Mittheilung an solche, die sich zur Aufnahme in den Bund der Freymaurer melden. [Landeshut 1874?] 4 Bl. 8° 74.

Versuch bestmöglicher Mittel die Rechtsstreite zu vermindern. Wien 1785. V: *Sagar, Johann.* (Ky 5/6) (wrztg 1785, Nr. 15, S. 399) (WBL 28/68) (biblPort)

Versuch über die Mittel, die ehemaligen wohlfeilen Zeiten gegen unsere dermalige Wuchertheuerung einzutauschen, von M. S. v. R. 8°. Frankfurt a. M., Andreä, 1797.

Versuch über die Mittel wider den Kindermord . . . Berlin 1782. V: *Raumer, Carl Georg von.* (MGT) (BGE) (BGG) (ADB) (Hitzig) (Ky) (Call) (StAt)

— über d. Mittel wider den Kindermord, (von K. G. v. Raumer). 8. Berl. 782. Lange. 4 ℊ

Versuch üb. d. Mittel wider d. Kindermord. Von e. Kriminalrichter. Berlin 1782.

—— einer Moral zur Bildung junger Frauenzimmer. Mit Titel-Vignette. Breslau 1792. 8°. (1 Mk. 50 Pfg. G. Priewe, Heringsdorf, 1895.)

Versuch einer Moral für gebildete Jünglinge aus den höhern Volksklassen . . . Breslau 1788. V: *Peuker, Johann Georg.* (MGT) (Ky)

Versuch e. Moral für gebildete Jünglinge, (von J. G. Peuker). 8. Bresl. 788. Löwe. 6 ℊ

— moral., über den Beruf überhaupt, nebst e. Aufmunterung zur Wahl des geistl. Standes, von P. C. S. 8. Prag 794. Widtmann. 6 ℊ

Versuch einer Münzgeschichte Augsburgs in dem Mittelalter . . . Stuttgart u. Tübing. 1835. H: *Beyschlag, Frdr.* (BrMm)

Versuch einer Chur-Sächsischen Münzgeschichte. Chemnitz 1779—80. V: *Klotzsch, Joh. Frdr.* (Kat. d. stat. Bureaus. Dresden 1890.)

— e. chursächs. Münzgeschichte. 2 Thle. 8. Chemnitz Stößel. (Mauke.) 780. 1 18

— in Mustern zu Neujahrsbriefen. 8. Leipz. 769. (Brockhaus). 4 ℊ

— in Mustern zu Neujahrsbriefen. 8. Lpz. Gledisch. 769. — 4

— e. griechisch-römischen Mythologie für Dilettanten. 8. Köln 805. Rommerskirchen. (Andrä in Leipz.) 16 ℊ

Versuch über die N. N. oder über die Unbekannten. A. d. Franz. Berlin 1780. V: *Gotter, Frdr. Wilhelm.* (Tt) (SJL)

— über d. N. N. oder d. Unbekannten; aus d. Französ. mit Kpf. 8. Berl. 789. Stahlbaum. (Schöne). 12 ℊ

Versuch einer Nachricht von den gelahrten Herzogen und Herzoginnen von Braunschweig-Lüneburg. Braunschw. 1790. V: *Wolffram von Wolfframitz, Carl Joh. Glieb von.* (Ky)

— e. Nachricht von d. gelehrten Herzogen u. Herzoginnen von Braunschweig-Lüneburg, (von K. J. G. v. Wolffram). 8. Braunschw. 790. Schröder. 4 ℊ

Versuch einer historischen Nachricht von der künstlichen Gold- und Silber-Arbeit in den ältesten Zeiten. Berlin 1757. 4°.

— e. histor. Nachricht von d. Gold- u. Silberarbeit d. ält. Zeiten. 4. Berl. 757. Lange. 4 ℊ

Versuch einer historischen Nachricht von der Herrschaft und Grenz-Vestung Rotenberg. Münch. 1778. V: *Einzinger von Einzing, Joh. Mart. Maximilian.* (Holz) (weber)

Versuch e. histor. Nachricht von der *Herrschaft u. Grenzfestung Rotenberg.* München, J. N. Fritz, 1778. 12°. 32 S. Cart

— e. histor. Nachricht von d. Herrschaft u. Grenzfestung Rothenberg. 8. Münch. 778. Lentner. 2 ℊ

Versuch einer zuverlässigen Nachricht von dem kirchlichen und politischen Zustande der Stadt Hamburg. O. O. 1731—39. V: *Steltzner, Mich. Glieb.* (Mitth. Grolig.)

— e. deutschen Namenverzeichnisses d. Linné'schen Gattungen, zu e. Uebersetzung d. generum plantarum Linnaei. 8. Erfurt 771. Müller. 9 gr

Versuch über die Natur und das Dasein der materiellen Welt; a. d. Engl. Riga 1783. V: *Russel.* Ü: *Schreiter, Carl Gottfried.* (Ky)

— über d. Natur u. d. Daseyn d. materiellen Welt; aus d. Engl. (von K. G. Schreiter). 8. Riga 783. Hartknoch in Leipz. 16 gr

— über d. Natur d. Dinge, als e. Beitrag zu e. wissenschaftlichen Grundlehre. gr. 8. Görlitz 804. Anton in Halle. 1 rß 4 gr Holländ. Pap. 1 rß 16 gr

Versuch über die menschliche Natur in Hrn Yoricks . . . Reisen durch Frankreich und Italien. A. d. Engl. Braunschweig 1769—74. Ü: *Mittelstedt, Matthäus Theodor Christoph.* (ML)

— über d. organische Natur, s. Versuch über d. Erzeugung.

Versuch über die Natur der spekulativen Vernunft zur Prüfung des Kantischen Systems. Frankfurt 1787. V: *Abel, Jacob Friedrich.* (Ky) (MGT)

— über d. Natur d. spekulativen Vernunft, nebst e. Prüfung d. Kant'schen Philosophie. 8. Frankf. 787. Erhard. 10 gr

— über d. Naturgeschichte d. Maulwurfe. 8. Frankf. 778. Fleischer. 6 gr

— e. Naturgeschichte d. Mineralien. 2 Bde. rc. s. Geschichte, theoret. prakt. d. Erfindungen rc. 1r 2r.

— e. Naturlehre in Briefen, zum Gebrauch junger Personen; aus d. Französ. 8. Amsterd. 772. Schreuder. 20 gr

Versuch, Neuer, einer Anleitung zum sichersten Verstand und Gebrauch der Offenbarung Johannis . . . [Stuttgart] 1788. V: *Pfeiffer, Joh. Georg.* (MGT) (Ky)

Versuch, Neuer, einer allgemeinen Charakteristik des menschlichen Geschlechts . . . Offenbach a. M. 1796. V: *Ulmenstein, Friedrich Wilhelm Freih. von.* (Ky) (MGT)

— e. allgem. Charakteristik d. menschl. Geschlechts, sowohl im rohen als im halbgebild. Stande, (von Fr. W. v. Ulmenstein). 1r Bd., mit Kpf. u. Vign. 4. Offenb. 796. (Körner in Frankf. a. M.) 1 rß 8 gr

— neuer, e. einfachen, genauern und bestimmten Erklärung der Schriftstellen u. Traditionszeugnisse aus d. ersten 4 Jahrhunderten, welche von d. Ehescheidung handeln, nebst Bemerkk. üb. einige alte Divortialgesetze, (v. J. Zenger). 8. Straub. 819.

Versuch, Neuer, einer einfachen, genauern und bestimmten Erklärung der Schriftstellen . . . welche von der Ehescheidung handeln . . . Straubing 1819. V: *Zenger, Joseph.* (Ky)

— neuer, aus d. Geschichte großer Begebenheiten aus kleinen Ursachen. 8. Berl. 761. Rüdiger. 1 rß

— e. neuer, üb. d. Lehre v. Temperament, s. J. D. Mauchart, Phänomene.

— neuer, üb. die Lehre vom Temperament u. der menschl. Neigungen. 8. Stuttgart, Löflund. 795. Rthlr. — 20

Versuch, neuer, eines Literatur-Verzeichnisses zur schweiz. Reformationsgeschichte, enth. d. zeitgenössische Literatur (1521—1532). In-8°. Zürich, Meyer & Zeller. 1893.

Versuch, Neuer, über die Schauspielkunst, a. d. Franz. . . . Leipzig 1776. V: *Mercier, Louis Sébastien.* Ü: *Wagner, Hnr. Leopold.* (ML) (BrMm) (GGr) (JStBbH)

— neuer, üb. d. Schauspielkunst, v. Mercier, a. d. Frz. mit e. Anhange aus Göthens Brieftasche. 8. Lpz. Schwickert. 776.

Versuch, Neuer, einer Zeitrechnung vom Ausgange der Kinder Israel bis auf den Salomo. [Erlangen 1768.] V: *Mörl, Johann Siegmund.* (Will) (ML)

Versuch, Neuerer, einer pragmatischen Erklärung des Westphälischen Friedens. Regensburg [Salzburg] 1779. V: *Drümel, Johann Heinrich.* (wr)

— e. pragmatischen Erklärung des westphälischen Friedens. 4. Salzb. 779. Mayr. 8 gr

Versuch einer französisch-lateinisch-italienisch-deutschen Nomenclatur der neuern Chemie . . . Leipzig 1792. V: *Weigel, Carl Christian Lebrecht.* (Ky)

— e. französ.-latein.-italien.-deutschen Nomenclatur d. neuern Chemie, nach Bacher frei bearb. u. vermehrt (von Karl Chr. L. Weigel). 8. Leipz. 792. Müller. (Joachim). 10 gr

Versuch einer französisch lateinisch italienisch teutschen Nomenklatur der neuern Chemie. Nach Bacher frei bearbeitet und vermehrt vom teutschem Herausgeber. Leipzig, 1792. pp. [iv]-114, 18mo.

— e. neuen Nomenclatur d. Muskeln d. menschl. Körpers, (von Chr. Hnr. Th. Schreger). 4. Leipz, 794. Weygand. 4 gr

Versuch, nützl., u. Bemerk. aus d. Reiche d. Natur. 8. Nürnb. 761. Bauer. 10 gr

Versuch, Eines Ober-Rheinländers, einer rechtlichen Untersuchung der wichtigsten Streitigkeiten, welche der Tod des Churfürsten Maximilian Joseph's Herzog von Baiern in Teutschland hervorgebracht hat. Rense 1784. V: *Ungewitter, Reinhard Christoph.* (ML) »1778« (Wr)

Versuch in geistlichen Oden und Liedern. Altenburg 1774. V: *Bachoff von Echt, Ludwig Heinrich Freih. von.* (GGr) (Roterm) (ML)

— in geistl. Oden u. Liedern. gr. 8. Altenb. 774. Richter. 4 gr

—— die Biegung der teutschen Haupt- u. Beiwörter zu ordnen. gr. 8. (1½ B.) Amberg 828, (Klöber.)

— d. Biegung d. deutschen Haupt- u. Beiwörter zu ordnen. gr. 8. Amberg 828. (Pustet). 1½ gr

Versuch über die gesellige Ordnung (von Isaak Iselin). 8⁰. Zürich 1772. Neue Aufl. in 2 Theilen u. d. Titel: Träume eines Menschenfreundes. 2 Theile. 8⁰. Basel, Schweighäuser, 1776.

— e. ganz neuen Orthographie, mit abgeänd. Alphabete rc. Zur Erleichterung für d. Jugend. Mit Kpf. 8. Prag 786. Gerle. 2 gr

— über d. Insel Otaheiti in d. Südsee, u. über den Geist u. d. Sitten d. Einwohner. 8. Frankf. 783. Fleischer. 8 gr

Programm und Jahresbericht über das k. k. katholische Staatsgymnasium in Teschen am Schluße des Schuljahres $18^{53}/_{54}$ rc. 8. (80 S.) Wien. Mechitharisten-Buchdruckerei. 1854.
Inhalt: Versuch einer Parallele zwischen griechischem und römischen Volkscharakter. — Memoriale Comitis Benedicti Oxenstierna, legati Sueciae in Austria, directum ad S. C. R. Apost. Majestatem Ferdinandum III anno 1674. — Schulnachrichten.

— e. Paraphrasis des Briefs Pauli an d. Römer, (von Rochus Fr. Graf. zu Lynar). 8. Frankf. a. M. 754. Bremen 761. Rump. 3 gr

— e. Parification d. Erzherzögl. österreich. Gesandten m. d. Gesandten d. Churfürsten d. H. röm. Reichs. 4. Wien, Kurzböck. (Camesina.) 781. — 5

Versuch e. Pfälzers, (Andr. Rediger's), zu e. nähern Prüfung des Heumannischen Erweis, daß d. Lehre d. Reformirten vom heil. Abendmahl d. rechte u. wahre sey, sammt denen dadurch veranlaßten Gegenschriften. 8. Frankf. 765.

Versuch, Eines Pfälzers, zu einer näheren Prüfung des Hrn D. Heumanns Erweis dass die Lehre der Reformirten vom heil. Abendmahl die rechte und wahre sey . . . Frankf. 1765. V: *Rödiger (Rediger), Andreas.* (Ky) (ML)

Versuch. Philosophischer V. uber die Geschichte der drey ersten Weltalter. St. Gallen 1784 Müller von Friedberg, Carl.

— philosoph., über die Geschichte der drei ersten Weltalter (v. K. Müller von Friedberg.) gr. 8. St. Gallen 784. (Huber u. Co.) 8 gr

— philosoph., über d. Geschichte d. 3 ersten Weltalter. gr. 8 St. Gallen, Reutiner. 785.

Versuch, Ein philosophischer historischer und moralischer, über die alten Jungfern . . . a. d. Engl. Leipzig 1786. V: *Hayley, Will.* Ü: *Weisse, Christian Felix.* (MGT) (Ky) (BGE) (ErGr) (BrMm) (ErschDL)

— e. philosoph.-histor. u. moral., über d. alten Jungfern; von e. Freunde d. Schwesterschaft. Aus d. Engl. (von Chr. F. Weiße). 3 Bde. 8. Leipz. 786. Weidmann. 1 Thlr 8 gr

— einer allgemeinen Physiologie d. Menschen v. A. Z. Basel 870. Krüsi. gr. 8. (V, 98 S.) n. 8 ngr

Versuch über den Plan, den der Stifter der christlichen Religion zum Besten der Menschen entwarf . . . 3. Aufl. Wittenberg u. Zerbst 1789. V: *Reinhard, Adolph Frdr.* (Syst. Verz. d. Less.-Litt. Wolfenb. 1889.) »1781« *Reinhard, Franz Volkmar.* (MGT) (Adel) (Kläbe, Neuest. Gel. Dresden. Leipzig 1796.)

— eines Plans der neuen Districtseintheilung Schleswig-Holsteins, als Grundlage der in Gemäßheit des Staatsgrundgesetzes zu erlassenden organischen Gesetze (von Klenze). Mit 1 (lith. u. color.) Charte (in gr. Fol.) gr. 8. (VI u. 339 S.) Schleswig 849, Bruhn. n. 1 Thlr

Versuch eines Plans der neuen Districtseintheilung Schleswig-Holsteins . . . Schleswig 1849. V: *Klenze.* (SchlesHolst) (Wa) (Ky) *Hermann, Carl Frdr.* (Schles)

Versuch eines Plans zur Errichtung eines Arbeitshauses in Aachen. *Düsseldorf.* 1781

Versuch eines Planes zu einer umfänglichen Versorgung der Armen im Grossh. Baden. Heidelb. 1829. V: *Wilckens, H. J.* (BaBb)

—— eines Planes zu e. umfänglichen Versorgung der Armen im Großh. Baden. Ein Dorfprotocoll. Veranlaßt durch die Feier d. Säkularfestes zum Andenken an Carl Friederich v. Baden, d. 23. Nov. 1828. gr. 8. (2 B.) Heidelberg 829, A. Oßwald.

Versuch über den Platonismus der Kirchenväter . . . Züllichau 1782. V: *Souverain, Matthieu.* (EB) Ü: *Löffler, Josias Friedrich Christian.* (Adel) (MGT)

— über d. Platonismus d. Kirchenväter, oder Untersuchung über d. Einfluß d. Platonischen Philosophie auf d. Dreieinigkeitslehre ꝛc.; aus d. Französ., mit Anmerkk. von J. F. C. Löffler. gr. 8. Züllichau 782. 2e A. 792. Frommann in Jena. 1 ℛ 8 ɡ

— über den Platonismus der Kirchenväter, oder Untersuchung über den Einfluſs der Platonischen Philosophie auf die Dreyeinigkeitslehre. Aus dem Franz. mit Anm. von J. F. C. Löffler. Ausg. 2. verm. Züllich. 792. 8. 1 rthl. 8 gr.

— e. poetischer, e. Freundes d. vaterländ. Muse, (von N. A. Heiden). 8. Nürnb. 791. Schneider u. W. 5 ɡ

— e. poetischer, e. Freundes d. vaterländ. Muse. 8. Nürnberg, Weigel. 791.

— e. poetischer, v. e. Freund d. Musen. s. Wilke, Gedichte.

Versuch, Poetischer, vom Gefühle. London [Göttingen] 1758. V: *Hensler, Philipp Gabriel.* (MGT) (WR) (Kordes, Schlesw.-holst. u. eutin. Schriftst. Schleswig 1797.)

Versuch, Poetischer, In einem Helden-Gedicht Und etlichen Schäffer-Gedichten . . . Hamburg 1704. V: *Warnecke (Wernike), Chn.* (MB) (BZ) (Collin, Anonymer. Kiobenh. 1869.) (Verz. d. v. Meusebachschen Bibl. Berl. 1855. S. 108.)

Versuch, Politischer, über die Berathschlagung . . . Basel 1761. V: *Iselin, Isaac.* (Cat. d. Stadtbibl. Zürich. Zürich 1864—97.)

— politischer, üb. d. Handel Portugals u. s. Colonien, v. J. de Cunha de Azeredo Coutinho, a. d. Portugies. m. Anmerk. v. K. Murhard. 8. Hamb. Hoffmann. 801. — 16

— polit., aus der Handlung, aus d. Frz. 8. Jena, Gollner. 740.

— über d. Polizeisatzungen auf d. Lebensmittel in d. Städten, insonderheit über d. Fleischtaxe. 8. Wien 779. Kurzböck. 3 ɡ

Versuch eines Pressprozesses von General [Louis-Marie] Turreau gegen Schweizer s. (St[rickler], J[ohannes]).

Versuch eines Preßprozesses von General [Louis Marie] Turreau gegen Schweizer. [Bern] 1907. V: *Strickler, Johannes.* (BBullschw 8, 1908)

Versuch über die Principien der bürgerlichen Gesetzgebung . . . Berlin 1841. V: *Graun, Carl Anton Ferdinand.* (Schz)

Versuch üb. d. Principien d. bürgerl. Gesetzgebung; in besond. Bezieh. auf d. bürgerl. Recht d. preuß. Staats. gr. 8. (30½ B.) Berlin 841, Grang. (Leipzig, Brockhaus.) Thlr. *

Versuch über das Privatleben der Marie Antoinette von Oesterreich, Königin von Frankreich, nebst einer Ode an die Königin. Aus d. Französ. (von Schubart, kgl. preuss. Legations-Rath). 2 Thle. Mit Portr. Oldenburg, bei August Valentin (fing.). 1789—90. 8°.
Berüchtigte Skandalschrift. Fehlt in Weller's fing. Druckorten.

Versuch über das Privatleben der Marie Antoinette von Oesterreich . . . A. d. Franz. Oldenburg 1789—90. V: *Schubert.* (BGE) *Schubart.* (Hayn, Curios.-Bibliogr. Jena 1905.)

Versuch üb. d. Privatleben d. Marie Antoinette v. Oesterreich. 2 Thle. 8. Oldenburg, Grattenauer. 789—90. Rthlr.

— über das Privatleben d. Maria Antoinette. 2 Thle. 8. Oldenburg. 789. Jetzt Lauffer in Leipzig.

Versuch eines Prologs zur Wiedereröffnung des Gr. Hoftheaters den 9. Juli 1811. Karlsruhe 1811. V: *Sander, Nic.* (MGT) (BaBb)

— e. deutschen Provinzialwörterbuchs, (v. Ant. v. Klein). 2 Bde. 8. Manh. 792. Schwan u. G. (Körner in Frankf.) 2 ℛ 12 ɡ (Vgl. Schriften d. deutschen Gesellschaft in Manheim. 6r Bd.)

Versuch einer Prüfung des von Hrn. Jakob aufgestellten Beweises für die Unsterblichkeit der Seele. Leipzig 1793. V: *Schneider, Carl Heinrich Gottlieb.* (MGT) (ErschDL) (ErGr) (Ky) (Winer)

— e. Prüfung d. v. Jacob aufgestellt. Beweises f. d. Unsterblichk. d. Seele. 8. Lpz. Crusius. (F. C. W. Vogel.) 793.

Versuch über die Prüfung der Fähigkeiten. [Leipzig 1769.] V: *Garve, Christian.* (MI.)

Versuch zu einer genaueren Prüfung einiger Stellen aus den 12 Briefen Hrn. Sneedorfs . . . Bremen u. Hamburg 1752. V: *Petersen, Georg.* (MI.) (Ky)

— e. genauen Prüfung e. Stellen aus d. 12 Briefen P. Sneedorfs, in e. Sendschreiben an B. zu G., (von G. Petersen). gr. 8. Bremen u. Hamb. 752. (Hermann; a. Gebhardt u. K. in Frankf. a. M.) 1 ℛ

— e. Prüfung d. Gründe d. von d. Hess. O.-Appellat.-Gerichts ꝛc., s. über d. Aufrechthaltung.

— e. Prüfung des antiphlogistischen Systems in Rücksicht auf Gren's Theorie. 4. Leipz. ... (Wienbrack). 3 ɡ

— über den Quasi=Besitz. 8. Halle 806. Renger. 16 gr

— einer kleinen Raumlehre für Real=, Repetir= u. Sekundarschüler, bearb. von einem Volksschullehrer. 12. Zürich 842. (Schulthess.) 1/12 Thlr

— über das Recht der Anträge, nach der bayerischen Verfassungs=Urkunde. Von einem Reichsrathe. gr. 8. Erlangen 836. Heyder. 1/6 Thlr

— des Rechts u. d. Moral; aus d. Französ. 8. Frankf. 750. Gebhardt u. K. 12 gr

Versuch über die Rechtschreibung einiger Teutschen Wörter. Altdorf 1761. V: *Will*, *Georg Andreas.* (ML)

— über d. peinl. Rechts= u. Gerichtsverfassung in Holstein, (von Emil Aug. Fr. v. Eggers). 2 Bde. (2r Bd. A. u. d. T.: Lehrbuch d. peinl. Rechts in Holstein. 1 Thlr 8 gr) gr. 8. Altona 788, 90. Hammerich. 2 Thlr 4 gr

Versuch über die peinliche Rechts- und Gerichts-Verfassung in Holstein. Altona 1788—96. H: *Eggers*, *Emil August Frdr. von.* (schz) (MGT) (Ky) (schles) (Schletter, Handb. d. jurist. Litt. Grimma 1843. S. 266.)

— über die peinliche Rechts= u. Gerichtsverfassung in Holstein, (v. E. A. F. v. Eggers.

Ein redlicher Versuch, | oder | die Errettung eines Studenten. | (*Text*).
Kol.: Herausgegeben von dem Hamburger Tractat-Verein. No. 60.
Ohne Angabe des Druckers, o. J., 12 S., 160 × 100.
Priv.-Bes.

Versuch einer Reformationsgeschichte Würtembergs. Tübingen 1791. V: *Zahn*, *Christoph Ghelf.* (Ky)

— e. Reformationsgeschichte Würtembergs, (von Cph. G. Zahn). 8. Tübing. 791. v. Cotta. 16 gr

— über d. Regeln, nach welchen d. Entwurf zu einem Kriege im Ganzen sowohl, als d. Operationsplan e. einz. Feldzugs einzurichten ist. gr. 8. Dresd. 774. Gerlach. 8 gr

Versuch einer Regelung von Valuta, Bank und Staatsschuld in Österreich ... Wien 1861. V: *Schwabe*, *Carl v.* (WFM)

— einer Regelung von Valuta, Bank- und Staatsschuld in Oesterreich. Auf Grundlage der Verfassung vom 26 Febr. 1861. Wien 861. Gerold. gr. 8. (68 S.) n. 10 Ngr.

Versuch einer Reihe Hochfürstlich-Hochstiftfreysingischer Suffragan-Bischöfen und General-Vikarien. Freysing 1799. V: *Buginet*, *Fr. v.* (weber)

— einer Reitinstruktion für die Eidgenössische Artillerie. Zunächst für den Reitunterricht in der Eidgenöss. Militärschule bearbeitet. Mit 4 Steindrucktaf. 12. Zürich 836. (Orell, Füßli u. Comp.) n. 5/12 Thlr

Versuch über Religion und Dogmatik, zur Beförderung einer rechtmässigen christlichen Freyheit. Halle 1783—84. V: *Brastberger*, *Gebhard Ulrich.* (winer) (Ky) (MGT)

— über Religion u. Dogmatik, zur Beförder. e. rechtmäß. christl. Freiheit, (von G. U. Brastberger). 2 Bde. gr. 8. Halle 783, 84. Gebauer. 3 Thlr 3 gr

— eines Religions=, Lese= u. Lehrbuchs für Christen=Kinder. 8. Duisb. 808. Bädeker. 4 gr

— eines Religions=Lese= u. Lehr=Buchs f. Christen=Kinder. 8. Duisburg, Bädecker. 809.

— üb. d. Religionseifer des 18ten Jahrh. e. Gespr. zwischen Janson u. Ximenez. 2 Thle. 8. Constanz, Wagner. (Doll in Augsb.) 773.

— über d. negative Religionsprincip d. Neufranken. 8. (Augsb. 769. Lotter). 16 gr

— e. Religionssystems f. aufgeklär. Christen. 8. Leipzig, Gräff. (Wucherer in Wien.) 786. — 6

Versuch eines fasslichern und vollständigern Religionsunterrichts ... Berl. 1781. V: *Conrad*, *Carl Ludwig.* (Ky) (MGT)

— e. faßl. u. deutl. Religionsunterrichts n. d. Grundsf. d. Heidelb. Katechism. 8. Berlin, Himburg. 781.

— e. faßl. u. deutl. Religionsunterrichts nach den Grundsätzen des Heidelberger Katechismus, (von K. L. Conrad). 8. Berl. 781. (Recht; a. Reimer). 3 gr

— eines faßl. und deutl. Religionsunterrichts. 8. Berlin. 781. Jetzt Liebeskind in Leipzig.

Versuch einer freyen Recension der jüngst erschienenen Zeitschrift: Ueber die obschwebenden Kirchenangelegenheiten in hauptsächlicher Beziehung auf den Canton St. Gallen. Von einem katholischen Geistlichen aus der Schweiz. SA. 8. Deutschland 1818.

— patriotischer Rhapsodien u. frommer Wünsche. 8. Zerbst 806. (Gruber in Leipz.) 12 gr

Versuch zu einer ordentlichen und beständigen Richtigkeit der Hochteutschen Sprache im Reden und Schreiben zu gelangen. Berlin 1719. V: *Jablonsky*, *Joh. Theodor.* (Ba)

Versuch über den Roman. Leipzig u. Liegnitz 1774. V: *Blankenburg, Christian Friedrich von.* (ML) (Hoff) (JL) (Ky) (BrMm) (EE)

— über den Roman, (von Chr. Fr. v. Blankenburg). 8. Liegnitz 774. Siegert. 1 rß 12 gl

Versuch in psycholog. Romanen. 8. Jena, Voigt. (Gleditsch in Lpz.) 796.

—— einer Rundschau über die Armen-Erziehungs- und Rettungs-Anstalten Europa's. Nebst drittem Bericht über die Waisen- und Rettungs-Anstalten zu Sprottau (von G. Kaul.) gr. 8. (III und 164 S.) Sprottau 853. (Breslau, Dülfer's Buchh.) *

— e. vollständ. alphabet. geordn. Samml. d. ähnlich. laut. Wörter d. deutsch. Sprache, e. bewährt. Hülfsmittel bey orthogr. Unterricht. gr. 8. Wißbaden, Schellenberg. 810.

— e. vollständig. alphabet. geordneten Samml. d. ähnlich lautenden Wörter d. deutschen Sprache, e. bewährtes Hülfsmittel beim orthograph. Unterricht. 8. Wiesbaden 812. Schellenberg. 12 gl

Versuch einer gefallenen Satire oder Etwas zum Lobe der Aesthetik. O. O. 1755. V: *Schönaich, Christoph Otto Freih. von.* (Waniek, Gottsched. Leipz. 1897. S. 598.) (Latendorf, Schönaich. Leipz. 1897. S. 73.) (Anz. f. d. Alt. 28, 372.) (Cat. d. Stadtbibl. Zürich. Zürich 1864—97.)

— e. gefallenen Satyre, oder etwas zum Lobe d. Aesthetiker. 8. Sorau 755. Hebold. 3 gl

Versuch über das Schachspiel, worin einige Regeln ... enthalten sind ... Elberfeld 1812. V: *Stamma, Phil.* (BrMm)

— über d. Schachspiel, oder einige Regeln, um es gut zu spielen, durch einen geb. Alepper aus Syrien. 8. Elberf. 815. Mannes. (Centr.-Compt. in Leipz.) 8 gl

— über d. Schädlichkeit d. kurmärk. geschlossenen Elbschiffergilde, u. über d. Nothwendigkeit, d. Schifffahrt auf d. Elbe frei zu geben, nebst Darstellung d. Mißbräuche bei d. Schiffer-Monopol, (von Chr. Glo. Gründler). 8. Berl. 792. Matzdorf. 8 gl Nachtrag hierzu. 8. Ebd. 792. 10 gl

Versuch über das Schafbenützungs-System im Königreich Böheim. Prag u. Wien 1783. 22 S.

Versuch von Schäfer-Gedichten und andern poetischen Ausarbeitungen. [Dresden] 1744. O. O. 1746. 1748. 1751. 1756. O. O. [= Dresden] 1760. O. O. 1764. V: *Rost, Johann Christoph.* (BGE VII[3], 117)

— v. Schäfergedichten, u. and. poet. Ausarbeit. 8. Dresden, Walther. 768.

VERSUCH von Schäfergedichten und anderen poetischen Ausarbeitungen. Neue vermehrte Auflage. 1768. Kl. 8°. 151 S., 1 S. Inhalt.

Versuch über die Schaafzucht in Preussen ... Leipzig 1800. V: *Friedrich Carl Ludwig Herzog von Holstein-Beck.* (MGT) (Bruun, Bibl. Danica II, 293.)

— in Scherzgedichten, s. Joh. Charlotte Ziegler.

Versuch in Scherzgedichten. Halle 1751. 2. Aufl. 1753. V: *Unzer, Johanna Charlotte geb. Ziegler.* (JL)

Versuch einer Schilderung der Feierlichkeiten, welche bei Gelegenheit des Einzugs ... des Erbprinzen Ludwigs von Hessen-Darmstadt ... in die Residenz Darmstadt ... Statt haben. Darmstadt 1804. V: *Bekker, Georg.* (HS) (Ky)

Versuch einer Schilderung der Feierlichkeiten, welche bei Gelegenheit des Einzugs ... des ... Erbprinzen Ludewigs von Hessen-Darmstadt mit HöchstDessen ... Gemahlinn Wilhelmine Markgräfin von Baden in die Residenz Darmstadt – als Nationalfest – sowohl daselbst, als auch in andern Landgräflichen Aemtern den 16ten Julius und die folgenden Tage Statt fanden ... Darmstadt 1804. Bey Johann Christoph Ferdinand Meyfarth.
86 S., 6 Taf. in Rad., davon 4 kol. 8°

Versuch einer historischen Schilderung der Hauptveränderungen, der Religion, Sitten ... der Residenzstadt Berlin ... bis zum Jahre 1786. Berlin 1792—96. V: *König, Anton Balthasar.* (MGT) (EngG) »1792—99« (Ky)

— e. histor. Schilderung d. Hauptveränderung d. Sitten, d. Religion, Gewohnheiten, Künste rc. d. Residenzstadt Berlin, seit d. ält. Zeiten bis zum J. 1786, (von Ant. B. König). 1r, 2r Thl. gr. 8. Berl. 792, 93. Oehmigke. (Sander). 2 rß 8 gl 3r Thl. (A. u. d. T.: kurzgefaßte Regierungs- u. Staatsgeschichte d. Kurfürsten Friedrichs III., nachmal. ersten Königs v. Preußen, vom J. 1688—1713. gr. 8. Berl. 794. (Reimer). 1 rß 4r Thl., 1r, 2r Bd. (A. u. d. T.: kurzgefaßte Regierungs- u. Staatsgeschichte König Friedrich Wilhelms I. von Preußen vom J. 1713 — 1740. 2 Bde.) gr. 8. Berl. 796. (Reimer). 1 rß 20 gl 5r Thl., 1r, 2r Bd. (A. u. d. T.: Regierungsgeschichte König Friedrichs II.) gr. 8. Berl. 799. (Reimer). 2 rß 4 gl

— — dessel. 3r Thl. (a. unt. d. Tit. kurzgef. Regierungs u. Staatsgesch. d. Churf. Friedrichs III. nachmal. ersten Königs von Preussen vom J. 1688 — 1713.) gr. 8. Berlin, Pauli. 794.

— — desselb. 4r Thl. 1r 2r Bd. (a. unt. d. Tit.: kurzgef. Regierungs u. Staatsgesch. Königs Friedrich Wilhelms I. v. Preußen v. J. 1713 — 40. 2 Bde.) gr. 8. Ebend. 796.

— — desselb. 5r. Thl. 1r 2r Bd. (a. unt. d. Tit: Regierungsgeschichte Königs Friedrichs II.) gr. 8. Ebend. 799.

— — einer histor. Schilderung von Berlin. 3r — 5r Th. gr. 8. Berlin. 809. Ist jetzt Verlag von Reimer.

Versuch einer Schilderung des ältesten natürlichen Zustandes Deutschlands, und vorzüglich einer Geschichte der Entstehung und des Verfalls der Schlösser in Süd-Ober-Sachsen, bis zu Ende des Mittelalters, oder bis 1512; und einer Beschreibung der Lage und Bauart der alten Schlösser. Nebst einem vorangeschickten alphabetischen Verzeichnisse aller alten Berg- und Raub-Schlösser, verfallener, oder wüster und gänzlich zerstörter Burgen, Berg- und Wasser-Vesten des Mittelalters, fürstlicher, gräflicher und adelicher Lust-, Jagd- u. andrer Schlösser und Häuser in Süd-Ober-Sachsen, in der Lausitz, im Saalkreise, in den Fürstenthümern Halberstadt und Blankenburg, auf und an dem Harze, auf und an dem Eichsfelde, im Erfurt'schen, Mühlhaus'schen und Goslar'schen Gebiete, in der Grafschaft Henneberg, in der Herrschaft Asch, und in einem Theile von Magdeburg, Wolfenbüttel, Hildesheim, Calenberg, Hessen und Fulda. Ein Beytrag zur Erläuterung der älteren Deutschen, besonders Sächsischen, Thüring'schen und Meissen'schen Geschichte. Mit einer Landkarte. Leipzig 1804. 4.

— e. Schilderung des ältern natürl. Zustandes Deutschlands, u. vorzügl. e. Geschichte d. Entstehung u. des Verfalls d. Schlösser in Süd-Ober-Sachsen bis zu Ende des Mittelalters, oder bis 1512 ꝛc.; e. Beitrag zur Erläuter. d. ältern deutschen, besond. sächs., thüring. u. meißn. Geschichte, mit e. großen Landkarte. 4. Leipz. 804. (W. Rauck). 1 rß

— einer Schilderung d. ält. natürl. Zustandes Deutschlands, und vorzügl. e. Gesch. d. Entsteh. u. d. Verfalls d. Schlösser in Süd-Ober-Sachsen bis zu Ende d. Mittelalters, od. bis 1512. ꝛc. e. Beytrag z. Erläut. d. ält. Deutsch., besond. Sächs. Thüring. u. Meißn. Gesch., mit einer großen Landkarte. 4. Leipzig, Sommer. 804.

— über Schlendrian, Aufklärung u. Geschmack auf d. Kanzel. 8. Quedlinb. 785. Ernst. 4 gr

Versuch von dem Schönen . . . a. d. Franz. . . . Königsberg 1753. V: *L'Isle André, Yves Marie de.* (BrMm)

Versuch über das Schöne. A. d. Franz. . . . von Ernst Gottlieb Baron. Altenburg 1757. V: *André, Yves Marie.* (EB)

— über d. Schöne; aus d. Französ. von Baron. 8. Altenb. 757. (Hennings in Neisse). 12 gr

— ub. d. Schöne, a. d. Frz. v. Baron. 8. Altenburg, Richter. 757.

— in d. Schönen in d. Natur, in den Werken des Witzes u. d. Tonkunst; aus d. Französ. 8. Königsb. 754.... 5 gr

— geschwind zu schreiben. 4. Dresden, Hilscher.

Versuch in polit. Schriften über d. Staatswirthschaft. Handlung u. Manufakturen, (von Jh. Nikol. Hennings). 2 Thle. 8. Rostock 762—69. Koppe. 11 gr

— noch ein, über d. schwere Schriftstelle, Galater III, 20., (von K. M. Klemm). 8. Tübing. 794. (Osiander). 3 gr

— ub. d. schwere Schriftstelle, Galater III. — 20. 8. Tübingen, Heerbrand. 794.

Versuch eines Schulbuches, für Kinder der Landleute oder zum Gebrauch in Dorfschulen. Berlin 1772. V: *Rochow, Friedrich Eberhard von.* (HHBD VI, 24)

Versuch eines Schulcatechismus der evangelischen protestantischen Kirche im Grossherzogthum Baden. Mannh. 1826. V: *Karbach, Philipp.* (HS)

— e. Schulkatechismus d. evangel.-protestant. Kirche im Großh. Baden. 8. Heidelb. 826. Winter. 4 gr

— einer Schutzschrift für die Liturgie der römisch-katholischen Kirche. gr. 8. Mainz 833. Kupferberg. 1/4 rß

— über Seerecht; zur Erhaltung des Seehandels neutraler Völker in Kriegszeiten. Nebst e. Anhang von M. E. Toze; aus d. Französ. 8. Leipz. 782. Schwickert. 8 gr

Versuch über ein allgem. europ. Seerecht . . . . s. Essai sur un Code maritime général Européen . . .

Versuch über die Sekte der Illuminaten. Nach d. Franz. von J. M. Heinr. Freyberg u. Annaberg 1790. V: *La Roche du Maine, Marquis de Luchet, Jean Pierre Louis.* Ü: *Tschoppe, Johann Michael.* (Kl 2676) (wolfstieg II, 974)

Versuch über die Sekte der Illuminaten. Nach d. Franz. Von J. M. Heinrich [J. M. Tzschoppe]. Freyberg u. Annaberg 1790. V: *La Roche du Maine, Marquis de Luchet, Jean Piere Louis.* (Grolig, Die Freimaurer-Bibliothek in Brünn. Wien 1908. S. 47.)

— über d. Selbstliebe. 8. Berl. 770. Voß. 3 gr

Versuch einer Sibylle über die Ehe . . . O. O. 1775. V: *Hamann, Joh. Gg.* (Hamann, Schriften, hsg. Roth IV.) (Mn) (R-N) (Ky)

— einer Sibylla über d. Ehe, (von J. G. Hamann). 8. (Riga) 776. (Hartknoch in Leipz.) 1 gr

— im Singen u. Dichten. 8. Magdeb. 764. Hechtel. 4 gr

—— einer Singweise für den Rosenkranz, in Tonziffern dargestellt. 12. (11 S.) Paderborn 881, Junfermann'sche Buchh.

— über d. Sitten d. Zeit; aus d. Französ. 8. Schleitz 772. Mauke. 5 gr

— e. Skizze d. frühern Cultur d. Menschen u. ihres Vereins in Gesellschaften. gr. 8. Götting. Vandenhök.

Anonym: „Versuch über das kaufmännische Speditionswesen in seinem Verhältnis gegen den Staat", Stuttgart 1804 (Metzler).

— ein. allgem. deutschen Sprachlehre. 8. Hamb. Perthes u. B. 810.

Versuch einer allgemeinen Sprachlehre, wie solche aus der Unterredung des Herrn A. mit einem jungen Herrn non Adel schriftlich aufgesetzt . . . Schwabach 1769. V: *Graf, Philipp Christoph.* (ML) V: *Georg, Johann Michael.* (MGT) (Ky)

— e. allgemein. Sprachlehre, aus Unterred. aufgesetzt. 8. Schwabach, Mitzler. 770.

— e. allgem. Sprachlehre, aus Unterredungen aufgesetzt, (von Jh. Mch. Georg). 8. Schwabach 778. Mitzler. 2 gr

— e. deutschen Sprachlehre. 8. Straßb. 803. König. 9 gr 2e verb. u. verm. Ausg. 8. Straßb. 818. Treuttel u. W. 16 gr

— e. deutschen Sprachlehre zum Lehrunterricht. gr. 8. Straub. 817. Schmidt. (Schorner). 12 gr

— e. französ. Sprachlehre für deutsche Kinder rc. gr. 8. Leipz. ... (Hinrichs). 20 gr (Schwan u. G. in Manh.) 1 ℛß 4 gr

— einer kleinen deutschen Sprachlehre für die Jugend. 12. Nürnberg, Campe. 820.

— einer kleinen deutschen Sprachlehre für d. Jugend. 12. Nürnb. 821. Campe. 4 gr

Versuch einer Staats- und Religionsgeschichte. . . . Leipzig und Gera 1796. V: *Marienburg*, *Lucas Jos.* (Pk) (Trausch)

— e. Staats- u. Religionsgeschichte v. Siebenbürgen, s. Staats- u. Religionsgeschichte.

Versuch einer Staatsgeschichte von Steyermark, s.a. Baumeister, Josef

Versuch einer Staatsgeschichte von Steyermark . . . Wien 1780. V: *Baumeister*, *Jos. Ant. Ign. Edl. v.* (EB)

Versuch einer Staatsgrammatik. Frankfurt 1749. V: *Moser*, *Friedrich Carl von.* (Ba)

Versuch über die Staatskräfte der Oesterreichischen Monarchie in Beziehung auf Europa. Germanien [Wien] 1797. V: *Demian, Johann Andreas.* (wrztg 1797, S. 1498) (Pk 1/516) (Ky 2/26) (GGr VII/166, Nr. 79/3) (EngG 724) (BiblPort)

Versuch über die historische Staatskunde . . . Wien 1774. V: *Pierrer de Hodos*, *Franz.* (Pk)

— über d. deutsche Staatsrecht während e. Zwischenreichs, s.a. Deutschland, Kaisertodesfall rc.

Versuch über das teutsche Staatsrecht während eines Zwischenreichs . . . Kempten u. Leipzig 1792. V: *Abele*, *Joh. Martin von.* (Schletter, Handb. d. jurist. Litt. Grimma 1843. S. 155.) (MGT)

—— einer Staatsumwälzung d. Kantons Schaffhausen im J. 1831, nebst e. Rückblicke auf dess. früh. polit. Zustände. gr. 8. (3 1/8 B.) Zürich 838, Orell, Füßli u. Comp.

Versuch über die Staatsverfassung von Spanien. Hamburg u. Kiel 1783. V: *Ambrosius*, *Eduard.* (Ky) (MS) (MGT) (Kordes, Schlesw.-holst. u. eutin. Schriftst. Schleswig 1797.)

— über d. Staatsverfassung von Spanien, (von E. Ambrosius). gr. 8. Hamb. 783. Bohn. 20 gr

Versuch einer kirchlichen Statistik der herzoglich Mecklenburg-Schwerin-Güstrowischen und Mecklenburg-Strelitzischen Länder. . . . Rostock u. Schwerin 1809. V: *Dahl*, *Joh. Chn Wilh.* (MGT) (Winer) (Ky)

— e. kirchlichen Statistik d. Mecklenburg. Schwerin'schen Länder. (v. J. C. W. Dahl.) 8. Rostock, Stiller. 809.

— e. kirchl. Statistik d. Mecklenburg-Schwerin'schen Länder, (von J. C. W. Dahl). 8. Rostock 809. N. A. 811. Stiller. 16 gr

Anonym: „Versuch über das Steigen der Preise von allen Grundstücken, besonders der Landgüter in Hinterpommern. Mit Bemerkungen über die Abschätzung der Landgüter", Stargard 1798 — Vorh.: Preuß. Staatsbibliothek Berlin.

Versuch über das Studium der Theologie, in Rücksicht unserer Zeiten . . . Leipzig 1790. V: *Kolb*, *Erdmann* (Ky) oder *Hasse*, *Joh. Gfr.* [?]. (MGT)

— üb. d. Studium d. Theologie in Rücksicht uns. Zeiten rc., 8. Leipz. Benj. Fleischer. 790.

— über d. Studium d. Theologie in Rücksicht unserer Zeiten rc., (von Erdm. Kolb). 8. Leipz. 790. Fr. Fleischer. 12 gr Schrbp. 16 gr

Versuch über Stutereien, s.a. Brézé, Argentero Marquis de

Versuch über Stutereien. Nach dem Französ. von C. v. S. u. S. 1797. 116 S.

— üb. Stutereyen, nach d. Frz. v. C. v. S. 8. Leipzig, Gräff. 797.

Versuch über Stuttereyen; nach d. Franz. . . . Leipzig 1798. V: *Schelcher*, *Carl Friedrich von & Chn Friedrich Rud. Vetterlein.* (Ky) (MGT) (StAt I, 354)

— über Stutereien; nach d. Französ. von C. v. S. (K. F. v. Schelcher). 8. Leipz. 798. (Wienbrack). 8 gr

Versuch zu einer speziellen Oberlausitzischen Successions-Anzeige, derer seit 1635 einander succedirten Herren Marggrafen, Landvoigte . . . Bud. 1764. 2. Aufl. 1767. V: *Frenzel*, *Johann Gottlieb.* (OL)

Versuch eines allgemein anwendbaren bibliographischen Systems. [München 1827.] V: *Docen, Bernh. Jos.* (Hauptkat. d. Univ.-Bibl. Tübingen. K. S. 56.)

— e. Systems d. gesammten Gelehrsamkeit. 4. Wien 797. Wappler. (Beck.) 4 K

— e. Systems d. kursächs. Generalaccisverfassung auf d. Lande. 4. Meißen 795. Erbstein. (Goedsche). 12 K

Versuch eines allgemeinen Tagebuchs des dritten schlesischen Krieges. Stendal u. Salzwedel 1756—57. V: *Paalzow, Johann Gottfried.* (Adel)

Versuch über die Taktik . . . Wien 1824. V: *Hauser, Georg Freih. v.* (KA)

Versuch über d. Taktik, von G. F. v. H. Mit 7 Steint. in Fol. gr. 8. Wien 824. Gerold. 4 rß

Anonym: „Versuch über die Theuerung der Lebensmittel im Allgemeinen, ohne Rücksicht auf einen besonderen Staat", Berlin 1805 (Unger).

Versuch einer neuen Theodicee . . . Riga 1778. V: *Lilienfeld, Jacob Heinrich von.* (R-N) (Ky) (ML) »Leipz. u. Riga 1777« (Adel)

Versuch, Theologisch-statistischer, über die kirchliche Gewalt auf die Ehesachen in den katholischen Staaten . . . Würzburg [Wien] 1781. V: *Michaeler, Carl Joseph.* (MGT) (GGr) »1791« (Adel)

— theolog.-statist., über die kirchl. Gewalt auf die Ehesachen in d. kathol. Staaten, v. Palaeophilus (K. J. Michaeler.) 2 Thle. gr. 8. Wien 779, auch 791. (Heubner). 3 rß

— theolog. statist. ub. d. kirchl. Gewalt auf d. Ehesachen, in den kathol. Staaten. 2 Thle. gr. 8. Wien, Camesina. 791.

Versuch einer Theorie über die Auslegungskunst des römischen Rechts zum Gebrauch akad. Vorlesungen von K. P. J. R. Halle 1804.

— e. Theorie über d. Auslegungskunst des röm. Rechts, zum Gebrauch academ. Vorlesungen. 8. Halle 804. Schimmelpfennig. 12 K

Versuch einer Theorie der wichtigsten Beobachtungen aus der Naturlehre. Halle 1777. V: *Daniel, Chn Frdr.* (Gatterer, Repert. d. miner. Litt. Giessen 1798—99. II, 39.)

Versuch einer Theorie von seltenen Büchern. [Nürnberg 1787.] V: *Schwarz, Georg Christoph.* (ML)

Versuch einer Theorie der möglichen Erheitzung durch Wasserdämpfe . . . O. O. [1803]. V: *Werneburg, Johann Friedrich Christian.* (MGT)

Versuch einer Theorie von der innern Collegialverfassung des Schwäbischen Reichsgrafenstandes . . . Kempten 1788. V: *Hoffmann, Matthäus.* (MGT) (MS) (Pütter, Litt. d. Teutsch. Staatsr. Gött. 1773—91. IV, 188.) (Schletter, Handb. d. jurist. Litt. Grimma 1843. S. 157.)

Vgl. Versuch einer staatsrechtl. Theorie . . .

— e. Theorie des Lächerlichen. 8. Leipz. 794. Höfer. 3 K

— e. Theorie von d. Menschen u. dessen Erziehung. 8. Berl. 753. Lange. 6 K

Versuch einer neuen Theorie der Religionsphilosophie, s. a. Kochen, Albr. Heinr. Matth. 1797.

— e. neuen Theorie d. Religionsphilosophie, nebst e. krit. Darstell. d. Verhältnisse, in welchen d. Judaismus u. d. auf ihn gegründ. Christianismus zum wahren Interesse d. Religion stehen, (von A. H. M. Kochen). gr. 8. Germanien (Leipz.) 797. Baumgärtner. 1 rß

— e. Theorie d. Schwere u. e. Elementartheorie d. Welt. 8. Magdeb. 819. (Rubach). 1 rß

Versuch einer staatsrechtlichen Theorie von den teutschen Reichskreisen . . . Kempten 1788—89. V: *Hoffmann, Matthäus.* (Ky) (MGT) (Schletter, Handb. d. jurist. Litt. Grimma 1843. S. 157.)

— staatsrechtl. Theorie von den deutschen Reichskreisen überhaupt u. von d. schwäbischen insbesondere, (von M. Hoffmann). 2 Thle. gr. 8. Kempten 787—89. Dannheimer. 2 rß 12 K (Köhler in Leipz.) 3 rß Anhang dazu, oder Versuch e. Theorie d. innern Collegialverfassung d. schwäbischen Reichsgrafenstandes. gr. 8. Ebd. 788. Ebd. (Köhler in Leipz.) 8 K

— e. neuen deutsch-französ. Titularbuchs aller Stände u. Würden rc. gr. 8. Wien 796. Trattner. 8 K

— eines neuen deutsch-französischen Titularbuchs. gr. 8. Wien, Tendler. 796

VERSUCH eines Titularbuchs der geistlichen und weltlichen Würden in Ungarn. Nebst dem Anhange eines allgemeinen Titularbuches. Pesth 1785: Eggenberger. 68 S. - 8°

- Dass. Pest, Ofen u. Kaschau 1785: Weingang u. Köpfische Buchhandlung. 68 S. - 8°

Versuch über den freiwilligen Tod. Nürnberg 1797. V: *Bischof, Carl August Lebrecht.* (will)

Versuch einer Topographie der herzoglichen Residenzstadt Neustrelitz. Neubrandenburg 1793. V: *Kamptz, Carl Albert Chph Heinr. v.* (NN) (EngG) (MGT) (Ky)

— e. Topographie von Neustrelitz, (von Cph. H. v. Kamptz). 8. Neubrandenb. 793. Albanus. 6 gl

—— einer Topographie d. Großh. Residenzstadt Neustrelitz. 2. Aufl. zur 100jähr. Gründungs-Feier d. Stadt am 20. Mai 1833. 8. ... Neustrelitz. (Dümmler.)

— u. Uebersetzung, den guten Geschmack d. Ausländer bekannt zu machen. 8. Görlitz 752. ... 12 gl

Versuch einer Übersetzung des Briefs Pauli an die Galater ... Leipzig 1792. Ü: *Schilling, Johann Georg.* (MGT) (Roterm)

— e. Uebersetzung d. Briefs Pauli an d. Galater, mit erklär. Anmerk. nach Koppe. 8. Lpz. Böhme. 792.

Versuch Einer Uebersetzung Der In Wien Unlängst In Lateinischer Sprache Erschienenen Denkschrift Auf des Erzherzogs Alexander Leopolds Palatins von Hungarn Königl. Hoheit. Wien 1796. V: *Birkenstock, Joh. Melch. Edler von.* Vgl. GGr VI/545, Nr. 22a/1) (BiblPort)

Versuch einer freyeren Uebersetzung der Psalmen ... nach den gewöhnlichen Französischen Melodien. Danz. 1783. Ü: *Majewski, Sam. Ludw.* (BrMm)

Versuch einer gebundenen Uebersetzung einiger Pindarischen, Olympischen und Pythischen Hymnen. Mit Anmerk. 1ste — 3te Abth. 4. Leipzig, Fr. Fleischer. 815. à 6 Gr. Rthlr. — 18

— ein. gebundenen Uebersetzung einig. Pindarischen Olympischen u. Pythischen Hymnen. Mit Anmerk. 4. Leipz. J. B. G. Fleischer. (in Comm.) 815.

Versuch einer Uebersetzung des vortrefflichen in Steinschrift abgefassten lateinischen Gedichtes D. M. Friderici II S. der Asche Friedrichs II geweihet. Mannheim 1787. V: *Birkenstock, Joh. Melch. Edler von.* Ü: *Spielberger, K. Ph.* (simmel 225/996) (Vgl. GGr VI/545, Nr. 22a/1) (BiblPort)

— e. Uebersetzung d. vortreffl. in Steinschrift abgefaßten Gedichts: D. M. Friderici II. d. Asche Friedrichs II. geweiht, nebst d. Original. gr. 4. Manh. 787. Schwan u. G. 4 gl

— e. Uebersetzung d. Castrametation d. Julius Hyginus. gr. 8. Breslau, W. G. Korn. 788.

— e. neuen Uebersetzung d. Briefes Pauli an d. Römer. 8. Frankf. Eichenberg. 773

— e. Uebersetzung d. 12 erst. Oden d. Horaz, nach eben demselb. Sylbenmaße. 8. Lübeck. Donatius. 771.

— e. pros. Uebersetzung d. Lieder Pindar's, von C. T. Damm, s. Pindar.

Versuch einer Übersetzung des Quintilian. Celle 1767. V: *Steffens, Johann Heinrich.* (Russell III, 1301)

Versuch einer Uebersetzung der in lateinischer Steinschrift abgefassten Rolle auf den Tod Leopold Propstes zu St. Florian im Lande ob der Enns. Wien 1793. V: *Reiter, Jos.* (L. Guppenberger, Bibl. d. Diöcese Linz, S. 171) (BiblPort)

— e. mit Schrift u. Vernunft übereinstimm. Uebersetzung d. N. Testaments, mit nützlichen Anmerk. gr. 8. Hannov. Helwing. 753

Versuch in gebundenen Uebersetzungen und einigen Gedichten. Hamb. 1745. V: *Gries, Joh. Adolph.* (Waniek, Gottsched. Leipzig 1897. S. 491.)

Versuch einer allgemeinen Übersicht über die Umlage der Französischen Kontribution in Würtemberg. O. O. 1797. V: *Märklin, Ernst.* (MGT)

Versuch einer gedrängten Uebersicht des Dienstes der Infanterie in festen Plätzen beim gewaltsamen Angriff ... Coburg 1863. V: *La Roche du Jarrys, L. Freih. v.* (KA)

Versuch einer kurzen historisch-kritischen Übersicht der Lehren und Meinungen ... von der Unsterblichkeit der menschlichen Seele. Leipzig 1796. V: *Francke (Franke), Georg Samuel.* (AarK) (Ky) (MGT)

Vers. e. kurzen histor.-krit. Uebers. d. Lehren u. Meinn. uns. vornehmsten neu. Weltweisen v. d. Unsterblichkeit d. menschl. Seele. *Alt.* u. *Lpz.*, Kave. 796. gr 8° 12 gl

— e. histor. krit. Uebersicht d. Lehren u. Meinungen d. vornehmst. neuen Weltweisen v. d. Unsterblichk. d. menschl. Seele. 8. Altona, Kaven. (Sommer, auch Gräff in Lpz.) 796.

Versuch einer kurzen Uebersicht d. etymol. Theils d. griechischen Sprachlehre, s. a. Nissen, Hans Fr. 1788.

Versuch einer kurzen Übersicht des etymologischen Theils der griechischen Sprachlehre. Kiel 1788. V: *Nissen*, *Hans Friedrich.* (Kordes, Schlesw.-holst. u. eutin. Schriftst. Schleswig 1797.) (MGT)

— e. kurzen Uebersicht d. etymolog. Theils d. griech. Sprache. 8. Flensb. 789. (Hammerich in Altona). 4 kr

— e. kurz. Uebersicht d. etymolog. Theils d. griech. Sprache. 8. Flensb. Korte. (Röhß in Schleswig.) 789.

Versuch einer statistischen Übersicht des heutigen Frankreich . . . Bayreuth 1792. V: *Gumpelzhaimer*, *Christian Gottlieb.* (EngG) (MGT)

— e. statist. Uebersicht des heutigen Frankreichs in 11 Tabellen. gr. 4. Bayr. 792. (Grau in Hof). 8 kr

Versuch einer tabellarischen Übersicht der russischen Münzen. 2. Ausg. St. Petersb. 1833. V: *Pansner*, *Joh. Hnr. Lor.* (CBH)

— eines allgem. Umrisses d. Staatsgeschichte Baierns unter den Wittelsbachern. gr. 8. Wien, Kosmograph. Büreau. 815.

Versuch einer Universalbienengeschichte. . . . Frankfurt a. M. 1790. V: *Röhling*, *Johann Chph.* (EngOec) (ADB) (HS) (MGT) (Adel) »1791« (Ky)

— e. Universalbienengeschichte, (von J. Cph. Rehling). 1r Thl. 8. Frankf. a. M. 791. Eßlinger. (Schäfer). 12 kr

— e. Unterhaltungsstunden für Kinder. 8. Augsb. 792. (Rieger). 16 kr

Versuch über den Unterricht der Blinden . . . a. d. Franz. . . . 2. Ausg. Breslau 1821. V: *Guillié*, *Sebastian.* (Mell)

Versuch eines Unterrichts für den Forstmann zu Verhütung der Waldverheerungen durch Insecten. - Erlangen 1800. 284 S., 2 Taf., 1 Abb.

— e. Unterr f. d. Forstmann z. Verhüt. d. Waldverheerungen ꝛc. s. a. Joh. Lor. Bauer.

— e. gemeinnütz. Unterrichts in d. christl. Glaubenslehre, nach den Bedürfnissen unsers Zeitalters. Mit Kpf. gr. 8. Wien 791. Rehm. 16 kr

Versuch eines Unterrichts zum Clavierspielen. Leipzig 1785. V: *Petschke*, *Adolph Friedrich.* (Ky) (MGT)

— e. Unterrichts zum Clavierspielen, (von A. F. Petschke). 4. Leipz. 785. (Gnobloch). 6 kr

— e. Unterr. z. Clavierspielen. 4. Lpz. Böhme. 785.

Versuch eines kurzen medicinisch-practischen Unterrichts der im J. 1786 epidemisch herrschenden Krankheit . . . Heidelberg 1787. V: *Becker*, *Georg Philipp.* (Call) (ML)

— e. kurzen medicin.-prakt. Unterrichts d. im J. 1785 epidem. herrschenden Krankheit zu Heidelberg. 8. Heidelb. 787. Pfähler. 8 kr

— e. prakt. Unterrichts im Kopfrechnen, siehe H. Hinrichsen.

— e. Unterrichts von d. Rindviehzucht. 8. Prag 797. Herrl. 16 kr

Versuch eines sokratischen Unterrichts in der deutschen Sprachlehre . . . Schleswig 1800—2. V: *Hinrichsen*, *Hans.* (ErschDL) (Gi)

— e. sokrat. Unterrichts in d. deutschen Sprachlehre ꝛc. s. a. H. Hinrichsen.

Versuch einer Untersuchung der Frage: Kann reiner Naturalismus Volksreligion werden? [Berlin 1789.] V: *Jäsche*, *Glieb Benj.* (MGT)

— e. Untersuchung des Sittlichen in den gesellschaftl. Handlungen d. Menschen. 8. Leipz. 756. Hilscher. 3 kr

Versuch über die wahre Ursache der Ausschweifungen, deren man die Advokaten von jeher beschuldiget hat. Frankfurt u. Leipzig 1781. V: *Zauner*, *Judas Thaddäus.* (GGr) (Ky) (BB) (Hr)

— über d. wahre Ursache d. Ausschweifungen, deren man d. Advokaten von jeher beschuldigt hat. (Von J. Th. Zauner). 8. Frkf. u. Leipz. (Salzb.) 781. Duyle. 2 kr

Versuch von den Ursachen der gegenwärtigen Brustkrankheiten. Wien 1762. V: *Isenflamm*, *Jacob Friedrich.* (BB) (ML) »1782« (Ky) (Call)

Versuch über die Ursachen und Folgen einer gewöhnlichen Täuschung . . . Hannover 1794. V: *Köring (Köhring)*, *Carl Wilhelm.* (Ky) (MGT) (Rotermund, Gel. Hannover. Bremen 1823.)

— über d. Ursachen u. Folgen e. gewöhnl. Täuschung ꝛc., (von K. W. Köring). 8. Hannov. 794. Helwing. 1 ggr

Anonym: „Ein Versuch von den Ursachen des gegenwärtigen hohen Preises der Lebensmittel, wie er mit den . . . . Nationalschulden verbunden“, aus dem Englischen, Leipzig 1776 (Weidmann).

Versuch über den Ursprung der Erkenntniss der Wahrheit und der Wissenschaften . . . Berlin 1781. V: *Irwing, Carl Franz von.* (Winer) (Ky) (MGT) (ErschDL)

— über den Ursprung d. Erkenntniß d. Wahrheit u. d. Wissenschaft, e. Beitrag zur philosoph. Geschichte d. Menschheit, (von K. F. v. Irwing). 8. Berl. 781. Voß. 10 gr.

Versuch über den Ursprung der Grafen von Henneberg. Berlin [1780]. V: *Fritz, Johann Friedrich.* (ML) (ErGr) (MGT)

— üb. d. Urspr. menschl. Seelen, allen wahren Psycholog. u. Theolog. freundschaftl. gewidm. 8. Lpz. Crusius. (W. Vogel.) 789.)

Versuch über den Ursprung und Umfang der landständlichen Rechte in Bayern. O. O. 1798. V: *Panzer.* (CO)

Versuch über den Ursprung u. Umfang der landständischen Rechte in Baiern. Ein Beitrag z. baierschen Staatsrechte. 2 Abthlgn. (1 vol.) O. O. 1798. 8°. Ppb.

— über den Ursprung u. Umfang d. Landständ. Rechte in Baiern, e. Beitrag zum baier. Staatsrecht. 1e u. 2e Abtheil. gr. 8. Münch. 799. Fleischmann. 1 ꝛß 18 gr.

Versuch zu Verbesserung der peinlichen Gesetze in Frankreich; a. d. Franz. Jena 1782. V: *Vermeil, Fr. Mic.* Ü: *Franz, Carl Wilhelm.* (Ky) (MGT)

— zur Verbesserung d. peinl. Gesetze in Frankreich. Aus d. Französ. (von Karl Wlh. Franz l.) 8. Jena 782. Cuno. 9 gr.

Versuch über die Verbesserung des Nahrungsstandes in Mecklenburg. Neubrandenburg [1787]. V: *Langermann-Erlenkamp, Ludwig Christoph Freih. von.* (ML) (CBH) (Ky) (MGT)

— d. phlogistische System mit d. antiphlogistischen zu verbinden. 8. Leipz. 800. (Lauffer). 10 gr.

— das phlogistische System mit d. antiphlogistischen zu verbinden. 8. Lpz. Heinr. Richter. 800.

— üb. d. wahre Verdienst d. Officiers, s. Verdienst.

Versuch über die Verdienste des Archilochus um die Satyre. Zerbst 1767. V: *Huch, Ernst Ludw. Dan.* (Degen)

Versuch einer Vereinigung der Mundarten von Teutschland . . . Wien 1780. H: *Lethmüller, Ignaz.* (MGT)

Versuch über das Verhältniss der Stände. Wien 1764. V: *Rogendorf, Cajetan Graf.* (WrDiar 1764, Nr. 45 Anhg.) (Kat. d. N. Ö. Landesbibliothek, S. 136) (WBL 26/267) (BiblPort)

Versuch über die wahren Verhältnisse des kaiserl. und Reichskammergerichts zu Ihro kaiserl. Maj. . . . Leipzig 1787. V: *Rössig, Carl Gottlob.* (Adel) (MGT)

Versuch der Vertheidigung gegen Beleidigung; nebst Beleuchtung der Harnbesichtigung. Trier 1827. V: *Theys.* (Call)

Versuch einer Vertheidigung des Eigennutzes. Berlin 1794. V: *Braumüller, Johann Gottfried.* (MGT) (Ky)

— einer Vertheidigung des Eigennutzes, (v. J. G. Braumüller). 8. Berl. 794. Maurers B. 3 gr.

Versuch einer Vertheidigung der Deckerschen Methodik . . . Augustenb. 1821. V: *Clausen, Hans.* (Bruun, Bibl. Danica I, 1013.)

— e. Vertheidigung d. Deckerschen Methodik gegen Schütt. 8. Augustusburg 822. Zimmermann. 6 gr.

Versuch einer Vertheidigung der Pasquille. O. O. 1783. V: *Michl, Anton.* (BE) (Ky) *Mühl, Ant.* (Bücher-Samml. d. h. Ver. f. Ob.-Bayern.)

Versuch einer Vertheidigung der Pasquille. O. O. 1783. V: *Michl, Ant.* (Pk 3/778) (BGE VIII[2]/112) (Fideicomissbibliothek Wien 2/631) (Ky 6/69 »1784«) (BiblPort)

Versuch einer Vertheidigung der Wahrheit und Wirksamkeit der Himmelfahrt Henochs . . . Cassel 1779. V: *Boclo, Dionysius Theodor.* (ML)

Versuch über den Vertheidigungskrieg aus einer konstitutionelle Milit. Sr. einer engl. Schrift. Von einem alten Soldaten. Berl. 1801. 156 S.

Versuch über den Vertheidigungskrieg, s. o. Binzer, Ludw. Joh. 1801.

Versuch eines rechtlichen Vertheilungsfusses bei der an Frankreich zu bezahlenden Contribution. gr. 8°. (Stettin in Ulm) 1797.

Versuch eines alphabetischen Verzeichnisses der wichtigern Nachrichten zur Kenntniss und Geschichte der Freimaurerei . . . Jena 1817. V: *Ridel, Cornelius Johann Rudolph.* (Kl)

Versuch eines alphabetischen Verzeichnisses sämmtlicher innern Ordensbrüder der Strikten Observanz. [Leipzig 1846.] V: *Lindt, von.* (Ergänz.): *Merzdorf, Ernst Zacharias & Theodor Merzdorf.* V (Vorrede): *Siemers, Joachim Friedr.* (wolfstieg II, 538)

Versuch eines Verzeichnisses der ersten Bücher, die mit einem Privilegio gedruckt worden sind. O. O. 1765. V: *Am Ende, Chn Carl.* (Holz)

Versuch eines chronologischen Verzeichnisses Hessischer Urkunden. Rinteln 1796. V: *Duysing, Bernhard Chn.* (MGT) (Ky)

— e. chronolog. Verzeichnisses hessischer Urkunden, (v. B. C. Duysing). 1r Thl. 8. Rinteln 796. Bösendahl. 20 gr

Versuch eines Verzeichnisses der churfürstl. Hessischen Gemäldesammlung. Cassel 1819. V: *Robert, Ernst Friedrich Ferdinand.* (MGT)

— e. systemat. Verzeichnisses d. in d. Gegend v. Pyrmont wildwachs. phanerogam. Gewächse. gr. 8. Pyrmont 826. Uslar. 8 gr

Versuch eines systematischen Verzeichnisses der Schriften und Abhandlungen vom Eisen . . . Berlin [1781.] H: *Abt, Ephraim Ludwig Gottfried.* (MGT) (Ky) (ABJP) (Petz) (BrMm)

Versuch eines systematischen Verzeichnisses der Schriften und Abhandlungen vom Eisen, als Gegenstand des Naturforschers, Berg- und Hüttenmanns, Künstlers und Handwerkers, Kaufmanns, Staatshaushälters und Gesetzgebers. Berlin, 1782. 8vo.

— eines systemat. Verzeichnisses der Schriften und Abhandlungen vom Eisen, als Gegenstand des Naturforschers, Berg- u. Hüttenmanns, u. s. w. (von Ephr. Ludw. Gottfr. Abt). 8. Berl. 782. Rottmann. 12 gr

Versuch eines tabellarischen Verzeichnisses der Kriegsbegebenheiten vom Münsterschen bis zum Hubertsburger Frieden. Haag 1789. Berlin 1793. V: *Alvensleben, Philipp Carl Graf von.* (Pr) (MGT) (ADB) (Wr)

— e. tabellar. Verzeichn. d. Kriegsbegebenheiten vom Münsterschen bis zum Hubertsburger Frieden, mit e. alphabet. Register (v. Graf. Phil. K. v. Alvensleben). Fol. Berl. 793. Rottmann. 1 rthl 12 gr

O-G-r.: „Versuch über das Volk, zum Besten der Armen", Berlin 1786.

— über das Volk, (v. Eph. Goßler). 8. Berl. 786. Rottmann. 16 gr

Versuch, Vorgaengiger, zur Erwürkung eines Vertrages zwischen den im bisherigen Hexereikrieg verwickelten Gelehrten. Am Mainstrom [Bamberg] 1767. V: *Loschert, O.* (Wr)

Versuch: Vorläufiger Versuch des Solothurnischen Wochenblatts v. Solothurnisches Wochenblatt (sub s).

— e. zweckmäßigen Vorpostendienstes bei den deutschen Armeen, nach neuen auf die Erfahrung d. letztern Krieges gebauten Grundsätzen, v. e. deutschen Cavallerieofficier, mit 7 schw. u. ... illum. Plans. 8. Leipz. 805. Baumgärtner. 5 rthl

— e. zweckmäß. Vorpostendienst bei d. deutschen Armee. Mit Plan. 8. Leipz. 822. Baumgärtner.

Versuch eines Vorschlages, wie die in Deutschland herumstreifenden Diebesrotten zu vertilgen sind. *Frankfurt.* 1772

— eines Vorschlags wie die Diebesrotten zu vertilgen sind. 4. Frankf. 772. Kochendörfer. 3 gr

Versuch einiger Vorschläge, die Klagen wider die Rechtsfreunde zu heben. Freyb. 1782. V: *Küsswieder, Fz. Ign.* (Der Freimüthige. Ulm und Freiburg 1783. Bd. 3, S. 322) (BiblPort)

Versuch über die Vorzüge der Erzherzoge von Bayern vor dem Erzbischoff von Salzburg . . . Wien 1786. V: *Gindte, D. von.* (weber)

— über wichtige Wahrheiten z. Glückseligkeit der Menschen. 8. Zürich 776. Orell u. C. 12 gr

— ein, d. Nachdenken d. Kinder zu wecken, in Fragen u. Antworten über d. Heilsordnungssprüche in d. würtemberg. Spruchbuch. Nebst e. Anh. von Festfragen, welche auf den Zweck u. d. Bedeutung christl. Festtage hindeuten, von e. Prediger bei e. Dorfgemeinde. 8. Tübing. 818. Fues. 6 gr

Versuch einer hundertjährigen Weinfechsungs-Geschichte Oesterreichs, von 1700 bis 1800 aus Urquellen. Mit Witterungsbeobachtungen und Insekten-Bemerkungen, zum bessern Behufe des Weinbaues, samt Abb. nach der Natur und Urkunden. Wien: Schmidbauer 1803. 87 S., 1 Taf. -- ÖNB*
--- Dass. 2. Aufl. Wien 1809. -- [Zit. nach dem Realkatalog der DSB; 1: Kriegsverlust]

Versuch, Weiterer, vom Oberlausitzischen Unterthanenrechte. [Laub. u. Leipzig 1750.] V: *Meissner, Christian Gottfried.* (OL)

Versuch einer Widerlegung der Abhandlung des Herrn ... Rive »Über die Aufhebung der Fideicommisse als Folge der Einführung des französischen Gesetzbuchs« von Einem seiner Kollegen. Köln 1825. V: *Mylius, Karl Joseph Freih. von.* (StBKöln II, 88)

— einer Widerlegung der Abhandlung von Rive: „über die Aufhebung der Fideicommisse als Folge der Einführung des französ. Gesetzbuches" von Einem seiner Collegen. gr. 8. Cöln 825. Dü Mont-Schauberg. 8 Ngr.

Versuch einer Widerlegung des 7ten Stücks im dritten Theile der vermischten Briefe über die Verbesserung des Justizwesens am Kammergericht ... Mainz u. Frankf. 1768. V: *Dalberg, Carl Theodor Anton Maria Freih. von.* (MGT) (Ky) (Holz) (Pütter, Litt. d. Teutsch. Staatsr. Götting. 1773—91. III, 425.)

Versuch einer unpartheyischen Widerlegung ... Hrn. Gottlieb Müllers ... gründlichen Nachricht von einer begeisterten Weibsperson Anna Elisabeth Lohmannin ... Leipzig 1759. V: *Börner, Friedrich.* (ML)

Versuch wie die Meteore des Donners und Blitzes ... aus electrischen Wirkungen herzuleiten und zu erklären sind ... Lemgo 1750. V: *Bunsen, Jeremias.* (ML)

— wie d. Meteore d. Donners u. Blitzes, d. Aufsteigen d. Dünste, d. Nordscheins aus elektrischen Wirkungen herzuleiten sind, (von?) ...

Versuch über das Wissen. A. d. Franz. O. O. 1797. V: *Dalberg, Carl von.* (Cat. d. Stadtbibl. Zürich. Zürich 1864—97.)

— eines Wochenblatts für wißbegier. Leser, (v. Jh. Ph. Dettmers). 3 Thle. 8. Bresl. 775. W. G. Korn. 1 ₰

Versuch eines Wormsers in Gedichten. O. O. 1745. V: *Götz, Johann Nicolaus.* (Deutsche Litt.-Denkm. 42, I.)

— e. bremisch-niedersächs. Wörterbuchs rc. s. a. Wörterb.

Versuch eines bremisch-niedersächsischen Wörterbuchs ... Bremen 1767—69. V: *Tiling, Eberhard.* (Schz) (Dn) »1767—72« (ErschDL)

Versuch eines bremisch-niedersächsischen Wörterbuchs ... Bremen 1867—69. H: *Filing, Eberhard.* (EB)

VERSUCH EINES BREMISCH-NIEDERSÄCHSISCHEN WÖRTERBUCHS, worin nicht nur die in und um Bremen, sondern auch fast in ganz Niedersachsen gebräuchliche eigenthümliche Mundart nebst den schon veralteten Wörtern und Redensarten, in bremischen Gesetzen, Urkunden, und Diplomen, gesammelt, zugleich auch nach einer behutsamen Sprachforschung, und aus Vergleichung alter und neuer verwandter Dialekte, erkläret sind: herausgegeben von der bremischen deutschen Gesellschaft.

Theil I—V. A—Z. Bremen 1767—1771. Georg Ludewig Förster. 8⁰.

Theil VI. ib. 1869. Karl Tannen. A. u. d. T.: Versuch eines bremisch-niedersächsischen Wörterbuchs. Zweiter Nachtrag enthaltend Zusätze und Verbesserungen. ib. 1869. —

—— eines bremisch-niedersächsischen Wörterbuchs, worin nicht nur die in und um Bremen, sondern auch fast in ganz Niedersachsen gebräuchl. eigenthüml. Mundart nebst den schon veralteten Wörtern und Redensarten, in brem. Gesetzen, Urkunden und Diplomen, gesammelt, zugleich auch nach einer behutsamen Sprachforschung und aus Vergleichung alter und neuer verwandter Dialekte erkläret sind. Hrsg. von der bremischen deutschen Gesellschaft. 6. Thl. 2. Nachtrag, enth.: Zusätze und Verbesserungen. gr. 8. (VII, 424 S.) Bremen 869, Tannen. *

1.—5. Thl. und 1. Nachtrag. [Ebendas.] 1767—71. *M. 45.

Versuch eines bremisch-niedersächsischen Wörterbuchs, worin nicht nur die in und um Bremen, sondern auch fast in ganz Niedersachsen gebräuchlichen eigenthümlichen Mundart nebst den schon veralteten Wörtern und Redensarten, in brem. Gesetzen, Urkunden und Diplomen, gesammelt, zugleich auch nach einer behutsamen Sprachforschung und aus Vergleichung alter und neuer verwandter Dialecte erkläret sind. Herausg. von der bremischen deutschen Gesellschaft. Th. 1–6. Nachtrag 1. 2. Bremen 1767—1869. 8. . . . . 10.
——. —— 2. Titel-Ausg. Ebda 1886. gr. 8.

— e. Wörterbuchs für Griechen, Barbaren u. Orthodoxen. 8. 797. (Leipzig, Liebeskind). 8 Ngr.

—— eines kleinen Wörterbuchs der Liebe, nebst einem neuen Göttergespräche, als Denkmal der Freundschaft an Vermählungstagen geliebter Freunde u. Freundinnen. Paphos, im Jahre der glücklichen Ehen (Köthen, Aue, c. 1795). 8⁰. (Ausgaben auf Schreib- u. Velinp.) (24 xr., Schreibpap., Scheible, vor 1870; jetzt höher!)

Versuch eines vollständigen grammatisch-kritischen Wörterbuchs der hochteutschen Mundart ... Leipzig 1774—86. V: *Adelung, Johann Christoph.* (Jl.) (AarK) (MGT) (WFM) (Schedel, Handb. d. Litt. f. Kaufleute. Leipzig 1796. S. 24.)

Versuch über die Wortfügung der französ. Sprache. gr. 8. Halle 769. Waisenhausb. 5 Ngr.

Versuch einer Würdigung der verschiedenen Meinungen über die Abstammung der Bayern, von einem Mitgliede des histor. Filial-Vereines zu Neuburg an der Donau. gr. 8. Neuburg 842. (Augsburg, Matth. Rieger'sche Buchh.) 1/6 ₰

Versuch einer Würdigung der Tendenz des teutschen Handelsstandes . . . 2. Aufl. Nürnb. [1821]. V: *Benzel-Sternau, H. L.*[?]. (WFM)

— einer Würdigung der Tendenz des deutschen Handelsstandes, angestellt auf dem Standpunkte des bair. Patrioten H. L. B. v. St. 2e Aufl. 8. Nürnb. 824. Lechner. (v. Ebner). 6 gr

— e. Zeichenbuchs f. d. Jugend, mit Bildern a. d. Naturgeschichte. 8. Altona 799. Kaven. 16 gr

— e. apokalyptischen Zeitrechnung von d. Zeit d. Offenbarung bis ans Ende d. Welt, (von Jh. Pt. Snell). 8. (Offenb.) 773.

Anonym: „Versuch einer verbesserten Circulation des Papiergeldes und Berichtigung der öffentlichen Schuld in dem kaiserlich österreichischen Staat", Regensburg 1806. — Vorh.: Com Bibl. Hamburg.

Versuch zu einer verbesserten Circulation des Papiergeldes . . . Regensburg 1806. V: *Plessen, Leop. Hartwig Frh. v.* (Mitth. Dr. A. Goldmann.)

„Versuch einer Zollvereinsfassung" (Aus der „Deutschen Viertel-Jahrsschrift" 1846, Heft IV No. XXXVI), Stuttgart 1846. — Vorh.: Büch. der Industrie- und Handelskammer Leipzig.

Versuch einer Zusammenstellung der Materialien für das Forschen d. Geschichte d. Revolutionskrieges v. J. 1792 1815, s. Heusenstamm, Graf v.

Versuch einer Zusammenstellung der Materialien für das Forschen der Geschichte des Revolutionskrieges i. J. 1792—1815. . . . Mainz 1828. V: *Haussenstamm, von.* (Pr)

— einer Zusammenstellung d. Materialien f. das Forschen d. Geschichte d. Revolutionskrieges v. J. 1792—1815, v. e. ehemal. Generalstaabs-Offizier. 1. Bd. gr. 8. (53 B. u. 3 Karten, gr. Fol.) Mainz 828, [Kirchheim, Schott u. Thielmann.]

— einer Zusammenstellung der Materialien für das Forschen der Geschichte des Revolutionskrieges vom Jahre 1792—1815, von e. ehemal. Generalstaabs-Offizier. 1r Bd. Mit 3 Karten. gr.8. Mainz 828. Müller. 3 rß 12 gr

Versuch einer Zusammenstellung der dem Actuare in Criminal-Angelegenheiten obliegenden Pflichten. Brünn 1824. V: *Rath, Joh. Edler von.* (Stur)

Versuch einer systemat. Zusammenstellung sämmtl. Lehren d. Architektur, nebst 2 Uebersichten der wichtigsten Bauschriften u. Denkmäler d. Baukunst. Bearbeitet v. einem Architekten. 8. Berlin 826, Mittler.

Versuch ein. übersichtl. Zusammenstell. d. materiellen Inhalts derjen. K. Preuss. Gesetze, welche die neue Regierungs-Instruction bilden; nameutl. der Organisations-Gesetze v. 31. Dez. 1825, der Regier.-Instruction v. 23. Oct. 1817, u. der Verordn. v. 31. Dez. 1808. 2e Aufl. *Aachen.* (Mayer.) [826.] 4. (1 Thl.)

Versuch einer Zusammenstellung der in der Provinz Hannover existirenden Universitäts-Stipendien und sonstigen Studienbeihülfen. Göttingen 1882. V: *Pauer, Ph.* (Erman & Horn, Bibliogr. d. dtsch. Univ. 1. Leipz. u. Berl. 1904. S. 243.)

Versuch über den Zustand des Schlesischen Landmanns in Beziehung auf Gerichtsbarkeit und Gesetzgebung. Bresslau 1789. V: *Schultes.* (KGBerlin I, 1957)

— über den Zustand des schlesischen Landmannes, in Beziehung auf Gerichtsbarkeit u. Gesetzgebung, (v. ... Stöckel). 8. Bresl. 789. Löwe. 12 gr

Versuch über den Zweck und Nichtzweck des Steins der Weisen. Amsterdam [Jena] 1782. V: *Sternanker, Th.* (Wr)

Versuch, der zweite M. Deprez'sche, der electrischen Kraftübertragung. Von M. N. H. gr. 8. (13 S.) Münster 883, Aschendorff'sche Buchh.
Aus: Natur und Offenbarung, besonders abgedruckt.

Versuch, Zweiter, eines Beitrags zur Rigaischen Kirchengeschichte. Riga 1794. V: *Bergmann, Liborius von.* (R-N) (Ky)

Versuche, vgl. Versuch.

Versuche. O. O. u. J. V: *Iselin, Isaac.* (Cat. d. Stadtbibl. Zürich. Zürich 1864—97.)

Versuche. Erste Sammlung. Riga 1784. V: *Storch, Heinrich Friedrich von.* (Ky) (R-N)

VERSUCHE UND ABHANDLUNGEN DER NATURFORSCHENDEN GESELLSCHAFT IN DANTZIG.
Theil 1. (Mit Tafeln.) Dantzig, 1747. gedruckt in der Schreiberischen Buchdruckerey. 4°.
Theil 2., mit Kupfern. Danzig und Leipzig, 1754. in Lankischens Buchhandlung.
Theil 3. mit Kupfern. ib. 1756. in der Rengerischen Buchhandlung.

— u. Abhandl. d. naturf. Gesellschaft in Danzig, m. K. 1r Thl. 4. Leipzig, Jacobäer. 747.

— u. Abhandl. d. naturforsch. Gesellschaft in Danzig m. K. 2 Thle. gr. 4. Leipzig, Junius. (Gleditsch.) 747—54.

— u. Abhandl. d. naturforschenden Gesellschaft in Danzig. 2 Thle. Mit Kpf. gr. 4. Leipz. 745—54. (Brockhaus.) 5 rß 3r Thl. Mit Kpf. gr. 4. Halle 756. Renger. 2 rß

„Versuche und Abhandlungen der naturforschenden Gesellschaft zur Dantzig . . . . .", Teil 1—3, Teil 1: Danzig (Schreiber), Teil 2: Danzig und Leipzig (Lankisch), Teil 3: Halle (Renger) 1747—1756 — Vorh.: Preuß. Staatsbibliothek Berlin — Lc 6560 — Fortsetzung u. d. T.: „Neue Sammlung von Versuchen und Abhandlungen der naturforschenden Gesellschaft in Danzig", Band 1, Danzig 1778 (Wedel). — Vorh.: Preuß. Staatsbibliothek Berlin — Lc 6563.

Versuche über Ackerbewässerung angestellt vom Kaiser-Wilhelms-Institut zu Bromberg. 1. Berlin: Deutsche Landwirtsch.-Gesellsch. 1908. 8°
(Arbeiten d. Deutschen Landwirtsch.-Gesellschaft. H. 141.)

Versuche üb. Ackerbewässerung, angestellt vom Kaiser-Wilhelms-Institut zu Bromberg, Berichte v. Gerlach u. Krüger, s. a. „Arbeiten der deutschen Landwirtschafts-Gesellschaft.

Versuche zu einem liturgischen Altar-Gottesdienste. Auf Anordnung der Pastoral-Konferenz v. Straßburg. gr. 8. (15 S. m. Melod.) Straßburg 851, Wwe. Berger-Levrault & Sohn. 1/8 ℛ

VERSUCHE ZU EINEM LITURGISCHEN ALTAR GOTTESDIENSTE. Auf Anordnung der Pastoral-Konferenz von Strassburg. Strassburg, 1855. Zu haben bei Hrn. Pfarrer Kantz, und bei Wittwe Berger-Levrault und Sohn. 8°.

Versuche, Amaliens poëtische; hsg. und ihren Freunden geweihet . . . Leipzig 1796. V: *Münster Meinhövel, Amalie Gräfin von geb. von Ompteda.* (MGT)

Versuche, Anakreontische. Stralsund [Frankfurt a. M.] 1750—51. V: *Palthen, Johann Franz von.* (BrMm) (BGE) (Mn) (MGT) (Ky) (Adel) (Verz. d. v. Meusebachschen Bibl. Berl. 1855. S. 103.)

— Anakreontische, (von J. F. v. Palthen). 2 Thle. 8. Stralf. 751. (Mylius in Berl.) 6 ℊ

Anonym „Analytische Versuche über die Grundsätze der Staatswirthschaft", Köln 1785

Versuche einer praktischen Anweisung für Schullehrer, Hofmeister und Ältern, welche ihren Zöglingen und Kindern . . . zur Buchstabenkenntnis . . . verhelfen . . . wollen. Erlangen 1801. V: *Pöhlmann, Joh. Paul.* (NN)

Versuche mit der Anwendung des Malleins in der Russischen Armee. Abgefasst von W. Woronzow [u. a.] auf Anordnung von A. Remmert. St. Petersburg 1894. 70 S.

Versuche zur Aufklärung des preußischen Reform-Antrages vom 9. April 1866 von G. Prz. z. J. 12. (24 S.) Frankfurt a. M. 866, Verlag für Kunst und Wissenschaft. *

— in poetischen u. prosaischen Aufsätzen, v. F. W. K. 8. Berlin, Wilh. Vieweg. 787.

— in prosaisch. u. gebund. Aufsätzen, v. e. Jünglingen d. Breslauer Universität. 8. Bresl. 780. J. F. Korn. 8 ℊ

— in vermischten Ausarbeitungen u. Uebersetzungen. 8. Hannov. 768. Schmidt. 3 ℊ

Versuche über die Baukunst. Jena 1786. V: *Stieglitz, Christian Ludwig.* (NN)

Versuche junger Baiern, eine Monatschrift. Jenner (sic) 1783. (Motto aus der [illegible] Amberg, [illegible] Schriften. Kl. 8. Cart.
[illegible]

Versuche und Beobachtungen mit dem Geilnauer Sauerbrunnen. Offenbach 1795. V: *Amburger, Joh. Andr. Aug.* (Ky) (call) (MGT)
Vgl. V e r s u c h , Medicin.-chem., . . .

— u. Beobacht. über 3 neuerdings durch ihre giftigen Wirkungen auf den thierischen Körper merkwürdig gewordenen Substanzen, d. Kleesäure, d. Wurst- u. d. Käsegift. Aus d. Engl. u. Latein. von K. G. Kühn u. O. B. Kühn. gr. 8. Leipz. 824. Cnobloch. 18 ℊ

— u. Beobacht. über die Wärme d. Thiere u. die Entzündung der verbrennl. Körper. 2te umgearb. Ausg.; aus d. Engl. mit Anmerkk. v. Lor. v. Crell, mit Kpf. gr. 8. Leipz. 789. (NB. s. auch Versuche ü. d. Vermögen d. Pflanzen ꝛc.)

Die Versuche zur Beseitigung des Börsengesetzes. Berlin: Bund d. Landwirte [1901]. (33 S.) 8° [ℨ]
— Stimmen aus d. agrarischen Lager. H. 6. [illegible]

— gegründ. Betracht. v. d. Mittelstraße d. Wahrheit u. d. Wegen d. Irrthums. 2 Stck. 8. Nürnb. 745. — 8

— in physiko-theolog. Betrachtungen, in gebund. Rede. 8. Lpz. Holle. 778.

— zur Beurtheilung e. Gemälde d. k. sächs. Gemäldesammlung zu Dresden u. deren Meister, (von Frhrn. J. F. zu Racknitz). Mit 6 Kpf. Dresd. 811. Walther. 1 ℛ 8 ℊ (Leipz., Centr.-Gpt.) 1 ℛ 12 ℊ

Versuche zur Beurtheilung einiger Gemälde der königl. Gemäldesammlung . . . Dresden 1811. V: *Racknitz, Joseph Friedrich Freih. von.* (Ky) (MGT)

Versuche z. Beurtheilung einiger Gemälde d. königl. sächs. Gemäldesammlung zu Dresden u. deren Meister. Mit 8 Umrissen. Dresden, Walther. (in Comm.) 812.

— in Briefen unter jungen Schulfreunden aus e. enetbürgischen Pflanzschule. 2 Thle. 8. Basel 786. Schweighäuser. 14 ℊ

Versuche über den Charakter und die Werke der besten Italienischen Dichter. Braunschw. 1763—74. V (Bd. 1. 2.): *Gemeinhard (Meinhard), Joh. Nic.* (Herold, Werthes. Münster 1897. S. 29.) (ZK X, 34) (JL) (Bd. 3): *Jagemann, Chph Joseph.* (AarK)

— chymische. 2 Samml. 8. Tübing. 756. (b. Cotta). 12 ℊ

CHYMISCHE VERSUCHE aus alten raren Manuscripten gezogen in welchen die Kunst Gold und Silber, Gesundheit und ein langes Leben zu finden enthalten: mit vortreflichen Anmerkungen welche den nechsten Weg nach Colchos führen und die Ehre der Kunst befördern. Zwei Theile. Frankfurt und Leipzig, 1767. Vol. I, pp. [xxiv]-260-[iv]; II, pp. [xxiv]-224-[viii], 12mo. Plate.

— tausend chymische, u. Erfahrungen. 8. Leipz. 769. Hilscher. 15 ℊ

Versuche mit Dampf-Kochapparaten. Berlin 1883

Versuche üb. Desinfection der Spüljauche v. dem Barackenlazareth auf dem Tempelhofer Felde, bei Berlin, ausgeführt im Frühjahr 1871. [Aus: „Reinigg. u. Entwässerg. Berlins."] gr. 8. (15 S.) Berlin 871. Hirschwald. n. — 40

Versuche, Dewson's. A. d. Engl. Dessau 1781. V: *Hanker, Garlieb.* (schr)

Versuche, Dichterische. Leipzig 1809. V: *Eck, Joh. Georg.* (GGr)

— in der deutschen Dichtkunst. 8. Celle 786. Richter. 4 gr.

-- in Dichtkunst und Prosa, von Frhr. v. P.*** 8. Leipz. 800. (Wienbrack). 16 gr.

Versuche in Dichtkunst und Prosa ... Straubing 1800. V: *Pelkhoven, Johann Nepomuk Freih. von.* (GGr)

Versuche in d. trag. Dichtkunst, in 4 Trauersp. a) Zaide, b) Mariane, c) Thusnelde, d) Zarine. gr. 8. Bresl. 754.

— in verschiedenen Dichtungsarten, v. J. A. G. N** (Nagel; herausg. v. E. L. Nagel). gr. 8. Dessau 791. (Leipz. Wienbrack). 8 gr.

— in verschied. Dichtungsarten. gr. 8. Lpz. Gräff. 791.

Versuche in verschiedenen Dichtungsarten ... Dessau [Leipzig] 1796. V: *Nagel, Johann Andreas Gottfried.* (MGT) (ML) H: *Nagel, Eman. Lebr.* (Ky)

— eines Dilettanten in der Dichtkunst. (Auch u. d. Tit.: poetische u. prosaische Aufsätze z. Aufmunterung des Geistes u. Herzens). gr. 8. Berl. 796. Schöne. 8 gr.

Versuche, Dramatische. Zeitz 1793. V: *Bilderbeck, Ludwig Franz Freih. von.* (Ky)

Versuche, dramat., (v. L. F. v. Bilderbeck). 1r Bd. 8. Zeitz 793. Webel. 1 rthl 4 gr.

— dramatische, v. E. A. v. Steigentesch. 2 Thle. 8. Osnabrück. Karl. (Blothe) (Linke in Lpz.) 798.

— dramatische, von J. Hoffmüller, enthält: die Geniestreiche, Posse in 4 Akten — die Bürgschaft, Originalschauspiel. 8. Wien, Wallishauser. 802.

— dramat., (v. Karl Ant. Gruber v. Grubenfels). 8. Presb. ... N. A. 807. (Nauck in Leipz.) 16 gr.

Versuche, dramatische, v. Gruber u. Grubenfels. 8. Leipz. Sommer. 807.

Versuche, Dramatische. Erster Band. Hadassah [Esther und Hamann] Schauspiel in fünf Aufzügen. Mannheim 1819. V: *Ungern-Sternberg, Gustav Jacob Friedrich Freih. von.* (GGr)

— dramat. 1r Bd. Hadassah; Schspl. in 5 Aufz. 8. Manh. 819. Schwan u. G. 18 gr. 2e unveränd. Ausg. Karlsr., Marx.

— dramatische, von C. Weichselbaumer. Menökeus, Trauerspiel in 5 Aufzügen, und Oenone, Trauerspiel in 3 Aufzügen. 8. Bamberg, Göbhardt. 821.

Versuche, Dramatische, von G. v. V. Bielefeld u. Leipzig 1835. V: *Vincke, G. Freih. v.* (Russell III, 53)

Versuche, dramatische, v. G. v. V.: Der Richter u. sein Haus. — Kunigunde. 8. (11 B.) Bielefeld 835, [Velhagen u. Klasing.]

Versuche der Dünger-Abteilung in Verbindung mit landwirtschaftlichen Versuchsstationen. 1. *Berlin: Deutsche Landw.-Ges. 1903.* 8° [ ]
= Arbeiten d. Deutschen Landwirtsch.-Gesellschaft. H. 80.

Versuche der Dünger-Abteilung in Verbindung m. landwirtschaftlichen Versuchsstationen, s. a. Arbeiten der deutschen Landwirtschafts-Gesellschaft. 80. u. 121. Heft.

Versuche, eine zweckmässige Verfassung für den protestantischen Prediger- und Schullehrerstand zu entwerfen ... Düsseldorf 1807. V: *Küpper, Johann Abraham.* (NN) (winer) (Ky)

— e. zweckmäß. Verfassung für d. protestant. Prediger- u. Schullehrerstand zu entwerfen, (von J. A. Küpper). 2 Thle. gr. 8. Düsseld. 807. Schreiner. 2 rthl 6 gr.

Versuche u. Ergebnisse der Lehrervereinigung f. die Pflege der künstlerischen Bildung in Hamburg. Buchschmuck v. Valesca Röver. 2. u. 3. Aufl. (4. u. 5. Taus.) gr. 8. (IV, 171 S. m. 1 Taf.) Hamburg 901. 902. A. Janssen. n. 2. —; geb. n. 3. —

Versuche, Exegetische und kritische, über die schwersten Stellen des Buches Hiob. Leipz. 1801. V: *Schnaar, Frdr. Heinrich Aemilius.* (MGT) (Ky)

— exeget.-krit., über d. schwersten Stellen des Buchs Hiob, (von Fr. Hnr. Aem. Schnaar). 1s Heft. 8. (Münster) 801. Coppenrath. 10 gr.

Versuche zur Feststellung der Verwerthbarkeit Röntgen'scher Strahlen für medicinisch-chirurgische Zwecke, angestellt in Ver. m. d. Physik.-techn. Reichsanst. u. mitget. v. d. Medicinal-Abt. d. Kgl. Preuss. Kriegsminist. M. 23 Abb. *Berlin: A. Hirschwald 1896.* (3 Bl., 45 S., 1 Bl., 20 Taf.) 8.
= Veröffentlichungen aus d. Gebiete d. Militär-Sanitätswesens. H. 10.

— freimüthige, über d. Leben u. d. Charakter Davids, nach Wahrheit u. Schrift. 8. Prag 784. Gerle. 9 gr.

Versuche, Freimüthige, über verschiedene in Theologie und biblische Kritik einschlagende Materien. Berlin und Stettin 1783. V: *Corrodi, Heinrich.* (CLZür Forts. I) (Russell XVI, I, 2, 1869)

— freimüth., über verschiedene in Theologie u. bibl. Kritik einschlagende Materien. 8. Berl. 783. Nicolai. 12 gr

— m. Fussboden-Oel u. seine Verwendg. in Schulen. (Aus dem königl. hygien. Institute zu Posen.) 2. Tl. Von Schwer. (28 S.) gr. 8. Leipzig, F. Leineweber. Vergl.: Wernicke, E. à n. — 50

Versuche, Galvanische und electrische, an Menschen- und Thierkörpern ... Frankf. a. M. 1804 [1803]. V: *Wittmann, Franz Joseph, Joseph Wenzel & Joh. Nep. Rust.* (Call)

Versuche, galvanische u. electrische, an Menschen- u. Thierkörpern, angestellt von d. medicin. Privatgesellschaft in Mainz. gr. 4. Frankf. a. M. 804. Andreä. 12 gr

—— in Gedichten. Frankfurt a. M. 1751. 8°. Selten! (In Wiesbaden, Landesbibl.)

Versuche in angenehmen und ernsthaften Gedichten. 1756. V: *Bode, Johann Joachim Christoph.* (Bresl 31, S. 19)

— in Gedichten nach der Zeitfolge geordnet, (v. Jh. Trg. Schmiedel). 8. o. O. (Freiberg), 817. Graz u. G. 18 gr

Versuche in kleinen Gedichten. Halberst. 1772. V: *Unzer, Ludw. August.* (Mn) (GGr) (JL)

— in scherzhaften u. moralischen Gedichten, v. einem hannövrischen Officier. 8. Celle 768. Runge. 14 gr

— in scherzhaften und moralischen Gedichten von einem (hannoverschen) Officier ***. Zelle bey Schultzen. 8°. 18 Bogen.
O. M. V. 1768. S. 973; Cat. Meissner III. p. 559; Wiener Cat. (1774) verbotener Bücher. — Rar!

Versuche in Westphälischen Gedichten ... Frankfurt 1751. V: *Consbruch, Flor. Arn.* (BrMm) »1751—56« (Ky) (Cat. d. Stadtbibl. Zürich. Zürich 1864—97.) *Consbruch, E.* (Verz. d. v. Meusebachschen Bibl. Berl. 1855. S. 85.)

— in westphälischen Gedichten, (v. Flor. A. Consbruch). 2 Thle. 8. Frankf. 751 u. 56. Fleischer. 12 gr

— in westphäl. Gedichten. 2 Thle. 8. Frankf. Fleischer. 752—56.

Versuche über einige erhebliche Gegenstände welche auf den Dienst des Staats Einfluss haben. Frankf. u. Leipzig 1772. V: *Steck, Joh. Christoph Wilh. von.* (MS) (Pütter, Litt. d. Teutsch. Staatsr. Gött. 1773—91. II, 326.)

„Versuche über den Geist der Gesetzgebung zur Ermunterung des Ackerbaues, der Bevölkerung, der Manufacturen und der Handlung", 2 Preisschriften der ökonomischen Gesellschaft zu Bern (von J. Bertrand; B. Carrard; de Carrevon; A. Pagan), Mitau und Leipzig 1770. — Vorh.: Preuß. Staatsbibliothek Berlin.

Versuche über die Schlesische Geschichte ... Breslau 1776. V: *Pachaly, Friedrich Wilhelm.* (Nent) (BrMm) (MGT) (Adel)

— über d. Schlesische Geschichte in einzelnen Abtheilungen, (v. Fr W. Pachaly.) 8. Bresl. 776. (Gosohorsky). 6 gr

— über d. schlesische Geschichte in einzelnen Abtheilungen. 8. Breslau, Meyer. 776.

Versuche und Hindernisse, Die, Karls. Eine deutsche Geschichte ... Berlin u. Leipzig 1808. V: *Varnhagen von Ense, Carl August Ludwig Philipp & Frdr. Wilhelm Neumann* (EE) (Ky) (GGr) & *Friedrich Freih. de la Motte Fouqué & El. Louise Bernhardi.* (Koner) (Hitzig) (ADB)

——, Die, und Hindernisse Karls. Eine deutsche Geschichte aus neuerer Zeit. Erster (einziger) Teil. Berlin und Leipzig. [Berlin, Georg Reimer]. 1808. 8°. 406 S. (60 Mk., O. Rauthe, Friedenau, 1911.)

Versuche, Historisch-kritische, zur Beleuchtung der Reformation Luthers ... Frankf. a. M. 1817 [1818]. V: *Doller, Johann Lorenz* (HS) (Th) (Schmal) (Jes) oder *Windischmann, H.* [?]. (Ky) (AarK)

— histor.-krit., zur Beleuchtung d. Reformation Luthers u. ihrer Geschichte. 1r Thl. A. u. d. T.: Luthers kathol. Monument, oder krit. Betracht. verschied. Urtheile kathol. oder unter Katholiken gerechneter Schriftsteller etc., (von J. L. Doller, oder ... Windischmann?). gr. 8. Frankf. a. M. 818. Andreä. 1 Rthlr 8 gr

Versuche in der Hyalographie oder Glasätzung ... Wien 1853. V: *Piil, C.* (WFM)

Versuche in der Hyalographie oder Glasätzung. Von einem Mitgliede der k. k. Hof- und Staatsdruckerei in Wien. 8. (38 S.) Wien, k. k. Hof- und Staatsdruckerei. 1853.

— mit Injektionen Koch'scher Lymphe bei Rindern. Dorpat 891. Karow.

— über interessante, noch fehlende, mit d. Pendel, welchen anfänglich, vermittelst d. Mariottischen Maschine, ein bestimmter Impuls ertheilt worden ist, (von J. P. v. Rode). gr. 4. Potsd. 820. Horvath. 6 gr

— f. prakt. Juristen. 1r Bd. 8. Gießen, Müller. 809.

— zu Kanzelvorträgen nach den Grundsätzen d. neuesten Religionsphilosophie. gr. 8. Frankf. 798. (Enobloch in Leipz.) 16 gr.

— zu Kanzelvorträgen nach d. Grundsätzen d. neuesten Religionsphilosophie. gr. 8. Frkft. (Gabler in Jena.) 798.

—— kleine poetische, (in sanctgaller u. appenzeller Mundart.) gr. 8. (2 1/8 B.) St. Gallen 836, Huber u. Comp.

— komische, von J***. A***. (Jh. André). 8. Hanau 766. Schulz. 4 gr.

Versuch zur Aufnahme der deutschen Sprache, Kritischer. Th. 1—15. Greifswalde 1742—46. 8.

Versuche, Critische, zur Aufnahme der Teutschen Sprache. Greifswald 1744. H: *Koch, Ehrenreich Christoph.* (ML)

Versuche, Kritische, über Gegenstände der alten Litteratur . . . Dessau 1790. V: *Nagel, Johann Andreas Gottfried.* (MGT)

Versuche, critische u. nicht critische. Von Egmont. I—IV. gr. 8. Danzig 885. Axt. n. 2. 85
I. Erdachsen im Verhältnis zum Werden u. Vergehen. Mit 1 lith. Skizze. (22 S.) n. — 50
II. Die Nächte d. Orients von Adf. Frdr. Graf v. Schack.
III. Die göttliche Comödie v. Dante Alighieri. (15 u. 25 S.) n. — 75
IV. Faust. Tragödie v. Goethe. (100 S.) n. 1. 60

Versuche, Kritische, die ältere böhmische Geschichte von späteren Erdichtungen zu reinigen . . . Prag 1803—19. V. *Dobrowsky, Joseph.* (Pk) (Ky) (MGT)

— krit., die ältere Böhm. Geschichte von spätern Erdichtungen zu reinigen (v. J. Dobrowsky.) gr. 8. Prag 803. Widtmann. 6 gr. (Vergl. Dobrowsky.)

Versuche zur Kultur der jugendlichen Seele in Reden aus der natürlichen Religion. Gera 1786. V: *Müller, Chn Carl Friedrich.* (Ky)

— zur Kultur d. jugendl. Seele in Reden aus d. natürl. Religion, (von Chr. Karl Fr. Müller). 8. Gera 786. Beckmann. 6 gr.

— kurze u. freie, ob d. Aufklärung, die erst in unsern Tagen entstanden ist, eine gute oder böse, eine wahre oder falsche war. 8. Passau 794. Ambrosi. 3 gr.

Versuche die Landwirthschaft betreffend; a. d. Engl. Leipzig 1776. Ü: *Jünger, Christian Friedrich.* (ML)

— d. Landwirthschaft betreffend, von e. Landwirthe; aus d. Engl. Mit Kpf. 8. Leipz. 776. Weidmann. 16 gr.

Versuche in Lehrgedichten und Fabeln. Halle 1747. V: *Sucro, Christoph Joseph.* (Uz-Gleim, Briefwechsel. Tübing. 1899. S. 472.) (Mn) (GGr) (Cat. d. Stadtbibl. Zürich. Zürich 1864—97.)

— in Lehrgedichten und Fabeln. 8. Halle, Hemmerde. 747.

Versuche über die Leistungsfähigkeit der Cokegeneratoren unter verschiedenen Zugverhältnissen (Arbeiten der Kommission für Generator-Versuche des Vereins von Gas- u. Wasserfachmännern Deutschlands. [1879.]) 4°

Versuche aus der Literatur und Moral. Leipzig 1767—68. V: *Clodius, Christian August Heinrich.* (Mn) »1763—69« (JL) »1767—69« (Verz. d. v. Meusebachschen Bibl. Berlin 1855. II, 136.)

— a. d. Literatur u. Moral, s. C. A. H. Clodius.

Versuche mit konisch-divergenten Locomotiv-Essen. [Zürich 1892.] V: *Fliegner, Albert.* (Cat. d. Stadtbibl. Zürich. Zürich 1864—97.)

——, Lyrische. Berlin, 1766, in der Rüdigerschen Buchhandlung. 8°. 31 S., 1 S. Inhalt. (5 Mk. 50 Pfg., sehr gutes Expl., Max Perl's Berliner Octob.-Auction 1907, no. 901.)

— medicinische, u. Bemerkk. d. Gesellschaft zu Edinburg; aus d. Engl. 7 Bde. Mit Kpf. 8. Altenb. 749—52. (Hennings in Neisse). 6 Rthlr 18 gr.

— medicinische, u. Bemerk. d. Gesellsch. zu Edinburg, a. d. Engl. m. K. 7 Bde. 8. Altenburg, Richter. (Akadem. Buchhandlung in Jena.) 749 — 52. (I. — IV. u. VI. VII. à 20 gr. V. 1 rthlr. 16 gr.) 6 18

Die medicinischen Versuche und Bemerkungen, welche von einer Gesellschaft in Edinburgh durchgesehen und herausgegeben werden. Aus dem Englischen übersetzt. Bd 2 - 7, Neue Folge: Bd 1 - 2, gbd., Abb.

Altenburg: Richter 1750 - 1757

— neue, u. Bemerkk. der Gesellschaft zu Edinburg aus d. Arzneikunst u. übrigen Gelehrsamkeit. 3 Bde. Aus d. Engl. v. A. G. Kästner. Mit Kpf. 8. Altenb. 756—74. Richter. (Hennings in Neisse.) 2 Rthlr 20 gr.

Versuche die Milchmalerey betreffend. [Riga 1804.] V: *Wichmann, Joh. Carl.* (R-N)

Versuche über die Mineralogie und das mineralogische Studium. Alt. 1797. V: ***Steffens, Henrich.*** **(NN)**

— moralische, u. Erzählungen; aus d. Engl. von J. Fr. Schiller. 2 Bde. 8. Mainz 785, 87. N. A. 815. Kupferberg. 2 Rthlr

——, Moralisch(e) und Satyrische. (Gedichte.) Leipzig u. Zelle, bey N. D. Runge, 1771. 8°.

Versuche, Moralische, mit Scherz untermischte, ein kleines Geschenk für meine Freunde. Strassburg 1774. V: *Breu, Johann Siegfried.* (MGT) (Ky)

— moralische, mit Scherz untermischte, e. kleines Geschenk für meine Freunde (von Jh. S. Breu). 8. Straßb. 774. Stein. 10 kr

Versuche über hypochondrische und andere Nerven-Affektionen. A. d. Engl. . . . Essen u. Duisburg 1819. V: *Kaid, John.* (Rass)

— neue, e. Anleit. zum sichersten Verstand u. Gebrauch d. Offenbarung Johannis, vornehml. ihrer prophet. Zeitbestimmungen, von J. G. P. (Pfeiffer). 8. o. O. (Stuttg.) 788. (Löflund; a. Hoffmann). 1 ß

Neue Versuche und Bemerkungen aus der Arzteneykunst und übrigen Gelehrsamkeit einer Gesellschaft zu Edimburg vorgelesen und von ihr herausgegeben. Aus dem Englischen übersetzt. Bd 1 - 2. Altenburg: 1756 - 1757

s.: Versuche, Die medicinischen, und Bemerkungen, welche von einer Gesellschaft in Edinburgh durchgesehen und herausgegeben werden. Neue Folge: Bd 1 - 2.

— neue, über den Kalk u. Mörtel, s. L. J. Vicat.

— neue, über den Kalk u. Mörtel, von L. J. Vicat u. Andern. Aus den Französ. übersetzt u. mit Zusätzen verm. Nebst 3 Steint. gr. 4. Berlin 825, Mittler.

Versuche, Neue, über die Lehre vom Temperament und den menschlichen Neigungen. Tübingen 1795. V: *Bardili, Christoph Gottfried.* (Ky) (MGT)

— neue, über d. Lehre vom Temperament u. d. menschl. Neigungen, (von Cph. Gf. Bardili). 4. Stuttg. 795. Löflund. 20 kr

Neue Versuche üb. d. Lehre vom Temperament u. den menschl. Neigungen. 368 S. Stuttg. 1795. 8°.

— neue, nützl. Sammll. zur Natur- u. Kunstgeschichte, sonderlich von Obersachsen, (von Cph. Glo. Grundig). 48 Thle oder 4 Bde. 8. Schneeb. 748—64.

— n. theatralische, enthalt. 1) e. Trauersp. 2) Clevelands Schicksale, Lustsp. 3) d. Augenarzt, Schausp. 4) d. Gespenster, Nachsp. 8. Bresl. 757.

— neue, in d. Werken d. Scharfsinnigkeit. 8. Jena, Melchior. 747.

— neueste dramat., v. Lindheimer. 1s Bdch. 8. Heidelberg, Mohr u. Z. 805.

Versuche, Neueste, in Frankreich zur Einrichtung der Gottesverehrung. [Halberstadt 1798.] V: *Fischer, Gottlob Nathanael.* (ML)

Norwegische Versuche mit Schnellfeuer-Feldkanonen. Bericht über die im Winter 1899/1900 ausgeführten Versuche mit neuem Feldartillerie-Material. Christiania 1900. 27 S. 4°.

Versuche und Bemerkungen, Nützliche, aus dem Reiche der Natur . . . Nürnberg [1760]. V: *Bauer, Gg.* (Bibliotheca Norica Williana. Altdorf 1772—78. II, 1, 38.)

Nützliche Versuche und Bemerkungen aus dem Reiche der Natur, allen Erz- und Naturkündigen, Bergwerksverwandten, wie auch denen Liebhabern der Alchimie zum Gebrauch und Nutzen herausgegeben. Nürnberg, Verlegts Georg Bauer, 1760. pp. [xvi]-214-[ii], 12mo. Ill.

— die, auf dem Versuchsgute Pentkowo. 4. Bericht üb. die Tätigkeit auf dem Versuchsgute Pentkowo. Jahrg. 1904 u. 1905. Unter Mitwirkung v. Krenz, Densch u. W. Doehler erstattet v. Gerlach. (Hrg. v. der Landwirtschaftskammer f. die Prov. Posen) (47 S.) Lex.-8. Berlin 906. P. Parey. n. 1. 50

Versuche, Philosophische, über die menschliche Natur und ihre Entwickelung. Leipzig 1776. V: *Tetens, Joh. Nicolaus.* (Kordes, Schlesw.-holst. u. eutin. Schriftst. Schleswig 1797.)

Versuche, Philosophische und politische. Zürich 1760. V: *Iselin, Isaac.* (Cat. d. Stadtbibl. Zürich. Zürich 1864—97.)

— philosophische u. politische. 8. Zürich 767. Orell. 12 kr

Versuche über die Platina. Mannh. 1782. V: *Sickingen, Carl Graf von.* Ü: *Suckow, Georg Adolph.* (CBH) (ML) (Gatterer, Repert. d. minerl. Litt. Giessen 1798—99. II, 251.)

— über d. Platina, (vom Grafen v. Sickingen); aus d. Französ. von G. A. Suckow. Mit Kpf. gr. 8. Manh. 782. Schwan u. G. (Löffler). 1 ß

Versuche, Poetische, in drey Büchern. Frankf. a. M. 1761. V: *Pfeffel, Gottlieb Conrad.* (Mn) (Verz. d. v. Meusebachschen Bibl. Berl. 1855. S. 103.) V: *Raab, Andreas.* (Ky)

— poetische, in 3 Büchern, (von Andr. Raab). 8. Frankf. a. M. 761. N. A. 768. Garbe. (Brönner). 12 kr

— poetische, in 3 Büch. 8. Frankf. Garbe. (Gebhardt u. K. auch Herrmann.) 768.

Versuche, Poetische, von J. G. J. Düsseldorf 1764. V: *Jacobi, Johann Georg.* (JL) (Mn) (GGr)

Versuche, Poetische, von F. v. P. S. Augsburg 1774. V: *Schrank, Franz von Paula von.* (GGr)

——, Poetische. Frankfurt a. M. 1805. (Nebst Kupfertitel.) 8°. (5 Mk., Expl. auf Velinp., Bernhard Liebisch, Lpz., 1908.)

— poetische. 8. Lübeck 805. Bohn. 10 Gr

——, Poetische. Lübeck 1805. 8°. 142 S.
Goedeke VII, 396, 104: Vgl. N. Leipz. Lit.-Ztg. 1805. Nr. 95.

— poetische, mit Kpf. gr. 8. Regensb. 806. Reitemeyer. (Joachim in Leipz.) 1 Thlr

——, Poetische. Mit 2 reizenden Kupfern u. mehreren Vign. Moskau, Buchdruckerey N. S. Vsevoloiski, 1810. 8°. (30 Mk., Saffianbd. m. G. Die Vorsatzpapiere sind mit Seide ausgelegt. Schönes Expl. auf besserem Papier, Jos. Baer & Co., Frkfrt. a. M., 1912.)

Versuche, Poetische, Von R. S. Eger 1812. V: *Schreyer, Ant.* (GGr)

Versuche, Poetische, von Amalie Louise. Braunschweig 1823—24. V: *Liebhaber, Amalie Louise Henriette von.* (MGT) (GGr)

— poetische, von Amalie Louise. 8. Braunsch. 824. Vieweg.

Versuche, Poetische u. dramatische. Als Almanach f. d. J. . . . . Hg.: Leisten.
1816.
Berlin. Goed. VIII, 93, 180.

— poetische, e. Frauenzimmers. 8. Frankf. a. M. ... (Wesché). 2 Gr

— poetische, e. Frauenzimmers. 8. Augsb. 787. Wolff. 3 Gr

Versuche, Poetische, eines adelichen Frauenzimmers an ihre Freunde. Breslau 1776. V: *Titzenhofer, Sophie Eleonore Helene geb. von Wundsch.* (ADB) (schl) (MGT) (Ky) (GGr)

— poetische, e. adelichen Frauenzimmers, (Fräul. v. Wundsch). 8. Bresl. 776. N. Aufl. unt. d. Tit.: v. Kortzfleisch, frühere Gedichte. 8. Ebd. 792. (Belitz in Berl.) 6 Gr

— poetische, v. e. einsam lebenden Frauenzimmer, (Th. P. in B.) Aus d. Französ. metrisch übersetzt von Elise B***, geb. L*** in E. 16. Augsb. 830. Wolff. 4 Gr

Versuche, Poetische, eines Freundes der vaterländischen Muse. Nürnberg 1791. V: *Heiden, Nicolaus Adam.* (GGr) (Ky) (will)

Versuche, poetische, der Humanitäts-Schüler an dem k. k. akadem. Gymnasium zu Innsbruck im Jahre 1844. Herausgeg. von einigen Freunden der studirenden Jugend. gr. 8. Innsbruck 844. (Wagner'sche Buchh.) n. 1/2 Thlr

Versuche, Poetische, aus der Jugendzeit eines damaligen Schulmeisters. Troppau 1851. V: *Urban, Emanuel.* (Ky)

Versuche, poetische, aus der Jugendzeit eines dermal. Schulmeisters. 16. (43 S.) Troppau 851, Traßler's Verlag. *

Versuche, Poetische und prosaische, der Frau v. B. Berlin 1787. V: *Bandemer, Susanne von geb. von Franklin.* (Ky) (MGT) (schl)

Versuche, poetische u. prosaische, von Frau v. B. (Sus. v. Bandemer). 8. Berl. 787. W. Vieweg. 8 Gr

— poetische u. prosaische, von einigen Freunden d. Angenehmen u. Nützlichen. 8. Wien 805. Rehm. 2 Thlr

Poetische und prosaische Versuche einiger Schüler der Poetik und Rhetorik am Lyceum in Rastatt. 67 S. 8°. Rastatt, P 1830

— poetische, u. Uebersetzungen v. Fd. Kämmerer. 8. Darmst. 813.

— praktische, das Gewicht des Schlachtviehes durch Ausmessung zu finden. Auf Veranlassung des landwirthschaftl. Vereins zu Elbing aus Thaer's Annalen entlehnt. Zum Nutzen u. zur schnellern Uebersicht für Landwirthe, Fleischer, Viehhändler rc. berechnet u. tabellarisch zusammengestellt von einem Mitgliede des gedachten Vereins. 12. Elbing 842, Neumann-Hartmann. 1/6 Thlr

— in etlichen (9) Predigten. 8. Magdeb. 797. Scheidhauer. (W. Nauck; a. Centr.-Compt. in Leipz.) 8 Gr

— in etlichen (9) Predigten. 8. Magdeburg. Scheidhauer. (Sommer in Lpz.) 797.

— zur Prüfung der Empfindlichkeit gefrorener u. halbgefrorener Nitroglyzerinsprengstoffe gegenüber plastischen. A. Mitteilungen aus der Zentralstelle für wissenschaftl.-techn. Untersuchgn. zu Neubabelsberg. Von W. Will. B. Berichte der königl. Bergwerksdirektion zu Saarbrücken. (36 S. m. Abbildgn.) Lex.-8. Berlin 905. W. Ernst & Sohn. n. 1. —
Sonderabdruck aus: „Zeitschr. f. d. Berg-, Hütten- u. Salinenwesen".

Versuche, Psychologische, ein Beytrag zur esoterischen Logik. Frankf. u. Leipzig 1777. V: *Hissmann, Michael.* (WBL)

— psychologische, e. Beitrag zur esoterischen Logik. 8. Frankf. 777. Helwing in Hannov. 6 Gr

Psychologische Versuche; e. Beytrag zur rhetorischen Logik. Frkf. u. Lpz. 8°. 1777

Versuche mit prismatischem Pulver der Pulver-Fabrik Rottweil-Hamburg. H. 2—6. Rottweil a. N. 1882—1884. 4°

Versuche, Pyrotechnische, mit niederrheinischem Basalt nebst Folgerungen. Anhangsworte über den rheinischen Bimstein. 1824. V: *Nose, Carl Wilh.* (Verhd. naturhist. Vereines d. preuss. Rheinlande. 44, S. 181 ff.) (Mitth. Erich Haarmann-Charlottenburg.)

Versuche üb. d. Raumbeständigkeit v. Portland-Cement. (7 S. m. 1 Taf.) 32,5×23,5 cm. Stuttgart 903. (Freiburg i/B., J. Bielefeld.) 2. 25
Sonderabdruck aus: „Baumaterialienkde."

Versuche in der teutschen Rede- Dicht- und Sprachkunst . . . Blankenhain 1732—35. MV & H: *Fabricius, Joh. Albert.* (Rüdiger, Neuester Zuwachs. Liegnitz 1782—93. IV, 164.)

Versuche mit Gott zu reden. Reutlingen 1775. V: *Huber, Johann Ludwig.* (MGT) »1776« (Ky)

— mit Gott zu reden, (von J. L. Huber). 8. Reutling. 776. Monath u. K. in Nürnb. 10 gr 2e Aufl. 8. Tübing. 787. (Metzler in Stuttg.) 14 gr

— in Reden mit Gott, siehe Huber, J. L.

Religionsgeschichtliche Versuche und Vorarbeiten hrsg. von Albrecht Dieterich in Heidelberg u. Richard Wünsch in Gießen. Bd 1. *Gießen: J. Ricker 1903.* 8° [illegible]

— u. **Vorarbeiten**, religionsgeschichtliche, hrsg. von Albr. Dieterich u. Rich. Wünsch. I. Bd., II. Bd. 4 Hefte u. III. Bd. 1. Heft. gr. 8. Giessen, A. Töpelmann. n. 14. 75

I. **Attis, seine Mythen u. sein Kult. Von Hugo Hepding. (VIII, 224 S.) 903.** n. 5. —

II, 1. **Musik u. Musikinstrumente im Alten Testament. Eine religionsgeschichtliche Studie. Von Hugo Gressmann. (32 S.) 903.** n. — 75

2. **De mortuorum iudicio. Auct. Ludov. Ruhl. (73 S.) 903.** n. 1. 80

3. **De poetarum Romanorum doctrina magica quaestiones selectae. Auct. Ludov. Fahz. (64 S.) 904.** n. 1. 60

4. **De extispicio capita tria, scripsit et imaginibus illustravit Georg Blecher. Accedit de Babyloniorum extispicio Caroli Bezold supplementum. (75 u. 7 S. m. 8 Taf.) 905.** n. 2. 80

III, 1. **Die Götter des Martianus Capella u. der Bronzeleber v. Placenza. Von Carl Thulin. Mit 2 Abbildgn. im Text u. 1 Taf. (IV, 92 S.) 906.** n. 2. 80

— u. **Vorarbeiten**, religionsgeschichtliche, begründet v. Albr. Dieterich u. Rich. Wünsch, hrsg. v. Rich. Wünsch u. Ludw. Deubner. III. Bd. 2. u. 3. Heft, IV. Bd. 3 Hefte, V. u. VI. Bd.; VII. u. VIII. Bd. à 3 Hefte u. IX. Bd. 1. u. 2. Heft. gr. 8. Giessen, A. Töpelmann. 72. 50

Abt, Adam, die Apologie des Apuleius v. Madaura u. antike Zauberei. Beiträge zur Erläuterg. der Schrift de magia. (VII, 271 S.) 908. (IV. Bd. 2. Heft.) 7. 50

Appel, Georg, de Romanorum precationibus. (222 S.) 909. (VII. Bd. 2. Heft.) 7. —

Ehrmann, Philipp, de iuris sacri interpretibus Atticis. (II, 62 S.) 908. (IV. Bd. 3. Heft.) 1. 80

Fehrle, Eug., die kultische Keuschheit im Altertum. (XII, 250 S.) 910. (VI. Bd.) 8. 50

Gundel, Guilelm, de stellarum appellatione et religione romana. (III, 160 S.) 907. (III. Bd. 2. Heft.) 4. 40

Kircher, Karl, die sakrale Bedeutung des Weines im Altertum. (VIII, 102 S.) 910. (IX. Bd. 2. Heft.) 3. 50

Mueller, Ericus, de Graecorum deorum partibus tragicis. (VIII, 146 S.) 910. (VIII. Bd. 3. Heft.) 5. 20

Pfister, Frdr., der Reliquienkult im Altertum. 1. Halbbd. Das Objekt des Reliquienkultus. (XII, 399 S.) 909. (V. Bd.) 14. —

Pradel, Fritz, griechische u. süditalienische Gebete, Beschwörgn. u. Rezepte des Mittelalters, hrsg. u. erklärt. (VIII, 151 S.) 907. (III. Bd. 3. Heft.) 4. —

Schmidt, Ernst, Kultübertragungen. (VII, 124 S.) 909. (VIII. Bd. 2. Heft.) 4. 40

Schmidt, Henr., veteres philosophi quomodo iudicaverint de precibus. (74 S.) (907.) (IV. Bd. 1. Heft.) 2. —

Schmidt, Wilh., Geburtstag im Altertum. (XV, 138 S.) 908. (VII. Bd. 1. Heft.) 4. 80

Tambornino, Jul., de antiquorum daemonismo. (II, 112 S.) 909. (VII. Bd. 3. Heft.) 3. 40

Wächter, Thdr., Reinheitsvorschriften im griechischen Kult. (IV, 144 S.) 910. (IX. Bd. 1. Heft.) 5. —

Weinreich, Otto, antike Heilungswunder. Untersuchgn. zum Wunderglauben der Griechen u. Römer. (XII, 212 S.) 909. (VIII. Bd. 1. Heft.) 7. —

— v. Rissen, Blumen, Grotesken u. and. Verzierungen, m. K. 2 Thle. 4. Frankf. (Breuning in Erlang.) 776.

— von Rissen, Blumen, Grotesken u. and. Verzierungen. 2 Thle, mit Kpf. 4. Frankf. 776. (Heyder in Erlang.) 1 rß

Versuche, Satirische. Frankf. u. Leipzig 1764. V: *Löwen, Johann Friedrich.* (Mitth. Moriz Grolig.)

— satyrische. 8. Jena 764. Güth. 4 gr

——, Satyrische u. Moralische, enthaltend: Die Reise nach dem Lande der Philosophen. Ein satyrischer Traum. — Die versteinerte Stadt. Ein moralischer Traum. — Omphale u. Herkules. Ein Todtengespräche. — Elegie eines Frauenzimmers in ungebundener Rede. — Fabeln zum Unterrichte für ein junges Frauenzimmer. Erfurt 1752. 8°. Selten! (3 Mk. Franz Teubner, Düsseldorf, c. 1898.)

—— eines Scheintodten. (Gedichte.) 8. (13½ B.) Breslau 846, Epstein.

—— eines Scheintodten. (Gedichte.) 8. (416 S.) Breslau 847, Epstein.

Versuche zu sehen. Hamburg 1797—1800. V: *Hess, Jonas Ludwig von.* (Ky) (MGT) (Schr)

— zu sehen, (v. J. L. v. Heß.) 2 Thle. gr. 8. Hamb, Hoffmann. 797—800. (I. 1 Rthlr. 12 gr. II. 1 Rthlr. 16 gr.) 3 4

— zu sehen, (von J. L. v. Heß). 2 Thle. gr. 8. Hamb. 797—800. (Campe). 3 rß 4 gr

Versuche zu sehen. 2 Thle. Hamburg 1797 und 1800. 399, 496 S. 8.

— in Sinngedichten. 2 Sammll. 8. Wismar 777. Bödner. 12 gr

Versuche aus dem Gebiete d. Staatswissenschaften. Von Humanus. 2 Hfte. — A. u. d. T.: Ueber Gymnasien als allgem., gelehrte Bildungsschulen, mit Rücksicht auf Bayern. Nebst einleit. Bemerkn. üb. Menschenwesen, Erziehung u. Schulen, überh. — Ueber Landesverschönerung als Gegenstand d. Staatsversorge. Nebst e. vorbereit. Abhandl. üb. den Menschen, die Familie u. den Staat. 8. (12¼ B.) Augsburg 830, 31, Wolfhart. (Kollmann.) à

Versuche über einige Theile der Artillerie und der Befestigungskunst. A. d. Franz. . . . Wien 1826. V: *Chasseloup-Laubat, François Marquis de.* (EB) (Zuwachsverz. d. Bibliotheken in Zürich. Zürich 1898 ff.)

Versuche über einige Teile der Artillerie und der Befestigungskunst, von dem General Chasseloup de Laubat. Aus d. Französ. u. mit e. Nachtrag von J. Rüber. 2. Ausg. Mit 1 Atl. Wien 1826. 176 S.

Versuche über einige Theile d. Artillerie u. d. Befestigungskunst v. General Grafen C***. Aus d. Franz. v. J. Rueber. Mit 9 Kupfert. gr. 8. Wien 826. (Heubner.)

Versuche. Die V., Zug von dem eidgenössischen Bunde zu trennen ... s. [Keiser, Carl Caspar].

Versuche, E. R. Grafen v. Vargas. Neue Ausg. Leipzig 1811. V: *Grosse, Carl.* (EE)

— über die Verbess. der öffentlichen Erziehung, siehe Js. Iselin.

Versuche zur Verbesserung der katholischen Liturgie . . . München 1804. V: *Winter, Vit. Ant.* (Schmal)

— zur Verbesserung d. kathol. Liturgie. 1r Versuch. gr. 8. München 804. J. Lindauer. 16 gr.

Versuche und Verbesserungen bei dem Bergwerksbetriebe in Preussen während des Jahres 1882. Abdruck. Berlin 1884.
dgl. 1883. Ebend., 1884.
dgl. 1884, 1889. Ebend., 1885 und 1890.

Versuche und Verbesserungen bei dem Bergwerksbetriebe in Preussen während des Jahres 1898, 1899, 1900. Abdr. (läuft weiter). Berlin 1899, 1900 u. 1901.

Versuche über die Verdaulichkeit der Weizenkleie und deren Veränderung durch verschiedene Arten der Zubereitung und Verabreichung, sowie über die Verdaulichkeit des Wiesenheus im trockenen und angefeuchteten Zustande. Auf der landwirthschaftl. Versuchs-Station Möckern in den J. 1877—1881 ausgeführt von Gust. Kühn, Frz. Gerver, Max Schmöger, A. Thomas, O. Kern, R. Struve und O. Neubert. [Referent: G. Kühn.] gr. 8. (214 S.) Berlin 883, Parey. *
Aus: Landwirthschaftliche Versuchs-Stationen, besonders abgedruckt.

Versuche, vergleichende, über die Feuersicherheit von Speicherstützen. Commissions-Bericht, erstatt. im Auftrage d. Hamburger Senates. gr. 4. (III, 84 S. m. 17 Taf.) Hamburg 895. O. Meißner's Verl. n. 10. —

— vergleichende, üb. d. Feuersicherheit gußeiserner Speicherstützen. Commissions-Bericht, erstatt. im Auftrage d. Hamburger Senates. gr. 4. (III, 87 S. m. Fig., 2 graph. u. 10 Lichtdr.-Taf.) Ebd. 897. n. 10. —

Versuche, vergleichende, über die Heizkraft und andere in technischer Beziehung wichtige Eigenschaften verschiedener Steinkohlen. Ausgeführt auf der kaiserl. Werft zu Wilhelmshaven. Zusammenstellung der Resultate dieser Versuche. Versuche mit verschiedenen westfäl. Kohlen auf dem Laboratorium der Berliner Bergakademie. Hrsg. vom Verein für die bergbaul. Interessen im Oberbergamtsbez. Dortmund. 1. und 2. Aufl. gr. 8. (19 S.) Essen 877, (Bädeker.)
Aus: Marine-Verordnungsblatt, besonders abgedruckt.

— über d. Vermögen d. Pflanzen u. Thiere Wärme zu erzeugen u. zu vernichten; aus d. Engl. (des Crawford) mit e. eigenen Abhandl. über d. Gegenstand von Lor. v. Crell. 8. Helmst. 778. (Fleckeisen). 6 gr.

Versuche über das Vermögen der Pflanzen und Thiere, Wärme zu erzeugen . . . A. d. Engl. . . . Helmstatt 1778. V: *Bladgen, K., John Hunter & Matthias Dobson.* (EBHN) (Call) V: *Crawford, Adair.* (Ky)
Vgl. Versuche u. Beobachtungen üb. d. Wärme d. Thiere . . . 2. Ausg.

Versuche über das Vermögen der Pflanzen und Thiere, Wärme zu erzeugen und zu vernichten. Aus d. Engl. übers. u. mit e. eigenen Abhandlung über denselben Gegenstand verm. von L[orenz von] Crell. Helmstedt: Kühnlin 1778, 94 S. 8°

Volta's neueste Versuche über Galvanismus, Beschreibung eines neuen Galvanometers und andere kleine Abhandlungen über diesen Gegenstand. 130 S., gbd., 2 Taf.

Wien: Camesina 1803

JB 225

Vorgängige Versuche zu Erwirkung eines Vertrages zwischen den in dem bisherigen Hexereykriege verwickelten Gelehrten, wie auch zum nutzbaren Unterrichte, wie man von der Zauber- und Hexerey weder zu wenig noch zu viel glauben soll, unternommen von einem Verehrer der Gelehrten, und Liebhaber der christlichen Wahrheiten. An dem Maynstrome. 767. 4.

Versuche an der Wasserhaltung der Zeche Franziska in Witten. Berlin, 1907. 19 S. mit 11 Abb.

Versuche in den Werken des guten Geschmacks. Bayreuth 1746. H: *Petermann, Carl Maximil. Wilhelm.* (ML) (Fiker)

— in d. Werken d. guten Geschmacks. 6 Stck. 8. Erlangen, Haueisen. 746.

Versuche über die Wirkungsweise d. Milzbrandimpfgn. nach d. Pasteur'schen Verfahren. Ausgeführt auf Anordnung des Ministeriums bei Rindvieh u. Schafen der Domäne Packisch. Berlin 882. Hirschwald. M. -.50.

—— des sich bildenden Quedlinburgischen Witzes. (Motto: 4 Versz. aus Martial, darunter Vignette m. Bandschrift u. Signet des Verlegers, gestoch. v. J. D. Philippin. geb. Sysangin.) Quedlinburg, 1759. zu haben in der Fürstl. privileg. Biesterfeldischen Buchhdlg. 8°.

v. d. neuen Versuchen des Königl. Preußischen Hofes die Lütticher Sache zu vermitteln. gr. 8. Berl. 791. Rottmann. 4 gr.

Versucher, Michels. Eine kleine aristophanische Zeitcomödie vom Dichter der «Sturmvögel». München 1860. V: *Perthaler, Johann.* (Margr)

Versucherin, die, v. Verf. des Weibes wie es ist. (Gustav Schilling.) 8. Dresden, Arnold. 807.

Versucherin, die, von Gustav Schilling. 2te Aufl. (der sämmtl. Schriften 49r Bd.) 8. Dresden, Arnold. 819.

Versucherinnen, Die, vom Verfasser des Weibes, wie es ist. Pirna 1804. V: *Schilling, Friedrich Gustav.* (NN) (MGT)

1897—1907. Zehn Jahre Deutsche Versuchsanstalt für Lederindustrie (Freiberg i. Sa.). — Freiberg i. Sa.: E. Mauckisch 1908 66 S. 8°

Versuchsanstalt, Die neue, und das neue Laboratorium des städtischen Gaswerkes Wien-Simmering. Wien 1908. V: *Marischka, Carl.* (EB)

Versuchs-Ergebnisse der Artillerie-Prüfungs-Kommission für 1875, 1876, 1876/77 — 1882/83. Auf dienstl. Veranl. gedr. Berlin 1875 — 1883.

Versuchs-Ergebnisse über die Maschinen und Transformatoren des «Impianto Idro-Electrico del Caffaro, Brescia». Einheit 2750 K.V.A., 46000 Volt Spannung. [Mit Figuren und 1 Tafel.] Sonderabdruck aus «Schweizerische Elektrotechnische Zeitschrift» 1904, Heft 17. II + 6 S. 4. Zürich, Fritz Amberger.

Das **Versuchs-Kornhaus** und seine wissenschaftlichen Arbeiten. Eine Sammlung von Aufsätzen u. Vorträgen hrsg. von Dr. J. F[riedrich] Hoffmann, Vorsteher d. Versuch.-Kornhauses. Mit 2 Taf., 6 Pl. u. 65 Bildern. Berlin: Versuchs-Kornhaus 1904. (XII, 593 S.) 8° [05. 636

Versuchs-Kornhaus, das, u. seine wissenschaftlichen Arbeiten Eine Sammlung v. Aufsätzen u. Vorträgen, hrsg. v. J. F. Hoffmann. Mit 2 Taf., 6 Plänen u. 65 in den Text gedr. Bildern. (XII, 593 S.) gr. 8. Berlin 904. (P. Parey.) Geb. in Leinw. n.n. 12. —

Versuchs-Material, Schweiz. März 1902. [Essen 1902.] V: *Krupp, Frdr.* (Zuwachsverz. d. Bibl. Zürich 1898 ff., 7.)

Röhrenwerk Herrenhütte A. Hering: Amtliche Versuchsresultate an der für das städtische Electrizitätswerk Mannheim gelieferten Ueberhitzer-Anlage. Nürnberg 1902

Versuchs-Resultate in der Bekämpfung der Kartoffel-Krankheit vom Sommer 1890. 2. Bekämpfung der Kartoffel-Krankheit. Bern 1891. V: *Wüthrich, Ernst.* (BSchwLk V, 9 a b)

Versuchsstation, die agrikultur-chemische, des landwirtschaftlichen Vereines der Pfalz in Speyer. 1 Blatt Text und 3 Pläne in Mappe. fol Speyer (1877)

Die Landwirtschaftliche Versuchs-Station in Münster i. W. in ihrer Entwickelung während der ersten 25 Jahre. E. Denkschrift. Gleichzeitig als 4. Bericht hrsg. von J[oseph] König — Münster ‚Der Westfale' 1896. VII, 261 S. 8°

Versuchs-Stationen, die landwirthschaftlichen. Organ für wissenschaftliche Forschungen auf dem Gebiete der Landwirthschaft. (Herausg. von Reuning.) 1. Heft. Dresden 858. Schönfeld. gr. 8. (100 S.) n. 16 ngr.

Versuchs-Stationen, die landwirthschaftlichen. Organ für wissenschaftliche Forschungen auf dem Gebiete der Landwirthschaft. 1—12. Heft oder 1—4. Bd. gr. 8. Dresden, Schönfeld's Buchh. [1. Bd. (IV und 278 S.) 858,59. 1. Heft * 16 Ngr., 2. Heft * 14 Ngr., 3. Heft * 16 Ngr.; 2. Bd. (308 S.) 859. 60. 4. Heft * 18 Ngr., 5. und 6. Heft à * 16 Ngr.; 3. Bd. (III und 324 S.) 861. 7. Heft * 18 Ngr., 8. Heft * 14 Ngr., 9. Heft * 22 Ngr.; 4. Bd. (IV und 360 S.) 862. 10. Heft * 20 Ngr., 11. Heft * 18 Ngr., 12. Heft * 24 Ngr.] *

Versuchs-Stationen, die landwirthschaftlichen. Organ für wissenschaftl. Forschungen auf dem Gebiete der Landwirthschaft. 13. und 14. Heft. gr. 8. (5. Bd. III und 232 S.) Dresden 863, Schönfeld's Verlag. [13. Heft * 22 Ngr., 14. Heft * 16 Ngr.] *

—— dass. — Unter Mitwirkung sämmtl. deutschen Versuchs-Stationen sowie der königl. preuß. landwirthschaftl. Akademien hrsg. von Friedr. Nobbe. 6.—9. Bd. Jahrg. 1864—67. à Jahrg. 6 Hefte. (à 4—6 Bog.) gr. 8. Chemnitz, Focke. à Jahrg. *

Versuchs-Stationen, die landwirthschaftlichen. Organ für naturwissenschaftl. Forschungen auf dem Gebiete der Landwirthschaft. Unter Mitwirkung sämmtl. deutschen Versuchs-Stationen sowie der königl. preuß. landwirthschaftl. Akademieen hrsg. von Friedr. Nobbe. 10.—12. Bd. Jahrg. 1868—1870. à Jahrg. 6 Hefte. (à 4—6 Bog.) gr. 8. Chemnitz, Focke. à Jahrg. *
1.—5. Bd. Dresden 1858—63, Schönfeld's Verlagsh. *M. 25.; 6.—9. Bd. Chemnitz 1864—67, Focke. *M. 27.

—— dass. — 13. und 14. Bd. oder Jahrg. 1870 und 1871. à Jahrg. 6 Hefte. (à 4—6 Bog. mit Stnt.) gr. 8. Ebendas. à Jahrg. *

—— dass. — Unter Mitwirkung sämmtl. deutscher Versuchs-Stationen und landwirthschaftl. Akademieen hrsg. von Friedr. Nobbe. 15.—17. Bd. Jahrg. 1872—1874. à Jahrg. 6 Hefte. gr. 8. (à Heft ca. 80 S.) Ebendas. à Jahrg. *

—— dass. — 18. Bd. Jahrg. 1875. 6 Hefte. gr. 8. (à Heft ca. 80 S.) Ebendas. *

Versuchs-Stationen, die landwirthschaftlichen. Organ für naturwissenschaftl. Forschungen auf dem Gebiete der Landwirthschaft. Unter Mitwirkung sämmtl. deutschen Versuchs-Stationen und landwirthschaftl. Akademien hrsg. von Friedr. Nobbe. 19. Bd. Jahrg. 1876. 6 Hefte. gr. 8. (480 S. mit 1 Taf.) [Chemnitz, Focke.] Berlin, Parey. *
—— dass. — 20. und 21. Bd. à 6 Hefte. gr. 8. (480 S. mit 1 Taf. und 19 eingedr. Holzschn.; 480 S.) Berlin 877, [Wiegandt, Hempel und Parey.] Parey. à Bd. *
—— dass. — 21. Bd.: Suppl. Register über Bd. I bis XX. Unter Mitwirkung der Redaction bearb. von H. Hänlein und U. Sachse. gr. 8. (96 S.) Ebendas. 878. *

Versuchs-Stationen, die landwirthschaftlichen. Organ für naturwissenschaftliche Forschungen auf dem Gebiete der Landwirthschaft. Unter Mitwirkung sämmtlicher deutschen Versuchs-Stationen hrsg. von Frdr. Nobbe. 20. u. 21. Bd. à 6 Hfte. gr. 8. (à Hft. ca. 104 S. m. 1 Steintaf.) Berlin 877. Parey. à Bd. n. 12. —

—— dass. — 22. Bd.: Entwicklung und Thätigkeit der land- und forstwirthschaftl. Versuchs-Stationen in den ersten 25 Jahren ihres Bestehens. Festschrift zur Feier des 25jähr. Jubiläums der Versuchs-Station Möckern. gr. 8. (XIV, 449 S.) Ebendas. 877. *
—— dass. — 23. und 24. Bd. à 6 Hefte. (VIII, 472 S. mit 3 Stnt. und 8 eingedr. Holzschn.; VIII, 480 S. mit 2 Stnt. und 1 eingedr. Holzschn.) Ebendas. 878,79. à Bd. *

Versuchs-Stationen, die landwirthschaftlichen. Organ für naturwissenschaftliche Forschungen auf dem Gebiete der Landwirthschaft. Unter Mitwirkung sämmtl. deutschen Versuchs-Stationen hrsg. von Friedr. Nobbe. 25. und 26. Bd. à 6 Hefte. gr. 8. (à Heft 80 S.) Berlin 880, [Wiegandt, Hempel und Parey.] Parey. à Bd. *
—— dass. — 27.—31. Bd. à 6 Hefte. gr. 8. (à Heft 80 S.) Berlin 881—84, Parey. à Bd. *

— dasselbe. 23—28. Bd. à 6 Hfte. gr. 8. (à Hft. 128 S. m. 1 Steintaf. in qu. Fol.) Ebend. 878—82. à Bd. n. 12. —

Versuchs-Stationen, die landwirthschaftlichen. Organ für naturwissenschaftliche Forschungen auf dem Gebiete der Landwirthschaft Unter Mitwirkung sämmtl. deutschen Versuchs-Stationen hrsg. von Friedr. Nobbe. 32.—35. Bd à Bd. 6 Hefte. gr. 8. (à Bd. 480 S.) Berlin 885—88 Parey. à Bd. *

Versuchs-Stationen, die landwirtschaftlichen. Organ f. naturwissenschaftl. Forschgn. auf dem Gebiete der Landwirtschaft. Unter Mitwirkung sämtl. deutschen Versuchs-Stationen hrsg. v. Friedr. Nobbe. 36.—40. Bd. à Bd. 6 Hefte. gr. 8. (480 S. m. 1 Taf.; 480 S. m. 2 Taf.; 480 S.; 480 S. m. 11 Taf. u. 1 Portr.; 480 S. m. 2 Taf.) Berl. 889—92, Parey. à Bd. * 12 —

Versuchs-Stationen, die landwirtschaftlichen. Organ f. naturwissenschaftl. Forschgn. auf dem Gebiete der Landwirtschaft. Unter Mitwirkg. sämtlicher deutschen Versuchs-Stationen hrsg. v. Frdr. Nobbe. 39.—43. Bd. à 6 Hfte. (à ca. 5 Bog.) gr. 8. Berlin 891 — 894. P. Parey. à Bd. n. 12. —

— dasselbe. 44. Bd. gr. 8. Ebd. 894. n. 12. —
Arbeiten der kgl. landwirtschaftlichen Versuchs-Station Möckern aus der Hinterlassenschaft des Prof. Gust. Kühn. Bericht, erstattet im Auftrage des königl. Ministeriums des Innern zu Dresden v. O. Kellner. (VIII, 581 S. m. 1 Taf.)

— dasselbe. 45. Bd. 6 Hfte. (à ca. 5 Bog.) gr. 8. Ebd. 894. n. 12. —

Versuchs-Stationen, die landwirtschaftlichen. Organ f. naturwissenschaftl. Forschgn. auf d. Gebiete d. Landwirtschaft. Unt. Mitwirkg. sämtl. deutschen Versuchs-Stationen hrsg. v. Frdr. Nobbe. 46.—51. Bd. à 6 Hfte. (à ca. 5 Bog.) gr. 8. Berlin 895—898. P. Parey. à Bd. n. 12.—

— dasselbe. (50. Bd. Ergänzungsheft.) Register üb. Bd. XXI bis L. Unt. Mitwirkg. d. Redaktion bearb. v. L. Hiltner. gr. 8. (193 S.) Ebd. 898. n. 5.—

Versuchs-Stationen, die landwirtschaftlichen. Organ f. naturwissenschaftl. Forschgn. auf dem Gebiete der Landwirtschaft. Unter Mitwirkung sämtl. deutschen Versuchs-Stationen hrsg. von Frdr. Nobbe. 52. Bd. 6 Hfte. gr. 8. (VIII, 480 S. m. 7 Abb. u. 6 Taf.) Berlin 899. P. Parey. n. 12.—

— dasselbe. 53. Bd. gr. 8. Ebd. 900. n. 12.—
Untersuchungen üb. den Stoff- u. Energie-Umsatz des erwachsenen Rindes bei Erhaltungs- u. Produktionsfutter, ausgeführt in den J. 1895—1899 an der kgl. landwirtschaftl. Versuchsstation zu Möckern. Von O. Kellner. (X, 474 S.)

— dasselbe. 54.—57. Bd. à 6 Hfte. gr. 8. (VII, 480 S. m. 2 Taf.; VIII, 480 S. m. 1 Abb. u. 4 Taf.; VIII, 480 S. m. 26 Abb. u. 9 Taf. u. VIII, 480 S. m. 11 Abb. u. 8 Taf.) Ebd. 900—902. à Bd. n. 12.—

Versuchs-Stationen, die landwirtschaftlichen. Organ f. naturwissenschaftl. Forschgn. auf dem Gebiete der Landwirtschaft. Unter Mitwirkung sämtl. deutschen Versuchsstationen hrsg. v. Frdr. Nobbe. 59.—61. Bd. à 6 Hefte. (VIII, 479 S. m. Abbildgn.; VIII, 480 S. m. Abbildgn. u. 8 Taf.; VIII, 480 S. m. Abbildgn. u. 4 Taf.; VII, 488 S. m. 3 Taf.) gr. 8. Berlin 903—905. P. Parey. à Bd. n. 12.—

— dasselbe. Unter Mitwirkg. sämtl. deutschen Versuchs-Stationen hrsg. v. O. Kellner. 62.—65. Bd. à 6 Hefte. (IV, 476 S. m. 2 Abbildgn.; VII, 479 S. m. 50 Abbildgn. u. 3 farb. Taf.; IV, 480 S. m. 23 Abbildgn. u. 1 Taf. u. VII, 479 S. m. 4 Abbildgn. u. 16 Taf.) gr. 8. Ebd. 905. à Bd. n. 12.—

Versuchs-Stationen, die landwirtschaftlichen. Organ f. naturwissenschaftl. Forschgn. auf dem Gebiete der Landwirtschaft. Unter Mitwirkg. sämtl. deutschen Versuchs-Stationen hrsg. v. O. Kellner. 66.—74. Bd. à 6 Hefte. (66.—73. Bd. 470 S.; 480 S. m. 5 Abb. u. 2 Taf.; 469 S. m. 1 Abb. u. 2 Taf.; 482 S. m. 10 Abb. u. 1 Taf.; 480 S. m. 4 Abb.; 482 S. m. 1 Abb. u. 1 Taf.; 464 S. m. 3 Abb. u. 17 Taf. u. 478 S. m. 2 Abb. u. 2 Taf.) gr. 8. Berlin 907—10. P. Parey. à Bd. 12.—

Versuchswesen, das forstliche. Unter Mitwirkung forstl. Autoritäten und tücht. Vertreter der Naturwissenschaften hrsg. von Aug. Ganghofer. 1. Bd. 2. und 3. (Schluß-)Heft. gr. 8. (VII, S. 177—504 mit eingedr. Holzschn. und 1 Stnt.) Augsburg 881. (Schmid'sche Verlagsh.) à Heft *M 4. *
1. Heft. Vgl. Ganghofer, A.
—— dass. — 2. Bd. 2 Hefte. Unter Mitwirkung forstl. Autoritäten und tücht. Vertreter der Naturwissenschaften hrsg. von Aug. Ganghofer. gr. 8. (Ebendas.) [1. Heft. (S. 1—272.) 882. *M 6.; 2. Heft. (VII, S. 273—477 mit 1 Stnt.) 884. *M 5.) *

Versuchswesen, das land- u. forstwirthschaftliche, in den im Reichsrathe vertretenen Königreichen u. Ländern. Hrsg. vom k. k. Ackerbau-Ministerium anlässlich der allgemeinen land- u. forstwirthschaftl. Ausstellung in Wien 1890. Lex.-8. (IV, 113 S.) Wien 890. (Hof- u. Staatsdruckerei.) n. — 80

Versuchung, die. Eine Novelle, s. Familien-Bibliothek, illustrirte.

Versuchung, die,. Lustsp. v. Mariveaux. 8. Wien, Kurzböck. 783.

Versuchung, die, von C. Friedrich. 2 Thle. 8. Zerbst, Füchsel. 817.

Versuchung, die. Gemälde der Kunst-Ausstellung von 1881. gr. 8. (16 S.) Berlin 881, Stuhr'sche Buchh. *

VERSUCHUNG, Die. (c. 1900.) (Mk. 1—.) (W. A. Gabriel, Berlin, c. 1905, ohne nähere Angabe.)

Versuchung, Die, Jesu; ein Empörungsversuch jüdischer Priester. Hamburg 1793. V: *Schütze*, *Christian Heinrich.* (Winer) (Ky) (MGT) (Kordes, Schlesw.-holst. u. eutin. Schriftst. Schleswig 1797.)

Versuchung Jesu, die, e. Empörungsversuch jüd. Priester. 8. Hamburg Bohn. 793.

Versuchung Jesu, die, ein Empörungsversuch jüd. Priester. 8. Hamburg. 793. Ist jetzt Verlag von Schnuphase in Altenburg.

— Jesu in der Wüste, s. Es wird alles neu werden. 4r.

Versuchungen u. Entschuldigungen. Hrsg. v. der Wupperthaler Traktat-Gesellschaft. 8. (8 S.) Barmen 875. Wiemann. n. — 4

Versuchungs-Stunde über die Evangelische Kirche durch neue selbstlauffende Propheten. Zürich 1717. V: *Hottinger*, *Johann Jacob.* (Myl) (Cat. d. Stadtbibl. Zürich. Zürich 1864—97.)

Versus latini hexametri. Corneoburgi 1864. V: *Wolf*, *Otto.* (EB)

Versus memoriales, oder: Sammlung ausgewählter . . . Erinnerungsverse zur gründlichen . . . Erlernung der lateinischen Sprache . . . Oels u. Breslau 1821. V: *Günther*, *Carl Ehrenfried.* (Ky) (Gi) (MGT)

Versus memoriales; oder: Sammlung ausgewählter u. planmäßig geordn. Erinnerungsverse, zur gründl. u. angenehmen Erlernung der latein. Sprache u. ihrer Verskunst rc., (von K. E. G. Günther). 8. Oels 821. (Bresl., J. F. Korn). 15 ℊℊ

Versus memoriales analytico-chemici od. Anweisg., wie die trockene Substanz auf Platin u. vor dem Löthrohr zu behandeln sei. In artige Reimlein gebracht v. Aureolus Ambica. 16. (44 S.) München 871. Gummi. n. — 50

Versy la Tour, Tagebuch einer Verdorbenen. (96 S.) 8. Leipzig (908). Floda. 1. 50

Vertagung, die, der Berliner Nationalversammlung u. deren Widerstand gegen dieselbe. 8. (30 S.) Heidelberg 848, C. F. Winter. 1/6 ₰

Vertamont's, Ferdinand, u. seines Onkels Moritz, Reisen. 2 Thle. 8. Leipz. 793, 94. Enobloch. 2 ₰ (2r Thl. A. u. d. T.: Der lustige Onkel. 1 ₰ 8 Kr)

Vertamont, Ferdinands, und seines Onkels Moriz Reisen und Begebenheiten, 2 Theile, 8. Prag, 793⸗94. Albrecht 2 Rthl.

Vertamonts, Ferdinand u. seines Onkels Moritz Reisen. 2 Thle. (d. 1ste h. a. d. Tit.: d. lustige Onkel u. sein liederlicher Neffe. 1 Rthlr.) 8. Prag, Neureutter. 793—94. (à 1 Rthl.)

Unvermeidliche und gründliche **Verthätigung** der ertz- und bischofflicher Jurisdiction auch Behauptung der catholischen Feyrtägen in den Clevisch- u. angehörigen Landen. Cöllen 1712.

Vertauschung, die; oder die glücklich gewordene Waise. Singsp. von Ness. lrode. 8. Offenbach, Weiß. 778.

Vertheidiger, Ein, des Volks an Joseph II. über seine Verordnung im Betreff der Auswanderung . . . A. d. Franz. Dublin [Wien] 1785. V: *Brissot, Jean Pierre.* (WR)

Vertheidiger, ein, des Volks an Joseph II. das Auswanderungs-Gesetz betreffend. 8. Wien 785. Wucherer. 3 Kr

Vertheidigung, Abgedrungene, der gründlichen Erörterung der Frage: ob die evangelische Kirche rechtmässige Priester habe. O. O. 17?? V: *Reimann, Jacob Friedrich.* (Jöch)

Vertheidigung, Abgedrungene, wider einige anzügliche und ungegründete Critiken . . . Regensb. 1743. V: *Schwarz, Joh. Chph.* (Waniek, Gottsched. 1897. S. 465.)

Vertheidigung, Abgedrungene, des Verfassers der Eipeldauerbriefe Gegen den Herrn von Kotzebue. Wien bey Christoph Peter Rehm 1799. 20 S. 8°. V: *Richter, Joseph.* (Hans Viktor Pisk: Josef Richter. Diss. Wien 1927. S. 145—146)

Vertheidigung, Abgedrungene, gegen den Verfasser des Simio Midas. 1787. V: ***Rebsamen, Franz.*** (Materialien zur Statistik von Boehmen, Leipz. u. Prag 1790, 10. Heft, S. 35 verboten) (BIBLPORT)

Vertheidigung, Abgenöthigte, des artigen Geschlechtes wider die erste Scherzrede, welche von dem Herrn M. J. W. B** ... in Jena gehalten. ... Jena 1746. V: *Trautmann, Glieb Frdr. Amand.* (BRMm)

Vertheidigung, Abgenöthigte, einer ohnlängst herausgekommenen Schrift, welche den Titel führt: Cacozelia gentium ... Frankf. u. Leipz. 1738. V: *Zobel, Nicolaus Ernst.* (ML)

Abgenöthigte Vertheidigung des Waisenhauses zu Halle. 8. *Halle,* Waisenh. 1710.

Vertheidigung, Actenmässige, des im J. 1766. an das Licht gestellten Zeugnisses der Wahrheit E. Hochehrw. Hamburgischen Ministerii . . . Hamb. 1767. V: *Göze, Joh. Melch.* (Holz)

Vertheidigung des Churbaier. Amortizationsgesetzes..., s.a. Braun, Heinrich

Vertheidigung des Churbayerischen Amortizationsgesetzes der Veremund Guflitischen Vertheidigung der klösterlichen Rechte in zeitlichen Dingen entgegengesetzt von einem Gottesgelehrten. O. O. 1768. V: *Mayer, A. U.* (Baer 607/533) (BIBLPORT)

Vertheidigung des Churbayrischen Amortisationsgesetzes . . . Münch. 1768. V: ***Braun, Heinr.*** (Holz) (weber) ***Mayer, Andreas.*** (MGT) (Ky)

— des baierischen Amortisationsgesetzes, die Vertheidigung der klösterl. Rechte betreff., (v. Andr. U. Mayer). 8. Nürnb. 768. Grattenauer; (auch J. Lindauer in München). 6 Kr

Vertheidigung gegen die neue . . . Anklage wegen Versuchs eines Press-Vergehens. Leipzig 1847. V: *Leue, Frdr. Gfr.* (cb)

Vertheidigung des Artikels gegen die Gleichberechtigung der Katholiken. Kiel 1858. V: *Jessin, Adam.* (A)

— auch eine, und zwar die allernothwendigste, für den Bischof Dräsete. gr. 8. Leipzig 841, Otto Wigand. n. 1/6 ₰

— der Aussprüche d. gemeinn. Menschenverstandes gegen die Anmaß. der Philosophen. 8. Frankf. a. M. 801. Eichenberg. 9 Kr

Authentische Vertheidigung der verwittweten Geh. Räthin **Ursinus** von ihr selbst aufgesetzt. Berlin 1804.

— authentische, der 2c. Ursinus, gebohrne v. Weiß, von ihr selbst aufgesetzt. 8. Berlin, Dieterici. 804.

Über Dr. Walthers Verteidigung des A. Güntherschen Dualismus. (Separatabdruck aus den „Kathol. Blättern aus Franken".) Bamberg, Züberlein, 1853, gr. 8°, 50 S., 75 Pf.

Vertheidigung der ehemahligen Hallischen . . . Profess . . . Herrn Alex. Gottl. Baumgarten . . . [Hamburg 1741.] V: *Dunkel, Johann Gottlieb Wilhelm.* (ML)

Vertheidigung des Dr. Becker am Assisenhofe zu Köln. 8°. Erfurt, Faust, s. a.

Vertheidigung der vorläufigen Beleuchtung des im XIII. Stück des Frankfurter medizinischen Wochenblatts eingerückten Kochschen Aufsatzes. Hanau 1787. V: *Clossius, Carl Friedrich.* (Ky)

Vertheidigung der Stadt Bern gegen Bernhard Friedrich Kuhn ... 8. *o. O.* 1801.

Vertheidigung, Bescheidene, Derer Mägde . . . . O. O. u. J. (c. 1720), s. bei Marforius.

— d. Bettler u. Diebe. 8. Kerson 787. (Brede in Offenbach). 3 gr.

Vertheidigung des Beweises vom Daseyn Gottes, aus der Unmöglichkeit einer ewigen Welt. Wolfenbüttel 1786. V: *Dedekind, Christoph Levin Heinrich.* (Ky)

— d. Beweises v. Daseyn Gottes. aus d. Unmöglichk. e. ewigen Welt. 8. Wolfenbüttel, Meißner. 786.

— des Beweises vom Daseyn Gottes, aus d. Unmöglichk. e. ewigen Welt, (v. Ch. L. H. Dedekind). 8. Wolfenb. 786. Braunschw. 791. Schröder. 3 gr.

Vertheidigung und Beweis der Rechte und Ansprüche Kaiser Karl des 7ten auf alle von Kaiser Karl den 6ten besessenen Königreiche und Länder. Frankf. u. Leipz. 1743. V: *Ickstadt (Ickstatt), Johann Adam Freih. von.* (ML)

Vertheidigung des Capitains C. H. Boye gegen die in No. 22 des Allgem. Archivs enthaltene fiscalische Anklage desselben. 2. Aufl. 8. Altona 841. (Leipzig, Böhme.) n. 1/8 Thlr.

Vertheidigung d. Capit. C. H. Boye geg. die in Nr. 22 d. allgem. Archivs enth. fiscal. Anklage desselben. 2. Aufl. 8. (1 B.) Altona 841. (Leipzig, Geuther.) *

— d. krit. Briefe an J. Kant, üb. seine Kritik der reinen Vernunft, vornehml. gegen die Born'schen Angriffe. gr. 8. Götting. 792. (Vandenhöck u. R.) 8 gr.

Vertheidigung der zwölf Briefe des H. P. Seedorfs . . . Wien 1752. V: *Ruttershausen, Roger von.* (Ky)

— der 12 Briefe Seedorf's, wider d. Beantwort. e. Anonymi zu Tübingen, (v. R. v. Ruttershausen). 2 Thle. 8. Wien 753. Trattner. 1 Thlr. 8 gr.

— des Brückenkopfes vor Presburg, im J. 1809, mit 2 Planen. 8. Presb. 812. Landes. 16 gr.

Vertheidigung, Die, des Brückenkopfes von Pressburg 1809 . . . Pressburg 1813. V: *Bianchi Duca di Casalanza, Frdr. Freih. v.* (Pr) (Ky) »1811« (ADB)

Vertheidigung des Brückenkopfes vor Preßburg im J. 1809. Hrsg. v. einem k. k. österreich. Offizier (Frhrn. v. Bianchi). Mit 2 (lith.) Plänen (in Fol.) 2. Aufl. 8. (112 S.) Prag 850. (Calve.) n. 1/3 Thlr.

Vertheidigung zwoer päpstlichen Bullen wider den Freymaurer M***. Osbor [Augsburg] 1783. V: *Sautier, Heinrich.* (Wr) (Tt) (SJL) V: *Zallinger zum Thurn, Jacob Ant. v.* (Jes)

Vertheidigung zwoer päbstlicher Bullen wider den Freimaurer M** [Karl Michaeler]. Osloe [Augsb.] 1783. V: *Zallinger zum Thurn, Jac. Ant. von.* (Frz. Zallinger, Meteorologische Beobachtungen, S. 68) (wr S. 124) (Margr) (BiblPort)

Zur Verteidigung gegen D. [Hermann] Dalton. E. Widerlegg d. Dalton'schen Angriffes. Hrsg. v. Centralvorst. des Allg. ev.-prot. Missionsver. Berlin: A. Haack 1896. (50 S.) 8°

Vertheidigung, Teutschlands, gegen den äusseren Feind und das sie befördernde System der Eisenbahnen. Stuttgart 1842. V: *Rube, W.* (Kat. der ständ. Bibl. Stuttg. 1907. S. 391.)

Teutschlands Verteidigung gegen den äußeren Feind und das sie befördernde System der Eisenbahnen. Mit 1 Taf. Stuttgart 1842. 150 S.

Vertheidigung des für den Zollverein in Vorschlag gebrachten Differentialzollgesetzes, s.a. Klefeker, Friedrich.

Vertheidigung des für den Zollverein in Vorschlag gebrachten Differentialzollgesetzes. Berlin 1848. V: *Klefeker, Franz.* (Schr) (CBH)

— des für den Zollverein in Vorschlag gebrachten Differentialzollgesetzes. Abgedr. aus d. Janus, mit einem Nachtrage. gr. 8. (IV u. 108 S.) Berlin 848, Hertz. 18 ngr

— d. bürgerlichen Ehescheidung, wider e. Ungenannten. 8. Münch 811. Lentner. 4 gr.

Vertheidigung der Ehren-Rettung Joh. Günthers wider S. Kraussen. Leipzig 1717. V: *Werner, Frdr.* (Jes)

— des Eigenthums gegen den Raub, oder Prüfung der Schmieder'schen Schrift, wider und für den Büchernachdruck, aus d. Papieren des blauen Mannes. 8. Ulm 790. Wohler. 4 gr.

— und Empfehlung des Herlesens der Predigten auf der Kanzel ꝛc. von J. S. A—r. 8. Nürnb. 804. Lechner. (v. Ebner). 8 gr.

Vertheidigung des Epikur von einem Antibatteusianer. O. O. 1776. V: *Bremer, Johann Gottfried.* (MGT)

Vertheidigung des Erasmus von Rotterdam gegen ungegründete Beschuldigungen . . . Bamberg 1825. V: *Heller, Joseph.* (MGT) (Ky) »1824« (Th)

— des großen Erasmus v. Rotterdam, gegen ungegründete Beschuldigungen desselben durch die Anhänger Huttens, (v. Jos. Heller). 8. Bamb. 825. Kunz. 8 gr

— des österreichischen Feldzugs von 1805, s. von Mack.

— d. österreich. Feldzugs v. 1805., d. Hofkriegsrath übergeben v. Generalfeldzeugmeister v. Mack. 8. Wien, Schmidt. (Hennings in Erfurt.) 806. 1 12

Vertheidigung, Die, der Festungen nach den Grundideen des General Valiere . . . Kph. 1830. V: *Borkenstein, Carl Frdr.* (Bruun, Bibl. Danica II, 340.)

Vertheidigung, die, der Festungen, nach den Grundideen d. General Valiere, vom Verf. d. „Versuches zu e. Lehrgebäude d. theoret.-prakt. Artilleriewissenschaft." gr. 8. (6 B. u. 1 Kpfrt. Fol.) Kopenhagen 830, Brummer.

Die **Verteidigung** der Festungen nach den Grundideen des General Valiere. (Von C. F. Borkenstein.) Mit 1 Taf. Kopenhagen 1830. 95 S.

J., E. L., Vertheidigung u. Fortsetzung der gründlichen Nachricht v. e. begeisterten Weibsperson in Kemberg. 256 S. Brl. 8°.
1762

Vertheidigung der ursprünglichen Freyheit und Immunität des . . . Gotteshaus Soflingen . . . O. O. 1772. V: *Schaden, Joh. Wilh. von.* (Holz)

Vertheidigung eines Freymäurers wider seine Verleumder; oder Schreiben des Ritters T. an den Hrn v. B[ozo] nebst der Antwort. Aus d. Franz. ins Deutsche übers. London 1762. 16 S. 8⁰ [Umschlagtit.]
Kl. 353. Sehr selten. 65.

— der Freimaurer wider die Verläumdung zweier Geistlichen, welche den Orden öffentlich auf d. Kanzel angegriffen haben; aus d. Französ. 8. (Leipz. 779. Barth). 6 gr

Vertheidigung der Freymäurer wider die Verläumdungen zweener Geistlichen, welche den Orden öffentlich auf der Kanzel angegriffen haben. Aus d. Franz. Frankfurt und Leipzig: Haug 1779. VIII, 126 S. 8⁰
Kl. 2922, Tt. 588. Selten. Zugefügt sind Auszüge aus den alten Pflichten, das von Friedrich d. Gr. den Frmrn erteilte Protektorium, Nachrichten üb. die Frmr u. die Verteidigung der Frmr von Procope. 23. 25.

— Anhang wider d. Freimaurer M. u. s. Nötchen rc. 8. Augsb. 784. M. Rieger. 4 gr

Vertheidigung der Freimäurer-Gesellschaft, durch die nähere Entdeckung derselben. Rostock 1777.
Abgedr. in: Neumann, C. G. F.: D. neue Diogenes. 1777 S. 1—26. 25.

Freimütige Verteidigung der röm.-k. Kirche gegen Widersacher u. Abtrünnige. Leipzig, Jackowitz, 1845, gr. 8°, 1 Mk. 66 S

Vertheidigung, Freundschaftliche, der Gesellschaft Jesu. Berlin und Breslau 1773. V: *Stattler, Benedict.* (ADB)

Vertheidigung Bürgers M. Joh. Frey . . . Basel 1800. V: *Gysendörffer.* (Cat. d. Stadtbibl. Zürich. Zürich 1864—97.)

Vertheidigung Friedrichs des Großen in Ansehung der Fehler, welche ihm in der Charakteristik der wichtigsten Ereignisse des siebenjährigen Krieges . . . schuld gegeben werden . . . Berlin u. Stettin 1803. V: *Gebhardt, Johann Georg.* (Kat. d. Bibl. d. k. Preuss. gr. Generalstabes. Berl. 1878.) (Russell XVI, I, 2, 1869)

Vertheidigung Friedrichs des Grossen in Ansehung der Fehler, welche ihm in der (von Retzow verfassten) Charakteristik der wichtigsten Ereignisse des siebenjährigen Krieges etc. schuld gegeben werden. Nebst einem Anhang über seine Erfindung der schrägen Schlachtordnung. 8. Berlin und Stettin 1803.

— Friedrichs des Großen in Ansehung d. Fehler, welche ihm in Retzow's Charakteristik des 7jähr. Krieges gemacht werden, nebst e. Anh. üb. die Erfind. d. schrägen Schlachtordnung. gr. 8. Berl. 803. Nicolai. 10 gr

— Friedrichs II., Voltaire's, Rousseau's, d'Alembert u. d. Akademie zu Berlin gegen Formey. 12. Halle 792. (Reinicke u. H.) 12 gr

Vertheidigung des Brunerischen Gebetbuches gegen die Obscuranten zu Augsburg . . . Heilbronn o. J. V: ***Werkmeister, Bened. Maria Leonh. von.*** (Th) (schmal)

Vertheidigung des von Hrn Pfarrer Brunner herausgegebenen neuen Gebethbuches . . . Frankf. u. Leipz. 1801. V: *Werkmeister, Benedict Maria Leonhard von.* (MGT) (Ky)

— des von Brunner herausgegebenen neuen Gebetbuchs, (v. B. M. v. Werkmeister). 8. Heilbronn 801. (Claß). 16 gr

Vertheidigung der Gedanken von Gespenstern. Halle 748. 8. *755. 8.

Vertheidigung der Gedanken von Gespenstern. 2. Aufl. Halle 1755. V: *Meier, Georg Friedrich.* (AarK)

Vertheidigung der Geomantie. 715. 8.

Vertheidigung des weiblichen Geschlechts. Frankf. u. Leipzig [Dresden] 1753. V: *Gröll, Michael.* (ML) (MGT) (Ky)

Vertheidigung des weiblichen Geschlechts gegen Mysogyn (sic!). Frankf. 1753. 8°. Ehestandsalmanach II. p. 295.

— d. Glaubens d. Christen wider Bartsch. 8. Bützow 773. Bödner. 3 gr.

Vertheidigung der Glückseligkeitslehre von Steinbart gegen Lavater ... Halle 1780. V: *Corrodi, Hnr.* (ML) (Ky)

— der Glückseligkeitslehre von Steinbart gegen Lavater, (v. H. Corodi). Mit e. Vorrede v. D. Semler. 8. Halle 780.

Vertheidigung der Göttlichkeit des mosaischen Gesetzes und des alten Bundes ... Salzb. 1787—97. V: *Sandbüchler, Alois.* (Winer)

Vertheidigung, gründliche, d. kathol. Aeltern, Katecheten rc. in Augsburg. 8. Augsb. 784. Rieger. 4 gr.

Vertheidigung, Gründliche, der von dem Benefiziaten Becker .. beleidigten Hochwürd. Herren ... O. O. 1799. V: *Cosmann, Frdr. Wilh.* (MGT)

Vertheidigung, Gründliche, der Churfürstlich Braunschweigisch-Lüneburgischen Postgerechtigkeit. Hann. 1758. V: *Strube, David Georg.* (ML) (Ky) (Pütter, Litt. d. Teutsch. Staatsr. Gött. 1773—91. II, 177.)

Vertheidigung, Gründliche, der noch immer gewöhnlichen Publikationen von den Kanzeln. [Schleswig 1820.] V: *Oertling, Frdr. Ernst Christian.* (LS)

Vertheidigung derjenigen Grundsätze, welche in der Abhandlung von Avocatorien sind aufgestellet und behauptet worden. Freyburg 1757. V: *Steck, Johann Christoph Wilhelm.* (KGBerlin I, 1189)

— eine, kathol. Grundsätze des Fürsten August Demetrius von Gallizien in einem Briefe an einen protestant. Prediger in Amerika. Aus d. Engl. 8. Berlin 842. Burmeister. n. 2/3 ß

Vertheidigung, Veremund Gulls, Benedictiners von Prüfling, ehemaligen öffentlichen Lehrers der Gottesgelehrtheit und des geistl. Rechtes, der klösterlichen Rechte in zeitlichen Dingen in einem getreuen Auszuge der Abhandlung des Licentiat Neubergers entgegengesetzet. München 1768. V: *Bauhof, Augustus.* (Lexikon itzt lebender Schriftsteller, S. 9) (BiblPort)

Vertheidigung von Güns, Die, gegen Sultan Soliman im Jahre 1532. Aus dem 1. Heft der österreichischen militärischen Zeitschrift besonders abgedruckt. 8. Wien 1828.

Vertheidigung der gemeinschaftlichen ... akademischen Handlung über die ihr ... gemachten Vorwürfe ... [Augsburg 1785.] V: *Herzberg.* (cb)

— der von D. Hahnemann aufgestellten homöopathischen Heilart durch verbürgte und auffallende Thatsachen von einem Nichtarzte, (v. Fr. W. Lindner). gr. 8. Leipz. 820. Reclam. 3 gr.

Vertheidigung der von dem Hrn Dr Hahnemann aufgestellten homöopath. Heilart ... Leipz. 1820. V: *Lindner, Friedrich Wilhelm.* (MGT) (Ky) (BiblHomoeo) »1829« (call)

Vertheidigung des Hygrometers und der de Lücschen Theorie vom Regen. Göttingen 1800. V: *Lichtenberg, Georg Christoph.* (Lauchert, Lichtenbergs schriftstell. Thätigkeit. Göttingen 1893.)

Vertheidigung erster u. zweiter Instanz für den Kaufmann [Friedr. Leop. Meyer in Berlin] wegen fahrlässigen Bankeruts. Berlin 1828.

Vertheidigung des regierenden Hn Fürsten Carls zu Löwenstein-Wertheim gegen die nichtige ... neuerlich angebrachte Beschwerden ... Wertheim 1757. V: *Frühauf, Joh. Frdr. von.* (Holz)

Vertheidigung des Pietistischen Catechismi. O. O. 1706. V: *Feind, Barthold.* (schr)

— die, der römisch-kathol. Kirche rc. von einem Katholiken in Köthen, gewürdigt von e. Protestanten in Leipzig. 8. Leipz. 828. Serig. 8 gr.

— der römisch-kathol. Kirche u. deren Lehren u. Gebräuche gegen die Angriffe u. Anfeindungen des Pastors Schmidt in Coswig, von e. Katholiken in Köthen. 1e Abth. 8. Offenb. 827. Hauch. (Pergay in Aschaffenb.) 5 gr.

Vertheidigung der römisch-katholischen Kirche und deren Lehren und Gebräuche . . . Offenbach 1827. V: *Haza-Radlitz, Albert von.* (Th) (Gla I, 2, 662) (schmal) (StAt I, 143)

Vertheidigung der Köchinnen. Zusammengetragen von uns selbst. O. O. u. J. 8°. Rar!

Vertheidigung, die, von Cöln gegen den Angriff mit Präcisions-Geschütz. Leipzig 861. E. H. Mayer. gr. 8. (19 S.) n. 5 *ngr.*

Vertheidigung des großen Cölln wider seine Todfeinde. Bei Gelegenheit des Meisterwerks: Wien und Berlin. Amsterdam und Cölln 1808. 128 S. 8.

Vertheidigung des grossen Cölln wider seine Todtfeinde. Amsterdam und Cöln, P. Hammer (Fink in Berlin). 1808. Gr. 8°. (18 ggr.)
Weller, fing. Druckorte.

— d. großen Cöln, wid. s. Todtfeinde, bey Gelegenh. des Meisterwerks: Wien u. Berlin. gr. 8. Amsterdam u. Cöln. (Fink in Berlin.) (a. Weiß in Berlin.)

(Vertheidigung der Commissionsbedenken „betreffend die Succession in das Herzogthum Schleswig". Ausserordentliche Beilage zu Nr. 204 des Altonaer Mercurs. Altona. 1846.) Fol.

Vertheidigung der Confession gegen die Anmaßungen der Hessen-Darmstädter Union. Episode aus dem kirchl. Verfassungskampfe im Großherzogth. Hessen. [Aus: „Hessisches Kirchenblatt."] gr. 8. (IV, 36 S.) Darmstadt 871. Zernin. n. — 40

— der Kritik der neuern Liedersamml. für die Stadtkirche in Leipzig, in Briefen. 8. (Jena 797. Akad. Buchh.) 6 gr.

Vertheidigung, Kurze, des weiblichen Geschlechts. O. O. [ca. 1750]. V: *Groll, Michael.* (BGE)

Vertheidigung, Kurze, der thätigen Hexerey und Zauberey, wider eine dem heil. Kreuz zu Scheyern nachtheilige akademische Rede. Freysing 1766. V: *März, Agnellus.* (Ky) (BE)

— kurze, der thätigen Hexerei u. Zauberei, wider meine ꝛc. akadem. Rede, (v. Angel. März). 4. Freysing 766. 2e A. Ingolst. 767.

Vertheidigung, Kurze, doch Rechtsgegründete, der auf alte Verträge . . . gegründeten von Welserischen Umgelds-Befugniss zu Markt-Neunhof. O. O. 1760. V: *Lochner, Johann Michael Friedr.* (ML) (Holz) (Will)

Vertheidigung, Kurze, einer vertragsmässig erlaubten Selbsthülfe der von Welserischen Umgeldsherrschaft zu Naunhof . . . O. O. 1761. V: *Lochner, Johann Michael Friedrich.* (ML) (Holz) (Will)

Vertheidigung, Kurze unpartheiische, der edlen Ungarn wider ihre Beneider und Verläumder. Pest 1790. V: *Szeitz, Leo Maria.* (Pk)

— kurzgefaßte, Oberschlesiens gegen die, dieser Provinz in der Schrift: „freimüthige Aeußerungen über d sittl. u. kirchl. Zustand Oberschlesiens" gemachten Vorwürfe ꝛc. 8. Bresl. 827. Leukart. 6 gr.

— kurzgefaßte, d. Protestanten gegen einige neuere Vorwürfe und Beschuldigungen, v. Patronus Evangelicus. 8. Leipz. 825. (Lehnhold). 6 gr.

— kurzgefaßte, d. Protestanten gegen einige neuere Vorwürfe u. Beschuldigungen, v. Patronus Evangelicus. 8. Leipz. 826, Hartmann.

VERTHEIDIGUNG der katholischen Layen wider eine für die Clerisey ans Licht getrettene Schutzschrift. Erstes und zweytes Stück. 1770. 8°.
Wiener Cat. (1774) verbotener Bücher, ohne Ortsangabe. — Rar!

Vertheidigung der Chur-Bayrischen Landeshoheit auf die Herrschaft Donaustauff . . . München 1766. V: *Obermayr, Jos. Euchar.* (Weber) (Holz)

Vertheidigung der Fränkischen Lehns-Gewohnheit von der Lehens-Succession auf gleichen Nahmen . . . O. O. 1733. V: *Rösler, Johann Heinrich.* (Bibliotheca Rinckiana. Lipsiae 1747.)

—— des kathol. Lehrbegriffes von d. Beicht. In dialog. Form. A. d. Franz. gr. 12. (3 B.) Wien 830, Mechitaristen-Congregat.-Buchh.

Vertheidigung des Herrn Gottlieb Albrecht von Lenzburg . . . Zürich [1849]. V: *Fahrländer.* (Cat. d. Stadtbibl. Zürich. Zürich 1864—97.)

Vertheidigung, Letzte, gegen die unsichtbaren Gelehrten in Bayern. [München 1810.] V: *Aretin, Georg,* eigentlich *Joh. Geo. Jos. Carl Maria Freih. von.* (Mitth. Dr. K. Wagner-Wien.)

— des Ober-Prokurators Leue in Koblenz, siehe: Leue.

Vertheidigung des Paul Lippuner von Grabs, puncto Tödtung. O. O. [1842.] V: *Martignoni.* (Cat. d. Stadtbibl. Zürich. Zürich 1864—97.)

— d. würtemberg. Liturgie gegen neuere Angriffe in d. allgem. Kirchenzeitung. gr. 8. Stuttg. 827. Steinkopf. 4 gr.

Vertheidigung des verstorbenen Herrn Herzogs Ludwig Eugen zu W. gegen den Genius der Zeit. Tübing. 1798. V: *Schwab, Johann Christoph.* (MGT) (Heyd) (Ky) (Pr)

— Ludwig Eugens Herzogs v. Wirtemb. gegen d. Genius d. Zeit. 8. Tüb. Heerbrand. 798.

— Ludwig Eugens, Herzogs von Wirtemberg, gegen den Genius der Zeit, (v. Jh. Cph. Schwab). 8. Tübing. 798. (Osiander). 8 gr. Nachtrag dazu. 8. Ebd. 798.

Vertheidigung Martin Luthers und der Reformationsgeschichte, wider den Verfasser der Kleinigkeiten. Frankf. u. Leipzig 1756. V: *Masch, Andr. Glieb.* (Ky)

— Martin Luthers u. d. Reformationsgeschichte, wider d. Verfass. der Kleinigkeiten (v. M. S. B. H. (Masch). 8. Frankf. u. Lpz. 756. Breitkopf u. H. 2 gr.

Vertheidigung des Grafen Lynar gegen D. Rosenmüller, näher beleuchtet . . . Leipzig 1786. V: *Troitzsch, Johann Gottlob.* (MGT) (Ky)

— des Grafen Lynar gegen Rosenmüller näher beleucht. v. e. Vetter (J. G. Troitzsch). 8. Frankf. 786. Hilscher. 3 gr.

Die Vertheitigung der Blockhäuser Malborghet und Predil im Jahre 1809. Zwei Ruhmesblätter österreichischer Kriegsgeschichte. Sonderabdruck aus den „Mittheilungen über Gegenstände des Artillerie- und Genie-Wesens“, Jahrgang 1901, Heft 1. Wien 1901. Selbstverlag der Redaction der „Mittheilungen“. In Comm. Seidel & Sohn. Gr.-8°. 25 S. mit 2 Tafeln K 1.60

Vertheidigung des Klosters Mariastein und Beschwerde gegen die h. Regierung des Kantons Solothurn betreffend Erziehung der Vermögens-Verwaltung. Solothurn 1874. V: *Amiet, Jac.* (Zuwachsverz. d. Bibliotheken in Zürich 1898 ff.)

— d. evangel. Maßnehmungen gegen d. kathol. Lehrsätze. Fol. Gießen 776. Krieger. 3 gr.

(Vertheidigung des Ministeriums und des Prinzen von Preußen.) Brave Berliner! Ein Mitbürger — Ein hier anwesender Rheinländer. Druck von E. Litfaß. 1 Bl. Fol.
Flugblatt. Berlin, 14. Mai 1848.

Vertheidigung der Mitglieder der Specialcommission des Stadtrathes von Bern. Bern 1834. s. [Wyss, Abraham Rudolf]

—— der Mönche von einem Capuciner. Aus dem Französischen. Berlin, Friedr. Maurer, 1783. 8°. 85 S. Selten! (3 Kr. Gilhofer & Ranschburg, 1911.)

— moralisch-kritische, der wichtigsten Weissagungen Esaiä VII, 14—16. VIII, 1—3. wider alle unrichtige Auslegungen derselben. 8. Hamb. 773. Brauer. 3 gr.

Vertheidigung der Schweizerischen Muse Herrn D. Albrecht Hallers. Zürich 1744. V: *Breitinger, Joh. Jacob.* (Waniek, Gottsched. Leipzig 1897. S. 474.) (Bächtold, Litt. d. Schweiz. Frauenf. 1892. S. 178.) (Cat. d. Stadtbibl. Zürich. Zürich 1864—97.)

— d. schweizerischen Muse Albrechts von Haller. 8. Zürich, Orell. 744.

— zur, des Nachdrucks, (v. J. C. D. Stavenhagen). 8. Schwerin 791.

— neue, der reichsritterschaftlichen Freiheit und Unmittelbarkeit gegen die neuesten Angriffe der königl. Regierung zu Ansbach u. Bayreuth, oder Widerlegung der preuß. Staatsschrift: öffentliche Erklärung wegen der Brandenburgischen Insassen 2c. 2 Thle. Fol. Nürnb. 803. Lechner. (v. Ebner). 12 gr.

— neue, wid. d. geschwulstige Vertheidigung der betrügenden Zauberkunst u. träumenden Hexerei, (v. Agn. März). 4. Münch. 767.

Vertheidigung wider die geschwulstige Vertheydigung der betrügenden Zauberkunst . . . [München] 1767. V: *März, Agnellus.* (Mp) (BB) (Ky)

Vertheidigung, Die nichtige und kahle, des P. Angel. März . . . über die von P. Don Ferd. Sterzinger . . . gestellte Fragen. O. O. 1767. V: *Mayer, Andreas.* (MGT)

— nothwendige, der neuesten Schrift des Herrn Dr. Ernst Sartorius: „Die christl. Glaubenslehre im Gegensatze der modernen Gewissenslarheit; Ein Beitrag zur wissenschaftl. Beurtheilung der Straußschen Dogmatik“ gegen gewissenslare Kritiker von philosoph. Standpunkt. gr. 8. Königsberg 842. Theile. 1/6 ß

Vertheidigung der Ober- und Untergerichte, Freyheiten und anderer Hoheits-Rechte, welche auf der uralten Reichsveste der Burg zu Wulfften unlaugbar haften. Wien 1767. V: *Taube, Frdr. Wilh.* (Holz)

Vertheidigung, die, der Festung Ofen vom 4.—21. Mai 1849 durch den k. k. Generalmajor v. Hentzi. Nach hinterlassenen Tagebuchblättern e. Augenzeugen. Lex.-8. (V, 94 S. m. 1 Bildnis, 1 Tab. u. 2 Karten.) Wien 893. Verlagsanstalt „Reichswehr“. 3.—

— der Offenbarung Johannis wider etliche Einwürfe der Vernunft 2c. gr. 8. Leipz. 800. Hilscher. 1 ß 4 gr.

Vertheidigung, Die, des Ormonts im Jahre 1798, meist nach den Berichten von Augenzeugen. Bern 1846. V: *Effinger, Rud. v. & v. Mülinen.* (Zuwachsverz. d. Bibl. Zürich 1898 ff. 8.)

PANTOFFEL-HERRSCHAFT, Die, oder der gefährliche Rang-Streit der bösen Weiber. Eine Farce des 18. Jahrhunderts. 31 siebenzeilige Strophen mit originellem Titelkpfr. Nürnberg 1796. 4 Bll. — Vertheidigung der weiblichen Pantoffelherrschaft zur ersten Farce. 1796. Mit demselben Kpfr. 2 Bll. 4°. (2 Mk. 50 Pfg., B. Seligsberg, Bayreuth, 1906.) Sehr rar!

Vertheidigung des Papstes von einem Protestanten. Berlin 1782. V: *Gebhard, Johann Georg.* (MGT) (Ky)

— des Pabstes, von e. Protestanten (J. G. Gebhard). 8. Berl. 782. Unger. 4 Gr

Vertheidigung der acht Paragraphen über die Sayn-Hachenburgische künftige Erbfolge . . . Frankf. a. M. 1787. V: *Senkenberg, Christian Renatus Carl Freih. von.* (stri) (HS)

— der Pasquille. O. O. 1783. 8°. (80 Pfg. Heberle. Cöln, c. 1875; jetzt höher!)

Vertheidigung des Patrioten wider alle seine Gegner. Hamb. [1724]. V: *Eckardt, Johann Michael.* (schr) (Jacoby, Moral. Wochenschr. Hamb. 1888.)

Vertheidigung, Patriotische, der vielen gelehrten Gesellschaften in Teutschland. Teutschburg [Zerbst] 1765. V: *Huch, Ernst Ludwig Daniel.* (Adel) (Wr) (StAt I, 161)

— des Patriotismus der 7 vereinigten Provinzen wider die falschen Beschuldigungen der statthalterisch gesinnten Partei, sowohl vor ganz Europa als besond. vor allen in den Niederlanden unparteiisch Denkenden. 2 Thle.; aus d. Holländ. (v. Jh. Konold). gr. 8. St. Gallen 794. Huber u. C. 1 Thlr 20 Gr

— philantrop., Basedow's, d. Cosmopoliten, geg. d. unphilantrop. Wolke'sche Beschuld. 8. Halle, Michaelis. 783.

— des Fürsten Polignac. Von Castlereaghs Schatten. gr. 8. Stuttg. 830. Neff. 3 Gr

— der Protestanten von Nieder-Languedoc u. Darstellung ihrer Leiden seit d. ersten Rückkehr Ludwig XVIII.; aus d. Französ. (v. Geo. Cph. Römer). 8. Leipz. 815. Bran in Jena. 6 Gr

— der Protestanten von Nieder-Languedoc u. Darstellung ihrer Leiden seit d. ersten Rückkehr Ludwig XVIII, aus d. Franz. 8. Leipz. Expedition d. Minerva. 815. — 6

Vertheidigung der Protestanten von Nieder-Languedoc und Darstellung ihrer Leiden . . . A. d. Franz. Leipzig 1815. V: *Römer, Georg Christian.* (MGT) (GGr) *Römer, G. Christoph.* (Ky)

— dasselbe. Aus d. Französ. 8. Karlsruhe 815. Braun. 5 Gr

Vertheidigung des Rationalismus gegen die Angriffe u. Schmähungen des Dr. Rudelbach, in seiner Schrift: Das Wesen des Rationalismus etc. In Beziehung auf Kirche u. Staat geführt von Religiosus Verus. gr. 8. Leipzig 831. (Melzer.) 1/2 Thlr

— der Rechte des vaterländ. Adels. Von e. deutschen Bürger. 8. Frankf. a. M. 816. Eichenberg. 5 Gr

Vertheidigung der in dem obersten Staatszwecke begründeten Rechte und Ansprüche der gelehrten Schullehrer . . . Nürnberg 1805. V: *Penzenkuffer, Christoph Wilhelm Frdr.* (will) (Ky) (MGT)

Vertheidigung, der in dem obersten Staatszwecke begründ Rechte u. Ansprüche d. gelehrten Schullehrer meines Vaterlandes, (v. C. W. F. Penzenkuffer). 8. Nürnb. 805.

Vertheidigung der Rechte der Stadt und Republik Bern. Von einem achtzigjährigen Greise, der Ao. 1798 für sein Vaterland geblutet hat. 8. *o. O.* 1814.

Vertheidigung der erz- u. bischöfflichen Rechte wider die Anstellung eines mit anmasslicher Jurisdiction versehenen Grossalmoseniers zu München. O. O. 1790. 8°
76 S. u. XXXVI S. Beilage 1 - 2.

— der Erz- und Bischöflichen Rechte wider die Anstellung e. m. anmaßl. Jurisdiction verseh. Großalmoseniers zu München. 8 Frankf. a. M. 791. Andreä. 6 Gr

Rechtliche Vertheidigung des Advocaten Max Franciscus Blaunfeldt in Schleswig. Kiel. 1831.

Rechtliche Vertheidigung des Advocaten Julius Gülich in Pinneberg, als gerichtlich bestellten Defensors des Jochim Hinrich Ramcke aus Halstenbeck, peinlich Angeklagten: in puncto angeschuldigten Mordes, nächsten Versuch zum Morde und Mordbrandes. Altona. 1842. 8°.

— rechtl., der neuesten Schicksale K. F. Bahrdts. 8. Regensb. 790. Montag u. W. 5 Gr

Vertheidigung, Rechtsgegründete, der alt-hergebrachten fränkischen Lehens-Gewohnheit . . . O. O. 1733. V: Rössler.

Vertheidigung, rechtsgegründete, d. Fränkischen Lehnsgewohnheit v. d. agnatis collateralibus. Fol. Nürnb. 768. Felssecker. 1 Thlr

Vertheidigung, Rechtsgegründete, der allerhöchsten Rechte und Ansprüche I. R. K. Maiestät Carl des VII., auf alle von Kaiser Carl dem VI. g. A. besessene Königreiche und Länder . . . Frankf. u. Leipzig 1743. V: *Weber, Nicolaus.* (will) (MI.)

Vertheidigung der französischen Regierung gegen gewisse Beschuldigungen in den Berichten der amerikanischen Gesandten, nebst der dadurch veranlaßten Correspondenz zwischen dem französischen Minister Talleyrand und Herrn Gerry, dem noch in Paris gebliebenen amerikanischen Minister.
Aus dem Redacteur übersetzt und mit Anmerkungen begleitet. Angehängt ist Herrn Bellamy's [Y's] Antwort auf diesen Aufsatz. Ein Nachtrag zu der Schrift: Frankreichs Verfahren gegen Amerika.
Hamburg, im Julius, 1798. 4, 52 S. 8°.
Harvard University Library Cambridge, Mass.

— der französischen Regierung gegen gewisse Beschuldigungen in d. Berichten des amerikanischen Gesandten. 8. Hamb. 798. (Perthes u. B.) 4 Gr

Vertheidigung der kaiserlichen Reichsposten gegen die Anfälle des verkappten Traugott Groote. Frankfurt a. M. 1769. V: *Wels, Joh. Adam.* (Ky)

— der kaiserl. Reichsposten gegen d. Anfälle des verkappten Traug. Groote. (Von J. A. Wels.) 4. Frankf. a. M. 769. (Enderes in Schwabach). 4 ℛ

— d. Reichsposten geg. d. Anfälle Groots. 4. Schwabach, Enders. 770.

Vertheidigung, Michael Reisser's, seiner Unschuld gegen die Zunöthigungen des Herrn Professors . . . Hadelich . . . Erfurt 1771. V: *Riedel, Friedrich Just.* (ML)

— d. naturl. geoffenbart. Religion f. Burnets Auszug der von R. Boyle gestift. Reden.

Verteidigung der Religion überhaupt und der katholischen insbesondere. Aus dem Französ. von Ämilian Janitsch. Wien 1811 (?), 8°.

— der Religion der Könige, Minister, des schönen Geschlechts ꝛc. 8. Berl. 767. Birnstiel. 4 ℛ

— der Religion u. der Ordenshäuser. 8. Augsb. 753. Merz. 4 ℛ

Vertheidigung des neuen Religionsedikts vom 9. Juli 1788 . . . Berlin 1788. V: *Römer, Carl Heinrich von.* (ML) »neuesten preussischen« (Ky)

Vertheidigung des neuesten Preußischen Religions-Edikts gegen die Beschuldigungen und Besorgnisse des Verf. der freimüthigen Betrachtungen über dasselbe. Berlin 1788.

— des neuesten preuß. Religionsedicts v. 9. Juli 1788 wider den Verfass. der freimüth. Betrachtt. über dasselbe, (v. K. H. v. Römer). 8. Berl. 788. Maurer. 5 ℛ 2e Aufl., s. Römer, das Recht d. Fürsten.

Über die Verteidigung der Russen gegen die Völker des Abendlandes. Von einem bayer. Offiz. (Streichmer?) Mit Krt. München 1812. 124 S.

Vertheidigung gegen die Schmähschrift »Bericht über die Umtriebe der Frömmler . . .« Altenburg 1830. V: *Staeger.* (Bachmann, Hengstenberg. Gütersloh 1876—92. II, 45.)

— gegen die Schmähschrift: „Bericht üb. d. Umtriebe der Frömmler in Halle. Von Lichtfreund.“ Von e. Rationalisten. 8. Altenb. 830. Literatur-Compt. 4 ℛ

—— gegen die Schmähschrift: „Bericht üb. die Umtriebe d. Frömmler in Halle. Von Lichtfreund.“ Von e. Rationalisten. 8. (1¾ B.) Altenburg 830, [Pierer.]

— des Schreibens, der Deutschen u. anderer Völker Münzverfassung betreffend ꝛc. 4. Berl. 752. Voß. 4 ℛ

Vertheidigung, Die, der westlichen Schweiz. Zürich 1882. V: *Giese.* (Cat. d. Stadtbibl. Zürich. Zürich 1864—97.)

Vertheidigung, die, der westlichen Schweiz. Mit 2 (autogr.) Skizzen der provisor. Befestigung von Bern und der Venoge-Linie. gr. 8. (43 S.) Zürich 882, Schmidt. *

— der Spiele, Tänze u. Schauspiele; nebst e. Anweis., wie man an selbigen, ohne sich zu versündigen, Antheil nehmen könne, (v. Jh. Fr. Jacobi). 8. o. O. 770.

Vertheidigung für den Staat des Kantons Luzern gegen die vereinigte Maschinenbaugesellschaft in Mülhausen, und Mithaften, betreffend die Frage der Haftbarkeit des Fiskus des Kantons Luzern . . . Bern 1876. V: *Brunner, Rud.* (BSchwLk V, 9 h)

Vertheidigung für den Staat des Kanton Luzern gegen die vereinigte Maschinenbaugesellschaft in Mülhausen u. Mithaften, betr. die Frage der Haftbarkeit des Fiskus des Kantons Luzern für die von der Eisenbahngesellschaft Bern-Luzern eingegangenen Verbindlichkeiten. gr. 4. (37 S.) Bern 876. (Jenni.) n. 1. —

Vertheidigung der rechtlichen Staatsbetrachtungen . . . Frankf. u. Leipzig 1783. V: *Roth, Joh. Richard von.* (MGT)

Vertheidigung, Die, des Staatsgrundgesetzes für das Königreich Hannover. Hsgbn von Dahlmann. Jena 1838. V: *Stieve, Carl.* (Loewe, Bibliogr. d. Hann. u. Braunschw. Gesch. Posen 1908. S. 147.) Dagegen: Springer, A., F. C. Dahlmann. Leipzig 1870—72. II, 33.

Vertheidigung des Staatsgrundgesetzes für das Königreich Hannover. Hgb. von Dahlmann. Jena 1838. V: *Stüve, Joh. Carl Bertram.* (Loewe, Bibl. der Hann. u. Braunschw. Gesch. Hann. 1908. S. 147.) (Kat. d. ständ. Bibl. Stuttg. 1907. S. 479.)

Vertheidigung des Staatsgrundgesetzes für das Königreich Hannover. Herausg. von Dahlmann. gr. 8. Jena 838. Frommann. n. 1 ℛ

— der Staatswissenschaften gegen Eingriffe der Mediciner bei der Sache der Homöopathie, von einem homöopathisch Geheilten. Herausg. u. bevorwortet von Dr. Fr. Rummel. Für Staatsmänner, Rechtsgelehrte u. Freunde der Staatswissenschaften. gr. 8. Magdeburg 834. Bühler. ¾ ℛ

— der Stände u. deren Nothwendigkeit v. **— m. gr. 8. (26 S.) Potsdam 852. Riegel'sche Buchhandlung. n. 3 ngℛ

Standhafte Vertheidigung deren dem . . . Chur-Haus Pfalz auf alle, . . von Ihro Churfürstl. Durchlaucht in Baiern Maximilian Joseph . . besessene Länder zustehenden Erbfolgs-Rechten. Mit patriotischer Anmerkung. 4.

Vertheidigung von Dr. Jakob Robert Steiger vor dem Kriminalgerichte zu Luzern. SA. 8. (Luzern 1845.)

Vertheidigung des evangelischen Stiftes in Tübingen gegen deformirende Tendenzen und Vorschläge. Stuttgart 1842. V: *Hauber, Alb.* (Tübz 7, 59)

—— von H. Strub im Reisen bei Läufelfingen; gewes. Mitglied d. Großen Raths, Gerichtsschreiber u. Gemeinderath. Dem löbl. Kriminalgericht d. Kantons Basel bei seiner Beurtheilung, wegen Theilnahme an d. provisor. Regierung in Liestaal, vorgetragen d. 12. März 1831. Nebst e. von ihm gehalt. Rede im Großen Rath d. 7. Dez. 1830. gr. 8. (1½ B.) Basel 831, Schneider.

Vertheidigung, Die, von Süddeutschland gegen die Franzosen mit Zuziehung der Eisenbahnen . . . Stuttg. u. Tüb. 1844. V: *Poenitz, Carl Eduard.* (Pr)

—— die, von Süddeutschland gegen die Franzosen, mit Zuziehung der Eisenbahnen, unter Berücksichtig. der verschiedenen Spurweite. Eine strategische Skizze von Pz. gr. 8. (3¼ B.) Stuttgart 844, Cotta'sche Buchh.
Aus: Deutsche Vierteljahrschrift ꝛc., besond. abgedruckt.

Die **Verteidigung** von Süddeutschland gegen die Franzosen mit Zuziehung der Eisenbahnen. Stuttgart 1844. 50 S.

Vertheidigung des Wilhelm Tell. O. O. 1760. V: *Balthasar, Joseph Anton Felix v.* Ü: *Füsslin, Joh. Rudolph.* (AarK) (Cat. d. Stadtbibl. Zürich. Zürich 1864—97.)

Vertheidigung des Wilhelm Tell. Neue unveränderte Aufl. ([hrg. von] Fr[anz] Xaver Z'graggen). 8. Fluelen, Kanton Ury, 1824.

Inhalt: Vertheidigung des W. Tell. [Von] Jos[eph] Anton Felix von Balthasar. — W. Tell. Eine Vorlesung, gehalten ... von Gottlieb Emanuel von Haller. — Das alte Tellenlied. — Tell der Urner, von Konst[antin] Siegwart[-Müller]

— des Wilhelm Tell. N. Aufl. 8. Fluelen 824. (Schmidt in L.) 6 K

Vertheidigung angegriffener Unschuld. — Ein Freund der Höflichkeit. Gedruckt bei Gebr. Unger. 1 Bl. Fol.
Flugblatt. Berlin, 31. Mai 1848.

Vertheidigung des Gründlichen Unterrichts von dem Sr. Königl. Majest. von Groß-Britannien als Chur Fürsten von Braunschweig und Lüneburg zustehenden Successions Recht in die Graffschaft Ost Frießland und dazu gehörige Herrschaften. Hannover Anno 1745. V: *Strube, David Georg.* (Preußische Staatsschriften. Bd. II. Berlin 1885. S. 374.)

Vertheidigung des katholischen Unterrichts. Wien 1781. V: *Fast, Patr.* (Karajan 1644) ([Hch. Wolfgang Behrisch], Die Autoren Wiens. Pressb. 1784. S. 64) (Realzeitung 1783, Nr. 6, S. 94) (BiblPort)

Vertheidigung seines Vaters wider M. Winter'n bey Gelegenheit der Frage: Ob die Heiligen für ihre Hinterlassene hier auf Erden insgemein und insonderheit beten? O. O. [1739]. V: *Gerber, Christian Gottlob.* (MI.)

— des Verfassers des gemeinnütz. Handbuchs für Forst- u. Jagdbediente d. nied. Classen, als Beilage dazu zu betrachten. 8. Ronneb. 802. Schumann. 2 K

Vertheidigung des Verfassers der heutigen Prager und Wiener Litteratur samt der Abfertigung seiner Gegner vornehmlich des Herrn P. J. Schneiders einem Gelehrten Publiko gewidmet. Prag 1782. V: *Gotthardus Linie (= Hartung, Joh. Bapt. von).* (?) (GGr VI/691g) (BiblPort)

Vertheidigung, Vernünftige, des Conventions- oder Zwanzig-Gulden-Fusses. O. O. 1765. V: *Meidinger, Joh. Frdr. Frh. v.* (CBl.)

Vertheidigung, Vernünftige, des Schreibens die Teutsche und anderer Völker Münz-Verfassung betreffend, der so genannten gründlichen Prüfung desselben entgegen gesetzet ... Berlin 1752. V: *Graumann, Johann Philipp.* (KGBerlin I, 1292)

Vertheidigung der Vulgata paraphrastica wider den wirzburgischen Anzeiger ... O. O. 1786. V: *Wilhelm, Wilhelm.* (CI.zür Forts. III)

Vertheidigung des Herrn W. gegen die Wolken ... O. O. 1776. V: *Lenz, Jacob Michael Reinhold.* (MD)

— des Herrn W. gegen die Wolken, vom Verfass. der Wolken. 8. Lemgo 776. Meyer. 2 K

Vertheidigung der Weiber in Wien ... V: *Rössler, Niclas Torquat* (wrztg 1782, Beil. bei Nr. 31) (BiblPort)

Vertheidigung des königl. O. L. Ger. Raths Weimann in der Untersuchung betr. den Tumult zu Merseburg am 14. Nov. 1848. Merseburg (1849). 31 S. 8.

— des F. X. Weithmann, Redakteur des Schalksnarren, in der öffentlichen Schwurgerichtssitzung vom 13. Dezbr. 1861. München 862. (J. A. Finsterlin.) gr. 8. (12 S.) n. 2 ngr.

— des Frhrn. von Wessenberg und des kathol. Klerus in Baden ꝛc. 8. Rotweil 819. Herder. 18 K

Vertheidigung des Wuchers, worin die Unzuträglichkeit der gegenwärtigen gesetzlichen Einschränkungen der Bedingungen beim Geldverkehr bewiesen wird, nebst einem Briefe an Ad. Smith. Aus dem Engl. (Von Ldw. Kuhn, mit einer Vorrede von J. A. Eberhard.) 8⁰. Halle, Gebauer, 1788.

Vertheidigung, Wucherers, gegen Rautenstrauch. O. O. 1786. V: *Fezer, Johann Jacob.* (MGT)

Vertheidigung der Wunder-Wercke des Herrn Jesu wider Woolston . . . a. d. Engl. . . . Dressden u. Leipz. 1732. V. *Pearce, Zach.* (Cat. d. Stadtbibl. Zürich. Zürich 1864—97.) Ü: *Strobel, Gg Paul.* (Myl)

— d. Wunderwerke Jesu, wider Woolston, a. d. Engl. v. G. P. Strobel. 8. Dresden. 732.

Vertheidigung, Zweite, der Juden oder die Widerlegung der Schrift: Ueber die Unnütz- und Schädlichkeit der Juden. V: *Keppler, Joseph Frhr. von.* (Hdschr. Mitth. von Gustav Gugitz, Wien) (BiblPort)

Vertheidigungsrecht, das, in Deutschland und die Königsberger Juristenfacultät. Leipzig 856. R. Hoffmann. 8. (25 S.) 3 ngr.

Vertheidigungsrede des wegen versuchten Hochverraths Angeklagten Glieb. Rau v. Gaildorf vor dem Geschwornen-Gericht zu Rottweil. 2. Aufl. 16. (35 S.) Ulm 850, Gebr. Rübling in Comm. 3 ngr.

Vertheidigungsrede des wegen versuchten Hochverraths Angeklagten Glieb. Rau von Gaildorf vor dem Geschwornen-Gericht zu Rottweil. 2. Aufl. 16. (35 S.) Ulm 851, (Gebr. Rübling.)

Vertheidigungsrede des Rechtsanwalt Titus im Schwurgericht zu Würzburg am 17. März 1852 in der Untersuchung gegen Joseph Schorer von Bamberg wegen Preßvergehen. Bamberg 1852. 23 S. 8.

Vertheidigungsrede gegen den Vorwurf der Beleidigung des Oberpfarrers Dr. Graue, des sächs. Consistoriums und der gesammten Geistlichkeit der sächs. Landeskirche. Gehalten vor der II. Strafkammer des Kgl. Landgerichts zu Zwickau am 1. Decbr. 1880 und mitgetheilt von K(ern). gr. 8. (32 S.) Zwickau 881. (Dresden, H. J. Naumann.) *
Aus: Evangelisch-lutherische Freikirche, besonders abgedruckt.

Vertheidigungsschrift Mariä Katharinä Cadiere, wider den P. Girard einen Jesuiten. Kölln (Frankf. a. M., Varrentrapp) 1731. 8⁰.
Wiener Cat. verbotener Bücher, 1774.

Vertheidigungsschrift (des Grafen von Cagliostro) gegen den General-Procurator. Frankf. a. M. 1786. V: *Brun, Fch. Leopold.* (KY 1/403, »Hamb. 1786«) (Hugo Hayn, Vier neue Curios Bibliogr. S. 40) (BiblPort)

Vertheidigungsschrift des angeklagten Grafen Cagliostro, von ihm selbst aufges. a. d. Frz. 8. Hamb. Chaidron. 786.

— — dasselbe, nebst d. merkwürd. Zügen aus s. Leben. gr. 12. Jena. Ettinger. 786. — 8

Vertheidigungsschrift über den Grafen von Cagliostro, nebst den vornehmsten Zügen aus seinem merkwürdigen Leben und einer kurzgefassten Geschichte des wegen des Halsschmuckes geführten Prozesses. o. O. 1787. 8⁰.
Cit. bei Hayn.

Vertheidigungsschrift d. Hrn. Feldmarschall Davoust an den König, aus dem Franz. gr. 8. Wien, Camesing. 815.

Vertheidigungsschrift für den Dr. d. Philosophie Friedr. Ludw. Jahn. gr. 8. Glarus 823. (Zürich, Geßner). 4 K

Vertheidigungsschrift der Gräfin de la Motte; a. d. Franz. Nürnberg 1789. Ü: *Schubart, Ludwig Albrecht.* (GGr) (MGT)

Vertheidigungs- und Rechtfertigungs-Schrift für den Zoll-Controlleur Heinrich Christoph Lindener in Kiel, Beklagten, wider den Königlichen Justizrath und Obersachwalter Herrn Johann Friedrich Prall in Friedrichstadt als Official-Klägern in puncto praet. commissi criminis repetundarum, wie auch zur Nachtzeit aus einem Schiffe gestatteter Tobacks-Losung, hinc praetensae satisfactionis publicae cum annexis. Kiel. 1789. Fol.

Vertheidigungsschrift für die verwittwete Geh. Räthin Charlotte Sophie Elisabeth Ursinus geb. von Weiss. Berlin 1803. V: *Blume, Johann Philipp Julius.* (KGBerlin I, 1010)

Preuß. Beamten-Verein zu Hannover, Lebensversicherungsverein auf Gegenseitigkeit. [**Verteidigungsschrift** gegen die Vorwürfe d. Annalen d. gesamten Versicherungswesens.] [Fing. T.] (Hannover: Preuß. Beamtenverein 1905.) (12 S.) 8° [F.] 06. 3078

Vertheidigungsschriften Seidenstickers u. Schmitz u. s. J. H. P. Seidenstücker.

Vertheidigungsstücke, Einige zu den Acten gegebene, gegen die von R. R. von R*** bei der königlichen Abgabensection . . . angebrachte Denunciation. Königsberg 1811. II (V?): *Brahl, Joh.* (BrMm)

Vertheidigungs- und Befestigungs-System, das, der Schweiz. Von einem Freunde der Schweiz. Dezbr. 1880. gr. 8. (46 S. mit 1 autogr. Uebersichts-Skizze.) Bern 881, Haller. *

Vertheiler der Dienstbücher und Vorschriften. Als Anhang II zur Geschäfts-Ordnung für das k. k. Heer. N.-V.-Bl. 39. Stück ex 1875. 1. Th. Reichs-Kriegs-Ministerium. 2. Th. Hilfs-Organe des Reichs-Kriegs-Ministeriums und Militär-Ober-Gericht. 4. Th. Truppen-Divisions- und Brigade-Commanden, dann Infanterie-, Jäger- und Sanitäts-Truppe. 5. Th. Truppe: Cavallerie und Militär-Fuhrwesen. 6. Th. Genie-Truppe u. Pionnier-Regiment. 7. Th. Artillerie-Truppe. 8. Th. Militär-Bildungs-Anstalten, Truppenschulen und Armee-Schützenschule, dann Militär-geographisches Institut. 9. Th. A. Heeres-Anstalten. 10. Th. B. Heeres-Anstalten. 11. Th. Armee-Commanden und Armee-Corps-Commanden. 12. Th. Armee-Anstalten. 13. Th. Garden, Gendarmerie, Sicherheitswach-Abtheilungen und Pferdezucht-Anstalten. 14. Th. Nicht aktive Organe. 4. Wien 1875—1877.

Vertheiler der Dienstbücher u. Vorschriften. Anh. II zur Geschäftsordnung f. das k. u. k. Heer. 13 Thle. 4. Wien 891. Hof- u. Staatsdruckerei. n. 16. —

1. Militär-Kanzlei Sr. Maj. d. Kaisers u. Königs, General-Inspektor d. k. u. k. Heeres, Reichs-Kriegs-Ministerium, Militär-Bevollmächtigte [Attachés] u. oberster Militär-Gerichtshof. (81 S.) n. 2. —
2. Hilfsorgane d. Reichs-Kriegs-Ministeriums u. Militär Obergericht. (79 S.) n. 2. —
3. Militär-Territorial-Commanden, Militär-Gerichte, Festungs-, Platz- u. selbständige Forts- od. Thalsperr-, Passsperr- rc. Commanden. (83 S.) n. 2. —
4. Höhere Commanden. (75 S.) n. 2. —
5. Ergänzungsbezirks-Commanden, Infanterie, Jäger- u. Sanitäts-Truppe. (23 S.) n. — 60
6. Cavallerie u. Train-Truppe. (28 S.) n. — 80
7. Genie-Truppe, Pionnier-Regiment, Eisenbahn- u. Telegraphen-Regiment. (49 S.) n. 1. 20
8. Feld- u. Festungs-Artillerie. (30 S.) n. — 80
9. Militär-Bildungs-Anstalten, Armee-Schießschule, militär-geographisches Institut. (35 S.) n. 1. 20
10. Heeresanstalten, m. Ausnahme der Militär-Bildungs-Anstalten, Armee-Schießschule u. d. militär-geographischen Institutes. (73 S.) n. 1. 60
11. Eisenbahn-Linien-, Bahnhof- u. Etapen-Commanden, dann Reserve-Anstalten der Armee im Felde. (39 S.) n. 1. —
12. K. u. k. Leibgarden, Sicherheitstruppen u. Gestütsbranche. (8 S.) n. — 40
13. Gagisten d. Ruhestandes u. d. Verhältnisses „außer Dienst", welche zu e., e. besond. Vorbereitg. erheisch. Dienstleistg. im Mobilisierungsfalle bestimmt u. schon im Frieden m. Dienstbüchern u. Vorschriften zu betheilen sind. (11 S.) n. — 40

Vertheiler der Dienstbücher u. Vorschriften. Anh. II zur Geschäftsordng. f. d. k. u. k. Heer. V., VI., VIII. u. XI. Thl. hoch 4. Wien (Hof- u. Staatsdruckerei.) à n. — 40

V. Ergänzungsbezirks-Commanden, Infanterie, Jäger- u. Sanitäts-Truppe. (23 S.) 897.
VI. Cavallerie u. Train-Truppe. (21 S.) 897.
VIII. Feld- u. Festungs-Artillerie. (29 S.) 895.
XI. Eisenbahn-Linien-, Bahnhof- u. Etappen-Commanden, dann Reserve-Anstalten d. Armee im Felde. (35 S.) 895.

Vertheiler (A—5, i.) der Dienstbücher und Vorschriften. Anhang II zur Geschäftsordnung für das k. u. k. Heer. (Neuauflage.) 4. Th. Armee-Ober-Commando. (1899.) — 5. Th. Ergänzungsbezirks-Commanden, Infanterie-, Jäger- und Sanitäts-Truppe. (1897.) — 6. Th. Cavallerie- und Train-Truppe. (1897.) — 7. Th. Pionnier-Inspicierende, Pionnier-Truppe, Eisenbahn- und Telegraphen-Regiment. (1899.) — 9. Th. Militär-Bildungs-Anstalten, Corps-Offiziersschulen, militär-geographisches Institut. (1897.) — 10. Th. Heeres-Anstalten mit Ausnahme der Militär-Bildungs-Anstalten, Armee-Schiessschule und des militär-geographischen Institutes. (1896.) — 12. Th. K. u. k. Leibgarden, Sicherheitstruppen und Gestüts-Branche. (1900.) 4. Wien 1896—1900.

(F) A—5, i. Vertheiler der Dienstbücher und Vorschriften. VII. Theil. Pionnier-Inspicierende, Pionnier-Truppe, Eisenbahn- und Telegraphen-Regiment. (Abschluss Ende April. Normal-Verordnungsblatt 12. Stück.) Anhang II zur Geschäftsordnung für das k. u. k. Heer. (Zu Praes. Nr. 2471 vom Jahre 1899 — Normal-Verordnungsblatt für das k. u. k. Heer 14. Stück.) [Wien. 1899. Hof- & Staatsdruckerei.] 4°. 32 S. fl. —.60

(F) A—5, 1. 1. Nachtrag zu dem Vertheiler der Dienstbücher und Vorschriften, XI. Theil. (Zu Praes. Nr. 5363 vom Jahre 1899. — Normal-Verordnungsblatt für das k. u. k. Heer, 30 Stück.) [Wien. 1899. Hof- und Staatsdruckerei.] 3 S. fl. —.02

Vertheiler (1—29) der Dienstbücher, Vorschriften, Behelfe etc. der k. u. k. Kriegs-Marine. 4. Wien 1902.

Vertheiler der Dienstbücher und Vorschriften der k. k. Landwehr. I. Th. Militär-Kanzlei Seiner Majestät des Kaisers und Königs. Ministerium für Landesvertheidigung. Landwehr-Ober-Commando. Landwehr- (Landesvertheidigungs-) Commanden. Landesvertheidigungs-Oberbehörde. Landwehr-Infanterie-Truppen-Divisions- und Brigade-, Landwehr- und Landsturm-Infanterie-Halbbrigade-Commanden. II. Th. Landwehr-Fusstruppen. Inspicierender der Landwehr-Cavallerie. Berittene Landwehr-Truppen. III. Th. Anstalten. IV. Th. Landsturm. Neu-Aufl. (Landw.-V.-Bl. Nr. 7 vom Jahre 1893.) (In 1 Bde.) Fol. Wien 1893.

— — 2. Aufl. (Landw.-V.-Bl. Nr. 48 vom Jahre 1895.) Fol. Wien 1895.

Vertheiler der Ergänzungen zum Dienstbuche G—61. (Kriegsfeuerwerkerei für die k. u. k. Artillerie.) I. Th. (enthält die nicht zum reservierten Amtsgebrauche bestimmten Dienstbücher) zu Abth. 7, Nr. 4670 vom Jahre 1895. (Lithogr.) Fol. (Wien) 1895.

Vertheiler der Ergänzungen zum Dienstbuche (G—61.) (Kriegsfeuerwerkerei für die k. u. k. Artillerie.) Fol. Wien 1898.

Vertheilung der Ehrenpreise auf der deutschen Molkerei-Ausstellung Berlin 1879. gr. 4. (4 S.) Berlin 879. (Güstrow, Opitz und Comp.) **

Vertheilung (Die gerechte) des Geschäftsertrages. Sogenannte Gewinnbetheiligung. Zugleich ein Bericht über das Wirken Alfred Dolge's in dem Staate Dolgeville, Vereinigte Staaten von Nord-Amerika. 4°. New York 1889.

Vertheilung, die, der Culturflächen der im Reichsrathe vertretenen Königreiche u. Länder auf die einzelnen Classen d. Tarifes der jochweisen Reinerträge nach dem endgiltigen Ergebnisse der Grundsteuerregelung (1882). Aus den Bezirksübersichten zusammengestellt im k. k. Finanzministerium. gr. 8. (III, 225 S.) Wien 892. Hof- u. Staatsdruckerei. n. 3. —

Vertheilung, über d., d. Last d. Einquartierung u. Verpflegung fremder Truppen. Zur Beherzigung insbesond. zur Verhütung d. Prozesse zwischen Hausbesitzern u. Miethleuten (v. Karl Aug. Tittmann.) 8. Dresd. 813. Beger. 4 gr.

Verteilung des Lehrstoffes für die Berliner Gemeindeschule. Ein Beitrag z. Spezialisierung d. Grundlehrplans. Hrsg. v. Berliner Rektoren-Verein. Als Ms. gedr. Berlin 1904: W. Siebenmark [aufgestemp.: Berlin: Nicolai]. (109 S.) 8° [J.] [c6. 1997

—— des Lehrstoffes einer dreiclassigen protestantischen Landschule für den Monat November. Ein Versuch, bestimmt, bessere Leistungen hervorzurufen. Fol. (24 lithogr. S.) Ludwigshafen 877, Lauterborn. *

(F) **Verteilung** des vom hochwürdigsten f.-e. Ordinariate in Wien für fünfklassige Volks- und dreiklassige Bürgerschulen vorgeschriebenen Lehrstoffes für den römisch-katholischen Religionsunterricht sowie Anweisung für die sechste Klasse der Volksschulen. Lex.-8°. Wien: St. Norbertus 1904. K —.20

—— des Lehrstoffes für dreiclassige ländliche Werktagsschulen. 1. und 2. Aufl. 2 autogr. Tab. in Imp.-Fol. Ludwigshafen: Lauterborn 1877.

Die neuste Vertheilung und Verlegung der russischen Armee und Generalliste v. J. 1787. (17) 8.

— über die, der Pfarreien u. Besoldungen der Geistlichkeit in Baiern (v. J. Socher.) 8. Münch. 804. Fleischmann. 9 gr.

Vertheilung, die, der in beiden Bonner Durchmusterungen enthaltenen Sterne am Himmel. [Aus: „Annalen der K. Sternwarte zu München".] gr. 4. (42 S.) München 888. (Franz' Verl.) n.n. 2.50

Verteilung des Unterrichtsstoffes auf Klassen u. Monate f. die Präparanden-Anstalt in Wunstorf. Tab. in Imp.-Fol. Hannover 901. C. Meyer. n. 1.—

Verteilung des Unterrichtsstoffes zur Wiederholung der grundlegenden Rechenübungen im II.—VIII. Schulj. 8. (7 S.) Essen 894. H. L. Geck. n.n. — 10

[S.] Verteilung des Unterrichtsstoffes zur Wiederholung der grundlegenden Rechenübungen im II.—VIII. Schuljahre. 2. Aufl. ... *Essen: H. L. Geck [1894].* (7 S.) 1 Bd 8.

Vertheilungsmittel (Ueber das billigste) und die angemessenste Erhebungsart der Steuern. Ein Nachtrag zu der im J. 1849 erschienenen Schrift: „Von den Mitteln, den Zustand der Arbeiter gründlich und auf die Dauer zu verbessern." gr. 8⁰. Berlin, G. Reimer, 1850.

Vertheilungsregel, über die billigste, u. die angemessenste Erhebungsart der Steuern. Ein Nachtrag zu der im J. 1849 erschienenen Schrift: „Von den Mitteln, den Zustand der Arbeiter gründlich u. auf die Dauer zu verbessern." gr. 8. (60 S.) Berlin 850. G. Reimer. 1/4 ₰

Vörtel, Arnold, wegen 10000 Gulden, s.: National-Bibliothek, allgemeine.

Vertell, Arnold, leere Herzen, s.: Weichert's Wochen-Bibliothek.

Verteutschungsbuch, s. Verdeutschungsbuch. —

Verth ... [Sachl. OW], s. Vert ...

Zur Hygiene europäischer Truppen bei tropischen Feldzügen. Von Dr. Th. zur Verth. Leipzig: Barth 1909. 73 S. 8°
(Archiv f. Schiffs- u. Tropenhygiene Bd 13, Beih. 1)

Verth, Th. zur, zur Hygiene europäischer Truppen bei trop. Feldzügen, s. Archiv f. Schiffs- u. Tropenhygiene. 1909. 1. Beiheft.

Vertiges, **les, actuels de l'Europe, traduit de l'Italien de Guiliani. 8. Frankf a. M. 791. (Schäfer). 3 gr**

Verticalkreis, d. grosse in Pulkowa. Verfertigt im mathematischen, mechanischen Institut v. Ertel & Sohn in München. (Zeichn. v. J Schuler 1839) Imp In Mappe.

Vertilger des Ungeziefers, der unfehlbare, auf vieljährige Erfahrung gegründet. 8. Jüterbog 838. Colditz. 1/4 ₰

Vertilger d. Ungeziefers, d. unfehlbare, auf vieljähr. Erfahr. gegründet. 8. Jüterbog, 1838. (Krause.) — 7½

Vertilgung, die, des Pauperismus. Vom Prinzen Napoleon Louis Bonaparte. Nach der 3. Aufl. des franz. Originals übersetzt v. P. Str. kl. 8. (Mit 2 Tab.) Nordhausen 840, Fürst. 1/3 ₰

Vertilgung schädlicher Thiere, bessere Benutzung nützlicher Thiere ... Leipzig 1793. V: *Reuss, Christian Friedrich.* (MGT) (Ky)

Vertilgung schädlicher u. bessere Benutzung nützlicher Thiere ... Leipz. 1793. 290 S.

Vertilgung schädl. Thiere, bessere Benutzung nützl. Thiere, zum allgem. Besten jeder Haushaltung (v. Chr. Fr. Reuß.) 8. Leipz. 793 u. 796. unt. d. T.: Mittel zur Vertilgung schädl. Thiere. 8. Ebd., Voß. 1 ₰

Vertot d'Aubeuf, René Aubert

Vertot, Conjuration du Portugal, s. Bibliothek gediegener und interessanter französischer Werke.

Vertot. Geschichte des Malthesor-Ordens. Von M. N. bearbeitet und mit einer Vorrede versehen von Schiller. (2 Bde. in 1 Bd. gebd.) 8. Jena 1792—1793.

Vgl. Geschichte...

de Vertot, Rh. A., Geschichte d. Revolutionen oder Empörungen im Königr. Portugal, in d. vorigen u. jetzigen Jahrhund. vermehrt mit wicht. Zusätzen aus d. neuern Geschichte von H. G. Hoff. 8. Regensb. 788. Montag u. W. 14 gr

— Geschichte d. Staatsveränderungen in der Römischen Republik. 3 Theile. Aus dem Französ. gr. 8. Zürich 750—52. Orell. 2 ₰

Vertot, A., Histoire de Révolut. de Portugal. 1 vol. in-18. (Didot.) (Leipz., Fr. Fleischer.)
(Pap. fin, 12 Gr. pap. vélin, 1 Rthlr. format in-12. pap. velin, 1 Rthlr. 8 Gr.)

de Vertot, Rh. A., **Histoire des Revolutions de la republique romaine. 3 Voll. gr. 8. Braunschw. 799. Vieweg. 1 ₰ 8 gr**

— Histoire des Révolutions de la répub. romaine. 4 vol. in-18. (le même.) (le même.)
(Pap. fin, 2 Rthlr. pap. vélin, 4 Rthlr. format in-12, pap. vélin, 5 Rthlr. 8 Gr.)

— Histoire des Révolutions de Suède. 2 vol. in-18. (le même.) (le même.)

Vertot d'Aubeuf, René Aubert: Dom Joan von Braganza, s. Hagemeister, J. Gf.

Vertot d'Aubeuf, R. A. Revolutionsgeschichte des alten Roms. Wien 1802. Ü: *Kreil, Anton.* (Gi)

— Revolutionsgeschichte d. alten Roms, a. d. Frz. vollständ. übers. m. K. 2 Thle. gr. 8. Wien, Degen. 803.

— Revolutionsgeschichte des alten Rom. 2 Thle. gr. 8. Wien. 803. Hat jetzt Armbruster auch v. Mösle.

— Revolutionsgeschichte des alten Roms. Aus dem Französ. (von A. Kreil). Mit Kupf. Wien 803. 2 Thle. 8. 1 rthl. Ebend. 821. 2 Theile. 8.

Vertot, (R. A.,) Revolutionsgeschichte des alten Roms; neu aus d. Franz. u. vollständ. übers. v. A. Kreil. 2e Aufl. 2 Thle. Mit Kupf. gr. 8. Wien 822, Mörschner u. Jasper. 1 —

— Revolutionsgeschichte des alten Roms; aus d. Französ. vollständig übersetzt. 2 Thle. Mit Kpf. gr. 8. Wien... N. A. 803. (Armbruster). 1 ₰ N. A. 825. Mörschner u. J. in Wien. 1 ₰

— Ursprung d. weltl. Macht d. Päbste. Aus d. Französ. vom Dom. v. Brentano. 8. Ravenna. (Kempten) 781.

Vertot d'Aubeuf, R. A. Ursprung der weltlichen Macht der Päpste. A. d. Franz. . . . Ravenna u. Pentapolis [Ulm] 1781. Ü: *Brentano, Dominicus von.* (MGT) (ML) (Wr)

Vertot d'Aubeuf, René Aubert: Gustav Vasa, s. Hagemeister, J. Gf.

Vertrag, der,. Lustsp. in 1 A. nach Marsollier v. Chrimfeld. 8 Wien, Wallishausser, 805.

Schweizer. Gesellschaft für Localbahnen. Vertrag der HH. J. Jacob Alder u. Cons. mit der Schweiz. Gesellschaft f. Localbahnen, und Aufruf an die Bewohner der Gemeinde Herisau. 15 Stn. 8. 1873.

Universität Basel. Vertrag zwischen der Universität Basel... und der «Zürich», Allgemeine Unfall- und Haftpflicht-Versicherungs-Aktien-Gesellschaft in Zürich, betreffend Versicherung von Studierenden, Zuhörern und Assistenten der Universität Basel. (1901 März 1/12.) 4 S. 8.

Vertrag über d. Besteuerungswesen. 8. Frankf. a. M. 817. Sauerländer. 4 K

Vertrag. Bennscher V' Zwüschen... Herrn Bischoffen von Basel. An Einem: Und Lobl. Stadt Biel. An dem Andern Theil auffgerichtet. Den 1. Augusti, Anno 1731. 4. *o. O.* 1732.

Vertrag Zwischen Ihro Hoch-Fürstlichen Gnaden Dem Herrn Bischoff von Basel. An Einem: Denne Hoch-Loblichem Stand Bern, Am anderen Theil. Betreffend Das zwischen... Bern und der Bischoff-Baselischen Neuenstadt, in Anno 1388. errichtete und Anno 1633. erneuerte Burgerrecht. Wie solcher... unterem 20. Februarij 1758. abgeredet, und sub 13. und 30. Martij... ratificiert worden. 4. Bern 1758.

— **Brüsseler**, üb. die Behandlung des Zuckers vom 5. III. 1902 u. Entwurf e. Gesetzes wegen Abänderung des Zuckersteuergesetzes m. Denkschrift u. Anlagen. gr. 4. (77 S.) Berlin 902. C. Heymann. n. 2.—

Vertrag zwischen dem norddeutschen Bunde, Bayern, Württemberg, Baden u. Hessen, die Fortdauer des Zoll- u. Handelsvereins betr. Mit einem Sachregister hrsg. von einem rechtskundigen Beamten. Würzburg 867. Stahel'sche Buchh. 8. (31 S.) 2½ ngr.

Vertrag, der, zwischen dem norddeutschen Bunde, Bayern, Württemberg, Baden und Hessen über die Fortdauer des Zoll- und Handelsvereins bis zum J. 1877, nebst den dazu gehörigen weitern neuen Bestimmungen. Nach amtl. Materialien. br. 8. (168 S.) Freiburg i. Br. 868, G. Mayer. *

—— zwischen dem norddeutschen Bunde und den vereinigten Staaten von Amerika, betr. die Staatsangehörigkeit derjenigen Personen, welche aus dem Gebiete des einen Theils in dasjenige des andern Theils einwandern, vom 22. Febr. 1868; nebst dem Vertrage wegen der in gewissen Fällen zu gewähr. Auslieferung der vor der Justiz flücht. Verbrecher, vom 16. Juni 1852; Gesetze betr. die Aufhebung der polizeil. Beschränkungen der Eheschließung; Gleichberechtigung der Confessionen; Beschlagnahme des Arbeits- und Dienstlohnes. gr. 16. (16 S.) Berlin 869, Kortkampf. *

Vertrag zwischen dem Nordd. Bunde und den Vereinigten Staaten von Amerika betr. Staatsangehörigkeit v. 22.2.68 etc. (Volksausg. nordd. Bundesges.) 12° Berlin 1869

— der **deutsch-spanische**, betr. die **Karolinen-, Marianen- u. Palao-Inseln** m. e. Karte: Die deutschen Besitzgn. im Stillen Ozean (1:12000000. 33,5×47 cm Farbdr.) m. der dem Reichstage in Vorlage gebrachten Denkschrift der Regierg. (auf dem Umschlag). gr. 4. (4 S.) Berlin 899. D. Reimer. n. —80

Vertrag zwischen der Direktion des Innern des Kts. Zürich und dem Präsidenten des schweiz. Schulrathes betreff. Erstellung eines Versuchsfeldes. 1872.

Jura-Simplon-Bahn. Vertrag zwischen der Direktion... in Bern, einerseits, und der Verwaltung der Bern-Neuenburg-Bahn (direkte Linie) in Bern, anderseits, betreffend die Regulierung der gegenseitigen Konkurrenzverhältnisse.... (d. d. 1. März/2. April 1901.) 4 S. 4.

VERTRAG, Ehelicher, oder Gesetze des Ehestandes, der Verstoßung und Ehescheidung. Nebst einer Abhandlung über den Ursprung u. das Recht der Dispensationen, aus d. Französ. O. O. (Zürich, Orell, & Co.) 1784. 8°. (13 ggr.) (In Zürich, Stadtbibl.) (1/3 Rthl. Lesser, Breslau, vor 1885.)

Uebers. des Contract conjugal, ou loix du mariage etc. Paris 1781. — Ehestandsalman. I. p. 258; Bibl. Bülov. I. 2. p. 340; Bibl. Günther. III. no. 6677.

Vertrag für die Einführung der Gasbeleuchtung in der Stadt Zürich. Zürich 1855.

Vertrag über die Fortdauer und Erweiterung des Zoll- und Handelsvereins, vom 4. April 1853. Mit den Separat-Artikeln, dem Schlußprotokoll und sämmtlichen dazu gehörigen Beilagen, namentlich der Uebereinkunft über gemeinsame Besteuerung des Rübenzuckers rc. Vollständiger und wörtlicher Abdruck des authentischen Textes. Mit Paraphirungen und erläuternden Anmerkungen rc. Als Anhang: Verordnung vom 29. März 1853, betr. die Verkehrserleichterungen zwischen dem Zoll- und Steuer-Verein. Berlin 853. Hempel. gr. 8. (72 S.) n. 10 ngr.

Vertrag über die Fortdauer und Erweiterung des Zoll- und Handelsvereins vom 4. April 1853 und Verordnung vom 29. März 1853, betreffend die Verkehrs-Erleichterung zwischen dem Zoll- und Steuerverein. Nebst preussisch-österreich. Handels- und Zollvertrag vom 19. Februar 1853. 2. Auflage. Berlin 1853

Vertrag zwischen dem Königl. Gymnasium zu Rössel und dem Königl. Staatsarchive zu Königsberg über die Deponirung von Archivalien des Gymnasiums bei dem Staatsarchive. Rössel, Buchdr. v. B. Kruttke, 1896; S. 15. 4.
Rössel, k. G, OP 1896 (14)

Vertrag, die Herstellung einer Eisenbahnverbindung zwischen Berlin u. Hamburg am rechten Elbufer betreffend, nebst dazu gehör. Schlußprotocolle, u. dem Vertrage, die Feststellung der Verhältnisse der Hamburg-Bergedorfer Eisenbahn zu Berlin-Bergedorfer Eisenbahn betreffend; unterzeichnet zu Berlin am 8. Novbr. 1841. Die Ratificationen sind ausgewechselt zu Berlin am 18. Februar 1842. 4. Hamburg 842, Meißner. n. 1/3 rß

Police Nr. 570161. **Vertrag** zwischen der Grossherzogl. Technischen Hochschule zu Darmstadt und der Unfall-Versicherungs-Gesellschaft Nordstern in Berlin (v. 23. 12. 1908, genehmigt 15. 1. 1909).

Vertrag, Der internationale, zum Schutze des gewerblichen Eigenthums ddo. Paris, 20. März 1883, und die Madrider Uebereinkommen vom 14. April 1891. 4. (23 S.) Wien: Hof- u. Staatsdruckerei 1896.

(F) Der internationale Vertrag zum Schutze des gewerblichen Eigenthums ddo. Paris, 20. März 1883 sammt dessen Neben- und Abänderungsverträgen. Wien. 1901. Hof- und Staatsdruckerei. Lex.-8°. 36 S. K 1.—

Vertrag, Der Internationale, zum Schutze literarischer Erzeugnisse mit spezieller Beziehung auf Frankfurt am Main... [Frankf. a. M. 1857.] V: *Baer, Herm. Jos.* (cb)

Internationaler Vertrag betreffend die gegen die Phylloxera vastatrix zu treffenden Massregeln. (Vom 17. September 1878.) o. O. 1878. 20 S. -- 12°

Vertrag der 6 ger.·. u.·. vollk.·. Johannis-Logen zur Einigkeit, Socrates z.·. Standhaftigkeit, Carl z.·. a.·. Licht, z.·. a.·. Morgeröthe, zum Frankfurter Adler u. Carl z.·. Lindenberg zu Frankfurt a. M. Frankfurt a. M. 1875: Mahlau & Waldschmidt. 7 S. 8° [Umschlagtit.]
Tt. 1179. Betr. das gegenseitige Verhalten bei den Vorschlägen u. Kugelungen üb. Suchende, bei Annahmen u. bei der mrischen Armenpflege. 193.

Vertrag zwischen dem Röm. Kayser und dem König in Schweden, geschlossen zu Altranstadt den 22. Aug. (1. Sept.) 1707. Neudr. Breslau 1742. 8°. (1. Ausg. 1707.)

Vertrag zwischen den Herren von Kuycke, Brauer und Sauerland als Vorstand des freimaurerischen Erziehungs-Vereins der Loge Wilhelm zur nordischen Treue zu Flensburg und des Herrn Heinrich Schmersahl ... als General-Bevollmächtigten der Allgemeinen Versorgungs-Anstalt im Grossherzogtum Baden zu Carlsruhe. [Flensburg] o J.: Herzbruch. 1 Bl. 4°. [Kopftit.] 358.

Vertrag, Der Lausanner, von 1564. [Bern] 1899. V: *Öchsli, Wilh.* (Zuwachsverz. d. Bibl. in Zürich 1898 ff.)

Vertrag zwischen der Lehrerschaft des schweiz. Polytechnikums und dem schweiz. Schulrath einerseits und der schweiz. Rentenanstalt anderseits. 1862.

Vertrag zwischen der Stadtgemeinde Linz und der allgem. österr. Gasgesellschaft in Triest über die Einführung der Gasbeleuchtung in Linz. *Linz. J. Feichtingers Erben.* 22 S., 1 Bl. 8°.

Schweizerische Nordostbahngesellschaft. Vertrag mit der Eisenbahnunternehmung Wädensweil-Einsiedeln. Wädensweil, Druck v. Ruegg zum Florhof. (8 Stn. in-8) — Einladung z. Actienzeichnung f. d. Eisenb. Wädensweil-Einsiedeln. (6 Stn. in-4.) 1875.

Vertrag (zwischen dem „Nordstern, Unfalls- und Alters-Versicherungs-Aktien-Gesellschaft zu Berlin" und der Großherzogl. Technischen Hochschule zu Darmstadt). Police Nr. 111857. (4. 3. 1902 genehmigt.)

Vertrag mit Oesterreich-Ungarn wegen Beglaubigung der von öffentlichen Behörden und Beamten ausgestellten oder beglaubigten Urkunden. Bekanntmachung betreffend diejenigen obersten Verwaltungsbehörden etc. im Deutschen Reich und in Oesterreich-Ungarn, deren Urkunden einer Beglaubigung nicht bedürfen. hoch 4. (11 S.) Berlin 881, C. Heymann's Verlag. *

Vertrag, der, zu Passau im J. 1552. Eine Denkschrift für die evangel. Christen in Deutschland. Von W. R. 8. (52 S.) Zwickau 852, Verlagsbuchhandlung des Volksschriften-Vereins. 3 ngl

—— der passauer. Denkschrift zur Jubelfeier des 2. Aug. 1852 und der von Churfürst Moritz von Sachsen erkämpften Religionsfreiheit. 8. (VIII und 87 S.) Leipzig 852, Kollmann.

— zwischen Preussen, Sachsen, Baden etc. einerseits und Bayern, Württemberg, Hessen und Nassau andererseits, betreffend den Beitritt zu den Zollvereinigungsverträgen von 1864. fol Berlin 1864

— zwischen Preussen, Sachsen, Baden etc. einerseits und Hannover, sowie Oldenburg andererseits, betr. den Beitritt zu d. Zollvereinigungsvertrage v. 28.6.64. fol Berlin 1864

— zwischen Preussen, Sachsen, Baden etc. die Fortdauer des Zoll- und Handelsvereins betreffend. fol Berlin 1864

— zwischen der Königl. Preußischen, der Königl. Dänischen, Herzogl. Lauenburgischen u. der Großherzogl. Mecklenburg-Schwerinschen Regierung, so wie den freien u. Hanse-Städten Lübeck u. Hamburg, die Herstellung einer Eisenbahnverbindung zwischen Berlin u. Hamburg am rechten Elbufer betreff. rc. unterzeichnet zu Berlin am 18. Febr. 1842. gr. 4. Ebend. 842. 1/3 ϐ

— revidirter, des Deutsch-Oestreichischen Postvereins, nebst Königl. Patent, die Verkündigung desselben betreffend, vom 1. Juli 1852. gr. 8. (21 S.) Hannover 852, Pockwitz. 1/8 ϐ

Vertrag zwischen dem schweiz. Schulrate und der „Zürich" Unfall-Versicherungs-Aktiengesellschaft betreffend Versicherung der Assistenten, Studierenden und Auditoren des eidg. Polytechnikums. Zürich 1895.

Vertrag, Der Tuebinger, oder die Wiederherstellung der wirtembergischen Verfassung unter der Regierung Herzog Ulrichs im Jahr 1514. O. O. 1816. V: *Gutscher, Frdr.* (Heyd)

— d. Tübinger, od. d. Wiederherstellung d. Würtemberg. Verfassung unter der Regierung Herzog Ulrichs im Jahre 1514. gr. 8. Stuttgart 816. (Metzler). 12 K

Vertrag zwischen der Königlichen Universität zu Breslau ... und der Frankfurter Transport-, Unfall- und Glas-Versicherungs-Aktien-Gesellschaft in Frankfurt a. M. ... (über die Unfallversicherung der Studierenden.) Genehmigt: Breslau, den 1. November 1904). (Breslau 1904: Grass, Barth & Co.) (12 S.) 8° [Fing. T.]

Vertrag (zwischen der Königl. Universität zu Breslau u. der Frankfurter Transport-, Unfall- u. Glas-Versicherungs-Aktien-Gesellschaft über eine Unfallversicherung der Studierenden d. Naturw., Landw. u. Medizin, sowie Assistenten u. Institutsdiener der vorbezeichneten Fächer an der Universität Breslau). Breslau 1908: F. Winter. (15 S.) 8° [Kopft.]

Vertrag betreffend die Vereinigung der Stadt Altona und der Gemeinde Oevelgönne zu einer Gemeinde.
Vertrag betreffend die Vereinigung der Stadt Altona und der Gemeinde Othmarschen zu einer Gemeinde.
Vertrag zwischen der Stadt Altona und der Gemeinde Bahrenfeld betreffend die Eingemeindung der letzteren in die Stadtgemeinde Altona.
(Altona. 1890.) 8° [Kopft.]

Vertrag betreffend die gemeinschaftliche Wagenbenützung zwischen der k. k. a. priv. Kaiser Ferdinands Nordbahn und priv. Brünn-Rossitzer-Eisenbahn. Wien, 1856. Gedr. bei Josef Stöckholzer v. Hirschfeld. (19 S. 8.)

Vertrag, wechselseitiger — zur Vergütung des Brandschadens. (Wirthschaftsbesitzer in der Gegend von Hofstetten) St. Pölten. Druck von F. Lorenz. (4 Bl. 8.) 1855.

Verträge der Stadt Rixdorf. ([Rixdorf] 1909.) 139 S. 8° [10. 5360

Verträge zwischen der Schweiz und dem norddeutschen Bunde, Baden, Baiern, Hessen, Luxemburg und Würtemberg, und alphabetisches Waarenverzeichniss zum schweizerischen Zolltarif, vom 1. Septbr. 1869 an in Kraft getreten. 8. (70 S.) Zürich 869, Schmidt. *
Waarenverzeichniss apart (39 S.) *

Verträge u. Uebereinkommen d. Weltpostvereines ddo. Wien, 4. Juli 1891 m. den zugehörigen Reglements u. Ausführungsinstruktionen. hoch 4. (252 S.) Wien 892. (Hof- u. Staatsdruckerei.) n. 1. —

Verträge und Übereinkommen des Weltpostvereines ddo. Rom, 26. Mai 1906 mit den zugehörigen Reglements. [Dienstvorschrift für die k. k. Postanstalt. III. Bd. 1. Abt.] Gr.-8°. (XI, 340 S.) Wien: Manz 1910.

Verträge u. Uebereinkünfte des deutschen Reichs mit den Samoa-Inseln u. anderen unabhängigen Inselgruppen der Südsee, nebst (7 lith.) Uebersichtskarten, erläuternder Denkschrift mit begleitenden Aktenstücken des Auswärt. Amts, Berichten u. Aeußerungen deutscher, englischer u. amerikanischer Autoritäten über die Bedeutung der Südsee-Inseln für den Welthandel. Dem Bundesrath u. dem Reichstag im Mai—Juni 1879 vorgelegt. Mit Genehmigung des Auswärt. Amts hrsg. Fol. (XXXIII, 216 S.) Hamburg 879. Friederichsen & Co. 12. —

Verträge und Uebereinkünfte zwischen der Schweiz und Frankreich. (Vom 30. Juni 1864.) gr. 8. (172 S.) Bern 865, [Fiala.] *

„Verträge und Verhandlungen aus dem Zeitraum von 1833 bis einschliesslich 1836 über die Bildung und Ausführung des deutschen Zoll- und Handelsvereins", 2 Bände, Berlin 1845. — Vorh.: Preuß. Staatsbibl. Berlin.

Verträge und Verhandlungen über die Bildung und Ausführung des deutschen Zoll- und Handels-Vereins. 5 Bde Berlin 1845-58

Vorträgo, welche für die **Verwaltung** der Stadt **Magdeburg** von allgemeiner Bedeutung sind. *Magdeburg 1900: R. Zacharias.* (213 S.) 8° [F.]
= **Ortsstatuten** u. d. allgemeine **Ordnung** d. Gemeindewesens betr. **Gemeindebeschlüsse** d. Stadt Magdeburg. Bd 2. [00. 10877

Verträglichkeit der Religion mit der Politik d. Staaten; nebst d. Entwurfe e. Werks: Clima, Staatsverfassung rc. (v. Andr. Riem.) 8. Berl. 779. Nottmann. 12 gr.

Vertragsbedingungen,

— **allgemeine**. [Anlage II der „Verdingungsvorschrift — enth. die Bestimmgn. üb. Verdingg. v. Liefergn. u. Leistgn. f. die Bekleidungswirthschaft der Truppen, sowie f. den Wirthschaftsbetrieb der Korps-Bekleidungsämter".] gr. 8. (8 S.) Berlin 890. Mittler & Sohn. — 10

Vertrags-Bedingungen, allgemeine, f. die Ausführung v. Hochbauten in Gemäßheit der Erlasse d. Hrn. Ministers der öffentlichen Arbeiten vom 17. Juli 1885 [IIa. (b) 12 252 — III. 12 142 — I. 3763] u. vom 25. Septbr. 1885 [IIa. (b) 13 973 — III. 14 187 — 4584]. 16. (30 S.) Stendal 891. Franzen & Grosse. n. — 50

Vertragsbedingungen, allgemeine, f. die Ausführung v. Leistungen u. Lieferungen. Fol. (7 S.) Berlin 889. Ernst & Korn. n. — 40

Vertragsbedingungen, allgemeine, f. d. Ausführg. v. **Leistungen** u. Liefergn. Fol. (6 S.) Berlin 895. W. Ernst & Sohn. n.n. — 30

Vertragswidrigkeiten, die, der Bonn-Coblenzer u. Cöln-Coblenzer Eisenbahn-Comité's u. die Gemeinschädlichkeit ihres Projects. gr. 8. (34 S.) Berlin 847, T. Trautwein'sche Buchh. n. 1/6 ℛ︀

Vertragszölle, Die, Oesterreich-Ungarns. Zugleich ein Nachtrag zum Allgemeinen und Vertrags-Zolltarif vom 25. Mai 1882 für das österr.-ungar. Zollgebiet nach der Gestaltung durch das Gesetz vom 21. Mai 1887. Zusammengestellt von Adolf Ritter von Strigl. Giltig vom 1. Januar 1889. 8. (30 S.) —.20
Wien: Manz 1889.

Vertrags-Zolltarif f. China. gr. 4. (8 S.) Berlin 884. Mittler & Sohn. n. — 60

Vertragszolltarif, der deutsche. Zusammenstellung der bisherigen u. zukünftigen autonomen u. vertragsmäß. Zollsätze des deutschen Zolltarifs. Hrsg. vom Centralverband deutscher Industrieller. (III, 184 S.) 4. Berlin 905. Deutscher Verlag. n. 3. 50

Der deutsche **Vertragszolltarif**. Zusammenstellung d. bisherigen u. zukünftigen autonomen u. vertragsmäß. Zollsätze d. deutschen Zolltarifs. Hrsg. v. Centralverband Deutscher Industrieller. 2. Aufl. Berlin: Deutscher Verl. 1905. (183 S.) 4° [F.] [05. 11079

Vertrau auf Gott! Christliche Dichtgn. (64 S. m. 4 Farbdr.) kl. 8. Konstanz (904). Zürich, Christl. Buch- u. Kunstverl. C. Hirsch. Geb. in Leinw. n. 1. 20

Vertrau auf Gott, er hilft in Noth! 3. Aufl. (15 S.) Nonnenweier 869. (Barmen, Klein.)

Vertrau auf Gott, und halte seine Gebote! Lehrreiche Erzählungen für die Jugend. (Mit Titelkupfer auf farb. Papier.) kl. 8. Thannhausen 840. (Augsburg, Kollmann.) 5 gr.

Vertraue! 6 (chromolith.) Blumenkarten mit Initialen u. geistlichen Liederversen. 24. Leipzig 879. Böhme. n. — 60

— auf Gott oder Jenny's Schicksale. Aus dem Engl. 16. (64 S.) Cleveland, O. 879. (Philadelphia, Schäfer & Koradi.) geb. n. — 40

Vertraue auf Gott. Gebetbuch für kathol. Christen. 32. (400 S. m. 1 Stahlst.) Einsiedeln 895. Verlagsanstalt Benziger & Co. Geb. in Ldr. m. Goldschn. n. 1. 50

Vertraue auf Gott! Vollständ. Gebet- u. Andachtsbuch f. römisch-kathol. Christen. In größerer Schrift f. schwache Augen. 10. Aufl. Durchgeseh. u. verb. v. Heinr. Liese, S. J. (336 S. m. farb. Titel u. 1 Farbdr.) 16. Kevelaer (906). Butzon & Bercker. Geb. in Leinw. n. — 75

Vertraue auf Gottes Barmherzigkeit. Aus den Schriften des Erzbischofs Languet. Aus dem Französ. u. mit einem Zusatze von Gebeten u. 7 Litaneien verm. von Ant. Westarp. (Mit Titelbild.) 12. Emmerich 846, Romen. 12 ngr

Vertraue völlig Deinem Heiland. (17.—21. Taus.) 24. (8 S.) Barmen (897). Wupperthaler Traktat-Gesellsch. n.n. — 05

Vertrauen, Schauspiel in 1 Akt, von F. L. W. Meyer. 8. Altona, Hammerich. 818.

Vertrauen, Das belohnte kindliche, oder der kleine Schweizerseppeli. O. O. 1818. V: *Meyer, Frz Sales.* (Cat. d. Stadtbibl. Zürich. Zürich 1864—97.)

Vertrauen, das belohnte kindliche, oder der kleine Schweizerseppeli auf der Insel X. 12. Luzern, Anich. 819.

Vertrauen, das belohnte kindliche, oder d. kleine Schweizerseppeli auf d. Insel N**. 12. Luzern 818. 2e A. 822. Anich. (Schmidt in Leipz.) 2 gr

Vertrauen, das belohnte kindliche, oder d. kleine Schweizerseppeli auf d. Insel N*. 2e Aufl. 12. Luzern 821, Anich. Rthlr.

Vertrauen, das falsche,. Lustsp. 8. Augsb. Klett. 764. Rthlr. — 5

— **auf Gott.** Ein Gebet- u. Erbauungsbuch. 3. Aufl. Wien 866. Geitler. 8. (292 S. mit 1 Stahlst.) n. 12 ngr.

Vertrauen auf Gott, im Geiste d. Anbetung rc. Ein Gebetbuch. 8. Erf. ... 2te A. 810. Müller. (a. Weygand in Leipz.) 9 gr

Vertrauen auf den Herrn. Ein Gebetbuch für katholische Christen. 4e Aufl. Mit Titelkpfr. u. Titelvign. kl. 12. Wien 834. Pfautsch. n. 1/3 rf

Vertrauen auf den Herrn. Ein Gebetbuch für Katholische Christen. 5. Aufl. (Mit 2 Kupf.) 16. Wien 842, Pfautsch u. Comp. 1/3 rf — 9. Aufl. 16. Ebend. 843. 1/3 rf

Vertrauen, Das hertzliche, und demüthigste zuverlässliche Zuflucht zu allen . . . christlichen Glaubens-Genossen . . . welche den 4. Martii Anno 1718 . . . getauffet worden . . . Leipzig [1718]. V: *Lebrecht, Adam.* (BrMm)

Vertrauen, das, ist der Friede. Ein deutscher Festgruß zur 100jähr. Geburtsfeier Napoleons I. gr. 8. (XII, 60 S.) Altenburg 869, (Schnuphase'sche Hofbuchh.) *

— **mein**, auf Gott. Christkatholisches Gebetbuch für Frauen. Neuhaus 863. Landfraß & Sohn. 16. (188 S. mit 1 Stahlst.) n. 5 ngr.

Vertrauen um Vertrauen. Soziale Skizzen aus dem Leben eines Fabrikdorfes von H. L. 8. (68 S.) Trier 885, Paulinus-Druckerei. *

(**Vertrauensadresse.**) Die Breslauer an die Berliner. Breslau, die Central-Commission der sämmtlichen Bürgerwehr-Clubbs u. a. Druck von H. Richter. 1 Bl. Fol.
Flugblatt. Berlin, 11. Nov. 1848.

Vertrauens-Gesellschaften f. Gasthaus-Verwaltung. Englische Schriftstücke zur Erwägg. f. deutsche Leser. Hrsg. vom deutschen Verein f. Gasthaus-Reform. gr. 8. (32 S. m. 2 Taf.) Weimar 902. (W. Bode.) n. — 60

Der **Vertrauensmann**. Die Tätigkeit d. Werkstatt-Vertrauensmänner im Deutschen Holzarbeiterverband. Eine Anleitung hrsg. v. Verbandsvorstand. Berlin: Verl.-Anst. d. Deutschen Holzarbeiterverbandes 1910. 16 S. 8°

Für die **Vertrauensmänner** und **Mitglieder** des Preussischen Beamten-Vereins zu Hannover. Lebens-, Kapital- . . . Leibrenten- u. Begräbnissgeld-Versicherungs-Anst. f. d. deutschen Beamtenstand . . . (Hannover:) Preuss. Beamten-Ver. 1897. (39 S.) 8°

Für die **Vertrauensmänner** und **Mitglieder** des Preussischen Beamten-Vereins zu Hannover. Lebens-, Kapital- ..., Leibrenten- u. Begräbnissgeld-Versicherungs-Anstalt f. d. deutschen Beamtenstand ... *(Hannover): Preuss. Beamten-Ver. 1900.* (40 S.) 8° [J.] [sw. 5954

(**Vertrauens-Votum** für das Ministerium Camphausen.) Wohinaus? Der Beschluß des Staatsministern. Ein Bürger. Druck von G. Reimer. 1 Bl. Fol.
Flugblatt. Berlin, 12. Mai 1848.

Vertrauet auf Gott u. unsern Kaiser Franz, u. fürchtet d. Cholera nicht: oder herzliche Ergießung zweier Freunde, herbeigeführt durch d. gegenwärt. Drang d. Umstände. — Zur Aufmunterung d. biedern Bewohnern Oesterreichs gewidmet von einem Menschenfreunde. gr. 8. Wien 832. Wimmer. 3 gr

Vertraulichkeit, die verrathene, oder die Briefe des Ritters Murey, aus dem Franz. 8. Salzburg, 778. Mayrs. 8 ggl.

Vertraute, der, s. Lustspiele f. Deutsche.

Vertraute, Der. Eine Wochenschrift. Wien 1765. H: *Sonnenfels, Jos. von.* (Aug Fournier: Gerh. Swieten als Censor. Wien 1877, S. 43, 44) (Weidlich 4/224/5 »Wien 1764«) (GGrIVa/524, Nr. 24/7) (Zenker, S. 144) (WBL 35/329) (GGr IV/183, Nr. 22/7) (BiblPort)

Vertraute, Der, Schauspiel a. d. Dän. Zürich 1795. V: *Rahbeck, Knud Lyne.* Ü: *Sander, Christian Levin (Christian Friedrich).* (GGr)

Vertraute, der,. Schausp. v. Rahbeck. 8. Zürich, Orell. 795.

Vertrauten, die, Lustsp. in 3 Akten, von Ad. Müllner, s. Spiele rc. 1ste Lief.

Vertreibung.

— über die angebliche, dänischgesinnter Einwohner der Herzogthümer Schleswig-Holstein. 4. (75 S.) Schleswig 849, Bruhn. 9 ngr

Vertreibung, die, des Bandwurmes durch ein zuverlässiges, wohlfeiles, schmerz- u. gefahrloses Mittel in 2 bis 3 Stunden. Nebst Beschreibg. u. Abbildg. des Bandwurmes (in Holzschn.), der durch ihn erzeugten Leiden rc. Allen am Bandwurm Leidenden gewidmet. 8. (8 S.) Berlin 851, Stuhr'sche Sort.-Buchhandlung. Verklebt. 6 ngr

Vertreibung, die, des Bandwurmes, durch ein zuverlässiges, wohlfeiles, schmerz- und gefahrloses Mittel in zwei bis drei Stunden. Nebst Beschreibung des Bandwurmes, der durch ihn erzeugten Leiden rc. Mit 4 Abbild. 2. Ausg. 8. Berlin 855(56,) Abelsdorff.

Die | Vertreibung der Dänen | aus Schleswig-Holstein. | Uebergang der Deutschen über die | Eider und Schlei, | die Gefechte bei Eckernförde, Missunde, | Heiligenbeck und Oeversee, | sowie die | Belagerung der Düppeler | Schanzen. | Von einem Augenzeugen berichtet. | Jever. | Druck von C. L. Mettcker u. Söhne.
o. J. (1864), 4 Bl. n. n., 182 × 110.
LBO Bänkelsängerlit. III, 142.
Autor des Liedes: J. H. Wiedefeld.

Vertreibung von der katholischen Kantonsschule in St. Gallen durch den Greithschen Erziehungsrath. St. Gallen u. Bern 1841. V: *Henne, Jos. Ant.* (Th)

Vertreibung, Die, der Türken aus Europa, eine sittliche Nothwendigkeit. Berlin 1855. V: *Harles (Harless), Joh. Chn Frdr.* (ADB)

—— die, der Türken aus Europa eine sittliche Nothwendigkeit. Betrachtungen aus dem Nachlasse eines deutschen Arztes. Geschrieben im J. 1822. 8. (41 S.) Berlin 855, Rauh. *

Die **Vertreibung** der evangelischen Z i l l e r t a l e r . Ein Vortrag. Leipzig: C. Braun 1904. (24 S.) 8°
(Flugschriften d. Evangelischen Bundes. 220.)

Vertretertag, 10. allgemeiner, der nationalliberalen Partei, s.: S c h r i f t e n , nationalliberale, Nr. 8.

Vertretertag, 11. allgemeiner, der nationalliberalen Partei am 3. u. 4. VII. 1909 in Berlin. Protokoll auf Grund stenograph. Aufzeichngn. (68 S.) gr. 8. Berlin, Buchh. der national-liberalen Partei. 1909 1. —

Vertretertag, 12. allgemeiner, der Nationalliberalen Partei am 1. u. 2. X. in Cassel. Protokoll auf Grund stenograph. Aufzeichngn. (174 S.) gr. 8. Berlin, Buchh der Nationalliberalen Partei. 1910 2. —

Vertretertag, preussischer, der nationalliberalen Partei am 25. u. 26. IV. 1908 in Magdeburg. Protokoll auf Grund stenogr. Aufzeichngn. (103 S.) gr. 8. Berlin, Buchh. der nationalliberalen Partei. 1908 1. 25.

Vertretung u. Credit des Grundbesitzes dem Staate u. Volke gegenüber von H. v. H. auf T. Berlin 870. Stuhr. gr. 8. (50 S.) n. 12 *ngr.*

Vertretung, die, der Parteien im Reichstage 1871—1910 in graphischer Darstellung. (Hrsg. vom Zentralbureau der nationalliberalen Partei in Berlin.) 115×68 cm. Farbdr. Ebd. 910. Geb. in gr. 8. 2. —

V e r t r e t u n g , die prozeßualische, des Reichsfiskus bezüglich des Festungseigenthums. gr. 8. (9 S.) Tübingen 884, Fues. *
Aus: Würitembergisches Archiv für Recht und Rechtsverwaltung, besonders abgedruckt.

DIE VERTRIEBENEN. Eine Erzählung für die reifere Jugend. Vom Verfasser der Auswanderer. Mit einem Titelkupfer [F. KOENEN del. et sc.] Elberfeld, W. Hassel, 1840. 2 Bll. 126 SS. Kl.-8°. Marmoriertes Pappbändchen d. Z. mit Rsch. — Großer fürstlicher Stempel a. d. Titel. 12.—

la Vertu éprouvée, ou les aventures de Lieberrose. 12. (Leipz.) 771. Gleditsch. 20 *gr*

Vertu, La, persécutée, ou lettres du colonel Talbert . . . Dresde 1767. V: *Benoît, Fr. Albine geb. Puzine de La-Martiniere.* (Milchs)

— **la,** p e r s é c u t é e , ou lettres du Colonel Talbert, par Mad. Riccoboni. IV Tom. 8. Dresde, Walther. 767.

Vertun, Martin

Vertun, zur Prophylaxe der Geschlechtskrankheiten. (§ 4 des Merkblattes der D. G. B. G.) (4 S.) gr. 8. Leipzig 904. Verlag der Monatsschrift f. Hautkrankh. n. — 50
Sonderabdruck aus: „Monatsschr. f. Harnkrankh. usw."

Wesen und Bedeutung der Florenceschen Reaktion. Von Dr. M[artin] Vertun. *Leipzig: A. Georgi 1900.* (8 S.) 8° [Umschlagt.]
Aus: Centralblatt f. d. Krankh. d. Harn- u. Sexualorgane. Bd 11. [01 043, 11

[Russ.] Za **věru,** carja i otečestvo. Razskaz. (Angebl. Verf.: Ivan Vol'nyj.) Berlin: G. Štejnic (1904). (93 S.) 8°
[Auf d. Umschl.:] Für Zar u. Glauben. Pour le tsar et la foi.
(Sobranie lučšich russkich proizvedenij. Č. 97.) [06. 610

Verulam, Francis Bacon, Lord von, s.a. B a c o n , Francis, Lord v. Verulam

— **Buch über die Weisheit der Alten.** Aus d. Latein. übersetzt von J. Schieffer. gr. 12. Köln 838. Renard. n. ²/₃ *rf* jetzt n. 1/3 *rf*

V e r u l a m , Bako v., üb. Lebensverlängerung, übers. v. Struve. 8. Glogau, Günter d. jüng. 799.

Verulam, Frz. Baconi, novum Organum, ed. a Chr. Godofr. Maur. Janj. Tom. I. II. cum Propylaeo ab editore praefixo, restituto Abecedario Naturae, tabulisque inveniendi adjectis. 8 maj. Leipzig 839, 40 (Melzer.) 2¹/₇ *rf*

— **Versuche, moralischen, ökonomischen und politischen Inhalts.** Aus d. Engl. übersetzt von Ant. Günther Bruschius. 16. Leipzig 836. (Steinacker.) 1 *rf*

Verulamius [Pseud.], s. H o b b h a n , Joh. Wilh.

Verunglückten, Die, oder die Schreckensstunde um Mitternacht. Quedlinburg 1819. V: *Müller, Heinrich.* (GGr VI, 401) (Zeitschr. f. Büch. N. F. 15, 1923, 126)

V e r u n g l ü c k t e n , die, oder die Schreckensstunde um Mitternacht. Roman, vom Verf. d. Paulowna. 2 Thle. 8. Quedlinburg, Basse. 819.

Verunstaltungen, die, des männlichen (und weiblichen) Körpers u. ihre sichere, gründliche Heilung. (Ein treuer Rathgeber zur Vertreibung aller Narben rc. Mit e. Anhange von Mitteln. Von einem erfahrnen practischen Arzte.) 8. Leipzig 835. Schreck. (à 1/2 *rf*) 1 *rf*

V e r u r t h e i l u n g der Baumgart'schen Anmerk. der allgem. Weltgesch. e. Erklär. v. Blocksberge, mitgetheilt v. Erlenbach d. jüng. 8. Halle. 748. — 4

Verurtheilung, meine, zum Tode vom Kriegsgericht zu Lille, oder: die sieben merkwürdigsten Jahre meines Lebens zu Land u. zur See, in französ. u. engl. Kriegsdiensten zur Zeit Napoleons Bonapartes. Wahre Geschichte eines gebornen Sachsen. 8. Nordhausen 836. Fürst. 1¹/₆ *rf*

Verurteilung, die, des Modernismus durch Pius X. (Von Jos. Müller, S.J.) (20 S.) 8. Innsbruck 908. F. Rauch. —21
Sonderabdruck aus: „Ztschr. f. kath. Theologie".

Verurtheilung, die, der Orthodoxie u. des Staatskirchenthums durch die erleuchtetsten Gottesmänner der Vergangenheit. Aus den Schriften derselben für Jedermann faßlich nachgewiesen. 1. Hft. 8. (VIII u. 94 S.) Leipzig 851, Winter. n. 1/3 *rf*

Verurtheilung u. Tod des Märtyrers Johannes Huß, nebst den betreffenden Aktenstücken u. einigen Briefen von Huß, auf's Neue herausgeg. auf Veranlassung des Duisburger Katechismus. gr. 8. Schwelm 845, Scherz. geb. 5/12 ℛ

Die Verurteilungen wegen Übertretungen beim Amtsgericht Berlin I. [1.] In d. Jahren 1904 u. 1905. (Vorr.: Prof. Dr. [Heinrich] Silbergleit.) (Berlin 1907: W. & S. Loewenthal.) 4°
= Mitteilungen d. Statistischen Amts d. Stadt Berlin. No 1. [07. 13175

Verus, s.: Aus der Schule. —

Verus, Brutus, du schläfst! Erwache! s.: Cyclus akademischer Broschüren.

Verus, Desorganisation, s.: Flugschriften, socialpolitische, Nr. 2.

Verus, s.: Einer f. Viele.

— s.: Invaliden, die, des Geschlechtsverkehrs.

Kandidatur des Herzogs Karl August von Sachsen-Weimar für den ungarischen Königsthron (1789). Von Dr. **Verus**. *Weimar: H. Grosse [1904].* (16 S.) 8° [04. 15518

Verus. (H. Ortloff), s.a. Kandidatur des Herzogs Karl August v. Sachsen-Weimar f. den ungar. Königsthron.

Karl August von Sachsen-Weimar und die Universität Jena. Ein akad. Zeitbild aus d. Jahren 1784 bis 1828. Von Dr. **Verus**. *Weimar: H. Grosse [1904].* (68 S.) 4°(8°) [04. 15519

— s.a. Karl August v. Sachsen-Weimar. u. die Universität Jena.

(F) **Verus**, Die moderne Kinderbeschränkung. Eine soziale Studie. Gr.-8°. (31 S.) Wien: Suschitzky 1910. K -.30

Verus, s.a. Kinderbeschränkung, die moderne.

VERUS (ps.), Kinderprügeln und Sexualtrieb. Eine ernste Ermahnung und Aufklärung. Leipzig 1904. Gr. 8°. (Mk. 1—.) (80 Pfg. Adolf Weigel, 1907.)
Vgl. Kinderprügeln...

Verus jr., s.: Macht u. Recht im konstitutionellen Staate.

Verus, J., der Culturkampf in Bayern u. dessen Bedeutung f. die kathol. Kirche Deutschlands. gr. 8. (86 S.) Berlin 890. Germania. 1. 50

— das Martyrium Philipps d. Großmüthigen, s.: Flugschriften, katholische, zur Wehr u. Lehr'.

— s.: Volksschule, d. österreichische.

Verus, Jm., Stunden des Nachdenkens für gebildete Christen. Nebst einer dieser Schrift beigefügten Zugabe, veranlaßt durch die 1835 in Schwelm zwistig gewordene Pfarrwahl, zugleich den unsrer Zeit angemess. Begriff von der evangel. Kirche enthaltend, nebst einem Worte zum Frieden rc. gr. 8. Schwelm, Iserlohn u. Barmen 836. (Langewiesche.) 1 ℛ

Verus, Irenaeus (A. K. Verus), s.: Römisch od. evangelisch.

Verus, Justinus

— s.: Dogma, das, v. der Unfehlbarkeit d. Papstes.

Verus, Justinus, was verdankt in Bayern Kunst u. Wissenschaft dem Protestantismus? s.: Flugschriften, katholische.

Verus, Justus, Vater Kneipp, sein Leben und sein Wirken. Mit einem Anhange über seine letzten Lebenstage, die Beisetzungsfeierlichkeiten und die Zukunft Wörishofens. Größere Ausgabe mit zahlreichen Illustrationen. 8. (167 S.) Cartonnirt
Kempten: Kösel 1897. * 2 Mk. 40 Pf.

Verus, Just., Vater Kneipp, s. Leben u. sein Wirken. Mit e. Anh. üb. s. letzten Lebenstage, die Beisetzungsfeierlichkeiten u. die Zukunft Wörishofens. (Ausg. A.) Bill. Volks-Ausg. 2. Aufl. 12. (76 S. m. Bildn.) Kempten 897. J. Kösel. n. — 60

— dasselbe. (Ausg. B.) Größ. Ausg. m. zahlr. Illustr. 2. Aufl. 8. (167 S. m. Bildn.) Ebd. 897. n. 2. —; geb. n. 2. 40

Verus, Lucius (ps.), Equus effrenis, pluralitati uxorum adhinniens, Sam. Frid. Willenberg, polygamiae simultan. propugnator, ex merito castigatus et infrenatus. S. l. 1715. 4°. 13 Bll. (3 Mk., etwas wasserfl., Jacques Rosenthal, 1912.)

Verus, Lucius, Zweck und Mittel, s. Zweck und Mittel.

[F.] Einzig vorhandene Quelle für ein 'Leben Jesu'. Vergleichende Uebersicht '(Vollständige Synopsis)' der vier Evangelien in unverkürztem Wortlaut '(Luther-Uebs., Rev. Ausg. Halle 1892)'. Von S. E. **Verus** ... *Leipzig: P. van Dyk 1897.* (XXIX S., 1 Bl., 392 S.) 1 Bd 8. [97. 1731

Verus, Sincerus, Der Württ. Schulmeister am Ende des 19. Jahrhunderts oder die Berechtigung der Wünsche unserer Volksschullehrer. Stuttgart, Strecker & M. 1896.

Verus, Sincerus, d. württ. Schulmeister am Ende d. 19. Jahrh. (113 S) Stuttgart 1896

Verus, Sincerus, s.a. Schulmeister, der württemberg., am Ende d. 19. Jahrh.

Verus, Sincerus, s.: Wie man bei der württ. Postverwaltung Beamte diszipliniert.

Verver, Bern., Dissertatio politico-medica inaug. qua inquiritur: Num publicae sanitati nocere possint venena metallica, quibus conservantur agri, ad occidenda animalia nociva. 8maj. Groningae 841. (Emden, Rakebrand.) n. 1 ℛ

Ver-Vert, frei nach Gresset. (Ein Gedicht in 4 Gesängen.) Nebst angehängtem Versuch in metrischen Erzählungen u. andern kleinen Poesien von J. M. Schmidt. gr. 8. Danz. 825. Gerhard. 1 ℛ 8 gr

Vervielfältigung des Bebauungsplanes N. Allgem. 16b. Hrsg. vom Stadtvermessungsamt Dresden. 1 : 5000. Autogr. und color. Fol. Dresden 887, (Warnatz und Lehmann.) * — 40

Vervielfältigung, üb. die, der Pensionsanstalten f. Mädchen. Zur Beherzigung d. Eltern u. Erzieher von einer Mutter (v. Cora R. Gebhardt.) gr. 8. Leipz. 816. Dyck. 6 gr

Vervielfältigung, über die, der Pensions-Anstalten f. Mädchen. Zur Beherzigung für Aeltern u. Erzieher v. einer Mutter. gr. 8. Leipz. 826. Dyk.

Vervier, Heinrich: Wesen und Wirkung der Vormerkung. Würzburg 1903: V. N. Seubert. (103 S.) 8°
Würzburg, Jur. Diss. v. 1903.

Vervollkommnung, die, der Dampfmaschinen. Eine wirthschaftl. Aufgabe f. Ingenieure. Von A. O. V. gr. 8. (VII, 72 S. m. 2 Abbildgn.) Wien 891. Hartleben. n. 1. 50

Vervollkommnung der Badischen Verglichs-Handlung, betreffend die Alternation der Panner-Herren, Paritaet der Hauptleuthen in dem Land, und die Schreibere des Kriegs-Raths. Errichtet In Frauenfeld den 30. Martii 1759. Und nachwärts von denen III. Lobl. Compaciscierenden Ständen ratificiert. 4. Zürich 1759.

[F.] Die **Vervollständigung** der vierten **Bataillone** z. Vermeidung d. Nachtheile d. zweijähr. Dienstzeit. E. Vorschlag z. rationellen Durchführg d. allg. Dienstpflicht v. H. Frhr. v. d. G.-R. *Berlin: Militar-Verlagsanst. 1896.* (22 S., 1 Bl.) 1 Bd 8. [97. 4054]

Vervoort, Laurent, der Diamant, seine Eigenschaften u. seine Bearbeitung. (52 S.) 8. Antwerpen 910. (Ackermann.) 1. 80

Vervuert, Gottfried: Die quantitative Bestimmung des Zinns als Zinndioxyd. 1909. 45 S. 8°
München, Dr.-Ing.-Diss. v. 22. 2. 1909

Verwahranstalt, die, für kleine Kinder. (Vom Pastor Joh. Sam. Ferd. Blumröder.) gr. 8. Leipzig 840. Schreck. 1/3 ßf

Verwahrnung, s. Verwarnung.

Verwahrung. Feierliche V. von Abt und Konvent des Stiftes Rheinau an den hohen Regierungsrath des Kantons Zürich. (Rheinau, Marz 1862.) 4. *o. O.*

[**Verwahrung** eines Freimaurers der Strikten Observanz gegen die im Reichs-Postreuter 1775, Nr 77 Beil. veröffentl. Angriffe der Grossen Landes-Loge in Berlin auf dieselbe. Leipzig: Hilscher 1775.] 2 Bl. 4°
Kl. 2297 b. Selten. Titellose Druckschrift, anfangend: „Ich bitte um Verzeihung". Der Artikel des Reichs-Postreuter 1775 lag nicht vor. 23. 193

Verwahrung und Befestigung, Gründliche, des Reichsfriedensschlussmässigen Revisionsgerichts über die Urtheile des kaiserl. und Reichskammergerichts . . . Hannover 1777. V: *Falcke, Johann Philipp Conrad.* (MGT)

Offene aktenmässige *Verwahrung u. Abwehr des quieszirten Regierungs-Direktors A. Lufft*, bezügl. der gegen ihn erhobenen politischen Beschuldigungen. München, Gg. Franz, 1848. Druck von J. C. Wirth in Augsburg. Gr. 8°. Saub. Ppb. *)
VI—176 S. u. 98 S. Beilagen. — Cfr. Diezel, Gust., Baiern u. die Revolution. Zürich 1849. 8°. S. 250—251.

Königl. Preussische . . . schliessliche Verwahrung und gemässigte Erklärung auch wiederholte Protestation so wegen der, bey der Reichs-Versammlung zu Regenspurg am 10. u. 17. Januar a. c. vorgewesenen Deliberation über die Kayserl. Hof-Decrete am 11. Febr. 1757 zu dem Churfürstl. Collegial-Protokoll dictiret worden. Berlin 4. (24 S.)

Königl. Preuss. und Chur-Brandenburgische schliessliche Verwahrung und . . . . auch wiederholte Protestation, so wegen der, bey der Reichs-Versammlung zu Regenspurg am 10. und 17. Januar a. c. vorgewesenen Deliberation über die Kayserl. Hoff-Decrete, am 11. Februar 1757 zu dem Churfürstl. Collegial-Protocoll dictiret worden. (Berlin 1757.) 4. (32 S.)

Verwahrung u. Verwaltung, über d. Preußische, d. Churbraunschweig. Staaten während d. 3ten Koalitionskrieges gegen Frankreich. 8. Braunschw. 806. (Vieweg). 16 K

Verwahrung, Sr Koenigl. Majestät in Preussen als Churfürsten zu Brandenburg, Standhafte, gegen die unerhörte Anmaaßungen, welche bei und nach Höchst-deroselben den 6. Juli a. c. servatis servandis zum Protocoll beider höbern Collegiorum gebrachter und zum Reichsstädtischen communicirter schließlichen Erklärung in der Ostfriesischen Sache etc. weiter erreget werden wollen, distribuiret Regensburg, den . . . Nov. 1753. V: *Pollmann, Adam Heinrich von.* H: *Viereck, Legationsrath.* (Preußische Staatsschriften. II. Berlin 1885. S. 426.)

Verwahrung der Statthalterschaft gegen die Übertragung der Regierung an die aus Graf zu Eulenburg und von Tillisch gebildete Verwaltungscommission. Gottorff, den 23. August 1849. 1 Bl. Fol.

Die der deutschen Bundesversammlung zugestellten englischen und französischen Verwahrungen gegen den Eintritt Gesammt-Oesterreichs in den deutschen Bund. Frankfurt a. M., C. B. Lizius, 1851. 29 S. 8°.

Verwahrungsmittel vor, u. Verwahrungsweise bei d. Befallen der Cholera morbus. (Verständlich für Jedermann.) 8. Wien 831. Mechitar.-Congr.-Buchh. 4 K

— die Tödtlichkeit bei Kinderblattern zu vermindern. 8. Brünn ... Gastl. 9 K

Verwalter, der, wie er seyn sollte, oder praktischer Unterricht in allen Fächern der Landwirthschaft. 1r u. 2r Bd. (angebl. von Fd. Chr. Touchy.) gr. 8. Penig 801 u. 5. 3r Bd. (v. J. J. Deuters.) 181.. 6 ßf 12 K 1r u. 2r Bd. N. A. 812. (v. J. J. Deuters.) u. 3r Bd. 1e Abtheil. (v. J. Chr. Wendland.) 812. N. A. (v. J. N. Rohlwes.) gr. 8. Hannov. 816. Hahn. 4 ßf 2 K

Verwalter, der, wie er seyn sollte, od. prakt. Unterricht in allen Fächern d. Landwirthschaft. 3 Bde. gr. 8. Penig, Dienemann. (Hahn in Hannov.) (I. II. à 2 Rthlr. III. 2 Rthlr. 12 gr.) 6 12

Verwalter, Der, wie er seyn sollte, oder praktischer Unterricht in allen Fächern der Landwirthschaft. Penig 1801—12. V (Bd. 1, 2): *Touchy, Ferd. Chn.* [?]. V (Bd. 3): *Deuters, J. J.* V (Bd. 3/1): *Wendland, Joh. Chph.* Neue Aufl. 1812. H (1, 2): *Deuters, J. J.* Neue Aufl. Hannover 1816. H: *Rohlwes, Joh. Nep.* (Ky) (Engoec)

Verwalter, Der, wie er sein sollte, oder prakt. Unterricht in allen Fächern der Landwirtschaft. 3. Tl. 1. Abteil. — A. u. d. T.: Rohlwes, J. R. Erkenntnis u. Heilart der Krankheiten der Tiere, die den Ökonomen unentbehrlich sind. (II.) 8. Hannover (05.) 16. Hahn. M. 1.75

Verwaltung, An die, des Ansiedlungs-Vereins des socialistischen Turner-Bundes v NA u an das Direktorium der Globe Mills Co. in New Ulm, Minn. Verhandlungen . . . StL, Mo, 2. Jan 1859. StL, 1859.

Verwaltung, die, der öffentlichen Arbeiten in Preußen 1890—1900. Bericht an Se. Maj. den Kaiser u. König, erstattet v. dem Minister der öffentl. Arbeiten. Lex.-8. (XI, 330 S. m. z. Tl. farb. graph. Darstellgn., 8 Taf. u. 2 farb. Karten.) Berlin 901. J. Springer. Kart. n.n. 10.—

Verwaltung der offenen Armenhilfe. Armendirektion. Stiftungs-Deputation. Berlin 1905: W. & S. Loewenthal. (XI, 379 S.) 8° [F.]
= **Gemeinderecht**, Berliner. Bd 8. [05. 13275

Verwaltung und Benützung gemeinschaftlicher Grundstücke. Gesetz vom 14. Februar 1891, giltig für das Herzogthum Kärnten, betreffend die provisorische Regelung der Verwaltung und Benützung gemeinschaftlicher Grundstücke. 8. (7 S.) * —.12
Klagenfurt: F.v.Kleinmayr 1891.

Verwaltung u. Benützung gemeinschaftlicher Grundstücke. [Redactionelle Beilage d. „Kärntner. Gemeindeblattes". gr. 8. (7 S.) Klagenfurt 891. (F. v. Kleinmayr.) n. — 24

Die **Verwaltung** und Einrichtung der Krupp'schen Bücherhalle. *(Essen 1900: Buchdr. d. Gußstahlfabrik von F. Krupp.)* 4°
— **Bericht** d. Krupp'schen Bücherhalle. [1.] Anlage.

Verwaltung, Die, und Einrichtung der Kruppschen Bücherhalle. Essen 1905. V: *Ladewig, Paul.* (Kat. der ständ. Bibl. Stuttg. 1907. S. 20.) (Berl)

Die Verwaltung und Einrichtung der Kruppschen Bucherhalle. Essen-Ruhr, 1905. 62 S. mit Abb.

Verwaltung, die, der Eisenbahnen durch die Provinzen. Ein Beitrag zur Lösung der Frage: Wie soll das gesammte Eisenbahnwesen Preußens, welches demnächst in die Hände des Staates übergegangen sein wird, verwaltet werden? gr. 8. (118 S.) Leipzig 880, Grunow.

Die **Verwaltung** der Stadt Elberfeld in dem Zeitabschnitt 1891 bis 1902 Hrsg. unter Mitw. d. beteiligten städt. Dienststellen u. Schriftleitung d. Statist. Amtes. T. 1–3. Elberfeld (1906): R. L. Friderichs & Co. 3 Bde 4° [F.] [08. 5244

Die Verwaltung der Stadt Elberfeld in dem Zeitabschnitt 1891 bis 1902. Hrsg. unter Mitwirkung der beteiligten städtischen Dienststellen und Schriftleitung des Statistischen Amtes. Bd 1–3. Elberfeld, 1906–1907.
Bd 1. 1906. 223 S. mit 2 Abb.
Bd 2. 1906. 138 S.
Bd 3. 1907. 172 S. mit 23 Abb., 1 Taf. und 2 Karten.

Die **Verwaltung** der Stadt Elberfeld in dem Zeitabschnitt 1891 bis 1902. Hrsg unt. Mitw. d. beteiligten städt. Dienststellen und Schriftleit. d. Statist. Amtes. Tl 1–4. Elberfeld (1906–1916). 4°

— die, der Stadt Essen im XIX. Jahrh. m. besond. Berücksicht. der letzten 15 Jahre. 1. Verwaltungsbericht. der Stadt Essen, erstattet v. Zweigert, bearb. vom städt. statist. Amt. gr. 4. (XIX, 599 S. m. Abbildgn. u. 54 z. Tl. farb. Karten u. Taf.) Essen 902. (G. D. Baedeker.)
Geb. in Halbleinw. n. 48.—

Anonym: „Verwaltung des Generalgouvernements der hohen verbündeten Mächte im Königreiche Sachsen vom 21. October 1813 bis zum 8. November 1814", o. O. u. J.

Verwaltung, die, des Staatskanzlers Fürsten v. Hardenberg, (v. Jh. Fr. Benzenberg.) 1e u. 2e Aufl. gr. 8. Leipz. 820 u. 21. Brockhaus. 18 ℳ (Aus d. Zeitgenossen besond. abgedruckt).

Verwaltung der Stadt Herford im letzten Viertel des 19. Jahrhunderts. (Herford [1899]: Ch. Quentin.) (42 S.) 8°

Die kommunale **Verwaltung** der öffentlichen höheren Mädchenschulen in Preussen. — Berlin: Moeser [1908]. 12 S. 4° (Schriften d. Preuss. Zentralverbandes f. d. Interessen d. höh. Frauenbildung. 1.)

Preussens landwirthschaftliche Verwaltung. Bericht d. Ministers für Landwirtschaft (etc.). 1875/77, 78/80, 81/83, 84/87. Berl. 1878-88. 4°.
(= Landwirthschaftliche Jahrbücher. Supplement, resp. 7 I, 11 I, 14 I, 17 III). 373.

Preußens Landwirthschaftliche Verwaltung in den Jahren 1881-1883. Bericht des Ministers für Landwirthschaft, Domänen und Forsten an Se. Maj. den Kaiser und König. - Berlin 1885. 851 S. - Dass. in d. Jahren 1884-1887. ebd. 1888. 2 Bd. - Bd. 1: Die landwirthschaftliche Verwaltung. 524 S. - Bd. 2: Die Domänen- und Forstverwaltung. 292 S.

Verwaltung. – Über Preußens Verwaltung seiner ehemal. poln. Provinzen, s. Baumann, Joh. Friedr. Theodor von

— **u. Reformen** im Königr. Polen von 1815 bis 1867. 1. u. 2., unveränd. Ausg. Berlin 867. Heinicke. gr. 8. (VIII, 126 S.) 15 *ngr.*

Der Stadt Riga **Verwaltung** und Haushalt in den Jahren 1878—1900. In Veranlassung des 700jähr. Bestehens Rigas. Zsgest. und hrsg. von N. Carlberg. — Riga: Müller 1901. getr. Pag.

— **sociale, in Oesterreich** am Ende des 19. Jahrh. Aus Anlass der Weltausstellg. Paris 1900 m. Unterstützg. durch die hohen k. k. Ministerien des Innern, des Handels u. Ackerbaues, sowie durch das k. k. General-Commissariat für die Weltausstellung Paris 1900 hrsg. vom Special-Comité für Socialökonomie, Hygiene u. öffentl. Hilfswesen. 2 Bde. à 7 Hfte. Lex.-8. Wien 900. F. Deuticke. n. 40.—

I. Socialökonomie. 1. **Kaan**, Jul., die Arbeiter-Unfallversicherung. — **Mayer**, Jos., die obligatorische Arbeiter-Krankenversicherung. — **Mayer**, Jos., die Bergwerksbruderladen. (94 S.) n. 3.—. — 2. **Müller**, Frz., der gewerbliche Arbeiterschutz u. Arbeitsvertrag in Oesterreich. — **Mataja**, Vict., das arbeitsstatistische Amt. — **Zechner**, Frdr., der Bergarbeiterschutz in Oesterreich. (135 S.) n. 4.—. — 3. **Breycha**, Arth., die Gewerbe-Förderungs-Action des k. k. Handelsministeriums. — **Wrabetz**, Carl, die Erwerbs- u. Wirthschaftsgenossenschaften in Oesterreich. — **Knarek**, Frdr., die Entwickelung der Consumvereine in Oesterreich. (82 S.) n. 3.—. — 4. **Mayer**, Rob., Arbeitsverhältnisse u. Arbeiterfürsorge bei den öffentlichen Betrieben Oesterreichs. (138 S.) n. 4.—. — 5. **Schullern-Schrattenhofen**, Herm. v., die österr. Landwirthschaft in ihren socialen Beziehungen. — **Hattingberg**, J. v., die landwirthschaftl. Credite Oesterreichs in ihrer gemeinnützigen Ausgestaltung. — **Becker**, Wilh., die agrarischen Operationen. — **Richter**, Stef., die Organisation des gemeinsamen Bezuges u. Absatzes in Oesterreich. (136 S.) n. 4.—. — 6. **Wacek**, F. v., A. v. **Nava**, J. v. **Hattingberg**, das Sparcassenwesen in Oesterreich. (74 S.) n. 3.—. — 7. **Philippovich**, Eug. v., u. Paul **Schwarz**, Wohnungsverhältnisse in österr. Städten, insbesondere in Wien (66 S.) n. 3.—; (1. Bd. kplt. n. 21.—).

II. Hygiene u. öffentliches Hilfswesen. 1. **Kusý v. Dúbrav**, E. Ritter, die Organisation des öffentlichen Sanitätsdienstes in Oesterreich. Mit Beiträgen von Alex. Frhr. v. Koller, E. v. Celebrini, E. Hofmokl, Frdr. Gauster, Karl Tinus u. B. Sperk. (48 S.) n. 2.—. — 2. **Daimer**, J., Heranbildung u. Statistik des Sanitätspersonales. — **Netolitzky**, Aug., „Rechte u. Pflichten" des Sanitätspersonales. — **Adler**, Heinr., ärztliche Standes- u. Berufsverhältnisse. (54 S.) n. 2.—. — 3. **Illing**, Ferd., Ad. **Tilkowsky**, F. **Schauta**, Ludw. **Unger**, v. **Rouss** u. **Urbantschitsch**, die Anstalten für Kranke, Irre, Gebärende, Findlinge, Ammen, Blinde u. Taubstumme in Oesterreich. (56 S.) n. 2.—. — 4. **Loew**, Ant., Oesterreichs freiwilliges Hilfswesen im Kriege. — **Charas**, Heinr., das Rettungswesen in Oesterreich. — **Mischler**, die öffentliche Armenpflege in Oesterreich. — **Knarek**, Frdr., Pfandleihanstalten in Oesterreich. — **Unger**, Ludw., Krippen, Kinderbewahranstalten u. Kindergärten in Oesterreich. — **Monti**, A., Heilstätten f. scrophulöse Kinder. — **Monti**, A., Feriencolonien in Oesterreich. — **Wagner**, Ritter v. **Jauregg**, Jul., Pflege der Geisteskranken u. Gebrechlichen ausserhalb der Anstalten. — **Daum**, Adf., der Alkoholismus u. dessen Bekämpfung in Oesterreich. (106 S.) n. 3.—. —

5. **Dalmer**, Jos., Bekämpfung der Infektionskrankheiten. — **Paul**, Gust., die Entwicklung der Schutzpockenimpfung. — **Paltauf**, Rich., Serotherapie. — **Dalmer**, Jos., Sterblichkeitsstatistik. — **Dalmer**, Jos., Leichenwesen. (65 S.) n. 3. —. — 6. **Gruber**, Max, die Wasserversorgung u. Reinigung der österr. Ortschaften m. 1000 u. mehr Einwohnern. Unter Mitwirkg. v. Chelingen. Attilio Rella. — **Gruber**, Max, die Verunreinigung der öffentl. Gewässer u. die Verhütung derselben in Oesterreich (75 S.) n. 2. — .

— 7. **Grassberger**, Roland, die gesetzl. Verordnungen üb. Schulgesundheitspflege in Oesterreich. — **Netolitzky**, Aug., der gegenwärtige Stand der Schulgesundheitspflege in Oesterreich. — **Gruber**, Max, das Lebensmittelgesetz u. seine Durchführung. — **Kainz**, Carl, Marktordnungen in Oesterreich. — **Sperk**, B., öffentliche Veterinärpflege in Oesterreich. — (51 S.) n. 2. —; (2. Bd. kplt. n. 16. —)

Verwaltung, die, des höheren Unterrichts in Elsass-Lothringen von 1871 bis Ende 1878. Lex.-8. (60 S.) Strassburg 879, Schmidt's Universitäts-Buchh. *

— die, des niederen Unterrichts in Elsass-Lothringen von 1871 bis Ende 1878. Lex.-8. (II, 66 S.) Ebend. 879. n. 2. 25

Verwaltung, über die, u. Verfassung der lutherischen Kirche rc. (von ... Meyer). ... Hannover 832. Hahn. ¼ ß

Verwaltung, die, des Fürst Esterházy'schen Vermögens durch Graf Frz. Zichy. Berichtigung der in der gleichnamigen Broschüre enthalt. vollständig unwahren u. entstellten Thatsachen. Wien 865. Literarisch-artistische Anstalt. Lex.-8. (75 S.) n. 10 ngr.

Verwaltung und Vorschläge zur wirksamsten Abhülfe durch eine vollständige Reorganisation. Bromberg, 1840.

Verwaltung, über die, des Vorstandes des schles. Kunstvereins. gr. 8. Leipzig 843, O. Wigand. 3 ngl

Die Verwaltung der k. k. Stadt Wiener-Neustadt in den Jahren 1897–1901. Gr. 8⁰. (XIII, 493 S.) Wiener-Neustadt: Folk 1903.

Verwaltung u. Wirthschaft in d. Forsten d. Bukowinaer griechisch-oriental. Religionsfondes. Auf d. Hintergrunde e. allgem. Culturskizze des Landes m. Benützg. offic. Daten beleuchtet von e. Fachmanne. Lex.-8. (88 S.) Wien 897. W. Frick. n. 2. —

Verwaltung. Die Verwaltung der Stadt Zürich. Unter Mitwirkung der Herren [städtischen Beamten] R[obert] Baumann, ... J[ohannes] Fröhlich, ... H[ans] Kilgi, ... R[udolf] Kundert, ... H[ans] Nägeli, ... J[ulius] Ottiker, ... A[rnold] Rebstein, ... H[ans] Schatzmann, ... J[ohann Jacob] Strickler, ... Dr. Th[eodor] Usteri, ... G[ottlieb] Welti ... hrg. von Dr. A[rnold] Bosshardt.... (Separat-Abdruck aus dem Schweizerischen Zentralblatte für Staats- und Gemeinde-Verwaltung.) II + IV + 239 S. 8. Zürich, Art. Institut Orell Füssli, 1903. [fr. 2. —]

Die Verwaltungs-Actuare in Württemberg. Zusammenstellung sämmtlicher Bestimmungen. Tübingen. Hopfer de l'Orme 1842.

Verwaltungs-Aktuare, die, in Württemberg unter Angabe ihrer Güterbuchs- u. Pfand-Gemeinden. Nach d. Stande v. 1. X. 1897. 3. Aufl. gr. 8. (III, 101 S.) Stuttgart 898. W. Kohlhammer. n. 1. 20

Verwaltungs-Anleitung für den Führer e. Schiffes, auf welchem e. Verwaltungsbeamter nicht eingeschifft ist. (Verwaltungs-Anleitung.) 8. (45 S.) Berlin 899. E. S. Mittler & Sohn. n. — 75

Verwaltungsarchiv. Zeitschrift f. Verwaltungsrecht u. Verwaltungsgerichtsbarkeit. Hrsg. v. M. Schultzenstein u. A. Keil. 1. Bd. 6 Hefte. gr. 8. (à Heft 152 S.) Berl. 892, C. Heymann. * 12 —
Wird auch als Beilage zum Preußischen Verwaltungsblatt (s. d.) zum Preise von 10 — pro Jahrg. ausgegeben.

Verwaltungsarchiv. Zeitschrift f. Verwaltungsrecht u. Verwaltungsgerichtsbarkeit. Hrsg. v. M. Schultzenstein u. A. Keil. 1.—3. Bd. à 6 Hfte. (à ca. 120 S.) gr. 8. Berlin 892. 893. C. Heymanns Verl. à Bd. n. 12. —

— dasselbe. Beilageheft zum 1. Bd. gr. 8. Ebd. 893. n. 2. —; Einzelpr. n. 3. —
Die preußischen Steuergesetzentwürfe v. 1892, nebst Denkschrift u. Begründgn. (VI, 201 S.)

Verwaltungsarchiv. Zeitschrift f. Verwaltungsrecht u. Verwaltungsgerichtsbarkeit. Hrsg. v. M. Schultzenstein u. A. Keil. 4.—7. Bd. à 6 Hfte. (à ca. 120 S.) gr. 8. Berlin 896—899. C. Heymann's Verl. à Bd. n. 12. —

Verwaltungsarchiv. Zeitschrift f. Verwaltungsrecht u. Verwaltungsgerichtsbarkeit. Hrsg. v. M. Schultzenstein u. A. Keil. 8.—11. Bd. à 6 Hfte. gr. 8. (IV, 628; VI, 638; VIII, 730 u. IV, 612 S.) Berlin 899—902. C. Heymann. à Bd. n. 12.—; geb. n. 14. 50

Verwaltungsarchiv. Zeitschrift f. Verwaltungsrecht u. Verwaltungsgerichtsbarkeit. Hrsg. v. M. Schultzenstein u. A. Keil. 12.—15. Bd. à 6 Hefte. (12.—14. Bd. III, 650; IV, 602 u. IV, 618 S.) gr. 8. Berlin 903—906. C. Heymann. à Bd. n. 12. —; geb. n.n. 14. 50

Verwaltungsarchiv. Zeitschrift f. Verwaltungsrecht u. Verwaltungsgerichtsbarkeit. Hrsg. v. M. Schultzenstein u. Alfr. Keil. 16.—18. Bd. à 6 Hefte. (18. Bd. IV, 582 S.) gr. 8. Berlin 908—10. Berlin, C. Heymann. à Bd. 12.—; geb. 14. 50

— österreichisches. Unter Mitwirkg. zahlreicher Fachmänner hrsg. v. Ferd. Schmid. 1.—4. Jahrg. 4, 6, 10 u. 10 Hefte. (IV, 401; VI, 384; IV, 480 u. VI, 480 S.) gr. 8. Wien 907. [F. Tempsky. — Leipzig, G. Freytag]. M. Perles. à Jhrg. n. 16. —

Verwaltungsarchiv, österreichisches. Unter Mitwirkg. zahlreicher Fachmänner hrsg. v. Ferd. Schmid. 5. Jahrg. 10 Hefte. (à ca. 48 S.) gr. 8. Wien 907. [F. Tempsky.] M. Perles 16.—;
1.—5. Jahrg. zus. bezogen 40. —
Fortsetzg., f.: Zeitschrift, österreichische, f. Verwaltung.

Verwaltungsbeamte, der. Zeitschrift f. Verwaltungsbeamte u. alle Zweige der Verwaltg. Unt. Mitwirkg. v. Verwaltungsbeamten hrsg. Red.: F. Schraer. 1. Jahrg. 1898. 24 Nrn. (à ca. 8 S.) 4. Gadderbaum-Bielefeld, W. Bertelsmann. n. 4. 80

— der. Zeitschrift f. Verwaltungsbeamte u. alle Zweige der Verwaltg. Organ des Verbandes der Kommunalbeamten f. Westfalen u. des Verbandes der Kommunalkassenbeamten des Reg.-Bez. Minden. Unter Mitwirkg. v. Verwaltungsbeamten hrsg. v. W. Bertelsmann. 2. u. 3. Jahrg. 1899. 1900. à 24 Nrn. 4. (à Jahrg. 192 S.) Bielefeld-Gadderbaum, W. Bertelsmann. à Jahrg. n. 4. 80

— dasselbe. 4. Jahrg. 1901. 24 Nrn. 4. (192 S.) Ebd. 2.—

— **dasselbe.** 5. Jahrg. 1902. 52 Nrn. 4. (428 S.) Ebd. 2.—
Erscheint nicht mehr.

Verwaltungsbeamte, der. Lehrbuch zur Erlangg. derjenigen Kenntnisse, welche nötig sind, um bei e. Provinzialverwaltg. Annahme zu finden u. die spätere Prüfg. zu bestehen. Methode Rustin. Selbst-Unterrichts-Briefe, hrsg. vom Rustinschen Lehrinstitut. Red. v. C. Ilzig. Bearb. v. Gust. Behrendt, Max Baumann, Frz. Bußler u. v. a. 1.—114. Lfg. Lex.-8. (3819 S. m. 1 Tab., 12 farb. Karten u. 38 farb. Kartens. in gr. 4.) Potsdam (900—902). Bonneß & Hachfeld. Subskr.-Pr. à n. — 90; Einzelpr. à n. 1. 25

Verwaltungsbeamte, der. Lehrbuch zur Erlangg. derjenigen Kenntnisse, welche nötig sind, um bei e. Provinzial-Verwaltg. Annahme zu finden u. die spätere Prüfg. zu bestehen. Methode Rustin. Selbst-Unterrichts-Briefe in Verbindg. m. eingeh. Fernunterricht. Hrsg. vom Rustinschen Lehrinstitut f. briefl. Unterricht. Bearb. v. Gust. Behrendt, Max Baumann, Bayer u. v. a. 115.—189. Lfg. (2495 S. m. Abb. u. 7 farb. Karten.) Lex.-8. Potsdam (903—906). Bonneß & Hachfeld. Subskr.-Pr. à n. — 90; Einzelpr. à n. 1. 25

Verwaltungsbeamte, der. Lehrbuch zur Erlangg. derjenigen Kenntnisse, welche nötig sind, um bei e. Provinzial-Verwaltg. Annahme zu finden u. die spätere Prüfg. zu bestehen. Methode Rustin. Selbst-Unterrichts-Briefe in Verbindg. m. eingeh. Fernunterricht. Hrsg. v. Rustinschen Lehrinstitut f. briefl. Unterricht. Bearb. v. Gust. Behrendt, Max Baumann, Bayer u. v. a. 190.—194. Lfg. (166 S.) Lex. 8. Potsdam (908.09). Bonneß & Hachfeld. Subskr.-Pr. à — 90; Einzelpr. à 1. 25

Verwaltungsbeamten, die preußischen. gr. 8. (20 S.) Berlin 871. Puttkammer & Mühlbrecht. n. — 50

Verwaltungs-Behörde, die, der Altona-Kieler Eisenbahn gegenüber den Unrechtfertigkeiten des Bahningenieurs u. der daraus hervorgegangenen amtlichen Anzeige des Zahlmeisters Stavenow. Als Beitrag zur Verwaltungsgeschichte gemeinschaftlicher Gelder von einem Freunde Stavenow's. Hamburg 861. Falcke in Comm. gr. 8. (31 S.) n. 7½ ngr.

Verwaltungsbericht(e). —

Verwaltungsbericht, allgemeiner, und statistische Uebersicht des ärztlichen Dienstes für das Jahr 1879 an die Verwaltungscommission der Irrenanstalt in Marsing. In-8⁰, 41 S., mit 2 Tabellen. Freiburg, Druck von L. Fragnière. 1881.
Dass. für die J. 1877, 1878, 1881–1886.

Verwaltungsbericht für die Bürgermeisterei Altendorf '(Rheinland)' f. d. Zeit v. 1. Jan. 1874, dem Tage d. Gründg d. Bürgermeisterei, bis z. 1. Jan. 1899. Z. Erinn. an d. Tag d. 25j. Bestehens d. Bürgermeisterei . . . Essen: Dr. v. H. L. Geck 1899. (161 S., 2 Bl.) 4⁰

Verwaltungsbericht des deutschen Vereins „Arbeiterheim" pr. 1899/1900, erstattet in der Generalversammlung am 15. VI. 1900 durch v. Bodelschwingh. gr. 8. (44 S. m. Fig.) Bielefeld 900. (Bethel, Buchh. der Anstalt Bethel.) n. — 20

Verwaltungsbericht des deutschen Vereins „Arbeiterheim" pr. 1900/1901, erstattet in der Generalversammlung am 8. XI. 1901 durch v. Bodelschwingh. gr. 8. (30 S.) Ebd. 901. n. — 20

Verwaltungsbericht des deutschen Vereins „Arbeiterheim" pr. 1902/1903, erstattet in der Generalversammlg. am 11. XII. 1903 durch von Bodelschwingh. (25 S.) gr. 8. Bielefeld 903. (Bethel, Verlagshdlg. der Anstalt Bethel.) n. — 20

Verwaltungsbericht des deutschen Vereins „Arbeiterheim" pr. 1903/1905, erstattet in der Generalversammlg. durch v. Bodelschwingh. 8. Bielefeld. (Bethel, Verlagshandlg. der Anstalt Bethel.) à — 20
1903/1904. Erstattet am 3. II. 1905. (18 S.) 905.
1904/1905. Erstattet am 16. II. 1906. (21 S.) 906.

— dasselbe üb. das Geschäftsj. 1905/06, s.: Markstein, e., in der Leidensgeschichte der deutschen Landwirtschaft.

Armendirektion der Stadt Bern. Verwaltungsbericht pro 1901. 9 S. 8. [Bern, Buchdr. des Berner Tagblatt, 1902.]

Armendirektion ([der Stadt Bern. Verwaltungsbericht pro] 1902). 17 S. 8.

Mittelländische Armenpfleganstalt in Riggisberg. 20. Verwaltungsbericht pro 1900. II + 12 S. 8. Belp, Jordi & Cie., 1901.

Oberaargauische Armenverpflegungsanstalt (*9:* im, **11:* in) Dettenbühl bei Wiedlisbach. 8.
9. *u.* 10. Verwaltungsbericht pro 1900 *u.* pro 1901. [*je* Mit 1 Ansicht.] II + 10 *u.* II + 12 S. Wiedlisbach, J. Bohner, (1901 *u.* 1902).
11. Verwaltungsbericht pro 1902. II + 9 S. Wangen a. A., G. Reinmann, 1903.

— der Aufsichtsbeamten f. die gewerblichen Anlagen in Elsaß-Lothringen f. d. J. 1891. gr. 8. (31 S.) Straßburg 892. Straßburger Druckerei u. Verlagsanstalt. 1. 50

— des Stadtmagistrats Bamberg, f. d. J. 1869. gr. 8. (27 S.) Bamberg 871. (Buchner.) n. — 40

Verwaltungs-Bericht der Preußischen Bank für das Jahr 1874. Vorgelegt in der General-Versammlung der Meistbetheiligten am 24. März 1875. Berlin, Putt. u. Mühlbrecht 1875. 4. (18 S.)
Forts. s.: Verwaltungsbericht der Reichsbank.

Oberemmenthalische Armenanstalt Bärau. 1. Verwaltungsbericht umfassend die Zeit von der Gründung der Anstalt bis zum Schlusse des Jahres 1901. IV + 31 S. 8. Langnau, Wyss & Cie., 1902.

Verwaltungsbericht, 45. 46. u 48 d. Kant. Basel-Stadt 1878, 1879, 1881. Basel

Verwaltungsbericht der Württembergischen Baugewerks-Berufsgenossenschaft etc. 1902. 03. 05 4⁰ Stuttgart 1903-05

Verwaltungsbericht der Württemb. Baugewerks-Berufsgenossenschaft. 1904. 06-11. 4⁰ Stuttgart 1905-12

Verwaltungsberichte, Die. der K. K. Berghauptmannschaften über Verhältnisse und Ergebnisse des österreichischen Bergbaues im Verwaltungsjahre 1858. Herausgegeben vom K. K. Finanzministerium. Wien 1859. 8.
(Fortsetzung von: „Der Bergwerksbetrieb im Kaiserthum Oesterreich".)

Verwaltungs-Berichte, die, der k. k. Berghauptmannschaften über Verhältnisse und Ergebnisse des österreich. Bergbaues im Verwaltungsjahre 1858. Mit Uebersichts-Tabellen der Hauptergebnisse in den J. 1856, 1857, 1858. Hrsg. von dem k. k. Finanz-Ministerium. gr. 8. (VI und 456 S. mit 8 Uebersichtstab.) Wien 860, Hof- und Staatsdruckerei.

Verwaltungsberichte der Invaliditäts- und Alters-Versicherungsanstalt Berlin für 1891 bis 1898. Berlin.

Verwaltungsberichte der Landes-Versicherungsanstalt Berlin für 1899 ff. Berlin.

Verwaltungsbericht der Landes-Versicherungsanstalt Berlin f. d. Rechnungsj. 1901. Berlin o. J. 2⁰.

Neuorganisation des Löschwesens und 1. Verwaltungsbericht der Berufsfeuerwehr der Stadt Kiel ... (2: Feuerlöschwesen der Stadt Kiel ... II. Jahres-Bericht ...) Kiel 1898: Handorff. 8⁰ 109. 6908

Verwaltungsbericht der Hessen-Nassauischen Landwirtschaftlichen Berufsgenossenschaft. [1.] 1900 u. 1901. Cassel 1902: Gotthelft. 4°

Verwaltungsbericht der Hessen-Nassauischen landwirtschaftlichen Berufsgenossenschaft u. Haftpflicht-Versicherungsanstalt. [1.] Für d. J. 1908 u. 1909. Cassel 1910: Gotthelft. 4° [11. 13353 4

Verwaltungsbericht der Westdeutschen Binnenschiffahrts-Berufsgenossenschaft in Duisburg für 1888. 4° Duisburg 1889

Verwaltungsbericht der Westdeutschen Binnenschiffahrts-Berufsgenossenschaft zu Duisburg. Jg. 1900–1907. Duisburg, 1901–1908.

Birsigthalbahn-Gesellschaft. 14. Verwaltungsbericht umfassend das Jahr 1900. 36 S. 4. Basel, Schweizerische Verlags-Druckerei, 1901.

Birsigthalbahn-Gesellschaft. 15. Verwaltungsbericht umfassend das Jahr 1901. 36 S. 4. Basel, Schweizerische Verlags-Druckerei, 1902.

Verwaltungsbericht der Gemeinde Boxhagen-Rummelsburg für die Zeit vom 1. April 1905–31. März 1909. [Nebst] Anlagen. Berlin (1909): Haußmann. 4° (Anlagen: 8°)

Spar- & Leihkasse Breitenbach. Verwaltungs-Bericht vom Geschäftsjahr 1900. [4 S.] 4. (1901.)

Spar- & Leihkasse Breitenbach. Verwaltungs-Bericht vom Geschäftsjahr 1901. [4 S.] 4. (1902.)

Spar- & Leihkasse Breitenbach. Verwaltungs-Bericht vom Geschäftsjahr 1902. [4 S.] 4. (1903.)

Internationales Buchdrucker-Sekretariat (in Bern) = Secrétariat typographique international (à Berne). 8. Basel, Buchdr. des Schweiz. Typographenbundes.

Verwaltungsbericht umfassend die Jahre 1897, 1898, 1899 und 1900 = Rapport de gestion.... 75 S. 1901.

Jahresbericht pro 1901 = Rapport annuel pour 1901. II + 23 S. 1902.

Städt. Bücher- u. Lesehalle zu Frankfurt ‹Oder›. **Verwaltungsbericht** über das erste Geschäftsjahr ... Frankfurt ‹Oder› 1907: Köhler. 8°

Stadtgemeinde Basel. 25. Verwaltungs-Bericht des Engern Bürgerrats an den Weitern Bürgerrat. 1900. [Mit 1 Tabelle.] 132 S. 8. (Basel, Kreis, 1901.)

Stadtgemeinde Basel. 26. Verwaltungs-Bericht des Engern Bürgerrats an den Weitern Bürgerrat. 1901. [Mit 1 Tabelle.] 118 S. 8. (Basel, Kreis, 1902.)

Stadtgemeinde Basel. 27. Verwaltungs-Bericht des Engern Bürgerrats an den Weitern Bürgerrat. 1902. [Mit 1 Tabelle.] 145 S. 8. (Basel, Kreis, 1903.)

Verwaltungsbericht der Landeshauptstadt Czernowitz. Czernowitz: Selbstverl. d. Stadtmagistrates 1889/90 *(Erschienen für die Jahre 1887 u. 1888.)*

Verwaltungsbericht des diplomatischen-, des Justiz- u. Polizei-, des Finanz-, des Erziehungs-, des Militär- u. des Bau-Departements. Vom 21. Oct. 1831 bis 31. Dec. 1832. Mit Tabellen. gr. 8. Bern 833. Jenni (Sohn). 1 1/3 ß

Verwaltungsbericht der Stadt Deutsch-Wilmersdorf. Hrsg. vom Magistrat. [1.] Deutsch-Wilmersdorf 1909: Topp. 4° [10. 17595

Verwaltungsbericht der Stadt Deutsch-Wilmersdorf für die Zeit vom 1. April 1906 bis 31. März 1908 ff. Hrsg. vom Magistrat. Deutsch-Wilmersdorf 1909 ff. 4°.
1906/1908 1909; 1908/1909, 1910.

Verwaltungsbericht der Stadt Deutsch-Wilmersdorf.
[1910 ff. fortges. u. d. Tit.:]
Bericht über die Verwaltung und den Stand der Gemeinde-Angelegenheiten der Stadt Dt. Wilmersdorf. [1912 ff.:] Berlin-Wilmersdorf. (1910) ff.

Direktion des Armenwesens des Kantons Bern. Verwaltungsbericht für das Jahr 1900, nebst Anhang enthaltend die gemeindeweisen statistischen Ergebnisse der amtlichen Armenpflege in den Jahren 1899 (für den neuen Kantonsteil) und 1900 (für den ganzen Kanton). II + 50 S. 4. Bern, Stämpfli & Cie., 1901.

Direktion der Bauten und Eisenbahnen des Kantons Bern. Verwaltungsbericht für das Jahr 1900. II + 21 S. 4. Bern, Stämpfli & Cie., 1901.

Direktion der Bauten und Eisenbahnen des Kantons Bern. Verwaltungsbericht für das Jahr 1901 *u.* 1902. II + 23 *u.* II + 25 S. 4. Bern, Stämpfli & Cie., 1902 *u.* 1903.

Verwaltungsbericht der Direktion der öffentlichen Bauten pro 1865. Bern 1866.

Direktion des Innern des Kantons Bern. Verwaltungsbericht für das Jahr 1900 *u.* 1901 *u.* 1902. II + 28 *u.* II + 22 *u.* II + 28 S. 4. Bern, Stämpfli & Cie., 1901 *u.* 1902 *u.* 1903.

Verwaltungsbericht der Direction des Innern, Abtheilung Gemeinde- und Armenwesen des Cts. Bern f. 1870. 85 Stn. 8.

Verwaltungsbericht der Direktion des Innern. Abteilung Gesundheitswesen s. Bern. Sanitätsdirektion. Verwaltungbericht.

[Umschlagt.:] [F.] **Verwaltungs-Bericht** der Direktion der ostpreussi- Land-Feuersocietät bis z. Schlusse d. Jahres 1896. *(Königsberg i. Pr. 1898.)* (39 S., 1 Bl.) 1 Bd 4. [98. 10281 Ko

Direktion der Landwirtschaft des Kantons Bern. Verwaltungsbericht. 4. Bern, Stämpfli & Cie.

... für das Jahr 1900. II + 19 S. 1901. — ... für das Jahr 1901. II + 15 S. 1902.

Direktion der Landwirtschaft des Kantons Bern. Verwaltungsbericht für das Jahr 1902. II + 17 S. 4. Bern, Stämpfli & Cie., 1903.

Verwaltungsbericht der Direktion des Unterrichtswesens des Kantons Bern für das Schuljahr 1898/99. Bern 1899. 30 S. 4°.

Verwaltungsbericht der Direktion des Unterrichtswesens des Kantons Bern für das Schuljahr 1900/1901. Bern 1901. 37 S. 4°.

Verwaltungsbericht der Direktion des Unterrichtswesens des Kantons Bern für das Jahr 1901. Bern 1902. 14 S. 4°.

Verwaltungsbericht der Direktion des Unterrichtswesens des Kantons Bern für das Jahr 1903. Bern 1904. 33 S. 4°.
Bern. Univ.-Schr. 1903/1904.

Verwaltungs-Bericht des Directors der Provinzial-Städte-Feuer-Societät der Provinz Sachsen für die Jahre 1883 und 1884. Merseburg. o. J. 4°

Verwaltungsbericht des kaufmännischen Direktoriums in St. Gallen für 1868-81. St. Gallen 1868-81

Kaufmännisches Directorium in St. Gallen. Verwaltungsbericht v. 1. Novbr. 1871 bis 31. Oktbr. 1872. Mit 4 Beilagen. 68 Stn. 4. St. Gallen, Zollikofer'sche Buchdr. 1873.

Kaufmännische Corporation in St. Gallen. Verwaltungsbericht vom 1. Nov. 1873 bis 31. Oct. 1874. St. Gallen, Buchdr. v. Zollikofer, 1875. (39 Stn. in-4.) — Katalog der Bibliothek. I. Suppl. Ebds. 1875. (17 Stn. in-8.)

Kaufmännische Corporation. Verwaltungsbericht des Kaufmännischen Directoriums vom 1. November 1899 bis 31. October 1900. Mit zwei Beilagen. 36 S. 4. St. Gallen, Zollikofer, 1901.

Kaufmännische Corporation in St. Gallen. Verwaltungsbericht des Kaufmännischen Directoriums vom 1. November 1900 bis 31. October 1901. (Mit zwei Beilagen.) 45 S. 4. St. Gallen, Zollikofer, 1902.

Kaufmännische Corporation in St. Gallen. Verwaltungsbericht des Kaufmännischen Directoriums vom 1. November 1901 bis 31. October 1902. (Mit zwei Beilagen.) 41 S. 4. St. Gallen, Zollikofer, 1903.

Verwaltungsbericht des Einwohner-Gemeinderathes von Thun für die Jahre 1874 und 75. Thun, Druck von E. Stämpfli. 25 S. 8. 1876.

Nordöstliche Eisen- und Stahl-Berufsgenossenschaft. Verwaltungsbericht f. d. J. 1905 ff. Berlin 1906 ff. 4°
1905. 1906 1909. 1910.

Verwaltungs-Bericht über die Ergebnisse des Strassen- und Wasserbaues in Oesterreich während der Verwaltungsjahre 1850—1853. (Ist das 7. Hft. des III. Jahrg. der „Mittheilungen aus dem Gebiete der Statistik".) 8. Wien 1854.

Zinstragende Ersparnisskasse in Basel. Verwaltungsbericht pr. 1872. 11 Stn. 8. u. 2 Tabellen. Basel, Schweighauser'sche Buchdr. 1873.

Verwaltungsbericht der Erziehungs-Direktion des Kts. Bern f. 1872. 46 Stn. 8. 1873.

Verwaltungsbericht der Erziehungsdirection des Kantons Bern f. d. Jahr 1879. In-4°, 23 S. Bern, Stämpfli's Druckerei. 1880.

Verwaltungsbericht der Erziehungs-Direction des Kantons Bern für d. Schuljahr 1880/81. In-4°, 24 S. Bern, Stämpfli'sche Buchdruckerei. 1881

Verwaltungsbericht der Erziehungs-Direktion des Kts. Bern für das Schuljahr 1897/98. Bern 1898. 33 S. 4°.

Verwaltungsbericht der Finanz-Direktion des Kantons Bern für das Jahr 1875. 48 Stn. 8. Bern, Druck von Stämpfli. 1876.

Bezirks-Armen-Anstalt Frienisberg. 4. u. 5. u. 6. Verwaltungsbericht pro 1900 u. pro 1901 u. pro 1902. IV + 16 u. IV + 27 u. IV + 15 S. 8. Aarberg, Th. Schwab, 1901 u. 1902 u. 1903.

Verwaltungsbericht betr. die Gemeindeangelegenheiten des Fleckens Kellinghusen pro 1875. Kiel. 1876. 4°
Für das Jahr 1876 ist kein Bericht in Druck gegeben.
Fortges. u.d.T.:
Verwaltungsbericht betr. die Gemeindeangelegenheiten der Stadt Kellinghusen
pro 1877. (Kellinghusen.) o. J.; pro 1878 u. 79. ebd. 1879 u. 80. 4°
- umfassend die Etatsjahre
1880 - 81. (ebd. 1882); 1883 - 87. (ebd. 1888); 1888 - 90. ebd. (1891); 1891 - 95. ebd. (1896.) 4°

Gesellschaft, polytechnische. Gewerbeverein für Leipzig. (Bericht.) Verwaltungsbericht für 1844-56. 1880/1-1895/6. Leipzig 1845-97

Verwaltungsberichte der Gewerbe-Aufsichtsbeamten in Elsass-Lothring. f. 1891-99. Strassburg 1891-1900

Verwaltungsberichte der Gewerbeaufsichtsbeamten in Elsaß-Lothringen f. d. J. 1892. Amtliche Veröffentlichg. gr. 8. (78 S.) Straßburg 893. Straßburger Druckerei u. Verlagsanstalt. n. 2. 50

— dasselbe f. d. J. 1893. gr. 8. (101 S.) Ebd. 894. n. 3. —

Verwaltungsberichte der Gewerbeaufsichtsbeamten in Elsaß-Lothringen f. d. J. 1894—1896. Amtliche Veröffentlichg. gr. 8. (123, 117 u. 119 S.) Straßburg 895—897. Straßburger Druckerei u. Verlagsanstalt. à n. 3. 50

— dasselbe f. das J. 1897. gr. 8. (133 S.) Ebd. 898. n. 1. 50

Verwaltungsberichte der Gewerbeaufsichtsbeamten in Elsaß-Lothringen f. d. J. 1898. Amtliche Veröffentlichg. gr. 8. (121 S.) Straßburg 899. Straßburger Druckerei u. Verlagsanstalt. n. 1. 50

— dasselbe f. 1900 u. 1901. gr. 8. (123 u. II, 119 S.) Berlin 901. 902. (Straßburg, E. d'Oleire.) à n. 1. 50

Verwaltungsberichte der Gewerbe-Aufsichtsbeamten in Elsaß-Lothringen f. 1902—1905. (II, 129; II, 127; II, 153 u. II, 161 S.) 8. Berlin 903—906. (Straßburg, E. d'Oleire.) 1902/03. à n. 1. 50; 1904 u. 05. à n. 1. —

Verwaltungsberichte der Gewerbe-Aufsichtsbeamten in Elsaß-Lothringen, Fortsetzg., s.: Jahresberichte.

Spar- und Leihcasse Grenchen. 32. Verwaltungs-Bericht über das Geschäftsjahr 1900. [II + 4 S.] 4. Grenchen, A. Niederhäuser, 1901.

Spar- und Leihkasse Grenchen. 33. u. 34. Verwaltungs-Bericht über das Geschäftsjahr 1901 u. 1902. [je II + 4 S.] 4. Grenchen, A. Niederhäuser, 1902 u. 1903.

Verwaltungsberichte der Stadt Halle an der Saale s. Hagen, E. H. vom, die Stadt Halle.

Verwaltungsbericht des Haupt-Knappschaftsvereins zu Clausthal für d. J. 1908. Clausthal 1909. 4°
[Verwalt.-Ber. 1907 in:]
Geschichte d. Entsteh. u. Entwickl. d. Haupt-Knappschaftsvereins zu Clausthal ...

Verwaltungs-Bericht der Stadt Heide. [1.] Heide 1910: Heider Anzeiger. 4° [illegible]

Verwaltungsbericht für die Bürgermeisterei Heissen über die Zeit vom 1. April 1878, dem Tage der Gründung der Bürgermeisterei, bis zum 1. April 1903 ... Mühlheim-Ruhr 1903. V: *Wasse, Paul.* (Berl)

Verwaltungsber. d. Inval.- u. Altersversich.-Anstalt Hessen-Nassau f. d. J. 1890—96. Kassel 1892—97.

Hypothekar-Kasse des Kantons Bern. 27. Verwaltungsbericht f. 1873. 16 Stn. 4. Bern, Druck v. Rieder & Simmen. 1874

Hypothekar-Kasse des Kantons Bern (in Bern). 54. Verwaltungsbericht für das Jahr 1900. II + 18 S. 4. Bern, Gebhardt, Rösch & Schatzmann, 1901.

Hypothekar-Kasse des Kantons Bern (in Bern). 55. Verwaltungsbericht für das Jahr 1901. II + 20 S. 4. Bern, Gebhardt, Rösch & Schatzmann, 1902.

Hypothekar-Kasse des Kantons Bern (in Bern). 56. Verwaltungsbericht für das Jahr 1902. II + 20 S. 4. Bern, Rösch & Schatzmann, 1903.

Stadt Chur. Verwaltungs-Bericht samt Jahres-Rechnung für das Jahr 1900, nebst Voranschlag pro 1901. (1901 Juni 21.) 50 + 40 + 20 S. 4. Chur, Sprecher & Valor, 1901.

Stadt Chur. Verwaltungs-Bericht samt Jahres-Rechnung für das Jahr 1901, nebst Voranschlag pro 1902. 57 + 42 + *Beilage* 20 S. 4. Chur, H. Fiebig, 1902.
Beilage: Voranschlag der Verwaltungs-Einnahmen und -Ausgaben der Stadt Chur für das Jahr 1902. Chur, C. Schüdler-Stecher.

Stadt Chur. Verwaltungs-Bericht samt Jahres-Rechnung für das Jahr 1902, nebst Voranschlag pro 1903. [3 Teile.] IV + 47 + 42 + 20 S. 4. Chur, Buchdr. A.-G. Bündner Tagblatt, 1903.

Schweizer. Industrie-Gesellschaft. **Verwaltungsbericht** pr. 1870–71. Schaffh., Brodtmann'sche Buchdr. 1871. 7 Stn. 4°

Schweiz. Industrie-Gesellschaft in Neuhausen. **Verwaltungsbericht** pro 1871 bis 72. Schaffh., Brodtmann'sche Buchdr. 1872. 11 Stn. 4°

Schweizer. Industrie-Gesellschaft. Verwaltungsbericht pr. 1872/73. 11 Stn. 4. Schaffhausen, Brodtmann'sche Buchdr. 1873.

Schweizer. Industrie-Gesellschaft. Verwaltungsbericht pr. 1873/74. 13 Stn. 4. Schaffhausen, Brodtmann'sche Buchdr. 1874

Verwaltungs-Bericht (der Stadt Insterburg). [1–6.] Für d. J. 1896–1901. *Insterburg 1897–1902: Czibulinski's Nachf. (3, 5, 6: Buchdr. Dr. A. Bittner).* 6 Bde 4° [F.]
Forts. s. u. d. T.: Bericht über d. Verwaltung u. d. Stand d. Gemeinde-Angelegenheiten d. Stadt Insterburg. [04. 7860 10]

[Verwaltungsbericht.] Verwaltungs- und Kassen-Bericht des Maasfelder Knappschafts-Vereins zu Eisleben f. d. J. 1904 ff. Eisleben 1904 ff. 2°.
194–199

Verwaltungsberichte des Allgemeinen Knappschafts-Vereins zu Bochum. Jgge. 1892 bis zur Gegenwart.

Verwaltungsbericht des Kreises VIIIa (Westfalen u. Lippe-Detmold) der Deutschen Turnerschaft für 1899 und 1900, 1901 u. 1902, n. Kreisstatistik v. 1. 1. 1900 u. 1902, Jahreserhebung v. 1. 1. 1901, 1903–12, 13, 14, Witten, 8°. 15 H. in 1 Mappe.

Verwaltungs-Bericht des Kreisausschusses des Kreises Apenrade für das Geschäftsjahr 1897 ff. (Apenrade. 1898 ff.) Fol.

Verwaltungsbericht des Kreisausschusses des Kreises Bordesholm für das Rechnungsjahr 1907–1916. (Bordesholm. 1907–16.) Fol.

Verwaltungs-Bericht des Kreis-Ausschusses des Landkreises Dortmund. Jg 1887/88–1907. Lütgendortmund, 1889–1908.

Verwaltungsbericht des Kreisausschusses des Kreises Eckernförde pro
1889/90–92/93, 94/95–95/96. Eckernförde. 1890–92 (so statt 1893), 1895–96. 8°
– für das Geschäftsjahr . . .
1896 ff. ebd. 1897 ff. Fol.

Verwaltungsbericht des Kreisausschusses des Kreises Frankenberg. [1.] 1903. *Frankenberg i. H. (1903: F. Kahm).* 4° [04. 7833 4]

Verwaltungsbericht (des Kreisausschusses des Landkreises Kiel) für das Rechnungsjahr 1891/92–1906. (Bordesholm. 1892–1906.) Fol.
Umgeändert in: Kreis Bordesholm.

Verwaltungsbericht des Kreisausschusses des Kreises Herzogthum Lauenburg. (1882–89/90.) Ratzeburg. 1883–91; 1892/93 ff. ebd. 1893 ff. 4°
Nebst Protokollen über die Kreistagssitzungen in 4° und Anlagen in Fol.

Verwaltungsbericht des Kreisausschusses des Kreises Oldenburg über den Stand der Kreis-Kommunal-Angelegenheiten im Rechnungsjahre
(1.–2.) 1889/90–90/91. (Oldenburg. 1890–91.) Fol.
Fortges. u. d. T.:
Verwaltungsbericht. Nach Vorschrift des § 114 der Kreisordnung etc. erstattet der unterzeichnete Kreisausschuss . . . über die Verwaltung etc. im Rechnungsjahre . . . folgenden Bericht:
(3.–5.) 1891/92–93/94. (ebd. 1892–94.)
(7.–8.) 1895/96–96/97. (ebd. 1896–97.) Fol.
Fortges. u. d. T.:
9. Verwaltungs-Bericht etc. 1897/98 ff. (ebd. 1898 ff.) Fol.

. . . **Verwaltungsbericht** des Kreisausschusses des Kreises Oldenburg über die Verwaltung und den Stand der Kreiskommunalangelegenheiten. (Neustadt i. H.) Fol.
10 ff. 1898/99 ff.
Anlage A:
Haushalts-Etat für den Kreis Oldenburg pro . . . Neustadt i. H. . . . Fol. 1893/94–1899, 1893–99.
Fortges. u. d. T.:
Haushalts-Voranschlag für den Kreis Oldenburg für das Rechnungsjahr 1900 ff. Neustadt i. H. 1900 ff. Fol.
Anlage B:
Auszug aus der Rechnung der Kreiskommunalkasse des Kreises Oldenburg pro (für) 1896/97 ff. Neustadt i. H. 1898 ff. Fol.

Verwaltungsbericht des Kreisausschusses des Kreises Ploen für das Verwaltungsjahr 1889. Ploen. (1890.) 4°
– für die Jahre 1890 bis einschl. 1894. ebd. 1895. 4°
– für das Geschäftsjahr 1895 ff. ebd. 1896 ff. 4°

Verwaltungsbericht des Kreisausschusses des Kreises Rendsburg über das Jahr 1889/90 ff. o. O. u. J. Fol.

Verwaltungsbericht (des Kreisausschusses des Kreises Schleswig) für das REchnungsjahr 1890/91 ff. (Schleswig. 1891 ff.) Fol.

Verwaltungsbericht des Kreisausschusses des Kreises Steinburg für . . . 1893–97; 1900 ff. ebd. 1894 ff. 4°

Verwaltungsbericht des Kreisausschusses des Kreises Stormarn für das Geschäftsjahr 1891 ff. Wandsbek (1892) ff. Fol.

. . . **Verwaltungs-Bericht** des Kreisausschusses des Kreises Süderdithmarschen über die Verwaltung und den Stand der Kreiskommunalangelegenheiten. (1.) ff. (1889/90 ff.) Meldorf. 1890 ff. 4°

— **des Kreis-Ausschusses d. Kreises Teltow f. d J. 1874 u. 1875. gr. 4. (49 u. V, 43 S.) Berlin 875. 76. Puttkammer & Mühlbrecht. à n. 1. —**

— des Kreis-Ausschusses des Kreises Teltow für die Jahre 1876 u. 1877. gr. 4. (à 79 S.) Berlin 877. 78. Puttkammer & Mühlbrecht. à n. 1. –

Verwaltungs-Bericht des Kreis-Ausschusses des Kreises Zauch-Belzig. [1.] Für d. J. 1909. Dat. Belzig 1910. 4° A 12. 10663

Stadtbern. Armenanstalt Kühlewyl [bei Kehrsatz]. Verwaltungsbericht für das Jahr 1901. 10 S. 8. [Bern, Buchdr. des Berner Tagblatt, 1902.]

Verwaltungsbericht des Landarmen-Directors der Provinz Sachsen für das Jahr 1872. (Merseburg. 1873.) 4⁰

— I., des königl. preussischen Landesgewerbeamts 1905. (X, 579 S. m. 5 Tab.) gr. 8. Berlin 906. C. Heymann. Geb. in Leinw. n. 10. —

Verwaltungsbericht . . . des Königlich Preussischen Landesgewerbeamts. [Bd] 1 ff. Berlin 1906 ff. 8⁰.
1. 1905, 1906; 2. 1907, 1908; 3. 1909, 1910.

— 2. u. 3., des königl. preuss. Landesgewerbeamts 1907 u. 1909. (X, 445 S. m. 3 Tab. u. VIII, 436 S. m. 3 Tab.) gr. 8. Berlin 908. 10. C. Heymann. Geb. in Leinw. à 8. —

Verwaltungs-Bericht der Landes-Heil- und Pflege-Anstalt zur Rittergut Alt-Scherbitz und des mit derselben verbundenen Siechen-Asyls Kaiser-Wilhelm-Augusta-Stiftung für die Jahre 1898/99 und 1899/1900ff. Rittergut Alt-Scherbitz. 1900ff. 4⁰

—— der Stadt Leipzig für die J. 1866—1875. Hrsg. von Ernst Hasse. 1.—4. Heft. gr. 8. Leipzig, Duncker und Humblot. *

Inhalt:

Heft 1. Hasse, E., die Finanzen der Stadt Leipzig 1865—1875. (III, 56 S.) 876. *M 1,60.

» 2. Schlosshauer, C. E., die Waisenpflege in Leipzig 1865—1876. (S. 1—36.) — Schiller, A. R., die städtische Versorgungs- und Straf-Anstalt zum Georgenhause in Leipzig 1865—1876. (S. 37—55.) 877. *M 1,60.

» 3. [Allgemeiner Theil.] Die Stadt Leipzig und ihre Umgebung, geographisch und statistisch beschrieben. Nach amtl. Unterlagen und unter Mitwirkung von Bruhns, Credner, Delitsch, Hofmann, Ploss, Sonnenkalb, F. Ulbrich u. A. hrsg. von Ernst Hasse. (VI, 437 S. mit 2 chromolithogr. Stadtplänen und 8 lithogr. Diagrammen.) 878. geb. *M 16.

» 4. Westerholz, J. R., die Gasanstalt der Stadt Leipzig seit ihrer Entstehung 1837 bis Ende des J. 1878. (55 S.) 879. *M 1,60.

Verwaltungs-Bericht der Stadt Leobschütz. [1.] Für d. Zeit v. 1. Apr. 1901 bis 31. März 1906. Leobschütz 1907: W. Witke. 4° [F.] [07. 7234 2

Verwaltungsbericht der Akademischen Lesehalle an der k. k. Franz-Josephs-Universität in Czernowitz für das Studienjahr . . Czernowitz: Verl. d. akadem. Lesehalle 1877/1914
(Erschienen für die Studienjahre 1876/77–1913/14.)

Aktiengesellschaft Leu & Comp. in Zürich. 16. Verwaltungsbericht, v. 1. Nov. 1869 bis 31. Octbr. 1870. Zürich, Druck v. J. J. Ulrich. 28 Stn. 4. 1871.

Verwaltungs-Bericht der Stadt Lichtenberg. Hrsg. v. Magistrat. [1.] (Lichtenberg 1910: Koch.) 4° [10. 18349

Verwaltungsbericht der städtischen Licht- und Wasserwerke, Lüneburg. [1.] Geschäftsj. 1909. (Lüneburg 1910: Peters.) 4° A 12. 10681

Verwaltungs-Bericht d. Magistrates zu **Altona** f. d. J. 1871 u. 1872. Fol. (80 u. IV, 86 S.) Altona 873. 74. (Schlüter.) à n. 3. —

Verwaltungs-Bericht des Magistrats zu Altona
(Jg. 2.) für das Jahr 1872. Altona. 1874.
(Jg. 3.) für das Jahr 1873. ebd. 1875.
(Jg. 4.) für das Jahr 1874. ebd. 1876. Beigefügt: Uebersicht über die im Jahre 1874 aus der Armencasse gewährten Unterstützungen und Uebersicht der im Jahre 1874 stattgehabten Ausgaben für Kostkinder und Lehrburschen. ebd. 1875.
(Jg. 6.) für das Jahr 1876. ebd. 1878.
für die Rechnungsperiode 1877/78 enthaltend: das Jahr 1877 und das erste Quartal 1878. ebd. (1879.)
(Jg. 7.–9.) für das Rechnungsjahr 1878/79–1880/81. ebd. 1880–82. 4⁰

— des Magistrats zu Berlin pro 1874. Nr. 1. [Haupt-Verwaltungsbericht.] Imp.-4. (45 S.) Berlin 876. (Puttkammer & Mühlbrecht.) n. 1. —

Verwaltungs-Bericht des Magistrats zu Berlin. Bericht über die Verwaltung der städtischen Wasserwerke für 1874—1890. Berlin

Verwaltungs-Bericht des Magistrats zu Berlin über die Canalisation. Bericht der Deputation für die Verwaltung der Canalisationswerke für 1876—1879 u. 1881—1890. Berlin

— des Magistrats der königl. Haupt- u. Residenzstadt Breslau f. die J. 1870, 1871, 1872, 1873, 1874. Lex.-8. (VI, 254 S.) Breslau 876. Morgenstern. n. 5. —

— des Magistrats der königl. Haupt- u. Residenzstadt Breslau für die Jahre 1875, 1876 u. das 1. Quartal 1877. hoch 4. (272 S.) Breslau 878. Morgenstern. n. 5. —

—— des Magistrats der königl. Haupt- und Residenzstadt Breslau für die drei Etatsjahre vom 1. April 1877 bis 31. März 1880. Lex.-8. (VIII, 346 S.) Breslau 881, (Morgenstern.) *
—— dass. — für die drei Etatsjahre vom 1. April 1880 bis 31. März 1883. Lex.-8. (XVI, 384 S.) (Ebenda.) 884. **

Verwaltungs-Bericht d. Magistrats der königl. Haupt- u. Residenzstadt **Breslau** f. die 3 Etatsjahre vom 1. April 1883 — 31. März 1886. Lex.-8. (X, 463 S.) Breslau 887. (Morgenstern's Verl.) n. 5. —

— dasselbe f. die 3 Etatsjahre vom 1. April 1886 — 31. März 1889. Lex.-8. (X, 591 S.) Ebd. 890. n.n. 10. —

— des Magistrats der königl. Haupt- u. Residenzstadt **Breslau** f. die 3 Etatsjahre vom 1. April 1889 bis 31. März 1892. Lex.-8. (X, 608 u. 229 S.) Breslau 894. (E. Morgenstern, Verl.) n.n. 12. —

Verwaltungs-Bericht d. Magistrats d. kgl. Haupt- u. Residenzstadt **Breslau** f. die 3 Etatsjahre v. 1. IV. 1892 bis 31. III. 1895. Lex.-8. (XIV, 620 u. 285 S.) Breslau 897. (E. Morgenstern, Verl.) n.n. 14. —

— des Magistrats der königl. Haupt- u. Residenzstadt Breslau f. die 3 Etatsjahre vom 1. IV. 1895 bis 31. III. 1898. Lex.-8. (XVI, 744 u. 290 S. m. 1 farb. Plan.) Breslau (900). (E. Morgenstern, Verl.) n.n. 15. —

— des Magistrats der königl. Haupt- u. Residenzstadt **Breslau** für die 3 Rechnungsjahre vom 1. IV, 1898 bis 31. III. 1901 bezw. vom 1. IV. 1901 bis 31. III. 1904. (XV, 768 u. 316 S. u. XVI, 873 u. 328 S.) Lex.-8. Breslau (903. 905.) (E. Morgenstern, Verl.) à n.n. 15. —

— des Magistrats der königl. Haupt- u. Residenzstadt Breslau f. die 3 Rechnungsjahre vom 1. IV. 1904 bis 31. III. 1907. (XVI, 854 u. 342 S.) Lex. 8. Breslau (908). (E. Morgenstern, Verl.) nn 15. —

— 1., d. Magistrats der Stadt **Celle** f. d. J. 1890. gr. 4. (46 S.) Celle 892. (Schulze.) n. — 80

Verwaltungsbericht des Magistrats der Kgl. Haupt- u. Residenzstadt Hannover. [1.] 1906–07. Hannover 1908: A. Eberlein & Co. 8° [08. 11304 2

Verwaltungsbericht des Magistrats der königl. Haupt- u. Residenzstadt Hannover 1906—1907. (XI, 599 S. m. farb. Taf.) Lex.-8. Hannover, Hahn. 1908. Geb. in Leinw. 10. —

Verwaltungsbericht des **Magistrats** der Stadt **Kattowitz** f. d. Zeit v. 1. April 1897 bis 31. März 1902. *Kattowitz [1902]: Herlitz & Plessner.* (140, 108 S.) 4° [F.] [03. 505 2

Verwaltungs-Bericht des Magistrats zu Neumark Wpr. [1.] Für d. Verwaltungsjahre 1895–1907. Neumark Wpr. 1907: J. Koepke. 4° [F.] [07. 13284 10

Verwaltungs-Bericht des Magistrats der Stadt Schöneberg. [Ber.] 1. 2. Schöneberg 1899. 1904. 4° (8°).
1. 1899.
2. 1. April 1899–31. März 1903 [nebst] 4 Karten. 1904.

— des Magistrats der königl. bayer. Stadt Schweinfurt f. die J. 1904 m. 1907. (V, 328 u. 62 S. m. 8 Vollbildern u. 1 Taf.) gr. 8. Schweinfurt 910. (E. Stoer.) Geb. in Leinw. nn 6. — (1900—1907 zus.: nn 10. —)

Verwaltungsbericht für die Königliche Ministerialabteilung für den Strassen- und Wasserbau für 1887/88-96/97. 4° Stuttgart 1891-99

Verwaltungsbericht der k. Ministerialabteilung für Strassen- und Wasserbau. I. Strassenbauwesen — II. Wasserbau. 1898-1904. 4° Stuttgart 1901-06

Verwaltungsbericht der K. Ministerialabteilung für den Strassen- und Wasserbau. II. Wasserbauwesen 1905 u 06. 1907 u 08. 1909 u 10. 4° Stuttgart 1908-12

Verwaltungs-Bericht ... des unter d. Protekt. d. Prinzen Ludwig von Bayern stehenden Museums von Meisterwerken der Naturwissenschaft und Technik in München. Geschäftsj. 1. München (1904): R. Oldenbourg. 4° [illegible]

Verwaltungsbericht über das naturhistor. Museum in Bern für 1863—70. Bern 1871.

Verwaltungsbericht der Stiftung Nationaldank für Veteranen für die Jahre 1870—74. Berlin 1874. 4°.

— der Vorderstadt Neubrandenburg f. d. J. 1885. gr. 8. (32 S.) Neubrandenburg 886. (Brünslow.) n. — 50

Verwaltungsbericht des Kreises Neustettin. [1.] Für d. J. 1900. Bearb. von Dr. Hoffmann, Reg.Ass. Neustettin [1901]: Brandt. 8°(4°) A 12. 10682

— des Arbeiter-Sekretariates Nürnberg f. das Geschäftsj. 1898. Berichte üb. Gewerkschaftsorganisationen u. Lohnbeweggn., sowie e. Referat der Arbeiterbeisitzer des Gewerbegerichts Nürnberg. gr. 8. (117 S.) Nürnberg 899. Arbeiter-Sekretariat. — 50
Vergl.: Jahres-Bericht d. Arbeiter-Sekretariates Nürnberg.

— der Stadt Nürnberg f. d. J. 1897. Mit den Gemeinderechngn. in summar. Fassg. Lex.-8. (XV, 834 S. m. Tab. u. 37 Taf.) Nürnberg 899. (J. L. Schrag.) n. 6. —

Verwaltungsbericht der Stadt Nürnberg f. die J. 1898 u. 1899. Mit den Gemeinderechngn. in summar. Fassg. (XV, 944 S. m. Tab. u. 8 Taf.) Lex.-8. Nürnberg, J. L. Schrag. 1902. 4. —

— der Stadt Nürnberg f. d. J. 1900—1904. Mit den Gemeinderechngn. in summar. Fassg. Hrsg. vom Stadtmagistrat. Lex.-8. Nürnberg, (J. L. Schrag). n. 26. 50
1900. (XV, 656 u. 171 S. m. Tab. u. 18 Taf.) 903. n. 4. —
1901. (XVI, 696 u. 173 S. m. Tab. u. 19 Taf.) 904. n. 5. 30
1902. (XII, 660 u. 170 S. m. 21 Taf. u. 3 Tab.) 904. n. 5. 40
1903. (XIII, 638 u. 169 S. m. 17 Taf. u. 1 Tab.) 905. n. 5. 40
1904. (XIV, 648 u. 182 S. m. 22 Taf. u. 1 Tab.) 906. n. 5. 40

Verwaltungsbericht der Stadt Nürnberg f. d. J. 1905. Mit den Gemeinderechngn. in summar. Fassg. Hrsg. vom Stadtmagistrat. (XV, 646 u. 185 S. m. 17 Taf.) Lex.-8. Nürnberg, J. L. Schrag. 1907. 5. 40.

Verwaltungsbericht der Stadt Nürnberg f. d. J. 1906. Mit den Gemeinderechngn. in summar. Fassg. Hrsg. vom Stadtmagistrat. (XV, 724 u. 182 S. m. 21 Taf.) Lex.-8. Nürnberg, J. L. Schrag. 1908. 5. 40.

Verwaltungsbericht, der Stadt Nürnberg f. d. J. 1907. Mit den Gemeinderechngn. in summar. Fassg. Hrsg. vom Stadtmagistrat. (XV, 685 u. 178 S. m. 16 Taf.) Lex.-8. Nürnberg, J. L. Schrag. 1909. 5. 40.

Verwaltungsbericht der Stadt Nürnberg f. d. J. 1908. Mit den Gemeinderechngn. in summar. Fassg. Hrsg. vom Stadtmagistrat. (XV, 681 u. 179 S. m. 17 [2 farb.] Taf.) Lex.-8. Nürnberg, J. L. Schrag. 1910 5. 40.

Verwaltungs-Bericht der gemeinsamen Ortskrankenkasse für Königsberg i. Pr. f. d. J. 1904—1909. (Königsberg i. Pr.) [1905—1910.] 8°.
1909 m. e. Anh. Nach 10 Jahren. 1910.

— des Pestalozzi-Vereins der Prov. Posen, eingetragener Verein, üb. das 45. Vereinsjahr vom 1. X. 1907 bis Ende Septbr. 1908. (43 S.) 8. Lissa (908). O. Eulitz. — 50

Verwaltungs-Bericht der Königl. Polizeidirection zu Dresden für 1853—1878. Dresden 1878. Gr. 8°. 127 S. Cart.

Verwaltungs-Bericht des königl. Polizei-Präsidiums von Berlin für die J. 1871—1880. hoch 4. (VIII, 568 S.) Berlin 882, Moeser. *

Verwaltungs-Bericht, 2., d. königl. Polizei-Präsidiums v. Berlin f. die J. 1881—1890. gr. 4. (VIII, 473 S. m. 1 graph. Taf. u. 4 farb. Grundrissen.) Berl. 892, Moeser. * 15 —

Verwaltungsbericht, 3., des königl. Polizei-Präsidiums v. Berlin f. die J. 1891 bis 1900. (VIII, 963 S. m. 1 farb. Taf. u. 7 farb. Plänen.) gr. 4. Berlin, C. Heymann. 1902. Geb. in Leinw. 20. —

Verwaltungsbericht der königl. Hauptstadt Prag und der Vororte Karolinenthal, Smichow, königl. Weinberge und Žižkow für die Jahre 1885 und 1886. Der statistischen Handbücher für die Jahre 1885 und 1886. II. Theil. Deutsche Ausgabe. Herausgegeben von der statistischen Commission der königl. Hauptstadt sammt Vororten unter der Redaction des Directors des städtisch-statistischen Bureaus Josef Erben. Gr.-8. (X, 307 S.) 2.50
Prag: Fr. Řivnáč 1891.

— der königl. Hauptstadt Prag u. der Vororte Karolinenthal, Smichow, kgl. Weinberge u. Žižkow für die J. 1885 u. 1886, s. a. Handbuch, statist., der königl. Hauptstadt Prag etc.

— dasselbe f. die J. 1887—1889. Deutsche Ausg. Veröffentlicht v. der statist. Commission der kgl. Hauptstadt Prag sammt Vororten unter der Red. d. Directors d. städt. statist. Bureaus Jos. Erben. Lex.-8. (XIII, 321 S.) Prag 891. (Fr. Řivnáč.) n. 5. —

Verwaltungsbericht der kgl. Hauptstadt Prag und der Vororte Karolinenthal, Smichow, Kgl. Weinberge und Žižkow für das Jahr 1890. Deutsche Ausgabe. Redig von Jos. Erben. Lex.-8. (XVI, 373 S.)
Ebda. 1892.

Verwaltungsbericht der k. Hauptstadt Prag und der Vororte Karolinenthal, Smichow, Königliche Weinberge und Žižkow für die Jahre 1891 und 1892. Deutsche Ausgabe. Herausgegeben von der statistischen Commission der königl. Hauptstadt Prag sammt Vororten unter der Redaction des Directors der städt. statist. Bureaus Jos. Erben. Mit 2 Beilagen und einem alphabet. Sach- und Namenregister. Gr.-8. (XVI, 396, 60 S. und Register VI S.) Ebda. 1894. 4.—

— d. kgl. Hauptstadt Prag u. der Vororte Karolinenthal, Smichow, Kgl. Weinberge u. Žižkow f. d. J. 1893 u. 1894. Deutsche Ausg. M. 1 Plane d. Assanirungsrayons u. 2 Ansichten. Hrsg. v. d. statist. Commission d. kgl. Hauptstadt Prag sammt Vororten unt. d. Red. v. Jos. Erben. gr. 8. (XVI, 497 S. m. Fig.) Prag 896. (F. Řivnáč.) n. 8. —

Verwaltungsbericht d. Kgl. Hauptstadt Prag u. d. Vororte f. 1885-95. Prag 1890-97

Verwaltungs-Bericht über das Märkische Provinzial-Museum 1893 ff. Berlin 1894 ff. 8°

— d. Rathes der königl. Haupt- u. Residenzstadt Dresden f. d. J. 1889. Fol. (X, 70 u. 255 S. m. 1 graph. Taf.) Dresden 890. v. Zahn & Jaensch. n. 3. —

— dasselbe f. d. J. 1890. gr. 4. (IV, XI, 70; 265 u. 20 S. m. 1 graph. Taf.) Ebd. 892. n. 3. —

— dasselbe f. d. J. 1891. Fol. (IV, X, 78, 282 u. Anh. 21 S. m. 1 farb. Tab.) Ebd. 892. n.n. 3. —

— dasselbe f. d. J. 1892. gr. 4. (IV, IX, 279 S. m. 1 graph. Taf.) Ebd. 893. n.n. 3. —

— d. Rathes d. kgl. Haupt- u. Residenzstadt Dresden f. d. J. 1893. gr. 4. (IV, IV, 275 u. 11 S. m. 1 graph. Taf.) Dresden 894. (v. Zahn & Jaensch.) n.n. 3. —

— dasselbe f. d. J. 1894. gr. 4. (IV, IV, 87 u. 231 S. m. 1 graph. Taf.) Ebd. 896. n.n. 3. —

— dasselbe f. d. J. 1895. gr. 4. (IV, XIII, 91, 252 u. 43 S. m. 1 graph. Taf.) Ebd. 897. n.n. 3. —

— dasselbe f. d. J. 1896. gr. 4. (VIII, XVI, 344 u. 25 S. m. 2 graph. Taf.) Ebd. 898. n.n. 3. —

— des Rathes der königl. Haupt- u. Residenzstadt Dresden f. d. J. 1897—1900. Dresden (v. Zahn & Jaensch). à n.n. 3. —
1897. gr. 4. (IX, XVIII, 368 S. m. 2 graph. Taf.) 899.
1898. gr. 4. (VIII, XIV, 366 u. 63 S. m. 2 graph. Taf.) 900.
1899. Fol. (VIII, XIII, 348 S. m. 2 graph. Taf.) 901.
1900. Fol. (VIII, 614 S. m. 2 graph. Taf.) 901.

— des Rates der königl. Haupt- u. Residenzstadt Dresden f. d. J. 1901—1903. (XX, 567 u. 30 S. m. 2 graph. Taf.; XVIII, 592 u. 96 S. m. 3 graph. Taf. u. XX, 623 S. m. 3 graph. Taf.) Fol. Dresden 902—904. v. Zahn & Jaensch. à n.n. 3. —

—— des Rathes der Stadt Leipzig für die J. 1884 und 1885. Lex.-8. (VIII, 736 S. mit 3 Taf.; IV, 627 S. mit 5 Bl. Straßenprof.) Leipzig 886,87, Duncker und Humblot. geb. à Jahrg. *

Verwaltungs-Bericht d. Rathes d. Stadt Leipzig f. d. J. 1886. Lex.-8. (VI, 802 S.) Leipzig 888. Duncker & Humblot. geb. n. 20. —

— dasselbe f. d. J. 1887. Lex.-8. (VI, 677 S. m. 2 Curventafeln.) Ebd. 889. geb. n. 16. —

— dasselbe f. d. J. 1888. Lex.-8. (VI, 739 S.) Ebd. 890. geb. n. 16. —

— d. Rathes der Stadt Leipzig f. d. J. 1889. Lex.-8. (IV, 642 S.) Leipzig, Duncker & Humblot. Geb. n. 15. —

— dasselbe f. d. J. 1890. Lex.-8. (IV, 853 S.) Ebd. 892. Geb. n. 21. —

— dasselbe f. d. Jahr 1891. Lex.-8. (IV, 906 S.) Ebd. 893. Geb. n. 22. —

Verwaltungs-Bericht d. Rathes der Stadt Leipzig f. d. J. 1892. Lex.-8. (IV, 847 S.) Leipzig 894. Duncker & Humblot. In Leinw. kart. n. 21. —

— des Rathes d. Stadt Leipzig f. d. J. 1893. Lex.-8. (IV, 807 S.) Leipzig 895. Duncker & Humblot. Geb. in Leinw. n. 20. —; erm. Preis n. 10. —

— dasselbe f. d. J. 1894. Lex.-8. (IV, 747 S.) Ebd. 896. Geb. in Leinw. n. 16. —; erm. Preis n. 10. —

— dasselbe f. d. J. 1895. Lex.-8. (IV, 1029 S.) Ebd. 897. Geb. in Leinw. n. 24. —; erm. Preis n. 10. —

— dasselbe f. d. J. 1896. Lex.-8. (IV, 843 S.) Ebd. 898. Geb. in Leinw. n. 10. —

— des Rathes der Stadt Leipzig f. d. J. 1897—1900. Lex.-8. Leipzig, Duncker & Humblot. Geb. in Leinw. à n. 10. —
1897. (IV, 824 S.) 899. — 1898. (IV, 843 S.) 900.
1899. (IV, 669 S. m. 1 Plan.) 901. — 1900. (IV, 976 S.) 902.

— des Rates der Stadt Leipzig für d. J. 1901—1904. (IV, 754 S., IV, 723 S. m. 95 Taf.; IV, 769 S. m. 2 Taf. u. IV, 847 S. m. 28 Taf.). Lex.-8. Leipzig 903 bis 906. Duncker & Humblot. Geb. in Leinw. à n. 10. —

— des Rates der Stadt Leipzig f. d. J. 1905—1908. (IV, 999 S. m. 36 Taf.; IV, 899 S. m. 28 Taf.; IV, XXII, 963 S. m. 22 Taf. u. IV, 717 S. m. 30 [1 farb.] Taf.) Lex. 8. Leipzig 907—09. Duncker & Humblot. Geb. in Leinw. à 10. —

Freiwillige und Einwohnerarmenpflege der Stadt Zürich. 3. Verwaltungsbericht nebst Rechnungen vom 1. Januar 1899 bis 31. Dezember 1900. 45 S. 8. Zürich, Berichthaus, 1902.

Freiwillige und Einwohnerarmenpflege der Stadt Zürich. 4. Verwaltungsbericht nebst Rechnungen vom 1. Januar 1901 bis 31. Dezember 1902. 74 S. 8. Zürich, Berichthaus, 1903.

Verwaltungsbericht des Regierungsrates und des Appellationsgerichtes des Kantons Basel-Stadt. Basel 1833 –

Verwaltungsbericht, 40., des Kleinen Raths u. 27. Bericht des Appellations-Gerichts über die Justizverwaltung v. J. 1873 an den Grossen Rath des Kant. Basel-Stadt. 8. 1874.

42. Verwaltungsbericht des Regierungs-Raths und 29. Bericht des Appellations-Gerichts üb. d. Justizverwaltung vom Jahr 1875 an d. Grossen Rath. 1876.

Verwaltungsbericht, 44., des Regierungsraths, u. 31. Bericht des Appellationsgerichts über d. Justizverwaltung vom Jahr 1877, an den Gr. Rath des Kantons Basel-Stadt. 8°. Basel, Druck von Bürgin. 1878.

Verwaltungsbericht, 45., des Regierungs-Rathes und 32. Bericht des Appellations-Gerichts über die Justiz-Verwaltung vom Jahr 1878 a. d. Grossen Rath des Kantons Basel-Stadt. In-8°. Basel, Druck von Fr. Bürgin. 1879.

Verwaltungsbericht (46.) des Reg.-Raths und 33. Bericht des Appellations-Gerichts über die Justiz-Verwaltung vom Jahre 1879 an den Grossen Rath des Kantons Basel Stadt. In-8°, 518 S. u. Tabellen. Basel, Druck v. F. Bürgin. 1880

— (47.) des Regierungsraths und 34. Bericht des Appellationsgerichts über die Justizverwaltung vom Jahr 1880 an den Grossen Rath des Kantons Basel-Stadt. In-8°, 410 S., Beilagen 78 S. und Tabellen. Basel, Buchdruckerei von Fr. Bürgin. 1881.

Verwaltungsbericht, 48., des Regierungs-Raths und fünfunddreissigster des Appellationsgerichts über die Justizverwaltung vom Jahre 1881 an den Grossen Rath des Kantons Basel-Stadt. In-8°, 520 S. m. Beilagen. Basel, Druck von Fried. Bürgin. 1882

Verwaltungsbericht, 49., des Regierungsrates, und 36. Bericht des Appellations-Gerichts über die Justizverwaltung v. Jahre 1882 an den Grossen Rat des Kant. Basel-Stadt. In-8°. Basel, Buchdruckerei Bürgin. 1883.

Verwaltungs-Bericht, L., des Regierungsrates und XXXVII. Bericht d. Appellations-Gerichts über die Justizverwaltung vom Jahre 1883 an den Grossen Rat d. Kantons Basel-Stadt. In-8°, br. 1884.

51. Verwaltungsbericht d. Regierungsrathes und 38. Bericht des Appellations-Gerichts über der Justizverwaltung vom Jahre 1884 an den Grossen Rat d. Kant. Basel-Stadt. In-8°. 1885.

Verwaltungs-Bericht, 52., des Regierungsrates und 39. Bericht des Appellationsgerichts über die Justizverwaltung vom J. 1885 an den Grossen Rat des Kantons Basel-Stadt. In-8°, mit Beilagen und Tabellen. 1886

Inhalt: 1. Allgemeine Staatsangelegenheiten, 6 S. — 2. Erziehungsdepartement, 80 S. — 3. Justizdepartement, 57 S. — 4. Finanzdepartement, 45 S. — 5. Polizeidepartement, 49 S. — 6. Baudepartement, 48 S. — 7. Sanitätsdepartement, 62 S. — 8. Departement des Innern, 41 S. — 9. Militärdirektion, 15 S. — Beilagen, 16 S. — Bericht d. Appellationsgerichts, 83 S.

Verwaltungs-Bericht, 53., des Regierungsrates und 40. Bericht des Appellations-Gerichts über die Justizverwaltung vom Jahre 1886 an den Grossen Rat des Kantons Basel-Stadt. In-8°, mit Beilagen und Tabellen. 1887.

Verwaltungsbericht, 54., des Regierungsrates und 41. Bericht des Appellationsgerichts über die Justizverwaltung vom Jahre 1887 an den Grossen Rat des Kant. Basel-Stadt. In-8°, mit Beilagen u. Tabellen. Basel, Buchdruckerei von Franz Wittmer. 1888.

55. Verwaltungs-Bericht d. Regierungsrates und 42. Bericht des Appellations-Gerichts über die Justizverwaltung vom Jahre 1888 an den Grossen Rat des Kantons Basel-Stadt. Mit vielen Beilagen und Tabellen. In-8°. Basel. 1889

56. Verwaltungsbericht des Regierungsrates und 43. Bericht des Appellationsgerichts über die Justizverwaltung vom Jahre 1889 an den Grossen Rat des Kantons Basel-Stadt. Mit vielen Tabellen. In-8°. XXXIX, 8, 70, 58, 34, 51, 51, 49, 36, 18, 4, 4, 8 u. 88 S. Basel. 1890.

Verwaltungs-Bericht, neunundfünfzigster, des Regierungsrates und sechsundvierzigster des Appellations-Gerichts über die Justizverwaltung vom Jahre 1892 aus dem Grossen Rate des Kantons Basel-Stadt. In-8°. Basel. 1893.

[C]Kanton Basel-Stadt. 67. Verwaltungs-Bericht des Regierungsrates ([mit] Beilagen: Jahresbericht der evangelisch-reformierten Landeskirche [und] Jahresbericht... der katholischen Landeskirche) und 54. Bericht des Appellations-Gerichts über die Justizverwaltung vom Jahre 1900. [Mit 9 Tabellen.] (II + *zus.* 512 S.) 8.

Kanton Basel-Stadt. 68. Verwaltungs-Bericht des Regierungsrates ([mit] Beilagen: Jahresbericht der evangelisch-reformierten Landeskirche [und] Jahresbericht... der katholischen Landeskirche) und 55. Bericht des Appellations-Gerichts über die Justizverwaltung vom Jahre 1901. [Mit 7 Tabellen.] (II + *zus.* 533 S.) 8. (1902.)

Kanton Basel-Stadt. 69. Verwaltungs-Bericht des Regierungsrates ([mit] Beilagen: Jahresbericht der evangelisch-reformierten... [und] ... der katholischen Landeskirche) und 56. Bericht des Appellations-Gerichts über die Justizverwaltung vom Jahre 1902. [Mit 7 Tabellen.] (II + *zus.* 549 S.) 8. (1903.)

Verwaltungsbericht des Regierungsrates und des Appellationsgerichtes des Kantons Basel-Stadt 1896-1905 Basel 1897-06

Verwaltungsbericht des Regierungsrates und des Appellationsgerichts des Kantons Basel-Stadt 1906-11. Basel 1907-12

Verwaltungsbericht des Regierungsrates des Kantons Schaffhausen an den Grossen Rat über 1852-95. Schaffhausen.

Verwaltungsbericht des Regierungsrathes an den Grossen Rath vom Amtsjahr 1872. 202 Stn. 8. u. viele Tabellen. Schaffhausen 1874.

Verwaltungsbericht des Regierungsrathes des Kantons Schaffhausen an den grossen Rath vom Amtsjahr 1873. 72 Stn. 8. Schaffhausen, Druck von H. Meier. 1875.

Verwaltungsbericht des Regierungsrates des Kantons Schaffhausen an den Grossen Rat über das Amtsjahr 1883 sammt den Staatsrechnungen für 1883. In-8°, 138 + 39 S., mit Tabellen. Schaffhausen, Buchdruckerei von Gebr. Meyer. 1884.

[C]Kanton Schaffhausen. Verwaltungs-Bericht des Regierungsrates über das Amtsjahr 1900, samt den Staats-Rechnungen pro 1900. [Mit 8 Tabellen.] VI + 265 + 41 S. 8. Schaffhausen, Kühn & Cie., 1901.

Kanton Schaffhausen. Verwaltungs-Bericht des Regierungsrates über das Amtsjahr 1901, samt den Staats-Rechnungen pro 1901. [Mit 8 Tabellen.] VI + 299 + 41 S. 8. Schaffhausen, Kühn & Comp., 1902.

Kanton Schaffhausen. Verwaltungs-Bericht des Regierungsrates über das Amtsjahr 1902, samt den Staatsrechnungen pro 1902. [Mit 7 Tabellen.] VI + 328 + 43 S. 8. Schaffhausen, Kühn & Comp., 1903.

Verwaltungsbericht der Reichsbank [Jg. 1875 u. d. T.: Verwaltungsbericht der Preußischen Bank]. Jg. 1875-1900 u. 1903-1907. Berlin, 1876-1908.

— der Reichsbank f. d. J. 1891. Vorgelegt in der Generalversammlg. am 9. März 1892. gr. 4. (109 S.) Berlin 892. (Puttkammer & Mühlbrecht.) n. 1.—

— dasselbe f. d. J. 1892. Vorgelegt in der Generalversammlung am 6. März 1893. gr. 4. (110 S.) Ebd. 893. n. 1.—

— dasselbe f. d. J. 1893. Vorgelegt in der Generalversammlung am 9. März 1894. gr. 4. (106 S.) Ebd. 894. n. 1. —

— d. Reichsbank f. d. J. 1894. Vorgelegt in d. General-Versammlg. am 6. März 1895. gr. 4. (102 S.) Berlin 895. (Puttkammer & Mühlbrecht.) n. 1. —

— dasselbe f. d. J. 1895. Vorgelegt in d. General-Versammlg. am 6. März 1896. gr. 4. (106 S.) Ebd. 896. n. 1. —

— dasselbe f. d. J. 1896. Vorgelegt in d. General-Versammlg. am 9. III. 1897. gr. 4. (81 S.) Ebd. 897. n. 1. —

— der Reichsbank f. die J. 1898 u. 1899. Vorgelegt in der General-Versammlg. vom 9. III. 1899 resp. 19. III. 1900. gr. 4. (à 80 S.) Berlin (899. 900). (Puttkammer & Mühlbrecht.) à n. 1. —

— der Reichsbank f. d. J. 1901. Vorgelegt in d. General-Versammlg. am 8. III. 1902. (79 S.) 4. Berlin (902). (Puttkammer & Mühlbrecht.) n. 1. —

Verwaltungsbericht des Sanitätsdepartements des Cantons Basel-Stadt über das Jahr 1880. In-12°, 56 S. Basel, Druck von Fr. Bürgin. 1881.
*** Separat-Abdruck aus dem Verwaltungsbericht des Regierungsraths des Kantons Basel-Stadt.

Bern. Sanitätsdirektion. **Verwaltungsbericht**. – 1842 - (?).
Auch u. d. T.:
Auszug aus dem Staatsverwaltungsbericht das Sanitätswesen betreffend (1842).
Auszug aus dem Bericht des Regierungsrates an den Grossen Rat. . . (1860 - 1898).
Verwaltungsbericht der Direktion des Innern. Abteilung Gesundheitswesen.

Sanitäts-Direktion des Kantons Bern. Verwaltungsbericht für das Jahr 1900. II + 23 S. 4. Bern, Stämpfli & Cie., 1901.

Hamburg, See-Berufsgenossenschaft, Verwaltungsbericht für das Rechnungsjahr 1891, 92. Hamburg 1892, 93.

— — Verwaltungs-Bericht für das Rechnungsjahr 1893—97. Hamburg 1894, 96, 97

Verwaltungsbericht der Stadtbibliothek zu Breslau 1895—1896. Breslau 1896

[Einwohnergemeinde] Luzern. Verwaltungsbericht des Stadtrates für das Jahr 1900. [Mit 4 graphischen Tabellen.] XII + 219 S. 8. (Luzern, H. Keller, 1901.)

(Einwohnergemeinde) Luzern. Verwaltungsbericht des Stadtrates für das Jahr 1901. [Mit 4 graphischen Tabellen.] XII + 241 S. 8. (Luzern, H. Keller, 1902.)

(Einwohnergemeinde) Luzern. Verwaltungsbericht des Stadtrates für das Jahr 1902. [Mit 3 graphischen Tabellen.] II + XII + 243 S. 8. Luzern, H. Keller, 1903.

Verwaltungsbericht über den Stand der Gemeinde-Angelegenheiten der Stadt Rendsburg für die Jahre 1900/01 und 1901/02. (Rendsburg. 1902.) Fol.

Verwaltungsbericht der k. k. Universitäts-Bibliothek in Wien nebst e. kurzen Abriß ihrer Geschichte. Veröffentlicht von d. Bibliotheks-vorstehung. Bericht 1. Wien 1908: Hof- u. Staatsdr. 8° (08. 17379

Oberländische Armenverpflegungsanstalt Utzigen. 25. Verwaltungsbericht pro 1900. 14 S. 8. (1901.)

Verwaltungsbericht des kaufmännischen Verbandes für weibliche Angestellte E. V. 21–[25]. Berlin 1910–14/15: Loewenthal. 8°

Verwaltungs-Bericht der königl. württembergischen Verkehrsanstalten im Rechnungsj. 1879/80. Nebst statist. Mittheilungen über die Personen- und Güterbewegung auf den einzelnen württemberg. Bahnlinien im Rechnungsj. 1. Juli 1877/30. Juni 1878. Hrsg. vom königl. Ministerium der auswärt. Angelegenheiten, Abtheilung für die Verkehrsanstalten. Lex.-8. (IV, 123 S. mit 2 graph. Stat.) Stuttgart 881, Kohlhammer. *

—— dass. — für das Rechnungsj. 1880/81. Lex.-8. (V, 41 S. mit 2 graph. Stat.) Ebendas. 882. *

—— dass. — für das Rechnungsj. 1881/82. Mit Anhang: Die geognost. Profilirung der württemberg. Eisenbahnlinien. Von Osc. Fraas. Lex.-8. (V, 200 S. mit 2 chromolithogr. Profiltaf.) Stuttgart 883, (Metzler'sche Buchh.) **

—— dass. — für das Rechnungsj. 1882/83. Lex.-8. (V, 192 S. mit 1 lithogr. und color. Längenprofil in schmal gr. Fol.) (Ebendas.) 883. **

— dasselbe, f. das Rechnungsj. 1884/85. Lex.-8. (V, 366 S. m. 2 Tab.) Ebend. 886. n.n. 9. —

— der königl. württembergischen Verkehrsanstalten f. das Rechnungsjahr 1885/86. Hrsg. v. dem königl. Ministerium der auswärt. Angelegenheiten, Abthlg. f. die Verkehrsanstalten. Lex.-8. (V, 298 S. m. 1 Karte.) Stuttgart 887. Metzler's Verl. n.n. 6. —

— dasselbe f. das Rechnungsjahr 1886/87. Lex.-8. (V, 336 S. m. 1 Karte.) Ebd. 888. n.n. 8. —

— dasselbe f. das Rechnungsjahr 1887/88. Lex.-8. (V, 316 S. m. 1 Karte.) Ebd. 889. n.n. 6.50

— dasselbe f. das Rechnungsjahr 1888/89. Lex.-8. (VI, 393 S.) Ebd. 890. n.n. 8. —

— der königl. württembergischen Verkehrsanstalten f. d. Rechnungsj. 1889/90, 1890/91, 1891/92, 1892/93. Hrsg. v. dem königl. Ministerium der auswärt. Angelegenheiten, Abtheilg. f. die Verkehrsanstalten. Lex.-8. Stuttgart, J. B. Metzler's Verl. à Jahrg. n.n. 10. —
1889/90. (VI, 447 S. m. 2 graph. Taf. u. 1 Karte.) 891.
1890/91. (VI, 445 S. m. 1 farb. Karte.) 892.
1891/92. (VI, 463 S. m. 1 farb. Karte.) 893.
1892/93. (IV, 494 S. m. 2 farb. Taf.) 894.

— der kgl. württemberg. Verkehrsanstalten f. die Rechnungsj. 1893/94—1896/97. Hrsg. v. d. kgl. Ministerium d. auswärt. Angelegenheiten, Abtheilg. f. d. Verkehrsanstalten. Lex.-8. Stuttgart, J. B. Metzler's Verl. à n.n. 10. —
1893/94. (VI, 435 S. m. 1 farb. Karte.) 895.
1894/95. (VI, 479 S. m. 1 graph. Darstellung u. 1 Karte in Farbendr.) 896.
1895/96. (VI, 423 S. m. 1 farb. Karte.) 897.
1896/97. (VI, 439 S. m. 1 farb. Karte.) 898.

— der königl. württembergischen Verkehrsanstalten f. d. Rechnungsj. 1897, 1898, 1899 u. 1900. (1. IV. 1897 bis 31. III. 1901.) Hrsg. v. dem königl. Ministerium der auswärt. Angelegenheiten, Abtheilg. f. die Verkehrsanstalten. Lex.-8. Stuttgart, J. B. Metzler. à n.n. 10. —
1897. (VI, 468 S. m. 1 farb. Karte.) 899.
1898. (VI, 456 S. m. 1 farb. Karte.) 900.
1899. (VI, 434 S. m. 1 farb. Karte.) 901.
1900. (VI, 438 S. m. 1 farb. Karte.) 902.

— der königl. württembergischen Verkehrsanstalten f. d. Etatsj. 1901 - 1904. (1. IV. 1901 bis 31. III. 1905.) Hrsg. von dem königl. Ministerium der auswärt. Angelegenheiten, Verkehrsabteilg. (VI, 400; VI, 393; VI, 399 u. VI, 416 S. m. je 1 farb. Karte.) Lex.-8. Stuttgart 903—906. J. B. Metzler. à n.n. 10. —

— der königl. württemberg. Verkehrsanstalten f. d. Etatsj. 1906—1908. (1. IV. 1906—31. III. 1909.) Hrsg. v. dem königl. Ministerium der auswärt. Angelegenheiten, Verkehrsabteilg. (VI, 406; VIII, 362 u. VII, 356 S. m. je 1 farb. Karte.) Lex. 8. Stuttgart 907—09. J. B. Metzler. à nn 10. —

Verwaltungsbericht des Vieh- und Schlachthofes der Stadt Leipzig. [1.] Für d. Jahr 1909. [Leipzig 1910.] 8°

Verwaltungsbericht der städtischen Volksbadkommission in Kiel. 1. 1904–05. Kiel 1905: L. Handorff. 8° [♂.]

Verwaltungs-Bericht des Vorsitzenden des Kommunal-Landtages von Altpommern über die Ständischen Institute und Fonds. (pro 1873.) Stettin. (1875.) pro 1874. ebd. 1876. 4°

Verwaltungs-Bericht des Vorstandes der Communalständischen Bank für die Preuß. Oberlausitz zu Görlitz f. d. J. 1910 ff. (Görlitz 1910) ff. 4°

Verwaltungsbericht des Vorstandes der Landes-Versicherungsanstalt Brandenburg f. d. Geschäftsj. 1904 ff. Berlin 1905 ff. 4°.

Verwaltungs-Bericht (der Direktion) des Vorstandes des Altonaischen Unterstützungs-Instituts für das Jahr ... erstattet an die Gesellschaft des Unterstützungs-Instituts. Altona. ... 8° 1871 ff., 1872 ff.

Verwaltungs-Bericht des Städtischen Wasserwerkes zu Halle a. S. für 1879/80 u. 1880/81. Halle

Verwaltungsbericht der städtischen technischen Werke zu Leipzig. [1.] Für d. Jahr 1909. [Leipzig 1910.] 8°

— der Reichshaupt- u. Residenzstadt Wien f. d. J. 1883. Vorgelegt von Ed. Uhl. Mit 3 Plänen. Lex.-8. (XII, 214 S.) Wien 884. (Manz.) geb. n. 6. —

Verwaltungsbericht der Reichshaupt und Residenzstadt Wien. Für das Jahr 1883. Vorgelegt vom Bürgermeister Eduard Uhl. Mit 3 Plänen. Für das Jahr 1884 etc. (wie vor) Mit 3 Abbild. Für das Jahr 1885 etc. (wie vor). Mit 5 Abbild. Für das Jahr 1886 etc. (wie vor). Mit 5 Abbild. Für das Jahr 1887 etc. (wie vor). Mit 8 Abbild. Für das Jahr 1888. Vorgelegt vom Bürgermeister Dr. J. Prix. Mit 8 Abbild. (6 Bde.) 8. Wien 1884—1890.

Verwaltungs- u. Zustandsbericht der kaiserl. Universität Wien f. die Studienjahre 1873/4 u. 1874/5. gr. 8. (VI, 206 S.) Wien 875. Hölder in Comm. n. 2. —

Verwaltungsbericht der Kreisstadt Zwickau in Sachsen auf d. J. 1902. (III, 250 S. m. 3 Taf. u. 2 Plänen. gr. 8. Zwickau '03, Gebr. Thost. Kart. 3. —

Verwaltungsbericht der Kreisstadt Zwickau in Sachsen auf d. J. 1903. (III, 253 S. m. 7 Taf. u. 4 Plänen.) gr. 8. Zwickau, Gebr. Thost. Kart. 3. — 1904

— der Kreisstadt Zwickau in Sachsen auf d. J. 1904. (IV, 272 S. m. 10 Taf.) gr. 8. Zwickau, Gebr. Thost. 1905. Kart. 3. 50.

Verwaltungsbericht der Kreisstadt Zwickau in Sachsen auf d. J. 1905. (IV, 268 S. m. 10 Taf.) gr. 8. Zwickau '06, Gebr. Thost. Kart. 3. 50.

— der Kreisstadt Zwickau in Sachsen auf d. J. 1906—1909. (IV, 283 S. m. 11 Taf.; IV, 302 S. m. 8 [3 farb.] Taf.; IV, 294 S. m. 11 [4 farb.] Taf. u. IV, 303 S. m. 10 [3 farb.] Taf.) gr. 8. Zwickau 907—10. (Gebr. Thost.) Kart. 1906. 07. à nn 4.—; 1908 nn 3.50 u. 1909 nn 4.50

Verwaltungs-Bestimmungen betr. Munition u. Munitions-Materialien f. d. aptierte Inf.-Gewehr M 69. München 1876.

Verwaltungs-Bestimmungen betreffend die Munition u. die Munitions-Materialien f. das Infanterie-Gewehr M/71. gr. 8. (IV, 40 S.) Berlin 874. v. Decker. n. 1. —

Verwaltungs-Bestimmungen betr. d. Patronen M 71 u. d. zugeh. Munit.-Materialien. Berlin 1876.

Verwaltungs-Bestimmungen üb. die Uebungsmunition der Marinetheile u. in Dienst gestellten Schiffe. gr. 8. (IV, 42 S. m. 1 autogr. u. color. Taf.) Berlin 886. Mittler & Sohn. n. 1. —

Verwaltungsbestimmungen üb. die Uebungsmunition der Marinetheile u. in Dienst gestellten Schiffe. gr. 8. (IV, 57 S. m. 2 Taf.) Berlin 888. Mittler & Sohn. n. 1. —

Land-Feuersozietät der Provinz Brandenburg. **Verwaltungsblatt** (2 tl.: Monatsblatt). Hrsg. von d. Generaldirektion. Jg. 1. Berlin 1905: (Deutscher Verl.) 4°

Verwaltungs-Blatt, preußisches. Wochenschrift für Verwaltung und Verwaltungsrechtspflege in Preußen. Hrsgbr.: Binseel. 1. und 2. Jahrg. Octbr. 1879—Septbr. 1881. à Jahrg. 52 Nrn. (Bog.) gr. 4. Berlin, Bruer und Comp. à Jahrg. *

—— dass. — 3.—6. Jahrg. Octbr. 1881—Septbr. 1885. à Jahrg. 52 Nrn. (Bog.) gr. 4. Berlin, Drewitz. à Jahrg. *

Verwaltungs-Blatt, preußisches. Wochenschrift für Verwaltung und Verwaltungsrechtspflege in Preußen. Hrsgbr.: Binseel. 7. und 8. Jahrg. Octbr. 1885—Septbr. 1887. à Jahrg. 52 Nrn. (Bog.) gr. 4. Berlin, [Drewitz Nachf.] C. Heymanns Verlag. à Jahrg. *

—— dass. — 9. und 10. Jahrg. Octbr. 1887—Septbr. 1889. à Jahrg. 53 Nrn. (Bog.) gr. 4. Berlin, C. Heymanns Verlag. à Jahrg. *

Verwaltungs-Blatt, preußisches. Wochenschrift f. Verwaltung u. Verwaltungsrechtspflege in Preußen. Hrsgbr. u. Redact.: Binseel. 11.—14. Jahrg. Oktbr. 1889—Septbr. 1893. à Jahrg. 52 Nrn. (à Nr. 1½ Bog.) gr. 4. Berl., C. Heymann. à Jahrg. * 20 —

—— dass. — General-Register zu den 10 ersten Jahrgängen 1879—1889. Fol. (III, 72 S.) Ebd. 890. * 3 60

Vgl.: Verwaltungsarchiv

Verwaltungs-Blatt, preußisches. Wochenschrift f. Verwaltg. u. Verwaltungsrechtspflege in Preußen. Hrsg. u. Red.: Binseel. 13.—16. Jahrg. Oktbr. 1891—Septbr. 1895. à 52 Nrn. (1½ Bog.) gr. 4. Berlin, C. Heymanns Verl. à Jahrg. n. 20. —

Verwaltungs-Blatt, preußisches. Wochenschrift f. Verwaltg. u. Verwaltungsrechtspflege in Preußen. Hrsg. u. Red.: J. Hoffmann. 17.—20. Jahrg. Oktbr. 1895—Septbr. 1899. à 52 Nrn. (à ca. 12 S.) gr. 4. Berlin, C. Heymann's Verl. à Jahrg. n. 20. —
Kann auch halbjährlich bezogen werden.

Verwaltungs-Blatt, preußisches. Wochenschrift f. Verwaltg. u. Verwaltungsrechtspflege in Preußen. Hrsg. u. Red.: J. Hoffmann. 21.—24. Jahrg. Oktbr. 1899—Septbr. 1903. à 52 Nrn. gr. 4. (XXXIII, 604; XXXVI, 632; XXXVIII, 832 u. XXXXII, 838 S.) Berlin, C. Heymann. à Jahrg. n. 20. —; geb. n. 22. 50

Verwaltungs-Blatt, preußisches. Wochenschrift für Verwaltg. u. Verwaltungsrechtspflege in Preußen. Hrsg. u. Red.: J. Hoffmann. 25.—28. Jahrg. Oktbr. 1903 bis Septbr. 1907. à 52 Nrn. (XXXX, 894; LII, 976; XLVI, 942 u. L, 1000 S.) gr. 4. Berlin, C. Heymann. à Jhrg. n. 20. —

Verwaltungs-Blatt, preussisches. Wochenschrift f. Verwaltg. u. Verwaltungsrechtspflege in Preussen. Hauptregister zu den Jahrgängen I—XXV. 2 Tle. in 1 Bde. (40 u. 320 S.) 4. Berlin, C. Heymann. Geb. in Leinw. 1905.

Verwaltungs-Blatt, preußisches. Wochenschrift f. Verwaltg. u. Verwaltungsrechtspflege in Preußen. Hrsg. u. Red.: B. v. Kamptz. 29.—32. Jahrg. Oktbr. 1907—Septbr. 1911. à 52 Nrn. (31. Jahrg. XLVIII, 876 S.) 32,5×24 cm. Berlin, C. Heymann. à Jahrg. 20.— : m. Verwaltungsarchiv 30. —

Verwaltungsbuch f. Volksbibliotheken. Hrsg. v. der Gesellschaft f. Verbreitg. v. Volksbildg. (87 S.) 4. Berlin (906). Gesellschaft f. Verbreitg. v. Volksbildg. Geb. n. 1.50

Verwaltungs-Edikt für die Gemeinden, Oberämter und Stiftungen des Kgrs. Württemberg (vom 1. März 1822). Mit alphabet. Repertorium. Stuttgart, Steinkopf 1822. — Stuttgart, Kohlhammer 1887.

Verwaltungs-Edikt, das, für d. Gemeinden, Oberämter u. Stiftungen im Königr. Württemberg, mit den dasselbe abändernden, ergänzenden od. erläut. Gesetzen, Verordn. u. a. Normalien hrsg. v. C. F. Weisser. Nebst e. alphabet. Repertorium. gr. 8. (31 B. u. 1 Tab. gr. 4.) Stuttgart 832, Steinkopf. Bildet auch den 2. Bd. v. „Sammlung neuer Würtemberg. Gesetze, vgl. diese.

Verwaltungs-Edict für die Gemeinden, Oberämter u. Stiftungen im Königreich Württemberg vom 1. März 1822, mit Hinweisung auf die Erläuterungen u. Abänderungen desselben durch spätere Gesetze, Verordnungen u. Normalien u. den Verordnungen über Gehalte, Gebühren, Taggelder, Diäten u. Reisekosten der Amtskörperschafts- u. Gemeinde-Diener u. der Gerichtsbeisitzer. — Handausgabe mit ausführl. Sachregister. gr. 8. Stuttgart 842, Metzler'sche Buchh. 3/4 ℛ

— das, für die Gemeinden, Oberämter u. Stiftungen im Königreiche Württemberg, mit den dasselbe abändernden, ergänz. od. erläut., überhaupt hierauf bezügl. Gesetzen, Verordnungen u. andern Normalien, namentlich den noch gültigen Bestimmungen der Commun-Ordnung vom 1. Juni 1758. Nebst einem alphabet. Repertorium. Herausgeg. von C. F. v. Weisser. 2. verb. u. sehr verm. Aufl. 2 Abthl. gr. 8. Stuttgart 844, 45, J. F. Steinkopf. (à 1 1/2 ℛ Schreibpap. à n. 2 ℛ) n. 3 ℛ Schreibp. n. 4 ℛ

Verwaltungs-Edikt für die Gemeinden, Oberämter u. Stiftungen vom 1. März 1822, mit den darauf sich beziehenden Gesetzen, Verordnungen u. Normal-Erlassen bis auf die neueste Zeit u. e. Anhang, enth. eine Zusammenstellung der wesentl. Normen über die Besteuerung der Kapitalien u. des Einkommens für Staats- u. Korporations-Zwecke. Gesammelt von A. Maier u. W. F. A. Gess. Hand-Ausg. mit alphabet. Sachregister. gr. 8. (IV u. 310 S.) Stuttgart 850, Metzler. 1 1/3 ℛ

Verwaltungs-Ergebnisse und Rechnungslegung des „Anker." Streiflichter zur kritischen Beleuchtung der „Anker"-Bilanzen für die J. 1859—1860. gr. 8. (63 S.) Wien 861, Sommer. (F. Klemm.) *

Verwaltungs-Etat f. d. Corps-Zahlungsstelle I. A.-C. pro 1882/83. München 1882. 4°

Verwaltungsetat der Stadt Zürich 1877, 1881, 1893, 1895.

Stadt Zürich. Verwaltungsetat vom Februar 1902. Enthaltend ein Verzeichnis der Behörden und Beamten der Stadt Zürich. 134 S. 8. Zürich II, Gebr. Leemann & Komp., 1902.

Verwaltungsgerichte, die, u. die Organisation der Verwaltungsgerichtspflege im Königr. Sachsen, s.: Vorträge üb. Gesetzeskunde u. Verwaltung. 32. Hft.

Verwaltungsgerichtshof in Bayern. 1. Lfg.: Die Errichtung eines Verwaltungsgerichtshofes und das Verfahren in Verwaltungsrechtssachen. Gesetz vom 8. Aug. 1878, nebst Einführungsgesetz vom 10. März 1879 und der Verordnung vom 31. Aug. 1879. Mit einem ausführl. Sachregister. 8. (48 S.) Würzburg 879, Stahel'sche Buchh.

Verwaltungsgerichtshofs-Erkenntnisse nach § 6 des Gesetzes vom 22. Oktbr. 1875, R. G. B. ex 1876 Nr. 36 geschöpft ohne vorausgegangene mündliche Verhandlung. Zusammengestellt von Adam Frhrn. von Budwinski. 1.—3. Heft. gr. 8. Wien, Manz'sche Hofverlagsb. [1. Heft. Jahrg. 1876—1878. (IV, 150 S.) 881; 2. Heft. Jahrg. 1879 und 1880. (III, 136 S.) 882; 3. Heft. Jahrg. 1881 und 1882. (III, 124 S.) 884.] à Heft * ℳ 2. *

Verwaltungsgerichtshofs-Erkenntnisse, nach §. 6 des Gesetzes vom 22. Oktbr. 1875, R. G. B. ex 1876 Nr. 36 geschöpft ohne vorausgegangene mündl. Verhandlung. Zusammengestellt von Adam Frhrn. von Budwinski. 4. und 5. Heft. gr. 8. Wien, Manz'sche Hof-Verlagsh. [4. Heft. Jahrg. 1883—1884. (III, 119 S.) 886; 5. Heft. Jahrg. 1885—1886. (127 S.) 887.] à Heft *ℳ 2.—. *

Verwaltungsgerichtshofs-Erkenntnisse, nach §. 6 d. Gesetzes vom 22. Octbr. 1875, R. G. B. ex 1876 Nr. 36, geschöpft ohne vorausgegangene mündl. Verhandlg. Zusammengestellt v. Adam Frhrn. v. Budwinski. 6. u. 7. Heft. Jahrg. 1887/88 u. 1889/90. gr. 8. (129; 97 S.) Wien 889,91, Manz. à Heft * 2 —; * 4 —
Vgl.: Erkenntnisse d. k. k. Verwaltungsgerichtshofes.

Verwaltungsgesetz, das badische, vom 5. Oktober 1863 nebst Vollzugsverordnungen, Kreiswahlordnung u. Geschäftsordnung für die Kreisversammlungen. Amtliche Ausgabe. Karlsruhe 866. Macklot. gr. 8. (III, 119 S.) n. 8 ngr.

Verwaltungs-Gesetz-Blatt für den preußischen Staat. Sammlung aller auf die Verwaltung bezügl. Gesetze, Verordnungen, Instructionen rc. 1. Jahrg. Novbr. 1878 bis Dezbr. 1879. 42 Nrn. (B.) gr. 4. Berlin, Grosser. n. 8. —

— dasselbe. 2. u. 3. Jahrg. 1880 u. 1881. à 36 Nrn. (B.) gr. 4. Ebend. à Jahrg. n. 8. —

Verwaltungsgesetze f. das Großherzogth. Hessen. Nr. 6 u. 7. gr. 8. (S. 202—220.) Darmstadt 874. (Jonghaus.) n. — 20

Verwaltungs-Gesetze, die neuen preußischen, f. die Prov. Hessen-Nassau. Text-Ausg. Mit alphabet. Sachregister. 8. (IV, 244 S.) Kassel 886. Freyschmidt. cart. n. 2. —

Verwaltungs- u. Geschäfts-Handbuch des Bezirks Ober-Elsaß (ausschließlich der Stadt Mülhausen) u. den Kreis Schlettstadt. 8. (194 S.) Colmar i/E. 887. C. Decker's Wwe. (Münster i/E., Riotte.) n. 5. —

Verwaltungs-Ingenieur. Halbmonatsschrift f. wirtschaftlich-techn. Fragen, f. Standes- u. Gleichberechtigungs-Bestrebgn. der höheren Techniker, f. gewerbl. Rechtsschutz, techn. Sachverständigenwesen, Betriebsorganisation u. technisch-gewerbl. Buchführg., f. Angelegenheiten der Gewerbe-Inspektion, der Berufsgenossenschaft, der Revisions-Ingenieure u. des Fabrikwesens überhaupt. Schriftleitung: W. Heffter. April—Dezbr. 1909. 18 Hefte. (1—3. Heft. 48 S.) Duisburg, Dr. W. Heffter & Co. Vierteljährlich 2. —

Verwaltungs-Ingenieur. Halbmonatsschrift f. wirtschaftlich-technische Fragen, f. Standes- u. Gleichberechtigungs-Bestrebgn. der höh. Techniker, f. gewerbl. Rechtsschutz, techn. Sachverständigenwesen, Betriebsorganisation u. technisch-gewerbl. Buchführg., f. Angelegenheiten der Gewerbe-Inspektion, der Berufsgenossenschaft, der Revisions-Ingenieure u. des Fabrikwesens überhaupt. Schriftleitung: Werner Heffter. April—Dezbr. 1909. 18 Hefte. (à ca. 16 S.) 31×24 cm. Duisburg, Dr. W. Heffter & Co. 6. — Nicht mehr im Buchhandel. Firma erloschen.

Verwaltungsjustiz, die, nach französ. Grundsätzen, ein Beitrag zu d. Lehre von d. Gränzen d. Justiz u. der Verwaltung. 8. Stuttg. 823. Steinkopf. 16 gr

Verwaltungs-Kalender, Land- und forstwirthschaftlicher, für das Jahr 1895. Herausgegeben vom Vereine für Güter-Beamte in Wien. Gr.-8. (250 S.) In Comm. In Lnwd. geb. 1.80
Wien: Fromme 1894.

Die **Verwaltungskommission** an die Mitglieder des Consum-Vereins. Chur 1871. 4 S. fol.

Forstliche **Verwaltungs-** und **Rechtskunde**, Forstpolitik und Forstgeschichte. In Verbindung mit ... hrsg. von Hermann Stoetzer. *Tübingen: H. Laupp 1903.* (XI, 604 S.) 4°(8°) [F.]
— Handbuch, Lorey's, d. Forstwissenschaft. 2. Aufl. Bd 4.

Verwaltungs-Ordnung für die städtischen Badeanstalten in Dortmund. *Dortmund (1900): Jaeger & Co.* (8 S.) 8° [F.] [00. 8331 6

Verwaltungsordnung des Großherzogthums Berg, nach dem k. k. Dekret vom 18. Decbr. 1808. Mit französ. u. deutschem Text. 4. Düsseld. 809. Dänzer. (Leipz., Barth). 5 gr

Verwaltungsordnung für die Bibliothek der Kgl. Technischen Hochschule zu Berlin. Vom 15. 4. 1910.

Verwaltungs-Ordnung für das Herzogl. Collegium Carolinum zu Braunschweig (v. 24. 4. 1872). 1872.

Verwaltungs-Ordnung für das städtische Elektrizitätswerk in Dortmund. 2. Aufl. *Dortmund 1904: Gebr. Lensing.* (6 S.) 8° [Umschlagt. F.]. [04. 5637

— für d. Großherzogthum Frankfurt. gr. 8. Frankf. 810. Eichenberg. 8 gr

Verwaltungs-Ordnung für die städtischen Gas-, Wasser- und Elektrizitätswerke in Cassel. Cassel: Gebr. Gotthelft. Kgl. Hofbuchdr. 1896. (16 S.) 8°

Verwaltungsordnung, die, der Communalwaldungen im Großherzogthum Hessen, oder Sammlung der Gesetze, Verordnungen u. sonst. Vorschriften über Verwaltung dieser Communalwaldungen. Mit 1 Tabelle. gr. 8. Darmstadt 837. Leske. 1¼ ℔ (Aus dem „Hessischen Staatsrecht 9. Buch" abgedruckt.)

Verwaltungsordnung der Militär-Bibliotheken. gr. 8. (19 S.) Berlin 890. Mittler & Sohn. n. — 20; cart. n. — 40

Verwaltungs-Ordnung für den städtischen Schlacht- und Viehhof in Cassel. Cassel 1901: Weber & Weidemann. (19 S.) 8°

Verwaltungsordnung für die Staatseisenbahnen, nebst d. Geschäftsordngn. u. Geschäftsanweisgn. [Aus: „Eisenbahn-Verordnungsbl."] 4. (84 S.) Ebd. 895. n. 2. —

— f. die Staatseisenbahnen. (34 S.) Lex. 8. Berlin (907). C. Heymann. 1. —

Verwaltungsordnung für die städtische Straßenbahn in Dortmund. (Dortmund: Magistrat 1906.) (8 S.) 8° [Kopft. F.] [06. 11781

Verwaltungs-Ordnung für die Königliche Universitäts-Frauenklinik zu Greifswald. *(Greifswald 1901: H. Adler.)* (7 S.) 4° [Umschlagt. F.] [03. 9316 9

Verwaltungs-Ordnung für die Königliche Universitäts-Irrenklinik zu Greifswald. (Greifswald [1906]: Th. Thürmann.) (7 S.) 2° [Umschlagt.] [F. u. Ant.]

— f. das Vermögen der evangelischen Kirchengemeinden der Prov. Westfalen. [Aus: „Kirchl. Amtsblatt d. königl. Consistoriums der Prov. Westfalen".] gr. 4. (61 S.) Münster 888. Brunn's Buchdr. n. 1. 50

Verwaltungs-Ordnung für das Vermögen der evangelischen Kirchengemeinden der Provinz Westfalen nebst Anhang. *Münster i. W.: J. Bredt 1903.* (144 S.) 8° [F.]
= Amtsblatt, Kirchliches, d. Kgl. Konsistoriums d. Prov. Westfalen. No 2. Anlage. [04. 4707

Verwaltungs-Ordnung für das Vermögen der evangelischen Kirchengemeinden der Provinz Westfalen nebst Anh. *Münster i. W.: J. Bredt 1903.* (144 S.) 8° [F.] [03. 14763 6

Verwaltungsordnung für d. Vermögen d. evangel. Kirchen-Gemeinden in Westphalen u. Rheinland. 4. (3 B.) Arnsberg 838, (Ritter.) Thlr.

Verwaltungs-Ordnung f. das kirchliche Vermögen in den östlichen Provinzen der preußischen Landeskirche. Vom 15. Dezbr. 1886. Neu abgedr. m. Berücksicht. der durch die neuere Gesetzgebg. erforderlich gewordenen Abänderungen. unter Zustimmg. des Generalsynodal-Vorstandes am 17. Juni 1898. Hrsg. vom Evangel. Ober-Kirchenrath. gr. 8. (78 S.) Berlin 898. (G. Nauck.) n. — 80

Verwaltungsordnung für das kirchliche Vermögen in den östlichen Provinzen der Preußischen Landeskirche. Erl. von Dr. Friedrich Gebser, Konsistorialass. *Berlin: C. Heymann 1904.* (VIII, 336 S.) 8° [F.]
= Taschen-Gesetzsammlung. No 61. [04. 16060

Verwaltungs-Organisation, s. a. Gerichts- und Verwaltungs-Organisation.

Verwaltungs-Organisation, die neue, nach den Selbstverwaltungs-Gesetzen in der Rheinprovinz. Von e. rhein. Kommunalbeamten. 8. (32 S.) Styrum 888. Spaarmann. — 50

— die neue, in der Provinz Westfalen. [Von Polizeidirektor Keßler in Cassel.] 8. (IV, 235 S.) Leipzig 887. Jul. Baedeker. geb. n. 4. —

— dasselbe. Wohlf. Ausg. 8. (IV, 235 S.) Ebd. 888. geb. n. 2. —

Schweizerische Bundesbahnen. Verwaltungsrat und Kreiseisenbahnräte. [Mitglieder-Liste.] Amtsdauer bis Ende März 1906. 9 S. 8. [1901.]

Pflegamt des Bürger-Spitals der Stadt Basel. Verwaltungs-Rechnung für das Jahr 1900. [4 S.] fol. [1901.]

Pflegamt des Bürger-Spitals der Stadt Basel. Verwaltungs-Rechnung für das Jahr 1901. [4 S.] fol. [1902.]

Gemeinde Wohlen. Verwaltungs-Rechnungen für das Jahr.... 8.
... 1900. 17 S. Wohlen, Joh. Keller. [1901].
... 1901. 20 S. Wohlen, Kasimir Meyer. [1902].

Verwaltungsrecht, das, des franz. Reichs, od. Sammlung aller am 1. Jan. 1812 bestehenden Gesetze ꝛc. 2 Bde. gr. 8. Hamb. Perthes. 812.

Verwaltungsrechtspflege, die, im Königr. Sachsen, s.: Vorträge üb. Gesetzeskunde u. Verwaltung. 32. Heft.

Verwaltungs-Reglement. Wiesbaden 1852.

Verwaltungs-Reglement für die schweizer. Armee. (Entwurf.) In-8°, 118 S. Bern, Stæmpfli'sche Buchdruckerei. 1880.

Verwaltungs-Reglement für die schweizerische Armee. [Vom 9. Christmonat 1881.] [In Wirksamkeit vom 1. Hornung 1882.] gr. 8. (140 S.) Bern 882. (Jenni.) n. 1. —

Verwaltungs-Reglement für die Schweizerische Armee. ⟨Vom 27. März 1885.⟩ In Wirksamkeit vom 1. Januar 1886 an. 3. Aufl. XII + 183 S. 8. [Bern,] N[eukomm] & Z[immermann,] II. 1901. [fr. —. 50]

Verwaltungs-Reglement für die Festung Königstein. 8. Dresden 1846.

Einwohnergemeinde Liestal. Verwaltungs-Reglement ⟨vom 23. November 1902.⟩ 8 S. 8.

[**Verwaltungsstatut** für den Stipendienfonds 'Ad St. Salvatorem' des Gymnasiums zu Düsseldorf vom 5. Jan. 1901.] *Düsseldorf 1901: L. Voss Co.* (S. 20—22.) 4° Düsseldorf, k. G, P 1901 (473)

Verwaltungsstrafgesetz v. 26. Juli 1897
s. a. Gesetz betr. d. Verwaltungsstrafverfahren bei Zuwiderhandlungen gegen d. Zollgesetze. [09. 7731

Verwaltungsstrafgesetz, d., v. 26. VII. 1897 (G. S. S. 237), nebst d. dazu erlass. Ausführungsvorschriften u. d. wichtigsten, m. d. Verwaltungsstrafverfahren zusammenhäng. sonst. Bestimmgn. gr. 8. (III, 105 S.) Berlin 897. (O. Drewitz.) n. 1. —

Verwaltungsstrafgesetz, das, vom 26. VII. 1897, nebst den dazu erlassenen Ausführungsvorschriften u. den wichtigsten, m. dem Verwaltungsstrafverfahren zusammenhängenden sonst. Bestimmungen. Berlin 898.

Verwaltungsstrafgesetz, das, vom 16. VIII. 1903 nebst den dazu erlassenen Ausführungsvorschriften u. den wichtigsten m. dem Verwaltungstrafverfahren zusammenhängenden sonstigen Bestimmungen. Amtliche Ausg. (95 S.) gr. 8. Braunschweig '03, J. H. Meyer. Geb. in Leinw. 2. 80.

Die **Verwaltungs-Verhältnisse** des Regierungs-Bezirks Aachen im Jahre 1834. (Als Ms gedr.) Aachen 1834.

Verwaltungsvorschrift für Artilleriedepots. ⟨Vv. f. Ad.⟩ v. 26. Febr. 1903. *Berlin: E. S. Mittler & Sohn 1903.* (XVIII, 461 S.) 8° [F.] (D. V. E. No 31.) [03. 11750

Verwaltungs-Vorschrift f. d. Art.-Munition. Entw. München 1889. 4°

Verwaltungs-Vorschrift f. d. Art.-Munition. Berlin 1889.

Verwaltungsvorschrift f. das Feldartilleriegerät. (Vv. Felda.) Vom 18. VI. 1910. Zu D. V. E. Nr. 306. (VII, 96 S.) 8. Berlin 910. E. S. Mittler & Sohn. 1. —

— dasselbe m. Anh. Betr. „Aufbewahrung u. Versendung des Feldartilleriegeräts". (IV, 96 u. IV, 80 S.) 8. Ebd. 910. In Ziehdeckel 2.40; Anh. allein (IV, 80 S.) — 80

Verwaltungsvorschrift f. d. Feldart.-Material. München 1876–1901.

Verwaltungs-Vorschrift f. d. Material d. Feldart. Mit 1 Anh. Berlin 1876—1898.

Verwaltungs-Vorschrift f. d. Material d. Feldartillerie. 8. (VI, 86 S.) Berlin 896. E. S. Mittler & Sohn. n. — 60; kart. n. — 80

Verwaltungs-Vorschrift f. d. Schießplätze d. Fußartillerie. Entwurf. 8. (IV, 79 S.) Berlin 895. E. S. Mittler & Sohn. n. — 70; kart. n. — 90

[F.] **Verwaltungsvorschrift** für die Schiessplätze der Fussartillerie. *Berlin: E. S. Mittler & Sohn 1898.* (IV, 89 S.) 1 Bd 8. [98. 7229

[F.] Entwurf. **Verwaltungsvorschrift** für Schiffsbetrieb. '(V. f. S.)' *Berlin: E. S. Mittler & Sohn 1896.* (VIII, 121 S.) 1 Bd 8. [96. 6054

Verwaltungsvorschrift f. Truppenübungsplätze. München 1895.
— — 1899. 1904: Truppenübungsplatz-Vorschrift.

Verwaltungsvorschr. f. d. Truppenübungsplätze u. Feldartillerie-Schießplätze. (Entwurf.) Berlin 1893.

Verwaltungsvorschriften f. preußische Gemeinde-, Polizei- u. Kreisbehörden. Sammlung zentralbehördl. Erlasse zur Ausführg. u. Erläuterg. der Staats- u. Reichsgesetze. Begründet v. W. Maraun. Nach dem Stande des gegenwärt. Rechts bearb. u. hrsg. von Kurt v. Rohrscheidt. Jahrg. 1906. (VII, 1110 u. 76 S.) Lex. 8. Berlin 907. Bruer & Co. Geb. in Halbfrz. 22. —

Verwaltungsvorschriften f. preussische Gemeinde-, Polizei- u. Kreisbehörden. Sammlung zentralbehördl. Erlasse zur Ausführg. u. Erläuterg. der Staats- u. Reichsgesetze. Begründet v. W. Maraun. Nach dem Stande des gegenwärt. Rechts bearb. u. hrsg. von K. v. Rohrscheidt. Jahrg. 1907. Nebst: Verzeichnis der ergänzten, geänderten u. aufgehobenen Erlasse m. Hinweis auf die neuen Bestimmgn. in den Ergänzungsbänden, chronologisch geordnet. Stand vom 1. I. 1908. (V, 663, 31 u. III, 81 S.) Lex.-8. Berlin '08, K. Reuschel. Geb. in Halbfrz. u. geh. 15. —

Verwaltungsvorschriften f. preussische Gemeinde-, Polizei- u. Kreisbehörden. Sammlung zentralbehördl. Erlasse zur Ausführg. u. Erläuterg. der Staats- u. Reichsgesetze. Begr. v. W. Maraun. Nach dem Stande des gegenwärt. Rechts bearb. u. hrsg. v. J. V. Bredt. Jahrg. 1908. Nebst: Verzeichnis der ergänzten, geänderten u. aufgehobenen Erlasse m. Hinweis auf die neuen Bestimmgn. in den Ergänzungsbänden, chronologisch geordnet. Stand vom 1. I. 1909. (V, 596, 56 u. III, 89 S.) Lex.-8. Berlin, K. Reuschel. 1909. Geb. in Halbfrz. u. geh. 15. —

Verwaltungsvorschriften f. preussische Gemeinde-, Polizei- u. Kreisbehörden. Sammlung zentralbehördl. Erlasse zur Ausführg. u. Erläuterg. der Staats- u. Reichgesetze. Begründet v. W. Maraun. Nach dessen Tode fortgeführt von K. v. Rohrscheidt u. a. Jahrg. 1909. 1. Hälfte. Nebst: Verzeichnis der ergänzten, geänderten u. aufgehobenen Erlasse f. die Zeit vom 1. I. bis 31. VII. 1909, chronologisch geordnet. (633, 105 u. 5 S.) Lex.-8. Berlin, K. Reuschel. 1910. Geb. in Halbfrz. u. geh. 15. —

Verwaltungsvorschriften f. preussische Gemeinde-, Polizei- u. Kreisbehörden. Sammlung zentralbehördl. Erlasse zur Ausführg. u. Erläuterg. der Staats- u. Reichsgesetze. Begründet v. W. Maraun. Nach dessen Tode fortgeführt von K. v. Rohrscheidt u. a. Jahrg. 1909. 2. Hälfte. Nebst: Verzeichnis der ergänzten, geänderten u. aufgehobenen Erlasse m. Hinweis auf die neuen Bestimmgn. in den Ergänzungsbänden chronologisch geordnet. Stand vom 1. I. 1910. (469, 44 S. u. 100 S. in gr. 8.) Lex.-8. Berlin, K. Reuschel. 1910. Geb. in Halbleinw. 10. —; in Halbfrz. 11. —

Verwaltungsvorschriften f. preussische Gemeinde-, Polizei- u. Kreisbehörden. Sammlung zentralbehördlicher Erlasse zur Ausführg. u. Erläuterg. der Staats- u. Reichsgesetze. Begründet v. W. Maraun. Nach dessen Tode fortgeführt v. K. v. Rohrscheidt u. a. Jahrg. 1910. 1. Hälfte. Nebst: Verzeichnis der ergänzten, geänderten u. aufgehobenen Erlasse f. d. Zeit vom 1. I. bis 30. VI. 1910, chronologisch geordnet. (474, 49 u. 6 S.) Lex.-8. Berlin, K. Reuschel. Geb. in Halbleinw. u. geh. 10. —; in Halbfrz. u. geh. 11. —

Verwaltungswesen, das städtische, der Stadt Nürnberg. 10 Tle. m. 1 farb. Plan. 8. Nürnberg, Vertriebsstelle der offiziellen Drucksachen der bayer. Jubiläums-Ausstell. 1906. In Leinw.-Mappe 2. 50.
Allgemeiner Teil. (53 S.) — Armenpflege. Stiftungen. (15 S.) — Bauwesen. Oeffentliche Anlagen. (48 S. m. Abbildgn.) — Städtische Betriebswerke. Strassenbahn. (45 S. m. Abbildgn. u. 2 Plänen.) — Gewerbe, Handel u. Verkehr. (38 S. m. Abbildgn.) — Heil- u. Pflegeanstalten. (87 S. m. Abbildgn.) — Polizei. Einwohnermeldewesen. (30 S.) — Sicherheit, Reinlichkeit. Gesundheitspflege. (38 S. m. Abbildgn.) — Unterricht. Wissenschaft. Kunst. (52 S. m. Abbildgn.) — Wohlfahrtspflege. (40 S.)

Verwaltungswesen, das städtische, der Stadt Nürnberg. 10 Tle m. 1 farb. Plan. 8. Nürnberg 906. J. L. Schrag. In Leinw.-Mappe n.n. 2. 50
Allgemeiner Teil. (53 S.) — Armenpflege. Stiftungen. (15 S.) — Bauwesen. Oeffentliche Anlagen. (48 S. m. Abbildgn.) — Städtische Betriebswerke. Strassenbahn. (45 S. m. Abbildgn. u. 2 Plänen.) — Gewerbe, Handel u. Verkehr. (38 S. m. Abbildgn.) — Heil- und Pflegeanstalten. (37 S. m. Abbildgn.) — Polizei. Einwohnermeldewesen. (30 S.) — Sicherheit. Reinlichkeit. Gesundheitspflege. (38 S. m. Abbildgn.) — Unterricht. Wissenschaft. Kunst. (52 S. m. Abbildgn.) — Wohlfahrtspflege. (40 S.)

Stadt Nürnberg. Das städtische **Verwaltungswesen**. [1–10.] (Nürnberg 1900: Stich.) 8°
[1.] Allgem. Teil. [2.] Gewerbe. Handel. Verkehr.
[3.] Städt. Betriebswerke. Straßenbahn. [4.] Bauwesen. Oeffentl. Anlagen.
[5.] Unterricht. Wissenschaft. Kunst.
[6.] Sicherheit. Reinlichkeit. Gesundheitspflege.
[7.] Wohlfahrtspflege. [8.] Heil- u. Pflegeanstalten.
[9.] Armenpflege. Stiftungen. [10.] Polizei. Einwohnermeldewesen.
[10. 9014

Verwaltungs-Zwangsverfahren, das, wegen Beitreibung von Geldbeträgen. Allerhöchste Verordnung vom 7. September 1879; Circular-Verfügung vom 13. September 1879; Ausführungs-Anweisung vom 15. September 1879. Nebst den in Bezug genommenen anderweiten Gesetzesstellen, Muster-Formularen u. alphabet. Sach-Register. 8. (84 S.) Berlin 880. Grosser. n. 1. —

— dasselbe u. der Ausführungs-Anweisung vom 15. September 1879. gr. 8. (24 S.) Deutsch-Krone 880. Garms. n. — 25

[F.] Das **Verwaltungszwangsverfahren** wegen Beitreibung von Geldbeträgen. Erläut. v. Dr. jur. Georg Kautz, kgl. Regiergsr. ... zu Berlin. *Berlin: C. Heymanns 1896.* (XVIII, 384 S.) 1 Bd 8.
= Taschen-Gesetzsammlung. No 29. [96. 2548

Verwandelten, die, in Paris. Eine deutsche Familienbegebenheit. 8. Berlin, Unger. 818.

Verwandlung.

— die,. Schausp. v. Grdser. 8. Hamb. Brand. 764.

— — dasselbe, (v. J. v. Sonnenfels.) 4. Wien, Kurzböck. 773.

Verwandlung, die; Lstspl. 8. Augsb. 793. Montag u. W. in Regensb. 3 ₰

Verwandlung, Aktaeons, travestirt ... Wien 1782. V: *Lozek.* (Behrisch, Wiener Autoren 1784.)

Verwandlung, die, des Amors. 8. Nürnberg, Bauer. (Schmidmer.) 774.
Vgl. Verwandlungen, ...

Verwandlung, Die, der Domainen in Bauerngüter ... Berlin 1760. V: *Zech, Siegmund Christian von* (ML) (wr) (WBL) oder: *Schmidt, Aug.* [?]. (Engoec) (Ky) (stam) »Strasb. 1759« (stAt)

Verwandlung (Die) der Domainen in Bauerngüter. (Von Aug. Schmidt oder S. Cph. v. Zech?) 8⁰. Leipzig, Brockhaus, 1760.

— die, der Domainen in Bauergüter. 8. Lpz. Junius. (Gleditsch.) 760.

Verwandlung des bisherigen preußischen Gewichts in neues (Zoll-)Gewicht. Nach dem Gesetz vom 17. Mai 1856 und der betr. Instruction des königl. Handelsministeriums vom 15. Octbr. 1857 mit 1. Juli 1858 in Kraft tretend. Mit: Preis-Reduction des bisherigen preuß. Gewichts in neues (Zoll-) Gewicht. Elberfeld (858.) Friderichs. (1 Bgn. in gr. Fol.) 3 ngr.

Verwandlung, Die glückliche, oder Begebenheit der aus einem ... Einsiedler natürlich verwandelten jungen Einsiedlerin ... 2. Aufl. Regensburg 1778. V: *Hauffe, Christian Gotthold* [?]. (will) (Ulrich, Robinson u. Robinsonaden. Weimar 1898. S. 172.)

VERWANDELUNG, Die glückliche, oder Begebenheit der aus einem alten und abgelebten Einsiedler natürlich verwandelten jungen Einsiedlerin, nebst der Geschichte ihrer Freundin (kein.) Zweyte Auflage. Mit color. Titelkpfr. (J. N. Maag del. et sc. Ratsb.) Regensburg, verlegts Johann Leopold Montag. 1778. 8⁰. (Besitzt Prof. Dr. Ullrich in Brandenb. a. Havel.) (3 Mk. 50 Pfg., mit color. Titelkpfr., Julius Neumann, Magdeb., 1906.)

Verwandlung, Die grosse, oder das wunderbare Jahr ... Deutschland [Leipzig 1767]. V: *Coyer, Gabr. Franç.* (Kat. d. Bibl. F. Schnitzer. München 1902. S. 15.)

Verwandlung (Die) der Consumtions-Accise im Grossherzogthum Baden in eine Aversal-Steuer. Ein Beitrag zur Berichtigung der öffentlichen Meinung über diesen Gegenstand. gr. 8⁰. Karlsruhe, Müller, 1831.

— e. Schönen in e. galante Dame. Französ. u. Deutsch. 8. Nürnberg 750.... 10 ₰

Verwandlung d. Seele durch Ducaten, s. a. Lopitz.

Verwandlung der Seelen durch Ducaten oder Geschichte Anton Lopitz. Berlin 1795. V: *Dorbritz, Carl Wilhelm.* (BGE VIII³, 119)

Verwandlung der Tranksteuer in eine angenehme Gestalt. Gedanken sind zollfrey. 16⁰. Wien 1781.

Verwandlung der Tranksteuer in eine angenehme Gestalt. Trattner, Wien 1781/82.

— die traurige, von Lissabon, in Schutt u. Asche. 3 Stück. Mit Kpf. 8. Frankf. a. M. 756. Kochendörfer. 4 ₰

Verwandlung, Ungarns. Ein prosaisches Gedicht a. d. Lat. von Carl Grafen von Zichy. Wien 1768. V: *Schez, Peter.* (EB)

VERWANDLUNG, Die verliebte, oder: Das Verstellte Kammermädgen, und die Lustige Amme. Ein Lustspiel (in 1 A.). Hamburg 1746. 8⁰. (In Stuttgart.)
W. v. Maltzahn III. p. 535. — Rar!

Verwandlungen, die; Lstspl.; nach d. Französ. des L. F. Segur dem Aeltern, v. J. B—r. 8. Wien 805. Armbruster. 3 gr

Verwandlungen, die, Lustspiel nach d. Franz. 8. Wien, Degen. 805. (Armbruster.)

Verwandlungen. 4 Hefte. (1r Heft enth. d. kleine Fanny 2r Heft d. kleine Heinrich. 3r Heft. Lottchen. 4r Heft Fritz Sinnreich.) 8. Leipz. 815. Tauchnitz. 5 Thlr 8 gr

Verwandlungen. Bilderbuch für Knaben. Berlin (853.) Janke. 4. (8 lith. u. color. Taf. mit Text.) n. 12 ngr.

—— Bilderbuch für Mädchen. 4. (8 ill. Stnt.) Berlin 853, Janke. *

VERWANDLUNGEN, Die, Amors. Frankf. u. Lpz. 1774. 8°. 80 SS. Rar!

Vgl. Verwandlung, . . .

Verwandlungen, 36000 drollige. Ein humorist. Album. hoch 4. (16 dreimal quer durchschnittene Bl.) Eßlingen (900). J. F. Schreiber. Geb. n. 2. 50

Verwandlungen, die, des Ebn Seid von Serug, s. Fr. Rückert.

Verwandlungen, heitere. Ein lust. Bilderbuch. 4. (6 zweimal durchgeschnittene Chromolith. auf Carton.) Stuttgart 888. F. Loewe. geb. 1. 80

VERWANDLUNGEN, Komische, von *Wilhelm T—zsch.* (Derb-jocoser Roman.) Lichtenstein (fing.) 1807. 8°. 220 SS. (incl. Tit. u. 1 Bl. Vorr.). Selten!

Verwandlungen, komische. gr. 16. (14 Chromolith.) Wesel 879. Düms. cart. n. — 40

Verwandlungen der zeitherigen Längen- u. Hohlmaße sowie der Gewichte in die im norddeutschen Bunde einzuführenden Längen- u. Hohlmaße u. Gewichte nebst gegenseitigen Preis-Bestimmungen, bearb. für den gewöhnlichen Verkehr. Freiberg 870. (Leipzig, C. Schmidt.) gr. 16. (27 S.) 2½ ngr.

Verwandlungen, Ovids. [Wien 17??] V: *Richter, Jos.*[?]. (WBL)

Verwandlungen, Verwandelte ovidische, Ad modum Blumaueri. . . . Stuttgart 1790—94. V: *Hübner, Eberh. Friedrich.* (EE) (Ky) (MGT)

Verwandlungsbilder. Nr. 1 und 2. gr. 4. (à Nr. 12 ill. Stnt.) Leipzig 864, Wengler. cart. à Nr. * 18 Ngr. *

Verwandlungsbilder m. schönen Versen. 4. (10 S. m. Abb. u. 4 farb. Doppeltaf.) Fürth 897. G. Löwensohn. Kart. 1. 40

Verwandelungsbilderbuch oder das Buch der Metamorphosen. Zur Belustigung und Unterhaltung für die frohe Jugend. gr. 4. (10 ill. Stnt. mit Text.) Sondershausen [Thonberg] 863, Neuse. cart.

Verwandlungs-Tabelle alter Maße u. Gewichte in neue u. umgekehrt. Imp.-Fol. Brünn 875. Karafiat. n. — 20

Verwandten, die, e. Biographie v. Fr. Rochlitz. 2 Thle. 8. Zullichau, Darnmann. 801—3. (à 1 Rthlr. 12 gr.)

Verwandten, die armen. Eine Familiengeschichte. Von der Verf. der „Tochter d. Pastors", „Aus der Neuzeit" &c. 8. (223 S.) Gütersloh 876. Bertelsmann's Verl. 2. 40

Verwandten, die, in der Provinz. Aus dem Schwed. 12. Berlin 845. Morin. 1 Thlr

Verwandten, die, in der Provinz. Aus d. Schwed. 12. (8¾ B.) Berlin 845. [Leipzig, Kößling'sche Buchh.]

Verwandtnis, Recess- und observanzmässige, der Buchischen Reichs-Ritterschaft mit der Rhön-Werraischen in Franken. . . . Meiningen 1777. V: *Schäffer, Conrad.* (ML) (Holz)

Verwandtschaft, die, als Ehehinderniß in der kathol. Kirche. Von einem Geistlichen der Diöcese Münster. gr. 12. Köln 842, Bachem, Hof-Buchh. n. ⅓ Thlr

Verwandtschaft, über die, der Kunst mit Religion u. Tugend. 8. Heidelb. 808. Mohr. 8 gr

Über die Verwandschaft der deutschen Sprache mit der lateinischen. 14 S. – Melk, Progr. 1851.

Verwandtschaften, die, Lustsp. in 5 A. v. A. v. Kotzebue. 8. Leipz. Kummer.

Verwandtschaftstafel, (Aus d. 1n Bde. des Corpus juris apart.) Leipz. ... Focke. 6 gr

Verwandtschaftstafel der Wilh. Friedr. Guiss von Güssenbergischen Collateral-Erben . . . [Bückeb.] 1780. V: *Springer, Joh. Christoph Erich von.* (Stri)

Verwahrung. Hoch-Oberkeitliche V., Wegen Sectierischer Lehr und Versamlungen. Aus Anlaß Deß jüngsthin exequierten Hieronymus Kohlers von Brügglen publicieret. 4. Bern 1753.

Verwarnung an die Lügner, Lügenschreiber und Drucker. O. O. 1734. V: *Ebermayer, Johann Martin von.* (BB)

Verwechselung, Die, Oder Wenn wird man mich verheurathen? Ein Lustspiel in zwey Aufzügen. A. d. Franz. [von Sticcoti nach Vanbrugh] übersetzt. Nebst einem Vorspiele [von Laudes]. Wien 1764. Ü: *Laudes, Joseph.* (GGr)

Verwechslung, die; od. wann wird man mich verheirathen? Lustsp. a. d. Franz. 8. Wien, Trattner. 770.

— die, Lustsp. in 1 A. v. A. J. v. Guttenberg. 8. Augsburg, Stage. 800.

Verwechselung, die, oder Kleider machen Leute. Nachspl.; aus d. Französ. v. Th. Hell. 8. Leipz. 809. Hinrichs. 8 gr

Verweigerung, die, der Lübeck-Büchener Eisenbahn. I. Der allgemeine und völkerrechtliche Gesichtspunkt. II. Der bundesrechtl. Gesichtspunkt. III. Der Gesichtspunkt der Königl. Eisenbahn-Commission zu Copenhagen. Anhang etc. Abgedruckt aus den Neuen Lübeck. Blättern. gr. 8. Lübeck 845, v. Rohden'sche Buchh. 1/8 ₰

Verweis, ernstlicher, an alle Journalisten, wegen der Streitigkeit vom Obelisko. 4. Amsterd. 752. ... 4 gl.

Verweisung, die, der Christkatholiken in Breslau aus der Kirche zu St. Bernhardin. Zur Rechtfertigung der christkathol. Gemeinde aktenmäßig dargestellt u. der Oeffentlichkeit übergeben vom Vorstande u. Aeltesten-Collegium der Gemeinde. gr. 8. (17 S.) Breslau 849, Schuhmann in Comm. n. 1/12 ₰

Verwendbarkeit. «Über die V' einer chemischen Verbindung von Tannin ... s. [Katzenelson-Lury, Frau Saruh].

DIE VERWENDUNG DES WIRTSCHAFTLICHEN AUSSCHUSSES zur Vorbereitung und Begutachtung handelspolitischer Massnahmen bei der Aufstellung eines Zolltarifs und dem Abschluss von Handelsverträgen. Als Manuskript gedruckt. Berlin 1910 (Buchdruckerei „Die Post", Berlin.) 8°.

Verwendung, Ueber die, von Buchenholzschwellen. Berlin 1883

Verwendung der Elektrizität in Bergwerksbetrieben. Hrsg. von der Union Elektrizitätsgesellschaft. Berlin, o. J. 43 S. mit Abb.

Verwendung. Die V' der Elektromotoren in der Industrie, im Gewerbe und im Hause. [Hrg. von der] Elektrizitäts-Gesellschaft Alioth, Aktien-Gesellschaft, Münchenstein-Basel. [Illustriert.] 39 S. 4. Basel, Kreis, [1904].

Verwendung, die, der Elektromotoren f. gewerbliche Zwecke. Hrsg. v. der Elektrizitäts-Aktiengesellschaft vormals Schuckert & Co., Nürnberg. gr. 4. (29 S. m. Abbildgn. u. 35 Lichtdr.-Taf.) Nürnberg 894. (J. L. Schrag.) n. 6. —

Verwendung der Feld-Artillerie im Vereine mit den anderen Waffen. [Aus: „Exerzir-Reglement f. d. k. k. Artillerie" 2. Thl. 1878.] 8. (19 S.) Wien 878. k. k. Hof- u. Staatsdruckerei. n. — 20

Verwendung von Gefangenen zur Kultivierung von Moor- und Heideland. Berlin 1908: Strafanstaltsverwaltung. (13 S., 14 Taf.) 4° [J.]
— **Statistik** der z. Ressort d. Kgl. Preuß. Minist. d. Inneren gehörenden Strafanstalten 1906, Beil. 108. 4504

Die Verwendung und Herstellung von Drahtseilen. Von einem Fachmann. Berlin, 1897. 56 S. mit 18 Abb.

— die, der größeren Kavalleriemassen in selbständ. Unternehmungen gegen Flanke u. Rücken der feindlichen Armee. 5 Preisarbeiten, nebst einleit. Bemerkgn. v. Frhr. v. Bissing u. v. Pelet-Narbonne. Hrsg. v. der Red. der „Kavallerist. Monatshefte". (IX, 82 S.) Lex. 8. Wien 908. C. Konegen. 2. 50
Sonderabdruck aus: „Kavallerist. Monatshefte".

Verwendung (Ueber die) einiger Klostergüter zu Bildungs- u. Wohlthätigkeitsanstalten. (Von J. Socher.) gr. 8°. München, Fleischmann, 1802.

Verwendung, konfessionelle, v. Ärzten in den deutschen Schutzgebieten. Dargelegt v. e. Freunde des konfessionellen Friedens. (16 S.) 8. Würzburg 910. E. Mönnich. — 40

Verwendung, die, des Infanterie-Gewehrs M/71. 84. [Abdruck des VII. Abschnittes der Schieß-Vorschrift vom 22. Febr. 1887.] 8. (32 S.) Berlin 887, Mittler und Sohn.

Verwendung, die, der unveränderlichen wasserdichten Mineralmasse von Fr. Lauterburg als Schutzmittel gegen Feuchtigkeit u. Nässe im Mauerwerk, gegen Fäulniß des Holzes u. gegen Oxydation des Eisens u. anderer Metalle, sowie zur Herstellung wasserdichter Stoffe von C. P. Berlin 861. Nicolai'sche Sortbdlg. (Posen, Jagielski.) 8. (21 S.) 3 ngr.

Verwendung, Die, der Parsons-Turbine für Schiffsantrieb. Hrsg. von »Turbinia«, Deutsche Parsons Marine A. G. Berlin 1905

Die *Verwendung* v. Spiritus im Haushalt. Praktische Winke f. die Benutzung v. Spiritusglühlampen, Spiritusbügeleisen u. Spirituskochern. Briefe an eine Hausfrau. Berl. [1908]. 38 S. 4°.

Uber die Verwendung des Traubenzuckers zum Verbessern des Weines und zur Darstellung von Trester und Hefewein. Neuwied 1877

Verwendung und Verarbeitung der Fäcalien. Berlin 1875. V: *Pütsch, Albert.* (Kat. d. Bibl. d. Kais. Patentamtes. Berlin 1896.)

— **die, zweckmäßige, der Sonntags- u. Feierzeit**, s.: **Schriften der Centralstelle f. Arbeiter-Wohlfahrtseinrichtungen.**

Verwendung (Die zweckmässige) der Sonntags- u. Feierzeit. Vorberichte u. Verhandlungen der Konferenz vom 25. u. 26. April 1892. (Schrift. d. Centralstelle f. Arbeiterwohlfahrtseinrichtungen, Bd. 2.) gr. 8°. Berlin 1893.

[Umschlagt.:] **Verwendungs-Nachweisebuch** [der freiwilligen Krankenpflege auf dem Kriegsschauplatze] für . . . Lauf. Nr. . . . (Berlin: E. S. Mittler & Sohn 1899.) (16 S.) 8°

Verwendungs-Nachweisebuch (f. freiwillige Krankenpflege im Kriege). (24 S.) 12. Berlin (903). E. S. Mittler & Sohn. n. — 20

Verwer, Hans *Adolf Albert* [aus Köln a Rh.]: Studien über Aluminate und Pikrate ... Erlangen, k. b. Hof- u. Univ.-Buchdr. v. F. Junge. 1896; 45 S., 1 Bl. 8.
Erlangen, Phil. Fak., Inaug.-Diss. v. 18. Dez. 1895

Verwerflichkeit, über die, der Folge, als e. Zwangsmittels zur Erforschung d. Wahrheit in peinl. Fällen (v. Chr. L. Liebertühn.) 8. Berl. 789.

Verwerfung der für den 1. Jan. 1878 in Vorschlag gebrachten Reform der preußischen Renten-Versicherungs-Anstalt von einem Mitgliede der Renten-Anstalt gr. 8. (51 S.) Frankfurt a/O. 877. Trowitzsch & Sohn in Comm. — 50

Verwertung der städtischen Fäkalien. Bearb. von Heiden u. a. Hannover 1885

Verwertung, die industrielle, d. Rothbuchenholzes. Eine Denkschrift, hrsg. v. e. Commission, welche v. dem österreichisch-ungar. Verein der Holzproducenten, Holzhändler u. Holz-Industriellen u. dem technolog. Gewerbe-Museum eingesetzt wurde. gr. 8. (IX, 71 S.) Wien 884. Graeser. n. 3. 60

Verwerthung [illegible] Süd Afrika. Berlin [illegible]

Verwesung. Europa's bevorstehende Politische V.... Als nothwendige Folge der Nichtubereinstimmung aller bisherigen Staatshaushaltungen mit der gottlichen Staatslehre. Ein wohlthätiges Warnungsbuch für weise Regierungen und unsinnige Demokraten. 2 Theile. 8. Aarau 1842.

Verwesung der Helsingfors'schen Polizei. Von ***. (In russ.Sprache.) gr. 16. (87 S.) Berlin 902. (H. Steinitz.) n. 1.20

Verweij [Verwey], Aart: Über die Einwirkung von Pentamethenyljodür auf Natriummalonsäurediaethylester ... Leipzig, Druck v. C. G. Naumann, 1896; 30 S., 1 Bl. 8°
Leipzig, Phil. Fak., Inaug.-Diss. v. [14. März] 1896.

Verwey, Albert

Verwey, Alb., u. Ludw. van **Deyssel,** Aufsätze über Stefan George u. die jüngste dichterische Bewegung. Mit Genehmigg. der Verf. übertr. v. Frdr. Gundolf. (40 S.) Lex.-8. Berlin (905). A. Juncker. n. 2.—

VERWEY, Albert. — (George, Stefan), Uebertragungen aus den Werken von *Albert Verwey*. Im Verlage der Blätter für die Kunst. Berlin 1904. 8°. Selten! (24 Mk., unbeschn., tadellos, Otto, Lpz., 1911.)
Nur in 100 Exemplaren gedruckt.

Ms. f. Brr. **Antwort auf die Reformfrage der Freimaurerei. Vortrag,** gehalten in der □ Modestia cum libertate im Or.·. v.·. Zürich den 29. Nov. 1873 von Br.·. B. L. **Verwey.** [Zürich 1873.] 16 S. 8° [Kopftit.]
Abgedr. in: UMS. 3 (1874) S. 28—39.
Holländ. Übers. in: BN. 4 (1873—1874) S. 263—277.
cf. UMS. 3 (1874) S. 27 (Forster-Goodman).
Verteidigung der Frmrei. Verf. verlangt, dass der geistige Charakter der Mrei unverdorben bewahrt werde u. fordert ein genaueres Studium der Gesch. u. Entwicklung derselben.

Verzeichniss der Büchersammlung der Loge Modestia cum Libertate im Or. von Zürich, systemat. aufgest. durch B. L. **Verwey.** [Nebst] Supplementarverzeichn. [1.] 2. Zürich 1875: Schiller & Co.; 1879—1888: Orell, Füssli & Co. 8°
Verz. VI, 114 S. 1875; Suppl.-verzeichn. [1]. Nachgeführt seit 1875 von B. L. Verwey. 12 S. 1879; 2. [Zsgest. von Albert Ludw. Daiber.] 13 S. 1888.
Verzeichn. d. seit 1879—1883 eingegang. Bücher in: Jahres-Bericht d. „Modestia" 1879 S. 35 bis 36; 1880 S. 47—48; 1881 S. 30—31; 1882 S. 37—38.

Verwey, Jh, nova via discendi Graeca... Neue Aufl. von Jh. Cph. Struchtmeyer, unter d. Titel: Rudimenta graeca maximam partem excerpta et Joa. Verweyi via docendi Graeca.... 8. Zütph. 757. Neue Ausg. v. Ebhrd. Scheid. 8. Ebd. 784. auch 797. Thieme. (Brockhaus in Leipz.) 1 ʀß

Verwey, L. H., die Erde steht nicht fest! Antwort auf Dr. Schopfer's Brochuren: „Die Erde steht fest" und „Die Bewegung der Himmelskorper". Aus dem Holland. ubers. von H.·. Amsterdam 854. Gunst. (Leipzig, Thomas.) gr. 8. (2 Bl., IV, 39 S.) 15 ngr.

— die Homoeopathie gegenüber den andern Heilmethoden. Aus dem Franzöf. frei übertragen und mit erläuternden Zusätzen für gebildete deutsche Leser von Altschul. Prag 858. Bellmann. 16. (XXXII, 104 S.) n. 10 ngr.

Verwey, L. H., die Homöopathie gegenüber den andern Heilmethoden. Aus dem Französ. frei übertragen u. mit erläuternden Zusätzen für gebildete deutsche Leser bearb. von Altschul. 2. verm. Ausg. Prag 860. Bellmann. 16. (XXXIV, 118 S.) n. 10 ngr.

Verweyen, Johs., das Problem der Willensfreiheit in der Scholastik. Auf Grund der Quellen dargestellt u. kritisch gewürdigt. (X, 263 S.) gr. 8. Heidelberg 909. C. Winter, Verl. 6.80

— Die Tat im Ganzen der Philosophie. Öffentliche Antrittsrede, geh. am 30. VI. 1908 in der Aula der rhein. Friedrich-Wilhelms-Universität. (40 S.) 8. Ebd. 908. —80

Verweyen, Johannes, a. Düsseldorf: Ehrenfried Walter von Tschirnhaus als Philosoph. Bonn 1905: J. Bach Wwe. (137 S.) 8°
Bonn, Phil. Fak., Ref. Dyroff, Diss. v. 8. März 1906
Geb. 11 Mai 84 i. Kleve, Wohnort: Düsseldorf; Staatsangeh.: Preußen. Vorbildung: Gymn. Düsseldorf Reife O. 02; Studium: Freiburg i. B. 1, Leipzig 1, Berlin 2, Bonn 3 S.; Rig. 13. Nov. 05.

Ehrenfried Walter von Tschirnhaus als Philosoph. Eine philosophiegeschichtl. Abhandlung von Johannes **Verweyen.** Bonn: J. P. Hanstein 1905. (137 S.) 8°

Verwickelungen, die, des Zufalls, Lustspiel in 3 Aufzügen von Calderon, übers. von E. F. v. d. Malsburg. 8. Berlin, Christiani. 819.

Verwiebe, Karl, traurige Zustände. Eine Anregung zur Abhülfe des Nothstandes unter den Technikern Deutschlands. Eine soziale Frage für Jedermann. 2. Aufl. 8. (XXII, 38 S.) Eisleben 884. (Reichenbach i. Schl., Hoefer.)
1. Aufl. erschien im Selbstverlage des Verfassers.

Verwiesene, die, e. russische Geschichte. 8. Leipz. 793. Hinrichs. 18 gr.

Verwiesenen, die, eine russische Gesch. (Menzikoffs Geschichte.) 8. Prag. (Hinrichs in Lpz.) 793.

Verwiesenen, die, auf Kamtschatka. Oper a. d. Franz. nach Duval v. G. F. Treitschke. 8. Wien, Degen. 804.

Verwiesenen, die, auf Kamtschatka, Oper nach dem Franz. v. Treitschke. 8. Wien, Degen. 805. (Armbruster.)

Verwirrter, Ein. Komisches Intermezzo. Wien [1890]. V: *Bartl, Hans.* (EB)

Verwirrung der sicilian. Höfe, od. Liebesglück Alex. de Palma. 2 Thle. 8. Lpz. Weidmann. 725.

Verwirrungen, die, der sizilian. Höfe, od. Liebesglück Alexanders de Palma. 2 Thle. 8. Leipz. Weidmann. 727.

Verworfenen, die, oder die Männer des Schreckens. Schauderhafte, aber wahre Erzählungen. 8. Quedlinb. Basse. 812.

Verworfenheiten, die, eines Menschenlebens, dargestellt in dem Leben u. Schicksalen d. zum Tode verurtheilt gewesenen Unteroffiziers Mohr. Mit dessen Bildniß. gr. 8. Gotha 820. Hennings. 8 gr.

Verworn, Max, die Anfänge der Kunst. Ein Vortrag. (IV, 72 S. m. 32 Fig. u. 3 Taf.) 8. Jena 909. G. Fischer. 2. 50

Verworn, Max, die Aufgaben des physiologischen Unterrichts. Rede, geh. bei Beginn der physiolog. Vorlesgn. an der Universität Göttingen im April 1901. gr. 8. (28 S.) Jena 901. G. Fischer. n. — 60

Verworn, Max, s.: Beiträge zur Frage des naturwissenschaftlichen Unterrichts an den höheren Schulen.

Verworn, Max [aus Berlin]: Beiträge zur Kenntniss der Süsswasser-Bryozoen . . . . Berlin, Buchdr. v. Gustav Schade (Otto Francke), (1887); 17 + 1 S. 8°.
Berlin, Phil. Fak., Inaug. Diss. v. 6. Aug. 1887.

Verworn, Max, Beiträge zur Kenntniss der Süsswasser-Bryozoen. Diss. Berlin 1887, Mayer & Müller. 8°. 47 S.

Verworn, Max, Beiträge zur Physiologie d. Centralnervensystems. 1. Thl. Die sogen. Hypnose der Thiere. gr. 8. (IV, 92 S. m. 18 Abb.) Jena 898. G. Fischer. n. 2. 50

Verworn, Max, die Bewegung der lebendigen Substanz. Eine vergleichend-physiolog. Untersuchg. der Contractionserscheingn. Lex.-8. (V, 103 S. m. 19 Abbildgn.) Jena 892. G. Fischer. n. 5. —

— die Biogenhypothese. Eine kritisch-experimentelle Studie üb. die Vorgänge in der lebend. Substanz. Lex.-8. (V, 114 S.) Ebd. 903. n. 2. 50

Die Entwickelung des menschlichen Geistes. Ein Vortrag von Max **Verworn**, Bonn. Jena: Fischer 1910. 52 S. 8° [10. 1639]

— Die Erforschung des Lebens. Ein Vortrag. (45 S.) 8. Ebd. 907. — 80
Sonderabdruck aus: „Naturwiss. Wochenschr."

Verworn, Max [Dr. phil. aus Berlin]: Die polare Erregung der Protisten durch den galvanischen Strom. . . . (Aus: Arch. f. d. ges. Phys. Bd. XLVI. Bonn, Verl. v. Emil Strauss, 1889; 1 Bl. + 37 S. u. 3 Taf. gr.
Jena, Med. Fak., Inaug.-Diss. v. 10 Okt. 1889

Die Frage nach den Grenzen der Erkenntnis. Ein Vortrag von Max **Verworn**, Prof. Jena: G. Fischer 1908. (48 S.) 8° [Ꝟ.] [08. 9184]

Verworn, Max: Gleichgewicht und Otolithenorgan . . . (Sep.-Abdr.) Bonn, Univ.-Buchdr. v. C. Georgi, 1891; 1 Bl., 50 S. 8°
Jena, Med. Fak., Hab.-Schr. v. 1891.

Die archaeolithische Cultur in den Hipparionschichten von Aurillac (Cantal). Von Max **Verworn**. Mit 5 Taf. Berlin: Weidmann 1905. (56 S.) 4°
— Abhandlungen d. Kgl. Gesellschaft d. Wiss. zu Göttingen. Math.-phys. Kl. N. F. Bd 4, No 4. [05. 14870]

— **die Lokalisation der Atmung in der Zelle, s.: Denkschriften der medizinisch-naturwiss. Gesellschaft zu Jena. XI.**

— die Mechanik des Geistes. Rede zur Feier des Geburtstages Sr. Maj. des Kaisers u. Königs, am 27. I. 1906 im Namen der Georg-August-Universität geh. (19 S.) Lex.-8. Göttingen 906. (Vandenhoeck & Ruprecht). n. — 40

Die Mechanik des Geisteslebens. Von Max **Verworn**. Mit 11 Fig. Leipzig: B. G. Teubner 1907. (104 S.) 8° [Ꝟ.]
= **Natur**, Aus, u. Geisteswelt. Bdch. 200. [08. 1775]

Verworn, Max: Die Mechanik des Geisteslebens. 2. Aufl. Mit 18 Fig. Leipzig: Teubner 1910. 114 S. 8°
(Aus Natur u. Geisteswelt. Bdch. 200.)

— Die Mechanik des Geisteslebens, s. a. „Aus Natur u. Geisteswelt.

Naturwissenschaft und Weltanschauung. Eine Rede von Max **Verworn**. *Leipzig: J. A. Barth 1904.* (48 S.) 8° [04. 11167 11]

Verworn, Max, das Neurom in Anatomie u. Physiologie. Vortrag, geh. in der gemeinschaftl. Sitzg. der medizin. Hauptgruppe der 72. Versammlg. deutscher Naturforscher u. Aerzte zu Aachen am 19. IX. 1900. In erweit. Form hrsg. gr. 8. (54 S. m. 22 Abb.) Jena 900. G. Fischer. n. 1. 50

Verworn, Max: Numismatik und Kunstgeschichte. Berlin: Berliner Münzblätter 1903. 13 S. 8°
(Aus: Berliner Münzblätter. N. F. 1903, No 23/24.)

Verworn, Max, s.: Pflüger's Archiv f. d. ges. Physiologie.

Allgemeine Physiologie. E. Grundriss d. Lehre vom Leben v. Max **Verworn**, . . . a. o. Prof. . . . d. Univ. Jena. 2. neu bearb. Aufl. M. 285 Abb. *Jena: G. Fischer 1897.* (XI, 606 S.) 1 Bd 8. [97. 4.3.]

Allgemeine Physiologie. Ein Grundriss d. Lehre vom Leben von Max **Verworn**, Prof., Göttingen. Mit 295 Abb. 3., neu bearb. Aufl. *Jena: G. Fischer 1901.* (XII, 631 S.) 4°(8°) [01. 7314 9]

Allgemeine Physiologie. Ein Grundriß d. Lehre vom Leben. Von Max **Verworn**, Prof., Göttingen. Mit 300 Abb. 4., neu bearb. Aufl. *Jena: G. Fischer 1903.* (XIV, 652 S.) 4°(8°) [03. 12755 4]

— Allgemeine Physiologie. Ein Grundriss d. Lehre vom Leben. 5., vollständig neu bearb. Aufl. (XVI, 742 S. m. 319 Abb.) Lex. 8. Jena 909. G. Fischer. 16. —; geb. 18. —

Physiologisches Praktikum für Mediziner. Von Max **Verworn**, Prof. Mit 141 Abb. Jena: G. Fischer 1907. (XII, 262 S.) 8° [07. 13831]

— Prinzipienfragen in der Naturwissenschaft. Vortrag, geh. in der allgemeinen Sitzg. der X. Nederlandsch Natuur- Geneeskundig Congress zu Arnheim am 29. IV. 1905. (28 S.) 8. Ebd. 905. n. — 80
Erweiterter Abdr. aus: „Naturwiss. Wochenschr."

Verworn, M., psycho-physiologische Protisten-Studien. Experimentelle Untersuchgn. Mit 6 lith. Taf. u. 27 Abbildgn. im Text. gr. 8. (VIII, 219 S.) Jena 889. Fischer. n. 10.

Verworn, Max: Zur Psychologie der primitiven Kunst. Ein Vortrag. Mit 35 Abb. Jena: Fischer 1908. 47 S. 8°
(Aus: Naturwiss. Wochenschrift. Bd 22.)

— **s.: Zeitschrift f. allgemeine Physiologie.**

Verwundet u. geheilt. Dramatisches Gedicht in 5 Aufzügen. gr. 8. (142 S.) Freiburg i/Br. 881. Wagner. geb. n. 4. —

Verwundungen der Augen bei den deutschen Heeren im Kriege gegen Frankreich 1870/71. Hrsg. von der Militär-Medizinal-Abtheilung des Königl. Preuss. Kriegsministeriums unter Mitwirkung der Militär-Medizinal-Abtheilung des Königl. Bayr. Kriegsministeriums, der Königl. Sächs. Sanitäts-Direktion und der Militär-Medizinal-Abtheilung des Königl. Württemberg. Kriegsministeriums. Berlin 1888, E. S. Mittler & Sohn. Gr. 4°. S. 157—268, 4 S. 4 M. 50 Pf.
Besondere Ausgabe des 3. Bandes des Sanitäts-Berichtes über die deutschen Heere im Kriege gegen Frankreich 1870/71.

Verwundungen, die, der Augen bei den deutschen Heeren im Kriege gegen Frankreich 1870/71, s. A. Sanitätsbericht über die deutschen Heere im Kriege gegen Frankreich 1870/71.

Verwüstung, die, in Kischinew. Theile u. herrschet — Wer hat den Nutzen? — Bericht der israelit. Gesellschaft. — Russische Proklamationen. — Revolutionen russ. Gesellschaften im Auslande. — Die Metzeleien in Kischinew u. die Meing. der zivilisierten Welt. (In russ. Sprache.) (VIII, 40 S. m. 4 S. Abbildgn.) gr. 8. Stuttgart 903. [J. H. W. Dietz Nachf.] Paris, A. Schulz. n. 2.—
Sonderabdruck aus: „Osswoboschdenje".

Sachsens Verwüstung durch die Franzosen 1813. Ein Beitrag zur Geschichte der Zeit. 8. Leipzig 1814.

Verwüstung, schreckliche, der Bayerischen Pfalz und anderer Provinzen der beiden deutschen Rheinufer durch die Franzosen. Ein geschichtlicher Warnungsspiegel für Deutschland. Freysing 860. Datterer. 12. (71 S.) 6 ngr.

Schreckliche Verwüstung der Bayerischen Pfalz u. anderer Provinzen der beiden deutschen Rheinufer durch die Franzosen. (71) 12. Freysing 1861. 0,60.

Verwüstungen, französische, in der Stadt Erfurt u. auf dem Lande, nebst e. Plan. gr. 8. Weimar 814. Industrie-Compt. 6 gr.

[Verwüstungen. Die V. des Landes durch die kriegerischen Ereignisse des Jahres 1799.] Njbl. s. [Hirzel, Hans Caspar]

Verzage nicht! Wehe dem Verzagten! Mit e. Vorbemerkg. (XI, 242 S.) 8. Halle (908). O. Hendel. 1.60; geb. in Leinw. 2.25

Verzaehlinge un Schnoukes. Chittische Meloche. Meissen 1852. V: *Holzschuher, Hnr.* (GGr)

Verzällchen, dat, vam Fuß un vam Wolf. [Aus e. alten Handschrift abgedruckt.] gr. 8. (16 S.) Elberfeld 873. Lucas in Comm. — 30

Verzan, Armando

Verzan A., Italienische Konversationsgrammatik für Mittel- und höhere Handelsschulen. 2., verbesserte Auflage. Wien 1905. A. Hölder. Geh. K 3.10, geb. K 3.60

Verzan, Armando, italienische Konversations-Grammatik f. Mittel- u. höhere Handelsschulen. 2. verb. Aufl. (VII, 280 S.) gr. 8. Wien 906. A. Hölder. Geb. n. 3.10

Verzan, Armando, Lehrbuch der italienischen Sprache f. Mittelschulen, sowie f. den Privatunterricht. gr. 8. (XII, 284 S.) Graz 898. H. Wagner. Geb. in Leinw. n. 3.20

Verzehrungssteuer-Verpachtung (Ueber), Stimmen der Tagespresse über dieselbe und Darstellung eines speciellen Verpachtungsfalles, gesammelt von einem Repräsentanten eines bestandenen Verzehrungssteuer-Abfindungs-Vereins. 8°. Gratz: (Hesse) 1861. (54 S.)

Verzeichnis. –

Verzeichniß u. Abbild. d. Preßburger uniformirten Bürgercompagnie, welche bei der Krönung Leopolds II. errichtet worden. Mit Kpf. 8. Preßb. 791. Mahler. 1 ℛß

Verzeichniß des Abgangs u. d. Ankunft der Posten bei d. Fürstl. Hofpostamte zu Braunschweig. Fol. Braunschw. ... Lucius. 4 gr.

Verzeichniss derjenigen Abgeordneten, die sich bis zum 11. August 1848 zur Theilnahme an der Reichsversammlung angemeldet und legitimirt haben. Frankfurt am Main. 1848. 8°

— der **Abgeordneten** für die zum 26. Febr. einberufene 1. Kammer der pr. Nat.-Versammlung. gr. 8. (4 S.) Berlin 849, [Stargardt.]

— der **Abgeordneten** für die zum 26. Febr. einberufene 2. Kammer der pr. National-Versammlung. Mit möglichst genauer Angabe ihrer Parteistellung. gr. 8. (8 S.) Berlin 849, [Stargardt.]

— der **Abgeordneten** zur 1. und 2. Kammer der preuß. National-Versammlung. 1849. gr. 8. (20 S.) Brandenburg 849, Müller.

Verzeichniss der Abgeordneten zur ersten deutschen Reichsversammlung in Frankfurt am Main. (Aufgestellt im November 1848.) Frankfurt am Main. 1848. 8°
(Aufgestellt zu Anfang Februar 1849.) ebd. 1849. 8°

Verzeichnis der Abgüsse nach antiken Bildwerken in den akademischen Kunstsammlungen der Universität Würzburg 1887. V: *Urlichs, Ludw.* (Bibl. d. arch. Inst. Rom. 1. Rom 1900.)

— der **Abgüsse** nach antiken Bildwerken in den akademischen Kunstsammlungen der Universität Würzburg. gr. 8. (54 S.) Würzburg 887, (Hertz.) *

Verzeichnis der Abgüsse griechischer und römischer Bildwerke im kunstarchäologischen Institut der Kaiser-Wilhelms-Universität Strassburg. Strassburg 1887. V: *Michaelis, Adolph.* (ELBill)

Verzeichnis der **Abgüsse** griechischer u. römischer Bildwerke im kunstarchäologischen Institut der Kaiser-Wilhelms-Universität Strassburg. 8. (VI, 69 S.) Strassburg 887. Trübner, Verl. n. — 50

Landesgewerbehalle Karlsruhe. Verzeichnis der Abguss-Sammlung des kunstgewerblichen Unterrichts. Karlsruhe 1871

— der **Abhandlungen** der k. Akademie der Wissenschaften zu Berlin, aus den J. 1822—1846, nach den Klassen zusammengestellt. gr. 8. (29 S.) Berlin 848, Dümmler. gratis.

Verzeichniss der **Abhandlungen** der königlich preussischen Akademie der Wissenschaften von 1710—1870 in alphabetischer Folge der Verfasser. gr. 8. (III, 214 S.) Berlin 871. Dümmler's Verl. n. 4. —

Verzeichniss derjenigen Abhandlungen und Werke der Kgl. Böhmischen Gesellschaft der Wissenschaften, die um beigesetzte (zum Theil ermässigte) Preise durch den Buchhandel zu beziehen sind. Prag 1855.

— von **Abhandlungen** [Dissertationen, Gelegenheitsschriften etc.] aus dem Gesamtgebiete der Medizin und Tierheilkunde. In systemat. Anordnung. gr. 8. (120 S.) Leipzig 888, Fock. **

VERZEICHNISS VON ABHANDLUNGEN und Notizen zur Geschichte Lübecks aus lübeckischen und hansischen Blättern. Lübeck 1879. Druck von H. G. Rahtgens. 8°.

Verzeichniß sämmtlicher Abhandlungen aus dem Gebiet der Mathematik, Physik, Astronomie u. Meteorologie, enthalten in den Publicationen der Akademie der Wissenschaften zu Wien. Nebst anderen Schriften aus diesen Wissenschaften. Mit antiq. Preisen ausgegeben vom Antiquariat Emil Soeding. Katalog Nr. 30. 8. (77 S.) Wien: Soeding 1889. * —.30

Verzeichniß sämmtl. **Abhandlungen in den auf preußischen Gymnasien erschienenen Programmen von 1825—1837, nach dem Inhalte wissenschaftlich geordnet (von Johannes v. Gruber). 4. Berlin 840. Logier.** 1/3 ₰

Verzeichniß sämmtl. **Abhandlungen** in den auf preuß. Gymnasien erschien. Programmen v. 1825—37, s. a. **Gruber**, Joh. v.

Verzeichnis der Abiturienten des Herzogl. Friedrichsgymnasiums zu Altenburg ...
s. **Geyer**, Moritz [Vf.]

Verzeichnis der Abiturienten der Anstalt vom Schuljahre 1885/6 bis 1902/3. S. 153–164. 8.
In: Festschrift zur Feier des 100 jähr. Bestandes K. k. Staatsgymn. *Mähr.-Trübau* 1903.

Verzeichnis der Abiturienten und Primaner des Gymnasium Fridericianum in Schwerin. (Nach den Angaben der Schulprogramme u. d. Ermittelungen d. Einladungsausschusses zsgest.) *(Schwerin i. M. 1903: Bärensprung.)* (S. 33–52.) 8° (Vgl. P-Beil. 1875, S. 29 ff.)
Schwerin, großh. G. Fridericianum, [Festschr.] 1903

Verzeichnis der Abiturienten des Chemnitzer Realgymnasiums.
16 S. 4. **Progr.** Realgymn. *Chemnitz* (1907).

Verzeichnis d. **Abiturienten** d. kgl. Realgymnasiums **zu Wiesbaden von 1847—1895 von Fries, Kühn, A. Metzer, Ruppel u. J. Weber,** s.: Festschrift zur **50jähr. Gedenkfeier** d. kgl. Realgymnasiums zu Wiesbaden.

Verzeichnuss der Abläss / welche Ihro Päpstl. Heiligkeit Benedictus XIII. auf die Rosen-Kräntz / Creutzlein / Bildlein von Gold / Silber / oder andern Metallen ins gemein die Ablass-Pfennig genannt, / gnädigst verwilliget / nachdeme Aloisius Gonzaga und Stanislau Kostka. Beede aus der Gesellschaft Jesu / den 31. Decemb. 1726. in die Zahl der heiligen gesetzt wurden. Ofen 1728. Bey Joh. Gg. Nottenstein. 4 f. - kl. 4°

— der erforderl. 70 Abschnitte aus d. 2 Briefen Petri, dem Briefe an d. Hebräer u. d. Briefe Jacobi, zum Vorlesen am Altare v. 1. Adventſ. 1824 bis dahin 1825 ꝛc. 8. Leipz., Andreä. 3 ₰

— der erforderl. 70 Abschnitte, welche vom 1n Adventsonnt. 1823 bis dahin 1824 allerhöchster Anordn. gemäß, an allen Sonn- u. Festtagen aus dem Evangelio Johannis ꝛc., vorzulesen sind. 8. Leipz. 824. Andreä. 1½ ₰

VERZEICHNISS DER GEOGRAPHISCHEN ABTHEILUNG der Dr. Senckenbergischen Bibliothek zu Frankfurt a. M. 1852. s. l. 8°.

Berlin, Reichs-Marine-Amt, Verzeichniss der englischen Admiralitätskarten mit den entsprechenden Titeln und Nummern der Nautischen Abtheilung.
Berlin 1900. Lithographirt. 4°.

Verzeichnis der vom Reichs-Marine-Amt herausgegebenen deutschen Admiralitäts-Karten und nautischen Bücher. Ausg. Jan. 1906. [Nebst] Beiheft. Berlin: D. Reimer 1906. 2 Bde 4°
Beiheft. 16 Übersichtskarten. [06. 4999

Verzeichnis der vom Reichs-Marine-Amt herausgegebenen deutschen Admiralitätskarten und nautischen Bücher. [Nebst] Beiheft. Ausg. Jan. 1907. Berlin: D. Reimer 1907. 2 Bde 4°
Beiheft. 20 Übersichtskarten [07. 6011

Verzeichniß der Advokaten und Gerichtsdirektoren, so wie der gesammten Patrimonialgerichte im Königreiche Sachsen. (Von C. F. Heineck.) gr. 8. Chemnitz u. Schneeberg 842, Goedsche, Sohn. n. 1/2 ₰

Verzeichniss der Advocaten in den im Reichsrathe vertretenen Königreichen und Ländern der österreichisch-ungarischen **Monarchie 1884, mit statist. Übersichten hrsg. vom k. k. Justizministerium. gr. 8. (72 S.) Wien 884, Hof- und Staatsdruckerei.** *

Verzeichniss der Advocaten und k. k. Notare, dann der Vertheidiger in Strafsachen u. Gerichts-Dollmetsche sämmtlicher Kronländer der österreichischen Monarchie mit Ausnahme Ungarns u. der Nebenländer. Mit Bewilligung des k. k. Justiz-Ministeriums aus dem ämtlichen Materiale des hohen Ministeriums u. der hohen Obergerichte zusammengestellt. Wien 862. (Dirnböck.) gr. 8. (104 S.) 1 ₰
Auch in italienischer Sprache zu gleichem Preise.

Verzeichniss der Advokaten u. k. k. Notare, dann der Vertheidiger in Strafsachen u. Gerichts-Delmetsche sämmtlicher Kronländer der österreichischen Monarchie, mit Ausnahme Ungarns u. der Nebenländer. 2. Aufl. gr. 8. (104 S.) Wien, J. Dirnböck 1864

—— der Advocaten und k. k. Notare in den im Reichsrathe vertretenen Königreichen und Ländern der österreichisch-ungarischen Monarchie 1885—1888, mit statist. Übersichten hrsg. vom k. k. Justizministerium. 2.—5. **Jahrg.** gr. 8. (105; 105; 95; 96 S.) **Wien, Hof- und Staatsdruckerei.** à Jahrg. *

Verzeichnis der Advocaten u. k. k. Notare in den im Reichsrathe vertretenen Königreichen u. Ländern der österreich.-ungar. **Monarchie 1889—1892. Hrsg.** vom k. k. Justizministerium. 6.—9. **Jahrg. gr.** 8. (à Jahrg. 110—112 S.) Wien 892, Hof- u. Staatsdruckerei. à Jahrg. * 1 20

Verzeichniss der Advocaten und k. k. Notare in den im Reichsrathe vertretenen Königreichen und Ländern der österr.-ungar. Monarchie. 1893. Herausgegeben vom k. k. Justiz-Ministerium. X. Jahrg. Gr.-8. (117 S.) —.60
Ebda. 1893.

Verzeichnis der Advocaten u. k. k. Notare in den im Reichsrathe vertretenen Königreichen u. Ländern der österreichisch-ungarischen Monarchie 1894. Hrsg. vom k. k. Justizministerium. 11. Jahrg. gr. 8. (117 S.) Wien 894. Hof- u. Staatsdruckerei. n. 1. 20

Verzeichniss der Advocaten und k. k. Notare in den im Reichsrathe vertretenen Königreichen und Länder der österreichisch-ungarischen Monarchie, 1895. Herausgegeb. vom k. k. Justizministerium. XII. Jahrgang. Gr.-8. (118 S.) Ebda. 1895. —.60

Verzeichniss der Advocaten und k. k. Notare in den im Reichsrathe vertretenen Königreichen und Ländern der österreichisch-ungarischen Monarchie, 1896. Herausgegeben vom k. k. Justizministerium. XIII. Jahrgang. Gr.-8. (120 S.) Ebda. 1896. —.60

Verzeichniss der Advocaten und k. k. Notare in den im Reichsrathe vertretenen Königreichen und Ländern der österreichisch-ungarischen Monarchie, 1897. Herausgegeben vom k. k. Justizministerium. XIV. Jahrgang. Gr.-8. (123 S.) Ebda. 1897. —.60

— der Advokaten u. k. k. Notare in d. im Reichsrathe vertret. Königreichen u. Ländern d. österreich.-ungar. Monarchie 1898. Hrsg. im k. k. Justizministerium. XV. Jahrg. gr. 8. (125 S.) Wien 898, Hof- u. Staatsdruckerei. n. 1. 20

Verzeichnis der Advocaten und k. k. Notare in den im Reichsrathe vertretenen Königreichen und Ländern der österreichisch-ungarischen Monarchie 1899. Herausgegeben vom k. k. Justizministerium. XVI. Jahrgang. Wien. 1899. Hof- und Staatsdruckerei. Gr.-8°. 129 S. fl. —.60

Verzeichnis der Advocaten u. k. k. Notare in den im Reichsrathe vertretenen Königreichen u. Ländern der österreichisch-ungarischen Monarchie 1900. Hrsg. im k. k. Justizministerium. XVII. Jahrg. gr. 8. (132 S.) Wien, Hof- u. Staatsdruckerei. 1900. 1. 20.

Verzeichnis der Advocaten und k. k. Notare in den im Reichsrathe vertretenen Königreichen und Ländern der österreichisch-ungarischen Monarchie 1901. Herausgegeben vom k. k. Justizministerium. XVIII. Jahrgang. Wien. 1901. Hof- und Staatsdruckerei. Gr.-8°. 132 S. K 1.20

Verzeichnis der Advokaten u. k. k. Notare in den im Reichsrathe vertretenen Königreichen u. Ländern der österreichisch-ungarischen Monarchie 1902. Hrsg. vom k. k. Justizministerium. XIX. Jahrg. (134 S.) gr. 8. Wien, Hof- u. Staatsdruckerei 1. 20.

Verzeichnis der Advokaten und k. k. Notare in den im Reichsrate vertretenen Königreichen und Ländern der österr.-ungar. Monarchie 1904 21. Jahrg. Gr.-8°. (134 S.) K 1.20
Ebda. 1904.

Verzeichnis der Advokaten u. k. k. Notare in den im Reichsrate vertretenen Königreichen u. Ländern der österr.-ungar. Monarchie 1905. Hrsg. vom k. k. Justizministerium. XXII. Jahrg. (Nach dem Stande v. Mitte März 1905.) (134 S.) gr. 8. Wien, Hof- u. Staatsdruckerei. 1. 20.

— der Advokaten u. k. k. Notare in den im Reichsrate vertretenen Königreichen u. Ländern der österr.-ungar. Monarchie 1906. Hrsg. vom k. k. Justizministerium. XXIII. Jahrg. (Nach dem Stande v. Ende März 1906.) (136 S.) gr. 8. Wien, Hof- u. Staatsdruckerei. n. 1. 20

Verzeichnis der Advokaten und k. k. Notare in den im Reichsrate vertretenen Königreichen und Ländern der österr.-ungar. Monarchie 1907. XXIV. Jahrg. Gr.-8°. (134 S.) K 1.20
Ebda. 1907.

Verzeichnis der Advokaten und k. k. Notare in den im Reichsrate vertretenen Königreichen und Ländern der österr.-ungar. Monarchie. 1908. XXV. Jahrg. Gr.-8°. (134 S.) K 1.20
Ebda. 1908.

Verzeichnis der Advokaten u. k. k. Notare in den im Reichsrate vertretenen Königreichen u. Ländern der österr.-ungar. Monarchie 1909. Hrsg. vom k. k. Justizministerium. XXVI. Jahrg. (Nach dem Stande v. Mitte Febr. 1909.) (141 S.) gr. 8. Wien, Hof- u. Staatsdruckerei. 1. 20.

— der Advokaten u. k. k. Notare in den im Reichsrate vertretenen Königreichen u. Ländern der österr.-ungar. Monarchie 1910. Hrsg. v. k. k. Justizministerium. 27. Jahrg. (Nach dem Stande v. Mitte Febr. 1910.) (141 S.) gr. 8. Wien, Hof- u. Staatsdruckerei. 1. 20

Verzeichniß der Agenten und Mitglieder des Kunst=Vereins für Böhmen. Nebst der Tabelle über die Vertheilung der Kunstvereinsaktien nach den einzelnen Ländern und Kreisen. Im Jahre 1853—1854. 4. (70 S) Prag. Druck der k. k. Hofbuchdruckerei von Gottlieb Haase Söhne. 1854.

Verzeichniß der Agenten und Mitglieder des Kunstvereins für Böhmen. Nebst der Tabelle über die Vertheilung der Kunstvereinsaktien nach den einzelnen Ländern und Kreisen. Im Jahre 1854—1855. Prag, 1855. Druck der k. k. Hofbuchdruckerei von Gottlieb Haase Söhne. (73 S. 4.)

Verzeichniß der Agenten und Mitglieder des Kunst=Vereins in Böhmen. Nebst der Tabelle über die Vertheilung der Kunstvereinsaktien nach den einzelnen Ländern und Kreisen. Im Jahre 1855—1856. Prag, 1856. Druck der k. k. Hofbuchdruckerei von Gottlieb Haase Söhne. (75 S. 4.)

Accurate Verzeichniss aller particularien von der Stadt Thorn, so 4. Oct. 1703 an die Schweden übergegangen. 4. — på Swenska. (½ a.) 4.

Verzeichnis der im städtischen Archiv befindlichen Akten und Urkunden. Frankenthal 1901. V: *Kraus, Johs.* (Berl)

Verzeichniss der dem Berichte der eidgenössischen Repräsentanten im Kanton Wallis vom 9. Hornung 1840 beigelegten Aktenstücke. (Litt. A-J.) [S.A.] fol. [Zürich 1840.]

Verzeichnis der in den alten Landesteilen der preussischen Monarchie bestehenden Aktiengesellschaften. Berlin 1868

— der im preußischen Staat in der Zeit vom 11. Juni 1870 bis 31. Dezbr. 1871 in die Handelsregister eingetrag. Aktiengesellschaften u. Kommanditgesellschaften auf Aktien. [Aus: „deutscher Reichsanzeiger."] gr. 8. (32 S.) Berlin 872. v. Decker. n. — 50

Verzeichniss der Actionäre der Rendsburg-Neumünsterschen Eisenbahn. o. O. u. J. 2 Bl. Fol.

Verzeichniß jener P. T. Aktionäre, welche in den Büchern der ersten k. k. priv. Donau=Dampfschifffahrts Gesellschaft am 28. Oktober 1853 als Besitzer von wenigstens fünf oder mehr auf ihren Namen lautenden Aktien erscheinen ꝛc. 8. (28 S.) Wien. Druck von Leopold Sommer.

Verzeichniß jener P. T. Aktionäre, welche in den Büchern der ersten k. k. privil. Donau-Dampfschifffahrts=Gesellschaft am 16. Nov. 1856 als Besitzer von wenigstens fünf oder mehr auf ihren Namen lautenden Aktien erscheinen. Wien, 1857. Dr. und Papier von Leop. Sommer. (47 S. 8.)

Verzeichnis der ortsanwesenden Aktiv-Bürger der Stadt Chur. Aufgenommen pro 1. Mai 1904. 16 S. 8. Chur, A.-G. Bündner Tagblatt, 1904.

Gesellschaft zun Kaufleuten in Schaffhausen. Verzeichnis der Aktiv-Mitglieder. Juni 1902. 6 S. 8. Schaffhausen, H. Meier & Cie., 1902.

— allgemeines, neuer Bücher mit kurzen Anmerkk., nebst e. gelehrten Anzeiger. (Von Jh. Chr Adelung.) 8 Jahrgänge. gr. 8. Leipz. 776—86. Crusius. (F. Ch. W. Vogel). (1r 1 ₰ 12 ₰, 2r—6r à 2 ₰, 7r u. 8r à 3 ₰) 17 ₰ 12 ₰

—— allgem., der Bücher, welche in d. Frankfurter u. Leipziger Oster- u. Michaelismesse des 1828. bis 1835. Jahres ganz neu gedruckt od. neu aufgelegt worden sind, auch derer, die künftig herauskommen sollen. gr. 8. Leipzig, Weidmann. [828. (33 B.) 1 Thlr. 10 Gr., 29. (32 B.) 1 Thlr. 10 Gr., 30. (36½ B.) 1 Thlr. 14 Gr., 31. (36½ B. u. Nachtrag 6 B.) 1 Thlr. 18 Gr., 32. (36¼ B.) 1 Thlr. 10 Gr., 33. (41¼ B.) 1 Thlr. 14 Gr., 34. (40½ B.) 1 Thlr. 14 Gr., 35. (42¾ B.) 1 Thlr. 16 Gr.]

Dieses Verzeichniß ist das älteste in Deutschland, welches zur Bekanntmachung neuer Bücher fortwährend erschien. Man findet es bereits seit den letzten Jahren des 16. Jahrhunderts, nachdem das von dem Buchführer Geo. Willer in Augsburg um 1564 unt. d. Tit.: Catalogus novus nundinarum vernalium Francofurti ad M. etc. herausgegebene, längere Zeit von Nikol. Bassäus zu Frankfurt a. M. gedruckte, aufhörte zu erscheinen. Den Verlag des Meßkatalogs (wie dieses Bücherverzeichniß auch häufig genannt wird) besorgte in Leipzig zuerst Abr. Lamberg, hierauf Henning Große, dann Großens Erben, später kam es an Lankisch und nach seinem Tode an dessen Erben, als sich aber auch dieses Geschäft auflöste, ging er ungefähr in der Mitte des 18. Jahrh. in den Verlag der Weidmann'schen Buchh. über, welche ihn bis zur Gegenwart fortgeführt hat. Hinsichtlich seines Titels und seiner innern Einrichtung erlitt er im Laufe der Zeit mancherlei Abänderungen.

— allgem., aller Bücher, welche in d. Frankfurter u. Leipziger Oster- u. Michaelismesse, von ... bis Ende 1832 erschienen sind, u. noch herauskommen sollen. 1r— ... Jahrg. gr. 8. Leipz. ... Weidmann. Erscheint alle Jahre zweimal z. Oster- u. Michaelismesse.

—— allgem., der Bücher, welche von Ostern 1836 bis Michaelis 1842 neu gedruckt od. aufgelegt worden sind, mit Angabe d. Verleger, Bogenzahl u. Preise. Nebst e. Anh. v. Schriften, die künftig erscheinen sollen. gr. 8. Leipzig, Weidmann'sche Buchh. [836. (45 B.), 37. (46 B.), 38. (41¾ B.), 39. (42 B.), 40. (45¾ B.), 41. (43½ B.), 42. (42¾ B.) à Halbj. • 20 Gr.] *

— allgemeines, der Bücher, welche von Michaelis 1840 bis dahin 1846 neu gedruckt oder aufgelegt worden sind, mit Angabe der Verleger, Bogenzahl u. Preise. Nebst einem Anhange von Schriften, die künftig erscheinen sollen (u. Intelligenzblatt). — Meßkatalog Ostern 1841—1846. gr. 8. Leipzig, Weidmann'sche Buchh. à n. 5/6 ₰

— allgemeines, der Bücher, welche von Michaelis 1846 bis Michaelis 1850 neu gedruckt od. aufgelegt worden sind, mit Angabe der Verleger, Bogenzahl u. Preise. Nebst einem Anh. von Schriften, die künftig erscheinen sollen. (Meßkatalog.) gr. 8. (Mich. 1846—Ostern 1847: XII u. 416 S. Ost.—Mich. 1847: XVI u. 330 S. Mich. 1847—Ost. 1848: XVI u. 408 S. Ost.—Mich. 1848: XVI u. 323 S. Mich. 1848—Ost. 1849: XVI u. 326 S. Ost.—Mich. 1849: XVI u. 286 S. Mich. 1849—Ost. 1850: XVI u. 351 S. Ost.—Mich. 1850: XVI u. 371 S.) Leipzig, Weidmann. à n. 5/6 ₰

Fortsetzung erschien unter dem Titel: Meßkatalog.

— allgem., Mecklenburg-Schwerin- u. Strelitzer Städte u. Landgüter in ihren statist. u. steuerfähigen Verhältnissen, mit e. alphabet. Register herausg. v. Eph. Fr. Jargow. 8. Rostock 787.

—— allgemeines, der für den internationalen Verkehr geöffneten Telegraphen-Stationen. Aufgestellt in der kaiserl. General-Direction der Telegraphen. [Abgeschlossen den 3. Decbr. 1874.] gr. 4. (IV, 286 S.) Ebendas. 874. *

Verzeichniss, allgemeines, der für den internationalen Verkehr geöffneten Telegraphen-Anstalten. Ergänzungsheft. [Abgeschlossen 12. Febr. 1877.] gr. 4. (43 S.) Berlin 877, (v. Decker's Verlag.) *

—— dass. — Ergänzungsheft. [Enth. die seit 3. Decbr. 1874 eröffneten Telegraphen-Stationen. Abgeschlossen 24. Jan. 1878.] gr. 4. (4, 61 S.) (Ebendas.) 878. *

—— allgemeines, der für den internationalen Verkehr geöffneten Telegraphenanstalten. Aufgestellt im Reichs-Postamt. gr. 4. (V, 335 S.) Berlin 887, (v. Decker's Verlag.) *

—— allgemeines, der für den internationalen Verkehr geöffneten Telegraphen-Anstalten. Aufgestellt im Reichs-Postamt. Abgeschlossen den 19. April 1891. Mit Nachtrag I. gr. 4. (VI, 408, 5 S.) Berl., (v. Decker). n. 6 —

— allgemeines, der f. den internationalen Verkehr geöffneten Telegraphen-Anstalten. Aufgestellt im Reichs-Postamt. Abgeschlossen den 7. Novbr. 1894. 4. (VII, 466 u. 1. Nachtrag 9 S.) Berlin 894. (R. v. Decker.) n. 6. —

— allgem., der f. d. internat. Verkehr geöffneten Telegraphenanstalten (v. J. 1894). Ergänzungsheft. 12. März 1896. gr. 4. (24 u. Nachtrag Nr. 8, 2 S.) Berlin 896. (R. v. Decker.) n. — 40
(Hauptwerk u. Ergänzungsheft: n. 6. 40)

Allgemeines Verzeichniß der für den internationalen Verkehr geöffneten Telegraphen-Anstalten. Aufgestellt im Reichs-Postamt. 1887. Berlin 1887. 4°. Dass. 1891. 1894. 1899.

Verzeichnis, Allgemeines Wiener, neuer Bücher, mit kurzen Anmerkungen und einem gelehrten Anzeiger. 19 Stücke. H: *Behrisch, Hch. Wolfgang.* (Provinc. Nachr. 1784, S. 32; 96) (Wienerblättchen 1783, 27/11) ([Heinrich Wolfgang Berisch], Die Wiener Autoren, Pressb. 1784, S. 30) (BiblPort)

Alphabet. Verzeichniss sämmtlicher in den *gedruckten 3 Theilen* von *W. Hund's Bayerischen Stammenbuch* vorgetragenen *Adelsgeschlechter*, zugleich als Uebersicht d. gegenwärtigen Bestandes der *Wappensammlung d. histor. Vereines von OB.* (S.-A. aus d. 5. Jahresber. dieses Vereines.) München 1843. Gr. 8°. Cart.
17 S. (à 2 Col.).

Verzeichnis sämmtlicher in den gedruckten drei Theilen von W. Hund's Bayerischem Stammenbuch vorgetragenen Adelsgeschlechter . . . München 1843. V: *Föringer, H. K.* (Bücher-Samml. d. hist. Ver. v. u. f. Oberbayern. Münch. 1867.)

Verzeichnis, Alphabetisches, sämmtlicher Schleswig-Holsteinischer Aemter, Landschaften, Städte . . . Kiel 1850. V: *Geerz, Frz Heinrich Julius.* (Schles) (A)

— alphabetisches, sämmtlicher Amtsgerichte im deutschen Reiche, mit Angabe ihrer Land- u. Oberlandesgerichte. gr. 8. (21 S.) Neuwied 880. Heuser's Verl. n. — 40

— alphabetisches, sämmtlicher Amtsgerichte im Deutschen Reiche, m. Angabe ihrer Land- u. Oberlandesgerichtsbezirke. 2. Aufl. gr. 8. (21 S.) Leipzig 890. G. Weigel. n. — 40

Verzeichniss, alphabetisches, sämmtlicher Aerzte, Wundärzte, I. und II. Klasse, Geburtshelfer und Militair-Aerzte in der preussischen Monarchie. (Abgeschlossen am 1. Octbr. 1854.) 16. (80 S.) Berlin 854, C. Heymann.

—— alphabetisches, bergmännischer Ausdrücke, welche beim sächsischen Bergbau in Gebrauch sind. 8. (34 S.) Freiberg 856, Craz und Gerlach. *

Verzeichnis, Alphabetisches, der gebräuchlichsten juridischen Ausdrücke. Wien 1881. V: *Salm-Reifferscheid, Erich Maria Jaromir Hieronymus Emilian Graf.* (EB)

—— alphabetisches, der gebräuchlichsten juridischen Ausdrücke von E. S. Deutsch-französisch und französisch-deutsch. gr. 8. (31 S.) Wien 881, (Braumüller.)

ALPHABETISCHES VERZEICHNISS DER BIBLIOTHEK des historischen Vereins für Niedersachsen. Als 5. Nachricht den Vereinsmitgliedern mitgetheilt. (Hannover 1841. Gedruckt in der Königl. Hofbuchdruckerei der Gebr. Jänecke.) 8°.

ALPHABETISCHES VERZEICHNISS DER BIBLIOTHEK des historischen Vereins für Niedersachsen. Hannover. 1856. Druck von Ph. C. Göhmann. 8°.

— alphabet., der Bücher u. Landkarten ꝛc., welche v. Jan. 1822 — Ende 1827, erschienen sind. 8. Leipz. Hinrichs.

—— alphabetisches, der Bücher, Landkarten u. s. w., welche im J. 1846 und 1847 in Holland und dessen ausländ. Besitzungen neu erschienen oder neu aufgelegt worden sind, mit Angabe der Preise etc. (Nebst Materien-Register.) 8. Amersfoort, Gebr. Taats. [1846. (XXIV und 104 S. mit 16 S. Anhang.) 1847. (XXIV und 115 S.) à Jahrg. * 20 Ngr.] *

Verzeichnis, Alphabetisches, der in der Rathsbibliothek zu Stralsund befindlichen Bücher. Stralsund 1829. H: *Zober, Ernst.* (P. Schwenke, Adressbuch d. dtsch. Bibliotheken. Leipz. 1893, S. 336)

Verzeichniß, alphabet., der in d. Rathsbibliothek zu Stralsund befindl. Bücher. Voran e. Nachricht von d. Entsteh. u. Einrichtung d. Bibliothek u. den Bedingungen für d. Benutzung ders. 4. (62 B.) Stralsund 829, (Löffler.) Thlr.

— alphabetisches, sämmtl. Bücher der Bremischen öffentl. Bibliothek mit Bezeichnung d. Standortes eines jeden Buches in ders. 2 Hälften. gr. 8. Bremen 833, 34. Heyse. ...

Verzeichnis, Alphabetisches, sämtlicher Bücher der Bremischen öffentlichen Bibliothek mit Bezeichnung des Standortes . . . Bremen 1833—59. H: *Rump, Hermann.* (P. Schwenke, Adressbuch d. dtsch. Bibliotheken. Leipz. 1893, S. 64)

Verzeichnis, Alphabetisches, sämtlicher in den Jahren 1785 bis 1800 erschienenen Bücher. O. O. 1785—1800. V: *Ersch, Johann Samuel.* (Ky)

— alphabet., sämmtl. in d. J. 1785 bis 1800 erschienen Bücher. gr. 4., s. Repertorium, allgem., d. Literatur (v. J. S. Ersch.)

— alphabet., sämtl. in d. J. 1785—90. erschien. deutsch. und ausländ. Bücher. gr. 4. Weimar, L. Ind. Compt. 795.

— — dasselbe, v. d. J. 1791—95. gr. 4. Ebend.

Alphabetisches Verzeichniss der Büchersammlung der Hochw. Gr. L[andes] L[oge] v. Deutschland zu Berlin. [Nebst] Anh. 1—4. Berlin 1803: Petsch; 1804—1810: Dieterici. 8° [Umschlagtit.]
Verz. 57 S. 1803; Anh. 1. 16 S. 1804; 2. 24 S. 1805; 3. 24 S. 1806; 4. 32 S. 1810.

Alphabetisches **Verzeichniss** der Büchersammlung der Hochw. Gr. L[andes] L[oge] von Deutschland zu Berlin. Berlin 1825: Hayn. 152 S. 8°
Kl. 13c.

Alphabethisches **Verzeichniss** des Büchervorraths bey der Freymåurerloge zu den drey goldenen Zirkeln [in Stettin]. Stettin [1777]: Effenbart. 32 S. 8° [Umschlagtit.]
Kl. 2.

Verzeichnis, Alphabetisches, von 510 Druckorten vom Jahre 1771 bis ins 18. Jahrhundert, deren frühe und grossentheils erste typographische Erz. die 3. Abtheilung des Bibliographischen Museums bilden. Dresden o. J. V: *Klemm, Heinrich.* (StBBerlin X, S. 14)

— alphabet., der Ein- u. Ausgangs-Zölle, welche nach d. preußisch-baierisch-würtemberg. ꝛc. Zoll-Tarif vom 1. Januar 1834 an erhoben werden. gr. 4. Stuttgart 834. (Neff.) 1 ℳ

Verzeichniss, Alphabetisches, aller in den Ländern der ungarischen Krone befindlichen Eisenbahn- und Dampfschifffahrts-Stationen mit Angabe der zugehörigen Finanzwach-Abtheilungen und der Finanz-Directionen. Kl.-8. (87 S.) —.30
Wien: Hof-u.Staatsdruck.1894.

- alphabetisches, aller in Oesterreich-Ungarn einschliesslich Bosnien u. der Hercegovina befindlichen Eisenbahn- u. Dampfschiffahrts-Stationen sowie der f. den Transport v. anmeldungspflichtigen Sendungen zugelassenen Strassenzüge m. Angabe der zuständigen Finanzwachabteilungen u. Finanzdirektionen. (330 S.) 8. Wien 906. (Hof- u. Staatsdruckerei.) Kart. n. 1. 80

Verzeichnis, Alphabetisches, sämmtlicher Entschädigungsobjekte, auch wo solche liegen . . . O. O. 1803. V: *Beyer.* (MGT) (Ky)

— alphabet., sämmtl. Entschädigungsobjekte, auch wo solche liegen, wer ihre ehemal. Besitzer waren, u. an wen sie gekommen sind ꝛc. (v. ... Beyer.) 4. Stadt am Hof 803.

Verzeichniß, Alphabetisches, zu dem der Regierungs-Vorlage eines Gesetzentwurfes, betreffend die directen Personalsteuern, beigegebenen Erwerbsteuer-Tarife. Lex.-8. (32 S.) —.10
Wien: Hof-u.Staatsdruck.1892.

— alphabetisches, der Fernsprechteilnehmer im Oberpostdirektionsbez. Schwerin (Meckl.). Hrsg. v. Nicolaus Frh. v. Hauff. Bearb. auf Grund amtl. Materials v. H. Rümenapp. April 1906. (III, 154 S.) Lex.-8. Neubrandenburg 906. (C. Brünslow.) n. 1. —

—— alphabetisches, der im Bezirk des Handelsgerichts zu Elberfeld ansässigen und in das Handelsregister eingetragenen kaufmännischen Firmen nebst Angabe der Besitzer und Procuristen. (Geschlossen am 31. Decbr. 1862.) gr. 4. (68 S.) Barmen 863, Röder.

Verzeichnis, Alphabetisches, der im Kurfürstenthum Sachsen vorhandenen grossen und kleinen Flüsse, Bäche, Seen, Teiche . . . Dresden 1792. V: *Zeutsch, A. S. von.* (EngG)

— alphabet., der im Churfürstenth. Sachsen vorhand. großen u. kleinen Flüsse, Bäche, Teiche, Thäler, Berge, Wälder, Auen rc., als Anhang zu den Verzeichn. d. Sächsischen Städte, Aemter rc. 4. Dresd. 792. Walther. 6 gl.

Alphabetisches **Verzeichnis** aller bekannten Freimaurer-Logen aus oeffentlichen Urkunden dieser ehrw. Gesellschaft zusammen getragen. Leipzig: Boehme 1778. 127 S. 8°
Abgedr. in: MM. 9 (1881—1882) S. 406—412. 446—450, 492—495.
Recens: Frmr-Bibliothek. 1 (1778) S. 155 bis 156; 2. Aufl. 1782; 3. Aufl. 1792.
Kl. 118, Tt. 306. 23. 25.

— alphabet., aller bekannten Freimaurerlogen aus öffentl. Urkunden dieser ehrwürdig. Gesellschaft zusammengetragen. 8. Leipz. 778. (Cnobloch). 12 gl.

—— alphabet., der Fristen, in welchen Rechte, Ansprüche u. Klagen verjähren. Als Anh. d. Schrift: Das wichtige Gesetz üb. Einführ. kürzerer Verjährungsfristen rc. 8. (1½ B.) Halle 839, [Knapp.]

— alphabet., der Fristen, in welchen Rechte, Ansprüche u. Klagen verjähren. Als Anhang der Schrift: Das wichtige Gesetz über Einführung kürzerer Verjährungsfristen rc. 8. Halle 839. Kümmel. 1/8 ₰

— alphabetisches, der in dem zoologischen Jahresberichte f. 1·81 enthaltenen neuen Gattungsnamen. Hrsg. v. der zoolog. Station zu Neapel. gr. 8. (10 S.) Leipzig 883. Engelmann. n. — 40

—— alphabetisches, aller Gegenstände, welche im unmittelbaren Verkehre zwischen den Zollvereinsstaaten und Oesterreich beim Ein- und Ausgange in Zollvereins-Gebiete von einer Zollabgabe befreit sind; so wie derjenigen Artikel, welche beim Ausgange aus den Zollvereins-Staaten nach Oesterreich einem Ausgangszolle unterliegen; mit Hinweisung auf den Vereinszolltarif vom 1. Jänner 1854 und der Beilage I. A. zum Zoll- und Handelsvertrage zwischen Preußen und Oesterreich vom 19. Febr. 1853. Passau 854. Elsässer u. Waldbauer. 12. (23 S.) n. 4 ngr.

— alphabet., d. Gehalte sämmtlicher bekannter chemischer Verbindungen von Berzelius u. Löwenhielm. Aus d. Französ. von Meinecke. (Aus Schweiggers Journal abgedruckt.) gr. 8. Nürnb. 820. Schrag. 16 gl.

Verzeichniß, alphabetisches, der Geistlichen im apostolischen Vikariate Luxemburg. Luxemburg 868. Brück. 8. (11 S.) 6 ngr.

— alphabetisches, sämmtl. Geistlichen u. Pfarreien d. Diözese Trier 1896. 8. (XVI u. X S.) Trier 895. Paulinus-Druckerei. n. — 20

Alphabetisches Verzeichniss sämmtlicher Geistlichen u. Pfarreien der Diözese Trier 1896. [Trier:] Paulinus-Dr. 1896. (XV, X S.) 8° [Umschlagt.]

—— alphabetisches, der Gemarkungen und Gemeinden des Grossherzogth. Hessen mit Angabe der Kreisämter, Districts-Einnehmereien, Rentämter resp. Ober-Einnehmereien, Orts-Einnehmereien, Hauptsteueramtsbezirke, Oberförstereien und Forste, zu welchen jede einzelne Gemarkung und Gemeinde gehört. Hrsg. von der grossherzogl. Centralstelle für die Landesstatistik. gr. 4. (III, 20 S.) Darmstadt 875, Jonghaus'sche Hofbuchh.

Verzeichniss, alphabetisches, der Gemeinden in Elsass-Lothringen m. Angabe der Einwohner- u. Häuserzahl nach der Zählg. v. 1871, sowie der Post-Bestell-Bezirke. 2. Aufl. gr. 8. (62 S.) Strassburg 874. Schmidt. geb. n. 1. —

Verzeichniss. Alphabetisches V. der politischen Gemeinden der Schweiz, nebst Angabe des Zivilstandskreises, des Bezirks und Kantons, zu welchen dieselben gehören... = Liste alphabétique des Communes politiques... = Elenco alfabetico delle Comuni politiche.... Veröffentlicht vom eidgen. Departement des Innern.... ([Mit] Nachtrag... [vom] 10. Mai 1876.) 4. Berne 1875.

Verzeichniss, alphabetisches der politischen Gemeinden der Schweiz, nebst Angabe des Zivilstandskreises, des Bezirks und Kantons, zu welchen dieselben gehören, sowie Bezeichnung des Amtssitzes jedes betreffenden Zivilstandsbeamten. Veröffentlicht vom eidgen. Departement des Innern. 84 Stn. 4. Bern, Druck von A. Fischer. 1876.

— alphabet., der Gemeinden d. Rheinkreises. ... Speyer 183.. Kolb. 5 gl.

Verzeichniß, alphabetisches, der Gewerbezweige, welche z. d. bis zum 1. Oktbr. 1885 gebildeten Berufsgenossenschaften gehören. Nachweisung der Namen, Sitze u. Bezirke der Berufsgenossenschaften, der Sektionen u. der Schiedsgerichte; ferner der Namen u. Wohnorte der Vorsitzenden der Genossenschafts- u. Sektions-Vorstände, sowie der Schiedsgerichte. I. Berufsgenossenschaften. II. Reichs- u. Staatsbetriebe. gr. 4. (82 S.) Berlin 886. Asher & Co. cart. n. 1. —

Alphabetisches **Verzeichniss** der Grossbilder von Messbild-Aufnahmen. *(Berlin: Kgl. Preuss. Messbild Anst. [1901].)* (7 Bl.) 4°(2°) [Kopft. 3.] [03. 819 10

Alphabetisches **Verzeichniß** derjenigen Grundbesitzer in der Stadt Kiel, als dem zweiten städtischen Wahlbezirk des Herzogthums Holstein, welche in Gemäßheit der Vorschriften der allerhöchsten Verordnung vom 15. Mai d. J. als Abgeordnete oder Stellvertreter für die ständische Versammlung im Herzogthum Holstein wählbar sind. Kiel. 1834. 8°
– ebd. 1838. 8°
– ebd. 1840. 8°

Alphabetisches **Verzeichnis** der bekanntesten dem Seeverkehre dienenden Häfen und Anlegeplätze der Erde. Im Auftr. d. Minist. f. Handel u. Gewerbe bearb. v. Kgl. Preuss. Statist. Landesamte. 4. völlig umgearb. Aufl. Berlin: Statist. Amt 1908. (XII, 392 S.) 8° [05. 1914

— alphabetisches, wichtiger Hafen- u. Handelsplätze außerhalb Deutschlands. Zum Gebrauche f. die Statistik des auswärt. Handels. Hrsg. vom kaiserl. statist. Amt. gr. 8. (39 S.) Berlin 900. Puttkammer & Mühlbrecht. n. 1. —

Alphabetisches Verzeichnis wichtiger Hafen- und Handelsplätze außerhalb Deutschlands. Zum Gebr. f. d. Statistik d. auswärt. Handels. 3. Aufl. Hrsg. v. Kais. Statist. Amt. Berlin: Puttkammer & Mühlbrecht 1905. (45 S.) 8° [F.] 07. 938

Verzeichniss der im deutschen Zollvereine mit Einschluss der Reichslande Elsass-Lothringen vorhandenen Haupt-Zoll- und Haupt-Steuerämter, Neben-Zollämter I. und Steuer-Ämter, Alphabetisches, mit Angabe ihrer ... Befugnisse hinsichtlich der Waaren-Abfertigung mit Begleitscheinen, sowie mit Ladungs-Verzeichniss und Begleit-Zettel [Ansage-Verfahren], unter gleichzeitiger Bezeichnung der an den Eisenbahnen gelegenen Zollstellen. Nach den neuesten amtlichen Quellen ergänzt. 7. vollst. verb. u. erweiterte Aufl. Harburg 1875. gr. 4.
—, — 8. vollst. verb. u. erweiterte Aufl. Ebda 1884. gr. 4.
Vorher sieh H. Carl

Verzeichniss derdeutschen Heimathshafen, Alphabetisches, und der von deutschen Schiffen besuchten sonstigen deutschen und fremden Häfen. Bearb. im Auftrage des Ministers für Handel, Gewerbe und öffentl. Arbeiten. Berlin 1872. 8.

— alphabetisches, der deutschen Heimathshäfen und der von deutschen Schiffen besuchten sonstigen deutschen und fremden Häfen etc. Bearb. im Auftrage des Ministers für Handel, Gewerbe und öffentl. Arbeiten. gr. 8. (85 S.) Berlin 877, Verlag des k. statist. Bureaus.

Alphabetisches Verzeichniss der deutschen Heimathshafen sowie der wichtigsten europäischen und aussereuropäischen Hafen- und Anlegeplätze. Bearbeitet im Auftrage des Ministers für Handel, Gewerbe und öffentliche Arbeiten. 1., 2. Aufl. Berlin 1876, 79.

— alphabetisches, der deutschen Heimathshäfen, sowie der wichtigsten europäischen und aussereuropäischen Hafen- und Anlegeplätze. Bearb. im Auftrage des Ministers für Handel, Gewerbe und öffentl. Arbeiten. 2. verm. und bericht. Aufl. gr. 8. (IV, 157 S.) Ebendas. 879.

— alphabetisches, der activen Hof- und Staatsdiener des Großherzogth. Baden nach dem Stande von Anfang Septbr. 1878, nebst kurzen Personalnachrichten. Nach amtl. Quellen bearb. und mit einem Anhang versehen', welcher Verzeichnisse der Anwälte, Notare und Steuerkommissäre, sowie der Referendäre und Praktikanten enthält. 8. (IV, 156 S.) Karlsruhe 879, Braun'sche Hofbuchh. *

— alphabetisches, der activen Hof- u. Staatsdiener des Großherzogthums Baden, nebst kurzen Personalnachrichten. 2. Ausg. [Nach dem Stande von Anfang Dezbr. 1880.] Nach amtl. Quellen bearb. u. mit einem Anh. versehen, welcher Verzeichnisse der activen Anwälte, Notare u. Steuerkommissäre, der Referendäre u. Praktikanten, sowie der seit der 1. Ausg. ausgeschiedenen Diener enthält. 8. (IV, 168 S.) Karlsruhe 881. Braun. n. 2. —

— alphabetisches, der activen Hof- und Staatsdiener des Großherzogth. Baden, nebst kurzen Personalnachrichten. 3. Ausg. [Nach dem Stande von Anfang März 1885.] Nach amtl. Quellen bearb. und mit einem Anhang versehen, welcher Verzeichnisse der activen Anwälte, Notare, Steuerkommissäre und Bezirksthierärzte, der Referendäre, Praktikanten 2c., sowie der seit der 2. Ausg. ausgeschiedenen Diener enthält. 8. (IV, 197 S.) Karlsruhe 885, Braun'sche Hofbuchh. *

— alphabetisches, der activen Hof- u. Staatsdiener d. Großherzogth. Baden, nebst kurzen Personalnachrichten. 4. Ausg. [Nach dem Stande v. Anfang August 1889.] Nach amtl. Quellen bearb. u. m. e. Anh. versehen, welcher Verzeichnisse der activen Anwälte, Notare, Steuerkommissäre, Bezirksthierärzte, Bezirksgeometer u. Revisionsgeometer, der Referendäre, Praktikanten 2c., sowie der seit der 3. Ausg. ausgeschiedenen Diener enthält. 8. (V, 216 S.) Karlsruhe 889. Braun. n. 3. 60

— alphabet., d. aktiven Hofdiener u. d. aktiven Staatsbeamten d. ob. Klassen des Großherzogth. Baden, nebst kurzen Personalnachrichten. 5. Ausg. (Nach d. Stande v. Novbr. 1891.) Nach amtl. Quellen bearb. u. m. e. Anh. vers., welcher Verzeichnisse d. akt. Anwälte, Steuerkommissäre III. Geh.-Kl., Bezirksgeometer II. Geh.-Kl. u. Revisionsgeometer, Werkstättevorsteher der Eisenbahnverwaltg., Bahnexpeditoren I. Kl., Güterexpeditoren, Obertelegraphisten, Polizeikommissäre II. Geh.-Kl., d. Referendäre, Praktikanten 2c., sow. der seit der 4. Ausg. ausgeschied. Personen enthält. 8. (V, 284 S.) Karlsruhe 894. G. Braun'sche Hofbuchdruckerei u. Verlag. n. 4. 60

— alphabetisches, der aktiven Hof- u. Staatsbeamten der oberen Klassen des Gehaltstarifs des Großherzogth. Baden nebst kurzen Personalnachrichten. 6. Ausg. (Nach dem Stande v. März 1901.) Nach amtl. Quellen bearb. u. m. e. Anh. versehen, welcher Verzeichnisse der aktiven Anwälte, Steuerkommissäre III. Gehaltskl., Bezirksgeometer II. Gehaltskl. u. Revisionsgeometer, Werkstättevorsteher der Eisenbahnverwaltung, Stationsverwalter, Güterexpeditoren, Obertelegraphisten, Polizeikommissäre II. Gehaltskl., der Referendäre, Praktikanten 2c. enthält. 8. (V, 296 S.) Karlsruhe 901. G. Braun'sche Hofbuchdr. Kart. n. 4. 60

— alphabetisches, der aktiven Hof- u. Staatsbeamten der oberen Klassen des Gehaltstarifs des Großherzogt. Baden nebst kurzen Personalnachrichten. 7. Ausg. (Nach dem Stande vom April 1907.) Nach amtl. Quellen bearb. u. m. e. Anh. versehen, welcher Verzeichnisse der aktiven Anwälte, Steuerkommissäre III. Gehaltskl., Bezirksgeometer II. Gehaltskl. u. Trigonometer, Werkstättevorsteher der Eisenbahnverwaltg., Stationsverwalter, Güterexpeditoren, Telegraphensekretäre d. Eisenbahnverwaltg., Polizeikommissäre II. Gehaltskl., der Referendäre, Praktikanten 2c. enthält. (VI, 378 S.) 8. Karlsruhe, G. Braun'sche Hofbuchdr. Kart. 4. 80

— alphabetisches, der deutschen Kauffahrteischiffe nach dem Bestande am Schlusse des J. 1870. Hrsg. vom Reichskanzler-Amte. gr. 8. (IV, 285 S.) Berlin 872, G. Reimer. cart.

— alphabetisches, der durch das königl. sächsische Landesnivellement bestimmten Höhen. gr. 4. (IV, 47 S. mit 1 Netzkarte.) Berlin 886, Stankiewicz. *
Aus: Astronomisch-geodätische Arbeiten für die Europäische Gradmessung im Königreich Sachsen, besonders abgedruckt.

— dass. — nach dem Bestande am 1. Januar 1872 und 1873 Hrsg. vom Reichskanzler-Amte. Lex.-8. (IV, 299: 307 S. Ebendas. 873. cart. à *

— dass. — für 1874 und 1875. Hrsg. vom Reichskanzler-Amte. Lex.-8. (IV, 377; 433 S.) Ebendas. 874. cart. à *

Verzeichniss, alphabetisches, der deutschen Kauffahrteischiffe für 1876, nebst Anhang, enth. Listen von Behörden, statist. Uebersichten etc. Hrsg. vom Reichskanzler-Amte. gr. 8. (V, 464 S.) Berlin 876, G. Reimer. cart. * 4
Fortsetzung s. Handbuch für die deutsche Handels-Marine.

Verzeichniß, alphabetisches, sämmtlicher während des Zeitraums vom 1. Janr. bis 15. Aug. 1859 gerichtlich angemeldeten kaufmännischen Concurse in der Preußischen Monarchie, nebst Angabe der Zahlungseinstellungs-Tage. Nach amtlichen Quellen. Hamburg 859. Dütschke. 8. (32 S.) n. 7½ ngr.

— alphabetisches, der acuten, chronischen und chirurgischen Krankheiten und ihre Heilung durch die Naturheilkunde. 8. (IV und 165 S.) Hamburg 866, Jowien. *

— alphabet., sämmtlicher Kreisgerichts-Behörden 1849. 4. (12 S.) Berlin 849, C. Heymann. n. ⅙ ℛ

Verzeichniß, alphabetisches — des Lehr- und Beamten-Personals, so wie der Studierenden an der k. k. Universität zu Pesth im Studienjahre 1855/56. Ofen, 1856. Gedr. in der k. k. Pesther Universitäts-Buchdruckerei (39 S. 4.)

— alphabet., oder Lexicon der jetzt lebenden schwäbischen Schriftsteller, aus Hambergers gelehrten Deutschland gezogen, u. mit Zusätzen verm. (v. O. F. Hörner). 8. Nördling. 771. Beck. 12 ℛ

Verzeichnis, Alphabetisches, oder Lexikon der jetzt lebenden schwäbischen Schriftsteller . . . Nördlingen 1771. V: *Hörner, Otto Frdr.* (Ky)

— alphabet., der Mädchenstiftungen in Böhmen. gr. 8. Dresd. Walther. 1792.

Alphabetisches Verzeichniss der Messbild-Aufnahmen und Platten. (*Berlin: Kgl. Preuss. Messbild-Anst. [1901].*) (12 S.) 4° [Kopft. J.] [01. 12366

— alphabet., der Mitglieder des am 11. April 1847 in Berlin eröffneten Vereinigten Landtages. gr. 8. (23 S.) Berlin 847. (Leipzig, Brauns.) 3 ngr

— alphabetisches, der Mitglieder d. Reichstages m. den Wohnungen, der Fraktionsbezeichnung u. angehängter Fraktionsliste. 5. Aufl. 7. Legislatur-Periode. 1. Session 1887. gr. 8. (39 S.) Berlin 887. C. Heymann's Verl. n. 1. —

Verzeichnis, Alphabetisches, der goldenen, silbernen, kupfernen und fingirten oder Rechnungs-Münzen Europas und anderer Welttheile . . . Erfurt 1789. V: *Neuenhahn, Carl Christian Adolph.* (MGT) »1791« (Ky)

— alphabet., d. goldenen, silbernen, kupfernen u. fingirten oder Rechnungsmünzen Europas u. anderer Welttheile (von K. C. A. Neuenhahn, aus dess. Kontorist besond. abgedr.) gr. 8. Erf. 791. Keyser. 8 gr

— alphabetisches, von Original-Holzschnitten und Clichés der Herder'schen Verlagshandlung in Freiburg [Baden]. Nr. 1—6250. Fol. (12 S.) Freiburg i. Br. 882, Herder'sche Verlagsh. **

Verzeichnis, Alphabetisches, sämmtlicher Orte im Herzogthume Kärnten. Klgft., v. Kleinmayr, 1860. Quart. 321 S.

Verzeichniß, Alphabetisches — sämmtlicher Orte des Kronlandes Niederösterreich mit der Darstellung ihrer Einreihung in die betreffenden Kastastral- und Orts-Gemeinden, Pfarrsprengel, Bezirksämter, Untersuchungs-Gerichte, Kreise und Post-Bestellungsbezirke, nebst Angabe des für eine jede Katastral-Gemeinde ausgemittelten Flächen-Inhaltes in nieder-österr. Jochen und der Einwohnerzahl. Wien. 1854. K. K. Hof- und Staatsdruckerei. (1072 S. 4) geh.

Verzeichnis, Alphabetisches, aller Ortschaften im Fürstenthum Bayreuth. Bayr. 1793. V: *Kapp, Joh.* (Ky)

Alphabetisches Verzeichnis aller Ortschaften Galiziens und der Bukowina im Jahre 1818. Lemberg: Piller 1818.

— alphabet., aller im Herzogthum Wirtemberg befindlichen Ortschaften 2c. 8 Bayreuth, Lübeck. 797.

Verzeichnis, Alphabetisches, aller zum Herzogthum Würtemberg gehörigen Ortschaften, Städte, Marktflecken . . . Bayr. 1798. V: *Kapp, Johann.* (Fiker) (EngG) (MGT) (BB)

— alphabet., aller zum Herzogthum Würtemb. gehör. Ortschaften 2c., s. Taschenbuch, tägl., für alle Stände im Herzogth Würtemberg. Anhang.

Alphabetisches Verzeichniß der Ortschaften des Kreises Berent. Berent [1903]: H. Schmidt. (8 Bl.) 4° [J.] [03. 3:39 10

Alphabetisches Verzeichniß der Ortschaften im Departement des Königl. Preuß. Appellations-Gerichts zu Naumburg a. d. Saale mit Angabe der landräthlichen Kreise, worin dieselben liegen u. der Gerichte, zu welchen sie gehören. Naumburg a. d. S. 1865.

— alphabetisches, der Ortschaften [Städte, Flecken, Dörfer, Weiler, Höfe 2c.] in den Hohenzollern'schen Landen unter Angabe der politischen und kirchlichen Eintheilung, der Einwohnerzahl, Postbezirke, Höhenpunkte und Telegraphenstationen. Lex.-8. (26 S.) Sigmaringen 882, Tappen. *

— alphabetisches, der sämmtlichen Ortschaften des Herzogthums Salzburg mit Angabe der Orts- u. Steuergemeinden, Gerichts- u. Steuer-Bezirke u. der Bezirkshauptmannschaften. Salzburg 870. Mayr. 4. (20 S.) n. 4 ngr.

Verzeichniß, alphabetisches, sämmtlicher in den Ober-Post-Directions-Bezirken Königsberg i. Pr. und Gumbinnen belegenen Ortschaften mit Angabe der Kreise, worin sie gelegen u. der Post-Anstalten, nach welchen die Briefe zu adressiren sind. Nach amtlichen Quellen. Königsberg 861. Nürmberger. gr. 8. (275 S.) n. 24 ngr.

Verzeichniß, Alphabetisches — sämmtlicher im Markgrafenthume Mähren befindlichen Ortschaften, sammt Zuweisung zu den betreffenden Gerichts- und politischen Behörden. Brünn. Druck von Fr. Gastl. (74 S. 4.) 1855.

Alphabetisches Verzeichniß sämmtlicher Ortschaften in dem Regierungs-Bezirke Potsdam, so wie derjenigen angrenzenden Ortschaften, deren Post-Verkehr durch Post-Anstalten des Bezirks vermittelt wird. Hrsg. von der Königl. Ober-Post-Direction zu Potsdam im Dec. 1861. Berlin 1861.

— [Desgl.] Hrsg. im Nov. 1863. Potsdam 1863.

— alphabet., sämtl. im Reg.-Bez. Potsdam belegenen Ortschaften u. Ortsteile, nebst e. Zusammenstellg. der zugehör. Oberförstereien u. Bezirkskommandos. Nach amtl. Quellen unt. Leitg. v. Mauer bearb. gr. 4. (III, 296 u. Nachträge 3 S.) Potsdam 897. A. Stein. n. 11. —; geb. n. 12. —

— alphabetisches, sämmtlicher Ortschaften d. Königr. Sachsen, nebst Angabe d. Regierungsbezirkes, der Amtshauptmannschaft, d. Standesamtes u. der Bewohnerzahl nach der Zählg. vom 1. Dezbr. 1875. Zusammengestellt vom statist. Bureau d. königl. sächs. Ministeriums d. Innern. 8. (96 S.) Dresden 876. Heinrich. n. — 60

Verzeichnis. Alphabetisches V' der telephonisch verbundenen Ortschaften der Schweiz. Hrg. von der Schweiz. Telegraphen-Direktion. [1. Ausg.] September 1905 = Liste alphabétique des Localités suisses pourvues de stations téléphoniques.... IV + 96 S. 8. Bern, Neukomm & Zimmermann, 1905.

Verzeichnis. Nachtrag zum Alphabetischen V' der telephonisch verbundenen Ortschaften der Schweiz. Juni 1908 = Annexe à la Liste alphabétique des Localités suisses pourvues de stations téléphoniques. Juin 1908. 16 S. 8. Bern, Neukomm & Zimmermann, 1908.

—— alphabetisches, der Ortschaften und Wohnplätze des Kreises Deutsch-Krone. gr. 8. (23 S.) Deutsch-Krone 880, Garms'sche Buchh. *

Verzeichnis, Alphabetisches, der bemerkenswerthen Orts- und Personen-Namen und der auf die erstern bezüglichen Prozesse in den Acten des ehemaligen Schöppenstuhls zu Brandenburg a. H. [Berlin 1868.] V: *Heffter*, *Mor. Wilh.* (schz)

— alphabetisches, der jetzt noch erscheinenden, in der königl. öffentlichen Bibliothek zu Dresden zu findenden Periodica m. Angabe der Verlagsorte u. Signaturen. Lex.-8. (12 S.) Dresden 887. Warnatz & Lehmann. n. — 75

— alphabetisches, der evangelischen Pfarr- u. Vikariats-Orte in den der Aufsicht des Evangelischen Ober-Kirchenraths unterstellten älteren preußischen Provinzen. Mit Angabe der Provinzial-, Kreis-, Diözesan- u. früheren Territorial-Angehörigkeit. Bearb. im Bureau d. Evangel. Oberkirchenraths. [Aus: „Kirchl. Gesetz- u. Verordnungs-Blatt".] gr. 8. (132 S.) Berlin 879. Wortkampf. n. 2. 40

— alphabet., sämtlicher preußischen Post-Anstalten. gr. 8. (16 S.) Köln 852, Weinhagen. n. 1/12 ꝟ

Verzeichniss, Alphabetisches, aller Post-, Eisenbahn-, Telegraphen- und Dampfschiff-Stationen von Österreich-Ungarn nebst Angabe des Kronlandes und des Bezirkes. 3. nach amtlichen Quellen revidirte und vervollständigte Auflage. (Mit 1 Karte.) kl. 8. Wien und Teschen 1869.

Verzeichnis, Alphabetisches, der jetztlebenden Rechtsgelehrten. [Halle 1756.] V: *Weidlich*, *Christoph.* (ML)

—— alphabetisches, sämmtlicher Reichstags-Abgeordneter für den deutschen Reichstag nach der Neuwahl vom 30. Aug. 1878. 8. (15 S.) Schoenebeck 878, Schmidt.

— alphabet., d. in Deutschland u. den durch Sprache u. Literatur verwandten Ländern, bis Ende 1810 gedruckt erschienenen Romane u. Schauspiele. 4. Leipz. 813. (Brockhaus).

— alphabetisches, der in Deutschland u. den durch Sprache u. Literatur verwandten Ländern, bis Ende 1810 gedruckt erschienenen Romane u. Schauspiele. 4. Leipz. Gleditsch. 813.

— alphabet., aller Romane u. Schauspiele, welche von 1700 bis 1810 in Deutschland ꝛc. erschienen sind. gr. 4. Leipz. 813. (Brockhaus). 2 ꝟ Dass., von 1811—27, herausg. von Chr. G. Kayser. gr. 4. Ebd. 1 ꝟ (Aus d. allgem. Bücher-Lexikon von W. Heinsius besond. abgedr.)

— alphabetisches, der Romane u. Schauspiele, welche in Deutschland ꝛc. von 1816—21 gedruckt erschienen sind, herausgeg. v. Chr. G. Kayser. gr. 4. Leipz., Gleditsch.

Verzeichnis, Alphabetisches, der in Kloss' Bibliographie der Freimaurerei und Taute's Maurerischer Bücherkunde angeführten anonymen Schriften. Mit Hinweisung auf die laufenden Nummern in beiden Werken. München 1898. V: *Vulage* (*Verlage?*), *Oscar.* (wolfstieg) (Hdschr. Mitth. Friedrich Müller, München)

Alphabetisches Verzeichniss der in Kloss' Bibliographie der Freimaurerei und Taute's maurerischer Bücherkunde angeführten anonymen Schriften m. Hinweisg auf d. lauf. Nummern in beiden Werken. *München: Th. Ackermann* 1898. (2 Bl., 95 S.) 1 Bd 8. [98. 10535]

Verzeichnis, Alphabetisches, der Schriften über Bäder und Mineralwasser. Zürich 1832. V: *Finsler*, *Jacob.* (EngM)

Verzeichniß, Alphabetisches — der zur Innung der bürgl. Schuhmacher in der k. k. Reichshaupt- und Residenzstatt Wien gehörigen inkorporirten Herren bürgerlichen Schuhmachermeister nebst einem Anhang der befugten Schuhmacher und Geräthelträger. 8. (82 S.) Wien. Mechitharisten-Buchdruckerei. 1854

Verzeichniß, alphabetisches — der zur Innung der bürgerlichen Schuhmacher in der k. k. Reichs-, Haupt- und Residenzstadt Wien gehörigen inkorporirten Herren bürgerlichen Schuhmacher-Meister nebst einem Anhange der befugten Schuhmacher und Geräthelträger. 1855. Wien. Mechitharisten-Buchdruckerei. (76 S. 8.)

Verzeichniß, alphabetisches — der zur Innung der bürgerl. Schuhmacher in der k. k. Reichshaupt- und Residenzstadt Wien gehörigen inkorporirten Herren bürgerl. Schuhmacher-Meister nebst einem Anhange der befugten Schuhmacher und Geräthelträger. 1856. Wien. Mechitharisten-Buchdruckerei. (74 S. 8.)

Verzeichniß, alphabetisches — der zur Innung der bürgl. Schuhmacher in der k. k. Haupt- und Residenzstadt Wien gehörigen, inkorporirten Herrn bürgl. Schuhmacher-Meister, nebst einem Anhange der befugten Schuhmacher u. Geräthelträger 1857. Wien, Mechitbaristen-Buchdr. (76 S. 8.)

— alphabetisches, der deutschen Seehäfen, sowie europäischer u. aussereuropäischer Hafen-, Anlege- u. Küstenplätze. Im Auftrage des Ministers f. Handel u. Gewerbe bearb. vom königl. statist. Bureau. 3., völlig umgearb. Aufl. gr. 8. (XIV, 248 S.) Berlin 899. Verlag des königl. statist. Bureaus. n. 3. 40

Verzeichniß, alphabet., der vorzüglichsten Sehenswürdigkeiten von Berlin, mit e. Tableau derjen. Merkwürdigkeiten, welche nur an bestimmten Tagen zu sehen sind, u. e. Plane (qu. Fol.) Ein Leitfaden f. Fremde. 16. (1 1/4 B. m. Pap. durchschossen.) Berlin 834, Gropius.

Verzeichnis. Alphabetisches Verzeichnis sämtlicher schweizerischen Sonntags-, Lust- und Rundreise-Billette. [Hrg. vom] Verband der Schweizerischen Verkehrs-Vereine = Union des Sociétés suisses de développement, Vorort: Basel. [Mit 2 Karten, wovon 1 Tafel.] II + 104 S. 8. ([Basel, Emil Birkhäuser,] 1903.) fr. 1. 25

Verzeichnis. Alphabetisches V' sämtlicher schweizerischen Sonntags-, Lust- und Rundreise-Billette, nebst [Kartenskizze im Text und] einer Karte der Schweiz. 1904. [Hrg. vom] Verband schweizerischer Verkehrsvereine, Basel = Union des sociétés suisses de développement... II + 111 S. 8. Basel, Emil Birkhäuser. fr. 1. 25

Verzeichnis. Alphabetisches V' sämtlicher schweizerischen fertigen Sonntagsbillette, Lust- und Rundfahrtbillette, nebst [einer Übersichtskarte und] einer (Fremdenverkehrs-)Karte der Schweiz. 1905/06. [Hrg. vom] Verband schweizerischer Verkehrsvereine, Basel = Union des sociétés suisses de développement, Bâle. II + 112 S. 8. Basel, Emil Birkhäuser. (1905.) [fr. 1. 25]

—— alphabet., der für d. Unter-Gerichte d. Königr. Hannover gelt. Sportel-Taxe. gr. 8. (5½ B.) Hannover 823, Hahn.

— alphabet., aller Städte, Dörfer, Vorwerke u. Poststationen in den preussischen Staaten u. Provinzen. 1r Thl. gr. 8. Züllichau 802. Darmann. 12 gr.

Verzeichnis, Alphabetisches, aller in den herzogl. Sächsischen fürstl. Anhalt, fürstl. Schwarzburg, und gräflich Reussischen Landen . . . befindlichen Städte, Ämter . . . Altona 1796. V: *Bube, Wilh.* (EB)

— alphabet., aller in d. Herzogl. Sächs. Fürstl. Anhalt rc. befindlichen Städte rc. s. a. Bube.

Verzeichnis, Alphabetisches, aller in dem Churfürstenthum Sachsen . . . befindlichen . . . Städte, Ämter, Schlösser . . . Friedrichstadt 1768. 2. Aufl. Dresden 1791—92. V: *Zeutsch, A. S. von.* (EngG) (MS) (Kat. d. stat. Bureaus. Dresd. 1890.)

— alphabet., aller im Churfürstenthum Sachsen u. dazu gehörigen Landen befindl. Schrift- u. Amtsfässigen gross. u. klein. Städte, Aemter, Schlösser, Flecken, Rittergüter rc. 4. Dresd. 791. Walther. 1 Thlr 16 gr.

— — Forts. dess. ist Verzeichniß, alphabet., d. im Churfürst. Sachsen vorhandenen gröss. u. kleinen Flüsse, Bäche, Teiche, Thäler, Berge, Wälder, Auen rc.

— alphabet., der in dem Herzogth. Braunschweig-Lüneburg belegenen Städte, Flecken, Dörfer, Aemter, Stifter, Klöster rc. nebst Angabe der Oberhauptmannschaften, Stadt- oder Kreisgerichte und der Häuser- u. Volkszahl nach der Zählung von 1814. gr. 4. Braunschw. 817. Vieweg. 12 gr.

Verzeichniss. Alphabetisches V' der Städte, Flecken, Dörfer, etc. (*Umschlag:* Die St. Fl. D' etc.) der Schweiz, die in deutscher und französischer Sprache verschieden bezeichnet werden = Liste alphabétique des villes (*Umschlag:* Les v'), bourgs, villages etc. de la Suisse, nommés différemment en français et en allemand. 8. Bern 1845.

— alphabetisches, der zum Kurfürstenthum Hessen gehörigen Städte, Flecken, Dörfer, Schlösser, Burgen, Rittergüter, Weiler rc., nebst einem Verzeichnisse längst ausgegangener Orte oder sogenannter Wüstungen. Aufgestellt von F. B. S******* (Präsident Schlereth.) fl. 4. Cassel 846, Bohné. n. 2/3 Thlr

—— alphabet., von mehr. Tausend Städten, Dörfern, Flüssen, Gebirgen, Festungen, Forts, Vorgebirgen, Schlössern, Ruinen, Kanälen rc. d. gegenwärt. Kriegsschauplatzes in d. Türkei. Von 48 Hauptstädten aus, mit Angabe der Entfernungen in deutschen Meilen. gr. 8. (1 B.) Berlin 829, Waagenführ.

—— alphabetisches, der im Königr. Sachsen belegenen Stadt- und Landgemeinden nebst den zugehörigen, besonders benannten Wohnplätzen, ingleichen der Rittergüter und der sonst. exemten Grundstücke nach Kreishauptmannschaften und amtshauptmannschaftl. Verwaltungsbezirken geordnet, nebst alphabet. Ortsregister. Bearb. nach officiellen Unterlagen durch das statist. Bureau des königl. Ministeriums des Innern. Lex.-8. (VI, 469 S.) Dresden 876, v. Zahn's Verlag. *

— alphabetisches, der im Königr. Sachsen belegenen Stadt- u. Landgemeinden m. den zubehörigen, besonders benannten Wohnplätzen, ingleichen der Rittergüter u. sonstigen exemten Grundstücke, nach Kreishauptmannschaften u. amtshauptmannschaftl. Verwaltungsbezirken geordnet, nebst alphabet. Register. Bearb. nach officiellen Unterlagen durch das statist. Bureau d. königl. Ministeriums d. Innern. gr. 8. (X, 705 S.) Dresden 884. Heinrich. n. 3. —

— alphabetisches, der im Königr. Sachsen belegenen Stadt- u. Landgemeinden, 3. Aufl., s. Gemeinde- u. Ortsverzeichnis f. das Königr. Sachsen.

—— alphabet., aller im Deutschen ähnlich klingenden Stammwörter. Ein Handbüchl. f. Schulen u. jeden Stand. 8. (1½ B.) Kempten 829, Dannheimer.

—— alphabetisches, der milden Stiftungen in Hamburg. gr. 8. (68 S.) Hamburg 880, Jowien.

— alphabetisches, der milden Stiftungen in Hamburg. Hrsg. im Auftrage der Aufsichts-Behörde f. die milden Stiftgn. gr. 8. (81 S.) Hamburg 888. O. Meissner's Verl. n. 1. —

— alphabetisches, der Straßen u. Plätze Berlins m. Angabe der Lage nach den Himmelsrichtgn. Im Auftrage der Kaiserl. Ober-Post-Direction in Leipzig hrsg. 2. Aufl. gr. 16. (16 S.) Leipzig 873. Leiner. — 15

—— alphabetisches, der Strassen und Plätze Berlins mit Angabe der Postbezirke. gr. 8. (8 S.) Leipzig 877, Ruhl.

Alphabetisches Verzeichniß sämmtlicher auf der Universität zu Kiel Studirenden im Winterhalbenjahre (Sommerhalbenjahre) . . . Mit Nachweisungen ihrer Wohnungen. (Kiel.) 8° 1830/31 1853/54.
Fortges. u. d. T.:
Verzeichniß der Behörden, Commissionen, Beamten, Institute, Lehrer und Studirenden der Universität Kiel. Kiel 8° 1854 1868/69. 1872.
Fortges. u.d.T.:
Amtliches Verzeichniß des Personals und der Studirenden der Königlichen Universität zu Kiel. Kiel. 1877/78. 1880 1881/82.

Verzeichniss, alphabetisches u. systematisches, englischer u. amerikanischer Zeitungen u. Journale, Coursbücher, Almanachs, sowie Publicationen gelehrter u. anderer Gesellschaften, der Law- u. Stationery Offices of her most gracious Majesty the Queen u. Empress etc., soweit solche in London in irgendwelcher Weise repräsentirt werden. 1. Jahrg. 1876. gr. 8. (16 S.) London 876. Erlecke. — 75

Verzeichnis. Alphabetisches Verzeichnis der schweizerischen Telegraphenbureaux und Gemeinde-Telephonstationen. (Juni 1901.) — Nomenclature des Bureaux télégraphiques et stations téléphoniques communales suisses. (Juin 1901.) II + 60 S. 4. Bern, Gebhardt, Rösch & Schatzmann. [fr. 1. —]

Verzeichnis. Alphabetisches V' der schweizerischen Telegraphenbureaux und Gemeinde-Telephonstationen. ⟨August 1906.⟩ = Nomenclature des Bureaux télégraphiques et stations téléphoniques communnales suisses. ⟨Août 1906.⟩ II + 64 S. 4. Bern, Büchler & Co. [cart. fr. 1. —]

Verzeichnis, alphabetisches, sämtlicher Verse des Gesangbuches f. die evangelisch-lutherische Kirche des Herzogt. Braunschweig vom J. 1902. (53 S.) 8. Braunschweig 903. J. H. Meyer. n. — 60

-- alphabet., sämtlicher Verse, welche im evang. Gesangbuch f. d. Prov. Sachsen enth. sind. 8. (39 S.) Halle 898. E. Strien. n. — 40

Verzeichniß, alphabetisches, der im Elbzolle ermäßigten und elbzollfreien Waaren-Artikel. gr. 8. (20 S.) Magdeburg 854 [und Leipzig, Gebr.] Baensch. Thlr. **

Verzeichniß, alphabetisches, der im Elbzolle ermäßigten und elbzollfreien Waaren-Artikel. 8. (16 S.) Magdeburg 863, (Baensch.)

Verzeichnis, alpbabetisches, der Warengattungen. Aus: „Monatl. Nachweise üb. den auswärt. Handel Deutschlands". (32 S) gr. 8. Berlin, Puttkammer & Mühlbrecht. 1910. —. 20.

Alphabetisches **Verzeichnis** zum Statistischen Warenverzeichnis. Für d. Zeit v. 1. März 1906 ab. Hrsg. v. Kais. Statist. Amt. Berlin: R. v. Decker 1906. (VII, 383 S.) 4°(8°) [F] 106. 13633

— alphabetisches, aller Wohnplätze im Reg.-Bez. Wiesbaden. Mit Angabe der Zahlen der Häuser, der Bewohner, der Bürgermeisterei, des Standesamts, des Kreises, des Landwehr-Bezirks-Commandos, des evangel. u. kathol. Pfarramts u. Decanats, der Oberförsterei, Bau-Inspektion, Bergmeisterei, Schul-Inspektion, Steuerkasse, des Amtsgerichts, des Landgerichts, der nächsten Post-Expedition u. Telegraphen-Station. [Aus: „Statist. Beschreibung des Reg.-Bez.-Wiesbaden".] gr. 4. (IV, 57 S.) Wiesbaden 880. Limbarth. cart. n. 2. 50

—— alphabetisches, der Wohnplätze im Grossherzogthum Hessen mit Angabe der Zahlen der Bewohner und der bewohnten Gebäude, sowie der Gemarkungen und Gemeinden, Bürgermeistereien etc. Nebst einer Uebersicht der Eintheilung des Landes in Bezirke für die verschied. Zweige der öffentl. Verwaltung, die kirchl. und gerichtl. Verhältnisse. Hrsg. von der grossherzogl. Centralstelle für die Landesstatistik. gr. 4. (XXIV und 100 S.) Darmstadt 863, Jonghaus'sche Hofbuchh. *

—— alphabetisches, der Wohnplätze im Grossherzogthum Hessen mit Angabe der Zahlen der Bewohner und der bewohnten Gebäude, sowie der Gemarkungen und Gemeinden, Bürgermeistereien, Kreisämter etc. Nebst einer Uebersicht der Eintheilung des Landes in Bezirke für die verschied. Zweige der öffentl. Verwaltung, die kirchl. und gerichtl. Verhältnisse. Hrsg. von der grossherzogl. Centralstelle für die Landesstatistik. 2., mit Rücksicht auf die erfolgten Territorial-Veränderungen und die neueste Volkszählung völlig umgearb. Aufl. gr. 4. (XXXII, 99 S.) Darmstadt 869, Jonghaus' Verlag. *

—— alphabetisches, der Wohnplätze im Grossherzogthum Hessen, nebst Angabe der Zahlen der Bewohner und der bewohnten Gebäude, sowie der Gemarkungen, Gemeinden und Bürgermeistereien etc. Nebst einer Uebersicht der Eintheilung des Landes in Bezirke für die verschiedenen Zweige der öffentl. Verwaltung, die kirchl. und gerichtl. Verhältnisse. Hrsg. von der grossherzogl. Centralstelle für die Landesstatistik. 3., mit Rücksicht auf die erfolgten Organisations-Veränderungen und die neueste Volkszählung völlig umgearb. Aufl. gr. 4. (XXXIV, 105 S.) Darmstadt 877, Jonghaus'sche Hofbuchh. *

—— alphabetisches, der Wohnplätze im Grossherzogth. Hessen, mit Angabe der Zahlen der Bewohner und der bewohnten Gebäude, sowie der Gemarkungen, Gemeinden, Bürgermeistereien und Standes-Aemter, Kreisämter und Kreisgesundheitsämter, Pfarrämter, Decanate, Amtsgerichte, Steuer-Commissariate, Districts-Einnehmereien, Rentämter, resp. Ober-Einnehmereien, Orts-Einnehmereien, Haupt-Steueramtsbezirke, Oberförstereien, Forstämter und Distributions-Postanstalten, zu welchen die Wohnplätze gehören. Nebst einer Uebersicht der Eintheilung des Landes in Bezirke für die verschiedenen Zweige der öffentl. Verwaltung, die kirchl. und gerichtl. Verhältnisse. Hrsg. von der grossherzogl. Centralstelle für die Landesstatistik. 4. mit Rücksicht auf die erfolgten Organisations-Veränderungen und die neueste Volkszählung völlig umgearb. Aufl. [Beiträge zur Statistik des Grossherzogth. Hessen. 29. Bd.] gr. 4. (XL, 111 S.) Darmstadt 888, Jonghaus. *

Alphabetisches **Verzeichniss** der **Wohnplätze** im Grossherzogthum Hessen mit Angabe d. Zahlen d. Bewohner u. d. bewohnten Gebäude, sowie d. Gemarkungen ... Nebst e. Uebers. d. Eintheilung d. Landes ... Hrsg. von d. Grossherzogl. Centralstelle f. d. Landesstatistik. 5., mit Rücks. auf d. erfolgten Organisations-Veränderungen u. d. neueste Volkszählung völlig umgearb. Aufl. *Darmstadt: G. Jonghaus 1902.* (XXXXVIII, 117 S.) 4°
— **Beiträge** z. Statistik d. Grossherzogthums **Hessen**. Bd 46, H. 2. 103. 1087

Kgl. Bibliothek zu Berlin. Alphabetisches **Verzeichnis** der laufenden Zeitschriften. Nov. 1906. Berlin: Kgl. Bibliothek 1906. (IV, 400 S.) 8° 106. 16003

— — Nachtrag November 1906—Februar 1908. Berlin (1908)

Kgl. Bibliothek zu Berlin. Alphabetisches **Verzeichnis** der laufenden Zeitschriften. (2. Ausg.) März 1908. Berlin: Kgl. Bibliothek (1908). (IV, 401 S.) 8° [08. 7331

— alphabetisches, der laufenden Zeitschriften, welche v. der k. Hof- u. Staatsbibliothek München u. e. Anzahl anderer Bibliotheken Bayerns gehalten werden. (XIV, 427 S.) 8. München 909. J. Palm. Kart 3. 20

Verzeichnis, Alphabetisch-topographisches, sämtlicher Orte Tirols. Innsbruck 1827. H: *Zoller, Frz. Xaver.* (GGr VI/681, Nr. 6/11a)

Verzeichnis der Älterleute grosser Gilde in Riga seit der Zeit der Reformation ... Riga 1829. V: *Trey, Hermann.* (R-N)

Verzeichnis der aegyptischen Alterthümer und Gipsabgüsse. Herausgegeben von der Generalverwaltung. Berlin 1882. 8°.

—— der ägyptischen Altertümer und Gipsabgüsse. Hrsg. von der General-Verwaltung des Königl. Museums zu Berlin. 6. Aufl. 8. (II, 85 S.) Berlin 886, Spemann. **

Verzeichnis der römischen Alterthümer des Museums Wallraf-Richartz. Köln 1864. V: *Ramboux, J. A.* (StBKöln I, 38)

Verzeichnis römischer Alterthümer gesammelt von C. A. Niessen. Köln 1896. V: *Kisa, A.* (Bibl. d. arch. Inst. in Rom. I. Rom 1900.)

Verzeichniss der **Alterthümer** in der Sammlung der Gesellschaft für bildende Kunst und Alterthümer zu Emden. gr. 8. (IV, 50 S.) Emden 877, Haynel.

— der vorderasiatischen Altertümer u. Gipsabgüsse der königl. Museen zu Berlin. Hrsg. v. der Generalverwaltg. 12. (III, 132 S. m. 1 Taf., 1 Plan u. 1 Blatt Erklärgn.) Berlin 889. G. Reimer. n. — 70

Verzeichnis einiger mehr und minder wichtigen . . . Aemter . . . welche von Bürgern zu Zürich verwaltet und versehen werden. O. O. [17??]. V: *Moos, David von.* (ML)

Verzeichniss, amtliches, der Aussteller, welchen v. der internationalen Jury der Weltausstellg. 1873 Ehrenpreise zuerkannt worden sind. 2. rev. Ausg. gr. 4. (572 S.) Wien 874. k. k. Hof- u. Staatsdruckerei. n. 6. —

— amtliches, der zur deutschen Abtheilung der Welt-Ausstellung in Chicago 1893 zugelassenen Aussteller. gr. 8. (V, 87 S.) Berlin 892. (R. Mosse) n. 2. —

Amtliches **Verzeichniss** der zur deutschen Abtheilung der Weltausstellung in Paris 1900 zugelassenen Aussteller. Hrsg. vom Reichskommissariat. *Berlin: R. Mosse in Komm. 1899* (84 S.) 8° [illegible]

Amtliches **Verzeichnis** der zur deutschen Abteilung der Weltausstellung in St. Louis 1904 zugelassenen Aussteller. Hrsg. v. Reichskommiss. f. d. Weltausstellung in St. Louis 1904. Leipzig: J. J. Weber 1904. (75 S.) 8° [illegible]

—— amtliches, der aus den Staaten des deutschen Bundes, dem Königr. Preußen u. Großherzogth. Posen zur Gewerbe-Ausstellung in Berlin 1844 eingesandten Gegenstände. 8. (10¼ B. u. 2 Stnt.) Berlin 844, (Gropius'sche Buchh.)

— amtliches, der aus den Staaten des Deutschen Bundes, dem Königreich Preußen u. Großherzogthum Posen zur Gewerbe-Ausstellung in Berlin 1844 eingesandten Gegenstände. Mit 2 lith. Tafeln. 8. (Berlin 844, Reimarus.) ¼ ℳ

Verzeichniss, amtliches, der aus den Staaten des deutschen Bundes etc. zur Gewerbeausstellung in Berlin 1844 eingesendeten Gegenstände. 4. Aufl. Hiezu:
Verzeichniss der ausstellenden Länder, Staaten u. Personen.

—— amtliches, der aus dem deutschen Zollverein und Norddeutschland zur Industrie-Ausstellung aller Völker in London eingesandten Gegenstände. Mit Angabe derjen. Preise dieser Gegenstände, deren Veröffentlichung freigestellt worden, nebst Reduktionstaf., alphabet. Namens-Verzeichniß und Nachweisung der Klassen. (Mit dem Umschlagstitel: Preis-Katalog ꝛc.) 8. (VIII und 378 S.) Berlin 851, Decker'sche geheime Ober-Hofbuchdr. **

Verzeichniß, amtliches — des Lehr- und Beamten-Personals sowie der Studirenden an der k. k. Ungarischen Landes-Universität zu Pesth im Studienjahre 1852/53. 4. (34 S.) Ofen, Universitäts-Druckerei, 1853

Verzeichniß, Amtliches — des Lehr- und Beamten-Personales, so wie der Studirenden an der Universität zu Pesth im Studienjahre 1853/54. 4. (36 S.) Ofen. Gedruckt in der k. k. ungar. Universitäts-Buchdruckerei. 1854.

Verzeichniß, Amtliches des Lehr- und Beamten-Personals, so wie der Studirenden an der k. k. Universität zu Pesth im Studienjahre 1854/5. Ofen. 1855. Gedruckt in der k. k. Pesther-Universitäts-Buchdruckerei. (40 S. 4°)

Verzeichniß, Amtliches des Lehr- und Beamten-Personals, so wie der Studirenden an der k. k. Universität zu Pest im Studienjahre 1856 57. Ofen, 1857. Gedr. in der k. k. Pester Universitäts-Buchdr. (39 S. 4°)

— amtliches, der gewerblichen Mitglieder der Tiefbau-Berufsgenossenschaft nach dem Stande des Katasters am 1. Jan. 1894. Hrsg. v. der Tiefbau-Berufsgenossenschaft. 4. (24 S.) Berlin 894. (J. L. V. Laverrenz.) n. 2. —

Amtliches **Verzeichniss** des Personals und der Studenten der Universität Strassburg [v. W.-Sem. 1877/78 an: Kaiser-Wilhelms-Universität Strassburg]: S.-Sem. 1872; W.-Sem. 1872/73 u. ff. bis S.-Sem. 1885 . . . Strassburg, Univ.-Buchdr. v. J. H. Ed. Heitz [etc.], 1872 1885. 8°

Verzeichnis, Amtliches, des Personals und der Studierenden der Königlichen Albertus-Universität zu Königsberg i. Pr. f. d. S. S. 1909 ff. Königsberg 1909 ff. 8°

Amtliches **Verzeichniss** des Personals und der Studirenden der Königlichen Christian-Albrechts-Universität zu Kiel. Sommersemester 1875 81 und Wintersemester 1875/76 1881/82. Kiel. 1875 81. Siehe in: Schriften d. Univ. zu Kiel. Bd. 22 28. 4°

Verzeichnis, Amtliches, des Personals und der Studierenden der Königlichen Christian-Albrechts-Universität zu Kiel. W. S. 1909 10 ff. Kiel 1909 ff. 8°

Amtliches **Verzeichnis** (4—127: des Personals und) der Studirenden auf der (3—38, 42—127: Königlichen, 39—41: Königl.) vereinten (68—127: vereinigten) Friedrichs-Universität (1—5: zu) Halle (6—127: -Wittenberg). (1—3:) nebst Anzeige ihrer Ankunft (1. 2: ihres) Vaterlandes, (1. 2: ihrer) Studien und Wohnungen auf (4ff: für) das halbe Jahr (12ff: Winter- bzw. Sommerhalbjahr) von Ostern bis Michaelis . . (bzw. Michaelis bis Ostern . .) (4—13: Nro., 14—28: Nr., 29ff: No.) [1—3.] 4—127. Halle: (1—22:) Ruff, (23—24:) Dietlein jun., (25—28:) Scharre, (29—37:) Grunert, (38—43 & 50:) J. F. G. Hendel, (51—126:) O. Hendel 1822—(1885): (46—49:) J. F. G. Hendel, (127:) Gebauer-Schwetschke. 127 Bde 8° (93—106. 4°) (1—106:) [?] Umfang zwischen 20 und XV, 39 S.

(18ff mit Vignette des Preuß. Adlers, 29ff desgl. Adler mit breiteren Schwingen, 31—106 anderer kleinerer Adler.)

— amtliches, des Personals u. der Studirenden auf d. K. Friedrich-Wilhelms-Universität zu Berlin, von Mich. 1830 bis Ostern 1831. gr. 8. Berl. 831. (Nauck). 6 ℳ

Königl. Friedrich Wilhelms-Universität, Amtliches Verzeichniss des Personales und der Studirenden auf der . . Berlin 1830 71

—— Amtliches [illegible] des Personals und der Studirenden der Königlichen Friedrich-Wilhelms-Universität zu Berlin. Auf d. Sommersem. [illegible] Wintersem. [illegible] 1966 Berlin [illegible]

[*Kopft.*] [f.] Amtliches **Verzeichniss** des **Personals** und der Studirenden auf der Königl. Rheinischen Friedrich-Wilhelms-Universität zu Bonn f. d. W.-Halbj. 1833—34 . . . [Bonn], (gedr. bei C. Georgi 1833). 10 Bl. 4.

[*Kopft.*] [f.] Amtliches **Verzeichniss** des **Personals** und der Studirenden auf der Königl. Rheinischen Friedrich-Wilhelms-Universität zu Bonn f. d. S.-Halbj. 1834 . . . [Bonn], (gedr. bei C. Georgi 1834). 10 Bl. 4.

[*Kopft.*] [f.] Amtliches **Verzeichniss** des **Personals** und der Studirenden auf der Königl. Rheinischen Friedrich-Wilhelms-Universität zu Bonn f. d. W.-Halbj. 1834—35 . . . [Bonn], (gedr. bei C. Georgi 1834). 10 Bl. 4.

[*Kopft.*] [f.] Amtliches **Verzeichniss** des **Personals** und der Studirenden auf der Königl. Rheinischen Friedrich-Wilhelms-Universität zu Bonn f. d. S.-Halbj. 1835 . . . [Bonn], (gedr. bei C. Georgi 1835). 10 Bl. 4.

[*Kopft.*] [f.] Amtliches **Verzeichniss** des **Personals** und der Studirenden auf der Königl. Rheinischen Friedrich-Wilhelms-Universität zu Bonn f. d. W.-Halbj. 1835—36 . . . (Bonn, gedr. bei C. Georgi 1835.) 10 Bl. 4.

[*Kopft.*] [*f.*] Amtliches Verzeichniss des Personals und der Studirenden auf der Königl. Rheinischen Friedrich-Wilhelms-Universität zu Bonn f. d. S.-Halbj. 1836 ... [Bonn], (gedr. bei C. Georgi 1836). 10 Bl. 4.

[*Kopft.*] [*f.*] Amtliches Verzeichniss des Personals und der Studirenden auf der Königl. Rheinischen Friedrich-Wilhelms-Universität zu Bonn f. d. W.-Halbj. 1836—37 ... [Bonn], (gedr. bei C. Georgi 1836). 10 Bl. 4.

[*Kopft.*] [*f.*] Amtliches Verzeichniss des Personals und der Studirenden auf der Königl. Rheinischen Friedrich-Wilhelms-Universität zu Bonn f. d. S.-Halbj. 1837 ... [Bonn], (gedr. bei C. Georgi 1837). 10 Bl. 4.

[*Kopft.*] [*f.*] Amtliches Verzeichniss des Personals und der Studirenden auf der Königl. Rheinischen Friedrich-Wilhelms-Universität zu Bonn f. d. W.-Halbj. 1837—38 ... [Bonn], (gedr. bei C. Georgi 1837). 10 Bl. 4.

[*Kopft.*] [*f.*] Amtliches Verzeichniss des Personals und der Studirenden auf der Königl. Rheinischen Friedrich-Wilhelms-Universität zu Bonn f. d. S.-Halbj. 1838 ... [Bonn], (gedr. bei C. Georgi 1838). 10 Bl. 4.

[*Kopft.*] [*f.*] Amtliches Verzeichniss des Personals und der Studirenden auf der Königl. Rheinischen Friedrich-Wilhelms-Universität zu Bonn f. d. W.-Halbj. 1838—39 ... [Bonn], (gedr. bei F. Baaden 1838). 10 Bl. 4.

[*Kopft.*] [*f.*] Amtliches Verzeichniss des Personals und der Studirenden auf der Königl. Rheinischen Friedrich-Wilhelms-Universität zu Bonn f. d. S.-Halbj. 1839 ... [Bonn], (gedr. bei F. Baaden 1839). 10 Bl. 4.

[*Kopft.*] [*f.*] Amtliches Verzeichniss des Personals und der Studirenden auf der Königl. Rheinischen Friedrich-Wilhelms-Universität zu Bonn f. d. W.-Halbj. 1839—40 ... [Bonn], (gedr. bei F. Baaden 1839). 9 Bl. 4.

[*Kopft.*] [*f.*] Amtliches Verzeichniss des Personals und der Studirenden auf der Königl. Rheinischen Friedrich-Wilhelms-Universität zu Bonn f. d. S.-Halbj. 1840 ... [Bonn], (gedr. bei F. Baaden 1840). 9 Bl. 4.

[*Kopft.*] [*f.*] Amtliches Verzeichniss des Personals und der Studirenden auf der Königl. Rheinischen Friedrich-Wilhelms-Universität zu Bonn f. d. W.-Halbj. 1840—1841 ... [Bonn], (gedr. bei C. & F. Krüger 1840). 9 Bl. 4.

[*Kopft.*] [*f.*] Amtliches Verzeichniss des Personals und der Studirenden auf der Königl. Rheinischen Friedrich-Wilhelms-Universität zu Bonn f. d. S.-Halbj. 1841 ... [Bonn], (gedr. bei C. & F. Krüger 1841). 9 Bl. 4.

[*Kopft.*] [*f.*] Amtliches Verzeichniss des Personals und der Studirenden auf der Königl. Rheinischen Friedrich-Wilhelms-Universität zu Bonn f. d. W.-Halbj. 1841—42 ... [Bonn], (gedr. bei C. & F. Krüger 1841). 8 Bl. 4.

[*Kopft.*] [*f.*] Amtliches Verzeichniss des Personals und der Studirenden auf der Königl. Rheinischen Friedrich-Wilhelms-Universität zu Bonn f. d. S.-Halbj. 1842 ... [Bonn], (gedr. bei C. & F. Krüger 1842). 8 Bl. 4.

[*Kopft.*] [*f.*] Amtliches Verzeichniss des Personals und der Studirenden auf der Königl. Rheinischen Friedrich-Wilhelms-Universität zu Bonn f. d. W.-Halbj. 1842—43 ... [Bonn], (gedr. bei C. & F. Krüger 1842). 8 Bl. 4.

[*Kopft.*] [*f.*] Amtliches Verzeichniss des Personals und der Studirenden auf der Königl. Rheinischen Friedrich-Wilhelms-Universität zu Bonn f. d. S.-Halbj. 1843 ... [Bonn], (gedr. bei C. & F. Krüger 1843). 8 Bl. 4.

[*Kopft.*] [*f.*] Amtliches Verzeichniss des Personals und der Studirenden auf der Königl. Rheinischen Friedrich-Wilhelms-Universität zu Bonn f. d. W.-Halbj. 1843—1844 ... (Bonn, Druck v. C. Georgi 1843). 9 Bl. 4.

[Kopft.] A m t l i c h e s Verzeichniss des Personals und der Studirenden auf der Königl. Rheinischen Friedrich-Wilhelms-Universität zu Bonn f. d. S.-Halbj. 1844. (Bonn), J. A. Odenkirchen (1844). 9 Bl. 4°

[*Kopft.*] [*f.*] Amtliches Verzeichniss des Personals und der Studirenden auf der Königl. Rheinischen Friedrich-Wilhelms-Universität zu Bonn f. d. W.-Halbj. 1844—1845. (Bonn), J. A. Odenkirchen (1844). 9 Bl. 4.

[*Kopft.*] [*f.*] Amtliches Verzeichniss des Personals und der Studirenden auf der Königl. Rheinischen Friedrich-Wilhelms-Universität zu Bonn f. d. S.-Halbj. 1845. (Bonn), J. A. Odenkirchen (1845). 9 Bl. 4.

[*Kopft.*] [*f.*] Amtliches Verzeichniss des Personals und der Studirenden auf der Königl. Rheinischen Friedrich-Wilhelms-Universität zu Bonn f. d. W.-Halbj. 1845—46. (Bonn), J. A. Odenkirchen (1845). 9 Bl. 4.

[*Kopft.*] [*f.*] Amtliches Verzeichniss des Personals und der Studirenden auf der Königl. Rheinischen Friedrich-Wilhelms-Universität zu Bonn f. d. S.-Halbj. 1846 ... (Bonn), J. A. Odenkirchen (1846). 9 Bl. 4.

[*Kopft.*] [*f.*] Amtliches Verzeichniss des Personals und der Studirenden auf der Königl. Rheinischen Friedrich-Wilhelms-Universität zu Bonn f. d. W.-Halbj. 1846—47 ... (Bonn), J. A. Odenkirchen (1846). 9 Bl. 4.

[*Kopft.*] [*f.*] Amtliches Verzeichniss des Personals und der Studirenden auf der Königl. Rheinischen Friedrich-Wilhelms-Universität zu Bonn f. d. S.-Halbj. 1847. (Bonn), J. A. Odenkirchen (1847). 9 Bl. 4.

[*Kopft.*] [*f.*] Amtliches Verzeichniss des Personals und der Studirenden auf der Königl. Rheinischen Friedrich-Wilhelms-Universität zu Bonn f. d. W.-Halbj 1847—48. (Bonn), J. A. Odenkirchen (1847). 10 Bl. 4.

[*Kopft.*] [*f.*] Amtliches Verzeichniss des Personals und der Studirenden auf der Königl. Rheinischen Friedrich-Wilhelms-Universität zu Bonn f. d. S.-Halbj. 1848. (Bonn), J. A. Odenkirchen (1848). 10 Bl. 4.

[*Kopft.*] [*f.*] Amtliches Verzeichniss des Personals und der Studirenden auf der Königl. Rheinischen Friedrich-Wilhelms-Universität zu Bonn f. d. W.-Halbj. 1848—49. (Bonn), J. A. Odenkirchen (1848). 11 Bl. 4.

[*Kopft.*] [*f.*] Amtliches Verzeichniss des Personals und der Studirenden auf der Königl. Rheinischen Friedrich-Wilhelms-Universität zu Bonn f. d. S.-Halbj. 1849 ... (Bonn), J. A. Odenkirchen (1849). 11 Bl. 4.

[*Kopft.*] [*f.*] Amtliches Verzeichniss des Personals und der Studirenden auf der Königl. Rheinischen Friedrich-Wilhelms-Universität zu Bonn f. d. W.-Halbj. 1849—1850 ... (Bonn), J. A. Odenkirchen (1849). 11 Bl. 4.

[*Kopft.*] [*ʃ.*] Amtliches **Verzeichniss** des **Personals** und der Studirenden auf der Königl. Rheinischen Friedrich-Wilhelms-Universität zu Bonn f. d. S.-Halbj. 1850 ... (Bonn), J. A. Odenkirchen (1850). 11 Bl. 4.

[*Kopft.*] [*ʃ.*] Amtliches **Verzeichniss** des **Personals** und der Studirenden auf der Königl. Rheinischen Friedrich-Wilhelms-Universität zu Bonn f. d. W.-Halbj. 1850—1851 ... (Bonn), J. A. Odenkirchen (1850). 11 Bl. 4.

[*Kopft.*] [*ʃ.*] Amtliches **Verzeichniss** des **Personals** und der Studirenden auf der Königl. Rheinischen Friedrich-Wilhelms-Universität zu Bonn f. d. S.-Halbj. 1851 ... (Bonn), J. A. Odenkirchen (1851). 12 Bl. 4.

[*Kopft.*] [*ʃ.*] Amtliches **Verzeichniss** des **Personals** und der Studirenden auf der Königl. Rheinischen Friedrich-Wilhelms-Universität zu Bonn f. d. W.-Halbj. 1851—1852 ... (Bonn), J. A. Odenkirchen (1851). 12 Bl. 4.

[*Kopft.*] [*ʃ.*] Amtliches **Verzeichniss** des **Personals** und der Studirenden auf der Königl. Rheinischen Friedrich-Wilhelms-Universität zu Bonn f. d. S.-Halbj. 1852 ... (Bonn), J. A. Odenkirchen (1852). 12 Bl. 4.

[*Kopft.*] [*ʃ.*] Amtliches **Verzeichniss** des **Personals** und der Studirenden auf der Königl. Rheinischen Friedrich-Wilhelms-Universität zu Bonn f. d. W.-Halbj. 1852—1853 ... (Bonn), J. A. Odenkirchen (1852). 11 Bl. 4.

[*Kopft.*] [*ʃ.*] Amtliches **Verzeichniss** des **Personals** und der Studirenden auf der Königl. Rheinischen Friedrich-Wilhelms-Universität zu Bonn f. d. S.-Halbj. 1853 ... (Bonn), J. A. Odenkirchen (1853). 11 Bl. 4.

[*Kopft.*] [*ʃ.*] Amtliches **Verzeichniss** des **Personals** und der Studirenden auf der Königl. Rheinischen Friedrich-Wilhelms-Universität zu Bonn f. d. W.-Halbj. 1853—1854 ... (Bonn), J. A. Odenkirchen (1853). 11 Bl. 4.

[*Kopft.*] [*ʃ.*] Amtliches **Verzeichniss** des **Personals** und der Studirenden auf der Königl. Rheinischen Friedrich-Wilhelms-Universität zu Bonn f. d. S.-Halbj. 1854 ... (Bonn), J. A. Odenkirchen (1854). 11 Bl. 4.

[*Kopft.*] [*ʃ.*] Amtliches **Verzeichniss** des **Personals** und der Studirenden auf der Königl. Rheinischen Friedrich-Wilhelms-Universität zu Bonn f. d. W.-Halbj. 1854—55 ... (Bonn), J. A. Odenkirchen (1854). 10 Bl. 4.

[*Kopft.*] [*ʃ.*] Amtliches **Verzeichniss** des **Personals** und der Studirenden auf der Königl. Rheinischen Friedrich-Wilhelms-Universität zu Bonn f. d. S.-Halbj. 1855 ... (Bonn), J. A. Odenkirchen (1855). 11 Bl. 4.

[*Kopft.*] [*ʃ.*] Amtliches **Verzeichniss** des **Personals** und der Studirenden auf der Königl. Rheinischen Friedrich-Wilhelms-Universität zu Bonn f. d. W.-Halbj. 1855—1856 ... (Bonn), J. A. Odenkirchen (1855). 10 Bl. 4.

[*Kopft.*] [*ʃ.*] Amtliches **Verzeichniss** des **Personals** und der Studirenden auf der Königl. Rheinischen Friedrich-Wilhelms-Universität zu Bonn f. d. S.-Halbj. 1856 ... (Bonn), J. A. Odenkirchen (1856). 10 Bl. 4.

[*Kopft.*] [*ʃ.*] Amtliches **Verzeichniss** des **Personals** und der Studirenden auf der Königl. Rheinischen Friedrich-Wilhelms-Universität zu Bonn f. d. W.-Halbj. 1856—57 ... (Bonn), J. A. Odenkirchen (1856). 11 Bl. 4.

[*Kopft.*] [*ʃ.*] Amtliches **Verzeichniss** des **Personals** und der Studirenden auf der Königl. Rheinischen Friedrich-Wilhelms-Universität zu Bonn f. d. S.-Halbj. 1857 ... (Bonn), J. A. Odenkirchen (1857). 11 Bl. 4.

[*Kopft.*] [*ʃ.*] Amtliches **Verzeichniss** des **Personals** und der Studirenden auf der Königl. Rheinischen Friedrich-Wilhelms-Universität zu Bonn f. d. W.-Halbj. 1857—1858 ... (Bonn), J. A. Odenkirchen (1857). 11 Bl. 4.

[*Kopft.*] [*ʃ.*] Amtliches **Verzeichniss** des **Personals** und der Studirenden auf der Königl. Rheinischen Friedrich-Wilhelms-Universität zu Bonn f. d. S.-Halbj. 1858 ... (Bonn), J. A. Odenkirchen (1858). 11 Bl. 4.

[*Kopft.*] [*ʃ.*] Amtliches **Verzeichniss** des **Personals** und der Studirenden auf der Königl. Rheinischen Friedrich-Wilhelms-Universität zu Bonn f. d. W.-Halbj. 1858—59 ... (Bonn), J. A. Odenkirchen (1858). 10 Bl. 4.

[*Kopft.*] [*ʃ.*] Amtliches **Verzeichniss** des **Personals** und der Studirenden auf der Königl. Rheinischen Friedrich-Wilhelms-Universität zu Bonn f. d. S.-Halbj. 1859 ... (Bonn), J. A. Odenkirchen (1859). 10 Bl. 4.

[*Kopft.*] [*ʃ.*] Amtliches **Verzeichniss** des **Personals** und der Studirenden auf der Königl. Rheinischen Friedrich-Wilhelms-Universität zu Bonn f. d. W.-Halbj. 1859—60 ... (Bonn), J. A. Odenkirchen (1859). 11 Bl. 4.

[*Kopft.*] [*ʃ.*] Amtliches **Verzeichniss** des **Personals** und der Studirenden auf der Königl. Rheinischen Friedrich-Wilhelms-Universität zu Bonn f. d. S.-Halbj. 1860 ... (Bonn), J. A. Odenkirchen (1860). 11 Bl. 4.

[*Kopft.*] [*ʃ.*] Amtliches **Verzeichniss** des **Personals** und der Studirenden auf der Königl. Rheinischen Friedrich-Wilhelms-Universität zu Bonn f. d. W.-Halbj. 1860—61 ... (Bonn), J. A. Odenkirchen (1860). 11 Bl. 4.

[*Kopft.*] [*ʃ.*] Amtliches **Verzeichniss** des **Personals** und der Studirenden auf der Königl. Rheinischen Friedrich-Wilhelms-Universität zu Bonn f. d. S.-Halbj. 1861 ... (Bonn), J. A. Odenkirchen (1861). 11 Bl. 4.

[*Kopft.*] [*ʃ.*] Amtliches **Verzeichniss** des **Personals** und der Studirenden auf der Königl. Rheinischen Friedrich-Wilhelms-Universität zu Bonn f. d. W.-Halbj. 1861—1862 ... (Bonn), J. A. Odenkirchen (1861). 11 Bl. 4.

[*Kopft.*] [*ʃ.*] Amtliches **Verzeichniss** des **Personals** und der Studirenden auf der Königl. Rheinischen Friedrich-Wilhelms-Universität zu Bonn f. d. S.-Halbj. 1862 ... (Bonn), J. A. Odenkirchen (1862). 11 Bl. 4.

[*Kopft.*] [*ʃ.*] Amtliches **Verzeichniss** des **Personals** und der Studirenden auf der Königl. Rheinischen Friedrich-Wilhelms-Universität zu Bonn f. d. W.-Halbj. 1862—1863 ... (Bonn), J. A. Odenkirchen (1862). 12 Bl. 4.

[*Kopft.*] [*ʃ.*] Amtliches **Verzeichniss** des **Personals** und der Studirenden auf der Königl. Rheinischen Friedrich-Wilhelms-Universität zu Bonn f. d. S.-Halbj. 1863 ... (Bonn), J. A. Odenkirchen (1863). 11 Bl. 4.

[*Kopft.*] [*ʃ.*] Amtliches **Verzeichniss** des **Personals** und der Studirenden auf der Königl. Rheinischen Friedrich-Wilhelms-Universität zu Bonn f. d. W.-Halbj. 1863—1864 ... (Bonn), J. A. Odenkirchen (1863). 11 Bl. 4.

[*Kopft.*] [*f.*] Amtliches **Verzeichniss** des **Personals** und der Studirenden auf der Königl. Rheinischen Friedrich-Wilhelms-Universität zu Bonn f. d. S.-Halbj. 1864 ... (Bonn), J. A. Odenkirchen (1864). 12 Bl. 4.

[*Kopft.*] [*f.*] Amtliches **Verzeichniss** des **Personals** und der Studirenden auf der Königl. Rheinischen Friedrich-Wilhelms-Universität zu Bonn f. d. W.-Halbj. 1864—1865 ... (Bonn), J. A. Odenkirchen (1864). 12 Bl. 4.

[*Kopft.*] [*f.*] Amtliches **Verzeichniss** des **Personals** und der Studirenden auf der Königl. Rheinischen Friedrich-Wilhelms-Universität zu Bonn f. d. S.-Halbj. 1865 ... (Bonn), J. A. Odenkirchen (1865). 12 Bl. 4.

[*Kopft.*] [*f.*] Amtliches **Verzeichniss** des **Personals** und der Studirenden auf der Königl. Rheinischen Friedrich-Wilhelms-Universität zu Bonn f. d. W.-Halbj. 1865—1866 ... (Bonn), J. A. Odenkirchen (1865). 11 Bl. 4.

[*Kopft.*] [*f.*] Amtliches **Verzeichniss** des **Personals** und der Studirenden auf der Königl. Rheinischen Friedrich-Wilhelms-Universität zu Bonn f. d. S.-Halbj. 1866 ... (Bonn), H. I. Stange (1866). 12 Bl. 4.

[*Kopft.*] [*f.*] Amtliches **Verzeichniss** des **Personals** und der Studirenden auf der Königl. Rheinischen Friedrich-Wilhelms-Universität zu Bonn f. d. W.-Halbj. 1866—67 ... (Bonn), H. I. Stange (1866). 13 Bl. 4.

[*f.*] Amtliches **Verzeichniss** des **Personals** und der Studirenden auf der Königl. Rheinischen Friedrich-Wilhelms-Universität zu Bonn f. d. S.-Halbj. 1867 ... Bonn, F. Opitz (1867). 31 S. 8.

[*f.*] Amtliches **Verzeichniss** des **Personals** und der Studirenden der Königl. Rheinischen Friedrich-Wilhelms-Universität zu Bonn f. d. W.-Halbj. 1867/68 ... Bonn, F. Opitz (1867). 32 S., 2 Bl. 8.

[*f.*] Amtliches **Verzeichniss** des **Personals** und der Studirenden der Königl. Rheinischen Friedrich-Wilhelms-Universität zu Bonn f. d. S.-Halbj. 1868 ... Bonn, F. Opitz (1868). 35 S. 8.

[*f.*] Amtliches **Verzeichniss** des **Personals** und der Studirenden der Königl. Rheinischen Friedrich-Wilhelms-Universität zu Bonn f. d. W.-Halbj. 1868/69 ... Bonn, F. Opitz (1868). 33 S. 8.

[*f.*] Amtliches **Verzeichniss** des **Personals** und der Studirenden der Königl. Rheinischen Friedrich-Wilhelms-Universität zu Bonn f. d. S.-Halbj. 1869 ... Bonn, F. Opitz (1869). 35 S. 8.

[*f.*] Amtliches **Verzeichniss** des **Personals** und der Studirenden der Königl. Rheinischen Friedrich-Wilhelms-Universität zu Bonn f. d. W.-Halbj. 1869—70 ... Bonn, Druck v. C. Georgi (1869). 35 S. 8.

[*f.*] Amtliches **Verzeichniss** des **Personals** und der Studirenden der Königl. Rheinischen Friedrich-Wilhelms-Universität zu Bonn f. d. S.-Halbj. 1870 ... Bonn, Druck v. C. Georgi (1870). 35 S. 8.

[*f.*] Amtliches **Verzeichniss** des **Personals** und der Studirenden der Königl. Rheinischen Friedrich-Wilhelms-Universität zu Bonn f. d. W.-Halbj. 1870—71 ... Bonn, Druck v. C. Georgi (1870). 31 S. 8.

[*f.*] Amtliches **Verzeichniss** des **Personals** und der Studirenden der Königl. Rheinischen Friedrich-Wilhelms-Universität zu Bonn f. d. S.-Halbj. 1871 ... Bonn, Druck v. C. Georgi (1871). 31 [vielm. 33] S. 8.

[*f.*] Amtliches **Verzeichniss** des **Personals** und der Studirenden der Königl. Rheinischen Friedrich-Wilhelms-Universität zu Bonn f. d. W.-Halbj. 1871—72 ... Bonn, Druck v. C. Georgi (1871). 35 S. 8.

[*f.*] Amtliches **Verzeichniss** des **Personals** und der Studirenden der Königl. Rheinischen Friedrich-Wilhelms-Universität zu Bonn f. d. S.-Halbj. 1872 ... Bonn, Druck v. C. Georgi (1872). 35 S. 8.

[*f.*] Amtliches **Verzeichniss** des **Personals** und der Studirenden der Königl. Rheinischen Friedrich-Wilhelms-Universität zu Bonn f. d. W.-Halbj. 1872—73 ... Bonn, Druck v. C. Georgi (1872). 32 S. 8.

[*f.*] Amtliches **Verzeichniss** des **Personals** und der Studirenden der Königl. Rheinischen Friedrich-Wilhelms-Universität zu Bonn f. d. S.-Halbj. 1873 ... Bonn, Druck v. C. Georgi (1873). 35 S. 8.

[*f.*] Amtliches **Verzeichniss** des **Personals** und der Studirenden der Königl. Rheinischen Friedrich-Wilhelms-Universität zu Bonn f. d. W.-Halbj. 1873—74 ... Bonn, Druck v. C. Georgi (1873). 35 S. 8.

[*f.*] Amtliches **Verzeichniss** des **Personals** und der Studirenden der Königl. Rheinischen Friedrich-Wilhelms-Universität zu Bonn f. d. S.-Halbj. 1874 ... Bonn, Druck v. C. Georgi (1874). 36 S. 8.

[*f.*] Amtliches **Verzeichniss** des **Personals** und der Studirenden der Königl. Rheinischen Friedrich-Wilhelms-Universität zu Bonn f. d. W.-Halbj. 1874—75 ... Bonn, Druck v. C. Georgi (1874). 34 S. 8.

[*f.*] Amtliches **Verzeichniss** des **Personals** und der Studirenden der Königl. Rheinischen Friedrich-Wilhelms-Universität zu Bonn f. d. S.-Halbj. 1875 ... Bonn, Druck v. C. Georgi (1875). 35 S. 8.

[*f.*] Amtliches **Verzeichniss** des **Personals** und der Studirenden der Königl. Rheinischen Friedrich-Wilhelms-Universität zu Bonn f. d. W.-Halbj. 1875—76 ... Bonn, Univ.-Buchdr. v. C. Georgi (1875). 34 S. 8.

[*f.*] Amtliches **Verzeichniss** des **Personals** und der Studirenden der Königl. Rheinischen Friedrich-Wilhelms-Universität zu Bonn f. d. S.-Halbj. 1876 ... Bonn, Univ.-Buchdr. v. C. Georgi (1876). 35 S. 8.

[*f.*] Amtliches **Verzeichniss** des **Personals** und der Studirenden der Königl. Rheinischen Friedrich-Wilhelms-Universität zu Bonn f. d. W.-Halbj. 1876—77 ... Bonn, Univ.-Buchdr. v. C. Georgi (1876). 36 S. 8.

[*f.*] Amtliches **Verzeichniss** des **Personals** und der Studirenden der Königl. Rheinischen Friedrich-Wilhelms-Universität zu Bonn f. d. S.-Halbj. 1877 ... Bonn, Univ.-Buchdr. v. C. Georgi (1877). 37 S. 8.

[*f.*] Amtliches **Verzeichniss** des **Personals** und der Studirenden der Königl. Rheinischen Friedrich-Wilhelms-Universität zu Bonn f. d. W.-Halbj. 1877—78 ... Bonn, Univ.-Buchdr. v. C. Georgi (1877). 37 S. 8.

[*f.*] Amtliches **Verzeichniss** des **Personals** und der Studirenden der Königl. Rheinischen Friedrich-Wilhelms-Universität zu Bonn f. d. S.-Halbj. 1878 ... Bonn, Univ.-Buchdr. v. C. Georgi (1878). 41 S. 8.

[*f.*] Amtliches **Verzeichniss** des **Personals** und der Studirenden der Königl. Rheinischen Friedrich-Wilhelms-Universität zu Bonn f. d. W.-Halbj. 1878—79 ... Bonn, Univ.-Buchdr. v. C. Georgi (1878). 36 S. 8.

[F.] Amtliches Verzeichniss des Personals und der Studirenden der Königl. Rheinischen Friedrich-Wilhelms-Universität zu Bonn f. d. S.-Halbj. 1879 ... Bonn, Univ.-Buchdr. v. C. Georgi (1879). 39 S. 8.

[F.] Amtliches Verzeichniss des Personals und der Studirenden der Königl. Rheinischen Friedrich-Wilhelms-Universität zu Bonn f. d. W.-Halbj. 1879—80 ... Bonn, Univ.-Buchdr. v. C. Georgi (1879). 37 S. 8.

[F.] Amtliches Verzeichniss des Personals und der Studirenden der Königl. Rheinischen Friedrich-Wilhelms-Universität zu Bonn f. d. S.-Halbj. 1880 ... Bonn, Univ.-Buchdr. v. C. Georgi (1880). 40 S. 8.

[F.] Amtliches Verzeichniss des Personals und der Studirenden der Königl. Rheinischen Friedrich-Wilhelms-Universität zu Bonn f. d. W.-Halbj. 1880—81 ... Bonn, Univ.-Buchdr. v. C. Georgi (1880). 37 S. 8.

[F.] Amtliches Verzeichniss des Personals und der Studirenden der Königl. Rheinischen Friedrich-Wilhelms-Universität zu Bonn f. d. S.-Halbj. 1881 ... Bonn, Univ.-Buchdr. v. C. Georgi (1881). 40 S. 8.

[F.] Amtliches Verzeichniss des Personals und der Studirenden der Königl. Rheinischen Friedrich-Wilhelms-Universität zu Bonn f. d. W.-Halbj. 1881—82 ... Bonn, Univ.-Buchdr. v. C. Georgi (1881). 36 S. 8.

[F.] Amtliches Verzeichniss des Personals und der Studirenden der Königl. Rheinischen Friedrich-Wilhelms-Universität zu Bonn f. d. S.-Halbj. 1882 ... Bonn, Univ.-Buchdr. v. C. Georgi (1882). 41 S. 8.

[F.] Amtliches Verzeichniss des Personals und der Studirenden der Königl. Rheinischen Friedrich-Wilhelms-Universität zu Bonn f. d. W.-Halbj. 1882—83 ... Bonn, Univ.-Buchdr. v. C. Georgi (1882). 39 S. 8.

[F.] Amtliches Verzeichniss des Personals und der Studirenden der Königl. Rheinischen Friedrich-Wilhelms-Universität zu Bonn f. d. S.-Halbj. 1883 ... Bonn, Univ.-Buchdr. v. C. Georgi (1883). 42 S. 8.

[F.] Amtliches Verzeichniss des Personals und der Studirenden der Königl. Rheinischen Friedrich-Wilhelms-Universität zu Bonn f. d. W.-Halbj. 1883—84 ... Bonn, Univ.-Buchdr. v. C. Georgi (1883). 40 S. 8.

[F.] Amtliches Verzeichnis des Personals und der Studirenden der Königl. Rheinischen Friedrich-Wilhelms-Universität zu Bonn f. d. S.-Halbj. 1884 ... Bonn, Univ.-Buchdr. v. C. Georgi (1884). 43 S. 8.

[F.] Amtliches Verzeichnis des Personals und der Studirenden der Königl. Rheinischen Friedrich-Wilhelms-Universität zu Bonn f. d. W.-Halbj. 1884—1885 ... Bonn, Univ.-Buchdr. v. C. Georgi (1884). 41 S. 8.

[F.] Amtliches Verzeichniss des Personals und der Studirenden der Königl. Rheinischen Friedrich-Wilhelms-Universität zu Bonn f. d. S.-Halbj. 1885 ... Bonn, Univ.-Buchdr. v. C. Georgi (1885). 44 S. 8.

Verzeichnis, Amtliches, des Personals und der Studierenden der Königlichen Universität zu Greifswald im Winter-Semester 1906/07 ff. Greifswald 1906 ff. 8°.
W.-S. 1906/07. S.-S. 1907.

— der Amtsbezirke in der Prov. Brandenburg, sowie der f. diese ernannten Amtsvorsteher u. Stellvertreter. Angefertigt m. Genehmigg. d. königl. Oberpräsidiums der Prov. Brandenburg unter Benutzg. amtl. Schriftstücke. gr. 4. (IV, 158 S.) Potsdam 875. Döring. n. 4. —

— der in Preußen vom 1. Octbr. 1879 ab mit der Erhebung der Gerichtskosten beauftragten Amtsstellen. gr. 8. (24 S.) Berlin 879. C. Heymann's Verl. n. — 60

— der Amtsvorsteher in der Prov. Ostpreußen, s.: Handbuch f. die Prov. Ostpreußen.

Verzeichnis der Amtsvorsteher und deren Stellvertreter, der Pastoren und Lehrer des Kreises Ruppin (mit Ausschluß d. Stadt Neu-Ruppin), sowie sämtl. Behörden ... d. Städte Alt-Ruppin, Gransee, Lindow, Neustadt a. D., Rheinsberg u. Wusterhausen a. D. (Neu-Ruppin): K. R. F. Schallehn 1908. (XXI S.) 8° [Umschlagt. F.] (8. 1907

Verzeichniß der Aenderungen und Berichtigungen des alphabetischen Waaren-Verzeichnisses zum allgemeinen österreichischen Zolltarife vom 5. Dezember 1853. Wien. 1854. Aus der k. k. Hof- und Staatsdruckerei. (44 S. 4.)

— der durch die Pharmac. Germaniae der Pharm. Bor. VII u. dem Schacht'schen Supplemente gegenüber eingeführten wesentlichsten Aenderungen u. Neuerungen. Speciell f. Aerzte zusammengestellt. 8. (4 S.) Guben 872. Berger. — 15

— der „Orthographischen Änderungen", welche in der neuen 18. Aufl. von Ed. Bocks deutschem Lehrbuche, Kleinere Ausg. [A], Tl. I, 2. Abtl. auf Grund der Bestimmungen des kgl. preuß. Kultusministeriums vom 21. Jan. 1880 im Vergleich zur früheren Aufl. dieses Buches vorgenommen worden sind. gr. 8. (4 S.) Breslau 880, Hirt. *

— dass. — zu: Kleinere Ausg. [A], Tl. II. 14. Aufl. gr. 8. (29 S.) Ebendas. 880. *

Verzeichniß der „Orthographischen Änderungen", welche in der neuen 4. Aufl. von Ed. Bock's deutschem Lehrbuche. Größere Ausg. [B], Teil II, auf Grund der Bestimmungen des kgl. preuß. Kultusministeriums vom 21. Jan. 1880 im Vergleich zur früheren Aufl. dieses Buches vorgenommen worden sind. gr. 8. (4 S.) Breslau 880. F. Hirt. n. — 2

— dass. — zu: Größere Ausg. [B], Tl. III, 1. Abtl. 5. Aufl. gr. 8. (7 S.) Ebendas. 880. *

— dass. — zu: Größere Ausg. [B], Tl. III, 2. Abtl. 4. Aufl. gr. 8. (10 S.) Ebendas. 880. *

— dass. — zu: Größere Ausg. [B], Tl. IV, 1. Abtl. 4. Aufl. gr. 8. (18 S.) Ebendas. 880. *

— dass. — zu: Ausg. C, Tl. II. gr. 8. (4 S.) Ebendas. 880. *

— der Angestellten in den geistlichen Behörden u. den Pfarrämtern der evangelisch-luther. Landeskirche u. der evangelisch-reformirten Kirche Hannovers nebst e. das Synodalwesen betr. Anh. Nach officiellen Quellen unter Zugrundelegg. d. Zustandes vom 1. Mai 1872 im königl. Landes-Consistorium zusammengestellt. gr. 8. (75 S.) Hannover 872. Meyer. n. 1. —

— der Königl. Sächs. Antikengallerie in Dresden. 8. Dresd. 807. Walther. 6 gl.

— einer Antiquitäten-Sammlung in Bronze, Eisen, Blei, Marmor, Silber, Elfenbein, in gebrannter Erde und Gemmen in Gold gefaßt. Catalogue d'une collection d'antiquités etc. 4. (Mit 8 lith. Taf.) Gotha 843. Müller. 1/4 ß

—— sämmtlicher Anwälte, Advocaten und Notare des deutschen Reiches. Unter Zugrundelegung amtl. Quellen, bis zum 15. Januar 1875 ergänzt und revid. gr. 8. (60 S.) Mannheim 875, Bensheimer. *

— sämmtlicher Anwälte, Advokaten u. Notare d. deutschen Reiches. Unter Zugrundelegg. amtl. Quellen, bis zum 1. Octbr. 1875 ergänzt u. revidirt. gr. 8. (64 S.) Mannheim 876. Bensheimer. n. 1. —

Verzeichniss der Anwesenden an d. Jahresversammlung der schweizer. geschichtforschenden Gesellschaft in Aarau den 9. und 10. Aug. 1886. Gr. in-8°, 8 S. Aarau, H. R. Sauerländer. 1886.

Verzeichnis einer ziemlichen Anzahl ungebundener Bücher aus allen Theilen der Wissenschaften . . . O. O. 1773. V: *Hummel, Bernh. Frdr.* (Bibliotheca Norica Williana. Altdorf 1772—78. II, 1, 144.)

Verzeichniss sämmtlicher Apotheken, chemischen Fabriken und Laboratorien, Droguerien, Kolonialwaarenhandlungen etc. der Schweiz. In-12°, 38 S. Schaffhausen, J. Stötzner. 1885. 1 50
Mit weissem Papier durchschossen 2 —

Verzeichniss sämmtlicher Apotheken, chemischen Fabriken, Droguerien etc. der Schweiz. 2. verbesserte Auflage. In-8°, 30 S. Schaffhausen, J. Stötzner. 1885. 2 —

Verzeichniß der neuesten chemischen, physikalischen und pharmaceutischen Apparate, Geräthschaften und Instrumente der Handlung W. Batka in Prag. 8. (103 S.) Leipzig. In Kommission bei J. Amb. Barth. 1853.

Verzeichniß der neuesten chemischen, phisikalischen und pharmaceutischen Apparate, Geräthschaften und Instrumente der Handlung W. Batka in Prag. Leipzig, 1857. In Kommission bei Johann Amb. Barth. Dr. von Joh. Spurny in Prag 1857. (144 S. 8.) (Mit 300 in den Text gedruckten, erläuternden Abbild.)

Verzeichnis der graphischen Arbeiten von Max Klinger ausgestellt zur Feier s. 50. Geburtstages bei Amsler & Ruthardt. Berlin (1907). 32 S. 8°
[Umschlagt.] Max Klinger. Sein radiertes Werk . . .

Verzeichniss der durchforschten Archive Oesterreich-Ungarns. Lithographirt. Fol. Wien 1851.

—— arithmetisches, aller am 30. April und 31. Octbr. 1865 gezogenen sowie auch jener in früheren Ziehungen verlosten Grundentlastungs-Obligationen, welche bis 1. Novbr. 1865 noch nicht zur Einlösung beigebracht wurden; sammt Angabe der beanständeten und amortisirten Effecten. gr. 8. (38 S.) Wien 865, (Literarisch-artistische Anstalt.) *

— der verschied. Arten u. Abarten d. Geschlechts Aloe, welche von d. Hrn. Willdenow, Haworth, de Candolle u. Frhrn. v. Jacquin beschrieben worden sind, oder noch unbeschrieben in d. Gärten Deutschlands, Frankreichs u. d. Niederlande sich befinden (von Grafen von Salm-Reiferscheid-Krautheim). 8. o. O. (Leipz. 817.)

Verzeichnis der verschiedenen Arten und Abarten des Geschlechts Aloe . . . [Leipzig 1817.] V: *Salm-Reiferscheid-Krautheim, Hugo Frz Graf von.* (MGT) (Ky)

— der in den 16 Bdn. des Werkes: Die Arachniden v. C. W. Hahn u. C. L. Koch vorkommenden Arten u. Synonyme, siehe: Koch, C. L.

Verzeichnis von ausgewählten Arzneyen und deren Bestandtheilen . . . Leipz. 1809. V: *Rein, Carl Ferdinand.* (MGT)

— der Arzneimittel u. Bedarfsartikel zur Krankenpflege, die in Medizinal-Drogerien vorrätig gehalten u. zu den festgesetzten Verkaufspreisen abgegeben werden. (Kaiserl. Verordng. vom 27. I. 1890 u. 22. X. 1901.) Zusammengestellt u. hrsg. vom elsass-lothr. Drogisten-Verein. 12. (II, 29 S.) Strassburg 902. F. Engelhardt. n. 1. 20

Verzeichnis der neuen Arzneimittel in der Pharmacopoea Borrussica von 1799. Berl. 1800. V: *Heim, Ernst Ludw.* (Call)

— der neuen Arzneimittel in d. Pharmacopoea Borussica von 1799. 8. Berl. 803. Unger. 8 gl.

—— der Arzneimittel nach der Pharmacopoea germanica zum Gebrauch bei Apotheken-Visitationen. Fol. (28 S.) Berlin 872, Hirschwald. **

— der Arzneimittel nach der Pharmacopoea germanica Editio II., zum Gebrauch bei den Apotheken-Visitationen. Fol. (19 S.) Berlin 882. Hirschwald. n. — 60

—— der Arzneimittel nach dem Arzneibuche f. das Deutsche Reich 3. Ausg. [Pharmacopoea Germanica, ed. III.] zum Gebrauche bei den Apotheken-Visitationen. Fol. (20 S.) Berl. 891, Hirschwald. * — 60

— der Arzneimittel nach d. Arzneibuch f. d. Deutsche Reich. 3. Ausg. (Pharmacopoea Germania, editio III.) Neudruck 1895. Zum Gebrauch bei den Apotheken-Visitationen. Fol. (20 S.) Berlin 895. A. Hirschwald. n. — 60

— der Arzneimittel nach dem Arzneibuch für das Deutsche Reich. 4. Ausg. (Pharmacopoea Germanica, ed. IV.) 1900. Zum Gebrauch bei den Apotheken-Visitationen. Fol. (20 S.) Berlin, A. Hirschwald. n. — 60

— der Arzneimittel nach dem deutschen Arzneibuch. 5. Ausg. 1910. Zum Gebrauch bei Apothekenbesichtiggn. (20 S.) 33×21,5 cm. Berlin 910. A. Hirschwald. — 60

—— sämmtlicher in den Apotheken vorhandener Arzneimittel u. anderer Droguen, nebst den in denselben vorkommenden Rezeptur-Arbeiten u. Gefässen; zum Gebrauch als Medicamenten-Taxe etc. Zum bequemen Gebrauch der Apotheker in Baiern, Würtemberg u. Baden, zusammengestellt von e. prakt. Apotheker. 4. (11½ B.) Belle-Vue 844, Verlags-Buchh.

— aller im Königr. Sachsen zur Civil-Praxis berechtigten Aerzte u. Wundärzte. Michaelis 1851. gr. 8. (39 S.) Dresden 851, Meinhold & Söhne. 3 ngl.

Verzeichniß aller im Königreiche Sachsen zur Civil-Praxis berechtigten Aerzte und Wundärzte. Im Anfange des Jahres 1853. Dresden, Meinhold. gr. 8. (39 S.) 3 ngr.

— der zur Ärztekammer f. d. Königr. Böhmen angehör. Ärzte, geordn. nach d. beiden Sectionen. Hrsg. v. d. Ärztekammer f. d. Königr. Böhmen. 1897. (Deutsch u. Böhmisch.) hoch 4. (12 u. 16 S.) Prag 897. (H. Dominicus.) n. — 80

Verzeichnis deutscher und Deutsch sprechender Arzte u. Apotheker im Auslande. Zsgest. nach Berichten d. Kaiserl. Konsulate. Bln '10. 190 S.

— Zsgest. im Reichsamt d. Innern. Bln '13. 226 S.

— der **Aerzte** im Deutschen Reiche u. deutschen Aerzte im Auslande. Nebst Anh. Als Ergänzg. zum „Aerztl. Taschenkalender" hrsg. vom Verband der Aerzte Deutschlands zur Wahrg. ihrer wirtschaftl Interessen. (Jahrg. 1907. (626 S.) 8. Leipzig-Co., Buchh. des Verbandes der Aerzte Deutschlands. Geb. in Leinw. n.n. 3. –

— der **Ärzte** im Deutschen Reiche u. deutscher Ärzte im Auslande. Nebst Anh. Als Ergänzg. zum „Ärztl. Taschenkalender" hrsg. vom Verband der Ärzte Deutschlands zur Wahrg. ihrer wirtschaftl. Interessen. 2. Jahrg. 1908. (VIII, 570 S.) 8. Leipzig-Co., Buchh. des Verbandes der Ärzte Deutschlands. Geb. in Leinw. nn 3. –

— sämmtl. Herren **Aerzte**, Wundärzte u. Apotheken-Besitzer Berlins, nebst Angabe ihrer resp. Wohnungen. 8. Berlin 834. Curths. 1/4 ℛ — 1838. 1/4 ℛ

Verzeichniss von 312 jetzt lebenden **Astronomen**, Meteorologen, Mechanikern und Optikern, theils vom Fach, theils Schriftstellern theils Dilettanten. Leipzig 1852.

Verzeichnis und **Atlas** der Schweizerischen Eisenbahnen = **Liste** et Atlas des chemins de fer suisses. Ausgabe des eidg. Eisenbahndepartementes vom 1. Januar 1909 = Edition du Département fédéral des chemins de fer du 1er janvier 1909. 1 S. + 19 Doppel-S. [+ *Karten-Beilagen* 12 S.] 8. Bern, Hans Feuz. ⟨fr. 1. 50⟩

Forts. von: Verzeichnis der Schweizerischen Eisenbahnen...

Verzeichnis und Atlas der Schweizerischen Eisenbahnen = **Liste** et Atlas des chemins de fer suisses. Ausgabe des eidg. Eisenbahndepartementes vom 1. Juli 1909 = Edition du Département fédéral des ch' de fer du 1er juillet 1909. III S. + 18 Doppel-S. [+ *Atlas* 12 S.]. 8. Bern, Hans Feuz. ⟨fr. 1. 50⟩

Verzeichnis und Atlas der Schweizerischen Eisenbahnen = **Liste** et Atlas des chemins de fer suisses. Ausg. des eidg. Eisenbahndepartementes vom 1. Juni 1910 = Ed. du Département fédéral des ch' de fer du 1er juin 1910. III S. + 18 Doppel-S. + *Atlas* I + 17 S. 8. Bern, Hans Feuz. ⟨fr. 1. 50⟩

— u. **Atlas** der schweizerischen Eisenbahnen. — Liste et altas des chemins de fer suisses. Ausg. der eidg. Eisenbahndepartements vom 1. VI. 1910. (III S. u. 18 Doppels. m. 16 farb. Karten u. 1 Tab.) gr. 8. Bern (910.) (A. Francke.) 1, 50

Verzeichnis der in den Schriften der Schlesischen Gesellschaft für vaterländische Kultur von 1804 bis 1863 incl. enthaltenen Aufsätze ... Breslau [1868]. V: *Letzner, Carl.* (Kat. d. Druckschr. üb. Breslau. Breslau 1903. S. 380.)

Verzeichniss der in den Schriften der schlesischen Gesellschaft für vaterländische Cultur von 1804 bis 1863 incl. enthaltenen **Aufsätze** geordnet nach den Verf. in alphabet. Folge. Breslau 868. Max & Co. Lex.-8. (166 S.) n. 20 ngr.

—— der in den Schriften der schlesischen Gesellschaft für vaterländische Cultur von 1864 bis 1876 incl. enthaltenen **Aufsätze**, geordnet nach den Verfassern in alphabet. Folge. gr. 8. (50 S.) Breslau 878, (Aderholz' Buchh.) *

Verzeichnis der in den Jahren 1900 und 1901 erschienenen Aufsätze zur Geschichte und Theorie der Stenographie. Berlin [1902]. V: *Dewischeit, Kurt.* (Berl)

— der in den J. 1900 u. 1901 erschienenen Aufsätze zur Geschichte u. Theorie der Stenographie. gr. 8. (16 S.) Berlin (902). Thormann & Goetsch. n. — 75

—— der größeren **Aufsätze** aus der Militär-Zeitung für die Reserve- und Landwehr-Offiziere des Deutschen Heeres. 1878 —1886. 12. (37 S.) Berlin 887, Eisenschmidt.

— der Aufsicht behörden u Eichungsstellen i. Deutsch Reiche 2 3. Berlin 1873. 77

Verzeichniß der Aufstellungsplätze in der innern Stadt für die verschiedenen Lohnfuhrwerke. 16. Wien, K. Ueberreuter 1853.

— ausführliches, der ägyptischen **Altertümer**, Gipsabgüsse u. Papyrus. Hrsg v. der Generalverwaltg. der königl. Museen zu Berlin. 12. (XII, 398 u. 8 autogr. S. m. 1 Karte.) Berlin 894. W. Spemann. n. 2. 50

— ausführliches, der aegyptischen **Altertümer** u. Gipsabgüsse der königl. Museen zu Berlin. 2., völlig umgearb. Aufl. Hrsg. v. der Generalverwaltung. 8. (XVI, 519 S. m. 83 Illustr.) Berlin 899. [W. Spemann.] G. Reimer. n. 3. --

Ausfuehrliche Verzeichnüß alles dessen, was von Chur Bayern in anno 1704 aus dem Zeug Hauß deß Heil. Röm. Reichs Stadt Augspurg ... abgeführet werden, von Stuck zu Stuck nach eines jeden eigentlichen Werth zu Gelt angeschlagen. Augspurg 1704. 10 S. 4°

Zu Anlage F. der Anstellungsgrundsätze. Ausführliches **Verzeichnis** der den Militaranwärtern und den Inhabern des Anstellungsscheins in der Marineverwaltung vorbehaltenen Stellen. Berlin: Reichs-Marine-Amt; Mittler [in Komm.] 1909. VI, 69 S. 8° [10. 1169]
(D F. Nr 38)

Zur Anlage D der Anstellungs-Grundsätze. **Ausführliches Verzeichniss** der den Militaranwärtern in der Preussischen Militarverwaltung vorbehaltenen Stellen. Hrsg. vom Kgl. Preuss. Kriegsminist. *Berlin: E. S. Mittler & Sohn 1898.* (IV, 139 S.) 8° [ ]

Verzeichniss, ausführliches, der den Militaranwärtern in Württemberg vorbehaltenen Stellen (247 S) Stuttgart 1904

— der von den neuen **Reichs-Justiz-Gesetzen**: Gerichtsverfassungsgesetz, Civilprozeßordnung, Konkursordnung, Strafprozeßordnung, Gerichtskostengesetz, Rechtsanwaltsordnung, Gebührenordnung für Rechtsanwälte, Ausführungsgesetze, Geschäftsanweisungen, erschienenen Ausgaben mit u. ohne Anmerkungen. 6., bis Ende Octbr. 1879 ergänzte Aufl. gr. 8. (36 S.) Köln 879. Boisserée. n. — 40

—— der von den neuen **Reichs-Justiz-Gesetzen** bis Septbr. 1881 erschienenen Ausgaben mit und ohne Anmerkungen. gr. 8. (68 S.) Köln 881, Boisserée.

Verzeichniss der Ausreisser des dritten Schweizer-Regiments in Kaiserl. Königl. Französischen Diensten. (Bern, den 1ten September 1807.) [Mit Nachtrag.] 8. *o. O.*

Nachtrag s. Fortsetzung des Verzeichnisses der Ausreisser...

Verzeichniss der jetzigen Ausschussmitglieder bei der verfassunggebenden deutschen Reichsversammlung. Im August 1848. Frankfurt am Main. (1848.) 8°

— der prämiirten **Aussteller der bayer. Landes-Industrie-Gewerbe- u. Kunst-Ausstellg. in Nürnberg 1896 nebst Mitteilgn. üb. d. Preisgericht. Veröffentl. am 20. Aug. 1896 m. Ermächtigung des kgl. bayer.** Staatsministeriums d. Innern. 8. (III, 244 S.) Nürnberg 896. J. L. Schrag. n.n. — 60

— **der Ausstellung v. kunstgewerblichen Alterthümern, Kunstgegenständen u. Gemälden in Coblenz 1891. Hrsg. v. dem Ausschuss. 8.** (138 S.) Coblenz 891. (F. Hölscher.) n. — 80

Verzeichniss einer Ausstellung in Lübeck hergestellter lithographischer Drucke aus der Zeit 1827 bis 1850 veranstaltet vom Museum Lübeckischer Kunst- und Kulturgeschichte. Lübeck. 1896. 8°

Verzeichniss der Ausstellung von Kunstgegenständen aus dem Besitz hiesiger Privaten im Imthurneum zu Schaffhausen vom 27. Aug. bis 3. Sept. 1876. 63 Stn. 8. Schaffhausen; Brodtmann. 1877.

Verzeichniss der von der Gesellschaft für nützliche Wissenschaften u. Gewerbe zu Aachen im Sommer 1838 veranstalteten Ausstellung. Aachen. 8°

Verzeichniss der von dem Altonaer Kunstverein veranstalteten 5. Ausstellung von Kunstwerken im größern Hörsaale des Gymnasiums in Altona im August 1827. Altona. (1827.) 8°

Verzeichniss der zum Oktoberfeste 1872 ang... Ausstellungsgegenstände. München. 8°. 52 S. Cart.

Dasselbe, zum Oktoberfeste 1874 ..... Mit einem Wegweiser. Ibid. 8°. 62 S.

Verzeichniss der zum Oktober-Feste 1877 angemeldeten Ausstellungs-Gegenstände. München.

Dasselbe, zum Oktoberfeste 1881 ..... Mit Titelvign. (in Holzschn.). Ibid. 8°. 60 S. Cart.

Verzeichniss der Ausstellungsgegenstände des Schweizerischen Forstvereins auf der Wiener Weltausstellung 1873. - Zürich 1873. 26 S.

Berliner Gewerbe-Ausstellung 1896. **Verzeichniss** der Ausstellungsgegenstände des Reichs-Versicherungsamts und mehrerer in Berlin ansässiger Berufsgenossenschaften. *(Berlin: Dr. v. Goedecke & Gallinek 1896.)* (22 S., 1 Bl., 1 Pl.) 1 Bd 8.

Verzeichniß der vom Kaiserlich deutschen Gesundheitsamte unter Mitwirkung des Deutschen Reichskomité's vorgeführten Ausstellungsgegenstände. (Wissensch. Ausstellung des Deutschen Reichs. 11. internationaler mediz. Kongreß.) Berlin 1894

Verzeichniß der zu der Pariser Universal-Ausstellung 1855 eingesandten Ausstellungs-Objekte der k. k. patriotischen Gesellschaft im Königreiche Böhmen sammt einer kurzen Skizze der Gliederung und Wirksamkeit dieser Gesellschaft. Prag. 1855. Druck von Fr. Rohlicek. (30 S. 4.)

Verzeichnis einer Auswahl gediegener Bücher (*1901:* **aus verschiedenen Gebieten) für das christliche Haus.** Hrg. von der Missionsbuchhandlung in Basel.... 8.

(1901.) [Mit Titelvignette.] IV + 72 S. (Basel, Fr. Reinhardt.) (1902/03.) [Illustriert.] IV + 48 + *Anhang* 4 + 8 S. ([Basel,] Basler Druck- und Verlagsanstalt.)

Verzeichnis einer Auswahl gediegener Bücher für das christliche Haus. Hrg. von der Buchhandlung der Evang. Gesellschaft, Depots in Zürich und Winterthur. ([Illustriert. — 1. Ausg.] 1902/03.) IV + 48 + *Anhang* 4 + 8 S. 8.

— **einer Auswahl der besten Gebet-, Andachts- u. Erbauungsbücher.** (94 S.) gr. 8. München (903). J. Pfeiffer. n. — 70; Verleger-Schlüssel. (3 autogr. S.) n.n.n. — 60

Verzeichnis einer Auswahl von Kunstblättern [aus dem Verlag der Photograph. Union. Illustriert.] 263 S. 8. München. Photographische Union, 1901. [geb. M. 1.50]

— **e. Auswahl der neueren u. wichtigeren Literatur d. Handelswissenschaften.** 12. (52 S.) Leipzig 898. O. Gracklauer. n. — 40

— **e. vorzügl. Auswahl derjen. ältern u. neuern Schriften aus d. gesammten Militär-Literatur, welche in näherer oder entfernterer Bezieh. zu d. Studio d. militär. Künste u. Wissenschaften stehen. 2e verb. u. verm. Aufl. 8. Berl. 818. 3e verb. u. verm. A. 823. Mittler. 6 ℛ**

e. vorzügl. Auswahl derjen. ältern u. neuern Schriften, welche üb. d. Forstwesen, d. Landwirthschaft, Gartenkunst u. dahin einschlagenden Wissenschaften erschienen etc. 8. Berlin, 1818. Mittler. — 5

— einer Auswahl der besten Werke, die zu den ausgestellten Gegenständen der dritten deutschen Kochkunst-Ausstellung in Hamburg (am 24., 25. und 26. März 1880) in Beziehung stehen. [Literar. Abthl.] 8. (24 S.) Hamburg 880, Hoffmann und Campe.

Verzeichniss e. Auswahl d. vorzügl. ältern u. neuern ökonom. Werke, welche in Deutschland erschienen sind, mit Bemerk. d. Verleger u. Ladenpreise. 8. Breslau, 1821. Korn. — 5

Weltausstellung in St. Louis 1904. **Verzeichnis** der an die deutschen Aussteller u. deren Mitarbeiter verliehenen Auszeichnungen. Hrsg. v. Reichskommissar (Th[eodor] Lewald). Lpz. '05. 158 S.

Verzeichnis von Autographen aus dem Nachlasse des Grafen Victor Wimpffen . . . Graz 1903. V: *Fischer von Röslerstamm, Eduard.* (Berl)

— der von dem verstorbenen preuss. Gen.-Lieut. J. v. Radowitz hinterlassenen Autographen-Sammlung. 3 Thle. Berlin 864. (Leipzig, T. O. Weigel.) gr. 8. (XIV, 810 S.) n. 3 ℛ

— **Autoren- u. Materien-Register, so wie a. Ergänz. u. Verbess. z. d. 3ten Quinquennium d. allgem. Repertor. d. Literatur v. d. J. 1796–1800. gr. 4. Weimar, L. Ind. Compt. 807.**

Verzeichnis der Bankiers, Kaufleute, Fabrikanten, Agenten und Weinhändler in Stuttgart. Stuttgart 1861

— der im Reichsgebiete coursirenden giltigen Banknoten, sowie derjenigen mit beschränktem Umlaufsgebiet und derjenigen, die außer Cours gesetzt sind. 1.—11. Aufl. 8. (4 S.) Bamberg 875—80, Hübscher.

—— der im preussischen Staate u. bei Behörden d. deutschen Reiches angestellten Baubeamten. [Am 10. Decbr. 1891.] Imp.-4. (17 S.) Berl. 892, (Ernst u. Sohn). * 1 20
Aus: Zeitschr. f. Bauwesen, besonders abgedruckt.

— der im Preussischen Staate u. bei Behörden des Deutschen Reiches angestellten Baubeamten. 30. Decbr. 1898. [Aus: „Zeitschr. f. Bauwesen".] Fol. (16 S.) Berlin 894. W. Ernst & Sohn. n. 3. —

— der im Preuss. Staate u. bei Behörden d. Deutschen Reiches angestellten Baubeamten. 20. XII. 1897. [Aus: „Ztschr. f. Bauwesen".] Imp.-4. (20 S.) Berlin 898. W. Ernst & Sohn. n. 3. —

— der im Preussischen Staate u. bei Behörden des Deutschen Reiches angestellten Baubeamten. 20. XII. 1901. Imp.-4. (22 S.) Berlin 902. W. Ernst & Sohn. n. 3. —
Sonderabdruck aus: „Zeitschrift f. Bauwesen".

— der im Preussischen Staate u. bei Behörden des Deutschen Reiches angestellten Baubeamten. 20. XII 1905. (22 S.) gr. 4. Berlin 906. W. Ernst & Sohn. n. 3. —

— der im preussischen Staate u. bei Behörden des Deutschen Reiches angestellten Baubeamten. Nach dem Stande am 20. XII. 1909 zusammengestellt im Ministerium der öffentl. Arbeiten. (140 S.) kl. 8. Berlin 910. W. Ernst & Sohn. 2. 50
Sonderabdruck aus: „Ztschr. f. Bauwesen".

— d. bei d. preussischen Staatseisenbahn-Verwaltg. nach d. Neuordng. v. 1. Apr. 1895 angest. Baubeamten. (Am 20. Juni 1895.) Imp.-4. (6 S.) Ebd. 895. n. 1. 50

— aller im Freien wachsenden Bäume u. Stauden nach d. System d. Ritters Linné. 8. Hannover, Helwing. — 5

Verzeichniß der im Freien ausdauernden Bäume, Gesträucher und Staudengewächse, so wie Obstsorten, die bei J. Booth u. Söhne in der Flottbecker Baumschule bei Altona zu haben sind. Nebst Nachtr. 1, 2. - Hamburg 1831

Verzeichniß der im Freien ausdauernden Bäume u. Sträucher, welche in d. Plantagen u. Gärten zu Althaldensleben u. Hundisburg bei Magdeburg, kultivirt u. verkauft werden. gr. 8. Magdeb. 822. Creutz. 6 gr.

Verzeichniß der im Freien ausdauernden Bäume und Sträucher, welche in den Plantagen und Gärten zu Althaldensleben und Haudisburg bei Magdeburg verkauft werden. - Neuhaldensleben 1831

— d. ausländ. Bäume, Sträucher u. Sämereien, d. Stauden- u. Topfgewächse, so wie d. veredelten Obstbäume u. sonstigen Obstarten, welche in d. Gräfl. Veltheim'schen Gärten etc. z. haben sind. 8. Braunschweig, 1820. Vieweg. — 7½

Verzeichniß von ausländischen Bäumen, Sträuchern, Stauden und Sämereien, welche in dem von Veltheimischen Gärten und Plantagen zu Harbke bei Helmstedt zu haben sind. - Braunschweig 1820

Verzeichniß der in den deutschen Forsten befindlichen vorzüglichen Bäume, ihrer Kennzeichen und ihres ökonomischen Nutzens nach Zanthier, Jung und Däzel. - Stadtamhof 1804

— der in den deutschen Forsten befindlichen Bäume. 8. Regensb. ... Daisenberger. 4 gr.

Verzeichniß [Verzeichnis] der einheimischen und fremden Bäume und Sträucher welche in dem neuen Garten der höchstseligen Frau Herzoginn Königlichen Hoheit zu Braunschweig angepflanzt sind. Braunschweig: Vieweg [um 1815]. 52 S. 8°

Verzeichniß [Verzeichnis] der einheimischen und fremden Bäume und Sträucher, welche in dem neuen Garten der höchstseligen Frau Herzoginn Königlichen Hoheit zu Braunschweig angepflanzt sind. Braunschweig 1820. 54 S. 8°

Verzeichniß von in- und ausländischen Bäumen, Sträuchern, Pflanzen und Saamen, so zu bekommen bei J. Nicol. - Burck in Hamburg. - Hamburg 1779. 200 S. - ebd. 1783

Verzeichnis der in den königl. Baumschulen bei München im Freien kultivierten Bäume und Sträucher. Ingolstadt 1825.

Verzeichniss der Baeume, Straeucher, und Halbstraeucher K. Baumschule bei Potsdam. Potsdam, 1851. 8°.

— v. Bäumen u. Sträuchern so im freyen Lande ausdauern ꝛc. s. J. K. Corthum.

Verzeichniß der Bäume und Sträucher, dann Warm- und Kalthaus-Pflanzen des Excell. gräflich Czernin'schen Gartens in Chudenitz. 1854. 8. (26 S.) Neuhaus. Gedruckt bei Alois Josef Landfraß. 1854.

Verzeichnis der Bäume und Sträuche, welche sich auf der königl. Plantage zu Herrenhausen ... befinden. Hannover 1787—91. V: *Ehrhart*, *Friedrich*. (ML) (Ky) (Rotermund, Gel. Hannover. Bremen 1823.)

Verzeichnis der in den Würtenbergischen Wäldern und Gärten wachsenden Bäume, Stauden und Pflanzen. Stuttg. 1769. V: *Stahl*, *Johann Friedrich*. (ML) (Ky)

Verzeichnis der Beamten und Angestellten der Bundesverwaltung pro 1901 nebst Angabe der Besoldungsansätze und des Diensteintrittes. Vom Bundesrate genehmigt am 20. März 1901. Definitive Ausgabe. 37 S. 4. [Bern, Neukomm & Zimmermann, 1901.]

Verzeichnis der Brüder Beamte [!] und Mitglieder der Grossen Freimaurer Loge von Deutschland. Hrsg. von d. Grossmeisterschaft. Leipzig im April 1904.
[Ergänzungen dazu.] o. O. u. J. 21.

Verzeichniss der Brüder Beamten und Mitglieder der Grossloge des Königreichs Hannover und der Br. Beamte der 3 Logen in Hannover nebst Angabe etc. Hannover Hofbuchdruckerei. Johannis 1866. 8. 51 S.

Verzeichnis der Brüder Beamte [!] und Mitglieder des Matthäi-Logen-Bundes. Hrsg. von der Grossmeisterschaft des M. L. B. Leipzig-Apolda Februar 1901.
Erster Nachtrag zum Verzeichnis der... o. J.
Selten. 21.

— der höheren Beamten des Reichs-Eisenbahnamtes, der Verwaltung der Reichs-Eisenbahnen u. der in preussisch-hessischer Betriebsgemeinschaft stehenden Staats-Eisenbahnen nebst Angabe des Ranges u. Dienstalters. 6. Aufl. (VIII, 216 S.) 16. Hannover 906. Gebr. Jänecke. Geb. in Leinw. n. 2. —

[Verzeichnis der Beamten der vereinigten Loge Karl zur Eintracht und Karl-Stephanie. 1810—1813.]

— der Beamten der Militär-Verwaltung (auf Grund des Reichshaushalts-Etats f. das Rechnungsj. 1900) u. des ihnen zustehenden Wohnungsgeldzuschusses. Verfügung vom 12. I. 1901. Nr. 183/1. 01. B 1. (Armee-Verordnungs-Blatt 1901.) 8. (S. 44—51.) Berlin 901, E. S. Mittler & Sohn. — 15
Sonderabdruck aus: „Gesetz, betr. die Bewilligg. v. Wohnungsgeld-Zuschüssen".

[Verzeichniss der Beamten und Mitglieder der Provinzial-Loge von Niedersachsen zu Hamburg sowie der zu ihrem Sprengel gehörenden St. Andreas- und St. Johannis-Logen seit 1842.] 21.

Verzeichniß der Beamten und Ortschaften von Neu-Vor-Pommern und Rügen 1834. Stralsund (1834).

—— sämmtlicher Beamten der Justiz und Verwaltung, dann der Notare und Advokaten in Bayern diesseits des Rheins nach dem Stande vom 1. Juli 1862. (Nach Behörden geordnet.) gr. 8. (47 S.) Ansbach 862, Junge.

— der vornehmsten Begebenheiten d. Zeitrechnung gemäß. 4. Frankf. a. M. 756. Schlüter. 8 ℛ

— der Behörden, an welche nach der vom Bundesrath unter dem 23. April 1880 beschlossenen Anweisung ein Ersuchen um Einziehung von Gerichtskosten zu richten ist. [Aus: „Centralblatt für das Deutsche Reich".] gr. 4. (63 S.) Berlin 880. C. Heymann's Verl. n. 1. 60

—— der Behörden, an welche nach der vom Bundesrath unter dem 23. April 1880 beschlossenen Anweisung ein Ersuchen um Einziehung von Gerichtskosten zu richten ist. Nach dem Stande vom 1. April 1885. 3. Aufl. 4. (62 S.) Berlin 885, C. Heymanns Verlag. *
Aus: Centralblatt für das Deutsche Reich, besonders abgedruckt.

Verzeichniss der Behörden, Beamten und Angestellten des Kts Thurgau. 1867 und 1872. Frauenfeld.

Verzeichniss der Behörden, Beamten und Angestellten des Kt. Thurgau. 1872. 88 Stn. 8.

Verzeichniss der Behörden, Beamten und Angestellten des Kantons Thurgau. Nebst einem Anhange 1875. 83 Stn. 8. Frauenfeld, Druck von J. Huber.

Verzeichniss der Behörden, Beamten und Angestellten des Kant. Thurgau. 1878. Kl. 8°. IV u. 90 S. Frauenfeld, Huber.

Verzeichniss der Behörden, Beamten und Angestellten des Kantons Thurgau. Nebst einem Anhange 1881. In-8°, 93 u. IV S. Frauenfeld, J. Huber's Buchdruckerei.

Verzeichniss der Behörden, Beamten u. Angestellten des Kant. Thurgau. 1886. In-8°, 75 S. Kreuzlingen, Buchdruckerei J. Hauser.

Verzeichnis der Behörden, Beamten u. Angestellten des Kantons Thurgau 1893. 107 S. In-8°. Kreuzlingen, J. H. Weltl.

Verzeichnis der Behörden, Beamten u. Angestellten des Kantons Thurgau 1896. In-8°. 103 S. Frauenfeld, Huber & Co.

Verzeichnis der Behörden, Beamten u. Angestellten des Kantons Thurgau 1899. 8°. 109 S. Frauenfeld. Huber & Co.

Verzeichnis der Behörden, Beamten und Angestellten des Kantons Thurgau 1901. 67 S. 8. Frauenfeld, Huber & Co., 1901. [fr. 1. —]

Verzeichnis der Behörden, Beamten und Angestellten des Kantons Thurgau 1902. 112 S. 8. Frauenfeld, Huber & Co., 1902. [fr. —. 70]

Verzeichnis der Behörden, Beamten und Angestellten des Kantons Thurgau 1903. 73 S. 8. Weinfelden, Neuenschwander, 1903. [fr. —. 70]

Verzeichnis der Behörden, Beamten und Angestellten des Kantons Thurgau 1904. 73 S. 8. Weinfelden, Neuenschwander, 1904. [fr. —. 70]

Verzeichnis der Behörden, Beamten und Angestellten des Kantons Thurgau 1905. 116 S. 8. Weinfelden, A.-G. Neuenschwander, 1905. [fr. —. 50]

Verzeichnis der Behörden, Beamten und Angestellten des Kantons Thurgau 1906. 73 S. 8. Weinfelden, A.-G. Neuenschwander, 1906. [fr. —. 50]

Verzeichnis der Behörden, Beamten und Angestellten des Kantons Thurgau 1907. 73 S. 8. Weinfelden, A.-G. Neuenschwander, 1907. [fr. —. 50]

Verzeichnis der Behörden, Beamten und Angestellten des Kantons Thurgau 1908. 128 S. 8. Weinfelden, A.-G. Neuenschwander'sche Buchdr., 1908. [fr. —. 50]

Verzeichnis der Behörden, Beamten und Angestellten des Kantons Thurgau 1909. 75 S. 8. Weinfelden, A.-G. Neuenschwander'sche Buchdr., 1909. [fr. —. 50]

Verzeichnis der Behörden, Beamten und Angestellten des Kantons Thurgau 1910. 76 S. 8. Weinfelden, A.-G. Neuenschwander'sche Buchdr., 1910. [fr. —. 50]

Verzeichniss der Behörden und Beamteten des Kts. Basel-Stadt, sowie der schweiz. Bundesbehörden f. d. J. 1872. 138 Stn. 8°. Basel: Schweighauserische Vlgshdlg. 1872.

— der Behörden u. Beamteten des Kantons Basel-Stadt, sowie der schweizerischen Bundesbehörden f. d. J. 1881. 8. (102 S.) Basel, (Schwabe). n. 1. —

Verzeichniss d. Behörden u. Beamteten d. Kant. Basel-Stadt, sowie d. schweizer. Bundesbehörden f. d. J. 1884. In-8°. Basel, Schwabe. 1 25

Verzeichnis der Behörden und Beamteten des Kantons Basel-Stadt, sowie der schweizerischen Bundesbehörden für das Jahr 1887, Kl. in-8°, 136 S. Basel, Schweighauserische Buchdruckerei. 1 20

— der Behörden u. Beamteten d. Kantons Basel-Stadt, sowie der schweizer. Bundesbehörden f. d. J. 1887. 8. (186 S.) Basel 887. Schwabe. n. 1. —

Verzeichnis der Behörden u. Beamten d. Kantons Basel-Stadt, sowie der schweizer. Bundesbehörden für d. J. 1891. 8. (150 S.) Basel 891, (Schwabe). * 1 —

Verzeichnis der Behörden u. Beamten des Kantons Basel-Stadt, sowie d. schweiz. Bundesbehörden f. d. J. 1894. In-8°. 158 S. Basel, B. Schwabe. 1894 1 60

Verzeichnis der Behörden u. Beamten des Kantons Basel-Stadt sowie der schweizerischen Bundesbehörden f. d. J. 1897. Kl. in 8°. 172 S. Basel, Schweighauserische Buchdruckerei. 1897 1 60

— der Behörden u. Beamten des Kantons Basel-Stadt, sowie der schweizerischen Bundesbehörden f. d. J 1900. 8. (180 S.) Basel (B. Schwabe). n. 1. 30

Verzeichnis der Behörden und Beamten des Kantons Basel-Stadt, sowie der Schweizerischen Bundesbehörden für das Jahr 1903. 184 S. 8. Basel, Benno Schwabe, 1903. [fr. 1. 60]

Verzeichnis der Behörden und Beamten des Kantons Basel-Stadt, sowie der Schweizerischen Bundesbehörden für das Jahr 1906. (192 S.) 8. Basel '06, B. Schwabe. fr. 1. 60.
Erscheint alle 3 Jahre.

Verzeichnis der Behörden und Beamten des Kantons Basel-Stadt, sowie der Schweizerischen Bundesbehörden für das Jahr 1910. 52 S. 8. Basel, Benno Schwabe & Co., 1910. [fr. —. 80]

Burgergemeinde der Stadt Bern. Verzeichnis der burgerlichen Behörden, Beamten und Angestellten. 1. Juli 1901. 24 S. 8. Bern, Haller, 1901.

— derjenigen Behörden u. Handels-Corporationen, welche sich den Petitionen gegen das Verfahren der Straßburger Tabakmanufaktur angeschlossen u. in ihren Jahresberichten sich gegen das Monopol ausgesprochen haben. gr. 4. (19 S.) Frankfurt a/M. 881. (Keller). n. 1. —

— der geistlichen Behörden der evangelischen Landes-Kirche in Hannover. Harburg 868. Elkan. 8. (31 S.) n. 3½ ngr.

— der kaufmännischen Behörden, vereideten Sachverständigen-Commissionen, Handelsmäkler und Handels-Firmen in Breslau. Nach den amtlichen Bekanntmachungen des Handels-Registers zusammengestellt im Bureau der Handelskammer. Breslau 864. Maruschke & Berendt. gr. 8. (112 S.) n. 5 ngr.

— der kaufmännischen Behörden, vereideten Sachverständigen-Commissionen, Handelsmäkler und Handels-Firmen in Breslau. Nach den amtl. Bekanntmachungen des Handels-Registers zusammengestellt im Bureau der Handelskammer. gr. 8. (125 S.) Breslau 865, Maruschke und Berendt. *

— der kaufmännischen Behörden, der Commissionen vereidigter Sachverständiger, Handelsmäkler und der Handels-Firmen in Breslau. Nach den amtl. Bekanntmachungen des Handels-Registers zusammengestellt im Bureau der Handelskammer. 1868, 1870, 1871. gr. 8. (111; 115; 116 S.) Breslau, Maruschke und Berendt. à Jahrg. *

— dass. — gr. 8. (136 S.) Ebendas. 873.

— der kaufmännischen Behörden, der Commissionen vereidigter Sachverständiger, Handelsmäkler und der Handels-Firmen in Breslau. Nach den amtl. Bekanntmachungen des Handels-Registers zusammengestellt im Bureau der Handelskammer. 8. (144 S.) Breslau 875, Maruschke und Berendt. *

— der kaufmännischen Behörden, der Commissionen vereidigter Sachverständiger, Handelsmäkler u. der Handels-Firmen in Breslau. Nach den amtl. Bekanntmachungen des Handels-Registers zusammengestellt im Bureau der Handelskammer. gr. 8. (154 S.) Breslau 878. Maruschke & Berendt. n. 1. 60

— der Behörden, Commissionen, Beamten, Institute, Lehrer und Studirenden der Universität Kiel. Sommersemester 1854, und Wintersemester 1854/55. gr. 4. (12 und 14 S.) Kiel 855, (Akademische Buchh.) à Semester * 3 Ngr. *

Verzeichniss der Behörden, Lehrer, Anstalten und Studirenden der Hochschule Zürich 1872—96. 4.

Verzeichniss der Behörden, Lehrer, Anstalten und Studirenden der Hochschule in Zürich im Sommersemester 1873. 24 Stn. 4. Zürich: Druck v. Zürcher & Furrer. 1873.
Dass. Wintersemester 1873/74. Ebda. 1873. 20 S.

Verzeichniss der Behörden, Lehrer, Anstalten und Studirenden der Hochschule Zürich im Sommersemester 1874. 21 Stn. 4. Zürich, Druck v. Zürcher & Furrer.

Verzeichniss der Behörden, Lehrer, Anstalten und Studirenden der Hochschule Zürich. Wintersemester 1874/75. Zürich, Druck v. Zürcher & Furrer. 21 Stn. 4. —. 30

Verzeichniss der Behörden, Lehrer, Anstalten und Studirenden der Hochschule Zürich im Sommersemester 1875. 21 Stn. 4. Zürich, Druck von Zürcher u. Furrer. —. 30

Verzeichniss der Behörden, Lehrer, Anstalten und Studirenden der Hochschule Zürich im Wintersemester 1876/77. 22 S. 4. Zürich, Druck v. Zürcher & Furrer. —. 30

Verzeichnis der Behörden, Lehrer, Anstalten und Studirenden der Hochschule Zürich im Wintersemester 1884/85. In-4°, 21 S. Zürich, Zürcher & Furrer.

Verzeichniss der Behörden, Lehrer, Anstalten und Studierenden der Hochschule Zürich im Sommersemester 1885. In-4°, 21 S. Zu haben beim Pedell. — 30

Verzeichniss der Behörden, Lehrer, Anstalten u. Studierenden der Hochschule Zürich im Wintersemester 1885/86. Zu haben beim Pedell. — 30

Verzeichnis der Behörden, Lehrer, Anstalten und Studierenden der Hochschule Zürich im Wintersemester 1897/98. Zürich 1897. 28 S. 4°.
Zürich. Univ.-Schr. 1897/98.

Verzeichnis der Behörden, Lehrer, Anstalten und Studierenden der Hochschule Zürich im Sommersemester 1898. Zürich 1898. 28 S. 4°.
Zürich. Univ.-Schr. 1897/98.

Verzeichnis der Behörden, Lehrer, Anstalten und Studierenden der Hochschule Zürich im Sommersemester 1899. Zürich 1899. 30 S. 4°.
Zürich. Univ.-Schr. 1898/99.

Verzeichnis der Behörden, Lehrer, Anstalten und Studierenden der Hochschule Zürich im Sommersemester 1901. 30 S. 4°.
Zürich. Univ.-Schr. 1900/1901.

Verzeichnis der Behörden, Lehrer, Anstalten und Studierenden der Hochschule Zürich im Wintersemester 1901/1902. Zürich 1901. 29 S. 4°.
Zürich. Univ.-Schr. 1901/1902.

[Universität] Hochschule Zürich. Verzeichnis der Behörden, Lehrer, Anstalten und Studirenden. kl.-4. Zürich, Zürcher & Furrer, 1902.
Sommersemester 1902. II + 33 S. — Wintersemester 1902/03. II + 35 S.

Verzeichnis der Behörden, Lehrer, Anstalten und Studierenden der Hochschule Zürich im Wintersemester 1903/1904. Zürich 1903. 33 S. 4°.
Zürich. Univ.-Schr. 1903/1904.

Verzeichnis der Behörden, Lehrer, Anstalten und Studierenden der Hochschule Zürich im Sommersemester 1904. Zürich 1904. 34 S. 4°.
Zürich. Univ.-Schr. 1903/1904.

Verzeichnis der Behörden, Lehrer, Anstalten und Studierenden der Hochschule Zürich im Wintersemester 1904/1905. Zürich 1905. 35 S. 4°.
Zürich. Univ.-Schr. 1904/1905.

Verzeichnis der Behörden, Lehrer, Anstalten und Studierenden der Hochschule Zürich im Sommersemester 1905. Zürich 1905. 36 S. 4°.
Zürich. Univ.-Schr. 1904/1905.

Verzeichnis der Behörden, Lehrer, Anstalten und Studierenden der Hochschule Zürich im Wintersemester 1905/1906. Zürich 1905. 38 S. 4°.
Zürich. Univ.-Schr. 1905/1906.

Verzeichnis der Behörden, Lehrer, Anstalten und Studierenden der Hochschule Zürich im Sommersemester 1906. Zürich 1906. 40 S. 4°.
Zürich. Univ.-Schr. 1905/1906.

Verzeichnis der Behörden, Lehrer, Anstalten und Studierenden der Hochschule Zürich im Wintersemester 1906/1907. Zürich 1906. 42 S. 4°.
Zürich. Univ.-Schr. 1906/1907.

Verzeichnis der Behörden, Lehrer, Anstalten und Studierenden der Hochschule Zürich im Sommersemester 1907. Zürich 1907. 45 S. 8°.
Zürich. Univ.-Schr. 1906/1907.

Verzeichnis der Behörden, Lehrer, Anstalten und Studierenden der Hochschule Zürich im Wintersemester 1907/1908. Zürich 1907. 46 S. 4°.
Zürich. Univ.-Schr. 1907/08.

Verzeichnis der Behörden, Lehrer, Anstalten und Studierenden der Hochschule Zürich im Sommersemester 1908. Zürich 1908. 46 S. 4°.
Zürich. Univ.-Schr. 1907/08.

—— 1—10., der Behörden, Lehrer, Institute, Beamten u. sämmtl. Studirenden auf d. Kgl. Universität Breslau. Bei letztern noch die Anzeige d. Zeit ihrer Ankunft, ihres Geburtsorts u. Studium. Im Sommer- u. Winter-Semester 1829—34. gr. 8. ... Breslau, Graß, Barth u. Comp. à

Verzeichniß der Behörden, Lehrer, Beamten und sämmtlicher Studierenden *(3-5: Studirenden)* auf der Königlichen Universität Breslau ... im SS 1830 *(u. ff. bis* WS 1831/32). *(2:)* Angefertigt *(3. 4.: Angefertiget)* in dem Universitäts-Sekretariat. (Breslau 1830—31.) 4 Bde 8° [F.] *(Umfang zwischen 33 u. 38 S.)*

Verzeichniß *(26-49: Verzeichniss)* der Behörden, Lehrer, Institute, Beamten *(20 ff.: Beamten, Institute)* und sämmtlicher Studirenden auf der Königlichen Universität Breslau ... Im SS 1832 *(u. ff. bis* WS 1853/54). (Breslau 1832—53.) 44 Bde 8° [F.] *(Umfang zwischen 24 u. 42 S.)*

—— 26., der Behörden, Lehrer, Beamten, Institute u. sämmtl. Studirenden auf der königl. Universität Breslau. Bei Letzteren noch die Anzeige der Zeit ihrer Ankunft, ihres Geburtsorts u. Studium. Im Sommer-Semester 1842. gr. 8. (1½ B.) Breslau 842, Graß, Barth u. Comp., Verl.

Verzeichniss der Behörden, Lehrer, Beamten, und sämmtlicher Studierenden auf der Königlichen Universität Breslau ... [H.] 3—49, W.-S. 1830/31 — W.-S. 1853/54. O. O. u. J. 8°.
(Fortges. u. d. Tit.:)
Personal-Bestand der Königl. Universität zu Breslau. [H.] 50—153. S.-S. 1854 bis W.-S. 1905/06. O. O. u. J. 8°.

Verzeichniss der Behörden, Lehrer und Studirenden der Hochschule Bern im Sommersemester 1873. 24 Stn. 4. Bern, Druck v. A. Fischer.

— der reichsländischen Behörden u. Beamten. (Abgeschlossen 15. X. 1900, m. Berücksicht. der während des Drucks bekannt gewordenen Aendergn.) gr. 16. (82 S.) Strassburg, Strassburger Druckerei u. Verlagsanstalt. 1. —

Verzeichnis der reichsländischen Behörden u. Beamten. (Abgeschlossen 1. XI. 1901, m. Berücksicht. der während des Drucks bekannt gewordenen Aendergn.) gr. 16. (82 S.) Strassburg '01, Strassb. Druckerei u. Verlagsanstalt. 1. —

Verzeichnis der reichsländischen Behörden u. Beamten. (Abgeschlossen 1. XI. 1903, m. Berücksicht. der während des Drucks bekannt gewordenen Aendergn.) (90 S.) gr. 16. Strassburg '03, Strassburger Druckerei u. Verlagsanstalt. 1. —

Verzeichnis der reichsländischen Behörden u. Beamten. (Abgeschlossen 15. X. 1904, m. Berücksicht. der während des Drucks bekannt gewordenen Ändergn.) (91 S.) 16. Strassburg '04, Strassburger Druckerei u. Verlagsanstalt. 1. —

— der reichsländischen Behörden u. Beamten. (Abgeschlossen 1. XI. 1906 m. Berücksicht. der während des Drucks bekannt gewordenen Aendergn.) (96 S.) 16. Straßburg (906). Straßburger Druckerei u. Verlagsanstalt. n. 1. —

— der reichsländischen Behörden u. Beamten. (Abgeschlossen 15. X. 1907.) (100 S.) kl. 8. Strassburg '07, Strassburger Druckerei u. Verlagsanstalt. 1. —

— der reichsländischen Behörden u. Beamten. (Abgeschlossen 15. X. 1908, m. Berücksicht. der während des Drucks bekannt gewordenen Ändergn.) (101 S.) kl. 8. Strassburg, Strassburger Druckerei u. Verlagsanstalt. 1908. 1. —

— der reichsländischen Behörden u. Beamten. (Abgeschlossen 15. X. 1910, m. Berücksicht. der während des Druckes bekannt gewordenen Ändergn. (91 S.) kl. 8. Straßburg (910). Straßburger Druckerei u. Verlagsanstalt. 1. —

— der Behörden, Schultheißen, Geistlichen u. Lehrer im Herzogtum Gotha, s.: Notiz-Kalender auf die J. 1897/98.

Verzeichnis der in früheren Jahren den Jahresberichten des Gymnasiums in Neuburg a. D. beigegebenen wissenschaftlichen Beilagen. Neuburg a. d. D., Griessmayersche Buchdr., *1897;* 47—48 S. 8.
Neuburg a. d. D., k. Humanist. G, P 1897*

Verzeichnis der in früheren Jahren den Jahresberichten des Gymnasiums in Neuburg a. D. **beigegebenen** wissenschaftlichen **Beilagen**. *Neuburg a. d. D. (1899): Griessmayer.* (S. 53—55.) 8° ¶ [Vgl. P-Beil. 1897.]
Neuburg a. d. D., k. Humanist. G, P 1899*

Verzeichnis der in früheren Jahren den Jahresberichten des Gymnasiums in Neuburg a. D. beigegebenen wissenschaftlichen **Beilagen**. (1811—1899.) *Neuburgii 1900: Griessmayer.* (S. 53—55 [vielm. 29—31].) 8° ¶[Vgl. P-Beil. 1897 u. 99.]
Neuburg a. D., k. humanist. G, P 1900*

Verzeichnis der in früheren Jahren den Jahresberichten des Gymnasiums in Neuburg a. D. beigegebenen wissenschaftlichen **Beilagen**. (1811—1900.) *Neuburg a. D. 1901: Griessmayer.* (S. 57—59.) 8° ¶[Vgl. P-Beil. 1897. 99. 1900.]
Neuburg a. D., k. humanist. G, P 1901*

Verzeichnis der in früheren Jahren den Jahresberichten des Gymnasiums in Neuburg a. D. beigegebenen wissenschaftlichen **Beilagen**. (1811—1901.) *Neuburg a. D. 1902: Grießmayer.* (S. 43—45.) 8° ¶[Vgl. P-Beil. 1897. 99—1901.]
Neuburg a. D., k. hum. G, P 1902*

Verzeichnis der in früheren Jahren den Jahresberichten des Gymnasiums in Neuburg a. D. beigegebenen wissenschaftl. Beilagen. — P. 64—66. 1904.
Progr. Neuburg a. D., K. Gymn.

Verzeichniß der Beiträge zur Erweiterung des Knabenseminars in Folge des Hirtenbriefes vom 18. Oktober 1851. 4. (12 S.) Gratz. Druck von Jos. A. Kienreich. 1853.

Verzeichniß über die zur Errichtung und Erhaltung der Forstschule zu Weißwasser in Böhmen auf die Dauer von sechs Jahren zugesicherten jährlichen Beiträge und zwar: a) von den hohen Herren Domänen- und Waldbesitzern, b) Städten- und Dorfgemeinden, und c) Forstvereins-Mitgliedern. Prag, 1855. Druck von Kath. Gerzabek. (62 S. 4.)

— **der autorisierten Bergführer.** 12. (S. 68—115.) München 900. J. Lindauer. n. — 50
Sonderabdruck aus: „Kalender d. D. u. Oe. A.-V."

Verzeichniss der im Oberbergamts-Bezirk Breslau betriebenen Bergwerke und ihrer Schächte. Breslau, 1890.
dgl. neuere Auflage. Kattowitz, 1892.
dgl. 1893, 1896 und folgende Jahre.

Verzeichnis der Bergwerks-Betriebskarten des Königlichen Oberbergamts zu Breslau. Abgeschlossen im März 1908. Breslau 1908: W. G. Korn. (IV, 76 S.) 4°(8°) [08. 18,85

—— fünftes, der Berichtigungen und Ergänzungen des alphabetischen Waaren-Verzeichnisses zum allgemeinen österreich. Zolltarife vom J. 1853. 4. (18 S.) Wien 860. Hof- und Staatsdruckerei. Thlr.

—— siebentes, der Berichtigungen u. Ergänzungen des alphabetischen Waarenverzeichnisses zum allgemeinen österreichischen Zolltarif vom Jahre 1853. 4. (6 S.) Wien, Hof- & Staatsdruckerei. 1862. 6 kr.

—— der Beschäler des hannover. Landgestütes. 1. Nachtrag. [Decbr. 1883.] 12. (4 S.) Celle 884, Literar. Anstalt. *
Hauptwerk, s. Landgestüt, das hannoversche, zu Celle.

—— **der Beschäler des Hannover. Landgestütes. II. und III. Nachtrag. [Jan. 1886 und 1888.] 8. (à Nachtrag 6 S.) [Celle.] (Leipzig, Literar. Anstalt.) à Nachtrag ***
Hauptwerk u. d. T.: Landgestüt, das hannover'sche, zu Celle. 1883. * M 1.—; 1. Nachtrag. Ebendas. 1884. * 10 Pf.

—— beschreibendes, der Gemälde der kgl. Museen zu Berlin. 2. Aufl. Unter Mitwirkung von L. Scheibler und W. Bode, bearb. von Julius Meyer. 8. (X, 595 S. mit 1 Plan.) Berlin 883, Spemann. cart. **
—— dass. — Nachtrag. 8. (IV, 68 S.) Ebendas. 885. **

— beschreibendes, der Gemälde der königl. Museen zu Berlin. 3. Aufl. 8. (IV, 407 S. m. 60 Lichtdr.-Taf u. 1 Plan.) Berlin 891. W. Spemann. Geb. in Leinw. n. 12. —

Beschreibendes **Verzeichnis** d. Gemälde. (Vorr.: [Wilh.] Bode.) 4. Aufl. ... *Berlin: W. Spemann 1898.* (IV, 457 S., 1 Bl., 1 Pl.) 1 Bd 8. Königl. Museen zu Berlin.) [98. 11684

Kgl. Museen zu Berlin. **Beschreibendes Verzeichnis** der **Gemälde** im Kaiser Friedrich-Museum. 5. Aufl. [1.] *Berlin: G. Reimer 1904.* 8°

Kgl. Museen zu Berlin. Beschreibendes **Verzeichnis** der Gemälde im Kaiser Friedrich-Museum. 6. Aufl. Mit 81 Lichtdr. Berlin: G. Reimer 1906. (IV, 540 S.) 8° [07. 1640

— beschreibendes, der Gemälde d. schlesischen Museum der bildenden Künste zu Breslau. 2. Aufl. gr. 8. (VII, 253 S.) Breslau 891. (C. Dülfer's Sort.) Kart. n. 1. 40

— beschreibendes, der Gemälde d. Suermondt-Museums zu Aachen. Lex.-8. (V, 89 S. m. Holzschn.-Portr. u. eingedr. Fcsms.) Aachen 883. (M. Jacobi.) cart. n.n. 2. —; m. 8 Photogr. u. 2 Lichtdr. n.n. 5. —

— beschreibendes, der illuminierten Handschriften in Oesterreich. Hrsg. v. Frz. Wickhoff. (Publikationen des Institutes f. österreich. Geschichtsforschg.) 1. u. 2. Bd. gr. 4. Leipzig 905. K. W. Hiersemann. Geb. in Leinw. 160. —
1. **Die illuminierten Handschriften in Tirol. Von Herm. Jul. Hermann. (XVI, 307 S. m. 123 Abb. u. 23 Taf.) n. 120. —**
2. **Die illuminierten Handschriften in Salzburg. Von Hans Tietze. (III, 109 S. m. 40 Abbildgn. u. 9 Taf.) n. 40. —**

— beschreibendes, der illuminierten Handschriften in Österreich. Hrsg. v. Frz. Wickhoff. (Publikationen des k. k. Instituts f. österreich. Geschichtsforschg.) 3. Bd. 36×28 cm. Leipzig, K. W. Hiersemann. Geb. in Leinw. 50. —
Die illuminierten Handschriften in Kärnten. Von Rob. Eisler. (117 S. m. Abbildgn. u. 9 Taf.) 907.

— beschreibendes, der Handschriften der Stadtbibliothek zu Trier. Begründet v. Max Keuffer. 6. Heft. Die ascet. Handschriften. 2. Abtlg. — Nr. 654—804 des Handschriften-Katalogs u. Nachträge v. G. Kentenich. (X, 172 S.) gr. 8. Trier 910. F. Lintz. 6. —

—— **beschreibendes, der Baumgärtner'schen Oelgemälde-Sammlung im römischen Hause zu Leipzig. Nach alphabet. Ordnung. Lex.-8. (41 S. mit 1 Stahlst.) Leipzig 855, (Baumgärtners Buchh.) mit 11 Stahlst. -**

Verzeichnis, Beschreibendes, einer Privatsammlung von Kupferstichen. I. Leipzig 1866. V: *Engelmann, Wilh.* (Auctions-Kat. Gilhofer & Ranschburg-Wien XI.)

Verzeichnis, Beschreibendes, einer Privatsammlung von Kupferstichen, I. Raphael. 2. Aufl. Leipzig 1873. V: *Engelmann, Wilhelm.* S. a. V. 9586. (Hdschr. Mitth. von Friedrich Müller, München)

Verzeichnis, Beschreibendes, der Werke neuerer Meister in der grossherzoglichen Gemäldegallerie zu Schwerin. Schwerin 1884. V: *Schlie, Friedrich.* (Bachmann, Mecklenburg. Güstrow 1889. S. 378.)

— u Beschreibung der Ausstellungsgegenstände d. Rhein.-Westfäl. Hütten- u Walzwerks-Berufsgenossensch. Ausstellg. f. Unfallverhutg. Berlin 1889. Essen (1889)

Verzeichnis und Beschreibung der von der k. preuss. Direktion der Niederschles.-Märk. Eisenbahn zur Ausstell. nach Paris 1867 gesandten Gegenstände. Berlin 1867

Verzeichnis und kurze Beschreibung der Kirchenbücher bey der Hauptkirche . . . in Görlitz. Görlitz 1803. V: *Janke, Johann Christian.* (OI.)

— u. kurze Beschr. d. im Freyen ausdaurenden Stauden-Zwiebel- u. Knollgewächse, s. J. K. Corthum.

Verzeichnis und Beschreibung der vornehmsten Schmetterlinge in der Gegend von Holzminden . . . [Holzminden] 1782. V: *Häseler, Julius.* (Braunschw. Bibliographie. Braunschweig 1897. S. 362.)

— u. Beschreib. d. vornehmsten Schmetterlinge in d. Gegend um Holzminden. 8. Götting. 783. Bossiegel. 8 gGr.

Verzeichnis der Besitzer und Führer von Automobilen und Motorvelos im Kanton Thurgau. Hrg. 1. Oktober 1905. 16 S. 8. Frauenfeld, Huber & Co.

Rindviehschau [im Kanton St. Gallen] 1901. Verzeichnis der Besitzer, welche für ihre Tiere Prämien, Ehrenmeldungen und Tauglichkeitserklärungen erhielten. 89 S. 8.

Rindviehschau ([im Kanton] St. Gallen) 1902. Verzeichnis der Besitzer, welche für ihre Tiere Prämien, Ehrenmeldungen und Tauglichkeitserklärungen erhielten. 99 S. 8.

Verzeichnis, Besonderes, der Herrschaften und Güter, nebst den dazugehörigen Ortschaften im Bunzlauer Kreise. [Prag 1790.] V: *Wander von Gruenwald, Jos.* (MS)

Verzeichniss u. literarische Besprechungen v. anerkannt vorzüglichen Schriften für Brr Freimaurer aus dem Verlage von Bruno Zechel in Leipzig. 3 Hefte. 1880. 8. 24 S. 1881. 8. 31 S. 2 Kpfr. 1882. 16. 20 S. 4 Kpfr.

Verzeichnis des Bestandes d. Lehrerbibliothek d. K. Gymnas. zu Husum, s. Baumann, Karl

Verzeichniss der am 1. Jan. 1883 noch gültigen Bestimmungen des zürcher. privatrechtlichen Gesetzbuches. Zürich 1883.

— der bei der Stadt-Fernsprech-Einrichtung in Dresden Betheiligten. April 1883 m. 5 Nachträgen bis Decbr. 1883. gr. 8. (52 S. u. Nachträge 11 Bl.) Dresden 884. Teich. n. — 50

— der bei der Stadt-Fernsprecheinrichtung in Freiberg [Sachsen] nebst Vororten Betheiligten. Aufgestellt bei der kaiserl. Ober-Post-Direction in Dresden im Septbr. 1886. gr. 8. (16 S.) Ebend. 886. n. — 50

— der Betriebs-(Fabrik-)Krankenkassen des Deutschen Reiches. Mit Benutzg. amtl. Quellen zusammengest. Nebst e. alphabet. Register d. Ortschaften u. d. Fabrikationszweige. Lex.-8. (III, 184 S.) Berlin 898. Verlag der Arbeiter-Vorsorgg., A. Troschel. n. 6. —

Verzeichnis der im k. b. Armee-Museum befindlichen Beute- u. Erinnerungsstücke an die ostasiatische Expedition 1900/1901. München 1902. 11 S.

— der Bevollmächtigten zum Bundesrath, sowie der Mitglieder d. Reichstages. 6. Aufl. 7. Legislatur-Periode. IV. Session 1888/89. gr. 8. (48 S.) Berlin 888. C. Heymann's Verl. n. 1. —

— der Bevollmächtigten zum Bundesrath, sowie der Mitglieder d. Reichstages. 8. Aufl. 8. Legislatur-Periode. I. Session 1890/92. gr. 8. (48 S.) Berlin 892. C. Heymanns Verl. n. 1. —

— dasselbe. 9. Aufl. 9. Legislatur-Periode. II. Session 1893/94. gr. 8. (48 S.) Ebd. 893. n. 1. —

— der Bevollmächtigten zum Bundesrat sowie alphabetisches Verzeichnis der Mitglieder des Reichstages mit angehängter Fraktionsliste. Abgeschlossen am 18. XII 1903. (54 S.) gr. 8. Berlin (C. Heymann). n. — 50

— der Bevollmächtigten zum Bundesrat sowie alphabetisches Verzeichnis der Mitglieder des Reichstags m. angehängter Fraktionsliste. Abgeschlossen am 28. II. 1907. (Drucksachen des Reichstags. 12. Legislatur-Periode. I. Session 1907. Nr. 1.) (60 S.) gr. 8. Berlin (907). (C. Heymann.) 1.

Verzeichniss der Bezirke, Kreise, Pfarreien, Gemeinden, Ortsburgerschaften, kleineren Ortschaften und Höfe des Kantons Aargau. Amtliche Ausg. 8. Aarau 1856.

—— aller Bibelstellen, welche in Dinter's Anweisung z. Gebr. d. Bibel rc. enth. sind, s. a. Dinter, G. F., Unterredungen rc.

— aller Bibelstellen, welche in Dinters Anweis. z. Gebr. d. Bibel u. Katechisationen üb. sämmtl. Hauptstücke erklärt sind. 8. Neust. 827. 3e A. 833. Wagner. 3 gGr.

— aller Bibelstellen, welche in Dr. Dinters Anweisung zum Gebrauch d. Bibel u. den Unterredungen erklärt enthalten sind. 3e Aufl. 8. Neustadt 838. Wagner. 1/8 Thlr.

—— der Bibelstellen des Bibel-Lese-Vereins der Werder'schen Bibelgesellschaft für das Kirchenjahr 18 57/58, hrsg. von der Bibelgesellschaft der zweiten frankfurter Synode zu Falkenhagen bei Petershagen i. M. (24. und 25. Jahr.) gr. 8. (4 S.) (Berlin 857, Beck.) 25 Expl. **

— der Bibelstellen d. Bibel-Lese-Vereins f. das Kirchenjahr 1885—86. 28. Jahrg. Ausg. f. das Königr. Sachsen. 8. (4 S.) Fürstenwalde 885. (Leipzig, Buchh. d. Vereinshauses.) — 3

Verzeichnis, Bibliographisches, der Werke, Abhandlungen, Gesetzentwürfe und Reden von Julius Glaser. Wien 1888. V: *Glaser, Wilhelmine.* (EB)

Verzeichniss der Bibliothek der Koeniglichen Akademie der Wissenschaften in Berlin. Berlin 1874. 8°.

VERZEICHNISS EINER ALCHYMISTISCHEN BIBLIOTHEK AN SELTENEN MANUSCRIPTEN UND DRUCKWERKEN AUS ÄLTERER ZEIT. Gotha, 1859. pp. 16, 8vo.

A trade catalogue commended by Petzholdt.

Ministerium des Innern, Verzeichniss der im Gewerbehause aufgestellten Königlichen Bibliothek. Berlin 1827.

Verzeichniß der im Gewerbehause aufgestellten Königlichen Bibliothek. Berlin, im Jan. 1843. 266 S. 8°

„Flora", Königl. Sächs. Gesellschaft für Botanik u(nd) Gartenbau zu Dresden. — KATALOG DER BIBLIOTHEK. Ausgegeben im Dezember 1903. (Dresden-A.) Otto Kühn & Co. Buchdruckerei. 8°.
VERZEICHNIS DER BIBLIOTHEK. Ausgegeben im April 1909. (Dresden. Druck von C. Heinrich.) 8°. 51 S.

Bibliothek [der Loge Friedrich zur Morgenröte in Halberstadt. **Verzeichnis.** [Nebst] Forts. 1. 2. Halberstadt 1905—1907]. 8° [Kopftit.]
Verz. 4 Bl. 1905; Forts. 1. 5 Bl. [1906]; Forts. 2. 2 Bl. [1907].
Abgedr. in: Mitglieder-Verzeichn. d. L. „Friedr. z. Morgenröte", Halberstadt. 2 (1904—1905) S. 10—14; 3 (1905—1906) S. 11—16; 4 (1906—1908) S. 11—14. 193.

Verzeichnis der von den vereinigten Logen Zorobabel zum Nordstern, und Friedrich zur gekrönten Hoffnung in Kopenhagen gesammelten Maurerischen Bibliothek. [Mit e. Vorw. von Friedr. Münter. Nebst] Nachtr. Ms. f. Brr. Kopenhagen: Möller 1801. [1802]. 8°
Verz. 158 S. 1801; Nachtr. S. 159—187. [1802.]
Kl. 5, Tt. 61. 25.

Verzeichnis der Bibliothek der Berliner Theologischen Gesellschaft. Berlin 1904: Gutenberg. (IV, 70 S.) 8° [Ant. u. F.] 06. 7019

Verzeichnis der Bibliothek der Deutschen Gesellschaft für öffentliche Gesundheitspflege. Berlin [1903]. (A. Paritschke). (16 S.) 8° 06 7776

Verzeichnis der Bibliothek der hamb. Gesellschaft zur Beförderung der Künste und nützlichen Gewerbe. Hamb. 1832—38. V: *Buck, Friedrich Georg* & *Frz Hnr. Neddermeyer.* (schr)

Verzeichnis der Bibliothek der hamburgischen Gesellschaft zur Beförderung der Künste und Gewerbe und I. Fortsetzung. Hamburg 1857-59

VERZEICHNISS DER BIBLIOTHEK der physicalisch-medicinischen Gesellschaft zu Würzburg.
November 1853. Würzburg. 1853. Druck von Friedrich Ernst Thein. 8°.
Nachtrag 1. November 1854. ib. 1854. —
Nachtrag 2. November 1855. ib. 1855. —

VERZEICHNISS DER BIBLIOTHEK der physikalisch-medicinischen Gesellschaft zu Würzburg. Würzburg. 1869. Druck der Stahel'schen Buchdruckerei. 8°.

Verzeichnis der von dem Dr. Phil. Joh. Gottw. Müller hinterlassenen Bibliothek. Itzehoe 1829. H: *Schröder, Hans.* (schr)

Verzeichniss der Bibliothek der Loge Carl zu den 3 Ulmen in Ulm. Angelegt von Ernst Nübling. Ulm 1847. 8. 8 S.
137 Nummern.

Verzeichniss der Bibliothek des Freimaurerischen Lesezirkels. Fürth [1862]: Volkhart. 8 S. 8° [Umschlagtit.]
Tt. 76.

Verzeichnis der Bibliothek der Loge zu den drei Degen ... Halle 1843. H: *Netto, Ernst Frdr. Christ. Aug.* (ABJP)

Verzeichniss der Bibliothek der Loge zu den drei Degen in Halle. Festgab zu der ersten Säcularfeier der Loge am 13. und 14. December 1843. Halle Gebauersche Buchdruckerei. 1843. 8. VIII. 142 S.

Verzeichnis der Bibliothek der Höheren Mädchenschule zu Neumünster. [Verf. Direktor Dr. Johannes Güldner.] Neumünster 1906: J. Gottesleben. (IV, 52 S., 4 Bl., 10 S.) 8°
Neumünster, st. HM OP 1906 [186]

VERZEICHNISS DER BIBLIOTHEK der Alpenvereins-Section München. Anerkannter Verein.
December 1877. München. Akademische Buchdruckerei von F. Straub. 8°.
Dezember 1884. ib. Druck von Knorr & Hirth. 8°.

Verzeichnis der Bibliothek des Schweizerischen Polytechnikums. 5. Aufl. Zürich 1876. H: *Wolf, Rudolph.* (Rothsch)

Verzeichnis der Bibliothek der livländischen Ritterschaft. Als Manuscript gedruckt ... Leipzig 1872. V: *Buchholtz, Aug.* (Winkelmann, Bibliotheca Livoniae Historica. 2. Aufl. 62.)

VERZEICHNISS DER BIBLIOTHEK und handschriftlichen Sammlungen des Vereins für Geschichte und Landeskunde von Osnabrück, in dessen Auftrage herausgegeben durch ... HERMANN VELTMAN. Osnabrück. 1879. Druck von J. G. Kisling. 8°.

I. NACHTRAG ZUM VERZEICHNISSE ... herausgegeben durch ... HERMANN VELTMAN. ib. 1881. —

NACHTRAG ZUM VERZEICHNISSE DER BIBLIOTHEK und handschriftlichen Sammlungen des Vereins für Geschichte und Landeskunde von Osnabrück, („Historischer Verein"), in dessen Auftrage herausgegeben durch ... HERMANN VELTMAN.
II—III. ib. 1882—1885. —

VERZEICHNIS der Bibliothek des Aerztlichen Vereins zu Nürnberg. Nürnberg 1900. 8°

Verzeichniss der Bibliothek des Vereins schweizer. Bienenfreunde, 1889. In-8°. 18 S. Aarau, H. R. Sauerländer.

— der Bibliothek des Vereins f. die Geschichte u. Altertumskunde v. Erfurt. Aufgestellt im Herbst 1904. (122 S.) 8. Erfurt ('05). (H. Güther.) n. 1. —
Sonderabdruck aus: „Mittlgn. d. Ver. f. d. Gesch. u. Altertumskde. v. Erfurt".

VERZEICHNISS DER BIBLIOTHEK DES VEREINS für hessische Geschichte und Landeskunde. Kassel 1886. Druck von Döll und Schäffer. 8°

— **Verzeichniß** der Bibliothek des Vereins für innere Medicin. Hrsg. am 20. April 1902. Berlin (1902: A. Paritschke). (VIII, 279 S.) 8° 05. 9686

VERZEICHNISS DER BIBLIOTHEK des naturhistorischen Vereines in Passau. Beigabe zum 9. Jahresbericht 1871. s. l. & a. 8°.

Verzeichniß verschiedener Bibliotheken aus vielen Fächern der Literatur, größtentheils der neuern Zeit, namentlich: Naturwissenschaft, Geschichte, illustrirte Werke und Belletristik, so wie auch Theologie, Medizin, fremde Literatur u. s. w. welche vom 12. November an von 10—12 Uhr Vormittags, und von 3—7 Uhr Nachmittags am Obstmarkt, Nr. 574 gegen baare Zahlung versteigert wurden. Prag, 1855. Druck von Karl Bellmann. (32 S. 8.)

Verzeichnis der altdeutschen Bilder und einiger andern dem Museum zu Frankfurt a. M. zuständigen Gemälde. Frankfurt a. M. 1820. V: *Schütz*, *Georg*. (STBFrankf I, 145)

Galerie Henneberg in Zürich. [Verzeichnis der ausgestellten Bilder. — Mit illustriertem Umschlag.] II+8 S. 8. Zürich, Typ. Neue Zürcher Zeitung, [1902].

Heinrich Frh. v. Liebiegsche Gemäldesammlung der Stadt Reichenberg. **Verzeichnis** der Bilder. (Vorr.: E. Schwedeler-Meyer.) Reichenberg 1906: (Gebr. Stiepel). 40 S., 68 Taf. 8°

— d. Bildergallerie Sr. Königl. Hoheit des Prinzen Eugen, Herzogs von Leuchtenberg in München. (Vom Inspekt. ... Muxel.) gr. 12. Münch. 820. Finsterlin. 5 gr.

—— der Bildergallerie Sr. Kgl. Hoheit d. Prinzen Eugen, Herzogs v. Leuchtenberg in München. (Von Muxel.) gr. 12. (2½ B.) München 829. Finsterlin.

Verzeichnis der Bildergallerie Sr. Königlichen Hoheit des Prinzen Eugen, Herzogs von Leuchtenberg in München. München 1829. V: *Muxel*, *J. N.* (EngG) »1820« (Ky) »1843« (Schles)

Verzeichnis der Herzoglichen Bilder-Gallerie zu Salzthalen. Braunschweig 1776. V: *Eberlein*, *Christian Nicolas*. (EB)

— d. Herzogl. Braunschweig. Bildergallerie zu Salzthalum. gr. 8. Braunschw. 777. Waisenhausbuchh. 16 gr.

Verzeichnis der Bildersammlung der K. Realanstalt Cannstatt. 4 (S. 14—18 der Schuln.). **Progr.** Realanstalt *Cannstatt* 1897

Verzeichniss der Bildhauerwerke des Königl. Museums zu Berlin. Berlin 1814, 46, 55, 60. 12

Verzeichnis der zur hundertjährigen Geburtstagsfeier Schillers im Saale der Königlichen Akademie . . . 1859 aufgestellten Bildnisse, Handschriften . . . Berlin 1859. H: *Maltzahn*, *Wendelin von & Gustav von Loeper*. (MD)

—— der zur 100jährigen Geburtstagsfeier Schiller's im Saale der königl. Akademie zu Berlin vom 12—22. Novbr. 1859 aufgestellten Bildnisse, Handschriften, Drucke, Musikalien und Erinnerungen. 2. Abdr. gr. 8. (41 S. mit 2 lithogr. Schrifttaf. in gr. 8. und 4.) Berlin 859, Schroeder's Verlag. **

Verzeichnis der alten und neuen Bildwerke . . . in den Sälen der königl. Antikensammlung zu Dresden. Dresden 1826. 3. Aufl. Dresden 1833. V: *Hase*, *Heinrich*. (MGT) (Ky) (Kat. d. stat. Bureaus. Dresden 1890.) »neuen Werke« (R-N)

— d. alten u. neuen Bildwerke in Marmor u. Bronze, in den Sälen d. königl. Antikensammlung zu Dresden. Mit 3 Kpf. 8. Dresd. 826. Walther. 16 gr.

Verzeichniß der alten u. neuen Bildwerke u. übrigen Alterthümer in den Sälen d. Königl. Antikensammlung zu Dresden. (Von H. Hase.) 3e durchaus veränd. Aufl. Mit 3 Kpfrn. 16. Dresden 833. Walthersche Hofbuchh. 2/3 ℛ — 4e verm. Aufl. 16. Ebd. 836. 2/3 ℛ

—— der Bildwerke u. Alterthümer zu Dresden, s. Hase, H.

Verzeichnis der antiken und modernen Bildwerke in Gyps auf dem akadem. Museum für Alterthum und Kunst in Breslau. Breslau 1832. V: *Passow*, *Ludwig Carl Friedrich Franz*. (Nowack, Schles. Schriftst.-Lex. Bresl. 1836—43. III, 114.)

— der italienischen Bildwerke der königl. Museen zu Berlin. gr. 8. (30 S.) Berlin 893. (G. Reimer.) n. —40

— aller röm. Bischöfe und Päbste, wie lange sie regiert, nebst ihrem merkwürd. Verrichtungen von Anfang d. Christenth. bis auf d. heutigen Tag. 8. Münch. 780. J. Lindauer. 3 gr.

— e. Bismarck-Portraits- u. Bilder-Sammlung. M. 1 Portr. in Holzschn. v. Rich. Kopp. gr. 8. (VIII, 89 S.) Chemnitz 896. M. Bülz. n. 2.—

Verzeichnis der Bisthümer und Pfarren des Erzherzogthums Österreich. Wien 1791. V: *Weinhofer*, *Hieronymus*. (WBL 54/42) (Biblrort)

— der von Johann Adam Klein, Maler u. Kupferstecher, Mitglied d. K. preuss. Acad. d. Künste in Berlin, gezeichneten u. radirten Blätter. (Vom Jahr 1805 bis 1846.) Stuttgart 853. Ebner u. Seubert. gr. 8. (16 S.) n. 4 ngr.

Verzeichniss der Blumen-Ausstellung des k. k. steierm. Gartenbau-Vereins vor dem Burgthore. Vom 30. April bis 3. Mai 1858. *Graz. C. Tanzer.* 24 S., 8°. 6 kr.

Verzeichniss über den Brandversicherungswerth der Gebäude in den adlichen Gütern Seedorf und Hornstorff. Extrahirt Seedorff den 31. März 1812. Fol.

— sämmtl. Bremensien der Bremischen öffentl. Bibliothek zusammengestellt auf d. kleinern Bibliotheks-Saale. gr. 8. Bremen 834. Heyse. ...

Verzeichniss derer von der alt-schottischen Loge zu den Nelken in Meiningen abgegebenen BBr. im Bambergischen Lande an die Loge zu den 3 Cedern in Erlang.[!] [1778.] 1 Bl. 4⁰. [Kopftit.]
Sehr selten. 21.

— der in dem Freiheitskampfe am 18. u. 19. März zu Berlin gefallenen u. am 22. März beerdigten 150 Brüder. 8. (8 S.) Grünberg 848, Levysohn. n. 1 ngl

Verzeichnis der zur Jahresversammlung am 22., 23. u. 24. Mai 1909 in Lahr vereinigten Brüder der Sonnenlogen. 2 Bl. 8⁰. [Kopftit.] 21.

Verzeichnis der Bbr., welche im Laufe der Saison 1910 das Sommer-Logen-Kränzchen zur Freundschaft an der Saale für Bbr. Frmr in Bad Kissingen besucht haben. Erlangen 1910: Junge & Sohn. 90 S. 8⁰. 358a.

— aller in Oesterreich erschienenen Bücher in böhmischer, polnischer, slovenischer, italienischer u. ungarischer 2c. Sprache, s. Catalog, österreichischer.

Verzeichniß aller in Oesterreich erschienenen Bücher u. Zeitschriften in deutscher, slavischer, ungarischer, italienischer Sprache.; s: Catalog. österr.

—— aller in Ungarn erschienener Bücher, s.: Catalog, österreichischer.

— aller Bücher, welche seit 1797 wirklich erschienen sind, s. J. C. Hinrichs.

— von älteren u. neueren gebundenen u. ungebundenen Büchern, aus allen Wissenschaften u. in verschied. Sprachen, welche um äußerst billige u. bedeutend herabgesetzte Preise in Conv.-Münze (20 fl. Fuß) zu haben sind in Rud. Sammer's Buchh. in Wien. (Mit einer wissenschaftlichen Uebersicht.) gr. 8. Wien 833. Sammer. n. 1/2 rf

Deutsche Gesell v Phila. Verzeichnis der vom Jahre 1864 bis 1873 neu angeschafften Bücher der Bibliothek. Phila. 1873.

Verzeichnis der in dem Lesesaale des eidg. Polytechnikums aufgestellten Bücher. 16 S. 8. Zürich, Zürcher & Furrer, 1901.

Verzeichnis von ausgewählten Büchern aus der Bibliothek der Vereinigten 5 Logen zu Hamburg für Brüder Lehrlinge. Ausg. 1905. Hamburg [1905]: Rademacher. 14 S. 8⁰ [Umschlagtit.]
Hrsg. von d. Archiv-Kommission. Mit krit. Bemerk. 25a.

Verzeichniss der in der Bibliothek der Gr. Landes-Loge der Freimaurer von Deutschland befindlichen Bücher. Berlin 1866: Mittler & S. VII, 133 S. 8⁰
Tt.78. 23.

Verzeichnis der in der Bibliothek des K. B. Inf.-Reg. Seckendorff befindl. Bücher 2c. Passau 1847. 77 S.
—— Dasf. u. d. T.: Verzeichnis der Bücherei des K. B. 8. Inf.-Reg. Metz 1905. 190 S.

Verzeichnis der in der Gymnasialbibliothek befindlichen vor 1550 gedruckten Bücher. S. 16—19. **Progr.** G. *Aachen* 1877

Verzeichniss der zum Ausleihen bestimmten Bücher und Zeitschriften der Oeffentlichen Lese- und Bücherhalle der Stadt Worms. *Worms 1901: A. K. Boeninger.* (VI, 100 S.) 8° [F.] [illegible]

Verzeichnis der zum Ausleihen bestimmten Bücher u. Zeitschriften der Oeffentlichen Lese- u. Bücherhalle der Stadt Worms. 3. Ausg. v. 10. Nov. 1908. Worms 1908: Boeninger. IV, 214 S. 8⁰

Verzeichniss der Bücher in der Bibliothek der Gesellschaft für Erdkunde zu Berlin. April 18[illegible]. Berlin 18[illegible]. 33 S. 8⁰.

Bibliothek der Gesellschaft für Erdkunde zu Berlin. **Verzeichniss** der Bücher. Abgeschlossen im Februar 1888. Berlin 1888. XVI, 418 S. 8⁰

Verzeichnis der Bücher in der Bibliothek der K. K. Geographischen Gesellschaft in Wien. Wien 1899. H: *Poche-Lettmayer, Eugen Freih. von.* (Rothsch)

Verzeichnis der Bücher in der Bibliothek der k. k. Geographischen Gesellschaft in Wien. Nach dem Stande vom 15 December 1897. Mit Nachträgen bis 31. December 1898. Wien 1899. 450 S. 8⁰ [A 232

Verzeichnis der Bücher der Bibliothek der Johannis-Freimaurer-Loge „Janus" im Orient zu Bromberg. Hrsg. am 1. Juni 1896. [Bromberg 1896: Grunwald.] 15 S. 8⁰. 358a.

Verzeichniss der Bücher der Bibliothek der Loge „Zu den drei Rosen im Walde" im Or. Sorau N.-L. Sorau 1883: Rauert. 16 S. 8⁰ 140.

Verzeichnis der Bücher der Bibliothek der grossen National-Mutterloge in den Preussischen Staaten, genannt zu den drei Weltkugeln [in Berlin]. [Berlin] 1855. 1885—1905. II (1855): *Waldästel, Wilhelm Hermann Ludwig Hartung.* II (1885 nebst Nachtrag 1905): *Ramme, Adolf & Friedrich Wilhelm Püttner.* (Wolfstieg I, 9)

Verzeichnis der Bücher [der Freih. Carl v. Rothschild'schen öffentl. Bibliothek]. Bd. 1. Frankfurt a. M. 1892—98. H: *Berghoeffer, Chn Wilh.* (Berl)

— d. Bücher d. Freiherrl. Carl v. Rothschild'schen öffentl. Bibliothek. (Bearb. v. Ch. W. Berghoeffer.) 1. Bd. Mit Autoren- u. Titelregister. gr. 8. (IX, 594 S.) Frankfurt a/M. 892—898. (Gebr. Knauer.) n. 6. —

Verzeichnis. Freiherrlich Carl von Rothschild'sche öffentliche Bibliothek. V' der Bücher. Band 2. (4 Hefte.) Mit Autoren- und Titelregister. IV + 711 S. gr.-8. Frankfurt a. M. (Cassel, Druck von L. Doell) 1899—1904.
(Heft 1. 1900. — Heft 2. 1901. — Heft 3. 1902. — Heft 4. 1904.)

— der Bücher der Freiherrl. Carl v. Rothschildschen öffentlichen Bibliothek. (Bearb. v. Ch. W. Berghoeffer.) 2. Bd. Mit Autoren- u. Titelregister. (VI, 711 S.) Lex.-8. Frankfurt a/M. 899 - 904. (Gebr. Knauer.)
n. 10. — (1 u. 2.: 16. —)

Verzeichniss v. den Büchern . . . d. Bibliotek d. Vereines z. Beförderung d. Gartenbaues in den königl. preuss. Staaten zu Berlin . . . 4. Aufl. Berl. 1852. 46 S. 4°.
(Anhang zu: Verhandlungen d. Vereins . . . Bd. 21 og indb. dermed). 570.

VERZEICHNISS DER BÜCHER DER BIBLIOTHEK DES VEREINS für Geschichte und Alterthumskunde Westfalens. (Abtheilung Paderborn.) Paderborn. 1882. Druck von Ferdinand Schöningh. 8°.

Verzeichnis der Bücher weiland Herrn Heinrich Friedrich des H. R. R. Edlen von Delius. Erlangen 1796. V: *Fikenscher, Gg Wolfgang Augustin.* (Fiker)

VERZEICHNISS derjenigen Bücher der Senckenbergischen vereinigten medicinisch-naturwissenschaftlichen Bibliothek, welche dem physikalischen Verein als Eigenthum angehören, 1845 s. l. & a. 8°.

—— derjenigen in Deutschland erschien. Bücher aus allen Wissenschaften, welche jezt in wohlf. Ausgaben od. zu größtenth. bedeut. herabgesetzten Preisen zu bekommen sind. 1. Abth. 8. (..B.) Meiningen 833, [Blum.]

— derjenigen in Deutschland erschienen Bücher aus allen Wissenschaften, welche jetzt in wohlfeilen Ausgaben oder zu herabgesetzten Preisen zu bekommen sind. 1e Abthl. 8. Meiningen 833. Keyßner'sche Buchh. 1/8 ₰

Verzeichnis derjenigen Bücher aus verschiedenen Sprachen . . . welche zu Hermannstadt zu haben sind. Hermannstadt 1831. V: *Hochmeister, Martin v.* (PK 2/136) (Biblport)

Verzeichnis derjenigen Bücher, welche in der Fenizerischen Bibliothek befindlich. Nürnberg 1786. V: *Weiss, J. M.* (Kluber 171/432) (Biblport)

Verzeichniss derjenigen Bücher, welche sich in der Bibliothek der Loge Alexius zur Beständigkeit in Bernburg befinden. Cöthen 1855: Schettler. 14 S. 8°
[Umschlagtit.] 140.

Verzeichnis der Bücher und Drucksachen der Landschaftlichen Bibliothek, neuere Abtheilung (seit 1815). Braunschweig 1895. H: *Rhamm, A.* (Löwe, Bibliogr. der Hann. u. Braunschw. Gesch. Posen 1908. S. 4.)

Verzeichnis d. v. 1882-89 d. Akademie-Bibliothek Hohenheim einverleibten Bücher. Plieningen 1899

— empfehlenswerter Bücher u. Lehrmittel f. Fortbildungsschulen. Im Auftrage der Sektion f. Fortbildungsschulwesen in Chemnitz aus Anlaß der Hauptversammlg. des sächs. Fortbildungsschulvereins zusammengestellt. gr. 8. (15 S.) Chemnitz 901. C. Winter. n. — 40

— empfehlenswerter Bücher u. Lehrmittel f. e. neu eingerichtete Gemeindeschule. Hrsg. v. der literar. Kommission des Rektoren-Vereins zu Berlin. (27 S.) gr. 8. Berlin (908). Berliner Lehrmittel-Verlag. — 25

Verzeichnis empfehlenswerter Bücher u. Lehrmittel für eine neu einzurichtende Gemeindeschule. Hrsg. von d. literar. Komm. d. Rektoren-Vereins zu Berlin. Berlin: Szielasko 1908. 27 S. 8°

—— der von der Jugendschriften-Kommission des Lehrervereins zu Frankfurt a. M. empfohlenen Bücher. Frankfurt a. M. 882, Wilcke. *
Fortsetzung u. d. T.: Ratgeber für Eltern, Lehrer und Bibliothekvorstände bei der Auswahl von Jugendschriften.

. Verzeichnis der aus dem Vermachtnis der Frau von Felgermann erhaltenen Bucher. S. 23 32. 4.
Progr. Realschule *Lowenberg i. Schl.* 1903 (269).

— der über Bergbau und Hüttenkunde, Salinenwesen, Mineralogie, Geognosie und Geologie erschienenen Bücher, Karten u. Zeichnungen. 8. Eisleben 840, Reichardt. n. 6½ ngl
— Nachtrag. 8. Eisleben, Reichardt. Velinp. geh. n. 8¾ ngl
— Complet n. ½ ₰

—— der über Bergbau- und Hüttenkunde, Salinenwesen, Mineralogie, Geognosie und Geologie erschienenen Bücher, Karten und Zeichnungen. 2. Nachtrag, welche die Literatur der J. 1841 bis Mitte 1851 umfaßt, mit Hinweisung auf früher Erschienenes. 8. (60 S.) Eisleben 852, Reichardt. *

— der neu erschienenen u. neu aufgelegten Bücher, Landkarten rc. 1886. II. Mit Angabe der Seitenzahl, der Verleger, der Preise, literar. Nachweisgn. u. e. wissenschaftl. Uebersicht. 177. Fortsetzg. 8. (CXXIX, 566 S.) Leipzig 887. Hinrichs' Verl. n. 4. —; geb. n. 4. 60; Schreibpap. geh. n.n. 6. —
Vorh. unt. d. T.: Verzeichnis der Bucher, Landkarten usw., welche . . . neu erschienen . . . sind

— dasselbe. 1887. 2 Bde. 178. u. 179. Fortsetzg. 8. (CXIII, 521; CXXVI, 564 S.) Ebd. 887. 888. à Bd. n. 4. —; geb. n. 4. 60; auf Schreibpap. geh. n.n. 6. —

— dasselbe. 1888. 2 Bde. 180. u. 181. Fortsetzg. 8. (CXXII, 604; CXXIX, 684 S.) Ebd. 888. 889. à Bd. n. 4. —; geb. n. 4. 60; auf Schreibpap. geh. n.n. 6. —

— dasselbe. 1889. 2 Bde. 182. u. 183. Fortsetzg. 8. (CXXVII, 684; CXXXV, 608 S.) Ebd. 889. 890. à Bd. n. 4. —; geb. n. 4. 60; auf Schreibpap. geh. n.n. 6. —

— dasselbe. 1890 I. Mit literar. Nachweisgn. u. e. Stichwort-Register. 184. Fortsetzg. 8. (XCV, 620 S.) Ebd. 890. n.n. 4. 50; geb. n.n. 6. —; Einbd.-Decke n.n. — 40; Schreibpap. geh. n.n. 6. 50

— der im deutschen Buchhandel neu erschienenen u. neu aufgelegten Bücher, Landkarten, Zeitschriften rc. 1890. II. Mit Angabe der Seitenzahl, der Verleger, der Preise, literar. Nachweisgn. u. e. Stichwort-Register. 185. Fortsetzg. 8. (CLVI, 716 S.) Leipzig 891. J. C. Hinrichs' Verl. n.n. 4. 50; geb. n.n. 5. 10; Schreibpap. geh. n.n. 5. 50

— dasselbe. 1891. 2 Bde. Mit Angabe der Formate, Seitenzahlen, Verleger, Preise, m. litterar. Nachweisgn., e. wissenschaftl. Übersicht u. e. Stichwort-Register. 186. u. 187. Fortsetzg. 8. Ebd. 891. 892. n.n. 11. —; geb. n.n. 13. —
1. (199 u. 655 S.) n.n. 5. —; geb. n.n. 6. —. — 2. (II, 232 u. 766 S.) n.n. 6. —; geb. n.n. 7. —.

— dasselbe. 1892. 2 Bde. 188. u. 189. Fortsetzg. 8. Ebd. 892. 893. n.n. 11. —; geb. n.n. 13. —
1. (IV, 207 u. 620 S.) n.n. 5. —; geb. n.n. 6. —. — 2. (239 u. 772 S.) n.n. 6. —; geb. n.n. 7. —.

— dasselbe. 1893. 2 Bde. Mit Stichwort-Register, wissenschaftl. Übersicht, sowie e. Anh., enth. solche Neuigkeiten, die angezeigt gewesen, aber noch nicht erschienen sind, od. deren Einsichtnahme bisher nicht möglich gewesen ist. 190. u. 191. Fortsetzg. 8. Ebd. 893. 894. n.n. 13. —; geb. n.n. 15. —
1. (272 u. 854 S.) n.n. 7. —; geb. n. 8. —. — 2. (VIII, 250 u. 720 S.) n.n. 6. —; geb. n.n. 7. —.

— dasselbe. 1894. 1. Bd. 192. Fortsetzg. 8. (832 u. 291 S.) Ebd. 894. n.n. 7. —; geb. n.n. 8. —; in 2 Bde. geb. n.n. 8. 50

— der im deutschen Buchhandel neu erschien. u. neu aufgelegten Bücher, Landkarten, Zeitschriften ꝛc. 1894. 2. Bd. Mit Stichwort-Register, wissenschaftl. Uebersicht, sow. e. Anh., enth. solche Neuigkeiten, die angezeigt gewesen, aber noch nicht erschienen sind, od. deren Einsichtnahme bisher nicht möglich gewesen ist. (Hinrichs' Halbjahrskatalog 193. Fortsetzg.) 8. (827 u. 294 S.) Leipzig 895. J. C. Hinrichs' Verl. n.n. 7. —; geb. n.n. 8. —; in 2 Bde. geb. n.n. 8. 50

Verzeichnis der im deutschen Buchhandel neu erschien. u. neu aufgelegten Bücher, Landkarten, Zeitschriften ꝛc. 1895. 2 Bde. (Hinrichs' Halbjahrskatalog 194. u. 195. Fortsetzg.) 8. Leipzig, J. C. Hinrichs' Verl. n.n. 14. 70; geb. n.n. 16. 70 u. n.n. 17. 70
1. 2 Thle. in 1 Bd. (861 u. 300 S.) 895. n.n. 7. —; geb. n.n. 8. —; in 2 Bde. geb. n.n. 8. 50
2. 2 Thle. in 1 Bd. (918 u. 318 S.) 896. n.n. 7. 70; geb. n.n. 8. 70; in 2 Bde. geb. n.n. 9. 20

— dasselbe. 1896. 2 Bde. (Hinrichs' Halbjahrskatalog 196. u. 197. Fortsetzg.) 8. Ebd. à n.n. 7. —; geb. à n.n. 8. — u. à n.n. 8. 50
1. 2 Thle. in 1 Bd. (851 u. 285 S.) 896.
2. 2 Thle. in 1 Bd. (812 u. 266 S.) 897.

— dasselbe. 1897. 2 Bde. Mit Stichwort-Register, wissenschaftl. Uebersicht, Voranzeigen v. Neuigkeiten, sow. Firmen-, Verlags- u. Preisändergn. aus 1897. (Hinrichs' Halbjahrskatalog 198. u. 199. Fortsetzg.) je 2 Tle. 8. Ebd. à n.n. 7. —; in je 2 Bde. geb., Text in Halbfrz., Register in Leinw. à n.n. 8. 50; geb. in je 1 Halbfrzbd. à n.n. 8. —
1. (369 u. 295 S.) 897. — 2. (862 u. 316 S.) 898.

— dasselbe. 1898. 1. Halbj. Mit Stichwort-Register, wissenschaftl. Uebersicht, Voranzeigen v. Neuigkeiten, sow. Verlags- u. Preisändergn. aus d. 1. Halbj. 1898. (Hinrichs' Halbjahrskatalog 200. Fortsetzg.) 2 Tle. 8. (7, 872, 300 u. Fksm.-Druck 4 S. m. 1 Bildn.) Ebd. 898. n.n. 7. —; in 2 Bde. geb., Text in Halbfrz., Register in Leinw. n.n. 8. 50

— der im deutschen Buchhandel neu erschienenen u. neu aufgelegten Bücher, Landkarten, Zeitschriften ꝛc. 1898. 2. Halbj. Mit Stichwort-Register, wissenschaftl. Übersicht, Voranzeigen v. Neuigkeiten, sowie Verlags- u. Preisändergn. aus dem 2. Halbj. 1898. (Hinrichs' Halbjahrskatalog 201. Fortsetzg.) 2 Tle. 8. (832 u. 296 S.) Leipzig 899. J. C. Hinrichs' Verl. n.n. 7. —; in 2 Bde. geb., Text in Halbfrz., Register in Leinw. n.n. 8. 50

— dasselbe 1899. 1. u. 2. Halbj. (Hinrichs' Halbjahrskatalog. 202. u. 203. Fortsetzg.) à 2 Tle. 8. Ebd. à Halbjahr n.n. 7.—; in je 2 Bde. geb., Text in Halbfrz., Register in Leinw. n.n. 8. 50
1. (878 u. 299 S.) 899. — 2. (834 u. 310 S.) 900.

Verzeichnis der im deutschen Buchhandel neu erschienenen u. neu aufgelegten Bücher, Landkarten, Zeitschriften ꝛc. 1900. 1. u. 2. Halbj. Mit Stichwort-Register, wissenschaftl. Übersicht, Voranzeigen v. Neuigkeiten, sowie Verlags- u. Preisändergn. aus dem 1. u. 2. Halbjahr 1900. (Hinrichs' Halbjahrskatalog. 204. u. 205. Fortsetzg.) à 2 Tle. 8. Leipzig, J. C. Hinrichs' Verl. n.n. 15. 50; in 2 Bde. geb., Text in Halbfrz., Register in Leinw. n.n. 18. 50
1. (902 u. 315 S.) 900. n.n. 7. 50; in 2 Bde. geb. n.n. 9. —
2. (1004 u. 368 S.) 901. n.n. 8. —; in 2 Bde. geb. n.n. 9. 50
Fortsetzung s.: Hinrichs' Halbjahrs-Katalog.

Verzeichnis der seit Erlass des »Offenen Briefes« 1846 bis Ende 1852 erschienenen, die Herzogthümer Schleswig-Holstein . . . mitberührenden Bücher . . . Leipzig 1853. V: *Feddersen*, *Hans Chn* [?]. (A)

—— der zur hundertjährigen Geburtsfeier Friedrich v. Schiller's erschienenen Bücher, Kunstblätter, Kunstwerke, Musikalien, Denkmünzen ꝛc. mit Angabe des Formates und Verlagsortes, der Verleger und Preise derselben. Ein Beitrag zur Schiller-Litteratur. Hrsg. von Adph. Büchting. Nebst einem Sach-Register über die Bücher. 16. (84 S.) Nordhausen 860, Büchting.

— der in den J. 1875—1885 ausserhalb Russlands erschienenen russischen Bücher. (In russ. Sprache.) gr. 8. (32 S.) Berlin 885. Stuhr. n. — 80

— der anläßlich des Krieges von 1870 in Deutschland erschienenen Bücher u. Karten. 1. Abthl. geschlossen am 24. Septbr. 1870. Zusammengestellt von O. L. Cassel 870. Leipzig, Luckhardt's Verl. 8. (30 S.) n. $7\frac{1}{2}$ *ngr.*

—— der im Gebiete der Pädagogik und Philologie, (Lehr- und Schulbücher jeder Art) vom Juli bis Septbr. 1852 neu erschienenen Bücher. gr. 8. (14 S.) Berlin 852, David. *

— d. gangbarsten ältern u. neuern bis Ende 1778 herausgekomm. deutschen u. lateinischen Bücher aus allen Theilen der Wissenschaften. 8. Prag 779. Gerle. (W. Vogel in Leipz.) 1 ꝛß
Vgl. Verzeichnis der neuesten . . . Bücher . . .

Verzeichniss der zur Flensburger Predigerbibliothek gehörenden Bücher. o. O. u. J. (1842?) 8°

Verzeichniss der zur Bibliothek der Loge Eugenia zum gekrönten Löwen in Danzig gehörigen Bücher. [Nebst] Forts. 1. 2. Danzig 1849: Groening; 1873: Kafemann. 1899. 8°
Verz. 65 S. 1849; Forts. 1. S. 69—77. 1873 [Umschlagtit.]; 2. S. 78—87. 1899 [Umschlagtit.].
1849 in 23; 1873 in 430; 1899 in 3.

Verzeichnis der zur Bibliothek der St. Johannis-Loge Friedrich zum goldenen Zepter im Or. Breslau gehörigen Bücher. [Breslau 1872.] B: *Hirt*, *Ludw.* (SJL)

Verzeichniss der zur Bibliothek der St. Joh. Loge Friedrich zum goldenen Zepter in Breslau gehörigen Bücher. Angefertigt im October 1872. Breslau. Druck von Grass, Barth & Co. 1872. 8. 16 S.

Verzeichnis der zu der Standischen Bibliothek in Stuttgart gehörigen Bücher. 1847-95. 6 Hefte (mit Nachträgen) Stuttgart 1847-95

Verzeichniss der der königlich höhern Forst-Lehranstalt in Neustadt-Eberswalde gehörigen Bücher und Karten. - Neustadt-Eberswalde 1845. 39 S. - Nachtrag ebd. 1857. 15 S.

Verzeichnis der zur königlichen Kanzelley-Bibliothek in Bayreuth gehörigen Bücher im Jahre 1798. Bayr. 1798. V: *Ellrod, Theodor Christian.* (Fiker)

Verzeichnis der von der Provinzial-Loge von Niedersachsen zu Hamburg gesammelten Bücher. Mit einem Faks. der Anfangszeilen und der Lehrlingspflichten von David Ramseys Constitutionen in Originalgrösse. Hamb. 1909. H: *Sonnenkalb, Felix.* (wolfstieg I, 12)

Verzeichnis der von der Loge Pythagoras Nr. 1 in Brooklyn gesammelten Bücher und Münzen. New York 1859. H & B: *Barthelmess, Richard, Rudolph Garrigue & Eduard Kahl.* (wolfstieg I, 13)

Verzeichniss der von der Loge Pythagoras Nr. 1 in Brooklyn gesammelten Bücher und Münzen. New York. Teubner. 1859. 8. X. 145 S.
Mit Sorgfalt und Sachkenntniss von Dr. Reich. Barthelmess bearbeitet nach Kloss' Bibliog. und Merzdorf's Denkmünzen. Das gut redigirte Verzeichniss ist in bibliogr. Beziehung entschieden von Werth, da es viele früher nicht bekannte Titel amerik. maur. Bücher enthält. Aufgeführt sind ca. 1400 Schriften u. eine grosse Anzahl Münzen

Verzeichniss der von der Loge Pythagoras No. 1 in Brooklyn gesammelten Bücher und Münzen. gr. 8. (X und 145 S.) New-York 859, (Westermann und Comp.) *

Verzeichnis der Bücher der Kgl. deutschen Gesellschaft in Königsberg i. Pr. 1902. L. Krause & Ewerlien. 8°

VERZEICHNISS der Bücher der Gesellschaft naturforschender Freunde in Berlin. Berlin 1828. Gedruckt bei Job. Friedrich Starcke. 8°.

VERZEICHNISS DER BÜCHER der Naturforschenden Gesellschaft in Emden. Emden. 1875. Druck von D. Th. Woortman. 8°.
1. NACHTRAG zu dem im Jahre 1875 veröffentlichten Verzeichniss der Bücher der Naturforschenden Gesellschaft in Emden. ib. 1881. —

VERZEICHNISS der Bücher der Naturforschenden Gesellschaft in Emden. Emden 1892. Druck von Th. Hahn Wittwe. 8°. Nachtrag II. (1. November 1892 bis Mitte April 1896.) ib. 1896. —
Nachtrag I. (Januar bis October 1892.) ist in dem Hauptband enthalten.

Verzeichnis von den Büchern und Handschriften, Musikalien . . . der vereinigten Logen in Hamburg . . . Hamb. 1818. V: *Willebrand, Christian Ludwig.* (Kl) (ABJP) (schr)

— von den Büchern u. Handschriften, Musikalien, Kupferstichen u. Münzen d. fünf vereinigten Logen in Hamburg. gr. 8. Hamb. 818. A. Campe. 1 ₰ 6 ß

— der handschriftlichen **Bücher** u. einiger alten Drucke der Bremischen öffentl. Bibliothek, welche in den Schränken des großen Bibliothek-Saales aufbewahrt werden. gr. 8. Bremen 834. Heyse. ...

Verzeichniss der von dem Professor Kuhbeil und Anderen hinterlassenen Bücher. Berlin 1823. 8°.

Verzeichnis der Bücher des königl. Instituts der Moral und schönen Wissenschaften. Erlangen 1795. V: *Seiler, Georg Friedrich.* (Fiker)

VERZEICHNISS DER BÜCHER, Karten, Manuscripte u. s. w. der Gesellschaft für Beförderung der Geschichtkunde zu Freiburg im Breisgau. Freiburg, 1833. Druck der Franz Xaver Wangler'schen Officin. 8°.
Nachtrag 1. ib. 1837. —

Verzeichnis der Bücher, Karten und Zeitschriften der Handels- und Gewerbekammer Ulm. Ulm 1872

— der Bücher, Karten etc. d. Württ. Vereins f. Handelsgeographie. (36 S) Stuttgart 1896

Verzeichnis der Bücher und Kupferwerke des Städelschen Kunst-Instituts zu Frankfurt a. M. Frankfurt a. M. 1852. V. *Malss, Johann Gerhard.* (StBFrankf I, 130)

Verzeichnis der Bücher & Kupferwerke des Basler Kunstvereins. II + 34 S. 8. Basel, Hermann Krüsi, 1902.

Verzeichnis der Bücher, Kupferwerke, Zeichnungen und Zeitschriften, welche in der Bibliothek des grossherz. Gewerbevereins enthalten sind, mit Nachtrag I u. II. Darmstadt 1868-74

Verzeichniss der Bücher der Gr. Landes-Loge der Frmr. v. Deutschland. Berlin 1857. 24 S. 24.

VERZEICHNISS DER BÜCHER UND LANDKARTEN des geographischen Vereins zu Frankfurt a. M.
1. **August 1838. s. l. 8°.**
2. **Juli 1839. s. l.**
3. **December 1842. s. l.**

Verzeichniss der Bücher und Landkarten des geographischen Vereins zu Frankfurt a/M. Ausgegeben im October 1835. Nebst erstem Anhang dazu. Ausgegeben im September 1838. Frankfurt a/M. 1835 u. 1838. (8.) 24 S.
— Jahresbericht des geographischen Vereins zu Frankfurt a. M. Jahrg. 3–17. (1839–1853) 8°.

—— der Bücher, Landkarten ꝛc. (Kupfer u. Steindrücke, Vorschriften zum Schönschreiben, Zeichen- u. Stickmuster, Spiele) welche v. Jan. 1828 bis Dec. 1835 neu erschienen od. neu aufgelegt worden sind, mit Angabe d. Bogenzahl, d. Verleger, d. Preise in Sächs. u. Preuß. Cour., literar. Nachweisn. u. e. wissenschaftl. Uebersicht. 60(61)—76(77). Fortsetz. Angefertigt v. Joh. P(aul). Thun. 8. Leipzig, Hinrichs. [828. (31½ B.) 14 Gr., 29. (34⅜ B.) 18 Gr., 30. (33¾ B.), 31. (33¾ B.), 32. (39¾ B.), 33. (35¾ B.), 34. (38¼ B.), 35. (38 B.) à 20 Gr.]
Jahrg. 1798—1825 (od. 1—56. Forts.) à 2 Hfte. 12 Gr. — J. 1826 u. 27 (od. 57—60. Forts.) à 2 Hfte. 14 Gr. Ebendas. — J. 1798 1. enth. die erschienenen Bücher v. Mich. 1797—Juli 1798, 2. die v. Ostern—Nov. 1798. — J. 1799 1. die v. Mich. 1798—Juni 1799, 2. die v. Juli—Dec. 1799. Von 1800 an erscheint dieses Verzeichniß regelmäßig halbjährlich.

— der Bücher, Landkarten ꝛc. (Kupfer u. Steindrücke, Vorschriften zum Schönschreiben, Zeichen- u. Stickmuster, Spiele) welche von 1833—1840 neu erschienen oder neu aufgelegt sind, s. a. J. C. Hinrichs.

—— der **Bücher** u. **Landkarten** ꝛc., welche v. Jan. 1836 bis Dec. 1842 neu erschienen od. neu aufgelegt worden sind, mit Angabe d. Bogenzahl, d. Verleger, d. Preise ꝛc. 77(78)—89.(91.) Fortsetz. Angefertigt v. Joh. Paul Thun. 8. Leipzig, Hinrichs'sche Buchh. [836. (39½ B.), 37. (40⅜ B.), 38. (39 B.), 39. (41¾ B.), 40. (41½ B.) 41. (44½ B.), 42. (43⅜ B.) à Semester • ½ Thlr.] •

—— der Bücher u. Landkarten ꝛc., welche von Jan. 1843 bis Dec. 1847 neu erschienen oder neu aufgelegt worden sind, mit Angabe der Bogenzahl, der Verleger, der Preise ꝛc. 90—99. Forts. 8. Leipzig, Hinrichssche Bh. [843. (38½ B.) 44. (44 B.) 45. (44¾ B.) 46. (45 B.) 47. (44 B.) à Semester * 15 Ngr.] *

— der Bücher, Landkarten ꝛc., welche vom Januar 1847 bis zum December 1852 neu erschienen u. neu aufgelegt worden sind, mit Angabe der Seitenzahl, der Verleger, der Preise im 14-Thalerfuß, literar. Nachweisgn. u. einer wissenschaftlichen Uebersicht. Hrsg. u. verlegt von der J. C. Hinrichs'schen Buchhandl. in Leipzig. 98—109. Fortsetzung. (Jahrg. 1847—1852. à 2 Bde.) gr. 8. (1847, I: ... 1847, II: LXIV u. 343 S. 1848, I: LVI u. 282 S. 1848, II: LVI u 278 S. 1849, I: XLVIII u. 264 S. 1849, II: XLVIII u 272 S. 1850, I: XLVIII u 264 S. 1850, II: LII u. 315 S. 1851, I: XLVIII u. 280 S. 1851, II: XLVIII u. 296 S. 1852, I: L u. 294 S. 1852, II: LII u. 316 S.) Leipzig, Hinrichs. à Bd. n. ½ ℛ︀

—— der Bücher, Landkarten ꝛc., welche vom Januar 1853 bis zum December 1856 neu erschienen oder neu aufgelegt worden sind, mit Angabe der Seitenzahl, der Verleger, der Preise im 14 Thaler-Fuß, literarischen Nachweisungen und einer wissenschaftl. Uebersicht. 110—117. Fortsetzung. 8. Leipzig, Hinrichs'sche Buchh. [110. Fortsetzung (XLVII und 286 S.) 111. (LIII und 346 S.) 112. (XLVIII und 283 S.) 113. (LI und 300 S.) 114. (XLVIII und 288 S.) 115. (LIV und 354 S.) 116. (XLIV und 268 S.) 117. (LXIV und 352 S.) 854—56.] à Forts. *
Schrbp. à Forts. *

Der 115. Fortsetzung und Folge wurde ein Anhang: Die bedeutendsten Erscheinungen des niederländischen Buchhandels zusammengestellt vom niederländ. Buchhändlerverein, beigefügt. —

— der Bücher, Landkarten ꝛc., welche vom Januar 1853 bis zum Decbr. 1858 neu erschienen oder neu aufgelegt worden sind, mit Angabe der Seitenzahl, der Verleger, der Preise im 14 Thaler-Fuß, literarischen Nachweisungen und einer wissenschaftlichen Uebersicht. Herausg. u. verlegt von der J. C. Hinrichs'schen Buchhdlg. in Leipzig. 110—121. Fortsetzung. Leipzig, Hinrichs. 8. (853. 1.: XLVII, 286 S.; 2.: LIV, 346 S.; 854. 1.: XLVIII, 283 S.; 2.: XLIX, 300 S.; 855. 1.: XLVII, 287 S.; 2.: LIV, 354 S.; 856. 1.: XLIV, 268 S.; 2.: XLIV, 352 S.; 857. 1.: XLVII, 261 S.; 2.: LVIII, 320 S.; 858. 1.: LIII, 290 S.; 2.: LVIII, 324 S.) Jede Forts. n. 15 ngr.; Schreibp. n. 20 ngr.

—— der Bücher, Landkarten ꝛc., welche vom Januar 1862 bis zum December 1867 neu erschienen oder neu aufgelegt worden sind, mit Angabe der Seitenzahl, der Verleger, der Preise, literar. Nachweisungen und einer wissenschaftl. Uebersicht. Hrsg. und verlegt von der J. C. Hinrichs'schen Buchhandlung in Leipzig. 128.—139. Fortsetzung. à Jahrg. 2 Bde. 8. Leipzig, Hinrichs'sche Verlagsh. à Bd. * 15 Ngr.; à Jahrg. *
Schreibp. à Bd. *

—— der Bücher, Landkarten ꝛc., welche vom Januar 1798—December 1868 neu erschienen oder nen aufgelegt worden sind, mit Angabe der Seitenzahlen, der Verleger, der Preise, literar. Nachweisungen und einer wissenschaftl. Uebersicht. 140. und 153. Fortsetzung. Jahrg. 1868—1874 à 2 Bde. 8. (à 20—30 Bog.) Leipzig, Hinrich's Verlag.
1868 à Bd. * ℳ 1,50.; Schreibpap. à *
1869 und 1870. à Bd. * ℳ 2.; Schreibpap. à **
1871 und 1872. à Bd. * ℳ 2,40.; Schreibpap. à **
1873 und 1874. à Bd. * ℳ 3.; Schreibpap. à *

— der Bücher, Landkarten ꝛc., welche vom Januar 1865 bis zum December 1870 neu erschienen oder neu aufgelegt worden sind, mit Angabe der Seitenzahl, der Verleger, der Preise, literar. Nachweisungen u. einer wissenschaftlichen Uebersicht. HerSg. u. verlegt von der J. C. Hinrichs'schen Buchh. in Leipzig. 128—145. Forts. à Jahrg. 2 Bde. Leipzig, Hinrichs'sche Verlagsh. 8. 1865—1868. Jeder Bd. n. 15 ngr.; Schreibp. n. 20 ngr.; 1869 u. 1870. Jeder Bd. n. 20 ngr., Schreibp. n. n. 25 ngr.

— der Bücher, Landkarten ꝛc., welche vom Januar 1871—Decbr. 1872 neu erschienen oder neu aufgelegt worden sind, m. Angabe der Seitenzahl, der Vorlagen, der Preise, literar. Nachweisungen u. einer wissenschaftl. Uebersicht. 147—150. Fortsetzg. 8. (à ca. 400 S.) Leipzig 871—72. Hinrichs' Verl. à n. 2. 40; Schreibpap. à n. 3. —

— dasselbe, 1873—1876. 151—158. Fortsetzg. 8. (à ca. 400 S.) Ebend. 873—76. à n. 3. —; Schreibpap. à n. 4. —

— der Bücher, Landkarten ꝛc., welche von 1877—1882 neu erschienen oder neu aufgelegt worden sind, mit Angabe der Seitenzahl, der Verleger, der Preise, literar. Nachweisungen u. einer wissenschaftl. Uebersicht. 158—169. Fortsetzung. 8. (à ca. CXII, 646 S.) Leipzig, Hinrichs' Verl.
à n. 3. 60; Schreibpap. à n. 4. 80

—— der Bücher, Landkarten ꝛc., welche vom Juli bis Decbr. 1880 neu erschienen oder neu aufgelegt worden sind, mit Angabe der Seitenzahl, der Verleger, der Preise, literar. Nachweisungen und einer wissenschaftl. Uebersicht. Nebst einem Anhang: Die bedeutendsten Erscheinungen des niederländ. Buchhandels 1880 Jan. bis Decbr., zusammengestellt vom niederländ. Buchhändlerverein. 165. Fortsetzung. 8. (CXII, 516 S.) Leipzig 881, Hinrichs'sche Buchh. *
Ausg. auf Schreibpap. *

—— dass. — 1881. 2 Thle. 166. und 167. Fortsetzung. 8. (C, 464; CIX, 498 S.) Ebendas. 882. à Thl. *
Ausg. auf Schreibpap. à Thl. *

—— dass. — 1882. 2 Thle. 168. und 169. Fortsetzung. 8. (CII, 456; CXII, 506 S.) Ebendas. 883. à Thl. *
Ausg. auf Schreibpap. à Thl. *

—— dass. — 1883. 2 Thle. 170. und 171. Fortsetzung. 8. (CVI, 484; CXX, 536 S.) Ebendas. 884. à Thl. *
Ausg. auf Schreibpap. à Thl. *

—— dass. — 1884. 2 Thle. 172. und 173. Fortsetzung. 8. (CXV, 524; CXII, 515 S.) Ebendas. 885. à Thl. *
Ausg. auf Schreibpap. à Thl. *

—— der Bücher, Landkarten ꝛc., welche vom Januar bis zum Juni 1885 neu erschienen oder neu aufgelegt worden sind, mit Angabe der Seitenzahl, der Verleger, der Preise, literar. Nachweisungen und einer wissenschaftl. Uebersicht. 174. Forts. 8. (CXIII, 517 S.) Leipzig 885, Hinrichs'sche Buchh., Verlag. *
Auf Schreibpapier **

Verzeichnis der Bücher, Landkarten ꝛc., welche vom Juli bis zum Decbr. 1885 neu erschienen oder neu aufgelegt worden sind, mit Angabe der Seitenzahl, der Verleger, der Preise, literar. Nachweisungen und einer wissenschaftl. Uebersicht. 175. Forts. 8. (CXXIII, 554 S.) Leipzig 886, Hinrichs'sche Buchh., Verlag.
*
Auf Schreibpapier **

— dasselbe, 1886. I. 176. Fortsetzg. 8. (CXIV, 508 S.) Ebend. 886. n. 4. —; geb. n. 4. 60; Einbd.-Decke n.n. — 40; Schreibpap. geh. n.n. 5. —

Forts. s.: Verzeichnis d. im dt. Buchhandel neu erschienenen ... Bücher ...

Verzeichnis der Bücher und Münzen des Justizbürgermeisters der Stadt Dorpat P. D. Gadebusch. Dorpat 1789. V: *Helm, J. M.* (Winkelmann, Bibliotheca Livoniae Historica. 2. Aufl. 27.)

Verzeichnis von Büchern, Münzen, Genealogicis ... aus der Verlassenschaft ... Loseken ... Kiel 1818. V: *Dörfer, Johann Frdr. August.* (LS)

— neuer Bücher d. seit Michaelis 1797. b. Ende 1810. wirklich erschienen sind ꝛc. s. J. C. Hinrichs.

—— neuer Bücher, Musikalien ꝛc., s. Kümmel, C. A.

— neuer u. werthvoller **Bücher**, Kunstsachen u. Karten, welche von den Verlegern im Preise ermäßigt sind ꝛc. 1—4. Heft. Leipzig 867,69. Minde. gr. 8. (48 S., 36 S., 39 S., 40 S.) Jedes Heft 3 *ngr.*
Schlüssel dazu für Buchhändler. Jedes Heft (16 S.) 7½ *ngr.*

Verzeichnis der neuesten und gangbarsten Bücher in deutscher und lateinischer Sprache ... Prag 1779. V: *Behrisch, Henrich Wolfgang.* (Behrisch, Die Wiener Autoren 1784.)
Vgl. Verzeichnis d. gangbarsten ... Bücher ...

— praktischer u. empfehlenswerter Bücher betr. Patentwesen, Marken-, Musterschutz, Urheberrecht etc. (8 S.) gr. 8. Berlin (909). W. H. Kühl. — 15

VERZEICHNISS DER BÜCHER des Westfäl. Provinzial-Vereins für Wissenschaft und Kunst. Münster. 1879. Druck der Coppenrath'schen Buchdruckerei. 8°.

Verzeichnis einiger Rarer Bücher. 1—3. Stück. Frankf. u. Leipzig 1723. V: *Serpilius, Georg.* (Petz) (Myl) (Cat. d. Stadtbibl. Zürich. Zürich 1864—97.)

— der russischen ausserhalb Russlands gedruckten Bücher. (In russ. Sprache.) gr. 8. (II, 44 S.) Berlin 875. Stuhr. 1. 50

— sämmtl. Bücher, welche sich zur Zeit in d. Bibliothek d. königl. Preuß. Oberbaudeputation befinden. gr. 8. Berl. 825. Hayn. 10 gr.

VERZEICHNISS DER BÜCHER UND KLEINERN SCHRIFTEN, welche der naturforschenden Gesellschaft zu Görlitz angehören.
1. Wissenschaftlich geordnet im Jahre 1838. Görlitz s. a. Gedruckt bei Johann Gottlieb Dressler. 8⁰.
2. Wissenschaftlich geordnet von 1839—1842 von SINTENIS. Görlitz, 1842. In Komm. der Heyn'schen Buch- und Kunsthandlung.

Verzeichniss der in der Bibliothek der naturforschenden Gesellschaft zu Görlitz aufgestellten Bücher und kleineren Schriften, wie sie seit dem Erscheinen des 2. Verzeichnisses 1842 hinzugekommen, besorgt durch ... JANCKE.
3. Görlitz, 1847. Druck von G. A. Rämisch.

Verzeichnis der **Bücher**, Schriften, Urkunden und Bilder in der Sammlung des Historischen Vereins Heilbronn. *(Heilbronn [1901]: Schell.)* (IV, 77 S.) 8° [F.] [01. 5317

VERZEICHNISS DER BÜCHER, Schriften & Urkunden des historischen Vereins für das württembergische Franken. Hall 1880. Schw. Hall. 1880. Druck von Emil Schwend. 8⁰.

Verzeichnis der Bücher in der Schülerbibliothek der Realschule zu Elberfeld. 23 S. 8⁰ – Elberfeld R., Progr. 1857

Verzeichniss der Bücher der Loge Teutonia [in Potsdam] 1839. [Potsdam 1839.] 11 S. 8⁰ [Umschlagtit.] 23.

Verzeichniss der Bücher der Loge Teutonia zur Weisheit [in Potsdam]. Abth. 1. 2. Potsdam 1856: Krämer. 8⁰
1. Frmr.-Schriften. 18 S.; 2. Nichtmrische Schriften. 24 S. 23.

Verzeichniss der Bücher der Loge Teutonia zur Weisheit in Potsdam. Abth. 1. 2. [Nebst] Nachtr. [1—8]. Potsdam 1876—1894: Krämer. 8⁰
Verz. Abt. 1. 2., 75 S. 1876. 1. Frmr-Schriften. S. 3—32; 2. Nichtmrische Schriften. S. 33—75. ⁰Nachtr. [1.] 23 S. 1886; [2.] 4 Bl. 1888; [3.] 2 Bl. 1889; [4.] 2 Bl. 1890; [5.] 3 Bl. 1891; [6.] 3 Bl. 1892; [7.] 2 Bl. 1893; [8.] 2 Bl. 1894. Tt. 81. 23.

VERZEICHNIS der von Herrn Karl Kühne der Bibliothek der Gesellschaft für Erdkunde zu Berlin als Geschenk überwiesenen Bücher. (März—August 1891.) Berlin 1891. Druck von W. Pormetter. 8°.

Verzeichnis der von Herrn Karl Kühne der Bibliothek der Gesellschaft für Erdkunde zu Berlin als Geschenk überwiesenen Bücher. (März-August 1891.) ([S.-A.] Verhandlungen der Gesellschaft für Erdkunde. Bd. 18. 1891.) Berlin 1891. 28 S. 8°.

Verzeichnis der aus dem Nachlass des Herrn Karl Kühne der Bibliothek der Gesellschaft für Erdkunde zu Berlin überwiesenen Bücher und Karten. (Januar 1899.) Berlin 1899. 26 S. 8°.

VERZEICHNIS der Bücher des Naturwissenschaftlichen Vereins zu Crefeld. Ausgegeben im Oktober 1895. Crefeld (1895). Heinr. Halfmann. 8°.

VERZEICHNIS der Bücher des Naturwissenschaftlichen Vereins zu Krefeld. Ausgegeben im Juli 1898. (Crefeld 1898. Druck: Heinr. Halfmann.) 8°.

VERZEICHNIS der Bücher des Naturwissenschaftlichen Vereins zu Krefeld. (Eingetragener Verein.) Ausgegeben im Juli 1901. Krefeld. Heinr. Halfmann. 8°.

VERZEICHNIS der Bücher des Naturwissenschaftlichen Vereins zu Krefeld (eingetragener Verein). 1906. Crefeld. Druck von Heinr. Halfmann. 8°.

I. NACHTRAG ZUM VERZEICHNIS der Bücher des Naturwissenschaftlichen Vereins zu Krefeld. (Eingetragener Verein.) Ausgegeben im Juli 1902. (o. O. o. Dr.) 8°

Verzeichnis der verschiedenen Bücher, welche auf Kosten des Martin Edlen von Hochmeister zu Hermannstadt verlegt worden sind, zu haben sind. O. O. 1819. V: *Hochmeister, Martin von.* (PK 2/136) (Biblport)

Vertheidigung der in dem Bücherschranke des jüngst verstorbenen Herrn Onuphrius Foppers vorgefundenen Bücher. O. O. u. J. V: *Hafner, Philipp.* (WrDiar 1762, Nr. 35 Anhang) (Stadtbibliothek Wien 9365a) (Biblport) »Verzeichnis« (?)

VERZEICHNISS der in der Bibliothek der Berliner medicinischen Gesellschaft vorhandenen Bücher und Zeitschriften. Berlin. Januar 1872. Gedr. bei Julius Sittenfeld. 8⁰.

Verzeichnis der in der Bibliothek der schweizerischen naturforschenden Gesellschaft vorhandenen Bücher. Bern 1850. H: *Christener, Chn.* (BrMm)

Verzeichnis der in der Bibliothek der Handwerkskammer zu Königsberg i. Pr. vorhandenen Bücher und Zeitschriften. (Königsberg i. Pr. [1908]: R. Leupold.) (16 S.) 8° [Kopft. J.] 08. 1364, 10

Verzeichnis der in der Bibliothek der g. u. v. Loge Carl zur gekrönten Säulein Braunschweig vorhandenen Bücher. Aufgest. i. J. 1860. [Nebst] Nachtr. Braunschw 1860—1869. H: *Lachmann, Heinrich.* (Wolfstieg I, 13)

Verzeichniss der auf der Bibliothek der vier vereinigten Logen [in Hamburg] vorhandenen, die Freymaurerey und andere geheime Gesellschaften oder Orden betreffenden Bücher. Hamburg 1794: Freystatzky & Rabe. 52 S. 8⁰ [Umschlagtit.]
Kl. 4, Tt. 59. Selten. 439.

Verzeichnis der in der Bücherei des Eifelvereins zu Prüm vorhandenen Bücher, Karten, Führer, Bilder. Angefertigt am 1. Jan. 1909. Prüm 1909: Goergen. 48 S. 8⁰

Verzeichnis der in der Bücherei der Feldartillerie-Schießschule vorhandenen Bücher. Jüterbog 1907: (J. F. Starke, Berlin). (346 S.) 8° [J.] 08. 7946

Verzeichniß der vorhandenen Bücher, Kupferwerke, Zeitschriften und Karten in der Bibliothek des Museums in Schleswig. (Aufgenommen im Juli 1884.) Schleswig. 1884. 8⁰
Nachtrags-Katalog 1. (Verzeichnis der Anschaffungen von Juli 1884 bis Juli 1892.) ebd. 1892. 8⁰

— vorzüglicher Bücher aus allen Fächern der Literatur. 8. Hamb. 798. Bohn. 10 ₰

— der Bücher, welche im Jahre 1835 für die Universitätsbibliothek zu Halle gekauft u. nach den von Einem Hohen Ministerium der geistl. Unterrichts- u. Medicinalangelegenheiten vorgeschriebenen Rubriken hier aufgeführt worden sind. gr. 4. Halle 836. (Anton.) 1/4 ₰

Verzeichniss der Bücher, welche im Jahre 1835 für die Universitätsbibliothek zu Halle gekauft und nach den von einem hohen Ministerio der geistlichen, Unterrichts- und Medicinalangelegenheiten vorgeschriebenen Rubriken hier aufgeführt worden sind. Halle 1836: Plötz. 10 S. 8⁰ (2⁰)

Verzeichniß von Büchern, welche sich zu Weihnacht- und Neujahrgeschenken eignen und zu haben sind in der Universitäts-Buchhandlung in Kiel, Schuhmacherstraße Nr. 86. Kiel. 1825. 8⁰

Polytechnische Gesellschaft: Verzeichniß der Bücher und Zeitschriften der Bibliothek. Berlin 1882

Verzeichnis der Bücher, Zeitschriften, Karten und Pläne der Ausstellungsbibliothek, umfassend das Gebiet der Hygiene und des Rettungswesens. Berlin 1883. H: *Villaret, Albert.* (Stadtbibl. Frankfurt a. M. Kat. der Neueren Bestände.)

— der Bücher, Zeitschriften, Karten u. Pläne der Ausstellungs-Bibliothek, umfassend das Gebiet der Hygiene u. d. Rettungswesens. gr. 8. (XIV, 144 S.) Berlin 883. (Gutmann.) n. — 80

—— der Bücher, Zeitschriften und Landkarten, welche von Michaelis 1850 bis Ostern 1852 im Gebiete des deutschen Buchhandels erschienen sind und in der nächsten Zeit erscheinen werden, mit Angabe der Verleger, Bogenzahl und Preise. Nebst einem wissenschaftlich geordneten Verzeichniß der wichtigeren Werke. Neue Folge Nr. 1—4. gr. 8. Leipzig, Expedition des Meßkatalogs. [Nr. 1. (XIX und 299 S.) 2. (XVI und 328 S.) 3. (XVIII und 315 S.) 4. (XX und 371 S.) 851—52. à Nr. ** 1 Thlr.] **

Verzeichnis der Bücher u. Zeitschriften der k. k. kärntner'schen Landwirthschafts-Gesellschaft in Klgft. Klgft., v. Kleinmayr. 1844. 38 S. (Ein früheres Verz. erschien 1830.)

Verzeichniss der Bücher und Zeitschriften in der Sammlung der g. u. v. St. Johannis-Loge Bruderkette zu den drei Schwanen im Or. Zwickau. [Nebst] Nachtr. u. Forts. [Zwickau] 1883 bis [1889: Gloeckner & Kausche]. 8⁰ [Umschlagtit.]
Verz. 31 S. 1883; Nachtr. 16 S. 1887; Forts. 01. S. 17—28 1888; [2] S. 29—31 [1889]. [Kopftit.]

Verzeichnis der Bücher und Zeitschriften der ersten Volksbibliothek und Lesehalle der Stadt Berlin, Mohrenstr. 41. Neue Aufl. Berlin 1898. V: *Buchholtz, Arend.* (Berl)

[J.] **Verzeichniss** der Bücher und Zeitschriften der ersten Volksbibliothek und Lesehalle der Stadt Berlin, Mohrenstr. 41. Neue verm. Aufl. *Berlin. Geb. Grunert 1898.* (VIII, 303 S.) 1 Bd 8. 98. 2676

Verzeichnis der Bücherei der Königlichen Technischen Hochschule Danzig. (Abteil.) Schiffbau, Schiffsmaschinenbau, Seewesen. Danzig 1910. 67 S.

Verzeichnis der Bücherei der Königlichen Kriegsschule Engers. 1. Juli 1901. Coblenz 1901: H. L. Scheid. (218 S.) 8° [J.] 08. 7947 5

Fachschule f. d. Stahlwaren-Industrie in Solingen. **Verzeichnis** der Bücherei. Solingen 1909: Rabitz. 80 S. 8⁰

Verzeichnis der Bücherei des Königlichen Ersten Garde-Regiments zu Fuß. Auf Befehl neu zsgest. im Jahre 1907. Potsdam 1907: R. Müller. (XV, 218 S.) 8° [J.] 08. 7060

Verzeichnis der Bücherei der Handelskammer zu Halle a. S. Halle a. S. 1908: Gebauer-Schwetschke. (XX, 281 S.) 8° 08. 9685

Verzeichnis der Bücherei der Handelskammer zu Halle a. S. Bd 1 (nebst) Nachtr. 1. Halle a. S. 1905—1909. 8⁰

Verzeichnis der Bücherei der Handelskammer zu Magdeburg nach dem Bestande vom 1. Okt. 1905. Magdeburg: Heinrichshofen in Komm. 1906. (XIII, 336 S.) 4°(8°) 06. 1443

Sachverzeichnis der Bücher- und Schriften-Sammlung des Deutschnationalen Handlungsgehilfen-Verbandes. Bd 1. Hamburg: Selbstverl. 1907. 8° [J.]
[Umschlagt.:] Verzeichnis d. Bücherei d. Deutschnat. Handlungsgehilfen-Verbandes. 07. 14435 10

Verzeichnis d. Bücherei d. Deutschnat. Handlungsgehilfen-Verbandes. 1. (29 S.) Hamburg 1907

Verzeichnis der Bücherei des K.B. 8. Inf.-Regiments, s. Verzeichnis d. in d. Bibliothek d. K.B. Inf.-Reg. Seckendorff befindl. Bücher, . . .

Bücherei der ger. und vollk. St. Johannisloge Karl zum Rautenkranz Or. Hildburghausen. [Verzeichnis] Johanni 1908. Hildburghausen [1908]: Gadow & S. 18 S. 8°

Kgl. Kriegsministerium.
Verzeichnis der Bücherei. Berlin 1904. 498 S.

Verzeichnis der Bücherei des Königsberger Männerturnvereins (E. V.) Königsberg i. Pr. 1910: Hartung. 38 S. 8° 10

Verzeichnis der Bücherei des städtischen Museums der Stadt Rheydt. Rheydt 1908: Berger. 43 S. 8°

Verzeichnis der Bücherei der Kaiserlichen Ober-Postdirektion in Breslau. Breslau 1907: A. Stenzel. (264 S.) 8° 08. 9703 2

Verzeichnis der Bücherei des Seemannshauses für Unteroffiziere und Mannschaften der Kaiserlichen Marine. (Kiel [1904?]: Einfeldt.) 48 S. 8°

Verzeichnis d. Bücherei d. D. T., früher Bücherverzeichnis d. Archivs der D. T., bearb. v. Ferd. Goetz, 2. Ausg., Plagwitz 1885, 99 S., 8°, 10 Bde.
Hauptverzeichnis —, 3. Ausg., 1905, 114 S., 8°.
1. Nachtr. z. —, durchges. u. ergänzt v. Gustav Pietzsch, 1908, 35 S.
2. Nachtr. z. —, durchges. u. ergänzt v. Gustav Pietzsch, 1912, 30 S.
3. Nachtr. z. —, durchges. u. ergänzt v. Gustav Pietzsch, 1914, 40 S.
4. Nachtr. z. — u. Namensverzeichnis für die gesamte Büchersammlung des Archivs, also für den Hauptkatalog und den 4 Nachtr., 1899, 68 S.
5. Nachtr. z. — unt. Mithilfe v. Gustav Pietzsch, 1902, 63 S.
6. Nachtr. z. —, 1909, 85 S.
7. Nachtr. z. —, bearb. v. Gustav Pietzsch, 1915, 77 S.
8. Nachtr. z. —, ges. v. Gustav Pietzsch, 1915--22, Hs.

Verzeichnis der Bücherei des Christlichen Vereins Junger Männer zu Berlin. Berlin (1905): Thormann & Goetsch. (134 S.) 8° [Umschlagt. F.] 06. 7778

Verzeichnis d. Bücherei d. Vereins z. Förderung des Damenturnens in Berlin, hrsg. v. Vorst., Osterwieck (Harz) 1896, 16 S., 8°.

VERZEICHNIS der Bücherei des Vereins für die Geschichte Potsdams, Gesellschaft zur Pflege der Heimatskunde. Potsdam, Januar 1907. Druck von Edmund Stein in Potsdam. 8°.

Verzeichnis der Bücherei der St. Johannis-Loge »Vom Fels zum Meer« im Or. Hamburg, Bestand vom Sept 1910. Hamb. 1910. H: *Kraft, August.* (wolfstieg II, 1005)

Verzeichnis der Bücherei der Johannis-Loge „Wilhelm zur Unsterblichkeit" zu Frankfurt a.M. Aufgest. im April 1908. Frankfurt a.M. [1908]: Theis. 38 S. 8° [Umschlagtit.]

– einiger Büchermerkwürdigkeiten aus den 16n u. 17n Jahrh., welche sich in der Bibl. d. Chorherrenstiftes zu Neustift befinden, (v. Franz Gras). 4. Brixen 790.

Verzeichnis einiger Büchermerkwürdigkeiten aus dem 16. u. 17. Jahrhunderten, welche sich in der Bibliothek . . . zu Neustift in Tirol befinden. Brixen 1790. V: *Grass, Frz.* (cb) (MGT) (Ky) (BrMm)

Verzeichnis der Bücher-Meßkataloge nach G. Schwetschke, codex nundinarius Germaniae litteratae bisecularis. Halle a. S. 1850. Leipzig 1897: Breitkopf & Härtel. (47 S.) 8° [F. u. Ant.] 07. 1608 2

— der Bücherrevisoren, enth.: Reichsgesetzliche u. landesgesetzl. Vorschriften, Ministerialverordngn., Vorschriften der Handelskammern u. Verzeichnis d. Bücherrevisoren, systematisch u. alphabetisch geordnet. Hrsg. im Auftrage d. Handelskammer zu Magdeburg. (2. Aufl.) (VIII, 96 S.) Lex. 8. Magdeburg (908). (Heinrichshofen's Sort.) nn 3. —

Verzeichniss der Bücher-Sammlung der St. Joh.-Loge Drei goldene Anker zu Liebe und Treue in Stettin. Stettin 1894: Hessenland. 30 S. 8° [Umschlagtit.] 140.

Verzeichniss der Büchersammlung bei der ger. u. vollk. St. Johannis Fr. Mr. Loge Archimedes zu den drei Reissbretern im Morgen von Altenburg. [Nebst Forts. 1—3.] Altenburg 1843 bis 1876: Hofbuchdr. 8° [Umschlagtit.]
Verz. 42 S. 1843; [Forts. 1.] S. 43—50. 1854; [2.] S. 51—54. 1862; [3.] S. 55—61. 1876. Tt. 65.

— der Büchersammlung des Architekten-Vereins zu Berlin. (XIX, 1174 S.) gr. 8. Berlin (W.66, Wilhelmstr. 92/93) 909. Architekten-Verein. 6.—

Architekten-Verein: Verzeichnis der Büchersammlung. Berlin 1909
Nachtrag 1. Berlin 1910

Verzeichnis der Büchersammlung der ger. u. vollk. St. Johannisloge Arnim zur deutschen Treue im Or. Bielefeld. Bielefeld 1888. H: *Saal, J. & Georg Fischer.* (wolfstieg I, 16)

Vereinigte Art.- u. Ing.-Schule.
Verzeichnis der Büchersammlung.
Berlin 1896. 696 S.
— — Erster u. zweiter Nachtrag, 1901 u. 1907.

VERZEICHNISS der Büchersammlung des Pegnesischen Blumenordens. Herausgegeben am Jubelfeste seines 250jährigen Bestehens. Nürnberg, im Oktober 1894. 8°.

Verzeichnis der Büchersammlung nebst Bücherei-Gesetze der Freim.-Loge „Johannes der Evangelist zur Eintracht" i. O. zu Darmstadt. Aufgestellt im Jahr 1895. [Darmstadt 1895:] Kichler. 41 S. 8°. 358a.

Verzeichniss der Büchersammlung der ger. und vollk. St. Johannisloge Charlotte zu den 3 Nelken im Or. Meiningen 1892. Hildburghausen [1892]: Gadow. 31 S. 8° 3.

Verzeichnis der Bücher-Sammlung der Loge „Albrecht Dürer" in Nürnberg. Zsgest. nach dem Bestande vom 1. Jan. 1904. Als Ms. gedr. [Nebst] Nachtr. Fürth 1904–1905: Schröder. 8°
Verz. 40 S. 1904; Nachtr. 16 S. 1905.

Verzeichnis der Büchersammlung der Loge »Ferdinand zur Glückseligkeit« in Magdeburg; Maurerische und nicht maurerische Schriften System. zsgest. nach dem Bestand vom 1. Jan. 1906. Magdeburg 1906. H: *Graenitz, Richard.* (Wolfstieg I, 14)

VERZEICHNISS DER BÜCHER-SAMMLUNG der Gesellschaft für Botanik u. Gartenbau, e. G. „Flora" zu Dresden. Ausgegeben im März 1897. (Dresden-A. Druck von Otto Kühn & Co.) 8°.

Verzeichnis der Büchersammlung der Großherzoglich Badischen Forst- und Domänendirektion. - Karlsruhe 1905. 361 S. - Nachtr. 1923. 47 S.

Freimaurer-Loge zur Kette. München. Verzeichnis der Büchersammlung. München 1910: Bruckmann. 164 S. 8°. 21.
Bücher-Sammlung. Freimaurerloge zur Kette, München. I. Nachtrag v. 1. Dez. 1911. 8 S. 8°. [Kopftit.] 21.
[Ebenso] II. Nachtrag vom 1. Sept. 1916. 23 S. 8°. 21.

Verzeichniss der Bücher-Sammlung der g. u. v. Freymaurer St. Johannes-Loge zur Bescheidenheit, am Aufgang zu Zürich 5834. Nur als Ms. u. z. Privatgebrauch f. d. Brr. der Loge gedr. [Nebst] Anh. [Zürich 1834.] 80 S. 8°
°Anh. Nur als Ms. u. z. Privatgebrauch f. d. Brr. der ☐ in den höheren Graden gedr. 28 S.
Kl. 11, Tt. 62. Mit Erl.

Verzeichnis der Büchersammlung der ger.*.* und vollk.*.* St. Johannisloge Friedrich zur deutschen Treue Or. Cassel. Nach dem Stande vom April 1909. Cassel. H: *Rabe, Karl.* (wolfstieg I, 20)

— der Büchersammlung d. ger. u. vollk. St. Johannis-Loge Friedrich z. goldenen Zepter in Breslau. Systemat. zusammengest. nach d. Bestand v. 1. I. 1897 (v. Alfr. Ockler). 8. (VI, IV, 200 S.) Breslau 897. (Maruschke & Berendt.) n.n. 4. 50

Verzeichnis der Büchersammlung der ger. u. vollk St. Johannis-Loge Friedrich zum goldenen Zepter in Breslau. (1. Nachtrag. Nach dem Bestande vom 1. I. 1904. IV, 76 S.) gr. 8. Breslau 904. (Maruschke & Berendt.) 1. —
Hauptwerk Ebd. 897. n.n. 4. 50.

Verzeichnis der Büchersammlung des Grenadier-Regiments König Friedrich Wilhelm II. (1. Schles.) Nr. 10. Schweidnitz 1903: C. Boy. (159 S.) 8° [08. 5670

Verzeichnis der Büchersammlung des königlichen medizinisch-chirurgischen Friedrich-Wilhelms-Institutes. Berlin 1890. H: *Coler, Alwin.* (EB) H: *Gerstacker.* (Stadtbibl. Frankf. a. M. Kat. der Neueren Bestände.)

Verzeichniss der Büchersammlung des Königlichen Medizinisch-Chirurgischen Friedrich-Wilhelms-Instituts. Berlin 1890. XXII, 1314 S. 8°.

VERZEICHNISS der Bücher-Sammlung der Deutschen Gesellschaft für Chirurgie. Abgeschlossen im Januar 1904. Berlin 1904. Druck von L. Schumacher. 8°.

VERZEICHNISS DER BÜCHER-SAMMLUNG der Leipziger medicinischen Gesellschaft. 1844. Leipzig, Druck von C. E. Elbert. 8°.

VERZEICHNISS DER BÜCHER-SAMMLUNG der naturhistorisch-ökonomischen Gesellschaft in Hannover. (Hannover.) 1814. Gedruckt bei E. A. Telgener. 8°.

NACHTRAG ZU DEM VERZEICHNISSE DER BÜCHERSAMMLUNG der Gesellschaft für Natur- und Heilkunde zu Dresden. 1. Dresden 1845. Druck von Ernst Blochmann & Sohn. 8°.
2—3. ib. 1850 - 1858.

Verzeichnis der Büchersammlung der Gesellschaft für Natur- und Heilkunde in Dresden. (Vorr.: Dr. [Alfred] Wiebe.) Dresden 1905: Dr. Güntzsche Stiftung. (X, 359 S.) 8° [05. 11...

Verzeichniß der Bücher-Sammlung d. kaiserl. Gesundheits-Amtes. gr. 8. (VII, 410 S.) Berlin 886. (Springer.) cart. n.n. 6. —

Verzeichniss der Bücher-Sammlung des Kaiserlichen Gesundheits-Amtes. [Nebst] Nachtrag. Berlin: Dr. d. Norddeutschen Buchdr. u. Verlagsanst. (Nachtr.: Dr. v. B. Paul) 1886 - 95. 8°
Verzeichniss. 1886. (1 Bl., VII, 410 S.)
Nachtrag. 1895. (1 Bl., VII, 299 S.)

— der Bücher-Sammlung des kaiserl. Gesundheits-Amtes. 2. Ausg. gr. 8. (XVIII, 1164 S.) Berlin 902. (J. Springer) Kart. n.n. 12. —

Vorzeichniß der Bücher-Sammlung des Kaiserlichen Gesundheits-Amtes. 2. Ausg. [Nebst] Alphab. Liste der Verf., deren Werke im Verzeichnisse d. Bücher-Samml. ... aufgeführt sind. *Berlin 1902 - 03: J. Sittenfeld.* 2 Bde 8° [J.] [03. 9317

Verzeichnis der Büchersammlung des Gewerbevereins zu Dresden. Dresden 1842. H: *Petzholdt, Julius.* (ABJP)

Verzeichnis der Bücher-Sammlung der Loge Harpocrates zur Morgenröthe in Schwerin i. M. Schwerin 1890: Herberger. 58 S. 8° 358.

Verzeichnis der von Dr. Reinhold Köhler hinterlassenen Büchersammlung. Weimar 1901. V: *Wernekke, Hugo.* (Vorrede): *Bojanowski, Paul v.* (Berl)

Verzeichnis der Büchersammlung der Freimaurer-Loge »Johannes der Evangelist« zu Darmstadt, aufgest. i. J. 1859. Darmst. 1859. H: *Friedrich v.* (wolfstieg I, 12)

Verzeichnis der Büchersammlung der Johannisloge „Zum neuen Tempel" in Braunschweig. Braunschweig 1904: Vieweg & S. 12 S. 8° 140.

Verzeichnis der Büchersammlung der Kaiser Wilhelms-Akademie für das militärärztliche Bildungswesen. ⟨3. Ausg.⟩ Berlin: A. Hirschwald 1906. (XI, 1055 S.) 4°(8°) [05. 15049

Verzeichniss der Bücher-, Karten- und Bilder-Sammlung des Vereins für die Geschichte Berlins. Bearb. v. L. Alfieri und H. Guiard. Berlin. 1881. 8⁰
(Schriften des Vereins f. d. Geschichte Berlins, H. 18.)

Verzeichnis der Bücher-, Karten- und Laternbilder-Sammlung der Sektion 'Mark Brandenburg' des Deutschen und Oesterreichischen Alpen-Vereins. Hrsg. im Auftr. d. Vorstandes. [Hauptwerk.] Berlin 1907. 8° [08. 7551

Verzeichniss der Bücher- und Karten-Sammlung des Reichs-Postamts. In zwei Bänden. Bd 1 Bücher. Bd 2 Karten. Berlin 1889 u. 1890. 2 Bde. XVI, 670; VIII, 205 S. 8°.

— der Bücher- u. Karten-Sammlung d. Reichs-Postamts. 2 Bde. gr. 8. (XVI, 670 u. VIII, 205 S.) Berlin 890. (Springer.) n.n. 12. 50

Nachtrag zu Band I (Bücher) des Verzeichnisses der Bücher- und Karten-Sammlung des Reichs-Postamts. Berlin 1893. XII, 295 S. 8°.

Verzeichnis der Bücher- u. Karten-Sammlung des Reichs-Postamts. Nachtrag zu Bd. I. (Bücher.) gr. 8. (XII, 295 S.) Berlin 894. (J. Springer.) n.n. 6. — (Hauptwerk u. Nachtrag: n.n. 18. 50)

Verzeichniss der Bücher- und Karten-Sammlung des Reichs-Postamts. Berlin. Band I Bücher. 1889, dazu Nachtrag 1893. 8vo.

Verzeichnis der Büchersammlung der Grossen Landes-Loge der Freimaurer von Deutschland [in Berlin]. [Nebst Nachtr. 1882.] 1893. H: *Schulze, Carl.* (wolfstieg I, 10)

Verzeichnis der Bücher- und Landkarten-Sammlung eines Grazer Universitäts-Professors [Hermann Ignaz Bidermann] ... Innsbruck 1893. V: *Sprung, Ludwig.* (margr)

Verzeichnis der Büchersammlung der Loge Leopold zur Treue im Or.˙. von Karlsruhe. 1904. [Zsgest. von **Brecht** und **Bittrolff.**] Karlsruhe 1904: Malsch & Vogel. VIII, 38 S. 8⁰

Verzeichnis der Bücher-Sammlung der Loge drei Lichter im Felde Orient Gross-Lichterfelde. [Berlin 1909: Ludwig.] 16 Bl 8⁰. 358a.

Verzeichniss der Büchersammlung der Loge „z. d. 3 Degen" in Halle 1795. [Halle 1795.] 16 S. 8⁰
Kl. 4 b.
[Mitth VdF. 1896—1897 S. 101.]

[Autogr.] **Verzeichniss** der Bücher-Sammlung der Loge zum treuen Herzen Or.˙. Strassburg Juli 1879. [Strassburg 1879.] 26 S. 4⁰ [Umschlagtit.] 430.

Verzeichnis der Büchersammlung der Loge Zur goldenen Krone in Stendal. Systemat. zsgst. nach dem Bestand vom 1. Mai 1902. Stendal 1902. H: *Wilke, Georg.* (wolfstieg I, 18)

Verzeichniss der Büchersammlung der Loge „Zum Tempel des Friedens" im Or. Metz. [Metz] 1900. 18 S. 8⁰ 110.

Verzeichniss der Büchersammlung bei der Loge zu den drei goldenen Zirkeln in Stettin. Stettin [ca. 1810]: Effenbarts Erben. 60 S. 8⁰ 23.

Hamburg, Medicinal-Collegium, Verzeichniss der Buchersammlung des — Hamburg 1898

Verzeichnis der Büchersammlung der Loge Minerva-Rhenana im Or.˙. Köln a. Rh. Köln 1896. [Nebst] Nachtr. 1. 2. Bonn [1896—1903]: Georgi. 8⁰ [Umschlagtit.]
Verz. 72 S. 1896; Nachtr. 1. 10 S. 1903 [Kopftit.]; 2. 32 S. 1903 [Kopftit.]
Nachtr. 2 mit Regesten nach Taute u. Ockler.
358; Nachtr. 1. 2. in 430.

Verzeichnis der Büchersammlung der Loge Minerva-Rhenana im Or. Cöln a. Rh. Bonn 1906. H: *Hellmar, Georg.* (wolfstieg I, 17)

VERZEICHNISS DER BÜCHERSAMMLUNG des naturhistorischen Museum zu Hannover. Hannover. 1851. Druck von Fr. Culemann. 8⁰.

Verzeichnis der Büchersammlung der Mutterloge zu den drey Weltkugeln und der mit ihr vereinigten vier Freymaurerlogen in Berlin. Zum Gebrauch d. Br. [Nebst] Suppl. Berlin 1776—1778. H: *Badenhaupt, Ernst Friedrich.* (wolfstieg I, 9)

Verzeichnis der Büchersammlung der Loge Plato z. best. Einigkeit in Wiesbaden. Systematisch zusammengestellt nach dem Bestande vom 1. April 1910. Als Ms. gedr. Wiesbaden 1910: Ritter. 52 S. 8⁰. 21.

VERZEICHNIS DER BÜCHER-SAMMLUNG des Westfälischen Provinzial-Vereins für Wissenschaft und Kunst. Münster 1897. Druck der Regensbergschen Buchdruckerei. 8°.

Verzeichnis der Bücher-Sammlung des Reichsbank-Direktoriums. Berlin 1901. (Abgeschlossen am 1. Oktober.)
1. Nachtrag. (Abgeschlossen am 1. Dezember 1902.) 1902.
2. " (" " 31. " 1903.) 1903.
3. " (" " 31. " 1904.) 1905.
4. " (" " 31. März 1906.) 1906.
5. " (" " 30. Juni 1907.) 1907.

Verzeichniss der Büchersammlung der Loge Ruprecht zu den fünf Rosen im Or. von Heidelberg. 1880. Heidelberg 1881: Hanzelky. VIII, 58 S. 8⁰ [Umschlagtit.]
Tt. 83. 223.

Verzeichniss der Büchersammlung der ger. u. vollk. St. Joh. Loge zu den drei Cedern. Systematisch zusammengestellt. Stuttgart, Johannisfest 1883. (Druck von Metzler.) 8. XII. 107 S.
Ein zweckmässig angelegter, systematisch geordneter Katalog von 1300 Nummern: bearbeitet von Gustav Hohl. — Freimrztg. 1883, S. 327.

Verzeichnis der Büchersammlung der g.·. u. ·.·. v.·. St.·. Johannisloge zur Freimuthigkeit am Rhein im Or.·. von Frankenthal 1888. Frankenthal [1888]. H: *Stolz, Emil.* (wolfstieg I, 16)

Verzeichniss der Büchersammlung der St. Johannis-Loge „Zum Tempel der Freundschaft und Wohlthätigkeit" zu Havelberg. 1887. Havelberg [1887]: Hintze. 15 S. 8⁰ [Umschlagtit.]
358.

Verzeichniss der Bücher-Sammlung der unter Constitution der Grossen Loge von Preussen, genannt Royal York zur Freundschaft im Or. von Berlin arbeitenden vier vereinigten St. Johannis-Logen. [Nebst] Nachtr. Berlin 1855 bis 1866: Sittenfeld. 8⁰
Verz. VIII, 88 S. 1885; Nachtr. V, 24 S. 1866.

[Dasselbe.] [Zsgst. von Karl Wilh. Bleich.] Berlin 1882: Moeser. VIII, 112 S. 8⁰
Tt. 67.

[Dasselbe.] [Zsgest. von Fritz Kalow.] [Nebst] Nachtr. 1. 2. Berlin 1905: Berg; 1906—1907: Denter & Nicolas. 8⁰
Verz. 240 S. 1905; Nachtr. 1. 2 Bl. 1906; 2. 2 Bl. 1907. 25.

Verzeichniss der Bucher- und Schriften-Sammlung des Vereins Herold [Nebst] Nachtrag Berlin, J. Sittenfeld 1884—1889
.42 48 S. 8°

Verzeichniss der Bücher- und Schriften-Sammlung des Vereins Herold. [Nebst] Nachtrag. *Berlin 1897–1901: J. Sittenfeld.* 2 Bde 8° [o1. 3566

Verzeichniss der Bücher- und Schriften-Sammlung des Vereins Herold. Ausgegeben im Dez. 1904. [Nebst] Nachtrag. Ausgegeben im April 1909. Berlin [usw.] 1904–09: Sittenfeld (Nachtr.: Görlitz: Starke). 332 S. 8° [10. 7131

Verzeichnis der Büchersammlung für die Schüler der oberen Klassen der Königlichen Oberrealschule auf der Burg zu Königsberg i. Pr. [Red. Prof. Ernst Grohnert.] Königsberg Pr. 1906: Hartung. (28 S.) 8°
Königsberg, OR auf d. Burg OP 1906 (26)

Verzeichniss der Büchersammlung der S. Joh. Loge: Tempel der Wahrheit zu Rostock. 1815. 8⁰
Kl. 8. 21
[Petzholdt: Bibl. Bibliogr. 1866 S. 472.]

Verzeichnis d. Büchersammlung d. Alten T.B. in Breslau, Breslau 1892, 47 S., 8⁰.

Verzeichnis d. Büchersammlung d. T.B. zu Hof 1876, Bücherverzeichnis Jan. 1905, Hof 1876 u. 1905, 8⁰. 2 Bde.

Verzeichnis der Büchersammlung des Vereins deutscher Freimaurer. Leipzig 1870. H: *Findel, Joseph Gabriel.* (wolfstieg I, 20)

Verzeichniss der Büchersammlung des Vereins deutscher Freimaurer. Leipzig, Findel. 1870. 8. 20 S.

VERZEICHNISS DER BÜCHERSAMMLUNG des Vereins für Geschichte und Alterthumskunde Westfalens.
Abtheilung Münster. ib. 1881. —

VERZEICHNISS DER BÜCHER-SAMMLUNG des Vereins für hessische Geschichte und Landeskunde. Kassel 1877. Druck von L. Döll (Döll & Schäffer). 8⁰.

VERZEICHNISS DER BÜCHER-SAMMLUNG des historischen Vereins zu Münster. Münster, 1876. 8⁰.

Nachtrag zum Verzeichniss der Bücher-Sammlung des historischen Vereins zu Münster. 1882. (Ohne bes. Titelblatt.) 8⁰.

Verzeichniss der Büchersammlung des Vereins für innere Medicin. *Berlin: ([Dr. v.] J. S. Preuss) 1896.* (1 Bl., 85 S.) 1 Bd 8. [97. 542

Kgl. Zeichenakademie zu Hanau. **Verzeichnis** der Bücher- und Vorbilder-Sammlung der Bibliothek. (Vorr.: Dr. A. Winkler.) Hanau 1894: (J. C. Kittsteiner). (VIII, 112 S.) 8° [06. 6916 4

Verzeichnis der Büchersammlung der g. u. v. St. Johannis-Loge Wilhelm zu den drei Stunden im Or. v. Wolfenbüttel. Nachtr. Wolfenbüttel 1887—1888. H: *Engelhardt, Gustav.* (Wolfstieg I, 16)

Verzeichnis der Büchersammlung der g. u. v. St. Johannis-Loge Wilhelm zu den drei Säulen im Or. v. Wolfenbüttel. Wolfenbüttel: Heckner 1907. 40 S. 8⁰ [Umschlagtit.] 460.

—— der Buch-, Antiquariats-, Kunst- u. Musikalienhandlungen im J. 1835—42. Nebst Angabe d. Commissionaire in Leipzig, Augsburg, Berlin, Frankfurt a. M., Nürnberg, Stuttgart u. Wien. 4. Leipzig, Müller. [835. (7¾ B.), 36. (8¼ B.), 37. (9¼ B.) à * ⅜ Thlr., 38. (10 B.) * 5/12 Thlr., 39. (13 B.) * 7/12 Thlr., 40. (15½ B.), 41. (17 B.), 42. (18¼ B.) à * ⅔ Thlr.] *
Erscheint jährlich seit 1817. — Ein ausführlicheres Verzeichniss, s. Schulz, O. A., Adressbuch f. d. deutschen Buchh. etc.

— der Buch-, Kunst- u. Musikalienhandll. im J. 1840. Nebst Angabe der Commissionaire in Leipzig, Augsburg, Berlin, Frankfurt a. M., Nürnberg, Stuttgart u. Wien. 4. Leipzig 840. Müller. n. ⅔ ℛ

—— der Buch-, Antiquariats-, Kunst- u. Musikalienhandlungen im Jahre 1843—48. Nebst Angabe der Commissionaire in Leipzig, Augsburg, Berlin, Frankfurt a. M., Nürnberg, Stuttgart u. Wien. 4. (8 B.) Leipzig, Müller. [843. (8 B.) 44. (18 B.) 45. (18¾ B.) 46. (19 B.) 47. (19½ B.) 48. (21¾ B.) à J. * 22½ Ngr.] *

—— der Buch-, Antiquariats-, Kunst- und Musikalien-Handlungen im J. 1848. Nebst Angabe der Commissionaire in Leipzig, Augsburg, Berlin, Cöln, Frankfurt a. M., Nürnberg, Stuttgart und Wien. 4. (174 S.) Leipzig 848, Müller. *

—— der Buch-, Kunst- und Musikalien-Handlungen in Böhmen nebst den verwandten Zweigen: Leihbibliotheken, Buchdruckereien pp.; einer Anführung der prager Firmen, welche Commissionen besorgen, mit ihren Committenten und deren Commissionären am leipziger und wiener Platze, ferner Angabe der erscheinenden Zeitungen und Zeitschriften. Zusammengestellt von V. J. Schmied. gr. 8. (III und 19 S.) Prag (861)62, Schmied. Thlr. * *

Verzeichniß der österr. Buch-, Kunst-, Musikalien- und Antiquar-Handlungen. Wien, 1857. J. Dirnböck's Verlag. Druck von A. Pichlers Witwe & Sohn. (6 Bl. 4°)

— deutscher Buchstaben nach der Etymologie bis zur Calligraphie; neu entworfen, in 32 Alphabete eingetheilt, worin jeder Buchstabe auf zweierlei Art in verschied. Größe u. anpassender Zierde dargestellt. Gestochen von J. Renard. 8. Linz 794. Akad. Buchh. 16 kr (Rohrmann u. Schw. in Wien). 10 kr

— der v. d. Unterhaltungs-Sectionen d. Volksvereine Nordböhmens empfohlenen Bühnenstücke, Soloscenen u. Liederpiecen. gr. 8. (16 S.) Warnsdorf (897). A. Opitz. n. — 35

Verzeichniß aller aus dem ... bei den P. P. Franziskanern zu Ingolstadt errichteten gemeinschaftlichen Messbunde v. 1. Okt. 1895 - 1. Okt. 1896 neu aufgenommenen u. in Gott selig entschlafenen Bundes-Genossen .. Ingolstadt (1896): Ganghofer. XXXIX, 730 S. 8° [Umschlagt.] [II. 9134

Verzeichnis der Bureaux in den Bundeshäusern und der übrigen Abteilungen der eidg. Centralverwaltung in Bern. ⟨Dezember 1901.⟩ ([Hrg. von der] Direktion der eidg. Bauten.) 7 S. 4. ([Bern,] G[ebhardt,] R[ösch] & S[chatzmann].)

Verzeichnis der Bureaux in den Bundeshäusern und der übrigen Abteilungen der eidg. Zentralverwaltung in Bern. ⟨Mai 1905.⟩ ([Hrg. von der] Direktion der eidg. Bauten.) 8 S. kl.-fol. ([Bern,] R[ösch] & Sch[atzmann].)

Verzeichnis der Bureaux in den Bundeshäusern und der übrigen Abteilungen der eidg. Zentralverwaltung in Bern. ⟨November 1907.⟩ ([Hrg. von der] Direktion der eidg. Bauten.) 8 S. kl.-fol. ([Bern,] N[eukomm] & Z[immermann].)

Verzeichniss der mittelalterlichen Burgen und Thurme im Kanton Zürich. 4. *o. O. u. J.* [1840 70].

Verzeichnis einiger Burgeren der Stadt Bern . . . welche in Kriegsdiensten . . . zu hohen Ehren Charges gelanget sind . . . O. O. 1735. V: *Gruner, Johann Rudolph von.* (ML)

Verzeichniss der Burger und Niedergelassenen der Stadt Zürich. 1858, 61, 68, 72, 79.

— der Burger u. Niedergelassenen der Stadt Zürich im J. 1882. Von J. J. Schultheß u. Joh. Bernh. Eßlinger. gr. 8. (III, 565 u. 486 S.) Zürich 882. Schultheß. geb. n. 10. —

—— der Bürger u. Niedergelassenen der Stadt Zürich im J. 1889. Von J. J. Schultheß u. J. J. Meister. gr. 8. (IX, 1175 S.) Zür. 889, Schultheß. geb. * 8 —

—— der Bürger der bisherigen Stadt Zürich auf Ende 1892. Von J. J. Schultheß. gr. 8. (664 S.) Ebd. 892. * 8 —

Verzeichnis der Bürger (*Umschlag:* Bürger Etat) der Stadt Zürich. Aus Auftrag des Stadtrates verfasst durch das Zivilstandsamt auf 1. Oktober 1904. [Mit illustriertem Umschlag.] II + XVIII + 864 + *Inserate* [II + 24] S. 8. Zürich, Schulthess & Co., 1904. [geb. fr. 10. —]

— sämmtlicher Bürger der Stadt Bern auf 1. Jenner 1848. [Aus amtl. Quellen bearb.] gr. 8. (X u. 170 S.) Bern 848. (Zürich, Schultheß.) ⅟₁₂ ₰

Verzeichniss sämmtlicher Bürger der Stadt Bern auf 1. Januar 1876. Durch Nachträge vervollständigt bis 1. Januar 1880. (Aus amtlichen Quellen bearbeitet.) In-8°, XII u. 324, IV u. 39 u. IV u. 34 S. Bern, J. Dalp. 1880. 7 50

—— sämmtlicher Burger der Stadt Bern auf 1. Jan. 1876. Durch Nachträge vervollständigt bis 1. Jan. 1880. [Aus amtl. Quellen bearb.] gr. 8. (XII, 324, 39, 34 S.) Bern 880, (Schmid, Francke und Comp.) *
Nachtrag allein. (34 S.) *

—— sämmtlicher Burger der Stadt Bern, auf 1. Januar 1889. [Aus amtlichen Quellen bearb.] gr. 8. (XII, 302 S.) Bern 889, (Schmid, Francke u. Comp.). * 5 —

— sämtl. Bürger d. Stadt Bern auf d. 1. Jan. 1893. (Aus amtl. Quellen bearb.) gr. 8. (XII, 332 S.) Bern 893. (Schmid & Francke.) n. 4. 80

— sämtlicher Burger der Stadt Bern auf 1. I. 1899. (Aus amtl. Quellen bearb. u. von der Burgerkanzlei durchgesehen.) gr. 8. (XI, 366 S.) Bern (A. Francke). n. 6. —; geb. n. 7. —

Verzeichnis sämtlicher Burger der Stadt Bern auf 1. Juli 1902. ⟨Aus amtlichen Quellen bearb. und von der Burgerkanzlei durchgesehen.⟩ (10. Aufl.) XII + 376 S. 8. Bern, Stämpfli & Cie, 1903. [br. fr. 6. —, geb. fr. 7. —]

Verzeichnis der Burger der Stadt Bern auf 1. Januar 1906. ⟨Aus amtlichen Quellen bearbeitet und von der Burgerkanzlei durchgesehen.⟩ (11. Aufl.) XII + 399 S. 8. Bern, Stämpfli & Cie, 1906. [fr. 6. —]

Verzeichnis der Burger der Stadt Bern auf 1. Januar 1910. ⟨Aus amtlichen Quellen bearb. (von Paul Flügel) und von der Burgerkanzlei durchgesehen.⟩ (12. Aufl.) XII + 399 S. 8. Bern, Stämpfli & Cie, 1910. [fr. 6. —, geb. 7. —]

Verzeichnis der Bürgermeister zu Wismar. O. O. [1861]. V: *Crull, Frdr.* (Bachmann, Mecklenburg. Güstrow 1889. S. 475.)

Verzeichniß der in der Pfalz bestehenden Bürgermeisterämter und der dazu gehörigen Gemeinden. München 1859. fol.

Verzeichnis der Bürgerschaft (**Umschlag:* Bürger-Etat) der Stadt Winterthur 1900. Bearb. vom Kontrolbureau der St' W'. (5. Aufl.) [Umschlag illustriert.] IV + 380 S. 8. Winterthur, Geschwister Ziegler, 1901. [geb. fr. 5. —]

Verzeichnis. Nachtrag zum V' der Bürgerschaft der Stadt Winterthur. Enthaltend die Einbürgerungen vom 1. Januar 1901 bis 31. Dezember 1904. Bearb. vom Kontrollbureau der St' W'. 39 S. 8. Winterthur, Geschwister Ziegler, 1905. [fr. —. 60]

Verzeichnis der alten Burschenschafter der Ostmark 1899. Nebst e. Anh.: Der Verband alter Burschenschafter 'Wartburg'. Hrsg. von d. Hauptleitung d. Verbandes alter Burschenschafter 'Wartburg'. (Vorr.: Rudolph Berger.) Waidhofen a. d. Ybbs: Verband 1899. 132 S. 8° [10. 1063: 7

Verzeichnis der Alten Burschenschafter nach dem Stande vom August 1893 ... Leipzig [1893]. V: *Schaum, Gustav.* (Erman & Horn, Bibl. d. dtsch. Univ. 1. Leipz. u. Berl. 1904.) (Vorrede): *Fischer, Theobald.* (Berl)

— der alten Burschenschafter nach dem Stande vom Aug. 1893. Im Auftrage der Vereinigg. alter Burschenschafter gesammelt u. hrsg. vom Vorort Marburg. Lex.-8. (V, 341 S.) Leipzig 893. C. Jacobsen. n. 4. —; geb. in Leinw. n. 5. —

— **der alten** Burschenschafter nach **dem Stande** vom **März 1899.** Im Auftrage des **Verbandes alter Burschenschafter** gesammelt u. hrsg. v. Vorort **Berlin.** 8. (IV, **272** S.) Berlin 899. C. Heymann's **Verl. n. 2.** —

Verzeichnis der Alten Burschenschafter nach d. Stande vom Ende d. Sommersem. 1902. [3. Ausg.] Im Auftr. d. Vereinigung Alter Burschenschafter gesammelt u. hrsg. vom Vorort München. *Berlin: C. Heymann 1903.* (291 S.) 8° [03. 3567

— der alten Burschenschafter nach dem Stande des Wintersem. 1906/07. Im Auftrage des Vororts Dortmund der Vereinigg. alter Burschenschafter gesammelt u. hrsg. v. Hugo Böttger. (IV, 344 S.) 8. Berlin 907. C. Heymann. Geb. 2. —

— **der** in Berlin u. der Prov. Brandenburg wohnenden **alten Burschenschafter.** Hrsg. vom ständ. Ausschuss. **2. Ausg.** Febr. 1890. Lex.-8. (37 S.) Berlin **890. C. Heymann's Verl.** n. — 80

— der in Berlin u. der Prov. Brandenburg wohnenden Burschenschafter. Hrsg. vom ständ. Ausschuss. III. **Ausg.** Septbr. **1893.** gr. 8. (49 S.) Berlin 893. C. Heymanns Verl. n. 1. —

— u. kurze **Charakteristik der** besten billigeren christlichen Schriften u. **Bilder** (von 1—40 Pf.), unter Mitwirkung Andrer bearb. v. Eger, hrsg. vom sächs. Provinzial-Ausschuß f. Innere Mission. gr. 8. (108 S.) Magdeburg 890. (Leipzig, Wallmann.) n. — 75

Verzeichnis, Charakteristisch-bürgerliches, aller Oberlehrer des 18ten Jahrh. am Gymnasium zu Zittau. Zittau 1799. V: *May, Chn Glieb.* (OL) (MGT)

Verzeichniss der im Regierungsbezirk Königsberg fertig ausgebauten und im Ausbau befindlichen Chausseen, gebesserten Wege und Kleinbahnen. (Königsberg 1902: E. Rautenberg.) (Getr. Prag.) 8°

Verzeichniss sämmtlicher seit 1608 bis 1708 in königl. Preussischen Diensten gestandenen Chefs der Regimenter und Corps. 4. Hannover 1778.

VERZEICHNISS der gefangenen Christen, welche die Josephinische Provinz des Barfüsser-Ordens der Allerheiligsten Dreyfaltigkeit von Erlösung der gefangenen Christen vom Jahre 1760. bis zum Jahre 1763. . . mit Geld-Beyhüllen unterstützt hat. Wien 1763: Kallwoda. (10 f.) 1 t. - 210 mm

VERZEICHNISS der gefangenen Christen, welche die Josephinische Provinz . . . vom Jahre 1768 bis zum Jahre 1771 in die angebohrne Freyheit versetzet hat. Wien (1771): Leop. Joh. Kallwoda. 16 S. - 4°

VERZEICHNISS der gefangenen Christen, welche die in gesammten Kaiserl.-Königl. Erb-Landen, des Erzhauses von Oesterreich errichtete Josephinische Provinz des Barfüsser-Ordens der Allerheil. Dreyfaltigkeit von Erlösung gefangener Christen, vom Jahre 1773 bis zum Jahr 1776 wieder in die christl. Freyheit versetzet oder doch zur Erlangung derselben Geldbeyhilfen unterstützet hat. Wien (1776) Gedr. bey Jos. Mich. Gerold. 4 f. 1 t. - kl. 8°

VERZEICHNISS der Gefangene Christen, welche . . . die Josephinische Provinz des Barfüsserordens der Allerheiligsten Dreyfaltigkeit von Erlösung der gefangenen Christen, vom Jahre 1771 bis zum Jahre 1780 . . . entweder durch Zahlung des Lösegeldes . . . oder doch zu Erlangung derselben mit Geldbeihilfen unterstützt hat. Wien (1780): Schulz-Gastheim. 16 S. - 4°

—— chronologisch-alphabetisches, der bei dem Oberappellations-Gericht zu Lübeck verhandelten in Bd. I — XV von „J. A. Seufferts Archiv für Entscheidungen der obersten Gerichte in den deutschen Staaten" mitgetheilten Rechtssachen. gr. 8. (20 S.) München 864, Oldenbourg. *

Verzeichniß, Chronologisches — der geistigen, kostspieligen, materiellen und viel Zeitaufwand fordernden Arbeiten zur Herstellung der Mineral-Schwimm- und Badeanstalt in Baden, vom J. 1842 bis zu dessen Eröffnung im J. 1848, als Beitrag zu dem Kapitel über die Entstehung obiger Anstalt, Seite 204 in Dr. B. Obersteiner's Abhandlung über „Baden und Böslau" in ihrer Heilsamkeit in besonderer Rücksicht auf Skrophelkrankheit u. s. w. Wien 1852, Tendler und Komp. 8. (32 S.) Wien, A. Pichler's Witwe u. Sohn 1853.

— chronolog., sämmtl. in d. Gesetzsammlung f. d. königl. Preuß. Staaten enthalt. bis zum 1. Jan. 1823 ergang. Gesetze, Verordnungen 2c., nebst Nachweisung des Orts, wo sie zu finden sind. gr. 8. Berl. 823. Dümmler. 6 ⅓

— chronologisch., sämmtl. in der Gesetzsammlung f. d. königl. Preuß. Staaten enthalt. bis zum 1. Jan. 1823 ergang. Gesetze, Verordnungen 2c., nebst Nachweisung des Orts, wo sie zu finden sind. gr. 8. Berlin 824, Dümmler.

Verzeichnis, Chronolog., üb. versch. Könige u. fürstl. Verordnungen u. Verfügungen ..., s. Ambrosius, Ed.

Verzeichnis, Chronologisches, derer berühmtesten Rechtsgelehrten des XVIII. Jahrhunderts . . . [Halle 1760.] V: *Weidlich, Christoph.* (ML)

Verzeichnis, Chronologisches, derer berühmtesten Rechtsgelehrten des 12—15. Jahrh. [Halle 1760.] V: *Weidlich, Christoph.* (ML)

Verzeichnis, Chronologisches, derer Römischen Rechtsgelehrten. [Halle 1760.] V: *Weidlich, Christoph.* (ML)

Verzeichnis, Chronologisches, aller Schauspiele, welche seit April 1794 bis 1807 sowohl in den k. k. Hoftheatern als auch in den k. k. privilegirten Schauspielhäusern aufgeführt worden sind. Wien 1807. V: *Voll, Matth.* (GGr)

— chronologisches, aller Schauspiele, s. Matth. Voll.

Chronologisches Verzeichnis der österreichischen Staatsverträge. 1. Wien: A. Holzhausen 1903. 4°(8°)
= Veröffentlichungen d. Kommission f. neuere Geschichte Österreichs. [1,] 1. [03. 1393]

— chronolog., d. von Bradley, Piazzi u. Bessel beobachteten Sterne, s. Sternkarten.

Verzeichnis, Chronologisches, Braunschweig-Lüneburgischer Wolfenbüttelschen Theils, Constitutionen und Landesverordnungen . . . seit mehr als 200 Jahren. Braunschw. 1749. V: *Stisser.* (JStBbH)

Verzeichnis, Chronologisches, über verschiedene Kgl. u. Fürstl. Verordnungen und Verfügungen für die Herzogth. Schleswig u. Holstein von 1759—99 . . . Flensb. 1796—1804. H: *Ambrosius, Eduard.* (Bruun, Bibl. Danica I, 695.) (Schz) (CBH) (MGT) (Schles) (LS) »1795—1804« (Ky)

— chronologisches, über verschied. Königl. u. Fürstl. Verordnungen u. Verfügungen f. d. Herzogth. Schleswig und Holstein. 8 Hefte u. Register über die ersten 8 Hefte (1r—5r H. von 1774—1792, von E. Ambrosius.) 8. Flensburg 795—804. Korte. (Röhß in Schlesw.) (1r u. 2r 16 gr, 3r—8r 2 Rthlr 19 gr) 3 Rthlr 11 gr

Verzeichniß, Chronologisches — der für Tirol vom Jahre 1850 bis 29. Mai 1854 erlassenen Vorschriften. Innsbruck. Druck der Wagner'schen Buchdruckerei. (192 Blätt. Fol.) 1855

Chronologisches Verzeichniss der musikalischen Werke und liter. Arbeiten von Ludwig Erk. 1825—1867. Berlin (1867).

— chronologisches, der Zöglinge des Schullehrer-Seminars zu Wolfenbüttel von der Gründung desselben im J. 1753 an bis auf die Gegenwart. Eine Festgabe zur Einweihung des neuen Seminargebäudes am 9. Octbr. 1879. gr. 8. (III, 92 S.) Wolfenbüttel 879, (Stichtenoth.)

Verzeichnis, Chronologisches, der Zöglinge des Herzogl. Lehrer-Seminars zu Wolfenbüttel von der Gründung desselben im Jahr 1753 an bis auf die Gegenwart . . . Wolfenbüttel 1903. V: *Karsten, H.* (Ergänzungen): *Breuer, Hermann.* (Berl)

— chronologisches, der Zöglinge des herzogl. Lehrer-Seminars zu Wolfenbüttel von der Gründung desselben im J. 1753 an bis auf die Gegenwart. Eine Festgabe zur Einweihg. des neuen Seminargebäudes am 9. X. 1879 u. m. den Ergänzgn. bis 1903, e. Festgabe zum 150jähr. Bestehen des Seminars. (III, 114 S.) gr. 8. Wolfenbüttel 903. J. Zwißler. n. 1. —

Verzeichnis, chronologisch-thematisches, sämmtlicher Tonwerke Wolfgang Amade Mozart's. Nachtrag. Lex.-8. (32 S.) Lpz. 889, Breitkopf u. Härtel. * — 75
Hauptwerk, von Ludw. Ritter v. Köchel. Ebd. 1862. * 18 —.

Verzeichnis, Chronologisch-topographisches und alphabetisches, der livländischen Ordensgebietiger. [Riga 1851.] V: *Napiersky, Carl Eduard v.* (R-N)

— der Corpsburschen der zur Zeit bestehenden fünf Heidelberger Corps, hrsg. vom Heidelberger S.-C. gr. 8. (218 S.) Heidelberg 886. Petters. n.n. 2. —

Verzeichnis der Corpsphilister und Corpsburschen der Landsmannschaft „Curonia" 1808—1883. -- (Dorpat-Riga-Lpg 1883: Schnakenburg). 77 S.

Verzeichnis der staatlichen Deckhengste für die Beschälperiode 1909. 26. Jahrg. 4°. (110 S.) † Wien: Beck 1909. * K 1.--

— der staatlichen Deckhengste u. der lizenzierten Privathengste f. die Beschälperiode 1910. Abgeschl. m. 31. III. Hrsg. vom k. k. Ackerbauministerium. 27. Jahrg. (111 S.) 30,5×23,5 cm. Wien 910. F. Beck. 1.--

VERZEICHNISS DER RÖMISCHEN, GERMANISCH-FRÄNKISCHEN, MITTELALTERLICHEN UND NEUEREN DENKMÄLER DES MUSEUMS DER STADT MAINZ herausgegeben von dem Vereine zur Erforschung der rheinischen Geschichte und Alterthümer in Mainz.
I. Inschriften und Steinsculpturen aus Römischer Zeit. Mainz 1875. In Comm. bei Victor v. Zabern. A. u. d. T.: JACOB BECKER, Die römischen Inschriften und Steinsculpturen des Museums der Stadt Mainz. ib. 1875. —

Verzeichniss der römischen, germanisch-fränkischen, mittelalterlichen u. neueren Denkmäler des Museums der Stadt Mainz. 1. — Mainz: v. Zabern in Comm. 1875. 8° XXIV, 140 S.
(Zeitschrift d. Ver. z. Erforschg d. rhein. Gesch. u. Alterthümer in Mainz. Bd. 3, H. 2.)

Verzeichnis typographischer Denkmähler aus dem funfzehnten Jahrhundert, welche sich in der Bibliothek . . . zu Neustift in Tyrol befinden. Brixen 1789—91. V: *Grass, Franz.* (MGT) (Ky) (Cb)

— typographischer Denkmäler aus d. 15. Jahrh., so sich in der Bibliothek d. Chorherrenstifts d. heil. Augustin zu Neustift befinden (v. Frz. Graß.) Mit 6 Kpf. 3 Bde. Mit Nachtr. 4. Brixen 789—92. Weger. 4 Rthlr 16 gr

— typographischer Denkmäler a. d. 15ten u. 16ten Jahrh. so sich in d. ungedruckten Bibliothek d. Chorherrnherrschaft zu Neustift befinden. 3 Bde. 4. Brixen, Weger. 791—92.

— der Deputirten für die Preuß. Nationalversammlung. Alphabetisch geordnet mit Angabe des Namens, Charakters u. Wohnorts der Deputirten, u. für welchen Wahlkreis u. welche Provinz sie gewählt sind. 8. (8 S.) Berlin 848, Logier. n. 1/12 Rthlr

Verzeichnis der Dienerschaft, welche sich in den mit . . . Hessen vereinigten neuen Landen befindet. Darmst. 1810. V: *Scriba, Johann Georg.* (HS)

Verzeichniss I (A—5 h) der in Kraft stehenden Dienstbücher und Vorschriften, sowie der zum Unterrichte bestimmten Leitfäden; Verzeichniss II der ausser Kraft gesetzten Dienstbücher und Vorschriften. 4. (Wien 1872.)

— (A—5 h) der in Kraft stehenden und in Bearbeitung befindlichen Dienstbücher und Vorschriften als Anhang I zur Geschäftsordnung für das k. k. Heer. N.-V.-Bl. 39. Stück ex 1875. 4. (Wien 1875.)

Verzeichnis d. Dienstbücher u. Vorschriften Wien 1879. 4°

Verzeichniss der in Kraft stehenden und in Bearbeitung befindlichen Dienstbücher und Vorschriften, vom Jahre 1875. (Berichtigt bis 1884.) Von „Taschen-Ausgabe der Militär-Vorschriften". (Zusammengestellt für den Feld-Gebrauch.) 8. Wien 1881 1884.

— der in Kraft stehenden u. der in Bearbeitung befindlichen Dienstbücher u. Vorschriften, als Anhang I zur Geschäftsordnung f. das k. k. Heer. hoch 4. (50 S.) Wien 886. Hof- u. Staatsdruckerei. n. — 48

Verzeichnis der in Kraft stehenden u. der in Bearbeitung befindlichen Dienstbücher u. Vorschriften, als Anh. I zur Geschäftsordnung f. das k. u. k. Heer. hoch 4. (94 S.) Wien 889. Hof- u. Staatsdruckerei. n. — 80

— der in Kraft bestehenden u. der in Bearbeitung befindlichen Dienstbücher u. Vorschriften d. k. k. Landwehr. Neuaufl. 4. (26 S.) Wien 893. (Hof- u. Staatsdruckerei.) n.n. — 26

— d. in Kraft steh. u. d. in Bearbeitg. befindl. Dienstbücher u. Vorschriften, als Anh. I zur Geschäftsordng. f. das k. u. k. Heer. (Abschluß Ende Novbr. Normal-Verordnungsblatt 52. Stück.) Fol. (76 S.) Wien 894. Hof- u. Staatsdruckerei. n. — 80

(F) Verzeichnis der in Kraft stehenden und der in Bearbeitung befindlichen Dienstbücher und Vorschriften, als Anhang I zur Geschäftsordnung für das k. u. k. Heer. (Abschluss: Normal-Verordnungsblatt 23 Stück.) (Zu Praes. Nr. 4698 vom Jahre 1899 — Normal-Verordnungsblatt für das k. u. k. Heer 25. Stück.) Wien. 1899. Hof- und Staatsdruckerei. 4°. 63 S. fl. —.40

Verzeichnis der in Kraft stehenden und der in Bearbeitung befindlichen Dienstbücher und Vorschriften der k. k. Landwehr. Neu-Aufl. (Landw.-V.-Bl. Nr. 7 vom Jahre 1893.) 4. Wien 1893.

— — 2. Aufl. (Landw.-V. Bl. Nr. 48 vom Jahre 1895.) Wien 1895.

Verzeichnis (A—XXIII.) der in Kraft stehenden und der in Bearbeitung befindlichen Dienstbücher und Vorschriften der k. k. Landwehr und des k. k. Landsturmes. 3. Auflage. (Ausgegeben mit Zirkularverordnung Nr. 26260/VIII vom Jahre 1904 — V. Bl. für die k. k. Landwehr Nr. 27 von 1904.) 4. Wien 1904.

Verzeichniss der Dienstbücher und Vorschriften der k. k. Kriegs-Marine. Anhang I zur Geschäfts-Ordnung für die k. k. Kriegs-Marine (§. 10) I. Abschnitt. Allgemeine Bestimmungen. (Hinausgegeben mit Anhang zum N.-V.-Bl. für die k. k. Kriegs-Marine XI. Stück vom 25. April 1886.) 4. Wien 1886.

— (I. b—2) der Dienstbücher und Vorschriften der k. k. Kriegs-Marine. Beilage zum N.-V.-Bl. für die k. k. Kriegs-Marine XII. Stück vom 30. April 1887. Beigeb.: II. Nachtrag 1888. III. Nachtrag 1889. 4. Wien 1887—1889.

Verzeichnis (I. b—2.) der Dienstbücher und Vorschriften der k. u. k. Kriegs-Marine. 1887. — (Ergänzung.) Beigeb.: die Nachträge 17—20 und 23. (Die Nachträge 4—16, 21 und 22 siehe Normal-Verordnungsblatt für die k. u. k. Kriegsmarine.) 4. Wien 1890—1900.

— (I.—28.) der Dienstbücher, Vorschriften, Behelfe etc. der k. u. k. Kriegs-Marine. (Herausgegeben mit N. V. Bl. XXIV. Stück P. K. M. S. Nr. 2711 ex 1901.) Beigeb.: Nachträge 1 u. 2. 1902. (Nachtrag 3 1903 fehlt.) — (Nachtrag 4. beigeb.: N. V. Bl. f. d. k. u. k. K. M. 1903.) — Nachtrag 5. 1903. 6. 1904. 4. Wien 1901—1902.

Nachtrag I, vom Jahre 1881 zu dem Verzeichnisse der in Gemäßheit des Gesetzes vom 19. April 1871 und des ungarischen II. Gesetz-Artikels vom Jahre 1893 den ausgedienten Unterofficieren ausschließlich vorbehaltenen Dienstposten, dann der Beamten- und sonstigen Stellen, bezüglich deren den Anspruchsberechtigten ein Vorzug eingeräumt ist vom Jahre 1880. 8. (4 Bl.) —.04
Wien: Hof-u.Staatsdruckerei 1895.

Verzeichniss der Diözesen und Kirchspiele des Berliner Stadtsynodal-Verbandes, mit Angabe der Strassen, Plätze, Standesämter, Stadtbezirke, Kirchhöfe etc. Hierzu Parochialplan. Bearb. im Bureau d. Berliner Stadtsynode ... Berlin 1899: W. Obermeier. (114 S., 1 Pl.) 8°

Verzeichnis der Diözesen und Kirchspiele des Berliner Stadtsynodal-Verbandes, mit Angabe d. Straßen, Plätze, Standesämter, Stadtbezirke, Kirchhöfe etc. Hierzu: Parochialplan. Bearb. im Bureau d. Berliner Stadtsynode. [Nebst] Abänderungen. Berlin 1906: (W. Röpke). (94 S., 1 Kartenbl. 82 × 66 cm.) 8° [ʒ.]
Parochialplan d. Berl. Stadtsynodalverb. mit Einteilung in Diözesen ... Nach amtl. Materialien bearb. ... durch L[udwig] Brühne. Masst. 1 : 20,000. [07. 11470

Verzeichniß der Direktion, des Ausschusses, der Ehrenmitglieder und Mitglieder des Central-Vereines für Kostkinder-Beaufsichtigung und Krippen in Wien, am 13. August 1855. Wien, 1855. Gedruckt bei A. Pichlers Witwe & Sohn. (21 S. 8.)

VERZEICHNIS der Direktorial- und Ausschuss-Mitglieder der Mitteleuropäischen Wirtschaftsvereine in Deutschland, Oesterreich und Ungarn. Berlin 1907. Druck von „Gutenberg", Druckerei und Verlag, A.-G. 8°.

— der Langenheim-Klaubarthschen Disputationshandlung des M. Schönemann in Leipzig. 3 Thle. 8. Leipz. 811. M. Schönemann's Disputationshandl. 2 ₰

—— von Dissertationen, s. Catalogus.

— der an der Universität Leipzig erschienenen Dissertationen u. Fakultätsschriften auf englischem Gebiet. gr. 8. (7 S.) Leipzig, Dr. Seele & Co. n. — 50

— der Distriktslogen u. der untergeordneten Logen v. Deutschlands Großloge II des Independent Order of Good Templars. Anh.: 1. Verzeichnis der Jugendlogen. 2. Alphabetisches Verzeichnis der Logennamen u. Logenorte. Novbr. 1905. (224 S.) qu. 16. Hamburg (906). (Flensburg, Deutschlands Großloge II.) n. — 50

— d. seit 1850 an d. deutschen Universitäten erschien. Doctor-Dissertationen u. Habilitationsschriften aus d. reinen u. angew. Mathematik. Hrsg. auf Grund d. f. d. deutsche Universitäts-Ausstellg. in Chicago erschien. Verzeichnisses. gr. 8. (III, 35 S.) München 893. Deutsche Mathematiker-Vereinigg. (Prof. W. Dyck.) n. 2. —

Verzeichnis derer Mindenschen Dom-Pröbste, Dechanten und Capitularen, so viel deren bis jetzo in denen Mindenschen Geschichten aus schrifftlichen Uhrkunden bekannt worden. Nebst einem Schreiben von dem Ansehen dieses Stiffts. Minden 1752. V: *Culemann, E. A. F.* (KGBerlin I, 2001)

Raczyńskische Bibliothek. Verzeichnis der Doppelstücke. Posen 1909: Decker. 26 S. 8⁰

Verzeichniß der Dozenten, Verwaltungs-Beamten und der Studirenden der Königlichen Bau-Akademie zu Berlin. Nach amtl. Quellen zsgest. u. hrsg. vom Ausschuß der Studirenden der Kgl. Bau-Akademie. März 1876. 49 S. 8⁰

Verzeichnis der alten Drukke in der Bibliothek des gymnasii Casimiriani acad. zu Coburg. Coburg 1802. V: *Facius, Joh. Frdr.* (Hauptkat. d. Univ.-Bibl. Tübingen. K. S. 61.)

Verzeichnis der [tarif-]freien Druckereien des Deutschen Reiches am 1. Mai 1906. Saarlouis, 1906. 51 S.

— der bis zum J. 1815 erschienenen Drucksachen u. der Handschriften der Landschaftlichen Bibliothek zu Braunschweig. (Von A. Rhamm.) (VIII, 205 S.) gr. 8. Braunschweig 907. (G. C. E. Meyer sen.) 3. --

Verzeichniss der, in der Büchersammlung der g.·. u.·. v.·. St. Joh.·. □ des eklektischen Freymaurer-Bundes, Ludewig zur Treue, im Morgen von Giessen, aufgestellten Druckschriften [zsgest. von K – n]: nebst Anh., enth.: kurze Uebersicht der Geschichte der Freymaurerey. Hs. f. d. Mitglieder der genannten □. Giessen 1819: [Schröder]. 36 S. 8⁰ [Umschlagtit.]

Verzeichniss der im Buchhandel befindlichen Druckschriften der Kais. Akademie der Wissenschaften in Wien. Ende Mai 1852. Wien 1852.
Dass. Oster-Messe 1855. Wien 1855.

VERZEICHNISS der in der Sammlung des historischen Vereins von Oberfranken zu Bayreuth befindlichen Druckschriften. Bayreuth 1851. 8⁰. (Beilage zum »Archiv für Geschichte etc.« Bd. 5.)

Verzeichnis der aus der neu erschienenen Litteratur von der Königlichen Bibliothek zu Berlin erworbenen Druckschriften. Berlin 1892 ff. H: *Wilmanns, August.* (EB)

— der aus der neu erschienenen Litteratur v. der königl. Bibliothek zu Berlin erworbenen Druckschriften. 1892. Lex.-8. (XIII, 652 S.) Berlin 892. A. Asher & Co. n.n. 35. —; einseitig bedruckt n.n. 24. —

— dasselbe. 1893. Lex.-8. (809 S.) Ebd. 893. n.n. 35. —; einseitig bedruckt n.n. 24. —

— der aus d. neu erschien. Litteratur v. d. kgl. Bibliothek zu Berlin erworb. Druckschriften. 1894—1897. Lex.-8. (726, 835, 941 u. 866 S.) Berlin 894—897. A. Asher & Co. à n.n. 35. —; einseitig bedruckt à n.n. 24. —

— der aus der neu erschienenen Litteratur v. der kgl. Bibliothek zu Berlin u. den preussischen Universitäts-Bibliotheken erworbenen Druckschriften. 1898—1901. Lex.-8. (1801, 1216, 1236 u. 1219 S.) Berlin 898—902. A. Asher & Co. à n.n. 35. —; einseitig bedr. à n.n. 24. —

— der aus der neu erschienenen Litteratur v. der königl. Bibliothek zu Berlin u. den preussischen Universitäts-Bibliotheken erworbenen Druckschriften. 1902 bis 1905. Lex.-8. Berlin, Behrend & Co. à n.n. 35. —; einseitig bedruckt à n.n. 24. —
1902. (1491 S. u. Nachträge 2, 3, 6 u. 5 S.) 903. — 1903. (1578 u. Nachträge 2, 2, 3, 3 u. 5 S.) 904. — 1904. (1655 S.) 905. — 1905. (1553 u. Nachträge 1, 1, 1, 2, 2, 3 u. 5 S.) 906.

— der aus der neu erschienenen Literatur v. der königl. Bibliothek zu Berlin u. den preussischen Universitäts-Bibliotheken erworbenen Druckschriften. 1906—1908. (1561, 1661 u. 1629 S.) Lex. 8. Berlin 907—09. Behrend & Co. à — 35; einseitig bedruckt. 8. à 24.—
Fortsetzung, s.: Titeldrucke, Berliner.

VERZEICHNISS DER VOM HISTORISCHEN VEREINE FÜR DEN UNTERMAINKREIS GESAMMELTEN DRUCKSCHRIFTEN. Nº 1. Würzburg. 1834. 8⁰. Nº 2. ib. 1836. Nº 3. ib. 1837.

VERZEICHNISS DER VOM HISTORISCHEN VEREINE VON UNTERFRANKEN UND ASCHAFFENBURG GESAMMELTEN DRUCKSCHRIFTEN. Nº 4. ib. 1838. Nº 5. ib. 1843.

Verzeichniss jener Druckschriften, bezüglich welcher das Sammeln von Pränumeranten gestattet ist. 8. (14 S.) Wien: Hof- u. Staatsdruckerei 1892.
Dass. Ebda. 1898. (22 S.)

Verzeichnis jener Druckschriften, bezüglich welcher das Sammeln von Pränumeranten gestattet ist. (Ad. Statth. Erl. vom 7. Juli 1890, Z. 4198/Pr.) [Wien. 1901. Hof- und Staatsdruckerei.] 8⁰. 24 S. K—.35 n.

Verzeichniss sämmtlicher von der kaiserlichen Akademie der Wissenschaften seit ihrer Gründung bis letzten October 1868 veröffentlichten Druckschriften. In Commission bei Carl Gerold's Sohn, Buchhändler der kaiserlichen Akademie der Wissenschaften. gr. 8. (300 S.) Wien. Gerold. 1869.
Inhalt: I. Abtheilung: Periodische Werke beider Classen der kaiserlichen Akademie der Wissenschaften.
II. Abtheilung: Werke einzelner Autoren und kleinere Schriften.
III. Abtheilung: Separat-Abdrücke aus dem Archiv, dem Notizenblatte, den Denkschriften, Sitzungsberichten und der feierlichen Sitzung der kaiserlichen Akademie der Wissenschaften, sowie aus den durch die Akademie herausgegebenen Jahrbüchern der k. k. Central-Anstalt für Meteorologie und Erdmagnetismus nebst Beilagen zu den Sitzungsberichten.
Anhang: Wissenschaftliche Publicationen der Novara-Expedition.

—— der verbotenen Druckschriften auf Grund des Gesetzes vom 21. Octbr. 1878. Als Mscr. für Behörden gedr. 4. (32 S.) Hagen 881, Risel und Comp. * *

Verzeichnis der verbotenen nichtperiodischen polnischen Druckschriften, der als aufreizend anerkannten polnischen Lieder und bildlichen Darstellungen etc. vom J. 1850 bis z. Gegenwart. 4. Aufl. Neu zsgest. u. hrsg. von d. polit. Abt. d. Kgl. Polizeipräs. in Posen. Posen 1907. 2⁰
Aus: Gesamtüberblick üb. d. poln. Tagesliteratur.
[Dasselbe], 5. Aufl. Posen 1908. 2⁰
Aus: Gesamtüberblick über die polnische Tagesliteratur.

Verzeichniß der in Oesterreich verbotenen Druckschriften nach dem seit dem Inslebentreten des neuen Preßgesetzes (9. März 1863) bis 9. März 1865 erflossenen gerichtlichen Kundmachungen. 8. (57 S.) Wien: Ferd. Klemm's Sep.-Conto. 1865.

Verzeichnis der in der Gymnasialbibliothek enthaltenen älteren Druckwerke. S. 37—40. Progr. *Höxter* 1877.

VERZEICHNISS der Druckwerke und Handschriften in der Bibliothek des historischen Vereins zu Darmstadt. Oktober 1852. (Darmstadt. Buchdruckerei von Heinrich Brill). 8°.

Dasselbe. Aufgestellt im Mai 1861. Darmstadt. Verlag des historischen Vereins.

Dasselbe. Aufgestellt im Januar 1868 von FR. RITSERT. ib. —

Dasselbe. Aufgestellt im Januar 1875 von FR. RITSERT. ib. —

VERZEICHNIS der Druckwerke und Handschriften der Bibliothek des historischen Vereins für das Grossherzogtum Hessen. Auf Grund des Ende 1882 vorhandenen Bestandes bearbeitet von GUSTAV NICK. ib. 1883. Selbstverlag des historischen Vereins für das Grossh. Hessen. (Comm. der Hofbuchhandlung von A. Klingelhöffer).

NACHTRAG ZUM VERZEICHNIS DER DRUCKWERKE UND HANDSCHRIFTEN DER BIBLIOTHEK des historischen Vereins für das Grossherzogtum Hessen, Bestand Ende 1882.
I. Verzeichnis des Zuwachses der Bibliothek im Jahre 1883. (Ohne bes. Titelblatt.) 8°.
II. Verzeichnis des Zuwachses der Bibliothek im Jahre 1884. (Ohne bes. Titelblatt.)
III. Verzeichnis des Zuwachses der Bibliothek im Jahre 1885. (Ohne bes. Titelblatt.)

Verzeichniss der in der Bibliothek der Königl. Regierung zu Gumbinnen vorhandenen Druckwerke und Karten. Gumbinnen 1898: W. Krauseneck. (240 S.) 8°

Verzeichnis von Doubletten der Bibliothek der Loge McL [d. h. Modestia cum Libertate] in Zürich. o. O. u. J. 2 Bl. 2°. [Kopftit.] [Autogr.] 430.

Verzeichnis der Doubletten (mit Kloss Bibliographie) v. d. L. „Zur Kette" in München. o. O. [ca 1910].
[KfF. 50 (1910) S. 123.]

Verzeichnis maurerischer Doubletten. [Leipzig] 1839. H: *Merzdorf, Joh. Friedrich.* (ABJP)

— V., der Dubletten des königl. Münzkabinets zu Berlin, welche unter Leitg. v. Adph. Weyl von Montag, den 27. II.—Freitag, den 3. III. 1893 Adler-Str. No. 5, II. versteigert werden. (125. Auktions-Katalog v. Adph. Weyl.) gr. 8. (II, 132 S. m. 3 Lichtdr.-Taf.) Berlin 893. (P. Lehmann.) n. 1. —

Verzeichniss der Doubletten, welche von Dr. Goltz zu dem beistehenden Preise abzugeben. Schwedt a. O. 1883. 8. 9 Bl. Lektogr.
[illegible] Doubletten aus der Bibliothek des Generalarztes Dr. Pohlmann.

— der Sr. königl. Hoheit dem Prinzregenten Luitpold v. Bayern anlässlich allerhöchst seines 70. Geburtsfestes gewidmeten Ehrengaben. gr. 16. (21 S. m. 1 Bildnis in Lichtdr.) München 891. Verlagsanstalt f. Kunst u. Wissenschaft. — 75

Verzeichnis der Ehrenmitglieder, Beamten und Mitglieder der im sächsischen Logenbunde arbeitenden St. Johannisloge Lessing zu den 3 Ringen im Or. Greiz vom 22. Jan. 1867 bis zum 22. Jan. 1893. Ausgegeben am Stiftungsfeste Jan. 1893. [Greiz 1893: Brede & Koepke.] 10 Bl. 8° [Umschlagtit.] 157.

— der auf der internationalen landwirthschaftlichen Ausstellung zu Bremen vom 13. bis 21. Juni 1874 ertheilten Ehrenpreise, Prämien, Medaillen und ehrenvollen Anerkenngn. gr. 8. (56 S.) Bremen 874. (Hampe.) n. 1. —

Verzeichnis der Aichungsbehörden m. Angabe der Befugnisse u. Stempelzeichen. Aufgestellt v. der kaiserl. Normal-Aichungs-Kommission. 12. (72 S.) Berlin 894. W. Moeser. n. — 70

— der die Leipziger Messen besuchenden Einkäufer. Hrsg. vom Mess-Ausschuss der Handelskammer. 12. (136 S.) Leipzig 894. (J. C. Hinrichs' Verl.) n. 1. —

— der die Leipziger Messen besuchenden Einkäufer. Hrsg. v. Mess-Ausschuss d. Handelskammer Leipzig. V. Aufl. Michaelismesse 1898 bis Oster-Hauptmesse 1899. 12. (VI, 127 S.) Leipzig 898. (J. C. Hinrichs' Verl.) n. 1. —

— der auf den Leipziger Messen verkehrenden Einkäufer. Hrsg. v. Mess-Ausschuss d. Handelskammer Leipzig. VI. Aufl. Michaelismesse 1899 bis Oster-Hauptmesse 1900. 12. (VI, 195 S.) Leipzig (J. C. Hinrichs' Verlag). n. 1. —

Stadt Aachen. **Verzeichnis** der Einnahme- und Ausgabereste. [1.] Nach d. Jahresabschlusse f. d. Rechnungsjahr 1909. Aachen (1910): Jacobi. 4° [illegible]

Verzeichnis der vom 1. Juli 1904 bis zum 30. Juni 1905 erfolgten Eintragungen in das Ostpreußische Herdbuch für in Ostpreußen gezogenes rotbuntes Vieh der Breitenburger- und Wilstermarsch-Rasse. Insterburg 1905: A. Bittner. (25 S.) 8° [illegible]

— der Einwohner v. Innsbruck nach d. Stande vom 15. IX. 1897, nebst e. Anh., enth. behördlich genehm. Polizei-Verordngn. u. Tarife. gr. 8. (IV, 89 S.) Innsbruck 898. A. Edlinger. n. 2. 50

—— sämmtlicher Einwohner, Wohn- und Oekonomiegebäude der Gemeinde Aarau. 8. (64 S.) Aarau 879, Martin. ** — 60

Verzeichniss der wählbaren Einwohner der Stadt Altona. Altona. 1847. 1853. 8°

— der bis Anfang 1871 in das hamburgische Firmen-Register d. Handelsgerichts zu Hamburg amtlich eingetragenen Einzelfirmen, Gesellschaften, Genossenschaften u. deren Procuren 1871. Auf Grund der amtl. Protokolle zusammengestellt v. G. Hermann. gr. 8. (IV, 292 S.) Hamburg 871 Leipzig, Haasenstein & Vogler. n.n. 3.

— der in die Handels-Register der königl. Amtsgerichte der Prov. Pommern eingetragenen Einzelfirmen, Gesellschaften, Genossenschaften u. Prokuren. Zusammengestellt nach amtl. Quellen bis ult. Septbr. 1889 v. Jul. Giese. gr. 8. (IV, 191 S.) Stettin 889. (Berlin, Eisenschmidt & Schulze.) n.n. 5. —

—— der in das Handels-Register des Königl. Stadtgerichts zu Berlin eingetragenen Einzelfirmen, Gesellschaften und Prokuren. Zusammengestellt auf Grund der amtl. Register sowie Verzeichniß der vereideten Makler. Jahrg. 1866 und 1867. Hrsg. von Jul. Hintz. gr. 8. (IV und 167 S., IV und 168 S.) Berlin, Lobeck. à Jahrg. * *
Vgl.: Hintz, Jul.

—— der in das Handels-Register des königl. Stadtgerichts zu Berlin eingetragenen Einzelfirmen, Gesellschaften, Genossenschaften und Prokuren. Begründet von Jul. Hintz. Jahrg. 1870. Fortgeführt auf Grund der amtl. Publikationen. Nebst einem Verzeichniß der vereideten Makler. gr. 8. (IV, 184 S.) Berlin, F. Lobeck. [Anders.] cart. *

—— dass. — Zusammengestellt auf Grund der amtl. Register bis Jan. 1871 von Heinr. Behl. Nebst dem Verzeichniß der vereid. Makler. gr. 8. (VI, 197 S.) Ebendas. **

— der in das Handels-Register des königl. Amtsgerichts I. zu Berlin eingetragenen Einzelfirmen, Gesellschaften u. Prokuren. Zusammengestellt auf Grund der amtl. Register bis Jan. 1894 v. Jul. Bollensdorff. XXX. Jahrg. Nebst dem Verzeichniss der vereideten Makler u. der beim königl. Amtsgericht I. beschäftigten Konkursmassen-Verwalter, sowie Nachrichten üb. die eingetragenen Genossenschaften. gr. 8. (711 S.) Berlin 894. Union. Kart. n.n. 6. 50
Früher bearb. v. F. W. Fanner.

— der in d. Handels-Register des kgl. Amtsgerichts I. zu Berlin eingetrag. Einzelfirmen, Gesellschaften u. Prokuren. Zusammengest. auf Grund der amtl. Register bis Jan. 1898 v. Jul. Bollensdorff. XXXIV. Jahrg. Nebst d. Verzeichniss d. vereid. Kurs-Makler u. der beim kgl. Amtsgericht I. beschäft. Konkursmassen-Verwalter. gr. 8. (III, 921 S.) Berlin 898. Verlag d. Firmen- u. Handelsregister. Kart. n.n. 6. 50

— der in das Handels-Register des kgl. Amtsgerichts I. zu Berlin eingetr. Einzelfirmen, Gesellschaften u. Prokuren. Zusammengestellt auf Grund der amtl. Register bis Jan. 1901 v. Wilh. Nothnagel. XXXVII. Jahrg. Nebst dem Verzeichniss der vereideten Kurs-Makler u. der beim kgl. Amtsgericht I. beschäftigten Konkursmassen-Verwalter. gr. 8. (III, 1225 S.) Berlin (N.W., Lüneburgerstr. 3) 901. Benedix & Krakau. Kart. n.n. 11. 50

der in das Handels-Register des königl. Amtsgerichts I zu Berlin eingetragenen Einzelfirmen, neue Aufl., s.: Handels-Register d. königl. Amtsgerichts Berlin-Mitte.

VERZEICHNIS DER EINZELWERKE aus der Bibliothek der Gesellschaft Naturforschender Freunde zu Berlin. Berlin 1908 (O. V. o. Dr.) 8°.

— einziges vollständiges, der Aerzte, Zahnärzte, Apotheker u. Heilanstalten sämtlicher Städte Russlands. (244 S.) 8. Berlin (N.W., Friedrichstr. 136) 908. E. Murawkin. 6. —

Verzeichnis der im Betriebe befindlichen Schweizerischen Eisenbahnen und der konzedierten Eisenbahnprojekte. Ausgabe des eidg. Eisenbahndepartements vom 1. Januar 1902. M. 1 S. + 13 Doppel-S. 8. Bern, Körber.

Verzeichnis der im Betriebe befindlichen Schweizerischen Eisenbahnen und der konzedierten Eisenbahnprojekte. Ausgabe des eidg. Eisenbahndepartements vom 1. Juli 1902. N. 1 S. + 12 Doppel-S. 8. Bern, Körber.

Verzeichnis der im Betriebe befindlichen Schweizerischen Eisenbahnen und der konzedierten Eisenbahnprojekte. Ausgabe des eidg. Eisenbahndepartements vom 1. Januar 1903. O. u. vom 1. Juli 1903. P. *je* 1 S. + 12 Doppel-S. 8. Bern, Körber.

Verzeichnis der im Betriebe befindlichen Schweizerischen Eisenbahnen und der konzedierten Eisenbahnprojekte. Ausgabe des eidg. Eisenbahndepartements vom 1. Januar 1904. Q. 1 S. + 12 Doppel-S. 8. Bern, Körber.

Verzeichnis der Schweizerischen Eisenbahnen. Ausgabe des eidg. Eisenbahndepartementes vom 1. Juli 1904. R. 1 S. + 12 Doppel-S. 8. Bern, Körber.

Verzeichnis der Schweizerischen Eisenbahnen. Ausgabe des eidg. Eisenbahndepartementes vom 1. Januar 1905. 1 S. + 13 Doppel-S. 8. Bern, Hans Feuz.

Verzeichnis der Schweizerischen Eisenbahnen. Ausgabe des eidg. Eisenbahndepartementes vom 1. Juli 1905. 1 S. + 14 Doppel-S. 8. Bern, Hans Feuz.

Verzeichnis der Schweizerischen Eisenbahnen. Ausgabe des eidg. Eisenbahndepartementes vom 1. Januar 1906. 1 S. + 14 Doppel-S. 8. Bern, Hans Feuz.

Verzeichnis der Schweizerischen Eisenbahnen. Ausgabe des eidg. Eisenbahndepartementes vom 1. Juli 1906. 1 S. + 14 Doppel-S. 8. Bern, Hans Feuz.

Verzeichnis der Schweizerischen Eisenbahnen. Ausgabe des eidg. Eisenbahndepartementes vom 1. Januar 1907. 1 S. + 14 Doppel-S. 8. Bern, Hans Feuz.

Verzeichnis der Schweizerischen Eisenbahnen. Ausgabe des eidg. Eisenbahndepartementes vom 1. Juli 1907. 1 S. + 16 Doppel-S. 8. Bern, Hans Feuz.

Verzeichnis der Schweizerischen Eisenbahnen = Liste des chemins de fer suisses. Ausgabe des eidg. Eisenbahndepartementes vom 1. Januar 1908 = Edition du Département fédéral des chemins de fer du 1er janvier 1908. ([Mit 3] Karten-Beilagen.) 1 S. + 16 Doppel-S. [+ *Karten-Beilagen* 4 S.]. 8. Bern, Hans Feuz.

Verzeichnis der Schweizerischen Eisenbahnen = Liste des chemins de fer suisses. Ausgabe des eidg. Eisenbahndepartementes vom 1. Juli 1908 = Edition du Département fédéral des chemins de fer du 1er juillet 1908. ([Mit 7] Karten-Beilagen.) 1 S. + 17 Doppel-S. [+ *Karten-Beilagen* 8 S.]. 8. Bern, Hans Feuz. ⟨fr. 1.50⟩

Verzeichnis der deutschen Eisenbahnstationen und ihrer Verwaltungen zu der im Reichs-Eisenbahn-Amt bearbeiteten Übersichtskarte der Eisenbahnen Deutschlands, nach dem Stande vom 15. April 1902. 10. Auflage. Berlin 1902.
Dasselbe nach dem Stande vom 15. April 1903.

Verzeichnis der Deutschen Eisenbahn-Stationen und ihrer Verwaltungen nach dem Stande vom 1. Mai 1904. Hrsg. vom Reichs-Eisenbahn-Amt. 12. Aufl. Berlin, 1904. 165 S.
Dasselbe. 13. Aufl. Nach dem Stande vom 1. Mai 1905. Ebd., 1905. 170 S.
Dasselbe. 14. Aufl. Nach dem Stande vom 1. Mai 1906. Ebd., 1906. 174 S.
Dasselbe. 15. Aufl. Nach dem Stande vom 1. Mai 1907. Ebd., 1907. 174 S.
Dasselbe. 16. Aufl. Nach dem Stande vom 1. Mai 1908. Ebd., 1908. 191 S.

Verzeichniß der in den im Reichsrathe vertretenen Königreichen und Ländern gelegenen Eisenbahn- und Dampfschiffahrts-Stationen nebst den zuständigen Finanzbehörden I. Instanz, sowie den Finanzwach-Abtheilungen, geordnet nach Kronländern. 8. (105 S.) —.30
Wien: Hof-u.Staatsdruck.1894.

— der Eisenbahnstationen m. gleichlautender od. ähnlicher Namensbezeichnung. Ausg. v. der geschäftsführ. Verwaltg. des Vereins deutscher Eisenbahnverwaltgn. Berlin, im Septbr. 1903. (II, 288 S.) Lex.-8. Berlin (J. Springer.) n.n. 1. 80; erh. Pr. n.n. 2. —

—— der Eisenbahn-Telegraphen-Stationen innerhalb des deutsch-österreichischen Telegraphen-Vereins, welche Privat-Telegramme annehmen und befördern. Fol. (28 S.) Berlin 861, Decker'sche geheime Ober-Hofbuchdruckerei.

Verzeichniss der im westlichen Deutsch-Lothringen verliehenen Eisenerzfelder. Herausgegeben von der Commission für die geologische Landes-Untersuchung von Elsass-Lothringen. Strassburg i/E. 1887. 8 S. 8°. 1 Karte.

—— der im aktiven Schuldienst fungirenden Elementarlehrer des Herzogth. Nassau, nach Aemtern und Schulinspectionen aufgestellt, unter Angabe der dermaligen stehenden Schulcompetenzen incl. der Wohnung und des Schulguts sodann des Lebens- und Dienstalters der Lehrer sowie der Schülerzahl im Maximal- und Minimalsatz eines der J. 1846—1856. 4. (IV und 36 S.) Wiesbaden 857, (Roth.) * *

— der Ellenmaße aller europ. Länder und Handelsstädte, so wie derjenigen, der übrigen Welttheile. gr. 8. St. Gallen ... Scheitlin u. Zollikofer. 3/4 ß

—— der nach den nächsten benutzbaren Wegen [§ 99 des Gesetzes über das Kostenwesen in Gerichts- und Verwaltungssachen vom 5. Jan. 1887] berechneten Entfernungen zwischen den Amtsgerichtssitzen des Großherzogtums und den übrigen zum Amtsgerichtsbezirk gehörigen Ortschaften. 8. (16 S.) Weimar 888, Geograph. Institut. *

Verzeichnis der seit dem Anfang des Jahrhunderts in Nürnberg herrschend gewesenen Epidemieen. Nürnb. 1796. V: *Kiefhaber, Joh. Carl Sigm.* (Call)

Verzeichnis der Erfindungsklassen. Gültig von 1908 an. [Hrg. vom] Eidg. Amt für geistiges Eigentum. II + 44 S. 8. [Bern,] Neukomm & Zimmermann, [1908].

Verzeichnis der in den deutschen Zollvereinsstaaten erteilten Erfindungspatente 1845-74 und 76. fol (Berlin)

— von Erinnerungsgegenständen, Büsten, Reliefs, Münzen &c., s.: Braunschweig in den J. 1806—1815.

Erklärendes **Verzeichniss** der Sammlung von Gipsabgüssen, Bronzen und Majoliken der Königl. Gewerbe-Akademie. (Vorr.: Albert Grell.) 1875. 124 S. 8°

— und Erklärung der in dem Register des österreichischen, mit 1. Jänner 1812 in Wirkung getretenen bürgerl. Gesetzbuches vorkommenden, aus dem römischen Rechte sich herleitenden latein. Ausdrücke. Von einem prakt. Rechtsgelehrten. gr. 8. Wien 835. (Singer u. Göring.) 5 gr

Verzeichnis, Erneutes, meiner Sammlung von Schriften über das Schachspiel. Wiesbaden 1896. V: *Heydebrand und der Lasa, Thassilo v.* (Berl)

— literarischer Erscheinungen v. u. über Nikolaus Lenau (Nikolaus Franz Niembsch, Edler v. Strehlenau). [Aus: „Gesch, Lenau als Naturdichter".] gr. 8. (7 S.) Leipzig 902. O. Gracklauer. — 30

Verzeichnis d. neueren u. wichtigeren Erscheinungen auf dem Gebiete d. Landwirtschaft u. verw. Zweige. Hrsg. v. Kluge & Ströhm. gr. 8. (XLIV, 240 S.) Reval 896. Kluge & Ströhm. n. — 80

Verzeichniß der neuesten Erscheinungen aus dem Gebiete der Elektricität, Elektrotechnik, Physik, Chemie, Mathematik und Maschinenlehre usw. Frankfurt a. M. 1891.

Verzeichnis, Erstes, anonymischer Schriftsteller. [Gotha 1803.] V: *Fikenscher, Gg Wolfgang Augustin.* (MGT)

Königliches Kunstgewerbe-Museum: [Vierteljährliches] Verzeichniß von Erwerbungen der Bibliothek. 8. 10. 12—29. 31. 33 ff. Berlin 1889 ff. Fol.

— der Erzählungen aus der biblischen Geschichte von Chrph. v. Schmid, nach den Hauptabschnitten d. Katechismus v. Deharbe geordnet. 8. (17 S.) München 888. Oldenbourg, Abteilg. f. Schulbücher. n. n. — 20

Verzeichnis der nach Provinzen geordneten Erziehungsanstalten, die sich mit der Erziehung von Waisen, Verlassenen, Verwahrlosten sowie Fürsorgezöglingen befassen. (Nach d. Stande v. 1. Okt. 1909.) Berlin 1910: Stralanst. 205 S. 8° [Umschlagt.]

(Statistik über Fürsorgeerziehung Minderjähriger f. d. Rechnungsjahr 1908, Anlage.) [illegible] 3

Verzeichnis der Erziehungs-Vereine, Erziehungs-Anstalten und Waisenhäuser in der Schweiz. Hrg. vom Verband Schweizerischer Erziehungsvereine. 17 S. 8. Aarau, H. R. Sauerländer & Co., [1903].

— der Exporteure u. Importeure Hamburg-Bremen. qu. 12. (264 S.) Hamburg 902. 903. Pontt & v. Döhren. Kart. n. 1. —

— der im Handelsregister eingetrag. Fabrik-, Handelsfirmen u. Agenten in Augsburg 1898, nebst Verzeichnis der Mitglieder des Augsburger Handelsvereins, — Mitglieder u. Bevollmächtigte d. Börse zu Augsburg, — Kursmakler, — Gewerbetreibenden m. Handel. gr. 8. (39 S.) Augsburg 898. (Lampart & Co.) n. — 50

— der im Handelsregister eingetragenen Fabrik- u. Handels-Firmen u. Agentur-Geschäfte in Augsburg 1902, nebst Verzeichnis der Mitglieder des Augsburger Handelsvereins, Mitglieder u. Bevollmächtigten der Börse zu Augsburg u. Kursmakler. gr. 8. (48 S.) Augsburg (Lampart & Co.). n. — 50

— der im Handelsregister eingetragenen Fabrik- u. Handels-Firmen u. Agentur-Geschäfte in Augsburg 1903, nebst Verzeichnis der Mitglieder des Augsburger Handelsvereins, Mitglieder u. Bevollmächtigten der Börse zu Augsburg u. Kursmakler nach dem Stande vom 1. I. 1903. (46 S.) gr. 8. Augsburg (Lampart & Co.). n. — 60

—— der Fahr-Taxen, resp. des ortsüblichen Fuhrlohnes von den Elsenbahn-Stationen der im Reichsrathe vertretenen Königreiche und Länder in die nächstgelegenen Ortschaften. Hrsg. vom k. k. Handels-Ministerium 1883. Lex.-8. (21 S.) Wien 883, Hof- und Staatsdruckerei.

— der Fahrtaxen, resp. d. ortsüblichen Fuhrlohnes von den Eisenbahn-Stationen der im Reichsrathe vertretenen Königreiche u. Länder in die nächstgelegenen Ortschaften. Hrsg. vom k. k. Handels-Ministerium 1886. gr. 8. (27 S.) Wien 886. Hof- u. Staatsdruckerei. n. — 60

—— dass. — Hrsg. vom k. k. Handels-Ministerium 1886. Mit Anhang I. gr. 8. (27, 4 S.) Ebendas. 887.

— der Fahrtaxen, resp. d. ortsüblichen Fuhrlohnes von den Eisenbahn-Stationen der im Reichsrathe vertretenen Königreiche u. Länder in die nächstgelegenen Ortschaften. Hrsg. vom k. k. Handels-Ministerium am 1. Juli 1889. hoch 4. (35 S.) Wien 889. Hof- u. Staatsdruckerei. n. — 80

Anhang I zu dem vom k. k. Handels-Ministerium am 1. Juli 1889 herausgegebenen Verzeichnisse der Fahr-Taxen und der ortsüblichen Fuhrlöhne von den Eisenbahn-Stationen der im Reichsrathe vertretenen Königreiche und Länder in die nächstgelegenen Ortschaften, enthaltend die im Jahre 1889 eingetretenen Aenderungen, giltig v. 1. Mai 1890. 4. (5 S.) —.05
Wien: Hof- u. Staatsdruckerei 1890.

Anhang II zu dem vom k. k. Handels-Ministerium am 1. Juli 1889 herausgegebenen Verzeichnisse der Fahrtaxen und der ortsüblichen Fuhrlöhne von den Eisenbahn- und Schiffahrts-Stationen der im Reichsrathe vertretenen Königreiche und Länder in die nächst gelegenen Ortschaften, giltig vom 1. Juni 1891. 4. (6 S.) —.05
Wien: Hof- u. Staatsdruckerei 1891.

Verzeichniss der Fahr-Taxen, beziehungsweise der ortsüblichen Fuhrlöhne von den Eisenbahn- und Schiffahrts-Stationen der im Reichsrathe vertretenen Königreiche und Länder in die nächstgelegenen Ortschaften. Herausgegeben vom k. k. Handelsministerium am 1. August 1892. Lex.-8. (39 S.) —.40
Wien: Hof- u. Staatsdruckerei 1892.

Anhang II zu dem vom k. k. Handelsministerium am 1. August herausgegebenen Verzeichnisse der Fahrtaxen beziehungsweise ortsüblichen Fuhrlöhne von den Eisenbahn- und Schiffahrts-Stationen der im Reichsrathe vertretenen Königreiche u. Länder in die nächstgelegenen Ortschaften. Herausgegeben vom k. k. Handelsministerium am 1. Juli 1894. 4. (6 S.) Wien: Hof- u. Staatsdruckerei 1894. —.05

— der Fahr-Taxen, bezw. der ortsübl. Fuhrlöhne v. d. Eisenbahn- u. Schiffahrts-Stationen d. im Reichsrathe vertret. Königreiche u. Länder in d. nächstgelog. Ortschaften. Hrsg. v. k. k. Handels-Ministerium am 1. Septbr. 1895. hoch 4. (40 S) Wien 895. Hof- u. Staatsdruckerei. n. —80

Anhang, I., zu dem von dem k. k. Handels-Ministerium am 1. September 1895 herausgegebenen Verzeichnisse der Fahrtaxen, beziehungsweise der ortsüblichen Fuhrlöhne von den Eisenbahn- u. Schifffahrts-Stationen der im Reichsrathe vertretenen Königreiche und Länder in die nächstgelegenen Ortschaften. 4. (7 S.) Wien: Hof- u. Staatsdruckerei 1896.

— der Fahrtaxen, beziehungsweise der ortsüblichen Fuhrlöhne von den Eisenbahn- und Schiffahrts Stationen der im Reichsrathe vertretenen Königreiche und Länder in die nächst gelegenen Ortschaften Herausgegeben vom k. k. Handelsministerium am 1. Juli 1898. Kl.-4. (55 S.) —.50
Wien: Hof- u. Staatsdruckerei 1898.

Ad Z. 629/H. M. ex 1899. Anhang I zu dem vom k. k. Handels-ministerium am 1. Juli 1898 herausgegebenen Verzeichnisse der Fahr-Taxen beziehungsweise der ortsüblichen Fuhrlöhne von den Eisenbahn- und Schiffahrts-Stationen der im Reichsrathe vertretenen Königreiche und Länder in die nächstgelegenen Ortschaften. Herausgegeben vom k. k. Handels-Ministerium am 1. Juli 1899. In Kronen-Währung. Wien 1899. Hof- und Staatsdruckerei. 4°. 9 S. fl. —.05

Ad Z. 880/H. M. ex 1900. Anhang II zu dem vom k. k Handelsministerium am 1. Juli 1898 herausgegebenen Verzeichnisse der Fahr-Taxen beziehungsweise der ortsüblichen Fuhrlöhne von den Eisenbahn- und Schiffahrts Stationen der im Reichsrathe vertretenen Königreiche und Länder in die nächstgelegenen Ortschaften. Herausgegeben vom k. k. Handels-Ministerium am 1. Juli 1900. Wien. 1900. Hof- und Staatsdruckerei. Lex.-8°. 11 S. In Kronenwährung. K —.20

Verzeichnis der Fahr-Taxen, beziehungsweise der ortsüblichen Fuhrlöhne von den Eisenbahn- und Schiffahrts-Stationen der im Reichsrathe vertretenen Königreiche und Länder in die nächstgelegenen Ortschaften. Herausgegeben vom k. k. Handels-Ministerium am 1. Juli 1901. Wien. 1901. Hof- und Staatsdruckerei. Lex.-8°. 62 S. K 1.—

Verzeichnis der Fahr-Taxen, beziehungsweise der ortsüblichen Fuhrlöhne von den Eisenbahn- und Schiffahrts-Stationen. Anhang I. Lex.-8°. (10 S.) Wien: Hof- u. Staatsdruckerei 1902. K —.10

Verzeichnis der Fahrtaxen, beziehungsweise der ortsüblichen Fuhrlöhne von den Eisenbahn- und Schiffahrtsstationen der im Reichsrathe vertretenen Königreiche und Länder in die nächstgelegenen Ortschaften. 2. Anhang. Lex.-8°. (10 S.) K —.10
Wien: Hof- u. Staatsdruckerei 1903.

— der Fahr-Taxen beziehungsweise der ortsüblichen Fuhrlöhne v. den Eisenbahn- u. Schiffahrtsstationen der im Reichsrate vertretenen Königreiche u. Länder in die nächstgelegenen Ortschaften. Hrsg. vom k. k. Handelsministerium am 1. VII. 1910. (70 S.) Lex. 8. Wien 910. Hof- u. Staatsdruckerei. 1.—

Verzeichnis derjenigen in Mecklenburg florierenden Familien, welche für eingeborne geachtet werden. 1774. [Schwerin 1776.] V: *Koch, Chph Wilh.* (Bachmann, Mecklenburg. Güstrow 1889.)

Verzeichnis der mit dem Geschlechte der Grafen und Freiherrn von Aufsess verwandten Familien. Berlin o. J. V: *Aufsess, Hans von.* (BMarsch 507)

Verzeichniss der Familien-Namen des Kts. Freiburg. Freiburg 1852.

Verzeichnis der Fehler der Wiener Ausgabe der Winckelmannischen Geschichte der Kunst des Alterthums. [Nürnb. 1790.] V: *Senckenberg, Renatus Leop. Christian Carl Freiherr von.* (ML) (MGT)

Verzeichniss saemmtlicher bey der k(aiserl.) k(önigl.) (Oesterreichischen) Armée angestellten Feldaerzte... (Jg.) 1803 - 1805, 1811, 1819, gbd., Abb.

Wien: { typ. Schuender 1803
1804 - 1805,
typ. Gerold 1811
typ. Bauer 1819 }

— der Feld-Ausrüstung eines Offiziers. 1. und 2. Aufl. 4. (15 S.) Rathenow 886,87, Babenzien. **

Universitäts-Jubiläum. Verzeichniss der auswärtigen Festgäste und Festtheilnehmer, welche bis zum Mittwoch den 19. Juni Nachmittags 2 Uhr angemeldet sind. Halle 1867: Waisenhaus. 8 S. 8°

—— ausgewählter litterarischer Festgeschenke für Jung und Alt. (1. Jahrg.) gr. 8. (38 S.) Aachen 883, Schweitzer.

— ausgewählter litterarischer Festgeschenke katholischer u. wissenschaftlicher Richtung f. Jung u. Alt. 2. Jahrg. Festzeit 1884. gr. 8. (40 S.) Aachen 884. Schweitzer. n — 20

—— ausgewählter litterarischer Festgeschenke katholischer und wissenschaftlicher Richtung für Jung und Alt. 3.—6. Jahrg. 1885—1888. gr. 8. (à Jahrg. 48 S.) Aachen, Schweitzer. à Jahrg. *

— ausgewählter litterarischer Festgeschenke katholischer u. wissenschaftlicher Richtung f. Jung u. Alt. 7. Jahrg. gr. 8. (46 S.) Aachen 889. Schweitzer. n.n. — 25

— ausgew. litterar. Festgeschenke kathol. u. wissenschaftl. Richtung f. Jung u. Alt. Festzeit 1895/96. 8. Jahrg. gr. 8. (16 S.) Aachen 895. J. Schweitzer. — 15

Verzeichniss der angemeldeten Festtheilnehmer an der Einweihung des neuen Universitätsgebäudes in Kiel vom 24. bis 26. Oktober 1876. Kiel. 1876. 8°

Verzeichnis der Festteilnehmer bei der Jubelfeier des 75jährigen Bestehens der Königlichen Technischen Hochschule in Hannover am 25. Mai 1906. 1. Ausg. 21 S. 8°
- 2. Ausg. 29 S. 8°

Verzeichnis der Festteilnehmer bei der Jubelfeier des 75jährigen Bestehens der Königlichen Technischen Hochschule in Hannover am 25. Mai 1906. 2. Ausg. Hannover (1906): Gohmann. (29 S.) 8° [07. 6807]

Verzeichnis der Feuerwehren des bayerischen Landes-Feuerwehr-Verbandes sowie Angaben üb. deren Mannschaftszahl, Schlauchmaterial, Wasserversorgung u. Gründungszeit nach der Statistik v. 1909. Hrsg. vom bayer. Landes-Feuerwehr-Ausschuss. (VII, 292 S.) 8. München, Ph. L. Jung. 1909 Kart. 3. 50.

— der im Bezirke der Handels- u. Gewerbe-Kammer Dresden in die Handelsregister eingetragenen Firmen, nebst Angabe d. Geschäftszweiges, der Inhaber u. der Vertreter. 2 Abthlgn. gr. 8. Dresden 892. C. Heinrich. à n. 1. 50
1. Amtsgericht Dresden. (V, 128 S.) — 2. Die Amtsgerichte der Provinz (ausschliesslich Dresden). (III, 101 S.)

Verzeichnis der im Handels- und Genossenschafts-Register eingetragenen Firmen und Genossenschaften des Handelskammerbezirks Solingen mit einem Anhang: Verzeichnis der im Handelskammerbezirk belegenen nicht eingetragenen Betriebsstätten. Hrsg. von der Handelskammer Solingen. Solingen. 1905. 71 S.

— der in das Handelsregister u. in das Genossenschaftsregister des Amtsgerichts Hamburg eingetragenen Firmen nach dem Stande vom 15. I. 1906. Zusammengestellt auf Grund der amtl. Register u. hrsg. v. dem Amtsgerichte Hamburg. 2. Jahrg. (967 u. Nachtrag 28 S.) gr. 8. Hamburg 906. (A. Frederking.) n. 6. —

— der in das Handelsregister u. in d. Genossenschaftsregister des Amtsgerichts Hamburg eingetragenen Firmen nach dem Stande vom 25. II. 1910. Zusammengestellt auf Grund der amtl. Register u. hrsg. vom Amtsgericht Hamburg. IV. Jahrg. (III, 734 S.) gr. 8. Hamburg 910. Druckerei-Gesellschaft Hartung & Co. 6.— ; geb. in Leinw. 7. —

Verzeichnis der im Handels- und Genossenschaftsregister eingetragenen Firmen, Handelsgesellschaften, Aktiengesellschaften, Kommanditgesellschaften, Gesellschaften m. b. H., Genossenschaften und Gewerkschaften des Handelskammerbezirks Bochum ⟨Kreise Bochum Stadt u. Land, Gelsenkirchen Stadt u. Land, Hattingen u. Witten⟩ hrsg. von d. Handelskammer Bochum. Bochum: O. Hengstenberg (1905). (54 S.) 4° [F.] [06. 6390 6]

—— der im Königr. Sachsen in die Handelsregister eingetragenen Firmen, nebst Angabe des Sitzes, der Inhaber, der Vertreter, der Geschäftsbranche, ob Reichsbank-Giro-Conto geführt wird. Zusammengestellt auf Grund amtl. Angaben. gr. 8. (III, 499 S.) Dresden 883, Baensch.

— der im Ragionenbuch enthaltenen Firmen d. Kantons Zürich m. Beifügg. der solidaren Antheilhaber, Commanditärs u. Prokuraträger. Nach den officiellen Registern durch die Kanzlei der Direktion d. Innern angefertigt Ende Dezbr. 1874. 8. (270 S.) Zürich 875. Herzog. n. 3. —

—— der Firmen und Geschäfte von Winterthur 1877, nebst einem Anhang: Publikationen und Geschäftsanzeigen. gr. 8. (35 S.) Winterthur 877, Westfehling. *

Verzeichniß der bei den k. k. Landesgerichten in Brünn, Iglau und Znaim protokollirten Firmen auf Grundlage der ämtlichen Handelsgerichtsbücher verfaßt von der Handels- und Gewerbekammer in Brünn, 8. (15 S.), Brünn, Dr. u. Verl. von Karl Winiker, 1853.

— sämmtlicher im Handelsregister eingetragenen Firmen aus dem Bezirke der Handels- u. Gewerbekammer Zittau. Zusammengestellt vom Sekretariate derselben auf Grund amtl. Quellen u. anderweiten Erörtergn. Abgeschlossen am 1. Juli 1888. gr. 4. (51 S.) Zittau 888. (Oliva.) n. 1. 20

— sämtlicher im Handelsregister eingetragenen Firmen aus dem Bezirke der Handels- u. Gewerbekammer Zittau. Zusammengestellt vom Sekretariate derselben auf Grund amtl. Quellen u. anderweiten Erörtergn. 2. Aufl. Abgeschlossen am 1. März 1891. A. Geordnet nach dem Alphabet. gr. 4. (51 S.) Zittau 891. (E. Oliva.) n. 1. 25

— sämtlicher im Handelsregister eingetrag. Firmen in d. Bezirke d. Handels- u. Gewerbekammer zu Zittau. Zusammengest. v. Sekretariate d. Kammer auf Grund amtl. Quellen u. anderw. Erörtergn. 3. Aufl. Abgeschlossen am 1. Mai 1895. gr. 4. (56 S.) Zittau 895. (A. Graun.) n.n. 2. —

— der im Bezirke der Handels- u. Gewerbekammer zu Zittau in die Handelsregister eingetragenen Firmen nebst Angabe des Sitzes, der Inhaber, der Vertreter u der Geschäftszweige. Nach dem Stande vom 15. I. 1903. Zusammengestellt vom Sekretariate der Kammer auf Grund amtl. Quellen u. anderweiter Erörtergn. 4. Aufl. (80 S.) Lex.-8. Zittau 903. Handels- u. Gewerbekammer. (Nur direkt.) n. 1. 50

Verzeichniss der Firmen welche in die Rolle des Vereins der Buchhändler zu Leipzig während der ersten 25 Jahre seines Bestehens eingetragen sind. (Leipzig. Druck von C. P. Melzer.) 8°.

— verschiedener Fische u. Krebse des adriatischen Meerbusens. 8. Triest 796. (Andreä in Leipz.) 10 K

— der Flächeninhalte der Bach- u. Fluss-Gebiete im Königr. Bayern m. e. Flussgebiets-Atlas (1:200,000), bearb. u. hrsg. vom kgl. hydrotechn. Bureau, Abteilg. der Obersten Baubehörde im k. Staatsministerium des Innern. (Flächen-Verzeichnis.) 1.—5. u. 8. Heft. 4. München (A. Buchholz). n.n. 11. 50

1. Stromgebiet der Donau von den Quellen bis unterhalb der Lechmündung. (46 S.) (903.)
2. Stromgebiet der Donau von der Lechmündung bis unterhalb der Naabmündung. (S. 47—92.) 903.
3. Stromgebiet der Donau von der Naab bis zum Inn. (S. 93—168.) 904.
4. Stromgebiet der Donau, Inn u. vom Inn bis zum völligen Austritt aus Bayern. (S. 169—220.) 904.
5. Vorwort u. erläuternde Bemerkungen. Stromgebiet der Donau. Gebietsübersicht u. Flächen-Tabelle, Berichtiggn., Ergänzgn. u. Nachtrag, alphabet. Namensverzeichnis, Anh. Uebersichtliche Zusammenstellung m. Karte. (IX, II, S. 221—252 u. 16 S.) 905. n.n. 2. —
8. III. Stromgebiet der Elbe, IV. Stromgebiet der Weser. (III, 37 S.) 905. n.n. 1. 60

— der Flächeninhalte der Bach- u. Fluss-Gebiete im Königr. Bayern m. e. Flussgebiets-Atlas (1:200000), bearb. u. hrsg. vom kgl. bayer. hydrotechn. Bureau, Abteilg. der Obersten Baubehörde im k.) Staatsministerium des Innern. (Flächen-Verzeichnis.. 7. Heft. (1. Tl.) II. Stromgebiete des Rheins, Main v. den Quellen bis unterhalb der Regnitzmündg. (106 S.) 34,5×25,5 cm. München 906. (A. Buchholz.) nn 2.50
Heft 1—5 u. 8. Ebd. 903—05. nn 11.50; Heft 6 ist noch nicht erschienen.

Ministerium für Landwirthschaft, Domänen und Forsten. Verzeichniss der Flächeninhalte der norddeutschen Stromgebiete mit Atlas von 42 Karten und 1 Uebersichtskarte. Berlin 1893. Fol

Verzeichnis der seit dem 1. April gefangenen Flüchtlinge und Freischaaren im Kanton Luzern. [Zürich 184?.] V: *Leuthy, Joh. Jac.* (Zuwachsverz. d. Bibl. Zürich 1898 ff.)

Verzeichniss der seit dem 1. April gefangenen Flüchtlinge und Freischaaren in Kanton Luzern. 8. (Luzern 1845.)

— der aktiven etatsmäßigen Forstbeamten u. d. Forstpraktikanten u. Forstschutzdienstaspiranten des Königr. Bayern. Hrsg. vom bayer. Försterverein. Zusammengestellt v. D. Kühn. Mai 1909. (133 S.) 8. Speyer 909. (Dr. Jäger.) 2. —

Verzeichnis des Forstpersonals auf 1. Februar 1901 [im] Kanton Baselland. Veröffentlicht durch die Direktion des Innern. 15 S. 8. Liestal, Gebrüder Lüdin, 1901.

Verzeichnis der Fossilien in dem zur allgemeinen Oekonomie gewidmeten Gebäude der k. k. theresianischen Akademie. Wien 1776. H: *Cronstein, von.* (Österr. gelehrte Anzeigen, Monatl. Anhang z. Realzeitung, 1777, p. 88)

— d. Fossilien in d. z. Oekonomie gewidmet. Gebäude der Theresian. Akademie. gr. 8. Wien 776. Kurzbeck. 20 Kr

Verzeichniß der bürgerlichen und befugten Fragner im Jahre 1855. Wien. Mechitharisten-Buchdruckerei. (20 S. 8.)

Verzeichniß der bürgerl. und befugten Fragner im Jahre 1856. Wien. Mechitharisten-Buchdruckerei. (21 S. 8.)

Verzeichniß der bürgerl. und befugten Fragner im J. 1857. Wien. Mechitharisten-Buchdruckerei. (24 S. 8.)

Verzeichniss arbeitender und eingegangener Freimaurer.-Logen nach den Jahren ihrer Stiftungen von 1737 bis 1827. Bremen: Kaiser 1829. 40 Bl. 8°
Kl. 121.

Verzeichnis bekannter s. e. w. Freymaurer-Logen im gleichen sämmtlicher Beamten der mit der Loge Pforte zur Ewigkeit im Or. zu Hildesheim verbundenen und correspondirenden s. e. w. Logen aus den bisher eingegangenen neuesten Listen und sonst erhaltenen Nachrichten zusammengetragen und bestimmt für Freymaurer auf das Jahr 5794. Hildesheim [1794]. V: *Hillebrandt, Philipp Jacob.* (wolfstieg I, 235)

Verzeichnis der in den deutschen Bundes-Staaten seit dem Jahre 1737 vorhanden gewesenen und noch vorhandenen Freimaurer-Logen. Nebst einer Uebersicht der gegenwärtig activen Logen in Frankreich, den Niederlanden, Belgien, Dänemark und Schweden (Ms. f. Freimaurer). Dresden 1846. H: *Hazelius.* (wolfstieg I, 236)

— der in den deutschen Bundes-Staaten seit dem J. 1737 vorhanden gewesenen u. noch vorhandenen Freimaurer-Logen. Nebst einer Uebersicht der gegenwärtig activen Logen in Frankreich, den Niederlanden, Belgien, Dänemark u. Schweden. [Manuscript für Bbr. Freimaurer.] gr. 4. (26 S.) Dresden 846. (Leipzig, Weinedel.) baar n. n. 1/3 ℛ︀

Verzeichnis der alten Fridericianer und ihrer Beiträge zur Jubelfeier des Königl. Friedrichs-Kollegiums zu Königsberg i. Pr. am 20., 27. u. 28. Juni 1898. *Königsberg 1898: Hartung.* (15 S.) 8° [F.] [03. 3368 10

Verzeichniss d. vornehmsten, raresten u. beliebtesten Fruchtbäume, welche in den Baumgärten d. wohlehrwürdigen Pater Kartheuser zu Paris gezogen werden. Nebst einer Beschreibung d. Bäume . . . Wien 1774. (10) 84 S.

— d. vornehmsten, seltensten u. beliebtesten Fruchtbäume, welche ehemals in d. Baumgärten d. Pater Carthäuser z. Paris gezogen worden, nebst e. Beschreib. d. Bäume, ihrer Früchte u. d. gewöhnl. Zeit ihrer Reifung. 8. Wien, 1799. 2. Aufl. 1803. Neue Aufl. 1824. Klang — 11¼

— d. vornehmsten, seltensten u. beliebtesten Fruchtbäume, welche ehemals in d. Baumgärten der Pater Carthäuser zu Paris gezogen worden, nebst einer Beschreibung d. Bäume, ihrer Früchte u. d. gewöhnl. Zeit ihrer Reifung. 8. Wien 824. Binz. 9 Kr

Verzeichnis der autorisirten Führer in den deutschen und österreichischen Alpen. Hrsg. von der Sektion Berlin des Deutschen und Österreich. Alpen-Vereins. (VI, 18 S.) 885; 2. Aufl. (VI, 22 S.) 886; 3. Aufl. (IV, 27 S.) 887; 4. Aufl. 12. (32 S.) Berlin 888, Mitscher.

— der autorisirten Führer in den deutschen u. österreichischen Alpen. Hrsg. v. der Sektion Berlin d. d. u. ö. Alpen-Vereins. 6. Aufl. [Jahrg. 1890.] 12. (40 S.) Berlin 890. Mitscher. n. — 50

—— der autorisirten Führer in den deutschen u. österreich. Alpen. Hrsg. v. der Sektion Berlin d. D. u. Ö. Alpen-Vereins. 8. Aufl. [Jahrg. 1892.] 12. (44 S.) Berl., Mitscher — 50
Alljährlich erscheint eine neue Auflage.

— der autorisirten Führer in den deutschen u. österreichischen Alpen. Hrsg. v. der Sektion Berlin des D. u. Ö. Alpen-Vereins. 10. Aufl. [Jahrg. 1894.] 12. (48 S.) Berlin 894. R. Mitscher. — 50

— der autoris. Führer in deutschen u. österreichischen Alpen. Hrsg. v. d. Sektion Berlin d. D. u. Oe. Alpen-Vereins. 13. Aufl. (Jahrg. 1897.) 12. (II, 56 S.) Berlin 897. R. Mitscher. — 50

Verzeichnis der autorisirten **Führer** in den deutschen u. österreichischen Alpen. Hrsg. v. der Sektion Berlin des D. u. Oe. Alpen-Vereins. 14. Aufl. (Jahrg. 1899.) 12. (60 S.) Berlin (S.W. 48, Enckenplatz 4a), A. Schmohl. — 50

Verzeichniss der Gaben und Gewinner am eidgen. Schützenfest in Basel vom 6. bis 14. Juli 1879. Basel 1879, Druck von Franz Wittmer.

Verzeichnisse der Gaben-Gewinne am deutschen Schützenfeste in Frankfurt am Main 1862. Frankfurt, 1862.

— der Gartenbau-Zeitschriften aller Länder der Erde. 12. (23 S.) Erfurt 892. (Leipzig, H. Voigt.) n.n. — 50

Verzeichnis der in der kgl. Stadt Brünn befindlichen Gässen . . . Brünn 1779. V: *Köller, Johann Baptist.* (Kat. d. Bibl. Franz. Schnitzer. München 1902. S. 12.)

[Christliche] Jahresfeste vom 1. bis 5. Juli 1901 in Basel. Verzeichnis der Gäste. 16 S. 8. ([Basel,] Buchdr. des Basler Anzeiger.) fr. —. 20

[Christliche] Jahresfeste vom 30. Juni bis 4. Juli 1902 in Basel. Verzeichnis der Gäste. 16 S. 8. ([Basel,] Buchdr. des «Basler Anzeiger».) fr. —. 20

Verzeichnis der alkoholfreien Gasthöfe u(nd) Wirtschaften der Schweiz. 2., gänzlich revidierte Aufl. Mit einem Anhange [d. i. Tabelle]: Die Trinkerheilstätten der Schweiz [sowie Annoncen] = Hôtels et Restaurants sans alcool en Suisse. 2e éd. entièrement revue. Avec un appendice: Les asiles de buveurs en Suisse. 64 S. 8. Basel, Schriftstelle des Alkoholgegnerbundes (Fr. Reinhardt, [1902]). [fr. —. 20]

Verzeichnis der Gaswerke in Österreich-Ungarn u. ihrer Leiter sowie techn. Beamten, hrsg. im Auftrage d. Vereines d. Gas- u. Wasserfachmänner in Österreich-Ungarn. Bearb. v. Walt. Burckhard. Vereinsj. 1906—1907. (17 S.) 26×34,5 cm. Wien (XIV/1, Felberstr. 80), Verein der Gas- u. Wasserfachmänner in Österreich-Ungarn. nn 2. —

Verzeichnis der Gauner und Gaunerwörter aus Baslerischen Archiven. Herausgegeben von A. Bernoulli und A. Socin. Als Nachtrag zu Knebels Chronik besonders abgedruckt. Leipzig 1887.

Verzeichnis der feuergefährlichen Gebäude, für welche Erhöhungen der Versicherungsbeiträge erhoben werden. München 1889.

—— der Gebäude-Eigenthümer nach Lit. und Nr., sowie sämmtl. Bewohner der Stadt Worms, in alphabet. Ordnung. Neu hrsg., nach genauer Durchsicht der Behörden, im März 1852. 8. (45 S.) Worms 853, (Rahke.) **

— die Gebühren der öffentlichen Rechts-Anwälte, wie solche in einzelnen Gesetzen, Verordnungen u. Normal-Verfügungen festgestellt, insbesondere aber in der Praxis der Gerichte, hauptsächlich des Königl. Ober-Tribunals üblich sind; nebst einem Anhang in Betreff des Verfahrens bei der Dekretur der Kosten der öffentlichen Rechts-Anwälte u. der Parteien. Beilage zu Berner's Civil-Prozeß [§. 100—101.]. Besonderer Abdr. Stuttgart 859. Belser. gr. 8. (56 S.) 9 ngr.

Verzeichnis der in den einzelnen Klassen für die Deklamation zu lernenden deutschen Gedichte. 4 (S. 11—12 der Schuln.). 4 (S. 11—12 der Schuln.). 4 (S. 14—15). 4 (S. 14—15 der Schuln.). 4 (S. 14—15).
G. Attendorn 1891 (337). 1892 (345). 1893 (347). 1894 (346). 1895 (351).
Progr.

Verzeichnis der in den einzelnen Klassen für die Deklamation zu lernenden deutschen Gedichte. 4 (S. 14—15, S. 16—17, S. 15, S. 16—17, S. 16—17).
G. *Attendorn* 1896 (353), 1897 (357), 1898 (362), 1899 (365), 1900 (370).
Progr.

Verzeichnis der regelmässig in jedem Kursus auswendig zu lernenden französischen und englischen Gedichte, *der . . . einzuübenden Choralmelodien* . . . Oldenburg i./Gr., Druck v. A. Littmann, 1892; 33—35 S. 4.
Oldenburg, st. OR u. VS, P 1892 (669)

Verzeichniss der bei Anlass des Feldzuges im Spatjahr 1847 Gefallenen, Verwundeten und Erkrankten... *s.* Bericht der von der hohen Tagsatzung niedergesetzten Kommission, betreffend die Vertheilung der sammtlichen milden Gaben.... [Theil 2.]

Verzeichniß der an den Märztagen Gefallenen. Friedländersche Buchdruckerei. 1 Bl. 4
Flugblatt. Berlin, 22. Marz 1848.

Verzeichniß der an den Märztagen Gefallenen. Druck von E. Litfaß. 1 Bl. Fol.
Flugblatt. Berlin, 22. Marz 1848.

—— der an den drei Märztagen Gefallenen, nebst Angabe des ärztlichen Befundes. Mit einer Eingangsrede von Carl Streng. gr. 8. (8 S.) Wien 848, Sallmayer und Comp.

Verzeichniss der Gefangenen im Treffen am 5. April bei Eckernförde. (Rendsburg 1849.) 4°.

Verzeichnis der Gefäss-Pflanzen des Herzogthumes Salzburg 1884. 2. Aufl. Salzburg 1890. V: *Fugger, Eberhard.* (Hr)

18. Wanderausstellung der Deutschen Landwirtsch.-Gesellsch. zu Danzig vom 9. bis 14. Juni 1904. **Verzeichnis** des ausgestellten Geflügels und der Kaninchen. Berlin 1904: Gebr. Unger. (17 S.) 8°

Verzeichniss aller zur Nürnberger Ind.-Ausstellung vom Jahre 1840 eingelieferten Gegenstände. Nürnberg (Campe) 8°.

Verzeichniß der in der Schillkapelle zu Braunschweig aufbewahrten Gegenstände und Kurzgefaßte Lebensbeschreibung Ferdinand v. Schills. Braunschweig: F. Dessau 1902. (24 S.) 8° [G.] [illegible]

Verzeichnis der bei der Ausstellung inländischer Industrieprodukte zu Hannover 1837 aufgestellten Gegenstände. Hannover (1837)
— desgleichen im Jahre 1840. Nebst Nachtrag. Hannover (1840)

Verzeichnis der in der IV. Gewerbeausstellung für das Grossherzogtum Hessen ausgestellten Gegenstände. Darmstadt 1861

(Verzeichniss.) Weltausstellung zu Wien 1873. Verzeichniss der von der Kais. Deutschen Reichspost ausgestellten Gegenstände. Berlin 1873. 8.

Verzeichnis der von der K. Preuss. Staats-Eisenbahnverwaltung auf der Ausstellung für Unfallverhut. zu Berlin 1889 ausgestellt. Gegenstände. (Berlin 1889)

VERZEICHNISS AUSGEWÄHLTER GEGENSTÄNDE aus dem Museum vaterländischer Alterthümer zu Münster, für die zur Feier des höchst erfreulichen Geburtsfestes Seiner Majestät des Königs am 16. Oktob. 1840 und folgenden Tagen veranstaltete Ausstellung im Friedenssaale. Münster, gedruckt bei Friedrich Regensberg. 8°.

Verzeichnis d. i. Hygiene-Museum z. Berlin befindl. Gegenstände. Berlin 1886.

—— derjenigen Gegenstände, bei welchen im Steuerverein mit dem 1. März 1853 eine Veränderung in der Eingangsbesteuerung eingetreten — Gesetz vom 21. Febr. 1853 — unter Zugrundelegung des Zolltarifs. Entworfen von einem Steuerbeamten. gr. 4. (14 S.) Oldenburg 853, Stalling. *

Verzeichnis der zur allgemeinen deutschen Industrieausstellung in Mainz eingelieferten Gegenstände. Mainz 1842

Verzeichnis der zur Ausstellung vaterländischer Fabrikate vom Jahre 1822 eingesandten Gegenstände. Berlin (1822)

— der zur Industrie-Ausstellung von 1834 aus den acht Kreisen des Königreichs Bayern eingesandten Gegenstände. (2 Hefte.) gr. 8. München 835. (Franz.) baar 3/8 ₰

—— ethnographischer und anthropologischer Gegenstände; gesammelt und erworben während der Erdumseglungs-Expedition Sr. Majestät Fregatte „Novara" unter den Befehlen des Commodore B. v. Wüllerstorf-Urbair. Auf Wunsch Sr. kaiserl. Hoheit des durchl. H. E. H. Ferdinand Maximilian im ebenerdigen Saale des alten Börsengebäudes zur freien Besichtigung aufgestellt. gr. 8. (29 S.) Triest 860, (Schimpff.)

Verzeichniss der Gegenstände des Gewerb- und Kunstlervereins, welche in der 1836 in Bern eröffneten Ausstellung enthalten sind

[Kopft.:] **Verzeichnis** der Gegenstände im Jahn-Museum zu Freyburg a. U. (Leipzig-Plagwitz: Buchdr. E. Stephan [1898].) (16 S.) 8°

— der Gegenstände in der Mustersammlung d. Bayerischen Gewerbemuseums in Nürnberg. I—XI. gr. 8. Nürnberg 888—890. (Verlagsanstalt d. Bayer. Gewerbemuseums [C. Schrag].) n. 5. 30

I.	Textile Arbeiten. (42 S.)	n. — 80
II.	Nachahmungen v. Textilarbeiten. (4 S.)	n. — 10
III.	Lederarbeiten, Papp- u. Papierarbeiten. (16 S.)	n. — 30
IV.	Schrift, Druck u. graphische Künste. (24 S.)	n. — 50
V.	Kleine Arbeiten aus Elfenbein, Schildkrot, Horn etc. (9 S.)	n. — 30
VI.	Dekorative Malerei. (10 S.)	n. — 30
VII.	Arbeiten aus Glas. (44 S.)	n. — 30
VIII.	Arbeiten aus Thon. (64 S.)	n. — 80
IX.	Arbeiten aus Stein u. deren Nachbildungen. (4 S.)	n. — 10
X.	Arbeiten aus Metall. (57 S.)	n. — 80
XI.	Arbeiten aus Holz. (10 S.)	n. — 50

Gewerbemuseum zu Bremen. Verzeichnis der Gegenstände der Mustersammlung. I. Holz, Horn usw. (87 S.) Bremen 1889

— der Gegenstände der plastischen und der Gemälde-Sammlung im Königl. Museum der bildenden Künste zu Stuttgart. gr. 8. Stuttgart 814, Metzlerische Buchh. 1/4 ₰

Gewerbe- und Kunst-Ausstellung in Düsseldorf 1880. Gruppe XIX. Schulwesen. No. 2382. **Verzeichnis** der Gegenstände, welche ausgestellt sind von der Königlichen Rheinisch-Westfälischen Technischen Hochschule zu Aachen nebst Mitteilungen über die Anstalt. Mit 1 Zeichn. (1880.) 56 S., 1 Taf. 8°

Verzeichnis der Gegenstände, welche im Zwischenverkehr zwischen dem Zollverein und Österreich eingangszollfrei oder zu ermässigtem Zollsatze zuzulassen sind, vom 1. Januar 1854 an gültig. 4° Stuttgart 1854
— — Spezielles Warenverzeichnis. 4° Stuttgart 1854

„Verzeichnis der wichtigeren Gegenstände des geschichtlichen Museums der Stadt Landsberg". Nach dem Stande vom 21. Juni 1890. pg. 3—58. 8°. Xaver Kraus.
Landsberg, Progr. 1889/90

— der (in Gast- u. Schankwirtschaften) beschäftigten Gehülfen u. Lehrlinge m. Eintragung der gewährten längeren Ruhezeiten u. Verzeichnis der Tage, an denen Ueberarbeit stattgefunden hat. Nebst: Bekanntmachg. des Reichskanzlers betr. die Beschäftigg. v. Gehülfen u. Lehrlingen in Gast- u. Schankwirtschaften. Vom 23. I. 1902. gr. Fol. (16 S.) Bielefeld-Gadderbaum (902). W. Bertelsmann. — 50

— der (in der Gast- u. Schankwirtschaft ...) beschäftigten Gehülfen u. Lehrlinge u. der diesen gemäß Ziffer 4 der Bestimmgn. des Bundesraths üb. die Beschäftigung von Gehülfen u. Lehrlingen in Gast- u. Schankwirthschaften vom 23. I. 1902 gewährten Ruhezeiten. gr. 4. (107 S.) München (902). C. Gerber. Geb. n. 1. 50

Verzeichnis von demjenigen In- und Ausländischen Gehölze, welches sich dahier zu Hanau in den Gärten seiner Hochfürstlichen Durchlaucht des Herrn Erbprinzen von Hessen unter Aufsicht des Hof-Gärtners J. M. Franken befindet. - Offenbach/M. 1778. 32 S.

Verzeichniß der evangelischen Geistlichen in der Provinz Brandenburg im Januar 1877. gr. 8. (48 S.) Berlin 877, (Beck's Verlag.)

— der evangelischen Geistlichen Deutschlands f. d. J. 1893, nach Staaten, Provinzen u. Ortschaften alphabetisch geordnet. 1. Jahrg. Hrsg. v. Aug. Brode. gr. 8. (VI, 466 S.) Berlin, A. Brode. (Leipzig, B. Koenegen.) n 14. —; geb. n. 15. —

Verzeichnis der Geistlichen in der Diözese Fulda. Dez. 1906. [Fulda 1907.] (24 S.) 8° [07. 11334 4

— der Geistlichen in der Diözese Fulda. Dezbr. 1908. (26 S.) kl. 8. Fulda (A. Maier). 1. 30

Verzeichnis der Geistlichen und Lehrer im Regierungsbezirk Potsdam. Nach amtl. Quellen zsgest. *Potsdam: A. Stein 1891.* (1 Bl., 48, 190 S.) 1 Bd 8. [91. 4930

— der Geistlichen u. Lehrer im Reg.-Bez. Potsdam. Nach amtl. Quellen dargest. 12. (II, 42 u. 185 S.) Potsdam 897. A. Stein. n. 1. 50; geb. n.n. 1. 80; u. durchsch. n.n. 2. 25

— d. jetzt lebenden evangel. Geistlichkeit im gesammten preuß. Herzogth. Schlesien u. d. Grafschaft Glatz. 8. Brieg. 802. (Barth in Bresl.) 12 gℓ

Verzeichniss derjenigen, dem silbernen Vereinsthaler der lateinischen Münzunionsstaaten ähnlichen fremden Geldstücke, deren Annahme zu verweigern ist. — Tableau des monnaies d'argents étrangères, semblables aux écus de cinq francs des états de l'Union monétaire latine, dont l'acception doit être refusée. 1 Bl. in-fol. Silberhochdruck. Bern, Schmid, Francke & Cie. — 50 1888.

Verzeichnis derer Gelehrten in Müntzen, wie solche in Originalen ... besitzen. [Liegnitz 1742.] V: *Kundmann, Johann Christian.* (Nent)

— d. in der Gallerie zu Söder befindl. Gemälde. Geschrieben 1814. 2e A. 8. Braunschw. 824. Vieweg. 6 gℓ

—— der im Vorrat der Galerie befindlichen, sowie der an andere Museen abgegebenen Gemälde der königl. Museen zu Berlin. Anhang zum beschreibenden Verzeichnis der Gemälde von 1883 nebst Nachtrag von 1885. Hrsg. von der Generalverwaltung. 8. (VI, 266; IV, 68 S.) Berlin 886. Spemann.
Nachtrag allein u. d. T.:

—— beschreibendes, der Gemälde der königl. Museen zu Berlin. 2. Aufl. von 1883. Nachtrag. 8. (IV, 68 S.) Ebendas. 885. **

Verzeichniss der Gemaelde der Bildergallerie in Carlsruhe. Carlsruhe 1833. 8°.

Verzeichnis der Gemählde der königl. Bildergallerie in München . . . München 1825. 3. Ausg. 1833. V: *Dillis, Georg von.* (MGT) (Ky)

—— der Gemaelde d. Kgl. Bildergallerie in München. Nach d. neuesten Einrichtung. (Von G. v. Dillis.) 2., verb. Aufl. 829. 20 Gr., 3., durchges. A. 832. 18 Gr., u. 3., unveränd. Ausg. (à 7½ B.) 12. München 833. Finsterlin. à

Verzeichnis der Gemälde in der k. Gallerie zu Schleissheim. München [1860]. V: *Neureuther, Gfr.* (Bücher-Samml. d. hist. Ver. v. u. f. Oberbayern. Münch. 1867.)

Verzeichnis der Gemälde in der Churfürstlichen Gallerie in Dresden. Leipz. 1771. H: *Wenzel, Christian Friedrich & Johann Anton Riedel.* (Ky)

— der Gemälde in d. Churfürstl. Gallerie in Dresden, herausg. (v. C. F. Wenzel u. Jh. Ant. Riedel.) gr. 8. Leipz. 771. Schwickert. 16 ℳ

Verzeichnis der Gemählde und Gypsabgüsse in der Grossherzoglichen Sammlung zu Oldenburg. Oldenburg 1845. V: *Alten, A. Baron von.* (BrMm)

— der Gemälde und Gypsabgüsse in der Großherzogl. Sammlung zu Oldenburg. 8. Oldenburg 845, Schulze'sche Buchh. n. 1/6 ℳ

— der Gemälde u. Gypsabgüsse in der grossherzogl. Sammlung zu Oldenburg. Nach den Bestimmungen von G. F. Waagen. Mit einem Anh. sämmtl. auf den Gemälden befindl. Monogramme, Bezeichnungen u. Inschriften. 2. Aufl. Oldenburg 868. Schulze. 16. (III, 88 S. mit 6 Steintaff.) n. 10 ngr.

– der Gemälde in der grossherzogl. Sammlung zu Oldenburg. Mit e. Anh. der auf den Gemälden befindl. Monogramme, Bezeichngn. u. Inschriften. 3. durchgeseh. u. vervollständ Aufl. gr. 16. (III, 148 S. m. 4 Steintaf. in Fol. u. qu. Fol.) Oldenburg 871. Schulze. n. 1. —

—— der Gemälde, Gypsabgüsse, geschnittenen Steine etc. in der grossherzogl. Sammlung zu Oldenburg. 4. durchgeseh. und vervollständigte Aufl. gr. 16. (IV, 142 S.) Oldenburg 875, Schulze'sche Hofbuchh.

—— der Gemälde, Gypse und Bronzen in der grossherzogl. Sammlung zu Oldenburg. Mit einem Anhang der auf den Gemälden befindl. Monogramme, Bezeichnungen und Inschriften. 5. durchges. und vervollständ. Aufl. 8. (XV, 151 S. mit 3 Stnt.) Oldenburg 881, Schulze'sche Hofbuchh.

— der Gemälde, Gypse u. Bronzen in der Grossherzogl. Sammlung zu Oldenburg. Mit e. Anh. der auf den Gemälden befindl. Monogramme, Bezeichngn. u. Inschriften. 6., durchgeseh. u. vervollständ. Aufl. 12. (VIII, 191 S. m. 3 Taf.) Oldenburg 890. Schulze. 1. 50

Verzeichnis der Gemälde [der Kgl. Kunstakademie]. Düsseldorf 1901. V: *Schaarschmidt, Frdr.* (Berl)

Verzeichniss der Gemälde und Kunstgegenstände der 20. Kunstausstellung in Stettin. 1871. 8°.

—— der Gemälde in der neuen königl. Pinacothek zu München. 12. (IV und 80 S.) München 853, (Finsterlin.) *

—— dass. — 12. (VII und 303 S.) Ebds. 853. *

Verzeichniss der Gemälde in der neuen königlichen Pinakothek zu München. München. 1855. 12°

Verzeichniss der Gemälde in der neuen kgl. Pinakothek zu München. München 1867. 12°. 2 Bll., 99 S. Cart.

—— der Gemälde in der neuen königl. Pinakothek zu München. gr. 16. (IV, 96 S.) München 871, (J. A. Finsterlin.) *

— Dasselbe. Ibid. 1872. 12°. Cart.
2 Bll., 96 S. (incl. des neuen Reg.).

—— der Gemälde in der Sammlung der Gesellschaft für bildende Kunst und vaterländische Alterthümer zu Emden. gr. 8. (VII, 71 S.) Emden 877, Haynel.

Verzeichnis der Gemählde in der Sammlung des Herrn Schwalbe in Hamburg. Leipzig 1779. V: *Oeser, Adam Friedrich.* (MGT) (Ky)

Verzeichnis der Gemählde in der Sammlung des Herrn Kammerherrn von Wallmoden. Leipz. 1779. V: *Oeser, Adam Friedrich.* (MGT) (Ky)

Verzeichnis der Gemälde und Skulpturen in der Königlichen National-Galerie zu Berlin. (Berlin): E. S. Mittler & Sohn 1908. (X, 221 S., 150 Taf.) 8° [Umschlagt.:] Katalog d. Kgl. National-Galerie zu Berlin. [08. 2212 3

Verzeichniss der Gemälde u. Statuen des kgl. Maximilianeums. München 1880. 12°. 16 S. Cart.
Mit der Gründungs-Urkunde als Anhang.

Verzeichnis der Gemälde des städtischen Museums Wallraf-Richartz zu Cöln. *Cöln: Kölner Verl.-Anst. 1902.* (XIV, 272 S.) 8° [02. 7250 6

— der Gemälde des städtischen Museums Wallraf-Richartz zu Cöln. 8. (XIV, 273 S. m. Abbildgn. u. 1 Grundriss.) Köln 902. (J. G. Schmitz.) n. 1. 60

Verzeichnis der Gemälde des Wallraf-Richartz-Museums der Stadt Cöln. Cöln: Cölner Verl.-Anst. 1910. 352 S. 8°

Verzeichniss einiger Gemaehlde etc., welche auf der Königlichen Akademie der Künste dem Meistbietenden verkauft werden sollen. Berlin 1800. 8°.

Verzeichniss der Gemälde und Zeichnungen des Migette-Museums zu Metz. (Metz) 1893: (Lothr. Zeitung). (V, 84 S.) 8°

Verzeichnis der Gemälde-Ausstellung des Schlesw.-Holst. Kunst-Vereins in der Kunsthalle zu Kiel v. 17. Juli bis 24. Aug. 1868. Aus dem Ausstellungs-Cyclus des Norddeutschen Gesammt-Kunstvereins. Kiel. 1868. 8°

— d. königl. Gemäldegallerie in Dresden, s. Beschreibung.

Verzeichniss der königlichen Gemälde-Galerie zu Dresden. Dresden. o. J. 12°

Verzeichnis einer sehr auserlesenen und kostbaren Gemählde-Sammlung. Kopenhagen 1816. V: *Bang, Cl. Christian.* (Bruun, Suppl. 192)

Verzeichniss einer *ausgezeichneten Gemäldesammlung* der berühmtesten Künstler, besonders aus der blühenden Kunst-Epoche der *holländer u. niederländer Schule*, welche am 5. Dezember ff. 1816 . . . . im Hause Nro. 1647 in der Theatiner-Schwabinger-Strasse auf d. Wege d. Versteig. veräussert werden. München, gedr. bey E. A. Fleischmann. 8°. Cart.
31 S. u. 1 S. Enth. 134 Nrn. — Seltener Catalog!

Verzeichnis der Hausmann'schen Gemählde-Sammlung in Hannover. Braunschweig 1831. V: *Hausmann, B.* (Kat. d. Bibl. d. Akad. d. Künste zu Berlin. Berl. 1893.)

—— der Hausmann'schen Gemählde-Samml. in Hannover. 8. (9½ B.) Braunschweig 831. (Hannover, Hahn.)

Verzeichnis der Hochfürstlich-Hessischen Gemählde-Sammlung in Cassel. O. O. 1783. V: *Causid, Simon.* (MD)

Verzeichnis der von . . . Anton Ritter von Oelzelt hinterlassenen Gemälde-Sammlung moderner Meister . . . Wien 1878. H: *Ranzoni, Emerich.* (EB)

Verzeichnis der Gemäldesammlung des Städelschen Kunstinstitutes. Frankfurt a. M. 1830. V: *Wendelstadt.* (F. Gwinner: Kunst und Künstler in Frankfurt a. M. Frankfurt a. M. 1862)

Verzeichnis der Kurfürstlichen Gemählde-Sammlung. Cassel 1830. V: *Robert, Ernst Frdr. Ferd.* (Kat. d. Bibl. d. Akad. d. Künste zu Berlin. Berl. 1893.)

Verzeichnis der Gemäldesammlung des Herzoglichen Museums in Braunschweig 1867. 68. V: *Blasius, Heinrich.* (Mitth. Dr. H. Bäsecke.)

— der Gemälde-Sammlung des Königl. Museums zu Berlin. 12. Berlin 834. Stackebrandt. 1/3 ß

— der Gemälde-Sammlung im königl. Museum der bildenden Künste zu Stuttgart. (LVI, 208 S.) 8. Stuttgart 903. W. Spemann. n n. 1. —

Verzeichniß d. Gemäldesammlung d. Hof- u. Landger.-Advocaten Schmidt in Kiel. gr. 8. Kiel 809. Akad. B. 12 K

—— (I. u. II.,) der v. Speck'schen Gemälde-Sammlung etc., s. (Speck-Sternburg, Max Frh. v.)

— der von Speck'schen Gemälde-Sammlung, mit darauf Beziehung habenden Steindrücken. Herausg. u. mit historisch-biographischen Bemerkk. begleitet vom Besitzer derselben. Mit 27 Steindr. u. Kupfer u. des Verf. Bildniß. gr. Fol. (Leipzig 827. Rud. Weigel.) n. 13 1/3 ß — 2tes Verzeichniß, herausg. u. mit histor.-biograph. Bemerkk. begleitet vom Besitzer ders. Mit 20 Kunstbeilagen. Imp.-4. Ebd. 837. n. 10 ß

Verzeichniß d. Gemälde-Samml. d. Frhrn. v. Speck-Sternburg, Erb-, Lehn- u. Gerichtsherrn auf Freiroda, Lützschena mit Kritschiner Mark und Antheil der Stadt Schkeuditz 2c. Herausg. u. mit histor.-biograph. Bemerkk. u. Erklärungen begleitet v. Besitzer derselben. (Mit 16 artist. Beilagen.) gr. 4. Leipzig 840. (Rud. Weigel.) n. 2 ß

— dass. (Mit 3 artist. Beilagen.) 8. Ebd. 840. n. 3/4 ß

Verzeichniß der Berliner Gemeinde-Lehrer und Lehrerinnen, geordnet nach Dienstalter, Gehalt, Lebensalter 2c. für das J. 1867. Hrsg. vom Berliner Communal-Lehrer-Verein. 4. (20 S.) Berlin 867, Liebrecht. *

—— der Berliner Gemeinde-Lehrer und Lehrerinnen, geordnet nach Dienstalter, Gehalt, Lebensalter, lauf. Nummer der Schulen und alphabet. Namensfolge [nebst einem Anhang] für das J. 1885/86. 42. Jahrg. Hrsg. von Heinr. Gaulke. gr. 8. (90 S.) Berlin 885, (H. R. Mecklenburg.)
Fortsetzung, s. Verzeichniß der Rektoren.

—— der Gemeinden des Königr. Bayern mit ihrer Bevölkerung im Dezbr. 1861, geordnet nach Kreisen, Verwaltungs-Districten und Gerichtssprengeln, unter Beifügung der einschläg. Rentämter, Forstämter und Baubehörden nebst alphabet. Index. Hrsg. vom k. statist. Bureau. gr. 8. (249 S.) München 863, (Fleischmann's Buchh.) *

— der Gemeinden des Königreichs Bayern nach dem Stande der Bevölkerung im Dezember 1867, mit Ausscheidung nach Familien, Geschlecht u. Religionsverhältnissen, geordnet nach Kreisen, Verwaltungs-Districten u. Gerichtssprengeln, unter Beifügung der einschläg. Rentämter, Forstämter, Baubehörden 2c., sowie der Zahl der zu den Gemeinden gehör. Ortschaften, nebst alphabet. Index. [21. Heft. der Beiträge zur Statistik des Königr. Bayern.] Hersg. vom k. statist. Bureau. Ebend. 869. Lex.-8. (VI, 267 S.) n. 1 ß 6 ngr.

—— der Gemeinden in Elsass-Lothringen mit Angabe der Postbestellbezirke, der Amtsgerichtsbezirke, der Flächen der Gemeindegemarkungen, der Zahl der bewohnten Häuser, der ortsanwesenden Bevölkerung und der Bürgermeister. gr. 8. (87 S.) Strassburg 883, Schmidt's Universitäts-Buchh. cart.
Aus: Handbuch für Elsass-Lothringen, besonders abgedruckt.

— der Gemeinden in Elsaß-Lothringen m. Angabe der Postbestellbezirke, der Amtsgerichtsbezirke, der Flächen der Gemeindegemarkungen, der Zahl der bewohnten Häuser, der ortsanwesenden Bevölkerung, ausgeschieden nach der Konfession, u. der Bürgermeister. [Aus: „Handbuch f. Elsaß-Lothringen 1888/89".] gr. 8. (87 S.) Straßburg 888. Schmidt. cart. n. 1. 20

— der Gemeinden in Elsaß-Lothringen m. Angabe der Postbestellbezirke, der Amtsgerichtsbezirke, der Flächen der Gemeindegemarkungen, der Zahl der bewohnten Häuser, der ortsanwesenden Bevölkerung nach der Volkszählung vom 1. Dezember 1890 u. der Bürgermeister. [Aus: „Handbuch f. Elsaß-Lothringen 1892".] gr. 8. (93 S.) Straßburg i/E. 892. F. Bull. Kart. n. 1. 20

— der Gemeinden in Elsaß-Lothringen m. Angabe d. Postbestellbezirke, d. Amtsgerichtsbezirke, d. Flächen der Gemeindemarkgn., d. Zahl d. bewohnten Häuser, d. ortsanwes. Bevölkerg. (nach d. Volkszählg. v. 1. Dezbr. 1890) u. der Bürgermeister. [Aus: „Handb. f. Elsaß-Lothr. 1895".] gr. 8. (93 S.) Straßburg 895. F. Bull. Kart. n. 1. 20

— der Gemeinden in Elsaß-Lothringen m. Angabe der Postbestellbezirke, der Amtsgerichtsbezirke, der Flächen der Gemeindemarkgn., der Zahl der bewohnten Häuser, der ortsanwes. Bevölkerg. nach der Volkszählg. vom 1. XII. 1900 u. der Bürgermeister. (95 S.) 8. Straßburg 904. F. Bull. Kart. n. 1. 20
Sonderabdruck aus: „Handbuch f. Elsaß-Lothringen f. 1904".

— der evang. Gemeinden u. Geistlichen im Bezirk kgl. Consistoriums zu Cassel. Octbr. 1895. Angefertigt v. Chrph. Vogler. gr. 4. (24 S.) Frankfurt a/M. 896. K. Brechert. 1. 20

— der evangelischen Gemeinden u. Geistlichen im Bezirk königl. Consistorium zu Cassel. Jan. 1898. Angefertigt v. Chrph. Vogler. gr. 4. (24 S.) Frankfurt a/M., K. Brechert. 1. 20

Verzeichniss der evangelischen Gemeinden etc. und der an denselben fungirenden Geistlichen in der Rheinprovinz. *Coblenz: Angefert. im Bureau d. Kgl. Consistoriums; (gedr. u. zu haben im Evang. Stift) 1895.* (21 S.) 1 Bd 4. [96 3100

—— der evangelischen Gemeinden und der daran fungirenden Geistlichen in der Prov. Westfalen. Juni 1887. Angefertigt im Büreau des königl. Consistoriums. gr. 4. (15 S.) Münster 888. Brunn's Buchdr.

— der evangelischen Gemeinden u. Geistlichen in der Prov. Westfalen. Juli 1890. Angefertigt im Bureau d. königl. Consistoriums. gr. 4. (16 S.) Münster i/W. 890. Brunn's Buchdr. n. 1. —

— der evangelischen Gemeinden u. Geistlichen in der Prov. Westfalen. Angefertigt im Büreau des königl. Consistoriums. Apr. 1893. gr. 4. (20 S.) Münster i/W. 893. E. C. Brunn's Buchdr. n. 1. —; geb. n. 1. 50

— der evangelischen Gemeinden u. Geistlichen der Prov. Westfalen. Juli 1908. Zusammengestellt im Geschäftszimmer des königl. Konsistoriums. (33 S.) Lex. 8. Münster, J. Bredt. 1. 50

—— der zu den Landgerichten d. Provinz Tirol u. Vorarlberg gehör. Gemeinden u. Ortschaften. gr. 8. (.. B.) Innsbruck 839, Wagner'sche Buchh.

[F.] **Verzeichniss** sämmtlicher Gemeinden des Königreichs Sachsen geordnet nach d. Verwaltgsbezirken m. Angabe d. Zahl d. bewohnten Hausgrundstücke u. d. ortsanwesenden Bevölkerg unt. Berücks. d. relig. Bekenntnisses. Nach d. Ergebniss d. Volkszählg v. 2. Dez. 1895. Nebst e. alphabet. Reg. üb. d. Gemeinden u. ihre Bestandtheile. SA. a. d. Zeitschr. d. Kgl. Sächs. Stat. Bureaus Jg. 42. 1896, H. 3 u. 4. . . . *Dresden: Kommv. v. v. Zahn & Jaensch; (Dr. v. B. G. Teubner) 1897.* (1 Bl., 88 S.) 1 Bd 4. [97. 1017

— der Gemeinden u. Wohnplätze d. Deutschen Reichs v. mindestens 2000 Einwohnern. Nach dem Ergebniß der Volkszählg. vom 1. Dezbr. 1890. Hrsg. vom kaiserl. statist. Amt. [Aus: „Vierteljahrshefte z. Statistik d. Deutschen Reichs".] Imp.-4. (38 S.) Berlin 892. Puttkammer & Mühlbrecht. n. 1. —

— der Gemeinden u. Wohnplätze d. Deutschen Reichs von mindestens 2000 Einwohnern. Nach d. Ergebniß d. Volkszählg. vom 2. XII. 1895. Bearb. im kaiserl. statist. Amt. [Aus: „Vierteljahrshefte zur Statistik d. Deutschen Reichs".] Imp.-4. (44 S.) Berlin 897. Puttkammer & Mühlbrecht. n. 1. —

— der Gemeinden u. Wohnplätze des Deutschen Reichs v. mindestens 2000 Einwohnern. Nach dem Ergebniß der Volkszählg. vom 1. XII. 1900. Bearb. im kaiserl. statist. Amt. Imp.-4. (54 S.) Berlin 902. Puttkammer & Mühlbrecht. n. 1. —
Sonderabdr. a.: „Vierteljahrshefte z. Statistik d. Deutschen Reichs".

— der Gemeinden u. Wohnplätze des Deutschen Reichs v. mindestens 2000 Einwohnern. Nach dem Ergebnis der Volkszählg. vom 1. XII. 1905. Bearb. im kaiserl. statist. Amt. (58 S.) 32×25,5 cm. Berlin 907. Puttkammer & Mühlbrecht. 1. —
Sonderabdruck aus: „Vierteljahrshefte z. Statistik d. Deutschen Reichs".

Verzeichnis, Moeglichst genaues, aller einst in Hamburg zum Besten unbemittelter Studirenden gestifteten Stipendien . . . [Hamb. u. Altona 1803.] V: *Janssen, Joh. Anton Rudolph.* (schr)

Verzeichniss derer Herren Generals, Militär- Staabs- und andern Officiers, auch Unter-Officiers und Gemeinen, von denen Oesterreichischen Trouppen, so den 16. April 1758 zu Schweidnitz in die Kriegs-Gefangenschafft verfallen. Berlin 1758. 4. (8 S.)
– Dasselbe, anderer Druck. 4. (4 Bl.)
– Dasselbe, anderer Druck. 4. (12 S.)

Verzeichniss derer Oesterreichischen Generals und Officiers welche in der den 3. November 1760 bey Torgau erfolgten Schlacht zu Preussischen Krieges-Gefangenen gemachet worden.

Verzeichniss der Generale, Stabs- und Oberofficiere der ganzen russischen Armee. 2 Bde. 8. St. Petersburg 1828—1829.

Verzeichniss sämmtlicher hohen Generalität, Staabs- und anderer Officiers, welche Gelegenheit hatten, bey ereigneten Vorfallen durch Ihren Muth sich auszuzeichnen, und in den öffentlichen Kriegsnachrichten besonders belobt und genennt worden. Vom Anfang des gegenwärtigen Kriegs bis 10. Februar 1779. 8. Prag 1779.

Verzeichnis sämmtl. am 30. VI. 1898 im Königr. Preußen vorhand. eingetrag. Genossenschaften, alphabet. nach d. Sitz geordnet, unt. Angabe der Verwaltungsbezirke, der Höhe d. Geschäftsantheile u. Haftsummen, d. Genossenzahl u. d. Gesammtsummen, sow. d. Revisions-Verhältnisses. Zugleich Register f. das Kataster d. im Königr. Preußen vorhand. Genossenschaften einschließl. Nachtrag I. Bearb. v. d. preuß. Central-Genossenschafts-Kasse. gr. Fol. (IV, 115 S.) Berlin 898. C. Heymann's Verl. n. 2. 50

Verzeichniß, alphabetisch geordnetes — der zur Innung der bürgerlichen Fleischselcher der k. k. Reichs- Haupt- und Residenzstadt Wien gehörigen und inkorporirten Herren für das Jahr 1855. Wien. 1855. Gedr. bei Karl Ueberreuter. (8 S. 8.)

Verzeichnis, Alphabetisch geordnetes, sämmtlicher in den Verhandlungen, Monatsblättern . . . enthaltenen Mittheilungen. Darmstadt 1847. V: *Rössler, Hector.* (EngMt)

—— alphabetisch geordnetes, sämmtl. in den Verhandlungen, Monatsblättern, techn. Hülfsmitteln, Vorlegeblättern für die Handwerkszeichenschulen und übergedruckten Musterzeichnungen des großh. hess. Gewerbvereins enthaltenen Mittheilungen. 8. (52 S.) Darmstadt 847, (Leske.) *

— alphabetisch geordnetes, derjenigen Wörter, Wortformen sowie Biegungs- u. Ableitungssilben, welche in Fr. Bauer's neuhochdeutscher Grammatik in Bezug auf Rechtschreibg. besprochen werden. Ein Anh. zu beiden Ausgaben v. Fr. Bauer's Grundzügen der neuhochdeutschen Grammatik f. höhere Bildungs-Anstalten. 2. Aufl. gr. 8. (20 S.) Nördlingen 874. Beck. n. — 35

Nach Kreisen geordnetes Alphabetisches **Verzeichnis** der zu der Ärztekammer der Provinz Hessen-Nassau wahlberechtigten approbierten Ärzte. Aufgestellt: Hanau im Juni 1908. [1. 2.] o. O. (1908). 2 Bde 2°
[1.] Reg.Bez. Cassel u. Fürstent. Schaumburg-Lippe.
[2.] Reg.Bez. Wiesbaden. 08. 15205 4

Verzeichnis, Systematisch geordnetes, der in Deutschland, Österreich-Ungarn und der Schweiz erscheinenden wissenschaftlichen und unterhaltenden Zeitschriften und Jahrbücher. Abhandlungen und Jahresberichte ... 2. Aufl. Leipz. 1874. V: *Baldamus, Eduard.* (CB)

— wissenschaftlich geordnetes, der wirklich erschienenen neuen Bücher, Landkarten rc. Angefertigt von Joh. Paul Thun. 1. Jahrg. 1842. — s. Hinrichs, J. C.

—— wissenschaftlich geordnetes, der wirklich erschienenen neuen Bücher, Landkarten rc. Angefertigt von Joh. Paul Thun. 1. Jahrg. 1842. 52 Nrn. Halbjährig mit e. alphabet. Register. 8. Leipzig 842, Hinrichs'sche Buchh. *

Verzeichniß der vorzüglichsten englischen, französischen und deutschen Georginen oder Dahlien, welche zu beziehen sind bei Karl Czermak, Schloßgärtner in Fulnek in Mähren. Neutitschein, 1856. Schnellpressendruck von J. N. Enders. (17 S. 8.) Dass. Ebda. 1857. (16 S.) 8°

— der neuesten chemischen und pharmaceut. Geräthschaften mit Abbild., welche in der Arzneiwaaren-Handlung W. Batka in Prag zu haben sind. 8. Leipzig 842. (Barth.) baar 1/4 ₰

Verzeichnis der im Deutschen Reiche bestehenden ordentl. Gerichte 1905 = Etat des tribunaux ordinaires existant dans l'Empire allemand 1905. 52 S. 8. [Bern, Stämpfli & Cie.,] 1905.

—— der Gerichte und Verwaltungsbehörden Bayerns diesseits des Rheins, nach den Stadt- und Landgerichten alphabet. geordnet. 1 Tab. in gr. Fol. Bamberg 862, Buchner'sche Buchh.

Verzeichniß der in dem Bezirke des Königlichen Appellationsgerichts zu Stettin in Folge der Verordnung vom 2. Jan. 1849 gebildeten Gerichtsbehörden, mit Angabe der zu denselben gehörenden Ortschaften.
(Amtsblatt Stettin. 1849, Nr 25, Extrabeil.)

—— der Gerichtsvollzieher im gesammten Deutschen Reiche. Auf Grund amtl. und anderen authent. Materials nach Staaten und Städten in alphabet. Reihenfolge geordnet mit Angabe der zuständ. Oberlandes-, Land- und Amtsgerichte. Nebst einem Register der Amtsgerichte. 8. (132 S.) Lobenstein 880, Teich's Buchh. ₰ 1,50.; cart.

Verzeichnis der Gerichtsvollzieher-Bezirke des Königlichen Amtsgerichts Berlin-Mitte und Verteilung der den Gerichtsvollziehern bei demselben obliegenden Geschäfte. [Dat.:] Berlin 1. 6. 1906. (Pankow 1906.)

Verzeichniß des Gesammtvorstandes u. der Mitglieder des Hauses der Abgeordneten. Abgeschlossen am 27. I. 1899. (Drucksachen des Hauses der Abgeordneten. Nr. 1.) Fol. (41 S.) Berlin 899. (W. Moeser.) n. 1. 50

Verzeichnis deutscher Geschäftsleute Wiens. Wien 1899 ff. H: *Schalk, Friedrich.* (EB)

Verzeichnis der in der Bibliothek des Börsenvereins der deutschen Buchhändler vorhandenen Geschäftsrundschreiben über Gründung, Kauf, Verkauf ... Buchhändlerischer Geschäfte ... Leipzig 1897 ff. V: *Burger, Conrad.* (EB)

-- der wichtigsten Geschichtszahlen. Für die Schüler höherer Lehranstalten zusammengestellt. gr. 8. (43 S.) Braunschweig 893. J. H. Meyer. Kart. n.n. — 50

— der wichtigsten Geschichtszahlen. Für die Schüler höherer Lehranstalten zusammengestellt. 5. Aufl. gr. 8. (44 S.) Braunschweig 901. J. H. Meyer. Kart. n.n. —50

— der wichtigsten Geschichtszahlen. Für die Schüler höherer Lehranstalten zusammengestellt. 7. Aufl. (39 S.) 8. Braunschweig 906. J. H. Meyer. Kart. n.n. — 50

Verzeichniss der Geschlechtsnamen der Bürgerfamilien des Kantons Wallis. Sitten s. Noms patronymiques des Familles bourgeoises du canton du Valais.

Verzeichnis des zu Baden gefundenen Geschütze. (2.) fol.

Verzeichniss der eidgenössischen Geschwornen für 1864–69.

Verzeichniss der eidgenössischen Geschwornen für die Amtsperiode von 1888—1893. — Listes des jurés fédéraux pour la période de 1888 à 1893. In-8°, 96 p. 1888.
*** Beilage zum „Bundesblatt", 1888, N° 9.

Verzeichniss d. eidgenöss. Geschworenen f. d. Amtsperiode von 1900–1905. o. O. u. J.

Verzeichnis der eidgenössischen Geschwornen für die Amtsperiode von 1906 bis 1911 = Etat des jurés fédéraux pour la période de 1906 à 1911. II + 102 S. 8. ([Bern, Stämpfli & Cie.,] 1906.)
Ausg. A, sep. — *Ausg. B:* Beilage zu Nr. 17 des [Schweizerischen] Bundesblattes, Jahrg. 1906. — *Ausg. C:* Annexe à la Feuille fédérale [suisse] n° 17, année 1906.

—— der wichtigsten Waldeckischen Gesetze und Verordnungen bis zum Schlusse des J. 1863 nebst einem Anh., enth.: ein Register zum Strafgesetzbuche vom 15. Mai 1855; sowie eine Zusammenstellung der in den Fürstenth. Waldeck und Pyrmont gelt. Strafgesetze rc. 4. (100 S.) Mengeringhausen 864. (Arolsen, Speyer.) *

Verzeichnis sichtbar blühender Gewächse, welche um den Ursprung der Donau, des Neckars . . . vorkommen. Winterthur 1799. V: *Roth von Schröckenstein, Friedrich Freih. von.* (MGT) (KY)

— sichtbar blühender Gewächse, um d. Ursprung der Donau u. d. Neckars (v. Roth v. Schröckenstein.) gr. 8. Winterth. 799. Steiner. 4 gl

Verzeichniss der zur Blumen- u. Pflanzen-Ausstellung der böhm. Gartenbaugesellschaft den 17., 18., 19., 20. April 1858 eingesendeten Gewächse. *Prag. Gottl. Haase Söhne.* 19 S., 8°.

Verzeichnis der Gewächse im Großherzoglichen Garten zu Schwetzingen. - Mannheim 1818. VIII, 207 S.

Verzeichniss der Gewaechse im Grossh. Pr. Garten zu Ludwigslust. 1855. 4°.

Verzeichnis verschiedener Gewächse, welche sich dermalen in dem hiesigen Hofgarten vorfinden. Kempten 1791. V: *Bischofberger, Jos.* (KY 1/280: 6/73) (BiblPort)

— verschiedener Gewächse, so sich im Fürstl. Garten zu Kempten befinden. gr. 8. Kempten 791. Kösel. 4 gl

Verzeichniß der Gewächshaus-Pflanzen, Rosen, Perennen und Georginien, welche in dem ständischen Garten zu Bubenetsch zum Tausch und Verkauf abgegeben werden. Prag, 1855. Druck von Fr. Rohlicek. (40 S. 8.) geh.

Verzeichnis der Gewerb-, Landwirtschafts- und Handelsschulen im Geschäftsbereich des Königlich Sächsischen Ministeriums des Jnnern. 1886. Dresden 1886

Verzeichniß der Gewerb-, Landwirthschafts- und Handels-Schulen im Geschäftsbereiche des Königlich Sächsischen Ministeriums des Innern. Zsgst. auf Anordn. des Minist. 1893. *Dresden (1893): F. Lommatzsch.* (XI, 245 S.) 8° [...] [illegible] 4

Verzeichnis der Gewerbe-, Landwirthschafts- und Handels-Schulen im Geschäftsbereiche des königlich Sächsischen Ministeriums des Innern. Zsgest. auf Anordn. d. Kgl. Sächs. Minist. d. Innern. 1898. Dresden (1898): F. Lommatzsch. (XII, 297 S.) 8°

Verzeichnis der Gewerbe-, Landwirtschaits- und Handelsschulen im Geschäftsbereich des königlich sächsischen Ministeriums des Innern. 1902. Dresden 1903.

— der Gewerbe-, Landwirtschafts- u. Handelsschulen im Geschäftsbereiche des königl. sächsischen Ministeriums des Innern. Zusammengestellt auf Anordng. des königl. sächs. Ministeriums des Innern. 1905. (XV, 410 S.) gr. 8. Dresden (906). Kgl. sächs. Ministerium des Innern. Kart. n.n n. 2. 50

— der Gewerbe-, Landwirtschafts- u. Handelsschulen im Geschäftsbereiche des königl. sächsischen Ministeriums des Innern. Zusammengestellt auf Anordngn. des königl. sächs. Ministeriums des Innern. 1909. (XXIII, 511 S.) gr. 8. Dresden (910). Kgl. sächs. Ministerium des Innern. Kart. 4. —

— der Gewerbetreibenden, welche im Bezirk der Königl. Regierung zu Frankfurt a/O. Gewerbesteuer vom Handel Litt. A. mit kaufmännischen Rechten entrichten, nebst Angabe der Firmen und Hauptgeschäfte, für den Zeitraum vom 1. Juli 1841 bis ult. Dezember 1842, so wie sämmtl. Herren Justiz-Commissarien im Departement des Oberlandesgerichts zu Frankfurt a/O. Nach amtl. Mittheilungen zusammengestellt. gr. 8. Frankfurt a/O. 842. (Horwitzky.) 1/3 ₰

Verzeichniss der im Jahre 1845 in Wien öffentlich ausgestellten Gewerbs-Erzeugnisse der Oesterreichischen Monarchie nebst den Namen der Aussteller etc. Wien 1845. 8

Verzeichniß der zu d. diesjähr. Ausstellung eingesendeten Gewerbserzeugnisse. Und: Verzeichniß d. v. 15. Juli 1840 an in d. k. sächs. Akademie d. Künste zu Dresden öffentl. ausgestellten Werke d. bildenden Kunst. 16. (9 1/4 B.) Dresden (u. Leipzig, Arnoldische Buchh.) Thlr.

— über die auf Grund der Gewerbeordnung [§ 16, Zahl 13 der Gewerbeordnung vom 20. Decbr. 1859, R.-G.-Bl. Nr. 227 und § 15, Zahl 14 der Gewerbeordnung in der Fassung des Gesetzes vom 15. März 1883, R.-G.-Bl. Nr. 39] in den im Reichsrathe vertretenen Königreichen und Ländern zum Absatze von Giften berechtigten Gewerbsleute nach dem Stande vom 31. Octbr. 1885. Auf Grund ämtl. Quellen zusammengestellt. gr. 8. (27 S.) Wien 886, Hof- und Staatsdruckerei. *

— dass. — nach dem Stande vom 31. Octbr. 1886. Auf Grund ämtl. Quellen zusammengestellt. gr. 8. (37 S.) Ebendas. 887. *

— dass. — nach dem Stande vom 31. Octbr. 1887. Auf Grund ämtl. Quellen zusammengestellt. gr. 8. (41 S.) Ebendas. 888. *

— über die auf Grund der Gewerbeordnung in den im Reichsrathe vertretenen Königreichen u. Ländern zum Absatze v. Giften berechtigten Gewerbsleute, nach dem Stande vom 31. Octbr. 1888, 1889, 1890 u. 1891. gr. 8. (46; 49; 50; 52 S.) Wien 889—92, Hof- u. Staatsdruckerei. à Jahrg. * — 80

Verzeichnis üb. die auf Grund der Gewerbeordnung [§ 16, Zahl 3 der Gewerbeordng. vom 20. Decbr. 1859, R. G. Bl. Nr. 227 u. § 15, Zahl 14 der Gewerbeordng. in der Fassg. d. Gesetzes vom 15. März 1883, R. G. Bl. Nr. 39] in den im Reichsrathe vertretenen Königreichen u. Ländern zum Absatze v. Giften berechtigten Gewerbsleute, nach dem Stande vom 31. Octbr. 1889. Auf Grund ämtl. Quellen zusammengestellt. gr. 8. (49 S.) Wien 890. Hof- u. Staatsdruckerei. n. — 80

Verzeichniß über die in den im Reichsrathe vertretenen Königreichen und Ländern zum Absatze von Giften berechtigten Gewerbsleute nach dem Stande vom 31. October 1892. 8. (52 S.) —.40
Wien: Hof- u. Staatsdruckerei 1893.

— über die auf Grund der Gewerbeordnung (§ 16, Zahl 13 der Gewerbeordng. vom 20. Decbr. 1859, R. G. Bl. Nr. 227 u. § 15, Zahl 14 der Gewerbeordng. in der Fassg. des Gesetzes vom 15. März 1883, R. G. Bl. Nr. 39) in den im Reichsrathe vertretenen Königreichen u. Ländern zum Absatze v. Giften berechtigten Gewerbsleute, nach dem Stande vom 31. Oktbr. 1893. Auf Grund ämtl. Quellen zusammengestellt. gr. 8. (56 S.) Wien 894. Hof- u. Staatsdruckerei. n. — 80

Verzeichniß über die in den im Reichsrathe vertretenen Königreichen und Ländern zum Absatze von Giften berechtigten Gewerbsleute nach dem Stande vom 31. October 1894. 8. (58 S.) —.40
Wien: Hof- u. Staatsdruckerei 1895.

Verzeichniß über die in den im Reichsrathe vertretenen Königreichen und Ländern zum Absatze von Giften berechtigten Gewerbsleute nach dem Stande vom 31. October 1895. Gr.-8. (58 S.) —.40
Wien: Hof- u. Staatdruckerei 1896.

— üb. d. auf Grund d. Gewerbeordng. (§ 16, Zahl 13 d. Gewerbeordng. v. 20. XII. 1859, R.G.Bl. Nr. 227 u. § 15, Zahl 14 d. Gewerbeordng. in d. Fassg. d. Gesetzes v. 15. III. 1883, R.G.Bl. Nr. 39) in d. im Reichsrathe vertret. Königreichen u. Ländern z. Absatze von Giften berecht. Gewerbsleute, nach dem Stande v. 31. X. 1897. Auf Grund amtl. Quellen zusammengest. gr. 8. (59 S.) Ebd. 898. n. — 80

(F) Verzeichnis über die auf Grund der Gewerbeordnung (§ 16, Zahl 13 der Gewerbeordnung vom 20. December 1859, R.-G.-Bl. Nr. 227 und § 15, Zahl 14 der Gewerbeordnung in der Fassung des Gesetzes vom 15. März 1883, R.-G.-Bl. Nr. 39) in den im Reichsrathe vertretenen Königreichen und Ländern zum Absatze von Giften berechtigten Gewerbsleute nach dem Stande von 31. October 1898. Auf Grund amtlicher Quellen zusammengestellt. Wien, 1899 Hof- und Staatsdruckerei. 8°. 59 S. fl. —.40

(F) Verzeichnis über die auf Grund der Gewerbeordnung (§ 16, Zahl 13 der Gewerbeordnung vom 20. December 1859, R.-G.-Bl. Nr. 227 und § 15, Zahl 14 der Gewerbeordnung in der Fassung des Gesetzes vom 15. März 1883, R.-G.-Bl. Nr. 39) in den im Reichsrathe vertretenen Königreichen und Ländern zum Absatze von Giften berechtigten Gewerbsleute nach dem Stande vom 31. October 1899. Auf Grund amtlicher Quellen zusammengestellt. Wien. 1900. Hof- und Staatsdruckerei. 8°. 61 S. K —.80

(F) Verzeichnis über die auf Grund der Gewerbe-Ordnung (§ 16, Zahl 13 der Gewerbeordnung vom 20. December 1859, R. G. Bl. Nr. 227, und § 15, Zahl 14 der Gewerbeordnung in der Fassung des Gesetzes vom 15. März 1883, R. G. Bl. Nr. 39) in den im Reichsrathe vertretenen Königreichen und Ländern zum Absatze von Giften berechtigten Gewerbsleute nach dem Stande vom 31 October 1900. Auf Grund amtlicher Quellen zusammengestellt. Wien. 1901. Hof- und Staatsdruckerei. Gr.-8°. 64 S. K —.80

— über die auf Grund der Gewerbeordng. (§ 16, Zahl 13 der Gewerbeordng. v. 20. XII. 1859, R.G.Bl. Nr. 227 u. § 15, Zahl 14 der Gewerbeordng. in der Fassg. des Gesetzes v. 15. III. 1883, R.G.Bl. Nr. 39) in den im Reichsrathe vertret. Königreichen u. Ländern zum Absatze v. Giften berechtigten Gewerbsleute, nach dem Stande vom 31. X. 1901. Auf Grund amtl. Quellen zusammengestellt. gr. 8. (64 S.) Wien 902. Hof- u. Staatsdruckerei. n. — 80

Verzeichnis über die in den im Reichsrate vertretenen Königreichen und Ländern zum Absatze von Giften berechtigten Gewerbsleute nach dem Stande vom 31. Oktober 1904. Gr.-8°. (73 S.) Ebda. 1905. K —.80

— der auf Grund der Gewerbeordnung (§ 16, Zahl 13 der Gewerbeordng. vom 20. XII. 1859, R. G. Bl. Nr. 227 u. § 15, Zahl 14 der Gewerbeordng. in der Fassg. des Gesetzes vom 15. III. 1883, R. G. Bl. Nr. 39), in den im Reichsrate vertret. Königreichen u. Ländern zum Absatze v. Giften berechtigten Gewerbsleute, nach dem Stande vom 31. X. 1905. Auf Grund amtl. Quellen zusammengestellt. (78 S.) 8. Wien 906. Hof- u. Staatsdruckerei. n. — 80

Verzeichnis der auf Grund der Gewerbeordnung in den im Reichsrate vertretenen Königreichen und Ländern zum Absatze von Giften berechtigten Gewerbsleute nach dem Stande vom 31. Oktober 1907. Gr.-8°. (86 S.) Ebda. 1908. K —.80

— der auf Grund der Gewerbeordnung (§ 16, P. 13 der Gewerbeordng. vom 20. XII. 1859, R.G.Bl. Nr. 227 u. § 15, P. 14 der Gewerbeordng. v. 15. III. 1883, R.G.Bl. Nr. 39, sowie § 15, P. 14, der Gewerbeordng. in der Fassg. des Gesetzes vom 5. II. 1907, R.G.Bl. Nr. 26) in den im Reichsrate vertretenen Königreichen u. Ländern zum Absatze v. Giften berechtigten Gewerbsleute nach dem Stande vom 31. X. 1909. Auf Grund amtl. Quellen zusammengestellt. (91 S.) gr. 8. Wien 909. Hof- u. Staatsdruckerei. — 80

—— der in der Formerei der königl. Museen zu Berlin käuflichen Gipsabgüsse. Hrsg. von der Generalverwaltung. 1. und 2. Aufl. 8. (II, 80 S.) Berlin 880, 82, (Weidmann'sche Buchh.) Spemann.

—— der in der Formerei der königl. Museen zu Berlin käuflichen Gipsabgüsse. Hrsg. von der Generalverwaltung. 1.—4. Nachtrag. 8. (1; 2; 1; 4 Bl.) Berlin 884—88, Spemann.
Hauptwerk. Ebendas. 1882. ** 40 Pf.

Verzeichniss der in der Formerei der Königl. Museen käuflichen Gips-Abgüsse. Hrsg. v. d. Generalverwaltung. Berlin 1892. 8°
Dass. Ebda. 1893. 8°

Königliche Museen zu Berlin. **Verzeichnis** der in der Formerei der Königl. Museen käuflichen Gipsabgüsse. Hrsg. von d. General-Verwaltung. Berlin 1902: Reichsdr. (VI, 132 S.) 8°

Kgl. Museen zu Berlin. **Verzeichnis** der in der Formerei der Königl. Museen käuflichen Gipsabgüsse. (Ägypt., vorderasiat., griech. u. röm. Bildwerke, sowie Bildwerke d. Mittelalters, d. Renaissance u. Neuzeit.) Hrsg. von d. Gen.-Verwaltung. Berlin 1906: (G. Reimer). (VI, 115 S.) 8° [06. 11085

Kgl. Museen zu Berlin. **Verzeichnis** der in der Formerei der Königl. Museen käuflichen Gipsabgüsse (Prähist., ethnol. u. anthropol. Gegenstände.) Hrsg. von d. Gen.-Verwaltung. Berlin 1906: G. Reimer. (52 S.) 8° [06. 13086

Königl. Museen zu Berlin. **Verzeichniss** der käuflichen Gipsabgüsse des Kunstgewerbe-Museums. Hrsg. von d. General-Verw. 1895. *Berlin 1895: W. Buxenstein.* (44 S.) 8°

Königl. Museen zu Berlin. **Verzeichniss** der in der Formerei der Königlichen Museen käuflichen Gipsabgüsse (Schulmodelle) des Kunstgewerbe-Museums. Hrsg. von d. Generalverwaltung. Berlin 1902. W. Büxenstein. (60 S.) 8°

—— der Gypsabgüsse der königl. Museen zu Berlin. Kleine Ausg. Hrsg. von der Generalverwaltung. 8. (III, 128 S.) Berlin 879, Weidmann'sche Buchh.

— der Gipsabgüsse der königl. Museen zu Berlin. Kleine Ausg. Hrsg. v. der Generalverwaltg. 3. Abdr. 8. (II, 127 S. m. 1 Grundriss.) Berlin 883. Weidmann. n.n. — 60

Verzeichniß über Glashauspflanzen, Rosen und der neuesten Georginen, welche bei Joh. Forstinger, Hofgärtner im hochgräflich Franz v. Zichy'schen Lustgarten zu Vedröd nächst Tirnau, um die beigesetzten Preise in C. M. abgegeben werden. Tirnau, 1856. Sigmund Winters Buchdr. (25 S. 8.)

Verzeichnis der Glas- und Treibhauspflanzen, welche sich auf dem königl. Berggarten zu Herrenhausen . . . befinden. Hannover 1787. V: *Ehrhart, Friedrich.* (ML) (Ky)

— d. Glas- u. Treibhauspflanzen, welche sich auf d. Königl. Berggarten z. Herrenhausen bei Hannover befinden. 8. Hannover, 1797. Pockwitz. — 20

— der gegenwärtig lebenden Glieder des Geschlechts der Grafen u. Freiherrn v. der Goltz. Hrsg. v. dem Familienvorstand Rüdiger Frhr. v. der Goltz, Colmar Frhr. v. der Goltz, Graf Alex. v. der Goltz. (36 S.) Lex. 8. Berlin (908). (F. Zillessen.) 3. —

Verzeichniss der Glocken aus der Giesserei von Jakob Keller in Unterstrass bei Zürich. 6 Sin. gr. 8. Zürich, Druck v. D. Bürkli. 1874

Verzeichnis von grösstentheils seltnen Gold- Silber- und Kupfer-Münzen an Medaillen, Thalern, Gulden ... Chemnitz 1791. V: *Plenkner.* (Lipsius)

Verzeichniss der Gönner u. Mitglieder der Feuerwehr Munchens. (Stand v. 31. Dezbr. 1885.) München 1886. Gr. 8⁰. 32 S. Cart.

Verzeichniss der Gönner u. Mitglieder der Feuerwehr München. München 1887. Buchh. von Fr. Birkel . . . . 8⁰. Cart. 31 S.

Verzeichnis einer Goethe-Bibliothek. [Bonn] 1848. V: *Hirzel, Salomon.* (ABJP) (AarK) (Cat. d. Stadtbibl. Zürich. Zürich 1864—97.)

Verzeichnis einer Goethe- und Schiller-Sammlung. Wien 1910. H: *Schwab, Felix.* (EB)

—— der in der königl. katholischen Hofkirche zu Dresden von der königl. musikalischen Kapelle und den Kirchensängern auszuführenden Gottesdienste. 1886—1889. Entworfen von Paul Brendler. 8. (à Jahrg. 9 S.) Dresden, Warnatz und Lehmann.

— der 1890 in der königl. katholischen Hofkirche zu Dresden v. der königl. musikalischen Kapelle u. den Kirchensängern auszuführenden Gottesdienste. Entworfen v. P. Brendler. 12. (11 S.) Dresden 890. Warnatz & Lehmann. n. — 40

— der 1891 in der königl. katholischen Hofkirche zu Dresden v. der königl. musikalischen Kapelle u. den Kirchensängern auszuführenden Gottesdienste. Entworfen v. Paul Brendler. 12. (9 S.) Dresden 891. Warnatz & Lehmann. Durchschossen. n. — 40

—— der 1892 in der königl. katholischen Hofkirche zu Dresden v. der königl. musikalischen Kapelle u. den Kirchensängern auszuführenden Gottesdienste. Entworfen von Paul Brendler. 12. (9 S.) Dresd. 892, Warnatz u. Lehmann. Durchsch. * — 40
Erscheint jährlich.

— der 1895 in d. kgl. kathol. Hofkirche zu Dresden v. d. kgl. musikal. Kapelle u. d. Kirchensängern auszuführ. Gottesdienste. Entworfen v. Paul Brendler. 12. (10 S.) Dresden 895. H. Burdach. Durchsch. n. — 40

Verzeichniß sämmtlicher Gottesdienste, welche in den Kirchen der Stadt, der Vorstädte und zu Maria Plain das ganze Jahr hindurch abgehalten werden. Nebst der Ordnung des abendlichen Ave-Maria-Läutens. Salzburg, 1856. Druck und Verlag der Duyle'schen Hofbuchdruckerei in Salzburg. (48 S. 16.)

Verzeichnis der ausserdeutschen Gross-Logen, welche mit den deutschen Gross-Logen durch gegenseitige Vertretung oder durch Briefwechsel in Verbindung stehen. o. O. u. J. 2 Bl. 4⁰. [Umschlagtit.] 21.

Verzeichnis der Grosslogen und Logen, welche Mitglieder der Comenius-Gesellschaft sind: [Berlin] 1900 [Denter & Nicolas]. 4 S. 4⁰. [Kopftit.] 21.

Verzeichniß derjenigen Grundbesitzer in den Städten Heiligenhafen und Neustadt, ... welche ... als Abgeordnete und Stellvertreter für die ständische Versammlung Holsteins gewählt werden können. Oldenburg. (1852.) 8⁰

Verzeichniss der im Besitze der Bayer. Hypotheken- u. Wechselbank befindlichen u. zum Wiederverkaufe bestimmten Güter. O. O. u. J. (München, c. 1880). Fol. 10 Bll. Cart.

Schweizerischer Wagenverband. **Verzeichnis** der Güterwagen. Stand vom 31. Dezember 1899. Nachtrag 1. Gültig vom 1. Januar 1901 ab. — Association suisse du Matériel roulant. Etat des Vagons à Marchandises. Situation au 31 Décembre 1899. 1er Appendice. Valable à partir du 1er Janvier 1901. 20 S. fol.

Verzeichnis der Halbkäfer, Netzflügler ... welche um den Ursprung der Donau und des Neckars ... vorkommen. Stuttg. u. Tüb. 1802. V: *Roth von Schrökenstein, Frdr. Freih.* (EBHN)

— halbmonatliches, v. Aufsätzen aus deutschen Zeitungen in sachlich-alphabetischer Anordnung. Mit Beiblatt: „Die bibliographisch-literar. Auskunft". Beilage zur Bibliographie d. deutschen Zeitschriften-Literatur. 1.—3. Jahrg. Oktbr. 1908—Septbr. 1911. à 24 Nrn. (à ca. 8 S.) Lex. 8. Gautzsch b/Leipzig, Fel. Dietrich. à Jahrg. 24.—; f. Abonnenten der Bibliographie d. deutschen Zeitschriften-Literatur 20.—

Kgl. Bibliothek zu Berlin. **Verzeichniss** der im grossen Lesesaale aufgestellten Handbibliothek. 2. Ausg. 1896. *Burg: Dr. v. A. Hopfer (1896).* (2 Bl., 112 S., 1 Bl.) 1 Bd 8. [96. 6.6]

Königl. Bibliothek zu Berlin. **Verzeichnis** der im Grossen Lesesaale aufgestellten Handbibliothek. 3. Ausg. 1902. *Burg (1902): A. Hopfer.* (X, 119 S.) 8⁰

Königl. Bibliothek zu Berlin. **Verzeichnis** der im Großen Lesesaale aufgestellten Handbibliothek. 4. Ausg. 1909. Berlin: Kgl. Bibliothek (1909). XIII, 263 S. 8⁰

— der im grossen Lesesale der königl. Bibliothek zu Berlin aufgestellten Handbibliothek. 4. Ausg. 1909. (XIII, 263 S.) 8. Berlin (NW. 7) (910). Königl. Bibliothek. Geb. nnn — 50

Verzeichnis der im Lesesaale aufgestellten Handbibliothek. Göttingen 1890. H: *Dziatzko, Carl.* (EB) 2. Aufl. 1898. H: *Moldorf, Wilhelm.* (Stadtbibl. Frankf. a. M. Kat. der Neueren Bestände.)

Kgl. Universitäts-Bibliothek zu Göttingen. **Verzeichniss** der im Lesesaale aufgestellten Handbibliothek. 2. Aufl. ... (Vorr.: [Carl] Dziatzko, Dir.) *Göttingen: W. F. Kaestner 1898.* (X, 173 S.) 1 Bd 8. [98. 8393

Stadtbibliothek in Danzig. **Verzeichnis** der im Lesezimmer aufgestellten Handbibliothek und der ausliegenden Zeitschriften. (Vorr.: Prof. Dr. [Otto] Günther.) Danzig 1906: (A. Schroth). (51 S.) 8° [06. 8933

Verzeichnis der Handbibliothek der Lesehalle der Städtischen Volksbibliothek zu Charlottenburg und der in derselben ausliegenden Zeitschriften. Berlin-Charlottenburg 1899: R. Kühn. (4, 55 S.) 8⁰

Verzeichnis der Handbibliothek des Lesesaals [der Stadtbibliothek zu Frankfurt a. M.] und der daselbst aufliegenden Zeitschriften . . . Frankfurt a. M. 1894. 2. Aufl. 1898. H: *Ebrard, Friedrich Clemens.* (Berl) (Zuwachsverz. d. Bibl. in Zürich 1898 ff.)

Stadtbibliothek zu Frankfurt am Main. Verzeichniss der Handbibliothek des Lesesaals und der daselbst aufliegenden Zeitschriften und Zeitungen. (Vorr.: Prof. D. Friedrich Clemens Ebrard.) 2., umgearb. Aufl. *Frankfurt a. M.: Dr. v. Gebr. Knauer 1898.* (88 S.) 1 Bd 8. [97. 191]

Verzeichniss der Handbibliothek des Lesesaales der Universitäts-Bibliothek zu Leipzig. *Leipzig: (Dr. v. Gressner & Schramm) 1896.* (VIII, 140 S.) 1 Bd 8. [97. 153]

Verzeichniss der Handbibliothek des Lesesaales der Universitäts-Bibliothek zu Leipzig. 2. Ausg. Leipzig 1900; (Burg: A. Hopfer). (VIII, 157 S.) 8°

Verzeichnis der Handbibliothek des Lesesaales der Universitäts-Bibliothek zu Leipzig. 3. Ausgabe. VIII + 198 S. 8. Leipzig (Robert Noske Borna-L.) 1905.

— einer philolog. Handbibliothek für d. obern Klassen deutscher Gymnasien u. Lyceen, zur öffentl. u. Privatgebrauche (v. Tr. F. Friedemann.) 8. Braunschw. 825. Lucius. 3 gGr.

Verzeichnis einer philologischen Handbibliothek für die obern Klassen deutscher Gymnasien . . . Leipzig 1825. H: *Friedemann, Traugott Friedrich.* (MGT) »Braunschweig 1825« (Ky)

— e. Handbibliothek d. vorzugl. ökonom. Werke u. forstwissenschaftl. Werke Deutschlands. Mit Angabe d. Verleger u. Preise. 8. Berlin, 1818. 2. Aufl. 1823. (Leipzig, Amelang.) — 10

Verzeichniß einer Handbibliothek der vorzüglichsten ökonomischen u. forstwissenschaftl. Werke Deutschlands. Mit Angabe der Verleger u. d. Preise. 2e verm. Aufl. 8. Berlin 824, Amelang. Rthlr.

— einer Handbibliothek der vorzüglichsten schönwissenschaftlichen Werke Deutschlands, so wie der besten deutschen Uebersetzungen von klassischen Werken fremder Sprachen. 8. Berlin, Amelang. 816.

— einer Handbibliothek d. vorzügl. schön-wissenschaftl. Werke Deutschlands, so wie d. besten deutschen Uebersetzungen von klass. Werken fremder Sprachen. 8. Berl. 82.. Amelang. 6 gGr.

Kaiser-Wilhelm-Bibliothek in Posen. Verzeichnis der Handbibliotheken des Lesesaales und des Katalogzimmers. Posen: Kaiser-Wilhelm-Bibliothek 1910. XVI, 238 S. 8° [10. 13797]

— der Handbibliotheken des Lesesaales u. des Katalogzimmers der Kaiser-Wilhelm-Bibliothek in Posen. (XVII, 238 S.) 8. Posen 910. (J. Jolowicz.) — 30

— sämmtlicher Handelsfirmen der Prov. Posen. Nach den amtl. Eintraggn. in die Handels-Register der Kreisgerichte. Mit Angabe der Procuristen, rechtl. Verhältnisse, ehel. Gütergemeinschafts-Ausschliessg., Tag der Firmen-Anmeldg. u. Geschäftsbranchen. Hrsg. v. M. Jagielski. gr. 8. (392 S.) Posen 872. Jagielski. n. 6. —

—— der Handelshäuser u. Fabriken d. Kant. Zürich, mit Beifügung d. solidaren Antheilhaber u. Commanditärs, so wie d. Klassensteueranlagen. Nach d. offic. Registern bearb. 8. (6½ B.) Zürich 837, Orell, Füßli u. Comp. *

— der Handelshäuser und Fabriken des Kantons Zürich, mit Beifügung der solidaren Antheilhaber u. Commanditärs, sowie der Klassensteueranlagen, nebst e. Register. Ausgegeben am 1. Juli 1842. 8. Zürich 842, Orell, Füßli u. C. ⅓ Rthlr.

— der Handelshäuser u. Fabriken des Kantons Zürich, mit Beifügung der solidaren Antheilhaber, Commanditärs u. Procuratrager, sowie der Klassensteueranlagen. Nach den offiziellen Registern bearb. Ausgegeben im Juni 1848. 8. (102 S.) Zürich, Orell, Füßli & Co. ⅓ Rthlr.

— der Handelshäuser und Fabriken des Kantons Zürich mit Beifügung der solidaren Antheilhaber, Commanditärs, Procuraträger, sowie der zu entrichtenden Handels-Klassensteuer nebst einem den Geschäftszweigen nach geordneten Register. Gefertigt nach den offiziellen Registern durch die Kanzlei der Handelskammer. Zürich 854. Orell, Füßli u. Co. 8. (143 S.) 15 ngr.

—— der Handelshäuser und Fabriken des Kantons Zürich mit Beifügung der solidaren Antheilhaber, Commanditars, Profuratrager, sowie der zu entrichtenden Handels-Klassensteuer. Gefertigt nach den offiziellen Registern bis Ende des J. 1857 durch die Kanzlei der Handelskammer. 8. (108 S.) Zürich 858, (Orell, Füßli und Comp.)

— der Handelshäuser und Fabriken des Kantons Zürich mit Beifügung der solidaren Antheilhaber, Commanditärs, Procuratrager, sowie der zu entrichtenden Handels-Klassensteuer. Gefertigt nach den offiziellen Registern bis Ende des Jahres 1859 durch die Kanzlei der Handelskammer. Zürich 860. (Orell, Füßli & Co.) 8. (118 S.) 15 ngr.

—— der Handelshäuser und Fabriken des Kantons Zürich mit Beifügung der solidaren Antheilhaber, Commanditärs, Profuratrager, sowie der zu entricht. Handels-Klassensteuer. Gefertigt nach den offiziellen Registern bis Ende des J. 1863 durch die Kanzlei der Handelskammer. 8. (135 S.) Zürich 864, (Orell, Füßli und Comp.) *

— der Handelshäuser u. Fabriken des Kantons Zürich mit Beifügung der solidaren Antheilhaber, Commanditärs, Profuraträger, sowie der zu entrichtenden Handels-Klassensteuer. Gefertigt nach den offiziellen Registern bis Ende Februar 1866 durch die Kanzlei der Handelskammer. Zürich 866. Orell, Füßli & Co. 8. (200 S.) 22½ ngr.

— — Gefertigt nach den offiziellen Registern bis Ende März 1868. Ebend. 868. 8. (235 S.) n. 24 ngr.

— der im Deutschen Reich bestehend. Handelskammern u. kaufmänn. Korporationen nach d. Stande am Anfang des J. 1901. gr. 4. (9 S.) Berlin 901. E. S. Mittler & Sohn. n. — 40
Sonderabdruck aus: „Deutsches Handels-Archiv".

Verzeichnis der im deutschen Reich bestehenden Handelskammern und kaufmännischen Korporationen nach dem Stande am Anfang des Jahres 1902.
Dasselbe nach dem Stande am Anfang der Jahre 1903 ff.

Verzeichnis der im Deutschen Reich bestehenden Handels- und Landwirtschafts kammern nach d. Stande am Anfang d. J. 1906. Berlin: E. S. Mittler & Sohn (1906). (14 S.) 4° [Kopft.]

Verzeichnis der im Deutschen Reiche bestehenden Handels- und Landwirtschaftskammern. [1.] Nach d. Stande am Anfange d. Jahres 1907. Berlin: E. S. Mittler & Sohn 1907. 4° [F.] [07. 11471]

Verzeichnis der im Deutschen Reiche bestehenden Handels- und Landwirtschaftskammern nach dem Stande am Anfang jedes Jahres. [Hrsg. vom Reichsamt des Innern.] Ausg. 1906–1908. Berlin, 1906–1908.

Verzeichnis der im Deutschen Reiche bestehenden Handels- und Landwirtschafts kammern nach dem Stande am Anfange des Jahres 1909. (Berlin 1909: Mittler.) 13 S. 4° [Kopft.]

— der im Deutschen Reiche bestehenden Handels- u. Landwirtschaftskammern nach dem Stande am Anfang des J. 1910. (13 S.) Lex. 8. Berlin, E. S. Mittler & Sohn. — 40

— des Handelsstandes, nebst dem damit verbundenen Gewerbstande d. Stadt St. Gallen. Mit e. Grundrisse d. Stadt. 8. St. Gallen 811. Huber u. Comp. 6 K

— sämmtlicher Handels- u. Gewerbetreibenden des Kammerbez. Bozen. Hrsg. v. der Handels- u. Gewerbekammer in Bozen. Nebst 1. Nachtrag. gr. 8. (XI, 296 u. 30 S.) Bozen 888. 890. (F. Moser.) n. 2. —

Verzeichnis der bedeutendsten Handlungen, Fabriken und Gewerbe der Stadt Mainz. Nebst einem Anhange. 4. (34 S.) Mainz 855, Kunze. *

Verzeichnis der altdeutschen Handschriften der k. k. Hofbibliothek zu Wien . . . Leipzig 1841. H: *Hoffmann genannt von Fallersleben, Aug. Hnr.* (GGr)

Verzeichnis der Handschriften des historischen Archivs der Stadt Trier. Trier 1899. V: *Keuffer, Max.* (Berl)

Verzeichnis der vom 21. bis 28. Sept. 1905 in der Königl. Bibliothek zu Bamberg ausgestellten Handschriften. (Bamberg 1905: J. M. Reindl.) (19 S.) 8° [J.] [06. 7777

Verzeichnis der bei der Versammlung deutscher Bibliothekare am 23 Mai 1907 und an den folgenden Tagen in der Königlichen Bibliothek zu Bamberg ausgestellten Handschriften. ([Bamberg] 1907: J. M. Reindl.) (23 S.) 8° [J.] [07. 8613

— von Goethe's Handschriften, Zeichnungen und Radirungen, Drucken seiner Werke, Compositionen u. Illustrationen seiner Dichtungen, Büsten, Medaillen u. Gemälden, Portraits aus seinem Freundeskreise, Andenken u. Erinnerungszeichen, welche im Concertsaale des Königl. Schauspielhauses vom 19. Mai 1861 an ausgestellt sind. Mit 2 (lith.) Schrifttaf. Berlin 861. Schroeder. gr. 8. (79 S.) n. 10 ngr.

Verzeichnis der Jeverland betreffenden Handschriften und Drucke des Mariengymnasiums in Jever. *Jever 1900: C. L. Mettcker & Söhne.* (35 S.) 8° [J.]
Jever, grossh. Marien-G, P 1900 (720)

Verzeichnis der Handschriften und Collectaneen, vaterländischen Inhalts, die zu den Druckschriften der Schweizer-Bibliothek gehören . . . Luzern 1809. V: *Balthasar, Joseph Anton Fel. v.* (AarK)

Verzeichnis der orientalischen Handschriften der Hof- und Staatsbibliothek München unter Ausschluss der hebräischen, arabischen und persischen. München 1875. V: *Aumer, Joseph.* (EB)

—— der orientalischen Handschriften der k. Hof- und Staatsbibliothek in München, s. Catalogus codicum manu scriptorum bibliothecae regiae Monacensis. I, 4

—— der orientalischen Handschriften aus dem Nachlasse des Prof. Dr. Martin Haug in München. gr. 8. (III, 47 S.) München 876, Th. Ackermann.

Verzeichnis der orientalischen Handschriften der Universitäts-Bibliothek . . . Tübingen 1839. H: *Ewald, Georg Heinrich August.* (BrMm)

Verzeichnis der Handschriften im preussischen Staate. I. 1. Berlin 1893. II: *Meyer, Wilh.* (Berl) (Stadtbibl. Frankfurt a. M. Kat. der Neueren Bestände.)

— der Handschriften im Preussischen Staate. I. Hannover. 1—3. gr. 8. Berlin, A. Bath. n. 64. 50
1. Göttingen. 1. Universitäts-Bibliothek. Philologie, Literargeschichte, Philosophie, Jurisprudenz. (IX, 587 S.) 893. n. 20. —
2. Die Handschriften in Göttingen. 2. Universitäts-Bibliothek. Geschichte, Karten, Naturwissenschaften, Theologie, Handschriften aus Lüneburg. (VIII, 539 S.) 893. n. 18. 50
3. Göttingen. 3. Universitäts-Bibliothek. Nachlässe v. Gelehrten. Orientalische Handschriften. Handschriften im Besitze v. Instituten u. Behörden. Register zu Bd. 1—3. (VIII, 551 u. 244 S.) 894. n. 26. —

Verzeichnis der Handschriften der Stiftsbibliothek von St. Gallen. Herausgegeben auf Veranstaltung . . . des kathol. Administrationsrathes des Kantons St. Gallen. Halle 1875. H: *Scherrer, Gustav.* (Ba) (BSchwLk I a) (Hauptkat. d. Univ.-Bibl. Tübingen. K, Nachtr. 20.) (Jenaer Litt. Ztg. 1875. S. 448.) (Stadtbibl. Frankf. a. M. Kat. der Neueren Bestände.)

—— der Handschriften der Stiftsbibliothek von St. Gallen. Hrsg. auf Veranstaltung und mit Unterstützung des kathol. Administrationsrathes des Kantons St. Gallen. gr. 8. (XII, 650 S.) Halle 875, Buchh. des Waisenhauses.

Verzeichnis der Handschriften der k. k. Universitätsbibliothek zu Gratz. Gratz 1864. V: *Zahn, Jos. v.* (JoanStyrA)

VERZEICHNISS DER HANDSCHRIFTEN **und geschichtlichen Urkunden der Milich'schen (Stadt- oder Gymnasial-) Bibliothek in Görlitz. Als Anhang zum Neuen Lausitzischen Magazin Band 44. u. folgg. Herausgegeben vom Sekretär (E. E. Struve). (Görlitz. 1868 ff.)**

VERZEICHNISS ÜBER DIE KINDLINGER'SCHE HANDSCHRIFTENSAMMLUNG, und die darin vorkommenden Urkunden-Abschriften. Für die Mitglieder des Vereins für vaterländische Geschichte Westphalens. Paderborn 1828. Gedruckt in der Helwing-schen Buchdruckerei. 8°.

Berliner Turnerschaft (Korporation). Verzeichnis der Haupt-Bücherei. Hrsg. v. Vorstande. Abgeschlossen März 1904. [Hauptkatalog.] Berlin 1904: P. Lenz. 8° [J.] [06. 6907

— der Haupt-Exporteure u. Importeure v. Hamburg-Bremen. qu. 12. (270 u. LXII S.) Hamburg 894. Pontt & v. Döhren. Kart. n.n. 2. —

[illegible]

Verzeichnis der in der k. k. Hauptstadt Klgft. befindlichen Häuser mit ihren Innhabern. Klgft., Schotter. 1792. 54 S. (V. auch: „Hausnummern-Verzeichnis“ u. „Numerirung, Neue“.)

— der Häuser u. Hausbesitzer der königl. Stadt Eichstätt, nach Straßen, Gassen, Plätzen u. Hausnummern geordnet, nebst e. Adreßsammlg. sämmtl. Civil-, Militär- u. geistl. Behörden, dann der hier garnisonir. aktiven u. nicht aktiven Offiziere ꝛc. Nach amtl. Quellen zusammengestellt. 8. (128 S.) Eichstätt 891. A. Stillkrauth. n. — 80

—— der Häuser und Hausbesitzer der königl. Stadt Ingolstadt nach Straßen, Gassen, Plätzen und Hausnummern geordnet, nebst einer Adreßsammlung sämmtl. Civil-, Militär- und geistl. Behörden, dann der hier garnisonir. aktiven und nichtaktiven Offiziere ꝛc. ꝛc. Nach amtl. Quellen zusammengestellt. gr. 8. (61 S. mit 1 lithogr. Stadtplan in qu. gr. Fol.) Ingolstadt 877, Ganghofer.

— sämmtlicher Häuser in der Stadt Bamberg, nach den fortlauf. Hausnummern geordnet m. Angabe der Besitzer u. der Straßen. [Aus: „Schmidt's Adreß- u. Geschäftshandbuch der Stadt Bamberg“.] gr. 8. (16 u. 28 S.) Bamberg 876. Schmidt. n. 1. —

— sämtlicher Häuser der Stadt Basel m. Angabe der Eigentümer. (Abgeschlossen 30. IX. 1899.) Anh. zum Adressbuch der Stadt Basel 1899. gr. 8. (III, 143 S. m. farb. Plan.) Basel 899. B. Schwabe. Kart. n. 3. 20

Verzeichnis sämtlicher Häuser der Stadt Basel mit Kleinhüningen mit Angabe der Eigentümer. 1904. ⟨Abgeschlossen 20. August 1904.⟩ [Mit 1 Plan.] IV + 166 S. 8. Basel, Benno Schwabe. [geb. fr. 3. —]

Verzeichnis sämtlicher Häuser der Stadt Basel mit Angabe der Eigentümer. 1908. ⟨Abgeschlossen 10. September 1908.⟩ [Mit 1 Plan.] IV + 184 S. 8. Basel, Benno Schwabe. [geb. fr. 3. 50]

Verzeichnis sämmtlicher Hausinhaber im Bezirke Villach. Villach, Hoffmann. 1843. — 1861. 152 S.

Verzeichnis der Havariekommissare der hauptsächlichsten Assekuranzvereine. S. A. aus dem Register des Germanischen Lloyd 1909 und 1910.

— derjenigen Heilmittel gegen verschiedene Krankheiten an deren Erforschung Aerzte u. Chirurgen verlegen sind, welche die Somnambüle Philippine Demuth Bäurle in Weilheim an der Teck in ihren somnambülen Schläfen je auf besonderes Befragen angegeben hat, u. sich bei richtigem Gebrauch stets bewährt haben. 7. verb. Aufl. gr. 8. (15 S.) Heilbronn 850, Landherr. 1/6 ꝑ

— derjenigen Heilmittel, welche die Somnambule je auf besonders Befragen angegeben u. sich bewährt haben. Eine Gratis-Beilagen zu den „Reisen in den Mond.“ 8. Heilbronn 840. Claß. 1 1/2 ꝑ

Verzeichniss der in Schleswig-Holstein, Lauenburg und den Hansestädten nebst nächster Umgebung ansässigen alten Herren deutscher Burschenschaften. Kiel. 1882. 8°

Verzeichnis sämmtlicher A. H. A. H. und Philister des K. V. D. St. G. V. (Stand vom 1. April 1889). [Berlin.] V: *Heune*, *W.* (Erman & Horn, Bibliogr. d. dtsch. Univ. 1. Leipz. u. Berl. 1904.)

Verzeichniß über die Herstellungs-Arbeiten an den Repetir-Gewehren M. 1888 und dem Infanterie-Officiers-Säbel, welche den Truppen-Büchsenmachern obliegen, und deren Preise. a) Bei gegenseitiger Entlohnung zwischen Truppen-Büchsenmachern. b) Bei vorkommenden Ersatz-Vorschreibungen, wenn Herstellungen, welche den Truppen-Büchsenmachern obliegen, von den Anstalten des Artillerie-Zeugswesens bewirkt werden. 8. (7 S.) Wien: Hof- u. Staatsdruckerei 1890. —.2

Verzeichnis einiger gedruckten Hilfsmittel zu einer pragmatischen Landes-Volks- und Staatskunde Böhmens. [Prag 1787.] V: *Mader*, *Joseph Ritter von.* (WBL)

Verzeichniss der Hülfsvereine für Schleswig-Holstein und der Addressen, unter denen wiederholt Beiträge eingegangen sind. Kiel. 1850. 4°

— der technischen Hochschulen, Kunst-Akademien u. Kunstschulen, Bergakademien, höheren Militair- u. Marine-Bildungs-Anstalten u. zahlreicher gewerblicher Fachschulen, als: Bergbau-, Baugewerk- u. Maschinenbau-Schulen, Seemanns- u. Navigations-Schulen, Weberei-, Wirkerei-, Färberei- u. anderer Schulen der Industrie, städt. Handwerker-, Zeichen- u. gewerbl. Fortbildungs-Schulen etc. d. Deutschen Reichs, Oesterreich-Ungarns u. der Schweiz, sowie e. grossen Anzahl ähnl. Lehranstalten der übrigen Staaten d. europ. Continents. 1889. gr. 16. (158 S.) Berlin 889. Polytechn. Buchhandlg. Subscr.-Pr. n. 3. —; Ladenpr. n. 4. —

Verzeichniss der in den Jahren 1877-1879 vom kk. militär.-geogr. Institut trigonometr. bestimmten Höhen von Böhmen. Hrsg. von **C. R. v. Kořistka** u. **R. Daublebsky v. Sterneck.** 1884. (*Archiv f. d. naturwiss. Landesdurchforsch. von Böhmen. Bd 3, Abt. 1.*)

Verzeichniss (* *Ausg. B*: Verzeichnis) der Hohen-Fixpunkte (* *Ausg. B*: Hohenfixp.) im Gebiete der Stadt Zürich. Hrg. vom Vermessungsamt der Stadt Zürich. 8. Zürich.
Ausg. A [Mit Figuren und 1 Tafel.] 1895.
Ausg. B [Mit 2 Tafeln.] 1899.

Verzeichniss von Höhenpunkten in Hamburg und Umgebung, bestimmt durch geometrische Nivellements abseiten des Vermessungs-Bureau's in den Jahren 1869 bis 1872. Hamburg. 1872. 4°

Verzeichnis der Holzgewächse in der königlichen Forstbaumschule bei Kiel. Kiel 1827. V: *Niemann*, *Aug.* (Schles)

Verzeichnis der Hospitanten und Hospitantinnen an der Albertus-Universität im Sommer-Semester 1905. (2 Bl.) 8° [Kopft.] [Königsberg]

Verzeichnis der Hospitanten und Hospitantinnen an der Albertus-Universität im Wintersemester 1905/06. (3 Bl.) 8° [Kopft.] [J.] [Königsberg]

Verzeichnis der Hospitanten und Hospitantinnen an der Albertus-Universität im Sommersemester 1906. (2 Bl.) 8° [Kopft.] [J.] [Königsberg]

Verzeichniss der ersten Jahres-Ausstellung der Schleswig-Holsteinischen Kunstgenossenschaften 1894. Kiel. (1894.) 8°

Verzeichniss der Jahresversammlungen und der Mitglieder der schweiz. naturforsch. Gesellschaft. Nr. 15–18. 1876–91.

Verzeichniss der Jahresversammlungen u. der Mitglieder der schweizer. naturforschenden Gesellschaft. Gr. 8°, 44 S. Aarau, H. R. Sauerländer. 1882.

Verzeichniss der Jahresversammlungen u. der Mitglieder der Schweizer. Naturforschenden Gesellschaft, October 1886. Gr. in-8°, 46 S. Aarau, H. R. Sauerländer.

Schweiz. naturforschende Gesellschaft. Verzeichnis der Jahresversammlungen und der Mitglieder = Société helvétique des sciences naturelles. Liste des sessions annuelles et des membres. Nr. 20. 62 S. 8. Aarau, H. R. Sauerländer & Co., April 1903.

Verzeichnis der meisten zu Pressburg und in derselben Gegend üblichen Idiotismen ... [Pressb. 1787.] V: *Windisch, Carl Glieb von.* (Mz)

Verzeichniss der unter der insurrectionellen Regierung Ungarns durch Martial oder Statarialgerichte hingerichten oder ohne alle Justiz hingeschlachteten Individuen. 4. Wien 1850.

Verzeichnis der bei der Londoner allgemeinen Gewerbs-Produkten-Ausstellung von der k. k. Staatsverwaltung u. Herrn A. Richter in Königssaal angekauften u. in den Lokalitäten des kärntnerischen Industrie-Vereines zu Kigft. aufgestellten Industrie-Erzeugniße. (Klgft., Leon, 1852.) 24 S.

—— der Inhaber von Giro-Conten bei der Reichsbank. Abgeschlossen am 28. Febr. 1877. 8. (92 S.) Berlin 877, v. Decker's Verlag. cart.
—— dass. — Abgeschlossen am 31. Octbr. 1877. gr. 8. (98 S.) Ebendas. 877. cart.
—— dass. — Abgeschlossen am 15. Octbr. 1878. gr. 8. (116 S.) Ebendas. 878. cart.
—— dass. — Abgeschlossen am 1. Juli 1879. 8. (120 S.) Ebendas. 879. cart.

—— der Inhaber von Giro-Conten bei der Reichsbank. Abgeschlossen im Novbr. 1880. gr. 8. (138 S.) Berlin 880, Bath. cart.

Verzeichniss der Inhaber von Giro-Conten bei der Reichsbank. Abgeschlossen im Novbr. 1881. gr. 8. (150 S.) Berlin 881, Bath. cart.
—— dass. — Abgeschlossen im Novbr. 1882. gr. 8. (160 S.) Ebendas. 882.
—— dass. — Abgeschlossen im Mai 1883. 8. (160 S.) Ebendas. 883. cart.
—— dass. — Abgeschlossen am 1. April 1884. 8. (172 S.) Ebendas. 884. cart.

—— der Inhaber von Giro-Conten bei der Reichsbank. Abgeschlossen am 1. April 1885. gr. 8. (180 S.) Berlin 885. Bath. cart.
—— dass. — Zusammengestellt nach amtl. Material. Abgeschlossen am 1. April 1886. 8. (196 S.) Ebendas. 886. cart.
—— dass. — Zusammengestellt nach amtl. Material. Abgeschlossen am 15. April 1887. 8. (204 S.) Ebendas. 887. cart.
—— dass. — Zusammengestellt nach amtl. Material. Abgeschlossen am 20. Mai 1888. 8. (222 S.) Ebendas. 888. cart.

— der Inhaber v. Giro-Conten bei der Reichsbank. Zusammengestellt nach amtl. Material. Abgeschlossen am 1. Mai 1890. Mit monatlich erscheinenden Nachträgen. 8. (270 S.) Berlin 890. Bath. cart. n. 2. 50

—— der Inhaber v. Giro-Conten bei der Reichsbank. Zusammengestellt nach amtl. Material. Abgeschlossen am 5. Mai 1892. Mit monatl. erschein. Nachträgen. 8. (305 S.) Berl. 892, Bath. cart. * 2 50
Jahrg. 1889 ** 1 75; 1890 u. 91 à * 2 50. — Nachträge (à 10 Nrn.) Jahrg. 1889 u. 90 à * 1 50.

— der Inhaber v. Giro-Conten bei der Reichsbank. Zusammengestellt nach amtl. Material. Abgeschlossen am 1. Mai 1894. Nebst Nachträgen. 8. (332 S.) Berlin 894. A. Bath. Kart. n. 2. 50

— der Inhaber v. Giro-Konten bei der Reichsbank. Zusammengest. nach amtl. Material. Abgeschlossen am 25. V. 1898. gr. 8. (429 S.) Berlin 898. A. Bath. Kart., m. Nachträgen, n. 2. 80

— der Inhaber v. Giro-Konten bei der Reichsbank. Zusammengestellt nach amtl. Material. Abgeschlossen am 24. V. 1902. gr. 8. (568 S.) Berlin 902. A. Bath. Geb. in Leinw., m. Nachträgen n. 3. 50

Verzeichnis der Inhaber von Giro-Konten bei der Reichsbank. Zusammengestellt nach amtl. Material. Abgeschlossen am 10. V. 1906. (756 S.) 8. Berlin 906. A. Bath. Geb. in Leinw., m. Nachträgen n. 4. —

Verzeichnis der Inhaber von Giro-Konten bei der Reichsbank. Berlin. 1908. 8°

— der Inhaber v. Giro-Konten bei der Reichsbank. Zusammengestellt nach amtl. Material. Abgeschlossen am 25. V. 1909. (874 S.) 8. Berlin 909. A. Bath. Geb. in Leinw., m. Nachträgen 4. 60

— der Inhaber v. Kraftfahrzeugen in Baden nebst Angaben der Kennzeichen solcher im Deutschen Reich. (1910.) Mit Genehmigg. des grossherzogl. Ministerium des Innern in Karlsruhe, nach amtl. Quellen zusammengestellt v. Otto Battiany. (80 S.) kl. 8. Karlsruhe 910. J. J. Reiff. Geb. in Leinw. 2. —

— dasselbe in Württemberg u. Hohenzollern nebst Angabe der Kennzeichen solcher im Deutschen Reich. Nach amtl. Quellen zusammengestellt v. Otto Battiany. Abgeschlossen am 1. XII. 1910. (92 S.) kl. 8. Stuttgart 911. J. B. Metzler. Geb. in Leinw. 2. —

Verzeichnis der Inhaber des Eisernen Kreuzes pro 1870–71. Berlin 1874. 556 S. 4°

— der m. dem Kontrollstempel versehenen ausländischen Inhaberpapiere m. Prämien. (Bundesratsbeschluß vom 19. III. 1908. — Zentralblatt f. das Deutsche Reich S. 147/153; Reichsanzeiger vom 21. IV. 1908 Nr. 94, Beilage 1.) Hrsg. im Reichsschatzamte. (424 S.) 33×22 cm. Berlin 909. R. v. Decker. Geb. in Leinw. nn 66.—; 2.—4. u. 5. Nachtrag (2 u. 4 S.) — 90

Verzeichnis der m. dem Kontrollstempel versehenen ausländischen Inhaberpapiere m. Prämien. (Bundesratsbeschluss vom 19. III. 1908. — Zentralblatt f. das Deutsche Reich S. 147/153; Reichsanzeiger vom 21. IV. 1908 Nr. 94. Beilage 1.) Hrsg. im Reichsschatzamte. 5. Nachtrag. (4 S.) Berlin, R. v. Decker. 1910. —. 60.

Verzeichnis und summarischer Inhalt der in ... Oldenburg von Sept. 1775—31. Dec. 1793 ergangenen Verordnungen, Rescripte und Resolutionen. Oldenb. 1794. H: *Lentz, Heinrich Ernst.* (Schz) (Ky)

— u. summar. Inhalt der in d. Herzogth. Oldenburg vom 1. Sept. 1775 bis zum 31. Dec. 1793 ergang. Verordnn., Rescripten u. Resolutionen, (v. H. E. Lenz). 8. Oldenb. 798.

Verband d. Fabrik-, Land-, Hilfsarbeiter u. Arbeiterinnen Deutschlands. **Verzeichnis** und Inhalt der im Jahre 1907 abgeschlossenen Tarife. Hannover: (Brey) 1908. 104 S. 8° [11. 4188

Verzeichnis der Inkunabeln und Handschriften der Schaffhauser Stadtbibliothek (bearb. von Dr. H[einrich] Boos). Nebst einem Verzeichnis des handschriftlichen Nachlasses von Johannes von Müller (bearb. von Dr. K[arl] Henking). II + 157 S. 8. Schaffhausen, Joh. Bachmann, 1903.
(Fachkatalog [der] Stadtbibliothek Schaffhausen. [Teil] 3.)

Verzeichnis der Incunabeln der Stiftsbibliothek von St. Gallen. St. Gallen 1880. V: *Scherrer, Gustav.* (EB)

—— der Incunabeln der Stiftsbibliothek von St. Gallen. Hrsg. auf Veranlassung des kathol. Administrationsrathes des Kantons St. Gallen. gr. 8. (VII, 265 S.; Register LXIV S.) St. Gallen 880, (Huber und Comp.) *

— der Innungen im Bezirke der Gewerbekammer zu Zittau. Nach dem Stande vom 1. III. 1902. (16 S.) Lex.-8. Zittau 902. Handels- u. Gewerbekammer. (Nur direkt.) n. — 50

Verzeichniss der Innungs-Krankenkassen des Deutschen Reiches. gr. 8. (16 S.) Eberswalde, C. Müller's Buchdr. (Nur direkt.) 1901 —. 80.

Verzeichnis der bis jetzt, vornehmlich in der Umgegend von Riga . . . bekannt gewordenen . . . Käferartigen Insekten. Riga 1818. V: *Precht, Carl Heinrich.* (R-N)

—— und Insertions-Tarif der Fachzeitschriften, Kalender, Badeblätter etc., redig. durch die Annoncen-Expedition von Haasenstein und Vogler in Hamburg, Basel, Berlin etc. 2. Aufl. 16. (IV, 88 S.) Leipzig 872, Haasenstein und Vogler.

Verzeichniss und Insertions-Tarif der in Deutschland und allen übrigen Ländern erscheinenden Zeitungen, Wochen- und Kreisblätter, soweit sie Anzeigen aufnehmen. 4. Jahrg. 1860. Hrsg. von A. Retemeyer's Central-Annoncen-Bureau für in- und ausländ. Zeitungen. gr. 16. (28 S.) Berlin 860, Retemeyer's Annoncen-Bureau.

Verzeichniss der während der VI. Hauptversammlung des Deutschen Geometer-Vereins in Frankfurt a/Main vom 11ten bis 14ten August 1877 ausgestellten Instrumente und Vermessungswerke. (Autographirt.) s. l. & a. 8°.

Verzeichniſs derer auf dem Maſchinen-Saale der Königl. Realſchule befindlichen Inſtrumente, Maſchinen und Modellen, aufgenommen im Jahr 1776. Berlin, im Verlag der Buchhandlung der Realſchule. gr. 8. 48 S. 1777.

— d. chirurg., geburtshülfl., anatom. u. thierärztl. Inſtrumente u. Geräthe, nebſt Preisanſatz, welche bei J. N. Hölzlin in Freiburg verfertigt werden. 8. Freyburg 822. Herder. 4 gr.

Berlin, Achter Deutscher Geographentag, Verzeichniss der Instrumente, Niveau- und Hohenschichtenkarten, Reliefs etc., welche bei Gelegenheit des — zu Berlin ausgestellt sind. Berlin 1889.

-- der physikalischen (optischen), chemischen und anderen Instrumente u. Apparate, verfertigt bei J. Wilh. Albert in Frankfurt a. M. Frankfurt a. M. 856. Auffarth in Comm. gr. 8. (50 S. u. 5 lith. Taf. in Fol.) 6 ngr.

Internationales Verzeichnis der Funkentelegraphenstationen. Hrsg. vom Internationalen Bureau d. Welttelegraphenvereins. [1.] August 1909. Bern: Welttelgraphenver. 1909. 4°

— allerhand pietistischer Intriguen. 8. Altona. 729.

Verzeichnis der Judaica des Herrn Dr. H. B. Levy in Hamburg. Hamb. 1900. H: *Goldschmidt, S.* (Gerhard Scholem: Bibliographia Kabbalistica. Leipzig 1927, S. 57)

-- ausgewählter Jugendschriften. Zusammengestellt auf Grund v. Beurteilgn. der verschiedenen Wegweiser u. Führer durch die deutsche Jugendlitteratur f. die XII. Hauptversammlg. des bayer. Volksschullehrer-Vereins, 8.—10. Aug. 1898 in Würzburg, u. hrsg. vom Bezirkslehrerverein Würzburg. gr. 8. (VIII, 42 S.) Würzburg 894. (Ballhorn & Cramer.) n. — 40

—— der von den k. k. Schulbehörden zur Aufnahme in die österreichischen Schülerbibliotheken für ungeeignet befundenen Jugendschriften, nebst den darauf Bezug habenden wichtigsten Verordnungen und Erläſſen. 12. (26 S.) Brünn 886, Winkler. *

-- empfehlenswerter Jugendschriften. 1. u. 2. Lfg. Zusammengest. v. d. Jugendschriften Commission d. kathol. Lehrerverbandes (Prov. Rheinland). 8. (14 u. 16 S.) Düren 896. 97. W. Solinus. à n. — 10

Vaterländischer Schriftenverband (V. S. V.). **Verzeichnis** empfehlenswerter Jugend-Schriften. Berlin: Schriftenverband 1910. 28 S. 8° [10. 1020]

—— empfehlenswerter Jugend- und Volksschriften. Ein Ratgeber für Eltern, Lehrer und Bibliothek-Vorstände. Hrsg. von der Jugendschriften-Kommission des Wiesbadener Lehrervereins. 8. (VII, 108 S.) Wiesbaden 887, Bechtold und Comp.
—— dass. -- 2. Heft. gr. 8. (V, 146 S.) Ebendas. 888.

—- der von den k. k. Bezirksschul-Inspectoren in Mähren für die Schüler-Bibliotheken zur Aufnahme geeignet erkannten Jugendschriften. Nebst einer Auswahl der erprobtesten Lehrmittel. 2. verm. Aufl. 8. (23 S.) Brünn 880, Winkler's Buchh.

—— von Jugend- und Volksschriften, nebst Beurteilung derselben. Unter besond. Berücksicht. der Bedürfnisse kathol. Schulen und Familien hrsg. vom Verein kathol. Lehrer Breslaus. 1. und 2. Heft. 8. (à Heft XVI, 96 S.) Breslau 886,87, Aderholz' Buchh. à Heft

—— von Jugend- u. Volksschriften, nebst Beurteilg. derselben. Unter besond. Berücksicht. der Bedürfnisse kathol. Schulen u. Familien hrsg. vom Verein kathol. Lehrer Breslaus. 2.—4. Heft. 8. [2. Heft. 2. Aufl. (XVI, 96 S.) 891; 3. Heft. (XII, 108 S.) 889; 4. Heft. (XII, 100 S.) 892.] Bresl., Aderholz. à Heft * 1 20; * 3 60
1. Heft. Ebd. 1886. * 1 20.

— von Jugend- u. Volksschriften, nebst Beurteilg. derselben. Unt. bes. Berücksicht. der Bedürfnisse kathol. Schulen u. Familien hrsg. vom Verein kathol. Lehrer Breslaus. 5. Hft. 8. (XII, 100 S.) Breslau 897. G. P. Aderholz. n. 1. 20

— von Jugend- u. Volksschriften, nebst Beurteilg. derselben. Unter besond. Berücksicht. d. Bedürfnisse kathol. Schulen u. Familien hrsg. vom Verein kathol. Lehrer Breslaus. 3. u. 6. Hft. 8. G. P. Aderholz. à n. 1. 20
3. 2. Aufl. Mit e. Anh.: Schillerbibliothek f. Kinder v. 10—14 Jahren. (XII, 101 S.) 901.
6. Mit e. Anh.: Empfehlenswerte Festgeschenke. (XII, 103 S.) 900.

— von Jugend- u. Volksschriften nebst Beurteilung derselben. Unter besond. Berücksicht. der Bedürfnisse kathol. Schulen u. Familien hrsg. vom Verein kathol. Lehrer Breslaus. 1. 2. 4. 5. u. 7. Heft. 8. Breslau, G. P. Aderholz. à n. 1. 20

1. 2. Aufl. (XVI, 56 S.) 904. — 2. 3. Aufl. (XVI, 96 S.) 904. — 4. 2. Aufl. Mit e. Anh.: Empfehlenswerte Schriften f. Volks- u. Familien-Bibliotheken. (XII, 110 S.) 903. n. 1. 20; Anh. (16 S.) — 15. — 5. 2. Aufl. (XV, 96 S.) 905. — 7. (XVI, 100 S.) 906.

— dasselbe. Alphabetisches Register zu Heft I—VII. (III, 56 S.) 8. Ebd. 907. — 60

— von Jugend- u. Volksschriften, nebst Beurteilg. derselben. Unter besond. Berücksicht. der Bedürfnisse kathol. Schulen u. Familien hrsg. vom Verein kathol. Lehrer Breslaus. 6. Heft. 2. Aufl. u. 8. Heft. (XV, 96 u. XI, 104 S.) 8. Breslau 908. 10. G. P. Aderholz. à 1. 20

— von Jugendschriften, welche f. Schüler-Bibliotheken v. Volks- u. Bürgerschulen als geeignet anerkannt wurden. Zusammengestellt auf Grund der Kataloge üb. v. der Lehrerschaft geprüfte Jugendschriften der Schüler-Bibliotheken Wiener Volks- u. Bürgerschulen. gr. 8. (12 S.) Wien 890. Sallmayer'sche Buchhandlg. — 30

Verzeichnis der Käfer, welche um den Ursprung der Donau und des Neckars . . . vorkommen. Stuttg. u. Tüb. 1801. V: *Roth von Schroekenstein*, *Friedrich Freih. v.* (EBHN) (Ky) (MGT)

— aller Römischen Kaiser nach ihren Namen, Vaterlande, Länge der Regierung, Todesart u. Todeszeit, Begräbnißzeit u. Lebensjahre rc. von August an bis auf jetzige Zeiten beschrieben. gr. Fol. Leipz. ... Jacobäer. 2 ℛ

Verzeichniss der im Stassfurter Salzlager vorkommenden Kali- und Steinsalze. Stassfurt. [illegible]

— der Candidaten des königl. würtemberg. land- und forstwirthschaftl. Instituts zu Hohenheim vom Herbst 1818 bis Ostern 1836. Mit einer Ansicht d. Anstalt. Lex.-Form. Stuttgart 836. Schweizerbart. $^1/_8$ ℛ

— der theologischen Candidaten des Königr. Sachsen. Zusammengestellt u. hrsg. vom Predigtamts-Candidaten-Verein in Dresden. gr. 8. (43 S.) Dresden 851, Adler & Dietze in Comm. n. $^1/_4$ ℛ

— der theologischen Candidaten des Königr. Sachsen. Nebst einem Anhange, I. die Unterstützungscasse, II. das Nachweisungs-Comité betr. Herausg. vom Predigtamts-Candidaten-Verein in Dresden. Dresden 855. (Naumann.) gr. 8. (41 S.) n. 10 ngr.

Verzeichniß der theologischen Candidaten des Königr. Sachsen. Nebst drei Anhängen. Hrsg. vom Predigtamts-Candidaten-Verein in Dresden. gr. 8. (40 S.) Dresden 857, (Naumann.) *

— der Karten u. Abbildungen der Zeitschrift f. allgemeine Erdkunde, der Zeitschrift u. der Verhandlungen der Gesellschaft f. Erdkunde zu Berlin. Zusammengestellt v. R. Kiepert. 1 farb. Blatt. 42 × 58 cm. Berlin 893. D. Reimer. n. 1. —

Verzeichnis der Katen der k. k. Familien-Fideicommiss-Bibliothek (Als Manuscript gedruckt.) Fol. Wien 1882.

Verzeichniss der von der Kgl. Geologischen Landes-Anstalt u. Bergakademie zu Berlin . . . herausgegebenen Karten u. Bücher. Berlin 1893. 8. (D.)

— der wichtigsten geologischen Karten v. Central-Europa. gr. 8. (60 S.) Berlin 871. Schropp. n.n. — 80

Verzeichnis der Karten und Zeichnungen des Königlichen Oberbergamts zu Breslau. Abgeschlossen im Juni 1906. Breslau 1906: W. G. Korn. (VIII, 136 S.) 4°(8°) [illegible]

Verzeichnis der Käsereien im Kanton Bern pro 1894, herausgegeben vom Statistischen Bureau d. Kantons Bern. In-8⁰. 21 S. Bern, Schmid, Francke & Co. 1895. — 75

— der gültigen und nicht gültigen Cassen-Anweisungen zu 1 und 5 Thaler, sowie der Banknoten, für welche in Sachsen Auswechselungscassen bestehen. 1 Bl. in 4. Nordhausen 858, Förstemann's Verlag.

Verzeichnis der im Katalogzimmer der Bibliothek des eidg. Polytechnikums (in Zürich) befindlichen Kataloge. [9 S.] 4. Zürich, Zürcher & Furrer, 1910.

— aller im Regierungsbezirk Aachen wohnenden Kaufleute, Beamten u. Geistlichen. Nebst e. Anhange. Mit 1 Karte. .. Aachen 838. Cremer. n. $^1/_2$ ℛ

Verzeichnis der im Jahre 1797 . . . an den Pocken gestorbenen Kinder. [Halberstadt 1798.] V: *Fischer*, *Gottlob Nathanael.* (ML)

— der Kirchen und der Geistlichen in der Diöcese Luxemburg für das J. 1882. 8. (18 S.) Luxemburg 882, Brück. *

Verzeichniß und Klassifikation der Schüler des Konservatoriums der Musik in Wien. Schuljahr 1854—1855 Wien, 1855. Aus J. B. Wallishaussers Druckerei. (9 S. 4.)

Verzeichniß und Klassifikation der Schüler des Conservatoriums der Musik in Wien. Schuljahr 1855/56. Wien, 1856. Aus J. B. Wallishaussers k. k. Hoftheater Druckerei. (11 S. 4.)

Verzeichnis der Knappschaftsärzte und deren Kurbezirke vom 1. Mai 1906 ab Hrsg. vom Allg. Knappschafts-Verein zu Bochum. Bochum, 1906. 31 S.

Dasselbe. Vom 1. Mai 1908 ab. Ebd., 1908. 35 S.

Verzeichnis samtlicher Kneippvereins-Sectionen welche sich dem Central-Kneipp-Verein statutengemaß angeschlossen haben. Borchert und Schmid, Kaufbeuren. Etwa 1895.

Verzeichnis der Coleopteren, die in einem Umfange von 2 bis 3 Meilen bei Cassel vorkommen. Cassel 1838. V: *Riehl*, *F.* (Braunschw. Bibliographie. Braunschweig 1897.)

Verzeichnis der Kommerzial-Nachweisungen. 1836-71. fol. Berlin

— der Communalsteuerpflichtigen der Oberbürgermeisterei Crefeld, Umlage pro 1879/80 von einem Einkommen von 900—1050 Mark an aufwärts, mit dem bezügl. Steuertarif, nach den auf dem Bürgermeisteramte ausgelegten Listen. gr. 8. (46 S.) Crefeld 879. Kramer & Baum n. 1. —

— der Communalsteuerpflichtigen der Oberbürgermeisterei Crefeld, Umlage pro 1886/87 v. e. der Communal-Einkommensteuer unterliegenden Einkommen von 900—1050 Mark an aufwärts, m. dem bezügl. Steuersatztarif. gr. 8. (49 S.) Crefeld 886. (Klein.) n.n. 1. —

— der im Druck erschienenen Compositionen v. Johs. Brahms. A. Nach der Reihenfolge der Opuszahlen (m. Angabe der Arrangements, Preise u. Verleger). B. Systematisch geordnet. C. Alphabetische Aufstellg. der Lieder u. Gesänge. Anh.: a) Schriften üb. Johs. Brahms. b) Portraits v. Johs. Brahms. 4. Aufl. m. Nachtrag vom Oktbr. 1890 bis Dezbr. 1892. gr. 8. (84 S.) Leipzig 898. P. Pabst. — 75

— der bis jetzt im Druck erschienenen Compositionen von Nicolai v. Wilm. (Juli 1899.) gr. 8. (40 S. m. Bildnis.) Leipzig 899. F. E. C. Leuckart. n. 1. —

Verzeichniss der Compositionen von H. v. Herzogenberg aus dem Verlage von J. Rieter-Biedermann. Leipzig 1900.

Verzeichnis einiger gänzlich unbekannter Compositionen respektive Autographe von Jos. Haydn, Mozart und Beethoven. [Wien 1892.] V: *Austerlitz, Sigm.* (EB)

— der Conchylien, welche sich in der Samml. v. Herm. Ed. Anton befinden. Hrsg. v. d. Besitzer. kl. Fol. (31½ B.) Halle 839, Anton. *

Verzeichniss der bei dem Heidelberger Mineralien-Comptoir verkäuflichen Conchylien-Pflanzen-, Thier- und anderen Versteinerungen. (Aus K. C. v. Leonhards Zeitschr. f. Mineral.) Hanau 1827 u. 1829. 8.

— der Konfirmanden in den evangelischen Gemeinden der Stadt Braunschweig 1902. Nach amtl. Listen zusammengestellt. gr. 8. (55 S.) Braunschweig 902. J. Neumeyer. n.n. — 40

— der Konfirmanden in den evangelischen Gemeinden der Stadt Braunschweig 1903 u. 1904. Nach amtl. Listen zusammengestellt. (56 u. 57 S.) gr. 8. Braunschweig 903. J. Neumeyer. à n.n. — 40

— der kaiserlich deutschen Consulate. Januar 1872; Januar 1873; Februar 1874. Auswärtiges Amt des deutschen Reichs. gr. 4. (45; 47; 54 S.) Ebendas. à *

— dass. — Februar 1875. gr. 4. (56 S.) Ebendas. *

— der kaiserl. deutschen Consulate. Januar 1876. Auswärtiges Amt des Deutschen Reiches. gr. 4. (56 S.) Berlin 876, v. Decker's Verlag. *

— dass. — April 1877. gr. 4. (56 S.) Ebendas. 877. *

— dass. — Januar 1878 und 1879. gr. 4. (à 56 S.) Ebendas. 878,79. à *

Verzeichniß der Kaiserlich Deutschen Consulate. Auswärtiges Amt des Deutschen Reiches. Berlin : Decker, [später:] Mittler.

Jan. 1880—83. Febr. 1884. Mai 1885. März 1886. Juli 1887. 88. Aug. 1889—91. Sept. 1892. Oct. 1893—95. Juli 1896. Mai 1897—1900. Febr. 1901—03.

— der kaiserl. deutschen Consulate. Jan. 1881. Auswärtiges Amt des Deutschen Reiches. 4. (56 S.) Berlin, Mittler und Sohn. *

Verzeichniss der kaiserl. deutschen Consulate. Jan. 1882 und 1883. 4. (à Jahrg. 35 S.) Berlin, Mittler und Sohn.

— dass. — Febr. 1884. gr. 4. (57 S.) Ebendas.

— der kaiserl. deutschen Consulate. Mai 1885. Auswärtiges Amt des Deutschen Reiches. gr. 4. (57 S.) Berlin 885, Mittler und Sohn. *

— dass. — März 1886. Auswärt. Amt des Deutschen Reiches. gr. 4. (61 S.) Ebendas. 886. *

— der kaiserl. deutschen Consulate. Juli 1887. Auswärtiges Amt d. Deutschen Reiches. gr. 4. (61 S.) Berlin 887. Mittler & Sohn. n. 1. 25

— dasselbe. Juli 1888. gr. 4. (61 S.) Ebd. 888. n. 1. 25

— der kaiserl. deutschen Consulate. Aug. 1889, 1890, 1891 u. Septbr. 1892. Auswärtiges Amt d. Deutschen Reiches. gr. 4. (à Jahrg. 61 S.) Berl., Mittler u. Sohn. à Jahrg. * 1 25

— dasselbe. Octbr. 1893. gr. 4. (61 S.) Ebd. 893. n. 1. 25

— dasselbe. Octbr. 1894. gr. 4. (61 S.) Ebd. 894. n. 1. 25

— der kaiserl. deutschen Consulate. Octbr. 1895. Auswärt. Amt d. Deutschen Reiches. gr. 4. (61 S.) Berlin 895. E. S. Mittler & Sohn. n. 1. 25

— der kaiserl. deutschen Konsulate. Juli 1896. Auswärt. Amt des Deutschen Reiches. gr. 4. (60 S.) Berlin 896. E. S. Mittler & Sohn. n. 1. 25

— dasselbe. Mai 1897. gr. 4. (60 S.) Ebd. 897. n. 1. 25

— dasselbe. Mai 1898. gr. 4. (61 S.) Ebd. 898. n. 1. 25

Verzeichniss der kaiserl. deutschen Konsulate. Mai 1900. Auswärtiges Amt des Deutschen Reiches. gr. 4. (63 S.) Berlin. E. S. Mittler & Sohn. 1900

— der kaiserl. deutschen Konsulate. Febr. 1901. Auswärtiges Amt des Deutschen Reiches. gr. 4. (63 S.) Berlin, E. S. Mittler & Sohn. 1901

— der kaiserl. deutschen Konsulate. Febr. 1902. Auswärtiges Amt des Deutschen Reiches. gr. 4. (63 S.) Berlin, E. S. Mittler & Sohn. n. 1. 25

Verzeichnis der kaiserl. deutschen Konsulate. Jan. 1904. Auswärtiges Amt des Deutschen Reichs. (68 S.) gr. 4. Berlin, E. S. Mittler & Sohn. 1904.

Verzeichnis der kaiserl. deutschen Konsulate. Jan. 1905. Auswärtiges Amt d. Deutschen Reichs. (68 S.) Lex.-8. Berlin, E. S. Mittler & Sohn. 1905.

— der kaiserl. deutschen Konsulate. Jan. 1906. Auswärtiges Amt des Deutschen Reichs. (68 S.) Lex.-8. Berlin, E. S. Mittler & Sohn. n. 1. 25

— der kaiserl. deutschen Konsulate. Jan. 1907. Auswärtiges Amt des Deutschen Reichs. (70 S.) Lex.-8. Berlin, E. S. Mittler & Sohn. 1907.

Verzeichnis der kaiserl. deutschen Konsulate. Jan. 1908. Auswärtiges Amt des Deutschen Reichs. (70 S.) Lex.-8. Berlin, E. S. Mittler & Sohn. 1908

Verzeichnis der kaiserl. deutschen Konsulate. Jan. 1909. Auswärtiges Amt des Deutschen Reichs. (70 S.) Lex.-8. Berlin, E. S. Mittler & Sohn. 1909.

— der kaiserl. deutschen Konsulate. Jan. 1910. Auswärtiges Amt des Deutschen Reichs. (72 S.) Lex. 8. Berlin, E. S. Mittler & Sohn. 1. 25

— der Consuln d. norddeutschen Bundes. December 1870. gr. 8. (19 S.) Ebend. 871. — 30

— der fremden Consuln im Deutschen Reich. 1876. gr. 8. (18 S.) Berlin 876, (C. Heymann's Verlag.) **

-- der fremden Konsuln im Deutschen Reich. 1877. gr. 8. (25 S.) Berlin 877. C. Heymann's Verl. n n. — 50

— dasselbe. 1878. gr. 8. (30 S.) Berlin 878. Norddeutsche Buchdr. u. Verlagsanstalt. 1. —

— der fremden Consuln im Deutschen Reich. 1879—1881. 4. (à Jahrg. ca. 30 S.) Ebendas. à Jahrg. *

— der Konsuln im Deutschen Reich. 1885—1888. 4. (à Jahrg. 31 S.) Berlin 888, Mittler und Sohn. à Jahrg. *

— der Konsuln im Deutschen Reich. 1889—1892. 4. (à Jahrg. 34 S.) Berl., Mittler u. Sohn. à Jahrg. * — 80

-- der Konsuln im Deutschen Reich 1891. 1892. 1893. 1894. 4. (à 34 S.) Berlin, E. S. Mittler & Sohn. à n. -- 80

— d. Konsuln im Deutschen Reich. 1895, 1896, 1897, 1898. 4. (à 34 S.) Ebd. à n. -- 80

-- der Konsuln im Deutschen Reich. 1900. 4. (34 S.) Ebd. —. 80.

-- der Konsuln im Deutschen Reich. Febr. 1901. 4. (39 S) Ebd. —. 80.

— der Konsuln im Deutschen Reich. Febr. 1902. 4. (39 S.) Ebd. n. — 80

— der Konsuln im Deutschen Reich. Jan. 1904. (39 S.) 4. Ebd. —. 80.

— der Konsuln im Deutschen Reich. März 1905. (62 S.) Lex-8. Berlin, E. S. Mittler & Sohn. 1. 25.

Verzeichnis der Konsuln im Deutschen Reich. Febr. 1906. Auswärtiges Amt des Deutschen Reichs. (62 S.) Lex.-8. Berlin, E. S. Mittler & Sohn 1. 25.

-- der Konsuln im Deutschen Reich. Jan. 1907. Auswärtiges Amt des Deutschen Reichs. (68 S.) Lex.-8. Berlin, E. S. Mittler & Sohn. 1. 40.

— der Konsuln im Deutschen Reich. Jan. 1908. Auswärtiges Amt des Deutschen Reichs. (68 S.) Lex.-8. Berlin, E. S. Mittler & Sohn. 1. 40.

— der Konsuln im Deutschen Reich. Jan. 1909. Auswärtiges Amt des Deutschen Reichs. (68 S.) Lex.-8. Berlin, E. S. Mittler & Sohn. 1. 40.

— der Konsuln im Deutschen Reich. Jan. 1910. Auswärtiges Amt des Deutschen Reichs. (73 S.) Lex.-8. Berlin, E. S. Mittler & Sohn. 1. 40.

— der Kontoinhaber bei dem kaiserl. Postscheckamt in Breslau. Abgeschlossen am 16. I. 1909. (19 S.) 8. Breslau 909. W. G. Korn. — 25

— dasselbe Cöln. (87 S.) 8. Cöln (Agrippastr. 31) 909. Oster & Joisten. — 40

— dasselbe Leipzig umfassend: die Oberpostdirektions-Bezz. Leipzig, Dresden, Halle, Chemnitz u. Erfurt. Zusammengestellt nach amtl. Unterlagen nach dem Stande v. 22. II. 1909. (112 S.) 8. Leipzig (-Lindenau, Lütznerstr. 33) (909). Jachner & Fischer. nnn — 50

Verzeichnis der Kontoinhaber bei den Postscheckämtern im Reichspostgebiet. Bearb. im Verordnungsbureau d. Reichs-Postamts nach d. Stande v. 1. März 1909. Berlin 1909: Reichsdr. 400 S. 8°
Dass. Bearb. . . . nach d. Stande v. 1. Jan. 1910. Ebda. 1910. 712 S.

Verzeichnis aller Kontributionen und Requisitionen, welche . . . Moreau . . . dem Schwäbischen Kreise . . . auferlegt hat. O. O. 1802. V: *Mayer, A. C.* (MGT)

Verzeichniss deren (!) in dem burgerl. Lazareth am Gasteige dieses (1775.) Jahr hindurch aufgen. Kranken, welche mit ansteckenden Krankheiten behaftet . . . . (unterz.: Verwaltung Gasteig, d. 31. Decbr. 1775). 1 Bl. 4°. Cart.

Verzeichnis der laut Verfügung des Reichskanzlers vom 8. November 1903 zur Annahme von Praktikanten ermächtigten Krankenhäuser und medizinisch-wissenschaftlichen Institute. Berlin: A. Hirschwald 1904. (20 S.) 8°

— der zur Annahme von Praktikanten ermächtigten Krankenhäuser u. medizinisch-wissenschaftlichen Institute in Preussen. (43 S.) gr. 8. Berlin 906. A. Hirschwald. n. — 60

Verzeichnis der zur Annahme von Praktikanten ermächtigten Krankenhäuser und medizinisch-wissenschaftlichen Institute im Deutschen Reich. Amtl., im Reichsamt d. Innern aufgest. Ausg. Berlin: J. Springer 1907. (123 S.) 8° [J.] [07. 9638

Verzeichnis der zur Annahme von Praktikanten ermächtigten Krankenhäuser und medizinisch-wissenschaftlichen Institute im Deutschen Reich. Amtl., im Reichsamt d. Innern aufgest. Ausg. Stand v. 1. Jan. 1909. Berlin: Springer 1909. 149 S. 8°

Verzeichnis der zur Annahme von Praktikanten ermächtigten Krankenhäuser und medizinisch-wissenschaftlichen Institute im Deutschen Reich. Amtliche, im Reichsamt d. Innern aufgestellte Ausg. Stand v. 1. Jan. 1910. Berlin: Springer 1910. 161 S. 8° [10. 2000

— der durch den Baunscheidtismus geheilten Krankheiten für die 11. Aufl. d. Lehrbuches 1872 m. Ergänzgn. d. Handbüchlein zum richt. Gebrauche d. ächten Lebensweckers u. d. ächten Oels Baunscheidts vom alten Baunscheidtisten. gr. 8. (24 S.) Luzern 873. Gebr. Räber. n. — 40

Verzeichniß der stimmfähigen 1053 Kredit-Inhaber der n. ö. Eskompt-Gesellschaft zur Ausschuß-Versammlung am 15. April 1856. Druck von L. C. Zamarski. (35 S. 8.)

Verzeichnis von ehemaligen P. T. Herren Kremsmünster Studenten ..., s. Baumgarten, Amand

Verzeichniss der Kriegsstammrollen aus den Feldzügen 1864, 1866, 1870/71. Berlin: E. S. Mittler & Sohn 1899. (VI, 51 S.) 8°

Verzeichnis, Kritisches, der Gröllischen Bücher und Kupferstiche. Warschau u. Dresden 1760. V: *Heyne, Christian Gottlob.* (MGT) (Ky)

— krit., der Gröllischen Bücher u. Kupferstiche (v. Chr. Glo. Heyne.) 26 Stcke., oder 1r Bd. 8. Warschau u. Dresd. 760.

Verzeichnis, Kritisches, der Schriften des Herrn Dr. J. L. Thiess. Hamb. 1792. V: *Dörfer, Joh. Frdr. Aug.* [?] (A)

Verzeichnis, Kritisches, der Schriften [von Johann Otho Thiess] . . . Hamb. 1781. V: *Dävel, J. F.* (schr VII, 388)

VERZEICHNISS DER LÜBECKISCHEN KUNSTALTERTHÜMER, welche sich auf dem obern Chor der St. Catharinenkirche befinden. Lübeck. 1855. Druck von H. G. Rahtgens. 8°.

— d. Kunstausstellung d. königl. baier. Akademie d. bildenden Künste für d. J. 1829. gr. 8. Münch. 829. Fleischmann. 3 ℳ f. d. J. 1832. Ebd. 832. 3 ℳ

Verzeichniss der 1. Kunstausstellung, veranstaltet vom Braunschweigischen Kunstverein. 1836. Braunschweig. 8°.

Verzeichniss der von dem Danziger Kunstverein veranstalteten 21. Kunst-Ausstellung in den Räumen des Danziger Stadt-Museums. 1872—1873. 8°.

VERZEICHNIS DER KUNSTDENKMÄLER DER STADT MAINZ. Teil I. (Privatbesitz.) Von E. NEEB. Mit 5 Textbildern und 21 Tafeln. Mainz 1905. Druck von H. Prickarts. 8°. Nachtrag I. Von VIKTOR GEISSNER. Beilage zum Programm des Grossherzoglichen Realgymnasiums zu Mainz. Mainz 1907. Druck von H. Prickarts. 8°.

— der Kunstdenkmäler der Prov. Posen. 1. Bd. Lex.-8. Berlin, J. Springer. n. 4. —; (kplt. 4 Bde. n. 22. —)
Uebersicht der Kunstgeschichte der Prov. Posen. Im Auftrage des Prov.-Verbandes bearb. Von Jul. Kohte. Mit e. Abriss der polit. u. kulturgeschichtl. Entwicklung des Landes v. Adf. Warschauer. (XIX, 174 S. m. 1 Karte.) 899.

— der Kunstdenkmäler d. Prov. Posen. Im Auftr. d. Prov.-Verbandes bearb. v. Jul. Kohte. 2. Bd. Der Stadtkreis Posen. Lex.-8. (VII, 100 S. m. Abb.) Berlin 896. J. Springer. n. 4. —

— dasselbe. 3. Bd.: Die Landkreise des Reg.-Bez. Posen. 1.—4. Lfg. Lex.-8. Ebd. à Lfg. n. 2. —
1. Die Kreise Posen-Ost u. -West, Obornik, Samter, Grätz u. Neutomischel. (S. 1—76 m. Abb. u. 1 Taf.) 895.
2. Die Kreise Birnbaum, Schwerin, Meseritz, Bomst, Schmiegel u. Kosten. (S. 77—170 m. Abb.) 895.
3. Die Kreise Fraustadt, Lissa, Rawitsch u. Gostyn. (S. 171—256 m. Abb. u. 1 Taf.) 896.
4. Die Kreise Schrimm, Schroda, Wreschen, Jarotschin, Pleschen, Krotoschin, Koschmin, Adelnau, Ostrowo, Schildberg u. Kempen. (X u. S. 257—342 m. Abb.) 896.

Verzeichnis der Kunstdenkmäler d. Prov. Posen. Im Auftr. d. Prov.-Verbandes bearb. v. Jul. Kohte. 4. Bd.: Der Reg.-Bez. Bromberg. Lex.-8. (X, 195 S. m. Abb. u. 6 Kupferlichtdr.) Berlin 897. J. Springer. n. 6. — (2—4: n. 18. —)

Verzeichnis der in den Gebäuden des Herzoglichen Gartens zu Wörlitz aufbewahrten Kunstgegenstände. Dessau 1869. V: *Hosaeus, Wilhelm.* (HHBD Anhaltina 172)

Verzeichnis der öffentlich ausgestellten Kunstgegenstände des Städel'schen Kunstinstituts in Frankfurt a. M. Frankfurt a. M. 1883

— der Kunst- u. Musikalienhandlungen Deutschlands und der benachbarten Staaten für das Jahr 1838. Nebst Angabe 1) ob u. in welcher Anzahl dieselben Novitäten annehmen; 2) der Commissionairs in Leipzig. gr. 4. Leipzig 838. Schubert. n. 1/3 ℛ

Verzeichnis von Künstlerbildnissen. [Zürich] o. J. V: *Fuessli, Hs Hnr.* (Cat. d. Stadtbibl. Zürich. Zürich 1864—97.)

—— von d. 1. Abthl. d. Kunst-Nachlasses von d. verstorb. Hrn. Gerh. Hinr. v. Essen. gr. 8. (2½ B.) Hamburg 834. (Herold.)

—— dass. 2. Abthl. Verzeichniss d. Numismat. Sammlung. gr. 8. (10½ B.) Ebds. 834.

Verzeichniss der Kunstsachen, Fabrikwaaren und Naturerzeugnisse, welche in den Zimmern der Schlesischen vaterländischen Gesellschaft ausgestellt werden. Breslau 1820, 1822. 2 Bde. 8°.

Verzeichnis neuer Kunstsachen als Kupfer- und Stahlstiche . . . Leipzig 1859—64. H: *Weigel, Rudolph.* (Petz)

—— neuer Kunstsachen als: Kupfer- und Stahlstiche, Lithographien, Photographien, Holzschnitte, Zeichenvorlagen, Albums, illustrirte Prachtwerke etc. welche in den J. 1858—1861 erschienen sind, mit Angabe der Preise und Verleger. Nebst einer nach den Gegenständen geordneten Uebersicht. 1—4. Jahrg. gr. 8. Leipzig, R. Weigel. [1858. (XXIII und 75 S.) * 18 Ngr., 1859. 2 Hälften. (XX und 106 S.) * 21 Ngr., 1860. 2 Hälften. (XX und 124 S.) * 21 Ngr., 1861. 2 Hälften. (XXVI und 126 S.) * 21 Ngr.] Thlr. *

—— neuer Kunstsachen als: Kupfer- und Stahlstiche, Lithographien, Photographien, Holzschnitte, Zeichnenvorlagen, Albums, illustrirte Prachtwerke etc., welche in den J. 1862—64 erschienen sind, mit Angabe der Preise und der Verleger. Nebst einer nach den Gegenständen geordneten Uebersicht. 5.—7. Jahrg. gr. 8. [1862. (XIX und 87 S.) 1863. (XIX und 85 S.) 1864. (XXIV und 112 S.)] Leipzig, R. Weigel. à Jahrg. *

Verzeichnis der städtischen Kunst- und Gemäldesammlung in Bamberg. Bamberg 1874. — 3. Aufl. 1900. V: *Hauser, A.* (BMarsch 1172)

— der städtischen Kunst- u. Gemälde-Sammlung in Bamberg. 8. (XII, 147 S. m. 3 Taf.) Bamberg 900. (Handelsdruckerei u. Verlagsh.) n. 1. —

Verzeichniß über die von den P. T. Schülerinnen der k. k. Kammer-Kunststickerin Frau Marie Benkovits verfertigten und zum Besten des von ihr gegründeten Vereins zur Bekleidung dürftiger Schulkinder im Cur-Salon am Wasser-Glacis aufgestellten Kunst-Stickereien, dann der Gewinnst-Gegenstände zu der mit dieser Ausstellung verbundenen Lotterie. Wien, 1856. Mechitharisten-Buchdruckerei. (16 S. 8.)

Verzeichnis aller in der von der Hamburgischen Gesellschaft zur Beförderung der Künste . . . veranstalteten . . . Ausstellung . . . aufgestellt gewesenen Kunstwerken . . . Hamburg 1790. V: *Meyer, Friedrich August.* (MGT)

Verzeichniss der in der Königl. Sächsischen Akademie der Künste zu Dresden öffentlich ausgestellten Kunstwerke. 1823, 1826, 1827. 3 Bde. 8°.

Verzeichniß der Kunstwerke in der vom (älteren) Vereine zur Beförderung der bildenden Künste veranstalteten Ausstellung im Gebäude des k. k. polytechnischen Instituts im Jahre 1853. 8. (12 S.) Wien. Druck der Edlen von Ghelen'schen Erben.

Verzeichniss der zur siebenten Ausstellung des Gothauischen Kunstvereins eingesandten Kunstwerke. Gotha. 1854. 12°

Verzeichniss der Kunstwerke, welche sich in der Gemälde-Gallerie der Privatgesellschaft patriotischer Kunstfreunde zu Prag befinden. 1827, 1838. 8°.

Verzeichniß der Kunstwerke in der Gemälde-Gallerie der Privatgesellschaft patriotischer Kunstfreunde zu Prag, so wie der damit vereinigten Hoser'schen Gemäldesammlung. Prag, 1856. Druck der k. k. Hofbuchdruckerei von Gottlieb Haase Söhne. (80 S. 8.)

Verzeichniss der Kunstwerke auf den Kunstausstellungen 1852, 1868, 1870. 3 Bde. Halberstadt. 8°.

Verzeichniss der Kunstwerke, welche im Seidenkramer-Innungssaal bei Gelegenheit der Ausstellung von Schülerarbeiten der hiesigen Königl. Provincial-Kunstschule ausgestellt sind. Magdeburg 1823. 8°.

Verzeichnis der Kunstwerke, welche sich auf der öffentlichen Stadtbibliothek in Basel befinden. O. O. u. J. V: *Hess*, *Hieron.* (Kat. d. Bibl. d. Akad. d. Künste zu Berlin. Berl. 1893.)

Verzeichnis der hinterlassenen Kupferstichsammlung des Herrn ... Schmidt in Kiel. Kiel 1822. V: *Nasser*, *Joh. Adolph.* (LS)

Verzeichnis der Kupferstichwerke von Hrn. Joh. Friedrich Bause ... Leipzig 1786. V: *Crayen*, *August Wilhelm.* (MGT) (Ky)

— des Kupferstichwerks v. J. Fr. Bause, nach der Zeitfolge geordnet (v. A. W. Crayen.) 8. Leipz. 786.

Verzeichnis der Curorte und Sommerfrischen Deutsch-Böhmens. Herausgegeben im Auftrage des Centralvereines deutscher Aerzte in Böhmen von Docent Dr. J. Herrnheiser. V. Jahrgang. 1899. Prag. 1899. In Comm. Calve. Lex.-8°. 122 S. fl. —.75

— der Curorte u. Sommerfrischen Deutsch-Böhmens. Zusammengestellt v. F. Hantschel. 6. Jahrg. 1900. gr. 8. (XI, 206 S. m. Abb.) Leipa, J. Künstner, Verl. n. 1.20
Vergl.: Herrnheiser, J., Verzeichnis etc.

— der Kurorte u. Sommerfrischen Deutsch-Böhmens. 8. Jahrg. 1903. Verf. v. F. Hantschel. (VIII, 212 S. m. 116 Abbildgn.) schmal gr. 8. B. Leipa (903). J. Künstner. n. 1.—

Verzeichnis, Kurzes, der Abgüsse nach antiken Bildwerken im archäologischen Institut der Universität. 2. Aufl. Heidelberg 1893. V: *Duhn*, *Frdr. v.* (Bibl. d. arch. Inst. in Rom. 1. Rom 1900.)

Verzeichnis, Kurzes, der Bilder in der grossherzoglichen Gemäldegallerie. Schwerin 1882. V: *Schlie*, *Friedrich.* (Bachmann, Mecklenburg. Güstrow 1889. S. 378.)

—— kurzes, sämmtlicher im J. 1845 u. 1846 erschienener Bücher, Landkarten ꝛc. nebst Angabe der Verleger u. Preise in Thlrn. u. Neu- oder Silbergr. Zugleich als Register zu Thun's vierteljährl. Bücherverzeichniß. Jahrg. 1845 u. 1846. 8. (à 13⅛ B.) Leipzig 846, 47, Klinkhardt. à
Vgl.: Thun, J. P.

Verzeichnis, Kurzes, des akademischen Kunstmuseums in Bonn. Bonn 1866. V: *Jahn*, *Otto.* (Russell III, 126)

— kurzes, des akademischen Kunstmuseums in Bonn. Bonn 866. Marcus. 8. (48 S.) n. 5 ngr.

— kurzes, der russischen Landtruppen. A. d. Russ. übers. v. S. 8. (VI, 80 S.) Metz 888. Leipzig, Lang. n. 1.—

Verzeichnis, Kurzes, derer Materien, worüber in den k. k. Normalschulen bey St. Stephan eine öffentliche Prüfung ... vorgenommen wurden. Wien 1771. V: *Messmer*, *Joseph.* (K. K., Anzeigen, I. Jahrg. 13 St., S. 97) (BibPort)

Verzeichnis, Kurzes, des Museums von Gipsabgüssen klassischer Bildwerke in München. München 1880. V: *Brunn*, *Hnr. v.* (Bibl. d. arch. Inst. in Rom. 1. Rom 1900.)

Verzeichniss, Kurzes, [später ohne den Zusatz »Kurzes«] sämmtlicher [später »der«] im Jahre 1852—93 in Deutschland und den angrenzenden Ländern [später ohne diesen Zusatz] gedruckter Musikalien, auch musikalischer Schriften und Abbildungen. ... Jhg. 1—42 oder Reihe 1—7. Bd. 1—2. Leipzig, Fr. Hofmeister. 8.
(D. z. T.)

—— kurzes, sämmtlicher in den J. 1852 — 55 in Deutschland und den angrenz. Ländern gedruckter Musikalien auch musikal. Schriften und Abbildungen mit Anzeige der Verleger und Preise. In alphabet. Ordnung. gr. 8. Leipzig, Hofmeister. [1852. (109 S.) 15 Ngr., 1853. (142 S.) * 16 Ngr., 1854. (II und 134 S.) * 20 Ngr., 1855. (150 S.) * 20 Ngr. 853—56.] *
S.a. Rausch, Aug.

Verzeichnis, Kurzes, derjenigen Pestilenzen ... womit die Stadt Hamburg ... heimgesuchet worden. Hamburg 1712. V: *Capell*, *Dietrich Matthias.* (schr)

Verzeichnis, Kurzes, einer auf der 19. Jahresversammlung des Vereins für niederdeutsche Sprachforschung ... ausgestellten Sammlung von deutschen Drucken kölnischen Ursprungs. Köln 1896. V: *Voulliéme*, *Ernst.* (Berl)

Kurze Verzeichniß einiger Schnapphahnen itziger Zeit bey den Gaßnerischen Begebenheiten zu Ellwangen; nebst einer Sammlung derer sowohl für als wider Herrn Gaßner herausgekommenen Schriften. 775. 8.

Kurtze Verzeichniss einiger von Seiten des Kgl. Preuss. Hofes wider die Berliner u. Dresdener Traktaten ausgeübten Friedensbrüchigen Unternehmungen. 4. Wien u. Prag 1756.

—— kurzgefasstes alphabetisches, derjenigen französischen Wörter, deren Aussprache von den gewöhnl. Regeln abweicht, oder auch überhaupt besond. Beachtung verdient. Eine nothwend. Ergänzung zu jeder Grammatik etc., vorzüglich für den Schul- und Selbstunterricht. 16. (59 S.) Erfurt 852, Bartholomäus.

Verzeichnis, Kurzgefasstes, der kaiserl. königl. Gemälde-Gallerie. Wien 1869. V: *Wymetal, Wilh. Ritter von.* (EB)

Verzeichniß der Landesculturräthe und der land- und forstwirthschaftlichen Gesellschaften und Vereine in den im Reichsrathe vertretenen Königreichen und Ländern nach dem Stande zu Anfang des Jahres 1898. - Wien 1898

Verzeichniß der Landes-Produkte, Manufaktur-Waaren und historischen Denkwürdigkeiten, welche für die zur Feier der a. h. Anwesenheit Ihrer Majestäten im Monate Juni 1854 veranstalteten Ausstellung eingesendet wurden. 8. (38 S.) Brünn. Druck aus Gastel's typograph. Anstalt. 1854.

Verzeichnis einiger allgemeinen Landkarten von Böhmen. [Prag 1787.] V: *Mader, Joseph Ritter von.* (WBL)

— der in der Sammlung des Mannheimer Alterthums-Vereins befindlichen Landkarten, Pläne u. Bilder. Aufgestellt v. Fritz Wipprecht, hrsg. vom Vereinsvorstand. gr. 8. (74 S. m. 16 Lichtdr.-Taf. u. Vignetten.) Mannheim 893. T. Löffler. n. 2. —

— neuerer Lehr- u. Handbücher u. praktischer Vorlagenwerke f. Gewerbetreibende, sowie zum Gebrauch in gewerbl. Fach-, Zeichen- u. Fortbildungsschulen. Hrsg. v. Alb. Seydel. I. Jahrg. 1893. 12. (56 S.) Berlin, Polytechn. Buchh., A. Seydel. n.n. — 50

— neuerer Lehr- und Handbücher und praktische Vorlagenwerke für Gewerbetreibende etc. Herausgegeben von G A Seydel. Jahrgang 1 u 2. Berlin 1893. 94

Verzeichnis der Lehrer des Kantons Basel-Landschaft. Juni 1903. 32 S. 8. Liestal, Gebr. Lüdin, 1903.

Verzeichnis der Lehrer am Gymnasio zu Freiberg vom Jahre 1537—1837 . . . Freiberg 1837. V: *Rüdiger, Carl August.* (ABJP)

— d. Lehrer u. Lehrerinnen an d. öffentl. Schulen Kiels. 1895/96. Hrsg. v. Kieler Lehrerverein. 16. (48 S.) Kiel 895. (E. Marquardsen.) n. — 55

Verzeichnis der Lehrer und Lehrerinnen an den städtischen Schulen Kiels, sowie der Mitglieder des Kieler Lehrervereins. 1901/1902. Hrgg. v. Kieler Lehrerverein. Kiel. (1901.) 8°

Verzeichnis der Lehrer und Lehrerinnen an den städtischen Schulen Kiels, sowie der Mitglieder des Kieler Lehrervereins. Kiel. 8°
1903/04. 1904/05.
Fortges. u.d.T.: Jahrbuch des Kieler Lehrervereins. Hrgg. v. Kieler Lehrerverein. ebd. 8°
Jg. 19 ff. 1905/06 ff.

— der Lehrer u. Lehrerstellen in d. Diöcese Osnabrück u. d. nord. Missionen. gr. 16 (30 S.) Lingen 896. R. van Acken. n. — 50

Verzeichniss der Lehrer an den Volksschulen und an den höhern Lehranstalten des Kantons Zürich. 8. Zürich, gedr. bei Zürcher & Furrer. 1871.

Verzeichniss der Lehrer an den Volksschulen u. an den höhern Lehranstalten des Kts. Zürich. Juni 1883. In-8°, 34 S. Pfäffikon, Druck v. J. Peter.

Verzeichniss der Lehrer an den Volksschulen und höheren Lehranstalten des Kts. Zürich. 1873. 88–92.

Verzeichnis der Lehrerbibliothek. Nachtrag 1 ... Barmen 1893
s. **Schulze,** Hermann [Vf.]

Verzeichnis der Lehrerbibliothek. Nachtrag 2. Barmen 1894
s. Schulze, Hermann [Vf.]

Verzeichnis der Lehrerbibliothek. Nachtrag 3. Barmen 1895
s. **Schulze,** Hermann [Vf.]

Verzeichnis der Lehrerbibliothek. Nachtrag 4. Barmen 1896
s. **Schulze,** Hermann [Vf.]

Verzeichnis der Lehrerbibliothek. Nachtrag 5. Barmen 1897
s. **Schulze,** Hermann [Vf.]

†Verzeichnis der Lehrer- und Schülerbibliothek der Oberrealschule an der Waitzstraße in Kiel. 42 S., 1 S. ung. 4.
Progr. Oberrealschule an der Waitzstrasse *Kiel* 1905 (347).

. Verzeichnis der Lehrerschaft an den Primarschulen, Mittelschulen und Seminarien des Kantons Bern = Etat des instituteurs et institutrices enseignant dans les écoles ... du Canton de Berne. 8. Bern, Kant. Lehrmittelverlag = Librairie de l'Etat.
1901. IV + 46 S. ⟨Mai 1901.⟩ fr. —. 20
1903. IV + 48 S. ⟨Januar 1903.⟩ [fr. —. 20]

Verzeichnis der Lehrerschaft an den Volksschulen, an den weiblichen Arbeitschulen und an den höhern Lehranstalten des Kantons Zürich. 8.
15. Juni 1901. 79 S. Andolfingen, W. Hopting, 1901.
15. Juni 1902 *u.* 15. Juni 1903. 82 *u.* 83 S. Zürich III, Conzott & Wirz, 1902 *u.* 1903.

Verzeichnis der Lehrgegenstände. Mannheim, Druck v. G. Jacob, 1895; 13—15 S. 4.
Mannheim, grossh. G, MP 1895 (624)

Kgl. polytechnische Schule in München. **Verzeichniss** der Lehrgegenstände, welche in dem . . . gelehrt werden. W.-S. 1868-69. S.-S. 1869. W.-S. 1873/74. S.-S. 1874. W.-S. 1874/75. S.-S. 1875. 1868–75.
Fortges. u. d. T.:
Verzeichniss der Vorlesungen, Uebungen und Praktica, welche an der kgl. polytechnischen Schule (1877/78: technischen Hochschule) in München gehalten werden. W.-S. 1875/76. S.-S. 1876 [usw.]—W.-S. 1877/78. 1875—77.

— der gemäss § 10 d. Gesetzes v. 2. Mai 1894, L.-G.-Bl. Nr. 34, nach d. Stande d. Lehrpersonales v. 31. Octbr. 1894 in die Gehaltsstufen der Kategorien I—V eingereihten Lehrkräfte des Landes Niederösterreich m. Ausnahme d. Schulbez. Wien. gr. 8. (47 S.) Korneuburg 895. Kühkopf & Habel. n. — 80

Verzeichnis der an der k. k. technischen Hochschule in Brünn thätigen Lehrkräfte, Beamten und Diener während ihres Bestandes in den Studienjahren 1849/50 bis 1898/99 und der in dieser Zeit eingeschriebenen Hörer. Beilage der Festschrift der k. k. technischen Hochschule in Brünn zur Feier ihres fünfzigjährigen Bestehens und der Vollendung des Erweiterungsbaues im October 1899. Brünn. 1899. Technische Hochschule. [In Comm. Winiker.] 4°. 150 S. * fl. 2.—

— empfehlenswerter Lehrmittel. Hrsg. v. der Lehrmittelkommission des Elberfelder Rektoren-Vereins. 1910. (8 S.) 8. Elberfeld, J. Fassbender. — 20

— empfehlenswerter Lehrmittel u. Jugendschriften. Hrsg. v. der Elberfelder Hauptlehrer-Konferenz. gr. 8. (82 S.) Elberfeld 888. Fassbender. n. — 60

— empfehlenswerter Lehrmittel f. den Zeichenunterricht. Hrsg. vom Vorstande d. „Vereins zur Förderg. d. Zeichenunterrichts im Reg.-Bez. Wiesbaden". 8. (VIII, 42 S.) Wiesbaden 889. Bechtold & Co. n. — 60

Verzeichnis der an den 4 Abteilungen des Städt. Gymnasiums in Bern gebrauchten individuellen Lehrmittel. 27 S. 8. Bern, Lierow & Cie., 1907.

Verzeichnis der Lehrmittel an der Bündnerischen Kantonsschule [in Chur] 1909/10. Mit einem Anhang: Reglement für die L'-Sammlung der Bündn. K'. [2. Beilage zum Programm der K' 1909/10.] II + 24 S. 8. Chur, Bischofberger & Hotzenköcherle. 1910.

— des Lehrpersonales an den Volksschulen d. Kreises Oberbayern nach dem Stande vom 15. Novbr. 1885. Aus ganz verläss. Quellen zusammengestellt u. hrsg. v. J. Maiß. gr. 8. (98 S.) München 886. (Lindauer.) n.n. 1. —

Verzeichnis der Lehrpersonen an den Bürger- und Volksschulen Kärntens nach dem Stande vom 1. Jänner 1905. Lex.-8°. (13 S.) Klagenfurt: Ferd. v. Kleinmayr 1905. * K —.35

— der Lehrpersonen an den Bürger- u. Volksschulen Kärntens nach dem Stande vom 1. I. 1906. (16 S.) Lex.-8. Klagenfurt (906). (F. v. Kleinmayr.) n. — 40

(F) Verzeichnis der Lehrpersonen an den Bürger- und Volksschulen Kärntens nach dem Stande vom 1. April 1907. Lex.-8°. (16 S.) Ebda., 1907. * K —.50

— der Lehrpersonen an den Bürger- u. Volksschulen Kärntens nach dem Stande vom 1. I. 1910. (19 S.) Lex. 8. Klagenfurt (909). (F. v. Kleinmayr.) — 50

— der Leiter u. Mitglieder d. königl. Prediger-Seminars zu Wittenberg f. die Zeit vom 1. Juli 1817 bis 1. Septbr. 1883 [m. biograph. Notizen], zum 400jähr. Luther-Jubiläum neu bearb. u. hrsg. v. der Seminargemeinschaft. Beigabe: „Zwei Seminarbrüder als Zeugen Christi in der Heidenwelt". gr. 8. (III, 216 S.) Wittenberg 883. (Wunschmann.) n. 2. —

Verzeichnis d. Leitung. d. Württ. Fernsprechnetzes. 1907. 12. 4° Stuttgart 1907. 12

— der Leitungen des Deutschen Reichs-Telegraphen-Gebiets und der Telegraphen-Anstalten, welchen dieselben zur Benutzung überwiesen sind. Berlin 1876, 1881. Fol. (RPA.)

Verzeichniss der Leitungen des Norddeutschen Telegraphen-Gebietes, welche am 1. Januar 1869 in Betriebe waren, und der Stationen, denen dieselben zur Benutzung überwiesen sind. Berlin 1869. . . . . (MvA.; RPA.)

Verzeichnis der Leitungen des schweizerischen Telegraphennetzes, festgestellt auf 30. Juni 1901. — Nomenclature des fils du Réseau télégraphique suisse, arrêtée au 30 juin 1901. II + 83 S. kl.-4. Bern, Steiger, 1901.

Verzeichnis der Leitungen d. württ. Telegraphennetzes 1898.99. 4° (Stuttgart 1898.99)

Verzeichnis der Leitungen des württembergischen Telegraphen-Netzes vom 1.1.1901. 02. 05. 4° Stuttgart 1901-05

Verzeichnis der Leitungen des württembergischen Telegraphennetzes. 1907. 12. 4° Stuttgart 1907. 12

Verzeichnis d. Leitungen d. württ. Telephonnetzes 1902. 05. 4° Stuttgart 1902. 05

Verzeichniss der Lectionen der technischen Lehranstalt Zürich 1831—32.

— — interessanter Lecture. Leipzig. Sturm u. Koppe (A. Dennhardt.)
Verboten vom K.-G. Leitmeritz, 10. Mai 1889. § 24. Pr. G.

Verzeichnis der Lesesaal- und Handbibliothek in der Universitäts-Bibliothek zu Berlin. 3. Ausg. Berlin 1898. H: *Erman, Wilhelm.* (EB)

Verzeichnis der Lesesaal- und Handbibliothek in der Universitäts-Bibliothek zu Berlin. 3. Ausg. (Vorr.: Dr. W[ilh.] Erman.) *Berlin: Komm.-Verl. v. W. Weber; (Dr. v. A. Hopfer in Burg b. M.) 1898.* (VII, 164 S.) 1 Bd 8. [98. 4931

Verzeichnis der Lesesaal- und Handbibliothek der Universitäts-Bibliothek zu Berlin. 4. Ausg. Berlin 1903. 8°

Verzeichnis der Lesesaal- und Handbibliothek der Königlichen Universitäts-Bibliothek zu Berlin. 5. Ausg. (Ausgegeben am 6. Juni 1906.) (Bearb.: Dr. Georg Schneider u. Dr. [Heinrich] Loewe; Vorr.: Dr. [Johannes] Franke, Dir.) Berlin 1906: (A. Hopfer in Burg b. M.). (VIII, 251 S.) 8° [06. 8159

Verzeichnis der Lesesaal- u. Handbibliothek der königl. Universitäts-Bibliothek zu Berlin. 5. Ausg. (Ausg. am 6. VI. 1906.) (VIII, 251 S.) gr. 8. Berlin 906. (W. Weber.) n.n. 1. —

Verzeichnis der Leuchtfeuer aller Meere. Hrsg. vom Hydrographischen Bureau der Admiralität. T. 1—3. Berlin 1873—74. 8°.
Dass. H. 1. 2. 1887. 4°.

— der Leuchtfeuer aller Meere. Hrsg. von dem hydograph. Bureau der kaiserl. Admiralität. 1.—3. Thl. Lex.-8. Berlin 874, v. Decker'sche Geh. Ober-Hofbuchdr. [1. Thl. (IV, 360 S.) * ℳ 3,35.; geb. * ℳ 4,60.; 2. Thl. (IV, 424 S.) * ℳ 3,75.; geb. * ℳ 5,25.; 3. Thl. (IV, 100 S.) * ℳ 1,05.; geb. * ℳ 1,75.] * ℳ 8,15.; geb.

— dass. — Nachtrag zum 1. Thl. [Abgeschlossen am 28. Febr. 1874.] Lex.-8. Ebendas. 874.

— dasselbe. 2. neu bearb. Aufl. [Abgeschlossen am 31. Decbr. 1875.] 1. Thl. Lex.-8. (IV, 267 S.) Ebend. 876. n. 2. 80; geb. n.n. 4. —

— der Leuchtfeuer aller Meere. Hrsg. von dem Hydrograph. Büreau der kaiserl. Admiralität. 1—3. Thl. gr. 8. Berlin 877—79. v. Decker. n. 8. 25; geb. n.n. 11. 65
1. 3., neu bearb. Aufl. (IV, 367 S.) n. 3. 55; geb. n.n. 4. 85
2. 2., neu bearb. Aufl. (VII, 332 S.) n. 3. 25; geb. n.n. 4. 75
3. 2., neu bearb. Aufl. (V, 141 S.) n. 1. 45; geb. n.n. 2. 5

—— der Leuchtfeuer aller Meere. Hrsg. von dem hydrograph. Amt der Admiralität. 4.—8. Heft. gr. 8. Berlin, (Mittler und Sohn.) *

Inhalt:

Heft 4. Leuchtfeuer im Mittelmeer, Schwarzen und Azow'schen Meer. Tit. V. Abgeschlossen am 1. März 1880. (VI, 164 S.) 880. *ℳ 2.
» 5. Leuchtfeuer im nördlichen Atlantischen Ocean. Tit. VI. (VI, 192 S.) 880. *ℳ 2,30.

Heft 6. Leuchtfeuer in Westindien und im südlichen Atlantischen Ocean. Tit. VII und VIII. (VI, 56 S.) 881. * 80 Pf.
» 7. Die Leuchtfeuer im Indischen Ocean und im Ostindischen Archipel. Tit. IX und X. (VI, 54 S.) 881. * 80 Pf.
» 8. Die Leuchtfeuer im nördlichen und südlichen Stillen Ocean. Tit. XI und XII. (VI, 72 S.) 881. *ℳ 1.

1.—3. Heft. (Ebendas.) 1877—79. *ℳ 8,25.

—— der Leuchtfeuer und Nebelsignalstationen aller Meere. Hrsg. von dem hydrograph. Amt der Admiralität. 1.—3. Heft. gr. 8. Berlin, (Mittler und Sohn.) *

Inhalt:

Heft 1. Die Leuchtfeuer und Nebelsignalstationen in der Ostsee, den Belten, dem Sunde, dem Kattegat und dem Skagerrak. [Betrifft Karten Titel I und II.] (VIII, 100 S.) 882. *ℳ 1,50.
» 2. Nordsee und nördliches und südliches Eismeer. [Betrifft Karten Titel III und XIII.] (VIII, 122 S.) 883. *ℳ 1,50.
» 3. Englischer Kanal, Westküste von England und Schottland, Küsten von Irland. [Betrifft Karten Titel IV.] (VIII, 161 S.) 884. *ℳ 1,60.

— der Leuchtfeuer u. Nebelsignalstationen aller Meere. Hrsg. v. dem hydrograph. Amt der Admiralität. 1—7. Hft. hoch 4. Berlin 886. (Mittler & Sohn.) n. 6. 90; Einbd. à n.n. — 50

1. Ostsee, Belte, Sund, Kattegat u. Skagerrak [Betrifft Karten Titel I u. II]. (VI, 85 S.) n. 1. —
2. Nordsee, Nördliches u. Südliches Eismeer. [Betrifft Karten Titel III u. XIII.] (VI, 97 S.) n. 1. —
3. Englischer Kanal, Westküste v. England u. Schottland, die Küsten v. Irland. [Betrifft Karten Titel IV.] (VI, 82 S.) n. 1. 10
4. Mittelmeer, Schwarzes u. Asow'sches Meer. [Betrifft Karten Titel V.] (VI, 142 S.) n. 1. 30
5. Nördlicher Atlantischer Ocean. [Betrifft Karten Titel VI.] (VI, 217 S.) n. 1. 50
6. Westindien u. südlicher atlantischer Ocean. [Betrifft Karten Titel VII u. VIII.] (VI, 93 S.) n.n. — 50
7. Indischer Ocean u. ostindischer Archipel. [Betrifft Karten Titel IX u. X.] (VI, 105 S.) n.n. — 50

— der Leuchtfeuer u. Nebelsignalstationen. Hrsg. v. dem hydrograph. Amt der Admiralität. 1. — 8. Hft. hoch 4. Berlin 888. (Mittler & Sohn.) n.n. 6. —; geb. n.n. 10. —

1. Ostsee, Belte, Sund, Kattegat u. Skagerrak. [Betr. Karten Titel I u. II.] (VI, 102 S.) n.n. — 75; geb. n.n. 1. 25
2. Nordsee, Nördliches u. Südliches Eismeer. [Betr. Karten Titel III u. XIII.] (VI, 98 S.) n.n. — 75; geb. n.n. 1. 25
3. Englischer Kanal, Westküste v. England u. Schottland, die Küsten v. Irland. [Betr. Karten Titel IV.] (VI, 82 S.)
4. Mittelmeer, Schwarzes u. Asow'sches Meer. [Betr. Karten Titel V.] (VI, 142 S.) n.n. 1. —; geb. n.n. 1. 50
5. Nördlicher Atlantischer Ocean. [Betr. Karten Titel VI.] (VI, 217 S.) n.n. 1. 20; geb. n.n. 1. 70
6. Westindien u. Südlicher Atlantischer Ocean. [Betr. Karten Titel VII u. VIII.] (VI, 93 S.) n.n. — 50; geb. n.n. 1. —
7. Indischer Ocean u. Ostindischer Archipel. [Betr. Karten Titel IX u. X.] (VI, 105 S.) n.n. — 50; geb. n.n. 1. —
8. Nördlicher u. Südlicher Stiller Ocean. [Betr. Karten Titel XI u. XII.] (VI, 138 S.) n.n. — 50; geb. n.n. 1. —

—— der Leuchtfeuer und Nebelsignalstationen aller Meere. Hrsg. von dem Hydrogr. Amt der Admiralität. 1.—8. Heft. März 1889. gr. 8. Berlin, Mittler und Sohn. *
geb. **

Inhalt:

Heft 1. Ostsee, Belt, Sund, Kattegat, Skagerrak. (Karten Tit. I und II.) (102, VI S.) * 75 Pf.; geb. **ℳ 1.25.
» 2. Nordsee, Nördliches und Südliches Eismeer. (Karten Tit. III und XIII.) (98, VI S.) * 75 Pf.; geb. *ℳ 1.25.
» 3. Englischer Kanal, Westküste von England und Schottland, die Küsten von Irland. (Karten Tit. IV.) (82, VI S.) * 80 Pf.; geb. **ℳ 1.30.
» 4. Mittelmeer, Schwarzes und Azow'sches Meer. (Karten Tit. V.) (142, VI S.) *ℳ 1.—.; geb. **ℳ 1.50.
» 5. Nördlicher Atlantischer Ocean. (Karten Tit. VI.) (217, VI S.) *ℳ 1.20.; geb. **ℳ 1.70.
» 6. Westindien und Südlicher Atlantischer Ocean. (Karten Tit. VII und VIII.) (93, VI S.) * 50 Pf.; geb. **ℳ 1.—.
» 7. Indischer Ocean und Ostindischer Archipel. (Karten Tit. IX und X.) (105, VI S.) * 50 Pf.; geb. **ℳ 1.—.
» 8. Nördlicher und Südlicher Stiller Ocean. (Karten Tit. XI und XII.) (138, VI S.) * 50 Pf.; geb. **ℳ 1.—.

Erscheint alljährlich.

Berlin, Hydrographisches Amt des Reichs-Marine-Amts, Verzeichniss der Leuchtfeuer aller Meere. Heft I—VIII. Berlin 1890—93.

—— der Leuchtfeuer u. Nebelsignalstationen aller Meere. Hrsg. v. dem hydrograph. Amt d. Reichs-Marine-Amts. 1.—8. Heft. Abgeschlossen Anfang März 1892. (Mit je 2 farb. graph. Taf.) hoch 4. Berl. 892, (Mittler u. Sohn). ** 6 —

1. Ostsee, Belte, Sund, Kattegat u. Skagerrak. [Betr. Karten Titel I u. II.] (VI, 116 S.) * — 75.
2. Nordsee, Nördliches u. Südliches Eismeer. [Betr. Karten Titel III u. XIII.] (VI, 107 S.) * — 75.
3. Englischer Kanal, Westküste v. England u. Schottland, die Küsten v. Irland. [Betr. Karten Titel IV.] (VI, 82 S.) * — 80.
4. Mittelmeer, Schwarzes u. Asowsches Meer. [Betr. Karten Titel V.] (VI, 142 S.) * 1 —.
5. Nördlicher Atlantischer Ocean. [Betr. Karten Titel VI.] (VI, 218 S.) * 1 20.
6. Westindien u. Südlicher Atlantischer Ocean. [Betr. Karten Titel VII u. VIII.] (VI, 92 S.) ** — 50.
7. Indischer Ocean u. Ostindischer Archipel. [Betr. Karten Titel IX u. X.] (VI, 104 S.) ** — 50.
8. Nördlicher u. Südlicher Stiller Ocean. [Betr. Karten Titel XI u. XII.] (VI, 138 S.) ** — 50.

Einbände à Heft ** — 50.
Erscheint alljährlich im April in neuer Ausgabe.

— dasselbe. 6.—8. Hft. Abgeschlossen Mitte Februar 1893. (Mit je 1 farb Taf.) hoch 4. Ebd. 893. n. 1.50; Einbde. à n n. — 50

6. Westindien u. Südlicher Atlantischer Ocean. (Betr. Karten Titel VII u. VIII.) (VI, 92 S.) n.n. — 50
7. Indischer Ocean u. Ostindischer Archipel. (Betr. Karten Titel IX u. X.) (VI, 104 S.) n.n. — 50
8. Nördlicher u. Südlicher Stiller Ocean. (Betr. Karten Titel XI u. XII.) (VI, 138 S.) n.n. — 50

— der Leuchtfeuer u. Nebelsignalstationen aller Meere. Hrsg. v. dem hydrograph. Amt des Reichs-Marine-Amts. 1.—5. Hft. Abgeschlossen Mitte Febr. 1894. (Mit je 1 farb. Taf.) hoch 4. Berlin 894. (E. S. Mittler & Sohn.) n. 4. 50; Einbde. à n.n. — 50

1. Ostsee, Belte, Sunt, Kattegat u. Skagerrak. (Betr. Karten Titel I u. II.) (VI, 144 u. Anh. 3 S.) n. — 75
2. Nordsee, Nördliches u. Südliches Eismeer. (Betr. Karten Titel III u. XIII.) (VI, 122 u. Anh. 1 S.) n. — 75
3. Englischer Kanal, Westküste v. England u. Schottland, die Küsten v. Irland. (Betr. Karten Titel IV.) (VI, 95 u. Anh. 1 S.) n. — 80
4. Mittelmeer, Schwarzes u. Asow'sches Meer. (Betr. Karten Titel V.) (VI, 156 u. Anh. 2 S.) n. 1. —
5. Nördlicher Atlantischer Ocean. (Betr. Karten Titel VI.) (VI, 220 u. Anh. 3 S.) n. 1. 20

— dasselbe. Anh. zum 6.—8. Hft. Abgeschlossen am 1. März 1894. hoch 4. Ebd. 894. à n. — 20
6. (9 S.) — 7. (11 S.) — 8. (14 S.)

— d. Leuchtfeuer aller Meere. Hrsg. v. d. Reichs-Marine-Amt. 8 Hfte. Abgeschlossen am 1. XII. 1897. (M. je 1 farb. Taf.) hoch 4. Berlin 898. (E. S. Mittler & Sohn.) n.n. 6. —; Einbde. in Leinw. à n.n. — 50

1. Ostsee, Belte, Sund, Kattegat u. Skagerrak. [Betr. Karten Titel I u. II.] (VI, 198 u. 4 S.) n. — 75
2. Nordsee, Nördliches u. Südliches Eismeer. [Betr. Karten Titel III u. XIII.] (VI, 192 u. 4 S.) n. — 75
3. Englischer Kanal, Westküste v. England u. Schottland, d. Küsten v. Irland. [Betr. Karten Titel IV.] (VI, 104 u. 1 S.) n. — 80
4. Mittelmeer, Schwarzes u. Asow'sches Meer. [Betr. Karten Titel V.] (VI, 160 u. 2 S.) n. 1. —
5. Nördl. Atlantischer Ocean. [Betr. Karten Titel VI.] (VI, 232 u. 2 S.) n. 1. 20
6. Westindien u. Südl. Atlant. Ocean. [Betr. Karten Titel VII u. VIII.] (VI, 92 u. 1 S.) n.n. — 50
7. Indischer Ocean u. Ostind. Archipel. [Betr. Karten Titel IX u. X.] (VI, 104 u. 2 S.) n.n. — 50
8. Nördl. u. Südl. Stiller Ocean. [Betr. Karten Titel XI u. XII.] (VI, 148 u. 3 S.) n.n. — 50

Berlin, Reichs-Marine-Amt, Verzeichniss der Leuchtfeuer aller Meere für 1900. Heft I—VIII. Berlin 1900. 8°.

Marineleitung. (1901. 1911: Reichsmarineamt). **Verzeichnis der Leuchtfeuer u. Signalstellen** (1911: Nebel u. Zeitsignale) aller Meere. — Berlin: Mittler. 8°

— der Leuchtfeuer aller Meere. Hrsg. v. dem Reichs-Marine-Amt. 8 Hfte. Abgeschlossen am 1. XII. 1901. gr. 8. (Mit je 1 farb. Taf.) Berlin 902. (E. S. Mittler & Sohn.) n.n. 6. —; Einbde. in Leinw. à n.n. — 60
1. Ostsee, Belte, Sund, Kattegat u. Skagerrak. (Betr. Karten Titel I u. II.) (VIII, 464 u. 5 S.) n. — 75
2. Nordsee, Nördliches Eismeer. (Betr. Karten Titel III u. XIII.) (VIII, 457 u. 5 S.) n. — 75
3. Englischer Kanal, Westküste v. England u. Schottland, die Küsten v. Irland. (Betr. Karten Titel IV.) (VIII, 245 u. 3 S.) n. — 50
4. Mittelmeer, Schwarzes u. Asowsches Meer. (Betr. Karten Titel V.) (VIII, 358 u. 5 S.) n. 1. —
5. Nördlicher Atlantischer Ocean. (Betr. Karten Titel VI.) (VIII, 498 u. 5 S.) n. 1. 20
6. Westindien u. Südlicher Atlantischer Ocean. (Betr. Karten Titel VII u. VIII.) (VIII, 195 u. 5 S.) n.n. — 60
7. Indischer Ocean u. Ostindischer Archipel. (Betr. Karten Titel IX u. X.) (VIII, 224 u. 5 S.) n.n. — 60
8. Nördlicher u. Südlicher Stiller Ocean. (Betr. Karten Titel XI u. XII.) (VIII, 315 u. 5 S.) n.n. — 60

— der Leuchtfeuer aller Meere. Hrsg. v. dem Reichs-Marine-Amt. 8 Hefte. Abgeschlossen am 1. XII. 1905. (Mit je 1 farb. Taf.) gr. 8. Berlin 906. (E. S. Mittler & Sohn.) n.n. 6. —; Einbde. in Leinw. je n.n. — 60
1. Ostsee, Belte, Sund, Kattegat u. Skagerrak. (Betr. Karten Titel I u. II.) (X, 519 u. Nachtrag 9 S.) n. — 75
2. Nordsee, Nördliches Eismeer. (Betr. Karten Titel III u. XIII.) (X, 503 u. Nachtrag 6 S.) n. — 75
3. Englischer Kanal, Westküste v. England u. Schottland, die Küsten v. Irland. (Betr. Karten Titel IV.) (IX, 266 u. Nachtrag 3 S.) n.n. — 50
4. Mittelmeer, Schwarzes u. Asow'sches Meer. (Betr. Karten Titel V.) (IX, 332 u. Nachtrag 3 S.) n. 1. —
5. Nördlicher Atlantischer Ozean. (Betr. Karten Titel VI.) (IX, 530 u. Nachtrag 7 S.) n. 1. 20
6. Westindien u. Südlicher Atlantischer Ozean. (Betr. Karten Titel VII u. VIII.) (IX, 221 u. Nachtrag 5 S.) n. — 60
7. Indischer Ozean u. Ostindischer Archipel. (Betr. Karten Titel IX u. X.) (IX, 261 u. Nachtrag 5 S.) n. — 60
8. Nördlicher u. Südlicher Stiller Ozean. (Betr. Karten Titel XI u. XII.) (IX, 366 u. 5 S.) n. — 60

— der Leuchtfeuer aller Meere, nebst Verzeichnis der Zeitsignalstationen. Hrsg. v. dem Reichs-Marine-Amt. 8 Hefte. Abgeschlossen am 1. XII. 1909. (Mit je 1 farb. Taf.) gr. 8. Berlin 910. (E. S. Mittler & Sohn.) 6.—; Einbde. in Leinw. à n — 60
1. Ostsee, Belte, Sund, Kattegat u. Skagerrak. (Betr. Karten Titel I u. II.) (XII, 552 u. Nachtrag 12 S.) — 75
2. Nordsee, Nördliches Eismeer. (Betr. Karten Titel III u. XIII.) (XII, 624 u. Nachtrag 14 S.) — 75
3. Englischer Kanal, Westküste v. England u. Schottland, die Küsten v. Irland. (Betr. Karten Titel IV.) (XII, 279 u. Nachtrag 5 S.) — 50
4. Mittelmeer, Schwarzes u. Asow'sches Meer. (Betr. Karten Titel V.) (XII, 408 u. Nachtrag 5 S.) 1. —
5. Nördlicher Atlantischer Ozean. (Betr. Karten Titel VI.) (XII, 595 u. Nachtrag 10 S.) 1. 20
6. Westindien u. Südlicher Atlantischer Ozean. (Betr. Karten Titel VII u. VIII.) (XII, 239 u. Nachtrag 5 S.) — 60
7. Indischer Ozean u. Ostindischer Archipel. (Betr. Karten Titel IX u. X.) (XII, 292 u. Nachtrag 10 S.) — 60
8. Nördlicher u. Südlicher Stiller Ozean. (Betr. Karten Titel XI u. XII.) (XII, 401 u. Nachtrag 9 S.) — 60

— der Leuchtfeuer an der deutschen Nordsee-Küste. [Beigabe zur Seekarte der deutschen Bucht der Nordsee.] Berlin 1870. D. Reimer. 8. (27 S.) n. 5 *ngr.*

Verzeichniss der Leuchtfeuer und Seezeichen an den dänischen Küsten. Hrgg. auf Veranstaltung des Königlichen General-Zollkammer- und Commerz-Collegii. 1847. Kopenhagen. o. J. 8°

Pola, Hydrographisches Amt der K. K. Kriegsmarine, Verzeichniss der Leuchtfeuer im gesammten Mittelmeere. Theil I, II. Pola 1879, 81.

— der Leuchtfeuer u. Semaphor-Stationen im Adriatischen Meere. Abgeschlossen Ende Mai 1900. Hrsg. vom hydrograph. Amte der k. u. k. Kriegs-Marine, Abthlg. Seekarten-Depot. IV. Aufl. gr. 8. (IX, 78 S. m. 1 farb. Taf.) Pola 900. (Triest, F. H. Schimpff.) Kart. n.n. 2. —

Verzeichnis der Leuchtfeuer und Semaphorstationen im Adriatischen Meere für das Jahr 1907. 7. Aufl. Gr.-8° (158 S.) Triest: F. H. Schimpff 1907.

Verzeichnis der Leuchtfeuer und Semaphorstationen im Adriatischen Meere für das Jahr 1908. 8. Aufl. Gr. (158 S.)
Ebda. 1908.

Verzeichnis der Leuchtfeuer u. Semaphorstationen im Adriatischen Meere f. d. J. 1910. Hrsg. vom hydrograph. Amte der k. u. k. Kriegsmarine. 10. Aufl. (165 S. m. 2 farb. Taf.) gr. 8. Pola 910. (Triest, M. Quidde.) Geb. nn 2. —

Verzeichniss der im Kanton Zürich gefallenen Liebesgaben für die wasserbeschädigten Bewohner der Bergkantone. 8. [Zürich 1840.]

Verzeichniss der Liebesgaben-Sammlung im Kanton Aargau für die wasserbeschädigten Kantone Graubünden, St. Gallen, Tessin, Uri und Wallis im Jahr 1868. Beilage zum Rechenschaftsbericht des Regierungsrathes [des Cantons Aargau] an den Grossen Rath für das Jahr 1869. 4. [Aarau 1870.]

Verzeichniss der im Kanton Zürich gesammelten Liebessteuern für die am 27. August 1834 durch Ueberschwemmung beschädigten Cantone Uri, Graubünden, Wallis und Tessin. 4. Zürich, im Januar 1835.

— der Lieder der vereinigten norddeutschen Liedertafeln. Celle 868. (Schulze'sche Buchh.) Lex.-8. (4 S.) n. 5 *ngr.*

— sämmtlicher Lieder u. Gesänge von Frz. Schubert, Rob. Schumann, Fel. Mendelssohn u. Rob. Franz. Nach den Titeln u. Anfangsworten der Texte alphabetisch geordnet. Halle 868. Karmrodt. gr. 8. (34 S.) n. 5 *ngr.*

Verzeichnis der ... über das Aufnahmegebiet der Königl. Preuß. Geologischen Landesanstalt erschienenen geologischen Literatur. Als Ms. gedr. [1.] Im Jahre 1906. Berlin 1905: (A. W. Schade). 4°(8 S.) (08. 1295

— der vom Juli 1904 bis Juli 1908 in Deutschland erschienenen philosophischen Literatur u. der bedeutenderen Werke in englischer u. französischer Sprache. Hrsg. zum III. internationalen Kongress f. Philosophie, Heidelberg. (58 S.) 8. Heidelberg 908. Weiss'sche Univ.-Buchh. — 50

Verzeichnis Freimaurerischer Literatur, insbesondere der von der Redaktion der „Zirkelcorrespondenz" in Berlin hrsg. Schriften. 1903—1907. [Berlin: Mittler 1903. 1907.] 8° [Kopftit.]
1903 2 Bl. 1907 2 Bl. 130.

VERZEICHNIS DER MINERALOGISCHEN, GEOLOGISCHEN, URGESCHICHTLICHEN UND HYDROLOGISCHEN LITERATUR von Württemberg, Hohenzollern, Baden und den angrenzenden Gebieten.
Bd. I. (1901 bis 1905), zusammengestellt von Dr. EWALD SCHÜTZE. Beilage zu den Jahresheften des Vereins für vaterländische Naturkunde in Württemberg 58. Jahrg. 1902, 59. Jahrg. 1903, 60. Jahrg. 1904, 62. Jahrg. 1906 und 64. Jahrg. 1908. Stuttgart 1902—1908. (Druck von Carl Grüninger, K. Hofbuchdruckerei Zu Gutenberg (Klett & Hartmann).) — A. u. d. T.: BEILAGE ZU JAHRESHEFTE ... MITTEILUNGEN DER GEOLOGISCHEN ABTEILUNG DES K. WÜRTTEMBERGISCHEN STATISTISCHEN LANDESAMT. No. 1.

Verzeichnis der periodischen Literatur der Bibliothek des Aerztlichen Vereins München. Nach d. Stande vom 1. April 1903. (*München: J. F. Lehmann 1903.*) (8 S.) 8° [Umschlagt.] [03. 1131

— sozialer Literatur. Eine systemat. Zusammenstellg. u. Beurteilg. der wichtigsten sozialwissenschaftl. u. sozialpolit. Schriften. 7., vollständig umgearb. u. erweit. Aufl. (20.—25. Tausf.) (140 S.) gr. 8. M.-Gladbach (907). Volksvereins-Verlag. — 50

— der stenographischen Literatur [Druckwerke u. Kunstgegenstände] Deutschlands, sowie der wichtigsten Erscheinungen d. Auslandes bis 1887. Systematisch zusammengestellt v. K. Keil u. F. Hödel. 2 Hfte. 12. (92 u. 64 S.) Leipzig 888. Robolsky. n. — 40

Verzeichniss der dem maurerischen Korrespondenz-Bureau für Deutschland und die angrenzenden Länder beigetretenen Logen. Unter Garantie der Loge Balduin zur Linde in Leipzig. Oster-Messe 1838. 1 Bl. 4°. [Kopftit.] 21.

Verzeichnis deren der ☐ 9 Sternen in Prag beim Johannisfest 5792 bekannten auswärtigen ☐☐. [Prag 1792.] 4 Bl. 2° [Kopftit.] 193.

Verzeichniß der Logen-Besitzer im k. k. Theater zu Gratz mit 1. Jänner 1855. Gratz. Druck von A. Leykam's Erben. (8 S. 8. und 1 lith. Plan. 4.) geh. 1855

Verzeichnis der gewöhnlichen Logentage an welchen sich die Bbr.·. Freimaurer im Jahre 1820 in den auf folgender Seite namentlich aufgeführten Logen versammeln. Zugleich zur Aufzeichnung wöchentlicher Einnahme und Ausgabe eingerichtet. Goslar: Kircher [1820]. 56 Bl. 8°

Verzeichnis der Logen-Wanderredner. Ausgegeben Januar 1910. [Leipzig: Zechel.] 8 S. 8°. [Kopftit.]

Verzeichnis der Lösch- und Ladestellen sowie der Krane und Förderwerke an den Wasserstraßen im Bezirk d. Kgl. Ministerial-Bau-Kommission zu Berlin einschließl. derjen. d. Rixdorfer Schiffahrtskanals. Aufgest. d. 1. Juli 1909. (Berlin 1909: Kühn.) 25 Bl. 8° (10.751)

— der in Gemäßheit der Bekanntmachung vom 5. Mai 1890 (Reichs-Anzeiger Nr. 110 v. 1890) als umlaufsfähig in Deutschland anerkannten Loose der k. k. österreichischen 5% Staats-Prämien-Anleihe v. 1860. Fol. (77 S.) Berlin 892. (R. v. Decker.) n. 2 70

Verzeichniß der zwölf armen Männer, welche am Gründonnerstage in der k. k. Haupt- und Residenzstadt Wien von Sr. Oesterr. k. k. apostol. Majestät Franz Josef dem Ersten zur Fußwaschung allergnädigst aufgenommen worden sind. Den 5. April 1855. Druck von Zamarski. (1 Bogen.)

Verzeichnis der von der operirenden Süd- und Nord-Armee im Jahre 1866 gefallenen, verwundeten und vermissten Mannschaft. 4 Wien 1867.

Verzeichnis der Manuscripte und Incunabeln der Vadianischen Bibliothek in St. Gallen. St. Gallen 1864. V: *Scherrer, Gustav.* (BSchwLk V, a) (AarK)

— der Manuscripte u. Incunabeln der vadianischen Bibliothek in St. Gallen. St. Gallen 864. (Huber & Co.) gr. 8. (XIII, 353 S.) n. 2 ℛ 4 ngr.

— d. Märkte u. Messen im J. 1898 f. d. Kalender „Das Vaterland", „Der Eisenbahner", „Feierabend", „Fleißige Hände" u. „Haus-Kalender". 4. (20 S.) Berlin 897. Schriftenvertriebsanstalt. n.n. — 05

Verzeichnis der Märkte u. Messen im J. 1903. 4. (20 S.) Berlin, Schriftenvertriebsanstalt. n. — 05

— der Märkte u. Messen im J. 1906. (16 S.) gr. 8. Berlin, Schriftenvertriebsanstalt. — 05

— der Märkte u. Messen im Königr. Sachsen u. in den Nachbargebieten im J. 1911. Bearb. u. hrsg. vom kgl. sächs. statist. Landesamte. (32 S.) gr. 8. Dresden 910. C. Heinrich. — 50; gegen Rückgabe des im sächs. Normalkalender befindl. Gutscheins kostenlos.

Verzeichniss derjenigen Br. Maurer, welche sich während der Jubelfeier der Burschenschaft in Jena in den Tagen des 14., 15. u. 16. August 1865 als Söhne Latomia's zusammenfanden und das maur. Bündniss stets festzuhalten sich gegenseitig gelobten. Kahla, Beck. 1865. 4. 1 Bl.
Ein Verzeichniss von 23 Brüdern.

Verzeichniss der Maurer-Schriften aus der Loge zu den 3 Sternen in Rostock. Rostock 1848: Behm. 7 S. 8°
Verkaufs-Katalog.
[Mitth VdF. 1896—1897 S. 106.]

Verzeichnis aller hier geprägten Medaillen und Schaumünzen vom Jahre 1679—1787 . . . Nürnb. 1788. V: *Riedner, Georg Nicolaus.* (ML) (Will)

— von mehrentheils seltenen Medaillen u. Münzen d. Herzogthums Meklenburg rc. 8. Lpz. Gräff.

— von mehrentheils seltenen Medaillen u. Münzen des Herzogthums Mecklenburg rc. 8. Leipz. ... (Wienbrack). 6 ℛ

— einer Medaillen- u. Thalersammlung, welche in Regensburg entweder im Ganzen oder Einzeln zu verkaufen sind. gr. 8. Regensb. 806. Montag u. W. 16 ℛ

— d. Medicinalbehörden, Aerzte, Wundärzte, Zahnärzte u. Apotheker im Grossherzogth. Hessen nach d. Stande v. Monat Novbr. 1896. Nach amtl. Quellen bearb. gr. 8. (19 S.) Darmstadt 896. J. Waitz. n. — 75

—— der Medicinal-Personen in Elsass-Lothringen nach dem Stande vom 1. Jan. 1888. gr. 8. (25 S.) Strassburg 888, Schmidt's Universitäts-Buchh. *

—— der Medicinal-Personen in Elsass-Lothringen, nach dem Stande vom 1. Novbr. 1888, — vom 1. Jan. 1890, — vom 1. Jan. 1891 [3 Jahrgänge]. Mit alphabet. Namensregister. gr. 8. (à Jahrg. 27 S.) Strassb. i. E., Bull. à Jahrg. * — 80

Verzeichnis der Medicinal-Personen in Elsass-Lothringen nach dem Stande vom 1. Jan. 1894. Mit alphabet. Namensregister. gr. 8. (31 S.) Strassburg 894. F. Bull. n. — 80

— d. Medicinal-Personen in Elsass-Lothringen nach d. Stande v. 1. I. 1898. M. alphabet. Namensregister. gr. 8. (31 S.) Strassburg 898. F. Bull. n. — 80

— der Medicinal-Personen in Elsass-Lothringen nach dem Stande vom 1. I. 1902. Mit alphabet. Namensregister. gr. 8. (32 S.) Strassburg 902. F. Bull. n. — 80

— der Medizinal-Personen in Elsass-Lothringen nach dem Stande vom 1. I. 1906. Mit alphabet. Namensregister. (39 S.) gr. 8. Strassburg 906 F. Bull. n. — 80

— der Medizinal-Personen in Elsass-Lothringen nach dem Stande vom 1. I. 1910. Mit alphabet. Namensregister. (41 S.) gr. 8. Strassburg 910. F. Bull. — 80

Verzeichnis der Medizinal-Personen des Kantons Zürich. Hrg. von der Kanzlei der Direktion des Gesundheitswesens im Juli 1902. 26 S. 8. Zürich, J. Rüegg, 1902.

Verzeichniß der Herren Meister und Frauen Witwen bei der Innung der bürgerlichen Posamentirer, Gold-, Silber- und Seidensticker, echt und leonisch, Treffen-, Borten-, Kautschukstoffe-, Sammt- und Seidenband-, Spitzen-, Chenillen-, Fransen-, Krepinen-, Knöpfe-, Schnüre-, Quasten- rc. Hand- und Stuhl-Arbeiter in der k. k. Reichshaupt- und Residenzstadt Wien. Für das Jahr 1855. Wien. Mechitharisten-Buchdruckerei. (16 S. 8.)

Verzeichniß der Herren Meister und Frauen Witwen bei der Innung der priv. und bürgerl. Posamentirer, Gold-, Silber- und Seidensticker, echt und leonisch, Treffen-, Borten- rc. Arbeiter in der k. k. Reichshaupt- und Residenzstadt Wien. Für das Jahr 1856. Wien. Mechitharisten-Buchdruckerei. (15 S. 8.)

— der Messen, Kram-, Vieh- u. Wollmärkte, s. Mittheilungen des statist. Vereins f. d. K. Sachsen. 7e Lfrg.

— der Messen, Kram-, Vieh- u. Wollmärkte im Königr. Sachsen u. in den Nachbarländern d. Königr. Sachsen i. J. 1892. gr. 8. (S. 49—91.) Dresd. 891, Heinrich. ** 1 80
Aus: Kalender u. statist. Jahrb. f. d. J. 1892, besonders abgedruckt.

— d. Messen, Kram-, Vieh- u. Wollmärkte im Königr. Sachsen u. in d. Nachbarländern d. Königr. Sachsen im J. 1896. [Aus: „Kalender u. statist. Jahrb.".] 8. (44 S.) Dresden 895. C. Heinrich. n. 1. 40

Verzeichnis der im Königreich Preussen stattfindenden Messen und Märkte. Jahrgang 1860-74. 4° Berlin 1860-74

Verzeichnis der hiesigen . . . . . Messverkäufer, welchem eine kurtze Nachricht von hiesigen Messen vorgesetzt ist . . . Braunschw. 1789. 2. Aufl. 1790. V: *Ribbentrop*, *Philipp Christian.* (ML)

— über A. die Militär-Badeheil- u. Trinkcuranstalten; B. die Curhäuser u. Curstationen der österr. Gesellschaft v. weißen Kreuze; C. die Curhäuser, welche zufolge sonst. patriot. Widmgn. bestehen; D. die v. der österr. Gesellschaft v. weißen Kreuze zur Verfügg. gestellten Freiplätze u. Curbegünstiggn.; E. die sonst. in Curorten bestehenden Freiplätze u. Curbegünstiggn., s.: Militär-Vorschriften, Hft. 94.

Verzeichniss der in dem k. k. Genie-Comité zur Besichtigung aufgestellten Militär-Gegenstände, 1. welche im Jahre 1867 Bestandtheile der nach Paris entsendeten Collectiv-Ausstellung des k. k. Kriegsministeriums gebildet haben. 2. Gegenstände, welche im Jahre 1867 auf Befehl des Reichskriegsministeriums im Auslande angekauft wurden. 8. Wien (Juni 1868).

— einer sehr ansehnlichen Mineralien-Sammlung, zum Selbstunterrichte und für höhere Schulen passend, nach Werner geordnet (und vom Besitzer herausgegeben). 8. Hamburg 834. Herold. 1/12 ß

Verzeichniss der Geissler'schen Mineralien-Sammlung in Leipzig. 2 Theile. Leipzig 1792. 8.

— einer Mineralien-Sammlung nach Werners Methode geordnet. 8. Regensb. 796. Montag u. W. 5 K

Verzeichnis von Ministerial-Erlassen aus den Jahren 1900 bis 1904, zsgest. von dem Ausschusse des Zentralverbandes der Preußischen Dampfkessel-Überwachungs-Vereine. Frankfurt a. O., 1905. 36 S.

— der Mitglieder der Preuß. Abgeordneten-Versammlung zur Berathung des Verfassungs-Gesetzes für den Preuß. Staat. Nebst Nachtrag. gr. 8. (20 S.) Brandenburg 848, Müller. n. 1/12 ß

Verzeichnis der Mitglieder der zum Ostpreußischen Gauverband gehörenden Abteilungen der Deutschen Kolonialgesellschaft. 1905. Königsberg i. Pr. 1905: Ostpr. Dr. (47 S.) 8° [5.]

[**Verzeichnis** der Mitglieder der Loge Agrippina in Köln a. Rh.]
f. 1840—1848 jährlich.
1840—1847 in 40; 1847—1848 in 137.

Verzeichniss der Mitglieder der k. b. Akademie der Wissenschaften. 1873. München. 4.

—— der Mitglieder der k. Leop.-Carol. Akademie der Naturforscher. Gegründet in der kais. freien Reichsstadt Schweinfurt am 2. Jan. 1652 durch Bausch, Fehr, Metzger und Wohlfarth. Für das deutsche Reich bestätigt und mit kaiserl. Privilegium ausgestattet von Leopold I. am 3. Aug. 1677, 7. Aug. 1687 und 3. Juli 1688, dann von Carl VII. am 12. Juli 1742. 8. (22 S.) Breslau 855. (Bonn, Weber.)

[**Verzeichnis der Mitglieder der altschottischen delegierten Loge Albanus zur Weisheit u. der Johannisloge zur Freundschaft und Wohltätigkeit in Havelberg.**]
f. 1823—1824, 1824—1825, 1825—1826, 1826 bis 1827, 1827—1828, 1828-1829, 1829—1830. 23.

Verzeichnis der Mitglieder der Loge Alexander zu den drei Sternen in Ansbach.]
f. [1778], 1779, 1781, 1784, [1801, 1802, 1805, 1806—1807, 1811—1816. 23.

[**Verzeichnis** der Mitglieder der Provinzial-Loge Alexander zu den drei Sternen in Ansbach u. deren Tochterlogen.]
f. 1807—1808. 23.

Verzeichniß aller zu dem, in der mit höchstem Hofdekrete vom 1. Oktober 1812 wieder eröffneten Kirche am Weißen Berge (Maria de Vittoria) abzuhaltenden Gottesdienste beitragenden Mitglieder. Prag. 1855. Druck von Joh. Spurny. (40 S. 8.) geh.

Verzeichniß aller zu dem, in der mit höchstem Hofdekrete vom 1. Oktober 1812 wieder eröffneten Kirche am Weißen Berge (Maria de Victoria) abzuhaltenden Gottesdienste beitragenden Mitglieder. Prag, 1857. Druck von Joh. Spurny. (39 S. 8.)

Verzeichnis aller bisherigen Mitglieder des hochl. Collegii der Herren **Oberalten der kaiserl. freien Reichsstadt Hamburg** ... Hamb. 1790. V: *Anderson, Christian Daniel.* (schr)

Verzeichnis aller Mitglieder sowohl von der Freymaurer-Loge zur goldenen Himmelskugel in Glogau, als von denen, von derselben ressortirenden Töchter-Logen: Friedrich zum goldenen Scepter in Breslau, Friedrich zur aufgehenden Sonne in Brieg, zu den 3 Triangeln in Glatz, gefertigt von dem Bruder Gross-Secretär Gross-Glogau den 27. Decbr. 1792. 12 Bl. 8⁰. [Umschlagtit.]
Sehr selten. 21.

Verzeichnis aller Mitglieder der vereinigten Freimaurerlogen in Schlesien, als der Loge zur goldenen Himmelskugel in Glogau, der Loge zum glänzenden Siebengestirn in Grünberg, der Loge zum Cherub von Eden in Glogau, wie auch den Tochterlogen: Friedrich zum goldenen Scepter in Breslau, Friedrich zur aufgehenden Sonne in Brieg und zu den drei Triangeln in Glatz. Berlin 1788. V: *Streit, Heinrich Wilhelm.* (wolfstieg I, 520)

Altersgenossenverein von Aarau. Verzeichnis der Mitglieder. Februar 1902. 8 S. 8. (Aarau, Buchdr. der Aargauer Nachrichten.)

— der in Berlin anwesenden Mitglieder der ersten preuß. National-Versammlung. 8. (12 S.) Grünberg 848, Levysohn. n. 2 ngl.

[**Verzeichnis** der Mitglieder der Loge Apollo zu den drei Akazien in Leipzig.]
f. 1801. 283.

Verzeichniß der Mitglieder des (Königlichen) Armendirectoriums der Gesellschaft Freiwilliger Armenfreunde und des Verwaltungs-Personals derselben für das ... Armenjahr ... Kiel. 8⁰
52, 1844/45. 53, 1846. 69, 1861/62. 71, 1863/64. 74, 1866/67. 79, 1871.
Fortges. u.d.T.: Gesellschaft Freiwilliger Armenfreunde. Verzeichniß der Mitglieder, Officialen und Commissionen ... 1873-77. Kiel. 1873-77. 8⁰

[**Verzeichnis** der Mitgliede der altschottischen Loge Aurora und der Johannisloge zur preussischen Burg in Johannisburg.]
f. 1820—1821, 1826—1827, 1827—1828, 1828 bis 1829, 1838—1839, 1839—1840, 1840—1841, 1844 bis 1845, 1852. 23.

Verzeichnis der Mitglieder des Geschäftsführenden Ausschusses und der Vorstände der Fachausschüsse des 10. Deutschen Turnfestes zu Nürnberg 1903, Nürnberg 1903, 23 S., Kl.-8⁰.

Verzeichniss der Mitglieder der Ausschüsse bei der verfassunggebenden deutschen Reichsversammlung. Aufgestellt im Dezember 1848. 1848. 8⁰

Verzeichniss der auswärtigen Mitglieder des Kirchentages in Kiel und deren Wohnungen. 3. bis 6. September. Kiel. 1867. 8⁰

Verzeichniß der bis zum 31. März 1857 berufenen Mitglieder des Herrenhauses. [Nebst] Forts. Berlin 1857.

Verzeichnis der Mitglieder der evangelischen Gemeinde Bonn auf Grund der Volkszählung vom 1. Dez. 1900 und der Offenlegung vom 28. Juni bis 12. Juli 1901. *(Bonn 1901: C. Georgi.)* (100 S.) 8° [F.] [01. 10415 5

VERZEICHNISS DER MITGLIEDER der Section Breslau des Deutschen und Oesterreichischen Alpenvereins. April 1888. Breslau. Druck der Breslauer Genossenschafts-Buchdruckerei, E. G. 8°.

Verzeichnis der Mitglieder der Bruderschaft des heiligen Sebastian in der Pfarrkirche der heiligen Katharina in Niel. Beim Schlusse des Jahres 1861. 1868. Köln, 1861-68.

Verzeichniss der derzeitigen Mitglieder der Königlichen Akademie der Künste zu Berlin 1889. 8°.

Verzeichniß der in Linz domicilirenden Herren Mitglieder des oberösterreich. Gewerbe-Vereines. Feichtinger'sche Buchdruckerei. (16 S. 8.) 1856.

—— der erblichen und lebenslänglichen Mitglieder des Herrenhauses. [IX. Session.] 3. Decbr. 1884. 8. (57 S.) Wien 884, Hof- und Staatsdruckerei. *

—— der erblichen und lebenslänglichen Mitglieder des Herrenhauses. [X. Session.] 22. Septbr. 1885. gr. 8. (59 S.) Wien 885, Hof- und Staatsdruckerei. *

— der erblichen u. lebenslänglichen Mitglieder d. Herrenhauses. [X. Session.] 22. Septbr. 1886. gr. 8. (59 S.) Wien 886. Hof- u. Staatsdruckerei. n. — 80

VERZEICHNISS der ewigen Mitglieder der Senckenbergischen naturforschenden Gesellschaft. (1845.) (Ohne bes. Titelbl.)

[**Verzeichnis der Mitglieder der Loge „La grande Famille" in Speyer.**]
f. 1811. 140.

Verzeichnis der Mitglieder des Leipziger Festausschusses für das 3. Deutsche Turnfest u. d. Aussch. d. dtsch. T. V., Leipzig 1863, 8 S., 8°.

[**Verzeichnis** der Mitglieder der Loge „Les trois Flammes vivifiantes" in Neustadt a. d. Hardt.]
f. 1810. 140.

Verzeichniß der Mitglieder des katholischen Frauen-Hilfsvereines unter dem Schutze der heiligen Anna. Linz Feichtinger'sche Buchdruckerei. (6 Bl. 4.) 1855.

Verzeichniss der Mitglieder des Freimaurer-Sterbecasse-Vereins in Hannover. Der Verein ist gegründet am 2. März 1843, mit Corporations-Rechten versehen am 19. Jan. 1846. Aufgestellt am 1. Juli 1878. [Hannover 1878: Göhmann.] 39 S. 8° [Umschlagtit.] 65.

[Verzeichnis der Mitglieder der Loge „Die Vereinigten Freunde" in Mainz.]
f. 1819—1822 jährlich. 140.

[**Verzeichnis** der Mitglieder der altschottischen Loge Friedrich von der Freundschaft und der dazu gehörigen Freimaurer-Loge in Kassel.]
f. 1791. 3.

[**Verzeichnis** der Mitglieder der Loge Friedrich Karl Joseph zum goldnen Rade in Aschaffenburg.]
f. 1811—1812.
Nebst Verzeichn. der mit der Loge korrespondierenden Logen. 137.

[**Verzeichnis** der Mitglieder der Loge Friedrich zur Vaterlandsliebe in Gardelegen.]
f. 1821, 1823, 1824, 1825, 1826, 1827, 1828, 1829, 1830. 23.

[Verzeichnis der Mitglieder der Loge Friedrich Wilhelm zur Treue, und der Loge Louise zum aufrichtigen Herzen in Tilsit.]
f. 1822—1823, 1823—1824, 1824—1825, 1826—1827, 1827—1828, 1828—1829, 1831—1832, 1834—1835.

Verzeichniss der Mitglieder der bayer. Gartenbau-Gesellschaft mit d. Beginne des Jahres 1876. 8°. 18 S. Cart.

Verzeichniss der gegenwärtigen Mitglieder der Kaiserl. Akademie d. Wissenschaften in Wien. (Juli 1849.)

Verzeichnis der gegenwärtigen Mitglieder der uralten, seit dem Jahre 1396 in Köln, unter dem Schutze des heil. Peter von Mailand, bestehenden Brauer-Corporation für das Jahr 1887 ... Köln [1887]. V: *Scheeben, W.* (StBKöln II, 234)

— der Mitglieder der französisch-reformirten Gemeinde zu Berlin, nebst e. Anh., enth. den Nachweis derjenigen Bewohner der Vororte, welche sich zur Berliner Gemeinde halten, zusammengestellt u. hrsg. v. dem Consistorium der französ. Kirche. gr. 8. (IV, 200 S.) Berlin 886. (Mittler & Sohn.) n. 3. —

Verzeichnis der Mitglieder der von Puttkamerschen corporativen Genossenschaft nach Hauptlinien, deren einzelnen Zweigen sowie nach Geschlecht und Lebensalter geordnet. Stettin 1899. [2. Aufl.] 1902. V: *Puttkamer, Gust. Freih. von.* (Berl)

VII. Internat. Geographen-Kongr. Berlin 1899. **Verzeichniss** der Mitglieder des Kongresses nach dem Stande vom 23. Sept. 1899. (Ein vervollständ. Verzeichniss wird am 29. Sept. z. Ausg. gelangen.) Berlin 1899: (W. Moeser). (47 S.) 8°

VII. Internat. Geographen-Kongr., Berlin 1899. **Verzeichniss** der Mitglieder des Kongresses. II. Ausg. Stand vom 28. Sept. 1899. Berlin 1899: (W. Moeser). (72 S.) 8°

— der Mitglieder der königl. böhmischen Gesellschaft der Wissenschaften **1784—1884**. gr. 8. (42 S.) Prag 884. (Calve.) n. — 60

Verzeichnis d Mitglieder d Dten Gesell in NY. Feb 22 1845 NY 1845

Verzeichnis d. Mitglieder d. Naturforschenden Gesellschaft d. Osterlandes zu Altenburg i. S.-A. am 75. Stiftungsfeste d. 9. Oktbr. 1892. Im Auftrage d. Gesellschaft zusammengest. v. Sekretär (Max Voretzsch) gr. 8. (14 S.) Altenburg 892. Dr. M. Voretzsch. — 30

Schweiz. gemeinnützige Gesellschaft. Verzeichnis der Mitglieder. Dezember 1901. II + 38 S. 8. Zürich-Selnau, Ed. Leemann, 1901.

— d. gewerblichen Mitglieder d. Tiefbau-Berufsgenossenschaft nach d. Stande d. Katasters am 1. Jan. 1896. Fol. (29 S.) Berlin 896. M. Oldenbourg. n. 3. —

[**Verzeichnis** der Mitglieder der Loge Göttin von Eleusis in Warschau.]
f. 1787.
Es gibt eine Ausg. in 2° u. 8°. 193.

Verzeichniß der Mitglieder des Gremiums der k. k. priv. Großhändler in Pest für das J. 1857. Pest. Bei Landerer und Heckenast. (32 S. 8.)

[**Verzeichnis** der Mitglieder der Grossloge von Kurhessen in Kassel.]
f. 1820—1821, 1821—1822.
1820—1821 in 100; 1821—1822 in 137.

[Verzeichnis der Mitglieder der Loge Günther zum stehenden Löwen in Rudolstadt.]
f. 1786. 137.

Verzeichnis, 1., der Mitglieder d. Gymnasialvereins. gr. 8. (27 S.) Heidelberg 891. C. Winter. n. — 80

Verzeichniss der *Mitglieder des Handelsstandes* in der Haupt- und Residenzstadt München im J. 1832. 8°. Cart.
16 S. Lat. Lett.

— der Mitglieder, Haupt- u. Zweigvereine der königl. Landwirtschafts-Gesellschaft, Zentral-Verein f. die Prov. Hannover, im J. 1885, nebst geschichtl. Rückblicken. Auf Grundlage v. Berichten der Hauptvereins-Vorstände hrsg. v. dem Zentral-Ausschuß der königl. Landwirtschafts-Gesellschaft durch Chrn. Jessen. Mit e. Uebersichtskarte der landwirtschaftl. Vereine der Prov. Hannover. [Ausg. im Oktbr. 1885.] gr. 8 (VII, 231 S.) Hannover 885. (Meyer.) n. 8. —

— der Mitglieder des Hauses der Abgeordneten mit Angabe der Wahlbezirke. Sitzungs-Periode 1859—61. Brandenburg 859. Müller. gr. 8. (22 S.) 3 ngr.

Verzeichnis der Mitglieder des Hauses der Abgeordneten. 20. Legislaturperiode, II. Session 1906/06. Abgeschlossen am 23. I. 1906. (41 S.) 4. Berlin (906). W. Moeser. n. 1. 40

Verzeichnis der Mitglieder des Hauses der Abgeordneten. Abgeschlossen am 21. II. 1907. (Drucksachen des preuss. Hauses der Abgeordneten Nr. 1.) (41 S.) Berlin. W. Moeser. 1907 1. —

Verzeichnis der Mitglieder des Hauses der Abgeordneten. Abgeschlossen am 5. XII. 1907. (Drucksachen d. Hauses der Abgeordneten. 20. Legislaturperiode, IV. Session 1907/08. Nr. 1.) (41 S.) 31×22,5 cm. Berlin (907). W. Moeser. nnn 1. —

Verzeichniss der Mitglieder des königl. bayerischen Haus-Ritter-Ordens vom heil. Georg, nach dem Stande vom 24. April 1884. München 1884. Druck von G. Schuh & Cie. Gr. 8°. 10 S. Cart.

[Verzeichnis der Mitglieder der delegierten altschottischen Loge Hermes Trismegistus zum himmlischen Feuer in Inowrazlaw.]
f. 1821—1822, 1822—1823, 1823—1824. 23.

VERZEICHNISS der Mitglieder des Vereins Herold in Berlin. 1887. Berlin. Gedruckt bei Julius Sittenfeld. 8°.

Herold zu Berlin. 1902. Festgestellt am 18. März 1902. Berlin. Gedruckt bei Julius Sittenfeld. 8°.

VERZEICHNISS der Mitglieder des Vereins

Verzeichniss der Mitglieder des Vereins Herold zu Berlin. 1901. *Berlin 1901: J. Sittenfeld.* (49 S.) 8° [J.] [Gr. 5318 9

Verzeichniß der Mitglieder des Vereins Herold in Berlin. 1897—1902. Berlin. (1897—1902.) 8°
1904. 1907. Görlitz. (1904—07.) 8°

Verzeichniss der Mitglieder des Herrenhauses. (X. Session.) 4. October 1887. 8°. (59 S.) Wien: Hof- u. Staatsdruckerei 1887.

Verzeichniß der Mitglieder des Herrenhauses. (X. Session.) 1. März 1890. 8. (59 S.) Wien: Hof- u. Staatsdruckerei 1890.

Verzeichnis der Mitglieder d. Herrenhauses. [XI. Session.] 9. April 1891. gr. 8. (61 S.) Wien 891, Hof- u. Staatsdruckerei. * — 80

— der Mitglieder des Herrenhauses. (XI. Session.) 5. Octbr. 1893. 8. (63 S.) Wien 893. (Hof- u. Staatsdruckerei.) n. — 80

Verzeichniß der Mitglieder des Herrenhauses. (XI. Session) 6. März 1895. 8. (67 S.) Ebda. —.40

— der Mitglieder des Herrenhauses. (XI. Session.) 24. Octbr. 1895. gr. 8. (65 S.) Wien 895. (Hof- u. Staatsdruckerei.) n. — 80

Verzeichniss der Mitglieder des Herrenhauses. (XI. Session.) 4. Februar 1896. 8. (59 S.) —.40
Wien: Hof- u. Staatsdruckerei 1896.

Verzeichniss der Mitglieder des Herrenhauses. (XIII. Session.) 25. September 1897. 8. (67 S.) Wien: Hof- u. Staatsdruckerei 1897.

Verzeichniß der Mitglieder des Herrenhauses. (XVI. Session.) 21. März 1898. 8. (65 S.) —.40
Wien: Hof- u. Staatsdruckerei 1898.

Verzeichniß der Mitglieder des Herrenhauses. (XV. Session.) 12. Oct. 1898. 8. (65 S.) —.40
Wien: Hof- u. Staatsdruckerei 1898.

(F) Verzeichnis der Mitglieder des Herrenhauses. (XVI. Session.) 18 October 1899. Wien. [1899.] Hof- und Staatsdruckerei. 8°. 65 S. fl. —.40

(F) Verzeichnis der Mitglieder des Herrenhauses. (XVII. Session.) Februar 1901. Wien. [1901.] Hof- und Staatsdruckerei. Gr.-8°. 65 S. K—80.

(F) Verzeichnis der Mitglieder des Herrenhauses. (XVII. Session.) 25. April 1901. Wien. [1901.] Hof- und Staatsdruckerei.] Gr.-8°. 67 S. K —.80

(F) Verzeichnis der Mitglieder des Herrenhauses. (XVII. Session.) 5. October 1901. Wien. [1901.] Hof- und Staatsdruckerei. 8°. 65 S. K —.80

(F) **Verzeichnis der Mitglieder des Herrenhauses (17. Session).** (65 S.) Wien: Hof- u. Staatsdruckerei 1902. K —.80

Verzeichnis der Mitglieder des Herrenhauses. (XVII. Session.) Gr.-8°. (71 S.) Wien: Hof- u. Staatsdruckerei 1903.

— der Mitglieder des Herrenhauses. (XVIII. Session.) Juni 1907. (77 S.) gr. 8. Wien (907). (Hof- u. Staatsdruckerei.) — 80

[Verzeichnis der Mitglieder der Loge Hesperus zu Kalisch.]
f. 1801, 1802, 1803—1804, 1804—1805, 1805 bis 1806. 23.

— 31., der Mitglieder des österreichischen Ingenieur- u. Architekten-Vereines. Gegründet im J. 1848. Nach dem Stande vom 20. VI. 1901 zusammengestellt vom Vereins-Secretariate. (VIII, 91 S.) gr. 8. Wien (Spielhagen & Schurich). n. 1. —

Verzeichniß der inkorporirten Mitglieder des Pesther bürgerl. privil. Handelsstandes für das J. 1857. Pesth, 1856. Gedr. bei Landerer und Heckenast. (20 S. 4.)

[**Verzeichnis** der Mitglieder der Loge Johannes zum Felsen in Kalisch.]
f. 1804—1805, 1805—1806. 23.

Verzeichniß der Mitglieder des Linzer Jungfrauen-Bundes am Schlusse des dritten Jahres seiner Gründung. (Nach der Ordnung des Eintrittes.) Feichtinger'sche Buchdr. (1 Bl. 4.) S. 1. [1857].

Schweizerischer Juristenverein. Verzeichnis der Mitglieder. Ende November 1902 = Société suisse des juristes. Catalogue des membres. Fin novembre 1902. 34 S. 8. Bern, Stämpfli & Cie., 1902.

—— der Herren Mitglieder der ersten Kammer, mit Angabe der Kategorie der Mitgliedschaft, und der Herren Abgeordneten zur zweiten Kammer, mit Angabe der Wahlbezirke. Sitzungs-Periode 1854—55. gr. 8. (34 S.) Brandenburg 855, Müller.

Verzeichnis der Mitglieder des (zürcherischen) Kantonsrates und der vom Kantonsrate oder dem Bureau gewählten Behörden und Kommissionen, nebst Angabe der auf diese Wahlen bezüglichen Bestimmungen. 5. Aufl. Dezember 1901. 29 S. 8. [Zürich, J. Rüegg.]

Verzeichnis der Mitglieder des Kantonsrates und der vom Kantonsrate oder dem Bureau gewählten Behörden und Kommissionen, nebst Angabe der auf diese Wahlen bezüglichen Bestimmungen. 6. Aufl. November 1902. 32 S. 8.

(Zürcherischer) Kantonsrat. Verzeichnis der Mitglieder und der ... Kommissionen, sowie Inhaltsverzeichnis zum Protokolle des Kantonsrates für die Amtsperiode 1899—1902. Juli 1902. II + 78 S. 8. [Zürich, J. Rüegg.]

[**Verzeichnis** der Mitglieder der Loge Karl zur Einigkeit in Karlsruhe.]
f. 1811. 137.

Verzeichnis der Mitglieder der Loge Karl zur guten Hoffnung in Heidelberg.]
f. 1807. 137.

[**Verzeichnis** der Mitglieder der Loge Karl zum roten Löwen in Rendsburg.]
f. 1821, 1823, 1825.
1821, 1825 in 140; 1823 in 193.

VERZEICHNIS der Mitglieder des Pressburger Kirchenmusik-Vereins im Jahre 1835 Pressburg 1835. Ludwig v. Landerer. 16 S.
- Dass. Pressburg 1836. Ludwig v. Landerer. 16 S. - 210 mm
- Dass. Pressburg 1837. C. Fr. Wigand. 22 S. - 210 mm
- Dass. Pressburg 1838. Carl Friedrich Wigand. 27 S. - 210 mm
- Dass. Pressburg 1839. Carl Friedrich Wigand. 31 S. - 210 mm
- Dass. Pressburg 1840. Carl Friedrich Wigand. 33 S. - 210 mm
- Dass. Pressburg 1841. Anton Edl. v. Schmidt. 31 S. - 210 mm
- Dass. Pressburg 1842. Carl Friedrich Wigand. 31 S. - 10 mm
- Dass. Pressburg 1843. Carl Friedrich Wigand. 32 S. - 210 mm
- Dass. Pressburg 1844. Carl Friedrich Wigand. 32 S. - 210 mm
- Dass. Pressburg 1845. Anton Edl. v. Schmidt. 30 S. - 210 mm
- Dass. Pressburg 1846. Anton Edl. v. Schmidt. 30 S. - 210 mm
- Dass. Pressburg 1847. Anton Edl. v. Schmidt. 30 S. - 210 mm
- Dass. Pressburg 1848. Anton Edl. v. Schmidt. 30 S. - 210 mm
- Dass. Pressburg 1859. Carl Friedrich Wigand. 29 S. - 210 mm
- Dass. Pressburg 1868. Alois Schreiber. 24 S. - 210 mm
- Dass. Pressburg 1874. Carl Angermayer. 23 S. - 210 mm
- Dass. Pressburg 1875. Carl Angermayer. 23 S. - 210 mm
- Dass. Pressburg 1880. Carl Angermayer. 22 S. - 210 mm
- Dass. Pressburg 1882. Carl Angermayer. 22 S. - 210 mm
- Dass. Pressburg 1883. Carl Angermayer. 22 S. - 210 mm

Verzeichniß der Mitglieder des Preßburger Kirchenmusik-Vereins bei St. Martin mit Beginn des Jahres 1855. Preßburg. 1855. Druck der vormals Schmid'schen Buchdruckerei. (32 S. 8.) geh.

Verzeichniß der Mitglieder des Preßburger Kirchenmusik-Vereins bei St. Martin mit Beginn des Jahres 1856. Preßburg. 1856. Druck von Karl Friedrich Wigand. (27 S. 8.)

Verzeichniß der Mitglieder des Preßburger Kirchenmusikvereines bei St. Martin, mit Beginn des Jahres 1857. Preßburg. Dr. von C. F. Wigand. 1857. (31 S. 8.)

VERZEICHNISS der Mitglieder des Tyrnauer Kirchenmusik-Vereins bei St. Nicolaus im Jahre 1847. Nebst Rechnungsausweis für die Jahre 1843, 1844, 1845, 1846. Pressburg (1847). Druck von Schmidl-Busch. 13, 3 S. - 220 mm

[**Verzeichnis** der Mitglieder der Loge Konstantia in Kyritz.]
f. 1843, 1845.
1863 nach Wittstock verlegt. 140.

Verzeichnis der Mitglieder der städtischen Körperschaften zu Hanau. Januar 1904. *(Hanau) 1904: Waisenhaus.* (23 S.) 8° [Umschlagt.] [illegible]

— d. 1889 körperschaftl. Mitglieder d. Gesellschaft f. Verbreitg. v. Volksbildung. Zugl. Verzeichnis d. Adressen f. den briefl. Verkehr. Oktbr. 1898. gr. 8. (14 S.) Berlin (NW., Lübeckerstr. 6) 898. Gesellschaft f. Verbreitg. v. Volksbildg. — 75

Verzeichnis der Mitg[illegible] des diplomatischen Korps in Berlin [illegible] Berlin [illegible]

[**Verzeichnis** der Mitglieder der Loge Kosmos in Breslau.]
f. 1850—1851, 1851—1852. 137.

Kranken-Unterstützungs-Gesellschaft für Frauen und Töchter von Aarau. Verzeichnis der Mitglieder. 1902. 12 S. 8. Aarau, H. R. Sauerländer & Co.

Verzeichniß der Mitglieder des Kreuzervereines zur Unterstützung selbstständiger Wiener Gewerbsleute im 10. Jahrg. 1856. (72 S. 8.)

—— der Mitglieder der schlesischen Landschaft und der einzelnen Versammlungen derselben seit dem 3. 1854. gr. 8. (IV, 60 S.) Breslau 879, Max und Comp.

— der Mitglieder der Landtage der Provinzen Preußen, Brandenburg, Pommern, Schlesien u. Sachsen, gewählt auf Grund der Provinzialordng. vom 29. Juli 1875. gr. 8. (16 S.) Berlin 875. C. Heymann's Verlag in Comm. n. — 20

[**Verzeichnis** der Mitglieder der Loge zu den drei Adlern und zum Palmbaum in Wien.]
f. 1783. 137.

[**Verzeichnis** der Mitglieder der Loge zur Aufrichtigkeit in Ziegenhain.]
f. 1818—1819, 1819—1820, 1820—1821. 140.

[Verzeichnis der Mitglieder der Loge zur festen Burg an der Neide in Neidenburg.]
f. 1813—1814, 1815—1816, 1817—1818, 1820 bis 1821, 1823—1824, 1826—1827, 1827—1828. 23.

[Verzeichnis der Mitglieder der Loge zur Einigkeit an der Ostsee in Rügenwalde.]
f. 1813. 23.

[Verzeichnis der Mitglieder der Loge zur vollkommnen Eintracht und Freundschaft in Kassel.]
f. 1818—1819; 1819—1820; 1820—1821; 1821 bis 1822; 1822—1823. 140.

[Verzeichnis der Mitglieder der Loge zur wahren Eintracht in Wien.]
f. 1784, °1785, im Auszug abgedr. in: Lewis, L.: Gesch. d. Frmrei. 2. Aufl. 1872 S. 200 bis 204. 1784 in 137.

[Verzeichnis der Mitglieder der Loge zu den vereinigten Freunden in Saarlouis.]
f. 1835—1836, 1840—1841, 1841—1842, 1844 bis 1845. 140.

Verzeichnis der Mitglieder der Loge zur Freundschaft und Wohltätigkeit in Havelberg.]
f. 1813—1814, 1814—1815. 23.

[Verzeichnis der Mitglieder der Loge zum Frieden in Fulda.]
f. 1811. 137.

[Verzeichnis der Mitglieder der Loge zur Halle der Beständigkeit in Warschau.]
f. 1818, 1819, 1820.
1818. 1819 in 193; 1820 in 358a.

[Verzeichnis der Mitglieder der Loge zur gekrönten Hoffnung in Wien.]
f. 1788, 1792. 1793. 193.

[Verzeichnis der Mitglieder der Loge zur neugekrönten Hoffnung in Wien.]
f. 1787, °1791.
[Z. 9 (1879) S. 66.] 1787 in 193.

[Verzeichnis der Mitglieder der Loge zum heiligen Joseph in Wien.]
f. 1783, 1793. 1783 in 137; 1793 in 193.

[Verzeichnis der Mitglieder der Loge zum goldnen Leuchter in Warschau.]
f. 1800, 1801. 193.

[Verzeichnis der Mitglieder der Loge zu den drei grossen Lichtern in Naumburg a. d. S.]
[Revue de la fr. maç. 1830—1833 S. 88.]

[Verzeichnis der Mitglieder der Loge zum goldnen Löwen in Leveringhausen.]
f. 1793, 1794.
cf. Z. Erinnerung a. d. hundertjähr. Jubelf. d. L. z. westfäl. Löwen, Schwelm. 1892 S. 14—15.

[Verzeichnis der Mitglieder der Loge zum Ritterkreuz in Bromberg.]
f. 1812. 79.

[Verzeichnis der Mitglieder der Loge zum Ritterkreuze in Inowrazlaw.]
f. 1820—1821, 1821—1822, 1822—1823, 1823 bis 1824. 23.

[Verzeichnis der Mitglieder der Loge zum hellflammenden Schwert u. der damit verbundenen delegierten altschottischen Loge zum hellen Tempel in Paderborn.]
f. 1805, 1810—1811, 1833—1834, 1837—1838, 1844—1845, 1851—1852, 1853—1854.
1810—1811 in 194; die übrigen in 23.

[Verzeichnis der Mitglieder der Loge zur Sicherheit in Pressburg.]
f. °1781, abgedr. in: O. 6 (1880) S. 83—84.
f. 1785. 1785 in 193.

[Verzeichnis der Mitglieder der Loge zum Stern der Hoffnung in Luckenwalde.]
f. 1812—1813, 1813—1814, 1815—1816, 1816—1817, 1817—1818, 1818—1819, 1819—1820, 1820—1821, 1824—1825, 1825—1826, 1828—1829, 1830—1831, 1831—1832. 23.

[Verzeichnis der Mitglieder der Loge zu den drei gekrönten Sternen [seit 1786:] und Redlichkeit in Prag.]
f. 1785, 1786, 1787, 1788, 1789, — abgedr. in: Z. 19 (1889) S. 70—71, — 1790, 1791—1792.
1785 in 138; 1786, 1788 in 65; 1787 in 358a; 1790—1792 in 193.

[Verzeichnis der Mitglieder der Loge zu den 9 Sternen in Prag.]
f. 1792. 193.

[**Verzeichnis** der Mitglieder der Loge zu den sieben Sternen in Pest.]
f. 1792.
Beigefügt ist ein Verzeichn. der Loge zum guten Rat in Warasdin für d. J. 1791—1792; diese Loge arbeitete in latein. Sprache. 193.

[**Verzeichnis** der Mitglieder der Loge zum Tempel der wahren Eintracht in Kassel.]
f. 1792. 137.

[**Verzeichnis** der Mitglieder der Loge zum schützenden Tore in Warendorf.]
f. 1817, 1819, 1822, 1824—1826, 1827—1828. 23.

[**Verzeichnis** der Mitglieder der Loge zur Treue und Stärke in Rathenow.]
f. 1817—1818, 1820—1821, 1821—1822, 1822 bis 1823, 1823—1824, 1824—1825, 1825—1826. 23.

[**Verzeichnis** der Mitglieder der Loge zur wahren Treue in Emden.]
f. 1814/1815. 283.

[**Verzeichnis** der Mitglieder der Loge zu den sieben Weisen in Linz.]
f. 1789. 137.

[**Verzeichnis** der Mitglieder der Loge Ludwig zur Eintracht in Mainz.]
f. 1820, 1821, 1824—1826, 1827—1833, 1835—1836 jährlich. 1820—1821 in 137; 1824—1836 in 140.

[**Verzeichnis** der Mitglieder der Loge Luise zum aufrichtigen Herzen in Tilsit.]
f. 1800. 23.

Verzeichnis der Mitglieder des bernischen Ministeriums und ihrer Stellungen. ⟨Prädikantenbüchlein.⟩ Mit Benützung amtlicher Quellen. (Neue Ausg., [bearb. von] Albrecht Rytz, a. Pfr.). IV + 126 S. 8. Bern, Stämpfli & Cie, 1907. [cart. fr. 3.50]
(Die letzte Ausgabe ist 1895 erschienen.)

Verzeichnis der Mitglieder und der Mitarbeiter des Greifswalder Gemeinnützigen Vereins ⟨E. V.⟩. Jan. 1906. (Greifswald 1906): J. Abel. (8 S.) 8° [F.]

Verzeichniß der Herren Mitglieder des Mittels der bürgerlichen Gold-, Silber und Juwelenarbeiter der k. k. Reichshaupt- und Residenzstadt Wien 1855. 4° (9 Blätt.) Wien. Mechitharisten-Buchdruckerei.

Verzeichniß der Herren Mitglieder des Mittels der bürgl. Gold-, Silber- und Juwelenarbeiter der k. k. Reichshaupt- und Residenzstadt Wien. 1857. Mechitharisten-Buchdruckerei in Wien. (14 Bl. 4.)

Verzeichniss der Mitglieder des Zweigvereins München des unter dem Protektorate Ihrer Maj. d. Königin-Mutter von Bayern stehenden Bayerischen Frauenvereins. 1. Jan. 1882. München. 8°. 36 S. Cart.

[**Verzeichnis** der Mitglieder der Loge St. Joseph Napoléon in Zweibrücken.]
f. 1810. 140.

[**Verzeichnis** der Mitglieder der Loge Karl und Eugen Napoléon in Aschaffenburg.]
f. 1812. 137.

[**Verzeichnis** der Mitglieder der Loge Napoléon-Joséphine des amis réunis in Mainz.]
f. 1809, abgedr. in: Code des statuts de Nap.-Jos., Mayence. 1808 S. 41—47. 193.

Verzeichniss der Mitglieder des Nationalrathes, Ständerathes, Bundesrathes (nebst Departementsvertheilung), Bundesgerichtes und von den Gesandtschaften und Konsule bei der Schweiz. Beilage z. Schweiz. Bundesblatt 1876 Nr. 3.

Verzeichniss der Mitglieder des Nationalrathes, des Ständerathes, des Bundesrathes (nebst Departementsvertheilung), des Bundesgerichts, sowie der fremden Gesandtschaften und Konsulate bei der Schweiz. Bern. (Beilage zum Bundesblatt 1876 Nr. 54.)

Verzeichniss der Mitglieder des schweiz. Nationalrathes, des Ständerathes, des Bundesrathes, des Bundesgerichts, sowie der fremden Gesandtschaften und Konsulate bei der Schweiz. Bundesbl. Nr. 10. 1877.

Verzeichniss der Mitglieder des Nationalrathes, Ständerathes, Bundesrathes, der fremden Gesandtschaften und Konsulate bei der Schweiz. Bundesbl. 1877. Nr. 26.

Verzeichniss der Mitglieder des Nationalrathes, Ständerathes, Bundesrathes, Bundesgerichtes, sowie der fremden Gesandtschaften und Konsulate bei der Schweiz. Fol. Bundesbl. 1877 Nr. 55.

Gesellschaft freiwilliger Armenfreunde. *Verzeichniss der Mitglieder, Offizialen und Commissionen nach deren Bestande . . . Rechnung . . . Etat der Gesellschaft. 8°
vom 1. Januar 1878–80. Kiel. 1878–80.
vom 1. April 1881 ff. ebd. 1881 ff.
Vgl. Verzeichnis der Mitglieder des Armendirectoriums d. Ges. freiwilliger Armenfreunde . . .

[**Verzeichnis** der Mitglieder der Höchsten Ordens-Abteilung und des Grossen Ordens-Kapitels Indissolubilis der Grossen Landesloge der Freimaurer von Deutschland seit 1885.] 21.

Verzeichniss [illegible] Mitglieder d. Handlung Germania, der [illegible] Mitglieder [illegible] am 23. Nov. [illegible] München. 8°. 11 S. Cart.

Verzeichniss der ordentlichen Mitglieder der Gesellschaft „Museum" nach d. Stande vom 1. Dezbr. 1882. München, Dr. M. Huttler. 12°. Velinp. 35 S. Cart.

Verzeichniss der ordentl. Mitglieder der Gesellschaft Museum nach dem Stande v. 12. Novbr. 1880. München, Druck der F. S. Hubschmann'schen Buchdr. 8°. Cart.
32 S. Lat. Lett. — Protector: Se. k. Hoheit Prinz Luitpold, des Kgr. Bayern Verweser. — Gesammtsumme d. Mitgl. 750.

Verband landwirtschaftlicher Genossenschaften der Zentralschweiz. Verzeichnis der Mitglieder der landwirtschaftlichen Ortsgenossenschaften des Verbandes. [Luzern] 1898.

[Verzeichnis der Mitglieder der Loge „La Persévérance" in Lauterburg.]
f. 1810. KB.

Prediger-Wittwen-Stiftung von Burgdorf. Verzeichnis der Mitglieder im Jahre 1901 u. 1902 u. 1903 ([nebst] Auszug aus der auf 1. Mai 1901 u. auf 1. Mai 1902 u. auf 1. Mai 1903 abgeschlossenen Jahresrechnung). [*je* 3 S.] 4. (Hasle b. Burgdorf, J. Peyer, 1901 u. 1902) u. (1903).

Verzeichniß der Mitglieder des Berliner Preußen-Vereins für constitutionelles Königthum. Mitgetheilt zu Nutz und Frommen der Demokraten Menschen. Druck von F. Reichardt u. Co. 1 Bl. Fol. Flugblatt. Berlin, 21. Aug. 1848.

—— der Mitglieder der Provinzial-Landtage, Provinzial-Ausschüsse, Provinzialräthe, Bezirksräthe ꝛc. im preußischen Staate. Nach amtl. Quellen zusammengestellt in der Redaction des Deutschen Reichs- und Königl. Preuß. Staats-Anzeigers. Decbr. 1876. gr. 8. (IV, 61 S.) Berlin: Heymann 1877. *

[Verzeichnis der Mitglieder der Prov.-Loge zur Sonne in Franken, Bayreuth.]
f. 1810—1811.
439.

Verzeichniss der Mitglieder des Provinzial-Vereins für ländliche Arbeiter-Colonien in der Provinz Schleswig-Holstein und den Freien und Hanse-Städten Hamburg und Lübeck. o. O. (1887.) 8°

Verzeichniss der Mitglieder des aarg. Grossen Rathes. April 1884. Gr. in-8°, 14 S. Aarau, H. R. Sauerländer.

Verzeichnis der für die Amtsperiode 1901/1905 neugewählten Mitglieder des Grossen Rates des Kantons Aargau. 11 S. 8. Aarau, H. R. Sauerländer & Comp.

Verzeichniss der Mitglieder des Grossdeutschen Reform-Vereines in München, nach dem Stand vom 7. April 1863. O. O. u. J. (München 1863). 8°. 12 S. Cart.

— der Mitglieder d. Reichstages nach den Fraktionen. 6. Legislatur-Periode. 1. Session 1884. gr. 8. (40 S.) Berlin 884. C. Heymann's Verl. n. — 80

—— der Mitglieder des Reichstages nach den Fraktionen. 6. Legislatur-Periode. II. Session 1885/86. gr. 8. (40 S.) Berlin 885, C. Heymanns Verlag. *

—— der Mitglieder des Reichstages nach den Fraktionen. 4. Aufl. 6. Legislatur-Periode. IV. Session 1886/87. gr. 8. (40 S.) Ebendas. 886. *

Verzeichniss der in der Sitzung des ständischen Ausschusses am 30. Oktober 1876 recipirten Mitglieder des Central-Vereins, der Vertrauensmänner derselben und der Lokal-Vereine zur Fürsorge für entlassene Strafgefangene etc. Zweite Folge. Kiel. 1876. 8°

Verzeichniß der Mitglieder des Ersten Kieler Ruder-Club von 1862. Bestand am 24. März 1901. (Kiel 1901.) 8°
[Umschlagt.:] Erster Kieler Ruder-Club von 1862 von der Gründung an bis 1901.

Verzeichniss der sammtlichen Mitglieder der St. Joh. Loge Carl zur Treue, und der damit verbundenen D. A. S. L. Theodor zur festen Burg im Altmühlthal im Or. zu Pappenheim, welche nach der Constitution der Provinzial-Mutter-Loge Anacharsis zum erhabenen Zweck zu Ansbach in Franken arbeitet. Für das Maurer-Jahr 5817 18. 8. 2 Bl.

VERZEICHNISS der sammtlichen Ordentlichen hiesigen Ehren- und Ausserordentlichen, sowie auch der Auswärtigen Mitglieder der Gesellschaft naturforschender Freunde zu Berlin. Von ihrer Stiftung an bis zum November 1805. Berlin, 1806. 8°.

Verzeichniß der sämmtlichen P. T. Herren Mitglieder der Prager k. k. Universität. Prag, 1856. Fr. Rohlicek. (23 S. 8.)

Verzeichniß der sämmtlichen Mitglieder des Vereines zur Hebung der Bienenzucht Böhmens, im J. 1856/57. Prag. 1857. Druck von Katharina Gerzabek. (8 S. 4°)

Verzeichniß der sämmtlich vereinigten Herren Mitglieder der Prager bürgerlichen Liebes-Versammlung unter dem Schutze Mariä welche Se. k. k. Apost. Majestät Franz I. in Folge allerhöchsten Hofdekretes vom 12. März 1798 zur besonderen Unterstützung der Witwen, Waisen und des Armen-Instituts allergnädigst zu bestätigen geruht haben. (Poznamenanj wssech sgednocenych P. Spolaudu pražského měšťanského spolku lásky k bližnjmu pod ochranau Panny Marie, kterýž Geho cýs. kral. apošt. Milost Frantissek Prwnj nejwyšsjm dworským dekretem od 12. března 1798 k podporowánj wdow a sirotkůw, i také ustawu pro chudé nejmilostiwěgi potwrditi ráčil. Prag. 1855. Druck von F. Rohlicek. (9 Bl. 8.)

Verzeichniß der sämmtlichen vereinigten Herren Mitglieder der Prager bürgerl. Liebes-Versammlung unter dem Schutze Mariä, welche Se. k. k. apost. Majestät Franz der Erste in Folge allerhöchsten Hofdekret vom 12. März 1798 zur besonderen Unterstützung der Witwen, Waisen und des Armen-Instituts allergnädigst zu bestätigen geruht haben. Prag, 1856. Druck von Fr. Rohlicek im erzbischöflichen Seminär. (8 Bl. 8.) (Deutsch und Böhmisch.)

Verzeichniß der sämmtlichen Mitglieder bei der Versammlung unter dem Schutze der göttlichen Vorsicht, die zur Abhaltung der mit höchstem Hofdekrete vom 29. Juni 1794 in der Filialkirche der göttlichen Vorsichtigkeit der ehemaligen Kajetaner bewilligten gesungenen heil. Messe ihre Beiträge leisteten. Prag. 1855. Druck von Gottlieb Haase Söhne. (30 S. 3 Bl. 8.) geh.

Verzeichniss sämmtlicher Mitglieder der Schleswig-Holsteinischen patriotischen Gesellschaft. o. O. u. J. 8°

Loge Carl zum aufgehenden Licht. **Verzeichnis** sämtlicher Mitglieder vom Jahre 1816 bis zur Gegenwart, die bis zu ihrem Heimgang der Loge Carl zum aufgehenden Licht im Or.·. Frankfurt a. M. angehört haben. Johanni 1903. Frankfurt a. M. 1903: Mahlau & Waldschmidt. 7 S. 8°
358.

Verzeichnis sämmtlicher Mitglieder der vereinigten Loge St. Johannis, genannt Karl zur Eintracht und Karl-Stephanie zur Harmonie, am Morgen zu Mannheim, den 10. Tag des 8. Monats, im Jahr des W. L. 5810. Mannheim [1810]; Cordon. 10 S. 8°.
Selten. 358.

Verzeichniß sämmtlicher Mitglieder der unter dem Schutze der allerheiligsten Dreieinigkeit bestehenden und mit höchstem Hofdekrete vom 4. September 1835 Z. 22562 bestätigten Liebesversammlung auf dem Kleinseitner Gottesacker der k. Hauptstadt Prag. (Poznamenánj wssech spoluoudu onoho pod ochranau newyššj Trogice swaté pozustáwagjcjho a nejwyššjm dekretem dworským od 4. září 1835 čjslem 22562 potwrzeného Shromaždénj z lásky k bližnjm powstatého na Malostranském swatém poli k hlawnjho města Prahy. Prag, 1856. Druck von Johann Spurny.) (18 S. u. 1 Bl. 8.) (Deutsch und Böhmisch.)

Verzeichniß sämmtlicher Mitglieder der unter dem Schutze der allerheiligsten Dreieinigkeit bestehenden und mit höchsten Hofdekrete vom 4. Sept. 1835, Z. 22562 bestätigten Liebesversammlung auf dem Kleinseitner Gottesacker der königl. Hauptstadt Prag. Prag, 1857. Druck von Johann Spurny. (18 S. 8.)

Verzeichniss sämmtlicher Mitglieder der Loge zu den drey Pfeilen in Nürnberg von Joh. 1805 bis dahin 1806. gr. 4. 6 Bl.

Verzeichnis sämmtlicher P. T. Herren Mitglieder des k. k. academischen Senates und der juridischen Facultät an der Universität zu Prag im Anfange des Jahres 1862[—68]. [Prag 1862 - 68.] H: *Goth, Anton.* (Erman & Horn, Bibliogr. d. dtsch. Univ. 2. Leipz. u. Berl. 1904.)

Verzeichniss sämmtlicher M i t g l i e d e r der unter Constitution der Grossloge des Staates Wisconsin arbeitenden Tracy Loge Nr. 107 in Manitowoc. 1861. 4. 2 Bl.

VERZEICHNIS sämmtlicher Mitglieder und Wohltäter des Pressburger-Domrestaurirungs-Vereins und Rechnungsausweis pro 1863. Pressburg 1864. A. Schreiber. 20 S. - 8°

- Dass. Pressburg 1866: Al. Schreiber. 14 S.
- Dass. Pressburg 1867: Al. Schreiber. 19 S.
- Dass. Pressburg 1869: Al. Schreiber. 24 S. - 8°
- Dass. Pressburg 1870: Al. Schreiber. 22 (1) S. - 4°
- Dass. Pressburg 1871: Al. Schreiber. 24 S. - 2°
- Dass. Pressburg 1872: C. Angermayer. 21 S.
- Dass. Pressburg 1875: C. Angermayer. 20 S.
- Dass. Pressburg 1876: C. Angermayer. 18 S.
- Dass. Pressburg 1877: C. Angermayer. 16 S.
- Dass. Pressburg 1878: C. Angermayer. 15 S.
- Dass. Pressburg 1881: C. Angermayer. 14 S.
- Dass. Pressburg 1882: C. Angermayer. 14 S.
- Dass. Pressburg 1883: C. Angermayer. 14 S.

Verzeichniss sämmtlicher M i t g l i e d e r der Grossen Loge der Freimr. Royale York z. F. in Berlin, ingleichen der daselbst unter ihrer Auctorität arbeitenden vier vereinigten St. Joh. Logen nebst dem Hauptverzeichnisse der von ihr abhängigen auswärt. Provinzial- u. St. Joh. Logen. Angefertigt von dem Grosssecretair etc. für das Maurerjahr 1826 - 1827. Berlin, Amelang. 1826. 8. 47 S.

Verzeichniss sämmtlicher M i t g l i e d e r des Zwei-Löwen-Klub in Münster (Westf.) nach d. Stande v. 17. Jan. 1900. Münster (1900): 'Der Westfale'. (13 S.) 8°

Hermannstadt: **[Verzeichnis der Mitglieder der Loge St. Andreas zu den drei Seeblättern in Hermannstadt.]**
f. 1784, 1785.
1789 abgedr. in: Lewis, L.: Gesch. d. Frmrei in Oesterreich u. Ungarn. 2. Aufl. 1872 S. 236—241.
[Abafi, L.: Gesch. d Frmrei in Oesterreich-Ungarn. 5 (1899) S. 330 u. 333.]

Gewerbe-Verein Schaffhausen. An die Einwohnerschaft des Kantons Schaffhausen. (Verzeichnis der Mitglieder [und Geschäftsanzeigen]. Dezember 1902.) [8 S.] fol. Schaffhausen, Kühn & Comp.

[Verzeichnis der Mitglieder der Loge Sokrates zu den drei Flammen in Kalisch.]
f. 1799, 1800. 23.

[F.] Verzeichniss der Mitglieder der Berliner Stadtsynode sowie deren Stellvertreter. *Berlin: Gedr. bei J. Sittenfeld 1896.* (8 S.) 1 Bd. 4. '96. 4808

— d. Mitglieder d. deutschen Techniker-Verbandes am 1. VII. 1898. Nebst Anh. 12. (VIII, 167 u. CXII S.) Leipzig 898. P. Schimmelwitz & Co. Geb. n. 3. —

Verzeichniß der Mitglieder und Theilnehmer des Vereins zur Verbreitung von Druckschriften für Volksbildung, im siebenten Jahrgange 1855. Wien. 1855. Gedr. bei Karl Ueberreuter. (28 S. 8.)

Verzeichniß der Mitglieder und Theilnehmer des Vereins zur Verbreitung von Druckschriften für Volksbildung im achten Jahrgange 1856. Gedruckt bei Karl Ueberreuter. (42 S. 8.)

Verzeichniß der Mitglieder und Theilnehmer des Vereines zur Verbreitung von Druckschriften für Volksbildung. 9. Jahrg. 1857. Druck bei A. Pichlers Witwe & Sohn. (55 S. 8.)

Verzeichnis der Mitglieder des V. C. des Verbandes der Turnerschaften der deutschen Hochschulen 1908—1909, Leipzig-Reudnitz 1908, 334 S., 8°.

Verzeichniß der Mitglieder des Vereines zur Beförderung der bildenden Künste des ersten Kunst-Vereines in Wien, im 22. und 23. Jahrgange 1853 und 1854. Wien. Gedruckt bei den Edlen v. Ghelen'schen Erben. (28 S. 4.)

Erstes **Verzeichnis** der Mitglieder des Vereins deutscher Bibliothekare. Ende 1900. (Burg b. M. [1901]: A. Hopfer.) (6 S.) 8° [Kopft.] 1901. 10890

Verzeichniss der Mitglieder des Vereins deutscher Eisenhüttenleute. Düsseldorf 1900, 1901.

Verzeichniß der Mitglieder des Elektrotechnischen Vereins. Berlin 1895

Verzeichniss der Mitglieder des Vereins deutscher Freimaurer. 8 Hefte. Leipzig 1864. 1867—1873. 8.

VERZEICHNISS DER MITGLIEDER des Vereines deutscher Ingenieure für die Jahre 1856 bis 1866. (Berlin. A. W. Schade's Buchdruckerei (L. Schade). (Ohne bes. Titelblatt.) 4°.

Verein Deutscher Ingenieure. — VERZEICHNIS DER MITGLIEDER.
1879—1881. Berlin, 1879—1881. A. W. Schade's Buchdruckerei (L. Schade). 8°.
1882—1883. Geschäftsführung und Redaction der Vereinsschriften: Berlin. ib. 1882—1883. —
1884—1885. Geschäftsführung und Redaction der Vereinsschriften: Berlin. Kasse und Expedition: Julius Springer, Berlin. ib. 1884—1885. —
1886—1888. Geschäftsführung und Redaction der Vereinsschriften: Berlin. Kasse und Expedition: Julius Springer, Berlin. ib. 1886—1888. —
1889—1891. Geschäftsführung und Redaction der Vereinsschriften: Berlin. Kasse und Expedition: Julius Springer, Berlin. ib. 1889—1891. —

Verzeichnis der Mitglieder des Vereins für Reformations-Geschichte nebst Bericht über die Tätigkeit des Vereins in den 25 Jahren von 1883 1908. Halle [1908]: Wischan & Burkhardt. XI, 72 S. 8°

Verzeichniß der vereinten Mitglieder des Leichenvereines der bürgerl. Tischler sammt Rechnungsausweis für das J. 1856. Wien, bei A. Pichlers Witwe und Sohn. 1857. (11 S. 8.)

Verzeichniss der Mitglieder des aargauischen Verfassungsrathes. Febr. 1884. In-8°, 14 S. Aarau, H. R. Sauerländer.

Verzeichniß der im verflossenen Jahre verstorbenen Mitglieder der zur Erzielung einer ehrbaren Beerdigung errichteten, durch Hofdekret vom 24. Jänner 1786 bestätigten bürgerlichen Liebesversammlung. Prag, 1856. Druck v. Fr. Koblicek. (4 Bl. 8.)

Lesezirkel Hottingen, Zürich. **Verzeichnis** der Mitglieder des Vorstands und der Kommissionen für die Jahre 1901 und 1902. [4 S.] 8°

Verzeichniß der Mitglieder des konservativ konstitutionellen Wahl- und Hülfs-Vereins für Berlin. (Berlin o. J.) 16 S. 4.

[**Verzeichnis** der Mitglieder der Loge Wahrheit und Einigkeit zu den drei gekrönten Säulen in Prag.]
f. 1790. 193.

Verzeichniss der Mitglieder der unter der Grossloge des Königreichs Hannover arbeitenden St. Joh. Loge Walo zu den drei Thürmen im Or. von Walsrode. Johannis 1866. 8. 4 Bl.
Bei Auflösung der Grossloge von Hannover eingegangen.

[**Verzeichniss** der Mitglieder der Loge Westphalia zur Eintracht in Arnsberg.]
f. 1830—1831, 1831—1832, 1832—1833, 1833 bis 1834, 1834—1835, 1835—1836, 1836—1837, 1837 bis 1838, 1838—1839, 1844—1845.
1830—1836 in 23; 1844—1845 in 140.

[**Verzeichnis** der Mitglieder der Loge Wilhelm zum silbernen Kreuz in Varel.]
f. 1810.
1810—1842 in: Merzdorf, Th.: Gesch. d. Frmrlogen i. Herzogthume Oldenburg. 1852 S. 131—138.
f. 1815. 1810 in 137; 1815 in 283.

[**Verzeichnis** der Mitglieder der Loge Wilhelm zum Nesselblatt in Rinteln.]
f. 1819—1820; 1820—1821. 140.

[**Verzeichnis** der Mitglieder der Loge Wilhelm zur Standhaftigkeit in Kassel.]
f. 1818—1819; 1819—1820; 1820—1821; 1822 bis 1823. 140.

[**Verzeichnis** der Mitglieder der Loge Wilhelmine zu den drei Buchen in Gersfeld ohnweit Fulda.]
f. 1777. 193.

[**Verzeichnis** der Mitglieder der Loge Wilhelmine Karoline in Hanau.]
f. 1817, 1817—1818, 1818—1819, 1819—1820, 1820 bis 1821, 1821—1822.
1817—1821 in 140; 1821—1822 in 137.

VERZEICHNISS der Mitglieder des katholischen Wohlthätigkeitsvereines zu Pressburg im Jahre 1855. Pressburg 1855: Alois Schreiber. 16 S. - 220 mm
- Dass. Pressburg 1859: A. Schreiber. 20 S. - 220 mm
- Dass. Pressburg 1882: Carl Angermayer. 15 S. - 220 mm
- Dass. Pressburg 1883: Carl Angermayer. 15 S. - 220 mm
- Dass. Pressburg 1884: Carl Angermayer. 19 S. - 220 mm
- Dass. Pressburg 1888: Carl Angermayer. 16 S. - 220 mm
- Dass. Pressburg 1889: Carl Angermayer. 16 S. - 220 mm
- Dass. Pressburg 1892: Carl Angermayer. 16 S. - 220 mm
- Dass. Pressburg 1894: Carl Angermayer. 16 S. - 220 mm
- Dass. Pressburg 1895. Carl Angermayer. 16 S. - 220 mm
- Dass. Pressburg 1897: Carl Angermayers Buchdruckerei. 16 S. - 220 mm

Verzeichniß der Mitglieder des Wiener Wohlthätigkeits-Vereines für Hausarme im siebenten Jahrgange 1857. Wien, 1857. Gedr. bei A. Pichlers Witwe und Sohn. (12 S. 8°)

Verzeichniß der Mitglieder des Centralvereines für Errichtung und Erhaltung von Krippen in Prag für das Jahr 1856. Druck des artist.-typogr. Instituts von Karl Bellmann in Prag, 1856. (2 Bl. 4.)

Verzeichniß des Mittels der bürgerlichen Baum- und Schafwollweber in der k. k. Reichshaupt- und Residenzstadt Wien ꝛc. Für das Jahr 1854. 8. (44 S.) Wien. Mechitharisten Buchdruckerei.

Verzeichniß des Mittels der bürgerlichen Baum- und Schafwollweber in der k. k. Reichshaupt- und Residenzstadt Wien für das Jahr 1855. 8. (42 S.) Wien. Mechitharisten-Buchdruckerei.

Verzeichniß des Mittels der bürgerl. Baum- und Schafwollweber in der k. k. Reichshaupt- und Residenzstadt Wien. In vier alphabetischen Abtheilungen. Für das Jahr 1856. Wien. Mechitharisten-Buchdruckerei. (40 S. 8.)

Verzeichniß des Mittels der bürgerl. Baum- und Schafwollweber in der k. k. Reichshaupt- und Residenzstadt Wien ꝛc. Für das Jahr 1857. Mit dem Umschlagstitel: Schema der Weber-Innung in Wien. 1857. Wien. Mechitharisten-Buchdruckerei. (37 S. 8.)

Verzeichnis der zu der Landwirthschaftlichen Sammlung der Königl. Universität zu Breslau gehörigen landwirthschaftlichen Modelle, Geräthe ... Breslau 1832. V: *Weber, D.* (Erman & Horn, Bibliogr. d. dtsch. Universitäten. 2. Leipz. u. Berl. 1904.)

Verzeichniß über die in Bistritz an Hostein sich aufhaltenden P. T. fremden Molkenkurgäste vom Monate Mai bis September 1856. Druck von A. Skarnitzl in Weißkirch. (2 Bl. 4.)

— monatliches, der gesammten litterarischen Erscheinungen auf dem Gebiete der Unterrichtswissenschaft u. Erziehungskunde, Schulbücher u. Jugendschriften. 1. Jahrg. Nr. 1 u. 2. gr. 8. (16 S.) Wurzen 892. C. Kießler.
Fortsetzung wird nicht erscheinen.

— monatliches, der in Deutschland (ꝛc.) neu erschienenen Kunstsachen, so wie der in dieses Fach einschlag. Gegenstände des Buch- und Landkartenhandels, nebst dahin gehörigen Subscriptions- u. Pränumerations-Anzeigen. 1r—8r Jahrg. 1832—1839. à 12 Numm. gr. 8. Berlin, Gropius. à n. 2/3 ℛ

—— monatl., der in Deutschland (u. im Auslande) neu erschien. Kunst-Sachen, so wie der in dieses Fach einschlag. Gegenstände d. Buch- u. Landkartenhandels, nebst dahin gehör. Subscript. u. Pränumerat.-Anzeigen. 1836—39. à 12 Nrn. gr. 8. Berlin, (Gropius'sche Buchh.) à J. *

MONATLICHES ALPHABETISCHES VERZEICHNISS DER IM DEUTSCHEN BUCHHANDEL ERSCHIENENEN NEUIGKEITEN. Eine Beilage zum Börsenblatt und nur für Abnehmer desselben bestimmt.
1848. ℳ 1-12 — 1856. ℳ 1-12. (Ohne bes. Titelblatt.) 4°.

MONATLICHES VERZEICHNISS DER NEUIGKEITEN UND FORTSETZUNGEN DES DEUTSCHEN BUCHHANDELS. Beilage zum Börsenblatt für den Deutschen Buchhandel.
1857. ℳ 1-12 — 1883. ℳ 1-12. (Ohne bes. Titelblatt.)

MONATLICHES VERZEICHNIS(S) DER NEUIGKEITEN UND FORTSETZUNGEN DES DEUTSCHEN BUCHHANDELS. Beilage zum Börsenblatt für den Deutschen Buchhandel.
1884. ℳ 1-12. — 1885. ℳ 1-12.) (Ohne bes. Titelblatt.) 4°.

— der bis 31. XII. 1905 gelieferten od. in Ausführung befindlichen Motoren f. direkte Kupplung m. Centrifugalpumpen. Brown, Boveri & Cie, Aktiengesellschaft (31 S. m. Abbildgn.) Lex.-8. Zürich (906). (Berlin, J. Springer.) n. 2. 20

Verzeichnis der in Dithmarschen vorhandenen Mühlen. [Schleswig 1827.] V: *Buhmann, Jürgen.* (LS)

Verzeichnis d. bei d. Geschützen d. Fuß-Art. z. Zeit z. Verwendung kommenden Munition. Mit Skz. Berlin 1892.

Verzeichnis d. b. d. Geschützen d. Fuß-Art. z. Zeit z. Verwendung kommenden Munition. München 1893.

Verzeichnis Kurkölnischer Münzen, so gesucht werden ... O. O. ca. 1800. V: *Wallraf, Ferdinand Franz.* (StBKöln II, 18)

Verzeichnis einiger Lief-, Ehst- und Curländischer Münzen ... Leipzig 1787. V: *Bergmann, Liborius von.* (R-N)

—— der Münzen- u. Medaillen-Sammlung aus d. Verlassenschaft etc. Frz. Jos. v. Bretfeld-Schlumczanzky. I. Abthl. Antike Münzen. — Münzen u. Medaillen d. geistl. Fürsten d. Kaiserthümer u. Königreiche. gr. 8. (28¼ B.) Wien 841, (Gerold's Vrlsh.) *

—— der Münzen- u. Medaillen-Sammlung aus der Verlassenschaft des Hrn. Frz. Jos. Frhrn. v. Bretfeld-Chlumczanzky. II. Abthl.: Münzen u. Medaillen d. weltl. Fürsten u. Herren, d. Republiken, Städte, berühmten Männer u. orientalische Münzen. gr. 8. (29¾ B.) Wien 842, (Gerold, Verl.) *
1. Abthl. Ebendas. 1841. * 15 Ngr.

— der Münzen- und Medaillen-Sammlung des seel. Hrn. Aloys Traunfellner in Klagenfurt, welche den 11. April 1842 und die folgenden Tage veräußert werden. — A. u. d. T.: Catalogue des Monnais et Medailles de la collection de feu Mr. Aloys Traunfellner à Klagenfurt, dont la vente le 11. d'Avril 1842 et jours suivants. gr. 8. Wien 841. (Schaumburg u. Comp.) n. ½ ℛ

Verzeichnis einer ansehnlichen Müntz-Sammlung. Berl. 1752. V: *Lehmann, Joh. Gottlob.* (AarK)

— e. ansehnlichen Münzsammlung. 4. Berl. 752. (Reimer). 12 𝒢

— einer brandenburgisch-preussischen Münzsammlung, welche am 27. April u. an den folgenden Tagen zu Berlin öffentlich versteigert werden soll. Berlin 868. Stargardt. Lex.-8. (IV, 76 S. mit 2 Photogr.) n.n. 20 ngr.

—— der von dem k. k. Feldmarschall-Lieutenant Hrn. Ludwig de Traux in Wien hinterlassenen Münz- und Medaillen-Sammlung mittlerer, neuer und neuester Zeit. gr. 8. (IX und 312 S.) Wien 856, (J. Bermann.) *

—— der Münz- u. Medaillen-Sammlung des k. k. Hofrathes etc. Hrn. Leop. Welzl v. Wellenheim. I. Bd. gr. 8. (46½ B.) Wien 846, Bermann u. Sohn. * —

Verzeichnis der Münzsammlung des Schleswig-Holsteinischen Museums vaterländischer Alterthümer in Kiel. Heft 4. Kiel 1887. V: *Handelmann, Hnr.* (Bibl. d. archäol. Inst. in Rom. Rom 1900—02.)

VERZEICHNISS des unter dem Protectorate Ihrer Königlichen Hoheit der Frau Kron-Prinzessin Friedrich Wilhelm stehenden Museums schlesischer Alterthümer zu Breslau. Breslau 1868. Druck von Robert Nischkowsky. 8°.

VERZEICHNISS des unter dem Protectorate Ihrer Königlichen Hoheit der Frau Kron-Prinzessin Friedrich Wilhelm stehenden Museums Schlesischer Alterthümer zu Breslau. 2., verb. u. verm. Aufl. Breslau 1872. Druck von Robert Nischkowsky. 8°.

Verzeichnis zum Museum der Italienischen Malerei in Originalphotographie ... Dresden 1885. V: *Schumann, Paul Theodor.* (Rothsch)

—— ausgewählter Musikalien. 1. Abthl.: Pianofortemusik. 8. (86 S.) Leipzig 879, Siegismund und Volkening.

—— sämmtlicher in den J. 1856—60 in Deutschland und den angrenzenden Ländern erschienenen Musikalien, auch musikal. Schriften, Abbildungen und plast. Darstellungen mit Anzeige der Verleger und Preise. In systemat. Ordnung. Hrsg. von Adph. Hofmeister. 5—9. Jahrg. oder (1. Reihe) 5—8. Jahrg. und 2. Reihe 1. Jahrg. gr. 8. Leipzig, Hofmeister. [1856. (II und 160 S.) 1857. (II und 158 S.) 1858. (II und 163 S.) 1859. (II und 170 S.) 1860. (II und 194 S.)] à Jahrg. *

Verzeichniss sämmtlicher in den Jahren 1861—66 in Deutschland u. in den angrenzenden Ländern erschienenen Musikalien, auch musikal. Schriften, Abbildungen u. plast. Darstellungen mit Anzeige der Verleger u. Preise. In systematischer Ordnung. Hersg. von Adph. Hofmeister. 13—18. Jahrg. oder 2. Reihe 5- 8. u. 3. Reihe 1. u. 2. Jahrg. Leipzig, Hofmeister. gr. 8. Jeder Jahrg. (ca. 220 S.) n. 28 ngr.; Schreibp. n. 1 ₰ 4 ngr.

—— sämmtlicher in den J. 1867—1869 in Deutschland und in den angrenzenden Ländern erschienenen Musikalien, auch musikalischen Schriften, Abbildungen und plastischen Darstellungen mit Anzeige der Verleger nnd Preise. In systemat. Ordnung. Hrsg. von Adph. Hofmeister. 16.—18. Jahrg. oder 2. Reihe 8. und 3. Reihe 1. und 2. Jahrg. gr. 8. (à ca. 190 S.) Leipzig, Hofmeister. à Jahrg. Schreibpap.

— **sämmtlicher im J. 1870 in Deutschlaud u. in den angrenzenden Ländern erschienenen Musikalien, auch musikal. Schriften, Abbildungen u plastischen Darstellungen. od. 3. Reihe.** 3. Jahrg. Bearb. v. Frz. Jost. gr. 8. (III, 179 S.) Leipzig 871. Hofmeister. n. 2. 80; Schreibpap. n. 3. 40

—— der in den J. 1871 und 1872 in Deutschland und in den angrenzenden Ländern erschienenen Musikalien, auch musikalischen Schriften, Abbildungen und plastischen Darstellungen mit Anzeige der Verleger und Preise. In alphabet. Ordnung, nebst systemat. geordnetem Verzeichniss. 20. und 21. Jahrg. oder 3. Reihe 4. und 5. Jahrg. gr. 8. (238; LXXV, 230 S.) Leipzig, Hofmeister. Jahrg. 1871 Auf Schreibpap. Jahrg. 1872 * ℳ 6.; auf Schreibpap.

—— der in den J. 1873 und 1874 im deutschen Reiche und in den angrenzenden Ländern erschienenen Musikalien auch musikalischen Schriften, Abbildungen und plastischen Darstellungen mit Anzeige der Verleger und Preise. In alphabet. Ordnung, nebst systemat. geordneter Uebersicht. 22. und 23. Jahrg. oder 3. Reihe 6. Jahrg. und 4. Reihe 1. Jahrg. gr. 8. (...; XCI, 234 S.) Ebendas. Jahrg. 1873 * ℳ 8.; auf Schreibpap. Jahrg. 1874 * ℳ 7.; auf Schreibpap.

—— der in den J. 1875—1879 erschienenen Musikalien, auch musikalischen Schriften und Abbildungen mit Anzeige der Verleger und Preise. In alphabet. Ordnung nebst systemat. geordneter Uebersicht. 24.—28. Jahrg. oder 4. Reihe 2.—6. Jahrg. gr. 8. (298; 302; LXXXII, 314; 350, 344 S.) Ebendas. à Jahrg. Auf Schreibpap. à Jahrg.

—— der im J. 1880—1884 erschienenen Musikalien, auch musikalischen Schriften und Abbildungen, mit Anzeige der Verleger und Preise. In alphabet. Ordnung nebst systematisch geordneter Uebersicht. 29.—33. Jahrg. oder 5. Reihe 1.—5. Jahrg. gr. 8. (LXXXII, 349; LXXXVI, 299; CIV, 400; XCIII, 310; C, 342 S.) Leipzig, Hofmeister. Jahrg. 1880 und 1881 à * ℳ 12.; auf Schreibpap. à * Jahrg. 1882 * ℳ 14.; auf Schreibpap. * Jahrg. 1883 und 1884 à * ℳ 13.; auf Schreibpap. *

—— der im J. 1885 erschienenen Musikalien, auch musikalischen Schriften und Abbildungen, mit Anzeige der Verleger und Preise. In alphabet. Ordnung nebst systematisch geordneter Uebersicht. 34. Jahrg. oder 5. Reihe 6. Jahrg. gr. 8. (CI, 364 S.) Leipzig 886, Hofmeister. * Auf Schreibpapier *

— **der im J. 1886 erschienenen Musikalien**, auch musikalischen Schriften u. Abbildungen, m. Anzeige der Verleger u. Preise. In alphabet. Ordnung nebst systematisch geordneter Uebersicht. 35. Jahrg. od. 6. Reihe 1. Jahrg. gr. 8. (XCIX, 852 S.) Leipzig 887. Hofmeister. n. 14. —; auf Schreibpap. n. 16. —

— dasselbe. 1887. 36. Jahrg. od. 6. Reihe 2. Jahrg. gr. 8. (CV, 401 S.) Ebd. 888. n. 15. —; auf Schreibpap. n. 17. —

—— der in d. J. 1888—1891 erschienenen Musikalien, auch musikalischen Schriften u. Abbildgn., m. Anzeige der Verleger u. Preise. In alphabet. Ordng. nebst systemat. geordneter Uebersicht. 37.—40. Jahrg. od. 6. Reihe 3.—6. Jahrg. gr. 8. (CXXV, 405; V, CXVII, 411; VI, CXXVI, 442; VII, CXXVII, 441 S.) Lpz., Hofmeister. Jahrg. 37. u. 38. à * 15 —; 39. u. 40. à * 16 —
Ausg. auf Schreibpapier à Bd. * 2 — mehr.

— dasselbe. 1892. 41. Jahrg. od. 7. Reihe 1. Jahrg. gr. 8. (VII, CXLI, 424 S.) Ebd. 893. n. 16. —; auf Schreibpap. n. 18. —

— dasselbe. 1893. 42. Jahrg. od. 7. Reihe 2. Jahrg. gr. 8. (VIII, CL, 420 S.) Ebd. 894. n. 16. —; auf Schreibpap. n. 18. —

— der in d. J. 1894 u. 1895 erschien. Musikalien, auch musikal. Schriften u. Abbildgn., m. Anzeige d. Verleger u. Preise. In alphabet. Ordng. nebst systematisch geordn. Uebersicht. 43. u. 44. Jahrg. od. 7. Reihe 3. u. 4. Jahrg. gr. 8. Leipzig, F. Hofmeister. à n. 16. —; auf Schreibpap. à n. 18. —
1894. (VII, CXLVIII, 441 S.) 895.
1895. (VIII, CXLIV, 418 S.) 896.

— der in d. J. 1896 u. 1897 erschien. Musikalien, auch musikal. Schriften u. Abbildgn., m. Anzeige d. Verleger u. Preise. In alphabet. Ordng. nebst systematisch geordn. Uebersicht. 45. u. 46. Jahrg. od. 7. Reihe 5. u. 6. Jahrg. gr. 8. Leipzig, F. Hofmeister. à n. 22. —; auf Schreibpap. à n. 25. —
1896. (VIII, CLXIX, 514 S.) 897.
1897. (VIII, CLXII, 489 S.) 898.

— **der in d. J. 1898—1901 erschienenen Musikalien, auch musikalischen Schriften u. Abbildungen m. Anzeige der Verleger u. Preise.** In alphabet. Ordnung nebst systematisch geordneter Uebersicht. 47.—50. Jahrg. od. 8. Reihe. 1.—4. Jahrg. hoch 4. (IV, 71 u. 214 S.; IV, 66 u. 214 S.; IV, 68 u. 224 S. u. IV, 240 u. 72 S.) Leipzig (899—902). F. Hofmeister. à n. 22. —; auf Schreibpap. à n. 25. —

— der in den J. 1902—1905 erschienenen Musikalien, auch musikalischen Schriften u. Abbildungen m. Anzeige der Verleger u. Preise. In alphabet. Ordnung nebst systematisch geordneter Uebersicht. 51. bis 54. Jahrg. od. 8. Reihe 5. u. 6. Jahrg. u. 9. Reihe 1. u. 2. Jahrg. (IV, 230; IV, 220; IV, 70, 231 u. 236 S.) hoch 4. Leipzig (903—906). F. Hofmeister. à n. 22. —; auf Schreibpap. à n. 25. —

— der in den J. 1906—1908 erschienenen Musikalien, auch musikalischen Schriften u. Abbildgn. m. Anzeige der Verleger u. Preise. In alphabet. Ordng. nebst systematisch geordneter Übersicht. 55.—57. Jahrg. od. 9. Reihe. 3.—5. Jahrg. (IV, 70 u. 217 S.; 230, IV u. 74 S. u. IV, 72 u. 225 S.) Lex. 8. Leipzig (907—09). F. Hofmeister. à 22. —; auf Schreibpap. à 25. —

— dasselbe 1909. In alphabet. Ordng. nebst systemat. geordneter Übersicht u. e. Titel- u. Text-Register (Schlagwort-Register). 58. Jahrg. (VI, 145 u. 225 S.) Lex. 8. Ebd. (910). 24. —; auf Schreibpap. 28. —

— geschriebener und gedruckter Musikalien aller Gattungen, welche am 1. Juni 1836 u. folg. Tagen, von Breitkopf u. Härtel in ihrem Geschäftslokale zu Leipzig unter Notariatshand gegen baare Zahlung in Preuß. Courant an den Meistbietenden verkauft werden sollen. gr. 8. Leipzig 836. Breitkopf u. H. $^{1}/_{4}$ ₰

— der Musikalien f. Militärmusik der Kapelle . . . (Formular Nr. 3.) gr. 4. (100 S.) Berlin (902). A. Parrhysius. Geb. n. 2.50

— der Musikalien f. Streichmusik der Kapelle . . . (Formular Nr. 4.) gr. 4. (120 S.) Ebd. (902). Geb. n. 2.50

Verzeichniss des Musikalien-Verlages v. Breitkopf & Härtel in Leipzig. In alphabet. Reihenfolge m. vorgeschickter systemat. Uebersicht. Vollständig bis Ende 1871 nebst Nachtrag bis Ende 1872. gr. 8. LXXXVI, 438 S.) Leipzig 873. Breitkopf & Härtel. geb. n. 4. —

— deutscher Musik- u. Gesang-Feste. 4. (VIII u. 24 S.) Schweinfurt 847. (Giegler.) 1/3 ß

Verzeichnis der Musikhandschriften W. A. Mozarts im Besitze der Königlichen Bibliothek in Berlin. Berlin 1895. V: *Genée, Rudolf*. (stuberlin XIII, S. 94)

— der Musik-Instrumente pp., Zubehörstücke u. Geräthschaften (summarisch) d. Kapelle . . . (Formular Nr. 1.) gr. 4. (16 S.) Ebd. (902). n. 1. —

Verzeichnis von geistlichen und weltlichen Musikwerken für Gesang, Orgel, Klavier, Streichinstrumente und Orchester. Aus d. Publikationen d. Gesellsch. z. Herausgabe d. Denkm. d. Tonkunst in Österr. Wien: Artaria & Co. 1906. (24 S.) 8° [Umschlagt. F.] [o6. 9338 3

— von 1000 Mustervorlagowerken Deutschlands u. d. Auslandes f, Kunstindustrie u. Kunstgewerbe in neuester Zeit erschienen od. neu hrsg. Mit Sachregister. 12. (82 S.) Dresden 886. Dieckmann. n. — 50

Verzeichnis d. Mutterpläne [illegible] d. Zeitungs- u. Bekanntmachungs-Art. München 1885. 1897

Verzeichnis der galvanischen Nachbildungen deutschen Silbergerätes, gestiftet aus freiwill. Beiträgen dem German. Museum d. Harvard-College 10. Nov. 1903. (Vorr.: J[ulius] Lessing.) Berlin 1903: W. Büxenstein. (53 S.) 8° [o8. 9686 4

Verzeichnis der Nachschlagebücher, Prachtwerke und Zeitschriften der Stadtbibliothek zu Chemnitz. Chemnitz 1897: J. C. F. Pickenhahn & Sohn. (VIII, 83 S.) 8°

Verzeichniss, Namentliches, sämmtlicher hiesigen u. auswärtigen zu dem Bunde der grossen National-Mutter-Loge zu den 3 Weltkugeln in Berlin gehörigen Brüder Freimaurer und derjenigen Logen und Brüder, welche nach dem Systeme dieser grossen Loge arbeiten, sowie auch die Namen derjenigen anderen Logen, mit welchen die gen. grosse Loge in Correspondenz steht. Für das Jahr 1817. Berlin. Gädicke. 8. VIII. 256 S. Nachtrag dazu (Namen u. Orts-Register) S. 257—306.

—— namentliches, der Generale und Stabs-Offiziere des Garde-Corps, s. Soldat, der, im Allgemeinen und seine Pflichten.

Verzeichnis, Namentliches, der alten Herren, welche die auf dem Kös. Kongress 1881 verhandelten Anträge auf Reform des Corpslebens gestellt bezw. unterstützt haben. Posen 1882. H: *Zander*. (Erman & Horn, Bibliogr. d. dtsch. Univ. I. Leipz. u. Berl. 1904.)

— namentliches, derjenigen ehemals kurhessischen Offiziere, welche nach der Annexion im Oktbr. 1866 in die königl. preussische Armee als Stabsoffiziere übertraten, bezw. solche später in der königl. preuss. Armee geworden sind. Zusammengestellt am 1. März 1891 u. der Reihenfolge nach geordnet nach der letzten Charge u. Anciennetät in der kurhess. Armee v. e. früheren kurhess. Offiziere [Aus: „Hessenland".] 8. (44 S.) Kassel 891. (G. Klaunig.) — 75

— u. Nationale der Musik-Instrumente pp., Zubehörstücke u. Geräthschaften der Kapelle . . . (Formular Nr. 2.) gr. 4. (200 S.) Berlin (902). A. Parrhysius. Geb. n. 3.—

— von Naturalien, siehe Catalogus rerum natural. 3. Abschn.

Verzeichnis des Naturalienkabinets, Bibliothek . . . des Hofr. Georg Ernst Stahl. Berlin 1773. V: *Martini, Frdr. Wilh. Hnr.* (Gatterer, Repert. d. mineral. Litt. Giessen 1798—99. I, 265 f.)

Städtische Volksbücherei Charlottenburg ... **Verzeichnis** der Neuerwerbungen 1908 1910 Sept. Charlottenburg 1910: (Gertz). v, 162 S. 8° [10. 18001 8

— neues alphabet., der Freimaurerlogen. 8. Königsb. 790. Hartung. 18 K

Verzeichnis, Neues alphabetisches, unter gesetzmässiger Arbeit bekannt gewordener, stehender und nicht mehr stehender Freymaurer-Logen, nebst einem Anh. einiger maurerischer Gedanken und Merkwürdigkeiten, auch einer kurz gefassten Post nachricht durch Europa, für reisende Brüder Freymaurer. Leipzig 1790. Leipzig 1792. V: *Kretschmann, Chn. Gottfried*. (wolfstieg I, 235)

—— neues, im Preise herabgesetzter neuer und werthvoller Bücher, Kunstsachen und Karten rc. 3. Heft. gr. 8. (39 S.) Ebendas. 868.
Schlüssel dazu für Buchhändler. (15 S.)

—— neues, im Preise herabgesetzter neuer und werthvoller Bücher, Kunstsachen und Karten rc. 4. Heft. gr. 8. (40 S.) Leipzig 869, Minde.
Schlüssel dazu für Buchhändler (13 S.)

Verzeichnis, Neues, einer Goethe-Bibliothek (1769—1861) März 1862. Leipzig. H: *Hirzel, Salomon*. (cb) (Cat. d. Stadtbibl. Zürich. Zürich 1864—97.) (Grisebach, Weltlitteraturkat. I, 232.)

Verzeichniß, neues vollständiges, der in Schlesien u. in d. Grafschaft Glatz befindl. Dörfer, Marktflecken rc. 8. Bresl. W. G. Korn. 815.

— neues vollständiges, d. in Schlesien u. in d. Grafschaft Glatz befindl. Dörfer, Marktflecken rc. 8. Bresl. 815. 2e A. 817. W. G. Korn. 16 K

— neues vollständiges, der Ritterschafts-Güter rc. in Mecklenburg. s. Stiller, G. G.

—— **neuestes alphabetisches, sämmtlicher Gassen und Plätze Prags und der Vororte, sowie aller öffentlichen Gebäude, Anlagen, Sammlungen u. dgl., nebst Angabe der Quadrate, in welchen dieselben aufzufinden sind. Mit dem Tramway-Tarif und der Droschken- und Fiaker-Taxe. 8. (30 S. mit 1 chromolithogr. Plan von Prag und Umgebung.) Prag 885, Rziwnatz.** cart. *

— neuestes alphabetisches, d. Quartier-Standes d. deutschen Reichsheeres. Unter fachwissenschaftl. Red. 9. Aufl. gr. 8. (16 S.) Berlin 890. Ißleib. n. — 30

—— neuestes alphabetisches, des Quartier-Standes des deutschen Heeres. Anh.: Vertheilung der Truppentheile auf die verschiedenen Armeekorps, Divisionen u. Brigaden. Fachwissenschaftlich aufgestellt. 14. Aufl. gr. 8. (24 S.) Berl. 892, Ißleib. * — 30
1. Aufl. 1890.

— **neuestes,** sämtlicher deutschen **Eisenbahnstationen** m. Güterabfertigung. Mit Angabe des zugehör. Direktions-Bezirkes bezw. des Landes, in dem dieselben liegen. Ferner Verzeichnis der zu Eisenbahn-Gütersendgn. erforderl. Zollpapiere u. Frachtbriefe. (Von Jul. Hoepfel.) (IX, 279 S) gr. 8. Würzburg (903). Leipzig, Mittelbach. n. 3. —

Neuestes **Verzeichnis** der Fernsprechanschlüsse von Münster und nähere Umgebung. 1902. ([Münster]: 1902.) (1 Bl. 59×46 cm.) 8° [c4. 1631 6

Verzeichnis, Neuestes, einer Goethe-Bibliothek (1767—1874). August 1874. H: *Hirzel, Salomon.* (cb) (Cat. d. Stadtbibl. Zürich. Zürich 1864—97.) (Grisebach, Weltlitteraturkat. I, 232)

— neuestes, sämmtlicher Kreise des Preuß. Staat's, nach alphabet. Reihenfolge mit Angabe des Regierungsbezirks, der Provinz, des Landwehr-Bataillons, Regiments und der Brigade, zu welchen jeder Kreis gehört rc. Herausgeg. von G. König. 4. Magdeburg 843, Baensch. n. 1/3 ℳ

NEUESTES VERZEICHNIS DER SCHRIFFTEN JOHANN JACOB MOSERS. Hamburg 1749.

— der **Nivellements-Fixpunkte** auf dem Gebiete d. Rigaschen Stadtpolizeibezirks. Lex.-8. (14 S.) Riga 882. (Kymmel.) n. 1. 20

Verzeichnis der Normalprofile für Schiffbaustahle. Hrsg. von d. Schiffbaustahl-Vereinigung im Sept. 1901. Essen-Ruhr (1901): Boeckling & Müller. (20 S.) 8°

Verzeichnis der Normalprofile für Schiffbaustahle. Hrsg. durch d. Schiffbaustahl-Kontor, Essen-Ruhr, im April 1908 für d. der Schiffbaustahl-Vereinigung angehörenden Profil-Walzwerke. Aachen (1908): La Ruelle. (21 S.) 8° [c8. 11975

— der deutschen Noten-Banken nach ihrer Stellung zum Reichsbankgesetz, nebst den wichtigsten gesetzl. Bestimmgn. der neuen Reichsmünzordng. Nach amtl. Bekanntmachgn. zusammengestellt. gr. 8. (8 S.) Freiburg i/Br. 876. Mayer. n. — 20

Verzeichniß der Oberbeamten der Königlich Preußischen Staatsbahnen vom 1. April 1895. Neu bearb. von A. W. Meyer. Wiesbaden 1895

Verzeichnis der ausgeloosten aber zur Einlösung nicht angemeldeten Obligationen, welche zu dem finischen Staatswesen, dem Hypothekenverein Finlands und der Stadt Helsingfors aufgenommenen Anlehen gehören. Zusammengestellt in Finlands Statskontor im Novbr. 1887. 8. (33 S.) Helsingfors 887, (Edlund's Buchh.)

Verzeichnis der von dem pomologischen Verein in Nürnberg verkäuflich abgegeben werdenden Obstbäume. Nürnberg 1811.

Verzeichniß von Obstbäumen und Frucht-Sträuchern, welche in der Obstbaum-Schule zu Fulnek in Mähren zu haben sind. Neutitschein, 1856. Schnellpressendruck von J. N. Enders. 19 S. 8)

— der f. den Saazer Bezirk geeignetsten Obstsorten. Unter fachmänn. Mitwirkg. v. Ambros Bauer, Heinr. Schmidt, Ambros Wolfram u. a. hrsg. vom Schulgartenausschusse in Saaz. (10 S.) 8. Saaz 908. (A. Ippoldt's Nachf.) nn — 20

— d. Obstsorten in d. systemat. Obstbaumschule im königl. sächs. grossen Garten bei Dresden. gr. 8. Dresden, 1819. Arnold. — 22½

— d. Obstsorten in der systematischen Obstbaumschule im Königl. Sächs. großen Garten bei Dresden. gr. 8. Dresd. 820. Arnold. 18 ℊ

— officielles, der verliehenen **Auszeichnungen** bei der internationalen Ausstellung v. Arbeiten aus edlen Metallen u. Legirungen in Nürnberg 1885. hoch 4. (8 S.) Nürnberg 885. Verlagsanstalt d. bayr. Gewerbemuseums, (C. Schrag). n.n. — 40

Verzeichniss, officielles, der vom Preisgericht ertheilten Diplome der Schweizer. Landesausstellg. Zürich 1883. In-8°, 123 S. Zürich, Orell Füssli & Co. 1883. 1 80

—— officielles, sämmtlicher **Märkte** im österreichischen Staatsgebiete, nebst Angabe der auf denselben gehandelten Waaren und ihre volkswirthschaftlichen Bedeutung. Zusammengestellt vom statist. Departement im k. k. Handelsministerium. gr. 8. (VIII, 199 S.) Wien 878, Hölder. *
—— dass. — Ausg. 1879. Lex.-8. (VIII, 199 S.) Ebendas. 879.

— der Offiziere der Garnison Graudenz. Sommerausg. 1891. gr. 8 (7 S.) Graudenz 891. J. Gaebel. n. — 24

Verzeichniss der Offiziere des 1. thüringischen Infanterie-Regim. No. 31. 8. Erfurt 1865

Verzeichnis der noch lebenden Offiziere, Ärzte und Beamten der ehemaligen Schleswig-Holsteinschen Armee. Hrsg. v. Ver. d. Offiziere, Ärzte u. Beamten d. ehemal. Schleswig Holst. Armee zu Hamburg. Hamburg, im Sept. 1905. Wandsbeck 1905: F. Puvogel. (16 S.) 8° [Umschlagt. F.] [07. 3648

— **der königl. sächs. Offiziere, Sanitäts-Offiziere u. Oberapotheker d. Beurlaubtenstandes nach ihren Patenten bezw. Bestallungen. 1890. 8. (87 S.) Dresden, (Heinrich).** n.n. — 60

—— der königl. sächs. Offiziere, Sanitäts-Offiziere, Oberapotheker u. Oberroßärzte d. Beurlaubtenstandes nach ihren Patenten bezw. Bestallungen. 1892. 8. (II, 91 S.) Dresd., (Heinrich). * — 80
Erscheint jährlich.

— der königl. sächs. Offiziere, Sanitäts-Offiziere, Oberapotheker, Oberroßärzte u. Roßärzte des Beurlaubtenstandes nach ihren Patenten bezw. Bestallungen. 1894. 8. (78 S.) Dresden 894. (C. Heinrich.) n. — 80

— d. königl. sächs. Offiziere, Sanitäts-Offiziere, Oberapotheker, Oberroßärzte u. Roßärzte d. Beurlaubtenstandes nach ihren Patenten bezw. Bestallgn. 1899. 8. (84 S.) Dresden 898. (C. Heinrich.) n. — 80

— der königl. sächsischen Offiziere, Sanitäts-Offiziere, Oberroßärzte, Roßärzte u. Oberapotheker d. Beurlaubtenstandes nach ihren Patenten bezw. Bestallungen. 1902. 8. (96 S.) Dresden (C. Heinrich). n. — 80

Verzeichnis sämtlicher in der Stadt Zürich wohnhaften Offiziere des Auszuges, der Landwehr und des Landsturmes, sowie der auswärts wohnenden in der Stadt Zürich verbürgerten Offiziere. Vom Kreiskommando Zürich alphabetisch zusammengestellt und mit den per ... bekannten Adressenangaben versehen. 4. [Zürich, Orell Füssli.]

... per 15. Februar 1901.... 25 S. — ... per 15. Februar 1902.... 25 S. — ... per 15. Februar 1903.... 26 S. — ... per 20. Februar 1904.... 27 S. — ... per 20. Februar 1905.... 28 S.

Verzeichnis sämtlicher in der Stadt Zürich wohnhaften Offiziere des Auszuges, der Landwehr und des Landsturmes, sowie der auswärts wohnenden in der St' Z' verbürgerten O'. Vom Kreiskommando Z' alphabetisch zusammengestellt und mit den per 20. Februar 1906 bekannten Adressenangaben versehen. 29 S. 4. [Zürich, Orell Füssli.]

Verzeichnis sämtlicher in der Stadt Zürich wohnhaften Offiziere des Auszuges, der Landwehr und des Landsturmes, sowie der auswärts wohnenden in der St' Z' verbürgerten O'. Vom Kreiskommando Z' alphabetisch zusammengestellt und mit den per 20. Februar 1907 bekannten Adressenangaben versehen. 28 S. 4. [Zürich, Orell Füssli.]

— der Oelgemälde, Deck- u. Wasserfarbenbilder, Kartons u. Zeichnungen neuerer Meister im Besitze der Frau Konsul Ed. F. Weber in Hamburg. (Von Karl Woermann.) (45 S.) 8. Dresden 907. (Hamburg, C. Boysen.) nn 1. —

Verzeichniss, der Orchideen im gräfl. Hoffmannseggischen Garten zu Dresden, nebst ihren Werthen, den Beschreibungen der darunter befindl. neuen Arten etc. 1. u. 2. Aufl. 1843. u. 3. Aufl. für 1844. 8. (5⅝ B.) Dresden 844, (Gottschalck.) Thlr. à *

— der m. großherzogl. hessischen Orden u. Ehrenzeichen dekorirten Personen. 1875. gr. 8. (313 S.) Darmstadt 876. (Jonghaus.) n. 4. —

Verzeichnis sämmtlicher innern Ordensbrüder der Strikten Observanz. (Zusgest. bei d. Engbunde in Dresden von Lindt. Durchges. u. erg. von Ernst Zacharias u. Theod. Merzdorf.) Mit e. Vorr. (Leipz. 1846.] V (Vorrede): ***Siemers, Joachim Friedrich.*** (wolfstieg II, 538)

Mitgliederverzeichnisse: **Verzeichniss sämmtlicher innern Ordensbrüder der Strikten Observanz.** [Zsgest. bei d. Engbunde in Dresden von v. Lindt. Durchges. u. erg. von Ernst Zacharias u. Theod. Merzdorf. M. e. Vorr. von Joachim Friedr. Siemers.] [Leipzig: Weinedel in Komm. 1846.] VI, 163 S. 2°
[Nebentit.:] Versuch eines alphabetischen Verzeichnisses sämmtlicher innern Ordenbrüder der Strikten Observanz.
cf. Archiv f. Frmrei. 4, 2 (1847) S. 231—232; FZ. 1 (1847) S. 164—166; L. 9 (1847) S. 146 bis 148.
Tt. 839.

— sämmtl. innern Ordensbrüder der strikten Observanz. 4. (VI u. 163 S.) Leipzig 847, Weinedel. n. 2⅓ ℛ

Verzeichniß und Ordnung der Vorlesungen bei der Kgl. Bau-Akademie zu Berlin vom 1. Okt. 1799 bis 1. April 1800; vom 1. April bis 1. Okt. 1800, also für die erste Hälfte des Unterrichts-Jahres 1800/1801 [usw.] — vom 1. Okt. 1807 bis Ende März 1808.

— eines zahlreichen Originalmünzkabinetts, mit dazu gestochenen sehr raren Münzen. gr. 8. Nürnb. 799. Bauer. 1 ℛ 12 ℊ

Verzeichnis aller Badischen Orte, eingetheilt in Stationen, Obereinnehmereien . . . Karlsr. 1844. V: *Hambel.* (EngG)

— aller Orte, Höfe, Zinken, Weiler u. einzelnen Häuser des Großherzogth. Baden nach ihrer Eintheilung in Untererheberstellen, Aemter, Obereinnehmereien u. Hauptsteuerämter nebst Angabe der übrigen mit beiden letzteren verbundenen Staatscassen. Zum Gebrauch der Steuerverwaltung amtlich hrsg. gr. 8. (VI u. 50 S.) Karlsruhe 850. (Braun.) n. ¼ ℛ

— aller Orte, Höfe, Zinken, Weiler u. vereinzelt stehenden Häuser des Großherzogthums Baden nach ihrer Eintheilung in Steuereinnehmereien, Amtsgerichtsbezirke, Amtsbezirke, u. Bezirkssteuerverrechnungen. (Obereinnehmereien u. Hauptsteuerämter ꝛc.) Karlsruhe 865. Müller'sche Hofbuchh. gr. 8. (69 S.) 9 ngr.

— aller Orte nebst Weilern, Zinken, Höfen u. vereinzelt stehenden Häusern des Großherzogth. Baden nach ihrer Eintheilung in Steuereinnehmereien, Amtsgerichtsbezirke, Amtsbezirke u. Bezirkssteuerverrechnungen (Finanzämter u. Hauptsteuerämter), nebst Angabe der m. letzteren verbundenen Nebenkassen sowie der Bezirke der Steuerkommissäre u. der Einwohnerzahl der Steuereinnehmereien, Amtsgerichts-, Amts- u. Verrechnungsbezirke nach den Ergebnissen der Volkszählg. vom 2. XII. 1895. Zum Gebrauche der Steuerverwaltg. u. der m. Feststellg. der Steuergefälle beauftragten Beamten amtlich hrsg. (Umschlag: Orts-Verzeichniß f. die Steuerverwaltg.) gr. 8. (130 S.) Karlsruhe 900. Ch. F. Müller. Kart. n. 2. —

— aller Orte des Königreichs Sachsen. Mit Angabe der Gerichtsstellen und der Patrimonialgerichtsverwalter. Aus dem Sächs. Geschäftskalender für 1843 besonders abgedruckt. gr. 4. Leipzig 842, B. Tauchnitz jun. ½ ℛ — Vergl. Geschäftskalender.

— aller im Königr. Böhmen befindl. Ortschaften, in Kreise abgetheilt u. alphabet. geordnet. 16 Hefte. Mit Kpf. u. Karten 8. Prag 820 u. ff. Enders. 4 ℛ

Verzeichniß aller im Königr. Böhmen befindl. Ortschaften, in Kreise abgetheilt und alphab. geordnet. Mit Kupf. u. Kart. 8. Prag, Enders. 820.
(Bis Ende 1821 sind folgende erschienen: Berauner Kreis Druckp. 8 Gr. Schrbp. 12 Gr. — Bunzlauer Kr. Druckp. 12 Gr. Schrbp. 16 Gr. — Ellbogner Kr. Druckp. 6 Gr. Schrbp. 8 Gr. — Kauerzimer Kr. Druckp. 6 Gr. Schrbp. 8 Gr. — Leitmeritzer Kr. Druckp. 16 Gr. Schrbp. 20 Gr. — Rakonitzer Kr. Druckp. 8 Gr. Schrbp. 12 Gr. — Pilsner Kr. Druckp. 6 Gr. Schreibp. 8 Gr. — Saatzer Kr. Druckp. 12 Gr. Schrbp. 16 Gr.)

Verzeichnis aller in der . . . Amtshauptmannschaft Wunsiedel befindlichen Ortschaften. [Bair.] 1794. V: *Lumscher, Georg Chph Hnr.* (Fiker) (MGT) (MS)

Verzeichnis aller zum Herzogthum Würtemberg gehörigen Ortschaften. Bayreuth 1798. V: *Kapp, J.* (ENGG 1054) (BIBLPORT)

— aller Ortschaften des Kantons St. Gallen, und ihre Eintheilung in Orts-, Pfarr- und politische Gemeinden; Amts- u. Militär-Bezirke. Nach alphabet. Ordnung. gr. 12. St. Gallen (u. Bern) 836. Huber u. Comp. 1/4 ₰

Verzeichnis der Ortschaften benachbarter Ämter, über welche dem Amte Dresden die Obergerichte zustehen. [Dresd. 1809.] V: *Weinart, Benjamin Gfr.* (MGT)

— der in den 7 Kreisen des Churfürstenthum Sachsens befindl. schriftsäss. Ortschaften u. Aemter, nach alphabet. Ordn.; zur Nachricht für in- u. ausländ. Obrigkeiten u. Sachwalter (von Chr. Gf. Kretschmann.) gr. 8. Leipz. 789. Dyck. 6 ℊ

—— der im Reg.-Bez. Cassel und im Fürstenth. Waldeck-Pyrmont gelegenen Ortschaften, Höfe, Mühlen 2c. mit Angabe der für dieselben in Betracht kommenden Distributions-Post-Anstalten, Amtsgerichte und Kreis- resp. Verwaltungs-Aemter. Nebst einem Anh., in welchem die wesentlichsten Bestimmungen über die Benutzung der norddeutschen Posten und Telegraphen enthalten sind. Zum Gebrauche für Behörden, Beamte, Anwälte, Kaufleute, Spediteure und Geschäftsmänner jeder Art. Mit Benutzung amtl. Quellen bearb. gr. 8. (140 S.) Cassel 869, Scheel. cart. *

— d. Ortschaften d. Regierungsbezirks Merseburg. 8. Merseb. ... 1 ₰ 8 ℊ

— der Ortschaften im Regierungs-Bezirk Merseburg. (Amtlich zusammengestellt im Frühjahr 1855.) Merseburg 855. (Stollberg.) gr. 4. (XIV, 222 S.) n. 1 ₰. 10 ngr.

Verzeichnis sämmtlicher Ortschaften von Alsen und Sundewitt nebst Angabe des zugehörigen Amtsgerichtsbezirks und der Bestellungs-Postanstalt. Nach amtl. Quellen bearb. Sonderburg. 1897. 8°

— sämmtlicher Ortschaften in der Prov. Brandenburg. Mit Angabe der Post-Anstalten, v. welchen die Bestellg. der Postsendgn. erfolgt. Hrsg. v. der Ober-Post-Direction zu Potsdam im Novbr. 1871. 4. (IV, 208 S.) Frankfurt a. d. O. 871. Harnecker & Co. n. 3. —

—— sämmtlicher Ortschaften des Regierungs-Bezirks Bromberg. Mit Angabe des Kreises, des Gerichts-, Polizei- und Gemeindebezirks, der Grundherrschaft, des Pächters etc. Nebst Beilagen histor. und statist. Inhalts etc. von Hoffmann. Grösstentheils aus amtl. Quellen geschöpft und hrsg. von der Verlagshandlung. hoch 4. (LXIV und 220 S.) Bromberg 860, Aronsohn. *

—— sämmtlicher Ortschaften, sowie der isolirt liegenden Etablissements, Gehöfte, Förstereien, Mühlen, Ziegelhütten u. s. w. von Elsass-Lothringen. Zum Dienstgebrauch für die Postanstalten zusammengestellt bei der kaiserl. Ober-Post-Direktion in Strassburg i. E. Mai 1873. 4. (103 S.) Strassburg [Lahr], Schauenburg.

— sämmtlicher Ortschaften, sowie der einzeln liegenden Anweseu, Gehöfte, Förstereien. Mühlen, Ziegelhütten etc. v. Elsass-Lothringen. Zum Dienstgebrauch f. die Postanstalten zusammengestellt bei der kaiserl. Ober-Post-Direction in Strassburg i/E. März 1876. gr. 4. (IV, 115 S.) Strassburg 876. Schultz & Co. n. 4.

Verzeichniss sämmtlicher Ortschaften sowie der einzeln liegenden Anwesen, Gehöfte, Förstereien, Mühlen, Ziegelhütten etc. von Elsass-Lothringen. Zum Dienstgebrauch für die Postanstalten zusammengestellt bei der kaiserl. Ober-Postdirektion in Strassburg [Els.]. Octbr. 1882. gr. 8. (XII, 146 S.; Nachtrag in Fol. 6 S.) Berlin 883. (Strassburg, Schultz und Comp.) geb. *

— sämmtl. zum Hypothekenbezirk Köln gehörigen Ortschaften, mit besond. Angabe der früheren Eintheilung nach Kantons u. Bürgermeistereien. Nebst e. alphabet. Verzeichniß. gr. 8. Köln 828. Bachem. 12 ℊ

— sämmtlicher Ortschaften der Prov. Hessen-Nassau, d. Fürstenth. Waldeck, d. Kreises Wetzlar u. d. Grossherzogth. Hessen, ausschliesslich d. Amtsgerichtsbezirks Wimpfen. Zum Dienstgebrauche f. die Postanstalten bearb. Frankfurt [Main], 1889. gr. 8. (XXII, 270 S.) Berlin 889. (Frankfurt a/M., Reitz & Köhler.) geb. n. 2. —

— sämmtl. Ortschaften d. Prov. Hessen-Nassau, d. Grossherzogth. Hessen (ausschliessl. d. Amtsgerichtsbez. Wimpfen), d. Fürstenth. Waldeck u. d. Kreises Wetzlar. Zum Dienstgebrauche f. d. Postanst. bearb. Frankfurt (Main) 1896. Lex.-8. (XXV, 264 S.) Berlin 896. (Frankfurt a/M., Reitz & Köhler.) Geb. n. 2. —

— sämmtlicher Ortschaften der Prov. Hessen-Nassau, des Grossherzogth. Hessen, des Fürstenth. Waldeck u. des Kreises Wetzlar. Zum Dienstgebrauch f. d. Postanstalten bearb. Lex.-8. (XXV, 275 S.) Frankfurt a/M. 901. (Reitz & Koehler.) Geb. n. 3. —

— sämmtlicher Ortschaften der Prov. Hessen-Nassau, des Grossherzogt. Hessen, des Fürstent. Waldeck u. des Kreises Wetzlar. Zum Dienstgebrauch f. die Postanstalten bearb. (XXIV, 301 S.) Lex. 8. Berlin 907. (Frankfurt a/M., C. Koenitzer.) Geb. 4. —

—— sämmtlicher Ortschaften des Ober-Post-Directions-Bezirks Kiel. Lex.-8. (208 S.) Kiel 868, Schwers'sche Buchh. *

—— sämmtlicher Ortschaften des platten Landes im Regierungs-Bezirk Stralsund und derjenigen Ortschaften des Regierungs-Bezirks Stettin, nach welchen von den Post-Anstalten des Ober-Post-Directions-Bezirks Stralsund die Briefbestellung bewirkt wird. gr. 4. (52 S.) Stralsund 857(59), Schmidt. * *

— sämmtlicher Ortschaften d. Ober-Post-Directions-Bezirkes Leipzig, umfassend das Königr. Sachsen u. das Herzogth. Sachsen-Altenburg. Zum Dienstgebrauche f. die Postanstalten bearb. gr. 4. (190 S.) Chemnitz 872. (Focke.) n. 4. —

— sämmtl. Ortschaften d. Großherzogthümer Mecklenburg-Schwerin u. -Strelitz (m. Ausnahme d. Städte) in alphabet. Reihenfolge m. Angabe d. Amts-Angehörigkeit, d. Grund-Herrschaft, Pächter u. Schulzen 2c., d. Landgerichtsbezirks, d. Amtsgerichtsbezirks, d. Standesamtsbezirks u. d. Postanstalt. Nach amtl. Quellen (Staats-Kalender 1897 2c.) bearb. 1897. gr. 8. (120 S.) Güstrow 897. Opitz & Co. Kart. n. 1. 50

— sämmtlicher Ortschaften der Großherzogthümer Mecklenburg-Schwerin u. -Strelitz (m. Ausnahme d. Städte) in alphabetischer Reihenfolge mit Angabe der Amts-Angehörigkeit, der Grund-Herrschaft, Pächter u. Schulzen 2c., des Landgerichtsbezirks, des Amtsgerichtsbezirks, des Standesamtsbezirks u. der Postanstalt. Nach amtl. Quellen (Staats-Kalender 1901 2c.) bearb. 3. Ausg. am 1. X. 1901. gr. 8. (120 S.) Güstrow 901. Opitz & Co. Kart. n. 1. 60

— sämtlicher Ortschaften der Großherzogtümer Mecklenburg-Schwerin u. -Strelitz (m. Ausnahme der Städte) in alphabetischer Reihenfolge m. Angabe der Amts-Angehörigkeit, der Grund-Herrschaft, Pächter u. Schulzen 2c., des Landgerichtsbezirks, des Amtsgerichtsbezirks, des Standesamtsbezirks u. der Postanstalt. Nach amtl. Quellen (Staats-Kalender 1905 2c.) bearb. 4. Ausg. vom 1. X. 1905. (136 S.) gr. 8. Güstrow 905. Opitz & Co. Kart. n. 1. 60

— sämtlicher Ortschaften der Großherzogtümer Mecklenburg-Schwerin u. -Strelitz (m. Ausnahme der Städte) in alphabetischer Reihenfolge m. Amts-Angehörigkeit, der Grund-Herrschaft, Pächter u. Schulzen 2c., des Landgerichtsbezirks, des Amtsgerichtsbezirks, des Standesamtsbezirks, des Frohnereibezirks, der nächsten größeren Eisenbahnstation u. der Postanstalt. Nach amtl. Quellen (Staatskalender 1909 2c.) bearb. 5. Ausg. vom 1. X. 1909. (142 S.) Lex. 8. Güstrow 909. Opitz & Co. Kart. 1. 80; geb. 2. 25

— sämmtlicher Ortschaften des Herzogthums Oldenburg mit Angabe der Bezirke der Postanstalten, von denen die Bestellung der Sendungen erfolgt, nebst einer am Schluß beigegebenen Zusammenstellung der im Umkreise von 10 geographischen Meilen von der Postanstalt in Oldenburg in Gr. zur Zeit bestehenden Postanstalten. gr. 8. (47 S.) Oldenburg 879. Bültmann & Gerriets. geb. n. 1. —

Verzeichniss sämmtlicher Ortschaften in der Provinz Ostpreussen mit Angabe d. Kreises, d. Amtsgerichtsbezirks u. d. Postanstalt, durch welche d. Bestellung d. Postsendungen ausgeführt wird. Zum Dienstgebrauch f. d. Postanst. bearb. Königsberg ⟨Pr.⟩; Berlin 1900: Reichsdr. XV, 287, 38 S. 8° [11. 1766 10

Verzeichniß sämmtlicher Ortschaften in den Provinzen Ost- und Westpreußen mit Angabe d. Kreises, d. Amtsgerichtsbezirks u. d. Postanstalt ... Zum Dienstgebrauche f. d. Postanst. bearb. Königsberg ⟨Pr.⟩ 1895. Berlin 1895: Reichsdr. (XIX, 504 S.) 4°(8°) [07. 1606: 10

— sämtlicher Ortschaften der Prov. Pommern m. Angabe des Kreises, des Amtsgerichtsbezirks u. der Postanstalt, durch welche die Bestellung der Postsendungen ausgeführt wird. (XI, 228 S.) Lex. 8. Berlin 906. (Stettin, H. Dannenberg & Co.) Geb. 3. —

Verzeichnis sämtl. Ortschaften der Prov. Posen m. Angabe des Kreises, des Amtsgerichtsbezirks, des Polizei-Distriktsamts u. der Postanstalt, v. der die Bestellung der Postsendungen ausgeführt wird. Zum Dienstgebrauch f. die Postanstalten bearb. Posen 1907. (XII, 172 S.) Lex. 8. Berlin 907. (Lissa, O. Eulitz.) Geb. nn 3. 50

—— sämmtlicher Ortschaften des preussischen Post-Bezirks. 2 Abthlgn. Zum Dienstgebrauch für die Post-Anstalten bearb. gr. 8. Berlin, v. Decker'sche geheime Ober-Hofbuchdruckerei.*
Inhalt:
Abthl. 1. enth.: die Ortschaften in den preuss. Provinzen Brandenburg, Sachsen, Westphalen und in der Rheinprovinz, sowie in denjenigen fremden Staaten, in welchen das Postwesen unter preuss. Verwaltung steht. (1135 S.) 864. * 2 Thlr.

— sämmtlicher Ortschaften des preussischen Post-Bezirks. 2. Abthl. enthltd. die Ortschaften in den Provinzen Brandenburg, Pommern, Posen, Preussen u. Schlesien. Zum Dienstgebrauch für die Post-Anstalten bearb. Berlin 866. v. Decker. gr. 8. (1454 S.) n. 2 ℛ 15 ngr.

—— sämmtlicher Ortschaften des Schleswig-Holsteinischen Post-Bezirks. (In 2 Abthlgn.) 1. Abthl. enth. die Ortschaften des Herzogth. Schleswig. Zum Dienstgebrauch für die Post-Anstalten bearb. gr. 8. (III und 115 S.) Schleswig 866, (Schulbuchh.) *

— sämmtlicher Ortschaften der Prov. Sachsen, sowie d. Herzogth. Anhalt, d. Großherzogth. Sachsen-Weimar, der Herzogth. Sachsen-Coburg-Gotha 2c. Nebst Angabe d. Kreises u. der distribuir. Postanstalt, sowie e. Nachtrages m. den während d. Druckes eingetretenen Verändergn. Amtlich ausgefertigt. gr. 4. (273 S.) Magdeburg 873. E. Baensch. n. 6. —

— sämmtlicher Ortschaften der Prov. Sachsen m. Angabe der Ortsbezeichnung, Einwohnerzahl, Regierungsbezirke, Kreise, Amtsbezirke, Standesämter, Amtsgerichte, Postanstalten, Telegraphenämter, Fernsprechämter. Nebst Anh.: Alphabetisches Verzeichniss der Städte unter Angabe ihrer in den Zählungsjahren 1867, 1871, 1875 u. 1880 ermittelten Bevölkerung u. der in dem Zeitraum von 1867—1880 entstandenen Zu- bezw. Abnahme der Bevölkerg. Die Grössenfolge der Städte. Alphabetisches Verzeichniss der Standesämter. Alphabetisches Verzeichniss der Amtsgerichte. Das Religionsbekenntniss der Bevölkerg. in den einzelnen Provinzen d. Preuss. Staates. 3. Aufl. gr. 8. (VII, 216 S.) Halle 884. Pfeffer. n. 1. 60

— sämmtlicher Ortschaften der Prov. Schlesien m. Nachweis der Postanstalten, durch welche die Bestellg. der Postsendgn. bewirkt wird, u. der betreff. Kreise. Hrsg. v. der kaiserl. Ober-Post-Direktion zu Breslau. gr. 4. (213 S. m. 1 lith. u. color. Karte in gr. Fol.) Breslau 872. Morgenstern. n. 4. 50; ohne Karte n. 4. —

Verzeichniß sämmtlicher Ortschaften der Provinz Schlesien mit Angabe des Kreises, des Amtsgerichtsbezirks und der Postanstalt, durch welche die Bestellung der Postsendungen ausgeführt wird. [Nebst:] Nachtrag 1–3. Berlin 1893: Reichsdruckerei. (XV, 328, 4 S.) 4°(8°) [05. 5761 2

Verzeichniß sämmtlicher Ortschaften der Provinz Schlesien mit Angabe des Kreises, des Amtsgerichtsbezirks und der Postanstalt, durch welche die Bestellung der Postsendungen ausgeführt wird. [1.] Berlin 1901: Reichsdr. 4°(8°)

— sämmtlicher Ortschaften der Prov. Schleswig-Holstein, der Großherzogthümer Mecklenburg-Schwerin u. Mecklenburg-Strelitz, d. Herzogth Lauenburg, d. großherzogl. oldenburg. Fürstenth. Lübeck u. der Hansestädte Hamburg u. Lübeck. Mit Angabe der Post-Anstalten, von welchen die Bestellg. der Postsendgn. erfolgt u. e. Verzeichniß der v. Altona, Eutin, Flensburg 2c. im Umkreise v. 10 geograph. Meilen gelegenen Postanstalten, nach welchen das Packet-Porto bis zum Gewicht v. 5 Kilo einschließlich 25 Pfennige beträgt. Hrsg. v. der kaiserl. Ober-Postdirection zu Kiel. gr. 4. (369 S.) Kiel 875. v. Wechmar. 7. —

Verzeichniss sämmtlicher Ortschaften d. Prov. Schleswig-Holstein [m. Einschluss d. Kreises Herzogth. Lauenburg], der Grossherzogthümer Mecklenburg-Schwerin u. Mecklenburg-Strelitz, d. grossherzogl. oldenburg. Fürstenth. Lübeck u. der Hansestädte Hamburg u. Lübeck. Zum Dienstgebrauche f. die Postanstalten bearb. Kiel 1885. gr. 8. (XIX, 427 S.) Berlin 885. (Kiel, Lipsius & Tischer.) geb. n.n. 10. —

Verzeichnis sämtlicher Ortschaften der Provinz Schleswig-Holstein ⟨mit Einschluß des Kreises Herzogtum Lauenburg⟩, der Großherzogtümer Mecklenburg-Schwerin ... [Nebst] Nachtrag 1–15. Zum Dienstgebrauche für die Postanstalten bearb. Kiel. 1905 [ff.] 4°

— sämtlicher Ortschaften, Weiler 2c. d. Herzogt. Braunschweig, nebst Angabe der Zahl der Einwohner u. Häuser, sowie der Kreise, Amtsgerichtsbezirke, Pfarren, Spezial-Inspektionen u. Postanstalten, zu denen dieselben gehören, u. ihrer Entfernung vom Sitze d. Amtsgerichts. 8. (31 S.) Braunschweig 891. H. Wollermann. Kart. n. — 60

— sämmtlicher Ortschaften u. besonders benannter Wohnplätze des Landgerichts-Bezirk Ostrowo. Mit Angabe des Kreises, Amtsgerichts, der Postanstalt u. des Polizeidistriktes für jeden einzelnen Ort. Nach amtl. Quellen. Zugleich Beilage zur Specialkarte des Landgerichts-Bez. Ostrowo. gr. 8. (47 S.) Ostrowo 880. Priebatsch. — 60

— sämtlicher Ortschaften u. besonders benannter Wohnplätze d. Kreises Wongrowitz. Mit Angabe d. Amtsgerichts-Bezirks, d. Polizei-Distrikt-Amtes u. der Postanstalt, durch welche die Bestellg. der Postsendgn. erfolgt. Beilage zur Spezialkarte d. Kreises Wongrowitz. gr. 8. (16 S.) Ostrowo 884. Priebatsch. — 25

— sämmtl. Ortschaften, sow. d. einz. lieg. Wohnplätze, Ortstheile, Häusergruppen, Schlösser, Rittergüter, Güter, Villen, Fabriken, Brauereien, Mühlen, Gasthöfe etc. im Königr. Sachsen u. im Herzogthum Sachsen-Altenburg m. Angabe d. Amtsgerichts-Bezirke, sow. derjenig. Post-Anstalt, von welcher aus d. Bestellg. d. Post-Sendgn. erfolgt. II. Aufl. 8. (122 S.) Chemnitz 898. B. Troitzsch Nachf. n. 1. —

Verzeichnis der Ortschaften des Landgerichtsbezirks Schweidnitz, umfassend d. Kreise Nimptsch, Reichenbach, Schweidnitz, Striegau u. Waldenburg, mit Angabe d. Postanstalten, Amtsbezirke ... Nach amtl. Mitteilungen bearb. Schweidnitz: L. Heege [1905]. (23 S.) 8° [J.] [06. 1163] 2

— der Ortschaften des Großfürstenthums Siebenbürgen, nach ihrer Eintheilung in Comitate, Stühle und Distrikte. [Ohne die mit Ungarn vereinigten Theile.] (In deutscher, ungarischer u. wallachischer Sprache.) Hermannstadt 862. Steinhaussen. 8. (IV, 116 S.) 12 ngr.

— der Ortschaften u. Wohnplätze d. Kreises Gross-Strehlitz. 8. (37 S.) Gr.-Strehlitz 893. A. Wilpert. n.n. — 30

Verzeichnis der Ortschaften des Königreichs Wurttemberg. Stuttgart 1874

Verzeichnis der Orts- u. Catastralgemeinden sammt zugehörigen Pfarren u. Schulen des Herzogthums Kärnten. Klgft., v. Kleinmayr. (1893). Quart. 46 S.

Verzeichnis der nach dem provisorischen Gesetze vom 17. März 1849 constituirten neuen Ortsgemeinden mit ihrer Zutheilung in die Gerichts- u. Steueramts-Bezirke in dem Kronlande Kärnten. Klgft., ?. (1849). Quart. 59 S.

Verzeichniss der Ortskrankenkassen des Deutschen Reiches! Mit Benutzg amtl. Quellen zsgest. M. e. alphab. Ortsreg. *Berlin: Siemenroth & Troschel 1897.* (2 Bl., 118 S., 1 Bl.) 1 Bd 4. (8.) [97. 5652

Verzeichnis deutscher Ortsnamen in Österreich-Ungarn. (27 S) Hannover (1908)

—— der Papier-, Holzstoff-, Strohstoff- und Cellulose-Fabriken in Dänemark, Norwegen, Schweden und Finnland. 8. (8 S.) Biberach 882, Dorn'sche Buchh. *

— des ausländischen Papiergeldes, welches in Leipzig eingelöst wird, — des ausser Cours gesetzten Papiergeldes, — der Orte in Preussen, woselbst die konigl. preuss. Bank Comtoirs u. Commanditen errichtet hat, — des verfalschten Papiergeldes. Hannover (857.) Meyer. (1 Bgn. in gr. Fol.) 2½ ngr.

—— des ausländischen Papiergeldes, welches in Leipzig eingelöst wird, — des ausser Cours gesetzten Papiergeldes, — der Orte in Preussen, woselbst die königl. preuss. Bank Comtoirs und Commanditen errichtet hat, — des verfälschten Papiergeldes. 1 Bog. in gr. Fol. Hannover 858, Meyer.

—— von Papiergeld, welches in nächster Zeit ausser Cours gesetzt und werthlos wird. 1. und 2. Aufl. 16. (4 S.) Chemnitz 875, Winter.

Verzeichniß aller römischen Päpste u. Bischöfe, wie lange selbige regieret. 8. Leipz. 780. Hilscher. (Einbauer in Münch.) 3 gr

VERZEICHNISS DER ANHALT-DESSAUISCHEN PASTORAL-BIBLIOTHEK. 1828. Dessau: Gedruckt bei Joh. Chr. Fritsche und Sohn. 8°.
Nachträge zum Verzeichniss der Anhalt-Dessauischen Pastoral-Bibliothek.
Heft 1. (Nachtrag 2—6.) ib. 1844. —
Heft 2. Nachtrag 7 und 8. ib. 1855. Druck von Gebrüder Katz.

Verzeichnis der in Deutschland, England, Frankreich und den Vereinigten Staaten erteilten metallurgischen Patente. 1908 ff. Halle a. S. (1908—1912 als Beilage zu: Metallurgie)

—— der vom kaiserl. Patentamt in der Zeit vom 1. Juli 1877 bis zum 31. Decbr. 1878 ertheilten Patente. Patentrolle Nr. 1—4390. Lex.-8. (III, 126 S.) Berlin 879, C. Heymann's Verlag. *
Für die Abonnenten des Patentblattes *

—— der von dem kaiserl. Patentamt im J. 1879 ertheilten und der aus den Vorjahren noch in Wirkung befindlichen Patente. Lex.-8. (III, 233 S.) Berlin 880, C. Heymann's Verlag. *
Für die Abonnenten des Patentblattes *

—— dass. — im J. 1880 und 1881. [Register zu den Auszügen aus den Patentschriften, Jahrg. 1880.] hoch 4. à Jahrg. ca. 185 S.) Ebendas. à Jahrg. * M 5.; geb. *
Für die Abonnenten des Patentblattes à Jahrg. * M 4.; geb. *

— der v. dem kaiserl. Patentamt im J. 1882 ertheilten Patente. hoch 4. (IV, 208 S.) Berlin 883. C. Heymann's Verl. n. 5. —; geb. n. 7. —; f. die Abonnenten d. Patentblattes n. 4. —; geb. n. 6. —

— dasselbe im J. 1883, Jahrg. 1883. Lex.-8. (239 S.) Ebend. 884. n. 6. —

—— der von dem kaiserl. Patentamt in den J. 1884—1887 ertheilten Patente. A. u. d. T.: Register zu den Auszügen aus den Patentschriften. Jahrg. 1884—1887. hoch 4. (IV, 228; IV, 214; IV, 210; IV, 224 S.) Berlin, C. Heymanns Verlag. à Jahrg. * M 9.—.; geb. à Jahrg. *

— der v. dem kaiserl. Patentamt in d. J. 1886—1889 ertheilten Patente. A. u. d. T.: Register zu den Auszügen aus den Patentschriften Jahrg. 1886—1889. hoch 4. (à Jahrg. ca. 220 S.) Berlin 887 — 890. C. Heymann's Verl. à Jahrg. n. 9. —; geb. n. 11. —

— der v. dem kaiserl. Patentamt im J. 1890 ertheilten Patente. A. u. d. T.: Register zu den Auszügen aus den Patentschriften. Jahrg. 1890. hoch 4. (IV, 256 S.) Berlin 891. C. Heymanns Verl. n. 9. —; geb. n. 11. —

— dasselbe. Jahrg. 1891. hoch 4. (IV, 289 S.) Ebd. 892. n. 11. —; geb. in Leinw. n. 13. —

— dasselbe. Jahrg. 1892. hoch 4. (IV, 316 S.) Ebd. 893. n. 12. —; geb. in Leinw. n. 14. —

— dasselbe. Jahrg. 1893. hoch 4. (IV, 346 S.) Ebd. 894. n. 13. —; geb. in Leinw. n. 15. —

— der v. d. kaiserl. Patentamt in d. J. 1894—1897 ertheilten Patente. A. u. d. T.: Register zu d. Auszügen aus d. Patentschriften. Jahrg. 1894 — 1897. hoch 4. Berlin, C. Heymann's Verl. à n. 12. —; geb. in Leinw. n. 14. —
1894. (IV, 320 S.) 895. — 1895. (IV, 311 u. 16 S.) 896.
1896. (IV, 327 u. 20 S.) 897. — 1897. (IV, 339 u. 20 S.) 898.

— der v. dem kaiserl. Patentamt i. d. J. 1898—1901 ertheilten Patente. A. u. d. T.: Register zu den Auszügen aus den Patentschriften. Hrsg. vom kaiserl. Patentamt. Jahrg. 1898—1901. hoch 4. Berlin, C. Heymann's Verl. n. 87. —; geb. in Leinw. n. 97. —
1898. (IV, 350 u. 22 S.) 899. n. 15. —; geb. n. 17. —
1899. (IV, 433 S.) 900. n. 18. —; geb. n. 20. —
1900. (IV, 585 S.) 901. n. 25. —; geb. n. 28. —
1901. (IV, 677 S.) 902. n. 29. —; geb. n. 32. —

— der v. dem kaiserl. Patentamt im J. 1902 erteilten Patente. A. u. d. T.: Register zu den Auszügen aus den Patentschriften. Hrsg. vom kaiserl. Patentamt. Jahrg. 1902. (IV, 716 S.) Lex-8. Berlin '03. C. Heymann. 31. —; geb. in Leinw. 34. —

Verzeichnis der v. dem kaiserl. Patentamt im J. 1903 erteilten Patente. A. u. d. T.: Register zu den Auszügen aus den Patentschriften. Hrsg. vom kaiserl. Patentamt. Jahrg. 1903. (IV, 699 S.) Lex.-8. Berlin, C. Heymann.
1904 31. —; geb. 34. —

— der v. dem kaiserl. Patentamt im J. 1904 erteilten Patente. A. u. d. T.: Register zu den Auszügen aus den Patentschriften. Hrsg. vom kaiserl. Patentamt. Jahrg 1904. (1. Tl. 405 S.) Lex.-8. Berlin, C. Heymann.
1905 Für vollständig 31. —; geb. in Leinw. 34. —

Verzeichnis der v. dem kaiserl. Patentamt im J. 1905 erteilten Patente. A. u. d. T.: Register zu den Auszügen aus den Patentschriften. Hrsg. vom kaiserl. Patentamt. Jahrg. 1905. (1. Tl. 418 S.) Lex.-8. Berlin, C. Heymann. 1906
Für vollständig 31. —; geb. in Leinw. 34. —

— der v. dem kaiserl. Postamt in den J. 1906—1909 erteilten Patente. A. u. d. T.: Register zu den Auszügen aus den Patentschriften. Hrsg. vom kaiserl. Patentamt. Lex. 8. Berlin, C. Heymann. 153.—; geb. 167. —
1906. (II, 946 S.) 907. 31.—; geb. in Leinw. 34. —
1907. (II, 992 S.) 908. 40.—; geb. in Leinw. n 43. —
1908. (II, 879 S.) 909. 42.—; geb. in Leinw. 46.
1909. 2 Tle., Abschn. 1—5. (III, 886 S.) 910. 40.—; geb. 44.

— der im Jahre 1875 im preussischen Staate ertheilten Patente auf neue u. eigenthümliche Vorrichtungen u. Verfahrungsweisen. [Aus: „Verhandlgn. d. Vereins zur Beförderung des Gewerbfleisses".] gr. 4. (33 S.) Berlin 877. Nicolai's Verl. n. 2. —

— dasselbe. 1876. gr. 4. (47 S.) Ebend. 877. n. 3. —

— dasselbe, vom 1. Januar bis 30. Juni 1877. gr. 4. (54 S.) Ebend. 877. n. 3. 50

Verzeichnis der deutschen Patentklassen und ihre Einteilung in Unterklassen und Gruppen. Bearb. im Kais. Patentamte zu Berlin. 1906. Berlin: B. Paul (1906). (265 S.) 4°

Verzeichnis der deutschen Patentklassen und ihre Einteilung in Unterklassen und Gruppen. Bearb. im Kais. Patentamte zu Berlin. 1906. [Nebst] Alphab. Stichworterverz. Berlin: B. Paul 19(06)-07. 2 Bde 4° [F.]
Verzeichnis (1906) Stichworterverz. Vorausl. 1907

Verzeichnis der deutschen Patentklassen. 2. Auflage. (281 S) Berlin 1910

Verzeichnis der deutschen Patentschriften, nach der laufenden Nummer geordnet, m. Angabe der zugehörigen Klassen u. Gruppen. Bearb. im kaiserl. Patentamt zu Berlin 1908. (IV, 1081 S.) Lex.-8. Berlin, C. Heymann. 12. —; geb. 15. —

— dasselbe. Nachtrag f. d. J. 1909. (54 S.) Lex. 8. Ebd. (910). — 75

— sämmtlicher Patrimonial-Gerichte im Departement des Königl. Kammer-Gerichts, mit Nachweisung aller dazu gehörigen Ortschaften, deren Gerichtsherren und Patrimonial-Richter; in alphabet. Ordnung. Durch Mittheilung des Königl. Kammer-Gerichts. gr. 4. Berlin 834. Eb. Brandenburg; jetzt Grantz. 5/12 ℛ

Verzeichnis sämmtlicher Patrimonial-Gerichte II. Klasse im Königreich Bayern. Augsburg 1846. V: *Döllinger, Georg Ferdinand.* (EngJ) (Ky)

—— sämmtlicher Patrimonial-Gerichte II. Klasse im Königreich Bayern. (Von G. Döllinger.) gr. 8. (3¾ B.) Augsburg 846. [Würzburg, Fahrmbacher u. Stahel.]

— sämmtl. Patrimonial-Gerichtsobrigkeiten in d. Meißner, Leipziger, Gebirgischen u. Voigtländischen Kreise des Königr. Sachsen, nebst Angabe ihrer Gerichtsverwalter. Fol. Dresd. 827. Arnold. 16 𝔊𝔯

— sämmtlicher Patrimonialgerichts-Obrigkeiten und Gerichtsverwalter in den Erblanden des Königr. Sachsen und dem Markgrafthum Oberlausitz, nebst einer Tabelle über alle Kreis- und Amtshauptmannschaften, deren Sitze, Secretarien u. der in jeden Bezirk gehörigen Aemter. 2e sehr veränd. u. verm. Aufl. Fol. Dresden u. Leipzig 834. Arnold. n. 7/12 ℛ

— der kirchlichen Perikopen. Hrsg. vom evangel. Oberkirchenrath. gr. 8. (23 S.) Berlin 899. E. S. Mittler & Sohn. — 15

[Kopft.:] [F.] Verzeichnis der Perikopen und Lektionen des Hannoverschen Lektionars m. Angabe d. Sonn- u. Festtage, f. welche sie verordnet sind. *Osterode a. H.: Dr. v. Giebel & Oehlschlagel; [Hannover: Komm.-Verl. v. H. Feesche 1897.]* (2 Bl.) 1 Bd 8.

—— des Personals der Königlich Preussischen Bergwerksverwaltung (am 1. Jan. 1892. 4. (20 S.) Berl. 892, (Ernst u. Sohn). * 1 20
Aus: Zeitschr. f. Berg-, Hütten- u. Salinenwesen, besonders abgedruckt.

— des Personals der königl. preussischen Bergwerksverwaltung. (Am 1. Jan. 1894.) [Aus: „Zeitschr. f. d. Berg-, Hütten- u. Salinenwesen".] gr. 4. (24 S.) Berlin 894. W. Ernst & Sohn. n. 1. 50

Verzeichnis, 139 ff., des Personals und der Studierenden auf der Königl. Preuß. Universität Marburg im S. S. 1900 ff. Marburg 1900 ff. 8°
139. S. S. 1900 — 150. W. S. 1910

—— des Personals u. der Studirenden auf der kaiserl. Universität zu Dorpat 1811, 1816 u. 1817. à 2 Semester. gr. 8. u. gr. 4. Dorpat, [Gläser's Verl.] à Sem. * 5 Ngr. *

— des Personals u. der Studirenden der Kaiserl. Universität zu Dorpat. 1848. Im Anfange des 1. Semesters. gr. 8. (23 S.) Dorpat 848, Model. (Leipzig, Hartknoch.) 1/12 ℛ

Verzeichniß über den Personalstand der Sekular- und Regular-Geistlichkeit der bischöflichen St. Pöltner Diözese. Auf das Jahr 1853. 8. (306 S. 18 Bl. Reg.) St. Pölten, Druck von Franz Lorenz, 1853.

Verzeichniß über den Personalstand der Secular- und Regular-Geistlichkeit der bischöfl. St. Pöltner Diöcese. Auf das Jahr 1854. 8. (400 S.) St. Pölten. Gedruckt bei Frz. Lorenz.

Verzeichniß über den Personalstand der Secular- und Regular-Geistlichkeit der bischöflichen St. Pöltner Diözese. Auf das Jahr 1855. St. Pölten. Franz Lorenz. (412 S. 8.)

Verzeichniß über den Personalstand der Sakular- und Regular-Geistlichkeit der bischöflichen St. Pöltner Diözese. Auf das Jahr 1856. St. Pölten, gedr. bei Franz Lorenz. (414 S. 8.)

Verzeichniss über den Personalstand der Secular- und Regular-Geistlichkeit der bischöfl. St. Pöltner Diöcese. Auf das Jahr 1858. *St. Pölten. Franz Lorenz.* 356 S. 8°.

Verzeichnis aller in der Matrikel der Teutschen Gesellschaft zu Altdorf befindlichen Personen. O. O. 1761—67. V: *Will, Georg Andreas.* (ML) (BB)

Verzeichnis aller an der Cholera seit dem 29. Sept. 1831 bis Ende dieses Jahres in Breslau . . . erkrankten Personen . . . Breslau 1832. V: *Mehwald, Friedrich.* (Kat. d. Druckschr. üb. Breslau. Breslau 1903. S. 208.)

Verzeichniß der mit großherzogl. hessischen Orden und Ehrenzeichen dekorirten Personen. 1875. gr. 8. (813 S.) Darmstadt 876, (Jonghaus'sche Hofbuchh.) *

Verzeichniss der Personen, welche sich als Theilnehmer an der fünfzigjährigen Jubelfeier der Universität Berlin eingezeichnet haben, nach der Reihenfolge der Einzeichnung geordnet. Berlin (1860) 105 S. 1 8° [Köpfen]

— der in der Kreis-Naturalien-Sammlung zu Bayreuth befindlichen Petrefacten. Mit I. Einer geognostisch-petrefactolog. Karte von Ober-Franken. II. Einer geognostisch-petrefactolog. Uebersicht. III. 22 Tafeln Abbildd. gr. 4. Leipzig 840, Voß. n. 9 ₰

— sämmtlicher deutscher Petroleum-Lampen-Brenner u. Cylinder. Hrsg. v. F. Stoll jr. Fol. (IV, 52 S. m. Illustr.) Stuttgart 889. (Ludwigsburg, Neubert.) n.n. 4. —

— aller katholischen, reform. u. luth. Pfarreien und Pfarrer in dem Großherzogthum Berg. Elberf. Büschler. 810.

— aller kathol., reform. u. luther. Pfarreien u. Pfarrer in dem Großherzogthum Berg. Elberf. 810. (Schönian). 4 gr

Verzeichniß der Pfarrtheien u. kathol. Geistlichen in der zur Erzdiöcese Prag gehörigen Grafschaft Glatz, aufgenommen zu Ende des Jahres 1841. Glatz 842, Pompejus. n. 1/3 ₰

—— sämmtlicher katholischer Pfarreien, Collegiatstifte und Klöster im Königr. Bayern, mit Angabe der betr. Landgerichte, Regierungsbezirke und Bisthümer. (Beilage zu dem „vollständ. Geschäfts-Kalender.") gr. 4. (20 S.) Sulzbach 856, v. Seidel'sche Buchh. *

—— sämmtlicher protestantischer Pfarreien des Königreichs Bayern, mit Angabe der betr. Landgerichte, Regierungsbezirke und Consistorien. (Beilage zu dem „vollständ. Geschäfts-Kalender.") gr. 4. (8 S.) Sulzbach 856, v. Seidel'sche Buchh.

— der in Schlesien, d. Grafsch. Glatz u. Neu-Schlesien lebenden kathol. Pfarrer. 8. Bresl. 802. Barth. 8 gr

— der evangelischen Pfarrstellen in der Prov. Brandenburg. Mit Benutzg. amtl. Quellen hrsg. v. H. Bleeser. Neue Ausg. Novbr. 1894. gr. 8. (VII, 188 S.) Berlin 894. (F. Rühe.) Kart. n. 6. —

Verzeichniß der evangelischen Pfarrstellen und Geistlichen in der Provinz Schlesien. Aufgest. im Okt. 1890. Breslau (1890): Gutsmann. 47 S. 4° A 12. 10580

—— der evangelisch-luther. Pfarrstellen im Consistorial-Bez. Hannover alphabetisch geordnet, nebst Angabe ihrer geograph. Lage, Einkünfte und Dependenz. gr. 8. (24 S.) Göttingen 872, Peppmüller.

Verzeichnis einiger essbaren Pflanzen, die dem Landmann zu seiner Gesundheit und Nahrung dienen. Zürich 1771. V: *Locher, Joh. Gg.* (Cat. d. Stadtbibl. Zürich. Zürich 1864—97.)

Verzeichniss (Verzeichnuss) einiger essbaren Pflanzen, die dem Landmann zu seiner Gesundheit und Nahrung dienen. Zürich 1771.

— d. exotischen Pflanzen, d. in d. Treibhäusern d. Gärten v. Althaldensleben u. Hundisburg bei Magdeburg cultivirt etc. werden. gr. 8. Neuhaldensleben, 1828. Eyraud.

Verzeichnis der Pflanzen des botanischen Gartens der kaiserl. Universität zu Dorpat im Jahr 1807. Dorpat 1807. V: *Germann, Gottfried Albert.* (R-N) (Ky)

Verzeichniss von in und auslaendischen Pflanzen des Grossh. Orangengarten Belvedere bei Weimar. Jena, 1816. 12°.

Verzeichniß der Pflanzen, Obstgattungen, Zweige und Sämereien, welche die k. k. Gartenbaugesellschaft in Wien an ihre Mitglieder unentgeltlich abgeben kann. 1856. Gedr. bei den Edlen v. Ghelenschen Erben. (16 S. 8°)

Verzeichnis der in Mecklenburg wild wachsenden Pflanzen. [Ludwigslust 1854—62.] V: *Wulff, E.* (Bachmann, Mecklenburg. Güstrow 1889.)

Verzeichniß, Erstes — der Pflanzen, welche die böhmische Gartenbau-Gesellschaft in Prag ihren Herren Mitgliedern zur Auswahl gemäß der Statuten §. 4 für das Jahr 1853 anbietet. 8. (20 S.) Prag. Druck von Friedrich Rohlicek.

Verzeichniß der Pflanzen, welche die böhmische Gartenbau-Gesellschaft in Prag ihren Herren Mitgliedern zur Auswahl gemäß der Statuten §. 4 für das Jahr 1854 anbietet. 8. (20 S.) Prag. Druck von Friedrich Rohlicek.

Verzeichniß der Pflanzen, welche die böhmische Gartenbau-Gesellschaft in Prag ihren Herren Mitgliedern zur Auswahl gemäß der Statuten §. 4. für das Jahr 1855 anbietet. Prag. Druck von Friedrich Rohlicek. (22 S. 8.)

Verzeichniß der Pflanzen, welche in den Glashäusern und Arboreten des hochfürstlich Rohan'schen Gartens zu Sichrow kultivirt werden. 8. (136 S.) Prag, Friedrich Rohlicek, 1852.

Anhang des Verzeichnisses der Pflanzen von Sichrow vom Jahre 1852. Jänner, 1856. Prag, 1856. Druck von Friedrich Rohlicek im fursterzbischöflichen Seminar. (46 S. 8.)

— der wichtigsten Pflanzen aus der Flora v. Halle a/S. u. Umgegend. Für den Schulgebrauch. 8. (52 S.) Halle 874. Buchh. d. Waisenh. n. — 40

Verzeichnis meiner Pflanzenkulturen in den Gärten zu Dresden und Ramenau. Dresd. u. Leipz. 1823—26. V (2. u. 3. Nachtr.): *Hofmannsegg, Johann Centurius Graf von.* (KU)

Verzeichnis der Pflanzenkulturen in den gräflich Hoffmannseggischen Gärten in Dresden und Ramenau . . . Dresden 1824—26. V (2. u. 3. Nachtrag): *Hofmannsegg, Joh. Centurius Graf von.* (Ky)

— d. Pflanzenkulturen in den gräfl. Hoffmannseggischen Gärten in Dresden u. Ramenau, nebst einigen krit. Bemerkk. einer verbessernden Anzeige d. hauptsächl. Druckfehler in Hrn. Prof. Link Enumeratio ꝛc. u. 1 Steindr. u. 1r Nachtr. gr. 8. Dresd. 824. (Arnold). 1 ℛ 16 ℊ 2r u. 3r Nachtr., mit 1 Abbildungst. (von J. C. Graf v. Hofmannsegg). gr. 8. Ebd. 826. 1 ℛ 16 ℊ

— von Photographien nach Werken der Malerei bis zum Anfang des XIX. Jahrh., nach kunstwissenschaftl. Gesichtspunkten geordnet, m. beigefügten Verkaufs-Preisen. 1.—5. Lfg. gr. 8. (IV, 704 S.) Berlin 893. 894. Amsler & Ruthardt. Subskr.-Pr. à n.n. 10. —

— von Photographien nach Werken d. Malerei bis zum Anfang d. XIX. Jahrh. nach kunstwissenschaftl. Gesichtspunkten geordn., m. beigef. Verkaufs-Preisen. 6.—8. (Schluss-) Lfg. gr. 8. (XI, S. 705—1097 u. (XXXVII S.) Berlin 895. 96. Amsler & Ruthardt. Subskr.-Pr. à Lfg. n.n. 10. — (kpl.: 120. —)

Verzeichnis der im Grossherzoglichen Schlosse zu Eutin befindlichen Portraits. Aufgestellt im September 1860. O. O. V: *Alten, Frdr. Curt von.* (Priv.-Bibl. König v. Hannover. Hann. 1863.)

Verzeichniss der im Grossherzoglichen Schlosse zu Eutin befindlichen Portraits. Aufgestellt im September 1860. (Oldenburg. 1860.) 8°

Verzeichnis der sämmtlichen Post- und Postwärterämter . . . in den Königl. Preussischen Staaten . . . Berlin 1817. V: *Matthias, Wilh. Hnr.* (Hitzig) »1818« (MGT)

— d. sämmtl. Postämter, Postwärterämter, Briefsammlungen u. Stationen bis zum 30. Oct. 1817. gr. 8. Berl. 818. Dieterici. (Mittler). 8 ℊ

— der **Post-Aemter**, dann der Telegrafen-, Eisenbahn- und Dampfschiff-Stationen der österreichisch-ungarischen Monarchie. Taxirungs-Behelf zur Berechnung der inländ. Fahrpost-Gebühren zum Gebrauche für das k. k. Postamt in Wien und für die im Taxfelde Nr. 311 gelegenen Post-Anstalten. Verfasst im Cours-Bureau des k. k. Handels-Ministeriums. gr. 8. (192 S. mit 1 Stnt. in qu. Fol.) Wien 875, v. Waldheim. cart. *

— dass. — Taxirungsbehelf zur Berechnung der inländ. Fahrpost-Gebühren zum Gebrauche für die k. k. Postämter. Verfasst im Post-Cours-Bureau des k. k. Handels-Ministeriums. gr. 8. (192 S. mit 1 Stnt. in qu. Fol.) Ebendas. 877. cart. *

— der **Post-Aemter** in Oesterreich-Ungarn, mit Angabe der in diesen Orten bestehenden Telegrafen-Aemter, dann der Eisenbahn- und Dampfschiff-Stationen, nächst oder zwischen welchen die Postorte liegen. Instradirungs- und Taxirungs-Behelf zum Gebrauche für die k. k. Postämter. Verfasst im Post-Cours-Bureau des k. k. Handels-Ministeriums. Lex.-8. (203 S.) Wien 879, v. Waldheim. cart. *

— der **Post-Aemter** in Oesterreich-Ungarn, mit Angabe der in diesen Orten bestehenden Telegrafen-Aemter, dann der Eisenbahn- u. Dampfschiff-Stationen, nächst oder zwischen welchen die Postorte liegen. Instradirungs- u. Taxirungsbehelf zum Gebrauche für das k. k. Postamt in Wien. Verf. im Post-Cours-Bureau d. k. k. Handels-Ministeriums. Lex.-8. (204 S.) Wien 880. v. Waldheim. cart. n. 3. —

Verzeichniß der Post-Aemter in Oesterreich-Ungarn mit Angabe der in diesen Orten bestehenden Telegraphen-Aemter, dann der Eisenbahn- u. Dampfschiff-Stationen, nächst oder zwischen welchen die Postorte liegen, verfaßt im Post-Cours-Bureau des k. k. Handels-Ministerium. gr. 8. (216 S.) cart. 1 fl. 50 kr.
Ebda. 1882.

— der **Post- und Telegraphen-Aemter**, ferner der Eisenbahn- und Dampfschiff-Stationen in Oesterreich-Ungarn und in Bosnien-Herzegowina. Verfasst im Post-Cours-Bureau des k. k. Handels-Ministeriums. Geschlossen mit 31. März 1884. gr. 8. (288 S.) Wien 884, v. Waldheim. cart. *

Verzeichnis der Post- u. Telegraphenämter, ferner d. Eisenbahn- u. Dampfschiffstationen in Oesterreich-Ungarn u. in Bosnien u. Herzegowina. Zum Gebrauche für Wien. Verfasst im Post-Cours-Bureau des k. k. Handels-Ministeriums. Geschlossen mit 31. März 1885. Lex.-8°. (VIII, 311 S.) Wien: R. v. Waldheim 1886.

— der **Post- u. Telegraphen-Aemter**, ferner der Eisenbahn- u. Dampfschiffs-Stationen in Oesterreich-Ungarn u. in Bosnien-Herzegowina. Verf. im Post-Cours-Bureau d. k. k. Handels-Ministeriums. Geschlossen m. 31. Decbr. 1886. gr. 8 (VIII, 311 S.) Wien 886. v. Waldheim. n. 3.

— der **Post- u. Telegraphen-Aemter**, ferner der Eisenbahn- u. Dampfschiff-Stationen in Oesterreich-Ungarn u. in Bosnien-Herzegowina. Verfasst im Post-Cours-Bureau d. k. k. Handels-Ministeriums. Geschlossen m. März 1890; u. desgl. m. 15. März 1892. Lex.-8. (X, 343; XIII, 353 S.) Wien 890,92, v. Waldheim. cart. à 3 —

— der **Post- u. Telegraphen-Aemter**, ferner der Eisenbahn- u. Dampfschiff-Stationen in Oesterreich-Ungarn u. in Bosnien-Herzegowina. Verf. im Post-Cours-Bureau d. k. k. Handelsministeriums Geschlossen m. 31. Mai 1894. gr. 8. (XI, 384 S.) Wien 894. R. v. Waldheim. Kart. n. 3. —

Verzeichniss der Post- u. Telegraphen-Aemter, ferner der Eisenbahn- und Dampfschiff-Stationen in Oesterreich-Ungarn und in Bosnien-Hercegovina. Zum Gebrauche für Wien. Verfasst im Post-Cours-Bureau des k. k. Handels-Ministeriums. Geschlossen mit 15. Juni 1896. Lex.-8. (XII, 401 S.) Geb. 1.50
Ebda. 1896.

— d. **Post- u. Telegraphen-Aemter**, ferner der Eisenbahn- u. Dampfschiff-Stationen in Oesterreich-Ungarn u. in Bosnien-Herzegowina. Verf. im Post-Cours-Bureau d. k. k. Handels-Ministeriums. Geschlossen m. 15. VIII. 1898. gr. 8. (XV, 439 S. m. 1 Taxfeldkarte.) Wien 898. R. v. Waldheim. Kart. n. 3. —

Verzeichnis der Post- und Telegraphen-Aemter, ferner der Eisenbahn- und Dampfschiffstationen in Oesterreich-Ungarn und in Bosnien-Herzegowina. Zum Gebrauche für Wien. Verfasst im Post-Cours-Bureau des k. k. Handels-Ministeriums. Geschlossen mit 15. Juli 1901. Waldheim. Lex.-8°. XV, 474 S. K 3.50

— der Post- u. Telegraphen-Aemter, ferner der Eisenbahn- u. Dampfschiff-Stationen in Oesterreich-Ungarn u. in Bosnien-Herzegowina. Verf. im Post-Kurs-Bureau des k. k. Handels-Ministeriums. Geschlossen m. 15. VII. 1904. (XV, 488 S. m. 1 Taxfeldkarte.) Lex.-8. Wien 904. Druckerei- u. Verlags-Akt.-Ges Kart. n. 4. —

XXII. Nachtrag zum Verzeichnisse der Post- und Telegraphenämter, enthaltend die Änderungen vom 16. Dezember 1909 bis 15. März 1910. Gr.-8°. K —.20
Wien: Eberle & Co.1910.

— der Post- u. Telegraphen-Ämter in Österreich, Ungarn u. in Bosnien-Hercegovina sowie der österreichischen Postanstalten im Fürstent. Liechtenstein u. in der Levante. Verf. im Postkursbureau des k. k. Handelsministeriums. Geschlossen m. 31. VII. 1910. Nebst: Gewichts- u. Wertportotarif f. Fahrpostsendgn. in Österreich-Ungarn u. nach Bosnien-Herzegowina (1 Bl. in Lex. 8.), u. Taxfeld-Karte zur Bemessg. der Entferngn. zwischen den Postämtern in Österreich-Ungarn nach Zonen u. Tax-Meilen. Hrsg. vom Post-Cours-Bureau des k. k. Handels-Ministeriums. Bearb. v. Jos. Broditzky. 48,5×58,5 cm. Farbdr. (XII, 542 S.) Lex. 8. Wien 910. Druckerei- u. Verlags-Aktiengesellschaft vorm. R. v. Waldheim. Kart. 5. 40

—— derjenigen Post-Anstalten welche von Hildburghausen in einem Umkreise von 10 geographischen Meilen [1. Zone] liegen nebst Preisen für Packet- und Werthsendungen innerhalb Deutschlands. gr. Fol. (1 Bl.) Hildburghausen 874, Kesselring'sche Hofbuchh. *

—— der Post-Anstalten in Deutschland. Instradirungs- u. Taxirungs-Behelf f. das k. k. Postamt. Verfasst im Post-Cours-Bureau d. k. k. Handels-Ministeriums. Abgeschlossen am 1. März 1890. Lex.-8. (VIII, 288 S.) Wien 890, Hof- u. Staatsdruckerei. cart. * 2 80
Nachtrag 1. u. 2. vom J. 1890 u. 1891 à * — 10

— d. Post-Anstalten in Deutschland. Instradirungs- u. Taxirungs-Behelf z. Gebrauche f. Wien. Taxquadrat No. 3732. Verf. im Post-Cours-Bureau d. k. k. Handels-Ministeriums. Abgeschlossen am 15. Jänner 1893. Lex.-8. (XV, 298 S.) Wien 893. Hof- u. Staatsdruckerei. Kart. n. 2. 80

Nachtrag, I., zum Verzeichniss der Postanstalten in Deutschland, enthaltend die Aenderungen vom 16. Januar bis 31. December 1893. Supplement zu der Ausgabe vom Jahre 1893 und zu der durch ein Ergänzungsheft vervollständigte Ausgabe vom Jahre 1890. Lex.-8. (12 S.) Ebda. 1894

Nachtrag II zum Verzeichniss der Post-Anstalten in Deutschland, enthaltend die Aenderungen vom 1. Januar bis 31. December 1894. Lex.-8. (10 S.) Ebda.1895. —.05

Nachtrag III zum Verzeichniss der Postanstalten in Deutschland, enthaltend die Aenderungen vom 1. Jänner bis 31. December 1895 Lex.-8. (12 S.) Ebda.1896. —.05

— IV zum Verzeichniss der Postanstalten in Deutschland, enthaltend die Aenderungen vom 1. Jänner bis 31. December 1896. Lex.-8. (10 S.) Ebda.1897. —.05

— V. Zum Verzeichniß der Postanstalten in Deutschland, enthaltend die Aenderungen vom 1. Januar bis 31. December 1897. Gr.-8. (10 S.) Ebda.1898. —.05

Verzeichniss der Post-Anstalten in Deutschland. Instradirungs- und Taxirungs-Behelf zum Gebrauche für .... Taxquadrat Nr. .... Verfasst im Post-Cours-Bureau des k. k. Handels-Ministeriums. Abgeschlossen am 15. Jänner 1899. Wien. 1899. Hof- u. Staatsdruckerei. Lex.-8°. VIII, 343 S. Cart. fl. 1.50

Verzeichniss der Postanstalten in Deutschland. Instradirungs- und Taxirungs-Behelf zum Gebrauche für Wien. Taxquadrat Nr. 3732. Verfasst im Post-Cours-Bureau des k. k. Handels-Ministeriums. Abgeschlossen am 15. Jänner 1899. Wien. 1899. Hof- u. Staatsdruckerei. Lex.-8°. XV, 343 S. Cart. fl. 1.50

I. Nachtrag zum Verzeichniss der Postanstalten in Deutschland enthaltend die Aenderungen vom 1. Jänner bis 31. December 1899. Supplement zu der Ausgabe vom Jahre 1899. [Wien. 1900. Hof- und Staatsdruckerei.] Lex.-8°. 12 S. K —.10

Mit Instradirungs- und Taxirungs-Behelf zum Gebrauche für Wien. Taxquadrat Nr. 3732.

II. Nachtrag zum Verzeichnis der Postanstalten in Deutschland enthaltend die Aenderungen vom 1. Jänner bis 31. December 1900. Supplement zu der Ausgabe vom Jahre 1899. [Wien. 1901. Hof- und Staatsdruckerei.] Lex.-8°. 15 S. K —.10

—— der Postanstalten im Norddeutschen Postgebiete. Berlin 1868. Fol. . . . (1.P.A.)

Verzeichniß der Königl. Preuß. Post Anstalten. Berlin, 1824. Desgl. Berlin, März 1829; desgl. Berlin 1837; desgl. Berlin 1842.

„Verzeichniss der königlich preussischen Postanstalten 1837. Bearbeitet im Coursbureau des königlichen General-Postamts", Berlin 1838. (Mit handschriftlichen Ergänzungen: Eintragungen sämtlicher durch das „Mitteilungsblatt des königlichen Post-Coursbureaus" bekannt gemachten neuen Postanstalten und der mit den schon bestehenden vorgenommenen Veränderungen). — Vorh.: Preuß. Staatsbibl. Berlin.

— der Postanstalten des Deutschen Reichs u. der wichtigsten Postorte Oesterreich-Ungarns, nebst Angabe der Zonen zur Berechng. des Packet- u. Geldbriefportos, sowie aller sonst. wicht. Tarife f. den Post- u. Telegraphenverkehr. Bearb. f. die Geschäftswelt v. Augsburg, Douringen, Göggingen, Haunstetten, Kriegshaber, Lechhausen, Leitershofen, Oberhausen, Pfersee u. Stadtbergen. (Postbuch f. Augsburg und Umgebg.) Lex.-8. (56 S. m. 1 Tab. u. 1 Karte.) Augsburg (902). M. Rieger. n. 1. 60

— dasselbe. Bearb. f. die Geschäftswelt v. Frankfurt a. M. (Postbuch f. Frankfurt a. M. 1901—1902.) Lex.-8. (56 S. m. 1 Karte.) Frankfurt a. M., A. Blažek jun. n. 1. 20

Verzeichnis der Postanstalten des Deutschen Reiches und der wichtigsten Postorte Oesterreich-Ungarns nebst Angabe d. Zonen z. Berechnung d. Packet- u. Geldbriefportos ... u. e. Karte von Deutschland u. Ortsverzeichnis zu derselben ... (Ausg. f. Graudenz mit Gruppe, Gruppe Schießplatz, Mischke, Nitzwalde.) (Graudenz: J. Gaebel [1902].) (49 S., S. 41–56.) 4° [Ant. u. F.]
[Umschlagt.:] Gaebel's Hilfsbuch f. d. Postverkehr. [vg. 6.8] 10

Verzeichnis der Postanstalten des Deutschen Reiches und der wichtigsten Postorte Oesterreich-Ungarns nebst Angabe d. Zonen z. Berechnung d. Packet- u. Geldbriefportos sowie aller sonstigen wichtigen Tarife f. d. Post- u. Telegraphenverkehr. Bearb. f. d. Geschäftswelt von Hanau a. M.-Mühlheim a. M. [Nebst] Beigabe. *Hanau: Clauß & Feddersen [1901?].* (56 S., 1 Karte.) 4° u. 2°
Beigabe u. d. T.: Universal-Verkehrskarte von Deutschland.
[Umschlagt.:] Clauß & Feddersen's Hilfsbuch f. d. Postverkehr.

— dasselbe. Bearb. f. die Geschäftswelt v. Hanau a. M. —Mühlheim a. M. (Clauss & Feddersen's Hilfsbuch f. den Postverkehr.) Lex.-8. (42 S. m. 1 Karte.) Hanau 902. Clauss & Feddersen. n. 1. 50

Verzeichnis der **Postanstalten** des Deutschen **Reiches** u. der wichtigsten Postorte Österreich-Ungarns nebst Angabe d. Zonen z. Berechnung d. Packet- u. Geldbriefportos sowie aller sonstigen wichtigen Tarife f. d. Post- u. Telegraphenverkehr u. e. Karte von Deutschland u. Ortsverzeichnis zu derselben. Bearb. f. d. Geschäftswelt. (Ausg. f. Königsberg i. Pr.) *(Königsberg i. Pr.: Bon [1902].)* (56 S.) 4° [Ant. u. F.] [Umschlagt.:] Bon's Hilfsbuch f. d. Postverkehr. 103. 8167 10

Verzeichnis der **Postanstalten** des Deutschen Reiches u. der wichtigsten Postorte Oesterreich-Ungarns, nebst Angabe der Zonen zur Berechng. des Packet- u. Goldbriefportos, sowie aller sonst. wicht. Tarife f. den Post- u. Telegraphenverkehr u. e. Karte. v. Deutschland u. Ortsverzeichnis zu derselben. Bearb. f. die Geschäftswelt. Ausg. f. Lübeck m. Pronstorf (Schlsw.), Schwartau (Old.), Stockelsdorf (Old.), Zarpen (Hol.). (49 S. m. 1 Tab.) Lex.-8. Lübeck (903). Lübcke & Nöhring. n. 1. 50

— dasselbe. Bearb. f. die Geschäftswelt v. Stuttgart. (Stuttgarter Hilfsbuch f. den Postverkehr.) Mit 1 Karte v. Deutschland nebst Ortsverzeichnis. Ausg. 1903/1904. Lex.-8. (42 u. 2 S. u. S. 42—56.) Stuttgart, P. Mähler. n. 1. 40

Verzeichnis der **Postanstalten** des Deutschen **Reiches** und der wichtigsten Postorte Oesterreich-Ungarns nebst Angabe d. Zonen z. Berechnung d. Packet- u. Geldbriefportos sowie aller sonstigen wichtigen Tarife f. d. Post- u. Telegraphenverkehr. (Mit 1 Karte von Deutschl. u. Ortsverzeichnis.) Bearb. f. d. Geschäftswelt von Trier u. Umgebung. *Trier: A. Schmale [1901].* (50 S.) 4° [Umschlagt.:] Munde's Hilfsbuch für den Postverkehr. 101. 12870

—— sämmtlicher **Post-Anstalten** in Preussen und den übrigen zum deutschen Post-Verein gehörigen Staaten. gr. 8. (208 S.) Berlin 864, v. Decker'sche geheime Ober-Hofbuchdruckerei.

—— sämmtlicher **Postanstalten** in denjenigen Staaten Europa's, welche dem deutschen Postvereine nicht angehören, so wie der bedeutenderen Orte in allen aussereuropäischen Ländern. Zum Dienstgebrauch für die Postanstalten bearb. gr. 8. (319 S.) Berlin 863, v. Decker'sche geheime Ober-Hofbuchdruckerei. *

— der **Post-** u. der **Telegraphenanstalten** im Deutschen Reiche, nebst e. Anh. enth. e. Verzeichniss der Posthülfsstellen u. Telegraphenhülfsstellen im deutschen Reichs-Postgebiete. Lex.-8. (VII, 765 S.) Berlin 884. v. Decker. n. 4. 75; geb. n. 6. —

—— der Post- u. Telegraphenanstalten im Deutschen Reiche, nebst einem Anhang enthaltend ein Verzeichniss der Posthülfsstellen u. Telegraphenhülfsstellen im deutschen Reichs-Postgebiete. Berlin 1884, 1886. Lex.-8. . . . . (RPA.)

— der **Post-** u. **Telegraphenanstalten** im Deutschen Reich. Lex.-8. (IV, 760 S.) Berlin 890. v. Decker. n. 4. 80; geb. n. 6. —

Verzeichniss der **Post-** und **Telegraphenanstalten** im Deutschen Reich '(nebst d. Deutschen Post- und Telegraphenanst. in d. Deutschen Schutzgebieten u. im Ausland)'. *Berlin: Gedr. in d. Reichsdr. 1896.* (2 Bl., 1 kl. Bl., 320 S.) 1 Bd 4. 96. 2329

— der **Post-Anstalten**, welche im Umkreise v. 10 geograph. Meilen v. Aschersleben bestehen. Ferner diejenigen öffentl. Bestimmgn. u. Verordngn., welche v. allgemeinem Interesse sind. Hrsg. nach amtl. Mittheilgn. 8. (29 S.) Aschersleben 886. Siever. n. — 40

— der nicht angestellten **Post-** u. **Telegraphenassistenten**. I.—III. Nachtrag. kl. 8. Frankfurt a/M. Nürnberg, H. Ehrentraut. 1. 15
I. 1903 u. 1904. (S. 109—128.) (905.) —20. — II. 1905. (S. 129—156.) (906.) —20. — III. Juli 1907—Ende Febr. 1910. (51 S.) 910. —75.

—— von allen im Deutschen Reiche und Oesterreich-Ungarn und von den wichtigeren, in übrigen Ländern befindlichen gleich- oder ähnlich-lautenden Postorten. Literarisches Hilfsmittel zu der grossen Contor- und Bureaukarte des Deutschen Reiches. (Leipzig.) 1880. 8. . . . . (LHK.)

Verzeichnis der deutschen **Postorte** ohne Zoll- und Steuerstellen mit Angabe der Leitorte für Sendungen vom Zollauslande. Anh. 1. Verzeichnis d. Untersuchungsstellen f. das in d. Zollinland eingehende Fleisch, 2. Verzeichnis der z. Abstempelung von aus d. Auslande mit d. Post eingehenden Spielkarten ermächtigten Zoll- u. Steuerstellen. Berlin 1909: Reichsdr. 456 S. 8°

Verzeichniss der Postorte ausserhalb Deutschlands. Berlin 1889.

—— gleichnamiger oder ähnlich lautender **Post-Orte**. Aufgestellt im Nov. 1873. 8. (24 S.) Berlin 874, C. Pfeiffer. *

—— dass. — Amtliche Ausgabe. 2. Aufl. gr. 8. (24 S.) Ebendas. 874.

Verzeichniss gleichnamiger oder ähnlich lautender **Postorte**. gr. 8. (24 S.) [Berlin 876, Bichteler und Comp.] Strassburg', Schultz und Comp. **

Verzeichniss sämmtl. gleichnamigen und ähnlich lautenden **Postorte** des Deutschen Reiches und Oesterreich-Ungarns, sowie der in Betracht kommenden bedeutenderen Postanstalten des Auslandes. Ein Hülfsmittel für die Adressirung der Postsendungen und Telegramme. Zusammengestellt und bearb. unter Berücksicht. des Erlasses Sr. Exc. des Staatssecretairs des Deutschen Reichs-Postamtes vom 18. Juli 1881. gr. 8. (24 S.) Frankfurt a. M. 882, Mahlau und Waldschmidt. **

— aller **Post-**, **Eisenbahn-**, **Telegraphen-** u. **Dampfschiff-Stationen** von Oesterreich-Ungarn nebst prakt. Verkehrs-Notizen für Comptoir u. Reise u. vier die ganze Monarchie umfassenden (lith.) Special-Karten (in qu. Fol.). Teschen 870. Prochaska. 8. (78 S.) 8
geb. 1 ℛ
mit (chromolith.) Eisenbahnkarte (in Imp.-Fol.) 1 ℛ 10 ngr.

Verzeichniß, **Prochaska's**, aller Stationen des Post-, Eisenbahn-, Telegraphen- u. Dampfschiff-Verkehrs in Oesterreich-Ungarn. 16. Aufl. 11. Jahrg. 1881. 8. (126 S.) cart. 1 fl. Ebda.

—— aller **Post-**, **Eisenbahn-**, **Telegraphen-** und **Dampfschiff-Stationen** in Oesterreich-Ungarn. 14.—17. Jahrg. 1885—1888. 19.—22. vollständig bericht. Aufl. gr. 8. (84; 91; 96; 98 S.) Teschen 885, Prochaska. à Jahrg. *

—— aller **Post-**, **Eisenbahn-**, **Telegraphen-** u. **Dampfschiff-Stationen** in Oesterreich-Ungarn. 18.—21. Jahrg. 1889—1892. 23.—26. vollständig bericht. Aufl. gr. 8. (à Jahrg. 106—112 S.) Teschen, Prochaska. à Jahrg. * 1 20

Verzeichnis der **Post-**, Eisenbahn- u. Telegraphen-**Stationen** Deutschlands, Österreich-Ungarns und der Schweiz zu F. Otterskys Spezialkarte der Eisenbahn- u. Postverbindgn in Mittel-Europa ... *Berlin: C. Regenhardt [1897?].* (1 Bl., III, 197 S.) 1 Bd 8. 97. 7635

— d. **Poststraßen** von ganz Deutschland, mit Kpf. 8. Nürnb. 786. Weigel. 1 ℛ

Verzeichnis von Prämienbüchern und Büchern für Schülerbüchereien kaufmännischer Fortbildungsschulen. Im Auftr. d. Deutschen Verbandes f. d. kaufm. Unterrichtswesen zsgest. von der dazu eingesetzten Komm. Leipzig: B. G. Teubner 1902. (20 S.) 8°
= **Veröffentlichungen** d. Deutschen Verbandes f. d. kaufm. Unterrichtswesen. Bd 17. 03. 13077

Verzeichniss d. anatomisch-pathologischen Präparate, welche sich in dem Museum d. k. b. Central-Veterinär-Schule zu München befinden. Bekannt gemacht durch K. L. **Schwab**. Münch. 1831. 64 S. P.
— (... d. k. b. Central-Thierarznei-Schule zu M. ...). 3. verm. Aufl. v. A. **Postl**. Sst. 1857. 127 S.

—— der anatomisch-pathologischen Präparate, welche sich in dem Museum der k. b. Central-Thierarznei-Schule zu München befinden. 3., verm. Aufl. von Aug. Postl. gr. 8. (VIII und 128 S.) München 857, (Literarisch-artistische Anstalt.)

Verzeichnis aller evangelischen Prediger in Zittau. Görlitz 1708. V: *Grünwald, Martin.* (OL)

Verzeichnis aller Prediger, welche . . . in der Herrlichkeit Kniephausen gelebet haben. Aurich 1783. V: *Martens, Martin Bernhard.* (MGT) (Ky)

— aller Prediger, welche vor u. nach d. Reformation in Kniephausen gelebt haben, (von M. B. Martens). 8. Aurich 783.

Verzeichnis der Prediger des Eigenschen Kreises. Görl. 1799. V: *Seifert, Gottlob.* (Ky) (MGT) (OL)

— d. Prediger, welche seit d. Reformation in Leipzig gewesen. gr. 8. Leipz. 779. Dürr. 8 ℳ

Verzeichnis der Preisaufgaben der industr. Gesellschaft v. Mülhausen i. E. für die Jahre 1893–98. Strassburg 1892–97.

Verzeichniss der auf der Grossen Allgemeinen Gartenbau-Ausstellung z. Feier d. 75j. Bestehens des Ver. z. Beförderg d. Gartenbaues in d. preuss. Städten zu Berlin im Treptower Park v. 28. Apr. bis 12. Mai 1897 den Ausstellern zuerkannten Preise. . . . *Berlin: Dr. r. W. Büxenstein 1897.* (32 S.) 1 Bd 8. [97. 5274

Verzeichnis der evangelischen Presse. Hrsg. im Auftr. d. Verbandes evang. Buchhändler. Abgeschlossen 1. März 1908. Hamburg: G. Schloeßmann 1908. (VI, 224 S.) 8° [F.] [08. 8378

— derjenigen Pretiosen, Kleibungen, Meublen, Kunstwerke u. vieler andern Raritäten, welche nach d. Austritte d. drei Directoren von ihrer Amtsverwaltung, in d. Nationalgebäude von Paris, mittelst e. öffentl. Versteigerung an den Meistbietenden verkauft wurden. 8. Leipz. ... Joachim. 4 ℳ

Verzeichnis von Privat-Bibliotheken. Leipzig 1897—98. V: *Hedeler, Gg.* (Stadtbibl. Frankf. a. M. Kat. der Neueren Bestände.)

Verzeichnis von Privat-Bibliotheken. I. u. III. (In engl., deutscher u. französ. Sprache.) Leipzig, G. Hedeler. Subskr.-Pr. 15. 50; n. 20. —
I. Vereinigte Staaten. Canada. (100 S.) 897. Subskr.-Pr. n. 8. —; erh. Pr. n. 10. —
III. Deutschland. (168 S.) 898. Subskr.-Pr. n. 7. 50; erh. Pr. 10. —
Bd. II erscheint später.

—— derjenigen Privat-Noten-Banken, welche sich dem deutschen Reichs-Bankgesetze unterworfen und deren Noten mithin im gesammten Reichsgebiete umlaufsfähig bleiben, sowie auch der Banken, die sich dem Reichs-Bankgesetze nicht unterworfen haben. 1.—10. Aufl. 16. (4 S.) Bamberg 876, Hübscher.

—— der Privat-Wohlthätigkeits-Anstalten in Lübeck mit Angabe der Stiftungszwecke und der derzeitigen Verwalter. 4. (20 S.) Lübeck 887, M. Schmidt.

Verzeichnis aller akademischen Professoren zu Salzburg, vom Jahre 1728 bis zur Aufhebung der Universität . . . Salzb. 1813. V: *Zauner, Judas Thaddaeus.* (MGT) (Lindner) (BB) (Ky) (GGr) (ADB 44, 726)

— aller academ. Professoren zu Salzburg, vom J. 1728 bis zur Aufhebung d. Universität. Mit kurzen Nachr. von ihrem Leben u. Schriften, herausg. (von J. Th. Zauner). gr. 8. Salzb. 813. Mayr. 12 ℳ

Verzeichniß der sämmtlichen Professoren, Privatdocenten, Lektoren, Exercitien-Meister und Amts-Personals . . . im WS 1829/30 bei der Universität Breslau. Angefertiget in dem Universitäts-Secretariat. (Breslau 1829.) (34 S.) 8° [F.]
(S. 7 ff.: Verzeichniß der Studirenden auf der Königlichen Universität zu Breslau . . . im WS 1829/30.)

— 1) d. sämmtl. Professoren, Privatdocenten, Lectoren, Exercitien-Meister u. Amts-Personals mit ihren Wohnungen im Winter-Semester 1829, 30 bei d. Universität Breslau. gr. 8. Bresl. 830. Graß, Barth u. Comp. 3 ℳ Vom 1830, 31. Ebd. 3 ℳ

— der Programm-Abhandlungen, die v. Gymnasial- u. Realanstalten Deutschlands u. v. Gymnasien Österreichs im J. 1908 der buchhändlerischen „Zentralstelle“ zugestellt worden sind. (31 S.) kl. 8. Leipzig 909. B. G. Teubner. — 60; einseitig bedruckt — 80
Sonderabdruck aus: „Statist. Jahrb. d. höh. Schulen“.

Verzeichnis der seit 1831 von der Schule veröffentlichten Programm-Abhandlungen. 1 Bl. 4.
Progr. Kneiphöfisches Gymn. *Konigsberg i. Pr.* 1902 (9).

—— der Programme u. Gelegenheitsschriften, welche an den kgl. bayer. Lyzeen, humanist. Gymnasien u. Lateinschulen vom Schuljahre 1823/24 an erschienen sind. Ein Beitrag zur Schul- u. Litteraturgeschichte Bayerns, begonnen v. J. Gutenäcker, fortgesetzt v. Emil Renn. II.–IV. Abtlg. Landshut, (Krüll). * 5 —
II. Die Schuljahre 1860/61–1872/73. gr. 4. (76 S.) 875. * 2 —.
III. Die Schuljahre 1873/74—1883/84. gr. 8. (55 S.) 885. * 1 50.
IV. Die Schuljahre 1884/85—1888/89. gr. 8. (63 S.) 890. [* 2 —] * 1 50.
[I.], s. Gutenäcker, Jos. [Bamb. 1862.]
Landshut, (Krüll).

— d. Programme u. Gelegenheitsschriften, welche an d. kgl. bayer. Lyceen, Gymnasien u. Lateinschulen v. Schulj. 1823/24 an erschienen sind. Ein Beitrag zur Schul- u. Litteraturgeschichte Bayerns, begonnen v. J. Gutenäcker, fortges. v. Emil Renn. V. Abtlg.: Die Schulj. 1889/90 bis 1894/95. gr. 8. (71 S.) Landshut 896. (Krüll.) n. 1. 35

— der Programme u. Gelegenheitsschriften, welche an den bayer. Lyceen, Gymnasien u. Lateinschulen vom Schuljahr 1823/24 an erschienen sind. Ein Beitrag zur Schul- u. Literaturgeschichte Bayerns, begonnen v. J. Gutenäcker, fortgesetzt v. Emil Renn. VI. Abtlg.: Die Schulj. 1895/96 bis 1901/02. Progr. (84 S.) gr. 8. Landshut 903. (Krüll.) n. 1. —

Verzeichniss der Programme der aargauischen Kantonsschulbibliothek, 1881. In-8°. 22 S. Aarau, H. R. Sauerländer.

Verzeichnis der von der Philosophischen Fakultät der Universität Basel im Jahre 1901 vollzogenen Promotionen. [Basel 1902.] 4 S. quer 4°.
Basel. Univ.-Schr. 1902/1903.

Verzeichnis der von der Philosophischen Fakultät der Universität Basel im Jahre 1902 vollzogenen Promotionen. [Basel 1903.] 4 S. quer 4°.
Basel. Univ.-Schr. 1902/1903.

Verzeichnis der von der Philosophischen Fakultät der Universität Basel im Jahre 1903 vollzogenen Promotionen. (Basel 1904.) 4 S. 4° obl.
Basel. Univ.-Schr. 1903/1904.

Verzeichnis der von der Philosophischen Fakultät der Universität Basel im Jahr 1904 vollzogenen Promotionen. (Basel 1905.) 6 S. 8°.
Basel. Univ.-Schr. 1904/1905

Verzeichnis der von der Philosophischen Fakultät der Universität Basel im Jahre 1905 vollzogenen Promotionen. [Basel 1906.] 8 S. 8°.
Basel. Univ.-Schr. 1905/1906.

Verzeichnis der von der Philosophischen Fakultät der Universität Basel im Jahre 1906 vollzogenen Promotionen. [Basel 1907.] 6 S. 8°.
Basel. Univ.-Schr. 1906/1907

Verzeichnis der von der Philosophischen Fakultät der Universität Basel im Jahr 1907 vollzogenen P r o m o t i o n e n . [Basel 1908.] 5 S. 8°
Basel. Univ.-Schr. 1907/08.

Verzeichnis der von der Philosophischen Fakultät der Universität Basel im Jahre 1908 vollzogenen Promotionen. [Basel 1909.] 5 S. 8°.
Basel. Univ.-Schr. 1908/09.

Verzeichnis der von der Philosophischen Fakultät der Universität Basel im Jahre 1909 vollzogenen Promotionen. [Basel 1910.] 5 S. 8°.
Basel. Univ.-Schr. 1909/10.

— der kgl. P r ü f u n g s k o m m i s s ä r e der Schulen in den unmittelbaren Städten, der kgl. Distrikts-Schulinspektoren u. des gesamten Lehrpersonals an den Volksschulen, Tagesfortbildungs-, landwirtschaftlichen Winterschulen etc. etc. des Kreises Schwaben u. Neuburg nach dem Stande v. 1. IV. 1906. Zusammengestellt v. Andr. Schulz. (49 S.) 8. Augsburg 904. Schwäb. permanente Schulausstellg. n. — 80

— der k. P r ü f u n g s k o m m i s s ä r e der Schulen in den unmittelbaren Städten der k. Distrikts-Schulinspektoren u. des gesamten Lehrpersonals an den Volksschulen u. Lehrerbildungsanstalten etc. des Kreises Schwaben u. Neuburg. Hrsg. vom Ausschusse des „Bayer. Schulmuseum — Augsburg". (Mitteilungen aus dem bayer. Schulmuseum — Augsburg.) (53 S.) gr. 8. Augsburg 910. Bayer. Schulmuseum. 1. —

... V e r z e i c h n i ß der literarischen Quellen mit den dafür gebrauchten Abkürzungen. Sammt e. ergänzten Verz. d. abgekürzten Ortsbezeichnungen. (Bearb. von A[lbert] **Bachmann** u. H[einrich] B r u p p a c h e r, E[duard] S c h w y z e r, F. B a l s i g e r.) Frauenfeld: Huber & Co. 1903. (60 S.) 4°
— **Idiotikon**, Schweizerisches. H. 47 a. [05. 1575]

— der auf den Vereinsbahnstrecken zulässigen grössten festen R a d s t ä n d e u. Raddrücke der Eisenbahnfahrzeuge sowie der bei der Beladung offener Wagen anzuwendenden Lademasse I u. II im gegenseitigen Verkehr der Vereinsbahnen. (Hierzu Zeichngn. Bl. I u. II.) Nebst e. Anh., enth : A. Verzeichnis der zuläss. grössten Radstände u. Querschnittsmasse der Wagen im internationalen Verkehr nach den Berner Vereinbargn. vom 15. V. 1886 (hierzu Zeichngn. III—XXIV); B. Verzeichnis der zuläss. grössten Radstände, Raddrücke u. Querschnittsmasse der Wagen im Verkehr zwischen den Vereinsbahnen u. einigen fremden Bahnen, welche den Berner Vereinbargn. nicht beigetreten sind (hierzu Zeichngn. Bl. III, XII u. XXII). Ausg. v. der geschäftsführ. Verwaltg. des Vereins deutscher Eisenbahnverwaltgn. (221 S.) 8. Berlin 905. (J. Springer.) n.n. 1.20; I. Nachtr. April 1906 (11 S.) n.n. — 15; II. Nachtr. Novbr. 1906 (14 S.) n.n. — 15

Verzeichnis, Raisonnirendes, aller Kupferstiche und radirten Blätter von J. W. Meil. O. O. 1790. V: *Trost, Carl Friedrich.* (MGT) (Ky)

Verzeichnis, Raisonnirendes, aller Kupfer- und Eisenstiche, so durch die geschickte Hand Albrecht Dürers selbst verfertiget worden. Frankf. u. Leipz. 1778. V: *Hüssgen, Heinrich Sebastian.* (MGT) (Ky) (Will) (Kat. d. Bibl. Frz Schnitzer. München 1902. S. 33.)

— **raisonnirendes, aller Kupfer- u. Eisenstiche, so durch die geschickte Hand Albrecht Dürers selbst verfertigt worden (v. H. S. Hüssgen.) 8. Frankf. a. M. 778. (Fr. Fleischer in Leipz.) 18 K**

—— der auf Grund der deutschen Rechtsanwalt-Ordnung im Königr. Bayern zugelassenen R e c h t s a n w ä l t e. gr. 8. (13 S.) [Neu-Ulm 880, Stahl's Verlag.] Regensburg, Verlagsbureau.

Verzeichnis, Ein, der zehn attischen Redner. O. O. [1867]. V: *Studemund, Wilhelm.* (Cat. d. Stadtbibl. Zürich. Zürich 1864—97.)

—— der Schleswig-Holsteinischen R h e d e r e i ult. 1864. Nach officiellen Quellen zusammengestelltes Verzeichniss aller in Schleswig-Holstein zu Hause gehör. Schiffe von 10 Lasten und darüber, in alphabet. Reihenfolge und districtsweise geordnet. gr. 4. (51 S.) Kiel 865, Schwers'sche Buchh. *

Verzeichnis der Regeln, nach welchen die im Königreiche Sachsen abzuhaltenden Messen . . . bestimmt werden . . . Dresden 1875. V: *Kiessling, Emil.* (Kat. d. stat. Bureaus. Dresden 1890.)

— der **R e g e l n,** nach welchen die im Königr. Sachsen abzuhaltenden Messen, Kram-, Vieh- u. Wollmärkte bestimmt werden. Mit e. Anh., enth.: „Die gesetzl. Bestimmgn. u. wichtigsten Verordngn. üb. das Marktwesen" u. m. e. Marktkarte. Hrsg. v. dem statist. Bureau des königl. Ministeriums des Innern. gr. 8. (IV, 77 S.) Dresden 899. C. Heinrich. n. — 60

Schweizerische A r m e e. Verzeichnis der Reglemente und Dienstvorschriften auf 1. Januar 1901. Vom schweiz. Militärdepartement genehmigt den 12. Oktober 1900. 1. Aufl. 31 S. 8. [Bern,] C. St[ur]z[enegger], XI. 1900.

Verzeichnis sämtlicher R e i c h s b a n k a n s t a l t e n. *(Berlin 1903: Reichsdr.)* (15 S.) 8° [F.]
— Armee-Verordnungs-Blatt f. 1903. Beilage zu No 29.

Verzeichnis sämtlicher Reichsbankanstalten. 8°.
Aus: Armee-Verordnungsblatt. 1907. Beil. zu Nr 12.

— der Reichs-Post- u. Telegraphen-Beamten, s. Kalender, Gestewitz-Lüdemann'scher, f. Post- u. Telegraphie.

—— der deutschen R e i c h s p o s t - u. T e l e g r a p h e n - B e a m t e n bis zum Post-Verwalter einschl. abwärts. Anh. zu dem Gestewitz-Lüdemann'schen Kalender f. Post u. Telegraphie auf d. J. 1893. 11. Jahrg. 12. (352 S.) Berl., Rosenbaum u. Hart. * 1 50
Frühere Jahrgg., s. G e s t e w i t z, H.

— der deutschen **Reichs-Post- u. Telegraphen-Beamten** bis zum Postverwalter einschliesslich abwärts. Anh. zu dem Gestewitz-Lüdemann'schen Kalender f. Post u. Telegraphie auf d. J. 1895. 13. Jahrg. 12. (360 S.) Berlin 894. Rosenbaum & Hart. n. 1. 50

- d. deutschen **Reichs-Post- u. Telegraphen-Beamten** bis zum Postverwalter einschliesslich abwärts. Anh. zu d. Gestewitz-Lüdemann'schen Kalender f. Post u. Telegraphie auf d. J. 1899. 17. Jahrg. 12. (368 S.) Berlin 898. Rosenbaum & Hart. n. 1. 50

Verzeichnis aller Reichstags-Deputations- und Visitationshandlungen ... das Reichsjustitzwesen, und die Verbesserung desselben betreffend ... Wolfenbüttel [17??]. V: *Praun, Gg Septimus Andreas von.* (ML)

Verzeichniss aller Reichs-Tags-, Deputations- u. Visit.-Handlungen, Abschiede u. Ordnungen. *Braunschweig* u. *Wolffenbüttel.* 773. 4.

—— der **Rektoren**, Lehrer und Lehrerinnen an den Berliner Gemeinde-Schulen für die J. 1886/87 und 1887/88. 43. und 44. Jahrg. Begründet von Heinr. Gaulke. Hrsg. vom Berliner Lehrer-Verein. gr. 8. (40 S.) Berlin, (Rosenthal.) à Jahrg. **
Vgl.: Verzeichnis der Berliner Gemeindelehrer und Lehrerinnen.

—— dass. — für das J. 1888/89. 45. Jahrg. Begründet von Heinr. Gaulke. Hrsg. vom Berliner Lehrer-Verein. gr. 8. (46 S.) (Ebendas.) **

Verzeichnis der Rektoren, Lehrer u. Lehrerinnen an den Berliner Gemeinde-Schulen für d. J. 1889/90—1892/93. 46.—49. Jahrg. Hrsg. vom Berliner Lehrer-Verein. gr. 8. (48; 52; 58; 60 S.) Berl., (F. Rosenthal). à Jahrg. ** 1 —

— der **Rektoren**, Lehrer u. Lehrerinnen an den Berliner Gemeinde-Schulen f. d. J. 1894/95. Nebst e. Anh., enth.: Das Verzeichnis der Charlottenburger Lehrer. 51. Jahrg. Hrsg. vom Berliner Lehrer-Verein. gr. 8 (VI, 170 S.) Berlin, (F. Rosenthal). n.n. 1. —

— der **Rektoren**, Lehrer u. Lehrerinnen an d. Berliner Gemeinde-Schulen f. d. J. 1895/96. Nebst e. Anh., enth.: Das Verzeichnis der Charlottenburger Lehrer. 52. Jahrg. Hrsg. v. Berliner Lehrer-Verein. gr. 8. (VI, 188 S.) Berlin 895. (F. Rosenthal.) n.n. 1. —

— der **Rektoren**, Lehrer u. Lehrerinnen an den Berliner Gemeinde-Schulen f. d. J. 1902/1903, nebst Mitteilgn. aus dem Berliner Schulwesen. 59. Jahrg. (Begründet v. H. Gaulke.) Hrsg. vom Berliner Lehrerverein. Red.: H. Rosin. gr. 8. (IV, 211 S. m. 1 Plan.) Berlin 902. (W. & S. Loewenthal.) n.n. 1. 35

— der **Rektoren**, Lehrer u. Lehrerinnen an den Berliner Gemeinde-Schulen f. d. J. 1910, nebst Mitteilgn. aus dem Berliner Schulwesen. 66. Jahrg. (Begründet v. H. Gaulke.) Hrsg. seit 1886 vom Berliner Lehrerverein. Red.: Jul. Blauert. (IV, 320 S.) gr. 8. Berlin 910. W. & S. Loewenthal. 2. —

Verzeichnis derer seit dem Anfange des gegenwärtigen allgemeinen Reichstages an selbigen gelangten Recursbeschwerden ... Regensburg 1788. V: *Ompteda, Dietrich Heinrich Ludwig Freih. von.* (Pütter, Litt. d. Teutsch. Staatsr. Gött. 1773—91. IV, 409.) (MGT) (Adel) (BB) (ADB) (Schletter, Handb. d. jurist. Litt. Grimma 1843. S. 158.)

Verzeichnis der seit dem Jahr 1663 bis ... 1788 gegen die Erkenntnisse des Kais. und Reichs-Kammer-Gerichts ... ausgebrachten Recurse. Regensb. 1788. V: *Borie, Aegidius Valentin Felix Freih. von.* (ML) (Pütter, Litt. d. Teutsch. Staatsr. Gött. 1773—91. IV, 408.) (Schletter, Handb. d. jurist. Litt. Grimma 1843. S. 158.)

Verzeichniß der Herren Repräsentanten, Ehren- und anderen Mitglieder des Kranken-Unterstützungs-Vereines auf der Wieden Nr. 294 im Jahre 1855. 8. (12 S.) Wien. Gedruckt bei A. Pichler's Wwe. und Sohn. 1855.

— der königl. sächs. Reserve- u. Landwehr-Offiziere 2c. nach ihren Patenten. 1888. 8. (80 S.) Dresden, (Warnatz & Lehmann). n.n. — 60

Verzeichnis, Richtiges und vollständiges, der Succession sämmtlicher ... Colonel-Herren oder Obristen, Colonel-Bürger ... dieser guten Stadt. Hamb. 1788. V: *Ruperti, Conrad Ludw.* (Schr)

Verzeichnis der Ritter des preussischen schwarzen Adlerordens ... 3. Aufl. O. O. [1796]. V: *Wohlbrück, Siegmund Wilhelm.* (NN) (Hitzig)

Verzeichnis der Ritualien und Ordensschriften der Ritter und Brüder St. Johann des Evangelisten ... Rudolstadt [ca. 1805]. V: *Schröder, Frdr. Ludw.* (Tt)

— neuer Romane, Schauspiele, Gedichte u. vermischte Schriften von Ostern 1799. 8. Leipz. ... Schiegg. 5 gr. Dass., von Ostern 1800. 8. Leipz., Böhme. 6 gr.

Verzeichnis der Romane. Novellen, Zeitschriften, Landkarten u. Staats-Bücher (im Kasino zu Klgft.). Klgft., Leon, (1865). 24 S.

Verzeichniss der Rübenzucker-Fabriken des Zollvereins mit Angabe der Fabrikations-Methoden nebst Adress-Verzeichniss derjenigen Firmen, welche mit der Fabrikation in Verbindung stehen. Von Otto Zabel. Quedlinburg 1867—77. gr. 8.
—— —— Neu zusammengestellt u. herausg. Ebda 1879.

—— —— Raffinerien, Candis-Fabriken etc. des Zollvereins, Oesterreichs u. Hollands mit Angabe der Fabrikations-Methoden, nebst nach Artikeln geordnetem Adress-Verzeichniss und Geschäfts-Anzeiger einer Anzahl Firmen, welche mit der Zucker-Fabrikation in Verbindung stehen. Jhg. 16—23. Campagne 1880/81—92/93. Quedlinburg, Magdeburg. gr. 8.

—— der Rübenzuckerfabriken, Raffinerien und Candis-Fabriken im Deutschen Reiche, sowie in Oesterreich-Ungarn, Holland, Belgien, Dänemark, Schweden und England. Nebst einem Adressbuch der Bezugsquellen von Bedarfs-Artikeln für Zuckerfabriken und Empfehlungsanzeiger einer Anzahl Firmen, welche mit der Zuckerfabrikation in Verbindung stehen. Mit 1 (lithogr. und color.) Karte der Zuckerfabriken und Raffinerien des Deutschen Reiches. Neu bearb. und zusammengestellt von J. Neumann. gr. 8. (175 S.) Magdeburg 884, Rathke.

Ohne Karte

—— der Rübenzuckerfabriken, Raffinerien und Candis-Fabriken im Deutschen Reiche, sowie in Oesterreich-Ungarn, Holland, Belgien, Dänemark, Schweden, England, Italien und Spanien. Nebst einem Adressbuch der Bezugsquellen von Bedarfs-Artikeln für Zuckerfabriken und Empfehlungsanzeiger einer Anzahl Firmen, welche mit der Zuckerfabrikation in Verbindung stehen. Neu bearb. und zusammengestellt von J. Neumann. 2. Jahrg. Campagne 1885/86. gr. 8. (194 S. mit 1 lithogr. und color. Karte der Zuckerfabriken und Raffinerien des Deutschen Reiches.) Magdeburg 885, Rathke. *

Ohne Karte *

— der Rübenzuckerfabriken, Raffinerien u. Candis-Fabriken im Deutschen Reiche, sowie in Oesterreich-Ungarn, Russland, Belgien, Holland, Dänemark, Schweden, England, Italien u. Spanien. Nebst e. Adressbuch der Bezugsquellen v. Bedarfs-Artikeln f. Zuckerfabriken u. Empfehlungsanzeiger e. Anzahl Firmen, welche m. der Zuckerfabrikation in Verbindg. stehen. Neu bearb. u. zusammengestellt v. J. Neumann. Ausg. f. die Campagne 1886/87. gr. 8. (128 S.) Magdeburg 886. Neumann. n. 4. —

— der Rübenzuckerfabriken, Raffinerien u. Candis-Fabriken im Deutschen Reiche, sowie in Oesterreich-Ungarn, Belgien, Holland, Dänemark, Schweden, England, Italien u. Spanien. Nebst e. Bezugsquellen-Verzeichniss von Bedarfsartikeln f. Zuckerfabriken u. Empfehlungs-Anzeiger e. Anzahl Firmen, welche m. der Zuckerfabrikation in Verbindg. stehen. VI. Jahrg. Campagne 1889/90. gr. 8. (168 u. 131 S.) Magdeburg 889. Rathke. geb. n. 4. —; m. Karte n. 8. —

—— —— Raffinerien u. Candis-Fabriken im Deutschen Reiche, sowie in Oesterreich-Ungarn, Belgien, Holland, Dänemark, Schweden, England, Italien u. Spanien. Nebst e. Bezugsquellen-Verzeichniss von Bedarfs-Artikeln für Zuckerfabriken u. Empfehlungs-Anzeiger e. Anzahl Firmen, welche m. d. Zuckerfabrikation in Verbindung stehen. Mit 1 Karte der Zuckerfabriken u. Raffinerien d. deutschen Reiches. Jhg. 7—8. Campagne 1890/91—91/92. Magdeburg. gr. 8.

Is: Rathke's Bibliothek für Zucker-Interessenten, Bd. 1.

Verzeichnis der Rübenzuckerfabriken und Zucker-Raffinerien im deutschen Reiche sowie in Oesterreich-Ungarn ... Nebst e. Bezugsquellen-Verzeichn. von Bedarfsartikeln f. Zuckerfabriken ... Jg 15–23. Campagne 1898/99–1906/07. Magdeburg 1898–1906. 8°

Fortges. u.d.T.: Verzeichnis der Zuckerfabriken und Raffinerien Deutschlands und des Auslandes. Jg 24 ff. Camp. 1907/08 ff. Magdeburg 1907 ff. 8°. (s. Rathke's, Alb. Bibliothek für Zuckerinteressenten Bd. 1.)

—— der Zuckerfabriken und Raffinerien in Russland, nebst einem Adressbuch der Bezugsquellen von Bedarfs-Artikeln für Zuckerfabriken und Empfehlungs-Anzeiger einer Anzahl Firmen, welche mit der Zuckerfabrikation in Verbindung stehen. Zugleich Ortsweiser von J. v. Wensierski's Karte der Zuckerfabriken und Raffinerien in Russland, bearb. von H. Stegmann. gr. 8. (16, 61 S. mit 1 lithogr. und color. Karte.) Magdeburg 884, Rathke.

Verzeichnis der Rübenzuckerfabriken und Raffinerien in Russland. Nebst einem Adressbuch der Bezugsquellen von Bedarfsartikeln für Zuckerfabriken und Empfehlungs-Anzeiger einer Anzahl Firmen, welche mit der Zuckerfabrikation in Verbindung stehen. Auf Grund authent. und statist. Materials neu bearb. und zusammengestellt. 2. Jahrg. 1885/86. gr. 8. (48, 113 S. mit 1 Karte der Zuckerfabriken und Raffinerien Russlands.) Magdeburg 885, Rathke.

—— dass. — zusammengestellt von J. Ehrlich, Odessa. 3. Jahrg. 1886/87. gr. 8. (48, 70 S.) Ebendas. 886.

—— dass. — Nebst einem Adressbuch renommirter Bezugsquellen von Bedarfsartikeln für Zuckerfabriken und Empfehlungs-Anzeiger einer Anzahl Firmen, welche mit der Zuckerfabrikation in Verbindung stehen, sowie einem Anhang, enthaltend die bedeutendsten Firmen der hervorragendsten Industriezweige Russlands, zusammengestellt von E. A. Ehrlich-Odessa. 4. Jahrg. Campagne 1887/88. gr. 8. (48, 95 S. mit 1 Karte der Zuckerfabriken Russlands.) Ebendas. 887.

— der Rübenzuckerfabriken u. Raffinerien in Russland, nebst e. Adressbuch renomm. Bezugsquellen v. Bedarfsartikeln f. Zuckerfabriken u. Empfehlungs-Anzeiger e. Anzahl Firmen, welche m. d. Zuckerfabrikation in Verbindg. stehen. Mit 1 Karte d. Zuckerfabriken Russlands. 6. Jahrg. 1897. (Deutsch u. russisch.) gr. 8. (III, 79 S.) Magdeburg 897. A. Rathke. n. 6. —

Verzeichnis der Rübenzuckerfabriken u. Raffinerien Russlands, nebst e. Adressbuch renommirter Bezugsquellen v. Bedarfsartikeln f. Zuckerfabriken u. Empfehlungs-Anzeiger e. Anzahl Firmen, welche m. d. Zuckerfabrikation in Verbindg. stehen. Mit e. (farb.) Karte der Zuckerfabriken Russlands. VII. Jahrg. 1900. (Deutsch u. russisch.) gr. 8. (III, 79 S.) Magdeburg (901). A. Rathke. n. 6. —

Verzeichnis der kombinierbaren Rundreisebillette für Strecken der ... [schweizerischen] Transportanstalten: Vereinigte Schweizerbahnen, ... Schweizerische Postverwaltung. Gültig vom 1. Mai 1901 an.... [Mit einer Übersichtskarte.] 37 S. 8. Zürich, Art. Institut Orell Füssli.

Verzeichnis der kombinierbaren Rundreisebillette für Strecken der ... [schweizerischen] Transportanstalten: Vereinigte Schweizerbahnen, ... Schweizerische Postverwaltung. Gültig vom 1. Mai 1902 an.... [Mit 1 Übersichtskarte.] 38 S. 8. Zürich, Art. Institut Orell Füssli.

Verzeichnis der kombinierbaren Rundreisebillette für Strecken der ... [schweizerischen] Transportanstalten: Schweizerische Bundesbahnen, ... Schw' Postverwaltung. Gültig vom 1. Mai 1903 an.... [Mit 1 Übersichtskarte.] 38 S. 8. Zürich, Orell Füssli.

Fortsetzung s. Rundreisebillette. Kombinierbare R'....

Verzeichniß der bei dem Königlichen Gerichtshofe zur Entscheidung der Kompetenz-Konflikte erledigten Sachen. (Berlin 1870.) **fol.**

Verzeichnis (!) derer verdächtig gestohlnen Sachen, welche in einem Bauer-Hause zu *Vermersleben*, ohnweit Magdeburg, in 100. Korn-Säcken u. 4 Laden gefunden worden. M. Augusti ao. 1714. Magdeburg, gedr. bey Andr. Müllern, im güldenen A B C. 4°. Srsb.

12 Bl., unpaginiert — Seiten

VERZEICHNISS unterschiedener sonderbaren Sachen u. Curiositäten so in dem Cabinet eines Privati in Altenburg zu befinden. O. O. 1705. 4°. (1 fl. 12 xr. Th. Ackermann, München, vor 1875.)

Seltenes u. interessantes Curiosum.

Verzeichniß der Sachen, welche bey dem nach Ostern 1818 zu haltenden Königlich Holstein-Lauenburgischen Ober- wie auch Oberconsistorial-Gerichte sollen erörtert und entschieden werden. Glückstadt. o. J. 8°

VERZEICHNIS VON SACHVERSTÄNDIGEN aus Industrie und Handel. Zusammengestellt vom Deutschen Handelstag. Oktober 1903. Druck von Liebheit & Thiesen. 4°. Berlin,

Verzeichnis von Sachverständigen aus Industrie- und Handel. Zusammengestellt vom Deutschen Handelstag. (254 S) 4° Berlin 1903

Verzeichnis einer ansehnlichen Sammlung von gebundenen Büchern aus allen Theilen der Wissenschaften ... O. O. 1799. H: *Will, Georg Andreas.* (ML)

Verzeichnis einer ansehnlichen Sammlung von Naturalien . . . von Heinrich Evers gesammlet. Hamburg 1768. H: *Wöniger.* (Gatterer, Repert. d. mineral. Litt. Giessen 1798—99. I, 264.)

—· der im k. k. unteren Belvedere aufgestellten, zum k. k. Münz- und Antiken-Kabinete gehörigen k. k. Sammlung aegyptischer Alterthümer. *Wien* 1858. Druck von *L. Sommer.* 22 S. 12°. 6 kr.

— e. auserlesenen Sammlung botan. Werke, auch solcher, d. d. Gartenbau, d. Obstbaumzucht u. Forstwirthschaft betreffen, im Besitz d. Hrn. Vogler in Halberstadt. gr. 8. Halberstadt, 1819. 2. Aufl. 1821. — 10

— einer Sammlung botan. Werke, auch solcher, welche den Gartenbau, die Obstbaumzucht u. Forstwissenschaft betreffen, im Besitze des Dr. H. Vogler zu Halberstadt. gr. 8. Halberst. 819. Vogler in Potsd. 8 gr.

Verzeichniß einer ausgewählten Sammlung von Doubletten der k. k. Studienbibliothek zu Salzburg, welche nebst vielen anderen im Gesammtbelange von 9639 Bänden am 10. Sept. 1856 und den folgenden Tagen gegen baare Zahlung in C. M. im k. k. Studiengebäude versteigert werden wird. Salzburg, 1856. Druck der Duyle'schen Hofbuchdr. (43 S. 8.)

—— einer ausgewählten Sammlung erotischer Lecture in deutscher u. französ. Sprache. O. O. u. J.

Verzeichniß einer ausgezeichneten und werthvollen Sammlung von Büchern aus allen Fächern der Literatur, in deutscher, italienischer, französischer, englischer, dänischer und schwedischer Sprache, darunter namentlich viele bibliographische, literargeschichtliche, historische und philosophische Werke, Klassiker, Kunst- und Stahlstiche, bibliographische Kuriositäten und Piquanterien, welche den 8. Oktober 1855 und die darauf folgenden Tage in Wien ꝛc durch den beeideten Bücherschätzmeister August Prandel öffentlich gegen bare Zahlung versteigert werden. Wien. 1855. Gedr. bei Anton Schweiger. (124 S 8.)

Verzeichniss einer bekannten Sammlung vorzüglicher und werthvoller Oel-Gemälde, die hieselbst am 26. März dieses Jahres und folgende Tage verkauft wird. Hamburg 1828. 8°.

— e. beträchtl. Sammlung mitunter sehr seltener u. kostbarer geograph.-topographischer, hydrograph. u. militair. Karten, Plänen von Städten, Flüssen, Belagerungen u. Schlachten ꝛc. gr. 8. Frankf. a. M. 803. Jäger. 8 gr.

Verzeichniß einer Sammlung medizinischer Bücher nach weiland des Herrn Dr. Wilhelm Lippich, welche . . . 1854 . . . öffentlich versteigert werden. 8. (54 S.) Wien. Druck von A. Dorfmeister.

Verzeichniss einer Sammlung von Büchern und Prachtwerken etc., welche im October 1830 zu Hamburg verkauft werden sollen. Hamburg 1830. 8°.

Verzeichniß einer Sammlung werthvoller juridischer und architektonischer Bücher und Kupferwerke, welche am 3. Mai 1855 öffentlich gegen baare Bezahlung versteigert wurden. Wien. 1855. Gedruckt bei A. Dorfmeister. (28 S. 8°)

[F.] Magistrats-Bibliothek zu Berlin. **Verzeichniss** der Friedlaender-schen Sammlung zur Geschichte der Bewegung von 1848. *Berlin: W. Baensch 1897.* (VI, 292 S.) 1 Bd 8. [97: 433]

— e. Sammlung niederrhein. u. westphälischer Gebirgsarten. 4. Frankf. 791. (Wesché). 4 gr.

Verzeichniß einer systematisch geordneten und in ihrer Benennung berichtigten Sammlung von Weinreben-Sorten in der Rebenschule zu Dresden-Friedrichstadt. Bearb. v. C. Dresden 1843. 24 S. — 14

Verzeichnis einer Sammlung von getrockneten mecklenburgischen Gewächsen. Rostock 1809. V: *Detharding, Gg Gust.* (Bachmann, Mecklenburg. Güstrow 1889.)

Verzeichniss der Sammlung von Gipsabgüssen der Königlichen Gewerbe-Akademie. 1. 2. u. 3. Abth. 1872. 44 S. 8°

— e. sehr großen Sammlung von neuen u. ältern zum Theil seltenen u. kostspieligen chorograph., topograph., hydrograph. u. militär. Karten, Grundrissen, Prospecten von Städten, Festungen u. Schlössern, u. einer sehr bedeutenden Anzahl von Schlachten u. Belagerungsplänen, welche bei Gerh. Fleischer in Leipzig zu haben sind. gr. 8. Leipz. 819. Er. Fleischer. 8 gr.

—— der von Hrn. Gust. Prior hinterlassenen Sammlung hessischer Münzen, geordnet nach J. C. C. Hoffmeisters historisch-krit. Beschreibung aller bis jetzt bekannt gewordenen hess. Münzen, Medaillen und Marken. Mit einem Vorwort von Jac. Chrph. Carl Hoffmeister und einem Anhang, enthaltend einige Nachträge zu dessen genanntem Münzwerke. gr. 4. (IV, 25 S.) Hannover 882, Meyer.

Verzeichniß einer kleinen Sammlung Bücher aus allen Fächern der Literatur, welche den . . . März 1857 und die darauf folgenden Werktage in Wien, Stadt, Wollzeile Nr. 776 im 3ten Stock, Nachmittags von 3 bis 7 Uhr, öffentlich gegen bare Bezahlung versteigert werden. Wien, 1857. Mechitharisten-Buchdr. Zu haben bei Jakob Bader. (19 S. 8.)

VERZEICHNISS DER CULTURHISTORISCHEN SAMMLUNG der Gesellschaft zur Beförderung gemeinnütziger Thätigkeit, welche sich auf dem obern Chor der St. Catharinenkirche und in dem Hause, Breitestraſse No. 786, befindet. Fortsetzung. Lübeck 1864. Druck von Gebr. Borchers. 8°.

Verzeichnis einer Sammlung von Kupferstichen, und Kupferstichwerken des zu Braunschweig verstorb. . . . C. W. v. Blücher. Dresden 1826. V: *Frenzel, Johann Gottfried Abraham.* (MGT) (Ky)

— e. Samml. von Kupferstichen ꝛc. d. verstorb. Kriegsraths C. W. v. Blücher (v. J. G. A. Frenzel.) 1e Abthl. gr. 8. Dresd. 826.

Verzeichnis der Sammlung von Kupferstichen, Kupferstichwerken, und Handzeichnungen aus dem Nachlasse . . . Leyser Dresden 1821. V (Abth. 1, 2): *Frenzel, Johann Gottfried Abraham.* (MGT) (Ky)

— e. Sammlung von Kupferstichen u. Handzeichnn. d. k. Hofr. P. A. von Leyser (von J. G. A. Frenzel.) 1e u. 2e Abtheil. 8. Dresd. 821.

Verzeichnis der Sammlung von Kupferstichen, Kupferstichwerken, Kunstbüchern und Handzeichnungen aus dem Nachlass . . . Schubert. Dresden 1821. V: *Frenzel, Johann Gfr. Abraham.* (MGT) (Ky)

— e. Samml. von Kupferstichen u. Handzeichnn. aus d. Nachlasse d. verstorb. Prof. J. Dav. Schubert (v. J. G. A. Frenzel.) 8. Dresd. 821.

Verzeichnis der Sammlung von Kupferstichen, Kupferstichwerken, Originalhandzeichnungen und Oelgemälden berühmter Meister aller Schulen aus dem Nachlass . . . Klengel. Dresden 1825. V: *Frenzel, Johann Gfr. Abraham.* (MGT) (Ky)

Verzeichniß e. Samml. von Kupferstichen, Originalhandzeichnn. u. Oelgemälden ber. Meister aus dem Nachlasse d. Prof. J. Ch. Klengel (v. J. G. A. Frenzel.) gr. 8. Dresd. 825.

Verzeichnis einer Sammlung von Kupferstichen und Originalzeichnungen des verstorb. Hofraths Wilh. Gottl. Beckers. Leipzig 1819. H: *Frenzel, Johann Gottfried Abraham.* (MGT) (Ky)

— e. Samml. v. Kupferstichen u. Originalzeichnungen des verstorb. Hofr. W. G. Becker's. (Nach Schulen geordn. u. mit räsonnirenden Bemerkk.) (v. J. G. A. Frenzel.) gr. 8. Leipz. 819.

Verzeichnis einer Sammlung von Kupferstichen und Originalzeichnungen auch einigen Gemählden des verstorb. Joh. Aloys Schneider . . . Dresden 1820 [1819]. H: *Frenzel, Johann Gottfried Abraham.* (MGT) (Ky)

— e. Samml. v. Kupferstichen u. Originalzeichnn. auch einigen Gemälden des verstorb. Dr. Jh. Al. Schneider's. (Nach Schulen geordn. mit raisonnir. Bemerkk. v. J. G. A. Frenzel.) gr. 8. Dresd. 820.

— einer Sammlung von Mineralien etc., siehe: Sammlung.

— e. Samml. goldener, silberner, kupferner u. anderer Münzen alter, mittlerer u. neuerer Zeit, aus d. Nachlasse d. verstorb. Dr. G. Chr. Beireis. gr. 8. Erf. 827. (Keyser). 12 K

Verzeichnis einer Sammlung goldner, silberner und kupferner Münzen und Medaillen der neuern Zeit. Leipzig 1824. V: *Hennicke, A. G.* (Lipsius)

— einer numismatischen Sammlung antiker, Griechischer, Römischer, Mittelalter- und folgender Zeiten Münzen, deren öffentl. Verkauf mit d. 30. Novbr. d. J. Morgens 10 Uhr in Hamburg auf den großen Bleichen, Platz Nr. 60 beginnt, durch den Makler Johannes Noodt. Catalog XL. Mit 1 Steintafel. gr. 8. Altona 835. (Hamburg, Herold.) n. 5/12 ß

Verzeichnis einer Sammlung von Oehlgemaehlden dem Herrn Konferenzr. Fred. Conr. Bugge gehörend . . . [Kopenh. 1829.] V: *Rawert, Ole Jörgen.* (Bruun, Bibl. Danica I, 1109.]

Verzeichniß einer Sammlung ausgezeichneter Original-Oelgemälde der vorzüglichsten Meister der italienischen, niederländischen und französischen älteren Schule, welche zum Verkaufe im Ganzen angeboten, und Falls selbe bis incl. 6. Mai 1856 nicht veräußert werden sollten, am Mittwoch den 7. Mai und die darauf folgenden Tage in Wien, Stadt, Weiburggasse Nr. 940 ꝛc. auch einzeln gegen Baarbezahlung öffentlich versteigert werden. Wien, 1856. Mechitharisten-Buchd. (15 S. 8.)

Verzeichnis einer Sammlung von Original-Oelgemälden, welche am 31. März 1845 und folgenden Tage . . . öffentlich notariell versteigert werden sollen. Leipzig. V: *Barth, Wilh. Ambr.* (cb)

Verzeichniß einer reichhaltigen und werthvollen Sammlung von Büchern aus den meisten Fächern der Literatur, namentlich Geschichte und Hilfswissenschaften, Reisen ꝛc. ꝛc., welche den 3. Nov. 1856 und die folgenden Tage in Wien Schulenstraße Nr. 822, im Gasthofe zur goldenen Ente ꝛc. durch den beeideten Schätzmeister August Prandel öffentlich gegen baare Bezahlung versteigert werden. Wien, 1856. Gedruckt bei Anton Schweiger. (125 S. 8.)

— e. sehr reichhaltigen u. werthvollen Sammlung v. Kupferstichen der englischen u. französ. Schule des XVIII. Jahrh. in Farbenstich, Linier-, Punktier- u. Schabmanier. Darunter Blätter der hervorragendsten Künstler. Schöne Damen & Kinderbildnisse. Porträts hervorrag. Personen. Kunst-Katalog Nr. 26. gr. 8. (179 S. m. 8 Taf.) München 899. J. Halle. n. 2. —

Verzeichnis einer Sammlung von Schriften von und über König Friedrich II. von Preussen . . . [Jena 1790.] V: *Gädicke, Johann Christian.* (MGT) (Hitzig)

Verzeichnis einer Sammlung guterhaltener, grösstentheils sehr seltener . . . Schriften. Dresden 1834. V: *Klemm, Gustav.* (Petz)

Verzeichnis einer Sammlung der älteren Goethe'schen Werke und der sich auf ihn beziehenden Schriften. Berlin 1825. V: *Nicolovius, Alfred.* (Bresl 31, S. 71)

Verzeichniß einer sehr werthvollen Sammlung von Büchern aus allen Zweigen der Literatur, namentlich literarische Kuriositäten, historische Chroniken, alte Drucke, Holzschnitt- und Kunstwerke, nebst mehreren sehr werthvollen historischen Original-Manuscripten aus dem XVI. und XVII. Jahrhundert, Ungarn und Böhmen betreffend, welche den 11. Dezember 1854 in Wien durch den beeideten Bücherschätzmeister August Prandel öffentlich versteigert werden. 8. (84 S.) Wien. Gedruckt bei Anton Schweiger. 1854.

Verzeichnis einer zahlreichen und auserlesenen Sammlung von Naturalien . . . Erlangen 1788. V: *Müller, Philipp Ludw. Statius.* (Gatterer, Repert. d. mineral. Litt. Giessen 1798—99. I, 267.)

VERZEICHNIS DER SAMMLUNGEN der Altertums-Gesellschaft zu Insterburg. ib. 1886. — 8°.

Verzeichniss der in dem Museum der Senckenbergischen naturforschenden Gesellschaft aufgestellten Sammlungen.
Abth. 1: Säugethiere und deren Skelette. (Von Eduard Rüppell.) Frankfurt am Main. 1842. Gedruckt bei Johann David Sauerländer. 4°.
Abth. 3: Amphibien. (Von Eduard Rüppell.) ib. 1845. —
Abth. 4: Fische und deren Skelette. (Von Eduard Rüppell.) ib. 1852. —
(Abth. 5.) Ethnographische Gegenstände. (Von Kriegk.) ib. 1853. —

Amtliche Akademische Auskunftsstelle an d. Kgl. Friedrich Wilhelms-Universität zu Berlin. **Verzeichnis** der auf der Weltausstellung in Brüssel 1910 ausgestellten Sammlungen nebst e. Einführung. Berlin 1910: Schade. 14 S. 4°

Verzeichniss der in Deutschland und einigen angrenzenden Ländern befindlichen öffentlichen und privaten Sammlungen von anthropologischen, ethnologischen und urgeschichtlichen Gegenständen. München 1876. 14 S. 4°. [C 1099

— der Sammlungen d. Börsenvereins der deutschen Buchhändler. I. Katalog der Bibliothek. gr. 8. (XXXVI, 708 S.) Leipzig 885. (Exped. d. Börsenblattes.) n. 10. —

— der Sammlungen d. Börsenvereins d. deutschen Buchhändler. II. Verzeichnis der in d. Bibliothek d. Börsenvereins der deutschen Buchhändler vorhand. Geschäftsrundschreiben üb. Gründg., Kauf, Verkauf u. s. w. buchhändler. Geschäfte. Mit Personen- u. Ortsregister. gr. 8. (XII, 825 S.) Leipzig 897. Geschäftsstelle d. Börsenvereins d. deutsch. Buchhändler. Für Mitglieder des Börsenvereins n.n. 10. —; f. Nichtmitglieder 16. —

Verzeichniss der Sammlungen des Börsenvereins der Deutschen Buchhändler. (Band) 3.... — *A. u. d. T.:* Katalog der Bibliothek des Börsenvereins der Deutschen Buchhändler. Band 2: Zuwachs 1885 -1901. Mit einem Gesammtregister über beide Bände. (Besorgt von Konrad Burger.) XX S. + S. 655—1406. 8. Leipzig, Börsenverein der D. Buchh., 1902. [M. 10. —]

VERZEICHNISS der vorgeschichtlichen und geschichtlichen Sammlungen der Alterthumsgesellschaft zu Insterburg. Insterburg 1893. Buchdruckerei der „Ostdeutschen Volkszeitung". 8°. 20 S.

[F.] **Verzeichniss** der vorgeschichtlichen und geschichtlichen Sammlungen der Alterthumsgesellschaft zu Insterburg. *Insterburg: Dr. v. Quandel 1898.* (36 S.) 1 Bd 8. [98. 9690

Verzeichnis der für die Ausgestaltung des provisorischen Museums des Museums von Meisterwerken der Naturwissenschaft und Technik zunächst in Aussicht genommenen Sammlungsgegenstände. Vorwort und Übersicht. München, [ca. 1905].

Verzeichniss der Sanitäts-Organe bei den k. k. politischen Behörden nach dem Stande vom 1. Januar 1891. Lex.-8. (8 S.) —.20
Wien: A.Hölder 1891.

—— der in Wien wohnhaften Sanitätspersonen. Im Auftrage des k. k. Ministerium des Innern vom 26. Septbr. 1873, Z. 10765, und der k. k. nieder-österreich. Statthalterei vom 8. Octbr. 1873, Z. 28828, kundgemacht im Landesgesetz- und Verordnungsblatte des Erzherzogthums Oesterreich unter der Enns, XXXVI. Stück, Nr. 55] verfaßt und hrsg. von dem Magistrate der k. k. Reichshaupt- und Residenzstadt Wien. 8. (68 S.) Wien 879, Braumüller. *

—— der in Wien wohnhaften Sanitätspersonen. Im Auftrage des k. k. Ministeriums des Innern vom 26. Septbr. 1873, Z. 10765, und der k. k. nieder-österreich. Statthalterei vom 3. Oktbr. 1873, Z. 28828, [kundgemacht im Landesgesetz- und Verordnungsblatte des Erzherzogth. Oesterreich unter der Enns, XXXVI. Stück, Nr. 55], verfaßt und hrsg. von dem Magistrate der k. k. Reichshaupt- und Residenzstadt Wien. 8. (68 S.) Wien 881, Braumüller.
—— dass. — 8. (71; 74; 73 S.) Ebendas. 882—84. à Jahrg.

—— der in Wien wohnhaften Sanitätspersonen für die J. 1885—1888. Im Auftrage des k. k. Ministeriums des Innern vom 26. Septbr. 1873, Z. 10765, und der k. k. n.-ö. Statthalterei vom 3. Oktbr. 1873, Z. 28828 [kundgemacht im Landesgesetz- und Verordnungsblatte des Erzherzogth. Oesterreich unter der Enns, XXXVI. Stück, Nr. 55] verfaßt vom Wiener Stadtphysikate und hrsg. von dem Magistrate der k. k. Reichshaupt- und Residenzstadt Wien. 8. (73; XXXI, 87; XXXV, 96; XXXVI, 98 S.) Wien, (Braumüller.) à Jahrg. *

Verzeichniß der in Wien wohnhaften Sanitäts Personen für das Jahr 1889. Im Auftrage des k. k. Ministeriums des Innern vom 26. September 1873, Z. 10765, und der k. k. n. ö. Statthalterei v. 3. October 1873, Z. 28828 [kundgemacht im Landesgesetz und Verordnungsblatte des Erzherzogthums Oesterreich unter der Enns, XXXVI. Stück, Nr. 55], verf. vom Wiener Stadtphysikate und herausgeg. von dem Magistrate der k. k. Reichshaupt und Residenzstadt Wien. 8. (XXXVII, 104 S.) Ebda.1889. .60

— der in Wien wohnhaften Sanitätspersonen f. d. J. 1890. 8. (XXXVIII, 109 S.) Wien 890. Braumüller. n. 1. —

—— der in Wien wohnhaften Sanitätspersonen für d. J. 1892. Im Auftrage d. k. k. Ministeriums d. Innern u. der k. k. n.-ö. Statthalterei verf. u. hrsg. 8. (LII, 162 S.) Wien, Braumüller. * 1 —
Erscheint jährlich.

Verzeichniß der in Wien wohnhaften Sanitätspersonen für das Jahr 1893. 8. (LIII, 170 S.)
Ebda.1893. — .60

— der in Wien wohnhaften Sanitätspersonen f. d. J. 1894. Im Auftrage des k. k. Ministeriums des Innern vom 26. Septbr. 1873, Z. 10765, u. der k. k. n.-ö. Statthalterei vom 3. Oktbr. 1873, Z. 28828 [kundgemacht im Landesgesetz- u. Verordnungsblatte des Erzherzogth. Oesterreich unter d. Enns, XXXVI. Stück, Nr. 55] verf. vom Wiener Stadtphysikate u. hrsg. v. dem Magistrate der k. k. Reichshaupt- u. Residenzstadt Wien. 12. (LVI, 190 S.) Wien, (W. Braumüller). n. 1. —

Verzeichniß der in Wien wohnhaften Sanitäts-Personen für das Jahr 1895. 16. (LVIII, 203 S.) In Comm. Ebda.1895.

Verzeichniß der in Wien wohnhaften Sanitäts-Personen für das Jahr 1896. 8. (LII, 210 S.) Ebda.1896. —.60

Verzeichniß der in Wien wohnhaften Sanitäts-Personen für das Jahr 1897. 8. (LXI, 216 S.) In Comm. Ebda.1897. —.60

— der in Wien wohnhaften Sanitätspersonen f. das J. 1898. Im Auftr. d. k. k. Ministeriums d. Innern v. 26. IX. 1873, Z. 10765, u. d. k. k. n.-ö. Statthalterei v. 8. X. 1873, Z. 28828 [kundgemacht im Landesgesetz- u. Verordnungsblatte d. Erzherzogth. Oesterreich unt. d. Enns, XXXVI. Stück, Nr 55] verf. v. Wiener Stadtphysikate u. hrsg. v. d. Magistrate d. k. k. Reichshaupt- u. Residenzstadt Wien. 12. (LXVI, 223 S.) Wien 898. (W. Braumüller.) n.n. 1. —

(F) Verzeichniss der in Wien wohnhaften Sanitätspersonen für das Jahr 1900. Im Auftrage des k. k. Ministeriums des Innern vom 26. September 1873, Z. 10.765 und der k. k. n.-ö. Statthalterei vom 3. October 1873, Z. 28.828 (kundgemacht im Landesgesetz- und Verordnungsblatte des Erzherzogthums Oesterreich unter der Enns, XXXVI. Stück, Nr. 55.) Verfasst vom Wiener Stadtphysikate und herausgegeben von dem Magistrate der k. k. Reichshaupt- und Residenzstadt Wien. Wien. 1900. In Comm. Braumüller. 8°. LXIX, 241 S. K 1.60

— der Sanitätspersonen Wiens f. d. J. 1902, nebst e. Anh.: Verzeichniß der in Wien wohnhaften Privatärzte, welche auf die Ausübg. der ärztl. Praxis ausdrücklich verzichtet haben u. daher zur berufsmäß. Behandlg. v. Kranken nicht berechtigt sind. Im Auftrage des k. k. Ministeriums des Innern vom 26. IX. 1873, Z. 10.765, u. der k. k. n.-ö. Statthalterei vom 3. X. 1873, Z. 28.828 [kundgemacht im Landesgesetz- u. Verordnungsblatte des Erzherzogth. Oesterreich unter der Enns, XXXVI. Stück, Nr. 55] verf. vom Wiener Stadtphysikate u. hrsg. v. dem Magistrate der k. k. Reichshaupt- u. Residenzstadt Wien. 12. (LXXII, 264 S.) Wien (W. Braumüller). n.n. 1. 40

— der Sanitätspersonen Wiens f. d. J. 1903, nebst e. Anh.: Verzeichnis der in Wien wohnhaften Privatärzte, welche auf die Ausübg. der ärztl. Praxis ausdrücklich verzichtet haben und daher zur berufsmäß. Behandlung v. Kranken nicht berechtigt sind. Im Auftrage des k. k. Ministeriums des Innern vom 26. IX. 1873, Z. 10.765, u. der k. k. n.-ö. Statthalterei vom 3. X. 1873, Z. 28.828 (kundgemacht im Landesgesetz- u. Verordnungsblatte des Erzherzogt. Oesterreich unter der Enns, XXXVI. Stück, Nr. 55) verf. vom Wiener Stadtphysikate u. hrsg. v. dem Magistrate der k. k. Reichshaupt- u. Residenzstadt Wien. (LXXV, 266 S.) 12. Wien (Gerlach & Wiedling). n.n. 1. 40

— der Sanitätspersonen Wiens f. d. J. 1910, nebst e. Anh.: Verzeichnis der in Wien wohnhaften Privatärzte, welche auf die Ausübg. der ärztl. Praxis ausdrücklich verzichtet haben u. daher zur berufsmäß. Behandlg. v. Kranken nicht berechtigt sind. Im Auftrage des k. k. Ministeriums des Innern vom 26. IX. 1873, Z. 10.765, u. der k. k. n.-ö. Statthalterei vom 3. X. 1873, Z. 28.828 (kundgemacht im Landesgesetz- u. Verordnungsblatte des Erzherzogt. Österreich unter der Enns, XXXVI. Stück, Nr. 55) verf. vom Wiener Stadtphysikate u. hrsg. v. dem Magistrate d. k. k. Reichshaupt- u. Residenzstadt Wien. (239 S.) gr. 8. Wien 910. Gerlach & Wiedling. 1. 80

Verzeichnis der im zoologischen Museum der Universität Halle-Wittenberg aufgestellten Säugethiere, Vögel und Amphibien. Halle 1850. V: *Burmeister, Herm.* (Ky)

—— der im zoologischen Museum der Universität Halle-Wittenberg aufgestellten Säugethiere, Vögel und Amphibien. (Von H. Burmeister.) Lex.-8. (84 S.) Halle 850, (Anton.)

VERZEICHNIS der im Museum der naturhistorischen Gesellschaft zu Hannover vorhandenen Säugetiere. Hannover 1897. Druck von Wilh. Riemschneider. — Umschlagtitel: Verzeichnis der im Provinzial-Museum zu Hannover vorhandenen Säugetiere. ib. 1897. — 8°. 30 S.

Verzeichnis der unter Glas ausgelegten Schaustücke der k. k. Hof-Bibliothek in Wien. Wien 1847. V: *Karajan, Theod. Georg Ritter v.* (Feil)

— der Schemata zum Einschreiben v. Befunden bei Untersuchgn. am menschl. Körper, d. Brust- u. Bauchorgane, ophthalmiatr. Untersuchgn., laryngo-rhinoskop. Untersuchgn., gynäkolog. Untersuchgn., gerichtsärztl. Untersuchgn. am Schädel, dasselbe am Gehirn, Untersuchgn. der Arme, der Hände, der Ober- u. Unterschenkel m. Fuss, d. Fusses. Schema zu Temperatur-, Puls- u. Respirations-Kurven. Temperaturtabellen zum Aufschreiben d. Messgn. (2 S.) Schema d. Herztöne zum Einzeichnen d. Herzgeräusche. (Mit 2 S. Text.) gr. 8. (38 Blatt.) Tübingen 896. H. Laupp, n. — 60

— der Schemata zum Einschreiben v. Befunden bei Untersuchungen am menschl. Körper, Fortsetzg., s.: Schemata etc.

Verzeichnis der Hamburger Schiffe in den Jahren 1854—58. Hamburg. V: *Hooge, L. A. A. & W. Boljahn.* (CBH)

— der Hamburger Schiffe 1898. Zusammengest. v. J. C. Toosbuy u. Aug. v. Appen. qu. gr. 8. (59 S.) Hamburg 898. (L. Friederichsen & Co.) n. 1. 60

— der Hamburger Schiffe 1902. Zusammengestellt v. J. C. Toosbuy u. Aug. v. Appen. qu. gr. 8. (72 S.) Hamburg (Eckardt & Messtorff). n. 2. —

— der Hamburger Schiffe. 1906. Zusammengestellt v. F. Schneider u. Charles Lübcke. (86 S.) qu. 16. Hamburg (Eckardt & Messtorff. — L. Friederichsen & Co.) n. 2. 40

— der Hamburger Schiffe. 1910. Zusammengestellt v. Charles Lübcke u. O. Clement. (96 S.) 15×24,5 cm. Hamburg, (Eckardt & Messtorff. — L. Friedrichsen & Co.). 2. 80

— d. Schildereien in d. Gallerie d. hochgräfl. Schlosses zu Pommersfelde. 4. Ansb. 772. Haueisen. 5 K

Verzeichnis der in der königlichen Altertümersammlung in Stuttgart ausgestellten Schiller-Medaillen. (24 S) Stuttgart 1905

Stuttgarter Numismat. Vereinigung. **Verzeichnis** der in der K. Altertümersammlung in Stuttgart ausgestellten Schiller-Medaillen. 2. Ausg. Stuttgart 1905: C. Grüninger. (28 S.) 8° [es. 1905]

Verzeichniss der im Feldzuge von 1866 stattgefundenen Schlachten, Gefechte etc. (Armee-Verordnungs-Blatt Nr. 18.) 4. Berlin 1868.

— der Schlacht- u. Viehhöfe Deutschlands. Auf Grund direkter Angaben zusammengestellt. 1910. (III, 73 S.) kl. 8. Leipzig (910). Schulze & Co. nn 4. —

Verzeichnis der am 24. und 25. Juli (1850) in Gefangenschaft gerathenen und in Kopenhagen angekommenen Schleswig-Holsteiner. Extra-Beilage zu Nr. 189 des Altonaer Mercur's. Altona. 1850. 1 Bl. Fol.

— d. europ. Schmetterlinge. gr. 8. Bresl. 818. Holäufer. 16 ₰

— der europäischen Schmetterlinge. gr. 8. Breslau, Holäufer. 819.

Verzeichnis der europäischen Schmetterlinge nach Ochsenheimer und Treitschke. [Weissenfels 1843.] V: *Heydenreich, Gustav Heinrich.* (EBHN)

— d. Schmetterlinge, welche um den Ursprung d. Donau ꝛc. vorkommen; sammt Nachträgen u. Berichtigungen zu d. Verzeichniß sichtbar blühender Gewächse, (von Roth v. Schröckenstein). 8. Tübing. 800.

Verzeichnis der Schmetterlinge, welche um den Ursprung der Donau u. des Neckars . . . vorkommen. . . . Stuttg. u. Tüb. 1800. V: *Roth von Schrökenstein, Frdr. Freih. v.* (EBHN) (Ky) (MGT)

—— der Schrift-Abschnitte, welche im Morgen- und Abend-Gottesdienste und bei den Vor- und Nachmittags-Gebeten vorzulesen sind, wie auch der Episteln und Evangelien des Kirchenjahres. 8. (28 S.) Berlin 859. (Uthemann und Müller.)

— aller ältern u. neuern Schriften, welche über d. Forstwesen, d. Landwirthschaft, Gartenkunst u. dahin einschlagende Wissenschaften erschienen ꝛc. 8. Berl. 818. Mittler. 4 ₰

— aller anonymen Schriften in d. 4n Ausg. des gelehrten Teutschlands ꝛc., s. J. G. Meusel, gelehrtes Deutschland. 4e Aufl.

Verzeichnis aller anonymischen Schriften und Aufsätze in der vierten Ausgabe des gelehrten Teutschlands . . . Lemgo 1788. V: *Ersch, Johann Samuel.* (MGT)

— aller anonymischen Schriften u. Aufsätze in d. 4ten Ausg. d. gelehrten Deutschlands u. deren 1ten u. 2ten Nachtrage ꝛc. 1s Stck. 8 gr. z. 3ten u. 4ten Nachtr. 2s Stck. 20 gr. zum 5ten Nachtr. 3s Stck. 8 gr. Nachtr. z. 3ten Verzeichn. 8 gr.) gr. 8. Lemgo, Meyer. 788—96.

Verzeichniss aller teutschen poetischen Schrifften, welche die unter Sr. Magnificenz, Hn. D. Joh. Burch. Mencken, . . . in Leipzig florirende Teutsch-übende Poetische Gesellschafft, vom Jahre 1719. biss 23. zu gemeinschafftl. Nutzen gesammlet hat, ans Licht gestellt, durch die Mitglieder derselben. Leipzig 1724. Bey Jac. Schustern zu finden. 8⁰. 40 S.

Verzeichniss der von der Frankfurter Stadtbibliothek in der Akademie für Sozial- und Handelswissenschaften aufgelegten periodischen Schriften. Jan. 1902. Frankfurt a.M. 1902: Gebr. Knauer. (16 S.) 8⁰

Verzeichnis der im Zeitschriftenzimmer [der Universitäts-Bibliothek Kiel] ausliegenden periodischen Schriften . . . Kiel 1899. V: *Steffenhagen, Emil.* (Berl)

— der im Zeitschriftenzimmer der Universitäts-Bibliothek Kiel ausliegenden periodischen Schriften. Amtliche Ausg. gr. 8. (47 S.) Kiel 899. (E. Marquardsen.) n n. — 70

Verzeichnis Christlicher Schriften [die vom] Verein zur Verbreitung christl(icher) Schriften in Basel ... [hrg. sind]. Ausgabe Dezember 1906. [Illustriert.] II + 55 S. 8. Basel, Buchdr. M. Werner-Riehm, 1906.

—— empfehlenswerther Schriften für die Jugend- und Volks-Bibliotheken. Im Auftrage des königl. evangel. Consistoriums zu Osnabrück zusammengestellt. gr. 8. (18 S.) Osnabrück 879, Meinders.

— empfehlenswerter Schriften f. Sonntagsschul- u. Familienbibliotheken. Ausg. I. Oktbr. 1892. 8. (24 S.) Berlin, Verlag f. Sonntagsschul-Litteratur. — 15

— empfehlenswerther Schriften f. Volks- u. Jugendbibliotheken. Unt. Mitwirkg. And. bearb. v. Froehner, hrsg. v. Prov.-Ausschuß f. Innere Mission in d. Prov. Brandenburg. 2., stark verm. u. verb. Aufl. gr. 8. (IV, 92 S.) Berlin 898. Buchh. d. Ostdeutschen Jünglingsbundes. Kart. n.n.n. — 30

— empfehlenswerther Schriften f. Volks- u. Jugendbibliotheken. Unter Mitwirkg. Anderer bearb. v. Froehner, hrsg. vom Prov.-Ausschuß f. Innere Mission in der Prov. Brandenburg. 3. stark verm. u. verb. Aufl. gr. 8. (IV, 84 S.) Berlin 900. Buchh. des Ostdeutschen Jünglingsbundes. n. — 40

VERZEICHNISS der im Druck erschienenen Schriften und Abhandlungen medicinischen Inhalts und Römischen Poësieen von August Wilhelm Hedenus, Doctor medicinae . . . Dresden. Druck von C. C. Meinhold & Söhne. 8⁰.

Verzeichniss der bis Ende Februar 1867 im Buchhandel erschienenen Schriften u. Werke, w. sich auf den Krieg von 1866 bez. 2. Aufl. (23.) 8. Berlin 1867. 0.30.

Verzeichnis der auf dem Gebiete der Frauenfrage während der Jahre 1851-1901 in Deutschland erschienenen Schriften. Hrsg. v. Deutsch-Evang. Frauenbund. — Hannover: Feesche in Komm. 1903. 292 S. 8⁰ — Nachtrag. 1902-1904. 1904. 80 S. 8⁰

Verzeichnis der an der Kaiser-Wilhelms-Universität Strassburg vom Sommer-Semester 1872 bis Ende 1884 erschienenen Schriften. Strassburg 1890

— der neu erschienenen Schriften zur Geschichte Liv-, Ehst- und Kurlands, von C. E. Napiersky. I. Für die J. 1847—1855. Abgedr. aus den Mittheilungen aus der livl. Geschichte. Riga 857. Kymmel. (Leipzig, C. F. Fleischer.) gr. 8. (43 S.) 5 *ngr.*

— der seit 1879 v. der Landes-Bibliothek — Bibliothek der meckl. Ritter- u. Landschaft — zu Rostock erworbenen rechts- u. staatswissenschaftlichen Schriften. gr. 8. (66 S.) Rostock 899. (Stiller.) n. — 80

Verzeichnis von gedruckten Schriften, Reden, Gedichten und Liedern, die Freymäurerey betreffend, ohne Rücksicht ob für oder wider dieselbe (ebensowenig, ob gut, mittelmässig oder schlecht). Nebst Forts. 1—4. H: *Bode, Johann Joachim Christoph.* (Forts. 4): *Stiller, Carl Christoph.* (wolfstieg I, 3)

Verzeichnis von gedruckten Schriften, Reden, Gedichten und Liedern, die Freymaurerey betreffend . . . Leipzig 1776—79. V: *Bode, Johann Joachim Chph.* (ABJP)

— **der laufenden periodischen Schriften der freiherrlich Carl v. Rothschild'schen öffentlichen Bibliothek. (Geschlossen am 30. VI. 1899.) Lex.-8. (IV, 32 S.) Frankfurt a/M. 899. (Gebr. Knauer.)** n. 2. —
(Von Philipp Losch.)

Frh. Carl von Rothschild'sche Öffentliche Bibliothek. Verzeichnis der laufenden periodischen Schriften. (Geschlossen am 30. Juli 1899). (Vorr.: Dr. Ch[ristian] W. Berghoeffer.) Frankfurt a.M.; (Cassel) 1899: L. Doell. (32 S.) 4°

Verzeichnis der laufenden periodischen Schriften der Freiherrlich Karl von Rothschildschen öffentlichen Bibliothek. Ausg. 1899 u. 1905. Frankfurt a. M., 1899–1905. 46 S.

— der laufenden periodischen Schriften der Universitäts-Bibliothek Kiel. Amtliche Ausg. [Geschlossen am 31. März 1887.] Lex.-8. (VIII, 16 S.) Kiel 887. (Lipsius & Tischer.) n. 1. —

— dasselbe. 1. Fortsetzg. [Geschlossen am 31. März 1889.] Mit e. alphabet. Gesamtregister. Lex.-8. (23 S.) Ebd. 889. n.n. 1. —

Verzeichnis maurerischer Schriften [aus den vereinigt. Logen zu Rostock], welche zu den beigesetzten Preisen oder im Tausch gegen andere seltenere maurer. Bücher abgelassen werden sollen. Rostock [ca. 1842]. H: *Zielstorff.* (wolfstieg I, 11)

VERZEICHNISS DERER SCHRIFFTEN JOHANN JACOB MOSERS. Auf mehrmalige Nachfrage von neuem mitgetheilt. - Ebersdorff im Vogtland: Vollrath 1742. 24 S.

Beilage zum Bayreuther Bundesblatt. Verzeichnis von neueren und neuesten Schriften aus der freimaurerischen Literatur. Bayreuth [1903]: Mühl. 8 S. 8°. [Umschlagtit.] 21.

Verzeichniss von Schriften über (Johann Heinrich) Pestalozzi (mit Benutzung der Verzeichnisse von (H[einrich]) Morf, (L[udwig] W[ilhelm]) Seyffarth und (R[oger]) de Guimps zusammengestellt (*Ausg. B:* und von Herrn A[lbert] Schumann ... ergänzt)). 8.
Ausg. A. o. O. (1878)
Ausg. B. [A] [Zürich 1879.]

Verzeichnis sämtl. Schriften üb. Feuerwehrwesen, welche v. 1805—1881 im dtschn. Buchhandel erschienen sind, 1881, 11 S., 8°.

— sämmtl. Schriften üb. Geflügelzucht, Stuben-, Zier- u. Singvögel, Nutzen u. Schaden der Vögel, Vogelschutz, Naturgeschichte der Vögel u. ihrer Eier, Kaninchenzucht, welche in den J. 1850—1888 [Juli] im deutschen Buchhandel erschienen sind. 12. (36 S.) Leipzig 888. Gracklauer. n.n. — 60

—— sämmtlicher Schriften aus allen Gebieten d. Versicherungswesens, welche von 1850—1890 im deutschen Buchhandel erschienen sind. 8. (84 S.) Lpz. 891, Gracklauer. ** 1 60

Verzeichniss socialdemokratischer Schriften der Schweizerischen Volksbuchhandlung und Expedition des „Socialdemokrat". 19 pp. 8°. Hottingen-Zürich, Genoss.-Buchdr., 1886.

Verzeichniss von sozialistischen Schriften, welche durch die Expedition der Berliner Freien Presse, Berlin SO., Kaiser Franz Grenadier-Platz 8a, gegen baar oder Postvorschuss zu beziehen sind. 8°. Berlin, Allgem. Deutsche Associat.-Buchdr., s. a.

Verzeichnis v. Schriften üb. Turn- u. Feuerwehrwesen, Hof 1892, 24 S., 8°.

— der v. Adolf Hilgenfeld verfassten Schriften, zusammengestellt v. den Mitgliedern der neutestamentl. Abteilg. des theolog. Seminars der Universität Jena v. S. S. 1902, durchgesehen, ergänzt u. hrsg. v. Heinr. Hilgenfeld. (60 S. m. 1 Bildnis.) 8. Leipzig 906. O. R. Reisland. n. 1. 20

Verzeichnis der Schriften über das Verfassungswerk in Schleswig-Holstein seit Nov. 1830. [Schleswig 1833.] H: *Schröder, Hans.* (schr)

Verzeichnis der Schriften des Grafen Ludwig von Zinzendorf. Stettin 1824. V: *Lepell, W. H. Ferd. Carl Graf von.* (Mitth. Dr. Arth. Goldmann.)

- Verzeichniss der gegenwärtig in und um Wien lebenden Schriftsteller. Wien 1820. 8°.
Vgl. Sartori, Fr.

Verzeichnis der im Jahre 1825 in Berlin lebenden Schriftsteller und ihrer Werke. Berlin 1825. H: *Hitzig, Julius Eduard.* (Koner) (Petz)

Verzeichnis im Jahre 1845 in Berlin lebender Schriftsteller und ihrer Werke. Berlin 1845. H: *Koner, Wilhelm David.* (Koner) (AarK)

— d. jetztlebenden schwäbischen Schriftsteller, s. Lexicon.

—— der gegenwärtig an den preußischen Gymnasien, Progymnasien, Realschulen und höheren Bürgerschulen eingeführten Schulbücher. Nebst Cirkular-Verfügung des königl. preuß. Ministers der geistl., Unterrichts- und Medizinal-Angelegenheiten vom 12. Jan. 1880, betreffend das bei Einführung von Schulbüchern an höheren Unterrichtsanstalten einzuhaltende Verfahren. gr. 8. (VIII, 103 S.) Berlin 880, Hertz. *
Aus: Centralblatt für die gesammte Unterrichts-Verwaltung, besonders abgedruckt.

— der im J. 1890 an den preußischen Gymnasien, Progymnasien, Realgymnasien, Ober-Realschulen, Real-Progymnasien, Realschulen u. höheren Bürgerschulen eingeführten, bezw. im Gebrauch befindlichen Schulbücher. gr. 8. (128 S.) Berl. 890, Hertz. * 1 80
Aus: Centralblatt f. die Unterrichts-Verwaltg. in Preußen, besonders abgedruckt.

Verzeichnis d. an d. landwirthschaftlichen Mittel- u. nied. Schulen Oesterreichs in Gebrauch steh. Schulbücher, zusammengest. v. d. k. u. k. Hofbuchhandlg. Wilhelm Frick. Wiener Jubiläums-Ausstellg. 1898. 8. (29 S.) Wien 898. W. Frick. n. — 80

Verzeichnis der Schulen und sonstigen Bildungsanstalten des Herzogtums Braunschweig nebst ausführlichen Angaben über Aufsicht, Schulvorstand, Leitung, Lehrkörper... Mit 3 Bildnistaf. Braunschweig & Leipzig: H. Wollermann 1906. (VII, 215 S.) 8° [06. 8811

Verzeichnis der von den städtischen Realanstalten zu Plauen i. V. in der Zeit von 1891—1905 mit dem Reifezeugnis oder dem Freiwilligenschein entlassenen Schüler. (Verf.: Prof. Rob. Glass u. Dr. Frdr. Herm. Wehner.) Plauen i. V. 1906: Neupert. (21 S.) 4°
Plauen i. V., st. RG u. R OP 1906 (693)

— d. Schüler an d. bayerischen Real-Studien-Anstalt zu Nürnberg im Pegnitzkreise im Studienjahre 1809 auf 1810. nebst d. Jahresgesch. d. Anstalt u. d. b. d. Preisvertheil. am 14. Sept. gehalt. Rede. gr. 4. Nrnb. Sebald. 810.

Verzeichniss der Schüler und Schülerinnen in den Stadtschulen zu Luzern. Nach den Klassen und Lehrfächern bestimmt und zusammengetragen am Schlusse des Schuljahrs 1874/75 nebst einem Anhang: die Knaben- und Mädchenschulen in Luzern von 1842 bis 55. XIV. 64 Stn. 4. Luzern, Druck von C. M. Härdl. 1875.

— der Schüler u. ihrer Schulversäumnisse (für 250 Kinder). Fol. (52 S. Tab.) Blaubeuren 848, Mangold. n. 12 ngl

— der Schüler, welche in den Jahren 1800 bis 1864 das königl. bayerische Gymnasium zu Bayreuth besucht haben. Bayreuth 864. Gießel. gr. 8. (IV, 56 S.) 7½ ngr.

Verzeichnis der Schüler der Wiesenbauschule in Siegen, welche von ⟨1843⟩ 1853 bis 1903 die Wiesenbaumeister-Prüfung abgelegt haben. Hrgg. bei Gelegenheit der Feier des 50j. Bestehens der Siegener Wiesenbauschule im Jahre 1903. Siegen. 1903. 8°

Verzeichniß der Schuljugend in der k. k. Normal-Hauptschule zu Salzburg, am Ende des Schuljahres 18⁵²/₅₃, nach ihrem allgemeinen Fortgange geordnet. 8. (8 S.) Salzburg. Gedruckt bei Franz X. Duyle.

— der Schulleiter, Lehrer u. Lehrerinnen in den Vororten Berlins u. im Reg.-Bez. Potsdam. (58 S.) 12. Berlin (902). Hilfsverein deutscher Lehrer. n. 2. 70

— dasselbe in den pommerschen Städten. (32 S.) 12. Ebd. (902). n. 2. —

Verzeichnis der Schulleiter, Lehrer und Lehrerinnen in den pommerschen Städten. *(Berlin [1903]: W. Röwer.)* (40 S.) 8° [Kopft. J.] [04.…

— der besten u. praktischsten Schulwandkarten, Elementar-, Volks- u. Schulatlanten, Handatlanten, sowie Globen, Tellurien u. geographischen Anschauungsbilder. Anh.: Eisenbahn-Wandkarten zum Comptoir-gebrauch. 2. Aufl. Ausg. f. Buchhändler. 12. (33 S.) Frankfurt a/M. 888. Jaeger. n.n. — 50; Ausg. f. Publicum. n. — 10

—— der besten u. praktischsten Schulwandkarten, Atlanten u. Schulatlanten, sowie Globen, Tellurien u. geograph. Anschauungsbilder. Anhang: Eisenbahnkarten zum Comptoir-Gebrauch. (21.—30. Tausend.) gr. 16. (37 S. m. Abbildgn.) Frankf. a. M. 891, Jaeger's Verlag. — 15

—— dass. — Ausg. für Buchhändler. 3. Aufl. 12. (37 S. m. Abbildgn.) Ebd. 891. — 70

— der besten u. praktischsten Schulwandkarten, Atlanten u. Schulatlanten, sowie Globen, Tellurien u. geographischer Anschauungsbilder. Anh.: Eisenbahnwandkarten zum Comptoir-Gebrauch. Neue Ausg. gr. 16. (40 S. m. Abbildgn.) Frankfurt a/M. 893. Jaeger's Verl. n. — 20

— dasselbe. 4. Aufl. Ausg. f. Buchhändler. 12. (40 S. m. Abbildgn.) Ebd. 893. n. — 70

— d. besten u. praktischsten Schulwandkarten, Atlanten u. Schulatlanten, sow. Globen, Tellurien u. geograph. Anschauungsbild. Anh.: Geograph. Lehrwerke. 5. Aufl. 12. (60 S.) Frankfurt a/M. 897. Jaeger's Verl. n. — 20; Ausg. f. Buchhändler n.n.n. — 60

— der besten u. praktischsten Schul-Wandkarten, Atlanten u. Schulatlanten, sowie Globen, Tellurien u. geographischen Anschauungsbilder. I. Anh.: Geographische Lehrwerke. II. Anh.: Comptoir- u. Eisenbahn-Wandkarten. 8. Aufl. Ausg. f. Buchhändler. 12. (72 S.) Leipzig 902. Jaeger. n.n.n. — 50; Ausg. f. das Publikum. gr. 16. (72 S.) — 30

Verzeichnis von Schutzhütten und Gasthäusern im Ausflugsgebiete des Innsbrucker Sonderzuges ... Wien 1907. V: *Gerbers, Hugo.* (margr)

— der Schwämme, Blätterschwämme ꝛc. 1r u. 2n Theils 1e Fortsetz. mit ... Kpf. gr. 8. Berl. 789, 90. (Reimer). (1r 20 gl 1ste Fortsetz. 8 gl) 1 ꝛß 4 gl

Verzeichniss der in der Unions-Armee in Amerika stehenden Schweizer; sammt einer Anleitung zur Ausstellung von Gesuchen. 1863. [S.A.] 8. [Bern 1863.]

—— der Seeleuchten oder Leuchtfeuer der Erde. Hrsg. im Auftrage des königl. preuss. Ministeriums für Handel, Gewerbe und öffentl. Arbeiten. 3. Aufl. zusammengest. von F. Domke und Beyer. Lex.-8. (XI, 289 S.) Berlin 872, v. Decker'sche Geh. Ober-Hofbuchdr. *ℳ 1,50.; geb. *

Verzeichnis der Bißthum gurkischen Seelsorger, v.: Personalstand.

— der Bremer See-Schiffe für das Jahr 1863. Bremen, Strack. qu. 16. (12 S.) 6 ngr.

— der Bremer Seeschiffe. (Bremer Schiffsliste.) Bestand am 1. Jan. 1894. qu. Lex.-8. (16 S.) Bremen 894. (M. Heinsius Nachf.) n. 1. 25

— der Bremer Seeschiffe. (Schiffs-Liste.) Bestand am 1. I. 1898. qu. gr. 8. (16 S.) Bremen 898. Leipzig (M. Heinsius Nachf.). n. 1. 20

— der von der Weser fahrenden bremischen, oldenburgischen und preussischen Seeschiffe für d. Jahre 1873—75. Bremen. 8. . . . .

— der v. der Weser fahrenden Bremischen, Oldenburgischen u. Preussichen Seeschiffe f. d. J. 1874. gr. 8. (6 S.) Bremen 874. Heinsius. n. — 75; Taschen-Ausg. n. — 75

—— der von der Weser fahrenden bremischen, oldenburgischen und preussischen Seeschiffe für die J. 1875—1879. gr. 8. (à 8 S.) Bremen, Heinsius. à Jahrg. *

Verzeichniss der von der Weser fahrenden bremischen, oldenburgischen und preussischen Seeschiffe für die J. 1880—1883. qu. 16. (24; 23; 23; 23 S.) Bremen, Heinsius. à Jahrg.

—— dass. — Am 1. Jan. 1884. Zusammengestellt von J. H. A. Nolting. qu. 16. (31 S.) Ebendas.

—— der von der Weser fahrenden bremer, oldenburger und preussischen Seeschiffe am 1. Jan. 1885, 1887 und 1888. qu. 16. (à Jahrg. 22 S.) Bremen, Heinsius Nachf. à Jahrg. *

—— der von der Weser fahrenden Bremischen, Oldenburgischen u. Preussischen Seeschiffe. 1889, 1890 u. 1891. qu. 12. (24; 22; 22 S.) Bremen, Heinsius Nachf. à Jahrg. * 1 —
Apart nicht weiter erschienen, wird jedoch im Adressbuch für Bremen fortgeführt.

— der im Gebiete des ehemaligen Königreichs Hannover heimathlichen Seeschiffe mit Angabe der Bauart, der Grösse u. des Jahrs der Erbauung der Schiffe, der Namen u. Wohnorte der Schiffer u. Rheder etc. nach dem Bestande vom 15. Octbr. 1866, nebst weiteren statist. Zusammenstellungen über die Rhederei. 7. Jahrg. Hannover 867. Meyer. 8. (36 S.) n. 10 ngr.
Vergl. Rhederei, die, Hannovers.

Verzeichniss der Kieler Seeschiffe. [Hrgg. v.] Sartori & Berger. 1867 ff. (Kiel. 1867 ff.) Fol. [Kopft.]

— der Oldenburger u. preussischen v. der Weser fahrenden Seeschiffe. (Oldenburger u. preussische Schiffsliste.) Bestand am 1. Jan. 1894. qu. Lex.-8. (14 S.) Ebd. n. 1. 10

— d. oldenburger u. preussischen Seeschiffe. (Schiffs-Liste.) Bestand am 1. I. 1898. qu. gr. 8. (14 S.) Ebd. 898. n. 1. 20

—— der Papenburger See-Schiffe. Plakat. gr. Fol. Papenburg 880, (Rohr.) **

—— der preussischen See- und Küsten-Schiffe im Anfange der J. 1859—61. Zusammengestellt von den Experten der stettiner Assecuradeurs. 16. (68, 71, 71 S.) Stettin 859, (v. der Nahmer. — Saunier.) à Jahrg. *

—— der Preussischen See- und Küsten-Schiffe im Anfange des J. 1862. Zusammengestellt von den Experten der Stettiner Assecuradeurs. 16. (75 S.) Stettin 862, (v. der Nahmer. — Saunier's Buchh.) *

Verzeichniß der k. k. privilegirten, bürgerlichen und befugten Herren Seiden- und Wollen-Strumpfwirkermeister in der k. k. Haupt- und Residenzstadt Wien für das Jahr 1854. 8. (16 S.) Wien. Mechitharisten-Buchdruckerei.

Verzeichniß der k. k. priv. bürgerlichen und befugten Herren Seiden- und Wollen-Strumpfwirker-Meister in der k. k. Haupt- und Residenzstadt Wien für das Jahr 1855. Wien. Mechitharisten-Buchdruckerei. (16 S. 8.)

Verzeichniß der k. k. privil., bürgerl. und befugten Herren Seiden- und Wollen-Strumpfwirker-Meister in der k. k. Haupt- und Residenzstadt Wien, für das Jahr 1856. Mechitharisten-Buchdr. (14 S. 8.)

Verzeichniß der Herren Seidenzeug-, Sammt- und Dünntuch-Fabrikanten in der k. k. Haupt- und Residenzstadt Wien. 8. (48 S.) Wien. Mechitharisten-Buchdruckerei. 1855

Verzeichniß der Herren Seidenzeug-, Sammt- und Dünntuch-Fabrikanten in der k. k. Haupt- und Residenzstadt Wien. Wien, 1856. Mechitharisten-Buchdruckerei. (48 S. 8.)

Verzeichniß der Herren Seidenzeug-, Sammt- und Dünntuch-Fabrikanten in der k. k. Haupt- und Residenzstadt Wien. Wien, 1857. Mechitharisten-Buchdr. (46 S. 8.)

Verzeichniss der Senioren und Ritter des eisernen Kreuzes, welche im März 1863 als noch lebend angemeldet waren. 8. Berlin 1863.

— derjenigen Silberscheidemünzen, welche gegenwärtig in der Schweiz gesetzlichen Kurs haben. Tabelle in Gold- u. Silberdr. Fol. Bern 888. Schmid, Francke & Co. n. — 50

— der antiken Skulpturen der königl. Museen zu Berlin, m. Ausschluss der Pergamen. Fundstücke. Hrsg. v. der Generalverwaltg. 8. (XVI, 260 S.) Berlin 885. Spemann. n.n. 1. —

—— der Sommer-Aufenthalte in Oberösterreich nach der Aufnahme vom Mai 1888. Hrsg. und verlegt vom Verein der Ärzte Oberösterreichs. Lex.-8. (59 S.) Linz 888, (Ebenhöch'sche Buchh.) *

—— der Sommer-Aufenthaltsorte in Kärnten. 2. Aufl. gr. 8. (24 S.) Klagenfurt 885, (v. Kleinmayr.) *
Aus: Der Fremdenbesuch in Kärnten, besonders abgedruckt.

Verzeichnis der Sommer-Aufenthaltsorte in Kärnten. Nach dem Stande vom Mai 1887. 4. Aufl. [Beilage zum kärntner. Gemeindebl.] gr. 8. (36 S.) Klagenfurt 887, (v. Kleinmayr.) **

—— dass. — Nach dem Stande vom Mai 1888. 5. Aufl. Hrsg. vom Kärtner Vereine [Verein zur Hebung der Bildung und des Wohlstandes in Kärnten]. gr. 8. (40 S.) Klagenfurt 888, (Heyn. — v. Kleinmayr.) *

— von Sommerfrischen im Erzgebirge. Zusammengestellt u. hrsg. vom Erzgebirgsverein Chemnitz. gr. 8. (45 S.) Leipzig 891. (Renger.) n. 20

— dasselbe. 1. u. 2. Nachtrag. gr. 8. (11 S.; 13 u. 2 S.) Ebd. 892. 893. à n. — 10

— dasselbe. 1894. gr. 8. (27 S.) Ebd. 894. n. — 20

— der Sommerfrischen in der Grafsch. Glatz. Zusammengestellt v. Centralvorstand d. Glatzer Gebirgs-Vereins. gr. 16. (26 S.) Glatz 900. (J. Hirschberg) n. — 25

— der Sommerfrischen u. der Kur- u. Badeorte in der Eifel. Im Auftrage des Hauptvorstandes unter Mitwirkg. der Ortsgruppen des Eifelvereins zusammengestellt v. J. Berghoff. (Umschlag: Sommerfrischen. die, usw. in der Eifel.) (VII, 101 S. m. 40 Abbildgn.) 8. Bonn 906. (C. Georgi.) n. — 20

— der Sommerfrischen u. der Kur- u. Badeorte in der Eifel. 2. Aufl. Im Auftrage des Hauptvorstandes unter Mitwirkg. der Ortsgruppen des Eifelvereins zusammengestellt v. J. Berghoff. (Umschlag: Sommerfrischen usw. in der Eifel.) (VIII, 115 S. m. Abbildgn. u. 1 Karte.) kl. 8. Bonn 907. (C. Georgi.) — 30

— der **Sommerfrischen, Kurorte, Gasthäuser im Taunus, Westerwald u. am Rhein.** Im Auftrage des Vorstandes des Rhein- u. Taunus-Klubs, Wiesbaden, e. V. bearb. v. H. Hadlich. (62 S.) kl. 8. Wiesbaden 909. (Moritz & Münzel.) — 20

Reichs-Marine-Amt. **Verzeichnis** der Sommerseezeichen (Winterseezeichen) in den deutschen Küstengewässern f. d. Jahr 1906 bis 08. — (Berlin 1906—08: Mittler.) 4° [Kopft.]

— von Sommer-Wohnungen im Erzgebirge m. 18 Abbildgn. 1902. Zusammengestellt u. hrsg. vom Preß- u. Verkehrs-Ausschuß im Gesamtvorstande des Erzgebirgsvereins. gr. 8. (IV, 48 S.) Schwarzenberg. (Annaberg, Graser.) n.n. — 15

— von Sommer-Wohnungen im Erzgebirge, m. 19 Abbildgn., 1906. Zusammengestellt u. hrsg. vom Preß- u. Verkehrs-Ausschuß im Gesamtvorstande des Erzgebirgsvereins. (IV, 60 S.) 8. Schwarzenberg. (Annaberg, Graser.) n. — 10

— von Sommer-Wohnungen im Erzgebirge, m. 21 Abbildgn., 1910. Zusammengestellt u. hrsg. vom Preß- u. Verkehrs-Ausschuß im Gesamtvorstande des Erzgebirgsvereins. (IV, 76 S.) 8. Schwarzenberg. (Annaberg, Graser's Verl.) — 10

Verein f. Naturwiss. in Braunschweig. Verzeichnis der dem Verein seit seinem Bestehen bis zum 1. März 1904 im Tausch oder als Geschenke zugegangenen Sonderabdrücke und Einzelschriften. (Vorr.: H[ermann] Meerwarth.) Braunschweig 1904: Vieweg. 40 S. 8°

Verzeichniß der Sortimenten über die edelsten und neuesten Georginen, antirrhinum etc., so wie die gebräuchlichsten und vorzüglichsten Blumen- und Gemüse-Sämereien, welche zu haben sind bei Wenzel Scholastikus Josephu, Obergärtner in Lancut, Rieszower Kreis, in Galizien. Neutitschein, 1857. Schnellpressendruck von Johann Nep. Enders. (8 S. 8.)

Verzeichnis einiger Spekulationen, welche die letzte Kaiserwahl zu Frankfurt am Mayn veranlasste. [Gotha 1791.] V: *Schmid, Christian Hnr.* (ML)

Erstes Verzeichnis der Spenden für den Reichenhaller Kurfonds und das Sanatorium für Brr. Freimaurer (milde Stiftung) Or. Bad Reichenhall. o. O. u. J. 1 Bl. 4°. [Kopftit.]
Vgl. W. 37987. 21.

Spezielles Verzeichnis d. i. Württemberg d. Militäranwärtern vorbehaltenen Stellen. o. O. 1897.

Telephon-Anlage München. Verzeichnis der Sprechstellen. Nr. 8. Ausgegeb. [illegible] (München, k. Hofbuchdr. E. Huber.) 8°. Cart. 113 S. [illegible]

Verzeichnis von Sprichwörtern, welche Themata zu den . . . Evangelien abgeben können. O. O. [1799]. H: *Beyer, Joh. Rud. Glieb.* (Nopitsch)

— der beim evangelischen Religionsunterricht in d. königl. Luisenstiftung zu Posen zu lernenden Sprüche, Lieder, Psalmen u. Gebete. gr. 8. (32 S.) Posen (901). F. Ebbecke. Kart. n.n. — 45

Verzeichnis der beim evangelischen Religionsunterricht in der Königlichen Luisenstiftung zu Posen zu lernenden Sprüche, Lieder, Psalmen und Gebete. *Posen: F. Ebbeke [1902].* (32 S.) 8° [F.]

— der aufgestellten **Staatshengste** während der Beschälperiode 1908 u. der lizenzierten Privathengste. Hrsg. vom k. k. Ackerbauministerium. 25. Jahrg. (89 S.) 30,5×24 cm. Wien 908. (F. Beck.)
Fortsetzg., s.: Verzeichnis der staatlichen Deckhengste.

Verzeichnis der während des letzten Interregni im Druck herausgekommenen . . . Staats-Memoires . . . Regensb. 1790. V: *Hörschelmann, Friedrich Ludwig Anton.* (MGT) (Pütter, Litt. d. Teutsch. Staatsr. Gött. 1773—91. IV, 699f.)

Verzeichnis der Stadtbürgerschaft zu Zürich auf das Neujahr 1817. Zürich 1817. V: *Hofmeister, Heinrich.* (MGT)

Verzeichnis der Stadt-Bürgerschule von Wintherthur 1842. Wintherthur 1842. V: *Furrer, Joh. Hnr.* (Cat. d. Stadtbibl. Zürich. Zürich 1864—97.)

— aller Städte, Flecken u. Cantons im Königr. Westphalen, in alphabet. Ordnung. 8. Halle 808. Dreyßig. 4 ⁄.

— der deutschen Städte u. ihrer Zivil-Einwohnerzahl nach der Volkszählung vom 1. Dezbr. 1885. Außerordentl. Beilage der Deutschen Gemeinde-Zeitung. gr. 8. (16 S.) Berlin 887. Stankiewicz. n. 1. —

—— **der Städte und Eisenbahn-Stationen im Zollvereinsgebiete.** gr. 8. (III und 120 S.) Berlin 854, Deckersche geheime Ober-Hofbuchdr.

—— sämmtlicher Städte und Ortschaften der Großherzogthümer Mecklenburg-Schwerin und Strelitz mit Angabe des betreffenden Amtsgerichtsbezirkes und der Poststation. Nach amtl. Quellen bearb. 8. (106 S.) Ludwigslust 880, Hinstorff'sche Buchh. cart.

— sämmtlicher Städte u. Ortschaften der Großherzogthümer Mecklenburg-Schwerin u. -Strelitz in alphabetischer Reihenfolge m. Angabe der Amts-Angehörigkeit, der Grund-Herrschaft, Pächter u. Schulzen, des Landgerichtsbezirks, des Amtsgerichtsbezirks, des Standesamtsbezirks u. der Postanstalt. Nach amtlichen Quellen (Staatskalender 1893 pp.) bearb. 1893. gr. 8. (132 S.) Güstrow 893. Opitz & Co. Kart. 1. 50

— aller erschein. Städte-, Länder-, Welt- u. Fachadressbücher, s.: **Mahlau's** Bücherei.

Verzeichnis der im Lombardverkehr der Reichsbank beleihbaren Stadt-, Provinzial-, Kreis-, Deichbau- und anderen Obligationen, zu deren Verzinsung und Tilgung die Beiträge im Verwaltungswege gleich den öffentlichen Abgaben erhoben werden. Berlin 1908.

Verzeichniß der am 15., 16., 18., 19. und 20. Mai 1848 resp. wieder und neu gewählten Stadtverordneten und Stellvertreter in Berlin. 2 Bl. Fol.
Flugblatt. Berlin, 20. Mai 1848.

—— der seit dem Bestehen des Königl. Preuß. Heroldsamtes [1855] erfolgten Standeserhöhungen, Adelsbestätigungen und Namensvereinigungen nebst Beschreibung der verliehenen Wappen. Zusammengestellt nach den Akten des Königl. Heroldsamtes unter Direction Sr. Excellenz des Herrn Grafen Stillfried von Alcantara und Rattowitz. Hrsg. von dem Vereine „Herold" für Heraldik und Genealogie zu Berlin. Separat-Ausg. 1. Lfg. gr. 4. (28 S.) Berlin 873, Mitscher und Röstell. *

Verzeichnis der in den Chur-Hannöverischen Landen in dem laufenden Jahrhundert publicirten Standes- und Namens-Veränderungen den Grafen-, Freiherrn-, Adel-Stand betreffend. Hannover 1800. V: *Heiliger, Er. Ant.* (Loewe, Bibliogr. d. Hann. u. Braunschw. Gesch. Hann. 1908. S. 365.)

— der etatsmäßigen Standgefäße e. Medizin- u. Bandagen-Kastens n/C [m. getheiltem Einsatz] u. a/C [m. ungetheiltem Einsatz]. 8. (13 S.) Berlin 888. Mittler & Sohn. n. — 15

—— der etatsmäßigen Standgefäße eines zweispännigen Truppen-Medicinwagens, sowie eines Medizinkarrens bezw. Bataillons-Medizinkastens. 8. (15 S.) Ebendas. 888.

—— aller Stationen des Post-, Eisenbahn-, Telegraphen- und Dampfschiff-Verkehrs in Oesterreich-Ungarn. 11. Jahrg. 1881. 16. vollständig bericht. Aufl. Mit Kilometer-Zeiger der Eisenbahnen, Betriebs-Reglement, Briefporto, Telegraphen- und Fahrpost-Sendungen-Tarif rc. gr. 8. (127 S.) Teschen 881, Prochaska. cart. *

—— dass. — 12. Jahrg. 1883. 17. vollständig bericht. Aufl. gr. 8. (75 S.) Ebendas. *

Verzeichniß aller Stationen des Post-, Eisenbahn-, Telegraphen und Dampfschiff-Verkehres in Oesterreich-Ungarn. XXV. Jahrg. 1896. 30. Auflage. 8. (126 S.) Ebdo. —.60

— der Stationen u. Fahrkarten-Preise, zu welchen auf den Aachener Bahnhöfen Fahrkarten zur Ausgabe gelangen. 16. (30 S.) Aachen 893. Cremer. n. — 20

— statistisches, d. Gewerbe f. statist. Zwecke d. Handels- u. Gewerbekammern in d. im Reichsrathe vertret. Königreichen u. Ländern. Laut Erlaß d. k. k. Handelsministeriums v. 8. März 1896, Z. 1062. Lex.-8. (87 S.) Wien 896. (Hof- u. Staatsdruckerei.) n. 1. —

Verzeichniss der im k. k. unteren Belvedere aufgestellten, zum k. k. Münz- und Antiken-Kabinete gehörigen Statuen, Büsten, Särge, Reliefs, Mosaiken und Inschriften. *Wien* 1858. *L. Sommer.* 16 S. 12°. 6 kr.

„Verzeichniss und Statuten der Schüler-Lesebibliothek an der königl. Kreis-Realschule München". Nach dem Stande vom 1. Oktober 1878. pg. 3 bis 44 und 1 Bl. 8°. J. Krämer.
München, Progr. 1877/78

Verzeichnis der in Wirtemberg gefundenen römischen Steindenkmale des K. Museums der bildenden Künste. Stuttg. 1846. V: *Stälin, Chph Friedrich.* (Heyd)

— der geschnittenen Steine in dem königl. Museum d. Alterthümer zu Berlin. gr. 8. Berl. 826. Lüderitz. 1 ᵣₜ 6 ℊℊ

Verzeichniss der geschnittenen Steine in dem Königl. Museum zu Berlin. Berlin 1827. 8.

— der Steinkohlenbergwerke im rheinisch-westfälischen Industriebezirk, nebst Angabe des Eigentümers, des Direktors, der Bergreviere, Eisenbahnstationen, Kohlensorten, der Produktion u. der Zahl der Belegschaft. Beigabe zu der Uebersichtskarte der Steinkohlenbergwerke im rheinisch-westfäl. Industriebezirk. (39 S.) gr. 8. Dortmund 903. Koeppen. n. — 50

— der Steinkohlenbergwerke im rheinisch-westfälischen Industriebezirk, nebst Angabe des Eigentümers, des Direktors, der Bergreviere, Eisenbahnstationen, Kohlensorten, der Produktion u. der Zahl der Belegschaft. Beigabe zu der Übersichtskarte der Steinkohlenbergwerke im rheinisch-westf. Industriebezirk. (Ausg. 1907.) (43 S.) 8. Dortmund, Koeppen. — 50

Verzeichniß der den Militäranwärtern im preußischen Staatsdienste vorbehaltenen Stellen. gr. 4. (24 S.) Wiesbaden 885. Bechtold & Co. — 50

— der wichtigsten Stellen d. A. u. N. Testaments, z. Gebrauch für Schulen. Nebst e. kurzen Anh. üb. d. Art des Verfahrens beim Bibellesen. 8. Berl. 794. Matzdorf. 2 ℊℊ

—— der v. Bradley, Piazzi, Lalande u. Bessel beobachteten Sterne etc., s. Sternkarten.

Verzeichnis der Steuerpflichtigen der Gemeinde Bern vom Jahre 1900. Februar 1901. VIII + 362 S. 8. Bern, Ott & Bolliger, 1901. [fr. —. 50]

Verzeichnis der Steuerpflichtigen der Gemeinde Bern vom Jahre 1902. Februar 1903. VIII + 400 S. 8. Bern, Unionsdruckerei, 1903. [fr. —. 50]

Verzeichnis der Steuerpflichtigen der Gemeinde Bern vom Jahre 1906. Februar 1907. VIII + 502 S. 8. Bern, Stämpfli & Cie., 1907. [fr. —. 50]

— der f. das Steuerjahr 1890/91 zur Gemeinde-Einkommensteuer eingeschätzten Steuerpflichtigen der Stadt Barmen. Aufgestellt nach den amtl. Rollen. Ausgegeben im April 1890. gr. 8. (186 S.) Barmen 890. Wiemann. n. 1. 50

Verzeichnis der f. das Steuerjahr 1891/92 zur Gemeinde-Einkommensteuer eingeschätzten Steuerpflichtigen der Stadt Barmen. Aufgestellt nach den amtl. Rollen. Ausgegeben im Apr. 1891. gr. 8. (198 S.) Barmen 891. D. B. Wiemann. n. 1. 50

— der in Danzig bestehenden Stiftungen, Wohltätigkeitsanstalten u. gemeinnützigen Vereine. Nach dem Stande am Schlusse d. J. 1902 im Auftrage des Magistrats zusammengestellt v. dem Armen-Amt. (110 S.) gr. 4. Danzig 903. (L. Saunier.) 1. —

Verzeichnis der in Danzig bestehenden Stiftungen, Wohltätigkeitsanstalten und gemeinnützigen Vereine. Nach d. Stande am Schlusse d. J. 1902 im Auftr. d. Magistrats zsgest. von d. Armen-Amt. Danzig 1903: Danziger Allgem. Zeitung. (110 S.) 4°

— d. milden Stiftungen Hamburgs. Hrsg. im Auftr. d. Aufsichtsbehörde f. d. milden Stiftgn. gr. 8. (76 S.) Hamburg 898. O. Meißner's Verl. n. 2. —

[5.] Verzeichniss der von den städtischen Behörden in Potsdam verwalteten milden Stiftungen. *Potsdam: Buchdr. J. Grossmann 1897.* (31 S.) 1 Bd 4. 198 764

— der auf der Universität Halle-Wittenberg bestehenden Stipendien u. Benefizien nebst kurzer Nachricht von den auf den andern Königl. Preuß. Universitäten bestehenden Benefizien. gr. 8. (IV u. 36 S.) Halle 851, Berner. n. 1/6 ℳ

Verzeichnis der für Studierende bestehenden Stipendien an der K. Technischen Hochschule in Stuttgart. Aufgestellt im Sept. 1900.

Verzeichniss der Stipendien und sonstigen Vergünstigungen, welche den Studirenden der Kgl. Technischen Hochschule zu Berlin zu Theil werden können. [Um 1890.]

Verzeichnis einiger Stipendien und anderer milden Vermächtnisse, welche bey der Königl. Akademie zu Greifswald, zum Nutzen der daselbst studirenden Jugend von gottseligen Herzen gestiftet, noch jetzo vorhanden sind. [Greifswald] 1750. V: *Balthasar, August von.* (Erman & Horn, Bibliogr. d. dtsch. Univers. 2. Leipz. u. Berl. 1904.)

— des in den utraquistischen einklassigen, Halbtags- u. dreiklassigen Schulen m. zwei Lehrern durchzuarbeitenden Stoffes. gr. 8. (26 S.) Danzig 888. Kafemann. cart. n. — 40

—— derjen. **Straßen**, auf denen d. Gebr. v. Radfelgen unt. 4 Zoll Breite f. alles gewerbmäßig betriebene Frachtfuhrwerk verboten ist. 4. (.. B.) Breslau 839, Graß, Barth u. Comp.

— der **Strassen**, Gassen, Plätze, Behörden, Aemter u. öffentl. Anstalten in Wien nebst Angabe der Briefbestellbezirke. (Kleine Ausg.) Hrsg. vom k. k. Handelsministerium. (80 S.) 16. Wien 906. (Hof- u. Staatsdruckerei.) n. — 15

Verzeichnis der Straßen, Gassen und Plätze im Lokal-Postrayon von Wien nebst Angabe der Briefpost-Bestellbezirke. Gr.-8°. (28 S.) Wien: Hof- u. Staatsdruckerei 1903. K —.20

—— der **Straßen**, Gassen und Plätze der k. k. Reichs-, Haupt- und Residenzstadt Wien und der Orte in ihrer Umgebung. 8. (30 S.) Wien 878, Hölder. *

-- der **Straßen**, Gassen u. Plätze der k. k. Reichs-Haupt- u. Residenzstadt Wien u. der Orte in ihrer Umgebung. gr. 16. (49 S.) Wien 879. Hölder. n. — 40

—— der Strassen im Stadtgebiet **Magdeburg** m. Angabe der Breiten u. Fluchtlinien etc., sowie der Kostenberechng. f. Herstellg. neuer Strassen. 8. (34 S. m. 1 Plan.) Magdeb. 891, Rathke.

—— der **Straßen** und Plätze Berlins mit Angabe der Lage in den Postbezirken und der Postanstalten. Neueste vervollständigte Ausg. Tabelle. gr. Fol. Hamburg 883, Mohr.

Verzeichnis der Straßen-Bezirke in Kärnten. Klgft., Leon. 1872. Quart. 6 S.

— d. **Strumpfwaren-Engros-Handlungen** Deutschlands. Hrsg. v. J. Brass. 12. (20 S.) Anklam 896. Berlin, M. Pardos. n. 2. 20

Verzeichnis der in den Komitial- . . . Handlungen vorfindlichen Stücke, die bey dem besagten Reichsgerichte hinterlegte Deposita und Revisionsgelder betreffend . . . O. O. 1786. H: *Borie, Aegidius Valentin Felix Freiherr von.* (ML) (Pütter, Litt. d. Teutsch. Staatsr. Gött. 1773—94. IV, 357.)

Verzeichnis von ehemaligen Kremsmünster Studenten . . . Kremsmünster 1877. V: *Baumgarten, Amand.* (LB)

Verzeichniss der Studenten, welche sich in dem kurfürstl Schulhause zu München durch Talente u. Fleiss ausgezeichnet u. Preise erhalten haben, im J. 1785, d. 1. Septbr. (Das kurbayer. Wappen in Hlzsch.) München, gedr. bey Joseph Wenzesl. Zangl 32 S. 4°

[*Kopft.*] **Verzeichniss** der auf der Universität Bonn immatriculirten **Studirenden** im W.-S. 1821—22. (Bonn, gedr. bei P. Neusser 1821.) 7 Bl. 4. ¶ Es ist dies das erste der Univ. Bonn. Vgl. Koch, Preuss. Univ. II 1840 S. 454 f. No 362 u. 363. — D. Verzeichnis d. Personals tritt erst im WS 1833—34 hinzu.

[*Kopft.*] **Verzeichniss** der auf der Universität Bonn immatriculirten **Studirenden** im S.-S. 1822. (Bonn, gedr. bei C. F. Thormann 1822.) 6 Bl. 4.

[*Kopft.*] **Verzeichniss** der auf der Universität Bonn immatriculirten **Studirenden** im W.-S. 1822—1823. (Bonn, gedr. bei C. F. Thormann 1822.) 6 Bl. 4.

[*Kopft.*] **Verzeichniss** der auf der Universität Bonn immatriculirten **Studirenden** im S.-S. 1823. (Bonn, gedr. bei C. F. Thormann 1823.) 6 Bl. 4.

[*Kopft.*] **Verzeichniss** der auf der Universität Bonn immatriculirten **Studirenden** im W.-S. 1823—1824. (Bonn, gedr. bei C. F. Thormann 1823.) 6 Bl. 4.

[*Kopft.*] **Verzeichniss** der auf der Universität Bonn immatriculirten **Studirenden** im S.-S. 1824. (Bonn, gedr. bei C. F. Thormann 1824.) 6 Bl. 4.

[*Kopft.*] **Verzeichniss** der auf der Universität Bonn immatriculirten **Studirenden** im W.-S. 1824—1825. (Bonn, gedr. bei C. F. Thormann 1824.) 7 Bl. 4.

[*Kopft.*] [f.] **Verzeichniss** der auf der Universität Bonn immatriculirten **Studirenden** im S.-S. 1825. (Bonn, gedr. bei C. F. Thormann 1825.) 8 Bl. 4.

[*Kopft.*] [f.] **Verzeichniss** der **Studirenden** der Universität Bonn im W.-S. 1825—1826. (Bonn, gedr. bei C. F. Thormann 1825.) 11 Bl. 8.

[*Kopft.*] [f.] **Verzeichniss** der auf der Universität Bonn immatriculirten **Studirenden** im S.-S. 1826. (Bonn, gedr. bei C. F. Thormann 1826.) 9 Bl. 4.

[*Kopft.*] [f.] **Verzeichniss** der **Studirenden** der Universität Bonn im W.-S. 1826 bis 1827. (Bonn, gedr. bei C. F. Thormann 1826.) 9 Bl. 4.

[*Kopft.*] [f.] **Verzeichniss** der **Studirenden** der Universität Bonn im S.-S. 1827. (Bonn, gedr. bei P. Neusser 1827.) 9 Bl. 4.

[*Kopft.*] [f.] **Verzeichniss** der **Studirenden** der Universität Bonn im W.-S. 1827 bis 1828 . . . (Bonn, gedr. bei F. Baaden 1827.) 9 Bl. 4.

[*Kopft.*] [*F.*] **Verzeichniss** der **Studirenden** auf der Rheinischen Friedrich-Wilhelms-Universität zu Bonn im S.-S. 1829. (Bonn, gedr. bei J. H. Mösta 1829.) 9 Bl. 4.

[*Kopft.*] [*F.*] **Verzeichniss** der **Studierenden** auf der Rheinischen Friedrich-Wilhelms-Universität zu Bonn im W.-S. 1829—1830. (Bonn, gedr. bei J. H. Mösta 1829.) 9 Bl. 4.

[*Kopft.*] [*F.*] **Verzeichniss** der **Studirenden** auf der Rheinischen Friedrich-Wilhelms-Univerfität [!] zu Bonn im S.-S. 1830. [Bonn], (gedr. in d. Mösta'schen Buchdr. 1830). 8 Bl. 4.

[*Kopft.*] [*F.*] **Verzeichniss** der **Studirenden** auf der Rheinischen Friedrich-Wilhelms-Universität zu Bonn im W.-S. 1830—31. [Bonn], (gedr. bei J. H. Mösta 1830). 8 Bl. 4.

[*Kopft.*] [*F.*] **Verzeichniss** der **Studirenden** auf der Rheinischen Friedrich-Wilhelms-Universität zu Bonn im S.-S. 1831. [Bonn], (gedr. bei C. Georgi 1831). 8 Bl. 4.

[*Kopft.*] [*F.*] **Verzeichniss** der **Studirenden** auf der Rheinischen Friedrich-Wilhelms-Universität zu Bonn im W.-S. 1831—1832 [Bonn], (gedr. bei C. Georgi 1831). 8 Bl. 4.

[*Kopft.*] [*F.*] **Verzeichniss** der **Studirenden** auf der Rheinischen Friedrich-Wilhelms Universität zu Bonn im S.-S. 1832. [Bonn], (gedr. bei C. Georgi 1832). 8 Bl. 4.

[*Kopft.*] [*F.*] **Verzeichniss** der **Studirenden** auf der Rheinischen Friedrich-Wilhelms-Universität zu Bonn im W.-S. 1832—1833. [Bonn], (gedr. bei C. Georgi 1832). 8 Bl. 4.

[*Kopft.*] [*F.*] **Verzeichniss** der **Studirenden** auf der Rheinischen Friedrich-Wilhelms-Universität zu Bonn im S.-S. 1833. [Bonn], (gedr. bei C. Georgi 1833). 8 Bl. 4.

— d. Studirenden zu Halle auf d. halbe Jahr von Michael 1822 bis Ostern 1822—24. 8. Halle, Ruff. à 4 gr.

Verzeichniss der Studirenden der Kantonsschule u. der Theologie zu Luzern. Nach den Klassen u. Lehrfächern einzeln bestimmt und zusammengetragen am Schlusse des Schuljahres 1870/71. Luzern, Gebr. Räber. 30 Stn. gr. 4. 1871.

— der Studirenden auf der Universität Leipzig im Sommerhalbjahre von Ostern bis Michaelis 1833. Nr. VI. gr. 8. Leipzig 833. (Serig.) n. 1/12 ℛ

Eidgenössisches Polytechnikum (Zürich). Verzeichnis der regulären Studirenden im Studienjahr 1901/1902 *u.* 1902/1903. ⟨Aufgenommen am 15. November 1901 *u.* am 15. November 1902.⟩ 92 *u.* 100 S. 8. Zürich, Zürcher & Furrer, 1901 *u.* 1902.

— sämmtl. Studirenden an d. k. Ludwigs-Maximilians-Universität zu München, im Winter- u. Sommer-Semester 1826 u. 27, mit Angabe ihrer Heimath, Studien ꝛc. gr. 8. Münch. 827. Weber. 6 gGr. dass. Winter-Semester 18 28/29 ꝛc. gr. 8. Münch. 829. Weber. 4 gGr.

Verzeichnis der Studierenden der Kgl. Technischen Hochschule Stuttgart ⟨sowie deren (1898 ff.: mit Angabe ihrer) Wohnungen⟩ (1901 ff.: **Personal-Verzeichnis** der Kgl. Technischen Hochschule zu Stuttgart) für das W.-S. 1897/98. S.-S. 1898 [usw.]—W.-H. 1912/13. 1898—1912.

— der Studirenden auf d. Universität zu Marburg 1823 u. 24. gr. 8. Marb., Garthe. 7 gGr.

Verzeichniss der Studirenden, Zuhörer und Hospitanten (1877/78: Studirenden und Zuhörer; 1878 ff.: Studirenden) des Kgl. Polytechnikums (1873/74—1884/85: zu) Dresden. 1873-1874 [nebst] Ergänzungen. Im Studienj. 1874-1875; im Studienj. 1875-76. S.-S. 1876. W.-S. 1876/77 [usw.]— W.-S. 1889/90. 1874—90.

—— aller deutschen Substantive, mit Geschlechtsbezeichnung u. Declination. Zum Privat- u. Schulgebr. 16. (7½ B.) Haag 835, [Gebr. Hartmann. ?] (Leipzig, Kollmann.)

Verkehrsverein für Bern und Umgebung. Verzeichnis der Subvenienten und Mitglieder pro 1902. 17 S. 8.
Beilage zu Nr. 80 des «Berner Fremdenblatt».

Verzeichnis, Summarisches, sämmtlicher Herrschaften und Güter des Bunzlauer Kreises. [Prag 1790.] V: *Wander von Grünwald, Joseph.* (MS)

— summar., alter griech. u. röm. Münzen von Silber u. Bronze, aus den Zeiten der Republik bis auf Julius Cäsar, u. von diesem bis auf die griechischen Kaiser d. orientalischen Reichs. gr. 8. Grätz 818. (Calve in Prag). 10 gGr.

— summar., e. ansehnl. u. zahlreichen Sammlung von Kupferstichen, welche aus allen Schulen die vortrefflichsten Blätter enthalten. 8. Regensb. 787. Montag u. W. 4 gGr.

— summar., d. in d. Münzsammlung des H. J. Ritter v. Mader vorgekommenen 10381 Stücke, u. Münzwerke u. Schriften. 4. Prag 818. Krauß. 18 gGr.

Systematisch-alphabetisches Verzeichniss der in Deutschland im Druck erschienenen Compositionen von Franz Schubert. Leipzig.

— systematisches, der in den Programmen der Preuß. Gymnasien und Progymnasien, welche in den Jahren 1825—1841 erschienen sind, enthalt. Abhandlungen, Reden und Gedichte. Im Auftrage des Königl. Provinzial-Schulcollegiums zu Münster herausgeg. (vom Prof. Dr. F. Winiewski). gr. 4. Münster 844. (Regensberg.) n. ½ ℛ

Verzeichnis, Systematisches, der in den Programmen der Preussischen Gymnasien und Progymnasien . . . 1825—41 . . . enthaltenen Abhandlungen und Gedichte. . . . Münster 1844. V: *Winiewski, Franz.* (ABJP) (Ky) (Petz)

Systematisches Verzeichniß derjenigen ausländischen, größtentheils nordamerikanischen Bäume und Gesträuche, welche in dem amerikanischen Garten auf dem hochfürstlichen Gute Hohenheim befindlich sind und daselbst im freyen Grund den Winter ausdauern: Catalogue systematique des arbres et arbustes étrangers à la terre de Madame de la Comtesse de Hohenheim. - Stuttgart 1780

Verzeichniss, systemat., d. ausländ., meist nordamerikan. Bäume u. Gesträuche, d. im Garten z. Hohenheim befindl. sind u. im freien Grunde ausdauern. 12. Stuttgart, 1780. Erhard. — 5

— systematisches, aller derjenigen Bücher, welche die Naturgesch. betreffen (v. Chr. Fr. Prange.) gr. 8. Halle 784. Hendel. 1 ℛ

Verzeichnis, Systematisches, der auserlesensten Bücher in allen Theilen der theologischen Litteratur . . . Giessen 1796. V: *Schmidt, Carl Chn Frdr. Ludwig.* (MGT) (Ky)

— systematisches, d. auserlesenen Bücher in allen Theilen d. Theologie (v. K. Chr. Ldw. Schmidt.) 8. Gießen 796. Heyer. 6 gr

Verzeichnis, systematisches, gebundener Bücher, Atlanten, Karten, Bilder, Globen u. Musikalien. Mit ausführl. Schlagwörterverzeichnis. (1908/09.) (VIII, 1243 u. 437 S. kl. 8. Leipzig, F. Volckmar. Geb. 1. —

Verzeichniss, systematisches, sämmtlicher Bücher der Bibliothek des ärztlichen Vereins zu Bremen. gr. 8. (XX u. 132 S.) Bremen 849. (Heyse.) n. 5/6 ℔

Systematisches Verzeichnis der in dem botanischen Garten der Academie Hohenheim cultivirten Gewächse. - Stuttgart 1854. 28 S.

Verzeichnis, Systematisches, der bei Tübingen und in den umliegenden Gegenden wildwachsenden phanerogamischen Gewächse. . . . Tübingen 1822. V: *Schübler, Gustav.* (Ky)

— systematisches, der bei Tübingen u. in d. umliegenden Gegenden wildwachsenden phanerogamischen Gewächse. Als Beilage zu Eisenbachs Gesch. der Stadt ꝛc. Tübingen, (von Dr. Schübler.) Mit 1 Karte. 8. Tübing. 822. Osiander. 10 gr

[F.] Systematisches Verzeichnis der Gewerbe für statistische Zwecke der Handels- u. Gewerbekammern in den im Reichsrathe vertretenen Königr. u. Ländern. Laut Erlass d. k. k. Handelsminist. v. 8. März 1896, Z. 1062. *Wien: Hof u. Staatsdr. 1896.* (87 S.) 1 Bd 4 (8.)

Systematisches Verzeichnis der Gewerbe und anderer gewerbemässig ausgeübter Beschäftigungen für statistische Zwecke der Handels- und Gewerbekammern in den im Reichsrathe vertretenen Königreichen und Ländern. Laut Erlass des k. k. Handelsministeriums vom 4. August 1899, Z. 29.757. 2., revidierte Auflage. Wien. 1900. Hof- und Staatsdruckerei. Lex.-8°. 147 S. K 1.—

—— **systematisches**, der deutschen Käfer als Tauschkatalog eingerichtet. Aus Dr. Ludw. Redtenbachers Käfersammlung abgedr. gr. 8. (52 S.) Wien 849, Gerold, Verlag. *

— **systematisches**, der deutschen Käfer, siehe d. Redtenbacher, Ludw.

Systematisches Verzeichniss der in Deutschland im Druck erschienenen Compositionen von Felix Mendelssohn-Bartholdy. Leipzig.

Verzeichnis, Systematisches, der Mecklenburgischen Conchylien . . . Schwerin 1794. V: *Detharding, Georg Gustav.* (MGT) (Ky)

— systemat., d. Mecklenburg. Conchylien (v. ... Dethardiug), herausg. v. A. Chr. Siemssen. 8. Schwerin 794. (Wienbrack in Leipz.) 4 gr

Verzeichnis, Systematisches, der Lessing-Litteratur der Herzoglichen Bibliothek zu Wolfenbüttel mit Ausnahme der Handschriften. Wolfenbüttel 1889. V: *Milchsack, Gustav.* (Less. 4)

—— systematisches, der Militair-Literatur Deutschlands von 1850—1861. Lex.-8. (53 S.) Berlin 861, Schlesier. * *

Verzeichnis, Systematisches, von dem hieselbst aufgestellten Museum von ausgestopften Säugethieren und Vögeln . . . Riga 1826. V: *Wittenburg, Ferdinand Wilhelm Freih von.* (R-N) (Ky) (EBHN)

— systemat., aller, bis jetzt bekannten, selbst d. allerneuesten Rosen, welche beim Gärtner J. Erben in Duisburg käufl. zu bekommen sind. 8. (Halle 824, Hemmerde u. S.)

— systemat., aller bis jetzt bekannten, selbst d. allerneuesten Rosen, welche beim Gärtner J. Erben in Duisburg käufl. z. bekommen sind. 8. (Halle, 1824. Schwetschke u. Sohn.) — 7½

Systematisches Verzeichniss der in der höheren Forst-Lehr-Anstalt zu Neustadt-Eberswalde aufgestellten ornithologischen Sammlung. o. O. o. J. 19 S.

Systematisches Verzeichniss der in der Königlichen höheren Forstlehranstalt zu Neustadt-Eberswalde aufgestellten Sammlung ausgestopfter Thiere. - Neustadt-Eberswalde 1846. 46 S.

— systemat., der naturhistor. Sammlung der Gesellschaft Museum. 1. Abthlg. Voegel (von Gustav Hartlaub). gr. 4. (IV u. 125 S.) Bremen 844, Schünemann. n. 1/2 ℔

Systematisches Verzeichniß [Verzeichnis] der Schmetterlinge der Wienergegend hrsg. von einigen Lehrern am k.k. Theresianum. Wien: Bernardi 1776. 322 S. 4°

— systemat., d. Schmetterlinge d. Wiener Gegend, herausg. von einigen Lehrern am k. k. Theresianum. Mit Kpf. gr. 4. Wien 776. Beck. 3 ℔ 8 gr ill. 4 ℔ 6 gr Dass., mit e. Synonymie d. vorzügl. Schriftsteller, u. vielen Anmerkk. u. Zusätzen aufs Neue herausg. von Jh. Ksp. Häfeli II. u. (J. K. W. Illiger). 2 Bde. gr. 8. Braunschw. 800. Schulbuchh. 3 ℔

Verzeichnis, Systematisches, der Schmetterlinge der Wiener Gegend . . . Braunschw. 1802. H: *Illiger, Johann Conrad Wilhelm & Joh. Kaspar Stäfely.* (MGT) »1776« V: *Schiffermiller, Ignaz & Joh. Nep. Cosmas Mich. Denis.* (Jes)

Verzeichnis, Systematisches, aller derjenigen Schriften, welche die Naturgeschichte betreffen. Halle 1784. V: *Prange, Chn Frdr.* (EBHN) (BrMm) (Ky) (ABJP)

SYSTEMATISCHES VERZEICHNISS aller derjenigen Schriften welche die Naturgeschichte betreffen von den ältesten bis auf die neuesten Zeiten. Halle, 1784. pp. viii–446, 8vo.
In the Sections on Mineralogy, etc., chemical works are found.

Systematisches Verzeichniss aller in d. belletristischen Literatur in d. Jahren 1796–1800 herausgekommenen Schriften. Weimar: Industrie-Comptoir 1807. 4°

— d. in d. historischen u. geographischen Literatur in den Jahren 1785— 1800. erschienenen Schriften. gr. 4. Ebend. 795–807.

Verzeichnis, Systematische, der in der juristischen und staatswissenschaftlichen Literatur . . . 1785—90 herausgekommenen . . . Schriften. Jena 1795—99. H: *Ersch, Joh. Samuel.* (Schz)

Verzeichniß d. in d. jurist. u. staatswissensch. Literatur in d. J. 1785-95. erschien. Schrift. gr. 4. Weimar, L. Ind. Compt. 795-99. (die J. 85-90. 1 Rthlr. 8 gr. 91-95. 2 Rthlr.) Rthlr. 3 8

— aller in der juristischen Literatur in den J. 1796 — 800 herausgekommenen Schriften. gr. 4. Ebend. 807.

— d. in d. mathematischen, kriegs- u. gewerbswissenschaftl. Literatur in d. J. 1785-95. erschien. Schriften. gr. 4. Ebend. 793-99. (d. J. 85-90. 16 gr. 91-95. 20 gr.) 1 12

Systematisches Verzeichniss der in der medicinischen, physikalischen, chemischen und naturhistorischen Literatur in den Jahren 1785 bis 1790, 1791 bis 1795 herausgekommenen deutschen und ausländischen Schriften. Bd 1 - 2, gbd.

Bd 1: Jena: Expedition der Allgemeinen Literatur-Zeitung 1795
Bd 2: Weimar: Industrie-Comptoir 1799

Verzeichnis, Systematisches, der in der medicinischen, physicalischen und naturhistorischen Literatur . . . herausgekommenen . . . Schriften. Jena 1795—1807. V: *Ersch, Joh. Sam.* (Choulant)

— aller in der medicin. Literatur in den J. 1796-800. herausgek. Schr. gr. 4. Ebend. 807.

— aller in d. pädagogischen Literatur in d. J. 1796-800. herausgek. Schr. gr. 4. Ebend. 807. — 12

— der in der philologisch. u. belletrist. Literatur in den J. 1785-95. erschien. Schriften. gr. 4. Ebend. 795-99. (d. J. 85-90. 1 Rthlr. 12 gr. 91-95. 2 Rthlr.) 3 12

Verzeichniss, Systematisches, der in der philosophischen und paedagogischen Literatur in den Jahren 1785–1799 herausgekommenen deutschen u. ausländischen Schriften. Jena 1795. 4.

— d. in d. philosoph. u. pädagog. Literatur in den Jahren 1785-95. ersch. Schr. gr. 4. Ebend. 795-99. (die Jahre 85-90. 12 gr. 91-95. 16 gr.) 1 4

— aller in der philosoph. Literatur in den J. 1796-800. herausgekom. Schr. gr. 4. Ebend. 807.

— aller in d. physikalisch-naturhistor. gewerbswissenschaftl. und mathemat. Literatur in d. J. 796-800. herausgekommenen Schriften. gr. 4. Ebend. 807.

— aller in d. Staats- u. Kriegswissenschaftl. Literatur in den J. 1796-800. herausgekom. Schriften. gr. 4. Ebend. 807. — 18

— d. in den theologischen Literatur in den J. 1785-800. erschien. Schr. gr. 4. Ebend. 795-807.

— aller in den allgem. Literaturgesch. u. vermischt. Literatur in d. J. 1796-800. herausgek. Schr. gr. 4. Ebend. 807. — 16

— d., in d. Wissenschaftskunde, allgem. Literaturgeschichte, und verm. Literatur in d. J. 1785-95. erschien. Schr. gr. 4. Ebend. 795-99.

— aller in d. Wissenschaftskunde u. philologischen Literatur in d. J. 1796-800. herausgekom. deutsch. u. ausländ. Schr. gr. 4. Ebend. 807. 1 —

—— systematisches, der Schriften aus dem Gebiete der Textilindustrie, Färberei, Druckerei, Bleicherei, Appretur, Spinnerei, Weberei, Wollen- und Baumwollenindustrie, Tuchfabrikation, Seidenindustrie etc., welche in den J. 1850—1883 im Deutschen Buchhandel erschienen sind. 8. (III, 66 S.) Leipzig 884, Gracklauer.

Verzeichnis, Systematisches, der Seesterne, Seeigel, Konchylien und Pflanzenthiere . . . Halle 1802. V: *Gebauer, Johann Jacob.* (MGT) (EBHN) (Ky)

Verzeichniß, systematisches, der Seesterne, Seeigel, Conchylien u. Pflanzenthiere, nach Linné Systema naturae etc. (v. Jak. Gebauer). gr. 4. Halle 802. Gebauer. 1 ℔

— system. d. Schweizer Vögel, s. Meisner.

— systematisches, der laufenden Zeitschriften der königl. Bibliothek zu Berlin. Juli 1908. (XII, 325 S.) 8. Ebd. (908). Kart. nnn 1. —
Hieraus einzeln:
1. Allgemeines. Philosophie u. Pädagogik. (VI u. S. 1 51.) nnn — 25
2. Theologie. (VI u. S. 55—77.) nnn — 15
3. Rechts- u. Staatswissenschaft. (VI u. S. 81—136.) nnn — 25
4. Medizin. (V u. S. 139—166.) nnn — 20
5. Naturwissenschaften u. Mathematik. (V u. S. 169—201.) nnn — 20
6. Kunst u. Technik. (VI u. S. 205—241.) nnn — 20
7. Geographie u. Geschichte. (VI u. S. 245—298.) nnn — 25
8. Sprachen u. Literaturen. (V u. S. 301—317.) nnn — 15

— tabellarisches, der im Laufe jeden Jahres von den Gerichtsbarkeiten zu fertigenden u. einzureichenden Anzeigen. .. Jena ... Stahl. 3 K

— tabellar., der Arzneimittel, deren Benennung in den Preuß. Dispensatorien seit e. Jahrh. bis z. Erscheinen der neuesten Pharmacopöe verändert worden ist. Mit e. Anh. 8. Glogau 827. Neue Günthersche B.

Tabellarisches Verzeichniß [Verzeichnis] der Arzneimittel, deren Benennung in den preußischen Dispensatorien seit einem Jahrhundert bis zum Erscheinen der neuesten Pharmacopöe verändert worden ist. Nebst e. Anh. enth. eine Vergleichung der Berzelius schen Bezeichnungen mit denen der neuesten Pharmacopöe. ... Glogau & Lissa: Güntersche Buchh. 1828. 43 S. 8°

— tabellarisches, d. Küchengartengewächse, wenn, wie u. zu welcher Zeit selbige zu säen, zu pflanzen u. s. w. sind. 4. Halle, Hendel. 815.

— tabellar., d. Küchengewächse, s. a. Beyer, Joh. Mark.

Verzeichnis, Tabellarisches, der in der Churmark Brandenburg einheimischen Schmetterlinge. Berlin 1789—90. V: *Vieweg, Chn Friedrich.* (MGT)

— tabellar., d. Brandenburg. Schmetterlinge, s. J. F. Vieweg.

Verzeichniß, tabellarisches, der hauptsächlichsten lateinischen Wörter von schwankender Schreibweise nach den neuesten Ergebnissen zusammengestellt. [Anhang zu jeder latein. Grammatik.] gr. 8. (24 S.) Gotha 882, F. A. Perthes.

— Tabellarisches, der hauptsächlichsten lateinischen Wörter von schwankender Schreibweise nach den neuesten Ergebnissen zusammengestellt. 8. (24 S.) Wien, Carl Graeser. 22 kr. 1884

Verzeichnis der in der grossen systematischen Baumschule zu Hernals bey Wien cultivirten ... Tafelobst-Sorten. Wien 1805. V: *Märter, Franz Joseph.* (MGT)

— d. Tafelobst-Sorten z. Hernals, s.a. Märter, Frz. Jos.

Verzeichniss der Tagsatzungsgesandten von 1814–1848. [A.] s. [Fetscherin, Wilhelm].

Verzeichnis der sehr ansehnlichen und auserlesenen Thaler- und Münzsammlung weil. Hrn. P. H. v. Blankenhagen ... Riga 1799—1805. V: *Bergmann, Liborius von.* (MGT) (R-N)

Verzeichniß der Tarife für den Eisenbahn-Güterverkehr, auf welchen das internationale Uebereinkommen vom 14. Oktober 1890 Anwendung findet. Bern. 2. Ausg. 1896.

— sämmtlicher Tarife, an denen die deutschen Eisenbahnen m. eigenen Stationen od. im Durchgangsverkehr betheiligt sind. Aufgestellt im Reichs-Eisenbahn-Amte. Stand vom 1. I. 1901. Fol. (219 S.) Berlin 901. J. Springer. n.n. 5. —

— sämtlicher Tarife, an denen die deutschen Eisenbahnen m. eigenen Stationen od. im Durchgangsverkehr beteiligt sind. Aufgestellt im Reichs-Eisenbahn-Amte. Stand vom 1. I. 1906. (210 S.) Lex.-8. Berlin 906. J. Springer. n.n. 5. —

— sämtlicher Tarife, an denen die deutschen Eisenbahnen m. eigenen Stationen od. im Durchgangsverkehre beteiligt sind. Aufgestellt im Reichs-Eisenbahn-Amte. Stand vom 1. I. 1910. (200 S.) Lex. 8. Berlin 910. J. Springer. nn 5. —

—— der Theilnehmer der allgemeinen Fernsprecheinrichtung in Hamburg und Altona. gr. 8. (81 S.) Hamburg 882, (J. F. Richter.)

— der Theilnehmer der allgemeinen Fernsprecheinrichtung in Hamburg u. Altona. gr. 8. (116 S.) Hamburg 883. (J. F. Richter.) n. 2. —

Verzeichniss der Theilnehmer an der Germanisten-Versammlung Lübeck 27.–30. September 1847. (Lübeck. 1847.) 8°

Verzeichniss d. Theilnehmer an der Jahresversammlung d. schweiz. gemeinnützigen Gesellschaft in Aarau. 1. u. 2. Ausgabe. In-8°, 16 S. Aarau, H. R. Sauerländer. 1893

Verzeichniss der Theilnehmer an der Secular-Feier der Loge zu den drei Degen im Or. zu Halle am 13. u. 14. Dec. 1843. o. O. [1843]. 9 S. 8° [Kopftit.] 193.

Verzeichnis sämtlicher Teilnehmer an dem in Anwesenheit Sr. Maj. des Kaisers u. S. Kais. Hoh. d. Kronprinzen zu Bonn am 25. April 1901 in d. Beethovenhalle abgehaltenen S. C. Antritts-Kommers u. kurzer Bericht über d. Verlauf dieser Festlichkeit. *Bonn 1900: (C. Georgi).* (28 S.) 8° [F.]

—— der Theilnehmer an der Stadt-Fernsprecheinrichtung in Berlin, nebst Anhängen, enth. die Verzeichnisse der Theilnehmer an den Stadtfernsprecheinrichtgn. in Adlershof, Charlottenburg, Cöpenick etc. Abgeschlossen im Oktbr. 1892. gr. 8. (XI, 436 S.) Berl., Springer. ** 1 50

— der Theilnehmer an der Stadt-Fernsprecheinrichtung in Berlin, nebst Anhängen, enth. die Verzeichnisse der Theilnehmer an den Stadt-Fernsprecheinrichtgn. in Adlershof, Charlottenburg, Cöpenick etc. Abgeschlossen im Apr. 1894. gr. 8. (XI, 500 S.) Berlin 894. J. Springer. n.n. 1. 50

— der Theilnehmer an der Stadt-Fernsprecheinrichtung in Berlin, nebst Anhängen, enth. d. Verzeichnisse der Theilnehmer an d. Stadt-Fernsprecheinrichtgn. in Adlershof, Charlottenburg, Cöpenick etc. Abgeschlossen im Apr. 1896. gr. 8. (XII, 580 S.) Berlin 896. J. Springer. n.n. 1. 50

-- der Theilnehmer an der Stadt-Fernsprecheinrichtung in Dresden nebst Anhängen, enth. die Verzeichnisse der Theilnehmer an den Stadt-Fernsprecheinrichtgn. in Deuben (Bz. Dresden), Dresden-Blasewitz, Kötzschenbroda etc. Aufgestellt bei der kaiserl. Ober-Postdirection in Dresden im Decbr. 1893. Nebst 1. u. 2. Nachtrag. gr. 8. (VIII, 204, 22 u. 19 S.) Dresden 894. (W. Baensch.) n. 1. —

Verzeichniss der Theilnehmer an der Stadt-Fernsprech-Einrichtung in Osterode Ostpr. *Osterode: F. Ibrecht [1902].* (1 Bl.) 8°(2°) [Kopft.]

— der Theilnehmer an der Stadt-Fernsprecheinrichtung in Schwiebus. Aufgestellt bei der kaiserl. Ober-Postdirektion in Frankfurt (Oder) im Septbr. 1893. gr. 8. (VIII, 9 S.) Schwiebus 894. (C. Wagner.) n. — 25

Verzeichniss der Theilnehmer an der 64. Versammlung schweizerischer Naturforscher in Aarau. In-4°, 4 S. Aarau, H. R. Sauerländer. 1881.

—— der deutschen Telegraphen-Anstalten. Aufgestellt in dem kaiserl. General-Telegraphen-Amt. [Abgeschlossen den 26. März 1876.] Lex.-8. (200 S.) Berlin 876, v. Decker's Verlag. *

— der deutschen Telegraphen-Anstalten. Aufgestellt in dem kaiserl General-Telegraphenamt. [Abgeschlossen den 4. Mai 1877.] gr. 8. (240 S.) Berlin 877. (v. Decker.) n. 2. —

Verzeichniss der Telegraphenanstalten im Deutschen Reich und der deutschen Telegraphenanstalten in den Schutzgebieten und im Auslande. *Berlin 1902: Reichsdr.* (363 S.) 4°

Verzeichnis der Telegraphenanstalten im Deutschen Reich und der deutschen Telegraphenanstalten in den Schutzgebieten und im Auslande. Berlin 1902. 1908. (Mit Anhang: Verzeichnis der Telegraphenanstalten in den deutschen Schutzgebieten und der deutschen Telegraphenanstalten im Auslande.)

—— der deutschen Telegraphen-Stationen. Aufgestellt in der kaiserl. General-Direction der Telegraphen. [Abgeschlossen den 3. Dezbr. 1874.] Lex.-8. (176 S.) Berlin 874, v. Decker'sche Geh. Ober-Hofbuchdr.

— dasselbe. [Abgeschlossen den 3. Decbr. 1874.] gr. 4. (IV, 286 S.) Ebend. 874. n. 3. 30

Schweizerische Telegraphen-Verwaltung Verzeichnis der Telephon-Abonnenten der Netzgruppe Bern. № 21. Richtig gestellt auf 1. Juni 1903. 224 S. 8. (fr. —.50)

Verzeichniß der Telephone in der Stadt Wien, ihren Vororten und Umgebung, nach Bezirken, Gassen und Nummern geordnet, unter gleichzeitiger Angabe der Wohnorte der P. T. Herren Aerzte und activen Mitglieder für die erste Hilfe, dann einem alphabetischen Namensverzeichnisse. Zusammengestellt Ende Januar 1889. 7. verbesserte Auflage. 12. (194 S.) Cart. —.60
Wien 889. (Huber & Lahme.)

—— von leicht aufführbaren Theaterstücken ernsten und heiteren Inhaltes zur leichteren Auswahl und besseren Orientirung, für kathol. Gesellen- und Dilettanten-Vereine, sowie Vorsteherinnen von Pensionaten und Erziehungsanstalten. 2. verm. und verb. Aufl. 8. (59 S.) Paderborn 887, J. Esser.

— von leicht aufführbaren Theaterstücken ernsten u. heiteren Inhaltes zur leichtern Auswahl u. besseren Orientirung, f. kathol. Gesellen- u. Dilettanten-Vereine, sowie Vorsteherinnen v. Pensionaten u. Erziehungsanstalten. Als Anh.: Verzeichniß e. Auswahl pass. Musikalien. 3., verm. Aufl. 12. (78 S.) Paderborn 891. J. Esser. — 30

— von leicht aufführbaren Theaterstücken ernsten u. heiteren Inhaltes zur leichteren Auswahl u. besseren Orientirung, f. Vereine, Pensionate u. Erziehungsanstalten. Als Anh.: Verzeichniß e. Auswahl pass. Musikalien. Ausg. m. Schlag- u. Stichwort-Register. 12. (102 S.) Ebd. 893. Geb. in Leinw. 1. 80

— von leicht aufführbaren Theaterstücken u. Musikalien ernsten u. heit. Inhalts zur leicht. Auswahl u. besseren Orientierg. f. Vereine u. Erziehungsanstalten. 4., verm. u. verb. Aufl. 8. (87 S.) Paderborn 894. J. Esser. n. — 70

Verzeichnis von leicht aufführbaren Theaterstücken und Musikalien ernsten u. heiteren Inhalts z. leichteren Auswahl u. besseren Orientierung ... 6. verm. u. verb. Aufl. Paderborn: J. Esser [1904]. (123 S.) 8° [J.]
105. 3526 B

— von leicht aufführbaren Theaterstücken u. Musikalien ernsten u. heiteren Inhaltes zur leichteren Auswahl u. besseren Orientierung f. Vereine u. Erziehungsanstalten. 6., verm. u. verb. Aufl. (136 S.) 8. Paderborn (905). J. Esser. n. — 70

— dasselbe. (Mit Schlag- u. Stichwort-Register.) (123 u. 72 S.) 8. Ebd. (905). Geb. in Leinw. n n. 5. —

-- von Theaterstücken, Vorträgen, Intermezzi u. Arrangements, nach Vereinsgattgn. u. Festlichkeiten geordnet, sowie e. Zusammenstellg. interessanter Specialitäten. gr. 8. (VI, 72 S.) Hamburg 890. Kramer. n.n. 1. —; cart. n.n. 1. 30; auf schwachem Papier ohne Verleger-Nachweis n. — 60

Thematisches Verzeichniss der in Deutschland im Druck erschienenen Instrumental-Compositionen von Friedr. Chopin. Leipzig.

Thematisches Verzeichniss der im Druck erschienenen Compositionen von Friedrich Chopin. Leipzig (1852).

— thematisches, der im Druck erschienenen Compositionen v. Friedrich Chopin. Neue umgearb. u. vervollständ. Ausg. Lex.-8. (VI, 86 S. m. Bildnis.) Leipzig 888. Breitkopf & Härtel. Kart. n. 6. —

Thematisches Verzeichniss im Druck erschienener Compositionen von Felix Mendelssohn-Bartholdy. Leipzig.

Thematisches Verzeichniss der im Druck erschienenen Compositionen von Felix Mendelssohn-Bartholdy. 3. vervollständigte Ausgabe. Leipzig 1882.

Thematisches Verzeichniss im Druck erschienener Compositionen von Ignaz Moscheles. Leipzig.

— thematisches, der Compositionen für Instrumentalmusik, welche von den berühmt. Tonsetzern unsers Zeitalters erschienen sind. 1s Heft: Louis von Beethoven. gr. 8. Leipz. 819. Hofmeister. 20 𝒦

Thematisches Verzeichniss werthvoller meist noch ungedruckter Original-Handschriften W. A. Mozart's. Berlin (Stage).

Thematisches Verzeichniss der sämmtlichen Quartetten für 2 Violinen, Viola und Violoncello von Joseph Haydn. Dresden.

—— thematisches, von CLXXII vorzügl. Sinfonien u. Ouverturen f. Orchester, welche v. berühmten Tonsetzern uns. Zeitalters gedruckt erschienen sind. Schmal gr. 4. (3¼ B.) Leipzig 831, Hofmeister.

—— thematisches, sämmtlicher im Druck erschienenen Werke von Ludw. van Beethoven. hoch 4. (VII und 167 S.) Leipzig 851, Breitkopf und Härtel.

—— thematisches, der bisher im Druck erschienenen Werke von Johannes Brahms. Nebst systemat. Verzeichniss und Registern. Lex.-8. (V, 134 S.) Berlin 887, Simrock.

Thematisches Verzeichniss sämmtlicher im Druck erschienenen Werke von Johannes Brahms. Berlin 1897.

Thematisches **Verzeichniss** sämmtlicher im Druck erschienenen Werke von Johannes Brahms. Nebst syst. Verz. u. Registern. Neue Ausg. *Berlin: N. Simrock 1902.* (175 S.) 4°
[01. 9852

— thematisches, sämmtlicher im Druck erschienenen Werke v. Johannes Brahms. Nebst systemat. Verzeichniss u. Registern. Neue Ausg. (III, 175 S.) Lex.-8. Ebd. 903. n. 3. —

Thematisches Verzeichniss der Werke, Bearbeitungen und Transcriptionen von F. Liszt. Neue vervollständigte Ausgabe. Leipzig (1887).

Thematisches Verzeichniss sämmtlicher im Druck erschienenen Werke Robert Schumann's. Leipzig (Hamburg) und New-York (1860).

Verzeichnis der Titel der bisher erschienenen wissenschaftlichen Programm-Abhandlungen des Gymnasiums zu Stendal 1606—1903. Stendal 1904: Franzen & Grosses Buchdr. (S. 1—7.) 4°
Stendal, G P 1904 (297)

Verzeichnis der Titel der bisher erschienenen wissenschaftlichen Programm-Abhandlungen des Gymnasiums zu Stendal 1606 bis 1903. (Umschlagtitel: Verzeichnis der wissenschaftlichen Programm-Abhandlungen des Stendaler Gymnasiums. 1606 bis 1903.) S. 3—7. 4. **Progr.** Gymn. *Stendal* 1904 (297).

Verzeichnis der Titel, der Verfasser . . . von den sämtlichen Büchern, woraus diejenige Bibliothek besteht, welche von der . . . Rostockischen Lesegesellschaft errichtet ist. Rostock 1794. V: *Tarnow, Johann Marcus Constantin.* (MGT)

—— von 400 Titeln der gangbarsten Kalender. In 30 Rubriken systematisch zusammengestellt. 2. verm. Aufl. 8. (9 S.) Leipzig 878, Gracklauer. *

Verzeichnis von 400 Titeln der gangbarsten Kalender. In 30 Rubriken . . . 2. Aufl. Leipzig 1879. H: *Gracklauer, O.* (cb)

— hervorragender u. bekannter Tonsetzer, die noch leben od. noch nicht 80 Jahre tot sind, sowie derjenigen Komponisten, deren Werke bezüglich des Aufführungsrechtes vom 1. I. 1902 ab frei sind, sei dies auf Grund ihrer dahin getroffenen Bestimmungen oder ihres bereits vor dem 1. I. 1872 eingetretenen Todes. 12. (31 S.) Berlin (902). A. Parrhysius. n. — 50

Verzeigniss dor Toreutica-Waare der Klauerschen Kunst-Fabrik zu Weimar. No. 1. Mit Kupfern. Weimar 1792. 4°.

Verzeichniss 66 empfehlenswerther Touren für 1–4 Tage im Harz. Hrsg. vom Harzklub Zweigverein Magdeburg. 2. Aufl. *Magdeburg: Harzklub; (J. Neumann in Komm.) 1900.* (26 S.) 8° [oo. 1098 3

Verzeichnis 77 empfehlenswerther Touren f. 1—4 Tage im Harz. Hrsg. vom Harzklub Zweigverein Magdeburg. 8. verb. Aufl. 8. (IV, 31 S.) Magdeburg 901. (J. Neumann. — Quedlinburg, H. C. Huch.) n. — 20

Verzeichniss 77 empfehlenswerther Touren für 1–4 Tage im Harz. Hrsg. vom Harzklub, Zweigver. Magdeburg. 4. verb. Aufl. Magdeburg: Harzklub; (J. Neumann in Komm.) 1901. (31 S.) 8°

VERZEICHNISS 125 empfehlenswerther Touren für 1—4 Tage im Harz. Herausgegeben vom Harzklub, Zweigverein Magdeburg. 7. verbesserte Auflage. 1904. Verlag: Harzklub, Zweigverein Magdeburg. Vertrieb durch: Julius Neumann, Hofbuchhandlung Magdeburg (und) H. C. Huch, Buchhandlung Quedlinburg. 8°.

— 125 empfehlenswerther Touren f. 1–4 Tage im Harz. Hrsg. vom Harzklub, Zweigverein Magdeburg. 7. verb. Aufl. (III, 49 S.) kl. 8. Magdeburg 904. (J. Neumann.) — Quedlinburg (H. C. Huch). n. — 20

—— von kleineren und größeren Touren in den Gebieten der Algäuer Alpen. Hrsg. von dem zur Sektion Augsburg des deutschen Alpenvereins gehör. Alpenvereinsbezirk Immenstadt. 1.—3. Abthl. 16. Immenstadt 870, Seyfert. à Abthl.

Inhalt:

Abthl. 1. Immenstadt. (19 S.)
" 2. Sonthofen und Hindelang. (24 S.)
" 3. Oberstdorf und Tiefenbach. (18 S.)

— von Touren im Säntis-Gebiet m. Distanzenkarte. Zusammengest. u. hrsg. v. d. Section St. Gallen des S. A. C. 8. (6 S.) St. Gallen 895. Scheitlin's Nachf. n. — 80

VERZEICHNISS DER TOURISTENWEGE erster Ordnung (I. O.) im Harz. Sonder-Beilage zu „Der Harz" 1898 No. 5. Magdeburg 1898. Druck: Faber'sche Buchdruckerei. 8°.

VERZEICHNIS der in dem Zweygroschen-Topf des Silber-Porzellain- und Spiegel-Glückshafen diesen Wiener-Allerheiligen-Markt zu gewinnenden vorzüglichen Treffern. o. v., Wien 1791. 1 St.

— sämmtlicher Truppentheile der russischen Armee, m. Bezeichnung der Garnisonorte, sowie der Armee-Corps, Divisionen etc., welchen sie angehören. 12. (XII S.) Leipzig 891. M. Ruhl. n. — 50

Verzeichnis der 1864 am Eidgenössischen Turnfeste in St. Gallen auszuführenden Turnübungen, 9 S., 8°.

— d. deutschen Turn-Vereine. [Aus: „Handb. d. deutschen Turnerschaft".] 8. (101 S.) Hof 899. R. Lion. n.n. 1.—

Verzeichniß, übersichtliches — einer sehr reichhaltigen und selten so komplet vorkommenden Mineralien-Sammlung von 5124 ausgewählten Stücken, jedes davon in der Größe von 1 bis 3 Zoll. Nach dem Mohs'schen System streng geordnet 2c., welche gegen gleich baare Zahlung in Gratz zu verkaufen ist. Gratz, 1856. Gedr. bei Josef A. Kienreich (20 S. 8.)

Verzeichnis der bei der 7. Gauturnwartsversammlung des XIV. Turnkreises, 4.—5. 4. 1891, in Dresden geturnten Übungen, 16 S., 8°.

Verzeichnis der Übungen für unsere Kreisvorturnerstunden des VI. Turnkreises (Hannover) aus d. J. 1892—1897, u. f. d. Kreisturnf. in Hannover 1902, 03, 05, 07—10, 8°.

Verzeichnis der beim 4. deutsch-österreichischen Vorturnerturnen der freien Vereinigung der Vorturnerschaften in Brünn Ostern 1894 vorgeführten Übungen, Brünn, 10 S., 8°.

Verzeichnis der Übungsgruppen, aus „D. Turner", Berlin 1906—12, 16°. 7 Bde.

Verzeichnis der Übungs-Reihen beim 7. Turnfest des Weser-Ems-Gaues 1874 für das Muster-Riegen-Turnen von verschiedenen Vereinen. Osnabrück 1874. 10 S.

Verzeichnis der Universitäten, Akademien . . . in Spanien, Portugal, Italien, Grossbritannien . . . Leipzig 1795. V: *Wilmerding, Wilhelm Albert.* (MS)

— aller Universitäten, Akademien 2c. 8. Lpz. 795. Schwickert. 18 gr.

Verzeichnis der Berliner Universitätsschriften 1810–1885. Nebst einem Anh. enth. d. ausserordentl. u. Ehren-Promotionen. Hrsg. von d. Königl. Universitätsbibliothek zu Berlin. (Vorr.: Wilhelm Erman.) Berlin: W. Weber in Komm. 1899. (IX, 848 S.) 8°

— der in den Jahren 1864 u. 1865 erschienenen Universitäts- u. Schul-Schriften als Habilitations-Schriften u. Dissertationen der philosoph. Facultäten, Schulprogramme u. Reden, sowie anderer zu diesen Gebieten gehör. Monographien. Nebst Angabe des Formates, der Seitenzahl u. der Preise. Berlin, Calvary & Co. gr. 8. [1864. (IV, 31 S.) 1865. (VIII, 42 S. nebst einem einleit. Vorworte: Der Buchhandel u. die kleine Literatur.)] Jeder Jahrg. 3 ngr.

Verzeichnis zürcherischer Universitätsschriften 1833—1897. Im Anhang: Programmarbeiten der Kantonsschule Zürich 1834—1903. VIII + 218 S. 8. Zürich, Verlag der Kantonsbibliothek, Druck von J. Leemann, 1904. [fr. 2. 50]
Erschienen zugleich als: Catalog der Bibliothek der Cantonal-Lehranstalten in Zürich.... Band 4....

— guter Unterhaltungs- und Volksschriften. Als Nachtrag zu dem „Material zur Ansammlung von Volksbibliotheken von J. H. Wichern." Berlin (854.) W. Schultze. gr. 8. (16 S.) n. 2 ngr.

Verzeichnis über Unteroffiziere und Soldaten der bayerischen mob. Armee, welche teils an den Folgen der Verwundungen, teils an Krankheiten in Spitälern gestorben sind. München 1871. Verz. 1–14. 4°

— der deutschen Unterrichts-Ausstellung auf der Welt-Ausstellung in St. Louis 1904. 5 Tle. 8. Berlin 904. Behrend & Co. n. 12. 90; engl. Ausg. n. 12. 90
Chemie. (146 S. m. 2 Plänen.) 2. —; engl. Ausg. (144 S. m. 2 Plänen.) 2. —. — Wissenschaftliche Instrumente. (XXX, 227 S. m. Abbildgn. u. 2 Plänen.) 5. –; engl. Ausg. (XXVI, 221 S. m. Abbildgn. u. 2 Plänen.) 5. —. — Medizin. (IV, 169 S. m. 2 Plänen.) 2. 40; engl. Ausg. (169 S. m. 2 Plänen.) 2 40. — Universitäten u. andere wissenschaftliche Anstalten. (VIII, 97 S. m. 2 Plänen.) 1. 50; engl. Ausg. (VIII, 96 S. m. 2 Plänen.) 1. 50. — Höheres u. niederes Unterrichtswesen. (VIII, 144 S. m. 2 Plänen.) 2. —; engl. Ausg. (VIII, 142 S. m. 2 Plänen.) 2. —.

Verzeichniß der Unterrichts-Gegenstände für die Diplom-Hauptprüfung an der Kgl. Gewerbe-Akademie zu Berlin (v. 26. 6. 1875).

Verzeichniß der Unterrichts-Gegenstände für die Diplom-Vorprüfung (an der Kgl. Gewerbe-Akademie zu Berlin v. 26. 6. 1875).

Verzeichniß der Unterrichts-Gegenstände, welche auf der Kgl. Bau-Akademie zu Berlin gelehrt werden. W.-H. v. Michaelis 1849 bis Ostern 1850. S.-H. v. Ostern bis Michaelis 1850. W.-H. v. Michaelis 1850 bis Ostern 1851.
Fortges. u. d. T.:
Verzeichniß der Unterrichts-Gegenstände der Kgl. Bau-Academie zu Berlin für das S.-H. 1851. W.-H. 1851/2 [usw.]—S.-H. 1876.
Fortges. u. d. T.:
Programm der Kgl. Bau-Akademie zu **Berlin für das** Jahr 1876-77. 1877-78. **1878-79.**

Verzeichnis gedruckter Oettingischer Urkunden nach der Zeitordnung zusammengetragen . . . Oettingen 1762. V: *Tröltsch, Joh. Frdr. Reichsfreih. v.* (ML) (BB)

Verzeichniss Oberlausizischer Urkunden. Herausgegeben von der Oberlausizischen Gesellschaft der Wissenschaften in Görlitz.
Bd. 1, oder Heft 1–8, vom Jahre 965 bis 1490. Görlitz (1799—1805). Im Verlage der Gesellschaft und in Comm. bei Zobel. 4o.
Bd. 2, oder Heft 9–20, nebst den Nachträgen, vom Jahre 1490 bis 1803. ib. (1824). —

— **Oberlausitzer Urkunden, (v. Jh. Glo. Zobel). 8 Hefte. 4. Görlitz 799—805. (Anton). 1s—4s Hft. 19 K 5s—8s Hft. ... 2r Bd. od. 9s—20s Heft, nebst den Nachträgen, vom J. 1490 bis 1803. 4. Ebd. 825. Zobel. 1 Rthl. 12 K**

Verzeichnis Oberlausizischer Urkunden. Görl. 1799—1824. H (Heft 1—4): *Zobel, Johann Gottlob.* (OL) (Ky)

Verzeichnis der Interurbanen Verbindungen des schweizerischen Telephonnetzes, festgestellt auf 31. März 1903 — Nomenclature des Communications interurbaines du Réseau téléphonique suisse, arrêtée au 31 mars 1903. II + 121 S. kl.-4. Bern, Steiger, 1903.

Verzeichniß der im Herzogthum Holstein bestraften Verbrecher nebst einer Beschreibung derselben . . . o. O. u. J. Fol.
1. Juli–31. Dez. 1854. 2. Semester 1855. 1. Semester 1856.

Verzeichniss der in der Zeit vom 1. Juli 1863 bis dahin 1864 im Herzogthum Holstein bestraften Verbrecher. Glückstadt. 1864. 8o

Verzeichniß der im Herzogthum Schleswig bestraften Verbrecher, nebst den Beschreibungen derselben, sowie einer Angabe der Verbrechen und Strafen. o. O. u. J. Fol.
1. Jan.–30. Juni 1834. 1. Juli–31. Dez. 1834. 1. Juli–31. Dez. 1842. 1. Juli–31. Dez. 1843. 1. Jan.–30. Juni 1854. 1. Juli–31. Dez. 1857.

Verzeichniß der bey der von dem Kön. Schleswigschen Obergerichte zu Gottorf verfügten Untersuchung wider den Scheerenschleifer Johann Peter Lutz und dessen Beyschläferin Maria Christina Kuhlmann vorkommenden Verbrecher und Landstreicher . . . (Schleswig. 1809.) Fol. [Kopft.]

Verzeichnis der im Deutschen Reiche bestehenden Vereine gewerblicher Unternehmer zur Wahrung ihrer wirtschaftlichen Interessen. Zsgest. im Reichsamte d. Innern. *Berlin: E. S. Mittler & Sohn 1903.* (VIII, 928 S.) 8° [F.] [03. 11631

— **der christlichen Vereine Niederösterreichs. A. In Wien. B. Außer Wien. Hrsg. im Auftrage des 1. niederösterreich. Katholikentages von Max Frhr. v. Vittinghoff-Schell. Lex.-8. (24 S.) Wien 898. (H. Kirsch.) n.n. —26**

— der christlichen Vereine Niederösterreichs. A. In Wien. B. Außer Wien. 2. Ausg. Nach dem Stande vom 1. V. 1903. Hrsg. v. der vorbereit. Kommission des III. niederösterreich. Katholikentages. Red. v. Hans Prankl. (32 S.) Lex.-8. Wien 903. („Austria" F. Doll.) n. —40

—— der Vereine des christlichen Sängerbundes 1886. gr. 8. (26 S.) Bonn 887, (Schergens.)

—— der Vereine d. allgemeinen christlichen Sängerbundes. Hrsg. 1890. gr. 8. (75 S.) Bonn, (Schergens). * —40

Württemberg. Schwarzwaldverein, Bezirksverein Stuttgart. **Verzeichnis** der Vereins-Bücherei und der zugehörigen Kartensammlung. April 1901. *Stuttgart: A. Bonz' Erben 1901.* (30 S.) 8° [F.] [01. 4739

Verzeichniss der bis zum 14. August angemeldeten Vereinsmitglieder u. Gäste bei der V. Hauptversammlung des bayer. Volksschullehrer-Vereins, abgehalten in München am 20.–22 Aug. 1872. München. 8°. 50 S. Cart.

Verzeichnis der Verhandlungsgegenstände der I. bis X. Sitzungsperiode des reorganisierten Königlich Preussischen Landes-Ökonomie-Kollegiums 1879 bis 1907 u. der ständigen Kommission desselben 1899 bis 1907. Berlin: Parey 1909. 96 S. 8° [11. 7105

[F.] Verzeichniss des Verlags von Hermann Böhlaus Nachfolger in Weimar. Die Jahre 1853 bis 1898 umfassend . . . *(Weimar: Hof-Buchdr. 1899.)* (XV, 50 S.) 1 Bd. 8. [illegible]

Verzeichnis der im Verlage von Puttkammer & Mühlbrecht erscheinenden Veröffentlichungen d. Kais. Statist. Amtes 1873 bis Ende Juli 1909. Berlin: Puttkammer & Mühlbrecht 1909. 38 S. 8° [10. 10204

Verzeichniss der im Verlage des Königlichen Statistischen Bureaus in Berlin erschienenen Veröffentlichungen des Königlich Preussischen Statistischen Bureaus. Ausgegeben im Januar 1885. Berlin. 1885.

Verzeichnis der Veröffentlichungen des Königlich Preußischen Statistischen Bureaus und anderer Schriften, welche im Verlage des Königlichen Statistischen Bureaus erschienen und durch jede Buchhandlung oder von der Verlagsstelle selbst zu beziehen sind. Berlin.
Ausgegeben Anfang Januar 1904. (40 S)

Verzeichnis der Veröffentlichungen aus der Physikalisch-Technischen Reichsanstalt 1887 bis 1900. *Berlin: J. Springer 1901.* (93 S.) 4° [01. 6387

— der Veröffentlichungen aus der physikalisch-technischen Reichsanstalt. 1887 bis 1900. gr. 4. (53 S.) Berlin 901. J. Springer. n. 2. —

Verzeichnis der sämmtlichen aus der löblichen Bürgerschaft in Hamburg zur Cämmerei Verordneten . . . Hamburg 1734. V: *Havemester, Johann.* (Schr)

— **aller im Amtsblatte der Königl. Regierung zu Merseburg und in der Gesetzsammlung für die Königl. Preuß. Staaten von 1816 bis 1840 enthaltenen, auf das Kirchen- u. Schulwesen sich beziehenden Verordnungen** rc. in alphabet. Ordnung, herausgeg. von einem Superintendenten. kl. 4. Halle 841, Lippert. n. 1/3 Rthl.

—— aller im Amtsblatte d. k. Regierung zu Merseburg u. in d. Gesetzsamml. f. d. k. preuß. Staaten v. 1816—40 enthalt., auf d. Kirchen- u. Schulwesen sich bezieh. Verordnungen 2c. in alphabet. Ordn., hrsg. von e. Superintendenten. 4. (5½ B.) Halle 841, [Schmidt's Vrlsh.] *

Verzeichniß der Verpflegszöglinge und Schüler des Prager Privat-Instituts für Taubstumme im Schuljahre 1852 - 53, nebst dem Ausweise über die Einnahmen, Ausgaben und den Vermögensstand desselben mit Schluß des Jahres 1852. 4. (18 S.) Prag. Druck der k. k. Hofbuchdruckerei von Gottlieb Haase's Söhne. 1853.

Verzeichnis der Versammlungen, in welchen den Vorschlägen des schweiz. Bauernverbandes zum neuen Zolltarif zugestimmt worden ist. Abgeschlossen den 15. Mai 1902. — Liste des assemblées qui ont adhéré aux propositions de l'Union suisse des paysans pour le nouveau tarif douanier. Arrêté au 15 mai 1902. 17 S. 8. Aarau, Emil Wirz, 1902.

Basler [C]Konsum-Gesellschaft (in Basel). Verzeichnis der Vertrags-Firmen vom 21. Februar 1901. 15 S. 8. Basel, Wackernagel.

6. Preuß. Städtetag zu Königsberg i. Pr. am 5. u. 6. Oktober 1908. Verzeichnis der angemeldeten Vertreter. (Königsberg 1908.) 10 S.

Jubelfeier der Herzoglichen technischen Hochschule Carolo-Wilhelmina 25. bis 27. Juli 1895. Verzeichniss der anwesenden Vertreter auswärtiger Hochschulen und der alten Herren der Carolo-Wilhelmina. 2 Bl. 4⁰

Verzeichniss der diplomatischen Vertreter... der fremden Staaten in der Schweiz während des Zeitraums von 1814--1848 s. [Fetscherin, Wilhelm]. Verzeichniss der [eidgenössischen] Tagsazungsgesandten von 1814–1848. [Bern 1876.]

Schaffhauser Centenarfeier 1901. Verzeichnis der eingeladenen und angemeldeten Vertreter der Bundesbehörden und der Kantone und Ehrengäste. 5 S. 8. [Schaffhausen, H. Meier & Cie.]

— der bei Durchführung der Unfallversicherungsgesetze betheiligten höheren u. niederen Verwaltungsbehörden, sowie der Namen, Sitze u. Bezirke der Berufsgenossenschaften, Sektionen, staatl. u. kommunalen Ausführungsbehörden u. der Schiedsgerichte. [Aus: „Amtl. Nachrichten des Reichs-Versicherungsamts".] gr. 4. (62 S.) Berlin 894. A. Asher & Co. n.n. 50

Verzeichniss der städtischen Verwaltungsbehörden in Altona. 1892. 1895. 1896. 1897. Altona. (1892–97.) 8⁰

— der Vögel Europa's. Als Tausch-Catalog eingerichtet. gr. 4. (4 S.) (Stuttgart 852, Hofbuchdr. Zu Guttenberg.) baar ⅛ ✓

Verzeichnis der Vögel Europas. [Braunschweig 1861.] V: *Blasius, Johann Heinrich.* (Braunschw. Bibliographie. Braunschweig 1897.)

— von Volks-Schriften, welche sich für Volksbibliotheken eignen. Hrsg. im Auftrag der südwestdeutschen Conferenz für Innere Mission. gr. 8. (40 S.) Frankfurt a/M. 879. Schriften-Niederlage d. Evangel. Vereins. n. — 40

— der Hamburger Volksschullehrer u. Lehrerinnen, geordnet nach dem Dienstalter, nach dem Alphabet u. nach den Schulen. Nebst e. Anh. Für d. Schulj. 1883/84. Hrsg. vom Verein Hamburger Volksschullehrer u. vom Verein Hamburger Landschullehrer. gr. 8. (64 S.) Hamburg 883. O. Meißner. n. 1. —

—— der Hamburger Volksschullehrer u. Lehrerinnen. Für d. Schulj. 1891/92. gr. 8. (108 S.) Hamb. 891, (Kloss). ** 1 —

— der Hamburger Volksschullehrer u. Lehrerinnen, geordnet nach dem Dienstalter, nach den Schulen u. nach dem Alphabet. Nebst e. Anh. Für d. Schulj. 1893/94. Hrsg. vom Verein Hamburger Volksschullehrer u. vom Verein Hamburger Landschullehrer. gr. 8. (116 S.) Hamburg 893. (C. Kloss.) n.n. 1. —

— d. Hamburger Volksschullehrer u. -Lehrerinnen d. Stadt- u. Landgebiets, sow. d. Lehrer an d. Vorschulen d. höh. Staatsschulen, geordn. nach d. Dienstalter, nach d. Schulen u. nach d. Alphabet. Nebst e. Anh. Für d. Schulj. 1897/98. 7. Jahrg. Hrsg. v. d. Gesellschaft d. Freunde d. vaterländ. Schul- u. Erziehungswesens u. vom Verein Hamburger Landesschullehrer. gr. 8. (152 S.) Hamburg 897. (C. Kloss.) n.n. 1. —

— der Hamburger Volksschullehrer u. -Lehrerinnen (des Stadt- u. Landgebiets, sowie der Lehrer an den Vorschulen der höheren Staatsschulen), geordnet nach dem Dienstalter, nach den Schulen u. nach dem Alphabet. Nebst e. Anh. Für das Schulj. 1902/03. 11. Jahrg. Hrsg. v. der Gesellschaft der Freunde des vaterländ. Schul- u. Erziehungswesens, vom Verein Hamb. Landschullehrer u. vom Verein Hamb. Volksschullehrerinnen. gr. 8. (195 S.) Hamburg (902). (C. Kloss.) n. 1. 40

— Hamburger Volks-Schullehrer u. -Lehrerinnen, geordnet nach dem Besoldungsdienstalter, nach den Schulen u. nach dem Alphabet. Nebst e. Anh. Schulj. 1906/07. (15. Jahrg.) Hrsg. von der Gesellschaft der Freunde des vaterländ. Schul- u. Erziehungswesens, vom Verein Hamburger Landschullehrer u. vom Verein Hamburger Volksschullehrerinnen. (238 S.) 8. Hamburg (C. H. A. Kloss). n. 1. 40

Verzeichnis Hamburg. Volks-Schullehrer u. -Lehrerinnen (des Stadt- u. Landgebiets sowie der Lehrer an den Vorschulen der höheren Staatsschulen), geordnet nach dem Besoldungsdienstalter, nach den Schulen u. nach dem Alphabet. Nebst e. Anh. Schulj. 1910—1911. (19. Jahrg.) Hrsg. v. der Gesellschaft der Freunde des vaterländ. Schul- u. Erziehungswesens. vom Verein Hamburger Landschullehrer u. vom Verein Hamburger Volksschullehrerinnen. (278 S.) 8. Hamburg, (C. Boysen). 1. 50

— sämmtlicher Volksschullehrer in Baden m. Angabe ihres Wohnortes u. der Receptionszeit, nach dem Stande vom 1. Nov. 1873. Zusammengestellt m. Benützg. amtl. Quellen. gr. 16. (153 S.) Mannheim 874. Bensheimer. — 75

—— sämmtlicher Volksschullehrer in Elsass-Lothringen mit Angabe ihres Wohnortes. 16. (92 S.) Ebendas. 874.

Verzeichniss sämmtlicher Volksschullehrer in Elsass-Lothringen. Nach dem Stande vom 15. Jan. 1875 zusammengestellt unter Benützung amtl. Quellen. 16. (35 S.) Mannheim 875, Bensheimer. *

—— sämmtlicher Volksschullehrer von Elsass-Lothringen nach dem Stande vom 1. Octbr. 1875. Zusammengestellt unter Benützung amtl. Quellen. [Lehrer-Kalender für Elsass-Lothringen für 1876. 2. Thl.] 8. (36 S.) Mannheim 875, Bensheimer. *

— sämmtlicher **Volksschullehrer** der Pfalz m. Angabe ihres Wohnortes. gr. 16. (31 S.) Ebend. 874. — 50

Verzeichnis der in Mecklenburg befindlichen Vollblut-Pferde. Schwerin 1827—29. V: *Biel, Glieb Wilh. Ludw. Baron von.* (Ky)

—— der in Mecklenburg befindl. Vollblut-Pferde. 1—3. Hft. (Hrsg. unt. Autorität d. Comitte f. Mecklenburgs Pferderennen. (Von G. W. L. v. Biel.) gr. 8. Schwerin. (Rostock, Stiller.) [1. (2½ B.) 827. 7 Gr., 2. (3 B.) 828., 3. (2¾ B.) 829. à 8 Gr.]

Verzeichniss der in Mecklenburg befindl. Vollblut-Pferde. 4—12. Hft. Hrsg. unt. Autorität d. Committe f. Mecklenburg's Pferderennen. gr. 8. (... B.) Rostock 832—41, (Stiller'sche Hofbuchh.) [4—9. à * ⅝ Thlr., 10. u. 11. à * $\frac{6}{12}$ Thlr., 12. * $\frac{7}{12}$ Thlr.] Thlr. *
1—3. Hft. Ebendas. 1827—29. à * 9 Gr.

—— der in Mecklenburg befindlichen Vollblut-Pferde. 13—16. Heft. Hrsg. unter Autorität der Committé für Mecklenburgs Pferderennen. gr. 8. (8 B.) Rostock 842—45, (Stiller'sche Hof-Buchh.) [13. (8 B.) * 17½ Ngr., 14. (9¼ B.) 15. (10¼ B.) 16. (11⅛ B.) à * 22½ Ngr.] *
1–12. Hft. Ebendas. 1827—41. 4 Thlr. 23¾ Ngr.

Verzeichniss d. in den Herzogthümern Schleswig, Holstein u. Lauenburg befindlichen Vollblut-Pferde. Nebst e. Anh. enthaltend die Renn-Gesetze u. das Resultat d. 1830 ... abgehaltenen Wett-Rennen ... Oldenb. 1831. 62 S. P.

3 Verzeichniß der in dem Königreich Dännemark und den Herzogthümern Schleswig, Holstein und Lauenburg befindlichen Vollblutpferde. Nebst einem Anhang der 1832 ... abgehaltenen Rennen ... Oldenburg i. H. 1833. 8°

—— 5. u. 6., der Vollblut-Pferde d. Königr. Dänemark u. d. Hrzgthr. Schleswig, Holstein u. Lauenburg. Nebst e. Anh., enth. die f. d. J. 1835—38 u. ferner f. d. Rennbahnen d. Königr. u. d. Hrzgthr. abgeschlossenen Privat-Rennen. gr. 8. (4½ u. 5¼ B.) Kiel 835, 36. (Hamburg, Perthes-Besser u. Mauke.) à *
1—4. Verzeichn. Ebendas. 1831–34. à * 14 Gr.

6 *Verzeichniss* d. Vollblut-Pferde d. Königreichs Dänemark u. d. Herzogthümer Schleswig, Holstein u. Lauenburg. Nebst e. Anh. enthaltend die für die Jahre 1836, 1837, 1838 u. ferner ... abgeschlossenen Privat-Rennen. Kiel u. A. 72 S.
(Anhang S. 55-72).

—— der Vollblut-Pferde in d. Ländern d. Gesammt-Hauses Braunschweig-Lüneburg. 5. Hft. 8. (3¾ B. u. 6 Tab.) Celle 839. (Hannover, Helwing'sche Hof-Buchh.) *
1—4. Hft. kam nicht in den Buchhandel.

Verzeichniss d. Vollblut-Pferde in den Ländern d. Gesammt-Hauses Braunschweig-Lüneburg. H. 5. Celle 1839. 59 S. 6 Tab.

—— 3. u. 4., der preuß. Vollblut-Pferde. gr. 8. Berlin, (Mittler, Vrlsh.) [3. (13 B. u. 1 Tab.) 838. * 1 Thlr. 3 Gr., 4. (14¼ B. u. 1 Tab.) 839. * 1⅓ Thlr., 2. Anh. hierzu. (6 B.) 841. * ⅔ Thlr.] *
Der 1. Anhang zum 4. Verzeichn. ist demselb. angeheftet. 1. u. 2. Verzeichn. Ebendas. ... ?

Verzeichniss d. preussischen Vollblut-Pferde. 3-4. Berl. 1837, 39. (15) 177, 207 S.

-- vollständ. alphabet., der in d. preuß. Monarchie mit Ein- u. Ausgangsabgaben belegt, oder ganz frei bleibenden Gegenstände. Mit Hinsicht auf d. Rubriken d. Erhebungsrolle. Von e. prakt. Zollbeamten (J. G. H. Hesse.) 4. Leipz. 822. verm. 825. 3e Ausg. bis 1830 berichtigt. 828. Klein. 1 ₰ in gr. 8. 18 gGr

Vollständiges Verzeichniß von sämmtlichen im Friedrichshaine Beerdigten, welche als Opfer für die Freiheit am 18. und 19. März 1848 in Berlin gefallen sind. Berlin (1848.) 14 S. 8.

Vollst. Verzeichniss aller Bücher, welche bey *Joh. Nepom. Fritz*, Buchhändler in München, nächst dem schönen Thurme, um beygesetzte billige Preise zu haben sind. (München) 1770. 8°. (Aus Fastinger's Bibl.) Hygrath.
[illegible]

— vollständiges, d. Dissertationen rc. s. Catalogus.

— vollständiges, der nach französ.-westphäl. Rechte vorgeschriebenen Fristen u. Zeitbestimmungen, nach alphabet. Ordnung. 8. Hannov. 812. Hahn. 8 gGr

— vollständiges auf d. Tarife d. Zollvereins-Staaten anwendbar gemachtes alphabetisches, aller im Handel vorkommenden Gegenstände, nebst Angabe der für jeden Gegenstand zu entrichtenden Steuer beim Ein-, Aus- u. Durchgang, u. der für Verpackung zu vergütenden Thara. Nach d. Königl. Preuß. Zolltarif für d. J. 1832, 33 u. 34 aufgestellt u. bearb. vom Großherzogl. Hessischen u. Königl. Preuß. Beamten beim Hauptzollamte Vilbel. 4. Hanau 832. Edler. 16 gGr

— vollständiges, sämtlicher Gesangswerke v. Johannes Brahms. (12 S.) Lex.-8. Berlin (903). N. Simrock. n. — 20

Verzeichnis, Vollstaendiges, der vornehmsten Geschichtsschreiber, Anietzo aufs neue übersehen . . . Leipzig 1718. V: *Lenglet du Fresnoy, Nicolas.* (EB)

—— vollständ., der Literatur d. allgem. Anatomie d. Menschen u. d. Haussäugethiere in systemat. Eintheilung. gr. 8. (2¼ B.) Bern 840, Dalp.

— vollständiges, aller Messen und Märkte, als: Jahr-, Monat-, Wochen-, Körner-, Pferd-, Vieh-, Flachs-, Garn-, Leinwand-, Pelz-, Woll-, Holz- und anderer Märkte, im Umfange des österreich. Kaiserstaates. Zum Gebrauche für Großhändler, Kaufleute, Fabrikanten, Gewerbleute, Capitalisten rc. gr. 8. Wien 842, Ign. Klang. ¼ ₰ gebund. ⅓ ₰

— vollständiges, der Mitglieder und Theilnehmer der 12ten Versammlung deutscher Naturforscher u. Aerzte, nebst einer Uebersicht derselben nach ihren Wohnorten. 8. Stuttgart 834. Brodhag. $\frac{1}{8}$ ₰

Verzeichniss, Vollständiges V. der Ortschaften des Kantons Thurgau. Frauenfeld 1863. 8. [Herzog, Johann]

— vollständiges, v. Papiergeld, welches ausser Cours gesetzt u. werthlos wird. 3., nach den officiellen Berichten der Dresdner Handelskammer ergänzte Aufl. 16. (4 S.) Chemnitz 876. Winter. n. — 10

—— Vollständiges, der Postorte des deutschen Reiches u. der Oesterreichisch-Ungarischen Staaten, mit genauer Bezeichnung der Länder, Provinzen etc., in denen dieselben gelegen sind. Ein Hilfs- u. Nachschlagebuch für den geschäftl. Verkehr. 2. Aufl. Leipzig 1878. gr. 8.
Die 1. Aufl. u. d. T.: Die Postorte d. Deut. Reiches.

— vollständiges, der Postorte des Deutschen Reiches u. der Oesterreichisch-Ungarischen Staaten, mit genauer Bezeichnung der Länder, Provinzen etc., in denen dieselben gelegen sind. Ein Hilfs- u. Nachschlagebuch für den geschäftlichen Verkehr. Als Anhang: Tabellen zur Berechnung des Portos u. der Versicherungsgebühr für Packete u. für Briefe mit Werthangabe, Postvorschuss-Sendungen etc. Nach amtlichen Vorlagen bearb. 2. Aufl. gr. 8. (VI, 91 S.) Leipzig 878. Ruhl. n. 1. 50

—— vollständiges, der Postorte des Deutschen Reiches und der Oesterreichisch-Ungarischen Staaten, mit genauer Bezeichnung der Länder, Provinzen etc., in denen dieselben gelegen sind, sowie der Taxquadrat-Nummern zur Berechnung des Packetpostportos von jedem Postort ab. 3. Aufl. Nebst einem Anhang mit den Tarifen und Versendungsbedingungen über: 1. Gewöhnliche Briefsendungen, 2. Briefe mit Werthangabe, 3. Postaufträge, 4. Postanweisungen, 5. Packetsendungen innerhalb Deutschlands und nach Oesterreich-Ungarn, 6. Packetsendungen nach dem Auslande, 7. Tarif für Telegramme und eine graph. Darstellung der Taxquadratur-Eintheilung des Deutschen Reiches und Oesterreich-Ungarns, zur Feststellung der Zonen von jedem belieb. Postort aus. Nach amtl. Vorlagen bearb. gr. 8. (147, XIV S.) Leipzig 884, Ruhl. *

„Vollständiges Verzeichniss der in ganz Europa nach dem neuesten Fuß eingeführten Rechnungs- und Zahlungsmünzen, der verschiedenen Maasse und Gewichte und Vergleichung derselben mit den Wiener Münzen, Maassen und Gewichten", 2. verbesserte Auflage. Grätz 1809 (Miller).

— vollständiges, der in ganz Europa nach d. neuesten Fuße eingeführten Rechnungs- u. Zahlmünzen d. verschiedenen Maaße u. Gewichte rc. 2e Aufl. 8. Grätz 819, Miller.

—— vollständiges, der activen Sanitäts-Offiziere des deutschen Reichs-Heeres und der kaiserl. Marine mit genauer Angabe der Beförderungen in die einzelnen Rangstufen, zusammengestellt von J. 1.—3. Jahrg. 4. (32; 32; 39 S.) Burg 882—84, Hopfer. à Jahrg.

—— vollständiges, der activen Sanitäts-Offiziere des Deutschen Reichs-Heeres und der Kaiserl. Marine mit genauer Angabe der Beförderungen in die einzelnen Rangstufen. 7. Jahrg. 4. (44 S.) Burg 888, A. Hopfer. *
Vgl.: Anciennetäts-Liste, vollständige, der Offiziere des deutschen Reichsheeres.

Verzeichnis, Vollstaendiges, aller in Druck gekommenen lateinischen und teutschen Schriften . . . J. Val. Andreä . . . Tübingen 1793. V: *Burk, Marcus Philipp.* (Kl) (JL)

— aller Schriften J. V. Andreä's. 8. Tübing. Heerbrand. 793.

— aller Schriften J. V. Andreä's. 8. Tübing. 793. (Osiander). 3 gr.

— vollständiges, specielles alphabet. geordnetes, der im Königr. Sachsen bestehenden Geldstipendia nebst Angabe der Freitische u. Freiwohnungen für Studirende aller Facultäten, für In- u. Ausländer. 8. (64 S.) Leipzig 850, H. Fritzsche. n. 1/6 Thlr.

— vollständiges, der Stell- u. Gesellschafts-Wagen in den Umgebungen Wiens u. auch einigen Provinzialstädten. 4e bedeutend verm. u. verb. Aufl. (von Jos. Bermann). 8. Wien 840. Bermann u. Sohn. 1/4 Thlr.

Verzeichnis, Vollständiges systematisches, aller Gewächse Teutschlandes, zur Beförderung ihrer physikalischen und ökonomischen Geschichte. Leipz. 1782. V: *Gleditsch, Joh. Glieb.* (Call) V: *Honckeny, Gerhard August.* (Ky) (MGT)

— vollständ. systemat., aller Gewächse Deutschlands zur Beförder. ihrer physikal. u. ökonom. Geschichte (v. G. A. Honkeny.) 1r Bd. gr. 8. Leipz. 782. Crusius. (W. Vogel). 2 Thlr.

Vollständiges systematisches Verzeichniß aller Gewächse Deutschlands zur Beförderung ihrer physikalischen und ökonomischen Geschichte, von einem Mitgliede der Gesellschaft Naturforscher-Freunde und von letzterer zum Drucke befördert. - Bd. 1. Leipzig 1782. 816 S.

VOLLSTÄNDIGES SYSTEMATISCHES VERZEICHNISS ALLER GEWÄCHSE TEUTSCHLANDES zur Beförderung ihrer physikalischen und ökonomischen Geschichte von einem Mitgliede der Gesellschaft Naturforschender Freunde (G. A. HONCKENY), und von lesterer sum Drucke befördert. Bd. 1. Leipzig 1782. Bey Siegfried Lebrecht Crusius. 8°.

— vollständiges, aller Tauf-Namen. Aufgestellt: Nach dem Alphabet, zum bequemen Auffinden der Namens- u. Festtage. — Nach der Zeitfolge, zur bequemen Uebersicht der von der Kirche auf jeden Tag angeordneten Gedächtnisse [Namens- oder Gedenktage] der Heiligen [Kirchenkalender]. Mit einer Zeittafel der beweglichen Feste bis 1900. Mudau 863. (Lahr, Geiger.) qu. 4. (60 S.) 7½ ngr.

— vollständiges, der Verse, die im evangelischen Gesangbuch f. Rheinland u. Westfalen enthalten sind. Mit Berücksicht. des allgemeinen Anhangs u. des Wuppertaler-Anhangs. (40 S.) 8. Elberfeld 903. Buchh. der ev. Gesellschaft. n. — 50

—— vollständiges, der Verse, welche im Gesangbuch für die evangelische Kirche in Württemberg enthalten sind. 2. Aufl. 8. (48 S.) Stuttgart 886, Buchh. der Evangel. Gesellschaft. *

— vollst., der Verse, welche im Gesangbuch f. d. evang. Kirche in Württemberg enthalten sind. 3. Aufl. 8. (48 S.) Stuttgart 898. Buchh. d. Evang. Gesellschaft. n. — 25

Vollständiges Verzeichniss sämmtlicher Werke und sämmtlicher Arrangements der Werke von Johannes Brahms. Berlin 1897.

— vollständiges, sämmtl. Werke u. sämmtl. Arrangements d. Werke v. Johannes Brahms. gr. 8. (31 S.) Berlin 898. N. Simrock. — 30

Vollständiges Verzeichnis sämtlicher im Druck erschienener Werke u. sämtlicher Bearbeitungen der Werke von Max Bruch. Berlin, Leipzig, London, Paris: Simrock [1908]. 28 S. 8°

Verzeichnis, Vollstaendiges und zuverlässiges, der Kaiser, Kurfürsten, Fürsten und Stände des heil. Römischen Reichs. Regensburg 1760. V: *Oertel, Christian Gottfried.* (ML) (Ky)

Verzeichnis der auf dem Gebiete der Hygiene u. der sonst v. kaiserl. Gesundheitsamte auf der Weltausstellung zu Paris 1900 vorbereiteten Vorführungen. 8. (XXIII, 143 S.) Berlin 900. O. Seehagen. n. — 40; französ. Ausg. (XXIV, 131 S.) n. — 40

Weltausstellung zu Paris 1900. Dt. Reich. Verzeichniß der auf d. Geb. der Hygiene u. der sonst vom Kais. Gesundheitsamte vorbereiteten Vorführungen. (Vorr.: [Karl] Koehler.) Bln '00. XXIII, 143 S.

Verzeichnis d. Vorlagen f. Brandmalerei aus d. Verlage von E. Haberland, Leipzig. 4. (XX, 152 S. m. Abb.) Leipzig 897. E. Haberland. n. — 50

— von Vorlagen f. Holz- u. Lederbrand, Brandmalerei in Verbindung m. Kerbschnitt, Holzmalerei, Intarsia, Metallätzung, Kerbschnitzerei, Holz- u. Lederschnitt (aus dem Verlage v. E. Haberland, Leipzig.) 4. (XX, 152 u. 1. Nachtrag 16 S.) Leipzig 899. E. Haberland. n. — 50; erhöht. Pr. — 70

Verzeichnis, Vorläufiges, der Münzen der Grafen von Limburg . . . Limburg [1891]. V: *Serrure, C. A.* (Berl)

—— der erforderl. 70 Vorlese-Stellen, aus Jesaias, beim Vormittags-Gottesdienste für alle Sonn- u. Festtage d. Kirchenjahres v. 1. Adventssonnt. 1827 bis dahin 1828, mit möglichst sorgfält. Berücksicht. d. Inhalts d. Episteln, so wie kirchl. Zeiten u. Festereignissen gewählt. 8. (1 B.) Leipzig, Andrä.827.

Verzeichnis der **Vorlesungen** an der Königlich Preussischen theologischen und philosophischen **Akademie** zu Münster für das Sommerhalbjahr 1900 (18. April bis 15. August). *Münster 1900: J. Bredt.* (22 S.) 8°

Verzeichnis d. Vorlesungen b. d. K. sächs. chirurg.-medizin. Akademie v. 15. Sept. 1856 bis 15 Juli 1857. — Desgl. für 1858/59 u. 1862/63. 4. 3 Bde.

Verzeichniss der auf der Königlichen Albertus-Universität zu Königsberg in Pr. . . . zu haltenden Vorlesungen und der öffentlichen akademischen Anstalten
im Sommer-Halbjahre 1853. Königsberg. (1853.)
im Winterhalbjahre 1853(/54). ebd. (1853.) 4°

Verzeichniss der auf der Königlichen Albertus-Universität zu Königsberg im Sommer-Halbjahre 1891 zu haltenden Vorlesungen und der öffentlichen akademischen Anstalten. (deutsch und lateinisch). Königsberg. 4°.

Verzeichniss der Vorlesungen an der Universität Basel im Sommer-Semester 1871. Basel: C. Schultze's Univers.-Buchdr. 1871. 12 Stn. 4°

Verzeichniss der Vorlesungen an der Universität Basel im Wintersemester 1871/72. Basel, C. Schultze's Univers.-Buchdr. 11 Stn. 4. 1871.

Verzeichniss der Vorlesungen an der Universität Basel im Sommer-Semester 1872. 12 Stn. 4. Basel, C. Schultze's Universitäts-Buchdr. 1872.

Verzeichniss der Vorlesungen an der Universität Basel im Sommersemester 1875. 4. Basel, Druck von C. Schultze. 1875.

Verzeichniss der Vorlesungen an der Universität Basel, im Sommer-Semester 1876. 10 Stn. 4. Basel, Schultze's Universitätsbuchdruckerei. 1876.

Verzeichniss der Vorlesungen an der Universität Basel im Sommer-Semester 1877. 12 S. 4. Basel, C. Schultze's Universitätsbuchdruckerei. 1877.

Verzeichniss der Vorlesungen an der Universität Basel im Wintersemester 1887/88. In-4°, 12 S. Basel, Schultze'sche Universitäts-Buchdruckerei (L. Reinhardt). 1887.

Verzeichnis der Vorlesungen an der Universität Basel im Sommer-Semester 1898. Basel 1898. 12 S. 4°.
Basel. Univ.-Schr. 1897/98.

Verzeichnis der Vorlesungen an der Universität Basel im Winter-Semester 1898/99. Basel 1898. 12 S. 4°.
Basel. Univ.-Schr. 1897/98.

Verzeichnis der Vorlesungen an der Universität Basel im Sommer-Semester 1899. Basel 1899. 12 S. 4°.
Basel. Univ.-Schr. 1898/99.

Verzeichnis der Vorlesungen an der Universität Basel im Sommer-Semester 1900. Basel 1900. 16 S. 4°.
Basel. Univ.-Schr. 1899/1900.

Universität Basel. Verzeichnis der Vorlesungen. 4. Basel, Fr. Reinhardt.
Winter-Semester 1900/01. 15 S. 1900. — Sommer-Semester 1901. 16 S. 1901. — Winter-Semester 1901/2. 16 S. 1901.

Universität Basel. Verzeichnis der Vorlesungen. 4. Basel, Fr. Reinhardt, 1902.
Sommer-Semester 1902. 16 S. — Winter-Semester 1902/3. 16 + Nachtrag 1 S.

Universität Basel. Verzeichnis der Vorlesungen. 4. Basel, Fr. Reinhardt, 1903.
Sommer-Semester 1903. 16 S. — Winter-Semester 1903/4. 16 S.

Verzeichnis der Vorlesungen an der Universität Basel im Sommer-Semester 1904. Anfang des Semesters am 15. April. Schluss des Semesters Ende Juli. Basel 1904. 14 S. 4°.
Basel. Univ.-Schr. 1903/1904.

Verzeichnis der Vorlesungen an der Universität Basel im Wintersemester 1904/5. Anfang des Semesters am 17. Oktober. Schluss des Semesters Ende März. Basel 1904. 14 + 1 S. 4°.
Basel. Univ.-Schr. 1903/1904.

Verzeichnis der Vorlesungen an der Universität Basel im Sommer-Semester 1905. Anfang des Semesters am 25. April. Schluss des Semesters Ende Juli. Basel 1905. 16 S. 4°.
Basel. Univ.-Schr. 1904/1905.

Verzeichnis der Vorlesungen an der Universität Basel im Winter-Semester 1905/06. Anfang des Semesters am 16. Oktober. Schluss des Semesters Ende März. Basel 1905. 16 S. 4°.
Basel. Univ.-Schr. 1904/1905.

Verzeichnis der Vorlesungen an der Universität Basel im Sommer-Semester 1906. Anfang des Semesters am 17. April. Schluss des Semesters Ende Juli. Basel 1906. 16 S. 4°.
Basel. Univ.-Schr. 1905/1906.

Verzeichnis der Vorlesungen an der Universität Basel im Winter-Semester 1906/07. Anfang des Semesters am 15. Oktober. Schluss des Semesters Ende März. Basel 1906. 16 S. 4°.
Basel. Univ.-Schr. 1905/1906.

Verzeichnis der Vorlesungen an der Universität Basel im Sommer-Semester 1907. Anfang des Semesters am 15. April. Schluss des Semesters Ende Juli. Basel 1907. 16 S. 4°.
Basel. Univ.-Schr. 1906/1907.

Verzeichniß der von der Breslauer Universität im nächsten Winterhalbenjahre (1811) . . . (im Sommerhalbenjahre 1812; im Winterhalbenjahre 1812) zu haltenden Vorlesungen. (Breslau 1811—12.) (je 2 Bl.) 3 Bde 4° [Kopft., F.]

Verzeichniß der auf der Universität zu Breslau *(WS 1831/32 ff: Universität Breslau)* im Sommer-Semester 1813 (*u. ff. bis* WS 1862/63) . . . zu haltenden Vorlesungen. (Breslau 1813—62.) 100 Bde 4° *(WS 1832/33 bis SS 1837: 2°)* [Kopft., F.] *(Umfang zwischen 2 Bl. u. 8 S.)*

Verzeichniß der Vorlesungen, welche auf der Universität Breslau im SS 1863 (*u. ff. bis* SS 1885) . . . gehalten werden. (Breslau 1863—85.) 45 Bde 4° [Kopft., F.] *(Umfang zwischen 8 u. 12 S.)*

Verzeichnis der Vorlesungen an der Königlichen Universität Breslau [1912 ff:] Schlesischen Friedrich-Wilhelms-Universität zu Breslau im W.-S. 1910/11 v. 15. Okt. 1910 bis 15. März 1911 ff. Breslau (1910) ff. 8° (4°)

Verzeichniss der Vorlesungen welche im . . . semester . . . an der Königl. Christian-Albrechts-Universität Kiel gehalten werden sollen.
Fortges. u.d.T.: *Verzeichnis der Vorlesungen welche im . . . semester . . . an der Königl. Christian-Albrechts-Universität gehalten werden sollen. 1882/83 ff. Kiel. 1882 ff. 8°

Verzeichnis der Vorlesungen an der Königl. Christian-Albrechts-Universität zu Kiel im W. H. 1909/10 ff. Kiel 1909 ff. 8°

— der Vorlesungen an den deutschen medicinischen Facultäten im Winter-Semester 1886/87. gr. 4. (9 S.) München 886. J. A. Finsterlin. — 50

— der Vorlesungen an den deutschen medicinischen Facultäten. 3. Ausg. f. das Sommer-Semester 1887. gr. 4. (14 S.) München 887. J. A. Finsterlin. — 50

Verzeichnis der auf der (WS 1828/29 ff: Königl., seit SS 1831: Königlichen) vereinigten (SS 1823 bis WS 1841/42 und WS 1845/46 bis WS 1855/56: vereinten) Hallischen und Wittenbergischen Friedrichs-Universität (WS 1828/29 ff: Friedrichs-Universität Halle-Wittenberg) im Sommer-Semester (seit SS 1823: -Halbjahre) 1821 (u. ff bis SS 1883) . . . zu haltenden Vorlesungen (WS 1824 ff:) und deren (WS 1828/29 ff: der damit verbundenen) öffentlichen Anstalten (nur SS 1826: deren Institute) (SS 1830 ff:) und der (SS 1841 ff: daselbst vorhandenen) öffentlichen akademischen Anstalten (seit WS 1862/63: öffentlichen Institute und Sammlungen). Halle (SS 1829—SS 1830: o. O.): (1851/73: Hendel) 1821/83: o. Dr. (seit WS 1830 bis 1850: Gebauer; 1874/83: Hendel). 126 Bde 8° (4°) (seit SS 1848: 4°) [SS 1829—SS 1830: Kopft.] (seit SS 1830: [F]) Umfang zwischen 2 Bl. u. 12 S.

Es fehlt WS 1822/23. Die Reihe beginnt auch nach Erman & Horn II. Nr. 7421 erst mit SS 1821.

Das deutsche Verzeichnis der Vorlesungen ist auch regelmäßig abgedruckt

1. in der Allgemeinen Literaturzeitung (bzw. deren Intell.-Bl.). Halle 1817—49.

Der Satz dieses Abdruckes und des deutschen Vorlesungsverzeichnisses ist (mit Ausnahme des Titels) der gleiche, es ist aber nicht zu ersehen, welcher der beiden Drucke der erste und welcher als 2. Abdruck anzusehen ist.

2. im Literarischen Centralblatt für Deutschland. Leipzig 1862—85 (mit Ausnahme des Vorles.-Verz. für Sommer 1875).

3. in der Allgemeinen Preussischen Staatszeitung auf Grund des Min.-Erl. v. 21. 8. 1829.

Nachtrag zum Verzeichnis der Vorlesungen [im Winter-Halbjahre 1862/63]. [Vorlesungen des Prof. Riehm.] Halle [1862]: Hendel. 1 Bl. 4° [Kopft.]

[F.] **Verzeichniss der auf der Kgl. vereinigten Friedrichs-Universität Halle-Wittenberg im W.-Halbj. v. 16. Okt. 1893 bis 15. März 1894** zu haltenden **Vorlesungen** und der daselbst vorhandenen öffentlichen Institute und Sammlungen. Halle (Saale), Gebauer-Schwetschke'sche Buchdr., 1893; 14 S. 4.

Verzeichnis der auf der Königlichen vereinigten Friedrichs-Universität Halle-Wittenberg im Winterhalbj. v. 15. Okt. 1909 bis 15. März 1910 ff. zu halt. Vorlesungen. Halle a. S. 1909 ff. 8°

Verzeichniss der von der hiesigen Universität . . . zu haltenden Vorlesungen (später: der Vorlesungen, welche von der Universitat zu Berlin, dann: der Friedrich-Wilhelms-Universität zu Berlin gehalten werden) im nächsten Sommerhalbenjahre (1811) (im Winterhalbenjahre 1811, im Sommerhalbenjahre 1812 u. s. f. bis: im Winter-Semester 1885-86). (Berlin 1811-1885). 150 Hefte 4°. [Kopft.] [F., später: Ant.] * Regelmassig erschienen; im Umfang allmählich anwachsend von 2 Bl. auf 38 S.

Verzeichnis der Vorlesungen an der Königlichen Friedrich-Wilhelms-Universität zu Berlin im W.-S. 1909/10 ff. Berlin 1909 ff. 8°.
W.-S. 1909/10. S.-S. 1910. W.-S. 1910/11.

[F.] **Verzeichniss** der **Vorlesungen,** welche auf der Rheinischen Friedrich-Wilhelms-Universität zu Bonn im Winterhalbj. vom 15 Oct. 1869 bis zum 2 Apr. 1870 gehalten werden. Bonn, Druck v. C. Georgi (1869). 7 S. 4.

[F.] **Verzeichniss** der **Vorlesungen,** welche auf der Rheinischen Friedrich-Wilhelms-Universität zu Bonn im Sommerhalbj. . . . 1870 gehalten werden. Bonn, Druck v. C. Georgi (1870). 7 S. 4.

[F.] **Verzeichniss** der **Vorlesungen,** welche auf der Rheinischen Friedrich-Wilhelms-Universität zu Bonn im Winterhalbj. v. 15 Okt. 1870 ab gehalten werden. Bonn, Druck v. C. Georgi (1870). 7 S. 4.

[F.] **Verzeichniss** der **Vorlesungen,** welche auf der Rheinischen Friedrich Wilhelms-Universität zu Bonn im Sommerhalbj. . . . 1871 gehalten werden. Bonn, Druck v. C. Georgi (1871). 7 S. 4.

[F.] **Verzeichniss** der **Vorlesungen,** welche auf der Rheinischen Friedrich-Wilhelms-Universität zu Bonn im Winterhalbj. v. 15 Oct. 1871 ab gehalten werden. Bonn, Druck v. C. Georgi (1871). 7 S. 4.

[F.] **Verzeichniss** der **Vorlesungen,** welche auf der Rheinischen Friedrich-Wilhelms-Universität zu Bonn im Sommerhalbj. . . . 1872 gehalten werden. Bonn, Druck v. C. Georgi (1872). 7 S. 4.

[F.] **Verzeichniss** der **Vorlesungen,** welche auf der Rheinischen Friedrich-Wilhelms-Universität zu Bonn im Winterhalbj. 1872—73 . . . gehalten werden. Bonn, Druck v. C. Georgi (1872). 7 S. 4.

[F.] **Verzeichniss** der **Vorlesungen,** welche auf der Rheinischen Friedrich-Wilhelms-Universität zu Bonn im Sommersem. . . . 1873 gehalten werden. Bonn, Druck v. C. Georgi (1873). 7 S. 4.

[F.] **Verzeichniss** der **Vorlesungen,** welche auf der Rheinischen Friedrich-Wilhelms-Universität zu Bonn im Winterhalbj. 1873—74 . . . gehalten werden. Bonn, Druck v. C. Georgi (1873). 7 S. 4.

[F.] **Verzeichniss** der **Vorlesungen,** welche auf der Rheinischen Friedrich-Wilhelms-Universität zu Bonn im Sommerhalbj. 1874 . . . gehalten werden. Bonn, Druck v. C. Georgi (1874). 7 S. 4.

[F.] **Verzeichniss** der **Vorlesungen,** welche auf der Rheinischen Friedrich-Wilhelms-Universität zu Bonn im Winterhalbj. 1874—75 . . . gehalten werden. Bonn, Druck v. C. Georgi (1874). 7 S. 4.

[F.] **Verzeichniss** der **Vorlesungen,** welche auf der Rheinischen Friedrich-Wilhelms-Universität zu Bonn im Sommerhalbj. 1875 . . . gehalten werden. Bonn, Druck v. C. Georgi (1875). 7 S. 4.

[F.] **Verzeichniss** der **Vorlesungen,** welche auf der Rheinischen Friedrich-Wilhelms-Universität zu Bonn im Winterhalbj. 1875—76 . . . gehalten werden. Bonn, Druck v. C. Georgi (1875). 7 S. 4.

[F.] **Verzeichniss** der **Vorlesungen,** welche auf der Rheinischen Friedrich-Wilhelms-Universität zu Bonn im Sommerhalbj. 1876 . . . gehalten werden. Bonn, Univ.-Buchdr. v. C. Georgi (1876). 7 S. 4.

[F.] **Verzeichniss** der **Vorlesungen,** welche auf der Rheinischen Friedrich-Wilhelms-Universität zu Bonn im Winterhalbj. 1876—77 . . . gehalten werden. Bonn, Univ.-Buchdr. v. C. Georgi (1876). 7 S. 4.

[F.] **Verzeichniss** der **Vorlesungen,** welche auf der Rheinischen Friedrich-Wilhelms-Universität zu Bonn im Sommerhalbj. 1877 . . . gehalten werden. Bonn, Univ.-Buchdr. v. C. Georgi (1877). 7 S. 4.

[F.] **Verzeichniss** der **Vorlesungen,** welche auf der Rheinischen Friedrich-Wilhelms-Universität zu Bonn im Winterhalbj. 1877—78 . . . gehalten werden. Bonn, Univ.-Buchdr. v. C. Georgi (1877). 7 S. 4.

[f.] **Verzeichniss** der **Vorlesungen**, welche auf der Rheinischen Friedrich-Wilhelms-Universität zu Bonn im Sommerhalbj. 1878 .. gehalten werden. Bonn, Univ.-Buchdr. v. C. Georgi (1878). 7 S. 4

[f.] **Verzeichniss** der **Vorlesungen**, welche auf der Rheinischen Friedrich-Wilhelms-Universität zu Bonn im Winterhalbj. 1878–79 ... gehalten werden. Bonn, Univ.-Buchdr. v. C. Georgi (1878). 7 S. 4.

[f.] **Verzeichniss** der **Vorlesungen**, welche auf der Rheinischen Friedrich-Wilhelms-Universität zu Bonn im Sommerhalbj. 1879 ... gehalten werden. Bonn, Univ.-Buchdr. v. C. Georgi (1879). 7 S. 4.

[f.] **Verzeichniss** der **Vorlesungen**, welche auf der Rheinischen Friedrich-Wilhelms-Universität zu Bonn im Winterhalbj. 1879–80 ... gehalten werden. Bonn, Univ.-Buchdr. v. C. Georgi (1879) 7 S. 4.

[f.] **Verzeichniss** der **Vorlesungen**, welche auf der Rheinischen Friedrich-Wilhelms-Universität zu Bonn im Sommerhalbj. 1880 ... gehalten werden. Bonn, Univ.-Buchdr. v. C. Georgi (1880). 7 S. 4.

Verzeichniss der **Vorlesungen** an der Rheinischen Friedrich-Wilhelms-Universität zu Bonn f. d. Winterhalbj. 1880–81 ... Bonn, Univ.-Buchdr. v. C. Georgi 1880. 15 S. 8.

Verzeichnis der **Vorlesungen** an der Rheinischen Friedrich-Wilhelms-Universität zu Bonn f. d. Sommerhalbj. 1881 ... Bonn, Univ.-Buchdr. v. C. Georgi 1881. 16 S. 8.

Verzeichnis der **Vorlesungen** an der Rheinischen Friedrich-Wilhelms-Universität zu Bonn f. d. Winterhalbj. 1881–82 ... Bonn, Univ.-Buchdr. v. C. Georgi 1881. 15 S. 8.

Verzeichnis der **Vorlesungen** an der Rheinischen Friedrich-Wilhelms-Universität zu Bonn f. d. Sommerhalbj. 1882 ... Bonn, Univ.-Buchdr. v. C. Georgi 1882. 16 S. 8.

Verzeichnis der **Vorlesungen** an der Rheinischen Friedrich-Wilhelms-Universität zu Bonn f. d. Winterhalbj. 1882–83 ... Bonn, Univ.-Buchdr. v. C. Georgi 1882. 16 S. 8.

Verzeichnis der **Vorlesungen** an der Rheinischen Friedrich-Wilhelms-Universität zu Bonn f. d. Sommerhalbj. 1883 ... Bonn, Univ.-Buchdr. v. C. Georgi 1883. 16 S. 8.

Verzeichnis der **Vorlesungen** an der Rheinischen Friedrich-Wilhelms-Universität zu Bonn f. d. Winterhalbj. 1883–1884 ... Bonn, Univ.-Buchdr. v. C. Georgi 1883. 16 S. 8.

Verzeichnis der **Vorlesungen** an der Rheinischen Friedrich-Wilhelms-Universität zu Bonn f. d. Sommerhalbj. 1884 ... Bonn, Univ.-Buchdr. v. C. Georgi 1884. 16 S. 8.

Verzeichnis der **Vorlesungen** an der Rheinischen Friedrich-Wilhelms-Universität zu Bonn f. d. Winterhalbj. 1884–1885 ... Bonn, Univ.-Buchdr. v. C. Georgi 1884. 16 S. 8.

Verzeichnis der **Vorlesungen** an der Rheinischen Friedrich-Wilhelms-Universität zu Bonn im Sommerhalbj. 1885 ... Bonn, Univ.-Buchdr. v. C. Georgi 1885. 16 S. 8.

Verzeichnis der Vorlesungen auf der Georg-August-Universität zu Göttingen während d. W. H. 1909/10 ff. Göttingen 1909 ff. 8°

— der von Ostern 1847 bis Ostern 1848 im Akadem. Gymnasium zu Hamburg zu haltenden Vorlesungen. Hrsg. von Gust. Mor. Redslob. Inest ejusdem: Commentatio de hominum, qui ante diluvium Noachicum vixerint, tabula utraque Genes. capp. 4 et 5 conspicua. gr. 4. (XVIII u. 33 S.) Hamburg 847, Meissner. n. 1/3 ℳ

Verzeichniss der Vorlesungen am Hamburgischen Akademischen Gymnasium und Real-Gymnasium. 1861–1862. 1868–1869. Hamburg. 1861 u. 68. 4°

Verzeichniss der Vorlesungen im Sommersemester 1871 an der Hochschule in Bern. Bern: Druck v. Alex. Fischer. 1871. 22 S. 4°

—— der Vorlesungen, welche an der kgl. bayerischen Julius-Maximilians-Universität zu Würzburg im Winter-Semester 1842–43 gehalten werden. — Mit e. Abhandlung von Ernst v. Lasaulx über die Linosklage. gr. 4. (2¼ B.) Würzburg 842. [Leipzig, Rein'sche Buchh.]

—— dass. Sommer-Semester 1843. Mit e. Abhandlung v. Ernst v. Lasaulx über den Fluch bei Griechen u. Römern. 4. (3½ B.) Ebds.

—— dass. Sommer-Semester 1844. Mit e. Abhandlung von Ernst v. Lasaulx über den Eid bei den Griechen. gr. 4. (5 B.) Ebds.

—— dass. Winter-Semester 1844–45. Mit e. Abhandlung von Ernst v. Lasaulx über den Eid bei den Römern. gr. 4. (4½ B.) Ebds. 844.

Verzeichnis der Vorlesungen an der Kaiserlichen Universität Jurjew. 1870 ff. Jurjew 1870 ff.

Hamburgisches Kolonialinstitut und allgemeines Vorlesungswesen. Verzeichnis der Vorlesungen im Winterhalbj. 1908/1909. Hamburg 1908. 8°.

Handelshochschule Leipzig. Verzeichnis der Vorlesungen im S. S. 1899 ff. (Leipzig 1899) ff. 4° u. 8°

— der im Sommer- und Winterhalbjahre 1830–32 zu haltenden Vorlesungen auf der Universität Leipzig. N. 1–6. gr. 8. Leipz. 830–31. Serig. (à 2 ℊℊ) 12 ℊℊ

—— der im Sommer- u. Winterhalbjahre 1830–34 auf d. Universität Leipzig gehalt. Vorlesungen, s. Catalogus scholarum etc.

—— der Vorlesungen, welche an der kgl. bayer. Ludwig-Maximilians-Universität zu München im Sommer-Semester 1846 gehalt. werden. Mit e. Abhandlg. von Philips über das Studium der Geschichte insbesond. in ihrem Verhältnisse zur Rechtswissenschaft. gr. 4. (5 B.) München 846, (Liter. art. Anstalt.) *

—— dass. welche im Winter-Semester 846–47 u. Sommersem. 1847 gehalten werden. Enth. Geo. Philips Beiträge zur Geschichte der Universit. Ingolstadt. 1. 2. gr. 4. (3¾ u. 4½ B.) Ebds. 846, 47. à *

Verzeichnis der Vorlesungen die im Winterhalbj. 1910/11 ff. v. 15. Okt. 1910 bis 15. März 1911, an der Universität Marburg gehalten werden sollen. Marburg 1910 ff. 8°

„Verzeichniss der Vorlesungen, welche auf der Churpfälzischen Staatswirthschafts-Hohen-Schule zu Heidelberg von dem November 1788 an bis October 1789 gehalten werden". o. O. und o. J. — Vorh.: UB Heidelberg.

Verzeichniss der Vorlesungen, welche an der Universität Strassburg [v. W.-Sem. 1877/78 an: Kaiser-Wilhelms-Universität Strassburg] gehalten werden: S.-Sem. 1872; W.-Sem. 1872/73 u. ff. bis S.-Sem. 1885 ... Strassburg, Univ.-Buchdr. v. J. H. Ed. Heitz [etc.], 1872–1885. 27 Hefte 8.

Kgl. Technische Hochschule zu Breslau. **Verzeichnis** der Vorlesungen und **Übungen** im Studienj. 1910-11.

Verzeichnis der Vorlesungen, Übungen u. Praktica, welche an der kgl. polytechn. Schule in München gehalten werden, s. Verzeichnis d. Lehrgegenstände. . . .

Verzeichniss der .von der hiesigen Universität ... zu haltenden Vorlesungen (später: der Vorlesungen, welche von der Universität zu Berlin, dann: der Friedrich-Wilhelms-Universität zu Berlin gehalten werden) im nächsten Sommerhalbenjahre (1811) (im Winterhalbenjahre 1811, im Sommerhalbenjahre 1812 u. s. f. bis: im Winter-Semester 1885-86). (Berlin 1811-1885). 150 Hefte 4°. [Kopft.] [F., später: Ant.] ¶ Regelmässig erschienen; im Umfang allmählich anwachsend von 2 Bl. auf 38 S.

Verzeichnis der von der Breslauer Universität zu haltenden Vorlesungen, s. Verzeichnis d. Vorlesungen an der Universität Breslau.

Verzeichniß d. Vorlesungen auf der k. k. Leopoldin. Universität zu Inspruck. gr. 4. Inspruck 805. Wagner. 3 K

Verzeichnis der Vorlesungen der Königlichen Universität zu Greifswald im W.-H. 1909/10 ff. Greifswald 1909 ff. 8°

Verzeichnis der Vorlesungen an der Königlichen Universität zu Münster i. W. f. d. S.-H. 1905 ff. Münster i. W. 1905 ff. 8°.
S.-H. 1905 – W. S. 1910/11.

—— der Vorlesungen deutscher Universitäten für das Sommer-Semester 1869. gr. Fol. (6 S.) Leipzig 869, Priber.

—— dass. — für das Winter-Semester 1869—70. gr. Fol. (8 S.) Ebendas. 869.

—— dass. — für das Sommer-Semester 1870. gr. 8. (52 S.) Ebendas. 870.

—— dass. — sämmtlicher Universitäten Deutschlands und der Schweiz im Winter-Semester 1870/71. gr. 8. (46 S.) Ebendas. 870.

Verzeichniss der Vorlesungen an der Universität Zürich 18[illegible]– S. u. 4

Universität Zürich. Verzeichniss der Vorlesungen an der Universität Zürich im Sommer-Semester 1871. Zürich, Druck von Zürcher & Furrer. 23 Seiten. 4. 1871.

Verzeichniss der Vorlesungen an der Universität Zürich im Wintersemester 1871/72. Zürich, Druck v. Zürcher & Furrer. 22 Stn. 4. 1871.

Verzeichniss der Vorlesungen an der Universität Zürich im Sommer-Semester 1872. 22 Stn. 4. Zürich, Druck v. Zürcher & Furrer. 1872.

Verzeichniss der Vorlesungen an der Universität Zürich im Wintersemester 1872/73. 23 Stn. 4. Zürich, Druck v. Zürcher & Furrer. 1872.

Verzeichniss der Vorlesungen an der Hochschule Zürich im Sommer-Semester 1873. 22 Stn 4. Zürich, Druck v. Zürcher & Furrer. 1873.

Verzeichniss der Vorlesungen an der Hochschule in Zürich im Wintersemester 1873/74. 23 Stn. 4. Zürich, Druck v. Zürcher & Furrer. 1873.

Verzeichniss der Vorlesungen an der Hochschule Zürich im Wintersemester 1874/75. 23 Stn. 4. Zürich, Druck v. Zürcher & Furrer. 1874.

Verzeichniss der Vorlesungen an der Hochschule Zürich im Wintersemester 1875/76. 22 Stn. 4. Zürich, Druck von Zürcher & Furrer. 1875.

Verzeichniss der Vorlesungen an der Hochschule Zürich im Sommersemester 1876. Anfang am 18. April 1876, Schluss am 12. August 1876. 18 Stn. 4. Zürich, Druck von Zürcher & Furrer. 1876. —. 30

Verzeichniss der Vorlesungen an der Hochschule Zürich im Wintersemester 1876/77. 23 Stn. 4. Zürich, Druck von Zürcher & Furrer. 1876

— der Vorlesungen an der Hochschule Zürich im Sommersemester 1877. Zürich, Druck von Zürcher & Furrer. 32 S. 4. 1877.

Verzeichniss der Vorlesungen an der Hochschule Zürich im Wintersemester 1883/84. In-8°, 20 S. Zürich, Druck von Zürcher & Furrer, 1883.

Verzeichniss der Vorlesungen an der Hochschule Zürich im Sommersemester 1885. Zürich, Druck von Zürcher & Furrer. 1885. — 30

Verzeichnis der Vorlesungen an der Hochschule Zürich im Wintersemester 1885/86. Anfang am 20. October 1885, Schluss am 13. März 1886. Gr. in-8°, 21 S. Zürich, Druck von Zürcher & Furrer. Zu haben beim Pedell. 1885 — 30

Verzeichnis der Vorlesungen an der Hochschule Zürich im Sommersemester 1898. Zürich 1898. 26 S. 8°.
Zürich. Univ.-Schr. 1897/98.

Verzeichnis der Vorlesungen an der Hochschule Zürich im Wintersemester 1898/99. Zürich 1898. 26 S. 8°.
Zürich. Univ.-Schr. 1897/98.

[Universität] Hochschule Zürich. Verzeichnis der Vorlesungen. 8. Zürich, Zürcher & Furrer.
Wintersemester 1900/1901. II + 28 S. 1900. — Sommersemester 1901. II + 28 S. 1901. — Wintersemester 1901/1902. II + 30 S. 1901.

[Universität] Hochschule Zürich. Verzeichnis der Vorlesungen. 8. Zürich, Zürcher & Furrer.
Sommersemester 1902. IV + 28 S. 1902. — Wintersemester 1902/1903. IV + 30 S. 1902. — Sommersemester 1903. IV + 30 + Nachtrag 1 S. 1903.

Verzeichnis der Vorlesungen an der Hochschule Zürich im Sommersemester 1904. Anfang am 12. April, Schluss am 30. Juli 1904. Zürich 1904. 32 S. 8°.
Zürich. Univ.-Schr. 1903/1904.

Verzeichnis der Vorlesungen an der Hochschule Zürich im Wintersemester 1904/1905. Anfang am 17. Oktober, Schluss am 10. März 1905. Zürich 1904. 32 S. 8°.
Zürich. Univ.-Schr. 1903/1904.

Verzeichnis der Vorlesungen an der Hochschule Zürich im Sommersemester 1905. Anfang am 25. April, Schluss am 5. August 1905. Zürich 1905. 33 S. 8°.
Zürich. Univ.-Schr. 1904/1905.

Verzeichnis der Vorlesungen an der Hochschule in Zürich im Wintersemester 1905/06. Anfang am 17. Oktober, Schluss am 10. März 1906. Zürich 1905. 32 S. 8°.
Zürich. Univ.-Schr. 1904/1905.

Verzeichnis der Vorlesungen an der Hochschule Zürich im Sommersemester 1906. Anfang am 19. April, Schluss am 4. August 1906. Zürich 1906. 32 S. 8°.
Zürich. Univ.-Schr. 1905/1906.

Verzeichnis der Vorlesungen an der Hochschule Zürich im Wintersemester 1906/07. Anfang am 16. Oktober, Schluss am 9. März 1907. Zürich 1906. 32 S. 8°.
Zürich. Univ.-Schr. 1905/1906

Verzeichnis der Vorlesungen an der Hochschule Zürich im Sommersemester 1907. Anfang am 16. April, Schluss am 3. August 1907. Zürich 1907. 32 S. 8°.
Zürich Univ.-Schr. 1906/1907.

Verzeichnis der Vorlesungen an der Hochschule Zürich im Wintersemester 1907/1908. Anfang am 15. Oktober, Schluss am 8. März 1908. Zürich 1907. 32 S. 8°.
Zürich. Univ.-Schr. 1906/1907.

Verzeichniss der Vorlesungen an der Hochschule Zürich im Sommersemester 1908. Anfang am 21. April, Schluss am 1. August 1908. Zürich 1908. II + 32 + 2 S. 8°.
Zürich. Univ.-Schr. 1907/08.

Verzeichnis der Vorlesungen an der Hochschule Zürich im Wintersemester 1908/09. Anfang am 15. Oktober, Schluss am 6. März 1909. Zürich 1908. II + 34 + 2 S. 8°.
Zürich. Univ.-Schr. 1907/08.

[A.] Verzeichniss der gemäss des im September 1897 erlassenen Preis-Ausschreibens d. Landwirthschaftskammer für d. Prov. Ostpreussen betr. d. Herstellg v. Schutz-Vorrichtgn an nicht im Fahren arbeitenden landwirthschaftl. Maschinen, zur Konkurrenz am 28. Febr. 1898 zugelassenen Vorrichtungen. *Königsberg i. Pr.: Ostpr. Zeitgs u. Verl. Dr. 1898.* (10 S.) 1 Bl 8. [illegible] 10

Verzeichnis der Vorstands- und Ausschuß-Mitglieder des Westfälischen Bauern-Vereins. *Münster i. W. 1903: Der Westfale.* (29 S.) 8° [F.] [illegible] 6

Verzeichnis d. Vorstands- und Ausschuß-Mitglieder des Westfälischen Bauern-Vereins. Münster i. W.: Der Westfale 1905. (32 S.) 8° [F.] [illegible] 6

Verzeichniss der in den ersten 500 Sitzungen der Mittwochs-Gesellschaft zu Berlin gehaltenen Vorträge. 1863 bis 1901. *(Berlin 1901: G. Bernstein.)* (16 S.) 4° [Kopft.] [illegible]

Verzeichniss der vom allgem. Docentenverein in Zürich von 1851–93 veranstalteten öffentlichen Vorträge. Zürich 1893.

Verzeichniß der Wahlberechtigten für die Handels- und Gewerbekammer in Oedenburg 1857. Oedenburg. Dr. von Adolf Reichard. (146 S. Halbf.)

Verzeichniß der Wahlberechtigten für die Handels- und Gewerbe-Kammer im Erzherzogthume Oesterreich unter der Enns. 1852. Fol. (106 S.) Wien, Leop. Sommer.

Verzeichniß der für die Jahre 1861–1866 incl. zur Provinzialständeversammlung Wahlberechtigten und zugleich Wählbaren im 16ten Wahldistrict der kleineren Landbesitzer im Herzogthum Holstein. (Oldenburg. [1860.]) Fol.

Verzeichnis der Wähler für die kärntn. Handels- u. Gewerbe-Kammer. Klgft., 1854—(1872). Folio.

Verzeichniß derjenigen Wahlmänner, welche sich selbst als Candidaten für die Versammlungen in Berlin und Frankfurt vorgeschlagen haben und derjenigen, welche von Anderen vorgeschlagen worden sind. — Gedruckt bei J. Sittenfeld. 1 Bl. Fol.
Flugblatt. Berlin, 26. April 1848.

Verzeichniß der am 17. Juli 1849 gewählten Wahlmänner. Gedruckt bei J. Sittenfeld. 2 Bl. Fol.
Flugblatt. Berlin, 17. Juli 1849.

Verzeichniß der Wahlmänner für die Kammer, welche am 22. Januar 1849 für Berlin und Umgegend gewählt wurden. Mit Angabe ihrer politischen Farbe. Nach Bezirken geordnet. A. Hofmann & Comp. 1 Bl. Fol.
Dasselbe. Gedruckt bei W. Moeser und Kühn. 2 Bl. Fol.
Flugblatt. Berlin, 23.Jan.1849.

Verzeichniss der vom Wahl-Ausschusse des Grossdeutschen Reform-Vereins für München vorgeschlagenen Wahlmänner. O. O. u. J. (München 186*). 8°. 8 S. Cart.

Verzeichniß der Wahlmänner zur Wahl der Abgeordneten für die Vereinbarung der preußischen Staatsverfassung und für die deutsche National-Versammlung. 2 Bl. Fol.
Flugblatt. Berlin, 26. April 1848.

—— der ausländ. Waaren, deren Einfuhren erlaubt, u. solcher, von welchen d. Zollsatz vermindert od. verändert wird. St. Petersburg, d. 6/18. Dec. 1836. gr. 8. (3/4 B.) Hamburg 837, Nestler u. Melle.

—— der Waaren, welche durch das am 1. Juni 1882 Allerhöchst bestätigte Reichsraths-Gutachten neuerdings mit einer Zollsteuer belegt oder für welche die Zollsteuer verändert worden ist; zugleich ein Anhang zum Zoll-Tarif für das Europäische Russland. Nach amtl. Quellen zusammengestellt. gr. 8. (50 S.) Riga 882, Kymmel.

— **der Wasserwerke in Österreich-Ungarn u. ihrer Leiter sowie technischen Beamten, hrsg. im Auftrage des Vereines der Gas- u. Wasserfachmänner in Österreich-Ungarn.** Bearb. v. Walt. Burckhard. Vereinsj. 1906—1907. (17 S.) 26×34,5 cm. Wien (XIV/1, Felberstr. 80), Verein der Gas- u. Wasserfachmänner in Österreich-Ungarn. nn 2. —

— **der vom Teplitzer Gebirgsverein in seinem Vereinsgebiete markierten u. m. Wegweisern versehenen Wegstrecken, nebst Entfernungs-Angaben in Kilometern u. e. Orientierungs-Karte. Zusammengestellt v. Ed. Berthold, G. Putze u. E. Törmer. gr. 16. (16 S.) Teplitz 891. (Dominicus Nachf.) n.n. — 50**

Verzeichnis der schweizerischen Weinlagen und Wein-Handelsbezeichnungen. Hrg. vom schweizer. Verein analytischer Chemiker = Catalogue des vignobles suisses et des désignations commerciales des crus. Edité par la Société suisse des Chimistes-analystes. 68 S. 8. Zürich, J. Dürst, 1910. [fr. 2. 50]

Verzeichniß der Weinsorten, die im Weinberge und der Rebschule des Stadtrath Thränhart in Naumburg an der Saale cultivirt werden. Naumburg, Klaffenbach 1844. 24 S. -- 7*

Verzeichnis der Rheinischen Weistümer. Vorarbeit zu der von der Gesellschaft unternommenen Ausgabe. Nebst einer Orientierungskarte. - Trier 1883. 90 S. Hrsg. Ges. f. Rhein. Geschichtskde.

Verzeichnis aller geschriebener Werke, welche die Schweitzerische Geschichte betreffen . . . Bern 1769. V: *Sinner Herr zu Ballaigue, Johann Rudolph.* (ML) (Ky) (Cat. d. Stadtbibl. Zürich. Zürich 1864—97.)

— der alten u. neuen Werke in Marmor u. Bronze in d. Sälen d. k. Antikensamml. zu Dresden, (v. H. Hase). Mit 3 Kpft. 8. Dresd. 826.

— älterer u. neuerer theologischer Werke u. religiös-moralischer Jugendschriften des In- u. Auslandes; welche beim Buchhändler Frz. Wimmer in Wien zu haben sind. 8. Wien 830. Wimmer. 5 gr.

Ständische Landesbibliothek zu Kassel. Verzeichniss der im Lesesaale aufgestellten Werke ... [o. O.] 1893. (1 Bl, 33 S.) 1 Bd 4. [illegible]

— von Werken u. Aufsätzen, welche in älterer u. neuerer Zeit üb. die Geschichte u. Sprache der Zigeuner veröffentlicht worden sind. gr. 8. (15 S.) Leipzig 886. List & Francke. n. — 60

Verzeichnis der in der Bezirks-Lehrerbibliothek in Hernals befindlichen Werke. Wien 1877. V: *Rodler*, *Mor.* (EB)

Königliche Bergakademie. Verzeichnis der der Bibliothek neu einverleibten Werke. 1905/06 ff. Clausthal. [Ms. Vervielfältigung]

—— empfehlenswerther Werke aus dem Gebiet der Literatur, Kunst und Wissenschaft. Weihnachts- und Neujahrs-Katalog. 8. (104 S.) Olten 884, Schweizer. Vereins-Sortiment.

Verzeichniss empfehlenswerther Werke aus dem Gebiet der Literatur, Kunst u. Wissenschaft. Weihnachts- u. Neujahrs-Katalog. 8. (104 S.) Olten 885. Schweizer. Vereins-Sortiment. n.n. — 20

— empfehlenswerter Werke f. d. Zeichenunterricht an allgem. bildend. Lehranst. u. Fortbildungsschulen. Zusammengest. v. e. Commission d. Vereins Dresdner Zeichenlehrer, hrsg. v. A. Müller. gr. 8. (41 S.) Dresden 895. A. Müller-Fröbelhaus. n. — 60

Verzeichniss der in der Bibliothek des Central-Gewerbe-Vereins für Rheinland, Westfalen und benachbarte Bezirke in Düsseldorf enthaltenen Werke. Abgeschl. am 1. Okt. 1893 mit d. Nr. 1080. *Düsseldorf: Central-Gewerbe-Ver. [1899].* (72 S.) 8°

Verzeichnis d. in d. Büchersammlung des Turnlehrervereins zu Dresden enthalt. Werke, Dresden 1888, 31 S., 8°.

— der bis jetzt im Druck erschienenen Werke v. Wilhelm Kienzl. (IV, 76 S.) 8. Leipzig 907. C. F. Kahnt Nachf. 2. —

—— der bis Ende Febr. 1867 im Buchhandel erschienenen Werke und Schriften, welche sich auf den Krieg von 1866 beziehen, nebst einer Hinweisung auf einzelne in militair. und andern Zeitschriften enthalt. Artikel über diesen Krieg. (2. Aufl.) gr. 8. (23 S.) Berlin 867, Mittler und Sohn.

— d. im Jahre 1826 in Wien erschienenen Werke d. Litt. u. Kunst. 12 Hefte. gr. 8. Wien 827. Wallishauser. 21 ℋ

—— von im Laufe der letzten zehn Jahre in Deutschland, Frankreich und England erschienenen Werken aus dem Gebiete des Bau- und Ingenieur-Wesens. 8. (56 S.) Wien 860, Gress' Verlag.

Bibliotheca Medico-Neerlandica. **Verzeichnis** der von 1894–1906 incl. in den Niederlanden erschienenen Medizinischen Werke. (Nur Orig.-Werke, keine Übers.) Haag: M. Nijhoff 1906. (32 S.) 8°

Stadtbibliothek Bern. Verzeichnis der im Jahr — neu erworbenen Werke. 8. [Bern, K. J. Wyss.]
... im Jahr 1900. 17 S. [1901.] — ... im Jahr 1901. 35 S. [1902.]

Stadtbibliothek Bern. **Verzeichnis** der im J. 1902 neu erworbenen Werke. *Bern [1903]: A. Benteli.* (54 S.) 8°

— der Werke lebender Künstler, welche in den Sälen des Akademie-Gebäudes vom 18. Sept. an öffentlich ausgestellt sind. 1836. XXIX. Kunstausstellung der Königl. Akademie der Künste. 2c, mit e. Nachtrage verm. u. bericht. Abdruck. 8. Berlin 837. (Gropius.) n. 7 ℋ

—— der Werke lebender Künstler auf der 54. Ausstellung der königl. Akademie der Künste im provisorischen Ausstellungsgebäude auf dem Cantianplatz zu Berlin vom 29. Aug. bis 31. Octbr. 1880. Mit 187 (eingedr. zinkgeätzten) Illustr. in Facs.-Reproductionen nach den Orig.-Zeichnungen der Künstler. 8. (XXXII, 183 S.) Berlin 880, Schuster.

—— dass. — auf der 55. Ausstellung der königl. Akademie der Künste im provisorischen Ausstellungsgebäude auf dem Cantianplatz zu Berlin vom 4. Septbr. bis 6. Novbr. 1881. Mit 188 (eingedr.) Illustr. in Facs.-Reproductionen nach den Orig.-Zeichnungen der Künstler. gr. 8. (XXII, 199 S.) Ebendas. 881.

—— dass. — auf der 56. Ausstellung der königl. Akademie der Künste in Berlin im Polytechnikum an der Charlottenburger Chaussee vom 3. Mai bis 1. Juli 1883. Mit 127 (eingedr.) Illustr. in Facs.-Reproduktionen nach den Orig.-Zeichnungen der Künstler. gr. 8. (XXIV, 161 S.) Ebendas. 883.

— militärischer Werke u. Karten. gr. 8. (IV, 191 S. m. 3 Karten.) Berlin (902). Eisenschmidt's Buchh. n. 1. 40

Verzeichnis der pädagogischen Werke aus der kgl. öffentl. Bibliothek u. der Bibliothek der k. Zentralstelle f. Gewerbe u. Handel in Stuttgart. Hrsg. vom württemberg. Volksschullehrer-Verein; in dessen Auftrag zusammengestellt v. Mart. Glück. 8. (VIII, 63 S.) Stuttgart 899. A. Bonz & Co. n. — 50

— populär-wissenschaftlicher Werke, hrsg. vom Wiener Volksbildungsverein. (VI, 135 S.) kl. 8. Wien 910. H. Heller & Co. — 50

Verzeichniss sämmtlicher Werke von Ludwig van Beethoven und der davon bekannten Arrangements. Hamburg 1842.

— sämtlicher im Druck erschienenen Werke v. J. E. Hummel. (49 S.) gr. 8. Wien 903. C. Kuhn. n. 1. —

Militär-Bildungsanstalten.
Verzeichnis sämtlicher Werke, Karten u. Pläne. München 1891. 121 S.

Verzeichniß der in der Bibliothek des Gewerbe-Vereines in Linz vorhandenen Werke. 1857. Aus der J. Wimmer'schen Buchdr. (79 S. 8.)

Verzeichnis der in der Bibliothek der k. k. Landwirthschaftsgesellschaft in Wien d. Z. vorhandenen Werke. Wien 1843. H: *Gruber*, *Ign.* (EB)

Verzeichnis der in der Bibliothek der Königl. Ober-Baudeputation vorhandenen Werke. Berlin 1848. V: *Crelle*, *Aug. Leop.* (Kat. d. Bibl. d. Akad. d. Künste zu Berlin. Berl. 1893.)

— der in der städtischen Bibliothek gegenwärtig vorhandenen politisch-administrativen und judiciellen Werke. (Ausgegeben am 1. October 1858.) *Wien* 1858. Druck von *Leopold Grund.* 45 S. 1 Bl. 8°.

Gewerbemuseum Ulm. Verzeichnis d. in d. Bibliothek vorhanden. Werke. (44 S.) Ulm 1908

Verzeichniß der in der vereinigten Bibliothek der Königlich Technischen Bau-Deputation und der Königlichen Bau-Akademie vorhandenen Werke. Berlin, im März 1858. 1858. VIII, 196 S. 8°

Verzeichnis der in der Bücherei des Kriegsministeriums vorhandenen Werke. *Berlin 1901: E. S. Mittler & Sohn.* (XXIV, 474 S.) 8°

Verzeichnis der in der Bücherei des Kriegsministeriums vorhandenen Werke. Berlin 1904.
Nebst: Nachtrag 6. 1910 ff.

Verzeichnis der in der Bücherei des Kgl. Württ. Kriegsministeriums vorhandenen Werke. Nebst Zugangsverzeichnis 1—4. Stuttgart 1902—1906.
Neue Aufl. Nebst Zugangs-Verzeichnis 1. 2. 1908—1912.

Verzeichnis der in der Bücherei des K. Württ. Kriegsministeriums vorhandenen Werke (C?? S.) und Zugangs-Verzeichnis I. 1910. II. 1912. Stuttgart 1908—10. 12

Verzeichniss der in der Büchersammlung der vereinigten Artillerie- und Ingenieurschule vorhandenen **Werke**. (Als Hs. gedr.) Die vorh. Karten, Pläne u. Zeichn. sind in diesem Verz. nicht aufgeführt. *Berlin 1896: J. F. Starcke.* (XXII, 696 S.) 8° [illegible]

Verzeichnis der in der Büchersammlung der Königlichen Kriegsakademie vorhandenen kriegswissenschaftlichen **Werke** in sachlicher Anordnung nebst e. Verz. nach Schlagworten u. e. Nachweis der Verf. 1880—1901. Als Hs. gedr. *(Bonn 1901: C. Georgi.)* (IX, 266 S.) [illegible]

[Kopft.:] **Verzeichnis** der aus der Zeit bis 1530 im Thaulow-Museum in Kiel vorhandenen W e r k e der Holzplastik und des Kunstgewerbes. [Kiel: Dr. v. Schmidt & Klaunig 1899.] (56 S.) 4°(8°)

— der vorzüglichsten ökonomischen u. forstwissenschaftl. Werke. 8. Berl. 818. 2e verb. A. 823. Amelang. 8 *K*

— der vorzüglichsten pädagogischen Werke Deutschlands. 8. Berl 818. Amelang. 6 *K*

Verzeichniss von Richard Wagner's Werken. Verlag von B. Schott's Söhne in Mainz. 1883. 8°. 16 S. Cart.

Verzeichnis werthvoller Werke zur englischen Litteratur und Geschichte aus der Bremer Stadtbibliothek. Bremen 1899. V: *Bulthaupt, Hnr.* (Berl)

—— von W e r k e n aus dem Gebiete der Zollgesetzgebung und indirekten Steuern, Finanzwissenschaft, Volkswirthschaft etc. etc. Zum Gebrauche der Zoll- und Steuerbeamten, Juristen und Kaufleute zusammengestellt und ausgegeben von Marquard und Schering. Fol. (20 S.) Hamburg 888, Marquard und Schering. **

— von **Werken** aus dem Gebiete der Zollgesetzgebung u. indirekten Steuern, Finanzwissenschaft, Volkswirthschaft etc. etc. Zusammengestellt von Marquard & Schering. Fol. (20 S.) Hamburg 888. Oberstedt & Schering. n.n. — 50

— der vom kgl. Staatsministerium d. Innern f. Kirchen- u. Schulangelegenheiten zum Gebrauche in den Volksschulen u. gewerbl. Fortbildungsschulen zugelass. u. zur Fortbildg. d. Volksschullehrer empfohl. W e r k e u. L e h r - m i t t e l. gr. 8. (40 S.) Augsburg 895. (B. Schmid's Sort.) n. — 75

Verzeichniss jener neuen Werkzeuge und Visitir-Instrumente, welche der Truppenbüchsenmacher für das Repetirgewehr M. 1888 benöthigt. 8. Wien 1889.

Verzeichnis kraftlos erklärter [mortifizierter], aufgebotener, gesperrter und abhanden gekommener W e r t p a p i e r e. 8. Jahrg. 1888. 24 Nrn. (à Nr. ¼ Bog.) 8. Ebendas. *

-- **kraftlos erklärter u. aufgebotener W e r t p a p i e r e.** Nach amtl. resp. authent. Quellen hrsg. 10. Jahrg. 1890. ca. 24 Nrn. (¼ B.) gr. 8. Braunschweig, Spanjer, Herford & Hahn. n. 5. 25

—— kraftlos erklärter [mortificierter], aufgebotener, gesperrter u. abhanden gekommener W e r t p a p i e r e. 12. Jahrg. 1892. ca. 24 Nrn. (à Nr. ¼—½ Bog.) gr. 8. Braunschw., Spanjer Herford u. Hahn. * 5 25

— kraftlos erklärter u. aufgebotener Wertpapiere. Nach amtl. resp. authent. Quellen hrsg. von Spanjer H e r f o r d u. **Hahn.** 15.—17. Jahrg. 1895—1897. à ca. 24 Nrn. (à ca. 8 S.) gr. 8. Braunschweig, Spanjer Herford & Hahn. à Jahrg. n. 5. 50

— dasselbe. 18. Jahrg. 1898 ca 24 Nrn. (à ca. 8 S.) gr. 8. Ebd. n. 9. —

— **kraftlos erklärter u. aufgebotener Wertpapiere. Nach amtl. resp. authent.** Quellen hrsg. von Spanjer **Herford & Hahn.** 19.—22. Jahrg. 1899—1902. à 48 Nrn. gr. 8. (52, 935; 55, 993 u. 53, 718 S.) Braunschweig, Spanjer Herford & Hahn. (Nur direkt.) à Jahrg. n.n. 9.—; im Abonnement postfrei à Jahrg. n.n. 10.—

— kraftlos erklärter (mortifizierter), aufgebotener, gesperrter u. abhanden gekommener W e r t p a p i e r e. Nach amtl. resp. authent. Quellen hrsg. von Spanjer Herford & Hahn. 23—25. Jahrg. 1903—1905. à 48 Nrn. (à ca. 8 S) gr. 8. Braunschweig, Spanjer Herford & Hahn. (Nur direkt.) Postfrei à Jhrg. n n. 10.—

—— kraftlos erklärter [mortifizierter], aufgebotener, gesperrter und abhanden gekommener **Wertpapiere.** [**Zusammenstellung der bis 31. Dezbr. 1887 veröffentlichten** Listen.] **Nach amtl. resp. authent. Quellen bearb. und** hrsg. von **Spanjer Herford und Hahn, Bankgeschäft, Braunschweig. 8. (XL, 276 S.) Braunschweig** 888. Selbstverlag der **Herausgeber.** [* *M* 5.—.] *

— kraftlos erklärter (mortificierter), aufgebotener, gesperrter u. abhanden gekommener W e r t p a p i e r e. (Zusammenstellung der v. uns bis 31. Dezbr. 1893 veröffentlichten Listen.) Nach amtl. resp. authent. Quellen bearb. u. hrsg. v. S p a n j e r, H e r f o r d & H a h n. gr. 8. (XLVII, 368 S.) Braunschweig 894. Spanjer, Herford & Hahn. n. 6. 20

— **kraftlos erklärter** (mortificierter) aufgehobener, gesperrter u. abhanden gekommener W e r t p a p i e r e. Zusammenstellg. der v. uns bis 31. XII. 1897 veröffentl. Listen, bearb. u. hrsg. v. Spanjer Herford & Hahn, Bankgeschäft, Braunschweig. gr. 8. (LVI, 442 S.) Ebd. 898. n. 7. -

— **kraftlos erklärter** (mortificierter), aufgebotener, gesperrter, u. abhanden gekommener Wertpapiere. (**Zusammenstellung der v. uns seit 1891 bis 31. XII. 1899 veröffentl. Listen,** soweit deren Inhalt noch von **Interesse sein dürfte.**) Nach amtl. resp. authent. Quellen **bearb. u. hrsg.** von Spanjer Herford & Hahn, **Bankgeschäft, Braunschweig.** gr. 8. (LV, 456 S.) Ebd. 900. n. 7.—

„Verzeichniss, wie innvermeldete Münz-Sorten nach der bey dem abgehaltenen Münz-Probations-Tag zu Augspurg vorgenommenen Valvation und innerlichen Werths Befund vor das erste . . . . . in denen Schwäbischen Creyss-Landen forthin coursiren sollen. [a. E.:] Ulm, den 8. Junii 1761". — Vorh.: StB Nürnberg

— der alkoholfreien Wirtschaften der Schweiz. — Cafés de tempérance en Suisse. Hrsg. vom Alkoholgegnerbund. gr. 16. (44 S.) Basel (902). Schriftstelle des Alkoholgegnerbundes. (Nur direkt.) n. — 25

Verzeichnis, Ein, der Wirtshäuser der zürcherischen Landschaft aus dem Jahre 1530. [Zürich 1906.] V: *Escher, Herm.* (Zuwachsverz. d. Bibl. in Zürich 1898 ff.)

— der sämmtlichen in den 3 Regierungsbezirken Oppeln, Breslau, Liegnitz stattfindenden Wochenmärkte. 16. (8 S.) Ratibor 872. Wichura & Co. — 15

Wöchentliches Verzeichnis der in Deutschen Zeitschriften und Zeitungen erschienenen Aufsätze. Nach Wissenschaften geordnet, mit Sach- und Verfasserregister und in zum Ausschneiden der Titel geeigneter Weise gedruckt. Jahrg. 1, 1902. Nummer 1. II S. + 96 Spalten + XX S. gr.-8. Leipzig, Redaktion und Verlag: Felix Dietrich. [M. 1. —]
Auch die deutsche Schweiz umfassend. — Nicht fortgesetzt.

Verzeichniss, Wöchentliches, der erschienenen und der vorbereiteten Neuigkeiten des deutschen Buchhandels. Nach den Wissenschaften geordnet. Jhg. 52—53. 1893—94. Leipzig, F. A. Brockhaus. 8.
Vorher: Allgemeine Bibliographie. . . . . à . . . . (D.)

— wöchentliches, der erschienenen u. der vorbereiteten Neuigkeiten des deutschen Buchhandels. Jahrg. 1893. 1894. à 52 Nrn. (à ca. 1 Bog.) gr. 8. Leipzig, J. C. Hinrichs' Verl. à Jahrg. n.n. 7. 50
f.: Bibliographie, allgemeine, f. Deutschland.

— dasselbe. Vierteljahrsregister 1893. Jan.—März. gr. 8. (XXII S.) Ebd. 893. n.n. — 60

— dasselbe. Vierteljahrsregister 1893. Apr.—Juni. gr. 8. (XXVI S.) Ebd. 893. n.n. — 60
Die Vierteljahrs-Register erschienen nicht weiter.

— wöchentliches, d. erschien. u. d. vorbereit. Neuigkeiten d. deutschen Buchhandels. 54. u. 55. Jahrg. 1895 u. 1896. à 52 Nrn. (à ca. 20 S.) gr. 8. Leipzig, J. C. Hinrich's Verl. à Jahrg. n.n. 7. 50

— dasselbe. Nach d. Wissenschaften geordnet. Nebst 12 Monatsregistern. 56. u. 57. Jahrg. 1897 u. 1898. à 52 Nrn. (à ca. 1 Bog.) gr. 8. Ebd. à Jahrg. n.n. 7. 50

— wöchentliches, der erschienenen und der vorbereiteten Neuigkeiten des deutschen Buchhandels. Nach den Wissenschaften geordnet. Nebst 12 Monatsregistern. 58. Jahrg. 1899. 52 Nrn. gr. 8. (1468 S.) Leipzig, J. C. Hinrichs's Verl. n.n. 7. 50

— dasselbe. 59.—62. Jahrg. 1900—1903. à 52 Nrn. gr. 8. (1530, 1571, 1665 u. 1755 S.) Ebd. à Jahrg. n. 10. —

— wöchentliches, der erschienenen u. der vorbereiteten Neuigkeiten des deutschen Buchhandels. Nach den Wissenschaften geordnet. Nebst 12 Monatsregistern. 63.—65. Jhrg. 1904—1906. à 52 Nrn. (1867 S., 1748 S., 1142 u. 331 S.) gr. 8. Leipzig, J. C. Hinrichs' Verl. à Jhrg. n. 10. —

— wöchentliches, der erschienenen u. der vorbereiteten Neuigkeiten des deutschen Buchhandels. Nach den Wissenschaften geordnet. Nebst 12 Monatsregistern. 66.—69. Jahrg. 1907—1910. à 52 Nrn. (II, 1554 u. 340 S.; II, 1622 u. 349 S.; II, 1704 u. 374 S. u. II, 1736 u. 590 S.) 8. Leipzig, J. C. Hinrichs' Verl. à Jahrg. 10. —

Verzeichnis der Wohltätigkeits- und Wohlfahrtsanstalten in Breslau. Aufgest. von d. Armendirektion zu Breslau. Breslau: E. Morgenstern 1907. (48 S.) 8° [F.] [08. 3707

— der Wohltätigkeits- u. Wohlfahrtsanstalten in Breslau. Aufgestellt vom ständ. Ausschuß des Breslauer Hauptverbandes f. Armenpflege u. Wohltätigkeit. (63 S.) 8. Breslau (910). (E. Morgenstern Verl.) — 50

Verzeichniss der Wohnungen und des Gefolgs der ... Herren Ehrengesandten sämmtlicher Stände der Hochloblichen Eydsgenossenschaft auf die Tagsatzung in Zurich im Brachmonat 1813. 4. [Zurich.]

— u. Wohnungsanzeiger der Mitglieder des am 11. April 1847 in Berlin eröffneten Vereinigten Landtages. gr. 8. (18 S.) Berlin 847, Scheveler. n. 1/4 ℛ︀

Verzeichnis einiger Friesischen, im Land Wursten noch gebräuchlichen Wörter. O. O. 1772. V: *Pratje, Joh. Hnr.* (Mz)

Verzeichnis von gleichbedeutenden Wörtern in alphabetischer Ordnung ... Münster 1780. H: *Stosch, Sam. Joh. Ernst.* (Rass)

der Wortsiegel u. Monogramme aus Stolze's Lehrgang der deutschen Stenographie. (Celle 869. H. Schulze.) 8. (16 S.) 3 *ngr.*

— der Wortsigel, Monogramme u. derjenigen deutschen Wörter, deren Abstammung zweifelhaft u. verdunkelt ist, sowie sämmtlicher Suffixe aus Stolze's Lehrgang der deutschen Stenographie. 16. Aufl. 8. (16 autogr. S.) Berlin 888. A. Hohn. n. — 20

VERZEICHNISS der im Lesezimmer des Aerztlichen Vereins München aufliegenden Zeitschriften. Nach dem Stande vom März 1898. (München. E. Mühlthaler's kgl. Hof-Buchdruckerei.) 8°.

Königliche Landesbibliothek zu Wiesbaden. **Verzeichniss** der ausliegenden Zeitschriften. Wiesbaden: Dr. v. R. Bechtold & C. 1899. (26 S.) 8°

Deutsche Landwirtschafts-Gesellschaft ⟨Lesezimmer⟩. **Verzeichnis** der ausliegenden Zeitschriften. [Berlin 1906?] (34 S.) 4° [F.] [06. 9339 9

Deutsche Landwirtschafts-Gesellschaft: Verzeichnis der im Lesesaal ausliegenden Zeitschriften. Berlin 1910

Stadtbibliothek zu Crefeld. **Verzeichnis** der im Lesesaale ausliegenden Zeitschriften und Parlamentsberichte. *(Crefeld: Stadtbibliothek) 1904.* (4 S.) 8° [Umschlagt.] [04. 19961

Stadtbibliothek zu Crefeld. **Verzeichnis** der im Lesesaal ausliegenden Zeitschriften und Parlamentsberichte. [Crefeld: Stadtbibl.] 1905. (4 S.) 8° [05. 6430

Verzeichnis der in dem Zeitschriftensaal der Universitäts-Bibliothek zu Leipzig zur freien Benutzung ausliegenden Zeitschriften. Leipzig 1910: Paul. 52 S. 8° [11. 838

Internat. Bibliographie d. Naturwiss. nach d. Plane d. Royal Society in London. **Verzeichniss** der von Deutschland zu bearbeitenden Zeitschriften. Abgeschlossen am 30. Nov. 1900. *Berlin (1900): Troitzsch & Sohn.* (74 S.) 8° [02. 2370 II

VERZEICHNIS DER ZEITSCHRIFTEN aus der Bibliothek der Gesellschaft Naturforschender Freunde zu Berlin. Berlin 1908. (O. V. o. Dr.) 8°.

Verzeichnis der in Deutschland erschienenen wissenschaftlichen Zeitschriften ... Berlin 1893. V: *Gleiniger, Theod.* (Berl)

— der in Deutschland erschienenen wissenschaftlichen Zeitschriften. Für die Universitäts-Ausstellg. in Chicago 1893 im Auftrage d. königl. preuss. Ministeriums der Unterrichts-Angelegenheiten hrsg. v. der königl. Bibliothek zu Berlin. Lex.-8. (IV, 118 S.) Berlin 893. Reuther & Reichard. n. 4. —

Freiherrlich Carl v. Rothschildsche öffentl. Bibliothek. **Verzeichnis** der laufenden Zeitschriften. Frankfurt a. M. 1905: Gebr. Knauer. (14 S.) 4°(8°) [06. 1339

Grossherzogliche Universitäts-Bibliothek Giessen. **Verzeichnis** der laufenden Zeitschriften. Stand vom April 1909. Giessen 1909: Selbstverl. 112 S. 8° [U 09. 1250

Kaiser-Wilhelm-Bibliothek in Posen. **Verzeichnis** der laufenden Zeitschriften. Nebst e. Verzeichnis der von anderen öffentl. Bibliotheken, Behörden, wiss. Anstalten u. Vereinen in Posen gehalt. Zeitschriften. Nach d. Stande v. 1. Okt. 1907. Posen: Kaiser-Wilhelm-Bibliothek 1907. (186 S.) 8° [08. 1001

— der laufenden Zeitschriften der Kaiser-Wilhelm-Bibliothek in Posen. Nebst e. Verzeichnis der v. anderen öffentl. Bibliotheken, Behörden, wissenschaftl. Anstalten u. Vereinen in Posen gehaltenen Zeitschriften. Nach dem Stande vom 1. X. 1907. (186 S.) 8. Posen 907. (J. Jolowicz.) — 80

Stadtbibliothek und städtische Bücherhalle zu Essen. **Verzeichnis** der laufenden Zeitschriften. Januar 1910. (Essen 1910.) 27 S. 8° [10. 13376

VERZEICHNIS der Zeitschriften betreffend die Medizin und ihre Hülfswissenschaften in den Büchersammlungen des Medizinal-Kollegiums, der staatlichen Krankenhäuser und wissenschaftlichen Anstalten sowie des Aerztlichen Vereins zu Hamburg. 1908. Druck von Grefe & Tiedemann. 8°.

— der polit. u. wissenschaftl. Zeitschriften, welche in Deutschland u. d. angränz. Ländern erscheinen. Roy. 4. (8 B.) Grimma 838, Gebhardt. *

— der Zeit- u. Vereinsschriften der königl. Bibliothek zu Berlin. 1892. Lex.-8. (IV, 169 S.) Berlin 892. A. Asher & Co. n.n. 4. —

Stadtbibliothek Bern. **Verzeichnis** der vorhandenen Zeitschriften. *o. O. [nach 1891].* (18 S.) 8° [Kopft. ℌ.] [05. 1125

Verzeichnis der in den medizinischen Instituten und Kliniken zu Kiel vorhandenen Zeitschriften und Bücher. Kiel 1908. V: *Klingmüller, Viktor.* (Berl 1909, S. 222)

— der in der Universitätsbibliothek zu Halle vorhandenen, seit 1830 erschienenen Zeitschriften. Nebst einem Anhang: Verzeichniss der in der Bibliothek der Leopoldinisch-Carolinischen Deutschen Akademie der Naturforscher vorhandenen Gesellschaftsschriften. gr. 8. (IV, 27 S.) Halle 882, Niemeyer.

Verzeichniß der Zeitschriften und Zeitungen des Akademischen Lesevereins zu Königsberg. Dezember 1895. *Königsberg i. Pr. 1895: M. Liedtke.* (15 S.) 8° [04. 785. 10

— der Zeitsignal-Stationen aller Meere. Hrsg. vom Reichs-Marine-Amt. gr. 8. (36 S.) Berlin 894. E. S. Mittler & Sohn. n.n. — 50

Verzeichniss der Zeitsignal-Stationen aller Meere. Hrsg. v. Reichs-Marine-Amt ... [Nebst] Nachtr. *Berlin: E. S. Mittler & Sohn 1896.* (39 S., 1 Bl.) 1 Bd 8. [96. 617

— der Zeitsignal-Stationen aller Meere. Hrsg. v. Reichs-Marine-Amt. Abgeschlossen am 31. XII. 1897. gr. 8. (42 S.) Berlin 898. E. S. Mittler & Sohn. n.n. — 50

Reichs-Marine-Amt. Verzeichniss der Zeitsignalstationen aller Meere 1896, 97 nebst Nachträgen. Berlin 1896—99.

— der Zeitsignal-Stationen aller Meere. Hrsg. v. Reichs-Marine-Amt. 4. Aufl. Abgeschlossen am 31. XII. 1899. gr. 8. (44 S.) Berlin 900. E. S. Mittler & Sohn. n.n. — 50

— der Zeitsignal-Stationen aller Meere. Hrsg. vom Reichs-Marine-Amt. 5. Aufl. Abgeschlossen am 30. IV. 1903. (56 S.) gr. 8. Berlin 903. E. S. Mittler & Sohn. n.n. — 50; geb. in Leinw. n.n. 1. —

Verzeichnis der in der Akademischen Lesehalle zu Kiel ausliegenden Zeitungen und Zeitschriften. Kiel 1898: A. F. Jensen. (24 S.) 8° [07. 3658

Verzeichniß der in den österreichischen Kronländern erscheinenden Zeitungen und Druckschriften, nebst Preisangabe für das Jahr 1854. 4. (20 S.) Wien. Aus der k. k. Hof- und Staatsdruckerei. 1854.

Verzeichnis der im Jahre 1848 in Wien erschienenen Zeitungen und periodischen Schriften. V: *Kastner, Leopold.* (Feil) (Helfert, Wiener Parnass. Wien 1882. S. LXXXVI.)

Verzeichniss über in- und ausländische Zeitungen und Zeitschriften, welche zur Zeit in der dänischen Monarchie mit den Posten versandt werden. Kopenhagen. 1862. 4°. = Gesetz- und Ministerialblatt für die Herzogthümer Holstein und Lauenburg. 1862. Beilage.

— der nichtpolitischen deutschen Zeitungen u. Zeitschriften, welche im Königr. Preussen stempelsteuerpflichtig od. stempelsteuerfrei sind. Nebst Angabe des Stempelsteuersatzes u. des Preises, zu welchem die betreff. Journale v. den Königl. Preuss. Postämtern zu beziehen sind. Auszug aus dem: „Preis-Courant üb. die durch das königl. Zeitungs-Komtoir in Berlin etc. im 2. Semester 1852 zu beziehenden Zeitschriften." gr. 8. (16 S.) Leipzig 852, Expedition d. Messkataloges. baar n. 4 ngl

Handelskammer zu Berlin. **Verzeichnis** der Zeitungen und Zeitschriften. (Stand v. 1. März 1909.) Berlin 1909: Liebheit & Thiesen. 6 S. 8° [09. 12334 10

Verzeichnis der Zeitungen und Zeitschriften des Akademischen Leseinstituts in Breslau. Ausg. v. 23. Mai 1910. Breslau 1910: Grass, Barth & Co. 35 S. 4° [10. 6391 2

— der Civilvorsitzenden der im Deutschen Reiche bestehenden Ersatzkommissionen. Zu §. 2 Nr. 5 des 1. Theils der deutschen Wehr-Ordnung vom 28. Septbr. 1875. 8. (80 S.) Berlin 876, v. Decker's Verlag.

— der Civilvorsitzenden der im Deutschen Reiche bestehenden Ersatzkommissionen. gr. 4. (32 S.) Ebd. 890. * 1 —
Aus: Centralblatt f. d. Deutsche Reich, besonders abgedruckt.

— dass. — 2., durch e. Ortschaftsverzeichnis verm. Aufl. gr. 4. (40 S.) Ebd. 890. 1 20

— dass. — Mit Genehmigg. d. Reichsamts d. Innern hrsg. 8. (84 S.) Berl. 890, v. Decker. 1 20

— der Civilvorsitzenden der im Deutschen Reiche bestehenden Ersatzkommissionen. Mit e. Ortschaftsverzeichniß. 3. Aufl. gr. 4. (44 S.) Ebd. 902. n. 1. 20
Sonderabdruck aus: „Centralblatt f. d. Deutsche Reich".

Verzeichniß der Civilvorsitzenden der im Deutschen Reiche bestehenden Ersatzkommissionen ... Im Anh. enthaltend d. Verzeichniß d. Prüfungskommissionen f. Einj.-Freiw. Mit Genehm. d. Reichsamts d. Innern hrsg. *Berlin: R. v. Decker 1902.* (92 S.) 8° [ℌ.]
Aus: Zentral-Bl. f. d. Deutsche Reich 1902. [04. 2433 11

— dasselbe. (Central-Blatt f. das Deutsche Reich 1902, S. 251 ff.) Im Anh. enth. das Verzeichniß der Prüfungskommissionen f. Einjährig-Freiwillige. Mit Genehmigg. des Reichsamts des Innern hrsg. gr. 8. (74 S.) Berlin 902. R. v. Decker. 1. 20

—— der Civilvorsitzenden der im deutschen Reiche bestehenden Kreis-Ersatzkommissionen. Ad § 64 der Militair-Ersatz-Instruction vom 26. März 1868. 8. (78 S.) Berlin 873, v. Decker'sche Geh. Ober-Hofbuchdr. *

— der Zöglinge der Stella Matutina 1856—1906 u. der Schüler des k. k. Gymnasiums in Feldkirch 1856 bis 1868. (179 S.) gr. 8. Einsiedeln (906). (Feldkirch, F. Unterberger.) n.n. 2. 50

— der österreichisch-ungarischen Zollämter u. Zollstellen mit Angabe ihrer Kategorie u. Befugnisse. Mit anderen wicht. Erlässen, Instructionen u. Verordngn. in Zollangelegenheiten. Geschlossen Ende März 1883. 8. (120 S.) Prag 883. Mercy. n. 1. —

Verzeichnis der vom Bunde importierten oder anerkannten Zuchthen(g)ste = Liste des étalons reproducteurs importés ou approuvés par la Confédération. Separatabdruck aus dem Landwirtschaftlichen Jahrbuch der Schweiz. 1903. [Heft 2.] II + 14 S. 8. Bern, K. J. Wyss, 1903.

Verzeichnis der Zuckerfabriken und Raffinerien . . . s. Verzeichnis der Rübenzuckerfabriken, . . .

—— des Zugangs bei d. Königl. u. Universitäts-Bibliothek zu Königsberg f. d. J. 1835 u. 1836. gr. 4. (3 B.) Königsberg 837, (Gebr. Bornträger.) *

Verzeichnisse zur Aufstellung der Statistik des Verkehrs auf den deutschen Binnenwasserstraßen. Hrsg. v. Kais. Statist. Amte. Berlin: Puttkammer & Mühlbrecht 1908. 100 S. 8° [11. 14803

Verzeichnisse zur Aufstellung der Statistik des Verkehrs auf den deutschen Binnenwasserstraßen. Hrsg. v. Kais. Statist. Amte. 2. Ausg. Berlin: Puttkammer & Mühlbrecht 1910. 112 S. 8° [11. 14806

Verzeichnisse, kritische, von Werken hervorragender Kupferstecher. 1.—6. Bd. gr. 8. Hamburg, Haendcke & Lehmkuhl. n. 25. 10
1. Georg Friedrich Schmidt. Verzeichniss seiner Stiche u. Radirungen. Von J. E. Wessely. Mit dem Bildniss Schmidt's in Lichtdr. (XXXV, 108 S.) 887. n. 5. —
2. Richard Earlom. Verzeichniss seiner Radirgn. u. Schabkunstblätter. Von J. E. Wessely. (VIII, 94 S.) 887. n. 2. 50
3. John Smith. Verzeichniss seiner Schabkunstblätter. Von J. E. Wessely. Mit dem Bildnisse Smith's in Lichtdr. (XII, 156 S.) 887. n. 5. 50
4. Lucas van Leyden. Verzeichniss seiner Kupferstiche, Radirgn. u. Holzschnitte. Von Th. Volbehr. (XX, 56 S.) 888. n. 2. 60
5. Adriaen van Ostade. Verzeichniss seiner Original-Radirgn. u. der graph. Nachbildgn. nach seinen Werken. Von J. E. Wessely. Mit dem Bildniss Ostade's in Lichtdr. (XVI, 71 S.) 888. n. 4. —; geb. n. 4. 80
6. Jacob Gole. Verzeichniss seiner Kupferstiche u. Schabkunstblätter. Von J. E. Wessely. (XII, 112 S.) 889. n. 5. 50; geb. n. 5. 80

Verzeichnisse, kritische, von Werken hervorragender Kupferstecher. 6. u. 7. Bd. gr. 8. Hamb. 889, Haendcke u. Lehmkuhl. * 8 50
6. Wessely, J. E. Jacob Gole. Verzeichniss seiner Kupferstiche u. Schabkunstblätter. (XII, 112 S.) * 5 50.
7. —— Antonj Waterloo. Verzeichniss seiner radirten Blätter. (XII, 61 S. m. Abbildgn.) * 3 —.
1.—5. Bd. Ebd. 1887,88. * 19 60.

Verzeichnisse, kritische, v. Werken hervorragender Kupferstecher. 7. Bd. gr. 8. Hamburg 891. Haendcke & Lehmkuhl. n. 3. — (1—7: n. 27. 60
Antonj Waterloo. Verzeichniss seiner radirten Blätter, beschrieben v. J. E. Wessely. (XII, 61 S. m. Abbildgn.)

(B) **Verzeichnisse,** kritische, v. Werken hervorrag. Kupferstecher. 7 Bde. 887—891. (KBL 26. 28.) Jetzt: Dresden, F. Jacobi.

Verzeichnisse geistlicher Lieder zu einem allgemeinen deutschen Gesangbuche . . . St. Petersb. 1843. V: *Taubenheim, Gust. Reinhold.* (R-N)

Verzeichnisse, Litterarische, von Schriftstellern, welche über die in der Churmark Brandenburg üblichen Rechte . . . Berlin 1782. II: *Hymmen, Joh. Wilh. Bernh.* (Petz)

Verzeichnisse über das Verfahren der Insurgenten in Siebenbürgen 1849. 4. Wien 1851.

VIER VERZEICHNISSE als Beiträge zur Kenntniss der Fauna und Flora des Harzes gedruckt für die Mitglieder des naturwissenschaftlichen Vereins des Harzes.
Inhalt. — RIMROD: Strich- und Zugvögel. — SAXESEN: Blatt- und Holzwespen. — ROEMER (und CURTZE): Mollusken. — HAMPE: Flora (Nachträge). Nordhausen 1842. Druck von B. G. H. Schmidt. 8°. 33 S.

Verzeichnisse der wichtigeren Zoll- u. Steuerstellen d. deutschen Zollgebiets. 1—4. Hft. u. Register. 4. Berlin 874. Verl. d. statist. Büreaus. 3. 70
1. Verzeichniß der im deutschen Zollgebiete bezieh. Haupt-Zollämter [Grenzämter], Hauptämter im Innern u. Niederlage [Packhofsstädte, Hallämter] Haupt-Steuerämter im Innern ohne Niederlage [auch Steuerämter od. Nebenzollämter im Innern genannt] u. der Nebenzollämter I an der Grenze, m. der Angabe, welchen v. letzteren Aemtern, in Bezug auf Begleitschein-Ausfertigg. od. Erledigg., erweiterte Befugnisse, bei welchen ein anderer Staat d. Deutschen Zollgebiets betheiligt ist zustehen. Stand am 1. April 1874. (39 S.) n. — 50
2. Verzeichniß der Aemter, welche zur Ausfertigg. u. Erledigg. v. Begleitscheinen üb. das im Deutschen Zollgebiete gewonnene Salz befugt sind. Nach dem Stand am 1. April 1874. (33 S.) n. — 40
3. Verzeichniß der im Deutschen Zollgebiete vorhandenen Zoll- u. Steuerstellen, auf welchen Abfertiggn. nach Maßgabe der §§ 63. u. 66—71 d. Vereinszollgesetzes vorgenommen werden können, u. derjenigen Zoll- u. Steuerstellen, bei welchen Aus- u. Umladgn. der auf den Eisenbahnen unter Wagenverschluß beförd. Güter [§. 65 d. Vereinszollgesetzes] stattfinden können. Nach dem Stand am 1. April 1874. (31 S.) n. — 40
4. Uebersicht der in den Staaten d. deutschen Zollgebietes zur Erhebg. v. Uebergangs-Abgaben sowie zur Ausfertigg. u. Erledigg. v. Uebergangsscheinen ermächt. Zoll- u. Steuerstellen. Nach dem Stand am 1. April 1874. (117 S.) n. 1. 50
Alphabetisches Register der in den Verzeichnissen 1—4 enthaltenen Ortsnamen. (69 S.) n. — 90

Verzeichnung d. gebräuchl. latein. franz. u. ital. Wörter. 12. Hamb. König. 748.

Verzichtleistung Dr. Lakers auf die Docentur. 4°
Aus: Grazer Wochenblatt v. 10. März 1901. [01. 4418 9

Verzierungen, allegorische, f. Steinhauer, Töpfer, Tischler, Decorationsmaler, Gürtler, Eisen- u. Rothgiesser etc. qu. Fol. (14 lith. Bl.) Sondershausen 829, Eupel.

Verzierungen, architektonische und plastische, Ornamente, Kirchen-Geräthe, Statuen und Skulpturen nach Zeichnungen von Stüler, Persius, Hesse, Strack etc. bestehend aus Akroterien, Palmetten, Rosetten, Vasen, Capitälen etc. in Zinkguss ausgeführt von F. Kahle. Zum Gebrauche für Baumeister, Bauhandwerker etc. 1. Heft. Fol. (6 Stnt. und 1 Bl. Text.) Berlin 856, Allgemeine Deutsche Verlags-Anstalt. *

Verzierungen, architektonische und plastische, Ornamente, Kirchen-Geräthe, Statuen und Skulpturen nach Zeichnungen von Stüler, Persius, Hesse, Strack etc. bestehend aus Akroterien, Palmetten, Rosetten, Vasen, Capitälen etc. in Zinkguss ausgeführt von F. Kahle. Zum Gebrauche für Baumeister, Bauhandwerker etc. 2—10. Heft. Fol. (à Heft 6 Stnt. und 1 Bl. Text.) Berlin 857—60, Allgemeine Deutsche Verlagsanstalt. à Lfg. * 20 Ngr. *
1. Heft. Ebendas. 1856. * 20 Ngr.

Verzierungen f. Gefässe aus Porzellan u. Metall. Nach Orig.-Werkzeichngn. Auch f. Ätzung in Glas, Kupfer, f. Malerei auf Holz, Leder u. a. m. gr. Fol. (10 Taf.) Berlin 888. P. Bette. n. 10. –

— gothische, die gefälligsten aus der Kirche zu Levenham in Suffolk. Auf 40 Platten. 4. Leipz. 820. Baumgärtner. 2 ℛ 12 ℊ

Verzierungen, mittelalterliche, Englands u. Frankreichs. Nach Originalien der vorzüglichsten Architekten herausg. von J. E. Hochwind. Ornements d'architecture du moyen âge d'Angleterre et de France. D'après les originaux des plus célèbres architectes. 8 Hfte. qu. gr. 4. (à 6 lith. Bl. u. 1 Bl. Text.) München 847, Hochwind. n. 2⅚ ℛ; jedes Hft. einzeln n. n. $^{5}/_{12}$ ℛ

— z. Verbreitung des guten Geschmacks, herausg. v. Sporlin u. Rahn. 3 Hefte. Royal-Fol. Leipz. 814. Magazin f. Ind. (à 2 ℛ) 6 ℛ

Verzietsfagen unn Gedichte, mett vehlen höbschen Billern uhsstaffirte, in Nordhüscher Mundohrt. gr. 4. (8 S. m. eingedr. Holzschn.) Nordhausen 851. (Förstemann.) baar n. n. $^{1}/_{12}$ ℛ (2. Hft. siehe: Rieme unn Bilder.)

Verzollung von Katalogen, Preislisten, Plakaten und anderen Reklamemitteln im deutschen Zollgebiet und im Auslande. Zsgest. v. Verkehrsbureau d. Handelskammer zu Berlin. Berlin 1909: Liebheit & Thiesen. 62 S. 8⁰

Verzückung, die, in der heil. Nacht Zur frommen Betrachtung für denkende Christen. [2. verb. Aufl.] gr. 16. (156 S.) Leitmeritz 848. Prag, Credner & Kleinbub in Comm. n. ⅓ ℛ

Verzückung, die, in der heiligen Nacht. Oder die Wanderung des Christen zum wahren Heile. Ein religiöses Betrachtungsbuch für Jedermann. 3., ganz umgearb. Aufl. 8. (X und 353 S.) Leitmeritz 858. [Prag, Mercy.] *

Verzweifelt. Geschichte e. Theologie-Studierenden. 8. (95 S.) Dresden 902. Blasewitz, R. v. Grumbkow. n. 1.50

Verzweifelt. Geschichte e. Theologie-Studierenden, 2. Aufl., s.: Haußler, Ghold.

Die Verzweiflung, | oder: | Betti und Arnold, | die zwei Opfer väterlicher Härte. | Hiebei ein dazu verfertigtes Lied. | (Fig.: *Liebespaar*, 41 × 46) | A. Kaufmann's Buchdruckerei in Leer.
o. J., 4 Bl. n. n., 174 × 106.
LBO Jahrmarktslit. R. c. 3, 101.
Ein anderer Druck (ebenda Bänkelsängerlit. II, 4) hat im Titel »Arnold und Betti«, als Fig. die *Karikatur einer Frau*, 28 × 17, und den Vermerk »Oldenburg. | Druck von Büttner & Winter«.

Die | Verzweiflung. | Ein | trauriges Ereigniß, | welches | sich im Kanton Zürich in der Schweiz | zugetragen hat, | worüber folgender Bericht | mitgetheilt wird. | Verlag und Eigenthum | von | Heinrich Feuerhahn. | Vor Nachdruck wird gewarnt.
Kol.: Druck von Büttner & Winter in Oldenburg.
o. J. (1859), 8 S., 164 × 106.
LBO Jahrmarktslit. R. c. 3, 79. und Bänkelsängerlit. I, 35.
Ein anderer Druck (ebenda R. c. 3, 77) trägt den Vermerk »Oldenburg, 1859. | Druck von Büttner & Winter.« Ein weiterer (ebenda III, 76) trägt auf dem Titelblatt eine Fig.: *Mutter mit Kindern vor einem Sarg*, 27 × 43, und als Kol.: Druck von C. H. Schulze in Gräfenheinichen. Das Lied des letzteren ist mit dem der anderen Ausgaben nicht identisch.

Verzweiflung, die, e. Gastwirthes. Frei nach Kotzebues Verzweiflg. 16. (14 S. m. 1 Abbildg.) Chemnitz 892. C. A. Hager — 10

Verzweiflung, die glücklich gehobene; Schspl. 8. Wismar 778. Bödner. 2 ℊ

VERZWEIFELUNG, Die verliebte, in einem anmuthigen spanischen Roman, nebst ganz neuen Abentheuern des Ritters Don Quixote. Mit Kpfrn. Aus d. Frantzös. Franckfurt und Leipzig (Augsburg) 1718. 8⁰. 18½ Bogen. Rar!
Bibl. J. J. Schwabii II.; Cat. Meissner II (wo wirklicher Druckort genannt ist).

Verzweiflungskampf, der, der Buren gegen die Engländer. Schilderungen aus dem Burenkriege in Südafrika. 8. (16 S. m. 7 Abb.) Chemnitz (900). C. A. Hager. — 15

Vesalius, Andr., anatomische Figuren in 7 Büchern, s. a. H. P. Leveling.

Vesalius, Ant., anatomische Figuren in 7 Büchern, erklärt v. Leveling. gr. Fol. Ingolstadt, Stage. 781.

Vesalius, Andr., opera omnia anatomica et chirurgica, cura H. Boerhave et B. S. Albini, c. fig. II Tom. fol. Leyden, Verbeck. 725—26.

— tabulae ossium humanorum, c. explicatione earum, editae ab Sandifort. Fol. maj. Leyd. 782 Luchmans. 3 ℛ

Andreae Vesalii [Vesalius: De humani corporis Fabrica libri 7, Ausz. Deutsch] Zergliederung des menschlichen Cörpers, oder Verfaß der Anatomiae, in so fern dieselbe Mahlern u. Bildhauern... ingleichen auch denen der Medicin u. Chirurgie zugethanen sehr dienlich u. erwünscht ist. Diese Fig. sind von Titian [Tiziano vielm. Jan Stephan von Calcar] gezeichnet. Augspurg: Maschenbauer 1723. 14 Bl. 2⁰

— Zergliederung des menschlichen Körpers auf Malerei- u. Bildhauerkunst, mit Figuren von Titian. Fol. Augsb. 764. Lotter. 1 ℛ

Vesalius, Anton, s. Vesalius, Andreas

Vesalius, P., Pius IX. Leben und Wirken. Eine Denkschrift für die kathol. Jugend und das Volk. Zum 50jähr. Bischofsjubiläum und des 31jähr. Pontifikats Sr. Heil. des Papstes hrsg. 8. (24 S.) Oranienburg 877, Freyhoff's Verlag. *

Vesanis, Sotirios, üb. d. Verhältnis d. Vermehrg. d. Zinskapitalinhaber u. der Zinskapitalien. gr. 8. (48 S.) Berlin 895. Puttkammer & Mühlbrecht. n. 1. —

Veselić, R. V., Rěčnik němačkogo i ilirskoga jezika, s. Fröhlich, R. A., Handwörterbuch der deutschen und illirischen Sprache.

Veselicki-Božidarovič, Gabr. v., bosnisch-herzegowinische Frage. I. gr. 8. (39 S.) Wien 878, Rosner. *

Veselik: Deutsches Lesebuch..., s. Trnka. Anton

Veselik, Karel: Friedrich Rückerts und seiner Werke, Wesen und Charakter.
Phil. Diss., Prag 1883/84.

Veselský, Petr Miloslav, der Fremdenführer in der königl. freien Silberberg- und Münzstadt Kuttenberg und deren nächsten Umgebung. Ein nothwend. Wegweiser für jene, welche die daselbst befindl. Merkwürdigkeiten, Bau- und Kunstdenkmäler kennen lernen wollen. 8. (116 S. mit 12 Abbild.) Kuttenberg 886, Šolc. *

Vesely, Joh., Erinnerung an das Archiv zu Wittingau. gr. 8. (31 S.) Prag 871. (Budweis, Hansen.) n. — 40

Vesely, Johann. Geschichte der fürstlich Schwarzenberg'schen Domaine Lobositz inclusive der Güter Sulevic, Chinic, Borec, Wopparn, Veseli, Wostrav, Weiss-Aujezd, Velemin, Kuttomirsch, Dubkovic, Roscholka, Šima und Kamaik. Mit 18 Abbild. 8. Prag 1894.

Veselý, Wilh., Nomenclatur der Forst-Insecten. 1. Abthl.: Käfer und Schmetterlinge. gr. 8. (228 S.) Olmütz 878, Slawik.*

Vesely, W., Nomenclatur der Forst-Insekten, II. Abthl., s. Wessely, W.

Vesenmayer, J[oh.], approb. Arzt aus Trellelhausen, O. A. Geisslingen: Über einen bemerkenswerten Fall von Cholesteatom der Cellulae mastoideae. *Tübingen: F. Pietzcker 1900.* (18 S.) 8°
Tübingen, Med. Diss. v. 1900

Vésignie, J. B., s. J. Liefranc, d. Harnröhre.

Vesin, Ch. Fr., la Cryptographie dévoilée, ou art de traduire ou de déchiffrer toutes les écritures en quelques caractères et en quelques langues que ce soit, quoique l'on ne connaisse ni ces caractères, ni ces langues; appliqué aux langues française, Allemande, Anglaise, Latine, Italienne. Flamande et Hollandaise; suivi d'un précis analytique des langues écrites au moyen duquel on peut les traduire, sans en avoir aucune connaissance préalable. gr. in 8. Bruxelles 840 (Muquardt.) 2½ ℳ

Vesin, Ch. Fr., analytisches Verfahren zum Uebersetzen jeder Sprache ohne die mindesten Vorkenntnisse derselben zu besitzen. Nach d. Französ. von ....z. 8. Aachen 841, Roschütz'sche Buchh. 5/12 ℳ

Věšín, Jaroslav, aus d. ungarischen Slowakei. 12 Photographien nach Gemälden v. V. qu. Fol. München 896. Jos. Albert. In Leinw.-Mappe 30.—

Liebschaften, Die, Napoleon III. Deutsche Orig.-Ausgabe. (Aus d. Französ. des *Pierre Vésinier*). Genève, Bruxelles, Milan, Turin, Londres. Libraire et imprimerie universelle (Berlin, Julius Abelsdorff) 1863. 8°. (4 Mk. Th. Ackermann, 1913.) 495 S., fälschlich statt 395, denn die Zählung ist unrichtig. — Carl Wallstein: „Das Buch ist wieder ein Plagiat an Mirecourt, denn von S. 57 bis zum Schluss ist es identisch mit den Galanten Frauen II, 161 bis zu Ende, und stimmen Beide Wort für Wort, Zeile für Zeile überein mit allen Druckfehlern."
Verboten v. L.-G. Wien, 13. Juni 1863. § 516.

Vésinier, Pierre, le martyr de la liberté des nègres ou John Brown, le christ des noirs. 8. (VIII und 403 S.) Berlin 864, J. Abelsdorff. *

Vésinier, P., Pie IX. Lex.-8. (40 S.) Berlin 861, J. Abelsdorff. *

—— Papst Pius IX. Eine nach dem wirkl. Leben gezeichnete Biographie. br. 8. (VIII und 74 S. mit lithogr. Portr. des Papstes.) Berlin 861, J. Abelsdorff's Verlag. *

Veslovschi, Ilie, Contabilitatea, industrială Compendiu intocmit pentru scoli industriale. Wien 1902. K. k. Schulbücher-Verlag. Preis, gebunden 1 K 40 h.

Vesme, v., s. a. Baudi Ritter v. Vesme.

VESME, C. B. Ritter von, Geschichte des Spiritismus. Einzig autorisirte Uebersetzung a. d. Ital. u. mit Anmerkgn. versehen von Feilgenhauer. 3 Bde. (Bd. I. Altertum = 548 S. Bd. II. Mittelalter u. Neuzeit = 567 S. Bd. III. Der heutige Spiritismus = 386 S.) Leipzig 1898—1900. 8°. (Mk. 28,—.) (15 Mk. R. Hirsekorn, Berlin, 1910.)
Aus d. Inhalte sei u. a. erwähnt: Der Urmensch, die Wilden, Azteken u, Inkas, Islam, Derwische, Brahmanen, Fakire, Moses als Gegner des Spiritismus, Ursprung der Götter, Dämonen, Mysterien, Sybillen, Messias, Ordalien, christl. Wunderthäter, Jeanne d'Arc, Zauberer, Hexen, Vampyre, Teufel, Jacob Böhme, Swedenborg, Cagliostro, Kant, Hellsehen, Wünschelrute, Fernsehen, Verzückte, Schwärmer, Quäker, J. Kerner, Davis, V. Hugo, A. v. Humboldt, Petry etc.

Vespasiani, Phil., de sacri pallii origine disquisitio. Lex.-8. (VIII und 68 S. mit 1 Stnt.) Rom 856(57.) (Leipzig, Gerhard.) *

Vespasianus, D. s. de vita et legislat. S. Fl. Vespasiani Imp. commentarius a A G. Cramer. 8. Lipsiae, Breitkopf. 785.

Vesper, Der sicilianische. Trauersp. in drei A. Gräz 1775. 3. Ausg. Wien 1794. V: *Uhlich, Gottfried.* (Ky) (GGr)

Vesper, die sicilianische; Trspl. (v. Gf. Uhlich). 8. Grätz 775. 3e A. Wien 794. Al. Doll. 6 ℛ

Vesper, zweite, am heil. Frohnleichnams-Feste, sowie an den Tagen der ewigen Anbetung des hh. Sacramentes. Psalmen, Hymnus und Magnificat für gemischten Chor. Nebst einer Motette zum heil. Segen. gr. 8. (26 S.) Trier 872, Lintz. *

Vesper, Carl Bernhard, s. Vesper, Karl Bernhard

Vesper, Ernst, Heil Gabelsberger! Stenographisches Festspiel m. anschließ. leb. Bild. (19 S.) 12. Wolfenbüttel (900). (Hedner.) n.n. — 30

Vesper, Karl Bernhard

Vesper, Carl Bernh., drei Predigten. gr. 8. (35 S.) Wittenberg 863, (Herrosé.) *

Vesper, Wilh., der Kreis Homburg. Heimatbuch f. jung u. alt. Mit 2 Karten u. 20 Abb. (VIII, 136 S.) gr. 8. Marburg 908. N. G. Elwert's Verl. 2.—

Vesper, Will, das 2. Buch der Ernte aus 8 Jahrhunderten deutscher Lyrik, s.: Bücher der Rose. 12. Bd.

Vesper, Will, die Erde, s.: Bonsels, Wald.

— die Ernte aus 8 Jahrhunderten deutscher Lyrik, s. a. Bücher, die, der Rose. 1.

Vesper, Will. Die Ernte aus acht Jahrhunderten deutscher Lyrik, gesammelt von W. V., geschmückt von Käte Waentig. (1. bis 12. Tausend.) 480 S. 8. Düsseldorf und Leipzig, W. Langewiesche-Brandt, (1906). (M. 1.80)
Die Bücher der Rose. Band 1.
Darin S. 11/3. 363/90. 421/32 (etc.) von Schweizer Dichtern.

Vesper, Will: Die Ernte aus acht Jahrhunderten deutscher Lyrik. Bd 1. 2. Ebenhausen bei München 1910—1914 (= Die Bücher der Rose. 1. 12)

— deutsche Gedichte d. 17. Jahrh., s.a. Statuen, deutscher Kultur.

Gedichte

— —, Deutsche, des XVII. Jahrhunderts, (hrsg.) von Will (so!) Vesper (in München-Schwabing, geb. in Barmen 11. Octob. 1882). München 1907. 8⁰. (Dasselbe. 3. Tausend. 1908.) (Mk. 1,80.) (1 Mk. 20 Pfg., Origpbd., Ottmar Schönhuth, 1911.)
Kürschner's Lit.-Kal. f. 1909, Sp. 1732.

— s.: Hohelied, das, Salomonis.

— der Segen. Dichtungen. Buchschmuck (v.) Käte Waentig. (79 S.) 8. München 906. C. H. Beck. n. 2. 40

Vesper, W., Tristan und Isolde. — Parzival. O. J. 8⁰. (Mk. 1,80.)

Vesperae breviarii Romani cantu chorali auctae per F. J. Vilsecker. Fasc. 1. 4. (S. 1—64.) Landishuti 850, Krüll. n. 8 ngl

Vesperae breviarii Romani. Die Vespern nach dem röm. Breviere mit einer Einleitg. üb. die bei den Vespern zu beobachtenden Ceremonien, mit deutschen Rubriken u. den Choralmelodieen mit Orgelbegleitung bearb. v. Raymund Schlecht. 4. (XVIII u. 342 S.) Nördlingen 852, Beck. 1²/₃ ℛℊ

Vesperale d. i. Vesperbuch f. das kath. Kirchenjahr, s.: Feier, die, des heil. Dienstes.

— Romanum, sive antiphonale Romanum abbreviatum cum psalterio, fideliter extractum ex antiphonali Romano, et continens omnia quae cantantur ad vesperas et completorium. Accedunt officia integra nativitatis domini, hebdomadae sanctae et defunctorum et quaedam officia nova. Editio II. Fol. (VIII u. 446 S.) Leodii 840. (Moguntiae, Kirchheim & Schott.) n. 7 ℛℊ

— dass. Editio nova aucta capitulis et orationibus. 8. (VIII u. 670 S.) Ebd. 842. n. 1 ℛℊ 18 ngl

—— id. — Editio nova aucta capitulis et orationibus. 8. (VIII und 670 S.) Ibid. 848.

— Romanum, sive antiphonale Romanum ad vesperas et completorium cum capitulis et orationibus. Accedunt officia integra nativitatis Domini, hebdomadae sanctae et defunctorum. gr. 12. (XII u. 669 S.) Monasterii 852, Cazin. n. 1¹/₃ ℛℊ; geb. n. 1³/₄ ℛℊ

Vesperale romanum, sive antiphonale romanum ad vesperas et completorium. Accedunt officia integra nativitatis Domini, hebdomadae sanctae et defunctorum. Fol. (VIII und 468 S.) Monasterii 853, Cazin.

Vesperale romanum juxta ordinem breviarii romani cum cantu emendato editum sub auspiciis sanctissimi domini nostri Pii PP. IX. curante sacr. rituum congregatione. gr. 8. (XVI, 766 S.) Regensburg 875. Pustet. 8. —

Vesperale Romanum concinnatum ex editionibus typicis Antiphonarii et Breviarii Romani cura et auctoritate Sacr. Rituum Congregationis publicatis. Cum privilegio. 8. (XXII, 640 S.) Regensburg 887. Pustet. n. 5. —

— dasselbe, in Schwarzdruck. 8. (XXII, 640 S.) Ebd. 887. n. 3. —

Epitome ex Vesperali Romano concinnata ex editionibus typicis Antiphonarii et Breviarii Romani cura et auct. Sacr. Rituum Congregationis publicatis. Ed. ster. Ratisbonae: F. Pustet 1900. (Getr. Pag.) 8° [c7. 30b0]

Vesperale romanum concinnatum ex editionibus typicis antiphonarii et breviarii romani. Cura et auctoritate sacrorum rituum congregationis digestum. (Ed. nova.) (Ausg. in Schwarzdr.) gr. 8. (XXII, 396; 180, 64, 4 u. 2 S.) Regensburg 901. F. Pustet. 3. —; geb. in Halbchagrin n. 4. 40

Vesperale romanum concinnatum ex editionibus typicis antiphonarii et breviarii romani. Cura et auctoritate sacrorum rituum congregationis digestum. (Ed. nova.) (Ausg. in Schwarzdr.) (XXII, 396; 180, 64 u. 4 S.) gr. 8. Regensburg 904. F. Pustet. 3. —; geb. in Halbchagrin n. 4. 40

VESPER-ANDACHT, wie selbe in der Pfarrkirche zur h. Theresia und in der Hauskapelle der »Kinder Mariens« bei den »Töchtern der christl. Liebe« des h. Vinzenz von Paul zu Pest abgehalten wird, und auch in andern Pfarrkirchen abgehalten werden kann. Pest 1857. Gedr. bei Jos. Gyurián. 25 S. - 16⁰

Vesperandachten. gr. 16. (23 S.) Würzburg (900). Göbel & Scherer. n. — 10

Vesperandachten, liturgische, auf alle Festtage und die Sonntage in den Fasten. 2. Aufl. 8. (III und 104 S.) Magdeburg 857, Heinrichshofen'sche Buchh.

Vesperandachten, liturgische, auf alle Festtage und Sonntage in der Fasten. 3. Aufl. 8. (IV, 104 S.) Magdeburg 882, Heinrichshofen's Verlag. * geb. * *

—— liturgische, für die St. Matthäus Gemeinde. Im Auftrage hrsg. von C. Wendel. gr. 8. (76 S.) Berlin 857, (W. Schultze.) *

Vesper-Andachten, liturgische, für die St.-Matthäus-Gemeinde. 3. Aufl. gr. 16. (71 S.) Berlin 862, (Heinicke.)

— liturgische, f. die St. Matthäus-Gemeinde. 10. Aufl. 8. (86 S.) Berlin 900. (Schriftenvertriebsanstalt.) n. — 50

Vesperbild, Das, oder die schmerzhafte Mutter Gottes in der Gruft der Pfarrkirche zu Lienz in Tirol. [Bozen 1887]. V: *Wassler, Josef.* (margr)

Vesperbuch, s.a. Pachtler.

Vesperbuch
s.a. Vesperale Romanum. [13. 1370]

Christ-Katholisch- | Römisches | Vesper Buch, | In welchem | das Completorium | Etliche Litaneyen, und verschie-|dene lateinische Lieder, sowohl | in Kirchen als bey Processio-|nen zu singen: | Zum Gebrauche | Der Christlichen Jugend. | Lutzemburg, | Bey der Wittib J. B. Kleber, Seiner | Majestät Buchdrucker. 1793. | Cum permissu Superiorum. |
1 ungez. Bl. (Titel), 202 S., kl-8° (125 × 80 mm).

Vesperbuch, kleines. Ein Auszug aus dem Lüttlicher Vesperale auf alle Sonn- u. Feiertage des Kirchenjahres u. verschiedene andere Gesänge nebst einer von H. Oberhoffer verf. Unterweisung die Psalmen richtig zu singen. 2. verm. u. verb. Aufl. Luxemburg 870. Brück. 16. (IV, 384 S.) n. 15 ngl

Vesperbuch, kleines. Ein Auszug aus dem Lütticher Vesperale, enth. die Vespern auf alle Sonn- u. Feiertage d. Kirchenjahres u. verschiedene andere Gesänge nebst e. v. H. Oberhoffer verfaßten Unterweisg., die Psalmen richtig zu singen. 3. unveränd. Aufl. 16. (375 S.) Luxemburg 874. Brück. geb. in ½ Leder n. 1. 80; in ganz Leder n. 2. 10

Vesperbuch, neues, m. Noten. Ein Auszug aus dem grösseren röm. Vesperale. (Lütticher Ausg.) Dasselbe enth. ausser verschiedenen anderen Gesängen die Vespern von allen Sonn- u. Feiertagen des ganzen Kirchenjahres. 22. Aufl. (374 S. m. Titelbild.) 16. Saarlouis (906). F. Stein Nachf. — 45; geb. in Leinw. — 70

Vesperbuch für das katholische Pfarrkind, in lateinischer und deutscher Sprache von G. M. Pachtler. 18. (XIV und 391 S.) Mainz 854, Kupferberg.

Vesperbuch, römisches. Die Antiphonen, Psalmen u. Hymnen des offiziellen Vesperale Romanum m. deutscher Übersetzg. der Rubriken u. Texte. Ausg. m. Choralnoten im Violinschlüssel auf 5 Linien in einheitl. Transposition der 8 Kirchentöne. qu. 4. (XVI, 248, 88 u. 142 S.) Regensburg 900. F. Pustet. 3. 60; geb. in Halbleinw. n. 5. —

Vesperbüchlein, enth. Vespern auf die Sonn- und Festtage des Jahres, nebst der Vesper für die Abgestorbenen und e. Anhang von Morgen-, Nacht-, Meß- ꝛc. Gebeten. Von e. Jubelpriester. 16. St. Gallen 845, Huber u. Comp. ¼ ₰

Vesperbüchlein. Liturgien für Vesper-Gottesdienste mit einem Anhang von Psalmen, Antiphonen und Versikeln abwechselnd mit denen so im Texte enthalten sind zu gebrauchen sammt faßlichen Erläuterungen zur Förderung heiliger Anbetung dargeboten für evangelisch-lutherische Gemeinden. Mühlhausen i. Th. 863. Rode. 12. (IV, 137 S.) n. 10 ngr.

Vesperbüchlein, bequemes, z. Vermehrung d. Lobes Gottes u. seiner l. Heiligen, darin die vornehmsten Vespern d. ganzen Jahres begriffen; z. nützl. Gebrauch aller Katholischen u. z. Dienste derjen., so d. latein. Buchstaben unerfahren sind. 12. Mainz ... Müller. Das Buch 8 K

Vespergebete, christkatholische, mit angehängtem heil. Kreuzwege. 8. Augsb. 802. Kranzfelder. 2 K

Vespergesänge, s. a. Meß- und Vespergesänge.

— u. Antiphonen, deutsche, z. Gebrauch d. nachmittäg. Gottesdienstes. Anh. z. heil. Gesang z. Gottesdienst in d. röm.-kathol. Kirche. 8. (Weilb.) 821. Lanz. 1 K

Vespergesänge, deutsche, zur öffentl. Gottesverehrung auf alle Sonn- u. Festtage d. kathol. Kirchenjahres, nebst e. Anh. von Metten u. Liedern für die Charwoche u. e. Litanei für die Bittwoche. 8. Kempt. 813. Kösel. 9 K

Vesperglocke, die, od. Vorbereitungen auf den Tag d. Herrn. 8. (17¼ B.) Halle 833, Buchh. d. Waisenhauses.

Vesperglocke, die. Vorbereitungen auf den Tag d. Herrn. 10. Aufl. 8. (IV, 186 S.) Eisleben 881. Christl. Verein im nördl. Deutschland. Geb. — 75

Vesperglöcklein, oder Gott wohlgefälliger Morgen- und Abenddank, aus M. Scrivers geistr. Schriften. N. A. 8. (Leipz. ... Weygand). 3 K

Vespermann, s. Arndts, Maria.

[F.] **Vespermann,** Hermann: Wie ist der Lehrstoff in der Erdkunde auf Grund der Lehrpläne von 1892 auf die Klassen Sexta bis Untersekunda der höheren Schulen zu verteilen? (Th. 1.) Hagen, Buchdr. v. G. Butz, 1893; 1 Bl., 12 S. 4.
Hagen, RG u. G, P 1893 (372)

[F.] **Vespermann,** Hermann: Wie ist der Lehrstoff in der Erdkunde auf Grund der Lehrpläne von 1892 auf die Klassen Sexta bis Untersekunda der höheren Schulen zu verteilen? Tl II. [Forts. d. P-Beil. 1893.] Hagen, Buchdr. v. G. Butz, 1894; 1 Bl., 12 S. 4.
Hagen, RG u. G, P 1894 (371)

Vespern, od. Heiligung d. Abendandachten an Sonn- u. Feiertagen ꝛc. 8. Augsb. 802. Rieger. 12 K

Vespern, deutsche liturg., auf alle Sonn- u. Festtage d. ganzen Kirchenjahres, mit beigefügten Intonationen u. den 8 Choraltönen. 8. (5 B.) Liegnitz 840, Kuhlmey. *

Vespern, liturgische, zum Wochenschluß, zu den Sonn- und Festtagen, auf Grund der luther. Vesperordnung zusammengestellt für die St. Laurentii-Gemeinde zu Halle. Halle (856.) Fricke in Comm. 12. (62 S.) 3¾ ngr.

Vesperpsalmen, die, f. die wichtigsten Feste d. katholischen Kirchenjahres nebst dem Completorium. gr. 8. (40 S.) Wien 884 (Woerl.) n.n. — 25

Vespertinus, N. B., Sagen aus Breslaus Vorzeit, s. Selt, F.

Vespucci, Amerigo, s. a. Mundus novus.

Mundus novus. Ein Bericht Amerigo **Vespucci's** an Lorenzo de Medici über seine Reise nach Brasilien in den Jahren 1501/02. Nach e. Exemplare der zu Rostock von Hermann Barckhusen gedr. Folioausg., im Besitze d. Stadtbibliothek zu Frankfurt a. M., in Faks. u. mit Einl. hrsg. von Dr. Emil Sarnow, Bibliothekar, u. Dr. Kurt Trübenbach, Oberl. *Straßburg i. E.: J. H. E. Heitz 1903.* (23 S., 4 Bl. Facs.) 4°
— Drucke u. Holzschnitte d. 15. u. 16. Jahrh. 9.

Vespucci, Amerigo, Reisen nach Brasilien von 1501 bis 1504. in: Neue Beiträge zur Völker- und Länderkunde. Th. 10. S. 217–272. Leipzig 1792. 8°

Vesque v. Püttlingen, Joh., das musicalische Autorrecht. Eine juristisch-musical. Abhandlung. Mit Unterstützung durch die k. Academie der Wissenschaften. gr. 8. (X und 205 S.) Wien 864, Braumüller. *

Vesque, Ritter v. Püttlingen, Jh., Darstell. d. Litt. d. österreich. allgem. bürgerl. Gesetzbuchs. 8. Wien 827. Gollinger. 1 ₰

Vesque v. Püttlingen, Joh., Handbuch des in Oesterreich geltenden internationalen Privatrechtes. gr. 8. (XIX und 454 S.) Wien 860, Braumüller's Hofbuchh. *

Vesque v. Püttlingen, Joh. Frhr. v., Handbuch des in Oesterreich-Ungarn geltenden internationalen Privatrechtes, mit besond. Berücksicht. des Staats- und Völkerrechtes. 2. verm. und verb. Aufl. gr. 8. (XV, 660 S.) Wien 878, Braumüller. *

Vesque v. Püttlingen, J. Frhr. v., Handbuch des in Oesterreich-Ungarn geltenden internationalen Privatrechtes. 2. Aufl. gr. 8. Wien 878, Manz'sche Hofverlagsh. *

Vesque v. Püttlingen, Johann, [J. Hoven]. Eine Lebensskizze, aus Briefen u. Tagebuchblättern zusammengestellt, m. Briefen v. Nicolai, Löwe, Berlioz, Liszt u. A. gr. 8. (V, 172 S. m. Bild.) Wien 887. Hölder. n. 4. —

Vesque v. Püttlingen, Joh. Frhr., Uebersicht der österreichischen Staatsverträge seit Maria Theresia bis auf die neueste Zeit, mit histor. Erläutergn. Wien 868. Braumüller. gr. 8. (XVIII, 460 S.) n. 3 ₰

Vesque v. Püttlingen, Joh., Uebersicht der Verträge Oesterreichs mit auswärtigen Staaten, von dem Regierungs-Antritte Maria Theresia's angefangen bis auf die neueste Zeit. Wien 854. Gerold. gr. 8. (XVI, 262 S.) n. 1 ℛ. 24 ngr.

Vessélovsky, C., Compte rendu de l'académie impériale des sciences de St. Pétersbourg, s. Compte etc.

Vesselofsky, K., Das fünfzigjährige Doctor-Jubiläum des Geheimraths Karl Ernst von Baer, am 29. August 1864. St. Petersburg 1865.

Vest, Hieronymus, Der deutsche Feldprediger im XVIII. Jahrhundert. Progr. 8. Basel 1868.

Vest, Jh. Jak., Beantwortung u. Widerlegung der von Prof. Cph. Bernoulli herausg. Schrift: über den nachtheil. Einfluß d. Zunftverfassung auf die Industrie, mit besond. Hinsicht auf Basel. 8. Basel 823.

Vest, Julius Oktavian von: De respiratione et de glandulae thyroideae functione. 23 S., gbd., 1 Taf.

Vindobonae: typ. Congregatio Mechitaristica 1831

JB 4.757

Vest, Lorenz Chrysanth von: Anleitung zum gründlichen Studium der Botanik. 364 S., gbd.

Wien: Gerold 1818

JB 60

Vest, Laurenz Chrysanthus. Beschreibung, Wie Cärnthen von der Natur gelagert, u. beschaffen seye. Clgft., Kleinmayr. 1754. Quart. 22 S.

Vest, Laurenz Chrysanthus. Manuale botanicum. Klgft., Leon, 1805. 848 S.

Vest, L. Ch., Manuale botanicum inserviens excursionibus botanicis, sistens stirpes totius Germaniae phaenogramae quarum genera triplici systemate, corollino, carpico et sexuali cordinata, specierumque characteres observationibus illustri sunt. 8. Klagenfurt. (Mayr in Salzb.) 805.

Vest, Lorenz Edler von: Versuch einer systematischen Zusammenstellung der in Steyermark cultivirten Weinreben, mit ihren Diagnosen, mit Beschreibungen, und mit einem alphabetischen Index ihrer Synonymen. Als vorläufiger Beytrag zu einer künftigen Ampelographie und Ampelologie der Steyermark. Mit einer Nachschrift des Centralausschusses der k.k. Landwirthschaftsgesellschaft in Steyermark. Gratz: Leykam 1826. XIV, 103 S. 21 *

v. Vest, L. C., s. Zeitschrift, Steyermärkische.

Vesta. Für Freunde der Wissenschaft und Kunst. Bd 1. 2. Königsberg: Degen 1807.
Hrsg.: Ferdin. Frh. v. Schrötter u. Max v. Schenkendorf.

Vesta. Weihnachtsgabe f. 1825, in Erzählungen u. Gedichten von A. J. Büssel, M. v. Freiberg, Fr. Rückert, K. Weichselbaumer, G. Zimmermann u. A. Gesammelt von J. P. Hornthal. gr. 8. Frkft., Weiché.

— **kl. Schriften z. Philosophie** rc. s. a. **K. H. Heydenreich.**

VESTA. Kleine Schriften zur Philosophie des Lebens besonders des häuslichen von K. H. Heydenreich. 5 Bde. mit 1 Kpfr. u. 1 Notenblatt. (Bd. 5 nach H's Tode hrsg. von Bouterwek.) Leipzig 1798—1801. 8⁰. Als *Fortsetzung:* Neue Vesta, hrsg. von Friedr. Bouterwek. 11 Bde. (Goedeke hat „12 Bde.") Ebd. 1803—10. 8⁰. (15 Mk., uniforme gleichzeit. Hfrzbde., Friedr. Klüber, München, 1904; 25 Mk., vollst. Expl. in 16 gleichzeit. Hfrzbdn., Heinr. Hugendubel, München, 1905.)

Vesta. Taschenbuch f. Gebildete. 1—3. Jahrg. 1831—33. (Jeder m. 7 Kpfr. u. Ttlvign.) 16. Wien. (Leipzig, Liebeskind.) [1. (18½ B.) 3 Thlr. 16 Gr., 2. (17¾ B. u. Musikbeil.), 3. (19½ B.) à 3 Thlr. 20 Gr.]

Vesta. Taschenbuch für Gebildete. 1r—3r Jahrg. 1831—33. Mit Kpf. 16. Wien 830—32. Ludwig. (à 3 ℛ 20 gr.) 11 ℛ 12 gr.

Vesta. (Kleine Halle für deutsche Kunst und Literatur) Taschenbuch für das Jahr 1831—36. Wien 1831—36. H: *Rokert, August.* (EE) (Ky)

—— dass. (Kleine Halle f. deutsche Kunst u. Literat.) Taschenbuch f. d. J. 1834 u. 35. od. 4. u. 5. Jahrg.) (Hrsg. v. Aug. Rokert.) 16. Ebds. [4. (23 B., 7 Kpfr. u. Stahlst., gest. Ttl. u. Vign.) 3 Thlr. 20 Gr., 5. (23¼ B. u. 8 Kpfrt.) 2 Thlr. 20 Gr.]
1—4. Jahrg., zusamm. genomm., hrbgs. Pr. à 2 Thlr.

Vesta. (Kleine Halle f. deutsche Kunst u. Literatur.) Taschenbuch f. d. J. 1836. (Hrsg. v. Aug. Rokert.) 6. Jahrg. 16. (20 B. u. 8 Kpfrst.) Wien, Rokert. (Leipzig, Liebeskind.)
Vgl. 8. Bd. 2. Abthl. S. 367.

Vesta. Taschenbuch für das Jahr ... [Hrsg.: August Rokert.] ([Mit Stichen v.] J[ohann Nepomuk] Passini [u. a.].)
Wien [1832]: Franz Ludwig. 16⁰
[Gest. Tit. m. Vign.]
3/1833: [1832.] 2 Bl., 308 S., 1 Titelbild, 6 Taf.

Vesta. Taschenbuch für das Jahr 1834. Auf Kosten des Herausgebers. IV. Jahrg. Wien gedruckt von Franz Ludwig
Mit Kupfern 8⁰
Erschienen 1831–1836. Kupfer nach Gemälden von Endner, Waldmüller u. a. Beiträge von Grillparzer, Hebel, Platen, Rückert u. a.

Vesta. Taschenbuch für Deutschlands Frauen und Jungfrauen. Hrsg. von Elise Polko. 1.—3. Jahrg. Mit je 3 (Lichtdr.-)Illustr. berühmter Meister. 8. (234; 230; 234 S.) Leipzig 879—81, Eckstein. à Jahrg. * ℳ 4.; geb. 5

—— dass. — 4. und 5. Jahrg. Mit je 3 (Lichtdr.-)Bildern. 8. (265; 236 S.) Berlin 883,84, Eckstein Nachf. à Jahrg. 4 geb. à Jahrg. 5

Vesta. Taschenbuch f. Deutschlands Frauen u. Jungfrauen. Hrsg. v. Elise Polko. 6. Jahrg. Mit (3 rad.) Illustr. berühmter Meister. 8. (236 S.) Berlin 885. Eckstein Nachf. geb. m. Goldschn. n. 5. —

Vesta, Begräbniss oder Leichenconduckt der Klosterfrauen. O. O. 1783. V: *Braun, Johann Adam.* (MGT)

VESTA, Begräbniss oder Leichenconduckt der Kloster-Frauen. Wien (Nürnberg, Zeh) 1783.
Weller, fing. Dr.; Anon.-Lex. IV. p. 325 (nach Meusel), ohne Ortsangabe. — Selten!

Vesta, Christliche, und Irrdische Flora. Oder Verschiedene ... Geist- und Weltliche Teutsche Gedichte ... O. O. 1702. V: *Fürer von Haimendorf, Christian.* (MN) (GGr) (BZ) (Verz. d. v. Meusebachschen Bibl. Berl. 1855. S. 57.)

Vesta, christliche, u. irdische Flora, od. allerh. Gedichte. 8. Nrnb. 724.

Vestalin, die, od. der erfüllte Orakelspruch. gr. 8. Riga 795. Müller. 8 gr.

Vestalin, die; Oper in 3 A.; nach d. Französ. v. J. v. Seyfried. 8. Wien... 2e A. 812. Wallishausser. 6 Gr.

Vestalin, die, eine große Oper in 3 Aufz. 8. Wien, Wallishäuser. 814.

Vestalinnen, die, od. d. Keuschheitsorden. Allen Jüngling. Mädch. Elt. u. Erzieh. gewidm. 8. Elberf. Büschler.

Vestalinnen, die,. Trauersp. in 3 Aufz. von Crenzin. 8. Mannheim, Löffler. 788. — 9

VESTALINNEN, Die, oder der Keuschheitsorden. Allen deutschen Jünglingen u. Mädchen, Eltern u. Erziehern gewidmet. Elberfeld 1799. In dem Comptoir f. Litteratur. 8⁰. 110 S. (3 Mk. Jos. Baer & Co., vor 1885; 3 Mk. 50 Pfg. G. Priewe, 1895.)

VESTALINNEN, Die. Eine historische Skizze. Mit 1 Kupfer. Prag 1804. 8⁰. (2 Mk. G. Priewe, 1895.)

Vestalinnen, die, oder der Keuschheitsorden. Allen Jünglingen, Mädchen, Eltern u. Erziehern gewidmet. 8. Elberf.... 2e A. 812. (Schönian). 6 Gr.

Vestalinnen, Die neuen.

Schauspiel in Versen. München 1777. V: *Lengenfelder (Längenfeld), Johann Nepomuk.* (GGr) »1778« (Ky)

Vestalinnen, die neuen; Schspl. (von J. N. Lengenfelder). 8. Münch. 778. J. Lindauer. 5 Gr.

Veste, Geo. v. der, neue Märchen aus 1001 Nacht. Für die Jugend bearb. Mit vielen (4 farb.) Illustr. v. R. Geißler. gr. 8. (224 S.) Fürth 893. G. Löwensohn. Kart. 3. —

VESTELLA, Laura de. Eine Skizze, nicht für die Empörer gegen Amors Herrschaft. Rostock, Stiller, 1804. 8⁰. (1/6 Rthl.)

Vesten, Herm., durch. Schausp. in 4 Aufzgn. gr. 8. (61 S.) Waldenburg 896. (Breslau, M. Woywod.) n. 1.50

— Florian Geyer. Trauersp. in 5 Aufzgn. gr. 8. (95 S.) Breslau 896. M. Woywod. n. 2. —

— wunderliche Käuze. Lustsp. in 4 Aufzgn. gr. 8. (94 S.) Ebd. 896. n. 2. —

Graf Königsmark. Trauerspiel in 5 Aufz. v. Hermann **Vesten** ... (*Waldenburg i. Schl.: Selbstv.; Dr. v. H. Roedenbeck;* A. d. Umschl. aufgest.: *Breslau: M. Woywod [1896].*) (55 S.) 1 Bd 8. [96. 9379

— in Rübezahls Reich. Phantastisch-bombast. Zaubermärchen m. Gesang in 1 Aufz. gr. 8. (31 S.) Waldenburg 898. G. Knorrn. n. 1.50

— Ferdinand v. Schill. Trauerspiel in 5 Aufzügen. gr. 8. (105 S.) Breslau 896. M. Woywod. n. 2. —

Sievershausen. Deutsches Bühnenfestsp. in 3 Akten u. 7 Bild. v. Hermann **Vesten** ... (*Breslau: M. Woywod 1896.*) (1 Bl., IV S., 3 Bl., 56 S.) 1 Bd 8. [96. 9381

Uebermenschen. Lustsp. in 4 Aufz. v. Hermann **Vesten** ... *Breslau: M. Woywod 1896.* (109 S., 1 Bl.) 1 Bd 8. [96. 9380

Vesteneck, Jul. Ritter Fränzl v., nach Materien geordnetes Sach- u. Nachschlage-Register zu den Jahrgängen 1849 bis incl. 1873 d. Landesgesetz- u. Verordnungsblattes f. Krain. gr. 8. (IV, 65 S.) Laibach 874. v. Kleinmayr & Bamberg. n. 1. 60

Vestenhof, A. v., das Gesetz der Bestie. Erzählungen. Buchschmuck vom Verf. (143 S.) 8. München (909). A. Langen. 2.—; geb. 3. —

Vester, Albin, Referendar: Der Abholungsanspruch des § 867 BGB. Leipzig 1910: Frankenstein & Wagner. 47 S. 8⁰
Leipzig, Jur. Diss. v. 5. Juli 1910
[Geb. 8. Mai 82 Krimmitschau; Wohnort: Leipzig-Reudnitz; Staatsangeh.: Sachsen; Vorbildung: Gymn. Zwickau Reife O. 02; Studium: Leipzig 10 S.; Rig. 15. Febr. 07.] [U 10. 2914

Vester, Er. Fr. Wlh., Einleit. zur adelichen Fechtkunst. 8. Bresl. 777. (J. F. Korn). 14 Gr.

Vester's, Heinr., homöopathischer Hausfreund od. kurze Beschreibg. der in der Familie am häufigsten vorkomm. Krankheiten u. Anweisg. zur Heilg. derselben m. homöopath. Mitteln. 8. (61 S.) Ludwigshafen 898. (F. Baumgartner.) Mit Pap. durchschossen. n. — 80

Vester, Hinrich: Beiträge zur Kenntnis der Gattung Phronimopsis. *Leipzig 1900: J. Klinkhardt.* (31 S.) 4⁰
Leipzig, Phil. Diss. v. [22. Okt.] 1900

Vester, J., stuttgarter Post-Tabelle, s. Post-Tabelle.

Vester, (J. Chr.,) gründl. Unterr. der 5 Species in unbenannten Zahlen. gr. 8. Zürich 813, Orell.

Vester, J. Chr., gründl. Unterricht der 5 Species in unbenannten Zahlen. gr. 8. Zürich 817. Orell. 12 Gr.

Eine arktisch-alpine Rhabdospora von Tycho **Vestergren**. Mit 2 Taf. *Stockholm 1900: P. A. Norstedt & söner.* (23 S.) 8⁰
— Meddelanden från Stockholms Högskola. No 208.
— Handlingar, K. Svenska Vetenskaps-Akademiens. Bihang. Bd 26, Afd. 3, No 12. [03. 8831

Vestergren, Tycho, ein bemerkenswerter Pyknidentypus (Diplodina Rostrupii n. sp.). (14 S. m. 2 Taf.) 8. Uppsala 906. (Berlin, R. Friedländer & Sohn.)
Sonderabdruck aus: „Arkiv f. botanik". n.n. 1. 50

Vesterling, (August) Hermann (Julius): Herders Humanitätsprincip. . . Halle a. S., (Druck v. Moritz & Kummer, Berlin), 1890; 51 S. 8⁰
Halle, Phil. Fak., Inaug.-Diss. v. [17. Jan.] 1891

Vesti, Daniel Gustav

—, De hypochondriaco dolore. Erf. 4⁰. 1708.

Vesti, Dn. Gust., Diss. de ischiadico dolore. Erf. 4⁰. 1708.

—, resp. Chr. Gttl. **Alberti,** De temperamentis. 38 pp. Erf. 4⁰. 1708

Vesti, Justus

Vesti, J., Diss. de affectione hypochondriaca. Erf. 4⁰. 1702.

Vesti, J., Aegor melancholia hypochondriaca laborans. Erf. 4⁰. 1704.

Vesti, J., resp. **Steurlin,** Aegrotus mendax. Erf. 4⁰. 1711.

Vesti, J., Casus passione hysterica laborantis, ejusque curatio. Erf. 4⁰. 1703.

—, Diss. Casus passione hystorica laborantis, ejusque curatio. Erf. 4°. 1704.

Vesti, J., De catarrho suffocativo. Erf. 4°. 1713.

De Impotentia virili. [Resp.:] Fridericus Henrici ab Hagen [1704]. Erfurti (1704:) Sumphius. 10 Bl 8°

Erfurt, Med. Diss. v. 16. Apr. 1704

Vesti, Iust., institutiones medecinae reformatae. 8. Erfurt, Schröder. 731.

Vesti, Justus [Praes.], s. Rudelgast, Franz Michael: Theses inaugurales medicae, de empyemate.

Vesti, Justus [Praes.], s. Scheel, Paul Simon: Disputatio inauguralis medica, proponens vermem umbilicalem.

Vesti, Justus [Praes.], s. Schneider, Matthias Friedrich: De hercule medico, communiter dicto spermate ceti.

Vesti, Justus [Praes.], s. Scholtz, Daniel: Dissertatio inauguralis medica, sistens atrophiam infantum.

Vesti, Justus [Praes.], s. Seyler, David Gottlieb: De praestantia medicamentorum simplicium et Galenicorum prae chymicis.

Vesti, Justus [Praes.], s. Silberschlag, Johann Jesaias: Dissertatio inauguralis medica exhibens succinum, physice et medice consideratum.

Vesti, Justus [Praes.], s. Steurlin, Friedrich Wilhelm: Dissertatio medica inauguralis, sistens aegrotum mendacem cum annexis thesibus theoreticis et practicis.

Vesti, Justus [Praes.], s. Storch, Johann: Dissertatio inauguralis medica, exhibens delectum et paucitatem medicamentorum in curandis morbis.

Vesti, Justus [Praes.], s. Tauscher, Christian Friedrich: De temperamentis.

Vesti, J., Diss. de tremore. Erf. 4°. 1714.

—, Diss. de vertigine. Erf. 4°. 1704.

Vesti, Justus [Praes.], s. Volk, Johann Jakob: De hydrope anasarca.

De Vulneribus sclopetorum, von denen Schuß-Wunden. [Resp.:] Ioannes Tobias Lattermann. Erfordiae (1711:) Groschius. 10 Bl. 8°

Erfurt, Med. Diss. v. 23. Nov. 1711

Vesti, Justus [Praes.], s. Wahrendorff, Johann Peter: De caloris nimii damno.

Vesti, Justus [Praes.], s. Wigleb, Hartmann Andreas: Disputatio inauguralis medica exhibens, dysenteriam epidemiam, ad neotericorum mentem examinatam, et clarissimorum virorum experimentis nuperrimis curatam.

Vesti, Justus [Praes.], s. Wittiber, Ferdinand Christoph Johann: Dissertatio medica inauguralis, sistens aegrum undimia ex corticis Chinae de China intempestivo usu laborantem.

Vesti, Kaspar Heinrich (Erfurt) A.S. 1162/2

Disputatio physico-medica inauguralis, de aere atmosphaerico, ejusque effectu in corpore humano naturali et praeternaturali.
Erfurt (Grosch) 30.I.1703. 18 Bl.

W.v.: Justus Vesti. 35138

Vestner, (Anton,) Anfangsgründe d. mathemat. Analysis u. d. höhern Geometrie, mit besonderer Hinsicht auf deutliche Darstell. der in diesen Wissenschaften vorkomm. Grundbegriffe. Zum Gebr. in Schulen. Mit 3 Steint. gr. 8. Münch. 823, Lindauer.

Vestner, G., s.a. Promotions-Ordnungen.

Vestner, G., Promotions-Ordnungen f. Juristen an den Universitäten Berlin, Bonn, Breslau, Erlangen, Freiburg, Gießen, Göttingen, Greifswald, Halle, Heidelberg, Jena, Kiel, Königsberg, Leipzig, Marburg, München, Rostock, Straßburg, Tübingen, Würzburg. Nach amtl. Quellen bearb. u. hrsg. 8. (IV, 46 S.) Erlangen 890. Blaesing. cart. n. 1.60

— dasselbe f. Mediziner. 8. (IV, 52 S.) Ebd. 889. cart. n. 1.60

— dasselbe f. Philosophen. 8. (IV, 70 S.) Ebd. 889. cart. n. 1.60

— dasselbe f. evangelische u. katholische Theologen. 8. (IV, 99 S.) Ebd. 889. cart. n. 1.60

— Verzeichniß der an den Universitäten Erlangen, München u. Würzburg, dann Berlin, Bonn, Breslau, Freiburg, Gießen, Göttingen, Greifswald, Halle, Heidelberg, Jena, Kiel, Königsberg, Leipzig, Marburg, Münster, Rostock, Straßburg u. Tübingen existirenden Universitäts-Stipendien, sowie noch vielen anderen Stipendienstiftgn.; dann den Bestimmgn. üb. Gewährung u. Stundung d. Collegienhonorars u. denen üb. die Stipendiatenprüfg., sowie den Bestimmgn. üb. die Immatrikulation u. Exmatrikulation der Studirenden. gr. 8. (IV, 171 S.) Erlangen 890. Blaesing. n.n. 2.—

Vestner, Hans: Über die quantitative Trennung des Zinks von Mangan, Eisen, Nickel und Kobalt durch Schwefelwasserstoff in schwach mineralsaurer Lösung. 1909. 84 S. 8°
München, Dr.-Ing.-Diss. v. 22. 12. 1908

Věstnik: Davosskij Věstnik
(1) Davoser russische Nachrichten - La Revue russe de Davos (5) 1908—30. 3. 1916 (6) 4° (7) monatlich 3× (8) Davos-Platz: Buchdruckerei Davos AG (10) G. J. Avraschov (11) G. J. Avraschov (12) Fremdenblatt in russischer Sprache (14) Bc: L.

Věstnik vládi zemské pro královstvi České. (Landes-Regierungsblatt für das Königreich Böhmen.) Zwei Abtheilungen. K. K. Hofbuchdruckerei von Gottlieb Haase Söhne. 4. Zwangloses Erscheinen. (Czechisch u. deutsch.) Prag 1855.

Věstnik Vlády Zemské v markrabstvi Moravském. Zwei Abtheilungen. Druck von Franz Gastl. 4. Zwanglos. (Czechisch u. deutsch.) Brünn 1855.

Vestphal, Johann Joachim (Lieberose) A. S. 770/36

Dissertatio iuris naturae et gentium an stricta iuramentorum interpretatio secundum conscientiam teneram sit periurium. Präs. Christoph Nikolaus Speiser.
Wittenberg (Kreusig) 5. V. 1716. 8 Bl.

35146

Vestritii, s. a. **Spurina.**

Vestritii Spurinnae lyricae reliquiae, ed. C. A. M. **Axt.** Pr. 1840. 144 S. 1 80

Vestrup [Schlagwort]

Vestrup, s.: Preussen. Messtischblätter.

Vestus, Justus, resp. Chr. Fr. **Tauschner,** De temperamentis. 7 l. Magunt. 4°. 1 7 1 2

Vestvali, Felicita v., Pallas Athene. Memoiren e. Künstlerin. Hrsg. v. C. A. Dempwolff. 8. (IV, 359 S.) München 879. Merhoff. 3. 60; Ausg. m. (lith.) Portrait 4. —

Vesty, Rudolph Heinrich (Hildesheim) A. S. 832/13

Dissertatio iuris publici Rom. Germ. de comitiis corporis evangelici. Präs. Gottlieb Samuel Treuer.
Helmstedt (Schnorr) 6. X. 1723. 77 S.

Gew.: Johann Friedrich Fhr. von Stain.
W. v.: Präs. 35147

Vesuv, der, Pompeji u. Herculanum, s.: Wochenbände.

VESZELY, FRANZ: Der Eintritt des Christenthumes in die Geschichte. Eine Skizze zur Philosophie der Geschichte. In: Erstes Programm der Realschule der freien kön. Stadt Fünfkirchen im Schuljahr 1857/58 (A sz. kir. pécsváradi reáltanoda első programmja az 1857/58 iskola évben). Pécs (Fünfkirchen) 1858: Lyceums-Buchdruckerei. 39 S. - gr. 8°

Veszely, Jos., der Mensch in Beziehung auf sein Werden, Bestehen und auf seinen Tod, naturgemäß erforscht. 8. Wien 836. Singer u. Göring. 5/6 rß

Toleranz. Eine Arbeit am rohen Stein von Jos. **Vészi.** Vortrag, gehalten in der ger. und vollk. Freimaurer-Loge „Eötvös" [in Budapest]. Budapest: Selbstverl. d. Loge 1889. 22 S. 8°
[Umschlagtit.]
Aus: O. 14 (1880) S. 0—10, 64—68.

Veszprémi, István. Succincta Medicorum Hungariae et Transylvaniae biographia . . . Lipsiae, Viennae 1774—87. H: *Bel, Carl Andr.* (BrMm)

Vetâlapañcavinçati

— Der Vetâlapañcavinçati oder fünfundzwanzig Erzählungen eines Dämon, erster Theil. Nach Çivadâsa's [!] Redaction aus dem Sanskrit übersetzt mit Einleitung, Anmerkungen und Nachweisen von A. Luber. I. Abtheilung. Einleitung. Uebersetzung und Anmerkungen. Separatabdruck aus dem fünfundzwanzigsten Jahresbericht des k. k. Staatsgymnasiums zu Görz. Görz 1875.

— Die fünfzehnte Erzählung der Vetâlapantschavinçati. Sanskrittext mit Uebersetzung und Anmerkungen von Heinrich Uhle. Programm des Gymnasiums zum heiligen Kreuz in Dresden. Dresden 1877.

— Die Vetâlapañcaviṅçatikâ in den Recensionen des Çivadâsa und eines Ungenannten mit kritischem Commentar herausgegeben von Heinrich Uhle. [= AKM. VIII. Band No. 1]. Leipzig 1881.

Vetch, J., Geschichte der Ophthalmie, welche in England nach der Rückkehr der brittischen Armee herrschte. Aus d. Engl. übers. gr. 8. Berl. 817. Maurersche Buchh. 16 gℊ

Vetchy, A., Zur Erklärung einiger Platonischen und Sophokleischen Stellen. Pr. 19 14 S. 1

Veter Buoch, s.: **Bibliothek** d. litterar. Vereins in Stuttgart. 72.

Veterain, v., Feldzüge wid. d. Türken in Ungarn und den angrenzenden Provinzen in d. J. 1683—94. a. d. Ital. mit Zus. Ausz. Bericht. u. Plans (v. Prinzen v. Waldeck.) gr. 8. Dresden, Walther. 788.

Veteran, der, oder militairisches Mancherlei. 2 Thle. gr. 8. Bresl. 782 u. 83. W. G. Korn. 1 rß 12 gℊ

Veteran, der,. Schausp. v. A. W. Iffland. 8. Berlin, Unger. 798. — 8

— — dasselbe. Neue Aufl. 8. Lpz. Göschen. 800. — 4

Veteran, der. Kalender f. alle Klassen des Volks auf das Jahr 1853. (1. Jahrg.) 8. (IV u. 165 S. m. 1 Holzschn.) Berlin, C. Schultze's Buchdruckerei. n. 6 ngr

Veteran, der. Kalender für alle Klassen des Volks auf das J. 1854—58. (2—6. Jahrg.) Berlin, C. Schultze's Buchdr. 8. Jeder Jahrg. n. 6 ngr.; mit Papier durchsch. n. 7 ngr.

Veteran, der. Kalender für alle Klassen des Volks auf die J. 1858—60. (6—8. Jahrg.) 8. (à Jahrg. XXX und 124 S.) Berlin, C. Schultze's Buchdruckerei. à Jahrg. * *
Durchschossen à Jahrg. * *
Ist nicht weiter erschienen.

Veteran, der. Jahrbuch für die Militär-Veteranen Oesterreich-Ungarns. Für das J. 1876. 1. Jahrg. 8. (273 S. mit 1 Stahlst.) Wien, (Seibel und Sohn.) *
Nicht weiter erschienen.

Veteran, der. Deutsche Krieger-Zeitg. Organ d. Verbandes deutscher Kriegs-Veteranen zu Leipzig. Red.: Carl Matthias. 5. Jahrg. 1898. 52 Nrn. (à ca. 12 S.) gr. 4. Leipzig, Verlag d. Verbandes deutscher Kriegs-Veteranen. n. 4. —
Kann auch vierteljährlich bezogen werden.

Veteran, der. Deutsche Krieger-Zeitg. Organ des Verbandes deutscher Kriegs-Veteranen zu Leipzig. E. V. Mit Unterhaltungsblatt. Red.: Carl Matthias. 6.—9. Jahrg. 1899—1902. à 52 Nrn. gr. 4. (à ca. 8 u. 4 S.) Leipzig (Zeitzerstr. 32), Verlag des Verbandes deutscher Kriegs-Veteranen. à Jahrg. n. 4. —

Veteran, der. Deutsche Krieger-Zeitg. Organ des Verbandes deutscher Kriegs-Veteranen zu Leipzig. E. V. Mit Unterhaltungsblatt. Red.: F. W. Runge. 10.—12. Jahrg. 1903 bis 1905. à 52 Nrn. (à ca. 8 u. 4 S.) gr. 4. Leipzig (Hainstr. 31), Verlag des Verbandes deutscher Kriegs-Veteranen. à Jhrg. n. 4 —

Veteranen, eines hamburgischen, offener Brief an Hrn. E. A. Masius über Mobiliar-Brand-Versicherungs-Anstalten in Deutschland. gr. 8. (16 S.) Altona 846, Lehmkuhl. *

—— dass. — 2. offener Brief an Hrn. E. A. Masius. Geschrieben zur Abwehr ungerechter Beschuldigungen. gr. 8. (XVIII und 13 S.) Ebds. 847. *

Veteranen der Gotthardbahn. (Album [von Porträts und Ansichten, mit kurzem Begleittext]. Erinnerung an die Feier vom 18. Sept. 1904.) [9 S. + 24 Tafeln.] quer-fol. (Luzern, E. Goetz, Photograph, Dezember 1904.)
In 131 Ex. hergestellt.

Veteranen, Die, von Innsbruck und dessen Umgebung ... Innsbruck 1843. V: *Röggl, Alois.* (MARGR)

Veteranen, eines christlichen, neues Zeugniß von der Nachfolge Christi. (Von Mich. Diemer.) Herág. von M. Baumgarten. Berlin 864. Springer's Verlag. 8. (IV, 218 S.) n. 20 ngr.

Bayerischer Veteranen-, Krieger- & Kampfgenossen-Bund. Verhandlungen des *12. ordentlichen Delegirtentages*, abgehalten zu Würzburg, am Sonntag d. 14. Aug. 1887. München, E. Stahl'sche Buchdr. (J. Zaubzer), 1887. 8°. 123 S. Cart.*)

Veteranen-Chronik der Krieger Badens. Vollständ. alphabet. Verzeichniß derjenigen Veteranen, welche in den badischen Diensten Feldzüge mitgemacht u. die Felddienstauszeichnung erhalten haben. Mit e. geschichtl. Einleitung dieser Feldzüge in den Jahren 1792—1815. gr. 8. (21 B.) Karlsruhe 843, Artistisches Institut ?

Veteranen Chronik, württembergische. Mit Angabe der Feldzüge von 1793 bis 1815. 8. Cannstadt 1840.

Veteranenfest, das, des Oberamts-Bezirks Tübingen am 27. Sept. 1839. gr. 8. Tübingen, Fues. n. 1/6 ₰

Veteranen-Huldigung oder Erinnerungen an die Feldzugsjahre 1813, 1814 und 1815. Wahre Schilderung von Leistung und Verdienst des Soldaten. München 1846. V: *Kirchmayer, Georg.* (Hdschr. Mitth. Friedrich Müller, München) (BIBLPORT)

Veteranen-Huldigung oder Erinnerungen an die Feldzugsjahre 1813, 14 und 15. Von einem alten Unteroffiziere der königl. bayer. Armee. gr. 8. München 846. (Salzburg, Duyle.) n. 8 ngl

Veteranenkalender pro 1887, Kalender und Schema der österr.-ungar. Militär-Veteranen-, Krieger-Vereine und -Corps für das Jahr 1887. IX. Jahrgang. 8⁰. (128 S.) Wien, Perles. 1886.

Bayerischer Veteranen-Kalender für 1877 ff.—1887. Hrsg. von W. Reichel. Augsburg 1877—1887. 4⁰

Veteranen-Kalender, bayerischer, für das J. 1888. Auf Anregung des Präsidiums des „Bayer. Veteranen-, Krieger- und Kampfgenossen-Bundes" und unter dessen Mitwirkung hrsg. von Wilh. Reichel. gr. 4. (123 S.) Augsburg 887, Gebr. Reichel. **

Veteranen-Kalender, bayerischer, für 1889—1891. Hrsg. von Wilh. Reichel. 4. (à Jahrg. ca. 100 S. m. Illustr.) Augsburg, Gebr. Reichel. à Jahrg. * — 50

Veteranen-Kalender, bayerischer, f. d. J. 1896. Hrsg. v. Wilh. Reichel. 4. (100 S. m. Abbildgn., Titelbild u. Wandkalender.) Augsburg, Gebr. Reichel. n.n. — 50

Veteranen- u. Krieger-Kalender, bayerischer, f. d. J. 1899. Hrsg. v. Wilh. Reichel. gr. 4. (106 S. m. Abb., 1 Farbdr. u. farb. Wandkal.) Augsburg, Gebr. Reichel. n.n. — 50

Veteranen- u. Krieger-Kalender, bayerischer, f. d. J. 1903. 27. Jahrg. Hrsg. v. Wilh. Reichel. gr. 4. (126 S. m. Abbildgn., 1 Farbdr. u. farb. Wandkalender.) Augsburg, Gebr. Reichel. n.n. — 50

Veteranen- u. Krieger-Kalender, bayerischer, f. d. J. 1904. 28. Jahrg. Hrsg. v Wilh. Reichel. (120 S. m. Abbildgn., 1 Farbdr. u. farb. Wandkalender.) Lex.-8. Augsburg, Gebr. Reichel. n.n. — 50

Veteranen-Kalender, illustrirter, für die J. 1879—1885. 1.—7. Jahrg. 8. (à Jahrg. ca. 220 S. mit Holzschn.) Wien, Perles. à Jahrg. *

—— illustrirter, für die J. 1886 und 1887. 8. und 9. Jahrg. 8. (à Jahrg. ca. 220 S. mit Holzschn.) Wien, Perles. à Jahrg. *

Veteranen- und Landsturm-Kalender für die J. 1888 und 1889. 10. und 11. Jahrg. 8. (XXXII, 79, 132; XXXII, 80, 186 S. mit Illustr.) Wien, Perles. à Jahrg. *

Veteranen- u. Landsturm-Kalender für die J. 1890—1893. 12.—15. Jahrg. 8. (à Jahrg. ca. 300 S. m. Abbildgn.) Wien, Perles. à Jahrg. * 1 —

Veteranen- u. Landsturm-Kalender f. d. J. 1895. 17. Jahrg. 8. (XXXV 89 u. 104 S. m. Abbildgn.) Wien, M. Perles. n. 1. —

Veteran- und Landsturm-Kalender für das Jahr 1897. 16. Jahrg. 8. (XXXV, 231 S., mit Illustrationen) Wien: Perles 1896. —.50

Veteranen- u. Landsturm-Kalender f. d. J. 1899. 21. Jahrg. 8. (XXXV, 98 u. 128 S. m. Abb.) Wien, M. Perles. n. 1. —

(F) Veteranen- und Landsturm-Kalender für das Jahr 1900. XXII. Jahrgang. Wien. 1900. Perles. 8°. 116 S. fl. —.50

(F) Veteranen- und Landsturm-Kalender für das Jahr 1901. XXIII. Jahrgang. Wien. 1901. Perles. 8°. 102 S. K 1. —

(F) Veteranen- und Landsturm-Kalender für das Jahr 1902. XXIV. Jahrgang. Wien. 1902. Perles. Gr.-8°. 112 S. K 1.—

Veteranen- u. Landsturm-Kalender f. d. J. 1903. 25. Jahrg. 8. (XXXII, 143 S. m. Abb.) Wien, M. Perles. n. 1.—

(F) Veteranen- und Landsturmkalender für das Jahr 1905. 27. Jahrg. Gr.-8°. (XXXII, 108 S.) Wien: Perles 1904. K 1.—

Veteranen- u. Landsturm-Kalender f. d. J. 1906. 28. Jahrg (XXXII, 132 S. m. Abb.) gr. 8. Wien, M. Perles. n. 1. —
Erscheint nicht mehr.

Veteranen- und Krieger-Verein der k. Haupt- u. Residenzstadt München. Jahresbericht f. d. Verwaltungsjahr 1897 ff.—1901. München 1898—1902.

Der **Veteranen- und Krieger-Verein** der k. b. Haupt- u. Residenzstadt München 1835—1905. Festschrift. München 1905. 87 S.

Veterani, Friedrich Graf v.

– s.a. Denkwürdigkeiten des Grafen v. Veterani.

(Veterani.) Denkwürdigkeiten des Grafen Friedrich Veterani. v. J. 1683—1694, worinnen die Feldzüge desselben in Ungarn enthalten sind. A. d. Ital. 8. Wien u. Leipzig 1771. 0,75. — 8. Glogau 1771. 1,00.

Veterani, Friedrich Graf von. Feldzüge wider die Türken . . . in den Jahren 1683—94; a. d. Ital. Dresden 1788. Ü: *Waldeck, Carl Aug. Frdr. Fürst zu.* (Ky)

v. Veterani, Graf, Feldzüge wider die Türken in Ungarn u. den angrenzenden Provinzen in d. Jahren 1683—94; aus d. Italien. mit Zusätzen, Ausz., Berichtig. u. 2 Plans (v. Prinzen v. Waldeck). gr. 8. Dresd. 788. Walther. 20 gr

Veterator (Maistre Patelin) u. Advocatus, 2 Pariser Studentenkomödien, hrsg. v. Johs. Bolte, s.: Litteraturdenkmäler, latein., des XV. u. XVI. Jahrh. 15.

Veterbüch, das, hrsg. von Carl Franke. 1. lfg.: Einleitung. Antonius. Johannes. gr. 8. (VIII, 167 S.) Paderborn 880, F. Schöningh. *
Nicht weiter erschienen.

Veterinär, österreichisch-ungarischer. Fachschrift für das gesammte Veterinärwesen mit besond. Berücksicht. des Sport, der Viehzucht und der Landwirthschaft. Redact.: Joh. Müller. Hrsgbr.: Wlad. Jungherz und Ferd. Fiala. 1. und 2. Jahrg. 1870 und 1871. à Jahrg. 36 Nrn. (Bog.) gr. 4. Wien, Sallmayer und Comp. à Jahrg. *

—— dass. — Hrsgbr.: A. Winglhofer. Redact.: Ant. Burger. 3. Jahrg. 1872. 36 Nrn. (Bog.) hoch 4. (Ebendas.) *

—— neuer oesterreichisch-ungarischer. Redact.: Alois G. Schneider. 4. Jahrg. 1873. 36 Nrn. (Bog.) hoch 4. (Ebendas.) *

Veterinär-Atlas. Eine Sammlung der nöthigsten Abbildungen für praktische Thierärzte. . . . **Weimar 1828. V:** *Renner, Theobald.* (BV)

Veterinär-Atlas. Eine Samml. der nöthigsten Abbildungen für prakt. Thierärzte. Zunächst zur Erläuterung des neuen Wörterbuchs der Thierheilkunde. 1r Hft. Tafel I—VI. gr. 4. Weimar 828. Industrie-Compt. 18 gr

Veterinär-Bericht für das Jahr 1880—1886; 1889—1890. Nach amtl. Berichten bearb. von M. F. Röll; (1889 ff. bearb. von Bernhard Sperk). Wien 1882—92.

Veterinär-Bericht für d. J. 1887—1890. Nach amtl., üb. Auftrag d. k. k. Ministeriums d. Innern aus den im Reichsrathe vertretenen Königreichen u. Ländern eingelangten Berichten bearb. gr. 8. Wien, Hölder. * 23 60
Für 1887. Bearb. von M. F. Roell. (IV, 208 S.) 889. * 4 40.
Für 1888. Bearb. von Bernh. Sperk. (III, 200 S.) 890. * 4 40.
Für 1889. Bearb. von Bernh. Sperk. (III, 223 S. m. 5 Karten.) 891. * 7 20.
Für 1890. Bearb. von Bernh. Sperk. (III, 204 S. m. 7 Karten.) 892. * 7 60.
Frühere Jahrgc. erschienen unter dem Autornamen M. F. Roell.

Veterinärbericht, Der bayerische, für 1874. Herausg. von W. Probstmayr. Mit 3 Karten. München 77. Stahel (?) M. 1.40

Veterinärgesetze, die österreichischen, i. d. Taschenausgabe, Manz'sche, der österreichischen Gesetze. 20. Bd.

Die österreichischen **Veterinärgesetze** samt den d. Durchführung ders. betr. Verordnungen, d. sonstigen normativen Vorschriften u. erl. Anm. 4. Aufl. Wien, Manz 1910. XI, 7, 570 S. 8°
(Manzsche Taschenausgabe d. österr. Gesetze. Bd 20.) [10. 1356]

Veterinär-Hydriatik, oder gründl. Unterricht, die Krankheiten der Hausthiere mit frischem Wasser natürlich, einfach u. wohlfeil zu heilen. 1. Aufl. Leipzig 842. u. 2. Aufl. 8. (à 4¼ B.) Leipzig 847. [Quedlinburg, Ernst'sche Buchh.] Thlr.

Veterinär-Hydriatik, od. gründlicher Unterricht, die Krankheiten der Hausthiere mit frischem Wasser natürlich, einfach und wohlfeil zu heilen. 8. Leipzig 842, Fort. ⅓ ₰

Veterinär-Hydriatik, od. gründl. Unterricht mehr als 150 innere u. äußere Krankheiten der Hausthiere mit frischem Wasser natürlich, einfach u. wohlfeil zu heilen. 2. Aufl. (X u. 66 S.) Quedlinburg 847, Ernst. ⅓ ₰

Veterinarius oder theoretisch-praktischer Unterricht von der Behandlung . . . der Pferde . . . **Gotha 1779—80. V:** *Wefeld, Johann Adolph.* (BV) (Ky) (MGT)

Veterinarius, od. theoret. prakt. Unterricht v. d. Behandl., Cur u. Wartung der Pferde u. des Hornviehes *rc.*, von F. v. W. (J. A. Wefeld). 2 Bde. gr. 8. Gotha 779. 80. Ettinger. 3 ₰ 12 gr

Veterinarius, oder theoretisch-praktischer Unterricht von der Behandlung, Kur u. Wartung der Pferde und des Hornviehes etc. v. F. v. W. (J. A. v. Wefeld.) 2 Tle. gr. 8. Gotha (779.) 780. (Halle, Heynemann.) M. 7.

Veterinär-Kalender

— — Siehe auch: Tierärztliches Taschenbuch v. v. Grebner u. v. Straub.

— — Siehe auch: Taschenbuch, Veterinärärztliches v. Adam, später Göring.

Veterinair-Kalender auf die J. 1866—70. Bearb. von C. Müller u. F. Roloff. 1—5. Jahrg. [1866. (III, 332 S.), 1867. (III, 378 S.), 1868. (V, 377 S.), 1869. (III, 390 S.), 1870. (III, 409 S.)] Berlin, A. Hirschwald. geb. Jeder Jahrg. n. 28 ngr

Veterinair-Kalender für die J. 1869—1875. Bearb. von C. Müller und F. Roloff. 4.—10. Jahrg. gr. 16. (à ca. 400 S.) Berlin, Hirschwald. geb. 1869—1872 à *
1873—1875 à *

Veterinair-Kalender für die J. 1876—1878. Bearb. von C. Müller und F. Roloff. 11.—13. Jahrg. à Jahrg. 2 Thle. gr. 16. (à ca. 500 S.) Berlin, Hirschwald.
geb. und geh. à Jahrg. *
—— dass. — für 1879 und 1880. Bearb. von C. Müller und W. Dieckerhoff. 14. und 15. Jahrg. à Jahrg. 2 Thle. gr. 16. (VI, 449, IV, 101; VIII, 405, IV, 102 S.) Ebendas.
geb. und geh. à Jahrg. *

Veterinair-Kalender, für die J. 1881—1885. Bearb. von C. Müller und W. Dieckerhoff. 16.—20. Jahrg. gr. 16. (VIII, 336, IV, 102; VIII, 255, IV, 103; VIII, 255, IV, 103; VIII, 419, IV, 103; 120, 103 S.) Berlin, Hirschwald. geb. und geh. à Jahrg.

Veterinär-Kalender für die J. 1886—1888. Bearb. von C. Müller und W. Dieckerhoff. à Jahrg. 2 Abthlgn. gr. 16. (VIII, 323, IV, 104; VIII, 208, 115, 109; VIII, 208, 115, IV, 110 S.) Berlin, Hirschwald. geb. und geh. à Jahrg. *

—— dass. — für das J. 1889. Bearb. von C. Müller und R. Schmaltz. 2 Abthlgn. gr. 16. (VIII, 208; 114, IV, 111 S.) Ebendas. geb. und geh. *

—— für d. J. 1890—1893. Bearb. von C. Müller. 25.—28. Jahrg. à 2 Abthlgn. 12. (à Jahrg. 250—280 S. u. Schreibkalender.) Berl., Hirschwald. à Jahrg. geb. in Leder u. geh. * 4 —

Veterinär-Kalender f. d. J. 1894. Bearb. v. C. Müller. 2 Abthlgn. 12. (VIII S., Schreibkalender. 140 u. IV, 126 S.) Berlin, A. Hirschwald. Geb. in Ldr. u. geh. n. 4. —

— dasselbe pro 1895. Ausg. f. Österreich. 18. Jahrg. 16. (V, 340 S. u. Tagebuch m. Bildnis.) Ebd. Geb. in Leinw. n. 3. —; in Ldr. n. 4. —

Veterinär-Kalender f. d. J. 1899. Unter Mitwirkg. v. A. Eber, F. Holtzhauer, Johne, hrsg. v. König. 2 Thle. 12. (X, 198 S., Tagebuch u. IV, 331 S.) Berlin, A. Hirschwald. Geb. in Ldr. u. geh. n. 3. —

Veterinär-Kalender pro 1899. Ausg. f. Oesterreich. 22. Jahrg. 16. (IV, XVI, 354 S. u. Tagebuch m. 1 Bildn.) Ebd. Geb. in Leinw. n. 3. —; in Ldr. n. 4. —

— für das Jahr 1901. Herausg. von Koenig. Unter Mitwirkung von C. Dammann, H. Dammann, A. Eber, Edelmann, Holtzhauer, Johne. Berlin 1900. Hirschwald. M. 3.

Veterinär-Kalender f. d. J. 1903. Unter Mitwirkg. v. C. Dammann, H. Dammann, A. Eber, Edelmann, F. Holtzhauer, Johne hrsg. v. Koenig. 2 Thle. 12. (X, 380 S., Tagebuch u. IV, 395 S.) Berlin, A. Hirschwald. Geb. in Ldr. u. geh. n. 3. —

Veterinär-Kalender f. d. J. 1907. Unter Mitwirkg. v. C. Dammann, H. Dammann, A. Eber, Edelmann, F. Holtzhauer, Johne hrsg. v. Koenig. 2 Abtlgn. (XVI, 474 S., Tagebuch u. V, 491 S.) kl. 8. Berlin, A. Hirschwald. Geb. in Ldr. u. geh. n. 3. —

Veterinär-Kalender f. d. J. 1911. Unter Mitwirkg. v. C. Dammann, H. Dammann, Johne u. a. hrsg. von Rautenberg. 3 Abtlgn. (XII, 495 S., Tagebuch; IV, 274 u. IV, 464 S. m. 1 Bildnis.) kl. 8. Berlin, A. Hirschwald. Geb. in Ldr. u. geh. 4. —

—— pro 1878. Taschenbuch für Thierärzte mit Tagesnotizbuch. Hrsg. von Alois Koch. Mit dem (Holzschn.-)Portr. des Reg.-R. Dir. Prof. Dr. Mor. Röll und mehreren (eingedr.) Holzschn. 1. Jahrg. 16. (131, 128 S.) Wien, Perles. geb. *
—— dass. — pro 1879. Mit dem (Holzschn.-)Portr. des Hrn. Reg.-R. Prof. Dr. Frz. Müller und mehreren (eingedr.) Holzschn. 2. Jahrg. 16. (161, 189 S.) Ebendas. geb. *
—— dass. — pro 1880. Mit dem (Holzschn.-)Portr. des Chef-Veterinär Pierre Mégnin. 3. Jahrg. 16. (129, 128 S.) Ebendas. geb. *

—— Taschenbuch für Thierärzte mit Tagesnotizbuch. Verfasst und hrsg. von Alois Koch. Pro 1881. Mit dem (Holzschn.-) Portr. des Hrn. Prof. Dr. E. Semmer in Dorpat. 4. Jahrg. 16. (V, 147, 128 S.) Wien, Perles. geb. in Leinw. * geb. in Ldr. *

—— dass. — Pro 1882. Mit dem (Holzschn.-)Portr. des Hrn. Prof. Dr. H. Pütz in Halle. 5. Jahrg. 16. (VII, 129, 128 S.) Ebendas. geb. in Leinw. * geb. in Ldr. *

Veterinair-Kalender. Taschenbuch für Thierärzte und Tagesnotizbuch. Verfasst und hrsg. von Alois Koch. Pro 1883. Mit dem (Holzschn.-)Portr. des Hrn. L. Pasteur in Paris. 6. Jahrg. Ausg. für Deutschland. 16. (VII, 127, 128 S.) Wien, Perles. geb. in Leinw. * *M* 3.; in Ldr. *

—— dass. — Pro 1884. Mit dem Portr. des Hrn. Prof. Dr. E. Perroncito in Turin. 7. Jahrg. Ausg. für Deutschland. 16. (140, 130 S.) Ebendas. geb. *

—— dass. — Pro 1885. Mit dem Portr. des Hrn. Prof. Dr. E. Vogel in Stuttgart, 2 Farbendr.-Taf. über die Mikroorganismen bei Infectionskrankheiten und 1 Eisenbahnkarte. 8. Jahrg. Ausg. für Deutschland. 16. (VIII, 185, 130 S.) Ebendas. geb. *

—— Taschenbuch für Thierärzte mit Tagesnotizbuch. Verfasst und hrsg. von Alois Koch. Pro 1886. 9. Jahrg. Ausg. für Deutschland. 16. (188, 130 S. mit dem Portr. des Hrn. Prof. Dr. Freytag in Halle, 2 Farbendr.-Taf. und 1 Eisenbahnkarte.) Wien, Perles. geb. in Leinw. * geb. in Leder *

—— dass. — pro 1887. 10. Jahrg. Ausg. für Deutschland. 16. (167, 130 S. mit dem Portr. des Hrn. Geh.-R. Prof. Dr. Rud. Leuckert in Leipzig.) Ebendas. geb. in Leinw. * geb. in Leder *

—— dass. — pro 1888. 11. Jahrg. Ausg. für Oesterreich. 16. (V, 245, 130 S. mit dem Portr. des Prof. Dr. Anacker in Düsseldorf.) Ebendas. geb. in Leinw. * geb. in Leder *
Ausg. für Deutschland zu gleichem Preise.

—— dass. — pro 1889. 12. Jahrg. Ausg. für Oesterreich. 16. (V, 196, 103 S. mit dem Portr. des Bez.-Thierarztes M. Strebel in Freiburg.) Ebendas. geb. in Leinw. * geb. in Leder *
Ausg. für Deutschland zu gleichem Preise.

Veterinär-Kalender pro 1890—1893. Ausg. für Oesterreich. Taschenbuch f. Thierärzte m. Tagesnotizbuch. Verf. u. hrsg. von Alois Koch. 13.—16. Jahrg. 16. (à Jahrg. ca. 300 S. u. Tagebuch m. Bildern u. Taf.) Wien, Perles. à Jahrg. geb. in Leinw. * 3 — à Jahrg. geb. in Leder * 4 —
Ausgabe für Deutschland zu gleichen Preisen.

— pro 1895. Ausg. f. Deutschland. Taschenbuch f. Thierärzte m. Tagesnotizbuch. Verf. u. hrsg. v. Alois Koch. 18. Jahrg. 16. (VIII, 245 S. u. Tagebuch m. Lichtdr.-Bildnis.) Wien, M. Perles. Geb. in Leinw. n. 3. —; in Ldr. n. 4. —

Veterinär-Kalender pro 1896. Taschenbuch für Thierärzte mit Tagesnotizbuch. Verfasst und herausgegeben von Alois Koch. Mit dem Porträt des Prof. Dr. M. Sussdorf. XIX. Jahrgang. 16. (356 S. mit Tagebuch) 1.60 In Leder geb. Wien: Perles 1895. 2.—

Veterinär-Kalender pro 1897. Taschenbuch für Thierärzte, mit Tagesnotizbuch. Verfasst und herausgegeben von Alois Koch. Mit dem Porträt des Gestütsdirectors Fortunat von Chelchowski. XX. Jahrg. 16. (260 S., mit Tagebuch.) In Leinwd. geb. 1.60, in Leder gebunden Wien: Perles 1896. 2.—

Veterinär-Kalender pro 1897. Taschenbuch für Thierärzte mit Tagesnotizbuch. Verfasst und herausgegeben von Alois Koch. Mit dem Porträt des Gestütsdirectors Fortunat von Chelchowski in Antoniny. XX. Jahrgang. 16. (362 S. mit Tagebuch) 1.60, in Leder gebunden Wien: Perles 1896. 2.—

Veterinär-Kalender pro 1898. Taschenbuch für Thier-Aerzte mit Tages-Notizbuch. Verfasst und Herausgegeben von Alois Koch. Mit dem Porträt des Herrn Prof. Dr. Jacob Lechner am k. u. k. Militär-Thierarznei-Institut und thierärztlichen Hochschule in Wien. XXI. Jahrgg. 16. (360 S. mit Tagebuch.) In Lnwd. geb. 1.60, in Leder geb. 2.—
Wien: Perles 1897.

— pro 1899. Taschenbuch f. Thierärzte m. Tagesnotizbuch. Verf. u. hrsg. v. Alois Koch. Ausg. f. Deutschland. 22. Jahrg. 16. (VIII, 225 u. 16 S. u. Tagebuch m. 1 Bildn.) Wien, M. Perles.
Geb. in Leinw. n. 3. —; in Ldr. n. 4. —

Veterinär-Kalender pro 1900. Taschenbuch für Thierärzte mit Tagesnotizbuch. Ausgabe für Österreich. Verfasst und herausgegeben von Alois Koch. Mit dem Porträt des Herrn Prof. Dr. Jos. Szpilman. XXIII. Jahrgang. Wien. Perles. 16°. 376 S. mit Tagebuch. Geb. fl. 1.60, in Leder fl. 2.—

Veterinär-Kalender pro 1901. Taschenbuch für Thierärzte mit Tagesnotizbuch. Verfasst und herausgegeben von Alois Koch. Mit dem Porträt des Herrn Prof. Dr. Franz Hutyra. XXIV. Jahrgang. Wien. Perles. 8°. 392 S. und Agenda.
Geb. K 3.20, in Leder K 4.—

Veterinär-Kalender pro 1902. Taschenbuch für Thierärzte mit Tagesnotizbuch. Ausgabe für Österreich. Verfasst und herausgegeben von Alois Koch. Mit dem Porträt des Herrn Prof. Dr. L. Hoffmann. XXV. Jahrgang. Wien. Perles. 16°. 408 S. mit Tagebuch Geb. K 3.20, in Leder K 4.—

— pro 1903. Taschenbuch f. Thierärzte m. Tagesnotizbuch. Verf. u. hrsg. von Alois Koch. 26. Jahrg. 12. (IV, 335 S. m. 1 Bildnis u. Tagebuch.) Wien, M. Perles. Geb. in Leinw. n. 3. —; in Ldr. n. 4. 40
Die Ausg. f. Deutschland erscheint nicht mehr.

Veterinär-Kalender pro 1904. Taschenbuch für Tierärzte mit Tagesnotizbuch. 27. Jahrg. 8°. (352 S.) Wien: Perles 1903.
geb. K 3.20, in Leder K 4.40

Veterinärkalender pro 1905. Taschenbuch für Tierärzte und Tagesnotizbuch. 28. Jahrg. 16°. (356 S.) Wien: Perles 1904.
geb. K 3.20, in Leder K 4.40

— pro 1907. Taschenbuch f. Tierärzte m. Tagesnotizbuch. Verf. u. hrsg. v. Alois Koch. 30. Jahrg. (IV, 337 S. m. 1 Bildnis u. Tagebuch.) kl. 8. Wien, M. Perles. Geb. in Leinw. n. 3. —; in Ldr. n. 4. 40

Veterinärkalender pro 1908. Taschenbuch für Tierärzte mit Tagesnotizbuch. 31. Jahrg. 8°. (360 S.) Wien: Perles 1907.
geb. K 3.20, in Leder geb. K 4.40

Veterinärkalender pro 1909. Taschenbuch für Tierärzte mit Tagesnotizbuch. 32. Jahrg. 8°. (362 S.) geb. K 3.20
Wien: Perles 1908. in Leder K 4.40

— pro 1911. Taschenbuch f. Tierärzte m. Tagesnotizbuch. Verf. u. red. v. Alois Koch. 34. Jahrg. (IV, 371 S. m. 1 Bildnis u. Tagebuch.) kl. 8. Wien, M. Perles. Geb. in Leinw. 3. —; in Ldr. n 4. —

Veterinär-Kalender

— —: Tierärztlicher Taschenkalender v. H. Bürchner u. M. Albrecht. Straubing 1900. Attenkofer. M. 4.

— deutscher, f. d. J. 1890—1893. Hrsg. v. R. Schmaltz. à Jahrg. 2 Tle. gr. 16. (à Jahrg. ca. 350 S. u. Schreibkalender.) Berl., Schoetz. à Jahrg. geb. in Leder u. geh. * 4 —

— deutscher, f. d. J. 1891. Hrsg. v. R. Schmaltz. Mit Beiträgen v. Steinbach, Rabe, Arndt u. Bertram. 2 Thle. gr. 16. (XI, 172; 108, 56 S. u. Tagesnotizbuch in 4 Abtlgn.) Berlin, Th. Chr. Fr. Enslin. geb. u. geh. n. 6. —

— deutscher, f. d. J. 1894. Hrsg. v. R. Schmaltz. Mit Beiträgen v. Steinbach, Rabe, Arndt, Bertram u. Koch. 2 Tle. gr. 16. (XII, 221 S., Schreibkalender, 112 u. 60 S.) Berlin, R. Schoetz. Geb. in Ldr. u. geh.
n. 4. —

— dasselbe f. d. J. 1895. Hrsg. v. R. Schmaltz. Mit Beiträgen v. Arndt, Bertram, Eschbaum etc. 2 Tle. gr. 16. (XII, 192 S., Schreibkalender u. III, 221 S.) Ebd. Geb. in Ldr. u. geh. n. 4. —

— deutscher, f. d. J. 1899. Hrsg. in 2 Tln. v. R. Schmaltz. M. Beiträgen v. Rabe, Arndt, Eichbaum, Koch, Steinbach. gr. 16. (XVI, 301 S., Schreibkalender u. IV, 188 S.) Berlin, R. Schoetz.
Geb. in Ldr. u. geh. n. 4. —

Veterinär-Kalender, Deutscher, für d. Jahr 1901. Herausg. v. R. Schmaltz. Mit Beiträgen von Arndt, Bertram, Hartenstein, Koch, Rabe, Steinbach. Berlin 1900. Schoetz. M. 4.

— deutscher, f. d. J. 1903. Hrsg. in 2 Tln. von R. Schmaltz. Mit Beiträgen von Arndt, Ellinger, Eschbaum, Hartenstein, Koch, Schlegel, Steinbach, Töpper. gr. 16. (XVI, 316 S., Schreibkalender u. IV, 260 S.) Berlin, R. Schoetz. Geb. in Ldr. u. geh. n. 4. —

— deutscher, f. d. J. 1906—1907. Hrsg. in 3 Tln. v. R. Schmaltz. Mit Beiträgen v. Arndt, Ellinger, Eschbaum, Hartenstein, Koch, Schlegel, Steinbach, Töpper. (XVI, 291 S., Schreibkalender, 260 u. III, III, 121 S.) kl. 8. Berlin, R. Schoetz. Geb. in Ldr. u. geh. n. 5. —

— deutscher, f. d. J. 1910—1911. 22. Jahrg. Hrsg. in 3 Tln. v. R. Schmaltz. Mit Beiträgen v. Arndt, Ellinger, Hartenstein u. a. (XVI, 306 S., Schreibkalender, IV, 160 u. 287 S.) kl. 8. Berlin, R. Schoetz.
Geb. in Ldr. u. geh. 5. —

— Frommes österreichischer Kalender für Tierärzte. Red. von Jos. Rudovsky. Wien 99. M. 3.20

Veterinärkalender, Oesterr.-ungar., pro 1892. XV. Jahrg. Bearbeitet vom k. k. Bezirksthierarzt Alois Koch, Herausgeber und Redacteur der „Oesterr. Monatsschrift für Thierkeilkunde". 16. (332 S. mit Tagebuch.)
Elegant geb. in Leinwand 1.60
Derselbe elegant geb. in Leder 2. —
Wien: Perles 1891.

Österreichisch-ungarischer Veterinär-Kalender 1904
27. Jahrg. 8° (352 S.) in Leinen K 3.20, in Leder K 4.40

Veterinärkalender, schweiz. für das Jahr 1897. Bearb. von *Ad. Eichenberger*. Kl. in-8°. 222 S. Bern, Schmid & Francke. 3 —

— schweizerischer f. d. J. 1898. Bearb. v. Ad. Eichenberger. 12. (209 S. m. 1 Tab.) Bern, Schmid & Francke. Geb. in Leinw. n. 2. 40

Veterinär-Sanitäts-Bericht, statistischer, üb. die preußische Armee f. das Rapportjahr 1886. gr. 4. (III, 50 S.) Berlin 887. (Mittler & Sohn.) n. 1. 25

— — Veterinär-Sanitäts-Bericht über die preuß. Armee für das Rapportjahr 1888. Berlin 1889. 133 S. 4°

Statistischer Veterinär-Sanitäts-Bericht über die k. bayer. Armee für das Rapportjahr 1888 ff.—1911. München 1889—1912. 4°

Veterinär-Sanitäts-Bericht, statistischer, üb. die preußische Armee f. d. Rapportj. 1890—1893. gr. 4. Berlin, E. S. Mittler & Sohn. n. 22. 75
1890. (IV, 179 S.) 891. n. 6.—. — 1891. (IV, 182 S. m. Kurvenzeichngn.) 892. n. 6.50. — 1892. (IV, 146 S. m. graph. Fig.) 893. n. 5.—. — 1893. (IV, 162 S. m. graph. Fig.) 894. n. 5.25.

Veterinär-Sanitäts-Bericht, statistischer, üb. d. preußische Armee f. d. Rapportj. 1894—1897. gr. 4. Berlin, E. S. Mittler & Sohn. n. 21. 25
1894. (IV, 153 S. m. graph. Fig.) 895. n. 5. 25
1895. (IV, 138 S. m. graph. Fig.) 896. n. 5.—
1896. (IV, 154 S. m. graph. Fig.) 897. n. 5.—
1897. (IV, 188 S. m. graph. Fig.) 898. n. 6.—

Veterinär-Sanitäts-Bericht, statistischer, üb. die preußische Armee f. d. Rapportj. 1898—1900. gr. 4. Berlin 899. E. S. Mittler & Sohn. n. 20.—
1898. (IV, 193 S. m. graph. Fig.) 899. n. 6.—
1899. (IV, 190 S. m. graph. Fig.) 900. n. 6—
1900. (IV, 254 S. m. graph. Fig.) 901. n. 8.—

— dasselbe, üb. die preußische Armee u. das XIII. (königl. württemberg.) Armeekorps f. d. Rapportj. 1901. gr. 4. (IV, 207 S. m. graph. Fig.) Ebd. 902. n. 7.—

Veterinär-Sanitäts-Bericht, statistischer, üb. die preußische Armee u das XIII. (königl. württemberg.) Armeekorps f. d. Rapportj. 1902 1905. (IV, 190; IV, 192; IV, 212 u. IV, 276 S. m. graph. Fig.) gr. 4. Berlin 903—906. E. S. Mittler & Sohn. 1902. 03. à. n. 7.—; 1904 n. 9.—; 1905. n. 10.—

Veterinär-Sanitäts-Bericht, statistischer, üb. die kgl. preuß. Armee, das XII. u. XIX. (1. u. 2. kgl. sächs.) u. das XIII. (kgl. württemb.) Armeekorps f. das Rapportj. 1909. (IV, 157 S. m. graph. Fig. u. 1 Karte.) Lex. 8. Berlin 910. E. S. Mittler & Sohn. 7.50

Veterinärwesen, das, in Bosnien u. der Hercegovina seit 1879, nebst e. Statistik der Epizootien u. des Viehexportes bis inclusive 1898. Mit 7 Diagrammen u. 1 Karte. Hrsg. v. der Landesregierg. f. Bosnien u. die Hercegovina. Lex.-8. (VIII, 223 S.) Sarajevo 899. (Wien, C. Gerold's Sohn.) n. 3.60

Das Veterinärwesen in Bosnien und der Hercegovina seit 1879, nebst e. Statistik d. Epizootien u. d. Viehexportes bis incl. 1898. Mit 7 Diagrammen u. 1 Karte. Hrsg. von d. Landesregier. f. Bosnien u. d. Hercegovina. *Sarajevo 1899.: Landesdruck (auf d. Umschl. aufgekl.: [Wien]: C. Gerold's Sohn in Comm.)* (VIII, 223 S.) 4° [illegible]

Veth, Jan, s.: Israëls, Josef, u. seine Kunst.

Rembrandt's Leven en Kunst. Geschreven in Opdracht van de algem. Commissie ter Herdenking van Rembrandt's 300-jar. Geboortedag door Jan **Veth**. (In 10 Afl.) Amsterdam: Scheltema & Holkema [1906]. (132 S., 50 Taf.) 2° [illegible]

Veth, Jan., Rembrandts Leben u. Kunst. (140 S.) 8. Leipzig 908. E. A. Seemann. Kart. 3.

— Im Schatten alter Kunst. (VII, 169 S. m. 20 Vollbildern.) 8. Berlin 911. B. Cassirer. 4.50; geb. 5.50

Veth, B. [illegible] J., Ueber die Javanische Sprache und das Studium derselben in den Niederlanden. (Aus dem Holländischen auszugsweise übersetzt von H. G. Zehner.) [= Allgemeine Literatur-Zeitung 1847, Mai, Nr. 98—102.] Halle 1847. [illegible]

— **Streifzüge e. holländischen Malers in Deutschland**, s. a. Bibliothek ausgewählter Kunstschriftsteller. V.

Veth, Jan: Streifzüge eines holländischen Malers in Deutschland von . Berlin: B. Cassirer 1904. (149 S.) 8°
(Bibliothek ausgewählter Kunstschriftsteller. Bd 5.)

Veth, Leonh., praktische Anleitung zum zweckmäßigen Gebrauche u. zur Pflege der Feuerspritzen u. Löschwerkzeuge. Eine auf 30jähr. Erfahrung gegründete Anweisung. 8. (48 S.) Wien 851, Wenedikt. 9 ngl

Veth, Petr. Ih., Dissertatio de institutis Arabum erudiendae juventuti et literis promovendis inservientibus. 8. Amsterdam 843, Joh. Müller. n. 12 ngl

Veth, Pet. Joa., specimen et litteris orientalibus, exhibens majorem partem libri As—Sojutii de nominibus relativis, inscripti لب اللباب, arabice editam e duobus codicibus Mss., cum annotatione critica. 4maj. Lugd.-Batav. 840. Luchtmans. n. 3 rf

Veth, Petr. Ih., Pars reliqua libri As-Sojutii de nominibus relativis, inscripti لب اللباب quam, auspice viro clarissimo legati Warneriani interprete, ex tribus codicibus manuscriptis, cum annotatione critica edidit. 4 maj. Lugduni Batav. 842, S. et J. Luchtmans. n. 1½ rf (Pars I et II. n. 3 rf)

Veth, Petrus Johs., supplementum annotationis in librum As-Sojutii de nominibus relativis, inscriptum لب اللباب cont. novorum codd. collationem et excerpta ex As-Sam'anii libro في الأنساب et Ibno 'l-Athiri libro اللباب gr. 4. (IV u. 220 S.) Lugduni-Batav. 851, Brill. n. n. 3 rf 2 ngl

Veto: Das Veto
s. a. Zürcherischer Freitagsbote.

Veto dem Gesetze über die Rechte des Staats in kirchlichen Dingen 1834. O. O. [1834]. V: *Höfliger, Jos.* (Cat. d. Stadtbibl. Zürich. Zürich 1864—97.)

Veto, das suspensive, der hessischen Landstände. Eine rechtsgeschichtl. Darlegg. der Entstehg. u. d. wahren Sinnes der Art. 75 u. 91 der hess. Verfassungsurkunde. gr. 8. (25 S.) Mainz 874. Kirchheim. n. — 40

Veto-Büchlein, St. Gallisches, gegen das neue konfessionelle Gesetz vom 16. Juni 1855. Eine leichtfaßliche und unterhaltliche Belehrung für das souveräne St. Gallervolk beider Konfessionen und beider politischen Parteien. St. Gallen 855. Koppel. 8. (24 S.) n. 2 ngl

Vetsch, Catharina, s. Vetsch, Katharina

Vetsch, Jak., s.: Idiotikon, schweizerisches.

— Die Laute der Appenzeller Mundarten, s. a. Beiträge zur schweizerdeutschen Grammatik. I.

Vetsch, Jacob. Die Laute der Appenzeller Mundarten. Von Dr. Jakob V. Mit [Notenbeispielen und] vier Beilagen. VIII + 255 S. 8. Frauenfeld, Huber & Co., 1910. [fr. 3.—]
Beiträge zur Schweizerdeutschen Grammatik ... Heft, I ...

Vetsch, Jacob. Die Vokale der Stammsilben in den Appenzeller Mundarten. Diss. Phil. I. Univ. Zürich ... von Jakob V. [Mit Notenbeispielen, 1 Tafel und 3 Karten.] IV + 124 S. 8. Frauenfeld, Huber & Co., 1907.
(Diese Arbeit wird, vermehrt um die Darstellung des Vokalismus der Nebensilben und des Konsonantismus, als Heft I der ... »Einzelschriften zur Schweizerdeutschen Grammatik« erscheinen.)

Vetsch, Jh., Anleitung, die Fähigkeiten d. Kinder auf eine, dem Naturgang ihrer Entwickelungsfähigkeit angemessene, leichte Art zu ergreifen u. sie auf eine gründl. Weise auszubilden. 8. St. Gallen 814. (Huber u. C.) 10 ngl

— allgemeine Gesichtspunkte z. Gründung u. Beurtheilung einer Staatsverfassung. 8. St. Gallen 801. (Huber u. C.) 3 ℋ

Vetsch, Katharina

Vetsch, [Frl.] C[atharina]. Bei dir ist die lebendige Quelle. Gedichte von K. V'. [Mit illustriertem Umschlag.] VIII + 119 S. 8. Emmishofen, Evangelische Buchh., (1906). [geb. fr. 2. —]

Vetsch, [Ulrich]. Die Ostschweizerische Alpenbahnfrage in st. gallischer Beleuchtung. (Vortrag am 10. April 1907 in St. Gallen, am 17. Mai 1907 in Rorschach gehalten.) [Hrg. vom interkantonalen Splügen-Comité.] II + 36 S. 4. St. Gallen, Honegger'sche Buchdr., 1907.

Vetsch, Ulrich, Assistenzarzt am thurgauischen Kantonsspital Münsterlingen [von Grabs, Kt. St. Gallen]: Ueber den Frühjahrscatarrh der Conjunctiva. Zür. Zürcher u. Furrer Dr. 1879. 51 S. 8°.
Zürich, Med. Diss. [v. 30. Juli 1879].

Vetsch v. Werdenberg, Marx, s. Vaterlandsfreund.

Vetschau [Schlagwort]

Vetschau, s.: Preussen. Messtischblätter.

Vetschau, s.: Wanderkarten.

Vetschera, Rudolf: Die griechische Paränese.
Phil. Diss., Prag 1908/1909.

Vett, Funk Joh. Emil, Antrittspredigt am 16. Febr. 1872 gehalten. gr. 8. (18 S.) Hamburg 872, Nolte. *

Vettach, G., Frascologia, s.: Schmidt, G.

Vette, Chrn. Rud. u. Jo. Fried. Burcklin [Resp.]
Theses juridicae miscellae.
Giessae 29. März 1745: E. H. Lammers. 16 S. 4°
pro summis in utroque jure honoribus et privilegiis doctoralibus majorum more rite obtinendis.

Vetten, J. W., Predigt bei der Einführung d. Evang. Schullehrer, Hr. Rect. Pott in Linnich, am 6. Mai 1827. gr. 8. Linnich 829. (Aachen, Mayer). 2 ℋ

Herr Vetter: 1902–1906
Humorous weekly. Place of publication varies: Medford, Wis., 1902–04. Small folio, each issue 12 pages. Edited & published by Franz Markus & Co., 1902–06.
Milwaukee, WI

Vetter und Base. Eine Geschichte aus dem Waadtlande. (83 S.) 8. Aarburg, Buchdr. Aarburg, 1902.
Schweizer Familien-Bibliothek. Band 9. 123 S. (fr. —. 20.) S. 41—123.

Des Lahrer Hinkenden Boten Vetter in Amerika.
Subtitle: Neuer Calender für Stadt und Land. Copyright held by Morwitz & Co., a Philadelphia publisher.
Phi 1884.
Philadelphia, PA

Vetter, der, aus Bremen. Haus- und Familien-Kalender für Stadt und Land. 1882—1885. 8. (à Jahrg. ca. 250 S. mit Holzschn.) Bremen, Rocco. Jahrg. 1882 und 1883 à *
Jahrg. 1884 und 1885 à *

Vetter, der, aus Bremen. Haus- und Familien-Kalender für Stadt und Land. 1886—1889. 8. (XLVIII, 160; XL, 144 S. mit eingedr. Illustr. und 1 Taf.; 72 S. mit 4 Vollbildern; 108 S.) Bremen, Rocco. à Jahrg. *

Vetter, der, aus Bremen. Haus u. Familien-Kalender f. Nordwestdeutschland auf d. J. 1890—1893. 8.—11. Jahrg. 8. (71; 71; 178; 168 S. m. Abbildgn.) Bremen, Drewes. à Jahrg. * — 50

Vetter, der, aus Bremen. Ein brem. Jahrbuch f. d. J. 1895. 13. Jahrg. 8. (162 S. m. Abbildgn.) Bremen, H. Drewes. n. — 50

Vetter, der, aus Bremen. Haus- u. Familienkalender f. d. J. 1899. 17. Jahrg. 8. (180 S. m. Abb.) Bremen, H. Drewes. n. — 50

Vetter, der, aus Bremen. Haus- u. Familienkalender f. d. J. 1902. 20. Jahrg. 8. (213 S. m. Abb.) Bremen, H. Drewes. n. — 50

Vetter, der, aus Bremen. Haus- u. Familienkalender f. d. Jahr. 1905. 23. Jahrg. (197 S. m. Abbildgn.) 8. Bremen, H. Drewes. n. — 50

Vetter, der, aus Bremen. Haus- u. Familienkalender f. d. J. 1910. 28. Jahrg. (178 S. m. Abb.) 8. Bremen, H. Drewes. — 50

Vetter Lustigs Erheiterungen, s. Lustig's.

Vetter Jakobs Erzählungen, s. a. Jakob's.

Vetter Jakob's Erzählungen, Fabeln u. Mährchen f. Knaben u. Mädchen v. 8 bis 12 Jahren. 8. (10 B. u. 8 ill. Kpfr.) Magdeburg 830, [Berlin,] Rubach.

Vetter: Der Vetter Götti
(5) 1892—1893 (7) Wochenblatt (8) Zürich (13) Von BGSZ 12 unter den politischen Zeitungen aufgeführt.

Vetter Götti. Familien-Kalender für das Jahr 1901. Jahrg. 12. [Illustriert.] [IV + 96 S.] 4. Grüningen ⟨Ct. Zürich⟩. J. Wirz. [fr. —. 40]

Vetter Götti. Familien-Kalender für das Jahr 1902. Jahrg. 13. [Illustriert.] [IV + 96 S.] 4. Grüningen ⟨Ct. Zürich⟩, J. Wirz. fr. —. 40

Vetter Götti. Familien-Kalender für das Jahr 1903. Jahrg. 14. [Illustriert.] [IV + 96 S.] 4. Grüningen ⟨Ct. Zürich⟩, J. Wirz. fr. —. 40

Vetter Götti. Familien-Kalender.... [Illustriert.] 4. Grüningen, J. Wirz. fr. —. 40
... für das Schaltjahr 1904. Jahrg. 15. [IV + 96 S.] Gr' ⟨Ct. Zürich⟩....
... für das Jahr 1905 *u.* ... für das J' 1906. Jahrg. 16 *u.* 17. [*je* IV + 96 S.] Gr' ⟨Zürich⟩....
... 1907. Jahrg. 18. [IV + 96 S.] Gr'-Zürich....
... Schaltjahr 1908. Jahrg. 20 [*d. i.* 19]. [IV + 96 S.] Gr' ⟨Zürich⟩....
... für das Jahr 1909. Jahrg. 21 [*d. i.* 20]. [IV + 96 S.]
... 1910. Jahrg. 21. [IV + 88 S.]

Vetter Hans Jerg, der. 8. (44 S.) Straßburg 872, (Bomhoff.)
Aus: Mülhauser Chronik, besonders abgedruckt.

— Heinrichs ꝛc. s. Heinrich.

—— der, vom Hohenlohe'schen. Illustrirter Volkskalender aus württembergisch Franken mit dem alphabet. und monatl. Marktverzeichniß für das J. 1882. 4. (64 S. mit eingedr. Holzschn. und 1 Portr.) [Oehringen.] Berlin, Holthoff. *

Vetter Jakob, s. a. Jakob, Vetter.

Vetter Jakob. Illustrirter schweizer. Familien-Kalender. 1879. 4. (64 S. mit eingedr. Holzschn. und 1 Chromolithogr.) Zürich. (Bern, Jenni's Buchh.) **
—— dass. — 1880. 4. (73 S. mit eingedr. Holzschn.) Ebendas. **

Vetter Jakob. Illustrirter schweizer. Familien-Kalender. 1881—1885. 4. (à Jahrg. 80 S. mit eingedr. Holzschn.) Zürich. (Bern, Jenni's Buchh.) à Jahrg. *

Vetter Jakob. Illustrirter schweizerischer Familien-Kalender für 1887. In-4⁰, 71 S. Bern, Rud. Jennis Buchhandlg. (H. Köhler). 1886. — 40

Vetter Jakob. Illustrirter schweizerischer Familien-kalender, 1889. In-4⁰, 72 S., mit Illustr. Zürich, J. R. Müller (zur Leutpriesterei). 1888.

Vetter-Jakob. Illustr. Schweizer Familienkalender 1895. In-4⁰. 71 S. Zürich, J. R. Müller. 1894.

Vetter Jakob. Illustrirter Schweizerischer Familien Kalender. 1902. 70 [+ 10] S. 4. Zürich, J. R. Müller. Comm. Waser & Comp. fr. —. 40

Vetter Jakob. Illustrirter Schweizerischer Familien Kalender 1903. 80 S. 4. Zürich, J. R. Müller, Comm. J. H. Waser. fr. —. 40

Vetter Jakob. Illustrirter Schweizerischer Familien Kalender 1904 u. 1905 u. 1906 u. 1907. 80 u. 84 u. 80 u. 80 S. 4. Zürich, J. R. Müller (*1904-06:* Comm. Waser & Comp.). *je* fr. —. 40

Vetter Jakob. Illustrirter Schweizerischer Familien Kalender 1908. 88 S. 8. Zürich, J. R. Müller, Comm. Waser & Comp. fr. —. 40

Vetter Kukuk, Lustsp. in 4 Aufz. von F. H. Friedrich. 8. Berl. Achenwall. 811. — 18

— Jacobs Launen; aus d. Französ. v. J. F. Jünger. 6 Bdchen. 8. Leipz. 787—92. Göschen. 2 ₰ 12 gr

— Michels Launen. 8. Leipz. 803. Joachim. 20 gr

Vetter, der, in Lissabon. Schausp. v. Schröder. 8. Berlin, Rottmann. 786. — 10

Vetter Lustig. Buch zum Todtlachen. Eine Auswahl meist komischer Anekdoten. 8. Augsb. 808. Daisenberger. 22 gr

Vetter Lustig, Buch zum Todtlachen. Eine Auswahl meist komischer Anecdoten. 8. Augsburg, Daisenberger. 812.

— s. auch Lustig.

Vetter, der lustige. Erzählungen d. rhein. Hausfreundes zur Erheiterg. in gesell. Kreisen. 8. (64 S.) Reutlingen 873. Enßlin & Laiblin. — 20

Vetter, der lustige. Erzählungen des rhein. Hausfreundes zur Erheiterung in gesell. Kreisen. 8. (64 S.) Reutlingen 875, Enßlin und Laiblin.

Vetter, der lustige, aus Schwaben, oder schwäbischer Humor und Volkswitz. Eine treue Sammlung der originellsten u. pikantesten Anekdoten aus Schwaben. Mit viel Mühe u. Fleiß zusammengetragen vom Krummen Philipp. Stuttgart 863. Fischhaber. 16. (160 S.) 9 ngr.

Vetter. – Der lustige Vetter für Stadt und Land. Humoristisches, satirisches Wochenblatt. Augsburg: Expedition 1880–1882. 8⁰
Fortges. u.d.T.: Augsburger Chronik. Jg. 1882.
Red.: E. Mühlberger.

Vetter, Der, des Mahomet. A. d. Franz. Frankf. u. Leipz. 1762. Constantinopel [Wien] 1788. V: *Fromaget, Nicolas.* (WR) (BGE)

Vetter, der, des Mahomets. 2 Thle. 8. Wien 788. v. Mösle. 1 ₰ 8 gr

Vetter, Der, des Mohamet, aus dem Französischen übersetzt. Frankfurt u. Leipzig (= Sorau) 1762, Konstantinopel (= Wien) 1787. V: *Fromaget, Nicolas.* (BGE VIII[8], 122/3)

— Murrleben, od. die Brautfahrten eines verliebten Landjunkers. Vom Verf. der „Teufeleien in u. außer d. Ehestande“. 8. Quedlinb. 823. Basse. 1 ₰

Vetter, der neue, aus Spelbau od. Tagsgesch., Träume, Launen ic., v. J. Müller. 2 Hefte. 8. Wien, Kupfer u. W. 805. — 6

— der neue, aus Schwaben. 1907. (46 u. 8 S. m. Abbildgn.) gr. 8. Stuttgart, K. Daser. — 20

— der neue, aus Schwaben. 1907. (46 u. 8 S. m. Abbildgn.) gr. 8. Stuttgart, K. Daser. — 20

— d. neue, aus Schwaben. 1911. (56 S. m. Abb.) gr. 8. Stuttgart, K. Daser. — 20

* — Paul, od. die Rache des Deutschen. Originalschauspiel in 1 Aufz. v. Hagemann. 8. Eisenach, Wittekind. 810. — 6

Vetter, der, vom Rhein. Ein neuer Kalender aus Lahr, auf das J. 1880. 4. (72 S. mit eingedr. Holzschn.) Lahr, Schömperlen. *

—— der, vom Rhein. Ein neuer Kalender aus Lahr, auf die J. 1881—1885. 4. (à Jahrg. ca. 70 S. mit eingedr. Holzschn.) Lahr, Schömperlen. Süddeutsche Ausg. à Jahrg. * Norddeutsche Ausg. (ca. 80 S.) à Jahrg.

—— der, vom Rhein. Ein neuer Kalender aus Lahr auf die J. 1886—1889. (Süddeutsche Ausg.) 4. (80; 78; 88; 88 S. mit Illustr.) Lahr, Schömperlen. à Jahrg. *

—— der, vom Rhein. Ein neuer Kalender aus Lahr auf d. J. 1890—1893. 4. (à Jahrg. 88 S. m. Abbildgn.) Lahr, Schömperlen. à Jahrg. * — 30

— der, vom Rhein. Ein neuer Kalender aus Lahr auf d. J. 1895. 4. (88 S. m. Abbildgn.) Lahr, Chr. Schömperlen. n. — 30

— der, vom Rhein. Deutscher Volks- u. Familienkalender. Jahrg. 1899. 21. Jahrg. 4. (104 S. m. Abb.) Lahr, Ch. Schömperlen. n. — 30

— der, vom Rhein. Illustr. Volkskalender auf d. J. 1901. 4. (104 S.) Lahr, Ch. Schömperlen. n. — 30

— der, vom Rhein. Illustr. Volkskalender auf d. J. 1909. (88 u. 18 S.) gr. 8. Lahr, Verlag d. Anzeigers f. Stadt u. Land „Lahrer Tageblatt“. — 30

—— der, aus Schwaben. Illustrirte humoristisch-satyr. Wochenschrift. [Donnerstagsbeilage der Württemberg. Landeszeitung.] 1. und 2. Jahrg. 1880 und 1881. à Jahrg. 52 Nrn. (à Nr. ½ Bog. mit Illustr.) gr. 4. Stuttgart, Moser. à Jahrg. *

Vetter: Animadversiones ad ephetarum potestatem accuratius definiendam. 16 S. – Pyritz, Progr. 1864

Vetter, lustiges Buch zum Todtlachen. 8. Regensb. Daisenberger. 808.

Vetter, Chronik der Haupt- u. Kreis-Stadt Luckau im Markgrafth. Niederlausitz. 8. (VII, 172 S. m. e. Steintaf.) Luckau 872. Kutzscher. n. 2. —

Vetter. Ereignisse im Markgrafenthum Niederlausitz während des dreißigjährigen Krieges. 32 S.
Luckau, Progr. 1859

Vetter,..., drei Gedichte für deutsche Patrioten. 4. Riga 813. (1 Bog.)

— de homine philosophico, quatenus dijudicetur ex romani juris praeceptis, nonnulla cogitata. 3. Riga 812. (22 S.)

Vetter, Dekan Dr., ..., evangel. Jubelfestbüchlein für d. J. 1830. Die Augsburg. Confession nach ihrem wesentl. Inhalte und im Deutsch des 19. Jahrh. ꝛc. 8. Hof 830. Grau. 2 gGr. 2e verb. Aufl. gr. 8. Ebd. 830. 2 gGr.

Vetter, die Augsburg. Confession nach ihrem wesentl. Inhalte u. im Deutsch d. 19. Jahrh., mit Bemerkn. u. e. Vor- u. Nachworte ꝛc. 1., u. 2., verm. u. verb. Aufl. (à 4 B.) gr. 8. Baireuth 830, Grau. à Thlr.
Die 1. Aufl. hat noch die Worte: „Evangel. Jubelfestbüchlein f. d. J. 1830" auf dem Titel.

— num e re civitatis fuerit, quod discrimen verbale, quod obtinuit olim inter legata atque fideicommissa, jure recentiori sublatum sit. Dissertatio aliqua. 8. Riga 816. (16 S.)

— Pandora, ein Lebensgemälde. 8. Riga 810. Hartmann. 18 gGr.

Vetter, Predigt üb. Psalm 126 zur kirchl. Feier d. Gedächtnißfestes am 2. Septbr. 1872 zu Hartha geh. 8. (9 S.) Waldheim 872. (Döbeln, Schmidt.) n.n. — 25

Vetter, s.: Quartalschrift, theologische.

Vetter, unser Glaube ist der Sieg, der die Welt überwunden hat. Predigt am Reformations- und 2. Sekularfeste des westphäl. Friedensschlusses, am 19. Sonnt. n. Trinit. 1848 (zu Bayreuth) gehalten. gr. 8. (16 S.) Bayreuth 849. [Bamberg,] Buchner'sche Buchh. *

— s. Versuch e. Betrachtung üb. d. Geistes-Kultur d. Griechen.

Vetter, Verzeichn. d. Abhandlungen, welche in d. Schulschriften sammtlicher an d. Programmentausche Theil nehmender Lehranstalten vom Jahre 1851 bis 1863 erschienen sind. I. Abth. Luckau. 4. 58 p.
Schul-/Univ.-Schrift 1864.

Vetter. Alphabetisches Verzeichniß derjenigen Schüler des Gymnasiums zu Luckau, welche in den Jahren 1805—1851 aus Prima abgegangen sind. 36 S.
Luckau, Progr. 1852

— was dürfen wir hoffen? bei der Rückkehr Alexanders I. 8. Dorpat 814. (15 S.)

— Worte gesprochen bei der seelsorgerlichen Uebernahme der Vatermörderin Anna Barb. Wendel von Unterpurbach, am 18. Octbr. 1847. 2. Aufl. gr. 8. (8 S.) Bayreuth 847. [Bamberg,] (Buchner'sche Buchh.)

— ziehet an den Harnisch Gottes! Eine Epistelpredigt am Sonnt. nach der Hinrichtung der Vatermörderin Anna Barb. Wendel, näml. am 21. Sonnt. n. Trin. 1847 gehalten; nebst noch einigen Nachrichten über die Bekehrung der Hingerichteten. 2. Aufl. gr. 8. (24 S.) Bayreuth 847. [Bamberg,] (Buchner'sche Buchh.)

Vetter, A., der evangelische Christentempel oder Luthers kleiner Katechismus durch Bibel- und Denksprüche, passende Lieder, vorzüglich aber durch Erzählungen erläutert. 2 Bde. 1. Aufl. 1863,64. und 2., verb. Aufl. gr. 8. Langensalza, Verlags-Comptoir.
Inhalt:
Bd. 1. Das 1. Hauptstück. (VIII und 311 S.) 867. 24 Ngr.
" 2. Das 2., 3., 4. und 5. Hauptstück. (VIII und 384 S.) 868. 1 Thlr.

Vetter, A. Th. — Die Besteuerung der Zuckererzeugung aus Runkelrüben und andern inländischen Stoffen im Kaiserthume Oesterreich. Bearbeitet und zusammengestellt von — —. Im Selbstverlage des Verfassers. Oedenburg, 1856. Druck von Karl Rommwalter. (111 S. 8.)

Vetter, A. Th. Die Besteuerung der Zuckererzeugung aus Runkelrüben und andern inländischen Stoffen im Kaiserthume Oesterreich. Bearbeitet und zusammengestellt von — —. 2te Auflage. Oedenburg im Mai 1856. Druck von Karl Rommwalter. In Kommission bei Seyring und Hennicke, Buch-, Kunst- und Musikalienhandlung in Oedenburg. (111 S. 8.)

Vetter, A. Th., die Besteuerung der Zuckererzeugung aus Runkelrüben u. andern inländischen Stoffen im Kaiserthum Oesterreich. Bearb. und zusammengestellt ꝛc. Für Finanzorgane, Zuckerfabrikanten, Bierbräuerei- u. Brennerei-Inhaber ꝛc. 3. Aufl. Oedenburg 857. Seyring u. Hennicke in Comm. gr. 8. (2 Bl., 115 S.) n. 16 ngr.

Vetter, A. Th. — Der Rechtsfreund der k. k. Finanz-Wache. Mit Benützung der zuverlässigsten und neuesten Hilfsquellen, zusammengestellt und bearbeitet von — —. 1te Lieferung. Oedenburg, 1856. Druck von Karl Rommwalter. Im Selbstverlage des Verfassers. (S. 1—72. 8.) (Dieses Werk wird in zwei Lieferungen erscheinen.)

Vetter, A. Th. Der Rechtsfreund der k. k. Finanzwache. Mit Benützung der zuverlässigsten und neuesten Hilfsquellen, zusammengestellt und bearbeitet von — —. 2te Lief. Im Selbstverlag des Verfassers. Oedenburg, Druck von C. Rommwalter. 1856

Vetter, Ad., selige Weihnachtszeit! Eine planmäßig geordnete Zusammenstellg. v. Wechselgesprächen, Gedichten u. Liedern f. Sonntagsschulen, Anstalten etc. 1. Heft. (12 S.) 8. Fischelbach bei Laasphe (906). (Neukirchen, Missionsbuchh. Stursberg & Co.) n. — 15;
m. Notenbeilage (2 S.) n. — 20

Vetter, Adalbert [aus Jützenbach]: Über Kastration bei Verkümmerung der Müller'schen Gänge ... Halle a. S., Hofbuchdr. v. C. A. Kaemmerer & C., 1891; 31 S., 1 Bl. 8.
Halle, Med. Fak., Inaug.-Diss. v. 8. Dez. 1891

Vetter, Adolf

— Lehrbuch d. Motorenkunde m. besond. Bedachtnahme auf das Kleingewerbe. Für den Unterrichtsgebrauch in der Motorenkunde an gewerbl. Lehranstalten, sowie zum Selbststudium f. techn. Beamte, Wasserkraftbesitzer, Kessel- u. Maschinenwärter, Radbauer etc. (151 S. m. 171 Fig.) gr. 8. Ebd. 908. 2. 50

Vetter, A., üb. d. feineren Lokalisationen in d. Capsula interna d. Grosshirns nach experiment. u. klin. Ergebnissen, s. a. Sammlung klin. Vorträge.

Über die feineren Lokalisationen in der Capsula interna des Grosshirns nach experimentellen und klinischen Ergebnissen. Von A[dolf] Vetter, Dresden. *Leipzig: Breitkopf & Härtel 1896.* (26 S.) 8.
= Sammlung Klinischer Vorträge. N. F. No 163. [96. 7859

Vetter, Adf., Maschinenkunde f. das Baugewerbe. Ein Hilfsb. z. Unterrichtsgebrauche an baugewerbl. Lehranstalten. (II, 102 S. m. 154 Fig.) gr. 8. Wien 907. F. Deuticke. 1. 80

Vetter, A., üb. die Reflexe als diagnostisches Hilfsmittel bei schweren Erkrankungen d. centralen Nervensystems, s.: Sammlung klinischer Vorträge.

Vetter, Aloys Rudolph: Aphorismen aus der pathologischen Anatomie. 341 S., gbd.

Wien: Schaumburg 1803

JB 1.185

Vetter, Aloys Rudolf: Auszug aus der neuern Knochenlehre. 251 S., gbd.

Wien: Hartl 1788

JB 628

Vetter, Aloys Rudolph: Kurzgefaßte Beschreibung aller Gefässe und Nerven des menschlichen Körpers. 492 S., gbd., 4 Taf.

Wien: Hartl 1789

JB 627

- Erklärung d. Physiologie. [Wien], 2 Bde. 1793–94.

Vetter, Aloys Rudolph: Erklärung der Physiologie. 2.verm.u.verbess.Aufl. Bd 1 - 2, gbd.

Wien: Schaumburg 1805

JB 1.035

Vetter, Aloys Rudolph: Anatomische Grundbegriffe von den Eingeweiden des Menschen und ihren Verrichtungen. 360 S., gbd., 4 Taf.

Wien: Hartl 1788

JB 626

Vetter, Aloys Rudolph: Neue Kurart aller venerischen Krankheiten nach Hunter, Girtanner, und Hahnemann. Ans Licht gestellt und mit anatomischen Erklärungen begleitet. Nebst der Bekanntmachung eines unlängst entdeckten Mittels, wodurch die durch mehrere Jahre veraltete Seuche in wenigen Wochen geheilt wird. 494 S., gbd.

Wien: Hartl 1793

JB 6.651

— neue Curart aller venerischen Krankheiten, nach Hunter, Girtanner u. Hahnemann, mit anatom. Erklär. gr. 8. Wien, Rötzl u. Kaulfuß. 804.

— neue Kurart aller venerischen Krankheiten, nach Hunter, Girtanner und Hahnemann, mit anatom. Erklär. gr. 8. Wien 793. N. A. 804. Schaumburg u. Comp. 2 Rthl. Hbg. Pr. 1 Rthl. 8 Gr.

Aloys Rudolph Vetter Lehrbuch der Anatomie des gesunden Menschenkörpers. In 3 Bden. 3.,verm. Aufl. Wien: Schaumburg in Komm. 1802. 1 Bd 8°

Bd 1: Vorbereitende Einleitung, Knochenlehre, Muskellehre. 1802.

Alois Rudolf Vetter

— Lehrbuch der Anatomie des gesunden Menschenkörpers. 1r Bd. gr. 8. Wien 803. Schaumburg u. C. 1 Rthl. 12 Gr.

— Lehrbuch d. Anatomie d. Menschenkörpers; die Knochen- und Muskellehre enthalt. gr. 8. Wien 812. v. Mösle. 1 Rthl. 8 Gr.

— anatomisches Lehrbuch. 4 Theile mit Kpf. 8. Wien, (Schaumburg). (1r Thl. Auszug d. neuen Knochenlehre. 788. N. A. 792. 12 Gr. 2r. neu eingericht. Muskellehre f. Schüler der Arzneykunde. 790. 12 Gr. 3r. anatom. Grundbegriffe v. d. Eingeweiden d. Menschen u. ihrer Verricht. 788. 20 Gr. 4r. kurzgefaßte Beschreib. aller Gefäße u. Nerven des menschl. Körpers. 789. 1 Rthl. 4 Gr.) 3 Rthl.

- Kurzgefaßtes anatomisches Lehrbuch. 4 Bde. Wien 1788–90.

Vetter, Aloys Rudolf: Neueingerichtete Muskellehre für Schüler der Arzneykunde. 215 S., gbd.

Wien: Hartl 1790

JB 628

Vetter, Arno, Bevölkerungsverhältnisse der ehemals freien Reichsstadt Mühlhausen i. Th. im 15. u. 16. Jahrh., s. a. Abhandlungen, Leipziger historische. 17. Heft.

Vetter, Arno: Bevölkerungsverhältnisse der ehemals freien Reichsstadt Mühlhausen i. Th. im 15. und 16. Jahrhundert. Leipzig: Quelle & Meyer 1910. VIII, 102 S. 8° (Ersch. auch als: Leipziger histor. Abhandlungen. H. 17.)
Leipzig, Phil. Diss. v. 3. März 1910, Ref. Seeliger, Stieda
[Geb. 28. Dez. 82 Reinsdorf b. Waldheim; Wohnort: Reinsdorf; Staatsangeh.: Sachsen; Vorbildung: Sem. Pirna bis O. 03. Wahlfähigk.; Studium: Leipzig 6 S.; Rig. 21. Dez. 09.] [U 10. 3200

Bevölkerungsverhältnisse der ehemals freien Reichsstadt Mühlhausen i. Th im 15. u. 16. Jahrhundert. Von Arno **Vetter**. Leipzig: Quelle & Meyer 1910. X, 102 S. 8°
(Leipziger Historische Abhandlungen H. 17.) [10. 6997

Vetter, Arnold, Finanz-Handbuch für Oesterreich-Ungarn. 7. Aufl. 8. (449 S.) Fünfkirchen 873, Schön's Buchh. *

Vetter, Arnold, österreichische Finanzwache. Vorschriften üb. deren Organisation, Befugnisse, Pflichten u. Ausbildg. f. den Beruf. 2., verm. Aufl. gr. 8. (684 S.) Wien 892. (Ung. Hradisch, L. R. Kráčelik.) n. 6. 40

Vetter, Arnold, praktisches Handbuch für den Finanz-Verwaltungsdienst in Oesterreich-Ungarn. 10. Aufl. gr. 8. (1073 S.) Ungar.-Hradisch 885, Kráčelik. *
Vergriffen.

—— Strafgesetz über Gefälls-Übertretungen, vom 11. Juli 1835, sammt Amtsunterricht und den Vorschriften über die Anwendung dieses Gesetzes, den Nachtragsbestimmungen, erläuternden Hofkammerdekreten, Finanz-Ministerial-Erlässen, Entscheidungen des obersten Gefällsgerichtes, des Kassationshofes, den Erkenntnissen des Verwaltungs-Gerichtshofes, den einschläg. administrativen Gefällsvorschriften und Bestimmungen der Zoll- und Staats-Monopolsordnung, des allgemeinen Strafgesetzes und des allgemeinen bürgerl. Gesetzbuches ergänzt. gr. 8. (517 S.) Ebendas. 885. *

Vetter, Arth., s. a. Wohnungs-Anzeiger von Troppau.

Vetter's, A., allgemeiner Wohnungs-Anzeiger, nebst Handels- u. Gewerbe-Adreßbuch f. die Landeshauptstadt Troppau 1885/1886. 1. Jahrg. gr. 8. (X, 152 S.) Troppau 885. (Zenker.) n.n. 2. —

Vetter, Aug., Annalen der Struveschen Brunnenanstalten, s. Annalen.

Vetter, Aug., Beleuchtung d. Sendschreibens die Cholera betreff., des Präsid. Hrn. Dr. Rust an den Frh. Alex. v. Humboldt. In Uebereinstimmung mit mehr. prakt. Aerzten Berlin's hrsg. 8. (4¼ B.) Berlin 832, [Rücker u. Püchler.]

Vetter, Aug., allgemeines Brunnen- u. Badebuch. Zunächst für Kurgäste. gr. 8. Berlin 840. Thome. 2 ß

— s. J. Clark, die Lungenschwindsucht.

Vetter, Aug., der Dom zu Augsburg. Illustr. Führer nebst kurzer Baugeschichte. (56 S. m. Abb.) 8. Augsburg 910. Literar. Institut v. Dr. M. Huttler. — 70

Vetter, August, a. Darmstadt: Die Ergebnisse der neueren Untersuchungen über die Geographie von Ruanda. Darmstadt 1906: G. Otto. (99 S., 1 Karte.) 8°
Gießen, Phil. Fak., Ref. Sievers, Diss. v. 22. Okt. 1906
[Geb. 31. Aug. 83 Darmstadt; Wohnort: Darmstadt; Staatsangeh.: Hessen; Vorbildung: Oberrealsch. Darmstadt Reife O. 01; Studium: T.H. Darmstadt 2, Univ. Gießen 5 S.; Rig. 20. Jan. 06.]

— über den Gebrauch und die Wirkungen künstlicher und natürlicher Mineralbrunnen. Ein Beitrag zur Begründung einer Pharmakodynamik der Mineralwässer. 8. Berlin 835. Hirschwald. n. ⅚ ß

—— Gesundheits-Zeitung, s. Gesundheits-Zeitung.

Vetter, August: Theoretisch-praktisches Handbuch der Heilquellenlehre. Nach dem neuesten Standpunkte der physikalischen und physiologischen Wissenschaften, so wie nach eigenen ärztlichen Erfahrungen systematisch bearbeitet. Th.1, 464 S., gbd.

Berlin: Hirschwald } 1838
Wien: Gerold

JB 2.733

Vetter, August: Theoretisch-praktisches Handbuch der allgemeinen und speciellen Heilquellenlehre. Nach dem neuesten Standpunkte der physikalischen und physiologischen Wissenschaften, so wie nach eigenen ärztlichen Erfahrungen systematisch bearbeitet. Bd 1: Handbuch der allgemeinen Heilquellenlehre, Bd 2: Handbuch der speciellen Heilquellenlehre. 2.verbess.und...verm.Ausg., gbd.

Berlin: Hirschwald 1845

JB 2.734

— das Princip der Theilung d. Arbeit; in seiner Anwendung auf die Trennung der Arzneiverordnung und Arzneibereitung. Mit Bezug auf eine vor Kurzen erschienene Schrift: (Kranichfeld) Ueber die Nothwendigkeit gründl. pharmakolog. Kenntnisse rc. 8. Berlin 834. Logier. ⅛ ß

— Christliches Wanderbüchlein f. d. frommen Pilger, e. kleiner Führer durch Schwaben u. Bayerns Wallfahrten, m. e. Anh. üb. die großen Welt-Wallfahrten. (III, 64 S.) kl. 8. Ebd. 908. nn — 30

Vetter, Benj., die Fische aus dem lithographischen Schiefer im Dresdener Museum. [Mittheilungen aus dem königl. mineralogisch-geolog. und prähistor. Museum in Dresden. 4. Heft.] gr. 4. (VIII, 119 S. mit 3 Taf., wovon 2 lithogr. und 1 in Lichtdr.) Kassel 881, Fischer. *

Vetter, Dr. B., Untersuchungen zur vergleichenden Anatomie der Kiemen- und Kiefermuskulatur der Fische. Mit 2 lith. Tfln. Jena 1874. 8°. brosch. (56 S.)

Vetter, Benj., die moderne Weltanschauung u. der Mensch. 6 öffentl. Vorträge. gr. 8. (XII, 157 S.) Jena 894. G. Fischer. n. 2. 50; geb. n. 3. —

Vetter, Benj., die moderne Weltanschauung u. der Mensch. 6 öffentl. Vorträge. M. e. Vorwort v. Ernst Haeckel in Jena. 2. Aufl. gr. 8. (XII, 157 S.) Jena 896. G. Fischer. n. 2. 50; geb. n. 3. —

Vetter, Benjamin. Die moderne Weltanschauung und der Mensch. Sechs öffentliche Vorträge von Benjamin Vetter (aus Stein a/Rh.)..., Professor ... in Dresden. † 2. Jan. 1893. Mit einem Vorwort des Herrn Professor Dr. Ernst Haeckel in Jena. 3. Aufl. XII + 153 S. 8. Jena, Gustav Fischer! 1901. (br. M. 2. —, geb. M. 2. 50)

Vetter, Benjamin. Die moderne Weltanschauung und der Mensch. Sechs öffentliche Vorträge von Benjamin Vetter, ... Professor ... in Dresden (gest. 1893). Mit einem Vorwort ... [von] Ernst Haeckel in Jena. Mit einem Bildnis [Tafel] des Verfassers. 4. Aufl. XII + 144 S. 8. Jena, Gustav Fischer, 1903. (M. 2. —, geb. M. 2. 50)

Vetter, Benjamin. Die Moderne Weltanschauung und der Mensch. Sechs öffentliche Vorträge von B' V', ... Professor ... in Dresden (gest. 1893). Mit einem Vorwort von Professor Dr. Ernst Haeckel in Jena und einem Bildnis des Verfassers [Tafel]. 5. Aufl. XII + 143 S. 8. Jena, Gustav Fischer, 1906. [M. 2. —, geb. 2. 50]

Vetter, C., statistisches Hand- u. Adreßbuch von Mittelfranken im Königr. Bayern. gr. 8. (28¼ B.) Ansbach 846, Gummi. Nürnberg, Korn'sche Buchh. *
s.a. Vetter, E.

Vetter, Carl, s. Vetter, Karl

Vetter, Carl Wilhelm, s. Vetter, Karl Wilhelm

Vetter, Cecilie, s. Augusta, Wahrheit od. Lüge.

Vetter, Cornelius, s. Vetter, Kornelius

Vetter, D., Goldkörner für Freunde einer heitern und angenehmen Unterhaltung. 8. Nordhausen 833. Fürst. ½ ß

Vetter, E., statistisches Hand- und Adreßbuch von Mittelfranken im Königreich Bayern. gr. 8. Ansbach 846, Gummi. Nürnberg, Korn'sche Buchh. n. 1⅓ ß
s.a. Vetter, C.

Vetter, E. Kombinationsgeschwülste mit kombinierten Metastasen. In-8°. 48 S. Zürich. These. 1896.

Vetter, E., Uebersicht der durch strafrichterliche Erkenntnisse zur Landesverweisung Verurtheilten. Hergestellt auf Grund der in den Kreisamtsblättern vom 25. Octbr. 1851 bis Ende des Jahres 1865 bekanntgegebenen Landesverweisungen. 2. Aufl. Ansbach 866. (Junge.) gr. 8. (159 S.) n. 12 ngr.

Vetter, E., Weisgn. betr. d. Schulrevisionen, s. a. Abhandlungen, pädagogische. XIII, 12.

Weisungen betreffend die Schulrevisionen. Von E. Vetter, Rektor. Bielefeld: Helmich [1909]. 19 S. 8° [Umschlagt.]
(Pädagogische Abhandlungen. N. F. Bd 13, H. 12)

Vetter, Emanuel, med. pract. von Stein a. Rhein: Aus dem pathologischen Institut der Universität Zürich. Combinationsgeschwülste mit combinirten Metastasen. Zür. Zürcher u. Furrer Dr. 1896. 48 S. 8°.
Zürich, Med. Diss. [v. 22. April 1896].

Vetter, E[mil]: Kleine Beiträge zur lateinischen Wortforschung. S. 3—13. 8. K. k. Staatsgymn. im XVII. Bezirke (*Hernals*) Wien 1903
I. pakari auf der Dvenos-Inschrift. II. damnas. **Progr.**

Vetter, Emil, a. Schopfheim i. W. Baden: Disulfide mit benachbarten Doppelbindungen. Über die Einwirkung von aromatischen Aminen und Phenylhydrazin auf Thiurete. Freiburg i. B.: Speyer & Kaerner 1907. (46 S.) 8°
Freiburg i. B., Phil. Fak., Ref. Gattermann, Diss v. 1907
[Geb. 25. März 82 Schopfheim; Wohnort: Freiburg i. B.; Staatsangeh.: Baden; Vorbildung: Oberrealsch. Basel Reife Okt. 04; Studium: Technikum Burgdorf b. Bern 4, Basel 2, Freiburg i. B. 5 S.; Rig. 14. Mai 07.]

Vetter, Ernst, approb. Arzt aus Klein-Karben, Oberhessen: Über **Verschließung** von Bauchwunden und Bruchpforten. *Darmstadt 1904: H. Hohmann.* (31 S.) 8°
Gießen, Med. Diss. v. 1904

Vetter, F. La légende de Tristran d'après le poème français de Thomas et les versions principales qui s'y rattachent. Diss. Marburg 1882. 56 S.

Vetter, ? F. Ch. W. ?, **Karl v. Bourbon. Tragödie in 5 A.** gr. 8. Riga 823. (Serig in Leipz.) 16 gGr.

— **Liebe u. Betrug.** Lstspl. gr. 8. Lübeck 809. Altenb., Schnuphase. 10 gGr.

Vetter, F. Ch. W., meine Reise nach Grusien im J. 1827. gr. 12. St. Petersb. 829. Brieff. (Knobloch in Leipz.) 12 gGr.

Vetter, Ferdinand

Kloster Alpirsbach. Ein unerlöstes Kunst- u. Geschichtsdenkmal. Von Ferdinand Vetter (Bern). *München 1899: Allgem. Zeitung.* (13 S.) 8° [F.]
Aus: Allgem. Zeitung No 166 v. 24. Juli 1899. Beilage. [03. 4111 11

Vetter, Ferd., s.: Beiträge zur Erklärung u. Geschichte der Werke Jeremias Gotthelfs.

Vetter, Ferdinand. Beowulf und das altdeutsche Heldenzeitalter in England. ‹2 Teile.› (Sonderabzug aus...: Deutschland. Monatsschrift für die gesamte Kultur, ... hrg. von Graf [Paul] von Hoensbroech. [Nr. 17 u. 18. Jahrg. 2: Heft 5 u. 6, Februar u. März 1904.]) S. 558—571 + 767—783. 8. (Berlin, Schwetschke.)

Vetter, Ferd., d. neuentdeckte deutsche Bibeldichtung d. 9. Jahrh. M. d. Text u. d. Uebersetzung d. neu aufgefund. vatikan. Bruchstücke. E. Beitrag zur Litteratur- u. Kirchengeschichte. gr. 8. (47 S.) Basel 895. B. Schwabe. n. 1. 50

—— s. **Bibliothek** älterer Schriftwerke der deutschen Schweiz und ihres Grenzgebietes.

Vetter, Ferdinand *H.* s. Bitzius, Albert. Eine Studentenfahrt Jeremias Gotthelfs.

Vetter, F., Choralbuch, s. a. Choralbuch.

Vetter, F., Choralbuch zu dem erneuerten Schaffhausen'schen Gesangbuch. qu. gr. 4. Schaffhausen 842, Hurter'sche Buchh. n. 1 Thlr.

— **s. a. Chronik, die, d. weissen Buches v. Sarnen.**

Vetter, Ferdinand *H.* Die Chronik des Weissen Buches von Sarnen. ‹Aeltester Bericht vom Werden und Wachsen der Eidgenossenschaft.› Neu hrg. von F. V. [Nebst] Beilagen: 1. Der Bundesbrief von 1291 in sieben Sprachen. Mit Schriftnachbildung [Tafel]. – 2. Festgrüsse von Wilhelm Jordan und Ernst von Wildenbruch... gewidmet auf die Bundesfeier 1891. SA. 8. Zürich 1891.

Vetter, Ferdinand *H.* Die ältesten Chronisten und Sänger vom Laupenstreite. Aus alten Schriften gezogen und hrg. zur 550-jährigen Jubelfeier der Schlacht. 1339: 1889. [Mit Vignetten.] 8. Bern [1889].

Vetter, Ferd., Abt David. Ein Schauspiel m. Chorgesang aus der Zeit der deutschen Reformation. Mit 5 Abb. (Vollbildern) der Schauplätze des Spiels aus dem ehem. Kloster St. Georgen zu Stein am Rhein. (175 S.) 8. Schkeuditz 911. W. Schäfer. 2.—; geb. 3.—

(Vetter, Ferdinand.) Über die zwei angeblich 1522 aufgeführten Fastnachtsspiele Niklaus Manuels. ([Sep.-Abdr. aus:] Beiträge zur geschichte der deutschen sprache [und literatur. Bd.] 29. [Heft 1.]) S. 80—117. 8. [Halle, M. Niemeyer, 1903.]

Vetter, Ferdinand. (Friedrich) Schillers Flucht aus Stuttgart. Spiel in einem Akt und drei Bildern zur Schillerfeier 1905. Sonder-Abdruck aus der illustrierten Zeitschrift «Die Schweiz» [Jahrg. 9, Nr. 9 u. 10]. 28 S. 8. Zürich, Ed. Rascher's Erben. 1905. [fr. —. 60]

Vetter, Ferdinand *H.* Benedikt Fontana. Eine schweizerische Heldenlegende. [S.A.] 8. [Zürich 1883.]

—— Freyr und Baldr und die deutsche Sage vom verschwindenden und wiederkehrenden Gott. in: Germania Bd. 19. 1874.

— **Friede auf Erden, s.: Friede — Freiheit — Menschenwürde.**

[Vetter, Ferdinand.] Sankt Gallus. Ein Festspiel zur 100jährigen Jubelfeier des Kantons Sankt Gallen 1903. [Motto:] Liebe, Freiheit, Vaterland. (Preisarbeit; An das Preisgericht für Vaterländische Festspiele in Bern, 1901 Juni 28.) IV + 57 S. 8. [St. Gallen, A. und J. Köppel, 1901.]

Vetter, Ferdinand. Sankt Gallus. Ein Festspiel zur 100jährigen Jubelfeier des Kantons Sankt Gallen 1903. [Motto:] Liebe, Freiheit, Vaterland. IV + IV + 60 S. 8. St. Gallen, A. und J. Köppel, 1902. [fr. 1. 50]

— **d. neu aufgefund. altsächs. Genesisbruchstücke.** Zum Gebrauche f. Vorlesgn. hrsg. [Aus: „V., d. neuentdeckte deutsche Bibeldichtung des 9. Jahrh."] gr. 8. (12 S.) Basel 895. B. Schwabe. n. — 50

— der heilige Georg, s.: Reinbot v. Durne.

Vetter, Ferdinand s. a. Gotthelf, Jeremias, und Hagenbach, Carl Rudolf. J' G' und K' R' H'. Ihr Briefwechsel aus den Jahren 1841 bis 1853. Basel 1910.

Vetter, Ferdinand: Jeremias Gotthelf und Carl Rudolf Hagenbach. Ihr Briefwechsel aus den Jahren 1841 bis 1853. [Der Universität Basel zu ihrer 450. Stiftungsfeier als Festgabe der Berner Hochschule überreicht.] Basel 1910. VI + 115 S. 8°.
Bern Univ.-Schr. 1909/10.

— **Der junge Haller.** Nach seinem Briefwechsel m. Johannes Geßner aus d. J. 1728—1738. Mit e. Titelbild „Der junge Haller" nach Hugo Siegwart. (VIII, 104 S.) 8. Bern 909. A. Francke. 1. 80

— **das schweizerische Haus im Reformationszeitalter.** Vortrag. gr. 8. (34 S.) Zürich 894. A. Müller's Verl. n. 1.—

Vetter, F. Der Kampf um's Kloster. Nachtrag zum Sitz.-Protok. d. S. Ges. f. Erh. d. Kunst. D. v. 7. 11. 1891. Gr. in-4°. 38 S. Bern, Lack, Scheim & Co. 1892. 1 50

Vetter, Ferdinand. Klosterbüchlein. Beschreibung des S. Georgen-Klosters zu Stein am Rhein. Mit Ansichten, Randleisten, Grundriss [wovon 3 Tafeln]. 28 S. 8. Stein a. Rh., im Kloster; Bern, Hans Körber, 1902. [fr. 1. —]

Vetter, Ferdinand //. Klosterbüchlein und Fremdenführer für Stein am Rhein (*Umschlag Ausg. A*: Stein am Rhein. K. und F.). Des Klosterbüchleins 3. Ausg. Mit 15 Ansichten [wovon 3 Tafeln], 1 Plänchen, vielen Randleisten u. s. w. 8. Zürich, Stein a. Rh 1891.

Ausg. A (Städte-Bilder und Landschaften aus aller Welt No 139. 140)
Ausg. B.

Vetter, Ferdinand. Krieg und Friede. 1005—1905. Ein Rhein-, Stein- und Weinspiel auf die Neunte Jahrhundertfeier des Klosters St. Georgen und der Stadt Stein am Rhein 1905. [Mit 1 Ansicht.] II + 18 S. 8. Frauenfeld, Komm. Huber & Co.; Stein a. Rh., Buchdr. Fr. Bizberger, 1905. fr. —. 50

Allen mutigen Freunden und Freundinnen des Schönen in Stein und Umgebung gewidmet zu Ostern 1905.

Vetter, Ferdinand //. Jeremias Gotthelfs Leben. [A.] 4. (Bern 1896.)

Vetter, Ferd[inand] //. Simon Lemnius und sein Epos vom Schwabenkrieg. SA. 8. Bern 1882.

Vetter, Ferd., neue Mittheilungen aus Konrads von Ammenhausen Schachzabelbuch. I. Die Bürgerschaft. II. Von Wirthen, Amtleuten, Spielern und Boten. III. Schluss. Zum ersten Male gedruckt nach der Luzerner [Berner] Handschrift, mit Vergleichung der Zofinger und Heidelberger, und des Originals von Jacobus de Cessolis. gr. 4. (XV, 40 S.) Aarau 877, Sauerländer's Verlag.

—— das Berner Münster in seiner Vergangenheit, Gegenwart und Zukunft. Akademischer Vortrag, gehalten im Rathhaussaale zu Bern, den 17. Decbr. 1878. Lex.-8. (32 S.) Bern 879, (Dalp'sche Buchh.) *

Vetter, Ferd., zum Muspilli und zur germanischen Allitterationspoesie. Metrisches. Kritisches. Dogmatisches. gr. 8. (XIV, 127 S.) Wien 872, (Gerold's Sohn.) *

—— ein Mystikerpaar des 14. Jahrh., s. a. Vorträge, öffentliche, gehalten in der Schweiz.

Vetter, Ferdinand //. Ein Mystikerpaar des vierzehnten Jahrhunderts: Schwester Elsbeth Stagel in Töss und Vater Amandus ([= Heinrich] Suso) in Konstanz. Vortrag, gehalten ... zu Bern. 8. Basel 1882.

(Oeffentliche Vorträge gehalten in der Schweiz. Band 6, Heft 12.)

Vetter, Ferd[inand] //. Zur Nomenklatur des Clubgebiets (Wildhorn- [und] Wildstrubel-Massiv, Balmhorn- [und] Blümlisalp-Gruppe) [Mit 1 Figur.] SA. 8. [Bern 1883.]

— Über Personennamen u. Namengebg. in Bern u. anderswo, s. a. Universitätsschriften, Berner. I.

Vetter, Ferdinand: Ueber Personennamen und Namengebung in Bern und anderswo. Rektoratsrede gehalten am 75sten Stiftungsfeste der Hochschule zu Bern. 20. November 1909. Mit nachträglichen Erweiterungen und einem Anhang: Verzeichnis empfehlenswerter Vornamen. (Berner Universitätsschriften 1.) Bern 1910. 52 S. 8°.

Bern Univ.-Schr. 1909/10

Vetter, Ferdinand. Über Personennamen und Namengebung in Bern und anderswo. Rektoratsrede gehalten am 75sten Stiftungsfeste der Hochschule zu Bern, 20. November 1909. Mit nachträglichen Erweiterungen und einem Anhang: Verzeichnis empfehlenswerter Vornamen. [Mit 1 Vignette.] 52 S. 8. Bern, Max Drechsel, 1910. [fr. 2. 50]

Berner Universitätsschriften (Heft) 1.

(Vetter, Ferdinand //.) Die Quellen zur Geschichte der Schlacht an der Kalven. [S.A.] 8. [Solothurn 1884.]

Vetter, Ferdinand //. Die Reformation von Stadt und Kloster Stein am Rhein. [A.] 8. [Zürich 1884.]

Vetter, F., siehe: *Rundschau, Schweizerische.*

—— über die Sage von der Herkunft der Schwyzer und Oberhasler aus Schweden und Friesland. Mit einem Anhang: Das Ostfriesenlied der Oberhasler. gr. 4. (44 S.) (Ebendas.) 877. *

Aus: Festschrift der Universität Bern zur 4. Säkularfeier der Universität „Upsala", besonders abgedruckt.

Vetter, Ferd., Zwei Churer Sagen und die altgermanischen Götter Frey und Balder. Ein mythologischer Versuch. Chur 1872. 4.

Progr. d. Cantonsschule.

(Vetter, F., Prof. Dr.), Das Kloster St. Georg in Stein am Rhein. Führer und Gedenkblatt für dessen Besucher. Mit lithogr. Ansicht. 34 S. 8. 1876.

[Vetter, Ferdinand //.] Das Kloster St. Georg in Stein am Rhein. Führer & Gedenkblatt für dessen Besucher. [Umschlag illustriert.] 8. *o. O. u. J.* [ca. 1880].

Vetter, Ferdinand. Das Kloster S. Georgen in Stein a. Rh. als Heim klösterlicher Kunst und Geschichte für die Kantone Schaffhausen und Thurgau. Denkschrift, den beiden hohen Kantonsregierungen gewidmet im Jahre der Schaffhauser Bundesfeier 1901. [Illustriert.] 16 S. 4. (Bern, Stämpfli & Cie., [1902].)

Vetter, Ferd., das S. Georgen-Kloster zu Stein am Rhein. Ein Beitrag zur Geschichte und Kunstgeschichte. Mit Urkunden. Lex.-8. (87 S. mit 1 Titelkpfr.) Lindau 884, (Stettner.) *

Aus: Schriften des Vereins für Geschichte des Bodensee's und seiner Umgebung, besonders abgedruckt.

—— dass. — Historisch-artist. Schilderung. Führer und Gedenkblatt für dessen Besucher. gr. 8. (56 S. mit 3 Ansichten.) Basel 884, Schwabe.

Vetter, Ferd. Das St. Georgen-Kloster zu Stein a./Rh. (Einzelabdruck aus dem 13. Hefte der Schriften des Vereins für Geschichte des Bodensees und seiner Umgebung.) 87 S. Lindau, J. Th. Stettner. 1886

Aus Konrads von Ammenhausen Schachzabelbuch. Aarau 1876.
Progr.

— Ferdinand Schmid (Dranmor). Eine litterarische Studie. [Verm. Sonderabdr. aus: „Sonntagsblatt des Bund".] 8. (60 S. m. Bildnis.) Bern 897. Schmid & Francke. n. — 80

Vetter, Ferdinand //. Ein Schweizer Schriftsteller des vierzehnten Jahrhunderts (Kunrat von Ammenhausen und sein Schachzabelbuch.) [A.] 8. ([Zürich] 1892.)

Vetter, Ferdinand. Schule und Kirche im alten und im neuen Jahrhundert. Vortrag gehalten ... an der Pestalozzifeier der Lehrer und Lehrerinnen Berns, 12. Januar 1901. 2. mit einem Anhang vermehrte Aufl. 27 S. 8. Bern, Neukomm & Zimmermann, 1901. [fr. —. 80]

Vetter, Ferdinand. Die Schweiz — eine «deutsche Provinz»? Meine Nürnberger Rede und ihre Folgen. Ein Bekenntnis und eine Abrechnung. [Mit Porträt.] 70 S. 8. Berlin, Hermann Walther, 1902. [M. 1. —]

Vetter, Ferdinand. Die Schweiz — eine «deutsche Provinz»? Meine Nürnberger Rede und ihre Folgen. (Ein Bekenntnis und eine Abrechnung.) 2. Ausgabe. Mit vervollständigtem Anhang, als Beitrag zu der amtlichen Untersuchung über die Berner Vorgänge vom 23. Juni d. J. [Illustriert.] XVI S. + S. 9—106. 8. Berlin, Hermann Walther, 1902. [M. 1. —]

Vetter, Ferd.: Geschlechtliche Sklaverei und sociale Ethik. — [Bern 1896.] 10 S. 8⁰

— Sonn- u. Festtage d. Zukunft. [Verm. Abdr. aus: „Ethische Kultur".] gr. 8. (11 S.) Zürich 897. C. Schmidt. n. — 20

— s.: **Stagel**, Elsbeth, das Leben der Schwestern zu Töss.

Vetter, Ferdinand. Der «Staubbach» in (Albrecht von) Hallers Alpen und der Staubbach in der Weltliteratur. [Aus: Festgabe zur 60. Jahresversammlung ... 1905. Der Allgemeinen Geschichtforschenden Gesellschaft der Schweiz....] II S. + S. 311—362. 8. Bern, Gustav Grunau, [1905]. [fr. 1.]

— **Stein am Rhein**, s.a. Städtebilder u. Landschaften aus aller Welt

Vetter, Ferdinand *II.* Die Stadt Stein am Rhein und ihre Nachbarn im Reformationskampfe.... Zwei Vorträge, gehalten den 20. und 23. April 1884 ... zu Stein a. Rh. [Mit 1 Vignette.] 8. Stein am Rhein [1884].

(Vetter, Ferdinand *II.*) Wilhelm Wackernagel.... Professor an der Universität Basel, geb. ... 1806, gest. 21. Dez. 1869 .... [Necrolog. A.] 8. (Göttingen 1870.)

— Die Weltalter. 3 Mysterien. Freien Geistern gewidmet. 1. Balder. 2. Jesus. 3. Das Weltgericht. (226 S.) 8. Schkeuditz 911. W. Schäfer. 3.—; geb. 4. —

Vetter, Ferdinand A(rthur): Beiträge zur Kenntnis der Abscheidungen des kohlensauren Kalkes aus Bicarbonatlösungen. Leipzig: W. Engelmann 1910. S. 45—109. 8° (Aus: Zeitschrift f. Krystallogr. u. Mineral. Bd 48, H. 1.)
Jena, Phil. Diss. v. 25. Juli 1910, Ref. Linck
[Geb. 3. Aug. 77 Dresden; Wohnort: Jena; Staatsangeh.: Sachsen; Vorbildung: Kantonsch. Zürich Reife M. 95; Studium: Dresden Techn. Hochsch. 12, Jena 9 S.; Rig. 17. Dez. 09.] [U 10. 2381

Vetter, Franz: De rupturis perinei. Halis (1866): Orphanotropheum. 31 S. 8°
Halle-Wittenberg, Med. Diss., nachgeliefert von dem am 3. Aug. 1866 auf Thesen promovierten Verf.
Geb. Wiehe (Kr. Eckartsberga) 29. 10. 1839. V.
Ein Exemplar der Thesen nicht nachweisbar.

Vetter, Fried. Guil. Aug(ust.) (geb. Glogau 23. 12. 1799): De constitutionum atmosphaerae varietatibus. Berolini (1828). (30 S.) 8°
Berlin, Med. Diss. v. 17. Mai 1828

Vetter, G., zwei Abhandlungen aus der Geburtshülfe ic., s.a. Archiv f. d. prakt. Arzt. 36.

Vetter, Gottfr(ied): Zwo Abhandlungen aus der Geburtshülfe, über die Wehen vor und nach der Geburt von G.Vetter und J(ohann) H(einrich) Christ(oph Mathias) Fenner (von Fenneberg). 200 S., gbd.

Leipzig: Böttger 1796

JB 6.640

Vetter, Gottfr(ied): Abhandlung von den Geburts-Wehen und ihrer Eintheilung. (De doloribus ad partum eorumque partitione. Dt.) 50 S.

s.: Vetter, G.: Zwo Abhandlungen aus der Geburtshülfe...von G.Vetter und J(ohann) H(einrich) Christ(oph Mathias) Fenner (von Fenneberg). (Abh.) I. Leipzig: 1796

JB 6.640

Vetter, Gr. Karl, Gedichte. 8. Olmütz 845. (Wien, Beck.) n. 1/2 ₰

Vetter, (H.), unser Glaube ist der Sieg, der die Welt überwunden hat. Predigt am Reformations- u. 2. Sekularfeste des westphälischen Friedensschlusses, am 19. Sonnt. n. Trinit. 1848 gehalten. gr. 8. (16 S.) Bayreuth 848, Buchner. n. 1/12 ₰

— Worte gesprochen bei d. seelsorgerlichen Uebernahme d. Vatermörderin Anna Barb. Wendel von Unterpurbach, am 18. Oct. 1847. 2. Aufl. gr. 8. (8 S.) Bayreuth 847. (Buchner.) n. 2 ngl

Vetter, H., ausführliches orthographisches Wörterbuch der deutschen Sprache u. der gebräuchlichsten Fremdwörter, s.: Hüttich, K.

— ziehet an den Harnisch Gottes! Eine Epistelpredigt am Sonnt. nach der Hinrichtung der Vatermörderin Anna Barb. Wendel, näml. am 21. Sonnt. n. Trin. 1847 gehalten; nebst noch einigen Nachrichten üb. die Bekehrung der Hingerichteten. 2. Aufl. gr. 8. (24 S.) Ebd. 847. 3 ngl

Vetter, Heinrich: Beiträge zur Kenntnis der Chinhydrone und Phenochinone. 1910. 58 S. 8⁰
München, Dr.-Ing.-Diss. v. 1. 2. 1910

Vetter, Hermann. Additamenta ad Henrici Stephani thesaurum graecae linguae ex musicis graecis excerpta. Progr. Zwickau (1867). — Angebunden: Specimen lexici in musicos graecos. Progr. Misenae (1861).

Vetter, Hermann: Über Schwefelfarbstoffe aus 1. 2. 4-Dinitrophenol. 1910. 70 S. 8⁰
Dresden, Dr.-Ing.-Diss. v. 2. 2. 1910

Aus vergangenen Tagen. Versuch e. Chronik d. Parochie Dubraucke. Von Hermann **Vetter**, Pfarrer. Spremberg: C. F. Saebisch (1905). (202 S.) 8° [F.] 106. 10093

Vetter, J.: Der Monismus – die neue Religion. Geisweid: Neue Zelt-Mission 1909. 23 S. 8⁰

Vetter, J. A., Begebenheiten aus der vaterländischen Geschichte der J. von 1861 bis 1871. [Zum Anschluß an den preuß. Kinderfreund v. Preuß u. Vetter.] gr. 8. (48 S.) Königsberg 871. Bon's Verl. n. — 20

Vetter, J. A., Begebenheiten aus der vaterländischen Geschichte der Jahre von 1861 bis 1871. [Zum Anschluß an den preuß. Kinderfreund von Preuß u. Vetter.] 8. (48 S.) Königsberg 882. Bon's Verl. n. — 20

Vetter, J. A., Beiträge zu d. Lehre v. Wittwenkassen u. Renten-Anstalten ic. I. Ueber Wittwenkassen. Mit 2 Tabell. 8. Ulm 840. Stettin. 1/4 ₰

Vetter, J. A., eigene Erlebnisse aus dem Freiheitskriege, insonderheit als Lebensbild aus dem J. 1815. Eine Fest- und Dankesgabe meistens in poet. Gewande beim Abschluß seiner 50jähr. Dienstzeit den 24. März 1867 hrsg. gr. 8. (X und 143 S.) Königsberg 867, Bon's Verlag.

—— s. Günther und Strübing, preußischer Kinderfreund.

—— u. Traug. Kahle, musikalischer Kinderfreund. Eine Sammlung ein- u. mehrstimmiger Lieder mit nächster Berücksichtig. der Lieder des preuß. Kinderfreundes v. A. E. Preuß u. J. A. Vetter. 8. (6 B.) Königsberg 845, Bon.

Vetter, J. A., u. Traug. Kahle, musikalischer Kinderfreund. Eine Sammlung ein- u. mehrstimm. Lieder, mit nächster Berücksichtigung der Lieder d. preuß. Kinderfreundes von A. E. Preuß u. J. A. Vetter hrsg. 2. Aufl. 8. (96 S.) Königsberg 851, Bon. 1/6 ₰

—— und A. E. Preuß, preußischer Kinderfreund, s. Preuß, A. E.

—— hundert und acht ein- und mehrstimmige Lieder und Canons für Schule und Haus, für Jung und Alt. 8. (VI, 74 S.) Königsberg 869, Bon's Verlag.

— i A. E. Preuss, Przyjaciel dzieci, s.: Preuss, A. E.

—— Przyjaciel młodzieży, s. Preuß, A. E.

Vetter, J. A. Über Wittwenkassen. Ulm 1840.

Vetter, J. H., kleine Hauschronik oder Historisches Tagebuch enth. das Bemerkenswertheste für jeden Tag im Jahre. Langensalza 860. Verlags-Comptoir. 8. (487 S.) n. 1 ₰ 10 ngr.

Vetter, J. H., die Schule eine Kinderkirche oder: Das christliche Kirchenjahr in der Schule. Ein Hilfsmittel zur Beförderung eines kirchl. Sinnes. 1. Aufl. (XVI und 180 S.) 1854. und 2., verm. Aufl. 8. (XVI und 180 S.) Langensalza 855, Schulbuchhandlung des thüringer Lehrer-Vereins.

— die Schule eine Kinderkirche oder: das christliche Kirchenjahr in der Schule. Ein Hilfsmittel zur Beförderung eines christlichen Sinnes. 3., verm. Aufl. Langensalza 860. Greßler. 8. (XIV, 180 S.) 12 ngr.

Vetter, J. M., dissertatio inauguralis medica de morbis amatoriis. 4. Erlang. 787. Palm. 4 ₰

Vetter, Jak., Arm-Sünderglöckchen, geläutet im Rheinland u. Westfalen. 1. u. 2. Folge. 8. Geisweid, Verlagshaus der deutschen Zelt-Mission. à — 10
1. Wehe den Abgöttischen! (16 S.) (907.)
2. Die Heiligkeit des Namens Gottes. (16 S.) (907.)

Vetter, Jak., die Bibel — das Schwert des Geistes. (XI, 116 S.) 8. Gotha 903. Missionsbuchh. P. Ott. n. — 80

Vetter, Jak., persönliches Christentum oder? Eine zeitgemäße Aufforderg. an alle, die sich zu den Auserwählten Gottes bekennen. 2. Aufl. 12. (46 S.) Barmen 902. Gotha, Missions-Buchh. P. Ott. n. — 25

— Darwinismus od. Christentum? (30 S.) 8. Ebd. 909. — 20

— Evangelium f. den verlorensten Sünder, s.: Gruß aus der Zelt-Mission.

— meinen Frieden. Rede, geh. im Zelt zu Barmen am 22. VI. 1902. 12. (13 S.) Gotha (902). Missionsbuchh. P. Ott. n. — 10

Vetter, Jakob: Gottes Fußspuren in der Zelt-Mission. Von Jakob Vetter, Evangelist. Geisweid i.W.: Zelt-Missions-buchh. [1907]. (203 S.) 8°

Vetter, Jakob: Das Geheimnis des Kreuzes Christi oder Was ich in Jerusalem predigte von Jak. Vetter, Evangelist. Geisweid i.W.: Zelt-Missions-Buchh. [1906]. (10 S.) 8°

— der Hl. Geist u. das Blut Jesu. 12. (24 S.) Ebd. 902. n.n. — 15

— Gibt es e. Hölle? Evangelisations-Vortrag, geh. im Zelt d. deutschen Zelt-Mission. (30 S.) 16. Gotha (908). Missionsbuchh. P. Ott. nn — 10

— höchstes Glück auf Erden. 12. (36 S.) Ebd. 901. n. — 20

— freie Gnade in Christo. Evangelisationsreden, geh. im Zelt der deutschen Zelt-Mission. (VI, 239 S.) gr. 8. Ebd. 903. n. 1. 50; kart. n. 2. —; erm. Pr. 1. 20; kart. 1. 50

Vetter, Jakob: Die kostbare Gnade. Von Evangelist. Geisweid i.W.: Zelt-Missions-Buchh. [1905]. (15 S.) 8°

— s. Gruß aus der Zelt-Mission.

— Ist d. Seele unsterblich? (37 S.) kl. 8. Ebd. (909). — 30

— Die Kirche Christi. Vortrag. (28 S.) 16. Geisweid (909). Verlagshaus der deutschen Zelt-Mission. — 10

— Marsch retour! od. Buße zu Gott, s.: Gruß aus der Zelt-Mission.

Vetter, Jakob: Der Materialismus die Religion der Freidenker. Geisweid i. W.: Deutsche Zelt-Mission 1909. 24 S. 8°

Vetter, Jakob: Memento mori! Vortrag, geh. in Stuttgart-Cannstatt 1907 von Evangel. . Geisweid i.W.: Deutsche Zelt-Mission [1907]. (16 S.) 8°

— Gottes Mitarbeiter in Erweckungen. (Aus e. am 2. IV. 1902 in Marburg a. L. geh. Ansprache.) 12. (27 S.) Düsseldorf 902. (C. Schaffnit.) n. — 20

— Der Monismus — die neue Religion. (23 S.) 8. Ebd. 909. — 20

— Mutter, Dein Kind! Ein Wort der Belehrg. u. Ermahng. an die lieben Mütter. (31 S.) 16. Gotha (908). Missionsbuchh. P. Ott. nn — 10

— hinter der engen Pforte od. Winke u. Ratschläge für neubekehrte Zionspilger. 3. Aufl. 12. (63 S.) Gotha 902. Missionsbuchh. P. Ott. n. — 25

Vetter, Jakob: Moderne Philosophie im Lichte der Ewigkeit. Geisweid i.W.: Deutsche Zeltmission 1909. IV, 109 S. 8°

— Meine Pilgerreise. (XIV, 422 S. m. Abb.) 8. Geisweid 906. Verlagshaus der deutschen Zelt-Mission. Kart. 2.50; geb. in Leinw. 3. —

— Das Problem des Leidens. (23 S.) 8. Ebd. 909. — 20

— unser Programm. (Zeltmission.) 12. (24 S.) Ebd. (902). n. — 10

Vetter, Jakob: Rettung durch den Glauben oder Was ich in Rom predigte von Jak. Vetter, Evangelist. Geisweid i.W.: Zelt-Missions-Buchh. [1905]. (15 S.) 8°

— Schwermut u. ihre Heilg. (22 S.) 8. Ebd. (907). — 30

Vetter, Jakob: Schwermut und ihre Heilung. Jakob Vetter, Evangelist. 2. erw. Aufl. Geisweid i.W.: Deutsche Zelt-Mission [1907]. (31 S.) 8°

Vetter, Jakob: Die Sünde gegen den Leib. Jak. Vetter, Evangelist. 7. Aufl. Geisweid i.W.: Deutsche Zelt-Mission [1907]. (40 S.) 8°

— Die Sünde gegen den Leib. 8. Aufl. 21.–25. Taus. (39 S.) 8. Ebd (909). — 25

Vetter, Jak., warum starb Christus?, s.: Gruß aus der Zelt-Mission.

— was soll ich denn machen m. Jesu? Matthäi 27, 22. 8. Aufl. 12. (80 S.) Barmen 902. Gotha, Missionsbuchh. P. Ott. n. — 25

Wehe dem Abgöttischen! Von J[akob] **Vetter**, Evangelist. Clafeld bei Geisweid i. W.: Deutsche Zelt-Mission [1907]. (16 S.) 8° [F.]
= **Vetter**: Arm-Sünder-Glöckchen. Folge 3 [vielm. 1]. [08. 9349]

Vetter, Jak., wie soll e. Christ heiraten? 2. Aufl. (16 S.) kl. 8. Geisweid (910). Verlagshaus der deutschen Zelt-Mission. — 10

Vetter, Jakob: Ein Wort an Verlorene. 'Was muß ich tun, um gerettet zu werden?' Von Evangelist . Geisweid i.W.: Deutsche Zelt-Mission [1906]. (15 S.) 8°

Vetter, Joh. (I.), über das römische Ansiedlungs- und Befestigungswesen im Allgemeinen, sowie über den Ursprung der Städte und Burgen und die Einführung des Christenthums im südwestlichen Deutschland. gr. 4. (VIII, 82 S. mit 2 chromolithogr. Karten in qu. und Imp.-Fol.) Karlsruhe 868, Braun'sche Hofbuchh. *

— das Heidenwuhr bei Säckingen, eine römische Wasserleitung. Mit Urkundenbeigaben. gr. 8. (19 S.) Karlsruhe 866, (Braun'sche Hofbuchh.) *

Vetter, Joh., die Schiffart, Flößerei und Fischerei auf dem Oberrhein (Schaffhausen-Basel) sowie: Geschichte der alten Schiffergesellschaften genannt „Rhein-Genossenschaft" und „Laufenknechte". Mit Beigabe der darauf bezügl. Urkunden. gr. 8. (VI und 219 S.) Karlsruhe 864, Braun'sche Hofbuchh. *

Vetter, Joh., kleine biblische Seelenlehre f. gläubig forsch. Bibelleser. 8. (76 S.) Breslau 872. Dülfer's Verl. in in Comm. n. — 40

— Deutschlands Sieg über welsches Wesen u. Deutschlands Recht auf Elsaß u. Lothringen. Geschichtliche Abhandlg. 6. verb. Aufl. Ebend. 870. gr. 8. (38 S.) n. 4 ngr.

Vetter, Johann Friedrich

— rechtl. Bedenken über drei wichtige, d. Religionsfreiheit in d. heil. röm. Reich betreffende Fragen. 4. Wetzlar 752. Winkler

Vetter, Johann Friedrich (Osnabrück) A. S. 185/3

Disputatio secularis pariter ac inauguralis iuridica de beneficiis iuris Augustanae confessionis.
Präs. Justus Henning Boehmer.
Halle (Grunert) 23. VI. 1730. 33 S.

35154

Vetter, Jh. Fr., (†...) zufällige Gedanken über verschiedene u. bisher unerörtert gebliebene histor., polit. u. juristische Materien. 1r Thl. 8. Wetzlar 750. Winkler. 12 gr.

LEBEN, Das merckwürdige, Die sonderbare Kranckheit, darauf erfolgter Tod und Begräbnuß Der Französischen REPUTATION, welche zu dem allergrößten Leidwesen der Franzosen mit einem noch niemal also gehaltenen Leichen-CONDUCT, unter einer schönen kurzen Parentation in dem Tempel der Vergessenheit beygesetzet worden. (Vf.: *Joh. Friedr. Vetter.*) Neue mit einem curieusen Schreiben aus denen Elisäischen Feldern Des abentheuerlichen Ritters DON QUIXOTTE an eine vornehme Dame DONNA GRANDEZZA und einem neuen Kupfer vermehrte Auflage. O. O. 1744. 8°. Selten!
Titel (in Doppelformat, roth u. schwarz) u. 78 S., nebst 1 weißen Bl. — Anon.-Lex. III. p. 23 (nach Meusel).

— meditationes de fortuna, casu et fato, ad Angelici doctoris doctrinam accommodatae. 4. Wetzlar 754. Winkler. 2 gr.

— meditationes de jure restringendi libertatem conscientiae. 4. Kiel 766.

Vetter, Joh. Frider., Oratio academica de discordia et concordia, earundemque fructibus: quam festo pacis restitutae — — — recitavit atque adjecto programmate — — — publici juris fecit. Hammonae 1763. 4.

— **periodologia.** 8. Lübeck, Schmidt. 744.

Die allerneueste Reise-Beschreibung des irrenden Polter-Geistes Der aus Himmel, Fegfeuer und Hölle verstossen ... didicit von dem Archivario F. O. O. An. 1744. Doppelseit. Titel. 78 S.

— deutl. Unterricht von der in jedem Lande nützl. Polizei. 8. Wetzlar 753. Winkler. 14 gr.

Die bestättigte Verbannung Des auf der Schimpf-Schand- und Spott Insul sich befindlichen Polter-Geistes der Französischen Reputation in einem ... von einer höllischen Ambassade geführten Discurs ... Von dem bekannten Autore Der gestorbenen Reputation dritter Theil. Cocklogallinien 1745. Doppelseit. Titel und 63 S.

VETTER's, JOAN. FRID., Christlicher und wohlmeynender Vorschlag, wie in einem Lande die Policey heilsamlich einzurichten und zu verbessern sey, vormahls unter den Nahmen Veritophili oder eines Wahrheitliebenden, bey arbeits-müszigen Stunden entworffen: nunmehro in vielen Stücken verbessert, und zum 2. mal in Druck gegeben. U. St. 1736. 4. (Dat. Kiel).

— warum auf vielen hohen Schulen d. Jus publicum nicht gründlich gelehrt wird. 4. Hamm 756.

Vetter, Jh. Konr., Bericht der zu Revision des Gesangbuches für den Kanton Schaffhausen niedergesetzten Kommission. Ein Beitrag zu jeder andern Gesangbuchsrevision. Aus Auftrag der Kommission verfaßt. gr. 8. Schaffhausen 838. Hurter. 1/4 rt.

Vetter, Joh. Conr., Prüfung uns. Kirchengesangbuches, mit besond. Rücksicht auf d. Lobwasser'sche Psalmwerk. Ein Beitr. zur höchst nöthigen Verbesserung dess. 8. (4½ B.) Schaffhausen 832, Hurter.

Vetter, Jo. Martin (Crailsheim) A. S. 1381/26

De generibus communicationis idiomatum generatim dissertatio. Präs. Johann Stephan Müller.
Jena (Marggraf) XI. 1762. 44 S.

Gew.: Dem Konsistorium des Fstm. Ansbach.
W. v.: Jo. Ernst Immanuel Walch, Präs., Johann Friedrich Hirt.

35155

Vetter, Johann Matthaeus (Ulm) F, zh/13

Dissertatio inauguralis medica de morbis amatoriis. Erlangen (Kunstmann) 8. (korr.: 16.) X. 1787. 42 S.

Gew.: Stadt Ulm. 35156

Vetter, Isaak, Geschicht-Büchlein der Stadt Stein, s. a. Beiträge zur Steiner Geschichte. I.

Vetter, Isaak. Geschicht-Büchlein der Stadt Stein von J' V', Präceptor ‹† 1747›, hrg. von Ferdinand Vetter. Teil 1 und 2. (56 v. Chr. — 1483. [Mit Zierleisten, sowie illustriertem Umschlag und Vortitel.] Sonderabdruck aus dem «Grenzboten».) VI + 234 S. 8. Frauenfeld, Komm. Huber & Co. (Druck F. Büzberger in Stein a. Rh.), 1904. [fr. 2. —]

Beiträge zur Steiner Geschichte [Bändchen] 1.

Vetter, Jul., Chronik der Stadt Luckau im Markgraft. Niederlausitz. Neue Aufl., erzählt u. fortgesetzt v. Adf. Petersen. (VI, 258 S.) gr. 8. Luckau 904. C. F. Kutzscher. n.n. 3. —

Chronik der Stadt Luckau im Markgraftum Niederlausitz von Prof. Dr. Julius Vetter. Neue Aufl., erg. u. fortges. von Prof. Dr. Adolf Petersen. Luckau: F. Meißner 1904. (258 S.) 8° [F.] [es. 3...]

Vetter, K., komm herüber u. hilf uns! od. Die Arbeit der Neuen-Dettelsauer Mission in Deutsch Neu-Guinea. Mitteilungen u. Schildergn. Nr. 1—4. 8. (Mit Abbildgn.) Barmen 898. Comptoir des Missionshauses. à n. — 10

1. Ein Tag auf der Missionsstation in Simbang. (32 S.)
2—4. (32, 24 u. 26 S.)

Vetter, Karl H., d. Blumenfreund, oder prakt. Anweis. zum Anbau 100 auserles. Sommer- u. dauernder Gewächse unter Angabe ihrer botan. Benennungen nach Linné, ihres Vaterlandes, der zu ihrem Gedeihen erforderl. Erdart rc. Mit 1 Titkpf. u. mehrern Abbildd. auf 1 Tafel in Fol. gr. 8. Würzb. 832. Etlinger. 1 ß

Vetter, Carl, der Blumenfreund, od.: Prakt. Anweis. zum Anbau 100 auserles. Sommer- u. dauernder Gewächse, unt. Beisetzung ihrer botan. Benennungen nach Linné, ihres Vaterlandes, der zu ihrem Gedeihen erforderl. Erdart, ihrer Vermehrungsweise, Krankheiten, u. deren Heilmittel, dann der zweckmäß. Behandl. in jeder Jahreszeit. Insbesond. e. eigenen Methode, vielen u. zum größten Theil gefüllte Blumen hervorbring. Levcoien-Samen zu erzielen. Ein verlässiges Hülfsbuch f. Blumenliebhaber. 1. Aufl. 832. 1 Thlr., u. 2. Ausg. (à 18 B., Abbildn. auf 1 Taf. Fol. u. ill. Titkpfr.) gr. 8. Würzburg 833, Etlinger.

— s. Blumensprache, neue, oder Flora's Blumenbeet.

***Vetter*, Karl I.**, histoire de la guerre des Alliés contre la France pendant les Années 1813—15, s. K. F. v. *Rau*.

Vetter, Karl Gottfried (Drochow) A. S. 575/70

Specimen continens caput iuris controversum an iuste exheredatus filius succedat rescisso patris testamento a filio altero inique exheredato.
Präs. Christian Heinrich Breuning.
Leipzig (Langenheim) 11. X. 1766. 8 S.
35157

Vetter, Karl Wilh., die Anfangsgründe d. Logik. Nebst e. encyklopäd. Uebersicht d. gesammten Wissenschaften. Ein Leitfaden f. d. Studium d. Philosophie auf höh. Lehranstalten. gr. 8. (11¾ B.) Breslau 835, Max u. Komp.

Vetter, Karl Wilh., die letzten Dinge der Offenbarung des heiligen Johannes. Textgemäß erklärt u. zur Vorbereitung auf Bibelstunden eingerichtet. Breslau 861. Dülfer. gr. 8. (65 S.) n. 10 ngr.

— Evangelienpostille für die Sonn- u. Festtage des Kirchenjahres, nebst den Passionspredigten über die Leidensgeschichte unsers Herrn u. Heilandes Jesu Christi, wie auch eine Jahresschluß-, eine Missions- u. eine Bußtagspredigt. gr. 8. (XII, 688 S. m. Portr. in Lichtdr.) Ebend. 882. n. 7. 50

Vetter, Carl Wilh., das Evangelium des heiligen Johannes nebst seinen Briefen. Textgemäß erklärt u. zur Vorbereitung auf Bibelstunden eingerichtet. Jenkau 867. Breslau, Dülfer. gr. 8. (IV, 334 S.) n. 16 ngr.

— Gebets-Opfer oder evangelisches Gebetbüchlein, enth. Stunden-, Morgen- u. Abend-, Fest- u. Kommunion-Gebete zur Uebung wahrer Gottseligkeit u. zum Wachsthum in der Gnade. Jenkau 860. — Neu-Ruppin, Bergemann. 16. (144 S.) n. 3 ngr.

Vetter, C(arl) W(ilh.), der Giftbaum, oder Ursprung, Wesen und Wirkung der Gifte, insbesondere des Alkohols (Branntwein's,) schriftgemäß dargestellt. gr. 8. (VI und 116 S.) Jenkau 855. Breslau, Dülfer's Buchh. *

Vetter, K. W., Harfenklänge. Eine Sammlung von 150 schönen Liedern in bekannten Melodien. 2. Aufl. 32. (180 S.) Breslau 869, (Dülfer's Verlag.) cart. *

—— der Hauptmann zu Capernaum. Ein Glaubensvorbild für die Christen unsrer Zeit. Predigt über das Evangel. Matth. 8, 1—13 gehalten in der evangelisch-luther. Pfarrkirche zu Jenkau. gr. 16. (29 S.) Jenkau 867. Breslau, Dülfer.

Vetter, K. W., der evangelische Heilsweg in Luthers Leben u. Lehre, den evangelischen Christen dargeboten als Festgruß zum 400jähr. Geburtstage Dr. Martin Luthers. Mit 6 Holzschn. u. e. Anh.: Die 21 Lehrartikel der Augsburgischen Konfession. 8. (155 S.) Breslau 883. Dülfer. n. — 60; geb. n.n. — 90

Vetter, K. W., der selige u. erbauliche Heimgang d. deutschen Kaisers Wilhelm I. m. Beschreibung seiner Beisetzungsfeier. Ein Gedenkbüchlein, dem deutschen Volk zu Trost u. Dank dargereicht. 8. (48 S.) Schreiberhau 888. (Leipzig, Buchhandlg. d. Vereinshauses.) n. — 20

—— der kleine Katechismus Luther's mit Bibelsprüchen und Liederversen nebst Worterklärung. Ein Vorbereitungsbüchlein auf den schriftgemäßen Unterricht in der Heilslehre für die lieben Kinder. 2., verm. und verb. Aufl. 32. (143 S.) Jenkau 861. Neu-Ruppin, Bergemann. *

—— der kleine Katechismus Luther's mit Bibelsprüchen und Liederversen nebst Worterklärung. Ein Vorbereitungsbüchlein auf den schriftgemäßen Unterricht in der Heils- und Reichslehre für die lieben Kinder. 3. Aufl. 16. (IV, 139 S.) (Ebendas.) 874.

—— der lutherische Katechismus in allen seinen Begriffen nach alphabet. Ordnung erklärt und als ein Vorbereitungs-Büchlein auf den schriftgemäßen Unterricht in der Heilslehre für die lieben Kinder hrsg. 12. (124 S.) Breslau 853, Dülfer's Buchh. *

Vetter, Karl Wlh., die evangel. Kirche und ihr Bekenntniß. Ein theologisches Bedenken. gr. 8. Berlin 843, Reimer. ½ ß

—— die lutherische Kirche und ihr Bekenntniß im Verhältniß zur Prophetie der Schrift. Ein Wort zur Beruhigung in bewegter Kirchenzeit, gesprochen zu den am 12. Juli 1865 in Gnadenberg versammelten Mitgliedern des schles. luther. Provinzial-Vereins. 8. (18 S.) Breslau 865, (Dülfer.) *

—— der deutsch-französische Krieg von 1870 und 1871 in Geschichten und Schlachtenbildern aus den besten Quellen und amtl. Berichten dargestellt, und als ein Gedenkbuch an die von Gott aus geschenkten Siege dem deutschen Volke aller Länder und Erdtheile gewidmet. Neue Aufl. 8. (IV, 560 S.) (Ebendas.) 871. (*ℳ 1,50.) *

Die 1. Aufl. erschien u. d. T.: „Die tapferen Preußen" ꝛc. In 10 Heften. *ℳ 1.

—— 19 Kriegslieder aus den J. 1870 und 1871. Mit Noten. 8. Ebendas. 871. *

—— die Lehre v. christl. Kultus nach d. Grundsätzen d. evang. Kirche im wissenschaftl. Zusammenhange dargestellt. gr. 8. (16¼ B.) Berlin 839, Sandersche Buchh.

— die Macht der Finsterniß und der Sieg des Lichts. Hundert Erzählungen aus der Geschichte der evangelischen Heidenmission. Ein Missionsbüchlein für Jung u. Alt. Mit 16 (lith.) Bildern geschmückt. Neu-Ruppin 860. Bergemann. 16. (159 S.) 12 ngr.

— Mene, mene, tekel, upharsin. Die Gerichte Gottes über Alkohol. Central-Enthaltsamkeitsfest-Predigt gehalten am 12. August 1856 zu Warmbrunn. Schreiberhau 857. (Breslau. Dülfer.) 12. (24 S.) 1½ ngr.

—— die sieben Posaunen der Offenbarung des heil. Johannes. Textmäßig erklärt und zur Vorbereitung auf Bibelstunden eingerichtet. 1. Hälfte: Die sechs ersten Posaunen. gr. 8. (IV und 95 S.) Jenkau 860. Breslau, Dülfer. *

—— dass. — 2. Hälfte: Die siebente Posaune. gr. 8. (104 S.) Ebendas. 860. * –

—— die tapfern Preußen, s. Preußen, die tapfern.

Vetter, Carl Wilh., christliche Reisebilder. 2 Bdchn. 12. Breslau 864,66, (Dülfer.) *

Inhalt:

Bdchn. 1. Kirchliche Umschau in Deutschland, Frankreich und der Schweiz. Ein Beitrag zur Kenntniß der Natur und Geschichte dieser Länder. 2. Aufl. (XII und 312 S.) * 12 Ngr.

" 2. Kirchliche Umschau im Schwedenlande. Ein Beitrag zur Kenntniß der Natur und Geschichte des skandinav. Nordens. (XV und 350 S.) * 16 Ngr.

—— christliche Reisebilder. 3. Bdchn.: Kirchliche Umschau in Norwegen. Ein Beitrag zur Kenntniß der Natur und Geschichte des skandinav. Nordens. 8. (VIII, 156 S.) Breslau 885, Dülfer's Verlag. *

1. und 2. Bdchn. (Ebendas.) 1864,66. *ℳ 2.80.

— die im Tode aus dem Diesseits abgeschiedenen Seelen. Predigt über das Evangel. Luc. 16, 19–31, gehalten in der evangelisch-luther. Pfarrkirche zu Jenkau. Ebend. 867. gr. 16. (40 S.) n. 2 ngr.

—— die sieben Sendschreiben der Offenbarung des heil. Johannes. Textgemäß erklärt und als ein Trostbüchlein dargeboten Allen, die in unserer unchristl. und materiellen Zeit um die Zukunft der Kirche Jesu Christi bekümmert sind, auch zur Vorbereitung auf Bibelstunden eingerichtet. gr. 8. (VIII und 112 S.) Jenkau 858. Breslau, Dülfer. *

— die sieben Siegel der Offenbarung des heiligen Johannes. Textgemäß erklärt u. zur Vorbereitung auf Bibelstunden eingerichtet. Ebend. 859. 8. (IV, 76 S.) n. 10 ngr.

Vetter, Carl Wilh., das Verhältniß d. philosoph. zur christl. Sittenlehre, in Bezieh. auf d. materielle Beschaffenheit beider Wissenschaften dargest. 2 Thle. 8. Berlin, Reimer. [1. (5 B.) 830. 8 Gr., 2. (8¼ B.) 834. 12 Gr.]

Vetter, K. W., Was hat die evangelische Kirche in unserer Zeit zu thun, um geeignete Kräfte für das Studium der Theologie zu gewinnen? Synodal-Vortrag, gehalten auf der Synode zu Parchwitz den 5. Juli 1876. gr. 8. (11 S.) Breslau 876, (Dülfer's Verlag.) *

—— Was lehrt die heilige Schrift vom Königreiche Jesu? Ein ernstes Mahnwort an Alle, die ihre Erdengnadenzeit vergeuden, und ein Trostwort für alle Reichsgenossen im Kampfe mit Sünde, Tod und Hölle. gr. 16. (48 S.) Jenkau 878. (Ebendas.) *

— was lehrt die heil. Schrift vom Königreich Jesu? Ein ernstes Mahnwort an Alle, die ihre Erdengnadenzeit vergeuden, u. ein Trostwort für alle Reichsgenossen im Kampfe mit Sünde, Tod u. Hölle. gr. 16. (48 S.) Ebend. 880. n. –– 30

—— Was lehrt die heilige Schrift von der Auferstehung der Todten? Ein ernstes Mahnwort an Alle, die ihre Erdenzeit vergeuden, und ein Trostwort für alle Reichsgenossen im Kampfe mit Sünde, Tod und Hölle. gr. 16. (34 S.) Jenkau 877. (Breslau, Dülfer's Verlag.) *

—— die sieben Zornschalen der Offenbarung des heil. Johannes. Textgemäß erklärt und zur Vorbereitung auf Bibelstunden eingerichtet. gr. 8. (105 S.) Jenkau 861. Breslau, Dülfer. *

Vetter, Kornelius

Vetter, Cornelius, Bericht über die zweite Vereinsversammlung des politischen Bezirksvereines Landstrasse am 21. Januar 1887. Die Antichinesenbill. (Separatabdruck aus dem „Oesterreichischen Reformer", Nr. 62.) Folio. Wien, Vetter. fl. —.02. 1887.

Vetter, L: Das Bad der Neuzeit und seine historische Entwicklung. Stuttgart. Leipzig 1904

Vetter, L.: Moderne Bäder erläutert am Stuttgarter Schwimmbad. Medizinischer Teil v. H. Fetzer. Stuttgart 1894. 143 S. m. Abb.

Vetter, L., deutsche Fibel und Lesebuch für die Unterstufe der Elementarschulen. 2 Tle. 8. Metz 885,88, Gebr. Even. geb. à Tl. *

Inhalt:

Tl. 1. Fibel. 1. und 2. Aufl. (66 S.)

" 2. Lesebuch für die obere Abteilung der Unterstufe katholischer Elementarschulen. 1. und 2. Aufl. (64 S.)

Vetter, L. H., Tabelle zur schnellen und richtigen Berechnung der Zinsen nach der neuen Reichsmünze aus 1 bis 50000 Mark Kapital, von 1 bis 365 Tagen zu 1, 3, 3½, 3¾, 4, 4¼, 4⅓, 4½, 4¾, 5, 5¼, 5½, 5¾ und 6%. Nebst Zeitberechnungs-, Zins- und Münz-Reductions-Tabellen. 1. und 2. Aufl. gr. 8. (VIII, 380 S.) Freiburg i. Br. 874, Herder'sche Verlagsh. * geb. *

Vetter, L. H., Tabellen zur schnellen und richtigen Berechnung der Zinsen aus 1 bis 50,000 Mark Kapital von 1 bis 365 Tagen zu 1, 3, 3½, 3¾, 4, 4¼, 4½, 4¾, 5, 5¼, 5½, 5¾ und 6%. Nebst Zeitberechnungs-, Zins- und Münzreduktions-Tabellen. Mit einem Anhang: Zinstafeln aus 1 bis 50,000 Mark Kapital von 1 bis 29 Tagen und 1 bis 12 Monaten zu 1, 3, 3½, 3¾, 4, 4¼, 4½, 5 und 6%, das Jahr zu 360 Tagen gerechnet. 3. neu durchges. Aufl. gr. 8. (VIII, 380 S.; Anhang VI, 41 S.) Freiburg i. Br. 882, Herder'sche Verlagsh. ℳ 2,60.; geb. Anhang allein

Vetter's, L. H., Tabellen zur schnellen u. richtigen Berechnung der Zinsen aus 1 bis 50000 Mark Kapital von 1 bis 365 Tagen zu 1, 3, 3½, 3¾, 4, 4¼, 4½, 4¾, 5, 5¼, 5½, 5¾ u. 6%. Nebst Zeitberechnungs-, Zins- u. Münzreduktions-Tabellen. Mit e. Anh. Zinstafeln aus 1 bis 50000 Mark Kapital von 1 bis zu 29 Tagen u. 1 bis zu 12 Monaten zu 1, 3, 3½, 3¾, 4, 4¼, 4½, 5 u. 6%, das Jahr zu 360 Tagen gerechnet. 4., neu durchgeseh. Aufl. gr. 8. (VIII, 380 u. Anh. VI, 41 S.) Freiburg i/B. 891. Herder. 2.60; geb. in Leinw. n. 3.60; Anh. allein — 60

Vetter's, L. H., Tabellen zur schnellen u. richtigen Berechnung d. Zinsen aus 1 bis 50000 Mark Kapital v. 1 bis 365 Tagen zu 1, 3, 3½, 3¾, 4, 4¼, 4⅓, 4½, 4¾, 5, 5¼, 5½, 5¾ u. 6%. Nebst Zeitberechnungs-, Zins- u. Münzreduktions-Tabellen. M. e. Anh.: Zinstafeln aus 1 bis 50000 Mark Kapital v. 1 bis 29 Tagen u. 1 bis zu 12 Monaten zu 1, 3, 3½, 3¾, 4, 4¼, 4½, 5 u. 6%, das Jahr zu 360 Tagen gerechnet. 5. Aufl. gr. 8. (VIII, 380 u. 41 S.) Freiburg i/B. 898. Herder. n. 2. 60; geb. in Leinw. n. 3. 60

Vetter's, L. H., Tabellen zur schnellen u. richtigen Berechnung der Zinsen aus 1 bis 50000 Mark Kapital v. 1 bis 365 Tagen zu 1, 3, 3½, 3¾, 4, 4¼, 4⅓, 4½, 4¾, 5, 5¼, 5½, 5¾ u. 6%. Nebst Zeitberechnungs-, Zins- u. Münzreduktions-Tabellen. Mit e. Anh.: Zinstafeln aus 1 bis 50000 Mark Kapital von 1 bis 29 Tagen u. 1 bis zu 12 Monaten zu 1, 3, 3½, 3¾, 4, 4¼, 4½, 5 u. 6%, das Jahr zu 360 Tagen gerechnet. 6. Aufl. (VIII, 380 u. 41 S.) gr. 8. Freiburg i/B. 903. Herder. Geb. in Leinw. n. 3. 70

Vetter's, L. H., Tabellen z. schnellen u. richtigen Berechnung der Zinsen aus 1 bis 50000 Mark Kapital v. 1 bis 365 Tagen zu 1, 3, 3½, 3¾, 4, 4¼, 4⅓, 4½, 4¾, 5, 5¼, 5½, 5¾ u. 6%. Nebst Zeitberechnungs-, Zins- u. Münzreduktions-Tabellen. Mit e. Anh.: Zinstafeln aus 1 bis 50000 Mark Kapital von 1 bis 29 Tagen u. 1 bis zu 12 Monaten zu 1, 3, 3½, 3¾, 4, 4¼, 4½, 5 u. 6%, d. Jahr zu 360 Tagen gerechnet. 7. Aufl. (VIII, 380 u. VI, 41 S.) 8. Freiburg i/B. (909). Herder. Geb. in Leinw. 4. —

Vetter, L. H., Zinstafeln zur Berechnung der Zinsen aus 1 bis 50000 Mark Kapital von 1 bis zu 29 Tagen u. 1 bis zu 12 Monaten zu 1, 3, 3½, 4, 4¼, 4½, 5 u. 6%, das Jahr zu 360 Tagen gerechnet. Nachtrag zu dem Werke desselben Verf.: Tabellen zur Berechng. der Zinsen von 1 bis 365 Tagen. gr. 8. (VI, 41 S.) Freiburg i/Br. 874. Herder. — 60 (Hauptwerk m. Nachtr. geb.: n. 3. 60)

Vetter, L. H., Zinstafeln zur Berechnung der Zinsen aus 1 bis 50,000 Mark Kapital von 1 bis zu 29 Tagen u. 1 bis zu 12 Monaten zu 1, 3, 3½, 3¾, 4, 4¼, 4½, 5 u. 6%, das Jahr zu 360 Tagen gerechnet. 4., neu bearb. Aufl. gr. 8. (VI, 41 S.) Freiburg i/Br. 890. Herder. — 60

— Zinstafeln zur Berechnung d. Zinsen aus 1 bis zu 50000 Mark Kapital v. 1 bis zu 29 Tagen u. 1 bis zu 12 Monaten zu 1, 3, 3½, 3¾, 4, 4¼, 4½, 5 u. 6%, d. Jahr zu 360 Tagen gerechnet. 6. Aufl. gr. 8. (VI, 41 S.) Ebd. 897. — 60

Vetter, L. H., Zinstafeln zur Berechnung der Zinsen aus 1 bis zu 50,000 Mark Kapital von 1 bis zu 29 Tagen u. 1 bis zu 12 Monaten zu 1, 3, 3½, 3¾, 4, 4¼, 4½, 5 u. 6%, das Jahr zu 360 Tagen gerechnet. 7. Aufl. gr. 8. (VI, 41 S.) Freiburg i/B. 901. Herder. — 70

— Zinstafeln zur Berechnung der Zinsen aus 1 bis zu 50,000 Mark Kapital von 1 bis zu 29 Tagen u. 1 bis zu 12 Monaten zu 1, 3, 3½, 3¾, 4, 4¼, 4½, 5 u. 6%, das Jahr zu 360 Tagen gerechnet. 9. Aufl. (VI, 41 S.) gr. 8. Ebd. 906. Geb. in Leinw. n. 1. —

— Zinstafeln zur Berechnung der Zinsen aus 1 bis zu 50000 Kronen Kapital von 1 bis zu 29 Tagen u. 1 bis zu 12 Monaten zu 1, 3, 3½, 3¾, 4, 4¼, 4½, 5 u. 6%, das Jahr zu 360 Tagen gerechnet. (47 S.) 8. Ebd. 909. Geb. in Leinw. 1. —

— dasselbe aus 1 bis 50000 Mark Kapital von 1 bis zu 29 Tagen u. 1 bis zu 12 Monaten zu 1, 3, 3½, 3¾, 4, 4¼, 4½, 5 u. 6%, das Jahr zu 360 Tagen gerechnet. 10. Aufl. (VI, 41 S.) 8. Ebd. (910). Geb. in Leinw. 1. —

Vetter, Leo., das Bad der Neuzeit u. seine historische Entwicklung. Mit 57 Illustr. u. 21 Plänen. (XVI, 261 S. m. Tab.) gr. 8. Stuttgart 904. Deutsche Verlags-Anstalt. n. 4. —; geb. n. 5. —

Vetter, Leo, moderne Bäder, erläutert am Stuttgarter Schwimmbad. Mit 5 Plänen, 1 Abbildg. u. 2 Tab. Medizinischer Teil v. H. Fetzer. gr. 8. (III, 143 S.) Stuttgart 894. G. J. Göschen. n. 1. 50

Vetter, L., das Stuttgarter Schwimmbad, seine Geschichte, Einrichtg. u. Bestimmg. Mit 1 Abbildg. u. 2 Plänen. gr. 8. (61 S.) Stuttgart 889. (Metzler's Sort.) n.n. 1. —; geb. n.n. 1. 50

— das Stuttgarter Schwimmbad. Führer durch das Haus, Hausordng., Bäderpreise, Namensliste der Beteiligten. gr. 8. (48 S.) Ebd. 898. n. — 30

Vetter, Ludwig

Vetter, L., deutsche Fibel. 2 Tle. gr. 8. Metz 903. P. Even. Kart. n. — 90

1. 18. Aufl. Neue Ausg. Nach phonet. Grundsätzen bearb. von A. Birkemeyer. (III, 70 S. m. Abbildgn.) 905. n. — 50
2. Lesebuch f. die obere Abteilung der Unterstufe katholischer Elementarschulen. 13. Aufl., verb. u. nach der neuen Rechtschreibg. berichtigt. (76 S.) n. — 40

— dasselbe u. Lesebuch für die Unterstufe einklassiger Volksschulen. 6. Aufl., verb. u. nach der neuen Rechtschreibg. berichtigt. (101 S.) gr. 8. Ebd. 903. Kart. n. — 50

— deutsches Lesebuch für die Mittelstufe der Schulen im französ. Sprachgebiete von Elsaß-Lothringen. 2. Aufl. (146 S.) 886; 3. Aufl. 8. (148 S.) Ebd. 887. geb. n. — 80

Vetter, Ludw., deutsches Lesebuch für die Oberstufe der Elementarschulen im französischen Sprachgebiet von Elsaß-Lothringen. gr. 8. (277 S.) Metz 883, Gebr. Even. geb. *

— deutsches Lesebuch für die Oberstufe der Elementarschulen im französ. Sprachgebiete von Elsaß-Lothringen, nebst e. deutsch-französ. Wörterverzeichnis. 4. Aufl. 8. (300 S.) Ebd. 887. n. 1. 20

—— erstes deutsches Lese- und Sprachbuch für Schulen im französischen Sprachgebiet von Elsaß-Lothringen. 2. verb. Aufl. gr. 8. (90 S.) Ebendas. 883. cart. *

—— erstes deutsches Lese- und Sprachbuch für Schulen im französischen Sprachgebiete von Elsaß-Lothringen. 4.—6. Aufl. gr. 8. (103 S.) Ebendas. 886—89. geb. *

Vetter, Ludw., Programm zur Ausbildung des Cavalleristen im Felddienste. 8. (82 S. m. 1 Tab. u. 2 Karten.) Marburg 899. (Wien, L. W. Seidel & Sohn.) n. 1.40

— pädagogische Sprüche, Sentenzen u. Aphorismen. Gesammelt u. nach dem Inhalte alphabetisch geordnet. 8. (70 S.) Straßburg 883. Schultz & Co. Verl. cart. n. — 80

—— Stoff zu Sprechübungen für die Unterstufe der Elementarschulen im französischen Sprachgebiete, sowie der Kleinkinderschulen im deutschen und französischen Sprachgebiete. gr. 8. (53 S.) Ebendas. 882. geb. *

—— Stoff zu Sprechübungen für die Unterstufe der Elementarschulen im französischen Sprachgebiete, sowie für Kleinkinderschulen. 2. verb. Aufl. 8. (51 S.) Ebendas. 885. *

—— Wandfibel. Zwölf Lesetafeln zu Vetters Fibel und Lesebuch für die Unterstufe katholischer Volksschulen. Fol. Ebendas. 887. roh * ℳ 5. .; auf Carton *

Vetter, M., die südländische Küche. 260 Rezepte, 60 Orig.-Rezepte f. Tomatenspeisen, Saucen, Reis u. Makkaroni, Konservieren. (VII, 90 S.) 8. Wörishofen 907. Buchdr. u. Verlagsanstalt Wörishofen. Kart. 1. 50

Vetter, M. H. [Prof. Dr.]: Über den Charakter des König Ödipus in der gleichnamigen Tragödie des Sophokles. II. Freiberg, Gerlach'sche Buchdr., 1889; 1 Bl., 32 S. 4°
Freiberg, G Albertinum, OP 1889 (511)

Vetter, M. H. Über die Schuldfrage im König Oedipus des Sophokles. 31 S. Progr. G. *Freiberg i. S.* 1885

Vetter, M. H., Specimen lexici in musicos graecos. Pr. 1861. 34 S. 4°.

Vetter, Max, der Sockel, s.a. Zur Kunstgeschichte des Auslandes. 75. Heft.

Vetter, Max: Der Sockel, seine Form und Entwicklung in der griechischen und hellenistisch-römischen Architektur und Dekoration von den ältesten Zeiten bis zum zweiten pompejanischen Stil. Strassburg i. E. 1910: Heitz. 50 S. 8°
¶ (Ersch. vollst. als: Zur Kunstgeschichte d. Auslandes. H. 75.)
Straßburg, Phil. Diss. v. 22. Mai 1909, Ref. Winter
[Geb. 3. April 86 Buhl, Baden; Wohnort: Pforzheim; Staatsangeh.: Baden; Vorbildung: Gymn. Lahr Reife Sommer 04; Studium: Karlsruhe Techn. Hochsch. 2, Heidelberg 4, Straßburg 4 S.] [U 10. 4099

Der Sockel. Seine Form und Entwicklung in der griech. und hellenist.-röm. Architektur und Dekoration von d. ältesten Zeiten bis zur Verschüttung Pompejis. Von Max **Vetter**. Mit 8 Taf. Strassburg: Heitz 1910. 80 S. 4°(8°)
(Zur Kunstgeschichte d. Auslandes. H. 75.) [10. 1077

Vetter, O. Sur l'Oedipe de Corneille. Pyritz, G., 1877. 16 S. 4. **Progr.**

Vetter, Otto, Referendar, Dresden: Die rechtswidrige Ableitung des elektrischen Stromes und das Gesetz vom 9. April 1900 betreffend die Bestrafung der Entziehung elektrischer Arbeit. Borna-Leipzig 1910: Noske. XI, 109 S. 8°
Leipzig, Jur. Diss. v. 5. Dez. 1910
[Geb. 6. Mai 78 Liebenstein S.-M.; Wohnort: Berlin; Staatsangeh.: Sachsen; Vorbildung: Kgl. Gymn. Dresden Reife O. 98; Studium: Naturw. München 2, Dresden Techn. Hochsch. 1, Jura Berlin 3, Leipzig 9 S.; Rig. 20. Juli 07.]
[U 11. 2968

Einladung zur akademischen Feier des Geburtsfestes S. M. des Königs Wilhelm II von Württemberg auf den 25. Febr. 1894 im Namen des Rectors und akademischen Senats der kgl. Eberhard-Karls-Universität Tübingen. — Beigefügt ist e. Abh.: Der apokryphe dritte Korintherbrief. Von Dr. *Paul* **Vetter**, o. Prof. d. alttest. Exegese an d. kath.-theol. Fac. in Tübingen. Wien, Mechitharisten-Buchdr., 1894; 4 Bl., 100 S. 4.

Vetter, P., der apokryphe 3. Korintherbrief. Progr. 4. (III, 100 S.) Tübingen 894. (F. Fues.) n. 4. —

Vetter, Paul, die Metrik d. Buches Job, s.a. Studien, biblische, II. Bd., 4. Hft.

Die Metrik des Buches Job v. Prof. Dr. **Paul Vetter** ... *Freiburg i. B.: Herder* 1897. (X, 82 S.) 8.
= Studien, Biblische. Bd II. H. 4.

Vetter, Paul, s.: Quartalschrift, theologische.

Vetter, Paul [aus Dresden]: Die Religionsverhandlungen auf dem Reichstage zu Regensburg 1541. ... Jena, Frommann'sche Buchdr. (Hermann Pohle), 1889; 2 Bl. + 52 S. + 1 Bl. 8°
Leipzig, Phil. Fak. Inaug.-Diss. v. 11. Febr. 1889

Vetter, Paul. Die Religionsverhandlungen auf dem Reichstage zu Regensburg 1541. gr. 8. (VII, 220 S.) Jena 889, Pohle. * 4 —

VETTER, Paul K.
(F) Ein Beitrag zur Bekämpfung der Obstbaumschädlinge. Die Blutlaus, Schizoneura lanigera Hartig. Vortrag, gehalten in der am 13. Februar 1899 stattgehabten naturwissenschaftlichen Sections-Sitzung des Vereines für Natur- und Heilkunde in Pressburg von Paul K. Vetter. Pressburg. 1899. Verlag des „Westungarischen Weinbergsbote". [In Comm. Stampfel.] Gr.-8°. 40 S. * fl. —.50

Vetter, Paul K., ein Beitrag zur **Bodenkunde**. Welche Bedeutung haben Gesteinsfragmente e. Bodens bei Beurtheilg. desselben, hinsichtlich f. Tauglichkeit f. d. widerstandsfähig veredelte Rebenkultur. Vortrag, abgeh. am 12. XII. 1897 im komitatslandwirschaftl. Casino zu Preßburg. 8. (IV, 42 S.) Oedenburg 898. (Preßburg, C. Stampfel.) n. — 80

Vetter, Paul K., ein Beitrag zur Lösung d. **Weinbau-Calamität.** E. Reflexion üb. Ursache u. Wirkg. hinsichtl. d. wirthschaftl. Zustände auf d. Gebiete d. Weinbaues am Leitha-Gebirge u. Kennzeichng. d. Mittel u. Wege zur Abhülfe. Vortrag, abgeh. in d. Generalversammlung d. Vereines d. Volksschullehrer v. Eisenstadt u. Umgebg., am 5. VII. 1898. 8. (48 S. m. Bildnis.) Preßburg 898. (C. Stampfel.) n. — 80

Vetter, Paul K., die Blutlaus, Schizoneura lanigera Hartig. Ein Beitrag zur Bekämpfg. der Obstbaumschädlinge. Vortrag, abgeh. in der am 13. II. 1899, stattgehabten naturwissenschaftl. Sections-Sitzg. des Vereines f. Natur- u. Heilkunde in Preßburg. gr. 8. (40 S.) Preßburg 899. (C. Stampfel.) n. 1. —

Vetter, Paul K., die **Cultur der amerikanischen Reben.** Anleitung f. die Praxis auf Grundlage eingeh. Beschreibg. der Cultur, Veredlg. u. Schulg. der amerikan. Reben. 1. Thl gr. 8. (IV, 186 S. m. 47 Fig. u. 10 farb. Taf.) Oedenburg 894. (C. Schwarz.) n. 3. 20

Vetter, Paul K.: Der Rebschnitt in seiner Bedeutung für die Sicherung der Rentabilität des Weinbaues. Ein Beitrag zur Lösung der Frage über die richtige Handhabung der Rebstockpflege durch Anwendung des 'combinirten' Zapfenschnittes auf Grundlage einer rationellen Kopferziehung, einschließlich der Grünbehandlung, nach den neuesten Erfahrungen aus der Weinbau-Praxis. Mit 30 Abb. im Text. Pozsony [illegible] 1901. [illegible] 76 S. [illegible]

— **die gefährlichsten Schädlinge des Weinstockes** u. deren zweckmäßige Bekämpfung auf Grundlage neuester Erfahrungen. Vortrag, abgeh. zu „Grünau" im Preßburger Comitat, am 26. XI. 1899 im Auftrage e. löbl. Präsidium der Preßburger-Comitats-Landw.-Vereines. gr. 8. (77 S. m. Abbildgn.) Ebd. 900. n. 1. 50

— Ders.: Das verbesserte Stratifications Verfahren mit widerstandsfähig veredelten Reben nach den neuesten Anforderungen. Pressburg: Stampfel 1902. 31 S., mit Abb. — [Zit. nach Kayser]

Vetter, Paul K., der Traubenwickler „Cochylis ambiguella" (auch Heu- u. Sauerwurm), e. gefährl. Schädling des Weinbaues. Vortrag, abgeh. im Preßburger Weingärtner-Verein, am 19. I. 1903 üb. die Entwicklungs-Geschichte des Insektes, m. e. auf dieselbe sich stütz. Anleitg. zur erfolgr. Bekämpfg. des Schädlings, in seinen verschied. Entwicklungs-Phasen, durch Anwendg. bewährter Mittel. (48 S. m. 5 Abbildgn. u. 1 farb. Taf.) gr. 8. Preßburg (903). (C. Stampfel.) n. 2. —

Vetter, R., die Religionsverhandlungen auf dem Reichstage zu Regensburg 1541. Historische Abhandlg. gr. 8. (VII, 220 S.) Jena 889. Pohle. n. 4. —

Vetter, Reimund, *Kriegskanzlist bei dem k. k. Armee-Obercommando.* Das Lied von den drei Sternen. Ein Bild aus dem Soldatenleben. *Krakau* 1858. Gedruckt bei *Carl Budweiser.* 46 S. 8°. 12 kr. C. M.

Vetter, Rich., über die Bedeutung e. gesteigerten Volksbildung f. die wirtschaftliche Entwickelung unseres Volkes. gr. 8. (32 S.) Dresden 900. A. Huhle. n. — 50

Vetter, Richard, Referendar: Die **Bürgschaft** für eine Forderung, für welche dem Gläubiger vom Hauptschuldner die Bestellung einer Hypothek versprochen ist. Unter Berücks. d. Bürgerl. Gesetzbuches. *Greifswald 1898: J. Abel.* (48 S.) 8°
Greifswald, Jur. Diss. v. 1898

Vetter, Richard: Die Fürsorge für die heranwachsende weibliche Jugend. Vortr., geh. auf d. 15. allg. Konferenz d. dt. Sittlichkeitsvereine zu Nürnberg ... 1903. — Berlin: Dartsch 1904. 24 S. 8°
Aus: Frauenbildung. Jg. 3, H. 1/2.

Die **Fürsorge** für die heranwachsende weibliche Jugend. Vortrag geh. zu Nürnberg 1903 von Richard **Vetter**, Schuldir. in Dresden. *Berlin: Geschäftsstelle d. deutsch. Sittlichkeitsvereine 1904.* (24 S.) 8° [Umschlagt.]
Aus: Frauenbildung. Jg. 3. H. 1/2.

Vetter, Rich., die Fürsorge f. die heranwachsende weibliche Jugend. Vortrag, geh. auf der XV. allgemeinen Konferenz der deutschen Sittlichkeitsvereine zu Nürnberg am 29. IX. 1903. (24 S.) gr. 8. Berlin 904. (Leipzig, H. G. Wallmann.) n. — 50
Sonderabdruck aus: „Frauenbildg."

Vetter, Richard: Ueber Spontane **Herzruptur**. *München 1898: M. Ernst.* (74 S.) 8° [Ant. u. F.]
München, Med. Diss. v. 1898

— **der Menschheitbund**, s.: Krause, Chr. Fr.

Vetter, Rich., Quellenbuch zur Einführung in d. Verständnis d. Entwickelung uns. neueren Litteratur. Zum Gebrauch an höh. Lehranst. hrsg. gr. 8. (II, 150 S.) Leipzig 897. Dürr'sche Buchh. n. 1. 70; geb. in Leinw. n. 2. —

Vetter, Sebast. Ldw., († d. 31. Aug. 1821.) Hebammenkatechismus, oder Lehren d. Hebammenkunst rc. 8. Ulm 815. Stettin. 10 ℊ

— **Diss. inaug. de separatione praeternaturali secundinarum.** 8. Jena 796. (Cnobloch in Leipz.) 4 ℊ

(Vetter, Theodor.) Jakob Baechtold .... [A.] 8. [Berlin 1898.]

(Vetter, Theodor.) Jakob Bächtold. [Necrolog.] SA. 8. ([Aarau] 1898.)

(Vetter, Theodor.) Jacob Baechtold, Professor der deutschen Litteraturgeschichte an der Universitat Zürich. Geboren ... 1848. Gestorben den 8. August 1897. ⟨SA.⟩ 8. Zürich 1897.

Vetter, Theodor (Hrsg.), s. Baechtold, Jacob: Kleine Schriften.

Vetter, Theodor. **Litterarische Beziehungen zwischen England und der Schweiz im Reformationszeitalter. Schweizerische Druckwerke. Gratulationsschrift zum 450-jährigen Jubiläum der Universität Glasgow. Im Auftrage... der Universität Zürich verfasst.** [Mit 1 Tafel.] IV + 42 S. 4. Zürich, Zürcher & Furrer, 1901.
A. u. d. T.: Amplissimae atque Clarissimae Academiae Glasguensi ...congratulantur ... Universitatis Turicensis Rector et Senatus. Turici ... 1901.

Vetter, Theodor s. Bodmer, [Johann Jacob]. Bodmer's Persönliche Anekdoten. [Zürich 1892.]

Vetter, Thdr., englische Flüchtlinge in Zürich während der 1. Hälfte d. 16. Jahrh., s.a. Neujahrsblatt, hrsg. v. der Stadtbibliothek in Zürich.

Vetter, Theodor. Englische Flüchtlinge in Zürich während der ersten Hälfte des 16. Jahrhunderts. [Mit 1 Tafel.] Njbl. Stadtbibl. Zürich 1893. 4. Zurich.

Vetter, Thdr., **zur Geschichte der nominalen Declination im Russischen.** gr. 8. (79 S.) Leipzig 886, Fock. *

Vetter, Theodor: Regierungsrat Johann Emanuel Grob und die zürcherische Hochschule. Nach d. Erfahrungen e. zweijährigen Dekanates dargest. von Dr. Theodor Vetter, Prof. Zürich 1898: Lohbauer. 15 S. 8°

Vetter, Thdr., Grundzüge d. englischen Litteratur- u. Sprachgeschichte, s.: Breitinger, H.

Vetter, Thdr., Johann Jakob Heidegger, e. Mitarbeiter G. F. Händels, s.a. Neujahrsblatt, hrsg. v. der Stadtbibliothek Zürich. Nr. 258.

Vetter, Theodor. Johann Jakob Heidegger, ein Mitarbeiter G(eorg) F[riedrich] Händels. [Mit 1 Porträt-Tafel.] 29 S. 4. Zürich, Art. Institut Orell Füssli (Komm. Fäsi & Beer). [fr. 3. —]
Neujahrsblatt hrg. von der Stadtbibliothek Zürich auf das Jahr 1902. Nr. 258.

Vetter, Theodor. Der Humor in der neueren englischen Literatur. Akademischer Vortrag, gehalten im Rathause Zürich am 15. Dez. 1910. 8.
Ausg. A: 31 S. [Frauenfeld, Huber & Co., 1911.]
Ausg. B: II + 31 S. Frauenfeld, Huber & Co, [1911]. [fr. 1.20]

Vetter, Theodor: Aus den Jugendjahren der Höheren Töchterschule Zürich: Jgfr. Susanna Gossweiler. — Zürich 1895: Schulthess. 33. 8°

[Vetter, Theodor.] Hartmann Friedrich Koller, Dr. med., geb. 25. Mai 1870, † 10. Dez. 1900. Ein Gedenkblatt für seine Angehörigen und Freunde. [Mit Porträt und illustriertem Umschlag.] II + 36 S. 8. (Zürich, Fritz Amberger, [1901].)

Vetter, Th., siehe: *Neujahrsbl. d. Stadtbibl.*

Vetter, Theodor: Der Perioden-Umformer mit einphasig belastetem Sekundärstromkreise. 1909. 63 S., 10 Taf. 8°
München, Dr.-Ing.-Diss. v. 6. 8. 1909

V[etter], Th[eodor].) Prof. Dr. J[ean] S[amuel] Pernet. [Necrolog. Mit Porträt. — **Separatabdruck aus:**] Centralblatt des Zofingervereins, [Jahrg. 42, No. 7,] Mai 1902. [8 S.] 8. [Zürich, F. Lohbauer.]

Vetter, Theodor. Die gottliche Rowe (Elizabeth Rowe, geborne Singer, 1674–1737). [Progr.] 8. [Zürich 1894.]

— **Johann Rudolf Schmid, Frhr. v. Schwarzenhorn.** Nachrichten üb. sein Leben u. Wirken. Auf's Neue zusammengestellt. 8. (35 S.) Frauenfeld 890. J. Huber, Verl. n. — 60

Vetter, Theodor. Shakespeare und das Volk. Festvortrag, gehalten an der Generalversammlung der Deutschen Sh'-Gesellschaft am 23. April 1910. (Separat-Abdruck aus dem Jahrbuch der D' Sh'-Ges' ..., Jahrg. 46.) II S. + S. XIV—XXXII. 8. (Berlin-Schöneberg, Langenscheidt, 1910.)

Vetter, Theodor. Dr. phil.: Der Spectator als Quelle der 'Discurse der Maler'. [S.A. aus dem Programm der thurgauischen Kantonsschule f. d. Schuljahr 1886 87]. Frauenfeld J. Huber 1887. 1 Bl., 34 S., 1 Bl. 4°.

[Zürich, Phil. Fac., Habilitationsschrift].

Vetter, Thdr., über russische Volkslieder, s. a. Neujahrsblatt zum Besten des Waisenhauses in Zürich. 69.

Vetter, Theodor. Über russische Volkslieder. [Mit 1 Tafel.] IV + 31 S. 4. Zürich, Berichthaus, Komm. Fäsi & Beer, 1906. [fr. 3.—]

Neujahrsblatt auf das Jahr 1906. Zum Besten des Waisenhauses in Zürich.... Stück 69.

— Wallenstein in der dramatischen Dichtung des Jahrzehnts seines Todes — Micraelius — Glapthorne — Fulvio Testi. gr. 8. (42 S.) Ebd. 894. n. 2. —

— Johann Heinrich Waser, ein Vermittler englischer Literatur, s. a. Neujahrsblatt, hrsg. v. d. Stadtbibliothek in Zürich, 1898.

[S.] Johann Heinrich Waser, Diakon in Winterthur (1713–1777) ein Vermittler englischer Literatur. Von Theodor Vetter. *Zürich: Dr. [d.] Art. Inst. Orell Füssli; Kommiss. Fäsi & Beer (1898).* (31 S., 1 Portr.) 1 Bd 4.
— Neujahrsblatt hrsg. v. d. Stadtbibliothek in Zürich auf d. J. 1898.
[98. 1200

Vetter, V. H., kleine Hauschronik oder Historisches Tagebuch enthaltend das Bemerkenswertheste für jeden Tag im Jahre. 4 Lfgn. 8. (IV und 487 S.) Langensalza 859, Verlags-Comptoir. à Lfg. 10 Ngr.

—— die Schule eine Kinderkirche oder: das christliche Kirchenjahr in der Schule. Ein Hilfsmittel zur Beförderung eines christl. Sinnes. 3, verm. Aufl. 8. (XIV und 180 S.) Langensalza 860, [Schulbuchhandlung von Greßler.]

VETTER, W. F. Ch., Adelbert und Amalia. Ein Pendant zur Geschichte der Menschheit. Köthen, Aue, 1806. 8°.

Vetter, W. J. Beiträge zur Geschichte der Kirchenverbesserung in der Niederlausitz. Abth. 4. 42 S. . . . .
Luckau, Progr. 1845

Vetter, W. J. Beiträge zur Geschichte der Kirchenverbesserung in der Niederlausitz. I. (und II. Abth.) Von dem kirchlichen Zustande der Stadt Luckau vor der Reformation. 36 S. . . .
Luckau, Progr. 1833

Ders. Derselben III. Abth. Reformationsgeschichte der Niederlausitz bis zum Jahre 1545. 30 S. . . . . ,
Luckau, Progr. 1839

Vetter, W. J. Observat. in nonnullos V. T. locos. (Gen. VI, 3; XII, 1. 5; XXIV, 4. Malach. I, 3.) 14 S. . . .
Luckau, Progr. 1827

Vetter, Wilhelm. Geordnetes Verzeichnis der Abhandlungen, welche in den Schulschriften sämmtlicher an dem Programmentausche Theil nehmenden Lehranstalten vom J. 1851—1863 erschienen sind. I. Abtheilung. Luckau. Gedruckt bei J. Entleutner und Sohn. 1864. Programm des Gymnasiums zu Luckau.

Dasselbe. II. Abtheilung. Ebd. 1865. Programm derselben Anstalt.

Progr.

Vetter, Guilielmus Julius: *De causis, quae ciuitatis hebraicae interitum anno 588. a. C. effecerint. XIV S. 4°

Halle-Wittenberg, Phil. Diss. v. 2. Okt. 1824

Geb. [Leipzig 8. 9. 1802]

Wahre und falsche Humanität. Zeichnung v. H[einr.] **Vetter-Thomas.** [Leipzig: Zechel 1904.] 12 S. 8° [Kopftit.]
Aus: A. (NF.) 23 (1904) S. 24—35.

VETTERL, JOSEPH JOHANN: Zur Feyer des erhabenen Namensfestes Sr. Bischöflichen Gnaden Herrn Joseph v. Belánszky Bischof zu Neusohl. o. O. o. J. o. Dr. 2 f. - 4°

Vetterlein, Chr. Fr. Rud., deutsche Anthologie, oder Auswahl deutscher Gedichte, von Opitz bis auf unsere Zeit. Ein prakt. Handbuch zum Gebrauch junger Freunde d. vaterländ. Dichtkunst in u. außer d. Schule, nach d. ächten Text d. Originalausg. gesammelt. 2 Bde. gr. 8. Halle 809, 10. Schwetschke u. S. 3 Thlr. 12 gr. Engl. Pap. 4 Thlr. 18 gr. Hbg. Pr. 2 Thlr. Schrbp. 2 Thlr. 16 gr.

— Chrestomathie deutscher Gedichte für Freunde vaterländischer Dichtkunst. 3 Bde. 8. Köthen 796—99. Aue. 3 Thlr. 8 gr. 4r, oder Supplementband. Ebd. 808. 1 Thlr. 8 gr.

— über den Gebrauch fremder Wörter in d. deutschen Sprache. 8. Köthen 794. Aue. 2 gr.

— Grundsätze eines Schulstudienplans. 8. Halle 786. N. A. 8. Köthen 793. Aue. 2 gr.

— Handbuch d. poet. Literatur d. Deutschen, d. i. kurze Nachricht von d. Leben u. Schriften deutscher Dichter. 8. Köthen 799. Aue. 1 Thlr. 4 gr.

— s. **Klopstocks Epigramme.**

— s. Dessen Oden u. Elegien.

Vetterlein, C. F. R., Commentar, od. kritische u. erklärende Anmerkungen z. deutschen Anthologie. 1r. gr. 8. Halle, Hemmerde u. Schw. 811.

— Commentar, oder krit. u. erklärende Anmerkk. zur deutschen Anthologie. 1r Bd. gr. 8. Halle 811. Schwetschke u. S. 1 Thlr. 20 gr. Hbg. Pr. 1 Thlr. 8 gr.

— Leben Mahommeds, s. Leben.

— Leben Mahommeds, s. J. Gagnier.

— Klopstocks Oden, s. Klopstock.

— d. Plan d. Ilias. Zum Gebrauch junger Leser des Homer. 8. Zerbst 828. (Kummer). 6 gr.

— Plan u. Ordnung d. Stadtschule zu Köthen. 8. Halle 802. 2e A. 804. Schwetschke u. S. 8 gr.

Vetterlein, (C. F. R.,) tabell. Uebersicht d. allgem. Encyklopädie. Ein Leitfaden bei dem Unterricht auf Schulen. Fol. Halle 822, Hemmerde u. S.

— tabellar. Uebersicht d. allgem. Encyklopädie. Ein Leitfaden bei d. Unterricht auf Schulen. Fol. Halle 822. Schwetschke u. S. 6 gr.

— s. a. **Bolingbrocke, Briefe.**

Vetterlein, Ernst, Dr.-Ing.: Die Aufnahme des frühgotischen Chores zu Hirzenach am Rhein. [Nebst] Atlas mit 6 Taf. 1902. 15 S. 8⁰; 6 Taf. 4⁰
Darmstadt Te. H., Hab.-Schr. v. 15. 5. 1902

Vetterlein, Ernst: Das Auftreten der Gotik am Dom zu Mainz. 1902. 32 S., 2 Taf. 8⁰
Darmstadt, Dr.-Ing.-Diss. v. 8. 3. 1902

Vetterlein, Ernst, d. Baukunst d. Schulhauses. s. o Sammlung Göschen.

Die Baukunst des Schulhauses. Von Prof. Dr.-Ing. Ernst **Vetterlein.** Mit Abb. 1. 2. Leipzig: Göschen 1909. 8°
1. Das Schulhaus. 2. Die Schulräume. Die Nebenanlagen. (Sammlung Göschen. 443. 444.) [illegible]

Vetterlein, Ernst, Heimat-Kunst. (31 S. m. 8 Abbildgn.) gr. 8. Leipzig 905. W. Richter. n. 1. 20

Vetterlein, Richard, a. Culmitzsch (S.-Weimar): Beiträge zur Kenntnis der Teraconsäure. Heidelberg 1904: K. Rössler. (38 S.) 8°
Heidelberg, Naturw.-math. Fak., Ref. Curtius, Diss. v. 1. Dez. 1904
[Geb. 19 Nov. 77 Culmitzsch; Wohnort: Altona; Staatsangeh. S.-Weimar; Vorbildung: Realgymn. Weimar bis IIa; Studium: Straßburg 1, Jena 4, Heidelberg 6 S.; Rig. 25. Febr. 04.]

Vetterli & Cie., Schaffhausen. Fabrikate der Mechanischen Bindfaden-Fabrik Schaffhausen; Hessians ...; Engros-Lager in Spezial-Artikeln für Tapezierer, Sattler und Betthandlungen.... Tarif 1902. II + 19 S. 8. (Schaffhausen, H. Meier & Cie., [1901].)

Vettermann, Anton

Vettermann, Abhandlung üb. geschnittene Edelsteine. s. Dresd. Beger. 815.

Vettermann, Ant., kurze Abhandl. über geschnittene Edelsteine, für angehende Steinliebhaber. 8. Dresd. 815. (Weygand in Leipz.) 12 gr. Hdg. Pr. 6 gr.

Vettermann, Ant., kurze Abhandlung üb. einige d. vorzügl. Klassen d. bunten od. gefärbten Edelsteine, in ihrem geschnittenen u. brillanten Zustande, wie der Werth in d. ersten Hauptklassen nach Karaten bestimmt werden kann. Aus vorzügl. u. gründl. Werken gezogen. Für angeh. Steinliebhaber. 8. (2½ B.) Dresden 830, Walther.

— d. grüne Gewölbe in Dresden, eine kurze Uebersicht d. darin aufbewahrten u. seltensten Kunstgegenstände u. Kostbarkeiten. Als Rückerinnerung für Kunstfreunde. 8. Dresd. 827. (Wagner). 6 gr.

Vettern, die, aus Berlin, s.: „Vergißmeinnicht"-Erzählungen.

Vetters, C., 16 Krystallnetze. 3. Aufl. Lithogr. qu. 8. Dresden 877, [Kämmerer.] Bleyl und Kämmerer.

Vetters, C., 16 Krystallnetze zum Anfertigen von Krystallkörpern nach der Art der Modellirbogen, zusammengestellt. 2. verm. Aufl. qu. 8. (16 Stnt.) Dresden 871, Kubel.

Vetters, C., 16 Krystallnetze zum Anfertigen v. Krystallkörpern nach der Art der Modellirbogen zusammengestellt. 2. verm. Aufl. qu. 8. (16 Steintaf.) Dresden 871. Müchler & Büttner. — 75

Vetters, Hermann

Beiträge zur Geologie des Zjargebirges und des angrenzenden Teiles der Mala Magura in Oberungarn [illegible] 8.80
Separatabdruck

Vetters, Herm., Beiträge z. Geologie d. Zjargebirges u. des angrenzenden Teiles d. Mala Magura in Oberungarn. (60 S. m. 4 Fig., 2 Karten u. 6 Taf.) 31,5×24 cm. Wien 909. A. Hölder. 8. 80

Vetters, H., Dr.: Beiträge zur geologischen Kenntnis des nördlichen Albaniens [illegible] 1 Karte und 10 Textfiguren [illegible] 5.40
Separatabdruck

— Geologie des nördlichen Albaniens. (48 S. m. Abb., 1 farb. Karte u. 1 Bl. Erklärgn.) 32×25 cm. Ebd. 906. 5. 40
2 Sonderabdr. a: „Denkschr. d. k. Akad. d. Wiss."

Vetters, Herm.: Zur Geologie der kleinen Karpathen, s. Beck, H.

— Kleine Geologie Niederösterreichs. Erläuterungen z. geolog. Oleatenkarte im Maße 1 : 750 000. Mit 1 (farb.) Karte, 1 geolog. Oleate u. 1 Formationstabelle. (21 S.) gr. 8. Wien (909). R. Lechner's Sort. 1. 20

— Landeskunde v. Niederösterreich, s.: Rusch, Gust.

— Die geologischen Verhältnisse d. weiteren Umgebung Wiens u. Erläutergn. z. geologisch-tekton. Übersichtskarte des Wiener Beckens u. seiner Randgebirge im Massstabe 1 : 100 000. Mit 1 geolog. Karte im Massstabe 1 : 250 000 u. 14 Textfig. (XII, 106 u. 2 S.) Lex. 8. Wien (IX/3, Universitätsstr. 8) 910. Österreich. Lehrmittel-Anstalt. 5. 80

Vetters, Karl, Abriss der darstellenden Geometrie. I. Tl.: Orthogonalprojektivische Darstellg. v. Punkten, Geraden, Ebenen u. ebenfläch. Körpern. gr. 8. (IV, 83 S. m. 15 autogr. Taf.) Chemnitz 893. Focke. n. 3. —

Vetters, Karl, Lehrbuch der darstellenden Geometrie. gr. 8. (VII, 285 S. m. Fig.) Hannover 902. Gebr. Jänecke. Geb. in Leinw. n. 5. 60

Vetters, Karl, Prof. Dr.: Die Perspektive bei den Japanern. Chemnitz 1905: Pickenhahn. (S. 1—17.) 4°
Chemnitz, Technische Staatslehranstalten P 1905**

Vetters, Karl Ludwig

Vetters, K. L., botanische Betrachtungen üb. das Vorkommen der flüchtigen Oele, s.: Bornemann, Geo., die fetten u. die flüchtigen Oele d. Pflanzen- u. Tierreiches.

Vetters, Karl Ludw., die Blattstiele der Cycadeen. Inaugural-Dissertation. gr. 8. (26 S. mit 2 Taf.) Leipzig 881, (Rossberg'sche Buchh.)

Vetterschaft, die, Nachsp. v. Gotter. 8. Lpz. Dyk. 784. — 3

Vettiger, Carl. Die Erfolge der Iridectomie bei Primär-Glaucom. Diss. Med. Basel. *Kopftitel:* Aus der Universitäts-Augenklinik (Prof. (Carl) Mellinger) Basel. 86 S. 8. [Basel] 1901.

Vettin, F., Ueber die Wogen der Luft. (Meteorolog. Untersuchungen. Zweite Abhandl.) (Aus: Annalen d. Physik u. Chemie. B. 100. St. 1.)

Vettin, (Ulr. Franc.) Frid. (geb. Stettin 24. 5. 1820): De scorbuto. Berolini (1843). (28 S.) 8°
Berlin, Med. Diss. v. 23. Dez. 1843

Vettiner, Marc s. Mayor, Jaques, & Vettiner, Marc.

Veuillot, E., die gottsel. Maria v. der Menschwerdung, siehe: Leben, das, der Heiligen. 23. Lfg.

Veuillot, L., Erinnerungen einer Pilgerfahrt in der Schweiz. Nach d. Franz. 12. Augsburg 840. Kollmann. $1^1/_6$ ₰

Veuillot, Louis, Erinnerungen e. Pilgerfahrt durch die Schweiz. N. d. Franz. gr. 12. (19⅓ B.) Augsburg 841, Kollmann'sche Buchh.

Veuillot, Louis, Leben unseres Herrn Jesus Christus. Aus dem Französ. übers. von Waldeyer. 8. (1. und 2. Lfg. XXX und 368 S.) Köln und Neuß 864, Schwann'sche Verlag.

Veuillot, Louis, Leben, Tugenden und Wunder der seligen Germana Cousin, Hirtin. Nach authent. Documenten. Aus dem Französ. übers. von Phil. Diel. 8. (XV und 241 S.) Trier 856(57,) Lintz'sche Buchh.

Veuillot, Louis, Leben, Tugenden und Wunder der heil. Germana Cousin, Hirtin. Nach authent. Dokumenten. Aus dem Französ. übers. von Phil. Diel. 2. Ausg. 8. (XIX, 257 S.) Trier 868, Lintz' Verlag.

-- christliche Lebensphilosophie. Aus dem Französ. übersetzt von Jos. Laurent. Mainz 861. Kirchheim. 8. (2 Bl., 119 S.) 10 ngr.

Veuillot, Louis, Matten. Phantasien. Deutsch herausg. von M. Brühl. 12. (231 S.) Aachen 847, Cremer. ½ ₰

—— S. H. Pius IX. Mit Genehmigung des Verf. aus dem Französ. übers. gr. 8. (48 S.) Straßburg 863, Dapfer-Bentz.

—— Pius IX. Aus dem Französ. übers. von Theoph. Landmesser. gr. 8. (58 S.) Danzig 864, (Kafemann.) *

—— Pius der Neunte. Ein kathol. Charakter-Bild. Aus dem Französ. in das Italien. übers. von Luigi Gibelli; aus dem Italien. in das Deutsche übertragen von C. A. Kallmus. gr. 8. (63 S. mit dem Bildnisse Sr. Heiligkeit nach einer Photogr. in Holzschn.) Wien 864, Mechitharisten-Congregations-Buchh.

—— i A. E. Preuss, Przyjaciel dzieci, s. Preuss.

— Rom. Seine Vergangenheit, seine Gegenwart u. seine Zukunft. Aus dem Französ.: Le parfum de Rom. Bevorwortet von W. Molitor. 2 Bde. Speyer 862. Bregenzer. 8. (1. Bd.: XI, 370 S.) n. 1 ₰ 15 ngr.

Rom. Seine Vergangenheit, seine Gegenwart u. seine Zukunft. Aus dem Französ.: Le parfum de Rom. Bevorwortet von W Molitor. 2 Bde. 2. (Titel-)Ausg. Speyer 867. Kleeberger. 8. (XIII, 737 S.) n. 17½ ngr.

Veuillot, Louis, der heilige Rosenkranz in Gedichten u. Betrachtungen. Aus d. Franz. übers. v. Ed. Vogt. gr. 16. (8 B.) Tübingen 843, Laupp'sche Buchh.

— Peter Saintive. Aus d. Französ. übersetzt. gr. 12. Augsburg 841, Kollmann'sche Buchh. 1 ₰

Veuillot, Louis, nach dem Umsturz. Eine Vision. Aus dem Franz. übers. v Const. Graf Waldburg-Zeil. 12. (XI, 220 S.) Mainz 892. F. Kupferberg. n. 1.60

Veumann, Pet., s.: Heimat, unsere.

Veuskens, Rud., auf Deutschlands hohen Schulen. Liederhort deutscher Studenten. (XI, 359 S.) kl. 8. Münster (909). Theissing. Geb. in Leinw. 2.25

Veuster, s.: Damien de Veuster.

Veuve, La, comédie en un acte, composée pour célébrer ... l'anniversaire de la bataille de Freyberg ... 1786. Berlin 1786. V: *Renelle, Lucie Elisabeth geb. Bouillon.* (schl) (Adel) (Ky) (MGT)

Veuve, la jeune, ou histoire de Cornelia Sedley. IV Vol. 12. Lond. (Kupferberg à Mayence.) 789. 1 12

Vever, Fr., s.: Novellenbuch, südslavisches.

Vever, Johann Freiherr von, k. u. k. Oberst und Rgts.-Commandant. Übersicht aller Schlachten, Treffen, Gefechte und Belagerungen sowie sonstiger kleiner Affairen, welche das dermalige k. und k. Infanterie-Regiment Erzherzog Rainer Nr. 59 seit seiner Errichtung, im Jahre 1682, mitgemacht hat. (1 Karte in Schuber.) Fol. Linz 1902.

Vevey [Sachliches OW]

Vevey et le Chemin de fer électr. du Mont Pélerin. (Vue prise du Mont Pélerin Altitude 1084 m.) 1 feuille fol.-obl., *pliée* 8. Berne, Hubacher & C°, (1902).
Texte et Horaire d'été 1902 *au verso.*

Vevey et ses environs. 2de éd. ... s. [Coindet, John].

Vevey, Schlosshof, Hôtel-Pension du Château. Alter Herrensitz der Landvögte zu V' und Chillon. ([Illustrierter Prospekt, hrg. vom] Schl', Le Ch', Hôtel-Pension, C Ritzmann) 1905. [16 S.] 8. Vevey, Säuberlin & Pfeiffer.

Vevey [Schlagwort]

Vevey, s. Europe illustrated. -- l'Europe illustrée.

Vevey, s.: Schweiz. Atlas.

Vevey [Verfasser]

Vevey, E. de. L'activité de la station laitière de Fribourg en 1889. (2e année.) In-8°. 60 p. Bulle, Ackermann. 1890. 1 —

de Vevey, E. Les essais du lait. Manuel pratique à l'usage des fruitiers, fromagers, membres des commissions de laiterie et de fromagerie. 2e édition avec gravures dans le texte. Fribourg (Genève, Georg & Co.). 1895. 1 50

Vevey, E[mmanuel] de. L'Exposition générale d'industrie laitière au point de vue de l'hygiène à Hambourg du 2 au 10 mai 1903. Rapport présenté à la Direction de l'Intérieur [du canton de Fribourg] et au Département fédéral de l'Agriculture. [Avec 1 planche.] 87 p. 8. Fribourg, Impr. de l'Œuvre de Saint-Paul, 1903.

Vevey, Emanuel de. L'industrie laitière au Holstein et au Danemark. Rapport présenté au Conseil d'État du canton de Fribourg et au Département fédéral de l'Agriculture. Gr. in-8°, 40 p. et 15 planches. Fribourg (Genève, H. Georg). 1888.

Vevey, E[mmanuel] de. L'Industrie laitière à l'Exposition universelle de Paris en 1900. Par E. de Vevey, Directeur de la Station laitière de Fribourg. *Kopftitel:* Station laitière de Fribourg. 49 p. 8. Fribourg, Impr. de l'Œuvre de Saint-Paul, 1901.

Vevey, E[mmanuel] de. Manuel de la fabrication du fromage de Gruyère. Travail présenté par la Station laitière de Fribourg ⟨Suisse⟩. 1er Prix du concours organisé par la Société laitière de la Suisse romande en 1890. 2e éd. revue et complétée. [Avec des illustrations et 1 tableau.] 102 p. 8. Fribourg, Impr. Fragnière Frères, En vente à la Station laitière de Fribourg ⟨Suisse⟩, 1903. [fr. 1. —]

Vevey, E. de. Station laitière de Fribourg: Les essais du lait. Manuel pratique à l'usage des fruitiers, fromagers, membres des commissions de laiterie et de fromagerie. Avec 9 illustrat. In-8º. 31 p. Fribourg, J. Labastrou. 1890. 2 —

Vevey-Montreux [Schlagwort]

Carte-Relief Vevey-Montreux en 4 couleurs. Éditée sous la direction de M. (Louis) Poirier-Delay par la Société suisse d'édition à Lausanne et Berne. 1re éd. 1 feuille fol.-obl., *pliée avec titre* 8. [Septembre 1901.] En feuille fr. 1. 50, Sur toile 2. 25

Titel auf dem Blatt: Carte-Relief de la région Vevey-Montreux. Publiée par l'Office Polytechnique d'Édition à Lausanne & Berne, sous la direction de Louis Poirier-Delay, Prof. à Montreux. Echelle 1 : 35000. 331/513 mm. ... Etabl! des Arts graphiques H. Kümmerly & Frey, Berne.

Vevey-Montreux. Müllhaupt, F., et M. Müllhaupt, Carte de Vevey-Montreux et environs. 1:30,000. Chromolith. qu. Fol. Bern 888. Müllhaupt. n. 1. 25; auf japan. Papier n. 1. 50

Vexatio dat intellectum. Manuscriptum . . . 1765 vulgatum . . . Eine so betittelte Handschrift, welche im Landtag . . . 1764 ausgestreuet . . . O. O. 1765. H: *Richwaldszky, Georg.* (Pk)

Vexatio dat intellectum episcopis Hungariae, seu jura episcopalia . . . S. l. 1796. V: *Szeitz, Leo Mária.* (Pk)

VEXIER-BILDER mit Text. — Gantz neue / Vexier oder Schertz-Bilder / . . . . . T'Amsterdam bey de Wedurre (?) Pieter Arensz . . . (ca. 1725). Original-Umschlag mit Titelbild und 6 transparenten Scherzbildern in Kupferstich. Bildgrösse 8,5:11,5 cm. 8º. (75 Mk., sehr gut erhalten, Paul Graupe. Berlin, Cat. 54. [1910.] no. 979:)

Vexierbilder zur Unterhaltung u. Erweiterung. Neue Folge. Heft V. (64 S. m. Abb.) kl. 8. Berlin-Schöneberg (909). G. E. Nagel. — 50

Vexir-Bilderbuch, neues. 65 Vexirbilder zur Unterhaltg. u. Erheiterg. I. u. II. 12. (à 66 S.) Berlin, G. E. Nagel. — 70
I. (895.) — 20. — II. 897. — 50.

Vexirspiegel, humoristisch-satyrischer, von München. Von Dr. F. W. Pikant. München 863. L. Finsterlin. 8. (96 S.) 7½ ngr

Vexirte, Der. London u. Leipzig [Glogau 1824]. V: *Meurer, Chn Frdr.* (GGr IX, 270)

Vexirte, der, Walter Scott's nächster u. neuester Roman. — A. u. d. T.: Satyren. 8. Glogau 824. N. Günter'sche B. 1 ℛ 8 gr

Vey, Karl —. Notizen des deutschen Männergesang-Vereins in Triest. Gesammelt und zusammengestellt von — —. 8. (16 S.) Triest. Buchdruckerei des österr. Lloyd. 1854.

Veyder Malberg, Arth. Frhr. v., üb. die Einheit aller Kraft. Eine Abhandlg. gr. 8. (V, 129 S.) Wien 884. (Seidel & Sohn.) n. 5. —

Veyrat, Zohrab der Zigeunerhäuptling, siehe: Theater, das, des Auslandes. 36. Lfg.

Vézbenica, racunicna, za ucenike II. i III. razreda puckih ucionicah u carevini Austrijskoj. 8 (204 S. 1 Bl.) U Becu. Tiskom L. Grunda. 1854. (Rechenbuch für die 2. und 3. Klasse in den Volksschulen im Kaiserthume Oesterreich.) Gebunden in Leinwandrücken 18 kr. C. M.
Wien: Verlag der Schulbücher-Verschleiß-Administration.

Vežbovnik (Exercier-Reglement) c. in k. pešcete. Poslovenil Andrej Komel pl. Sočebran. V Celovcu, St. Hermagoras-Druck., 1890. 64 S.

Vèze, J. de, s.: Saint-Hilaire, Mlle Rosseeuw de.

Vèze, Julie de, die Tochter d. Wilderers. Eine Erzählg. aus den Vogesen f. die reifere Jugend. Mit Illustr. u. Titelbild v. A. Wagner u. A. gr. 8. (VI, 248 S.) Leipzig 888. [Gustorff.] Wallmann. n. 3. 40; geb. n. 4. —

Veziere, die, oder das bezauberte Labyrinth, eine morgenländische Erzählung, in 3 Theilen, aus dem Engl. 8. Leipzig, 775. Feind. 15 sgl.

Veziere, die, od. das bezauberte Labyrinth; eine morgenländ. Erzählung; aus dem Engl. 3 Thle. 8. Leipz. 776. Junius. (Brockhaus). 12 gr

Veziere, die, od. das bezauberte Labyrinth; eine morgenländ. Erzähl., a. d. Engl. 3 Thle. 8. Lpz. Junius. (Gleditsch.) 775. — 12

Veziere, die vierzig, od. weisen Meister. Ein altmorgenländ. Sittenroman zum ersten Male vollständig aus d. Türk. übertr. u. mit Anmerkgn. versehen v. Walter Fr. Adf. Behrnauer. 8. (XX u. 384 S.) Leipzig 851, Teubner. 2 ℛ

[Veziere, Die zehn.] . . . Historia decem Vezirorum et filii Regis Azad Bacht, insertis undecim aliis narrationibus . . . edidit Gustavus Knös. Göttingae 1807.

Vezin, August, a. Münster i. W.: Eumenes von Kardia. Münster i. W. 1907: Aschendorff. (154 S.) 8°
Tübingen, Phil. Fak., Ref. Kornemann, Diss. v. 1. Juli 1907
[Geb. 19. Jan. 79 Münster (Westfalen); Wohnort: Hechingen; Staatsangeh.: Preußen; Vorbildung: Gymn. Hildesheim Reife O. 98; Studium: Münster 1, Graz 1, Heidelberg 1, Münster 1, Wien 1, Leipzig 2, Münster 1 S.; Coll. 17. Mai 06.]

Vezin, Aug., Eumenes v. Kardia. Ein Beitrag zur Geschichte der Diadochenzeit. (IV, 164 S.) gr. 8. Münster 907. Aschendorff. nn 3. 25

Vezin, Benoit, a. Melle i. H.: Sechs neue Fälle von Osteomalacie aus d. Göttinger Universitäts-Frauenklinik. Göttingen 1908: L. Hofer. (30 S.) 8°
Göttingen, Med. Fak., Ref. Runge, Diss. v. 8. Aug. 1908
[Geb. 11. Juli 76 Melle (Hannover); Wohnort: Melle; Staatsangeh.: Preußen; Vorbildung: Gymn. Osnabrück Reife O. 96; Studium: Freiburg i. B. 4, Göttingen 2, Kiel 3, Gießen 2 S.; Coll. 14. Juni 06; Approb. 1. Juni 06.]

Vezin, Hnr. Aug., († d. 7. April 1816.) die Befugnisse d. Staats in Hinsicht auf Rechtsverletzungen. 8. Osnabr. 802. (Andrä in Leipz.) 3 gr

Vezin, Hch. A., d. Befugnisse d. Staats in Hinsicht auf Rechtsverletzungen. 8. Osnabrück, Blothe. 802.

— Familiengespräche. Mit Kpf. gr. 8. Braunschw. 791. Schulbuchh. 22 gr Velinp. 1 Rthl 8 gr

s. a. Halsrecht, d. peinl., d. Teneriffaner.

(Vezin, H. A.:) Das peinl. Halsgericht d. Teneriffaner; e. Mährchen, wie es mehrere giebt, m. Anmin. *Osnabr.*, Karl n. C. (783.) 799 8. (10 Gr.)

— üb. d. Contumacialverfahren bey d. Westphälischen Gerichtshöfen, z. Erläut. d. Art. 104 u. 388. d. Prozeßordnung, vorzügl. z. Erwdg. f. alle Friedensrichter. 8. Hannov. Hahn, 810.

VEZIN, Heinr. Aug. (kein Pseud.), Popographien. (24 interess. Aufsätze. — Titel vom Worte: πωπογράφος, d. i. der Maler von kleinem Krame.) Th. 1. (einz.). Osnabrück 1799. In d. Hofbuchh. bei Karl u. Comp. 8°. 4 Bll. Vorst. u. 368 S. (1 Mk. 50 Pfg. Kühl, Berlin, c. 1883; jetzt theurer!) U. a.: Briefe aus London.

s. a. Quevedo, d. Zauberer.

s. Rede e. Staatsbürgers.

— Ropographien, philosoph. u. satyr. Inhalts. 2 Thle. 8. Osnabr. 800—802. Blothe. 2 Rthl 16 gr

— kleine jurist. Schriften vermischten Inhalts, vorzügl. aus dem Lehnrechte. 1s, 2s Heft. gr. 8. Osnabr. 798, 99. (Leipz., Andrä). 12 gr

Vezin, Hermann

— s. Bompard, Betrachtt.

Vezin, Herm., die Frage: Bedarf das Königreich Hannover einer zweiten Irrenanstalt und Wo? erörtert. Osnabrück 858. Rackhorst. gr. 8. (24 S.) n. 4 ngr

—— über Krankenhäuser, die Krankenpflege durch christliche Genossenschaften und über die Wirksamkeit französ., engl. und russ. Frauen in den Hospitälern der Krim und der Türkei. gr. 8. (84 S.) Münster 858, Theissing'sche Buchh. *

Vezin, Herm., üb. d. Krätze u. ihre Behandl. nach d. engl. Methode. gr. 12. (3½ B.) Osnabrück 836, Rackhorst.

Vezin, Herm., über die Krätze u. ihre Behandlung nach der englischen Methode. 2. Aufl. gr. 8. (7 B.) Osnabrück 843, Rackhorst'sche Buchh.

— Sendschreiben an den Hrn. Hofr. Dr. G. P. Holscher, Königl. Leibchirurgus, Ritter des Guelphenordens rc., die Ausübung der Wundarzneikunst betreffend. gr. 8. Göttingen 846, Dieterich. ¼ Rthl

s. Thomassen a Thuessink, Abhdl.

Vezin, H., Vorschriften, wie man sich beim Herannahen u. während d. Herrschens d. Cholera zu verhalten, u. wie man die von ders. befall. Kranken in d. ersten Zeitraume d. Krankheit zu behandeln hat. 8. (2 B.) Osnabrück 831, Rackhorst.

Vezin, Ida, Bi-Ba-Bo. Puppenspiele. (16 S.) kl. 8. Düsseldorf 909. Schmitz & Olbertz. — 60

Vezin, Ida, u. Fred **Vezin**, Kinderleben. Gedichte v. I. V., Bilder v. F. V. (31 S. m. z. Tl. farb. Abbildgn.) 4. Köln (906). A. Ahn. Kart. n. 7.50; erm. Pr. n. 4.—

Vezin, Ludwig

(—) Darstell. eines merkwürd. Rechtsstreites, zwischen v. Böselager u. General-Feldmarschall-Lieutenant v. Wimpffen. 8. Hannov. 809. Hahn. 1 Rthl

— Handbuch für Friedensrichter u. andere bei diesem Gericht angestellte Personen. 8. Hannov. 808. 2e verb. A. 810. Hahn. 1 Rthl

— Anhang zu seinem Handbuch für Friedensrichter, enthalt. d. Uebersicht d. neuen französ. Criminal- u. Polizeiverfahrens. 8. Hannov. 811. Hahn. 9 gr

Vezin, Edw., über d. Contumacialverfahren bei den Westphäl. Gerichtshöfen, zur Erläuter. d. Art. 104 u. 388 d. Prozeßordnung, vorzügl. zur Erwägung für alle Friedensrichter. 8. Hannov. 810. 2e A. 811. Hahn. 3 gr

Vezire: Kyrk vezir [illegible] Wien 1852. F.

Vheeler, Frederik: Dänemark u. die Herzogthümer, s. Sturge, Joseph

Via

— ad amorem Dei expedita in dialogo tam pio, quam jucundo confess., animarum directoribus et christianae perfectionis studiosis apprime utilis. 18. Würzb. 759. Stahel. 2 gr

Via, Certa et definita ad Latinitatem, probatissimorum auctorum fragmentis munita. Tiguri 1736. V: *Hagenbuch*, *Joh. Casp.* & *Joh. Jac. Breitinger.* (Cat. d. Stadtbibl. Zürich. Zürich 1864—97.)

Via crucis con incisioni ritratte da quadri di M. P. Deschwanden. 16. (32 S. mit 1 lithogr. Abbild.) Einsiedeln 868, Gebr. Benziger.

Via crucis ad montem Calvariae. Lincii 1740. V: *Breuer*, *Christoph.* (Jes)

Via dolorosa oder der Kreuzweg und sein Segen. Frei nach dem Norweg. Zum Besten der Gerhardtstiftung in Cottbus hrsg. von einem Liebhaber des Kreuzes Christi. gr. 16. (VIII, 69 S. mit 1 Holzschntaf.) Cottbus 878, Gottholb-Expedition. geb. *

Via dolorosa oder der Kreuzweg u. sein Segen. Frei nach dem Norwegischen. Zum Besten der Gerhardtstiftung in Cottbus hrsg. von einem Liebhaber des Kreuzes Christi. gr. 16. (VIII, 69 S. mit 1 Holzschntaf.) Cottbus 879. Gottholb-Expedition. geb. n. 1. —

Via Franciscana ad coelestem Hierusalem. Continens s. regulam et testamentum seraphici patris Francisci, una cum selectissimis precibus, litaniis et appendice diversorum, Franciscan. viatoribus pro quotidiano usu, ac devotione accomodata. 64. (XLVIII u. 448 S.) Oeniponte 849. (Wagner.) n. 12 ngr

Via Franciscana ad coelestem Hierusalem. Continens s. regulam et testamentum seraphici patris S. Francisci, una cum selectissimis precibus, litaniis et appendice diversorum Franciscanis viatoribus pro quotidiano usu ac devotione accommodata. 16. (XLVIII, 464 S.) Innsbruck 882. F. Rauch. n. 1. 20

Via Franciscana ad coelestem Hierusalem continens s. regulam et testamentum s. patris Francisci una cum precibus selectis et iis, quae ex rituali saepissime occurrunt. 16. (XI, XXXII, 287 u. 101 S. m. Titelbild.) Innsbruck 901. F. Rauch. n. 1.—

Via ad latinitatem. 8. Zürich 755. Gessner. 8 gr

— et ratio formulas medicas conscribendi in usum praelectionum academicarum edidit Gruner. gr. 8. Leipz. 780. (W. Vogel). 8 gr s. auch Chr. Gf. *Gruner*.

Via regia ad latinam linguam. 8. Ulm. 717. — 6

Via Veritatis et Vitae. In epistola divi Pauli Ad Romanos . . . [Heidelb.] 1779. V: *Fibus, Barthol.* (Jes)

Via veritatis **et** vitae in epistola divi Pauli ad Romanos per genuinam divi Augustini interpretationem fidelibus ad progressum, infidelibus ad regressum, omnibus ad ingressum variis deductionibus theologico-polemicis demonstrata, complanata, dilucidata. Heidelberg, 1779—1785, 8°, 8 Bde.
Von einem unbekannten Verfasser aus dem Jesuitenorden auf der Grundlage des Römerbriefs gegebene Darstellung der gesamten kath. Dogmatik und Moral. Vgl. über den Inhalt de Backer, a. a. O. VI, 210.

Viadanae, Ludw., missa l'hora passa quatuor vocum. Ex codicibus impressis redegit Frz. Xav. Haberl. hoch 4. (20 S.) Regensburg 871. Pustet. Partitur n. 1. 50; Stimmen (16 S.) n. — 40

Viadanae, Ludov., Missa „l'hora passa" quatuor vocum. Ex codicibus impressis redegit Frz. Xav. Haberl. Ed. I. 1871, et Ed. II. hoch 4. (20 S.) Regensburg 875, Pustet.
Partitur *
Stimmen (16 S.) *

—— Missa sine nomine, quatuor vocum. Ex codicibus impressis redegit Frz. Xav. Haberl. Partitur. gr. 4. (20 S.) Ebendas. 873. *
Stimmen (16 S.) *

Viadi, Il, a Jerusalem ed. da Florin Berther. Basel 1891. V: *Bundi, Jacob.* (Berl)

Viaggi d'Italia dichierati per alcune carte da viaggiare con osservazioni presi da moderni Viaggiatori. 8. Augsb. 771. v. Jenisch u. St. 16 gr

Viaggio e la conquista de l'Isola d'Amore. Il. grimaldello dei cuori con dieci favole. 16. Leipz. 800. (W. Nauck). 12 gr

Viaggio e la conquista de l'Isola d'Amore. Il grimaldello dei cuori con dieci favole. 16. Lips. Sommer. 800.

— da Constantinopoli a Buckoresti fatto l'anno 1779. con l'aggiunta di diverse Lettere relative a varie produzioni, ed osservazioni Asiatiche. gr. 8. Rom. (Kummer in Lpz.) 784.

Viaggio intorno al globo della fregatta austriaca Novara negli anni 1857, 1858, 1859 sotto al commando del commodoro B. de Wüllerstorf-Urbair. 3 Tomi. Lex.-8. [Tomo I. (XII und 354 S. mit eingedr. Holzschn., 13 Holzschnittaf. in Tondr., 9 lithogr. Karten, wovon 8 in Buntdr., 1 Stnt. und 1 Tab. in Lex.-8., qu. 4. und qu. Fol.) 862., Tomo II. (IX und 393 S. mit eingedr. Holzschn., 9 Holzschnttaf. in Tondr., 14 chromolithogr. Karten, 2 Stnt. und 5 Tab. in Lex.-8., qu. 4. und qu. Fol.) 863., Tomo III. (VIII und 405 S. mit eingedr. Holzschn., 17 Holzschnttaf. in Tondr., 11 lithogr. Karten, 1 Stnt. und 8 S. Noten in Lex.-8., qu. 4. und Fol.) 865.] Wien, (Gerold's Sohn.) geb. à Tomo * 3 Thlr. * 9 —

Viaggio, il, imperiale. Nr. 1. e 2. (Venezia. 1. e 2. Edizione. — Milano.) gr. Fol. (à 16 S. mit eingedr. Holzschn. und 1 Holzschnt. in Tondr.) Leipzig 857, Weber. à Nr. ** 6 Ngr. **

Viaggio, un — a Vienna, ossia: L'albergo di — — ai bagni di — Melodramma d'occasione in due parti. Da rappresentarsi nell' I. R. Teatro di Corte a Porta Carinzia la sera del 26. aprile 1854. Musica del Cav. Gioachino Rossini. 4. (22 S.) Vienna. Presso il tipografo Giov. B. Wallishausser. 1854.

Viajero, Carlos, o. Leben in Liedern. Gedichte. 8. (VIII, 190 S.) Buenos Aires 897. (Hamburg, Kittler.) n. 3. —

Vial, A., üb. Dr. Conrad M[illegible] [illegible] d. Ende d. 17. u. Anf[illegible] d. 18. Jahrh[illegible] [illegible] p 1864.
Schul-/Univ.-Schrift

Vial, Alex., Johann Balthasar Schuppius, ein Vorläufer Speners, für unsere Zeit dargestellt. gr. 8. (VII und 71 S.) Mainz 857, Kunze.

Vial's, C., Rindviehmast, s. Körte, A.

Vial, Friedrich, aus Marburg a. d. Lahn. Die **Resultate von 86 Frühgeburtseinleitungen** mittels intrauteriner Ballonmethode. (No 166 bis 251 d. Klinik d. Prof. Ahlfeld.) *Marburg 1903: Meyer zu Detmold.* (43 S.) 8°
Marburg, Med. Diss. v. 31. Jan. 1903

Vial, J. C., un Colonel d'autre fois, s. Répertoire du Théâtre fr.

Vial, J. C., le mari et l'amant. Comédie, s. **Répertoire** du Théâtre français. No. 190.

Viala, de Sommières, s. Sommières.

Vialet, W., über d. beste Construktion d. Teiche, s. Abt Bossut.

Viallon, Philosophie de l'univers ou Théorie philosophique de la nature. av. fig. gr. 8. Lpz. Crusius. (F. C. W. Vogel.) 781.

Vialon, philosophie de l'univers ou théorie philosophique de la nature, avec fig. gr. 8. Leipz. 781. (W. Vogel) 1 rthl 18 gr

Viamala [Schlagwort]

Viamala, s.: Schweiz. Atlas.

Viamey, Joh. Bapt. Maria, Predigten auf die Sonn- und Festtage. Aus dem Französ. übers. von J. Firnstein. Autoris. Ausg. 1. Bd.: Vom ersten Adventsonntag bis zum Karfreitag. gr. 8. (VIII, 380 S.) Regensburg 884, Manz.

[Vian, .] Gröden, der Grödner und seine Sprache (*Umschlag*: Zum Studium der rhetoladinischen Dialekte in Tirol). Von einem Einheimischen. 8. Bozen 1864.

Vian, Rob., s.a. Mondwahrsagebuch, e.

Vian, Robert: Ein Mondwahrsagebuch. Halle a. S. 1910: Karras. 72 S. 8° ¶ (Ersch. vollst. als Buch b. Niemeyer, Halle.)

Heidelberg, Phil. Diss. v. 8. Aug. 1910, Ref. Braune

[Geb. 28. April 86 Salzburg; Wohnort: Heidelberg; Staatsangeh.: Österreich; Vorbildung: Staatsgymn. Salzburg Reife Sommer 05; Studium: München 2, Wien 1, Heidelberg 4 S.; Rig. 29. April 10.] [U 10. 2179

Viana, s. Leben großer religiöser Männer.

Viana, Antonia de, der Kampf um Teneriffa. (Dichtung und Geschichte. Hrsg. von Frz. v. Löher, s. Bibliothek des litterarischen Vereins in Stuttgart, Bd. 165.

Viandante, P. P., der Reisende zu Fuß Eine Anleitung, wohlfeil u. vortheilhaft Reisen zu Fuß zu machen. gr. 12. (8⅛ B. u. 1 Tab.) Dillingen 843, (Aulinger'sche Brlgsb.)

Vianden, Heinrich (geb. am 1 Juni 1856 in Bonn): Beitrag zur Therapie des mit Gravidität complicirten Carcinoma uteri ... Bonn, Hauptmann'sche Buchdr. 1880. 40 S., 1 Bl. 8.

Bonn, Med. Fak., Diss. v. 7 Aug. 1880

Vianden, Henriette, Einrichtg. u. Unterrichtsplan der Kochschule in Verbindung m. der Volksschule. (30 S.) gr. 8. Hamm 906. Breer & Thiemann. n. — 40

Vianden, Johannes (geb. am 12 Dez. 1850 in Bonn): Ueber die historische Entwicklung und den praktischen Werth der zur Einleitung der künstlichen Frühgeburt angegebenen Operationsmethoden ... Bonn, Druck d. Hauptmann'schen Buchdr. 1873. 37 S., 1 Bl. 8.

Bonn, Med. Fak., Diss. v. 2 Aug. 1873

Vianello, Luigi, der Eisenbau, s.a. Oldenbourg's technische Handbibliothek. 4. Bd.

Der Eisenbau. Ein Handbuch f. d. Brückenbauer u. d. Eisenkonstrukteur von Luigi **Vianello**. Mit e. Anh.: Zusammenstellung aller von deutschen Walzwerken hergestellten I- u. [-Eisen. Von Gustav Schimpff. Mit 415 Abb. München & Berlin: R. Oldenbourg 1905. (XV, 691 S.) 8°
= Handbibliothek, Oldenbourg's Technische. Bd 4. [05. 12080

— der durchgehende Träger auf elastisch senkbaren Stützen. (28 S. m. Abbildgn. u. 1 Taf.) gr. 8. Berlin 904. J. Springer. n. 1. —
Sonderabdruck aus: „Ztschr. d. Ver. deut. Ingenieure".

(**Vianen, Joannes van**) Effigies Romanorvm imperatorvm ex antiqvis nvmismatibvs qvae in thesavro Christinae reginae adservantvr delineatae, in seriem chronologicam dispositae a Ivlio Caesare, ad Leopoldvm ... [Am Ende:] Franciscus Halma, ad exemplar Romanum Petri Aquilæ Panormitani, excudit Trajecti Batavorvm Anno Sal. MDCXCV (1695). Ioannes van Vianen fec.
14 Taf. in Kupferst. m. 160 Porträts. gr 2°
Der Titel läuft über die ersten 7 Tafeln fort.

Dasselbe ohne Angabe des Verlegers, Verlagsortes und Stechers. Um 1795.
14 Taf. in Kupferst. m. 167 Porträts. gr 2°
Spätere Ausgabe des vorigen Werkes

Vianey, Jos., Leben u. Wirken des sel. Johannes Baptista Vianney, Pfarrers v. Ars (1786—1859). Berechtigte Uebersetzg. nach der 18. Aufl. der französ. Ausg. v. Alb. Steumer. (IV, 215 S. m. 1 Taf.) 8. Limburg 908. Limburger Antiquariat & Verlag. 1.80; geb. 2.40

Vianna de Lima A. Ueber eine Bewegung einer materiellen Punktreihe. Berlin 1882. 4. Diss. Tübingen.

Vianna de Lima, A. Nach der Natur. Momentbilder. (In 4 Mappen.) 1. Mappe. Fol. (15 Photogr. m. 4 S. Text.) Berl. 890, Artist. Institut. In Leinw.-Mappe 36 —

Vianna da Motta, s.: Motta.

Vianney, Joh. Baptist Maria, Leben, s. Janssen, J.

Vianney, J. M., s. Leben, d. innere, des J. M. V.

Vianney, der selige **Johann Maria**, Pfarrer v. Ars. Aus der im Auftrage des Postulators der Seligsprechg. veröffentlichten italien. Orig.-Ausg. übers. v. e. Priester der Diözese Regensburg. (IV, 173 S. m. Titelbild) 8. Regensburg 906. F. Pustet. 1.20; geb. in Leinw. n. 1.70

Vianney, Joh. Baptist Maria, Betrachtungen üb. das Altarsakrament, entnommen den hinterlass. Schriften des sel. V., aus dem Franz. übers. u. m. e. Gebetsanh. versehen v. Bened. Bury. (479 S. m. Titelbild.) 16. Einsiedeln 907. Verlagsanstalt Benziger & Co.
Geb. in Leinw. 1.30; in Ldr. 2.10; m. Goldschn. 2.10

Vianney, Jean Baptiste Marie s.a. Bury, Benedict. Betrachtungen....

Vianney, Jean-Baptiste-Marie. Ausgewählte Gedanken des seligen Joh. Baptist Maria V., Pfarrers von Ars. Aus dem Französischen von Benedikt Bury, Pfarrer. [Mit Vignetten und 2 Tafeln.] 136 S. 8. Einsiedeln ..., Benziger & Co. A. G., 1910. [geb. fr. —.95 u. 1.15]

Vianney, Joh. Bapt. Maria, Predigten auf die Sonn- u. Festtage. Aus dem Franz. übers. v. J. Firnstein. Autoris. Ausg. 4 Bde. gr. 8. Regensburg, Verlags-Anstalt. à 3.60
1. Vom 1. Adventsonntag bis zum Karfreitag. (VIII, 360 S.) 884.
2. Vom weißen Sonntag bis zum 11. Sonntage nach Pfingsten. (430 S.) 885.
3. Vom 12. Sonntag bis zum 23. Sonntage nach Pfingsten. (394 S.) 885.
4. Festpredigten. (372 S.) 885.

Viansson-Ponté, L., les Jésuites à Metz. Collège Saint-Louis 1622—1762. Collège Saint-Clément 1852—1872. gr. 8. (XV, 447 S. m. 7 Taf. u. 3 Plänen.) Strassburg 897. F. X. Le Roux & Co. n. 5.60

Viard, Al., d. kaiserl. Koch, oder neuestes französ. Kochbuch für alle Stände; aus d. Französ. 8. Aarau 808. Sauerländer. 1 ₰

Viard, Alexandre. Der kaiserliche Koch oder die feine französische Kochkunst ... Leipzig 1809. Ü: *Gürnth, Christine Dorothea geb. Hentschel.* (MGT) (schl) (Ky)

— d. kaiserl. Koch, oder d. feine französ. Kochkunst u. Pastetenbäckerei für alle Stände. Aus d. Französ. nach d. 9ten Ausg. übers. von Amalie G*** (Gürnth). 8. Leipz. 809. Rein. 1 ₰ (Bildet auch d. 5e Heft von: Amalia, Küchenalmanach.)

Viard, le, Cuisinier royal, ou l'art de faire la cuisine, la patisserie et tout ce qui concerne l'office pour toutes fortunes. 10e édit. augmentée de 850 articles, et ornée de 9 planches, par Fouret. in 8. Paris. 820.

Viard, Jul., les petites joies de la vie humaine. 12. (363 S.) Leipzig 858, A. Dürr. *

Viarda's Blick in d. Zukunft, oder d. Kunst d. Kartenlegers, der Chiromantie. Von Conradin. (C. E. Mannsfeld). Mit Holzschnitten. 32. Gotha 827. Hennings. 4 ⁄ 2e A. 16. Ebd. 831. Flinzer. 6 ⁄ Velinp. 9 ⁄ s. a. Conradin.

Viarda's Blick in d. Zukunft, od. die Kunst d. Kartenlegens, der Chiromantie u. Geomantie, so wie gründl. Anweis. zum Nativitätstellen durch d. Horoskop. Ein gesellschaftl. Scherz v. Conradin. 2., verm. u. verb. Aufl. 32. (3 B. u. 4 Stndr.) Erfurt 831. [Leipzig, Gebr. Reichenbach.] 6 Gr., Vlnp.

Viardot, Louis, die Moskee, nach d. Franz., Eins und Eins ist Eins, nach Sophie Pannier. Uebersetzt von Fr. Pitt u. Marcel. 8. Dresden u. Leipzig 835. Arnold. 3/4 Thlr.

Viardot, Paul, Studien zur Geschichte d. Staatseinrichtungen. d. Literatur, d. Theaters u. d. bild. Künste in Spanien. A. d. Franz. in's Deutsche übertr. v. Th. Hell. 2 Thle. gr. 8. (à 14 B.) Leipzig 836, [Herm. Fritzsche.] à 5/6 Thlr., hrbgs. Pr. zusamm.

Viardot, Paul, Studien zur Geschichte d. Staatseinrichtungen, der Literatur, des Theaters u. der bildenden Künste in Spanien. Aus d. Franz. ins Deutsche übertr. v. Th. Hell. 2. Ausg. in 1 Bd. gr. 8. (VI u. 436 S.) Leipzig 847, H. Fritzsche. 1 Thlr.

Viator Christianus recta ac regia in coelum via tendens ducta Thomae de Kempis etc. 12. Budae, Typ. 744. — 12

Viator Jerichuntinus, Argumentum IV meditationum . . . Oeniponte 1782. V: *Aigner*, *Phil.* (Jes)

Viator, V. M., Lucius, s.: Jugend- u. Volksbibliothek, deutsche.

Viatoris, a Cocaleo, Italus ad Febronium de statu ecclesiae, seu de hac materia epistolae eximiae. II Tom. 8. Frankf. 773. van Düren. 1 Thlr. 16 gGr.

Viau, George, die lokale Anästhesie bei Zahnextraktionen. Darstellung eines neuen Verfahrens, nebst 86 Beobachtungsfällen. Autoris. Uebersetzung aus dem Französ. von B. Manassewitsch. gr. 8. (31 S.) Berlin 887, Hirschwald. *

Viaud

— Hrn. Peter, eines Schiffskapitains aus Bourdeaux Schiffbruch u. Begebenh. 8. Lpz. Crusius. (C. F. W. Vogel.) 770. — 10

Viaud, Peter, e. Schiffkapitains Schiffbruch u. Begebenheiten ꝛc. 8. Leipz. 770. (W. Vogel). 10 gGr. s. auch Schiffbruch, im 5n Theile).

Viaud, e. Beytr. z. Lectüre f. Kinder, s.a. J. C. Fröbing.

Viaud, Beytr. z. Lecture für Kinder, v. J. C. Fröbing. 8. Stendal, Franzen. 789. — 6

Viaud, Julien, s.: Loti, Pierre.

Vibaek, Marius, Karl Verner, s.: Verner, Karl, Abhandlungen u. Briefe.

Vibe, A., Küsten und Meer Norwegens, s.a. Mittheilungen aus J. Perthes' geographischer Anstalt.

Küsten und Meer Norwegens v. A. Vibe. Mit 1 Karte von August Petermann, und 2 Original-Ansichten in Chromolith. ausgeführt v. Bernatz. Gotha. 1860. = Mittheilungen aus Perthes' geogr. Anst. Ergänzungsheft [Nr. 1] bei Bd. 5 und Bd. 7. Gotha. 1859—61. 4°.

Vibe, F. L., de classicae antiquitatis disciplina injuste hodie in patria obtrectata. Oratio. Lex.-8. Christianiae 836. (Lipsiae, Brockhaus.) n. 1/6 Thlr.

Vibe, Joh., ein Testament, s.a. Kürschner's, Jos., Bücherschatz.

Vibe, Johan: Ein Testament. Erzählung von —. Vom Verf. autor. Uebers. von A. R. Mit Ill. von W. Roegge. Berlin, Eisenach, Leipzig: H. Hillger [1899]. (127 S.) 8°
(Bücherschatz, Kürschner's. No 170.)

Vibeau, G., Tabelle zur Umsetzung des bisherigen Medicinal-(Unzen-)Gewichts in das neu einzuführende Medicinal-(Grammen-)Gewicht. Berlin 867. (Gaertner.) 8. (8 S.) n.n. 3 ngr.

Vibeau, Xav. Max. Amad. Edm.,

s.a. **Agathe, e. romant. Skizze.**

Agathe eine romantische Skizze aus der französischen Revolutionsepoche. Halle 1803. V: *Vibeau*, *Xaver Maximilian Amadeus Edmund.* (Ky) (MGT)

AGATHE, eine romantische Skizze aus der französischen Revolutionsepoche (von *Xav. Maxim. Amadeus Edmund Vibeau*). 2 Bde. Leipzig, Joachim, 1804. 8°. (16 gr.)
Kayser, Roman-Verz. 1827. — Anon.-Lex. I. p. 34 nennt d. Vf., hat aber „Halle 1803", ohne Theiles- u. Formatsangabe.

— s. **Babet, od. d. Raubschützen.**

— s.a. **Rosalie u. Amadea.**

ROSALIE und Amadée, oder Schein und Liebe (von *Xav. Maxim. Amadaeus Edm. Vibeau*). Mit Titelkpfr., gestoch. Titel u. Musikstück f. Guitarre (comp. von Wahlert). Leipzig, Kleefeld, 1805. 8°. Tit. u. 264 S.
Roman in Briefen. Einiges in Versen. Stellenweise etwas frei. — Anon.-Lex. III. p. 393 (nach A. G. Schmidt u. Meusel).

URMUTTER, Die, Agathe. Eine (stellenw. etwas freie) Legende aus den Geister- und Ritter-Zeiten von *F. W. v. F.* (d. i. *Xav. Maxim. Amadeus Edm. Vibeau*).
2 Thle. Mit 1 Titelholzschnitt (von C. G. Stehman in Lpz.). Leipzig 1809, bei Carl August Solbrig. Kl. 8°. (1⅔ Rthl.)
1: Titel u. 212 S., 1 Bl. Verlag d. Firma. 2: 238 S. (incl. Tit.), 1 leeres Bl.

— s.a. **Verschwornen, die neun.**

VERSCHWORNEN, Die Neun. Ein historisch-romantisches Gemälde. (Pikanter Roman von *Xaver Maxim. Amadeus Edmund Vibeau*). Leipzig, v. Kleefeld, 1805. 8°. (2 Mk. H. Lesser, Breslau, 1875; jetzt theurer!)
246 SS. Theilweise dialogisirt. — Das Anon.-Lex. IV. p. 295 gibt den Titel unrichtig (nach Meusel u. A. G. Schmidt).

Vibius Sequester de fluminibus, fontibus, lacubus, nemoribus, paludibus, montibus, gentibus, quorum apud poëtas mentio sit, lectionis varietatem et integras doctorum commentationes adj. et suas I. I. Oberlinus. 8. maj. Strasburg, König. 778. 1 16

Vibius Sequester de fluminibus, fontibus, lacubus, nemoribus, paludibus, montibus, gentibus, quorum apud poëtas mentio fit; lectionis varietatem et integras doctorum commentationes adj. et suas Jh. Jak. Oberlinus. 8 maj. Strassb. 778. (Treuttel u. W.) 1 Thlr. 16 gGr.

Vibius Sequester, De fluminibus, fontibus, lacubus, nemoribus, paludibus, montibus, gen bus, quorum apud poetas commentio fit, libellus recogn. a M. Bursian. Pr. 1867. XI 20 S. 4°. 2

Viborg, C., s. Viborg, Karl

Viborg, Erich

— u. G. Rafn's, Abhandl. Knochen z. nahrhaften Speise zu bereiten, m. K. 8. Copenh. Proft. 806. — 12

Viborg, Erich, botanisch-ökonom. Abhandl. über d. Gerste, eine Preisschrift, mit 4 Kpf. 4. Kopenh. 802. Brummer. 12 gr

— 2 physisch-ökonomische Abhandlungen: 1) üb. d. Tangrauch; 2) über d. Ausbrüten der Eyer in unathembare Gasarten, m. K. 8. Copenh. Schubothe. 805.

— Anleitung zur Erziehung u. Benutzung d. Schweins. Mit Kpf. 8. Kopenh. 805. (Brummer). 20 gr

Viborg, Erich: Anleitung zur Erziehung und Benutzung des Schweins. Mit Kupfern. Copenhagen 1806. XXII, 192 S., 3 Taf.

Viborg, Erik: Anleitung zur verbesserten Schaafzucht u. richtigen Behandlung d. spanischen Schaafe . . . s. Abildgaard, Peter Kristian

— — Kurze Anweisung zur richtigen Zucht und Wartung der Füllen. Aus dem Französischen und Dänischen übersetzt von A. Markussen. Kopenhagen und Leipzig 800.

— Beschreibung d. Sandgewächse u. ihre Anwendung zur Hemmung des Flugsandes auf d. Küste von Jütland; aus d. Dän. von J. Petersen. Mit 7 Kpf. gr. 8. Kopenh. 789. Proft. (Brummer). 20 gr

Viborg, Erik: Handbuch der Naturlehre für Ärzte. s. Abilgaard, Peter Kristian

Zur Nachricht u. Anleitung f. die Veterinäreleven d. königl. dänischen Veterinärschule. Uebersetzung . . . (Kopenh. 1845). 31 S. 4°.

— — Kurze Nachrichten über Rotz, Wurm etc. in dessen Sammlung für Tierärzte. Kopenhagen 797.

Viborg, Erik (Nissen) (Übers., Comm.u.Hrsg.):

s.: Sammlung von Abhandlungen für Thierärzte und Oekonomen. Aus dem Dänischen. Bd 1–2. Copenhagen: 1795 – 1797

JB 5.888

Viborg, E., Samml. v. Abhandl. für Thierärzte und Oekonomen. A. d. Dän. 5 Bde. 8. Copenhagen, jetzt Verlag v. Brummer.

Viborg, Erich, Samml. v., Abhandlungen f. Thierärzte u. Oekonomen, a. d. Dän. 5 Bde. m. K. 8. Copenh. Proft. 795–806. (1r 20 gr. 2r 1 Rthlr. 4 gr. 3r 1 Rthlr. 4r 5r à 1 Rthlr. 12 gr.) 6 —

— tentamen perfectioris Eudiometriae ab illustri academia scientiarum regia Hafniensi praemio coronatum, c. fig. 8. Copenh. 784. (Brummer). 6 gr

— von d. Unschädlichkeit d. unreifen Kartoffeln, s.a. G. H. Pfaff.

Viborg, E.
Von d. Unschädlichk. d. unreifen u. d. roten Kartoffeln. Kiel 1807.

— u. G. Raffn, Versuch e. Beantwortung: wie werden Knochen am besten in eine nahrhafte Suppe verwandelt? 8. Kopenh., (Bonnier; a. Brummer). 12 gr

– Versuch einer Beantwortung d. . . . Preisfrage: Wie werden Knochen am besten in eine nahrhafte Speise verwandelt? Preisschr. Copenh. 1807. 192 S. 3 Tvl.

(E. Viborg:) [Ueber die Viehseuche in Holstein.] (Pinneberg. 1814.) 8°

Viborg, Karl

Viborg, (C.,) kurze Anweis. z. richtigen Behandlung d. Beschälers, d. Füllenstute u. d. Füllen selbst, bis in das 5te Jahr. Aus d. Dän. v. C. L. Wentz. gr. 8. Karlsr. 826, (Frankf., Andreä.) Rthlr.

Viborg, Karl, kurze Anweisung z. richt. Behandl. d. Beschälers, d. Füllenstute u. d. Füllens selbst, bis in d. fünfte Jahr. A. d. Dän. v. Karl L. Wentz. (Neue Ausg.) 8. (3 B.) Karlsruhe 841, [Macklot'sche Vrlsbuchh.] *

Vibran, Joh. Jak., Diss. inaug. med. de natura dysenteriae ejusque curandae modo. 8maj. Götting. 792. Dieterich. 2 gr

Vibrans, s.: Arbeiten der deutschen Landwirtschafts-Gesellschaft (Apparate u. Transportwagen zur Verwertung u. Beseitigung von Tierkadavern u. Schlachthofkonfiskaten).

Vibrans, C., die Wirtschaft Lupitz u. ihre Erträge, s. a. Arbeiten d. deutschen Landwirtschafts-Gesellschaft.

Vibrans, C.: Die Wirtschaft Lupitz und ihre Erträge. Von Rittergutsbes. C. Vibrans-Calvörde. Berlin: Deutsche Landw.-Ges. 1902. (33 S.) 8°
(Arbeiten d. Deutschen Landwirtsch.-Gesellschaft. H. 76.)

Vibrans, Karl Thdr. Chr., Handbuch zum Unterricht üb. Weltkörper, Naturlehre, Naturgeschichte, Erdbeschreibung u. deutsche Sprache. 8. Helmst. 823. Fleckeisen. 12 gr

Vibrans, Karl Th. Cph., Grabrede und Gedächtnißpredigt auf den am 4. Mai 1840 gestorb. Friedrich August Ludwig, Doctor d. Theologie, Generalsuperint. d. Diöcesen Helmstedt u. Schöningen rc. gr. 8. Helmstedt 840. (Fleckeisen.) n. 1/12 ℛ

Vibrans, O., die Beseitigung u. Reinigung v. Abfallwässern unter besond. Berücksicht. derjenigen von Zuckerfabriken. gr. 8. (28 S.) Magdeburg 899. A. Rathke. n. 1. —
Sonderabdruck aus: „Verzeichnis der Zuckerfabriken u. Raffinerien des Deutschen Reiches".

Vibrans, Osk., Doktor Veit. Dichtung. (119 S.) kl. 8. Wolfenbüttel 904. J. Zwißler. n. 2. —; geb. n. 3. —

Vicar, the, of Wakefield, s.a. *Goldsmith*.

Vicar, the, of Wakefield, a tale by Goldsmith. Edition stéréotype. 18. Paris, Didot. (Leipsic, Fr. Fleischer in comm.) — 9

— — dass. accent. v. J. Ebers. 8. Berl. Nauck. — 18
Schreibp. — 20

— — the same, with accents. 8. Halle, Franke. 787. — 20

— — dass. 8. Berlin, Mylius. 789. — 20

— — dass. 8. Copenh. Brummer. 797. — 14

Vicar, the, of Wakefield, a tale by Ol. Goldsmith, m. 3 K. 18. Wien, Sammer. 798. 1 4

— — dass. mit worterklär. Anmerk. gr. 8. Frkft. Körner. 800. 1 —

— — dass. ohne Not. 12. Hannov. Hahn. 807. — 8

— Ebendasselbe, accentuirt von J. Ebers. 4te Aufl. mit sacherklärenden Anmerkungen von H. Nolte. 8. Berlin, Nauk. 816. — 20

— Ebendasselbe. Mit Accentuation, erklär. deutschen Anmerkungen und einem alphabet. Verzeichnisse der vorzüglichsten unregelmäßigen Zeitwörter versehen und herausgegeben von G. A. Müller. Neueste verb. Aufl. 8. Hannover, G. Hahn. 817. — 16

— Ebendasselbe. N. A. 12. Hannover, Hahn. 821. — 8

Vicard u. Fouret, Pariser Kochbuch ꝛc., s.a. Kochbuch.

Vicard u. Fouret, Universal-Kochbuch. Ein vollständ. Handbuch d. Kochkunst nach den Regeln d. französ. u. engl. Küche. Nach d. Französ. von Kathar. Löfflerin. 2 Thle, mit 9 Abbildd. gr. 8. Stuttg. 827. Hoffmann. 3 ₰ Hbg. Pr. 1 ₰ 12 ℊ

Vicari, Hermann v., Erzbischof v. Freiburg, s.a. Flugschriften, kathol.

Vicari, Herm. v., Erzbischof von Freiburg. Sein Leben und Wirken zusammengestellt für die Gläubigen seiner Erzdiöcese. 6., theilweise umgearb. Aufl. gr. 16. (52 S. mit dem in Tondr. lithogr. Portr. des Erzbischofs.) Zürich [Würzburg] 868, Woerl. *

Hermann von Vicari, Erzbischof von Freiburg. Ein Vorkämpfer f. d. Freiheit d. Kirche. *Berlin: Germania (1891).* (62 S.) 8° [ℌ.]
= Flugschriften. Kathol., z. Wehr u. Lehr. No 118. 100 13301

Vicari, s.a. Bikari.

Vicari, Anton v.

— s. Irrwahne.

v. Vicari, Ant., Reden über neuere Gegenstände von den Vortheilen d. christl. Volks. gr. 8. Augsb. 787. Rieger. 1 ₰ 4 ℊ.

Vicari, Ferdinand: Ueber die Konstitution des o-Tolidins. 1905. 39 S. 8°
¶ Vgl. Berichte d. Deutschen Chem. Gesellschaft. Jg. 37. 1904.
München, Dr.-Ing.-Diss. v. 10. 1. 1905

Vicari, Hermann v. (Mitarb.), s. Actenstücke, neueste, aus d. oberrheinischen Kirchenprovinz.

Vicari, Herm. v., Hirtenbrief beim Beginne der heil. Fastenzeit 1861 an die Gläubigen der Erzdiöcese Freiburg. gr. 8. (14 S.) Freiburg im Br. 861, Herder'sche Verlagsh.

Vicari, H. v., das Papstthum in der Geschichte, s. Broschüren, zeitgemäße.

Vicarialis Iuris Elect. Palatini Sciagraphia. 4. Francof. Andreä. 711.

Vicariatsacte, meklenburg., m. Beyl. Fol. Hamb. 743.

Vicarino, Robert, Medizinalprakt.: Die Malariafälle der 1. medizinischen Klinik zu München in den Jahren 1892—1900. München 1907: Wolf. 24 S. 8°
München, Med. Diss. v. 27. März 1907, Ref. v. Bauer
[Geb. 20. Nov. 76 Freiburg, Schweiz; Wohnort: München; Staatsangeh.: Schweiz; Vorbildung: St. Anna Gymn. Augsburg Reife Juli 96; Studium: München 5, Bern 2, München 9 S.; Coll. 27. Mai 07; Approb. 21. März 07.] [U 07. 3416

Vicarius, I. I. F.

— basis universa medica. 8. Ulm, Wohler. 710.

Vicarius, I. I. F., de intemperato Hippocratico & cacochymiis Galeni. 4. Strasb. Leerse. 712.

Vicars, Hedley, der Capitain, geblieben vor Sebastopol am 22. März 1855. Berlin 857. Evangelische Buchhdlg. 8. (32 S.) n. 2 ngr.

Vicars, Hedley, Leben u. Heldentod, s. Lebensbilder aus der Geschichte der inneren Mission.

Vicat, Béat Philippe: De postulando seu de advocatis. 23 S. Basel, Jur.Diss.v. 11.Sept.1737.

Vicat, Beat. Phil.: Praelectio de successione testamentaria ex jure naturali, civili et statutario. Bernae 1748.

Vicat, C. T., neue Versuche über den Kalk u. Mörtel; aus d. Französ. Mit 3 Steindrucktaf. gr. 4. Berl. 825. Mittler. 1 ₰ 16 ℊ

Vicat, Emanuel

Vicat, E., die neuesten Fortschritte in der Ziegel- und Cementfabrikation, s.a. Fortschritte, die neuesten, in den Gewerben.

Vicat, E., Die neuesten Fortschritte in der Ziegel- u. Cementfabrikation. Leipzig 1863. 8°.

Vicat, Eman., die Ziegel- u. Cementfabrikation. Eine Beschreibung der neuesten Maschinen zur Darstellung von Ziegel- u. Thonröhren, der neuern Brennöfen für Ziegel u. Kalk, der Darstellung künstl. Steine ꝛc., sowie überhaupt aller während der letzten Jahre gemachten, für die Besitzer von Ziegeleien ꝛc. wicht. Verbessergn., Erfindgn. u. Neuergn. Nach den besten in- u. ausländ. Quellen in übersichtl. Weise zusammengestellt. Mit in den Text gedr. Holzschn. 2. (Titel-)Ausg. Berlin (863)868. Mode's Verl. gr. 8. (VI, 198 S.) 1 ₰

Vicat, L. J., prakt. Anweisung, den hydraulischen Kalk (Cement od. künstliche Puzzolane) zu bereiten u. denselben bei Wasserbauten aller Art anzuwenden. Nebst Beschreibung u. Abbildungen der dazu nöthigen Brennöfen, Apparate u. Geräthschaften. Gekrönte Preisschrift. Uebers. v. C. G. Schmidt. Mit 12 (lith.) Taf. Abbild. (in 4.) 8. (VIII u. 116 S.) Quedlinburg 847, Basse. 5/6 ₰

Vicat, L. J. Neue Versuche über den Kalk und Mörtel. A. d. Franz. . . . Berlin 1825. Ü: *Prittwitz, Moritz Carl Ernst von.* (Nowack, Schles. Schriftst.-Lex. Bresl. 1836—43. V, 135.)

Vicat, P., traité du droit naturel et de l'application de ses principes au droit civil et au droit des gens. IV Tom. 8. Lausanne 782. Pott. 2 ₰ 16 ℊ

— vocabularium juris utriusque ex variis antea editis praesertim A. Scoti, J. G. Heinecci, J. Kahl et B Brisson accessionibus. III Tom. 8maj. Lausanne 759. Pott u. C. 3 ₰ 16 ℊ

— id. lib. IV Tom. 8maj. Neapel 760. (Brockhaus in Lpz.) 3 ₰ 16 ℊ

— — id. lib. IV Tom. 8. maj. Neapel. (Gleditsch in Leipz.) 760.

Vicat, Ph. Rud., († 1783.) d. prakt. Arzt am Krankenbette, ein medicin. Tagebuch ꝛc.; aus d. Latein. von Chr. Fr. Niceus. gr. 8. Leipz. 793. (Aue in Altona). 21 ℊ

Vicat, P. R., d. prakt. Arzt am Krankenbette, e. medicin. Tagebuch ꝛc. gr. 8. Leipz. Jacobäer. 793. — 21

— delectus observationum practicarum ex diario clinico depromtarum. 8. Winterthur 780. Steiner. 18 gr

Vicat, Phil. Rodolphe, Aigle. Dissertatio diaetetico-medica de facultate corporis locomotiva exercenda eiusq. in medicina usu polychresto praestantissimo. Basel; med. Diss. 1765.

— histoire des plantes veneneuses de la Suisse, contenant leur description, leurs mauvais effets et leur antidotes, redigée surtout d'après l'histoire des plantes Helvetiques de M. de Haller. 8. Yverdon 776.

Vicat, (Philippe Rodolphe): Materia medica oder Geschichte der Arzneyen des Pflanzenreichs, aus des Herrn von Hallers Beschreibung der Schweizerischen Pflanzen gezogen... (Matière médicale tirée de Halleri "Historia stirpium Helvetiae indigenarum" avec nombre d'additions... Dt.) Th.1 - 2, gbd.

Leipzig: Haug 1782

JB 1.434

— matière medicale tirée de Halleri historia stirpium Helvetiae indigenarum, avec nombre d'Additions fournies par l'Auteur, quelques observations du Traducteur et les usages oeconomiques des mêmes plantes. II Vols. gr. 8. Bern 776. Typ. Soc. 1 rthl 8 gr Deutsch unt. d. Tit.: materia medica, od. Geschichte d. Arzneien des Pflanzenreichs, aus Hrn. v. Hallers Beschreib. d. Schweizer Pflanzen gezogen, mit dessen ungedruckten Zusätzen sowohl, als mit eigenen, den ökonom. Nutzen betreff. Anmerkk. versehen. 2 Thle. gr. 8. Leipz. 782. Barth. 1 rthl 12 gr (Vergl. Materia medica.)

— la Matière médicale extraite de l'histoire des plantes Suisses de Mr. de Haller. II Vol. gr. 8. Berne, Société Typogr. 791. 1 8

— mémoire sur la plique Polonoise. 8. Lausanne 775.

— Observationes selectae ad morborum historiam. 8. ibid. 791.

— supplement au Dictionnaire raisonné universel d'histoire naturelle de Mr. Valmont de Bomare. 8. Lausanne 778. (Kupferberg in Mainz). 1 rthl 16 gr

Liebeserinnerungen eines jungen Mannes. Erzählung aus dem Leben, die Freuden des sinnlichen Genusses (so!), von *Jeano Vicdousidan* ps.). Italien, o. J. (c. 1898). 12°. 120 S.
Der Text ist überschrieben „I. (einz.) Capitel. Die ersten Frühlingsgefühle eines Jünglings und dessen Verführung durch eine junge Wittwe."

VICE-KAMMERER, Der junge Herr —, zu Kappenlorf und seine gnädige Frau Tante zu Baldern. Ein deutscher Originalroman komischen (zahmen) Inhalts. Altenburg, in Commiss. bei Petersen, 1805. 8°. 254 S.

Vicekanzler, Der. Ein Schauspiel in fünf Aufzügen. Wien 1789. V: *Kratter, Franz.* (GGr V/288, Nr. 9/1) (BiblPort)

Vicennalia Brixensia . . . Aneli Mariae Quirini celebrata in Academia Gottingensi. Gotting. 1748. V: *Gesner, Johann Matthias.* (MI.)

Vicente, Gil, Obras correctas e emendadas pelo cuidado e diligencia de J. V. Barreto Feio e J. G. Monteiro. III Ti. gr. 8. Hamburgo 834. (Perthes-Besser e Mauke.) [I. (27 B.), II. (33½ B.), III. (25¼ B.)] *

Vicentii Lirinensis, S., Commonitorium adversus haereses. Juxta editiones optim. recognitum notisque brev. illustratum a Clerico Dioecesis Augustanae. 12. (5½ B.) Augustae Vindelicorum 813, libr. Schmid.

Vicenza, s. Seraphini.

Vicenza, Anton-Maria da, der heilige Bonaventura aus dem Orden d. Franziscus, Bischof, Cardinal u. Kirchenlehrer in seinem Leben u. Wirken dargestellt Nach dem Ital. deutsch v. Ignatius Jeiler. gr. 8. (X, 234 S.) Paderborn 874. F. Schöningh. n. 2. —

Vicht, K., und H. Wentzel. *Des Kindes Lust und Freude.* Gedichtsammlung für Schule und Haus. 8. Aufl. Berlin 1891. X, 176 S. mit 6 reizenden handkolor. lithogr. Tafeln, sign. F. W. 1860. Kl.-8°. Geprägter Or.-Kartonbd. mit roten u. blauen Blumen, Ornamenten und Guirlanden in Gold und Weiß auf weißem Grunde. 16.—
Reizendes Kinderbuch. — Einbandrücken dch. Leinenstreifen ergänzt, Ecken leicht bestoßen, innen einige Flecken und Gebrauchsspuren, wenige Bleistifteinträge.

Vichterle, Frant., stručná mluvnice česká se zvláštním vzhledem na pravopis český ku potřebě Čechův i Němcův. Prag 862. Kober. gr. 8. (IV, 154 S.) n. 14 ngr

Vici, J. B., Opera latina, rec. et illustr. Jos. Ferrari. II Ti. 8maj. Mediolani 835. (Monachii, Franz; Viennae, Volke.) [I. (23¾ B.) • 2⅙ Thlr., II. (28 B.) • 2⅚ Thlr.] *

Vicissitudines Belgradii (ab ann 903—1789) synoptice datae, anno quo a Turcis Virtute Londonii recuperatum est Budae [1789]. V: *Spaits, Ladislaus.* (Pk 3/785) (Széchenyi 2/569) (BiblPort)

Viciu, Alesiu, Carte de cetire pentru a V—a clasă gimnasială și alte scóle medie intocmită după planul înaltului ministeriŭ ung. reg. de culte și instructiune publică. Gr.-8. (VIII, 238 S.) Hermannstadt: Krafft 1895. 1.20

Vick's Blumen-Führer f. 1875. gr. 8. (136 S. m. eingedr. Holzschn. u. 1 Chromolith.) Rochester, N. Y. 875. (Philadelphia, Schäfer & Koradi.) n. 1. —

Vick, Gebrüder, Jahres-Bericht f. 1849 üb. die Wasserheilanstalt in Rostock, nebst einigen Bemerkungen üb. C. Kahl's Jahrbuch der Wasserheilkunde. 8. (42 S.) Rostock 850. (Stiller.) n. ⅙ rthl

Vick's illustrirtes Monats-Magazin. Hrsg. von James Vick. 1. Jahrg. 1878. 12 Hefte. gr. 8. (à Heft ca. 32 S. mit eingedr. Holzschn. und 1 Chromolithogr.) Rochester, N.-Y. 879. (Philadelphia, Schäfer und Koradi.) *

Vick, Emil: Étude sur l'Art poétique de Boileau. *Güstrow 1901: C. Michaal.* (26 S.) 4°
Güstrow, grossh. Dom-S, OP 1901 (713)

Vick, F. W., ein Wort für Commune-Behörden, für meine Landsleute und für Jedermann. 8. (72 S.) Rostock 852, (Leopold's Universitäts-Buchh.) *

Vick, Frdr., die ächte Priessnitzsche Lehre von der Wasserkur. 1. Bd. A. u. d. T.: Die Krankheiten des Kindes und deren Heilung durch Wasser. Ein practisches Handbuch für Laien u. Wasserärzte. Mit Angabe der Behandlungsarten in den verschiedenen Altersstufen des Kindes, der Temperaturgrade des Wassers etc. gestützt auf eine 20jährige Erfahrung. Wismar 861. Hinstorff. gr. 8. (XIV, 303 S.)
n. 1 ₰ 10 ngr.

Vick, Carol., Quaestiones Carneadeae. Diss. gr. 8. (48 S.) Rostock 901. (M. Warkentien.) n. 1. 20

Vick, [**Karl**]: Untersuchungen zum Homerischen Demeterhymnus. Doberan 1908: Rehse. 20 S. 4°
Doberan, großh. G Friderico-Franciscenm OP 1908 (853) [S 08. 499

Vickbourn, Jam., Abhandl. über d. engl. Verbum; aus d. Engl. von J. J. M. Valett. 8. Bayr. 793.

Vickers Sons & Maxim Ltd.: Vickers' automatischer Umsteuerungsmechanismus für elektrisch betriebene Hobelmaschinen. Sheffield (1909?)

Vico, die Marquisin von, od. die Belohnung ächter Eigenschaften, aus d. Franz. 8. Leipz. 756. — 6

Auctions-Katalog einer Sammlung altdeutscher Meister des XV. und XVI. Jahrhunderts, worunter seltene Ornamentstiche aus dem Besitze des Herrn Vico in Rom. (29. Kupferstich-Auction von Amsler & Ruthardt.) Berlin 1885. 8°.

Vico, Giambattista

Vico, Joh. Bapt.: Von dem einen Anfange und dem einen Ende alles Rechts, nach d. Buche de universi iuris uno principio et fine uno bearb. u. mit e. Einl., hrsg. von Karl Heinr. Müller. Neubrandenburg 1854.
(Vico: Kleine Schriften. H. 1.)

Vico, Gimbatista, Grundzüge einer neuen Wissenschaft über d. gemeinschaftl. Natur d. Völker. Aus d. Italien. von Wlh. Er. Weber. gr. 8. Leipz. 822. Brockhaus. 4 ₰

Vico, Joh. Bapt., kleine Schriften. Deutsch bearb. und hrsg. von Carl Heinr. Müller. 1. Heft. A. u. d. T.: Von dem einen Anfange und dem einen Ende alles Rechts, nach des (Verf.) Buche de universi juris uno principio et fine uno, bearb. und mit einer Einleitung hrsg. gr. 8. (IV und 189 S.) Neubrandenburg 854, Brünslow.

Vico, Thom. de: Diss. iuris publici ecclesiastici de iure civitatum imperialium in caussa religionis mutandae. Lipsiae 1785.

Vicol, Lazar: Der Kunstcharakter des Sophokles hinsichtlich der Handlung und Charakterzeichnung. S. 45—61. 8.
Progr K. k. I. Staatsgymn. *Czernowitz* 1901.

Vicol, F. *Lazar* Die Negation im Lateinischen. 8 (S. 3—46).
Progr. Gr.-Or. Ober-G. *Suczawa* 1890.
Nicht im Tauschverkehr.

Vicol, Mihain, gramatica română pentru cursurile superioare ale tuturor categoriilor de scoale primare. (152 S.) gr. 8. Czernowitz 909. R. Schally. nn 1.—; geb. nn 1.25

Vicomterie, la, Sündenregister d. Könige v. Frankreich, von Clodwig an bis auf Ludwig XVI. Aus d. Französ. 8. Greiz ... 2e A. 795. Henning. 1 ₰ (A. u. d. T.: Biographien d. Könige v. Frankreich ꝛc. 795.)

Vicq d'Azyr, Kennzeichen d. Fische, s. Samml. anatom. Aufsätze.

Victima, Coronata paterni furoris, in Henrico Caesare Friederici II. filio, scenice repraesentata. Graecii 1709. V: *Rain, Ferdinand.* (Jes)

Victima, una, del secreto de la confesión. Novela fundada en un suceso verídico. Por un padre de la compañia de Jesús. Con 12 illustr. de Francisco Sardá y Ladico. (VIII, 377 S.) 8. Freiburg i/B. 903. Herder.
n. 3. —

Victime, l'heureuse, ou le Triomphe du Plaisir. 8. Haye. Esslinger. 769. — 6

Victoire, la. Journal de modes pour dames. (In französ., deutscher u. engl. Sprache.) Red.: Heinr. Nowatschek. Oktbr. 1903—Septbr. 1904. 12 Nrn. (à ca. 8 S. m. Abbildgn. u. 12 farb. Modebildern.) gr. Fol. Paris (Wien, R. Spanbauer). à Nr. n. 4. —
Erscheint nicht mehr.

Victoires, conquêtes, desastres, revers et guerres civiles des français de 1792 à 1815. par une société de militaires et de gens de lettres. Avec cartes et plans. Tome 1 à 19. in 8. Paris. 817 à 20. 47 12

Victoires, Les, de Frédéric et les Alpes. Ode trad. de l'allemand. S. l. 1747. V: *Lange, Sam. Ghold.* (Cat. d. Stadtbibl. Zürich. Zürich 1864—97.)

Victor, übers. von Forbiger, s. Bibliothek, Langenscheidt'sche, sämmtlicher griechischer und römischer Klassiker.

— od. d. Sohn d. Waldes, a. d. Franz. d. Ducray-Dümenil frey übers. v. Fr. v. Oertel, m. K. 8. Lpz. Beygang. 798. 2 12

Victor, oder der Sohn des Waldes. Schspl. in 3 A. 8. Hamb. 804. (Herold jun.) 12 gr.

Victor; od. d. Sohn d. Waldes. Schausp. in 3 A. 8. Hamb. Vollmer. 804. — 12

Victor; e. Roman in Briefen von N. Meyer. 8. Bremen, Heyse. 810. — 18

Victor. Drama in fünf Aufzügen. Vom Verfasser der „Waizenähre". 1870. 11. 8. (135 S.) Wien, Mayer & Comp. 1869. 48 kr.

Victor Amadée; Tragédie en 5 act. et en vers, (par Comte M. J. v. d. Borch). 4. Warschau 789.

Victor, die Waise aus Genf; ein Drama in drei Akten. Augsburg 1822. V: *Castelli, Ignaz Franz.* (Ky)

Victor, die Waise aus Genf; ein Drama in 3 Akt. (v. J. F. Castelli). 8. Augsb. 822. v. Jenisch u. St. 12 gr.

Victoris episcopi Vitensis historia persecutionis africanae provinciae, s.: Corpus scriptorum ecclesiasticorum latinorum.

Victoris Vitensis historia persecutionis Africanae procinciae sub Geiserico et Hunirico regibus Wandalorum, s. Monumenta Germaniae historica.

Victor [Pseud.], s. Zick, Friedrich

Victor: Akademische Freiheit und die Zwangsjacke von —. Berlin: Continent [1905]. (45 S.) 8°
(Continent, Broschüren-Folge. No 14.)

Victor, Aurelius, s. Victor, Sextus Aurelius

Victor, C. H., die Saamendüngung, oder einfache und wohlfeile Anbauung des Bodens durch künstliche Düngung des Saamens und gleichzeitige Vermeidung des Brandes u. anderer krankhafter Zustände der Cerealien. 8. Frankfurt a/M. 843, Jäger'sche B. 1/2 ℛ — 2. Aufl. 8. Ebend. 844. 5/8 ℛ

— dass. Erläuterungen. Anh. zur 1. Aufl. 8. Ebd. 844. 1/4 ℛ

Victor, C. L., die Saamendüngung oder einfache u. wohlf. Anbauung des Bodens durch künstliche Düngung des Saamens u. gleichzeitige Vermeidung des Brandes u. anderer krankhaften Zustände der Cerealien mit erläut. Anhang f. die Saamendüngung nebst verbesserter Methode die Früchte zu düngen. 2. Aufl. 8. (1 B.) Frankfurt a. M. 844, Jäger'sche Buchh. -

— — dass. Erläuterungen. Anhang zur 1. Aufl. 8. (1 3/4 B.) Ebds. 844.

Victor, Charles, Weihnachtsklänge. 16. (IV und 221 S.) Karlsruhe 865, (Groos.) 28 Ngr.; geb. mit Goldschn.

Victor, Clemens, s. Victor, Klemens

Victor, Cornelius, s. Victor, Kornelius

Victor, Dietrich [aus Hochfeld]: Aus d. Poliklinik f. Ohrenkranke zu Bonn. Die Scrophulose nach dem heutigen Stand der Wissenschaft mit besonderem Bezug auf die Erkrankungen der Schleimhaute. Bonn, Druck v. J. F. Carthaus 1888. (36 S.) 1 Bl. 8°
Bonn, Med. Fak., Inaug.-Diss. v. 16. Aug. 1888

Victor, Ernst, die Cyankalium-Laugung v. Golderzen. James Park's „Cyanide process of gold extraction" frei bearb., vermehrt u. eingeleitet. Autoris. Ausg. Mit Titelbild, 14 Taf. u. 15 Abbildgn. 8. (VIII, 206 S.) Wien 902. A. Hartleben. n. 5.—; n. 5. 80

Victor, Friedr., der Orkan am 18. Juli 1841 in seiner Entsteh., seinem Fortg. u. seinen Wirkn. Eine meteorolog. Monographie. Lex.-8. (1 B.) Siegen u. Wiesbaden 841, [Friedrich'sche Vrlsbuchh.]

Victor, Helene, die Junker von Falkenstein. Eine Erzählung für die reifere Jugend. Mit 4 Illustrationen. 8. (148 S.) Breslau 878, Trewendt. cart.

Victor, Helene, die Junker v. Falkenstein. Eine Erzählung für die reifere Jugend. Mit 4 Illustr. 8. (148 S.) Breslau 879. Trewendt. cart. — 75

Victor, Hugo, Antigallica! Ein Strauß deutscher Kriegs- und Freiheitslieder für Deutschlands Söhne in Feld und Haus gesammelt. gr. 16. (48 S.) Elbing 870, Neumann-Hartmann's Verlag. **

Alkohol und Naturvölker. Vortrag auf der Konferenz der Internationalen Vereinigung gegen den Missbrauch geistiger Getränke in Scheveningen am 9. September 1910 von J. K. VICTOR, Bremen. Mit den Diskussionsansprachen. Aus der Vierteljahrsschrift „Die Alkoholfrage", Heft 2, 1910. Berlin 1911. Mässigkeits-Verlag. 8°.

Victor, Karl: Dichtungen und Lieder von —. Kreuznach: Voigtländer 1908. 130 S. 8°

Victor, Klemens

Victor, Clem., Prof. Dr. Rohling, die Judenfrage und die öffentliche Meinung. Eine kurzgefasste Beleuchtung des neulich durch den Wiener Hof- und Ger.-Adv. Dr. Jos. Kopp auf Verlangen veröffentlichten Gutachtens sogenannter „Sachverständiger" in Sachen des Prozesses Rohling-Bloch, zur Beherzigung für die ganze Christenheit dargestellt. 1. und 2. Aufl. gr. 8. (IV, 83 S.) Leipzig 887, Th. Fritsch. *
Vgl.: Kopp, Jos., zur Judenfrage.

Victor, Kornelius

VICTOR, Cornelius (ps.), Sendschreiben eines oesterreichischen Touristen, herausgegeben von —. 1838.
Weller, Lex. Ps. p. 592.

Victor, Meta Victoria

— **des Verbrechens letzte Sühne**, s.: Berlepsch, Lina Freifrau v., Romanbibliothek. 26.

Victor, Mrs. Meta Victoria, wessen Juwelen?, s.: Berlepsch, Lina Freifrau v., Romanbibliothek. 31.

Victor, Natalis, Diana und Endymion. Ein Roman. Frankfurt a. M. 860. Literar. Anstalt. 8. (314 S.) n. 1 ℛ 10 ngr.

Victor, Paul. Der Hungerlöwe. Der Elfenreigen – Herzlieb – Das Weihnachtsgeschenk. Von P. Viktor (*Umschlag: Victor). Den Kindern dargereicht vom Verein für Verbreitung guter Schriften. Basel. [Illustriert.] IV + 32 S. 8. (Basel, Emil Birkhäuser. Dezember 1905.) [fr. —.05]
Verein für Verbreitung guter Schriften, Basel. B [Weihnachtsgabe] 15.

Victor, Paul, Kindergeschichten. 8. (261 S.) Berlin 896. Deutscher Autoren-Verlag. n. 2. —; geb. n. 3. —

Victor, Saint-, Abbildung u. Beschreib. e. ökonom. Maschine z. Ausrod. d. Baumstöcke. gr. 4. Lpz. G. Fleischer. 805.

Victor, Sextus Aurelius
s.a. **Aurelius** Victor, Sextus. [11. 14050]

Victor, Aurel., übers. v. A. Closs, s.a. Prosaiker, röm.

Victor, Sept. Aurelius, übers. von Aug. Closs. Vollständig in 3 Bdchn. 16. Stuttgart ..., Metzler. Subscr.-Pr. à 1/6 ℛ

— S. Aur. Victor. Ad fid. opt. librorum. 8. Marb. 819. Krieger. 16 ℊ Daraus apart: De origine gentis Rom. 3 ℊ De viris illustr. urbis Rom. 6 ℊ De Caesaribus. 6 ℊ Epitome de Caesaribus. 4 ℊ

— dass. übers. v. Brohm. 2e umgearb. Ausg. 8. Berlin 832. Veit u. Comp. 5/12 ℛ

Victor, Aurelius, Sextus, übersetzt v. Aug. Closs. 3 Bdchen. 16. Stuttgart 837, 38. Metzler. (à 1/6 ℛ) 1/2 ℛ

— *Epitome de Caesaribus.* Ad optim. libr. Marb. 818. 8. 4gr.

Victoris, Sexti Aurelii, de Caesaribus liber. Ad fidem codicum Bruxellensis et Oxoniensis recensuit Franc. Pichlmayr. Progr. gr. 8. (VIII, 59 S.) Münch. 892, (Lindauer). * — 60

— römische Geschichte, übersetzt u. mit Anmerkk. erläutert von Jh. H. Hildebrand. 8. Leipz. 795. Schwickert. 20 ℊ

— *de Caesaribus historia.* Ad optim. libr. Marb. 818. 8. 6gr.

Victor, Sext. Aurel., historia romana ex recens. et cum animadverss. crit. atque histor. Jh. Fr. Gruner. 8. Coburg 757. (Riemann). 16 gr Schrbp. 20 gr

— histor. romana ex rec. Jh. Fr. Gruneri. Acced. animadvers. (Edid. Gli. Cph. Harles). 8. Erlang. 787. Palm. 20 gr

— histor. romana ex scriptor. minor. 8maj. Bipont. 789. (Treuttel u. W. in Strassb.) 15 gr

— ex rec. J. Arntzenii. 12. Leyd. 804. Luchtmans. 6 gr

Victor, Sext. Aurel., histor. romana etc., ex rec. J. Arntzenii. 12. Rotterd. 804. (Weigel in Lpz.) 16 gr gr. Pap. in 8. ibid. 1 Thlr 8 gr

— histor. romanae ex rec. J. F. Gruner. Cura F. X. Schönberger. 8maj. Wien 806. et iterum 820. (Gerold). 20 gr Hbg. Pr. 12 gr Mit deutscher Uebersetzung. II T. 8maj. ibid. 806. 1 Thlr Schrbp. 2 Thlr 8 gr Velinp. 2 Thlr

— histor. romanae. Ed. stereot. 16. Leipz. 827. a. 829. Tauchnitz. 6 gr Hbg. Pr. 3 gr Fein P. 9 gr

— von den berühmten Männern d. Stadt Rom; aus d. Latein. mit Anmerkk. (von Jh. Gli. Reuter). 8. Hof 784. Grau. 6 gr

— libri de romanae gentis origine. 12. Halle 761. Ed. n. 808. 818. 823. Waisenh.-B. 4 gr

— *de origine gentis Rom.* Ed. nov. Hal. 808. 8. 4gr.

— — Ad optimos libr. Marb. 818. 8. 3gr.

Victoris, Sexti Aurel., quae vulgo habentur scripta historica. Ed. Frid. Schroeter. Vol. I. — E. s. t.: Auctoris incerti, vulgo Sexti Aurelii Victoris originis gentis Romanae liber. Rec. animadversionibus critico-exeget. et antiquitatem Roman. illustrant. indicibusque instructum ed. Fr. Schroeter. 8maj. (15 B.) Lipsiae 829, Lehnhold.

—— id. Vol. II. — E. s. t.: Sexti Aurelii Victoris qui vulgo habetur virorum illustrium liber. Rec. animadversionibus critico-histor. indicibusque instructum ed. Fr. Schroeter. 8maj. (18 B.) Ibid. 831.

— de viris illustribus. 8. Coblenz ... Lassaulx. 6 gr Schbp. 8 gr

— de viris illustribus urbis Romae. Accedit index latinitatis. Adcurante L. Wachler. 8maj. Lemgo 792. Meyer. 8 gr

— de viris illustribus urbis Romae et de Caesaribus. Zum Gebrauch für Schulen, besonders für den zweiten Cursus in d. latein. Sprache, mit fortlauf. Erklärung aller vorkomm. Redensarten u. beständ. Anführung d. Sprachregeln nach d. größ. Grammatik, herausg. von J. W. Frise. 8. Altona 804. Hammerich. 1 Thlr

— de viris illustribus urbis Romae. Zum Gebrauch für Schulen mit e. vollständ. Wörter- u. Namenverzeichnisse versehen u. herausg. von Jh. Hnr. Chr. Barby. gr. 12. Berl. 819. W. Nauck in Leipz. 12 gr Schrbp. 18 gr Velinp. 1 Thlr

— de viris illustribus urbis Romae. Mit e. vollständ. Wörterverzeichnisse für Schulen, herausg. von Karl Fr. Aug. Brohm. 8. Berl. 821. 2e Ausg. 832. Voike. 10 gr

— de viris illustribus urbis Romae. Mit deutsch-böhm. Erläutern., Sacherklärr., besond. grammat. Anmerkk. u. e. Register, zum Gebrauch d. Schulen von Ign. Seibt. 8. Prag u. Wien 830. Bauer u. Dirnböck. 16 gr

—— id. — Mit deutsch-böhm. Erläutern., Sacherklärn., besond. grammat. Anmerkn. u. e. Register zu dem Lehrbuche d. röm. Alterthümer, zum Gebr. der Schulen v. Ign. Seibt u. N. Waniek. 8. (13 B.) Prag 830, Dirnböck.

—— Virorum illustrium liber. Rec. et in us. scholar. ed. Fr. Schroeter. Acced. lectio Arntzemaniana. 8. (4 B.) Lipsiae 831, Lehnhold.

Victor, Sext. Aurel., de viris illustribus urbis Romae. Mit Anmerkn. u. e. vollständ. Wörterverzeichnisse f. Schulen hrsg. v. K. Fr. Aug. Brohm. 2., umgearb. Ausg. 8. ($7\frac{3}{4}$ B.) Berlin 832, [Veit u. Comp.] Thlr.

Victor, S. Aurelius, de viris illustribus urbis Romae. Mit Commentar u. Wörterbuch zunächst f. den Schulgebrauch, nebst Beiträgen zur Textkritik v. Emil Keil. gr. 8. (XII u. 195 S.) Breslau 850, Max & Co. $\frac{2}{3}$ Thlr

Victor, Sext. Aurel., de viris illustribus urbis Romae. Mit Anmerkungen und einem vollständ. Wörterverzeichnisse für Schulen hrsg. von Carl Friedr. Aug. Brohm. 3., durchgängig bericht. Ausg. 8. (IV und 124 S.) Leipzig 860, Veit und Comp. *

Victor, Sextus Aurelius.

Epitome de vita et moribus Imperatorum. Viennae 1707. II: *Peer, Siegmund.* (Jes,

Victores in certamine litterario die natali regis ... Friderici Guilelmi IV. Id. Oct. (1841. 1842.) praemiis ornatos novasque in annum *1842 (1843)* quaestiones ... mandato universitatis litterarum Vratislaviensis renunciat Julius Athanasius Ambrosch *(in annum 1843:* Car. Ern. Chr. Schneider.) (Vratislaviae 1841 — 42.) (je 7 S.) 2 Bde 4°

Im Jahre 1843 erschien kein derartiger gedruckter Bericht über die Preisbewerbungen; nach der Verkündigung im Festaktus am 3. Aug. wurden die Namen der Sieger in der Schlesischen und der Breslauer Zeitung veröffentlicht, die neuen Aufgaben für 1844, deren ministerielle Genehmigung noch ausstand, durch einen handschriftlichen, noch in den Akten befindlichen Anschlag am schwarzen Brette bekannt gemacht.

Victores in certamine litterario *(1845: die natali regis ... Friderici Guilelmi III.)* a. d. III. Non. Aug. (1844 *u. ff. bis* 1847) praemiis ornatos novasque in annum *(1845. 47: novum) (1845)* 1846 *(1847)* 1848 quaestiones ... mandato universitatis litterarum Vratislaviensis renuntiat

(in annum 1845. 47:) Car. Ern. Christoph. Schneider,

(in annum 1846:) Fridericus Haase,

(in annum 1848:) Julius Athanasius Ambrosch.

(Vratislaviae 1844 — 47.) (je 8 S.) 4 Bde 4°

Victores in certamine litterario die natali regis ... Friderici Guilelmi III. a. d. III. Non. Aug. (1852) praemiis ornatos novasque quaestiones in annum *1853* ... mandato universitatis literarum Vratislaviensis renunciat Fridericus Haase. (Vratislaviae 1852.) (10 S.) 4°

Victores in certamine litterario die natali regis ... Friderici Guilielmi III. a. d. III. Non. Aug. (1854 *u. ff. bis* 1857) praemiis ornatos novasque quaestiones in annum *1855 (u. ff. bis 1858)* ... mandato universitatis literarum Vratislaviensis renunciat Fridericus Haase. (Vratislaviae 1854 — 57.) 4 Bde 4° *(Umfang zwischen 9 u. 11 S.)*

Victores in certamine litterario die natali regis ac domini potentissimi clementissimi Friderici Guilelmi (1843. 44. 46: Guilielmi) III (1842 ff: IV.) die 3. m. Augusti (1842 ff: Idib. Oct.) praemiis ornatos novasque in annum 1840 (1842/44, 46, 1867 [vielmehr: 1847], 1868 [vielmehr: 1848]) quaestiones certaminis caussa (1842 ff: causa) propositas renuntiat academiae Fridericianae Halensis cum Vitebergensi sociatae (1842 ff: consociatae) prorector cum (1840. 42: directore et) senatu. Inest bzw. Insunt ... Halis (Saxonum) 1839: Grunert, 1841: Gebauer, 1842, 46: Orphanotropheum, 1843, 1845, 1847: Ploetz. 7 Bde 8° (4°) Umfang zwischen 48 u. 80 S.

Victores in certamine litterario die natali regis augustissimi (dafür 1852. 55: ac domini potentissimi clementissimi) Friderici Guilelmi IV. Idibus Octobribus a. 1849 (1850) praemiis ornatos renunciat novasque in annum sequentem (bzw.: 1852, 1855) quaestiones certaminis causa (1855: caussa) positas (1852. 55: propositas) promulgat (1852: renunciat, 1855; renuntiant) academiae Fridericianae (1855: universitatis litterariae Fridericiae) Halensis cum Vitebergensi consociatae prorector (dieser Amtstitel fehlt 1852) ... cum senatu (1855: sociatae rector et senatus). Praemissa sunt bzw. Inest ... Halis 1850, 1854: Hendel, 1851 Ploetz bzw. Gebauer-Schwetschke. 4 Bde 8° (4°) Umfang zwischen 34 u. 88 S.

Victores in certaminibus litterariis *(seit 1832: in certamine litterario)* die natali regis ... Friderici Guilelmi III. die III. Aug. *(oder: III. Non. Aug.)* (1821 *u. ff. bis* 1839) praemiis ornatos novasque in annum *1822 (u. ff. bis 1840)* quaestiones ... mandato universitatis litterarum Vratislaviensis renuntiat
(in annum 1822. 24. 26. 28. 30. 32.) Franciscus (Ludovicus Carolus) Passow,
(in annum 1823. 25. 27. 29. 31. 33. 34. 36. 37. 39.) Carolus Ernestus Christophorus Schneider,
(in annum 1835.) Fridericus Ritschelius [Ritschl],
(in annum 1838. 40.) Julius Athanasius Ambrosch.
Vratislaviae 1821—39. 19 Bde 4° *(Umfang zwischen 7 u. 8 S.)*

Victoria [Sachliches OW]

Victoria, Vaterländischer Sport, E. illustr. sportliches Familienbl., Jg. 1, H. 1/2, hrsg. v. Heinrich Hacke (nicht weiter ersch.), Berlin, 4°.

Victoria oder die glorreiche Feier des 300jährigen evangelischen Jubeljahres 1830 ... Prenzlau 1830. V: *Lehr, M.* (Ky)

Victoria, oder d. glorreiche Feier des 300jähr. evangel. Jubeljahres 1830, in Beschreib. d. wahren Gestalt d. christl. Kirche zu derselben Zeit. 8. Prenzl. 830. Ragoczy. 4 *K*

Victoria. Illustrirte Muster- u. Modenzeitung. 10. u. 11. Jahrg. 1860 u. 61. à 48 Nrn. (à 2 Bgn. m. Holzschn. u. 1 lith. Musterbog.) Mit 20—24 color. Modekpfrn. Berlin, Janke. (Haack.) Fol. n. 2 *Rthlr.* 10 *ngr.*; Ausg. mit 48 color. Modekpfrn. n. 3 *Rthlr.* 10 *ngr.*

— — 12—14. Jahrg. 1862—64. à 48 Nrn. (à 2 Bgn. m. Holzschn.) Mit 24 color. Modekpfrn. u. 24 (lith.) Musterbog. Berlin, Haack. Fol. Jeder Jahrg. n. 2 *Rthlr.* 20 *ngr.*

— Illustrirte Muster- u. Modezeitung. 15—20. Jahrg. 1865—70. à Jahrg. 48 Nrn. (à 2 Bgn. mit eingedr. Holzschn.) mit 24 color. Modekpfrn. u. 24 (lith.) Musterbgn. Berlin, Haack. Fol. Jeder Jahrg. n. 2 *Rthlr.* 20 *ngr.*

Victoria. Illustrirte Muster- u. Modenzeitung. 21. Jahrg. 1871. 48 Nrn. (2 B. m. eingedr. Holzschn.) Mit 24 color. Modekpfrn. u. 24 lith. Musterbog. Fol. Mit Beilage: Das Modell. Schnittmuster-Zeitung. 1. Jahrg. 1871. 45 Nrn. 50—60 Schnitte in Umschlag. Berlin, Victoria-Verlag. m. Beilage n. 8. —; die Beilage apart n. 3. —

— dasselbe. 22—26. Jahrg. 1872—1876 à 48 Nrn. (2 B. m. eingedr. Holzschn.) Mit 24 color. Modekpfrn. u. 24 lith. Musterbog. Fol. Ebend. à Jahrg. n. 9. —

—— dass. — 27. und 28. Jahrg. 1877 und 1878. à Jahrg. 48 Nrn. (à 2 Bog. mit eingedr. Holzschn.) Mit 24 color. Modekpfrn. und 24 Schnittmusterbeil. Fol. Berlin, Victoria-Verlag. à Jahrg. *

—— dass. — 29. Jahrg. 1879. 1. Quartal. Januar—März 12 Nrn. (à 2 Bog. mit eingedr. Holzschn.) Mit 6 color. Modekupfern und 6 Schnittmusterbeilagen. Fol. Berlin, Berliner Modenblatt.
Fortsetzung s. Modenblatt, Berliner.

Victoria. Illustrirte Chronik aus Deutschlands Vergangenheit u. Gegenwart. Eine Sammlung spannender Orig.-Romane, Novellen u. interessanter Erzählungen aus dem Gebiete der Geschichte, Länder- u. Völkerkunde, ergänzt durch Bilder, Skizzen u. Mittheilungen der wichtigsten Ereignisse u. Begebenheiten der neuesten Zeit. Für das deutsche Volk ein Buch zur Unterhaltung u. Belehrung. Mit vielen fein color. lith. Abbildgn. u. Holzschn. 16 Liefgn. Neusalza 865. H. Oeser. 4. Jede Liefg. (16 S. mit color. Steintaff.) 3 *ngr.*

— — Artistisch-belletristische Zeitschrift. Ein Buch für Alle zur Unterhaltung u. Belehrung. 2—4. Bd. à Bd. 16 Liefgn. Neusalza 866—69. 4. Jede Liefg. (16 S. mit 1 color. Steintaf.) $2\frac{1}{2}$ *ngr.*; Velinp. 4 *ngr.*

—— Artistisch-belletristische Zeitschrift. Ein Buch für Alle zur Unterhaltung und Belehrung. 4.—7. Bd. à 16 Lfgn. (à 2 Bog. mit 1 color. Stnt.) gr. 4. Neusalza 868—73, Oeser. à Lfg. 30 Pf.; à Bd.

—— dass. — 8. Bd. 24 Nrn. (à 2 Bog. mit 1 color. Stnt.) gr. 4. Ebendas. 874. à Nr. 30 Pf.

Victoria. Der Land-Act 1869 nebst zugehörigen Verordnungen und Formularen. London, Berlin 1871. V: *Mac Kean, James.* (Kat. d. stat. Bureaus. Dresden 1890.)

Victoria. Illustr. Zeitschrift f. vaterländ. Sport u. kriegsgemäß. Radfahren. E. gewissenhafter prakt. Rathgeber in allen Sportangelegenheiten. Hrsg. u. Chefred.: Heinr. Hacke. 1. Jahrg. Oktbr. 1895—Septbr. 1896. 24 Hfte. (à ca. $3\frac{1}{2}$ Bog.) gr. 4. Zehlendorf-Berlin, Verl. Victoria. n. 12. —

Victoria, die, zu Berlin u. ihre Volksversicherung! 30 in den „Pschütt"-Caricaturen erschienene, die Machinationen dieser berü—hmten Gesellschaft schonungslos geißelnde Enthüllgn. 2. Aufl. 8. (64 S.) Wien (901). (Leipzig, Literar. Anstalt, A. Schulze.) n.n. 1. —

Victoria, Koenigin, am Fusse des Friedensteins. [Gotha 1845.] V: *Welcker, Philipp Heinrich.* (ABJP)

Victoria und ihre Geschwister. Ein Festspiel von Clemens Brentano. Mit Kupf. und Musik. 8. Berlin, Maurersche Buchhandl. 816. 1 12

Victoria und ihre Geschwister, mit fliegenden Fahnen und brennender Lunte, von Clemens Brentano. Mit 1 Kupf. und Musikbeylage. 8. Berlin, Maurersche Buchhandl. 817. 1 12

Victoria, Illustris, in S. Aloysio spectata. Eichst. 1768. V: *Trötscher, Anton.* (Jes)

Victoria, In Kampf u. Sieg! 2 H. d. dtschn. Marsch- u. Kriegslieder gegen d. Wälschen, Feldzug 1870, 3. Aufl., Leipzig 1870, 31 S., 16°.

Victoria. Die Colonie Victoria in Australien, ihr Fortschritt, ihre Hilfsquellen und ihr physikalischer Charakter mit Zugrundelegung amtlicher Quellen. Melbourne. 1861. 8.

Die von Wien confirmirte Schwed. u. Türck. Victoria gegen die Moscoviter. d. 19. Jul. 1711. 4.

(Victoria) Land-Act 1869, nebst den zugehörigen Verordnungen und Formularen. Zusammengestellt unter Leitung des J Mc Kean. Berlin 1871

April 1899. Die Victoria und ihre Leistungen auf dem Gebiete der Lebens- und Volksversicherung. *(Hannover: Preuss. Beamten Ver. 1899.)* (16 S.) [Kopt. F.] [co. 1332

Victoria Regia. Eine Volksbibliothek zur Unterhaltung und Belehrung. 3—7. Bd. à Bd. 12 Lfgn. (à 6 Bog.) 4. Berlin 857—61, Möhring. à Lfg. 5 Ngr. à Bd.
1. und 2. Bd. Ebendas. 1855,56. à Bd. 2 Thlr.

Victoria Regia. Eine Volksbibliothek zur Unterhaltung und Belehrung. 8. Bd. 12 Lfgn. (à 6 Bog.) 4. Berlin 862, Möhring. à Lfg. 5 Ngr.

Schwedische Victoria aus Schonen. (½ B.) 4.

Victoria ad Zorndorfium. (In lat. Versen.) Berlin 1759. 4. (8 Bl.)

Victoria [Schlagwort]

Victoria, Kaiserin, s. Köppen, Fed. von. — Hübner, Max. — Seibel, L. E.

Victoria — Geologische Karte der Provinz —. 2.000.000. G. M. 1865.

Victoria [Verfasser]

Victoria, s. a.: Vittoria.

Victoria, Königin, s. Blätter aus dem Tagebuch.

Königin **Victorias** [von England] Briefwechsel und Tagebuchblätter. Auf Veranl. S. M. d. Königs Eduard VII hrsg. mit Einl., geschichtl. Ueberblicken u. Anm. von A[rthur] C[hristopher] Benson u. Lord Esher. Autor. Uebers. von Konter-Admiral z. D. M[ax] Plüddemann. Bd 1. 2. Mit Portr. Berlin: K. Siegismund 1908. 2 Bde 8° [G.]
1. 1821—1840. Mit Stammbaumtaf. 2. 1850—1861. [07. 14534

Victoria, Queen of England, Leaves from the Journal of our life in the highlands, — more Leaves from the Journal of a life in the highlands, s. Collection of British Authors.

Victoriae, Josephi I. Caesarum invictissimorum, praecipuae ... Viennae 1714. V: *Waldtner, Franz.* (JES)

Victoria-Bibliothek für Frauen des deutschen Volkes. Hrsg. von Bertha Meyer. 1—10. Hft. 8. Berlin 879. Staude. à n. — 10
1. Die Ernährung. Von A. Bernstein. (20 S.)
2. Das Kind in den ersten Lebensjahren. Von Bertha Meyer. (16 S.)
3. Der kleine Willy. Aus dem Englischen von B. M. (12 S.)
4. 5. Ueber Bäder u. deren Wirkung. Von A. Bernstein. (39 S.)
6. Mariechen's Krankheit u. ihre Folgen. Frei nach dem Englischen von B. M. (14 S.)
7. 8. Wöchnerin u. Wochenkind. Von Bertha Meyer. (32 S.)
9. Belehrung über ansteckende Kinderkrankheiten. Hrsg. von Deputirten des Berliner Lehrer-Vereins u. der Hufeland'schen medicinisch-chirurgischen Gesellschaft. (12 S.)
10. Schulkinder. Aus dem Englischen von B. M. (15 S.)
Auch u. d. T.: Alice-, Carola-, Elisabeth-, Gisela-, Luisen- u. Olga-Bibliothek erschienen.

Victoria-Brücke über den Lorenzo-Strom bei Montreal (Canada). 17 (lithogr.) Taf. (wovon 2 in Buntdr.) und (1 S.) Beschreibung. (Der Sammlung ausgef. Constructionen der Ingenieurschule zu Carlsruhe besond. entnommen.) Imp.-Fol. Carlsruhe 863, Veith.

Victoria-Nyansa [Schlagwort]

Victoria-Nyansa, s.: Kolonialkarten, Kiepert, R.

Victoria-Sammlung, s.: Viktoria-Sammlung.

Victoriastiftung. Die V'-St' für arme Mädchen des Kantons Bern s. a. [Rohner, Otto].

Victoria-Stiftung, Die, für arme Mädchen des Kantons Bern. Bericht hrsg. bei Anlaß ihres 40jährigen Bestandes. Bern 1902. V: *Rohner, Otto.* (BSchwLk 6, 1906)

Köngl. Schwed. erhaltene Victorie zur See wieder die Dän. Flotte, wobey die Schwed. Flotte 11 Fregatten, 40 Transp. Schiffe, worauf 4000 Soldaten etc. völlig erobert. (½ B.) 4. 1715

Vortreffliche Kays. Victorie, so wider die Türken in Ungarn geschehen ist. o. O. 1717. 8°

Victorie, Josef, Concipist des Wiener Magistrates. Geschichte des k. k. 7. Dragoner-Regimentes Herzog Wilhelm von Braunschweig von seiner Errichtung 1663 bis Ende Mai 1879. Mit Benützung der von dem Rittmeister-Auditor Dr. Moriz Schwarzbach und dem Oberlieut. Hugo Weiser des Regimentes gesammelten Daten nach den Archivs- und sonstigen Originalquellen verfasst. 8. Wien 1879.

Victorin, der Soldatensohn. Abenteuer der neuesten Zeit, m. K. 8. Leipz. Hinrichs. 810. — 22
Velinpap. 1 8

Victorin, drei Erzählungen: Der Ring, Erzähl. aus d. wirkl. Leben. — Die Nemesis, e. span. Novelle. — Die Geschwister, e. Erzähl. 8. (14 B.) Leipzig 831, Nauck.

Victorin, Wahrheit und Phantasie. Novelle. 8. Leipzig 832. (Melzer.) 1 ß

— — Wahrheit und Phantasie. Ebd., Wolbrecht, 1832. 8°. 12½ Bogen.
A. G. Schmidt, Gallerie etc., S. 209—10.

Victorin, Ant., neuere natürl. Darstellung d. Logik. gr. 8. (24¾ B.) Wien 835, (Schaumburg u. Comp.) •

Victorin, Jos. Geschichte des k. k. siebenten Dragoner-Regiments „Herzog Wilhelm v. Braunschweig" von seiner Errichtung 1663 bis Ende Mai 1879. (498) 8. Wien 1869.

Victorin's, Jos., Grammatik der slovakischen Sprache. Zum Schul- u. Selbstunterrichte mit Uebungsaufgaben, Gesprächen, einem ausführlichem Wörterverzeichnisse u. einer Chrestomathie. Rev. durch Jos. Loos. 4. Aufl. gr. 8. (VIII, 280 S.) Budapest 878. Lauffer. n. 3. —

Victorine par l'Auteur de Blancay. II Vols. 12. Neuwied 789. Gehra. 18 ggr. Berl., Schlesinger. 12 ggr.

Victorini, Wenceslaus Max., ausführl. Entwurf, wie man d. Weyher benutzen, u. d. Karpfen auf böhm. Art erziehen könne. 8. Münch., (Franz). 3 ggr.

Victorini de jure terrae Bohemiae libri IX, s.: Jireček, H., codex juris Bohemici.

Victorini Marii excerpta de orthographia ed. H. Keil. Pr. 1874. 12 S. 4°.

Victorius. Calculus ex codice Vaticano ed. G. Friedlein. S.-A. 1872. 23 S. 4°.

Victorii, Petri, curae tertiae in Ciceronis epistolas ad familiares. — Martyni-Lagunae in Ciceronis epistolas commentarii reliquiae. Edidit Jo. Caspar Orellius. 4maj. Turici 840. (Hoehr.) 1/8

Victors-Höh', die, ein Erinnerungsbuch für ihre Besucher. 3e Aufl., mit 1 Abbild. gr. 8. Quedlinb. 832. Basse. 6 gr

Victorshöhe [Schlagwort]

Victorshöhe, s.: Harz.

Victory, the, of vanguished, s.: Collection of brit. authors.

Victring, Johann von

Victring, J. v., s. a. Johann v. Victring.

VICTRING, Abt Johann von, Das Buch gewisser Geschichten. Uebersetzt (aus d. Lat.) von Walter Friedensburg. Leipzig 1888. 8°. XXIV—337 S. (Mk. 4,80.) (3 Mk. Paul Graupe, Berlin, 1910.)

Vicum, Jh. Fr.

— selbstlehrender Hauptschlüssel zu seiner Rechenkunst, nebst Unterricht denselben zu gebrauchen. 8. Dresd. 776.

Vicum, Jh. Fr., († d. 30. Jan. 1800.) kurze u. leichte Rechenkunst rc. 2 Thle. 8. Friedrichsstadt 775. 2e verm. Aufl. unt. d. Tit.: Selbstlehrende, kurze u. leichte Rechenkunst rc. 2 Thle. 8 Dresd. 779. 3 Aufl. in 3 Thlen. 8. Ebd. 783—86. Hilscher. 2 ℛ 16 gr

Vicum JF, der getreue Schreibermeister. (15 F.) qu. 2° Dresden 1758

— d. getreue Schreibermeister. qu. Fol. Dresd. 776.

— selbstlehrende Schreibeschule. qu. Fol. Dresd. 758.

— d. kanzleimäßige u. orthograph. Schreibschüler. qu. Fol. Dresden 775.

Die Aufgaben der Ostmarken von Viczúr. *Berlin: J. Volkening 1901.* (55 S.) 8°

Viczúr, die Aufgaben der Ostmarken. (55 S.) gr. 8. Berlin 903. Volldampf-Verlag. n. — 60

Vida, a, dos meninos. 9 cuadros colorados. qu. gr. 4. Stuttgart 867, Gebr. Scheitlin. cart.

Vida, Erzbisch., Jesus Christus. Ein latein. Heldengedicht, deutschen Verehrern des göttl. Helden gesungen, von J. D. Müller. 8. Hamb. Hoffmann u. Campe. 811. Rthlr.

Vida, la, de nuestro Señor Jesucristo contada á los niños. Traducida y cuidadosamente revisada por el Rdo P. Santiago de Guatemala, Capuchino. Edicion española adornada con 66 grabados sobre madera y 4 crómo-litografias. gr. 16. (156 S.) Einsiedeln 888. Benziger & Co. geb. 1, 30

Vida, la, de Jesus par los miños. qu. 16. (16 chromolith. Bl.) Basel 872. Spittler. n. — 80; cart. n. 1. —

Vida, Mark Hieronymus

— der im Schachspiel vom Merkur überwundene Apoll. Aus d. Latein. 8. Dresd. 754. Walther. 2 gr

Vida, M. Hieron., de arte poëtica libri III.; commentar. de poëtae vita et carminibus addidit Chr. A. Klotz. 8. Altenb. 766. (Hennings in Neisse). 8 gr

Vidae, M(arci) H(ieron.), Christias. Edidit Aug. Hübner. 12. (VI und 175 S.) Nissae 849, (Hennings.) *

— Lehrgedicht über d. Schachspiel. Herausg. u. metrisch übersetzt von J. J. J. Hofmann. 8. Mainz 826. Kupferberg. 11 gr

Vida, M. Hieron., Schacchia ed. Froebel. 32. Rudolst. 821. (Hofbuchh.) 16 gr

Vida, Hieronymus, das Schlachtgedicht. Metrisch übersetzt u. m. Einleitg. u. Anmerkgn. versehen v. Alex. Baldi. 8. (XIII, 47 S.) Berlin 873. Springer's Verl. n. 1. 50

Vida, Hieronymus, das Schachgedicht. Metrisch übersetzt und mit Einleitung und Anmerkungen versehen von Alex. Baldi. 8. (XIII, 47 S.) Berlin 874, Springer's Verlag. (*ℳ 1,50.) *

Vida, das Schachspiel, s. a. Jesse, J. E. K. Chr.

— vom Schachspiel, Lehrgedicht von J. E. K. Chr. Jesse. Mit e. Vorwort von Schläger. 8. Hannov. 830. Helwing. 8 gr

Vida, Hieron., die Seidenraupe, ein Lehrgedicht, lateinisch u. deutsch herausg. von Hoffmann. Neisse 864. Hinze in Comm. gr. 8. (47 S.) 9 ngr.

Vida, Hier., Thomas von Aquino, ein Muster christlichen Lebens und Denkens. Ein Hymnus im Versmaße des Orig. übers. u. eingeleitet von Hoffmann. Neisse 857. Graveur. 8. (35 S.) n. 8 ngr.

Vidabel, Hans v., Ehrguta, die Spinnerin v. Appenzell, od. Die Belagerg. v. Bregenz anno 1407/1408. Volksschauspiel in 5 Akten. (64 S.) kl. 8. Bregenz 910. J. N. Teutsch. p — 50

— Hirtengesänge u. Lieder; aus d. Latein. 8. Bresl. 760. Pietsch. 3 gr

— Jesus Christus. Ein latein. Heldengedicht, deutschen Verehrern des göttl. Helden gesungen, von Jh. Dn. Müller. 8. Hamb. 811. Campe. 1 ℛ 8 gr

Vidal, Ant., les instruments a archet. Les feseurs, les joueurs, d'instruments, leur histoire sur le continent Européen, Suivi d'un catalogue général de la musique de chambre. Orné de planches gravées à l'eau-forte par F. Hillemacher Tom. 1 et. 2. gr. 4. (XI, 157 u. VI, 383 S.) Paris 876. Leipzig, Breitkopf & Haertel. à n. 40. —

Vidal, Arnold, approb. Arzt aus Hamburg: Aus d. med. Universitäts-Poliklinik zu Kiel. Über den Einfluss verschiedener Ernährungszustände von Thieren auf die Umwandlung subcutan eingespritzten Methämoglobins. Naumburg a. S.: Lippert & Co. 1899. (10 S.) 8°
Kiel, Med. Diss. v. [16. Sept.] 1899.

Vidal (de Cassis), Aug., Abhandlung über die venerischen Krankheiten. Ins Deutsche übertr. von einem prakt. Arzte. 2 Bde. 1. Aufl. 1853. und 2. (Titel-)Aufl. gr. 8. (IV und 652 S. mit 6 ill. Stnt.) Leipzig 854, [Matthes.] *

Vidal's, Aug., Lehrbuch der Chirurgie u. Operationslehre. Nach der 3. Aufl. mit besond. Rücksicht auf das Bedürfniss der Studirenden, deutsch bearb. v. Adf. Bardeleben. Mit mehr als 500 in den Text gedr. Holzschn. 1 — 3. Lfg. gr. 8. (1 Bd. XVI u. 550 S. 2. Bd. S. 1 — 224.) Berlin 852, G. Reimer. (1 : 3/4 ₰ 2 : 1 1/4 ₰ 3 : 3/4 ₰) 2 3/4 ₰

—— Lehrbuch der Chirurgie und Operationslehre. Nach der 3. Aufl. mit besond. Rücksicht auf das Bedürfniss der Studirenden, deutsch bearb. von Adf. Bardeleben. Mit mehr als 500 in den Text gedr. Holzschn. 4—10. Lfg. gr. 8. (2. Bd. XII und S. 225 — 869., 3. Bd. XII und 996 S.) Berlin 853—56, G. Reimer.

Vidal's, Aug., Lehrbuch der Chirurgie und Operationslehre. Nach der 3. Aufl. mit besond. Rücksicht auf das Bedürfniss der Studirenden, deutsch bearb. von Adf. Bardeleben. 11—14. Lfg. gr. 8. (4. Bd. XV und 896 S. mit mehr als 500 in den Text eingedr. Holzschn.) Berlin 857 — 59, G. Reimer. à Lfg. * 22 1/2 Ngr. *

—— dass. — 2. Aufl., s. Bardeleben, Adf.

Vidal's Traité de pathologie, s. Bardeleben, Adf., Lehrbuch der Chirurgie.

Vidal, E., Symptomatologie u. Histologie der Hautkrankheiten, s.: Leloir, H.

(Vidal, Fel.) Leben und Todesfeier des Generals Foy. A. d. Französ. 8. Stuttgart 1826. 2.65.

Vidal's G, Thonwaren-Fabriken zu Fernsicht bei Kellinghusen. Musterbuch von Olen Fernsicht

Vidal, Leon

Vidal, L., die Photoglyptie od. d. Woodbury-Druck, s.a. Encyklopädie d. Photographie, Hft. 25.

Die Photoglyptie oder der Woodbury-Druck v. L(eon) Vidal. Nach d. Französ. übs. (v. J[osef] M[aria] Eder). M. 24 Holzschn. im Text. *Halle a. S.: W. Knapp 1897.* (VIII, 174 S.) 1 Bd 8.
— Encyklopädie d. Photographie. H. 25.

Vidal's, Peire. Lieder. Hrsg. von Carl Bartsch. 8. (CVIII und 160 S.) Berlin 857, Dümmler's Verlagsh. *

Vidaure, A., geogr. und bürgerl. Geschichte d. Königreichs Chili. gr. 8. Hamburg. 782. Ist jetzt Verlag v. Schnupphase in Altenburg.

Vidaure, A., kurzgefaßte geograph. u. natürl. Geschichte d. Königreichs Chili, a. d. Ital. gr. 8. Hamb. Bohn. 782. -

Vidaure, A., kurzgefaßte geographische u. natürl. Geschichte des Königr. Chili. Aus d. Italien. von Cph. J. Jagemann. gr. 8. Hamb. 782. (Altenb., Schnuphase). 16 K

Vidaure, Frz., der Gratulant, s.a. Gratulant.

Vidaure, Frz., d. Gratulant bei allen Gelegenheiten, nebst einem Geschenke für junge Liebende, bestehend in anwendbaren u. geschmackvollen Formularen von Herzenserklärungen. Als Anhang: ganz neue launige u. ernsthafte Stammbuchs-Aufsätze u. d. Blumensprache. Eine Gabe d. Liebe, Freundschaft u. des Scherzes. 8. Nordh. 829. 2e A. 830. Köhne. 8 K

Vide, cui fidas! Trau, schau, wem! Oder chronologisch geordnete Zusammenstellung aller sich auf das offene Sendschreiben der Anna Czerska an ihren Sohn Joh. Czerski beziehenden Aktenstücke und sonstigen Belege. gr. 8. Regensburg 845, Manz. 1/8 ₰

Videant Consules! Zur Orientirung über Fragen des höheren Bildungswesens insonderheit über die Forderung der Gleichberechtigung der Realschulen mit den Gymnasien. gr. 8. (88 S.) Görlitz [Liegnitz] 873, Wollmann's Verlag. *

Videant Consules! Zur Orientirung über Fragen des höheren Bildungswesens insonderheit über die Forderung der Gleichberechtigung der Realschulen mit den Gymnasien. 2. (Titel-) Ausg. gr. 8. (88 S.) Liegnitz (873)79, Kaulfuss'sche Buchh. *

„**Videant** consules . . . . . .“ Eine Betrachtg. f. d. Osterferien. gr. 8. (15 S.) Heidelberg 895. vorm. Weiß' Sort. n. — 40

— dasselbe, Fortsetzg., s.: Caeterum censeo, suffragium universale — reformandum esse.

Videant consules ne quid respublica detrimenti capiat. Kassel 1890. V: *Schiemann*, *Theod.* (EB)

Videant consules ne quid respublica detrimenti capiat. 1. u. 2. Aufl. gr. 8. (IV, 59 S.) Kassel 890, Kay. * 1 —
Vgl.: Cedant arma togae! — Post tenebras lux! — Schultze, Friedr. Wilh. Ne quid nimis.

Videbannt, s. Viedebandt.

Vidéky, Ludw., illustrirtes Hand- und Hilfsbuch des Colonial- und Spezereiwaaren-Handels. Erste erschöpfende und populäre Darstellung der wichtigsten Zweige des Handels und Verkehrs in Colonial- und Spezereiwaaren, Südfrüchten, Droguen, Farbwaaren, Chemikalien, Erzeugnissen der Genußmittel-Industrie &c. gr. 8. (797 S. mit zahlreichen Illustr.) Wien 885, Bondy. geb. *

Videman, Fridrich, s. Wiedemann, Friedrich

Vidic Franz: Valentin Vodniks Leben, Dichtungen und Sprache:
1897 PN 1091 Diss. Wien, Univ. 2683

Strozzi. — Viditz, Edler von, Oberst. Das k. und k. Militär-Invalidenhaus in Prag und der Stifter desselben Graf Peter . . . . . (Mit 2 Abbildungen.) 4. Prag 1898.

Vidmar, Const. Joan., compendium repetitorium juris ecclesiastici communis et quoad Austriae imperium particularis, s.: Egger's, B. A., Correspondenz-Blatt-Bibliothek.

Vidmar, Const. Joa., Compendium repetitorium theologiae dogmaticae, s.a. Egger's, B. A., Correspondenz-Blatt-Bibliothek, 2. u. 3. Bd.

— compendium repetitorium theologiae dogmaticae tum generalis cum specialis. Ex probatissimis auctoribus collectum et in systema redactum. gr. 16. (VIII, 648 S.) Wien 893. C. Fromme. Geb. in Leinw. n. 6. 80

Vidmar, Const. J., s.: Haec loquere et exhortare.

Vidmar, Const. Joan., introductio in corpus juris utriusque tum canonici cum civilis romani. gr. 8. (X, 137 S.) Wien 886. Manz. n. 2. —

— Methodik des kathol. Religionsunterrichtes an allgemeinen Volks- u. Bürgerschulen. Hrsg. v. d. Red. d. „Correspondenz-Blattes f. d. kathol. Clerus Oesterreichs“. gr. 8. (VIII, 204 S.) Wien 895. C. Fromme. n. 2. —

Vidmar, Const. Joh., Methodik des katholischen Religionsunterrichtes an allgemeinen Volks- u. Bürgerschulen. Hrsg. v. der Red. des „Korrespondenz-Blattes f. den kathol. Klerus Oesterreichs". 2. Aufl. (VIII, 236 S.) gr. 8. Wien 903. C. Fromme. n. 2. —

— theologisches Repertorium, s.: Zehly, Joh.

Vidmar, Const. J., eine Studie als Beitrag zur anthropologischen Psychologie. gr. 8. (31 S.) Wien 881, Kirsch.

Vidmar, Const., das Testament unseres Erlösers oder die sieben Worte Christi am Kreuze. Betrachtungen, gehalten in der heil. Fastenzeit 1875, nebst einer Osterpredigt. 8. (VI, 140 S.) Wien 875, Kirsch. *

—— Dr. Johann Emanuel Veith. Ein Gedenkblatt zu seinem 100. Geburtstag den 10. Juli 1887. 8. (71 S. mit rad. Bildniß.) Wien 887, Mayer und Comp. *

—— exegetisch-apologetischer Vortrag über die durch Wereschagin's blasphemische Bilder angegriffene Glaubenslehre. Gehalten in der Wiener Ressource am 17. Novbr. 1885. 2. und 3. Aufl. 8. (30 S.) Ebendas. 885. *
Aus: Vaterland, besonders abgedruckt.

—— die sieben Worte der seligsten Jungfrau Maria. In ebenso vielen Vorträgen nebst einer Schlußbetrachtung gehalten während der Mai-Andacht 1877 in der Kirche Maria der P. P. Mechitaristen in Wien. 8. (171 S.) Ebendas. 877. *

Vidnesbyrd fra Herrens Huus. Prædikener paa alle Kirkeaarets Søn- og Helligdage, samlede af J. F. Fenger og V. Birkedal. Förste Deel. Vinterhalvaaret, samlet af J. F. Fenger. Anden Deel. Sommerhalvaaret, samlet af V. Birkedal. gr. 8. (XII u. 571, II u. 382 S.) Kjøbenhavn 847, Reitzel. n. 2¼ ℛ

Vidnjević, Jos., d. kleine Stickerin od. o. Sammlg. v. Stickmuster f. Schule u. Haus. qu. gr. 8. (25 Taf. m. 1 Bl. Text.) Agram 895. Wien, C. Graeser & Co. — Berlin, Schultze & Velhagen. n. — 70

Vidocq, Eug. François

Vidocq, Denkwürdigkeiten, s. Aus d. Leben Vidocq.

Vidocq, die wahren Geheimnisse von Paris. Deutsch von L. Meyer. 6 Bde. 8. (62 B.) Leipzig 844, Otto Wigand. à 15 Ngr. Thlr.

— die wahren Geheimnisse von Paris. Aus d. Franz. von L. Meyer. 2. (Titel-) Aufl. 6 Bde. (in 2 Bdn.) 8. (973 S.) Leipzig 847, O. Wigand. 2 ℛ

— Dasselbe, tit.: Geständnisse eines Erzschelmes, oder die wahren Pariser Mysterien. Deutsch von W. Oskar. 12 Thle. Wien 1849. Kl. 8°. (4 Mk. J. Taussig, 1902; 3 Kr. 50 H. A. H. Huber, Salzb., 1908.)

(Vidocq,) aus dem Leben u. d. Memoiren eines ehemal. Galeerensclaven rc., s. Aus.

Vidocq's Memoiren, s.: Handbibliothek, allgemeine, zur Kultur- u. Sittengeschichte. 3. Bd.

Vidocq, les vrais mystères de Paris. I.—IV. gr. in-8. (Mit 1 lith. Portrait.) Paris 844. Berlin, Librairie Voss. n. 8 ℛ

—— die wahren Mysterien von Paris, s. Weltpanorama, 33—39. u. 44—50. Bd.

— — Selbstbiographie. Aus d. Französ. von F. C. Dörner. Mit Portrait. Hamburg, o. J. (1845). 8°. (4 Mk. 50 Pfg. Lipsius & Tischer, Kiel, 1909.)

Vidocq, Eug. Franç., höchst interessante Selbst-Biographie. Nach dem franz. Orig.-Werk bearb. v. J. A. Michaelis. 2. verb. Aufl. 1. Bd. 8 Lfgn. u. 2. Bd. 7 Lfgn. gr. 8. (512 u. 448 S. m. 8 Lith.) Berlin 847. 48, Sacco. (à ⅙ ℛ) 2½ ℛ

Vidocq, des Eug. François, Chef der gefürchteten französischen geheimen Polizei, welcher vorher Bäcker, Thierwärter, Lampenputzer rc. war rc., und sich dennoch zu jenem Staatsamte emporgeschwungen rc. hat, höchst interessante Selbst-Biographie. Nach dem französ., von E. F. Vidocq selbst verfaßten Original-Werke bearb. von J. A. Michaelis. 3. sorgfält. revid. (Titel-)Aufl. 2 Bde. Berlin (848.) 854. Sacco. gr. 8. (1. Bd.: 512 S.; 2. Bd.: 448 S. u. 8 Lithogr.) 2 ℛ

Vidor, Jos., Effekten-Zinsen-Tabellen. (Deutsch u. ungarisch.) (70 S.) 8. Wien (910). F. Arnold. 4. —

Vidor, J., Effekten-Zinsentabellen. Gr.-8°. (70 S.)
Wien: Schworella & Heick 1910. K 4.—, kart. K 4.60

Vidossich, Gius., compendio di storio della letteratura italiana ad uso delle scuole medie. (175 S.) gr. 8. Triest 910. M. Quidde. Geb. in Leinw. 3. —

: Prof. Oskar Edler von Hassek. (Umschlagtitel: ... Nachruf.)
S. 9—11. 8. K. k. Staats-Gymn. *Triest* 1905.
Progr.

Vidossich, J[osef] u. Wolf, K[arl]: Prof. Eduard Pospichal (Umschlagtitel: ... Nachruf.) S. 7—8. 8.
Progr.

Vidossich Josef: Studi sul dialetto triestino.
D: Selbstverlag, 1900.
1900 PN 1309 **Diss.** Wien, Univ. 2248

— Tavola dei verbi italiani. Con l'indice alfabetico dei verbi forti, irregolari e defettivi più usitati e con un glossario tedesco-italiano. (27 S.) 8. Ebd. (907). — 80

Vidrascu, Petru [aus Folticeni in Rumänien]: Comenii Orbis pictus Charakteristik und Werdegang desselben ... Leipzig, Druck v. A. Prios, 1891. 61 S. 8°.
Leipzig, Phil. Fak. Inaug. Diss. v. [13. Apr.] 1891

Vidré, Judith, aus Nikolajeff (Rußland): Ueber die Blutbefunde bei Metastasen maligner Tumoren im Knochenmark. (Haematologische Arbeiten unter Leitung von Dr. Naegeli-Zürich.) Zürich, A. Schereschewsky. 1911. 32 S. 8°. [18. IV. 11.]
Zürich, Univ. Med. Diss. 1910/11.

Vie de l'Amour, représ. en 25. grav. 4. Lpz. Ind. Comt. color.

— et amours du Chevalier Faublas, siehe in Romanen Faublas.

Vie de la sainte fondatrice Angèle de Mérici (1474—1540) en 12 gravures. Innsbruck 1906. V: *Wörndle, Felicitas von.* (Margr)

Vie de la sainte fondatrice Angèle de Mérici (1474—1540) en 12 gravures par un membre du couvent des Ursulines d'Innsbruck. Avec un texte explicatif par Célestin Wolfsgruber, O. S. B. (VI, 72 S.) qu. 8. Innsbruck 906 Vereinsbuchh. Geb. in Leinw. n. 4. —

Vie de Messire Antoine Arnauld, docteur de la maison et société de Sorbonne. 4. Lausanne 783. Pott. 2 ℛ 8 𝒢

— et aventures de sens commun, hist. allégorique. 8. Avign. (Flick à Basle.) 777. — 10

— de Brühl. 8. Berl. 762. Wever. (Sander). 12 𝒢

Vie de (Thomas Fowell) Buxton (1786–1845), précédée et suivie de deux notices sur l'esclavage et sur la colonie de Liberia. Traduite par Mlle [Victorine] Rilliet de Constant. Éd. publiée avec le consentement de l'auteur et de l'éditeur anglais. 8. Paris, Berne et Leipzig 1853.

Vie, La, et le caractère de Mr. le Comte de Bruhl . . . [Frankfort?] 1760. V: *Justi, Joh. Heinr. Glob von.* (BrMm)

— du comte de Cagliostro. 8. Strassb. 771. Treuttel u. W. 22 𝒢

— de Cathérine II., Impératrice de Russie. II Vols. 8. Paris 797. (Er. Fleischer in Leipz.) 1 ℛ 12 𝒢

— le même, avec 6 Portr. II Vols. gr. 8. (Leipz. 797. W. Nauck). 1 ℛ 8 𝒢

— — le même av. 6 Portr. II Vol. gr. 8. (Sommer à Lpz.) 797.

Vie: La vie champêtre
v. Suisse Romande (Fr).

— de l'Abbé de Choisy. 8. Lausanne, Pott. 742.

Vie, La, de Gaspard de Coligni, Seigneur de Chatillon Amiral de France . . . Nouv. Ed. . . . Dresde 1783. V: *Hotoman (Hotman), Frz.* (EB)

— la, de Gaspard de Coligny, avec ses mémoires sur ce qui se passa au siège de St. Quentin; nouv. édit. augment. de remarques (par Charl. Guilh. Dassdorf). 8. Dresd. 783. Walther. 16 𝒢

Vie et conversation de la bonne Armelle. Traduit de l'allemand. 12. (3 B.) Strasbourg 842, libr. Levrault.

Vie. Une vie de Diaconesse.... Berne 1882 s. [Dandliker, Johann Friedrich].

— de General Dumouriez, voyez Dumouriez.

Vie du Prince Eugène de Savoie ... écrite par lui-même et publiée pour la première fois en 1809. III. Edition, revue, corrigée et augmentée de notes et de la dernière partie de la vie de l'auteur jusqu'à sa mort. Paris 1810. V: *Ligne, Charles Joseph Prince de.* (Des Fürsten von Ligne Erinnerungen u. Briefe. A. d. Franz. übers. u. hgbn. von Viktor von Klarwill. Wien 1920, S. 397) (BiblPort)

— de Frédéric II. etc. s.a. I. Ch. de la Veaux.

Vie de Frédéric II., roi de Prusse . . . Strasbourg 1787. V: *Thiébault de Laveaux, J. Ch.* (Barbier) H: *Treuttel, J. G.* (KA)

— de Prince Henri de Prusse, ou détails de ses loisirs dans sa rétraite de Reinsberg. 8. Berl. 784. Rottmann. 12 𝒢

Vie de Jeanne de St. Remy de Valois, ci-devant comtesse de la Motte, son Emprisonnement et son Evasion presque miraculeuse. Ecrite par elle même. II Vols. gr. 8. Paris 793. (Leipz., W. Nauck). 5 ℛ

Vie de Jeanne de St. Remy de Valois, ci-devant comtesse de la Motte, son Emprisonnement et son Evasion presque miraculeuse. Ecrite par elle même. II Vol. gr. 8. Leips. Sommer.

(Jésus). Vie de Jésus, racontée aux enfants de 8 à 12 ans. In-18°, 272 p., illustr. de 70 vign. Lausanne, Soc. des écoles du Dimanche. (Bâle, Georg.) 1878.

— de Jesus Christ, pour les enfans; traduit de l'Allem. 8. Stettin 795. Kaffke. 9 𝒢

Vie, la, de notre Seigneur Jésus Christ racontée aux enfants. Texte revu par un Théologien. Éd. ornée de 76 gravures sur bois et de 4 Chromo-Lith. 16. (168 S.) Einsiedeln 882. Benziger. cart. 1. 30; geb. m. Goldschn. 2. —

Vie de Mme Judson, Missionnaire dans l'Empire Birman. Trad. de l'Anglais sur la 2de édition. gr. in-8. Genève 834. (Francfort, Schmerber.) n. 2¼ ℛ

Vie de Otto Kaufmann (1828–1869), de Lahr, missionnaire aux Indes Orientales. Traduit de l'allemand. [Couverture illustrée.] 8. Bâle 1873.

— de Jean-Theophile Koelling, autrefois Berger, actuellement Instituteur à Zerbst, écrite par lui-même. Nouv. édition, considérabl. augmentée. Ouvrage autorisé par le Conseil royal de l'instruction publique. Mit 1 Steint. gr. in-12. Paris et Strasbourg 833. Levrault. ⅓ ℛ

— de Robert Scipion de Lentulus; traduit de l'allemand par Hedelhofer. 8. Bern 787. Haller. 8 𝒢 (Kupferberg in Mainz). 4 𝒢

Vie, La, de Robert Scipion baron de Lentulus Lieutenant général des armées du roi de Prusse. Berne 1788. V: *Haller, Franz Ludwig.* (Pr)

— la, du baron de Lentulus. gr. 8. Frankf. 788. Academ. Buchh. 8 𝒢

Vie littéraire de Laurent de Médicis. [Berlin 1828.] V: *Saunier, Henri.* (BrMm)

Vie de Charles Bonaventura de Longueval, comte de Bucquoy . . . Vienne 1796. V: *Goesse.* (Pr)

— de Charles-Bonaventure de Longueval, comte de Bugoy, Généralissime des armées de l'Empereur Ferdinand II. gr. 8. Brüssel 804. (Walther in Dresd.) 1 ℛ

Vie du feldmaréchal baron de Loudon. 8. Luxembourg 1792. — 8. Vienne 1792.

Vie, La, maladie et la mort de l'honnete femme. Das ist: Der ehrliche Frau Schlampampe Leben, Krankheit und Tod in Zweyen Lust- und Trauerspielen vorgestellet und aus dem Französischen in das Teutsche übersetzet von Schelmuffsky Reisegefährten. Franckfurth u. Leipz. 1750. V: *Reuter, Christian.* (BGE IV, 125)

Vie La maladie et la mort de l' honnete femme. Das ist: Der ehrlichen Frau Schlampampe Leben, Krankheit und Tod, in Zweyen Lust- und Trauer-Spielen vorgestellt etc. von Schelmuffsky Reisegefährten. Frankf. u. Leipz. 1750. 8o.
Zuerst gedruckt 1696. s. Gottsched I. S. 261. Gervinus III. S. 461.

Vie, la, de Marianne, ou les Aventures de Mad. la Comtesse de ** par Mr. de Marivaux. VIII Parties. 8. Leipz. Weidmann. 737. 1 20

— la, et le martyre du R. P. Grégoire de S. Loup etc. 8. Basel 797. Thurneisen. 6 gr

Vie militaire du Maréchal Prince Ferdinand, Duc de Brunsvic et Lunebourg . . . Magdebourg 1796—98. V: *Schaper, Christoph von.* (ML) (Ky) (Pr) (MGT)

— militaire du maréchal Prince Ferdinand, duc de Brunsvic et Lünebourg pendant la guerre de sept ans en Westphalie (par C. v. Schaper). II Vols. gr. 8. Magdeb. u. Nürnb. 796—98. Keil. (Heinrichshofen). 3 ℛ 16 gr

— de Madame de Maintenon. 12. Frankf. 753. Varrentrapp. 6 gr

— de Milton et d'Addisson aux quelles on a joint un jugement sur les ouvrages de Pope, le tout traduit de l'Anglais de S. Johnson. II Vols. 18. Strassb. 805. König. 1 ℛ 8 gr

— de Milton et jugement sur ses écrits. Ouvrage traduit de l'Anglais de feu S. Johnson, et pouvant faire suite au poème du paradis perdu. 18. Strassb. 798. König. 12 gr

A vie ou à mort (roman en russe). VII. 634 pag 8. Bâle et Genève, H. Georg. 1877 7. —

— de Charles de Navarre, Prince de Viane. 12. Bern 788. Haller. 12 gr

— du Cardinal d'Ossat. II Vols. gr. 8. Paris 771. (Schwickert in Leipz.) 3 ℛ 6 gr

Vie, la, Sainte Paule, hrsg. v. Karl Grass, s. a. Bibliothek, romanische. XIX.

La vie Sainte Paule. Zum ersten Male hrsg. von Dr. Karl Grass, Oberl. Halle a. S.: M. Niemeyer 1908. (LII, 78 S.) 8°
= **Bibliothek,** Romanische. No 19. [08. 15685 2

— et pensées du Général Hoche etc. 8. Bern, Typ. Soc. 6 gr

Vie et pensées du général Hoche. 8. Berne, s. a. (1798.)

— la, de Gabrielle Volande Martine de Polastron, Duchesse de Polignac. 2e Edit. gr. 8. Braunschw. 817. Pluchart. 6 gr

Vie politique de Monsieur le colonel Frédéric César de Laharpe. 1815 s. [Gingins-Pillichody, de].

— privée et littéraire de Charles Bonnet, célèbre auteur etc. 8. Bern, Typ. Soc. 6 gr

— privée de Louis XV. II Tom. 12. Leipz. 781. (W. Vogel). 1 ℛ 12 gr

— privée de Louis XV. ou principaux événemens, particularités et anecdotes de son règne. IV Vol. gr. 12. Londres. (a. Typ. à Berne.) 781.

Vie, La, privée d'un prince célèbre, ou Détails des loisirs du Prince Henri de Prusse . . . Veropolis [Berlin] 1784. V: *Guyton de Morveau, N.* (BrMm)

— privée de maréchal de Richélieu, conten. ses amours et intrigues etc. III Vols. gr. 8. Hamb. 791. Fauché. 3 ℛ

— privée des Romains. 12. Lausanne 757. Pott u. Comp. 10 gr

— — privée de Voltaire et de Mdme. du Chatelet pendant un sejour de six mois à Cirey. (par Mdme. de Grafigny) suivie de 50 lettres inédites en vers et en prose de Voltaire. in 8. Paris. 820.

— la, est un songe, historiette orientale, traduite du persan. 8. Strassb. 782. König. 6 gr

Vie, La, de Spinosa . . . Hamburg 1735. V: *La Selve, Richer.* (Barbier)

La vie du Cte. de Totleben, ci-devant colonel au service des Etats-Gén. des Province-Unies, et dernièrement lieut.-gén. des armées de l'Impératrice de toutes les Russies. 8. Cologne 1762.

— la, du comte de Tottleben. 8. Leipz. 762. Jacobäer. 4 gr

Vie de Frédéric baron de Trenck, Écrite par lui même et traduite de l'allemand en francois par M. le baron de B. a Metz 1787. Seconde édition. A Metz 1788. V: *Trenck, Fch. Freih. von.* Ü: *Bock, Baron.* (G. Gugitz und Max von Portheim: Friedrich Freih. von der Trenck. Wien 1912, Nr. 11 u. 18)

— du ministre de Vergennes. 8. Bern 789. Typogr. Soc. 16 gr

— de Voltaire, par M***. gr. 12. Génève ... (Mainz, Kupferberg). 12 gr

— la, de Voltaire, par M... gr. 8. Gotha 786. Ettinger. 1 ℛ 8 gr

— la, de Voltaire, suivie d'Anectodes qui composent sa vie privée. gr. 8. Paris. (König à Strasb.) 797.

(Viebahn, G. v.) Die Angriffe des Reichstagsabgeordneten Richter gegen die Armee. Hannover 1883. 8°. Dass. 6. Aufl. 1883.

Viebahn, Geo. v., und Schubarth, amtlicher Bericht über die allgemeine pariser Ausstellung im J. 1855, s.a. Bericht, amtlicher.

Viebahn, Georg v. und E. L. Schubarth. Amtlicher Bericht über die Pariser-Ausstellung im Jahre 1855. Berlin 1856.

Viebahn, Geo. v., Blicke in das Herz e. Helden. gr. 8. (23 S.) Berlin (902). Deutsche ev. Buch- u. Tractat-Gesellschaft. n. — 50

Viebahn, Geo. von. Die zweijährige Dienstzeit der Infanterie, beleuchtet aus der Praxis d. Soldatenlebens. gr. 8. (39 S.) Potsdam 890, Döring. * — 80

— Die Ehe der Gläubigen im Lichte des Wortes Gottes. (Fortsetzung zu: Verlobung u. Verheiratung der Gläubigen im Lichte des Wortes Gottes.) (52 S.) gr. 8. Striegau (908). Th. Urban. — 40

Die Ehe der Gläubigen im Lichte des Wortes Gottes. Von Georg v. **Viebahn,** Generallt. z. D. Diesdorf: Schwert u. Schild; Striegau: Urban in Komm. [1910]. 52 S. 8°
Aus: Schwert u. Schild. [10. 16514 2

Viebahn, Georg von, Referat, die Einführung gleichen Maasses und Gewichtes in Deutschland betreffend. 1863.

Viebahn, Geo. v., Erinnerungen aus Hohenzollern, Ueberblick des Gebietes, der Landesgeschichte, der Wohnplätze, der Industrie und Verwaltung. Vorgetragen im wissenschaftl. Verein zu Berlin am 26. Febr. 1853 und mit Anmerkungen begleitet. gr. 8. (47 S.) Berlin 853, Decker'sche geheime Ober-Hofbuchdr. *

— Ewigkeitsstrahlen in das Leben des deutschen Offiziers. gr. 8. (21 S.) Ebd. 899. n. — 50

— Die kleinen Füchse. (Hohelied 2, 15.) (16 S.) 8. Barmen 910. E. Müller. — 20

— Die erste u. zweite Geburt. Der erste u. zweite Tod. Die erste u. zweite Auferstehung. (16 S.) 8. Ebd. 910. — 20

Viebahn I., Geschichte des königl. preuß. Kaiser Alexander Garde-Grenadier-Regiments Nr. 1, s. Prittwitz und Gaffron, W. v.

v. Viebahn, Geo., d. englische Gewerbfleiss, seine geschichtliche Entwickelung, gegenwärtigen Hauptsitze u. volkswirthschaftlichen Ergebnisse. Statistische Abhandlung, vorgetragen im wissenschaftl. Verein in Berlin am 6. März 1852. gr. 8. (IV u. 49 S.) Braunschweig 852, Vieweg & Sohn. n. 1/3 ₰

Viebahn, Geo. v., gibt es e. wirkliche Befreiung u. e. völligen Sieg auf dem Gebiete der Fleischeslust? Nur f. Männer u. Mütter v. Söhnen. 2.—4. Aufl. (48 S.) gr. 8. Diesdorf bei Gäbersdorf (909. 10). Striegau, Th. Urban. — 30

— kann e. gläubiger Christ den Weg des Zweikampfes gehen? gr. 8. (26 S.) Ebd. 902. n. — 50

Viebahn, Geo. v., die siegreiche Kraft d. Wortes Gottes im Leben d. deutschen Offiziers. gr. 8. (III, 86 S.) Berlin 898. Deutsche ev. Buch- u. Tractat-Gesellschaft. n. — 80

Viebahn, Geo. v., von der Landstraße des Lebens. Geschichten, Bilder u. Gleichnisse aus den Schriften des v. V. 1.—3. Aufl. (Je XVI, 382 S.) gr. 8. Barmen 908 E. Müller. Geb. in Leinw. 5. —

Lebt Christus? Von Georg v. **Viebahn,** Generallt. z. D. (2. Aufl.) Diesdorf bei Gäbersdorf: 'Schwert und Schild' [1910]. 44 S. 8°
[10. 10205

— unter dem Lorbeerkranze u. doch aussätzig. gr. 8. (20 S.) Ebd. 900. n. — 50
4 Sonderabdrucke aus: „Schwert u. Schild".

— Paßt das Evangelium der Bibel noch in das 20. Jahrh.? (47 S.) 8. Leipzig (909). M. Költz. — 40

— Der Quell der Kraft —, der Strom d. Friedens —, das Meer der Gnade. 1.—3. Aufl. (40 S.) gr. 8. Diesdorf bei Gäbersdorf (909). (Striegau, Th. Urban.) — 30

Ratschläge für den Dienst des Helferkreises bei Evangelisationen. Aus d. Erfahrung gesammelt von Georg v. **Viebahn,** Gen.Lt. z. D. 2. Aufl. Diesdorf: Schwert & Schild 1908. (20 S.) 8° [Umschlagt. F] [08. 7061

— Religiös od. wiedergeboren? Seelisch od. geistlich? (16 S.) 8. Barmen (910). E. Müller. — 20

— s.: Schwert u. Schild.

— sterbende Sieger. Ein Vortrag. (32 S.) 8. Gotha 906. Missionsbuchh. P. Ott. n. — 25

— römischer Soldatenstolz. gr. 8. (24 S.) Berlin 901. Deutsche ev. Buch- u. Tractat-Gesellschaft. n. — 50
Sonderabdruck aus: „Schwert u. Schild".

Viebahn, Geo. v., Statistik des zollvereinten und nördlichen Deutschlands, s.a. Statistik.

Viebahn, Georg von, Statistik des zollvereinten und nördlichen Deutschlands. Theil I–III. Berlin 1858, 62, 68.

Stirb und werde! Von Georg v. **Viebahn,** Generallt. z. D. (2. Aufl.) Diesdorf bei Gäbersdorf: 'Schwert u. Schild' [1910]. 32 S. 8° [10. 10206

— Stirb u. werde! (32 S.) gr. 8. Diesdorf b. Gäbersdorf (910). Striegau, Th. Urban. — 30

— Verlobung u. Verheiratung der Gläubigen im Lichte des Wortes Gottes. 1.—3. Aufl. (36 S.) gr. 8. Ebd. (909). — 40

— „wachend u. wartend". Vortrag auf der sächs. Verbandskonferenz d. Jugendbundes f. entschiedenes Christentum in Chemnitz am 28. VI. 1903. Vom Redner durchgesehen. (19 S. m. Abbildgn.) 8. Leipzig 904. M. Költz. n. — 20

Was heißt Glauben? Von Georg v. **Viebahn,** Generallt. z. D. Diesdorf bei Gäbersdorf: 'Schwert und Schild' [1907]. 48 S. 8°
Aus: Schwert und Schild. [10. 1080]

— Was heißt Glauben? (48 S.) gr. 8. Diesdorf bei Gäbersdorf (910). Striegau, Th. Urban. — 40

— Was ist e. Sekte nach der Schrift? . . . (20 S.) 8. Barmen 910. E. Müller. — 20

— Was ist Wahrheit? 1. u. 2. Aufl. (36 S.) gr. 8. Berlin 909. 10. Deutsche ev. Buch- u. Traktat-Gesellschaft. — 50

— Was lehrt die Schrift üb. die Bedeutung u. Feier des Abendmahls? (Für Gläubige.) (24 S.) gr. 8. Diesdorf bei Gäbersdorf (909). Striegau, Th. Urban. — 30

— Was sagt die Schrift v. den Abbildungen des Herrn? (16 S.) 8. Barmen 910. E. Müller. — 20

— Zeugnisse e. alten Soldaten an s. Kameraden. (Soldatenpredigten.) I. Jahrg. 12. (53 Nrn. à 4 S.) Berlin 896. Deutsche evangel. Buch- u. Tractatgesellschaft. n. — 50

— dasselbe. II. u. III. Jahrg. 1896/97 u. 1897/98. gr. 8. (à IV S. u. 53 Nrn. à 4 S.) Ebd. à Jahrg. n. — 60; geb. à n. 1. —

— Zeugnisse eines alten Soldaten an seine Kameraden. IV.—VII. Jahrg. 1898/99—1901/02. gr. 8. (à Jahrg. IV S. u. 53 Nrn. zu 4 S.) Ebd. 899—902. à n. — 60; geb. à n. 1. —

— Zeugnisse e. alten Soldaten an seine Kameraden. VIII.—X. Jahrg. 1902/03. 1903/04 u. 1904/05. (VII, VIII u. VIII S. u. je 53 Nrn. zu 4 S.) gr. 8. Berlin 903—905. Deutsche ev. Buch- u. Tractat-Gesellschaft. à n. — 60; geb. à n. 1. —

— Zeugnisse e. alten Soldaten an seine Kameraden. XI.—XV. Jahrg. 1905/1906—1909/1910. (à VIII S. u. 53 Nrn. zu 4 S.) 8. Ebd. 906—10. à — 60; geb. à 1. —

Viebahn, Geo. Wilh. v., über Leinen- u. Woll-Manufakturen, deren Ursprung, Umfang u. Leistungen in Deutschland, deren Werth u. Fortschritt. Eine Vorlesung gehalt. in d. wissenschaftl. Verein zu Berlin am 17. Jan. 1846. gr. 8. (4⅛ B.) Berlin 846, Gropius'sche Buchh. *

v. Viebahn, Geo. Wlh., über Leinen- und Woll-Manufakturen, deren Ursprung, Umfang und Leistungen in Deutschland, deren Werth und Fortschritte. Eine Vorlesung gehalten in d. wissenschaftl. Verein zu Berlin am 17. Jan. 1846. gr. 8. Berlin 846, Reimarus. n. ⅓ ₰

Viebahn, Johann Chr.

Viebahn, J. C., Lehrbuch d. holländischen Sprache. 1. Cursus. Ein stufenmäßig geordnetes Uebungsbuch f. Anfänger u. Geübtere. gr. 8. (VI u. 82 S.) Hamm 851, Wickenkamp. ¼ ₰

Viebahn, J. C., neue prakt. holländ. Sprachlehre f. Deutsche, f. Schul- u. Privatunterr. gr. 8. (18½ B.) Wesel 841, [Hamburg,] Prinz.

Viebahn, (Konrektor) Jh. Chr., Vorschule für den wissenschaftl. deutschen Sprachunterricht. Ein Hülfsbuch für Bürgerschulen u. d. untern Gymnasial-Klassen. gr. 8. Hamm u. Soest 832. Schulz. 12 gr

Viebahn, Johann Georg v.

v. Viebahn, Jh. G., Statistik und Topographie des Regierungs-Bezirks Arnsberg. 1. Thl. gr. 4. Arnsberg ..., Ritter. ....

— dass. 2. Thl. enth.: Die statist. Ortschafts- und Entfernungs-Tabelle. gr. 4. Ebend. 841. 1 1/12 ₰

v. Viebahn, Jh. Geo., Statistik und Topographie des Regierungs-Bezirks Düsseldorf. 2 Thle. Unter Genehmigung des Königl. statistischen Büreaus herausg. gr. 4. Düsseldorf 836. Schreiner. n. 1½ ₰

Vieheg, Gottfried (Borna/Sa.) A. S. 341/4

Dissertatio inauguralis medica de multorum atque magnorum morborum remedio. Präs. Georg Ernst Stahl.
Halle (Henckel) III. 1714. 13 (richt.: 14) S.

Gew. Borna. 35162

Viebig, M., u. Griesbach, Rede u. Predigt am 4. Sept. 1832, als dem Jahrestage d. neuen Landes-Verfassung d. Königr. Sachsen, gehalten in d. Kirche zu Oberbobritzsch. (Zum Besten d. Bewahr-Anstalt für noch nicht schulfähige Kinder armer Eltern in Freiberg). gr. 8. Frberg, (Engelhardt). 2 gr

Viebig, Pfarrer M., und Predigtamts-Cand. Griesbach, Rede u. Predigt am 4. Sept. 1832, als dem Jahrestage der neuen Landesverfassung des Königr. Sachsen. gr. 8. Freiberg 833. Engelhardt. n. 1/12 ₰

Viebig, Clara, s. Viebig, Klara

Viebig Heinrich: Die politischen Beziehungen zwischen Böhmen und Polen in den Jahren 1335—1356. H. 1885 PN 399 Diss. Wien Univ. 701

Viebig, Klara

Viebig, C. (Frau Clara Cohn), absolvo te. Roman. 1.—17. Aufl. (392 S.) 8. Berlin (907). E. Fleischel & Co. 5.—; geb. 6. —

Viebig, C. (Frau Clara Cohn), das tägliche Brod. Roman in 2 Bdn. 1.—6. Aufl. 8. (à 309 u. 312 S.) Berlin 901. 902. [F. Fontane & Co.] E. Fleischel & Co. n. 8. —; geb. n. 10. —

Viebig, Clara (Frau Clara Cohn), das tägliche Brot. Roman in 2 Bdn. 7.—10. Aufl. (309 u. 312 S.) 8. Berlin 903—905. E. Fleischel & Co. n. 8. —; geb. n. 10. —

— Das tägliche Brot. Roman in 2 Bdn. 11. Aufl. (309 u. 312 S.) 8. Ebd. 907. 8.—; geb. 10. —

— dasselbe. Roman. 18. Taus. (400 S.) 8. Ebd. 910. 3.—; geb. 4. —

Viebig, C. (Frau Clara Cohn), Die vor den Toren. Roman. 1.—15. Taus. (438 S.) 8. Berlin 910. E. Fleischel & Co. 6.—; geb. 7. 50

Viebig, C. (Clara Cohn), Dilettanten d. Lebens. Roman. 8. (328 S.) Berlin 899. F. Fontane & Co. n. 3. 50; geb. n. 5. —

— Dilettanten des Lebens. Roman. 2. Aufl. 8. (328 S.) Ebd. 901. n. 3. 50; geb. n. 5. —

— Dilettanten des Lebens. Roman. 3. u. 4. Aufl. (328 S.) 8. Ebd. 902. 905. n. 3. 50; geb. n. 5. —

— Dilettanten des Lebens. Roman. 5. Aufl. (328 S.) 8. Ebd. 907. 3.50; geb. 5. —

— dasselbe, s. a. Ullstein-Bücher.

Dilettanten des Lebens. Roman von Clara **Viebig** [d. i. Cohn]. Berlin-Wien: Ullstein [1910]. 312 S. 8°
(Ullstein-Bücher.) [10. 8578

— Die hl. Einfalt. Novellen. 1.—8. Aufl. (VII, 253 S.) 8. Berlin 910. E. Fleischel & Co. 3.—; geb. in Leinw. 4.—

— Drei Erzählungen. Für das deutsche Volk u. seine höheren Schulen hrsg. v. Paul Beer. (V, 102 S.) 8. Ebd. 910. Geb. —60

— **es lebe die Kunst! Roman. 1.—3. Aufl. 8. (à 475 S.) Ebd. 899. 902. n. 6.—; geb. n. 7.50**

— es lebe die Kunst! Roman. 4. Aufl. (475 S.) 8. 905. n. 6.—; geb. n. 7.50

— Gespenster. Sie muß ihr Glück machen. 2 Novellen. Illustriert v. Ed. Cucuel. (158 S.) 8. Stuttgart (904). C. Krabbe. n. 2.—; geb. in Ldr. n.n. 3.50

— Gespenster. Sie muß ihr Glück machen. 2 Novellen. Illustriert v. Ed. Cucuel. 2. Aufl. (158 S.) 8. Stuttgart (909). C. Krabbe. 2.—; geb. in Ldr. 3.50

— Das letzte Glück. Schauspiel in 4 Akten. (125 S.) 2. Aufl. (115 S.) 8. Berlin 909. E. Fleischel & Co. 2.—; geb. b 3.—

— das schlafende Heer. Roman. 1.—19. Aufl. (à 518 S.) 8. Berlin 904—906. E. Fleischel & Co. n. 6.—; geb. n. 7.50; Luxusausg. geb. n. 12.—

— Das schlafende Heer. Roman. (25. Aufl.) (Zeichnung zum Umschlag u. zum Orig.-Einband v. Frz. Staffen.) (518 S.) 8. Berlin 910. E. Fleischel & Co. 6.—; geb. 7.50

— **Barbara Holzer.** Schausp. in 3 Akten. 8. (83 S.) **Ebd. 897.** n. 1.50

— der Kampf um den Mann. Dramenzyklus. 1.—5. Aufl. (à 160 S.) 8. Ebd. 905. n. 2.—; geb. n. 3.—

Viebig, C. (Clara Cohn), Kinder d. Eifel. Novellen. 8. (VII, 303 S.) Berlin 897. F. Fontane & Co. n. 3.50; geb. n.n. 5.—

— **Kinder der Eifel. Novellen. 3. u. 4. Aufl. 8. (à V, 303 S.) Ebd. 901. 902. n. 3.50; geb. n. 5.—**

— Kinder der Eifel. Novellen. 5.—7. Aufl. (V, 303 S.) 8. Ebd. 903—905. n. 3.50; geb. n. 5.—

— Kinder der Eifel. Novellen. 8.—10. Aufl. (III, 303 S.) 8. Ebd. 907—10. 3.50; geb. 5.—

— Das Kreuz im Venn. Roman. 1.—15. Aufl. (491 S.) 8. Ebd. 908.09. 6.—; geb. in Leinw. 7.50

— **vom Müller-Hannes. Eine Geschichte aus der Eifel. 1.—11. Aufl. (à 316 S.) 8. Ebd. 903—905. n. 3.50; geb. n. 5.—**

— Vom Müller-Hannes. Eine Geschichte aus der Eifel von C[lara] Viebig [d.i. Cohn]. 12. Aufl. Berlin: Fleischel 1908. 316 S. 8°

— **Naturgewalten.** Neue Geschichten aus der Eifel. Umschlagzeichnung u. Buchschmuck v. E. Nikutowski. 1.—11. Aufl. (à VII, 276 S.) 8. Ebd. 905. 906. n. 3.50; geb. n. 5.—; Luxusausg. n. 10.—

— Naturgewalten. Neue Geschichten aus der Eifel. Umschlagzeichnung u. Buchschmuck v. E. Nikutowski. 12. Aufl. (VII, 276 S.) 8. Ebd. 906. 3.50; geb. 5.—

— **Pharisäer. Komödie in 3 Akten. 8. (98 S.) Ebd. 899. n. 1.50; geb. n. 2.50**

— Rheinlandstöchter. Roman. 8. (563 S.) Ebd. 897. n. 6.—

— **Rheinlandstöchter. Roman. 3. u. 4. Aufl. 8. (à 548 S.) Ebd. 901. 902. n. 6.—; geb. n. 7.50**

— Rheinlandstöchter. Roman. 5.—8. Aufl. (à 548 S.) 8. Ebd. 903—906. n. 6.—; geb. n. 7.50

Rheinlandstöchter. Roman von C. **Viebig** [d. i. Klara Cohn]. 9. Aufl. Berlin: E. Fleischel & Co. 1907. (548 S.) 8° [F.] [07. 16966

— Rheinlandstöchter. Roman von C[lara] Viebig [d.i. Cohn]. 11. Aufl. Berlin: Fleischel 1910. 548 S. 8°

— **die Rosenkranzjungfer u. anderes. 1.—5. Aufl. 8. (à V, 275 S.) Ebd. 901. n. 3.—; geb. n. 4.50**

— die Rosenkranzjungfer u. anderes. 6. Aufl. (III, 275 S.) 8. Ebd. 903. n. 3.—; geb. n. 4.50

— Die Rosenkranzjungfer u. anderes. 7. Aufl. (V, 275 S.) 8. Ebd. 906. 3.—; geb. 4.50

— **Simson u. Delila, s.: Hesse's, Max, Volksbücherei.**

Einer Mutter Sohn. Roman von C[lara] **Viebig** [d. i. Cohn]. Buchschmuck von Franz Christophe. (1. Aufl.) Berlin: E. Fleischel & Co. 1906. (387 S.) 8° [F.] [06. 5781

— Einer Mutter Sohn. Roman. Buchschmuck v. Frz. Christophe. 19. Aufl. (387 S.) 8. Ebd. 906. 5.—; geb. 6.—

— Vor Tau und Tag. Novellen v. C. Viebig [d.i. Clara Cohn]. Berlin: F. Fontane & C. 1898. (2 Bl., 265 S., 1 Bl.) 1 Bd 8°

— **vor Tau u. Tag. Novellen. 2. Aufl. 8. (267 S.) Ebd. 902. n. 3.—; geb. n. 4.50**

— vor Tau u. Tag. Novellen. 3. Aufl. (267 S.) 8. Berlin 904. E. Fleischel & Co. n. 3.—; geb. n. 4.50

— Vor Tau u. Tag. Novellen. 4. Aufl. (267 S.) 8. Ebd. 907. 3.—; geb. 4.50

— **am Totenmaar. Margrets Wallfahrt. Das Miseräbelchen. Der Osterquell, s.: Volksbücher, Wiesbadener.**

Viebig, C. (Frau Clara Cohn), die Wacht am Rhein. Roman. 1.—9. Aufl. 8. (à 475 S.) Berlin 902. [F. Fontane & Co.] E. Fleischel & Co. n. 6.—; geb. n. 7.50

Viebig, Clara (Frau Clara Cohn), die Wacht am Rhein Roman. 10.—18. Aufl. (à 475 S.) 8. Berlin 903—906. E. Fleischel & Co. n. 6.—; geb. n. 7.50

– Die Wacht am Rhein. Roman. 19.—22. Aufl. (475 S.) 8. Ebd. 907. 08. 6.—; geb. 7.50

– Die Wacht am Rhein. Roman von C[lara] Viebig [d.i. Cohn]. (23. Aufl.) Berlin: Fleischel 1910. 475 S. 8°

Margrets Wallfahrt. Erzählung von Clara **Viebig** [d.i. Cohn]. Das Miserabelchen. Erzählung von Clara Viebig. Friedrich d. Grosse u. d. Arzt Dr. Tralles. Osterwieck/H.: A. W. Zickfeldt 1906. (32 S.) 8° [Umschlagt. Text stenogr.]
= **Bücherschatz**, Stenographischer. Ser. C. Bd 7. [07. 3186 3

— das Weiberdorf. Roman aus der Eifel. Mit Umschlagzeichng. v. Max Liebermann. 1.—11. Aufl. 8. (à 289 S.) Ebd. 900—902. n. 3.50; geb. n. 5.—

— das Weiberdorf. Roman aus der Eifel. Mit Umschlagzeichnung von Max Liebermann. 12.—20. Aufl. (à 289 S.) 8. Ebd. 903—906. n. 3.50; geb. n. 5.—

— Das Weiberdorf. Roman aus der Eifel. Mit Umschlagzeichng. v. Max Liebermann. (21.—25. Aufl.) (289 S.) 8. Ebd. 910. 3.50; geb. 5.—

— wen die Götter lieben. — Vor Tau u. Tag. Novellen. Illustriert v. René Reinicke. (151 S.) gr. 8. Ebd. (903). n. 2.—; geb. in Ldr. n.n. 3.50

– Wen die Götter lieben. Vor Tau u. Tag. Novellen. Illustriert v. René Reinicke. 3. Aufl. (151 S.) 8. Stuttgart (907). C. Krabbe. 2.—; geb. n 3.50

Viebig W., Die Verwendung von Eisenbeton beim Grubenausbau. Vortrag. Düsseldorf, 1910. 40 S. mit 63 Abb. u. 1 Taf.

Vieborg s. Viborg.

Viechelmann, C.

Viechelmann, Elemente der unterseeischen Telegraphie, s.a. Delamarche, A.

Viechelmann, C. Elemente der unterseeischen Telegraphie. Nach dem Franz. des A. Delamarche. Berlin 1859. 8°.

Viechelmann, C: Elemente der unterseeischen Telegraphie. Anh.: Die Kabellegungen im Mittelmeere. Berlin 1859

Viedeband, Rosamunde, gründliche Anweisung zum Spitzen-Stricken, mit 34 lith. Mustern. Für Mädchenschulen u. zum Privatgebrauch herausgegeben. 3. mit neuen Mustern versch. Aufl. 8. (Mit 1 Mustertafel.) Insterburg 842. (Königsberg, Gräfe u. Unzer.) n. 1/6 Thlr

Viedebandt, Chr. Fr.

Viedeband, prakt. Abhandl. üb. d. vollkomm. Heilung der ursprünglichen erörterten Schaafräude. 2 Thle. 4. Stettin, Kaffke. 790.

Viedebandt, auch Videbannt, Chr. Fr., († d. 2. Aug. 1792.) prakt. Abhandl. über d. vollkommene Heilung d. ursprüngl. erörterten Schafräude. 2 Thle. 4. Stettin 790. (Berl., Nicolai). 16 gr Hbg. Pr. 12 gr Nachtrag u. Berichtigungen. 4. Berl. 791. Stuhr. 16 gr Hbg. Pr. 8 gr

Viedebannt, [Christian Friedrich]: Anhang von der Heilung der Pferde etc. Thierräude. Stettin 1791. 26 S.

Viedebantt, Hermann

Viedebantt, H., kurzer Abriß der christl. Glaubenslehre, zum Lehren u. Lernen. 8. (23 S.) Berlin 847, A. Wohlgemuth. 3 ngr

Viedebantt, H., apologetische Anekdoten u. Aphorismen zur Bewährung u. Förderung d. biblischen Christenthums. Neue Folge. 8. (VIII, 107 S.) Bonn 887. Schergens. n. 1.—

Viedebantt, H., Belehrendes und Unterhaltendes. 16. (72 S.) Berlin 864, (W. Schultze.) *
Aus der Wochenschrift „Schutz und Trutz" besonders abgedruckt.

Viedebantt, Herm., Bibelstudien. Paulus über die Auferstehung der Todten. (1. Cor. 15.) Petrus über den jüngsten Tag. (2. Petr. 3, 3—11.) Vorträge, gehalten zu Potsdam. gr. 8. (32 S.) Potsdam 856, Riegel'sche Buchh. *

—— Blicke in die Offenbarung St. Johannis des Theologen oder in die Geheimnisse des Herzens und des Himmels. 8. (29 S.) Berlin 862, (W. Schultze.) *

Viedebantt, H., Blicke ins Reich der Erlösung. Eine Sammlung von Betrachtungen über bibl. Texte, von denen jede in einzelnen, aber innerl. zusammenhängenden Gedanken besteht. Neue Folge. [Trinitatis-Zeit.] gr. 8. (VII, 288 S.) Bonn 881, (Schergens.) *

Viedebantt, H., der erste Brief St. Johannis, des Evangelisten. 15 Betrachtungen [Bibelstunden] für die Gemeinde. 2. Abdr. gr. 8. (75 S.) Berlin 868, (Matthies.) *

Viedebantt, Herm., der Brief St. Jakobi, ausgelegt in zehn Bibelstunden. Mit Original-Gedanken, als geistl. Salzkörnlein, dem ausgelegten Schriftwort entnommen. Dazu zu jeder Bibelstunde eine Betrachtung. gr. 12. (68 S.) Berlin 859, W. Schultze. *

—— Christus und Herodes oder Auf welcher Seite stehst Du? Predigt am Sonntage nach dem Neujahr gehalten über das Evangelium. gr. 8. (11 S.) Berlin 858, [Akademische Buchh.] **

—— Elias der Thisbiter. 15 Betrachtungen (Bibelstunden) für die Gemeinde. 8. (VIII und 108 S.) Berlin 867, (Matthies.) *

— Elias, der Thisbiter. 2. Aufl. 8. (VI, 102 S.) Berlin 889. Deutsche Evang. Buch- u. Tractatgesellschaft. n. —60

—— Elisa v. Abel Mehola. 13 Betrachtungen (Bibelstunden) für die Gemeinde. 2. Abdr. 8. (III und 92 S.) Berlin 867, Matthies. *

—— die Gebote und der Glaube. Dazu Erklärungen und Gedanken (416) nebst den Hauptstellen der h. Schrift. Ein Büchlein sonderlich für Prediger, Lehrer und Hausväter bestimmt, dazu für Jedermann, welcher in der Erkenntniß der Wahrheit fortschreiten will. 8. (79 S.) Berlin 864, (Löw.)

— Gedanken aus Gottes Wort. Originalien, nach dem Kirchenjahre geordnet. Berlin 858. (Potsdam, Riegel'sche Buchhdlg.) 16. (IV, 122 S.) n. 7½ ngr

Viedebantt, H., die vier Hauptfragen in Betreff der Religion: Was ist Religion? Was nützt Religion? Was muß an uns geschehen, um Religion zu erlangen? Was müssen wir thun, daß es geschehe? Beantwortung v. Jesu Christo. Vortrag. gr. 8. (12 S.) Bonn 883. Schergens. — 15

— die beiden Hauptparteien, oder das Volk Gottes u. seine drei Feinde. Bibelstudie über Offenb. St. Joh. Cap. 12—13. Ein Vortrag, gehalten in den evangel. Vereinen zu Potsdam u. Berlin. Berlin 858. Evangelische Buchhdlg. in Comm. gr. 8. (16 S.) 3 ngr

Biedebantt, H., der süße Kern in harter Schale od. Geheimnisse des Glaubenslebens. Ein Passions-Vortrag. 8. (10 S.) Bonn 887. (J. Schergens.) n.n. — 10

—— Der süße Kern in harter Schale oder Geheimnisse d. Glaubenslebens. Ein Passionsvortrag. 8. (11 S.) Bonn 888, Schergens. * — 10

—— das Leben der Erzväter. 17 Betrachtungen [Bibelstunden] für die Gemeinde. 2. Abdr. 8. (99 S.) Ebendas. 869.

—— das Leben Jesu, nach den Evangelien dargestellt. Acht Vorträge, in der St. Johannes-Evangelist-Kirche zu Berlin gehalten. 8. (VIII und 139 S.) Berlin 865, (W. Schultze.) cart. *

—— dass. — 16. (VIII und 104 S.) Ebendas. 865. *

—— die biblischen Lehren von der Rechtfertigung, von der Hölle, von Christus, von der Kirche in vier Vorträgen zu Potsdam im Winter 1853 gehalten. 12. (VI und 84 S.) Potsdam 853, (Riegel'sche Buchh.) **

— tägliches Manna zur Lebensreise. Eine Sammlung von Gedanken [ca. 3000] aus Gottes Wort, nach dem Kirchenjahr geordnet u. auf jeden Tag vertheilt. 1—4. Hft. gr. 8. (S. 1—272.) Ebend. 881. à — 75

— kurze Mitteilungen aus der Bekehrungs- u. Amtsgeschichte e. alten Emeritus [weil. 1848 bis 57 regelmäßiger Prediger vor F. W. IV. in der Friedenskirche zu Sanssouci], v. ihm selbst verfaßt. 8. (32 S.) Bonn 890. (Schergens.) n. — 40

—— christliche Morgenweihe, oder: Betrachtungen für alle Tage im Jahre, nach dem Kirchen-Jahre geordnet, mit besond. Berücksicht. von Sonntags-Evangelien und Sonntags-Episteln nebst einem Anhange von Gebeten. Zur Beförderung gemeinsamer Haus-Andachten rc. gr. 12. (IV und 596 S.) Potsdam 856, Riegel'sche Buchh. *

—— christliche Morgenweihe, oder: Betrachtungen für alle Tage im Jahre, nach dem Kirchen-Jahre geordnet, mit besond. Berücksicht. von Sonntags-Evangelien und Sonntags-Episteln, nebst einem Anhang von Gebeten. Zur Beförderung gemeinsamer Haus-Andachten, wie auch zur Selbstbelehrung über den christl. Glauben und Wandel und zur Erbauung auf den Grund wahrer Gottseligkeit. 2. Aufl. gr. 12. (IV und 596 S.) Potsdam 859, Riegel'sche Buchh. *

— Optimismus u. Pessimismus, zwei gefährl. moral. Krankheiten u. ihre Heilung. Vortrag. 8. (16 S.) Ebd. 888. n. — 20

Biedebantt, H., die Religion als die eigentliche Quelle und unabweisliche Bedingung auch für das leibliche Wohlsein der Menschen. Vortrag. 4. gänzlich umgearb. Aufl. gr. 8. (18 S.) Bonn 880. (Elberfeld, Buchh. der Evangel. Gesellschaft.) *

Biedebantt, Herm., tägliches Seelenmanna für Pilger nach Jerusalem oder Betrachtungen auf alle Tage im Jahre, ein Schatzkästlein, darin lauter Kernstücke enthalten sind aus den Schriften von Joh. Arndt, Geo. Nitsch, Christ. Scriver, Heinr. Müller u. A. mehr. 16. (XVI und 424 S.) Berlin 858, (F. Schulze's Buchh.) Thlr. *

Biedebantt, Herm., tägliches Seelenmanna für Pilger nach Jerusalem oder Betrachtungen auf alle Tage im Jahre, ein Schatzkästlein, darin lauter Kernstücke enthalten sind aus den Schriften von Joh. Arndt, Geo. Nitzsch, Christ. Scriver rc. (2. Aufl.) gr. 16. (XVI und 424 S.) Berlin 863, (F. Schulze's Buchh. — Potsdam, Rieger'sche Buchh.) *

—— tägliches Seelenmanna für Pilger nach Jerusalem oder Betrachtungen auf alle Tage des Jahres. 3. umgearb. Aufl. 8. (368 S.) Calw 887, Vereinsbuchhandlung. *
geb. *

— tägliches Seelenmanna f. Pilger nach Jerusalem od. Betrachtgn. auf alle Tage des Jahres. 4., umgearb. Aufl. 8. (368 S.) Calw u. Stuttgart 892. Vereinsbuchh. Geb. in Halbleinw. n. 1. 50

Biedebantt, H., tägliches Seelenmanna f. Pilger nach Jerusalem oder Betrachtungen für alle Tage des Jahrs. 5. Aufl. 8. (368 S.) Calw u. Stuttgart 901. Vereinsbuchh. Geb. in Leinw. n. 1. 50

— Selbstzeugnisse Jesu Christi. 28 in kurze Gedanken gefaßte Betrachtgn. von Aussprüchen des Herrn über seine Person u. sein Werk, wie über die Bedinggn., unter denen uns sein Werk zu gute kommt. Berlin 869. Matthies. br. 8. (IV, 80 S.) n. 6 ngr.

—— die rechte Stellung dem irdischen Gute gegenüber, sei es, daß wir nur die Nothdurft des Lebens haben oder daß wir im Wohlstande oder im Ueberfluß uns befinden. Ernte-Predigt für alle Zeiten. 8. (13 S.) Bonn 887, Schergens.

—— Trost und Rath, s. a. Trost und Rath.

Biedebantt, Herm., Trost und Rath in allerlei Fällen, als da sind: Trübsale, Ehen, Freien, Erziehung, Freundschaft, Sonntag, Beichte, Gebet rc.; dargereicht in Betrachtungen, Aussprüchen, Versen, Sprüchen, Gebeten; größtentheils aus den Schriften von anerkannten Gottesgelehrten und Gottgelehrten zusammengestellt. Potsdam 857. Riegel'sche Buchhdlg. 16. (IV, 124 S.) n. 6 ngr.

—— kurzer Ueberblick über die Geschichte des Rationalismus oder des sogenannten Vernunftglaubens. Acht Vorträge gehalten im evangel. Verein zu Berlin. 8. (VIII und 87 S.) Potsdam 859, Riegel'sche Buchh. *
Vlnp. * —

—— kurze Uebersicht über den biblischen Religions-Unterricht. Glaubenslehre. Zum Gebrauch für Konfirmanden und Konfirmirte, für Lehrer und Lernende. gr. 12. (47 S.) Potsdam 855. (Berlin, W. Schultze.) *

—— vier Vorträge, Zusammenhang zwischen Frömmigkeit und Brod; von der Bekehrung; Gedanken über die Loosung der Zeit: „Fortschritt zur Freiheit;" Betrachtung des Cap. 53 im Jesaias. 12. (IV und 76 S.) Potsdam 854(57.) (Berlin, W. Schultze.) *

—— die Wahrheit, daß der Mensch gerecht werde ohne des Gesetzes Werke allein durch den Glauben, als die schöpferische Kraft der Reformation. Predigt, geh. z. Gedächtniß der Reformation. gr. 8. (1 B.) Berlin 845, J. A. Wohlgemuth, Verl. *

Biedebantt, H., Wahrheit! Freiheit! Der Nachruf des Herrn an die Neuconfirmirten. Predigt gehalten am 19. Sonnt. n. Trin. 8. (1 B.) Berlin 845, J. A. Wohlgemuth, Verl. *

— wo ist die Wahrheit? Predigt zur Vorfeier d. Reformationsfestes gehalten zu Sans-souci am 19. Sonnt. post trin. 1851. gr. 8. (14 S.) Potsdam 851, Riegel'sche Buchh. in Comm. n. n. 1/12 ℔

—— Wo ist die Wahrheit? Predigt zur Vorfeier des Reformationsfestes gehalten zu Sans-souci am 19. Sonnt. post. trin. 1851. gr. 8. (14 S.) Potsdam 852, (Riegel'sche Buchh.) **

—— wo kommt die Liebe her? Apologetischer Vortrag, gehalten in einer theolog. Konferenz zu Köln. 8. (16 S.) Ebendas. 886. *

Biedebantt, H., biblisches Wörterbuch zur Auffindung der Bibelsprüche u. sonderlich zum Verständniß der in ihr enthaltenen religiös-sittlichen Begriffe, e. Hilfsmittel zur Bildg. u. Erziehg. wie auch zur Orientirg. auf dem religiösen u. kirchl. Gebiete. 8. (395 S.) Coblenz 873. Hergt in Comm. n. 2. 50

—— ein Zeichen der Zeit, oder: Zwei Geburtstage an einem Tage (den 10. Nov.), oder: Schiller und Luther. Vortrag, gehalten im evangel. Verein zu Berlin. 8. (27 S.) Potsdam 860, Riegel'sche Buchh. *

Viedebantt, Oscarius: Quaestiones Epiphanianae metrologicae et criticae. Leipzig 1908: Teubner. 44 S. 8° ¶(Ersch. vollst. als Buch ebd.)
Straßburg, Phil. Diss. v. 29. Febr. 1908, Ref. Keil, Reitzenstein
[Geb. 18. Sept. 83 Krefeld; Wohnort: Krefeld; Staatsangeh.: Preußen; Vorbildung: Gymn. Krefeld Reife O. 03; Studium: Münster, Marburg, Straßburg 6 S.] [U 09. 3859

Viedenz, Adf., neue Beiträge zur Geschichte der Stadt Geseke. 1. Thl. Aliso u. benachbarte Festungen der Römer. gr. 8. (16 S. m. 3 Taf.) Eberswalde 894. F. Wolfram. n. — 60

Viedenz, Franz, approb. Arzt: Zwei Fälle von metastatischer puerperaler Panophthalmie. *Leipzig: G. Fock 1899.* (29 S.) 8°
Leipzig, Med. Diss. v. 8. Juli 1899
(Nur in beschränkter Zahl für den Austausch)

Viedert, Jh. Fr., Almanach für Freunde d. Schauspielkunst für d. J. 1828, 29 u. 30. Mit Kpf. u. Musik. gr. 16. Riga ...

Viedest, Friedrich (Hrsg.), s. Almanach für Freunde der Schauspielkunst auf das Jahr 1828.

Viedt, *Ernst* Darf „vielseitiges Interesse" als Unterrichtsziel hingestellt werden? 4 (18 S.). **Progr.** G. *Rogasen* 1886 (148).

Viedt, Ernst, Direktor Prof.: Zur Geschichte der Anstalt. Hohensalza (1905): Buchdr. „Kujawischer Bote". (Festschrift z. Feier d. 50j. Bestehens d. Kgl. Gymnasiums zu Hohensalza. — 54 S.) 4° [F.] **

Viedt, Ernst: Über Konzentration im Unterricht. Gnesen, gedr. bei Baensch & Wnukowski, *1893*; 1 Bl., 19 S. 4.
Gnesen, k. G, P 1893 (155)

Viefhaus: Mitteilungen über das Turnen und verwandte Übungen an der hiesigen Anstalt. Elberfeld 1871. 25 S. Burgsteinfurt, Gymn. Arnoldini P 1871.

Viefhaus, Aug*ust* [aus Elberfeld]: Ueber die Synthese und Constitution der Propylidenessigsäure und Aethylidenpropionsäure ... Leipzig-Reudnitz, Druck v. O. Schmidt, 1893; 42 S., 1 Bl. 8.
Leipzig, Phil. Fak., Inaug.-Diss. v. [23. Jan.] 1893

Viefhaus, Eduard Wilhelm, s. Viefhaus, Wilhelm

Viefhaus, Hermann [Referendar]: Das Selbstkontrahiren des Stellvertreters nach gemeinem Recht ... Erlangen, k. b. Hof- u. Univ.-Buchdr. v. F. Junge, 1895; 58 S., 1 Bl. 8.
Erlangen, Jur. Fak., Inaug.-Diss. v. 1895

Viefhaus, Thdr., die Entwickelung der Ringelnatter nach Ausbildung der Falterform bis zur Erhebung d. Proannios, s. a. Arbeiten, morpholog. I, 4.

Viefhaus, Theodor, a. Schonnebeck: Aus dem anatomischen-zoologischen Institut der Kgl. Universität Münster i. W. Die Entwicklung der Ringelnatter (Tropidonotus natrix Boie) nach Ausbildung der Falterform bis zur Erhebung des Proamnios. Mit 3 Taf. u. 8 Fig. im Text. Leipzig 1906: W. Engelmann. (50 S.) 8° ¶(Aus: Zeitschrift für wissensch. Zoologie Bd 86 H. 1.)
Münster, Phil. Fak., Ref. Ballowitz, Diss. v. 13. Okt. 1907
[Geb. 4. Apr. 81 Schonnebeck, Kr. Essen; Wohnort: Münster i. W.; Staatsangeh.: Preußen; Vorbildung: Gymn. Krefeld Reife O. 02; Studium: Münster 2, München 1, Berlin 1, Kiel 1, Münster 4 S.; Rig. 13. Juli 06.]

Viefhaus, *Eduard* Wilhelm [app. Arzt aus Bochum]: Aus Kgl. Augenklinik zu Kiel. Über Lufteintritt bei Bulbuserletzungen ... Kiel, Druck v. P. Peters, 1894; 17 S. 8.
Kiel, Med. Fak., Inaug.-Diss. v. [15. Sept.] 1894

[Deckelt.:] Schönes Vieh. Rassenkunde in Farbendruckb. hrsg. durch die Deutsche Landwirtschaftl. Presse. [Nebst] Neue Folge. *Berlin: P. Parey [1892—95].* 2 Bde 2.
[1. Folge.] [1892.] (24 Taf.) N. Folge. [1895.] (24 Taf.) [95. 1320

Vieharzneybuch. 8. Grätz, Kienreich. (Reinicke in Leipz.) 792.

Vieharznei-Buch, allgemeines, s. Rohlwes, Joh. Nicol.

Vieharzneibuch

— allgemeines, oder Unterricht wie d. Landmann seine Pferde, sein Rindvieh, Schafe, Schweine ꝛc. warten, ihre Krankheiten erkennen u. heilen soll ꝛc. 8. Nürnb. 808. (Jäger in Frankf.) 12 gr.

— allgem., oder Unterricht wie der Landmann seine Pferde, s. Rindvieh, Schaafe, Schweine ꝛc. warten, ihre Krankheiten erkennen u. heilen soll ꝛc. 8. Nürnb. Stein. 808. — 12

—— allgemeines, oder des alten Schäfers Thomas aus Bunzlau ꝛc. seine Kuren an Pferden, Rindvieh, Schafen ꝛc., s. a. Thomas.

Vieharzneibuch, allgemeines, 2r Thl. Oder: Des alten Schäfers Tomas aus Bunzlau in Schlesien seine Kuren an Rindvieh, Schweinen, Schaafen, Ziegen und den übrigen Hausthieren. Von ihm selbst in seiner Mund- u. Schreibart beschrieben und zum Nutzen seiner Nebenmenschen herausgeg. von seinem Sohne dem Schäfer Thomas in Weißenborn. 8. Glogau 835. Flemming. 5/6 ℛ︀

Vieharzneibuch, allgemeines, oder des alten Schäfers Thomas aus Bunzlau in Schlesien seine Kuren an Pferden, Rindvieh, Schafen, Schweinen, Ziegen und den übrigen Hausthieren so wie seine Kenntnisse, Erfahrungen und Hülfsleistungen bei den Geburten der Pferde. Von ihm selbst in seiner Mund- und Schreibart geschrieben und zum Nutzen seiner Nebenmenschen hrsg. von seinem Sohne dem Schäfer Thomas in Weißenborn. 6., verm. Aufl. gr. 8. (XIX und 418 S.) Glogau 858, Flemming's Verlag.
Vgl.: Thomas, des alten Schäfer, Vieharzneibuch.

—— allgemeines, oder des alten Schäfer Thomas aus Bunzlau seine Kuren an Pferden, Riedvieh, Schafen ꝛc., so wie seine Kenntnisse, Erfahrungen und Hilfsleistungen bei den Geburten der Pferde. Von ihm selbst in seiner Mund- und Schreibart beschrieben und zum Nutzen seiner Nebenmenschen hrsg. von seinem Sohne dem Schäfer Thomas in Weißenborn. 8., verm. Aufl. gr. 8. (XIX und 460 S.) Glogau 863, Flemming. cart.
Vgl.: Thomas, des alten Schäfer, Vieharzneibuch.

Vieharzneibuch, allgemeines, oder Kuren an Pferden, Rindvieh, Schweinen, Schafen, Ziegen u. Hunden, so wie Erfahrungen u. Hilfsleistungen bei den Geburten an Pferden. Von einem prakt. Vieharzte. 1. Thl.: Rindvieh u. Schweine. 7. Aufl. Amrisweil 865. (Häberlin.) 8. (V, 82 S.) n. 10 ngr.

Vieharzneibuch, Allgemeines

—— — — für kleine u. grosse Landwirte, sowie für Pferde- u. Viehbesitzer überhaupt. Mit besond. Rücksicht auf Geburtshilfe u. Operationen etc. Hrsg. von drei prakt. Tierärzten. 2 Tle. in 1 Bd. mit 8 (lith.) Taf.-Abb. (in qu. gr. 4.) gr. 8. (XXVIII. u. 682 S.) Stuttgart 54. Mäcken. M. 3.— Erschien 1849 unter d. T.: Haltung, Pflege u. Behandlung, Die, d. landwirtschaftlichen Haussäugetiere. Von C. Böhm etc.

— vollständiges, für den Landmann. gr. 12. Landsh. 825. Storno. 5 gr.

Vieharzneibuch, vollständiges, für kleine und große Landwirthe, sowie für Pferde- und Viehbesitzer überhaupt. Mit besonderer Rücksicht auf Geburtshilfe und Operationen ꝛc. herausg. von drei praktischen Thierärzten. 2 Thle. mit 8 (lith.) Taf. Abbildgn. (in 4.) Stuttgart 854. Mäcken. 8. (VIII, 238; XX, 432, XII S.) 1 ℛ︀
Neue Titelausg. von „Haltung, Pflege ꝛc. d. landwirthschaftl. Haussäugethiere. Von C. Böhm u. a." 1849.

Vieharznei-Büchlein, gemeinnütziges, für den Landmann. Aus der Erfahrungs-Mappe eines weil. vielberühmten kräuterkundigen böhm. Gebirgs-Hirten entnommen, und im Jahre 1764 bereits zum Erstenmale durch den Druck veröffentlicht. Aufs Neue herausg. u. mit e. Anhange vermehrt. 8. Deutsch-Crone 839. (Landsberg, Volger u. Klein.) 5 gr.

Vieharzneikunde, oder theoret.-prakt. Behandlung d. Pferde u. des Hornviehes im gesunden u. kranken Zustande ꝛc. gr. 8. Gotha 803. Ettinger. 1 Thlr. 12 gr.

Vieharzneikunde, oder theoretisch-praktische Behandlung der Pferde u. des Hornviehes im gesunden und kranken Zustande etc. gr. 8. Gotha 03. (Halle, Heynemann.) M. 4.50

Vieharzneikunst, Vollstaendige, für den Landmann ... Salzb. 1787. V: *Detten (Weinrother), Anton von.* (Hr) V: *Wefeld, Joh. Adolph.* (BV) (BrMm)

Vieharzneikunst, vollständige, für den Landmann, vom Verfasser des Veterinarius. 2 Thle. gr. 8. Salzb. 787. Mayr. 1 Thlr.

Vieh-Arzt, der aufricht., bei den Krankheiten d. Schafe, des Rindviehes u. der Schweine, od.: Deutlicher Unterricht, wie man die Krankheiten d. 3 genannten Vieharten schnell erkennen u. kuriren kann. Nebst Angabe d. Mittel, wie man Schafe, Rindvieh u. Schweine schnell u. gut mästet. 8. (9½ B.) Nordhausen 831, Fürst.

Vieh-Arzt, der aufrichtige, bei den Krankheiten der Schaafe, des Rindviehes u. der Schweine. N. Ausg. 8. (VIII u. 144 S.) Nordhausen 847, Fürst. $^5/_{12}$ Thlr.

Vieharzt, d. bewährte, od. erprobte Arzneimittel f. Pferde, Kühe, Kälber u. Schweine. 8. Dortmund, Gebr. Mallinckrodt. 811.

— d. bewährte, oder erprobte Arzneimittel für Pferde, Kühe, Kälber u. Schweine. 8. Dortmund 811. (Wundermann in Hamm). 2 gr.

— d. sicher u. geschwind heilende, oder Anweis., wie man d. Krankheiten d. Pferde, d. Rindviehes, d. Schafe, Schweine, d. Federviehes erkennen u. heilen kann. 8. Einbeck 804. Feysel. (Hahn in Hannov.) 6 gr.

Vieharzt, Der wohlerfahrene ... und leichtheilende, für alle Gattungen von Vieh. ... Heilbronn 1796—99. V: *Weber, Frdr. Aug.* (BV) (Ky) (MGT) »1795—96« (call)

— d. wohlerfahrne, geschwind, sicher u. leicht heilende, für alle Gattungen von Vieh, ein Handbuch für den Bürger u. Landmann, (von F. A. Weber). 2 Thle. 8. Heilbr. 796, 99. Claß. 1 Thlr.

Viehausen, Max, approb. Arzt aus Werden: **Aus d. chirurg. Klinik in Giessen. Über einen Fall von cholaemischer Blutung in die Gallenblase.** *Giessen 1901: v. Münchow.* (23 S.) 8°
Giessen, Med. Diss. v. 1901

Viehbahn, (Conrektor) G., Grammatik der holländ. Sprache. gr. 8. Wesel 840. Prinz. 1 Thlr.

Viehbeck, Carl, s. V i e b e c k , Karl

Viebeck, Fr. Wilhelm

Viehbeck, F. W., Abriss einer geneal. Geschichte des Hauses Castell in Franken. 1813. 4.

— Abriß e. Geschichte d. Hauses Kastell in Franken, neu bearb. 4. o. O. 813. u. Erlang. 814. Palm. 12 gr.

Viehbeck, Fr. Wlh., statist.-histor.-geograph. Beschreibung d. Grafschaft Kastell in Franken. gr. 8. Leipz. 808. Barth. 6 gr.

— d. Namen d. alten Deutschen, als Bilder ihres sittl. u. bürgerl. Lebens. 8. Erlang. 818. Palm u. E. 9 gr.

Viehbeck, Karl

Viehbeck, Carl. Die Gebirgsbewohner in Ober Osterreich, Salzburg und Tyrol. Als Anhang zu der mahlerischen Reise durch nachbenannte Lander. Hrsg. von Carl Viehbeck. O. O. 1818.
2 Bl., 6 Taf. in kol. Lithogr. 4°
Die Tafeln bez.: Nach der Natur gez. von Viehbeck. Auf Stein von Papin 1817

Viehbek, Fr. Wlh., s. V i e h b e c k

Viehbeschau-Ordnung und Instruction für Fleischbeschauer in Kärnten. gr. 8. (24 S.) Klagenfurt 882, (Heyn's Buchh.) *

Viehbestand im Königr. Sachsen am 1. März 1834 ꝛc. Von dem Central-Comité des statistischen Vereins. 1 Tabelle in gr. Fol. (Dresden 835. Leipzig, Fr. Fleischer.) n. $^1/_6$ Thlr.

Viehbüchlein

— kleines, darin bewährte Arzneimittel wider allerlei Krankheiten des Rindviehs, Schweine, Gänse, Hühner ꝛc. 8. Prenzl. ... Ragoczy. ½ gr.

Neu-vermehrtes *Vieh-Büchlein.* Augsb. 1773. 121 S.

— — Neuvermehrtes, darinnen zu finden allerhand bewährte Hausarzneymittel für die vielen Krankheiten des Rindviehes; ingleichen gar gewisse Arzneymittel für allerley Krankheiten der Schafe, Ziegen, Schweine, Gänse und Hühner. 8. 4 B. Schleiz. Ohne Jahrzahl. Mauke.

Viehbüchlein, Ein schön neu vermehrtes, erfüllet mit allerhand bewährten Mitteln wider allerlei Krankheiten des Rindviehes; sowie gewisser Arzneimittel wider viele u. mancherlei Krankheiten der Schafe, Schweine, Gänse, Hühner etc. 8. Prenzlau. Kalbersberg. M. 15.—

Viehbüchlein, ein schön neu vermehrtes, erfüllet mit allerhand bewährten Mitteln wider allerlei Krankheiten des Rindviehes; so wie gewisser Arzneimittel wider viele u. mancherlei Krankheiten d. Schafe, Schweine, Gänse, Hühner ꝛc. 8. Prenzl. ... (Ragoczy). 1 gr.

— d. sorgfält. u. nützl. 8. Coburg, (Riemann). 3 gr.

Vieh-Doktor, der aufrichtige. Ein Wort für den Landmann über die Erkenntniß, Verhütung u. leichte Heilart der Trommelsucht oder Aufblähung beim Hornvieh, so wie über Blähung u. Verstopfungs-Kolik bei Pferden. Reutlingen 865. (Stuttgart, Fischhaber.) 16. (72 S.) 3 ngr.

Viehe, G., **Grammatik des Otjiherero, nebst Wörterbuch**, s. a. **Lehrbücher d. Seminars f. orientalische Sprachen zu Berlin, XVI.**

Grammatik des Otjiherero nebst Wörterbuch v. G. **Viehe**, Missionar. *Stuttgart & Berlin: W. Spemann 1897.* (XII, 140 S.) 1 Bd 8.
= Lehrbücher d. Seminars f. oriental. Sprachen zu Berlin. Bd 16.
[97. 735]

— unter d. Hereros, s.: Missions-Traktate, rhein.

Viehe, Johanne Kariko, — Reiseerlebnisse e. Herero-missionars, s.: Missions-Traktate, rheinische.

Die **Viehgewährschaft** nach dem Bürgerlichen Gesetzbuch. Mit erl. Bemerkungen. Von e. prakt. Juristen. Neuwied a. Rh. [1904]: Raiffeisen-Dr. (8 S.) 8° [F.]
— **Raiffeisen-Bibliothek**. Bd 9. [o6. 308]

Viehhaltung

— die, in Elsaß-Lothringen nach den Ergebnissen der Viehzählung v. 2. XII. 1907 u. der landwirtschaftl. Betriebszählung v. 12. VI. 1907, s.a. **Mitteilungen**, statist., üb. Elsaß-Lothringen. 32. Heft.

Die **Viehhaltung** in Elsaß-Lothringen nach den Ergebnissen der Viehzählung vom 2. Dez. 1907 u. d. landwirtschaftl. Betriebszahl. v. 12. Juni 1907. Straßburg 1910. 8°

Die **Viehhaltung** in Cöln nach den Viehzählungen der Jahre ... Bearb. u. hrsg. durch d. Statistische Amt d. Stadt Cöln. [1.] 1900–1909. Cöln (1909): Vogt. 4° [10. 1730]

Die Viehhaltung im Grossherzogtum [Luxemburg] unter bes. Berücks. d. Viehzähl. vom 1. Dez. 1907. Luxemburg 1905. 8°.
([illegible] f. Statistik im Gross[illegible] Luxemburg. H. [illegible])

Viehhaltung, Die, im Deutschen Reich nach der Zählung vom 1. Dez. 1892. Bearbeitet im Kaiserl. statistischen Amt. (Aus: „Vierteljahrshefte zur Statistik des deutschen Reichs.") Imp. 4. (II, 63 S.) Berlin 93. Puttkammer & M. M. 1.

Viehhaltung, die, im Deutschen Reich nach der Zählung vom 1. Dezbr. 1892. Bearb. im kaiserl. statist. Amt. [Aus: „Vierteljahrshefte zur Statistik d. Deutschen Reichs".] Imp.-4. (II, 63 S.) Berlin 894. Puttkammer & Mühlbrecht. n. 1. —

Viehhaltung, die, im Deutschen Reich nach der Zählung vom 1. XII. 1904, s.a. **Vierteljahrshefte** zur Statistik des Deutschen Reichs.

Die **Viehhaltung** im Deutschen Reich nach der Zählung vom 1. Dezember 1904. Hrsg. v. Kais. Statist. Amt. Mit 6 Taf. Berlin: Puttkammer & Mühlbrecht 1905. (38 S.) 4° [Umschlagt. F.]
— **Vierteljahrshefte** z. Statistik d. Deutschen Reichs. 1905, Erg.H. 4. [o6. 6091]

Viehhaltung, die, im Deutschen Reiche nach d. Zählung vom 2. XII. 1907, s.a. **Vierteljahrshefte** zur Statistik des Deutsch. Reichs. Erg.-Heft.

Die Viehhaltung im Deutschen Reiche nach der Zählung vom 2. Dezember 1907. Bearb. im Kais. Statist. Amte. Mit 7 Taf. Berlin: Puttkammer & Mühlbrecht 1909. 58 S. 4°
(Vierteljahreshefte z. Statistik d. Dtsch. Reichs. Erg.H. zu 1909, I.)

Viehhaltung, die, im preuss. Staat, s.: **Statistik**, preuss.

Vieh-Handel: Der Vieh-Handel
s.a. Der **Werktag**.

Viehhandel. – Der Vieh- und Geflügelhandel. Berlin: Internationale Fachzeitschriften-Gesellschaft 1894–(1902). 8°
Hrsg.: H. Graacke.

Viehhandels-Kalender, deutscher, 1910. Ein unentbehrl. u. wicht. Hilfsmittel f. die tägl. Praxis des gesamten Viehhandels u. geschäftl. Ratgeber f. alle Interessenten am Viehverkehr. 2. Jahrg. Hrsg. vom Bundesorgan „Allgemeine Viehhandelszeitg.", Berlin, S.W. 68. (XV S., Schreibkalender, 194 u. 91 S. m. Abb.) kl. 8. Berlin, O. Teichgräber. Geb. in Lw. m. 1/2 S. pro Tag 2. —; Vorzugspreis 1.50; m. 1/1 S. pro Tag 2.50

Viehhandels-Zeitung, allgemeine. Zentralblatt f. Angebot u. Nachfrage in sämtl. Viehgattgn. Einziges offizielles Publikationsorgan d. „Bundes d. Viehhändler Deutschlands (E. V.)". Erstes Fachblatt zur Wahrg. der Interessen des deutschen Viehhandels. Hrsg. v. Bund d. Viehhändler Deutschlands (E. V.). Sitz Berlin. Red.: Carl Scholtz. 10.—11. Jahrg. 1909 u. 1910. à 52 Nrn. (à ca. 4 S.) 53,5×37 cm. Ebd. à Jahrg. 8. —
Erschien früher u. d. T.:

Viehhändler, der, auf Markt u. Gehöft. Zentralblatt f. Angebot u. Nachfrage in sämtl. Viehgattgn. Einziges offizielles Publikationsorgan des „Bundes der Viehhändler Deutschlands". Erstes Fachblatt zur Wahrg. der Interessen des deutschen Viehhandels. Nebst Beilage: Amtliche Nachrichten vom Magerviehhof Friedrichsfelde-Berlin. Hrsg.: Gerh. Badermann. 7. Jahrg. 1906. 24 Nrn. (à ca. 4 S.) gr. 4. Berlin, O. Teichgräber. n.n. 6. —; Beilage allein n.n. 3. —

Viehhändler, der, auf Markt u. Gehöft. Zentralblatt f. Angebot u. Nachfrage in sämtl. Viehgattgn. Einziges offizielles Publikationsorgan des „Bundes der Viehhändler Deutschlands (E. V.)" Erstes Fachblatt zur Wahrg. der Interessen des deutschen Viehhandels. Hrsg. vom Bund der Viehhändler Deutschlands (E. V.). Sitz Berlin. Red.: Carl Schulz. 8. u. 9. Jahrg. 1907 u. 1908. à 52 Nrn. (à ca. 4 S.) 53,5×37 cm. Ebd. à Jahrg. nn 6. —

Viehhändler-Kalender f. d. J. 1907 m. e. Verzeichnis der Viehmärkte nach den Daten, gegründet vom Viehhändler-Verein v. Magdeburg u. Umgegend. (129 S.) 8. Hadmersleben, Ew. Luther. (Leipzig, F. Schneider.) Kart. n. 1. —

Viehhändler-Kalender f. d. J. 1911 m. e. Verzeichnis der Viehmärkte nach den Daten, gegründet v. Viehhändler-Verein v. Magdeburg u. Umgegend, ergänzt durch e. alphabet. Marktorts-Verzeichnis, ausgearb. v. Ewald Luther. (XI, 97 u. 98 S.) kl. 8. Hadmersleben, Ew. Luther. (Leipzig, F. Schneider.) 1.25

VIEHHAUSER, Adalbert (Salzburg): Hilarius Pictaviensis, geschildert in seinem Kampfe gegen den Arianismus. - Klagenfurt: Leon 1860. 1 Bl., 53 S.
21.1.1860 - Urk: F 44
Diss. Ingolst.-Landsh.-Mchn.

Viehhof, Der, und Schlacht-Hof in München. München 1880. Fol.

Viehkrankheiten, über die, u. deren Heilung, nebst mehrern in d. Thierarzneikunde einschlagenden Beobachtungen. gr. 8. Leipz. 791. Jacobäer. (Aue in Altona). 20 gr

Viehkrankheiten, Über die, u. deren Heilung. Nebst mehreren in d. Tierarzneikunde überhaupt einschlagenden Beobachtungen von einer Gesellschaft prakt. Tierärzte. gr. 8. Leipzig 792. (Altona, Aue.) M. 2.50

Viehleihe, Die, und die Viehversicherung. Aarau 1891. V: *Naef*. (BSchwLk V, 9 g ε)

Viehmängel, üb. die, u. deren Wandel u. Gewährung. 8. Karlsr. 805. Müller. 3 gr

Die **Viehmaerkte** im Grossherzogtum Luxemburg bes. während d. J. 1890–1904. Luxemburg 1906. 8°.
(Publikationen d. ständ. Komm. f. Statistik [im] Grossherzogtum Luxemburg. H. [illegible])

Viehmarkt- und Schlachthofordnung vom 4. Okt. 1900. ([Nebst] Polizeiverordnung vom 1. Dez. 1902, 5. Juni 1903, 10. Okt. 1903.) Berlin: Loewenthal 1900.

Zur Viehmesskunst. Heft II. Zur Praxis. Vierte, für den praktischen Landwirth popularisirte und durch Prof. Dr. Krämer's Formzahl-Erhebungen über das Schweizer Braun- und Grau-Vieh vervollständigte Auflage. Herausgegeben von weil. Dr. Max Pressler. königl. sächs. Geh. Hofrath und Professor in Tharandt. 8. (47 S. u. 10 Tafeln) —.75
Wien: Perles 1896.

Viehof, J. J., etwas über d. Nothwendigkeit d. möglichsten Beschäftigung aller Klassen in Elementarschulen, nebst e. Stufenfolge von 37 praktisch geprüften Mitteln, diesen Zweck, auch ohne Handarbeit, zu erreichen. 8. Düsseld. 816. (Schreiner). 6 gr.

Viehofer, Carl Rob., die Methode der reinen Anschauung in ihren Grundzügen. 8. (VI, 37 S.) Leipzig 886. Fock. n. 1. —

Viehöfer, Ernst [aus Bonn]: Aus der chirurg. Klinik. Ueber intrauterine Amputationen .... Bonn, Univ.-Buchdr. v. Carl Georgi, 1887; 32 S. + 2 Bl. 8°.
Bonn, Med. Fak., Inaug.-Diss. v. 1. Aug. 1887.

Viehöfer, Ernst, aus der chirurg. Klinik. Ueber intrauterine Amputationen. Diss. Bonn 1887, Emil Strauss. 8°. 32 S.

Viehoff, Eduard

Viehoff, Eduard. (geb. Kevelaer 17. 10. 1835): De angina membranacea. Berolini (1860). (32 S.) 8°
Berlin, Med. Diss. v. 24. Dez. 1860

Viehoff, E., „öffentlicher Widerspruch" gegen d. v. d. Hrn. Präsidenten d. Karlsvereins, Hrn. Staatsprokur. a. D. Dubusc auf d. Generalversammlg. d. Karlsvereins am 21. Novbr. 1894 erstatt. Jahresbericht. [Aus: „Aachener Volksfreund".] gr. 16. (58 S.) Aachen 895. (J. Schweitzer.) n. — 25

[J. u. Ant.] 'Oeffentlicher Widerspruch' gegen den von dem Herrn Präsidenten des Karlsvereins Herrn Staatsprokurator a. D. Dubusc auf der Generalversammlung des Karlsvereins v. 21. Nov. 1894 erstatteten Jahresbericht ... [Von] E[duard] **Viehoff**, Archivar d. Kollegiatstifts zu Aachen. SA. a. d. aachener 'Volksfreund' ... '(No. 5 v. 6. Jan. 1895.)' *Aachen: Dr. d. 'Volksfreunds' (1895).* (58 S.) 1 Bd 8. [96. 3299

Viehoff, Eduard: Zur Wiederherstellung des Aachener Münsters von E[duard] Viehoff, Stiftsarchivar. Neue Ausg. (Aachen: Volksfreund 1904.) 39 S. 8°
Verb.SA. aus: Aachener Volksfreund. 1904. Nr 77. 81. 82. 88.

Viehoff, H. Longfellow's Evangeline. Trier, G. S., 1869. 16 S. 4. Progr.

Viehoff, Heinr., Archiv für das Studium der neueren Sprachen, f. Archiv.

—— Archiv f. d. Unterricht im Deutschen, f. Archiv.

Viehoff, Hnr., Beitrag zur dramaturgisch-ästhetischen Erläuterung der Iphigenia in Tauris von Euripides, mit Rücksicht auf das gleichnamige Göthe'sche Schauspiel. gr. 12. Emmerich 838. Romen. (Leipzig, Hermann.) 1/3 ß

Viehoff, H., Blütenstrauß französischer u. englischer Poesie, f.: Meyer's Volksbücher.

— drei Bücher erzählender Gedichte. Aus dem Nachlasse d. verstorbenen Verf. hrsg. v. B. Kiy. Mit dem (Stahlst.-) Bildnisse Heinr. Viehoff's. br. 8. (III, 218 S.) Leipzig 888. Brandstetter. n. 2. 40

Viehoff, Heinr., lateinisches Elementarbuch für die unteren Classen der Real- und höheren Bürgerschulen. 2 Thle. gr. 8. Braunschweig 865, Westermann. *
Inhalt:
Thl. 1. Sexta-Cursus. (Grammatik, Uebungsbuch und Lesebuch mit Wortregister.) (VIII und 104 S.) * 8 Ngr.
" 2. Quinta-Cursus. (Grammatik, Uebungsbuch, Lesebuch und Wortregister.) (VIII und 123 S.) * 10 Ngr.

Viehoff, Heinr., lateinisches Elementarbuch für die unteren Classen der Real- und höheren Bürgerschulen. 1. und 2. Thl. 2. Aufl. gr. 8. Braunschweig, Westermann. *
Inhalt:
Thl. 1. Sexta-Cursus. [Grammatik, Uebungsbuch und Lesebuch mit Wortregister.] (VIII, 104 S.) 869. * 80 Pf.
" 2. Quinta-Cursus. (VIII, 123 S.) 874. * ℳ 1.

Viehoff, Heinr., lateinisches Elementarbuch für die unteren Classen der Real- und höheren Bürgerschulen. 2 Thle. 3. Aufl. gr. 8. Braunschweig 879, Westermann. *
Inhalt:
Thl. 1. Sexta-Cursus. [Grammatik, Uebungsbuch und Lesebuch mit Wortregister.] (VIII, 104 S.) * 80 Pf.
" 2. Quinta-Cursus. (VIII, 123 S.) * ℳ 1.

—— Goethe's Gedichte erläutert, f. a. Goethe.

Viehoff, Heinr., Goethe's Gedichte erläutert und auf ihre Veranlassungen, Quellen und Vorbilder zurückgeführt, nebst Variantensammlung und Nachlese. 3. Thl.: Periode des eklektischen Universalismus 1806—1832. gr. 16. (VI und 582 S.) Düsseldorf 854, Bötticher. *
1. und 2. Thl. Ebendas. 1846—47. * 2 Thlr. 22½ Ngr.

—— Goethes Gedichte erläutert und auf ihre Veranlassungen, Quellen und Vorbilder zurückgeführt nebst Variantensammlung. 2., gänzlich umgearb. Aufl. in 2 Bdn. 12 Lfgn. gr. 16. (416; 389 S.) Stuttgart 869,70, Conradi. à Lfg. 50 Pf.; geb.

Viehoff, Heinr., Goethe's Gedichte erläutert u. auf ihre Veranlassungen, Quellen u. Vorbilder zurückgeführt, nebst Variantensammlg. 3 Aufl. 2 Bde. 8. (VIII, 416 u. XXXVIII, 389 S.) Stuttgart 876. Conradi. n. 6. —; in 1 Bd. geb. n. 7. —

— Schiller's Gedichte in allen Beziehungen erläutert, und auf ihre Quellen zurückgeführt, nebst einer vollständigen Nachlese u. Variantensammlung zu denselben. Für die Freunde des Dichters überhaupt u. für d. Lehrer des Deutschen an höhern Schulanstalten insbes. 5 Thle. 16. Stuttgart 839, 40. Balz. 1 7/8 ß

—— Schiller's Gedichte in allen Beziehn. erläut., u. auf ihre Quellen zurückgeführt, nebst e. vollständ. Nachlese u. Variantensamml. zu denselben. Für d. Freunde d. Dichters überh. u. f. d. Lehrer des Deutschen an höh. Schulanstalten insbesondere. 5 Thle. kl. 8. Stuttgart, [Becher's Verl.] [1. (24¾ B.) 12 Gr., 2. (13¾ B.) 839. 7 Gr., 3. u. 4. (40¾ B.) 16 Gr., 5. (19¼ B.) 840. 10 Gr.]

—— Schiller's Gedichte erläutert und auf ihre Veranlassungen und Quellen zurückgeführt, nebst Variantensammlung und Nachlese. 1. Thl. Neue, größtentheils umgearb. Aufl. 3 Bde. gr. 16. Stuttgart, Becher's Verlag. [1. (VIII und 459 S.) 2. und 3. (XI und 1044 S.) 855(56.) à Bd. 20 Ngr.]

—— Schiller's Gedichte erläutert und auf ihre Veranlassungen und Quellen zurückgeführt, nebst Variantensammlung und Nachlese. 3., größtentheils umgearb. (Titel-)Aufl. in 3 Bdn. gr. 16. (XX und 1503 S.) Stuttgart (856)58. 59, Becher's Verlag.

Viehoff, H.: Schillers Gedichte erl. u. auf ihre Veranlassungen, Quellen u. Vorbilder zurückgeführt, nebst Variantensammlung. 4. Aufl. Stuttgart 1872. 3 Bde

—— Schiller's Gedichte erläutert und auf ihre Veranlassungen, Quellen und Vorbilder zurückgeführt nebst Variantensammlung. 4. abermals gänzlich umgearb. Ausg. in 3 Bdn. 8. (1. Bd. XVI, 309 S.) Stuttgart 873, Conradi. *

— Schiller's Gedichte, erläutert u. auf ihre Veranlassungen, Quellen u. Vorbilder zurückgeführt, nebst Variantensammlg. 6., umgearb. Aufl. 3 Bde. 8. (XXVIII, 290, 214 u. 252 S.) Stuttgart 887. Conradi. n. 7. —; in 1 Bd. geb. n. 8. —

[5.] Schillers Gedichte erläutert u. auf ihre Veranlassungen, Quellen u. Vorbilder zurückgeführt nebst Variantensammlg v. Heinrich Viehoff. 7. Aufl. Bd 1—3. *Stuttgart: Franckh 1895.* 3 Bde 8.
1: Gedichte d. 1. u. 2. Periode. (XXVIII, 290 S.)
2: Gedichte d. 3. Periode, 1. Abt. (VI, 214 S.)
3: Gedichte d. 3. Periode. 2. Abt. (2 Bl., 252 S.)
98. 1987 B.

— v. Goethe's, Odysseus u. Nausikaa.

—— Handbuch der deutschen Nationalliteratur. Dichter und Prosaiker. Mit biographischen und andern Erläuterungen. Ein Lesebuch für obere Classen höherer Lehranstalten und Freunde der deutschen Literatur. gr. 8. (XIX und 664 S.) Braunschweig 857, Westermann. * 1 Thlr. 10 Ngr.; geb. *

Viehoff, Heinr., Handbuch der deutschen Nationalliteratur nebst einem Abriß der Literaturgeschichte, Verslehre, Poetik und Stylistik mit Aufgabensammlung. 3 Thle. 2. Aufl. Braunschweig 860. Westermann. gr. 8. n. 1 *Thlr* 22 *ngr.*
1. u. 2. Thl.: Dichter u. Prosaiker von Haller bis auf die neueste Zeit, mit biographischen u. andern Erläuterungen. Ein Lesebuch für obere Classen höherer Lehranstalten u. Freunde der deutschen Literatur. (XIX, 664 S.) n. 1 *Thlr* 10 *ngr.*
3. Thl.: Proben der ältern Prosa u. Poesie, nebst einem Abriß der Literaturgeschichte, Verslehre, Poetik u. Stylistik mit Aufgabensammlung. Ein Hülfsbuch für den deutschen Unterricht. (IX, 181 S.) n. 12 *ngr.*

— Handbuch der deutschen Nationalliteratur nebst einem Abriß der Literaturgeschichte, Verslehre, Poetik u. Stylistik mit Aufgabensammlung. 3 Thle. Braunschweig 862—67. Westermann. gr. 8. n. 1 *Thlr* 22 *ngr.*
1. 2. Thl. Dichter u. Prosaiker bis auf die neueste Zeit, mit biograph. u. andern Erläuterungen. Ein Lesebuch für obere Classen höherer Lehranstalten u. Freunde der deutschen Literatur. 3—6. Aufl. (XIX, 664 S.) n. 1 *Thlr* 10 *ngr.*
3. Thl. Proben der älteren Prosa u. Poesie, nebst einem Abriß der Literaturgeschichte, Verslehre, Poetik u. Stylistik mit Aufgabensammlung. Ein Hilfsbuch für den deutschen Unterricht. 3—6. Aufl. (IX, 181 S.) n. 12 *ngr.*

—— Handbuch der deutschen Nationalliteratur nebst einem Abriß der Literaturgeschichte, Verslehre, Poetik und Stylistik mit Aufgabensammlung. 3 Thle. gr. 8. Braunschweig, Westermann. *
Inhalt:
Thl. 1. 2. Dichter und Prosaiker von Haller bis auf die neueste Zeit, mit biograph. und anderen Erläuterungen. Ein Lesebuch für höhere Lehranstalten und Freunde der deutschen Literatur. 7.—10. Aufl. 1868—73. *M. 4., und 11. verm. und verb. Aufl. (XIV, 396; IV, 280 S.) 875. *M. 4,50.
" 3. Proben der älteren Prosa und Poesie, nebst einem Abriß der Literaturgeschichte, Verslehre, Poetik und Stylistik mit Aufgabensammlung. Ein Hülfsbuch für den deutschen Unterricht. 6.—8. Aufl. 1868—73. *M. 1,20., und 9. Aufl. (X, 183 S.) 875. *M. 1,40.

Viehoff, Heinr., Handbuch der deutschen Nationalliteratur nebst einem Abriß der Literaturgeschichte, Verslehre, Poetik und Stylistik mit Aufgabensammlung. 3 Thle. gr. 8. Braunschweig, Westermann. *
Inhalt:
Thl. 1. 2. Dichter und Prosaiker von Haller bis auf die neueste Zeit, mit biograph. und anderen Erläuterungen. Ein Lesebuch für die oberen Classen höherer Lehranstalten und Freunde der deutschen Literatur. 12.—15. neu umgearb. Aufl. (XIV, 396; IV, 280 S.) 876—79. *M. 4,50.
" 3. Proben der älteren Prosa und Poesie, nebst einem Abriß der Literaturgeschichte, Verslehre, Poetik und Stylistik mit Aufgabensammlung. Ein Hülfsbuch für den deutschen Unterricht. 10.—13. Aufl. (X, 183 S.) 876—79. *M. 1,40.

Viehoff, Heinr., Handbuch der deutschen Nationalliteratur. 3 Thle. gr. 8. Braunschweig, Westermann. *
Inhalt:
Thl. 1. 2. Dichter und Prosaiker von Haller bis auf die neueste Zeit, mit biograph. und anderen Erläuterungen. Ein Lesebuch für die oberen Classen höherer Lehranstalten und Freunde der deutschen Literatur. 16. umgearb. Aufl. (XIV, 396; IV, 280 S.) 882. *M. 4,50.
" 3. Proben der älteren Prosa und Poesie, nebst einem Abriß der Literaturgeschichte, Verslehre, Poetik und Stylistik mit Aufgabensammlung. Ein Hülfsbuch für den deutschen Unterricht. 14. und 15. vollständig umgearb. und verb. Aufl. (X, 200 S.) 881,82. *M. 1,40.

Viehoff, Heinrich. Handbuch der deutschen Nationallitteratur von Luther bis zur Gegenwart für die oberen Klassen höherer Lehranstalten von Heinrich Viehoff. Neu bearb. von H[ermann] Leisering ... in Berlin. In zwei Teilen. 25. Aufl. 8. Braunschweig, George Westermann, 1901. [geb. *zus.* M. 7. —]
Teil 1: Poesie. XVI + 596 S. — *Darin Gedichte von:* Johann Fischart, Albrecht von Haller, Friedrich Gottlieb Klopstock, Friedrich von Schiller, Johann Gaudenz von Salis-Seewis, Johann Gottfried Kinkel, Gottfried Keller, Joseph Viktor von Scheffel, Johann Peter Hebel, Johann Martin Usteri.
Teil 2: Prosa. ([Mit Anhang:] Überblick der Litteraturgeschichte.) VIII + 391 S. — *Darin Stücke von:* Johann Jakob Bodmer, Albrecht von Haller, Johann Kaspar Lavater, Otto von Bismarck.

Viehoff, Heinr., Handbuch der deutschen Nationalliteratur von Luther bis zur Gegenwart f. die oberen Klassen höh. Lehranstalten. Neu bearb. v. H. Leisering. 2 Tle. 23., gänzlich umgearb. Aufl. Neue Rechtschreibg. (XV, 596 u. VII, 391 S.) gr. 8. Braunschweig 903. G. Westermann. Geb. n. 7. —

—— Hülfsbuch für den deutschen Unterricht in den obern Classen höherer Lehranstalten, enthaltend Proben der ältern Prosa und Poesie, einen Abriß der Literaturgeschichte, Verslehre, Poetik und Stylistik nebst Aufgabensammlung, zugleich Anhang zum Handbuch der deutschen Nationalliteratur. gr. 8. (VII und 181 S.) Braunschweig 858, Westermann. *

— s. Hoffmeister, Karl, Schiller's Leben.

—— Schiller's Jungfrau von Orleans f. Haus u. Schule erläut. 8. (9½ B.) Düsseldorf 841, [Cöln,] Roschütz u. Comp. *

—— Goethe's Leben. 1—3. gr. 16. Stuttgart, Becher's Verlag. [1. (400 S. mit G's. Portr. in Stahlst.) 847., 2. (VI und 566 S.) 848., 3. (510 S.) 849. à 1 Thlr.]

—— dass. — (Neue Ausg.) (Supplement zu den deutschen Classikern.) 1—19. Lfg. gr. 16. Ebds. [Thl. 1. (400 S.) 2. und 3. (VII und 1066 S.) 4. (S. 1—748.) 853—54. à Lfg. * 4 Ngr.]

Viehoff, Heinr., Goethe's Leben. 3., verb. und vielfach bereicherte Aufl. 22 Lfgn. 8. Stuttgart 858, Becher's Verlag. [1. Thl. (III und 312 S. mit 1 Portr. in Stahlst.) 2. (III und 466 S.) 3. (III und 528 S.) 4. (VIII und 422 S.)] à Lfg. 5 Ngr.

—— Goethe's Leben, Geistesentwickelung und Werke. 4. umgearb. Aufl. 4 Thle. in 1 Bd. gr. 8. (XIV, 198; 232; 226; 218 S.) Ebendas. 877. *M. 9.; geb. **

Viehoff, Heinr., Goethe's Leben, Geistesentwickelg. u. Werke. 5. (Titel-) Aufl. in 4 Thln. 8. (XV, 198; 232, 226 u. 218 S.) Stuttgart (877) 887. Franckh. n. 5. —; in 1 Leinw.-Bd. n. 6. —

— Goethe's Leben, Geistesentwickelung u. Werke. 5. (Titel-) Aufl. in 4 Thln. 8. (XIV, 198; 232; 226 u. 218 S.) Stuttgart 887. Conradi. In 1 Bd. geb. n. 6. —

—— Schiller's Leben, Geistesentwickelung und Werke auf der Grundlage der Karl Hoffmeister'schen Schriften neu bearb. 3 Thle. in 1 Bde. 8. (VI, 285; 243; 273 S.) Ebendas. 873—75. *

—— Schiller's Leben, Geistesentwickelung und Werke, auf der Grundlage der Karl Hoffmeister'schen Schriften neu bearb. 2. Aufl. 3 Thle. 8. (VI, 285; 243; 273 S.) Ebendas. 888. *
geb. in 1 Bd. *

—— Leitfaden f. d. geograph. Unterricht auf Gymnasien u. a. höh. Lehranstalten, in 3 Lehrstufen, mit vielen Fragen u. Aufgaben zu schriftl. u. mündl. Lösung. 1. Lehrstufe. 8. Emmerich, Romen. * —

X. u. d. Ttln.:
a) Umrisse d. topischen Geographie. 1. Aufl. (7¼ B.) 835., 2., verb. A. (7½ B.) 842. à * 6 Gr.
b) Die astronom. u. phys. Geographie, nebst e. Vorschule d. polit. ꝛc. (7 B. u. 1 Stnt.) 835. * 7½ Gr.
c) Die politische Geographie. (6½ B.) 840. * 6 Gr.

Viehoff, Hnr., Leitfaden für den geographischen Unterricht auf Gymnasien u. a. höhern Lehranstalten, in 3 Lehrstufen, mit vielen Fragen und Aufgaben zu schriftlicher und mündlicher Lösung. 1. Lehrstufe. — A. u. d. T.: Umrisse der topischen Geographie. 2. verb. Aufl. 8. Emmerich 842, Romen. (Leipzig, Hermann.) n. ¼ ℛ — dass. 1. Lehrstufe. b) Astronomische und physische Geographie, nebst einer Vorschule der politischen, für die vorletzte Classe höherer Lehranstalten. 2. verb. Aufl. Mit 1 lith. Tafel. gr. 8. Ebd. 845. n. 8¾ ngl

— dass. 2. Lehrstufe. Politische Geographie. 2. verb. u. verm. Aufl. 8. Ebend. 846. n. ⅓ ℛ

—— Leitfaden für den geographischen Unterricht auf Gymnasien und andern höhern Lehranstalten, in 3 Lehrstufen, mit vielen Fragen und Aufgaben zu schriftl. und mündl. Lösung. 1. Lehrstufe. A. u. d. T.: Umrisse der topischen Geographie, ein Leitfaden für den geograph. Unterricht in der untersten Classe höherer Lehranstalten. 4., verb. Aufl. gr. 8. (XVI und 98 S.) Emmerich 855, Romen. *

— Leitfaden für den geographischen Unterricht auf Gymnasien und andern höhern Lehranstalten, in 3 Lehrstufen, mit vielen Fragen und Aufgaben zu schriftlicher und mündlicher Lösung. 1. Lehrstufe. A. u. d. T.: Umrisse der topischen Geographie, ein Leitfaden für den geograph. Unterricht in der untersten Classe höherer Lehranstalten ꝛc. 4. verb. Aufl. Emmerich 856. Romen. gr. 8. (XVI, 98 S.) 7½ ngr.

—— Leitfaden für den geographischen Unterricht auf Gymnasien und andern höhern Lehranstalten, in drei Lehrstufen, mit vielen Fragen und Aufgaben zu schriftl. und mündl. Lösung. 2. Lehrstufe. 3., ganz umgearb. Aufl. A. u. d. T.: Die polit. Geographie, ein Leitfaden für den geograph. Unterricht in den mittleren Klassen höherer Lehranstalten. 3., ganz umgearb. Aufl. gr. 8. (VI und 114 S.) Emmerich 857, Romen.

— Leitfaden für den geographischen Unterricht auf Gymnasien und andern höhern Lehranstalten, in drei Lehrstufen, mit vielen Fragen u. Aufgaben zu schriftlicher u. mündlicher Lösung. Emmerich 862. Romen. gr. 8.
1. Lehrstufe: Umrisse der topischen Geographie, ein Leitfaden für den geographischen Unterricht in der untersten Classe höherer Lehranstalten. 5. Aufl. (XVI, 95 S.) n. 8 ngr.

— Leitfaden f. den geographischen Unterricht höherer Lehranstalten, in 3 Lehrstufen, m. vielen Fragen u. Aufgaben zu schriftl. u. mündl. Lösg. gr. 8. Berlin 871. Habel. n. 2. 80
1. Umrisse der topischen Geographie, e. Leitfaden f. den geograph. Unterricht in der untersten Classe höherer Lehranstalten. 6. Aufl. (XVI, 96 S.) n. — 90
2. Die astronom. u. phys. Geographie, nebst e. Vorschule der polit. Geographie, e. Leitfaden f. den geograph. Unterricht in der vorletzten Classe höherer Lehranstalten. Mit e. lith. Taf. 4. Aufl. (XII, 84 S.) n. — 90
3. Die polit. Geographie in den mittleren Classen höherer Lehranstalten. 4. Aufl. (VIII, 105 S.) n. 1. —

—— deutsches Lesebuch für die mittleren Classen höherer Lehranstalten. gr. 8. (VIII und 392 S.) Braunschweig 860, Westermann. * -

—— Deutsches Lesebuch für die mittleren Classen höherer Lehranstalten. 2. Aufl. gr. 8. (VIII und 392 S.) Braunschweig 866, Westermann. * -

—— deutsches Lesebuch für die mittleren Classen höherer Lehranstalten. 3.—5. Ster.-Aufl. gr. 8. (VIII, 392 S.) Braunschweig 869—73, Westermann. *

—— deutsches Lesebuch für die mittleren Classen höherer Lehranstalten. 6. und 7. Ster.-Aufl. gr. 8. (VIII, 392 S.) Ebendas. 877,79. *

—— deutsches Lesebuch für die mittleren Klassen höherer Lehranstalten. 8. nach der neuen Orthographie umgearb. und verb. Aufl. gr. 8. (VIII, 392 S.) Ebendas. 881. *

—— dass. — für die unteren Classen höherer Lehranstalten. 3.—5. Ster.-Aufl. gr. 8. (VIII, 288 S.) Ebendas. 869—74. *

—— dass. — für die unteren Classen höherer Lehranstalten. 6.—8. Ster.-Aufl. gr. 8. (VIII, 288 S.) Ebendas. 875—79. *

Viehoff, Heinr., deutsches Lesebuch für die untern Classen höherer Lehranstalten. gr. 8. (VIII und 288 S.) Braunschweig 860, Westermann. Thlr. * -

—— Deutsches Lesebuch für die unteren Classen höherer Lehranstalten. 2. Aufl. gr. 8. (VIII und 288 S.) Braunschweig 866, Westermann. * -

— deutsches Lesebuch f. die unteren Classen höherer Lehranstalten. 4. Ster.-Aufl. gr. 8. (VIII, 288 S.) Ebend. 873. n. 1. 75

Viehoff, Heinr., deutsches Lesebuch für die unteren Klassen höherer Lehranstalten. 9., nach der neuen Orthographie umgearb. u. verb. Aufl. gr. 8. (VIII, 288 S.) Braunschweig 881. Westermann. n. 2. —

— deutsches Lesebuch f. die unteren u. mittleren Klassen höherer Lehranstalten. Bearb. v. H. Leisering. Neue Rechtschreibg. gr. 8. Ebd. 903. Geb. n. 6. 60
Untere Klassen. 15. gänzlich umgearb. u. verm. Aufl. (VIII, 444 S.) n. 3. —
Mittlere Klassen. 13. gänzlich umgearb. u. verm. Aufl. (VII, 536 S.) n. 3. 60

—— Monda. Skizze a. d. Leben e. Fulahnegers. Zur Belehr. u. Unterhalt. d. Jugend. Nebst e. metr. Zugabe. 8. (7 B. u. Ttlbild.) Emmerich 835, Romen.

Viehoff, H., die Poetik auf der Grundlage der Erfahrungsseelenlehre in 2 Bdn. Hrsg. nebst e. biograph. Skizze: Heinrich Viehoff, aus persönl. Umgange. Von V. Kiy. Beigegeben ist Viehoff's Portr. u. e. Fcsm. seiner Handschrift. 8. (XXXVII, 552 S.) Trier 888. Lintz. n. 7. —

— s. Racine's sämmtl. Werke.

—— ausgewählte Stücke deutscher Dichter seit Haller bis auf d. neueste Zeit, erläut. u. auf ihre Quellen zurückgeführt. Für Freunde d. Dichtkunst überh. u. f. Lehrer u. Lehrerinnen d. deutschen Sprache insbesondere. 2 Bde. 8. Emmerich, Romen. [1. (17¼ B.) 836., 2. (19¾ B.) 838. à ⅚ Thlr.

—— Uebungsbuch zum Uebersetzen aus dem Lateinischen ins Französische und aus dem Französischen ins Lateinische, für Real- und höhere Bürgerschulen bearb. 1. und 2. Cursus. 8. Trier, Lintz'sche Buchh. [1. (XVI und 60 S.) 853. 7½ Ngr., 2. (IV und 124 S.) 854. 15 Ngr.] Thlr. -

Viehoff, Heinr., Uebungsbuch zum Uebersetzen aus dem Lateinischen ins Französische und aus dem Französischen ins Lateinische, für Real- und Bürgerschulen bearb. 3. Cursus. 8. (III und 110 S.) Ebds. 856(57.)

—— **Vorschule der Dichtkunst.** Theoretisch-prakt. Anleitung zum deutschen Vers- und Strophenbau mit vielen Aufgaben und beigegebenen Lösungen. gr. 8. (XVI und 432 S.) Braunschweig 860, Westermann.

Viehoff, Heinr., wie malt der Dichter Gestalten? Ein Beitr. zur Aesthetik. 8. (4 B.) Emmerich 834. (Wesel, Klönne.)

— **Zeitgedichte.** 16. (67 S.) Berlin 870. Lipperheide. — 50

Viehoff, Henricus Arnoldus (geb. am 18 Sept. 1803 [nicht 1804] in Büderich Kr. Neuss): De sanguinis congesti vi in vesania ... Bonnae, typ. F. C. Baaden (1832). 2 Bl., 19 S. 4.
Bonn, Med. Fak., Diss. v. 18 Jan. 1832

Viehoff, Hugo

Viehoff, H. Die lateinlosen höheren Bürgerschulen und Rückblick auf die bisherige Entwicklung der Anstalt. Düsseldorf, H. B., 1879. 20 S. 4. **Progr.**

Viehoff, Hugo Rückblick auf die bisherige Entwicklung der Anstalt (S. 17—20) siehe S. 3. **Progr.** HB. *Düsseldorf* 1879.

Viehoff, Hugo, Dir.: Die **Schulreform** von 1901. *Düsseldorf (1901): A. Bagel.* (S. 3—6.) 4° [F.]
Düsseldorf, st. OR, OP 1901 (533)

[F.] **Viehoff**, Hugo [Dir.]: Die Umwandlung der Realschule in eine Oberrealschule. Düsseldorf, gedr. bei A. Bagel, *1897;* 3—11 S. 4.
Düsseldorf, st. OR '(in d. Entwickl. begr.)', OP 1897 (513)

Viehoff, P. H. J. Beiträge zur Lehre von der Veränderung der Vokale und Consonanten der latein. Sprache. 22 S. . . . .
Emmerich, Progr. 1833

Viehoff, Peter Über die Construction der Pronomina οἷος und ὅσος und der Partikel ὥστε mit dem Infinitiv. 12 S. . .
Emmerich, Progr. 1842

Viehkursbuch. Kursbuch f. d. Beförderg. v. Vieh u. Pferden auf den deutschen Eisenbahnen. 17. Ausg. Im amtl. Auftrage auf Grund des v. den Eisenbahnverwaltungen gelieferten Materials bearb. v. Otto Schmidt. Winter 1910/11. (84, 309, 79 u. 52 S. m. 1 Karte.) gr. 8. Berlin, E. S. Mittler & Sohn. 2. 40

Viehmeyer, Hugo, Bilder aus dem Ameisenleben, s.: Bibliothek, naturwissenschaftl., f. Jugend u. Volk.

Vieh- u. Feldordnung, herzogl. Anhalt-Köthnische. 8. Köthen ... Aue. 3 gr.

Oesterreichische **Vieh-Ordnung** aus denen von herrschaftlichen Wirtschafteren wegen Anno 1729 u. 1730 grassirten Viehes-Umfall eingereichten Berichten gezogen, u. mit sowol Praeservir- als Curier-Mitteln eingerichtet ... Von e. Landes-Fürstlichen hohen Obrigkeit hrsg. Wien 1730. 80 S.

Vieh-Ordnung, Oesterreicherische, Auß denen Von Herrschaftlichen Wirthschafteren Wegen Annō 1729 u. 1730 grassirten Viehes-Umbfall Eingerichten Berichten eingezogen. Clagenfurt, Kleinmayr, (ca. 1735). Quart. 55 S.

Oesterreichische **Vieh-Ordnung** ... [nebst] Zusatz. Ynsprugg 1737. 80, 66 S.

Englische **Vieh-Rassen.** Rinder, Schafe und Schweine. Unter Mitw. d. bedeutendsten englischen Züchter hrsg. von J. Coleman. Ins Deutsche übertr. u. mit Anm. vers. von Georg Zöppritz. Mit 27 Vollbildern in Holzschn. nach Zeichn. von Harrison Weir. Stuttgart (1887.) 230 S. 4⁰

Viehrig, E., Der Rückgang der Stahl- und Eisenindustrie in Großbritannien und Deutschland als Konkurrent. Pirna, 1907. 24 S. mit 4 Diagr.

Viehseuche, die Ursachen derselben, auch Hilfsmittel u. Anstalten dagegen betreffend. 8. Leipzig 765. M. —.60

Viehseuchen-Gesetz, das, in der neuen Fassung vom 1. Mai 1894. Nebst dem preuß. Ausführungsgesetze dazu vom 18. Juni 1894. gr. 8. (23 S.) Leipzig 894. C. E. M. Pfeffer. n. — 30

Das **Viehseuchengesetz** vom 26. Juni 1909. Nach d. Gesetzesbegründung u. d. Reichstagsverhandlungen mit Erl. vers. von F[ritz] Backhaus. Berlin: Heymann 1909. 84 S. 8⁰

[F.] **Viehseuchen-Gesetze.** Reichs-Gesetze u. Preussische Landes-Gesetze über d. Abwehr u. Unterdrückg v. Viehseuchen, nebst den z. Ausführg derselben ergangenen Vorschriften u. anderen das Veterinärwesen betr. Bestimmgn. Text-Ausg. m. Anm. v. B. Beyer, Wirkl. Geh. Ober-Regierungs- ... Rat ... 3., neubearb. Aufl. *Berlin: P. Parey 1895.* (X, 477 S.) 1 Bd 8. [96. 1330

[F.] **Viehseuchen-Gesetze.** Reichs-Gesetze u. Preuss. Landes-Ges. über d. Abwehr u. Unterdrückg v. Viehseuchen, nebst den z. Ausführg ders. ergang. Vorschriften ... Text-Ausg. m. Anm. v. B. Beyer, Wirkl. Geh. Ob.-Reg.-R. a. D. ... 4., neubearb. Aufl. *Berlin: P. Parey 1897.* (XII, 492 S.) 1 Bd 8. [97. 6499

[F.] Die **Viehseuchengesetze** für das Deutsche Reich und für Preussen zsgest. u. bearb. v. Kurt v. Rohrscheidt, Regiergs-R. *Berlin: C. Heymanns 1895.* (VI S., 1 Bl., 520 S.) 1 Bd 8.
= Taschen-Gesetzsammlung. No 25. [96. 2519

Viehseuchen-Polizei, die, im preußischen Staate. gr. 16. (III, 160 S.) [Köln und Neuß 877.] Düsseldorf, Schwann.

Viehseuchen-Statistik des deutschen Reichs. Zsgest. im Kais. Gesundheitsamt. Mit Kt. 1894—1910. 4⁰ [Metallogr.]

Viehseuchen-Übereinkommen, das, zwischen dem Deutschen Reich u. Österreich-Ungarn vom 6. Dezbr. 1891 (R. G.-Bl. f. 1892, S. 90) m. e. Übersicht üb. die in Österreich-Ungarn bestehenden Sperrgebiete bezw. festgestellten Sperrbezirke (engeren Sperrgebiete), e. alphabet. Verzeichnisse der Sperrgebiete Österreichs u. der zu den Sperrbezirken (engeren Sperrgebieten) in Böhmen, Galizien, Mähren, Nieder-Österreich gehör. Bezirkshauptmannschaften, sowie e. (farb.) Übersichtskarte v. Österreich-Ungarn. 8. (29 S.) Berlin 893. P. Parey. n. 1. 50

Viehstand, s.: Beiträge zur Statistik der innern Verwaltung d. Großherzogth. Baden.

Viehstand, der, im Großherzogthum Baden, s. Beiträge zur Statistik der inneren Verwaltung des Großherzogth. Baden.

Viehstand, der, im Grossherzogthum Baden nach der Zählung im Dez. 1855. Carlsruhe 1858. 4.

— im Königreich **Bayern** nach der Erhebung vom Monate April 1863, verglichen mit den Zählungen von 1810, 1833, 1840 u. 1854, u. mit Beifügung des Viehstandes anderer deutscher u. außerdeutscher Staaten in verschied. Jahren. (12. Heft der Beiträge zur Statistik des Königr. Bayern.) München 864. (Fleischmann's Buchh.) Fol. (IV, 31 S.) n. 15 ngr.

Viehstand, der, Bayerns auf Grund der Viehzählung vom 2. XII. 1907, s.a. Beiträge zur Statistik d. Königr. Bayern. 72. Heft.

Der **Viehstand** B a y e r n s auf Grund der Viehzählung vom 2. Dezember 1907. München: Lindauer 1909. 135 S. 4° (8°) (Beiträge z. Statistik d. Königr. Bayern. H. 72.)

Der Viehstand im Kanton Bern seit 1808, Vergleichende Statistik der Hauptresultate der Viehzählung vom 21. Apr. 1876 mit den frühern Zählungen seit 1808 und speziell mit der Zählung im Jahre 1866. 11 S. Fol. Bern, Publikation des kant. statist. Büreau.

Viehstand, der, in Elsaß-Lothringen, s.a. Mitteilungen, statistische, üb. Elsaß-Lothringen, Hft. 25.

Viehstand, Der, in Elsass-Lothringen. Die Ergebnisse der Viehzählung vom 1. Dez. 1892. Der Bestand an Rindvieh und Schweinen nach der ausserordentlichen Zählung vom 1. Dez. 1893, sowie die Ab- und Zunahme des Rindviehbestandes und der Schweine seit dem 1. Dez. 1892. Mit 3 kartogr. Darstellungen. (II. 163 S. (Statist. Mitteilungen über Elsass-Lothringen. 25. Heft.) Strassburg 94. (F. Bull.) M. 8.

Viehstand, der, der Gemeinden u. Gutsbezirke im preussischen Staate. Nach den Urmaterialien der allgemeinen Viehzählg. vom 10. Jan. 1873 bearb. u. zusammengestellt vom königl. statist. Bureau. 3 Hfte. Lex.-8. Berlin 874. 75. Verl. d. k. statist. Bureaus. n. 15. —

1. **Die Provinzen Preussen, Pommern u. Posen. (VI, 260; 106 u. 119 S.) n. 6. —**
2. **Die Provinzen Brandenburg, Schlesien u. Sachsen. (VI, 130; 222 u. 104 S.) n. 5. —**
3. **Die Provinzen Schleswig-Holstein, Hannover, Westfalen, Hessen-Nassau u. Rheinland m. Hohenzollern. (VI, 49; 93, 49, 66 u. 88 S.) n. 6. —**

Viehstand, der, der Gemeinden u. Gutsbezirke im Reg.-Bez. **Aachen** nach der Viehzählung vom 10. Jan. 1883. **Bearb.** vom königl. statist. Bureau. Lex.-8. (10 S.) Berlin 884. Verl. d. k. statist. Bureaus. n. — 60

— dasselbe. Reg.-Bez. Arnsberg. Lex.-8. (19 S.) Ebend. 884. n. — 40

— dasselbe. Landdrosteibez. Aurich. Lex.-8. (8 S.) Ebend. 884. n. — 20

— dasselbe. Stadtkreis Berlin u. Reg.-Bez. Potsdam. Lex.-8. (49 S.) Ebend. 884. n. — 80

— dasselbe. Reg.-Bez. Breslau. Lex.-8. (71 S.) Ebend. 884. n. 1. —

— dasselbe. Reg.-Bez. Bromberg. Lex.-8. (42 S.) Ebend. 884. n. — 80

— dasselbe. Reg.-Bez. Danzig. Lex.-8. (25 S.) Ebend. 884. n. — 40

— dasselbe. Reg.-Bez. Düsseldorf. Lex.-8. (13 S.) Ebend. 884. n. — 40

— dasselbe. Reg.-Bez. Erfurt. Lex.-8. (13 S.) Ebend. 884. n. — 40

— dasselbe. Reg.-Bez. Frankfurt. Lex.-8. (52 S.) Ebend. 884. n. — 80

— dasselbe. Reg.-Bez. Gumbinnen. Lex.-8. (70 S.) Ebend. 884. n. 1. —

— dasselbe. Landdrosteibez. Hannover. Lex.-8. (16 S.) Ebend 884. n. — 40

Viehstand, der, der Gemeinden u. Gutsbezirke im **Landdrosteibez. Hildesheim** nach der Viehzählung vom 10. Jan. 1883. Bearb. vom königl. statist. Bureau. Lex.-8. (17 S.) Berlin 884. Verlag d. k. statist. Bureaus. n. — 40

— dasselbe. Reg.-Bez. Kassel. Lex.-8. (36 S.) Ebend. 884. n. — 60

— dasselbe. Reg.-Bez. Koblenz. Lex.-8. (23 S.) Ebend. 884. n. — 40

— dasselbe. Reg.-Bez. Köln. Lex.-8. (9 S.) Ebend. 884. n. — 40

— dasselbe. Reg.-Bez. Königsberg. Lex.-8. (78 S.) Ebend. 884. n. 1. 20

— dasselbe. Reg.-Bez. Köslin. Lex.-8. (38 S.) Ebend. 884. n. — 80

— dasselbe. Reg.-Bez. Liegnitz. Lex.-8. (54 S.) Ebend. 884. n. — 80

— dasselbe. Landdrosteibez. Lüneburg. Lex.-8. (30 S.) Ebend. 884. n. — 40

— dasselbe. Reg.-Bez. Magdeburg. Lex.-8. (29 S.) Ebend. 884. n. — 60

— dasselbe. Reg.-Bez. Marienwerder. Lex.-8. (44 S.) Ebend. 886. n. — 80

— dasselbe. Reg.-Bez. Merseburg. Lex.-8. (44 S.) Ebend. 884. n. — 60

— dasselbe. Reg.-Bez. Minden. Lex.-8. (12 S.) Ebend. 884. n. — 40

— dasselbe. Reg.-Bez. Münster. Lex.-8. (8 S.) Ebend. 884. n. — 40

— dasselbe. Reg.-Bez. Oppeln. Lex.-8. (53 S.) Ebend. 884. n. — 80

— dasselbe. Landdrosteibez. Osnabrück. Lex.-8. (14 S.) Ebend. 884. n. — 40

— dasselbe. Reg.-Bez. Posen. Lex.-8. (63 S.) Ebend. 884. n. 1. —

— dasselbe. Reg.-Bez. Schleswig. Lex.-8. (V, 45 S.) Ebend. 884. n. 1. —

— dasselbe. Reg.-Bez. Siegmaringen. Lex.-8. (5 S.) Ebend. 884. n. — 40

— dasselbe im Landdrosteibez. Stade. Lex.-8. (17 S.) Ebend. 884. n. — 40

— dasselbe. Reg.-Bez. Stettin. Lex.-8. (36 S.) Ebend. 884. n. — 60

— dasselbe. Reg.-Bez. Stralsund. Lex.-8. (18 S.) Ebend. 884. n. — 60

— dasselbe. Reg.-Bez. Trier. Lex.-8. (24 S.) Ebend. 884. n. — 40

— dasselbe. Reg.-Bez. Wiesbaden. Lex.-8. (20 S.) Ebend. 884. n. — 40

— der, der einzelnen Kreise d. preussischen Staates 1883 u. 1873. Vorläufige Ergebnisse der Viehzählg. vom 10. Jan. 1883 verglichen m. den definitiven Ergebnissen vom 10. Jan. 1873. Bearb. vom königl. statist. Bureau. Imp.-4. (22 S.) Ebend. 883. n. — 20

Der Viehstand im Grossherzogtum Luxemburg unter bes. Berücks. d. Viehzähl. v. 2. Dez. 1907. Luxemburg 1909. 8°.
(Publicationen d. st. ... Statistik d. Grossherzogt. Luxemburg. H. ...)

— der, nach der Stückzahl der Tiere auf Grund der ausserordentl. Zählung v. 1. XII. 1908, bzw. 1. XII. 1909, s.a. Zeitschrift des kgl. preuss. statistischen Landesamts. 31. u. 34. Erg.-Heft.

Der Viehstand nach der Stückzahl der Tiere auf Grund der außerordentl. Zählung vom 1. Dezember 1908. Hrsg. vom Kgl. Preuss. Statist. Landesamt. Berlin: Statist. Landesamt 1910. 67 S. 4°
(Zeitschrift d. Kgl. Preuß. Statist. Landesamts. Erg.H. 31.)

Der Viehstand nach der Stückzahl der Tiere auf Grund d. außerordentl. Zählung v. 1. Dez. 1909. Hrsg. v. Kgl. Preuss. Statist. Landesamt. Berlin: Kgl. Statist. Landesamt 1910. 67 S. 4°
(Zeitschrift d. Kgl. Preuß. Statist. Landesamts. Erg H. 34.) [11. 3986

Viehstands- und Obstbaumlexikon vom Jahre 1900 für den preußischen Staat. Bearb. v. Kgl. statist. Bureau. 1–13. *Berlin: Kgl. statist. Bur. 1903.* 13 Bde 4°(8°) [F.]
1. Prov. Ostpreußen. 2. Prov. Westpreußen.
3. Stadtkreis Berlin u. Prov. Brandenburg. 4. Prov. Pommern. 5. Prov. Posen.
6. Prov. Schlesien. 7. Prov. Sachsen. 8. Prov. Schleswig-Holstein.
9. Prov. Hannover. 10. Prov. Westfalen.
11. Prov. Hessen-Nassau. Mit e. Anh. über d. Fürstenthümer Waldeck u. Pyrmont.
12. Prov. Rheinland. 13. Hohenzollernsche Lande. [03. 11,73

Viehstands-Lexikon f. das Königr. Preussen. Nachweisung d. Viehstandes der einzelnen Gemeinden u. Gutsbezirke nach der Aufnahme vom 10. Jan. 1883. 1—3. Hft. Bearb. vom königl. statist. Bureau. Lex.-8. Berlin 884. Verl. d. k. statist. Bureaus. n. 17. 60

1. Prov. Ostpreussen. (V, 149 S.)	n. 2. —
2. Prov. Westpreussen. (V, 70 S.)	n. 1. —
3. Stadtkreis Berlin u. Prov. Brandenburg. (V, 403 S.)	n. 1. 60
4. Prov. Pommern. (V, 93 S.)	n. 1. 60
5. Prov. Posen. (V, 106 S.)	n. 1. 60
6. Prov. Schlesien. (VI, 179 S.)	n. 2. 40
7. Prov. Sachsen. (VI, 87 S.)	n. 1. 40
8. Prov. Schleswig-Holstein bezw. Reg.-Bez. Schleswig. (V, 45 S.)	n. 1. —
9. Prov. Hannover. (VI, 103 S.)	n. 1. 60
10. Prov. Westfalen. (V, 40 S.)	n. — 80
11. Prov. Hessen-Nassau. (V, 67 S.)	n. 1. —
12. Prov. Rheinland. (VI, 80 S.)	n. 1. 20
13. Hohenzollernsche Lande. (V, 5 S.)	n. — 40

Viehstandslexikon f. d. preußischen Staat. Auf Grund d. Materialien d. Viehzählg. v. 1. Dezbr. 1892 u. and. amtl. Quellen bearb. v. königl. statist. Bureau. I–VII. Lex.-8. Berlin 894. Verlag d. k. statist. Bureaus. n. 12. — (kplt. 13 Hfte.: n. 17. 80)

I. Prov. Ostpreußen. (V, 157 S.)	n. 2. 20
II. Prov. Westpreußen. (V, 73 S.)	n. 1. 20
III. Stadtkreis Berlin u. Prov. Brandenburg. (V, 112 S.)	n. 1. 60
IV. Prov. Pommern. (V, 95 S.)	n. 1. 40
V. Prov. Posen. (V, 111 S.)	n. 1. 60
VI. Prov. Schlesien. (V, 189 S.)	n. 2. 60
VII. Prov. Sachsen. (V, 95 S.)	n. 1. 40

Viehstandslexikon f. den preußischen Staat. Auf Grund der Materialien der Viehzählg. vom 1. Dezbr. 1892 u. anderer amtl. Quellen bearb. vom königl. statist. Bureau. VIII—XIII. Lex.-8. Berlin 894. Verlag d. königl. statist. Bureaus. n. 5. 80
VIII. Prov. Schleswig-Holstein. (V, 46 S.) n. — 80. — IX. Prov. Hannover. (V, 103 S.) n. 1. 60. — X. Prov. Westfalen. Mit e. Anh. üb. die Fürstenthümer Waldeck u. Pyrmont. (V, 43 u. 5 S.) n. — 80. — XI. Prov. Hessen-Nassau. (V, 61 S.) n. 1. —. — XII. Prov. Rheinland. (V, 81 S.) n. 1. 20. — XIII. Hohenzollernsche Lande. (V, 5 S.) n. — 40
Heft 1—7 erscheinen später.

Viehstudien, s. Dietrich, L. G. C.

Viehverheerungen, über die, vom Verfasser des Veterinarius. gr. 8. Salzb. 788. Mayr. 5 ℳ

Die obligatorische Viehversicherung im Kanton Zürich. Wegleitung für die Versicherungskreisvorstände. Zürich 1898.

[F.] Die staatliche **Viehversicherung** in **Bayern**. D. bayer. Gesetz v. 11. Mai 1896, d. Viehversichergsanst. betr., nebst d. Normalstatut f. d. der bayer. Viehversichergsanst. beitretenden Ortsversichergsvereine u. den hiezu erlassenen Vollzugsanweisgn u. Formularen. M. Erläut. v. Dr. jur. Gottlieb **Full**, ... Rechtsanw. in Würzburg, u. Martin **Reuter**, Bezirksthierarzt in Karlstadt. *München: J. Schweitzer 1896.* VII, 255 S.) 1 Bd 8. [96. 1:31

Das Viehversicherungswesen und sein wohltätiger Einfluß auf die landwirtschaftlichen und industriellen Interessen, beleuchtet mit besonderer Rücksicht auf die unter dem 26. II. 1855 bestätigte, auf Aktien begründete Magdeburger Viehvers.-Ges. Magdeburg 1856.

Viehweger, A., Säulenordnungen m. u. ohne Bogenstellungen zum Gebrauch für den Unterricht, zum Selbststudium u. f. die Praxis. Nach Vignola, 1832, u. Mauch, 1845, aufgezeichnet als Lehrer an der kgl. Baugewerkenschule Leipzig vom J. 1864 an u. weiter bearb. u. vervollständigt in den J. 1898 bis 1904. 6 photolith. Taf. nach Orig.-Zeichngn. Mit Text auf dem Umschlag. 63,5×45 cm. Nebst Textheft. (128 S.) 4. Leipzig 906. J. M. Gebhardt. n. 6. —

Viehweger, A. F., u. Eckstein, Fr. A. Beschreibung des neuen Schulhauses. — Einweihung des neuen Schulhauses. 29 S. u. 5 Taf. Progr. Thom. *Leipzig* 1878.

Viehweger, E., Tischler-(Schreiner-)Arbeiten, s.a. Sammlung Göschen.

Viehweger, E.: Tischler-(Schreiner-) Arbeiten von Prof. E. Viehweger. 1. Leipzig: Göschen 1910. 8°
(Sammlung Göschen. 502.)

Viehweger, K., der Holzhändler in der Nutzholz-Auction od. der Cubikfußpreis auf die nach Cubikmetern zur Auction komm. Hölzer berechnet. 8. (28 S.) (Dresden 872. (Türk.) 1. —

Viehweger, Karl Emil, die Baukonstruktion in Stein, Holz u. Eisen, s.: Leu, Ewald.

— die Gewölbe, s.a. Für Schule u. Praxis.

Die Gewölbe. Die Gewölbe im allgem. u. im besond. Bearb. von Karl Emil **Viehweger**. Mit 12 Figurentaf. Cöln: P. Neubner 1904. (20 S.) 4°(8°) [F.]
= Lehrbuch d. Baukonstruktionen. Abt. 1, H. 2.
= **Schule**, Für, u. Praxis. Bd 2, Abt. 1, H. 2. [05. 14798

— Lehrbuch des Bau-Veranschlagens, s.a. Für Schule u. Praxis. IV. 1.

Lehrbuch des Bau-Veranschlagens. Bearb. von Karl Emil **Viehweger**. H. 1. Cöln: P. Neubner 1905. 4°(8°) [F.]
= Bau-Ausführung. Abt. 1, H. 1.
= **Schule**, Für, u. Praxis. Bd 4, Abt. 1, H. 1. [05. 14800

Viehzählung. 5. allgemeine schweizerische V', vorgenommen am 19. April 1901. Band 1. Hrg. vom Statistischen Bureau des eidgen. Departements des Innern. Ausgegeben Sommer 1903. [Mit 5 Tafeln.] II + XXIV + 46* + 196 S. 4. Bern, Buchdr. Lack Aeschlimann & Jost, Komm. A. Francke, 1903. (fr. 5. —)
Schweizerische Statistik. Liefg. 132.

Viehzählung. 5. allgemeine schweizerische V', vorgenommen am 19. April 1901. Band 2 [Schlussband]. Hrg. vom Statistischen Bureau des eidgen. Departements des Innern. Ausgegeben Herbst 1904. [Mit 1 graphischen Tabelle.] II + 30* + 168 S. 4. Bern, Buchdr. Lack & Grunau, Komm. A. Francke, 1904. (fr. 4. —)
Schweizerische Statistik. Liefg. 132.

Viehzählung. 6. allgemeine schweizerische V', vorgenommen am 20. April 1906. Hrg. vom Statistischen Bureau des eidg. Departements des Innern. [Mit 5 Karten und 1 graphischen Tafel.] VIII + 20* + 272 S. 4. Bern, Komm. A. Francke, Buchdr. Hans Feuz, 1908. (fr. 9. —)
Schweizerische Statistik. Liefg. 152.

Die Viehzählung des Herzogtums Bukowina. Detailliert und summarisch, nach Ortschaften, Gutsgebieten, Gerichtsbezirken und Bezirkshauptmannschaften, nebst der Landeshauptstadt Czernowitz. Neubearbeitung des statistischen Landesamtes auf Grund der Ergebnisse der Zählung vom 31. Dezember 1890. Czernowitz: Pardini 1898. (Mitteilungen des statistischen Landesamtes des Herzogtums Bukowina. Bd 5.)

Viehzählung. V. eidgenössische Viehzählung. 19. April 1901. Vorläufige Ergebnisse. ([Bearbeiter:] Eidg. statistisches Bureau.) — Recensement fédéral du bétail du 19 avril 1901. Résultats provisoires. ([Par le] Bureau fédéral de statistique.) — ([Sep.-Abdr. aus der «Zeitschrift für schweiz. Statistik», Jahrg. 37,] 1901.) 16 S. 4. [Bern, Stämpfli & Cie.]

Die Viehzählung vom 31. Dezember 1900 in den im Reichsrathe vertretenen Königreichen und Ländern. 1. Abt. Summarische Ergebnisse. [Oesterreichische Statistik. 60. Bd. 3. Heft. 1. Abt.] 4°. (95 S.) † Wien: Gerold 1902. K 2.80

Die Viehzählung vom 31. Dezember 1900 in den im Reichsrate vertretenen Königreichen und Ländern. 2. Abteilung: Verhältniszahlen. [Österr. Statistik. 60. Bd. 3. Heft. 2. Abt.] 4°. (XXIX, 135 S.) † Wien: Gerold 1905. K 3.90

Schweizerische Statistik. Die periodische Viehzählung. Hrsg. bei Anlass d. Vorbereitung d. 6. eidgenöss. Viehzählung v. Eidgenöss. stat. Bureau. o. O. [um 1905]. (64 S.) 8°

Die periodische *Viehzählung*. Herausg. bei Anlass d. Vorbereitung d. 6. eidgenössischen Viehzählung v. eidgenössischen statistischen Bureau. [Bern 1906]. 64 S. P.

Schweizerische Viehzählung vom 21. April 1886. — Recensement du bétail du 21 avril 1886. Kl. in-fol., 15 S. Bern, eidgen. statist. Bureau. 1886.

Viehzucht, die, od. Unterricht, wie der Landmann sein Vieh aufziehen, warten u. füttern soll ꝛc. Hrsg. v. e. prakt. Oeconomen u. Vieharzte. 8. (2 B.) Berlin 843, Grobe. *

Viehzucht. 68 Heilmittel aus der alten Zeit. ... [Mit Figuren. Hrg. von] Ulrich Sommer. IV + 237 S. 8. Delsberg, Buchdr. Boéchat, 1907. (fr. 3. —)
Titel mit Bemerkung des Herausgebers: Den Originalband habe ich als Erbschaft von meinem Grossvater erhalten.

Viehzucht, allgemeine. Hrsg. in Verbindung mit Mehreren von einem deutschen Landwirth. 2 Bde. gr. 8. Leipzig 855, Roßberg'sche Buchh. à Bd. 22½ Ngr.
Inhalt:
Bd. 1. Das Pferd, seine Zucht, seine Veredelung und die Heilung seiner Krankheiten. Ein prakt. Handbuch für Landwirthe, Cavallerie-Offiziere, Stallmeister und Pferdeliebhaber (XII und 243 S.)
" 2. Das Rind, das Schaf, das Schwein, der Hund, das Federvieh, ihre Zucht, ihre Veredelung, künstl. Vermehrung und die Heilung ihrer Krankheiten. Mit Berücksicht. der Jagd, der Fischwirthschaft und der Bienenzucht. Ein prakt. Handbuch für Oekonomen und Viehzüchter. (VI und 243 S.)
Hat gleichen Inhalt mit: Desaive, M., die Hausthiere in Betracht ihrer Züchtung ꝛc. 2 Bde. (1844.)

Viehzucht, allgemeine. Herausg. in Verbindung mit Mehreren von einem deutschen Landwirth. 2 Bde. Leipzig 856. Roßberg. gr. 8. Jeder Bd. 22½ ngr.
1. Bd.: Das Pferd, seine Zucht, seine Veredelung und die Heilung seiner Krankheiten. Ein prakt. Handbuch für Landwirthe, Cavallerie-Offiziere, Stallmeister und Pferdeliebhaber. (XII, 243 S.)
2. Bd.: Das Rind, das Schaf, das Schwein, der Hund, das Federvieh, ihre Zucht, ihre Veredelung, künstliche Vermehrung und die Heilung ihrer Krankheiten. Mit Berücksichtigung der Jagd, der Fischwirthschaft und der Bienenzucht. Ein prakt. Handbuch für Oekonomen und Viehzüchter. (IV, 243 S.)
Neue Titel-Ausg. von: Desaive, die Hausthiere in Betracht ihrer Züchtung ꝛc. 844.

Viehzucht, die englische. Aus d. Bibliothek d. londoner Gesellschaft z. Verbreit. nützl. Kenntnisse übers., mit Anmerkn. u. Zusätzen. Mit in d. Text eingedr. Holzschn. 2 Bde. gr. 8. Stuttgart, Metzler'sche Buchh.
A. u. d. Ttln.:
Bd. 1. Das Pferd, seine Zucht, Behandlung, Struktur, Mängel u. Krankheiten. Mit e. Abhandl. üb. d. Fuhrwesen. (4 Lfgn.) (31 B.) 837. 3 Thlr.
" 2. Das Rindvieh, seine Zucht, Behandlung, Structur u. Krankheiten, mit e. vollständ. Register. N. d. Engl. m. Anmerkn. u. Zusätzen v. E. Hering. (5 Lfgn.) (41 B.) 838, 39. à ⅔ Thlr.

—— die englische. Aus der Bibliothek der londoner Gesellschaft z. Verbreitung nützl. Kenntnisse übers. u. m. Anmerkungen u. Zusätzen. 1. Bd. — A. u. d. Ttl.: Das Pferd, seine Zucht, Behandlung, Structur, Mängel u. Krankheiten, mit e. Abhandlung über das Fuhrwesen ꝛc. 2., verb. u. verm. Aufl. nach der 3. Aufl. des engl. Originals v. E. Hering. gr. 8. (34 B. m. 120 eingedr. Holzschn.) Stuttgart 844, Metzler'sche Buchh. —

—— dass. 3. Bd. A. u. d. Ttl.: Das Schaaf, seine Zucht, Behandlung, Lebensverhältnisse u. Krankheiten, nebst Beschreibung u. Beurtheilung der Wolle u. einem vollst. Register. Nach der 2. engl. Ausg. m. Anmerk. u. Zusätzen v. F. M. Duttenhofer. 5 Lfgn. gr. 8. (34¼ B. u. 65 eingedr. Holzschn.) Ebds. 844, 45. à L. 22½ Ngr. 3
2. Bd. Ebendas. 1838, 39. 3 Thlr. 22½ Ngr.

Viehzucht, die englische. Aus der Bibliothek der londoner Gesellschaft zur Verbreitung nützl. Kenntnisse übers. mit Anmerkungen und Zusätzen. Mit in den Text eingedr. Holzschn. 1. Bd. 2. Aufl. A. u. d. T.: Das Pferd, seine Zucht, Behandlung, Structur, Mängel und Krankheiten, mit einer Abhandlung über das Fuhrwesen und einem vollständ. Register. 2., verb. und verm. Aufl. nach der 3. Aufl. des engl. Orig. mit Anmerkungen und Zusätzen von E. Hering. gr. 8. (VIII und 535 S.) Stuttgart 850, Metzler'sche Buchh. Thlr.

—— dass. — 2. Bd. 2. Aufl. A. u. d. T.: Das Rindvieh, seine Zucht, Behandlung, Structur und Krankheiten, mit einem vollständ. Register. Nach dem Engl. mit Anmerkungen und Zusätzen von E. Hering. 2. Aufl. gr. 8. (656 S.) Ebds. 850.

—— dass. — 3. Bd. 2. Aufl. A. u. d. T.: Das Schaaf, seine Zucht, Behandlung, Lebensverhältnisse und Krankheiten, nebst Beschreibung und Beurtheilung der Wolle und einem vollständ. Register. 2. Aufl. nach der 2 engl. Ausg. mit Anmerkungen und Zusätzen von F. M. Duttenhofer. gr. 8. (VIII und 539 S.) Ebds. 850.

Viehzucht, die englische. Aus der Bibliothek der londoner Gesellschaft zur Verbreitung nützl. Kenntnisse übers. mit Anmerkungen und Zusätzen. Mit in den Text eingedr. Holzschn. 4. und 5. Bd. gr. 8. Stuttgart 851(52,) Metzler'sche Buchh.
Auch unter den Titeln:
Bd. 4. Der Hund, seine Eigenschaften, Zucht und Behandlung im gesunden und kranken Zustande, nebst Geschichte seiner Racen. Nach dem Engl. mit Anmerkungen und Zusätzen von C. F. H. Weiß. (XII und 302 S. mit 33 eingedr. Holzschn.) 1 Thlr. 25 Ngr.
" 5. Das Schwein, seine Eigenschaften, Zucht und Behandlung im gesunden und kranken Zustande, und Geschichte seiner Racen. Nebst einer Anleitung zum Einsalzen und Räuchern des Specks, des Fleisches und der Schinken. Nach dem Engl. mit Anmerkungen und Zusätzen von C. F. H. Weiß. (XII und 196 S. mit 7 eingedr. Holzschn.) 1 Thlr.

Viehzucht, die englische. Aus der Bibliothek der londoner Gesellschaft zur Verbreitung nützl. Kenntnisse übers. mit Anmerkungen und Zusätzen. Mit in den Text gedr. Holzschn. 1. Bd.: Das Pferd, seine Zucht, Behandlung, Structur, Mängel und Krankheiten, mit einer Abhandlung über das Fuhrwesen und einem vollständ. Register. 3., verb. und verm. Aufl. nach der neuesten Aufl. des engl. Orig. mit Anmerkungen und Zusätzen von E. Hering. 1—4. Lfg. gr. 8. (VIII und 539 S. mit 127 in den Text gedr. Holzschn.) Stuttgart 861,62, Metzler'sche Buchh. Verlags-Conto. à Lfg. 22½ Ngr.

Viehzucht und Viehnutzung, die land- und hauswirthschaftliche. Ein practisches Handbuch für alle Viehzüchter. Herausg. von Will. Löbe, K. Fischer u. M. Böttger. Mit vielen Abbildgn. 2 Bde. 2. Aufl. Berlin 863. Schotte & Co. (Stuttgart, Johannssen.) 8. (XXXVII, 779 S. m. Holzschn. im Text u. 22 Holzschntaf. in 8. u. 4.) n. 1 ℛ 15 ngr.

— die landwirthschaftliche in allen ihren Zweigen ꝛc. s. J. L. G. Leopold's Agricola 2ter.

Viehzucht, von der, u. ein Vorschlag wie Heerstraßen u. Plantagen anzulegen u. zu erhalten sind. Mit Kpf. 4. Brandenb. 777. Halle. 6 gr.

Viehzuchtenquête d. estländ. landwirtschaftl. Vereins v. J. 1894. gr. 8. (III, 43 S. m. 1 Tab. u. 2 farb. Taf.) Reval 894. (F. Kluge.) n. 2. 40

Viehzüchter, der österreichische. Organ f. Pferde-, Rinder-, Schweine-, Schaf- u. Ziegen-Zucht u. -Handel. Red. v. Leonh. Kaiser. Hrsg.: Frz. X. Reitterer. Schriftleitg.: Karl Kratochwill. 1. Jahrg. April—Dezbr. 1907. 18 Hefte. (à ca. 12 S.) Lex. 8. Budweis, Verlagsanstalt „Moldavia". 4. 50
Erscheint nicht mehr.

Viehzüchter, der praktische. Belehrungen über die gesammten Zweige der land- und hauswirthschaftl. Viehzucht. 2 Bde. (Die große Viehzucht. — Die kleine Viehzucht.) Nebst einer Einleitung: Grundsätze der landwirthschaftl. Thierzucht von W. Hamm. 8. (VIII und 329, XXIV und 221 S. mit 33 in den Text gedr. Abbildungen in Holzschn. und Tabellen ꝛc.) Leipzig 854, Spamer. [1. Thl. * 1 Thlr., 2. Thl. * 25 Ngr.] *
Ist eine Sammel-Ausg. der u. d. T.: Anleitung ꝛc. und Belehrungen ꝛc. einzeln erschienenen Abhandlungen.

Simmenthaler-Viehzüchter
① Allgemeiner Anzeiger der Amtsbezirke Frutigen u. Niedersimmenthal - Organ für die Interessen der Viehzucht des Viehhandels und der Alpwirtschaft des Simmen- und Frutigtales. Allgemeiner Anzeiger der Amtsbezirke Frutigen, Nieder- und Obersimmenthal und Saanen - Organ für die Interessen der Viehzucht, des Viehhandels und der Alpwirtschaft des Simmen- und Frutigthales (ab 6. 1. 1892). Allgemeiner Anzeiger der Amtsbezirke Frutigen, Interlaken, Nieder- und Obersimmenthal und Saanen - Organ für die Interessen des Simmenthaler-Alpfleckvieh-Zuchtgebietes (ab 2. 4. 1892), später: Genossenschaftsorgan der Herdebuchgesellschaft der Simmenthaler Alpfleckvieh-Zucht des bernischen Oberlandes - Anzeiger der Amtsbezirke Frutigen, Interlaken, Nieder- und Obersimmenthal und Saanen - Organ für den Bienenzüchterverein des Amtsbezirkes Nieder-Simmenthal ④ Simmenthaler Blatt ⑤ 16. 9. 1891—4. 12. 1895 ⑥ 2° ⑦ halbwöchentlich ⑧ Wimmis: Albert Spörri & Cie. (16. 9. 1891—28. 9. 1895), W. Ilg & Cie. (2. 10. 1895—4. 12. 1895) ⑨ Aus Berg und Thal. Zugleich Beilage der »Schweizer Chronik, Helvetia und Gruß aus der Heimat« später auch der »Neuen Berner Zeitung« (II) ⑪ A. Spörri, W. Ilg ⑫ Verbandsorgan, lokales Publikations- und Nachrichtenblatt ⑬ BGSZ: 973 ⑭ Be: L.

Viehzuchtverein, Der rhätische, seine Entstehung, Aufgabe und Wirksamkeit. Chur 1887. V: *Risch, Matth.* (BSchwLk V, 9 ab)

Vieil, s. a. ***Levieil.***

Viell, Pet. le, d. Kunst auf Glas zu malen, u. Glasarbeiten zu verfertig. a. d. Franz. m. K. 3 Thle. gr. 4. Nürnberg, Monath u. K. 779. 80. (1r 1 Rthlr. 16 gr. 2r 2 Rthlr. 3r 1 Rthlr. 8 gr.)

Vieillard du mont Caucase, p. A. de Voltaire. 12. Rotterdam. (Flick à Basle.) 777. Rthlr. — 10

— — le même. 8. Lausanne, Pott. 785. 1 —

Vieillard, **le, du mont Caucase aux juifs Portugais, Allemands et Polonais. 12. Rotterdam 777. (Rottmann in Berl.) 20 gr.**

Vieirae, **Ant., Conciones variae. 4. Nürnb., Endter. 3 gr.**

— Maria Rosa mystica. II Part. 4. Augsburg, Wolf. 701.

Vieira, Ant., Predigten, s. a. **Bibliothek d. vorzügl. kathol. Kanzelredner II. Abthl.**
Die a. a. O. bemerkten 4 Hfte. bilden den 1. Bd.

Vieira, Ant., Predigten. Zum erstenmal aus d. Portugies. übers. von F. J. Schermer. 1r Thl. Adventspredigten. gr. 8. Weißenburg a. S. 840. Meyer. n. 1⅓ ℛ

Vieira, Antonio, Predigten. Zum ersten Male aus dem portugies. Originale übers. von Frz. Jos. Schermer. 4. Thl. A. u. d. T.: Fastenpredigten. 3. Thl. (Mit dem Umschlagstitel: Bibliothek der vorzüglichsten kathol. Kanzelredner des Auslandes. 2. Abthl. 16—21. Heft.) gr. 8. (IV und 426 S.) Regensburg 849, Manz.
1—3. Thl. Ebendas. 1840—46. 4 Thlr.

Vieira, Antonio, des Apostels Brasiliens, Predigten. Zum erstenmal aus d. portugies. Original übers. v. Frz. Jos. Schermer. 2. u. 3. Thl. — A. u. d. Ttl.: Fastenpredigten. 1. u. 2. Thl. gr. 8. Regensburg, Manz. [2. (31½ B.) 843., 3. (28 B.) 46. à 1 Thlr. 15 Ngr.]
1. Thl. Ebendas. 1840, 41. 1 Thlr. Vgl. Bibliothek der vorzügl. kathol. Kanzelredner. 2. Abthl.

—— ausgewählte Reden auf die Festtage Unserer Lieben Frau. Deutsch von Frz. Kaulen. gr. 8. (VII und 258 S.) Paderborn 856, Schöningh.

Vieira's, Antonio, (des Apostels von Brasilien,) Werke. Zum erstenmal aus dem portugies. Orig. übers. von Frz. Jos. Schermer. 5. Thl. A. u. d. T.: Fastenpredigten. 4. Thl. (Mit dem Umschlagstitel: Bibliothek der vorzüglichsten kathol. Kanzelredner des Auslandes. II. Abthl. 22—27. Heft.) gr. 8. (XXXII und 487 S.) Regensburg 853, Manz.

—— dass. — 6. Bd.: Schluß der Fastenpredigten nebst den Sonntagspredigten und der Predigt auf die Werke der Barmherzigkeit. gr. 8. (XL und 438 S.) Ebds. 856.
1—4. Thl. Ebendas. 1840—49. 5 Thlr. 15 Ngr.

— sämmtliche Werke. Zum erstenmal aus dem portugies. Orig. übers. von Frz. Jos. Schermer. 5—7. Bd. Regensburg 853—58. Manz. gr. 8. Jeder Bd. 1 ℛ. 20 ngr.
5. Bd.: Fastenpredigten. 4. Thl. 853. (XXXII, 487 S.)
6. " Schluß der Fastenpredigten nebst den Sonntagspredigten u. der Predigt auf die Werke der Barmherzigkeit. 856. (XL, 438 S.)
7. " Sämmtliche Marienpredigten. 1. Thl. 858. (XL, 450 S.)

Vieira's, Antonio, des Apostels von Brasilien, sämmtliche Werke. Zum erstenmal aus dem portugies. Orig. übers. von Frz. Jos. Schermer. 7. und 8. Bd. A. u. d. T.: Sämmtliche Marienpredigten. 1. und 2. Thl. gr. 8. Regensburg 858. 60, Manz. [7. Bd. (XL und 450 S.) 8. (LIV und 466 S.) à Bd. 1 Thlr. 20 Ngr.]

Vieira, Antonio, sämmtliche Werke. Zum erstenmal aus dem portugies. Orig. übers. von Frz. Jos. Schermer. 9.—11. Bd. gr. 8. Regensburg, Manz.
Inhalt:
Bd. 9. Sämmtliche Predigten auf die Feste des Herrn. (XLIV und 567 S.) 862. 2 Thlr.
" 10. Sämmtliche Marienpredigten. 3. Thl.: Der Rosenkranzpredigten 2. Thl. (XXX und 413 S.) 863. 1 Thlr. 20 Ngr.
" 11. Sämmtliche Predigten auf die Feste der Heiligen. 1. Thl. (XXXVI und 502 S.) 865. 1 Thlr. 27 Ngr.
1.—8. Bd. Ebendas. 1840—60. 12 Thlr. 20 Ngr.

Vieira, Antonio, des Apostels von Brasilien, sämmtliche Werke. Zum erstenmal aus dem portugies. Orig. übers. von Frz. Jos. Schermer. 12. Bd. A. u. d. T.: Sämmtliche Predigten auf die Feste der Heiligen. 2. Thl. gr. 8. (LVI, 628 S.) Regensburg 871, Manz.

Vieira, Antonio, des Apostels von Brasilien, sämmtliche Werke. Zum erstenmal aus dem portugies. Orig. übers. von Frz. Jos. Scherner. 13. Bd. A. u. d. T.: Sämmtliche Marienpredigten. 4. und letzter Thl. Der Rosenkranzpredigten 3. Thl. gr. 8. (XL. 459 S.) Regensburg 877. Manz.

Viek, Hans [(aus Eckerberg in Pomm.)]: Ueber die Wirkung einiger Blutgifte auf das Herz ... Würzburg, Gnad & C., 1891; 2 Bl., 19 S. 8.
Würzburg, Med. Fak., Inaug.-Diss. v. 1891

Viek, Hans. Über die Wirkung einiger Blutgifte auf das Herz. gr. 8. (19 S.) Würzb. 891, Gnad u. Comp. * 1 —

Viek, J., kurze Anweisung zur Behandlung der Cholera mit Wasser. 3. Aufl. 8. (7 S.) Stettin 853, Müller'sche Buchh. *

—— die Grundprinzipien der Wasser-Heilkunde. 8. (III und 60 S.) Stettin 855, Müller'sche Buchh.

Viek, J., über das Wasser-Heilverfahren und seine Anwendung bei den verschiedensten Krankheiten. Stettin 859. (v. d. Nahmer.) gr. 8. (VI, 207 S. u. 1 lith. Taf.) n. 1 ₰

Viel Feind viel Ehr'! Ein Blick auf die militärische Lage Deutschlands u. die Resultate der Würzburger Konferenz. Von dem Verf. der „Militärischen Betrachtungen über einige Erfahrungen des letzten Feldzuges etc." 1. u. 2. unveränderte Aufl. Darmstadt 861. Zernin. gr. 8. (62 S.) n. 10 ngr.

Viel Lärm um Nichts oder das Jungfern-Geschrey über das bekannte Verzeichniss von aufgefangenen Briefen. [Stuttg.] 1773. V: *Fischer, Friedrich Ludwig.* (BGE VIII[3], 127)

v. Viel-Castel, Graf Horace, Albert von St. Pouance. Ins Deutsche übertragen v. Fanny Tarnow. 2 Thle. 8. Leipzig 843, Kollmann. 2¼ ₰

Viel Castel, Horace de, Bertrand von Kergoët. A. d. Franz. übers. v. Emilie Wille. 2 Thle. 8. (39¾ B.) Leipzig 841, Kollmann.

v. Viel Castell, Graf H., die politischen Damen, s. Franzosen, die, der neuesten Zeit.

—— Fräulein v. Verdün. A. d. Franz. übers. v. Fanny Tarnow. 2 Thle. 8. (32 B.) Leipzig 841, Kollmann.

Viel Castel, Comte Horace de, mémoires sur le regne de Napoléon III [1851—1864], publiés d'après le manuscrit original et ornés d'un portrait (gravé sur bois) de l'auteur. Avec une préface par L. Léouzon le Duc. 6 tomes. 8. Paris 883. (Bern, Nydegger & Baumgart. n. 23. 50; Éd. in gr. 8. n. 68. 50
I. 1851. (XXII, 259 S.) 883. n. 3. 50; éd. in gr. 8. n. 8. 50
II. 1852—1853. (XVI, 301 S.) 883. n. 4. —; éd. in gr. 8. n. 12. —
III. 1854—1856. (XVIII, 328 S.) 884. n. 4. —; éd. in gr. 8. n. 12. —
IV. 1857—1858 (XII, 355 S.) 883. n. 4. —; éd. in gr. 8. n. 12. —
V. 1859. (XI, 265 S.) 884. n. 4. —; éd. in gr. 8. n. 12. —
VI. 1860—1864. (XVII, 335 S.) 884. n. 4.—; éd. in gr. 8 n. 12. —

Viel Castel, Comte Horace de, mémoires sur le regne de Napoléon III [1851—1864], publiés d'après le manuscrit original et ornés d'un portrait (gravé sur bois) de l'auteur. Avec une préface par L. Léouz on le Duc. I. 1851. 2. éd. 8. (XXIV, 259 S.) Paris 883. (Bern, Nydegger & Baumgart.) n. 7. 50

— dasselbe. II. 1852—53. 2. éd. (XVI, 301 S.) Ebend. 884. n. 4. —

——, Oskar v. Aizac. Ein aristokrat. Roman. Uebers. v. Fanny Tarnow. 2 Thle. 8. (31 B.) Leipzig 840, Kollmann.

– Der Sammler, s. Franzosen, Die, der neuesten Zeit. Bd. 11.

Vielau, Hermann: Beiträge zur Geschichte der Landfrieden Karls IV. — Die fränkischen und mittelrheinischen Landfrieden. Halle a/S. 1877 (Donny in Berlin). 52 S. 8°
Halle-Wittenberg, Phil. Diss. v. 8. Juni (1877)
Geb. Leobschütz 20. 11. 1852. V.
Verf. erlebte die Diplomerneuerung 1927 als Gymnasial-Professor a. D. in Bad Salzbrunn (Schles.), vgl. Anh. Nr. 708.

Vielau, (**Hermann**): Das Königliche Gymnasium zu Schrimm. 1858—1908. (Anh.: Übersicht über die Lehrer u. Abitur. d. Gymn.) Schrimm 1908: Schwantes. S. 5—42. 4°
Schrimm, k. G, in Festschr. z. Feier d. 50j. Bestehens, OP 1908 (226)**
[S 08. 500

Vielau, *Hermann* [Dr.]: Katalog der Lehrer-Bibliothek verf. u. hrsg. 1. Theil. Bonn, Hauptmann'sche Buchdr., 1890; 24 S. 8°
Münstereifel, k. G, OP 1890

Vielau, *Hermann* [Dir.]: Katalog der Lehrer-Bibliothek. 2. Tl. (Forts. d. P-Beil. 1890.) Bonn, Hauptmann'sche Buchdr., 1891; S. 25—48; 8°
Münstereifel, k. G, P 1891 (448)

[Umschlagt.:] **Vielau,** *Hermann* [Dr]: Katalog der Lehrer-Bibliothek. 3. Tl. (Forts. d. P-Beil. 1890. 91.) Bonn, Hauptmann'sche Buchdr., 1892; 49—72 S. 8.
Münstereifel, k. G, P 1892 (451)

[Umschlagt.:] **Vielau,** *Hermann* [Dr.]: Katalog der Lehrer-Bibliothek. 4. Tl. [Forts. d. P-Beil. 1890—92.] Bonn, Hauptmann'sche Buchdr., 1893; 73—128 S. 8.
Münstereifel, k. G, P 1893 (453)

Vielé, Herm. Knickerbocker, die Herberge zum Silbernen Mond, s.: Engelhorn's allgem. Roman-Bibliothek.

Vieler, Franz, Referendar in Letmathe i. W.: Die Unzulänglichkeitseinrede des Erben. Borna-Leipzig 1907: R. Noske. (VIII, 64 S.) 8°
Rostock, Jur. Fak., Ref. Matthiaß, Diss. v. 30. Aug. 1907
[Geb. 3. Juni 80 Genna (Kr. Iserlohn); Wohnort: Letmathe; Staatsangeh.: Preußen; Vorbildung: Gymn. Warburg bis O. 00; Studium: Bonn 2, Freiburg i. B. 1, Marburg 1, Bonn 2 S.; Rig. 27. Febr. 07.]

Anonym: „Französischer Vielfrass, oder kurtzverfasste Beschreibung derer .... von dem jetzigen König in Frankreich Ludovico XIV. .... practicirten Staats-Griffen, sein Reich zu erweitern ... auffgesetzet von einem redlichen Teutschen", Höchst o. J. (Johann Warheit). — Vorh.: Bibl. des German. Museums Nürnberg.

Vielgewandts Sprüche und Groa's Zaubersang. [Fiölsrinnsmal-Grougalder.] Zwei norrän. Gedichte der Saemunds-Edda, kritisch dargestellt, übersetzt und erklärt von Friedr. Wilh. Bergmann. 8. (186 S.) Strassburg 874, Trübner. *

Vielguth, Ferd., Beiträge zur Kenntniss der Cholera. gr. 8. (III, 128 S.) Wels 872, Haas. *

Vielguth, Ferd., Cholera-Nosologie u. Desinfection. gr. 8. (73 S.) Wels 892. (J. Haas.) n. 2. —

Vielhaben, was hat d. Mittelstand v. d. Reichsregierg. zu erwarten? Rede. [Abdr. aus d. stenograph. Berichte d. 75. Sitzg. d. Reichstages v. 23. Apr. 1896.] gr. 8. (22 S.) Hamburg 896. Herold's Verl. n. — 20

Vielhaber, Leop., Aufgaben zum Übersetzen ins Lateinische zur Einübung der Syntax. 2 Hefte. gr. 8. Wien 867,68, Beck'sche Universitäts-Buchh. *

Inhalt:
Heft 1. Casuslehre. Für die 3. Classe der Gymnasien. (VI und 196 S.) * 15 Ngr.
„ 2. Verbale Rection. Für die 4. Classe der Gymnasien. (VI und 204 S.) * 17 Ngr.

Vielhaber, Leop., Aufgaben zum Uebersetzen ins Lateinische zur Einübung der Syntax. 1. und 2. Heft. gr. 8. Wien, Hölder. *

Inhalt:
Heft 1. Casuslehre. Für die 3. Klasse der Gymnasien. 2. Aufl. (VI, 170 S.) 1872. *M 1,60., und 3. Aufl. besorgt von Carl Schmidt. (VI, 122 S.) 876. *M 1,44.
„ 2. Verbale Rection. Für die 4. Classe der Gymnasien. 2. verb. Aufl. (170 S.) 872. *M 1,72.

Vielhaber, Leop., Aufgaben zum Uebersetzen ins Lateinische zur Einübung der Syntax. 1. u. 2. Hft. gr. 8. Wien 873. 77. Hölder. à n. 1. 44
1. Casuslehre. Für die 3. Classe der Gymnasien. 3. Aufl. besorgt v. Karl Schmidt. (VI, 122 S.)
2. Verbale Rection. Für die 4. Classe der Gymnasien. 3. gekürzte Aufl., besorgt v. Karl Schmidt. (VI, 103 S.)

Vielhaber, Leop., Aufgaben zum Uebersetzen ins Lateinische zur Einübung der Syntax. 1. Heft: Casuslehre. Für die dritte Classe der Gymnasien. 4. Aufl., besorgt von Karl Schmidt. gr. 8. (VI, 104 S.) Wien 882, Hölder. *

Vielhaber, Leop., Aufgaben zum Übersetzen ins Lateinische zur Einübung der Syntax. 2. Hft. Verbale Rection. Für die 4. Classe der Gymnasien. 4., gekürzte u. verb. Aufl., besorgt v. Karl Schmidt. gr. 8. (VI, 93 S.) Wien 886. Hölder. n. 1. 32

Vielhaber, L.: Beiträge zur Kritik des caesarianischen bell. civ. und der Fortsetzungen desselben. 29 S. Wien Th., Progr. 1864

Vielhaber, L., Livianische Studien I. (Der Accus. c. Infin. Fut. act. m. gesetztem Hilfsverb bei Livius). — (Livius 21, 25 u. d. Bestand d. röm. Legionen 218—217 bis nach d. Schlacht am Trasimenus). Pr. 1871. 84 S. 2.50

Vielhaber, Leop.: Livianische Studien. 73 S. 8° — Wien Th., Progr. 1871, 72.

—— Uebungsbuch zur Einübung der Formenlehre und der Elementar-Syntax. 1. und 2. Heft. gr. 8. Ebendas. *

Inhalt:
Heft 1. Für die 1. Klasse der Gymnasien und verwandten Lehranstalten. 1. Aufl. 1870, und 2. unveränd. Aufl. (VI, 141 S.) 875. *M 1,20.
„ 2. Für die 2. Klasse der Gymnasien und verwandte Anstalten. (VI, 233 S.) 871. *M 1,60.

— Uebungsbuch zur Einübung der Formenlehre u. der Elementar-Syntax des Lateinischen. 2. Hft. Für die 2. Klasse der Gymnasien. 2., gekürzte Aufl., besorgt von Karl Schmidt. gr. 8. (139 S.) Ebend. 878. n. 1. 44

Vielhaber, Leopold, Uebungsbuch z. Einübung der lat. Formenlehre u. Elementar-Syntax. 1. Heft. 3. Aufl. 8. (90 S.) geh. 45 kr. Wien: Hölder 1881.

—— lateinisch-deutsches und deutsch-lateinisches Wörter-Verzeichniss zum Uebungsbuch zur Einübung der Formenlehre und der Elementarsyntax. 1. Heft. gr. 8. (28 S.) Ebendas. 873. *

Vielhaber, Ludwig Wilhelm, a. Emmerich: Der junge Lenau als Mensch und Dichter. Greifswald 1907: F. W. Kunike. (59 S.) 8°
Greifswald, Phil. Fak., Ref. Reifferscheid, Diss. v. 14. März 1907
[Geb. 21. März 74 Emmerich; Wohnort: Berlin; Staatsangeh.: Preußen; Vorbildung: Gymn. Emmerich Reife O. 93; Studium: Bonn 2, Berlin 1, Bonn 1, Freiburg i. B. 1, Marburg 3 S.; Rig. 28. Nov. 06.]

Vielhauer, Carl, s. Vielhauer, Karl

Vielhauer, Conrad, s. Vielhauer, Konrad

Vielhauer, J. W. G., das hohe Ziel d. amtl. Wirksamkeit e. christl. Religionslehrers. Eine Antritts-Predigt. gr. 8. (1½ B.) Mainz 829, [Kirchheim, Schott u. Thielmann.]

Vielhauer, Karl

Vielhauer, Carl. Beiträge zur Kenntnis der «chronischen-abszedierenden Euterentzündungen» des Rindes. Diss. Vet.-Med. Bern. (Sonder abdruck aus der Zeitschrift für Tiermedizin [Band 11,] 1907.) *Kopftitel:* Aus der bakteriologischen Station des Hamburgischen Veterinärwesens. 26 S. 8. Jena, Gustav Fischer, 1907.

Vielhauer, Konrad

Vielhauer, Conradus, Silesius: De Demosthenis Midiana. Vratislaviae 1908: H. Fleischmann. (40 S.) 8°
Breslau, Phil. Fak., Ref. Wendland, Diss. v. 13. Juli 1908
[Geb. 22. Okt. 81 Türmitz, Kr. Leobschütz (O.-S.); Wohnort: Beuthen (O.-S.); Staatsangeh.: Preußen; Vorbildung: Gymn. Leobschütz Reife O. 03; Studium: Breslau 2, Berlin 6 S.; Rig. 13. Mai 08.]

Vielhauer, Philipp: Wohlstandsquellen u. Wohlstandsgefahren. s. Weigand, Chr.

Vieli, B., Geschichte der Herrschaft Räzüns bis zur Uebernahme durch Oesterreich [1497]. gr. 8. (III, 150 S.) Chur 889. (Rich.) n. 3. —

Vieli, B., Geschichte der Herrschaft Räzüns bis zur Uebernahme durch Oesterreich (1597). Chur 1889.
I. Die Freiherren von Rhäzüns. II. Deren Nachfolger, die Grafen von Hohenzollern.

[Vieli, Georg Anton.] Canzun sur las presentas fitschendas de Valtrina a Clavenna, tschentada si dad in patriot sin l'entschiata, digl' onn 1789. 8. *s. a. n. d.* [ca. 1789].
Mit Titelvignette.

Vielitz, Lisa, Erinnerungen an Thüringen. gr. 8. (36 farb. Bl.) Eisenach 890. Brunner. geb. m. Goldschn. n. 4. 50

— s.: Thüringen in Bild u. Poesie.

Vielliebchen, s. a. Tromlitz.

Vielliebchen, histor.-romant. Taschenbuch; herausg. von A. v. Trommlitz. 1r—6r Jahrg. f. 1828—33. Mit Kpf. 12. Leipz. 827—32. Ind.-Compt. 1r, 2r J. 2 ℛ 3r J. 2 ℛ 4r — 6r J. à 2 ℛ 8 gℊ

Vielliebchen. Histor.-romant. Taschenbuch f. 1829—35. Von † A. v. Tromlitz. 2—8. Jahrg. 16. Leipzig, Industrie-Compt. [829. (29 B. u. 7 Kpfr.), 30. (27½ B. u. 8 Kpfr.) à 2 Thlr., 31. (30½ B. u. 8 Kpfr.) 2 Thlr. 6 Gr., 32. (27½ B. u. 8 Stahlst.), 33. (28 B. u. 8 Stahlst.), 34. (30 B. u. 8 Stahlst.), 35. (27¾ B. u. 8 Stahlst.) à 2 Thlr. 8 Gr.]
1. Jahrg. 1828. Ebendas. 2 Thlr. — Jahrg. 1829—34 zusamm. genomm. herabg. Pr. 8 Thlr., einzeln à 14 Gr.

Vielliebchen. Histor.-romant. Taschenbuch f. 1836—43. 9—16. Jahrg. (9—14. J. hrsg. v. † A. v. Tromml[it]z, 15. u. 16. J. v. † Bernd v. Gusek.) Jeder m. 8 Stahlstn. 16. Leipzig, Baumgärtners Buchh. [836. (28 B.), 37. (28 1/2 B.), 38. (27 1/4 B.), 39. (29 1/2 B.), 40. (29 1/8 B.), 41. (28 B.), 42. (29 1/2 B.), 43. (28 B.) à * 2 1/3 Thlr.] *
Vgl. 8. Bd. 2. Abthl. S. 368.

Vielliebchen. Historisch-romantisches Taschenbuch f. 1844—47 von Bernd v. Guseck. 17—20. Jahrg. à J. m. 8 Stahlst. 16. Leipzig, Baumgärtners Buchh. [844. (30 1/2 B.) 45. (27 1/2 B.) 46. (28 B.) 47. (26 3/8 B.) à J. * 2 Thlr. 10 Ngr.] *
Vgl. 9. Bd. 2. Abthl. S. 405.

Vielliebchen. Historisch-romantisches Taschenbuch für 1848 und 1849 von Bernd v. Guseck. 21. und 22. Jahrg. à Jahrg. mit 8 Stahlst. gr. 16. Leipzig, Baumgärtners Buchh. [21. Jahrg. (409 S.) 847., 22. (X und 390 S.) 848. à Jahrg. * 2 Thlr. 10 Ngr.] *

—— Ein Taschenbuch für d. J. 1850—53. Neue Folge. 1—4. Jahrg. Hrsg. von Thdr. Mügge. à Jahrg. mit 7 Stahlst. gr. 16. Ebds. [1. Jahrg. (XVIII und 427 S.) 2. (XX und 414 S.) 3. (XVI und 416 S.) 4. (XVI und 438 S.) 849—52. à Jahrg. 2 Thlr. 15 Ngr.]
Vgl. 10. Bd. 2. Abthl. S. 375.

Vielliebchen. Ein Taschenbuch für 1854—57. Neue Folge, 5—8. Jahrg. Von Thdr. Mügge. à Jahrg. mit 7 Stahlst. und lithogr. Titel. gr. 16. Leipzig, Baumgärtners Buchh. [5. Jahrg. (XX und 396 S.) 6. (XVII und 454 S.) 7. (XIV und 437 S.) 8. (XX und 428 S.) 853—56.] à Jahrg.
Vgl. 11. Bd. 2. Abthl. S. 401.

Vielliebchen. Ein Taschenbuch für 1858—61. Neue Folge. 9—12. Jahrg. Von Thdr. Mügge. Mit lithogr. Titel. gr. 16. Leipzig, Baumgärtner's Verlagsh. [1858. (XX und 426 S. mit 7 Stahlst.) 1859. (XVIII und 395 S. mit 6 Stahlst.) 1860. (XVIII und 421 S. mit 6 Stahlst.) 1861. (XVI und 431 S. mit 6 Stahlst.] à Jahrg.
geb. mit Goldschn. à Jahrg.

Vielloehner, Eman. (geb. Glogau 1816): De hypochondriae et hysteriae differentiis. Berolini (1841). (30 S.) 8°
Berlin, Med. Diss. v. 28. Juli 1841

Vielthuedt, Dietrich Adolph (Berlin) A. S. 401/61

Dissertatio juridica, de jure nominum tutelarium.
Präs- Johann von Schultz Szulecki.
Frankfurt/O. (Zeitler) 12. VI. 1700. 24 S.

Gew.: Paul von Fuchs, Johann Friedrich von Rhetz.
35163

Vieltorf, Heinrich Der botanische Unterricht auf der Unterstufe an den österreichischen Gymnasien. 8 (S. 3—33).
Progr. K. k. Staatsg. im II. Bezirke *Wien* 1894.

Vieluf, Gustav

Vieluf, G. Emile Augier's dramatische Dichtungen. **Hirschberg,** G., 1879. 20 S. 4 **Progr.**

Vieluf, Gustav [Oberl.]: Zum französischen Rolandsliede. Komposition und Stil. Hirschberg, Druck v. P. Oertel (vorm. W. Pfund), 1889; S. 3—19; 4°
Hirschberg, l. G, OP 1889 (178)

Vielweiberei, Die, nach den wichtigsten Gründen behauptet ... Franckfurt 1756. V: *Fresenius, Joh. Phil.* (BGE

Vielweiberei, nach wichtigen Gründen behauptet u. durch unumstößl. Beweise entkräftet. 8. Frankf. a. M. 756. Garbe. (Hermann; a. Brönner). 12 gr.

Vielwerth, Rudolf: Gaius Caesars Verhältnis zu Tiberius und seine ersten Regierungshandlungen.
Phil. Diss., Prag 1887/88.

Vielwisser, der, s.: Zeitungsleser, der gebildete.

Einfamilien-**Häuser.** Freistehende, angebaute u. eingebaute. Entw. u. hrsg. von Friedrich **Viemann,** Architekt. *Halle: L. Hofstetter 1904.* (8 S., 36 Taf.) 4° [04. 14378 3

Vienenburg [Schlagwort]

Vienenburg, s.: Preussen. Messtischblätter.

Vienna [Sachliches OW]

Vienna. A faithful Sketch of the Austrian Metropolis containing a complete notice of its edifices, monuments, theatres, collections etc. and furnished with a (chromolithogr.) map of the town and suburbs according to most recent changes and embellishments. 12. (XI, 159 S. mit eingedr. Holzschn.) Wien 869, Gerold's Sohn. cart. *

—— A faithful Guide to the Austrian Metropolis and its environs. 2d edit. With a (chromolithogr.) map of the town (in gr. Fol.) and the (lithogr.) groundplans of the theatres (in 8.) and the universal exhibition (in gr. Fol.). 8. (139 S. mit eingedr. Holzschn.) Ebendas. 873. *

Vienna Austriae a Turcis barbare oppugnata gloriose a Christianis defensa, et victoriose liberata ... S. l. et a. V: *Ketteler.* (Kabdebo)

Vienna. From V. to Budapest via Bruck-on-Leitha and Totis ... and via Marchegg and Presburg .... By A. Imendörffer, W[ilhelm] Gerlai and J[ohann] Sziklay. With 41 Illustrations by J[ohann] Weber [6 Plates] and two Maps. (Illustrated Europe. N° 118. 119.) 8. Zurich ([18]89).
To and through Hungary. Part 1.

Vienna coronata, seu in coronatis Verticibus gloriosa ... Viennae 1701. V: *Thullner, Joh. Bapt.* (Jes)

Vienna curiosa et gratiosa, oder das anjetzo lebende Wien ... Wien 1720. V: *Neiner, Johs.* (Feil)

Vienna S. Joanni Nepom. devota, beneficiis ditata. Viennae 1724. V: *Prembsel, Siegmund* (Jes) oder: *Mitterdorfer, Sebast.* (SO) (WBL)

Vienna gloriosa, seu Rerum in ea memorabilium descriptio ... Viennae 1700. V: *Thullner, Joh. Bapt.* (Jes)

Vienna gloriosa id est peraccurata descriptio ... Viennae. Viennae 1703. V: *Reiffenstuell, Ignaz.* (EB)

Vienna obsessa a Turcis defensa gloriosissime Commendante . . . Ernesto Rudigero . . . Comité a Domino a Stahremberg in Wildberg, Riedhegen et Lobenstein . . . S. l. et a. V: *Dietrichstein*, *Franz* [?]. (Kabdebo)

Vienna Oriental Journal, s.a. Zeitschrift, Wiener, f. d. Kunde d. Morgenlandes.

Vienna Oriental Journal edited by the directors of the oriental institute of the university. Vol. VIII. 4. Gr.-8. (Nr. 1, 100 S.) Wien: Hölder 1894. 6.—

Vienna Oriental Journal. Edited by the Directors of the oriental institute of the university. Vol. IX. 4 Hefte. Gr.-8. (1. Heft. 84 S.) Wien: Hölder 1895. 6.—

Vienna oriental Journal. Edited by the Directors of the oriental Institute of the university. Vol. X. 4 Hefte. Gr.-8. (1. Heft 102 S.) Wien: Hölder 1896. 6.—

Vienna oriental Journal. Editedet by the directors of the oriental institute of the university. Vol. XI. Nr. 1. Gr.-8. (124 S.) pro 1—4 Wien: Hölder 1897. 6.—

Vienna orientale journal. Edited by the directors of the oriental institute of the university. Vol. XII. 4 Hefte. Gr.-8. (1. Heft. S. 1—80) Wien: Hölder 1898. 6.—

Vienna Oriental Journal. Edited by the directors of the oriental Institute of the University. Vol. XIII. 1899. Vienna. 1899. Hölder. Gr.-8°. erscheint in 4 Heften compl. fl. 6.—
Inhaltlich gleich mit Nr. 1189.

Vienna Oriental Journal. Edited by the directors of the oriental Institute of the University. Vol. XIV. 1900. Vienna. 1900. Hölder. Gr.-8°. erscheint in 4 Heften. compl. K 12.—

Vienna oriental Journal. Vol. XVII. Gr. 8°. erscheint in 4 Nrn. Wien: Hölder 1903. kompl. K 12.—

Vienna Oriental Journal. Vol. 18. 1904. Gr.-8°. erscheint in 4 Nrn. Wien: Hölder 1904. kompl. K 12.—

Vienna Oriental Journal. Vol. XIX. Gr.-8°. erscheint in 4 Heften Wien: Hölder 1905. kompl. K 12.—

Vienna Oriental Journal. Vol. XXII. Gr.-8°. Erscheint in 4 Heften Wien: Hölder 1908. kompl. K 12.—

Vienna Oriental Journal. Edited by the Directors of the Oriental Institute of the University Vol. 26. 1902. Gr.-8°. erscheint in 4 Heften. Wien: Hölder 1902.

Vienna Weekly News. Edit. Dr. J. Gricz de Ronse. 1886. Nr. 1. Fol. Wien, Konegen. fl. —.20. 1886.

Vienne et Berlin, mis en parallèle etc., s.a. **Wien u. Berlin.**

Vienne et Berlin, mis en Parallèle etc. av. grav. par Gubitz enlum. p. Geisler. gr. 8. Leipz. Gräff.

Vienne. De V. à Budapest par Bruck-sur-la-Leitha – Totis... et par Marchegg – Presbourg.... Par A. Imendörffer, W[ilhelm] Gerlai et J[ohann] Szíklay. Avec 41 illustrations de J[ohann] Weber [dont 6 planches] et deux cartes. (L'Europe illustrée. Nº 124. 125.) 8. Zurich ([18]89).
A travers la Hongrie. 1er fascicule.

Vienne illustrée, ou nouveau et complet guide des étrangers à Vienne et ses environs. Avec 11 illustrations et un plan (lith.) de la ville et de ses faubourgs (in gr. Fol.) 16. (126 S.) Vienne 852, Wenedikt. 24 ngr

Vienne illustrée, ou nouveau et complet guide des étrangers à Vienne et ses environs. [1. Edit. avec 11 illustr. 1852. 24 Ngr. et 2. Edit.] 16. (126 S. mit 12 Holzschnt. und 1 lithogr. Plan in gr. Fol.) Vienne 855(56,) Wenedikt.

Vienne, ses monuments, musées, curiosités, environs suivis d'une histoire abrégée de cette capitale. 1. édit. 1863. et 2. édit. revue et corrigée. Avec 1 (chromolithogr.) plan de la ville (in gr. Fol.) 8. (IV und 240 S. mit eingedr. Holzschn.) Wien 867, Gerold's Sohn. cart. * 1 Thlr.; geb. *

Vienne, ses monuments, musées, curiosités, environs suivies d'une histoire abrégée de cette capitale. 4e et 5e édit. revue et corrigée. Avec un plan (chromolithogr.) de la ville (in Imp.-Fol.). gr. 16. (IV, 205 S. mit eingedr. Holzschn.) Ebendas. 871,72. cart. * geb. *

Vienne, ses monuments, musées, curiosités, environs. 6. éd. revue et corrigé. Avec des plans de la ville et le plan authentique de l'exposition universelle 1873. (Lith. u. chromolith. in Imp.-Fol.) gr. 16. (174 S. m. eingedr. Holzschn.) Wien 873. Gerold's Sohn. geb. n. 4. 50

Viennet, Jean Pons Guillaume

— Papst Alexander VI. u. sein Sohn, s.a. **Chronicle** scandaleuse des päpstl. Stuhles.

— — Papst Alexander VI. und sein Sohn der Cardinal Cäsar Borgia, die beiden größten Bösewichter ihrer Zeit. Ein historischer Roman. (Aus d. Französ.) 2 Bde. (Auch m. d. Titel: Chronique scandaleuse des Päpstlichen Stuhles ..... Bd. 1—2.) Leipzig. Literar. Museum, 1834—35. 8°. (6 fl. Scheible, vor 1870.)
1: Doppeltit. u. 260 S. 2: Doppeltit. u. 278 S.

Viennet, J. P. G., die Engelsburg. Roman aus d. 15ten Jahrhunderte. Aus d. Franz. 3 Bde. 8. Braunschweig 834. Hornever. 2 ₰

—— die Engelsburg. Roman aus d. 15. Jahrh. A. d. Franz. 3 Bde. 8. ... Braunschweig 834. [Cassel, Krieger'sche Buchh.]

Viennet, Geschichte d. Revolutionsfeldzüge in Deutschland rc., s. **Geschichte,** allgem., d. Kriege d. Franzosen rc.

—— die Revolutionsfeldzüge im Norden u. Osten v. Frankreich, s.a. **Geschichte,** allgem., der Kriege d. Franzosen rc., 14—17. Bdchn.

Viennet, J. P. G., d. Revolutionsfeldzüge in Norden u. Osten v. Frankreich. Aus d. Französ. nach deutschen Quellen berichtigt u. mit Anmerkk. u. Zusätzen versehen. 4 Bdchen, mit 4 Plänen. (Aus d. allgem. Geschichte d. Kriege d. Franzosen rc. abgedr.) 16. Darmst. 829. Leske. 1 ₰ 12 Ꝁ

Viennet, J. P. G. u. Schneidawind, Fr. J. A. Die Revolutionsfeldzüge im Norden u. Osten v. Frankreich 1792—97. 7 Bd. (1629.) 16. M. 6 Pl. Darmstadt 1829—38. 7,90.

Viennet, Michel Bremond, siehe: **Bühnen-Repertoir.** No. 126. — **Répertoire du théâtre Français.** Nr. 327.

Vier, Christ., bewährter Schutz f. Bäume u. Gesträuche gegen Hasen, Rehe, Schafe u. andere Nagethiere, nebst untrüglicher Heilsalbe f. angenagte Gewächse. 8. (1 B.) Heilbronn 845, (Drechsler'sche Buchh.) Thlr. *

Vier, Christ., bewährter Schutz f. Bäume u. Gesträuche gegen Hasen, Rehe, Schafe u. andere Nagethiere, nebst untrügl. Heilsalbe f. angenagte Gewächse. kl. 8. Heilbronn, 1845. (Scheurlen.) — 3

—— zweckmäßigstes Verfahren beim Versetzen u. Umzweigen d. Bäume sowie deren Behandlung bis ins 5. Jahr. Auf Erfahrung begründete Anweis. bald schöne Bäume zu erhalten. Mit mehr. in d. Text eingedr. Abbild. 8. (8¼ B.) Heilbronn 846, Drechsler'sche Buchh.

Vier, Hans: Verhältnis von Fabrikation, Großhandel und Kleinhandel in der Wäsche-Industrie. Diss. Heidelberg. Karlsruhe i. B. 1910

Vier, J. H., Ehret den König Georg III.; eine Predigt. 8. Hannov. 797. Hahn. 2 gr.

Vierarm, Otto *Heinrich Johannes* [aus Greifswald]: Ein Fall von kystomatöser Entartung eines normalen und eines accessorischen Ovarium ... Greifswald, Druck v. J. Abel, 1892; 22 S. 8.
Greifswald, Med. Fak., Inaug.-Diss. v. 11. März 1892

Vierath, Willy, Frauen-Elend, s.a. Bibliothek des Seelen- u. Sexuallebens, I. 6.

Frauen-Elend. Ein neues Wort z. alten Thema von Willy **Vierath**. Oranienburg: Orania [1904]. (29 S.) 8° [F.]
= **Bibliothek** d. Seelen- u. Sexuallebens. Ser. 1. H. 6. [06. 8056

Vierath, Willy, Geistesstörungen, s.: Möller's, Wilh., Bibliothek f. Gesundheitspflege u. Volksaufklärung usw.

— Geschlechtstrieb u. Sinnlichkeit beim Weibe. (Ist das Weib sinnlicher als der Mann?) Eine Studie. 2., vollständ. umgearb. Aufl. (30 S.) 8. Oranienburg (908). [Orania-Verlag.] F. Koslowsky. — 50

Vierath, Willy, Gesichtsausdrucks-Kunde, s.: Möller's, Wilh., Bibliothek f. Gesundheitspflege u. Volksaufklärung usw.

Die Handlesekunst. Nebst e. Anh.: Über d. Wahrsagen aus d. Hand. Von Willy **Vierath**. Mit 28 Ill. Oranienburg: Orania [1905]. (93 S.) 8° [F.] [06. 2340

— die Handlesekunst. Nebst e. Anh.: Ueber das Wahrsagen aus der Hand. (93 S. m. 28 Abbildgn.) 8. Oranienburg (906). Orania-Verlag. n. 1. 50; geb. n. 2. —

— Die Handlesekunst u. das Wahrsagen aus d. Hand. 2. verm. u. verb. Aufl. Mit 34 Illustr. u. 2 Taf. im Text. (100 S.) 8. Oranienburg (909). [Orania-Verlag.] F. Koslowsky. 1.50; geb. n 2. —

— die Phrenologie (Kopfformen-Kunde) u. ihre Bedeutung f. die Erziehung u. Heilkunde, s.a. Möller's Bibliothek für Gesundheitspflege usw. 23.

Die Phrenologie ⟨Kopfformen-Kunde⟩ und ihre Bedeutung für die Erziehung und Heilkunde. Von Willy **Vierath**. Mit 9 Abb. *Berlin: W. Möller [1904].* (31 S.) 8° [F.]
= **Bibliothek**, Möller's, f. Gesundheitspflege, Erziehung u. Volksaufklärung. H. 23. [04. 2501

— Sinnlichkeit beim Weibe, s.a. Bibliothek des Seelen- u. Sexuallebens. I. 3.

Sinnlichkeit beim Weibe. ⟨Ist das Weib sinnlicher als der Mann?⟩ Eine psychol. Studie von Willy Vierrath [übergekl.: **Vierath**]. Oranienburg: Orania [1904]. (28 S.) 8° [F.]
= **Bibliothek** d. Seelen- u. Sexuallebens. Ser. 1. H. 3. [04. 8053

Wie erkenne ich Talente, Neigungen u. Charakter bei mir und Anderen? Ein Buch z. Selbsterziehung u. Berufswahl auf Grund d. Schädelbildung von Willy **Vierath**. *Oranienburg: Orania-Verl. [1903].* (85 S.) 8° [F.] [04. 13718

Wie erkenne ich Talente, Neigungen u. Charakter bei mir und Anderen? Ein Buch z. Selbsterziehung u. Berufswahl auf Grund d. Schädelbildung von Willy **Vierath**. (2. Aufl.) Oranienburg: Orania-Verl. (1903). (85 S.) 8° [F.] [05. 16406 II

— wie erkenne ich Talente, Neigungen u. Charakter bei mir u. Anderen? Ein Buch zur Selbsterziehg u. Berufswahl auf Grund der Schädelbildg. (Umschlag: 2. Aufl.) (86 S. m. Abbildgn.) 8. Oranienburg (904). Orania-Verlag. n. 1. 50

(B) — Wie erkenne ich Talente. 904. (KBL 34.) Jetzt: Ebd.

Moderne Wunder und der experimentelle Verkehr mit den Geistern Verstorbener. Eine Anleitung z. Veranstaltung spiritist. Sitzungen ... Mit e. Anh.: Was haben wir vom Offenbarungs-Spiritismus zu halten? Von W. Ehrwart [d. i. Willy **Vierath**]. Oranienburg: Orania-Verl. (1906). (99 S.) 8° [F.] [07. 10914

Vierblatt, Ein, gewachsen unter Schnee und Eis. O. O. 1813. V: *Scheffner, Johann Georg.* (GCr)

Vierdag, Ph. J. H. [geb. zu Menado (Celebes)]: Die Therapie der Pleura-Empyeme. ... Utrecht, J. v. Druten, 1891; 66 S. 8°
Freiburg i. B., Med. Fak., Inaug.-Diss. v. 26. Jul. 1890

Viereck, Alfred, aus Berlin: Über den Abschluss der Tiraden im altfranzösischen Rolandsliede und andern altfranzösischen Epen. *Greifswald 1902: F. W. Kunike.* (39 S.) 8°
Greifswald, Phil. Diss. v. 8. Febr. 1902

Viereck, E., die Rechtsverhältnisse der vier mecklenburgischen Jungfrauenklöster nach ihrer geschichtlichen Entwicklung dargestellt. 2 Thle. gr. 8. (VIII, 296; 173 S.) Berlin 875, Springer. *

Viereck, Ed., Betrachtungen über die Anwendung des Beweismittels der Eidesdelation u. der richterl. Notheide auf jurist. Personen, nach positivem Rechte u. nach legislativen Rücksichten. gr. 8. (VIII u. 272 S.) Rostock 848, Stiller. 1¼ Thlr.

Viereck, Eduard, Gerichtsassessor in Güstrow: Die Auslobung nach dem Bürgerlichen Gesetzbuche für das Deutsche Reich. Borna-Leipzig 1906: R. Noske. (IX, 52 S.) 8° [F.]
Rostock, Jur. Fak., Ref. Matthiaß, Diss. v. 12. Mai 1906
[Geb. 18. Sept. 78 Güstrow; Wohnort: Güstrow; Staatsangeh.: Mecklenburg-Schwerin; Vorbildung: Gymn. Güstrow Reife O. 97; Studium: Freiburg i. B. 1, München 1, Rostock 1, Berlin 1, Freiburg i. B. 1, Rostock 3 S.; Rig. 12. März 06.]

Viereck, Erna

Viereck, E. (Frau Erna-Schmidt-Viereck), Gedichte. 8. (VI, 94 S.) Dresden 900. E. Pierson. n. 1.50; geb. n. 2.50

Viereck, E(rna). Sansara. Skizzen und Novellen von E. V. ⟨Erna Schmidt-Viereck.⟩ 156 S. 8. Zürich, Caesar Schmidt, (1904). [fr. 2. 50]

Viereck, E. (Erna Schmidt-Viereck), Sansara. Skizzen u. Novellen. (158 S.) 8. Zürich (904). Schweizer Druck- u. Verlagshaus. 2. —

Viereck, Fr. Wlh., Liturgie und Jubelpredigt zum Gedächtniß d. feierlichen Uebergabe der Augsburg. Confession am $\frac{13}{25}$ Juni 1530, gehalten am 300jähr. Jubelfeste am $\frac{13}{25}$ Juni 1830 in der Evangelischen Kirche zu Kasan. gr. 8. St. Petersburg 831. Kray. ⅔ Thlr.

Viereck, George Sylvester, Bekenntnisse e. Barbaren. (Confessions of a barbarian.) Autoris. Uebersetzg. des New-Yorker Originals. 1.—3. Taus. (VIII, 266 S.) 8. Berlin 911. Maritima. 4.—; geb. in Leinw. 5. —

Viereck, Georg Sylvester, **Gedichte.** With on appreciation by Ludw. Lewisohn, A. M. (54 S.) 8. New York (517 West 124th Street) 904. Selbstverlag. Kart. n. 3. —

— Das Haus des Vampyrs. Erzählung. (Umschlag u. Einbd. zeichnete L. Bernhard.) (173 S.) 8. Stuttgart (909). Berlin-Charlottenbg., A. Juncker Verl. 2.50

Niniveh u. andere Gedichte von Georg Sylvester **Viereck.** Stuttgart & Berlin: J. G. Cotta Nachf. 1906. (135 S.) 8° [F.] [07. 1827

Viereck, Heinrich

Viereck, Heinrich, prakt. Arzt aus Tessin i. M. **Beiträge zur** Haematologie des Neugeborenen. *Rostock 1902: H. Winterberg.* (67 S.) 8°
Rostock, Med. Diss. v. [10. Dez.] 1902
(Nur in beschränkter Zahl für den Austausch)

Viereck, H., **Studien üb. die in den Tropen erworbene Dysenterie,** s. a. **Archiv f. Schiffs- u. Tropenhygiene.** 1. Beiheft.

Studien über die in den Tropen erworbene Dysenterie. Von Dr. H[einrich] **Viereck,** Oberarzt. ⟨Aus d. Seemannskrankenh. u. Inst. f. Schiffs- u. Tropenkrankh. ...⟩ Mit 3 Taf. Leipzig: J. A. Barth 1907. (41 S.) 8°
= **Archiv** f. Schiffs- u. Tropenhygiene. Bd 11, Beih. 1. [07. 10936

Viereck, Heinrich, aus Güstrow, Assist. d. Univ.-Ohrenklinik: Aus d. Universitätsklinik u. Poliklinik f. Ohren-, Nasen- u. Halskrankheiten d. Universität Leipzig. Die **Unterbindung** der Vena Jugularis bei der operativen Behandlung der Thrombose des Sinus transversus. *Leipzig 1901: B. Georgi.* (49 S.) 8°
Leipzig, Med. Diss. v. (22. Febr.) 1901

Viereck, Ludwig (Hrsg.), s. Assmann, Wilhelm: Geschichte des Mittelalters von 375-1517.

Viereck, L. (I.). Bürgerkunde. Eine Darlegung der wichtigsten staatl. Einrichtgn. d. Deutschen Reiches, Preußens, Bayerns u. Hamburgs zum Gebrauche in höheren Unterrichtsanstalten. gr. 8. (31 S.) Hannov. 892, Hahn. * — 40

Viereck, L., Bürgerkunde. Eine Darlegg. der wichtigsten staatl. Einrichtungen des Deutschen Reiches, Preußens, Bayerns u. Hamburgs f. höhere Unterrichtsanstalten u. zum Gebrauch f. jedermann. 2. Aufl. gr. 8. (VII, 32 S.) Hannover 894. Hahn. n. — 50

Viereck, L., **Bürgerkunde f. höhere Unterrichtsanstalten u. zum Gebrauche f. jedermann.** 3. Aufl. (VII, 44 S.) 8. Hannover 909. Hahn. — 50

Viereck, L., **die höhere Bürgerschule, ihr Wesen u. ihre gegenwärtige Lage.** gr. 8. (66 S.) Braunschweig 800. Salle. **n. 1. —**

(—) Dt. Gesellsch. d. Stadt New York. Leitfaden für deutsche Einwanderer nach den Ver. Staaten v. Amerika. NY ('03). 160 S.

Viereck, L., Kuhne's Gesichtsausdruckskunde. Nach dem vom 15. bis 18. Febr. 1892 v. Hrn. Louis Kuhne abgehaltenen Unterrichtskursus dargestellt. Mit e. Anh.: Die Kuhne'schen Anwendgn., sowie Urtheile v. Aerzten u. Laien üb. dieselben. 16. (119 S. m. Bildnis u. Abbildgn.) München 892. L. Viereck. n. 1. —

— dasselbe. 2., bedeutend verm. u. verb. Aufl. 12. (154 S. m. Abbildgn. u. Bildnis.) Ebd. 893. n. 1. —; kart. n. 1. 25

Viereck, L., Handbuch d. allgem. Geschichte, s.: Assmann, W.

— die preußische Prov. Hannover u. das Herzogt. Braunschweig, s.: Landes- u. Provinzialgeschichte. 8. Hft.

— zwei Jahrhunderte deutschen Unterrichts in den Vereinigten Staaten. Mit 5 Gruppenbildern u. 8 Vollbildern. (XVI, 293 S.) gr. 8. Braunschweig 903. F. Vieweg & Sohn. n. 5. —; geb. in Leinw. n. 6. —

--Zwei Jhrhdte d:en Unterrichts in den VS [tr of: G instruction in American schools]. Braunschweig, 1903; NY, 1904.

Viereck, L., Zur Kritik des Dynamitgesetzes. Motive zum Antrag Viereck und Genossen auf Aufhebung des R.G. vom 9. Juni 1884 gegen den verbrecherischen und gemeingefährlichen Gebrauch von Sprengstoffen. 8°. München 1886.

-- Wilhelm Krumme. E. Bild s. Lebens u. Wirkens. gr. 8. (54 S. m. Bildn.) Braunschweig 894. **Berlin,** D Salle. **n. — 80**

Viereck, Ludwig [Dr.]: Wilhelm Krumme. E. Lebensbild. **Braunschweig, Druck v. H. Sievers & C. Nachf.,** *1895;* 46 S. :.
Braunschweig, st. OR, OP 1895 (717)

— **Lehrbuch d. allgem. Geschichte f. höh. Unterrichtsanst.** Bearb. nach Jos. Becks gleichnam. Lehrbuche. 14. Aufl. Mit e. Anh.: Bürgerkunde. gr. 8. (XVI, 391 S.) Hannover 897. Hahn. n. 3. —

— **Lehrbuch der allgemeinen Geschichte f. höhere Unterrichtsanstalten.** Bearb. nach Jos. Becks gleichnam. Lehrbuche. 15. Aufl. Mit e. Anh.: Bürgerkunde. (XII, 424 S.) gr. 8. Hannover 909. Hahn. 3.60; geb. 4. —

— Leitfaden beim ersten Unterricht in der Geschichte, s.: Beck, Jos.

Viereck, Ludwig s. Meyer, Ernst, und Viereck, Ludwig.

— Notiz-Kalender f. Freunde der Naturheilkunde u. Solche, die es werden wollen. 1893. gr. 16. (VIII, 148 S. m. Abbildgn. u. 1 Bildnis.) München, Seitz & Schauer. Kart. n. 1. —

Viereck, L., das deutsche Reichs-Wahlgesetz und Reglement zu demselben. 16. (16 S.) Leipzig 880, Fink.

Viereck, L., das deutsche Reichs-Wahlgesetz u. Reglement zu demselben. 16. (16 S.) Leipzig 880. Stuttgart Dietz. — 5

— statistische Tafel der sozialistischen Wahlen von 1867—1881. Zusammengestellt nach der amtl. Statistik, dem historisch-polit. Jahrbuch von A. Phillipps u. anderen verschiedenen Quellen. Fol. (4 S.) München 882. (Pollner.) n. — 20

—— statistische Tafel der sozialistischen Wahlen von 1867—1881. Zusammengestellt nach der amtl. Statistik, dem historisch-polit. Jahrbuch von A. Philipps und anderen verschiedenen Quellen. (4 S.) 1882; 2. Aufl. Fol. (7 S.) München 881, (Pollner.) * Ausg. auf Schreibpap.

Viereck, L., was der Reichstag that u. was er nicht that, s.: **Zeit- u. Streitfragen, sozialpolitische.**

Viereck, Paul, s.: **Anonymi christiani Hermippus de astrologia dialogus.**

Viereck, Paul: Über die Radioaktivität einiger Gesteinsarten und derer [!] Verwitterungsprodukte. Halle a. S. 1910: Kaemmerer. 37 S., 2 Taf. 8°
Halle, Phil. Diss. v. 5. Dez. 1910, Ref. Dorn
[Geb. 30. März 87 Perleberg; Wohnort: Halle a. S.; Staatsangeh.: Preußen; Vorbildung: Realgymn. Perleberg Reife M. 05; Studium: Berlin 1, Heidelberg 2, München 1, Berlin 1, Halle 5 S.; Rig. 18. Juli 10.] [U 11. 1915

Viereck, Paulus: Sermo graecus quo senatus populusque Romanus magistratusque populi Romani usque ad Tiberii Caesaris aetatem in scriptis publicis usi sunt examinatur. Commentatio philologica de sententia amplissimi philosophorum ordinis academiae Georgiae Augustae d. VIII. m. Jun. a. 1887 praemio regio ornata ... Gottingae, typ. expr. offic. acad. Dieterichiana. Guil. Fr. Kaestner, 1888; XIV + 122 S. + 1 Bl. 4°
Göttingen, Phil. Fak., Inaug.-Diss. v. 17. Mai 1888

Viereck, P., sermo graecus quo senatus populusque romanus magistratusque populi romani usque ad Tiberii caesaris aetatem in scriptis publicis usi sunt examinatur. Commentatio philologica praemio regio ornata. gr. 4. (XIV, 122 S.) Göttingen 888. Vandenhoeck & Ruprecht's Verl. n. 6. —

Viereck, W., Beim Glase Wein! Lieder-Potpourri's. Stolp (857.) Kölling. 16. (73 S.) n. 10 ngr.

Viereck, W., beim Glase Wein! Lieder-Potpourri's. 16. (64 S. Melod. und 9 S. Text.) Stolp 857, [Schrader.] *

Vieregge, C. M., Friedenspalmen. Gebete u. Betrachtungen für kathol. Christen. Mit 5 Stahlst. 8. (288 S.) Wien 848, Grottendiek. 1 ₰

Vieregge, Caesar, appr. Arzt a. St. Johann-Saarbrücken: Prüfung der Merkfähigkeit Gesunder und Geisteskranker mit einfachen Zahlen. Berlin 1908: G. Reimer. (37 S.) 8° ¶ [Aus: Allgemeine Zeitschrift f. Psychiatrie Bd 65 H. 2, 1908, S. 205—239.]
Tübingen, Med. Fak., Ref. Gaupp, Diss. v. 11. Juli 1908
[Geb. 11. Dez. 73 St. Johann-Saarbrücken; Wohnort: Friedenau b. Berlin; Staatsangeh.: Preußen; Vorbildung: Gymn. Schneidemühl Reife O. 94; Studium: Freiburg i. B. 1, Berlin 6, Greifswald 5 S.; Coll. 30. Nov. 07; Approb. 11. Aug 05.]

Vieregge, Karl Heinrich

Vieregge, K. H., s.: Bundespredigten, evangelische.

Vieregge, Festpredigt, s.: Lutherfeier, die, in Eisleben.

Vieregge, K. H., Festpredigt, s.: Scholz.

Vieregge, Karl Heinrich: Festpredigt bei der Feier des 10jährigen Bestehens der Berliner Arbeiterkolonie am 24. Okt. 1893 in d. Garnisonkirche zu Berlin. Geh. v. Hofpred. Konsistorialr. . Berlin: Buchdr. Gutenberg 1894. (8 S.) 1 Bd 8°

Vieregge, K. H., Habakuk 2, 1—4. Festpredigt, geh. bei der XIII. Generalversammlung des Evangel. Bundes zu Halberstadt am 2. X. 1900. gr. 8. (8 S.) Leipzig (900). Buchh. des Ev. Bundes v. C. Braun. n.n. — 10

— heilige sie in Deiner Wahrheit. 12 Predigten v. der Heiligg. 8. (V, 114 S.) Magdeburg 902. (Buchh. des ev. Vereinshauses.) n. 2. —; geb. n. 3. —

Vieregge, Karl Heinrich: Heilige sie in Deiner Wahrheit. 12 Predigten von d. Heiligung. D. . Gen.-Superint. Magdeburg: Stadtver. f. innere Miss. 1902. (114 S.) 8°

— Predigt, s.: Flugschriften d. Evangel. Bundes.

Vieregge, Karl Heinrich: Rede beim städtischen Festaktus z. 100j. Geburtstagsfeier Kaiser Wilhelm's d. Gr. in Magdeburg ... v. K[arl] H[einr.] Vieregge, Gen.-Superint. Magdeburg: Buchdr. v. R. Wapler [1897]. (6 S.) 1 Bd 8°

Vieregge, K. H., suchen u. finden. Predigten üb. inneres Christenleben. 8. (V, 152 S.) Halle 894. R. Mühlmann's Verl. (Geb. in Leinw. m. Goldschn. n. 3. —

Vieregge, K. H., „Suchet in der Schrift". Predigten. gr. 8. (VIII, 449 S.) Dortmund 872, Köppen. *

— Vorwärts im Werk des Herrn, s.: Wulschmann, C.

— „welch' eine Wendung durch Gottes Fügung!" Gedächtnißpredigt, geh. nach Kaiser Wilhelm's Heimgang am 22. März 1888 in der evangel. Kirche zu Bonn. 8. (19 S.) Bonn 888. Fr. Cohen. n. — 50

Vieregge, Volrath Paris von (Mecklenb.) A. S. 78/20

Dissertatio juridica de vasallo adjutore, Vom Hülffleistenden Lehn-Manne. Präs. Peter Schultz. Halle (Hendel) 1736. 55 S.

Diss. Frankfurt/O. 28. IX. 1683. 35165

Vieren, die zwölf. Etwas ganz neues zum Neujahrgeschenk f. aufmerksame Kinder. 8. Elberf. Mannes. 812.

Vierenklee, Jh. Ehfrd., (†d. 19. April 1777.) Anfangsgründe d. theoret.-prakt. Arithmetik u. Geometrie für diejenigen, welche sich d. Forstwesen widmen. gr. 8. Leipz. 767. N. Aufl., nach d. gegenwärt. Bedürfnissen verb. u. verm. von Fr. Meinert. Mit 13 Kpf. u. 1 ill. Plan. gr. 8. Ebd. 797. 3e A. 822. Weidmann. 2 ₰ 12 ℊ Schrbp. 2 ₰ 20 ℊ

Vierey, der, u. d. Aristokraten, od. Mexiko im J. 1812. Vom Verf. d. Legitimen; d. Transatlant. Reiseskizzen. rc. 3 Thle. 8. (54½ B.) Zürich 835, Orell, Füßli u. Comp.

***Vierge*, la, au Poisson.** Tableau peint vers l'an 1513 par Raphael pour l'Eglise de San Domenico Maggiore de Naples, acquis depuis par Philippe IV., Roi d'Espagne; lithogr. en 1831 par G. Bodmer d'après la gravure de A. Boucher-Desnoyers. Impr. sous la Direction de Fr. Hohe. Imp.-Fol. Münch. 832. (Franz). 1 ₰ 18 ℊ Chines. Pap. 2 ₰ 8 ℊ

Viergesang. o. O. u. J. 1 Bl. 8° [Kopftit.]
Lied ohne Noten: „Heil dem Mann, dem in die Wiege ..."

Viergott, Karl, Dr Martin Luthers kleiner Katechismus, s.: Laacke, K.

Viergutz, Frz., Grundriß der Verfassungs- u. Bürgerkunde, s. Pondorf, E.

Viergutz, F., Leitfaden f. den Unterricht in der deutschen Geschichte, s.: Schillmann, R.

— Zwölf Schul-Entlassungsreden, nebst e. Auswahl entsprechender Gedichte. (IV, 83 S.) gr. 8. Berlin 907. L. Oehmigke's Verl. 1.60; geb. 2.40

Vierhapper, Friedrich (Fritz)

Vierhapper, Fr., u. L. Linsbauer, Bau u. Leben der Pflanzen. In 12 gemeinverständl. Vorträgen. (VII, 204 S. m. 22 Abbildgn.) gr. 8. Wien 905. C. Konegen. n. 3.50

Vierhapper, Fritz, Beiträge zur Kenntnis der Flora Südarabiens u. der Inseln Sokótra, Sémha u. 'Abd el Küri. Bearbeitung der v. Dr. St. Paulay u. Professor Dr. O. Simony auf der Expedition der kaiserl. Akad. d. Wissenschaften nach Südarabien u. den Inseln Sokótra, Sémha u. 'Abd el Küri vom Decbr. 1898 bis Mitte März 1899 gesammelten Gefässpflanzen. I. Thl. (170 S. m. 35 Abbild. u. 17 Taf.) 31,5×25 cm. Wien 907, A. Hölder. 19. —
Sonderabdr. aus: „Denkschr. d. k. Akad. d. Wiss."

— Entwurf e. neuen Systemes der Coniferen, s.a. Abhandlungen der k. k. zool.-botan. Gesellschaft in Wien. V. 4.

Entwurf eines neuen Systemes der Coniferen von F[riedrich] Vierhapper. Mit 2 Abb. Nach e. in Salzburg geh. Vortrage. Jena: Fischer 1910. 56 S. 4°(8°)
(Abhandlungen d. k. k. zool.-bot. Gesellschaft in Wien. Bd 5, H. 4.) [illegible]

Exkursion in die Ostalpen. Von Dr. Fritz **Vierhapper** u. Heinrich Frh. v. Handel-Mazzetti. Mit Taf. u. 5 Textabb. Wien: Selbstverl. d. Organisationskomitees 1905. (161 S.) 4°(8°)
= **Führer zu d. wissenschaftl. Exkursionen d. 2. internat. bot. Kongresses,** Wien 1905. 3. [05. 10030]

Vierhapper, Friedr. Flora des Bezirk Freiwaldau und seines angrenzenden Gebietes. 24 S. 8. **Progr.** *Weidenau* 1880.

Vierhapper, Friedrich. Der Kreislauf des Stickstoffes im Pflanzenreich. S. 3–42. 8.
Progr. K. k. Erzherzog Rainer-Gymn. im II. Gemeindebezirke *Wien* 1901.

Vierhapper, Fr., Prodromus e. Flora d. Innkreises in Oberösterreich. 1. Thl. gr. 8. (37 S.) Ried 885. (Wien, Pichler's Wwe. & Sohn.) n. — 80

Vierhapper, Friedrich. Prodromus einer Flora des Innkreises in Oberösterreich. II. Theil. 8 (35 S.). III. Theil. 8 (37 S.). IV. Theil. 8 (30 S.). V. Theil und Schluss. 8 (31 S.). Staats-G. *Ried* 1886. 1887. 1888. 1889.
Progr

Vierhapper [illegible] 280
Separatabdruck

VIERHAPPER, Fritz
Zur Systematik und geographischen Verbreitung einer alpinen Dianthus-Gruppe von stud. phil. Fritz Vierhapper jun. Mit 2 Tafeln und 1 Kartenskizze. Aus den Sitzungsberichten der kaiserl. Akademie der Wissenschaften in Wien. Mathem.-naturw. Classe; Bd. CVII. Abthlg. I. November 1898. Wien. 1898. In Comm. Gerold's Sohn. Gr.-8. 114 S. fl. 1.40

Vierhaus, Felix, preußische Amtsgerichtsordnung für bürgerliche Rechtsstreitigkeiten. Zusammenstellung der auf den amtsgerichtl. Civilprozeß bezügl. in Preußen gelt. Vorschriften. gr. 8. (XII, 490 S.) Berlin 881. Guttentag. n. 9. —

Vierhaus, Felix: A n l e i t u n g zur Ausarbeitung von Relationen in bürgerlichen Rechtsstreitigkeiten. Zur Benutzung im Vorbereitungsdienste d. Referendare bei d. Oberlandesgericht in Breslau. Als Ms. gedr. Breslau 1907: Schles. Dr.-Genossensch. (23 S.) 8°

Über die sozialen und wirtschaftlichen **Aufgaben** der Zivilprozeßgesetzgebung. Von Dr. **Felix Vierhaus**, Geh. Oberjust.R., Berlin. *Berlin: O. Liebmann 1903.* (S. 37–73.) 8°
Aus: Festgabe d. Jurist. Gesellsch. zu Berlin z. 50jähr. Dienstjubiläum d. Wirkl. Geh. R. Dr. Richard Koch [03. 15497

Vierhaus, [Fel.]: Noch einmal die wirthschaftliche Bedeutung des Entwurfs eines BGB. für das Deutsche Reich. Berlin 1888.
(Deutsches Wochenblatt. Hrsg. von O. Arendt. 1888, Nr 21, 22.)

Vierhaus, F., die Entstehungsgeschichte d. Entwurfes e. bürgerlichen Gesetzbuches f. das Deutsche Reich, s.a. Beiträge zur Erläuterg. u. Beurtheilg. d. Entwurfes e. bürgerlichen Gesetzbuches f. das Deutsche Reich.

Vierhaus, Fel.: Die Entstehungsgeschichte des Entwurfes eines BGB. für das Deutsche Reich. In Verb. mit e. Uebersicht der privatrechtl. Kodifikationsbestrebungen in Deutschland dargest. Berlin u. Leipzig 1888.
(Beiträge zur Erl. u. Beurth. d. Entw. e. BGB. hrsg. von Bekker. H. 1.)

Vierhaus, Fel., Formularbuch, s.a. **Weizsäcker,** Hugo.

Vierhaus, Felix, Formularbuch zu den deutschen Prozeßordnungen für den Gebrauch der Gerichte und Staatsanwaltschaften. Auf amtl. Veranlassung hrsg. 1. und 2. Abdr. gr. 8. (XVI, 286 S.) Berlin 879, R. Kühn. *

Vierhaus, Fel., Formularbuch zu den Deutschen Prozessordnungen für d. Gebrauch d. Gerichte u. Staatsanwaltschaften. ... neu bearb. von Hugo Weizsäcker. Abth. 1. 2. Berlin 1899. 1901. 8°. [1. Aufl. 1879.]
1. Formulare z. [illegible] 2. Aufl. 1901.
2. Formulare z. [illegible]

Vierhaus, Felix, Formularbuch zu den deutschen Prozeßordnungen f. d. Gebrauch d. Gerichte u. Staatsanwaltschaften ... neu bearb. von Hugo Weizsäcker. Erg. H. Berlin 1910. 8°. [1. Aufl. 1879.]

— allgemeine Gerichtsordnung f. die Preußischen Staaten vom 6. Juli 1793 u. preußische Konkursordnung vom 8. Mai 1855. Text-Ausg. der noch gültigen Vorschriften mit Anmerkungen u. Sachregister. 16. (XII, 306 S.) Berlin 883. Guttentag. cart. n. 2. 50

— der neue deutsche Reichs-Prozeß. Justizorganisation, Civilprozeß u. Konkurswesen nach den Reichs-Justizgesetzen unter Berücksichtigung der preuß. Ausführungsgesetzgebung. Gemeinfaßliche Darstellung für die Anwendung der neuen Gesetze in der gerichtl. Praxis u. im geschäftl. Verkehr. gr. 8. (VIII, 188 S.) Berlin 879. R. Kühn. n. 2. 50

Vierhaus, F. Sammlung kleinerer privatrechtlicher Reichsgesetze, s.a. Guttentag's Sammlung deutscher Reichsgesetze Nr. 9a.

— Sammlung kleinerer privatrechtlicher Reichsgesetze. Ergänzungsbd. zu den im J. Guttentag'schen Verlage erschienenen Einzel-Ausgaben deutscher Reichsgesetze. Text-Ausgabe m. Anmerkgn. u. Sachregister. 16. (XVIII, 355 S.) Berlin 890. Guttentag. cart. n. 2. 25

— der angebliche Unwerth des amtsgerichtlichen Civilprozesses. [Aus: „Zeitschr. f. deutschen Civilprozess".] gr. 8. (30 S.) Berlin 880. C. Heymann's Verl. n. — 75

Vierhaus, F., s.: Zeitschrift f. deutschen Civilprozess.

Vierheilig, Mich., gründliche Anleitung zur richtigen Berechnung der Wittwen-Kassen und Lebensversicherungs-Anstalten, ohne Anwendung mathemat. Formeln für Jedermann faßlich vorgetragen und mit den nöthigen Hilfstafeln versehen. gr. 8. Landshut 845, Krüll'sche Univ.-B. n. 1⅙ ℛ

Kurze Darstellung einer elementaren Logarithmotechnie. Von Michael Vierheilig, P. der Math. u. Phys. — 1829. Ebend. — S. 3–23.
Progr. Wurzburg.

Ueber die Ellipse im Kegel von Mich. Vierheilig, P. der Math. — 1841. Ebend. — S. III–VIII mit 1 Fig. Taf.
Progr. Straubing.

Die Vorsorge für das Alter. Eine Frage aus der politischen Rechenkunst. Von Mich. Vierheilig, Lehr. — 1850. Ebend. — S. I–XXIV nebst 2 lithogr. Hilfstafeln.
Progr. Straubing.

Vierheller, Georg (Gross-Zimmern)
Beiträge zur Structur und Physiologie der Parotis des Schafes.
[Leipzig: Polz 1868.] 18 S.
Diss. med. 23.3.1868. vorh. 7.

Vierhölz, Carolom., Sonn- Festtags- u. Bußpredigten. 4. Regensb. Monath. 721.

Vierhout, C. J., s. a. Methode Toussaint-Langenscheidt, Niederländ.

Methode Toussaint-Langenscheidt. Original-Unterrichtsbriefe. Brieflicher Sprach- und Sprech-Unterricht für d. Selbststudium Erwachsener. Niederländisch von C. J. **Vierhout**, Ch. Altena. Als Ms. gedr. Berlin-Schöneberg: Langenscheidt [1908]. Getr. Pag. 4°(8°) [11. 4437

Methode Toussaint-Langenscheidt. Brieflicher Sprach- und Sprech-Unterricht für d. Selbststudium der niederländischen Sprache von C. J. **Vierhout**, unter Mitw. von Ch. Altena. Brief 1. (Berlin-Schöneberg: Langenscheidt [1908].) 4°(8°) [J. u. Ant.] [oc. 9634

Vierhuff, Ghard., die Frage: Wo lag die Burg „Alt-Wenden"? beantwortet. Lex.-8. (19 S.) Riga 884. Kymmel. n. — 75

Vierhuff, Jul., üb. Anthrax intestinalis beim Menschen. gr. 8. (53 S.) Dorpat 885. (Karow.) n 1. —

Vierhuff, Theodor Gottlob (Guben) A. S. 835/1

Dissertatio inauguralis de nepote patris conferenda, nisi his auctus sit, non conferente.
Präs. Gebhard Bastineller.
Wittenberg (Creusig) II. 1721. 32 S.

35167

Vierhuff, Wilh., üb. doppelseitige absteigende Degeneration nach einseitigen Hirn- u. Rückenmarkverletzungen. Diss. gr. 8. (50 S.) Riga 894. (Jurjew, E. J. Karow.) n. 1. —

Vierjahn, J., Geld- u. Münzkunde f. Geschäftsleute, od. Verzeichniss d. vorzüglichsten Gold- u. Silbermünzen in u. ausser Europa mit d. Angabe d. Werthes in preuss. Cour., in sächs. Gelde, in 24 Gulden Fuss u. Frd'or., nebst Angabe d. Länder od. Städte, wo dieselben eingeführt sind. 4. ($2\frac{1}{4}$ B.) Leipzig 835, Krappe. 9 Gr., Vlnp. Thlr.

Vierjahn, J., Handbuch d. Staats-Papiere u. d. Geld-Wissenschaft aller Länder u. Städte. 8. ($15\frac{3}{4}$ B. u. 6 Tab.) Leipzig 836, Friese.

Vierich, Gust., Stimmen der Treue. Zeitgedichte. 12. (71 S.) Frankfurt a. O. 849. (Berlin, Brandis.) n. $\frac{1}{6}$ Thlr.

Viering, *Friedrich* Wilhelm [aus Hamm in Westf.]: Ein Ovarialsarkom bei einem Kinde. . . . Greifswald, Druck v. J. Abel, 1891. 28 S. 8°
Greifswald, Med. Fak., Inaug.-Diss. v. 2. Mai 1891

Vierkandt, Alfred *Ferdinand* [Cand. d. höh. Schulamtes]: Allgemeines und Specielles über gleitende und rollende Bewegung . . . (Aus: Monatsh. f. Math. u. Phys. III. Jg.) Teschen, Druck v. K. Prochaska, 1892: 2 Bl., 62 S., 1 Bl. 8°
Leipzig, Phil. Fak., Inaug.-Diss. v. [27. Juni] 1892.

Vierkandt, Alfr., Naturvölker u. Kulturvölker. Ein Beitrag zur Socialpsychologie. gr. 8. (XI, 497 S.) Leipzig 896. Duncker & Humblot. n. 10. 80

Vierkandt, Alfr., d. Stetigkeit im Kulturwandel. Eine soziolog. Studie. (XIV, 209 S.) gr. 8. Leipzig 908. Duncker & Humblot. 5. —

Vierkandt, A[lfred], Dr.: Die Volksdichte im westlichen Central-Afrika. Mit 4 Kt. Leipzig: Duncker & Humblot 1895. 110 S., 1 Kt. 8° ¶ Aus: Wissensch. Veröffentlichungen d. Vereins f. Erdkunde zu Leipzig. Bd 2.
Braunschweig Tc. H., Hab.-Schr. v. 11. 7. 1894

Vierke, A. Rich. De $\mu\acute{\eta}$ particulae cum indicativo coniunctae usu antiquiore. Pars II: Aeschylum continens. S. 5—23. [Pars I diss. in. Leipzig 1876.] **Progr.** *Schleiz* 1884

Vierke, A. Rich., de $\mu\acute{\eta}$ particulae cum indicativo coniunctae usu antiquiore. Pars I et II. gr. 8. Lipsiae. (Schleiz, Lämmel.) à n. 1. —
1. Usque ad Aeschylum pertinens. (63 S.) 876.
2. Aeschylum continens. (23 S.) 883.

Vier-Kleur, die, v. Transvaal. Nationalhymne der Buren. Aus dem Burendialekt in's Hochdeutsche übertr. v. Guido Eckard. gr. 8. (4 S. m. Bildnis.) Riga (Marschallstr. 1) 900. F. Deutsch. — 30
Sonderabdruck aus: „Balt. Monatsschrift".

Die **Vierlande**. Ausstellung vom 6. August bis 6. Septbr. 1905. (Vorw.: Dr. [Ernst] Sauermann.) Flensburg: Kunstgewerbemuseum (1905). (XIII, 61 S.) 8° [J.]
[Zwischent.:] Ein Beitrag z. Kostümgeschichte d. Vierländer in 700 Aquarellen mit begleit. Text von H. Haase, Maler, Hamburg. [o7. 367 8

Vierlande, die, bei Hamburg. 50 Lichtdr. v. Carl Griese. Mit e. geschichtl. Einleitg. u. erläut. Text v. F. Voigt. qu. gr. 4. (V, 29 S.) Hamburg 891. C. Griese. Geb. in Leinw. od. in Mappe. n. 30. —

Vierling, Alb., das Einführungsgesetz vom 29. April 1869 zur neuen Civilprozeßordnung für das Königr. Bayern. Mit Erläuterungen, zumeist aus den Quellen. gr. 8. (IX, 66 S.) Nördlingen 870, Beck'sche Buchh.

Vierling, Alb., Erinnerungen aus der Oberpfalz. 8. (XI, 270 S. mit 1 Holzschntaf.) Weiden 878, Taubald. *

—— die fragmentarischen civilrechtlichen Gesetze im Königreich Bayern diesseits des Rheins. gr. 8. (132 S.) Nördlingen 876, Beck'sche Buchh. *

Vierling, Alb., die fragmentarischen civilrechtlichen Gesetze d. Königr. Bayern diess. d. Rheins. 2., umgearb. u. ergänzte Aufl. 16. (XII, 228 S.) München 892. C. H. Beck. Kart. n. 2. 20

— dasselbe. 3. Aufl. gr. 16. (XIV, 236 S.) Ebd. 894. Kart. n. 2. 20

— die Prozeßordnung in bürgerlichen Rechtsstreitigkeiten für das Königreich Bayern. Mit Erläuterungen, zumeist aus den Quellen. Ebend. 870. gr. 8. (XVIII, 531 S.) n. 2 Thlr 5 ngr.

— Zusammenstellung der noch geltenden Bestimmungen der bayerischen Gerichtsordnung v. 1753. [Aus: „Zeitschr. f. Reichs- u. Landesrecht."] gr. 8. (62 S.) Nördlingen 875. Beck. n. 1. 20

VIERLING, Anton (Weiden): Syphilis der Trachea und der Bronchien.- Leipzig: Hirschfeld 1879. 1 Bl., 23 S.
31.7.1877 - Urk (Titel: De syphilide tracheae et bronchiorum.); Chr 1877/78,9
Diss. Ingolst.-Landsh.-Mchn.

Vierling, Carl, s. Vierling, Karl

Vierling, Franz, approb. Arzt aus Mainz: Über ein gumma hepatis. *Würzburg 1890 [ersch. 1901 02]: P. Scheiner.* (21 S.) 8°
Würzburg, Med. Diss. v. 1890

Vierling, Georg (Mainz)
Zur Lehre vom intermittirenden Typus in Krankheiten, insbesondere den als Malariakrankheiten geltenden. Giessen 1863. 24 S.
Diss. med. 21. März 1863. vorh. 26.7.

Vierling, Gustav, approb. Arzt, Jena: (Aus d. med. Universitäts-poliklinik zu Jena.) Direktor: Prof. Dr. Matthes. Ein Fall von intermittierendem Hinken (Claudication intermittente Charcot). Jena 1902: A. Kämpfe. (33 S.) 8°
Jena, Med. Diss. v. (4. Nov.) 1902.

Vierling, Gustav, approb. Arzt aus Amberg: Ein **Fall von latent** verlaufenem Oesophaguscarcinom. *München 1900: Kastner & Lossen.* (29 S.) 8°
München, Med. Diss. v. 1900

Vierling, Hermann, approb. Arzt aus Weiden: **Zur Casuistik** der sporadischen epidemischen Cerebrospinalmeningitis. *München 1900: Kastner & Lossen.* (37 S.) 8°
München, Med. Diss. v. 1900

Vierling, Hubert, aus Mainz: Über die Oxydation von Ferrosalzlösungen. Bamberg 1904: Handels-Druckerei. (111 S.) 8°
Erlangen, Phil. Fak., Ref. Fischer, Diss. v. 3. Mai 1904
[Geb. 11. Aug. 70 Main ; Staatsangeh.: Hessen; Vorbildung: Gymn. Mainz Reife (I. Obersekunda) M. 93; Studium: Erlangen 10 S.; Rig. 3. Mai 04.]

Vierling, J. L., ein religiöser Sinn ist d. Stütze für d. Wohl des Regenten u. des Volks; eine Predigt. 8. Meiningen 822. Keyßner. 4 gr.

Vierling, Johann Georg

— Anweis. Preludia zu machen. Lpz. Breitkopf. 794.

Vierling, Jh. Geo., († d. 22. Nov. 1813.) allgemeinfaßl. Unterricht im Generalbaß, mit Rücksicht auf den jetzt herrschenden Geschmack in d. Composition, durch treffende Beispiele erläutert. 2 Thle. gr. 4. Leipz. 805—7. (Brockhaus). 1 rthl 20 gr.

Vierling, J. G., allgemeinfaßl. Unterricht im Generalbaß, mit Rücksicht a. den jetzt herrschenden Geschmack in der Composition, durch treffende Beyspiele erläut. 2 Thle. gr. 4. Leipz. Ex. Richter. (Gleditsch.) 805–807. (1r 1 Rthlr. 8 gr. 2r 12 gr.)

— Versuch einer Anweisung zum Präludiren. Leipz. 794. Breitkopf u. H. 8 gr.

Vierling, Karl

VIERLING, Carl (Weiden): Ueber Ehen zwischen Blutsverwandten.- München: Weiss 1868. 18 S.
26.7.1867 - Urk (Titel: De nuptiis inter cognatos.); F 21; Chr 1867/68,13
Diss. Ingolst.-Landsh.-Mchn.

Vierling, L. F. Beitrag zu der Geschichte der Berg-Schlösser u. Lager-Mauern auf dem vogesischen Gebirge überhaupt u. der Burg Hoh-Andlau ins besondere. 8. Strassburg 1807.

Viernheim [Schlagwort]

Viernheim, s.: Geologische Karten. Karte (Hessen).

Viernstein, Theodor, approb. Arzt: Ueber einen **Fall von** Arthritis deformans mit Pierre-Marie'schem Symptomen-Komplex. *München 1903: C. Wolf & Sohn.* (15 S.) 8°
München, Med. Diss. v. 1903

Vierordt. Heinrich Vierordt

—— u. seine Dichtungen, s. Werner, Jul.

Vierordt, Carl, s. Vierordt, Karl

Vierordt, Carl Friedrich, s. Vierordt, Karl Friedrich

Vierordt, Gr. Jak., († d. 6. April 1810.) prakt. Handbuch für Thierärzte u. Kurschmiede, nebst e. besond. Vorschrift für Viehbeschauer. Mit e. Vorrede von G. L. Schweickhardt. Mit 2 Kpf. 8. Karlsr. 800. Macklot. 1 rthl 4 gr.

Vierordt, Friedrich Matthäus

Vierordt, F. M., Bombyx, s. Bombyx.

FISCH, Der, eine (erot.) Erzählung (in Versen) von V*** (d. i. *Friedr. Matthäus Vierordt*). (Ornament.) O. O. 1768. 8°. Selten!
4 Bll., Rücks. des letzten leer. Cat. Meissner III hat das Format „Gr. 4°" und nennt auch einen Druck von „1769".
§ — — Dasselbe. O. O. 1779. 4°.

Vierordt, Fr. Matth., († vor 1813.), s. v. Francheville, Bombyx.

s.a. Samml. auserlesener Reden über peinl. Justiz.

— Samml. von Abhandl. u. Reden über d. peinl. Justiz, 16 Stck. gr. 8. Frkft. Ammermüller. 769.

s.a. Ursprung u. Fortgang e. n. Wissenschaft.

Vierordt, Ursprung u. Fortgang e. neuen Wissenschaft in d. Regierungskunst, aus d. Franz. 8. Carlsruh, Maklott. 775.

Vierordt, Heinr., Akanthusblätter. Dichtungen aus Italien u. Griechenland. 12. (VIII, 119 S.) Heidelberg 888. C. Winter. n. 2. —; geb. m. Goldschn. n. 3. —

Vierordt, Heinr., neue Balladen. 12. (VII, 116 S.) Heidelberg 883. C. Winter. n. 2. —; geb. n. 3. —

Vierordt, Heinr., neue Balladen. 12. (VII, 116 S.) Heidelberg 884, C. Winter's Universitäts-Buchh. geb. *

Vierordt, Heinr., neue Balladen. 2., verm. Aufl. 12. (VIII, 126 S.) Heidelberg 900. C. Winter. n. 2. —; geb. m. Goldschn. n. 3. —

Vierordt, Heinr., ausgewählte Dichtungen. Mit e. Vorwort v. Ludw. Fulda. (VIII, 152 S.) kl. 8. Heidelberg 906. C. Winter, Verl. Kart. n. 1. —

—— die einfache chronische Exsudativ-Peritonitis. gr. 8. (V, 141 S.) Tübingen 884, Laupp'sche Buchh. *

Fresken. Neue Dichtungen von Heinrich **Vierordt**. Heidelberg: C. Winter 1901. (VIII, 184 S.) 8° [F.] [07. 3513

Vierordt, Heinr., Gedichte. 8. (VII, 242 S.) Karlsruhe 879. Bielefeld's Verl. n. 3. —; geb. m. Goldschn. n. 4. —

— Gedichte. 2. (Titel-)Ausgabe. 8. (VII, 242 S.) Ebd. 889. n. 3. —; geb. m. Goldschn. n. 4. —

— Gemmen u. Pasten. Tagebuchblätter aus Italien. 12. (VIII, 150 S.) Ebd. 902. n. 2. —; geb. in Leinw. 3. —

Vierordt, Heinr., deutsche Hobelspäne. Stoßseufzer u. Stammbuchblätter. (V, 156 S.) kl. 8. Heidelberg 909. C. Winter, Verl. Kart. 1.50

— Kosmoslieder. (VIII, 161 S.) kl. 8. Ebd. 905. n. 2. —; geb. n. 3. —

— die Kranzweihe. Ein Begrüßungsspiel. Zur Doppelfeier der silbernen Hochzeit JJ. KK. HH. des Großherzogs u. der Großherzogin von Baden, sowie der Hochzeit S. K. H. des Kronprinzen von Schweden u. J. Gr. H. der Prinzessin Victoria von Baden. 1. u. 2. Aufl. 12. (24 S.) Heidelberg 881. C. Winter. n. — 50

—— Lieder und Balladen. 12. (VIII, 304 S.) Ebendas. 881. geb. mit Goldschn. *

— Lieder u. Balladen. 2. Ausg. 12. (VIII, 304 S.) Ebend. 885. n. 4. —; geb. m. Goldschn. n. 5. —

— Meilensteine. Dichtungen aus d. Leben. (VI, 149 S.) kl. 8. Ebd. 904. n. 2. —; geb. in Leinw. n. 3. —

— Vaterlandsgesänge. 12. (VIII, 136 S.) Ebd. 890. n. 2. —; geb. m. Goldschn. n. 3. —

— Vaterlandsgesänge. 2. umgearb., verm. Aufl. 12. (VI, 161 S.) Ebd. 903. n. 2. —; geb. in Leinw. n. 3. —

Vierordt, Herm., Abhandlung üb. den multilokulären Echinococcus. gr. 8. (VII, 172 S.) Freiburg i/Br. 886. Mohr. n. 5. 60

Vierordt, Herm., kurzer Abriss der Percussion und Auscultation. gr. 8. (III, 49 S.) Tübingen 884, Fues. *

—— kurzer Abriss der Perkussion und Auskultation. 2. verb. Aufl. gr. 8. (IV, 57 S.) Tübingen 886, Frz. Fues. *

Vierordt, Herm., kurzer Abriss der Perkussion u. Auskultation. 3., verb. Aufl. gr. 8. (IV, 65 S.) Tübingen 890. Fues. n. 1. 20

Vierordt, Herm., kurzer Abriss d. Perkussion u. Auskultation. 4., verb. Aufl. gr. 8. (IV, 75 S.) Tübingen 895. F. Pietzcker. n. 1. 40

— dasselbe. 5., verb. Aufl. gr. 8. (IV, 75 S.) Ebd. 897. Geb. in Leinw. n. 1. 80

Vierordt, Herm., kurzer Abriss der Perkussion u. Auskultation. 6. u. 7. verb. Aufl. gr. 8. (à IV, 75 S.) Tübingen 899. 901. F. Pietzcker. Geb. in Halbleinw. n. 2. —

Vierordt, Herm., kurzer Abriss der Perkussion u. Auskultation. 8. verb. Aufl. (IV, 82 S.) gr. 8. Tübingen 904. F. Pietzcker. Geb. n. 2. —

Vierordt, Herm., kurzer Abriss der Perkussion u. Auskultation. 10. verb. Aufl. (VI, 88 S.) 8. Tübingen 910. H. Laupp. Geb. in Leinw. 2. 40

— Altes u. Neues in der Therapie. Akademische Antrittsrede, geh. in der Aula der Universität Tübingen am 27. Febr. 1890. gr. 8. (26 S.) Ebd. 890. n. — 80

Vierordt, Herm., Beiträge zur experimentellen Laryngoskopie. Inaugural-Dissertation. gr. 8. (40 S.) Tübingen 876, (Fues'sche Sortimentsb.) *

— anatomische, physiologische u. physikalische Daten u. Tabellen zum Gebrauche f. Mediciner. gr. 8. (VIII, 303 S.) Jena 888. Fischer. n. 9. —; geb. n. 10. —

Vierordt, Herm., anatomische, physiologische u. physikalische Daten u. Tabellen zum Gebrauche f. Mediciner. 2., vollständig umgearb. Aufl. gr. 8. (VI, 400 S.) Jena 893. G. Fischer. n. 11. —; geb. n. 12. —

— anatomische, physiologische u. physikalische Daten u. Tabellen. Zum Gebrauche f. Mediziner. 3., neu bearb. Aufl. (VI, 616 S.) Lex.-8. Jena 906. G. Fischer. n. 16. —; geb. n. 17. 50

— der multilokuläre Echinococcus der Leber, s.: Klinik, Berliner.

— s.: Encyklopädie der praktischen Medizin.

— die einfache chronische Exsudativ-Peritonitis. gr. 8. (V, 141 S.) Tübingen 884. Laupp. n. 3. —

Vierordt, Herm., das Gehen des Menschen in gesunden u. kranken Zuständen, nach selbstregistrirten Methoden dargestellt. Mit 11 lith. Taf. u. 6 in den Text gedr. Holzschn. gr. 8. (VII, 206 S.) Tübingen 881. Laupp. n. 10. —

—— Albrecht v. Haller. gr. 8. (25 S.) Tübingen 883, Fues. *

Aus: Correspondenzblatt für die Gelehrten- und Realschulen Württembergs, besonders abgedruckt.

— die angeborenen Herzkrankheiten, s.a. Pathologie u. Therapie, specielle.

Die angeborenen Herzkrankheiten. Von Prof. Dr. Hermann Vierordt in Tübingen. M. 25 Abb. *Wien: A. Hölder 1898.* (VI, 225 S.) 1 Bd 8. = Pathologie, Specielle, u. Therapie. Bd 15. Th. 1, Abth. II. [98 969]

— Medizinisches aus d. Geschichte. 2., verm. Aufl. gr. 8. (IV, 114 S.) Tübingen 896. H. Laupp. n. 2. —

— Medizinisches aus der Geschichte. 3. verm. Aufl. (Neue Ausg.) Mit Namen- u. Sachregister. (III, 216 S.) gr. 8. Tübingen 910. H. Laupp. 4.80; geb. 6. —

— Medizinisches aus der Weltgeschichte. Buntes Allerlei. gr. 8. (VI, 80 S.) Tübingen 893. H. Laupp. n. 1. 60

— die Messung der Intensität der Herztöne. gr. 8. (X, 133 S.) Tübingen 884. Laupp. n. 3. —

—— die Messung der Intensität der Herztöne. gr. 8. (X, 133 S.) Tübingen 885, Laupp'sche Buchh. *

Vierordt, Karl, zum Andenken an König Wilhelm von Württemberg. Eine Rede gehalten am 21. Juli 1864 in der Aula der Universität Tübingen. Tübingen 864. Laupp. gr. 8. (23 S.) n. 5 *ngr.*

Vierordt, Karl, die Anwendung des Spectralapparates zur Messung und Vergleichung der Stärke des farbigen Lichtes. gr. 8. (V, 100 S. mit 3 lithogr. Taf. in 8. und Imp.-4.) Tübingen 871, Laupp'sche Buchh. *

—— die Anwendung des Spectralapparates zur Photometrie der Absorptionsspectren und zur quantitativen chemischen Analyse. Imp.-4. (VI, 169 S. mit 6 lithogr. Taf.) Ebendas. 873. *

Vierordt, K. v. Briefe, s. Fechner, Gust. Thdr.

Vierordt, Karl v., die Einheit der Wissenschaften. Eine Rede gehalten in der Aula der Universität Tübingen am 6. März 1865. Tübingen 865. Laupp'sche Buchh. gr. 8. (35 S.) 7½ ngr.

Vierordt K.: Die Erscheinungen u. Gesetze d. Stromgeschwindigkeiten d. Blutes, nach Versuchen. Frankf. a. M. 1858. 208 S. 2 Tvl.

Vierordt, Carl, die Erscheinungen und Gesetze der Stromgeschwindigkeiten des Blutes nach Versuchen. 1. Aufl. Frankfurt a. M. 1858. 1 Thlr. 15 Ngr. und 2., unveränd. Ausg. mit einem Nachtrag des Verf. Lex.-8. (VIII und 212 S. mit eingedr. Holzschn. und 2 Stnt. in qu. gr. 4. und qu. gr. Fol.) Berlin (861)62. [Hamm, Grote'sche Buchh.] *

—— Grundriss der Physiologie des Menschen. 3 Lfgn. Lex.-8. (X und 561 S. mit 192 Fig. in eingedr. Holzschn.) Tübingen 860. 61, Laupp'sche Buchh. [1. Lfg. * 1 Thlr., 2. Lfg. * 28 Ngr., 3. Lfg. * 12 Ngr.] *

—— Grundriss der Physiologie des Menschen. 2. Aufl. 1862. * 2 Thlr. 20 Ngr. und 3., verb. Aufl. Lex.-8. (VIII und 640 S. mit 216 Fig. in eingedr. Holzschn.) Tübingen 864, Laupp'sche Buchh. *

—— Grundriss der Physiologie des Menschen. 4. vollständig umgearb. Aufl. Lex.-8. (X, 666 S. mit 220 Fig. in eingedr. Holzschn.) Ebendas. 871. *

Vierordt, Karl, Grundriss der Physiologie des Menschen. 5. vollständig umgearb. Aufl. Mit zahlreichen (eingedr.) Holzschn. 2 Hälften. gr. 8. Tübingen 877, Laupp'sche Buchh. [1. Hälfte. (S. 1—384.) * M. 7.; 2. Hälfte. (XII, S. 385—743.) * M. 6.] *

Vierordt, Carl, die Lehre vom Arterienpuls in gesunden und kranken Zuständen, gegründet auf eine neue Methode der bildl. Darstellung des menschl. Pulses. gr. 8. (VIII und 272 S. mit 6 Stnt. Abbildungen in qu. gr. Fol. und in den Text eingedr. Holzschn.) Braunschweig 855, Vieweg und Sohn. *

Vierordt, Carl, Mittheilung zweier neuen Methoden der quantitativen mikroskopischen u. chemischen Analyse der Blutkörperchen u. Blutflüssigkeit. [Aus d. Archiv f. physiolog. Heilkunde, XI. Bd. 1. Hft. abgedr.] gr. 8. (VIII u. 51 S.) Stuttgart 851, Ebner & Seubert. n. ⅓ ₰

Vierordt, Karl, Physiologie des Athmens, mit besond. Rücksicht auf die Ausscheidung der Kohlensäure. Nach eigenen Beobachtungen und Versuchen. Mit 1 Steindrucktaf. gr. 8. Karlsruhe 845, Groos. 1⅔ ₰

—— 4. vollst. umgearb. Aufl. Mit 220 Fig. in Holzschn. Tübingen 1871. X, 665 S.

Vierordt, K. v., Physiologie des Kindesalters, s.a. Handbuch der Kinderkrankheiten.

— Physiologie des Kindesalters. [Aus: „Handbuch der Kinderkrankheiten, hrsg. von Gerhardt".] gr. 8. (178 S.) Ebend. 877. n. 4. —

Vierordt, K. v.: Physiologie des Kindesalters. Tübingen 1881. S. 208–406. (Handbuch f. Kinderkrankheiten. 1, 1.)

Vierordt, Karl v., die Schall- u. Tonstärke u. das Schalleitungsvermögen der Körper. Physikalische u. physiolog. Untersuchgn. Nach dem Tode d. Verf. hrsg. u. m. e. Biographie desselben versehen v. Herm. Vierordt. Mit dem (Lichtdr.-)Bildnis d. Verf. gr. 8. (XXII, 274 S.) Tübingen 884. Laupp. n. 8. —

Vierordt, Karl v., die Schall- und Tonstärke und das Schallleitungsvermögen der Körper. Physikalische und physiolog. Untersuchungen. Nach dem Tode des Verf. hrsg. und mit einer Biographie desselben versehen von Herm. Vierordt. gr. 8. (XXII, 274 S. mit dem Lichtdr.-Bildnis des Verf.) Tübingen 885, Laupp'sche Buchh. *

—— die quantitative Spectralanalyse in ihrer Anwendung auf Physiologie, Physik, Chemie und Technologie. Imp.-4. (IV, 126 S. mit 4 lithogr. Taf. in Imp.-4. und qu. gr. Fol.) Ebendas. 876. *

—— über Stehen und Gehen. Ein populär-wissenschaftl. Vortrag gehalten zu Stuttgart im Saale des Königsbaues am 2. Decbr. 1865. gr. 8. (32 S.) Tübingen 865, Laupp'sche Buchh.

—— der Zeitsinn nach Versuchen. gr. 8. (IV, 191 S.) Ebendas. 868.

Vierordt, Karl Friedr., badische Geschichte bis zum Ende des Mittelalters. gr. 8. (XIII und 510 S.) Tübingen 865, Laupp'sche Buchh. *

Vierordt, Karl Friedr., Geschichte der evangelischen Kirche in dem Großherzogthum Baden. Nach großentheils handschriftlichen Quellen bearb. 2. Bd. Vom Jahr 1571 bis zu der jetzigen Zeit. Karlsruhe 856. Braun. gr. 8. (XII, 597 S.) n. 2 ₰

1. Bd. Ebend. 847. n. 2 ₰.

Karl Friedrich Vierordt. Geschichte der im Jahr 1724 von Durlach nach Karlsruhe verpflanzten Mittelschule. Erste Abteilung: Die Zeit von 1586 bis 1724 S. 1–122. Karlsruhe, P 1858

Derselbe. Geschichte der im Jahr 1724 von Durlach nach Karlsruhe verpflanzten Mittelschule. Zweite Abteilung: Die Zeit von 1724 bis 1859. S. 123—328, mit einem Plan von Karlsruhe vom Jahr 1724 Karlsruhe, P 1859

—— Geschichte der Reformation im Großherzogth. Baden. Nach großentheils handschriftl. Quellen bearb. gr. 8. (33⅞ B.) Carlsruhe 816, (47,) Braun'sche Hofbuchh. *

K. F. Vierordt. Die sieben ersten Jahre aus der Reformationsgeschichte unseres badischen Vaterlandes. Karlsruhe, P 1839

Vierordt, Karl Fr., Carl Friedrich, Großherzog von Baden. Am 21. Novbr. 1844 im Museum zu Carlsruhe gehaltener Vortrag. 4. Carlsruhe 844, Braun. n. ⅙ ₰

Vierordt, Carl Friedr., Carl Friedrich, Großherzog v. Baden. Am 21. Novbr. 1844 im Museum zu Carlsruhe gehalt. Vortrag. 4. (2 B.) Carlsruhe 845, Braun'sche Hofbuchh. *

K. F. Vierordt. Lebensskizze des Dr. Karl Christian Gmelin. Progr. S. 2–16. Karlsruhe, P 1837

Vierordt, Carol. Frid., de junctarum in precando manuum origine indo-germanica et usu inter plurimos Christianos adscito. 8maj. (43 S. und 1 Stnt.) Carolsruhae 851, Braun.

K. F. Vierordt. De Joanne Ungero Pforzhemiensi, Philippi Melanchthonis praeceptore. 56 S. Karlsruhe, P 1844

K. Fr. Vierordt. „Worte, gesprochen in dem Schlussakt der diesjährigen Prüfung, den 7. September, vor den versammelten Lehrern und Zöglingen des Lyceums, ebensowohl zur dankbaren Erinnerung daran, dass Seine Königliche Hoheit unser allverehrter Regent geruhten, der Prüfung der obersten Klasse am 2. September anzuwohnen, als daran, dass auch Höchstdesselben erlauchte Vorfahren unserer Anstalt stets ihre Obsorge und Pflege hatten angedeihen lassen." 10 S. Karlsruhe, P 1852

Vierordt, Oswald

Vierordt, Osw., die Askaridenerkrankung der Leber u. der Bauchspeicheldrüse, s.a. Sammlung klinischer Vorträge.

Die Askaridenerkrankung der Leber und der Bauchspeicheldrüse von O[swald] Vierordt, Heidelberg. (Mit 3 Textfig.) *Leipzig: Breitkopf & Härtel 1904.* (38 S.) 4°(8°)
= Sammlung klinischer Vorträge. N. F. No 375. [04. 8597

Vierordt, O., Diagnostik der inneren Krankheiten auf Grund der heutigen Untersuchungs-Methoden. Ein Lehrbuch f. Aerzte u. Studirende. Mit 156 Abbildgn. im Text. gr. 8. (XVI, 542 S.) Leipzig 888. F. C. W. Vogel. n. 10. —

— dasselbe. 2., verb. Aufl. gr. 8. (XVI, 581 S. m. 164 Abbildgn.) Ebd. 889. n. 10. —

Vierordt, Oswald, Diagnostik der inneren Krankheiten auf Grund der heutigen Untersuchungs-Methoden. Ein Lehrbuch f. Aerzte u. Studirende. 3., verm. Aufl. gr. 8. (XVI, 622 S. m. 170 Abbildgn.) Leipzig 892. F. C. W. Vogel n. 10. —; geb. n.n. 11. 40

— dasselbe. 4., verb. u. verm. Aufl. gr. 8. (XVI, 618 S. m. 180 Abbildgn.) Ebd. 894. n. 10. —; geb. n.n. 12. —

Vierordt, Osw., Diagnostik d. inneren Krankheiten auf Grund d. heut. Untersuchungsmethoden. E. Lehrbuch f. Aerzte u. Studirende. 5., verb. u. verm. Aufl. gr. 8. (XVI, 689 S. m. 194 Abb.) Leipzig 897. F. C. W. Vogel. n. 14. —; geb. n.n. 16. —

Vierordt, Osw., Diagnostik der inneren Krankheiten auf Grund der heutigen Untersuchungsmethoden. Ein Lehrbuch f. Aerzte u. Studirende. 6. verb. u. verm. Aufl. gr. 8. (XVI, 711 S. m. 197 Abb.) Leipzig 901. F. C. W. Vogel. n. 14. —; geb. n.n. 15. 80

— Diagnostik der inneren Krankheiten auf Grund der heutigen Untersuchungsmethoden. Ein Lehrbuch für Aerzte u. Studierende. 7., verb. u. verm. Aufl. (XXI, 754 S. m. 198 Abbildgn.) gr. 8. Leipzig 905. F. C. W. Vogel. n. 14. —; geb n.n. 16. —

Vierordt, Osw., über Combination von Struma und Laryngitis hypoglottica, s. Beiträge zur pathologischen Anatomie und klinischen Medicin.

Vierordt, Osw., Rhachitis u. Osteomalacie, s.a. Pathologie u. Therapie, specielle.

Rhachitis und Osteomalacie. Von Prof. Dr. O[swald] Vierordt in Heidelberg. M. 12 Abb. *Wien: A. Hölder 1896.* (3 Bl., 147 S.) 8.
= Pathologie, Specielle, u. Therapie. Bd VII. Th. 1. [96. 96

— die Säuglingsabteilung, Säuglingsambulanz u. Milchküche der Luisenheilanstalt (Kinderklinik) zu Heidelberg. Eine Denkschrift zur Frage der Forschg., des Unterrichts u. der Fürsorge im Gebiet des Säuglingsalters. (VII, 48 S. u. 5 Taf.) gr. 8. Stuttgart 904. E. H. Moritz. n. 1. 80; geb. n. 2. 50

Vierow, C. S., Lehrbuch der Navigation und ihrer mathematischen Hülfswissenschaften, s. Albrecht, M. F.

Vierow, Karl v.

Vierow, Geschichte d. Infanterie-Regts. Nr. 64, s.: Genz

Vierow, Stammliste der Offiziere, Sanitätsoffiziere u. Beamten des Infanterie-Regiments General-Feldmarschall Prinz Friedrich Karl v. Preußen (8. Brandenburgischen) Nr. 64, sowie derjenigen Reserve- u. Landwehroffiziere &c., welche bei ihm an e. Feldzuge Theil genommen haben. gr. 8. (V, 332 S.) Oldenburg 901. G. Stalling's Verlag. n.n. 6. 25

Vierpfennigstück, das, von Ludwig Harms, s.: Missionsschriften f. Kinder.

Vierraden [Schlagwort]

Vierraden, s.: Deutschland. Kürschner-Peip.

Viersbeck, Doris, Erlebnisse e. Hamburger Dienstmädchens, s.a. Lebensschicksale. 4. Bd.

Viersbeck, Doris: Erlebnisse eines Hamburger Dienstmädchens. — München: Reinhardt 1910. 103 S. 8° (Lebensschicksale. Bd 4.)

Vierschilling, Aloys: Die Eisen- und Manganerzlagerstätten im Hunsrück und im Soonwald. Berlin: Krahmann 1910. 43 S., 1 Taf., 1 Kt. 4° ¶ Aus: Zeitschrift f. prakt. Geologie. Jg. 18.
Aachen, Dr.-Ing.-Diss. v. 24. 11. 1910

Vierțen, G. W., weite Herzen. Roman. 8. (372 S.) Dresden 908. E. Pierson. n. 4. —; geb. n. 5. —

Viertel, A., De versibus poetarum Romanorum spondiacis Diss. 1863. 13 S.

Viertel, A[nton], (Dir. Prof. Dr.): Busbecks Erlebnisse in der Türkei in den Jahren 1553—1562. Nach seinen Briefen dargest. *Göttingen 1902: L. Hofer.* (41 S.) 8°
Göttingen, k. G., OP 1902 (336)

Viertel, A., Busbeeks Erlebnisse in der Türkei in den J. 1553—1562. Nach seinen Briefen dargestellt. Progr. gr. 8. (41 S.) Göttingen 902. (Vandenhoeck & Ruprecht.) n. 1. 20

Viertel, A[nton]: [Professor a. D. Dr. Carl Hentze † 20. Mai 1908.] S. 11—12. 4 Progr. Kgl. Gymn. *Göttingen* 1909 (408).

Viertel, A[nton], (Dir. Prof. Dr.): **Petrarca** de viris illustribus. Ein Beitrag zur Geschichte d. humanist. Studien. *Göttingen 1900: Dietrich.* (36 S.) 8°
Göttingen, k. G., OP 1900 (325)

Viertel, A[nton], (Dir. Prof. Dr.): **Tiberius** und Germanicus. Eine hist. Studie. *Göttingen 1901: Dieterich.* (60 S.) 8°
Göttingen, k. G., OP 1901 (329)

Viertel, Ant., die Wiederauffindung von Cicero's Briefen durch Petrarca. Eine philologisch-krit. Untersuchung. gr. 4. (44 S.) Königsberg 879, Hartung'sche Verlagsdruckerei. *

Viertel, F., s: Neisser, A., stereoscop. medicin. Atlas, Lfg. 7 u. 13.

— physikal. Untersuchungsmethoden d. Blase, s.: Handbuch d. Gynäkologie, Bd. 2.

Viertel, Friedrich *(geb. Sausenberg in Oberschles. 30. 12. 1849)*: Ueber das Vorkommen von Echinococcen im Knochensystem des Menschen. Breslau (1872). (29 S.) 8°
Breslau, Med. Diss. v. 2. Aug. 1872

Viertel, Julius: Burgschaft und Verpfändung auf Zeit. Breslau 1910: Breslauer Genoss.-Buchdr. 33 S. 8°
Breslau, Jur. Diss. v. 30. Dez. 1910, Ref. Schott, Leonhard
[Geb. 10. März 85 Breslau, Wohnort: Rixdorf; Staatsangeh.: Preußen; Vorbildung: König-Wilhelms-Gymn. Breslau Reife O. 03; Studium: Freiburg i. Br. 1, Breslau 6 S.; Rig. 16. Dez. 10.] [U 11. 638

Die g. u. v. St. Johannis-Loge „Zur Akazie“ im Or. Meissen. [1847 bis 1897. Von Karl Emil **Viertel** und Kamillo **Schaufuss.**] Ms. f. Akazienbrr. [Meissen 1897: Klinkicht.] 109 S. 1 Taf. 8⁰

Gesch. der Loge nebst statistischen Nachrichten, darunter Verzeichn. der Ehrenbeamten, Beamten u. Mitgl. der Loge von 1847—1897.

Vierteljahresbericht

Vierteljahrsbericht des Statistischen Amtes der Stadt Elberfeld für Januar bis März 1905. Elberfeld. 1905. 32 S.

[**Vierteljahrsbericht** der Loge „Friedrich Wilhelm zur Eintracht“ in Bremen. Seit 1910.]

Vierteljahrsbericht der Handelskammer zu Thorn f. 1907 ff. Thorn 1907 ff. [illegible]

Vierteljahrsbericht der Handelskammer zu Thorn.
(1909 f. fortges. u. d. Tit.:)
Bericht der Handelskammer zu Thorn ... 1909 f. Thorn o. J.
Mai—Okt. 1909, Nov. 1909—April 1910.

Vierteljahresbericht, kritischer, über die berg- und hüttenmännische und verwandte Literatur. Unter Mitwirkung von Fachmännern hrsg. 1.—3. Jahrg. 1882—1884. à Jahrg. 4 Nrn. (Bog. mit Beilagen.) gr. 4. Freiberg, Craz und Gerlach. à Jahrg.

Vierteljahresbericht, kritischer, über die berg- und hüttenmännische und verwandte Literatur. Unter Mitwirkung von Fachmännern hrsg. 4.—8. Jahrg. 1885—1888. à Jahrg. 4 Nrn. (Bog. mit Beilagen.) gr. 4. Freiberg, Craz und Gerlach. à Jahrg. *

Vierteljahresbericht, kritischer, üb. d. berg- u. hüttenmännische u. verwandte Literatur. 8. u. 9. Jahrg. Juni 1889—Juni 1891; 10. Jahrg. Octbr. 1891—Octbr. 1892; 11. Jahrg. Novbr. 1892—Novbr. 1893. à Jahrg. 4 Nrn. (Bog. m. Beilagen.) gr. 4. Freiberg i. S., Craz u. Gerlach. à Jahrg. * 2 —

Vierteljahresbericht, kritischer, üb. die berg- u. hüttenmännische u. verwandte Literatur. Unter Mitwirkg. v. Fachmännern hrsg. 10.—13. Jahrg. 1891/92, 1892/93, 1893/94, 1894/95. à 4 Nrn. (Bog.) gr. 4. Freiberg, Craz & Gerlach. à Jahrg. n. 2. —

Vierteljahresbericht, kritischer, über die berg- u. hüttenmännische u. verwandte Literatur. Unt. Mitwirkg. v. Fachmännern hrsg. 14.—16. Jahrg. 1896—1898. à 4 Nrn. (Bog.) gr. 4. Freiberg, Craz & Gerlach. à Jahrg. n. 2. —

Vierteljahresbericht, kritischer, über die berg- u. hüttenmännische u. verwandte Literatur. Unter Mitwirkg. v. Fachmännern hrsg. 17.—20. Jahrg. 1899—1902. à 4 Nrn. gr. 4. (à ca. 8 S.) Freiberg, Craz & Gerlach. à Jahrg. n. 2. —
Vergriffen.

Vierteljahrsbericht, kritischer, üb. die berg- u. hüttenmännische u. verwandte Literatur. Unter Mitwirkg. von Fachmännern hrsg. 21.—24. Jahrg. 1903—1906. à 4 Nrn. (à Jhrg. 48 S.) gr. 4. Freiberg, Craz & Gerlach. à Jhrg. n. 2. —

Vierteljahrsbericht, kritischer, über die berg- u. hüttenmännische u. verwandte Literatur. Unter Mitwirkung von Fachmännern hrsg. 25.—28. Jahrg. 1907—1910. à 4 Nrn. (32 u. 36; 32 u. 34; 32 u. 34 u. 34 u. 36 S.) Lex. 8. Freiberg, Craz & Gerlach. à Jahrg. 2. —

—— kurzer, über die Fortschritte der Zuckerfabrikation von M. Märcker und Alb. Jena. 1878. 4 Hefte. 8. (à Heft ca. 30 S.) Berlin, Oppenheim. *
Aus: Zeitschrift für das chemische Grossgewerbe, besonders abgedruckt.
Nicht weiter erschienen.

— aus dem Gebiete der schönen Literatur u. verwandten Gebieten. Hrsg. v. J. Jordan. 1.—4. Jahrg. 1907—1910. à 4 Hefte. (132, 186, 186 u. 186 S.) gr. 8. Gütersloh, C. Bertelsmann. à Jahrg. 1. —

Vierteljahres-Bericht der Mission der Mennoniten, unter den Arapahoen, und Cheyennen in Indianer-Territorien, Nordamerika: no. 1, 1882
Newton, KS

Vierteljahres-Bericht über erschienene Neuigkeiten der kroatisch-serbischen Literatur. 1. Jahrg. 1877. 4 Nrn. (à 1½ Bog.) gr. 8. Agram, Suppan's Universitäts-Buchh. *
Nicht weiter erschienen.

Vierteljahrsbericht des Internationalen Verbandes der Grubenarbeiter. Hrsg. von Th. Ashton. Bericht 1906 I, 1906 IV, 1907 II. Manchester, 1906—1907.

Vierteljahresbericht (Zweiter) des fungirenden Generalrathes an alle Sectionen der nordamerikan. Föderation. 8⁰. New York 1874.

Vierteljahresberichte

— des statistischen Amts der Stadt Schöneberg. Im Auftrage des Magistrats hrsg. v. R. Kuczynski. 1.—3. Jahrg. 1908—1910. à 4 Hefte. (I. u. II. Jahrg. III, 64, III, 46; III, 68 u. III, 62 S. m. je 1 farb. Plan u. III, 48; III, 59; III, 48 u. III, 60 S. m. je 1 farb. Plan.) Lex. 8. Berlin, Puttkammer & Mühlbrecht. à Jahrg. 4. —

Vierteljahrsberichte üb. d. Gesamtleistgn. auf d. Gebiete d. Krankheiten d. Harn- u. Sexual-Apparates, hrsg. v. L. Casper u. H. Lohnstein. 1. Bd. 4 Hfte. (à ca. 8 Bog.) gr. 8. Berlin 896. O. Coblentz. n. 8. — ; f. d. Abonnenten d. Allg. medic. Centralzeitg. n. 5. — ; einz. Hfte. n. 3. —

— dasselbe, Fortsetzg., s.: Monatsberichte.

— des wissenschaftlich-humanitären Komitees Berlin, NW. 40, In den Zelten 16. Fortsetzung der Monatsberichte u. des Jahrbuchs für sexuelle Zwischenstufen mit besond. Berücksicht. der Homosexualität. Hrsg.: Magnus Hirschfeld. 1. u. 2. Jahrg. Oktbr. 1909—Septbr. 1911. à 4 Hefte. (456 u. 460 S.) 8. Leipzig, M. Spohr. à Jahrg. 6.—; geb. n 7. 50

— d. Wiener Vereines zur Förderg. d. physikalischen u. chem. Unterrichtes. Red.: v. Ed. Maiss. I. u. II. Jahrg. Octbr. 1895—Decbr. 1897. à 4 Hfte. gr. 8. (IV, 132 S. m. Abb. u. 1 Taf. u. III, 106 S. m. Abb.) Wien (F. Deuticke.) à Jahrg. n. 2. —

— dasselbe. 3. Jahrg. 1898. 4 Hfte. (à ca. 24 S.) gr. 8. Ebd. n. 2. —

Vierteljahrsberichte des Wiener Vereines zur Förderung des physikalischen u. chemischen Unterrichtes. Red. v. Ed. Maiss u. seit 1901 v. Karl Haas. 4.—7. Jahrg. 1899—1902. à 4 Hfte. gr. 8. (à ca. 36 S. m. Abb.) Wien (F. Deuticke). à Jahrg. n. 2. —

Vierteljahrsberichte des Wiener Vereines zur Förderung des physikalischen u. chemischen Unterrichtes. (Zugleich Organ der chemisch-physikal. Gesellschaft.) Red. v. Karl Haas. 8.—11. Jahrg. 1903—1906. à 4 Hfte. (234, 174, 249 u. 251 S. m. Abbildgn.) Lex.-8. Wien (F. Deuticke). à Jhrg. n. 2. —

Vierteljahrsberichte des Wiener Vereines zur Förderung des physikalischen u. chemischen Unterrichtes. (Zugleich Organ d. chemisch-physikal. Gesellschaft.) Red. von v. Karl Haas u. seit 1910 von Thdr. Konrath. 12.—15. Jahrg. 1907—1910. à 4 Hefte. (278, 184, 183 u. 111 S. m. Abbildgn.) Lex. 8. Wien, F. Deuticke. à Jahrg. 2. —

Vierteljahrsberichte über die gesammten Wissenschaften und Künste, über Handel, Landwirthschaft, Industrie und Erfindungen. Unter Mitwirkung von hervorragenden Gelehrten und Fachmännern hrsg. von Rich. Fleischer. 1.—3. Bd. à Bd. 6 Hefte. gr. 8. (à Heft ca. 80 S.) Berlin 882, Hempel. à Bd. ·

Nicht weiter erschienen.

Vierteljahresblatt

Vierteljahrsblatt f. die Mitglieder der Kirchenvorstände im Herzogt. Braunschweig. Hrsg. v. Joach. Hinkel. 1.—4. Jahrg. Septbr. 1907 - Aug. 1911. à 4 Nrn. (à Jahrg. 64 S.) 8. Braunschweig, H. Wollermann. à Jahrg. — 60

Vierteljahrescatalog, s. Vierteljahreskatalog

Vierteljahresheft

Christlich-Wissenschaftliches Vierteljahresheft : 1890 -

Quarterly. Published in English, Danish and German editions, by The Christian Science Publishing Society.

Boston, MA

Vierteljahreshefte

Evangelische Vierteljahreshefte : 1879 - 1945

Quarterly. Organ of Evangelische Gemeinschaft. Circulation 12,000

Cleveland, OH

Vierteljahrshefte für württembergische Geschichte und Landeskunde, in Verbindung mit dem Verein für Kunst und Alterthum in Ulm und Oberschwaben, sowie dem württemberg. Alterthumsverein in Stuttgart hrsg. von dem k. statistisch-topograph. Bureau. 1. Jahrg. 1878. 4 Hefte. Lex.-8. (à Heft ca. 64 S. mit eingedr. Holzschn.) Stuttgart, [Lindemann's Buchh.] Kohlhammer. *

Die Fortsetzung erschien u. d. T.: Vierteljahrsschrift, württembergische, für Landeskunde.

Vierteljahrshefte für württembergische Geschichte u. Landeskunde, in Verbindung mit dem Verein für Kunst u. Alterthum in Ulm u. Oberschwaben, sowie dem württembergischen Alterthumsverein in Stuttgart hrsg. von dem königl. statistisch-topographischen Bureau. 1—5. Jahrg. 1878—1882. à 4 Hfte. Lex.-8. (à Hft. ca. 64 S. m. eingedr. Holzschn.) Stuttgart, Lindemann. à Jahrg. n. 4. —

Vierteljahrshefte, Jenaer, f. nationale u. freiheitliche Kultur. Hrsg.: W. L. Vershofen. 1. u. 2. Jahrg. März 1909—Febr. 1911. à 4 Nrn. (à ca. 16 S.) gr. 8. Jena, B. Vopelius. à Jahrg. 1. 50

Vierteljahreshefte, Cölnische Statistische. Hrsg. vom Städt. Statist. Amte. Jg 1904 ff. Cöln 1904—1909. 4°.

Jg 1904, Jan.—Juni 1905. Jg 1905 April—Dez. 1905. Jg 1906, H. 1—4, 1906/07. Jg 1907, H. 1—4, 1907/08; Jg 1908, H. 1—4, 1908/09. Jg 1909, H. 1. 1909.

(Hefte Juli 1904 — März 1905 sind nicht i. Druck gekommen.)

—— des Deutschen Reichs-Anzeigers und Königl. Preußischen Staats-Anzeigers. 5. Jahrg. 1872. 4 Hefte. gr. 4. (à Heft 70—92 S. mit eingedr. Holzschn.) Ebendas. à Heft *

Vierteljahrs-Hefte des Kgl. Preuß. Staats-Anzeigers. 1.—4. Jahrg. 1868—1871. à Jahrg. 4 Hefte. gr. 4. (à Heft 60—70 S.) Berlin, v. Decker'sche Geh. Ober-Hofbuchdr. 1868 à Heft * 1869—1871 à Heft *

Vierteljahrs-Hefte d. königl. preußischen Staats-Anzeigers. 4. u. 5. Jahrg. 1871 u. 1872 à 4 Hfte. gr. 4. (à Hft. ca. 68 S. m. eingedr. Holzschn.) Berlin, v. Decker. à Hft. n. — 75

—— zur Statistik des deutschen Reichs für die J. 1873 und 1874. Hrsg. vom Kaiserl. statist. Amt. [2. und 8. Bd. der Statistik des deutschen Reichs.] à Jahrg. 4 Hefte. gr. 4. (à Heft 96—170 S.) Berlin, Verlag des kgl. statist. Bureau. à Jahrg. *

—— zur Statistik des deutschen Reichs für die J. 1875 und 1876. Hrsg. vom kaiserl. statist. Amt. 3. und 4. Jahrg. à 4 Hefte. Imp.-4. (à Heft ca. 150—170 S.) Berlin, Puttkammer und Mühlbrecht. à Jahrg. *

Die Fortsetzung erschien u. d. T.: Monatshefte zur Statistik des deutschen Reichs.

— zur Statistik d. Deutschen Reichs. Hrsg. vom kaiserl. statist. Amt. 1.—3. Jahrg. 1892—1894. à 4 Hfte. (à ca. 100 S.) Imp.-4. Berlin, Puttkammer & Mühlbrecht. à Jahrg. n. 8. —

Erscheint in Gemeinschaft m. den „Monatlichen Nachweisen üb. den auswärtigen Handel d. deutschen Zollgebiets" als Fortsetzung der „Monatshefte zur Statistik d. Deutschen Reichs".

— zur Statistik d. Deutschen Reichs. Hrsg. v. kaiserl. statist. Amt. Jahrg. 1895—1898. à 4 Hfte. (à ca. 150 S.) Imp.-4. Berlin, Puttkammer & Mühlbrecht. à Jahrg. n. 8. —

— dasselbe. 5. Jahrg. 1896. Ergänzungsheft, enth. Hauptergebnisse d. Berufszählg. v. 14. Juni 1895 im Deutschen Reich. Vorläuf. Mittheilg. Imp.-4. (II, 125 S.) Ebd. 896. Einzelpr. n. 1. —; f. d. Abonnenten unberechnet.

— dasselbe. Jahrg. 1896. Ergänzung z. 4. Hft. Die beschäftigungslosen Arbeitnehmer im Deutschen Reich am 14. Juni u. 2. Dezbr. 1895. Imp.-4. (IV, 26 u. 89 S.) Ebd. 896. Einzelpr. n. 1. —; f. d. Abonnenten unberechnet.

— dasselbe. Jahrg. 1897. Ergänzung z. 2. Hft. Die Bevölkerg. nach Beruf, Alter, Familienstand u. Religionsbekenntniß auf Grund d. Berufszählg., sow. Hauptergebnisse d. landwirthschaftl. Betriebszählg. v. 14. VI. 1895. Imp.-4. (II, 76 S.) Ebd. 897. Einzelpr. n. 1. —; f. d. Abonnenten unberechnet.

— dasselbe. Jahrg. 1898. Ergänzung z. 1., 3. u. 4. Hft. Imp.-4. Ebd. 898. n. 4. —; f. d. Abonnenten unberechnet.

1. Hauptregeln d. gewerbl. Betriebszählg. v. 14. VI. 1895. (II, 49 u. 124 S.) n. 2. —
3. Statistik der Reichstagswahlen v. 1898. M. e. kartograph. Darstellg. (78 S.) n. 1. —
4. Die deutsche Handels-Statistik nach ihren gegenwärt. Einrichtgn. u. Leistgn. — Garn-Einfuhr u. -Ausfuhr in den J. 1889 bis 1897. (VIII, 45 S.) n. 1. —

— zur Statistik des Deutschen Reichs. Hrsg. vom kaiserl. statist. Amt. 8.—11. Jahrg. 1899—1902. à 4 Hfte. Imp.-4. Berlin, Puttkammer & Mühlbrecht. à Jahrg. n. 8.—
8. (IV, II, 102; II, 200; II, 166 u. II. 262 u. 16 S. m. 2 Karten, 4 graph. Darstellgn. u. 2 Taf.) — 9. (IV, II, 256; II, 208; II, 158 u. II, 262 S. m. 1 Karte, 3 graph. Darstellgn. u. 1 Taf.) — 10. (IV, II, 304; II, 252; II, 156 u. VI, 313 S. m. 2 Karten, 2 graph. Darstellgn. u. 3 Taf.) — 11. (IV, II, 392; II, 284; II, 206 u. II, 255 S. m. 13 Taf. graph. Darstellgn. u. 6 Taf.)

— dasselbe. Ergänzung 1899. 1. Hft. Imp.-4. Ebd. n. 1.—; f. Abnehmer der Vierteljahrshefte unberechnet.
Statistik der Reichstagswahlen v. 1898. 2. Thl. Mit 2 kartograph. Darstellgn. betr. die Reichstagswahlen 1871 bis 1898. (101 S.)

Vierteljahrshefte zur Statistik des Deutschen Reichs. Hrsg. vom kaiserl. statist. Amt. 12.—15. Jahrg. 1903—1906. à 4 Hefte. (1903. 1. Heft. II, 306 S. m. 3 Taf. graph. Darstellgn.) Imp.-4. Berlin, Puttkammer & Mühlbrecht. à Jhrg. n. 8. –

— dasselbe. Ergänzungshefte zu 1903. I. II. IV; 1904. I. IV; 1905. I. II. IV u. 1906. II. Heft. Imp.-4. Ebd. Einzelpr. n. 12. —; f. Abnehmer der Vierteljahrshefte unberechnet
1903. I. Ergebnisse, die, der Viehzählung vom 1. XII. 1900 im Deutschen Reich. Bearb. im kaiserl. statist. Amt. (121 S. m. 4 farb. Taf.) 903. n. 1.60
II. Forsten u. Holzungen, die, im Deutschen Reich nach der Erhebung des J. 1900. Bearb. im kaiserl. statist. Amt. (148 S. m. 8 farb. Karten.) 903. n. 1.50
IV. Statistik, allgemeine, d. Reichstagswahlen v. 1903. Nebst e. kartograph. Darstellg. (93 S.) 904. n. 1.—
1904. I. Statistik, allgemeine, der Reichstagswahlen v. 1903. 2. Tl. Nebst e. kartograph. Darstellg. (116 S.) 904. n. 1.—
IV. Flagge, die deutsche, in den außerdeutschen Häfen. 1. Tl. Europäische Häfen. (43 S.) n. 1.—
1905. I. Deutschen, die, im Auslande u. die Ausländer im Deutschen Reich. (IV, 50 u. 188 S.) n. 2.—
II. Flagge, die deutsche, in den außerdeutschen Häfen. 2. Tl. Außereuropäische Häfen. (53 S.) n. 1.—
IV. Viehhaltung, die, im Deutschen Reich nach der Zählung vom 1. XII. 1904. Mit 6 Taf. (38 S.) n. 1.—
1906. II. Flagge, die deutsche, in den außerdeutschen Häfen. (1904.) (II, 107 S.) 906. n. 2.—

— zur Statistik des Deutschen Reichs. Hrsg. vom kaiserl. statist. Amte. 16.—19. Jahrg. 1907—1910. à 4 Hefte. (18. u. 19. Jahrg. XII, 870 S. m. 10 Taf. u. XII, 839 S. m. 9 Taf.) 33,5×26,5 cm. Berlin, Puttkammer & Mühlbrecht. à Jahrg. 8. —

— dasselbe. Ergänzungsheft zu 1907. 4 Hefte, 1908. II, 1909 I u. II u. 1910, II. 33,5×26,5 cm. Ebd. Einzelpr. 10. —
1907. I. Statistik der Reichstagswahlen v. 1907. 1. Tl. Vergleich. Übersicht d. Reichstagswahlen v. 1903 u. 1907, auf Grund der Berichte der Wahlkommissare bearb. im kaiserlichen statist. Amt. (69 S.) 907. 1. —
II. Flagge, die deutsche, in den außerdeutschen Häfen (1905). Bearb. im kaiserl. statist. Amt. (II, 135 S.) 907. 2. —
III. Statistik der Reichstagswahlen von 1907, bearb. im kaiserl. stat. Amt. 2. Tl. (131 S. m. 1 farb. Taf.) 907. 1.—
IV. Dasselbe. 3. Tl. (123 S. m. 2 farb. Taf. u. 1 Tab.) 907. 1. —
1908. II. Flagge, die deutsche, in den außerdeutschen Häfen (1906). Bearb. im kaiserl. statist. Amt. (II, 105 S.) 908. 2. —
1909. I. Viehhaltung, die, im Deutschen Reiche nach der Zählung vom 2. XII. 1907. Bearb. im kaiserl. statist. Amte. Mit 7 Taf. (II, 58 S.) 909. 1. —
II. Geschäftsergebnisse, die, der deutschen Aktiengesellschaften im J. 1907/08. Bearb. im kaiserl. statist. Amte. (II, 41 S.) 909. 1. —
1910. II. Geschäftsergebnisse, die, der deutschen Aktiengesellschaften im J. 1908/09. Die Aktiengesellschaften, Gesellschaften m. beschr. Haftung u. sonst. in deutschen Handelsregistern eingetragenen jurist. Personen. Bestand am 30. IX. 1909. Bearb. im kaiserl. stat. Amte. (II, 83 S.) 910. 1. —

Vierteljahrshefte für Truppenführung u. Heereskunde. Hrsg. vom Großen Generalstabe. 1.—3. Jahrg. 1904 bis 1906. à 4 Hfte. (704, 718 u. 738 S. m. Textskizzen, Abb. u. Karten.) gr. 8. Berlin, E. S. Mittler & Sohn. à Jhrg. n. 15. —

— für Truppenführung u. Heereskunde. Hrsg. vom Großen Generalstabe. 4.—7. Jahrg. 1907—1910. à 4 Hefte. (1910 1. Heft. 171 S. m. 1 Abbildg., Karte u. 17 Skizzen als Anlagen.) gr. 8. Berlin, E. S. Mittler & Sohn. à Jahrg. 15. —

Vierteljahrshefte f. d. geographischen Unterricht. Hrsg. v. Frz. Heiderich. 1. Jahrgang. Oktbr. 1901—Septbr. 1902. à 4 Hfte. Lex.-8. (310 S. m. 2 Karten.) Wien, E. Hölzel. n. 10. —; ermäss. Pr. n. 5 —

— dasselbe. 2. Jahrg. 1903. (Oktbr. 1902—Septbr. 1903.) 4 Hfte. Lex.-8. (272 S. m. 3 Karten.) Ebd. n. 7. 50

Vierteljahrs-Hefte des Vereins bildender Künstler Dresdens. 1. Jahrg. 4 Hfte. gr. Fol. (22 Taf. in Lichtdr., Radirg., Holzschn., Lithogr. u. Heliograv.) Dresden 895/96. E Arnold. 36. —

— dasselbe. 2. Jahrg. 4 Hfte. (à ca. 5 Taf. in Radirg. u. Lith.) gr. Fol. Ebd. 897. 36. —

Vierteljahrshefte, württembergische, für Landesgeschichte. In Verbindung mit dem Verein für Kunst und Alterthum in Ulm und Oberschwaben, dem württemberg. Alterthumsverein in Stuttgart und dem histor. Verein für das württemberg. Franken hrsg. von dem k. statistisch-topograph. Bureau. 3. Jahrg. 1880. 4 Hefte. Lex.-8. (à Heft 80 S.) Stuttgart, Kohlhammer. *

—— dass. — In Verbindung mit dem Verein für Kunst und Alterthum in Ulm und Oberschwaben, dem württemberg. Alterthumsverein in Stuttgart, dem histor. Verein für das württemberg. Franken und dem Sülchgauer Alterthumsverein hrsg. von dem k. statistisch-topograph. Bureau. 4.—7. Jahrg. 1881—1884. à Jahrg. 4 Hefte. Lex.-8. (à Heft 80 S.) Ebendas. à Jahrg. *

Vierteljahrshefte, württembergische, für Landesgeschichte. In Verbindung mit dem Verein für Kunst und Altertum in Ulm und Oberschwaben, dem württemberg. Altertumsverein in Stuttgart, dem histor. Verein für das württemberg. Franken und dem Sülchgauer Altertumsverein hrsg. von dem k. statist. Landesamt. 8.—11. Jahrg. 1885—1888. à Jahrg. 4 Hefte. Lex.-8. (322 S. mit 2 Taf.; XII, 308; IV, 239, 87; ...... S.) Stuttgart, Kohlhammer. à Jahrg. *
Die Vierteljahrshefte bilden den 2. Thl. von: „Jahrbücher, württembergische, für Statistik" (s. d.).

Vierteljahrshefte, württembergische, für Landesgeschichte. In Verbindg. m. dem Verein f. Kunst u. Altertum in Ulm u. Oberschwaben, dem württemberg. Altertumsverein in Stuttgart, dem histor. Verein f. das württemb. Franken u. dem Sülchgauer Altertumsverein hrsg. von dem k. statist. Landesamt. 11.—13. Jahrg. 1888—1890/91. à Jahrg. 4 Hefte. Lex.-8. (240, 79; 240; 302, 65 S.) Stuttg., Kohlhammer. à Jahrg. * 4 —
Vgl.: Jahrbücher, württembergische, f. Statistik u. Landeskunde.

Vierteljahrshefte, württembergische, f. Landesgeschichte. Neue Folge. In Verbindg. m. dem Verein f. Kunst u. Altertum in Ulm u. Oberschwaben, dem württ. Altertumsverein, dem histor. Verein f. das württ. Franken u. dem Sülchgauer Altertumsverein hrsg. v. der württemberg. Kommission f. Landesgeschichte. I.—III. Jahrg. 1892—1894. à 4 Hfte. (à ca. 112 S.) gr. 8. Stuttgart, (W. Kohlhammer). à Jahrg. n. 4. —

— württembergische, f. Landesgeschichte. Neue Folge. In Verbindg. m. d. Verein f. Kunst u. Altertum in Ulm u. Oberschwaben, d. württ. Altertumsverein, d. histor. Verein f. d. württ. Franken u. d. Sülchgauer Altertumsverein hrsg. v. d. württemberg. Kommission f. Landesgeschichte. IV.—VII. Jahrg. 1895—1898. à 4 Hfte. (à ca. 125 S. m. Abb.) gr. 8. Stuttgart (W. Kohlhammer). à Jahrg. n. 4. —

— württembergische, f. Landesgeschichte. Neue Folge. In Verbindung m. dem Verein f. Kunst u. Altertum in Ulm u. Oberschwaben, dem württ. Geschichts- u. Altertumsverein, dem histor. Verein f. das württ. Franken u. dem Sülchauer Altertumsverein hrsg. v. der württ. Kommission für Landesgeschichte. VIII.—XI. Jahrg. 1899—1902. à 4 Hfte. Lex.-8. (IV, 499 u. 6 S.; IV, 528 u. 8 S.; IV, 487 u. 6 S. u. IV, 494 u. 6 S. m. Abb.) Stuttgart (W. Kohlhammer.) à Jahrg. n. 4.—

— württembergische, f. Landesgeschichte. Neue Folge. In Verbindg. m. dem Verein f. Kunst u. Altertum in Ulm u. Oberschwaben, dem württ. Geschichts- u. Altertumsverein, dem histor. Verein f. das württ. Franken u. dem Sülchgauer Altertumsverein hrsg. v. der württemberg. Kommission für Landesgeschichte. 12.—15. Jahrg. 1903—1906. à 4 Hefte. (IV, 508 S.; IV, 478 S.; IV, 515 S. m. 3 Taf. u. IV, 670 S.) Lex.-8. Stuttgart, W. Kohlhammer. à Jhrg. n. 4.—

— württembergische, f. Landesgeschichte. Neue Folge. In Verbindg. m. dem Verein für Kunst u. Altertum in Ulm u. Oberschwaben, dem württ. Geschichts- u. Altertumsverein, dem histor. Verein für das württ. Franken u. dem Sülchgauer Altertumsverein hrsg. v. der württ. Kommission f. Landesgeschichte. 16.—19. Jahrg. 1907—1910. à 4 Hefte. (IV, 505; IV, 534; IV, 549 u. IV, 537 S. m. Abb.) gr. 8. Stuttgart, W. Kohlhammer. 4.—

VIERTELJAHRSHEFTE DES ZABERGÄU-VEREINS. Vereinsgabe an die Mitglieder. Herausgegeben von A. HOLDER.
(Vereinsjahr 3.) 1902. Nr. 1—4. März Dezember. Im Selbstverlag des ZGV. Druck von Fr. Ziegler in Brackenheim. -
(Vereinsjahr 4.) 1903. Nr. 1—4. März - Dezember. ib. —
(Vereinsjahr 5.) 1904. Nr. 1—4. März - Dezember. ib. —. —
Vereinsjahr 6. 1905. Nr. I—IV. ib. —.
Herausgegeben im Auftrag der Vereinsleitung von A. HOLDER in Erligheim.
Vereinsjahr 7. 1906. Nr. I—IV. Selbstverlag des Zabergäuvereins. Druck von G. Knapp in Brackenheim.
Vereinsjahr 8. 1907. Nr. I—IV. ib. —
Vereinsjahr 9. 1908. Nr. I—IV. ib. Druck von G. Knapp.
Vereinsjahr 10. 1909. Nr. I—IV. Selbstverlag des Zabergäuvereins. Druck von Gg. Kohl in Brackenheim.
Vereinsjahr 11. 1910. Nr. I—IV. ib. -

Vierteljahreskarte

Vierteljahrskarte für die Nordsee und Ostsee. Hrsg. von der deutschen Seewarte. Jg. 1903—1906. Hamburg

Vierteljahrskarte für die Nordsee und Ostsee. Herbst ⟨Sept. Okt. Nov.⟩ 1905. (Hrgg. v. der) Deutschen Seewarte. Hamburg. 1905. Lithogr. Buntdruck. 1 Bl. Gr.-Fol. 66/89 cm.

Vierteljahreskatalog

Vierteljahrs-Catalog aller neuen Erscheinungen im Felde der Literatur in Deutschland. Wissenschaftlich geordnet. Mit Intelligenz-Blatt u. alphab. Jahres-Register. Jahrg. 1846. 1.—3. Heft. Red. J. de Marle. Lex.-8. Leipzig 846, Hinrichs'sche Buchh. à 1/4 ₰

Vierteljahrs-Catalog aller neuen Erscheinungen im Felde der Literatur in Deutschland. Wissenschaftlich geordnet. Mit Intelligenz-Blatt u. alphab. Jahres-Register. Jahrg. 1846. 4. Hft. Red.: J. de Marle. — Nach den Wissenschaften geordnet. Mit alphab. Register u. Intelligenz-Blatt. 2—7. Jahrg. 1847—1852. à 4 Hfte. gr. 8. (1846: S. 285—408 u. 66 S. 1847: XCVI u. 496 S. 1848: XCII u. 440 S. 1849: LXXX u. 440 S. 1850: XCVIII u. 474 S. 1851: LXXXVI u. 460 S. 1852: LXXXVI u. 488 S.) Leipzig, Hinrichs. à Hft baar n. 1/4 ₰

Vierteljahrs-Catalog aller neuen Erscheinungen im Felde der Literatur in Deutschland. Nach den Wissenschaften geordnet. Mit alphabet. Register und Intelligenz-Blatt. (8—10.) Jahrg. 1853—55. à Jahrg. 4 Hefte. gr. 8. Leipzig, Hinrichs'sche Buchh. [8. (LXXXVI und 484 S.) 9. (LXXXIV und 482 S.) 10. (LXXXVI und 489 S.)] à Jahrg. **

—— dass. — 11. Jahrg. 1856. 1—3. Heft. April bis September. Nebst einem Anhange: Die bedeutendsten Erscheinungen des niederländ. Buchhandels. gr. 8. (XLII und S. 105—334.) Ebds. **

Die Rubriken: I. Theologie und Philosophie; II. Medicin und Naturwissenschaften; III. Pädagogik werden auch einzeln ausgegeben. — Dem 4. Hefte des 10. Jahrg. wurde ein Anhang: Die bedeutendsten Erscheinungen des niederländ. Buchhandels beigefügt. — Vgl. II. Bd. 2. Abthl. S. 401.

Vierteljahrs-Catalog aller neuen Erscheinungen im Felde der Literatur in Deutschland. Nach den Wissenschaften geordnet. Mit alphabet. Register und Intelligenz-Blatt. 11. Jahrg. 1856. 4. Heft. October bis December. Nebst einem Anhang: Die bedeutendsten Erscheinungen des niederländ. Buchhandels. gr. 8. (XXVI und S. 335—476.) Leipzig 857, Hinrichs'sche Verlagsh. **

—— dass. — 12-16. Jahrg. 1857—61. à Jahrg. 4 Hefte. Nebst Anhang. gr. 8. Ebendas. [1857. (LXVII und 480 S.) 1858. (XCIII und 490 S.) 1859. (XCIII und 482 S.) 1860. (XCVIII und 504 S.) 1861. (C und 496 S.)] à Heft * 7 1/2 Ngr. à Jahrg. Thlr. *

Die Rubriken: I. Theologie und Philosophie; II. Medicin und Naturwissenschaften; III. Pädagogik. werden auch einzeln ausgegeben.

Vierteljahrs-Catalog aller neuen Erscheinungen im Felde der Literatur in Deutschland. Nach den Wissenschaften geordnet. Mit alphabet. Register. Nebst Anh. 17.—22. Jahrg. 1862—67. à Jahrg. 4 Hefte. gr. 8. (à Heft ca. 130 S.) Leipzig, Hinrichs'sche Verlagsh. à Heft * 7 1/2 Ngr. à Jahrg. *

Die Rubriken: I. Theologie und Philosophie. II. Medicin und Naturwissenschaften. III. Pädagogik und Jugendschriften werden auch einzeln gegeben.

Vierteljahrs-Katalog aller neuen Erscheinungen im Felde der Literatur in Deutschland. Nach den Wissenschaften geordnet. Mit alphabet. Register. Jahrg. 1868—1874. à Jahrg. 4 Hefte. gr. 8. (à Jahrg. 400—500 S.) Leipzig, Hinrichs' Verlag. 1868 à Heft * 75 Pf.; 1869 und 1870 à Heft * 1871 und 1872 à Heft * 1873 und 1874 à Heft *

Vierteljahrs-Catalog aller neuen Erscheinungen im Felde der Literatur in Deutschland. Nach den Wissenschaften geordnet. Mit alphabet. Register. Jahrg. 1875—1879. à 4 Hefte. gr. 8. (à Jahrg. ca. 700—800 S.) Leipzig, Hinrichs'sche Buchh. à Heft * M 1,50.; à Jahrg. *

Vierteljahrs-Catalog aller neuen Erscheinungen im Felde der Literatur in Deutschland. Nach den Wissenschaften geordnet. Mit alphabet. Register. Jahrg. 1880. 4 Hefte. gr. 8. (XLII, XXX, II, XXXVIII, XLVII, 662 S.) Leipzig 881, Hinrichs'sche Buchh. à Heft * M 1,50. *

—— dass. — Medicin und Naturwissenschaft. Jahrg. 1880—1884. à Jahrg. 4 Hefte. gr. 8. (72; 76; 76; 82; 86 S.) Ebendas. à Bog. **

—— dass. — Pädagogik. Jahrg. 1880—1884. à Jahrg. 4 Hefte. gr. 8. (116; 115; 108; 104; 114 S.) Ebendas. à Bog. **

—— dass. — Theologie und Philosophie. Jahrg. 1880—1884. à Jahrg. 4 Hefte. gr. 8. (68; 72; 108; 104; 76 S.) Ebendas. à Bog. **

—— dass. — Jahrg. 1881—1884. à Jahrg. 4 Hefte. gr. 8. (XLIV, XXXIX, XXXVI, XLVII, 660; XLIII, XXXVIII, XL, XLVI, 662; XL, XL, XLII, L, 694; XLV, XLIV, XXXVIII, XLIX, 702 S.) Ebendas. à Heft * M 1,80.; à Jahrg. *

— dasselbe. Medicin u. Naturwissenschaft. Jahrg. 1882—1885. à 4 Hfte. gr. 8. (à Jahrg. ca. 76 S.) Ebend. à Jahrg. n.n. 1. 20

— dasselbe. Pädagogik. Jahrg. 1882—1885. à 4 Hfte. gr. 8. (à Jahrg. ca. 108 S.) Ebend. à Jahrg. n.n. 1. 60

— dasselbe. Theologie u. Philosophie. Jahrg. 1882—1885. à 4 Hfte. gr. 8. (à Jahrg. ca. 72 S.) Ebend. à Jahrg. n.n. 1. 20

Vierteljahrs-Catalog aller neuen Erscheinungen im Felde der Literatur in Deutschland. Nach den Wissenschaften geordnet. Mit alphabet. Register. Jahrg. 1885 und 1886. à Jahrg. 4 Hefte. gr. 8. (XLIV, XLV, XLIII, XLVIII, 724; XLIV, XLVII, XLIV, XLIX, 731 S.) Leipzig, Hinrichs'sche Buchh., Verlag. à Heft *

—— dass. — aus dem Gebiete der Bau- und Ingenieurwissenschaft, Bergbau und Hüttenkunde. Jahrg. 1885—1888. à Jahrg. 4 Hefte. gr. 8. (22; 22; 22; 24 S.) Ebendas. à Jahrg. *

—— dass. — Forst- und Jagdwissenschaft. Haus- und Landwirthschaft. Gartenbau. Jahrg. 1885—1888. à Jahrg. 4 Hefte. gr. 8. (27; 28; 28; 26 S.) Ebendas. à Jahrg. *

—— dass. — Kriegswissenschaft und Pferdekunde. Jahrg. 1885—1888. à Jahrg. 4 Hefte. gr. 8. (22; 18; 24; 24 S.) Ebendas. à Jahrg. *

—— dass. — Medicin und Naturwissenschaft. Jahrg. 1885—1888. à Jahrg. 4 Hefte. gr. 8. (81; 88; 90; 94 S.) Ebendas. à Jahrg.

—— dass. — im Felde der Pädagogik. Jahrg. 1885—1888. à Jahrg. 4 Hefte. gr. 8. (123; 107; 122; 119 S.) Ebendas. à Jahrg. *

—— dass. — Theologie und Philosophie. Jahrg. 1885—1888. à Jahrg. 4 Hefte. gr. 8. (68; 75; 78; 86 S.) Ebendas. à Jahrg.

— dasselbe. Forst- u. Jagdwissenschaft. Haus- u. Landwirthschaft. Gartenbau. Jahrg. 1886—1889. à 4 Hfte. gr. 8. (à Jahrg. ca. 28 S.) Ebd. à Jahrg. n. — 60

— dasselbe. Kriegswissenschaft u. Pferdekunde. Jahrg. 1886—1889. à 4 Hfte. gr. 8. (à Jahrg. ca. 24 S.) Ebd. à Jahrg. n. — 60

— dasselbe. Medicin u. Naturwissenschaft. Jahrg. 1886—1889. à 4 Hfte. gr. 8. (à Jahrg. ca. 90 S.) Ebd. à Jahrg. n. 1. 20

— dasselbe. Pädagogik. Jahrg. 1886—1888. à 4 Hfte. gr. 8. (à Jahrg. ca. 110 S.) Ebd. à Jahrg. n. 1. 60

— dasselbe. Theologie u. Philosophie. Jahrg. 1886—1889. à 4 Hfte. gr. 8. (à Jahrg. ca. 80 S.) Ebd. à Jahrg. n. 1. 20

—— dass. — Jahrg. 1887 und 1888. à Jahrg. 4 Hefte. gr. 8. (XLVI, XLVI, XLVI, LII, 745; XVI, XVII, XIX, XX, 789 S.) Ebendas. à Heft *

— dasselbe. Jahrg. 1889. 4 Hfte. gr. 8. (125 S.) Ebd. n. 2. —

Vierteljahrs-Katalog der Neuigkeiten des deutschen Buchhandels. Nach den Wissenschaften geordnet. Mit alphabet. Register. Jahrg. 1890. 4 Hfte. gr. 8. (XIX, XVIII, XXI, XXVI, 842 S.) Leipzig, J. C. Hinrichs' Verl. n. 9. —

— dasselbe. Jahrg. 1891. 4 Hfte. gr. 8. (XVII, XV, XIX, XXII, 599 S.) Ebd. n. 5. 75

— dasselbe. Jahrg. 1892. 4 Hfte. gr. 8. (XL, 703 S.) Ebd. n. 6. 45

— dasselbe. Jahrg. 1893. 4 Hfte. gr. 8. (811 S.) Ebd. n. 6. 80

— dasselbe. Jahrg. 1894. 1.—3. Hft. gr. 8. (404 S.) Ebd. n. 5. —

— dasselbe. Bau- u. Ingenieurwissenschaft. Jahrg. 1890—1893. à 4 Hfte. gr. 8. (à Jahrg. ca. 25 S.) Ebd. à Jahrg. n. — 60

— dasselbe. Jahrg. 1894. 1.—3. Hft. gr. 8. (22 S.) Ebd. n. — 45

— dasselbe. Erziehung u. Unterricht. Jugendschriften. Jahrg. 1892. 4 Hfte. gr. 8. (85 S.) Ebd. n. 1. 20

— dasselbe. Jahrg. 1893. 4 Hfte. gr. 8. (98 S.) Ebd. n. 1. 30

— dasselbe. Jahrg. 1894. 1.—3. Hft. gr. 8. (71 S.) Ebd. n. — 90

— dasselbe. Haus-, Land- u. Forstwirtschaft. Jahrg. 1890—1893. à 4 Hfte. gr. 8. (à Jahrg. ca. 25 S.) Ebd. à Jahrg. n. — 60

— dasselbe. Jahrg. 1894. 1.—3. Hft. gr. 8. (22 S.) Ebd. n. — 45

— dasselbe. Kriegswissenschaft, Pferdekunde u. Karten. Jahrg. 1890—1893. à 4 Hfte. gr. 8. (à Jahrg. ca. 30 S.) Ebd. à Jahrg. n. — 60

— dasselbe. Jahrg. 1894. 1.—3. Hft. gr. 8. (24 S.) Ebd. n. — 45

— dasselbe. Medizin, Naturwissenschaften u. Mathematik. Jahrg. 1890—1893. à 4 Hfte. gr. 8. (à Jahrg. ca. 110 S.) Ebd. à Jahrg. n. 1. 20

— dasselbe. Jahrg. 1894. 1.—3. Hft. gr. 8. (87 S.) Ebd. n. — 90

— dasselbe. Pädagogik. Jahrg. 1890. 4 Hfte. gr. 8. (124 S.) Ebd. n. 2. —

— dasselbe. Jahrg. 1891. 4 Hfte. gr. 8. (80 S.) Ebd. n. 1. 20
Fortsetzung s.: Vierteljahrs-Katalog. Erziehung u. Unterricht. Jugendschriften.

Vierteljahrs-Katalog der Neuigkeiten des deutschen Buchhandels. Nach den Wissenschaften geordnet. Mit alphabet. Register. Theologie u. Philosophie. Jahrg. 1890—1893. à 4 Hfte. gr. 8. (à Jahrg. ca. 80 S.) Leipzig, J. C. Hinrichs' Verl. à Jahrg. n. 1. 20

— dasselbe. Jahrg. 1894. 1.—3. Hft. gr. 8. (56 S.) Ebd. n. — 90

Vierteljahrs-Katalog d. Neuigkeiten d. deutschen Buchhandels. Nach d. Wissenschaften geordnet. M. alphabet. Register. 50. Jahrg. 1895. 4 Hfte. gr. 8. (892 S.) Leipzig, J. C. Hinrichs' Verl. n. 7. 50

Vierteljahrs-Katalog d. Neuigkeiten d. deutschen Buchhandels. Nach d. Wissenschaften geordnet. M. alphabet. Register. 50. Jahrg. 1895. 4 Hfte. gr. 8. (892 S.) Leipzig, J. C. Hinrichs' Verl. n. 7. 50

— dasselbe. 51. Jahrg. 1896. 4 Hfte. gr. 8. (905 S.) Ebd. n. 7. 50

— dasselbe. M. 4 alphabet. Registern. 52. Jahrg. 1897. 4 Hfte. gr. 8. (952 S.) Ebd. n. 8. 10

— dasselbe. M. vier alphabet. Registern. 53. Jahrg. 1898. 1.—3. Hft. Jan.—Septbr. gr. 8. (669 S.) Ebd. n. 5. 50

— dasselbe. Bau- u. Ingenieurwissenschaft. Jahrg. 1894. 4. Hft. Oktbr.—Dezbr. gr. 8. (S. 23—31.) Ebd. — 15

— dasselbe. Jahrg. 1895—1897. à 4 Hfte. gr. 8. (à Jahrg. ca. 30 S.) Ebd. à Hft. — 15

— dasselbe. Jahrg. 1898. 1.—3. Hft. Jan.—Septbr. gr. 8. (27 S.) Ebd. à Hft. — 15

— dasselbe. Erziehung u. Unterricht. Jugendschriften. Jahrg. 1894. 4. Hft. Oktbr.—Dezbr. gr. 8. (S. 73—108.) Ebd. n. — 30

— dasselbe. Jahrg. 1895—1897. à 4 Hfte. gr. 8. (à Jahrg. ca. 110 S.) Ebd. à Hft. — 30

— dasselbe. Jahrg. 1898. 1.—3. Hft. gr. 8. (S. 1—76.) Ebd. n. 1. 10

— dasselbe. Haus-, Land- u. Forstwirtschaft. Jahrg. 1894. 4. Hft. Oktbr.—Dezbr. gr. 8. (S. 23-29.) Ebd. à — 15

— dasselbe. Jahrg. 1895—1897. à 4 Hfte. gr. 8. (à Jahrg. ca. 30 S.) Ebd. à Hft. — 15

— dasselbe. Jahrg. 1898. 1.—3. Hft. Jan.—Septbr. gr. 8. (S. 1-23.) Ebd. n. — 55

— dasselbe. Kriegswissenschaft, Pferdekunde u. Karten. Jahrg. 1894. 4. Hft. Oktbr.—Dezbr. gr. 8. (S. 25—34.) Ebd. — 15

— dasselbe. Jahrg. 1895—1897. à 4 Hfte. gr. 8. (à Jahrg. ca. 35 S.) Ebd. à Hft. — 15

— dasselbe. Jahrg. 1898. 1.—3. Hft. Jan.—Septbr. gr. 8. (S. 1—22.) Ebd. n. — 55

— dasselbe. Medizin, Naturwissenschaften u. Mathematik. Jahrg. 1894. 4. Hft. Oktbr.—Dezbr. gr. 8. (S. 89—118.) Ebd. n. — 30

— dasselbe. Jahrg. 1895—1897. à 4 Hfte. gr. 8. (à Jahrg. ca. 120 S.) Ebd. à Hft. — 30

— dasselbe. Jahrg. 1898. 1.—3. Hft. Jan.—Septbr. gr. 8. (S. 1—92.) Ebd. n. 1. 10

— dasselbe. Theologie u. Philosophie. Jahrg. 1894. 4. Hft. Oktbr.—Dezbr. gr. 8. (S. 57—82.) Ebd. — 30

— dasselbe. Jahrg. 1895—1897. à 4 Hfte. gr. 8. (à Jahrg. ca. 30 S.) Ebd. à Hft. — 15

— dasselbe. Jahrg. 1898. 1.—3. Hft. Jan.—Septbr. gr. 8. (27 S.) Ebd. à Hft. — 15

Vierteljahrs-Katalog der Neuigkeiten des deutschen Buchhandels. Nach den Wissenschaften geordnet. Mit vier alphabet. Registern. 53. Jahrg. 1898. 4. Hft. Oktbr.—Dezbr. gr. 8. (S. 671—959.) Leipzig, J. C. Hinrich's Verl. n. 2.40; (kplt. n.n. 7.90)

Hieraus einzeln:
Bau- u. Ingenieurwissenschaft. (S. 29—38.) n. — 20
Erziehung u. Unterricht. Jugendschriften. (S. 77—117.) n. — 40
Haus-, Land- u. Forstwirtschaft (S. 25—33.) n. — 20
Kriegswissenschaft, Pferdekunde u. Karten. (S. 23-32.) n. — 20
Medizin, Naturwissenschaften u. Mathematik. (S. 93—124.) n. — 40
Theologie u. Philosophie. (S. 69—95.) n. — 40

— dasselbe. 54. Jahrg. 1899. 4 Hfte. gr. 8. (996 S.) Ebd. n. 8. 20

Hieraus einzeln:
Bau- u. Ingenieurwissenschaft. (42 S.) n. — 80
Erziehung u. Unterricht. Jugendschriften. (120 S.) n. 1. 60
Haus-, Land- u. Forstwirtschaft. (30 S.) n. — 80
Kriegswissenschaft, Pferdekunde u. Karten. (36 S.) n. — 80
Medizin, Naturwissenschaften u. Mathematik. (128 S.) n. 1. 60
Theologie, Philosophie u. Theosophie. (94 S.) n. 1. 60

— dasselbe. 55. Jahrg. 1900. 4 Hfte. gr. 8. (989 S.) Ebd. n.n. 8. 10

Hieraus einzeln:
Bau- u. Ingenieurwissenschaft. (39 S.) n. — 80
Erziehung u. Unterricht. Jugendschriften. (116 S.) n. 1. 60
Haus-, Land- u. Forstwirtschaft. (35 S.) n. — 80
Kriegswissenschaft, Pferdekunde u. Karten. (38 S.) n. — 80
Medizin, Naturwissenschaften u. Mathematik. (126 S.) n. 1. 60
Theologie, Philosophie u. Theosophie. (96 S.) n. 1. 60

— dasselbe. 56. Jahrg. 1901. 4 Hfte. gr. 8. (1031 S.) Ebd. n.n. 8. 60

Hieraus einzeln:
Bau- u. Ingenieurwissenschaft. (40 S.) n. — 80
Erziehung u. Unterricht. Jugendschriften. (125 S.) n. 1. 60
Haus-, Land- u. Forstwirtschaft. (31 S.) n. — 80
Kriegswissenschaft, Pferdekunde u. Karten. (41 S.) n. — 80
Medizin, Naturwissenschaften u. Mathematik. (126 S.) n. 1. 60
Theologie, Philosophie u. Theosophie. (108 S.) n. 1. 60

— dasselbe. 57. Jahrg. 1902. 4 Hfte. gr. 8. (1098 S.) Ebd. n.n. 9. 10

Hieraus einzeln:
Bau- u. Ingenieurwissenschaft (48 S.) n. — 80
Erziehung u. Unterricht. Jugendschriften. (140 S.) n. 1. 60
Haus-, Land- u. Forstwirtschaft. (34 S.) n. — 80
Kriegswissenschaft, Pferdekunde u. Karten. (46 S.) n. — 80
Medizin, Naturwissenschaften u. Mathematik. (140 S.) n. 1. 60
Theologie, Philosophie u. Theosophie. (111 S.) n. 1. 60

Vierteljahrs-Katalog der Neuigkeiten des deutschen Buchhandels. Nach den Wissenschaften geordnet. Mit alphabet. Register. 58.—61. Jahrg. 1903—1906. à 4 Hefte. gr. 8. Leipzig, J. C. Hinrichs' Verl. n. 39. —
1903. (1156 S.) n. 9. 80. — 1904. (1200 S.) n. 9. 80.
1905. (1142 S.) n. 9. 60. — 1906. (1133 S.) n. 9. 80.
Aus Jahrg. 58—60 (1903—1905) einzeln:
Bau- u. Ingenieurwissenschaft. (48, 50 u. 48 S.) à Jhrg. n. — 80
Erziehung u. Unterricht. Jugendschriften. (157, 150 u. 134 S.) à Jhrg. n. 1. 60
Haus-, Land- u. Forstwirtschaft. (34, 40 u. 36 S.) à Jhrg. n. — 80
Kriegswissenschaft, Pferdekunde u. Karten. (45, 48 u. 44 S.) à Jhrg. n. — 80
Medizin, Naturwissenschaften u. Mathematik. (146, 155 u. 145 S.) à Jhrg. n. 1. 60
Theologie u. Philosophie. (119, 128 u. 117 S.) à Jhrg. n. 1. 60
Die Einzelausg. d. 61. Jhrg. s.: Bücher, neue.

Vierteljahrs-Katalog der Neuigkeiten des deutschen Buchhandels. Nach den Wissenschaften geordnet. Mit alphabet. Register. 62.—65. Jahrg. 1907—1910. à 4 Hefte. 8. Leipzig, J. C. Hinrichs' Verl. 42. 20
1907. (1190 S.) 10.30. — 1908. (IV, 1252 S.) 10.70.
1909. (III, 1312 S.) 10.10. — 1910. (III, 1336 S.) 11.10.
Vergl.: Bücher, neue.

—— aller in Deutschland erschienenen Werke aus dem Gebiete der Medicin und Naturwissenschaften. 1871—1874. à 4 Hefte. gr. 8. (à ¾ Bog.) Ebendas. pro 10 Expl. *M 1,20. — *

—— dass. — Pädagogik. 1871—1874. à 4 Hefte. gr. 8. (à 1 Bog.) Ebendas. pro 10 Expl. *ℳ 1,20. — *

—— dass. — Theologie und Philosophie. 1871—1874. à 4 Hefte. gr. 8. (à 1 Bog.) Ebendas. pro 10 Expl. *ℳ 1,20. — *

—— aller in Deutschland erschienenen Werke aus dem Gebiete der Medicin und Naturwissenschaften. 1875—1879. à Jahrg. 4 Hefte. gr. 8. (à Heft 60—70 S.) Ebendas. à Heft * 20 Pf.; à Jahrg. *

—— dass. — aus dem Gebiete der Pädagogik. 1875—1879. à Jahrg. 4 Hefte. gr. 8. (à Heft ca. 80—90 S.) Ebendas. à Heft * 25 Pf.; à Jahrg. *

—— dass. — aus dem Gebiete der Theologie und Philosophie. 1875—1879. à Jahrg. 4 Hefte. gr. 8. (à Heft 60—70 S.) Ebendas. à Heft * 20 Pf.; à Jahrg. *

—— aller in Deutschland erschienenen Werke aus dem Gebiete der Bau- und Ingenieurwissenschaft. Bergbau und Hüttenkunde. Jahrg. 1884. 3 Hefte. gr. 8. (18 S.) Ebendas. *

—— dass. — Forst- und Jagdwissenschaft. Haus- und Landwirthschaft. Gartenbau. Jahrg. 1884. 3 Hefte. gr. 8. (16 S.) Ebendas. *

—— dass. — Kriegswissenschaft und Pferdekunde. Jahrg. 1884. 3 Hefte. gr. 8. (15 S.) Ebendas. *

Vierteljahres-Revue der Fortschritte der Naturwissenschaften in theoretischer und praktischer Beziehung. Hrsg. von der Redaction der „Gaea" [Herm. J. Klein]. 1.—3. Bd. 8. Leipzig, Mayer. *

Inhalt:
Bd. 1. Nr. 1: Astronomie. Urgeschichte. (160 S.) 873. *ℳ 1,20.
„ 2. Nr. 1: Physik. Meteorologie. (144 S.) 874. *ℳ 1,50.
„ 3. Nr. 1: Urgeschichte. (140 S.) 873. *ℳ 1,50.

Vierteljahres-Revue der Fortschritte der Naturwissenschaften in theoretischer und praktischer Beziehung. Hrsg. von der Redaction der „Gaea" [Herm. J. Klein]. 4.—8. Bd. à 4 Hefte. 8. Leipzig, Mayer. à Bd. *

Inhalt:
Bd. 4. Astronomie, Meteorologie, Urgeschichte, Geologie. (556 S.) 875.
„ 5. Technische Chemie, Meteorologie, Astronomie. (548 S.) 876.
„ 6. Urgeschichte, Geologie, Physik. (504 S.) 877.
„ 7. Darwinismus, Botanik, Meteorologie, Astronomie. (540 S.) 878.
„ 8. Urgeschichte, Geologie, Botanik. (498 S.) 879.
Erscheint vom 9. Bd. an u. d. T.: Revue der Fortschritte der Naturwissenschaften.

Vierteljahresrundschau

Vierteljahrsrundschau üb. das Versicherungswesen. Hrsg. vom deutschen Haftpflicht- u. Versicherungs-Schutzverband. Schriftleitung: Paul Moldenhauer. 1.—4. Jahrg. 1907—1910. à 4 Hefte. (154, 153, 151 u. 156 S.) gr. 8. Berlin, F. Siemenroth. à Jahrg. 4.—

Vierteljahresschrift

Viertel-Jahrsschrift: Bernersche Viertel-Jahrsschrift
② Schweizerische Viertel-Jahrsschrift (1842—1843). Neue Schweizerische Viertel-Jahrsschrift (1850—1851) ⑤ 1839—1840; 1842—1843; 1850—1851 ⑥ 8° ⑦ vierteljährlich ⑧ Biel: Schneider & Cie. (1839—1840); Bern: J. A. Weingart (ab 1842) ⑩ Alb. Kurz, Oberrichter, Dr. med. J. R. Schneider; Mitarbeiter: Karl Mathy (1839—1840) ⑫ politisch neutral ⑬ BGSZ: 75, p. 196; Tobler: Aus Karl Mathys Schweizerzeit. (Neujahrsblatt d. Hist. Vereins Bern 1905/06) ⑪ Be: L.

— für Bibelkunde, talmudische u. patristische Studien, unter Mitwirkg. v. zahlreichen namhaften jüd. u. christl. Gelehrten hrsg. von M. Altschüler. 1. u. 2. Jahrg. (2. Jahrg. 1. Heft. 112 S.) gr. 8. Berlin 903. 904. S. Calvary & Co. à Jhrg. n. 15.—

— für Bibelkunde, talmud. u. patristische Studien, unter Mitwirkg. v. zahlr. namhaften jüd. u. christl. Gelehrten hrsg. v. M. Altschüler. 3. Jahrg. (1. Heft. II, 182 S.) gr. 8. Leipzig 907. Wien, M. Braunschweig. 20.—
Erscheint nicht mehr.

Vierteljahrsschrift für das reformirte Bündnervolk. Herausgegeben von einem bündnerischen Geistlichen. Chur 1849—55. H: *Leonhardi, Gust.* (Bibliogr. d. Schweiz. Landeskunde. Bern 1892 ff. I, 6.)

Vierteljahrsschrift für das reformirte Bündnervolk. Hrsg. von einem bündnerischen Geistlichen. 1849. 4 Hefte. hoch 4. (à Heft 32 S.) Chur 849. Hitz. Thlr

— für das reformirte Bündnervolk. Hrsg. v. Geo. Leonhardi. 1. u. 2. Jahrg. 1851 u. 1852. à 4 Hfte. 4. (à 32 S.) Chur, Hitz. à Jahrg. 21 ngr

Vierteljahrsschrift für das reformirte Bündnervolk. Hrsg. von G. Leonhardi. 3. Jahrg. 1854. 4 Hefte. (à 32 S.) 4. Chur, Hitz. *
1. und 2. Jahrg. 1849 und 1850. Ebendas. 1 Thlr. 9 Ngr.

Vierteljahresschrift für technische Chemie, landwirthschaftliche Gewerbe, Fabrikwesen und Gewerbtreibende überhaupt. Unter Mitwirkung mehrerer Gelehrten, Fabrikanten und Techniker hrsg. von Wilib. Artus. 1—3. Jahrg. 1859—61. à Jahrg. 4 Hefte. gr. 8. (à Heft circa IV und 128 S. mit 1 Stnt. in qu. 4.) Quedlinburg, Basse. à Jahrg. *

—— für technische Chemie, landwirthschaftliche Gewerbe, Fabrikwesen und Gewerbtreibende überhaupt. Unter Mitwirkung mehrerer Gelehrten, Fabrikanten und Techniker hrsg. von Wilib. Artus. 4.—8. Jahrg. 1862—65 und 1867. à Jahrg. 4 Hefte. gr. 8. (à Heft ca. 125 S. theilweise mit Stnt. in qu. Fol.) Quedlinburg, Basse. à Jahrg. *
Jahrg. 1866 ist nicht erschienen.

—— für technische Chemie, landwirthschaftliche Gewerbe, Fabrikwesen und Gewerbtreibende überhaupt. Unter Mitwirkung mehrerer Gelehrten, Fabrikanten und Techniker hrsg. von Wilib. Artus. 9. und 10. Jahrg. 1868 und 1869. à Jahrg. 4 Hefte. gr. 8. (à Heft ca. 128 S. mit Stnt. in qu. 4.) Quedlinburg, Basse. à Jahrg. *

—— chirurgische, s. Zeitschrift für Wundärzte.

—— für Dermatologie und Syphilis. Unter Mitwirkung von M'Call, Anderson, Bazin, Bergh etc. hrsg. von F. J. Pick und Heinr. Auspitz. 1. Jahrg. 1874. [Neue Folge des Archivs für Dermatologie und Syphilis. Der Reihenfolge 6. Jahrg.] 4 Hefte. gr. 8. (1. Heft 162 S. mit 3 lithogr. und 1 chromolithogr. Taf. in gr. 8. und qu. 4. und 2 eingedr. Holzschn.) Wien, Braumüller. *
Vgl.: Archiv für Dermatologie und Syphilis.

—— für Dermatologie und Syphilis. Unter Mitwirkung von M'Call Anderson, Bazin, Bergh etc. hrsg. von F. J. Pick und Heinr. Auspitz. 2.—5. Jahrg. 1875—1878. [Des Archivs für Dermatologie und Syphilis 7.—10. Jahrg.] à Jahrg. 4 Hefte. gr. 8. (IV, 589 S. mit 10 Stnt. in 4. und 8.; V, 680 S. mit 5 Stnt. in 4. und 8. und 4 eingedr. Holzschn.; IV, 618 S. mit 9 Stnt. in 4. und 8. und 3 eingedr. Holzschn.; IV, 606, 59 S. mit 10 Stnt. in 4. und 8. und 1 eingedr. Holzschn.) Wien, Braumüller.
Jahrg. 1875 und 1876 à *
Jahrg. 1877 und 1878 à *

—— dass. — Unter Mitwirkung von M'Call Anderson, Bergh, Bidenkap etc. hrsg. von H. Auspitz und J. F. Pick. 6. Jahrg. 1879. [Des Archivs für Dermatologie und Syphilis 11. Jahrg.] 4 Hefte. gr. 8. (V, 683 S. mit 7 Stnt. in 4. und 4 eingedr. Holzschn.) Ebendas. *

Vierteljahrsschrift für Dermatologie und Syphilis. Unter Mitwirkung von M'Call Anderson, Behrend, Bergh etc. hrsg. von H. Auspitz und F. J. Pick. 7.—9. Jahrg. 1880—1882. [Des Archivs für Dermatologie und Syphilis 12.—14. Jahrg.] à Jahrg. 4 Hefte. gr. 8. (à Heft ca. 180—190 S. mit eingedr. Holzschn. und Stnt.) Wien, Braumüller. à Jahrg. *

—— dass. — Unter Mitwirkung von M'Call Anderson, Behrend, Bergh etc. hrsg. von H. Auspitz, F. J. Pick, J. Caspari, A. Neisser. 10. und 11. Jahrg. 1883 und 1884. [Der Reihenfolge 15. und 16. Jahrg.] à Jahrg. 4 Hefte. gr. 8. (à Heft ca. 200 S. mit Stnt.) Ebendas. à Jahrg. *

Vierteljahrsschrift für Dermatologie und Syphilis. Unter Mitwirkung von M'Call Anderson, Arning, Behrend etc. hrsg. von H. Auspitz, F. J. Pick, J. Caspari, A. Neisser. 12. und 13. Jahrg. 1885 und 1886. [Der Reihenfolge 17. und 18. Jahrg.] à Jahrg. 4 Hefte. gr. 8. (XIV, 724 S. mit 1 Holzschn. und 26 Taf.; VI, 954 S. mit 2 Holzschn. und 21 Taf.) Wien, Braumüller. à Jahrg. *

—— für Dermatologie und Syphilis. Unter Mitwirkung von M'Call Anderson, Arning, Behrend etc. und in Gemeinschaft von Caspary, Kaposi, Lewin, Neisser hrsg. von F. J. Pick. 14. und 15. Jahrg. 1887 und 1888. [Der Reihenfolge 19. und 20. Jahrg.] à Jahrg. 6 Hefte. gr. 8. (VI, 1232 S. mit 10 Abbild. im Text und 24 lithogr. Taf.; V, 1052 S. mit 6 Taf. und 6 Abbild. im Text.) Ebendas. à Jahrg. *

—— für Dermatologie u. Syphilis. 21. Jahrg. fg., s. Archiv für Dermatologie u. Syphilis.

Vierteljahrs-Schrift, deutsche, 1838—42. à 4 Hfte. gr. 8. Stuttgart u. Tübingen, Cotta'sche Buchh. à H. *

Vierteljahrsschrift, deutsche. 1843—47. à 4 Hfte. gr. 8. Stuttgart, Cotta'sche Buchh. [843. (91⅝ B. u. 1 Kpfrt.) 44. (98½ B.) 45. (89⅝ B.) 46. (86⅝ B.) 47. (... B.) à Hft. * 1 Thlr. 25 Ngr.] à J. * 7 10
Vgl. 9. Bd. 2. Abthl. S. 406.

—— deutsche. Nr. 39—60. oder Jahrg. 1848—52. à Jahrg. 4 Hefte. gr. 8. Stuttgart, Cotta'sche Buchh. [à Heft * 1 Thlr. 25 Ngr.] à Jahrg. *

—— deutsche. Nr. 61—76. Jahrg. 1853—56. à 4 Hefte. gr. 8. Stuttgart, Cotta'sche Buchh. à Jahrg. *

Vierteljahrs-Schrift, deutsche. Nr. 77—96. Jahrg. 1857—61. à Jahrg. 4 Hefte. gr. 8. (à Heft 370—400 S.) Stuttgart, Cotta'sche Buchh. à Heft * 1 Thlr. 25 Ngr. à Jahrg. *

—— deutsche. 25.—30. Jahrg. 1862—67. à Jahrg. 4 Hefte. (Nr. 97—120.) gr. 8. (à Heft ca. III und S. 306—400.) Stuttgart, Cotta'sche Buchh. à Heft * 1 Thlr. 25 Ngr. à Jahrg. *
Von J. Heß in Ellwangen zu beziehen: Jahrg. 1843—1865, in 92 Bdn., 22 Thlr. 15 Ngr., oder Jahrg. 1855—1864, in 40 Bdn., 10 Thlr.

Vierteljahrsschrift, deutsche. 31.—33. Jahrg. 1868—1870. à Jahrg. 4 Hefte. [Nr. 121—132.] gr. 8. (à Heft ca. 325 S.) Stuttgart, Cotta'sche Buchh. [Ellwangen, Heß.] à Heft *

—— deutsche, für englisch-theologische Forschung und Kritik. Hrsg. von M. Heidenheim. Jahrg. 1861. 4 Nrn. gr. 8. (Nr. 1. 180 S. mit 4 Holzschnt.) Gotha 861, F. A. Perthes. à Nr. * 1 Thlr. 10 Ngr. *

Vierteljahrsschrift, deutsche, für englisch-theologische Forschung und Kritik. Hrsg. von M. Heidenheim. Nr. 5—8. (2. Jahrg. 4 Hefte.) gr. 8. (XV und 497 S. mit 1 Tab. in qu. Fol.) Gotha 863—66, F. A. Perthes. à Nr. * 1 Thlr. 10 Ngr. *

—— deutsche, für öffentliche Gesundheitspflege. Hrsg. von der zu Dresden durch die Section für öffentl. Gesundheitspflege in der 42. Versammlung deutscher Naturforscher und Aerzte gewählten Commission Göttisheim, Hobrecht, C. Reclam, G. Varrentrapp, Wasserfuhr. Redig. von Carl Reclam. Mit in den Text eingedr. Holzst. und beigelegten Lithogr. 1. Bd. 4 Hefte. Lex.-8. Braunschweig 869,70, Vieweg und Sohn. [1. Heft. (S. 1—144.) * ℳ 3.; 2. und 3. Heft. (S. 145—464 mit 4 Stnt. in qu. gr. 4. und qu. Fol.) à * ℳ 4.; 4. Heft. (VIII, S. 465—612.) * ℳ 3,20.] *

—— dass. — 2. Bd. 4 Hefte. gr. 8. Ebendas. 870,71. [1.—3. Heft. (S. 1—480 mit 1 Stnt. in qu. 4.) à * ℳ 3.; 4. Heft. (VIII, S. 481—612 mit 4 Stnt. in qu. Fol.) * ℳ 3,60.] *

—— dass. — Hrsg. von Esse, Göttisheim, Hobrecht etc. Redig. von Geo. v. Varrentrapp. Mit in den Text eingedr. Holzst. und beigelegten Taf. 3. Bd. Jahrg. 1871. 4 Hefte. gr. 8. Ebendas. [1.—3. Heft. (S. 1—464 mit 1 lithogr. Karte in qu. 4.) à * ℳ 3,30.; 4. Heft. (VII—X, S. 465—624.) * ℳ 3,20.] *

—— dass. — 4. Bd. Jahrg. 1872. 4 Hefte. gr. 8. Ebendas. [1. Heft. (S. 1—169.) * ℳ 3,50.; 2. Heft. (S. 169—352.) * ℳ 3,60.; 3. Heft. (S. 353—520.) * ℳ 3,50.; 4. Heft. (S. 521—692.) * ℳ 3,60.] *

—— dass. — 5. Bd. Jahrg. 1873. 4 Hefte. gr. 8. Ebendas. [1. und 2. Heft. (S. 1—328.) * ℳ 7,60.; 3. und 4. Heft. (VIII, S. 329—688.) à * ℳ 4,40.] *

—— dass. — Mit in den Text eingedr. Holzst. und beigelegten (lithogr.) Taf. (in qu. 4.). 6. Bd. 4 Hefte. gr. 8. (XI, 728 S.) Ebendas. 874. à Heft * ℳ 4,40. *

—— deutsche, für öffentliche Gesundheitspflege. Hrsg. von Göttisheim, Aug. Hirsch, Hobrecht etc. Redig. von Geo. Varrentrapp und Alex. Spiess. Mit in den Text eingedr. Holzst. und beigelegten Taf. 7. Bd. 4 Hefte. gr. 8. Braunschweig 875, Vieweg und Sohn. [1. und 2. Heft. (S. 1—336 mit 3 Stnt. und 4 Tab. in qu. gr. 4. und qu. Fol.) * ℳ 9,40.; 3. Heft. (S. 337—512 mit 1 Chromolithogr.) * ℳ 4.; 4. Heft. 1. Hälfte. (S. 513—652 mit 4 Stnt. in qu. Fol.) * ℳ 4.; 2. Hälfte. (X, S. 653—800 mit eingedr. Holzschn.) * ℳ 3,60.] *

—— dass. — 8. Bd. 4 Hefte. Mit in den Text eingedr. Holzst. und beigelegten Taf. gr. 8. Ebendas. [1. und 2. Heft. (S. 1—376.) 875. à * ℳ 4,40.; 3. und 4. Heft. (VIII, S. 377—776.) 876. * ℳ 9,20.] *

—— dass. — 9. Bd. 4 Hefte. Mit in den Text eingedr. Holzst. und beigelegten Taf. gr. 8. Ebendas. 877. [1. und 2. Heft. (S. 1—364 mit eingedr. Holzst.) à * ℳ 4.; 3. und 4. Heft. (X, S. 365—892 mit eingedr. Holzst.) * ℳ 11,80.] *

—— dass. — 10. Bd. 4 Hefte. Mit in den Text eingedr. Holzst. und beigelegten Taf. gr. 8. Ebendas. [1. und 2. Heft. (S. 1—384.) 878. * ℳ 8,60.; 3. Heft und 4. Heft 1. Hälfte. (S. 385—712.) 878. * ℳ 7,20.; 4. Heft. 2. Hälfte. (IX, S. 713—880.) 879. * ℳ 4.] *

—— dass. — 11. Bd. 4 Hefte. Mit in den Text eingedr. Holzst. und beigelegten Taf. gr. 8. Ebendas. 879. [1. Heft. (S. 1—168.) * ℳ 4.; 2. Heft. (S. 169—324.) * ℳ 3,60.; 3. Heft. (S. 325—505.) * ℳ 4.; 4. Heft. 1. Hälfte. (S. 506—672.) * ℳ 3,60.; 2. Hälfte. (VIII, S. 673—848.) * ℳ 4.] *

—— deutsche, für öffentliche Gesundheitspflege. Hrsg. von Finkelnburg, Göttisheim, Aug. Hirsch etc. Redig. von Geo. Varrentrapp und Alex. Spiess. 12. Bd. 5 Hefte. gr. 8. (X, 862 S. mit in den Text eingedr. Holzst. und beigelegten Taf.) Braunschweig 880, Vieweg und Sohn. *

—— dass. — 13. Bd. 4 Hefte. gr. 8. (X, 680 S. mit in den Text eingedr. Holzst.) Ebendas. 881. *

—— dass. — Suppl. dazu, s. Fischer, Ferd., die menschlichen Abfallstoffe.

—— dass. — 14. Bd. 4 Hefte. gr. 8. (IX, 760 S. mit in den Text eingedr. Holzst.) Braunschweig 882, Vieweg und Sohn. *

—— dass. — 15. Bd. 5 Hefte. gr. 8. (XI, 880 S. mit in den Text eingedr. Holzst.) Ebendas. 883. *

—— dass. — 16. Bd. 4 Hefte. gr. 8. (X, 788 S. mit in den Text eingedr. Holzst. und 2 Taf.) Ebendas. 884. *

—— dass. — 16. Bd. Suppl.: Jahresbericht über die Fortschritte und Leistungen auf dem Gebiete der Hygiene im J. 1883. Von J. Uffelmann. gr. 8. (VII, 244 S.) Ebendas. 884. *

—— dass. — General-Register zu Bd. I—X. gr. 8. (76 S.) Ebendas. 882. *

—— deutsche, für öffentliche Gesundheitspflege. Hrsg. von Finkelnburg, Göttisheim, Aug. Hirsch etc. Redig. von Geo. Varrentrapp und Alex. Spiess. 17. Bd. 4 Hefte. gr. 8. (XII, 737 S.) Braunschweig 885, Vieweg und Sohn. *

—— dass. — 17. Bd. Suppl.: Jahresbericht über die Fortschritte und Leistungen auf dem Gebiete der Hygiene im J. 1884. Von J. Uffelmann. gr. 8. (VIII, 260 S.) Ebendas. 885. *

—— dass. — Hrsg. von Finkelnburg, Göttisheim, Aug. Hirsch etc. Redig. von A. Spiess und M. Pistor. 18. Bd. 4 Hefte. gr. 8. (XXIV, X, 766 S.) Ebendas. 886. *

—— dass. — 18. Bd. Suppl.: 3. Jahresbericht über die Fortschritte und Leistungen auf dem Gebiete der Hygiene. Jahrg. 1885. Von J. Uffelmann. gr. 8. (VIII, 296 S.) Ebendas. 886. *

—— dass. — 19. Bd. 4 Hefte. gr. 8. (X, 744 S.) Ebendas. 887. *

—— dass. — 19. Bd. Suppl.: 4. Jahresbericht über die Fortschritte und Leistungen auf dem Gebiete der Hygiene. Jahrg. 1886. Von J. Uffelmann. gr. 8. (VIII, 299 S.) Ebendas. 887. *

—— dass. — 20. Bd. 4 Hefte. gr. 8. (XI, 780 S.) Ebendas. 888. *

—— dass. — 20. Bd. Suppl.: 5. Jahresbericht über die Fortschritte und Leistungen auf dem Gebiete der Hygiene. Jahrg. 1887. Von J. Uffelmann. gr. 8. (IX, 329 S.) Ebendas. 888. *

—— deutsche, f. öffentliche Gesundheitspflege. Hrsg. v. Finkelnburg, Göttisheim, Aug. Hirsch etc. Redig. v. A. Spiess u. M. Pistor. 21.—24. Bd. à Bd. 4 Hefte. gr. 8. Braunschw., Vieweg u. Sohn. [21. Bd. (X, 751 S.) 889. * 19 —; 22. Bd. (XI, 732 S.) 890. * 18 90; 23. Bd. (X, 830 S. m. Abbildgn., 1 Karte u. 1 Tab.) 891. * 22 —; 24. Bd. (XXI, 745 S.) 892. * 19 50.] * 79 40

—— dass. — 21.—24. Bd. Suppl. 6.—9. Jahresbericht über d. Fortschritte u. Leistungen auf dem Gebiete der Hygiene. Jahrg. 1888—1891. Von J. Uffelmann. gr. 8. Ebd. [21. Bd. (IX, 308 S.) 889. * 6 —; 22. Bd. (X, 366 S.) 890. * 7 20; 23. Bd. (X, 358 S.) 891. * 7 —; 24. Bd. (X, 372 S.) 892. * 7 —.] * 27 20

—— dass. — General-Register zu Bd. XI—XX. gr. 8. (83 S.) Ebd. 889. * 2 50

— deutsche, f. öffentliche Gesundheitspflege. Hrsg. v. Finkelnburg, Göttisheim, Aug. Hirsch etc. Red. v. A. Spiess u. M. Pistor. 23. Bd. 4 Hfte. gr. 8. (X, 830 S. m. Abbildgn., 1 Karte u. 1 Tab.) Braunschweig 891. F. Vieweg & Sohn. n. 22. —

— dasselbe. 23. Bd. Suppl. gr. 8. Ebd. 891. n. 7. —
8. Jahresbericht üb. die Fortschritte u. Leistungen auf dem Gebiete der Hygiene. Jahrg. 1890. Von J. Uffelmann. (X, 358 S.)

— dasselbe. 24. Bd. 4 Hfte. gr. 8. (IX, XII, 745 S.) Ebd. 892. n. 19. 50

— dasselbe. 24. Bd. Suppl. gr. 8. Ebd. 892. n. 7. —
9. Jahresbericht üb. die Fortschritte u. Leistungen auf dem Gebiete der Hygiene. Jahrg. 1891. Von J. Uffelmann. (X, 372 S.)

— dasselbe. 25. Bd. 4 Hfte. gr. 8. (XXV, II, 874 S. m. 1 Bildnis.) Ebd. 893. n. 22. —

— dasselbe. 25. Bd. Suppl. gr. 8. Ebd. 893. n. 7. 50
10. Jahresbericht üb. die Fortschritte u. Leistungen auf dem Gebiete der Hygiene. Jahrg. 1892. Von J. Uffelmann. (X, 396 S.)

— dasselbe. 26. Bd. 4 Hfte. (4. Heft. in 2 Hälften.) gr. 8. (VIII, X, 856 S. m. 3 Plänen.) Ebd. 893. 894. n. 22. —

— deutsche, f. öffentl. Gesundheitspflege. Hrsg. v. Finkelnburg, F. Göttisheim, Hobrecht u. a. Red. v. A. Spiess u. M. Pistor. 26. Bd. Suppl. gr. 8. Braunschweig 895. F. Vieweg & Sohn. n. 7. 50
11. Jahresbericht üb. d. Fortschritte u. Leistungen auf dem Gebiete d. Hygiene. Jahrg. 1893. Von J. Uffelmann. Hrsg. u. m. Zusätzen vers. v. R. Wehmer. (XV, 375 S.)

— dasselbe. 27. Bd. 4 Hfte. gr. 8. (X, 850 u. III S.) Ebd. 895. n. 23. —

— dasselbe. 27. Bd. Suppl. gr. 8. Ebd. 896. n. 7. 50
12. Jahresbericht üb. d. Fortschritte u. Leistgn. auf d. Gebiete der Hygiene. Begründet v. J. Uffelmann. Jahrg. 1894. Unter Mitwirkg. v. P. Musehold u. A. Springfeld hrsg. v. R. Wehmer. (XI, 404 S.)

— dasselbe. Hrsg. von (F. Göttisheim), Hobrecht, M. v. Pettenkofer u. a. Red. v. A. Spiess u. M. Pistor. 28. Bd. 4 Hfte. gr. 8. (IX, VII, 824 S. m. Abb. u. 1 Kurventaf.) Ebd. 896. n. 22. —

— dasselbe. Organ des „Deutschen Vereins f. öffentl. Gesundheitspflege". Hrsg. v. F. Adickes, Hans Buchner, P. Fuss u. a. Red. v. A. Spiess u. M. Pistor. 28. Bd. Suppl. gr. 8. Ebd. 897. n. 8. —
13. Jahresbericht üb. d. Fortschritte u. Leistgn. auf d. Gebiete d. Hygiene. Begründet v. J. Uffelmann. Jahrg. 1895. Unt. Mitwirkg. v. R. Arnst, F. W. Büsing, P. Musehold, F. C. Th. Schmidt, A. Springfeld hrsg. v. R. Wehmer. (X, 478 S.)

— dasselbe. 29. Bd. 4 Hfte. gr. 8. (VIII, 850 u. IV S. m. 20 Taf.) Ebd. 897. n. 26. —

— dasselbe. 29. Bd. Suppl. gr. 8. Ebd. 897. n. 8. —
14. Jahresbericht üb. d. Fortschritte u. Leistgn. auf d. Gebiete d. Hygiene. Begründ. v. J. Uffelmann. Jahrg. 1896. Unter Mitwirkg. v. R. Arndt, A. Baer, F. W. Büsing, F. Kronecker, P. Musehold, F. C. Th. Schmidt, A. Springfeld hrsg. v. R. Wehmer. (XI, 496 S.)

— dasselbe. 30. Bd. 4 Hfte. gr. 8. (IX, 1020 S.) Ebd. 898. n. 26. —

— dasselbe. 30. Bd. Suppl. gr. 8. Ebd. 898. n. 9. —
15. Jahresbericht üb. d. Fortschritte u. Leistgn. auf d. Gebiete d. Hygiene. Begründ. v. J. Uffelmann. Jahrg. 1897. Unter Mitwirkg. v. R. Arndt, A. Baer, G. Brandenburg, F. W. Büsing, H. Flatten, F. Kronecker, P. Musehold, F. C. Th. Schmidt, A. Springfeld hrsg. v. R. Wehmer. (XII, 543 S.)

— deutsche, f. öffentliche Gesundheitspflege. Organ des „Deutschen Vereins f. öffentl. Gesundheitspflege". Hrsg. von F. Adickes, Hans Buchner, P. Fuss u. a. Red. von A. Spiess u. M. Pistor. 31. Bd. 4 Hfte. u. General-Register zu Bd. XXI—XXX. gr. 8. (IX, 976 S. u. Register 70 S.) Braunschweig 899. F. Vieweg & Sohn. n. 28. —

— dasselbe. 31. Bd. Suppl. gr. 8. Ebd. n. 9. —
16. Jahresbericht üb. die Fortschritte u. Leistungen auf dem Gebiete der Hygiene. Begründet v. J. Uffelmann. Jahrg. 1898. Unter Mitwirkg. v. R. Arndt, A. Baer, G. Brandenburg, J. Brix, H. Flatten, F. Kronecker, P. Musehold, F. C. Th. Schmidt, A. Springfeld hrsg. v. A. Pfeiffer. (XI, 519 S.) 900.

— dasselbe. 32. Bd. 4 Hfte. gr. 8. (IX, 936 S. m. Abbildgn. u. 1 Taf.) Ebd. 899. 900. n. 26. —

— dasselbe. 32. Bd. Suppl. gr. 8. Ebd. n. 11. —
17. Jahresbericht üb. die Fortschritte u. Leistungen auf dem Gebiete der Hygiene. Begründet v J. Uffelmann. Jahrg. 1899. Unter Mitwirkg. v. H. Albrecht. R. Arndt, R. A. Baer etc. hrsg. v. A. Pfeiffer. (X, 628 S.) 901.

— dasselbe. 33. Bd. 4 Hfte. gr. 8. (IX, 840 S. m. Abbildgn.) Ebd. 901. n. 24. —

— dasselbe. 33. Bd. Suppl. gr. 8. Ebd. 902. n. 12. —
18. Jahresbericht üb. die Fortschritte u. Leistungen auf dem Gebiete der Hygiene. Begründet v. J. Uffelmann. Jahrg. 1900. Unter Mitwirkg. v. H. Albrecht, R. Arndt, A. Baer u. a. hrsg. v. A. Pfeiffer. (X, 674 S.) 902.

— dasselbe. 34. Bd. 4 Hfte. gr. 8. (IX, 962 S.) Ebd. 902. n. 27. —

— dasselbe. 34.—36. Bd. Suppl. gr. 8. Ebd. n. 37. —
34. 19. Jahresbericht üb. die Fortschritte u. Leistungen auf dem Gebiete der Hygiene. Begründet v. J. Uffelmann. Jahrg. 1901. Unter Mitwirkg. v. H. Albrecht, R. Arndt, A. Baer u. a., hrsg. v. A. Pfeiffer. (X, 660 S.) 903. n. 12. —
35. Dasselbe. 20. Jahresbericht. Jahrg. 1902. Unter Mitwirkg. v. H. Albrecht, R. Arndt, Beez u. a., hrsg. v. A. Pfeiffer. (X, 575 S.) 904. n. 12. —
36. Dasselbe. 21. Jahresbericht. Jahrg. 1903. Unter Mitwirkg. v. H. Albrecht, R. Arndt, Beez u. a., hrsg. v. A. Pfeiffer. (X, 673 S.) 905. n. 13. —

— deutsche, f. öffentl. Gesundheitspflege. Organ des „Deutschen Vereins f. öffentl. Gesundheitspflege". Hrsg. von F. Adickes, P. Fuss, G. Gaffky u. a. Red. v. A. Spiess u. M. Pistor. 35. u. 36. Bd. à 4 Hefte. gr. 8. Braunschweig, F. Vieweg & Sohn. n. 59. —
35. (X, X, 1078 S. m. Abbildgn. u. 1 Bildnis.) 903. n. 30. —
36. (VIII, 1005 S. m. Abbildgn. u. 2 Karten.) 904. n. 29. —

Vierteljahrsschrift, deutsche, f. öffentl. Gesundheitspflege. Organ des „Deutschen Vereins f. öffentl. Gesundheitspflege". Hrsg. von F. Adickes, P. Fuss, G. Gaffky u. a. Red. von Mor. Pistor u. Sigm. Merkel 37. u. 38. Bd. à 4 Hefte. gr. 8. Braunschweig, F. Vieweg & Sohn. n. 63. —
37. (X, 995 S. m. Abbildgn. u. 6 Taf.) 905. n. 34. —
38. (X, 840 S. m. 25 Fig., 2 Karten u. 2 Taf.) 906. n. 29. —

— dasselbe. 37.—40. Bd. Suppl. gr. 8. Ebd. 64. —
37. Jahresbericht, 22., über die Fortschritte u. Leistgn. auf dem Gebiete der Hygiene. Begründet v. J. Uffelmann. Jahrg. 1904. Unter Mitwirkg. v. R. Arndt, Beez, Bernhardt u. a. hrsg. v. A. Pfeiffer. (X, 701 S.) 907. 14. —
38. Dasselbe. 23. Jahrg. 1905. Unter Mitwirkg. v. Beez, Bernhardt, G. Frank u. a. hrsg. von A. Pfeiffer. (X, 593 S.) 908. 14. —
39. Dasselbe. 24. Jahrg. 1906. Unter Mitwirkg. v. Beez, Bernhardt, Boehncke u. a. hrsg. von A. Pfeiffer. (X, 769 S.) 909. 18. —
40. Dasselbe, 25. Jahrg. 1907. Unter Mitwirkg. von Beez, Bernhardt, Boehncke u. a. hrsg. von A. Pfeiffer. (XI, 705 S. m. 1 Bildnistaf.) 910. 18. —

— deutsche, f. öffentl. Gesundheitspflege. Organ des „Deutschen Vereins für öffentl. Gesundheitspfl.". Hrsg. v. F. Adickes, P. Fuss, G. Gaffky u. a. Red. v. Mor. Pistor u. Sigm. Merkel. 39.—42. Bd. à 4 Hefte. gr. 8. Braunschweig, F. Vieweg & Sohn. 128. 50
39. (XI, 895 S. m. 16 Abb. u. 3 Taf.) 907. 33. 50
40. (XVIII, 838 S. m. Abb.) 908. 33. —
41. (XXX, 772 S. m. 2 Plänen u. Abb. u. Generalregister zu Bd. 31—40 [59 S.]) 909. 32. —
42. (X, 761 u. II S. m. Abb. u. Kurven.) 910. 30. —

Vierteljahrschrift, deutsche, für Zahnheilkunde. Organ des Central-Vereines deutscher Zahnärzte. Unter Mitwirkung von Ad. zur Nedden's, redig. von Moritz Heider. 2. Jahrg. für 1861. 4 Hefte. 8. Wien, Gerold's Sohn.
Der 1. Jahrg. erschien unter dem Titel: Mittheilungen des Centralvereins deutscher Zahnärzte, vgl. dieses.

—— deutsche, für Zahnheilkunde. Organ des Central-Vereines deutscher Zahnärzte. Redig. von Ad. zur Nedden. 3.—7. Jahrg. 1862—67. à Jahrg. 4 Hefte. (à Heft ca. 5 Bog.) gr. 8. Wien, Gerold's Sohn. à Jahrg. *
Der 3.—6. Jahrg. wurde unter Mitwirkung von Ad. zur Nedden von M. Heider redigirt.

—— deutsche, für Zahnheilkunde. Organ des Central-Vereines deutscher Zahnärzte. Redig. von Ad. zur Nedden. 8.—10. Jahrg. 1868—1870. à Jahrg. 4 Hefte. (à ca. 5 Bog.) Mit Stnt. gr. 8. Nürnberg, Stein. à Jahrg. **

—— dass. — Redig. von Ed. Mühlreiter. 11. und 12. Jahrg. 1871 und 1872. à Jahrg. 4 Hefte. (à ca. 5 Bog.) Mit Stnt. gr. 8. Ebendas. 1871 **
1872 **

—— dass. — Redig. von Rob. Baume. 13.—15. Jahrg. 1873—1875. à Jahrg. 4 Hefte. gr. 8. (à Heft ca. 120 S., theilweis mit Stnt.) Leipzig, Felix. à Jahrg. *

—— deutsche, für Zahnheilkunde. Organ des Central-Vereins deutscher Zahnärzte. Redig. von Rob. Baume. 16.—19. Jahrg. 1876—1879. à Jahrg. 4 Hefte. gr. 8. (à Heft ca. 120—130 S. theilweis mit Stnt.) Leipzig, Felix. à Jahrg. *

—— deutsche, für Zahnheilkunde. Organ des Central-Vereins deutscher Zahnärzte. Redig. von Rob. Baume. 20.—22. Jahrg. 1880—1882. à Jahrg. 4 Hefte. gr. 8. (à Heft 120 S.) Leipzig, Felix. à Jahrg. *
Fortsetzung u. d. T.: Monatsschrift für Zahnheilkunde.

— für körperliche Erziehung. Organ des Vereines zur Pflege des Jugendspieles in Wien. Unter der Mitarbeit vieler Fachmänner hrsg. v. Leo Burgerstein u. Vikt. Pimmer. 1. u. 2. Jahrg. 1905 u. 1906. à 4 Hfte. (217 u. 224 S. m. Abbildgn.) Lex.-8. Wien (F. Deuticke). à Jhrg. n. 3. 60

— für körperliche Erziehung. Organ des Vereines zur Pflege des Jugendspieles in Wien usw. Unter d. Mitarbeit vieler Fachmänner hrsg. v. Vikt. Pimmer. 3.—5. Jahrg. 1907—1909. à 4 Hefte. (261, 255 u. 253 S. m. Abbildgn. u. 1 Taf.) Lex. 8. Wien (F. Deuticke). à Jahrg. 3. 60
Fortsetzg., s.: Erziehung, körperliche.

— für das Erziehungs- u. Schulwesen. Herausgeg. von R. Fatscheck. 1. Jahrg. (1845.) 4 Hefte. gr. 8. Königsberg 845, Theile. $1^1/_3$ ₰

—— zur Förderung des religiösen Fortschritts und der freien deutschen Nationalkirche. Von Johs. Ronge. 1863. 4 Hefte. (à $2^1/_2$ Bog.) gr. 8. Frankfurt a. M., (Gebhard und Körber.) à Heft * $3^1/_2$ Ngr. *

—— für deutsch- und englisch-theologische Forschung und Kritik. Hrsg. von demselben. 3. Bd. 4 Hefte. (Der ganzen Reihenfolge 9.—12.) gr. 8. (IV und 508 S.) Zürich 866,67, Schabelitz'sche Buchh. à Heft * 1 Thlr. 10 Ngr. *

— für deutsch- u. englisch-theologische Forschung u. Kritik. Hrsg. v. M. Heidenheim. 4. Bd. 3. Hft. [Der ganzen Reihenfolge Nr. 15.] gr. 8. (S. 281—443.) Zürich 871. Schmidt. n. 4. —

— dasselbe. 4. Bd. 4. Hft. [Der ganzen Reihenfolge Nr. 16.] gr. 8. (IV u. S. 444—571.) Zürich 871. Höhr. n. 4. —

— dasselbe. 5. Bd. 1. u. 2. [der ganzen Reihenfolge 17. u. 18.] Hft. gr. 8. (S. 1—192.) Ebend. 873. n. 4. —

—— über die Fortschritte auf dem Gebiete der Chemie der Nahrungs- und Genussmittel, der Gebrauchsgegenstände, sowie der hierher gehör. Industriezweige. Unter Mitwirkung von Hochstetter, P. Lohmann, Benno Martiny etc. hrsg. von A. Hilger, R. Kayser, J. König, E. Sell. 1. Jahrg.: Das J. 1886. 4 Hefte. gr. 8. (V, 448 S.) Berlin, Springer. à Heft * M 2.50. *

—— dass. — Unter Mitwirkung von P. Lohmann, Benno Martiny, Proskauer etc. hrsg. von A. Hilger, R. Kayser, J. König, E. Sell. 2. Jahrg.: Das J. 1887. 1. und 2. Heft. gr. 8. (S. 1—323.) Ebendas. 887. *

—— dass. — Unter Mitwirkung von A. Lehmann, P. Lohmann, Benno Martiny etc. hrsg. von A. Hilger, R. Kayser, J. König, E. Sell. 2. Jahrg: Das J. 1887. 3. und 4. Heft. gr. 8. (VI, S. 325—692.) Ebendas. 887. *

—— dass. — Unter Mitwirkung von P. Lohmann, Benno Martiny, U. Sachse etc. hrsg. von A. Hilger, R. Kayser, J. König, E. Sell. 3. Jahrg.: Das J. 1888. 1. und 2. Heft. gr. 8. (S. 1—226.) Ebendas. 888. à Heft *

—— dass. — Unter Mitwirkung von P. Lohmann, U. Sachse, C. Windisch etc. hrsg. von A. Hilger, R. Kayser, J. König, E. Sell. 3. Jahrg.: Das J. 1888. 3. und 4. Heft. gr. 8. (VIII, S. 227—507.) Ebendas. 889. *

—— über die Fortschritte auf dem Gebiete der Chemie der Nahrungs- u. Genussmittel, der Gebrauchsgegenstände, sowie d. hierher gehör. Industriezweige. Hrsg. v. A. Hilger, R. Kayser, J. König, E. Sell. 4.—7. Jahrg. Die J. 1889—1892. à Jahrg. 4 Hefte. gr. 8. Berl., Springer. [1889. (VI, 585 S.) * 14 —; 1890. (VIII, 594 S.) * 14 —; 1891. (X, 607 S.) * 14 —; 1892. (X, 572 S.) * 12 —.] * 54 —

— **dasselbe. 8. Jahrg. Das J. 1893. 4 Hfte. gr. 8. (XI, 504 S.) Ebd. 893. 894. n. 12. —**

— **dasselbe. 9. Jahrg. Das J. 1894. 1. u. 2. Hft. gr. 8. (318 S.) Ebd. 894. à Hft. n. 5. —**

— über d. Fortschritte auf d. Gebiete d. Chemie der Nahrungs- u. Genussmittel, d. Gebrauchsgegenstände, sow. d. hierher gehör. Industriezweige. Unter Mitwirkg. v. K. Windisch, A. Würzburg, E. Spaeth u. A., hrsg. v. A. Hilger, R. Kayser, J. König, E. Sell. Red.: A. Hilger. 9. Jahrg. Das J. 1894. 3. u. 4. Hft. gr. 8. (XIV u. S. 319—676.) Berlin 894. 95. J. Springer. n. 7. — (9. Jahrg. kplt.: n. 13. —)

Vierteljahrsschrift üb. d. Fortschritte auf d. Gebiete der Chemie d. Nahrungs- u. Genussmittel, d. Gebrauchsgegenstände, sow. d. hierher gehör. Industriezweige. Unt. Mitwirkg. v. K Windisch, A. Würzburg, E. Spaeth u. A., hrsg. v. A. Hilger, R. Kayser, J. König, E. Sell. Red.: A. Hilger. 10. Jahrg. Das J. 1895. 4 Hfte. gr. 8. (XV, 677 S.) Berlin 896. J. Springer. n. 13. —

— dasselbe. 11. Jahrg. Das J. 1896. 4 Hfte. gr. 8. (XIII, 658 S.) Ebd. 895. 96. n. 10. —

— dasselbe. 12. Jahrg. Das J. 1897. 4 Hfte. gr. 8. (XII, 678 S.) Ebd. 897. 98. n. 13. —

— dasselbe, Fortsetzg., s.: Zeitschrift f. Untersuchg. d. Nahrungs- u. Genussmittel.

— — für Geschichte und Heimathskunde der Grafsch. Glatz. Redig. von Edm. Scholz. 1.—4. Jahrg. [1881/82. 1882/83. 1883/84. 1884/85.] à Jahrg. 4 Hefte. gr. 8. (à Heft ca. 90 S.) Habelschwerdt, Franke's Buchh. à Jahrg. *

—— für Geschichte und Heimatskunde der Grafschaft Glatz. Redig. von Volkmer und Hohaus. 5.—8. Jahrg. [1885/86, 1886/87, 1887/88, 1888/89]. à Jahrg. 4 Hefte. gr. 8. (à Heft 96 S.) Habelschwerdt, Franke. à Jahrg. *

—— für Geschichte u. Heimatskunde der Grafsch. Glatz. Redig. von Volkmer u. Hohaus. 9. u. 10. Jahrg. 1889/90 u. 1890/91. à Jahrg. 4 Hefte. gr. 8. (à Heft 96 S.) Habelschwerdt, Franke. à Jahrg. * 3 —

Nicht weiter erschienen.

—— der astronomischen Gesellschaft. Hrsg. von den Schriftführern der Gesellschaft und unter Verantwortlichkeit von C. Bruhns. 1. und 2. Jahrg. 1866 und 1867. à Jahrg. 4 Hefte. gr. 8. (264 S., IV und 280 S.) Leipzig, Engelmann. 1866. * 1 Thlr. 20 Ngr., 1867. *

—— der astronomischen Gesellschaft. Hrsg. von den Schriftführern der Gesellschaft und unter Verantwortlichkeit von C. Bruhns. 3. Jahrg. 1868. 4 Hefte. gr. 8. (IV, 300 S.) Leipzig, Engelmann. 1., 3. und 4. Heft à * 2. Heft *

—— dass. — Supplementheft: Neue Hülfstafeln zur Reduction der in der Histoire céleste française enthaltenen Beobachtungen von Friedr. Emil v. Asten. gr. 8. (XXXII, 113 S.) Ebendas. 869. *

—— dass. — 4. Jahrg. 1869. 4 Hefte. gr. 8. (VI, 349 S.) Ebendas. à Heft * ℳ 1,20. *

—— dass. — 2. Suppl.-Heft: Tafeln zur Reduction von Fixstern-Beobachtungen für 1726—1750. gr. 8. (18 S.) Ebendas. 869. *

—— dass. — Hrsg. von A. Auwers und A. Winnecke. 5.—9. Jahrg. 1870—1874. à Jahrg. 4 Hefte. gr. 8. (IV, 314; V, 300 S. mit Stnt. in Fol.; IV, 300; IV, 321; IV, 287 S.) Ebendas. à Heft * ℳ 1,50.; à Jahrg. *

Vierteljahrsschrift der astronomischen Gesellschaft. Hrsg. von den Schriftführern der Gesellschaft: E. Schönfeld und A. Winnecke. 10.—12. Jahrg. 1875—1877. à Jahrg. 4 Hefte. gr. 8. (à Heft ca. 76 S.) Leipzig, (Engelmann.) à Heft * ℳ 1,50.; à Jahrg. *

—— dass. — 13. Jahrg. 1878. 4 Hefte. gr. 8. (IV, 389 S. mit 3 Portr. in Lichtdr.) (Ebendas.) à Heft * à Jahrg. *

—— dass. — 14. Jahrg. 1879. 4 Hefte. gr. 8. (V, 435 S. mit 1 Stnt. und 1 Taf. in Lichtdr.) (Ebendas.) à Heft * à Jahrg. *

Vierteljahrsschrift der astronomischen Gesellschaft. Hrsg. von E. Schoenfeld und A. Winnecke. 14. Jahrg. 3. Suppl.: Catalog der Bibliothek der astronomischen Gesellschaft. Hrsg. von C. Bruhns. gr. 8. (VII, 75 S.) Leipzig 880, (Engelmann.)

—— dass. — 15.—18. Jahrg. à Jahrg. 4 Hefte. gr. 8. (IV, 378; IV, 371 S. mit 1 Lichtdr.; V, 300 S. mit 1 Lichtdr.; VI, 310 S. mit 1 Stnt. und 2 Lichtdr.) (Ebendas.) 880—83. à Heft * ℳ 2.; à Jahrg. *

—— dass. — Hrsg. von E. Schoenfeld und H. Seeliger. 19. Jahrg. 4 Hefte. gr. 8. (IV, 300 S. mit 3 Lichtdr.-Portr.) (Ebendas.) 884,85. à Heft * ℳ 2. *

Vierteljahrsschrift der Astronomischen Gesellschaft. Hrsg. von E. Schoenfeld und H. Seeliger. 20.—23. Jahrg. à Jahrg. 4 Hefte. gr. 8. (IV, 342 S. mit 1 Stnt.; IV, 279 S. mit 1 Lichtdr.-Bild; VII, 417 S. mit 2 Lichtdr.-Bildern und 2 Stnt.; V, 320 S. mit 2 Lichtdr.-Bildern.) Leipzig 885—88, (Engelmann.) à Heft * à Jahrg. *

Vierteljahrsschrift der astronomischen Gesellschaft. Hrsg. v. R. Lehmann-Filhés u. H. Seeliger. 24.—27. Jahrg. 1889—1892. à Jahrg. 4 Hefte. gr. 8. (VII, 329; V, 315 S. m. 2 Lichtdr.-Bildern; VII, 328 S. m. 2 Lichtdr.-Bildern; V, 314 S.) Lpz., (W. Engelmann). à Jahrg. * 8 —

Bis incl. 26. Jahrg. 2. Heft waren die Hrsgbr.: E. Schoenfeld u. H. Seeliger.

— **dasselbe. 28. Jahrg. 1893. 4 Hfte. gr. 8. (V, 313 S. m. 1 Bildnis.) Ebd. 893. à Hft. n. 2. —**

— **dasselbe. 29. Jahrg. 1894. 1. u. 2. Hft. gr. 8. (180 S. m. 2 Bildnissen.) Ebd. 894. à Hft. n. 2. —**

Vierteljahrsschrift der astronomischen Gesellschaft. Hrsg. v. R. Lehmann-Filhés u. H. Seeliger. 29. Jahrg. (1894.) 3. u. 4. Hft. gr. 8. (VII u. S. 181—330 m. 1. Taf.) Leipzig 894. (W. Engelmann.) à Hft. n. 2. —

— dasselbe. 29. Jahrg. Suppl.-Hft. Generalregister d. Jahrgänge 1—25 von Alexis v. Tillo. gr. 8. (III, 103 S.) Ebd. 895. n. 5. —

— dasselbe. 30. Jahrg. (1895.) 4 Hfte. gr. 8. (IV, 281 S. m. 3 Bildn.) Ebd. 895. à Hft. n. 2. —

— dasselbe. Hrsg. v. R. Lehmann-Filhés u. G. Müller. 31. Jahrg. 4 Hfte. gr. 8. (VI, 330 S. m. 1 Bildn.) Ebd. 895. 96. à Hft. n. 2. —

— dasselbe. 32. Jahrg. 4 Hfte. gr. 8. (IV, 276 S. m. 6 Bildn.) Ebd. 897. à Hft. n. 2. —

— dasselbe. 33. Jahrg. 1.—3. Hft. gr. 8. (246 S. m. 3 Bildn.) Ebd. 898. à Hft. n. 2. —

Vierteljahrsschrift d. astronomischen Gesellschaft. Hrsg. v. R. Lehmann-Filhés. u. G. Müller. 33. Jahrg. 4. Hft. gr. 8. (VII u. S. 247—371) Leipzig 898. (W. Engelmann.) n. 2. —

— dasselbe. 34. Jahrg. 4 Hfte. gr. 8. (V, 338 S. m. 1 Heliograv.) Ebd. 899. à Hft. n. 2. —

— dasselbe. 35. Jahrg. 4 Hfte. gr. 8. (VI, 380 S. m. 1 Bildnis.) Ebd. 900. à Hft. n. 2. —

— dasselbe. 36. Jahrg. (1901.) 4 Hfte. gr. 8. (IV, 202 S. m. 2 Bildnissen.) Ebd. 901. à Hft. n. 2. —

— dasselbe. 37. Jahrg. (1902.) 4 Hfte. gr. 8. (VII, 403 S. m. 1 Bildnis.) Ebd. à Hft. n. 2. —

Vierteljahrsschrift d. astronomischen Gesellschaft. Hrsg. v. den Schriftführern der Gesellschaft: R. Lehmann-Filhés u. G. Müller. 38.—41. Jahrg. (1903 bis 1906.) à 4 Hefte. gr. 8. Leipzig (W. Engelmann). n. 34. —
38. (IV, 295 S. m. 1 Bildnis.) n. 8. —. 39. (VII, 328 S. m. 1 Bildnis u. 1 Karte.) n. 8. —. 40. (IV, 385 S. m. 4 Bildnissen.) n. 8. —. 41. (VII, 392 S. m. 2 Bildnissen.) n. 10. —.

Vierteljahrsschrift der astronomischen Gesellschaft. Hrsg. von den Schriftführern der Gesellschaft: R. Lehmann-Filhés und G. Müller. 42.—44. Jahrg. (1907—1909.) à 4 Hefte n. 45. Jahrg. (1910.) 1.—3. Heft. gr. 8. Leipzig, W. Engelmann. 31. —
1907. (IV, 381 S. m. 4 Taf.) 8. —
1908. (VII, 420 S. m. 1 Bildnis.) 8. —
1909. (IV, 408 S. m. 1 Bildnis.) 8. —
1910. 1.—3. Heft (1—282 S. m. 3 Bildnissen.) 7. —

—— der naturforschenden Gesellschaft in Zürich. Redig. von Rud. Wolf. I. Jahrg. 1856. 4 Hefte. gr. 8. (I. Heft. 100 S. mit 3 Stnt. in gr. 8. und gr. Fol.) Zürich, (Höhr.) *

—— der naturforschenden Gesellschaft in Zürich. Redig. von Rud. Wolf. 2—6. Jahrg. 1857—61. à Jahrg. 4 Hefte. gr. 8. (à Heft ca. 116 S. mit Stnt.) Zürich, (Höhr.) à Jahrg. *

Vierteljahrsschrift der naturforschenden Gesellschaft in Zürich. Redig. von Rud. Wolf. 7.—12. Jahrg. 1862—67. à Jahrg. 4 Hefte. gr. 8. (à Heft ca. 76—112 S., theilweise mit Stnt.) Zürich, (Höhr.) à Jahrg. *

—— der naturforschenden Gesellschaft in Zürich. Redig. von Rud. Wolf. 13.—19. Jahrg. à 4 Hefte. 8. Mit eingedr. Holzschn. Zürich 868—74, (Höhr.)
1868 und 1869 à *
1870—1873 à *
1874 *

—— der naturforschenden Gesellschaft in Zürich. Redig. von Rud. Wolf. 20.—24. Jahrg. 1875—1879. à Jahrg. 4 Hefte. gr. 8. (à Heft ca. 130—140 S. mit Stnt.) Zürich, (Höhr.) à Jahrg. *

—— der naturforschenden Gesellschaft in Zürich. Redig. von Rud. Wolf. 25.—29. Jahrg. 1880—1884. à Jahrg. 4 Hefte. gr. 8. (à Heft ca. 130 S. mit Stnt.) Zürich, (Höhr.) à Jahrg. *

—— der naturforschenden Gesellschaft in Zürich. Redig. von Rud. Wolf. 30.—33. Jahrg. 1885—1888. à Jahrg. 4 Hefte. gr. 8. (448 S. mit 1 Taf.; 404 S. mit 5 Taf.; 416 S. mit 7 Taf.; 412 S.) Zürich, (Höhr.) à Jahrg. *

—— der naturforschenden Gesellschaft in Zürich. Redig. von Rud. Wolf. 34.—37. Jahrg. à Jahrg. 4 Hefte. gr. 8. (428 S. m. 1 Taf.; 428, 8 S. m. 3 Taf. u. 1 Portr.; 428 S.; 376 S. m. 2 Taf.) Zür. 889—92, (Fäsi u. Beer). à Jahrg. * 3 60
Vgl.: Generalregister der Publicationen d. Naturf. Gesellschaft.

— **der naturforschenden Gesellschaft in Zürich. Red. v. Rud. Wolf. 36.—38. Jahrg. à 4 Hfte. (à ca. 120 S.) gr. 8. Zürich 891—893. (Fäsi & Beer.) à Jahrg. n. 3. 60**

— d. naturforschenden Gesellschaft in Zürich. Red. v. F. Rudio. 39. Jahrg. 4 Hfte. (à ca. 120 S. m. Abb.) gr. 8. Zürich 894. (Fäsi & Beer.) n. 4. —

— dasselbe. Unter Mitwirkg. v. A. Heim u. A. Lang hrsg. v. F. Rudio. 40. Jahrg. 4 Hfte. (à ca. 120 S. m. Taf.) gr. 8. Ebd. 895. n. 4. —

— dasselbe. 41. Jahrg. 1896. Suppl. gr. 8. (IV, 66 S.) Ebd. 896. n.n. — 90
(41. Jahrg. kplt.: n.n. 18. 90)

— dasselbe. 42. u. 43. Jahrg. 1897 u. 1898. à 4 Hfte. (à ca. 5 Bog. m. Abb.) gr. 8. Ebd. à Jahrg. n.n. 7. 20; einz. Hfte. n.n. 2. 20
D. 41. Jahrg. bildet: Festschrift d. naturforsch. Gesellschaft in Zürich 1746—1896.

— d. naturforschenden Gesellschaft in Zürich. Unter Mitwirkg. von A. Heim u. A. Lang hrsg. von Ferd. Rudio. 44.—47. Jahrg. 1899—1902. à 4 Hfte. gr. 8. (III, 404 S. m. 6 Taf.; III, 416 S. m. 11 Taf.; III, 404 S. m. 12 Taf. u. 1 Portr. u. III, 508 S. m. 22 Taf. u. 1 Portr.) Zürich (Fäsi & Beer). à Jahrg. n.n. 7.20

— der naturforschenden Gesellschaft in Zürich. Unter Mitwirkg. von A. Heim u. A. Lang hrsg. von Ferd. Rudio. 48.—51. Jahrg. 1903—1906. à 4 Hefte. Lex.-8. Zürich (Fäsi & Beer). n.n. 32. 40
48. (525 S. m. 6 Taf.) 7. 20. — 49. (434 S. m. 12 Taf.) 7. 20
50. (627 S. m. 2 Taf.) 7. 20. — 51. (559 S. m. 8 Taf.) 10. 80

— d. naturforschenden Gesellschaft in Zürich. Unter Mitwirkung v. A. Heim u. A. Lang hrsg. von Ferd. Rudio. 52.—55. Jahrg. 1907—1910. à 4 Hefte. (592, 648, 551 u. 634 S. m. Abb. u. 20, 2, 2 u. 2 Taf.) Lex. 8. Zürich, Beer u. Co. à Jahrg. nn 10. 80

—— **des mährischen Gewerbe-Vereines. 1. und 2. Heft. gr. 8. (90 S. mit 1 Tab. in qu. Fol. und 1 lithogr. Taf. in gr. Fol.) Brünn 862, (Winiker.)** *
Vgl.: Jahrbuch. — Zeitschrift.

— für die prakt. Heilkunde, herausgeg. von der medicin. Facultät in Prag. 1.—4. Jahrg. 1844—1847. Mit 2 Steintaf. Lex.-8. Prag 844—46, Borrosch u. André. à n. $5^5/_6$ ℳ

—— für die praktische Heilkunde, hrsg. von der medicin. Facultät in Prag. 5—9. Jahrg. 1848—52. 4 Bde. oder 17—36. Bd. der ganzen Folge. gr. 8. (à Jahrg. mindestens 80 Bog. mit Abbildungen.) Prag, [André.] à Jahrg. *
1—4. Jahrg. 1843—47. Ebendas. à Jahrg. * 5 Thlr. 25 Ngr.

—— für die praktische Heilkunde, hrsg. von der medicin. Facultat in Prag. Redakt.: J. Halla und J. v. Hasner (und vom 13. Bde. ab in Verbindung von J. Kraft.) 10—14. Jahrg. 1853—57. à Jahrg. 4 Bde. oder 37—56. Bd. der ganzen Folge. Lex.-8. (à Bd. mindestens 80 Bog. mit Abbildungen.) Prag, André. à Jahrg. *

—— dass. — Vollständiges Sach- und Namenregister über Jahrg. 1844—1853. oder Bd. 1—20. Lex.-8. (IV und 234 S.) Ebds. 856. *

—— dass. — Vollständiges Sach-Namenregister über Jahrg. 1854—1858 oder Bd. XLI—LX. Lex.-8. (36 S.) Ebendas. 858. *

Vierteljahrschrift für die praktische Heilkunde, hrsg. von der medicin. Facultät in Prag. Redig. von Jos. Halla, Jos. Kraft. 15—18. Jahrg. 1858—61. à Jahrg. 4 Bde. oder 57—72. Bd. der ganzen Folge. (à Jahrg. mindestens 80 Bog. mit Abbildungen.) Lex.-8. Prag, André. à Jahrg. *

—— für die praktische Heilkunde, hrsg. von der medicin. Facultät in Prag. Redact.: Jos. Halla, Jos. Kraft. 19.—25. Jahrg. 1862—68. à Jahrg. 4 Bde. oder 73.—100. Bd. der ganzen Folge. Lex.-8. (à Bd. ca. 296—320 S.) Prag, Reichenecker. à Jahrg. *
Der 24. und 25. Jahrg. wurden von Jos. Halla allein redigirt.

—— für die praktische Heilkunde, hrsg. von der medicin. Facultät in Prag. Redact.: Jos. Halla, Jos. Hasner R. v. Artha. 26.—28. Jahrg. 1869—1871 oder 101.—112. Bd. der ganzen Folge. Lex.-8. (à Bd. ca. 300—340 S. mit eingedr. Holzschn.) Prag, Reichenecker. [Leipzig, Hirschfeld.] 1869 *
1870 und 1871 à *

Vierteljahrsschrift für die praktische Heilkunde. Hrsg. von der medicin Facultät in Prag. Redact.: Jos. Halla, Jos. Hasner R. v. Artha, A. Wraný. 29.—32. Jahrg. 1872—1875 oder 113.—128. Bd. der ganzen Folge. gr. 8. (à Bd. ca. 300 S.) Leipzig, Hirschfeld. à Jahrg. *

Vierteljahrsschrift für die praktische Heilkunde. Hrsg. von der medicin. Facultät in Prag. Redact.: Jos. Halla, Jos. Hasner Ritter v. Artha, A. Wraný. 33.—35. Jahrg. 1876—1878 oder 129.—140. Bd. der ganzen Folge. gr. 8. (à Bd. ca. 300 S. mit Stnt.) Leipzig, Hirschfeld. à Jahrg. *

—— dass. — Redact.: Jos. Halla, Jos. Hasner Ritter v. Artha, Edwin Klebs, Aug. Breisky, Carl Gussenbauer, A. Wraný. 36. Jahrg. 1879. 4 Bde. [141.—144. Bd. oder der neuen Folge 1.—4. Bd.] gr. 8. (à Bd. ca. 300 S mit Stnt.) Ebendas. *
1.—36. Jahrg. à Bd. herabges. Pr. ℳ 6.
Die Fortsetzung erscheint u. d. T.: Zeitschrift für Heilkunde.

—— für Heraldik, Sphragistik u. Genealogie, s. a. Vierteljahrsschrift f. Wappen-, Siegel- u. Familienkunde.

VIERTELJAHRSSCHRIFT FÜR HERALDIK, SPHRAGISTIK UND GENEALOGIE. Redigirt von GUSTAV ADELBERT SEYLER. Herausgegeben vom Vereine „Herold" zu Berlin.
Jahrg. I. (Mit Tafeln.) Berlin 1873. Mitscher & Röstell 8°.
Vgl. Vierteljahrsschrift des deutschen Herold ...

—— für Heraldik, Sphragistik und Genealogie. Redig. von Gust. Adph. Seyler. Hrsg. vom Verein „Herold" 1874. 4 Hefte. gr. 8. (1. Heft 52 S. mit eingedr. Holzschn.) Ebendas. *

—— für Heraldik, Sphragistik und Genealogie. Hrsg. vom Verein „Herold" zu Berlin. Redig. von Ludw. A. Clericus. 3.—7. Jahrg. 1875—1879. à Jahrg. 4 Hefte. gr. 8. (à Heft ca. 100 S. mit eingedr. Holzschn. und Tab.) Berlin, [Allgemeine Deutsche Verlags-Anstalt.] C. Heymann's Verlag. à Jahrg. *

—— für Heraldik, Sphragistik und Genealogie. Hrsg. vom Verein „Herold" zu Berlin, redig. von Ludw. A. Clericus. Jahrg. 1880. 4 Hefte. gr. 8. (à Heft ca. 100 S. mit autogr. Taf. und Tab.) Berlin, C. Heymann's Verlag. *

—— dass. — Redig. von Ad. M. Hildebrandt. Jahrg. 1881—1884. à Jahrg. 4 Hefte. gr. 8. (à Heft ca. 100 S. mit autogr. Taf. und Tab.) Ebendas. à Jahrg. *

Vierteljahrsschrift für Heraldik, Sphragistik und Genealogie. Hrsg. vom Verein „Herold" in Berlin, redig. von Ad. M. Hildebrandt. 13.—16. Jahrg. 1885—1888. à Jahrg. 4 Hefte. gr. 8. (IV, 480; IV, 572; IV, 430; IV, 586 S. mit 12 color. Taf. und 2 Stammtaf.) Berlin, C. Heymanns Verlag. à Jahrg. *

—— für Heraldik, Sphragistik u. Genealogie. Hrsg. vom Verein „Herold" in Berlin, redig. v. Ad. M. Hildebrandt. 17. Jahrg. 1889. 4 Hefte. gr. 8. (à Heft ca. 100 S. m. Taf.) Berl., C. Heymann. * 8 —
Fortsetzung u. d. T.:
Vierteljahrsschrift für Wappen-, Siegel- und Familienkunde. Hrgg. vom Verein „Herold" zu Berlin, unter Leitung von Adolf M. Hildebrandt. Jg. 18 ff. Berlin. 1890 ff. 8°

—— des deutschen Herold für Heraldik, Sphragistik und Genealogie. Redig. von Gust. Adelb. Seyler. Hrsg. vom Vereine „Herold" zu Berlin. Jahrg. 1872. 4 Hefte. gr. 8. (1. Heft 55 S.) Berlin, Mitscher und Röstell. à Heft * ℳ 2. *
Vgl. Vierteljahrsschrift für Heraldik.

— historische. Hrsg. von Gerh. Seeliger. Neue Folge der deutschen Zeitschrift f. Geschichtswissenschaft. 3. Jahrg. 1898. Der ganzen Folge 9. Jahrg. 4 Hfte. (à ca. 12 Bog.) gr. 8. Leipzig, B. G. Teubner. n. 20. —

— historische. Hrsg. v. Gerh. Seeliger. Neue Folge der deutschen Zeitschrift für Geschichtswissenschaft. 2.—5. Jahrg. 1899—1902. Der ganzen Folge 10.—13. Jahrg. à 4 Hfte. gr. 8. (VIII, 568; X, 590; IV, 564 u. IV, 578 S.) Leipzig, B. G. Teubner. à Jahrg. n. 20. —

— historische. Hrsg. v. Gerh. Seeliger. Neue Folge der deutschen Zeitschrift f. Geschichtswissenschaft. 6.—9. Jahrg. 1903—1906. Der ganzen Folge 14. bis 17. Jahrg. à 4 Hefte. (VIII, 584 u. IV, 172 S.; VIII, 592 u. IV, 164 S.; VIII, 584 u. IV, 172 S.; VIII, 568 u. IV, 154 S.) gr. 8. Leipzig, B. G. Teubner. à Jhrg. n. 20. —

historische. Hrsg. v. Gerh. Seeliger. Neue Folge der deutschen Zeitschrift f. Geschichtswissenschaft. 10.—13. Jahrg. 1907—1910. Der ganzen Folge 18.—21. Jahrg. à 4 Hefte. (à Jahrg. ca. 600 S. m. eingedr. Kartenskizzen.) gr. 8. Leipzig, B. G. Teubner. à Jahrg. 20. —

—— homöopathische. Central-Organ für die gesammte Homöopathie mit besond. Berücksicht. aller medicin. Hilfswissenschaften hrsg. von Clotar Müller und Veit Meyer. 1—3. Jahrg. 1850—52. gr. 8. Leipzig, T. O. Weigel. [1. (560 S.) 2. (IV und 511 S.) 3. (IV und 560 S.) à Jahrg. * 3 Thlr. 6 Ngr.] *

—— homöopathische. Zentral-Organ für die gesammte Homöopathie mit besond. Berücksicht. aller medizinischen Hülfswissenschaften hrsg. von Klotar Müller (und Veit Meyer.) 4. und 5. Jahrg. à 4 Hefte. gr. 8. Leipzig, T. O. Weigel. [4. (IV und 471 S.) 5. (IV und 501 S.) 853—54.] à Jahrg. *

—— dass. — hrsg. von Clotar Müller. 6. Jahrg. 4 Hefte. 1855. (481 S.) * 3 Thlr. 6 Ngr. und 7 Jahrg. 1856. 1. Heft. (144 S.) gr. 8. Leipzig, O. Wigand. à Heft *

—— homöopathische. Central-Organ für die gesammte Homöopathie mit besond. Berücksicht. aller medicin. Hilfswissenschaften hrsg. von Clotar Müller. 8—12. Jahrg. 1857—61. à Jahrg. 4 Hefte. gr. 8. (à Heft 112 S.) Leipzig, O. Wigand. à Heft * 24 Ngr. à Jahrg. *

—— homöopathische. Central-Organ für die gesammte Homöopathie mit besond. Berücksichtigung aller medicin. Hilfswissenschaften hrsg. von Clotar Müller. 13.—16. Jahrg. 1862—65. à Jahrg. 4 Hefte. gr. 8. (à Heft ca. 112—150 S.) Leipzig, O. Wigand. à Heft * 24 Ngr. à Jahrg. *

—— illustrirte, der ärztlichen Polytechnik. Hrsg. von G. Beck. 1. Jahrg. 1879. 4 Nrn. (à 3 Bog. mit eingedr. Holzschn.) gr. 8. Bern, Dalp'sche Buchh. *

—— illustrirte, der ärztlichen Polytechnik. Hrsg. von G. Beck. 2. und 3. Jahrg. 1880 und 1881. à Jahrg. 4 Nrn. gr. 8. (196; 240 S. mit eingedr. Holzschn.) Bern, [Dalp'sche Buchh.] Schmid, Francke und Comp. Jahrg. 1880 * Jahrg. 1881 *

Fortsetzung u. d. T.: Monatsschrift, illustrirte, der ärztlichen Polytechnik.

—— juristische. Organ des deutschen Juristenvereines in Prag. Unter fachmänn. Mitwirkung hrsg. von Dominik Ullmann und Otto Frankl. Der Mittheilungen des deutschen Juristen-Vereines 17.—20. Bd., der neuen Folge 1.—4. Bd. 1885—1888. à Bd. 4 Hefte. gr. 8. (à Heft 48—60 S.) Prag, Tempsky. — Leipzig, Freytag. à Bd. *

Die früheren Bände erschienen u. d. T.: Mittheilungen des deutschen Juristenvereines in Prag.

—— juristische. Organ d. deutschen Juristenvereins in Prag. Unter fachmänn. Mitwirkg. hrsg. v. Dominik Ullmann u. Otto Frankl. Der Mittheilgn. d. deutschen Juristen-Vereines. 21.—23. Bd., der neuen Folge 5.—7. Bd. 1889—1891. à Jahrg. 4 Hefte. gr. 8. (à Heft ca. 50 S.) Prag, Tempsky. — Lpz., Freytag. à Bd. * 5 —

Fortsetzung u. d. T.:

— dasselbe. Im Auftrage d. deutschen Juristenvereins in Prag hrsg. v. Dominik Ullmann, Otto Frankl, Aug. Finger. 24.—26. Bd., der neuen Folge 8.—10. Bd. 1892—1894. à 4 Hfte. (à Hft. ca. 50 S.) gr. 8. Wien, Manz. à Bd. n. 5. —

— juristische. Im Auftr. des deutschen Juristenvereines in Prag hrsg. von Dominik Ullmann, Otto Frankl, Aug. Finger. 27.—30. Bd., der neuen Folge 11.—14. Bd. à 4 Hfte. (à ca. 3 Bog.) gr. 8. Wien 895—898. Manz. à Jahrg. n. 5. —

— juristische. Im Auftrage des deutschen Juristenvereines in Prag hrsg. von Dominik Ullmann, Otto Frankl, Aug. Finger. 31.—34. Bd. Der neuen Folge 15.—18. Bd. à 4 Hfte. gr. 8. (à ca. 48 S.) Wien 899. 901. Manz. à Bd. n. 5. —

— juristische. Im Auftrage des deutschen Juristenvereines in Prag hrsg. v. Otto Frankl u. Aug. Finger. 35.—38. Bd. Der neuen Folge 19.—22. Bd. à 4 Hefte. (à ca. 50 S.) gr. 8. Wien 903—906. Manz. à Bd. n. 5. —

— juristische. Unter ständ. Mitwirkung namhafter Theoretiker u. Praktiker hrsg. v. der Geschäftsleitg. des deutschen Juristenvereines in Prag. 39.—42. Bd. Der neuen Folge 23.—26. Bd. à 4 Hefte. (24. Bd. IV, 179 S.) gr. 8. Wien 907—10. Manz. à Bd. 5. —

Vierteljahrsschrift. – Katechetische Vierteljahrsschrift. Jg. 1–4. Leipzig: Teubner 1871–1874. 8°
selbständig und Beiblatt zu Pastoralblatt für Homiletik, Katechetik und Seelsorge. Jg. 1. 1871 ff. (s. unter theol. Zeitschriften).

—— katechetische, für Geistliche und Lehrer, s. a. Gesetz und Zeugniß.

—— katechetische, für Geistliche und Lehrer, s. a. Pastoralblätter für Homiletik, Katechetik und Seelsorge.

Vierteljahrsschrift. – Katechetische Vierteljahrsschrift für Geistliche und Lehrer. Jg. 1–21. Leipzig: Teuber 1865–85. Ist Beiblatt zu „Gesetz und Zeugniß". Leipzig 1859ff. Hrsg.: G. Leonhardi u. C. Zimmermann.

— katechetische, f. Geistliche u. Lehrer. Ein Beiblatt der Pastoralblätter f. Homiletik, Katechetik u. Seelsorge, hrsg. unter der Red. v. G. Leonhardi u. C. Zimmermann. 20. u. 21. Jahrg. 1884 u. 1885. à 4 Hfte. gr. 8. (à Hft. ca. 56 S.) Leipzig, Teubner. à Jahrg. n. 3. 60

Erscheint nicht mehr.

—— katholische, für Wissenschaft und Kunst, Hrsg. von Dieringer, Hilgers, Martin, Scholz, Vogelsang. Neue Folge. 1—3. Jahrg. 1847—49. à Jahrg. 4 Hefte. gr. 8. Cöln und Neuß, Schwannsche Vrlgsh. à Jahrg. *

Bildet die Fortsetzung von: Katholische Zeitschrift für Wissenschaft und Kunst.

—— für moderne Kinder-Garderobe. Illustrirte Revue der geschmackvollsten und zweckmäßigsten Kinder-Bekleidung zum Gebrauche für den Kleidermacher und die Familie. Hrsg. unter Mitwirkung tücht. Fachleute vom Direktorium der Europäischen Moden-Akademie, Müller, Klemm & Schmidt. 1. Jahrg. Octbr. 1870—Septbr. 1871. 4 Hefte. (à 1 Bog. mit color. Modekupfern und Schnittmuster.) Dresden, Expedition der Europäischen Modezeitung. *

—— für moderne Kindergarderobe. 1.—3. Jahrg. 1877—1879. à Jahrg. 4 Hefte. (à 2 Schnittmusterbog. in Imp.-Fol. und 1 chromolithogr. Modekpfr.) Dresden, Expedition der Europäischen Modenzeitung. Jahrg. 1877 * Jahrg. 1878 und 1879 à *

Vierteljahrsschrift für moderne Kindergarderobe. 4.—8. Jahrg. 1880—1884. à Jahrg. 4 Hefte. (à Heft 2 Schnittmusterbog. in Imp.-Fol. und 1 chromolithogr. Modekpfr.) Fol. Dresden, Exped. der europ. Modenzeitung. à Jahrg. *

—— für moderne Kindergarderobe. 15.—18. Jahrg. 1885—1888. à Jahrg. 4 Hefte. (Bog. mit 2 Schnittmusterbog. in Imp.-Fol. und 1 chromolithogr. Modekpfr.) hoch 4. Dresden, Exped. der europ. Modenzeitung. à Jahrg. *

—— für moderne Kindergarderobe. 19.—22. Jahrg. 1889—1892. à Jahrg. 4 Hefte. (Bog. m. 2 Schnittmusterbog. in Imp.-Fol. u. 1 chromolithogr. Modekpfr.) hoch 4. Dresd., Exped. d. europ. Modenzeitung. à Jahrg. * 6 —

—— kirchenmusikalische. Organ des Salzburger Cäcilien-Vereins. Hrsg. von Joh. Katschthaler. 1.—3. Jahrg. 1886/87, 1887/88, 1888/89. à Jahrg. 4 Hefte. gr. 8. (à Heft ca. 48—61 S.) Salzburg, Mittermüller. à Jahrg. *

—— kirchenmusikalische. Hrsg. v. Joh. Katschthaler. 4.—7. Jahrg. 1889—1892. à Jahrg. 4 Hefte. gr. 8. (à Heft 3—4 Bog.) Salzburg, Mittermüller. à Jahrg. * 2 —

— dasselbe. Hrsg. v. Salzburger Diöcesan-Cäcilien-Verein. Red.: Balth. Pfisterer. 8. Jahrg. 1893. 4 Hfte. (à ca. 50 S.) gr. 8. Ebd. n. 2. —

Vierteljahrsschrift, kirchenmusikalische. Hrsg. v. Salzburger Diöcesan-Cäcilien-Verein. Red.: Balth. Feuerstinger. 10.—13. Jahrg. 1895—1898. à 4 Hfte. (à ca. 2 Bog.) gr. 8. Salzburg, A. Pustet à Jahrg. n. 2. —

— kirchenmusikalische. Hrsg. vom Salzburger Diöcesan-Cäcilien-Verein. Red.: Balth. Feuersinger. 14.—17. Jahrg. 1899—1902. à 4 Hfte. gr. 8. (à ca. 32 S.) Salzburg (A. Pustet). à Jahrg. n. 2. —

— kirchenmusikalische. Hrsg. v. Salzburger Diözesan-Cäcilien-Verein. Red.: Balth. Feuersinger. 18. u. 19. Jahrg. 1903 u. 1904. à 4 Hefte. (128 u. 132 S.) gr. 8. Salzburg (A. Pustet). à Jhrg. n. 2. —
Erscheint nicht mehr.

— kirchliche. 1. u. 2. Jahrg. 1844 u. 1845, à 4 Hefte. gr. 8. Berlin 844, Müller. (à n. 1 ℳ) 4 ℳ Herabges. Pr. (à n. 1/4 ℳ) 1 ℳ

—— kirchliche, hrsg. von C. Lüdemann und C. R. Kähler. 1. Bd. 4 Hefte. gr. 8. (1. Heft XII und 112 S.) Kiel 848, Naeck's Verlag. *

—— für Klimatologie, mit besond. Rücksicht auf klimat. Kurorte. In Verbindung mit Carl v. Sigmund hrsg. von Herm. Reimer. 1. Jahrg. 1875. 4 Hefte. Lex.-8. (IV, 416 S.) Leipzig, Veit und Comp. *
Nicht weiter erschienen.

—— kritische, für Gesetzgebung und Rechtswissenschaft unter Mitwirkung von Arndts, Bluntschli, Dernburg, Hillebrand ꝛc. Hrsg. von J. Pözl. (Fortsetzung der kritischen Ueberschau der deutschen Gesetzgebung und Rechtswissenschaft.) 1—3. Bd. à Bd. 4 Hefte. gr. 8. (à Heft ca. 160 S.) München 859—61, Literarisch-artistische Anstalt. à Heft * 1 Thlr. à Bd. *
Die frühern Jahrgänge dieser Zeitschrift erschienen unter dem Titel: Ueberschau, kritische, der deutschen Gesetzgebung, vgl. dieses.

—— kritische, für Gesetzgebung und Rechtswissenschaft unter Mitwirkung von Arndts und Bluntschli hrsg. von E. J. Bekker und J. Pözl. (Fortsetzung der krit. Ueberschau der deutschen Gesetzgebung und Rechtswissenschaft und der Heidelberger krit. Zeitschrift.) 4.—9. Bd. à Bd. 4 Hefte. gr. 8. (à Heft ca. 160 S.) München 867, [Oldenbourg.] à Bd. * 4 Thlr. *
Der 4. und 5. Bd. wurden von J. Pözl allein herausgegeben.

—— kritische, für Gesetzgebung und Rechtswissenschaft unter Mitwirkung von Arndts in Wien und Bluntschli in Heidelberg hrsg. von J. Pözl und B. Windscheid. [Fortsetzung der krit. Ueberschau der deutschen Gesetzgebung und Rechtswissenschaft und der Heidelberger krit. Zeitschrift.] 10.—13. Bd. à 4 Hefte. gr. 8. (à Heft ca. 160 S.) München 868—71, Oldenbourg. à Bd. *

—— dass. — Register zur kritischen Ueberschau der deutschen Gesetzgebung und Rechtswissenschaft, 1.—6. Bd. und zur krit. Vierteljahrsschrift für Gesetzgebung und Rechtswissenschaft [Fortsetzung der „kritischen Ueberschau"] 1.—11. Bd., hrsg. von der Redact. der krit. Vierteljahrsschrift. gr. 8. (159 S.) Ebendas. 870. *

—— dass. — 12. Bd.: Bemerkungen zum Entwurf eines Strafgesetzbuches für den norddeutschen Bund. Von Röder. Extra-Beilage. gr. 8. (71 S.) Ebendas. 870. *

—— dass. — hrsg. von A. Brinz und J. Pözl. 14.—17. Bd. à 4 Hefte. gr. 8. (à Heft ca. 160 S.) Ebendas. 872—75. à Bd. *

—— kritische, für Gesetzgebung und Rechtswissenschaft unter Mitwirkung von Arndts und Bluntschli hrsg. von A. Brinz und J. Pözl. [Fortsetzung der kritischen Ueberschau der deutschen Gesetzgebung und Rechtswissenschaft und der Heidelberger krit. Zeitschrift.] 18. und 19. Bd. à 4 Hefte. gr. 8. (à Heft ca. 160—170 S.) München 876,77, Oldenbourg. à Bd. (*ℳ 12.) *

—— dass. — Neue Folge. 1. und 2. Bd. Der ganzen Reihenfolge 20. und 21. Bd. à 4 Hefte. gr. 8. (à Heft ca. 170 S.) Ebendas. 878,79. à Bd. *

—— dass. — Hauptregister zu Bd. IX—XIX, hrsg. von der Redaction. gr. 8. (141 S.) Ebendas. 878. *

—— kritische, für Gesetzgebung und Rechtswissenschaft, unter Mitwirkung von Bluntschli hrsg. von A. Brinz und J. Pözl. [Fortsetzung der krit. Ueberschau der deutschen Gesetzgebung und Rechtswissenschaft und der Heidelberger krit. Zeitschrift.] Neue Folge. 3. Bd. Der ganzen Reihenfolge 22. Bd. 4 Hefte. gr. 8. (à Heft 160 S.) München 880, Oldenbourg. *

—— dass. — Neue Folge. 4. Bd. Der ganzen Folge 23. Bd. 4 Hefte. gr. 8. (à Heft 160 S.) Ebendas. 881. *

—— dass. — Hrsg. von A. Brinz und M. Seydel. Neue Folge. 5.—7. Bd. Der ganzen Folge 24.—26. Bd. à Bd. 4 Hefte. gr. 8. (à Heft ca. 160 S.) Ebendas. 882—84. à Bd. *

—— kritische, für Gesetzgebung und Rechtswissenschaft, hrsg. von A. Brinz und M. Seydel. [Fortsetzung der krit. Ueberschau der deutschen Gesetzgebung und Rechtswissenschaft und der Heidelberger krit. Zeitschrift.] Neue Folge 7. Bd. Der ganzen Folge 26. Bd. Suppl.-Heft. gr. 8. (V, S. 637—795.) München 884, Oldenbourg. *

—— dass. — Neue Folge 8.—10. Bd. Der ganzen Folge 27.—29. Bd. à 4 Hefte. gr. 8. (à Heft ca. 160 S.) Ebendas. 885—87. à Bd. *

—— dass. — hrsg. von M. Seydel. [Fortsetzung der krit. Ueberschau der deutschen Gesetzgebung und Rechtswissenschaft und der Heidelberger krit. Zeitschrift.] Neue Folge 11. und 12. Bd. Der ganzen Folge 30. und 31. Bd. à Bd. 4 Hefte. gr. 8. (à Heft 140—160 S.) Ebendas. 888. à Bd. *

—— kritische, f. Gesetzgebung u. Rechtswissenschaft, hrsg. v. A. v. Bechmann u. M. Seydel. [Fortsetzg. der krit. Ueberschau der deutschen Gesetzgebg. u. Rechtswissenschaft u. der Heidelberger krit. Zeitschr.] Neue Folge. 13.—15. Bd. Der ganzen Folge 32.—34. Bd. à Bd. 4 Hefte. gr. 8. (à Heft ca. 160 S.) Münch. 890—92, Oldenbourg. à Bd. * 14

— kritische, f. Gesetzgebung u. Rechtswissenschaft, hrsg. von A. v. Bechmann u. M. Seydel. [Fortsetzung der krit. Ueberschau der deutschen Gesetzgebg. u. Rechtswissenschaft u. der Heidelberger krit. Zeitschr.] Neue Folge. 14.—17. Bd. Der ganzen Folge 33.—36. Bd. à 4 Hftc. (à ca. 160 S.) gr. 8. München 891—894. R. Oldenbourg. à Bd. n. 14. —

— kritische, f. Gesetzgebung u. Rechtswissenschaft, hrsg. von A. v. Bechmann, F. Hellmann, K. v. Maurer, M. Seydel u. E. Ullmann. [Fortsetzung d. krit. Ueberschau d. deutschen Gesetzgebg. u. Rechtswissenschaft u. d. Heidelberger krit. Zeitschr.] 3. Folge. 1.—4. Bd. (Der ganzen Folge 37.—40. Bd.) à 4 Hftc. (à ca. 10 Bog.) gr. 8. Freiburg i/B. 895—898. Tübingen, J. C. B. Mohr. à Jahrg. n. 14. —

— kritische, f. Gesetzgebung u. Rechtswissenschaft, hrsg. v. K. Birkmeyer, F. Hellmann, K. v. Maurer u. E. v. Ullmann. (Fortsetzung der krit. Ueberschau der deutschen Gesetzgebung u. Rechtswissenschaft u. der Heidelberger krit. Zeitschr.) 3. Folge. 5.—8. Bd. (Der ganzen Folge 41.—44. Bd.) à 4 Hftc. gr. 8. (VIII, 628; VIII, 636; IX, 644 u. VII, 630 S.) Tübingen 899—902. J. C. B. Mohr. à Bd. n. 14. —

— kritische, f. Gesetzgebung u. Rechtswissenschaft, hrsg. v. K. Birkmeyer, F. Hellmann, Frhr. C. v. Stengel u. E. v. Ullmann. (Fortsetzung der krit. Ueberschau der deutschen Gesetzgebg. u. Rechtswissenschaft u. der Heidelberger krit. Zeitschr.) 3. Folge. 9. u. 10. Bd. (Der ganzen Folge 45 u. 46. Bd.) à 4 Hefte. (638 u. 632 S.) gr. 8. Tübingen 903. 904. J. C. B. Mohr. à Bd. n. 14. —

— dasselbe. 3. Folge. 11. Bd. (Der ganzen Folge 47. Bd.) 4 Hefte. (à ca. 160 S.) gr. 8. München 906. Th. Ackermann. n. 14. —

— kritische, f. Gesetzgebung u. Rechtswissenschaft, hrsg. v. K. v. Birkmeyer, A. Dyroff, F. Hellmann, E. v. Ullmann. 3. Folge. 12. u. 13. Bd. (Der ganzen Folge 48. u. 49. Bd.) à 4 Hefte. (13. Bd. VII, 590 S.) gr. 8. München 908—11. Th. Ackermann. à Bd. 14

— kritisch-pädagogische, für Volksschullehrer, Geistliche und Schulinspectoren. Unter Mitwirkung von Albrecht, A. Beauvais, Block rc. red. von Th. Ballien. 1. Jahrg. 1864. 4 Hefte (à 5 Bgn.). Bernburg, Reiter. gr. 8. n. 1 ₰ 15 ngr.

— — 2. Jahrg. 1865. 4 Hefte (à 5 Bgn.). Brandenburg, Ballien. gr. 8. n. 1 ₰ 15 ngr.

— kritisch-pädagogische, für Volksschullehrer, Geistliche u. Schulinspectoren. Unter Mitwirkung von A. Beauvais, Block, Joh. Crüger rc. redig. von Th. Ballien. 3. u. 4. Jahrg. 1866 u. 1867. à Jahrg. 4 Hefte (à 5 Bgn.). Brandenburg, Ballien's Selbstverlag. gr. 8. Jeder Jahrg. n. 1 ₰ 15 ngr.

—— für Kultur und Literatur der Renaissance. Hrsg. von Ludw. Geiger. 1. Jahrg. 1885. 4 Hefte. gr. 8. (539 S.) [Leipzig, Seemann.] Berlin, [Hettler.] A. Haack. *
—— dass. — 2. Bd. 1. Heft. Lex.-8. (140 S.) Berlin 886, [Hettler.] A. Haack. *
—— dass. — 2. Bd. 2.—4. (Schluss-)Heft. Lex.-8. (S. 141—368 mit 1 Lichtdr.-Taf.) Berlin 887, A. Haack. *
Fortsetzung, s. Zeitschrift für vergleichende Litteraturgeschichte und Renaissance-Litteratur.

— landwirthschaftliche, für praktische Landwirthe. Enthaltend die Fortschritte der gesammten Land- u. Hauswirthschaft nebst der mit beiden in Verbindung stehenden Gewerbe. Herausg. u. red. v. F. Kirchhof. 1—3. Jahrg. 1860—62. à 4 Hefte (à 12 Bgn.). Leipzig, C. F. Winter. gr. 8. Jedes Heft n. 20 ngr.

—— dass. — Hrsg. und redig. von demselben. 4. und 5. Jahrg. 1864 und 1865. à Jahrg. 4 Hefte. (à Heft 12 Bog.) gr. 8. Leipzig, Roßberg'sche Buchh. à Heft * 20 Ngr. à Jahrg. *

—— dass. — Hrsg. und redig. von demselben. 6. und 7. Jahrg. 1866 und 1867. à Jahrg. 4 Hefte. (à Heft 12 Bog.) gr. 8. Leipzig. [Stuttgart, Wittwer.] à Heft * 20 Ngr. à Jahrg. *
Jahrg. 1863 ist nicht erschienen.

—— landwirthschaftliche, für praktische Landwirthe. Enth. die Fortschritte der gesammten Land- und Hauswirthschaft nebst der mit beiden in Verbindung stehenden Gewerbe. Hrsg. und redig. von F. Kirchhof. 8. Jahrg. 1868. 4 Hefte. (à 12 Bog.) gr. 8. Stuttgart, Wittwer. à Heft *

— d. bayerischen Landwirthschaftsrathes, zugl. Organ der landwirthschaftl. Lehranstalten u. Versuchsstationen Bayerns. Neue Folge d. Zeitschrift d. landwirthschaftl. Vereins in Bayern. Red. v. Otto May. 1—3. Jahrg. 1896—1898. à 4 Hfte. (à ca. 120 S.) gr. 8. München (A. Ackermann's Nachf.) à Jahrg. n. 4.—

— des bayerischen Landwirthschaftsrathes, zugleich Organ der landwirthschaftl. Lehranstalten, der Landesmoorkultur-Anstalt u. Versuchsstationen Bayerns. Neue Folge der Zeitschrift des landwirthschaftl. Vereins in Bayern. Red. v. Otto May. 4.—6. Jahrg. 1899—1901. à 4 Hfte. gr. 8. (à ca. 120 S. m. Abbildgn.) München (A. Ackermann's Nachf.). à Jahrg. n. 4.—

Vierteljahrsschrift des bayerischen Landwirtschaftsrates, zugleich Organ der landwirtschaftl. Lehranstalten und Versuchsstationen Bayerns, der k. b. Moorkultur-Anstalt u. kgl. agrikulturbotan. Anstalt. Neue Folge der Zeitschrift des landwirtschaftl. Vereins in Bayern. Red. v. Otto May. 12. u. 13. Jahrg. 1907 u. 1908. à 4 Hefte. 8. München (A. Ackermann's Nachf.). à Jahrg. 4.—
Erscheint nicht mehr.

— für Litteraturgeschichte, unter Mitwirkg. v. E. Schmidt u. Bernh. Suphan hrsg. v. B. Seuffert. 1. Bd. 4 Hfte. gr. 8. (VII, 531 S.) Weimar 888. Böhlau. n. 10. 40

— dasselbe. 2. Bd. 4 Hfte. gr. 8. (V, 617 S.) Ebd. 889. n. 12. —

— dasselbe. 3. Bd. 4 Hfte. gr. 8. (1. Hft. 200 S.) Ebd. 890. n. 12. —

— für Litteraturgeschichte. Unter Mitwirkung v. Erich Schmidt u. Bernh. Suphan hrsg. v. Bernh. Seuffert. 4.—6. Bd. à 4 Hfte. (à ca. 160 S.) gr. 8. Weimar 891—893. H. Böhlau. à Bd. n. 12. —

—— für gerichtliche und öffentliche Medicin. Unter Mitwirkung der k. wissenschaftl. Deputation für das Medicinalwesen im Ministerium der geistl., Unterrichts- und Medicinal-Angelegenheiten hrsg. von Joh. Ludw. Casper. 1—10. Bd. (Jahrg. 1852—56.) à 4 Hefte. gr. 8. Berlin, A. Hirschwald. à Jahrg. *

—— für gerichtliche und öffentliche Medicin. Unter Mitwirkung der königl. wissenschaftl. Deputation für das Medicinalwesen im Ministerium der geistl., Unterrichts- und Medicinal-Angelegenheiten hrsg. von Joh. Ludw. Casper. 11—20. Bd. (Jahrg. 1857—61.) à Jahrg. 2 Bde. oder 4 Hefte. gr. 8. (à Heft 192 S.) Berlin, A. Hirschwald. à Jahrg. *

—— für gerichtliche und öffentliche Medicin. Unter Mitwirkung der Königl. wissenschaftl. Deputation für das Medicinalwesen im Ministerium der geistl., Unterrichts- und Medicinal-Angelegenheiten. 21.—25. Bd. hrsg. von Joh. Ludw. Casper, und Neue Folge 1.—7. Bd. hrsg. von Wilh. Horn. (Jahrg. 1862—67.) à Jahrg. 4 Hefte. gr. 8. (à Heft ca. 190 S.) Berlin, A. Hirschwald. à Jahrg. *

—— dass. — Hrsg. von Joh. Ludw. Casper. Namen- und Sachregister zu Bd. 1—20 incl. gr. 8. (50 S.) Ebendas. 862. *

—— für gerichtliche Medicin und öffentliches Sanitätswesen. Unter Mitwirkung der königl. wissenschaftl. Deputation für das Medicinalwesen im Ministerium der geistl., Unterrichts- und Medicinal-Angelegenheiten hrsg. von Herm. Eulenberg. Neue Folge. 16.—23. Bd. oder Jahrg. 1872—1875. à Jahrg. 4 Hefte. gr. 8. (à Heft ca. 200 S.) Ebendas.
1872—1874 à *
1875 *

—— für gerichtliche Medicin und öffentliches Sanitätswesen. Unter Mitwirkung der königl. wissenschaftl. Deputation für das Medicinalwesen im Ministerium der geistl., Unterrichts- und Medicinal-Angelegenheiten hrsg. von Herm. Eulenberg. Neue Folge 24.—27. Bd. oder Jahrg. 1876 und 1877. à Jahrg. 4 Hefte. gr. 8. (à Heft ca. 200 S. mit Stnt.) Berlin, Hirschwald. à Jahrg. *

—— dass. — Neue Folge. 27. Bd. Suppl.-Heft. gr. 8. (S. 193—384.) Ebendas. 877. *

—— dass. — Neue Folge. 28.—31. Bd. oder Jahrg. 1878 und 1879. à Jahrg. 4 Hefte. gr. 8. (à Heft 200 S.) Ebendas. à Jahrg. *

—— für gerichtliche Medicin und öffentliches Sanitätswesen. Unter Mitwirkung der königl. wissenschaftl. Deputation für das Medicinalwesen im Ministerium der geistl., Unterrichts- und Medicinal-Angelegenheiten hrsg. von Herm. Eulenberg. Neue Folge. 32.—41. Bd. oder Jahrg. 1880—1884. à Jahrg. 4 Hefte. gr. 8. (à Heft ca. 200 S.) Berlin, Hirschwald. à Jahrg. *
—— dass. — 39. Bd. oder Jahrg. 1883. Suppl.: Gutachten der königl. wissenschaftl. Deputation für das Medicinalwesen in Preussen über die Canalisation der Städte. Hrsg. von Herm. Eulenberg. gr. 8. (156 S.) Ebendas. *

—— dass. — 40. Bd. oder Jahrg. 1881. Suppl.: Gutachten der königl. wissenschaftl. Deputation für das Medicinalwesen in Preussen betreffend das Liernur'sche Reinigungsverfahren in Städten. Hrsg. von Herm. Eulenberg. gr. 8. (61 S.) Ebendas. *
—— dass. — General-Register zum Jahrg. 1852—1883 incl. gr. 8. (53 S.) Ebendas. 881. *

—— für gerichtliche Medicin und öffentliches Sanitätswesen. Unter Mitwirkung der königl. wissenschaftl. Deputation für das Medicinalwesen im Ministerium der geistl., Unterrichts- und Medicinal-Angelegenheiten hrsg. von Herm. Eulenberg. Neue Folge. 42.—49. Bd. oder Jahrg. 1885—1888. à Jahrg. 4 Hefte. gr. 8. Berlin, Hirschwald. [42. Bd. (444 S. mit 3 Taf.); 43. Bd. (387 S.); 44. Bd. (413 S. mit 3 Taf.); 45. Bd. (394 S.); 46. Bd. (448 S.); 47. Bd. (388 S.); 48. Bd. (498 S. mit 2 Taf.); 49. Bd. (392 S.)] à Jahrg. *

Vierteljahrsschrift für gerichtliche Medicin u. öffentliches Sanitätswesen. Unter Mitwirkg. der königl. wissenschaftl. Deputation f. das Medicinalwesen im Ministerium der geistl., Unterrichts- u. Medicinal-Angelegenheiten hrsg. Neue Folge. 50.—53. Bd., od. Jahrg. 1889 u. 1890, hrsg. von Herm. Eulenberg, u. 3. Folge. 1.—4. Bd., od. Jahrg. 1891 u. 1892, hrsg. von A. Wernich. à Jahrg. 4 Hefte. gr. 8. (IV, 392; IV, 473; IV, 12 ; IV, 392 S., u. IV, 402; IV, 420; IV, 420; IV, 399 S.) Berl., Hirschwald. à Jahrg. * 14 —

—— dass. — Suppl.-Hefte zu Neue Folge 50. Bd., u. 3. Folge 1. u. 4. Bd. gr. 8. (IV, 192; III, 175; 191 S.) Ebd. 889—92. à Heft * 3 60

— f. gerichtliche Medicin u. öffentliches Sanitätswesen. Unter Mitwirkg. der königl. wissenschaftl. Deputation f. das Medicinalwesen im Ministerium der geistl., Unterrichts- u. Medicinal-Angelegenheiten hrsg. v. A. Wernich. 3. Folge. 1.—10. Bd. od. Jahrg. 1891—1895. à 4 Hfte. (à Hft. ca. 200 S. m. Abbildgn.) gr. 8. Berlin, A. Hirschwald. à Jahrg. n. 14. —

— dasselbe. 3. Folge. 1. Bd. Suppl.-Hft. gr. 8. (III, 175 S.) Ebd. 891. n. 3. 60

— dasselbe. 3. Folge. 4. Bd. Suppl.-Hft. gr. 8. (191 S.) Ebd. 892. n. 3. 60

— dasselbe. 3. Folge. 6. Bd. Suppl.-Hft. gr. 8. (IV, 198 S.) Ebd. 893. n. 3. 60

— dasselbe. 3. Folge. 8. Bd. Suppl.-Hft. Festschrift f. Hofrath Prof. Ed. v. Hofmann in Wien. gr. 8. (XVI, 245 S. m. Bildnis.) Ebd. 894. n. 5. —

— für gerichtliche Medicin u. öffentl. Sanitätswesen. Unt. Mitwirkg. d. kgl. wissenschaftl. Deputation f. d. Medicinalwesen im Ministerium d. geistl., Unterrichts- u. Medicinal-Angelegenheiten hrsg. v. A. L. Schmidtmann u. Fritz Strassmann. 3. Folge. 11.—16. Bd. Jahrg. 1895—1898. à 4 Hfte. (à ca. 200 S.) gr. 8. Berlin, A. Hirschwald. à Jahrg. n. 14. —

— dasselbe, hrsg. v. A. Wernich. 3. Folge. 10. Bd. Suppl.-Hft. Jahrg. 1895. Suppl. gr. 8. (III, 191 S. m. 1 Taf.) Ebd. 895. n. 3. 60

— dasselbe, hrsg. v. A. L. Schmidtmann u. Fritz Strassmann. 3. Folge. 12. Bd. Suppl.-Hft. Jahrg. 1896. Suppl. gr. 8. (III, 186 S) Ebd. 896. n. 3. 60

— dasselbe. 3. Folge. 14. Bd. Suppl.-Hft. Jahrg. 1897. Suppl. gr. 8. (VI, 210 S.) Ebd. 897. n. 3. 60

— dasselbe. 3. Folge. 16. Bd. Suppl.-Hft. Jahrg. 1898. Suppl. gr. 8. Ebd. 898. n. 3. 60
Gutachten betr. Städtekanalisation u. neue Verfahren f. Abwässerreinigung. Hrsg. v. A. L. Schmidtmann. (V, XXXIX, 189 S.)

— für gerichtliche Medizin u. öffentliches Sanitätswesen. Unter Mitwirkg. der königl. wissenschaftl. Deputation für das Medizinalwesen im Ministerium der geistl., Unterrichts- u. Medicinal-Angelegenheiten hrsg. v. A. L. Schmidtmann u. Fritz Strassmann. 3. Folge. 17.—24. Bd. Jahrg. 1899—1902. à 4 Hfte. gr. 8. Berlin, A. Hirschwald. à Jahrg. (2 Bde.) n. 14. —
17. (IV, 415 S.) — 18. (IV, 411 S.) — 19. (IV, 405 S. m. 2 farb. Taf.) — 20. (IV, 418 S.) — 21. (403 S.) — 22. (IV, 420 S.) — 23. (VIII, 429 S. m. Abb.) — 24. (IV, 429 S. m. 1 Taf.)

Vierteljahrschrift für gerichtliche Medizin u. öffentliches Sanitätswesen. Unter Mitwirkg. der königl. wissenschaftl. Deputation für das Medizinalwesen im Ministerium der geistl., Unterrichts- u. Medicinal-Angelegenheiten hrsg. v. A. L Schmidtmann u. Fritz Strassmann. 3. Folge. 17. Bd. Suppl.-Hft. Jahrg. 1899. I. Suppl. gr. 8. (III, 233 S.) Ebd. n. 3. 60

— dasselbe. General-Register. Jahrg. 1852—1901 incl. gr. 8. (307 S.) Ebd. 902. n. 8. —

— dasselbe. 19. Bd. Suppl.-Hft. Jahrg. 1900. gr. 8. (III, 322 S. m. 2 Taf.) Ebd. n. 8. —

— dasselbe. 21. Bd. Suppl.-Hft. Jahrg. 1901. Suppl. gr. 8. (XLII, 319 S. m. Abbildgn.) Ebd. 901. n. 8. —

— dasselbe. 23. Bd. Suppl.-Hft. Jahrg. 1902. Suppl. gr. 8. (III, 282 S. m. Abbildgn.) Ebd. 902. n. 8. —

— dasselbe. 24. Bd. Suppl.-Hft. Jahrg. 1902. Suppl. II. gr. 8. (119 S.) Ebd. 902. n. 3. 60

— f. gerichtliche Medizin u. öffentl. Sanitätswesen. Unter Mitwirkg. der königl. wissenschaftl. Deputation f. das Medizinalwesen im Ministerium der geistlichen, Unterrichts- u. Medizinal-Angelegenheiten hrsg. von A. Schmidtmann u. Fritz Strassmann. 3. Folge. 25.—32. Bd. Jahrg. 1903—1906. à 4 Hefte. (IV, 432 u. IV, 442 S. m. Abbildgn.; IV, 426 u. IV, 438 S. m. Abbildgn.; V, 480 u. IV, 475 S. m. Abbildgn. u. 1 Taf.; V, 475 u. IV, 448 S. m. Abbildgn. 9 Taf.) gr. 8. Berlin, A. Hirschwald. à Jhrg. n. 14. —

— dasselbe. 3. Folge. 25. Bd. Suppl.-Heft I u. II. Jahrg. 1903. Suppl. I. u II. (III, 354 u. III, 199 S.) gr. 8. Ebd. 903. n. 13. —

— dasselbe. 3. Folge. 27. Bd. Suppl.-Heft. Jahrg. 1904. (III, 338 S. m. 4 Taf.) gr. 8. Ebd. 904. 8. —

— dasselbe. 3. Folge. 29. Bd. Suppl.-Heft. Jahrg. 1905. (III, 240 S. m. 1 Taf.) gr. 8. Ebd. 905. n. 6. —

— dasselbe. 3. Folge. 31. Bd. Suppl.-Heft. Jahrg. 1906. (III, 246 S. m. 11 Abbildgn.) gr. 8. Ebd. n. 6. —

— für gerichtliche Medizin u. öffentliches Sanitätswesen. Unter Mitwirkung der königl. wissenschaftl. Deputation f. das Medizinalwesen im Ministerium d. geistl., Unterrichts- und Medizinal-Angelegenheiten hrsg. v. A. Schmidtmann u. F. Strassmann. 3. Folge. 33.—40. Bd. Jahrg. 1907—1910. à 4 Hefte. (IV, 452; IV, 445; IV, 433; IV, 475; IV, 424; IV, 441; VII, 483 u. IV, 426 S. m. Fig. u. Taf.) gr. 8. Berlin, A. Hirschwald. à Jahrg. 14. —

— dasselbe. 3. Folge. 33.—35., 37 u. 39 Bd. Suppl.-Hefte. gr. 8. Ebd. 48. —
33. Bd. Verhandlungen der II. Tagung der deutschen Gesellschaft f. gerichtl. Medizin in Stuttgart, 17.—19. IX. 1906. (VI, 278 S. m. Abbildgn. u. 3 Taf.) 907. 8. —
34. Bd. (III, 328 S.) 907. 8. —
35. Bd. Verhandlungen der III. Tagung der deutschen Gesellschaft f. gerichtl. Medizin in Dresden, 16.—18. IX. 1907. (VI, 189 S. m. 9 Taf.) 908. 8. —
37. Bd. 1. (III, 233 S. m. Abbildgn.) 909. 8. —
2. Verhandlungen der IV. Tagung der deutschen Gesellschaft f. gerichtl. Medizin in Cöln, 21.—22. IX. 1908. (VI, 180 S. m. Fig. u. 2 Taf.) 909. 5. —
39. Bd. 1. Verhandlungen der V. Tagung der deutschen Gesellschaft für gerichtliche Medizin in Salzburg, 20.—22. IX. 1909. (VI, 182 S. m. 10 Taf.) 910. 8. —
2. (III, 205 S. m. 11 Fig.) 910. 5. —

—— medicinische, s. Archiv f. Heilkunde.

Mennonitische Vierteljahresschrift: Band 1, no. 1, Oct 1900.
Only one issue published. Organ of The Mennonite Church. Contains articles on the Mennonite Church and its work; some poetry, etc. Edited & published by Johannes Horsch.
Octavo, 16 pages
Berne, IN

— für Musikwissenschaft. Hrsg. v. Frdr. Chrysander u. Phpp. Spitta, red. v. Guido Adler. 1. u. 2. Jahrg. 1885 u. 1886. à 4 Hfte. gr. 8. (à Hft. ca. 140 S.) Leipzig, Breitkopf & Härtel. à Jahrg. n. 12. —

— für Musikwissenschaft. Hrsg. v. F. Chrysander, Ph. Spitta u. G. Adler. 3.—6. Jahrg. 1887—1890. à 4 Hfte. gr. 8. (à Jahrg. ca. 600 S.) Leipzig, Breitkopf & Härtel. à Jahrg. n. 12. —

— für Musikwissenschaft. Hrsg. v. Frdr. Chrysander, Phpp. Spitta u. Guido Adler. 7.—10. Jahrg. 1891—1894. à 4 Hfte. (à ca. 140 S.) gr. 8. Leipzig, Breitkopf & Härtel. à Jahrg. n. 12. —

— für Musikwissenschaft. General-Register zu Bd. I—X, 1885—1894, bearb. v. Rud. Schwartz. gr. 8. (IV, 121 S.) Leipzig 895. Breitkopf & Härtel. n. 2. —

Vierteljahrsschrift, Neue schweizerische. Bern 1850—51. H: *Schneider, Joh. Rud.* (Cat. d. Stadtbibl. Zürich. Zürich 1864—97.)

—— neue schweizerische. 1. und 2. Bd. à 2 Hefte (oder) Jahrg. 1850 und 1851. (5. und 6. Jahrg. alte Reihenfolge.) gr. 8. (480 S. mit 2 lithogr. Karten in Fol. und qu. Imp.-Fol.) Bern 851, (Jent und Reinert.) à Bd. * 1 Thlr. 10 Ngr. *

Vierteljahresschrift, Oesterreichische, f. Forstwesen. Hrsg. v. einem Vereine v. Forstmännern u. Freunden des Forstwesens unter der Red. des L. Grabner. 1. Bd. 4 Hfte. gr. 8. Wien 848, Braumüller. n. 2 ₰

—— österreichische, für Forstwesen. Hrsg. von einem Vereine von Forstmännern und Freunden des Forstwesens unter der Red. von L. Grabner. 1. und 2. Bd. à 4 Hefte. gr. 8. Wien 851—52, Braumüller. à Bd. * 2 Thlr. *

Vierteljahresschrift, oesterreichische, für Forstwesen, zugleich Organ des österreich. Reichsforstvereines. Herausg. von einem Vereine von Forstmännern und Freunden des Forstwesens unter der Red. des L. Grabner. 3. Bd. 4 Hefte (à 7—8 Bgn.). Wien 853. Braumüller. gr. 8. n. 2 ₰.

—— dass. — Hrsg. vom österreich. Reichsforstvereine. Redig. von R. Strohal. 4—6. Bd. à Bd. 4 Hefte. gr. 8. Ebds. 855—56. à Bd. * 2 Thlr. *

— — Redig. von Frz. Altdorffer. 7. u. 8. Bd. à 4 Hefte (à 6—8 Bgn. mit lith. Taf.). Wien 858. Braumüller. gr. 8. Jeder Bd. n. 2 ₰.

— österreichische, für Forstwesen. Herausg. vom österreichischen Reichsforstvereine. Red. von Frz. Altdorffer. 9—11. Bd. (Jahrg. 1859—61.) à 4 Hefte. Wien, Braumüller. gr. 8. Jeder Jahrg. n. 2 ₰

—— österreichische, für Forstwesen. Hrsg. vom österreichischen Reichsforstvereine. Redig. von Jos. Wessely. 12.—14. Bd., Jahrg. 1862—64. à Jahrg. 4 Hefte. gr. 8. (à Heft ca. 98—146 S., theilweise mit Stnt. in qu. gr. 4.) Wien, Braumüller. 12. und 13. Bd. à * 2 Thlr.; 14. Bd. *
Vgl.: Monatsschrift, oesterreichische, für Forstwesen.

—— österreichische, [früher Monatsschrift] für Forstwesen. Hrsg. vom österreich. Reichsforstvereine. Redig. von Rob. Micklitz. Neue Folge. 1. Bd. Der ganzen Folge 33. Bd. Jahrg. 1883. 4 Hefte. gr. 8. (398 S.) Wien, (Perles.) *
—— dass. — Redig. von Adf. Ritter v. Guttenberg. Neue Folge. 2. Bd. Der ganzen Folge 34. Bd. Jahrg. 1884. 4 Hefte. gr. 8. (393 S. mit 2 Taf.) (Ebenda.) *

—— österreichische [früher Monatsschrift], für Forstwesen. Hrsg. vom österreich. Reichsforstvereine. Redig. von Adf. Ritter v. Guttenberg. Neue Folge. 3.—6. Bd. Der ganzen Folge 35.—38. Bd. Jahrg. 1885—1888. à Jahrg. 4 Hefte. gr. 8. (à Bd. 392 S.) Wien, (Perles.) à Bd. (Jahrg.) *

— österreichische, [früher Monatsschrift] f. Forstwesen. Hrsg. vom österreich. Reichsforstvereine. Red. v. Adf. Ritter v. Guttenberg. Neue Folge. 5.—8. Bd. Der ganzen Folge 37.—40. Bd. Jahrg. 1887—1890. à 4 Hfte. gr. 8. (à Hft. ca. 100 S.) Wien, (Perles). à Jahrg. n.n. 10. —

— österreichische, [früher Monatsschrift] f. Forstwesen. Hrsg. vom österreich. Reichsforstvereine. Red. von Adf. Ritter v. Guttenberg. Neue Folge. 9.—12. Bd. Der ganzen Folge 41.—44. Bd. Jahrg. 1891—1894. à 4 Hfte. (à ca. 100 S.) gr. 8. Wien, (M. Perles). à Jahrg. n.n. 10. —

— österreichische, [früher Monatsschrift] für Forstwesen. Hrsg. v. österreich. Reichsforstvereine. Red. von Adf. Ritter v. Guttenberg. Neue Folge. 13.—16. Bd. Der ganzen Folge. 45.—48. Bd. Jahrg. 1895—1898. à 4 Hfte. (à ca. 100 S. m. Abb.) gr. 8. Wien (M. Perles). à Jahrg. n.n. 10. —

— österreichische, [früher Monatsschrift] f. Forstwesen. Hrsg. vom österreich. Reichsforstvereine. Red. von Adf. Ritter v. Guttenberg. Neue Folge. 17.—20. Bd. Der ganzen Folge 49.—52. Bd. Jahrg. 1899—1902. à 4 Hfte. gr. 8. (à ca. 7 Bog. m. Abbildgn.) Wien (M. Perles). à Jahrg. n.n. 10. —

— österreichische, [früher Monatsschrift] f. Forstwesen. Hrsg. vom österreich. Reichsforstvereine. Red. von Adf. Ritter v. Guttenberg. Neue Folge. 21.—24. Bd. Der ganzen Folge 53.—56. Bd. Jahrg. 1903—1906. à 4 Hefte. (à Jahrg. ca. 460 S. m. Abbildgn.) gr. 8. Wien (M. Perles). à Jhrg. n.n. 10. —

— österreichische, (früher Monatsschrift) für Forstwesen. Hrsg. vom österreich. Reichsforstverein. Red. von Adf. Ritter v. Guttenberg. Neue Folge. 25.—28. Bd. Der ganzen Folge 57.—60. Bd. Jahrg. 1907—1910. à 4 Hefte. (à Jahrg. ca. 400 S. m. Abb.) gr. 8. Wien, M. Perles. à Jahrg. nn 10. —

— österreichische, für Gesundheitspflege. (Neue Folge der Monatsschrift f. Gesundheitspflege.) Organ der österreich. Gesellschaft f. Gesundheitspfl. Unter Mitwirkg. v. Bail, Bujwid, Grassberger u. a. red. im hygien. Institute der k. k. Universität in Wien, IX., Kinderspitalgasse 15. 1. (28.) Jahrg. 1910. 4 Hefte. (1. Heft. 128 S. m. 1 Karte.) gr. 8. Wien, M. Perles.
Vergl.: Monatsschrift f. Gesundheitspflege. 6. —

— österreichische, für Militärwissenschaft. Hersg. unter Mitwirkung von Offizieren u. Militärbeamten der k. k. Armee. 1. Jahrg. 1866. 4 Hefte (à 10 Bgn.). Wien, Braumüller. gr. 8. n. 3 ℛ 10 ngr.
Nicht weiter erschienen.

Vierteljahresschrift für Militärwissenschaft. Bd 1. Wien 1867. 389 S.

— österreichische, für Rechts- und Staatswissenschaft. Repertorium, f.a. Degen, G.

Vierteljahresschrift, österreichische, für Rechts- und Staatswissenschaft. Hrsg. von Frz. Haimerl. 1—8. Bd. (Jahrg. 1858—61.) à Jahrg. 4 Hefte. gr. 8. (à Heft ca. 140—200 S. mit Literaturblatt 10—50 S.) Wien, Braumüller's Verlags-Conto. à Jahrg. Thlr. *
Vgl.: Magazin für Rechts- und Staatswissenschaft.

— österreichische, für Rechts- und Staatswissenschaft. Hrsg. von Frz. Haimerl. 9.—18. Bd. (Jahrg. 1862—66.) à Jahrg. 4 Hefte. gr. 8. (à Heft ca. 192—200 S.) Wien, Braumüller. à Jahrg. *

— österreichische, für katholische Theologie. In Verbindung mit Jos. Danko, Ant. Gruscha, Alb. Jäger rc. hrsg. von Thdr. Wiedemann. 1.—6. Jahrg. 1862—67. à Jahrg. 4 Hefte. (à Heft ca. 10 Bog.) gr. 8. Wien, Braumüller. à Jahrg. *

— oesterreichische, für katholische Theologie. In Verbindung mit Jos. Danko, Ant. Gruscha, Alb. Jäger, Jos. Tosi, hrsg. von Thdr. Wiedemann. 7.—12. Jahrg. 1868—1873. à Jahrg. 4 Hefte. gr. 8. (à Heft 164 S.) Wien, Braumüller.
1868—1871 à *
1872 und 1873 à *

Vierteljahrsschrift, österreichische, für katholische Theologie. Hrsg. unter Mitwirkung der theolog. Facultät der Universität in Prag von Thdr. Wiedemann. 13. Jahrg. 1874. 4 Hefte. (à 10 Bog.) gr. 8. Wien, Hölder. *

(Österreichische) **Vierteljahresschrift** für wissenschaftliche Veterinärkunde, hrsg. von d. Mitgliedern d. Wiener k. k. Thierarznei-Institutes. Red. [Franz] Müller u. [Moritz] Röll [später andere]. Bd] 1—64. Wien 1851—85.

Forts. s. Oesterreich. Zeitschrift für wissenschaftl. Veterinärkunde. 1887—96.
Zeitschrift für Thiermedizin. 1897 ff. 1275.

— österreichische, für wissenschaftliche Veterinärkunde. Herausg. von den Mitgliedern des Wiener k. k. Thierarznei-Institutes. Red.: Müller u. Röll. (Jahrg. 1859—64. oder) 13—22. Bd. à 2 Hefte (à 6—12 Bgn.). Ebend. gr. 8. Jeder Jahrg. (à 2 Bde.) n. 3 ℛ 10 ngr.
Vgl. auch: Vierteljahrschrift,

— österreichische, für wissenschaftliche Veterinärkunde. Hersg. von den Mitgliedern des Wiener k. k. Thierarznei-Institutes. Redact.: Müller u. Röll. (Jahrg. 1865—70) oder 23—34. Bd. à Bd. 2 Hefte (à ca. 96—180 S.). Wien, Braumüller. gr. 8. Jeder Jahrg. n. 3 ℛ 10 ngr.

— österreichische, f. wissenschaftliche Veterinärkunde. Hrsg. v. den Mitgliedern d. Wiener k. k. Thierarznei-Institutes. Red.: Müller, Röll. [Jahrg. 1871.] 35. u. 36. Bd. à 2 Hfte. gr. 8. (35. Bd. 1. Hft. 161 S.) Wien, Braumüller. n. 10. —

— dasselbe. Red.: Müller, Röll u. Forster. [Jahrg. 1872—1876.] 37—46. Bd. à 2 Hfte. gr. 8. (à Hft. ca. 167 S.) Ebend. à Jahrg. n. 12. —

— oesterreichische, für wissenschaftliche Veterinärkunde. Hrsg. von den Mitgliedern des k. k. Thierarznei-Institutes. Red.: Müller u. Forster. [Jahrg. 1877—1882.] 47—58. Bd. à 2 Hfte. gr. 8. (à Hft. ca. 193 S.) Wien, Braumüller. à Jahrg. n. 12. —

— österreichische, f. wissenschaftliche Veterinärkunde. Hrsg. v. den Mitgliedern d. Wiener k. k. Thierarznei-Institutes. Red.: Müller u. Forster. [Jahrg. 1883—1885.] 59—64. Bd. à 2 Hfte. gr. 8. (à Hft. ca. 150 S.) Wien, Braumüller. à Jahrg. n. 12. —

— österreichisch-ungarische, f. Zahnheilkunde. Red.: Heinr. Schmidt. Hrsg.: Jul. Weiss. 1. u. 2. Jahrg. 1885 u. 1886. à 4 Hfte. gr. 8. (à Hft. ca. 57 S. m. eingedr. Holzschn.) Wien, (Künast). à Jahrg. n. 6. —

— österreichisch-ungarische, f. Zahnheilkunde. Red.: Heinr. Schmid. Hrsg.: Jul. Weiss. 3.—6. Jahrg. 1887—1890. à 4 Hfte. gr. 8. (à Jahrg. ca. 300 S. m. Fig.) Wien, (Künast). à Jahrg. n. 6. —

— österreichisch-ungarische, f. Zahnheilkunde. Hrsg. unter ständ. Mitwirkg. v. J. Arkövy, M. Baštýř, A. Bleichsteiner u. A. v. Jul. Weiss. 7.—10. Jahrg. 1891—1894. à 4 Hfte. (à ca. 100 S. m. Fig.) gr. 8. Wien, (A. W. Künast). à Jahrg. n. 6. —

— österr.-ungar., f. Zahnheilkunde. Hrsg. unt. ständ. Mitwirkg. v. J. Arkövy, S. Bauer, A. Bleichsteiner u. A. v. Jul. Weiss. 11.—14. Jahrg. 1895—1898. à 4 Hfte. (à ca. 8 Bog. m. Fig.) gr. 8. (Wien, A. W. Künast.) à Jahrg. n. 6. —

— österreichisch-ungarische, f. Zahnheilkunde. Hrsg. v. Jul. Weiss, unter ständ. Mitwirkg. v. J. Arkövy, S. Bauer, A. Bleichsteiner u. a. 15.—18. Jahrg. 1899—1902. à 4 Hfte. gr. 8. (à ca. 150 S. m. Abbildgn. u. Taf.) Wien (A. W. Künast). à Jahrg. n. 6. —

— österreichisch-ungarische, f. Zahnheilkunde. Hrsg. v. Jul. Weiss, unt. ständ. Mitwirkg. von J. Arkövy, S. Bauer, A. Bleichsteiner u. a. 20.—22. Jahrg. 1904 bis 1906. à 4 Hefte. (724, 682 u. 596 S. m. Abbildgn. u. 31, 8 u. 15 Taf.) 8. Wien (Wallishausser). à Jhrg. n. 6. —

— österreichisch-ungarische, f. Zahnheilkunde. Hrsg. v. Jul. Weiss, unter ständ. Mitwirkg. von J. v. Arkövy, H. Bönnecken, W. Bruck u. a. 23.—26. Jahrg. 1907—1910. à 4 Hefte. (VIII, 706; VIII, 697; VIII, 1080 u. VIII, 594 S. m. Abb. u. 2, 50, 35 u. 20 Taf.) 8. Wien, (Wallishausser). 23. u. 24. Jahrg. à 6.—; 25. u. 26. Jahrg. à 9. —

— pädagogische, s. Zeitschrift für das Gesammtschulwesen.

— pädagogische. Zeitschrift für das Gelehrte- und Realschulwesen. Mit besond. Rücksicht auf die Methodik des Unterrichts unter Mitwirkung von Curtman, Eckstein, Kapff hrsg. von Schnitzer. 3. Jahrg. 4 Hefte. Als Fortsetzung der Zeitschrift „die Mittelschule.“ 1. und 2. Jahrg. gr. 8. Stuttgart 847, Ebner und Seubert. *
1. und 2. Jahrg. 1845 und 1846. Ebendas. erschien u. d. T.: Die Mittelschule à Jahrg. * 2 Thlr. 20 Ngr. Die Fortsetzung s. Zeitschrift für das Gelehrte- und Realschulwesen.

Vierteljahrsschrift. – Pädagogische Vierteljahrsschrift. Zeitschrift für das Gelehrte und Realschulwesen. Jg. 3–7. Stuttgart: Ebner u. Seubert 1847–51.
Jg. 1. 2 u.d.T.: Die Mittelschule. Reutlingen 1845f.
Hrsg.: K. F. Schnitzer.

—— für praktische Pharmacie. Hrsg. von G. C. Wittstein. I. und 2. Bd. à 4 Hefte. gr. 8. München 851(52,) Palm's Hofbuchh. à Bd. *

Vierteljahrsschrift für praktische Pharmacie. Hrsg. von G. C. Wittstein. 3—6. Bd. à 4 Hefte. gr. 8. München 854—56, Palm's Hofbuchh. à Bd. * 2 Thlr. 28 Ngr. Thlr. *

—— für praktische Pharmacie. Hrsg. von G. C. Wittstein. 7—11. Bd. à Bd. 4 Hefte. gr. 8. (à Heft 160 S., theilweise mit eingedr. Holzschn.) München 858—62, [Grubert.] à Jahrg. *

—— dass. — Autoren- und Sach-Register zu Bd. I — X. (Jahrg. 1852 — 61.) Bearb. von G. C. Wittstein. gr. 8. (122 S.) Ebendas. 861. *

—— für praktische Pharmacie. Hrsg. von G. C. Wittstein. 12.—17. Bd. oder 1862—67. à Bd. 4 Hefte. gr. 8. (à Heft ca. 160 S.) München, Grubert. à Jahrg. *

—— für praktische Pharmacie. Hrsg. von G. C. Wittstein. 18.—22. Bd. [Jahrg. 1869—1873.] à Bd. 4 Hefte. gr. 8. (à Heft 160 S.) München, Grubert. à Jahrg. *

— für praktische Pharmazie. Hrsg. vom deutschen Apotheker-Verein. Red.: H. Salzmann u. W. Wobbe. 1.—3. Jahrg. 1904—1906. à 4 Hefte. (378, 448 u. 430 S. m. Abbildgn.) 8. Berlin, Selbstverlag des deutschen Apotheker-Vereins. à Jhrg. n. 5. —

— f. praktische Pharmazie. Hrsg. vom deutschen Apotheker-Verein unter Red. v. H. Salzmann u. W. Wobbe. 4.—7. Jahrg. 1907—1910. à 4 Hefte. (384, 448, 438 u. 450 S. m. Abbildgn.) 8. Berlin, Selbstverlag d. dtschen. Apotheker-Vereins. à Jahrg. 5. —

—— für wissenschaftliche Philosophie, unter Mitwirkung von C. Göring, M. Heinze, W. Wundt hrsg. von R. Avenarius. 1. und 2. Jahrg. 1876/77 und 1877/78. à Jahrg. 4 Hefte. gr. 8. (à Heft ca. 140 S.) Leipzig, Fues's Verlag. à Jahrg. *

—— dass. — 3. Jahrg. 1879. 4 Hefte. gr. 8. (à Heft ca. 140 S.) Ebendas. *

—— für wissenschaftliche Philosophie, unter Mitwirkung von M. Heinze und W. Wundt hrsg. von R. Avenarius. 4.—8. Jahrg. 1880—1884. à Jahrg. 4 Hefte. gr. 8. (à Heft 144 S.) Leipzig, Fues's Verlag. à Jahrg. *

—— für wissenschaftliche Philosophie unter Mitwirkung von M. Heinze und W. Wundt hrsg. von R. Avenarius. 9.—12. Jahrg. 1885—1888. à Jahrg. 4 Hefte. gr. 8. (à Jahrg. IV, 512 S.) Leipzig, Fues' Verlag. à Jahrg. *

—— für wissenschaftliche Philosophie, unter Mitwirkg. v. Max Heinze u. Wilh. Wundt hrsg. v. Rich. Avenarius. 13.—15. Jahrg. 1889—1891. à Jahrg. 4 Hefte. gr. 8. (IV, 496; IV, 510; IV, 508 S.) Lpz., Reisland. à Jahrg. ** 12 —

— für wissenschaftliche Philosophie, unter Mitwirkg. v. Max Heinze u. Alois Riehl hrsg. v. Rich. Avenarius. 16.—18. Jahrg. 1891—1894. à 4 Hfte. (à ca. 140 S.) gr. 8. Leipzig, O. R. Reisland. à Jahrg. n.n. 12. —

— für wissenschaftl. Philosophie, unt. Mitwirkg. v. Max Heinze u. Alois Riehl hrsg. v. Rich. Avenarius. 19. u. 20. Jahrg. 1895 u. 1896. à 4 Hfte. (à ca. 8 Bog.) gr. 8. Leipzig, O. R. Reisland. à Jahrg. n.n. 12. —

— dasselbe, gegründet v. Rich. Avenarius, in Verbindg. m. Ernst Mach u. Alois Riehl hrsg. v. Fr. Carstanjen u. O. Krebs. 21. u. 22. Jahrg. 1897 u. 1898. à 4 Hfte. (à ca 140 S.) gr. 8. Ebd. à Jahrg. n n. 12. —; einz. Hfte. n.n. 3. —

— für wissenschaftliche Philosophie, gegründet von Rich. Avenarius, in Verbindg. m. Ernst Mach u. Alois Riehl hrsg. v. Paul Barth. 23.—25. Jahrg. 1899—1901. à 4 Hfte. gr. 8. (IV, 524; VI, 522 u. VI, 520 S.) Leipzig, O. R. Reisland. à Jahrg. n.n. 12. —

— dasselbe. 26. (neue Folge 1.) Jahrg. 1902. 4 Hfte. gr. 8. (VI, 488 S.) Ebd. n.n. 12. —

— für wissenschaftliche Philosophie u. Soziologie, gegründet v. Rich. Avenarius, in Verbindg. m. Ernst Mach (bis 1905), Frdr. Jodl u. Alois Riehl hrsg. v. Paul Barth. 27.—30. (neue Folge 2.—5.) Jahrg. 1903 bis 1906. à 4 Hefte. (VII, 488; IV, 486; IV, 534 u. IV, 530 S.) gr. 8. Leipzig, O. R. Reisland. à Jhrg. n.n. 12. —

— für wissenschaftl. Philosophie u. Soziologie, gegründet von Rich. Avenarius, in Verbindg. m. Frdr. Jodl u. Alois Riehl hrsg. v. Paul Barth. 31.—34. (neue Folge 6.—9.) Jahrg. 1907—1910. à 4 Hefte. (à Jahrg. ca. 600 S.) gr. 8. Leipzig, O. R. Reisland. à Jahrg. nn 12. —

—— für Psychiatrie in ihren Beziehungen zur Morphologie und Pathologie des Central-Nervensystems, der physiologischen Psychologie, Statistik und gerichtl. Medicin. Hrsg. von Max Leidesdorf und Thdr. Meynert. (1.) Jahrg. 1867. 4 Hefte. gr. 8. (1. Heft III und 124 S. mit 5 Chromolithogr.) Neuwied, Heuser's Verlag. *

—— für Psychiatrie in ihren Beziehungen zur Morphologie und Pathologie des Central-Nervensystems, der physiologischen Psychologie, Statistik und gerichtlichen Medicin. Hrsg. von Max Leidesdorf und Thdr. Meynert. 2. Jahrg. 1868. 4 Hefte. gr. 8. (1. Heft III, 136 S. mit 3 Stnt. in hoch und qu. 4.) Neuwied, Heuser's Verlag. *

— f. aargauische Rechtsprechung, hrsg. vom Obergericht des Kantons Aargau. 1. u. 2. Jahrg. 1901 u. 1902. à 4 Hfte. gr. 8. (210 u. 204 S.) Aarau, H. R. Sauerländer & Co. à Jahrg. n. 4. —; geb. n. 5. 60

— für aargauische Rechtsprechung hrsg. vom Obergericht des Kantons Aargau. 3.—6. Jahrg. 1903 bis 1906. à 4 Hefte. (1903 u. 1904: 220 u. 270 S.) gr. 8. Aarau, H. R. Sauerländer & Co. à Jhrg. n. 4. —; geb. n. 5. 60

— für aargauische Rechtsprechung, hrsg. vom Obergericht d. Kantons Aargau. 7.—10. Jahrg. 1907—1910. à 4 Hefte. (II, 192; II, 198; II, 200 u. II, 208 S.) gr. 8. Aarau, H. R. Sauerländer & Co. à Jahrg. 4. —; geb. 5. 60

— für vergleich. Rechts- u. Staatswissenschaft unt. besond. Berücksicht. d. Rechte d. Natur- u. Halbkulturvölker. Organ d. Gesellsch f. vergleich. Rechts- u. Staatswissenschaft zu Berlin, m. deren Unterstützg. hrsg. v. Max Beneke u. Steph. Kekule v. Stradonitz. 2. Jahrg. 4 Hfte. gr. 8. (36 u. 96 S.) Berlin 896. W. T. Bruer. n.n. 10. —
Weiter nicht erschienen.

— dasselbe, s. a.: Mitteilungen d. Gesellschaft für vergleich. Rechts- u. Staatswissenschaft.

Viertel-Jahrsschrift: Schweizerische Viertel-Jahrsschrift s.a. Bernerische Viertel-Jahrsschrift.

Vierteljahrsschrift, Schweizerische. Bern 1842—43. II: *Kurz, Albert* & *J. R. Schneider*. (Cat. d. Stadtbibl. Zürich. Zürich 1864—97.)

— schweizerische f. Zahnheilkunde. Hrsg. von der schweizer. odontolog. Gesellschaft. — Revue trimestrielle suisse d'odontologie. Red.: E. Kollenbrunner, C. Redard. 9.-12. Bd. Jahrg. 1899—1902. à 4 Hfte. gr. 8. (368 u. 295 S.; 294 u. 300 S. m. 3 Taf.; 294 u. 327 S. u. 376 u. 316 S.) Zürich (I, Limmatquai 8), Administration. Postfrei à Jahrg. n.n. 9. 60

— schweizerische, f. Zahnheilkunde. Hrsg. v. der schweizer. odontolog. Gesellschaft. — Revue trimestrielle suisse d'odontologie. Red.: O. Russenberger, C. Redard. 13.—15. Bd. Jahrg. 1903—1905. à 4 Nrn. (13. Bd. VIII, 355 u. 314 S. m. Abbildgn. u. Taf.) gr. 8. Zürich (I, Limmatquai 8), Administration. Postfrei à Jhrg. n.n. 10. —

Vierteljahrschrift für die Seelenlehre. Hrsg. von Heinr. Neugeboren. Jahrg. 1859. 4 Hefte. gr. 8. (1. Heft 64 S.) Kronstadt, (Haberl und Hedwig.) * *

—— dass. — 2. Jahrg. 1860. 4 Hefte. Hrsg. von Heinr. Neugeboren und Ludw. Korodi. gr. 8. (à Heft ca. 60 S.) (Ebendas.) * *

—— dass. — 3. Jahrg. 1861. 4 Hefte. Hrsg. von Heinr. Neugeboren und Ludw. Korodi. gr. 8. (1. und 2. Heft 96 S.) Kronstadt, (Expedition.) * *

Vierteljahrsschrift für Social- u. Wirtschaftsgeschichte. Unter ständ. Mitwirkg. Georges Espinas, Th. Ludwig, Henri Pirenne, Gius. Salvioli, P. Vinogradoff hrsg. von St. Bauer, G. v. Below u. L. M. Hartmann. Red.-Sekr.: Kurt Kaser. 1. u. 2. Bd. 1903 u. 1904. à 4 Hefte. (628 u. 640 S.) gr. 8. Leipzig, C. L. Hirschfeld. à Bd. n. 20. —

— dasselbe. 3. u. 4. Bd. 1905 u. 1906. à 4 Hefte. (IV, 670 u. IV, 696 S.) gr. 8. Stuttgart, W. Kohlhammer. à Bd. n. 20. —

— für Social- u. Wirtschaftsgeschichte. Unter ständ. Mitwirkg. v. Georges Espinas, Henri Pirenne, Gius. Salvioli, P. Vinogradoff hrsg. v. St. Bauer, G. v. Below, L. M. Hartmann u. K. Kaser. 5.—8. Bd. 1907—1910. à 4 Hefte. (IV, 608; VIII, 608; VIII, 592 u. VI, 608 S.) gr. 8. Stuttgart, W. Kohlhammer. à Jahrg. 20. —

— für Staats u. Volkswirtschaft, f. Litteratur u. Geschichte d. Staatswissenschaften aller Länder. Unt. ständ. Mitwirkg. v. G. Adler, M. Block, H. Dietzel etc. hrsg. v. Kuno Frankenstein. 4. u. 5. Bd. à 4 Hfte. (à ca. 150 S.) gr. 8. Leipzig 895. 96. C. L. Hirschfeld. à Bd. n. 20. —; einz. Hfte. n. 6. —
Weiter nicht erschienen.

Vierteljahrsschrift zur Statistik des deutschen Reiches für 1873. 74. Berlin. 4.

— stenographische. Red.: Neumeister. 1. Jahrg. 1898. 4 Hfte. (à ca. 30 S.) gr. 8. Leipzig-Reudnitz, A. Hoffmann. n. 4. —

— stenographische. Red.: Neumeister. 2. Jahrg. 1899. Hft. 1. gr. 8. (30 S.) Leipzig-Reudnitz, A. Hoffmann. n. 1. —
Mehr nicht erschienen.

---- f. Theologie u. Kirche. Mit besond. Berücksichtig. der Hannoverschen Landeskirche hrsg. v. Lücke u. C. Wieseler. 1—3. Bd. Jahrg. 1845—17. à 4 Hfte. gr. 8. Göttingen, Vandenhoeck u. Ruprecht. à Bd. *

— dies. 4. Bd. Jahrg. 1848. 4 Hfte. gr. 8. Göttingen, Dieterich. n. 2⅔ ₰ (1849—1851, siehe: Monatsschrift für Theologie.)

—— für Theologie und Kirche mit besond. Berücksicht. der hannoverschen Landeskirche. Begründet durch Lücke und C. Wieseler, und unter Mitwirkung von Ehrenfeuchter und Hildebrand hrsg. von G. Uhlhorn. 3. Folge. 1. und 2. Jahrg. 1852 und 1853. à Jahrg. 4 Hefte. gr. 8. Hannover, Rümpler. à Jahrg. *

Vierteljahresschrift für Wissenschaftliche und Praktische Theologie: 1879—1882
Quarterly. Octavo, each 86 pages. Edited & published by R. Zadel.
Cleveland, OH

Vierteljahrsschrift für wissenschaftliche u. praktische Theologie. Hrsg.: R. Jäckel. 2. Bd. 1881. 4 Hfte. (5 B.) gr. 8. Cleveland, O. (Philadelphia, Schäfer & Koradi.) n. 5. —

—— für Töchterschulen und Frauenbildung. Zugleich Organ des Vereins deutscher Lehrerinnen und Erzieherinnen. Unter Mitwirkung zahlreicher Collegen aus allen Theilen Deutschlands und der Nachbarländer und des Vorstandes obengenannten Vereins hrsg. von A. Prowe, Th. Hasenbalg und M. Schultze. 5. und 6. Jahrg. 1871 und 1872. à Jahrg. 4 Hefte. gr. 8. (à Heft ca. 96 S.) Ebendas. à Jahrg. *
Vgl.: Monatsschrift für das gesammte deutsche Mädchenschulwesen.

—— für höhere Töchterschulen. Unter Mitwirkung mehrerer Collegen hrsg. von den Redact.: A. Prowe und M. Schultze. 1. Jahrg. 1867. Juli bis Decbr. 2 Hefte. gr. 8. (1. Heft 80 S.) Thorn, Lambeck. *

—— für höhere Töchterschulen. Unter Mitwirkung von Gessel, Lehmann, Seinecke &c. hrsg. von A. Prowe und M. Schultze. 2.—4. Jahrg. 1868—1870. à Jahrg. 4 Hefte. gr. 8. (à Heft ca. 80—110 S.) Thorn, Lambeck. à Jahrg. *

— aus und für Ungarn. 1843—1845. 1.—3. Bd. à 2 Hälften, u. 4. Bd. 1. Hälfte. gr. 8. Leipzig 843—45. (G. Wigand.) n. 7 ₰

Vierteljahrschrift für den geographischen Unterricht. Herausgegeben von Dr. Franz Heiderich. I. Jahrgang. 1901. Wien. [1901] Hölzel. Gr.-8°. erscheint in 4 Heften. compl K 12.—

— des Vereins deutscher Zahnkünstler. [Vereins-Organ.] Hrsg. vom Verein deutscher Zahnkünstler unter Verantwortlichkeit von H. W. Jäntsch. Red. von Aug. Polscher. 1. u. 2. Jahrg. 1881/83. à 4 Hfte. gr. 8. (à Hft. ca. 63 S.) Dresden, Kellberg. à Jahrg. n. 6. —

—— des Vereins deutscher Zahnkünstler. [Vereins-Organ.] Hrsg. vom Verein deutscher Zahnkünstler unter Verantwortlichkeit von H. W. Jäntsch. Redig. von Aug. Polscher. 1. und 2. Jahrg. 1881/82 und 1882/83. à Jahrg. 4 Hefte. gr. 8. (à Heft ca. 118 S. mit eingedr. Holzschn.) Dresden. (Leipzig, Strauch.) à Jahrg. *
Fortsetzung u. d. T.: Monatsschrift des Vereins deutscher Zahnkünstler.

—— für wissenschaftliche Veterinärkunde, hrsg. von den Mitgliedern des wiener k. k. Thierarznei-Institutes. Redig. von Müller. — Röll. I. Bd. 4 Hefte. gr. 8. (1. Heft 194 S. und 1 Stnt.) Wien 851, Braumüller. *

—— für wissenschaftliche Veterinärkunde, hrsg. von den Mitgliedern des wiener k. k. Thierarznei-Instituts. Redakt.: Müller und Röll. (2—4. Jahrg. 1853—55, oder) 3—8. Bd. à Bd. 2 Hefte. gr. 8. Wien, Braumüller. à Jahrg. *
1. und 2. Bd. (oder 1. Jahrg.) Ebendas. 1852. * 3 Thlr. 10 Ngr.

Vierteljahresschrift für wissenschaftliche Veterinärkunde, hrsg. von den Mitgliedern des wiener k. k. Thierarznei-Institutes. Redig. von Müller (und) Röll. (Jahrg. 1857—60. oder) 9—16. Bd. à Bd. 2 Hefte. gr. 8. (à Heft 130—150 S.) Wien, Braumüller's Verlags-Conto. à Jahrg. *
Fortges. u.d.T.: Vierteljahresschrift, Österreichische, für wissenschaftliche Veterinärkunde.

—— f. Volkserziehung, s. Magazin f. Pädagogik.

—— für Volkswirthschaft und Kulturgeschichte. Hrsg. von Jul. Faucher und Otto Michaelis unter Mitwirkung von K. Arnd, V. Boehmert, C. Braun etc. 1.—5. Jahrg. 1863—67. à Jahrg. 4 Bde. (à Bd. 14—18 Bog.) gr. 8. Berlin, Herbig. à Jahrg. *

—— für Volkswirthschaft und Kulturgeschichte. Hrsg. von Jul. Faucher unter Mitwirkung von V. Böhmert, K. Braun, A. Emminghaus etc. 6.—11. Jahrg. 1868—1874. à Jahrg. 4 Bde. (à 14—18 Bog.) gr. 8. Berlin, Herbig. à Jahrg. *

—— für Volkswirthschaft, Politik und Kulturgeschichte. Hrsg. von Jul. Faucher unter Mitwirkung von B. Bauer, V. Boehmert, K. Braun etc. 12. Jahrg. 4 Bde. (à 14—18 Bog.) gr. 8. Ebendas. 875. *

Vierteljahrsschrift, für Volkswirthschaft, Politik und Kulturgeschichte. Hrsg. von Jul. Faucher unter Mitwirkung von B. Bauer, M. Block, V. Boehmert u. A. 13. und 14. Jahrg. 1876 und 1877. à Jahrg. 4 Bde. (à 14—18 Bog.) gr. 8. Berlin, Herbig. à Jahrg. *

—— dass. — Hrsg. von Ed. Wiss. Unter Mitwirkung von B. Bauer, M. Block, V. Boehmert u. A. 15. und 16. Jahrg. 1878 und 1879. à Jahrg. 4 Bde. (à 14—18 Bog.) gr. 8. Ebendas. à Jahrg. *

—— für Volkswirtschaft, Politik und Kulturgeschichte. Hrsg. von Ed. Wiss. Unter Mitwirkung von K. Biedermann, E. Blau, M. Block etc. 17.—21. Jahrg. 1880—1884. à Jahrg. 8 Hefte. gr. 8. (à Heft ca. 200 S.) Berlin, Herbig. à Jahrg. *

Vierteljahrsschrift für Volkswirtschaft, Politik und Kulturgeschichte. Hrsg. von Ed. Wiss. Unter Mitwirkung von K. Biedermann, E. Blau, M. Block etc. 22.—24. Jahrg. 1885—1887. à Jahrg. 8 Hefte. gr. 8. (à Heft 128 S.) Berlin, Herbig. à Jahrg. *

—— dass. — Hrsg. von Karl Braun. Unter Mitwirkung von K. Biedermann, E. Blau, M. Block etc. 25. Jahrg. 1888. 8 Hefte. gr. 8. (à Heft 128 S.) Ebendas. *

—— für Volkswirtschaft, Politik u. Kulturgeschichte. Hrsg. v. Karl Braun. Unter Mitwirkg. v. K. Biedermann, E. Blau, M. Block u. A. 26.—29. Jahrg. 1889—1892. à Jahrg. 4 Bde. à Bd. 2 Hefte. gr. 8. Berl., F. A. Herbig. [1889. (244; 260; 268; 236 S.); 1890. (244; 244; 252; 240 S.); 1891. (252; 224; 252; 276 S.); 1892. (252; 240; 240; 236 S.)] à Jahrg. * 20 — à Bd. * 6 —; à Heft * 3 —

— für Volkswirtschaft, Politik u. Kulturgeschichte. Hrsg. v. Karl Braun. Unter Mitwirkg. v. K. Biedermann, E. Blau, M. Block u. A. 28.—30. Jahrg. 1891—1893. à 8 Hfte. (à ca. 120 S.) gr. 8. Berlin, F. A. Herbig. à Jahrg. n. 20. —

— für Wappen-, Siegel- u. Familienkunde. Hrsg. vom Verein „Herold" in Berlin, unter Leitg. v. Ad. M. Hildebrandt. 18. Jahrg. 1890. 4 Hfte. gr. 8. (1. Hft. 218 S.) Berlin, C. Heymann's Verl. n. 8. —
s.: Vierteljahrsschrift f. Heraldik, Sphragistik u. Genealogie.

— für Wappen-, Siegel- u. Familienkunde. Hrsg. vom Verein „Herold" in Berlin, unter Leitg. v. Ad. M. Hildebrandt. 19.—22. Jahrg. 1891—1894. à 4 Hfte. (à ca. 130 S. m. Abbildgn.) gr. 8. Berlin, C. Heymanns Verl. à Jahrg. n. 8. —

Vierteljahrsschrift für Wappen-, Siegel- u. Familienkunde. Hrsg. v. Verein „Herold" in Berlin unt. Leitg. v. Ad. M. Hildebrandt. 23.—26. Jahrg. 1895—1898 à 4 Hfte. (à ca. 120 S. m. Abb.) gr. 8. Berlin, C. Heymann's Verl. à Jahrg. n. 8. —

— für Wappen-, Siegel- u. Familienkunde. Hrsg. vom Verein „Herold" in Berlin, unter Leitg. von Ad. M. Hildebrandt. 27.—30. Jahrg. 1899—1902. à 4 Hfte. gr. 8. (à ca. 96 S. m. Abb. u. Taf.) Berlin, C. Heymann. à Jahrg. n. 8. —

— f. Wappen-, Siegel- u. Familienkunde. Hrsg. vom Verein „Herold" in Berlin, unter Leitung v. Ad. M. Hildebrandt. 31.—34. Jahrg. 1903—1906. à 4 Hefte. (IV, 376; IV, 522; IV, 416 u. IV, 384 S. m. Taf.) gr. 8. Berlin, C. Heymann. à Jhrg. n. 8. —

— für Wappen-, Siegel- u. Familienkunde. Hrsg. vom Verein „Herold" in Berlin, unter Leitg. v. Ad. M. Hildebrandt. 35.—38. Jahrg. 1907—1910. à 4 Hefte. (1910 IV, 392 S.) gr. 8. Berlin, C. Heymann. à Jahrg. 8. —

Vierteljahrs-Schrift, Wiener — Organ für Wissenschaft und Kunst, Kultur- und Literaturgeschichte, mit besonderem Hinblicke auf israelitische Zustände. Red. M. Letteris. 1. Jahrgang, 1853. (76 u. 12 S.) 8.
Wien, Edl. v. Schmidbauer und Holzwarth.

Wigands Vierteljahrsschrift. Bd. 1. Leipzig, O. Wigand 1844. VIII 327 S. 8.

—— württembergische, für Landesgeschichte. In Verbindung mit dem Verein für Kunst und Alterthum in Ulm und Oberschwaben, dem württemberg. Alterthumsverein in Stuttgart und dem histor. Verein für das württemberg. Franken hrsg. von dem k. statistisch-topograph. Bureau. 2. Jahrg. 1879. 4 Hefte. Lex.-8. (à Heft ca. 80 S.) Stuttgart, Kohlhammer. *
Der 1. Jahrg. erschien u. d. T.: Vierteljahrshefte für württembergische Geschichte und Landeskunde.

Vierteljahresverzeichnis

Vierteljahrsverzeichnis herabgesetzter Preise und billiger Bezugsquellen von Büchern, Landkarten, Kunstsachen ... sowie der Bezugsbedingungen und Verkehrsbestimmungen von Verlegern und Zwischenhändlern... Leipz. 1876. H: *Münter, Wilhelm.* (cb)

Vierteljahreswetterrundschau

Hamburg, Deutsche Seewarte.
Vierteljahrs-Wetter-Rundschau an der Hand der täglichen synoptischen Wetterkarten für den Nordatlantischen Ozean des Dänischen Metorologischen Instituts und der Deutschen Seewarte. Herbst 1883, Winter 1883—84. Frühling, Sommer und Herbst 1884. Band I.
Berlin 1888.

Hamburg, Deutsche Seewarte.
Vierteljahrs-Wetter-Rundschau. Band II—V. Winter 1884—85, bis Herbst 1888. Berlin 1889—93.

Hamburg, Deutsche Seewarte.
Vierteljahrs-Wetter-Rundschau. Band VI—IX, Winter 1890 bis Herbst 1892. Berlin 1894—97.

Ein Vierteljahrhundert im Dienste der Gesundheitspflege und Volkswohlfahrt in Krieg und Frieden. 1882—1907. Festschrift zum 25jähr. Bestehen der zerlegbaren transportablen Döcker-Bauten. (Gewidmet von C h r i s t o p h & U n m a c k, Niesky, O.-L., Bunzendorf, Bez. Friedland i. Böhmen. — (München 1907: Brend'amour, Simhart & Co.) 47 S. 4°

Vierteljahrhundert, Ein, in urschweizerischem Staatsdienste. Frühlingsblümchen der Erinnerung am Tage der Obwaldner Landsgemeinde niedergelegt auf das Grab des Herrn Landschreiber Gottlieb Bucher sel. [Sarnen] 1905. V: *Haas, Theodor.* (BBullschw)

Vierteljahrs . . ., s. V i e r t e l j a h r e s . . .

Viertelstündchen, e., beim lieben Heilande vor dem Tabernakel. 16. (24 S.) Augsburg 890. Literar. Institut v. Dr. M. Huttler. Für 100 Stück 5. —

Viertelstündchen, Das launige. Leipzig 1812. V: *Eck.* (Ky)

Viertelstündchen, launige. 1r Bd. 8. Leipz. 812. Joachim. 8 gr

Viertelstunde, e., Betrachtung per Tag. (Nebst einigen Andachten.) 8. (148 S.) München 891. Literar. Institut v. Dr. M. Huttler. Kart. n. 1. 20

Viertelstunde, eine, vor dem heiligen Sacramente. 16. (8 S.) Dülmen 880, Laumann'sche Verlagsh. *

Viertelstunde, e., vor dem hl. S a c r a m e n t e. Gebetszettel. 6., unveränd. Aufl. 12. (4 S.) Nördlingen 895. Th. Reischle. n. — 02

(U.-Titel:) Eine viertel Stunde vor dem heiligsten | Sakramente. | *(Text).*
Kol.: Druck u. Verlag von M. Schmidbauer in Stadtamhof. o. J., 4 S. n. n., 113 × 77.
Diöz.-B. Rottenburg.

TAUSEND, (Die,) und eine Viertel-Stunde, beſtehend in artigen und leſenswürdigen Tartariſchen Geſchichten. 2 Teile in 1 Band. Leipzig 1716/17. I.: 5 Bl., 304 S. II.: Frontiſpiz, 5 Bl., 368 S.

Viertel-Stunde, Die Tausend und Eine, bestehend in artigen und lesenswürdigen Tartarischen Geschichten. Aus d. Franz. Leipz. 1753. 1775. Aufs Neue aus d. Franz. übers. (von Sal. Schorcht). 1790. V: *Gueulette, Thomas Simon.* (BGE VIII², 128)

Viertelstunde, Tausend und eine, tartarische Erzählungen. Aufs neue a. d. Franz. übersetzt. Leipz. 1790. V: *Gueullette, Thomas Simon.* Ü: *Schorcht, Salomo.* (MI.) (Ky)

Viertelstunde, tausend u. eine; tartarische Erzähll.; aufs neue aus d. Französ. übers. (v. Salomo Schorcht). 8. Leipz. 790. Weidmann. 1 ℛ 4 gr

Viertel-Stunde, Tausend und Eine, enthaltend tartarische Original-Erzählungen vorgetragen von dem Arzte Ben Eriduin zur Unterhaltung des blinden Königs Schems Eddin. Hrsg. von J. H. Dessauer. Erlangen 1844—1845. V: *Gueulette, Thomas Simon.* (BGE VIII², 128)

Viertelstunde, 1001, enthaltend: tartarische Originalerzählungen, vorgetragen von dem Arzte Ben Eriduin zur Unterhaltung des blinden Königs Schems-Eddin. Herausgeg. v. Jul. Hnr. Dessauer. 12 Liefg. oder 2 Bde. 12. Erlangen 844—45, Palm'sche Verlagsb. (à 1/6 ℛ) 2 ℛ

Viertelstunde, Verlohrne, ein poetisches Wochenblatt. Frankf. u. Leipz. [Erlangen] 1758. H: *Wiedeburg, Johann Ernst Basilius.* (MI.)

Vierth, Karl [app. Arzt]: Aus d. patholog. Institute zu Kiel. Ueber rückläufige Metastase in den Lymphbahnen . . . Jena, G. Fischer, 1895; 21 S., 1 Bl. 8.
Kiel, Med. Fak., Inaug.-Diss. v. [23. Apr.] 1896

Vierthaler, Franz Michael. Biographische Skizze. [Aus: „Mittheilgn. d. Gesellschaft f. Salzb. Landeskunde".] gr. 8. (4 S.) Salzburg 887. (Dieter.) n.n. — 10

V(ierthaler), F., neuestes Post-Reisebuch durch Europa, mit besond. Rücksicht auf die Handelsplätze u. Badeörter. Für Reisende von jedem größeren Orte nach allen Richtungen brauchbar und nach den neuesten richtigsten Postdistanzen, mit einer Uebersicht der in allen Ländern Europa's bestehenden Extrapostritt- u. Trinkgeldgebühren bearbeitet. 16. Wien 838. J. Klang. 1/2 ℛ

Vierthaler, Aug.: Chemische Analyse der Schwefelquelle in Spalato. S. 56. II. . . . —.30
Separatabdruck

Vierthaler, Aug., chemische A n a l y s e der Schwefelquellen in Spalato. [Aus den Sitzungsber. der k. Akad. der Wiss.] Wien 868. (Gerold's Sohn.) Lex.-8. (16 S.) n. 3 ngr.

— Analyse des Trinkwassers . . . S. 56. II. . . . ngr.
Separatabdruck

Vierthaler, A.: Die E r f o l g e der chemischen Synthese bis auf die Gegenwart. 81 S. 8° — Triest, d. OR., Progr. 1872.

— Studien über einige Variationen der Zusammensetzung im Meerwasser um Spalato. S. 56. II. 479 . . . —.20
Separatabdruck

— **Studien** über einige Variationen der Zusammensetzung im Meerwasser um Spalato. [Aus den Sitzungsber. der k. Akad. der Wiss.] Ebend. 868. Lex.-8. (10 S.) n. 2 ngr.

Vierthaler, Frz. Mch., kleiner ABC-Schüler, zum Gebrauch in Landschulen. 8. Salzb. 793. 3e A. 798.

— Anleit. zur Rechenkunst, zum Gebrauch in Schulen. 2 Thle. 8. Salzb. 795. 2e A. 798. 5e A. 806. Mayr. 5 gr

— Beitr. zur Geographie u. zur Geschichte derselben. 2 Thle. 8. Salzb. 798. Duyle. 18 xr

— Elemente d. Methodik u. Pädagogik, nebst kurzen Erläuterungen derselben. gr. 8. Salzb. 791. 2e A. 793. 3e A.... 4e A.... 5e A. 810. Duyle. 16 xr

— Entwurf d. Schulerziehungskunde, zum Gebrauch für Vorlesungen. 8. Salzb. 794. Mayr. 6 xr Neue verb. Aufl. 2 Thle. gr. 8. Wien 824. (Prag, v. Mangold). 1 Rthlr 2 xr

Vierthaler, (Frz. M.) Entwurf zu pädagogischen Vorlesungen. 1r u. 2r Thl. Neue Ausg. gr. 8. Wien 824, (Leipz. Centr.-Cpt.)

— Episteln u. Evangelien auf alle Sonntage, Feste u. andere Tage des Jahres; aus d. Griech. zur Erbauung f. Viele. Mit 1 Kpf. 8. Salzb. 794. 2e A. 797. 3e A. 802. Mayr. 6 xr

VIERTHALER [Franz Michael]. Geist der Sokratik. Salzburg 1793.

— Geist d. Sokratik, ein Versuch, den Freunden d. Sokrates u. d. Sokratik geweiht. 8. Salzb. 793. 2e A. 798. 4e A. 8. Würzb. 810. Stahel. 10 xr

— s. Geographie von Salzburg.

Vierthaler, Frz. Mch., Geschichte d. Griechen. 2 Bde. gr. 8. Wien 818 u. 19. Gerold. 3 Rthlr (A. u. d. T.: philosoph. Geschichte d. Menschen u. Völker, (von Fr. Mch. Vierthaler. 6r, 7r Bd.)

— philosoph. Geschichte d. Menschen u. Völker. 5 Bde. gr. 8. Salzb. 787—94. Duyle. 5 Rthlr 12 xr (1r Bd. philosoph. Bemerkungen über d. Geschichte d. Urwelt u. d. Menschheit in ihrem rohen Zustande. 1 Rthlr 6 xr 2r Bd. Geschichte d. alten Aethiopier, Aegypter, Cyrener u. d. angrenzenden Barbaren. 1 Rthlr 6 xr 3r Bd. Assyrer, Babylonier, Meder u. d. alten Indier. 1 Rthlr 4r Bd. d. alten See-Nationen, d. Phöniker u. Karthaginenser. 1 Rthlr 8 xr 5r Bd. d. Perser von Cyrus bis Alexander. 16 xr)

— Geschichte des Schulwesens u. d. Kultur in Salzburg. 1r Thl. gr. 8. Salzb. 804. Duyle. 1 Rthlr

Vierthaler's, Frz. Mich., pädagog. Hauptschriften, s. a. Sammlung der bedeutendsten pädagog. Schriften. 29 Bd.

Franz Michael Vierthalers pädagogische Hauptschriften. 1. Geist der Sokratik, 2. Elemente d. Methodik u. Pädag. u. 3. Entwurf d. Schulerziehungskunde. Hrsg. u. mit e. Einl. u. Anm. versehen von W[ilhelm] v. der Fuhr. Mit e. Bildn. Vierthalers. Paderborn: F. Schöningh 1904. (VIII, 280 S.) 8° [5.]
= Sammlung d. bedeutendsten pädag. Schriften. Bd 29. 05.1024

— s. Kinderbuch.

Vierthaler, Franz Mich., Lehr- und Lesebuch für Mädchen, vorzüglich solche, welche in Dienst treten wollen. Von ——. 8. (82 S. 1 Bl.) Wien. Gedruckt bei Anna Pichler. 1835.

— Salzburgische Literaturzeitung. Jahrg. 1800. gr. 8. Salzb., Mayr. 1 Rthlr

— Rechtfertigung gegen einen Oberdeutschen Recensenten. gr. 8. Salzb. 788. Duyle. 2 xr

— Reisen durch Salzburg. gr. 8. Salzb. 799. Mayr. 1 Rthlr

— kleiner Schreibschüler. 8. Salzb. 793. 3e A. 797. 4e A. 799.

Vierthaler's, Frz. Mich., ausgewählte pädagogische Schriften, s.: Bibliothek der katholischen Pädagogik.

Vierthaler, Franz Michael, biographische Skizze. gr. 8. (4 S.) Salzburg 887, (Dieter.) **
Aus: Mittheilungen der Gesellschaft für Salzburger Landeskunde, besonders abgedruckt.

— s. Spiegel, goldener, für Mädchen.

Vierthaler, Frz. Mch., s. Spion, der engl.

Vierthaler, F. M. Franz Traugott, s. Bibliothek f. die reifere christliche Jugend.

— meine Wanderungen durch Salzburg, Berchtesgaden u. Oesterreich. 2 Thle, mit Kpf. 8. Wien 817. Gerold. 3 Rthlr

Vierthaler, Heinrich Christ. (Köthen/Anh.) A. S. 769/26

Dissertatio juridica de negligentia ministri principem non obligante. Präs. Christian Wildvogel.
Jena (Müller) III. 1711. 56 S.
35170

Vierthaler, Johann Gottfried (Köthen/Anh.)
Diss. Halle 1723/3

Dissertatio theologica, sistens primas lineas de distincta integritatis ac lapsus Adamici cognitione. Präs. Johann Ulrich Heyden.
Halle (Hendel) IV. 1723. 26 S.

W. v.: Präs. 35171

Viertl, J., gründl. Anleitung u. Beschreibung einer, sowohl auf kleinen Gütern, als auch auf großen Herrschaften ausführbaren Art von Wirthschafts-, Geld- u. sämmtl. Naturalien-Rechnungen rc. In 3 Abtheill. u. Anhang. gr. 8. Prag 818. Widtmann. 2 Rthlr

Viertl, J.: „Gründliche Anleitung und Beschreibung einer, auf kleinen Gütern sowohl, als auch auf größeren Wirthschaften ausführbaren Art von Wirthschafts-, Geld- und sämmtlichen Natural-Rechnungen, in 3 Abtheilungen mit einem Anhang", Prag 1819 (Widtmann).

Vierundzwanzig Stunden-Uhr, Die, ein Wort an d. Publicum v. einem Freunde d. Fortschrittes. 8. (8 S.) Prag, *G. Neugebauer. 15 kr. Netto b. 1885.

24 Stunden-Uhr, die. Ein Wort an das Publikum v. e. Freunde d. Fortschrittes. gr. 8. (8 S.) Dresden 885. Warnatz & Lehmann. n. — 30

Vierwaldstätter-See [Sachliches OW]

Vierwaldstätter See, s. a. Am Vierwaldstätter See.

Auf dem IV Waldstättersee. 1 Blatt mit 3 Gebirgs- und Uferansichten, gezeichnet von H. Keller u. A.: Bei Brunnen gegen Flüelen; bei Beckenried gegen Brunnen; zwischen Luzern u. Weggis bei Meggenhorn. Zürich, Heinrich Keller's Verlag. 1880. 1 —

Vierwaldstättersee. (Schweizer. Landestopographie. Massst. 1:50,000. Ueberdruck 1907. Bern: [Eidg. Topogr. Bur.] 1907.) (1 Kartenbl. 76×53 cm.) [Kopft. lith.] [kol.] 07. 17448

Vierwaldstätter-See, der. Reiseziele u. Erinnerungen. (20 S. illustr. Text, 12 Taf. u. 1 farb. Karte.) 32×24 cm. Berlin (909). Preuss' Institut Graphik.
Geb. in Leinw. m. Goldschn. 10. —

Vierwaldstättersee. Der V' und seine Dampfschiffahrt. [Mit Illustrationen, 1 Tafel und 1 Karte.] Separatabdruck aus: «Die Industrielle und Kommerzielle Schweiz» [Nr. 11 & 12]. II + 30 S. gr.-4. Zürich, Polygraphisches Institut, A.-G., [1907].

Vierwaldstättersee. Der V', die Pilatus- und Rigibahn. Vortrag.... Düsseldorf 1900 s.a. [Jost, H E Walter].

Der Vierwaldstättersee, die Pilatus- und Rigibahn. Vortrag zu e. Serie von 60 Laternbildern. *Düsseldorf: E. Liesegang 1900.* (66 S.) 8°
— Projektions-Vorträge. II. 20. [M. 2.80] 5

Vierwaldstättersee. Der V'-See mit seinen Klassischen Ufern. Ein Hand- und Erinerungsbuch der Dampfschiffahrt auf dem V'-See. Mit einer lithographirten Karte und 36 Landschaften [Tafeln, sowie illustriertem Umschlag]. 8. Luzern 1837.

Vierwaldstättersee, der, mit Uri-Rothstock, von Brunnen aus gesehen. Breitformat. Nach der Natur aufgenommen u. gestochen von *C. Huber*. Stichgrösse: 75 cm. breit, 50 cm. hoch. Berlin, Stiefbold & Cie. 1881. Weiss mit Schrift 27 —

Vierwaldstätter-See mit Uri-Rothstock. Nach dem Gemälde von *A. Calame*, gez. u. gestochen von *R. Herzner*. 63 ½ u. 49 cm. Berlin, Stiefbold & Cie. 1887. 26 70

Vierwaldstättersee [Schlagwort]

Vierwaldstättersee, s.a. Schweiz. Atlas.

Vierwaldstättersee, s.a. **Schweiz. Volksatlas.**

Vierwaldstätter See, s.a. **Westentaschen-Sammlung.**

Vierwaldstätter-See, s.a. Zuger-See.

Vierwaldstättersee. Becker, F., Karte des Vierwaldstättersees mit den angrenzenden Gebieten vom Zürichsee bis ins Berner Oberland. (Auch m. französ. Titel.) 1 : 150,000. 45,5×45,5 cm. Farbdr. Bern (905). Geograph. **Kartenverlag.** n. 1. — ;
auf Leinw. in Taschenformat n. 1. 50

Vierwaldstätterseebahnen, die, der Gotthardbahnlinie Immensee-Arth Brunnen ... Zürich 1876.

Vierzehnheiligen, Der Wallfahrtsort, zu Frankenthal in Oberfranken. München 1845. V: *Theodori, Carl von.* (EngG)

Vierzehnhundertachtzig, Der Paragraph, des neuen mit 1812 in Kraft getretenen bürgerlichen Gesetzbuches. Grätz 1816. V: *Thauer Ritter v. Gallenstein, Johann.* (Mitth. Kustos Dr. Eichler-Graz.)

Vierzehnhundertdreissig und vier . . . [Salzb. 1894.] V: *Strele Ritter von Bärwangen, Richard.* (Hr)

Vierziger, Der, oder das schickliche Alter der Liebe zu entsagen [a. d. Franz.]. Th. 1. Leipzig 1778. V: *Restif de la Bretonne, Nic. Edme.* (BGE)

Vierziger, der, od. das schickl. Alter, der Liebe zu entsagen; aus d Französ. 8. Leipz. 778. Schwickert. 20 gr

Vierzigmann, Adolf, appr. Arzt a. Regensburg: Ein Fall von Aneurysma der Aorta ascendens. München 1905: C. Wolf & Sohn. (23 S.) 8°
München, Med. Fak., Ref. v. Bollinger, Diss. v. 14. Apr. 1905
[Geb. 21. Juni 78 Wassertrudingen, Mittelfranken; Wohnort: Regensburg; Staatsangeh.: Bayern; Vorbildung: Neues Gymn. Regensburg Reife Juli 98; Studium: München 4, Leipzig 2, München 4 S.; Coll. 23. Febr. 05; Approb. 28. Juni 04.]

Vies, G., zwölf Geschichten für die liebe Jugend erzählt. Mit einem Vorwort vom Verf. der Ostereier **Chrph. v. Schmid.** Mit 1 Stahlst. 8. (IV u. 108 S.) Augsburg 852, Wolff. (München, Finsterlin.) 9 ngr

Vies, G., Norisblüthen. (Gedichte.) 12. Nürnberg 845, Riegel u. Wießner. ¾ rf

Vies, G., und **L. Mayr,** die heilige Volksmission in Augsburg, gehalten durch die hochw. Herren Patres Roder, Roh, Pottgeißer, Aliet, Zeil aus der Gesellschaft Jesu. Tagebuch, geführt und zur Erinnerung und Erbauung dem katholischen Volke mitgetheilt. 2. Aufl. Mit 1 Stahlst. Augsburg 854. Schmid. gr. 8. (VIII, 384 S.) 1 rf.

Viesel, Johann: Normal-Lehrplan für ländliche Fortbildungsschulen. Auf Anregung d. Herrn Schulrats Koop in Sigmaringen entworfen u. hrsg. von Lehrer Joh. Viesel. Sigmaringen 1904: Liehner. 127 S. 4°

Vieser, August [app. Arzt aus Lahr i B.]: Über die Gehörprüfungen m. bes. Berücks. d. Flüstersprache ... Lahr, Druck v. E. Kaufmann, 1893; 19 S. 8.
Freiburg i. B., Med. Fak., Inaug.-Diss. v. 1893

Vieten, Alex Gustav, appr. Arzt in Berg-Gladbach: Uterusmyom bei Schwangerschaft, Geburt und Wochenbett. Gießen 1905: v. Münchow. (57 S.) 8°
Gießen, Med. Fak., Ref. Pfannenstiel, Diss. v. 22. April 1905
[Geb. 18. Jan. 80 Brilon; Wohnort: Berg-Gladbach; Staatsangeh.: Preußen; Vorbildung: Gymn. Münstereifel Reife O. 00; Studium: Bonn 1, München 3, Bonn 3, Gießen 3 S.; Coll. 20. März 05; Approb. 1. Febr. 05.]

Vieter, Fritz, der Kreis Geldern. Besprechungen an der Hofacker'schen topograph. Karte des Kreises Geldern. 8. (32 S.) Spandau 880. (Geldern, Boschuk.) *

— der Hausgarten des Lehrers auf dem Lande. 8. (31 S.) Ebend. 881. n.n. — 30

—— der Hausgarten des Lehrers auf dem Lande. 8. (31 S.) (Ebendas.) 882. **

[Gebet.] [Unterz.:] Vieth. o. O. u. J. 1 Bl. 8°.
Gedicht: „Vater der Menschen, schau Deine Kinder" ...

Vieth, A.: Über den Zusammenhang des Turnplatzes mit der Schule. Ratzeburg 1852. 42 S. Ratzeburg, Lauenburgische Gelehrtenschule P 1852.

Vieth, Ad.

Vieth, A., Anleitung zum Skizzieren von Maschinen und Maschinenteilen für den Unterricht an technischen Fachschulen und zum Selbstunterricht. Bremen, 1907. 49 S. mit 81 Abb.

— Eisengießerei. Gießereieisen u. Gußwaren. Kurze Beschreibung der zum Gießen verwendeten Eisensorten u. der daraus erzeugten Gußwaren. (49 S. m. 13 Abbildgn.) 8. Ebd. 905. Kart. n. 1. —

Vieth, Ad., Eisengießerei, Schmelzerei, Gießerei u. Putzerei. Beschreibung der wichtigsten Schmelzöfen, Gebläse, Gießerei- u. Putzereigerätschaften u. Maschinen. (157 S. m. 98 Abbildgn.) 8. Bremen 906. G. Winter. Kart. n. 2.50

— die Formerei. (Eisengießerei.) (121 S. m. 121 Abbildgn.) 8. Ebd. 906. Kart. n. 2.—

Vieth, Ad., die Grundzüge der Festigkeitslehre m. 212 Wiederholungsfragen nebst Antworten, vielen Beispielen u. 93 Aufgaben nebst Lösungen zum Gebrauch an Fachschulen u. zum Selbstunterricht. (191 S. m. 108 Abb.) 8. Bremen 908. G. Winter, Verl. Kart. 3.—

— Skizzieren. Anleitung zum Skizzieren v. Maschinen u. Maschinenteilen f. den Unterricht an techn. Fachschulen u. zum Selbstunterricht. (49 S. m. 81 Abb.) 8. Ebd. 907. Geb. in Leinw. 1.—

— Der moderne Techniker, s.: Müller, Joh.

— Wie lerne ich Skizzieren? Lehrgang zur „Anleitg. zum Skizzieren" m. 257 Abbildgn. auf 29 Taf., nebst 2 Schriftvorlagen u. 1 farb. Materialtaf. f. den Unterricht an techn. Fachschulen u. zum Selbstunterricht. (32 Taf.) 18,5×25,5 cm. Ebd. 909. In Umschlag 2.50

Vieth, Aegid. Konrad

— Leben des Bonifacius, d. sogenannten Apostels d. Deutschen; ein Beitrag zur Kirchengeschichte 2c. 8. Norden 800.

Vieth, Aegid. Konr., Schilderungen aus d. Jugendwelt, in angenehmen u. lehrreichen Erzählungen, mit 8 ill. Kpf. 12. Bremen 811. Müller. 1 ₰ bei Heyse Hbg. Pr. 4 ℊ

Vieth, Ant., Beschr. u. Gesch. d. Landes Ditmarsen, mit Kpf. 8. Hamburg, Hoffmann. 733.

Vieth, C. L., Cäcilia. Kurze u. leichte geistl. Lieder, Motetten u. Chöre f. 3 u. 4. Kinderstimmen. Für kath. Schulen, insbesond. zur Verherrlichung des Gottesdienstes componirt, arrangirt u. gesammelt. 1. u. 2. Hft. 8. Soest, Nasse'sche Buchh. *

Hft. 1. 25 Lieder. (2¾ B.) 814. * 5 Ngr.
„ 2. 9 deutsche Litaneien. (2¼ B.) 816. * 4 Ngr.

— dass. Ausg. f. Volk. (2. Hft.) 8. (1½ B.) Ebds. 846.

— deutsche und lateinische Choräle mit vollständ. Text auf alle Zeiten des kathol. Kirchenjahrs. Für gemischten Chor vierstimmig ausgesetzt. gr. 8. Arnsberg 841, Ritter. ½ ₰

Vieth, C. L., 36 vierstimmige deutsche und lateinische Choräle und Chöre, (größtentheils mit mehrfachem Text) zum kirchlichen Gebrauch für Gymnasien, Singchöre 2c. 4. Arnsberg 834. Ritter. ⅓ ₰

— u. H. Bildhaut, das Elementarrechnen, vereinigtes Kopf- u. Tafelrechnen, m. Rücksicht auf den wechselseitigen Unterricht u. die Selbstbeschäftigung der Schüler. Ein Handbuch f. Lehrer u. Schüler zugleich. 1—3. Hft. 8. Soest 845, Nasse'sche Bh. -

Hft. 1. Die vier Grundrechnungsarten oder Species mit ganzen, einfach benannten Zahlen. (3¾ B.) 3¾ Ngr.
„ 2. Die vier Species, die Zeitrechnung u. die Regelbetri mit ganzen, mehrfach benannten Zahlen. (3 B.) 3¾ Ngr.
„ 3. Die Bruchrechnungsarten u. die Regeldetri in Ihrer vielseitigen Anwendung. (4½ B.) 5 Ngr.

— dass. 5. Hft. Handbuch f. den Lehrer: Auflösungen u. Erläuterungen, nebst Andeutungen über Lehrmethode. I. Abthl. Auflösungen z. 1—3. Hfte enthaltend. 8. (9½ B.) Ebds. 847. *

Vieth, C. L., Gesangschule, theoretisch und praktisch für den gemeinschaftlichen Gesangunterricht in Gymnasien, höheren Bürgerschulen und Seminarien. Mit besond. Rücksicht auf den Liederbedarf der höheren Lehranstalten; imgl. als Handbuch für Gesanglehrer und für die Selbstübung bearb. 2., verb. und verm. Aufl. 3 Thle. gr. 8. Arnsberg, Grote.

Inhalt:

Thl. 1. Das Theoretische nebst 360 Uebungen und Liedern. (VIII und 166 S.) 854. 15 Ngr.
„ 2. Vier-, fünf- und sechsstimmige Lieder für gemischten Chor. 3 Abthlgn. (IV und 124 S.) 855. 9 Ngr.
„ 3. Vier- und fünfstimmige Lieder für Männerchor. 3 Abthlgn. (IV und 108 S.) 855. 6 Ngr.

Vieth, C. L., Gesangschule, theoretisch und praktisch für den gemeinschaftlichen Gesangunterricht in Gymnasien, höheren Bürgerschulen und Seminarien. Mit besonderer Rücksicht auf den Liederbedarf der höheren Lehranstalten; ingleichen als Handbuch für Gesanglehrer u. für die Selbstübung bearb. 3. Thl.: Vier- u. fünfstimmige Lieder für Männerchor. 3., verb. u. sehr verm. Aufl. Arnsberg 864. Grote. gr. 8. (IV, 172 S.) n. 10 ngr.

Vieth, C. L., Gesangschule, theoretisch und praktisch für den gemeinschaftlichen Gesangunterricht in Gymnasien, höheren Bürgerschulen und Seminarien. Mit besond. Rücksicht auf den Liederbedarf der höheren Lehranstalten; ingleichen als Handbuch für Gesanglehrer und für die Selbstübung. 1. Thl.: Theoretische Gesangschule nebst Uebungen und Liedern. 3. verb. Aufl. 8. (VIII, 152 S.) Arnsberg 872, Grote. *

Vieth, C. L., Gesangschule, theoret. u. praktisch, mit 400 Liedern u. Uebungen, sowohl f. gleichstimmigen als gemischten Chor. gr. 8. (18 B.) Arnsberg 845, (Ritter.) Thlr. *

— 50 zwei-, drei- u. vierstimm. Lieder, mit besond. Rücksicht auf Schulen in Musik gesetzt. 2 Hfte. qu. gr. 8. (3¼ B.) Arnsberg 834, Ritter.

Vieth, C. L., Liederharfe. Auswahl mehrstimm. Lieder für Oberklassen kathol. Volksschulen. Mit einer kleinen Vorschule des Gesanges. gr. 8. (IV und 100 S.) Arnsberg 858, Grote.

Vieth, C. L., acht deutsche Litaneien, metrisch bearb. u. in Musik gesetzt. Text m. Noten. 4., unveränd. Aufl. 8. (24 S.) Arnsberg 879. Stahl. n. — 25

Vieth, C. L., acht deutsche Litaneien, metrisch bearb. u. in Musik gesetzt. Text m. Noten. 5., unveränd. Aufl. 8. (24 S.) Arnsberg 890. Stahl. n. — 25

Vieth, C. L., acht deutsche Litaneien. metrisch bearb. u. in Musik gesetzt. Text m. Noten. 6. unveränd. Aufl. (24 S.) kl. 8. Arnsberg 906. J. Stahl. n. — 25

— sieben deutsche Litaneien, metrisch bearb. u. in Musik gesetzt. gr. 12. (1⅓ B.) Arnsberg 842, Ritter. *

— dass. Text ohne Noten; die Antworten in Tonziffern, mit angehängtem Miserere u. Laudate. gr. 12. (1 B.) Ebds. 842. *

— sieben deutsche Litaneien, metrisch bearb. und in Musik gesetzte Ausg. 1.: Text mit Noten. 2., mit der Litanei vom heiligen u. unbefleckten Herzen Mariä verm. Aufl. Arnsberg 860. Ritter. 8. (32 S.) n. 2½ ngr.

Vieth, C. L. Maiglöckchen u Marienröschen . . . Cinci. 1855.

— Maiglöckchen und Marienröschen. 40 mehrstimm. Lieder für Kirche, Schule und Haus zu Ehren der allersel. Jungfrau Maria componirt. Op. 15. Lex.-8. (IV und 44 S.) Arnsberg 858, (Grote.) *

— Theorie der Musik. Leichtfassliche Anleitung zum Akkompagniren, zum Moduliren, Präludiren etc. Ein Handbuch zum Verständniss der Musik; sowohl als Leitfaden zum Unterricht, wie zum Selbststudium; insbesond. für gebildete Dilettanten und angehende Organisten. Mit 560 in den Text gedr. Beispielen und Aufgaben. gr. 8. (VIII, 263 S.) Paderborn 870, Schoeningh. *

Vieth, Carl Johann v., s. V i e t h , Karl Johann v.

Vieth (E.). Abriss de Kraeuterkunde fuer Oekonomen. Wien, 1812. 8°.

Vieth, Gebhard Ulrich Anton, s. V i e t h , Gerhard Ulrich Anton

Vieth, Georg: Das Wesen des 'Tiergartens'. **Giessen 1909**: v. Münchow. 73 S. 8°
Gießen, Jur. Diss. v. 11. Okt. 1909, Ref. Biermann
[Geb. 3. Juli 86 Boffzen; Wohnort: Boffzen; Staatsangeh.: Preußen; Vorbildung: Gymn. Höxter Reife O. 04; Studium: München 2, Leipzig 1, Berlin 1, Leipzig 2 S.; Rig. 17. Juni 09.] [U 10. 1124

Vieth, Gerhard: Die magnetische Drehung der Polarisationsebene in flüssigen Kristallen. Halle a.S. 1910: John. 29 S. 8°
Halle, Phil. Diss. v. 22. Juli 1910, Ref. Dorn
[Geb. 8. Juni 80 Dessau; Wohnort: Halle a. S.; Staatsangeh.: Anhalt; Vorbildung: Realgymn. Dessau Reife O. 05; Studium: Heidelberg 4, Halle 7 S.; Rig. 10. Juni 10.] [U 10. 1808

Vieth, Gerhard Ulrich Anton

— Anfangsgründe d. Mathematik. 1r, 2r Thl., mit 19 Kpf. 8. Leipz., Barth. (1r Thl. A. u. d. T.: Lehrbuch d. reinen Elementar-Mathematik. 1r Thl. Arithmetik u. Geometrie. 796. 2e A. 805. 3e A. 816. 4e A. 825. in 2 Abtheill. A. u. d. T.: Lehrbuch d. reinen Mathematik. 1r, 2r Thl. 2 Rthlr 12 Gr 2r Thl. 1e Abthl. Dynamik u. Akustik. A. u. d. T.: Lehrbuch d. physisch angewandten Mathematik. 1r Thl., mit 6 Kpft. 8. Ebd. 796. 2e A. 808. 3e A. 824. 1 Rthlr 12 Gr 2r Thl. 2e Abthl. Optik u. Astronomie. A. u. d. T.: Lehrbuch d. physisch angewandten Mathematik. Mit 8 Kpft. 8. Ebd. 796. 2e A. 808. 3e A. 826. 1 Rthlr 15 Gr 3r Thl. prakt. Arithmetik u. prakt. Geometrie. 1e Abtheil., mit 4 Kpf. A. u. d. T.: Lehrbuch d. prakt. Mathematik. 1r Bd. 8. Ebd. 813. 1 Rthlr 4r Thl., mit 13 Kpft. prakt. Geometrie. 2e Abtheil. A. u. d. T.: Lehrbuch d. prakt. Mathematik. 2r Thl. 8. Ebd. 821. 1 Rthlr 12 Gr

Vieth, Gebh. Ulr. Ant., Anfangsgründe d. Mathematik. 1r Thl. 1e Abthl. Arithmetik, Geometrie u. Trigonometrie. A. u. d. T.: Lehrbuch der reinen Mathematik. Mit 12 Kpfrtaf. 4e verm. u. verb. Aufl. 8. Leipzig 836. Barth. 1 3/8 Rthlr — 1r Bd. 2e Abthl. — 4r Bd. Ebd. 825, 26. u. 821. kosten 8 1/8 Rthlr

Vieth, Ghrd. Ulr. Ant., Anfangsgründe d. Naturlehre für Bürgerschulen. Mit 4 Kpft. 8. Leipz. 797. 5e A., mit 6 Kpft. 823. Barth. 1 Rthlr

— Anfangsgr. d. N a t u r l e h r e f. Bürgerschulen. m. K. 8. Ebend. 805.

— — Anfangsgründe der N a t u r l e h r e. 4te Aufl. gr. 8. Ebend. 816.

Vieth's, G. U. A., Anfangsgründe der Naturlehre. 6. veränd. u. sehr verm. Aufl. Nach dem Tode des Verf. bearb. von J. Götz. Mit 142 in den Text gedruckten Holzschnitten. gr. 8. Leipzig 845, Barth. 1 Rthlr

— kurze Anleit. zur Differential-Rechnung, als Ergänzung zum Lehrbuche d. reinen Mathematik. 8. Leipz. 823. Barth. 6 Gr

Vieth, G. Ulr. Ant., A t l a s der alten Welt &c. f. E. Ph. F u n k e.

Vieth, Ghrd. Ulr. Ant., vermischte Aufsätze für Liebhaber mathematischer Wissenschaften, mit Kpf. u. Fig. 8. Berl. 792. Mit n. Titelbl. 796. Franke. (Leipz., Barth). 14 Gr Schrbpap. 16 Gr

— **B e t r a c h t u n g e n üb. das Spiel, besond. üb. das Pharo. gr. 8. Elberf. Büschler. 815.**

— Betrachtungen über d. Spiel, besond. über d. Pharo. gr. 8. Elberf. 816. (Schönian). 18 Gr

Einrichtung und Gebrauch der Planisphäre mit Horizonten. Von Gerhard Ulrich Anton Vieth. **Leipzig**: Barth 1808. 31 S. 8°

Vieth, Gerhard Ulrich Anton, Eine kleine akustische Entdeckung.

— Encyklopädie der Leibesübungen. 2 **Thle.** 8. Berlin, Hartmann. (Dreyßig in Halle) 794—95.

Vieth, Gerhard Ulrich Anton, Enzyklopädie der Leibesübungen.
T. 1. Geschichte 1816.
T. 2. System 1818.
T. 3. Zusätze zu 1 u. 2, 1818, Leipzig, 8°. 3 Bde.

— Feier des Jubelfestes. 8. Dessau 808.

— — Grundriß der P h y s i k für Schulen. Mit 1 Kupfert. 8. Zerbst, Füchsel. 817.

— Grundriß d. Physik für Schulen. Mit 1 Kpft. 8. Zerbst 817. (Kummer). 12 Gr

— Grundriß der Physik für **Schulen**. 2e Aufl. Nach des Verf. Tode herausg. von J. Götz. Mit 1 Kpfrtaf. 8. Zerbst 837. Kummer. 1/2 Rthlr

Vieth, Gerhard Ulrich Ant., Grundriß der Physik f. Schulen. 3. umgearb. u. sehr verm. Aufl. Nach des Verf. Tode hrsg. v. J. Götz. Nebst 28 eingedr. Holzschn. 8. (VI u. 177 S.) Zerbst 847, Kummer. 1/2 Rthlr

Ueber Kalender-Formen und Kalender-Reformen. Von G[erhard] U[lrich] A[nton] Vieth. Dessau (1809.) 24 S. 8°

Dessau, Hauptsch. P v. 27. u. 28. März 1809

— physikal. Kinderfreund. 10 Bdchen, mit Kpf. 8. Leipz. 798—809. 1s Bdch. 3e A. 815. 21 Gr 2s Bdch. 2e A. 803. 15 Gr 3s Bdch. 3e A. 815. 15 Gr 4s Bdch. 2e A. 808. 15 Gr 5s Bdch. 2e A. 812. 21 Gr 6s Bdch. 2e A. 820. 1 Rthlr 7s Bdch. 804. 21 Gr 8s Bdch. 806. 15 Gr 9s u. 10s Bdchen. A. u. d. T.: astronom. Unterhaltungen für d. Jugend, nebst Planisphären zur Astrognosie. 1r, 2r Thl., mit Kpf. 808, 9. 2 Rthlr 9 Gr) 8 Rthlr 12 Gr

— — physikalischer K i n d e r f r e u n d, 6s Bändchen, mit 3 Kupfert. 2te verm. u. verb. Aufl. 8. Leipzig, Barth. 820. 1 —

Lehrbuch der praktischen Mathematik. Von Gerhard Ulrich Anton Vieth. Th. 1. 2. Leipzig: Barth 1813-21. 8°
(= Vieth: Anfangsgründe der Mathematik. Th. 3. 4.)
Th. 1: Praktische Arithmetik u. praktische Geometrie. Abth. 1. 1813.
Th. 2: Praktische Geometrie. Abt. 2. 1821.

Lehrbuch der reinen Mathematik. Von Gerhard Ulrich Anton Vieth. 3., verm. u. verb. Aufl. Leipzig: Barth 1816. X, 510 S. 8°
(= Vieth: Anfangsgründe der Mathematik. Th. 1.)

— Leitfaden zur vollständ. Bearbeitung des wieder hergestellten Apollonius von Frz. Vieta, nach den Combinationen d. gegebenen Elemente u. ihrer Lage gegen einander entworfen, mit 1 Steintaf. 4. Dessau 820. Ackermann. 8 Gr

Vieth, G. U. A., aus seinem Nachlass, s. Krüger, G.

— über d. Ortsbestimmung von Dessau aus astronom. Beobachtungen. 4. Dessau 807.

— Plan d. Stadt Dessau u. d. umliegenden Gegend. Fol. Leipz. ... (Barth). 1 ℛ 4 gr

— Planisphäre zur Astrognosie mit Horizonten für d. Polhöhe von Dessau. (Aus d. 9ten Thl. d. physikal. Kinderfreundes besond. abgedr.) 4. Leipz. 809. Barth. 20 gr

— über d. Delische Problem. 8. Dessau 806.

G[erhard] U[lrich] A[nton] Vieth: Prüfung neuerfundener Auflösungen des Delischen Problems und der Trisection des Winkels. Deßau (1806): Heybruch. 28 S. 8°
Dessau, Hauptschule, Schulschr. v. 31. März u. 1. April

— Rede beim Schlusse d. öffentl. Examens in d. Hauptschule (zu Dessau) d. 27. März 1804 gehalten. gr. 8. Dessau 804.

— u. Chr. Fr. Stadelmann, zwei Reden bei Einweihung d. erneuerten Hauptschule in Dessau. 8. Dessau 820. Ackermann. 4 gr

— Samml. einiger zu Dessau gehaltenen Reden. 8. Dessau 818. Ackermann. 1 ℛ

— über d. Schlittschuhlaufen. 8. (Leipz.) 790. Reinicke in Halle. 8 gr

— astronom. Unterhaltungen, s. oben physikal. Kinderfreund.

— erster Unterricht in d. Mathematik für Bürgerschulen, welcher d. Gemeinnützlichste u. Faßlichste aus d. Rechenkunst, Meßkunst, Mechanik u. Baukunst enthält. Mit 9 Kpft. 8. Leipz. 796. 5e A., mit 18 Kpft. 8. Ebd. 821. Barth. 1 ℛ 4 gr

— erster Unterricht in d. Mathematik für Bürgerschulen, welcher d. Gemeinnützl. u. Faßlichste a. d. Rechenkunst, Meßkunst, Mechanik u. Baukunst enthält. mit 9 Kpf. 8. Ebend. 805. — 12

— erster Unterricht in d. Mathematik f. Bürgerschulen. 4te Aufl. 8. Ebend. 815.

— — erster Unterricht in der Mathematik für Bürgerschulen. 3te verb. Aufl. Mit 9 Kupf. 8. Ebend. 820.

— erster Unterricht in der Mathematik für Bürgerschulen. 6e verb. u. verm. Aufl. v. Jul. Michaelis. Mit 22 Kpfrtaf. gr. 8. Leipzig 838. Barth. 1 ℛ

— Versuch einer Encyklopädie d. Leibesübungen. 2 Thle, mit 8 Kpf. 8. Berl. 794, 95. 2e A. in 3 Thlen, mit 16 Kpf. 8. Leipz. 818. Cnobloch. 4 ℛ 8 gr 3r Thl. apart; Zusätze zum 1n u. 2n Thl. enthaltend. Mit Kpf. u. Musik. 8. Ebd. 818. 1 ℛ 12 gr

Vieth, H. S., die Anhaltischen Herzogthümer Dessau, Bernburg, Köthen. qu. Fol. Lith. u. color. Dessau 849, Aue. n. 1/4 ℛ

Vieth, Hermann *Heinrich* [aus Dessau]: Zur Kenntnis der 1-5-Diketone ... Heidelberg, Univ.-Buchdr. v. Ph. Wiese, 1893; 2 Bl., 50 S., 1 Bl. 8.
Heidelberg, Naturw.-math. Fak., Inaug.-Diss. v. [9. Mai] 1893

Vieth, Johann

Vieth, J., christl. Hausgebete auf Morgen u. Abende aller Wochentage. 3e A. 8. (Elberf., Hassel). 14 gr

Vieth, Jh., christl. Haus-Gebete auf Morgen u. Abend aller Wochentage und eines jeden ersten Hauptfesttages, wie auch auf andere Veranlassungen und Gemüthsumstände eingerichtet; mit e. Anhange geistl. Lieder. Herausg. von Adelbert, Graf v. d. Recke Volmerstein. (5. Aufl.) 8. Düsselthal 843, Rettungs-Anstalt. (Leipzig, Barth.) n. 1/3 ℛ

Vieth, Karl Johann v.

von Vieth, Carl Johann: Anwendungen einer vielfach komplexen Grösse auf die Zahlentheorie ... Dresden, Druck v. B. G. Teubner, 1893; 50 S., 1 Bl. 8.
Leipzig, Phil. Fak., Inaug.-Diss. v. [7. Juni] 1893

Vieth, Ludwig Johann A. S. 728/16

Disputatio juridica de eventu consiliorum.
Präs. Johann Peter Guden.
Helmstedt (Hamm) VI. 1701. 20 Bl.

Gew.: Johann Hattorf (Grossonkel).
W. v.: Justus Christoph Böhmer. 35174

[V.] Herr v. Stephan und seine Leute. Z. Lage d. unteren Postbeamten im Deutschen Reichspostgeb. Nach amtl. Quellen zsgest. u. bearb. v. O. **Vieth**-Berlin ... *Berlin: H. Baake 1894.* (94 S., 1 Bl.) 1 Bd 8.
[97. 48. 8

Vieth P.: Die wissenschaftliche Abtheilung d. 1. deutschen Molkerei-Ausstellung zu Berlin 1879. (Oldenb.) [1879]. 36 S. (Særtr.). P.

Vieth, P., Hülfstafeln f. Milchviehkontrollvereine. Nebst: Kurze Hülfstafeln f. Milchkontrollvereine. Hrsg. v. der Landwirtschaftskammer f. die Prov. Hannover. (15 u. 2 S.) Lex. 8. Hannover 908. (M. & H. Schaper.)
In Wachstuch kart. m. Meßwinkel p 1. 60

Leistungen Ostfriesischer Milchkühe. Ermittelt in dem auf Veranlassg d. Kgl. preuss. Minist. f. Landw. ... veranst. u. i. Jahre 1896/97 abgehalt. Wettbewerb. Zsgest. durch Dr. **Vieth,** Direktor d. Milchw. Instituts Hameln, u. veröffentl. durch d. Verein Ostfriesischer Stammvieh-Züchter. *Norden: D. Soltau 1897.* (38 S., 3 Taf.) 1 Bd 4. [98. 4331 6

— die neueren Massen-Fettbestimmungsverfahren f. Milch. (Schriften d. deutschen milchwirtschaftl. Vereins Nr. 23.) gr. 8. (V, 61 S. m. 26 Abb.) Bremen 895. Leipzig, M. Heinsius Nachf. n. 1. 20

Vieth, P., die Milchprüfungsmethoden u. die Controle der Milch in Städten u. Sammelmolkereien. Mit 20 (eingedr.) Holzschn. gr. 8. (V, 116 S.) Bremen 879. Heinsius. n. 2. 60

Vieth, P., die wichtigsten chemischen u. physikalischen Verhältnisse der Kuhmilch. Tabelle. 76×64,5 cm. Farbdr. Hameln (903). Th. Fuendeling.
Mit Stäben n. 2, 50

VIETH, PAUL. Zur Kenntniss der Beta-Naphtoësäure und ihrer Derivate. (Jena) Halle, 1875.

Vieth, Paul Heinrich: Der Gehalt der Kuhmilch besonders an den verschiedenen Arten der stickstoffhaltigen Substanz bei wechselnder Ernährung. Weida i. Th. 1909: Thomas & Hubert. 95 S. 8°
Leipzig, Phil. Diss. v. 7. Juli 1909, Ref. Kirchner, Eber
[Geb. 28 Nov. 82 Neu-Fresenburg; Wohnort: Oldesloe; Staatsangeh.: Preußen; Vorbildung: Realgymn. d. Johanneums Hamburg Reife O. 01; Studium: Jena 3, Leipzig 3 S.; Rig. 22. Juli 08.] [U 09. 4078

Vieth, U. C., Schilderungen aus der Jugendwelt. 16. Bremen, Heyse. 811. —

Vieth, Ulr. Ant., Anfangsgründe d. Mathematik. 1. Thl. 1. Abthl. Arithmetik, Geometrie u. Trigonometrie. — A. u. d. T.: Lehrbuch d. reinen Mathematik. 4., verm. u. verb. Aufl. 8. (38½ B. u. 12 Kpfrt.) Leipzig 836, Barth.
1. Bd. 2. Abthl. u. 2—4. Bd. Ebendas. 1813—26. 8 Thlr. 3 Gr.

—— Grundriß d. Physik f. Schulen. 2. Aufl. N. d. Verf. Tode hrsg. v. J. Götz. 8. (10⅛ B. u. 1 Kpfrt.) Zerbst 837, [Kummer'sche Buchh.]

—— erster Unterricht in d. Mathematik f. Bürgerschulen. 6., verb. u. verm. Aufl. v. Jul. Michaelis. gr. 8. (17 B. u. 22 Kpfrt.) Leipzig 838, Barth.

Vieth, B. v., die Flugbahn der Geschosse nach ihrer eigenthümlichen Form u. nach ihren räumlichen u. zeitlichen Maßbestimmungen auf die bis jetzt gewonnenen Erfahrungen begründet. Mit 1 (lith.) Taf. graphisch dargestellter Flugbahnen (in 4.). Dresden 861. Kuntze. gr. 8. (XII, 87 S.) n. 20 ngr.

Vieth, B., die Lehren der vollständigen, reinen Mathematik für den Selbstunterricht zusammengestellt. 2 Thle. Lex.-8. (VI und 1000 S.) Wien 851(52,) Tendler und Comp. *

VIETHEER, HEINR., s.a. Monatsschrift f. Bibelverbreitung. 1822 ff.

Vietheer, Hnr., Monatsschrift für Bibelverbreitung u. Missionen. 1r—7r Jahrg. 1822—27. gr. 8. Itzehoe, Barthmann u. Schr. (Kayser in Leipz.) à 2 ₰ 14 ß

Vietheer, Heinr., Monatsschrift f. Bibelverbreitung u. Missionen. 8. u. 9. Jahrg. 1829 u. 30. à 4 Quartalhefte. (à 6 B.) 8. Altona, (Aue.) à Thlr.

Vieting, Ernst: Über das Chorionepitheliom nebst Mitteilung eines neuen Falles bei Tubargravidität. Würzburg 1910: Staudenraus. 30 S. 8°
Würzburg, Med. Diss. v. 1910, Ref. Hofmeier
[Geb. 28. Mai 83 Westenfeld i. W.; Wohnort: Westenfeld; Staatsangeb.: Preußen; Vorbildung: Gymn. Wattenscheid Reife O. 05; Studium: Würzburg 4, Rostock 1, Berlin 1, Würzburg 4 S.] [U 11. 4601

v. *Vietinghof*, genannt Scheel, Cph. Burchard, († im April 1829.) u. G. F. Hoffmann, hortus siccus Caucasicus seu plantae rariores in regionibus caucasicis sponte nascentes inque earum locis natalibus collectae. Fasc. I. Fol. Moskau 812.

— s. Cph. Krüger v. Kriegsheim, Bemerkk.

Vietinghoff-Scheel, v., s.: Chemiker-Zeitung.

Vietinghoff-Scheel, Eduard Frh. von, aus Estland: Ein **Beitrag** zur experimentellen Erforschung der Wirkung und des physiologisch-chemischen Verhaltens der Oxalsäure und ihres neutralen Natriumsalzes. *Gand 1901: G. Eylenbosch.* (66 S.) 8°
Rostock, Med. Diss. v. [15. Mai] 1901

Vietinghoff-Scheel, Ghard. Frhr. v., das Duell. — Kaiser Wilhelm II. — Der Ruin des höheren Mittelstandes. — Verstaatlichung des Bankwesens, zunächst zum Zwecke der Ablösg. der Grundschulden. — „Ich bin der Weg". Kleine Abhandlgn. gr. 8. (80 S.) Riga 901. Jonck & Poliewsky. n. 1. 20

von Vietinghoff *gen.* ***Scheel,*** Karl *Ludwig Hermann Alexander* [aus Breslau]: Über einige neue Derivate der Akonitsäure ... Leipzig-Reudnitz, Druck v. M. Hoffmann, 1891; 16 S., 2 Bl. 8.
Leipzig, Phil. Fak., Inaug.-Diss. v. [19. Dez.] 1891

Lilly Bnn v. **Vietinghoff**. Backfischchens Lehr- und Wanderjahr. 5. Aufl. Stuttgart, Berlin, Leipzig: Union [1904]. (334 S.) 8° [5.]
— Kränzchen-Bibliothek. [9] [05. 1891]

Vietinghoff, Lilly Baronin v., Backfischchens Lehr- u. Wanderjahr. (Kränzchen-Bibliothek.) 8. Aufl. (V, 334 S. m. Abb.) kl. 8. Stuttgart (909). Union. Geb. in Leinw. 3. —

Vietinghoff, Lilly Baronin v., Märchen. 8. (V, 176 S.) Dorpat 883. Karow. n. 2. 80; cart. n. 3. 20; geb. m. Goldschn. n. 4. —

— neue Märchen. 8. (230 S.) Dorpat 883. Karow. n. 2. 80; geb. n. 4. —

Vietinghoff, Lilly Baronin v., was die Großmutter erzählte. Bilder u. Märchen f. die Frauenwelt. 8. (222 S.) Dorpat 885. Schnakenburg. n. 2. —

Vietinghoff, Otto v., Gedichte u. Balladen. (VII, 60 S.) kl. 8. Dresden (907). E. Pierson. 1.50; geb. n 2. 50

Vietinghoff-Scheel, v., s. Vietinghoff, v.

Vietke, Dav. J. J., Betracht. über den Zustand d. höchsten Glückseligkeit d. Menschen. 8. Jena 754. Melchior. 3 K

Vietor, A.: Die harmonische Configuration 24_4 1884. 8°
Diss. Freiburg i.B.

Vietor, A. [Hrsg.], s. Zeitschrift für weibliche Bildung in Schule und Haus.

Vietor, Alw., 5 Schulreden in der städtischen höheren Töchterschule zu Görlitz gehalten. Görlitz 868. Remer. gr. 8. (III, 71 S.) 9 ngr.

Vietor, Alwin: Historische Uebersicht über die 100 Jahre von 1779—1879 der Annen-Realschule zu Dresden. -- 86 S. -- Dresden. — U. B. I. O.

Vieter, C. L., die Saamendüngung, od. einfache u. wohlf. Anbauung des Bodens durch künstl. Düngung des Saamens u. gleichzeitige Vermeidung des Brandes u. anderer krankhafter Zustände der Cerealien. 8. (2 B.) Frankfurt a. M. 843, Jäger'sche Buchh.

Vietor, C. O. F. V.: Üb. d. Canalis ganglionaris der Schnecke. d. Säugethiere. Mrbrg. 1863.
Schul-/Univ.-Schrift

Vietor, C. R., nötige Antwort auf die unnötige Frage: Waren wir Affen? Volkstümliche Besprechg. der Lehre Darwins üb. Tier u. Mensch. 8. (82 S.) Bremen 893. J. Morgenbesser. n. -- 20

Vietor, C. R., Jesais 53. Ausgelegt für die Gemeinde in 7 Homilien. Bremen 866. Valett & Co. 8. (139 S.) n. 18 ngr.; geb. n.n. 24 ngr.

Vietor, C. R., Mosaik. Bilder aus dem Leben e. modernen Großstadtpfarrers. (249 S.) 8. Bremen 909. G. Winter, Verl. 3.—; geb. in Leinw. 4. 50

Vietor, C. R., zwei Osterpredigten über 1. Thessalonicher 4, 13—18. Bremen 859. Valett & Co. gr. 8. (30 S.) n. 6 ngr.

—— zwei Pfingstpredigten über 2. Corinther 5, 1—10. gr. 8. (28 S.) Bremen 861, Valett und Comp. •

—— Predigt über Lucas 17, 10 zum Gedächtniß des am 18. Mai 1863 selig heimgegangenen Pastor Prim. an U. L. Frauen Emil August Pauli. gr. 8. (15 S.) Bremen 863, Valett und Comp. *

Vietor, C. R., eine Zeitpredigt gehalten den 12. März 1848 über Psalm 93. gr. 8. (14 S.) Bremen 848, Heyse in Comm. 1/8 ₰

Vietor, Carl, s. Vietor, Karl

Vietor, Fr., der Orkan am 18. Juli 1841 in seiner Entstehung, seinem Fortgange und seinen Wirkungen. Eine meteorolog. Monographie. Lex. 8. Siegen 841, Friedrich. 1/2 ₰

Vietor, (G. A. Fr.,) christl. Vorträge. Nebst einem Anh. üb. die Vereinigung der beiden protestant. Confessionen des Herzogth. Nassau. 8. Hadamar 825. Neue Gelehrten-B.

Vietor, G. A. Fr., christl. Vorträge. Nebst e. Anhang über d. Vereinigung d. beiden protestant. Confessionen des Herzogth. Nassau. 8. Hadamar 825. (Lanz in Weilb.) 12 K

Vietor, J. K., die nächsten Aufgaben unserer Kolonialpolitik. (21 S.) 8. Hagen (906). O. Rippel. n. — 30

Vietor, Julie, die Handarbeit in der Fortbildungs- u. Haushaltungsschule. 1. Tl.: Die Anfertigg. der Wäsche. Unter Mitarbeit v. Fritz Vietor hrsg. Mit e. Vorwort v. Fritz Kalle. 8. (VII, 23 S. m. 18 Fig.) Wiesbaden 891. (C. Reinhardt.) n. — 35

Viëtor, Carl: Die antiseptische Wundbehandlung bei operativen Schädeleröffnungen. Halle a. S. 1881: Schlesinger. 29 S. 8°
Halle-Wittenberg, Med. Diss. v. 24. Dez. 1881
Geb. Perleberg (Brandenburg) 16. 1. 1858. V.

Vietor, Karl Emil (Rinteln) A. S. 578/52

Dissertatio iuridica inauguralis repraesentans fontem errorum de odio usurarum legitimo investigatum et obstructum. Präs. Friedrich Wilhelm Pestel. Rinteln (Enax) 10. VIII. 1753. 78 S.

W. v.: Präs., Karl Anton Braun, Heinrich Ernst Casselmann. 35176

Vietor, L.: Expermtal.-Untersuch. üb. d. Verschiedenh. d. Einfl. versch. verdünnter Schwefelsäure auf d. thier. Organis. Mrbg. 1863.
Schul-/Univ.-Schrift

Vietor, Lina, s.: Echo d. engl. Umgangssprache.

Viëtor, Lukas: Schleiermachers Auffassung von Freundschaft, Liebe und Ehe in der Auseinandersetzung mit Kant und Fichte. Eine Untersuchung zur Ethik Schleiermachers. Tübingen 1910: Laupp. III, 73 S. 8° ¶ (Aus: Theol. Arbeiten aus d. Rhein. wissensch. Prediger-Verein. N. F. H. 12.)
Erlangen, Phil. Diss. v. 16. Juli 1910, Ref. Hensel
[Geb. 29. Juni 77 Veldhausen; Wohnort: Cöln; Staatsangeh.: Preußen; Vorbildung: Gymn. Emden Reife M. 96; Studium: Halle 3, Basel 2, Göttingen 2, Bonn 2 S.; Rig. 30. Nov. 09.] [U 10. 909

Vietor, Mor., technische Fächer? Ideen zur ästhet. Erziehg. der Mädchen. 8. (VI, 29 S. m. Fig.) Wiesbaden 891. (C. Reinhardt.) n. — 75

Vietor, Phil., Disp. de Triumviris romanae reip. funestis. Marb. 736., 4. (16 Seiten).

Vietor, Ph. Otto, († d. 22. Dec. 1775.) Anfangsgründe geschwind rechnen zu lernen, vermittelst auf Stückerischen (sic) Pappendeckel gedruckten Zahlen. 8. Hersfeld 763. ... Anhang dazu. 8. Ebd. 765.

Vietor, Phil. Otto, Kraft u. Saft der sonn- und festtägl. Evangelien. 4. Frankf. Andreä. 715.

Vietor, Wilh., die Aussprache d. Englischen nach den deutsch-englischen Wörterbüchern vor 1750. gr. 8. (IV, 16 S.) Marburg 886. Elwert's Verl. n. — 50

Vietor, W., die **Aussprache d. Schriftdeutschen. Mit dem „Wörterverzeichnis f. die deutsche Rechtschreibg. zum Gebrauch in den preuss. Schulen"** in phonet. Umschrift, sowie phonet. Texten. 2., umgearb. Aufl. der Schrift: „**Die Aussprache d.** Wörterverzeichnisses f. die deutsche Rechtschreibg. zum Gebrauch in den preuss. Schulen". 8. (IV, 101 S. m. 1 Taf.) Leipzig 890. Reisland. n. 1. 60

Vietor, Wilh., die Aussprache des Schriftdeutschen. Mit dem „Wörterverzeichnis f. d. deutsche Rechtschreibg. z. Gebrauch in den preuss. Schulen" in phonet. Umschrift, sow. phonet. Texten. 4. Aufl. 8. (VIII, 119 S. m. 1 Taf.) Leipzig 898. O. R. Reisland. n. 1. 60; kart. n. 1. 80

Viëtor, Wilh., die Aussprache des Schriftdeutschen. Mit dem „Wörterverzeichnis f. die deutsche Rechtschreibg. zum Gebrauch in den preuss. Schulen" in phonet. Umschrift, sowie phonet. Texten. 5. Aufl. 8. (VIII, 119 S. m. 1 Taf.) Leipzig 901. O. R. Reisland. n. 1. 50; kart. n. 1. 70

— die Aussprache des Schriftdeutschen. Mit dem „Wörterverzeichnis f. die deutsche Rechtschreibung zum Gebrauch in den preuss. Schulen" in phonet. Umschrift, sowie phonet. Texten. 6., m. der 5. fast gleichlaut. Aufl. (VIII, 119 S. m. 1 Taf.) 8. Leipzig 905. O. R. Reisland. n. 1. 60; kart. n. 1. 80

Viëtor, Wilh., die Aussprache des Schriftdeutschen. Mit dem Wörterverzeichnis der amtl. „Regeln f. die deutsche Rechtschreibg." in phonet. Umschrift sowie phonet. Texten. 7., teilweise erneuerte Aufl. (XI, 137 S. m. 1 Abbildg.) 8. Leipzig 909. O. R. Reisland. 2.—; kart. 2. 20

— die Aussprache der in dem Wörterverzeichnis für die deutsche Rechtschreibung zum Gebrauch in den preussischen Schulen enthaltenen Wörter. Mit e. Einleitg.: Phonetisches. — Orthoepisches. 8. (IV, 61 S.) Heilbronn 885. Henninger. n. 1. —

Deutsches Aussprachewörterbuch. Von Wilhelm **Viëtor**, Prof. (In 8 Lfgen.) Leipzig: Reisland 19(08–)12. XVIII, 470 S. 8° A 12 1590

Zur feierlichen Einführung des neuen Rectors der Universität am 14. Oct. 1894 ... ladet ein der zeit. Rector Wolf Wilhelm Graf von Baudissin Dr. d. Theol. u. Phil., o. Prof. d. Theol. — Inhalt: Beiträge zur Textkritik der northumbrischen Runensteine. Von Prof. Dr. Wilhelm **Vietor**. Marburg, Univ.-Buchdr. '(C. L. Pfeil)', 1894; 1 Bl., 16 S., 1 Bl., 4 Taf. 4.

— Einführung in das Studium der englischen Philologie m. Rücksicht auf die Anforderungen d. Praxis. Die preuss. Prüfungsordng. vom 5. Febr. 1887 ist zu Grunde gelegt. gr. 8. (VII, 69 S.) Marburg 888. Elwert's Verl. n. 1. 80; cart. n. 2. —

— Einführung in d. Studium d. englischen Philologie m. Rücksicht auf d. Anfordergn. d. Praxis. 2., umgearb. Aufl. Mit e. Anh.: Das Englische als Fach d. Frauenstudiums. gr. 8. (X, 102 S.) Ebd. 897. n. 2. 20; geb. n. 2. 70

— Einführung in das Studium der englischen Philologie m. Rücksicht auf die Anforderungen der Praxis. Mit e. Anh.: Das Englische als Fach des Frauenstudiums. 3., umgearb. Aufl. (XII, 120 S.) gr. 8. Marburg 903. N. G. Elwert's Verl. n. 2. 50; geb. n. 3. —

— Einführung in das Studium der engl. Philologie als Fach des höheren Lehramts. 4. umgearb. Aufl. (XII, 142 S.) gr. 8. Marburg 910. N. G. Elwert's Verl. 3.60; geb. 4.20

— Elemente der Phonetik des Deutschen, Englischen u. Französischen. 3., verb. Aufl. 1. Hälfte. gr. 8. (160 S.) Leipzig 893. O. R. Reisland. n. 3.—

— dasselbe. 3., verb. Aufl. 2. Hälfte. gr. 8. (XII u. S. 161—388 m. 1 Taf.) Ebd. 894. n. 4.— (kplt.: n. 7.—)

— Elemente d. Phonetik d. Deutschen, Englischen u. Französischen. 4., durchgeseh. Aufl. M. 1 Titelbild u. 35 Fig. im Text. gr. 8. (XV, 372 S.) Leipzig 898. O. R. Reisland. n. 7.—; geb. n. 8.—

— Elemente der Phonetik des Deutschen, Englischen u. Französischen. 5. durchgeseh. Aufl. Mit 1 Titelbild u. 35 Fig. im Text. (XIII, 386 S.) gr. 8. Leipzig 904. O. R. Reisland. n. 7.20; geb. n. 8.—

— Elemente der Phonetik u. Orthoepie d. Deutschen, Englischen u. Französischen m. Rücksicht auf die Bedürfnisse der Lehrpraxis. gr. 8. (VIII, 271 S. m. 14 eingedr. Fig.) Ebend. 884. n. 4.80; geb. n. 5.60

— Elemente der Phonetik u. Orthoepie d. Deutschen, Englischen u. Französischen m. Rücksicht auf die Bedürfnisse der Lehrpraxis. 2., verb. Aufl. gr. 8. (XII, 270 S.) Heilbronn 887. [Gebr. Henninger.] Leipzig, Reisland. n. 4.80; geb. n. 6.30

— le bone Florence of Rome. Hrsg. v. W. V. 1. Abtlg. Abdruck der Handschrift. (Ff. II. 38. University library, Cambridge.) gr. 8 (IV, 74 S.) Marburg i/H. 893. N. G. Elwert's Verl. n. 2.40

Viëtor, Wilh., le bone Florence of Rome. 2. Abtlg. Untersuchg. des Denkmals v. Alb. Knobbe. gr. 8. (III, 69 S.) Marburg 899. N. G. Elwert's Verl. n. 2.—; (kplt. n. 4.40)

Vietor, W. Die Handschriften der Geste des Lohérains. Diss. Marburg 1876. 32 S.

Vietor, Wilh., die Handschriften der Geste des Lohérains. Mit Texten u. Varianten. gr. 8. (134 S.) Halle 875. Lippert'sche Buchh. n. 4.—

Vietor, Wilh., die Handschriften der Geste des Lohérains. Mit Texten und Varianten. gr. 8. (134 S.) Halle 878, Niemeyer. *

— deutsche Lauttafel (System Vietor). 70,5×87,5 cm. Farbendr. Nebst Erklärgn. u. Beispielen. (Deutscher, engl. u. französ. Text.) gr. 8. (12 S.) Ebd. 893. n. 1.50

— englische Lauttafel (System Vietor). 70,5×87,5 cm. Farbendr. Nebst Erklärgn. u. Beispielen. (Deutscher, engl. u. französ. Text.) gr. 8. (12 S.) Ebd. 893. n. 1.50

— **s. a. Lauttafel, französische.**

— französische Lauttafel (System Vietor). 70,5×87,5 cm. Farbendr. Nebst Erklärgn. u. Beispielen. (Deutscher, engl. u. französ. Text.) gr. 8. (12 S.) Ebd. 893. n. 1.50

Französische **Lauttafel** ⟨System Viëtor⟩. [Verf.: **Wilhelm Viëtor**, Prof., Marburg.] [Nebst] Erklärungen u. Beispiele. ⟨Deutscher, engl. u. franz. Text.⟩ 2. Aufl. *Marburg i. H.: N. G. Elwert 1902.* 1 Bd 8°, 1 Taf. gr. 2°
Erklärungen u. Beispiele.
[Sondert. 1.] Franz. Lauttafel ⟨System Viëtor⟩. Erkl. u. Beispiele.
[2.] Table of french sounds ⟨Viëtor System⟩. Ed. 2. Explanations and examples.
[3.] Tableau des sons franç. ⟨système Viëtor⟩. Ed. 2. Explications et exemples. [03. 1414 4

— deutsches Lesebuch in Lautschrift. (Zugleich in der preuss. Schulschreibg.) Als Hülfsbuch zur Erwerbg. e. mustergült. Aussprache hrsg. 1. u. 2. Tl. 12. Leipzig, B. G. Teubner. Geb. in Leinw. à n. 3.—
1. Fibel u. erstes Lesebuch. (XII, 159 S.) 899.
2. Zweites Lesebuch. (VI, 139 S.) 902.

— deutsches Lesebuch in Lautschrift (zugleich in der amtlichen Schreibung). Als Hilfsbuch zur Erwerbg. e. mustergült. Aussprache. I. Tl. Fibel u. 1. Lesebuch. 2., durchgeseh. Aufl. (XII, 158 S.) kl. 8. Leipzig 904. B. G. Teubner. Geb. in Leinw. n. 3.—

Deutsches Lesebuch in Lautschrift ⟨zugl. in d. amtl. Schreibung⟩ als Hilfsbuch zur Erwerbung einer mustergültigen Aussprache. Hrsg. von Wilhelm **Viëtor**, Prof., Marburg. 3., durchges. Aufl. T. 1. Leipzig: B. G. Teubner 1907. 8° [07. 14839

— Deutsches Lesebuch in Lautschrift (zugleich in der amtlichen Schreibung) als Hilfsbuch zur Erwerbung e. mustergültigen Aussprache. 1. Tl.: Fibel u. 1. Lesebuch. 4., durchgeseh. u. verm. Aufl. (XVI, 160 S.) kl. 8. Leipzig 911. B. G. Teubner. Geb. in Leinw. 3.—

— u. Frz. Dörr, englisches Lesebuch. Unterstufe. 6. Aufl. 14.—17. Taus. Mit 1 Karte v. England, 1 Plane von London, 1 engl. Münztaf., zahlr. Abbildgn. im Text u. 22 Vollbildern auf Tafeln. gr. 8. (XXIII, 292 S.) Leipzig 900. B. G. Teubner. Geb. in Leinw. n. 3.—

— — dasselbe. 6. Aufl. 1. Tl. Ausg. in Lautschrift v. E. R. Edwards. 8. (XVI, 76 S.) Ebd. 901. n. 1.80; geb. in Leinw. n. 2.20

— u. Frz. **Dörr,** englisches Lesebuch. Unterstufe. 7. Aufl. 18.—22. Taus. Mit 1 Karte v. England, 1 Plane von London, 1 engl. Münztaf, zahlreichen Abbildgn. im Text u. 22 Vollbildern auf Taf. (XXIV, 294 S.) gr. 8. Leipzig 904. B. G. Teubner. Geb. in Leinw. n. 3.—

— u. Frz. **Dörr,** engl. Lesebuch. Unterstufe. 8. Aufl. 23.—28. Taus. Mit 1 Karte v. England, 1 Plane von London, 1 engl. Münztaf., zahlr. Abbildgn. im Text u. 22 Vollbildern auf Taf. (XXIV, 291 S.) 8. Leipzig 907. B. G. Teubner. Geb. 3.

— — dasselbe. Unterstufe. Part I. Phonetic transcription by E. R. Edwards. 2. ed. (X, 76 S.) kl. 8. Ebd. 908. Kart. 2.20

— u. F. **Dörr,** englisches Lese- u. Übungsbuch. Unterstufe. A. u. d. T.: Englisches Lesebuch. Unterstufe. gr. 8. (XXII, 289 S.) Leipzig 887. Teubner. n. 2.80

— u. Frz. **Dörr,** englisches Lese- u. Übungsbuch. Unterstufe. A. u. d. T.: Englisches Lesebuch. Unterstufe. 2. u. 3. Aufl. gr. 8. (XXIV, 298 S.) Leipzig 891. 893. B. G. Teubner. Geb. in Leinw. n. 2.80

— — dasselbe. Unterstufe. A. u. d. T.: Englisches Übungsbuch. Unterstufe. gr. 8. (VIII, 86 S.) Ebd. 891. Geb. in Leinw. n. 1.80

— u. Frz. **Dörr**, **englisches Lese- u. Uebungsbuch.** Unterstufe. A. u. d. T.: Englisches Lesebuch. Unterstufe. 4. Aufl. 9. u. 10. Taus. gr. 8. (XXIV, 298 S.) Leipzig 895. B. G. Teubner. Geb. in Leinw. n. 2. 80

— **die Methodik des neusprachl. Unterrichts.** s.a. Vorträge u. Abhandlungen, neuphilolog. III.

Die Methodik des neusprachlichen Unterrichts. Ein geschichtl. Überblick in 4 Vortr. von Wilhelm Viëtor. Leipzig: B. G. Teubner 1902. (56 S.) 8°
(Vorträge, Neuphilologische, u. Abhandlungen. 3.)

— **kleine Phonetik** des Deutschen, Englischen u. Französischen. Nach d. III. verb. Aufl. d. Orig.-Ausg. M. 21 Fig. 8. (XV, 132 S.) Ebd. 897. n. 2. 40

— **kleine Phonetik** des Deutschen, Englischen u. Französischen. 2. Aufl. Der 4. Aufl. der Orig.-Ausg. entsprechend. 8. (XVI, 132 S. m. 21 Fig.) Leipzig 901. O. R. Reisland. n. 2. 40

Kleine Phonetik des Deutschen, Englischen und Französischen von Wilhelm **Viëtor**. 3. Aufl. der 5. Aufl. d. Originalausg. entsprechend. Mit 21 Fig. *Leipzig: O. R. Reisland 1903.* (XVI, 131 S.) 8° (05. 10730 d

Viëtor, Wilh., kleine Phonetik des Deutschen, Englischen u. Französischen. 4. Aufl. Der 6. Aufl. der Orig.-Ausg. entsprechend. (XVI, 132 S. m. 21 Fig.) 8. Leipzig 905. O. R. Reisland. n. 2. 50; kart. n. 2. 80

— Kleine **Phonetik** des Deutschen, Englischen u. Französischen. 6. Aufl. (XVI, 132 S. m. 21 Fig.) 8. Leipzig 909. O. R. Reisland. 2.40; kart. 2. 75

Kleine Phonetik des Deutschen, Englischen und Französischen. Von Wilhelm **Viëtor**. Mit 21 Fig. 7. Aufl. Leipzig: Reisland 1910. XVI, 131 S. 8° (11. 1314

— german **pronunciation**; practice and theory. The „best german" — german sounds, and how they are represented in spelling — the letters of the alphabet, and their phonetic values — german accent — specimens. 8. (V, 123 S.) Ebend. 885. n. 1. 50; geb. n. 2. —

— german **pronunciation**: practice and theory. The best German — German sounds, and how they are represented in spelling — the letters of the alphabet, and their phonetic values — German accent-specimens. 2. ed., revised and enlarged. 8. (VIII, 133 S. m. 1 Abbildg.) Leipzig 890. O. R. Reisland. n. 1. 50

— **German pronunciation**: Practice and theory. The best German. — German sounds, and how they are represented in spelling. — The letters of the alphabet, and their phonetic values. — German accent. — Specimens. 3. ed. (VIII, 137 S. m. 1 Abbildg.) 8. Ebd. 903. n. 1. 60; geb. n. 2. —

— **Shakespeare's pronunciation.** A Shakespeare phonology. With a rime-index to the poems as a pronouncing vocabulary. (XVI, 290 S.) 8. Marburg 906. N. G. Elwert's Verl. n. 5. 40; geb. n. 6. —

— **dasselbe. A Shakespeare reader in the old spelling and with a phonetic transcription.** (XII, 179 S.) 8. Ebd. 906. n. 3. —

Ratschläge für die Studierenden der romanischen und der englischen Philologie an der Universität Marburg. Von Eduard **Wechßler** u. Wilhelm **Viëtor**. Als Ms. gedr. Marburg 1910: Bauer. 23 S. 8° (11. 3230 4

Das angelsächsische Runenkästchen aus Auzon bei Clermont-Ferrand. 5 Taf. in Lichtdr. Mit erklär. Text. Von Wilhelm **Viëtor**, Prof., Marburg. H. 1. *Marburg: N. G. Elwert 1901.* quer-8°
[Nebent.:] The runic casket. (The Franks casket.) By W. Viëtor. (00. 13076

— **das angelsächsische Runenkästchen aus Auzon bei Clermont-Ferrand.** 5 Taf. in Lichtdr. m. erklär. Text. (In deutscher u. engl. Sprache.) 1. Hft. Tafeln. qu. gr. 4. Marburg 901. N. G. Elwert's Verl. Für Hft. 1 u. 2 kart. n. 6. —

Die Northumbrischen Runensteine. Beitr. z. Textkritik. Gramm. u. Glossar. Von Wilhelm **Vietor**. M. 1 Übersichtskt. u. 7 Taf. in Lichtdr. *Marburg i. H.: N. G. Elwert 1895.* ([S. 1–16] erschien als Marburger Univ.-Programm z. Rektoreinführung 1894.) (VIII, 50 S., 1 Kt., 7 Taf.) 1 Bd. (96. 1167

Victor, Wilh., englische Schulgrammatik. 1. Thl. Formenlehre. gr. 8. (VII, 40 S.) Leipzig 879. Teubner. cart. — 75

— — englische **Schulgrammatik**. 1. Tl.: Laut- u. Wortlehre. 2. Aufl. der engl. Schulgrammatik v. Wilh. Vietor. 1. Tl.: Formenlehre. gr. 8. (IX. 76 S.) Ebd. 894. Kart. n. 1. 20

— **englische Schulgrammatik.** 1. Tl. Laut- u. Wortlehre. 4. Aufl. (X, 78 S.) 8. Leipzig 906. B. G. Teubner. Geb. n. 1. 40

A Shakespeare reader in the old spelling and with a phonetic transcription. By Wilhelm **Viëtor**, Prof. Marburg i. H.: N. G. Elwert 1906. (XII, 179 S.) 8°
= **Viëtor**: Shakespeare's pronunciation. 2. (06. 11090

— s.: **Skizzen lebender Sprachen.**

— s.: **Sprachen, die neueren.**

— s.a. **Sprachunterricht, der, muss umkehren!**

— der **Sprachunterricht** muss umkehren. Ein Beitrag zur Überbürdungsfrage v. Quousque tandem [W. V.]. 2. um e. Vorwort verm. Aufl. 8. (VI, 32 S.) Ebend. 886. n. — 60

— s.: **Tableau des sons français.**

— die rheinfränkische **Umgangssprache** in u. um Nassau. gr. 8. (IV. 44 S.) Wiesbaden 875. Niedner. n. 1. 20

Vietor, Wilh., wie ist die **Aussprache** des Deutschen zu lehren? Ein Vortrag. 8. (26 S.) Marburg i/H. 893. N. G. Elwert's Verl. n. — 50

— **wie ist d. Aussprache d. Deutschen zu lehren?** Ein Vortrag. 2. Aufl. 8. (28 S.) Marburg 895. N. G. Elwert's Verl. n. — 50

— **wie ist die Aussprache des Deutschen zu lehren?** Ein Vortrag. 3. Aufl. gr. 8. (30 S.) Marburg 901. N. G. Elwert's Verl. n. — 60

Viëtor, Wilh., wie ist die Aussprache des Deutschen zu lehren? Ein Vortrag. 4. Aufl. (33 S.) 8. Marburg 906. N. G. Elwert's Verl. n. — 60

— **Wissenschaft** u. praxis in der neueren philologie. Akademische kaisergeburtstagsrede. gr. 8. (20 S.) Marburg 899. N. G. Elwert's Verl. n. — 40

Vietsch, Karl

Vietsch, Car. (geb. Brieg 16. 6. 1812): De medicaminum inhalatione. Berolini (1840). (35 S.) 8°

Berlin, Med. Diss. v. 21. Apr. 1840

Vietsch, [Wilhelm] von, Referendar: Die Stellung der **Aussen**-arbeit im Strafvollzug. Göttingen 1907: W. F. Kaestner. (IV, 89 S.) 8°

Göttingen, Jur. Fak., Ref. v. Hippel, Diss. v. 30. Juni 1907

[Geb. 14. Febr. 77 Düsseldorf; Wohnort: Göttingen; Staatsangeh.: Preußen; Vorbildung: Städt. Gymn. Düsseldorf Reife O. 96; Studium: Berlin 1, Göttingen 5 S.; Rig. 24. Juni 07.]

Viett, Paul [app. Arzt]: '[Aus d. medicin. Klinik zu Jena.]' Der therapeutische Wert der Digitalis purpurea und ihrer Präparate ... Jena, Univ.-Buchdr. G. Neuenhahn, 1896; 40 S. 8.
Jena, Med. Fak., Inaug.-Diss. v. [24. Dez.] 1896

(de Viette.) Der entlarvte Dumouriez oder der Abenteurer von Jemappes. A. d. Engl. übers. 8. Leipzig 1794. 1,00.

Vietz [Schlagwort]

Vietz, s.: Geologische Karten. Karte (Preussen).

Vietz [Verfasser]

(Vietz, Ferdinand Bernhard): Anatomische Ab=bildungen des menschlichen Körpers, (hrsg. von Paul Johann Weindl.) Bd 1, 16 S., gbd. 20 Taf.

(Wien: 1805)

JB 862 a b

— Biographie Dr. Fd. Leber's. 8. Wien 810.

Vietz, Fd. Bhrd., († d. 24. od. 25. Juli 1815.) kurze Darstellung mehrerer physiologisch=patholog. u. therapeut. Versuche mit d. Blausäure, die im k. k. Thierarznei=Institute an Pferden u. Hunden angestellt wurden. 8. Wien 181..

Vietz, Ferd(inand) Bern(hard): Icones plantarum medico-oeconomico-technologicarum cum earum fructus ususque descriptione. - Abbildungen aller medizinisch-ökonomisch-technologischen Gewächse samt der Beschreibung ihres Nutzens und Gebrauches. (Lat.u.dt.) Bd 1 - 10, Suppl.-Bd, gbd., Abb.

Wien: Schrämbl (1800) - 1822

JB 6.500

Vietz, Ferd. Bernh., Icones Plantarum medico-oeconomico-technologicarum cum earum fructus ususque explicatione: Od. Abbild. aller medicin=ökonom.=technolog. Gewächse mit d. Beschreib. ihres Nutzens u. Gebrauchs, mit 500 ill. K. 3 Bde. 4. Wien, Schaumburg. 804 — 7.

— — dasselbe m. ill. Kpf. 3 Bde. 4. Wien, Schalbacher. 800 — 2. (à 22 Thlr. 12 gr.)

— Instruktion für d. öffentl. angestellten Aerzte u. Wundärzte, wie sie sich bei gerichtl. Leichenbeschauungen zu benehmen haben. 8. Wien 814.

Vietz, Ferd(inand) Bernh(ard): Rede zur Gedächtnißfeyer des am 14.October 1808 verstorbenen k.k.Rathes, Leibchirurgens und Professors der Chirurgie an der Universität in Wien, Herrn Ferdinand Edlen von Leber. Gehalten im großen Saale der hiesigen hohen Schule. 23 S., gbd.

Wien: mit Geroldschen Schriften 1810

JB 5.831

— Progr. Ueber d. Rettungsgeschäft scheintodter u. in plötzl. Lebensgefahr gerathener Menschen, nebst d. k. k. österreich. neuen Verordnungen u. d. Noth= u. Hülfstafel. gr. 8. Wien 804. Camesina. 4 gr

— Vorlesungen über gerichtl. Arzneikunde nach des Verfass. Handschrift, mit Anmerkk. herausg. von J. Bernt. 1r Bd. gr. 8. Wien 817. Geistinger. (Gerold). 1 Thlr 8 gr Hbg. Pr. 12 gr

— — Vorlesungen über gerichtliche Arzneykunde. Mit Anmerk. herausgeg. von J. Bernt. 1r Bd. gr. 8. Wien, Geistinger. (Leipzig, W. Vogel in C.) 818.

Vietz, H., üb. Volks= u. Fortbildungsschuleinrichtungen in Leipzig u. Wien. Bericht üb. seine im Auftrage der Diesterweg=Stiftg. zu Berlin nach den genannten Städten unternommene Studienreise. gr. 8. (68 S.) Frankfurt a/M. 893. M. Diesterweg. n. - 60

Vietz, H., u. A. Vorpahl, Zeichenschule f. den grundlegenden Unterricht im Freihandzeichnen. Mit besond. Berücksicht. der Berliner Gemeindeschulen bearb. qu. 4. (48 S. m. 68 Taf.) Leipzig 888. Klinkhardt. cart. n. 3. —

Vietz, Karl Th., das Studium der allgemeinen Geschichte nach dem gegenwärtigen Stand der histor. Wissenschaft u. Literatur. gr. 8. Prag 844, Haase Söhne. 1 1/6 Thlr

Vietzke, E., Wiederholungs= u. Uebungsbuch f. die Behandlg. poet. Stoffe an Präparandenanst., in Andeutgn. u. Ausführgn. bearb. gr. 8. (VI, 90 S.) Gotha 898. E. F. Thienemann. Kart. n. 1. 40

Vietzke, E., Wiederholungs= u. Ubungsbuch f. die Behandlung poetischer Stoffe an Präparandenanstalten, in Andeutgn. u. Ausführgn. bearb. 2., durchgeseh. Aufl. gr. 8. (IV, 90 S.) Gotha 899. E. F. Thienemann. Kart. n. 1. 40

Vietzke, E., Wiederholungs= u. Uebungsbuch f. die Behandlung poetischer Stoffe an Präparandenanstalten, in Andeutungen u. Ausführungen bearb. 3., erweit. Aufl. (VI, 122 S.) 8. Gotha 905. E. F. Thienemann. Kart. n. 1. 80

Vietzke, E., Wiederholungs= u. Ubungsbuch f. die Behandlung poetischer Stoffe an Präparandenanstalten, in Andeutungen u. Ausführungen bearb. 4. Aufl. (VI, 122 S.) 8. Gotha 907. E. F. Thienemann. Kart. 1. 80

Vieussens, Raymond de: Epistola nova quaedam in corpore humano inventa exhibens... 16 S., gbd.

Lipsiae: Fritsch 1704

JB 293

Vieusseux, Dr., über künstl. Blutausleerungen u. ihre Anwendung in d. Mehrzahl d. Krankheiten. Aus d. Französ. übersetzt, mit Anmerkk. von C. L. Klose. gr. 8. Bresl. 819. Holäufer. (Graß, B. u. Comp.) 1 Thlr 16 gr

Vieusseux, A., Anselmo. Ein Gemälde aus d. Leben in Rom u. Neapel; nach d. Engl. v. W. A. Lindau. 2 Thle. 8. Dresd. 826. Arnold. 2 Rthlr. 12 gr.

— Italien u. d. Italiener im 19. Jahrh. Nach d. Engl. von G. Lotz. 2 Bdchen. 8. Berl. 825. Vereins-B. 1 Rthlr. 16 gr.

View, A, of the English Editions, Translations and Commentaries of Marcus Tullius Cicero . . . Stettin 1795. V: *Brüggemann, Ludwig Wilhelm.* (MGT)

Vieweg und Sohn, Verlagsbuchhandlung Friedrich, in Braunschweig. Braunschweig 1891. V: *Thomälen, G.* (ADB 39, 693)

Vieweg's musikalische Taschen-Bibliothek. Nr. 1. qu. 8. Quedlinburg 894. Ch. F. Vieweg. Geb. in Leinw. 1. —
Taschenbuch f. Orgelspieler. 60 kurze u. leichte Choraleinleitgn. in den gebräuchlichsten Tonarten. Für Seminare u. Präparandenanstalten komponiert v. R. Meister. Op. 64. (30 S.)

Vieweg's musikalische Taschen-Bibliothek. Nr. 2—5. 8. Quedlinburg, Ch. F. Vieweg. n. 3. 60 (1.—5.: n. 4. 60)
2. Taschenbuch f. angehende Klavierspieler von Fr. Zimmer. (VI, 60 S. m. 1 Taf.) 895. Geb. in Leinw. n. 1. —
3. Taschenbuch f. angehende Violinspieler von Fr. Zimmer. (VI, 57 S.) 896. Geb. in Leinw. n. 1. —
4. Musikalisches Nachschlagebuch. Von Geo. Eggeling. (56 S.) 898. Geb. in Leinw. n. 1. —
5. Taschenbuch d. Harmonielehre. Von Ludw. Steinert. (IV, 30 S.) 898. Kart. — 60

Vieweg, A., s.: Begleiter, mein, durch das Schuljahr.

Vieweg, C. F., s. Vieweg, Karl Fr.

Vieweg, Carl, s. Vieweg, Karl

Vieweg, Chr. Gotthf.

— s. Aufklärung d. Apokalypse.

Vieweg, Chr. Gtthlf., († 1797.) Betrachtt. oder Reden über d. 7 Briefe in d. 2n u. 3n Kap. d. Offenbarung Johannis. 8. Offenb. 785. Krieger in Cassel. 12 gr.

— Etwas zum Bedürfniß unserer Zeit über Gal. 1, 8. 9. 8. Nürnb. 798. Raw. 4 gr. Hbd. Pr. 2 gr.

— Kanzelvorträge, nebst krit. Untersuchung über d. Apokalypse. 8. Frankf. u. Leipz. (Gießen) 785.

— s. Unzulänglichkeit d. Beweises.

Verlagskatalog von Friedr. Vieweg & Sohn in Braunschweig. Gegr. in Berlin, 1. Apr. 1786, vereinigt Apr. 1799 m. d. Schulbuchh. in Braunschweig gegr. 24. Juni 1786. Hrsg. aus Anlass d. hundertjähr. Bestehens d. Firma in Braunschweig 1799 1. Apr. 1899. *Braunschweig: Dr. v. F. Vieweg & Sohn 1899.* (XXIX, 111 S., 1 Taf.) 1 Bd 8. [99. 4557]

[Ant. u. F.] **Verlagsverzeichniss** von Friedr. Vieweg & Sohn, Verlagsbuchhandlung in Braunschweig. Neuere Werke. Publicationen bis Sept. 1898. *Braunschweig: F. Vieweg & Sohn 1898.* (1 Bl., 98 S.) 1 Bd 8. [98. 11144]

Verlagsverzeichniss von Friedr. **Vieweg**, Verlagsbuchh. in Braunschweig. Neuere Werke. Publicationen bis Aug. 1901. *Braunschweig: F. Vieweg 1901.* (160 S.) 8° [F. u. Ant.] [01. 12873]

Verlagsverzeichnis von Friedr. **Vieweg** & Sohn, Verlagsbuchh. in Braunschweig. Neuere Werke. Publikationen bis Juli 1904. Braunschweig: F. Vieweg & Sohn 1904. (162 S.) 8° [Ant. u. F.] [07. 14521 10]

Verlagsverzeichnis von Friedr. Vieweg & Sohn, Verlagsbuchhandlung in Braunschweig. Neuere Werke: Publikationen bis Oktober 1906. IV + 164 S. 8. Braunschweig, Friedr. Vieweg & Sohn, 1906.

Vieweg, G., s. Vieweg, Johann Gotthelf

Vieweg, Johann Gotthelf

Vieweg, G., Anleit. z. Kenntniß d. preuß. Staatsverfassung, f. Gymnasien u. höhere Schulanstalten. 8. Halberstadt, Groß. 799.

Vieweg, Jh. Gtthlf., Anleit. zur Kenntniß d. preuß. Staatsverfassung, für Gymnasien u. höhere Schulanstalten. 8. Halberst. 799. (Potsd., Vogler). 14 gr.

— Grundzüge d. preuß. Statistik. gr. 8. Halberst. 793. (Ernst in Quedlinb.) 4 gr.

— s. Jugend-Schauplatz. 3 Thle.

— über fremde Noth. Eine Predigt. 8. Braunschw. 790. Vieweg. 4 gr.

Vieweg, Jh. Gf., christl. Sittenkatechismus, ein Schul- u. Lesebuch für d. Jugend nach allen Umständen ihres Lebens, mit Jh. Fr. Feddersen's Vorrede. 8. Berl. 787. Vieweg in Braunschw. 7 gr.

— Weihnachtsgeschenk f. die Jugend, ist d. Jugendschauplatz 1r.

Vieweg, Karl

Vieweg, Carl, s. Dumas, J., Versuch e. chemischen Statik.

Vieweg, Karl Fr., u. K. L. Willdenow, tabellar. Verzeichniß der in d. Kurmark Brandenburg einheimischen Schmetterlinge, mit 4 ill. Kpf. 2 Hefte. 4. Berl. 789—90. W. Vieweg. 1 Rthlr. 20 gr.

Vieweg, Walt., die Bestandteile unserer Atmosphäre, s: Vorträge u. Abhandlungen, hrsg. v. der Zeitschrift „Das Weltall".

— organische Chemie od. Chemie der Kohlenstoffverbindgn., s. a. Hillger's illustr. Volksbücher.

Organische Chemie oder Chemie d. Kohlenstoffverbindungen von Dr. Walter **Vieweg.** Mit 19 Ill. Berlin, Leipzig: H. Hillger 1906. (79 S.) 8° [F.] = **Volksbücher,** Hillgers illustrierte. Bd 51. [07. 16102]

— die Chemie auf der Weltausstellung zu St. Louis 1904. (96 S.) Lex.-8. Stuttgart 905. F. Enke. n. 2. 40
Sonderabdruck aus: „Sammlung chem. u. chemisch-techn. Vorträge".

Vieweg, Walther, aus Altenburg (S.-A.): Die γ-Phenyl-α-indonessigsäure und Dipiperonyliden-bernsteinsäure. Mit 5 Tab. u. 6 Fig. *Leipzig 1902: Metzger & Wittig.* (49 S.) 8° Leipzig, Phil. Diss. v. [28. Febr.] 1902

Vieweger, Hugo, Anleitg. zum Gebrauche des Rechenschiebers. (16 S. m. 5 Fig.) Lex.-8. Leipzig (906). M. Schäfer. n. — 40
Sonderabdruck aus: „Die Schule des Maschinentechn."

Vieweger, H., u. Alb. Behr, die Arithmetik u. Algebra, s.: Weitzel, Karl Geo., d. Schule d. Maschinentechnikers.

Vieweger, H., Aufgaben u. Lösungen aus dem Gebiete der Gleich- u. Wechselstromtechnik. Ein Übungsbuch f. den Unterricht in der Elektrotechnik an techn. Hoch- u. Fachschulen, sowie zum Selbststudium. gr. 8. (XI, 272 S. m. 158 Fig. u. 2 Taf.) Mittweida 902. Polytechn. Buchh. Geb. in Leinw. n. 5. 50

Vieweger, Hugo, Aufgaben u. Lösungen aus dem Gebiete d. Gleich- u. Wechselstrom-Technik. Ein Übungsbuch f. den Unterricht in der Elektrotechnik an techn. Hoch- u. Fachschulen, sowie zum Selbststudium. 2. verm. u. verb. Aufl. (XV, 272 S. m. 174 Fig. u. 3 Taf.) 8. Mittweida 908. Polytechn. Buchh. Geb. in Leinw. 6.—

— Die Physik, s.: Weitzel, Karl Geo., die Schule des Maschinentechnikers.

Vieweger, H., die Schule des Elektrochemikers, s.: **Holzt, Alfr.**

Vieweger, Johannes, appr. Arzt aus Leipzig: Zur Casuistik der Syringomyelie. Leipzig 1903: B. Georgi. (41 S.) 8°
Leipzig, Med. Diss. v. (16. Dez.) 1903.

Vieweger, L., das Einheitsgymnasium als psychologisches Problem behandelt, zugleich eine Lösung der Ueberbürdungsfrage auf psychologischer Grundlage. gr. 8. (90 S.) Danzig 887, (Saunier's Buchh.) *

Vieweger, L., die zweckmäßigste Einrichtung einer Landwirthschaftsschule. gr. 8. (16 S.) Cleve 877. Boß. n. — 20

Vieweg, L., Sammlung der besten deutschen Volkslieder f. die Ober- u. Mittelstufe deutscher Volksschulen, hrsg. im Auftrage der Landlehrer-Konferenz der Diöcese Gera im Fürstent. Reuß j. L. gr. 8. (IV, 112 S.) Gera 884. Köhler. n. — 50

—— die einheitliche höhere deutsche Unterrichtsanstalt. Ein pädagogischer Versuch. 8. (III, 114 S.) Ebendas. 877. *

Vieweger, Leo. Über den Wert der grammatischen Beziehungsfunktion im Englischen. 36 S. **Progr.** Rg. Pet. *Danzig* 1885.

Vieweger, Wilhelm ⟨geb. am 13 Dez. 1858 in Koblenz⟩: Ueber Haare im Inneren des Auges ... Bonn, Univ.-Buchdr. v. C. Georgi 1883. 51 S., 1 Bl. 8.
Bonn, Med. Fak., Diss. v. 10 März 1883

Views s. Celebrated V' of Switzerland s. Galerie berühmter Schweizer Landschaften .... Zürich [1895].

Views of Nuremberg, s. Poppel, J.

Views. V' in the Tyrol, Switzerland and Italy s. Ansichten in Tyrol, der Schweiz und Italien .... London ....

Vieze, Hermann, Dr.: Domitians Chattenkrieg im Lichte der Ergebnisse der Limesforschung. Berlin: R. Gaertner 1902. (30 S.) 4°
Berlin, Achte R, OP 1902 (130).

Vieze, Herm., Domitians Chattenkrieg im Lichte der Ergebnisse der Limesforschung. Progr. 4. (30 S.) Berlin 902. [R. Gaertner.] Weidmann. n. 1. —

Vieze, Hermannus: De Demosthenis in Androtionem et Timocratem orationibus. Halae Saxonum 1885: Karras. 44 S. 8°
Halle-Wittenberg. Phil. Diss. v. 2. Juli 1885
Geb. Berlin 1. 11. 1854. V.
Im Buchhandel Leipzig: Fock 1886.

Vieze, Herm., de Demosthenis in Androtionem et Timocratem orationibus. gr. 8. (44 S.) Leipzig 886. Fock. n. 1. —

Bureaukraten und Lords. Eine Rundschau über Klassen-, Sonder- u. Musterrichter. Von Dr. R[ichard] **Viezens**, Kammerger.R. Berlin: C. Heymann 1908. (218 S.) 8° [F.] [07. 16083] 6

[F.] 'Die Taugenichtse'. E. Betrachtg üb. preuss. Richter. Von Dr. jur. [R.] **Viezens**, Landrichter. *Berlin: C. Heymanns 1897.* (68 S.) 1 Bd 8. [97. 1833]

Viga, **Glums Saga, s. vita Viga-Glumi etc. 4maj. Kopenh. 786. Bonnier. 1 ℔ 16 ℘ (Schubothe). 4 ℔**

Vigand, Rud., Wegweiser Budapest's. Führer durch die kgl. ung. Haupt- u. Residenzstadt. Mit 1 allgem. (farb.) Plan u. mehreren Detailkarten. (XI, 430 S.) kl. 8. Wien (910). R. Lechner's Sort. Geb. in Leinw. 5. —

Vigano, der Nußbaum, oder die Zauberschwestern. Allegorisches Feenballet in 3 Akt., in die Scene gesetzt von Massini. 8. Wien 830. Wallishausser. 2 ℘

Viganò, Franc., Biblioteca dei negozianti e specialmente per quelli delle città marittime. 33 Dispense. (o 13 Parti.) gr. 4. Trieste 853. 54, Coën. à Dispensa * 5 Ngr. *

Inhalt:

Parte 1. **Trattato volgare di scrittura doppia. 4 Puntate. (S. 1—64.) Einzeln * 28 Ngr.**
- 2. **Trattato della conoscenza delle merci. 2 Puntate. (S. 65—94.) Einzeln * 15 Ngr. — Trattato di conti figurati. Puntata 1. e 2. (S. 97—112.)**
- 3. **Trattato di conti figurati. Puntata 3. e 4. (S. 113—136.) Einzeln * 16 Ngr.**
- 4. **Trattato o ragguaglio delle misure lineari. (S. 137—160.) Einzeln * 10 Ngr.**
- 5. **Trattato o ragguaglio delle misure superficiali. (S. 161—184.) Einzeln * 10 Ngr.**
- 6. **Trattato o ragguaglio de pesi. (S. 185—208.) Einzeln * 10 Ngr.**
- 7. **Trattato o ragguaglio delle misure delle materie secche o dei cereali. (S. 209—232.) Einzeln * 10 Ngr.**
- 8. **Trattato o ragguaglio delle monete. (S. 233—256.) Einzeln * 10 Ngr.**
- 9. **Dizionarietto o spiegazione di alcuni vocaboli mercantili. (S. 257—279.) * 10 Ngr.**
- 10. **Usi e stabilimenti di pubblico credito delle principali città di commercio del mondo. (S. 280—319.) * 16 Ngr.**
- 11. **Aritmetica mercantile ovvero alcuni principali conti di commercio. (S. 321—359.) * 16 Ngr.**
- 12. **Usi mercantili di Trieste. (S. 361—388.) * 12 Ngr.**
- 13. **Manuale del codice di commercio di terra e di mare colle modificazioni fino ad oggi introdottevi dalla legislazione austriaca e corredato di formole degli atti e convenzioni commerciali di Nicolò Foramiti. 2. Ediz. (S. 389—527.) * 1 Thlr. 20 Ngr.**

Verarbeitung von Kautschuk, Guttapercha und Celluloid in der Zahnheilkunde und Zahntechnik. Von Heinrich **Vigano**. Berlin: Permetter 1910. 69 S. 8° [11. 1414]

Viganò, Rinaldo. La station climatérique de Vicosoprano, Mètres 1100 s. m. ⟨Canton des Grisons⟩, sur la ligne du Maloja, de Chiavenna à l'Engadine. Annotations du Dr. R' V' ⟨Médecin à Chiavenna⟩. [Illustré.] II + 16 p. 8-obl. Samaden, Engadin Press Co., [1904].

Viganò, Rinaldo. La stazione climatica di Vicosoprano, Metri 1100 s. m. ⟨Canton Grigione⟩, sulla linea del Maloja, da Chiavenna all' Engadina. Annotazioni del Dr. R' V' ⟨Medico a Chiavenna⟩. [Illustrato.] II + 16 p. 8-obl. Samaden, Engadin Press Co., [1904].

Vigée, l'Entrevue. 8. Paris. (Sommer à Leipz.). 802.

Vigée-Le Brun, Marie Luise Elisab., Selbstbildnis, s.: **Meisterbilder fürs deutsche Haus.**

Vigelius, Brun., speculum stultorum, et Ovidii lib. III. de vetula. 8. 712.

Vigelius, Carl, s. Vigelius, Karl

Vigelius, J. C., Denkwürdigkeiten v. Hersfeld. Nach „Piderit", städt. Akten, archival. u. anderen Quellen bearb. u. bis zur neuesten Zeit fortgeführt. Mit 1 Lichtdr. gr. 8. (VIII, 223 S.) Hersfeld 888. Hoehl's Sort. (Hans Schmidt). n. 2. 50

Vigelius, Joh. Philipp: De principio cognoscendi in Theologia morali, s. B e n n e r , Johann Hermann [Praes.]

Vigelius, Karl

Vigelius, Carl, der preuß. Gemeindevorsteher, s.: O t t e u. B r a n d t.

Vigelius, Carl, Handbuch f. Sparkassen. Zum prakt. Gebrauch bearb. gr. 8. (VIII, 375 S.) Breslau 902. M. & H. Marcus. n. 5. —; geb. in Leinw. n. 6. —; auch in 5 Lfgn. à n. 1. —

Vigelius, Carl, K o m m e n t a r zu der Polizei-Verordnung über die Bauten f. die Städte u. das platte Land der Prov. Pommern vom 7. III. 1903. (IV, 136 S.) gr. 8. Berlin 903. A. W. Hayn's Erben. n. 3. —; geb. n. 3. 50

Vigelius, Carl, Gerichtsref.: Über N o t w e h r gegen Tiere. Cassel 1899: L. Döll. (VI, 46 S.) 8°
Freiburg i. B., Rechts- u. staatswiss. Diss. v. 1899.

— die S t ä d t e - O r d n u n g f. die Rheinprovinz v. 15. V. 1856 in ihrer durch die neueste Gesetzgebung bedingten Fassung dargestellt u. erläutert. (XII, 313 S.) 8. Leipzig 904. C. E. M. Pfeffer. Geb. in Leinw. n. 5. 75

— Die Städte-Ordnung f. die Rheinprovinz vom 15. V. 1856 in ihrer durch die neueste Gesetzgebung bedingten Fassung. Zum prakt. Gebrauch dargestellt u. erläutert. 2., rev. Aufl. (XII, 260 S.) 8. Leipzig 910. C. E. M. Pfeffer. Geb. in Leinw. 6. —

— das W i l d s c h o n g e s e t z vom 14. VII. 1904 u. die einschlägigen Jagdgesetze Preußens, dargestellt u. erläutert. (VII, 166 S.) gr. 8. Berlin 905. A. W. Hayn's Erben. n. 3. —; geb. n. 4. —

V i g e l i u s, Nicol., Gerichtsbüchlein, nebst Zusatz v. gewissen Recht, mit prakt. Anmerk. 8. Merseburg, Forberger. 733.

Vigelius, Otto: Die wirtschaftliche und soziale Bedeutung der Freilandrosenkultur in Deutschland. Heidelberg 1905: K. Rössler. (48 S.) 8°
Heidelberg, Phil. Fak., Ref. Rathgen, Diss. v. 21. März 1905
[Geb. 25. Apr. 73 Ober-Breidenbach (Oberhessen); Staatsangeh.: Hessen; Vorbildung: Gymn. Mainz Reife Juli 93; Studium: Heidelberg 3, Straßburg 1, Gießen 3, Heidelberg 1, Gießen 10 S.; Rig. 3. März 05.]

Vigelius, Wilh. Einiges zur Charakteristik des Holländischen im Vergleich mit dem Hochdeutschen. 19 S. G. *Frankfurt a/O.* 1878.
Progr.

Vigelius, Wilh. Der Lehreraufsatz als positive Korrektur der Schüleraufsätze. 34 S. Progr. G. *Frankfurt a/O.* 1881.

V i g e l i u s, Wilh., evangelische Schulandachten für höhere Lehranstalten. 8. (111 S.) Hannover 887, Meyer. *
geb. *

Vigener, Engelbert Anton Josef

Vigener, E. A. J., De ideis divinis. Diss. 1869. 121 S.

V i g e n e r, Engelb. Ant. Jos., de ideis divinis. Commentatio philosophica. gr. 8. (III, 122 S.) Münster 869, Mitsdörffer. *

Vigener, Fritz, aus Biebrich a. Rh.: Bezeichnungen für Volk und Land der Deutschen vom 10. bis zum 13. Jahrhundert. T. 1. *Heidelberg: C. Winter 1901.* (81 S.) 8°
¶(Erscheint vollst. im gleichen Verlag.)
Heidelberg, Phil. Diss. v. 1901

Vigener, Fritz, Bezeichnungen f. Volk u. Land der Deutschen vom 10. bis zum 13. Jahrh. gr. 8. (VIII, 271 S.) Heidelberg 901. C. Winter. n. 6. —

Vigener, Fritz, Dr. phil.: Kaiser Karl IV. und der Mainzer Bistumsstreit ⟨1373—1378⟩. Trier 1908: Lintz. 158 S. 8°
¶(Ersch. vollst. als: Westdeutsche Zeitschr. f. Geschichte u. Kunst. Erg.H. 14.)
Freiburg i. B., Phil. Hab.-Schr. v. 1908 [U 09. 1067

Vigener, Fritz, Kaiser Karl IV. u. der Mainzer Bistumsstreit (1373—1378), s. a. Z e i t s c h r i f t, westdeutsche, f. Geschichte u. Kunst. 14. Erg.-Heft.

Dr. Fritz Vigener, Kaiser Karl IV. und der Mainzer Bistumsstreit ⟨1373–1378⟩. Trier: J. Lintz 1908. (VIII, 163 S.) 8°
= Zeitschrift, Westdeutsche, f. Geschichte u. Kunst. Erg.H. 14. (08. 1387/1 2

-- s.: R e g e s t e n der Erzbischöfe v. Mainz.

Vigener, Jos., über dreikantige Bandwürmer aus der Familie der Taeniiden. (S. 113—177.) gr. 8. Wiesbaden 903. J. F. Bergmann. n. 1. 60
Sonderabdruck aus: „Jahrbb. d. nass. Ver. f. Naturkde."

Vigener, Josef [pr. Arzt in Wiesbaden]: Ein Beitrag zur Morphologie des Nagels ... Jena, G. Fischer, 1896; 54 S. 8.
Strassburg, Med. Fak., Inaug.-Diss. v. 1896

de Vigenere, Blaise, Abhandl. vom Feuer u. Salze; aus d. Französ. 8. Bresl. 782. W. G. Korn. 14 gl

Viger, François

Vigerus, Frz., de praecipuis graecae dictionis idiotismis liber, c. animadvers. Hnr. Hoogeveni. 8maj. Leipz. 777. Ed. altera auct. et emendat. a J. K. Zeune. 8maj. 789. Ed. et aux. J. Gf. J. Herrmann. 8maj. Leipz. 802. Hahn. 2 ℛ 12 gl Ed. III. (IV.) auct. et emend. 8maj. ibid. 822. 3 ℛ

— — idem lib. cum augmento Lederlini. 8. Strasb. 709.

— idem lib., cum animadv. H. Hoogeven. 8maj. Leyd. 766. Langerak. 2 ℛ

V i g e r u s, Fr., de praecipuis graecae dictionis idiotismis, c. H. Hoogeven, A. Zeune animadvers. ed. et aux. Godofr. Hermann, editio II. 8maj. Lips. Hahn. 813.

Vigeri Rotomagensis, Franc., de praecipuis Graecae dictionis Idiotismis liber. Cum animadverss. Henr. Hoogeveeni, Jo. Car. Zeunii et Godofr. Hermanni hic illic recognitis. Ed. IV. auct et emend. 8maj. Lipsiae 834. libr. Hahn. 3 ℛ

Vigerus (Rotomagensis), Franciscus, s. V i g e r , François

Vigfusson, G., s. Eyrbyggja Saga.

Vigfússon, Gutbrandt, Fornsögur, s. F o r n s ö g u r.

Vigh's, ärztlicher Selbsthelfer. Schatzkammer von 20 selbst erprobten, seither geheim gehaltenen Recepten, deren Selbstbereiten nur wenige Kreuzer kostet. 16. Gratz 850. (Leipzig, Schrey.) Verklebt. 1/4 ℛ

Vigier, Hedw. v., Hugo u. Parisana. Aus Ferrara's Vergangenheit. (60 S.) 8. Frauenfeld 910. Huber & Co. Geb. in Leinw. 3. —

Vigier, Rob.: Portland-Cement-Fabrik von R. V. Solothurn 1877. 16.

Vigier, Urs. Geschichte des Kantons Solothurn, s. J ä g g i, Jb. Der Bauernkrieg.

Vigier, Urs. Geschichte des Kantons Solothurn. 8. Solothurn 1878 (*Umschlag*: 1879).

Vigier, Urs. Geschichte des Kantons Solothurn. Ein Lesebuch für d. Solothurner Volk. In-8°, 341 S. Solothurn, B. Wyss. 1880.

Vigier, Viktor von, aus Solothurn i. d. Schw.: **Beiträge** zur Kenntnis der Dibenzalbernsteinsäuren und Benzaldiphenylitaconsäuren. *Weida i. Th. 1904: Thomas & Hubert.* (61 S.) 8°
Leipzig. Phil. Diss. v. 1904

Vigier, W., (schweiz. Inf.-Hptm.), die Kapitulation von Metz. 8. Bern, k. J. Wyss. 1871. —.70

Vigier, W., Lüge und Wahrheit über die Bundesverfassung. Zweites Wort an das Solothurner-Volk. 11 Stn. 8. Solothurn, Druck v. Zepfel. 1872.

Vigier, Walter: Erstes kantonales Feldschießen in Solothurn 1879. Solothurn, 1879.

Vigier, Guillaume, la chute de l'ancienne confédération. Année 1798. Drame historique en 5 actes. Traduit en français par un citoyen vaudois. 8. (90 S.) Bern 885. Wyss. n. 1. —

— der Fall der alten Eidgenossenschaft Anno 1798. Volksschauspiel in 5 Akten. 8. (83 S.) Ebend. 884. n. 1. —

(Vigier, W[ilhelm]. Die Finanzverhältnisse der Einwohnergemeinde Solothurn. Bericht des Ammannamtes im Auftrage des Gemeinderates (Der Ammann der E': W. V'. 1906 Juli 16). [Mit 1 Tabelle.] 46 S. 8. Solothurn, C. Gassmann, 1906.

Vigier, Wilhelm. Die Marztage des Jahres 1848. Erinnerungen aus Berlin. ⟨SA.⟩ 8. Basel 1886.

Vigier, Wilhelm, cand. jur., aus Solothurn: Die Verantwortlichkeit der Organe einer Aktiengesellschaft gegenüber den Gläubigern nach schweizerischem Obligationenrecht, mit besonderer Berücksichtigung der deutschen Handelsgesetzgebung. Aarau 1907. VIII + 114 S. 8°.
Bern, Jur. Diss. 1906/1907.

Vigier, Wilhelm. Die Verantwortlichkeit der Organe einer Aktiengesellschaft gegenüber den Gläubigern nach schweizerischem Obligationenrecht, mit besonderer Berücksichtigung der deutschen Handelsgesetzgebung. VIII + 114 S. 8. Aarau, H. R. Sauerländer & Co., 1907.
Ausg. A: Diss. Jur. Bern ... von W' V' ... aus Solothurn.
Ausg. B: Von Dr. jur. W' V' in Solothurn. [fr. 2.80]

Neujahrsblatt, herausgeg. von der Hülfsgesellschaft in Zürich, auf das Jahr 1885. Die Wohlthätigkeitsanstalten im Kant. Solothurn, von *Wilh. Vigier.* In-4°, 21 S., mit 1 Tfl. Druck von Schulthess. 1885

Vigilantius, die geheime Instruction der Jesuiten. Dem deutschen Volke vorgelegt. Leipzig 863. Kollmann. 8. (VIII, 63 S.) n. 10 *ngr.*

Vigilantius, Was wollt ihr mit der Privatbeichte? Ein offenes Wort wider dieselbe. gr. 8. (19 S.) Leipzig 856(57,) Kollmann.

Vigiliae **sive officium defunctorum in usum ecclesiae metropolitanae et archidioeces. coloniensis, reverendissimi, celsissimi et excellentissimi Domini Ferd. Aug. Comitis Spiegel in Desinberg et Canstein etc. Archiepiscop. colon. jussu et auctorit. recens, recognit., auctum atque editum a W. Küppers. 4. Köln u. Aachen 831. (DuMont-Schauberg). 18**

Vigiliae sive officium defunctorum in usum ecclesiae metropolitanae et archidioeceseos Coloniensis, denuo editum, recognitum et officio defunctorum secundum ritum romanum auctum a Wilh. Küppers. 4. (IV und 174 S.) Cöln 862, DuMont-Schauberg'sche Buchh. *

Vigiliarius, Jos., Reform unter Rückführung auf die alten Canones oder nach den organ. Artikeln Frankreichs? Eine Vorfrage in dieser wichtigen Angelegenheit an den hochwürd. niedern Klerus. gr. 8. (54 S.) Nürnberg 851, Bauer und Raspe.

Vigilie, die deutsche, der gottlosen Papisten, Münch u. Pfaffen, hrsg. v. Rud. Windel, s.a. Flugschriften aus den ersten Jahren der Reformation. III, 3.

Die deutsche **Vigilie** der gottlosen Papisten, Münch und Pfaffen. Hrsg. von Rudolf Windel. Leipzig: R. Haupt 1908 (35 S.) 8° [F.]
= **Flugschriften** aus d. ersten Jahren d. Reformation. Bd 3, H. 3. [08. 11] 2

Vigiliis von Creutzenfeld, Stephan Hieronymus de: Bibliotheca chirurgica, in qua res omnes ad chirurgiam pertinentes ordine alphabetico, ipsi vero scriptores, quotquot ad annum usque MDCCLXXIX. innotuerunt, ad singulas materias ordine chronologico exhibentur. Adjecto ad libri calcem auctorum indice. Vol.1 - 2, gbd.

Vindobonae: de Trattnern 1781

JB 3.129

Vigiliis von Creutzenfeld, Stephan Hieronymus de: Nachricht von den Eigenschaften, Kräften und dem Gebrauch der in der gefürsteten Grafschaft Tyrol im Sonnenthale bey Rabbi und Pey befindlichen sogenannten Acque Forti, oder Sauerbrunnen. 12 S., gbd.

Wien: typ. Schönfeld 1782

JB 2.770

Vigilium Romanorum latercula duo coelimontana magnam partem militiae Romanae explicantia edidit atque illustravit, appendicem inscriptionum quae ad Vigiles pertinent laterculorum militarium hucusque cognitorum omnium et inscriptionum variarum militarium adjec. Olaus Kellermann, Mit 8 Blätter Inschriften u. 2 Steintaf. Roy.-4. Romae 835. (Monachii, Franz.) n. 4²/₃ ℳ

Vigilius, Der H., Bischof von Trient und Märtyrer. [Brixen 1819.] V: *Sinnacher, Franz Anton.* (Margr)

Vigilius, die neuesten päpstlichen Dekrete. (32 S.) gr. 8. Halle 910. Verlag des ev. Bundes. — 50

— s.a. Syllabus u. Modernisten-Enzyklika Pius' X.

Syllabus und Modernisten-Enzyklika Pius' x. von **Vigilius**. Leipzig: C. Braun in Komm. 1908. (32 S.) 8° [Umschlagt. F.]
— **Flugschriften** d. Evangelischen Bundes. 255. [08. 413] 3

Vigilius v. Meran (Vigilius Angerer), O. Cap., Predigt-Hefte. 1.—4. Hft. gr. 8. Innsbruck, F. Rauch. n. 8. 40
1. 7 Predigten üb. die Nachfolge Christi. (IV, 91 S.) 896. n. — 80
2. 7 Predigten üb. die Ewigkeit. (VII, 88 S.) 893. n. — 80
3. 7 Fastenpredigten: Das Leiden Christi u. d. verlorene Sohn. (IV, 111 S.) 897. n. 1. —
4. 7 Fastenpredigten üb. 3 Jünger d. Herrn (Judas, Petrus u. Johannes). (IV, 95 S.) 898. n. — 80

Vigitill, Karl Benedikt (Offenhausen/By.)
Altd. Phs. 47/1

Positionum philosophicarum pars altera de philosophiae natura et constitutione.
Präs. Johann Albert Spisius.
Altdorf (Meyer) 6. III. 1734. 12 S.
35184

Vigliegas, Bhrd., d. G. J. einsame Gespräche d. büßenden Seele mit Gott. 8. Augsb. 775. Wolff. 4 Kr

Viglius van Zwichem, Tagebuch des Schmalkaldischen Donaukriegs. Nach dem Autograph des Brüsseler Staatsarchivs hrsg. u. erläutert von Aug. v. Druffel. Mit einer (lith.) Skizze der Truppenaufstellung vor Ingolstadt, entworfen von Ludw. v. Langlois. gr. 8. (48 u. 296 S.) München 877. Rieger. n. 10. —

Vigna, Luigi [aus Casalbutano (Italien)]: Sant' Anselmo filosofo. Milano 1899. 131 p. 8°.
Freiburg. Phil. Diss. 1898/99.

Neue Angriffe auf das Unerklärte. Von A. de **Vignalis**. *Berlin: L. Simion 1897.* (32 S.) 1 Bd 8. [97: 3961]

du Vignau, ... (Major), s. Lefrén, Ansichten über Erziehung.

du Vignau, A., Abhandlungen über eine Anzahl der in neuerer Zeit wichtigsten, das Studium u. die Thätigkeit des Militärs vorzugsweise in Anspruch nehmenden Gegenstände des Artillerie-Wesens, oder Zusammenstellung der wichtigeren, für die „Zeitschrift für Kunst rc. des Krieges" in den Jahren 1831 bis 1837 gelieferten, und mit Anmerk. versch. Bearbeitungen von Tagesfragen über das Militär- und vorzugsweise das Artillerie-Wesen. gr. 8. (Mit 3 Steintafeln.) Mainz 841, v. Zabern. 5/6 Thlr 187 S.

Vignau, A. du, über die Veränderungen, welche dem Artillerie-Wesen durch das verbesserte Infanterie-Gewehr auferlegt werden. Schweidnitz 855. Weigmann in Comm. gr. 8. (X, 98 S.) n. 15 ngr.

Vignau du, welches sind die wesentlichsten Eigenschaften, Gebrauchs-Anordnungen und Gebrauchsvorschriften, welche der neuen Feld-Artillerie Noth thuen? Berlin 1870. 8. 51 S.

Vigne, s. de ***Lavigne***.

de Vigne, Felix, Recueil de costumes du moyen âge, pour servir à l'histoire de la Belgique et pays circonvoisins. Tom. I. (21 Lfrgg. u. 84 color. u. schwarze Kpfr.) Tom. II. (Lfrg. 22—44.) gr. in-4. Gand 836—38. (Bonn, Marcus.) à Lfrg. n. 1/2 Thlr

De la Vigne, Gislain Franç., Flore germanique, ou histoire des plantes indigènes de l'Allemagne et en grande partie de la France. Cahier 1—4. Mit kolor. Tafeln. Erlangen 1801—2. 12.

Vigne, C. F. de la, commentatio de gratiola officinali Linn. 8. Erlang. Palm. 799.

Vigneron, Le Gentilhomme; comédie en trois actes, et en vers libres . . . [Berlin] 1772. V: *Gabiot de Salins, Jean Louis.* (BrMm)

Vignette, Matthieu: De apepsia, dyspepsia et bradypepsia utpote speciebus vitiatae digestionis, ciborumque concoctionis in ventriculo. Diss. 28 S., gbd., 1 Taf.

Erfordiae: typ. Groschian 1727

JB 1.782

Vignetten gezeichnet von dem Verfasser des Abällino. Basel 1801. V: *Zschokke, Johann Heinrich Dan.* (MGT)

Vignetten, v. Heinrich Zschokke, m. K. 8. Basel, Flick. 801.

Vignetten, 98, zu den Erzählungen d. Boccaccio. Zumeist nach Entwürfen v. H. Gravelot aus e. italien. Ausg. in 5 Bdn. London 1757. hoch 4. (33 Bl. in Lichtdr.) Wien 886. Schroll & Co. In Leinw.-Mappe. n. 25. —

VIGNETTEN zum Etuiscalender (!) der Damen. Halle 1773. 8°.
Chr. Fr. Gollner's in Jena O. M. Cat. 1773. — Rar!

Vignetten, moderne. Allerhand Dekorations-Material f. d. Liebhaberkünste. 2., stark verm. Aufl. 1. Hft. gr. 4. (20 Bl.) Leipzig 897. Ramm & Seemann. n. 4. —

Vignetten, romantische, v. F. Gräfer. 8. Wien, Gräffer. 813.

Vignetten, Umrahmungen, dekorative **Ornamente,** Embleme u. s. w. d. XVII. u. XVIII. Jahrh., zumeist nach Kupferstichen französ. Meister. 75 Tafeln in Lichtdr. m. ca. 650 Motiven. (In 15 Lfgn.) 1. Lfg. Fol. (5 Bl.) Stuttgart 890. Jul. Hoffmann. n. 2. —

Vignetten, Umrahmungen, dekorative **Ornamente,** Embleme u. s. w. d. XVII. u. XVIII. Jahrh., zumeist nach Kupferstichen französ. Meister. 75 Tafeln in Lichtdr. m. ca. 650 Motiven. 2.—15. Lfg. Fol. (à 5 Bl. m. 4 S. Text.) Stuttgart 891. Jul. Hoffmann. à n. 2. — (kplt. in Mappe: n. 32. —)

Vignettes de fleurs pour aquarelle. gr. 8. (8 Farbdr.) Berlin 898. W. Schultz-Engelhard. n. 2. 50

Vignettes, 40 (sur bois), avec textes pour les enfans de tout âge et de toute condition. 16. Hamburg 856, Agentur des Rauhen Hauses. Thlr. *

Vignettes, 40, avec textes pour les enfants de tout âge et de toute condition. 856. — (Neue Aufl.) Hamburg 858. Agentur des Rauhen Hauses. 16. n. 6 ngr.

Vigneulles, Philippe v., Gedenkbuch des Metzer Bürgers; aus den J. 1471—1522. Nach der Handschrift des Verf. hrsg. von Heinr. Michelant, s. a. Bibliothek des litterarischen Vereins in Stuttgart, Bd. 24.

v. Vigneulles. Gedenkbuch des Metzer Bürgers Philipp v. Vigneulles. Hrsg. v. Dr. H. Michelant. 8. Strassburg 1852.

Vignol, G., istruzioni indirizate da sua Maesta l'Imperatrice di tutte le Russie, per formare un nuovo codice di legge rapportate nell' italiana favella. gr. 8. Zürich 769. Orell. 10 Kr

Vignola, Giacomo Barozzi da

— Anleit. zur ganzen Civilbaukunst, mit Kpf. 4. Augsb. 777. Klett. 5 Thlr 16 Kr
— Dass., s.a. Daviler.

Vignola, Jak. de Barozzio, bürgerl. Baukunst nach den Grundregeln d. 5 Säulen-Ordnungen, mit Anmerkk. von J. R. Fäsch. Mit 52 Kpf. 4. Nürnb. ... N. A. 802. Schneider u. W. 16 gr Nachtrag dazu von J. R. Fäsch, mit 30 Kpf. 4. Ebd. 795. 12 gr N. A. 2 Thle, mit Kpf. 4. Ebd. 818, 19. 1 rthl 12 gr 1r Thl. N. A., mit 50 Kpf. 829. N. A., mit 31 Kpf. 832. Ebd. 20 gr

Vignola, J., bürgerl. Baukunst, mit 50 K. neue Aufl. 4. Nürnb. Schneider u. Weigel. 815.

— — als Uebung hierzu s. D. Stettner, Grundregeln d. 6 Säulen-Ordnung.

v. Vignola, (J. B.,) bürgerl. Baukunst nach den Grundregeln d. 5 Säulenordnungen, mit nöthigen Anmerkk. v. J. A. Fäsch. 1r Thl. Neue Aufl. Mit 50 Kupfrt. 4. Nürnb. 825, Schneider u. W.

v. Vignola's, Jac. Barozzi, bürgerliche Baukunst nach den Grundregeln der fünf Säulenordnungen. 2 Thle. u. 2 Nachträge. 4e verb. Aufl. Mit 173 Kpfrtaf. 4. Nürnberg 836. Schneider u. Weigel. 2⅔ rthl

— Kunst, die 5 architekton. Säulenordnungen auf mechanische Art aufzureißen, von L. Boch. Mit 20 Kpf. 8. Augsb. 781. Wolff. 9 gr

v. Vignola, (J. B.,) Lehre v. d. 5 Säulenordnungen, od. Anleitung in d. bürgerl. Baukunde, in 32 Blättern, mit Erklärung. Fol. München 827, (Lindauer.) Rthlr

Vignola, (Jac.,) Lehre von d. 5 Säulenordnungen, od. Anleitung in d. bürgerl. Baukunde. — Système des 5 ordres de colonnes d'après Vignole etc. gr. Fol. (13 B. u. 32 Stnt.) München 828, (Finsterlin.)

—— Lehre von d. 5 Säulenordnungen, od. Anleit. in d. bürgerl. Baukunde. 2., verb. Aufl. qu. gr. Fol. (8¼ B. u. 32 Stnt.) Amberg 832, Schmidt.

Vignola's Lehre von den Säulen-Ordnungen für Gewerbs- und Feiertags-Schulen und Bauhandwerker. Neu herausg. vom Zeichenlehrer Fr. Brühl. 1. 2. Heft. Mit à 12 lith. Taf. Roy.-Fol. Augsburg 844, 45, Walch'sche Kunsth. à 1½ rthl

— Lehre von den Säulenordnungen, zum Nutzen d. Anfänger mit deutl. Texte, um sich mittelst desselben ohne Anweisung in dieser Lehre üben zu können, von Chr. A. Nilson. Mit Kpf. 8. Augsb. ... N. A. 806. (Ebner in Ulm). 14 gr

— Regeln d. 5 Säulenordnungen von d. Architektur. Mit Kpf. 8. Nürnb. 755. Bauer u. R. 8 gr

Vignola's, J. B. v., Säulenordnungen, s. a. Nacht, Th.

Vignola, Jac., 5 Säulenordnungen, m. 52 Kpf. von Fäsch. 4. Nürnberg, Schneider u. W. Rthlr.

— Säulenordnungen zum Nutzen f. Anfänger, mit deutl. Texte versehen, um sich mittelst desselben ohne Anweisung in dies. Lehre üben zu können, von C. A. Nilsen. 3te Aufl. mit K. 8. Augsburg. (Ulm, Jakob Ebner.) 806.

Vignola, Jak. de Barozzio, Studium in d. Lehre von den Säulenordnungen rc., herausg. von Hauer. Fol. Augsb., Academ. Buchh. 1 rthl

Vignola, d. kleine, zur Belehrung für Künstler u. Handwerker, enthalt. d. 5 Säulenordnungen u. deren Anwendung. Aus d. Französ. Mit 32 lithogr. Platten. 16. Aachen 828. La Ruelle u. D. (Mayer). 1 rthl

Vignola, der kleine, zur Belehrung f. Künstler u. Handwerker; enthaltend die fünf Säulen-Ordnungen u. deren Anwendung. Aus d. Franz. übers. Mit 32 lith. Platten. 2. Aufl. 16. (32 S. m. 1 Tab. in qu. gr. 4.) Aachen 850, Mayer. n. 1 rthl

Vignola, der kleine. Zur Belehrung für Künstler und Handwerker. Enthaltend die fünf Säulen-Ordnungen und deren Anwendung. Aus dem Französ. übersetzt. Mit 32 lith. Platten. 3. Aufl. Leipzig 854. C. H. Mayer. 16. (32 S. u. 1 Tab. in 4.) 24 ngr.

Vignola, der kleine, zur Belehrung f. Künstler u. Handwerker, enth. die fünf Säulenordnungen u. deren Anwendung. Aus dem Franz. übers. 6. Aufl. (32 S. m. 32 lith. Taf.) kl. 8. Leipzig (908). C. H. Mayer. Kart. 2.--

— d. neue, oder Anfangsgründe d. Baukunst, dem Fassungsvermögen d. ungeübtesten Lehrlinge angemessen, von J. R. L., aufs Neue bearb., mit Erklär. in deutscher u. französ. Sprache von J. R. Sch. 1r Thl., in welchem d. Grundregeln d. 5 Säulenordnungen nach Vignola erläutert werden. Mit 36 Kpf. (A. u. d. T.: le moderne Vignola ou traité élémentaire d'architecture etc.) Fol. Paris 804. Campion. 6 rthl 16 gr

— d. neue, oder Elementarbuch d. Baukunst. Mit 36 Kpf., französ. u. deutschem Text. Fol. Leipz. 818. (Brockhaus). 3 rthl

Vignola, Jac., s. Vignola, Giacomo Barozzi da

(Vignoles.) An Se. Excellenz Herrn von Schlayer. (Stuttgart 1845?)

Vignoles, Alph. de, Chronologie, de l'histoire sainte et des histoires etrangères qui la concernent depuis la sortie d'Egypte jusqu'à la captivité de Babylon. av. fig. II Tms. 4. Berlin. 738.

— — le même. II Tms. 4. Francf. Varrentrapp et W.

Vignoli, Tito

Vignoli, T., über das Fundamentalgesetz der Intelligenz im Thierreiche, s. a. Bibliothek, internationale wissenschaftliche.

Vignoli, Tito, Über das Fundamentalgesetz der Intelligenz im Tierreiche. Versuch einer vergleichenden Psychologie. 8°. (237 S.) Leipzig 79. F. A. Brockhaus. M. 4.—

Vignoli, T., Mythus und Wissenschaft, s. Bibliothek, internationale wissenschaftliche.

Vignolle, (Car.) Ludov. (geb. Berlin 17. 8. 1809): De feudorum origine. Berolini (1833). (47 S.) 8°
Berlin, Phil. Diss. v. 7. Aug. 1833

Vignon, Claude, Contes à faire peur. Suivi de „Les trois présents du diable, conte fantastique, par Paul Parfait." 2 Vols. 16. (421 S.) Leipzig 857, A. Dürr.

Vignon, C., fürchterliche Geschichten, s. a. Bergson's Eisenbahnbücher.

VIGNON, C., Fürchterliche Geschichten. Leipzig, o. J. 8°. Vergriffen! (1 Mk. 50 Pfg. Dieterich, Göttingen, 1911.)

—— Jeanne de Mauguet. gr. 12. (337 S.) Leipzig 861, A. Dürr. *

—— Récits de la vie réelle. gr. 12. (359 S.) Leipzig 859, A. Dürr. *

—— aus dem Reiche der Todten, s. Bergson's Eisenbahnbücher.

Vignon C., die Schuldgenossen, s.: **Familien-Bibliothek.**

Vigny, Comte Alfr. de, la canne de jonc et le cachet rouge, s.: **Schulbibliothek, französ. u. engl., A.**

Vigny, Alfr. de, Chatterton, s.a. Théâtre francais.

Vigny, Alfred de, Chatterton, drame en 3 actes. gr. in-8. (5¼ B.) Berlin 835, libr. de Schlesinger.

de Vigny, Alfred Graf, Chatterton. Trauerspiel in 3 Aufzügen. Von F. Frhrn. v. Fenneberg. 8. (108 S.) Mannheim 850, Bensheimer. 9 ngl.

Correspondance de Alfred de Vigny 1816–1863, recueillie et publ. par Emma Sakellaridès. (2. éd.) Paris: C.-Lévy (1905). (VI, 406 S.) 8° (Bibliothèque contemporaine.) [06. 3063]

—— **Erinnerungen aus d. Leben e. Kriegers. Frei n. d. Franz. v. F. Steger. 8. (18½ B.) Braunschweig 836, G. C. E. Meyer sen.**

Vigny, Alfr. de, zwei Erzählungen aus Servitude et grandeur militaires, hrsg. v. Berta Breest, s.a. Prosateurs, français.

Zwei Erzählungen aus Servitude et grandeur militaires. Par Alfred de Vigny. Für d. Schulgebr. ausgewählt u. bearb. von Berta Breest, Lehrerin zu Berlin. [Nebst] Anhang & Wörterbuch. *Bielefeld & Leipzig: Velhagen & Klasing 1903.* 3 Bde 8°
= Sammlung, Velhagen & Klasings, franz. u. engl. Schulausgaben. Prosateurs franç. Lfg 152 B. [04. 8..]

—— ausgewählte **Gedichte**, übertragen von Johs. Karsten. Nebst einer biograph. Charakteristik. 8. (LIX, 132 S.) Bremen 878, [Kühtmann und Comp.] Fischer. * M. 4.; geb. *

— ausgewählte Gedichte, übertragen von Johs. Karsten. Nebst einer biograph. Charakteristik. 8. (LIX, 132 S.) Norden 878. Fischer Nachf. n. 4. —; geb. n. 5. —

Vigny, Alfr. de, ausgewählte **Gedichte**, übertr. v. Johs. Karsten. Nebst e. biograph. Charakteristik. 2. Aufl. 8. (LIX, 132 S.) Norden 883. Fischer Nachf. n. 4. —

—— des **Soldatenstandes Knechtschaft und Größe.** Zwei Novellen. Aus dem Französ. übers. von Ludw. Simon. 8. (160 S.) Leipzig 851(52,) O. Wigand.

— Cinq-Mars, s.a.: **Ausland, das belletristische**, 962—968. Bdchn.

Vigny, Alfred, Graf v., Cinq-Mars, od. e. Verschwörung unt. Ludwig XIII. A. d. Franz. nach d. 3. Aufl. übers. v. C. Baron Gerolf. 3 Thle. 8. (52½ B.) Leipzig 829, (Lehnhold.)

Vigny, Alfr. de, Cinq-Mars. Eine Verschwörung unter Ludwig XIII. Deutsch von R. v. Hof. 2 Bde. 8. (III, 163; III, 204 S.) Leipzig 869, Kollmann. *

Vigny, Alfr. de, Cinq-Mars ou une conjuration sous Louis XIII, hrsg. v. H. Bretschneider, s.: **Prosateurs modernes**, Bd. 18.

— **Cinq-Mars ou une conjuration sous Louis XIII.**, hrsg. v. Gust. Strien, s.: **Schulbibliothek, franz. u. engl., A.**

— Soldatenschicksal. Nach der 13. Aufl. des franz. Orig. übertr. von Johs. Karsten. 8. (187 S.) Ebend. 878. n. 3. —; geb. n. 4. —

Vigny, Alfr., **Soldatenschicksal.** Nach der 13. Aufl. d. französ. Originals übertr. v. Johs. Karsten. 2. Aufl. 8. (188 S.) Norden 883. Fischer Nachf. n. 3. —

— Trifolium. Drei auserlesene Erzählungen, nach d. Franz. von Adalb. von Schonen. gr. 12. Altona 835. Aue. 1 ℛ

—— **Trifolium. Drei auserles. Erzähln., n. d. Franz. v. Adalb. v. Schonen. gr. 12. (11 B.) Altona 835. [Leipzig, Schreck.]**

— La veillée de Vincennes, hrsg. v. Heinr. Saure, s.: **Auteurs français modernes. IV.**

— **La veillée de Vincennes et Laurette ou le cachet rouge, hrsg. v. Geo. Buchner, s.: Klassiker-Bibliothek, französisch-englische, 51.**

— **La vie et la mort du capitaine Renaud ou la canne de jonc.** Mit Wort- u. Sacherklärgn. hrsg. v. Geo. Buchner. (Koch's neusprachl. Schullektüre.) (IV, 70 u. 21 S.) kl. 8. Nürnberg 906. C. Koch.
Kart. u. geb. n. — 80

Vigo de Mantinona, Don, s. **Mantinona.**

(V[igouroux], F. .) Le premier assyriologue suisse: Biographie de M. Joseph Grivel (1810–[1876]). E. 8. Fribourg 1879.

Vigouroux, das Liebeswesen der Diakonie in der franz.-reformierten Kirche zu Hamburg, s.: **Geschichtsblätter des deutschen Hugenotten-Vereins.** XIII, 3. 4. (Barrelet, Th.)

Vigouroux, F., die Bibel und die neueren Entdeckungen in Palästina, in Ägypten und in Assyrien. Mit 124 Plänen, Karten und Illustr. nach den Monumenten von Douillard. Autoris. Übersetzung nach der 4. verb. und verm. Aufl. von Joh. Ibach. 4 Bde. 8. Mainz, Kirchheim. [1. Bd. (XV, 431 S.) 885. *M 5.40.; 2. Bd. (544 S.) 885. *M 6.00.; 3. Bd. (508 S.) 886. *M 6.30.; 4. Bd. (544 S.) 886. *M 6.70.] *

Vigouroux, O., zur Geschichte der französisch-reformierten Gemeinde in Hamburg, s.: Barrelet, Th.

Viguet, Charles-Octave s. Calvin. (Jean). Calvin d'après C. Genève 1864.

Mehmed Tschelebi ([Pierre François] **Viguier**: Muḥammad Čalabi). Ein ursprünglich türkisch verfaßter Schwank in neupers. Übers. Nach e. Hs. hrsg. u. ins Deutsche übertr. von Leopold Pekotsch. Nach d. türk. Vorlage u. e. arab. Version untersucht u. mit textkrit. Anm. versehen von Dr. Maximilian Bittner, Prof. Mit e. photolith. Reproduktion d. pers. Originalms. Wien: A. Hölder 1905. (Getr. Pag.) 4°
[Umschlagt.: Pers.] Muḥammad Čalabi. [06. 13838]

Vijñânabhikshu's Commentar zu den Sâmkhyasûtras, s.: **Abhandlungen f. die Kunde d. Morgenlandes.**

Vijñānabhikṣu, the Sāmkhya-pravacanabhāṣya, or commentary on the exposition of the Sānkhya philosophy, ed by Rich. Garbe, s.: **Harvard oriental series**, Vol. II.

Vikár, Béla, s.: **Rundschau, westöstliche.**

Vikari, s. Vicari.

Vikari, der, s.: **Erzählungen a. d. schweizer. Unterhaltungsblatt. Nr. 1.**

Vikari, Ant. v., Reden üb. neuere Gegenstände v. d. Vorurtheilen d. christl. Volks. gr. 8. Augsb. Rieger. 787.

Vikoler, Hans, der Kanzler v. Tirol. Histor. Trauersp. in 5 Akten. 8. (92 S.) Coburg 897. Dietz'sche Hofbuchdr. 1. —

Vikoler, Hans, der Templer. Trauerspiel in 5 Aufzügen. 8. (86 S.) Meran 886. (Pötzelberger.) n. 1. —

Vikoler, Hans, der Volksfreund. Schauspiel in 5 Akten gr. 8. (88 S.) Leipzig 890. Mutze. n. 1. 50

Viktor. Drama in fünf Aufzügen. Vom Verfasser der »Weizenähre«. Wien 1870. V: *Patiss, Georg.* (EB)

Viktor. Drama in fünf Aufzügen. Vom Verf. der „Weizenähre". 8. (135 S.) Wien 870, Mayer und Comp. *

Bischof **Viktors** von Vita Geschichte der Glaubensverfolgung im Lande Afrika übersetzt von M. Zink. XI, 90 SS. 8. *Bamberg* 1883 **Progr.**

Viktors v. Vita, Geschichte der Glaubensverfolgung im Lande Afrika, übers. v. M. Zink. gr. 8. (XI, 90 S.) Bamberg 883. (Schmidt.) n. 1. —

— Verfolgung der afrikanischen Kirche durch die Vandalen. Eine wicht. Quellenschrift aus dem 5. Jahrh. Aus dem Lat. Mit Vorrede, Einleitg., Anmerkgn., Inhaltsverzeichniß u. vollständ. Namens- u. Ortsregister v. Adam Mally. 8. (XVI, 164 S.) Wien 883. Mayer & Co. n. 1. 60

Viktor [Pseud.], s.a. Meyer, Nikolaus

Viktor, Lenore, ein Roman nach d. Bürger'schen Ballade. 8. (17 B.) Leipzig 830, Kollmann.

Viktor, C., Fürstenmorde. Darstellung der interessantesten Fürstenmorde alter u. neuer Zeit, der merkwürdigsten Attentate des 19. Jahrh. u. der Präsidentenmorde in Nord- u. Süd-Amerika. gr. 8. (III, 130 S.) Hamburg 894. C. Henle. 1. 50

Viktor, C. C., Chronicon Viennense, oder neueröffneter österreich. Bildersaal vom J. 1790. Mit Vign. gr. 8. Wien 790.

Viktor, Carl, s. Viktor, Karl

Viktor, Cornelius, s. Viktor, Kornelius

Viktor, Karl

Viktor, Carl, Dichtungen u. Lieder. (132 S.) 8. Kreuznach 908. R. Voigtländer Nachf. 2. 50

Viktor, Kornelius

Viktor, Corn., Sendschreiben e. österreich. Touristen, s. Sendschreiben.

Viktor, M., drei Erzählungen, s.: Bibliothek f. Ost u. West.

— Sommer u. Winter. Ein Roman in 2 Bdn. 8. (307 u. 319 S.) Leipzig 884. Friedrich. n. 9. —; geb. n. 10. 80

Viktor, Max: Verfehlte Leben. Die Geschichte dreier Sonderlinge. 8°. (98 S.) Graz. Goll 1887.

Viktor, Paul, der Hungerlöwe. Der Elfenreigen. Herzlieb. Das Weihnachtsgeschenk. Den Kindern dargereicht. (32 S.) kl. 8. Basel (905). Verein f. Verbreitg. guter Schriften. n.n — 05

Viktor, V., S. J., die christliche Jungfrau im Verkehr m. Maria, ihrer himmlischen Mutter. Belehrungen u. Gebete. (384 S. m. Titelbild.) 12×7 cm. Kevelaer (908). J. Thum. Geb. in Leinw. 1. 10

Viktoria, ein Gesellschaftsspiel im Geschmacke d. Zeit, m. 6 Würfeln u. 2 Spielkegeln. 8. Pesth, Hartleben. 814.

Viktoria, od. die glorr. Feier d. 300jähr. evangel. Jubeljahres 1830, in Beschreib. der wahren Gestalt d. christl. Kirche zu derselb. Zeit. Ein Schulb. f. d. letzte Schuljahr u. d. ganze übrige Lebenszeit d. evangel. Schulkinder in allen Jahren. (Von M. Lehr.) 8. (4 B.) Prenzlau 830, [Kalbersberg.]

Viktoria, oder d. glorreiche Feier des 300jähr. evangel. Jubeljahres 1830, in Beschreib. d. wahren Gestalt d. christl. Kirche zu derselben Zeit. (Von M. Lehr). 8. Prenzlau 830. Ragoczy. 4 gr.

Viktoria. Technische Mitteilgn. aus dem graph. Gewerbe. Red.: Osk. Sievers. 9. Jahrg. 1910. 6 Nrn. (à ca. 12 S. m. Abbildgn. u. Taf.) 31,5×24 cm. Dresden-Heidenau, Rockstroh & Schneider Nachf. (Nur direkt.) Postfrei 3. 50
Der Titel lautet in Wirklichkeit Victoria.

Viktoria-Bibliothek. 1.—24. Bd. kl. 8. Reutlingen, R. Bardtenschlager. à Bd. — 20
Blitz, Paul, Frauenliebe. 3 Novellen. (96 S. m. Abb.) (909.) (Bd. 16.)
Bulat-Königsklee, Irma, Signora Ischariot u. andere Geschichten. (96 S.) (908.) (Bd. 11.)
Ferno-Tanner, ein Gegendienst. Einsames Veilchen. 2 Novellen. (96 S. m. Abb.) (910.) (Bd. 24.)
Galetzky, Th. v., Lu. Eine Liebesgeschichte. — Vorrei morir. Ein Erinnerungsblatt. (95 S.) (908.) (Bd. 7.)
— Die Tochter des Samurai. Novelle aus der Restaurationsepoche Japans. (96 S.) (908.) (Bd. 8.)
Hirschfeld, Herm., Herrn Fersenfelds Testament. Der Ruf. Der falsche Bosko. 3 Erzählgn. (94 S.) (909.) (Bd. 13.)
— Die Polenprinzessin. Die Stickerin v. Mainz. 2 geschichtl. Erzählgn. (93 S.) (908.) (Bd. 12.)
— Wer? — Wohl geborgen. Zwei Novellen. (96 S. m. Abb.) (909.) (Bd. 15.)
Höcker, Otto, der Fall Francke. Kriminalnovelle. — Um Liebe u. Leben. Erzählung. (96 S.) (910.) (Bd. 19.)
Kern, Theo, eine spiritistische Seance u. andere Novelletten. (96 S.) (908.) (Bd. 9.)
Kolbe, Mor., an der Grenze. Ein russ. Bild aus dem Kriege u. andere Erzählgn. u. Schildergn. (94 S.) (907.) (Bd. 5.)
Lang-Anton, Helene, der Frauenkenner u. andere Novellen. (96 S.) (910.) (Bd. 20.)
— Nur kein Leutnant u. andere Humoresken. (94 S. m. Abb.) (909.) (Bd. 17.)
Leffler, Anne Charlotte, gerichtet, s.: Neve, Fiore della, das Kolibriarmband.
Lippmann, Jak., die gefälschte Judith. Humoristische Erzählg. — Hahn, Hund u. Papagei. Humoreske. (96 S. m. Abb.) (908.) (Bd. 10.)
Neera, Vergeltung. Novelle. (96 S.) (909.) (Bd. 14.)
Neve, Fiore della, das Kolibriarmband. (Roman.) Autoris. Uebersetzg. v. E. Vilmar. — Leffler, Anne Charlotte, gerichtet. Roman aus Finnlands schwerer Zeit. Aus dem Schwed. v. E. Vilmar. (96 S. m. Abb.) (910.) (Bd. 22.)
Reutter, Fritz, ein Geheimnis. Erzählg. (96 S.) (907.) (Bd. 4.)
Rothenstein, Herb. vom, der Obligationendiebstahl. Kriminal-Novelle. (94 S.) (907.) (Bd. 3.)
— Verwegenes Spiel. Kriminalgeschichte. (95 S.) (907.) (Bd. 1.)
Thiele, Adf., das verhängnisvolle Osterei u. andere Humoresken. (95 S.) (907.) (Bd. 2.)
Tilde, W., Edwin Widbourg od. Erkämpfter Ruhm. Seeroman. (96 S. m. Abb.) (909.) (Bd. 18.)
Ulreich, Alois, ich verheirate meine Mama u. andere Humoresken. (96 S.) (908.) (Bd. 6.)
Wilcken, A., ein komplizierter Fall. Kriminalroman. (96 S. m. Abb.) (910.) (Bd. 23.)
Witte, A. M., anonym. Roman. (96 S.) (910.) (Bd. 21.)

Viktoriahütte. Kontra V-Hütte. SA. s. (St[rasser], G[ottfried]).

Viktoria-Sammlung (spannender u. interessanter Erzählgn.). Nr. 1—11. 8. Bonn (905). [Verlag Rheinische Union.] C. Georgi. 16. —; Ladenpr. aufgehob.

Atherton, Gertrude, eine Tochter des Westens. Autorisierte Uebersetzg. v. M. Bahnson. (174 S.) (Nr. 5.) 1. —
Birchenough, Mrs. Mabel C., Scherben. Roman. Autoris. Uebersetzg. v. Helene Lobedan. (319 S.) (Nr. 3.) 2. —
Blumenreich, Paul, eine glückliche Hand u. andere Erzählungen. (171 S.) (Nr. 9.) 1. —
Boisgobey, Fortuné du, das Drama zu Montmartre. Kriminalroman. Deutsch v. Ludw. Wechsler. (182 S.) (Nr. 7.) 1. —
Green, Anna Katharina, Engel u. Teufel. Kriminal-Roman in 3 Tln. Autoris. Bearbeitg. v. Berth. A. Baer. (IV, 246 S.) (Nr. 10.) 2. —
Jacobsen, Frdr., das Schweigen der Wände. (Roman.) (160 S.) (Nr. 1.) 1. —
Jura, Rud., die Varietéprinzessin. Roman. (320 S.) (Nr. 8.) 2. —
Mordtmann, A. J., die Perlen der Abhermibucht. Roman. (319 S.) (Nr. 2.) 2. —
Theden, Dietr., fein gesponnen. Kriminalerzählung u. andere Geschichten. (160 S.) (Nr. 4.) 1. —
Thierry, Gilbert-Augustin, das verschwundene Manuskript. Autoris. Uebersetzg. v. Wilh. Thal. (160 S.) (Nr. 11.) 1. —
Wille, Hellmut, der Privatsekretär. Roman. (316 S.) (Nr. 6.) 2. —

Erschien zum Tl. u. d. T.: Victoria-Sammlung. — Aus dem regulären Buchhandel zurückgezogen.

Viktoria-Schnittmuster. Grosse Ausg. Sommer 1908. (64 S. m. Abbildgn.) 33,5×24,5 cm. Berlin. (Leipzig, W. Opetz.) — 75
Nicht mehr im Handel.

Viktoria-Theater. Neue Sammlg. wirkungsvoller Einakter. Nr. 1—11. 8. Leipzig-Co. Charlottenburg, A. Spitzner's Verl. à n. 2. —

Franz, Pepl, der neue Adjunkt. Lustspiel in 1 Akte (besonders f. Weihnachten u. Sylvester; m. geringen Aendergn. zu jeder Gelegenheit geeignet). (16 S.) (906.) (Nr. 6.)
Horn, William, der Deserteur. Schwank in 1 Akte zur Geburtstagsfeier des Landesherrn f. 4 Herren. (24 S.) (905.) (Nr. 1.)
Ludwig, Frz., ein feuchtes Quartier. Turner-Schwank in 2 Bildern. (20 S.) (906.) (Nr. 4.)
Rössing, Wilh., der Dümmste aus der Familie. Militärischer Schwank in 1 Akte f. 5 Herren. (20 S.) (906.) (Nr. 8.)
— Franz ist eifersüchtig. Schwank in 1 Akt f. 4 Herren u. 2 Damen. (24 S.) (906.) (Nr. 9.)
— Geburtstag bei Onkel Giesebrecht. Schwank in 1 Akte. (20 S.) (906.) (Nr. 5.)
— „der Hauptmann v. Köpenick" bei der Wurstkiste. Schwank in 1 Akte f. 3 Herren. (19 S.) (906.) (Nr. 11.)
— eine fidele Kiste beim „Groben Gottfried". Schwank in 1 Akte f. Turn- u. Gesangvereine f. 2 Damen u. Herren in belieb. Anzahl. (20 S.) (906.) (Nr. 7.)
— Ludmilla's Verlobung od. Die Kaisers Geburtstags-Bowle. Schwank in 1 Akte. (24 S.) (905.) (Nr. 2.)
— Musketier Jochen seine „Kleene". Schwank in 1 Akte. (24 S.) (905.) (Nr. 3.)
— Rudel, der verliebte Putzkamerad. Schwank in 1 Akte. (18 S.) (906.) (Nr. 10.)

Viktoria-Werke A.-G: Buchdruck-Utensilien, -Apparate, -Maschinen. Nürnberg 1903

Viktorie, ..., drei Erzählungen: Der Ring, Erzähl. aus d. wirkl. Leben. — Die Nemesis, span. Novelle. — Die Geschwister. 8. Leipz. 831. Nauck. 1 ℛ

Viktorin. Oder: Prufung und Treue. Die Geschichte eines jungen deutschen Auswanderers und der Seinigen nach Amerika. Der reifer gebildeten Jugend, Eltern u. Jugendfreunden gewidmet von d. Verfasser der „Glocke der Andacht." Mit Titelbild. 8. Augsburg 836. Magazin für kathol. Theologie. 1/2 ℛ — 2e mit Titelbild gezierte Aufl. 8. Ebd. 839. Lampart u. Comp. 3/8 ℛ — 3e verb. Aufl. 8. Ebd. 840. 3/8 ℛ

Viktorin. Oder: Prüfung und Treue ... Augsburg 1838. — 2. Aufl. 1839. — 3. Aufl. 1840. V: *Nebel, Wilhelm Michael.* Zeitschr. f. Büch. N. F. 15, 1923, 126)

Viktorin, oder Prüfung und Treue. Die Geschichte einer Auswanderung nach Amerika. Für die reifere Jugend. Von dem Verf. der Glocke der Andacht rc. 4., unveränd. Aufl. 8. (192 S. mit 1 Stnt. in Tondr.) Augsburg 848, Lampart und Comp.

Viktorin, oder Prüfung u. Treue. Die Geschichte einer Auswanderung nach Amerika. Für die reifere Jugend. Von dem Verf. der Glocke der Andacht rc. 4. unveränd. Aufl. Mit 1 Titelkupfer. (Lith.) 8. (192 S.) Augsburg 850, Lampart & Co. 12 ngl

Viktorin, oder Prüfung u. Treue. Erzählung einer Auswanderung nach Amerika für die reifere Jugend. Von dem Verf.: Die Glocke der Andacht. 5., verb. Aufl. Mit 1 Stahlst. 8. (174 S.) Straubing 877. Volks- u. Jugendschriften-Verl. cart. 1. 20

Viktorin, Heinr., die **Meeresprodukte.** Darstellung ihrer Gewinng., Aufbereitg. u. chemisch-techn. Verwertg. nebst der Gewinng. des Seesalzes. (XII, 455 S. m. 57 Abbildgn.) 8. Wien 906. A. Hartleben. n. 6. —; geb. n. 6. 80

Viktorin, J. C., Grammatik der slowakischen Sprache. Zum prakt. Gebrauche bearb. mit einem ausführl. Wörterverzeichnisse und einer populären Chrestomathie versehen. 8. (247 S.) Pest 860, (Heckenast's Verlag.)

Viktorin, Jos., Grammatik der slovakischen Sprache. Zum Schul- u. Selbstunterrichte bearb., mit Übungsaufgaben, Gesprächen, einem ausführlichen Wörterverzeichnisse u. einer populären Chrestomathie versehen. 2. verm. Ausg. Pest 862. Gebr. Lauffer. gr. 8. (XII, 260 S.) n. 1 ℛ

Viktorin, Jos., Grammatik der slovakischen Sprache. Zum Schul- u. Selbstunterrichte bearb., mit Uebungsaufgaben, Gesprächen, einem ausführlichen Wörterverzeichnisse u. einer populären Chrestomathie versehen. 3. Aufl. Pest 865. Gebr. Lauffer. gr. 8. (XII, 268 S.) n. 1 ℛ

Viktorin, Jos., Visegrad einst u. jetzt. Geschichte u. Beschreibg. der ehemal. Königsburg u. Residenzstadt m. besond. Rücksicht auf die Erhaltg. der Burgruinen. 8. (IV, 83 S.) Budapest 873. Lauffer. 1. 40; geb. 2. 80; Velinpap. geb. m. Goldschn. n. 3. 20

Viktor's Verwandlungen, oder der Knabe in sechs Gestalten. Ein Bilderbuch für Knaben mit 7 color. bewegl. Bildern. 16. Berlin 836. Steffen u. Comp. n. 1/3 ℛ

Viktors Wallfahrten; e. Roman v. Frz. Horn. 8. Penig, Dienemann. 802.
gut Papier.

Viktorsky, Vikt., Er, Sie u. — der Dritte. Roman. (106 S.) 8. Dresden (908). E. Pierson. 2.—; geb. n 3. —

Világosváry, Thomas, der Sprachkampf in Ungarn. Dargestellt. gr. 8. Agram 841. (Leipzig, Kummer.) baar 1/2 ℛ

(Vilar, Constant de, baron.) Campagne des Autrichiens contre Murat. en 1815; precedée d'un coup d'oeil sur les négociations secrètes qui eurent lieu à Naples dépuis la paix de Paris 1814, jusqu'au commencement des hostilités; des détails sur la conjuration de Milan, du 25 avril 1815, et sur le meurtre du ministre Prina; suivis d'une notice historique sur la vie et la mort de Joachim Murat; d'une description du théâtre de la guerre et de ce que cette partie de l'Italie offre de plus intéressant sous les rapports de l'histoire naturelle, de beaux-arts et de l'antiquité. Par V** C** de Br. Témoin oculaire. (2 Bde.) 8. Vienne 1821.

Vilars, Elias Col. von, Abhandlung der Chirurgie, aus dem Französischen übersotzet, mit nothwendigen Anmerkungen vermehret von Hinrich Friderich Petersen. 1—5. Th. Altona und Lpz. 1747. [5. Th. u. T.: Medicinisches und chirurgisches Wörterbuch). (M. Titelbill.).

Vilas, Hans v., der Arzt u. Philosoph Asklepiades v. Bithynien. Historisch-krit. Studie. (82 S.) gr. 8. Wien 903. W. Braumüller. n. 1. 80

Vilbort, J., das Werk des Herrn v. Bismarck. 1863—1866. Sadowa u. der siebentägige Krieg. Allein autorisirte deutsche Ausg. 2 Bde. Berlin 870. Eichhoff. 8. (X, 332 u. IV, 259 S. mit 1 lith. Plan in 4.) n. 2 *ꝑ*

Vildhaut: Ratkes Ansichten über den sprachlichen Unterricht. — Oberehnheim. — Prg. — 16 S. — (462).

Vildhaut, B. Dryden's fable of the hind and the panther considered with regard to the ecclesiastical policy of James the Second. Diss. Rostock 1876. 29 S.

[F.] **Vildhaut,** Bernhard [Dir. Dr.]: *Bericht über die Feier des 25jährigen Bestehens der Anstalt.* Lüdinghausen, Buchdr. v. H. Rademann, 1895; 18—20 S. 4.
Lüdinghausen, Landwirtschafts-S, P 1895**

Vildhaut, C. E. H., die Buchführung des Handwerkers. Darstellung eines einfachen u. klaren gewerblichen Rechnungswesens für Handwerker u. Handwerkerschulen. Arnsberg 861. Grote. gr. 8. (IV, 48 S.) n. 5 *ngr.*

Vildhaut, H., u. C. L. **Vieth,** das Elementarrechnen, siehe: Vieth, C. L.

Vildhaut, H. Ueber die Quellen der „Histoire de mon Temps" Friedrich's des Grossen. Diss. Münster 1880. 72 S.

Vildhaut, Heinrich

Vildhaut, H., Handbuch d. Quellenkunde zur deutsch. Geschichte bis zum Ausgange d. Staufer. 8. (VI, 368 S.) Arnsberg 898. H. R. Stein. Geb. in Leinw. n. 3. 60

Vildhaut, Heinr., **Handbuch der Quellenkunde zur deutschen Geschichte. 2. Bd. Vom Falle der Staufer bis zum Auftreten des Humanismus.** 8. (VIII, 531 S.) Arnsberg 900. H. R. Stein. Geb. in Leinw. n. 4. 80
Bd. 1 Ebd. 898. n. 3. 60.

Vildhaut, H., Handbuch der Quellenkunde zur deutschen Geschichte bis zum Ausgange der Staufer. 2., umgearb. Aufl. (VIII, 444 S.) kl. 8. Werl 906. A. Stein. Geb. in Leinw. n. 4. —

Vildhaut, H., Quellenkunde zur allgemeinen Geschichte. II. u. IV. Bd. kl. 8. Werl, A. Stein. Geb. in Leinw. 10. —
II. Römische Geschichte. (VIII, 368 S.) 908. Geb. 4. —
IV. Handbuch der Quellenkunde zur deutschen Geschichte vom Falle der Staufer bis zum Auftreten des Humanismus. 2. Aufl. (XII, 633 S.) 909. Geb. 6. —

Vilela, Giovanni Battista de. Itinerarium pro peregrinis ad aeternitatem. . . . Viennae Austriae 1714. Ü: *Bucelleni, Giov.* (Jes) (So)

Ch. L. de **Vilette:** Unterredungen üb. d. Glückseligk. d. zukünft. Lebens, a. d. Franz., nebst Tb. **Wallace** Betrachtt. üb. d. Erwart. e. zukünft. Lebens, a. d. Engl., m. e. Vorr. v. J. Jo. **Spalding.** *Berl.*, Mylius. 766. 8° 1 *ß*

Vilette, Joseph François Michaud de. Napoleons Feldzüge, Historisch-kritisches Gemälde ihrer Ursachen . . . A. d. Franz. . . . **Leipz. 1815. Ü:** ***Becker, Gottfried Wilhelm.*** (MGT)

VILFRANC, Denkwürdigkeiten der Madame de —; aus d. Französ. (von Johann Daniel Kluge). Berlin 1780.
Anon.-Lex. IV. p. 327 (nach Meusel).

v. **Vilicaja,** Vinc., pindarische Ode, als d. Türken im J. 1683 Wien belagerten. Aus d. Italien. übersetzt von J. B. Schaul. 8. Gmünd 823. Ritter.

Villch, Fritz, Handbuch f. prakt. Postbeamte, s. Henrich.

Vilich's, Fritz, Handbuch f. Postunterbeamte zum Studium der postalischen Einrichtungen u. Vorschriften. Zusammenstellung v. Bestimmgn. der allgemeinen Dienstanweisg. f. Post u. Telegraphie, des Reichsbeamtengesetzes usw. (VIII, 240 S.) kl. 8. Dresden 907. G. Kühtmann. Geb. in Leinw. 2.—; u. durchsch. 3. —

— s.: Posthandbuch „Der kleine Stephan".

Viliende. Gedichte aus Fellin. 16. (32 S.) Fellin 877. (Aerfeldt.) *

Vilímek's Führer durch Prag u. Umgebung. Mit neuestem u. vollständigstem Plane v. Prag u. allen umlieg. Gemeinden, nebst Grundrissen u. Plänen d. Nationaltheaters, Rudolphinums u. der Teiner Kirche. gr. 16. (21, 53, 8 u. 100 S.) Prag 892. J. R. Vilímek. n. 1. —

Vilin, Abhandl. über den Bau u. Wartung d. Melonen; aus d. Französ. 8. Leipz. 776. Böhme. (Enobloch). 3 *ꝁ*

Viljoen, Kriegserinnerungen von General Ben . . . . . (Aus:) „Im Kampf um Süd-Afrika" II. Theil.
München 1902.

Viljoen, Ben, die Transvaaler im Krieg m. England, s. a. Im Kampf um Südafrika. II.

Die Transvaaler im Krieg mit England. Kriegserinnerungen von General Ben (J.) Viljoen. Deutsche Orig.-Ausg. von A. Schowalter, Berlin, u. H. A. Cremer, Bellingen. Mit Abb. von Fritz Bergen u. Anton Hoffmann u. 1 Karte. Lfg 1. *München: J. F. Lehmann (1902).* 8° [5.]
= Kampf, Im, um Süd-Afrika. Bd 2, Lfg 1.

Viljoen, Wilh. Jac., Beiträge zur Geschichte der capholländischen Sprache. gr. 8. (58 S.) Strassburg 896. K. J. Trübner, Verl. n. 1. 50

Viljoen, Wilhelm Jacob [aus Capland]: Allgemeine Einleitung zur Geschichte des Cap-Holländischen . . . Strassburg. K. J. Trübner. 1896; 2 Bl., 58 S., 1 Bl. 8°
Strassburg, Phil. Fak., Inaug.-Diss. v. 1896.

Vill, F. M., der heil. Vincenz v. Paul, siehe: Leben, das, der Heiligen. 20. Lfg.

Vill, Fr., Guide to the church of St. Ursula in Cologne cont. some historical notices on the life and death of St. Ursula and her sainted companions, together with a catalogue of the holy relics, monuments, pictures etc. in the said church. 16. (IV und 42 S. mit 1 Stnt.) Cologne 853, F. C. Eisen. *

—— Guide dans l'église de Sainte Ursule à Cologne ou abrégé historique sur la vie et la mort de St. Ursule et de ses compagnes, augmenté de quelques détails sur les St. réliques, les tableaux, les monuments etc., conservés dans la dite église. 16. (IV und 42 S. mit 1 Stnt.) Cologne 853, F. C. Eisen. *

Vill, Fr., die Römerfahrt. Predigt. gr. 8. (1 ½ B.) Mainz 845, [Kirchheim u. Schott.]

—— Wegweiser zur Kirche der heil. Ursula in Köln mit geschichtl. Notizen über das Leben und den Martertod der heil. Ursula und ihrer Gefährtinnen, nebst einem Verzeichnisse über die in dieser Kirche aufbewahrten Reliquien, Gemälde, Denkmäler rc. Mit einer lithogr. Ansicht des Grabmals der heil. Ursula. 16. (50 S.) Cöln 853, F. C. Eisen. *

Vill, Franciscvs ⟨geb. am 10 Aug. 1845 in Köln⟩: De Philiberto Berthelerio sive qvaestiones de Bonivardi chronico Genevensi … Bonnae, typ. I. F. Carthavsii (1870). 1 Bl., 61 S., 1 Bl. 8.
Bonn, Phil. Fak., Diss. v. 26 März 1870

Villa, die. Eine Sammlg. moderner Landhäuser u. Villen zumeist kleineren Umfangs. 2., wesentlich abgeänd. u. verm. Aufl. 76 (z. Tl. farb.) Taf. in Lichtdr., nebst e. m. Titelbild u. zahlr. Grundrissen geschmückten, einleit. Text. (VIII S.) 41×32,5 cm. Leipzig (909). Baumgärtner. In Mappe 24. —

Villa, die deutsche. Orig.-Entwürfe hervorrag. Architekten u. Baumeister. 1.—4. Lfg. Fol. (à 4—5 Taf.) Berlin 888. Hessling & Spielmeyer [vormals Claesen & Co.]. à n. 1. —
1. Villa am Berge v. Leop. Theyer.
2. Villa bei Neustadt u. e. einfache Villa f. zwei Parteien v. Avanzo & Lange.
3. Villa in München u. Villa in Graz v. G. Hauberrisser.
4. Villa bei München v. Dietrich & Voigt.

— dasselbe. Entwürfe u. Bauausführgn. v. C. Schick, Avanzo & Lange, G. Hauberrisser, Kayser & v. Groszheim, H. Grisebach, E. Bischoff, H. Seeling u. A. 2 Serien. à 50 Taf. Fol. Ebd. 889. In Mappe. à Serie n. 20. —

— dasselbe. 2. Aufl. (In 10 Lfgn.) 1. u. 2. Lfg. Fol. (à 10 Taf.) Ebd. 890. à n. 4. —

Villa, die deutsche. Entwürfe u. Bauausführgn. v. C. Schick, Avanzo & Lange, Kayser & v. Groszheim, H. Grisebach, F. Bischoff, H. Seeling u. A. 2. Aufl. 3.—10. (Schluss-)Lfg. Fol. (à 10 Taf.) Berlin 891. Hessling & Spielmeyer. à n. 4. —

Villa, die deutsche. Entwürfe u. Bauausführgn. v. C. Schick, Avanzo & Lange, G. Hauberrisser, Kayser & v. Groszheim, H. Grisebach, Schilling & Gräbner u. A. 4. Aufl. 4 Viertelbde. Fol. (à 26 Taf.) Berlin 898. M. Spielmeyer. In Mappe à n. 10. —; auch in 2 Serien à n. 20. —

Villa, die Römische, bei Weingarten (von Johs. Overbeck). Einladungs-Programm zu der am Geburtstage Winckelmann's, den 9. Decbr. 1851, stattfindenden Generalversammlung des Vereines von Alterthumsfreunden im Rheinlande. Hiebei 1 lith. Taf. (in Fol.) gr. 4. (18 S.) Bonn 851. (Marcus.) n. ⅔ ₰

Villa, A. e G. B.: Verzeichnis der entomol. Publikationen von Antonio und Giov. Battista Villa 1833–69.

Villa, Guido, Einleitung in die Psychologie der Gegenwart. Nach e. Neubearbeitg. der ursprüngl. Ausg. aus dem Ital. übers. v. Chr. D. Pflaum. gr. 8. (XII, 484 S.) Leipzig 902. B. G. Teubner. n. 10. —

Villa, K., die Bibel u. ihre Verbreitung. Vortrag, geh. in Stuttgart, Heilbronn, Eßlingen u. a. O. gr. 8. (16 S.) Stuttgart 893. Württ. Bibelanstalt. n. — 10

Villa-Dei, Alex. de (v. Villedieu), doctrinale, hrsg. v. Dietr. Reichling, s.: Monumenta Germaniae paedagogica.

Villa-Real-Gooch, Elisabeth Sara, Helenens Leiden. Nach d. Engl. 8. Liegnitz 805. (Krappe in Leipz.) 18 gr.

Villa-Secca, Roderich, Vademecum des Wirthschafts-Praktikanten vor seinem Eintritt in die landwirthschaftliche Akademie. gr. 8. (VI, 80 S.) Preßburg 868. (Wien, Faesy und Frick.) * 2

Villa-Secca, Roderich, Vademecum des Wirthschafts-Praktikanten vor seinem Eintritt in die landwirthschaftliche Akademie. Preßburg 870. (Wien, Faesy & Frick.) gr. 8. (VI, 80 S.) n. 20 nor.

Villa-Secca, Roderich, Vademecum des Wirthschafts-Praktikanten. 2. Aufl. 8. (VIII, 95 S.) Wien 878, [Faesy und Frick.] Faesy. *

Villach [Sachliches OW]

Villach und Umgebung. Ein kurzer Führer. Villach, Hoffmann, (1873). 86 S.

Villach und Umgebung. Ein Führer. Villach 1902. V: *Ghon, Carl.* (Verz. d. Stud.-Bibl. Klagenfurt. V. Klagenf. 1902.)

Villach [Schlagwort]

Villach, s. a. Oesterreich-Ungarn. Spezialkarte.

Villach, s. a. Radfahrerkarten. Mittelbach.

Villach. Rundschau über Villach und dessen Umgebung. Aufnahme vom Stadtpfarrthurm aus. Nach der Natur gez. und lithogr. von Rob. Brandstätter. Gefalzt kl 8°. A. Raunecker (vormals Ed. Liegel), Klagenfurt. Comm.-Verlag. baar fl. —.70. 1886

Villafuerte, Heliodoro, María, sus magnificencias y su misión divina. (XX, 389 S. m. farb. Titelbild.) kl. 8. Freiburg i/B. 908. Herder. 1.20; geb. in Leinw. 1. 76

Village, the, on the cliff. s.: Collection of brit. authors.

Village, the, of Martindale, a Novel, with Cuts. 8. Dresden, Walther. 789.

Villain, Ernst, Arzt: Über das Vorkommen und den Nachweis des Rhodans im Menschen- und Tierkörper und seine toxikologische und pharmakologische Bedeutung. Berlin 1903: H. Bischof. (53 S.) 8°
Freiburg i. B., Med. Diss. v. 1903.

Villain, J., s. a. Deutschlands Papiergeld.

Villain, J., Deutschlands Papiergeld am 1. Juni 1860. 12. (23 S.) Erfurt 860, Bartholomäus. Thlr.

—— dass. — Am 1. Septbr. 1861. 4., ergänzte Aufl. 16. (24 S.) Ebendas. 861.

Villain, J., Deutschlands Papiergeld. 7., umgearb. Aufl. 16. (27 S.) Erfurt 864, Bartholomäus.

de Villaine, tableau des maladies aiguës et chroniques. gr. 8. Leipz. 782. (W. Vogel). 14 ϗ

Villamaria [Pseud.]
s.a. Timme, Maria [Wirkl. Name]

Villamaria, im Bann der Kinderträume. Novellen. 8. (257 S.) Berlin 885, Gebr. Paetel. *M 4.—.; geb. **
Inhalt:
Im Bann der Kinderträume. — Ora pro nobis. — Auch vom Stamm der Asra. — Ihr Giebelstübchen. Bilder aus einem poet. Haushalt.

Villamaria, aus Dorf u. Wald u. Schloß. Drei Novellen. 8. (V, 271 S.) Berlin 891. Gebr. Paetel. n. 4. —; geb. in Leinw. n.n. 5. 50

Villamaria, Elfenreigen. Märchen für die Jugend. Berlin 867. C. A. E. Meyer. 8. (V, 176 S. mit 5 Steintaff. in Tondr.) cart. n. 1 ₰

Villamaria, Elfenreigen. Deutsche und nord. Märchen aus dem Reiche der Riesen und Zwerge, der Elfen, Nixen und Kobolde. Der Jugendwelt, vornehmlich deutschen Töchtern gewidmet. 2. verm. und verb. Aufl. gr. 8. (418 S. mit 50 in den Text gedr. Illustr. in Holzschn. und 5 Tonbildern.) Leipzig 873, Spamer. *M. 6.; geb. *

VILLAMARIA [= Marie Timme]. *Elfenreigen*. Deutsche und nordische Märchen aus dem Reiche der Riesen und Zwerge, der Elfen, Nixen und Kobolde ... 2. verm. u. verb. Aufl. Leipzig, Spamer, 1874. M. 5 Taf. u. 50 Textill. 8°. Blauer Or.-Leinenbd. mit reicher Goldpressung. SPJHB. 10.—

Villamaria, Elfenreigen. Deutsche und nord. Märchen aus dem Reiche der Riesen und Zwerge, der Elfen, Nixen und Kobolde. Der Jugendwelt, vornehmlich deutschen Töchtern gewidmet. 4. verm. Aufl. gr. 8. (IX, 414 S. mit 60 Text-Illustr., 1 Tonbild, sowie 1 aquarellirten Titelbilde.) Leipzig 882, Spamer. cart. *
geb. *

— Elfenreigen. Deutsche u. nord. Märchen aus dem Reiche der Riesen u. Zwerge, der Elfen, Nixen u. Kobolde. Der Jugendwelt, vornehmlich deutschen Töchtern, gewidmet. 5. verm. Aufl. Mit 56 in den Text gedr. Abbildgn. u. e. aquarellirten Titelbilde. gr. 8. (VIII, 430 S.) Leipzig 885. Spamer. n. 4. 50; cart. 5. 50; geb. n. 6. —

— Elfenreigen. Deutsche u. nord. Märchen aus dem Reiche der Riesen u. Zwerge, der Elfen, Nixen u. Kobolde. Der Jugendwelt gewidmet. Illustr. Prachtausg. 6., verm. Aufl. Mit 42 Abbildgn. u. 1 farb. Titelbilde v. B. Mörlins, Conr. Beckmann u. a. gr. 8. (VII, 433 S.) Leipzig 894. O. Spamer. n. 5. —; geb. in Leinw. n. 6. —

Villamaria (Frau Timme), Elfenreigen. **Deutsche u. nord. Märchen aus dem** Reiche der Riesen u. **Zwerge**, d. Elfen, **Nixen u. Kobolde**. Der Jugendwelt gewidmet. Illustr. **Prachtausg.** 7. Aufl. Mit 42 in den Text gedr. Abbildgn. u. e. aquarellierten Titelbilde von B. Mörlins, Conr. **Beckmann** u. a. gr. 8. (VII, 433 S.) Leipzig 900. O. Spamer. n. 5. —; geb. in Leinw. n. 6. —

Villamaria (Frau Timme), Elfenreigen. Deutsche u. nord. Märchen aus dem Reiche der Riesen u. Zwerge, der Elfen, Nixen u. Kobolde. Der Jugendwelt gewidmet. 8. Aufl. Mit Bilderschmuck v. Ludw. Koch. (XI, 472 S.) gr. 8. Leipzig (909). O. Spamer. 5.50; geb. in Leinw. 7. —

— freudvoll u. leidvoll. Novelletten. 8. (195 S.) Berlin 876. Gebr. Paetel. n. 4. —; geb. n. 6. —

—— Lang', lang', ist's her! Novellen. 8. (VII, 313 S.) Berlin 880, Gebr. Paetel. *
geb. **

—— Manon. Novelle. 8. (198 S.) Berlin 873, Gebr. Paetel. *

Villamaria, verscholl'ne Mär. **Ein Novellencyclus v. König** Artus Tafelrunde. **8. (V, 201 S. m. eingedr. Illustr. u.** Lichtdr.-**Portr. der Verf.) Berlin 888. Haack. n. 2. 80;** geb. n.n. 3. 50

—— Rheinklänge. Novellen: Grüß' mir den Rhein! — Im Cabinet meiner Tante. — Pensionsstreiche. — Waisengut. 8. (VIII, 303 S.) Ebendas. 872. *
geb. mit Goldschn. *

Villamaria, titellos. **Novellen. 8. (IV, 272 S.) Berlin** 895. Gebr. Paetel. **n. 4. —; geb.** in **Leinw. n. 5.** 50

— „Ueberall dasselbe". Novellen. 8. (VII, 260 S.) Berlin 892. Gebr. Paetel. n. 4. —; geb. in Leinw. n.n. 5. 50

—— Wellenträume. 16. (104 S.) Ebendas. 875.
geb. mit Goldschn. *

Villámosy, A. v., Amouretten. Novellistische Nippes. 8. (III, 110 S.) Leipzig 893. A. Schumann. n. 1. 50

Villámosy, A. v. (Verkovics-Villámosy, A. v.), die morsche Ehe. Ein Sittenbild aus Babel. 3. [Titel-] Aufl. 8. (96 S.) Berlin (895) 897. A. Deubner. n. 1. 50

— mordende Frauen. 2 Novellen. (Die Sünderin. — Die Märtyrin.) 8. (118 S.) Ebd. 897. n. 1. 80

— verführt, verlassen, verloren. Moderne Novelle. 8. (88 S.) Berlin 894. Bibliograph. Bureau. n. 1. 50

v. Villanegas, Mathilde, od. der weibl. Faust. 8. Hamb. 800. (Herold jun.) 1 ₰. 8 ϗ

Villanegas, Mathilde von, od. d. weibliche Faust; Seitenstück zu Klinger's Fausts Leben, Thaten rc. 8. Hamburg, Vollmer. 800.

Villani, Giov., Matt. e Filippo Croniche, s.a. Biblioteca classica italiana.

Villani, Giovanni, Matteo e Filippo, Croniche, secondo le migliori stampe e corredate di note filologiche e storiche. Testo di lingua. 2 Vol. Triest 857,58. Literarisch-artistische Anstalt. hoch 4. (1078 S. mit 3 Portr. in Holzschn.) n. 2 ₰ 10 ngr

Villani, Karl Frhr., Vorwort zur nationalen Versöhnung und staatsrechtlichen Verständigung. gr. 8. (26 S.) Prag 879, Urbánek. *

Villanova, Arnaldus de
s.a. Arnaldus de Villanova

Villanova, Arnold, chymische Schriften. 8. Wien, Kraus. 749. -

Villanova, Thomas, s.a. Thomas Villanova

(F) Villanova, P. Th., Sanct Bonaventura und das Papstthum Gr.-8°. (165 S.) Bregenz: Teutsch 1902. K 1.50

Villanova, P. Th., Geistesübungen des seraphischen Lehrers Sankt Bonaventura. 8°. (135 S.) K 1.50
Bregenz: Teutsch 1903.

Villanova, Th., Katholik oder Protestant? Hauptsächliche Unterscheidungslehren der römisch-katholischen Kirche und der evangelisch-protestantischen Religionsgenossenschaft. 16°. (59 S.) Innsbruck: Rauch 1903. K —.20

(F) **Villanova**, P. Th., Unser hl. Vater Papst Pius X. 8°. (105 S.) Brixen: Pressvereins-Buchhandlung 1904. K —.30

Villanovani [Serveti], Mich., in quendam medicum apologetica disceptatio pro astrologia. Nach dem einzig vorhandenen echten Pariser Exemplare, mit einer Einleitung und Anmerkung neu hrsg. von Henri Tollin. 8. (45 S.) Berlin 880, H. R. Mecklenburg. *

Villanus, C., die kleine Messiade. 12. (IV u. 72 S.) Bonn 851, Weber. n. 1/2 ₰

Villányi, Heinr. Die sozial-kulturelle Bildung, als Aufgabe der Erziehung dargestellt. gr. 8. (35 S.) Lpz. 890, Fock. * — 80

Villányi, Heinrich: Das soziale Prinzip der Pädagogik. Eine kritische Untersuchung. . . . Cöthen, Druck v. Paul Schettler's Erben, 1890; 32 S. (falsch pag.) + 1 Bl. 8°
Erlangen, Phil. Fak., Inaug.-Diss. v. 1890

Villar, de, s. Villars, de

v. Villarceaux, Marq., Briefwechsel zwischen Ninon v. Lenclos, d. Dem. d'Aubigné ꝛc. 2 Thle., s. Briefwechsel.

Villard, s.: Hilgard-Villard.

Villardi, Fr., u. Chr. **Callegari**, Fasten-Predigten, siehe: Callegari, Chr.

Villaret, Prediger, s. Lesebuch, französ., für Jünglinge.

Villaret, franz. Lesebuch f. Jünglinge zum Selbstunterricht. 8. Magdeb. v. Schütz. (Sommer in Leipz.) 800. -

Villaret, franz. Lesebuch f. Jünglinge. Zum Selbstunterricht in d. Sprachkenntniß u. z. Bildung des Styls u. des Geschmacks. 2te unveränd. Aufl. 8. Magdeburg, von Schütz. 814. -

Villaret, Albert

Villaret, A., die Arbeiterschutzbrillen, s.: Hartmann, Konr.

Villaret, Alb., gesammelte Aufsätze üb. die allgemeine deutsche Ausstellung f. Gesundheitspflege u. Rettungswesen Berlin 1883. [Vervollständigter Sep.-Abdr. aus der Berliner klin. Wochenschr.] 1. Thl. gr. 8. (III, 71 S.) Berlin 884. Hirschwald. n. 2. —

— statistischer Beitrag f. die hygienische Nothwendigkeit e. durchgreif. Fleischschau. gr. 8. (36 S.) Leipzig 899. G. Thieme. n. 1. —

Villaret. Die Bekleidung und Ausrüstung des Soldaten. (S.-A.) Wien 1894.

Villaret, A., die wichtigen deutschen, österreichisch-ungarischen u. schweizer. Brunnen- u. Badeorte, nach ihren Heilanzeigen alphabetisch zusammengestellt. (VIII, 110 S.) gr. 8. Stuttgart 909. F. Enke. 3.—; geb. in Leinw. n 3.60

Friedensbewegung, Haager Konferenz, Abrüstungsfrage. (20 S.) gr. 8. Ebd. 907. — 80

Villaret, A., s.: Handbuch der praktischen Gewerbehygiene.

— Die Handgranate. Eine Studie. (50 S.) gr. 8. Ebd. 908. 1.20

Villaret, A., s.a. Handwörterbuch der gesamten Medizin.

Villaret, A: Handwörterbuch der gesamten Medizin. Bd 1—2. 2. Aufl. Stuttgart 1899—1900

Villaret. Heereskrankheiten. (S.-A.) Wien 1896.

— Hygiene-Ausstellung. Verschiedene Mittheilungen. Berlin 1884. 8. (Sep.-Abdr.) . . . .

Villaret, Leitfaden f. den Krankenträger, in 100 Fragen u. Antworten zusammengestellt. gr. 8. (16 S.) Berlin 876. Gutmann. n. — 20

Villaret, [A.], Leitfaden für den Krankenträger in 100 Fragen und Antworten mit einem Anhang. 4. verb. Aufl. 8. (24 S. mit 3 Abbild.) Berlin 885, O. Enslin. **

— Leitfaden f. den Krankenträger in 100 Fragen u. Antworten m. e. Anh. 5., verm. Aufl. Mit 3 Abbildgn. 8. (24 S.) Berlin 892. O. Enslin. n.n. — 25

— dasselbe. Ausgabe f. die Marine. Mit 3 Abbildgn. 8. (24 S.) Ebd. 892. n.n. — 25

— s.a. Sanitätsdienst u. Gesundheitspflege im deutschen Heere.

Villaret und **Paalzow.** Sanitätsdienst und Gesundheitspflege im deutschen Heere. Ein Lehr- und Handbuch für Militärärzte. Stuttgart 1909. (Dopp.) Ein Exemplar im Lesezimmer. 2 Bde.

Villaret, Albert (geb. Emmerich [28. 2. 1847]): Thesen. Berlin (1870). (2 Bl.) 8°
Berlin, Med. Thes. v. 3. Aug. 1870

— die bisherige Wirkung der antiseptischen Behandlung der königl. preussischen Armee u. dem XIII. [königl. württemberg.] Armeekorps, s.: Sonderabdrücke der Deutschen Medicinal-Zeitung.

Villaret, Alexander

Villaret, *Charles Louis* Alexander [pr. Arzt aus Battin bei Prenzlau]: Aus d. patholog. Institut zu Greifswald. Beitrag zur Casuistik der Nierenstrumen. . . . Greifswald, Druck v. J. Abel, 1891; 27 S. 8°
Greifswald, Med. Fak., Inaug.-Diss. v. 11. Mai 1891

Villaret, Charles Louis Alexander, s. Villaret, Alexander

Villaret, H., s.: Geschichtsblätter des deutschen Hugenotten-Vereins. IX. 8. 9. X. 3. 4. u. 9.

Villaret, Karl Jul., der pract. Steueraufseher. Ein Handbuch zur Selbstbelehrung für den Hilfssteuer-Aufseher, u. solche Individuen, welche sich dem Steuerfache widmen wollen; aus den besten Quellen bearb. gr. 8. (VI u. 96 S.) Danzig 847. (Kabus.) n. 1/2 ₰

Villaret, P., Anweisung zur Erhaltung d. Haupthaars. A. d. Franz. 8. (2 B.) Ilmenau 850, [Weimar,] Voigt.

Villaret, P., Der Coiffeur der vornehmen Welt oder die Kunst, für alle gesellschaftl. Cirkel, Levers, Assembleen, häusliche Feste und ausserordentliche Gelegenheiten den Anzug und Haarputz der Damen in angemessene Uebereinstimmung zu bringen und die Coiffüre der Farbe des Haars, der Gesichtsbildung, dem Teint und dem Alter anzupassen, so wie auch im Charakter die Antiken und Rationellen herzustellen. Nebst Verzeichnis der zum weiblichen Kopfputz zu verwendenden Bijouterien, Blumen, Federn etc. Mit 10 Tafeln (Haartrachten). Ilmenau 1830. 8⁰. (4 Mk. B. Seligsberg, Bayreuth 1911.)

—— der Coiffeur d. vornehmen Welt. Nebst e. vollständ. Verzeichniß der zum weibl. Kopfputz zu verwend. Bijouterien, Blumen, Federn ꝛc. 12. (6½ B. u. 10 Kpfrt.) Ilmenau 830, [Weimar,] Voigt.
Vgl. auch: Schauplatz d. Künste, 42. Bd.

— d. Haar als Schmuck, s. Schauplatz d. Künste. 42r Bd.

—— (dass. u. d. T.:) die Kunst sich selbst zu frisiren, u. weibl. u. männliche, gewöhnl. u. feste Frisuren mit Geschmack zu ordnen, nebst Vorschriften zur Erhalt. e. reichen Haarwuchses ꝛc. A. d. Franz. 16. (13 B.) Stuttgart 830, Neff.

Villaret, Wilhelm, Amtsverwalter, Referendar a. D. Gütersloh: Die Vertragsstrafe nach B.G.B. Greifswald 1907: H. Adler. (49 S.) 8° [F.]
Rostock, Jur. Fak., Ref. Bernhöft, Diss. v. 5. Juli 1907
[Geb. 16. Okt. 74 Riga in Rußland; Wohnort: Gütersloh; Staatsangeh.: Preußen; Vorbildung: Gymn. Dillenburg Reife O. 94; Studium: Theol. Greifswald 3. Jura Berlin als Hörer 6 S.; Rig. 29. Apr. 07.]

Villari, Pasquale

Villari, P., Donatello u. seine Werke. Festrede, geh. im Künstlerverein zu Florenz am Abend d. 16. Mai 1887. Aus dem Ital. übers. v. H. N. — D. A. gr. 8. (36 S.) Jena 887. Fischer. n. 1. —

Villari, Pasqu., Geschichte Girolamo Savonarola's u. seiner Zeit. Nach neuen Quellen dargestellt. Unter Mitwirkung des Verf. aus dem Italien. von Mor. Berduschek. 2 Bde. Leipzig 868. Brockhaus. gr. 8. (XXVIII, 308 u. VIII, 370 S.) n. 4 ℛ︁

Villari, Pasquale, Geschichte Girolamo Savonarola's und seiner Zeit. Nach neuen Quellen dargestellt. Unter Mitwirkung des Verf. aus dem Italien. von Mor. Berduschek. 2 Bde. gr. 8. (XXVIII, 308; VIII, 370 S.) Leipzig 870, Brockhaus. *

Villari, Pasquale, ist die Geschichte e. Wissenschaft? Zuerst erschienen in der „Nuova Antologia" 1891. Autoris. Übersetzg. v. Herm. Loevinson. gr. 8. (92 S.) Berlin 892. R. Gaertner. n. 2. —

Villari, Pasquale, Niccolo Macchiavelli u. seine Zeit. Durch neue Dokumente beleuchtet. [In 2 Bdn.] Mit des Verf. Erlaubniß übers. v. Bernh. Mangold. 1. Bd. gr. 8. (XVIII, 508 S.) Rudolstadt 877. Hartung & Sohn. n. 8. —; geb. n. 9. 20

Villari, Pasquale, Niccolo Machiavelli und seine Zeit. Durch neue Dokumente beleuchtet. 1. Bd. 1. Abthl. und 2. und 3. (Schluß-)Bd. Mit des Verf. Erlaubniß übers. von M. Heusler. gr. 8. Rudolstadt, Hartung und Sohn. [1. Bd. 1. Abthl. Neue (Titel-)Aufl. (XVIII, 256 S.) 882. *ℳ 4.; 2. Bd. (VIII, 497 S.) 882. *ℳ 10.; 3. Bd. (VIII, 389 S.) 883. *ℳ 8.] *
1. Bd. 2. Abthl. Ebendas. 1877. *ℳ 4.

Villari, Pasquale, Jérome Savonarole et son temps d'après de nouveaux documents. Traduit de l'italien par Gust. Gruyer. Accompagné d'une préface et d'une étude préliminaire. Suivi d'un choix des lettres et poésies de Savonarole et orné d'un portrait de Savonarole, d'après une médaille du temps. 2 tms. 8. (CXIX, 417 u. 617 S.) Paris 874. Didot Frères. n. 6. —

Villars [Sachliches OW]

Villars, K., u. seiner Fanny, Leiden, a. d. Engl. 8. Neub. Monath. 775. —

Villars s./Ollon [Schlagwort]

Villars s./Ollon, s.: Westentasche-Panorama-Collection.

Villars [Verfasser]

v. **Villars.** Denkwürdigkeiten des Marschalls v. Villars. A. d. Französ. 8. Leipzig 1735.

Villar, du Duc de, mémoires. III Tomi. 12. Francf. Andreä. 734—36.

de **Villars.** Mémoires du duc de Villars, pair de France, maréchal général des armées de Sa Majesté très-chrétienne. 3 v. 12. av. pls. La Haye 1734. — 3 v. 16. av. pls. Francfort 1734. — 3 v. 12. av. pls. Amsterdam 1736. — 3 v. 12. av. pls. La Haye 1758. — 3 v. 12. av. pls. Paris 1758.

Villars, Madame, d. exemplarische Mutter, oder Briefwechsel derselben mit ihrer Familie, nach den Originalbriefen herausg. Aus d. Engl. übers. (von G. J. Zollikofer). 8. Leipz. 769. Weidmann. 14 gr.

Villars (D.). Catalogue . . . du jardin de Strasbourg Strasb. 1807. 8°.

Villar, D., Catalogue méthodique du jardin de l'école méd. de Strasb. gr. 8. Strasb. Levrault. 808.

de Villars, E. Col., vollständ. Einleitung in d. Chirurgie. Aus d. Französ., mit e. Abhandl. von L. Heister. 5 Thle. 8. Altona 763. Iversen. 1 ℛ︁ 16 gr. (Linke in Leipz.)

— mémoire sur la Construction à l'usage du microscope. 8. ibid. 807. -

— principes de médicine et de chirurgie. gr. 8. Strassb 797. König. 1 ℛ︁ 4 gr.

Villars-Constant, s. Constant.

Villati, ..., histoires plaisantes et recréatives, contenantes un récueil de sentiments nobles et heroiques, de bons mots, de belles pensées de plusieurs grands monarques et d'autres personnes illustres. En Français, Italien et Allemand. 8. Wien ... Blumauer. 4 gr.

URTHEIL, Das, des Paris . . . . (von *Leopold de Villati*). Copenhagen 1766.
Anon.-Lex. IV. p. 277 (nach Bruun, Bibl. Danica III, 471).

Villatte, C. Le Tasse, Drame de Goethe. Act I. Traduction littérale en vers conformes au mètre de l'original. Neustrelitz, G., 1867. 16 S. 4. Progr.

Villatte, Césaire

— u. Rich. **Scherffig,** Land u. Leute in Frankreich, s. a. Langenscheidt's Sachwörterbücher.

Methode Toussaint-Langenscheidt. Land und Leute in Frankreich. Zsgest. von Prof. Dr. Césaire **Villatte.** Völlig neubearb. von Prof. Dr. Richard Scherffig. 3. Bearb. Berlin-Schöneberg: Langenscheidt [1903]. XX, 439, 93 S. 8⁰
(Langenscheidts Sachwörterbücher.)

Villatte, C., praktisches Lehr- und Lesebuch für die untersten Stufen des Unterrichts in der französischen Sprache. Neu-Strelitz 854. Barnewitz. gr. 8. (VI, 206 S.) n. 15 ngr.

Villatte, Césaire, s. a. Notwörterbuch der französischen u. deutschen Sprache.

Villatte, Césaire, Not-Wörterbuch der französischen u. deutschen Sprache f. Reise, Lectüre u. Konversation. 3 Tle. gr. 16. Berlin 884. Langenscheidt. geb. à n. 2. —
1. Französisch-Deutsch. (XVI, 394 S.)
2. Deutsch-Französisch. (XVI, 395 S.)
3. Sachwörterbuch [Land u. Leute in Frankreich]. (XVI, 269 u. Anh.: Voyage à Paris 93 S.)

— Parisismen. Alphabetisch geordnete Sammlg. der eigenart. Ausdrucksweisen d. Pariser Argot. Ein Suppl. zu allen franz.-deutschen Wörterbüchern. gr. 8. (XII, 237 S.) Ebend. 884. n.n. 4. —; geb. n. 4. 50

Villatte, Césaire, Parisismen. Alphabet. geordnete Sammlung der eigenart. Ausdrucksweisen des Pariser Argot. Ein Supplement zu allen französisch-deutschen Wörterbüchern. 2. stark verm. Aufl. gr. 8. (XVI, 306 S.) Berlin 888, Langenscheidt'sche Verlagsh. *M 4.—.; geb. *

— Parisismen. Alphabetisch geordnete Sammlg. der eigenart. Ausdrucksweisen d. Pariser Argot. Ein Suppl. zu allen franz.-deutschen Wörterbüchern. 3., durch e. Anh. verm. Aufl. gr. 8. (XVI, 326 S.) Berlin 890. Langenscheidt. n. 5. —; geb. n. 5. 60; Anh. allein (S. 309—326) — 50

— Parisismen. Alphabetisch geordnete Sammlg. der eigenart. Ausdrucksweisen des Pariser Argot. Ein Supplement zu allen franz.-deutschen Wörterbüchern. 4. Aufl. gr. 8. (XVI, 326 S.) Berlin 895. Langenscheidt. n.n. 5. —; geb. n.n. 5. 60

Villatte, Césaire, Parisismen. Alphabetisch geordnete Sammlg. der eigenart. Ausdrucksweisen des Pariser Argot. Ein Suppl. zu allen franz.-deutschen Wörterbüchern. 5. Aufl. gr. 8. (XVI, 326 S.) Berlin 899. Langenscheidt. n.n 5. —; geb n.n. 5. 60

Villatte, Césaire, Parisismen. Alphabetisch geordnete Sammlg. der eigenart. Ausdrucksweisen des Pariser Argot. Ein Suppl. zu allen französ.-deutschen Wörterbüchern. 6. Aufl. (XVI, 326 S.) 8. Berlin-Schöneberg 906. Langenscheidt's Verl. n. 5. —; geb. n.n. 5. 60

Villatte, Caesar (geb. am 12 Okt. 1846 in Schwerin): De propagatione civitatis Romanae . . . Bonnae, typ. F. Krvegeri (1870). 2 Bl., 48 S., 2 Bl. 8.
Bonn, Phil. Fak., Diss. v. 4 Juni 1870

— französisch-deutsches Supplement-Lexikon, s.: Sachs, Karl.

— **Taschenwörterbuch der französischen u. deutschen Sprache. Mit Angabe der Aussprache nach dem phonet. System der Methode Toussaint-Langenscheidt. 2 Tle. (Langenscheidt's Taschenwörterbücher.)** 2. Bearbeitg. 26.—35. Taus. 12. (XX, 440 u. XVI, 472 S.) Ebd. (902). Geb. in Leinw. à n. 2. —; in 1 Leinw.-Bd. n. 3. 50
Bisher u. d. T.: Notwörterbuch der französischen Sprache.

Villatte, Césaire, Taschenwörterbuch der französischen u. deutschen Sprache. Mit Angabe der Aussprache nach dem phonet. System der Methode Toussaint-Langenscheidt. 2 Tle. (Langenscheidt's Taschenwörterbücher.) 2. Bearbeitg. 1902. 93.—117. Taus. (XX, 440 u. XVI, 472 u. 40 S.) kl. 8. Berlin-Schöneberg (907). Langenscheidt's Verl. Geb. in Leinw. à 2.—; in 1 Leinw.-Bd. 3.50

— **Encyklopädisches französisch-deutsches u. deutsch-französ. Wörterbuch. s. a. Sachs, Karl.**

— u. K. **Sachs**, encyklopädisches französisch-deutsches u. deutsch-französisches Wörterbuch. (Auch) u. d. T.: Dictionnaire encyclopédique français-allemand et allemand-français.) Enthaltend u. A. für beide Sprachen: Den in der Académie u. Littré, wie in Grimm u. Sanders enth. Wortschatz; alle gebräuchl. Ausdrücke des prakt. Lebens, des Handels u. der Industrie, der Künste etc., sowie die Angabe der Aussprache, letztere nach dem phonet. System der Methode Toussaint-Langenscheidt dargest. durch G. Langenscheidt. Große Ausg. 2 Thle. Lex.-8. Berlin, Langenscheidt'sche Verlagsh. n. 66. —; geb. n. 74. —
1. Französisch-deutsch. 6., verb. Ster.-Aufl. (XXXIX, 1640 S.) 887. n. 28. —; geb. n. 32. —
2. Deutsch-französisch. 5., verb. Ster.-Aufl. (XXXII, 2132 S.) 889. n. 38. —; geb. n. 42.
Hand- u. Schul-Ausg. s.: Sachs, Karl.

— u. Karl **Sachs**, encyklopädisches französisch-deutsches u. deutsch-französisches Wörterbuch, enth. unter Anderem f. beide Sprachen: Den in der Académie u. Littré, wie in Grimm u. Sanders enthaltenen Wortschatz; alle gebräuchl. Ausdrücke des prakt. Lebens, des Handels u. der Industrie, der Künste u. Handwerke, des Kriegs- u. Seewesens, der Natur- u. Fachwissenschaften; die Neologismen; die Archaïsmen; das Argot; die Fremdwörter; die gebräuchlichsten Eigennamen aus der Geschichte, Geographie, Mythologie etc.; zahlreiche Beispiele u. Citate aus der alten, klass. u. neueren Litteratur unter Angabe der Quellen; die mögl. Berücksichtigg. u. Lösg. vieler grammat. Schwierigkeiten; die Deklination sämmtl. deutschen Hauptwörter etc., die Konjugation aller regelmäß. u. unregelmäß. Zeitwörter, die Angabe der Etymologie, der Synonymen, Homonymen u. Antonymen; die Ubertragg. zahlreicher, wörtlich nicht übersetzbaren Ausdrücke (Gallizismen u. Germanismen); Ausdrücke des vertraul. Verkehrs, Dialekt u. provinzielle Eigentümlichkeiten u. Sprichwörter etc.; sowie die Angabe der Aussprache, letztere nach dem phonet. System der Methode Toussaint-Langenscheidt dargestellt durch G. Langenscheidt in Berlin. Unter Benutzg. zahlreicher, v. Bernh. Schmitz gelieferten Beiträge. Große Ausg. 2 Thle. nebst Suppl. zum 1. Thl. gr. Lex. 8. Berlin, Langenscheidt. n. 76. —; geb. in Halbfrz. n. 85. 50
1. Französisch-Deutsch. 9., durchgeseh. u. verb. Ster.-Aufl. (XXIV, XVI, 1032 u. VIII S.) 894. n. 28. —; geb. in Halbfrz. n. 32. —; Suppl. (XVI, XVI, 329 S.) n. 10. —; geb. in Halbfrz. n. 11. 50
2. Deutsch-Französisch. 7., durchgeseh. u. verb. Ster.-Aufl. (XXXII, 2132 S.) 892. n. 38. —; geb. in Halbfrz. n. 42.
Wurde beim ersten Erscheinen unter K. Sachs aufgenommen.

Villaume, A., Handbuch der Preuß. Steuer- und Zoll-Gesetzgebung mit besond. Rücksicht auf den Gebrauch bei den Gerichten. gr. 8. Berlin 844, Reimer. 2 ₰

Villaume, A., Handbuch der preuß. Steuer- und Zoll-Gesetzgebung mit besond. Rücksicht auf den Gebrauch bei den Gerichten zusammengestellt. Supplement. gr. 8. (IV und 108 S.) Berlin 848, G. Reimer.
Das Hauptwerk, wozu Vorstehendes das Supplement bildet, erschien ebendas. 1844 und kostet 2 Thlr.

Villaume, A., die Steuer-Gesetzgebung des Preuß. Staats, nebst Ergänzungen u. Erläuterungen. Für den richterlichen Gebrauch zusammengestellt. Besonders abgedruckt aus den Ergänzungen u. Erläuterungen der Preuß. Rechtsbücher etc. gr. 8. Breslau 839. Aderholz. 1⅙ ₰

— Supplementheft zur Steuer-Gesetzgebung des Preuß. Staats. gr. 8. Breslau 841, G. P. Aderholz. ½ ₰

Villaume, C. A., s. Allen, C. F., Lehrbuch in Dänemarks Geschichte.

Villaume, Chr. A., Dänemarks Handelslage, u. was dieser Staat in d. handelnden Welt ist u. werden kann. 8. Kopenh. 818. 2e A. 823. Schubothe. 12 ℳ

— Leitfaden zur leichten Uebersicht d. Lage d. Städte im Festlande von Europa u. ihrer Flußschifffahrtsstraßen; zum Gebrauch f. Schulen. gr. 8. Kopenh. 829. Schubothe. 6 gr

— Versuch über d. Flüsse u. ihrer Bildung zu Handelsstraßen in dem Continent von Europa u. durch dasselbe; nebst 1 Tabelle. 8. Kopenh. 822. Brummer. 18 gr

— Versuch e. Theorie d. Criminalgesetzgebung. 8. Kopenh. 819.

Villaume, E.

— die Diäten, Commissionsgebühren und Reisekosten der Justiz-Commissarien u. Notarien. Als Anhang zu der systematisch-alphabet. Zusammenstellung der Verordnungen, welche sich auf d. Liquidation, Festsetzung u. Anweisung von Diäten ꝛc. gerichtl. Beamten beziehen. gr. 8. Breslau 840 Aderholz. 1/4 Thlr

Villaume, E., das Preuß. Vormundschaftsrecht und seine Reform. Eine Abhandlung. gr. 8. Breslau 846, W. G. Korn. 1 1/3 Thlr

Villaume, E., systematisch-alphabetische Zusammenstellung derjenigen Verordnungen, welche sich auf die Liquidation, Festsetzung u. Anweisung von Diäten, Kommissionsgebühren u. Reisekosten gerichtlicher Beamten beziehen. gr. 8. Breslau 839. Aderholz. 1/2 Thlr

Villaume, Jak. Sam., Versuch e. Abhandl. französ. Zeitwörter nach Wailly. gr. 8. Berl. 805. Müller. 5 gr

Villaume, Pet., Abhandl. d. Interesse d. Menschheit u. d. Staaten betreffend. gr. 8. Altona 794. Hammerich. 1 Thlr 4 gr

— Abhandl. über d. Kräfte d. Seele, ihre Geistigkeit u. Unsterblichkeit. 1r Thl. 8. (Braunschw.) 786. Schulbuchh. 18 gr

Peter Villaume

Abhandlungen über die Kräfte der Seele, ihre Geistigkeit und Unsterblichkeit. Von [Peter] Villaume. Th. 1. Wolfenbüttel: Schulbuchh. 1786. 8°

Th. 1: 1786.

Villaume, Pet., vermischte Abhandlungen aus d. Gebiete d. Politik, Finanzwissenschaft, Pädagogik u. Redekunst. 8. Berl. 793. 2e A. 796. Acad. B. 18 gr

Villaume, Pet., Anfangsgründe zur Erkenntniß der Erde, des Menschen und der Natur. 5 Bde. 8. Berlin 789–91. (Leipzig, Fr. Fleischer.) (1. 2r Bd. 2 Thlr 3r Bd. 1 1/4 Thlr 4r Bd. 1 Thlr 5r u. letzter Bd. nebst e. vollständ. Register über alle 5 Thle. 1/2 Thlr) 5 3/4 Thlr

— Anfangsgründe zur Erkenntniß d. Erde, d. Menschen u. d. Natur. 5 Bde, mit Register. 8. Berl. 789—91. (Köchly). 5 Thlr 18 gr

— Anfangsgr. z. Erkenntn. d. Erde, d. Menschen u. d. Natur. 5 Bde. 8. Berlin, Lagarde. 789—91. (I. II. 2 Thlr. III. 1 Thlr. 6 gr. IV. 1 Thlr. V. mit d. Register, 1 Thlr. 12 gr.)

— Daunon et Klein, Dissert. sur l'autorité paternelle, dont la prémière a remporté le prix, et les deux autres ont obtenu l'accessit. 4. Berl. 788. Acad. B. 12 gr

(Pt. **Villaume**, Pt. Cl. Fr. **Daunou** et E. Fd. **Klein**): Dissertatt. sur l'autorité paternelle, dont la première a remp. le prix et les deux autres l'accessit — de l'Acad. roy. *Berl.*, Decker. 788. gr 4°

— s. Betrachtt. über d. Edikt.

* Villaume, Von der Bildung des Körpers in Rücksicht auf die Vollkommenheit und Glückseligkeit der Menschen, oder über die physische Erziehung insonderheit, Wien und Wolfenbüttel 1787, 282 S., 8°.

— Preisschrift üb. d. Erziehung zur Menschenliebe; aus d. Französ. vom Verf. selbst. 8. Dessau 784. Gelehrten-Buchh. 6 gr N. Aufl. 8. Leipz. 795.

VILLAUME (Peter). Über die Erziehung zur Menschenliebe. Eine Preisschrift . . . Wien 1788. 1 vol. 158 S.

Gedächtnisrede auf Friedrich den Zweyten in der Litterarischen Gesellschaft zu Halberstadt am 18. September 1786 vorgelesen von Villaume. Berlin und Libau 1786.

— Gedächtnißrede auf Friedrich II. gr. 8. Berlin. (Friedrich in Libau) 786.

— Gedächtnißrede an Friedrich II. gr. 8. Berl. 786. (Rein in Leipz.) 2 gr

— Geographie u. Geschichte für d. Jugend d. Bürger u. für Bürgerschulen. 2 Bde oder 4 Abtheill., mit 4 Karten. 8. Leipz. 792. Göschen. 3 Thlr 6 gr

Villaume, P. V.: Geschichte des Menschen. Dessau & Leipzig 1783. 420 S.

(Pt.) **Villaume**'s Gesch. d. Menschen. *Lpz.*, Crusius. (783–792.) 3e vb. u. vm. A. 801. 8° 1 Thlr

— Geschichte d. Menschen; aus d. Französ. vom Verf. selbst. 8. Dessau u. Leipz. 783. 2e A. 788. 3e A. 802. (W. Vogel). 1 Thlr

— Grundsätze u. Einrichtungen zu gemeinsamer Erziehung gebildeter Stände. 8. Flensb. 804. Korte. 4 gr

— prakt. Handbuch für Lehrer in Bürger- u. Landschulen. 8. Dessau 781. 2e Aufl. Hamb. 800. Villaume. 14 gr

Villaume, P. V.: Praktisches Handbuch für Lehrer in Bürger- und Landschulen. 2. Aufl. Frankfurt & Leipzig 1787. 254 S.
— — Neueste Aufl. 1790.

— histoire de l'homme. 8. Dessau 783. Ed. II. 8. Wolfenb. 786. Braunschw. 808. Schulbuchh. 1 Thlr

— Histoire de l'Homme. 8. Braunschw. Schulbhdl. 809.

— s. de Lamberg, lettres.

— lecture amusante pour la jeunesse des deux sexes. II Vols. 8. Leipz. 789. (Bern, Haller). 2 Thlr

— le même livre. II Vols. gr. 8. Frankf. 802. Varrentrapp. 1 Thlr 12 gr

— Lehrbuch für Bürger- u. Landschulen, als nothwend. Nebenstück d. 2ten Aufl. seines Handbuchs. 8. Hamb. 801. ... 18 gr A. u. d. T.: Lesebuch für Bürger-, Land- u. Soldatenschulen ꝛc.

— s. Lessep, Reise von Kamtschatka.

— populaire Logik zur Einleitung in d. Schulwissenschaften, ein Handbuch für Bürgerschulen, so wie für alle Freunde d. Wissenschaften ꝛc. 8. Hamb. 805. (Herold jun.) (Centr.-Compt. in Leipz.) 22 gl Schrbp. 1 ,ß 4 gl

(Pt.) **Villaume's** prakt. Logik f. junge Leute, die nicht studieren wollen. *Berl.* u. *Libau*, Lagarde u. Friedrich. (787.) 794. 8° 18 gl

— prakt. Logik für junge Leute, die nicht studiren wollen. 8. Berl. 787. 2e A. 794. 3e umgearb. Aufl., nebst e. Anh. ꝛc. 8. Leipz. 819. Rein. 1 ,ß

— manuel à l'usage des écoles etc. 8. Berl. 796. Maurers Buchh. 6 gl

— Methode, junge Leute zum schriftl. Ausdruck ihrer Gedanken zu bilden; e. Preisschrift. 8. Berl. u. St. 781. N. A. 8. Dessau 784. Mit n. Titelbl. 8. Jena 812. 4e verb. A. 816. Voigt. 9 gl

VILLAUME [Peter]. Methode jungen Leuten zu der Fertigkeit zu verhelfen, ihre Gedanken schriftlich auszudrücken. [A. Doll], [Wien] 1794. 1 vol. 110 S.

s. **Montagne**, lettres.

s. **Pauw**, Versuch.

(Pt.) **Villaume's** Philothee, od. die ersten Lehren d. Religion f. Kinder. *Berl.* u. *Libau*, Lagarde. 788. 5 Thle. 8° 2,ß 16 gl

— Philothee, oder d. ersten Lehren d. Religion. 5 Bde. 8. Berl. 788. N. A. 794. (Rein in Leipz.) 2 ,ß 16 gl

— Philothee, od. d. ersten Lehren d. Religion. 5 Bde. 8. Berlin. (Friedrich in Libau.) 794.

— Prüfung d. Rönnbergschen Schrift über symbol. Bücher. 8. Leipz. 792. Göschen. 20 gl

— Schreiben an H*. 8. Leipz. 791. Göschen. 4 gl

— sermon prononcé dans l'Eglise françaisc le 29. d'Octbr. 1785 à l'occasion du Jubilé des Eglises françaises dans les Etats du Roi. 8. Halberst. 785.

— la storia dell' uomo, e tradotta nell Italiano da J. A. Cunradi. 8. Nürnb. 805. Monath u. K. 1 ,ß 12 gl

— von dem Ursprunge u. d. Absichten des Uebels. 3 Bde. 8. Leipz. 784—87. (W. Vogel). 2 ,ß 18 gl

(Pt.) **Villaume** v. d. Urspr. u. d. Absichten des Uebels. *Lpz.*, Crusius. 785-87. 3 Bde. 8° 2,ß 8 gl

— Vereinbarkeit d. Juden mit andern Nationen; mit Rücksicht auf Fr. Buchholz Schrift: Moses u. Jesus. 8. Hamb. 805. Villaume. 1 ,ß

— vom Vergnügen. 2 Thle. 8. Berl. 788. Vieweg in Braunschw. 1 ,ß 4 gl 153 u. 232 S.

(Pt.) **Villaume** üb. d. Verhältniss d. Religion z. Moral u. zum Staate. *Libau*, Friedrich. 791. 8° 18 gl

— über d. Verhältniß d. Religion zur Moral u. zum Staate. 8. Libau 791. (Rein in Leipz.) 18 gl

— Versuch über einige psychologische Fragen. 8. Leipz. 789. (W. Vogel). 1 ,ß 4 gl 467 S.

— Versuch einer Theorie d. Criminalgesetzgebung. 8. Kopenh. 818. Bonnier. 14 gl

— wie ist ein theoret. u. prakt. Institut für Handwerker in Kopenhagen einzurichten, daß solches mit den wenigsten Kosten doch so viel als möglich nütze? e. gekrönte Preisschrift. 8. Kopenh. 800. Brummer. 3 gl

Villaumez, (Vice-Admiral) Dictionnaire de Marine. Avec 6 grandes planches. in 8. Paris. 820.

Villbrandt-Elberfeld, Paul, wie sind die Schüler am wirksamsten zur selbständigen Beobachtung der Erscheinungen der Natur anzuleiten? [Aus: „Rhein. Schulmann".] gr. 8. (24 S.) Neuwied 891. Heuser's Verl. — 30

Ville. La v. de Bienne. (Berne 1855) s. Scholl, E. J.

Ville, Ant. de: Die Fortification, d. i. Vollkommene Ingenieur- oder Festungsbaukunst. Aus dem Franz. von C. S. 4. Amsterdam 1676. — 8. Frankfurt 1760.

Ville, de, vollkommener Ingenieur, od. Festungsbaukunst, mit 55 Kpf. 8. Frankf. Eßlinger. 748.

Ville, Geo., die chemischen Dünger. Landwirthschaftliche Vorträge gehalten auf dem Versuchsfelde von Vincennes. Nach der 3. Aufl. des franz. Textes übersetzt. Straßburg 869. Treuttel & Würtz. 8. (334 S. mit eingedr. Holzschn. u. 2 Holzschntaff. in qu. gr. 4.) n. 1 ,ß

Ville, Toussaint de, Rosange. 2 Vols. (Suivi de: Thérèse de Coulanges par Roger de Beauvoir; et: La dernière fée du nord de la France. Par H. Berthoud.) 16. (320 S.) Paris 856. (Leipzig, Gerhard.)

Villebois, François T.: Skizzen aus der Frauenwelt. Ein Wort gegen die Emancipation. 8. (63 S.) geh. Wien: Dirnböck 1881.

Villecourt, Clément, neue Erzählung der Erscheinung der heil. Jungfrau auf den Bergen der Alpen. Mit authent. Briefen, Dokumenten ꝛc. Wörtlich übers. aus dem Französ. von einem kathol. Geistlichen. 2. Aufl. (XIV und 156 S.) 1848. 3¾ Ngr. und 3. Aufl. 16. (156 S.) Soest 852, Nasse'sche Buchh.

Villecourt, Geist d. hl. Alphonsus, s. a. Krebs, Jos. Alois.

[5.] Geist des heiligen Alphonsus. Nach d. Franz. d. Cardinal [Clement] Villecourt hrsg. v. P. Jos. Alois Krebs a. d. Remptor.-Orden ... *Dulmen i. W.: A. Laumann 1895.* (VIII, 287 S., 1 Taf.) 1 Bd 8. [96. 911]

Villedieu, v., s. a. Villa-Dei, Alex. de.

PARISERIN Blanche, Die Durchlauchtigste, in einer verliebten und wahrhaftigen Geschichte, aus d. Frantzös. (der Mme. *de Ville-Dieu*) übersetzt. Franckf. b. Nicol. Schill. 1734. 8°. 8 Bogen.

O. M. V. 1734. G 4 b; Cat. Meissner; Bibl. Schwabii II. p. 290. — Selten!

— — Dasselbe, tit.: Die Durchlauchtigste Parise-rinn Blanche, oder wahrhafftige und erbauliche Liebes-Geschichte der Hertzogin von *** in 2 Thln. abgefasst. Franckfurt u. Leipzig, b. Nic. Schill. 1736. 8°. 16 Bogen.
M. M. V. 1736. E 4 a; Cat. Meissner. — Nicolai's (Berlin) cat. univ. hat d. Jahrz. „1737".
Das französ. Orig. steht auch in den „Oeuvres" de Mme *de Ville-Dieu*, 12 tom. Paris 1741. 8°. (16 Mk. 50 Pfg. Fr. Klüber, München, 1906.), tome 12: „L'illustre Parisienne".

de Villefosse, Heron., über den Mineralreichthum; Betrachtungen über d. Berg-, Hütten- u. Salzwerke verschied. Staaten, sowohl hinsichtl. ihrer Produktion u. Verwaltung, als auch des jetzigen Zustandes d. Bergbau- u. Hüttenkunde. Deutsch bearb. von K. F. A. Hartmann. 3 Bde, nebst 1 Atlas mit 49 lithogr. Tafeln. gr. 8. Sondersh. 822. Ilmenau, Voigt. 20 ₰

Villefosse, Héron de, üb. d. Mineralreichthum. Betrachtn. üb. d. Berg-, Hütten- u. Salzwerke verschied. Staaten rc. Deutsch bearb. v. Carl Hartmann. 4. u. 5. (od. 1. u. 2. Supplem.-) Bd. — A. u. d. T.: Repertorium d. Bergbau- u. Hüttenkunde, enth. e. vollständ. Zusammenstell. d. neuern Fortschritte dieser Wissenschaften; nach d. besten in- u. ausländ. Hilfsquellen zusammengest. v. C. Hartmann. 2 Bde. gr. 8. Weimar, Voigt. [4. (40 B., 16 Stnt. u. 1 Tab.) 839. 9 Thlr., 5. (58 B., 21 Stnt. u. 1 B. Text.) 840. 12 Thlr.]
Hauptwerk. 3 Bde. gr. 8. Ebendas. 1822. 20 Thlr.

— Nivellement d. Harzgebirges mit d. Barometer; aus dessen Papieren gezogen von L. W. Gilbert. Mit 1 Kpf. gr. 8. Halle 809. Renger. 10 gr

Villefosse, Héron de, de la richesse minérale. Considérations sur les mines, usines, et salines des différens états, présentées comparativement sous les rapports de leurs produits et de leur état actuel etc. 3 Vol. in 4. et un Atlas gr. in Fol. de 65 planches. Strasbourg, Treuttel et Würtz. 819. 6

de **Villefosse**, H.: Traité sur la métallurgie du Haut- et Bas-Harz. Manuscrit. Clausthal, 1805.

Villefranche, J. M. Dom Bosco, der Stifter der Salesianer-Genossenschaft. Frei aus dem Franz. übers., m. ausschließl. Genehmigg. d. Verf. 8. (IV, 302 S. m. 1 Bildnis.) Freib. i. Br. 892, Herder. * 2 40; geb. * 3 20

Villefranche, J. M., die japanesischen Martyrer, nebst einer Geschichte des Christenthumes in Japan, von seiner Einführung bis auf die Gegenwart. Aus dem Französ. gr. 16. (X und 96 S.) Mainz 862, Kirchheim. *

Villegardelle, François

Villegardelle, F., Geschichte der socialen Ideen vor der französ. Revolution, oder: Die alten Denker u. Philosophen, die Vorläufer u. Vorkämpfer der neueren Socialisten. Nebst Beweisstellen. Nach dem Französ. v. Ludw. Köppen. gr. 8. (6 B.) Berlin 846, Rieß.

Villegardelle, François: Versöhnung der Interessen in der Assoziation mit Anwendung auf die Bedürfnisse des Gemeindelebens. Cöln 1850.

VILLEGAS QUEVEDO, Franc. Geschichte und Leben des Erzschelms genannt Don Paul. Aus dem Spanischen. Deutsch von J. G. Keil. Leipzig, Brockhaus, 1826. XX, 181 S.

Villeggiatura. Bilder aus den Schweizer Bergen v. G. Closs u. O. Frölicher. 12 Photogr. m. beschreib. Text v. H. A. Berlepsch u. 26 Vignetten in Holzschn. gr. 4. (66 S.) München 882. Verlags-Anstalt für Kunst u. Wissenschaft. geb. m. Goldschn. n. 20. —

Villèle u. d. Despotismus, s. Chronik, geheime, d. europ. Höfe. 3r u. 4r Bd.

Villemain, Frankreich, das Kaiserreich und das Papstthum, s. Sammlung von Schriften über die römische Frage.

Villemain, ..., s. Trauerreden.

Villemain, vies de principaux poètes anglais, s.: Bibliothek gediegener u. interessanter französischer Werke.

Villemain, Abel-François

Villemain, A. Fr., Erinnerungen eines Zeitgenossen aus der neuesten Geschichte. Deutsch von Ed. Burckhardt. Leipzig 854. Remmelmann. (Kaiserslautern, Meuth.) gr. 8. (X, 204 S.) n. 1 ₰.

— Geist der altchristlichen Literatur im vierten Jahrhundert. Aus dem Französ. übers. von J. Köhler. Mit einer Vorrede von Zell. Regensburg 855. Manz. gr. 8. (XX, 421 S.) 1 ₰. 10 ngr.

Villemain, M., Geschichte Cromwell's, übers. v. C. P. Berly, s. Bibliothek d. wichtigsten neuern Geschichtswerke d. Auslandes, 16. Thl.

— Geschichte Cromwell's. Nach den gleichzeit. Denkschriften u. parlamentar. Sammlungen. Aus d. Französ. übers. von C. P. Berly. gr. 8. Leipz. 830. Hartleben. 2 ₰ (s. auch Bibliothek d. Geschichtswerke d. Auslandes rc. 16r Thl.)

Villemain, Histoire de Cromwell. Für die oberen Klassen höherer Lehranstalten mit Erläuterungen hrsg. von Karl Graeser. 2 Bde. gr. 8. (131; 126 S.) Berlin 877, Weidmann'sche Buchh. à Bd. ℳ 1,20.

Villemain, Abel-François, histoire du protectorat de Cromwell, s. Schulbibliothek, französische u. englische.

Villemain, M., Laskaris, oder d. Griechen in d. 15ten Jahrh., mit e. histor. Versuche über den Zustand d. Griechen seit d. Eroberung d. Mahomedaner bis auf unsere Zeiten. Aus d. Französ., mit Anmerkk. 2 Thle. gr. 12. Straßb. 825. Levrault. 1 ₰ 12 gr

Villemain, M., s. Villemain, Abel-François

Villemard, Saverino N., Corso elementare di lingua francese. 3. ediz. orig. dedicata alle scuole pubbliche e private. gr. 8. (100 S.) Triest 865, Dase. *

de la **Villemarqué**, Th., s. Contes populaires.

Villemarqué, Th. de la, Contes populaires des anciens Bretons, précédés d'un Essai sur l'origine des épopées chevaleresques de la Table-Ronde. II Tomes. gr. in-8. (43 B. u. Ttlvign.) Paris 842. (Leipzig, Brockhaus u. Avenarius.) *

Boudier de **Villemer's** philos. Gedanken üb. d. Natur, den Menschen u. d. Religion; a. d. Franz. v. J.. de Weldige gen. Cremer. *Münst.*, Hast u. Riese. 841. 8° 1 ₰

Villemot, Aug., la vie à Paris. Chroniques du Figaro. Précédées d'une étude sur l'esprit en France à notre époque par P.-J. Stahl. 2 Series. gr. 12. (XXIV und 774 S.) Leipzig 858, A. Dürr. *

Villen u. Landhäuser. Sammlung von kleinern ländl. Wohnhäusern, entworfen u. ausgeführt von den hervorragendsten Architekten Deutschlands u. Oesterreichs. (In 5 Lfgn.) 1. Lfg. Fol. (10 Lichtdr.-Taf.) Berlin 881. Wasmuth. n. 4. —

Villen u. Einfamilienhäuser, moderne. Sammlung moderner Wohngebäude, Villen u. Einfamilienhäuser aus Stadt u. Land, ausgeführt von den ersten Architekten der Jetztzeit. gr. Fol. (50 Lichtdr.-Taf. m. IV S. Text.) Berlin 902. E. Wasmuth. Geb. n. 24. —

Moderne kleine Villen und Cottages. [Moderne kleine Bauten für Stadt und Land. Serie IV. Heft 2.] Fol. (7 Tafeln) Budapest: Technische Verlagsanstalt u. Sortiment 1905. K 8.—

Moderne Villen und Landhäuser. [Moderne kleine Bauten für Stadt und Land. Serie V. Heft 2.] Fol. (7 Tafeln) K 8.— Budapest: Technische Verlagsanstalt u. Sortiment 1905.

Villen, moderne, in Meisteraquarellen. II. Serie. Von Osc. Grüner. (64 Taf.) 18×38 cm. Wien (908). F. Wolfrum & Co. In Mappe 100. —

Villen u. Wohnhäuser. Sammlung v. kleineren ländl. Wohnhäusern, entworfen u. ausgeführt v. hervorrag. Architekten. Fol. (50 Holzschn.-Taf. m. 2 Bl. Text.) Berlin 884. Wasmuth. cart. n. 20. —

Villen, Wohnhäuser u. öffentliche Gebäude v. Berlin, Potsdam u. Umgebungen (Westend, Lichterfelde, Wilhelmshöhe, Wannsee etc.) Total-, Front- u. Seiten-Ansichten nebst Details. Original-Aufnahmen nach der Natur. 1. Sammlg. 1—5. Lfg. u. 2. Sammlg. 1. Lfg. Fol. (à 5 Blatt Photograph.) Berlin 873. 74. Lichtwerck. à Lfg. n. 9. —; einzelne Blatt n. 2. —

Villen-Bauten, neuere. Ausgeführte und projektirte Entwürfe in Façaden-Ansichten, Grundrissen, Quer- und Durchschnitten etc. Mit Beiträgen von R. Balthasar-Stettin, W. Bogler-Wiesbaden, H. Bolleter-Holzminden etc. Redact.: Hittenkofer. hoch 4. (50 Stnt., 12 lithogr. Beilagebogen in qu. gr. Fol. und 12 S. Text mit eingedr. Holzschn.) Leipzig 879, Scholtze. In Mappe *
Aus: Scholtzes Façaden-Entwürfe, besonders abgedruckt.

Der **Villenbesitzer**. München: Seitz und Schauer 1890–(1902). 8°

Villenemours, der Frau Marquisin von, Liebesgeschichte, a. d. Franz. 8. Frankf. 748.

Villeneuve [Schlagwort]

Villeneuve, s.: Schweiz. Atlas.

Villeneuve [Verfasser]

de Villeneuve et **de Livry,** Mademoiselle Dangeville, s. Répertoire du Théâtre franç., 2. Série No. 46.

Villeneuve, Dipteren aus Südarabien u. v. der Insel Sokótra, s.: Becker, Th.

Villeneuve et de Levry,

—— —— Voltaire's Ferien, Lustsp. in 2 Act. Frei n. d. Franz. v. W. A. Herrmann. gr. 8. (.. B.) Hamburg 839, Berendsohn.

Villeneuve, de, et Charles, la fille de Dominique, s. Répertoire du théâtre franç. No. 100.

de Villeneuve et **Charles,** la fille de Dominique, siehe: Répertoire du théâtre Français. Nr. 350.

Villeneuve, Ingenieur-Hauptmann, praktisches Handbuch des Sappeur, für Ingenieur-Truppen. Gedruckt auf Befehl des franz. Kriegsministeriums, zuvor geprüft durch den comité du génie. Deutsch von Bellerosso. Mit (2) Figurentafeln. gr. 8. Bunzlau 839. Appun. 5/8 Thlr.

Villeneuve, auteur du „Cours de la science militaire". Science de la marine: le service, et l'art de la guerre sur mer etc. (41 Taf., 2 Titelbilder und 4 Tabellen.) (4 Bde.)
8. La Haye, Francfort et Leipzig 1757.

Villeneuve, et de Levry, Voltaire en vacances, s. Répertoire du Théâtre franç. No. 235.

Villeneuve, Arnaud de
s.: Arnaldus de Villanova

Villeneuve, Jean Perny, Système planétaire. Introduction explicative rédigée par un ancien officier de l'état-major. gr. 8. (124 S. mit 6 Stnt. in 4. und gr. 4.) Wien 859, (Gerold's Sohn.) *

Villeneuve, Louis-Jules-Frédéric s. Lettres sur la Suisse... Paris 1823–1832.

Villeneuve, Th. F. Vallon de, Yelva, s. Scribe, E.

Villeneuve, Thdr., Kunstmöbel verschiedener Style. 2. u. 3. Serie. Paris 890. [Berlin, Hessling & Spielmeyer.] Guérinet. In Mappe n. 64. — (kplt.: n. 104. —)
2. Moderne franz. Zimmereinrichtungen. gr. Fol. (20 Lichtdr.-Taf.) n. 24. —
3. Dasselbe. gr. 4. (64 Lichtdr.-Taf.) n. 40. —

Villeneuve, Thdr., Kunst-Möbel verschiedener Style. gr. Fol. (32 phototyp. Taf.) Berlin 891. Hessling & Spielmeyer. In Mappe. n. 40. —

Villeneuve-Bargemont, der heil. Ludwig, siehe: Leben der Heiligen. 7. Lfg.

Villenfagne, Bar. de, mélanges de Littérature et d'histoire. gr. 8. Leipzig, Sommer.

de Villeparc, (Deineve), s. Artillerist, der, in Verlegenheit.

Viller, Fred., der schwarze Diamant, s.: Lutz' Kriminal- u. Detektivromane.

Viller, Frederick, der Geldschrank des Bankiers. Der Rock d. Pfandleihers, s. a. Kriminal- u. Detectiv-Romane, moderne. 23. Bd.

Der Geldschrank des Bankiers. Der Rock des Pfandleihers. Detectivgeschichten aus Christiania von Frederik **Viller**. Autor. Uebers. aus d. Norweg. von Friedrich v. Känel. 3.–4. Taus. Berlin: R. Jacobsthal [1901]. (195 S.) 8°
(Kriminal- u. Detektiv-Romane, Moderne. Bd 23.)

— Das geheimnisvolle Schiff, s.: Lutz' Kriminal- u. Detektivromane.

Viller, Karl von, s. Villers, Charles François Dominique de

v. Villermont, Tilly oder der 30jährige Krieg von 1618—1632. Aus dem Französ. übersetzt. Schaffhausen 860. Hurter. gr. 8. (XII, 820 S.) n. 3 Thlr.

VILLEROY, Marschall. — Zwey Helden-Briefe, So zwischen dem Marschall Villeroy u. dessen Gemahlin gewechselt, als er, ihr unwissend nach Teutschland gefangen geführt wurde. Aus d. Frantzös. ins Teutsche übers. Was soll ich euch mein Schatz in diesen Zeilen schreiben? etc. — Nun solt ein kleiner Brieff, in meine Heymath gehen etc. — 4 Bll. Ynsprugg 1702. 4°. (3 Mk. 50 Pfg. Damköhler, Berlin, vor 1885.) Höchst selten!
Haydinger's Bibl. I. 1. no. 1352.

Villeroy, C., die Rindviehzucht nach ihrem neuesten Zustande. Ein Buch zur Vermehrung des bäuerl. Wohlstandes. Aus dem Französ. nach der 3. Aufl. von Chr. Heinr. Schmidt. Mit 58 erläut. Fig. gr. 8. (XII und 477 S. mit 5 Stnt. in gr. 8.) Weimar 856(57,) Voigt.

Villeroy, C., die Rindviehzucht nach ihrem neuesten Zustande. Ein Buch zur Vermehrung des bäuerlichen Wohlstandes. Aus dem Französ. nach der 3. Aufl. von Christ. Heinr. Schmidt. 2. verm. Aufl. Mit 83 erläuternden Fig. (auf 6 lith. Taf. in 4.) Weimar 862. Voigt. gr. 8. (XII. 503 S.) 1 ₰ 10 ngr.

Villeroy, Charles, Englands Opfer. Politisch-historische Romane. 1. u. 2. Bd. 8. Dresden-A. (Rabenerstr. 6.) H. Obst. à n. 2. —
1. Piet Pretorius. (VIII, 178 S.) 903.
2. Unter indischen Würgern. (163 S.) (903.)

— Uncle Sam Imperator. Politisch-histor. Romane. 1. u. 2. Bd. 8. Ebd. à n. 2. —
1. Auf vulkanischem Boden. (202 S.) 903.
2. Die schlimmsten Tyrannen. Roman. (165 S.) (903.)

Villeroy, Fel., kurze Belehrung über zweckmäßige Pflege der Pferde, namentlich für die richtige Führung u. Behandlung derselben in der Landwirthschaft. Mainz 863. Kunze. gr. 8. (31 S.) 4 ngr.

Villeroy, F., und Adam Müller, der Pferdezüchter. Anleitung zur Kenntniß der gesammten Pferdewissenschaft. Ein Handbuch für Cavallerie-Offiziere, Landwirthe, Pferdebesitzer und Pferdeliebhaber. Mit (eingedr.) Holzschn. und 20 lithogr. Taf. auf Tondr. (Pferderacen, Pferdeanatomie, äussere Pferdekenntniß darstellend.) Nach der Natur gez. von Aloys Bach. 1. Lfg. gr. Lex.-8. (S. 1—160 mit 4 Stnt.) Mainz 856, Kunze. Subscr.-Pr. *

Villeroy, F., und Adam Müller, der Pferdezüchter. Anleitung zur Kenntniß der gesammten Pferdewissenschaft. Ein Handbuch für Cavallerie-Offiziere, Landwirthe, Pferdebesitzer und Pferdeliebhaber. Mit (eingedr.) Holzschn. und 20 Stnt. auf Tondr. Nach der Natur gez. von Aloys Bach. 2—4. Lfg. gr. Lex.-8. (VIII und S. 161—556 mit 16 Stnt.) Mainz 858, Kunze. Subscr.-Pr. à Lfg. * 1 Thlr. 8 Ngr. *
cplt. Ladenpr. *
1. Lfg. Ebendas. 1856. * 1 Thlr.

—— und A. Müller, der Pferdezüchter. Anleitung zur Kenntniß der gesammten Pferdewissenschaft. Ein Handbuch für Pferdebesitzer und Pferdeliebhaber. 2. (Titel-)Aufl. Lex.-8. (VIII und 556 S. mit eingedr. Holzschn. und 20 lithogr. Abbild. in Tondr.) Mainz (858)67, Kunze's Nachfolger. cart. *

Villeroy, Felix, der Rindviehzüchter. Mit vielen in den Text gedr. Abbildungen. Deutsch bearb. von Theod. Mögling. 8. (440 S.) Stuttgart 847, Scheible, Rieger & Sattler. 1 ₰ 3 ngr.

Villeroy & Boch. Mettlach. Musterblätter der Mosaik-Fabrik. (92 Bl.) In Mappe.

Villeroy & Boch: Musterblätter betr. Mosaikplatten der Mosaik-Fabrik. Mettlach (1903?)

Villeroy & Boch: Musterblätter betr. Wandplatten der Mosaik-Fabrik. Mettlach (1903?)

Villers, Jean-Baptiste, Seminarpräses zu Douay. Sein Leben und Wirken. Nach dem Französ. bearb. von A. Clericus. gr. 16. (135 S.) Aubel 877. (Aachen, Jacobi und Comp.) *

Villers, Alex. v., s.: Annuaire homéopathique international.

— s.: Annual, international homoeopathic.

Villers, Alex., s.: Archiv f. Homöopathie.

Villers, Alex., die Bedeutung der Homöopathie. Vortrag. Lex.-8. (16 S.) Leipzig 887, Heitmann. *

Villers, Alex. v., s.a. Briefe eines Unbekannten.

— Briefe eines Unbekannten. (Hrsg. von Rudolf Graf Hoyos u. Alex. Warsberg). 2 Bde. Mit Portr. u. biograph. Skizze. 2. Aufl. Wien. Carl Gerold's Sohn, 1887. 8⁰. Eleg. kirschrothe Orig.-Maroquinbde. m. Fileten u. Rückenvergold.
1: XVI, 431 S. 2: 2 Bll., 346 S. — Schöne Ausstattung. Jede Seite mit Linien-Einfassung.
Als Nachtrag erschien ebd.: Ein Lebenskünstler. Von Eugen Guglia. (Mittheilung.)

Briefe eines Unbekannten (Verf.: Alexander v. Villers). Aus dessen Nachlaß neu hrsg. von Karl Graf Lanckoroński u. Wilhelm Weigand. (2. Aufl.) Bd 1. 2. Leipzig: Insel-Verl. 1910. 8⁰ (11. 4089

Villers, v., die Heilung der Diphtherie durch Mercurius cyanatus. Rathschläge für Laien. 8. (8 S.) Dresden 884, C. Gruner's homöopath. Officin.

Villers, v., die Heilung der Diphtherie durch Mercurius cyanatus. Rathschläge für Laien. 2. verm. Aufl. 8. (16 S.) Dresden 885, (Warnatz und Lehmann.) *
Vgl.: Schüssler, Dr. med. Villers' Beleuchtung der biochem. Therapie.

— s.: Jahrbuch, internation. homöopath.

—— u. F. v. Thümen. Die Pflanzen d. homöopathischen Arzneischatzes. Medicinisch bearb. von v. V., botanisch von F. v. Th. 60 Lfgn. gr. 4. (VI, 476 S. m. 200 color. Kpfrtaf.) Dresd. 889—93, Baensch. à Lfg. 1 50; 90 —

Villers, C., s. Villers, Charles François Dominique de

Villers, Charles François Dominique de

— Appel aux Officiers français de l'armée de Hannovre, qui peuvent et veulent mettre à profit le loisir de leur position. 8. Lübeck u. Hannov. 803.

v. Villers, Ritter Karl Frz. Dominik, († d. 26. Febr. 1815.) Aufruf an d. französ. Offiziere d. Armee von Hannover, welche d. Muse ihrer jetzigen Lage benutzen können u. wollen; aus d. Französ. von F. J. L. Meyer. gr. 8. Hamb. ... 2e A. 803. Nestler u. M. 2 K

— Blick auf d. Universitäten u. d. Art d. öffentl. Unterrichts in Deutschland; aus d. Französ. gr. 8. Marb. 808. Krieger. 12 K

— Brief an d. Gräfin Fanny v. Beauharnois über d. Begebenheiten zu Lübeck am 6. Nov. 1806, mit e. merkwürd. Nachschrift. 8. Amsterd. 807. 2e A. 808. (Brockhaus in Leipz.) 12 K
— Dass., aus d. Französ. 8. Hamb. 808.

Villers Brief an die Gräfin Fanny von Beauharnois enthaltend eine Nachricht von den Begebenheiten, die zu Lübeck an dem Tage, Donnerstag den 6ten November 1806 und folgenden vorgefallen sind. A. d. Franz. übers. 3. Aufl. Amsterdam. 1808. 8⁰

— philosoph. u. histor. Briefe über d. Kirchenvereinigung. 8. Amsterd. 808.

— Constitutions de Villes libres anséatiques, Lübeck, Brême, Hambourg, avec un Mémoire sur le commerce de l'Europe. gr. 8. Leipz. 814. Brockhaus. 20 K

— coup d'oeil sur l'état actuel de la littérature ancienne et de l'histoire en Allemagne. gr. 8. Amsterd. 808. (Brockhaus). 20 K

— Coup-d'oeil sur les Universités et le mode d'instruction publique de l'Allemagne protestante. gr. 8. Cassel, Königl. Druckerey. (Besson à Leipz.) 808.

K. Villers: *Gall's* Darstell. d. Geh., als Org. d. Seelenfähigkk. u. Gemüthseigenschh., e. Schreiben an *Cuvier*; übers. m. Zuss. *Wien* u. *Lpz.*, Schiegg. 803. 8° 14 Kr

— Darstellung d. Reformation Luthers, ihres Geistes u. ihrer Wirkungen, eine gekrönte Preisschrift; aus d. Französ. von N. P. Stampeel, mit Vorrede u. Anmerkk. von J. G. Rosenmüller gr. 8. Leipz. 805. Hinrichs. 1 Thlr 4 Gr 2e verb. u. verm. Aufl., (von K. H. L. Pölitz). gr. 8. Ebd. 819. 1 Thlr 4 Gr
— Dass. im Auszuge; aus d. Französ. von P. G. F. H. Plinth. 8. Nordh. 805. Nitzsche. 12 Gr

Villers, Charles François Dominique de. Darstellung der Reformation Luthers . . . 2. Aufl. Leipzig 1819. II: *Pölitz, Carl Heinr. Ludwig.* (Ky)

— Etwas über die Universitäten und öffentlichen Unterrichtsanstalten im protestantischen Deutschland, insbesondere im Kgr. Westphalen; a. d. Französ. von F. H. Hagena. Lübeck 1808. 8 . . . .

(—) exposition de la nature de la communauté des biens entre époux, suivant le droit de Lubeck. 8. Lübeck 811.

— s.a. **Fanfaronaden, hundert u. etliche, des corsikanischen Abenteurers Napoleon Buonaparte, Ex-Kaisers d. Franzosen, u. setze hinzu: (v. K. v. Villers u. Fr. Saalfeld).**

Viller, Karl von, u. F. Saalfeld, hundert u. etliche Fanfaronaden des corsikanischen Abenteurers Napoleon Buonaparte, Ex-Kaisers d. Franzosen. Systematisch geordnet cum notis variorum. 8. Leipz. Brockhaus. 814.

— s. **H. P. K. Henke, discours.**

— s.a. **Klagen d. Völker d. Continents.**

Villers, C. F. D. de. Klagen der Völker des Continents von Europa, die Handelssperre betreffend . . . O. O. 1809. V: *Reimarus, Johann Albert Heinrich.* (schr)

— lettre à la comtesse Fanny de Beauharnois sur les événemens, qui se sont passés à Lubeck dans la journée du jeudi le 6. Novembre 1806, augmentée d'un épilogue. 8. Paris 807. Ed. II. 8. Amsterd. 808. III. et IV. Ed. augmentée 8. Leipz. 818. Brockhaus. 12 Gr

— Lettre à la Comtesse Fanny de Beauharnois sur les événemens qui se sont passés à Lubek dans la journée du jeudi le 6. Novemb. 1806, augmentée d'un épilogue. 8. Amsterdam, K. et Ind. Compt. 808.

Charles de Villers
1765-1815

Lettres westphaliennes écrites par Monsieur le comte de R.M. à Madame de H. [Verf.: Charles de Villers.] Berlin: Vieweg 1797. VIII,280 S. 8°

[betr. Driburg.]

s. **Ph. Melanchthon, Erzähl. v. Luthers Leben.**

Villers, Carl Frz. Dominik v., Physik des negativen Kunst-Heilprocesses. Eine naturhistorisch-mathemat. Studie. Leipzig 869. Fr. Fleischer. gr. 8. (IV, 56 S.) n. 10 ngr.

— — Précis hist. sur la présentation de la confession d'Augsb. à l'emp. Charles V. Oeuvr. posthume. Suivi du texte de la confession d'Augsbourg. 8. Paris, Treuttel. 818.

— über den falschen Ruhm u. d. falsche Freiheit; zwei d. Ruhe u. d. Glück Frankreichs zerstörende Irrthümer. (Aus d. französ. Manuscript übersetzt). 8. Leipz. u. Altenb. 814.

— s. **Stael-Holstein, de l'Allemagne.**

— Scenen während d. Schreckenstage in Lübeck bei d. Eroberung durch d. Franzosen. 8. Hamb. ... Vollmer. (Herold jun.) 5 Gr

— über d. Universitäten u. öffentl. Unterrichtsanstalten im protestant. Deutschland; aus d. Französ. von Frz. Hnr. Hagena. gr. 8. Lobeck 808. Riemann. 18 Gr

— Versuch über den Geist u. den Einfluß d. Reformation Luthers; aus d. Französ. von K. F. Cramer, mit einer Vorrede u. Beilage einiger Abhandlungen von H. Ph. K. Henke. gr. 8. Hamb. 805. 2e Aufl. gr. 8. Ebd. 828. A. Campe. 2 Thlr Hbg. Pr. 1 Thlr Schrbp. 2 Thlr 16 Gr (A. u. d. T.: Luther's Werke. Supplementband.)

— — Versuch üb. d. Geist und den Einfluß der Reformation Luthers. Neue Ausg. gr. 8. Hamburg, Hoffmann und Campe. 817.

Villers, Karl Frz Dom., Vers. üb. d. Geist u. Einfluß d. Reformat. Luthers; als ein Denkmal f. Luther bei dem 3. Reformat.-Jubelfeste. Eine gekrönte Preisschrift. N. A. mit Anmerkk. verm. von ... Fetzer. 8. Reutl. 818. Macken. 1 Thlr 4 Gr

— kleiner Volkskatechismus, oder Lehren des Edlen u. Guten, für Kinder. In 6 Gesprächen. 12. Lübeck 179.. (Ist nicht in den Buchhandel gekommen.)

v. Villers, Ritter Fr. Frz. Xav., s. W. T. *Krug*, état actuel de l'Allemagne.

Villers, Karl v., s. Villers, Charles François Dominique de

Villers, Karl Franz Dominik v., s. Villers, Charles François Dominique de

Villes et paysages illustrés de tous pays. Nr. 1, 19 u. 20. 8. Zürich, [Schmidt.] Helvetia (vormals J. Laurencic). à Nr. n. — 50
1. Aix la Chapelle. (52 S. m. 29 Illustr. u. 1 Plan.) 887.
19. 20. Lac de Zurich. (92 S. m. 43 Illustr. u. 3 Karten.) 888.

Villes et paysages du monde entier. Nr. 19, 20, 29, 50, 108, 116—118. 8. Linz, Städtebilder-Verlag (E. Mareis). n. 4. —
19. 20. Le lac de Zurich et ses rives. Avec 43 illustrations et 3 cartes. (III, 91 S.) 889. n. 1. —
29. Aix-La-Chapelle par Gsell Fels. Avec 29 illustrations et 1 plan de la ville. (IV, 52 S.) 889. n. — 50
50. Franzensbad et Egre. Ed. revue. Avec illustrations et 1 carte géographique. (63 S.) 889. n. — 50
108. Reichenhall et les environs. Publié à l'instigation de la société d'embellissement des bains de Reichenhall. (50 S. m. Illustr., 2 Tab. u. 1 Karte.) 891. n. — 50
116—118. Genève, les rives du Léman et la vallée de Chamounix par John Kaufmann et Eugène de la Harpe. Avec 56 illustr. de Max Fleischer, plans de Genève et de Lausanne, cartes du lac Léman et de Chamounix et panorama du Mont-Blanc. (IV, 124 S.) 891. n. 1. 50

— — du monde entier. Nr. 18—25 et 30. 8. München 893. A. Bruckmann's Verl. à n. — 50
18. Gênes et ses environs par François Girard. Avec 18 vues et un plan de la ville. (48 S.)
19. Nervi et ses environs par François Girard. Avec 14 vues et 1 carte de la „Riviera". (II, 24 S.)
20. San Remo et ses environs par François Girard. Avec 10 vues, un plan de la ville et une carte de la „Riviera". (32 S.)
21. Rapallo et ses environs par François Girard. Avec 12 vues et 1 carte de la „Riviera". (II, 24 S.)
22—25. La Rivière. Gênes, ses environs et les deux Rivières (Ponente et Levante) par François Girard. (184 S. m. 82 Ansichten, Plan u. Karte.)
30. Pegli et ses environs par François Girard. Avec 10 vues et 1 carte de la „Riviera". (21 S.)

Villesavoye, Joseph (Strassburg) F, zc/18

Observationum medico-chirurgicarum pentas.
Präs. Heinrich Friedrich Delius.
Erlangen (Camerarius) (16.) VIII. 1756. 27 S.
35185

Villetard, Edm., die Commune von Paris vom 18. März bis 28. Mai 1871. Ihre Bestrebungen, Maßregeln und Erfolge, dargestellt nach den Zeugnissen ihrer Vertheidiger. Autoris. Uebersetzung. gr. 8. (VIII, 128 S.) Mainz 879, Kirchheim.

Villetard, E., le testament de César Girodot, s.: Bélot, A.

Villetard, E., et A. Belot, le testament de César Girodot, s. Théâtre français.

—— —— das Testament des Oheims, s. Both's, L. W., Bühnen-Repertoir des Auslandes.

Villetard, E., e A. Belot, il testamento dello zio Cesare, s. Emporeo drammatico.

Villeterque, A. L., Veillées philosophiques, ou Essai sur la Morale expérimentale et la Physique systématique. II Vol. gr. 8. (Leipz. ... Nauck.) 2 ℔ 16 ℊ

Villeterque, A. L., Veillées philosophiques, ou Essai sur la Morale expérimentale et la Physique systématique. II Vol. gr. 8. Leips. Sommer.

Villette, C. L. de. Unterredungen über die Glückseligkeit des zukünftigen Lebens. A. d. Franz. . . . Nebst einer . . . Betrachtung über die Erwartung eines zukünftigen Lebens. A. d. Engl. Berlin 1766. V (Betrachtung): *Wallace, Rob.* V (Vorrede): *Spalding, Joh. Joach.* (Milchs)

Villette, C. L., Unterredungen über die Glückseligkeit des künftigen Lebens, mit J. J. Spaldings Vorrede. 8. Berl. 766. Mylius. 1 ℔

Villevosse, H. de, s. Villefosse, Héron de

Villforth, Johann David (Ulm) A. S. 1096/1

Dissertatio medico-physiologica de existentia liquoris gastrici inprimis contra D. D. Lieutaud.
Präs. Jo. Jakob Kirsten.
Altdorf (Hessel) 16. V. 1764. 16 S.

W. v.: Präs., Christian Gottl. Kirsten (Opp.), Georg Daniel Wibel (Opp.), Elias Baur (Opp.).
35187

Villforth, Johann David (Ulm) A. S. 1098/18

Dissertatio inauguralis medica de venae sectione senibus utili et necessaria.
Altdorf (Hessel) 16. VI. 1766. 24 S.

Gew.: Stadt Ulm.
W. v.: Johann Jakob Iantke, Johann Nikolaus Weis, Christoph Jakob Eyrich (Opp.), Jo. David Friedrich Hartlieb (Opp.), Michael Dietelmair (Opp.), Johann Rumpus, Johann Georg Villforth (Bruder).
35186

Villforth, M., Beschreibung e. Gährungsapparates f. d. weiße Bier od. überh. zur oberen Gährung. 8. (½ B. u. 2 Stnt.) Stuttgart 830, [Beck u. Fränkel.]

Villforth, M., Beschreibung eines Gährungsapparats für das weiße Bier oder überhaupt zur obern Gährung. Mit 2 Steindr. 8. Stuttg. 830. Löfflund u. S. 8 ℊ

Villforth M, Stuttgart und Umgebung. Photographie nach einer Reliefkarte nebst Orientierungskarte. 4° Stuttgart

Villgrattner, Jos., österreichische Geschichte. Ein Hilfsbuch f. Mittelschul-Maturanten u. zum Selbst-Unterrichte. (IV, 255 S. m. 1 Stammtaf.) 16. Salzburg (909). [A. Pustet.] Wien, F. Deuticke. 2. —

Villgrattner Josef: Melchior von Meckau, Bischof zu Brixen und Kardinal.
H. 1906 PN 2066 Diss. Wien, Univ. 935

Villici, Adam, vulgo Mayer, Tractatus de VII Gradibus spiritualis ascensionis in Deum. Accedunt ejusdem Orationes capitulares saluberrimis documentis et bonae frugis succo refertissimae. Nunc primum in lucem protraxit, et commentationem de vita ac lucubrationibus auctoris historico-literariam addidit Oliv. Legipont 8. Augsb. 753. Veith. 8 ℊ

Villicus iniquitatis, Argumentum quatuor meditationum . . . Oeniponte 1776. V: *Aigner, Phil.* (Jes)

Villicus, F.: Arbitrage über Anlehens-Lose. S. 37–66. 8° Görz. OR., Progr. 1864.

Villicus: Populäre Erklärung über Lebensversicherungen und deren Berechnung. 25 S. 8° –Goerz OR., Progr. 1866

Villicus: Der internazionale Goldmünzfuss. 12 S. 8° –Goerz OR., Progr. 1867

Villicus, Frz., Anleitung zur Buchhaltung f. Gewerbtreibende u. kleinere Fabrikanten. Mit Uebungs-Aufgaben zur eigenen Verbuchg. 2 Hfte. gr. 8. (1. Hft. 96 S.) Wien 872. Seidel & Sohn. n. 2. 40

Villicus, Frz., arithmetische Aufgaben m. theoretischen Erläuterungen f. Unter-Gymnasien. 1. u. 2. Thl. gr. 8. Wien, Pichler's Wwe & Sohn. à n. 2. —
1. Für die 1. u. 2. Gymnasialclasse. (IV, 212 S.) 883.
2. Für die 3. u. 4. Gymnasialclasse. Mit 100 methodisch geordneten Aufgaben. (VIII, 200 S.) 885.

— dasselbe f. die unteren Classen der Realschulen. Auf Grundlage d. f. die österr. Realschulen vorgeschriebenen Normallehrplanes methodisch geordnete Aufgabensammlg. aus der Arithmetik. 1. u. 2. Thl. gr. 8. Wien 884. Pichler's Wwe. & Sohn. n. 2. 90
1. Für die I. Realclasse. (V, 110 S.) n. 1. 20
2. Für die II. Realclasse. (VIII, 176 S.) n. 1. 70

Villicus, Frz., Aufgaben aus dem kaufmänn. Rechnen m. Beispielen u. Erläuterungen f. Handels-Lehranstalten. 1. Thl. Elementare kaufmänn. Arithmetik. Mit 800 Aufgaben [640 Aufgaben zum schriftl. u. 160 Aufgaben zum mündl. Rechnen]. gr. 8. (IV, 148 S.) Wien 884. Pichler's Wwe. & Sohn. n. 1. 60

— Aufgaben-Sammlung zur gewerblichen Buchhaltung m. Fragen u. erläuternden Beispielen. Für Bürgerschulen u. gewerbl. Fortbildungsschulen. Mit e. Anh. üb. die Wechselkunde. gr. 8. (72 S.) Ebend. 883. n. 1. 20

Villicus, Frz., Beispiele u. Aufgaben f. das kaufmänn. Rechnen an dreiclass. kaufmänn. Fortbildungsschulen. gr. 8. (VI, 189 S.) Wien 897. A. Pichler's Wwe. & Sohn. Kart. n. 1. 80

— dasselbe. Z. Gebrauche an d. Gremial-Handelsfachschule d. Wiener Kaufmannschaft. Für d. Vorbereitungsclasse u. I. Classe. gr. 8. (IV, 81 S.) Ebd. 896. Kart. n. 1. —

— Beispiele u. Aufgaben aus dem metrischen Rechnen m. Grundlehren der Schlußrechng. nach der neuen österr. Maß- u. Gewichtsordng. gr. 8. (VI, 88 S.) Ebend. 874. n. 1. 20

Villicus, Frz., Berechnung der Papier-Effekten des Wiener Kursblattes mit Berücksichtigung der erhöhten Zinsensteuer. Eine theoretisch-prakt. Erläuterung über Staatspapiere, Lotterie-Effekten, Aktien ꝛc. nebst zahlreichen Beispielen u. Uebungsaufgaben. Mit einer Tab.: Kursblatt (in Fol.) Wien 870. Seidel & Sohn. gr. 8. (IV, 35 S.) n. 10 ngr.

Villicus, Frz., die gewerbliche Buchführung für den Gewerbs- u. Fabriksbetrieb. 2. Aufl. Im Anh.: „Kurzgefaßte Wechselkunde", welcher am Schlusse 2 Wechsel-Formulare beigefügt sind. gr. 8. (IV, 80 S.) Wien 877. Seidel & Sohn in Comm. n. 1. —

—— die gewerbliche Buchführung für den Gewerbs- und Fabriksbetrieb. 3. Aufl. Im Anhang: „Kurzgefaßte Wechselkunde", mit Wechsel-Formularen. gr. 8. (IV, 82 S.) Wien 880, Seidel und Sohn. *

—— industrielle Buchhaltung in einfachen und doppelten Posten für Gewerbetreibende und Fabrikanten leichtfaßlich dargestellt. 2 Thle. gr. 8. Ebendas. 873. à Thl. *M 3. *

Inhalt:
Thl. 1. Die einfache Buchhaltung für Gewerbetreibende. (VI, S. 1—162.)
„ 2. Die Buchhaltung in Fabriken. (S. 163—302.)

Villicus, Fr.: Entwicklung des Zifferrechnens. 36 u. 32 S. — Wien, R. VII., Progr. 1881. 1882.

—— die Formenlehre und Geometrie in Verbindung mit dem Geometralzeichnen. Für die unteren Klassen der Realschulen. 1. und 2. Abthl. für die I. und II. Klasse. Mit Uebungsaufgaben, 180 in den Text gedr. Holzschn. und 6 Taf. gr. 8. (VIII, 136 S.) Ebendas. 879. *

—— geometrische Formenlehre in Verbindung mit dem Zeichnen ornamentaler Gebilde. Für die erste Realclasse. Mit Uebungsaufgaben. 2. verb. Aufl. Mit Zugrundelegung des seit 27. Octbr. 1878 bestehenden Lehrplanes für Realschulen. gr. 8. (VI, 74 S. mit 112 eingedr. Fig. und 4 Holzschntaf.) Ebendas. 880. *

—— dass. — Mit Uebungsaufgaben. 3. Aufl. gr. 8. (IV, 75 S. mit 112 eingedr. Fig. und 4 Holzschntaf.) Wien 882, Pichler's Wwe. und Sohn. *

Villicus, Fr.: Fragmente aus dem Schulleben zur Hauserzeihung. 5 S. 8°. — Goerz OR., Progr. 1866.

—— die berechnende Geometrie in Beispielen und Aufgaben nach dem Metermaße für Bürgerschulen. gr. 8. (XVI, 68 S. mit 42 in den Text gedr. Holzschn.) Wien 875, Gerold's Sohn. *

—— die zeichnende und berechnende Geometrie für achtklassige Bürgerschulen. 3 Thle. gr. 8. Wien 876, Gerold's Sohn. *

Inhalt:
Thl. 1. Die zeichnende Geometrie für die 6. und 7. Bürgerschul-Klasse. Planimetrie. Mit 280 Dictaten zu geometr. Constructionsaufgaben, 175 in den Text gedr. Holzschn. und 2 (Holzschn.-)Taf. (XVI, 120 S.) *M 1,80.
„ 2. —— dass. — für die 8. Bürgerschul-Klasse. Stereometrie. Mit 85 in den Text gedr. Holzschn. und mehr als 100 Fragen und Aufgaben zur Uebung. (IV, 187 S.) *M 1.
„ 3. Berechnende Geometrie für die 7. und 8. Bürgerschul-Klasse. Mit 350 Aufgaben über Flächen- und Körperberechnungen und 42 in den Text gedr. Holzschn. (XX, 68 S.) *M 1.

Villicus, Frz., die Geschichte der Rechenkunst vom Alterthume bis zum XVIII. Jahrh. m. besond. Rücksicht auf Deutschland u. Österreich. Mit Illustr. u. 1 tabellar. Zusammenstellung v. Zahlwörtern aus 72 Sprachen, nebst Zählungssystemen v. altamerikan. Völkerstämmen. 2., verm. Aufl. Lex.-8. (VIII, 108 S.) Wien 891. C. Gerold's Sohn. n. 2. 80

— die Geschichte d. Rechenkunst v. Alterthume bis z. XVIII. Jahrh. Mit Illustr., Zahlzeichen, Zahlensystemen u. Rechenmethoden d. alten Culturvölker u. altamerikan. Völkerstämme, nebst e. tabellar. Darstellg. v. Zahlwörtern des Zehnersystemes aus 72 Sprachen. 3., verm. Aufl. gr. 8. (VIII, 114 S.) Wien 897. C. Gerold's Sohn. n. 3. 20

— zur Geschichte der Rechenkunst m. besond. Rücksicht auf Deutschland u. Oesterreich. Enth. 25 Illustr. u. 2 tabellar. vergleich. Zusammenstellgn. v. Zahlwörtern aus 59 Sprachen. gr. 8. (VI, 100 S.) Ebend. 883. n. 2. 40

—— Lehrbuch der Arithmetik und Algebra. Zum Gebrauche in Realschulen. Für die 4. Realklasse. gr. 8. (VI, 196 S.) Wien 875, Seidel und Sohn. *

Villicus, Frz., Lehrbuch der Arithmetik u. Algebra zum Gebrauche in Realschulen. Für die IV. Realklasse. 2. Aufl. gr. 8. (IV, 154 S.) Wien 879. Seidel & Sohn. n. 2. —

—— Lehrbuch der Arithmetik für Unter-Gymnasien. 1. Thl., mit einer Aufgabensammlung für die I. Gymnasial-Klasse. gr. 8. (XII und 111 S.) Wien 866, Seidel und Sohn. *

Villicus, Frz., Lehrbuch der Arithmetik für Unter-Gymnasien. 2. Thl. mit einer Aufgaben-Sammlung für die 2. Gymnasial-Klasse. gr. 8. (IV, 119 S.) Wien 869, Seidel und Sohn. *
1. Thl. Ebendas. 1866. *M 1,10.

Villicus, Frz., Lehrbuch der Arithmetik für Unter-Gymnasien. 1. Thl. in 2 Abthlgn. Für die 1. und 2. Gymnasial-Klasse. 2. verb. Aufl. gr. 8. (VII, 110 und 78 S.) Wien 876, Seidel und Sohn. *

— **Lehrbuch der doppelten Buchhaltung f. kaufmännische Fachschulen. gr. 8. (VI, 171 S.) Ebd. 890. Geb. in Leinw. n. 4. —**

— **Lehrbuch der doppelten Buchhaltung f. Handelsschulen. 2. Aufl. gr. 8. (IV, 128 S.) Ebd. 894. Geb. in Leinw. n. 2. —**

Villicus, Frz., Lehrbuch der doppelten Buchhaltung f. Handelsschulen. 3. verb. u. verm. Aufl. gr. 8. (IV, 132 S.) Wien (900). C. Gerold's Sohn. Geb. in Leinw. n. 2. 20

— **Lehrbuch der einfachen Buchhaltung f. Handelsschulen. 3. Aufl. gr. 8. (96 S.) Ebd. 894. Geb. in Leinw. n. 1. 40**

Villicus, Frz., Lehrbuch der ebenen Geometrie in Verbindung mit dem geometr. Zeichnen für die zweite und dritte Realclasse. 2. verb. Aufl., mit Zugrundelegung der neuen gesetzl. Bestimmungen für den Unterricht in der Geometrie und dem geometr. Zeichnen an Realschulen. Enthaltend: 270 Constructions- und Rechnungsaufgaben, 137 in den Text gedr. Fig. und 3 Taf. gr. 8. (IV, 124 S.) Wien 881, [Seidel und Sohn.] Pichler's Wwe. und Sohn. (* M. 1,80.) *

Villicus, F., Lehrbuch der ebenen Geometrie in Verbindung m. dem geometrischen Zeichnen f. die II. u. III. Realclasse. 3. Aufl. m. Zugrundelegg. der neuen gesetzl. Bestimmgn. f. den Unterricht in der Geometrie u. dem geometr. Zeichnen an Realschulen. Enth.: 270 Constructions- u. Rechnungsaufgaben, 137 in den Text gedr. Fig. u. 3 Taf. gr. 8. (IV, 123 S.) Wien 888 Pichler's Wwe. & Sohn. geb. n.n. 1. 90

-- Lehrbuch der räumlichen Geometrie [Stereometrie]. Für die IV. Classe der Realschulen. 3. Tl. der Geometrie m. 93 Holzschn., nebst zahlreichen Constructions- u. Rechnungsaufgaben. gr. 8. (III, 100 S.) Ebend. 884. n. 1. 40

— Lehrbuch des kaufmännischen Rechnens f. Handelsschulen. Im Anh. „Währungssysteme u. Münzen der wichtigsten Staaten" m. 62 Münzabbildgn. in natürl. Grösse. 2. Aufl. gr. 8. (V, 223 S.) Ebd. 894. n. 2. 80; geb. in Leinw. n. 3. 20

— Lehrbuch des kaufmännischen Rechnens f. Handelsschulen. Im Anh. „Währungssysteme u. Münzen d. wichtigsten Staaten" m. Münzabb. in natürl. Grösse. 3., verm. Aufl. gr. 8. (VI, 230 S.) Wien 898. (C. Gerold's Sohn.) Geb. in Leinw. n. 3. 20

—— Lehr- und Uebungsbuch der Arithmetik für Unter-Realschulen. 2. Thl. für die zweite Classe. 6. Aufl. gr. 8. (IV, 148 S.) Wien 882, Seidel und Sohn. *

— Lehr- u. Übungsbuch der Arithmetik f. Unter-Realschulen. 3. Thl. f. die III. Classe. 5. Aufl. gr. 8. (IV, 153 S.) Wien 885. Seidel & Sohn. geb. n. 1. 50

— Lehr- u. Übungsbuch der Arithmetik für Unter-Realschulen. 1. u. 3. Thl. 8. Ebd. geb. n. 3. 4
1. Für die 1. Classe. 9., verb. Aufl. (III, 123 S.) 888. n. 1. 44
3. Mit 623 Aufgaben f. die III. Classe der Realschulen. 6., verb. Aufl. (IV, 146 S.) 890. n. 1. 60

— Lehr- u. Übungsbuch der Arithmetik f. Unter-Realschulen. 1. u. 2. Thl. gr. 8. Wien, A. Pichler's Wwe. & Sohn. n. 2. 50; geb. in Leinw. n. 3. 10
1. Für die 1. Classe. 10. Aufl. Unveränd. Abdr. der 9., verb. Aufl. (III, 123 S.) 890. n. 1. 20; geb. n. 1. 50
2. Für die 2. Classe. 8., verb. Aufl. Mit nahezu 600 Aufg. (III, 160 S.) 889. n. 1. 30; geb. n. 1. 60

— Lehr- u. Übungsbuch der einfachen Buchhaltung mit buchhalterischen Aufgaben sammt beigefügten Abschluss-Resultaten f. kaufmännische Fachschulen. gr. 8. (VI, 76 S.) Wien 889. Gerold's Sohn. geb. n. 2. —

— Lehr- u. Übungsbuch der einfachen Buchhaltung m. buchhalterischen Aufgaben, sammt beigefügten Abschluss-Resultaten f. kaufmännische Fachschulen. 2., verm. Aufl. gr. 8. (VI, 116 S.) Wien 890. C. Gerold's Sohn. Geb. in Leinw. n. 2. —

Villicus, Frz., vollständiges Lehr- und Uebungsbuch der Arithmetik für Unter-Realschulen. 1. Thl. Für die 1. Klasse der Unter-Realschule. Wien 861. Seibel & Sohn. gr. 8. (VIII, 195 S.) n. 15 ngr.

Villicus, Frz., vollständiges Lehr- und Uebungsbuch der Arithmetik für Unter-Realschulen. 3 Thle. gr. 8. Wien, Seidel und Sohn. à Thl. * 15 Ngr. *
Inhalt:
Thl. 1. Für die 1. Klasse der Unter-Realschule. 2. Aufl. (64 S.) 868.
" 2. Für die 2. Klasse der Realschulen. (149 S.) 862.
" 3. Für die 3. Klasse der Realschule. (IV und 199 S. mit 1 Tab. in gr. Fol.) 864.

—— vollständiges Lehr- und Uebungsbuch der Arithmetik für Unter-Realschulen. Mit Zugrundelegung des Lehrplans für siebenklass. Realschulen nach der neuen Maß- und Gewichtsordnung bearb. 1.—4. Thl. gr. 8. Ebendas. *
Inhalt:
Thl. 1. Für die 1. Klasse. 3. verb. und verm. Aufl. (VI, 179 S.) 872. * M. 1,50.
" 2. Für die 2. Klasse. 3. verb. Aufl. mit der neuen österreich. Maß- und Gewichts-Eintheilung. (112 S.) 873. * M. 1,50.

Villicus, Frz., vollständiges Lehr- und Uebungsbuch der Arithmetik rc.
Thl. 3. Für die 3. Klasse. 3. verb. Aufl. mit der neuen österreich. Maß- und Gewichts-Eintheilung. (96 S.) 873. * M. 1,80.
" 4. Für die 4. Klasse. 2. verb. Aufl. mit zahlreichen Beispielen und Aufgaben. (IX, 170 S. mit 2 Tab. in Fol.) 871. * M. 1,50.

—— vollständiges Lehr- und Uebungsbuch der Arithmetik für Unter-Realschulen. Auf Grundlage des neuen Lehrplans für Realschulen verf. 1.—3. Thl. gr. 8. Ebendas. à Thl. * M. 1,40. *
Inhalt:
Thl. 1. Für die 1. Klasse. 6. Aufl. (VIII, 124 S.) 877; 7. Aufl. (III, 120 S.) 879.
" 2. Für die 2. Klasse. 4. Aufl. (IV, 120 S.) 876; 5. Aufl. (V, 98 S.) 878.
" 3. Für die 3. Klasse. 4. Aufl. (III, 121 S.) 876.

— Lehrbuch der Wechsel- u. Handelskunde f. Handelsschulen. gr. 8. (IV, 118 S. m. 1 Formular.) Ebd. 894. n. 2. —; geb. in Leinw. n. 2. 40

Villicus, Frz., Lehrbuch d. Wechsel- u. Handelskunde f. Handelsschulen. 2., verm. u. verb. Aufl. gr. 8. (V, 158 S. m. 1 Wechselformular.) Ebd. 896. Geb. in Leinw. n. 2. 60

— Lehrbuch der Wechsel- u. Handelskunde f. Handelsschulen. 3., verb. Aufl. gr. 8. (V, 130 S.) Ebd. 899. Geb. in Leinw. n. 2. —

—— die neuen Maße und Gewichte in der österreichischen Monarchie auf Grund des Reichsgesetzblattes vom 1. März 1872 und nach den Vorschriften der k. k. Normal-Aichungs-Kommission. Mit einer Maß- und Gewichts-Tab. in Farbendr. (in gr. Fol.). 3. verm. und verb. Aufl. gr. 8. (IV, 48 S.) Wien 873, Seidel und Sohn. *

—— die österreichischen Maße und Gewichte. Mit einer Maß- und Gewichts-Tab. in Farbendr. (in gr. Fol.). 4. verm. Aufl. gr. 8. (IV, 48 S.) Ebendas. 875. *

— Musterheft zur einf. Buchhaltg. m. Verbuchungsaufgaben f. kaufmänn. Fortbildungsschulen. 5. Aufl. Unveränd. Abdr. der 4. Aufl. gr. 4. (20 S.) Wien 898. A. Pichler's Wwe. & Sohn. n. — 40

— dasselbe. 4 Übungshefte dazu. gr. 4. Ebd. 898. n.n. — 42
1. Cassabuch. (7 S.) n.n. — 10. — 2. Journal. (7 S.) n.n. — 10
3. Hauptbuch u. Inventar. (11 S.) n.n. — 12
4. Waren- u. Rimessen-Scontro m. Rimessen- u. Tratten-Verfallsbuch. (7 S.) n.n. — 10

— Musterheft zur einfachen Buchhaltung m. Verbuchungsaufgaben für kaufmännische Fortbildungsschulen. 6. Aufl. Unveränd. Abdr. der 4. Aufl. gr. 4. (20 S.) Wien 899. A. Pichler's Wwe. & Sohn. n. — 40

— dasselbe. 4 Übungshefte dazu. gr. 4. Ebd. 899. n.n. — 42
1. Cassabuch. (7 S.) n.n. — 10. — 2. Journal. (7 S.) n.n. — 10
3. Hauptbuch u. Inventar. (11 S.) n. — 12
4. Waren- u. Rimessen-Scontro m. Rimessen- u. Tratten-Verfallsbuch. (7 S.) n.n. — 10

—— Muster- und Übungshefte für die gewerbliche Buchhaltung. 3 Hefte. 1. Aufl. 1881. à * 35 Pf.; 2. Aufl. Fol. (16; 20; 22 S.) Wien 884, Pichler's Wwe. und Sohn. à Heft * 24 Pf. *

— Muster- u. Ubungshefte f. die gewerbliche Buchhaltung. 3. Aufl. 3 Hfte. Fol. (16, 20 u. 22 S.) Wien 885. Pichler's Wwe. & Sohn. à n — 24

—— Muster- und Übungshefte für die gewerbliche Buchhaltung. 6. Aufl. 1.—3. Heft. Fol. Wien 888, Pichler's Wwe. und Sohn. à Heft **
Inhalt:
Heft 1. Cassabuch. (16 S.)
» 2. Journal. (20 S.)
» 3. Hauptbuch und Inventur. (24 S.)

— Muster- u. Ubungshefte für die gewerbliche Buchhaltung. 7. Aufl. I.—III. Hft. Fol. Wien 888. Pichler's Wwe. & Sohn. à n. — 24
I. Cassabuch. (4 S. u. 12 S. Formulare.) — II. Journal. (4 S. u. 15 S. Formulare.) — III. Hauptbuch u. Inventur. (4 S. u. 19 S. Formulare.)

— Muster- u. Übungshefte f. die gewerbl. Buchhaltung z. Gebrauche an gewerbl. Fortbildungsschulen. 2. Aufl. Unveränd. Abdr. d. 1. Aufl. 3 Hfte. gr. 4. Ebd. 897. à n. — 24
1. Cassabuch. (15 S.) — 2. Journal. (16 S.)
3. Hauptbuch u. Inventur. (16 S.)

Villicus, Frz., Muster- u. Uebungshefte f. die gewerbliche Buchhaltung zum Gebrauche an gewerblichen Fortbildungsschulen. 3 Hefte. 5. Aufl. Unveränd. Abdr. der 4. Aufl. 4. Wien 906. A. Pichler's Wwe. & Sohn. à n. — 24
I. Kassenbuch. (15 S.) — II. Journal. (16 S.) — III. Hauptbuch u. Inventur. (16 S.)

— dasselbe zum Gebrauche an Knaben-Bürgerschulen. 2. Aufl. Unveränd. Abdr. der 1. Aufl. 3 Hfte. gr. 4. Ebd. 897. à n. — 24
1. Cassabuch. (15 S.) — 2. Journal. (16 S.)
3. Hauptbuch u. Inventur. (16 S.)

— Muster- u. Uebungshefte f. die gewerbl. Buchhaltung zum Gebrauche an Knaben-Bürgerschulen. 3 Hfte. 4. Aufl. Unveränd. Abdr. der 1. Aufl. gr. 4. (à 16 S.) Ebd. 902. à n. — 24
I. Cassabuch. — II. Journal. — III. Hauptbuch u. Inventur.

Villicus, Frz., Muster- u. Uebungshefte f. die gewerbliche Buchhaltung zum Gebrauche an Knaben-Bürgerschulen. 3 Hefte. 5. Aufl. Nach der neuen Rechtschreibg. bericht., sonst unveränd. Abdr. der 1. Aufl. (à 16 S.) 4. Wien 904. A. Pichler's Wwe. & Sohn à n. — 24
I. Kassabuch. — II. Journal. — III. Hauptbuch u. Inventur.

Villicus, Frz., Muster- u. Übungshefte f. die gewerbliche Buchhaltung zum Gebrauche an Knaben-Bürgerschulen. 3 Hefte. 6. Aufl. Unveränderter Abdr. der 5. Aufl. (à 16 S.) 31,5×23,5 cm. Wien 907. A. Pichler's Wwe. & Sohn. à — 24
I. Kassabuch. — II. Journal. — III. Hauptbuch u. Inventur.

— dasselbe, zum Gebrauche an Mädchen-Bürgerschulen. 2. Aufl. Unveränd. Abdr. der 1. Aufl. 3 Hfte. gr. 4. (à 16 S.) Ebd. 897. à n. — 24
1. Cassabuch. — 2. Journal. — 3. Hauptbuch u. Inventur.

— dasselbe zum Gebrauche an Mädchen-Bürgerschulen. 3 Hfte. 4. Aufl. Unveränd. Abdr. der 1. Aufl. gr. 4. (à 16 S.) Ebd. 901. à n. — 24
I. Cassabuch. — II. Journal. — III. Hauptbuch u. Inventur.

— dasselbe, zum Gebrauche an Mädchen-Bürgerschulen. 3 Hefte. 6. Aufl. Unveränd. Abdr. der 5. Aufl. (à 16 S.) 4. Ebd. 906. à n. — 24
I. Kassenbuch. — II. Journal. — III. Hauptbuch u. Inventur.

— dasselbe an Mädchen-Bürgerschulen. II. u. III. Heft. 7. Aufl. Unveränderter Abdr. der 5. Aufl. (à 16 S.) 31,5×23,5 cm. Ebd. 907. à — 24
II. Journal. III. Hauptbuch u. Inventur.

—— Rechenbuch und gewerbliche Buchführung für Bürgerschulen. 3. Thl.: Für die 8. Klasse der achtklass., oder für die 3. Klasse der selbstständ. dreiklass. Bürgerschulen. 2. Aufl. gr. 8. (VI, 128 S. mit 2 Wechselformularen.) (Ebendas.) 877. *

— u. Edm. Schiebel, Rechenbuch f. Bürgerschulen, Ausg. in 1 Bde., s.: Schiebel, Edm.

—— Rechenbuch für Bürgerschulen. Mit Zugrundelegung des Lehrplanes für dreiklass. Bürgerschulen. 1. und 2. Thl. für die 1. und 2. Klasse. 2. Aufl. gr. 8. (VII, 144; VIII, 156 S.) Wien 876, Seidel und Sohn. à Thl. * ℳ 1,20. *

— Rechenbuch für Bürgerschulen. 1—3. Thl. Ebend. 877. 80. à n. 1. 20
1. Für die 6. Klasse der achtklass., oder für die 1. Klasse der selbständ. dreiklass. Bürgerschulen. 3. Aufl. (IV, 152 S.)
2. Für die VII. Klasse der österr. Bürgerschulen. 3. Aufl. (144 S.)
3. Für die 8. Klasse der achtklass., oder für die 3. Klasse der selbständ. dreiklass. Bürgerschulen. 2. Aufl. (VI, 128 S. m. 2 Wechselformularen.)

— Rechenbuch f. Bürgerschulen. 3. Thl. III. Classe. Mit der gewerbl. Buchhaltg. u. e. Anh. üb. den „Wechsel“, sammt zwei lith. Wechsel-Formularen. 3., verb. Aufl. gr. 8. (VI, 107 u. 96 S.) Ebd. 890. n. 1. 60

— Rechenbuch f. dreiclassige Bürgerschulen. 1. Thl. Für die 1. Classe der selbständ. Bürgerschulen. 4. Aufl. Mit zahlreichen Beispielen u. 888 Aufgaben. gr. 8. (IV, 160 S.) Wien 884. Seidel & Sohn. n. 1. 20

—— Rechenbuch für die österreichischen Bürgerschulen. Mit Zugrundelegung des Lehrplanes für dreiklass. Bürgerschulen bearb. 1. Thl.: Für die 1. Klasse. Mit zahlreichen Aufgaben, deren Resultate zum Theile beigegeben sind, und mit der neuen österreich. Maß- und Gewichtseintheilung. gr. 8. (IV, 159 S.) Ebendas. 872. *

Villicus, Frz., Rechenbuch der gewerblichen Fortbildungsschulen für den I. und II. Jahrg., sammt Anleitung zur gewerbl. Buchführung für den I. Jahrg. Mit mehr als 400 Beispielen und Aufgaben zur mündl. und schriftl. Berechnung, sammt Verbuchungsaufgaben incl. Ausfertigung von Abrechnungen. gr. 8. (VIII, 96 S.) Wien 878, Seidel und Sohn. *

Villicus, Franz, und Schiebel, Edmund, Rechenbuch für die erste Classe der Knaben-Bürgerschulen. 5. Auflage. Wien 1894. Verlag von A. Pichler's Witwe u. Sohn. (Min.-Erl. v. 15. Juni 1894, Z. 13582.) Cartonnirt —.38

— u. Edm. Schiebel, Rechenbuch f. Knaben-Bürgerschulen. 1. Classe. 6. Aufl. Unveränd. Abdr. der 5. Aufl. gr. 8. (IV, 75 S.) Ebd. 896. Kart. n. — 76

— — dasselbe. 2. Classe. 4. Aufl. 8. (IV, 119 S.) Ebd. 896. Kart. n. 1. 20

(F) Rechenbuch für Knaben-Bürgerschulen. Von Franz Villicus und Edmund Schiebel. III. Classe. 6. umgearbeitete Auflage. Mit Erlass des hohen k. k. Ministeriums für Cultus und Unterricht vom 25. November 1898, Z. 25.064, zum Unterrichtsgebrauche an Knaben-Bürgerschulen für zulässig erklärt. Wien. 1898. Pichlers W. & S. 8°. 129 S. Cart. fl. —.60

(F) Rechenbuch für Knaben-Bürgerschulen von Franz Villicus und Edmund Schiebel. I. Classe. 7. Auflage. Unveränderter Abdruck der mit Erlass des hohen k. k. Ministeriums für Cultus und Unterricht vom 15. Juni 1894, Z. 13552, zum Lehrgebrauche an Knaben-Bürgerschulen für zulässig erklärten 5. Auflage. Wien. 1899. Pichlers W. & S. 8°. IV, 75 S.
Cart. fl. —.38

511

— u. Edm. Schiebel, Rechenbuch f. Knaben-Bürgerschulen. 1.—3. Classe. gr. 8. Ebd. Kart n. 3. 16
1. 8. Aufl. Unveränd. Abdr. d. 5. Aufl. (IV, 75 S.) 900. n. —76
2. 5. Aufl. Unveränd. Abdr. d. 4. Aufl. (IV, 119 S.) 900. n. 1.20
3. 7. Aufl. Unveränd. Abdr. d. 6. Aufl. (V, 129 S.) 902. n. 1.20

— — dasselbe, f. Knaben-Bürgerschulen. 2. Klasse. 6. Aufl. Nach der neuen Rechtschreibg. bericht., sonst unveränd. Abdr. der 4 Aufl. (IV, 119 S.) 8. Wien 904. A. Pichler's Wwe. & Sohn. Kart. n. 1. 20

— u. Edm. Schiebel, Rechenbuch f. Knaben-Bürgerschulen. III. Klasse. 8. Aufl. Nach der neuen Rechtschreibg. hergestellter, sonst unveränd. Abdr. der 6. Aufl. (V, 129 S.) 8. Ebd. 907. Kart. 1. 20

— — dasselbe f. Mädchen-Bürgerschulen. 1. u. 2. Classe. gr. 8. Ebd. Kart. n. 1. 80
1. (72 S.) 896. n. — 80. — 2. (84 S.) 897. n. 1. —.

— — dasselbe f. Mädchen-Bürgerschulen. 1.—3. Classe. gr. 8. Ebd. Kart. n. 2. 90
1. 2. Aufl. (72 S.) 901. n. — 80
2. 2. Aufl. Unveränd. Abdr. d. 1. Aufl. (84 S.) (901.) n. 1. —
3. (IV, 116 S.) 900. n. 1. 10

— — dasselbe, f. Mädchen-Bürgerschulen. 3. Klasse. 2. Aufl. Nach der neuen Rechtschreibg. bericht., sonst unveränd. Abdr. der 1. Aufl. (IV, 116 S.) gr. 8. Ebd. 903. Kart. n. 1. 10

— — dasselbe f. Mädchen-Bürgerschulen. I. u. II. Klasse. Nach der neuen Rechtschreibg. hergestellter, sonst unveränd. Abdr. der 1. Aufl. 8. Ebd. 907. Kart. 1. 80
I. 3. Aufl. (72 S.) — 80. — II. 3. Aufl. (84 S.) 1. —.

Villicus, Frz., das Rechnen im Geschäftsleben, oder: kurzgefaßtes theoretisch-pract. Lehrbuch der Rechenkunst. Enthaltend: die Münz-, Maß- und Gewichtskunde; die Rechnungsarten mit ungenannten und genannten ganzen Zahlen, dann in gemeinen Brüchen und Decimalen rc. nebst 1400 Aufgaben mit beigefügten Resultaten und mehren wichtigen Tabellen. Zum Selbstunterrichte für Erwachsene jeden Standes überhaupt, und für angehende Comptoiristen, Commis rc. 1. Lfg. gr. 8. (S. 1—62.) Graz 854, Ferstl'sche Buchh. *

— das Rechnen im Geschäftsleben, oder theoretisch-praktisches Lehrbuch der Rechenkunst für Handels-Lehranstalten, so wie zum Selbstunterrichte für den angehenden Geschäftsmann, mit allen in der Geschäftspraxis anwendbaren Rechnungsvortheilen u. Abkürzungen. Neu bearb. nach den besten Hilfsquellen unter Berücksichtigung der neuesten fremden u. einheimischen Münz-, Maß- u. Gewichts-Sisteme, mit mehr als 1500 Beispielen u. Aufgaben. 2., mit Rücksicht auf die neue Münzwährung verm. u. gänzlich umgearb. Aufl. Wien 861. Mayer & Co. gr. 8. (XII, 370 S. u. 1 Tab. in Fol.) 1 ₰ 15 ngr.

—— das Rechnen mit den neuen österreichischen Maßen und Gewichten. Beilage zur metr. Maß- und Gewichts-Tab. gr. 8. (26 S. mit 1 Tab. in Imp.-Fol.) Ebendas. 872. *
Mit der Tab. in Buntdr. *

Villicus, Fr.: Skizzen über Realien. 9 S. 8°. Goerz OR., Progr. 1866.

—— die Wechselkunde auf Grundlage der Wechselordnung für die k. k. österreich. Staaten, nebst der Wechseldiscont-Berechnung, für Handels- und höhere Gewerbeschulen, sowie zum Selbstunterrichte. Mit (2) Wechselformularien. gr. 8. (53 S.) Wien 877, Pichler's Wwe. und Sohn.

— die Wechselkunde auf Grundlage d. österr. Wechselgesetzes. Nebst Erläutergn. d. Verfahrens in Wechselgeschäften an prakt. Beispielen. Für kaufmänn. Fortbildungsschulen. 3. Aufl. Mit Wechselformularien u. 2 lith. Wechseln. gr. 8. (V, 60 S.) Ebd. 890. n. — 80

Villicus, Franz, Die Wechselkunde auf Grundlage des österreichischen Wechselgesetzes nebst Erläuterung des Verfahrens in Wechselgeschäften in praktischen Beispielen. Für kaufmännische Fortbildungsschulen. 4. Auflage. Mit Wechselformularien und 2 lithograv. Wechseln. 8. (60 S.)
Wien: Pichler 1893. —.40

— die Wechselkunde in kaufmännischer Hinsicht auf Grundlage d. österr. Wechselgesetzes. Nebst Erläuterg. d. Verfahrens in Wechselgeschäften an prakt. Beispielen. Für Handelsschulen. 2. verm. Aufl. Mit Wechselformularien. gr. 8. (IV, 60 S.) Wien 885. Pichler's Wwe. & Sohn. n. — 80

Villicus Fr.: Das Zahlenwesen der Völker im Alterthume und die Entwicklung des Ziffernrechnens. 33. Wien R. VII. 80.
Progr.

Villjen's hausärztliche Winke. 1. u. 2. Bd. 8. Berlin 898. O. Nahmmacher. n. 2. 40
1. Für die Frau in der Ehe. (128 S.) n. 1. 40
2. Für alle Frauen u. Jungfrauen. (67 S.) n. 1. —

[S.] Dr. Villjon's Hausärztliche Winke ... Im Selbstv. hrsg. v. Adolf Wolff, Berlin ... Bd 1. u. *Berlin: Comm. V. A. Fritschow 1896.* 8

Villier, de, Gedanken u. Betrachtungen üb. d. Irrwege d. Menschen auf d. Wege d. Seligkeit. 8. Dresden, Gerlach. 729.

de Villier, ..., eine geheime Handschrift Suttons, u. raisonirende Erläuterr. der Mittel, welcher sie sich bei der Einimpfung der Blattern bedienen; aus d. Französ. übers. u. mit e. Anhang begleitet rc. v. Jh. Gli. Fritze. 8. Frankf. 776. Scheidhauer. 6 ₰

Villier, Georg, s. Döhler, Emil.

Villiers, Delesalle's Todeskampf, s. Delesalle.

§ **APOTHECKER**, Der Standsmässige, oder die von einem Cavalier unwissend clystierte Dame, nebst einer geheimen Historie Dom Antonii, Königes in Portugal. Aus d. Frantzös. (des *de Villiers*) übers. von Iri FloR (Joh. Fr. Riederer). Cöln (Nürnb.) 1727. 8°. 11 Bog.
Orig. (in Dresden): L'Apoticaire de Qualité, nouvelle galante et véritable. Cologne, 1670. pet in-8°. 48 pp.
— S. auch Begebenheiten, Artige u. Kurtzweilige, 1676.
— — Dasselbe. Ibid. 1729. 8°.

Villiers, de, le festin de Pierre, s.: Sammlung französischer Neudrucke.

Villiers, Mme. A. de, Mal was andres. Eine Sammlg. erprobter fremdländ. Kochrezepte f. Feinschmecker. gr. 8. (IX, 166 S.) Leipzig 901. C. F. Amelang.
Geb. in Leinw. m. Goldschn. n. 5. —

Villiers, Mme. A. de, mal was andres. Eine Sammlg. erprobter fremdländ. Kochrezepte f. Feinschmecker. 4. verm. Aufl. (XI, 186 S.) 8. Leipzig 904. C. F. Amelang. Geb. in Leinw. m. Goldschn. n. 5. —

Villiers, Mme. A. de, mal was andres. Ein Sammlg. erprobter fremdländ. Kochrezepte f. Feinschmecker. 5. Aufl. (IX, 186 S.) 8. Leipzig 907. C. F. Amelang. Geb. in Leinw. m. Goldschn. 5. —

Villiers, Du, Brochant, s. Brochant.

The socialist movement in England by Brougham **Villiers**. London & Leipsic: T. F. Unwin 1908. (XIII, 339 S.) 8° 103. 9033 B

Villiers, George, second Duke of Buckingham, The Rehearsal, s.: Textbibliothek, altenglische.

Villiers, Louis de, a. Pretoria (Transvaal): Geologische Untersuchungen in der Umgebung von Eptingen u. Läufelfingen. Freiburg i. Br.: Speyer & Kaerner 1907. (53 S., 2 Taf.) 8°

Freiburg i. B., Phil. Fak., Ref. Deecke, Diss. v. 1907

[Geb. 23. Febr. 82 Wellington (Südafrika); Wohnort: Capstadt; Staatsangeh.: England; Vorbildung: Merchiston Castle School, Zulassung durch Ministerial-Erlaß 5 Aug. 07; Studium: Bergakad. Freiberg i. S. 6, Univ. Freiburg i. B. 3 S.; Rig. 25. Okt. 07.]

Villiers, Baysse de, s. Baysse.

Villiers de l'Isle-Adam, August Cte. de

Villiers de l'Isle-Adam, Tribulat Bonhomet. Deutsch v. Hanns Heinz Ewers. (Der gesammelten Werke 3. Bd.) (IV, 266 S.) 8. München 910. G. Müller. 3.50; geb. 5. —

Villiers de l'Isle Adam, Graf de, grausame Geschichten. Deutsch v. Maria Ewers. Mit e. Vorwort v. Hanns Heinz Ewers. (X, 181 S.) 8. Groß-Lichterfelde 904. **Berlin, E. Eißelt.** n. 2. 50

— Grausame Geschichten. Deutsch v. Hanns Heinz Ewers. (Der gesammelten Werke 1. Bd.) 1. u. 2. Aufl. (IX, 331 S.) 8. München 909. G. Müller. 4.—; geb. 5.50

— Geschichten vom Jenseits. Deutsch v. Hanns Heinz Ewers. 3. Aufl. (Der gesammelten Werke 2. Bd.) (IV, 301 S.) 8. Ebd. 910. 4.—; geb. 5. 50

- Das zweite Gesicht u. andere Novellen, s. a. Bücher, die, d. deutsch. Hauses.

Das zweite Gesicht u. andere Novellen von (Auguste Cte de) **Villiers** de l'Isle-Adam. Deutsch von [Friedrich] Frh. v. Oppeln-Bronikowski. Berlin: Buchverlag fürs Deutsche Haus. 1909. 301 S. 8°

(Die Bücher d. Deutschen Hauses. Bd 84.)

— Edisons Weib der Zukunft. Roman. (Autoris. Übersetzg. v. Annette Kolb.) (421 S.) 8. München 909. H. v. Weber. 5.—; geb. 6.—; Luxusausg. 15.—

Anon.: Rektor J. **Villiger**. Muri. Progr. 1887.

Villiger, Anselm, Maria und Aloysius. Vollständiges kathol. Gebetbuch besonders für Verehrer der göttl. Mutter und des heil. Aloysius. Gesammelt u. herausg. Mit 2 lith. Bildern. Luzern 857. Räber. 24. (331 S.) 6 ngr.

Villiger, Burkard, s.: Erinnerungen an Papa Staub.

Villiger, Burkard, s. a. Notizen, geschichtliche, zum Kirchenbau Merenschwand.

(Villiger, Burkard.) Geschichtliche Notizen zum Kirchenbau Merenschwand ([von] Burkard Villiger, Pfarrer), mit einem Auszug aus der Kirchenbaurechnung (1. Juli 1901. — [Mit 2 Tafeln]). 27 S. 8. (Aarau, H. R. Sauerländer & Co.) [fr. 1. 20]

Villiger, Emil, Anleitung zur Präparation u. zum Studium der Anatomie des Gehirns. (23 S.) gr. 8. Leipzig (909). W. Engelmann. Kart. 1. —

Villiger, Emil [ehem. Assistenzarzt an der Irrenanstalt Basel, d. Z. Assistenzarzt an der Allgemeinen Poliklinik Basel]: Beitrag zur Aetiologie der Melancholie. Nach 303 in der Basler Irrenanstalt beobachteten Krankheitsfällen. Basel 1898. 77 S. 8°.

Basel. Med. Diss. 1897/98.

Villiger, Emil, Gehirn u. Rückenmark. Leitfaden f. das Studium der Morphologie u. des Faserverlaufs. (VII, 187 S. m. 122 z. Tl. farb. Abbildgn.) Lex.-8. Leipzig 905. W. Engelmann. Geb. in Leinw. n. 9. —

Villiger, Emil. Gehirn und Rückenmark. Leitfaden für das Studium der Morphologie und des Faserverlaufs. 2. Aufl. Mit 224 zum Teil farbigen Abbildungen. VIII + 278 S. gr.-8. Leipzig, Wilhelm Engelmann, 1910. [geb. M. 12. 80]

Villiger, Emil. Die periphere Innervation. Kurze übersichtliche Darstellung des Ursprungs, Verlaufs und der Ausbreitung der Hirn- und Rückenmarksnerven. Mit besonderer Berücksichtigung wichtigster pathologischer Verhältnisse. Mit 18 Figuren im Text. II + 110 S. 8. Leipzig, Wilhelm Engelmann, 1908. [cart. M. 3. 60]

Villiger, Emil, Basel: Morphologie und Faserverlauf des Rhinencephalon. Mit 44 Figuren im Text und auf 4 Tafeln. Abhandlung zur Erlangung der Venia legendi für Neurologie und Neuropathologie, vorgelegt der hohen medizinischen Fakultät der Universität Basel. (Eingereicht den 30. Mai 1903.) Leipzig 1904. 110 S. 8°.

Basel. Med. Hab.-Schr. 1904/1905.
Nicht für den Austausch

Villiger, E., Schema vom Faserverlauf im Rückenmark. Nach den neueren Forschgn. zusammengestellt. gr. 8. (19 S. m. 1 Farbendr.) Basel 894. C. Sallmann. n. 1. 20

Villiger, F., General-Register, s.: Liebig's Annalen der Chemie.

Villiger, J., voir: *Graf, A.*

Villiger, J., Ueber die Entwicklung des deutschen Dramas. Zug 1868. **Progr.**

Villiger, V., u. W. Dieckmann, Generalregister, s.: Liebig's Annalen d. Chemie.

Villiger, Victor [aus Hünenberg]: Ueber die Hexahydroisophtalsäure ... München, Druck v. V. Höfling, 1893; 31 S. 8.

München, Phil. Fak., Inaug.-Diss. v. 1893

Villiger, W., über das Newton'sche Phänomen der Scintillation, s.: Exner, Karl.

Villiger, Walter: Die Rotationszeit des Planeten Venus. *München 1898: F. Straub.* (36 S.) 4° (Aus: Neue Annalen der K. Sternwarte München, Bd 3.)

München, Phil. Diss. v. 1898

Villiger, W., die Rotationszeit d. Planeten Venus, m. e. Anh., enth. Beobachtgn. d. Oberflächenbeschaffenheit d. Planeten Venus u. Merkur. [Aus: „Annalen d. Münch. Sternwarte", 3. Bd.] gr. 4. (42 S. m. 9 Lichtdr.-Taf.) München 898. (G. Franz' Verl.) n. 7. —

Villiger-Strasser, E[lise]. Neue Schweizer Küche. Leichtfassliche Anleitung zur Erlernung der einfachen und feineren Küche für Hausfrauen und Köchinnen. Hrg. von E. V'-St'.... Mit einer Nährwerttafel und vier erläuternden Abbildungen. 197 S. 8. Zürich, Th. Schröter, (1904). [geb. fr. 2. 50]

Villiger-Strasser, E[lise]. Illustrierte Reformküche. [Mit 6 graphischen Doppel-Tafeln.] IV + 388 + XIII [+ 14] S. 8. Aarau, Emil Wirz, 1908. [geb. fr. 3. —]

Villiger-Straßer, E., illustrierte Reformküche. (IV, 388 u. XIII S. m. Abb., 12 farb. Taf. u. 2 S. Erklärgn.) 8. Aarau 908. E. Wirz. Geb. in Leinw. 3. —

VILLIKUS, F. J. (ps.), Der Hannswurst und der Frosch; ein Kandidaten- und Berufsgespräch. Mit color. Titelholzschnitt. O. O. 1789. 8°. 106 S.
Haydinger's Bibl. I. 2. no. 971. — Der Pseud. fehlt bei Weller.

— — Dasselbe. O. O. 1791. 8°. (18 xr. Beck, Nördl., vor 1885; jetzt höher!)

Villikus, F. J., (Psdn.) der Hanswurst u. der Frosch, ein Kandidaten- u. Berufs-Gespräch. 8. Wien 789. (Salzb., Mayr). 4 fl.

Villingen [Sachl. OW]

Villingen unter den Grafen von Fürstenberg, und der Loskauf dieser Stadt von dieser Herrschaft. Zweiter Beitrag zur Geschichte der Stadt. 8. (IV, 77 S.) Konstanz 872. (Freiburg i. Br., Schmidt.) *
Vgl.: Beitrag zur Geschichte der Stadt Villingen. 1854. *ℳ 1,40. — XII. Bd. 1. Abthl. S. 77.

Villingen [Schlagwort]

Villingen, s.: Deutschland. Kürschner-Peip. — Geologische Karten. Spezialkarte. (Baden.)

Villinger, Arnold, d. Buch v. Wesen aller Dinge. gr. 8. (V, 142 u. 4 S. m. Fig.) Dresden 896. E. Pierson. n. 3. —

— die Erklärg. der chemischen Vorgänge. (Anh. zum „Buch v. Wesen aller Dinge".) gr. 8. (39 S.) Ebd. 896. 1. —

Villinger, Arnold, Grundzüge e. Weltanschauung. (116 S.) 8. Leipzig 910. J. A. Barth. 2. —; f. Abnehmer der „Neuen Weltanschauung" 1. 60

Villinger, Arnold [app. Arzt aus Löffingen (Baden)]: Ueber die Veränderung einiger Lebenseigenschaften des Bakterium coli commune durch äussere Einflüsse ... [Aus: Arch. f. Hyg., Bd 21.] München, Druck v. R. Oldenbourg, 1894; 15 S. 8.
Freiburg i. B., Med. Fak., Inaug.-Diss. v. 1894

Villinger, Eberhard, approb. Arzt aus Besigheim: Ueber einen Fall von acuter Leukämie. *Tübingen: F. Pietzcker 1900.* (22 S.) 8°
Tübingen, Med. Diss. v. 1900

Villinger, Eberh., über e. Fall von acuter Leukämie. Diss. gr. 8. (22 S.) Tübingen 900. F. Pietzcker. n.n. — 70

Villinger, Friedrich: Die Erkrankungen des Ohrs im Gefolge von Infektionskrankheiten. Tübingen: F. Pietzcker 1898. (37 S.) 8°
Tübingen, Med. Diss. v. 1898.

Villinger, Frdr., die Erkrankgn. d. Ohrs im Gefolge v. Infektionskrankheiten. Diss. gr. 8. (37 S.) Tübingen 898. F. Pietzcker. n.n. — 90

Villinger, Hermine, e. Abgedankter, s.: Familien-Bücherschatz.

Villinger, Hermine, ein Abgedankter, s.: Hansjakob, H., d. närrische Maler.

— s.: Aus Wald u. Grund.

— unter Bauern u. andre Geschichten, s. a. Engelhorn's allgemeine Romanbibliothek.

[F.] Unter Bauern und andre Geschichten v. Hermine Villinger. *Stuttgart: J. Engelhorn 1894.* (152 S.) 1 Bd 8.
= Romanbibliothek, Engelhorns Allgemeine. Jg. 10. Bd 24. [98 10283 Gr

Villinger, Hermine, Binchen Bimber. Eine Geschichte. Illustriert v. Curt Liebich. 1.—3. Aufl. 12. (à 359 S.) Stuttgart 902. A. Bonz & Co. n. 4. —; geb. in Leinw. n. 5. —

Villinger, Hermine, Briefwechsel m. Louise Gräfin v. Schönfeld-Neumann, s.: Landsmänninnen, zwei.

Villinger, Hermine, die Dachprinzeß, s.: Engelhorn's allgemeine Roman-Bibliothek.

— Das Erbschweinchen u. andere Geschichten, s.: Engelhorn's allgemeine Roman-Bibliothek.

Villinger, H., Erzählungen, s.: Volksbibliothek d. Lahrer Hinkenden Boten.

— eine Gewitternacht u. anderes, s. a. Meyer's, Ulr., Bücherei.

Eine Gewitternacht und anderes. 5 Erzählungen von Hermine Villinger. Berlin: U. Meyer [1905]. (77 S.) 8° [F.]
= Bücherei, Ulrich Meyer's. No 20. [08. 3296

— aus meiner Heimat. 12. (341 S.) Stuttgart 887. [Spemann.] Union. geb. m. Goldschn. n. 6. —

— aus meiner Heimat. 2. Aufl. 8. (VI, 180 S.) Berlin 896. F. Fontane & Co. n. 2. —

Aus meiner Heimat v. Hermine Villinger. 3. Aufl. Berlin: F. Fontante & C. 1896. (4 Bl., 180 S.) 1 Bd 8°
(Fontane's 2-Mark-Bücher.)

Villinger, H., der lange Hilarius, s.: Volksbibliothek d. Lahrer Hinkenden Boten.

— „aus der Jugendzeit, aus der Jugendzeit, klingt e. Lied mir immerdar". Mein Klostertagebuch. Mit 4 Vollbildern v. Curt Liebich. (147 S.) 8. Stuttgart (904). G. Weise. Geb. in Leinw. n. 3. —

— aus dem Kleinleben. Erzählungen. 8. (189 S. m. Portr. in Heliograv.) Lahr 886. Schauenburg. n. 2. —; geb. n. 2. 50

— aus dem Kleinleben. Erzählgn. 2., verm. Aufl. 12. (211 S. m. Holzschn. u. 1 Photograv.) Lahr 889. Schauenburg. n. 2. —; geb. n. 2. 50

— aus dem Kleinleben. Erzählgn. 3. Aufl. 12. (211 S.) Lahr 895. M. Schauenburg. n. 2. —; geb. 2. 50

— aus dem Kleinleben. Erzählungen. 4. verm. Aufl. 12. (261 S. m. Abbildgn.) Lahr (901). M. Schauenburg. Geb. in Leinw. n. 3. —

— Knöpsche. Uf Karlsruh! Er la's Lebe nit leide. Der Sänger v. Denkerbach, s.: Volksbücher, Wiesbadener.

— aus dem Badener Land. Geschichten. Illustr. von Curt Liebich. 2. Aufl. 12. (V, 277 S.) Stuttgart 898. A. Bonz & Co. Geb. in Leinw. n. 4. 20

— kleine Lebensbilder. 12. (VII, 315 S.) Stuttgart 895. A. Bonz & Co. n. 3. 60; geb. in Leinw. n. 4. 80

— kleine Lebensbilder. Illustr v. Curt Liebich. 2. u. 3. Aufl. 12. (à VII, 350 S.) Stuttgart 900. A. Bonz & Co. n. 3. 60; geb. n. 4. 80

— Leodegar, der Hirtenschüler, s.: Volksbücher der deutschen Dichter-Gedächtnis-Stiftung.

— kleine Leutle. Kurze Geschichten f. Groß u. Klein, m. Bildern v. Willy Plank. (140 S.) 8. Ebd. (906.) Geb. in Leinw. n. 3. —

— allerlei Liebe. Geschichten. Illustriert v. Curt Liebich. 1.—3. Aufl. 12. (à VII, 308 S.) Ebd. 901. n. 3. —; geb. in Leinw. n. 4. 20

— Mutter u. Tochter. Roman. 1. u. 2. Aufl. (à 224 S.) kl. 8. Stuttgart 905. A. Bonz & Co. n. 2. —; geb. in Leinw. n. 3. —

— das dritte Pferd u. and. Geschichten. Illustr. von Curt Liebich. 12. (VII, 280 S.) Ebd. 899. n. 3 —; geb. in Leinw. n. 4. 20

— das dritte Pferd u. andere Geschichten. Illustriert v. Curt Liebich. 8. Aufl. 12. (VII, 280 S.) Ebd. 899. n. 3. —; geb. in Leinw. n. 4. 20

— Randglossen. Das goldene Zeitalter d. Büggebacher, s.: Kürschner's Bücherschatz.

Hermine Villinger, Das Rätsel der Liebe. Berlin: Vita [1898]. (S. 18–30.) 8° [ℨ.]
— Geschichten, Kurze 1, 9, [2.] [illegible]

— Die Rebächle. Roman. 1.—5. Aufl. (262 S.) 8. Stuttgart 910. Deutsche Verlags-Anstalt. 3.—; geb. 4. —

— auch ein Roman u. andere Geschichten. 8. (207 S.) Berlin 890. F. & P. Lehmann. n. 3. —; geb. n. 4. —

— Mutter Rosin, s.: Verein f. Verbreitung guter Schriften, Bern Nr. 10.

— Schulmädelgeschichten. 8. (VII, 225 S. m. 13 Illustr.) Berlin 893. F. Fontane & Co. Geb. in Leinw. n. 4. —

— Schwarzwaldgeschichten, s. Engelhorn's allgemeine Romanbibliothek.

— Onkel Sigmund. Gegen den Grundsatz, s.a. Kürschner's Bücherschatz.

Onkel Sigmund. Gegen den Grundsatz. Novellen von Hermine Villinger. Mit Ill. von H. Binde. Berlin, Leipzig: H. Hillger [1905]. (110 S.) 8° [ℨ.]
— Bücherschatz, Kürschners. No 612. [08. 1205]

— Simplicitas. Eine Jugendgeschichte. 2. Aufl. (219 S.) kl. 8. Stuttgart 907. A. Bonz & Co. 2.—; geb. in Leinw. 3. —

— Sommerfrischen. (5 Novellen.) 8. (347 S.) Stuttgart 887. [Spemann.] Union. n. 5. —

— Sterngucker. Roman. 3. Aufl. (Je 186 S.) kl. 8. Ebd. 911. 2.—; geb. in Leinw. 3. —

— Die Stunde des hl. Johannes u. andere Novellen, s.: Reclam's Novellen-Bibliothek.

— dasselbe, s.: Universal-Bibliothek.

— der neue Tag. Eine Geschichte. Illustriert von Wilh. Claudius. 12. (272 S.) Stuttgart 903. A. Bonz & Co. n. 3. —; geb in Leinw. n. 4. 20

— der neue Tag. Eine Geschichte. Illustriert v. Wilh. Claudius. 3. Aufl. (272 S.) kl. 8. Ebd. 903. n. 3. —; geb. in Leinw. n. 4. 20

— 's Tantele u. anderes. Geschichten. Illustriert v. Curt Liebich. 1. u. 2. Aufl. 12. (à 264 S.) Ebd. 900. n. 3. —; geb. in Leinw. n. 4. 20

— die Thalkönigin. Eine Geschichte. Mit Illustr. von C. Liebich. 1. u. 2. Aufl. 12. (à VI, 217 S.) Ebd. 899. n. 2. 40; geb. in Leinw. n. 3. 60

— der Töpfer v. Kandern, s.: Reuter's Bibliothek für Gabelsberger-Stenographen.

— der Weg der Schmerzen. Erzählung. Illustriert v. C. Liebich. 1.—3. Aufl. (178 S.) kl. 8. Ebd. 904. n. 2. —; geb. in Leinw. n. 3. —

— wo geht es hin? Kleine Geschichten. (V, 254 S.) kl. 8. Ebd. 906. n. 2. 40; geb. in Leinw. n. 3. 40

Im Wonnetal. 2 Schwarzwaldgeschichten von Hermine Villinger. Ill. v. A. Wald. Stuttgart, Berlin, Leipzig: Union [1906]. (109 S.) 8° [ℨ.] [07. 9]

— aus unserer Zeit. Geschichten. Illustr. v. Curt Liebich. 1. u. 2. Aufl. 12. (V, 259 S.) Stuttgart 897. A. Bonz & Co. n. 3. —; geb. in Leinw. n. 4. 20

— Zenz u. andere Erzählungen, s. a. Collection Spemann.

Zenz. Novelle von Hermine Villinger. Ill. von A. Wald. Stuttgart. Berlin, Leipzig: Union [1904]. (106 S.) 8°

Villinger, Th., Anleitung zum schriftl. Rechnen, s. Ausarbeitung d. Schulplanes d. Elementar-Schulen zu Rotweil. 7e Abth.

Villinger, Th., Anleitung zum schriftl. Rechnen. 8. Rotweil, Herder. 817.

Villiod, Eug., wie man stiehlt u. mordet. Autoris. deutsche Ausg. v. Frdr. Streißler. (286 S. m. Bildnis u. 19 Abbildgn.) 8. Leipzig (906). Schulze & Co. n. 3. —

Villiot, Jean de

— Flagellantisches Allerlei. Confiscirt anfangs 1912.

Villiot, Jean de, Engländerinnen unter sich. Magnetismus der Peitsche. Indiskretionen der Miss Darcy. Mit Illustrationen. Budapest, o. J. (1908). 8°. 196 S. (4 Mk. Adolf Weigel, 1908; 1 Kr. 80 H. Carl Greif, 1908.)

VILLIOT, Jean de. Engländerinnen unter fich. Magnetismus der Peitfche. Indiskretionen der Miß Darey. Budapeft, Verlag Schneider (um 1910). 8°.
Verb. d. Ldg. I Berlin 20 J. 720/11.

— — Erlebte Flagellationen oder Die kuriofe Gefchichte einer Ehe. Brünn, Hermann Wolff (190*). 8°.
Befchlagnahmt: Z. f. B. 1914, Beibl. S. 385.

VILLIOT, Jean de, Ihr Herr. Historischer Roman, deutsch von Dolorosa (d. i. Frau Maria Eichhorn). Dresden 1904. 8°. 188 S. (6 Kr. F. Lang, Wien, 1906.)

Villiot, Jean de, ihr Herr. Histor. Roman. Mit e. Vorrede v. Jacques Desroix. Autorif. Uebertragg. v. Dolorosa. (XXIII, 188 S.) gr. 8. Dresden 904. Leipzig, Leipziger-Verlag. n. 5. —

VILLIOT, Jean de. Magnetismus der Peitfche. Indiskretionen der Miß Dary. Budapeft, M. G. Schneider (um 1908). 8°.
Verb. d. Ldg. I Berlin 7 J. 1355/08.

Villkoff, Alexander von, a. Rußland: Die Lage der russischen Bauernwirtschaft. (Berlin 1905: E. Ebering.) (84 S.) 8°
Berlin, Phil. Fak., Ref. Sering, Diss. v. 23. Dez. 1905
[Geb. 1. Nov. 72 Chripunowo, Rußland; Wohnort: Charlottenburg; Staatsangeh.: Rußland; Vorbildung: Geistl. Seminar Nischny-Nowgorod Reife Juni 93; Studium: Berlin 4, Munchen 1, Berlin 14 S.; Rig. 30. Nov. 05.]

Villkoff, Alex. v., die Lage der russischen Bauernwirtschaft. (84 S.) gr. 8. Berlin 906. E. Ebering. n. 2. —

Villmar [Schlagwort]

Villmar, s.: Preussen. Messtischblätter.

Villmar [Verfasser]

Villmar, Ant., die gesammten preußischen Jagdgesetze. Für Communal- u. Polizei-, Forst- u. Jagd-Beamte, Jagdbesitzer u. Jagdpächter. Nach dem neuesten Stande der Gesetzgebung revidirt von Adf. Frantz. 3., verm. u. verb. Ausg. Quedlinburg 866. Basse. 8. (IV, 78 S.) 10 ngr.

Villmar, Ant., die neuen preußischen Jagdgesetze, s.a. Jagdgesetze.

Villmar, Ant., die neuen Preußischen Jagdgesetze, nebst den ältern Gesetzen und Verordnungen in Betreff des Jagdwesens, welche in Kraft geblieben sind. Für Polizeibeamte, Jagdbesitzer und Jagdpächter. 2. verb. Aufl. Quedlinburg 856. Basse. 8. (IV, 60 S.) 10 ngr.

Villnöstal [Sachl. OW]

Villnöstal, das, u. seine Umgebung, s.: Roth's illustr. Führer.

Villnöstal [Schlagwort]

Villnöstal. Touristenkarte des Villnös-, Afer- u. Grödnertales u. Umgebung. Mit Wegmarkiergn. Bearb. v. Freytag & Berndt, Wien. 1 : 50,000. 35×53 cm. Farbdr. Giessen (906). E. Roth. n. — 80

Villnow, Karl

Villnow, Carl, Raub u. Erpressung, Begünstigung u. Hehlerei nach dem heutigen gemeinen Recht. gr. 8. (VII, 105 S.) Breslau 875. Kern's Verl. n. 2. 40

—— s. Schütze, Th. R., Lehrbuch des deutschen Strafrechts.

de Villoison, Jh. B. Casp. d'Anse, Anecdota graeca e Regia Parisiensi et e Veneta St. Marci Biblioth. peprompta. 2 Tomi. 4maj. Venetiis 781. (Berlin, Bethge.) $2^2/_3$ ß

de Villoison, Jh. Bap. C. d'Anse, epistolae Vinarienses, in quibus multa graecorum scriptorum loca emendantur, opt. librorum ducalis bibliothecae etc. 4maj. Zürich 783. Orell, F. et C. 16 gr.

— nova versio graeca librorum Salomonis, Danielis, Ruth etc. 8. Strassb. 784. Königl. Druck. (Hinrichs in Leipz.) 16 gr. id. lib. Charte angl. Fol. (ibid.) 789. 10 gr.

Villon, François, Oeuvres, s.: Bibliotheca romanica.

VILLON, François. — Die Werke Maistre *François Villons* ins Deutsche übertragen von K. L. Ammer. Leipzig, Julius Zeitler (190*). 8°. (Mk. 5—, gebd. 6,50, Ganzprgt. 12—.)

Villon's, Maistre François, Werke. Mit Einleitg. u. Anmerkgn. hrsg. von Wolfg. v. Wurzbach. (186 S.) gr. 8. Erlangen 903. F. Junge. n. 3. —

— Werke. Ins Deutsche übertr. v. K. L. Ammer. (V, 116 S.) gr. 8. Leipzig 907. J. Zeitler. 5.—; geb. 6.50; Luxusausg. 12. —

Villoteau, Abhandlung über die Musik des alten Aegyptens. Aus dem großen Prachtwerke Description de l'Egypte etc. 8. Leipz. 821. Breitkopf u. H. 16 gr.

Villoth Gustav: Die Beschreibung Afrikas von Joh. Leo Africanus.
II. 1910 PN 2862 Diss. Wien Univ. 2411

Vilmain, Eduard, di nejschti Couplets nn Vorträij uff Colmerer-Ditsch. (27 S.) 8. Colmar 908. (M. Wettig.) — 75

Vilmain, Josef, Oberlehrer: Die Staatslehre des Thomas von Aquino im Lichte moderner politisch-juristischer Staatsauffassung. Leipzig 1910: Brockhaus. 152 S. 8°
Heidelberg, Phil. Diss. v. 17. Dez. 1910, Ref. Jellinek
[Geb. 20. Febr. 77 Urbach-Friland; Wohnort: Kottbus; Staatsangeh.: Elsaß-Lothringen; Vorbildung: Bischöfl. Gymn. Straßburg Reife Juni 98; Studium: Straßburg Klerikalsem. u. Univ. 5, Rom Lyc. pontificii Sem. 4, Innsbruck 2, Tubingen 1, Marburg 2, Munster 4, Berlin 2 S.; Rig. 21. Nov. 10.] [U 11. 2320

Vilmar, Prof. Aug. Frdr. Chr., Erinnerungen an denselben, s.: Grau, R. F.

Vilmar's, Dr. A., u. seiner Anhänger Stellung zu den wichtigsten politischen u. kirchlichen Zeitfragen, zunächst in Beziehung auf Kurhessen. Eine zeitgeschichtliche Studie. Den evangel. Geistlichen Deutschlands, insbesond. Kurhessens, gewidmet vom Verf. des „Gerichts der Thatsachen über das zweite Ministerium Hassenpflug." (Bericht. u. vervollständ. Abdr. aus Gelzer's protestant. Monatsblättern.) Frankfurt a. M. 865. Winter. gr. 8. (IV, 190 S.) n. 24 ngr.

Vilmar, Dr. August Fr. Chr. Züge aus seinem Leben und Wirken. Ein Gedenkblatt zur 100. Wiederkehr seines Geburtstages ... von einem Zeitgenossen. Cassel 1900. V: *Grebe, Rudolf.* (Berlzu 1915, I, 481)

Vilmar, Dr. August Fr. Chr. Züge aus seinem Leben u. Wirken. Ein Gedenkblatt bei der 100. Wiederkehr seines Geburtstages seinen Verehrern gewidmet v. e. Zeitgenossen. gr. 8. (223 S.) Cassel 900. C. Vietor. n. 2. 50

Vilmar. Ueber den Lehrplan für den Unterricht im Englischen an der Realschule erster Ordnung zu Lippstadt. Lippstadt, R., 1868. 42 S. 4. Progr.

Vilmar e Labiche, mia moglie è alle acque, s. Emporeo drammatico.

Kreis Herrschaft Schmalkalden. Hist. Rückblick von Metropolitan **Vilmar**, Schmalkalden. Schmalkalden: F. Wilisch 1907. (7 S.) 8° [F.] [07. 12335 4

Vilmar, August Friedrich Christian

Vilmar, A. F. C., deutsche altertümer in Hêliand als einkleidung der evangel. geschichte. Beiträge z. erklärung des altsächs. Hêliand u. zur innern geschichte der einführung des Christenthums in Deutschland. 4. (9¼ B.) Marburg 845, Elwert'sche Universit.-Buchh.

Vilmar, A. F. C., deutsche altertümer im Hêliand als einkleidung der evangelischen geschichte. Beiträge zur erklärung des altsächsischen Hêliand u. zur innern geschichte der einführung des christentums in Deutschland. 2. Ausg. Marburg 862. Elwert. Lex.-8. (2 Bl., 94 S.) 15 ngr.

—— von der stete ampten etc. s. a. Von.

— von der stete ampten und von der fursten ratgeben, ein deutsches Lehr- u. Spruchgedicht aus dem Anfange des 15ten Jahrhunderts, zum ersten male herausg. als Einladungsschrift 2c. gr. 4. Marburg 835. Elwert. n. 1/3 ßf

Vilmar, A(ug.) F(riedr.) C(hrn.), Andacht, gehalten zur Eröffnung der Conferenz der Abgeordneten der evangel. Kirchenregierungen Deutschlands zu Eisenach am 3. Juni 1852. gr. 8. (VI und 9 S.) Eisenach 852, Bärecke.

Vilmar, Aug. Friedr. Chr., Anfangsgründe d. deutschen Grammatik, zunächst f. d. obersten Klassen d. Gymnasien. I. Lautlehre u. Flexionslehre, nebst goth. u. althochdeutschen Sprachproben. 2., verb. u. verm. Aufl. gr. 8. (7 B.) Marburg 841, Elwert'sche Univ.-Buchh.

— Anfangsgründe der deutschen Grammatik zunächst für die obersten Klassen der Gymnasien. I. Lautlehre u. Flexionslehre nebst gothischen u. althochdeutschen Sprachproben. 3. verb. u. verm. Aufl. gr. 12. (VIII u. 128 S.) Marburg 850, Elwert. 5/12 ßf

Vilmar, Aug. Friedr. Chrn., Anfangsgründe der deutschen Grammatik zunächst für die obersten Klassen der Gymnasien. I. Lautlehre und Flexionslehre nebst gothischen und althochdeutschen Sprachproben. 4. Aufl. Marburg 855. Elwert. 8. (XII, 125 S.) 12 ngr.

Vilmar, A(ug.) F(riedr.) C(hrn.), Anfangsgründe der deutschen Grammatik zunächst für die obersten Klassen der Gymnasien. I.: Lautlehre und Flexionslehre nebst gothischen und althochdeutschen Sprachproben. 5. Aufl. gr. 12. (XVI und 127 S.) Marburg 860, Elwert'sche Universitäts-Buchh.

Vilmar, A(ug.) F(riper.) C(hrn.), Anfangsgründe der deutschen Grammatik zunächst für die obersten Klassen der Gymnasien. I. Lautlehre und Flexionslehre nebst goth. und althochdeutschen Sprachproben. 6. Aufl. gr. 8. (VIII und 96 S.) Marburg 864, Elwert'sche Universitäts-Buchh.

Vilmar, A(ug.) F(riedr.) C(hrn.), Anfangsgründe der deutschen Grammatik zunächst für die obersten Klassen der Gymnasien. 3 Thle. gr. 8. Marburg, Elwert's Verlag.

Inhalt:

Thl. 1. Lautlehre und Flexionslehre nebst gothischen und althochdeutschen Sprachproben. 7. Aufl. (VIII, 94 S.) 871. ℳ 1,20.
» 2. Die deutsche Verskunst nach ihrer geschichtlichen Entwickelung. Mit Benutzung des Nachlasses von A. F. C. Vilmar bearb. von C. W. M. Grein. (XIV, 245 S.) 870. ℳ 3.
» 3. Wortbildungslehre. (47 S.) 871. 60 Pf.

Vilmar, A(ug.) F(riedr.) C(hrn.), vermischte Aufsätze. Wiederabdr. einer Auswahl Artikel aus dem hess. Volksfreunde. 1. Bdchn. A. u. d. T.: Die Entstehung und Bedeutung der deutschen Familiennamen. 1. und 2. Aufl. gr. 12. (93 S.) Marburg 855, Koch. *

—— Bedenken über das unter dem 10. Septbr. 1855 von der theologischen Facultät zu Marburg ausgestellte Gutachten über die hessische Katechismus- und Bekenntnißfrage. gr. 8. (32 S.) Berlin 856, Schlawitz. *

—— hessische Chronik, s. Chronik.

Vilmar, Aug. Frdr. Chr., Collegium Biblicum. Praktische Erklärung der heil. Schrift Alten u. Neuen Testaments. Aus dem handschriftl. Nachlaß der akademischen Vorlesungen hrsg. von Chrn. Müller. Des Neuen Testaments 1. Teil. [I. Einleitung. II. Die drei Synoptiker. III. Das Evangelium St. Johannis.] gr. 8. (VIII, 458 S.) Gütersloh 879. Bertelsmann. n. 7. —

— dasselbe. 2. Tl. [Apostelgeschichte. Apostolische Briefe. Offenbarung St. Johannis.] gr. 8. (VI, 573 S.) Ebend. 880. n. 9. —

— dasselbe. Des Alten Testamentes 1. Tl. [Einleitung. Der Pentateuch od. die 5 Bücher Mose.] gr. 8. (VI, 378 S.) Ebend. 881. n. 6. —

— dasselbe. 2. Tl. Das Buch Josua bis Esther. gr. 8. (VI, 319 S.) Ebend. 882. n. 5. —

— dasselbe. 3. Tl. gr. 8. (VIII, 319 S.) Ebend. 882. n. 5. —

Vilmar, Aug. Frdr. Chrn., Collegium biblicum. Praktische Erklärg. der heil. Schrift Alten u. neuen Testaments. Aus dem handschriftl. Nachlaß der akadem. Vorlesgn. hrsg. v. Chrn. Müller. Des alten Testaments 4. Tl.: Die Propheten. gr. 8. (VIII, 368 S.) Gütersloh 883. Bertelsmann. n. 6. — (cplt.: n. 38. —)

Vilmar, A. F. Christ., collegium biblicum. Praktische Erklärg. der heil. Schrift Alten u. Neuen Testaments. Aus dem handschriftl. Nachlaß der akadem. Vorlesgn. hrsg. v. Chrn. Müller. Des Alten Testaments 1. Tl. Neue (Titel-Ausg.) (In 15 Lfgn.) 1. Lfg. gr. 8. (VI, 192 S.) Gütersloh 891. Bertelsmann. n. 1. 60

Vilmar, Aug Frdr Christ., collegium biblicum. Praktische Erklärg. der heil. Schrift Alten u. Neuen Testaments. Aus dem handschriftl. Nachlaß der akadem. Vorlesgn. hrsg. v. Chrn. Müller. 2.—15. (Schluß-)Lfg. gr. 8. Gütersloh 891. Bertelsmann. à n. 1. 60 (kplt.: n. 24. —; geb. n. 31. 20)

2. Altes Testament. 1. Tl. (S. 193—378.) — 3. 4. — dasselbe. 2. Tl. (VI, 319 S.) — 5. 6. — dasselbe. 3. Tl. (VIII, 319 S.) — 7. 8. — dasselbe. 4. Tl. (VIII, 368 S.) 9—11. Neues Testament. 1. Tl. (VIII, 458 S.) — 12—15. — dasselbe. 2. Tl. (VI, 573 S.)

Vilmar, Aug. Frdr. Christ., Collegium biblicum. Praktische Erklärg. der hl. Schrift Alten u. Neuen Testaments. Aus dem handschriftl. Nachlaß der akadem. Vorlesgn. Hrsg. v. Christian Müller. Des Neuen Testaments 1. Tl.: I. Einleitung. II. Die drei Synoptiker. III. Das Evangelium St. Johannis. 2. Aufl. Besorgt v. Karl Müller. (VIII, 500 S.) 8. Gütersloh 908. C. Bertelsmann. 7.—; geb. 8. 20

Vilmar, A(ug.) F(riedr.) C(hrn.), Dogmatik. Akademische Vorlesungen. Nach dessen Tode hrsg. von K. W. Piderit. 1. und 2. Thl. gr. 8. (VIII, 392; 384 S.) Gütersloh 874, Bertelsmann's Verlag. à Thl. *

Vilmar, A. F. C., Dogmatik, kurze Zusammenfassung, s.: Handbuch d. evangelischen Dogmatik.

[Iʃ.] Die Heilige Elisabeth. Skizze aus d. christl. Leben d. dreizehnten Jhs. Von A[ugust] F[riedrich] C[hristian] Vilmar. (Vorr.: D. C[ornelius] A[ugust] Wilkens.) *Gütersloh: C. Bertelsmann 1895.* (56 S.) 1 Bd 8. [96. 151

Vilmar, [Ang. Frdr.] Chrn, Die Entstehung und Bedeutung der deutschen Familiennamen. 1. u. 2. Aufl. Marburg 1855. 8.
Ist: Vilmar, Verm. Aufsätze. Bdch. 1. . . . . (D.)
— Deutsches Namenbüchlein; die Entstehung u. Bedeutung der deutschen Familiennamen. 3. Aufl. Frankfurt 1863. 8.
——, —— 4. Aufl. Ebda 1865. 8.
——, —— 5. Aufl. Ebda 1880. 8.

Praktische Erklärung des Neuen Testaments. Aus d. hs. Nachlaß d. akad. Vorlesungen von Dr. Aug. Friedr. Christ[ian] Vilmar. Hrsg. von Christian Müller, † Pfarrer zu Fürstenau. 2. Aufl. Besorgt von Karl Müller, Pfarrer (in Fürstenau). T. 1. Gütersloh: C. Bertelsmann 1908. 8° [Iʃ.]
= Vilmar: Collegium Biblicum. Des Neuen Testaments T. 1. [08. 5247

—— das Evangelium, welches uns selig macht. Predigt über I. Cor. 15, 1—4. gehalten zu Marburg am 11. Sonnt. n. Trinit., am 3. Septbr. 1848. gr. 8. (14 S.) Marburg 848, Elwert'sche Universitäts-Buchh.

Fingerzeige zur fruchtbaren Aneignung und Anwendung der Psalmen aus u. nach [August Friedrich Christian] Vilmars prakt. Erklärung des Alten Testaments [Collegium biblicum, Ausz.]. Gütersloh: C. Bertelsmann 1908. (105 S.) 8° [Iʃ.] [08. 2951

— die Gegenwart u. die Zukunft der niederhessischen Kirche. In Aphorismen erörtert. Marburg 867. Elwert. gr. 8. (35 S.) 5 ngr.

— die Genieperiode. Ein Vortrag. [Suppl. zu d. Verf. Literaturgeschichte.] gr. 8. (51 S.) Marburg 872. Elwert's Verl. — 75

— kleines evangelisches Gesangbuch, s. Gesangbuch.

— Geschichte des Confessionsstandes der evangelischen Kirche in Hessen besonders im Kurfürstentum übersichtlich dargestellt. Ebend. 860. (Frankfurt a. M., Völcker.) gr. 8. (VIII, 356 S.) 1 Thlr.

— Geschichte des Confessionsstandes der evangelischen Kirche in Hessen, besonders in Hessen-Kassel, übersichtlich dargestellt. 2., mit Zusätzen verm. (Titel-)Ausg. Frankfurt a. M. (860)868. Völcker. gr. 8. (VIII, 365 S.) 1 Thlr.

—— Geschichte der deutschen National-Literatur. 2., m. ein. Register verm. u. verb. Aufl. gr. 8. (45¼ B.) Marburg 846, 47, Elwert'sche Universit.-Buchh.

— Geschichte der deutschen National-Literatur. 2 Bde. 3. verm. Aufl. 8. (XVI u. 888 S.) Ebd. 848. — 4. verm. Aufl. 2 Bde. in 6 Lfgn. 8. (1. Bd. 360 S. 2. Bd. . . . S.) Ebd. 850. — 5. verm. Aufl. 2 Bde. in 6 Lfgn. 8. (1. Bd. XII u. 521 S. 2. Bd. . . . S.) Ebd. 852. 2½ Thlr.

—— Geschichte der deutschen National-Literatur. 6. Aufl. 3 Lfgn. gr. 8. (XII und 754 S.) Marburg 855, Elwert'sche Universitäts-Buchh.

—— Geschichte der deutschen National-Literatur. 2 Bde. 7., verm. Aufl. gr. 12. (XX und 764 S.) Marburg 857, Elwert'sche Universitäts-Buchh.

—— dass. — 8., verm. Aufl. 2 Bde. gr. 12. Ebendas. 860. [1. Bd. (XII und 428 S.) 2. (VIII und 336 S.)] Subscr.-Pr. cplt. Ladenpr.

—— Geschichte der deutschen National-Literatur. 9. Aufl. 1862. 2 Thlr. 15 Ngr. und 10.—12., verm. Aufl. 3 Lfgn. gr. 8. (XII und 626 S.) Marburg 864—68, Elwert'sche Universitäts-Buchh.

—— Geschichte der deutschen National-Literatur. 13.—16. verm. Aufl. 1869—74. *ℳ 6., und 17. verm. Aufl. Lex.-8. (VIII, 648 S.) Marburg 875, Elwert's Verlag. *

— dasselbe. 17. verm. Aufl. gr. 8. (VIII, 648 S.) Ebend. 875. n. 7. —

—— Geschichte der deutschen National-Literatur. 18. verm. Aufl. (Hrsg. von K. Goedeke.) (XII, 556 S.) 1877; 19. verm. Aufl. Lex.-8. (XII, 558 S.) Marburg 879, Elwert'sche Verlagsh. *

—— Geschichte der deutschen National-Literatur. Mit dem (Licht.-)Bildniß des Verf. 20. verm. Aufl. (XII, 561 S.) 1881; 21. verm. Aufl. gr. 8. (XII, 560 S.) Marburg 883, Elwert'sche Verlagsh. *

Vilmar, Aug. Friedr. Chrn., Geschichte der deutschen Nationallitteratur. 22. verm. Aufl. Mit einem Anhang: „Die deutsche Nationallitteratur vom Tode Goethes bis zur Gegenwart" von Adf. Stern. Lex.-8. (XIV, 726 S.) Marburg 886, Elwert's Verlag. *ℳ 7.—; geb. *
—— dass. — Anhang allein, s. Stern, Ad., die deutsche Nationallitteratur.

— Geschichte der deutschen Nationallitteratur. 23., verm. Aufl. Mit e. Anh.: „Die deutsche Nationallitteratur vom Tode Goethe's bis zur Gegenwart" v. A. Stern. Lex.-8. (XIV, 730 S.) Marburg 890. Elwert's Verl. n. 7. —; geb. n. 8. 50; Anh. ap. (VIII, 165 S.) n. 1. 20; geb. n. 2. —

— Geschichte der deutschen Nationallitteratur. 24., verm. Aufl. Mit e. Anh.: „Die deutsche Nationallitteratur vom Tode Goethes bis zur Gegenwart" v. Adf. Stern. gr. 8. (XVI, 746 S.) Marburg 894. N. G. Elwert's Verl. n. 7. —; geb. in Leinw. od. in Halbfrz. n. 8. 50

— Geschichte der deutschen National-Litteratur. 24., verm. Aufl. 2. Abdr. M. e. Anh.: „Die deutsche National-Litteratur v. Tode Goethes bis z. Gegenwart" v. Adf. Stern. gr. 8. (XVI, 746 S.) Marburg 898. N. G. Elwert's Verl. n. 4. —; geb. in Halbfrz. od. Leinw. n. 5. 60

Vilmar, A. F. C., Geschichte der deutschen National-Litteratur. 25. (Jubiläums-)Aufl. Mit e. Fortsetzg.: „Die deutsche National-Litteratur vom Tode Goethes bis zur Gegenwart" v. Adf. Stern. gr. 8. (XVI, 778 S.) Marburg 901. N. G. Elwert's Verl. n. 5. —; geb. n. 6. 60

Vilmar, A. F. C., Geschichte der deutschen National-Litteratur. 26. Aufl. Mit e. Fortsetzg.: „Die deutsche National-Litteratur vom Tode Goethes bis zur Gegenwart" v. Adf. Stern. (XIX, 774 S.) gr. 8. Marburg 905. N. G. Elwert's Verl. n. 5. —; geb. in Halbfrz. n. 6. 75

A[ugust] F[riedrich] C[hristian] Vilmar. Geschichte der deutschen National-Literatur. Neubearb. u. fortges. von Goethe bis z. Gegenwart von Prof. Dr. K[arl] Macke. Mit 370 Ill. Berlin: Herlet 1907. XVI, 618, XVI S. 8°

— Geschichte der deutschen Nationalliteratur. Mit e. Fortsetzg.: „Die deutsche Nationalliteratur vom Tode Goethes bis zur Gegenwart" v. Adf. Stern. 27. Aufl., bearb. v. Heinr. Löbner u. Karl Reuschel. (XXIII, 808 S.) gr. 8. Ebd. 911. 5.—; geb. 6. —

—— über conservative Gesinnung und Lebensrichtung. Festrede. gr. 8. (16 S.) Marburg 858, Elwert'sche Universitäts-Buchh. Thlr.

— deutsche Grammatik, s. a. Kauffmann, F.,

Vilmar, [Aug. Frdr.] Chrn, Deutsche Grammatik. I. 3. Aufl. Marburg 1850. 8.

— Handbüchlein für Freunde des deutschen Volksliedes. 1. Aufl. 1867. n. 1 *n℘* u. 2. Aufl. Marburg 867. Koch. gr. 8. (VII, 240 S.) n. 24 *ngr.*; geb. n. 1 *n℘*

—— Handbüchlein für Freunde des deutschen Volksliedes. 2. Aufl. (VII, 240 S.) 879; 3. verm. Aufl. gr. 8. (XIX, 260 S.) Marburg 886, Elwert's Verlag. **M* 2.40.; geb. *

— Handbüchlein f. Freunde des deutschen Volksliedes, 4. Ausg., s.: Böckel, Otto, Handbuch des deutschen Volksliedes.

— hessisches Historien-Büchlein. 3. Aufl. 8. (IX, 191 S.) Ebend. 886. n. — 90

A[ugust] F[riedrich] C[hristian] Vilmars Hessisches Historien-Büchlein. 4. verm. Aufl. besorgt von Aug. Heldmann. Marburg: Elwert 1909. VIII, 174 S. 8°

—— u. Pfister. Idiotikon v. Hessen. 1. Ergänzungs Heft durch Herm. v. Pfister. gr. 8. (VII, 28 S.) Ebd. 889. * 1 20
Hauptwerk, s. XIV. Bd. 2. Abthl. S. 615. Ebd. 1868. * 6 —; Nachtrag, s. XVIII. Bd. 2. Abthl. S. 297: Pfister, Herm. v. Mundartl. u. stammheitl. Nachträge 2c. Ebd. 1886. * 5 —; Hauptwerk, Nachtragsbd. u. Ergänzungsheft zusammen. * 8 60.

Vilmar u. **Pfister,** Idiotikon v. Hessen. 2. Ergänzungs-Hft. durch Herm. v. Pfister. gr. 8. (49 S.) Marburg 894. N. G. Elwert's Verl. n. 1. 20 (Hauptwerk, Nachtragsbd. 1. u. 2. Ergänzungshft.: n. 9. 80)

—— Idiotikon von Kurhessen. gr. 8. (VIII und 480 S.) Marburg 868, Elwert'sche Universitäts-Buchh.

— Idiotikon v. Kurhessen. Neue bill. Ausg. gr. 8. (VIII, 479 S.) Ebend. 883. n. 2. 40

— dasselbe, mundartliche u. stammheitliche Nachträge dazu, s.: Pfister, H. v.

—— (?) der Kampf des Christen in uns. Zeit. Predigt üb. Epheser 6, 10—17. 8. (1½ B.) Kassel 833, [Krieger'sche Vrlsh.]

—— Kirche und Welt oder die Aufgaben des geistl. Amts in unserer Zeit. Zur Signatur der Gegenwart und Zukunft. Gesammelte pastoral-theolog. Aufsätze. 2 Bde. gr. 8. Gütersloh, Bertelsmann's Verlag. [1. Bd. (VIII, 340 S.) 872. **M* 4.; 2. Bd. (328 S.) 873. **M* 3,60.] *

Vilmar, A. F. C., von der christlichen Kirchenzucht. Ein Beitrag zur Pastoraltheologie. gr. 8. (IV, 102 S.) Marburg 872. Elwert's Verl. 1. 20

—— die augsburgische Confession erklärt. Nach dessen Tode hrsg. von K. W. Piderit. gr. 8. (VIII, 200 S.) Gütersloh 870, Bertelsmann's Verlag. *

— das Königtum des alten Testaments und das Königtum des deutschen Volkes. Rede zur akadem. Feier des Geburtsfestes Sr. K. Hoh. des Kurfürsten Friedrich Wilhelm I. am 20. Aug. 1857 2c. zu Marburg gehalten. 1. u. 2. Aufl. Marburg 857. Elwert. gr. 8. (16 S.) 3 *ngr.*

—— zur neuesten Culturgeschichte Deutschlands. Zerstreute Blätter, wiederum gesammelt. 1. Thl.: Politisches und Sociales. 8. (VIII und 376 S.) Frankfurt a. M. 858, Heyder und Zimmer.

—— dass. — 2. Thl. (Schluß): Kirchliches und Vermischtes. 8. (VI und 338 S.) Ebendas. 858.

—— zur neuesten Culturgeschichte Deutschlands. Zerstreute Blätter, wiederum gesammelt. 3. Thl.: Vermischtes. 8. (VIII und 324 S.) Frankfurt a. M. 867, Heyder und Zimmer.
1. und 2. Thl. Ebendas. 1858. (2 Thlr.) Ermäßigter Preis 1 Thlr.

—— Lebensbilder deutscher Dichter. Nach dessen Tod hrsg. von K. W. Piderit. gr. 8. (IV, 175 S.) Frankfurt a. M. 869, Völcker. *

— Lebensbilder deutscher Dichter u. Germanisten, nebst litteraturgeschichtl. Uebersicht. 2. Aufl., hrsg. v. Max Koch. gr. 8. (XVI, 232 S.) Marburg 886. Elwert's Verl. n. 2. 40; geb. n. 3. 20

— Lehrbuch der Pastoraltheologie. Nach dessen akadem. Vorlesgn. hrsg. v. K. W. Piderit. gr. 8. (VIII, 216 S.) Gütersloh 872. Bertelsmann's Verl. n. 2. 80

—— die Lehre vom geistlichen Amt. gr. 8. (IV, 124 S.) Marburg 870, Elwert's Verlag.

Vilmar, A. F. C., zur Literatur Fischarts, s. a. Zur etc.

Zur Literatur Johann Fischarts. Reveille matin oder Wachtfrusuf. Anmanung zu christlicher Kinderzucht. Ermanung an die Bundpaestler. Zuerst wieder veröffentlicht durch Dr. A. F. C. Vilmar Marburg. 1846. 4°.

—— zur Literatur Johann Fischarts. Kleine Beiträge. 2., umgestalt. und stark verm. Aufl. Lex.-8. (VII und 55 S.) Frankfurt a. M. 865, Völcker. *

— Martin Luther. 8. (71 S.) Gütersloh 883. Bertelsmann. n. — 80

—— Luther, Melanchthon, Zwingli, nebst einem Anh.: das evangelische Kirchenlied. Nach dessen Tode hrsg. von K. W. Piderit. gr. 8. (IV, 132 S.) Frankfurt a. M. 869, Heyder und Zimmer. (**M* 1,50.) *

—— theologische Moral. Akademische Vorlesungen. Nach dessen Tode hrsg. von C. Chr. Israël. 3 Thle. gr. 8. Gütersloh 871, Bertelsmann's Verlag. [1. Thl. (XII, 392 S.) **M* 5,50.; 2. und 3. Thl. nebst Registern. (VIII, 289 S.) **M* 3,50.] *

— deutsches Namenbüchlein. Die Entstehung u. Bedeutung der deutschen Familiennamen. 3. Ausg. Frankfurt a. M. 863. Völcker. 8. (93 S.) n. 8 *ngr.*

— deutsches Namenbüchlein. Die Entstehung u. Bedeutung der deutschen Familiennamen. 4., bedeutend verm. u. verb. Aufl. Frankfurt a. M. 865. Völcker. gr. 16. (IV, 96 S.) n. 10 *ngr.*

—— deutsches Namenbüchlein. Die Entstehung und Bedeutung der deutschen Familiennamen. 5. Aufl. 8. (IV, 118 S.) Marburg 880, Elwert'sche Verlagsh. *

[J.] Deutsches Namenbüchlein. D. Entstehg u. Bedeutg d. deutsch. Familiennamen. Von Dr. A[ug.] F[riedr.] C[hristian] Vilmar, weil. o. Prof. . . . a. d. Univ. Marburg. 6. Aufl. *Marburg: N. G. Elwert 1898.* (IV, 118 S.) 1 Bd 8. [98. 933

— Deutsches Namenbüchlein. Die Entstehg. u. Bedeutg. d. deutschen Familiennamen. 7. Aufl. (IV, 111 S.) 8. Marburg 910. N. G. Elwert's Verl. 1.20; geb. n 1.50

— Das Nibelungenlied, s.: Volksbücher, Wiesbadener.

— Predigt an dem oberhessisch-lutherischen Missionsfeste zu Marburg am. 1. Aug. 1867 gehalten. Marburg 869. Elwert. gr. 8. (16 S.) 2 *ngr.*

— Predigten u. geistliche Reden. gr. 8. (VI, 185 S.) Ebend. 876. n. 2. 40

—— über den evangelischen Religionsunterricht in den Gymnasien. Vorschläge aus der Erfahrung. Neue, mit Beiträgen von Karl Ludw. Roth verm. Ausg., besorgt von Johs. Haußleiter. gr. 8. (79 S.) Ebendas. 888. *

—— die zwei Recensionen u. d. Handschriftenfamilien d. Weltchronik Rudolfs von Ems, mit Auszügen aus den noch ungedr. Theilen beider Bearbeitn. gr. 4. (10 B.) Marburg 839, Elwert's Univ.-Buchh. *

—— deutsche Schulgrammatik. Lautlehre u. Flexionslehre, nebst goth. u. althochdeutschen Sprachproben. Als Mspt. für die Prima d. Gymnasiums zu Marburg. gr. 8. (6 B.) Marburg 840, Elwert'sche Univ.-Buchh. *

—— Schulreden über Fragen der Zeit. gr. 8. (12½ B.) Marburg 846, Elwert'sche Universit.-Buchh. Thlr.

—— Schulreden über Fragen der Zeit. 2., verm. Aufl. gr. 12. (VIII und 357 S.) Marburg 852, Elwert'sche Universitäts-Buchh.

—— Schulreden über Fragen der Zeit. 3. Aufl. gr. 8. (VIII, 268 S.) Gütersloh 886, Bertelsmann. *

Vilmar, Aug. Fr. Chrn., spicilegium hymnologicum continens I. Hymnos veteres ineditos et editorum lectionis varietatem II. Hymnorum veterum qui apud evangelicos in linguam germanicam versi usu veuerunt delectum collegit etc. Marburgi Cattorum 857. Elwert. gr. 4. (38 S.) 12 ngr.

—— über Synodal- und Presbyterial-Verfassung. Ein kurzes Wort. gr. 8. (13 S.) Frankfurt a. M. 869, Zimmer'sche Buchh. *

Vilmar, (Pfarrer Dr.) Aug. Fr. Chr., de genitivi casus syntaxi quam praebeat Harmonia Evangeliorum, saxonica dialecto seculo IX. conscripta, commentatio. 4maj. Marburgi 834. Elwert. n. ⅓ ₰

Vilmar, Aug. Fr. Chr. Ueber Goethes Tasso. Frankfurt a. M. 1869. H: *Piderit, C. W.* (Hdschr. Mitth. von Friedrich Müller, München) (BIBLPORT)

Vilmar, A. F. Ch., über Goethe's Tasso. gr. 16. Frankfurt a. M. 869. Gütersloh, Bertelsmann. *

— über Goethes Tasso. Frankfurt a. M. 869. Heyder & Zimmer. gr. 16. (IV, 115 S.) n. 12 ngr.

— über Goethes Tasso. 2. Aufl. 8. (IV, 84 S.) Gütersloh 897. C. Bertelsmann. n. 1. —

— die Theologie der Thatsachen wieder die Theologie der Rhetorik. Bekenntniß und Abwehr. 856. (2 Bl., 105 S.) — 2. Aufl. 856. (2 Bl., 130 S.) — 3. theilweise umgestaltete Aufl. Marburg 857. Elwert. gr. 8. (VIII, 112 S.) 12 ngr.

— die Theologie der Thatsachen wider die Theologie der Rhetorik. Bekenntniß u. Abwehr. 4. Aufl. gr. 8. (VIII, 108 S.) Ebend. 876 n. 1. 20

Vilmar, A. F. C., De praepositionum graecarum usu et ratione. Pr. 1829. 10 S. 4°

—— das Verhältniß d. evangel. Kirche in Kurhessen zu ihren neuesten Gegnern. gr. 8. (2¼ B.) Marburg 839, Elwert's Univ.-Buchh.

— deutsche Verskunst, neue Bearbeitung, s.: Kauffmann, Frdr., deutsche Metrik.

— Deutsche Verskunst, bearb. v. C. W. M. Grein, neue Bearbeitg., s.: Kauffmann, Frdr., deutsche Metrik.

—— Vorlesungen über die Geschichte der deutschen National-Literatur. gr. 8. (42¾ B.) Marburg 845, Elwert'sche Universit.-Buchh.

—— Vorlesungen über die Geschichte der deutschen National-Literatur. 2., mit Anmerk. und einem Register verm. Aufl. (3 Lfgn.) gr. 8. (X und 714 S.) Marburg 847, Elwert'sche Universitäts-Buchh.

— Was ist in Sachen der Remotion von Pfarrern in Hessen-Kassel von 1656 bis 1820 Rechtens gewesen? Geschichtlich nachgewiesen. Marburg 867. Koch. gr. 8. (63 S.) n. 10 ngr.

A[ugust] F[riedrich] C[hristian] Vilmar's Wetterbüchlein. 6. verm. Aufl. *Marburg: N. G. Elwert 1903.* (48 S.) 8° [,5.] [r-c. 876 4

—— neues Wetterbüchlein, s. Wetterbüchlein.

—— das Zeugniß vom heil. Geiste. Predigt, am 2. Pfingstfeiertage 1842 in der reformirten Kirche gehalten. gr. 8. (1⅛ B.) Marburg 842, Elwert'sche Universit.-Buchh.

Vilmar, C., Cellotropin, e. neues Heilmittel gegen Tuberkulose. (12 S.) 8. Leipzig 904. B. Konegen. n. 1. —
Sonderabdruck aus: „Reichs-Medizinal-Anzeiger".

Vilmar, Carl, s. Vilmar, Karl

Vilmar, Christian Wilhelm (Witzenhausen)
4° Thl. XV, 270/3

Dissertatio academica, de differentia inter theologiam naturalem et theologiam gentilium, in specie Graecorum. Präs. Johann Tilemann gen. Schenck. Marburg (Müller) 25. III. (1739). 14 S.

Gew.: Justus Wilhelm Vilmar+. 35191

Vilmar, E., s. Vilmar, Emma

Vilmar, Ed., Carmen de vocibus tergeminis arabicis ad Qutrubum auctorem relatum e codd. manuscriptis edidit et explicavit. 8maj. (VII und 66 S.) Marburgi 856(57,) libr. univers. Elwert. *

Vilmar, Eduardus: De Naziraeatus ratione commentatio. [Diss.] Marpurgi Cattorum o. J.

Vilmar, Emma (Marga Lepehne), stille Nacht. 12. (21 S.) Berlin 896. Schriftenvertriebsanstalt.

— dasselbe, s. a. Jugend-Bibliothek, Nr. 12.

[8.] Stille Nacht (heilige Nacht). Von Emma Vilmar. *Berlin: Christl. Zeitschriftenver. 1896.* (21 S.) 1 Bd 8.
= Jugend-Bibliothek [d. Christl. Zeitschriftenvereins]. [No 12.] 98. 9574

— dasselbe, s. a. Haycraft, M. S., Weihnachtslicht.

Vilmar, E. (Frl. Marga Lepehne), von e. Stamme, s.: Weichert's Wochen-Bibliothek.

Vilmar, Emma (Frl. Marga Lepehne), treufest. Eine Erzählg. aus dem Lipperlande. (178 S.) 8. Gotha (907). F. E. Perthes. 2.40; geb. in Leinw. 3.40

Vilmar, Georg Christian Leo

HALFRED, Theoph. Ludw. (d. i. *Geo. Chrn. Leo Vilmar*, geb. 1794, † 2. Jan. 1833), Der Gefangene, oder die Liebe im Pauli-Thale. (Zahmer Roman.) Quedlinburg u. Leipzig, bei Gottfr. Basse. 1826. 8°.
218 SS. (incl. 4 Bll. Vorst.). Bibl. Vilmar. Frkft. 1869. nennt d. Namen d. Verf.

Vilmar, J. W. G., Gedächtnißrede auf Se. königl. Hoheit den hochsel. Kurfürsten Friedrich Wilhelm I., geb. am 20. Aug. 1802 in Kassel, gest. am 6. Jan. 1875 in Prag. Gehalten am Tag der Beisetzung der sterbl. Ueberreste des hohen Verblichenen in Kassel, am 12. Jan. 1875, in dem Trauergottesdienst der renitenten Gemeinde daselbst. gr. 8. (10 S.) Kassel 875, Jungklaus'sche Buchh. *

Vilmar, J. W. G., Gedächtnißrede auf Se. königl. Hoheit den hochsel. Kurfürsten Friedrich Wilhelm I., geb. am 20. Aug. 1802 in Kassel, gest. am 6. Jan. 1875 in Prag. Geh. am Tag der Beisetzg. der sterbl. Ueberreste d. hohen Verblichenen in Kassel, am 12. Jan. 1875, in dem Trauergottesdienst der renitenten Gemeinde daselbst. gr. 8. (10 S.) Kassel 875. Klaunig. n. — 60

— der gegenwärtige Kampf der hessischen Kirche um ihre Selbständigkeit m. Rücksicht auf das in ihr hervorgetret. Zeugniß vom geistl. Amt. Ein Beitrag zu der Beleuchtg. dieses Kampfes. gr. 8. (IV, 154 S.) Kassel 871. Hühn. 2. 25

Vilmar, J. W. G.: Die hessische Kirchenordnung vom Jahre 1657 in ihrem Zusammenhange und ihrer Bedeutung für die Gegenwart. Vortrag. Frankfurt a. M. 32 p. 1867.
Schul-/Univ.-Schrift

Vilmar, J. W. G., die hessischen Kirchen-Ordnungen vom Jahre 1657 in ihrem Zusammenhang u. ihrer Bedeutung für die Gegenwart. Ein Vortrag gehalten in der nieder hess. Pastoralconferenz am 3. April 1867. Frankfurt a. M. 867. Völcker. gr. 8. (32 S.) 6 ngr.

Vilmar, J. W. G., Predigt, gehalten am jährl. Buß-, Bet- und Danktag, am 1. Novbr. 1881. 8. (17 S.) Kassel 882, (Klaunig.) *
Aus: Melsunger Missionsblatt, besonders abgedruckt.

Vilmar, J. W. G., Protestantismus u. Christenthum. Eine Erklärung gegen des Hrn. Prof. Dr. Heinr. W. J. Thiersch Vorlesungen über Katholicismus u. Protestantismus. gr. 8. (144 S.) Halle 847, Mühlmann. ½ ₰

Vilmar, J. W. G., meine amtliche Rechtsstellung in der hessischen Kirche als Träger d. geistl Amtes auf Grund d. unbeweg. Rechtsbestandes der hess. Kirchenordng. vom J. 1657. Ein testamentar. Schlußwort. gr. 8. (48 S.) Kassel 883. Klaunig. n. — 50

—— die hessische Renitenz und die renitente Gemeinde in Cassel, oder Ist das Verfahren des Pfr. Wetzell, durch welches er fünf Glieder dieser Gemeinde aus der Kirchengemeinschaft ausgeschlossen hat, für die gesammte hess. Renitenz maßgebend? Eine innere Lebensfrage für die hess. Renitenz, beantwortet. gr. 8. (27 S.) Kassel 881, (Klaunig.) *

Vilmar, J. W. G., So bestehet nun in der Freiheit, damit uns Christus befreit hat, und laßt euch nicht wiederum in das knechtische Joch fangen. Predigt, gehalten am Sonntag Lätare am 24. März 1881 aus Veranlassung der an dem Kinde des Oberlehrers Geo. Heinr. Stern in Kassel vollzogenen Taufhandlung. gr. 8. (15 S.) Ebendas. 881. *

—— der am 1. Novbr. 1873 begonnene Todeskampf der hessischen Kirche. Ein Weihnachtsgruß an das gesammte hess. Volk in der dunkelsten Mitternachtsstunde seiner Geschichte. gr. 16. (15 S.) Cassel 874, (Jungklaus.) *

— der am 1. Novbr. 1873 begonnene Todeskampf der hessischen Kirche. Ein Weihnachtsgruß an das gesammte hess. Volk in der dunkelsten Mitternachtsstunde seiner Geschichte. gr. 16. (15 S.) Kassel 874. Klaunig. n. — 25

—— das hessische Zeugniß und die Zukunft der Kirche. Ein Neujahrsgruß an unsere Missionsfreunde. gr. 16. (22 S.) Ebendas. 874. *
Aus: Melsunger Missionsblatt, besonders abgedruckt.

Vilmar, Johann Georg (Witzenhausen) A. S. 578/11

Dissertatio philosophica de officio judicis circa famae aut testium assertionem.
Präs. Johann Adolph Hartmann.
Marburg (Müller) 26. IX. 1733. 16 S.
35192

Vilmar, Karl

Vilmar, Carl, Referendar in Cassel: Die Anfechtung letztwilliger Verfügungen auf Grund des § 2079 BGB. Borna-Leipzig 1908: R. Noske. (VI, 51 S.) 8°
Marburg, Jur. Fak., Ref. Leonhard, Diss. v. 19. April 1908
[Geb. 26. Mai 83 Cassel; Wohnort: Cassel; Staatsangeh.: Preußen; Vorbildung: Wilhelms-Gymn. Cassel Reife O. 00; Studium: Marburg 2, München 1, Berlin 2, Marburg 1 S.; Rig. 12. März 08.]

Vilmar, L., Protest gegen die beabsichtigte Synodal-Verfassung. gr. 8. (13 S.) Kassel 885. Klaunig. n. — 20

Vilmar, Otto, der Character Philipp II. in Schillers Don Carlos als ein Wendepunkt in Schillers Entwickelung dargestellt. Festrede bei der Feier des 100jährigen Jubiläums von Schillers Geburtstag 10. Novbr. 1859 zu Hanau gehalten. Hanau 859. König's Verlag. 8. (32 S.) n. 4 ngr.

Vilmar, Otto, über die Einführung einer geschichtlich begründeten Rechtschreibung. gr. 16. (IV und 51 S.) Marburg 856, Koch.

—— zum Verständnisse Göthes. Vorträge vor einem kleinen Kreiß christl. Freunde gehalten. 1. und 2. Aufl. gr. 12. (VIII und 345 S.) Marburg 860, Elwert'sche Universitäts-Buchh.

— zum Verständnisse Göthes. Vorträge vor einem kleinen Kreis christlicher Freunde gehalten. 860. — 2. Aufl. Marburg 862. Elwert. gr. 8. (VIII, 345 S.) 1 ₰

Vilmar, Otto, zum Verständnisse Goethes. Vorträge vor einem Kreiß christl. Freunde gehalten. 3. (Titel-)Aufl. Marburg 867. Elwert. 8. (VIII, 345 S.) 20 ngr.

Vilmar, Otto, zum Verständnisse Goethes. Vorträge, vor einem Kreis christl. Freunde gehalten. 4. Aufl. gr. 8. (VIII, 303 S.) Marburg 879, Elwert'sche Verlagsh. *

Vilmar, Otto, zum Verständnisse Goethes. Vorträge, vor e. Kreise christl. Freunde geh. 5. Aufl. gr. 8. (VIII, 344 S.) Marburg 900. N. G. Elwert's Verl. n. 3. —; geb. n. 3. 80

Vilmar, Paul [app. Arzt aus Lippstadt in Westf.]: Über Carcinoma corporis uteri ... Cassel, Druck v. F. Scheel, 1894; 42 S. 8.
Strassburg, Med. Fak., Inaug.-Diss. v. 1894

Vilmar, Theodor: Über die Quellen der Histoire de la guerre de sept ans Friedrichs des Grossen .... Cassel, Druck v. Friedr. Scheel, 1888; 1 Bl.+73+1 S. 8°
Strassburg, Phil. Fak., Inaug.-Diss. v. 1888

Vilmar, Theodor, über die Quellen der Histoire de la guerre de sept ans Friedrichs des Grossen. Diss. Strassburg i. Els. 1888, Trübners Buchh. u. Antiqu. (E. d'Oleire). 8°. 73 S.

Vilmar, Wilhelm

Vilmar, W., die Kurhessische Kirche. Eine vorläufige Antwort auf eine Conventionsfrage. gr. 8. Cassel 845, Bohné. n. 1/4 Thlr.

Vilmar, Wlh., die protestant. Lehre von der Rechtfertigung durch den Glauben, mit Rücksicht ihres Grundunterschiedes z. Rechtfertigungslehre der röm. Kirche, nebst einigen Bemerkungen zu Joh. 1, 14: Und das Wort ward Fleisch, und Augustins Sendschreiben: Von der Züchtigung und der Gnade. Geschrieben u. übersetzt. gr. 8. Cassel 838. Bohné. 1/2 Thlr.

Vilmar, Wilh., s.: Lesebuch, deutsches, f. höhere Lehranstalten.

Vilmar, Wilhelm [aus Greifswald]: Dietrich von Pleningen. E. Übersetzer aus d. Heidelberger Humanistenkreis ... Marburg, Univ.-Buchdr. '(R. Friedrich)', 1896; 69 S., 1 Bl. 8.
Marburg, Phil. Fak., Inaug.-Diss. v. [1. Aug.] 1896

Vilmar, Wilh., was faßt d. bibl. Begriff d. Sünde in sich, u. giebt es nach diesem eine Erbsünde? und ob u. wie im Abendmahl der Leib u. das Blut Jesu Christi genossen wird u. geglaubt werden soll? Zwei Conventsfragen, beantwortet. gr. 8. (5 B.) Cassel 840, Bohné.

Vilmar, Wilh. Iman., Predigt, geh. am jährl. Buß-, Bet- u. Danktag, am 1. Novbr. 1881. [Aus: „Melsunger Missionsbl."] 8. (17 S.) Kassel 1882. (Klaunig.) n. — 25

v. Vilmars, Felicie; aus d. Französ. v. J. A. Toßny. 3 Thle. 8. Leipz. 801, 2. Kummer. 2 Thlr. 4 Gr.

Vilmergerkrieg, Der erste, 1656.
Bern 1851. V: *Stierlin, Emanuel.* (ZÜRKL)

Vilmergerkrieg, der erste, 1656. Neujahrs-Blatt. Der bernischen Jugend gewidmet f. d. J. 1851. Mit 1 (lith.) Abbildung. gr. 4. (24 S.) Bern 851, Huber & Co. n. 12 ngr.

Vilmergerkrieg, Der zweite, 1712
Bern 1852. V: *Stierlin, Emanuel.* (ZÜRKL)

Vilmorin's Blumengärtnerei. Beschreibung, Kultur u. Verwendg. des gesamten Pflanzenmaterials f. deutsche Gärten. 3., neubearb. Aufl., m. 1000 Holzschn. im Text u. 400 bunten Blumenbildern auf 100 Farbendr.-Taf. Unter Mitwirkg. v. A. Siebert hrsg. v. A. Voß. (In 50 Lfgn.) 1.—20. Lfg. Lex.-8. (S. 1—656.) Berlin 894. P. Parey. à n. 1. —; auch in 5 Tln. à n. 10. —

Vilmorin's Blumengärtnerei. Beschreibg., Kultur u. Verwendg. d. ges. Pflanzenmaterials f. deutsche Gärten. 3., neubearb. Aufl., unt. Mitwirkg. v. A. Siebert hrsg. v. A. Voß. M. 1272 Textabb. u. 400 bunten Blumenbild. auf 100 Farbendr.-Taf. 21. — 50. Lfg. Lex.-8. (1. Bd. VIII u. S. 657—1264 u. 2. Bd. III, 236 S. u. Namensverzeichnis, 80 S.) Berlin 895—896. P. Parey. à Lfg. n. 1. —
(kplt. in 2 Halbfrzbdn.: n. 56. —)

Vilmorin's illustrirte Blumengärtnerei. Hrsg. von J. Grönland und Th. Rümpler. Mit 1300 (eingedr.) Holzschn. 1.—31. Lfg. Lex.-8. (1. Bd. 1363 S.; 2. Bd. S. 1—497; 3. Bd. S. 1—160.) Berlin 872—74, Wiegandt, Hempel und Parey. à Lfg. * ℳ 1. *
1. und 2. Bd. geb. *

Vilmorin's illustrirte Blumengärtnerei. Hrsg. von J. Grönland und Th. Rümpler. Mit 1300 (eingedr.) Holzschn. 32.—48. (Schluß-)Lfg. Lex.-8. (3. Bd. IV, S. 161—890.) Berlin 875, Wiegandt, Hempel und Parey. à Lfg. * ℳ 1. *
1.—31. Lfg. Ebendas. 1872—74. à * ℳ 1.

—— dass. — 2. Aufl., neu bearb. und verm. von Th. Rümpler. Mit 1416 in den Text gedr. Holzschn. 20 Lfgn. oder 2 Thle. gr. 8. (VIII, 1273 S.) Berlin 879, [Wiegandt, Hempel und Parey.] Parey. à Lfg. * ℳ 1. geb. *

—— dass. — Supplement.: Illustrirte Gemüse- und Obstgärtnerei. Bearb. von Th. Rümpler. 10 Lfgn. gr. 8. (X, 524 S. mit 400 in den Text gedr. Holzschn.) Ebendas. 879. à Lfg. * ℳ 1. geb. *

Vilmorin's illustrirte Blumengärtnerei. 2. Aufl., neu bearb. u. verm. v. Th. Rümpler. Mit 1416 in den Text gedr. Holzschn. Neuer Abdr. gr. 8. (VIII, 1273 S.) Berlin 883. Parey. n. 20. —

Vilmorin's illustrirte Blumengärtnerei. 2. Aufl., neu bearb. u. hrsg. v. Th. Rümpler. Ergänzungsbd.: Die Neuheiten d. letzten Jahrzehnts. Mit 300 in den Text gedr. Holzschn. gr. 8. (309 S.) Berlin 888. Parey. n. 7. — (I. u. II.: n. 27. —)

Vilmorin, Maurice de. L'approvisionnement des grandes villes et légumes. gr. 8. (10 S.) Wien 890, (Frick). * — 40

Vilney, Ant., Abalay. Ein Gemälde aus Kaukasiens Gegenwart vom Verf. des Toni. 8. Mannheim 845, Bassermann. 2 Thlr.

—— Toni. Ein Gemälde aus Ungarns Gegenwart. 8. (27 1/4 B.) Mannheim 844, Bassermann.]

Vilney, Ant., ungarische Volkslieder, s. Volkslieder.

Vilovo, Joh. Ritter Stef. v. Ungarns Stromregulirungen. Wien 1883.

Vilovsky, Thdr. Ritter Stefanović-, die Serben im südlichen Ungarn, s. Völker, die, Oesterreich-Ungarns.

Vilovsky Th S v, die Serben. (Völker Österreich-Ungarns 11) Wien 1884

Vilsecker, Frz. Jos., Benedictus (Lobgesang des Zacharias.) qu. 4. Passau 841. (Pustet.) n. 1/8 Thlr.

Vilsecker's, Frz. Jos., Choral-Werke. 1—10. Liefg. Landshut 855, 56. Krull. Lex.-8. Jede Liefg. 15 ngr.
1. Liefg.: Officium defunctorum juxta usum ecclesiae romanae. Genau verfasst nach dem römischen Directorium. 3. Aufl. (2 Bl., 116 S.)
2—6. Liefg.: Officium hebdomadae sanctae, secundum Missale et Breviarium Romanum Pii V. Pont. Max. editum Clementis VIII. et Urbani VIII. auctoritate recogn. Edit. II. (482 S.)
7—10. Liefg.: Vesperae breviarii romani. Edit. II. 1—4. Heft. (400 S.)

Vilsecker, Franc. Jos., ad laudes et ad horas in nativitate Domini. Editio nova chorali cantu romano aucta. Lex.-8. (1 1/4 B.) Landishuti 843, libr. Universit. Krüll.

Vilsecker, Frz. Jos., Lehre vom röm. Choralgesange. Zum Gebr. f. Seminarien, Geistliche etc. gr. 8. (6 1/4 B.) Passau 841, Pustet'sche Buchh. *

—— Lehre vom römischen Choralgesange. 2., verb. u. verm. Aufl. gr. 8. (6 1/4 B.) Passau 842, (Pustet'sche Buchh. Landshut, Krüll'sche Universit.-Buchh.)

Vilsecker, Frz. Jos., Lehre vom römischen Choral-Gesange. Zum Gebrauche für Seminarien, Geistliche, Schullehrer und Choralisten. 3., verm. und verb. Aufl. gr. 8. (VIII und 88 S.) Passau 858, Verlag der vereinigten frauendorfer Blätter.

Vilsecker, Frz. Jos., Lehre vom römischen Choral-Gesange. Zum Gebrauche für Seminarien, Geistliche, Schullehrer u. Choralisten. 4. verm. u. verb. Aufl. München 859. Lentner. gr. 8. (VIII, 88 S.) 15 ngr.

—— ad matutinum in nativitate Domini. Edit. nova chorali cantu romano aucta. 8maj. (3 B.) Passaviae 841, libr. Pustet. *

—— ad Matutinum in nativitate Domini. Editio nova, chorali cantu romano aucta. Edit. II. Lex.-8. (3 B.) Passaviae 843. (Landishuti, libr. Universit. Krüll.) –

—— Officium Defunctorum. Genau verfasst nach d. röm. Directorium. Ein Handb. f. Geistliche, Cantoren u. Schullehrer. gr. 8. (6 B.) Passau 841, Pustet'sche Buchh. *

—— Officium Defunctorum. Genau verfasst nach dem römischen Directorium. 2. Aufl. gr. 8. (6 B.) Passau 842, Pustet.

— s. Officium hebdomadae sanctae.

Vilsecker, Franc. Jos., Vesperae breviarii romani cantu chorali auctae, s.a. Vesperae.

—— Vesperae Breviarii Romani cantu chorali auctae, cum officiis Sanctorum per summos Pontifices novissime concessis. Lex.-8. (43¼ B.) Passaviae 844. (Landishuti libr. Universit. Krüll.)

Vilsen [Schlagwort]

Vilsen. s.: Preussen. Messtischblätter.

Vilshofen, gem. 1826. grav. 1827. Vom K. St. K. 1:25000. 1 Bl.

Vilter, August

Vilter, (Car.) Augustus (Ludov.) (geb. Nauen 1812): De combustione corporis humani spontanea. Berolini (1843). (31 S.) 8°
Berlin, Med. Diss. v. 4. Aug. 1843

Vilter, Erich: Die epische Technik in Chr. H. Postels Heldengedicht 'der grosse Wittekind'. Ein Beitrag zur Geschichte d. Renaissanceepen. *Göttingen 1899: W. F. Kaestner.* (103 S.) 8°
Göttingen, Phil. Diss. v. [3. Febr.] 1899

Vilter, Karl August Ludwig, s. Vilter, August

Vilthuedt, Simon Ludwig (Bielefeld) A. S. 751/35

Disputatio inauguralis juridica de autoritate rei judicatae contra tertium. Präs. Samuel Stryk.
Halle (Zeitler) II. 1707. 64 S.
35194

Vilthuedt, Simon Ludwig (Bielefeld) 4°Jur. XII, 26c/33

Disputat. inaugur. jurid. XXXIII. de autoritate rei iudicatae contra tertium. Präs. Samuel Stryk.
In: Stryk: Dissertationes juridicae Hallenses. Vol. II. Leipzig, Frankfurt (Foerster) 1720. S. 1311 - 1358.

Diss. Halle 26. II. 1707. 35195

Vimarius, kontingentierte freie Arztwahl! Ein Vorschlag zur Lösg. des kassenärztl. Problems. (20 S.) gr. 8. Leipzig (Rosenthalgasse 2) 909. Verlagsgesellschaft Pontow & Co. — 60

Vimont, de l'influence de la bile sur les maladies etc. 4. Strasb. Levrault. 803. ·

Vimpeller, Stefan, Propedeutik zur Pansophie. Oder Vorbericht zum absolut wahren Wissen der Fundamental-Principien aller Legislatur überhaupt als des einzigen Mittels, durch welches die allgemeinen Staats- u. Völker-Krankheiten vulgo Revolutionen radical geheilt werden können. 4. (X u. 59 S.) (Bielitz 850, Zamarski.) ⅔ ₰

Vin, le, allemand sur le marché du monde, s.: Wein, der deutsche, auf dem Weltmarkte.

Vinaj, G. S.: Das abgekühlte Bad. *Wien & Leipzig 1897.*
in: Fortschritte d. Hydrotherapie. Festschr. z. vierzigjähr. Doctorjub. d. Prof. Dr. W. Winternitz. (97 105)

Vinal, des Grafen, Lebensgeschichte, od. seltsamer Streit zweyer unterirdischer Poltergeister. 8. Dresd. 748.

Vinalien, die, ein Wein-Neujahrsgeschenk, f. lustige Weinlesegesellschaften. 8. Grätz 812. Tanzer u. Comp. 18 ₰

Vinařický, Karel, d. Sprachentlaugmesser in d. böhmischen Orthographie. Sendschreiben e. böhm. Philologen (V.) an e. deutschen Humoristen. 3. Aufl. 8. (24 S.) Prag (894). J. R. Vilímek. n. — 40

Vinařicky, Karel, Vlast. Prag 863. (Rziwnatz.) 18. (XI, 112 S.) n. 10 ngr.

Vinassa, E., Dr. Praktische Winke zur rationellen Mostbereitung. Der ökonomischen Gesellschaft und den praktischen Landwirthen des Kantons Bern gewidmet. In-8°, 32 S. Bern, K. J. Wyss. 1888. — 50

Vinassa, [Eugen]. Anleitung zur Desinfektion vermittelst Formaldehyd-Verdampfer und der Desodorirungslampe «St. Margrethen» (= Instructions pour la Désinfection au moyen du Vaporisateur à Formaldéhyde et de la Lampe à purifier l'air «St. Margrethen»). [Illustriert. Sep.-Abdr. aus: Monatsschrift für Neuerungen auf dem Gebiete der Medizin, Pharmacie ... und Chemie. Jahrg. 1902, Nr. 5.] 16 S. 8. [St. Margrethen, Dr. der Chemischen Industrie A.-G.]

Vinassa, Eug., Beiträge zur pharmakognostischen Mikroskopie. gr. 8. (19 S. mit 4 Holzschn.) Braunschweig 886, H. Bruhn's Verlag. *
Aus: Zeitschrift für wissenschaftliche Mikroskopie, besonders abgedruckt.

Vinay, Alex., s.: Urkunden zur Geschichte hugenottischer Familien in Deutschland.

Vinaya Piṭakam the. One of the principal Buddhist holy scriptures in the Pâli language. Ed. by Herm. Oldenberg. Vol. I: The Mahâvagga. gr. 8. (LVI, 396 S.) London 879, Williams und Norgate. *

Vincas, Hnr., das Christenthum in seiner Glaubens- u. Vernunftgemäßheit, in seinen Ideen von Gott, Freiheit u. Unsterblichkeit. gr. 8. Oldenburg 839. (Schulzesche Buchh.) n. 1⅓ ₰

Vincas, Heinr., vergleichende Darstellung evangel. Grundwahrheiten u. reiner Verstandeslehren über sie. 8. (11 B.) Oldenburg 835, Schulze'sche Buchh. *

— vergleichende Darstellung evangel. Grundwahrheiten und reiner Verstandeslehren über sie. 8. Oldenburg 845, Schulze'sche Buchh. n. ⅔ ₰

Vincas, Heinr., das Erlösungswerk unsers Herrn und Heilandes Jesus Christus. 8. (IV und 152 S.) Oldenburg 854, Schulze'sche Buchh. *

Vincas, Heinr., das Evangelium ein Religions-System. Ein Versuch. 8. (142 S.) Oldenburg 849, Schulze. ½ ₰

Vincas, Hnr., Gedanken über das Geisterreich. 8. Oldenburg 844, Schulze'sche Buchh. n. 1 ₰

—— Gott innerhalb des bloßen Verstandes u. der Erfahrung. 8. (12 B.) Oldenburg 843, Stalling.

—— das neunzehnte Jahrhundert in seiner vorherrschenden Hinneigung zur Natur-Religion. 8. (141 S.) Oldenburg 848, Schulze'sche Buchh.

—— Kirche und Schule ein Ganzes. 8. (118 S.) Oldenburg 851, Schulze'sche Buchh.

—— die Mäßigkeits-Vereine, e. Welterscheinung. 8. (8 B.) Oldenburg 846, Stalling.

—— der Mensch aus u. durch sich selbst erklärt. 8. (11¼ B.) Oldenburg 846, Schulze'sche Buchh. *

—— die Natur ein System. 8. (123 S.) Oldenburg 847, Schulze'sche Buchh.

—— Schullehrer-Seminarien u. Volksschulen. 8. (14¼ B.) Oldenburg 845, Schulze'sche Buchh. *

—— Staat und Kirche ein Ganzes. 8. (VI und 106 S.) Oldenburg 851, Schulze'sche Buchh.

—— Systeme der Philosophie u. ihre Religionen nach objectiver und subjectiver Naturbetrachtung; versucht von ꝛc. 8. (14 B.) Oldenburg 846, Stalling.

—— Vereinigung des Supernaturalismus u. Rationalismus, insbesondere rücksichtl. des Cultus. Versuch. 8. (9 B.) Oldenburg 842, Schulze'sche Buchh. *

—— Verwaltung der evangel. Sacramente u. Begehung kirchl. Feierlichkeiten nebst Vorschlägen zu einer Kirchen-Gemeindeordnung, zur Veränderung der Pericopen, zur Verhinderung des Meineides. (8⅞ B.) Oldenburg 844, Schulze'sche Buchh. *

—— Was u. wie soll der christl. Geistliche lehren? 8. (12 B.) Oldenburg 844, Stalling.

Vincent de Paul

Vincentius von Paul, Der heilige, dargestellt in seinem Leben und Wirken. Wien 1835. V: *Stapf, Ambr. Jos.* (Th)

Vincentius v. Paul, der heilige, dargestellt in seinem Leben und Wirken. 2e verb. A. 8. Brixen 835. (Innsbr., Wagner.) 1¼ ₰

— dass. 2 Bde. 8. Wien 835, Mechitar.-Congr.-Buchh. 1½ ₰

Vincentius von Paul, der heilige, dargestellt in seinem Leben und Wirken. 2., verb. Aufl. 1. und 2. Bd. gr. 8. (324 S., 264 S.) Wien 861, Mechitharisten-Congregations-Buchh.

Vincent de Paul

Vincenz v. Paul, Grundsätze, Lehren ꝛc., s. Geist.

Vincentius v. Paul, des heiligen, Grundsätze u. Maximen, gezogen aus seinem Leben u. mit vielen Beispielen ꝛc. beleuchtet. gr. 16. Augsburg 840. Kollmann. ¼ ₰

Vincenz v. Paul, des heiligen, Lebensregeln in Sprüchen für jeden Tag des Jahres nebst einem kleinen Gebetbuche. Aus dem Französ. 2. Aufl. 32. (IV, 397 S.) Paderborn 872, Schöningh.

Vincenz von Paula, Predigten, s. a. Predigten.

(Vincenz von Paula.) — Predigten des heiligen Vincenz von Paula und seiner Mitarbeiter und unmittelbaren Nachfolger bei den Missionen auf dem Lande. Zum erstenmale veröffentlicht von Jeanmaire. Aus dem Französ. 2 Bde. Aachen 860. Hensen. gr. 8. (XVII, 920 S.) 2 ₰

Vincent v. Wangen, Trauerrede auf Marie Therese. gr. 8. Freiburg 781. Wagner. 3 𝔎

Vincent, s.: Katalog der reichhaltigen Kunstsammlung der Herren C. u. P. N. Vincent.

Vincent, A., voir: *Gosse, H. J.*

Vincent, A. J. H., Lehrbuch der Elementargeometrie. Nach der 3n Original-Ausg. aus d. Franz übersetzt von C. H. Schnuse. Mit 16 Tafeln Abbildd. gr. 8. Quedlinb. 838. Basse. 1½ ₰

Vincent, A. J. H., De la musique dans la tragédie grecque à l'occasion de la représentation d'Antigone. S.-A. s. a. 12 S. —.90

Vincent, Bory de St., s. Bory.

Vincent, Edg., and T. G. Dickson. Handbook to modern greek. Deutsche Bearbeitung, s. Sanders, Dan. Die heutige griech. Sprache.

Vincent, Fred, meine Kriegsgefangenen, s. a. Eckstein's Reisebibliothek.

[F.] Meine Kriegsgefangene. Erzählg a. d. Feldzuge 1870/71 v. Fred Vincent. Ill. v. E. Zimmer. *Berlin: R. Eckstein [1896].* (118 S.) 1 Bd 8. = Reisebibliothek, Ecksteins. No 166. [97. 1768]

Vincent, Heinrich Josef

Vincent, H. J., ist unsere Harmonielehre wirklich e. Theorie? Eine musikal. Lebensfrage, beantwortet. gr. 8. (8 S.) Wien (894). F. Wessely's Musikh. (F. Rörich). n. — 50

Vincent, Heinr. Jos., die Neuklaviatur. Ihre Vortheile gegenüber den Nachtheilen der alten. Ein Aufruf zur Beherzigg. an alle Musiker u. Dilettanten, Klavier-Lehrer u. Fabrikanten. gr. 8. (40 S.) Malchin 875. Hothan. n. — 75

Vincent, Heinr. Jos., neues musikalisches System. Die Einheit in der Tonwelt. Ein kurzgefasstes Lehrbuch für Musiker und Dilettanten zum Selbststudium. Lex.-8. (VIII und 144 S. mit eingedr. Holzschn.) Leipzig (861)62, Matthes. *

Vincent, H. J., die Zwölfzahl in der Tonwelt. Ein Blick in die Zukunft. Beitrag zur Vereinfachg. u. Erleichterg. des Musikbetriebes. Schlüssel I. Lex.-8. (4 S. m. Fig. u. Bildnis.) Wien 893. F. Rörich. — 30

Vincent, J. H., zu Ihm: Der Weg zum wahren Leben. 8. (26 S.) Bremen (902). Verl. des Tractathauses. — 25

— meine Kirche: Die Kirche des wahren Lebens. 8. (46 S.) Ebd. (902). — 30

Vincent, J., die Heimkehr der Prinzessin, s.: Engelhorn's allgemeine Romanbibliothek.

Vincent, Jacques, e. tapferes Herz, s.: Daheimbibliothek.

Vincent, Jacques, Künstlerblut, s.: Engelhorn's allgem. Roman-Bibliothek, 14. Jahrg.

Vincent, L., Anleitung zur Behandlung der Rieselwiesen für Wiesenbesitzer und zur Instruction der Wiesenwärter. gr. 8. (46 S.) Regenwalde 867. (Leipzig, Baumgärtner's Buchh.) *

Vincent, L., Bewässerung u. Entwässerung der Aecker u. Wiesen, s. a. Thaer-Bibliothek.

Vincent L.: Bewässerung u. Entwässerung d. Acker u. Wiesen. Berl. 1876. 168 S. Fig. (Thaer-Bibliothek Bd. 29).

Vincent, L., Bewässerung u. Entwässerung der Äcker u. Wiesen. 2. Aufl. Mit 20 in den Text gedr. Holzschn. 8. (VIII, 151 S.) Berlin 882. Parey. geb. n. 2. 50

Vincent, L., Bewässerung u. Entwässerung der Äcker u. Wiesen. 3. Aufl. 8. (VIII, 151 S. mit 20 eingedr. Holzschn.) Berlin 890. Parey. geb. n. 2. 50

Bewässerung und Entwässerung der Äcker und Wiesen. Von L. Vincent, w. K. Pr. Ökonomierat. 4. Aufl. Mit 20 in d. Text gedr. Holzschn. Berlin: P. Parey 1899. (VIII, 151 S.) 8° (Thaer-Bibliothek. [29.])

Vincent, L., die Drainage nasser u. kalter Ländereien. Skizzen f. Landwirthe u. Techniker. gr. 8. (X u. 70 S.) Berlin 852, Veit & Co. 1/2 ₰

Vincent, L., die Drainage, deren Theorie und Praxis. Vom mecklenburger patriot. Verein gekrönte Preisschrift. 1. Aufl. 1854. und 2. Aufl. gr. 8. (XIV und 184 S. mit 7 Stnt. in qu. Fol.) Leipzig 856, Baumgärtners Buchh.

Vincent, L., die Drainage, deren Theorie und Praxis. Gekrönte Preisschrift. Mit 7 (lith.) Taf. in Querfol. 3. verb. Aufl. Leipzig 860. Baumgärtner. gr. 8. (XVI, 190 S.) 1 ₰ 15 ngr.

— die Drainage, deren Theorie u. Praxis. Preisschrift. Mit 8 (lith.) Taff. in Querfol. (wovon 3 in Buntdr.) 4. verb. Aufl. Leipzig 870. Baumgärtner. gr. 8. (XVI, 194 S.) n. 1 ₰ 20 ngr.

— die Drainage deren Theorie u. Praxis. Vom Mecklenburger patriot. Verein gekrönte Preisschrift. Mit 8 (lith.) Taf. (in qu. Fol.) 5. verb. u. verm. Aufl. gr. 8. (XVI, 204 S.) Leipzig 873. Baumgärtner. n. 5. —

— die Drainage, deren Theorie und Praxis. Vom Mecklenburger patriot. Verein gekrönte Preisschrift. 6. völlig neu durchges. Aufl. mit einem Anhang, bearb. von Gust. Abel und Otto Vincent. gr. 8. (XVIII, 235 S. mit 8 lithogr. Taf. in Fol., dem Stahlst.-Bildniß und Facs. des Verf.) Leipzig 882, Baumgärtner's Buchh. *

— über den Nutzen der Ent- u. Bewässeruug m. Beziehung auf das bremische Gebiet. Vortrag geh. in der General-Versammlg. d. Landwirthschafts-Vereins zu Bremen am 7. März 1871. gr. 8. (16 S.) Bremen 871. Hampe. n. — 50

Vincent, L., der rationelle Wiesenbau. gr. 8. (14 B. u. 12 Taf. Abbild.) Berlin 846, Veit u. Comp.

— der rationelle Wiesenbau, dessen Theorie und Praxis. 3. gänzlich umgearb. Aufl. gr. 8. (XVI, 323 S. mit 14 lithogr. Taf. Abbildungen, wovon 3 in Buntdr., in qu. gr. 4.) Leipzig 870, Veit und Comp. *

— der Wiesenbau, dessen Theorie u. Praxis. 2. gänzlich umgearb. Aufl. Mit 12 (lith.) Taf. Abbildgn. (in 4.) Berlin 858. (Leipzig,) Veit u. Co. gr. 8. (XIV, 289 S.) n. 2 ₰.

Vincent, M., 9 Abhandlungen über Gegenstände aus der Algebra, s. Lefebure de Fourcy.

Vincent, Paul

— et Bernh. Weber, Correspondance commerciale française-allemande. A l'usage des écoles commerciales, des écoles professionelles, des écoles primaires supérieures et des cours commerciaux. (2 Tle. in 1 Bde.) (VIII, 136 u. IV, 115 S. m. 2 Taf.) 8. Wiesbaden 905, Leipzig, O. Nemnich. Geb. in Leinw. n. 2. 20

Vincent, Paul, deutsch-franz. Handelskorrespondenz, s.: Weber, Bernh.

Vincent, Ralph Harry

Vincent, R. Harry, die Elemente des Hypnotismus. Herbeiführung der Hypnose, ihre Erscheingn., ihre Gefahren u. ihr Nutzen. Aus dem Engl. v. R. Teuscher. Autoris. deutsche Ausg. 8. (XII, 276 S. m. 20 Illustr.) Jena 894. H. Costenoble. n. 5. —; geb. n.n. 6. —

Vincent, R. Harry, d. Elemente des Hypnotismus. Herbeiführg. d. Hypnose, ihre Erscheingn., ihre Gefahren u. ihr Nutzen. Aus d. Engl. v. R. Teuscher. Autor. deutsche Ausg. 2. (Titel-) Aufl. 8. (XII, 276 S. m. 20 Illustr.) Jena (894) 895. H. Costenoble. n. 5. —; geb. n.n. 6. —

Die Elemente des Hypnotismus [The elements of hypnotism]. Herbeiführung d. Hypnose, ihre Erscheinungen, ihre Gefahren u. ihr Nutzen. Von R[alph] Harry Vincent. Aus d. Engl. von Dr. med. R[einhold] Teuscher. Autor. deutsche Ausg. 3. Aufl. Mit 20 Ill. Berlin: Neufeld & Henius [1905]. (301 S.) 8°

Vincent, R. Harry, die Elemente des Hypnotismus. Herbeiführg. der Hypnose, ihre Erscheingn., ihre Gefahren u. ihr Nutzen. Aus dem Engl. v. R. Teuscher. Autoris. deutsche Ausg. 4. Aufl. (304 S. m. 16 Taf.) 8. Berlin (910). Neufeld & Henius. 5. —

Vincent, Sam., der weibliche Beruf im Lichte der Religion. Worte der Liebe. gr. 16. (31 S.) Eßlingen 852, Weychardt. n. 1/6 ₰

— Betrachtungen über Religion und Christenthum. Nach dem Französ. 2. (Titel-)Ausg. des Buches: Das Christenthum als die Religion des Herzens. 12. (VII und 290 S.) Eßlingen 852, Weychardt.

Vincent, Sam., das Christenthum als d. Religion d. Herzens. In e. Reihe v. Abhandln. dargest. f. d. Gebildeten, namentl. unt. d. Frauen. A. d. Franz. gr. 12. (12 1/2 B. u. 1 Stahlst.) Eßlingen 841, Dannheimer'sche Buchh.

Vincent, St. J. B. G. M. Bory, s. *Bory*.

Vincent, W., über den Handelsverkehr d. Alten mit Indien, s. Bredow, Untersuch.

Vincenti, A. v. Ausbildungs-Kurse für Infanterie und Jäger. Amberg 1875. 290 S.

Vincenti, v., Ausbildungs-Course f. Infanterie u. Jäger. Unter Zugrundelegg. der allerhöchsten Vorschriften u. Erlasse m. besond. Berücksicht. der Gymnastik u. d. Detail-Exercirens bearb. f. Offiziere, Portepee-Fähnriche, Vicefeldwebels u. Einjährig-Freiwillige. 8. (XIV, 290 S.) Amberg 875. Habbel in Comm. n. 2. —

Vincenti, v., das Detail-Exerciren. Unter Zugrundelegung der allerhöchsten Vorschriften und Erlasse bearb. für Unteroffiziere und Soldaten. 8. (XIV, 258 S.) Amberg 875, (Habbel.) *

Vincenti, Arth. Ritter v., die altenglischen Dialoge v. Salomon u. Saturn, s.a. Beiträge, Münchener, zur romanischen u. englischen Philologie. 31. Hft.

Vincenti, Arthur Ritter von, aus Amberg: Drei altenglische Dialoge von Salomon und Saturn. Eine litterargeschichtl., sprachl. u. Quellen-Untersuchung. *Naumburg a. S.: Lippert & Co. 1904.* (XV, 53 S.) 8° ¶(T. 1 ersch. vollst. bis auf die Lautlehre 1904 als: Münchener Beiträge zur roman. u. engl. Philol., Heft 31.*)— Der Text mit Kommentar u. Glossar soll als T. 2 folgen.)→ nicht erschienen!
München, Phil. Diss. v. 1903

Vincenti, C. v., s. Vincenti, Karl Ferdinand Ritter v.

Vincenti, Carl v., s. Vincenti, Karl Ferdinand Ritter v.

Vincenti, Karl Ferdinand Ritter v.

Vincenti, C. v., die Ehe im Islam. 8. (24 S.) Wien 876. Faesy & Frick. n. — 60

Vincenti, Carl von, Kaiserin Elisabeth von Österreich. Mit einem Einschaltbild und zehn Textabbildungen. [A.] 8. [Bielefeld] 1898.

— in Glut u. Eis. Novellen u. Geschichten. 2 Bde. 8. (179 u. 171 S.) Dresden 876. Baensch. n. 6.

Vincenti, Carl von (Hrsg.), s. Heimath, Die.

—— Wiener Kunst-Renaissance. Studien und Charakteristiken. 8. (VIII, 464 S.) Wien 876, Gerold's Sohn. *

Vincenti, Karl Ferdinand R^r^ von
Der Roman eines Gefolterten. Aus den Sclaventagen Siciliens. Von Chevalier de Vincenti. Berlin 1869.
In: Roman-Zeitung, Deutsche. Bd 3.

Vincenti, Chevalier de, der Roman eines Gefolterten. Aus den Sclaventagen Siciliens. 8. (251 S.) Berlin 870, Janke. *

—— unter Schleier und Maske. Orientalische Novellen. 8. (271 S.) Stuttgart 874, Simon. [Leipzig, Zander.] (*M. 5.)
Inhalt:
Die Tigerbraut. — Psylla. — Das Geheimniß des Brahmanen. — Prinz Raiman.

Vincenti, Carl v., starke Seelen. Novellen. 8. (331 S.) Dresden 893. E. Pierson. n. 5. —; geb. n. 6. —

(B) **Vincenti,** C. v., starke Seelen. 893. (KBL 28.) — Aus goldenen Wandertagen. 895. (KBL 30.) Jetzt: Berlin, Verlag Berlin-Wien.

Vincenti, Carl v., Snem, d. Geschichte e. arab. Mädchens. Separat-Beilage zur „Preßburger Zeitung". 8. (182 S.) Preßburg 881. (G. Heckenast's Nachf.) 1. 20

Vincenti, Karl Ferdinand R^r^ von
Die Tempelstürmer Hoch-Arabiens. Roman. Berlin 1872.
In: Roman-Zeitung, Deutsche. Bd 3.4.

— die Tempelstürmer Hocharabiens. Roman. 3 Bde. 8. (VII, 330; V, 410 u. V, 347 S.) Berlin 873. Janke. 13. 50

— aus goldenen Wandertagen. Erlebtes u. Fabulirtes. 8. (III, 226 S. m. Bildn.) Dresden 895. E. Pierson. n. 4. —; geb. in Leinw. n. 5. —

Vincenti, C. v., Wundergeschichten der Liebe. 8. (151 S.) Wien 880, Manz'sche Hofverlagsh. *

Vincenti, M. J. F., das Metzgergewerbe in technischer u. ökonomischer Beziehung u. ein Leitfaden zur Fleischbeschau für Ortsvorsteher, Fleischbeschauer rc., auch ein Büchlein zum Selbstunterrichte für Metzgerburschen bei der Meisterprüfung. München 862. Franz. 8. (VIII, 134 S.) 15 ngr.

Vincentius, S. s. Cord. J., Ite ad Joseph! Geistiger Strauß, gewidmet dem hl. Joseph. Auszüge aus den Schriften der Heiligen, d. Kirchenväter u. d. ascet. Autoren. Monat d. hl. Joseph. D. hl. Joseph, betrachtet in s. Beziehgn. zu d. Andacht d. heiligsten Herzens Jesu. 16. (176 S. m. Titelbild.) Kevelaer 897. J. Thum. Geb. in Leinw. n. — 50

Vincenz, S. J., kommet zu mir! Geistlicher Strauß, dem heil. Herzen Jesu gewidmet, od.: Kleiner Herz-Jesu-Monat. Gesammelt aus den Schriften der Heiligen, der Kirchenväter u. der aszet. Autoren, m. Beispielen für jeden Tag u. Meßgebeten in Vereinigung m. dem heil. Herzen. 2. Aufl. gr. 16. (155 S. m. Titelbild.) Kevelaer 900. J. Thum. Geb. in Leinw. n. — 50

Vincenz, C. Ss. R., kommet zu mir! Geistlicher Strauß, dem heiligsten Herzen Jesu gewidmet, od.: Kleiner Herz-Jesu-Monat. Gesammelt aus den Schriften der Heiligen, der Kirchenväter u. der aszet. Autoren, m. Beispielen f. jeden Tag u. Meßgebeten in Vereingg. m. dem hlst. Herzen. 3. Aufl. (155 S. m. Titelbild.) 16. Kevelaer 903. J. Thum. Geb. in Leinw. — 50

— Maria, meine Mutter. Geistliches Blumensträußlein, der allerseligsten Jungfrau geweiht. Kleiner Marien-Monat. Gesammelt aus den Schriften der Heiligen u. der aszet. Autoren. gr. 16. (171 S. m. Titelbild.) Ebd. 900. Geb. in Leinw. n. — 50

— kleiner Monat d. hl. Johannes d. Evangelisten. 16. (152 S.) Luxemburg 895. Ebd. n. — 40; geb. n. — 50

— venite ad me! Kommet zu mir! Geistlicher Strauß, dem heil. Herzen Jesu gewidmet, od.: Kleiner Herz-Jesu-Monat. Gezogen aus den Schriften der Heiligen, der Kirchenväter u. der aszet. Autoren, m. Beispielen f. jeden Tag u. Meßgebeten in Vereinigg. m. dem heil. Herzen. gr. 16. (218 S. m. Titelbild.) Ebd. 899. Geb. in Leinw. n. — 50

Vincentius Bellovacensis

Vincenz v. Beauvais, s.a. Estoria, la, de los quatro dotores de la santa eglesia.

La estoria de los quatro dotores de la santa eglesia. Die Gesch. d. vier grossen latein. Kirchenlehrer, in e. alten spanischen Übs. nach Vincenz v. Beauvais [Vincentius Bellovacensis]. Hrsg. v. Dr. theol. et phil. Friedrich Lauchert, Prof. . . . in Bonn. *Halle a. S.: M. Niemeyer 1897.* (XIV, 443 S.) 1 Bd 8.
= **Bibliothek,** Romanische. No 14. [98. 2280]

Vincentius Lerinensis, s. Vincenz von Lerinum

Vincentius von Paul, s. Vincent de Paul

Vincentius, Johann (Magdeburg) A. S. 1423/4

Desiderata chirurgica. Präs. Jo. Hermann Fuerstenau. Rinteln (Enax) II. 1723.

W. v.: Heinrich Ernst Kestner, Präs.

35196

Vincentius, W. v., der Krieg in Polen und Ungarn. Eine strateg. Skizze dem Kommando der künftigen deutschen Armee gewidmet. gr. 8. (29 S.) Dresden 860, Kunße. *

Vincentius-Verein, Der. Salzburg 1880. V: *Keldorfer, Joseph.* (Hr)

Vincenz, s. Vincentius

Vincenz von Beauvais, s. Vincentius Bellovacensis

Vincenz von Ebern, s. Block.

Vincenz v. Lerin, Peregrinens Abhandl. über das Alterthum des kathol. Glaubens; aus d. Latein. mit Anmerkk. von J. M. Feder. gr. 8. Bamb. 785. Dieberich. (a. Wesché in Frankf.) 6 gr

Vincentii Lerinensis commonitora, s.: Florilegium patristicum.

Vincenz v. Lerin, Commonitorium, s. Bibliothek der Kirchenväter.

Vincentii Lirinensis, S., commonitorium, s. Patrum, sanctorum, opuscula selecta.

— Commonitorium. Praemisit epistolam et prolegomena ac not. illust. E. Klüpfel. 8. Wien 809. Binz. (Liebeskind in Leipz.) 1 ₰ 6 gr

— Commonitorium. Edit. nova. (Mit d. Anhange: Q. Sept. Florentis Tertulliani de praescriptionibus adversus Haereticos liber. Edit. novae.) 8maj. Ingolstadt 834. Regensburg, Manz; München, Franz.) n. 3/4 ₰ (13 B.)

— Commonitorium. gr. 12. (3⅝ B.) Oxonii 836. (Lipsiae, T. O. Weigel.) *

Vincentius Lerinens., St., Commonitorium. Jussu et auctorit. reverendiss. ac illustriss. Episc. Culmensis Dr. Anast. Sedlag denuo edit. ab Ed. Herzog. 8maj. (3½ B.) Vratislaviae 839, G. P. Aderholz.

Vincenz v. Lerinum, Commonitorium pro Catholicae fidei antiquitate et universitate adversus profanas omnium haereticorum novitates, hrsg. v. A. Jülicher, s.: Sammlung ausgew. kirchen- u. dogmengeschichtl. Quellenschriften, Hft. 10.

Vincentii Lirinensis, S., commonitorium adversus haereses. Juxta editiones optim. recognitum notisque brev. illustratum a Clerico Dioecesis Augustanae. 12. Augustae Vindelicorum 844, Schmid. 1/4 ₰

Vincentii Lirinensis commonitorium adversus haereses. Juxta editiones optimas recognitum notisque brevibus illustratum a clerico dioecesis Augustanae. 2. editio emendata notisque nonnullis aucta a clerico dioecesis Herbipolensis. Augsburg 866. Schmid's Verl. 16. (XVI, 122 S.) 7½ ngr

S. Vincentii Lirinensis, commonitorium adversus haereses. Juxta editiones optimas recognitum notisque brevibus illustratum a clerico dioecesis Augustanae. 3. ed. emendata notisque nonnullis aucta a clerico dioecesis Herbipolensis. 16. (XXII, 122 S.) Augsburg 872. Schmid. — 75

Vincentius von Lerin, d. heiligen, Ermahnungsbuch, sein Leben und seine Lehre. Zur Befestigung u. Förderung des katholischen Glaubens. Herausg. von Franz Xaver Elpelt. gr. 12. Breslau 840. Hirt. 1/2 ₰

Vincenz von Paul, s. Vincent de Paul

Vincenz von Prag

Vincenz u. Gerlach, Jahrbücher, s. a Geschichtschreiber, die, d. deutschen Vorzeit, Bd. 67.

Vincenz (von Prag), und Gerlach (von Mühlhausen). Die Jahrbücher von V. und G., übersetzt von Georg Grandaur. 8. Leipzig 1889.
Die Geschichtschreiber der deutschen Vorzeit ... XII Jahrhundert. Band 16.

Vincenzi, Alois

Vincenzi, Alois., in S. Gregorii Nysseni et Origenis scripta et doctrinam nova recensio cum appendice de actis synodi V. oecumenicae. 4 Partes. Rom 864, 65. (Spithöver.) gr. 8. (LXXX, 1588 S.) 6 ₰ 22½ ngr

Vincenzi, A., Sessio quarta Concilii Tridentini vindicata ist auch bei Theissing in Münster à n. 3⅓ ₰ zu haben, s. Sessio.

Vincenzo, Don; bürgerl. Trspl. 8. Frankf. 781. (Wesché in Frankf.) 6 gr
Vgl. Vinzenzo, Don

Vincenzo oder Verborgene Klippen. Leipzig 1864. V: *Ruffini, John.* (Russell II/1 S. 145)

Vinci's, L. da, Biographie u. Charakteristik, s.: Brun, C.

Vinci, Leonardo da, Leben und Kunst, s. Braun, G. Chr.

Vinci, L. da, das Buch von der Malerei, s.: Quellenschriften für Kunstgeschichte u. Kunsttechnik des Mittelalters u. der Renaissance.

Vinci, Leonardo da, Tabula anatom., s. Tabula.

da Vinci, Leonh., prakt. Werk von der Malerei, nach geometr., optischen u. mechanischen Gründen gelehrt 2c.; aus d. Italien. u. Französ. von J. G. Böhm, mit 29 Kpft. 4. Nürnb. 786. Schneider u. W. 1 ₰ 12 gr

Vinci, B. Gaudard de, Hilda. Erzählung. Autoris. Uebersetzung aus dem Franz. v. Anna Caro. (Unterwegs u. Daheim.) schmal 8. (138 S.) Breslau (900). Schles. Buchdruckerei 2c. n. — 75; geb. n. 1. —

Vincis, de, Epistolae lib. VI. etc. 2 Tmi. 8. Basel, Flick. 740.

v. Vinck, (Lieut.) ..., Gedichte, herausg. v. G. W. S. 2c., s. Blumen aus d. Nachlasse.

Vinck, H., s. Vink

Vinck, J. J. v., Gedanken üb. das Osnabrückische Eigenthums- od. Gutsherren-Recht 2c. gr. 4. Lemgo, Meyer. 721.

von Vincke, Herr, der König des Rechtsbodens, siehe: Bibliothek moderner Räubergeschichten. 1. Bd. 3. Hft.

Vincke, Westfalen's Oberpräsident Ludw. Frhr. v., sein Leben und seine Zeit. 1774 — 1844. Denkwürdigkeiten aus seinem Amts- und Privatwirken vom Verf. der Schrift: „das Haus Rothschild, seine Geschichte und seine Geschäfte." 7 Lfgn. gr. 8. (344 S.) Lemgo 858, Meyer'sche Hofbuchh. à Lfg. * 5 Ngr. *

Vincke, Carl v., s. Vincke, Karl v.

Vincke, Ernst, Gedichte. gr. 12. (13⅔ B.) Magdeburg 840, Creutz'sche Buchh.

Vincke, F. v. u. **Haarland**, H.: Eigenthums-Ordnungen für das Fürstenthum Minden und die Grafschaft Ravensberg vom 8. Nov. 1669 und 26. Nov. 1741, nebst d. Entw. e. rev. u. verb. Eigenthums-Ordnung v. J. 1791. Im Auftr. des Justiz-Ministers v. Kamptz hrsg. Minden 1841.

Vincke, F. Frhr. v., kurze geschichtliche Entwickelung der Getreide-Production, Getreide-Consumtion und des Getreide-Verkehrs des preussischen Staates in den J. 1840—1860. gr. 8. (V und 36 S.) Stuttgart 864, Johannssen's Verlag.

Vincke, Friedrich Ludw. W. Ph. Baron v., Ueber Gemeinheitstheilungen. Berlin, 1825.

Vincke, Gisbert Frhr., ABC für Haus u. Welt. Aus der Mappe eines alten Diplomaten. Münster 870. Brunn. 16. (102 S.) 15 ngr.

Vincke, Gisbert Frhr., ABC f. Haus u. Welt. Aus der Mappe e. alten Diplomaten. 2. verm. Aufl. 16. (190 S.) Berlin 875. Haude & Spener. n. 2. —; geb. m. Goldschn. n. 3. —

Vincke, Gisbert Frhr., ABC für Haus und Welt. Aus der Mappe eines alten Diplomaten. 3. Aufl. 16. (190 S.) Berlin 880, Haude und Spener'sche Verlagsh. cart. * geb. mit Goldschn. *

— Anno 1870. In drei Liedern. 16. (16 S.) Münster 870. Brunn. — 30

Vincke, Gisbert Frhr. v., gesammelte Aufsätze zur Bühnengeschichte, s.: Forschungen, theatergeschichtliche.

— Im Bann der Jungfrau. Novellenbuch. 3 Bde. Hannover 864. C. Rümpler. 8. (6 Bl., 814 S.) 3 ₰ 15 ngr.

— im Bann der Jungfrau. Novellenbuch. 2. Aufl. 3 Bde. 8. (239, 273 u. 302 S.) Hannover 873. Rümpler. 7. 50

Vincke, Gisbert, Bilder aus Italien. 16. (III und 100 S.) Dessau 854, Gebr. Katz. *

Vincke, Gisbert Frhr., Gedichte. gr. 16. (XII und 336 S.) Berlin 860, Riegel's Verlag. [Leipzig, Köhler.] * geb. *

—— Gedichte. 2. Ausg. gr. 16. (XII und 336 S.) Iserlohn 863, Bädeker. geb. mit Goldschn.

Vincke, Gisbert Frhr., alte Geschichten. 2 Bde. 8. Münster 887, Aschendorff'sche Buchh. [1. Bd. (310 S.) ℳ 2.70.; 2. Bd. (258 S.) ℳ 3.—.] ℳ 5.70.; geb. *

Vincke, Gisb. Frhr. Kleine Geschichten. 2 Bde. 8. (VIII, 222; VIII, 198 S.) Münster 889, Aschendorff. * 4 —

— zwei westfälische Geschichten. 8. (226 S.) Münster i/W. 892. E. Obertüschen. n. 2. —; geb. n. 3. —

Vincke, Gisbert Frhr. v., das Leben — ein Traum. Schauspiel in 5 Aufzügen. Mit freier Benutzg. Calderons. gr. 8. (63 S.) Freiburg i/Br. 883. Wagner. n. 1. 60

—— Lustspiele. 1. Bd. 8. (192 S.) Münster 869, Brunn's Verlag.

— Lustspiele. [Neue Folge.] gr. 8. (238 S.) Freiburg i/B. 881. Wagner. n. 3. —

— Reisegeschichten. Novellenbuch in Versen. Ebend. 869. 16. (253 S.) 1 ₰; in engl. Einb. 1 ₰ 15 ngr.

—— Rose und Distel, s. Rose und Distel.

— Rose u. Distel. Poesieen aus England u. Schottland 2., verm. Aufl. Weimar 865. Böhlau. 8. (XII, 292 S.) 1 ₰ 10 ngr.

Vincke, Gisbert, Rubin, ein Märchen. 8. (7⅛ B.) Potsdam 846, Riegel's Vrlgsh. Thlr. —

—— Sagen und Bilder aus Westfalen, s. Sagen.

Vincke, Gisbert Frhr., ein Sommernachtstraum! Worte zu Felix Mendelssohn-Bartholdy's Musik, unter Benutzung des Shakspeareschen Textes. Für Concert-Aufführungen bestimmt. gr. 8. (15 S.) Münster 851, Regensberg. n. ⅙ ₰

— e. Sommernachtstraum. Verbindende Worte zu Felix Mendelssohn-Bartholdy's Musik. [Mit Benutzg. Schlegel's.] 2. Aufl. gr. 8. (16 S.) Münster i/W. 892. Regensberg. n. — 50

—— ein kleines Sündenregister. (54 S.) 1882. * ℳ 1,60.; 2. verm. Aufl. (109 S.) 1883. * ℳ 1,80.; 3. verm. Aufl. 8. (150 S.) Ebendas. 881. *

— ein kleines Sündenregister. 4., verb. Aufl. 16. (VIII, 188 S.) Münster 889. Brunn's Buchdr. n. 2. —

—— Zeitvertreibe. Lustspiel in Versen in 1 Aufzuge. (Den Bühnen gegenüber Mscr.) 16. (55 S.) Hamm 856, Grote. *

V[incke], I. J. de: Ohn-maaßgebliche Gedancken über das Oßnabrückische Eigenthums- oder Guts-Herren-Recht, worin der Unterscheid zwischen dem Oßnabrückischen und Ravensbergischen Eigenthum gezeiget, und alles ex jure canonico, civili, feudali bestärcket. Lemgo 1721. [2 Ex.]

Vincke, Karl Freih. v.

Vincke, C. Frhr. v., Abgeordneter zur 1sten Kammer, Ein Blick auf Preußens gegenwärtige Lage. Berlin, den 18ten Mai 1849. (Für meine Wähler als Manuscript gedruckt.) Berlin, E. S. Mittler u. Sohn. II, 17 S. 8°.

Vincke-Olbendorf, C. Frhr. v. Denkschrift über den Entwurf eines Gesetzes betr. die Aufhebung der Grundsteuer-Befreiungen vom 20. Juli 1848. 8°. Berlin 1848.

Vincke, Carl v., auf Olbendorf, über Communal- u. Polizei-Verwaltung in den Landgemeinden Nieder-Schlesiens. gr. 8. (2 B.) Breslau 845, Ph. Aderholz.

v. Vincke, Carl Freih., die Patrimonial- u. Polizei-Gerichtsbarkeit auf dem Lande in den östl. Provinzen des preußischen Staats. 2. Aufl. gr. 8. (80 S.) Breslau 847, Trewendt (& Granier). 1/3 ℛ

v. Vincke, Rede, gehalten in der Sitzung der zweiten Kammer am 3. December 1850 über den Adreß-Entwurf. [Wortgetreu nach den stenograph. Berichten.] Fol. (8 S.) Berlin 850, Springer. 1/12 ℛ

Vincke-Olbendorf, C. v., die Reorganisation des preußischen Heerwesens nach dem schleswig-holsteinschen Kriege. Berlin 864. G. Reimer. gr. 8. (V, 90 S.) n. 10 ngr.

v. Vincke, (Hauptmann) Frhr. G., die Schlacht bei Lützen den 6. November 1632. Historisches Fragment zur Erinnerung an Gustav Adolph am 200jähr. Jahrestage seines Todes. Mit 1 lith. Situations-Plan. gr. 8. Berl. 832. Nauck. 12 gr

Vincke, Ludwig Freih. v.

(V i n c k e , Oberpräsident von): „Bericht an das Ministerium des Innern über die Zerstückelung der Bauerhöfe und die Zersplitterung der Grundstücke in der Provinz Westphalen". Als Handschrift gedruckt o. O. (Münster) 1824 — Vorh. Preuß. Staatsbibliothek Berlin.

Vincke,..., Bericht an d. Minister d. Innern üb. die Zerstückelung d. Bauernhöfe u. die Zersplitterung d. Grundstücke in d. Provinz Westphalen. gr. 8. (Münster 824. Regensberg). 3 gr

Vincke, L[udw.] Frh. v.: Darstellung der innern Verwaltung Grossbritanniens. Hrsg. von Barth. Gg. Niebuhr. Berlin: Realschulbuchhdlg. 1815.

Vincke, L. Freih. v., Darstellung d. innern Verwaltung Großbritanniens, herausg. v. B. G. Niebuhr. gr. 8. Berl. Realschulbuchh. 816.

v. Vincke, Frhr. Ritter Ldw., Darstellung d. innern Verwaltung Großbritanniens, herausg. v. B. G. Niebuhr. gr. 8. Berl. 816. Reimer. 18 gr

v. Vincke, L. Frhr., († d. 2. Dec. 1844), Darstellung der innern Verwaltung Großbritanniens. Hrsg. von B. G. Niebuhr. 2. Aufl. gr. 8. (XII u. 108 S.) Berlin 848, G. Reimer. 1/2 ℛ

Vincke, Ludwig von (Minden/W.) Erlg. Jur. 1794/1a.2

De fundamento poenarum capitalium tam historice quam philosophice spectato sectio secunda.
Präs. Karl Daniel Heinrich Bensen.
Erlangen (Junge) VIII. 1794. S. 56 - 83.

35197

Vincke, Ludw. v., der zweite punische Krieg u. d. Kriegsplan d. Carthager. Eine histor.-polit. Vorarbeit zu e. Gesch. d. zweiten punischen Krieges. gr. 8. (23 1/4 B.) Berlin 841, W. Besser. *

Vincke-Olbendorf, C. v., s. V i n c k e , Karl Freih. v.

***Vinculo, de, matrimonii.* 8. Gera 784. Beckmann. 7 gr**

Vindano, auch ich will ein Aufklärer sein. 3 Thle. 8. Augsburg 791. M. Rieger. 1 1/6 ℛ

Vindebona, od. d. schönste Tag f. Vaterland; ein Volksgesang bem Tage d. großen Vermählungsfeier des Allgeliebten gewidmet. 4. Wien 808. Rehm. 2 gr

Vindemia Basiliensis. Basileae [1834]. H: *Hoffmann gen. von Fallersleben, August Heinrich.* (GCr)

Vindex, Karl, antisemitische Wühlereien und Raufereien in Pleiß-Athen, s. a. Zeit- und Kultur-Bilder.

Vindex, antisemit. Wühlereien u. Raufereien. Leipz. 881.

Vinder, M. (Psdn.), das stehende Theater zu Neu-Abbera, eine dramat. Pille. Nebst 1 lithogr. Ansicht des Theaters zu Neu-Abbera. 8. Leipz. 824. (Wienbrack). 18 gr

Vinder, M., das stehende Theater zu Neu-Abdera, e. dramat. Pille, allen Abderiten zu gesegneter Wirkung u. allen Nicht-Abderiten zur Warnung u. Kurzweil verschrieben. 8. (7½ B. u. 1 Stnt.) Leipzig 829, (Wienbrack.)

Vindicatio Erasmi ab accusatione gemina auctoris Prolegomenorum in N. T. graeci editionem . . . [Duisb. 1735.] V: *Iselin, Jacob Christoph.* (stri)

Vindicatio morum doctrinae liberi arbitrii reiecta libertate Stoica ethicae Kantianae. Gött. 1799. V: *Ammon, Christoph Friedrich.* (Eiker)

Vindiciae actorum Murensium . . . S. l. 1750. V: *Kopp, Fridolin.* (WBL)

Vindiciae Alphonsianae seu doctoris ecclesiae S. Alphonsi de Ligorio, episcopi, doctrina moralis vindicata a plurimis oppugnationibus prof. Cl. P. Ant. Ballerini, cura et studio quorumdam theologorum. Ed. altera, aucta et emendata. 2 tomi. gr. 8. (CXXXIV, 536; 626 S.) Parisiis 874. (Regensburg, Pustet.) **

Vindiciarum Alphonsianarum editionis alterae praefatio apologetica. Accedunt dissertatio de auctoritate doctrinae moralis S. Alphonsi et altera dissertatio de morali systemate ejusdem s. doctoris. gr. 8. (213 S.) Ebendas. 874. **

Vindiciae antiquitatum romanarum. Fasc. I. De legislatione decemvirali. Dissertatio inaugur. philologica. Scripsit G. A. A. G. Haeckermann. 8maj. (9⅞ B.) Gryphiae 813, (Koch.) *

Vindiciae arboris genealogicae Augustae gentis Carolino-Boicae. Münch. 1730. V: *Wilhelm, Ignaz Franz Xaver v.* (Myl) (HThPP)

Vindiciae et assertio libertatis pro ciuitate Hildesiensi . . . S. l. [ca. 1710]. V: *Schrader, Martin.* (Myl)

Vindiciae Austriacae Seu De Irrefragabilibus Augustissimae Romanorum Imperatricis Mariae Theresiae ... In Regna & Provincias Paternas succedendi juribus Oratio Juridicis, Politicis & Historicis Notes Illustrata. [1745] Viennae. V: *Riedel, Jos. Ferd.* (Pk 3/225) (BiblPort)

Vindiciae, Bescheidene, eines Diplomatis des Röm. Königs Henrici VII. de anno 1226. [Hildesheim] 1731. V: *Moser, Johann Jacob.* (ML)

Vindiciae Braunianae, oder kurzgefasste Species Facti und ... bewährte Widerlegung derer ... Gegnerischen Einwürfe ... O. O. 1732. V: *Panzer, Frz Bernh.* (Holz)

— Cler. Zagrabiensis contra reflexiones Hieronymi Szabadhegyi et Ladisl. Fogassi ejusd. cleri reformatorum. 8maj. Philadelphia 793. (Eggenberger in Pesth.) 18 ℊ

Vindiciae eines Diplomatis des Röm. Königs Henrici VII. de anno 1226 etc. [Hildesheim] 1731. H: *Moser, Joh. Jacob.* (Joh. Jacob Moser, Lebensgeschichte von ihm selbst beschrieben. Frankfurt u. Leipzig 1777, III, 147)

* Vindiciae famae Reichianae, quibus ostenditur, quod Equus Neubauerianus contagio infectus et 14. Nov. 1705. vivus contumulatus nequaquam praesciente, consulente, approbante Ge. Reichio — terrae sit intrusus etc. Vit. 710. 4.

Vindiciae, Flaminii Cephalii, coelibatus ecclesiarum occidentis. Augustae Vind. 1787. V: *Baernkopf, Ignác.* (Pk)

Vindiciae Gobatianae sive Examen propositionum, ... ex operibus P. Georgii Gobat ... S. l. 1706. V: *Rassler, Christoph.* (Jes) (SO) (ADB)

Vindiciae, Historicae, pro Hermanni Conringii censura in diploma fundationis fictitium, quod Lindaviense ... Coenobium primum Imperatori Ludovico Lotharii filio ... scripsit ... Lindaugiae 1700. V: *Tentzel, Wilh. Ernst.* (HThPP) (Cat. d. Stadtbibl. Zürich. Zürich 1864—97.)

Vindiciae Historicae pro Herm. Conringii Censura in Diploma fundationis fictitium ... Constantiae 1700. V: *Tenzel, Wilh. Ernst & Thom. Weltz.* (Holz) (Myl)

Vindiciae Joannis Jahn. 8maj. Leipz. 822. (Kummer). 1 ℛ 18 ℊ

Vindiciae pro jure primogeniturae Hanovicae, et hinc dependente liberatione cujusvis in primogenio successoris, a contractis antecessorum debitis ... In Sachen Beydalischer Wittib contra Seine Hoch-Gräfl. Gnaden zu Hanau-Müntzenberg. o. O. u. J.

Vindiciae jurium status eccles. circa temporalia. S. l. [1757]. V: *Desing, Anselm von.* (Hr)

Vindiciae Juvenalianae. Gottingae 1854. V: *Hermann, Carl Frdr.* (Ky)

Vindiciae libertatis antiquae Saxonicae sive Westfalicae ... Lemgoviae 1713. V: *Meinders, Herm. Adolph.* (EB)

Vindiciae libertatis Ciuitatum Imperii circa receptionem Cancellariae Equestris ... Stuttg. 1761. V: *Orth, Georg Heinr.* (Holz) (Pütter, Litt. d. Teutsch. Staatsr. Gött. 1773—91. III, 807.)

— libertatis civitatum imperii circa receptionem cancellariae. 8. Stuttg. 761. Metzler. 1 ℛ

Vindiciae luculentae juris ac privilegii in Indias atque Africam navigandi ... Lips. 1724. V: *Berger, Friedr. Ludw. Edl. v.* (EB)

— D. Lutheri hostilis in principes animi civiliumque seditionum accusati, re autem vera laesionum etc. 8. Jena 796. Göpferdt. 6 ℊ

— methodi, qua in elementis juris civilis usus et vir. illustr. I. G. Heineccius, oppositae G. I. Schutz examini ejusd. methodi, acc. in calce ipsum examen Schützianum etc. 8. maj. Halae, Renger. 734.

Vindiciae primariarum precum Caesareae Maiestatis ... Jenae 1712. V: *Lyncker, Heinr. Ferd. Chrn. Freih. von.* (Holz) »1714« *Lyncker, Nic. Christ. Freih. v.* (Bibl. Rinckiana. Lips. 1747.) (stri)

Vindiciae Prussicae adversus Sacr. Militiae Teutonicae iniquum et maleficiosum grauamen. Halae 1701. V: *Ludewig, Joh. Pet. von.* (Holz)

Vindiciae reipublicae Tugiensis, Oder Rettung Der Freyheit und Rechten Des freyen Stands Der Stadt und Ambts Zug ... Zug 1732. V: *Schumacher, Joseph Anton.* (Cl.zür Forts. III)

Vindiciae sacrarum N. T. scripturarum. Helmstadii 1824. V: *Kelle, Carl Gfr.* (Cat. d. Stadtbibl. Zürich. Zürich 1864—97.)

— sacrarum N. T. scripturarum oppugnatar, ab iis, quibus mythi et prodigia offensioni sunt. 8. Helmst. 824. Fleckeisen. 12 ℊℊ

— sacri generalis concilii constantiensis etc. 8maj. Prag Schönfeld. 5 ℊℊ

— adversus sycophontas Iuvavienses. 4. maj. Cöln. 741.

Vindiciae adversus Sycophantas Juvavienses. Coloniae 1740 [1741]. V: *Gaspari de Novomonte, Joh. Bapt.* (Bibliothecae Jos. Garampi Catalogus Romae 1796, I. Bd., S. 337, Nr. 3797) (Della Vita ... di Gio Batt de Gaspari, Venezia 1770, S. 47) (H. F. Wagner: Anonymes und Pseudonymes in der Salzburger Literatur 1910, S. 4) (BiblPort)

Vindiciae Torquati Tassi. Gottingae 1763. V: *Jacobi, Johann Georg.* (JL)

Vindiciae Theologiae moralis adversus Recensentem Friburgensem. Oeniponti 1776. V: ***Oberrauch, Herkulan.*** (P. Ehrenberger: Herkulan Oberrauch, Bozen 1862, S. 36) (BiblPort)

Vindiciae usus accentuum musici et oratorii ... Lipsiae 1713. V: *Abicht, Joh. Georg.* (Myl)

Vindiciani Afri quae feruntur reliquiae, s.: Prisciani, Theodori, Euporiston libri III.

Vindicta Mariana in Scenam data ... [Aug. Vind. et Friburgi Brisg. 1759.] V: *Weitenauer, Ignaz.* (Jes)

Vindicta, Victa, ... seu Belisarius injuriarum immemor ... Lincii 1747. V: *Weylgoune, Johann Nepomuk.* (WBL)

Vinding, Paul, Epistola de scriptis nonnullis adespotis, mitgegeben in V. Placcii Theatrum anonymorum et pseudonymorum, ed. M. Dreyeri, Hamburg (1708) siehe Vincentius Placcius.

Vindobona. Allgemeine illustrierte Zeitung. 1.—7. Jahrg. 1878—1881. à Jahrg. 26 Nrn. (à Nr. ½ Bog.) 4. Wien, Administration. à Jahrg. **

Vindobona. April 1880. (*Einzige Nr.*) Der Wiener Journalisten- u. Schriftsteller-Verein „Concordia" den Armen Oesterreichs. Wien, L. C. Zamarski, k. k. Hofbuchdr. Gr. Fol. Cart. m. roth. Lwdr.
24 S. Mit zahlreichen Holzschnitten verschiedener Künstler u. einer Menge facsim. Autographen berühmter Persönlichkeiten

Vindobona Romana, d. i. die Stadt Wien vor u. zu den Zeiten der alten Römer ꝛc., (v. Frz. Eph. v. Scheyb). gr. 8. Wien 766. Trattner. ℊℊ ℊℊ

Vindonissa, oder Helvetien unter den Römern. (Njbl.) [Fisch, Johann Heinrich].

Vindonissa, oder Helvetien unter den Römern. [Aarau 1821.] V: *Fisch, H.* (Cat. d. Stadtbibl. Zürich. Zürich 1864—97.)

Vinea evangelica a Congregatione Majore academica Virginis Annuntiatae Friburgi in Brisgoja Anno 1761 ... S. l. 1762. V: *Fischer, Franz.* (Jes)

Vines, Rich., praktische Abhandlung über die Rotzkrankheit und den Hautwurm des Pferdes. Aus d. Engl. übersetzt von L. Wagenfeld. Mit 2 color. Tafeln. gr. 8. Danzig 833. Anhuth. 1 ℊ
XXXX. 161 S.

Vines, Wilhelm Reinhold (Elm Grove
The new pocket latin dictionary, in two parts.
London 1854.
[Zur Promotion eingereicht.]
Dr. phil. Giessen 6.5.1859. vorh. Brit.Mus.
26 Kriegsverlust.

Vinet, Was ist Wahrheit? Rede über die Gleichgiltigkeit in religiösen Dingen. Ein Wort für nachdenkende Leser. 8. (31 S.) Stuttgart 881, Buchh. der Evangel. Gesellschaft. *

Vinet, Alexander: Über die Aufgabe der weiblichen Bildung. ⟨Gutachten über d. höhere Töchterschule in Lausanne, i. J. 1842 abgegeben.⟩ Aus d. Franz. übers. u. m. Anm. begleitet v. Robert Koenig. — Oldenburg: Stalling 1855. 34 S. 8°
Aus: Programm der Cäcilienschule, Oldenburg, f. 1855.

Vinet, A., Choix de lectures prises dans les auteurs classiques de la littérature franç. pour servir de complément à la chrestomathie française. gr. in-8. (1 B.) Lausanne 843. (Bâle, Neukirch.) *

Vinet, A., Chrestomathie française, ou choix de morceaux tirés des meilleurs écrivains français; ouvrage destiné à servir d'application méthodique et progressive à un cours régulier de langue franç. III Tom. gr. in-8. Bâle, Neukirch.
Tom. I. Litérature de l'enfance, ou choix de morceaux à la portée de l'âge de 10 à 14 ans, pris dans les différentes branches de l'art d'écrire etc. 1. édit. (26 B.) 829. 1 Thlr. 4 Gr, 2. édit. revue et augm. (29½ B.) 833. 1 Thlr.
- II. Lectures pour l'adolescence. (28 B.) 829. 1 Thlr. 4 Gr.
- III. Lectures pour la jeunesse et l'âge mur. (31½ B,) 830. 1 Thlr. 4 Gr.

Vinet, A., Chrestomathie franç., ou choix de morceaux, tirés des meilleurs écrivains franç. Ouvrage destiné à servir d'application méthodiq. et progress. à un cours régulier de langue franç. III Ts. gr. in-8. Bâle, Neukirch. *
A. s. le tit.:
Tom. I. Littérature de l'enfance. 3. edit., rev. et augm. (28¼ B.) 838. * 1 Thlr.
- II. Littérature de l'adolescence. 2. edit., rev. et augm. (28¼ B.) 836., 3. édit., rev. et augm. (30¾ B.) 840. à * 1 Thlr. 4 Gr.
- III. Littérature de la jeunesse et de l'age mur. 2. edit., rev. et augm. (31½ B.) 836. * 1 Thlr. 15 Gr., 3. édit., rev. et augm. (31¼ B.) 841. * 1 Thlr. 20 Gr.

—— Chrestomathie française, ou choix de morceaux tirés des meilleurs écrivains français. 4. édit., revue et augmentée. Tom. I et II. gr. in-8. Bâle, Neukirch. *

A. s. les Titr.:
Tom. I. Littérature de l'enfance. (29¾ B.) 843. * 1 Thlr.
- II. Littérature de l'adolescence. Choix de morceaux pris dans les différentes branches de l'art d'écrire et tirés des meilleurs écrivains français. (32½ B.) 844. * 1 Thlr. 5 Ngr.
Tom. III. 3. Edit. Le même 1841. * 1 Thlr. 25 Ngr.

Vinet, A., (✝ d. 4. Mai 1847), chrestomathie Française, ou choix de morceaux tirés des meilleurs écrivains Français. Ouvrage destiné à servir d'application méthodique et progressive à un cours régulier de langue Française. Tome I. 5. édition. A. u. d. T.: Littérature de l'enfance ou choix de morceaux à la portée de l'âge de dix à quatorze ans, pris dans les différentes branches de l'art d'écrire, et tirés des meilleurs écrivains Français. 5. édition. gr. 8. (XVI u. 448 S.) Bâle 849, Neukirch. n. 1 ℛ

—— über die Darlegung der religiösen Ueberzeugungen u. über die Trennung der Kirche u. des Staates als die nothwendige Folge sowie Garantie derselben. Eine gekrönte Preisschrift. Aus d. Französ. v. F. H. Spengler. gr. 8. (27¼ B.) Heidelberg 845, C. F. Winter.

[Vinet, Alexandre.] Discours prononcé à l'occasion du mariage de Monsieur E Oswald avec Mademoiselle E Falkner le 20 juin 1831... [à Bâle]. 8. [Bâle.]

— Discours sur quelques sujets religieux. 2e édit. revue et augm. gr. in-8. Paris 832. (Berne et Chur. Dalp.) n. 1¼ ℛ

—— die Einsamkeit dem Geistlichen empfohlen. Eine Rede, vor der ehrwürd. Klasse von Lausanne u. Vevey, gehalten den 22. Mai 1839. Aus d. Französ. 1. Aufl. 842. u. 2. Aufl. 8. (à 2½ B.) Saarbrücken 845, Arnold. à

Vinet, Alex., die Einsamkeit in Gott und Gott in der Einsamkeit oder: Wie empfehlenswerth für den Geistlichen die Einsamkeit sei. Predigt über Luc. 5, 16. Aus dem Französ. übersetzt von einem sächsischen Geistlichen. Zwickau 862. Buchhdlg. des Volksschriften-Vereins. gr. 8. (16 S.) n. 2 ngr

— die Einsamkeit, den Seelsorgern empfohlen. Rede, gehalten von der „vénérable classe" in Lausanne, d. 22. Mai 1839. Aus d. Franz. gr. 8. Zürich u. Frauenfeld 840. Beyel. n. ⅙ ℛ

—— les enfants de dieu. Instruction, tirée de I Jean III, 1—3, et adressée à l'église franç. de Bale le 10. Sept. 1837. 8. (1¼ B.) Bâle, libr. de Schweighauser.

—— die drei Erwachen. Zwei Rathschläge d. Weisheit. Drei Reden. Aus d. Französ. übersetzt v. J. Schmid. gr. 8. (5⅛ B.) Zürich 846, Meyer u. Zeller. *

— essais de Philosophie morale et de morale religieuse, suivis de quelques essais de critique littéraire. 8. Paris 837. Brockhaus et Avenarius. 1⅙ ℛ

Vinet, A., de l'étude de la langue maternelle dans les écoles publiques. Lettre adressé à Monsieur Charles Monnard, Professeur de littérature française à l'Université de Bale. 8. Bale 834. Neukirch. 1/12 ℛ

—— über die Freiheit des religiösen Cultus. Eine gekrönte Preisschrift. Aus d. Franz. v. Volkmann. gr. 8. (15½ B.) Leipzig 843, Barth.

Vinet, Alex., Gedanken u. Betrachtgn. aus s. Schriften. M. e. Vorwort v. Arnold Rüegg. 8. (XVI, 211 S.) Heilbronn 897. E. Salzer. n. 2. 20; geb. n. 3. —

Vinet, A., histoire abrégée de la littérature française à l'usage des institutions et des établissements d'instruction publique. Leipzig 870. Wilfferodt. gr. 8. (VIII. 344 S.) n. 25 ngr

Vinet, A., Homiletik oder Theorie der Predigt. Deutsch bearb. von J. Schmid. Mit einem Vorwort von C. R. Hagenbach. gr. 8. (XV und 508 S.) Basel 857, Bahnmaier's Verlagsh. *

— l'indifférentisme religieux. Sermon prêché dans l'Eglise française de Basle le 29 Sept. 1833. gr. in-8. Basle 833. Schweighauser. n. ⅙ ℛ

Quelques lettres inédites d'Alexandre Vinet et souvenirs de deux années bâloises. Publ. par le Bⁿ Henry de Geymüller. *Baden-Baden: C. Wild 1901.* (XXIX, 72 S.) 8° [01. 7336

—— die Mitschuldigen an der Kreuzigung des Erlösers. Zwei Reden über Hebräer 6, 6 gehalten in Lausanne den 28. März u. 6. April 1845. Aus d. Franz. v. J. Schmid. gr. 8. (2½ B.) Zürich 845, Hanke.

Vinet. — Morceaux choisis d'Alexandre Vinet. Publiés à l'occasion du centième anniversaire de sa naissance et précédés d'une étude sur la vie et l'œuvre de Vinet par *Armand Vautier*. Avec un portrait et 5 vues. Gr. in-8⁰. 319 p. Lausanne, Georges Bridel & Co. 1897. 3 50

— Les Murmures. Sermons. Sam. III, 39—42. 2e Ed. 12. Basel ... Schweighäuser. 3 gr

— Pastoraltheologie od. Lehre vom Dienst am Evangelium, s. a. Reuter's theolog. Klassikerbibliothek.

— Pastoral-Theologie oder Lehre vom Dienst am Evangelium. Nach der Pariser Ausg. von 1850 deutsch bearb., mit krit. Anmerkungen vom luther. u. deutschen Standpuncte', v. Herm. Gust. Hasse. Lex. 8. (XII u. 271 S.) Grimma 852, Gebhardt. 1 ℛ 6 ngr

Vinet, Alex., ausgewählte Predigten u. Reden, s.: Predigt, die, der Kirche.

—— Reden üb. religiöse Gegenstände. N. d. 2. Ausg. übers. v. A. C. Vogel. gr. 8. (23¾ B.) Frankfurt a. M. 835. [Leipzig, Kersten.]

— Reden über religiöse Gegenstände. Nach der 2n Ausgabe übersetzt vom evang. luther. Pfarrer A. C. Vogel. gr. 8. Frankfurt 835. Schmerber. 1⅝ ℛ

—— Reden über einige religiöse Gegenstände. Nach der 3. Aufl. aus dem Französ. von A. v. Bonin. gr. 8. (452 S.) Breslau 847, (Graß, Barth und Comp. Verlag.) *

— Reden über einige religiose Gegenstände. Nach der 4. Aufl. aus dem Französ. übers. von A. v. Bonin. (Neue Titel-Ausg.) Hamburg (847.) 856. Agentur des Rauhen Hauses. gr. 8. (2 Bl., 56, 72, 100, 103, 123 S.) n. 15 ngr

Vinet, (A.,) du respect des Opinions. gr. 8. Basel 824, Neukirch.

[Vinet, Alexandre.] Résumé des affaires de Bâle. Article du Supplément au Nº 5 du Nouvelliste Vaudois. [Année 1831.] 8. ([Bâle] 1831.)

—— evangelische Silberblicke. Reden, Predigten und Studien. Aus dem Französ. übers. von Bruno Lehmann und Herm. Vogel. gr. 8. (VIII und 231 S.) Zwickau 863, Buchh. des Volksschriften-Vereins. *

— der Sozialismus in seinem Prinzip betrachtet. Aus dem Franz. übers. von D. Hofmeister. Mit einem Vorwort von A. Neander. gr. 8. (XVI u. 79 S.) Berlin 849, Dümmler. ½ ℛ

Vinet, Ernest, bibliographique méthodique et raisonnée des **beaux-arts**. Esthétique et histoire de l'art, archéologie, architecture, sculpture, peinture, gravure, arts industriels, etc. etc. Accompagnée de tables alphabétiques et analytiques. 1. Livr. gr. 8. (XII, 144 S.) Paris 874. Didot & Co. n.n. 4. —

Vineta, Lud., Jason, s. Pindar.

Jason. Episches Gedicht nach Pindar. Uebersetzt, bevorredet, erläutert v. Ludolf Vineta [d. i.: Ludolf Wienbarg]. Mit einem Zueignungsgedicht an Jason Sabalkansky. Hamburg. 1830. 8°.

——, Paganini's Leben u. Charakter, nach Schottky dargestellt. gr. 8. (3½ B. u. P's. Bildn.) Hamburg 830, Hoffmann u. Campe.

Vineuil, des Grafen von u. seiner Familie, seltsame Begebenheiten, a. d. Engl. 8. Frankf. 749.

Vingtrinier, croyances et traditions populaires recueillies dans la Franche-Comte, le Lyonnais, la Bresse et de Bugey, s.: Monnier, D.

Vinhold, Christian Gottlieb (Zwickau) A. S. 289/6

Dissertationis juridicae de favore juris circa modum contrahendi sponsalia.
Leipzig (Breitkopf) 24. IX. 1734. 48 S.

Gew.: Gottfried Lange, Christian Ludwig Stieglitz, Karl Otto Rechenberg. 35200

Vinhold, Felix Leopold Gottlieb (Zwickau) A. S. 577/94

Exercitatio iuridica quaestionem continens: utrum ex cambio, probata versione in rem, contra debitorem, qui nondum superavit annum vicesimum quintum aetatis, cum effectu agi possit.
Präs. Friedrich Gottlieb Zoller.
Leipzig (Breitkopf) 22. IV. 1767. 12 S.
35201

Vinhold, Georg Andreas

Vinhold, Ge. Andr., Ad exercitationem ... instituendam luvitat. [Über das Wort Kukuk.] Cygneae 1711. Fol. . . . . (II.)

— Nucleus iuris naturae, 8. Lips. Iunius. 725.

Vinhold, G. A., periodi et chriae Ciceronianae. 12. Dresdae, Gerlach. 706.

Vinica [Schlagwort]

Vinica, s.: Geologische Karten, Spezialkarte. (Oesterr.-Ung.)

Vining, Edward P., das Geheimniß d. Hamlet. Ein Versuch zur Lösg. e. alten Problems. Aus dem Engl. v. Augustin Knoflach. 8. (X, 102 S.) Leipzig 883. (Brockhaus' Sort.) n. 2. —

VINIVAGABUNDUS (ps.), Der gottvolle Weinreisende, oder Weinwitzproben von verschiedenen Jahrgängen. 1846.
Weller, Lex. Ps. p. 595.

Vink, s.a. Vinck

Vink, H. Vorlesungen über das Wiederkäuen des Rindviehes . . . a. d. Holl. Leipzig 1779. Ü: *Gerdessen, Immanuel Gottlob.* (OL) (MGT)

Vink H.: Vorlesungen üb. das Wiederkäuen d. Rindviehes u. die jetzt wütende Viehseuche. Aus d. Holl. übers. u. m. einigen Anmerk. verm. Leipz. 1779. 196 S. 2 Tvl. Schneider. (Linke.)

Vinke, Gerard. Joannes, Dissertatio theologica de Christi, e cruce pendentis, vocibus. 8maj. (15 B.) Trajecti ad Rhen. 846, Keminck et Fil. *

Vinke, Heinrich Egbert

— s. Heringa, J. El. Fil., Opera exegetica. — dess. Disputatio de Codice Boreeliano.

Vinke, Henr. Egb., Libri symbolici ecclesiae reformatae Nederlandicae. 8maj. (38⅓ B.) Trajecti ad Rhen. 846, (Keminck et Fil.) *

Vinke, H. Egbert, Specimen hermen. theologicum, quo vaticinationes Jesu Christi de perpessionibus suis, morte et in vitam reditu illustrantur et vindicantur. 8maj. Utrecht 818. ..

Vinke, H. Egberti, Specimen hermen theologicum, quo vaticinationes Jesu Christi, de perpessionibus suis, morte et in vitam reditu illustrantur et vindicantur. 8maj. Traj. ad Rhenum. (Lips., Weidmann in Comm.) 819.

Vinke, L., s. Vincke, Ludwig v.

Vinkhuyzen, H. J., zur medicinischen Lage Niederlands. Erwiderung an Herrn Dr. H. Rohlfs, in Betreff seiner: „Medicinische Reisebriefe aus England und Holland, 1866 und 1867," [Leipzig, bei Friedr. Fleischer, 1868.] im Namen des medicin. Vereins im Haag. gr. 8. (VI, 16 S.) Leipzig 869, Engelmann. *

Vinković: Einiges über das Wesen u. den Nutzen der Stenographie. 6 S. und 3 stenogr. Taf. Vinkovce. Progr. 1856

Vinković: Einige Winke in Bezug auf d. slav. Stenogr. 6 S. Vinkovce. Progr. 1862

Vinnen, Carl, s. Vinnen, Karl

Vinnen, Karl

Vinnen, Carl, Naturgeschichte, s.: Fischbeck, Joh. Heinr.

Vinnen, Carl, noch mehr Künstler-Elend? Auch e. Prolog zur Grundsteinlegg. e. deutschen Künstlerhauses in Rom. gr. 8. (46 S.) Zürich 894. Verlags-Magazin. n. — 60

VINNIUS, Arn.: In IV. libb. Instt. commentarius. Recens., praef. notulasque adj. J. Gli. HEINECCIUS. *L. B.* 726. 4. — Id lib. *Norimb.* 726.

Vinnius, Arn.: Selectarum juris quaestionum libri duo. Quibus intricatissimae juris materiae hactenus non ventilatae . . . enodantur. Ed. nov. Coloniae Agripp. 1720.

— Ed. nov. Giessae 1736.

Vinnius, Arn., selectarum juris quaestionum c. praefat. J. G. Eslor. lib. II. 12. Marburg 755. Ed. Nov. 4. Frankf. 773. Varrentrapp. 10 gr

Vinogradoff, Alexandre. Développement de l'articulation temporo-maxillaire chez l'homme dans la période intra-utérine. [Travail fait au] Laboratoire d'Histologie, d'Embryologie et de Stomatologie de l'Université de Genève ⟨Suisse⟩.... Thèse Méd. Genève: № 251. [Illustré de] Deux planches hors texte avec 8 figures. ([Extrait de: Internat. Monatsschrift für Anat[omie] u. Phys[iologie]. Bd. 27.) IV + 34 p. 8. Leipzig, Georg Thieme, 1910.

[Russ.] Teorija mirovogo razuma. Soč. I. V. **Vinogradova.** Izd. 2. dopoln. S.-Peterburg 1903: 'Trud'. (196 S.) 8°
[Theorie d. kosmischen Vernunft. 2. verm. Aufl.] [illegible] 9

Vinohorsky: Schulbesprechung d. Lesestückes Ilja Volźanin. 6 S. Königgräz, Progr. 1858

Vinorcus, Roland.: Ad jptiae civ. cognitionem manuductio, aptiss. Digg. compendium, in quo jur. civ. praecepta p. aphorismos explicantur. *Frcf.* 714. 8.
Vgl. Vinoricus, Rul.

Vinoricus, Rul., manuductio ad jus civile. 8. *Francof.* 714.
Vgl. Vinorcus, Roland

Vinson, Albert Earl, a. Columbus Ohio: Beiträge zur Methodik der Analyse ganzer Tierkörper. Göttingen 1904: W. F. Kaestner. (70 S.) 8°
Göttingen, Phil. Fak., Ref. Lehmann, Diss. v. 4. Febr. 1905
[Geb. 30. Okt. 73 Dayton, Ohio; Wohnort: Dayton; Staatsangeh.: Ver. St.; Vorbildung: High School Dayton (ohne Reifezeugnis); Studium: Ohio State University Columbus 5, Göttingen 4 S.; Rig. 29. Juli 04.]

Vintéjoux, F., und Jacq. de Reinach, Formules et tables d'intérêts composés et d'annuités. Ouvrage contenant un traité pratique des emprunts et des opérations financières qui s'y rattachent. gr. 8. (VII, 150 S.) Frankfurt a. M. 874, Baer und Comp. *

Vintler, Hans v., Gedichte. 12. (XIII, 215 S. m. Bildnis in Heliograv.) Leipzig 892. A. G. Liebeskind. n. 3. —

Vintler, H. v. Die „Maximen" des Herzogs von La Rochefoucauld. Insbruck, R., 1887. 29 S. Progr

Vintler, Hans, die pluemen der tugent. Hrsg. von Ign. V. Zingerle. gr. 8. (XXXIII, 403 S.) Innsbruck 874, Wagner'sche Universitäts-Buchh.

—— s. Sander, Herm.

Vintschgau, Maximilian v.

— *Intorno all'azione esercitata da alcuni gas sul sangue.* S. 37. 368 . . . . .
Separatabdruck

Vintschgau Maximilian Ritter von und Cobelli Ruggero. *Intorno all' azione dell'urina sulla soluzione di iodio e sulla colla d'amido.* S. 54. II. 288 . . . .
Separatabdruck

— e R. **Cobelli,** Intorno all' azione dell' urina sulla soluzione di iodio e sulla colla d'amido. [Aus den Sitzungsber. der k. Akad. der Wiss.] Wien 867. (Gerold's Sohn.) Lex.-8. (13 S.) n. 6 ngr.

Vintschgau, M. v., Geschmacksinn. Geruchsinn, s. Handbuch der Physiologie.

— *Osservazioni chimiche sulle reazioni per le quali la cristallina si dovrebbe distinguere dall'albumina.* S. 21. 483 . . . .
Separatabdruck

Vintschgau, Mass. de, Osservazioni chimiche sulle reazioni per le quali la cristallina si dovrebbe distinguere dall' albumina. Lex.-8. (14 S.) Wien 857, (Gerold's Sohn.) Thlr. *
Aus: Sitzungsberichte der k. Akademie der Wissenschaften, Jahrg. 1857, besonders abgedruckt.

— *Presenza dello zucchero nell'urina di volpe.* S. 42. 523 . . . .,
Separatabdruck

Vintschgau, Maximilian Ritter von: Ricerche sulla struttura microscopica della Retina dell'Uomo, degli Animali vertebrati e dei Cefalopodi (con 1 tav.). S. 11. 943.
Separatabdruck

— e. G. P. **Vlacovich,** Intorno ai sussidj meccanici meglio acconci a determinare con precisione il numero delle pulsazioni cardiache nei conigli, s. Vlacovich, G. P.

— Über die Hoffmannsche Tyrosinreaktion und über die Verbindungen des Tyrosins mit Quecksilberoxyd. S. 60. II. 476 . . . .,
Separatabdruck

Vintschgau, M. Ritter v., über die Hoffmann'sche Tyrosin-Reaction u. über die Verbindungen des Tyrosins mit Quecksilberoxyd. [Aus den Sitzungsber. der k. Akad. der Wiss.] Wien 870. (Gerold's Sohn.) Lex.-8. (11 S.) 2⅓ ngr.

— und Dietl M.: Untersuchungen über das Verhalten der Temperatur im Magen und im Rektum während der Verdauung (mit 3 Taf.). S. 60. II. 607 . . . .,
Separatabdruck

— u. M. **Dietl,** Untersuchungen über das Verhalten der Temperatur im Magen u. im Rectum während der Verdauung. [Mit 3 Taff. (auf 2 Steintaff. in qu. 4 u. qu. Fol.)] [Aus den Sitzungsber. der k. Akad. der Wiss.] Wien 869. (Gerold's Sohn.) Lex.-8. (53 S.) n. 16 ngr.

— Über die Wirkung des Physostigmins auf die Amphibien. S. 55. II. 49 . . . .
Separatabdruck

Vintschgau, M. Ritter v., über die Wirkung des Physostigmins auf die Amphibien. [Aus den Sitzungsber. der k. Akad. der Wiss.] Wien 867. (Gerold's Sohn.) Lex.-8. (26 S.) n. 4 ngr.

Vintschger, J. v., s. Vintschger von Altenburg zu Neuberg, Johann

Vintschger Ritt. v. Altenburg, Hans. Festschrift zur Feier des 40jährigen Bestandes der Freiwilligen Feuerwehr in Kärntens Hauptstadt Klgft. 1864—1904. Klgft., Leon, 1904. Quart. 24 S.

Vintschger R. v. Altenburg zu Neuberg Joh.: Des Dichters Aufgabe in moderner und antiker Zeit mit bes. Rücksicht auf Graf Platen u. Horatius in kurzer vergleichender Darstellung. 19. Gmunden 99.
Progr.

Vintschger R. v. Altenburg zu Neuberg Joh.: Die Aëro-Composita sprachwissenschaftlich classificiert. 17. Gmunden 99.
Progr.

Vintschger R. v. Altenburg zu Neuberg Joh.: Beiträge zur Würdigung des Sophokleischen Trauerspieles „Die Trachinierinnen" in Form einer übersichtlichen Einleitung. 28. Gmunden 00.
Progr.

Vintschger, J., Beiträge zur Würdigung des Sophokleischen Trauerspieles. „Die Trachinierinnen" in Form einer übersichtlichen Einleitung. Pr. 1900. 30 S.

— Grammatisches Hilfsbüchlein für den latein-Unterricht. 71. ibd. 01.
Progr. Gmunden.

v. Vintschger, Johann: Katalog der Lehrerbibliothek des k. k. Staats-Real- und Obergymnasiums mit deutscher Unterrichtssprache in Ung.-Hradisch, im Sinne des Erlasses des hoh. k. k. Ministeriums für Cultus und Unterricht vom 30. December 1896. 8. S. 3—67.
Progr.

Vintschger R. von Altenburg zu Neuberg Joh.: Ein Streifzug durch's Salzkammergut. 18 mit 15 Ansichten. Gmunden 00.
Preis.

Vintzelberg, G., Aufsätze u. Aufgaben m. u. ohne Dispositionen aus dem Gebiete d. Post- u. Telegraphenwesens. Ein Handbuch für jüngere Postbeamte. gr. 8. (VI, 206 S.) Fehrbellin 887. (Leipzig, Larsen.) geb. n. 2. —

Vintzelberg, G., prakt. Rathgeber f. jüngere Postbeamte. Hülfsmittel zur Selbstübung in schriftl. Arbeiten. 2. Aufl. gr. 8. (VII, 386 S.) Berlin (898). Rosenbaum & Hart. n. 3. —

Vintzelberg, J. A., Gedenkbuch zur Feier der Schlacht bei Fehrbellin. Nebst dem Fest-Bericht über die Einweihung des erneuerten und bewehrten Denkmals. Unter Benutzung archival. Quellen herausg. Berlin 857. Heinicke in Comm. gr. 8. (70 S. u. 1 Lithogr.) n. 15 ngr.; feine Ausg. n. 25 ngr.

Finanzierung und Bilanz. Ein Hilfsbuch f. d. Geschäftswelt. Anleitung z. Feststellung d. Kaufpreises e. Firma, d. Umsatzes … hrsg. von Johs. Vintzelberg. *Berlin: H. Spamer [1904].* (32 S.) 8°

Vintzelberg, Johs., Finanzierung u. Bilanz. Ein Hilfsbuch f. die Geschäftswelt. Unentbehrlicher Ratgeber zur Feststellg. des Kaufpreises e. Firma, des Umsatzes, Kredits u. Betriebskapitals, sowie zum richt. Lesen e. Bilanz unter Berücksichtg. der Bedeutg. des Grundbuches f. das Geschäftsleben, f. jedermann allgemein verständl. bearb. 2. verm. Aufl. (IV, 47 S. m. 1 Formular.) gr. 8. Berlin 906. H. Spamer. n. 1. 50
1. Aufl. (IV, 32 S.) (904) n. 1. —.

Vinz Chr. Sam.

– vermischte Anmerkungen zur Erläuterung d. symbolischen Gottesgelahrtheit. 1s Stück. 8. Schleiz 771. Mauke. 8 gr.

– Begriff eines Affekts bei Gott. 8. Schleiz 769. Mauke. 4 gr.

Vinz, Chr. Sam., († 1772.) Begriff eines Affekts bei den Menschen. 8. Schleiz 769. Mauke. 5 gr.

Vinz J. S., s. Vinz, Chr. Samuel

[Vinzelberg, Ed.] Der Kanarienvogel. Prakt. Anl. z. Zucht, Pflege u. Gesangsausbildg dess. unt. Berücks. d. Krankhtn, ihrer Verhütg u. Heilg … v. Ed. Vinzelberg. *Mülheim a. d. R.: J. Bagel (1897).* (104 S.) 1 Bd 8.

Vinzelberg, Ed., der Kanarienvogel. Praktische Anleitg. zur Zucht, Pflege u. Gesangsausbildg. desselben, unter Berücksicht. der Krankheiten, ihrer Verhütg. u. Heilg., sowie des Vereins- u. Ausstellungswesens. (2. [Umschlag-]Aufl.) 12. (104 S.) Mülheim a/R. (900). J. Bagel. 1. —; erm. Pr. — 75

Vincenried, ou les mémoires du chevalier de Courtille. gr. 12. Basel 789. Flick. (Neukirch). 8 gr.

Vinzent von Wangen, s. Vincent von Wangen

Vinzenz von Paul, s. Vincent de Paul

Vinzenz von Lerin, s. Vincenz von Lerinum

Vinzenz, Jos.

Vinzenz, J., Anleitung zur mikroskopischen Untersuchung der Gespinnstfasern zum Gebrauche f. Fabrikanten, Kaufleute etc. gr. 8. (36 S. m. Abbildgn.) Cottbus 890. Dresden, G. Kühtmann. n. 1. —

Vinzenz, Jos., Lehrbuch der Bindungslehre u. Dekomposition f. Tuch- u. Buckskinweberei. E. Hilfsbuch f. Fabrikanten, Dessinateure, Webmeister, Webschüler u. sonst. Webereibeflissene. 18 Lfgn. gr. 8. (VI, 103 S. m. 72 farb. Taf.) Dresden 895. G. Kühtmann. à Lfg. n. 1. —

Vinzenzo, Don, Bürgerl. Trauersp. 8. Frankf. Gebhardt. 781.
Vgl. Vincenzo, Don

Viohl, Karl, deutsche Dichtungen für Schule und Haus. Gesammelt u. herausg. Berlin 862. W. Schultze. 8. (IV, 348 S.) 22½ ngr.

— und H. Wentzel, des Kindes Lust und Freude. Gedichtsammlung für Schule und Haus. 860. — 2. Aufl. Berlin 862. Plahn. 8. (X, 174 S.) 15 ngr.; feine Ausg. mit 6 color. Lithogr. 25 ngr.

Viohl, C., und H. Wentzel, des Kindes Lust und Freude. Gedichtsammlung für Schule und Haus. 8. (X und 174 S.) Berlin 861, Plahn'sche Buchh.
Mit 6 ill. (lithogr.) Bildern *

Viohl, Karl, u. H. Wentzel, des Kindes Lust u. Freude. Gedichtsammlung für Schule u. Haus. 3. Aufl. Berlin 866. Plahn'sche Buchh. 8. (X, 174 S.) cart. 15 ngr.

Viohl, K., und H. Wentzel, des Kindes Lust und Freude. Gedichtsammlung für Schule und Haus. 6. Aufl. gr. 16. (X, 174 S.) Berlin 876, Plahn'sche Buchh. cart.

Viol, F. W., was hat man zu thun, um die Augen des neugebornen Kindes vor Erblindung zu bewahren? Ein Wort der Belehrung und Ermahnung für seine lieben Landsleute. 8. (32 S.) Breslau 857, (Korn'sche Buchh.) *

Viol, Frid. Guil. (geb. Ernsdorf in Schles. 7. 4. 1817): De phthisi pulmonum. Berolini (1840). (27 S.) 8°
Berlin, Med. Diss. v. 5. Okt. 1840

Viol, Oscar, Ingenieur aus Breslau: Mechanische Schwingungen isolirt gespannter Drähte mit sichtbarer elektrischer Seitenentladung. *Leipzig: J. A. Barth 1900.* (37 S.) 8°
Rostock, Phil. Diss. v. [14. Nov.] 1900

Viol, W., Karl Gottlieb Freudenberg. Erinnerungen aus dem Leben eines alten Organisten. 8. (VIII, 226 S. mit dem Portr. Freudenberg's in Holzschn.) Breslau [Leipzig] 869, Leuckart. *

Viol, W. Karl Gottlieb Freudenberg. Erinnerungen aus dem Leben eines alten Organisten. Breslau 1870.

Viol, W., Don Juan, s. Don Juan.

—— aus dem Leben eines alten Organisten. Nach den hinterlassenen Papieren Carl Gottlieb Freudenberg's bearb. und hrsg. 2. Aufl., billige Ausg. 8. (VIII, 226 S. mit dem Portr. Freudenberg's.) Ebendas. 872. *

Viol, W., Schlesische Lieder, s. C. D. Hoffmann.

Viola oder Liebe um Liebe. Schauspiel in zwei Akten. Frankfurt. O. O. 1813. V: *Thumb, Friedrich Freih. von.* (EF)

Viola, od. Lieb um Liebe. Schausp. in 2 Akten. 8. Frankf. am M. Simon. 813.

Viola. Taschenbuch f. 1833. Hrsg. v. † Pustkuchen-Glanzow. 8. (17½ B.) Wesel, Becker.

Viola philosophica. Viennae 1650. V: *Rosacinus, Adam Christian.* (JES)

Viola, Friedhofsblumen, s.: Erzählungen f. Schulkinder.

Viola, Carlo M.

Viola, C. M., Grundzüge der Kristallographie (X, 389 S. m. 453 Abbildgn.) Lex.-8. Leipzig 904. W. Engelmann. n. 11. —; geb. in Leinw. n. 12. —

Viola, Joh., dieses Büchlein gehört den Hausfrauen! Das neue Geld im Kleinverkehre. Eine Unterweisung und Belehrung über das Kopf- und Zifferrechnen mit dem neuen Gelde an und für sich und in Verbindung mit dem bisher. Gelde, in leichtfaßl. Weise dargestellt und durch Beispiele, wie sie im gewöhnl. Leben tägl. vorkommen, so wie durch 3 Tabellen, mit vorzügl. Rücksicht auf unsere Hausfrauen erläutert. 2., verm. Aufl. und 3., bedeutend verm. Aufl. 8. (39 S. mit 1 Tab. in gr. 4.) Wien 859, Gerold's Sohn.

Viola, Joh., das neue Geld im Kleinverkehre. Eine Unterweisung u. Belehrung über das Kopf- u. Zifferrechnen mit dem neuen Gelde an u. für sich u. in Verbindung mit dem bisherigen Gelde, in leichtfaßlicher Weise dargestellt u. durch Beispiele, wie sie im gewöhnlichen Leben täglich vorkommen, so wie durch 3 Tab., mit vorzüglicher Rücksicht auf unsere Hausfrauen erläutert. 2. u. 3., bedeutend verm. Aufl. Wien 859. Gerold. 8. (39 S. u. 1 Tab. in 4.) n. 4 ngr.

Viola, Joh., (Joh. Rogner), mathematische Sophismen. 8. (20 S.) Wien 850, Gerold. n. 4 ngr

Mathematische Sophismen. Hrgg. v. Johann Viola. 2. Aufl. Wien. 1865. 8°

Viola, Joh., mathematische Sophismen. 2. Aufl. 8. (24 S.) Wien 886. Gerold's Sohn. — 60

Viola, Johannes, approb. Arzt aus Cuxhaven: Aus d. Kgl. Psychiatr. u. Nervenklinik d. Universität Kiel. Zwei Fälle von multipler Sklerose. *Kiel 1903: Schmidt & Klaunig.* (24 S.) 8°
Kiel, Med. Diss. v. [27. Aug.] 1903

Viola, Max, der Birkenheimer. E. sehr modernes Epos. 12. (141 S.) Budapest 896. C. Grill. n. 2. —

— blasirt. Roman. 8. (158 S.) Berlin 895. E. Ebering. n. 3. —

Viola, Max, die Brüder. Eine Novelle. 8. (78 S.) Budapest 902. S. Deutsch & Co. n. 1. —

Viola, Max, „Furor Teutonicus" od. Acht Tage in Berlin. (69 S.) gr. 16. Budapest 903. Grill. n. 1. —

— Dr. Gutmann. Roman. 1. u. 2. Aufl. 8. (à 258 S.) Breslau 900. Schles. Buchdruckerei 2c. n. 3.—; geb. n. 4.—

Viola, Max, zweierlei Liebe. Roman. 8. (278 S.) Breslau 893. Schles. Verlags-Anstalt. n. 4. —; geb. n. 5. —

Das letzte Lied. Gedichte von Max Viola [d. i. Veigelsberg]. Berlin: S. Cronbach 1905. (150 S.) 8°

Viola, Max. Die Nadel der Kleopatra u. andere Humoresken, s. Universal-Bibliothek.

— moderne Nippes. 8. (295 S.) Breslau 896. Schles. Buchdruckerei 2c. n. 4. —; geb. n. 5. —

[S.] O, Peccini! Roman v. Max Viola. *Breslau: S. Schottlaender 1899.* (251 S.) 1 Bd 8.

— Schloßgeschichten, s.: Eckstein's Reisebibliothek.

— Salomon Tulpenthal. Ein mod. Roman. 8. (328 S.) Berlin 903. S. Cronbach. n. 4. —; geb. n. 5. —

Violand, Ernst, die sociale Geschichte d. Revolution in Oesterreich. gr. 8. (280 S.) Leipzig 850, O. Wigand. n. 1⅓ ℛ

Violand, Frz., siehe: Enthüllungen aus Oesterreichs jüngster Vergangenheit.

Violante, Filippo de: De variolis et morbillis tractatus physico-mechanicus. 180 S., gbd.

Dresdae: Walther 1750

JB 5.052

Violaria Afranae. Edid. Jann. Theoph. Kreyssig. gr. 8. (XVI u. 100 S.) Meissen 847, Klinkicht & Sohn. 18 ngr

Violations, les, de la convention de Genève par les Français en 1870—1871. Dépêches, protocoles, rapports etc. gr. 8. (39 S.) Berlin 811. C. Duncker. — 25

les Violations de la convention de Genève par les Français en 1870—1871. Dépêches, protocoles, rapports. (39) 8. Berlin 1871.

Viole, oder das Todtengewölbe. Ein Roman, v. W. Willmar. 8. Kiel, Akadem. Buchh. 812.

Viole, oder das Todtengewölbe. Ein Roman von Wilhelmine Willmar. Neue wohlf. Ausgabe. 8. Kiel. akadem. Buchhdl. 817.

Viole, die geistliche, oder eine kleine Sammlung geistreicher Lieder zum Gebrauch der evangel. Gemeinschaft u. heilsuchender Seelen überhaupt. 11. Aufl. 32. (286 S.) Neu-Berlin 850. (Philadelphia, Schäfer & Koradi.) n. ⅚ ℛ

Violeau, Hippolyte, siehe: Abendunterhaltungen für Handwerker.

Violen oder Kleine Erzählungen und Gedichte ... Glogau 1822. V: *Langner, Leopold.* (MGT)

Violen. Eine Sammlung Novellen und Erzählungen von beliebten Schriftstellern. 1r u. 2r Bd. Mit 2 Titelbildern. gr. 12. Wien 840. (Leipzig, Einhorn.) 1 ℛ

Violenblätter, Züge und Darstellungen aus der Gemüthswelt. Von K. Grumbach. 8. Leipzig, Hartmann. 820.

Violet; or, the Dansense: a portraiture of human passions and Character. gr. 12. Brussels 836. Frankfort o. M., Fr. Wilmans. n. 1⅓ ℛ

Violet, s.: **Adreß- u. Geschäfts-Handbuch** der Stadt Zeitz.

— s.: **Album v. Zwickau.**

Violet, ..., Anweisung zur Miniaturmalerei; aus d. Französ. mit Zusätzen (v. J. P. Meynier). 8. Hof 793. Grau. 16 gr.

Violet's Berufswahlführer. Der Jurist. Eine Übersicht üb. sämtl. auf Grund des jurist. Studiums ergreifbaren Berufe innerhalb u. außerhalb des Staatsdienstes. Unter Berücksicht. der neuesten Bestimmgn. der deutschen Bundesstaaten dargestellt v. e. Juristen. (94 S.) kl. 8. Stuttgart 907. W. Violet. Kart. 1. 20

Violet's Bücherei. 1. kl. 8. Stuttgart, W. Violet. — 50
Formenlehre der homerischen Mundart. Zum Gebrauch f. die Schule u. den Privatunterricht. Von Wilhelm Freund. 2. Aufl., durchgesehen u. verb. v. Elpenor. (74 S.) 906.

Violet's Juristen-Bibliothek. Für Jünger der Rechtswissenschaft. Nach den Quellen und den anerkanntesten Lehrbüchern bearb. von einem prakt. Juristen in Verbindung mit mehreren Fachmännern. 1. Abthl.: Die römischen Rechtsquellen in sinngetreuer deutscher Uebersetzung, nebst sprachl. und sachl. Erläuterungen, Glossarien und Indices. 8 Hefte. 8. Leipzig 882,83, Violet. à Heft * 75 Pf. *
Inhalt:
Heft 1—4. Justinian's Institutionen. 4 Hefte. (IV, 306 S.)
" 5—8. Justinian's Pandekten. 4 Hefte. (IV, 332 S.)

— **Ratgeber f. weibliche Berufe.** Eine Uebersicht üb. die Erwerbsgelegenheiten f. Mädchen u. Frauen. (91 S.) 12. Ebd. 903. Geb. in Leinw. n. 1. —

VIOLET, Mme. – Tagebuch der Madam (sol) Violet, der Geliebten Sr. Königl. Hoheit des Prinzen Albert von England, Herzogs von Clarence (1889—1894). Berlin W. 57 (,) Richard Eckstein Nachf., o. J. (c. 1900). 8°. (Br. Mk. 5—, gebd. 6,50.) (3 Mk. Origlwd., Lipsius & Tischer, 1910; 6 Kr. L. Rosner, Wien, 1910.)

— **Taschenbuch** f. Schüler höherer Lehranstalten. Tabellen, Jahreszahlen u. Formeln aus der Welt-, Kirchen-, Literatur- u. Kunstgeschichte, der Mathematik, Astronomie, Physik, Chemie, Naturkunde, Geographie u. Sprachenkunde, nebst e. Uebersicht der Mass-, Gewichts- u. Münzsysteme u. der Chronologie. 9., verb. u. verm. Aufl. des Taschenbuchs f. Gymnasiasten u. Realschüler. (IV, 281 S.) kl. 8. Ebd. 905. In Leinw. kart. 2. —

— dasselbe f. Schülerinnen höherer Lehranstalten. 9., verb. u. verm. Aufl. des Taschenbuchs f. Gymnasiasten u. Realschüler. (IV, 281 S.) kl. 8. Ebd. 905. In Leinw. kart. n. 2. —

— **Taschenbuch** f. Schüler höherer Lehranstalten. Tabellen, Jahreszahlen u. Formeln aus der Welt-, Kirchen-, Literatur-, Kunst- u. Musikgeschichte, der Mathemathik, Astronomie, Physik, Chemie, Naturkunde, Geographie u. Sprachenkunde, nebst e. Übersicht der Mass-, Gewichts- u. Münzsysteme u. der Chronologie. 10., verb. u. verm. Aufl. (IV, 295 S.) kl. 8. Ebd. 911. Geb. in Leinw. 2. —

— **Wegweiser** bei der Berufswahl. Eine Uebersicht üb. die männl. Berufe auf Grund der Berechtiggn. der höheren Lehranstalten in Nord- u. Süddeutschland. 4., vollständig umgearb. u. verm. Aufl. (IV, 79 S.) 12. Ebd. 903. Geb. in Leinw. n. 1. —

— **Wegweiser** bei der Berufswahl. Eine Übersicht üb. die männl. Berufe auf Grund der Berechtigg. der höh. Lehranstalten in Nord- u. Süddeutschland. 5., umgearb. Aufl. (103 S.) kl. 8. Ebd. 908. Geb. 1. 20

Violet, Bruno, s.: **Esra-Apokalypse**, die.

Violet, *Eduard Albert* Bruno [cand. rev. min.]: Über die palästinischen Märtyrer des Eusebius von Cäsarea . . . [Erschien vollst. als Heft 4 d. XIV. Bds von: Texte u. Unters. z. Gesch. d. altchristl. Lit. hrsg. v. O. v. Gebhardt u. A. Harnack.] Leipzig, Druck v. A. Pries, 1896; VIII, 53 S. 8°
Strassburg, Phil. Fak., Inaug.-Diss. v. 1896.

Violet, Bruno, d. palästin. Märtyrer d. Eusebius v. Cäsarea, s. a. **Texte u. Untersuchungen zur Geschichte d. altchristl. Literatur**, XIV. Bd., 4. Hft.

Die Palästinischen Märtyrer des Eusebius v. Cäsarea. Ihre ausführlichere Fassg u. deren Verhältnis z. kürzeren v. Bruno Violet. *Leipzig: J. C. Hinrichs 1896.* (VII, 178 S.) 8.
= Texte u. Untersuchgn z. Geschichte d. altchristl. Literatur. Bd 14. H. 4. [96. 4809

Violet, Bruno, ein zweisprachiges Psalmfragment aus Damaskus. Bericht. Sonderabzug aus der orientalist. Litteratur-Zeitg. Mit e. Abbildg. des Fragments. gr. 4. (52 S.) Berlin 902. W. Peiser. n. 2. 50

Ⓑ — Ein zweisprach. Psalmfragment a. Damaskus. 902. (KBL 32.) Jetzt: Leipzig, J. C. Hinrichs' Verl.

Violet, Bruno, aus Berlin, Dr. d. Philos., cand. rev. min.: **Theologische Thesen** ... zur Erwerbung des Grades eines Lizentiaten der Theologie ... *Berlin (1903): G. Schade.* (2 Bl.) 4°
Berlin, Theol. Thes. v. 12. Febr. 1903

Violet, Eduard Albert Bruno, s. Violet, Bruno

Violet, F., Der Gebrauch der Zahlwörter in Zeitbestimmungen bei T. Diss. 1882. 90 S. 4.—

Violet, Frz., aus Geschichte u. Sage. Bilder u. Erzählgn. f. die Vorstufe des geschichtl. Unterrichts in höh. Mädchenschulen, auf Grund des Lehrbuchs der Geschichte f. höh. Lehranstalten v. K. Schenk bearb. (Ausg. E Vorstufe.) Lehrstoff der V. u. IV. Klasse. (VI, 158 S. m. Abb.) gr. 8. Leipzig 905. B. G. Teubner. Geb. n. 1. 80

Violet, Frz., Lehrbuch der Geschichte f. höhere Lehranstalten, s.: **Schenk, K.**

— Lehrbuch der deutschen Literatur, s.: **Stohn, Herm.**

Violet, Franz, Dr.: Die neuere deutsche Litteratur auf der Oberstufe der höheren Mädchenschule. *Berlin: R. Gaertner 1899.* (32 S.) 4°
Berlin, Dorotheen-S, OP 1899**

— **die neuere deutsche Litteratur auf der Oberstufe der höheren Mädchenschule.** Progr. 4. (32 S.) Berlin 899. [R. Gaertner.] Weidmann. n. 1. —

Violet, Georg(e Henri Étienne) (geb. Berlin 28. 4. 1858): Über die Gelbsucht der Neugeborenen und die Zeit der Abnabelung. Berlin (1880). (50 S.) 8°
Berlin, Med. Diss. v. 15. März 1880

Violet, Ludwig, Volontärassistent d. med. Klin. zu Greifswald: Kritischer Wechsel des Blutbildes bei Myeloider Leukämie. Leipzig 1909: Hoffmann. 72 S. 8°
Greifswald, Med. Diss. v. 20. Febr. 1909, Ref. Allard-Minkowski
[Geb. 26. Jan. 83 Düsseldorf; Wohnort: Greifswald; Staatsangeh.: Preußen; Vorbildung: Marien-Gymn. Posen Reife O. 02; Studium: Greifswald 6, Marburg 1, Berlin 4, Greifswald 2 S.; Coll. 21. Jan. 09; Approb. 31. Dez. 08.] [U 09. 1508

Violet, Rose, Jugendliebe. Gedichte. (28 S.) 8. Leipzig 907. Modernes Verlagsbureau. 1. —

Violetta, Liebesträume. Novellen. 8. (III, 116 S.) Dresden 895. E. Pierson. n. 1. 50; geb. n. 2. 50

Violier, ..., introduction à la géographie universelle. 12. Lausanne 765. Pott. 8 gr

Violine, über eine, 8. Wien, Kurzböck. (Camesina) 781.

Violine, über eine, (v. Tauber v. Taubenfurt). 8. Wien 781. Kurzböck. (Heubner). 10 gr

Violinschule, kleine, zum Gebr. f. Anfänger, so wie zum Selbstunterr., v. Baillot, Rode u. Kreutzer. Fol. (4½ B.) Braunschweig 831, G. M. Meyer.

Violinschule, neue theoret. u. prakt., von Rode, Kreutzer u. Baillot. Geordnet von Baillot. Vom Conservatorium d. Musik zu Paris zum Unterr. angenommen. gr. Fol. Wien 826. Steiner u. C. (a. Breitkopf u. H. in Leipz.) 2 ß

Violinschule von Rode, Kreutzer u. Baillot, herausg. von Baillot. Von dem Conservatorio der Musik in Paris beim Unterricht eingeführt. Neue verm. Ausg. Fol. Berlin 834. Schlesinger. 2 ß

Violland, A., Sammlung geistlicher Lieder bei der heiligen Messe an H. Zeiten, Festtagen d. Herrn, d. Jungfrau Maria etc. 8. Augsb. 801. M. Rieger sel. (Al. Eurisch). 10 gr

Violle, J., Lehrbuch der Physik. Deutsche Ausg. v. E. Gumlich, L. Holborn, W. Jaeger, D. Kreichgauer, St. Lindeck. (In 4 Thln.) 1. Thl.: Mechanik. 1. Bd. Allgemeine Mechanik u. Mechanik der festen Körper. Mit 257 in den Text gedr. Fig. 5 Lfgn. gr. 8. (XVI, 496 S. m. zahlreichen Abbildgn.) Berlin 892. J. Springer. n. 10. —; geb. in Leinw. n. 11. 20

— dasselbe. 1. Thl.: Mechanik. 2. Bd. Mechanik der flüss. u. gasförm. Körper. gr. 8. (XI u. S. 497—992 m. 309 Fig.) Ebd. 893. n. 10. —; geb. in Leinw. n. 11. 20

— dasselbe. 2. Thl.: Akustik u. Optik. 1. Bd. Akustik. gr. 8. (X, 307 S. m. 163 Fig.) Ebd. 893. n. 8. —; geb. in Leinw. n. 9. 20

Violle, J., Lehrbuch der Physik. Deutsche Ausg. v. E. Gumlich, W. Jaeger, St. Lindeck. II. Thl.: Akustik u. Optik. 2. Bd. Geometr. Optik. gr. 8. (VII u. S. 309—675 m. 270 Fig.) Berlin 897. J. Springer. n. 8. —; geb. in Leinw. n. 9. 20 (I. u. II.: n. 36. —; geb. n. 40. 80)

Viollet und Combes, die rauchverzehrenden Oefen, s. Schauplatz, neuer, der Künste etc. 226. Bd.

Viollet, J. B., Theorie der artesischen Brunnen, nebst e. vollständigen Anleitung z. Nutzanwendung dieser Brunnen in den Gewerben u. der Landwirthschaft. Deutsche Ausgabe, verm. m. fortlauf. krit. Zusätzen u. Erläuterungen nach eigenen vielfält. Beobachtungen u. Erfahrungen v. A. E. Bruckmann. gr. 8. (19½ B., 7 Stnt. u. 2 Tab.) Ulm 842, [Stettin'sche Sortmh.]

Viollet, J. B., Theorie der Artesischen Brunnen, nebst einer vollständigen Anleitung zur Nutzanwendung dieser Brunnen in den Gewerben u. der Landwirthschaft. Deutsche Ausgabe, verm. mit fortlauf. krit. Zusätzen u. Erläuterungen nach eigenen vielfält. Beobachtungen und Erfahrungen von A. E. Bruckmann. Mit 7 Steintaf. u. 2 Tab. gr. 8. Ulm 842, Wagner'sche Verlags-Buchh. 2 ß

Viollet-Le-Duc, wie man e. Haus baut. Aus dem Franz. übers. v. Walt. Kernick. Mit 62 Abb. nach Zeichngn. des Verf. (VIII, 386 S.) 8. München 909. G. D. W. Callwey. 4.50; geb. 6. —

Viollier, Edmond William.] Acht Tage in Genf. [Herausgeber: Offizielles Verkehrsbureau, Genf.... [Mit Illustrationen und 1 Plan. IV + 36 S. 8. (Genf, Imp. Atar, 1901.)

Viollier, J., la résurrection de Jésus selon le nouveau testament. Essai historique. gr. 8. (VII, 93 S.) Paris 873. Sandoz & Fischbacher. n. 2. 50

Violoncellisten der Gegenwart in Wort u. Bild. (204 S. m. Bildnissen.) 8. Hamburg (Eimsbüttelerstr. 40) 903. W. Engel. n. 4. —

VION, J B
Geographische Belustigung, in sich haltend eine kurze Beschreibung der Erdkugel, in zwey und funzig Tabellen eingetheilet, nebst einer Tabelle der zwölf Stämme der Kinder Israel, sehr nützlich für die Jugend,
aus dem Französischen des Herrn J. B. Vion übersetzt.
Frankfurt-Leipzig: Düren. 1775. 16, 156 S. 8°.
Bayerische Staatsbibliothek München

Vion, J. J. H., Vertheidigung des Christenthums gegen die falschen philosophischen Systeme des modernen Unglaubens, und besonders gegen den in der gelehrten Welt zur Mode gewordenen Rationalismus u. Indifferentismus, vorgetragen in sechs Fasten-Predigten. Mit d. Verf. Bildniß. gr. 8. Straßburg 838. Derivaux; Augsburg, Rieger. n. 5/6 ß

Vionnet, Ge., museum numarium, carmen, sive notitia rei numariae veteris. 4. Helmstaedt. Weygand. 744.

Vionville [Schlagwort]

Vionville, s.: Metz, Meyer, Jul.

Vioresku, Oskar. Ein moldauisches Genrebild von W. v. K. Leipzig 863. (Voigt &) Günther. 8. (2 Bl., 307 S.) n. 1 ß

Viot, V., das Geheimniß des Menschen, mit Bezug auf seine Stellung in der Schöpfung überhaupt und zum Staate und der Kirche insbesondere. Im Lichte heut. Reformbestrebungen. Hrsg. unter Mitwirkung mehrerer Gelehrten. 6 Hefte. gr. 8. (464 S.) Leipzig 875, Mentzel. à Heft *M. 1. —

— praktische Lebensphilosophie. Im Lichte heut. Reformbestrebgn. Hrsg. unter Mitwirkg. mehrerer Gelehrter. 2. Aufl. gr. 8. (464 S.) Ebend. 876. n. 6. —

Viotte, Charles, discours sur les trois seuls et vrais moyens de régénérer la société. 8. (28 S.) Hermannstadt 879. (Schmiedicke.) n. — 90

Viotte, Charles, Grammaire turque courte et facile à l'usage des étrangers, militaires, commerçants etc. en Turquie. Suivie d'un vocabulaire cont. les mots les plus nécessaires et d'un guide de conversation en turc, français, anglais et italien, auquel on a ajouté des lettres, des fables, des anecdotes, et des proverbes en turc et en français. 16. (VIII und 277 S. mit 1 Stnt. in qu. gr. 4.) Hermannstadt 856. (Leipzig, Brockhaus' Sortiment und Antiquarium.) *

(Vipern. Die V.) Njbl. s. [Schinz, Heinrich Rudolf].

Viquerat, das Heilverfahren der Tuberculose, gegründet auf bacteriologisch-experimentelle Studien. 8. (30 S.) Moudon 894. (Genf, H. Stapelmohr.) n. 2. —

Viquerat, [Aloïs]. Toxin und Isomerie. Von Dr. Viquerat in Moudon (Schweiz). Abdruck aus dem Centralblatt f. Bakteriologie, Parasitenkunde u. Infektionskrankheiten. Abteilung 1. Originale.... Band 31. 1902. No. 12. S. 581—585. 8. Jena, Gustav Fischer.

Vir, s. a. Mobilmachung, die, d. Weiber.

Vir: Die Mobilmachung der Weiber. —München: Galler (1896). 96 S. 8°

Vir catholicus de vitae praeteritae peccatis doct. 8. Würzb. 782. Rienner. 6 K

Virbius, Abelard, (J. G. Hamann,) Beilage zum zehnten Theile d. Briefe die neueste Literatur betreffend. 8. ... 761.

Virbnik, Alois: Katalog der Lehrerbibliothek. (Fortsetzung.) (Umschlagtitel: . . . (Fortsetzung und Schluss.).) 8 (S. 3—41). Progr. K. k. Ober-G. *Rudolfswert* 1897. 1898.

Vircho, Dan.: Jus locationis. Die Miethsgerechtigkeit, wie dieselbe denen Coelmischen Gütern im Polnischen Preussen . . . in essentialibus . . . gleiche. Königsberg 1755.

Vircho, Daniel: „Die Miethsgerechtigkeit, wie dieselbe den Cöllmischen Gütern im Polnischen Preussen, denen schlechten Zinsgütern in Sachsen und andern Ländern in essentialibus, den Erbzins-, Lehn- und andern Gütern in einigen, den gemeinen Wirthen aber in wenigen Fällen gleiche; aus den Handschriften der Kreuzherren E. Hochedl. Raths und der löblichen functionum der Stadt Danzig erörtert und erwiesen", Königsberg 1755 (Diest).

Vircho, Dan.: Die Teich- und Schlick-Rechte derer dreyen hiesigen Werder, als des Dantziger-, Elbing- und Marienburgischen . . . erörtert. Danzig 1764.

Virchow

— — über das Ajustement des Infanteristen wie solches zur Zeit ist u. wie es wohl besser sein möchte. Stettin 1840. 32 S.

Virchow. Üb. d. Adjustement des Infanteristen, wie solches zur Zeit ist u. wie es wohl besser sein möchte. Stettin 1840. Nebst Anhängen bis 1853.

Virchow. Denkschrift über eine zweckmäßig erscheinende Trageweise des Infanterie-Gepäcks oder über die Nothwendigkeit: die zu tragende Last dem Baue des Korpers gemäß zu vertheilen. Anklam, im November 1833.
64 S., 1 Bl.; 1 Taf. in Litbogr. 8°.

— — Virchowsches Infanterie-Gepäck u. die projektierte Reformierung desselben. Mit 1 Taf. u. 3 Anh. Berlin 1848—1853. 105 S.

Virchow, Sozialismus und Reaktion. Vortrag. 8°. Berlin 1878.

Virchow, C., analytische Methoden zur Nahrungsmittel-Untersuchung, nebst e. Anh.: enth. die Untersuchg. einiger landwirthschaftl. u. techn. Producte u. Fabrikate, sowie die Harnanalyse. Für Apotheker, Chemiker, Medicinalbeamte etc. gr. 8. (XII, 182 S.) Berlin 891. Karger. n. 3. 50; geb. n. 4. 50

Virchow, Hans, mikroskop. Anatomie der äuss. Augenhaut u. des Lidapparates, s. a. Graefe, Alfr., u. Thdr. Saemisch, Handbuch der gesamten Augenheilkunde.

Virchow, Hans: Mikroskopische Anatomie der äusseren Augenhaut und des Lidapparates. Mit 170 Fig. Leipzig: W. Engelmann 1910. 626 S. 8°
(Handbuch d. gesamten Augenheilkunde. 2. Aufl. Bd 1, Abt. 1, [2.])

Virchow, H. Über Bau u. Nervatur der Blattzähne u. Blattspitzen mit Rücksicht auf diagnostische Zwecke im Gebiete der Pharmakognosie. Mit 4 Taf. In 8°. 65 S. Bern. These. 1897.

Virchow, Hans, Beiträge zur vergleichenden Anatomie des Auges. gr. 8. (99 S. mit 21 eingedr. Holzschn. und 1 lithogr. Taf.) Berlin 882, Hirschwald. *

Virchow, Hans, Beiträge zur Kenntniss der Bewegungen des Menschen. gr. 8. (42 S.) Würzburg 883, Stahel'sche Universitäts-Buchh. *
Aus: Sitzungsberichte der physikalisch-medizinischen Gesellschaft zu Würzburg, besonders abgedruckt.

Virchow, Hans (geb. Würzburg 10. 9. 1852): Ueber das Epithel des Dottersackes im Hühnerei. Berlin (1875). (29 S.) 8°
Berlin, Med. Diss. v. 6. Aug. 1875

Virchow, Hans, ein Fall von angeborenem Hydrocephalus internus, zugleich ein Beitrag zur Mikrocephalenfrage. gr. 4. (55 S. mit 2 Taf. und 7 Abbild. im Text.) Leipzig 887, Engelmann. *
Aus: Festschrift für A. v. Kölliker, besonders abgedruckt.

— über die Gefässe der Chorioidea des Kaninchens. Mit 1 lith. Taf. [Aus: „Verhandlgn. d. phys.-med. Gesellsch. zu Würzburg".] gr. 8. (24 S.) Würzburg 881. Stahel. n. 1. 60

Virchow, Hans. Die Handstand-Künstlerin Eugenie Petrescu. Separat-Abdruck aus den Verhandlungen der Berliner Anthropologischen Gesellschaft. 1891. 8°.

Über Tenon'schen Raum und Tenon'sche Kapsel von Dr. H[ans] **Virchow.** Mit 2 Taf. *Berlin: Kgl. Akad. d. Wiss. 1902.* (48 S.) 4°
Aus: Anhang zu den Abhandl. d. Kgl. Preuss. Akad. d. Wiss. v. J. 1902. [03. 1415

—— s. **Rieger**, Conr., der Hypnotismus.

— Die Wirbelsäule des abessinischen Nashorns (Biceros bicornis), nach Form zusammengesetzt. (S. 848—864 m. Abb.) Lex. 8. Berlin 910. G. Reimer. 1. —
Sonderabdruck aus: „Sitzungsber. d. preuss. Akad. d. Wiss."

Virchow, Karl, das Kehdinger Moor und seine landwirthschaftliche Meliorirung durch Marschboden. Inaugural-Dissertation. 8. (45 S. mit 2 Stnt.) Berlin 880. (Göttingen, Vandenhoeck und Ruprecht's Verlag.) *

Virchow, Rud., gesammelte Abhandlungen aus dem Gebiete der öffentlichen Medicin u. der Seuchenlehre. 2 Bde. Mit 4 lith. Taf. gr. 8. (XI, 619 u. V, 652 S.) Berlin 879. Hirschwald. n. 30. —

Virchow, Rud., gesammelte Abhandlungen zur wissenschaftlichen Medicin. Mit zahlreichen (eingedr.) Holzschn. und schwarzen und ill. Taf. Lex.-8. (XVI und 1204 S. mit 3 Kpfrt. in Lex.-8. und qu. Fol., wovon 2 in Farbendr. und 45 eingedr. Holzschn.) Frankfurt a. M. 855(56,) Meidinger Sohn und Comp.

Virchow, Rud., gesammelte Abhandlungen zur wissenschaftlichen Medicin. 2., unveränd. (Titel-)Ausg. Lex.-8. (XIV und 1024 S. mit 2 Kpfrt., wovon 1 ill., in Lex.-8. und qu. Fol. und 1 Chromolithogr.) Berlin (856)62. [Hamm, Grote'sche Buchh.] *

Virchow, R. (Hrsg.), s. Ackermann, Theodor: Über die Ursachen epidemischer Krankheiten.

— Ueber kaukasische Alterthümer u. die trojanische Frage. S.-A. 1890. 11 S. 4°.

Virchow, Rud., Ansprache bei der Stolzefeier im Berliner Gaubund, s.: Zeit- u. Streitfragen, stenographische.

— u. Alb **Guttstadt,** die Anstalten der Stadt Berlin f. die öffentliche Gesundheitspflege u. f. den naturwissenschaftlichen Unterricht. Zusammengestellt v. den städt. Behörden. Mit Holzschn., 3 graph. Tab., 1 geognost. Karte, 1 Karte d. Rieselfelder u. 1 Plan v. der Stadt Berlin. gr. 8. (IV, 400 S.) Berlin 886. Stuhr. n. 10. —; geb. n. 12. —

Virchow, Rud., Anthropologie und prähistorische Forschungen, s. Anleitung zu wissenschaftlichen Beobachtungen auf Reisen.

Virchow, Rudolf: Zur Anthropologie der Westafrikaner, besonders der Togo-Stämme. (Verhandlungen der Berliner Anthropologischen Gesellschaft. 1891. S. 44—65.) Berlin 1891. 22 S. 8°.

Virchow, Rud., drei historische Arbeiten zur Geschichte seiner Vaterstadt Schivelbein, s.a. Zur Erinnerung an Rudolf Virchow.

Zur Erinnerung an Rudolf Virchow. Drei historische Arbeiten (Rudolf) Virchows zur Geschichte seiner Vaterstadt Schivelbein. Von neuem hrsg. von d. Ges. f. Pommersche Gesch. u. Altertumskunde. *Berlin: A. Asher & Co. 1903.* (VI, 83 S.) 8° [F.] [03. 8312

Virchow, Rud., s.a. Archiv f. pathologische Anatomie u. Physiologie.

— Archiv f. pathologische Anatomie u. Physiologie u. f. klinische Medizin. Hrsg. v. Johs. Orth, red. v. Osc. Israel. 171.—186. Bd. XVII. Folge. 1.—10. Bd. u. XVIII. Folge. 1.—6. Bd. à 3 Hefte. gr. 8. Berlin 903—906. G. Reimer. à Bd. 14. —
171. (IV, 558 S. m. 13 Abb. u. 15 Taf.) — 172. (IV, 524 S. m. 2 Abb. u. 16 Taf.) — 173. (IV, 580 S. m. 18 Abb. u. 14 Taf.) — 174. (IV, 579 S. m. 26 Abb. u. 14 Taf.) — 175. (IV, 540 S. m. 27 Abb. u. 12 Taf.) — 176. (IV, 554 S. m. 13 Abb. u. 13 Taf.) — 177. (IV, 580 S. m. 42 Abb. u. 11 Taf.) — 178. (IV, 511 S. m. 14 Abb. u. 10 Taf.) — 179. (IV, 576 S. m. 15 Abb. u. 10 Taf.) — 180. (IV, 590 S. m. 27 Abb. u. 12 Taf.) — 181. (IV, 574 S. m. 2 Abb. u. 14 Taf.) — 182. (IV, 529 S. m. 11 Abb. u. 15 Taf.) — 183. (IV, 509 S. m. 5 Abb. u. 6 Taf.) — 184. (IV, 516 S. m. 18 Abb. u. 13 Taf.) — 185. (IV, 529 S. m. 31 Abb. u. 15 Taf.) — 186. (IV, 421 S. m. 51 Abb. u. 22 Taf.)

— dasselbe. 174. Bd. Suppl.-Heft. (III, 193 S. m. 11 Fig.) gr. 8. Ebd. 903. n. 4. —

— dasselbe. 177. Bd. Suppl.-Heft. gr. 8. Ebd. n. 5. 40
Zur Pathologie des Pankreas. 4 Abhandlungen. Von Sauerbeck, Ssobolew, Gutmann, Adler. Mit 4 Taf. (V, 160 S.) 901.

Virchow's, Rud., Archiv f. pathologische Anatomie u. Physiologie u. f. klinische Medizin. Hrsg. v. Johs. Orth. 187.—202. Bd. XVIII. Folge 7.—10. Bd., XIX. Folge 10. Bd. u. XX. Folge 1. u. 2. Bd. à 3 Hefte. gr. 8. Berlin, G. Reimer. Bd. 187—200 à 14. —; Bd. 201 u. 202 à 16. —
187. (IV, 553 S. m. 8 Abb. u. 14 Taf.) 906. 07. — 188. (IV, 578 S. m. 46 Abb. u. 12 Taf.) 906. 07. — 189. (IV, 528 S. m. 22 Abb. u. 14 Taf.) 907. — 190. (IV, 559 S. m. 6 Abb. u. 18 Taf.) 907. — 191. (IV, 556 S. m. 39 Abb. u. 13 Taf.) 908. — 192. (IV, 564 S. m. 19 Abb. u. 14 Taf.) 908. — 193. (IV, 553 S. m. 5 Abb. u. 14 Taf.) 908. — 194. (IV, 567 S. m. 47 Abb. u. 13 Taf.) 908. — 195. (IV, 563 S. m. 21 Abb. u. 13 Taf.) 909. — 196. (IV, 576 S. m. 38 Abb. u. 12 Taf.) 909. — 197. (IV, 566 S. m. 16 Abb. u. 3 Taf.) 909. — 198. (IV, 572 S. m. 64 Abb. u. 11 Taf.) 909. — 199. (IV, 570 S. m. 3 Abb. u. 3 Taf.) 910. — 200. (IV, 572 S. m. 88 Abb. u. 10 Taf.) 910. — 201. (IV, 476 S. m. 14 Taf.) 910. — 202. (IV, 474 S. m. Fig. u. 8 Taf.) 910.

— dasselbe. Beiheft z. 190. u. 194. Bd. gr. 8. Ebd. 30. —
190. Tuberkulosestudien v. H. Beitzke, F. Daels, E. Klebs, M. Koch, J. Orth, L. Rabinowitsch. Mit 16 Taf., 3 Textabbildgn. u. 13 Tabellentaf. (V, 544 S.) 907. 16. —
194. Arbeiten u. Infektionskrankheiten v. de Vecchi, M. Rabinowitsch, E. Fraenkel, Simmonds, Beitzke, Toyosumi, Oppenheimer, Catsaras, J. Orth u. L. Rabinowitsch, Klebs. Mit 10 Taf., 1 Textabb. u. 3 Kurventaf. (442 S.) 908. 14. —

— dasselbe. Hrsg. v. Johs. Orth. Inhalts-Verzeichnis zu Bd. 151—200. (92 S.) gr. 8. Ebd. 910. 2. 80

—— die Aufgabe der Naturwissenschaften in dem neuen nationalen Leben Deutschlands. Rede, gehalten in der 2. allgemeinen Sitzung der 44. Versammlung deutscher Naturforscher und Aerzte zu Rostock am 22. Septbr. 1871. 16. (34 S.) Berlin 872, F. Duncker. [Stuttgart, Krabbe.] *

Virchow, R.: Die Aufgabe der deutschen Turnerei. Festrede. Berlin 1864. 15 S.

Australier. 20 ethnogr. u. anthropol. Taf., ausgeführt nach Anweisungen u. Zeichnungen d. Prof. Dr. Rudolph Virchow †. Vorwort von Dr. L[udw.] Friederichsen. Erl. Text zu d. Taf. nach J[ohannes] D[iedr.] E[d.] Schmeltz u. Dr. R[ud.] Krause. *Hamburg: L. Friederichsen & Co. 1902.* (13 S., 20 Taf.) 4°
= Journal d. Museum Godeffroy. H. 10. [03. 240

— Beiträge zur physischen Anthropologie der Deutschen, mit besonderer Berücksichtigung der Friesen. [Aus: „Abhandlgn. d. k. Akad. d. Wiss. zu Berlin".] Mit 5 (lith.) Taf. gr. 4. (390 S.) Berlin 876. Dümmler's Verl. in Comm. cart. n. 20. —

Virchow, Rudolf: Beiträge zur Landeskunde der Troas. ([S.-A.] Abhandlungen der Königl. Akademie der Wissenschaften zu Berlin. 1879. Phys. Klasse. Abh. 3.) Berlin 1879. 188 S., 2 Krt. 4°.

— Beiträge zur Landeskunde der Troas. Mit 2 (1 lith. u. 1 chromolith.) Taf. [Aus: „Abhandlgn. d. k. Akad. d. Wiss. zu Berlin".] gr. 4. (190 S.) Ebend. 880. cart. n. 10. —

— d. Bevölkerung d. Philippinen. [Aus: „Sitzungsber. d. Akad. d. Wiss. zu Berlin".] gr. 8. (11 S. m. 1 Fig.) Berlin 897. (G. Reimer.) n. — 50

— die Bevölkerung der Philippinen. 2. Mittheilg. gr. 8. (13 S. m. 2 Fig.) Berlin 899. (G. Reimer.) n. — 50
Sonderabdruck aus: „Sitzungsber. d. preuss. Akad. d. Wiss."

— Briefe an seine Eltern 1839 bis 1864. Hrsg. v. Marie Rabl, geb. Virchow. Mit e. Heliograv., 3 Vollbildern u. e. Brief in Autogr. (XI, 244 S.) gr. 8. Leipzig 906. W. Engelmann. n. 5. —; geb. in Leinw. n. 6. —

— Briefe an seine Eltern 1839 bis 1864. Hrsg. v. Marie Rabl, geb. Virchow. Mit e. Heliograv., 3 Vollbildern u. e. Brief in Autogr. 2. Aufl. (2. Taus.) (XI, 244 S.) gr. 8. Leipzig 907. W. Engelmann. 5. —; geb. in Leinw. 6.

— Ueb. die antiken Büsten des Apollon u. Herakles in Basel. Gel. 1871. 10 S.

— über die Chlorose u. die damit zusammenhängenden Anomalien im Gefässaparate, insbesondere üb. Endocarditis puerperalis. [Vorgetragen in der Sitzg. der Berliner geburtshülfl. Gesellschaft vom 12. Juli 1870.] [Aus: „Beiträge zur Gynaekologie u. Geburtshülfe."] Mit 2 Kpfrtaf. (in gr. 8. u. qu. gr. 4.) gr. 8. (40 S.) Berlin 872. Hirschwald. n. 2. 40

— crania ethnica americana, s.a. Zeitschrift f. Ethnologie.

Virchow, Rudolf: Crania ethnica Americana. Sammlung auserlesener amerikanischer Schädeltypen. Mit 26 Tafeln und 29 Text-Illustrationen. Berlin 1892. (IV), 34 S. Fol.

Virchow, R.: Darstellung d. Lehre v. d. Trichinen. Berlin. 65 p. m. 5 Hlz. u. 1 Tfl. 1864.
Schul-/Univ.-Schrift

Virchow, Rud., Darstellung der Lehre von den Trichinen, mit Rücksicht auf die dadurch gebot. Vorsichtsmaßregeln, für Laien und Aerzte. 1. und 2., verm. Aufl. gr. 8. (65 S. mit 5 eingedr. Holzschn. und 1 chromolithogr. Taf.) Berlin 864, G. Reimer. *

—— über gewisse die Gesundheit benachtheiligende Einflüsse der Schulen. Ein Bericht. gr. 8. (26 S.) Berlin 869, G. Reimer. *
Aus: Archiv für patholog. Anatomie, besonders abgedruckt.

Virchow, Rud., die Einheitsbestrebungen in der wissenschaftl. Medicin. gr. 8. (VIII u. 48 S.) Berlin 849, G. Reimer. 1/3 ᵽ

Virchow, Rud., über die nationale Entwickelung und Bedeutung der Naturwissenschaften. Rede gehalten in der 2. allgemeinen Sitzung der Versammlung deutscher Naturforscher und Aerzte zu Hannover am 20. Septbr. 1865. 8. (31 S.) Berlin 865, A. Hirschwald. *

Virchow, Rudolf: Zur Erinnerung. Blätter d. Dankes für meine Freunde.

Aus: Virchows Archiv für pathologische Anatomie. Bd 167. 1902.

Zur Erinnerung. Blätter d. Dankes f. meine Freunde. Von Rudolf Virchow. Berlin: (G. Reimer) 1902. (15 S.) 8⁰ [Umschlagt.]

— medicinische Erinnerungen von einer Reise nach Ägypten. [Aus: „Archiv f. pathol. Anatomie u. Physiologie u. f. klin. Medicin".] gr. 8. (44 S.) Berlin 888. G. Reimer. n. — 80

— die Eröffnung des patholog. Museums der königl. Friedrich-Wilhelms-Universität zu Berlin am 27. VI. 1899. Mit e. Ansicht u. 4 Grundrissen. gr. 4. (31 S.) Berlin 899. A. Hirschwald. n. 1. 60

—— über die Erziehung des Weibes für seinen Beruf. Eine Vorlesung, gehalten im Hörsaale des grauen Klosters zu Berlin am 20. Febr. 1865. 8. (32 S.) Berlin 865, Th. C. F. Enslin.

— ein Flachbeil aus Jadeit v. der Beeker Haide am Niederrhein. gr. 8. (7 S. m. 1 Fig.) Berlin (899). (G. Reimer.) n. — 50
Sonderabdruck aus: „Sitzungsber. d. preuss. Akad. d. Wiss."

— die Fortschritte der Kriegsheilkunde besonders im Gebiete der Infectionskrankheiten. Rede geh. zur Feier d. Stiftungstages der militär-ärztl. Bildungs-Anstalten am 2. Aug. 1874. gr. 8. (36 S.) Ebend. 874. n. 1. —

— d. neueren Fortschritte in d. Wissenschaft u. ihr Einfluss auf Medicin u. Chirurgie. Gelesen in d. Charing Cross Hospital Medical School zu London am 3. X. 1898. (2. Huxley lecture.) gr. 8. (35 S.) Berlin 898. A. Hirschwald. n. — 80

— Vide: Frauen-Vereins-Conferenz.

—— die Freiheit der Wissenschaft im modernen Staat. Rede, gehalten in der 3. allgemeinen Sitzung der 50. Versammlung deutscher Naturforscher und Aerzte zu München am 22. Septbr. 1877. gr. 8. (32 S.) Berlin 877, [Wiegandt, Hempel und Parey.] Parey. *

—— Gedächtnissrede auf Carl Mayer, gehalten am 25. Juni 1868. gr. 8. (32 S.) Ebendas. 869. *

—— Gedächtnissrede auf Joh. Luc. Schönlein gehalten am 23. Janr. 1865, dem ersten Jahrestage seines Todes in der Aula der Berliner Universität. Mit zahlreichen erläut. Anmerkungen. gr. 8. (112 S.) Berlin 865, A. Hirschwald. *

Virchow, R., Generalbericht über die Arbeiten der städt. gemischten Deputation für die Untersuchung der auf die Canalisation und Abfuhr bezüglichen Fragen. Mit Grundplan, 2 Tflu. u. Tabellen. Berlin 1873. 8⁰.

Virchow, Rudolf: Die krankhaften Geschwülste. 30 Vorlesungen. Mit Holzschn. Bd 1—3, Hälfte 1. Berlin 1863—65.
(Virchow, Rudolf: Vorlesungen über Pathologie. Bd 2—4, Hälfte 1.)

Virchow R.: Die krankhaften Geschwülste. 30 Vorlesungen. Bd. 1-3 Hälfte 1. Berl. 1863-67. Fig. 2 Tvl.
(= Do. Bd. 2-4 Hälfte 1; 2 ikke udk.).

Virchow, Rud., Über Gesichtsurnen. Vortrag. Berlin 1870. Lex.-8.
Sep.-Abdr. aus: Zschr. f. Ethnologie.

—— über Gesichtsurnen. Vortrag. Lex.-8. (16 S.) Berlin 870, Wiegandt, Hempel und Parey. **
Aus: Zeitschrift für Ethnologie, besonders abgedruckt.

[*Kopft.*] Dem Professor der pathologischen Anatomie Herrn Geheimen Medicinalrath Dr. Rudolph Virchow. (*Am Ende:* Bonn, d. 19 Nov. 1881. Die Medicinische Facultät der Rheinischen Friedrich-Wilhelms-Universität.) [Bonn, Druck v. C. Georgi 1881.] 2 Bl. 2.
Glückwunsch zum 25j. Jubiläum als Direktor d. Pathol. Instituts in Berlin

—— Göthe als Naturforscher und in besonderer Beziehung auf Schiller. Eine Rede nebst Erläuterungen. 8. (VII und 127 S. mit 3 eingedr. Holzschn.) Berlin 861, A. Hirschwald. *

— alttrojanische Gräber u. Schädel. Mit 13 (lith., z. Thl. farb.) Taf. [Aus: „Abhandlgn. d. k. Akad. d. Wiss. zu Berlin".] gr. 4. (152 S.) Berlin 882. (Dümmler's Verl.) cart. n. 12. 20

Virchow, Rud., das Gräberfeld v. Koban im Lande der Osseten, Kaukasus. Eine vergleichend-archäolog. Studie. Mit e. Atlas v. 11 (Lichtdr.-)Taf. (gr. Fol. in Mappe). Fol. (III, 157 S. m. eingedr. Holzschn.) Berlin 883. Asher & Co. n. 48. —

Die Gründung der Berliner Universität und der Uebergang aus dem philosophischen in das naturwissenschaftliche Zeitalter. Rede am 3. Aug. 1893 in d. Aula d. Kgl. Friedrich-Wilhelms-Universität zu Berlin geh. v. d. zeit. Rector Rudolf Virchow. Berlin, J. Becker, 1893; 29 S. 4.

— die Gründung der Berliner Universität u. der Uebergang aus dem philosophischen in das naturwissenschaftliche Zeitalter. Rede, am 3. Aug. 1893 in der Aula der königl. Friedrich-Wilhelms-Universität zu Berlin geh. gr. 8. (32 S.) Berlin 893. A. Hirschwald. n. — 80

Virchow u. Westphal, Gutachten d. kgl. wissenschaftl. Deputation f. d. Medizinalwes. in Preußen betr. d. Überbürdung d. Schüler i. d. höh. Lehranstalten, Berlin 1884, 32 S., 8⁰.

—— s. Handbuch der speciellen Pathologie.

— über die Heilkräfte d. Organismus, s. a. Sammlung gemeinverständl. wissenschaftl. Vorträge.

Virchow R, über die Heilkräfte des Organismus. (Sammlung gemeinverständlicher wissenschaftlicher Vorträge 221) Berlin 1875

— über Hospitäler u. Lazarette, s. a. Sammlung gemeinverständl. wissenschaftl. Vorträge.

Virchow R, uber Hospitaler und Lazarethe. (Slg wiss. Vortr. 72) Berlin 1869

Virchow, R. D. Hospitaliter-Orden v. heil. Geist. zumal i. Deutschland. (S.-A.) 1877.

—— über Hünengräber und Pfahlbauten, s. a. Sammlung gemeinverständl. wissenschaftl. Vorträge. 1. Heft.

Virchow, Rud[olf]. Ueber Hunengraber und Pfahlbauten. Nach zwei Vortragen... [in Berlin]. gehalten am 14. und 18. December 1865. 8. Berlin 1866.
Sammlung gemeinverstandlicher wissenschaftlicher Vortrage hrg von Rud. V. und F[ranz] v[on] Holtzendorff. [Jahrgang 1.] Heft 1.

—— über den Hungertyphus und einige verwandte Krankheitsformen. Vortrag, gehalten am 9. Febr. 1868. gr. 8. (56 S.) Berlin 868, Hirschwald. *

— s.: Jahresbericht üb. etc. Anatomie u. Physiologie.

— s.: Jahresbericht üb. d. Leistungen u. Fortschritte in d. Anatomie u. Physiologie.

— s.: Jahresbericht üb. d. Leistgn. u. Fortschritte in d. ges. Medicin.

— s.: Jahresbericht üb. etc. die gesammte Medicin.

Virchow, R., Ueber den troischen Ida, die Skamander Quelle u. die Porta von Zeitunlü. S.-A. 1892. 14 S. u. 1 Abb. 4°. 1.—

Infektionen durch kontagiöse Tiergifte (Zoonosen); Aus: Handbuch d. spez. Path. u. Ther. II. Bd. 1. Abt. gr. 8. Stuttgart 55. Enke. M. 10.40

—— Canalisation oder Abfuhr? Eine hygiein. Studie. gr. 8. (70 S.) Berlin 869, G. Reimer.
Aus: Archiv für patholog. Anatomie etc., besonders abgedruckt.

Virchow, Rud., über die Kanalisation von Berlin. Gutachten der Königl. wissenschaftl. Deputation für das Medicinalwesen nebst einem Nachtrage. Mit zusätzl. Bemerkungen. gr. 8. (58 S.) Berlin 868, Hirschwald. *

Virchow R.: Knochenwachsthum u. Schädelformen, m. besond. Rücks. auf Cretinismus. (Berl.) [1858]. 35 S. (Særtr.). P.

—— über die gegenwärtige kirchlich-politische Lage. Vortrag, gehalten im Oranienburger Thor-Bezirks-Verein am Montag, den 29. Novbr. 1875. 8. (14 S.) Berlin 875, (Caften.) *

Virchow, Rud., über Lazarette u. Baracken. Vortrag geh. vor der Berliner medicin. Gesellschaft am 8. Febr. 1871. gr. 8. (34 S) Berlin 871. Hirschwald. n. 1. —

—— die Lehre von den Trichinen, mit Rücksicht auf die dadurch gebotenen Vorsichtsmaaßregeln für Laien und Aerzte dargestellt. 3., erheblich verm. und umgearb. Aufl. gr. 8. (87 S. mit 7 eingedr. Holzschn. und 1 lithochrom. Taf.) Berlin 866, G. Reimer. *

Lernen und Forschen. Rede b. Antritt d. Rectorats an d. Friedrich-Wilhelms-Universität zu Berlin geh. am 15. Oct. 1892 v. Rudolf Virchow. Berlin, Druck v. J. Becker, 1892; 26 S. 4.

—— Lernen u. Forschen. Rede, beim Antritt d. Rectorats an der Friedrich-Wilhelms-Universität zu Berlin geh. am 15. Octbr. 1892. gr. 8. (27 S.) Berl. 892, Hirschwald. * — 80

—— Menschen- und Affenschädel, s. a. Sammlung gemeinverständl. wissenschaftl. Vorträge.

Virchow R, Menschen- und Affenschädel. (Slg wiss. Vortr. 96) Berlin 1870

— über einige Merkmale niederer Menschenrassen am Schädel. [Aus: „Abhandl. d. k. Akad. d. Wiss. zu Berlin."] Mit 7 (lith.) Taf. (in gr. 4. u. qu. Fol.) gr. 4. (130 S.) Berlin 875. Dümmler's Verl. in Comm. n. 6. —

—— Mittheilungen über die in Oberschlesien herrschende Typhus-Epidemie. gr. 8. (183 S.) Berlin 848, G. Reimer. —
Aus: Archiv für patholog. Anatomie etc. II. Bd. 1. Heft, besonders abgedruckt.

— Morgagni u. der anatomische Gedanke. Rede, geh. am 30. März 1894 auf dem XI. internationalen medicin. Congress zu Rom. [Aus: „Berliner klin. Wochenschr."] gr. 8. (18 S.) Ebd. 894. n. — 60

— dasselbe. 2., m. Nachträgen verseh. Aufl. gr. 8. (28 S.) Ebd. 894. n. — 60

—— Johannes Müller. Eine Gedächtnissrede, gehalten bei der Todtenfeier am 24. Juli 1858 in der Aula der Universität zu Berlin. gr. 8. (48 S.) Berlin 858, A. Hirschwald. *

— s.a. Museum, das neue patholog., der Universität zu Berlin.

Das neue Pathologische Museum der Universität zu Berlin. (Verf.: Rudolf Virchow.) Mit 5 Grundrissen. *Berlin: A. Hirschwald 1901.* (13 S.) 8°
[illegible]

—— über Nahrungs- und Genußmittel, s. a. Sammlung gemeinverständl. wissenschaftl. Vorträge. 48. Heft.

— R. Über Nahrungs- u Genussmittel. (Samml. wissensch. Vorträge 48) Berlin 1868

Virchow, R.: Ueber Nahrungs- und Genußmittel. Vortrag. 2. Aufl. Berlin 1872

— — Über Nahrungs- und Genussmittel. (III.) Hamburg 89. M. .80

— über die Natur der constitutionell-syphilitischen Affectionen. gr. 8. (120 S. mit 1 Stnt. in 4.) Berlin 859, G. Reimer.
Aus: Archiv für pathologische Anatomie und Physiologie, besonders abgedruckt.

—— die Noth im Spessart. Eine medicinisch-geographisch-histor. Skizze. Vorgetragen in der physicalisch-medicin. Gesellschaft in Würzburg am 6. und 13. März 1852. gr. 8. (56 S.) Würzburg 852, Stahel'sche Buchh. *
Aus: Verhandlungen der phys.-med. Gesellschaft, Bd. III., besonders abgedruckt.

— 100 Jahre allgemeiner Pathologie. [Aus: „Festschrift zur 100jähr. Stiftungsfeier d. medizinisch-chirurg. Friedrich-Wilhelms-Instituts".] gr. 8. (42 S.) Berlin 895. A. Hirschwald. n. 1. —

Virchow, Rudolf: Die Pfahlbauten im nördlichen Deutschland. (Stenographische Aufzeichnung.) ([S.-A.] Zeitschrift für Ethnologie. Jahrg. 1869.) (Berlin 1869.) 16 S. 8°.

Virchow, Rudolf: Rassenbildung und Erblichkeit. 44 S.
in: Festschrift für Adolf Bastian. S. 1—44. Berlin 1896. 4°.

—— Rede bei Berathung des Etats für die Polizei-Verwaltung gehalten im Abgeordneten-Hause am 9. Januar 1872 nach dem Wortlaut der stenograph. Berichte. gr. 8. (16 S.) Berlin 872, Weiß.

Virchow, Rudolf: Rede zur Bewillkommnung Schliemann's als Ehrenbürger Berlins, gehalten am 7. Juli 1881 im Festsaale des Berlinischen Rathhauses.
in: Gedächtnissfeier für Heinrich Schliemann. Berlin 1891. 3 S. 8°.

—— vier Reden über Leben und Kranksein. 1. und 2., unveränd. Abdr. 8. (VII und 136 S.) Berlin 862, G. Reimer.

— Reinigung u. Entwässerung Berlins. General-Bericht üb. die Arbeiten der städt. gemischten Deputation f. die Untersuchg. der auf die Kanalisation u. Abfuhr bezügl. Fragen. Mit (3 lith. u. chromolith.) Taf. (in gr. 8. u. qu. Fol.) u. Tabellen. gr. 8. (IV, 182 S.) Berlin 873. Hirschwald. n. 5. —

Virchow (Rud.), Archaeologische Reise in der Niederlausitz. (Verhandl. d. Berliner anthropol. Gesellsch., 1886.) 8.

Virchow, Rud. (Ludov. Car.) (geb. Schivelbein 13. 10. 1821): De rheumate praesertim corneae. Berolini (1843). (30 S.) 8°
Berlin, Med. Diss. v. 21. Okt. 1843

— über das Rückenmark, s.a. Sammlung gemeinverständl. wissenschaftl. Vorträge.

Virchow R. über das Rückenmark. (Samml. wiss. Vortr. 120) Berlin 1871

Virchow, Rudolf: Ueber die Sakalaven. (Auszug aus dem Monatsbericht der Königl. Akademie der Wissenschaften zu Berlin. 1880. S. 995—1029.) Berlin 1880. 35 S. 2 Tf. 8°.

— s.a. Sammlung gemeinverständlicher wissenschaftlicher Vorträge.

Virchow, Rudolf L. K., and Holzendorf, Fr. v. Sammlung gemeinverständlicher wisscht Vorträge. 840v in 35. Berlin, 1866-1901.

—— der erste Sanitätszug des Berliner Hülfs-Vereins für die deutschen Armeen im Felde. Bericht. 8. (84 S.) Berlin 870, Hirschwald. *

—— über alte Schädel von Assos und Cypern. gr. 4. (55 S. mit 5 Lichtdr.-Taf.) Berlin 884, (Dümmler's Verlagsh.) cart. *

— über alte Schädel v. Assos u. Cypern. (Mit 5 (Lichtdr.-)Taf. gr. 4. (55 S.) Berlin 884. (G. Reimer.) cart. n. 5. —

Virchow, R., Ueber griechische Schädel aus alter u. neuer Zeit u. über einen Schädel von Menidi, der für den des Sophokles gehalten ist. S.-A. 1893. 24 S. u. Abb. 4°.

Virchow, Rudolf: Ueber südmarokkanische Schädel. (Sitzungsberichte der Königlich Preussischen Akademie der Wissenschaften zu Berlin. Sitzung der physikalisch-mathematischen Classe vom 18. November 1886. XLVI.) (Berlin 1886.) 15 S. 8°.

—— die Sections-Technik im Leichenhause des Charité-Krankenhauses mit besond. Rücksicht auf gerichtsärztliche Praxis erörtert. Erweiterter Abdr. aus dem 1. Jahrg. der neuen Charité-Annalen. Im Anhang: Das Regulativ für das Verfahren der Gerichtsärzte bei den gerichtl. Untersuchungen menschl. Leichen vom 6. Jan./13. Febr. 1875. gr. 8. (109 S. mit 1 lithogr. Taf. in qu. 4.) Berlin 876, Hirschwald. *

—— dass. — Im Anhang: Das Regulativ für das Verfahren der Gerichtsärzte bei den gerichtl. Untersuchungen menschl. Leichen vom 6. Jan./13. Febr. 1875. 2. Aufl. gr. 8. (IV, 107 S. mit 1 lithogr. Taf. in qu. 4.) Ebendas. 877. *

— die Sections-Technik im Leichenhause d. Charité-Krankenhauses, m. besond. Rücksicht auf gerichtsärztl. Praxis erörtert. Im Anh. das Regulativ f. das Verfahren der Gerichtsärzte bei den gerichtl. Untersuchgn. menschl. Leichen vom $\frac{8.\ \text{Jan.}}{13.\ \text{Febr.}}$ 1875. 3. Aufl. Mit 1 lith Taf. gr. 8. (IV, 109 S.) Berlin 883. Hirschwald. n. 3. —

— die Sections-Technik im Leichenhause d. Charité-Krankenhauses, m. besond. Rücksicht auf gerichtsärztl. Praxis erörtert. Im Anh.: Das preuss. Regulativ f. das Verfahren der Gerichtsärzte bei den gerichtl. Untersuchgn. menschl. Leichen vom 13. Febr. 1875. 4. Aufl. gr. 8. (IV, 114 S. m. 4 Abbildgn.) Ebd. 893. n. 3. —

—— und W. v. Schulenburg, der Spreewald und der Schlossberg von Burg. Praehistorische Skizze. 8. (77 S. mit 2 lithogr. Karten.) Berlin 880, [Wiegandt, Hempel und Parey.] Parey. *

— Ueb. den Stand d. prähistor. Forschungen in Italien. S.-A. 1888. 8 S.

— über die ethnologische Stellung der prähistor. u. protohistor. Ägypter, nebst Bemerkgn. üb. Entfärbg. u. Verfärbg. der Haare. [Aus: „Abhandlgn. d. preuss. Akad. d. Wiss."] gr. 4. (20 S. m. 2 farb. Taf.) Ebd. 898. Kart. n. 3. —

— über die culturgeschichtliche Stellung d. Kaukasus, unt. bes. Berücksicht. d. ornament. Bronzegürtel aus transkaukas. Gräbern. [Aus: „Abhandlgn. d. k. preuss. Akad. d. Wiss. zu Berlin".] gr. 4. (66 S. m. 4 Taf.) Berlin 895. (G. Reimer.) Kart. n. 6. 50

—— über die Sterblichkeitsverhältnisse Berlins. Vortrag in der Berliner medicin. Gesellschaft am 13. Novbr. 1872. gr. 8. (20 S.) Ebendas. 872. *
Aus: Berliner klin. Wochenschrift, besonders abgedruckt.

—— allgemeine Störungen der Ernährung und des Blutes, } s. Handbuch der speciellen Pathologie und Therapie.

— Thrombose u. Empolie, s.a. Klassiker d. Medizin. 7. 8.

Rudolf Virchow. Thrombose und Embolie (1846–1856). Eingeleitet von Rudolf Beneke, Prof. Leipzig: J. A. Barth 1910. 237 S. 8°
(Klassiker d. Medizin. Bd 7, 8.) (10. 17036

— Traumaticismus u. Infection. Nach e. Rede, geh. in der 1. allgemeinen Sitzg. des XIII. internationalen medicin. Congresses zu Paris am 2. VIII. 1900. gr. 8 (26 S.) Berlin 900. G. Reimer. — 75

Virchow, Rud., Troja und der Burgberg von Hissarlik. [Deutsche Rundschau VI, 4.] [Berlin 1880.]

— die Uebervölkerung Europa's, s.: Sammlung gemeinverständl. wissenschaftl. Vorträge.

— Untersuchungen über die Entwickelung des Schädelgrundes im gesunden und krankhaften Zustande und über den Einfluss desselben auf Schädelform, Gesichtsbildung und Gehirnbau. Mit 6 (lith. u. in Farben gedr.) Taf. Abbildgn. Berlin 856. G. Reimer. gr. 4. (3 Bl., 128 S.) n. 4 ℛ︀. 20 ngr.

—— Untersuchungen über die Entwickelung des Schädelgrundes im gesunden und krankhaften Zustande und über den Einfluss derselben auf Schädelform, Gesichtsbildung und Gehirnbau. Imp.-4. (V und 128 S. mit 6 chromolithogr. Taf. Abbild.) Berlin 857, G. Reimer. *

Virchow, Rudolf: Neue Untersuchungen ostafrikanischer Schädel. (Sitzungsberichte der Königlich Preussischen Akademie der Wissenschaften zu Berlin. Sitzung der physikalisch-mathematischen Classe vom 12. Februar 1891. VIII.) (Berlin 1891.) 25 S. 8°.

Virchow R, die Urbevölkerung Europas. (Slg. wiss. Vortr. 193) Berlin 1874

—— Vorlesungen über Pathologie. 1. Bd.: Die Cellularpathologie in ihrer Begründung auf physiolog. und patholog. Gewebelehre dargestellt. 3., neu bearb. und verm. Aufl. Lex.-8. (XVIII und 457 S. mit 150 eingedr. Holzschn.) Berlin (861)62, Hirschwald. *
1. und 2. Aufl., vgl. dessen Cellularpathologie.
Vgl.: Archiv für patholog̈ische Anatomie. — Handbuch der speciellen Pathologie und Therapie.

—— Vorlesungen über Pathologie. 2.—4. Bd. 1. Hälfte. Onkologie. Lex.-8. Berlin, A. Hirschwald. *

Inhalt:

Die krankhaften Geschwülste. 30 Vorlesungen, gehalten während des Wintersemesters 1862—1863 an der Universität zu Berlin. 1.—3. Bd. 1. Hälfte. [1. Bd. (XII und 543 S. mit 107 eingedr. Holzschn. und 1 Titelkpfr.) 863. * 4 Thlr. 10 Ngr., 2. Bd. 1. Hälfte. (S. 1—288 mit eingedr. Holzschn.) 864. * 2 Thlr. 10 Ngr., 2. Bd. 2. Hälfte. (X und S. 289—756 mit eingedr. Holzschn.) 865. * 3 Thlr. 20 Ngr., 3. Bd. 1. Hälfte. (S. 1—496 mit eingedr. Holzschn. und 1 Kpfrt.) 867. * 4 Thlr.]

1. Bd. Ebendas. 1862. * 3 Thlr. 20 Ngr.

Vgl.: Archiv für pathologische Anatomie. — Handbuch der speciellen Pathologie und Therapie.

—— Vorlesungen über Pathologie. 1. Bd.: Die Cellularpathologie in ihrer Begründung auf physiolog. und patholog. Gewebelehre. 4., neu bearb. und stark verm. Aufl. gr. 8. (XVIII, 582 S. mit 157 eingedr. Holzschn.) Berlin 871, Hirschwald. *

2.—4. Bd. Ebendas. 1863—67. * ℳ 43.

—— über die Weddas von Ceylon und ihre Beziehungen zu den Nachbarstämmen. gr. 4. (143 S. mit 3 lithogr. Taf.) Berlin 881, (Dümmler's Verlagsh.) cart. *

Vorstehende zwei Schriften sind aus: Abhandlungen der k. preuss. Akademie der Wissenschaften zu Berlin, besonders abgedruckt.

— über den Werth des patholog. Experiments. Vortrag, geh. in d. 2. allgemeinen Sitzung d. 7. internat. medicin. Congresses zu London 1881. Neuer Abdr., nebst e. Nachworte des Verf. gr. 8. (38 S.) Berlin 899. A. Hirschwald. n. 1. 20

—— über Wunder. Rede gehalten in der ersten allgemeinen Sitzung der 47. Versammlung deutscher Naturforscher und Aerzte zu Breslau am 18. Septbr. 1874. Mit einer Nachschrift. 16. (30 S.) Breslau 874, Morgenstern.

— s.: Zeitschrift f. Ethnologie.

—— die Cellularpathologie in ihrer Begründung auf physiologische und pathologische Gewebelehre. Zwanzig Vorlesungen, gehalten während der Monate Februar, März und April 1858 im patholog. Institute zu Berlin. 1. Aufl. 1858. und 2., neu durchgeseh. Aufl. gr. 8. (XVIII und 444 S. mit 144 eingedr. Holzschn.) Berlin 859, A. Hirschwald. *

—— dass. — 3. Aufl., s. dessen Vorlesungen über Pathologie. 1. Bd.

—— Zoonosen, s. Handbuch der speciellen Pathologie und Therapie.

—— die siamesischen Zwillinge. Vortrag gehalten am 14. März 1870. gr. 8. (19 S.) Berlin 870, Hirschwald. *

Aus: Berliner klin. Wochenschrift, besonders abgedruckt.

Vgl.: Cassel, D., offener Brief.

Virchow-Bibliographie. 1843—1901. Bearb. v. W. Becher, J. Pagel, J. Schwalbe, C. Strauch, Th. Weyl, hrsg. v. J. Schwalbe. gr. 8. (183 S.) Berlin 901. G. Reimer. n. 3. —

Virck, Hans

Virck, H., die Depeschen vom Nuntius Aleander vom Wormser Reichstag 1521, s.: Für die Feste u. Freunde d. Gustav-Adolf-Vereins.

Virck, Hans, s.: Planitz, des kursächs. Rathes Hans v. der, Berichte aus dem Reichsregiment in Nürnberg.

Virck, H., Die Quellen des Livius u. Dionysios f. die älteste Geschichte d. röm. Republik (245—260). Diss. 1877. 82 S.

Virck, Hans, die Quellen des Livius und Dionysios für die älteste Geschichte der römischen Republik [245—260]. gr. 8. (82 S.) Strassburg 877, (Schultz und Comp.) *

Virck, Hans Die Städte und das Bündnis der evangelischen Fürsten 1526 und 1527. 4 (13 S.). Wilhelm-Ernstisch. G. *Weimar* 1887 (626) **Progr.**

— s.: Urkunden u. Akten der Stadt Strassburg.

Virck, (Joh.), Mittheilungen über die Saline zu Sülz in Mecklenburg. 8. (24 S.) Parchim 847, Hinstorff. n. 1/12 ℛ

Virck, Paul: Beitrag zur Kenntnis des Fenchons. Hildesheim 1908: Lax. 59 S. 8°

Göttingen, Phil. Diss. v. 21. Nov. 1908, Ref. Wallach

[Geb. 17. Juni 85 Malchow i. M.; Wohnort: Malchow; Staatsangeh.: Mecklenburg-Strelitz; Vorbildung: Realgymn. Güstrow Reife O. 03; Studium: Göttingen 3, München 1, Göttingen 6 S.; Rig. 22 Juli 08.] [U 09. 1414

Sebastian **Virdung**'s Musica getutscht. Basel 1511. 2. (autogr.) Umdr. (Hrsg.: Rob. Eitner.) Berlin: T. Trautwein (1882). (60 Bl.) quer-8° [Umschlagt. F.]

= **Publikation** älterer prakt. u. theor. Musikwerke. Jg. 10. (Bd 11.) [07.16478

Virdung von Hartung, Otto Philipp (Würzburg) A. S. 1308/6

Pharmaceuticiae recentioris praestantia, Dissertatio inauguralis.
Altdorf (Meyer) VI. 1720. 24 S.

W. v.: Jo. Jakob Baier. 35210

Virdung von Hartung, Otto Philipp (Würzburg) A. S. 1193/25

Dissertatio medico-chirurgica publica et solennis de optima cancrum mammarum exstirpandi ratione notabili casu illustrata. Präs. Lorenz Heister.
Altdorf (Meyer) III. 1720. 34 S.

Gew.: Otto Philipp Fhr. von Guttenberg.
W. v.: Jo. Jakob Baier, Präs., Johann Jakob Jantke, Philipp Anton Hermann Schrader (Opp.). 35209

Virej, J. J., s. Virey, Julien Joseph

Viret, J. L., Lectures françaises graduées accompagnées de familles de mots et d'un vocabulaire. 8. (112 S.) Jena 869, Deistung. geb. *

Virey, Der, und die Aristokratie oder Mexiko im Jahre 1812 . . . Zürich 1835. 2. . . . Aufl. Stuttgart 1844. V: *Sealsfield, Charles (= Carl Postl).* (EE) (Cat. d. Stadtbibl. Zürich. Zürich 1864—97.)

Virey, der, und die Aristokraten, oder Mexico im Jahre 1812. Vom Verf. des „Legitimen" ꝛc. 3 Bde. 8. Zürich 835. Orell, Füßli u. Comp. 5 ℛ

Virey, der, u. die Aristokraten, od. Meriko im Jahre 1812. Vom Verf. des Legitimen, der Lebensbilder aus der westl. Hemisphäre ꝛc. 3 Thle. 2., durchges. Aufl. gr. 8. (61¾ B.) Stuttgart 844, Metzler'sche Buchh.

Virey, D. J. J., s. Virey, Julien Joseph

Virey, Julien Joseph

Virey, J. J., die Ausschweifungen in der Liebe, u. ihre Folgen für Geist u. Körper. Histor., naturgeschichtl. u. medizinisch dargestellt. Aus d. Französ. v. K. L. Herrmann. gr. 8. Leipz. 829. Klein. 10 K

Virej, J. J., Historya naturalna rodu ludzkiego przełożył P. E. Leśniewski. 4 tomy. 8. Warschau 843, Orgelbrand. 7 ℛ

— Historya obyczajów i zmysłności zwierząt, zpodziałami metodycznemi i naturalnemi wszystkich ich gromad, przełożona i wielu przypisami objaśniona p. A. Wagę. 2 Bde. 8. Ebend. 844. 4 ℛ $13^1/_3$ ngl

— Kobieta pod względem fizyologicznym, moralnym i literackim. 8. Ebend. 843. $1^2/_3$ ℛ

VIREY, D. J. J. Das Weib. Phyfiologifch, moralifch und literarifch dargeftellt. Nach der zweiten vermehrten Auflage des Franzöfifchen. Mit Anmerkungen herausgegeben von D. L. Hermann. Leipzig 1827, in Ernft Klein's literarifchem Komptoir. Gr. 8°. 398 S., 1 Bl. Verlagsanzeigen.

Virey u. Fournier, d. Weib, das, im gesund. u. kr. Zustande.

— u. Fournier, das Weib im gesunden u. kranken Zustande. Nach d. Französ. frei bearbeitet u. mit Anmerkk. versehen von J. K. Renard u. F. J. Wittmann. 8. Leipz. 821. Hartleben in Pesth. 1 ℛ 12 gl.

Virgien, F. W., Rechen-Aufgaben u. Fragen, zunächst für die Vorschule der freien Hansestadt Bremen bearb. gr. 8. (VIII u. 168 S.) Bremen 848, Geisler. 5/6 ℛ

Virgien, F. W., Rechen-Aufgaben und Fragen zunächst für die Hauptschule der freien Hansestadt Bremen. 2., verm. und verb. Aufl. nach dem neuen Münz- und Gewichtssystem. gr. 8. (VIII und 182 S.) Bremen 862, Geisler's Verlag. *

Virgil, Der h., Bischof zu Salzburg. [Brixen 1824.] V: *Sinnacher, Franz Anton.* (Margr)

Virgil, A. K., grundlegende Uebungen im Klavierspiel unter besond. Berücksichtg. des Virgil-Technik-Klaviers. Neue u. erweit. Ausg. 2 Bde. 4. Berlin, Charlottenburg (898), Virgil-Verlag. Kart. 22. —
I. (121 S. m. Abb.) 10. —. — II. (103 S. m. Abb.) 12. —.

Virgile en France, ou la nouvelle Eneide, poëme heroi-comique en Style franco-gothique, pour servir d'esquisse a l'histoire de nos jours, par le Plat du Temple. 4 Vols. gr. 8. Offenb. 810. (Brede). 4 ℛ 16 gl.

Virgilius, acta Friderici III. et Hafniae heroica, c. not. Minellii et Petrejus. 4. maj. Flensburg, Korte. 765. — 4

— Hortus philosoph. 12. Lips. Zedler. 714. — 5

Virgilius, Steph. Hier., Bibliotheca chirurgica etc. II Tom. 4. maj. Vien. Tendler. 781.

Virgilius Maro, Publius, s.: Vergilius Maro.

Virgin, C., und W. Steuerwaldt, die mittelalterlichen Kunstschätze im Zittergewölbe der Schlosskirche zu Quedlinburg, s. Steuerwaldt.

Virgin, Erik, Versuche, Oxalyldiacetophenon u. einige and. Oxalylverbindgn. in Hexaketone überzuführen, s.: Widman, Osk.

Virgin, Jh. Leonh., Vertheidigung der Festungen im Gleichgewichte mit dem Angriffe derselben. Uebersetzt von J. von Xylander. Mit 14 Planen. gr. 8. Münch. 820. Jos. Lindauer. 4 ℛ

Virginia, s.: Collection of british authors.

Virginia, oder die christliche Jungfrau, eine sicilianische Geschichte, aus dem Franz. 4 Theile, 8. Linz, 792. Rohrmoser. 2 Rthl.

— Trauersp. in 5 A. v. J. v. Soden, m. K. 8. Berlin, Maurer. 805. — 15

Virginia, Tragödie in vier Acten . . . Breslau 1805. V: *Richter, Johann Heinrich.* (GGr)

Virginia; Tragödie in 4 A. v. J. R. 8. Bresl. 805. (Gosohorsky). 8 gl.

— Tragödie in 4 Akten, v. J. R. 8. Breslau, Meyer. 805. — 8

Virginia. Trauersp. v. Patzke. 8. Frankf. (Pichler in Wien.) 805. — 5

* Virginia, od. das abgeschaffte Decemvirat, Trauerspiel in 4 Aufz. v. Ayrenhof. 8. Wien, Rehm. 810. — 12

Virginia oder die Colonie von Kentucky mehr Wahrheit als Dichtung . . . Berlin 1819. V: *Frölich, Henr. geb. Rauthe.* (MGT)

Virginia, oder die Colonie von Kentucky, mehr Wahrheit als Dichtung, herausgegeben von Jerta. 2 Thle. Mit 1 Kupf. 8. Berlin, Rücker. 819. 1 16

Virginia, od. die Kolonie v. Kentucki. 2 Thle. 8. Berl. 820. Rücker. 1 ℛ 16 gl.

Virginia, Marylandia et Carolina in America Septentrionali Brittannorum industria excultae repraesentatae a Joh. Bapt. Homann, S. C. M. Geogr. Norimbergae. 1712? 1 : 2,200,000. 1 Bl.

Der Virginia Demokrat : [illegible] Richmond, VA
[illegible]

Virginia Staats-Gazette : Apr 1870 - 1921
[illegible]
Richmond, VA

Sonntags-Blatt der Virginia Staats Gazette : [illegible]
[illegible]
Richmond, VA

Virginia Staats-Zeitung : [illegible] Richmond, VA
[illegible]

Primitien von Julia - **Virginia**. *Berlin-Charlottenburg: Verl. Continent [1903].* (167 S.) 8° [S.] [04. 3301

VIRGINIE. Pariser Künstlerroman. (189*.) (Mk. 1 —.) (W. A. Gabriel, Berlin c. 1898, ohne nähere Angabe.)

VIRGINIER, Der niemals verliebte, unter 150 verliebten Weibspersonen auf der Fasaneninsel. Frankfurt u. Leipzig (Dresden, Gerlach) 1755. 8°. 304 S.
Aeusserst selten! (7 Mk. Kuhl; 5 Mk. Scheible; 7 Mk. 50 Pfg. L. Rosenthal.)

Der Deutsche Virginier Adler: Jan.? 1808 ? Staunton, VA
Weekly. Edited & published by Jacob D. Dietrich.

Virgo filia Jehudae, s. a. Sam. Dav. **Luzzato.**

Virgo filia Jehudae, sive excerpta ex inedito celeberrimi Jehudae Levitae Divano, praefat. et notis illustr. a Sam. Dav. Luzzato. 8maj. (8½ B.) Pragae 840. (Lipsiae, C. L. Fritzsche.) *

Virgo immaculata, ora pro nobis! Preces in usum congregationum B. M. V., quae complectuntur officium B. M. V., officium defunctorum, nec non exercitia pietatis quotidie, in conventibus et in privata devotione persolvenda. 16. (207 S. m. 1 Stahlst.) Dülmen 880. Laumann. n. 1. —; geb. n. 1. 50

Viri inlustres urbis Romae a Romulo ad Augustum. (Von C. F. Lhomond.) Mit grammat. und sacherklär. Anmerkungen, sowie mit Index und Wörterbuch versehen von Val. Hintner. 8. (XI, 331 S.) Brixen 870, Theolog. Verlags-Anstalt. *

Viri scriptis, eruditione ac pietate insignes, quos Eichstadium vel genuit, vel aluit. Eichstadii 1799. V: *Strauss (Straus), Andr.* (MGT) (will)

Viribus Unitis. Erinnerungsblätter an die Niederöst. Gewerbe-Ausstellung in Wien 1880. Redig. v. Jos. Wiener. gr. 8. Heft 4. (31 S.) geh. In Comm. 36 kr.
Wien: Martin 1881.

Viribus unitis. Das Buch vom Kaiser. Mit e. Einleitg. von Jos. Alex. Frhr. v. Helfert. Salon-Ausg. gr. Fol. (XXIV, 322 S. m. Abbildgn. u. 100 Vollbildern.) Wien 898. Literar. Institut Kosmos M. Herzig.
Geb. in Leinw. n. 83.40; Luxus-Ausg. m. 35 Heligrav.-Beilagen, geb. in Saffianldr. m. Beschlägen u. Goldschn. n. 334. —

Viribus unitis, neue Folge, s.: Kaiser-Galerie.

Viribus vivis, de, Dissertatio, in collegio Romano a P. P. Soc. Jesu habita. 8. Wien 752. Gerold. 3 ℳ

Virier, Charlotte. Schausp. in 1 Akt. Nach e. wahren Begebenheit aus den Tagen der Schreckensregierung in Frankreich, von Jul. v. Voß. 8. Berl. Schmidt. 811. — 6

Virini, J. G., Begriff von d. natürl. Freyheit, insofern selbige sowohl Gott als d. Menschen zugeschrieben werden kann. 8. Hamburg, Weitbrecht. 749. — 12

De **Viris** quibusdam in academia Lipsiensi anatomes peritia inclaruerunt IV. ([Leipzig] 1816.) XII S. 8°
[Gedächtnisschrift der Univ. Leipzig vom 18. Juli 1816 auf Carolus Fridericus Kregelius de Sternbach, vielm. Karl Friedrich Kregel Edler von Sternbach.]

Führer durch die Stadt Schleiden und ihre Umgebung von Eugen **Virmond.**
Mit 1 Karte. Schleiden: J. Krabler 1905. (31 S.) 8° [S.] (05. 1191) 6

Geschichte des Kreises Schleiden von Eugen Virmond.
Schleiden (Eifel): F. W. Braselmann 1898. (VIII, 318 S.) 8°

Virneisel, der Sturz d. Abstammungslehre. (Mit Anh.: Die Fortpflanzg.) Allgemeinverständlich dargestellt. (XXVI, 182 S.) 8. Berlin 907. Verlag f. nation. Literatur. 2. —

Virneisel, F., deutsche Münzreform und die Edelmetallbewegung während der Jahre 1871—1875. Lex.-8. (58 S.) Würzburg 877, Stuber. *

—— Natur- oder Kunstwein, Gersten- und Surrogatbier? gr. 8. (24 S.) Ebendas. 878. *
Aus: Gemeinnützige Wochenschrift, besonders abgedruckt.

Virnich, Therese, a. Bonn: Corvey. Studien zur Geschichte der Stände im Mittelalter. Bonn 1908: P. Hauptmann. (90 S.) 8°
Bonn, Phil. Fak., Ref. Schulte, Diss. v. 29. Juli 1908
[Geb. 7 Sept. 75 Bonn; Wohnort: Bonn; Staatsangeh.: Preußen; Vorbildung: Gymn. Dusseldorf Reife M. 04; Studium: Bonn 12 S.; Rig. 17. Mai 08.]

Virnich, Winand, die Fraction d. Centrums in der 12. Legislaturperiode d. preußischen Landtages 1873—1876. Ein Bericht an seine Wähler u. alle Freunde d. Centrums. 2. Aufl. gr. 8. (113 S.) Münster 876. Russell. 1. —

Virnich, Win., De juris regalis metallorum origine ac progressu. Diss. jur. inaug. Tubingae 1871. 8. . . . . (1863)

Virnich, Winand, die Centrumsfraction u. der Culturkampf. Historisch-polit. Betrachtungen. gr. 8. (62 S.) Mainz 879. Kirchheim. — 60

... Viro excellentissimo Cunoni Fischer ... diem, quo ante quinquaginta annos ... dignitatem doctoris philosophiae obtinuit, ... gratulatur ordo philosophorum Ienensium ... Ienae d. XIX. m. Martii a. 1897. *Ienae*, typ. Neuenhahni, *1897*; 1 Bl. 2.
(Nicht für den Austausch)

Viro illustri medicinae

Viro illustri medicinae homoeopathicae auctori Samueli Hahnemanno...faustum illum diem, quo ante hos quinquaginta annos Erlangae summis in medicina et chirurgia honoribus rite ornatus est, amici et medici metodo homoeopathicae addicti pie laete congratulantur. Die X.Augusti MDCCCXXIX. Inest dissertatio de indole et fatis artis homoeopathice medendi. Simul vita inventoris breviter enarratur. 58 S., gbd.

Merseburgi: typ.Kobitzsch 1829

JB 5.836

Virorum clarorum saeculi XVI et XVII epistolae selectae. E codicibus manuscriptis Gottingensibus edidit et adnotationibus instruxit Ernestus Weber. 8. (X, 195 S.) Leipzig 894. B. G. Teubner. n. 2. 40

Virozsil, Ant. v., das Staats-Recht des Königr. Ungarn, vom Standpunkte der Geschichte, und der vom Beginn des Reiches bis zum J. 1848 bestand. Landes-Verfassung, wissenschaftl. dargestellt. 3 Bde. gr. 8. (XVI und 362 S., 411 S., 296 S.) Pest 865,66, Heckenast's Verlag.

Virsen, Stadt, in Wort und Bild. Mit Stadtplan und Karte der alten Herrlichkeit vom Jahre 700. Aachen [1891]. V: *Hart, J. P. W. von der.* (STBKöln I, 94)

Virtuose, Die, oder Begebenheiten einer flämischen Sängerinn, von ihr selbst beschrieben. Aus d. Italien. übersetzt. Augsburg 1771. V: *Chiari, Pietro.* (BGE VIII², 132)

Virtuosen, Die, eine deutsche Geschichte. Berlin 1876. V: *Vacano, Emil Mario [Emil Alois Fero].* (BGE VIII², 59)

Virtuosen, die, d. Egoismus. Briefe e. Abgeordneten (J. Winternitz) üb. die Wien-Novi-Bahn. gr. 8. (33 S.) Wien 874. Lehmann & Wentzel. n. 1. —

Virtuosen, Die, der Concurrenz ... Wien 1879. V: *Trebitsch*, *Eduard.* (EB)

Virtuosin, die, od. Begebenheiten e. Flämmischen Sängerin, von ihr selbst beschrieben. 8. Augsb. 771. v. Jenisch u. St. 6 gl.

Virtus Austriaca in Augustissimo Caesare Carolo VI. . . . Carmen elegiacum. Graecii 1711. V: *Pichler*, *Joseph.* (Jes)

Virtus christianorum heroica, argumentum trium meditationum . . . [Monachii] 1767. V: *Frölich*, *Chph.* (Jes) (So)

Virtus magnetica triplex accuratius discussa, experimentis illustrata . . . [Wirceburgi] 1750. V: *Henner*, *Blasius.* (Jes)

Virtutes Caesareo-Austriacae e probatis autoribus collectae . . . Viennae 1703. V: *Wibmer*, *Friedrich.* (Jes)

Virtutes, Divi Ferdinandi II., regiae. Graecii 1737. V: *Staber*, *F.* (Mitth. Dr. Ignaz Schwarz-Wien.)

Virtutes, Divi Ferdinandi III. Rom. Imp. Semp. Aug. . . ., Regiae . . . Graecii 1738. V: *Staber*, *Franz Xaver.* (Jes) (Feil) (So) (Karajan)

Virues, Cristoval de, la gran Semiramis. Tragedia. Escrita a. D. 1579. br. 8. (XIV und 99 S.) Leipzig 858, Brockhaus' Sortiment und Antiquarium. *

Vis, Gerhard N. [aus Zaandyk (Holland)]: Zur Kenntnis des Meta- und Ana-Bromchinolins. Freiburg i. Baden, Buchdr. „Zum Gutenberg" v. F. Thiergarten, 1889; 11 S. + 2 Bl. 8°
Freiburg i. B., Phil. Fak., Inaug.-Diss. v. 1889

Visakhadatta, Mudrarakschasa, s.: Universal-Bibliothek.

VISANI. Dienstliche Gegenerklärung des Abendstündlers auf der Nimffe Dora Liebeserklährung zum ehrlichen Abschiede ertheilet durch den Magister Visani. (Motto:) Keine Katze im Sacke. Nebst einer Nachschrift auf die verkappte Dora X. Mit dem Motto: Dem Narren muß man nach seiner Narrheit antworten. Sirach. O. O. u. J. 8°. 24 S.
Seltenes, den Bibliographen unbekanntes Schriftchen kuriosen Inhalts.

Višarje, Svete. Spisal Marijin častilec. V Celovcu. St. Hermagoras-Druck., 1910. 160 S.

Visbeck, J. N., Hülfs- u. Handbuch zur raschen u. leichten Erlernung der französischen Aussprache u. Formenlehre. gr. 8. (VI, 88 S.) Hannover 875. Meyer. n. 1. —

Visbeck, J. N. C., Andenken an die Einweihung der Kirche zu Hemelingen am Trinitatissonntage d. J. 1890. gr. 8. (28 S.) Hannover 890. (Feesche.) n. — 40

Visbeck, Jh. Chr. Karl, die Hauptmomente der Reinhold'schen Elementarphilosophie, in Beziehung auf die Einwendung des Aenesidemus untersucht. gr. 8. Leipz. 794. Göschen. 1 ₰ 8 gl.

Visbeck, Jh. Gli.

Die Nieder-Weser und Osterstade. Von **J. G. Visbeck.** Mit Kupfern und Charten. Hannover. 1798. 8°.

Visbeck, Jh. Gli., († d. 13. März **1810.**) die Niederweser und Osterstade, mit Kpf. u. Karten. 8. Hannov. 799. Hahn. 1 ₰ 16 gl.

Visbeck, Konrad

Visbeck, K., Calciumoarbid u. Acetylen. Herstellg. u. Verwendg. derselben. Vortrag, geh. im Verein v. Freunden d. Photographen, Stettin. 8. (31 S. m. 1 Abb.) Halle 897. H. Peter. n. — 60

Visbek [Schlagwort]

Visbek, s.: Preussen. Messtischblätter.

Phil. **Viscardi** in causa Asculana successionis. Et vita authoris ex Jos. Ge. ab Eggs purpura docta excerpta. Coloniae Allobr. 1737.

Vischer, Herr Fr. Th., und die christliche Kirche. Eine Stimme aus der Gemeinde. Stuttgart 1845. V: *Liesching*, *Samuel Gottlieb.* (Erman & Horn, Bibliogr. d. dtsch. Universitäten. 2. Leipz. u. Berl. 1904.) (Kat. d. ständ. Bibl. Stuttg. 1907. S. 603.)

Vischer, Herr Fr. Th., u. die christl. Kirche. Eine Stimme aus der Gemeinde. gr. 8. (1 B.) Stuttgart 845, S. G. Liesching's Verl. *

Vischer, Friedrich, als Poet, s.: Weltrich, R.

Vischer's, Friedr. Thdr., Charakterbild, s. Günthert, J. E. v.

Vischer's, Friedr. Thdr., Erinnerungsblätter an ihn, s. Keindl, O.

Vischer's, Peter, und seiner Söhne Biographie und Charakteristik, s. Bergau, R.

Vischer, Wilhelm. Aarau 1876. V: *Burckhardt*, *Achilles.* (Jenaer Lit. Zg. 2. Jg 1875 S. 883)

Vischer, Wilhelm. [Aus: „7. Jahresheft d. Ver. schweizer. Gymn.-Lehrer."] Lex.-8. (25 S.) Aarau 876. Sauerländer. n. — 60

Abhandlungen am festlichen Neujahrstage 5.·. 7.·. 81.·. in der ger. und vollk. Loge zu den dreien Schlüsseln in Regensburg abgelesen von dem Mstr. v. St. [unterz.:] V[ischer?] und dem Ceremonienmstr. [unterz.: F.] v. M[aemmingen]. [Regensburg]: Selbstverl. d. Loge [1781]. 16 S. 8° [Umschlagtit.] (Sammlung von Frmrreden d. L. in Regensburg. 35.)
Selten. Vischer: Gelegenheitsworte, v. Maemmingen: Üb. die Verschwiegenheit.

Vischer. Das Leben des weltberühmten Protektors Olivier Cromwell. 8. Hamburg 1710.

Reden, am Neuenjahrsfeste 5.·. 7.·. 86.·. in der ger. u. vollk. Loge zu den dreyen Schlüsseln in Regensburg vorgetragen von dem Mstr. v. St. [Unterz.:] V[ischer?] und dem Br. Redner. [Unterz.:] B. [Regensburg:] Selbstverl. d. Loge [1786]. 20 S. 4° [Umschlagtit.] (Sammlung v. Frmrreden d. L. z. d. 3 Schlüsseln, Regensburg. 45.)
Selten. Üb. das Streben nach Erkenntnis der Wahrheit.

Reden am Neuenjahrsfeste 5790 .·. in der ger. u. vollk. Loge zu den dreyen Schlüsseln in Regensburg vorgetragen von dem vorsizenden Mstr v. St. [Unterz.:] V[ischer?] und dem Br. Redner. [Unterz.:] S.·. [Regensburg]: Selbstverl. d. L. [1790]. 8 S. 4° [Umschlagtit.].
(Sammlung v. Frmrreden d. L. z. d. 3 Schlüsseln Regensburg. 52.)
Selten. Der Mstr. v. St. mahnt zur Nächstenliebe u. Duldsamkeit, der Redner spricht üb. die Gewissheit des Daseins Gottes u. der Unsterblichkeit der menschlichen Seele u. ermuntert zur Selbstveredlung.

Vischer, taktische Uebungen am Fuße der Vogesen. gr. 8. (V, 91 S. m. Skizzen.) Berlin 894. E. S. Mittler & Sohn. n. 2. —

Vischer, A., kurze Fragen u. Antworten für die, so zum heiligen Abendmahl begehren zu gehen, s.: Anhänge, drei, zum Katechismus.

Vischer, A., s.: Jahresbericht üb. die chirurg. Abteilung u. die chirurg. Poliklinik des Spitals in Basel.

Vischer, A., Leitfaden für den Unterricht der Anatomie und Proportionslehre des menschlichen Körpers für technische Hochschulen, Kunst-, Baugewerbe- und Kunstgewerbe-Schulen etc. gr. 8. (V, 55 S. mit 25 lithogr. Taf.) Karlsruhe 878, Bielefeld's Hofbuchh. *

Vischer, A. F., s. Berengar Turon. quae supersunt.

Vischer, Adolf

Vischer, A., die Geschichte d. 3. August 1833. Mit urkundl. Belegen u. 3 Karten. 8. (80 S.) Basel 888. [Schneider.] Geering. n. 2. 40

ADOLF VISCHER, Die Confirmation ihre Geschichte, kirchenrechtliche Stellung, Bedeutung, geeignetste Einrichtung und ihr Verhältniss zur Kinderlehre. Vortrag gehalten auf der Predigerconferenz zu Carlsruhe. Heidelberg. 1870. Buchdruckerei von Georg Mohr. 8°.

Vischer Alfred, Mapa de América central. Maßstab 1:1,000.000. Stuttgart 1910. Wilhelm Rübsamen. K 30.—.

Winke für die Anfertigung von Krokis und Skizzen. An 3 Übungsbeispielen erl. von [Alfred] Vischer, Major im Inf.-Reg. Nr. 124. Mit 8 Kartenanl. *Berlin: R. Eisenschmidt 1903.* (31 S.) 8° [F.] 03. 14370

Vischer, Andreas [von Basel]: Ueber Sarcomübertragungsversuche. (Mit 1 Tafel.) (S.-A. a. „Beitr. z. klin. Chirurgie". Bd. 42. Heft 3.) Tübingen 1904. 29 S. 8°.
Basel Med. Diss. 1903/1904

Vischer, Andreas. Ueber Sarcomübertragungsversuche. Diss. Med. Basel. [Mit 1 Doppeltafel.] (Sonderabzug aus Beiträge zur klinischen Chirurgie. Band 42. Heft 3.) II + 29 S. 8. Tübingen, H. Laupp Jr, 1904.

Vischer, Aug. Figürlicher Schmuck an Werken der Architectur. 3 Hefte. gr. 4. (à Heft 6 lithogr. Taf.) Karlsr. 889—91, Veith. à Heft * 3 —; * 9 —

Vischer, Cenr. Kossuth u. die Legion in Italien. (32) 8. Leipzig 1862. 0,60

Vischer, Chr. Fr. Benj., († d. 14. Jan. 1814.) Bemerkk. über Jungs Theorie der Geisterkunde u. e. damit verwandten Gegenstände zur Belehrung u. Warnung des Volks. 8. Stuttg. 809 Steinkopf. 4 gr

— Moral für Frauenzimmer. 8. Stuttg. 807. Steinkopf. 16 gr

— Unterricht in der christlichen Religion, für die reifere Jugend rc. 8. Stuttg. 810. Steinkopf. 12 gr

— Vorlesungen über die wichtigsten weiblichen Pflichten, für edle Töchter u. Mütter. 8. Stuttg. 807. Steinkopf. 16 gr

Vischer, Ch. G., Lautentöne; eine Samml. lyrischer Gedichte. gr. 12. Frankf. 822. Andreä. 1 ß

— allgemeine geschichtl. Zeittafel des Postwesens, nebst einer allgemeinen Literatur desselben. 4. Tübing. 820. Osiander. 12 gr

Vischer, Christian Friedrich (Stuttgart) A. S. 817/36

De jure summorum imperantium in vitam civium
Präs. Johann Eberhard Rösler.
Tübingen (Reis) VI. 1714. 18 S.

Gew.: Johann Heinrich Jung, Jakob Schäffer, Johann Ulrich Mögling, Johann Jakob Bonzius.
W. v.: Präs., Johann Zeller, G. F. Zügel, Israel Theophil Canz, Gottfried Hoffmann, Daniel Maichel
35218

Vischer, Chrff., die 50 Tage der Verklärung oder christl. und einfält. Erklärung der fröhl. Auferstehung und siegreichen Himmelfart unsers lieben Herrn Jesu Christi auch der tröstl. Sendung des heil. Geistes, wie solches alles die vier Evangelisten beschrieben haben. 16. (404 S.) Neu-Ruppin 864, Oehmigke. *

Vischer, Conr., s. V i s c h e r , Konr.

Vischer, Eberhard

— **Albrecht Ritschls Anschauung vom evangel. Glauben u. Leben, s.a. S a m m l u n g gemeinverständl. Vorträge u. Schriften aus dem Gebiet der Theologie. 18.**

Albrecht Ritschls A n s c h a u u n g von evangelischem Glauben und Leben. Ein Vortrag geh. 1899 von Eberhard Vischer, Privatd., Basel. Tübingen, Freiburg i.B. & Leipzig: J. G. B. Mohr 1900. (36 S.) 8°
(Sammlung gemeinverständl. Vorträge u. Schriften aus d. Geb. d. Theol. u. Religionsgeschichte. 18.)

— Die U n i v e r s i t ä t B a s e l 1460—1910. Festrede bei der Jubiläumsfeier, geh. am 24. VI. 1910 im Basler Münster. (32 S.) gr. 8. Basel 910. Helbing & Lichtenhahn. — 65

V i s c h e r, Eberhard. Das Christentum [Otto von] Bismarcks. Ein Vortrag. 46 S. 8. Basel, Helbing & Lichtenhahn, 1905. [fr. 1.25]
Zuerst erschienen in: Kirchenblatt für die reformierte Schweiz. Jahrg. 19, 1904. Nr. 21—24.

Vischer, Eberh., die F r a g e nach d. Sinn d. Lebens. (31 S.) 8. Tübingen 908. J. C. B. Mohr. — 60

V i s c h e r, Eberhard. Ist die Wahrheit des Christentums zu beweisen? Von Eberhard Vischer, Professor an der Universität Basel. IV + 54 S. 8. Tübingen und Leipzig, J. C. B. Mohr, 1902. [M. 1. 20]

Die Lehrstühle und der Unterricht an der theolog. Fakultät Basels seit der Reformation von Eberhard **Vischer**, Prof. Basel: Helbing & Lichtenhahn 1910. 132 S. 8°
Aus: Festschrift z. Feier d. 450jähr. Bestehens d. Univ. Basel. [10. 16158 9

V i s c h e r, E., die Offenbarung Johannis eine jüdische Apokalypse in christlicher Bearbeitung, s. T e x t e und U n t e r s u c h u n g e n zur Geschichte der altchristlichen Literatur.

— Der Apostel Paulus u. sein Werk, s.a. A u s Natur u. Geisteswelt.

V i s c h e r, Eberhard. Der Apostel Paulus und sein Werk. IV + 144 S. + *Anzeigen*. 8. Leipzig, B. G. Teubner, 1910. (M. 1. —, geb. 1. 25)
Aus Natur und Geisteswelt. Sammlung wissenschaftlich-gemeinverständlicher Darstellungen. Bändchen 309.

— **die Paulusbriefe, s.a. V o l k s b ü c h e r, religionsgeschichtliche. 1, 4.**

V i s c h e r, Eberhard. Die Paulusbriefe, von Professor D. E' V'-Basel. 1.—10. Tausend. IV + 81 S. 8. Halle a. S., Gebauer-Schwetschke, 1904. (M. —. 40)
(Religionsgeschichtliche Volksbücher für die deutsche christliche Gegenwart. Hrg. von Lic. theol. Friedrich Michael Schiele-Marburg i. H. I. Reihe. Heft 4....)

(V i s c h e r, E[duard].) Rathaus in Basel 1904. (Umbau und Erweiterung. 1898—1904.) Hrg. im Auftrage des Baudepartementes von Baselstadt. Basel, im September 1904. [Mit Illustrationen und 13 Tafeln.] II + 48 S. 4. ([Basel,] Emil Birkhäuser.)

Vischer, Eberh., was ist gute Lektüre? Ein populärer Vortrag. 8. (28 S.) Basel 899. Helbing & Lichtenhahn. n. — 40

Was ist gute Lektüre? Ein populärer Vortrag von Lic. Eberhard Vischer. *Basel: R. Reich 1899.* (28 S.) 8° [F.] [01. 8998

Vischer, F., Vetter Fritz, s.: T h e a t e r - M a p p e.

Vischer, Fr., s. V i s c h e r , Friedrich Theodor

Vischer, Fr. Th., Gedanken über d. Repartition d. französ. Brandschatzung in Würtemberg. 8. Tübing. 796.

Vischer, Friedrich Theodor

Vischer, Frdr. Thdr., A l l o t r i a. 8. (XX, 486 S.) Stuttgart 892. A. Bonz & Co. n. 6.40; geb. in Leinw. n. 7.50

Vischer, Frdr. Thdr., A l l o t r i a. 2. Aufl. (416 S.) 8. Stuttgart 909. A. Bonz & Co. 5.50; geb. in Leinw. 6.50

— Altes und Neues. H. 1—3 [u.] N. F. 3 Bde. Stuttgart: Bonz & Co. 1881, 82, 89.
1: **Aus einer griechischen Reise**, 1844. Satyrische Zeichnung (Gavarni und Töpffer), 1846. Ein **malerischer Stoff**, 1847. Nachruf an Ed. Mörikes Grab, 1875. Rede bei Einweihung seines **Denkmals**, 1880. Der Traum, 1873.
2: **Zur Vertheidigung** meiner Schrift: Goethes Faust, 1875. Gottfried **Keller**, 1874. **Ein italienisches Bad** (Thierquälerei in Recoaro 1875). Noch ein Wort über Thiermisshandlung in Italien, 1875.
3: **Alfred Rethel**, 1880. Ludw. Weisser, 1879. Ein internationaler Gruss (deutsch-italienische **Uebersetzungen**, 1868). Voltaire von Strauss, 1870. Oberschwäbische Zeitbilder (Räuberbanden, **Pflug** 1866). Publizistisches, 1877 ff. Reuschle: Philosophie und Naturwissenschaft, 1874. Mein **Lebensgang**, 1874.
N. F.: Hebbel, 1847. Rede zur 100jähr. Feier der Geburt Schillers, 1859. Schweizerische Literatur **des 18. Jahrh.**, 1861. Durcheinander aus Oberitalien, 1872. Ein italien. Sonettendichter (Rizzi) **1881**. Leiden des Buchstaben R auf seiner Wanderung durch Deutschland. Zum Schutz der **Schutzrede** auf das R. Nachruf an B. Auerbachs Grab. Kleine Beiträge zur Charakteristik **Goethes**, 1883. Rede bei Enthüllung der Gedenktafel am Geburtshause von D. Fr. Strauss. **Frdr. Schiller** (von Weltrich) 1885. Griechische Frühlingstage (von Ed. Engel) 1886. Das Symbol, 1887. Aphorismen.

V i s c h e r, Friedr. Thdr., A l t e s und Neues. 3 Hefte. gr. 8. Stuttgart, Bonz und Comp. [1. Heft. (VII, 232 S.) 881. *M 4.; 2. Heft. (VIII, 280 S.) 881. *M 5.; 3. Heft. (390 S.) 882. *M 7.] *M 16.; geb. **

Vischer, F. Th., Altes u. Neues. Neue Folge. gr. 8. (XI, 366 S.) Stuttgart 889. Bonz & Co. n. 6. —; geb. n. 8. — (1. u. 2.: n. 22. —; geb. n.n. 28. —)

V i s c h e r, Friedr. Theod., Aesthetik od. Wissenschaft des Schönen. Zum Gebrauch f. Vorlesungen. 1. Thl. Die Metaphysik des Schönen. Lex.-8. (32¼ B.) Reutlingen 846. Mäcken's Verl.

V i s c h e r, Friedr. Thdr., Aesthetik oder Wissenschaft des Schönen. Zum Gebrauch für Vorlesungen. 2. Thl.: Die Lehre vom Schönen in einseitiger Existenz oder vom Naturschönen und der Phantasie. 2 Abthlgn. (1. Abthl.: Die Lehre vom Naturschönen. — 2. Abthl.: Die Lehre von der Phantasie.) Lex.-8. (XII und 524 S.) Reutlingen 847—48, Mäcken.

—— dass. — 3. Thl.: Die Kunstlehre. 1. Abschn.: Die Kunst überhaupt und ihre Theilung in Künste. Lex.-8. (VI und 172 S.) Ebds. 851.

V i s c h e r, Friedr. Thdr., Aesthetik oder Wissenschaft des Schönen. Zum Gebrauche für Vorlesungen. 3. Thl.: Die Kunstlehre. 2. Abschn.: Die Künste. 1. Heft: Die Baukunst. Lex.-8. (VI und S. 173—338.) Stuttgart 852, Mäcken. Thlr.
1. Thl. Ebendas. 1846. 2 Thlr. 20 Ngr.

V i s c h e r, Friedr. Thdr., Aesthetik oder Wissenschaft des Schönen. Zum Gebrauche für Vorlesungen. 3. Thl.: Die Kunstlehre. 2. Abschn.: Die Künste. 2. und 3. Heft: Die Bildnerkunst. — Die Malerei. Lex.-8. (VI und S. 339—773.) Stuttgart 853—54, Mäcken.
1—3. Thl. 2. Abschn. 1. Heft. Ebendas. 1846—52. 7 Thlr. 10 Ngr.

V i s c h e r, Friedr. Thdr., A e s t h e t i k oder Wissenschaft des Schönen. Zum Gebrauche für Vorlesungen. 3. Thl.: Die Kunstlehre. 2. Abschnitt: Die Künste. 4. und 5. Heft. (Die Musik. — Die Dichtkunst.) Lex.-8. (XXII und S. 775—1474.) Stuttgart 857, Mäcken.
1—3. Thl. 2. Abschn. 1—3. Heft. Ebendas. 1846—54. 9 Thlr. 25 Ngr.

—— dass. — Vollständiges Inhaltsverzeichniß, Namen- und Sachregister. Lex.-8. (70 S.) Ebendas. 858.

Vischer, Friedr. Thdr., auch Einer. Eine Reisebekanntschaft. 2 Bde. 8. (397; 424 S.) Stuttgart 879, Hallberger. * geb. *

—— dass. — 2. durchges. Aufl. 2 Bde. 8. (397; 426 S.) Stuttgart 879, [Hallberger.] Deutsche Verlags-Anstalt. * geb. *

Vischer, Frdr. Thdr., auch Einer. Eine Reisebekanntschaft. 3., neu durchgeseh. Aufl. 2 Bde. 8. (397 u. 426 S.) Stuttgart 884. Deutsche Verlags-Anstalt. n. 9. —; geb. n. 11. —

— auch Einer. Eine Reisebekanntschaft. 4. Aufl. 2 Bde. 8. (397 u. 426 S.) Stuttgart 889. Deutsche Verlags-Anstalt. n. 9. —; geb. n. 11. —

— dasselbe. 5. Aufl. 2 Bde. Mit e. Lichtdr. nach der Büste Frdr. Vischer's v. A. Donndorf. 8. (397 u. 426 S.) Ebd. 891. n. 9. —; geb. in Leinw. n.n. 11. —; in Liebhaberbd. n.n. 13. —

— auch Einer. Eine Reisebekanntschaft. 6. Aufl. Mit e. Lichtdr. nach der Büste Frdr. Vischers v. A. Donndorf. 2 Bde. 8. (397 u. 426 S.) Stuttgart 893. Deutsche Verlags-Anstalt. n. 9. —

Vischer, Frdr. Theod., auch Einer. Eine Reisebekanntschaft. 7. Aufl. 2 Bde. M. e. Lichtdr. nach der Büste Frdr. Vischers v. A. Donndorf. 8. (397 u. 426 S.) Stuttgart 897. Deutsche Verl.-Anst. n. 9. —; geb. n.n. 11. —

Vischer, Frdr. Theod., auch Einer. Eine Reisebekanntschaft. 8. Aufl. 2 Bde. Mit e. Lichtdr. nach der Büste Friedrich Vischers v. A. Donndorf. gr. 8. (397 u. 426 S.) Stuttgart 900. Deutsche Verlagsanst. n. 9. —; geb. n.n. 11. —

Vischer, Friedrich Theod(or). Auch Einer. Eine Reisebekanntschaft. 10. Aufl. 2 Bände. 8. Stuttgart und Leipzig, Deutsche Verlags-Anstalt, 1903. [zus. M. 9. —, geb. 11. —]
Band 1. Mit dem Bildnis des Verfassers (Tafel). IV + 397 S. – Band 2. IV + 426 S.

— dasselbe. 25. Gesamt-Aufl. Jubiläums-Ausg. (540 S.) 8. Ebd. 904. Geb. in Ldr. n. 7. —

Auch Einer. Eine Reisebekanntschaft von Friedrich Theod. Vischer. Volksausg. in 1 Bd. 1. bis 5. Taus. Stuttgart & Leipzig: Deutsche Verl.-Anst. 1904. (540 S.) 8° [F.] [07, 1308 B]

Auch Einer. Eine Reisebekanntschaft von Friedrich Theod. Vischer. Volksausg. in 1 Bde. 6. Taus. Stuttgart & Leipzig: Deutsche Verl.-Anst. 1904. (540 S.) 8° [F.] [05, 136.. B]

Vischer, Friedrich Theod[or]. Auch Einer. Eine Reisebekanntschaft. Volksausgabe in einem Bande. 10. Tausend. 540 S. 8. Stuttgart und Leipzig, Deutsche Verlags-Anstalt, 1904. [M. 4. —, geb. 5. —]

— dasselbe. 33. Gesamt-Aufl. 23. Tausend. der Volksausg. in 1 Bde. (540 S.) 8. Ebd. 906. n. 4. —; geb. in Leinw. n. 5. —

— Auch Einer. Eine Reisebekanntschaft. 34.—48. Gesamt-Aufl. 34.—38. Taus. der Volksausg. in 1 Bde. (540 S.) 8. Stuttgart 906—10. Deutsche Verlags-Anstalt. 4. —; geb. 5. —

—— kritische Bemerkungen über den ersten Theil von Göthe's Faust, namentlich den Prolog im Himmel. gr. 8. (22 S.) Zürich 857, Meyer und Zeller's Verlag.
Aus: Monatsschrift des wissenschaftlichen Vereins in Zürich, besonders abgedruckt.

— s. Berengar Turon. quae supersunt.

Friedrich Th[eodor] Vischer. Briefe aus Italien. (Hrsg.: Robert Vischer.) München: Süddeutsche Monatshefte 1907. (150 S.) 8° [07, 10411]

— Briefe aus Italien. 1.—6. Taus. (150 S.) kl. 8. München 907. 08. Süddeutsche Monatshefte. 2. 50; geb. 3. 50

Vischer, Frdr. Thdr., das Bürgerwehr-Institut oder: Ist der Jammer noch länger zum Ansehen? Eine bitterliche Klage u. dringliche Bitte an das Wirtembergische Ministerium. br. 8. (29 S.) Stuttgart 849, Göpel. 4 ngr

Vischer, Friedr. Thdr., s. Epigramme aus Baden-Baden.

Vischer, Friedr. Theod., üb. d. Erhabene u. Komische, e. Beitr. zu d. Philosophie d. Schönen. gr. 8. (15 B.) Stuttgart 837, [Liesching u. Comp.]

— s. a. Faust. Der Tragödie 3. Thl.

Faust. Der Tragödie 3. Theil. Treu im Geiste d. 2. Theils d. Goetheschen Faust gedichtet von Deutobold Symbolizetti Allegoriowitsch Mystifizinsky [d. i. Friedrich Theodor Vischer]. 5. Aufl. (Neudr. d. 2. umgearb. u. verm. Aufl.) Tübingen: H. Laupp 1901. (224 S.) 8° [F.] [05, 1363] B

Faust. Der Tragödie Dritter Theil. Treu im Geiste d. zweiten Theils d. Goetheschen Faust gedichtet von Deutobold Symbolizetti Allegoriowitsch Mystifizinsky [d. i. Friedrich Theodor Vischer]. 6. Aufl. Tübingen: H. Laupp 1907. (224 S.) 8° [F.] [08, 1869 B]

—— Göthe's Faust. Neue Beiträge zur Kritik des Gedichts. gr. 8. (XIV, 368 S.) Stuttgart 875, [Meyer und Zeller.] Bonz und Comp. * M 5.; geb. *

— Festspiel zur Uhland-Feier. Aufgeführt im Königl. Hoftheater zu Stuttgart 24. April 1887. 8. (16 S.) Stuttgart 887. Bonz & Co. n. — 50

—— s. Frapan, Ilse. Vischer-Erinnerungen.

—— Kritische Gänge. 2 Bde. 8. (49 B.) Tübingen 844, Fues, Vrlgsh. *

—— kritische Gänge. Neue Folge. 1. Heft: Eine Reise. gr. 8. (VIII und 202 S.) Stuttgart 860, Cotta'sche Buchh.

—— dass. — Neue Folge. 2. und 3. Heft. gr. 8. (XXXVI und 335 S.) Ebendas. 861. à Heft 27 Ngr.
(Erste Folge.) 2 Bde. Tübingen 1844, [Leipzig] Fues' Verlag. * 2 Thlr. 10 Ngr.

Vischer, Friedr. Thdr., kritische Gänge. Neue Folge. 4. und 5. Heft. gr. 8. [4. Heft. (VIII und 171 S.) 863., 5. Heft. (VIII und 225 S.) 866.] Stuttgart, Cotta'sche Buchh. à Heft 27 Ngr.
(1. Folge.) 2 Bde. Tübingen [Leipzig] 1844, Fues' Verlag. * 2 Thlr. 10 Ngr., und Neue Folge 1.—3. Heft. Stuttgart 1860, 61, Cotta'sche Buchh. 2 Thlr. 21 Ngr.

Vischer, Frdr. Thdr., kritische Gänge. Neue Folge. 6. Hft. gr. 8. (XII, 230 S.) Stuttgart 873. Cotta. n. 5. 25 (1—6.: n. 18. 75)

— lyrische Gänge. 8. (324 S.) Ebend. 882. n. 6. —; geb. m. Goldschn. n. 7. 50

— lyrische Gänge. 2., verm. Aufl. 8. (394 S.) Stuttgart 888. Deutsche Verlags-Anstalt. n. 6. —; geb. m. Goldschn. n. 7. 50

— lyrische Gänge. 3. Aufl. 8. (394 S.) Stuttgart 900. Deutsche Verlagsanstalt. n. 6. —; geb. n. 7. 50

Lyrische Gänge. Von Friedrich Theod. Vischer. 4. Aufl. Stuttgart & Leipzig: Deutsche Verl.-Anst. 1904. (394 S.) 8° [F.] [07. 13831 11

— Lyrische Gänge. 5. Aufl. (389 S.) 8. Stuttgart 909. J. G. Cotta Nachf. 4.50; geb. in Leinw. 6. —

Vischer, Friedr. Theod. Vernünftige Gedanken über die jetzige Mode. Aus dem Morgenblatt. 1859. Nr. 5 und 6. Stuttgart, J. G. Cotta'scher Verlag 1861. S. 93—133. 8°
Aus: Kritische Gänge. Neue Folge. H. 3.

— Georgicon libri IV. Mit Sprach- und Sacherläuterungen herausgeg. von Em. Th. Hohler. (Mit Titelbild.) 8. Wien 843, Bauer u. Dirnböck. 1 ℔

Der deutsche Krieg 1870–71. Ein Heldengedicht aus d. Nachl. d. sel. Philipp Ulrich Schartenmayer [d. i. Friedrich Theodor Vischer] hrsg. von e. Freunde d. Verewigten. 6. Aufl. (Vorr.: R[obert] V[ischer].) München: (C. H. Beck [1904]). (92 S.) 8° [F.] [08. 10545 11

—— der Krieg und die Künste. Vortrag am 2. März im Saale des Königsbaues zu Stuttgart gehalten. gr. 8. (XVI, 55 S.) Stuttgart 872, J. Weise. *

[Vischer, Frdr. Theod.:] Neues Lied des alten Schartenmaiers über die Rede des Professors [Frdr. Theod.] Vischer in Tübingen. Stuttgart: Rieger 1845.

— Mode u. Cynismus. Beiträge zur Kenntniß unserer Culturformen u. Sittenbegriffe. 1. u. 2. Abdr. gr. 8. (III, 108 S.) Stuttgart 879. Wittwer. n. 2. —

— Mode u. Cynismus. Beiträge zur Kenntniß unserer Culturformen u. Sittenbegriffe. 3. Aufl. 8. (V, 169 S.) Stuttgart 888. Wittwer. n. 2. —

—— nicht I, a. Schwäbisches Lustspiel in 3 Aufzügen. 8. (104 S.) Stuttgart 884, Bonz und Comp. * ℳ 1,80.; geb. *

— Nicht I, a. Schwäbisches Lustspiel in 3 Aufzügen. 2. Aufl. (104 S.) 8. Stuttgart 904. A. Bonz & Co. n. 1. 80; geb. in Leinw. n. 3. —

— Nicht I, a. Schwäb. Lustspiel in 3 Aufzügen. 3. Aufl. (89 S.) 8. Stuttgart 909. A. Bonz & Co. 1.80; geb. in Leinw. 3. —

—— akademische Rede zum Antritte des Ordinariats am 21. Nov. 1844 zu Tübingen gehalten. Lex.-8. (4 B.) Tübingen 845, Zu-Guttenberg, Vrlgsh.

—— Rede zur 100jähr. Feier der Geburt Schiller's am 10. Novbr. 1859 in der St. Peters-Kirche zu Zürich gehalten. gr. 8. (20 S.) Zürich 859, Orell, Füßli und Comp. *

— s.: Schartenmayer, Philipp Ulr., der deutsche Krieg 1870—71.

— s.: Schiller-Reden.

[F.] Das Schöne und die Kunst. Z. Einführg in d. Aesthetik. Vorträge v. Friedrich Theodor Vischer. M. s. Bildn. *Stuttgart: J. G. Cotta 1898.* (XVIII, 308 S., 1 Bl., 1 Portr.) 1 Bd 8.
= Vischer, F. Th.: Vorträge. Reihe 1. [97. 8449

Das Schöne u. die Kunst. Zur Einführung in d. Aesthetik. Vorträge von Friedrich Theodor Vischer. Mit s. Bildnis. 2. Aufl. *Stuttgart: J. G. Cotta 1898.* (XVIII, 308 S.) 8° [F.]
= Vischer: Vorträge. Reihe 1. [00. 3481 11

Das Schöne und die Kunst. Zur Einführung in d. Aesthetik. Vorträge von Friedrich Theodor Vischer. Mit s. Bildn. 3. Aufl. (Festausg. z. Erinnerung an Fr. Vischers Geburtstag, d. 30. Juni 1807.) Stuttgart & Berlin: J. G. Cotta Nachf. 1907. (XVIII, 308 S.) 8° [F.]
= Vischer: Vorträge. Reihe 1. [07. 18278

Shakespeare-Vorträge von Friedrich Theodor Vischer. (Hrsg.: Robert Vischer.) Bd 1–6. Stuttgart: J. G. Cotta Nachf. 1899–1905. 6 Bde 8° [F.]
1. Einl. Hamlet, Prinz von Dänemark. 1899.
2. Macbeth. Romeo u. Julia. 1900. 3. Othello. König Lear. 1901.
4. König Johann. Richard II. Heinrich IV. Heinrich V. 1901.
5. Heinrich VI. Richard III. Heinrich VIII. 1903.
6. Julius Cäsar. Antonius u. Kleopatra. Coriolan. 1905.
= Vischer: Vorträge. Reihe 2. Bd 1–6. [06. 8341

Shakespeare-Vorträge von Friedrich Theodor Vischer. (Hrsg.: Robert Vischer.) 2. Aufl. Bd 1. Stuttgart & Berlin: J. G. Cotta Nachf. 1905. 8° [F.]
= Vischer, F. Th.: Vorträge. Reihe 2, Bd 1. [06. 8340

— das Symbol, s.: Aufsätze, philosophische.

Vischer, Friedr. Thdr., über das Verhältniss von Inhalt und Form in der Kunst. Lex.-8. (24 S.) Zürich 858, Meyer und Zeller's Verlag. Thlr. *
Aus: Monatsschrift des wissenschaftlichen Vereins in Zürich, besonders abgedruckt.

[F.] Vorträge v. Friedrich Theodor Vischer. F. d. deutsche Volk hrsg. v. Robert Vischer. Reihe 1. *Stuttgart: J. G. Cotta 1898.* 8. [97. 8449

Vischer, Frdr. Theod., Vorträge. Für das deutsche Volk hrsg. v. Rob. Vischer. 1. Reihe: Das Schöne u. die Kunst. Zur Einführg. in die Aesthetik. Mit seinem Bildnis. 2. Aufl. gr. 8. (XVIII, 308 S.) Stuttgart 898. J. G. Cotta Nachf. n. 6. —; geb. n. 7. —

— dasselbe. 2. Reihe. Shakespeare-Vorträge. 1.—4. Bd. gr. 8. Ebd. n. 30. —; geb. n. 34. —
1. Einleitung. Hamlet, Prinz v. Dänemark. (XXI, 510 S.) 899. n. 9. —; geb. n. 10. —
2. Macbeth. Romeo u. Julia. (XI, 294 S.) 900. n. 6. —; geb. n. 7. —
3. Othello. König Lear. (XX, 382 S.) 901. n. 7. —; geb. n. 8. —
4. König Johann. Richard II. Heinrich IV. Heinrich V. (X, 405 S.) 901. n. 8. —; geb. n. 9. —

— Vorträge. Für das deutsche Volk hrsg. v. Rob. Vischer. 2. Reihe. Shakespeare-Vorträge. 1., 5. u. 6. Bd. gr. 8. Stuttgart, J. G. Cotta Nachf. n. 26. —; geb. in Leinw. n. 28. —
1. Einleitung. Hamlet, Prinz v. Dänemark. 2. Aufl. (XXII, 532 S.) 905. n. 9. —; geb. n. 10. —
5. Heinrich VI. Richard III. Heinrich VIII. (XII, 403 S.) 903. n. 8. —; geb. n. 9. —
6. Julius Cäsar. Antonius u. Kleopatra. Coriolan. (XI, 390 S.) 905. n. 8. —; geb. n. 9. —

— Vorträge. Für d. deutsche Volk hrsg. v. Rob. Vischer. I. Reihe u. II. Reihe, 2. Bd. gr. 8. Stuttgart, J. G. Cotta Nachf. 12. —; geb. 14. —
I. Das Schöne u. die Kunst. Zur Einführg. in die Ästhetik. Mit seinem Bildnis. 3. Aufl. (Festausgabe zur Erinnerg. an Fr. Vischers Geburtstag den 30. VI. 1807.) (XVIII, 308 S.) 907. 6. —; geb. 7. —
II. Shakespeare-Vorträge. 2. Bd. Macbeth. Romeo u. Julia. 2. Aufl. (XII, 294 S.) 907. 6. —; geb. 7. —

Vischer, Fritz, der Kanton Basel von der Auflösung der Nationalversammlung bis zum Ausbruch des zweiten Koalitionskrieges (April 1798—März 1799). (Diss.) (XIV, 264 S. m. 7 Taf. u. 1 Karte.) gr. 8. Basel 905. (Leipzig, K. Beck.) n. 4. —

Vischer, Fritz. Der Kanton Basel von der Auflösung der Nationalversammlung bis zum Ausbruche des zweiten Koalitionskrieges. (April 1798—März 1799.) Diss. Phil. Basel. [Mit 9 Tafeln und 1 Karte.] XIV + 264 S. 8. Basel, Franz Wittmer, 1905.

VISCHER, G. D.: Über den Holzdiebstahl und dessen Einfluss auf ökonomischen Wohlstand, Moralität und Gesundheit. Mit Vorschlägen demselben abzuhelfen. - Stuttgart 1820. 48 S.

Vischer, G. D., über den Holzdiebstahl u. dessen Einfluß auf ökonom. Wohlstand, Moralität u. Gesundheit. 8. Stuttg. 820. Steinkopf. 5 gr

Beschreibung einer astronomischen Maschine, welche sich in der öffentlichen herzoglichen Bibliothek zu Ludwigsburg befindet; auf Sr. Herzogl. Durchlaucht zu Wirtemberg Befehl herausgegeben von *Georg Friedrich Vischer*, Prof. der schönen Wissenschaften und Herz. Bibliothekar. Stuttgard. 8. 1770.

Vischer, J., Larve d. Scheinglaubens, in e. gründl. Erklär. d. Epistel d. Apostels Juda. 4. Bremen, Saurmann. 744. — 8

Vischer, J. J., Kubik-Tafeln zur Berechnung runder und beschlagener Hölzer, auch zur Berechnung von Fässern, Kufen, Bütten ꝛc. nach ihrem Litergehalte, nebst Preistafeln. Berechnet und zusammengestellt. 12. (XXI, 284 S.) Lahr 880, Schauenburg. ℳ 2,50.; geb.

Vischer, Jh. u. Peter, das Grabmal des Kurfürsten Johannes Cicero von Brandenburg, s. Rabe, M. F., Forschungen im Gebiete der Vorzeit.

Vischer, Konrad

Vischer, Conr., Kossuth und die Legion in Italien. Leipzig 862. Wagner. gr. 8. (32 S.) n. 6 ngr.

Vischer, L., die industrielle Entwicklung im Königreich Württemberg und das Wirken seiner Centralstelle für Gewerbe und Handel in ihren ersten 25 Jahren. Nach Erhebungen aus den Akten und unter Benützung von Aufzeichnungen des Herrn Präsidenten v. Steinbeis, Exc., sowie im Rückblick auf eigene Mitwirkung dargestellt. Mit einem Beilagen-Bde. und 13 (chromolithogr.) Karten (in gr. 4.). 8. (XL, 639 S.) Stuttgart 875, Grüninger. *

Vischer, L., Gewerbe-Ordnung für das deutsche Reich. Eingeführt im Königr. Württemberg durch das Reichsgesetz vom 10. Novbr. 1871. Nebst den Vollziehungsverordnungen der Bundesbehörde und der württemberg. Staatsregierung und anderen einschläg. Gesetzen und Verfügungen. Handausg. mit Erläuterungen und alphabet. Sachregister. Nach amtl. Quellen hrsg. 8. (X, 214 S.) Stuttgart 872, J. Weise. geb. *

Vischer, M., Grossbrittannisches Amerika. 8. Hamburg. 710. — 14

— Beschr. der Provinz Carolina in Westindien. 8. Ebend. 712. — 8

Vischer, O., Vetter Fritz, } s. Theater-Mappe.
—— das Geheimniß einer jungen Frau, }

Vischer, Oscar [approb Arzt in Constanz]: Ueber Antipyretica ..... München, K. Hof- u. Univ.-Buchdr. v. Dr. C Wolf & Sohn, 1887; 62 S. 8°.
München, Med Fak., Inaug.-Diss. v. 1887.

Vischer, Osc., über Antipyretica. Inaugural-Dissertation. gr. 8. (63 S.) München 887. (Leipzig, Fock.) *

Vischer, Otto, a. Crispenhofen O. A. Künzelsau: De pastorum, quos poëtae et scriptores graeci et latini depingunt, condicione, vita, moribus, arte. Tübingen 1906: H. Laupp jr. (VI, 77 S.) 8°
Tübingen, Phil. Fak., Ref. Schmid, Diss. v. 15. März 1906.
[Geb. 31. März 82 Crispenhofen; Wohnort: Tübingen; Staatsangeh.: Württemberg; Vorbildung: Gymn. Heilbronn Reife M. 01; Studium: Tübingen 8 S.; Coll. 30. Nov. 05.]

Vischer, Otto, die Enkelin. Schauspiel in 5 Akten. 8. (III, 100 S.) Leipzig 886. Reißner. n. 2.—

Vischer, Otto, schlimme Saat, s.: Universal-Bibliothek.

Vischer, P., Die ehernen Denkmale Hennebergischer Grafen. Gezeichnet und beschrieben von A. W. Döbner. Mit 6 Tfln. München 1840. fol.

Vischer, Ptr., s. Christus u. die 12 Apostel.

Vischer, R., über neues Leben. Rede, zur Feier d. Geburtstages Sr. Maj. d. Kaisers u. Königs am 27. Jan. 1895 im Namen der Georg-Augusts-Universität geh. Lex.-8. (20 S.) Göttingen 895. (Leipzig, Dieterich's Verl.). n. — 30

Vischer, R. Soddoma. (Dohme, Kunst und Künstler. Abth. 2, Bd. I.)

Vischer, Robert

Giovanni Antonio de' Bazzi, genannt il Sodoma, s. Kunst und Künstler des Mittelalters und der Neuzeit.

Vischer, Rob., über das optische Formgefühl. Ein Beitrag zur Aesthetik. Lex.-8. (VIII, 49 S.) Leipzig 873. (Stuttgart, Galler.) *

Vischer, Rob., Kunstgeschichte und Humanismus. Beiträge zur Klärung. gr. 8. (68 S.) Stuttgart 880, Göschen'sche Verlagsh. *

Rede zur Feier des Geburtstages S. M. des Kaisers und Königs am 27. Jan. 1895 im Namen der Georg-Augusts-Universität geh. v. *Robert* **Vischer**. – Ueber neues Leben. Göttingen, Druck d. Dieterich'schen Univ.-Buchdr., *1895;* 20 S. 8.

Vischer, Rob., Peter Paul Rubens. Ein Büchlein f. unzünft. Kunstfreunde. (VII, 142 S. m. 1 Bildnis.) 8. Berlin 904. B. Cassirer. Kart. n 4. 20

Vischer, Rob., Luca Signorelli. — Giovanni Antonio de' Bazzi, genannt il Sodoma, s. Kunst und Künstler des Mittelalters und der Neuzeit.

—— Luca Signorelli und die italienische Renaissance. Eine kunsthistorische Monographie. Mit Signorellis Bildniss (in Lichtdr.). gr. 8. (XX, 388 S.) Leipzig 879, Veit und Comp. *

Vischer, Rob., Studien zur Kunstgeschichte. gr. 8. (IX, 632 S.) Stuttgart 886. Bonz & Co. n. 10. —

Vischer, Viktor

— kurzgefaßte Kirchengeschichte für Fortbildungsschulen. Schülerausg. 8. (30 S.) Ebd. 898. n.n. — 15

Vischer, Vikt., Kirchengeschichte f. Schule u. Haus. 8. (93 S.) Stuttgart 898. R. Lutz. n. — 80; kart. n. 1.—

Vischer, W., Alte Bleiinschriften aus Styra auf der Insel Euboea. Gel. 1867. 17 S. m. 2 Taf. 4°. 1.20

Vischer, W., s.: Chroniken, Basler.

Vischer, W. Ueber einige Gegenstände der Sammlung von Alterthümern im Museum zu Basel. Basel 1849. 4°.

Vischer, Wilh., Alkibiades u. Lysandros. Eine Rede gehalt. am Jahresfeste der Universität zu Basel den 6. Novbr. 1845. gr. 8. (4½ B.) Basel 845, (Bahnmaier'sche Buchh.) *

Vischer, Wilhelm Z. Archaeologisches und Epigraphisches aus Korkyra, Megara und Athen. [Mit 2 Tafeln. Progr.] 4. Basel 1854.

Vischer, Wilhelm II [1833–1886]. Basel vom Tode König Rudolfs bis zum Regierungsantritte Karls IV. [Mit 1 Tafel.] (Njbl. Basel 1859.) 4. [Basel.]

Vischer, Wilh., Basel in der Zeit der Restauration 1814—1830, s.a. Neujahrsblatt, 83. u. 84., hrsg. v. der Gesellschaft zur Beförderung des Guten u. Gemeinnützigen.

Vischer, Wilhelm. Basel in der Zeit der Restauration. 1814–1830. 2 [Teile]. 4. Basel, Komm. Helbing & Lichtenhahn. [je fr. 1.—]

[Teil] 1. Die Jahre 1814 und 1815. [Mit Illustrationen und 1 Porträt-Tafel.] 63 S. 1905. — [Teil] 2. Die Zeit von 1815 bis 1830. [Mit Ill. und 1 Tafel.] 59 S. 1906.
83. u. 84. Neujahrsblatt hrg. von der Gesellschaft zur Beförderung des Guten und Gemeinnützigen. 1905 u. 1906.

Vischer, Wilh., epigraphische und archäologische Beiträge aus Griechenland. gr. 4. (VIII und 74 S. mit 7 Stnt.) Basel 855, Schweighauser's Verlag. *

Vischer, Wilh., üb. d. Benutzung d. alten Komödie als geschichtl. Quelle. Einladungsschr. gr. 4. (3 B.) Basel 840, Schweighauser'sche Buchh.

Vischer, Wilhelm I. Kurzer Bericht über die für das Museum in Basel erworbene Schmid'sche Sammlung von Alterthümern aus Augst. [Mit 1 Tafel. Progr. Univ. Basel.] 4. Basel 1858.

(Vischer, W[ilhelm] II.) Bernhard von Weimar und Hans Ludwig von Erlach (von Castelen). Nach den Forschungen von Aug(ust) v(on) Gonzenbach. SA. 8. Basel 1882.

Vischer, W(ilhelm) I. Beschreibung einiger Grabhügel bei Basel. [Mit 3 Tafeln.] (Mittheil.) Ant. Ges. Zürich. (Band 2, Heft 6) = Zeitschr. für vaterl. Alterthumsk. Zürich. [Jahrg. 1,] Heft 1. 4. Zürich 1842 (°*Umschlag*: 1843).

Vischer, Wilh., über die Bildung von Staaten u. Bünden od. Centralisation u. Föderation im alten Griechenland. gr. 4. (44 S.) Basel 849. (Schweighauser.) 12 ngr.

Vischer, Wilh[elm] II. Eine Basler Burger-Familie aus dem sechzehnten Jahrhundert (Die Familie Ryff). Von Prof. Wilh. V.-Heus[s]ler. [Mit 1 Porträt-Tafel.] (Njbl. Basel 1872.) 4. (Basel.)

Vischer, Wilhelm II. Erasmiana. Progr. Univ. Basel. 4. Basel 1876.

—— Erinnerungen und Eindrücke aus Griechenland. gr. 8. (X und 701 S.) Basel 856(57,) Schweighauser's Verlag. *

Vischer, Wilh., Erinnerungen u. Eindrücke aus Griechenland. 2. Ausg. gr. 8. (X, 701 S.) Basel 874. Schweighauser. 4. 50

Vischer, Wilh., Geschichte der Universität Basel von der Gründung 1460 bis zur Reformation 1529. Im Auftrag der akadem. Regenz zur Feier des 400jähr. Jubiläums verfaßt. Lex.-8. (XII und 329 S.) Basel 862, Georg. *

— Geschichte des schwäbischen Städtebundes der Jahre 1376–1389. Abdr. aus den Forschungen zur deutschen Geschichte. Göttingen 861. Dieterich. gr. 8. (201 S.) n. 28 ngr.

Vischer, W(ilhelm) I. Die Grabhügel in der Hardt eröffnet und beschrieben von Prof. W. V. [Mit 3 Tafeln.] 4. Zürich 1842.
Antiquarische Mittheilungen aus Basel. [Sep.-Ausg. von: Mittheil. Ant. Ges. Zürich. Band 2, Heft 6.]

(Vischer, W[ilhelm] II.) Ueber die Grenzen des historischen Wissens. (Rectoratsrede, gehalten an der Universität Basel.) SA. 8. (Berlin [1880].)

(Vischer, W[ilhelm].) Gruss zur Andreas Heusler-Feier (**Umschlag*: Zur Erinnerung an die A' H'-F' der Basler Advokatenkammer und des Basler Juristen-Vereins) vom 4. Juli 1907. [Gedicht.] II + 8 S. 8. [Basel, Basler Druck- und Verlagsanstalt.]

Vischer, Wilhelm I. Ueber E[dward] A[ugustus] Freemans History of Federal Government. (SA.) 8. ([Bern] 1864.)

—— Kimon. Eine Rede gehalten am Jahresfeste der Universität zu Basel den 20. Novbr. 1846. gr. 8. (64 S.) Basel 847, (Bahnmaier's Buchh.) *

Vischer, W[ilhelm] I. Epigraphische und archäologische Kleinigkeiten. Mit zwei lithographischen Tafeln. Progr. 4. Basel 1871.

Vischer, W., Epigraphische und archäologische Kleinigkeiten. Pr. 1871. 18 S. u. 2 Taf. 4°. 1.20

Vischer, W[ilhelm] II. Das Karthauser Kloster und die Burgerschaft von Basel. Von Prof. W. V.-Heussler. [Mit 1 Vignette und 1 Tafel.] Njbl. Basel 1873. 4. Basel 1873.

Vischer, Wilh[elm] I. Lucas Legrand. Ein Gelehrtenbild aus dem achtzehnten Jahrhundert. Nebst einer Beilage enthaltend einen Briefwechsel zwischen L. und Chr[istian] G[ottlob] Heyne. 8. Basel 1862.

—— Lucas Legrand. Ein Gelehrtenbild aus dem 18. Jahrh. Nebst einer Beilage enth. einen Briefwechsel zwischen Legrand und Chr. G. Heyne. gr. 8. (54 S.) Basel 862, Georg. *

Der Münzfund von Reichenstein, s.a. Mittheilungen der Gesellschaft für vaterländische Alterthümer in Basel.

Vischer, Wilhelm I. Der Münzfund von Reichenstein, beschrieben von Dr. Wilh. V., nebst einem kurzen Anhang über römische Bronzen aus Wallenburg. Mit zwei lithographirten Tafeln. Mittheil. Ant. Ges. Vaterl. Alterth. Basel. [Heft] 5. 4. Basel 1852.

Eine römische Niederlassung in Frick: celtische Münzen aus Nunningen, s.a. Mittheilungen der Gesellschaft für vaterländische Alterthümer in Basel.

Vischer, Wilhelm I. Eine römische Niederlassung in Frick im Canton Aargau. Celtische Münzen aus Nunningen im Canton Solothurn. Zwei Abhandlungen. ([Mit Anhang:] Eine Münze des Orgetorix [und 2 Tafeln].) [SA.] 4. [Basel 1852.]

Vischer, Wil[helm] I. Eine römische Niederlassung in Frick. Celtische Münzen aus Nunningen, und eine Münze des Orgetorix s. Roth, C[arl] L[udwig]. L(ucius) Munatius Plancus.... Basel 1852.

—— die oligarchische Partei u. die Hetairien in Athen v. Kleisthenes bis ans Ende d. peloponnes. Krieges. Eine academ. Gelegenheitsschr. gr. 4. (4¾ B.) Basel 836, Schweighauser'sche Buchh.

Vischer, Wilhelm II s. Respinger, Johann Rudolf, und Vischer, Wilhelm II.

—— die Sage von der Befreiung der Waldstädte nach ihrer allmählichen Ausbildung untersucht. Nebst einer Beilage: Das älteste Tellenschauspiel. gr. 8. (VII und 202 S.) Leipzig 867, Vogel. *

Vischer, Wilhelm Antike Schleudergeschosse. Einladungsschrift zu der Feier von Winkelmanns Geburtstag, welche die antiquarische Gesellschaft zu Basel den 9 December 1865 zu begehen gedenkt Mit 1 lithographischen Tafel. (Donation Liechtenstein.) 4. Basel 1866.

—— antike Schleudergeschosse beschrieben und erklärt. Imp.-4. (16 S. mit 1 Stnt.) Basel 866, Riehm. *

Vischer, Wilh., kleine Schriften. 2 Bde. gr. 8. Leipzig Hirzel. *

Inhalt:
Bd. 1. Historische Schriften, hrsg. von Heinr. Gelzer. (VIII, 615 S. mit 1 lithogr. Taf.) 877. *M 12.
» 2. Archäologische und epigraph. Schriften, hrsg. von Achilles Burckhardt. Mit 26 lithogr. Taf. und einer Beigabe: Lebensbild des Verf. von A. v. Gonzenbach. (LXVI, 669 S.) 878. *M 20.

[Vischer, Wilhelm *II.*] Der Schwabenkrieg und die Stadt Basel 1499. [Mit Vignetten und 1 Tafel.] (Njbl. Basel 1865.) 4. [Basel.]

(Vischer, W[ilhelm] *I.*) Sitzen oder Stehen in den griechischen Volksversammlungen. [A.] 8. [Frankfurt a. M. 1873.]

—— **Untersuchungen über die Verfassung von Athen in den letzten Jahren des peloponnesischen Krieges. Akademische Gelegenheitsschrift. gr. 4. (3½ B.) Basel 844, Schweighauser'sche Buchh.**

— das Urner-Spiel von Wilhelm Tell. Nach der Originalausg. neu hrsg. 4. (XI, 32 S.) Basel 874. Georg. n. 1. 20

Vischer, W[ilhelm] *I.* Vortrag über zwei antike Köpfe des Basler Museums, gehalten... in Olten am 1. Oktober 1870. SA. 8. [Aarau 1871.]

(Vischer. Peter V.-Passavant.) Njbl. *s.* [Bischoff, Gottlieb].

Vischer van Gaasbeek, R., das Zscheckenbürlin-Zimmer in der Carthaus zu Basel. 1509. gr. 4. (V, 14 S. m. Abb. u. 14 Taf.) Basel (898). (Helbing & Lichtenhahn.) n. 7. —

Vischer-Merian, Karl, Ährenlese. Lex.-8. (VII, 222 S. m. Abb., Taf. u. Bildnis.) Basel 893. B. Schwabe. Nicht im Handel.

Vischer-Merian, K., Henman Sevogel von Basel und sein Geschlecht. gr. 4. (XVI, 121 S. mit eingedr. Holzschn., 2 Radirungen und 2 Lichtdr.) Basel 880, Schwabe. *

(Vischer-Merian, Carl.) Aus Umbrien und auf dem Wege dorthin. [Mit 2 Vignetten.] gr.-8 [Basel] 1890.

[Umschlagt.:] Das Christentum und die Geschichte. Antwort auf e. Vortr. Prof. Dr. A. Harnacks, v. A. Vischer-Sarasin. 2. Aufl. *Basel: A. Geering 1897.* (16 S.) 1 Bd 8. 197. 1723

Vischer[-Sarasin]. A[dolf]. Die Ausweisung des Herrn (Franz) von Berckheim im Jahre 1817. Ein Wendepunkt in der Entwicklung des christlichen Lebens in Basel. Ein Vortrag, gehalten in der historischen Gesellschaft in Basel. Mit 2 Beilagen. 8. St. Chrischona b. Basel 1899.

V[ischer]-S[arasin]. A[dolf]. Unsere evangelisch-reformierten Glaubensbrüder in Böhmen und Mähren mit ihren Leiden und Freuden. 8. Basel 1890.
[Hrg vom] Verein zur Verbreitung christlicher Schriften. (Nr 597.)

[Vischer-Sarasin, Adolf.] Die reformirte Kirche von Basel. SA., hrg. von J[ustus] G A Szalatnay.... 8. Prag 1892.

[Vischer-Sarasin, Adolf.] Andreas Ryff, Kaufmann in Basel. Eine Lebensbeschreibung aus dem sechzehnten Jahrhundert. 8. Basel 1871.

Vischer-Erinnerungen, s.: Frapan, J.

v. Vischering, Frhr., s. Droste.

Vischer's, s. Vischer. –

v. Vischpach, Frhr. Karl Albr. Hekt., der Staatsbürger; eine Wochenschrift. 1r Thl. 1s Stück. Abhandl. vom Kleebau. 1s Heft. 8. Münch. 785.

– Dass., s.a. Staatsbürger, Der.

— s.a. Versuch e. systemat. Einrichtung von Cameral-Aemtern.

Vischpach, K. A. H. von: „Versuch einer systematischen Einrichtung von Cameral-Aemtern", o. O. 1801.

Visconti, s.a. Viskonti

Visconti, die, Trauerspiel in 4 Aufzügen von A. Rublack. 8. Leipzig, Enobloch. 820. — 18

VISCONTI, Clariße, die schönste und unglücklichste Frau ihres Zeitalters. Eine wahre Geschichte aus d. 16. Jahrh. Mit Titelvignette. Dresden, bey Pinther, 1805. Kl. 8°. 191 S. Zahm. (2 Mk., Lesesp., Paul Neubner, Köln, 1892.)

— — Dasselbe, als Nr. 1 in: Clarisse Visconti und Samo und Mirza. 3 Erzählungen. Neue Aufl. Ebd. 1809. 8°. (1 Rthl.)
Kayser p. 128.

Visconti, Clarisse u. Samo u. Mirza. 3 Erzähll. N. A. 8. Dresd. 809. Arnold. 1 ß

Visconti Galeazzo, oder Liebe u. Edelmuth, v. Ludw. v. Baczko. 8. Halle, Ruff. 814. — 20

Visconti, Viktorine, die Fürstentochter; aus d. Engl. 8. Leipz. 804. Joachim. 1 ß

Visconti, C., italienische Grammatik. 8. Bregenz, Brentano. 16 K

— raccolta di storiette curiose, eleganti e ridicole insiemente morali colle annotazioni tedesche. gr. 8. Lindau 765. Otto. 20 K

Visconti E Q, 8 Büsten des Vatikan. (Antike Köpfe) (8 T) 4° Leipzig 1830

Visconti, E. Q., Iconographie romaine. voyez Iconographie.

Visconti, E. Q., Lettera su d'un antico piombo Veliterno. Gel. 1796. 18 S. 4°.

Višek, Ant., die Civilehe vor dem Forum des Rechtes u. d. Gewissens. gr. 8. (VI, 151 S.) Prag 884. Cyrillo-Method'sche Buchh. n. 2. —

Visellus, Johannes Gottfried (Usingen)
Dissertatio inauguralis medica de inspectione et sectione legali.
Gissae [21.] Dez. 1748: Eb. Henr. Lammers. 40 S. 4°
pro summis in medicina honoribus et privilegiis doctoralibus rite et solemniter consequendis.

Visell, J., Wandkarte der Kreise Euskirchen und Rheinbach, für den Schulgebrauch entworfen und gezeichnet. 1 : 30,000. 6 Bl. Lithogr. und color. Imp.-Fol. Gebweiler 879, Boltze. * 12 —

Visentini, Ant., architettura di Andrea Palladio. VI Part. fol. Lausanne, Pott. 770—71. 24 —

Visentini, Arvigo, über die Morphologie u. den Entwicklungskreis der bei Kranken Kalabriens u. Siziliens beobachteten Leishmania, s.a. Archiv f. Schiffs- u. Tropenhygiene. 14. Bd. 4. Beiheft.

Über die Morphologie und den Entwicklungskreis der bei Kranken Kalabriens und Siziliens beobachteten Leishmania. Von Dr. Arvigo **Visentini**. Mitteilung 1. Leipzig: J. A. Barth 1910. 8°
(Archiv f. Schiffs- u. Tropenhygiene. Bd 14, Beih. 4.) 11. 5773

***Viser*, A, hermeneutica sacra novi Testamenti. III Prts. Pesth 784—87. Eggenberger. 2 ß 8 K**

Viseur, C. J. le, geschichtliche Skizze rc., s. Le Viseur.

Viseur, J. le, s.a. *Leviseur*.

Viseur, J. le, observatio de risu sardonico et de chorea Sti Viti in puero. 8maj. Berolini, libr. Maureri. 818. — 4

Visha kratka ino poboshna — sweti krishni pot obhajati. Tretji natis. 12. (48 S.) V Gradci. Na prodai pri Jozefu Sirolla bukvovezarji. Natis Leykamovih dedicev. 1854. (Weise — kurze aber andächtige — den heil. Kreuzweg zu feiern.)

*Visha Boshje Zhednosti obuditi. (V' Zelouzi, Schotter, [ca. 1800].) 2 S.

Visiani, Rob. de, Flora Dalmatica, sive enumeratio stirpium vascularium quas hactenus in Dalmatia lectas et sibi observatas descripsit, digessit rariorumque iconibus illustravit. Vol. I, II. 4maj. Lipsiae, Hofmeister. [I. (33 B. u. 25 Kpfrt.) 842., II. (34¾ B. u. 28 Kpfrt.) 47.] à Vol. * 4 Thlr. ill. *

Visiani, Rob. de, Flora Dalmatica sive enumeratio stirpium vascularium quas hactenus in Dalmatia lectas et ibi observatas descripsit, digessit rariorumque iconibus illustravit. Vol. III. Pars 1 et 2. 4maj. (IV und 390 S.) Lipsiae 850—52, [Abel.] * ill. *
Vol. 1 et 2. Ibid. 1842—47. à * 4 Thlr., ill. * 6 Thlr. 20 Ngr.

Visiani, Rob. de, Florae Dalmaticae supplementum. Opus suum novis curis castigante et augente. Imp.-4. (189 S. mit 10 chromolithogr. Taf.) Venetiis 872. (Berlin, Friedländer und Sohn.) **
Hauptwerk. 3 vol. Leipzig 1842—52, Abel. **M 62,20.

Visiani, Rob. de, Florae Dalmaticae supplementum alterum, adjectis plantis in Bosnia, Hercegovina et Montenegro crescentibus. Pars I. gr. 4. (103 S. mit 1 color. Stnt.) Venetiis. 877. (Berlin, Friedländer und Sohn.) **
Hauptwerk 3 vol. Leipzig 1842—52, Abel. Schwarz *M 45.; color. *M 62. — Suppl. I. Venetiis 1872. (Berlin, Friedländer und Sohn.) *M 20.

Visiani, Rob. de, Florae Dalmaticae supplementum alterum, adjectis plantis in Bosnia, Hercegovina et Montenegro crescentibus. Pars II [posthuma] (finis). gr. 4. (72 S. mit 7 Stnt.) Venetiis 881. (Berlin, Friedländer und Sohn.) **

Visiani, R. de, Stirpium Dalmaticarum specimen. 4maj. (11½ B. u. 8 Kpfrt.) Patavii 826. (Viennae, Volke.)

Vising, Joh., die realen Tempora der Vergangenheit im Französischen u. den übrigen romanischen Sprachen, s.a. Studien, französische.

Die realen Tempora der Vergangenheit im Französischen und den übrigen romanischen Sprachen. Eine syntakt.-stilist. Studie von Johan Vising. 1. 2. Heilbronn: Gebr. Henninger 1888–89. 2 Bde 8°
1. Lat. Portugies. Span. Ital. 1888. 2. Franz. Allgemeines. 1889.
= Studien, Französische. Bd 6, H. 3. Bd 7, H. 2.

Visini, Andreas: Beiträge zur Criminal-Rechtswissenschaft, mit besonderer Rücksichtnahme auf das österreichische Criminal-Recht. Bd 1 - 4, gbd.
Wien: Gerold 1839 - 1843

JB 5.348

Visini, Andr., Beiträge z. Criminal-Rechtswissenschaft, mit besond. Rücksichtnahme auf d. österr. Criminal-Recht dargestellt. 1—3. Bd. gr. 8. Wien, [Gerold's Brlsh.] [1. (11⅛ B.) 839., 2. (11¾ B.) 840., 3. (12¾ B.) 841. à ⅔ Thlr.]

Visini, Andr., Beyträge z. Criminal-Rechtswissenschaft, m. besond. Rücksichtnahme auf das österreich. Criminal-Recht. 4. Bd. 8. (13½ B. u. 1 Stnt.) Wien 843, Gerold, Berl.
1—3. Bd. Ebendas. 1839—41. 2 Thlr.

Visini, Andr., Handbuch der Gesetze u. Verordnungen, welche hinsichtl. d. Oesterr. Gesetzbuches üb. Verbrechen v. 3. Sept. 1803 von d. Zeitpuncte seiner Kundmachung bis zu Ende d. J. 1831 nachträgl. erschienen sind. Mit allen darauf Bezug nehmenden, aus d. Civil- u. Militärjustiz-, dann der polit. u. Cameral-Gesetzgebung entlehnten Hülfsquellen. gr. 8. (47 B.) Wien 832, [v. Mösle sel. Wtwe. u. Braumüller.]

—— Handbuch d. Gesetze u. Verordnn., welche sich auf d. österr. allgem. bürgerl. Gesetzbuch beziehen. 2 Bde. gr. 8. (54 B.) Wien 837, [Gerold's Brlsh.]

Visino, J. N., Rede am ersten Jubiläum der bayerischen Verfassung während des feierl. Gottesdienstes gehalt. Am 27. Mai 1843. gr. 8. (1 B.) Landshut, (Krüll'sche Universitäts-Buchh.) *

Visino, J. N., meine Wanderung nach Palästina. In Briefen an e. Geistlichen d. Diöcese Passau. gr. 8. (32 B., 6 Steinzeichn. u. 2 Pläne.) Passau 840, (Pustet'sche Buchh.) *

Visino, Karl [app. Arzt aus Schonungen]: Ueber einen Fall von Anus praeternaturalis praehymenalis ... München, Buchdr. Kastner & Lossen, 1896; 20 S., 1 Bl. 8.
München, Med. Fak., Inaug.-Diss. v. 1896

VISINTEINER, Bernardinus: De advertentia ad peccatum mortale committendum requisita. — (1871) 84 S. 8° (Handschr.) Diss. 291
Diss. Wien, Univ.

Visintini & Weingärtner: Betoneisen-Gitterträger. Dresden-Blasewitz 1905

Visio Isaiae. Vetus translatio latina Visionis Jesaiae, libri V. T. pseudepigraphi, edita atque praefatione et notis illustrata ab Jo. Car. Lud. Gieseler. [Universitatsprogramm.] Gottingae 1832

Visio monachi de Eynsham. Zum ersten Male kritisch hrsg. v. Mich. Huber, O. S. B. (S. 641 - 733.) gr. 8. Erlangen (903). F. Junge. n. 2.40
Sonderabdrucke aus: „Roman. Forschgn."

Visio Tnugdali. Hrsg. von Osc. Schade. gr. 4. (IV, 26 S.) Halle 869, (Buchh. des Waisenhauses.) *

Vision über Beendigung des Streites wegen der vom Pabste abhängigen kathol. Bischöfe u. über allmähligen Uebergang zu e. allgemeinen christl. Kirche, v. Fr. A. H. gr. 8. (5 B.) Leipzig 842, Otto Wigand.

Vision Nachens an die Stadt Esens. Aurich 1800. V: *Kriegsmann, W. H.* (Ky) (MGT)

Vision Nachens an d. Stadt Esens, (von W. H. Kriegsmann). 8. Aurich 800.

Vision, Die, auf dem Schlachtfelde bei Dresden. . . . Deutschland [Bamberg] 1814. V: *Hoffmann, Ernst Theodor Amadeus Wilhelm.* (EE) (MGT) (Ky)

Vision, die, auf dem Schlachtfelde bei Dresden. Vom Verfass. d. Phantasiestücke in Callot's Manier, (von E. Th. A. Hoffmann). 8. Deutschland 814. (Bamb., Kunz). 3 gr

Vision, die, auf dem Schlachtfelde bei Dresden. Vom Verfasser der Fantasiestücke in Callots Manier. 8. 814. jetzt Dresch in Bamberg. ⅛ rf

Vision de Sylvius Graphaletes, ou le temple de mémoire. II. Vol. 8. London, Frommann. 767.

Visionen eines Deutschen. 8. Germanien 805. (Heigl in Straubingen). 12 gl.

— Dialogen u. Erzählungen, vom Verf. d. Scenen a. Fausts Leben, s. A. W. Schreiber.

Visionen, Dialogen, Erzählungen . . . Bremen 1795. V: *Schreiber, Alois Wilhelm.* (EE) (MGT) (GGr) (Ky) (Kn) (NN)

Visionen, Dialogen und Erzählungen, vom Verf. der Scenen aus Fausts Leben, 8. Bremen, 795. Wilmans. 25 sgl.

Visionen, Dialogen und Erzählungen. 8. Bremen, Müller. 807. (Petersen in Altenburg.) — 20

Visionen, Dialogen u. Erzählungen (o. Al. W. Schreiber). 8. Bremen 807. (Fr. Wilmans in Frankf.) 20 gl.

— Dialogen u. Erzählungen, v. W. A. Schreiber. (a. unt. d. Titel: Antikleeblatt). 8. Bremen, Willmanns. (Müller.) 807. — 20

Visionen eines alten Erzgebirgers bei Zwickaus erster Jubelfeyer des 19. Oktober 1814. Zwickau 1814. V: *Hempel, Tobias.* (Ky) (MGT)

— eines alten Erzgebirgers (Tob. Hempel's), bei Zwickau's erster Jubelfeier d. 19. Oct. 1814. 8. Zwickau 814.

Visionen in Herzinien, u. Kapatsch d. Schreckensmann rc. 8. Prag, Neureutter. (Hinrichs in Lpz.) 798. — 16

VISIONEN in Hertzinien und Lapatsch der Schreckensmann. Räuber- und Zaubergeschichte. Mit Titelkpfr. u. Titelvign. von Berka. Prag, Neureutter, 1798. 8°. 224 S. (3 Mk. Taussig, Prag, 1906.)

— in Herzinien, u. Lapatsch d. Schröckenmann; eine Räubergeschichte. 8. Leipz. 798. Hinrichs. 1 ß 8 gl.

Des Bm. *Holzhauser* geheime Visionen, wie er sie selbst im J. 1646 dem Kaiser Ferdinand III. und dem Kurfürsten Maximilian v. Bayern in lat. Sprache schriftlich übergeben hatte. Uebers. und mit Anm. Bamb. 1795. 1799. 8°.

Visionen u. Träume, höchst merkwürdige, eines von Gott erleuchteten Hellsehers über Deutschlands schreckliches Loos u. herrliche Zukunft. 16. (26 S.) Colmar 849. (Schw. Hall, Haspel.) 2 ngl

Visionen und Revelazionen, Praktische, zum Fortschritte im christlichen Tugendleben aus bewährten Quellen gesammelt . . . Wien 1879. V: *Stöger, Johann Nepomuk.* (EB)

Visionen und Revelazionen, praktische, zum Fortschritte im christlichen Tugendleben aus bewährten Quellen gesammelt. Zum Theile aus dem Latein. übers. 8. (XIV, 164 S.) Wien 879, Mayer und Comp. *

Visionen vorzüglich neuerer und neuester Zeit . . . Altenburg 1781. V: *Hennings, Justus Christian.* (BrMm)

Visionen neuerer und der neuesten Zeiten, s. Hennings, J. Ch.

Visirkunst, oder gründl. Anweisung alle Gefäße nach ihrem cubischen Inhalt auszumessen u. zu berechnen, nebst dazu nöthigen Tabellen. 8. Hanau 805. (Wienbrack in Leipz.) 1 ß Hbg. Pr. 21 gl.

Visirmeister, Der vollkommene, oder . . . Anweisung . . . volle und nichtvolle Fässer auszumessen. . . . Düsseldorf 1810. V: *Benzenberg, Johann Friedrich.* (AarK) (MGT) (Hall. Litt.-Ztg., Erg.-Bl. 1818. Nr. 78.)

Visitation, die, der Apotheken, oder Anleitung zur gründlichen Untersuchung sämmtlicher bis jetzt bekannten Arzneimittel auf ihre Aechtheit, Güte u. Verfälschung. Zum Gebrauche f. Aerzte, Apotheker, Chirurgen u. Droguisten. 8. Ulm ... Ebner. 1¹ ß

Visitationen, über die, d. Gerichte, in besond. Beziehung auf Mecklenburg u. dessen Ober-Appellations-Gerichte, (von v. Oertzen). gr. 8. Schwerin 828. (Stiller in Rostock). 8 gl.

Visitations-Abschied und Memorialien. vom Jahr 1713. Wetzlar 1714. fol.

Visitations-Abschiede und Memorialien Ihrer Röm. Kayserl. Majestät und der verordneten Churfürsten, Fürsten und Ständen, für sich und im Nahmen aller anderer Ständen des Heiligen Reichs, das Kayserl. und des Reichs Cammergericht betr., von neuem übersehen und verbessert. Wetzlar 1714. fol.

— [Desgl.]

Visitationsbericht des Bisthums Lausanne, Bernischen Antheils, vom Jahre 1453. [Mitgetheilt von Bernhard Rudolf Fetscherin. A.] 8. [Bern 1848.]

Visitationsbericht über die Verhältnisse und Zustände der evangelisch-reformierten Kirche des Kantons Zürich in den Jahren 1892—97 . . . Zürich 1898. V: *Ritter, Adolph.* (Zuwachsverz. d. Bibliotheken in Zürich 1898 ff.)

Visitationsberichte der Diözese Breslau, Archidiakonat Glogau bzw. Liegnitz, hrsg. v. J. Jungnitz, s. a. Veröffentlichungen aus dem fürstbischöfl. Diözesan-Archive zu Breslau. III, 1 u. IV, 1.

Visitationsberichte der Diözese Breslau. Archidiakonat Glogau. T. 1. Hrsg. von J[osef] Jungnitz. Breslau: G. P. Aderholz 1907. 4° = **Veröffentlichungen** aus d. fürstbischöfl. Diözesan-Archive zu Breslau. Bd 3. [08. 2371

Allgemeiner **Visitations-Bescheid** für sämtliche Land- u. andere Königl. Gerichte, Justitz-Magisträte. u. Jurisdictions-Gerichte in der Grafschaft Mark. [Dat.:] Emmerich d. 28. März 1800. Cleve (1800).

Visitations- und Consistorial-Ordnung, Churmärkische, von 1753. 4. Berlin, Realschulbuchhdl. 764.

Visitations- u. Consistorial-Ordnung, kurmärkische, von 1753. 4. Berl. 764. (Reimer). 12 gr

Visitationsschlüsse, die Verbesserung des kais. Reichskammergerichtlichen Justizwesens betreffend. Lemgo 1779—80. V: *Balemann, Georg Gottlieb.* (Kordes, Schlesw.-holst. u. eutin. Schriftst. Schleswig 1797.) (EngJ) (MGT) (Ky) (Pütter, Litt. d. Teutsch. Staatsr. Gött. 1773—91. II, 68.)

Visitationsschlüsse, die Verbesserung d. kaiserl. reichskammergerichtl. Justizwesens betreffend. (Von Geo. Gli. Balemann). 2 Thle. 4. Lemgo 779—80. Meyer. 1 ₰ 20 gr

Visite, die gestörte, s.: Theater f. die weibliche Jugend.

Visite, une, au Musée national de Versailles, ou revue chronologique de l'histoire de France. gr. in-8. (1 B.) Strasbourg 844, libr. Levrault.

Visite, Kaiser Otten des IV. Herzogs zu Braunschweig und Lüneburg, beim Closter Marienberg a. 1199. Helmstädt [1716]. V: *Hardt, Hermann von der.* (EB)

Visiten hier ist für jedermann ein voller Tisch gedeckt; ein jeder esse, was ihm schmeckt. Berlin 1782. V: *Neumann, Johann Jacob Nathanael.* (Adel) (Ky) (MGT)

Visiten, hier ist f. Jedermann ein voller Tisch gedeckt, ein jeder esse, was ihm schmeckt, (von J. J. N. Neumann). 8. Berl. 782. Rottmann. 1 ₰

Visitenkalender pro 1888. V. Jahrgang. Zweiseitig auf Carton. Wien: Perles 1887.

Visitenkalender pro 1891. VIII. Jahrg. Zweiseitig auf Carton Wien: Perles 1890. —.20

Visitenkarten zum Lachen. Ein scherzhafter Abendzeitvertreib für Gesellschaften. Mit 40 ill. Karten. In Etui. Wien, Müller. 1 ₰ 10 gr

Visitenkartenkalender pro 1884. I. Jahrg. Wien: Moritz Perles 1883. Zweiseitig aufgez. 20 kr.

Visitenkarten-Kalender pro 1893. X Jahrg. —.20 Wien: Perles 1892.

Visitenkartenportraits von Professoren der Universität Leipzig. Nach dem Leben photographirt von A. Brasch u. A. 66 Blatt. 16. Leipzig 862, Hinrichs'sche Sortimentsh. In Album mit Goldschn. * * 21 Thlr.; einzelne Blatt *

Visitentaschen-Kalender für 1879. 64. (32 S.) Lahr, Geiger. Durchsch., mit Bilderumschlägen und Goldschn. — 30
Mit Gold- oder Platinadecken * 1 —

—— dass. — für 1880. 64. (32 S.) Lahr, Schauenburg. — 30
geb. * 1 —

Visites a une école de petits enfans. Ouvrage imité de l'Anglais par Xav. Marmier. 12. Paris et Strasbourg 834. Levrault. 1/6 ₰

Visitir-Instruction für den die Percussions-Infanterie-Gewehre aus den Zeughäusern übernehmenden Truppen-Officier. 4. Wien 1841.

Visitirung, Ueber die, der Schlösser an den k. k. Percussions-Gewehren auf Principien zurückgeführt. (Lithogr.) 4. Wien 1843.

Visitkarten-Kalender pro 1885. III. Jahrg. Wien, Moritz Perles. Zweiseitig, aufgez. 20 kr.

Visitkarten-Kalender. 1886. III. Jahrg. Wien, Moritz Perles. 20 kr.

Visitkarten-Kalender 1890. qu. 32. (2 S.) Wien, Perles. n. — 40

Visitkarten-Kalender pro 1892. IX. Jahrg. —.20 Ebd.

Visitkarten-Kalender pro 1894. XI. Jahrg. —.20 Ebd.

Visitkarten-Kalender pro 1895. XII. Jahrg. Zweiseitig auf Carton Ebd. —.20

Visitkarten-Kalender pro 1896. XIII. Jahrg. Zweiseitig auf Carton Ebd. —.20

Visitkarten-Kalender pro 1897. XIV. Jahrgang Ebd. —.20

Visitkarten-Kalender pro 1898. XV. Jahrgang Ebd. —.20

Visitkarten-Kalender pro 1899. XVI. Jahrgang Ebd. —.20

Visitor's Guide, the English, to the Dusseldorf Exhibition 1880. 8. (64 S.) Düsseldorf 880, de Haen'sche Buchh. *

Viskonti, s.a. Visconti

Viskonti, Clarisse, u. Samo u. Mirza; 5 Erzähl. 8. Dresden, Arnold. 807. 1 —

VISKONTI, Viktorine, die Fürstentochter. Eine romantische Geschichte aus d. Engl. frey übers. Mit Titelkpfr. Leipzig 1801. 8°. 208 S. (3 Mk. 50 Pfg., etwas stockfl., hübsch. Hfrzbd., Richard Härtel, Dresden, 1909.)

— Viktorine, d. Furstentochter; eine romantische Gesch. a. d. Engl. übers. (H. a. d. Tit.: Romanenbibliothek, englische, 6r Bd.) 8. Prag, Polt. (Joachim in Lpz.) 804.

Allgemeine **Beschreibung** der Mineralien-Sammlung von Rudolph Hermann. Im Zusammenhange mit seinen Arbeiten u. seinen mündl. Angaben entworfen von N. Vischniakoff [**Višnjakov**]. *Moskau: Selbstverl. 1900.* (254 S.) 8° [ou. 6809 3

Visnovski, Alex., Schiffahrtskanäle und Kleinbahnen. hoch 4. (19 S. m. 3 Fig.) Wiesbaden 899. J. F. Bergmann. n. 1. —
Sonderabdr. a.: „Zeitschr. f. Local- u. Strassenbahnwesen".

Visnuśarman

— Pantschatantrum sive quinquepartitum de moribus exponens ex codicibus manuscriptis edidit commentariis criticis auxit Io. Godofr. Ludov. Kosegarten. Pars I. Textum Sanscritum simpliciorem tenens. Pars II. Textum Sanscritum ornatiorem tenens. Particula I. 2 voll. Pars I: Bonnae ad Rhenum 1848. Pars II: Gryphiswaldiae 1859. 4°.

— Pantschatantra: Fünf Bücher indischer Fabeln, Märchen und Erzählungen. Aus dem Sanskrit übersetzt mit Einleitung und Anmerkungen von Theodor Benfey. Theil I. Einleitung: Ueber das indische Grundwerk und dessen Ausflusse, sowie über die Quellen und Verbreitung des Inhalts derselben. Theil II. Uebersetzung und Anmerkungen. 2 voll. Leipzig 1859.

Visontay, J. D., Geographie der Länder ungarischer Krone. Uebersetzer Joh. Scheminszky. Pest 863. Geibel. 8. (180 S.) n. 15 ngr.

Visp [Schlagwort]

Visp — Erdbeben von — (1855). Karte zur Uebersicht der geogr. Ausdehnung desselben. G. M. 1856.

Visp-Zermatt-Bahn, Schweiz. [Illustrierter Führer.] IV + 24 S. 8. Bern, Hubacher & Co., [1903].

Višánik, Mich. v., die asiatische Cholera. Nach eigener Erfahrung an mehr als 2000 Cholerakranken und mit Berücksichtigung aller darüber erschienenen vorzüglichsten Schriften für Aerzte und gebildete Laien dargestellt. Wien 856. Sommer. (F. Klemm.) gr. 8. (VIII, 79 S.) n. 10 ngr.

Višánik, Mich. v., die asiatische Cholera. Nach eigener Erfahrung an mehr als zweitausend Cholerakranken und mit Berücksicht. aller darüber erschienenen vorzüglichsten Schriften für Aerzte und gebildete Laien dargestellt. gr. 8. (VIII und 79 S.) Wien 856. (Leipzig, Steinacker.) *

Visscher, L. G., Anthologie van Nederlandsche prozaschrijvers en dichters. Sedert 1795 tot of onzen tijd. 1. deel. Proza. gr. 12. (XII u. 451 S.) Utrecht 847, Kemink & Zoon. n. $1^{1}/_{3}$ ℳ

Visscher, Louis George [aus Sluis '(Niederl.)']: Beiträge zur operativen Behandlung der Incarcerierten Hernien ... Würzburg, P. Scheiner's Buchdr., 1891; 52 S. 8.
Wurzburg, Med. Fak., Inaug.-Diss. v. 1891

Regni Daniae Novissima et Accuratissima Tabula per Nicolaum **Visscher.** s. l. et a. Kupferstich. 1 Bl. Fol. ca. 54/66 cm.

Visscher van Gaasbeek. R[ichard]. Das Zscheckenbürlin-Zimmer in der Carthaus zu Basel, 1509 · dargestellt von Architekt R. V' van G'.... [Mit Illustrationen und 14 Tafeln.] 4. Basel (1898).

Visselhövede [Schlagwort]

Visselhövede, s.: **Preussen. Messtischblätter.**

Visser, H. [Arzt, geb. in Leiden]: Die vaginale Uterusligatur Leiden, E. Ijdo, 1892; 4 Bl., 36 S., 1 Taf. 8.
Freiburg i. B., Med. Fak., Inaug.-Diss. v. 1892

Visser, Hendrich Ludwyn [aus Schiedam '(Holland)']: Beiträge zur Kenntnis des Salicins und seiner Derivate ... Marburg, Buchdr. v. J. Hamel, 1890; 50 S., 1 Bl. 8.
Marburg, Phil. Fak., Inaug.-Diss. v. [3 Juni] 1896

Visser, J. E., die Baumaterialien. Handbuch für Architecten u. Baugewerksmeister u. Leitfaden für deren Eleven. Emden 861. Woortmann. gr. 8. (XII, 192 S. u. 3 Tab. in Fol.) n. 1 ℳ

Visser, J. E., die Reinlichkeit in den Städten oder die Abortfrage und das Abfuhrwesen, — gewerbliches Vereinsleben, } s. **Taschenbibliothek**, deutsche bautechnische.

Visser, M. C., s. Urkunden, Die, über Rembrandt.

Die nicht menschengestaltigen Götter der Griechen. Von Dr. M[arinus] W[illem] de **Visser**. *Leiden: E. J. Brill 1903.* (x, 272 S.) 8° (03. 7353 4

Visser, S. J., die Rechtspflege in den Kulturstaaten, s. a. Fortschritt, sozialer. Nr. 80.

Die Rechtspflege in den Kulturstaaten. Wünsche über d. Reform d. Prozessverfahrens. Von Dr. iur. S. I. **Visser**. o. O. [1906?]. (19 S.) 8° (07. 8687 4

Visser, Sjoerd [Militärarzt II. Kl. O. I. L. aus Aduard]: Zwei Fälle von Kopftetanus ... Freiburg i. B., Universitätsbuchdr. v. Ch. Lehmann, 1892; 43 S., 1 Taf. 8.
Freiburg i. B., Med. Fak., Inaug.-Diss. v. 1892

Vissering, B., G. Küster und H. v. d. Hellen, das Molkereiwesen in Dänemark, Schweden und Schleswig-Holstein. Reiseberichte. Nebst Berichten über die Molkerei-Ausstellung zu Frankfurt a. M. von C. Busch und C. Boysen. gr. 8. (105 S.) Celle 876, Schulze'sche Buchh. * 1 80
Aus: Protocolle des Central-Ausschusses der kgl. Landwirthschafts-Gesellschaft zu Celle, besonders abgedruckt.

Vissering, Ed.

Vissering, die medizinische Bedeutung des Seebades Norderney. Denkschrift, verf. im Auftrage der königl. Regierg. (61 S.) 8. Norderney (906). (D. Soltau.) n. 1. 50

Vissering, (Ed.), die medizin. Bedeutung des Seebades Norderney. Denkschrift, verf. im Auftrage d. königl. Regierg. (61 S.) 8. Norderney (907). (H. Hofmann.) 1.50

Vissering, Ed., Nordsee-Klima u. Kinderkrankheiten. 12. (61 S.) Norden (901). D. Soltau. n. — 80

Vissering, Eduard [cand. med. aus Lintel (Ost-Friesland)]: Ein Fall von recidivirender Oculomotoriuslähmung. . . . (Aus d. Münch. Med. Wochenschr.) München, Jos. Ant. Finsterlin, 1889; 14 S. 8°
Erlangen, Med. Fak., Inaug.-Diss. v. 1889

Vissing, Anton [aus Coesfeld i. W.]: Aus d. chirurg. Klinik zu Bonn. Ueber die Gaumenspalten und ihre Behandlung ... Bonn, Buchdr. J. Bach Wwe., 1890: 36 S., 1 Bl. 8°
Bonn, Med. Fak., Inaug.-Diss. v. [12 Dez.] 1890.

Vissman, William [aus Louisville, Ky., U. S. A.]: Experimentelle Untersuchungen über die Wirkung todter Tuberkel-Bacillen und des Tuberkulins auf den thierischen Organismus ... Berlin, Buchdr. v. G. Schade, *1892*; 33 S., 1 Bl. 8.
Berlin, Med. Fak., Inaug.-Diss. v. 14 Mai 1892

Visum repertum üb. d. sogen. Vampyren. Nürnb. 8°. 1732

Visurgin, ..., (Gerh. Ant. v. Halem), ein dringendes Wort an d. heil. Röm. Reich, zur Sicherung eines künftigen Friedens. Altona 795. 2 t X. 797.

Visus Invisus, s. Blick, ein, auf Antwerpen.

Viszánik, Michael (von): Die Anomalien der Schutzpocken von M. (von) Viszánik und August Friedrich Zöhrer. 56 S., gbd.

Wien: Gerold 1840

JB 5.077

Viszanik, Mich., u. Aug. Fr. Zöhrer, die Anomalien d. Schutzpocken in Bezug auf d. Erhalt. u. Fortpflanz. ein. reinen, schützenden Impfkeimes. Mit e. einleit. Uebersicht d. Leistungen d. k. k. Schutzpocken-Hauptinstitutes in Wien. gr. 8. (3½ B.) Wien 840, (Gerold's Vrlsh.) *

Viszánik, Michael (von): Die Irrenheil- und Pflegeanstalten Deutschlands, Frankreichs, sammt der Cretinen-Anstalt auf dem Abendberge in der Schweiz, mit eigenen Bemerkungen herausgegeben. 366 S., gbd., 1 Taf., Tab.

Wien: Gerold 1845

JB 4.567

Viszánik, Michael (von): Leistungen und Statistik der k.k.Irrenheilanstalt zu Wien seit ihrer Gründung im Jahre 1784 bis zum Jahre 1844. 143 S., gbd., Tab.

Wien: Mörschner & Bianchi 1845

JB 4.568

v. Viszanik, Mich. Edler, Unterrichts-Grundzüge zur Bildung brauchbarer, verläßlicher Irrenwärter. gr. 8. (XVI u. 156 S.) Wien 850. (Leipzig, Hübner.) n. 27 ngl

Viszánik, Michael von: Unterrichts-Grundzüge zur Bildung brauchbarer, verläßlicher Irrenwärter. 156 S., gbd.

Wien: Sommer 1850

JB 4.569

Viszhangok 1840dik évből á magyar clerusnak á vegyesházasságok' ügyeben. gr. 8. (2 B.) Lipcsében 844, Wigand Ottó.

Vit, de, s. De-Vit, Vinc.

Vit, V. de, Della via tenuta dai Cimbri per calare in Italia e del luogo della 1 sconfitta secondo il Pais. Ak. 1892. 25 S. 1

Vit, Vinc. de, Onomasticon totius latinitatis, s. Forcellini, Aegid., totius latinitatis lexicon.

S. Abercii Vita. Ed. Theodorus Nissen. [Nebst] Suppl. Lipsiae: Teubner 1910. 12. 8°
Vita 1012.
Suppl. Lüdtke, Willy, u. Theodor Nissen. Die Grabschrift d. Aberkios. 1910
(Bibliotheca scriptorum Graec. et Rom. Teubneriana.) A 12. 507
Suppl. s. 11. 1513.

— del Aur. Agostino. 8. Venezia. 712.

Vita anni Austriaci 1722, poetico calamo descripta. Viennae 1723. V: *Mauthrei, Ignaz.* (Jes)

Vita magni Theologi S. Athanasii . . . Viennae Austriae 1707. V: *Wagner, Franz.* (Jes)

— D. Aurelii Augustini. 4. Augsbg. Wolf. 729.

— S. Aurelii Augustini, Auct. S. Possidio. 8. Ulm 764. Stettin. 12 gl

S. Aur. Augustini vita, auctore incerto etc. e antiq. codice primum ed. A. G. Cramer. 8. maj. Kiel 1832. — id. ed. M. Sintzel, c. effigie. 18. Solisbaci 1844, Seidel. 5 Ngr. — 18 kr.

Vita, Aur. Augustini Episc. Hipponensis, auctore incerto. Ex antiquo Cod. nunc primum ed. Andr. Guil. Cramer. 8 maj. (9 B.) Kiliae 832, libr. Universitatis.

— D. S. Bernardi, a Theophilo Heimb. 4. maj. Viennae. (Wolf in Augsbg.). 741.

Mellifluus. Vita S. Bernardi. Arabice per P. Robertum Wuku O. Cist. (Wien) 1906: (Mechitharisten-Buchdr.). (17 S.) 8° [Umschlagt.]
[Nebent.: Arab.] Al-'asali. Sirat mār Barnārd rāis Iklārwū al-awwal wa-mu'allim al-kanisa. Katabahā al-qasis Rūbart. [07. 567

Brismanni vita. Regiomonti 1823. 4.

Vita di Carlo XII., Rè di Svezia. Lips. [17??]. V: *Romani, Clemente.* (ML) (Ky)

Vita s. Castoris cum hymnis. Nach Handschriften hsg. . . . 1835. O. O. H: *Dronke, Ernst Friedrich Johann.* (Gd) (Nowack, Schles. Schriftst.-Lex. Breslau 1836—43. VI, 21.)

Vita S. Castoris confessoris cum hymnis. Nach Handschriften verbess. hrsg. zur Erinnerung an d. 1000jähr. Jubelfeier d. Einweih. d. ersten Kastorkirche hierselbst. gr. 8. (2 B.) Koblenz 835, Hölscher.

— Catharinae II., Russor. Imperat. 4maj. Frankf. a. M. 798. (Varrentrapp). 6 gl

—— di Benv. Cellini etc., s. Cellini.

Vita di Benvenuto Cellini Orefice e Scultore Fiorentino, scritta da lui medesimo. Giusta l'autografo pubblicato dal Tassi. Con V tavole in rame. II Vol. 12maj. Lipsia 833. Voss. 1⅔ ß

Vita Christi, de, s. Thomas a Kempis de imitat. Christi, ed. F. G. Gossler.

Vita J. Chrysostomi, ex Palladio, historia tripartita . . . Halae Sax. s. a. V: *Koepken, Balthasar.* (Hoff)

— Ciceronis. 8. Hambg. König. 729.

Vita jcti summi Henrici de Cocceji in qua fata ejusdem succincte enarrantur. Quedlinburgi et Ascaniae 1721.

De vita communi perfecta utriusque religiosorum sexus . . . Viennae 1854. V: *Azaria, Aristaces.* (Scriptores ord. s. Benedicti. Vindob. 1881.)

— Ven. P. Emman. Correae e S. I. in Brasilia Missionarii. 8. Würzb. Rienner. 790.

Vita Ven. P. Emman. Correae e S. J. in Brasilia Missionarii etc. 8. Würzb. 790. Jetzt Göbhardt in Bamberg. -

— Ven. P. Emman. Correae e S J. in Brasilia Missionarii. 8. Würzb. 790. (Wesché in Frankf.) 6 gl.

— delitti e suplicio di Luigi Filippo Duca d'Orleans. 8. Wien 794. Geistinger. 5 gl

Vita, C. L., Edzardi I. Comitis Frisiae Orientalis. Hamburgi 1730. V: *Lauffer*, *Chn.* (Bibliotheca Rinckiana. Lipsiae 1747.)

Vita Elisabethae, e gente Schwarzenfelsia in matrimonio Frid. Gotthelf Marschalli . . . 1724 mortuae. Lipsiae 1724. V: *Gesner*, *Johann Matthias.* (ML) (BB)

Vita del principe Eugenio. Vienna 1720.

Vita, facta et fata Joannis Friderici I. Magnanimi. electoris Saxoniae. 4. Jenae 1748.

Vita, fata et scripta Chr. Wolfii philosophi, s. Baumeister, Friedrich Christian

Vita, fata et scripta Christiani Wolffii . . . Lipsiae 1739. V: *Gottsched*, *Joh. Christ.* (Barbier)

— D. Seraphici S. Francisci, elegiaco carmine conscripta ab Appollinare a Sigmaringa. 4. Augsburg, Wolf. 741.

—— Friderici Guilielmi, Magni Electoris Brandeburgici, qui magnitudinis opumque, quas Borussia est nacta, auctor exstitit, in panegyrici formam redacta atque edita ab Henr. Krausio. 8maj. (5 B.) Martisburgi 833. (Lipsiae, Fort.)

Vita sanctae Genovefae virginis Parisiorum patronae. Prolegomena conscripsit, textum ed. Carolus Kunstle. Lipsiae: Teubner 1910. XLVIII, 20 S. 8°
(Bibliotheca scriptorum medii aevi Teubneriana.) 10. 11379

— **Geo. Franc., seu Gregorii Cyprii, Patriarch. Constant.** 8maj. Wien, Gerold. 12 gl.

Vita Johannis Gerhardi. Lipsiae 1723. V: *Fischer*, *Erdmann Rudolph.* (Myl)

Vita, la, di Gesù narrata ai fanciulli. Versione libera dall' inglese, con una prefazione di L. C. Businger, volta ora in italiano da M. P. Ed. ornata de 70 incisioni in legno e 4 cromolitografie. 16. (158 S.) Einsiedeln 883. Benziger & Co. cart. 1. 30; geb. m. Goldschn. 2. —

Vita Heinrici IV. imp., ed. G. H. Pertz, s. Scriptores rerum Germanicarum in usum scholarum.

Vita Heinrici IV. imperatoris, ex recensione Wattenbachii et Wilh. Eberhard, s.a. Scriptores rerum germanicarum.

Vita Heinrici IV. imperatoris. Ex rec. [Wilhelm] Wattenbachii. Ed. 3. cur. Wilhelmo Eberhard. *Hannoverae & Lipsiae: Hahn 1899.* (48 S.) 8°
(Scriptores rerum germ. ... ex Mon. Germ. hist. separatim edití. 13b.) 03. 7734 4

Das Leben Kaiser Heinrichs des Vierten [**Vita** Heinrici IV]. Nach d. Ausg. d. Monumenta Germ. übers. von Philipp Jaffé u. W[ilhelm] Wattenbach. 4. neubearb. Aufl. von W. Eberhard. Leipzig: Dyk (1910). XXVIII, 56 S. 8°
(Die Geschichtschreiber d. deutschen Vorzeit. 2. Ges.-Ausg. Bd 50.) 11. 1046 11

— **Dav. ab Hilchen, Secretar. Reg. Polon. c. G. Bergmann.** 8. Ruyni 803. Bergmann.

Vita antiquissimorum hominum, Graeciae maxime . . . illustrata. Gottingae 1779. V: *Heyne*, *Christian Gottlob.* (MGT)

Vita Jesu Christi Salvatoris sive Monotessaron Catholicon id est evangelium secundum Matthaeum Marcum Lucam Joannem vulgatae editionis. Wiesbadae 1869. V: *Lex* (Seminardirektor). (EB)

Vita Jesu Christi salvatoris sive monotessaron catholicon i. e. evangelium secundum Matthaeum, Marcum, Lucam, Joannem vulgatae editionis. gr. 4. (111 S.) Wiesbaden 869, Niedner. *

— **Domini nostri Jesu Christi etc., s. Rauchenbichler, J.**

Vita: La Vita Italiana nella Svizzera e Bollettino Ufficiale della Camera di Commercio Italiana per la Svizzera

Vita C. F. Kaufmanni. s. Dicto, De, Aristotelis ...

Vita Athanasii Kircheri, Geisani, insignis sui temporis philosophi . . . Fuldae 1831. V: *Pfaff*, *Leonhard.* (Jes)

Vita Viennensis Academici D. Stanislai Kostka . . . Viennae 1715. V: *Panigalli*, *Ludwig.* (Jes)

Vita Joannae Bapt. Kovachich, natae Hajóssy ab eius viduo marito pro memoria Filii Josephi Nicolai pavcis lineis adumbrata. O. O., o. J. V: *Kovachich*, *Martin Gg.* (Pk 2/465) (Biblport)

Vita Huberti Langueti, Consiliarii Saxonici, editore Joh. Petro Ludouico. Halae 1700. V: *La Mare*, *Philibert de.* (Myl)

Vita e lettere di Abelardo et de Eloisa. Traduzione del' francese. II Tom. 8. Triest 795. Ed. II. ... Geistinger. (Andrä in Leipz.) 14 gl.

Vita beate virginis Marie, s.: Bibliothek d. litterar. Vereins in Stuttgart. 180.

Vita et miracula s. Galli s. Geschichtsquellen. St. Gallische G'. (Abtheilung) I. St. Gallen (1870).

Vita et miracula s. Otmari s. Geschichtsquellen. St. Gallische G'. (Abtheilung) I. St. Gallen (1870).

Vita, mors ac scripta, Hug. Grotii, e variis collecta autoribus. [Halae 1703.] H: *Meuschen*, *Joh. Gerhard.* (stri)

Vita di Santa Notburga descritta ... Innsbruck 1863. V: *Pider*, *Johann Baptist.* (margr)

Vita et res gestae, Ottonis, cognom. Tarentini, Ducis Brunsvicensis. Brunsvigae 1746—53. V: *Koch, Hnr. Andr.* (PR) (ADB)

— Ottonis et res gestae. 4. Braunschw. Schröder. 746.

Vita Petri Magni oder Personalia, welche beym kayserlichen Leichenbegängniss in St. Petersburg abgelesen worden. 4. St. Petersburg u. Riga 1726

Vita Jo. Poliandri. Regiomonti 1824. V: *Rhesa, Ludw. Fedemir.* (Hauptkat. d. Univ.-Bibl. Tübingen. K. S. 109.)

Vita Polyhistoris futuri. Altorfi 1765. V: *Schwarz, Georg Christoph.* (MI.)

— Pontificum maximorum a Petro Apostolo ad Benedictum XIV. c. fig. 743.

— di diversi principi illustri et di grandi Capitani Greci et Romani (a Clem. Romani). II Tom. 12. Halle 754. Waisenh.-B. 16 ℛ

— et regula SS. P. Benedicti una cum expositione regulae e Hildemaro tradita. 3 Tle. in 1 Bd. gr. 8. Regensburg 880. F. Pustet. n. 12. —
- I. S. Gregorii Magni dialogorum liber secundus de vita et miraculis S. Benedicti. Cum annotationibus. (XI, 76 S.)
- II. Regula Sancti Patris Benedicti juxta antiquissimos codices recognita a P. Edm. Schmidt. (XXIX, 74 S.)
- III. Expositio regulae ab Hildemaro tradita et nunc primum typis mandata. (XV, 658 S.)

— probi et pii Sacerdotis ad monit. sacrae scripturae. 8. Augsb. Bolling. 787.

DE VITA ET SCRIPTIS J. B.* // Das ist: // Historischer Bericht // Von dem Leben und Schriften des Deutschen Wunder-Mannes und Hocherleuchteten Theo-Philosophi // Jacob Böhmens // In Sechs Abteilungen verfasset / als: // I. Abrah. v. Frankenbergs Nob. Siles. ausführliche Lebens-Beschreibung des Autoris. // II. Corn. Weissners M. D. zu Breslau / Bericht von des Theosophi Christlich geführtem Wandel. // III. Tob. Kobers M. D. zu Görlitz / Nachricht von dem sel. Absterben J. B. // IV. Ehrenfr. Hegenitii, Patric. & Zeugniß von des Aut. hohem Geistes [illegible] und Schriften. // V. Mehrere Merckwürdigkeiten von J. B. Person / Gaben und Schriften. // VI. Von den Alten und Neuern Editionen oder Abdrucken dieser hohen Schriften. Item, von // der Holländischen / Englischen / Frantzösischen und Lateinischen Übersetzung derselben. // Zum Zeugniß der Wahrheit und mehrern Aufschluß des Gottseligen Autoris hohen Gabe /// mit aller historischen Aufrichtigkeit zum Druck befördert Anno 1715 im Jul. - [illegible] und 1 Plan von Görlitz.
Ein dreifache Register: 6c Blatt (nicht paginiert).

* Jacob Böhme.

— D. S. Sebastiani, latino-germanica, c. fig. 4. Augsb. Wolf. 702.

Vita sexualis. Zeitschrift zur Erforschg. d. Geschlechtslebens u. zur Ausbreitg. d. Verständnisses f. d. anthropolog., kriminellen u. hygiein. Seiten d. Letzteren. Hrsg. v. Ewald Paul. 1. Jahrg. April 1895—März 1896. 10 Nrn. (à ca. 10 S. m. Abb.) Lex.-8. Leipzig (W. Malende.) n. 5. —

— dasselbe. Zeitschrift zur Erkenntnis d. Sexuallebens u. d. sexuellen Erkrankgn. d. Menschen. F. d. Praxis hrsg. v. H. Rohleder. 2. Jahrg. Apr. 1896—März 1897. 12 Nrn. (à ca. 12 S.) hoch 4. Ebd. n. 6. —
Weiter nicht erschienen.

— sexualis. Zeitschrift zur Erforschg. d. Geschlechtslebens u. zur Ausbreitung des Verständnisses f. die anthropolog., kriminellen u. hygien. Seiten desselben. Hrsg. unter Mitarbeiterschaft bedeut. Fachmänner v. Ewald Paul. 1. Jahrg. Aug. 1900—Juli 1901. 12 Nrn. Lex.-8. (à ca. 20 S.) Stra bei Venedig. Ew. Paul. 5.—

Vita sexualis. Zeitschrift z. Erforschg. des Geschlechtslebens u. zur Ausbreitg. des Verständnisses f. die anthropolog., kriminellen u. hygien. Seiten desselben. Hrsg. unter Mitarbeiterschaft bedeut. Fachmänner v. Ewald Paul. 3. Jahrg. Oktbr. 1902—Septbr. 1903. 12 Nrn. (à ca. 12 S.) 4. Padua. München, Postamt 2. Administration v. E. Paul's Reise- u. Hygiene-Zeitung. n. 3. —
Fortsetzg., s.: Zeitschrift f. Gesundheitspflege.

Vita Joannis Sóber episcopi Noviensis, praepositi Posoniensis. S. l. [ca. 1838]. V: *Jordánszky, Elek.* (SZMJ)

— sexualis, Fortsetzg., s.: Mutterschutz.

— comitis Suwarow Ryminskoy, cum imag. 8maj. Ofen 799. Typ. Soc. 8 ℛ Hbr. Pr. 5 ℛ

Vita et virtutes Eleonorae Magdalenae Theresiae Imperatricis Augustae . . . Viennae Austriae 1720. V: *Wagner, Franz.* (JES) (SO)

Vita et virtutes Mariae Elisabethae, Archiducis Austriae . . . Viennae Austriae 1745. V: *Wagner, Franz.* (JES) (SO) (WEBER)

Vitæ Augustæ Cæsarum Austriacorum honori ... Josephi Hannibalis L. B. Jochlinger de Jochenstein, Cùm In ... Universitate Græcensi Primâ AA. LL. & Philosoph. Laureâ ornaretur, promotore R. P. Josepho Reichenau ... a condiscipulis physicis oblatæ ... Græcij apud Hæredes Widmanstadij MDCCXXIV [1724].
Tit. 1 Bl., 149 + 7 S. m. 17 Kupferst. 8°

Vitae sancti Bonifatii, archiepiscopi Moguntini, recognuit Wilh. Levison, s.a. Scriptores rerum germanicarum.

Vitae Sancti Bonifatii archiepiscopi Moguntini. Recogn. Wilhelmus Levison. (Vorr.: B[runo] Krusch.) Hannoverae & Lipsiae: Hahn 1905. (LXXXVI, 241 S.) 8°
(Scriptores rerum german. ... ex Monum. Germ. hist. separatim editi.) [as. jodi]

Vitae Caesarum Austriacorum cum metrica Symbolorum paraphrasi. Graecii 1716. V: *Gross, Franz Xaver.* (JES)

Vitae Episcoporum Premisl. S. l. 1844. V: *Zachargasiewitz, Jan.* (Mitth. Dr. Ignaz Schwarz-Wien.)

Vitae T. Hemsterhusii et D. Rhunkenii, vide D. Wittenbach.

Vitae duumvirorum Tib. Hemsterhusii et Dav. Ruhnkenii, altera ab eodem Ruhnkenio, altera a Dan. Wyttenbachio scripta. 8. Leipz. 801. Olim jam in Germania junctim repetitae, nunc iterum editae. Accessit elogium J. Meermanni auct. Const. Cras, curavit F. Lindemann. 8maj. Leipz. 822. Hinrichs. 1 ℛ Schrbp. 1 ℛ 8 ℛ

Vitae hominum quocunque litterarum genere eruditiss. ab eloquentiss. viris scriptae. Collegit et juvenibus liberalioris ingenii tanquam discendi ac dicendi exempla propos. Fr. Tr. Friedemann. Vol. I. Et. s. tit.: Wlh. L. Mahne, vita Dan. Wyttenbachii, u. Vol. II. p. 1. 8maj. Braunschw. 825 u. 26. Lucius. Vol. I. 1 ℔ Vol. II. p. 1. 8 gGr 1 ℔ 8 gGr

Vitae Poetarum Persicorum, s. Jo. Aug. **Vullers.**

Vitae poetarum persicorum ex Dauletschahi historia poetarum exerptae persice et latine ed. commentario instruxit Joa. August Vullers. Fasc. 2. Anuarii tenens. gr. 8. (VIII, 40 S.) Giessen 868, Ricker. *
Fasc. 1. Ebendas. 1839. *ℳ 1,25.

Prophetarum **vitae** fabulosae, indices apostolorum discipulorumque Domini Dorotheo, Epiphanio. Hippolyto aliisque vindicata, inter quae nonnulla primum ed., recensuit schedis Henr. Gelzer usus, prolegomenis, indicibus testimoniis, apparatu crit. instruxit Theodorus Schermann. Leipzig: B. G. Teubner 1907. (LXXI, 255 S.) 8°
(Bibliotheca script. graec. et rom. Teubneriana.) 08. 368

Vitae quatuor reformatorum: (Martini) Lutheri a (Philippo) Melanchthone, (Philippi) Melanchthonis a (Joachimo) Camerario, (Huldrici) Zwinglii a(b Oswaldo) Myconio, (Ioannis) Calvini a Theod(oro) Beza conscriptae nunc junctim editae. Praefatus est A[ugustus] F. Neander. Cum Lutheri, Melanchthonis, Zwinglii. Calvini, Camerarii et Bezae effigiebus [6 tabulis]. [4 partes.] 4. Berolini 1841.

—— quatuor Reformatorum, Lutheri a Melanchthone, Melanchthonis a Camerario, Zwinglii a Myconio, Calvini a Theod. Beza conscriptae nunc junctim editae. Praefat. est A. F. Neander. 8. (16 B. u. Luthers, Melanchtons, Calvins, Camerarius' u. Beza's Bildn.) Berolini 841, Eichler. Thlr.

Vitae excellentium Romanorum, f. **Philippi, F.**

Die Greifswalder Sammlung Vitae Pomeranorum. Alphabetisch nach Geschlechtern verzeichnet v. Edmund Lange. Greifswald. 1898. 8°. = Baltische Studien. 1. Folge. Erg.-Bd.

Vitae Sanctorum. E codice antiquissimo palaeoslovenice cum notis criticis et glossario, ed. Franc. Miklosich. Accedunt epimetra grammatica quinque. 8maj. (4 B.) Viennae 846, libr. Wenedikt. *

— sanctorum antiquiorum, ed. Karolus Conti Rossini, s.a. Corpus scriptorum christianorum orientalium.

Vitae sanctorum antiquiorum ed. Karolus Conti Rossini. 1. Parisiis: C. Poussielgue; Lipsiae: O. Harrassowitz 1904. 8°
– Corpus scriptorum christian. oriental. Script. aethiop. Ser. 2. T. 17. 05. 3991

Vitae sanctorum indigenarum. I. Acta sancti Abakerazun. II. Acta sancti Takla Hawaryat, ed. Kar. Conti Rossini, s.: Corpus scriptorum christianorum orientalium.

— dasselbe II. — Acta S. Aaronis et S. Philippi, ed. Bor. Turaiev. s.: Corpus scriptorum christianorum orientalium.

— sanctorum indigenarum. I. — Acta S. Eustathii. Interpretatus est Boryssus Turaiev, s.: Corpus scriptorum christianorum orientalium.

Vitae sanctorum indigenarum ed. Karolus Conti Rossini. 1. Parisiis: C. Poussielgue; Lipsiae: O. Harrassowitz 1904. 8°
(Corpus scriptorum christian. oriental. Script. aethiop. Ser. 2. T. 22.)

Vitae sanctorum metricae, IX. Ex codicibus Monacensibus, Parisiensibus, Bruxellensi, Hagensi saec. IX—XII ed. Guil. Harster. 8. (XVI, 237 S.) Leipzig 887, Teubner.

Vitae selectae quorundam eruditissimorum ac illustrium uirorum . . . Vratislaviae 1711. H: *Gryphius, Christian.* (Myl) (BrMm) (will)

— selectae quorundam eruditissimorum ac illustrium virorum. 8. Breslau. 711.

Vitae solitariae, sive pure monasticae utilitas . . . Coloniae Agripp. 1711. V: *Lamberti, Hnr.* (Barbier)

— celeberr. quorundam in Germania theologorum una cum scriptorum ab ipsis edid. recensu. 4. Francf. et Lips. 742.

- virorum apud Monophysitas celeberrimorum. ed. E. W. Brooks, s.a. Corpus scriptorum christianorum orientalium.

Vitae virorum apud monophysitas celeberrimorum ed. E. W. Brooks. P. 1. Parisiis: C. Poussielgue; Lipsiae: O. Harrassowitz 1907. 8°
– **Corpus** scriptorum christian. oriental. Script. syr. Ser. 3. T. 25, P. 1. 08. 2327

(Vital, A[ndrea].) Üna charta da Joan Pitschen Salutz. (Text e Glossa. [*Sep.-Abdr. aus:* Annalas della Societàd reto-romantscha. 15. Annada.]) 6 p. 8. [Coira, Manatschal Ebner & Cie., 1901.]

Vital, A[ndrea]. Landamma Zaccaria Pallioppi. [*Sep.-Abdr. aus:* Annalas della Societàd reto-romantscha. 15. Annada. — *Mit 1 Porträt-Tafel.*] II + 49 p. 8. Coira, Manatschal, Ebner & Cie., 1901.

(Vital, A[ndrea].) La Tabla da Babania. ([Publichada da] A. Vital. [*Sep.-Abdr. aus:* Annalas della Societàd reto-romantscha. 15. Annada.]) 8 p. 8. [Coira, Manatschal Ebner & Cie., 1901.]

Vital, Art., corso di navigazione geodetica ad uso delle scuole nautiche. (IV, 144 S. m. Fig.) Lex. 8. Triest 908. M. Quidde. 5. —

Vital, Arth., die Kartenentwurfslehre, s.a. Erdkunde, die.

Die Kartenentwurfslehre. Bearb. von Arthur **Vital**, Prof. in Triest. Mit 19 Holzschn. u. 4 Taf. *Leipzig & Wien: F. Deuticke 1903.* (VIII, 96 S.) 8°
– **Erdkunde**, Die. T. 26. 03. 7167

Vital, Arth., Studie üb. die österreichisch-ungarische Handels-Marine. gr. 8. (32 S.) Triest 901. (F. H. Schimpff.) 1. —
Sonderabdruck aus: „Mittheilg. a. d. Geb. des Seewesens".

— fünfstell. mathemat. u. astronom. Tafeln, s.: **Bidschof, Frdr.**

— e Fed. **Bidschof,** Tavole e prontuari per i calcoli di navigazione. Ed. ster. (XVI, 210 u. 30 S.) Lex.-8. Wien 903. F. Deuticke. Geb. in Leinw. n. 7. —

— u. Fed. **Bidschof,** tavole e prontuari per i calcoli di navigazione. Ed. ster. accresciuta. (XVI, 210 u. 34 S. m. 1 Fig.) Lex. 8. Wien 908. F. Deuticke.
Geb. in Leinw. 7. —

Vital, Johannes Jac[ob]. La Caseada Inopinata Della Gioventü Sün l'occasiun Funerala Del... Iunker Heinrich I Bazell. Qual in sia juvna aetat... da Dieu clamà & in Gloria illocà in üna Amplissima Congregatiun our dals pleds Esaj. 40. v. 30. ... representada da me. J' Jac. Vitali.... 8. *s. l.* 1765. die 28. Aprilis.

Vital, Ulrich Joh[ann]. Christiana Predgia Seculara. Salvada in la Baselgia di Fetan. nella solena festa d'ella Reformatiun. Anno 1819. die 3. Jannuarii. Con ün Appendice Chi contegnia üna compendiosa Descriptiun della Reformatiun della Bassa, & auta Oengadina. Tras Ulrieum Joh. Vital.... Dedictià Alla Hon[ta] Communita da Fetan. 8. Strada 1819.

Vitale, Baron, et le Comte de Sercey, grammaire & vocabulaire de la langue mongole (dialecte des Khalkkas). 8. (VIII, 68 S.) Péking 897. (Berlin, S. Calvary & Co.) n. 3. —

Vitale, Jean Dom., et A. Diezmann, Courrier du beau monde, s. Courrier.

Vitale, Gio. Dco., nuova raccolta di lettere overo scelta d'esercizj graduali sopra lo stile epistolario. Opera per esser tradotta dal tedesco in italiano, ed arrichita di note sopra il genio e le finezze dei due idiomi. 2 Parti. (All' uso del giovani. — All' uso delle damigelle.) gr. 8. (VIII und 149; VIII und 154 S.) Lipsia e Magdeburgh 856(57,) Gebr. Baensch. à Part. * 15 Ngr. *

Vitale, Georg Dom., nuova raccolta di lettere overo scelta d'esercizj graduali sopra lo stile epistolario. Opera per esser tradotta dal tedesco in italiano, ed arrichita di note sopra il genio e le finezze dei due idiomi. Parte I. All' uso dei giovani. — Parte II. All' uso delle damigelle. Lipsia 857. Baensch. (Graebner.) gr. 8. (VIII, 140; VIII, 154 S.) Jeder Thl. n. 15 ngr.

Vitali, Fr. A., in Binas Veteres Inscriptiones C. Aur. Commodi Imperatoris aetate positas Romae recens. detectas, c. fig. 4. maj. Rom. (Class in Heilbronn). 763.

Vitali, Giovanni, u. Ebeling, Anleitung zur Erlernung der italienisch-deutschen Umgangssprache, s.: Polyglotten-Gespräche.

VITALI, J. B. VON: Festgesang, 16. Mai 1820 zur Installation in Gran Sr. fürstl. Gnaden, Erzbischof von Gran, apostolischer Legat, Primas von Ungarn, Alexander Rudnay de Eadem et Divék-Ujfalu usw. Pest 1820: Trattner Druck. 8 S. - 4°

Vitali, J. B. von: Der Hausfreund ..., s. Vitalis, Jh. Bapt. von

Vitaliano, D.: Auszug seiner Naturgeschichte d. adriatischen Meeres. Halle 1753. 4°

Vitalis Blesensis Amphitryon et Aulularia eclogae. Ed. Frid. Osannus. 8maj. (5 1/8 B.) Darmstadii 836, [Pabst.]

Vitalis Aulularia, s.: Comoediae elegiacae.

v. Vitalis, Jh. Bapt., s. Colonisten, die.

VITALIS, J. B.
Cours élémentaire de teinture sur laine, soie, lin, chanvre et coton, et sur l'art d'imprimer les toiles. Paris, 1823. pp. xx–459, 8vo.
Lehrbuch der gesammten Färberei auf Wolle, Seide, Leinen, Hanf und Baumwolle. . . . Nach dem französischen . . . frei bearbeitet. Dritte mit Beihaltung der S. Rennir'schen und H. Leng'schen Verbesserungen sehr vermehrte Auflage, bearbeitet von L. Bergmann.
Neuer Schauplatz der Künste und Handwerke.
[*The same.*] Nebst einem Anhang über Kattun-Druckerei. Nach dem französischen. Vierte sehr vermehrte . . . Auflage von Ch. H. Schmidt. Weimar, 1840. 8vo.
Sechste sorgfältig revidirte und mit Benutzung des Traité de l'impression des tissus par J. Persoz vermehrte, etc., Auflage. Bearbeitet von Chr. H. Schmidt. Weimar, 1854. 8vo.

v. Vitalis, Jh. Bapt., Grundriß d. Färberei auf Wolle, Seide, Leinen, Hanf u. Baumwolle, nebst e. Anh. über d. Druckerkunst. Aus d. Französ. von J. H. Schultes. Mit Anmerkk., Zusätzen u. e. Anh. J. G. Dingler u. W. H. v. Kurrer. Mit 3 Kpft. gr. 8. Stuttg. 824. v. Cotta. 1 Rthlr 16 gr

Vitalis (J. B.), Grundriß d. Färberei u. d. Zeugdrucks. 2. Aufl., gänzlich umgearb. v. E. Max. Dingler. gr. 8. (41 1/2 B. u. 1 Stnt.) Stuttgart u. Tübingen 839, Cotta'sche Buchh.

— d. Hausfreund, allen Schönen gewidmet. 2 Bde, mit Kpf. 8. Wien 812 u. 13. Gerold. 1 Rthlr 8 gr

Vitalis, J. B., Lehrbuch der Färberei, s.a. Schauplatz, neuer, der Künste u. Handwerke. 6. Bd.

— Lehrbuch d. gesammten Färberei rc. Nebst e. Anhang über Indienne-Druckerei. Nach d. Französ., mit Auswahl u. Abänderung für d. Bedürfniß deutscher Färber rc. Frei bearb. u. mit eigenen Anmerkk. versehen von H. Leng. 8. Ilmenau 824. 2e A. 832. Voigt. 1 Rthlr 12 gr (s. auch Schauplatz d. Künste rc. 6r Bd.)

— Lehrbuch der gesammten Färberei auf Wolle, Seide, Leinen, Hanf und Baumwolle. Nach d. Franz. Mit angemess. Auswahl u. Abänderungen rc. 3e mit Beibehaltung der Sam. Rennerschen u. H. Leng'schen Verbesserungen sehr verm. u. mit den neuesten Entdeckungen bereich. Aufl., bearbeitet von L. Bergmann. 8. Weimar 838. Voigt. 2 Rthlr — 4e verm. Aufl. von Chr. H. Schmidt. Mit 4 Taf. Ebd. 840. 2 1/2 Rthlr — Vergl. Schauplatz der Künste u. H. 6r Bd.

— JB, Lehrbuch der gesamten Färberei. 5. Auflage von CH Schmidt. (Schauplatz der Künste und Handwerke 6) Weimar 1847

Vitalis J., Lehrb. d. ges. Färberei auf Wolle, Seide, Leinen, Hanf und Baumwolle. 6. Aufl. Bearb. v. C. Schmied 1851. 5.40

Vitalis, J. B: Lehrbuch der gesamten Färberei auf Wolle, Seide, Leinen, Hanf und Baumwolle. Nebst einem Anhange über Kattun-Druckerei. 6. Aufl. von C. H. Schmidt. Weimar 1854

Vitalis, Justus [Pseud.], s. Beck, Gustav

Vitalis, Just., s.: Bergpredigt, die.

Vitalis, P., s. a. Recht, d. höchste, d. Volkes.

Vitalis, P., Das höchste Recht des Volkes. Darstellung der verschiedenen Wahlsysteme. 8°. Berlin, Volksbuchh., 1891.

Vitalismus, der, s. Tische, die wandernden magnetisirten rc.

Vitam brevem, artem vero longam esse . . . Baruthi 1722. V: *Arnold*, *Joh. Georg.* (Fiker)

Vitam, Scripta et Merita, Viri Magnifici . . . Michaelis Foertschii . . ., in Ecclesiam exponit . . . Jenae 1723. V: *Köcher*, *Joh. Chph.* (Petz) (Rotermund, Gel. Hannover. Bremen 1823.)

Vitanović, Timotheus, das Kloster Ozren. Mit e. Anh. u. e. Erwiderg. von Geo. v. Stratimirović u. e. Nachworte v. Hilarion Ruvarac. [Aus: „Wissenschaftl. Mittheilgn. aus Bosnien u. d. Hercegovina" 1. Bd.] Lex.-8. (17 S. m. 5 Abbildgn.) Wien 893. (C. Gerold's Sohn.) n. 1.—

Vitarum scriptores graeci minores, Βιογράφοι.

Vita's Novellenschatz. Jahrg. 1900/1901. 26 Bde. (à ca. 80 S.) Berlin, Vita. n. 4.80; einzelne Bde. — 20

Vité, C., s. Vité, L.

Vité, F. [aus Berlin]: Kritische Studien über die Bestimmung des Coffeïns im Thee. . . . München, M. Rieger'sche Univ.-Buchh. (Gustav Himmer.), 1890; 32 S. 8°
Erlangen, Phil. Fak., Inaug.-Diss. v. 1890

Vité, L., der kleine Franzose oder die Kunst, die französische Sprache in kurzer Zeit verstehen, lesen, schreiben und sprechen zu lernen. Enthaltend einen kurzen Abriß der Grammatik, französ. und deutsche Gespräche, welche im tägl. Leben, im Geschäftsverkehr, auf der Reise, in Gesellschaft rc. vorzukommen pflegen. Mit durchgehender Angabe der Aussprache des Französischen. Ein Hülfsbuch für Reisende. 16. (IV, 204 S.) Berlin 881,84, Friedberg und Mode. geb.

Vité, L., der kleine Franzose od. die Kunst, die französ. Sprache in kurzer Zeit verstehen, lesen, schreiben u. sprechen zu lernen. 3. Aufl. 16. (IV, 204 S.) Berlin 892. Friedberg & Mode. 1.25; kart. 1.50

Vité, L., der kleine Franzose od. d. Kunst, d. französ. Sprache in kurzer Zeit verstehen, lesen, schreiben u. sprechen zu lernen. Enth. e. kurzen Abriß d. Grammatik, französ. u. deutsche Gespräche, welche im tägl. Leben, im Geschäftsverkehr, auf der Reise, in Gesellschaft rc. vorzukommen pflegen. M. durchgeh. Angabe d. Aussprache d. Französ. E. Hülfsbuch f. Reisende. 5. Aufl. gr. 16. (IV, 204 S.) Berlin 897. Friedberg & Mode.. 1.25; kart. 1.50

Vité, L., der kleine Franzose od. die Kunst, die französ. Sprache in kurzer Zeit verstehen, lesen, schreiben und sprechen zu lernen. Enth. e. kurzen Abriß der Grammatik, französ. u. deutsche Gespräche, welche im tägl. Leben, im Geschäftsverkehr, auf der Reise, in Gesellschaft rc. vorzukommen pflegen. Mit durchgeh. Angabe der Aussprache des Französischen. Ein Hülfsbuch f. Reisende. 6. Aufl. gr. 16. (IV, 204 S.) Berlin (901). Friedberg & Mode. 1.25; kart. 1.50

Vité, L., der perfecte Franzose oder praktischer Unterricht in der französischen Umgangssprache für Jedermann ohne Hilfe des Lehrers. Enth. einen kurzen Abriß der Grammatik, französ. und deutsche Gespräche, welche im tägl. Leben, im Geschäftsverkehr, auf der Reise, in Gesellschaften rc. vorzukommen pflegen. Mit durchgeh. Angabe der Aussprache des Französischen nach der Plötz'schen Methode. gr. 16. (VI, 345 S.) Berlin 878, Friedberg und Mode. ℳ 2,25.; geb. 2 75

Vité, L., der perfekte Franzose oder prakt. Unterricht in der französ. Umgangssprache für Jedermann ohne Hilfe des Lehrers. Enth. einen kurzen Abriß der Grammatik, französ. und deutsche Gespräche, welche im tägl. Leben, im Geschäftsverkehr, auf der Reise, in Gesellschaften rc. vorzukommen pflegen. Mit durchgehender Angabe der Aussprache des Französischen nach der Plötz'schen Methode. 2. Aufl. 8. (VI, 345 S.) Berlin 888, Friedberg und Mode. cart.

Vité, L., der perfecte Franzose od. prakt. Unterricht in der französ. Umgangssprache f. Jedermann ohne Hilfe d. Lehrers. 3. Aufl. 12. (VI, 345 S.) Berlin 892. Friedberg & Mode. Kart. 2.25

— d. perfecte Franzose od. prakt. Unterricht in d. französ. Umgangssprache f. Jedermann ohne Hilfe d. Lehrers. Enth. e. kurzen Abriß d. Grammatik, französ. u. deutsche Gespräche, welche im tägl. Leben, im Geschäftsverkehr, auf d. Reise, in Gesellschaften rc. vorzukommen pflegen. M. durchgeh. Angabe d. Aussprache d. Französ. nach d. Plötz'schen Methode. 6. Aufl. 12. (VI, 345 S.) Ebd. 897. Kart. 2.25

— der perfecte Franzose od. prakt. Unterricht in der französ. Umgangssprache f. Jedermann ohne Hilfe des Lehrers. Enth. e. kurzen Abriß der Grammatik, französ. u. deutsche Gespräche, welche im tägl. Leben, im Geschäftsverkehr, auf der Reise, in Gesellschaften rc. vorzukommen pflegen. Mit durchgeh. Angabe der Aussprache des Französischen nach der Plötz'schen Methode. 7. Aufl. 12. (VI, 345 S.) Ebd. 901. Kart. 2.25

Vité, L., der perfecte Franzose od. prakt. Unterricht in der französ. Umgangssprache f. Jedermann ohne Hilfe des Lehrers. Enth. e. kurzen Abriß der Grammatik, französ. u. deutsche Gespräche, welche im tägl. Leben, im Geschäftsverkehr, auf der Reise, in Gesellschaften rc. vorzukommen pflegen. Mit durchgeh. Angabe der Aussprache des Französischen nach der Plötz'schen Methode. 8. Aufl. (VI, 345 S.) 12. Berlin (903). Friedberg & Mode. Kart. 2.25

Vité, L., der perfecte Franzose od. prakt. Unterricht in der französ. Umgangssprache f. Jedermann ohne Hilfe d. Lehrers. Enth. e. kurzen Abriß d. Grammatik, französ. u. deutsche Gespräche, welche im tägl. Leben, im Geschäftsverkehr, auf d. Reise, in Gesellschaften rc. vorzukommen pflegen. Mit durchgeh. Angabe der Aussprache d. Französischen nach d. Plötz'schen Methode. 10. Aufl. (VI, 345 S.) kl. 8. Berlin (908). Friedberg & Mode. Kart. 2.25

—— Handbuch der französischen Umgangssprache oder prakt. Anleitung, sich im Französischen richtig und geläufig auszudrücken. Enth. Grammatik, Gespräche, Korrespondenz rc., nebst durchgehender Angabe der Aussprache. Zugleich ein Vademecum für Reisende. 2. Aufl. 8. (VI, 345 S.) Ebendas. 888. geb.

— Handbuch der französischen Umgangssprache od. prakt. Anleitg., sich im Französ. richtig u. geläufig auszudrücken. 3. Aufl. 12. (VI, 345 S.) Ebd. 892. 2.—; geb. in Leinw. 2.50

— Handbuch d. französ. Umgangssprache od. prakt. Anleitg., sich im Französ. richtig u. geläufig auszudrücken. Enth. Grammatik, Gespräche, Korrespondenz rc. nebst durchgeh. Angabe d. Aussprache. Zugl. Vademecum f. Reisende. 5. Aufl. 12. (VI, 345 S.) Ebd. 897. Geb. in Leinw. 2.50

— Handbuch der französischen Umgangssprache od. prakt. Anleitg., sich im Französischen richtig u. geläufig auszudrücken. Enth. Grammatik, Gespräche, Korrespondenz rc. nebst durchgeh. Angabe der Aussprache. Zugleich e. Vademecum f. Reisende. 7. Aufl. 12. (VI, 345 S.) Ebd. (901). Geb. in Leinw. 2.50

— Handbuch der französischen Umgangssprache od. prakt. Anleitg., sich im Französischen richtig u. geläufig auszudrücken. Enth. Grammatik, Gespräche, Korrespondenz rc. nebst durchgeh. Angabe der Aussprache. Zugleich e. Vademecum f. Reisende. 8. Aufl. (VI, 345 S.) 12. Ebd. (903). Geb. in Leinw. 2.50

— Handbuch d. französ. Umgangssprache od. prakt. Anleitg., sich im Französ. richtig u. geläufig auszudrücken. Enth. Grammatik, Gespräche, Korrespondenz rc. nebst durchgeh. Angabe d. Aussprache. Zugleich e. Vademecum f. Reisende. 10. Aufl. (VI, 345 S.) kl. 8. Ebd. (908). Geb. in Leinw. 2.50

—— französische Taschen-Grammatik. Mit durchgehender Angabe der Aussprache des Französischen und aller unregelmäß. Verben. 16. (71 S.) Ebendas. 881. *

Auch ein Jubiläumsgruss. (Verf.: Vitebergensis.) Magdeburg: Selbstverl. (1909). 17 S. 8° [09. 12910 7]

Vitellie. Tragédie qui a donné lieu au Titus de Monsieur de Belloy . . . Brounsvic 1793. V: *Rhetz, August Wilhelm von.* (Milchs) (ML) »1794« (Ky) V: *Boutmy.* (Milchs)

Vitellie; Tragédie, (p. Aug. Wlh. v. Rhetz). gr. 8. Helmst. 794. Fleckeisen. 12 gl

Vitet, L., die Barricaden, in einer Reihe geschichtl.-wahrer Handlungen aus d. J. 1588. A. d. Franz. v. A. H. v. Weyrauch. 2 Thle. 8. (33 B.) Leipzig 829, Weidmann.

— matière médicale réformée, ou pharmacopée etc. 4. Bern ... Haller. 1 ₰ 18 ℊ

Vitet, L., médecine expectante. VI Vols. 8. Bern, Typ. Soc. 10 ₰

Vitet, L., s. Scheffer-Album, Ary.

(——) die Stände v. Blois, s. Stände.

Vitet, (Louis): Unterricht in der Vieharzneykunst. (Médecine vétérinaire... Dt.) Übers.und mit Anmerkungen versehen von Johann Christian Polykarp Erxleben. Th.1/1 - 2, gbd.

Lemgo: Meyer 1773 - 1776

JB 5.872

Vitet, [Louis]: Unterricht in der Vieharzneykunst. Aus d. Franz. übers. u. mit Anm. versehen von Johann Christian Polykarp Erxleben. Thl 1—3, Bd. 1. Lemgo 1773—86.
1. Bildung u. Nutzen d. Theile bey d. Pferde u. Rindviehe. Bd 1. 2. 1773—76.
2, Bd 1. Superficielle Krankheiten. 1785.
Bd 2. Innerliche Krankheiten d. Pferde, d. Rindviehes, d. Schaafe u. a. m. 1785.
3, Bd 1. Dem Vieharzt nötige Arzneyen. 1786.

— Unterricht in d. Vieharzneikunst; aus d. Franzöf. von Jh. C. P. Erxleben u. W. J. K. Hennemann. 3 Bde. 8. Lemgo 774—86. Meyer. 3 ₰ 18 ℊ

Vitet, Louis. Unterricht in der Vieharzneykunst; a. d. Franz. . . . Lemgo 1776. Ü: *Loder, Justus Chrn.* (MGT)

Vitéz, Jgn. v., Ueberſicht der ungriſchen Wortlehre. 2 Bl. in Jmp.-Fol. Peſth 848, Emich's Sortimentsh. *

Vitéz de Zredna, Joa., Orationes in causa expeditionis contra Turcas habitae, item Aeneae Sylvii epistolae ad eundem exaratae. 1453—1457. E bibliothecis et tabulariis Dresdensi, Florentina, Mellicensi, Monacensi et Vindobonensi collegit atque dum stallum canonicale in cathedrali ecclesia Varadiensi solenniter occuparet ed. Guil. Fraknói. Fol. (47 S.) Budapestini 878. (Leipzig, Brockhaus' Sortiment und Antiq.) * 5 —

VITEZICH, Johannes Joseph: De synodo Antiochena in „Encaeniis" dicta. — (1832) 171 S. 4° (Handschr.) Diss. 5
Diss. Wien, Univ.

St. Vith [Schlagwort]

St. Vith, s.: Preussen. Messtischblätter.

VITH, Johann (Köln-Deutz): Ein Fall von Echinococcus multilocularis der Leber. (Titel nach der Urkunde)
8.3.1894 - Urk; Chr 1893/94,14
Diss. Ingolst.-Landsh.-Mchn.

Viti, Johann (Breslau) A.S. 738/25

Disputatio inauguralis de probatione, quae fit per instrumenta.
Erfurt (Grosch) 10. XI. 1703. 88 S.

Gew.: Stadt Breslau 35223

Viti, Steph., apologia Synodi Dordrac. adv. I. L. Mosheim. 8. Cassel. Cledisch. 726. — 10

— vindiciae, in quibus ea, quae in apologia synodi Dordracenae dicta sunt vindicantur. 8. ibid. 728. — 8

Vitis, Vera, In Vinea Domini A Pretiosis fructibus celebrata . . . Bambergae 1753. V: *Ruhl, Caspar.* (Jes)

[F.] Der Roman der Arbeiterin. Preisgekr. Roman aus d. Pariser Leben v. Charles de Vitis. *Köln a. Rh.: J. P. Bachem [1896].* (2 Bl., 463 S.) 1 Bd 8. [98. 122,2 Bo

Vitis, Charles de, der Roman d. Arbeiterin. Preisgekrönter Roman aus d. Pariser Leben. 8. (463 S.) Köln 898. J. P. Bachem. n. 4.50; geb. n. 6.—

Vitis, Charles de, der Roman der Arbeiterin. Preisgekrönter Roman aus dem Pariser Leben. 2. Aufl. 8. (468 S.) Köln (901). J. P. Bachem. n. 4.50; geb. n. 6.—

Der Roman der Arbeiterin [Le roman de l'ouvrière]. Preisgekrönter Roman aus d. Pariser Leben von Charles de Vitis. 4. Aufl. Köln: J. P. Bachem [1904]. (463 S.) 8° [F.] [06. 321

Vitis, Charles de, der Roman d. Arbeiterin. Preisgekrönter Roman aus d. Pariser Leben. 8. Aufl. (467 S.) 8. Köln (910). J. P. Bachem. 4.50; geb. n 6.—

Vitis-Mystica, Christus der wahre Weinstock 2c., siehe: Reliquien aus dem Mittelalter. 1.

Vitković, Gabriel. Gedenkbuch der königl. ungarischen Tschaikisten. Vergangenheit, Organisation und Denkmale der königl. Tschaikisten von 1000 bis 1872, nach serbischen und fremden Quellen. (Mit 4 Taf.) (Aus: „Organ der serbischen Gelehrten-Gesellschaft", 67. Bd.) (In serbischer Sprache.) 8. Belgrad 1887.

Vitoduranus, Johannes. Johannis Vitodurani Chronicon. Die Chronik des Minoriten Johannes von Winterthur. Nach der Urschrift hrg. durch Georg von Wyss. ⟨S.A.⟩ 8. Zürich 1856.

Vitoduranus, Johannes. Die Chronik des Minderbruders J' von Winterthur. ([Deutsche] Uebersetzung [mit Einleitung und Anmerkungen, von Bernhard Freuler].) 5 [Hefte. *je* Mit 1 Tafel]. Njbl. Bürgerbibl. Winterthur 1859—1863. 4. Winterthur.

Vitold Grossfürst von Lithauen. Geistergeschichte . . . Altona 1796. V: *Baczko, Ludwig Adolph Franz Joseph von.* (Müller-Frauenreuth. Ritter- u. Räuber-Romane. Halle 1894.) (MGT) (Ky)

Vitold, Großfürst v. Litthauen, (v. L. v. Baczko). 2 Thle. 8. Hamb. 804. (Herold jun.) 1 ₰ 14 ℊ

Vitold, Großfürst v. Litthauen; Geisterroman v. Verf. des Hans v. Bolsen. 2 Thle. 8. Hamb. Vollmer. 804. (I. 22 gr. II. 16 gr.) 1 14

Vitolo, Alfonso G., Konversationsbuch zur Erleichterg. d. freien Gebrauches d. italien. Sprache f. Studierende (nach Methode Berlitz). (116 S.) 8. Wien 906. (Huber & Lahme Nachf.) 2. 50

Vitozzi, Simon, der heilige Alphons v. Liguori und die Lossprechung der zweifelhaft disponirten Rückfälligen. Dissertation, vorgetragen am 2. Aug. 1875 in der Congregation der Missionäre aus dem Weltklerus zu St. Giorgio Maggiore in Neapel. Aus dem Italien. übersetzt. Lex.-8. (40 S.) Regensburg 876, Pustet. — 50

Vitrea Fracta Oder des Ritters Robert Clifton Schreiben an einen gelehrten Samojeden . . . Frankf. u. Leipzig 1732. V: *Liscow*, *Christian Ludwig*. (BrMm) (Mn)

Vitriarius, Friedrich Carl (aus der Pfalz) [Auctor]
Dissertatio inauguralis medica de signis diagnosticis et prognosticis pleuritidis et perpneumoniae.
Giessae [11.] April 1786: Braun. 40 S. 4°
pro gradu doctoris in utraque medicina .

Vitriarius, Johann Jacob [Praes.], s. Blootenburgh. Gerard Cornelius: De fidejussoribus.

Vitriarius, Phil. Reinh.: De adminiculis juris publici Romano-Germanici commentatio. Praemissa est notitia subsidiorum juris publici maxime litteraria auctore Henr. Gottl. Francke. Lipsiae 1740.

Vitriarius, Ph. R., Grotius magnus in Vitriario parvus, s. instit. jur. nat. et gent. ad method. H. Grotii. 8. Nürnbg. 726. Rthlr. — 14

— institutiones Iuris naturae et gentium ad method. H. Grotii conscriptae. 8. Francf. Varrentrapp. 718. — 12

VITRIARIUS, Ph. R.: **Institutiones juris naturae et gentium, ad methodum** *Hug. Grotii. Lugd. Bat.* 692. *Hal.* 695. *Lugd. Bat.* 704. 711. *Hal.* 718. *Norimb.* 726. *Lausan.* 745. 4.

— Institutiones juris naturae et gentium; ad methodum Hugonis Grotii in opere suo de jure belli et pacis; conscriptae et auctae a Joh. Jac. Vitriario. Recens. et nove edidit c. not. Dav. Ludw. Vullyamozius Accessit, ut in editione Lugd. Batav. anno 1719. J. F. Buddei historia juris naturalis ut etc. synopsis juris naturae et gentium secund. disciplinam hebraeorum. 4. Frankf. a. M. 752. Varrentrapp. 4 ₰ 8 gr

— Institutiones Iuris publici. 8. maj. Nürnberg. (Wolf in Augsburg). 747.

— institutiones Iuris publici romano germanici denuo revisae et novis notis auctae a I. F. Pfeffinger. IV Tom. cum Riccii repertorio. 4. Gothae. 744. 15 —

— — idem liber ed. F. Spener accedit aurea Bulla et Capitul. Caroli VI. 8. Nürnberg. 727. — 20

Vitriarius, Ph. Reinh., jus publicum Imp. R. G. in tabulis. 4. Leipz. 752. Hilscher. 2 gr

Vitringa, A. J., de egregio, quod in rebus corporeis constituit Plotinus, pulchri principio. gr. 4. (36 S.) Amsterdam 864, (Seyffardt'sche Buchh.) *

Vitringa, Anne Johan, Disquisitio de Protagorae vita et philosophia. 8maj. (XVI und 200 S.) Groningae 853. (Leer, Bock.) *

Vitringa, Campeq., ἀνάκρισις Apocalypseos Ioan. Apostoli, accedit Ch. I. Bomble analysis nec non chronotaxis apocalypticae. 4. Leucop. Cröcker. 721. 1 20

— animadversiones ad methodum homiliarum ecclesiasticarum. 8. Ienae, Ritter. 729.

— **Aphorismi, doctrina christianae religionis, cum annotat. Mart. Vitringae, et Scheltinga. VIII Voll. 4. Arnh. 761—776.**

Vitringa, Cam., (†...) Auslegung d. Weissagung Jesaiä, übers. u. mit Anmerkk. von A. F. Büsching. Mit e. Vorrede von J. L. v. Mosheim. 2 Thle. gr. 4. Halle 749—51. Kümmel. 4 ₰ 12 gr

— Beschr. d. geistl. Lebens. 8. Bremen. 717. — 6

— Betrachtungen über die Wunderwerke Jesu Christi. 4. Frankf. Andreä. 727. — 16

— commentarius in canticum Mosis, Deut. 32. 4. Harlingae. 734. — 18

Vitringa. Campegius, Commentarius in librum prophetiarum Jesaiae . . . Cum prolegomenis. Pars I. II. Editio nova. 2 voll. Basileae 1732. 2°.

— commentarius in Iesaiam. II Tmi. fol. maj. Basel, Imhof. 732. 9 —

— — idem lib. II Tom. fol. Francf. Andreae. 18 —

— doctrina christianae religionis cura Mart. Vitringa, et annotat. Scheltinga. IV Tmi. 4. Amsterdam, Schreuder. 762—76. 12 16

— Erklärung der evangelischen Parabeln über Outreins Erklärung. 4. Herborn. Andreä. 717. 1 20

—u. Joh. Mayers Gedanken über d. letzte Weissagung Ezechiels. 8. Frankf. u. Leipz. 759. Metzler. 5 gr

— hypotyposis historiae et chronologiae sacrae, accedit typus doctrinae propheticae. 8. Leovardiae. 722. — 10

— **hypotyposis historiae et chronologiae sacrae, accedit typus doctrinae propheticae. 8. Kopenh. 775. Proft. 10 gr**

— observationum sacrarum Libri IV, cum geographia sacra. 4. Ienae, Melchior. 723. 3 8

— — idem liber. 4. Amsterdam. 727. 3 16

— de synagoga vetere, lib. III. 4. Ienae, Cröcker. 726.

— typus theologiae practicae. 8. Bremen. 717.

— Vorbild d. wahren Gottesgelahrtheit. 8. Bremen, Saurmann. 713.

Vitriol-Fabrikation, die, od. prakt. Anweis., nicht nur d. Eisenvitriol, sond. auch d. Doppel- u. Kupfervitriol zu fabriciren. Von e. Berg- u. Hüttenbeamten. 8. (2½ B.) Quedlinburg 837, Basse.

Vitrioli, Didacus, Xiphias, Carmen, cvivs avctori certaminis poetici praemivm adivdicatvm est. Lex.-8. (½ B.) Amstelodami 845, Müller. *

— Xiphias Carmen ex orbe Rhegio Neapolitano certaminis poetici praemium c. Legato Jacobi Henrici Hoevfft adiudicatum est in consessu publico classis tertiae Intituti Regii Belgici. 8maj. ibid. 846. n. 1/6 ₰

Vitriolöl, Angelicus. Die Verlobung in der Bleikammer. NY. 1875.

Vitrus, Emil, Kampf. Bekenntnisse eines Fünfundzwanzigjährigen. (154 S.) 8. Dresden 903. E. Pierson. n. 2. —; geb. n. 3. —

Vitruvius, d. Dänische, enthält d. merkwürd. Gebäude in Dänemark in Kupfer gestochen. 2 Thle. Fol. Kopenh. 760. Rothe. 40 ₰

Vitruvius, C., Erläut. v. d. Vorzug d. deutsch. Rechts vor d. römischen. 4. Greifswalde. 751.

Vitruvius Pollio, M.

—— de architectura libr. X., s. Bibliotheca klassyków, Tom. V., VI.

Vitruvius, M. Poll., architectura. 8. Nürnb. 757. Lechner. (v. Ebner). 8 gr

— de architectura, lib. X. Ope codicis Guelferbytani ceterorumque subsidiorum recens. et glossario, in quo vocabula artis propria Germ., Ital., Gall. et Angl. explicantur, illustr. A. v. Rode. 4maj. Berl. 800. Mylius. 3 ₰ 16 gr Velinp. 7 ₰ 8 gr Die Kupfer hierzu, mehrentheils nach antiken Denkmälern gezeichnet, nebst deutscher u. latein. Erklärung von A. v. Rode. gr. Fol. Ebd. 5 ₰ Velinp. 6 ₰

— de architectura, lib. X. ex fide libror. script. recens., emendavit suisque et virorum doctorum annotationibus illustr. J. G. Schneider. IV Voll. 8maj. Leipz. 807, 8. Göschen. 7 ₰ 12 gr Schrbp. 13 ₰ 12 gr

— de architectura, lib. X. ad optimas editiones collati. Praemittitur notitia litteraria. Stud. societat. Bipont. Accedit anonymi scriptores veteres architecturae compend. cum indicib. 8maj. Strassb. 807. Typogr. Soc. (Treuttel u. W.) 1 ₰ 16 gr

— architectura, textu ex recensione codicum emendato cum exercitationibus notisque novissimis Joannis Poleni et commentariis variorum additis nunc primum studiis Simonis Stratico. IV Voll. in VIII Part. Mit 139 Kpft. 4maj. Utini 825—30. (Wien, Rohrmann u. Schw.; a. Weigel in Leipz.) 62 ₰ 18 gr auch auf Velinp.

Vitruvii, (M. Poll.,) Architectura, textu ex recensione codicum emendato, cum exercitat. notisque noviss. Jo. Poleni et commentariis variorum additis nunc primum studiis Sim. Stratico. Vol. I. P. I. 4maj. Utini 825. (Wien, Schalbacher.)

— idem liber. Vol. I. P. II. u. Vol. II. p. I. 4maj. Ebd. 826—27, Ebd.

Vitruvii, M. Poll., Architectura, textu ex recens. cod. emendato, cum exercitat. notisque noviss. Jo. Poleni et commentariis varior. additis nunc primum studiis Sim. Stratico. Vol. II. P. II., Vol. III. et IV. (ult.) à II Pts. (Cum Lexico Vitruviano.) 4maj. (165½ B., 70 Kpfrt. u. 1 Tab.) Utini 827—30. (Lipsiae, Weigel.)
Vol. I. (III Pts.) et II. P. I. Ebendas. 1825—27. 33 Thlr. 14 Gr.

—— de architectura libr. X. Ad optimor. libror. fid. accurate editi. Edit. stereot. 16. (15¾ B.) Lipsiae 836, Car. Tauchnitz. 8 Gr., f. Pap.

Vitruvius (Pollion., Marc.), de architectura libr. X, apparatu praemuniti, emendationibus et illustrationibus refecti, thesauro variar. lectionum ex codicibus undiq. quaesitis et editionibus universis locupletati, tabulis centum quadraginta declarati ab Aloisio Marinio. Acced. vetus compend. architect. emendat. et indices tres. IV Vol. Fol. maj. (297 B.) Romae 836. (Lipsiae, Brockhaus et Avenarius.) *
Ausgabe in Roy.-Fol. *

Vitruvii Pollionis, M., de architectura libri X. Ex fide libb. scriptorum recensuit atque emendavit et in germanicum sermonem vertit Carol. Lorentzen. Vol. I. Pars prior. Et. s. t.: Des Marcus Vitruvius Pollio zehn Bücher über Baukunst. Im Urtext unter Vergleichung der besten Handschriften hrsg. und in's Deutsche übertr. von Carl Lorentzen. 1. Bd. 1. Abthl. gr. 8. (S. 1—247.) Gothae 856(57,) Scheube. Subscr.-Pr. *
Ladenpr. *

Vitruvii de architectura libri decem. Ad antiquissimos codices nunc primum ediderunt Valentin Rose et Herm. Müller-Strübing. gr. 8. (XII und 319 S.) Leipzig 867, Teubner. *

Vitruvii Pollionis, Marci, de architectura libri X. Ad optimorum librorum fidem accurate editi. Ed. stereotypa. Nova impressio. 16. (250 S.) Leipzig 892. O. Holtze Nachf. 1. —

Vitruvii de architectura libri decem. Iterum ed. Valent. Rose. 8. (XXX, 317 S. m. Fig.) Leipzig 899. B. G. Teubner. n. 5. —

[M.] Vitruvii De architectura libri decem. Iterum ed. Valentinus Rose. *Lipsiae: B. G. Teubner 1899* (XXX, 317 S.) 8°
(Bibliotheca script. Graec. et Rom. Teubneriana.)

Vitruvius, M. Poll., Baukunst; aus d. röm. Urschrift übersetzt von A. v. Rode. 4. Leipz. 796. Göschen. 5 ₰ Velinp. 12 ₰

— zehn Bücher über Architektur, s. Sammlung griechischer u. römischer Classiker.

Vitruvius, Des, zehn Bücher über Architektur. Deutsch von F. Reber. Berlin 1865
(Langenscheidtsche Klassiker-Bibliothek.)

Vitruvius, übers. von Reber, s. Bibliothek, Langenscheidt'sche, sämmtl. griech. und röm. Klassiker.

Vitsch von Vitschenthall, G.R.: Beschreibung der Construction und Anwendungsweise eines Krankenhebe-Apparates. 11 S., gbd., 1 Taf.

W(iene)r Neustadt: typ.Liebergesell 1847

JB 3.500

Vita. Vitta digl miraculus marter S. Zein, Uveschg da Verona. Patrun della baselgia da Ladir. Traitgia or digl liungaig italian à transferida en Rumonsch digl. R. S. Vicario Donato à Caminada. 8. Bonaduz 1741.

Vitte [Schlagwort]

Vitte, s.: Geologische Karten. Preussen. 89.

Vittinghoff, Frhr. v., gt. Schell, s.: Handbuch, grosses, der Philatelie.

Vittinghoff, Heinrich *Dietrich* [pr. Arzt aus Weddinghofen (Regierungsbez. Arnsb.)]: Die Eigentümlichkeiten im Verlaufe der Schwangerschaft und Geburt missbildeter Früchte. Casuist. Beiträge u. Beobachtgn d. Marburger Frauenklinik ... Marburg, Univ.-Buchdr. (C. L. Pfeil), 1897; 30 S., 1 Bl. 8.
Marburg, Med. Fak., Inaug.-Diss. v. 1. Juli 1897

Vittinghoff, Wilhelm

Vittinghoff, *Gottfried* Wilhelm [pr. Arzt aus Wedinghofen i. W.]: Aus d. pharmakolog. Institut zu Marburg. Vergleichende pharmakologische Studien über einige Anilinbasen. '(Dimethylanilin, Monomethylanilin, Diaethylanilin, Diphenylamin, Benzylanilin.)' . . . Marburg, Univ.-Buchdr. '(C. L. Pfeil)', 1894; 71 S. 8.
Marburg, Med. Fak., Inaug.-Diss. v. 15. Sept. 1894

Vittinghoff-Schell, Max Frhr. v., s.: Verzeichnis der christlichen Vereine Niederösterreichs.

Vittorelli, Heinr., gewerbliches Adressbuch der südlichen Provinzen Oesterreichs, einschliesslich Civil- und Militär-Croatien und Slavonien mit Fiume. Mit hoher behördl. Bewilligung nur aus amtl. Quellen geschöpft. Lex.-8. (IV, 402 S.) Wien 879, Hölder. cart. * 10 —

Vittorelli, Jak., anakreontische Lieder. Metr. ins Deutsche übertr. v. Frz. Sachse. 16. (3 B.) Olmütz 838. (Wien, Beck's Univ.-Buchh.) *

Vittorelli, Paul v., Alfr. **Bloch** u. Hanns **Fischböck,** Beispiele v. Schriftsätzen im Civilprozess u. Executions-Verfahren. Ein Hilfsbuch f. Advocaten. 2. Thl. Schriftsätze im Executions- u. Sicherungs-Verfahren. gr. 8. (XIV, 455 S.) Wien 900. Manz. n. 9. —; geb. n. 10.40; (kplt. n. 13.40; geb. n. 14.80; in 1 Bd. n. 14.80)
Thl. 1, s.: Neumann-Ettenreich, Rob. R. v., u. Alfr. Bloch.

Vittorelli, Paul v. (Bearb.), s. Heilfron, Eduard: Römische Rechtsgeschichte und System des römischen Privatrechts.

Vittorelli, Paul v., Zusammenstellung der anweisenden Behörden u. auszahlenden Cassen im Sinne des § 295 der Executionsordnung. Bearb. m. Zustimmg. des Präsidiums des k. k. Oberlandesgerichts Wien unter Mitwirkg. v. Hans Fischböck u. Jos. Berkovits. gr. 8. (VIII, 145 S.) Wien 901. Manz. Kart. n. 3. —

Vittoria Colonna. Eine röm. Erzähl. aus d. 19. Jahrh. N. d. Engl. frei bearb. v. D. L. B. Wolff. 3 Thle. 8. (41 B.) Gera 828, Heinsius.

Vittoria Ravelli, der weibliche Rinaldo, Schauspiel von J. Perinet. 8. Wien, Wallishauser. 808. — 10

Vittorino von Feltre, Annäherung zur idealen Pädagogik im 15ten Jahrhundert, nebst Nachrichten über die Methoden Guarino's und Filelfo's. Bearbeitet nach Rosmini von J. Casp. von Orelli. Mit Vignetten. Zürich 812. 8. 16 gr.

Vittorio oder Bekenntnisse eines italienischen Improvisatore . . . übersetzt . . . Essen 1828. Ü: *Wolff, Oscar Ludwig Bernhard.* (GGr) (LS) (Ky)

Vittorio, od. Bekenntnisse e. röm. Improvisatore. A. d. italien. Handschrift übers. v. —a—r. 8. (11½ B.) Gera 828, Heinsius.
Vgl. Camilla.

Vitucci, E., s. a. Hilfsbuch zur schnelleren Erlerng. d. rc. Verben d. italien. Sprache.

[F.] Hilfsbuch zur schnelleren Erlernung der regelmässigen und gebräuchlichsten unregelmäss. Verben d. italienischen Sprache. (Vf.: E. Vitucci.) *Berlin: E. S. Mittler & Sohn 1897.* (55 S.) 1 Bd 8. [97. 2676

VITULINE oder die übermüthige Kokette. (Aus d. Französ.) Berlin 1782. 8⁰. (⅔ Rthl. Lippert, Halle, vor 1870; jetzt theurer!)
Bibl. Bülov. II. 2. p. 146.
Original (in München): Vituline ou la Courtisanne insolente. Conte moral. Berlin 1782. 8⁰. (16 Sgr. Scheible, vor 1875.) (Bibl. Bülov., l. c. p. 139.)

Vituline, Die gerechtfertigte, oder zweite Beilage zu den Acten der Bockiade. O. O. [17??]. V: *Cranz, August Friedrich.* (MGT) (Schr)

Vitus Tragoedia . . . Hildesii 1723. V: *Schelver, Werner.* (Jes)

Vitus, Hanns, die Erbtante, s. a. Theater, kleines. 352. Hft.

Die Erbtante. Schwank in 1 Aufzug von Hanns Vitus. Paderborn: B. Kleine [1905]. (35 S.) 8° [F.]
= [Theater, Kleines.] H. 352. [05. 13645

Vitus-Bücher. 1. u. 2. Bd. kl. 8. Hamburg, Vitus-Verlag. à — 20
Hyan, Hans, ich finde Dich. Kriminalroman. (110 S.) (910.) (2. Bd.)
Stevenson, Rob. Louis, der seltsame Fall des Doktor Jekyll u. des Herrn Hyde. (112 S.) (910.) (1. Bd.)

Vitz: Rede bei der Vorbereitung der Schulkommunion. – Mühlhausen, Progr. 1867.

Vitz, Guil[elmus]: *De Iphigeniae Aulidensis auctore et fatis. 114 S. 8° (4°)
Halle-Wittenberg, Phil. Diss. v. 3. Okt. 1856
Geb. [Wittenberg 6. 12. 1834]
Ersch.: Part. 1. 2. Torgau 1862–63: Tragmann. 21, 13 S. 8° (4°) Gymn.-Progr.

Vitz, *Wilhelm [Dir. Dr.]:* Bericht über die Feier des fünfundzwanzigjährigen Bestehens der Gartzer höheren Schule nebst einigen d. dabei gehaltenen Reden. Gartz a. O., Druck v. K. Fiebelkorn, *1897;* 23 S. 8.
Gartz a. O., st. G, OP 1897 **

Vitz, Wilh.: Des Isokrates Rede über den Vermögenstausch zur Einführung in die Lectüre des Isokrates. 22 S. -- Pyritz, Progr. 1871.

Vitznau. Klimatischer Kurort V' (bei Luzern) am Vierwaldstättersee. [Prospekt, mit Illustrationen und 2 Karten.] Hrg. vom Kurverein Vitznau. 2. Aufl. 1902. II + 24 S. 8. [Bern, A. Benteli.]

Vitznau. Klimatischer Kurort V' (bei Luzern) am Vierwaldstättersee, 440 m. ü. M. [Illustrierter Prospekt, mit 2 Karten.] Hrg. vom Kurverein Vitznau. 3. Aufl. 1908. II + 29 S. 8. (Zürich, Orell Füssli.)

Vitznau am Vierwaldstättersee und seine Umgebung. Luzern 1896. V: *Türler, E. A.* (BSchwLk III, 2)

Vitznau am Vierwaldstättersee u. s. Umgebgn. Hrsg. v. Kurverein in Vitznau. 8. (29 S. m. Abb. u. 2 farb. Karten.) Luzern 896. (Geschw. Doleschal Nachf.) n. — 50

Vitznau-Rigi-Bahn. Die V'-Rigi-Bahn. (Europäische Wanderbilder. N° 36) s. [Feierabend, August].

Vitzthum, Fischerei-Ordnungen im diehsrhein. Bayern / nach dem Erscheinen des Polizeistrafgesetzbuches. 1862 München

Vizthum, Ant., der Elementarschüler 2c., s. Elementarschüler.

Vizthum, Ant., Handgriffe u. Erfahrungen im Gebiete d. prakt. Bienenzucht. Ein Beitrag zur Beförderung u. bessern Emporbringung d. Bienenzucht in Baiern. Mit 22 Abbildd. 8. Münch. 830. (Landsh., Thomann, a. Krüll). 4 kr

Vizthum, Ant., Handgriffe u. Erfahrungen im Gebiete d. prakt. Bienenzucht. Mit 22 lithogr. Abbildungen. 8. München 834. (Landshut, Thomann.) 1/8 Thlr

— u. Mich. Closner, Hausaufgaben für Schreib- u. Rechenschüler in Volksschulen, oder Aufgaben zur Selbstbeschäftigung d. Schüler. 2e Aufl. 8. Landsh. 823. Krüll. 4 kr

— und Mich. Closner, Hausaufgaben aus der deutschen Sprachlehrer und dem schriftlichen Rechnen für Volksschulen; oder: Aufgaben zur Selbstbeschäftigung der Schüler. 3e verb. Aufl. 8. Regensburg 837. Manz. 1/6 Thlr

Vizthum, Ant., Monatsblatt f. die gesammte Bienenzucht, s. Monatsblatt.

—— **Sammlung von Beispielen zu Diktirübungen, nach d. Regeln d. Orthographie u. Sprachlehre geordnet, nebst e. Diktirsurrogate f. deutsche Schulen. Ein Hand- u. auch Leseb. f. Elementarschüler. Neu durchges. u. verb. 2., ganz umgearb. u. verb. Aufl. 8. (8 B.) Regensburg 841, Manz.**

Vizthum, Ernst Graf, in ernster Zeit e. ernstes Wort. Zum 8. VIII. 1903. (24 S.) gr. 8. Dresden 903. v. Zahn & Jaensch. — 30

Vitzthum, Georg

Vitzthum, Geo. Graf, s.: Beiträge, kunstwissenschaftl.

Vitzthum von Eckstädt, Georg Graf, aus Oberlößnitz: Bernardo Daddi. Mit 6 ganzseitigen Abbildungen in Autotypie. *Leipzig 1903: E. Herrmann sen.* (90 S.) 8°
Leipzig, Phil. Diss. v. 1903

Vitzthum, Geo. Graf, Bernardo Daddi. Mit 7 ganzseit. Abbildgn. in Autotypie. (92 S.) gr. 8. Leipzig 903. K. W. Hiersemann. n. 4. —

Vitzthum, Georg Graf, Dr.: Die rheinische Malerei zu Anfang des 14. Jahrhunderts auf ihre Quellen untersucht. Leipzig: Quelle & Meyer 1907. (47 S.) 8°
Leipzig, Phil. Fak., Hab.-Schr. v. 6. Mai 1907

— **Die Pariser Miniaturmalerei** von der Zeit d. hl. Ludwig bis zu Philipp v. Valois u. ihr Verhältnis zur Malerei in Nordwesteuropa. (XII, 244 S. m. 50 Taf.) gr. 8. Leipzig 907. Quelle & Meyer. 18. —

v. Vizthum, Marianne, Reisebilder aus Deutschland, Schweiz u. Italien f. die Jugend gesammelt. 8. (VI u. 218 S m. 5 col. Lith.) Dresden 852, Schaefer. n. 1 1/3 Thlr

Vizthum, Marianne v., Reisebilder aus Deutschland, Schweiz und Italien für die Jugend gesammelt. 1. Aufl. 1852. * 1 Thlr. 10 Ngr. und 2. (wohlf.) Aufl. br. 8. (VI und 218 S. mit 5 ill. Stnt.) Dresden 855, Meinhold und Söhne.

Vitzthum, Wolfgang

— kathol. Gebetbuch zur kirchl. u. häusl. Erbauung für Christen, mit Sittenlehren u. Lebensregeln. Mit 1 Kpf. 8. Augsb. 824. Kranzfelder. 8 kr

Vizthum, Wolfg., Gott ist reich an Barmherzigkeit. Ein Erbauungsbuch für kathol. Christen. 12. Münch. 823. Lentner. 8 kr Schrbp. 13 kr

— Gott, unsere Zuflucht u. Stärke. Ps. 45, 2. Guter Same für d. mit festem Vertrauen zu Gott betenden kathol. Christen. Mit 1 Kpf. 12. Münch. 823. Lentner. 8 kr Schrbp. 13 kr

— Gott, unsere Zuflucht u. Stärke. Ps. 45, 2. Guter Same f. d. mit festen Vertrauen zu Gott betenden kathol. Christen. Mit 1 Kupf. 12. München 827, Lentner.

Vizthum, Wolfg., die in Wahrheit u. Einfalt betende Seele, m. K. 8. Augsbg. Veith. 803. — 9

— die in Wahrheit u. Einfalt betende Seele; e. vollständ. Gebetbuch für kathol. Christen. Mit Kpf. 8. Augsb. 805. Veith. 9 kr

Vizthum v. Eckstädt, Graf, zur Geschichte d. Türkenkrieges im J. 1683, s.: Hassel, P.

Vizthum v. Eckstädt, Cr., Sosandra; ein dramat. Gedicht in 4 Aufz.; herausg. v. K. v. Haugwitz. 8. Berl. 805. (Rücker). 12 kr

Vitzthum von Eckstädt, Georg, s. Vitzthum, Georg

Vitzthum v. Eckstädt, Karl Friedr. Graf, Berlin und Wien in den J. 1845—1852. Polit. Privatbriefe. Mit einem Vorworte von Karl Müller. gr. 8. (XXXIII, 338 S.) Stuttgart 886, Cotta'sche Buchh. Nachf. *
geb. *

—— **dass.** — 2. Aufl. gr. 8. (XXIX, 338 S.) Ebendas. 886. *
geb. *

Vitzthum v. Eckstädt, Karl Graf. Die Geheimnisse des sächs. Cabinets. Ende 1745 bis Ende 1756. Archivarische Vorstudien für die Geschichte des 7jährigen Krieges. Mit 4 Lithographien. (2 Bde.) 8. Stuttgart 1866.

(Vitzthum v. Eckstädt, C. F.) Geheimnisse des Sächs. Cabinets. Ende 1745 bis Ende 1756. 2 Bde. (XXXII. 454; VIII. 462.) 8. Stuttgart 1866—67. 18,75.

Vitzthum v. Eckstädt, Karl Frdr. Graf. London, Gastein u. Sadowa 1864—1866. Denkwürdigkeiten. gr. 8. (XX, 523 S.) Stuttg. 889, Cotta Nachf. * 13 —; geb. * 15 —

Vitzthum d'Eckstaedt, C. F., Maurice comte de Saxe et Marie Josèphe de Saxe, Dauphine de France. Lettres et documents inédits des archives de Dresde. gr. 8. (XXVI und 526 S.) Leipzig 867, Denicke. *

— St. Petersburg u. London in den J. 1852—1864. Aus den Denkwürdigkeiten d. damal. k. sächs. ausserordentl. Gesandten u. bevollmächtigten Ministers am k. grossbritann. Hofe C. F. Graf V. v. E. 2 Bde. gr. 8. (XVI, 356 u. XVIII, 390 S.) Ebend. 886. n. 12. —

—— **Shakespeare und Shakspere.** Zur Genesis der Shakespeare-Dramen. gr. 8. (264 S.) Ebendas. 888. *

Vizthum v. Eckstädt, Karl Graf, die Hauptquartiere im Herbstfeldzuge 1813 auf dem deutschen Kriegsschauplatze, s. a. Beiträge zur Geschichte der Befreiungskriege. 1. Heft.

Die Hauptquartiere im Herbstfeldzuge 1813 auf dem deutschen Kriegsschauplatze. Von Karl Graf Vitzthum v. Eckstädt, Oberlt. Berlin: Mittler 1910. 101 S. 8°
(Beiträge z. Geschichte d. Befreiungskriege. H. 1.)

Vitzthum v. Eckstädt, Graf Otto, J. H. Wichern's Aufruf zur inn. Mission, s. Denkschrift v. 1849 u. d. gegenwärt. Stand d. inn. Mission d. ev.-luth. Kirche im Königr. Sachsen, s.: Bibliothek, kleine, f. inn. Mission, 19.

Viva la Grischa! Gesellige Lieder für Bündnervereine. [Illustriert.] IV + 32 S. 8. Bern, H. Jent, 1904. [fr. 1. —]

Viva, D., cursus theologicus. fol. Cöln. 719.

Largo aus einer Violinsonate von Antonio Vivaldi ⟨168 –1743⟩. Nach d. unbezifferten Orig. ⟨hs. Kgl. Bibl. Dresden⟩ z. ersten Mal hrsg. von Arnold Schering. *(Leipzig: C. F. Kohnt Nachf. 1904.)* (3, 3 S.) 4°
= Perlen Alter Kammermusik deutscher u. italienischer Meister. No 1.
= Zeitschrift, Neue, f. Musik. Musikbeil. No 16. [04 1198]

Sonate (G moll) von Antonio Vivaldi ⟨gest. 1743⟩. Bearb. von A[lfr.] Mollat. *(Berlin: N. Simrock 1899.)* (7 S.) 4° [Kopft.]
= Meisterschule d. alten Zeit. No 10.

Vivanco, J. Th. K., üb. d. schwankende Rechnungs-Richtigkeit d. merkantil. Buchungs-Abschlüsse. N. d. Mexikanischen. gr. 4. (12¾ B.) Wien 838, (Tendler u. Comp.) *

Reform des italienischen Handelsgesetzbuches. Bericht der mit d. Revision d. Handelsgesellschaften betrauten Subkommission ... Erstattet von Prof. Cesare Vivante in Bologna. Autor. Übers. aus d. Ital. von P[aul] Holdheim. o. O. [um 1894]. (25 S.) 4° [Kopft. J. u. Ant.] [05. 3318 6]

**Vivante, Cesare.* Der Selbstmord in der Lebensversicherung. Wien 1891.

Vivanti, Annie, Marion, die Sängerin des Café-chantant, s. a. **Seemann's kleine Unterhaltungsbibliothek. Nr. 7.**

VIVANTI, A., Marion, die Sängerin des Café-chantant. Deutsch von E. Rema (d. i. Else Zehl). Leipzig 1903. 8⁰. (Kr. 1,20.) (80 Heller Vict. Eytelhuber, Wien, 1904.) Zahm.

Vivanti, G., Infinitesimalrechnung, s.: Vorlesungen üb. Geschichte der Mathematik.

G[iulio] **Vivanti**, Prof. zu Messina. Theorie der eindeutigen analytischen Funktionen (Teoria delle funzioni analitiche). Umarbeitung unter Mitw. d. Verf. deutsch hrsg. von A[ugust] Gutzmer in Halle a. S. Leipzig: B. G. Teubner 1906. (IV, 512 S.) 8° [06 1999]

Vivat

— Liederbuch f. student. Kreise. Hrsg. vom Verbande wissenschaftl. Vereine an der Universität Halle-Wittenberg. 3. Aufl. 16. (XIV, 176 S.) Halle 889. Niemeyer. geb. n. — 75

Vivat academia! (Liederbuch.) 16. (64 S.) Winterthur 883. Kieschke. geb. n. — 80

— academia. Liederbuch f. student. Kreise. Hrsg. vom Verbande wissenschaftl. Vereine an der Universität Halle-Wittenberg. 1. Tl.: Texte. 2. Aufl. 12. (XV, 174 S.) Halle 885. Niemeyer. geb. — 75

Vivat academia. Liederbuch. 3. Aufl. In-16⁰, 64 S. Winterthur, Moritz Kieschke. 1886. cart. 1 —

Vivat Academia! Kalender für kathol. Studenten. Hrsg. von Jos. Elmar vom Rhein. Vom 1. Oktbr. 1888—30. Septbr. 1889. 16. (172 S.) Donauwörth, Auer. geb. **

Vivat Academia! Liederbuch f. student. Kreise. Hrsg. vom Verbande wissenschaftl. Vereine an der Universität Halle-Wittenberg. 4. Aufl. gr. 16. (XIII, 171 S.) Halle a/S. 892. (M. Niemeyer.) Geb. in Leinw. — 75; in Wachstuch m. Viernägeln n. 1. —

Vivat Academia! Liederbuch f. student. Kreise. Hrsg. vom Verbande wissenschaftl. Vereine an der Universität Halle-Wittenberg. 5. Aufl. gr. 16. (X, 173 S.) Halle 900. M. Niemeyer. Kart. — 90

Vivat Academia! Romane aus d. Universitätsleben. Bd 1. Berlin: R. Bong [1903]. 8⁰

VIVAT ACADEMIA, VIVANT PROFESSORES. Zum dreihundertjährigen Jubiläum der Universität Giessen. 1607. 1907. Beilage zur Nr. 4 der „Hessischen Rechtsprechung" 1907. Mainz 1907. Verlag von J. Diemer. 4°.

— Albertina! Ernste u. heitere Gaben, der alma mater zum 360. Geburtstage dargebracht v. alten u. jungen Albertinern. Illustr. v. Ernst Vorsatz. 4. (54 S.) Königsberg 894. Bon's Buchh. n. 1. 50

Vivat Blanchard! Oder da kommt der rechte Luftschiffer. Eine Bewillkommnungs-Cantate. Juli 1786. V: *Schäffer, Joh. Chn. Hch.* (Auct. Schüddekopf 2633) (GGr VII/366, Nr. 31/2) (BiblPort)

Vivat das Leben. Lustspiel. Hamb. 1782. V: ***Hanker, Garlieb.*** (Schr)

Vivat das Leben. Lustsp. v. Epheu. 8. Hamb. Reuß. 782. — 3

— floreat, crescat Lipsia! Das Leben an der Universität Leipzig. Von Regrebma, cand. jur. et cam. Praktischer Führer f. solche, welche sich üb. die Verhältnisse in Leipzig orientiren wollen. 16. (40 S.) Leipzig 883. G. Schulze. cart. n. — 50

[Ant. u. J.] Vivat Georgia Augusta! Akademisches Taschen-Liederbuch. (Hrsg. v. d. Buch-, Kunst- u. Musikalien-Handlg v. Carl Spielmeyer's Nachf. F. Wunder in Göttingen.) *Gottingen: C. Spielmeyer [o. J.]* (1 Bl., 92 S.) 1 Bd. 8. [98 16890 Gö]

— **Mathematica.** Epos in 10 Gesängen. Im Triumphe der Reimkunst durch Aetherius v. Himmelshausen. gr. 8. (36 S. mit Zeichnungen von Friedr. Kaskeline.) Wien 886, (Engel.) *

Vivat membrum quodlibet! Beiträge zur Geschichte und Organisation der Bonner freien Studentenschaft . . . Bonn 1902. V: *Bergrath, Rob., Const. Kleefisch & Rich. Lichtenstein.* (Zuwachsverz. d. Bibl. Zürich 1898 ff. 7)

Vivat membrum quodlibet! Beiträge z. Geschichte u. Organisation d. Bonner freien Studentenschaft. Hrsg. vom Präsid. d. Bonner Finkenschaft. 1902 im Januar. *Bonn 1902: C. Georgi.* (59 S.) 8° [02. 1013]

Vivat Paulus! Eine Auswahl der beliebtesten vier- und fünfstimmigen Männergesänge. Herausg. von einem alten Pauliner. 2. Aufl. Leipzig (857.) Friese. 16. (158 S. u. lith. Titel.) n. 10 *ngr.*

Vivat Paulus! Liederbuch des Universitäts-Sängervereins zu St. Pauli . . . Leipz. 1863. 2. Aufl. 1895. V: *Hausmann, G.* H(2. Aufl.): *Kretzschmar, H.* (Erman & Horn, Bibliogr. d. dtsch. Univ. 1. Leipz. u. Berl. 1904.)

Vivat Ronge! Vivat Schneidemühl! Oder: Was muß geschehen, damit das durch confessionelle Spaltungen zerrissene deutsche Volk wieder ein einiges Volk werde? Ein ernstes Wort an die deutsche Nation von einem Anhänger der neuen christl.-apostolisch-kathol. Gemeinden. gr. 8. Leipzig 845. (Landsberg, Volger u. Klein.) n. 3 ngl

* **VIVAT** Juchhe (nicht in Weller's Lex. Ps.), Der fidele Kirmsen-Bursche oder Bruder Lustig aus Fröhlichenthal (Holzschnittfigur desselben als Titelvign.). Eine Sammlung von Anekdoten, Witzen und Schnurren zum Todtlachen. (!) von — —. („Mit schönen Bildern", nämlich 2 sehr drastischen lithogr. Vollbildern u. vielen komischen Holzschnitten.) 2te Auflage. Arnstadt, 1846. Verlag von F. Meinhardt. 12°.

Vivekananda, Swami, Karma Yoga od. der Weg zur Vollkommenheit durch Werke. Aus dem Engl. übers. 8. (128 S.) Leipzig 901. Lotus-Verlag. n. 2. —

Ⓑ **Vivekânanda,** Sw., Karma Yoga. 901. (KBL 32.) Jetzt: Leipzig, Theosoph. Verlagshaus.

Vivekânanda, Swâmi, s.: Vedânta-Philosophie.

Vivell, Cölestin, O. S. B., Erklärung der vatikanischen Choralschrift, nebst Proben aus dem Kyriale (Editio Vaticano-Styria). (14 S.) Lex.-8. Graz 906. Styria. n. — 20

— der gregorianische Gesang. Eine Studie üb. die Echtheit seiner Tradition. Festschrift zum 1300jähr. Jubiläum des hl. Gregor des Grossen. (VI, 205 S.) gr. 8. Ebd. 904. n. 3. 60

Vivenot, A. v., Rauchspiele. Reiseskizzen. 8. (VIII, 259 S.) Dresden-Blasewitz 898. H. Minden. n. 3. —; geb. n.n. 4. —

Vivenot, Alfr. v., Herzog Albrecht von Sachsen-Teschen als Reichs-Feld-Marschall. Ein Beitrag zur Geschichte des Reichsverfalles u. des Baseler Friedens. Nach Orig.-Quellen bearb. 1. Bd.: Jänner bis Octbr. 1794. Mit (lith.) Portr. Wien 864. Braumüller. gr. 8. (XXIV, 438 S.) n. 3 ₰ 10 ngr.

Vivenot, Alfr. Edl. v., Herzog Albrecht von Sachsen-Teschen als Reichs-Feld-Marschall. Ein Beitrag zur Geschichte des Reichsverfalles u. des Baseler Friedens. Nach Orig.-Quellen bearb. 2. Bd. Novbr. 1794 bis Decbr. 1795. 2 Abthlgn. Wien 866. Braumüller. gr. 8. (XXIX, 1286 S. mit lith. Portr. u. 1 chromolith. Karte in 4.) Jede Abthl. n. 4 ₰ 10 ngr.

Vivenot, Alfr. Ritter v., vertrauliche Briefe d. Freiherrn v. Thugut österr. Minister d. Aeussern. Beiträge zur Beurtheilg. der polit. Verhältnisse Europa's in den J. 1792—1801, ausgewählt u. hrsg. nach den Orig.-Quellen der k. u. k. österr. Staats- und mehrer Privat-Archive. 2 Bde. gr. 8. (XX, 434 u. 536 S.) Wien 871. Braumüller. n. 20. —

Vivenot, A. Vertrauliche Briefe des Freih. v. Thugut, österr. Ministers des Aeusseren. Beiträge zur Beurtheilung der polit. Verhältnisse Europa's 1792—1801. 2 Bd. (XXII. 968) 8. Wien 1872. 20,00.

Vivenot, Alfr. Ritter v., zur **Genesis** der zweiten Theilung Polens. 1792—1793. gr. 8. (47 S.) Wien 874, Braumüller. *

— zur **Geschichte** d. Rastadter Congresses. Urkundliche Beiträge zur Geschichte der deutschen Politik Oesterreichs während der Kriege gegen die französ. Revolution. Octbr. 1797 — Juni 1799. gr. 8. (XII, 391 S.) Ebend. 871. n. 12. —

— **Franz Graf Khevenhüller-Metsch, k. k. Feldzeugmeister. Eine biograph. Skizze. gr. 8. (24 S.) Ebendas. 870.** *

Vivenot, Dr. Alfred Ritter v., k. k. Hauptm. Korssakoff und die Betheiligung der Russen an der Schlacht bei Zürich 25. und 26. September 1799. (Separat-Abdruck aus der „Oesterreichischen militärischen Zeitschrift", X. Jahrgang. 11. Heft. Vortrag, gehalten im militärwissenschaftlichen Vereine des k. k. Casinos in Wien, am 15. October 1869.) 8. Wien 1869.

— **Korssakoff und die Betheiligung der Russen an der Schlacht bei Zürich, 25. und 26. Septbr. 1799. Lex.-8. (23 S.) Ebendas. 870.** *
Aus: Oesterreich. militär. Zeitschrift, besonders abgedruckt.

— **Quellen zur Geschichte der deutschen Kaiserpolitik Oesterreichs während der französischen Revolutionskriege 1790—1801. Urkunden, Staatsschriften, diplomat. u. militär. Actenstücke ausgewählt u. hrsg nach bisher. ungedr. Originaldocumenten der k. k. österr. Archive. 1. u. 2. Bd. gr. 8. Ebend. 873. 74. à n. 16. —**

1. Die Politik d. oesterr. Staatskanzlers Fürsten Kaunitz-Rietberg unter Kaiser Leopold II. bis zur französ. Kriegserklärg. Jänner 1790—April 1792. (XVII, 618 S.)
2. Die Politik d. oesterr. Vice-Staatskanzler Graf Phil. v. Cobenzl unter Kaiser Franz II. Von der französ. Kriegserklärg. u. dem Rücktritt d. Fürsten Kaunitz bis zur zweiten Theilg. Polens. April 1792—März 1793. (VII, 608 S.)

Vivenot, Alfr. Ritter v., Quellen zur Geschichte der deutschen Kaiserpolitik während der französischen Revolutionskriege 1790—1801. Fortgesetzt von der kaiserl. Akademie der Wissenschaften durch Heinr. Ritter v. Zeissberg. 3. Bd. A. u. d. T.: Quellen zur Geschichte der Politik Oesterreichs während der französ. Revolutionskriege [1793—1797] mit besond. Berücksicht. der Verhältnisse Oesterreichs zu Frankreich und Preussen. Urkunden, Staatsschriften, diplomat. und militär. Actenstücke, sowie vertraul. Correspondenzen nach bisher ungedr. Orig.-Documenten und Copien der k. k. österreichischen Archive, mit Unterstützung des k. und k. Reichs-Kriegsministeriums hrsg. von der kaiserl. Akademie der Wissenschaften durch Heinr. Ritter v. Zeissberg. 1. Bd.: Anfänge des Ministeriums Thugut [Mai bis Decbr. 1793]. gr. 8. (XVIII, 521 S.) Wien 882, Braumüller. *
1. und 2. Bd. Ebendas. 1873,74. * M 32.

Vivenot, Alfr. Ritter v., Quellen zur Geschichte der deutschen Kaiserpolitik Oesterreichs während der französischen Revolutionskriege. 1790—1801. Fortgesetzt v. der kaiserl. Akademie der Wissenschaften durch Heinr. Ritter v. Zeissberg. 4. Bd. A. u. d. T.: Quellen zur Geschichte der Politik Oesterreichs während der französ. Revolutionskriege [1793—1797] m. besond. Berücksicht. der Verhältnisse Oesterreichs zu Frankreich u. Preussen. Urkunden, Staatsschriften, diplomat. u. militär. Actenstücke, sowie vertraul. Correspondenzen, nach bisher ungedr. Orig.-Documenten u. Copien der k. k österreich. Archive m. Unterstützg. d. k. u. k. Reichs-Kriegsministeriums hrsg. v. der kais. Akademie der Wissenschaften durch Heinr. Ritter v. Zeissberg. 2. Bd. Räumung Belgiens. — „Finis Poloniae". [Jan. bis Septbr. 1794]. gr. 8. (XX, 500 S.) Wien 885. Braumüller. n. 12. — (1—4.: n. 56. —)

Vivenot, Alfr. Ritter v. Quellen zur Geschichte der deutschen Kaiserpolitik Oesterreichs während der französischen Revolutionskriege. 1790—1801. Fortgesetzt v. der Kaiserl. Akademie der Wissenschaften durch Heinr. Ritter v. Zeissberg. 5. Bd. gr. 8. Wien 890, Braumüller. * 10 80
Quellen zur Geschichte der Politik Oesterreichs während der französischen Revolutionskriege [1793—1797], m. besond. Berücksicht. der Verhältnisse Oesterreichs zu Frankreich u. Preussen. Urkunden, Staatsschriften, diplomat. u. militär. Actenstücke, sowie vertraul. Correspondenzen nach bisher ungedruckten Orig.-Documenten u. Copien der k. k. österreich. Archive. Mit Unterstützg. d. kais. u. königl. Reichs-Kriegsministeriums hrsg. v. der kais. Akademie der Wissenschaften durch Heinr. Ritter v. Zeissberg. 3. Bd. Der Baseler Frieden. — Die 3. Theilg. Polens. [Octbr. 1794 bis Septbr. 1795.] (XI, 452 S.)
1.—4. Bd. Ebd. 1873—1885. * 56 —.

Vivenot, Alfr. Ritter v., Thugut, Clerfayt und Wurmser. Orig.-Documente aus dem k. k. Haus-, Hof- und Staats-Archiv und dem k. k. Kriegs-Archiv in Wien vom Juli 1794 bis Februar 1797. Mit einer histor. Einleitung. gr. 8. (CXXXI, 633 S. mit 2 lithogr. Facs.) Ebendas. 869. * 13 —

—— Thugut und sein politisches System. Urkundliche Beiträge zur Geschichte der deutschen Politik des österreich. Kaiserhauses während der Kriege gegen die französ. Revolution. I. und II. gr. 8. Wien 870, (Gerold's Sohn.) [I. (130 S.) *M. 2.; II. (97 S.) *M. 1,50.] *
Aus: Archiv für Kunde österreich. Geschichtsquellen, besonders abgedruckt.

Vivenot, Alfred Ritter von: Thugut und sein politisches System. Urkundliche Beiträge zur Geschichte der deutschen Politik des österreichischen Kaiserhauses während der Kriege gegen die französische Revolution. 1. Teil. Ar. 42. 363. 2. Teil. Ar. 43. 103.
Separatabdruck

Vivenot, F. v., Bergbau und Hüttenwesen, s. Ausstellungs-Bericht, officieller.

Vivenot, F. Officieller Bericht der Wiener Ausstellung von 1873. Wien. 1873.

Vivenot, Rudolph von: Andeutungen über Gastein und dessen Anstalten zu Wildbad und Hofgastein. 49 S., gbd.

Wien: v. Ghelen 1839

JB 2.782

v. Vivenot, Indigena von Ungarn rc., Arzt Dr. Rud. Edler, Andeutungen über Gastein und dessen Anstalten zu Wildbad und Hofgastein. Für Aerzte u. Curgäste. gr. 8. Wien 839. (Mörschner.) n. 1/3 ϰϐ

Vivenot, jun., Rud. Edl. v., Beiträge zur Kenntniss der klimatischen Evaporationskraft und deren Beziehung zu Temperatur, Feuchtigkeit, Luftströmungen und Niederschlägen. Lex.-8. (VII und 103 S. mit eingedr. Holzschn., 8 Stnt. und 1 Tab. in Lex.-8., 4. und Fol.) Erlangen 866, Enke's Verlag. *

—— über den Einfluss des verstärkten und verminderten Luftdruckes auf den Mechanismus und Chemismus der Respiration. Vorläufige Mittheilung. gr. 8. (24 S.) Wien 865, (Seidel und Sohn.) *
Aus: Medizinische Jahrbücher, besonders abgedruckt.

— Sulla importanza di registrare certi fenomeni meteorologici di apparenza secondaria. (Lettera al Prof. P. Angelo Secchi.) Vienna 1865.

Vivenot jun., Rud. Ritter v., zur Kenntniss der physiologischen Wirkungen und der therapeut. Anwendung der verdichteten Luft. Eine physiologisch-therapeut. Untersuchung. Lex.-8. (XII, 626 S.) Erlangen [Stuttgart] 868, Enke. (*M. 11,60.) * 12 —

Vivenot, jun., Rud. Edl. v., über die Messung der Luft-Feuchtigkeit, zur richtigen Würdigung der Climate. gr. 8. (25 S.) Wien 864, (Seidel und Sohn.) *
Aus: Wiener medizinische Wochenschrift, besonders abgedruckt.

Vivenot, jun., Rud. Edler v., Palermo und seine Bedeutung als climatischer Curort, mit besond. Berücksicht. der allgemeinen climat. Verhältnisse von Deutschland, Italien, Sicilien, Nord-Africa und Madeira. Lex.-8. (XVI und 191 S. mit 46 Taf, 3 lithogr. graph. Darstellungen und 1 lithogr. Situationsplan von Palermo und dessen Umgebung.) Erlangen 860, Enke's Verlagsbuchh. *

—— über die Temperatur des Meeres im Golfe von Palermo. gr. 8. (10 S.) Neuwied 867, Heuser's Verlag. *
Aus: Allgemeine balneolog. Zeitung, besonders abgedruckt.

Vivenot, Rudolph Edler von, jun. Dr. Ueber eine eigenthümliche Trübung des Himmels in Sicilien und deren Beziehungen zum Scirocco. (Sonder-Abdruck a. d. 1. Bde. d. Zeitschr. d. oest. Gesellsch. f. Meteorol.). Wien 1866.

—— über einen neuen Verdunstungsmesser und das bei Verdunstungs-Beobachtungen mit demselben einzuschlagende Beobachtungs-Verfahren. Lex.-8. (36 S. mit 2 Stnt. in qu. Fol.) Wien 863, (Gerold's Sohn.) **
Aus: Sitzungsberichte der k. Akademie der Wissenschaften, besonders abgedruckt.

Vivenot, Rudolf Edler von, junior: Über einen neuen Verdunstungsmesser und das bei Verdunstungsbeobachtungen mit demselben einzuschlagende Beobachtungsverfahren (mit 2 Taf.). 1. Konstruktion des Atmometers. 2. Gebrauchsweise des Apparates. 3. Begründung der Konstruktion und der eingeschlagenen Behandlung des Atmometers. 4. Beobachtungsverfahren. S. 48. II. 110.
Separatabdruck

— Ueber die Zunahme der Lungencapacität bei therapeutischer Anwendung der verdichteten Luft. Berlin 1865.

Vives, I. C., O. M. Cap., anus eucharisticus. Contemplationes eucharisticae ex antiquis et recentioribus auctoribus adiectis ad singulas osationibus brevissimis. Collegit ediditque V. (IV, 401 S.) kl. 8. Rom 909. (F. Pustet.) 2.40

— De ineffabili bonitate sacratissimi cordis Jesu. Contemplationes et orationes quotidianae in menses duodecim distributae. Adjectis orationibus Marianis collegit ediditque V. Ed. II. aucta. (VIII, 479 S.) kl. 8. Ebd. 911. 2.40

— Marial. Compuesto en latin. Ordenado y arreglado en lengua castellana por Rup. Maria de Manresa, O. Cap. 2 tomos. (L, 1072 u. VIII, 1253 S. m. 2 Stahlst.) 16. Freiburg i/B. 907. Herder. 14.—; geb. in Juchten 19.20

Vives, I. C., O. M. Cap., scintillae amoris eucharistici. Pii affectus et lectiones eucharisticae. (III. 462 S.) kl. 8. Rom 910. (F. Pustet.) 2.80

Vives, Johann Ludwig

— satellitium animi. Neu hrsg. v. Jac. Wychgram. 12. (VI, 51 S.) Wien 883 Pichler's Wwe. & Sohn. n. — 60; m. latein. Einleitg. (V, 51 S.) n. — 60

Vives, Joh. Ludw., die Dialoge. Zum ersten Male vollst. ins Deutsche übertr. v. Jul. Bröring. gr. 8. (XV, 176 S.) Oldenburg 897. G. Stalling's Verl. n. 4.50

Vives', J. L., ausgewählte Schriften, s. a Klassiker, pädagogische.

Vives, Johann Ludwig: Ausgewählte Schriften. Aus d. Latein. übers. u. m. einer einleitenden Abhandlung über Vives' Leben u. Werke hrsg. v. Jacob Wychgram. — Wien u. Leipzig: Pichler 1883. LXXXIV, III, 339 S. 8° (Pädagog. Klassiker. 14.)

Vives, J. L., ausgewählte pädagogische Schriften, s.: Bibliothek, pädagogische.

— pädagog. Schriften, hrsg. v. Frdr. Kayser, s.: Bibliothek d. kathol. Pädagogik, VIII.

— Civilproceßordnung für Ungarn rc., s. Civilproceßordnung.

Vives, **Jos. Calasanct., O. M. Cap.**, **Compendium iuris canonici beatae Mariae virgini dicatum. Ed. IV aucta et emendata. (460 S.) 8. Rom 905. F. Pustet.** n. 3. 20

— Compendium theologiae dogmaticae beatae Mariae virgini dicatum. Ed. IV aucta et emendata. (633 S.) 8. Ebd. 906. n. 4. —

— Homiliarius breviarii romani, dominicales ac feriales homilias in breviario romano abbreviatas ex integro continens aliasque pro singulis anni ferriis propria homilia carentibus cum quotidianis varriisque documentis. In usum concionatorum et scholorum sacrae eloquentiae collegit ordinavit ediditque V. 2 tomi. (VIII, 1400 S.) gr. 8. Ebd. 903. n. 20. —

Vives, Juan Luiz: Schriften über weibliche Bildung. Ein Beitrag z. Geschichte d. Pädagogik v. Dr. J. Wychgram. Wien: A. Pichler's Ww. & Sohn 1883. 127 S. 8⁰

Vivian, oder d. Mann ohne Charakter, aus d. Engl. d. Miß Edgeworth. 2 Bde. m. K. 8. Pesth, Hartleben. 814. 2 16

Kirche und Modernismus [The churches and modern thought]. Eine Untersuchung d. Ursachen d. Unglaubens, zugleich e. Mahnruf an d. Ehrlichkeit. Von Philip **Vivian**. Autor. Übers. von H(ermann) R(einhold) Jockisch u. Maud Taylor. Leipzig: B. Elischer Nachf. (1908). (343 S.) 8° [F.] (08. 15686

† **Viviano, Adolar (...?), Mimosen, s. Mimosen.**

§ **VIVIANO**, Adolar (ps.), Mimosen, Ernstes u. Launiges. Novellen, Erzählungen u. Gedichte. 2 Thle. Mit 2 Titelbildern. München, Jaquet, 1835. Gr. 8⁰. 35 Bogen. (In München: P. o. germ. 1521s.)

Vivien, Georges. Une parole de paix. Juin 1907. A propos de la 2me Conférence de La Haye. 14 p. 8. Berne, Bureau International de la Paix (Imp. Delachaux & Niestlé S. A., Neuchâtel).

Vivien, J., s.a. Vivien, Th.

– wahre Grundsätze des Evangelii; aus d. Französ. von Schmaling. 8. Leipz. 774. Hilscher. 5 gr.

***Vivien*, J., les vrais principes de l'évangile ou du salut etc. 8. Halle 769. Waisenh.-B. 3 gr.**

Vivien, J. Louis [licencié ès-lettres classiques et licencié en théologie]: La bourgeoisie de Valangin. Neuchâtel 1902. 190 p. 8⁰.
Lausanne Thèse let. 1901-1902.

Vivien, Mich., Tertullianus praedicans. VI Tmi. fol. Augsburg. 716.

Vivien, Mich., Tertullianus praedicans et supra quamlibet materiam omnibus anni dominicis, et festis non ordinariis solum, sed etiam extraordinariis; singulisque quadragesimae feriis praedicabilem ordine alphabetico copiose dispositam sex ad minus formans conciones ingeniose adinventas, belle concinnatas, et trina subdivisione illustratas; cum duplici indice, concionum scilicet et materiarum. Editio recens et accuratior. VI Tomi. 4maj. (CC und 2728 S.) Avenione 856. (Lipsiae, Gerhard.) Thlr. *

Vivien, N., Kunst-Studien aus der Vogelwelt. gr. Fol. (6 color. Stnt.) Berlin 888, Claesen und Comp. In Mappe *

Vivien, N., Kunst-Studien aus der Vogelwelt. gr. Fol. (6 color. Steintaf.) Berlin 888. Hessling & Spielmeyer. In Mappe. n. 20. —

Vivien, Th., s.a. Vivien, J.

— wahre Grundf. d. Evangelii, a. d. Frz. v. Schmaling. 8. Lpz. Hilscher. 774. — 5

Vivien, Th., les vrais principes de l'évangile ou du salut etc. 8. Halle, Waisenh. Buchhdl. 769. — 3

Vivis, Georg von. Die Wappen der Familie Zurlauben von Zug. [Mit 1 Tafel.] S.A. 4. ([Neuchâtel] 1897.)

***Vivis*, Jh. Ldw., colloquia scholastica seu linguae latinae exercitatio, mit Em. Sinceri deutschen Anmerkk., herausg. von G. D. Hefelen. 8. Ulm 753. Stettin. 12 gr.**

Vivisection, die, vor dem Forum des deutschen Reichsstrafgesetzbuchs. Sep.-Abdr. des dem preuß. Abgeordnetenhause mit der Petition des hannov. Vereins zur Bekämpfung der wissenschaftl. Thierfolter unterbreiteten strafrechtl. Gutachtens. gr. 8. (13 S.) Dresden 883, v. Zahn und Jaensch Verlag. * — 50

Vivisection, die, ihr wissenschaftlicher Werth und ihre ethische Berechtigung. Von 'Ιατρός. gr. 8. (IV, 104 S.) Leipzig 877, Barth. * 2 —

Vivo, Domenico de, Grammatica della lingua russa. Con speciale attenzione al movimento dell' accento. gr. 8. (VI, 344 S.) Dorpat 882, Schnakenburg's Verlag. * 8 —

Vix: Ueber das Studium d. Thierarzneiwissenschaft u. das Verhältniss d. Thierheilkunde z. Wissenschaft, z. Staate u. z. Landwirthschaft insbes. ... [Giess. 1840]. 20 S. [Særtr.].

Vix: Ueber Verbesserung der Viehzucht im Grossherzogthume Hessen. Giess. 1832. 36 S. P.

Vix, (Kreisthierarzt Dr.) ..., über Verbesserung d. Viehzucht im Großherzogth. Hessen. gr. 8. Gießen 832. Dritte Buchhandl. (Ricker). 4 gr.

Vix, E.

Derselbe.* Kurze geschichtliche Darstellung der Vorgänge auf dem Gebiet der Toteneinäscherung in Hessen. Darmstadt 1897. Verlag H. L. Schlapp. Sonderabdruck aus dem „Darmstädter Phönix".

Vix, Ernst, Beiträge zur Kenntniss der angeborenen multiplen Exostosen. Inauguraldissertation. gr. 8. (35 S. mit 1 Stnt. in 4.) Giessen 856, (Heinemann.) *

Vix, Ernst, Beiträge zur Kenntniss der angeborenen multiplen Exostosen. Inauguraldissertation. Mit 1 lith. Taf. (in 4.). Giessen 856. (Heyer.) 8. (25 S.) n. 6 ngr.

Vix, Ernst (Giessen)
Beiträge zur Kenntniss der angeborenen multiplen Exostosen.
Giessen: Keller 1856. 35 S. u. 1 Taf. (in 4 mit Thesen)
Diss. med. 31.10.1856. vorh. 26. 7. 11. Δ

Vix, Ernst, über Entozoen bei Geisteskranken, ins Besondere über die Bedeutung, das Vorkommen und die Behandlung von Oxyuris vermicularis. Zugleich ein Beitrag zur Kenntniss der Nematoden überhaupt. gr. 8. (165 S.) Berlin 860, A. Hirschwald. *
Aus: Zeitschrift für Psychiatrie, besonders abgedruckt.

Vix, Ernst, d. Totenbestattg. in vorgeschichtl. u. geschichtl. Zeit, in Gegenwart u. Zukunft. Mit bes. Berücksicht. d. Toteneinäscherg., s.: Universal-Bibliothek.

Vix, Karl, approb. Arzt u. Assistenzarzt d. Reserve aus Darmstadt: Zur Lehre über die Aortenaneurysmen. Erlangen 1904: Junge & Sohn. (50 S.) 8⁰
Erlangen, Med. Diss. v. 25. März 1904.

Vix, Karl (Giessen)
Ueber die Wuthkrankheit in medicinisch-polizeilicher Beziehung.
Giessen: W. Keller 1855. 100 S. (in Δ mit Thesen)
Diss. med. 10.3.1855. vorh. 26. 7. 11. Δ.

Vix, Carl Wilh., Beiträge z. gerichtl. Thierarzneikunde, vornehml. in Währschaftsleistung, Gewährsmängel u. Gewährsfrist beim Viehhandel in d. verschied. deutschen Staaten, mit Angabe d. jetzt geltenden Gewährsmängel u. Vorschläge z. Veränderung u. Verbesserung d. darüber vorhand. gesetzl. Bestimmungen. gr. 8. (5¼ B.) Gießen 841, (Ricker'sche Buchh.)
Aus: Zeitschrift f. Thierheilkunde u. Viehzucht, 7. Bd., besond. abgedruckt

Vix, Karl Wilh., prakt. Beschlaglehre, od. die Lehre d. Kunst, die Hufe d. Pferde, Maulthiere, Esel, u. die Klauen d. Rindviehs durch Eisen am zweckmäßigsten vor dem zu starken Abnutzen zu sichern, sie gesund zu erhalten, u. die krank u. fehlerhaft gewordenen zu heilen od. durch d. Beschlag so zu schützen, daß d. Thiere baldmöglichst wieder zur Arbeit zu gebrauchen sind. gr. 8. (13 B. u. 19 Stnt.) Gießen 834, Ricker.

Vix K. W.: Praktische Beschlaglehre ... Giess. 1834. 149 S. 19 Tvl.
— — 2. [Tit.-] Aufl. Sst. 1846. 149 S. 19 Tvl.

Vix, Carl Wilh., prakt. Hufbeschlaglehre od. die Lehre d. Kunst, die Hufe d. Pferde, Maulthiere rc. gesund zu erhalten u. s. w. Zunächst f. prakt. Hufschmiede, sodann auch f. Thierärzte, Oekonomen rc. 2. Aufl. gr. 8. (10¼ B. u. 19 Stnt.) Gießen (834), Ricker.

Vix, Carl Wilhelm: Lehrbuch der allgemeinen Pathologie. Mit 3 lithogr. Taf. Leipzig 1840. XII, 265 S.

— Lehrbuch der allgemeinen Pathologie für Thierärzte. Mit 3 lithogr. Tafeln. gr. 8. Leipzig 840. Schumann. 1½ ₰

—— Lehrbuch d. allgem. Pathologie f. Thierärzte. gr. 8. (17½ B. u. 3 Stnt.) Leipzig 840, [T. O. Weigel.]

—— über die Verbesserung d. Viehzucht im Großh. Hessen. gr. 8. (2½ B.) Gießen 832, Ricker.

— s. C. Walch. die Thierarzneiwissenschaft.

Zeichnung von [Karl Wilh.] Vix; vorgetragen in der St. Joh. □ im Or. zu Giessen, am 13ten April 5838. o. O. [1838]. 6 S. 4⁰ [Kopftit.]
Kl. 1276. Von dem Alter der Frmrei.

—— Zeitschrift für d. gesammte Thierheilkunde u. Viehzucht, s. Zeitschrift.

— Zoo-Symptomatologie oder Krankheitszeichenlehre der vorzügl. nutzbaren Hausthiere, für Thierärzte, Aerzte u. Landwirthe. 1. Bd. gr. 8. Gießen 846, Ferber. 1 ₰

— dass. 2. Bd. Die Diagnostik der Hausthierkrankheiten, für Thierärzte, Aerzte u. Landwirthe. 2. Bd. 1. Abthl. 1. u. 2. Heft. gr. 8. Ebend. 847. 1⅔ ₰

Vix, W[ilhelm], Metz i. Els.: (Aus d. Universitäts-Augenklinik zu Jena.) Ein Fall von symmetrischer Gangrän der Lider und der Thränensackgegend. Jena 1901: G. Neuenhahn. (28 S.) 8⁰
Jena, Med. Diss. v. (21. Juni) 1901.

Vixmonti de salutari poenitentia. 8. Köln 776. Fabricius. 12 ₰

Vizer, Adam

Vizer, A., praenotationes hermeneuticae novi Testamenti in usum auditorum. 4. Wien 757. (Beck). 1 ₰

Vizer, A. praenotationes hermeneuticae novi Testamenti in usum auditor. 4. Vien. Bernardi. 777.

Vizetelly, Ernest Alfr., With Zola in England, s.a. Collection of British authors.

With Zola in England. A story of exile. Told by Ernest Alfred **Vizetelly**. Copyright ed. Leipzig: Tauchnitz 1899. 279 S. 8°
(Collection of British authors. Tauchnitz Ed. Vol. 3372.) (11. 8285

Vizetelly, Ernst Alfr., Emil Zola. Sein Leben u. seine Werke. Einzige autoris. Uebersetzg. Aus dem Engl. v. Hedda Möller-Bruck. (378 S. m. 5 Taf.) gr. 8. Berlin 905. E. Fleischel & Co. n. 6. –; geb. n. 7. 50

Viznar rekte Vizner Branimir: Das Wesen des Lyrischen.
II. 1894 PN 884 Diss. Wien. Univ. 66

de Vlaam, J., de Aequilibrio in trium virium systemate ad idem punctum agentium. gr. 4. Leyden 845, Hazenberg et Comp. 1 ₰

Vlach, J., die Čecho-Slaven, s. Völker, die, Oesterreich-Ungarns.

Vlach, J., Zemé Koruny Uherské. 1:600 000. 4 Bl. 170 × 120 *cm* K 16.—, auf Leinwand gespannt in Mappe K 18.–, auf Leinwand gespannt mit Stäben K 20.—
Wien: Hölzel 1903.

Vlach, Jaroslav

Vlach, J., Darstellung der ersten geographischen Begriffe. 3 Wandtafeln zu je 4 Bildern. à 83 × 57,5 cm. Farbendr. Smichow 894. V. Neubert. à 1. 40
1. Wüste, Meerbusen u. Hafen, Vulkan, Gebirge. — 2. See, Meerenge, Plateau, Landzunge. — 3. Insel, Inselgruppe, Halbinsel, Kap.

Vlach, Dr. Jar., Darstellung der wichtigsten geographischen Begriffe. 3 Tafeln. Wien. A. Pichler's Witwe und Sohn. (Min.-Erl. v. 12. Februar 1895, Z. 1980.) Eine Tafel —.70

Vlach, Dr. Jaroslav, Dějepis obecný pro nižší třídy škol středních. Díl II. Střední věk. Prag 1895. J. Otto. (Min.-Erl. v. 17. Juni 1895, Z. 11596) —.50, geb. —.60

Βλάχος, Α. Σ., τὸ ὁμηρικὸν ζήτημα ἤτοι ἱστορία τῶν ὁμηρικῶν ἐπῶν. gr. 8. (VIII und 183 S.) Athen 866, (Wilberg.) *

Vlachos, Alkibiades: Ueber Kondensation des Formaldehyds mit Acetophenon. 1909. 43 S. 8°
München, Dr.-Ing.-Diss. v. 10. 3. 1909

Vlachos, Angelos, neugriechische Chrestomathie oder Sammlung von Musterstücken der neugriech. Schriftsteller und Dichter. Zusammengestellt und mit erklär. Anmerkungen versehen. 8. (VIII, 186 S.) Leipzig 870, Brockhaus. * 2 40

Vlachos, Angelos, neugriechische Chrestomathie oder Sammlung von Musterstücken der neugriechischen Schriftsteller und Dichter. Zusammengestellt und mit erklärenden Anmerkungen versehen. 2. Aufl. 8. (VIII, 191 S.) Leipzig 883, Brockhaus.

Vlachos, Angelos, Elementar-Grammatik der neugriechischen Sprache. 8. (VIII und 84 S.) Leipzig 864, Brockhaus. *

—— Elementar-Grammatik der neugriechischen Sprache. 2. verb. Aufl. 8. (IX, 86 S.) Ebendas. 871. * 1 50

Vlachos, Angelos, Elementar-Grammatik der neugriechischen Sprache. 3. verb. und verm. Aufl. 8. (X, 90 S.) Leipzig 876, Brockhaus. * 1 50

—— Elementar-Grammatik der neugriechischen Sprache. 4. Aufl. 8. (VIII, 90 S.) Ebendas. 883.

Vlachos, Angelos, Elementar-Grammatik der neugriechischen Sprache. 5. verb. Aufl. 8. (VII, 90 S.) Leipzig 899. F. A. Brockhaus. n. 1. 50

Der Beweis des Fermat'schen Satzes. Von Dipl.-Ing. Christoph Vlachos in Karlsruhe. Berlin: Gottheiner 1908. 7 S. 8°

Vlachos, Chr., der Beweis des Fermat'schen Satzes. (7 S.) 8. Berlin-Charlottenburg 908. [F. Gottheiner's Verl.] Berlin, A. Brenzinger. — 75

Vlacq, Adrian, Tabellen der Sinuum, Tangentium und Secantium, wie auch der Logarithmorum für die Sinus Tangentes, und die Zahlen von 1 bis 10000 Sammt Art und Weise, leichtlich durch derselben Hülffe allerley Drey-Ecken gerad linische und sphärische, auch viel andere schwere astronomische Fragen aufzulösen. Franckfurt und Leipzig 1718

Vlacovič, Paolo, dell' apparecchio sessuale de' monotremi. Con 2 tavole (lith.). (Aus den Sitzungsberichten d. k. Akad. d. W.) Wien 852. (Gerold.) gr. 8. (24 S.) n. 8 ngr.

Vlacovič, Paolo, dell'apparecchio sessuale de' monotremi. Con 2 tav. (lith.) Lex.-8. (24 S.) Wien 853, (Gerold's Sohn.) *
Aus: Sitzungsberichte der k. Akademie der Wissenschaften J. 1852, besonders abgedruckt.

Vlacovič, Paolo, Dr.: Dell' Apparecchio sessuale de'monotremi (mit 2 Taf.). S. 9. 152.
Separatabdruck

Vlacovich, G. P., e M. Vintschgau, Intorno ai sussidj meccanici meglio acconci a determinare con precisione il numero delle pulsazioni cardiache nei conigli. Lex.-8. (10 S.) Wien 864, (Gerold's Sohn.) *
Aus: Sitzungsberichte der k. Akademie der Wissenschaften, besonders abgedruckt.

Vlacovich, G. P., und Vintschgau, Maximilian Ritter von: Intorno ai sussidj meccanici meglio acconci a determinare con precisione il numero delle pulsazioni cardiache nei conigli. S. 50. II. 418.
Separatabdruck

Vlacovich, Nicolò, Cenni sulla fabbricazione dell' olio d'oliva ed in particolare sui vantaggi dell' uso de torchi idraulici nella medesima. gr. 8. (20 S. mit 1 Stnt.) Triest 865, Coen. *

—— sulla scarica istantanea della bottiglia di Leyda. Lex.-8. (41 S.) Wien 863, (Gerold's Sohn.) **
Aus: Sitzungsberichte der k. Akademie der Wissenschaften, besonders abgedruckt.

Vlacovich, Niccolò: Sulla scarica istantanea della bottiglia di Leyda. S. 46. II. 531.
Separatabdruck

Adriaan Vlacq

Adrian Vlacqs[Tabulae sinuum, tangentium et secantium et logarithmorum sinuum, tangentium, et numerorum ab 1 ad 10000.Deutsch:]Tabellen der Sinus, Tangenten und Secanten, nebst den Logarithmen der Sinus und Tangenten ingleichen aller ganzen Zahlen von 1 bis 10000. Neueste verb.u.mit andern nützlichen Tabellen verm.Aufl. hrsg. von Johann Jacob Ebert. Leipzig: Fleischer 1808. XVI,XXIV S.,190 Bl. 8°

— — Tabellen der Sinus, Tangenten und Secanten, nebst den Logarithmen der Sinus und Tangenten 20ste Aufl. verb. von Gottl. Nordmann. 8. Leipzig, Fr. Fleischer. 821.
Schreibpap.

Vlacq, Adrian. Tabellen der Sinuum, tangentium et secantium ... Neue Aufl. ... Frankf. 1757. Verb. Aufl. 1767. N. A. Leipzig 1790. H: *Hentsch, Johann Jacob.* (MI.)

Adriaan Vlacq

Adriaan Vlacq. [Tabulae sinuum, tangentium et secantium et logarithmorum sinuum, tangentium, et numerorum ab 1 ad 10000. Deutsch:] Tabellen der Sinuum, Tangentium, Secantium: Logarithmi der Sinuum, Tangentium und der Zahlen von 1 bis 10000... Neue u.verb.Aufl. von Johann Jacob Hentschen [Hentsch]. Franckfurt & Leipzig: Fleischer 1757. 48 S.,142 Bl. 8°

Vlacq, Adrian, Tabellen d. sinuum, tangentium et secantium; logarithmi der sinuum, tangentium u. Zahlen von 1 bis 10,000 rc. N. Aufl. von Jh. Jak. Hentsch. 8. Frankf. 757. Verb. Aufl. 767. N. Aufl. von J. J. Ebert. 8. Leipz. 790. N. A. 808. 20e A., verb. von G. Nordmann. 8. Ebd. 821. Fr. Fleischer. 1 ℛ Schrbp. 1 ℛ 12 ℊ

Tabulae ſinuum tangentium et ſecantium et logarithmi ſinuum tangentium et numerorum ab unitate ad 10000 cum methodo facillima illarum ope reſolvendi omnia triangula rectilinea et ſphaerica et plurimas quaeſtiones aſtronomicas ab *A. Vlacq.* Editio ultima emendata et aucta. Frankof. Fr. Fleiſcher. 8. 1725.

Vlacq, A. Tabulae sinuum, tangentium etc. Francof. 1748.

Vlacq, A. Tabulae sinuum, tangentium etc. Emend. a J. J. Hentschio. Francof. 1757.

*** *Adriani Vlacq* Tabulae — Editio noua et emendata a *Joh. Jac. Hentſchio.* Francof. et Lipſiae, impenſis Joh. Friedr. Fleiſcheri, CIↃIↃCCLXVIII. In 8. 40 Seiten, 17 Bog. 6 Bl.**

Vlacq, A. Tabulae sinuum, tangentium etc. Emend. a. J. J. Ebert. Francof. 1790.

Adriaan Vlacq

Adriani Vlacq Tabulae sinuum, tangentium et secantium et logarithmorum sinuum, tangentium et numerorum ab 1 ad 10000. Quibus add.sunt tabulae numerorum quadratorum et cubicorum ab 1 ad 1000. Ed.nova, em.et aucta a Johanne Jacobo Ebert. Lipsiae: Fleischer 1808. XXIV S.,188 Bl. 8°

Vlacq, A., tabulae sinuum, tangentium et secantium, et logarithmorum sinuum, tangent. et numerorum ab 1 ad 10,000. Editio XX. ed. C. Nordmann. 3. Lipsiae, F. Fleischer. 821.

Charta script.

Vladár, Emerich v., zur Thätigkeit der Cavallerie im Zukunfts-Kriege. Applicatorische Besprechg. einzelner Fragen des Aufklärungsdienstes. Verwendung der Divisions-Cavallerie. 5 Skizzen u. 6 in den Text gedr. Fig. gr. 8. (292 S.) Budapest 901. (C. Grill.) n. 7.—

Vlah Dunica: Pavao Ritter Vitezović.
H. 1910 PN 2908 Diss. Innsbruck Univ. 2760

Vlašák, Bohumil, s.: Jahrbuch der Rechtsprechung des k. k. Verwaltungsgerichtshofes.

— Die Rentensteuer, die Personaleinkommensteuer, die Besoldungssteuer v. höheren Dienstbezügen, s.: Personalsteuern, die direkten.

Vlasák, Fr., staročeská šlechta a její potomstvo po třicetileté válce. Příspěvky rodopisné. (Vynato z „Památek archaeologických a místopisných".) Prag 856. (Storch.) 8. (93 S.) n. 10 ngr.

Vlasák, Frz., der altböhmische Adel und seine Nachkommenschaft nach dem dreissigjährigen Kriege. Historisch-genealogische Beiträge. Aus dem Böhm. übers. und verb. von dem Verf. 8. (149 S.) Prag 866, Stýblo's Verlag. *

Vlasák, Jos. Věnc. — Česká i německá Mluvnice v příkladech, zvláště pro ty, kteří se te neb one řeči snadně nauciti, a však zdlouhavým a suchopárným pravidlům mluvnickým vyhnouti chtějí. S připojenym krátkým dějepisem České země. Od — —. Páté vydání. (Böhmische und deutsche Sprachlehre in Beispielen, insbesondere für Diejenigen, welche die eine oder die andere Sprache leicht erlernen, jedoch den langsamen und trockenen Unterricht mittelst der Regeln vermeiden wollen. Mit einer beigefügten kurzen Geschichte Böhmens. Von Jos. W. Wlasák. 5. Auflage. Prag. 1855 Druck und Verlag von Jar. Pospisil. (208 S. 8.) geh. (Böhmisch und deutsch.)

Vlček, Jaroslav. Pavel Josef Šafařík. Aus der: „Böhmisch-historischen Zeitschrift". Herausgegeben von Dr. J. Goll und Dr. A. Rezek. I. Jahrg., 3. Heft. (In böhm. Sprache.) 8. Prag 1895.

Vlček, Václ., Šachy. Veselohra ve třech jednáních. Prag 864. Stýblo. 8. (89 S.) n. 5 ngr.

van Vlock, Edward Burr [aus Middletown]: Zur Kettenbruchentwickelung Lamé'scher und ähnlicher Integrale . . . Baltimore, Druck d. Friendenwald Compagnie, 1893; 2 Bl., 91 S. 4.
Göttingen, Phil. Fak., Inaug.-Diss. v. 17. Febr. 1894

Vleck, Edward Burr van, zur Kettenbruchentwickelung Lamé'scher u. ähnlicher Integrale. Diss. gr. 4. (III, 91 S. m. 29 Fig.) Baltimore 898. (Göttingen, Vandenhoeck & Ruprecht.) n. 3.60

Vleet, Albert H. van: On the mouth-parts and respiratory organs of Limnochares holosericea Latreille in particular and the manner of breathing of Hydrachnids in general. Leipzig 1897: O. Schmidt. (41 S. mit Taf.) 8°
Leipzig, Phil. Diss. v. [8. Sept.] 1897.

Vlekke, P[eter] F , aus Oud-Gastel (Holland): Die Kondensationen von Benzhydrol und Fluorenalkohol mit einwertigen Phenolen. Freiburg (Schweiz) 1905. 50 + 2 S. 8°.
Freiburg i. Schw. Math. naturw. Diss. 1905/1906.

Vlekke, P(etrus) F(rederik). Die Kondensationen von Benzhydrol und Fluorenalkohol mit einwertigen Phenolen. Diss. Math.-Naturw. Freiburg in der Schweiz. 52 S. 8. Freiburg (Schweiz), St.-Paulus-Druckerei, 1905.
Bibliograph. Bulletin 1906.

Vleminckx, (J. F., et C. J.) Vanmons, Essai sur l'ophthalmie de l'armée des Pays-Bas. 8. Bruxueles 825, Weber in Bonn.

Vleuten, Carl Ferd. van, s. a. Ferdinands, Carl.

C. Ferdinands [d. i. Ferdinand van Vleuten, Dr. med. in Bonn] Frauenlob. H. 1 [einz.] Cöln: C. Geerling 1898. (31 S.) 8°

Vleuten, Carl Ferdinand van: Aus dem pathologischen Institut zu Bonn. Ueber Pachymeningitis haemorrhagica interna traumatica. *Bonn 1898: C. Georgi.* (42 S.) 8°
Bonn, Med. Diss. v. [9.] März 1898

Vleuten, Max van, Dr.: Die Grunddienstbarkeiten nach altwestnordischem Rechte. Eine rechtsgeschichtl. Abhandl. München: Th. Ackermann 1902. (VIII, 183 S.) 8°
München, Jur. Hab.-Schr. v. 1902.
(Nicht für den Austausch)

Vleuten, Max van, die Grunddienstbarkeiten nach altwestnordischem Rechte. Eine rechtsgeschichtl. Abhandlg. gr. 8. (VIII, 183 S.) München 902. Th. Ackermann. n. 3.60

Vliegen, H., Lehrbuch d. ration. Korbweidenkultur, s.: Krahe, J. A.

Vlieger, A. de, Kitâb al Qadr. Matériaux pour servir à l'étude de la doctrine de la prédestination dans la théologie musulmane. gr. 8. (XIII, 213 S.) Leiden 903. Buchh. u. Druckerei vorm. E. J. Brill. n n. 4.—

GÜLDENE (DAS) VLIESS oder das allerhöchste, edelste, kunstreichste Kleinod, und der urälteste Schatz der Weisen. In welchem da ist die allgemeine Materia Prima derselben nothwendige Præparation und überaus reiche Frucht des philosophischen Steins augenscheinlich gezeiget und klarlich dargethan. Philosophischer und theologischer Weise beschrieben und zusammen verfasset durch einen ungenannten, doch wohl bekannten, etc. *Ich sags nicht.* Nürnberg, bey Johann Adam Schmidt, 1737. pp. [xiv]–208, 12mo. Frontispiece and Plates.

Vliess, güldenes, od. Schatz d. Weisen mit Figuren. 8. Nürnberg. 737.

Vliet, J. v., De dea Angerona. Gel. 1766. 65 S. u. 1 Taf. 4°. 2.—

Vliet, J. v., (Critica) ad Tertulliani de pudicitia et de paenitentia. S.-A. 1892. 13 S.

Vliet, J. van der, studia ecclesiastica. Tertullianus. I. Critica et interpretatoria. gr. 8. (VIII, 102 S.) Leiden 891. E. J. Brill. n.n. 2. —

Vliet, Jan van der, s. A p u l e i u s Madaurensis, Lucius: Apologia sive de magia liber et Florida.

Vliet, Jan van der (Hrsg.), s. A p u l e i u s, Madaurensis: Metamorphoseon libri XI.

Vlk, Joh. Qualbert, Handbuch der provisorischen Concursordnung und der dahin einschlägigen Gesetze und Verordnungen mit Berücksichtigung der älteren Gesetzgebung Ungarns für Ungarn, Kroatien, Slavonien, die serbische Wojwodschaft mit dem Temeser Banate und das Großfürstenthum Siebenbürgen. Zusammengestellt und mit Anmerkungen und Formularien versehen. Presburg 855. Wigand. gr. 8. (XVI, 260 S.) n. 1 ℛ. 2 ngr.

Vlk, **Joh. Qualbert, Civil-Proceß-Ordnung für Ungarn, Croatien rc., s. a. Civil-Proceß-Ordnung.**

Vlk, Johann Qualbert —. Provisorische Civil-Prozeß-Ordnung für Ungarn, Kroatien, Slavonien, die serbische Woiwodschaft, das Temeser Banat und für Siebenbürgen. Mit Anmerkungen und Formularien versehen von — —. I. Das Streitverfahren. Von Seite 17 bis 129. II. Das Beweisverfahren. Von Seite 133 bis 316. III. Das Entscheidungsverfahren und die mittlerweiligen Vorkehrungen. Von Seite 3 bis 93. IV. Das Vollstreckungsverfahren. Von den Gerichtskosten. Von den Ferien. Von den besonderen Verfahrungsarten. Von Seite 97 bis 239. Zweite Auflage. 8. (I. Theil 316 S. II. Theil 240, I Blatt.) Teschen. Druck und Verlag von Karl Prohaska. 1853.

Vlk, Johann Qualbert —. Provisorische Civil-Prozeß-Ordnung für Ungarn, Kroatien, Slavonien, die serbische Woiwodschaft, das Temeser Banat und für Siebenbürgen. Mit Anmerkungen und Formularien versehen von — —. I.—III. Hft. 251 S. IV. Heft. 94 S. V. Heft von Seite 97 bis 240. VIII Blätter. 8. Teschen. Druck und Verlag von Karl Prohaska. 1853.

VLK, Stanislav: Arabien in Hinsicht seiner Entdeckungsgeschichte, seiner geologischen und physikalischen Verhältnisse. — 1884. XVIII, 384 S., 3 Kt. Diss. Graz, Univ.

Vloten, G. van (Hrsg.), s. A b o u O t h m â n A m r i b n B a h r a l - D j a h i z d e B a s r a: Les livres des avares.

Vloten, G. van, s.: **Abû-Abdallah Mohammed ibn Ahmed ibn Jûsof, liber Mafâtîh Al-Olûm.**

Vloten, G. van, s.: A b u O t h m a n A m r I b n B a h r A l - D j a h i z Basrensi, tria opuscula.

Vloten, G. van, recherches sur la domination arabe, le Chiitisme et les croyances messianiques sous le Khalifat des Omayades. [Aus: „Verhandelingen der Kon. Akad. van Wetenschappen te Amsterdam".] Lex.-8. (V, 81 S.) Amsterdam 894. J. Müller. n. 1.80

Vlucht, **W.** van der, Transvaal contra Großbritannien. Kurze Erläuterg. zur niederländ. Adresse an die Völker Großbritanniens. Aus dem Holl. übers. von A. v. B. (2.—8. [Umschlag-]Taus.) 8. (60 S.) Leipzig (900). Verlag moderner Belletristik. n. — 70

Vnrughher, die. (Eine zeit- u. kulturgeschichtl. Studie.) Versuch e. Anfanges zur Stoffsammlg. für die Unruh'sche Familiengeschichte. Hrs. v. e. Unruh. (XII S. u. 600 Sp.) Lex.-8. Cöthen 906. P. Dünnhaupt. n. 10. —

Vobach, Gustav: Die Lehre vom Funde im römischen und deutschen Recht. Borna-Leipzig 1910: Noske. VIII, 112 S. 8°
Heidelberg, Jur. Diss. v. 21. Juli 1910, Ref. Heinsheimer
[Geb. 13. Dez. 85 Berlin; Wohnort: Berlin; Staatsangeh.: Preußen; Vorbildung: Königstädt. Realgymn. Berlin Reife O. 06; Studium: Berlin 6, Heidelberg 1 S.; Rig. 24. Mai 10.] [U 10. 2038

Vobach's Frauen- u. Moden-Zeitung. Illustrierte Zeitschrift f. die Interessen des Haushalts u. d. Familie. Verantwortlich: Wolfg. Engel, Frau Erna Orth-Steinberg, G. Kosbahn. Für Oesterreich-Ungarn: Kunigunde Ansion-Hasatty. Jahrg. 1910/11. (April 1910—März 1911.) 52 Hefte. (à ca. 24 S. m. 1 Schnittbog.) 31,5×24 cm. Berlin, W. Vobach & Co. à Heft — 15

Vobach's illustrierte Roman-Bibliothek, m. Illustr. erster deutscher Künstler. I. Serie. (In 12 Bdn.) 1.—3. Bd. 8. Berlin, W. Vobach & Co. Geb. in Leinw. Subskr.-Pr. à 1.—; Einzelpr. à 1.50; auch in Lfgn. à — 20
1. Der Verdacht. Roman. Von Teo v. Torn. (207 S.) (902.)
2. Zum Frieden. Ein Roman aus dem Leben nach Tagebuchblättern. Von Hilde v. Selkow. (192 S.) (902.)
3. Durch Kampf zur Krone. Von Ada v. Gersdorff (Baronin Maltzahn). Roman. Mit Illustr. von Adf. Hering. (206 S.) (902.)
Bildet die Fortsetzung v.: Illustr. Hausbibliothek.

Vobach's illustrierte Roman-Bibliothek, m. Illustr. erster deutscher Künstler. I. Serie. 4.—12. Bd. 8. Berlin, W. Vobach & Co. à — 90; geb. in Leinw. à 1. —
Corony, B., Treue. Roman. Mit Illustr. von Adf. Hering. (208 S.) (903.) (Bd. 8.)
Falkenhorst, C., der Goldmacher. Roman. Illustriert v. Adf. Hering. — Krause, H. v., An der Schwelle. Eine Hofgeschichte. Illustriert von Adf. Hering. (116 u. 64 S.) (903.) (Bd. 10.)
Gersdorff, Ada v., stolze Herzen. Roman. Illustriert v. Konr. Eyersdörfer. (191 S.) (903.) (Bd. 9.)
Granath, W., bis in den Tod. Roman. Mit Illustr. v. Adf. Hering. (173 S.) (903.) (Bd. 5.)
Kaltenhauser, F., der Berghaldnerhof. Roman. Mit Illustr. v. Adf. Hering. (160 S.) (903.) (Bd. 6.)
Krause, H. v., an d. Schwelle, s.: Falkenhorst, C.
Krauß, Gust. Johs., Hexenkünste. Roman. Illustriert v. Otto Meyer-Wegner. (189 S.) (903.) (Bd. 12.)
Kraze, Frieda H., unter dem Dornenkranz. Roman. Illustriert v. Adf. Hering. — Römer, Alwin, die Spree-Loreley. Roman. Illustriert v. Adf. Hering. (137 u. 54 S.) (903.) (Bd. 11.)
Pardo-Bazan, Emilia, um e. Königsthron. Roman. Autoris. Uebersetzg. aus dem Span. v. Helene Katz. Mit Illustr. v. Adf. Hering. (184 S.) (904.) (Bd. 4.)
Rohmann, Ludw., gegen den Strom. Roman. Mit Illustr. v. Adf. Hering. (200 S.) 903. (Bd. 7.)
Römer, Alwin, d. Spree-Loreley, s.: Kraze, Fr. H.
Der Preis d. Bde. 1—3 ist auf à — 90; geb. 1. — ermäßigt.

— dasselbe. II. Serie 12 Bde.; III. Serie 8 Bde. u. IV. Serie. 1.—4. Bd. 8. à Bd. 1. —; geb. in Leinw. 1.25
Borchart, Elsb., der Liebe Gebot. Roman. Illustriert v. Th. Volz. 2 Bde. (175 u. 179 S.) (904.) (II. Ser. 7. u. 8. Bd.) — Ilse Römer. Roman. Illustriert v. W. Gause. 2 Bde. (195 u. 200 S.) (905.) (III. Ser. 3. u. 4. Bd.)
Braddon, M. E., du bist der Mann. Roman. Einzig autoris. Uebersetzg. aus dem Engl. Illustriert v. Th. Volz. (219 S.) (904.) (II. Ser. 5. Bd.)
Burg, A., die gnädige Frau, s.: Kaltenhauser, F.
Castello Branco, C. de, Liebe bis zum Verderben. Eine Familientragödie. Roman. Illustriert von C. Wedenmeyer. (204 S.) (904.) (II. Ser. 12. Bd.)
Dunckel, Max, Weltuntergang. Roman. Illustriert von Th. Volz. (198 S.) (904.) (II. Ser. 3. Bd.)
Höcker, Paul Osk., Prinzessin Fee. Roman in 2 Bdn. Illustriert v. Adf. Hering. (200 u. 195 S. m. Bildnis.) (903.) (II. Ser. 1. u. 2. Bd.)
Kaltenhauser, Fanny, die Rainhoferin. Orig.-Roman. Illustriert v. Th. Volz. — Burg, A., „die gnädige Frau". Erzählung. Illustriert v. Th. Volz. (114 u. 79 S.) (904.) (II. Ser. 6. Bd.)
Muusmann, Carl, Gräfin Klara. Roman. Illustriert v. Th. Volz. (117 u. 74 S.) (905.) (III. Ser. 7. Bd.)
Ortmann, Rhold., Malves Mitgift. Roman. Illustriert von Th. Volz. 2 Bde. (207 u. 205 S.) (905.) (III. Ser. 1. u. 2. Bd.)
Pemberton, M., die Insel der Geächteten. Roman aus dem Engl. Frei bearb. nach P. Illustr. v. Werner Zehme. (198 S.) (904.) (II. Ser. 11. Bd.)
Perfall, A. v., Klippen. Roman. — König Lear der Sümpfe. Eine Erinnerg. aus dem Westen. Illustriert von Th. Volz. (144 u. 37 S.) (904.) (II. Ser. 4. Bd.)
Riedberg, Erika, ihre letzte Sühne. Ein Roman aus dem Leben. Illustriert von Th. Volz. (201 S.) (906.) (III. Ser. 8. Bd.)
Rohmann, Ludw., zwei Königskinder. Roman. Illustriert v. Th. Volz. 2 Bde. (158 u. 192 S.) (906.) (IV. Ser. 3. u. 4. Bd.)
Scharlau, Willy, der Nothafen. Roman. Illustriert v. Th. Volz. 2 Bde. (176 u. 166 S.) (906.) (IV. Ser. 1. u. 2. Bd.)
Schumacher, Heinr. Vollrat, Berenice. Roman. Illustriert v. W. Gause. 2 Bde. (206 u. 208 S.) (904.) (II. Ser. 9. u. 10. Bd.) In 1 Bd. geb. 3. —

Torn, Teo. v., die v. Hohen- u. Nieder-Weinberg. Eine ganz verwickelte Geschichte. — Und zürne nicht. Humoristische Erzählg. Illustr. v. Th. Volz. (150 u. 49 S.) (905.) (III. Ser. 5. Bd.)
Wenzerhoff, Philipp, übers Ziel hinaus. Roman. Illustriert v. Th. Volz. (206 S.) (905.) (III. Ser. 6. Bd.)

— illustrierte Roman-Bibliothek, m. Illustr. erster deutscher Künstler. IV. Serie 5.—8. Bd.; V. Serie 8 Bde. u. VI. Serie 1. u. 2. Bd. 8. Ebd. à Bd. 1.—; geb. in Leinw. 1. 25
Becker, Käthe van, Gretes Verlobung. Die Geschichte einer Jugend. Orig.-Roman. Illustriert v. Th. Volz. 2 Bde. (168 u. 156 S.) (907.) (V. Serie 1. 2. Bd.)
Claustus, Sabine, vivat sequens. Ein Roman aus d. Großstadt. Illustriert v. M. Barascudts. 2 Bde. (179 u. 176 S.) (908.) (V. Serie 4. 5. Bd.)
Corony, B., die Einsiedlerin v. Helmsbruck. Kriminalroman. Mit Illustr. (3 Vollbildern) v. O. Meyer-Wegner. (178 S.) (909.) (V. Serie 8. Bd.)
Ebenstein, Erich, das Erbe des Kommandanten. Ein Kriminalroman. Mit Illustr. v. Th. Volz. (174 S.) (909.) (V. Serie 7. Bd.)
— Der Pfarrer v. Gamsegg. Kriminal-Roman. Illustriert v. Th. Volz. (181 S.) (907.) (IV. Serie 5. Bd.)
Eberthal, Ewald Graf v., der Geheimpolizist. Kriminal-Roman aus dem alten Paris, nach vorlieg. Prozeß-Akten bearb. Illustriert v. Rob. Langbein. (208 S.) (908.) (V. Serie 3. Bd.)
Gersdorff, A. v., Pia. Roman. Mit Illustr. v. R. Langbein. (198 S.) (909.) (V. Serie 6. Bd.)
Delethusen, Hans v., auf gleicher Höhe. Roman. Mit Ill. (8 Vollbildern) v. Otto Meyer-Wegner. 2 Bde. (184 u. 180 S.) (910.) (VI. Serie 1. 2. Bd.)
Kaltenhauser, F., alle Schuld rächt sich auf Erden. Roman. Illustr. v. Th. Volz. (194 S.) (907.) (IV. Serie 8. Bd.)
Tempsky, Eug. v., des Bruders Weib. Ein Roman aus der Jahrhundertwende. Illustriert v. Th. Volz. 2 Bde. (185 u. 206 S.) (907.) (IV. Serie 6. 7. Bd.)

Vobis, Ewald [aus Bonn] Aus d. Klinik f. Hautkrankheiten zu Bonn. Über Lupus erythematodes, mit besonderer Berücksichtigung der Therapie, namentlich mit Hydroxylamin. — Bonn, Buch u. Steindr. Joseph Bach Wwe. 1890. 44 S. 1 Bl. 8°
Bonn, Med. Fak., Inaug.-Diss. v. 17. Juni 1890

Vobiscum pax? Eine Frage u. e. Antwort. 8. (63 S.) München 891. C. H. Beck. n. 1. —

Vocabel, s. Vokabel.

Vocabelbuch, s. a. Vokabelbuch.

Vocabelbuch zu Bröders lateinischer Grammatik . . . Jena 1807. V: *Schmid, Eberhard Carl Klamer.* (MGT)

Vocabelbuch zu Bröders kleiner latein. Grammatik nach Folge d. Paragraphen; herausg. von Karl Chr. Erh. Schmid. gr. 8. Jena 807. 2e A. 817. 3e A. 826. Mauke. 6 gr.

— zum ersten Cursus von Jacobs Elementarbuche d. griech. Sprache nach Folge d. Paragraphen geordnet. 8. Eisenach 813. (Bärecke). 6 gr.

Vocabeln, s. a. Vokabeln.

Vocabeln u. Erläuterungen zu Vicar of Wakefield, ein erleicht. Hülfsmittel für diejenigen, welche d. engl. Sprache erlernen wollen. 8. Leipz. 807. (W. Nauck). 12 gr.

Vocabeln, geschichtliche, zum Gebrauch des fürstl. Gymnasiums zu Rudolstadt. gr. 8. (18 S.) Rudolstadt 856, Renovanz und Scheitz.

Vocabeln, geschichtliche, zum Gebrauch des fürstl. Gymnasiums zu Rudolstadt. gr. 8. (18 S.) Rudolstadt 856(57), [Scheitz.]

Vocabolario della Lingua italiana compilato sopra quello del Manuzzi, sui Dizionari di Napoli, di Bologna, di Padova, di Livorno, sulle voci e maniere di dire de Gherardini, sui Lavori del Grassi, dello Stratico, del Tommaseo, ecc. ecc. Vol. unico. 8. (69¾ B.) Firhenze 842—44. Triest, Favarger. *

Vocabolario tascabile Milanese-Italiano segnatamente per le arti e mestieri. 16. (XXIV u. 227 S.) Milano 847. (Munchen, Franz.) n. 24 ngr.

Vocabolario telegrafico per la marina da guerra di sua Maestà imperiale reale Apostolica. (Mit 1 Tafel.) (Donation Liechtenstein.) 8. Vienna 1823.

Vocabula

— graeca ex evangelio Joannis. 8. Eisenach 765. (Bärecke). 3 gr.

Vocabula graeca ex evangelio Ioannis. 8. Eisenach, Wittekind. 765.

Vocabula rerum communia selecta. 8. Witteub. 758. Kühne. 2 gr.

— rerum latino-gallico-germanica in gratiam studiosae juventutis latin. exscript. 8. Lüneb. 790. Lemke. 3 gr.

Vocabulaire abrégé des termes et de mots employés dans la musique instrumentale et vocale. — Wörterbuch der in der Instrumental- u. Vokal-Musik vorkomm. Ausdrücke u. Bezeichnungen. gr. 8. Berlin 841, Schlesinger. 1/6 Rthlr.

Vocabulaire allemand-français disposé par ordre de matières et contenant les règles générales pour la flexion des substantifs, des adjectifs et des verbes allemands à l'usage des commençants. Genève 857. Kessmann. 8. (129 S.) 9 ngr.

Vocabulaire allemand-français disposé par ordre de matières et contenant les règles générales pour la flexion des substantifs, des adjectifs et des verbes allemands à l'usage des commençants. gr. 8. (129 S.) Genf 857, [Müller-Darier.]

Vocabulaire arabe-français à l'usage des étudiants. Par un père missionaire de la cie de Jesus. 8. (X, 1007 S.) Beyrouth 883. (Leipzig, K. F. Köhler's Antiqu.) cart. n.n. 12. —

Vocabulaire douanier, contenant en français-allemand et allemand-français les dénominations de tous les produits et marchandises qui figurent dans la nomenclature explicative et dans le tarif général de l'Union des douanes allemandes. Lex.-8. (104 S.) Leipzig 868, Hartknoch. 1 —

— françois, ou abrégé du Dictionnaire de l'Académie Françoise. 2 Vol. gr. 8. Paris. (Stage in Augsb.) 771.

Vocabulaire français. Ein Praeparationsmittel zu Pag. 1 – 61 des 1. Theils der Gruner'schen Chrestomathie. Frauenfeld 859. Verlags-Comptoir. (Huber.) gr. 8. (19 S.) n. 3 ngr.

— **français-allemand ou recueil des mots français les plus usités, rangés en certaines classes. Nouv. éd. 8. Strassb., Heitz. 10 gr.**

Vocabulaire français-allemand de quelques morceaux de la littérature de l'enfance, ou Chrestomathie française. Tom. I. gr. in-8. (6½ B.) Bâle 834, Neukirch.

Vocabulaire français-anglais, grec moderne et grec ancien, cont. à la tête une exposit. abrégée de la prononciat. et de l'orthographe grecques et à la fin cinq tableaux alphabet. avec le decrét sur la division et le monde de gouvernement du royaume de la Grèce. Trad. du vocabul. angl.-franç. de Poppleton, augmenté et enrichi de notes philologiq., critiq. et grammatic. epuisées dans les écrits du savant Koray et dans d'autres differentes sources. Par G. Theocharopoulos. — A. s. l. t.: 'Ονομαστικὸν τετράγλωσσον γαλλαγγλογραικελληνικόν, etc. gr. in-12. (39 B.) Munich 834, (Fleischmann.) Thlr.

Vocabulaire française, oder Materialien zur Beförderung des mündlichen Ausdrucks in der französischen Sprache . . . Berlin 1814. V: *Bock, M. H.* (MGT)

— français-russe, allemand-russe, français-polonais et allemand-polonais, où les mots russes et polonais sont écrits selon la prononciation des Français et des Allemands, en II parties. 12. Berl. 812. Braunes. 12 gr

— français-valaque, d'après la dernière edition du Dictionnaire de l'Académie française, augmentée de plusieurs autres mots recueillis dans différents Dictionnaires par P. Poyenar, F. Aaron et G. Hill. Tome I. A—H. gr.in-8. Boucarest 840. (Walbaum) 2 Tomes n. 9 Rthl.

Vocabulaire zur Grammaire française à l'usage des Allemands par Eug. Borel. Zur Erleichterung des Gebrauchs derselben. 8. (68 S.) Oldenburg 865, Schmidt.

Vocabulaire grammatical allemand-français, contenant . . . les mots les plus nécessaires . . . Tübingen 1819. V: *Rüffer, C. T.* (Ky)

— grammatical allemand-français, cont. dans un ordre graduel les mots les plus nécessaires pour parler les deux langues, (par Ruffer). 8. Tübing. 819. Laupp. 9 gr

Vocabulaire des locutions et des mots italiens usités dans la musique. Lex.-8. (1 B.) Mayence 839, Schott fils.

—— militaire. Sammlung militär. Ausdrücke. Deutsch-Französisch. Unter Benutzung von Ribbentrop, Vocabulaire militaire, zusammengestellt von Fachmännern beider Nationalitäten. gr. 8. (16 S.) Berlin 884, Langenscheidt'sche Verlagsh. 1 —

Vocabulaire militaire. Sammlung militairischer Ausdrücke. Deutsch-französisch. Unter Benutzung von Ribbentrop, vocabulaire militaire, zusammengestellt von Fachmännern beider Nationalitäten. 2. Aufl. gr. 8. (16 S.) Berlin 887, Langenscheidt'sche Verlagsh. *

— — des Mots contenus dans les Lectures Françoises instructives et amusantes. 8. Strasburg. (Leipzig, Gleditsch in Comm.) 820.

— des mots contenus dans les Lectures Françaises instructives et amusantes. 8. Strassb. 820. Heitz. 8 gr

— contenant les mots et les phrases qui se présentant dans les thèmes de la grammaire de Poetevin. 8. Frankf. 793. Varrentrapp. 4 gr

Vocabulaire, nouveau, allemand-français à l'usage des deux nations, oder neues deutsch-französ. Vocabulaire zum Gebrauch beider Nationen etc. 8. Straßb. 798. N. Aufl. 808. König. 10 gr

— français-allemand. 8. ibid. 2 Rthl.

— nouveau, français-allemand et allemand-français, rédigé par ordre alphabétique à l'usage de ceux qui veulent écrire et parler correctement, oder neues deutsch-französ. u. französ.-deutsches Wörterbuch. 2 Thle. 8. 810. (A. Campe in Hamb.) 8 gr

— nouveau, françois allemand et allemand-françois rédigé p. ordre alphabétique à l'usage de ceux qui veulent écrire et parler correctement, oder neues deutsch-franz. und franz.-deutsches Wörterbuch. 2 Thle. 8. (Hoffmann in Hamburg.) 810.

Vocabulaire, nouveau français-allemand, et allemand-français. Neues deutsch-französisches u. französisch-deutsches Wörterbuch. Ein Auszug aus C. F. Schwans Wörterbuche. Nach Mozin, neu bearb. von H. F. Conté. 2 Thle, wohlfeile Schulausg. 4. Grätz 812. Tänzer. (Ferstl). 1 Rthl. 16 gr Hbg. Pr. 20 gr (Vergl. auch F. H. Contée).

Vocabulaire, nouveau français-allemands, et allemand-français. Neues deutsch-französisch u. französisch-deutsches Wörterbuch. Ein Auszug aus C. F. Schwans Wörterbuche. Nach Mozin, neu bearbeitet von F. H. Conte. 2 Thle. wohlf. Schulausgabe. 4. Grätz, Tänzer. 813.

— nouveau, français-allemand, und deutsch-französ. Wörterbuch nach Mozin u. Schwan. 2 Bde. gr. 16. Wien 816. Mayer u. Comp. 1 Rthl. 12 gr

Vocabulaire. Nouveau Vocabulaire Officiel pour la rédaction des télégrammes en langage convenu, dressé conformément aux décisions de la Conférence télégraphique internationale de Budapest par le Bureau International des Administrations Télégraphiques. 4 volumes et Appendice. 4. Berne, Bureau International des Administrations Télégraphiques. [ouvrage cpl. fr. 80. —]

1er vol. IV p. + p. 1—846. 1899.
2e vol. II p. + p. 847—1629. 1900.
3e vol. II p. + p. 1631—2338. 1900.
4e vol. IV p. + p. 2339—2925. 1901.
Appendice. II + 38 p. 1901.
Vol. 1 auch mit deutschem, englischem und italienischem Titel u. Vorwort, je IV S.

Vocabulaire Officiel pour la rédaction des télégrammes en langage convenu. (Edition de 1894.) Rectifications. 11 p. 4. [Berne, Bureau International des Administrations Télégraphiques, 1901.]

Vocabulaire officiel pour la rédaction des télégrammes en langage convenu. (Edition de 1894.) Rectifications. 2e Edit. 1er mars 1903. 11 p. 4. [Berne, Bureau International des Administrations Télégraphiques.]

Vocabulaire français, petit, s.: Toussaint-Langenscheidt, der kleine.

— le petit, français et allemand, contenant les mots les plus usités de la langue française, avec leur signification allemande, nouv. édit. 24. Basel, Neukirch. 12 gr

— petit, des voyageurs, en français, polonais et allemand, pour servir à l'entretien des trois nations. Avec des comparaisons des monnaies françaises et allemandes. 12. Bresl. 812. W. G. Korn. 8 gr.

—— und Regelheft für die ersten Jahre des französischen Unterrichtes. Zu selbständ. Gebrauch und zur Repetition der Vokabeln, Wortformen und Regeln aus Louvier „die fünf ersten Jahre französ. Unterrichts". 8. (IV, 82 S.) Wolfenbüttel 884, Zwissler. cart. 1 —

— **systématique français-allemand : suivi des Gallicismes les plus indispensables, de plusieurs Germanismes rendus en français et des proverbes les plus usités. 8. Berl. 825. Ed. II. 828. Riemann. 8 ℊ**

—— systématique français-allemand; suivi de gallicismes, de plusieurs germanismes rendus en franç., des proverbes les plus connus, et augmenté de quelques entretiens familiers. A l'usage des écoles, et devant servir d'ouvrage préparatoire et complémentaire à la grammaire méthodique du même Auteur. 2. Edit. 8. (12½ B.) Berlin 828, [Jonas's Vrlsh.]

Vocabular, lateinisch-deutsches, von 1420. Herausg. von K. J. Schroer. Presburg 859. Wigand in Comm. 4. (62 S.) n. 20 ngr

Vocabular der Namaqua-Sprache nebst einem Abrisse der Formenlehre derselben. 8. (32 S.) Barmen 854. (Halle, Fricke.) »

Vocabularia, Linguarum totius orbis, comparativa . . . vergleichendes Glossarium aller Sprachen und Mundarten. St. Petersb. 1787—89. H: *Pallas, Peter Sim.* (Gi) (Ky) »1785—89« (ErschDL)

Vocabulario alla mano della lingua italiana singolarmente etc., voyez Degano, A. M. B. del.

Vocabularium zum Hebräischen Gebetbuche . . . Königsberg 1844. V: *Saalschütz, Joseph Levin.* (Gi) (Ky)

שרשי תפלות ישראל Vocabularium zum Hebräischen Gebetbuche. Mit einem Anhange: Einleitung in die Hebräische Grammatik. (Von Jos. Lev. Saalschütz.) gr. 8. Königsberg 844. Gräfe u. Unzer. ½ ℳ

Vocabularium juris utriusque, vide P. Vicat.

Vocabularium iurisprudentiae romanae iussu instituti Savigniani composuerunt Otto Gradenwitz, Bernardus Kuebler, Ernestus Theod. Schulze. Fasc. I. gr. 4. (75 S. u. 96 Sp.) Berlin 894. G. Reimer. n. 6.40

Vocabularium iurisprudentiae romanae, editum iussu instituti Savigniani. Vol. I. Inchoaverunt Otto Gradenwitz, Bern. Kuebler, Ernest. Thdr. Schulze. Continuaverunt Bern. Kuebler et Rud. Helm. Fasc. II. gr. 4. (I S. u. Sp. 97—416.) Berlin 898. G. Reimer. n. 8. — (I. u. II.: n. 14. 40)

Vocabularium iurisprudentia romanae, editum iussu instituti Savigniani. Vol. I. Inchoaverunt Otto Gradenwitz, Bern. Kuebler, Ernest. Thdr. Schulze. Continuaverunt Bern. Kuebler et Rud. Helm. Fasc. III. gr. 4. (Sp. 417—736.) Berlin 899. G. Reimer. n. 8. —
Fasc. I u. II. Ebd. 894. 898. n. 14. 40.

Vocabularium iurisprudentiae romanae, iussu instituti Savigniani compositium. Vol. I. Fasc. IV. (VI S. u. Sp. 737—1160.) gr. 4. Berlin 903. G. Reimer. n. 10. 60 (Vol. I vollst. n. 33. —)

— dasselbe. Tom. II. Fasc. I. Conscripsit Eduard. Grupe. (Sp. 1—320 u. 1 S.) gr. 4. Ebd. 906. n. 8. 20

Vocabularium iurisprudentiae romanae, iussu instituti Savigniani compositum. Tom. III. Fasc. I et Tom. V. Fasc. I. Lex. 8. Berlin, G. Reimer. 16. 40
III. 1. Schedis usus ab Ricardo Hesky confectis ed. Bernhard. Kübler. (III S. u. 320 Sp.) 910. 8. 20
V. 1. Ed. Ericus Volkmar. (320 Sp. u. 1 Bl.) 910. 8. 20

— lateinisch- u. französisch-deutsches, zum Behuf d. deutschen Schulen des Waisenhauses. 8. Halle 775. Waisenhausbuchh. 4 ℊ

Vocabularium, lateinisches, für Anfänger. Zusammengestellt aus: Willerding, lateinisches Elementarbuch für Sexta, und Kühner, lateinische Elementargrammatik. gr. 8. (64 S.) Bremerhaven 873, Vangerow. * — 80

— latino-german. 8. Nürnb. Monath. 720.

Vocabularium linguarum totius orbis comparativ., August. cura coll. — oder vergleich. Glossarium aller Sprachen u. Mundarten rc., (v. Pt. S. Pallas). 4. St. Peterb. 787, 89.

Vocabularium Polono-Latinum ad usum juventutis scholasticae . . . Vratislaviae 1819. V: *Trojański, Józef Kajetan.* (BrMm)

— practicum latein. u. deutscher Wörter. 8. Nürnberg. 748.

Vocabularium, systematisches, in deutscher, lettischer, russischer u. estnischer Sprache. Anleitung zu Uebgn. in den betr. Umgangssprachen. 12. (VII, 183 S.) Dorpat 886. Schnakenburg. n. 1. 20; geb. n. 1. 50; in Leinw. n. 1. 60

Vocabularium zu den Uebungsbeispielen in Schenkl's griechischem Elementarbuche. (Neue Aufl.) gr. 8. (64 S.) Riga 879, Stieda. cart. * 1 40

Vocabularium zu den Uebungsbeispielen in Schenkl's griechischem Elementarbuche. 2. und 3. verb. Aufl. gr. 8. (64 S.) Riga 881,83, Stieda. cart. 1 60

—— zu den Uebungsbeispielen in Schenkl's griechischem Elementarbuche. 5. und 6. unveränd. Aufl. gr. 8. (64 S.) Riga 886,88, Stieda's Verlag. cart. *

Vocabularius optimus. — Zur Begrüssung der in Basel versammelten Philologen und Schulmänner im Auftrage der Universität hrsg. von Wilh. Wackernagel. 29. Herbstmonats 1847. gr. 4. (58 S.) Basel 847, (Schweighauser'sche Vrlgsh.)

Vocabularspiel in französ., latein. u. deutscher Sprache, den Kindern in kurzer Zeit über 1000 Wörter zu lernen. Nürnb. ...Bieling. 12 ℊ

Vocabulary, a compleat, english and german., d. i. d. getreue engl. Dollmetscher. 8. Marburg, Müller. (Hermann in Frankfurt.) 760. — 5

Vocabulary, a polyglott. English, German, Canarese, Tulu and Malayalam, containing 1600 of the most usual words of the language classified under practical headings and printed in parallel columnes both in the vernacular and in roman letters, with a full alphabetical index in english, a key to the pronunciation &c. Kl. in-8°, 98 S. Basel, Missionsbuchhandl. 3 —
1881

Vocabulary, systematic, and guide for English conversation. Englisch-deutsches Wörter- u. Gesprächbuch, enthaltend: eine Sammlung der im gewöhnlichen Leben am häufigsten vorkommenden Ausdrücke, Gegenstände u. Gespräche, nach einer das Lernen u. Behalten derselben erleichternden Ordnung u. zunächst f. den Gebrauch beim Unterrichte im Institute der engl. Fräulein zu Augsburg, nach mehrjähr., prakt. Erfahrungen zusammengestellt von einer gebornen Engländerin. gr. 8. (IV u. 208 S.) Augsburg 852, Kollmann. 1/2 ℛ

Vočadlo, Jan, cesky právnik. Nejpotřebnější formuláře listin, smluv, spisů notárských, soudnich podáni etc. K potřebě každého občana vůbec a jmenovitě úředniků, advokátů, notářů etc. 2., rozmnožené vydáni. Prag 860. Kober. gr. 8. (XVI, 375 S.) n. 1 ℛ 10 ngr.

— — Ku potřebě každého občana, zvláště úředniků, představených obci a živnostniků. 3. opravené a rozmnožené vydáni. Ebend. 862, 63. gr. 8.
Část I. Všeobecná: Naučeni o dělání listin, smluv, pak podáni v záležitostech politických, obecnich a živnostenských s potřebnými formulář spořádali Jan Hlavatý a Jos. Rank. (VIII, 288 S.) n. 28 ngr.
Část II. Pravnická: Soudni podáni v záležitostech civilnich a trestnich, jakož i jejich vyřízeni, pak záležitosti notářské spořadal Jak. Škarda. (XVI, 412 S.) n. 1 ℛ 10 ngr.

Vočadlo, Jean, Cours d'histoire de la littérature française adapté à l'enseignement de la jeunesse et surtout pour les écoles intermédiaires. 1re livr. Les premières époques jusqu'à la moitié du dix-septième siècle, c'est-à-dire jusqu'à Fénélon. gr. 8. (III, 123 S.) Prag 873, Mourek. * 1 60

Vocalisation, d. Arendsʼsche. E. Distel-Epistel in Reimen u. Prosa, m. Knittelversshieben, geheimen, sub rosa. E. komisch-ernste Beleuchtg. d. vielfachen Verschiedenheiten u. Inkonsequenzen in d. Vocalbezeichng. d. Arendsʼschen Kurzschriftsystems v. e. alten Arendsianer (Heinr. Roller). Für Stenographen aller Systeme unterhaltend u. belehrend. (Mit [2 S.] stenograph. Beispielen.) gr. 8. (30 S.) Berlin 878. (Leipzig, J. H. Robolsky.) n. — 50

Vocativus, s.a. Vokativus

Vocativus, Berliner, auf Reisen. Neue Scherzgedichte, Späße, Schwänke, Puffs und Jokus aller Art in bunter Menge. Hrsg. von F. E. Moll. 2., veränd. Aufl. Nr. 1 und 2. 8. (à IV und 92 S. mit vielen Illustr. in eingedr. Holzschn. von W. Scholz.) Berlin 863, Janke. à Nr. * 10 Ngr. *

—— dass. — Nr. 3: Der große Struwwelpeter. Ein moral. Bilderbuch für Kinder von 17 bis 77 Jahren. 7., umgearb. und verb. Aufl. 8. (VII und 86 S. mit 29 Illustr. in eingedr. Holzschn. von Julien Raymond de Baur.) Ebendas. 863. *

Vocativus, illustrirter berliner, neu in bunter Menge bietend Scherzgedichte, Späße, Schwänke, Puffs und Jokus aller Art. Von F. E. Moll und Anderen. Mit 86 (eingedr.) Holzschn.-Illustr. von W. Scholz. 2 Thle. 16. (XIV und 464 S.) Berlin 856, Janke. *

Vocativus, illustrirter Berliner, neu in bunter Menge bietend Scherzgedichte, Späße, Schwänke, Puffs und Jokus aller Art. Von F. E. Moll und Anderen. Mit 42 Holzschn.-Illustr. (im Text) von W. Scholz. 2 Thle. Berlin 857. Janke. 16. (VII, 248; VII, 216 S.) 1.: 12 ngr.; 2.: 10 ngr.

§ **VOCATIVUS.** — CUPIDO auf seinem Thron. Oder Das entdeckte Reich der Liebe, In Einigen Zusammenkunfften durch allerhand verliebte und andere lustige Begebenheiten Dargestellet Von einem VOCATIVO. Freystadt. Bey Michael Liebezeit (Nurnberg, Seiz), 1725. 8°. (In München: P. o. germ. 259d, mit 2 Beibdn.)

Kauffmanns-Diener, Der Verliebte, beschrieben In verschiedenen artigen und Curieusen Liebes- auch andern lesenswürdigen Historien, So sich mit demselben hier und dar zugetragen, herausgegeben, von einem *Vocativo*. Mit Titelkpfr. Dresden: Lit. germ. rec. 8° C. 797.) (15 Mk. Gust. Klötzsch, Lpz., vor 1885.)

VOCATIVUS, Dr. (ps.), Pikantes u. Heiteres aus dem Ehestand. Buntes Allerlei f. angehende u. angegangene Eheleute, zusammengestellt v. —. Mit vielen Holzsch.-Illustr. München, Münchener Verlags-Institut (c. 1897). Breit-gr. 8°. Color. Umschl. (30 Pfg. M. Luck, Berlin, c. 1902.)

VOCATIVUS, Amadeus. Amors Irrfahrten im Reiche der Liebe. Berlin, Hermann Schmidt. 8°.
Verb. d. Ldg. Leipzig A. III 63/92.

Voce, Una, all'impero d'Austria Vienna 1867. V: *Ganaser, Raimondo.* (EB)

Voce: La Voce italiana
(G) Nel suo articolo «Un vecchio ven[illegible]» (Il Grigione Italiano 1952, no. 27), Don Leone Lanfranchi indica un giornale «La Voce italiana» (1872 – 1879). Questo giornale si chiamava «La Rezia italiana».

Voce dei Ticinesi
v. Journal des fonctionnaires des PTT et des Douanes — Giornale dei funzionari delle PTT e delle Dogane

Voch, Lukas

— Abhandl. über den Bau der Wasserwehren von Holz u. Steinen; mit 15 Kpft. 8. Augsb. 779. Lotter. (Rieger). 12 𝓍

Voch, Lukas, († 1783.) Abhandl. üb. d. Bauanschläge. 2 Thle. Mit Kpf. gr. 8. Augsb. 781. Wolf. 12 𝓍

— Abhandl. über die Bauart d. Grund- u. Wasserbaues bei den Straubenmühlen, wie solche im Reiche besonders in Schwaben, Baiern u. Franken erbaut werden, nebst Anweis., d. Risse zu e. solchen Mühle zu verfertigen. Mit 2 Kpf. 8. Augsb. 780. Klett. (v. Seidel in Sulzbach). 16 𝓍

— Abhandl. von der Brückenbaukunst, sowohl von Holz als von Steinen. Mit 7 Kpf. 8. Augsb. 780. Rieger. 9 𝓍

— Abhandl. von Feuerspritzen, nebst Unterr., wie man sich bei Feuersbrünsten zu verhalten hat. Mit 8 Kpft. 8. Augsb. 781. Rieger. 12 𝓍

— Abhandl. von der Perspektivkunst; mit 27 Kpf. 8. Augsb. 780. Rieger. 1 ℛ 4 𝓍

— Abhandl. vom Straßenbau; mit 8 Kpf. 8. Augsb. 776. N. A. 788. v. Jenisch u. Stage. 12 𝓍

— Anleit. zur Verfertigung schöner Zimmermannsrisse rc. Mit 10 Kpft. gr. 4. Augsb. 766. Klett. 1 ℛ 12 𝓍 Zugabe. Mit Kpf. gr. 4. Ebd. 777.

— Anleit. zum Wasserbau an Flüssen u. Strömen. Mit Kpf. gr. 4. Augsb. 767. Lotter.

Voch, Lukas, Ingenieur und Architekt. Deutliche Anweisung zur Verfertigung der Baurisse, wie solche ohne mündlichen Unterricht zu erlernen. Mit 8 Kupfern. 8. Augsburg 1778.

— Anweis. zur Feldmeßkunst für den Landmann. Mit Kpf. 8. Augsb. 777.

— Anweis. z. Verfertigung der Baurisse, wie solche ohne mündlichen Unterricht von selbst zu erlernen, mit 8 Kpf. 8. Augsb. 777. N. A. 788. 3e A. 796. 4e A. verm. v. A. Chr. Mayer, mit 9 Kpf. 8. Ebd. 806. v. Jenisch u. Stage. 1 ß

— Anwendung der Feldmeßkunst bei Fluß- oder Stromkarten. Mit Kpf. Augsb. 777.

* *Lukas Vochs* — Anwendung der practischen Geometrie bey Streitigkeiten auf dem Lande, welche bey Theilung der Güter, der Alluvionen, und des alvei derelicti und dergleichen vorfallen. Auch ist von der Servitut der Fussteigen, Treibwegen und Strassen, von den Wasserleitungen, von den Gränzen, und wegen Berechnung der Berge, das nöthigste abgehandelt. Nebst einem Anhang, worinnen etwas von den Mühlenstreitigkeiten erwähnet wird. Mit 9 Kupf. Zum Nutzen der Beamten, Advokaten, Feldmessern, Gerichtsschreibern, und sonst jedermänniglichen. Zweiter Theil. Augsburg, bey Matth. Riegers sel. Söhnen. 8 u. e. halb. Bog. in 8. 1780.

— Anwend. der 5 Säulenordnungen, als Fortsetzung des obig. Unterrichts; mit 14 Kpft. 8. Augsb. 779. Rieger. 12 gr

— über den Bau der Wasserwehren von Holz u. Steinen, m. K. 8. Augsb. Rieger. 779. — 12

Voch, Lucas. Bürgerliche Baukunst, darinn gezeiget wird, wie die innerliche Einrichtung der burgerlichen Wohngebauden vorzunehmen, damit sie den Absichten des Bauherrn gemass seye. Text und Atlas mit Kupfertafeln. Augsburg 1780. 8°.

— bürgerliche Baukunst. 4 Thle. Mit 24 Kpf. 8. Augsb. 780—82. Rieger. 2 ß 16 gr

— allgem. Baulexikon, oder Erklär. d. deutschen u. französ. Kunstwörter in der bürgerl. Kriegs- u. Schiffbaukunst 2c. gr. 8. Augsb. 781. Rieger. 16 gr

— wirkliche Baupraktik der bürgerl. Baukunst. Mit 20 Kpf. 8. Augsb. 780. M. Rieger. 1 ß

— Beschreib. der Krätzmühlen verschied. Art. Mit 6 Kpf. 8. Augsb. 781. M. Rieger. 8 gr

— Beschreib. e. Scheibeninstruments, die Lage der Oerter bei e. Situationsplane geschwinder u. richt. als durchs Ausschreiten zu bestimmen, mit 4 Kpft. 8. Augsb. 778. v. Jenisch u. Stage. 8 gr

— Einleit. zu der Architectura hydraulica, oder gründl. Unterricht was man in dieser Wissenschaft 2c. zu wissen nöthig hat. Mit 6 Kpf. Fol. Augsb. 769. Lotter.

Lucas Voch's gründliche Erläuterung der Rechenkunst, Augsburg. 1710.

— Etwas von Bauzierrathen, nach modern antiken Geschmack. Mit 21 Kpft. 8. Augsb. 783. Wolf. 6 gr

Voch, L. Die Feldbefestigungs- oder Verschanzungskunst. Mit Taf. Augsburg 1788. 120 S.

— Feldbefestigungs- oder Verschanzungskunst zum Gebrauch der Officiers 2c. Mit 6 Kpf. 8. Augsb. 775. N. A. 788. v. Jenisch u. Stage. 12 gr

VOCH, Lukas: Praktische Geometrie auf dem Papier und Feld, in zweyen Abtheilungen; die erste enthält: wie Linien, Winkel und Figuren zu zeichnen, zu theilen und was noch sonsten bey der Praxis auf dem Papier nöthig; die andere lehret, allerley Flächen mit den gebräuchlichsten Feldinstrumenten in Grund zu legen. Augsburg 1778. 16 Bg., 13 Taf.

— prakt. Geometrie auf dem Papier u. Felde, in 2 Abtheill., mit 13 Kpf. 8. Augsb. 778. N. A. 797. M. Rieger. 16 gr

Voch, Lukas, erste Gründe zu Gartenrissen nach Mustern in 14 Kupfertabellen. 8. Augsb. 778. M. Rieger. 12 gr

— erste Gründe zu Gartenrissen nach Mustern, m. 14 K. f. junge Gärtner u. and. Liebhaber. 8. Ebend. 779. — 12

— erste Gründe der Rechenkunst, für Baugewerke. 8. Augsb. 778. v. Jenisch u. Stage; (a. Coppenrath in Münster). 8 gr

— Grunde z. Gartenrissen nach Mustern f. junge Gärtner etc. in 14 Kupfertabellen. 8. Augsburg, 1778. Ebend. — 15

Voch, L. Die Kunst, Situationsplane mit Hülfe einer besonders dazu verfertigten Schreibtafel u. auf verschiedene andere Art aufzunehmen u. zu zeichnen. Mit Taf. 3. Ausg. Augsburg 1774. 140 S.

— die Kunst Situationsplane mit Hilfe e. besonders dazu verfertigten Schreibtafel auf verschied. Arten aufzunehmen u. zu zeichnen. Mit 10 Kpf. 8. Augsb. 774. 2e A. u. 3e A. mit 14 Kpf. 818. 4e A. mit 14 Kpf. 822. v. Jenisch u. Stage. 1 ß

* Die Kunst, Situationsplane mit Hülfe einer besonders dazu verfertigten Schreibtafel und andere verschiedene Arten aufzunehmen und zu zeichnen. Nebst einer Anweisung, wie mit einem dazu eingerichteten Diopternlineal die Höhe der Berge und andere Höhen zu messen. Mit 14 theils illuminirten Kupfern zum Gebrauch junger Officiers und andern Liebhabern ausgefertiget von *Lucas Voch*. Zweite verbesserte und vermehrte Auflage. Augsburg, bey Conrad Heinrich Stage. 8. 13 Bog. 1781.

— die Kunst Sonnenuhren auf d. Papier oder e. Mauer zu zeichnen; durch Hilfe des jegl. Orts gewöhnl. Werkmaaßes oder auch mittelst d. Halbzirkels; mit 7 Kpf. 8. Augsb. 778. Rieger. 8 gr

— Lexikon über die Hydraulik u. Hydrotechnik; oder Handb. der Kunstwörter beim Brunnen- u. Wasserbau. 8. Augsb. 775. Lotter. 5 gr

— Nachlese zu Kasp. Walther's Anleit. zu den Brunnenkünsten. Mit Kpf. Fol. Augsb. 777.

— Strombau an dem Lech u. Wertach, oder Beschreib. d. Packwerken, Archen u. Kästen, wie auch einigen Wasserwehren, wie solche in beiden Flüssen erbaut worden sind; mit 10 Kpf. 8. Augsb. 778. Klett. (v. Seidel in Sulzb.) 16 gr

— Theorie u. Praxis der Trigonometrie; mit 8 Kpf. 8. Augsb. 779. Rieger. 9 gr

— Unterr. zu Aufreißung d. 5 Säulenordnungen m. K. 8. Augsburg, Rieger. 778. — 16

— Unterricht in der Aufreißung der 5 Säulenordnungen, nach dem zwölftheiligen Modul. Mit 21 Kpf. 8. Augsb. 779. Klett. (Rieger). 16 gr

— Unterr. bei vorfallenden Baustreitigkeiten, nebst Anwend. der prakt. Geometrie bei Streitigkeiten auf dem Lande u. b. d. Mühlen. 2 Thle. Mit 17 Kpf. 8. Augsb. 780. M. Rieger. 1 ℔

Voch, Lukas, Unterricht v. Brunnenkünsten. Mit Kpf. Fol. Augsburg, 1769. (Rieger.) 1. 5

— Untersuchung der wahren u. falschen Bauüberschläge. 8. Augsb. 788. Rieger. 3 Gr.

— s. ferner: Vignola, Kunst, die 5 Säulenorden anzureißen.

Voch, L. Wegweiser zur Verfertigung der Artillerierisse. Mit Kpf. Augsburg 1778. 119 S.

— Wegweiser zur Verfertigung der Artillerierisse; nebst e. Artillerie-Lexikon. Mit 8 Kpf. 8. Augsb. 778. (v. Seidel in Sulzb.) 8 Gr.

Voch, L. Der glücklich unterrichtende Zeichenmeister in der Kriegsbaukunst, nebst einem Ingenieurlexikon. Mit Taf. Augsburg 1799. 192 S.

— der glücklich unterrichtende Zeichenmeister in d. Kriegsbaukunst, nebst e. Ingenieur-Lexiton u. 16 Kpf. 8. Augsb. 779. M. Rieger. 20 Gr.

— Zimmermannsrisse. 2 Hefte. gr. 4. Augsb. Klett.

Vochazer, F., Gedichte. 12. (X, 144 S.) Leipzig (902). [E. Keil's Nachf.] Stuttgart, Union. Geb. in Leinw. n. 3.—

Vochezer, Josef

Vochezer, Jos., Geschichte des fürstl. Hauses Waldburg in Schwaben. Im Auftrage Sr. Durchl. des Fürsten Franz v. Waldburg zu Wolfegg-Waldsee. 1. Bd. Lex.-8. (VIII, 994 S. mit Tab., eingedr. Illustr. und Taf.) Kempten 888, Kösel'sche Buchh. * 15 —

Vochezer, Jos., Geschichte des fürstl. Hauses Waldburg in Schwaben. Im Auftrage Sr. Durchl. des Fürsten Franz v. Waldburg zu Wolfegg-Waldsee. 2. Bd. gr. 8. (XV, 883 S. m. Abbildgn., 9 Taf., 1 Karte u. 2 Stammtaf.) Kempten 900. (J. Kösel.) n. 15.—; geb. in Halbfrz. n.n. 18.—

Vochezer, Jos., Geschichte des fürstl. Hauses Waldburg in Schwaben. Im Auftrage weil. Sr. Durchl. des Fürsten Franz v. Waldburg zu Wolfegg-Waldsee. 3. Bd. (XI, 1038 S. m. Abbildgn., 16 Taf. u. 1 Stammtaf.) Lex. 8. Kempten 907. (J. Kösel.) 15.—; geb. in Halbfrz. n 18.—

Voechting, H., der Bau u. die Entwicklung der Melastomeen, s.: **Abhandlungen**, botanische.

Vöchting, Herm., die Bewegungen der Blüthen und Früchte. gr. 8. (III, 199 S. mit 7 eingedr. Holzschn. und 2 lithogr. Taf.) Bonn 882, Cohen und Sohn. * 5 —

Vöchting, H., üb. d. Bildung der Knollen, s.: Bibliotheca botanica.

Vöchting, Herm., zur Histologie und Entwickelungsgeschichte von Myriophyllum. 4. (18 S. mit 4 lithogr. Taf. Abbildungen.) Dresden 873. (Jena, Fr. Frommann.) * 2 —

Voechting (H.). Morphologie und Anatomie der Rhipsalideen. Berlin, 1873. 8°.

—— über Organbildung im Pflanzenreich. Physiologische Untersuchungen über Wachsthumsursachen und Lebenseinheiten. 1. Thl. gr. 8. (X, 258 S.) Bonn 878, Cohen und Sohn. * 7 —

Vöchting, Herm., üb. Organbildung im Pflanzenreich. Physiologische Untersuchgn. üb. Wachsthumsursachen u. Lebenseinheiten. 2. Thl. Mit 4 Taf. u. 8 Holzschn. gr. 8. (IX, 200 S.) Bonn 884. Strauss. n. 8. — (1 u. 2.: n. 15. —)

Vöchting, Herm., üb. Transplantation am Pflanzenkörper. Untersuchungen zur Physiologie u. Pathologie. 4. (VIII, 162 S. m. 14 Fig., 11 lith. Taf. u. 11 Bl. Erläutergn.) Tübingen 892. H. Laupp. n. 20.—

Vöchting, Herm., Untersuchungen zur experimentellen Anatomie u. Pathologie des Pflanzenkörpers. (VII, 318 S. m. 16 Fig. u. 20 Taf.) Lex. 8. Tübingen 908. H. Laupp. 20.

—— über Zygomorphie und deren Ursachen. gr. 8. (50 S. mit 5 Taf.) Berlin 886, Gebr. Borntraeger. * 5 —
Aus: Pringsheim's Jahrbücher für wissenschaftliche Botanik, besonders abgedruckt.

Anon.: Domdekan Alois Vock. Aarau. Progr. 1858.

[Vock, Alois.] Der Bauernkrieg im Jahr 1653, oder der grosse Volks-auf-stand in der Schweiz. Aus hand-schriftlichen Chroniken und Berichten der Zeitgenossen, aus Rathsbüchern, Tagsatzungsabscheiden, und andern ... Quellen treu dargestellt in vier Büchern. 8.
2. Aufl. Mit Abbildungen [4 Porträt-Tafeln]. Aarau 1831.
3., wohlfeile Aufl. Aarau und Thun 1857.

Vock, Alois. Der Kampf zwischen Papstthum und Katholizismus im fünfzehnten Jahrhundert. Eine Säkularfeier der Kirchenversammlung zu Konstanz (1416.) Von H. Aloysius V.... Zum ersten Male gedruckt 1816 im ersten Hefte des Schweizerischen Museum: zum zweiten Male zum Drucke befördert ... von Freunden des katholischen Volkes.... 8. (Zürich) 1832.

Vock, Richard, aus Stuttgart: Zur Kenntnis der Diazoverbindungen. Würzburg 1903: C. J. Becker. (34 S.) 8°
Würzburg, Phil. Diss. v. 1903.

Vocke, zur Behandlung d. Diabetes, s.: Sonderabdrücke der Deutschen Medizinal-Zeitung.

Vocke, ..., (Sekretair), s. Lebenstage Friedrich II.

— die Zuckerkrankheit. gr. 8. (85 S.) Neuwied 887. Heuser's Verl. n. 2. —

Vocke, die Zucker-Krankheit. 2., verb. Aufl. gr. 8. (81 S.) Neuwied 889. Heuser's Verl. n. 2. —

Vocke, A., u. C. Angelrodt, Flora v. Nordhausen u. der weiteren Umgegend. Systematisches Verzeichnis der wildwachs. u. häufig kultivierten Gefässpflanzen. Im Auftrage d. naturwissenschaftl. Vereins zu Nordhausen hrsg. gr. 8. (VIII, 332 S.) Berlin 886. Friedländer & Sohn. n. 3. —

Vocke, Frz., die Leichenoperationen. Ein Leitfaden für das Operationsstudium an der Leiche. Mit 82 Abbildungen. 8. (XII und 223 S. mit 8 Stnt.) Berlin 854, Hempel. *

Vocke, Frdr., der Alkoholismus in München, s.: Kraepelin, Emil.

Vocke, Friedrich [Assistenzarzt in Bamberg]: Ein Beitrag zur Castration ... München, Druck v. M. Ernst, 1888; 41 S. 8⁰
München, Med. Fak., Inaug.-Diss. v. 1888.

Vocke, F., und F. Ravoth, chirurgische Klinik, s. Ravoth.

Vocke, G., Kants Lehre v. den Grenzen der menschlichen Erkenntnis. Populärer Vortrag. (38 S.) gr. 8. Günzburg 903. A. Hug. n. — 75

Vocke, Heinr., gemeines eheliches Güter- und Erbrecht in Deutschland. 2 Bde. gr. 8. (XXIX, 690; XII, 332 S.) Nördlingen 873, Beck'sche Buchh. * 20 —

Vocke, Heinr., das burggräfliche Schloß zu Nürnberg. Die fränk. Stammburg der Zollern und der fünfeckige Thurm, das erste Zollern'sche Bollwerk zum Schutze des deutschen Reiches. Illustr. von Friedr. Dammer. Lex.-8. (16 S. mit 4 Lichtdr. und Titel in Lichtdr.) Nürnberg 882, Heerdegen-Barbeck. * 6 —

Vocke, Jh. Aug., Geburts- u. Todten-Almanach Anspach'scher, Gelehrten, Schriftsteller u. Künstler. 2 Bde. gr. 8. Augsb. 796, 97. Späth. 2 ℔ 16 ₰

— der Kesselflicker; e. Romanze. 8. Dünkelsbühl 796.

— kurze Sonn- u. Feiertagslieder, f. Freunde d. häusl. Erbauung. 8. Dünkelsbühl 794.

Vocke, K., Flur und Wald. Unterhaltungen aus dem Gebiete der Landwirthschaft zur Belehrung für den jungen Landmann. 8. (VIII und 346 S. mit 9 Abbild. von Giftpflanzen in eingedr. Holzschn.) Zeitz 867, Webel.

Vocke, Karl

Vocke, Carl, kleine Anstandslehre für die Dorfjugend. Mit einem Vorworte von F. Th. C. Abel. 8. (32 S.) Nordhausen 852, Büchting.

—— kurzgefaßte Chronik der Stadt Nordhausen. 8. (VIII und 116 S.) Nordhausen 852, Büchting.
mit lithogr. Grundrisse in Imp.-4.

Vocke, Carl, Erzählungen aus der Herberge. Zur Charakteristik der Handwerksburschen unserer Zeit. Nordhausen 857. Büchting. 8. (72 S.) 6 ngr.

—— illustrirter Führer durch das Riesengebirge und seine nächsten Umgebungen. Ein Reisehandbuch für die Besucher des schles. Hochgebirges, seiner Vorberge und daran grenzenden Landstriche. gr. 16. (VIII und 203 S. mit Illustr. nach der Natur aufgenommen in eingedr. Holzschn., 1 lithogr. Uebersichtskarte in 4. und 1 Plane von Breslau in Holzschn.) Leipzig 866, Wilfferodt.

—— illustrirter Führer durch die Schweiz. Ein Reisehandbuch für die Besucher der Alpenwelt, mit besond. Berücksichtigung für Fussreisende. gr. 16. (VIII und 170 S. mit Illustr. in eingedr. Holzschn. nach der Natur aufgenommen, 1 lithogr. Uebersichtskarte in 4. und 2 Panoramen vom Pilatus und Rigi-Kulm in Holzschn.) Leipzig 865, Wilfferodt.

—— neuer Führer durch Thüringen. gr. 16. (VI und 125 S. mit 1 lithogr. und ill. Karte in Fol. und 18 Ansichten.) Eisleben 854, Kuhnt'sche Buchh.

—— neuer Führer durch Thüringen. 2., verm. und verb. Aufl. 16. (130 S. mit 1 ill. Karte und 18 Ansichten auf 1 Stnt. in Fol.) Eisleben 858, Kuhnt'sche Buchh.

Vocke's, Carl, neuer Führer durch Thüringen. 3., stark verm. und verb. Aufl. gr. 16. (159 S. mit 1 lithogr. und ill. Karte und 18 Ansichten in Fol.) Eisleben 865, Kuhnt'sche Buchh. cart.

Vocke, Carl, neuester Führer durch den Harz. Ein prakt. Taschenbuch für Harzreisende. 16. (IV und 220 S. mit 1 lithogr. und ill. Karte vom Harz in Fol., 1 lithogr. Abbildung des Brockenhauses und vollständ. Reisetouren.) Nordhausen 850, Büchting.

Vocke, Carl, neuester Führer durch den Harz. Ein praktisches Taschenbuch für Harzreisende. Mit 1 (lith. u. color.) Karte vom Harz (in Fol.), 1 (lith.) Abbildg. des Brockenhauses u. vollständ. Reisetouren. Neue Ausg. Leipzig 863. Wilfferodt. 16. (IV, 220 S.) 15 ngr.

—— über das Handwerksburschen- und Herbergs-Wesen in Deutschland. Nebst Bericht über die christl. Herberge „zum Gartenhause" in Sondershausen. gr. 12. (46 S.) Nordhausen 856, Büchting. *

—— die christlichen Herbergen. 8. (16 S.) Eisleben (861)62, Kuhnt'sche Buchh.

Vocke, Karl, christliche Herbergen und Krankenanstalten. 2. verm. und verb. Aufl. 8. (24 S.) Eisleben 869, Kuhnt. — 15

Vocke, Karl, christliche Herbergen und Krankenanstalten. 3. Aufl. (32 S.) 1876; 4. verm. und verb. Aufl. 16. (32 S.) Eisleben 882, Kuhnt'sche Buchh. — 15

Vocke, Karl, christliche Herbergen. 5., verm. Aufl. 12. (14 S.) Eisleben 891. Kuhnt. — 15

Vocke, Karl, christliche Herbergen. 6., verm. u. verb. Aufl. 12. (16 S.) Eisleben 897. Kuhnt. — 15

— Charte vom Harz. Nach den besten Quellen für Harzreisende bearb. Fol. Lith. u. color. Ebd. 850. ⅓ ℔

— Nordhausen im J. 1848. In flüchtigen Skizzen dargestellt. 8. (40 S.) Nordhausen 849. (Büchting.) n. 4 ngr.

—— Reise-Taschenbuch für junge Handwerker und Künstler. Ein allgem. Wegweiser durch ganz Deutschland und die angrenz. Länder, mit 786 Reiseplänen, Beschreibung der Merkwürdigkeiten von 200 der bedeutendsten Städte Deutschlands und der Schweiz, nebst einer Uebersicht der Eisenbahnen und Dampfschifffahrten, einem Münz-, Maaß- und Gewichtsverzeichniß. 1. Aufl. (IV und 178 S.) 1853. und 2., verb. Aufl. gr. 16. (VI und 186 S. mit 1 lithogr. und ill. Reisekarte in Fol.) Eisleben 855, Kuhnt'sche Buchh. Thlr.

—— Reise-Taschenbuch für junge Handwerker und Künstler. Ein allgemeiner Wegweiser durch ganz Deutschland und die angrenzenden Länder, mit 800 Reiseplänen, Beschreibung der Merkwürdigkeiten von 220 der bedeutendsten Städte Deutschlands und der Schweiz, nebst einer Uebersicht der Eisenbahnen und Dampfschifffahrten, einem Münz- Maaß- und Gewichtsverzeichniß und 1 (lithogr.) Reisekarte (in qu. Imp.-Fol.) 3., verb. Aufl. 1857. und 4., stark verm. und verb. Aufl. gr. 16. (VI und 290 S.) Eisleben 858, Kuhnt'sche Buchh.

—— Reise-Taschenbuch für junge Handwerker und Künstler. Ein allgemeiner Wegweiser durch ganz Deutschland und die angrenz. Länder mit 1031 Reiseplänen rc. und 1 (lithogr. und) ill. Reisekarte (in gr. Fol.). 6.—8., sehr verm. und verb. Aufl. gr. 16. (VI und 252 S.) Eisleben 862—67, Kuhnt'sche Buchh. cart. *

—— Reise-Taschenbuch für junge Handwerker und Künstler. Ein allgemeiner Wegweiser durch ganz Deutschland und die angrenz. Länder, mit 1141 Reiseplänen, Beschreibung der Merkwürdigkeiten von über 300 der bedeutendsten Städte Deutschlands und der Schweiz, nebst einer Uebersicht der Eisenbahnen und Dampfschifffahrten, einem Münz-, Maaß- und Gewichtsverzeichniß und einer color. (lithogr.) Reisekarte (in gr. Fol.). 9. und 10. Aufl. 1869,72. 90 Pf., und 11. verm. und verb. Aufl. gr. 16. (IV, 269 S.) Ebendas. 875. * 1 —
Reisekarte apart — 30

—— Reise-Taschenbuch für junge Handwerker und Künstler. Ein allgemeiner Wegweiser durch ganz Deutschland und die angrenzenden Länder mit 1141 Reiseplänen, Beschreibung der Merkwürdigkeiten von über 300 der bedeutendsten Städte Deutschlands und der Schweiz, nebst einem Münz-, Maß- und Gewichtsverzeichnis und 1 (lithogr. und kolor.) Reisekarte. 12. Aufl. (266 S.) 1877; 13. verm. und verb. Aufl. 12. (IV, 269 S.) Ebendas. 881. * 1 —
cart. 1 10

Bocke's, Karl, Reise-Taschenbuch f. junge Handwerker u. Künstler. Ein allgemeiner Wegweiser durch ganz Deutschland u. die angrenz. Länder m. 1141 Reiseplänen, Beschreibg. der Merkwürdigkeiten v. üb. 300 der bedeutendsten Städte Deutschlands u. der Schweiz, nebst e. Münz-, Maß- u. Gewichtsverzeichnis u. 1 kolor. Reisekarte. 14. Aufl. 12. (IV, 271 S.) Eisleben 886. Kuhnt. 1. —; cart. 1. 10

Bocke's, Karl, Reise-Taschenbuch für junge Handwerker u. Künstler. Ein allgemeiner Wegweiser durch ganz Deutschland u. die angrenz. Länder m. 1141 Reiseplänen, Beschreibg. v. über 300 der bedeutendsten Städte Deutschlands u. der Schweiz, nebst e. Münz-, Maß- u. Gewichtsverzeichnis u. e. kolor. Reisekarte. 15., verm. Aufl. 12. (IV, 269 S.) Eisleben 890. Kuhnt. 1. —; cart. 1. 10

—— Reise-Taschenbuch f. junge Handwerker u. Künstler. 16. neubearb. Aufl. 12. (IV, 272 S. m. Karte.) Ebd. 892. 1 —; cart. 1 10

— Reise-Taschenbuch f. junge Handwerker u. Künstler. Ein allgemeiner Wegweiser durch ganz Deutschland u. die angrenz. Länder m. 1141 Reiseplänen, Beschreibg. der Merkwürdigkeiten v. üb. 300 der bedeutendsten Städte Deutschlands, Österreichs u. der Schweiz, nebst e. Münz-, Maß- u. Gewichtsverzeichnis u. kolor. Reisekarte. 17. Aufl. 12. (IV, 272 S.) Ebd. 894. 1. —; kart. 1. 10

— Reise-Taschenbuch f. junge Handwerker u. Künstler. E. allgem. Wegweiser durch ganz Deutschland u. d. angrenz. Länder m. 1141 Reiseplänen, Beschreibg. d. Merkwürdigkeiten v. üb. 300 d. bedeutendsten Städte Deutschlands, Oesterreichs u. d. Schweiz, nebst Münz-, Maß- u. Gewichtsverzeichnis u. e. kolor. Reisekarte. 18. Aufl. 12. (IV, 272 S.) Ebd. 896. 1. —; kart. 1. 10

Bocke's, Karl, Reise-Taschenbuch f. junge Handwerker u. Künstler. Ein allgemeiner Wegweiser durch ganz Deutschland u. die angrenz. Länder m. 1017 Reiseplänen, Beschreibg. der Merkwürdigkeiten v. üb. 300 der bedeutendsten Städte Deutschlands, Österreichs u. der Schweiz, nebst e. Münz-, Maß- u. Gewichtsverzeichnis u. e. kolor. Reisekarte. Durchgesehen u. bearb. v. Ernst Blümel. 19. u. 20. Aufl. 12. (IV, 272 S.) Eisleben 899. 901. Kuhnt. 1. —; kart. 1. 10

Bocke's, Karl, Reise-Taschenbuch f. junge Handwerker u. Künstler. Ein allgemeiner Wegweiser durch ganz Deutschland u. die angrenz. Länder m. 1000 Reiseplänen, Beschreibg. d. Merkwürdigkeiten v. üb. 300 der bedeutendsten Städte Deutschlands, Oesterreichs u. der Schweiz, nebst e. Münz-, Maß- u. Gewichtsverzeichnis u. e. kolor. Reisekarte. Durchgesehen u. bearb. v. Ernst Blümel. 21. Aufl. (IV, 244 S.) kl. 8. Eisleben 905. Kuhnt. 1. —; kart. 1. 10

— Sondershausen und seine Umgebungen. Ein Handbuch für Fremde und Einheimische. Nordhausen 858. Büchting. 16. (76 S.) n. 5 ngr.

Bocke, Carl, Vaterlandskunde der fürstl. reußischen Länder. 8. (IV und 90 S.) Nordhausen 852, Büchting.

Vocke, N . ., N . ., Die letzten Lebenstage Friedrich des Zweiten, Königs von Preussen. Nebst einer Skizze von seinen Thaten und Karakter. (Mit Titelkpfr. u. Anmerkungen.) Berlin 1787. 8.

Vocke, Wilh., die Abgaben, Auflagen und die Steuer vom Standpunkte der Geschichte und der Sittlichkeit. gr. 8. (XXVI, 625 S.) Stuttgart 887, Cotta'sche Buchh. Nachf. * 10 —

Vocke, Wilhelm, Rechtsprakt.: Auslegungsregel und subsidiärer Rechtssatz. Erlangen 1909: Jacob. 68 S. 8°
Erlangen, Jur. Diss. v. 24. Juli 1909, Ref. Binder.
[Geb. 9. Febr. 86 Hufhausen b. Nördlingen; Wohnort: Ansbach; Staatsangeh.: Bayern; Vorbildung: Gymn. Ansbach Reife 04; Studium: Erlangen 3, Rostock 1, Berlin 1, Göttingen 1, Erlangen 2 S.; Rig. 9. März 09.]

Bocke, Wilh., Beiträge zum richtigen Verständniß und Vollzug des Gesetzes vom 31. Mai 1856 die Kapitalrentensteuer betr. gr. 8. (152 S.) Ansbach 866, Junge.

Bocke, W., die Gebühren des gesammten ärztlichen Personals in Bayern mit besond. Rücksicht auf die in Untersuchungssachen betreff. Verpflichtungen und Ansprüche. Auf dem Grunde der Medicinal-Taxordnung und der übr. Verordnungen und Reskripte bearb. gr. 8. (IV, 90 S.) Erlangen [Stuttgart] 869, Enke. (* M. 1,50.) * 1 60

—— Geschichte der Steuern des britischen Reichs. Ein finanzgeschichtl. Versuch. gr. 8. (XVI und 642 S. mit 1 Tab. in qu. Fol.) Leipzig 866, Felix. *

— das kgl. bayerische Gesetz vom 19. Mai 1881, die Gewerbsteuer betr., s.: Gesetzgebung, die, des Königr. Bayern seit Maximilian II. m. Erläuterungen.

Bocke, Wilh., Gesetz vom 1. Juli 1856, die Gewerbsteuer betreffend, s.a. Gesetzgebung, die, des Königr. Bayern.

Bocke, Wilh., Gesetz vom 1. Juli 1856, die Gewerbsteuer betreffend. Mit Erläuterungen. Erlangen 859. Palm & Enke. gr. 8. (228 S.) n. 1 ℛ 6 ngr.

Vocke, Wilh., die Grundzüge der Finanzwissenschaft, s.a. Hand- u. Lehrbuch der Staatswissenschaften.

Die Grundzüge der Finanzwissenschaft. Z. Einführg in d. Studium d. Finanzwissenschaft v. Dr. Wilhelm Vocke, kais. Geh. Oberrechngsr. a. D. *Leipzig: C. L. Hirschfeld 1894.* (XII, 446 S.) 1 Bd 8.
= Hand- u. Lehrbuch d. Staatswissenschaften. Abt. 2. Bd 1. [57.4839]

—— Handbuch für das Malzaufschlagswesen in Bayern. 2 Thle. gr. 8. Nördlingen, Beck'sche Buchh. * 5 60
Inhalt:
Thl. 1. Das Gesetz über den Malzaufschlag vom 16. Mai 1868 mit Erläuterungen. (VII, 300 S.) 868. * M. 3,50.
„ 2. Die Aufschlagsverwaltung nach den bestehenden Gesetzen, Verordnungen und instruktiven Vorschriften übersichtlich dargestellt. (IX, 152 S.) 869. * M. 2,10.

Bocke, W., die bayerischen Stempelnormen in alphabetischer Uebersicht zusammengestellt. gr. 8. (IV und 111 S.) Nördlingen 853, Beck'sche Buchh.

Vocke, Wilh. Ueber das Steuerwesen im 16. und 18. Jahrhundert. Jahresbericht d. histor. Vereins in Mittelfranken, 1870.

Vocke, Wilh., die bayerischen Tax- und Stempel-Normen in alphabetischer Zusammenstellung mit einem Anhang über das Verfahren in Taxsachen bearb. gr. 8. (VIII und 455 S.) Nördlingen 858, Beck'sche Buchh. Thlr. *

— die Vorschriften über die formale und rechnerische Behandlung des Tax- und Stempel-Wesens aus den bestehenden Verordnungen und Instruktionen zusammengestellt und erläutert. (2., völlig umgearb. Aufl. des Anhangs zu dem Werke über die bayer. Tax- und Stempel-Normen.) gr. 8. (IV und 100 S.) Nördlingen 863, Beck'sche Buchh. *

Vocke, Will., Handbuch der Rechtspflege in den vereinigten Staaten v. Nordamerika. Gerichtsverfassung u. Processverfahren, freiwill. Gerichtsbarkeit. Anh.: Der Erwerb v. Grundeigenthum durch Ausländer. gr. 8. (X, 167 S.) Köln 891. J. P. Bachem. n. 2. 50

Vocke, William, d. deutsche Soldat im amerikan. Bürgerkriege. Vortrag, geh. vor d. Literaturverein d. Northwestern University in Evanston, Ill., am 5. XII. 1895. gr. 8. (43 S.) Chicago (895). Koelling & Klappenbach. n. 1. —

Vockel, Johann Friedlieb A. S. 131/23

Dissertatio juridica inauguralis de omissione renovationis investiturae feudali non dolose facta, hodie, et praecipue in Saxonia, ad amissionem feudi non sufficiente.
Leipzig (König) 23. III. 1728. 58 S.

Gew.: Johann Paul Vockel. 35231

Vockel, Johann Paul (Dresden) A. S. 800/5

Dissertatio prima de curiis provincialibus Saxonicis.
Präs. Kaspar Achaz Beck.
Jena (Fickelscherr) IV. 1720. 55 S.

W. v.: Präs. 35232

Vockel, Johann Paul (Ossa) A. S. 98/17

Dissertatio inauguralis iuris publici, de iure recipiendi provocationes ex superioritate territoriali oriundo, Germanis: Rechtliche und historische Nachricht: Von dem Ursprunge der Landeshoheit ...
Präs. Johann Philipp Slevogt. Ed. Noviss.
Frankfurt, Leipzig 1752. 40 S.

Diss. Jena 5. VII. 1721. 35233

Vockenberger, Wilhelm: Diagnostische Tabellen der Augenentzündungen. 2. verm. und verbess. Aufl. 18 S., gbd., Tab.

Wien: typ. Grund 1837

JB 4.751

VOCKENHUBER, Ferdinand: Die Hunnen von ihrem ersten Auftreten bis auf Attila. — 1889. 171 S. Diss. Graz, Univ.

Vockenhuber Dr. Ferd.: Die Hunnen und ihr erstes Eingreifen in die europäische Geschichte. (63). Graz Priv. G. 97.
Progr.

Vockenhuber, Ferd., Weltgeschichte, s.: Weiß, Joh. Bapt. v.

Vockeradt, Emma, im Nebel. Novelle. (196 S.) kl. 8. Leipzig 907. Verlag f. Literatur, Kunst u. Musik. 2. 50; geb. n 3. 50

Vockeradt, H., Göthe's lyrische Dichtungen. Nach den wesentlichsten Gesichtspunkten kurz betrachtet. 8. (83 S.) Paderborn 872, Schöningh. * 1 —

Vockeradt, H., und A. Spanke, religiöse Männerchöre, s. Spanke, A.

Vockeradt, Heinrich: *Professor August Artzt, gestorben am 8. Juni 1899.* 1 (S. 11 12).
Progr. G. *Recklinghausen* 1900

Vockeradt, Heinr., Blätter der Erinnerung aus vaterländischen Freuden- u. Trauertagen. Neun Reden, in der Schule u. im weiteren Kreise geh. 12. (IV, 160 S.) Paderborn 902. F. Schöningh. n. 1. 50

Vockeradt, Heinr., Erläuterungen zu Webers Dreizehnlinden in d. Form v. Aufsatzaufgaben. gr. 8. (VIII, 178 S.) Paderborn 899. F. Schöningh. n. 1. 60

Vockeradt, Heinr., Erläuterungen zu Webers Dreizehnlinden in der Form v. Aufsatzentwürfen. 2., verb. Aufl. (VIII, 190 S. m. 1 eingedr. Kartenskizze.) 8. Paderborn 904. F. Schöningh. n. 1. 60

Erläuterungen zu Webers Dreizehnlinden in der Form von Aufsatzentwürfen von Dr. Heinrich **Vockeradt**, Dir. 3., verb. Aufl. Mit 1 Kartenskizze. Paderborn: F. Schöningh 1907. (VIII, 190 S.) 8° [Fr.] [illegible]

Vockeradt, Heinr., Erläuterungen zu Weber's Dreizehnlinden in der Form v. Aufsatzentwürfen. 4., verb. Aufl. (VIII, 190 S. m. 1 Kartenskizze.) 8. Paderborn 909. F. Schöningh. 1. 80

Vockeradt, Heinr., Lehrbuch der italienischen Sprache für die oberen Klassen höherer Lehranstalten und zum Privatstudium. 2 Thle. gr. 8. Berlin 878, Weidmann'sche Buchh. * 11 —
Inhalt:
Thl. 1. Grammatik der italienischen Sprache. (XX, 524 S.) *M 6.
" 2. Lesebuch. (XIV, 410 S.) *M 5.

Vockeradt, Heinr. Zur Methodik des lateinischen Aufsatzes. 17 S.
Progr. G. *Münster* 1881.

Vockeradt, Heinrich [Dir. Dr.]: Praktische Ratschläge für die Anfertigung des deutschen Aufsatzes in Regeln und Beispielen. ([Umschlagt.:] Praktische ... Aufsatzes. Tl 1: Regeln.) Recklinghausen, Druck v. J. Bauer, *1895*; 3—20 S. 4.
Recklinghausen, G, P 1895 (366)

Vockeradt, Heinrich [Dir. Dr.]: Praktische Ratschläge für die Anfertigung des deutschen Aufsatzes. (Tl 2: Beispiele.) (Forts. d. P-Beil. 1895.) Recklinghausen, Druck v. J. Bauer, *1896*; 3—36 S. 4.
Recklinghausen, G, P 1896 (368)

Vockeradt, Heinr., prakt. Ratschläge f. d. Anfertigg. des deutschen Aufsatzes auf d. oberen Klassen d. höheren Lehranst. in Regeln u. Beispielen. 2. Aufl. gr. 8. (IV, 120 S.) Paderborn 896. F. Schöningh. n. 1. —

— praktische Ratschläge f. die Anfertigung des deutschen Aufsatzes auf den oberen Klassen der höh. Lehranstalten in Regeln u. Beispielen. 4., verb. Aufl. gr. 8. (IV, 124 S.) Ebd. 901. n. 1. —

— praktische Ratschläge f. die Anfertigung des deutschen Aufsatzes auf den mittleren Klassen der höh. Lehranstalten in Regeln u. Beispielen. 1. u. 2., verb. Aufl. (VI, 148 S.) 8. Ebd. 903. 906. n. 1. 20

— dasselbe, auf den oberen Klassen d. höh. Lehranstalten in Regeln u. Beispielen. 5. Aufl. (IV, 124 S.) 8. Ebd. 904. n. 1. —; geb. n.n. 1.40

Praktische Ratschläge für die Anfertigung des deutschen Aufsatzes auf den oberen Klassen der höheren Lehranstalten in Regeln und Beispielen von Dr. Heinrich **Vockeradt**, Dir. 6. Aufl. Paderborn: F. Schöningh 1907. (IV, 126 S.) 8° [F.] [07. 14523]

— Praktische Ratschläge f. die Anfertigung des deutsch. Aufsatzes auf den mittleren Klassen der höheren Lehranstalten in Regeln u. Beispielen. 3., verb. Aufl. (VI, 148 S.) 8. Ebd. 908. 1.40; geb. n 1.80

Vockeradt, Heinr., praktische Ratschläge f. d. Anfertigung des deutsch. Aufsatzes auf den oberen Klassen d. höheren Lehranst. in Regeln u. Beispielen. 7. Aufl. (IV, 126 S.) 8. Paderborn 909. F. Schöningh. 1.20; geb. n 1.70

Vockeradt, Heinrich Schulreden. 4 (S. 3—32).
G. *Recklinghausen* 1894 (361).
I. Ansprache bei Gelegenheit der Einführung des Direktors. II. Ansprache an die scheidenden Abiturienten. III. Ansprache an die scheidenden Abiturienten. Ora et labora. IV. Ansprache an die scheidenden Abiturienten. Der Geist des klassischen Altertums in seiner Bedeutung für das Leben. V. Ansprache an die scheidenden Abiturienten. Über die Ehre. VI. Ansprache an die scheidenden Abiturienten. Non scholae, sed vitae discimus. VII. Ansprache an die scheidenden Abiturienten. Das Wahre, Gute und Schöne.
Progr.

Vockeradt, Heinrich [Dir. Dr.]: Schulreden. Recklinghausen, Druck v. F. Drecker, *1894;* 3—32 S. 4.
Recklinghausen, G, P 1894 (361)

Vockeradt, Heinrich: Schulreden. 4 (S. 3—28).
Progr. G. *Recklinghausen* 1900
I. Gedächtnisreden. I. Rede bei der Trauerfeier für den verstorbenen Kaiser Wilhelm I., gehalten am 16. März 1888, dem Tage der Bestattung des hochseligen Kaisers. 2. Rede bei der Trauerfeier für den verstorbenen Kaiser Friedrich III., gehalten am 30. Juni 1888. II. Abiturientenreden. 1. Ostern 1894. Über Wissen und Charakter. 2. Ostern 1895. Über die Freiheit. 3. Ostern 1897, am Tage der hundertjährigen Geburtstagsfeier Kaiser Wilhelms I. Sapere aude, incipe. 4. Ostern 1898. Über die Jugendfreundschaften. 5. Ostern 1899.
Die Abiturientenreden I. 2. 3. 4. sind wieder gedruckt in des Verf.: Ein letztes Wort in der Abschiedsstunde. Zwölf Schulreden bei der Entlassung der Abiturienten (Paderborn 1902, F. Schöningh. ℳ 1,20). S. 67—73. 43—48. 7—15. 57—66.

Vockeradt, Heinrich, Dir. Dr.: **Schulreden.** (1. Gedächtnisreden, geh. 1888 für Kaiser Wilhelm I. u. für Kaiser Friedrich III. 2. Fünf Abiturientenreden.) *Recklinghausen (1900): F. Drecker.* (S. 3—28.) 4° ¶ [Forts. d. P-Beil. 1894.]
Recklinghausen, G, P 1900 (387)

Vockeradt, Heinrich: Das Studium des deutschen Stils an stilistischen Musterstücken. *Recklinghausen (1898): F. Drecker.* (3—35 S.) 4°
Recklinghausen, G, P 1898 (377)

Das Studium des deutschen Stils an stilistischen Musterstücken. Ein prakt. Hilfsb. in Regeln u. Beisp. f. d. oberen Klassen d. höh. Lehranst. von Dr. Heinrich **Vockeradt**, Dir. zu Recklinghausen. Paderborn: F. Schöningh 1899. (IV, 214 S.) 8°

— das Studium des deutschen Stils an stilistischen Musterstücken. Ein prakt. Hilfsbuch in Regeln u. Beispielen f. die oberen Klassen der höh. Lehranstalten. 2. Aufl. (IV, 236 S.) 8. Ebd. 905. n. 1.80

— ein letztes Wort in der Abschiedsstunde 12 Schulreden, bei der Entlassg. der Abiturienten geh. 12. (IV, 107 S.) Ebd. 902. n. 1.20

Vockeradt, Walther: Der Erweiterungsbau der Anstalt. Papenburg 1909: Buchdr. d. Ems-Zeitung. S. 3—6. 4°
Papenburg, st. RG i. E. P 1909 (442) [S.00 478

Vockerode, T., s. Miß Morton, die Frau.

Vockerode, Th., China. Mit besond. Rücksicht auf die Verhältnisse der Europäer zu diesem Reiche u. auf den jetzigen Krieg mit England nach den neuesten Werken darüber dargestellt. 16. (21¼ B. u. 2 Karten als Umschlag.) Leipzig 842, [Dörffling u. Franke.]

Vockerode, Th., Jahrbuch der Reisen, s. Wendt, E.

Vockerodt, Refutation du Mémoire Publié sous le Titre de réponse à la déclaration, faite par le Comte de Dohna, Ministre de Sa Majesté le Roi de Prusse, ou l'on fait voir L'insuffisance des raisons alleguées dans ce Mémoire et la fausseté des imputations dont il est rempli. Traduit sur l'original Allemand. Imprimé à Berlin, chez Chr. Alb. Gaebert, Imprimeur de la Cour 1744 4. (30 Seiten.) (Uebersetzung.)

Vockerodt, Arthur, approb. Arzt aus Orenburg a. U.: Über zwei nicht diagnostizierte **Fälle** von **Netzhauttumoren.** *Leipzig: G. Fock 1902.* (20 S.) 8°
Leipzig, Med. Diss. v. (10. Nov.) 1902

Vockerodt, Gfr., sermones panegyrici. 8. Gothae. Schall. 705.

— Sieg der Wahrheit in dem zeitherigen Mitteldings- und vergönneten Lust-Streit, von Herr M. Rotther (so!) .... in seiner so genannten eilfertigen un' kurtzen Abfertigung eingeräumet .... Halle 1700. 4°. (In Berlin an Bt 7895.)
Sämmtlich seltene Streitschriften.

— exercit. acad. sive comment. de eruditorum societatibus et varia re litteraria. 8. Gothae. (Dietrich in Gotting.) 704.

Vockerodt, J. G., Russland unter Peter dem Grossen, s. Berichte, zeitgenöss., zur Geschichte Russlands.

Vockerodt, Joh. Gotthilf, Widerlegung der in der Wiener Beantwortung der von dem Königl. Preuss. Ministro Grf. von Dohna, gescheh. Declaration, enthalt. Schein-Gründe und unstatth. Beschuld Berlin 1744. fol.

Vockerodt, Leonhard, Kandidat des höheren Schulamts: Über die Entwickelung von Thetaquotienten in unendliche Reihen. Braunschweig 1905: Vieweg u. Sohn. (27 S.) 8°
Straßburg, Math.-naturwiss. Fak., Ref. Weber, Diss. v. 1905.
[Geb. 14. März 80 Stolberg b. Aachen; Wohnort: Stolberg; Staatsangeh.: Preußen; Vorbildung: Gymn. Düren Reife O. 01; Studium: Bonn 1, München 2, Berlin 1, Straßburg 4 S.; Rig. 20. Juli 05.]

Vockerodt, Ludwig Christ. (Gotha) A. S. 278/4

Iuris circa Christianos Muhammedici particulae.
Präs. Johann Heinrich Callenberg.
Halle (Henckel) VIII. (1729). 56 S.

W. v.: Präs. 35234

Vockinger, Otto [app. Arzt aus München]: Ueber das Oxychinolinphenolsulfosaure Oxychinolin und seine Anwendung in der Augenheilkunde ... München, kgl. Hof- u. Univ.-Buchdr. v. Dr. C. Wolf & Sohn, 1893; 21 S. 8.
München, Med. Fak., Inaug.-Diss. v. 1893

Vockinger, Otto, chirurg. Vademecum f. den Paukboden. 8. (IV, 61 S.) München 898. [Seitz & Schauer.) Verl. d. ärztl. Rundschau. n. 1.—; geb. n 1.50

Voeckler, Theodor, approb. Arzt aus Leipzig: **Ueber die Unterbindung der den Uterus ernährenden Gefäße als Voroperation zur abdominalen Myomenukleation.** *Leipzig 1903: R. Georgi.* (39 S.) 8°
Leipzig, Med. Diss. v. (9. März) 1903

Voecler, J. A. G., de eo, an bene actum sit scriptis vet. et nov. test. sacris omnibus ac singulis cum imperit. multitud. communicandis. Comment. 8 maj. Leipz. 824. (Lehnhold). 3 gr.

VODA (ps.). Am Heuboden geht's um! (Nr. 840 der Wiener Couplets.) Wien, Blaha. (1899.)
Verboten v. L.-G. Wien, 17. X. 1899. § 516.

Voddigel, Album von Wiesbaden. Eine Sammlung der interessantesten Ansichten der Stadt u. Umgegend. qu. gr. 4. (10 Stahlst.) Wiesbaden 852, Kreidel & Niedner. n. 2 ₰; einzelne Bl. n. 1/4 ₰

Vodel, Friedrich, cand. theol. und Mitglied des Predigerkollegiums zu St. Pauli in Leipzig, a. Leipzig: Die konsonantischen Varianten in den doppelt überlieferten poetischen Stücken des massoretischen Textes. Leipzig 1905: W. Drugulin. (80 S.) 8°
Leipzig, Phil. Fak., Ref. Fischer, Zimmern, Diss. v. 29. Aug. 1905
[Geb. 31. Aug. 78 Leipzig; Wohnort: Leipzig; Staatsangeh.: Sachsen; Vorbildung: Thomas-Gymn. Leipzig Reife O. 99; Studium: Leipzig 9, Berlin 1 S.; Rig. 19. Mai 05.]

Vodena [Schlagwort]

Vodena, s.: Europa. Generalkarte.

Vodice [Schlagwort]

Vodice, Hafen, s.: Adriatisches Meer.

Voditel proti obljubleni desheli. Nauki, tolashleji ino molitve sa Bolne Ino Umirajozhe Kristijane. Na svetlo dal Mashnik Lavantinske, Shkofije. 8. Klagenfurt 843, Leon. 1/2 ₰

Vodnařik, Ed., europäische Organisation zur Veranstaltung von Ferialreisen für die studierende Jugend. In deutscher, ungar., böhm. und französ. Sprache verf. gr. 8. (15 S.) Brünn 882, (Winkler's Buchh.) * — 20

Vodnik-Album. Mit Beiträgen von 86 Verff. und 4 lithogr. Beiträgen, hrsg. von Ethbin Heinr. Costa. Vodnikov spomenik. Na svitlo dal Ethbin Henr. Costa. gr. 4. (XII und 268 S.) Laibach 859, (v. Kleinmayr und Bamberg.)

Vodoz, Jules, von La Tour-de-Peilz (Kt. Waadt): An essay on the prose of John Milton. Winterthur G. Binkert Dr. M. Kieschke Verl.] 1895. VII, 105 S. m. 1 Tafel. 2 Bl. 8°.
Zürich, Phil. Diss. I. S. [v. 28. Oct. 1895].

Vodoz, J., an essay on the prose of John Milton. gr. 8. (VII, 107 S. m. 1 Lichtdr.-Taf.) Winterthur 895. (M. Kieschke.) n. 3. —

Vodušek, Matthaeus

Vodušek, M., Beiträge zur praktischen Astronomie. gr. 8. (40 S.) Laibach 880, v. Kleinmayr und Bamberg. * 1 60

Vodušek, M., Bestimmung der Zeit, des Meridians und der geographischen Breite eines Ortes, Bestimmung absoluter Höhen und der Declination der Gestirne. Nach theilweise neuen verb. Methoden und Formeln bearb. gr. 8. (80 S. mit 1 Stnt.) Laibach 878, v. Kleinmayr und Bamberg. * 2 —

Vodušek, M., siehe: Drobtince za novo leto 1848—1850.

— Ebbe und Flut. 8 (S. 3—12).
Progr. K. k. Staats-Oberg. *Laibach* 1900.

Vodušek, M., Grundzüge der theoretischen Astronomie. Zum Selbststudium f. angeh. Astronomen oder auch zur einheitl. Basis f. Vorlesgn. gr. 8. (VIII, 377 S. m. Fig.) Laibach 890. v. Kleinmayr & Bamberg. n. 8. —

Vodušek, M., die geodätische Linie. Progr. gr. 8. (40 S. m. Fig.) Laibach 893. (Otto Fischer.) n. 1. 40

—— neue Methode für die Berechnung der Sonnen- und Mondesparallaxe aus Planetenvorübergängen und Sonnenfinsternissen. gr. 8. (28 S.) Ebendas. 879. * 1 —

Vodušek, M., neue exacte Methode f. die Bahnbestimmung der Planeten u. Kometen, nebst e. neuen Störungstheorie. gr. 8. (V, 162 S. m. eingedr. Fig.) Laibach 884. v. Kleinmayer & Bamberg. n. 4. —

— d. astronomische Strahlenbrechung. Progr. gr. 8. (18 S. m. 1 Fig.) Ebd. 895. n. — 50

Vodušek, M., neue Theorie der Mondbewegung. Progr. gr. 8. (46 S. m. 2 Fig.) Laibach 899. (O. Fischer.) n. 1. 50

Voet, J.

— commentarius ad pandectas, VI Tom. cum indice general. 8maj. Halle 780. (Laue in Berl.) 8 ₰

Voet, J., de jure militari. 8. Jena 758. Fischer. 10 gr.

Voet, Jh. Es.

— Beschreib. u. Abbild. hartschaaligter Insekten (Coleoptera Linn.); aus d. Engl. übers. mit d. Synonymie verm. u. beständ. Commentar versehen von G. W. F. Panzer, mit 112 illum. Kpf. 5 Thle. gr. 4. Nürnb. 785—95. Bischoff. (Palm in Erlang.) (5r Thl. auch u. d. Tit.: Panzers Beiträge zur Geschichte der Insekten. 795. 2e A. 802. 4 ₰) 28 ₰ 16 gr.

Voet, Jh. Es., de familia erciscunda liber. 8. Basel 760. Schweighäuser. 10 gr.

— s. Forstkatechismus.

— Käferwerk, übersetzt u. mit einig. Anmerkk. versehen v. G. W. F. Panzer. Mit ill. Kpf. gr. 4. Nürnb. 1ste u. 2e Ausg. 782.

Vogdt, Franz, Referendar: Die Stellung der juristischen Personen im internationalen Privat- und Prozessrecht. Breslau 1909: Breslauer Genossensch.-Buchdr. 62 S. 8°
Breslau, Jur. Diss. v. 24. Dez. 1909. Ref. Brie, Meyer.
[Geb. 3. Juli 85 Gloschkau; Wohnort: Neumarkt i. Schl.; Staatsangeh.: Preußen; Vorbildung: Matthias-Gymn. Breslau Reife O. 05; Studium: Breslau 1, Bonn 1, Würzburg 1, Breslau 3 S.; Rig. 25. Mai 09.] [U 10.547

Vogdt, H., die Erzeugung der Kartoffeln aus dem Saamenkorn und der Kartoffelbau im Allgemeinen. Ein Leitfaden für angehende Oekonomen, sowie für den Bürger- und Bauernstand rc. 8. (48 S.) Glogau 847, Flemming's Verlag.

Vogdt, Kurt, a. Grünhagen (Ostpreußen): Ueber einige Kondensationsprodukte des Terephtalaldehyds und ihr Verhalten bei der Reduktion. Straßburg i. E. 1904: C. & J. Goeller. (41 S.) 8°
Straßburg, Math.-naturwiss. Fak., Ref. Thiele, Diss. v. 1904
[Geb. 13. Febr. 79 Grünhagen i. Ostpr.; Wohnort: Straßburg i. E.; Staatsangeh.: Preußen; Vorbildung: Gymn. Elbing Reife O. 98; Studium: München 9, Straßburg 4 S.; Rig. 25. Juli 04.]

Vogdt, Rud., Elementar-Mechanik f. Maschinen-Techniker. (VIII, 181 S. m. 154 Abb.) 8. Berlin 910. J. Springer. Geb. in Leinw. 2. 80

Vogdt, Rud.: P u m p e n , hydraulische u. pneumatische Anlagen, s. S a m m l u n g Göschen.

Vöge, Wilh., die **Anfänge** des monumentalen Stiles im Mittelalter. Eine Untersuchg. üb. die erste Blütezeit französ. Plastik. gr. 8. (XXI, 376 S. m. 58 Abbildgn. u. 1 Lichtdr.-Taf.) Strassburg 894. J. H. E. Heitz. n. 14. —

Vöge, Wilh., die deutschen Bildwerke u. die der anderen cisalpinen Länder, s.a. Beschreibung der Bildwerke der christlichen Epochen. 4. Bd.

(Kgl. Museen zu Berlin.) Die deutschen B i l d w e r k e und die der anderen cisalpinen Länder. Bearb. von Wilhelm Vöge. Mit Abb. (2. Aufl.) Berlin: G. Reimer 1910. VIII, 338 S., 36 Taf. 4°
(Beschreibung d. Bildwerke d. christl. Epochen. 2. Aufl. Bd 4.)

Vöge, Wilh., die Elfenbeinbildwerke d. königl. Museen zu Berlin, s.a. **Beschreibung** d. Bildwerke d. christl. Epochen.

Königl. Museen zu Berlin. Die Elfenbeinbildwerke bearb. von Wilhelm Vöge *Berlin: W. Spemann 1900.* (100 S.) 8°
= Beschreibung d. Bildwerke d. christl. Epochen. 1.

Kgl. Museen zu Berlin. Die Elfenbeinbildwerke bearb. von Wilhelm Vöge. [Nebst] 75 Lichtdr.Taf. *Berlin: W. Spemann (Taf.: G. Reimer) 1900–02.* 1 Bd 8°, 1 Bd 2°
= Beschreibung d. Bildwerke d. christl. Epoche. 2. Aufl. T. 1.

Vöge, Wilh. E. deutsche Malerschule um die Wende d. 1. Jahrtausends, s.a. **Zeitschrift**, westdeutsche, f. Geschichte u. Kunst.

Vöge, Wilhelm: Eine Deutsche M a l e r s c h u l e um die Wende des ersten Jahrtausends. Kritische Studien zur Geschichte der Malerei in Deutschland im 10. und 11. Jahrh. I. Teil. . . . (Ersch. vollst. in gleichem Verl.) Trier, F. Lintz'sche Buchdr., 1891; 2 Bl., 112 S. 8°
Strassburg, Phil. Fak., Inaug.-Diss. v. 1891.

Vöge, Wilh., **Raffael** u. Donatello. Ein Beitrag zur Entwicklungsgeschichte d. italien. Kunst. M. 21 Abb. im Text u. 6 Lichtdr.-Taf. Fol. (X, 38 S.) Strassburg 896. J. H. E. Heitz. n. 6. —

Voege, Willi

Voege, W., die ultravioletten Strahlen der modernen künstlichen Lichtquellen u. ihre angebliche Gefahr f. das Auge. Eine gemeinverständliche Darstellung. (32 S. m. 9 Fig.) 8. Berlin 910. J. Springer. 1. —

Voege, Willi: Untersuchungen über die Strahlungseigenschaften der neueren Glühlampen. 1904. 33 S., 4 Taf. 4° ¶ Auch bei Gräfe & Sillem in Hamburg in Komm.; aus: Jahrbuch d. hamburg. wiss. Anstalten. Jg. 22.
Braunschweig, Dr.-Ing.-Diss. v. 17. 12. 1903

Voege, W., Untersuchungen üb. die Strahlungseigenschaften der neueren Glühlampen. (33 S. m. 2 Abbildgn. u. 4 Taf.) Lex.-8. Hamburg 904. (L. Gräfe & Sillem). n. 2. —
Sonderabdruck aus: „Jahrb. d. hambg. wiss. Anst."

Vögeding, Walter [prakt. Arzt]: Aus der med. Klinik u. Poliklinik in Bonn. Ueber die klinische Bedeutung des Sparteinum sulfuricum . . . . Bonn, Univ.-Buchdr. v. Carl Georgi, 1887; 30 S. + 1 Bl. 8°.
Bonn, Med. Fak., Inaug.-Diss. v. 28. Mai 1887.

V ö g e d i n g , W a l t e r , aus der med. Klinik u. Poliklinik in Bonn. Ueber die klinische Bedeutung des Sparteinum sulfuricum. Diss. Bonn 1887, Emil Strauss. 8°. 30 S.

Fliegender Vogel des Deutsch-Amerikanischen Freiheitsbund: 1863 –
St. Louis, MO

Vogel, Ein lockerer. Localer Schwank, in drei Acten. Wien [1897]. V: *Manussi Edler von Montesole, Ferdinand.* (EB)

Vogel, Herrn Rechtsanwalt. Königsberg i. Pr. [Stettin 1898.] V: *Helm, Carl.* (Berl)

„Vogel, ein schlechter, der sein eigen Nest beschmutzt." Ansprache u. Vermahnung an Hrn. J. Nep. Weingärtner, der am 8. Sept. 1848 in der Frauenkirche zu München die bekannte Schimpf- u. Lästerpredigt losgelassen hat. Zugleich ein Merk's für jene Priester, welche so gerne über ihre Standesgenossen schimpfen, von F u l g e n t i u s Q u i s. 8. (35 S.) Passau 849, Pustet. 1/12 ℳ

Vogel

— s. auch Vogl.

Vogel: A b b i l d u n g eines urweltlichen Ochsen. Crefeld 1827.

Vogel, ..., 10 freitägige Andachten oder Verehrung d. heil. Francisci Xaverii. 8 Köln ... Rommerskirchen. 6 Kr

Vogel: Terentii Andria in graecum conversa. 18 S. -Treptow a/R. Progr. 1863

Vogel: Anleitung zur Untersuchung der Weine hinsichtlich ihrer Verfälschung. Erlangen 1829. 26 S. Aus: Kastner's Archiv für die gesammte Naturlehre. Bd 17, H.2. -- Frei 100*

Vogel: Ländliche A n s i e d l u n g e n der Niederländer . . . , s. V o g e l , Friedrich

Vogel, Port Arthur u. die Theorie vom Festungskrieg, s.a. **Militär-Wochenblatt.** 1908. Beiheft 6.

Port A r t h u r und die Theorie vom Festungskrieg. Von **Vogel**, Oberlt. Berlin: E. S. Mittler & Sohn 1908. (S. 269–292.) 8°
(Militärwochenblatt. 1908, Beih. 6, [2.])

v. Vogel, (Geh. Medic.-Rath), s. J. H. Ascheberg, prakt. Mittheilung.

V o g e l , Pastor. Aufruf zur Arbeit wider die Trunksucht . . . in Ostfriesland. Holthusen 1896. 8°.

V o g e l , (Pat.,) kurzer Begriff der nothwendigsten Gebete e. kathol. Christen. 12. Mainz 825, Müller.

— kurzer Begriff d. jährl. Vorbereitung zu e. heiligen Tode. 12. Ebend. 745.

Vogel's, Onkel, Bilderbuch f. die kleine Welt. Gesammelt u. aufgehoben von 1884—1890. 8. (IV S., 46 farb. Bl. m. eingedr. Text u. 3 S.) Dresd. 891, (Hackarath). cart. * 1 —

(Vogel.) Briefwechsel des Grossherzogs **Carl August** von Sachsen-Weimar-Eisenach mit **Goethe** in den Jahren von 1775 bis 1828. 2 Bde. Weimar 1863. 8°.

Vogel, ..., Fibel, oder erste Leseübungen, ein Geschenk für d. kleinern Zöglinge in Schnepfenthal, Dessau u. auf d. grünen Teiche in Hamburg. 8. Leipz. 785. (W. Vogel). 2 K

Vogel, f.: Führer durch d. landwirtschaftliche Tierzucht in Bayern.

Vogel. De Romanorum in Gallia Transalpina gestis ante C. Julium Caesarem. (10) 4. Friedland (Berlin) 1873. 1,00.

Vogel, de Romanorum in Gallia Transalpina gestis ante C. Jul. Caesarem. 4. (10 S.) Friedland 874. (Berlin, Calvary & Co.) n 1. —

Vogel, Historisches üb. Eingeweidewürmer. [Aus: „Rundschau auf d. Gebiet d. Thiermed."] gr. 8. (8 S.) Osterwieck 888. (A. W. Zickfeldt.) — 50

Vogel. Karte von den Königl. Preuss. Fürstenthümern Ansbach und Baireuth 1803. 1 Bl. c. Hz.

Vogel, Carte von Ober- und Nieder-Teutschland. Vogel sc. [Augsburg? 1720?] (Br. Mus.)

Vogel (I.), die Kirche des Evangeliums und ihre Diener. Predigt bei der ersten Diöcesan-Synode zu Heilbronn am 7. Septbr. 1855 über Matth. 5, 13—16. Nebst dem Eröffnungs-Gebet von Koch. gr. 8. (16 S.) Heilbronn 855, Scheurlen.

Vogel (I.), über die Methode des Lateinunterrichts an Realschulen erster Ordnung. gr. 4. (49 S.) Döbeln 871, (Schmidt.) * 1 —

Vogel, eine Mittelmeerfahrt von Hamburg üb. Gibraltar nach dem Bosporus. 8. (V, 198 S. m. Abbildgn.) Hamburg (902). Verlagsanstalt u. Druckerei. n. 8. —

Vogel, Motive f. Wand u. Decke, s.: Nigetiet.

Vogel, ärztliche Rathschläge f. die Kinderstube. Plakat. 28,5×41 cm. Berlin 893. Cassirer & Danziger. n. — 25

Vogel (Schulr.), Brettner u. A. Wissowa Reden bei Einführ. d. Direktors Wissowa, am 13. April. 13 S.
Breslau, k., Progr. 1839

Vogel, Dr., Schlaflosigkeit und Schlafsucht verwandelt in erquickenden Schlaf ohne Träume. 8. (33 S.) Altona 865, (Verlags-Bureau.)

Vogel (II.) und Drewke, Tarife für den Güter-Verkehr auf sämmtl. deutschen Eisenbahnen, s. Drewke.

Vogel, Süddeutsche Landwirtschaftliche Tierzucht, Organ südd. Züchtervereinigungen.
München– Leipzig 1906 u. ff.

Vogel und **Dapper.** Uebungen zum Uebersetzen in das Französische und Englische für die oberen Klassen. Perleberg, Rg., 1886. 24 S. 4. Progr.

Vogel: De spiritum ardentium usu et abusu diaetetico, s. A l b e r t i, M.

Vogel: V e r h a l t e n d. Chlorsilbers, Bromsilbers u. Jodsilbers im Licht. Brl. 1863.
Schul-/Univ.-Schrift

Vogel, (A.) Beitr. z. Geschichte v. Kuttenberg u. seiner Umgebung, s. V o g l, A.

Vogel A. die Fortschritte der mechanischen Torfbereitung in Bayern. Augsburg 1859

Vogel, A. Vom Gefechts- z. Verbandplatze. M. 3 Taf. München 1873.

Vogel, A. (I.), Hercules secundum Graecorum poetas et historicos antiquiores descriptus et illust. — Supposita est Annalium scholae latinae Halensis Part. V. auctore J. G. Diek. 4maj. (12½ B.) Halae 830, libr. Orphanotrophei. Vgl. Lang, Guil. — Liebmann, J. A. — Oudendorp, F.

— über die Körperbeschaffenheit der zum einjährig-freiwilligen Dienst berechtigten Wehrpflichtigen Deutschlands. München 1909. 10 S.

A. Vogel, Über Milchuntersuchung und Milchkontrolle. 1884 Würzburg (R)

— Weitere Mitteilungen über die bisherigen Ergebnisse der Kochschen Therapie im Münchener Garnisons-Lazarette. Mit Tab. München 1891. 21 S.

Vogel, A. Nahrgs- u. Genußmittel aus d. Pflanzenreiche. Anleitung z. richtig. Erkennen u. Prüfen. M. 116 Holzschn. Wien 1872.

Ders. **Quaestio de Hesperidum malis.** 19 S.
Naumburg, Progr. 1832

Vogel, A. Über die Quellen Plutarchs in der Biographie Alexanders. (18) 8. Prenzlau 1877.

Vogel, A., Quid de fato senserint Judaei et Graeci, „Jobo" et Sophoclis „Philoctete" probatur. Diss. 1869. 29 S.

Vogel, A., Sonne stehe stille zu Gibeon! Untersuchung der Stelle Josua 10 und Vertheidigung des Wunders gegen die bibl. Auffassung. 8. (36 S. mit 1 lithogr. Karte in qu. 4.) Berlin 869, Beck. — 75

— über Typhustherapie im Münchener Garnisons-lazarette. Mit Taf. Leipzig 1885. 109 S.

— über die Verbreitung der ansteckenden Geschlechtskrankheiten in der Armee und im Volk nebst Bemerkungen über die Therapie der Gonorrhoe. München 1899. 20 S.

Vogel, A.: Analytische V e r s u c h e über den Tantalit oder Columbit von Rabenstein bei Zwiesel in Bayern, mit mineralogischen Bemerkungen über jenes Mineral von Leonhard. (Gelesen vor der kgl. bayer. Akad.) München 1818. 4°

Vogel, A., Versuche und Bemerkungen über die Bestandtheile der Seeluft. Gilberts Annalen, Band LXXII. München 1822.

Vogel, A. C., u. Fr. Wagner, die Evangelien des Matthäus, Marcus u. Lucas ꝛc., s. Evangelien.

Vogel, A. C., s. A. Vinet, Reden über religiöse Gegenstände.

— s. Zeitschrift f. Theologie.

Vogel, A. C., u. Fr. Wagner, vergleichende Zusammenstellung der Evangelien des Matthäus, Marcus u. Lucas, mit den entsprechenden Stellen aus Johannes, nach Dr. M. Luthers Uebersetzung. Neue Ausg. Lex.-8. ($15\frac{1}{4}$ B.) Frankfurt a. M. 846, Brönner. *

Vogel, A. F., la Découverte d'une résolution générale de toutes les equations finies supérieures de toute forme numérique quelconque, algébrique et transcendente. Lex.-8. ($2\frac{1}{2}$ B.) Leipsic 845. Romberg. *

—— the Discovery of a general resolution of all superior finite equations of every numerical both algebraick and transcendent form. Lex.-8. ($2\frac{1}{2}$ B.) Leipzig 845, Romberg. *

—— Entdeckung einer numerischen General-Auflösung aller höhern endlichen Gleichungen von jeder beliebigen algebraischen u. transcendenten Form. gr. Lex.-8. ($2\frac{1}{2}$ B.) Leipzig 845, Romberg. *

—— dass. 2. Ausg. gr. Lex.-8. (5 B.) Quedlinburg 847, Ernst'sche Buchh.

Vogel, A. F., Entdeckung einer numerischen General-Auflösung aller höhern endlichen Gleichungen von jeder beliebigen algebraischen und transcendenten Form. 2. Ausg. Lex.-8. (IV und 38 S.) Quedlinburg 847, Ernst'sche Buchh.

—— Entdeckung eines hydrostatischen General-Mobils oder Perpetuum Mobile etc. gr. Lex.-8. ($2\frac{1}{4}$ B. u. 6 Taf. Abbild.) Leipzig 845, Romberg. *

—— dass. 2. Ausg. gr. Lex.-8. (5 B. u. 9. Stnt.) Quedlinburg 847, Ernst'sche Buchh.

—— Entdeckung eines hydrostat. General-Mobils oder Perpetuum mobile, d. h. einer unaufhörlich sich von selbst bewegenden Triebfeder für alle stabilen Maschinenwerke etc. 2. Ausg. Lex.-8. (37 S. mit eingedr. Holzschn.) Quedlinburg 847, Ernst'sche Buchh.

Vogel, A. J., griechisches Elementarbuch zum Schulgebrauche. 8. Leipz. 825. Barth. 9 gr.

Vogel, A. J., griech. Elementarbuch z. Schulgebr. 2. Aufl. gr. 8. (9 B.) Leipzig 835, Barth.

— wider alte u. neue Vorurtheile ꝛc., s. A. J. Scholz.

Vogel, A. R.: „Praktisches Mineralsystem", 2. Auflage, Leipzig 1776. — Vorh.: Preuß. Oberbergamt Dortmund — M. e. 53.

Vogel, A. R. L., s. Notizen aus dem Gebiete der prakt. Pharmacie.

Vogel, Adolf, a. Dobrilugk: Die Beschränkungen des Wanderbuchhandels in Deutschland. Historisch-kritische Darstellung. Kirchhain N.-L. 1906: M. Schmersow. (IV, 78 S.) 8° [F.]

Tübingen, Staatsw. Fak., Ref. v. Jolly-Triepel, Diss. v. 12. Sept. 1906

[Geb. 13. Dez. 77 Dobrilugk (Brandenburg); Wohnort: Dominium Lawsche (Frankfurt a. O.); Staatsangeh.: Preußen; Vorbildung: Gymn. Luckau Reife 97; Studium: Handelshochsch. Leipzig 4, Univ. Berlin 2, Tübingen 3 S.; Rig. 15. Dez. 05.]

Vogel, Adolph Friedr. (aut), Diss. inaug. med. observationes qvasdam chirurgicas complexa. Kiliae Hols. 1771. 4. P. [Praes. Joa. Frid. Ackermann]. (U. B.).

— **Diss. inaug. medica observationes quasdam chirurgicas complectens. 4. Kiel 772.**

Vogel, Ad. Fr., († d. 22. Jan. 1785.) chirurgische Wahrnehmungen. 2 Samml. 8. Kiel 778 — 780. (Brockhaus in Leipz.) 12 gr.

Adolf Friedrich Vogel

Adolph Friedrich Vogel, chirurgische Wahrnehmungen Samml. 1. 2. Lübeck: Jversen 1778-80. 1 Bd 8°

Samml. 1: 1778.
Samml. 2: 1780.

Vogel, Alb., der Hühnerhund, dessen rationelle Züchtung, Dressur und Führung. Allen Jägern und Jagdfreunden gewidmet. 8. (47 S.) Stuttgart 865, Johannssen's Verlag. *

Vogel, Albr., Beiträge zur Herstellung der alten lateinischen Bibel-Uebersetzung. Zwei handschriftl. Fragmente aus dem Buche des Ezechiel u. aus den Sprüchwörtern Salomo's zum ersten Male hersg. Wien 868. Braumüller. gr. 8. (IV, 99 S. mit 1 Steintaf. in 4.) n. 20 ngr.

Vogel, Albr., Peter Damiani. Ein Vortrag am 19. Decbr. 1855 in Jena gehalten. gr. 8. (32 S.) Jena 856, Frommann.

Vogel, Albr., der Kaiser Diokletian. Ein Vortrag am 10. Decbr. 1856 zu Jena gehalten und mit Anmerkungen hrsg. gr. 12. (IV und 130 S.) Gotha 857, F. A. Perthes.

Vogel, Albr., Festrede am 25. April 1871 bei der Feier des 50jährigen Bestehens der k. k. evangelisch-theologischen Facultät in Wien gehalten. 8. (30 S.) Jena 871, Fr. Frommann. — 60

Vogel, Albr., 40 Jahrhunderte. Geschichtstafeln zum Auswendiglernen. gr. 8. (44 S.) Dresden 848, Adler & Dietze. n. 1/6 ℛ

Vogel, Albr., prakt. Kassen-, Einnahme-, Ausgabe-, Inventur- u. Abschluß-Buch f. Kleinkaufleute u. Gewerbetreib. ꝛc. Nebst e. Sammlg. v. Aufsätzen, welche im geschäftl. u. bürgerl. Verkehr vorkommen, wie: 1. Mahnbriefe, Zahlungsbefehl, Widerspruchsgesuch, Antrag auf Zwangsvollstreckg., Klage, Vollstreckungsbefehl; 2. Briefe, Geschäfts-Eröffng. u. Veränderungs-Mitteilgn.; 3. Inventur; 4. Lehrverträge, Lehrbriefe, Zeugnisse perforiert, fertig z. Gebrauch (nur Name ꝛc. ist auszufüllen); 5. Auszug aus d. Konkursordng.; Fremdwörterbedeutg. kaufmänn. Fachausdrücke Fol. (49 S.) Leipzig 898. G. Weigel. Geb. n. 4.—

—— fünf Predigten, gehalten und mit einem Vorwort hrsg. gr. 8. (VII und 71 S.) Weimar 859, Böhlau. *

— Ratherius von Verona und das zehnte Jahrhundert. 2 Thle. Jena 854. Mauke. gr. 8. (XX, 136; VIII, 239 S.) 3 ℛ.

Inhalt. 1. Thl.: Die Geschichte Rather's und seiner Zeit. — 2. Thl.: Von den Quellen der Geschichte Rather's.

—— die Semisäcularfeier der k. k. evangelisch-theologischen Facultät in Wien am 25. April 1871. Im Auftrage des Professorencollegiums. 8. (124 S.) Wien 872, Braumüller. * 1 50

VOGEL, Alfred (München): Beiträge zur Lehre von der Rachitis.- Erlangen: Palm und Enke 1853. 32 S.
28.7.1852 - Urk (Titel: De rachitide.); F 67
Diss. Ingolst.-Landsh.-Mchn.

—— Handbuch der Krankheiten des chylopoëtischen Apparates, s. Handbuch der speciellen Pathologie und Therapie.

Vogel, Alfr., zur Kindersterblichkeits-Frage. gr. 8. (34 S.) München 874, J. A. Finsterlin. — 80
Aus: Aerztl. Intelligenzblatt, besonders abgedruckt.

—— Krankheiten des chylopoëtischen Apparates, s. Handbuch der speciellen Pathologie und Therapie.

Vogel, Alfr., Lehrbuch der Kinderkrankheiten. Lex.-8. (XI und 592 S. mit 6 Stnt., wovon 2 in Buntdr.) Erlangen 860, Enke's Verlagsbuchh. *

Vogel, Alfr., Lehrbuch der Kinderkrankheiten. 2. Aufl. 1863. und 3. Aufl. gr. 8. (XVI und 495 S. mit 6 Stnt., wovon 4 ill.) Erlangen 867, Enke's Verlag. [Krische.] *

—— Lehrbuch der Kinderkrankheiten. 4. Aufl. 1869. *ℳ 9., und 5. Aufl. Lex.-8. (XII, 500 S. mit 6 lithogr. Taf., wovon 4 color.) Erlangen [Stuttgart] 871, Enke. * 10 40

Vogel, Alfr., Lehrbuch der Kinderkrankheiten. 6. Aufl. 1873. * ℳ 10,40.; 7. Aufl. gr. 8. (XII, 544 S.) Stuttgart 876, Enke. * 12 —

Vogel, Alfr., Lehrbuch der Kinderkrankheiten. 8. Aufl. gr. 8. (XII, 548 S. mit 6 lithogr. Taf.) Stuttgart 880, Enke. * 12 —

Vogel, Alfr., Lehrbuch der Kinderkrankheiten. 9. Aufl., neu bearb. von Phpp. Biedert. gr. 8. (XVI, 600 S. mit 6 lithogr. Taf.) Stuttgart 887, Enke. * 14 —

Vogel, Alfr. Lehrbuch der Kinderkrankheiten. Seit der 9. Aufl. gänzlich umgearb. v. Phpp. Biedert. 10. verm. u. verb. Aufl. gr. 8. (XVI, 639 S. m. 3 lithogr. Taf. u. 39 Holzschn.) Stuttg. 890, Enke. * 14 —

Vogel, A.: Lehrbuch der Kinderkrankheiten. 11. Aufl., s. Biedert, Phpp.

—— eine neue Milchprobe. gr. 8. (32 S.) Erlangen 862, Enke's Verlag. *

Vogel, Alfr., klinische Untersuchungen über den Typhus auf der II. medicin. Abtheilung des allgem. Krankenhauses zu München. Lex.-8. (58 S.) Erlangen 856, Enke's Vrlgsh. *

—— klinische Untersuchungen über den Typhus auf der II. medicin. Abtheilung des allgemeinen Krankenhauses zu München. Abhandlung. 2. Aufl. gr. 8. (92 S.) Erlangen 860, Enke's Verlagsbuchh. *

Vogel, Andreas, aus Escholzmatt: François Huet's sozialpolitische Anschauungen. Ein Beitrag zur Geschichte d. christl. Sozialphilosophie d. 19. Jhs. *Würzburg 1901: H. Stürtz.* (112 S.) 8°
Würzburg, Phil. Diss. v. 1901

Vogel, Anna, Kampf der Wahrheit m. der Lüge, s. a. Strahlen, theosophische. Nr. 10.

Kampf der Wahrheit mit der Lüge. Eine Allegorie. Von Anna Vogel. *Berlin: P. Raatz [1901].* (20 S.) 8°
= Strahlen, Theosophische. No 10. [03 3313]

— Tamayori Hime, s: Itohikawa, D.

— u. Clara Vogel, was die Ostseewellen rauschen. Märchen u. Sagen in Lied u. Wort. gr. 8. (III, 219 S. m. 8 Farbdr.) Berlin (901). R. Gahl. Geb. 2. 50

Was die Ostseewellen rauschen. Märchen u. Sagen in Lied u. Wort von Anna u. Clara Vogel. Berlin: R. Gahl [1902]. (219 S.) 8°

Vogel, Ant. Anleitung zur neuen deutschen Debattenschrift. gr. 8. (40 autogr. S.) Münch. 889, (Fritsch). * 1 50

Vogel, Anton, Hauptm. im 2. Jägerbataillon. Handbuch. Zur Schule für angehende Chargen, in Fragen und Antworten, bearbeitet nach dem zuletzt herausgekommenen Vorposten-Regulament. Vorpostenbuchl der k. k. Feldjäger. Manuscript. 4. (1822?)

Vogel, A[rthur]. Das Schlachtfeld von Nafels. Eine taktisch-historische Terrainstudie. (Bestimmt zu einem Vortrag für die Glarnerische Offiziersgesellschaft.) [S.A.] 4. [Glarus 1891.]

Vogel, Aug. (II.), und E. Wein, Anleitung zur qualitativen Analyse landwirthschaftlich wichtiger Stoffe in praktischen Beispielen. 5. umgearb. und verm. Aufl. gr. 8. (IX, 77 S.) Berlin 879, [Wiegandt, Hempel und Parey.] Parey. * 2 —

Vogel, Aug., praktische Anleitung zur Werthbestimmung von Torfgründen und Torfwerkanlagen. München 861. Fleischmann. gr. 8. (IV, 63 S.) n. 10 ngr.

Vogel, A., einige Ansprüche des Landbaues auf Steuer- und Zollentlastung, s. a. Zeit- und Streit-Fragen, deutsche.

Vogel A, einige Anspruche des Landbaues auf Steuer- und Zollentlastung. (Zeit- und Streitfragen, Deutsche 69) Berlin 1876

VOGEL, August (München): Ueber die verschiedenen Arten der Gallerte aus den Knorpeln und Knochen.- München: Weiss 1860. 23 S.
20.6.1859 - Urk: F 64
Diss. Ingolst.-Landsh.-Mchn.

Vogel, Aug. (II.), die Aufnahme der Kieselerde durch Vegetabilien. Von der königl. Akademie der Wissenschaften in Berlin gekrönte Preisschrift. 3. Aufl. gr. 8. (34 S.) Erfurt 882, Körner'sche Buchh. * 1 —

Vogel jun., Aug. (I.), Beitrag zur Kenntniss der oxalsauren Salze. gr. 4. (30 S.) München 855, (Franz.) ** -
Aus: Abhandlungen der k. bayer. Akademie der Wissenschaften, besonders abgedruckt.

—— chemisch-technische Beiträge. gr. 8. (VIII und 143 S.) München 860, Kaiser. *

— experimentelle Beiträge zur Beurtheilung hygrometrischer Methoden. Mit 1 Tab. Aus den Abhdlgn. der k. bayer. Akad. d. W. München 857. Franz in Comm. gr. 4. (17 S.) n. 3½ ngr.

Vogel, Aug., die Bibel als Begleiterin durchs Leben. Die wichtigsten Stellen u. Abschnitte der hl. Schrift zum erbaul. Gebrauch in den verschiedensten Lagen des Lebens. Ausgewählt u. geordnet. 8. (VIII, 206 S.) Gütersloh 894. C. Bertelsmann. n. 1. —; geb. n. 1. 20; Ausg. auf feinem Pap. n. 1. 60; geb. n. 1. 80; m. Goldschn. n. 2. —

Vogel, Aug., die Bieruntersuchung. Eine Anleitung zur Werthbestimmung und Prüfung des Bieres nach den üblichsten Methoden. gr. 8. (VII und 96 S. mit eingedr. Holzschn.) Berlin 865, Berggold. *

Vogel, Aug., Bilder aus dem Mineralreiche. gr. 8. (28 S.) München 884. Rieger. n. 1. —

Vogel, Aug., gegen den **Bilderkultus**. Eine wissenschaftlich-pädagog. Abhandlg. gr. 8. (39 S.) Gütersloh 875. Bertelsmann's Verl. n. — 60

—— und G. C. Reischauer, über Bleysesquiphosphat. gr. 4. (36 S.) München 856(57), (Franz.) *
Aus: Abhandlungen der k. bayer. Akademie der Wissenschaften, besonders abgedruckt.

Vogel, Aug., für Blumendilettanten. Kurzgefaßte Anweisung, 100 Arten d. beliebtesten Zierpflanzen im freien Lande aus Samen zu ziehen. gr. 8. (1 B.) Leipzig 836, (Friese.) *

Vogel, Aug., über den Chemismus der Vegetation. Festrede zur Vorfeier des Geburtstages Sr. Maj. Maximilian II. Königs von Bayern gehalten in der öffentl. Sitzung der k. bayer. Akademie der Wissenschaften am 27. Novbr. 1852. gr. 4. (29 S.) München 852. (Franz.) n. 8 ngl

Vogel, Aug. (I.), systematische **Darstellung** der Pädagogik Joh. Heinr. Pestalozzi's mit durchgängiger Angabe der quellenmäßigen Belegstellen aus seinen sämmtlichen Werken, s. Bibliothek, pädagogische.

Vogel, Aug., systematische **Darstellung** der Pädagogik Johann Heinrich Pestalozzis m. durchgängiger Angabe der quellenmäßigen Belegstellen aus sämtlichen Werken. Mit 1 Portr. nach Diogg nebst Facsm. Pestalozzis. gr. 8. (VIII, 276 S.) Hannover 886. Meyer. n. 3. 80

— **Denkrede auf Johann Wolfgang Döbereiner**, gehalten in der öffentl. Sitzung der k. bayr. Akademie der Wissenschaften am 27. Novbr. 1849 zur Vorfeyer des Geburtstages Sr. Maj. des Königs. gr. 4. (6 S.) München 849. (Franz.) n. 4 ngl

—— Denkrede auf Heinr. Aug. v. Vogel. Gehalten in der öffentl. Sitzung der k. Akademie der Wissenschaften am 28. März 1868. gr. 8. (72 S.) Ebendas. 868. * 1 —

Vogel, Aug. Alt-klassischer **Dichterhain**. Eine Auswahl der bekanntesten Stellen aus griech. u. latein. Dichtern f. realistisch gebildete Leser. 2 Bde. 8. Langensalza 889, Schulbuchhandlg. * 6 60; geb. ** 8 05
1. Griechische Dichter. (VI, 275 S.) * 4 —; ** 4 70.
2. Lateinische Dichter. (IV, 180 S.) * 2 60; geb. * 3 35.

Altklassischer Dichterhain. Eine Auswahl d. bekanntesten Stellen aus griech. u. latein. Dichtern f. realistisch gebildete Leser. Im Zusammenhange dargest. u. mit e. Einl. sowie mit e. Verzeichnis d. Eigennamen versehen von Dr. August Vogel. 2. Aufl. Bd 1. 2. *Langensalza: F. G. L. Greßler 1903.* 2 Bde 8° [F.] [04. 11438]

Vogel, Aug., altklassischer **Dichterhain**. Eine Auswahl der bekanntesten Stellen aus griech. u. latein. Dichtern f. realistisch gebildete Leser. Im Zusammenhange dargestellt u. m. e. Einleitg. sowie m. e. Verzeichnis der Eigennamen versehen. 2 Bde. 2. Aufl. gr. 8. Langensalza 903. Schulbuchh. n. 6. 60; geb. n. 8. 05
1. Griechische Dichter. (VI, 275 S.) 4. —; geb. 4. 75
2. Lateinische Dichter. (VI, 180 S.) 2. 60; geb. 3. 30

Vogel, Fridericus Augustus: Dissertatio qua cap. I. et II. Evangelii Matthaei *αὐθεντία* defenditur.
Halle-Wittenberg, Phil. Diss. v. 15. Sept. 1826
Geb. [Naundorf b. Eilenburg (Kr. Delitzsch) 13. 1. 1801]
Ms. fehlt. — Verf. erlebte das 50jährige Dr.-Jubiläum 1876 als Pastor in Bornstedt (Kr. Sangerhausen).

— u. W. C. **Wittwer**, über den Einfluss der Vegetation auf die Atmosphäre. [Aus den Abhandlgn. der k. bayer. Akademie der Wissenschaften II. Cl. VI. Bd. 2. Abth.] gr. 4. (80 S.) Ebd. 851, in Comm. n. 3/4 ℔

Vogel, Aug. (II.), der **Elementarunterricht** in seiner Grundlage. Ein Beitrag zur Förderung und Hebung des Volksschulwesens, theoretisch und praktisch ausgeführt. gr. 8. (VII, 126 S.) Gütersloh 875, Bertelsmann's Verlag. * 1 80

— über die **Entmischung** des Weingeistes in Folge spontaner Verdunstung. Mit 1 (lith.) Taf. (Aus den Sitzungsberichten d. k. Akad. d. W.) Wien 858. Gerold in Comm. gr. 8. (12 S.) n. 5 ngr

Vogel, August jun., Dr.: Über die **Entmischung** des Weingeistes infolge spontaner Verdunstung (mit 1 Taf.). S. 30. 261.
Separatabdruck

Vogel, Aug. (I.), über die Entwicklung der **Agrikulturchemie**. Festrede zur Vorfeier des Geburts- und Namensfestes Ludwig II., Königs von Bayern, gehalten in der öffentl. Sitzung der k. bayer. Akademie der Wissenschaften am 24. Juli 1869. gr. 4. (49 S.) München 869, (Franz'sche Buchh.) * 1 60

Vogel, Aug. (I.), systematische **Encyclopädie** der Pädagogik. Ein Wegweiser durch das gesammte Gebiet der Erziehung mit ausführl. Angabe der Literatur. gr. 8. (XII, 240 S.) [Eisenach 881, Bacmeister.] Gotha, Behrend. (* M 4.) * 3 —

—— zur Erinnerung an Dr. Cajetan v. **Kaiser**. Mit dem Portrait des Verlebten (in Photogr.) und einem facsim. Briefe in Albertotypie ausgeführt. gr. 8. (37 S.) München 871, Manz. * 1 —

Vogel, Aug. (III.), de fontibus quibus Strabo in libro XV. conscribendo usus sit. Dissertatio inauguralis. gr. 8. (54 S.) Göttingen 874, (Vandenhoeck und Ruprecht's Verlag.) * 1 20

Vogel, Aug. (II.), griechische Formenlehre. gr. 8. (IV und 105 S.) Plauen 853, Schröter. *

Vogel, Aug., die **höchsten Fragen** beleuchtet v. d. größten Denkern d. Neuzeit. gr. 8. (VIII, 285 S.) Berlin 896. E. Ebering. n. 3. —; geb. n. 4. 60

Vogel, Aug., der Fund v. Tell-Amarna u. d. Bibel, s. a. **Veröffentlichungen** d. Bibelbundes, Nr. 4.

[F.] Der Fund von Tell-Amarna u. die Bibel. Von Aug. Vogel, Superintendent ... *Braunschweig & Leipzig: H. Wollermann 1898.* (51 S.) 1 Bd 8. = Veröffentlichungen d. Bibelbundes. No 4. [98 5912 Gr]

—— **Garten-Kalender** f. Privatgärtner, auf d. J. 1838. Enth. die Regeln üb. Anlage, Eintheil. u. monatl. Behandl. e. Haus- u. Privatgartens, nebst nützl. Beiträgen üb. Gemüse-, Blumen- u. Obstbau. 1. Jahrg. gr. 8. (4 B.) Leipzig, (Friese.) *

—— dass. a. d. J. 1839—41, f. Gartenbesitzer, Blumisten u. Privat-Gärtner. 2—4. Jahrg. gr. 12. Grimma, Verlags-Compt. [839. (3 B. u. 1 Abbild.) 5 Gr., 40. (3 B. u. 1 Abbild.), 41. (4 B.) à 1/4 Thlr.]

—— zur **Geschichte** der Liebig'schen Mineraltheorie, s. **Sammlung** gemeinverständlicher wissenschaftlicher Vorträge.

— **Geschichte der Pädagogik als Wissenschaft.** gr. 8. (X, 410 S.) Gütersloh 877. Bertelsmann. n. 7. 50

Vogel, August. Geschichte der Pädagogik als Wissenschaft. Nach den Quellen dargestellt und mit ausführlichen, wortgetreuen Auszügen aus den Hauptwerken der angegebenen Pädagogen versehen. 2. Ausgabe. XII + 411 S. 8. Gütersloh, C. Bertelsmann, 1903. [geb. M. 4. 50]

Geschichte der Philosophie nebst einer tabellarischen Übersicht u. drei vergleichenden Zeittab. v. Dr. phil. August Vogel. 4. revid. Aufl. Gütersloh: C. Bertelsmann 1898. (VIII, 183 S.) 1 Bd 8°
(Vogel, A.: Philosoph. Repetitorium. Tl 1.)

—— die philosophischen Grundlagen der wissenschaftlichen Systeme der Pädagogik. (Locke, Kant, Hegel, Schleiermacher, Herbart, Beneke.) Zur Einführung in das Verständnis der wissenschaftl. Pädagogik. Einleitung in „Die Klassiker der Pädagogik". 8. (IV, 188 S.) Langensalza 888, Schulbuchhandlung. 2 70

—— Die philosophischen Grundlagen der wissenschaftlichen Systeme der Pädagogik. [Locke, Kant, Hegel, Schleiermacher, Herbart, Beneke.] Zur Einführg. in das Verständnis der wissenschaftl. Pädagogik. Einleitung in „die Klassiker der Pädagogik". 2. Aufl. gr. 8. (IV, 188 S.) Ebd. 889. 2 70; geb. * 3 40

Die Philosophischen Grundlagen der wissenschaftlichen Systeme der Pädagogik. (Locke, Kant, Hegel, Schleiermacher, Herbart, Beneke.) Zur Einführung in d. Verständnis d. wiss. Pädagogik. Von Dr. August Vogel. 3. Aufl. *Langensalza: F. G. L. Gressler 1903.* (IV, 187 S.) 8° [G.]
= Klassiker, Gressler's, d. Pädagogik. Einleitung.

Vogel, Aug., die philosophischen Grundlagen der wissenschaftlichen Systeme der Pädagogik. (Locke, Kant, Hegel, Schleiermacher, Herbart, Beneke.) Eine Einführg. in das Verständnis der wissenschaftl. Pädagogik. (Einleitung in „Greßler's Klassiker der Pädagogik".) 3. Aufl. 8. (V, 187 S.) Langensalza 903. Schulbuchh. 3. 30

Vogel, August [Rekt. Dr.]: Die Gründung und der Ausbau der höheren Schule der Stadt Luckenwalde. Luckenwalde, Druck v. G. Gutdeutsch (1889); S. 3—7; 4°
Luckenwalde, RPG, OP 1889 (113)

—— Herbart oder Pestalozzi? Eine krit. Darstellung und Vergleichung ihrer Systeme, als Beitrag zur richtigen Würdigung ihres gegenseitigen Verhältnisses, s. a. Bibliothek, pädagogische.

Vogel, August. Herbart oder Pestalozzi? Eine kritische Darstellung und Vergleichung ihrer Systeme, als Beitrag zur richtigen Würdigung ihres gegenseitigen Verhältnisses. 2. Aufl. 8. Hannover 1893.

—— Ist die Pädagogik eine Wissenschaft? Eine wissenschaftliche Untersuchung. gr. 8. (30 S.) Ebendas. 877. * — 60

Vogel, Aug., nach Kanaan. Tagebuch e. Reise durch Ägypten, Palästina u. Griechenland. Mit 4 (eingedr.) Plänen. gr. 8. (III, 200 S.) Gütersloh 885. Bertelsmann. n. 2. 80; geb. n. 3. 60

—— Lebensprobleme u. Welträtsel im Lichte der neueren Wissenschaft. Zur Orientierg. üb. allgemein menschl. Fragen f. die Gebildeten aller Stände. gr. 8. (VIII, 200 S.) Gütersloh 891, Bertelsmann. * 2 50; geb. * 3 20

VOGEL, AUGUST.
Lehrbuch der Chemie. Als Leitfaden bei seinen Vorlesungen für die Studirenden an der Universität und zum Selbstunterricht. Stuttgart, 1830–'32. 2 vols., 8vo. Ill.

—— neues deutsches Lesebuch für Volks- und Bürgerschulen. Nach „typischer" Methode verf. 3 Tle. gr. 8. Berlin 884, Th. Hofmann. * 3 45
Inhalt:
Tl. 1. Unterstufe. Nebst Begleitwort: Die typische Methode und ihre Anwendung auf das Lesebuch. (15, 184 S.) * 75 Pf.
" 2. Mittelstufe. (352 S.) * ℳ 1,20.
" 3. Oberstufe. (472 S.) * ℳ 1,50.

—— Justus Freiherr v. Liebig als Begründer der Agrikultur-Chemie. Eine Denkschrift. 4. (61 S.) München 874, (Franz'sche Buchh.) 2 25

— über Löthrohrgebläse u. die Construction einer neuen Aeolipile. [Aus den Abhandlungen der k. bayr. Akad. der Wissenschaften II. Cl. VII. Bd. 1. Abth.] gr. 4. (23 S.) München 852, Franz in Comm. n. 8 ngr.

— Methodik d. gesammten deutschen Unterrichts in der Volksschule, begründet u. entwickelt aus ihrer Geschichte. gr. 8. (VI, 159 S.) Ebend. 874. n. 2. —

Vogel, A. (II.), die Mineralquellen d. Königr. Bayern. Aus Auftrag d. kgl. Staatsministeriums des Innern, nach ihren quantitativen Bestandtheilen chem. untersucht. 8. (9 B.) München 829, (Lindauer.)

Vogel, Aug. (Dr. med. et philos., o. Prof. d. Chemie an d. Univers. München etc.), die *Mineralquellen d. Kgrs. Bayern.* Aus Auftrag d. kgl. Staatsministeriums d. I. nach ihren quantitativen Bestandtheilen chemisch untersucht. München, in d. kgl. Central-Schulbücher-Verlage, 1829. 8°. Ppb.
XVI + 118 S., 3 Bll. Reg.

Vogel, Aug., die Miniatur- oder Lilliput-Pflanzen-Gärtnerei. Eine Anweisung, dieselbe auf eine leichte u. angenehme Weise zu betreiben, die dazu geeigneten Blumengewächse richtig auszuwählen u. in 1½ bis 2 Zoll hohen Töpfchen zu cultiviren. Nebst Angabe u. Cultur der Ampel-Pflanzen. Nach mehrjähr. prakt. Erfahrung. Mit einem Nachtrage üb. Angabe der Preise, für welche alle hier beschriebenen Miniatur- rc. Gewächse aus der Kunst- u. Handelsgärtnerei des Verfassers zu beziehen sind. 12. (24 S.) Dresden 851, Adler & Dietze. ⅙ ℛ︀

Vogel, Aug. Die Mittelschule als Bildungsanstalt f. den mittleren Bürgerstand. [Mit Rücksicht auf die neue Schulreform.] Erwägungen u. Vorschläge zur Förderung des Mittelschulwesens. gr. 8. (40 S.) Gütersloh 891, Bertelsmann. * — 60

—— die Mittelschule und zweijährige freiwillige Dienstzeit. Ein prakt. Vorschlag zur Lösung der Schulfrage. 8. (47 S.) [Eisenach 881, Bacmeister.] Gotha, Behrend. * — 60

— **Mittelschul-Pädagogik.** Grundlinien e. Erziehungs- u. Unterrichtslehre f. Mittel- u. Realschulen. Mit ausführl. Angabe der einschläg. Litteratur. gr. 8. (VIII, 272 S.) Ebd. 893. n. 4. —; geb. n. 4. 50

—— die Mutter als erste Lehrerin ihres Kindes, oder: Praktische Anweisung für Mütter ihre Kinder nach den in der Schule gebräuchlichsten Methoden anschauen, sprechen, lesen, schreiben und rechnen zu lehren. 8. (32 S.) Ebendas. 875. * — 40

Vogel, Aug., ausführliches grammatisch-orthographisches Nachschlagebuch der deutschen Sprache m. Einschluß der gebräuchlicheren Fremdwörter u. Angabe der schwierigeren Silbentrennungen. Zum tägl. Gebrauch f. jedermann. Nach der neuesten für Deutschland, Österreich u. die Schweiz gelt. Orthographie v. 1902 bearb. gr. 8. (VIII, 508 S.) Berlin 902. Langenscheidt's Verl. Geb. in Leinw. n. 2. 80

Vogel, August. Ausführliches grammatisch-orthographisches Nachschlagebuch der deutschen Sprache, unter steter Berücksichtigung der neuesten orthographischen »Spezial-Wörterverzeichnisse der einzelnen deutschen Bundesstaaten, Österreichs und der Schweiz. Mit Einschluss der gebräuchlicheren Fremdwörter nebst deren Aussprache, Angabe der Silbentrennungen und der Interpunktionsregeln. Bearb. von Dr. A' V'.... 6., sehr vermehrte Aufl. 61.—70. Tausend. Mit einem Verzeichnis geschichtlicher und geographischer Eigennamen. XLIV + 568 S. 8. Berlin-Schöneberg, Langenscheidt, 1909. [geb. M. 2. 80]

—— Natur-Studien. Mit einem Vorwort von Gotth. Heinr. v. Schubert. gr. 8. (93 S.) Erfurt 857, [Körner'sche Buchh.] *

—— dass. — 12 Hefte. 8. Ebendas. 860.

Inhalt:

Heft 1. Licht und Pflanze. (11 S.) * 2 Ngr.
» 2. Keimen und Welken. (12 S.) * 2 Ngr.
» 3. Pflanze und Boden. (13 S.) * 2 Ngr.
» 4. Aus dem Pflanzenleben. (14 S.) * 2 Ngr.
» 5. Der atmosphärische Dunstkreis. (11 S.) * 2 Ngr.
» 6. Gift und Vergiftung. (16 S.) 3 Ngr.
» 7. Farbe und Form. (9 S.) * 2 Ngr.
» 8. Aus dem Reiche der Steine. (21 S.) 3 Ngr.
» 9. Tabak und Tabakrauchen. (11 S.) * 2 Ngr.
» 10. Der Luftwechsel in Wohnungen. (7 S.) * 2 Ngr.
» 11. Organisch und Unorganisch. (9 S.) * 2 Ngr.
» 12. Von den Irrlichtern. (9 S.) * 2 Ngr.

—— die Pädagogik Johann Heinrich Pestalozzi's in wortgetreuen Auszügen aus seinen Werken. Zusammenhängend dargestellt. (VII, 137 S.) *M 1,80.; 2. unveränd. Aufl. gr. 8. (VII, 137 S.) [Bernburg 882, Bacmeister.] Ebendas. (*M 1,50.) * 1 20

Vogel, Aug, die Pädagogik Johann Heinrich Pestalozzi's in wortgetreuen Auszügen aus seinen Werken. Zusammenhängend dargestellt. 2. unveränd. Aufl. gr. 8. (VII, 137 S.) Gotha 882. Behrend. n. 1. 20

—— Pädagogisches Repertorium f. Kandidaten u. Lehrer an höheren Schulen. Eine Rundschau üb. alle Gebiete der Erziehg. u. d. Unterrichts, gesammelt aus den Werken hervorrag. Pädagogen der Neuzeit. Mit ausführl. Angabe der Litteratur üb. sämmtl. Disciplinen der Pädagogik. gr. 8. (XII, 372 S.) Ebd. 892. * 4 50; geb. * 5 —

—— philosophisches Repetitorium enth. die Geschichte der Philosophie, Logik und Psychologie für Studirende und Kandidaten der Philologie und Theologie. 1. Thl.: Geschichte der Philosophie nebst einer tabellar. Uebersicht und einer vergleich. Zeittabelle. gr. 8. (VIII, 155 S.) Ebendas. 872. * 2 —

—— philosophisches Repetitorium, enth. die Geschichte der Philosophie, Logik und Psychologie, für Studirende und Kandidaten der Philologie und Theologie hrsg. 3 Thle. gr. 8. Ebendas. * 6 10

Inhalt:

Thl. 1. Geschichte der Philosophie, nebst einer tabellar. Uebersicht und 3 vergleichenden Zeittabellen. 2. verb. Aufl. (X, 181 S.) 878. *M. 2,50.
» 2. Poetter, Friedr. Chrph., Logik. (XI, 115 S.) 875. *M. 1,80.
» 3. —— Psychologie. (VIII, 142 S.) 875. *M. 1,80.

—— philosophisches Repetitorium, enth. die Geschichte der Philosophie, Logik und Psychologie, für Studierende und Kandidaten der Philologie und Theologie. 1. und 2. Thl. gr. 8. Gütersloh, Bertelsmann. * 4 30

Inhalt:

Thl. 1. Geschichte der Philosophie, nebst einer tabellar. Übersicht und drei vergleichenden Zeittabellen. 3. Aufl. (X, 181 S.) 886. *M 2.50.
» 2. Poetter, Friedr. Chrph., Logik. 2. Aufl. (XI, 115 S.) 887. *M 1.80.

—— Philosophisches Repetitorium, enth. die Geschichte der Philosophie, Logik u. Psychologie f. Studierende u. Kandidaten d. Theologie. 3. Tl. gr. 8. Ebd. 891. * 1 80
Psychologie v. F. Ch. Poetter. 2. durchgeseh. Aufl. (X, 142 S.)
1. u. 2. Tl. Ebd. 1886,87. * 4 30.

— philosophisches Repetitorium, enth. die Geschichte d. Philosophie, Logik u. Psychologie f. Studierende u. Kandidaten d. Philologie u. Theologie. 1. Tl. Geschichte d. Philosophie, nebst e. tabellar. Uebersicht u. 3 vergleich. Zeittabellen. 4., rev. Aufl. gr. 8. (VIII, 183 S.) Gütersloh 898. C. Bertelsmann. n. 2. 50

Vogel, A., Schulstenographie f. Schüler höherer Schulen u. f. Studirende. 8. (28 S.) Gütersloh 876 Bertelsmann's Verl. n. — 40

Vogel, Aug., Skizzen aus dem Gebiete der Natur u. Technik. München 1874. 8°.

—— Skizzen aus dem Pflanzenleben. 2. Aufl. 8. (VIII, 70 S.) Erfurt 883, Körner'sche Buchh. * — 60
1. Aufl. war nicht im Handel.

Die pädagogischen Sünden unserer Zeit. Ein krit. Überblick über d. Bestrebungen d. modernen Pädagogik auf d. Gebiete d. höheren u. d. niederen Schulwesens. Von Dr. August Vogel, (Potsdam). Lissa i.P.: Ebbecke 1907. 118 S. 8°

— Die pädagogischen Sünden unserer Zeit. Ein krit. Überblick üb. die Bestrebgn. der modernen Pädagogik auf dem Gebiete des höheren u. des niederen Schulwesens. (III, 118 S.) gr. 8. Lissa 907. O. Eulitz. 2. 50

—— 95 paedagogische Thesen. gr. 8. (23 S.) Wittenberg 874, Herrosé. * — 50

Vogel, Aug., 95 pädagogische Thesen. gr. 8. Wittenberg 874. Berlin, Th. Hofmann. * — 50

— der Torf, seine Natur und Bedeutung. Eine Darstellung der Entstehung, Gewinnung, Verkohlung, Destillation u. Verwendung desselben als Brennmaterial. Mit 44 in den Text eingedr. Holzschn. Braunschweig 859. Westermann. 8. (IV, 171 S.) n. 1 ℛ 10 ngr.

Vogel, Aug., Ueberblick üb. die Geschichte der Philosophie in ihren interessantesten Problemen. Für weitere Kreise in leicht verständl. Darstellg. bearb. 2 Tle. 8. Leipzig, F. Brandstetter. n. 4. 20; geb. in Leinw. n. 5. —
I. Die griechische Philosophie. (Mit e. Anh., enth. die Erklärg. der vorkomm. Fremdwörter u. philosoph. Ausdrücke.) (VII, 127 S. m. 1 Bildnis.) 901. n. 1. 60; geb. n. 2. —
II. Die neue u. die neueste Philosophie. (Mit e. Anh., enth. die Erklärg. der vorkomm. Fremdwörter u. philosoph. Ausdrücke.) (VIII, 200 S. m. 1 Bildnis.) 905. n. 2. 60; geb. n. 3.—

—— fünfzig praktische Uebungsbeispiele in der quantitativ-chemischen Analyse, mit besond. Rücksicht auf die Werthbestimmung landwirthschaftl. und techn. Produkte. gr. 8. (III und 44 S. mit 1 Stnt.) Erfurt 861, Körner'sche Buchh. — 7½

—— praktische Uebungsbeispiele in der quantitativ-chemischen Analyse, mit besond. Rücksicht auf die Werthbestimmung landwirthschaftl. und techn. Produkte. 2., bedeutend verm. Aufl. gr. 8. (58 S. mit 1 Stnt.) Erfurt 861, Körner'sche Buchh. — 7½

—— praktische Uebungsbeispiele in der quantitativ-chemischen Analyse, mit besond. Rücksicht auf die Werthbestimmung landwirthschaftl. und techn. Produkte. 3. Aufl. gr. 8. (68 S. mit 1 Stnt.) Erfurt 863, Körner'sche Buchh. *

—— chemische Untersuchung der atmosphärischen Luft während der Cholera-Epidemie zu München 1854. gr. 8. (8 S.) München 854, Kaiser. *

—— über das Verhältniss der Harnsäure und des Guanins zur Vegetation. gr. 4. (24 S.) (Ebendas.) 870. * 1 —
Aus: Abhandlungen der k. bayer. Akademie der Wissenschaften, besonders abgedruckt.

—— Versuche über die Wasserverdunstung auf besätem und unbesätem Boden. 4. (37 S.) München 867, (Franz'sche Buchh.) *
Aus: Abhandlungen der k. bayer. Akademie der Wissenschaften, besonders abgedruckt.

—— Wissenschaft und Leben. Bilder aus dem Gebiete der Natur und Technik. Eine Gabe für Naturfreunde. 8. (IV, 123 S.) Nördlingen 875, Beck'sche Buchh. * 1 60

—— über die Zersetzungen salpetersaurer Salze durch Kohle. gr. 4. (31 S.) München 855, (Franz.) **—
Aus: Abhandlungen der k. bayer. Akademie der Wissenschaften, besonders abgedruckt.

— das metallische Zink. Eine Darstellung seines natürlichen Vorkommens, seiner Gewinnung, Eigenschaften u. Bedeutung in Kunst u. Technik. München 861. Giel. (Gummi.) 8. (IV, 67 S.) n. 10 ngr.

Vogel jun., Aug., über die Zusammensetzung des Gletscherschlammes vom Dachsteine am Hallstädter See. gr. 4. (18 S.) München 860, (Franz.) Thlr. * *
Aus: Abhandlungen der k. bayer. Akademie der Wissenschaften, besonders abgedruckt.

Vogel, Aug(ustus) Herm. Imman. (geb. Naumburg a. S. 5. 5. 1832): De febri puerperali. Berolini (1858). (32 S.) 8°
Berlin, Med. Diss. v. 10 Sept. 1858

Vogel, B. s. a. Hessel, Karl.

Vogel, B. [Karl Hessel], Kreiznach is Trump! Lokalschwank in 4 Aufzügen. Musik v. Ferd. Fries. Mit e. Abhandlg. üb. Kreuznacher Art u. Mundart u. e. Wörterbuch. 8. (IV, 84 S.) Kreuznach 890. Harrach. n. 1. 50

Vogel (B. C.). Index pl. horti medici Altorfini. [Altdorf?] 1790. 4°.

Vogel, Babette, Lebensweisheit aus Vict. Hugo's Werken. 16. (140 S.) Glarus 869. J. Vogel. 1. 50

Vogel, Bened., (M. Hahn), Leben des berühmten Laienbruders Quadratus Holzschlägel. Konst. 772.

Vogel. Benedikt Christian

Vogel, Benedikt Chr., üb. d. amerikan. Agave, u. besond. diejen., welche im Sommer 1798 im botan. Garten zu Altdorf geblüht u. auch Früchte angesetzt hat, mit 1 Kpf. gr. Fol. Nürnb. 800. Monath u. K. 1 ₰ 8 gr. ill. 2 ₰

Vogel, Benedict Christian.

Über die Erkenntniss und Heilung der Rückgratsverkrümmungen . . . Nürnberg 1832. H: *Osterhausen, Johann Carl.* (Ky) (EngM) (BrMm)

Vogel, Bened. Chr., über die Erkenntniß u. Heilung d. Rückgratsverkrümmungen mit Lähmung, vorzügl. der Füße. (Hrsg. u. bevorwortet v. J. K. Osterhausen.) gr. 8. (15 B.) Nürnberg 832, [Bade.]

— über d. Erkenntniß u. Heilung d. Rückgratsverkrümmungen mit Lähmung, vorzügl. d. Füße. (Herausg. u. bevorwortet von Dr. J. A. Osterhausen). gr. 8. Nürnb. 832. Haubenstricker. 21 gr.

— s. Geschichte europ. Naturprodukte.

— sichere u. leichte Methode, den Ileus von eingeklemmten Darmbrüchen zu heilen 2c. gr. 8. Nürnb. 797. Monath u. K. 4 gr.

Vogel, Benedikt Christian (Hrsg.u.Comm.):

s.: Raulin, (Joseph): Abhandlung von der Lungensucht... (Traité de la phthisie pulmonaire... Dt.) Übers.von Johann Gottlieb Grundmann. Th.1 - 2. Wien: 1788

JB 2.269

Benedikt Christian Vogel

De Regimine secretionum ac excretionum. Helmstadii (1766:) Schnorr. 34 S. 8°

Helmstedt, Med. Diss. v. 13. Mai 1766

— Samml. schwieriger medicin. u. chirurg. Fälle für d. prakt. Heilkunde nach eigener Erfahrung. 2 Lieferr. gr. 8. Nürnb. 805, 7. Monath u. K. 1 ₰ 8 gr.

— s. Chr. Jak. Trew, plantae rariores.

Vogel, Bernh., Johs. Brahms; Hans v. Bülow; Franz Liszt; Anton Rubinstein; Rob. Schumann; Rich. Wagner als Dichter, s. a. Musikheroen der Neuzeit.

(Musikheroen der Neuzeit. IV.)
Johannes Brahms. Sein Lebensgang und eine Würdigung seiner Werke v. Bernhard Vogel. Leipzig. 1888. 8°.

Vogel, Bernhard. Hans von Bulow. Sein Leben und sein Entwickelungsgang. Leipzig 1887.

—— zur Einführung in die komische Oper von Peter Cornelius: „Der Barbier von Bagdad". 8. (28 S.) Leipzig 887, Kahnt Nachf. * — 20

Vogel, Bernhard. Robert Schumanns Klavierpoesie. Leipzig 1887.

Vogel, Bernh., Raoul Koczalski. Skizze. 8. (VIII, 124 S. m. 12 Autotyp.) Leipzig 896. P. Pabst. 2. —

Raoul Koczalski. Skizze von Bernhard Vogel. [Neue Ausg.] Leipzig: P. Pabst [um 1905]. (VIII, 124 S.) 8°

—— und C. Kipke, das königl. Conservatorium der Musik zu Leipzig. Geschichtliches und Biographisches. 8. (47 S. mit 4 Abbild. und Portrait-Tableau.) Leipzig 888, [Schloemp.] Reissner. 1 —

Vogel, Bernhard. Franz Liszt. Abriss seines Lebens und Würdigung seiner Werke. (Musikheroen der Neuzeit. VI.) Leipzig 1888.

—— Franz Liszt als Lyriker. Im Anschluß an die Gesammtausgabe seiner Gesänge für eine Singstimme mit Pianofortebegleitung betrachtet. gr. 8. (50 S.) Ebendas. 887. — 60

Vogel, Bernhard: Anton Rubinstein. Musikheroen der Neuzeit. V. Leipzig 1888.

— s.: Schuberth's, Jul., musikalisches Conversations-lexikon.

Vogel, Bernh., Robert Volkmann in seiner Bedeutung als Instrumental- u. Vocal-Componist. gr. 8. (VII, 88 S.) Leipzig 875. O. Wigand. n. 2. –

Vogel, Bernh., Richard Wagner. Sein Leben und seine Werke. 8. (VI, 144 S. mit 2 Holzschn.) Leipzig 883, Rühle und Hüttinger. * 1 50

Vogel, Bernh. Richard Wagner als Dichter. (Musikheroen der Neuzeit. VII.) Leipzig 1889.

Vogel Berta, Elsbeth. Eine Lebensgeschichte f. die reifere weibl. Jugend. 8. (173 S.) Leipzig 875. O. Wigand. n. 2. —; geb. n. 2. 75

Vogel, B., Onkel Martin, s.: Jugendbühne, die.

Vogel, Bertha, am Wege des Lebens. Gedichte. 8. (VII, 147 S.) Dresden 900. E. Pierson. n. 2. 50; geb. n. 3. 50

Vogel, B., wer reist mit, s.: Jugendbühne, die.

Vogel, Blasius

Vogel, B., die Rechtsprechung des Reichsgerichts usw. auf dem Gebiete des bürgerlichen Gesetzbuches, s.a. Fuchsberger, Otto, die Entscheidungen des Reichsgerichts ꝛc.

Die Rechtsprechung des Reichsgerichts, des Bayerischen obersten Landesgerichts und der Oberlandesgerichte nach den amtlichen Sammlungen der Entscheidungen d. Reichsgerichts in Zivil- u. Strafsachen ... zsgest. im Reichsjustizamte auf d. Gebiete d. BGB. samt Einführungsgesetz. Gesammelt u. nach d. System d. BGB. geordnet, mit 2 Reg. von B[lasius] **Vogel**, Amtsrichter. [1.] Gießen: E. Roth 1907. 4°(8°) [F.]
— **Entscheidungen**, Die, d. Reichsgerichts. Hrsg. von O. Fuchsberger. T. 12.
07. 15691

Vogel, C., s.a. Vogel, Carl

Vogel, C., Führer durch Liebenstein und seine Umgebungen. 2., verm. Aufl. 16. (30 S. nebst Karte von Liebenstein, Immelborn, Ruhla etc. in Kpfrst. und ill. in qu. gr. 4.) Meiningen 866, Brückner und Renner.

Die Gefechte bei Flensburg am 9ten April 1848. Entw. und gez. v. C. **Vogel**. 1852. 1 : 25000. Gotha. 1853. Lithogr. 1 Bl Fol. 48/60.4 cm. Aufgez. a. Leinwand.
[Gefechts-Plane aus dem Herzogthum Schleswig. 1848.]
Gefecht bei Altenhof und Harzhof am 21sten April 1848.
Gefecht bei Missunde am 23sten April 1848.
Gefecht bei Bilschau-Krug am 24ten April 1848.
Gefecht bei Hadersleben am 29sten Juni 1848.
Gefecht bei Hoptrup am 7ten Juni 1848.

Vogel, C., ältere deutsche Geschichten, s.: Otto, Frz.

——, Oswald u. Aennchen. Idyll.-romant. Gedicht. gr. 8. (9½ B.) Neustadt a. d. O. 828, Wagner.

Vogel, C., pflege den Schnurrbart nach naturgemäßer Anleitung. schmal 12. (24 S.) Freiburg i/B. (900). Litterar. Institut C. Stockhausen. n. — 60

— d. Verlobungstag. Ein Gedicht. 12. Neust. 827. Wagner. 12 Gr.

Vogel, C., Wandtafeln f. das Freihandzeichnen. 1. u. 2. Lfg. gr. Fol. (à 6 Taf. auf Carton.) Stuttgart 887. Metzler's Verl. à Lfg. n. 2. 80

Vogel, C., u. **R. Pichler**, woraus sie tranken. Feucht-fröhliche Verse v. V. zu keram. Bildern v. P. gr. 8. (26 Bl.) Frankfurt a/M. 896. Gebr. Knauer. n. 6. —

Vogel, C. H., s.a. Vogel, H. C.

Vogel, C. H., (Erf. 1760. 4.) Zobel, N. E., (Altorf. 1736. 4.) de Paulo philosopho.

Vogel, Carl, s. Vogel, Karl

Protokoll der am 19. Juli 1868 abgehaltenen Johannisfest- und Beamten-installations-Loge [der Loge Eleusis zur Verschwiegenheit in Bayreuth]. [Unterz.:] Ch. **Vogel.** 2 Bl. 4°. [Kopftit.]

Vogel, Chr. Fr. Aug., drei Predigten über die Evangelien an den Sonntagen Septuagesimä, Sexagesimä, Estomihi. 8. Halle 844. (Leipzig, Friese.) n. 1/6 Rthlr.

Vogel, Chr. Hnr.

(—) eines Patrioten freiwilliges Bedenken von d. Wiederaufrichtung hinfällig gewordener Universitäten. 8. Arnst. 768.

Vogel, Chr. Hnr., († d. 15. Aug. 1771.) Encyclopaedia theologica, sive primae lineae universae doctrinae sacrae. 8. Erfurt 770. Straube. 4 Gr.

— prolusio de naturalista, quod sit Muhammedanus. 4. Erfurt 767.

— Commentatio: Phaemo χυνοσοφος, sive Medicus canum peritus. 4. Erf 765.

— geistl. Reden üb. Pauli Worte in d. Apostelgesch. 8. Erfurt, Nonne. 764.

Vogel, Christian

Vogel, Christ., práctica enseñanza para aprender pronta y fácilmente la lengua alemana. Revisada por José Maria Nuñez de Caceres. 1. parte. — Praktischer Lehrgang zur schnellen und leichten Erlernung der deutschen Sprache. 1. Thl. 8. (VIII und 191 S.) Hamburg 858, Verlags-Comptoir.

Vogel, Cristiano, enseñanza prática para aprender pronto y fácilmente la lengua alemana. Tomo I. und II. 8. Halle, Gesenius. [Tomo I. 4a ediz., aumentada y enteramente revisada. (VII, 272 S.) 888. *M 3.—.; Tomo II. 3a ediz., aumentada y enteramente revisada. (VIII, 171 S.) 885. *M 2.50.] * 5 50

Vogel, Chrn., enseñanza práctica para aprender pronta y fácilmente la lengua alemana. Tomo I. 5. ed., aumentada y revisada. gr. 8. (VI, 272 S.) Halle 896. H. Gesenius. n. 3. —

Vogel, Chr., german made easy. A practical german grammar for english students. gr. 8. (XII, 363 S.) Halle 875. Gesenius. n. 4. 20; geb. n. 4. 60

—— dass. — Key. gr. 8. (110 S.) Ebendas. 877. *

Vogel, Chr., Grammaire espagnole, s.: Schilling, J.

— portugiesische Grammatik, s.: Schmitz, F. J.

Vogel, Ch., Lehrbuch der deutschen Handelskorrespondenz, s. Taschenbuch der Handelskorrespondenz.

Vogel, Chrn., praktischer Lehrgang zur schnellen und leichten Erlernung der deutschen Sprache. Durchges. von José Maria Nuñez de Caceres. 1. Thl. A. u. d. T.: Práctica Enseñanza para aprender pronta y fácilmente la Lengua Alemana etc. 1. parte. Hamburg 858. Verlags-Comptoir. 8. (VIII, 191 S.) 24 ngr.

Vogel, Chr., praktischer Lehrgang zur schnellen und leichten Erlernung der deutschen Sprache. — Práctica enseñanza para aprender prónta y fácilmente la lengua alemana. 2 Thle. 2. gänzlich umgearb. Aufl. gr. 8. Halle 873, Gesenius. [1. Thl. (VIII, 201 S.) (*M 2,80.) *M 3.; 2. Thl. (141 S.) (*M 1,80.) *M 2.] *

Vogel, Chr., praktischer Lehrgang zur schnellen u. leichten Erlernung der deutschen Sprache. Enseñanza practica para aprender pronta y fácilmente lo lengua alemana. 1. Thl. 3., gänzlich umgearb. Aufl. 8. (VIII, 246 S.) Halle 879. Gesenius. n. 3. —

[F.] Praktischer Lehrgang zur schnellen und leichten Erlernung der deutschen Sprache v. Prof. Dr. Christian Vogel, Dir. ... in Genf. Tl 1. 5. verb. Aufl. *Halle: H. Gesenius 1896.* [A. T.:] Enseñanza Práctica para aprender pronta y fácilmente la lengua alemana p. ... Vogel ... 8. 96 2551

Vogel, Chr.: Leitfaden zum Unterricht in der Elementar-Geometrie, s. Fischer, J. G.

—— manual of mercantile correspondence in 2 languages — English and french, s. a. Taschenbuch der Handelskorrespondenz.

— manual of mercantile correspondence in two languages — English and French. 2 vols. gr. 8. Leipzig 886. Gloeckner. à n. 4. —; geb. à n. 4. 60

1. English-French. Collection of English commercial letters and formularies with notes, explanatory and grammatical, prepared after a quite new and easy system to facilitate their being translated into French. To which is added a dictionary of commercial terms and expressions in English and French. (XXIV, 289 S.)
2. French-English. Collection of English commercial letters and formularies with notes, explanatory and grammatical, prepared after a quite new and easy system to facilitate their being translated into French. To which is added a dictionary of commercial terms and expressions in French and English. (XXVI, 281 S.)

— manual of mercantile correspondence in two languages — English and French. 2. ed. 2 vols. gr. 8. Leipzig 896. G. A. Gloeckner. à n. 4. —; geb. in Leinw. à n.n. 4. 60

1. English-French. Collection of English commercial letters and formularies with notes, explanatory and grammatical, prepared after a quite new and easy system to facilitate their being translated into French. To which is added a dictionary of commercial terms and expressions in English and French. (XXIV, 297 S.)
2. French-English. Collection of French commercial letters and formularies with notes and explications for English students. To which is added a dictionary of commercial terms and expressions in French and English. (XXVI, 295 S.)

Vogel, Chr., manuel de conjugaison des verbes irréguliers français. 2. éd., revue et augmentée. gr. 8. (72 S.) Leipzig 892. G. A. Gloeckner. n. 1. —

— Manuel de conjugaison des verbes irréguliers français. 3. éd., revue et augmentée. gr. 8. (72 S.) Leipzig 899. G. A. Gloeckner. n. 1. —

Vogel, Chr[istian]. Manuel de Conjugaison des Verbes irréguliers français. 5e éd., revue et augmentée. 72 p. 8. Leipzig, G. A. Gloeckner, 1910. [cart. M. 1. —]

—— Memorir- und Repetitionsstoff aus der französischen Grammatik. 1. Thl.: Formenlehre. gr. 8. (IV und 82 S.) Greiz 864. Bredt. *

Vogel, Chrn., vollständiger Memorir- und Repetitionsstoff aus der englischen Grammatik. Formenlehre, Orthographie und Syntax. 2. Bearbeitung. gr. 8. (VI und 139 S.) Dresden 862. Meinhold und Söhne. *

—— s. Schilling, grammaire espagnole à l'usage des Français.

— u. Leland **Mason**, Taschenbuch d. Handelskorrespondenz in deutscher u. engl. Sprache, s.: Taschenbücher der Handelskorrespondenz.

— s.: Taschenbuch der Handelskorrespondenz in deutscher u. englischer bezw. französischer Sprache.

— s.: Taschenbuch der Handelskorrespondenz in deutscher u. französischer, in deutscher u. spanischer Sprache.

— Taschenbuch der Handelskorrespondenz in französ. u. deutscher Sprache. — Manuel de correspondance commerciale des langues française et allemande. (In 2 Tln.) 21. Aufl., erweitert u. verb. I. Tl.: Französisch-Deutsch. (VIII, 243 S.) gr. 8. Ebd. 908. 2. —; geb. in Leinw. 2. 60

— s.: Taschenbuch d. Handelskorrespondenz in spanischer u. deutscher Sprache.

— dasselbe, s.: Taschenbücher der Handelskorrespondenz in 10 Sprachen.

Englisches Übungsbuch, s. Gesenius, F. W.

—— englisches Vocabular, nach den Grundsätzen des Anschauungsunterrichts geordnet, nebst einleit. Bemerkungen über die engl. Orthographie. (In 2 Abthlgn.) 1. Abthl. Lex.-8. (XII und 200 S.) Braunschweig 862, Vieweg und Sohn. *

Vogel, Christian Dan.

Vogel, C. D., Archiv der Nassauischen Kirchen- und Gelehrten-Geschichte. 1r Bd. 8. Hadamar, Gelehrte-Buchhandl. in Coblenz. 818. Rthlr. 1 8

Vogel, Chr. Dn., Archiv d. Nassauischen Kirchen- u. Gelehrten-Geschichte. 1r Bd. 8. Hadamar 818. (Lanz in Weilb.) 1 ₰ 8 K

Vogel, C. D., Beschreibung des Herzogthums Nassau. 1.—3. Heft. gr. 8. Wiesbaden 843, Beyerle. à n. 1/2 ₰

— dass. 4. u. 5. Heft. Ebend. 843. à n. 1/2 ₰ — Daraus ist abgedr.: Genealogische Uebersicht des Nassauischen Regentenhauses. gr. Fol. Ebend. 844. n. 1/6 ₰ — 6. u. 7. (letztes) Heft. gr. 8. Ebend. 844. à n. 1/2 ₰ compl. mit 1 Karte n. 3 5/6 ₰

Vogel, C. D., die Limburger Chronik, s. Chronik.

— Jh. Fr. Fuchs. Nach seinem Leben dargestellt. 8. Herborn 823.

Vogel, C. D., histor. Topographie d. Hrzgth. Nassau. gr. 8. (20 1/4 B. u. 1 Karte.) Herborn 836. (Wiesbaden, Ritter'sche Buchh.) *

(——) genealogische Uebersicht des nassauischen Regentenhauses. gr. Fol. Ebds. 844. * — 5

Vogel, Christian Friedrich

— de amore patriae. 4. Leipz. 779.

Vogel, Chr. Fr., vollständige Anweisung über das Aufsuchen und zweckmäßige Erziehen d. Raupen, das Ausgraben der Puppen, Einfangen u. Aufspannen der Schmetterlinge ꝛc. gr. 8. Berlin 837. Bade. 1/4 ℛ (Ist die Vorrede zu dessen Raupen-Kalender.)

Vogel, Chrstn. Friedr., vollständ. Anweisung üb. d. Aufsuchen u. zweckmäss. Erziehen d. Raupen, das Ausgraben d. Puppen, Einfangen u. Aufspannen der Schmetterlinge etc. gr. 8. (1½ B.) Berlin 837. [Danzig, Gerhard'sche Buchh.]
Ist nur ein Separat-Abdruck der Vorrede zu „dessen, Raupenkalender."

— s. Berthoud, Versuche.

Vogel, Chr. Fr. II., d. Größe Gottes aus den Werken d. Natur. Ueber Ps. 104, V. 24. gr. 8. Dresd. 800. Arnold. 6 gℓ

— chronologischer Raupenkalender, oder Naturgeschichte der europäischen Raupen, wie dieselben der Zeit nach in gewissen Monaten in der Natur zum Vorschein kommen. Nebst e. einleit. Vorbericht über das Aufsuchen u. zweckmäß. Erziehen der Raupen. Mit (illum.) Titelkpfr. u. 538 nach der Natur richtig gezeichneten u. color. Abbildd. auf 41 Kupferplatten. 6 Hefte. Mit 41 Tafeln. gr. 8. Berlin 835—37. Bade. (à 2/3 ℛ) 4 ℛ

—— chronolog. Raupenkalender, od. Naturgeschichte d. europä. Raupen, wie dieselben d. Zeit nach in gewissen Monaten in d. Natur zum Vorschein kommen. Nebst e. einleit. Vorbericht üb. d. Aufsuchen u. zweckmäss. Erziehen d. Raupen. (6 Hfte.) gr. 8. (10½ B. u. 41 ill. Kpfrt. m. 538 Abbildn.) Berlin 835—37. [Danzig, Gerhard'sche Buchh.] a * ⅔ Thlr. *

Vogel, Chr. Fr., chronolog. Raupenkalender, oder Naturgeschichte der europäischen Raupen, wie dieselben der Zeit nach in gewissen Monaten in der Natur zum Vorschein kommen. Nebst e. einleit. Vorbericht über das Aufsuchen u. Erziehen d. Raupen ꝛc. Mit Titelkpfr. u. 538 col. Abbild. auf 42 Taf. 2. Aufl. 6 Hefte. gr. 8. (Mit 27 Kupfertaf.) Berlin 843, Bade. à n. 5/12 ℛ — 3. Aufl. 6 Hefte. Mit 41 Kupfertaf. gr. 8. Berlin 845, Gumprecht. n. 2½ ℛ

Vogel, Christ. Friedr., chronologischer Raupenkalender oder Naturgeschichte aller europäischen Raupen, wie sie der Zeit nach in gewissen Monaten in der Natur zum Vorschein kommen. 2. Aufl. 843. u. 3. Aufl. 6 Lfgn. gr. 8. (10⅝ B. Text. u. 41 Kpfrtaf. m. 538 ill. Abbild.) Berlin 845. [Danzig, Gerhard'sche Buchh.] * 2 15

Vogel, Chrn. Frdr., chronologischer Raupenkalender oder Naturgeschichte aller europäischen Raupen, wie sie der Zeit nach in gewissen Monaten in der Natur zum Vorschein kommen. Nebst einem einleitenden Vorbericht über das Aufsuchen u. zweckmässige Erziehen der Raupen etc. Mit 538 nach der Natur richtig gezeichn. u. color. Abbildgn. auf 41 Kupferplatten. 4. Aufl. gr. 8. (160 S.) Berlin 851, Grobe. n. 2 ℛ

Vogel, Chrn. Friedr., chronologischer Raupenkalender oder Naturgeschichte aller europäischen Raupen, wie sie der Zeit nach in gewissen Monaten in der Natur zum Vorschein kommen. Nebst einem einleitenden Vorbericht über das Aufsuchen und zweckmässige Erziehen der Raupen etc. Mit 538 nach der Natur richtig gez. und ill. Abbildungen auf 41 Kpfrplatten. 4. Aufl. gr. 8. (160 S.) Berlin 852, [Bergemann.] *

—— Schmetterlings-Cabinet f. Kinder, s. a. Schmetterlings-Cabinet.

(Vogel, Chrn Frdr.,) Schmetterlings-Cabinet für Kinder, oder kurze Beschreibung der europäischen Schmetterlinge. Nebst einer Anweisung solche zu fangen, aufzubewahren und aus Raupen zu ziehen. (Gez., gest u. beschr.) H. 1—10. Mit Register. (Heft 1.: 2. verb. u. verm. Aufl., Mit 160 kolor. u. 1 schw. Kupfertaf. Leipzig 1821) 1823—28. 8.
(Dieselben Kupfer in Kayser, Deutschlands Schmetterlinge.)

Vogel, Chr. Fr. I., († 1806.) prakt. Unterricht von Taschenuhren, sowohl für d. Verfertiger, als auch für d. Liebhaber derselben, mit Kpf. gr. 8. Leipz. 773. Breitkopf u. H. 1 ℛ

* Praktischer Unterricht von Taschenuhren, sowohl für die Verfertiger als auch für die Liebhaber derselben, von *C. F. Vogel*; mit nöthigen Kupferstichen versehen. Leipz. verlegts Bernh. Christ. Breitkopf und Sohn. 8. 422 S. 1774.

Vogel, Christian Lebrecht

Vogel, Chr. Lebr., († d. 11. April 1816.) Ideen über d. Schönheitslehre, in Hinsicht auf sichtbare Gegenstände überhaupt u. auf bildende Kunst insbesondere. Mit 28 Kpf. gr. 4. Dresd. 812. Walther. 3 ℛ 12 gℓ Schrbp. 4 ℛ

— Reflexionen über d. Fort u. örtl. Verhältnisse d. Helligkeit u. Dunkelheit d. umgebenden Materie des Kometen, nebst and. Bemerkk. über diese Himmelskörper, mit 3 Kpf. gr. 8. Ebd. 812. 8 gℓ Schrbp. 12 gℓ

Vogel, Chrn. Wilh., Joseph u. seine Brüder. Ein biblisches Epos, gedichtet u. der Jugend gewidmet. 8. (124 S. m. 1 col. Abbildg.) Plauen 847. (Leipzig, C. L. Fritzsche.) n. 5/12 ℛ

Vogel, Chr. Wilh., Luther, ein guter Kämpfer. Predigt, am Sonnt. Estomihi 1846 zur Todesfeier Luthers in den Kirchen zu Schönborf u. Posen gehalt. 8. (¾ B.) Neustadt a. d. O., (Wagner.)

Vogel, Chrn. Wilh., Dr. Martin Luther. Ein histor. Gemälde in Gesängen, sein Leben und Wirken bis zum Reichstage in Worms umfassend. gr. 16. (III und 235 S.) Plauen 868, Neupert. *

—— Rede bei der Einweihung der neuen Kirchenglocken zu Eßbach geh. 8. (1 B.) Schleiz 843, (Bockelmann's Hofbuchh.) *

Vogel, Chrn. Wilh., Tobias, Vater und Sohn, oder: Die belohnende Macht des Gottvertrauens. Ein bibl. Gedicht in 17 Gesängen. 8. (IV und 128 S.) Schleiz 853, Hübscher's Buchh. *

—— „Uns ist bange; — aber wir verzagen nicht." 2. Cor. 4, 8. Vortrag bei einer Prediger-Versammlung. (Gedicht.) 4. (8 S.) Weida 856, Huth.

—— wie lange wird Deutschland noch seine Größe, seinen Ruhm behaupten? Predigt zur Feier des tausendjähr. Jubiläums der deutschen Selbstständigkeit gehalten. 8. (1 B.) Schleiz 843, (Bockelmann's Hofbuchh.) *

Vogel, Chr. Wilh., wie lange wird Deutschland noch seine Größe, seinen Ruhm behaupten? Predigt zur Feier des tausendjähr. Jubiläums der deutschen Selbstständigkeit gehalten. 8. Schleiz 843. (Wagner.) n. 3 ngℓ

Vogel, Chrph., die Quarzporphyre der Umgegend v. Gross-Umstadt, s.: Abhandlungen der grossh. hessischen geologischen Landesanstalt zu Darmstadt.

Vogel, Christoph Heinrich (Lichtenstein) A. S. 565/56

Exercitatio iuridica quaestionem continens utrum in processu inquisitorio contra delinquentem in contumaciam procedere liceat.
Präs. Friedrich Gottlieb Zoller.
Leipzig (Langenheim) 23. VII. 1771. 16 S.

Gew.: Friedrich Albert Gf. von Schoenburg.
35255

Vogel, Clara, s. Vogel, Klara

Vogel, Conrad, s. Vogel, Konrad

Vogel, Curt, s. Vogel, Kurt

Vogel, D., Oden u. Lieder zur Beförderung religiöser Gefühle, mit Musik. 8. Hamb. 796. Vollmer. (Herold jun.) 10 ggr.

Vogel, D., de stabulo Bethlehemitico nati redemtoris. Regiom. 1706.

Vogel, Dn. H., allerlei Ergötzlichkeiten, od. Samml. e. geograph., histor., polit. u. phys. Lehren für Anfänger d. poln. Sprache. 8. Bresl. 768.

Vogel, Dan., geographisches Handbuch f. d. Jugend. 8. Breslau, Meyer. 792. — 16

s.a. Handbuch, Neues geographisches, zum Unterricht der Jugend eingerichtet

[VOGEL, Daniel] 1742 -
Neues Geographisches Handbuch zum Unterricht der Jugend eingerichtet.
Breslau: Meyer. 1775. 16, 288 S. 8°.
Lippische Landesbibliothek Detmold
2. Aufl. 1778 [Frankfurt-Leipziger Meßkatalog, Michaelismesse 1778, S. 550] u. 3. Aufl. 1787 [4. Aufl. 1792, S. [4]] konnten nicht gefunden werden. 4. Aufl. 1792, s. Nr. 596.
Frankfurt-Leipziger Meßkatalog, Michaelismesse 1774, S. 762.

VOGEL, Daniel 1742 -
Neues geographisches Handbuch, zum Unterricht der Jugend.
Entworfen von Daniel Vogel ...
Vierte, verbesserte und vermehrte Auflage.
Breslau: Meyer. 1792. 4, 466 S. 8°.
Leopold-Sophien-Bibliothek Überlingen
1. Aufl. 1775, s. Nr. 78.
2. Aufl. 1778 [Frankfurt-Leipziger Meßkatalog, Michaelismesse 1778, S. 550] u. 3. Aufl. 1787 [4. Aufl. 1792, S. [4]] konnten nicht gefunden werden.

— polnisches Lesebuch, (oder 2r Thl. von Moneta polnischer Grammatik). 8. Bresl. 785. J. F. Korn. 16 ggr.

— polnisch-deutsches Lexikon, mit 1 Register, (oder 3r Thl. von Moneta polnischer Grammatik). 8. Bresl. 785. (J. F. Korn). 20 ggr.

s. Moneta, Johann: Enchiridion Polon ...

(Hrsg.), s. Moneta, Johann: Polnische Grammatik.

Vogel, David [Praes.], s. Brettschneider, Gottfr.: Ex historia ecclesiastica de stabulo Bethlehemitico in quo humani generis redemptor natus est.

[Vogel, David II: 1760–1849.] Ueber das Massena'sche Darlehn. 8. Zürich 1818.

Vogel, Dav., de officio ministr. eccles. in pagis. 4. Königsberg. 726.

[Vogel, David I: 1744–1809.] Ueber die Schweiz und über die Mittel und Bedingnisse einer neuen Organisation der helvetischen Republik für die Interessen des europäischen Staaten-Systems. 8. Tübingen 1801.

Vogel, David II. Ein Wort zu seiner Zeit an die Gemeindsbürger der Stadt Zürich, über die bevorstehende Wahl und Einrichtung ihrer Gemeindskammer. 8. Zürich 1798.

Vogel, E.

— s.: Baumgart u. Woyschke, deutsche Fibel.

Vogel, E., die Hundswuth. Entstehung, richt. Erkenng. u. Verlauf der Krankheit, nebst den hierauf bezügl. polizeil. Vorschriften. Zur Belehrg. f. Jedermann, insbesondere f. Hundebesitzer. gr. 16. (23 S.) Stuttgart 876. Schetter. — 40

Vogel, E. [aus Berlin]: Ueber die Lage der Absorptionsstreifen und Lichtempfindlichkeit organischer Farbstoffe. ... Leipzig, J. A. Barth, 1891; 26 S. 8°
Erlangen, Phil. Fak., Inaug.-Diss. v. 1891

Vogel, E., deutsches Lesebuch f. die Vorschulen höherer Unterrichtsanstalten, s.: Lampe, A.

Vogel, E., s.: Mitteilungen, photographische.

Reisicht, Kreis Goldberg-Haynau. Ein Beitrag z. Gesch. d. Dorfes zsgest. von E. Vogel, Lehrer. *Haynau: C. O. Rauphach 1900.* (51 S.) 8° [F.] [01. 3017 2

Vogel, E. (II.). Der geschäftliche Verkehr m. dem Grundbuchamt. Praktisches Handbuch m. zahlreichen Mustern zu Anträgen f. Sparkassen, Geschäftsleute, Kapitalisten u. Grundeigentümer. 8. (III, 62 S.) Düsseld. 892, Schwann. * 1 20

Vogel, E. A.: De motu puncti quod vocatur materialis se moventis in linea recta, quae et ipsa movetur. Marburgi Cattorum. 41 p. 1867.
Schul-/Univ.-Schrift

Vogel, E. G., Nachrichten von dem Leben und den Schriften des Geschichtschreibers Joh. Mich. Brutus. Nebst drei bisher ungedr. Briefen desselben. gr. 8. (74 S.) Meißen 864. (Dresden, Burdach.)

Vogel, E. V. E., Observationes ad aliquot Ciceronis loca. Pr. 1830. 28 S. 4°.

Vogel, Eberh., spanische Briefe, s.: Handelsbriefe, moderne.

Vogel, Eberh., d. Nachmittagsunterricht od. d. Arbeitstag d. Gymnasial- u. Realschülers, d. Eltern z. Erwägg. vorgelegt. gr. 8. (32 S.) Düren 898. W. Solinus. n. — 40

Vogel, Eberhard: Neucatalanische Studien. Des II. Abschnitts 2. Teil. (Die Formenlehre.) ... Paderborn u. Munster, Druck v. Ferd. Schoningh, 1886; 1+32 S. 8°.
Munster, Phil. Fak., Inaug.-Diss. v. 1886.

Vogel, Eberh., neucatalanische Studien, s.a. Studien, neuphilologische.

Neucatalanische Studien. Von Dr. Eberhard Vogel. Paderborn & Münster: F. Schöningh 1886. (194 S.) 8°
= Studien, Neuphilologische. II. 5. [07. 12786

Vogel, Eberh., Dr.: Der französische Unterricht nach den Lehrplänen des Jahres 1901 mit besonderer Rücksicht auf das Realgymnasium. *Aachen 1902: P. Urlichs.* (50 S.) 4°
Aachen, st. RG m. h. Handels-S, OP 1902 (532)

Der französische Unterricht nach den preuss. Lehrplänen von 1901. Lehrgang (bes. am Realgymn.) u. Lehrverfahren. Mit 2 Beigaben: 1. Bibliographie seit 1891. 2. Allgem. Gesprächsformeln. Von Dr. Eberh. Vogel, Oberl. Aachen: P. Urlichs 1902. (144 S.) 8°

Vogel, Eberh., der französische Unterricht nach den preuss. Lehrplänen v. 1901. Lehrgang (besonders am Realgymnasium) u. Lehrverfahren. Mit 2 Beigaben. 1. Bibliographie seit 1901. 2. Allgemeine Gesprächsformeln. 12. (144 S.) Aachen (Martinstr. 17) 902. P. Urlichs. Kart. 1. 50

Vogel, Eckart, Mein Ich. — Mein Du. Gedichte. (VII, 82 S.) kl. 8. Dresden (906). E. Pierson. n. 1. 50; geb. n. 2. 50

Vogel, Eduard

Vogel, Ed., der Afrika-Forscher, s. Sammlung gemeinverständl. wissenschaftl. Vorträge, 82. Heft: Pahde, A.

Vogel, Ed., specielle Arzneimittellehre für Thierärzte. 2. gänzlich umgearb. Aufl. des Taschenbuches der thierärztl. Arzneimittellehre. gr. 8. (XII, 604 S.) Stuttgart 881, Neff. * 10 —

Vogel, Ed., spezielle Arzneimittellehre für Thierärzte. 3. verm. und verb. Aufl. 8 Lfgn. gr. 8. (IV, VI, 704 S.) Stuttgart 886, Neff. à Lfg. *M 1.50. * 12 — geb. * 14 —

Collatio trium codicum mss. Ciceronis de Amicitia Monacensium cum exemplo Nobbiano facta ab Eduardo Dr. Vogel, G. P. — 1839. Ibid. — S. 1—16.
Progr. Zweibrücken.

— ist Mondblindheit Hauptmangel, auch wenn grauer Staar hinzugetreten? Besprochen. 8. (32 S.) Stuttgart 884. Schickhardt & Ebner. n. — 50

Vogel, [Eduard Jul.]: Das Klystieren nach heutigen Grundsätzen.
Aus: Repertorium der Thierheilkunde. XLVI. [1885.]

Vogel, Ed. Jul., Lehrbuch der physikalischen Diagnostik der Krankheiten der Hausthiere. Zum Selbststudium für Thierärzte. gr. 8. (XVI, 520 S. mit 25 in den Text gedr. Holzschn.) Stuttgart 874, Neff. *

— — Lehrbuch der physikalischen Diagnostik der Krankheiten d. Hausthiere. Mit 25 H. Ebd. 74. Neff. (G. Fock, Leipzig.) M. 9.—, hrbg. Pr. M. 3.-

— die Massage, ihre Theorie u. practische Verwerthung in der Veterinärmedicin. gr. 8. (VIII, 78 S.) Ebend. 884. n. 1. 50

Vogel, Ed., Operationslehre f. Thierärzte, s.: Hering.

— die auf Thiere u. Thierseuchen bezüglichen Polizeigesetze für das Königreich Württemberg. Mit einer leichtverständlichen Belehrung über die Viehseuchen u. einer Zusammenstellung der wichtigsten sofort zu treffenden Maßregeln für Verwaltungsbeamte, Gemeindebehörden, Thierärzte u. Thierbesitzer zusammengestellt. 12. (XII, 219 S.) Stuttgart 882. Schickhardt & Ebner. geb. n. 2. —

Vogel, E., Rechenbuch für die Vorschule. 8. (88 S.) Berlin 881, Trowitzsch und Sohn. geb. * — 80

Vogel, E., Rechenbuch für die Vorschule. 8. Aufl. 8. (88 S.) Berlin 890. Trowitzsch & Sohn. geb. n. — 80

— Rechenbuch f. d. Vorschule. 15., die Neubearbeitg. 7. Aufl. 8. (88 S.) Berlin 898. Trowitzsch & Sohn. Geb. n. — 80

— Rechenbuch f. die Vorschule. 21., der Neubearbeitg. 13. Aufl. 8. (87 S.) Berlin 902. Trowitzsch & Sohn. Geb. n. — 80

— Rechenbuch f. die Vorschule. 26., der 23. gleichlaut. Aufl. (94 S.) 8. Berlin 905. Trowitzsch & Sohn. n. — 80; Resultate (16 S.) u.n. — 35

— dasselbe. 2 Tle. 8. Ebd. Kart. n. 1. 55
I. Uebungsstoff f. das 2. Schulj. 2. unveränd. Aufl. (83 S.) 907. Kart. n. — 75
II. Uebungsstoff f. das 3. Schulj. 32., m. der 28. gleichlaut. Aufl. (94 S.) 906. Kart. n. — 80

Vogel's, E., Rechenbuch f. die Vorschule. Neue Ausg. v. E. Vogel u. W. Splettstößer. 2 Tle. Übungsstoff f. das 2. u. 3. Schulj. (Je 95 S.) 8. Berlin 910. Trowitzsch & Sohn. à — 80

Vogel, E., Rechenfibel. Uebungen im Zahlenkreise von 1 bis 100. 8. (54 S.) Berlin 876. Trowitzsch & Sohn. n. — 50

— Rechenfibel. Ubungen im Zahlenkreise von 1—100. 15. Aufl. 8. (54 S.) Ebd. 890. geb. n. — 50

— Rechenfibel. Uebgn. im Zahlenkreise v. 1 bis 100. 22. Aufl. 8. (54 S.) Ebd. 898. Geb. n. — 50

— Rechenfibel. Übungen im Zahlenkreise von 1 bis 100. 26. Aufl. 8. (54 S.) Ebd. 902. Geb. n. — 50

— Rechenfibel. Uebungen im Zahlenkreise von 1 bis 100. 35. neu bearb. Aufl. (59 S.) 8. Ebd. 906. Kart. n. — 50

Rechenfibel. Übungen im Zahlenkreis von 1 bis 100. Bearb. von E[duard] **Vogel**, Lehrer am Königstädt. Realgymn. Berlin: Trowitzsch & Sohn 1907. (59 S.) 8° [F.] [07. 7233

— Rechenfibel. Neue Ausg. v. E. Vogel u. W. Splettstößer. Der Vogelschen Rechenfibel 42. Aufl. (95 S.) 8. Ebd. 910. Geb. — 80

Vogel, E., die Rektionslehre der deutschen Sprache. Eine Anleitung zum richt. Gebrauch der Fälle, nebst einem Anhang über die Interpunktionslehre. 8. (IV, 83 S.) Berlin 888, Spaeth. geb. * — 80

— die Rektionslehre der deutschen Sprache. Eine Anleitg. zum richt. Gebrauch der Fälle, nebst e. Anh. üb. die Interpunktionslehre. 2., geänd. Aufl. in neuer Rechtschreibg. (IV, 79 S.) 8. Berlin 904. [J. M. Spaeth.] Patria-Verlag. Geb. in Leinw. n. 1. —

Vogel, E., die Rektionslehre der deutschen Sprache. Eine Anleitg. zum richt. Gebrauch der Fälle, nebst e. Anh. üb. die Interpunktionslehre. 3., geänd. Aufl. in neuer Rechtschreibg. (IV, 84 S.) 8. Berlin 908. Patria-Verlag. Geb. 1. 20

Vogel, Ed. J., Taschenbuch der thierärztlichen Arzneimittellehre. Nach dem neuesten Standpunkte der Wissenschaft für Thierärzte u. Landwirthe bearb. Stuttgart 871. Nett. gr. 16. (XIII, 439 S.) 2 ₰

Vogel E. J.: Taschenbuch d. thierärztlichen Arzneimittellehre ... Stuttg. 1871. 439 S.
— 2. gänzl. umgearb. Aufl., m. Tit.: Specielle Arzneimittellehre f. Thierärzte. Stuttg. 1881. 604 S.

Vogel, Eduard J[ul.]: Taschenbuch der thierärztlichen Arzneimittellehre. Nach d. neuesten Standpunkte d. Wissenschaft. Stuttgart 1871. XIII, 439 S.
— 3. Aufl. [u. d. Tit.:] Spezielle Arzneimittellehre für Tierärzte. 1886. VI, 704 S.

— tierärztl. Taschenbuch, s.: Grebner, Jos. v.

Specielle Therapie und Diätetik der innerlichen Tierkrankheiten. Für Tierärzte. Bearb. von Dr. Eduard **Vogel**, Prof. in Stuttgart. Lfg 1. Stuttgart: Schickhardt & Ebner 1900. 4⁰(8⁰)

Vogel, Ed., specielle Therapie u. Diätetik d. innerl. Tierkrankheiten. Für Tierärzte. 4 Lfgn. gr. 8. (VIII, 639 S.) Stuttgart 900. 901. Schickhardt & Ebner. à n. 4. —

VOGEL, Ed.: Uebersicht der Standorte seltener Pflanzen im Königreiche Sachsen und den angrenzenden Ländern. I. Regierungsbezirk Dresden. - Dresden 1848. 53 S.

Vogel, Eduard Julius, s. Vogel, Eduard

Vogel, Eman. Hugo, die Fürsorge f. Volkswohnungen auf dem Gebiete der Steuer- u. Verwaltungsgesetzgebg. in Österreich. Eine wirtschaftspolit. Studie zur Schaffg. e. Volkswohnungsgesetzes. (108 S.) gr. 8. Wien 908. M. Perles. 2. 50

— Die Reform der Gebäudesteuern sowie d. direkten Steuersystems in Österreich vom Standpunkte moderner Wirtschafts- u. Steuerpolitik. Im Zusammenhange mit dem wirtschaftstheoret. Problem der Grundrente u. der Lehre v. Wesen u. steuerrechtl. Erfassg. der Wert- u. Ertragszuwächse bei dem städt. Immobiliarbesitze dargestellt. (IV, 184 S.) gr. 8. Ebd. 907. 5. —

Vogel, Emil. Bibliothek der gedruckten weltlichen Vocalmusik Italiens. Aus den J. 1500—1700. Enth. die Litteratur der Frottole, Madrigale, Canzonette, Arien, Opern etc. Hrsg. durch die Stiftg. von Schnyder v. Wartensee. 2 Bde. gr. 8. (XXIV, 530; 597 S.) Berl. 892, Haack. * 24 —

Vogel, Emil, Cremona, s.: Niederheitmann, Frdr.

—— Marco da Gagliano. Zur Geschichte d. Florentiner Musiklebens von 1570—1650. gr. 8. (108 S.) Lpz. 890, Breitkopf u. Härtel. * 3 —
Aus: Vierteljahrsschr. f. Musikwiss., besonders abgedruckt.

Vogel, Emil. Die Handschriften nebst den älteren Druckwerken der Musik-Abtheilung der Herzogl. Bibliothek zu Wolfenbüttel. Wolfenbüttel 1890.

—— s. Heinemann, Otto v. Die Handschriften der herzogl. Bibliothek zu Wolfenbüttel.

Vogel, Emil, s.: Jahrbuch d. Musikbibliothek Peters.

Vogel, Emil [aus Wriezen a/O.]: Claudio Monteverdi. Leben, Wirken im Lichte der zeitgenössischen Kritik und Verzeichniss seiner im Druck erschienenen Werke .... Leipzig, Breitkopf & Härtel, 1887; 45 + 1 S. + 1 Bl. 8°.
Berlin, Phil. Fak., Inaug.-Diss. v. 4. Aug. 1887.

Vogel, Emil, Claudio Monteverdi Leben, Wirken im Lichte der zeitgenössischen Kritik und Verzeichniss seiner im Druck erschienenen Werke. Diss. Berlin 1887. Leipzig, Breitkopf & Härtel. 8°. 45 S.

Vogel, Aemil, Diss. inaug med. de rabie canina. 8. Dorpat 827. (48 S.)

Vogel, Emil: Ueber die Temperaturveränderung von Luft und Sauerstoff beim Strömen durch eine Drosselstelle bei 10⁰ C und Drücken bis zu 150 Atmosphären. 1910. 54 S. 4⁰ ¶ Auch in: Mitteilungen über Forschungsarbeiten auf d. Gebiete d. Ingenieurwesens. H. 108/109. 1911: Zeitschrift f. komprimierte u. flüssige Gase. Jg. 14. 1912.
München, Dr.-Ing.-Diss. v. 7. 5. 1910

Vogel, Emil, über die Temperaturveränderungen von Luft beim Strömen durch eine Drosselstelle, s.a. Sitzungsberichte der königl. bayer. Akademie der Wissenschaft. Mathem.-phys. Kl. 1909. 1.

Über die Temperaturveränderungen von Luft beim Strömen durch eine Drosselstelle von Emil Vogel. Vorläuf. Mitteilung. München: Akad. d. Wiss. 1909. 11 S. 8⁰ (Sitzungsberichte d. Kgl. Bayer. Akad. d. Wissensch. Math.-phys. Kl. Jg. 1909, Abh. 1.)

Vogel, Emil Ferdinand

— u. G. A. Jahn, Anleitung zum Studium der Erdkunde, siehe: Jahn, G. A.

— s. Anwalt-Zeitung.

Vogel, Emil Fd., Beiträge zur Geschichte der Zunft- und Innungs-Verfassung beim deutschen Handwerksstande. 1. Heft. Die Bäcker-Innungen in Deutschland überhaupt und in Leipzig insbesondere. 8. Leipzig 843, Goetz. 1/3 ₰

— Bemerkungen über Elementar-Unterricht u. Volks-Erziehung, verbunden mit einer kurzen Biographie Johann Traugott Tietzens, gewes. Schullehrers zu Lobstädt bei Borna. Ein Sendschreiben an einen Theologen. gr. 8. Leipzig 836. Günz. 5 gl

Vogel, Emil Ferd., Bemerkungen üb. Elementar-Unterricht u. Volks-Erziehung, verbunden mit e. kurzen Biographie Joh. Traugott Tietzens, gewes. Schullehrers zu Lobstädt bei Borna. Ein Sendschr. an e. Theologen. gr. 8. (3 B.) Leipzig 836, [Serig'sche Buchh.]

—— Bemerkungen über die historischen Grundlagen für die Steuer-Freiheit der Rittergüter im Königr. Sachsen. Mit Rücksicht auf die neue Grundsteuer-Regulirung u. Ablösung der Steuer-Freiheit. gr. 8. (2¼ B.) Leipzig 843, Goetz.

Vogel, Emil Fd., kritische Bemerkungen über den Entwurf zu einem Criminalgesetzbuche für das Königreich Sachsen vom Jahre 1836. Mit genauer, durch vorausgehende historische Erläuterungen motivirter Berücksichtigung der drei früheren Criminalgesetzentwürfe für das Königreich Sachsen und der bis jetzt daselbst geltenden Criminalgesetzgebung und Criminalpraxis; so wie unter Bezugnahme auf die wichtigsten außer-sächsischen neueren Gesetzgebungs-Arbeiten im Gebiete des Criminalrechts. 3 Abthll. gr. 8. Leipzig 836, 37. Günz. 2 Thlr.

—— krit. Bemerkungen üb. d. Entwurf zu e. Criminalgesetzbuche f. d. Königr. Sachsen v. J. 1836. Mit genauer, durch vorausgeh. histor. Erläutern. motivirter Berücksichtigung d. drei früheren Criminalgesetzentwürfe f. d. Königr. Sachsen u. der bis jetzt daselbst gelt. Criminalgesetzgeb. u. Criminalpraxis; so wie unt. Bezugnahme auf d. wichtigsten außer-sächs. neueren Gesetzgebungs-Arbeiten im Gebiete d. Criminalrechts. 3 Abthln. gr. 8. (26 3/8 B.) Leipzig 836, 37, [Serig'sche Buchh.]

— historisch-kritische Betrachtungen über die allmähliche Gestaltung und besondere Eigenthümlichkeit der englischen Episcopalkirche, im Verhältniß zu den Grundsätzen und Ansprüchen des ächten Protestantismus. gr. 8. Leipzig 842, Wienbrack. 1/2 Thlr.

— freimüthige Beurtheilung des officiellen Verfahrens gegen Dr. August Hermann Niemeyer's Lehrbuch für die obern Religionsclassen in gelehrten Schulen. Ein Beitrag z. neuesten Religionsgeschichte. gr. 8. Leipz. 842, Wienbrack. 1/2 Thlr.

Vogel, Emil Ferd., offener Brief an alle Innungsgenossen Deutschlands, s. Brief.

Vogel, Emil Fd., die Dampfmaschinen u. ihre vielseitige Anwendung auf die Schifffahrt, auf Eisenbahnen u. gewerbliche Zwecke, so wie auch auf die Haus- u. Landwirthschaft. 16. Leipzig 842, Brauns. 1/4 Thlr.

— Darstellung der Rechte u. Verbindlichkeiten der Unterthanen in wohleingerichteten Staaten: zugleich mit besond. Rücksicht auf die Verhältnisse des Königreichs Sachsen. Ein Volksbuch für Schule u. Haus. 8. Leipzig 837. Göthe. 1/2 Thlr. geb. n. 7/12 Thlr.

—— Darstellung d. Rechte u. Verbindlichkeiten d. Unterthanen in wohleingericht. Staaten; zugleich mit besond. Rücksicht auf d. Verhältnisse d. Königr. Sachsen. Ein Volksbuch f. Schule u. Haus. 1. Aufl. 838. 1/2 Thlr., u. 2. Ausg. 8. (à 17 3/4 B.) Leipzig 841, [O. A. Schulz.]

— Darstellung der Rechte und Verbindlichkeiten der Unterthanen in wohleingerichteten Staaten: zugleich mit besond. Rücksicht auf die Verhältnisse des Königreichs Sachsen. Ein Volksbuch für Schule u. Haus. 2. Ausg. 8. Leipzig 841, Taubert. 3/8 Thlr.

Vogel, Emil Ferd., Darstellung der Rechte u. Verbindlichkeiten der Unterthanen in wohleingerichteten Staaten; zugleich mit besond. Rücksicht auf die Verhältnisse des Königr. Sachsen. Ein Volksbuch. 3. verb. Ausg. 8. (XX u. 262 S.) Leipzig 848, O. A. Schulz. 8 Ngr.

—— Einleitung in d. academ. Studium d. Rechtswissenschaft. gr. 8. (14 B.) Leipzig 840, Lauffer.

— die Erfindung der Säe-Maschinen. Nebst einer Abbild. der von Thaer u. Engelke verbesserten Cooke'schen Säe-Maschine. Leipzig 845, Schmaltz. n. 1/3 Thlr.

Vogel, Emil Ferd., Jean Pierre Claris v. Florian. — Sam. Johnson, s. Miniaturbibliothek.

—— Geschichte der Entstehung u. Fortbildung der Baukunst, mit besond. Rücksicht auf die früherhin übliche pract. Art u. Weise der Unterrichts-Ertheilung beim Bau-Wesen. Ein Hülfsbuch f. Lehrer an Bauschulen u. andern ähnlichen Instituten. 8. (6 B.) Leipzig 843, Lauffer. (Orthaus.)

— Geschichte der denkwürdigsten Ereignisse der neuesten Zeit, während der drei Jahre 1838—1840. Ein Supplement zur 2. Ausg. der von demselben Verfasser bearb. Kuhlmannschen Weltgeschichte. gr. 8. Leipzig u. Hamburg 841, Schuberth u. Comp. n. 1/3 Thlr.

— Geschichte der Erfindungen ꝛc., s. Kraft, die magnetische u. electrische.

Vogel, Emil Fd., Geschichte der denkwürdigsten Erfindungen von der ältesten bis auf die neueste Zeit. Ein Volksbuch zum Selbstunterricht für alle Stände. 12 Liefg. 16. Leipzig 841—43, Brauns. Subscr.-Preis à n. 1/8 Thlr. Ladenpr. à n. 1/6 Thlr.

— dass. 3 Bde. 16. Ebend. 842. n. 2 Thlr. — 3. Aufl. 4 Bde. 12. Ebend. 847. n. 1 1/3 Thlr.

—— Geschichte d. denkwürd. Erfindungen v. d. ältesten bis auf die neuste Zeit. Ein Volksbuch f. alle Stände. Neue Folge. 4 Lfgn. 16. (29 B.) Leipzig 844, Brauns. à * 5 Ngr. *

— Geschichte der denkwürdigsten Erfindungen von der ältesten bis auf die neueste Zeit. Ein Volksbuch zum Selbstunterricht für alle Stände. 3. Aufl. 4 Bde. gr. 16. (1991 S.) Leipzig 847, Brauns. n. 1 1/3 Thlr.

—— kurze Geschichte der deutschen Landwirthschaft, von ihrem ersten Ursprunge bis zum Beginn ihrer gegenwärtigen Gestaltung. 16. (3 1/8 B.) Leipzig 842, [Brauns.]
Aus Vorstehendem besond. abgedruckt.

—— pragmatische Geschichte der gegenwärtigen politischen u. religiösen Verhältnisse zwischen England u. Irland, vom ersten Beginn des socialen Verkehrs beider Länder bis auf unsere Tage. gr. 8. (10 1/2 B.) Leipzig 842, Wienbrack.

— die zwei neuesten sächsischen Gesetz-Entwürfe über das litterarische Eigenthum u. über die Censur-Befreiung, vom 21. u. 30. Novbr. 1842, durch eine Kritik der älteren u. neueren Gesetzgebung leicht verständlich characterisirt. gr. 8. Leipzig 843, Bösenberg. n. 1/3 Thlr.

—— die zwei neuesten sächsischen Gesetz-Entwürfe über das litterarische Eigenthum u. über die Censur-Befreiung, vom 21. u. 30. Novbr. 1842, durch eine Kritik der älteren u. neueren Gesetzgebung leicht verständl. charakterisirt. gr. 8. (4 B.) Leipzig 843, [C. F. Schmidt.] * 10 Ngr., Hrbgef. Pr. *

— allgemeine Gesundheits-Lehre für Jung u. Alt. 16. (XIV u. 318 S.) Lützen 849, Grimm. 3/4 Thlr.

Vogel, Emil Ferd., Grundlinien e. systemat. Darstellung d. Vernunftlehre. Nebst e. Anh. üb. d. Geschichte dies. Wissenschaft. Für academ. Vorträge ausgearb. gr. 8. (10 B.) Leipzig 834, Andrä.

— historisch-juristisches Gutachten üb. die Beibehaltung der Zunft- und Innungs-Verfassung beim deutschen Handwerksstande. gr. 8. Leipzig 841, Schreck. 1/2 Thlr.

—— Handbibliothek gemeinnütziger Kenntnisse, s. Handbibliothek.

— s. Justiniani institutiones.

— s. J. A. G. Kind, opuscula academica.

— die älteste christl. Kirche und ihre wahren Bekenner. Ein Blick auf Joh. Ronge und die Gemeinde zu Schneidemühl. gr. 8. Leipzig 845, Wienbrack. 12 ngl

— Dr. Wilh. Traugott Krug, in drei vertraulichen Briefen an einen Freund im Auslande biographisch-litterarisch geschildert. 16. Neustadt a. d. O. 844, Wagner. n. 2/3 ₰

— s. Kuhlmann, Johannes Georg: Allgemeine Weltgeschichte . . .

Vogel, Dr Emil Fd., Lehrbuch d. Encyklopädie u. Methodologie d. Rechtswissenschaft. gr. 8. Leipz. 828. Lehnhold. 18 gl

—— Lehrbuch d. Encyclopädie u. Methodologie d. Rechtswissenschaft. gr. 8. (13 B.) Leipzig 829, [Lehnhold.]

—— Lehrbuch d. Weltgeschichte ɛc., s. Kuhlmann, J. G.

— Gottfried Wilhelm v. Leibnitz. Eine biographische Federzeichnung. gr. 8. Leipzig 846, Jurany. 1/4 ₰

—— Lexicon literaturae academ.-juridicae etc., s. a. Lexicon.

Vogel, E. F.: Lexicon literaturae academico-iuridicae quo tituli dissertationum, programmatum, aliarumque commentationum iurid. ab academiarum initiis usque ad 1835 editarum et in libraria Weigeliana, (T. 2:) in libraria Goethiania venalium alphab. ordine continentur. Lipsiae.

—— Lexikon sämmtl. Buchhändler, s. Lexikon.

Vogel, Emil Ferd., Oratio de Joh. Aug. Ernestii meritis in jurisprudentiam. Acced. excursus quidam histor. litterarii, ipsam orationem illustr. 8 maj. (5 B.) Lipsiae 829, [Böhme.] Thlr.

— Oratio de Joh. Aug. Ernestii meritis in jurisprudentiam. Acced. excursus quidam historico-litterarii, ipsam orationem illustr. 8maj. Leipz. 829. Nauck. 6 gl

— s. Frid. Platner, pro linguae latinae etc.

—— Schelling oder Hegel, oder Keiner von Beyden? Ein Separat-Votum über die Eigenthümlichkeiten der neueren deutschen Philosophie, mit besond. Beziehung auf die, vom Herrn GH. Prof. Dr. Friedrich Jacob Fries zu Jena in seiner „Geschichte der Philosophie" neuerlich hierüber ausgesproch. Ansichten. gr. 8. (4 3/4 B.) Leipzig 843, Rein'sche Buchh.

— die Schul-Ordnung des Hochstifts Münster vom Jahre 1776. Mit vergleichender Rücksicht auf die Bedürfnisse, Wünsche u. Verirrungen der Pädagogik unserer Zeit, kritisch u. litterarisch erläutert und mit einer historischen Einleitung über das frühere Schulwesen in den kathol. Staaten Deutschlands überhaupt u. im Hochstifte Münster insbesondere versehen. gr. 8. Leipzig 837. (Brandes.) 1 1/4 ₰

—— die Schul-Ordnung d. Hochstifts Münster v. J. 1776. Mit vergleich. Rücksicht auf die Bedürfnisse, Wünsche u. Verirrungen d. Pädagogik uns. Zeit, krit. u. litterar. erläut. u. mit e. histor. Einleit. üb. d. frühere Schulwesen in d. kathol. Staaten Deutschlands überh. u. im Hochstifte Münster insbesond. versehen. gr. 8. (15 B.) Leipzig 837, [D. A. Schulz.]

— s. Senecae, opera phil.

—— Straf-Verfahren, das neue, für das Königreich Sachsen, s. Strafverfahren.

—— de singulari historiae studio, primario verae jurisprudentiae fonte Commentat. 4 maj. (4 1/2 B.) Lipsiae 828, (Hinrichs.)

—— der kirchl. Symbol-Zwang in seiner Unverträglichkeit mit d. wahren Geiste d. Protestantismus. Ein Rechts-Gutachten z. Widerleg. d. Prof. Dr. Richter zu Marburg üb. d. Kirchenregiment u. d. Symbole (Lpzg. 1839). gr. 8. (4 B.) Leipzig 841. [Hamburg, Engel.]

— der kirchliche Symbol-Zwang in seiner Unverträglichkeit mit dem wahren Geiste d. Protestantismus. Ein Rechts-Gutachten zur Widerlegung der Schrift des Herrn Prof. Dr. Richter zu Marburg über das Kirchenregiment u. die Symbole (Leipzig 1839). gr. 8. Leipzig 841, Meißner. 1/3 ₰

— Untersuchungen über d. Bestandtheile, Natur u. wissenschaftl. Stellung des Pandektenrechts, nebst e. Grundrisse zu Vorlesungen über d. Obligationsrecht; nach prakt. gültigen Grundsätzen. gr. 8. Leipz. 831. Barth. 2 ₰

—— vollständiges Verdeutschungs- und Erklärungs-Wörterbuch aller in der Juristensprache, so wie in dem Geschäftsverkehr am häufigsten vorkomm. Fremdwörter. gr. 8. (IX und 614 S.) Lützen 848, Grimm. 2 —

— Preußens Vergangenheit u. Gegenwart, oder d. 16. Nov. 1797 u. der 7. Juni 1840. Eine historische Parallele mit Andeutungen über das zunächst liegende Interesse unserer Zeit, besonders in religiöser Beziehung. gr. 8. Leipzig 841, Brauns. n. 1/2 ₰

—— ein Vorschlag zur Güte in Bezug auf die Einführung oder Nicht-Einführung der Oeffentlichkeit u. Mündlichkeit beim Strafverfahren im Königr. Sachsen. Lex.-8. (2 B.) Leipzig 842, [Kößling'sche Buchh.] *

— Würdigung des Rechtsinstituts der Geschwornen-Gerichte beim Strafverfahren, in einer histor.-kritischen Schilderung des Ursprungs u. der allmähligen Fortbildung dieser Gerichte in Deutschland, England u. Frankreich. Nebst einem Anhange über den neuen preuß. Strafgesetz-Entwurf. gr. 8. Leipzig 844, Wienbrack. 5/6 ₰

— das Zunft- u. Innungswesen beim deutschen Handwerksstande aus dem Gesichtspunkte seiner zeitgemäßen Erneuerung. Ein Rechts-Gutachten gegen d. Gewerbe-Freyheit u. Juden-Emancipation. gr. 8. (XIV u. 76 S.) Leipzig 848, Thenau. 1/2 ₰

Vogel, Erhard Friedr.: Ach!! - oder die Menschheit in letzten Zügen, s. Ach.

Vogel, Erh. Fr., Antipresbyterialbriefe. gr. 8. Nürnb. 822. Campe. 6 gl

Vogel, Antipresbyterial-Briefe, den kön. Dekanen u. Pfarrherren in Baiern gewidmet. gr. 8. Nürnb. 822, Campe.

— s. Briefe, Freimütige, über das bayerische Konkordat . . .

— s. Johannes, Der Evangelist, und seine Ausleger vor dem jüngsten Gericht.

– s. Mixturen für Menschenkinder aus allen Ständen.

UNTER dem Monde (nämlich in Nürnberg), gehts toll zu. (Vf.: *Erhard Frdr. Vogel.*) Mit Titel-Ornament. O. O. 1787. 8⁰. 46 S. (5 Mk. W. H. Kühl, Berlin, c. 1882; jetzt theurer!)

RAFFINERIEN für raffinirende Theologen (von *Erhard Friedr. Vogel*). 2 Bde. Mit 1 Titelvignette von J. Penzel. Berlin, Frankfurt u. Leipzig (Bayreuth, Lübeck) 1785—86. Gr. 8⁰.
1: XVI—370 S., 1 Bl. Err. 2: VIII—403 S., 1 Bl. Err. Handelt u. a. über Ehescheidung, Ehelichwerden, Händeauflegen, Exorcismus, üb. Kleidung u. Perrücken der Geistlichen etc. etc. Selten und wenig bekannt!
Anon.-Lex. II. p. 328 (nach Kayser, Fikenscher, Weller, Meusel).

– Dass., s.a. Raffinerien ...

Vogel, [Ernst]: Bericht über die Einweihungsfeier. Luckenwalde: Gutdeutsch 1910. S. 12—17. 4°
Luckenwalde, Friedrichs-S, Reform-RG i. E. m. R u. VS P 1910 (132) [S 10. 455

Vogel, Ernst: Über die mechanische Ermittelung des Durchdringungspolygons. (Ein Behelf für die Schüler.) Dem Andenken weil. Prof. Karl Hönig gewidmet. (Umschlagtitel: ... polygons.) S. 14—16. 8. **Progr.** K. k. Staats-Oberrealschule *Teschen* 1906.
Erschien mit einigen Modifikationen in: Zeitschrift für mathematischen und naturwissenschaftlichen Unterricht. 37. Jahrgang (1906) S. 265—267.

Vogel, Ernst, aus Braunschweig: Zur Flexion des englischen Verbums im XI. und XII. Jahrhundert. *Berlin 1902: C. Salewski.* (32 S.) 8° ¶ (Erscheint vollst. bei Mayer & Müller, Berlin.)
Jena, Phil. Diss. v. (25. Juli) 1901

Vogel, Ernst, zur Flexion des englischen Verbums im XI. u. XII. Jahrh. (IV, 70 S.) gr. 8. Berlin 903. Mayer & Müller. n. 1. 60

— Photographie, s.: Vogel, H. W.

Vogel, Ernst (aus Perleberg): **Über die galvanische Polarisation von Nickel, Cobalt und Eisen ... Greifswald, Druck v. C. Sell, 1895; 34 S., 1 Bl., 2 Bl. Taf. 8.**
Greifswald, Phil. Fak., Inaug.-Diss. v. 24. Mai 1895

Vogel, E. (I.). **Praktisches Taschenbuch der Photographie. Ein kurzer Leitfaden f. die Ausübg. aller gebräuchlicheren photograph. Verfahren f. Fachmänner u. Liebhaber. Mit vielen Abbildgn. u. e. ausführl. Sachregister. (XI, 202 S.) 891; 2. verm. u. verb. Aufl. 12. (VI, 233 S. m. Abbildgn.) Berl. 892, Oppenheim. geb. * 3 —**

Taschenbuch der praktischen Photographie. E. Leitf. f. Fachmänner u. Liebhaber v. Dr. E[rnst] **Vogel**. 4. verm. u. verb. Aufl. M. vielen Abb. *Berlin: R. Oppenheim 1896.* (VIII, 275 S.) 1 Bd 8. [96. 3572

— Taschenbuch d. prakt. Photographie. E. Leitfaden f. Anfänger u. Fortgeschrittene. 5., verm. u. verb. Aufl. 12. (VIII, 287 S. m. 60 Fig. u. 5 Taf.) Berlin 898. G. Schmidt. Geb. in Leinw. n. 3. —

Taschenbuch der praktischen Photographie. Ein Leitfaden f. Anfänger u. Fortgeschrittene von Dr. E[rnst] **Vogel**. 6. verm. u. verb. Aufl. Mit vielen Abb. u. 6 Taf. Berlin: G. Schmidt 1899. (VIII, 308 S.) 8⁰

Taschenbuch der praktischen Photographie. Ein Leitfaden von Dr. E[rnst] **Vogel**. 7. Aufl. (Unveränd. Abdr. d. 6. Aufl. 1899). Mit vielen Abb. u. 6 Taf. *Berlin: G. Schmidt 1900.* (VIII, 308 S.) 8° [00. 8062

Taschenbuch der praktischen Photographie. Ein Leitf. f. Anfänger u. Fortgeschrittene von Dr. E[rnst] **Vogel**. 8. u. 9. Aufl. Mit vielen Abb. u. 7 Taf. *Berlin: G. Schmidt 1901.* (VI, 319 S.) 8° [01. 7514

— Taschenbuch der praktischen Photographie. Ein Leitfaden f. Anfänger u. Fortgeschrittene. 10. Aufl. (26.—30. Taus.) Bearb. v. Paul Hanneke. 12. (VIII, 321 S. m. 74 Abbildgn. u. 9 Taf.) Berlin 902. G. Schmidt. Geb. in Leinw. n. 2. 50
6. u. 7. Aufl. (à VIII, 308 S.) 899. 900. à n. 3. —; 8. u. 9. Aufl. (VII, 319 S.) 901. n. 2. 50.

Dr. E[rnst] **Vogel**, Taschenbuch der praktischen Photographie. Ein Leitfaden f. Anfänger u. Fortgeschrittene. 11. verm. u. erg. Aufl. Bearb. von Paul Hanneke. Mit 89 Abb., 12 Taf. u. 20 Bildvorlagen. *Berlin: G. Schmidt 1903.* (VII, 336, 20 S.) 8° [03. 8513

Dr. E[rnst] **Vogel**, Taschenbuch der praktischen Photographie. Ein Leitfaden f. Anfänger u. Fortgeschrittene. 12. verm. u. erg. Aufl. Bearb. von Paul Hanneke. Mit 104 Abb., 14 Taf. u. 20 Bildvorlagen. Berlin: G. Schmidt 1904. (VII, 329 S.) 8° [05. 4886

Taschenbuch der praktischen Photographie. Ein Leitfaden f. Anfänger u. Fortgeschrittene. Von Dr. E[rnst] **Vogel**. Bearb. von Paul Hanneke. 13. u. 14. Aufl. Mit 122 Abb., 14 Taf. u. 20 Bildvorlagen. Berlin: G. Schmidt 1905. (VII, 327 S.) 8⁰

Vogel, E., Taschenbuch der praktischen Photographie. Ein Leitfaden f. Anfänger u. Fortgeschrittene. Bearb. von Paul Hanneke. 15. u. 16. Aufl. (51.—58. Taus.) Mit 127 Abbildgn., 15 Taf. u. 24 Bildvorlagen. (VIII, 326 S.) kl. 8. Berlin 906. G. Schmidt. Geb. in Leinw. n. 2. 50

Taschenbuch der praktischen Photographie. Ein Leitfaden f. Anfänger u. Fortgeschrittene. Von Dr. E[rnst] **Vogel**. Bearb. von Paul Hanneke. 17. u. 18. Aufl. Mit 128 Abb., 20 Taf. u. 20 Bildvorlagen. Berlin: G. Schmidt 1907. (Getr. Pag.) 8° [07. 11163

Taschenbuch der Photographie. Ein Leitfaden f. Anfänger u. Fortgeschrittene. Von Dr. E[rnst] **Vogel**. Bearb. von Paul Hanneke. 19. u. 20. Aufl. Mit 131 Abb., 23 Taf. u. e. Anh. von 21 Bildvorlagen. Berlin: G. Schmidt 1908. (Getr. Pag.) 8° [08. 11976

Dr. E[rnst] **Vogel's** Taschenbuch der Photographie. Ein Leitfaden f. Anfänger u. Fortgeschrittene. Bearb. von Paul Hanneke, 21. u. 22. Aufl. Mit 145 Abb., 23 Taf. u. e. Anh. von 21 Bildvorl. Berlin: Schmidt 1909. VIII, 336 S. 8⁰

Vogel's, E., Taschenbuch der Photographie. Ein Leitfaden f. Anfänger u. Fortgeschrittene. Bearb. v. Paul Hanneke. 23.—25. Aufl. 83.—91. Taus. Mit 149 Abb., 24 Taf. u. e. Anh. v. 21 Bildvorlagen. (VIII, 336 S.) kl. 8. Berlin 910. G. Schmidt. Geb. in Leinw. 2. 50

Vogel, Ernst Gust., Bibliotheca biographica Lutherana. Uebersicht der gedruckten Dr. Mart. Luther betreffenden biograph. Schriften. gr. 8. (VIII u. 145 S.) Halle 851, Schmidt. n. 1 ℛ

Vogel, Ernst Gust., Literatur früherer u. noch besteh. europä. öffentl. u. Corporations-Bibliotheken. gr. 8. (35 1/4 B.) Leipzig 840, T. O. Weigel. *

—— literar. Nachweisungen üb. früh. u. noch besteh. europä. öffentl. u. Corporations-Bibliotheken.— Probehft. gr. 8. (2 1/2 B.) Leipzig 839, (Barth.)

Vogel, Er. Gust., Petrus Angelius von Barga, nach der latein. Autobiographie dargestellt. gr. 8. Meißen 834. (Dresden. Walthersche Hofbuchh.) 1/4 ℛ

Observationes ad aliquot Ciceronis locos. Scrips. Ern. Victor Eduard. Vogel, Praec. — 1830. Ibid. — S. 1—28.
Progr. Zweibrücken.

Symbolarum criticarum ad Plutarchi vitas particula prima. Scrips. D. Ernest. Victor Eduard. Vogel, G. P. — 1847. Ibid. — S. 1—22.
Progr. Zweibrücken.

Vogel, Eugen, Ref. in Leipzig: Die rechtliche Natur des Agenturvertrages. Borna-Leipzig 1906: R. Noske. (VI, 47 S.) 8°
Leipzig, Jur. Fak., Diss. v. 16. Juli 1906
[Geb. 19. Febr. 77 Mainz; Wohnort: Leipzig; Staatsangeh.: Preußen und Sachsen; Vorbildung: Nikolai-Gymn. Leipzig Reife O. 98; Studium: Berlin 1, Halle 1, Leipzig 6 S.; Rig. 13. Febr. 02.]

Vogel, F., s. a. **Vogell.**

Vogel, F., Versuch einer Umgestattung des Nepos als Lesebuchs für die Quarta. Pr. 1878 16 S. 4°. 1.–

Vogel, F. E., s. Erinnerungen an d. Rheingegenden.

Vogel's, F. E., Panorama des Rheins, od. Ansichten, des rechten und linken Rheinufers von Mainz bis Coblenz. Nach d. Natur gezeichnet von J. F. Dielmann u. J. Becker. — Panorama du Rhin etc. — Panorama of the Rhine etc. (In 90 Blättern.) 1e—3e Lfrg. Frankfurt a. M. 833. (Meidinger.) In Etuis n. 1 $\frac{5}{6}$ ₰

Vogel, F. E., Ennodiana. S.-A. 1884. 5 S.

Vogel F O, Lehrbuch fur den Selbstunterricht des amerikanischen Zuschneide-systems fur Damenschneiderei. 4° Dresden

Vogel F O, Lehrb. d. Zuschneidekunst f. Schneider z. Selbstunterricht. 4° Dresden 1898

Vogel, F. R., die Anlage der Haus-Entwässerungen m. e. Beleuchtung der neuen Verordnungen als Anh. Eine kurze Anleitg. f. die Ausführg. derselben f. Alle, die m. solchen Anlagen zu thun haben. Mit schemat. Darstellungen (2 Taf.). gr. 8. (20 S.) Hannover-Linden 893. Manz & Lange. n. 1. —

Vogel, F. Rud., Einrichtungen f. Koch- u. Wärmzwecke, f. Warmwasserbereitung u. f. Heizung vom Küchenherd aus, s. a. **Handbuch der Architektur III. Tl. 5. Bd. 1. Heft.**

Einrichtungen für Koch- und Wärmzwecke, für Warmwasserbereitung und für Heizung vom Küchenheerd aus. Von F. Rudolf **Vogel**, Architekt in Hannover. 3. Aufl. Mit 389 Abb. Stuttgart: A. Kröner 1907. (252 S.) 4° (8°)
= Hochbaukonstruktionen, Die. Bd 5, H. 1.
= **Handbuch** d. Architektur. T. 3, Bd 5, H. 1. [05. 13]

— u. Eduard **Schmitt,** Entwässerung u. Reinigung der Gebäude. Mit Einschluss der Spül-, Wasch- u. Badeeinrichtgn., der Aborte u. Pissoire, s.: **Handbuch** d. Architektur. III, 4.

Entwicklung der Baukunst und des amerikanischen Hauses. Von F. Rud. **Vogel**. Berlin: Wasmuth 1910. III, 285 S. 4°
(Vogel: Das amerikanische Haus. Bd 1.)

Vogel, F. Rud., das amerikanische Haus. Entwicklung, Bedinggn., Anlage, Aufbau, Einrichtg., Innenraum u. Umgebg. 1. Bd. Entwicklung der Baukunst u. des amerikan. Hauses. (III, V, 285 S. m. 400 Abbildgn.) 33×23 cm. Berlin 910. E. Wasmuth. 25. —

Vogel, F. W., die Erziehung unserer Schulneulinge zum Wissen, s. a. **Bausteine,** pädagogische. 19.

Die Erziehung unserer Schulneulinge zum Wissen. Von F. W. **Vogel**, Lehrer in Annaberg (Sachsen). *Berlin: Gerdes & Hödel 1902.* (31 S.) 8°
= **Bausteine,** Pädagogische. H. 19. [03. 3180

— **Fibel** f. den verein. heimatkundl. Anschauungs-, Sprech-, Schreib- u. Leseunterricht. Im Auftrage u. unter Mitwirkg. der Lehrerkollegien der Annaberger Bürgerschulen bearb. Bilder v. A. Großer u. B. Rambousek. gr. 8. (99 S.) Annaberg 900. Graser. Geb. n. — 50

Vogel, F. W., Fibel f. den vereinigten heimatkundlichen Anschauungs-, Sprech-, Schreib- u. Leseunterricht. Im Auftrage u. unter Mitwirkung der Lehrerkollegien der Annaberger Bürgerschulen bearb. 2. Aufl. (Nach der neuesten Rechtschreibg. (88 S. m. Abbildgn.) gr. 8. Annaberg 904. Graser's Verl. Geb. n. — 50

— **die Forderungen** der Gegenwart an die Volksschulfibel. Aus der Praxis f. die Praxis. Ein Beitrag zur Lösung der Fibelfrage, zugleich Begleitwort zur Fibel. gr. 8. (30 S.) Ebd. 900. n. — 50

Vogel, F. W., die **Handbetätigung** im Anschauungsunterrichte. Eine Lehrplanarbeit f. das 1. Schulj. Mit 1. Anh.: Strichzeichnungen zum Anschauungsunterrichte im 1. Schulj. (32 S. u. 12 S. Abbild.) gr. 8. Annaberg 908. Graser's Verl. — 60

— **Strichzeichnungen** zum Anschauungsunterrichte im ersten Schuljahre. (12 S. Abb.) 8. Ebd. 908. — 25

Vogel, F. X., radikale Selbsthilfe in allen mysteriösen Krankheiten durch die Heilkräfte der Natur. 8. (50 S.) Leipzig 858, Wengler. *

Vogel, Ferd., durch Kampf zum Sieg! Ein patriot. Liederbuch für die Kämpfer der Freiheit insbesondere für Preußen's Krieger. (Neue Titel-Ausg.) 16. (VIII u. 111 S.) Leipzig (845) 850, G. Pönicke. 3 ngr

Vogel, Ferd., durch Kampf zum Sieg! Ein patriot. Liederbuch für die Kämpfer der Freiheit insbesondere für Preußen's Krieger. (Neue Titel-Ausg.) 16. (VIII und 111 S.) Leipzig 850, G. Pönicke.

Vogel, Ferdin.: De Vitarum Plutarchi lectione adolescentibus commendanda. Pars I. 24 S. Magdeburg. D., Progr. 1858.

Vogel, F., Nepos Plenior. Lateinisches Lesebuch, s. a. **Perthes, H.,** lateinische Wortkunde.

Vogel, Ferd., Nepos plenior. Lateinisches Lesebuch für die Quarta der Gymnasien und Realschulen. 2. unveränd. Aufl. gr. 8. (XVI, 108 S.) Berlin 878, Weidmann'sche Buchh. *

Vogel, Ferd., **Nepos plenior. Lateinisches Lesebuch f.** die Quarta der Gymnasien u. Realschulen. 3. umgearb. Aufl., besorgt v. Karl **Jahr.** Mit e. Karte v. H. Kiepert. gr. 8. (XVIII, 114 S.) Berlin 886. Weidmann. n. 1. 60

Vogel, F., Nepos plenior. Latein. Lesebuch f. die **Quarta. 4., verb. Aufl.,** besorgt v. Karl Jahr. **M. 1 Karte** v. H. Kiepert. gr. 8. (VIII, 111 S.) Berlin 895. Weidmann. n. 1. 60

Vogel, Ferd., Kriegers Singlust. Allgemeines deutsches Liederbuch zur Erinnerung an den Freiheitskampf (1813—1815.) 16. (7 ½ B.) Leipzig 845, Pönicke's Separat-Conto. *

Vogel, Ferd. (II.), Stenographie [Kurzschrift] zur Benutzung statt der gewöhnlichen Currentschrift bei Schrift in deutscher Sprache. Ersparung ca. ⅘ der gewöhnlichen Schreibezeit. Zur Allgemeinschrift dargebracht. gr. 8. (8 S. mit 4 autogr. Taf.) Berlin 888. (Leipzig, Robolsky.) * — 80

Vogel, Ferd., neues System der deutschen Stenographie. Für Schulen u. zum Selbstunterricht. Berlin 860. Challier & Co. in Comm. gr. 8. (31 S. u. 4 lith. S. in 4.) n. 10 ngr.

Vogel, Ferdinand, a. Köln a. Rh.: Experimentelle Untersuchungen über das Verhalten von Xerosebacillen im Glaskörper von Kaninchen (bei gegen Diphtherie immunisierten und nicht immunisierten Tieren). Freiburg (Baden) 1906: E. Kuttruff. (45 S.) 8°

Freiburg i. B., Med. Fak., Ref. Axenfeld, Diss. v. 1906

[Geb. 2. Aug. 82 Coln; Wohnort: Coln; Staatsangeh.: Preußen; Vorbildung: Stadt. Gymn. Coln Reife O. 01; Studium: Kiel 2, Bonn 1, Munchen 1, Freiburg i. B. 5 S.; Coll. 12 Jan 06.]

Vogel, Friederike, Blumenstudien. gr. 4. (6 Chromolith.) Leipzig 884. (Baldamus Sep.-Cto.) n. 6. —; einzelne Blätter à n. 1. 50

Vogel, Friedrich, Dr., Prof.: **Analecta. 1. Aus griechischen Schriftstellern.** *Fürth 1901: L. Limpert.* (56 S.) 8°

Fürth, k. humanist. G, P 1901*

Vogel, *Ludwig Ferdinand Wilhelm Friedrich* [Dr.]: Ländliche Ansiedelungen der Niederländer und anderer deutscher Stämme in Nord- und Mitteldeutschland während des 12. und 13. Jahrhunderts. Döbeln, Druck v. A. Thallwitz, 1897; 1—XXXVIII S. 4.

Döbeln, k. RG u. Landwirtschafts-S, OP 1897 (572)

Vogel, Fr., Beiträge zur Kenntniss d. holländischen Kreide. I. Lamellibranchiaten aus d. oberen Mucronatenkreide v. Holländisch Limburg. II. Die Fossilien d. Necomsandsteins v. Losser u. Gildehaus. Imp.-4. (64 S. m. 3 Taf. u. 3 Bl. Erklärgn.) Leiden 895. Berlin, R. Friedländer & Sohn. n.n. 7. 50

— Dass., s.a. Sammlungen des geolog. Reichs-Museums in Leiden.

Vogel, Fr[iedr.]: Bemerkungen über die geologischen Verhältnisse des Okerbeckens. Berlin 1905. 2°

(Jahrbuch f. d. Gewässerkunde Norddeutschlands. Bes. Mitteil. Bd 1. Nr 3. Anh.)

Vogel, Fr., die alten Chroniken oder Denkwürdigkeiten der Stadt u. Landschaft Zürich von d. ältesten Zeiten bis 1820. 1.—6. Liefg. gr. 4. (Mit 5 Abbild.) Zürich 845, Schultheß. à n. 12 ngl

Vogel, Friedrich [aus München]: Zwei Fälle von **Extra**uteringraviditaet ... Erlangen, Druck v. A. Vollrath's k. b. Hofbuchdr., 1892; 32 S. 8.

Erlangen, Med. Fak., Inaug.-Diss. v. 20. Febr. 1892

— **Fischer, Werthelmer, Holzer,** die Stadt Fürth in Bayern, ihre Geschichte, ihre geographischen u. geologischen Verhältnisse, ihr Handel u. ihre Industrie, ihre öffentlichen Einrichtungen, ihre öffentlichen u. privaten Bauten. Mit neuestem Stadtplan 1 : 10000, Strassenverzeichnis u. e. Mappe m. Fürther Ansichten (67 Taf. m. 1 Bl. Text, 39,5×26,5 cm.) (127 S.) gr. 8. Fürth (908). A. Schmittner. 6. —

Die Grundwasserstandsbewegung in der Niederung der Parthe. Von Dr. Friedrich **Vogel**. Mit 6 Abb. Berlin: E. S. Mittler & Sohn 1906. (11 S.) 4°

= **Jahrbuch** f. d. Gewässerkunde Norddeutschlands. Bd 1, No 5. [07. ...]

Vogel, Friedr., Johann Rudolph Häberli in seinem Wirken als Kanzleibeamter u. in seinen übrigen Verhältnissen. Ein biograph. Versuch. 8. (.. B.) Zürich 840, Höhr.

Vogel, Frdr. (II.), u. Adb. Rössing. **Handbuch der Elektrochemie u. Elektrometallurgie. gr. 8. (VIII, 280 S. m. 66 Abbildgn.) Stuttg. 891, Enke. * 8 —**

Vogel, Friedrich: Ueber angeborene Harnblasenspalte mit Untersuchungen über die Geschwindigkeit, mit welcher gewisse in den Körper eingeführte Stoffe im Urin wiedererscheinen. Mit 1 Tafel Abbildung. Halle (1868): Plötz. 35 S., 1 Taf. 8°

Halle-Wittenberg, Med. Diss. v. 1. Aug. 1868

Geb. Göttingen 23. 2. 1846. V.

Im Buchhandel 1868 bei Denicke in Berlin und Leipzig. 37 S.

Vogel, Friedr., über angeborene Harnblasenspalte mit Untersuchungen über die Geschwindigkeit, mit welcher gewisse in den Körper eingeführte Stoffe im Urin wiedererscheinen. Anatomisch-physiologische Abhandlung. gr. 8. (37 S. mit 1 lithogr. Taf. Abbildungen.) Leipzig [Berlin] 868, Denicke's Verlag. *

Vogel, Frdr., de Hegesippo, qui dicitur, Josephi interprete. gr. 8. (62 S.) Erlangen 881. Deichert. n. 1. 50

Vogel, Friedr., ὁμοιότητες Sallustianae. gr. 8. (53 S.) Erlangen 878, Deichert. *

Vogel, Frdr., s.: Jahrbuch f. d. ges. Maschinen-Industrie.

Vogel, (Frdr.), s.: Kulmbach in Bayern.

Vogel, Frdr., Lehrbuch f. d. ersten Unterricht in der Geschichte. 2. u. 3. Bdchn. gr. 8. Bamberg, C. C. Buchner, Verl. Geb. n. 2. 45
2. Deutsche Geschichte im Mittelalter m. bes. Berücksicht. der bayer. Geschichte. 2. Aufl. (IV, 119 S.) 897. n. 1. 20
3. Deutsche Geschichte d. Neuzeit, m. bes. Berücksicht. d. bayer. Geschichte. (2. Bdchn. d. deutschen Geschichte.) (120 S.) 895. n. 1. 25

— Lehrbuch f. den ersten Unterricht in der Geschichte. 3 Bdchn. 8. Bamberg, C. C. Buchner's Verl. Kart. à nn 1. 25
I. Griechische u. römische Geschichte. 6. Aufl. (IV, 120 S.) 909.
II. Deutsche Geschichte im Mittelalter m. besond. Berücksicht. der bayerischen Geschichte. 5. Aufl. (IV, 124 S.) 909.
III. Deutsche Geschichte der Neuzeit m. besond. Berücksicht. der bayerischen Geschichte. 4. Aufl. (130 S.) 908.

Vogel, Frdr., Lehrbuch f. den ersten Unterricht in der deutschen Geschichte. Für bayer. Mittelschulen verf. I. Das Mittelalter. gr. 8. (IV, 119 S.) Bamberg 894. C. C. Buchner, Verl. Geb. in Leinw. n. 1. 20

Vogel, Frdr. (I.). Lehrbuch f. den ersten Unterricht in der griechischen u. römischen Geschichte. gr. 8. (V, 108 S.) Bamb. 892, Buchner, Verlag. cart. * 1 25

Vogel, (Fr.,) die Lehren d. Physik in dialogischer Form, s. Lehren.

— s. Macadam, J. L.: Bemerkungen über das gegenwärtige System . . .

—— Memorabilia Tigurina, od. Chronik d. Denkwürdigkeiten d. Stadt u. Landschaft Zürich. gr. 4. (98¾ B. u. 5 Ansichten.) Zürich 841, (Höhr.) *

Vogel, Frdr., Memorabilia Tigurina oder Chronik der Denkwürdigkeiten des Kantons Zürich v. 1840 bis 1850. 6 Lfgn. gr. 4. (XII u. 716 S. m. 6 Stahlst.) Zürich 852. 53, Schultheß. (à 24 ngl) 4 ß 24 ngl

Vogel, Friedrich: Mollusken aus dem Jura von Borneo. ([S.-A.] Sammlungen des Geologischen Reichs-Museums in Leiden. Ser. I. Bd. 5. S. 127—153.) Leiden 1896. 27 S., 2 Tf. 8°.

Vogel, Fr., neue Mollusken aus d. Jura v. Borneo, s.a. Sammlungen des geolog. Reichs-Museums in Leiden.

Vogel, Friedrich: Neue Mollusken aus dem Jura von Borneo. ([S.-A.] Sammlungen des Geologischen Reichs-Museums in Leiden. Ser. I. Bd. 6. Heft 2. S. 40–76.) Leiden 1900. 37 S., 5 Tf. 8°.

Vogel, Friedrich [Assist. am Palaeont. Inst. in Bonn]: Das Ober-Senon von Irnich am Nordrand der Eifel ... Bonn, Univ.-Buchdr. v. C. Georgi, 1892; 1 Bl., 106 S., 1 Bl., 1 Taf. 8.
Bonn, Phil. Fak., Inaug.-Diss. v. 22. Juni 1892

Vogel, Friedr.: Das Obmannamt in Zürich. Zürich 1845.

—— **neues Orts-Lexikon d. Kantons Zürich, od. alphabet. Verzeichniß aller Ortschaften, Höfe u. einzelnen Wohnhäuser, die besond. Namen führen, mit Angabe d. Gemeinde, zu welcher sie gehören, ihrer Lage** rc. **u. verschied. statist.** Notizen. **2., verm. u. verb. Ausg. gr. 8. (21 B.) Zürich** 811, Orell, **Füßli u. Comp.**
Nachtrag hierzu, s. Volkszählung.

— Ortslexicon des Cantons Zürich oder alphabet. Aufzählung aller Ortschaften, Höfe u. einzelne Wohnungen d. Cantons, die besondere Namen tragen rc. gr. 8. Zürich 835. Orell, Füßli u. Comp. 1 ₰

Rede am Sarge des Herrn Prediger Stechow bei der Trauerfeier in der Dorotheenstädt. Kirche 1895 geh. von s. Amtsgenossen Pred. [Friedrich] **Vogel.** (Berlin 1895: A. Haack.) (11 S.) 8° [F.] 106. 1804

— s. Scott, Walter: Geschichte von Schottland.

— **Theorie elektrolyt. Vorgänge, s.: Encyklopädie d. Elektrochemie, Bd. 2.**

Vogel, [illegible]

Das Unterirdische Wasser und die Quellen im Weser- und Emsgebiete. Ein Verzeichnis d. einschlägigen Schriften mit Inhaltsangaben u. Auszügen, sowie e. zusammenfassenden Besprechung. Von Dr. Friedrich **Vogel.** Berlin: E. S. Mittler & Sohn 1907. (86 S.) 4°
= **Jahrbuch** f. d. Gewässerkunde Norddeutschlands. Bes. Mitteilungen. Bd 2, No 1. [c8. 13676 4

Vogel, Friedrich. Kurzer Wegweiser durch Zürich und seine Umgebungen. 8. Zürich und Frauenfeld 1842.

Vogel, Friedrich August, s.a. Vogel, August

Vogel, Friedr. Aug., von den verderblichen Vorurtheilen der studirenden Jugend. Eine Rede am Tage der Vorbereitung auf den Genuß des heil. Abendmahls den 3. Oct. 1843 vor den Zöglingen des Gymnasiums zu Plauen. 8. (1 B.) Plauen, Schmidt. *

Vogel, Friedr. Wilh., die ägyptische Biene (Apis fasciata), ihre Einführung durch den Akklimatisations-Verein in Berlin u. ihre glückl. Eingewöhnung u. Vermehrung in Deutschland. Berlin 865. Schotte & Co. 8. (58 S.) n. 10 ngr.

—— **Handbuch der Bienenzucht oder vollständ. Anleitung zur naturgemäß-rationellen und einträgl. Pflege der Honigbiene in allen prakt. Stockformen. gr. 8. (XV und 208 S. mit 140 in den Text gedr. Abbild. in Holzschn.) Berlin 867, Schotte und Comp.** * –

Vogel, Friedr. Wilh., Handbuch der Bienenzucht, oder vollständ. Anleitung zur naturgemäß-rationellen und einträgl. Pflege der Honigbiene in allen prakt. Stockformen. 2. verm. und verb. Aufl. 8. (X, 246 S.) Leipzig 879, H. Voigt. *
geb. *

— **die Honigbiene u. die Vermehrung der Bienenvölker nach den Gesetzen der Wahlzucht, sowie vollständige Anleitung zur rationell-naturgemäßen u. einträglichen Pflege der Bienen in Körben, Beuten u. Dzierzon'schen Wohnungen. Mit 135 in den Text eingedr. Holzschn. gr. 8. (X, 409 S.) Mannheim 880. Quedlinburg, Ernst. n. 9.** —

Vogel, Friedr. Wilh., die Honigbiene und die Vermehrung der Bienenvölker nach den Gesetzen der Wahlzucht, sowie vollständ. **Anleitung zur rationell-naturgemäßen und einträgl. Pflege der Bienen in Körben, Beuten und Dzierzon'schen Wohnungen. gr. 8. (X, 409 S. mit 135 in den Text eingedr. Holzschn.) Mannheim 880, Schneider.** *

Vogel, Frdr. Wilh., s.: Jahrbuch der Bienenzucht.

Vogel, Frdr. Wilh., Merkmale der Epochen griechischer Plastik. 8. (31 S.) Strassburg 902. J. H. E. Heitz. n. 1. —

Vogel, Fritz, aus Fadersleben: **Beiträge zur Kenntnis** salpetrigsaurer Salze. *Berlin 1904: A. W. Schade.* (43 S.) 8°
Berlin, Phil. Diss. v. 20. Jan. 1904

Vogel, Fritz [aus Pförten (Brandenburg)]: Ueber Pectoral-fremitus bei den verschiedenen Krankheiten ... Würzburg, Anton Boegler'sche Buchdr., 1889; 42 S. 8°
Würzburg, Med. Fak., Inaug.-Diss. v. 1889.

Vogel, Fritz, Rechtsprakt.: **Der regelmässige Verwahrungsvertrag des bürgerlichen Rechts unter vergleichender Verwertung** des gemeinen **Rechts.** München 1908: Steinebach. XI, 108 S. 8°
Erlangen, Jur. Diss. v. 10. Okt. 1908, Ref. Oertmann
[Geb. 2. Juni 82 München; Wohnort: München; Staatsangeh.: Bayern; Vorbildung: Ludwigs-Gymn. München Reife 01; Studium: München 4, Würzburg 4 S.; Rig. 23. Juni 08.] [U 09. 744

Adressbuch der Stadt Aarau, von G. Vogel. Aarau: H. R. Sauerländer's Verlag 1888. 157 S. Gr. 8°

Vogel, G., die Blutungen bei Frauenleiden. Eine Gesamtbesprechg. derselben m. besond. Berücksicht. ihrer Ursachen u. ihrer Behandlg. durch den prakt. Arzt. (85 S.) gr. 8. Stuttgart 904. F. Enke. n. 2. —

Vogel, G., s.: Flora v. Ost- u. Westpreussen.

Vogel, G., Licht f. Israel, s.: **Schriften des Institutum Judaicum zu Leipzig.**

Vogel, G., Samenpflanzen, s.: Abromeit, J.

Vogel, G. Verzeichnis der neuen Hausnummerierung der Stadt Aarau. In-8°. 48 S. Aarau, H. R. Sauerländer & Co. 1900. 1 –

— **deutsche u. engl. Vorschriften. 12 Blatt in qu. 4. 2 Hefte. Erlang. 818. Palm u. E. à 10 ₰ 20 ₰**

Vogel, G., Vorschriften zum Schönschreiben. 4. Nürnb. 812. Riegel u. W. 1 ₰ 6 ₰

Vogel, G. A., der Ballen kommt! s. Genrebilder aus dem Buchhändlerleben.

— (Sieben.) Kaleidoskop. Novelletten, Humoresken, Burlesken. 12. Coesfeld 844, Riese'sche Buchh. 1 ₰

— s. Modenblatt, neuestes Pariser. — Modejournal, neues Pariser.

Vogel, G. A. †(Zieben), neuestes pariser Moden-Journal, s. Moden-Journal.

Vogel, G. A., Talleyrand, der größte Diplomat seiner Zeit. Eine Skizze seines Lebens, Wirkens u. Charakters nebst e. treuen Schilderung d. letzten Momente dieses großen Mannes. 8. (3 B.) Leipzig 838, Glück.

Vogel, G. F., Anweis. zur Laub- u. Baumzeichnung für Anfänger. 4. Nürnb. 817. Geyer. 6 gr.

— neue Vorschriften in 25 Blättern, nebst e. Anweisung schön u. zierl. zu schreiben. gr. 4. Nürnb. 784. Schneider u. W. 12 gr. in Fol. 16 gr. Die Anweisung apart 6 gr.

Vogel, G. M. C., geistl. Reden, v. d. Gnade u. Recht d. heil. Gottes geg. d. Menschen. 8. Frankf. 749. — 4

Vogel, G. P.: De praedior. accessorior. laudemio in Franconia usitato, vulgo Ross-Handlohn dicto. *Altdorf*, (Göthe, *Leipzig*.) 760. 4. (4 Gr.)

Vogel, G. P.: Sciagraphia curiae provinc. Norimberg. *Altdorf*, (Göthe in *Leipzig*.) 753. 4. (8 Gr.)

Vogel, G. Thdr., lateinische Schulgrammatik f. gymnasiale Anstalten m. lateinlosem Unterbau (Reform-Gymnasien, Reform-Realgymnasien). 3. Aufl. (XII, 264 S.) 8. Leipzig 910. B. G. Teubner. Geb. in Leinw. 2. 80

Vogel, G. W., Exercitationes latinae, passim vitiosae tironibusque emendandae, oder lateinische Übungen nach syntaktischer Ordnung, welche von den Schülern verbessert werden müssen. Leipzig 818. 8. 6 gr.

Vogel, G. W., exercitat. latinae, passim vitiosae, oder lateinische Uebungen nach syntakt. Ordnung etc. 8. Leipz. 819. Rein. 6 gr.

Vogel, Georg, Dr.: Beiträge zur Lektüre des Cornelius Nepos. Landshut 1905: J. Thomann. (19 S.) 8°
Landshut, k. human. G P 1905*

— Dein Reich komme! 2 Missionsfestpredigten. 8. (43 S.) Darmstadt 887. Waitz. n. — 60

Vogel, Geo., Eisenstein u. Umgebung. Ein Wegweiser f. Sommerfrischler u. Touristen, nebst Schilderung v. Land u. Leuten. Nach den neuesten Quellen u. m. Angabe aller den Fremdenverkehr fördernder Neuergn. u. Bauten bearb. Mit e. neuergänzten Wegekarte, entworfen v. Rob. Hanel. 12. (V, 109 S.) Eisenstein 901. (Regensburg, W. Wunderling. — Pilsen, C. Maasch.) Kart. n.n. 1. 25

Vogel, Geo., Erzählungen zu Aufsatzübungen f. die Schüler an Mittel- u. Volksschulen. gr. 8. (VIII, 62 S.) Bamberg 901. C. C. Buchner's Verl. n. — 90

Vogel, Geo., Erzählungen zu Aufsatzübungen f. die Schüler an Mittelschulen u. an den oberen Klassen der Volksschulen. 2. verm. u. verb. Aufl. (VIII, 80 S.) gr. 8. Bamberg 910. C. C. Buchner's Verl. 1. 20

Vogel, Georg (geb. am 1 Jan. 1851 in Guben Rgbz. Frankfurt a. O.): Zwei Fälle von allgemeiner progressiver Paralyse nach chronischer Bleivergiftung ... Bonn, Univ.-Buchdr. v. C. Georgi 1881. 19 S. 8.
Bonn, Med. Fak., Diss. v. 6 Aug. 1881

Vogel, Geo., Führer durch den Böhmer- u. Bayrischen Wald. 1., 3. u. 4. Heft. kl. 8. Eisenstein (in Böhmen), Waldheimatverlag. n. 1. 45
1. Ausflugsgebiet: Der Hohe Bogen. (56 S. m. Abbildgn.) 904. n. — 45
3. 4. Des Waldes Hochburg Eisenstein. (VII, 121 S. m. Abb.) 906. n. 1. —
Heft 2 ist noch nicht erschienen.

Vogel, Geo., illustr. Führer durch Neustadt a/A. u. Umgebung, m. e. Karte. Hrsg. vom Verein zur Hebung des Fremdenverkehrs f. Neustadt a/A. u. Umgebung. (III, 78 S.) 8. Neustadt a. d. Aisch 906. Engelhardt. n. 1. —

Vogel, Geo., Gelobt sei Jesus Christus! Geistliche Lieder. 12. (VI, 71 S.) Leipzig 881, Böhme. *
geb. *

Vogel, Geo., „Grüß Gott". Sammlung kleiner Dichtgn. f. Scherz u. Ernst. 8. (118 S.) Leipzig 894. W. Friedrich. n. 1. 50

— Heimatsklänge. 12 Lfgn. gr. 8. (1.—8 Lfg. S. 1—96.) Eisenstein in Böhmen 900. 901. Selbstverlag. 3. —

— Heimatsklänge. Erzählungen, Schildergn., Skizzen, Humoresken etc. etc. II. Serie. 12 Hefte. (1. Heft. 40 S.) 8. Ebd. 904. n. — 25

Vogel, Geo., mein Herr u. mein Gott. 4 Predigten. gr. 16. (103 S.) Dresden 875. H. J. Naumann. n. 1. 20

Vogel, Geo., Jubelfestpredigt, s.: Hofmeyer, J.

—— der Kämmerer aus dem Mohrenlande oder wer seine Straße fröhlich ziehen will, der muß gesucht und gefunden haben. Missionsfestpredigt über Apostel-Geschichte 8, 26—40. 8. (24 S.) Darmstadt 888, Waitz'sche Buchh. * — 30

Vogel, Geo., kommt zu Jesu! Missionspredigt, über Sanct Matthäi 11, 28 auf d. Erntefeste d. Kirchspiels Winnen im Walde bei Nordeck am 19. IX. 1897 — Dom. XIV. post Trin. — geh. gr. 8. (14 S.) Darmstadt 898. J. Waitz. n.n. — 25

Vogel, Geo., der Missionsherr auf seinem Siegeszug durch die Völkerwelt. Missionspredigt üb. St. Lucas 18, 35—43. 8. (16 S.) Herborn 893. Buchh. des Nass. Colportagevereins. n. — 10

Vogel, Georg: Die schriftlichen Nacherzählungen in der ersten und zweiten Klasse. Eine theoretisch-praktische Studie. *Bamberg 1898: W. Gärtner.* (53 S.) 8° [δ.]
Bamberg, k. altes G, P 1898*

Vogel, Geo., die schriftlichen Nacherzählungen d. 1. u. 2. Klasse. E. theoretisch-prakt. Studie. gr. 8. (53 S.) Bamberg 898. (C. C. Buchner Verl.) n. 1. —

Vogel, *Georg* [aus Eichstätt]: Die Ökonomik des Xenophon. E. Vorarbeit f. e. Geschichte d. griech. Ökonomik ... Erlangen, Druck d. Univ.-Buchdr. v. E. Th. Jacob, 1895; 86 S. 8.
Erlangen, Phil. Fak., Inaug.-Diss. v. 25. Febr. 1895

Vogel, G., die Okonomik d. Xenophon. E. Vorarbeit f. e. Geschichte d. griech. Ökonomik. gr. 8. (85 S.) Erlangen 895. (M. Mencke.) n. 1. 20

— der Tod ist verschlungen in d. Sieg! Ordng. d. Begräbnisfeierlichkeiten in d. evang.-luth. Kirchengemeinde Beuern, nebst e. Anh.: Seufzer u. Gebete f. Sterbende. Entworfen u. zusammengest. gr. 8. (16 S.) Beuern. Ebd. 896. n.n. — 50

— auf dem Wege nach Emmaus! Geistl. Lieder. 12. (66 S.) Darmstadt 896. J. Waitz. n. 1. 50

— wo sind die Neune? Missionspredigt üb. Sanct Lucae 17, 11—19. 2. Aufl. gr. 8. (15 S.) Ebd. 896. n.n. — 25

Vogel, Georg Johann Ludwig

Vogel, Geo. Jh. Ldw., († d. 12. Febr. 1776.) Anfangsgründe d. hebr. Sprache. Mit 11 Tabell. gr. 8. Halle 769. Hendel. 12 gGr

— s. L. Capelli, critica.

— Descriptio Codicis Ebraei scripti Bibl. Acad. Helmstad., subjuncta B. Kennicoti Diss. secundae de ratione textus Hebraici, versae a Wlh. Albr. Teller. (Leipz. 763.) — Diss. in versionis codicis hebraei moderamen contra Meintelium. 4. Halle 765. — De locis quibusdam Pentateuchi. 4. Halle 766. — Num lingua hebrea dives an pauper dici mereatur. Halle 766. — Observationes criticae in varias quasdam lectiones codicis ebraei scripti bibl. acad. Helmstad. Halle 766. — Inscriptiones Psalmorum serius additas videri. ibid. 767. — Diss. de matribus lectionis librariorum arbitrio olim relictis. ibid. 767. — Institutio hebraica in scholiis suscipienda. 4. ibid. 767.

Vogel, G. I. L., libellus singularis de dialecto poetica Vet. Test. 4. Helmstädt. (Weygand, Lips.) 764. — 5

s. H. Grotius, annotationes.

Vogel, Georg Joa. Ludw. [Praes.]. s. Hecht, Peter Christoph Heinrich: De matribus lectionis librariorum arbitrio olim relictis.

s. H. Reland, antiquitates.

s. A. Schultens, commentarius etc. u. versio integra etc.

— Umschreibung d. prophet. Bücher Alt. Test. 4 Thle. (1r Thl. Jesaias. 2r Thl. Jeremias. 3r Thl. Ezechiel. 4r Thl. d. zwölf kleinen Propheten.) 8. Halle 771. Hendel. 1 Rthlr 16 gGr

— Umschreibung d. Sprüche Salomonis. 8. Lpz. Dyk. 767. — 8

— Umschreib. d. Sprüchwörter Salomonis. 8. Leipz. 767. Dyck. 8 gGr

— freie Untersuch. über e. Bücher d. Alt. Test., vom Verfass. d. christl. freien Untersuchung über d. sogen. Offenbarung Johannis (Geo. Ldw. Oeder). Mit Zugaben u. Anmerkk. herausg. 8. Halle 770. Hendel. 21 gGr

s. Frz. Vatablus, annotat.

Vogel, Geo. Clem., der Vermehrungsprozess im Tierreiche. Gemeinfasslich dargestellt. gr. 8. (IV, 104 S. m. 85 Holzschn.) Dresden 893. W. Reuter. n. 2. 50

Vogel, Georg Theodor, s. Vogel, Theodor

Vogel, Georg Wolfgang (Dresden) A. S. 270/4

Exercitatio canonica de tonsura clericorum.
Präs. Kaspar Ziegler.
Wittenberg (Hake) 1754. 32 S.

Diss. V. 1685. 35263

Vogel, Gertr., aus der Diaspora, s.: Vereins-Bühne, evangel.

Vogel, Gertr., wie gewinnen wir unsere gebildeten Töchter dauernd f. christliche Liebesarbeit? Referat, in der Berliner Vorstände-Konferenz der evangel. Jungfrauenvereine geh. gr. 8. (7 S.) Berlin 901. (Buchh. des ostdeutschen Jünglingsbundes.) n. — 20

Wie gewinnen wir unsere gebildeten Töchter dauernd für christliche Liebesarbeit? Referat ... geh. von Gertrud Vogel. Berlin: Vorstände-Verband d. Ev. Jungfrauenvereine 1901. (7 S.) 8°

Vogel, Gottfr. Chr.

— Aufgaben zu dem im J. 1831 erschienenen Lehrbuche d. niedern Arithmetik. 1s Heft, Aufgaben über d. Numeriren u. über d. vier Rechnungsarten mit ganzen Zahlen. 8. Münch. 832. (Jaquet). 1½ gGr

Vogel, Gottfr. Chr., Aufgaben zu dem im Jahre 1831 erschien. Lehrbuche der niedern Arithmetik verfaßt. 1s Heft: Aufgaben über das Numeriren u. üb. die vier Rechnungsarten mit ganzen Zahlen. N. Ausg. 8. München 833. J. Lindauer. $1\frac{1}{2}$ gGr — 2s Heft: Aufgaben über die Vereinigung der Zahlen mit verschiedenen Zeichen, über die Theilbarkeit der Zahlen, über d. Rechnungsarten mit gemeinen u. Dezimal-Brüchen, dann mit benannten Zahlen, u. über die einfache u. zusammengesetzte Regel-Detri. $3\frac{1}{2}$ gGr — 3s Heft: Aufgaben über die Buchstaben-Rechnung, dann üb. die Quadrat- und Kubik-Wurzelausziehung aus Zahlen. $3\frac{1}{2}$ gGr — 4s Heft: Aufgaben über Gleichungen des ersten u. zweiten Grades, dann üb. Proportionen, Progressionen und Logarithmen. $5\frac{1}{2}$ gGr zusammen $\frac{7}{12}$ Rthlr

Vogel, Gf. Chr., Lehrbuch d. niedern Arithmetik. gr. 8. Münch. 829. v. Cotta. 1 Rthlr 8 gGr N. Ausg. gr. 8. Ebd. 831. (Jaquet). 1 Rthlr 12 gGr

Vogel, Gtfr. Chr., Lehrbuch d. niedern Arithmetik. 1. Aufl. 829. 1 Thlr. 8 Gr., (neue Ausg.) (à 31½ B.) gr. 8. München 831. [Jaquet.]

—— Aufgaben dazu. 1. Hft. (832., neue Ausg. 833.) u. 2—4. Hft. u. Resultate 3 Hfte. 8. (26 B.) München 832, 33, (Franz.)

— Lehre von d. Buchstabenrechnung, Algebra, arithmetischen Reihen, Potenzen u. Wurzeln rc. 2 Thle. gr. 8. Münch. 827. (Michaelis). 1 Rthlr

Vogel, Gottfr. Chr., Resultate der Rechnungs-Aufgaben. 1s u. 2s Heft zu dem Lehrbuche der niedern Arithmetik verfaßt. 8. München 833. J. Lindauer. $3\frac{1}{2}$ gGr — 3s Heft. 5 gGr — 4s Heft. $5\frac{1}{2}$ gGr zusammen $\frac{7}{12}$ Rthlr

Vogel, Gottlob: Ueber die Aetiologie des Chalazion. *Tübingen: F. Pietzcker 1897.* (16 S.) 8°
Tübingen, Med. Diss. v. 1897

Vogel, Glob., üb. die Aetiologie des Chalazion. Diss. gr. 8. (16 S.) Tübingen 897. F. Pietzcker. n.n. — 60

Vogel, Gottlob Reinhold (Cranzahl) A. S. 606/7

Quaestio iuris controversi an matrimonium cum surda et mutua sit licitum.
Präs. Christian Heinrich Breuning.
Leipzig (Langenheim) 11. V. 1776. 8 S.
35264

Vogel, Günther: Zur Thermodynamik des Isopentans. Mit 6 Fig. im Text. Leipzig: W. Engelmann 1910. 54 S. 8°
¶(Aus: Zeitschrift f. physikal. Chemie. Bd 73, H. 4.)
Freiburg i. B., Phil. Diss. v. 25. Juli 1910, Ref. Himstedt
[Geb. 3. März 85 Stoschendorf; Wohnort: Liegnitz; Staatsangeh.: Preußen; Vorbildung: Gymn. Liegnitz Reife O. 04; Studium: Berlin 2, Freiburg i. B. 7 S.; Rig. 11. Febr. 10.] [U 10. 1094

Vogel, Gust. v., Beobachtungen am Schlunde eines mit vollständigem Defect der Nase behafteten Individuums. Inaugural-Dissertation. gr. 8. (41 S. mit 1 Stnt.) Dorpat 881, (Karow.) *

Vogel, Gust., Erlebtes u. Geschautes. Ländliche Bilder u. Geschichten. (107 S.) 8. Braunschweig 904. B. Goeritz. n. 1.25; geb. in Leinw. n. 2. —

Vogel, Gust., der Karpathen-Curort Korytnica. Mit besond. Berücksicht. der Interessen d. Cur-Publikums. gr. 8. (VIII, 101 S.) Wien 876. Braumüller. n. 1. 60

Vogel, Gust., Lehrbuch der Geburtshilfe f. Hebammen Mit e. Vorwort v. Max Hofmeier. Mit 1 Taf. u. 57 teils farb. in den Text gedr. Abbildgn.) gr. 8. (XVI, 176 S.) Stuttgart 901. F. Enke. n. 4. 20; geb. in Leinw. n. 5. —

— **Leitfaden** der Geburtshülfe f. praktische Arzte u Studirende. gr. 8. (XIV, 402 S. m. 216 Abbildgn., Ebd. 902. n. 6. —; geb. in Leinw. n. 7. —

Vogel, Gustav, Referendar am Landger. zu Hagen: **Mentalreservation** und Simulation nach Bürgerlichem Gesetzbuch ⟨§§ 116, 117⟩ unter Hinweis auf das Gemeine Recht. *Hagen i. W. 1899: W. Quitmann.* (49 S.) 8° [J.]
Erlangen, Jur. Diss. v. 20. Apr. 1899

Vogel, Gust., über die Nachbehandlung v. 100 verschiedenen u. auswahllosen Laparotomien m. Frühaufstehen ohne Todesfall m. besond. Berücksicht. v. Technik u. Asepsis, s.a. Sammlung klinischer Vorträge.

Über die Nachbehandlung von 100 verschiedenen und auswahllosen Laparotomien mit Frühaufstehen ohne Todesfall mit besond. Berücks. von Technik u. Asepsis. (Aus d. Aachener Sanatorium.) Von Gustav **Vogel**. Aachen. Leipzig: Barth 1909. 13 S. 8°
(Sammlung Klinischer Vorträge. Nr 523.)

Vogel, *Gustav:* '(Aus d. pharmakolog. Institut d. Univ. zu Bonn.)' Untersuchungen über die Wirkungen einiger Säureäther ... (Aus: Arch. f. d. ges. Physiol., Bd. 67.) Bonn, E. Strauss, 1897; 2 Bl., 141—102 S., 1 Bl. 8.
Bonn, Med. Fak., Inaug.-Diss. v. [5. Juni] 1897

Vogel, Gust. Henr., de acido Nitro-Muriatico. Dissertat. inaug. med. 4 maj. (3½ B.) Lipsiae 830, (Staritz.)
Beigeheftet ist: C. G. Kuehn, Index medicorum oculariorum inter Graecos Ramanosque IX. (1½ B.)

Vogel, Gustav Philipp (Nürnberg) A. S. 373/33

Dissertatio inauguralis iuris Germanici de praediorum accessoriorum laudemio in Franconia usitato vulgo Ross-Handlohn dicto.
Altdorf (Meyer) 21. IV. 1760. 32 S.

Gew.: Stadt Nürnberg. 35268

Vogel, Gustav Philipp (Nürnberg) A. S. 53/17

Exercitatio academica de varii retractus concurrentis praelatione Von Vorzug in Näher=Recht.
Präs. Heinrich Hildebrand.
Altdorf (Kohles) IV. 1725. 48 S. 35265

Vogel, Gustav Philipp (Nürnberg) A. S. 218/14

Exercitatio academica de varii retractus concurrentis praelatione Vom Vorzug im Näher=Recht.
Präs. Heinrich Hildebrandt.
Altdorf (Hessel) 1741. 48 S.

Diss. 1725. 35266

Vogel, Gustav Philipp (Nürnberg) A. S. 380/28

Sciagraphia curiae provincialis Norimbergensis.
Altdorf (Meyer) 2. VIII. 1753. 60 S.

Gew.: Stadt Nürnberg. 35267

Vogel, H. Das Mecklenburg-Schwerinische ordentliche öffentliche Abgabenwesen nach seiner geschichtlichen Entwickelung. 8°. Schwerin 1860.

Vogel, H., Berechng. u. Konstruktion der Schiffsmaschinen u. -Kessel, s.: Bauer, G.

Vogel H.: Das phonetisch-etymologische Element in der deutschen Sprache. Ein Beitrag zur Genesis der Sprache. 21. Wien R. III. 81.
Progr.

Vogel, H., die Lehre vom Soll und Haben. Praktisches Lehrbuch der einfachen und doppelten Buchhaltung, zum Schul- und Selbstunterricht bearb. gr. 8. (XI, LXV, 160 S.) Nürnberg 879, Korn'sche Buchh. *

Vogel, H., s.: Mal=Vorlagen in Friesen.

Vogel, H., das Schrotbrod, seine Bestandtheile u. Zubereitg., seine Bedeutg. für die Gesundheit, seine Geschichte. Gekrönte Preisschrift. 2. vom Verf. durchgesch. Ausg. hrsg. vom Vorstande d. „Deutschen Vereins f. naturgemässe Lebensweise". gr. 16. (12 S.) Nordhausen 873. Förstemann in Comm. n. — 10

H. VOGEL, Das Schrotbrod, seine Bestandtheile und Zubereitung, seine Bedeutung für die Gesundheit, seine Geschichte. Gekrönte Preisschrift. 4. vom Verfasser durchgesehene Ausgabe, herausgegeben vom Vorstande des »Deutschen Vereins für naturgemässe Lebensweise«. Nordhausen, 1878. Verlag des »Vereinsblattes« (E. Baltzer). 8°.*)

Vogel, H., das Tagebuch des Braumeisters, s.: Brauer- u. Mälzer-Kalender.

Vogel, H., zwei Tanzreigen. 1) Française od. Contre. 2) Quadrille à la cour od. Lancier. Zur Erlerng. ohne Hilfe e. Lehrers in deutscher Sprache bearb. 2., verm. Aufl. 12. (32 S.) Schmalkalden 888. Wilisch. n. — 30

Vogel, H., 150 Uebungs=Beispiele zur Vorbereitung f. den mehrstimmigen Chor, nach der Chor=Schule v. A. B. Marx zusammengestellt. 8. (15 S.) Allenstein 883. Harich. n. — 35

Vogel, H.: Ueber die Zustände, in denen das Silber bei der Reduction seiner Salze auf nassem Wege auftritt. (Aus Pogg. Ann.) Leipzig 1863. 8°

Vogel, H. W.: Über die Bestimmung der nicht flüssigen Bestandteile des Weins, ... Augsburg 1860. -- [Zit. nach BJ]

Vogel, Hans [aus Berlin]: Ueber das optische Drehungsvermögen des Kamphers ... Berlin, Druck v. Jacoby & C., 1892; 62 S., 1 Bl. 8.
Berlin, Phil. Fak., Inaug.-Diss. v. 18. Juni 1892

Vogel, Hans, üb. **Milchuntersuchung** u. Milchkontrolle. Vortrag, geh. bei Gelegenheit der 1. Versammlg. bayer. Chemiker zu München. gr. 8. (23 S.) München 884. Stuber's Verl. n. — 40

— s.: Vorträge aus dem Gebiete der Nahrungsmittel-Chemie.

Vogel, Hedw., Eva-Lieder. 12. (XIII, 300 S. m. Bildn.) Berlin 898. W. Jßleib. Geb. in Leinw. n. 5. —

Vogel, Heinr., s.a. Vogel, K. Heinr.

Vogel, Heinr., allgem. Andeutungen z. Führung landwirthschaftl. Rechnungen nach d. Grundsätzen u. Formen d. doppelten merkantil. Buchhaltung, sowohl f. die mit ihr gleichen, als der ersten nur allein eigenthüml. Verhältnisse. 8. (3¼ B.) Jena 841, (Schmid.)

Vogel, Heinr.: Das Apotheken-Monopol. Berlin: Kortkampf 1870.

Vogel, Heinr., der Barren als Turngerät der Mädchen u. Frauen m. besond. Berücksicht. der Hangstand-, Liegehang- u. Liegestützübgn. Uebungsfolgen in 3 Schwierigkeitsstufen f. Lehrer u. Lehrerinnen sowie f. Turnwarte u. Vorturnerinnen m. e. Begleitwort v. R. Zander u. 72 photograph. Abbildgn. (176 S.) 8. Crefeld 911. G. Hohns. Geb. in Leinw. 2. 50

Vogel, H., Beschr. s. 30jähr. zum Theil glückl. zum Theil unglücklichen Seereisen, nebst d. Geschichte s. Lebens, m. K. 3 Thle. 8. Lpz. Gräff. 797. Rthlr. 2 12

Vogel, Hnr., (Hnr. Wlh. Rotermund), **Beschreibung seiner 30jähr. zum Theil glücklichen, zum Theil unglücklichen Seereisen, nebst d. Geschichte seines Lebens. 3 Thle, mit Kpf. 8. Leipz.** 797. (Wienbrack). 2 ₰ 12 K

Vogel, Heinrich, approb. Arzt aus Hohenlimburg. Aus d. Universitäts-Augenklinik ‹Prof. Axenfeld› u. d. laryngol. Universitätsklinik ‹Prof. Killian› in Freiburg i. Br. Bösartige Geschwülste des Keilbeinkörpers mit besonderer Berücksichtigung ihrer orbitalen Symptome und ihrer Nachweisbarkeit durch die Rhinoscopia media ‹Killian›. Freiburg i. B.: Speyer & Kaerner 1903. (62 S.) 8°
Freiburg i. B., Med. Diss. v. 1903.

Vogel, Heinr., bösartige Geschwülste des Keilbeinkörpers m. besond. Berücksicht. ihrer orbitalen Symptome u. ihrer Nachweisbarkeit durch die Rhinoscopia media (Killian). Diss. (62 S.) gr. 8. Freiburg i/B. 903. Speyer & Kaerner. n. 1. 20

Vogel, Heinr. (I.), über die Cultur-Geschichte des Flachses und seinen Kampf mit der Baumwolle. gr. 8. (41 S.) Darmstadt 869, Würtz'sche Buchh. *

Vogel, Heinrich, Kurmärker u. Picarde, s.: Heidelmann's, A., Theaterbibliothek. (Schneider, Louis.)

Vogel, Heinrich ‹geb. am 24 Febr. 1850 in Köln›: Ueber Perichondritis des Tarsalknorpels ... Bonn, Druck v. J. Trapp (1873). 23 S., 2 Bl. 8.
Bonn, Med. Fak., Diss. v. 19 Juli 1873

Vogel, Heinr., die Philosophie des Lebens der Natur gegenüber den bisherigen speculativen u. Natur-Philosophen. Allen wissenschaftlich Gebildeten gewidmet u. m. e. Vorw. an das philosophische Publikum begleitet. gr. 8. (20⅛ B.) Braunschweig 845, Vieweg u. Sohn. *

Vogel, Heinr., das Schiff in der Flasche. Meine wunderbare Reise m. dem Klabautermann auf der Brigg Albatros am 24. IX. 1908. (100 S.) 8. Hamburg 909. A. Janssen. Geb. in Leinw. 2. —

Vogel, H. Kurzer Unterricht in der Artillerie-Wissenschaft zu Ernst- u. Lust-Feuer-Werken. Mit Taf. Zürich 1756. 279 S.

Vogel, Hnr., (†...) Unterricht in d. Artilleriewissenschaft. Mit Kpf. gr. 8. Zürich... 3e A. 756. Orell. 1 ₰

Vogel, Heinr., die Verfälschung u. Verschlechterung der Lebensmittel. Ein Beitrag zur diätet. u. socialen Reform gr. 8. (VIII, 135 S.) Schwelm 872. Wortmann. n. 1. 20

Vogel Heinr., die Viehfütterung im Stalle d. bäuerlichen Landwirthes, nebst e. Anh., enth. 100 Fütterungsrecepte. 8. (56 S.) Straßburg 875. Schultz & Co. n. — 60

Vogel, Heinr. Aug., Lehrbuch d. Chemie. Als Leitfaden bei seinen Vorlesn. für d. Studirenden an d. Universität u. zum Selbstunterr. 2 Bde. gr. 8. Stuttgart, Cotta. [1. (35 B. u. 4 Stnt.) 830. 2 Thlr. 4 Gr., 2. (51½ B. u. 2 Stnt.) 832. 3 Thlr. 12 Gr.]

Vogel, Hermann, s.a. Vogel, Hermann Karl — Vogel, Hermann Wilhelm

— Ueber die Abhängigkeit des Elasticitätsmoduls vom Atomgewicht. Berlin, im April 1860.

Vogel, Hermann (Herford) A. S. 1137/23

Dissertatio inauguralis medica, de adephagia sive intemperantia edendi, nocua. Präs. Georg Ernst Stahl. Halle (Henckel) IV. 1700. 24 S.
35271

Gew.: Stadt Herford.

Georg Ernst Stahl

De αδηφαγια [Adephagia] sive Intemperantia edendi, nocua. [Resp.:] Hermannus Vogel [1707]. Halae Magd. 1707: Zeitler. 24 S. 8°

Halle, Med. Diss. v. Apr. 1700

(= Stahl: Dissertationes medicae. P.3[,26].)

Vogel, Herm., Altes u. Neues. Des H. Vogel-Album's 4. Tl. (96 Bl. m. Abbildgn.) 34×26,5 cm. München (908). Braun & Schneider. Geb. in Leinw. 10. —

Vogel, Herm. „Die Reichsstadt Augsburg im schmalkaldischen Kriege I". pg. 1—82. 8°. J. P. Himmer.
Augsburg, Progr. 1879/80

Vogel, Hermann [prakt. Arzt aus Escholzmatt]: Beitrag zu den experimentellen Untersuchungen über das Eindringen gelöster Substanzen durch Diffusion ins Augeninnere nach subconjunctivaler Injection. Leipzig 1900. 14 S. 8°
(S.-A. aus Archiv für Ophthalmologie, Bd. 49.)
Bern, Med. Diss. 1899/1900.

Vogel, Herm., Bilder u. Geschichtenbuch. (96 S. m. Abbildgn.) gr. 4. München (903). Braun & Schneider. Geb. in Leinw. n. 10. —

Vogel, Hermann [zu Stuttgart]: Über die Einwirkung von p- und o-Toluidin auf Dibrombernsteinsäureäthylester ... Stuttgart, Buchdr. v. Stähle & Friedel, 1890; 24 S. 8°
Jena, Phil. Fak., Inaug.-Diss. v. 1890.

Vogel, Hermann „Ueber J. Grimms Entdeckungen auf dem Lautgebiete". pg. 3—59. 8°. J. P. Himmer.
Augsburg, Progr. 1884/85

Vogel, Herm., Hermann Vogel-Album. 2. Aufl. gr. 4. (96 Bl. m. Abb.) München 897. Braun & Schneider. Geb. in Leinw. n. 10. —

Vogel, Herm., Hermann Vogel-Album. 3. Aufl. gr. 4. (96 Bl. Text u. Abbildgn.) München (898). Braun & Schneider. Geb. in Leinw. n. 10. —

— dasselbe. II. Thl. gr. 4. (96 Bl. m. Abbildgn.) Ebd. (899). Geb. in Leinw. n. 10. —

Vogel, Hermann: Christian Friedrich Hunold (Menantes). Sein Leben und seine Werke. Lucka S.-A. [1897]: Berger & Behrend. (119 S.) 8°
Leipzig, Phil. Diss. v. [13. Dez.] 1897.

Vogel, H., Christian Friedrich Hunold (Menantes). (1681—1721.) Sein Leben u. s. Werke. Eine Monographie. gr. 8. (120 S.) Leipzig 897. E. Gräfe. n. 1. 50

Vogel, Hermann: Der **Kampf** auf dem westfälischen Friedenskongress um die Einführung der Parität in der Stadt Augsburg. *München: J. Lindauer 1900.* (66 S.) 8° [ß.]
München, Phil. Diss. v. 1900

Vogel, Herm., der Kampf auf dem westfälischen Friedens-Kongreß um die Einführung der Parität in der Stadt Augsburg. gr. 8. (66 S.) München 900. J. Lindauer. n. — 80

Vogel, Herm. Kinder-Paradies. Ein heiteres Bilderbuch, m. Reimen v. Frida Schanz u. Jul. Lobmeyer. gr. 4. (36 S. in Farbendr. m. eingedr. Text.) Hamb. 892, Verlagsanst. u. Druckerei A.-G. cart. * 6 —

Vogel, Hermann. Oberdiessbach, Beitrag zur Heimatkunde. Von H' V', Lehrer in Oberwichtrach. [Mit Illustrationen und 3 Tafeln.] II + 126 S. 8. Selbstverlag (Buchdr. B. Fischer, Münsingen,) 1905. [fr. 1. —]

Vogel, Herm., die **Photographie** auf der Londoner Weltausstellung des J. 1862. Eine übersichtl. Schilderung der interessantesten auf derselben ausgestellt gewesenen Photographieen, photograph. Apparate, Chemikalien etc. 1. und 2. Aufl. gr. 8. (VI und 74 S. mit vielen in den Text gedr. Holzschn.) Braunschweig 863, Neuhoff und Comp.

Vogel, Herm., u. Ernst **Roitzsch**, Reichsfinanzreform u. Industrie. (15 S.) 8. Leipzig 909. Verlag der Leipziger Monatsschrift f. Textilindustrie. — 30
Sonderabdruck aus: „Leipz. Monatsschr. f. Textilind."

Vogel, Herm.: Ueber krystallisirtes Silberoxyd und kohlensaures Silberoxyd. (Aus Pogg. Ann.) Leipzig 1863. 8°

—— s. Simpson, G. Wh., Swan's Pigmentdruck.

VOGEL, Hermann (Bogen): De stomacho.- Monachii: Schurich 1854. 15 S.
30.7.1853 - Urk; F 68
Diss. Ingolst.-Landsh.-Mchn.

Vogel, Hermann, approb. Arzt aus Callnberg: Ueber syphilitische Tumoren des vorderen Augenabschnittes. *Leipzig 1902: B. Georgi.* (59 S.) 8°
Leipzig, Med. Diss. v. (28. Apr.) 1902

VOGEL, HERMANN. Ueber das Verhalten des Chlorsilbers, Bromsilbers und Jodsilbers im Licht, und die Theorie der Photographie. Göttingen, 1863.

— Waldbilder. gr. Fol. (18 Heliograv.) München 892. Braun & Schneider. In Leinw.-Mappe. n. 36. —

— 5 Wein-Bilder [Rheingold — Chianti — Malaga — Tokayer — Champagner]. Farbendr. Lex.-8. Plauen i/V. 892. Ch. Stoll. n. 3. —; m. 6 Blatt Text. Kart. n. 4. 50

Vogel, Herm. Karl: Über die Absorption der chemisch-wirksamen Strahlen in der Atmosphäre der Sonne. Leipzig 1872.

Vogel, H. C., populäre Astronomie, s.: Newcomb-Engelmann.

— einige Bemerkgn. üb. d. Kirchhoff'schen Spectralapparat. [Aus: „Sitzungsber. d. k. preuss. Akad. d. Wiss."] gr. 8. (7 S.) Berlin 898. (G. Reimer.) n. — 50

Vogel, H. C., Beobachtungen des grossen Cometen von 1881 [Comet III. 1881], s.: Publicationen des astrophysikalischen Observatoriums zu Potsdam.

Vogel, H. C.: Beobacht. von Nebelflecken u. Sternhaufen, deren Declinationen zw. 9°30' u. 15°30' gelegen sind. 1870. 8°
Diss. Jena.

Vogel, Herm., Beobachtungen von Nebelflecken u. Sternhaufen am sechsfüssigen Refractor u. zwölffüssigen Aequatoreal der Leipziger Sternwarte. Leipzig 867. Engelmann. gr. 8. (VIII, 92 S.) n. 1 ₰

Vogel, H. C., einige **Beobachtungen** m. dem grossen Refractor der Wiener Sternwarte, s.: Publicationen d. astrophysikalischen Observatoriums zu Potsdam.

— u. G. **Müller**, spectroskopische Beobachtungen der Sterne bis einschliesslich 7. 5ter Grösse in der Zone von — 1° bis + 20° Declination, s.: Publicationen d. astrophysikalischen Observatoriums zu Potsdam.

Vogel, H. C., s. a. **Beobachtungen** angestellt auf der Sternwarte d. Kammerherrn v. Bülow zu Bothkamp.

Vogel, Herm Carl, Beobachtungen angestellt auf der Sternwarte des Kammerherrn v. Bülow zu Bothkamp. 1. und 2. Heft. qu. 4. Leipzig, Engelmann. [1. Heft. (VI, 130 S. mit 7 lithogr. Taf., wovon 1 in Buntdr., in gr. 4. und qu. Fol. und mehreren Fig. in Holzschn., eingedr. und auf 1 Taf.) 872. * M 11.; 2. Heft. (145 S. mit 6 lithogr. Taf. in gr. 4. und 27 eingedr. Holzschn.) 873. * M 12.] * 23 —

Vogel, H. C., über die **Bewegung** des Orionnebels im Visionsradius. gr. 8. (8 S.) Berlin 902. (G. Reimer.) n. — 50

Vogel, H. C., die 2 Doppelrefraktoren des (astrophysikalischen) Observatoriums (zu Potsdam), s. a. Publikationen des astrophysikalischen Observatoriums zu Potsdam. Nr. 45.

Die zwei Doppelrefraktoren des Observatoriums. Von H[ermann] C[arl] **Vogel**. Mit 14 Fig. u. 5 Taf. Potsdam: W. Engelmann in Leipzig in Komm. 1907. (59 S.) 4°
— **Publikationen** d. astrophysikal. Observatoriums zu Potsdam. Bd 15, St. 1. [07. 9641

— der spectroskopische **Doppelstern** o Persei. (9 S.) gr. 8. Berlin 902. (G. Reimer.) n. — 50
Sonderabdruck aus: „Sitzungsber. d. preuss. Akad. d. Wiss."

Feier zur Einweihung des neuen Kuppelbaues und des grossen Refractors des Königl. astrophysikalischen Observatoriums auf dem Telegraphenberge bei Potsdam am 26. Aug. 1899. (Verf.: H[ermann] C[arl] Vogel.) Potsdam 1899: (Reichsdr. in Berlin). (15 S.) 4°(8°)

— über die im letzten Decennium in der Bestimmung der Sternbewegungen in der Gesichtslinie erreichten Fortschritte. gr. 8. (18 S.) Ebd. 900. n. 1. —

— der spectroskopische Doppelstern Mizar. gr. 8. (5 S. m. 1 Kurve.) Ebd. 901. n. — 50
5 Sonderabdrucke aus: „Sitzungsber. d. preuss. Akad. d. Wiss."

—— unser Planetensystem und die Planeten, s. Vorträge und Abhandlungen, gemeinnützige.

— s.: Publikationen des astrophysikalischen Observatoriums zu Potsdam.

— Resultate spectral-analytischer Untersuchungen an Gestirnen. (Abdruck aus den Berichten der mathem.-physikal. Kl. der Kgl. Sächs. Ges. der Wissensch. 1871.)

Vogel, Herm. Karl: Die norddeutsche Sonnenfinsterniss-Expedition. Berlin 1868.

— über das **Spectrum** v. α-Aquilae u. üb. d. Bewegg. d. Sterns im Visionsradius. [Aus: „Sitzungsber. d. preuss. Akad. d. Wiss."] gr. 8. (14 S.) Ebd. 898. n. — 50

— über das **Spectrum** der Nova Persei. gr. 8. (5 S. m. 3 Fig.) Berlin 901. (G. Reimer.) n. — 50
Sonderabdruck aus: „Sitzungsber. d. preuss. Akad. d. Wiss."

— über **Spiegelteleskope** m. relativ kurzer Brennweite. (19 S. m. 8 Abbildgn.) Lex.-8. Berlin 906. (G. Reimer.) n. 1. —

— üb. den neuen **Stern** im Fuhrmann. [Aus: „Abhandlgn. d. k. preuss. Akad. d. Wiss. zu Berlin".] gr. 4. (60 S. m. 1 Taf.) Berlin 893. (G. Reimer.) Kart. n. 3. 50

Vogel, Herm. Carl, der Sternhaufen χ Persei beobachtet am 8-zölligen Refractor der Leipziger Sternwarte in den J. 1867 bis 1870. Hrsg. mit Unterstützung der k. Akademie der Wissenschaften zu Berlin. gr. 4. (V, 36 S. mit 2 lithogr. Taf.) Leipzig 878, Engelmann. *

Vogel, H. C. Untersuchung üb. die Eigenbewegung der Sterne im Visionsradius auf spectrographischem Wege, s.a. Publicationen d. astrophysikalischen Observatoriums zu Potsdam.

Untersuchung über die Eigenbewegung der Sterne im Visionsradius auf spectrographischem Wege. Von H. C. **Vogel**. *Potsdam: In Comm. b. W. Engelmann in Leipzig 1892.* (IV, 166 S., 1 Taf.) 4.
— Publicationen d. astrophysikal. Observatoriums zu Potsdam. No 25. Bd VII, Th. 1. (92. 5733)

— **Untersuchungen** üb. das spectroskopische Doppelsternsystem β Aurigae. (21 S. m. 2 Fig.) gr. 8. Ebd. 904. n. 1. —
2 Sonderabdr. aus: „Sitzungsber. d. preuss. Akad. d. Wiss."

—— **Untersuchungen** über das Sonnenspectrum, s. Publicationen des astrophysikalischen Observatoriums zu Potsdam.

— **Untersuchungen** üb. die Spectra der Planeten. Eine v. der königl. Gesellschaft der Wiss. zu Kopenhagen gekrönte Preisschrift. Mit 1 lith. Taf. (in qu. 4.) gr. 8. (IV, 56 S.) Leipzig 874. Engelmann. n. 3. —

— u. **J. Wilsing**, Untersuchungen üb. die Spectra v. 528 Sternen, s.a. Publikationen des astrophysikal. Instituts zu Potsdam. 39.

Untersuchungen über die Spectra von 528 Sternen. Von H[ermann] C[arl] **Vogel** u. J[ohannes] Wilsing. *Potsdam; Leipzig: W. Engelmann in Komm. 1899.* (73 S.) 4°
— Publikationen d. astrophysikal. Observatoriums zu Potsdam. No 39. Bd 12, Stück 1. (99. 9910)

— einige spectralanalytische **Untersuchungen** an Sternen, ausgeführt m. dem grossen Refractor der Wiener Sternwarte. [Mit 1 (lith.) Taf.] Lex.-8. (25 S.) Wien 884. (Gerold's Sohn.) n.n. — 70

Vogel, H. C.: Einige spektralanalytische Untersuchungen an Sternen, ausgeführt mit dem Refraktor der Wiener Sternwarte (mit 1 Taf.). S. 88. II. 791.
Separatabdruck

— H. C., Dr., Untersuchungen über das Spectrum des Nordlichtes. (Abdruck aus den Berichten der mathem.-physikal. Kl. der Kgl. Sächs. Ges. der Wissensch. 1871.)

Vogel, Hermann Wilhelm

Vogel, H. W., die Fortschritte der Photographie seit dem J. 1879. Uebersicht der hervorragendsten auf photograph. und photochem. Gebiete in den letzten vier Jahren erfolgten Entdeckungen, mit spezieller Berücksicht. der Emulsionsphotographie und einem Anhang: Photographie für Amateure. Zugleich als Ergänzung zur 3. Aufl. von des Verf. Lehrbuch der Photographie. gr. 8. (VIII, 176 S. mit 56 in den Text gedr. Holzschn.) Berlin 883, Oppenheim. *

Vogel, H. W., Handbuch der Photographie. 4., gänzlich umgearb. u. verm. Aufl. Ergänzungsbd., s.a. Schröder, Hugo, die Elemente der photographischen Optik.

Vogel, H. W. Handbuch der Photographie. 4 Thle., enth. die photograph. Chemie, Optik, Praxis u. Aesthetik. 1. u. 4. Thl. 4. gänzlich umgearb. u. verm. Aufl. gr. 8. Berl., Oppenheim. * 16 —; geb. * 19 —
1. Photochemie u. Beschreibung der photographischen Chemicalien. Mit 13 Taf. u. 22 Holzst. im Text. (XVI, 351 S.) 890. * 10 —; geb. * 11 50.
4. Photographische Kunstlehre od. die künstlerischen Grundsätze der Lichtbildnerei. Mit 3 Taf. u. 166 Abbildgn. im Text. (VII, 210 S.) 891. * 6 —; geb. * 7 50.
Ergänzung dazu, s. Schroeder, Hugo. Die Elemente der photogr. Optik.

Vogel, H. W., Handbuch der Photographie. 4., gänzlich umgearb. u. verm. Aufl. 4 Thle., enth. die photograph. Chemie, Optik, Praxis u. Kunstlehre. 2. u. 4. Thl. gr. 8. Berlin, R. Oppenheim. n. 15 —; geb. n. 18. — (1, 2 u. 4.: n. 25. —; geb. n. 29. 50)
2. Das Licht im Dienste der Photographie u. die neuesten Fortschritte der photographischen Optik. (XI, 367 S. m. Fig. u. 2 Taf.) 894. n. 9. —; geb. n. 10. 50
4. Photographische Kunstlehre od. die künstlerischen Grundsätze der Lichtbildnerei. Für Fachmänner u. Liebhaber verf. Mit 3 Taf. u. 166 Abbildgn. im Text. (VII, 210 S.) 891. n. 6. —; geb. n. 7. 50

Vogel, H. W., Handbuch d. Photographie. 4., gänzl. umgearb., verb. u. verm. Aufl. 4 Thle., enth. d. photograph. Chemie, Optik, Praxis u. Kunstlehre. III. Thl.: D. photograph. Praxis. 1. Abth.: D. photograph. Arbeitsräume u. Geräthe. Der photograph. Negativprozess m. Kollodium u. Gelatine-Emulsion. gr. 8. (X, 310 S. m. 207 Illustr.) Berlin 897. G. Schmidt. n. 8. —; Einbd. n.n. 1. 50 (I, II, III, 1 u. IV.: n.n. 33. —)

Vogel, H. W., Handbuch der Photographie. 4., gänzl. umgearb., verb. u. verm. Aufl. 4 Thle., enth. die photograph. Chemie, Optik, Praxis u. Kunstlehre. III. Thl.: Die photograph. Praxis. 2. Abth.: Die photograph. Copirverfahren m. Silber-, Eisen-, Chrom- u. Uransalzen. Hrsg. v. P. Hanneke. Mit 32 Illustr. im Text. gr. 8. (X, 168 S.) Berlin 899. G. Schmidt. n. 4. 60; geb. n. 6. —; (4 Bde. kplt. n.n. 37.60; geb. n.n. 45. —)

H[ermann] W[ilhelm] **Vogel**. Handbuch der Photographie. 5. Aufl. 1. Berlin: G. Schmidt 1906. 8° (06. 13658)

Vogel, Herm. W., aus der neuen Hexenküche. Eine Skizze des Spiritistentreibens. gr. 8. (V, 88 S.) Berlin 880, Oppenheim. *

—— **Lehrbuch** der Photographie. Nach Vorlesungen gehalten an der königl. Gewerbe-Akademie zu Berlin. (In 3 Abthlgn.) 1. Abthl.: Photochemie und photogr. Optik. gr. 8. (160 S. mit 1 Farben- und 1 photogr. Taf. und in den Text gedr. Holzschn.-Illustr.) Berlin 867, [Oppenheim.] *

Vogel, Herm., Lehrbuch der Photographie. Nach Vorlesungen gehalten an der königl. Gewerbe-Akademie zu Berlin. 2. Abthl. 1. und 2. Lfg. gr. 8. Berlin, Oppenheim. *

Inhalt:
Lfg. 1. Schluss der photograph. Optik und Praxis der Photographie bis zum Negativ-Process [einschliesslich]. (S. 161—276 mit 72 in den Text gedr. Holzschn.) 868. * M. 2.
» 2. [Schluss des Werkes.] Schluss der Praxis der Photographie und Kunst der Photographie. (X, S. 277—494 mit 4 in den Text eingeklebten Photogr. und 80 eingedr. Holzschn.) 870. * M. 3.
1. Abthl. [Ebendas.] 1867. * M. 4.

Vogel, Herm., Lehrbuch der Photographie 3 Thle. in 1 Bde. enth. die photogr. Chemie, die photogr. Praxis u. die photogr. Aesthetik. 2. gänzlich umgearb. verb. u. verm. Aufl. Mit e. Farbentaf. u. danach gefert. Lichtdruck v. Obernetter, 4 in den Text eingef. photograph. Beleuchtungsstudien u. 215 (eingedr.) Holzschn. gr. 8. (XI, 528 S.) Berlin 874. Oppenheim. n. 11. —

Vogel, Herm. W., Lehrbuch der Photographie. 3 Thle. in 1 Bde., enth. die photographische Chemie, Praxis und Aesthetik. 3. gänzlich umgearb., verb. und verm. Aufl. Mit 1 Farbentaf., 1 danach gefertigten Lichtdr. von Obernetter, 1 Taf. mit 4 photograph. Beleuchtungsstudien und 250 (eingedr.) Holzschn. gr. 8. (XI, 580 S.) Berlin 878, Oppenheim. *

— Lichtbilder nach der Natur, s.: Verein, allgemeiner, für deutsche Literatur.

— s.: Mitteilungen, photograph.

H[ermann] W[ilhelm] **Vogel**. Photochemie und Beschreibung der photographischen Chemikalien. 5. veränd. u. verm. Aufl. Bearb. von Dr. Ernst König. Mit 17 Fig. u. 8 Taf. Berlin: G. Schmidt 1906. (XI, 376 S.) 8°
= **Vogel**: Handbuch d. Photographie. 1. [06. 15659]

— Photographie. Ein kurzes Lehrbuch f. Fachmänner u. Liebhaber. Bearb. v. E. Vogel. Mit in den Text eingedr. Abbildgn. u. Taf. 8. (IX, 211 S.) Braunschweig 900. F. Vieweg & Sohn. Geb. in Leinw. n. 2. 50

Vogel's, H. W., Photographie. Ein kurzes Lehrbuch f. Liebhaber u. Fachleute. 2. verm. Aufl. Bearb. v. Hans Spörl. Mit 106 Abbildgn. im Text u. auf 2 Taf. u. 1 Porträt v. H. W. Vogel. (XI, 324 S.) kl. 8. Braunschweig 909. F. Vieweg & Sohn. Geb. in Leinw. 2. 50

Vogel, H. W., die Photographie farbiger Gegenstände in den richtigen Tonverhältnissen. Handbuch der farbenempfindl. [isochromat. od. orthochromat.] Verfahren. Mit 1 Farbendr.-Beilage, 2 danach angefertigten Lichtdrucken u. 15 in den Text gedr. Holzst. gr. 8. (VIII, 157 S.) Berlin 885. Oppenheim. n. 4. —

— u. Paul Hanneke, das Pigment-Verfahren (Kohledruck), s.a. **Bibliothek, photographische. I.**

H[ermann] W[ilhelm] **Vogel**. Das Pigment-Verfahren (Kohledruck) mit e. Anh. über d. Gummidruck- u. Ozotypie-Verfahren. Bearb. von Paul Hanneke. 5. verm. Aufl. Mit 1 Taf. u. 22 Abb. Berlin: G. Schmidt 1905. (VIII, 134 S.) 8°
= **Bibliothek**, Photographische. Bd 1. [05. 7406]

—— und J. R. Sawyer, das photographische Pigment-Verfahren oder der Kohledruck, nach seinen neuesten Vervollkommnungen dargestellt. 1. Aufl. (V, 59 S. mit eingedr. Holzschn.) 1876. * M 1,50.; 2. verm. und verb. Aufl. gr. 8. (VIII, 76 S. mit eingedr. Holzschn.) Berlin 877, Oppenheim. *

Das photographische Pigment-Verfahren und seine Anwendungen im Lichtpressendruck. Von Prof. Dr. H[ermann] W[ilh.] Vogel. 3. veränd. u. verm. Aufl. Berlin: R. Oppenheim (G. Schmidt) 1892. (XII, 133 S.) 8°
(Bibliothek, Photographische. Sammlung klein. photogr. Hilfsbücher. No 1.)

Vogel, H.W., das photograph. Pigment-Verfahren, 4. Aufl. v. Paul Hanneke, s.a. **Bibliothek, photographische. 1.**

H[ermann] W[ilhelm] **Vogel**. Das photographische Pigment-Verfahren (Kohledruck). 4., völlig veränd. Aufl. mit e. Anh. über d. Velours-, Gummidruck- u. Ozotypie-Verfahren. Bearb. von Paul Hanneke. Mit 1 Taf. u. 15 Abb. *Berlin: G. Schmidt 1902.* (127 S.) 8°
— **Bibliothek**, Photographische. Bd 1. [03. 111]

Die Photographische Praxis von Prof. Dr. H[erm.] W[ilh.] Vogel. Abth. 1. 2. Berlin: G. Schmidt 1897–99. 2 Bde 8°
1. Die photogr. Arbeitsräume u. Geräthe. Der photogr. Negativprozess mit Kollodium u. Gelatine-Emulsion. Mit 207 Ill. im Text. 1897.
2. Die photogr. Copirverfahren mit Silber-, Eisen-, Chrom- u. Uransalzen. Hrsg. von P[aul] Hanneke. Mit 32 Ill. im Text. 1899.
(Vogel: Handbuch d. Photographie. Th. 3, Abth. 1. 2.)

—— practische Spectralanalyse irdischer Stoffe. Anleitung zur Benutzung der Spectralapparate in der qualitativen und quantitativen chem. Analyse organ. und unorgan. Körper, im Hüttenwesen, bei der Prüfung von Mineralien, Farbstoffen, Arzneimitteln, Nahrungsmitteln, bei physikal. und physiolog. Untersuchungen etc. gr. 8. (VIII, 398 S. mit 136 eingedr. Holzschn. und 3 Taf., wovon 1 chromolithogr. und 2 in Lichtdr.) Nördlingen 877, Beck'sche Buchh. *

Vogel, H. W., praktische Spectralanalyse irdischer Stoffe. gr. 8. Nördlingen 877. Berlin, Oppenheim. * 8 —

— practische Spectral-Analyse irdischer Stoffe. Anleitung zur Benutzg. der Spectralapparate in der qualitativen u. quantitativen chem. Analyse organ. u. unorgan. Körper, im Hüttenwesen, bei der Prüfung v. Mineralien, Farbstoffen, Arzneimitteln, Nahrungsmitteln, bei physikal. u. physiolog. Untersuchgn. etc. Mit 194 Holzschn. u. 5 Taf. 2., umgearb. Aufl. 1. Tl. Qualitative Spectralanalyse. 8. (XII, 515 S.) Ebd. 888. n. 11. 50; geb. n. 13. —

— Hermann W., Photographische Spectral-Beobachtungen im Rothen und Indischen Meere. Spectroskopische Untersuchung des Lichts der blauen Grotte auf Capri. Berlin 1875.

Vogel, Herm., photographisches Taschenwörterbuch. Alphabetisch geordnete Sammlung praktisch-wicht. Notizen über Atelier-Einrichtung, Auswahl und Prüfung der Objecte und Chemicalien, erprobter Formeln etc. Für Photographen und Liebhaber der Photographie. 8. (IV, 124 S.) Berlin 872, Oppenheim. *

—— vom indischen Ocean bis zum Goldlande, s.a. **Bibliothek für Wissenschaft und Literatur.**

— vom indischen Ocean bis zum Goldlande. Reisebeobachtungen u. Erlebnisse in vier Welttheilen. 2. (Titel-)Ausg. gr. 8. (IV, 452 S.) Berlin 879. Th. Hofmann. n. 7. 50

— Hermann W., Ueber die chemische Wirkung des Sonnenspectrums auf Silberhaloidsalze. Leipzig 1874.

Vogel, Herm., die chemischen Wirkungen des Lichts und die Photographie in ihrer Anwendung in Kunst, Wissenschaft und Industrie, s.a. Bibliothek, internationale wissenschaftliche.

VOGEL, HERMANN W.
Chemischen (Die) Wirkungen des Lichts und die Photographie in ihrer Anwendung in Kunst, Wissenschaft und Industrie. Berlin, 1874.

Vogel, H. W.: Die chemischen Wirkungen des Lichts und die Photographie in ihrer Anwendung in Kunst, Wissenschaft und Jndustrie. 2. Aufl. Leipzig 1884.

Vogel, Hil., Aspern. Eine vaterländ. Rhapsodie. 8. (VI und 105 S.) Brünn 863, Winiker. *

—— Kurzgefaßte praktisch-theoretische Formen- und Satzlehre der deutschen Sprache für Haupt- Bürger- und Unterrealschulen, so wie ähnliche Anstalten. gr. 8. (122 S.) Brünn 864, Buschak und Irrgang. *

Vogel, Hil., Geographie f. Mittelschulen u. ähnliche Anstalten. 2. verb. Aufl. gr. 8. (VII, 351 S.) Brünn 870 Buschak & Irrgang. 3. —

—— Geographie für Schule und Haus mit besond. Berücksichtigung des Kaiserth. Österreich. Lex.-8. (X und 458 S. mit 58 Karten und andern graph. Darstellungen in eingedr. Holzschn.) Brünn 862, Winiker. *

— Leitfaden der Geographie f. Volks- u. Bürgerschulen. 8. (IV, 139 S.) Wien 873. Gerold's Sohn. n. 1. 20

Vogel, Hub., die Wewelsburg u. das ehemalige Kloster Böddeken. (Gedichte.) gr. 16. (56 S.) Paderborn 899. Bonifacius-Druckerei. n. — 40

Vogel, Hugo, s. Thiel's landwirthschaftliches Konversations-Lexikon.

Vogel, Hugo, die Wandgemälde im großen Saale des Hamburger Rathauses. (4 Taf. m. III S. Text.) 25,5×40,5 cm. Hamburg (910). O. Meißner's Verl. 6. —

— dasselbe. (4 Taf. in Passepartout m. III S. Text.) 26×41 cm. Ebd. (910). In Leinw.-Mappe 12. —

Vogel, J., „Blicke in's Menschenleben“. Wollen wir Knaben? Wollen wir Mädchen? Es steht in unserer Macht! Auf langjähr. Versuchen u. vielen Erfolgen begründetes Resultat, unter Widerlegung Schenk's u. aller besteh. Zeugungstheorien. gr. 8. (40 S.) München 902. Novitas. 1. 50

Vogel, J., und Braulik, Franz, Lesebuch für österreichische allgemeine Volksschulen. I. Theil. Fibel nach der analytisch-synthetischen Schreib-Lese-Methode in Schrägschrift. Umgearbeitete und vermehrte Ausgabe. Wien 1895. K. k. Schulbücherverlag. (Min.-Erl. v. 14. Mai 1895, Z. 10944.) In Lnwd. geb. —.25

Vogel, J., Meisterzeichngn. deutscher Künstler, s.: Reichhold, Karl.

Vogel, J., De accurata naturae observatione veterum interpretandi artis optima adjutrice. 1862. 27 S. 1.50

Vogel, J.: Ill. Preisliste der Speyerer Maschinen- und Metallwaaren-Fabrik. Speyer a. Rh. (1897?)

— J., Quaestionum Tullianarum specimen. Gel. 1875. 16 S. 4°.

Vogel, J., das Deutsche Reich, s.: Köppen, Fed. v.

Vogel, J., Schulgrammatik der griechischen Sprache für Anfänger u. Geübtere. 1. Thl.: Formenlehre. Stuttgart 860. Beck. (Cammerer.) gr. 8. (190 S.) 15 ngr.

Vogel, J., allgemeine Störungen der Ernährung und des Blutes, s. Handbuch der speciellen Pathologie und Therapie.

—— lateinische Syntax. Lehre vom zusammengesetzten Satz. gr. 8. (IV und 168 S.) Vaihingen 857, Berwick und Dittmar.

Vogel, J. C., Anleit. zur Einrichtung u. Führung d. Superintendur-Registraturen. gr. 8. Potsd. 814. (Horvath). ...

Vogel, J. C. Chrstph., allgemeine Schulzeitung, s. Schulzeitung.

Vogel, I. Ch., de fistula lacrymali eamque sanandi methodo tractatus. 4. Greifswalde, Röse. 757. — 6

Vogel, J. Ch. W., der Aal, dessen Aufzucht u. wirthschaftliche Bedeutung f. die Landwirthschaft. I. Thl. Naturgeschichte d. Aales. II. Thl. Aufzucht d. Aales in Gewässern d. Binnenlandes. III. Thl. Verwertung d. Aales in der Küche u. f. Export. gr. 8. (79 S. m. 1 Abbildg.) Lauenbruch 892. (Nürnberg, J. Ph. Raw.) Kart. n. 2. —

Vogel, J. D., Decan in Kirberg. Beschreibung des Herzogthums Nassau. 8. Wiesbaden 1843.

Vogel, J. F., Naturgeschichte d. Nachtigallen, mit ill. Kpf. 8. Leipz. 802. (Richter). 16 ℊ

Vogel, J. G., s.: Blätter f. die Schulpraxis in Volksschulen.

Vogel, J. G.: Insanum caput Anticyris academ. submissum, id est tract. med.-pr. de affectibus paraphoricis . . . , s. Morasch, J. A. [Praes.]

Handkarte zur Geschichte der Pädagogik nebst Begleitwort u. alphab. Namensverz. bearb. von J. G. **Vogel**, Kgl. Seminarl. in Altdorf. (Masst. 1:2,500,000.) Nürnberg: F. Korn 1900. (4 Bl., 1 Kartenbl. 59 x 76 cm.) 8° [Umschlagt.]

Vogel, J. G., Hilfs- u. Wiederholungsbuch f. den Unterricht in d. astronom. Geographie an mittl. Lehranstalten. gr. 8. (VI, 71 S. m. Fig.) Leipzig 897. A. Deichert Nachf. n. 1. 40

— Hilfs- u. Wiederholungsbuch f. den Unterricht in der Himmelskunde an mittleren Lehranstalten. 2. verb. u. verm. Aufl. gr. 8. (VI, 89 S. m. Fig.) Leipzig 900. A. Deichert Nachf. n. 1. 60; kart. n.n. 1. 75

— der erste Unterricht in der Himmelskunde. Ein Beitrag zur besonderen Unterrichtslehre. gr. 8. (33 S.) Nürnberg 900. F. Korn. n. — 40
Sonderabdruck aus: „Blätter f. die Schulpraxis“.

Vogel, J. H., das Acetylen. Wesen u. Bedeutg. desselben als Beleuchtungsmittel. gr. 8. (30 S.) Halle 900. C. Marhold. n. — 60

— Acetylenzentralen. Gemeinverständl. Darstellg. des zeit. Standes der Beleuchtg. ganzer Ortschaften m. Acetylen. gr. 8. (VIII, 139 S. m. Abbildgn.) Ebd. 901. n. 4. —

Vogel, J. H.: Chemisch-technische Analyse des Kalziumkarbids und Azetylens. Braunschweig 1908. 24 S. mit 8 Abb.

Vogel, J. H.: Chemisch-technische Analyse des Wassers und der Abwässer. Braunschweig 1908. 38 S. mit 1 Abb.

Vogel, J. H., d. ration. Behandlung d. Stallmistes. Vortrag, geh. in d. oekonom. Gesellschaft im Königreich Sachsen, Dresden, am 4. XII. 1897. [Aus: „Mitteilgn. d. ökonom. Gesellsch. im Kgr. Sachsen“.] gr. 8. (20 S.) Dresden 897. G. Schönfeld. n. — 60

Ⓢ **Vogel, J. H.**, Behandlung d. Stallmistes. 897. (KVL 30.) Jetzt: Leipzig, Fritzsche & Schmidt.

— die Beseitigung u. Verwertg. d. Hausmülls v. hygien. u. volkswirtschaftl. Standpunkte. M. 17 Abb. u. 1 Plan. gr. 8. (VI, 68 S.) Jena 897. G. Fischer. n. 2. 40

Vogel, J. H., s.: Carbid u. Acetylen.

— Düngerlehre, s.: Wolff, E. v.

Vogel, J. H., Haudbuch f. Acetylen, s.: Caro, N.

— s.: Jahrbuch f. Acetylen u. Carbid.

— das Kohlebreiverfahren zur Klärung v. Abwässern. Vom chem. Standpunkte auf Grund prakt. Erfahrung kritisch besprochen. gr. 8. (24 S.) Berlin 899. Naturwissenschaftl. Verlags-Anstalt. n. — 75

Vogel, J. H., Müntz u. Girard. Die Stickstoffverluste im Stallmist u. deren Verminderung. Referat, erstattet v. J. H. V. gr. 8. (34 S.) Berlin 894. P. Parey. n. 1.—

— citratlösl. u. wasserlösl. Phosphorsäure im Anbau v. Kartoffeln, s. a. Arbeiten d. deutschen Landwirtschafts-Gesellschaft.

[F.] Citratlösliche und wasserlösliche Phosphorsäure im Anbau von Kartoffeln. Düngungsversuche, auf Veranlassg d. Deutschen Landwirtschafts-Ges. . . . ausgef. v. Prof. Dr. J. H. Vogel, Vorsteher der Versuchsstation . . . *Berlin: Gebr. Unger 1897.* (2 Bl., 65 S.) 1 Bd 8.
= Arbeiten d. Deutschen Landwirtschafts-Gesellschaft. H. 25.
197. 4374

VOGEL, Dr. J. H., Scherzhaftes. Mit vielen Illustr. Wien 1850. 8⁰. (50 Pfg. G. Priewe, 1895.)

— d. Schicksale d. Fäkalien in kanalis. u. nichtkanalis. Städten, s.: Gerson, Geo. H.

Vogel, J. H. Schutz gegen Seuchen. Ein Weck- u. Mahnruf f. Stadt u. Land. Die Unschädlichmachg. v. Fäkalstoffen u. deren Nutzbarmachg. zu Düngemitteln. gr. 8. (18 S.) Berl. 892. Grundmann. * — 20

— Schutz gegen Seuchen. Ein Weck- u. Mahnruf f. Stadt u. Land. Die Unschädlichmachg. v. Fäkalstoffen u. deren Nutzbarmachg. zu Düngemitteln. 2. Aufl. 3. bis 16. Tausd. gr. 8. (28 S.) [Berlin 893. B. Grundmann.] Neudamm, J. Neumann. n. — 50

— die Versuchsstation der deutschen Landwirtschafts-Gesellschaft. Bericht üb. d. Thätigkeit derselben f. d. J. 1894 u. 1895. Lex.-8. (26 S. m. 13 Abb.) Berlin 896. P. Parey. n. 1.—

— Die Verwertung der städt. Abfallstoffe, s. Arbeiten der deutschen Landwirtschafts-Gesellschaft, Hft. 11.

— s.: Wasser, das.

— Wert u. Anwendung der Poudrette. 8. (11 S.) Berlin 894. P. Parey. n. — 50

— die keimtötende Wirkung des Torfmulls. Vier Gutachten v. Stutzer, Gärtner, Fränkel, Löffler, s. a. Arbeiten der deutschen Landwirtschafts-Gesellschaft.

Die keimtötende Wirkung des Torfmulls. 4 Gutachten d. Herren Prof. Dr. [Albert] Stutzer, [August] Gärtner, Jena, [Karl] Fränkel, Marburg, [Friedrich] Löffler. Mit Erl. versehen von Dr. J. H. Vogel. 2. Aufl. Prenzlau 1894: A. Mieck. (125 S.) 8° [F.]
= Arbeiten d. Deutschen Landwirtschafts-Gesellschaft. H. 1. 108. 396 2

— die Wirkung der gasförmigen Zersetzungsprodukte faulender organischer Substanzen auf die Phosphorsäure u. ihre Kalksalze. gr. 8. (66 S.) Berlin 893. P. Parey. n. 1.—

— mittlere Zusammensetzung d. Düngemittel u. Gründungspflanzen. Farbig-graph. Wandtafel. 93,5×59 cm. M. Text auf d. Umschlag. Berlin 897. P. Parey. Gefalzt in Lex.-8 n. 2.—

VOGEL, J. J., Leipziger Chronicke. Leipzig'sches Chronicon, d. i. gründ.- u. ausführl. Beschreibung d. churf. sächs. welt-bekannten Handels-Stadt Leipzig. (Leipzig, o. J.) Folio. 234 S. Selten! (30 Mk., S. 231—234 handschriftl. ergänzt, Karl W. Hiersemann, 1908.)

— — Leipzigisches Geschichtsbuch oder Annales, d. i. Jahr- und Tage-Bücher der Kauff- und Handelsstadt Leipzig von 661 bis 1714. Leipzig 1714. Fol. (14 Mk., Prgtb., der Vorige, 1908.)

— — Dasselbe. 2. Auflage. Ebd. 1756. Fol. (16 Mk., Hldrb., der Vorige, 1908.)

Vogel, J. L.

— Anleitung für junge Offiziere zur Ausübung ihrer Pflichten nach dem Ausmarsche.
Berlin 1842. 133 S.

Vogel, J. L., Anleitung f. junge Offiziere zur Ausübung ihrer Pflichten nach dem Ausmarsche. Den deutschen Waffengefährten gewidmet. gr. 8. Berlin 842, Reimer. ½ ₰

— die Belagerungen von Torgau u. Wittenberg 1813 u. 1814. Mit 2 Plänen. gr. 8. Berlin 844, Nauck'sche B. n. 1 ₰

Vogel, J. L., allgemeine Erdkunde, in besond. Beziehung auf Europa. gr. 8. Berl. 821. Mittler. 1 ₰ 12 gr

Vogel, J. L. Der preuß. Soldat nach dem Ausmarsche. Berlin 1841. 89 S.

— der Preußische Soldat nach d. Ausmarsche. gr. 8. Berlin, Posen u. Bromberg 841, Mittler. ½ ₰

— Teilnahme der Kgl. preuß. Artillerie an dem Kampfe des Befreiungskrieges.
Berlin 1846. 420 S.

Vogel, J. L., Theilnahme der K. Preuß. Artillerie an dem Kampfe des Befreiungskrieges. In 15 der vorzügl. Batterien dargestellt. gr. 8. (XVI u. 420 S.) Berlin 847. (Schneider & Co.) n. 1⅚ ₰

VOGEL, J. N., Hesperiden. Eine Auswahl von Erzählungen, Novellen, Sagen, Humoresken, geschichtlichen Zügen, Zeit- und Sittenschilderungen, Reisebildern, abentheuerlichen Erscheinungen und dergleichen. Mit Balladen von *J. Nep. Vogl.* Herausgegeben von Nicolaus Oesterlein. 7 Bdchn. Mit 5 schwarzen und zwei kolorierten Lithographien. Wien 1838. 8⁰.
C. G. Boerner's Leipziger Febr.-Auct. 1909. — Selten cplt.!

Vogel, Dr. J. N. —. Soldaten-Kalender für das Schaltjahr 1856. Von — —. Wien. Druck und Verlag von L. C. Zamarski, Universitäts-Buchdruckerei (vorm. J. P. Solinger). Mit in den Text gedruckten Bildern. (XXXII. 111 S. 8.)

Vogel, J. T., Anweisung zur Orthographie u. zum Briefschreiben. 4. Leipz. 799. Breitkopf u. H. 6 gr

— s. Fibel, oder erste Leseübungen.

Vogel, J. V., Bewährtes und approbiertes Rossarzneybuch und Unterricht, wie ein krankes Pferd don Umständen nach zu erkennen. 8 vo. Wolfenbüttel 716.

Vogel, Jacob s. Bandlin, Johann Baptist, und Vogel, Jacob.

[Vogel, Jacob.] Die Glocke im Lichte der deutschen Dichtung. Festgabe zur Erinnerung an die Glockenweihe in Glarus, den 8. April 1866. [Gesammelt und hrg. von J. V.] 8. Glarus 1866.

Vogel, [Johann] Jacob. Mémoires de Frédéric-César [de] Laharpe concernant sa conduite comme Directeur de la République helvétique, adressés par lui-même à (Henry) Zschokke, précédés de „Johannes [von] Müllers Freundschaftsbund mit Karl Victor von Bonstetten“ et suivis de „Staatsanwalt David Ulrich von Zürich (1797–1844).“ par Jacques V'.... 8. Paris & Genève, Berne 1864.

Die Miete von Wohnungen und anderen Räumen nach dem BGB. unter Berücks. der bisher im Gebiete d. Bayer. Landrechtes u. in München geltenden Gesetzesbestimmungen von J[akob] **Vogel**, Kgl. Amtsrichter in München. München: J. Schweitzer 1897. (VI, 81 S.) 8°

Vogel, Jac., die französische Presse während des J. 1789. Ein Beitrag zur Geschichte der französischen Revolution. (Abdr. aus der Monatsschrift d. wissenschaftl. Vereins in Zürich.) Zürich 858. Meyer u. Zeller. gr. 8. (36 S.) n. 8 ngr.

Vogel, Jacob [Fürsprecher von Kölliken, Aargau]: Die Prokura nach deutschem, schweizerischem und französischem Recht. Bern 1903. 155 S. 8°.
Bern. Jur. Diss 1902/1903.

Vogel, Jacob. Die Prokura nach deutschem, schweizerischem und französischem Recht. Diss. Jur. Bern von Jakob Vogel.... VIII + 155 S. 8. Bern, Stämpfli & Cie., 1903.

Vogel, Johann Jacob s. Sammlung. Amtliche S' der ältern Eidgenössischen Abschiede.... Lucern... — Tschudi, [Aegidius]. Einige Bruchstücke aus... Tschudi's Schweizerchronik. [Zürich 1855.]

Vogel, Jak., Spruchbuch, od. die christl. Glaubens- u. Sittenlehre in Bibel-Sprüchen, mit beigefügten Lehrsätzen u. einzelnen Fragen. Zum Gebr. in Stadt- u. Landschulen. Mit e. Anh. 2., verb. Aufl. gr. 12. (12 B.) Darmstadt 830, Leske.

Vogel, Jak., Spruchbuch, oder die christliche Glaubens- und Sittenlehre in Bibel-Sprüchen mit beigefügten Lehrsätzen u. einzelnen Fragen. Zum Gebrauch in Stadt- und Landschulen. Im Anhange: 1. Schicksale der Lehre Jesu. 2. Segnungen der Reformation für die Protestanten. 3. Unterscheidungslehren der christlichen Religionsparteien und Secten. 4. Entstehung und Benennung der in der christlichen Kirche eingeführten religiösen Gebräuche und Feste. 5. Schulgebete. 6. Dr. M. Luther's kleiner Katechismus. 3. verb. Aufl. Darmstadt 853. Leske. 12. (X, 339 S.) 15 ngr.

Vogel, Jak. (I.), Spruchbuch oder die christliche Glaubens- und Sittenlehre in Bibel-Sprüchen, mit beigefügten Lehrsätzen und einzelnen Fragen. Zum Gebrauch in Stadt- und Landschulen. 4., unveränd. Aufl. 12. (XII und 339 S.) Darmstadt 865, Küchler. *

Vogel, Jak., Spruchbüchlein, oder d. christl. Glaubens- u. Sittenlehre in Bibelsprüchen, mit beigefügten Lehrsätzen u. einzelnen Fragen. Für Stadt- u. Landschulen. Mit 1 Anhang. 8. Darmst. 827. 2e A. 828. Leske. 12 kr

—— kleines Spruchbüchlein, od. die christl. Glaubens- u. Sittenlehre in Bibel-Sprüchen, nebst e. Verzeichn. aller Bücher d. alten u. neuen Testaments, u. mehr. Schulgebeten. Zum Gebr. in Stadt- u. Landschulen. gr. 12. (8½ B.) Darmstadt 829, Leske.

Vogel, [Johann] Jacob. Schweizergeschichtliche Studien von Jak' V'...: 1. Johannes [von] Müllers Freundschaftsbund mit Karl Victor von Bonstetten. 2. Mémoires de Frédéric-César [de] Laharpe. 3. David Ulrich, Staatsanwalt des Kantons Zürich. 8. Bern 1864.

Vogel, Jak. (II.), schweizergeschichtliche Studien. 8. (VII und 331 S.) Bern 864, Dalp'sche Buchh. *

Vogel, Jac., Augustin Thierry als Geschichtschreiber und Politiker. Eine biographische Skizze. (Abdr. aus der Monatsschrift des wissenschaftl. Vereins in Zürich.) Zürich 858. Meyer u. Zeller. gr. 8. (48 S.) n. 12 ngr.

Vogel, Jak. (I.), Egidius Tschudi als Staatsmann und Geschichtschreiber. Ein Beitrag zur Schweizergeschichte des 16. Jahrhunderts. gr. 8. (X und 311 S. mit dem lithogr. Bildniß Eg. Tschudi's.) Zürich 855(56,) Orell, Füßli und Comp. Thlr.

Vogel, Jac.: Praefatio sistit vestigia irritabilitatis Hallerianae ..., s. Baldinger, E. G. [Praes.]

Vogel, Jak., das Wissenswertheste aus den Schicksalen der Lehre Jesu, aus den Unterscheidungslehren der christl. Religionsparteien u. Secten etc., nebst mehreren Schulgebeten; als Zugabe zu jedem christl. Katechismus oder Religionslehrbuch f. Stadt- u. Landschulen. 3. verb. Aufl. 8. (VI u. 59 S.) Darmstadt 852, Leske. 3½ ngr

Jakob Christian Vogel

Jacobi Christiani Vogel De Fistula lacrimali eamque sanandi methodis tractatus. Ed. 2. Gryphiswaldiae & Lipsiae 1757. 98 S. 8°

Vogel, Jak. Chrb., (†d. 7. April 1798.) Alterthümer d. ersten u. ältesten Christen. gr. 8. Hamb. 780. Hoffmann. 16 kr (Sind abgedruckte Hefte des Kanzler Mosheim).

Vogel, Jette, ein Kinderherz in düsterm Haus, s.: Hausbibliothek, christliche.

Vogel, Ignaz [aus Altenkunstadt (Oberfranken)]: I. Über die Einwirkung von Harnstoff auf Nitrosamine. II. Über die Oxydation einiger hydrirter Chinolinderivate ... Würzburg, Becker's Univ.-Buchdr., 1893; 26 S. 8.
Würzburg, Phil. Fak., Inaug.-Diss. v. 1893

Vogel, Ignatius Antonius *[geb. Plomnitz bei Habelschwerdt 31. 7. 1783]*: De lingua Graeca optima juventutis Germanicae ad scientiam patrii sermonis duce. Vratislaviae: F. E. C. Leuckart 1828. (VI, 75 S.) 8° *[Mündl. Prüfung u. öff. Disput. fand nicht statt, da der Verf. 1803 auf d. Leopoldina schon z. Mag. phil. et art. lib. promoviert war.]*
Breslau, Phil. Diss. v. [31. Mai] 1828

Johann Vogel
Baumeister in Ulm 1716

Die moderne Bau-Kunst, mit Vorstellung accurater Modellen fürtrefflicher Dach-Wercken, hohen Helmer,... imgleichen von herrlichen Palais, schönen Kirchen, Bibliothequen u. Thürmen,... Von Johann Vogel. Hamburg: Schiller 1716. 11 Bl., LV gez. Bl. Abb. 4°

Vogel, Jh., moderne Baukunst, mit 58 Kpf. 5e verb. Aufl. Fol. Hamb. 806. Herold. (Nauck in Leipz.) 1 ₰ 16 kr

Vogel, Joh., moderne Baukunst, mit 58 K. Fol. Hamb. Herold. (Sommer in Lpz.) 806. 1 16

Vogel, Joh., Rechenbücher, s.: Nagel, J.

Vogel, Johann Albert (Nürnberg) A. S. 1319/23

Discussio quaestionis physicae: an prima rudimentorum formatio in ovulis vicentium deo immediate sit adscribenda. Präs. Johann Heinrich Müller. Altdorf (Kohles) VI. 1726. 23 S.

W. v.: Valentin Roesler (Opp.), Gustav Philipp Vogel (Bruder).
35274

Vogel, Johann Christ. Emanuel (Erfurt)
U. S. Erfurt 1792/4

Dissertatio inauguralis iuridica de requisitis torturae, simul annexa resolutione quaestionis, an tortura sit abroganda, et quale subrogatum sit substituendum? Erfurt (Goerling) 22. XI. 1792. 32 S.

Gew.: Karl Theodor Anton Maria von Dalberg. Unvollst. Ex. 35277

Vogel, Johann Christoph (Schönheide) A. S. 769/25

Dissertatio inauguralis de iure et privilegio collectarum in concursibus creditorum in foro inprimis electorali Saxonico. Präs. Johann Werlhof. Helmstedt (Hamm) 23. VII. 1709. 28 S.

W. v.: Präs. 35276

Vogel, Joh. Geo., Pestalozzi, e. Erzieher d. Menschheit. [Aus: „Blätter f. d. Schulpraxis in Volksschulen u. Lehrerbildungsanst."] gr. 8. (29 S. m. 1 Karte.) Ansbach 896. (Nürnberg, F. Korn.) n.n. — 45

— s. A. G. Schirach, Waldbienenzucht.

Vogel, Jh. Geo., Versuch e. Schilderung von den natürl. Schönheiten d. Gegend Muskau. 8. Bautzen 769.

Vogel, Jo. Gottfried (Hayna/Delitzsch) A. S. 18/23

Disputatio iuridico-practica, de absurdo, Germanice: Von dem, was sowohl die Richter, als auch die Advocaten, jezuweilen widerrechtliches und ungereymtes vorbringen. Präs. Peter Müller, Rec. Jena (Heller) 1737. 44 S.

Diss. XI. 1687.
W. v.: Präs. 35281

Vogel, Jo. Gottfried (Dresden) A. S. 188/28

Dissertatio inauguralis de cerebrina certitudine corporis delicti. Präs. Johann Balthasar Wernher. Wittenberg (Gerdes) XII. 1719. 32 S.
35282

Vogel, J[ohann] H[einrich]. Neue gesetzliche und technische Vorschriften betreffend Calciumcarbid und Acetylen in Deutschland, Österreich und der Schweiz. Mit Erläuterungen und mit Anweisungen zur Prüfung von Acetylenanlagen. II + X + 113 S. 8. Braunschweig, Friedrich Vieweg & Sohn, 1906. [M. 2. 40, geb. 3. 40]

Vogel, Johann Heinrich [aus Freiburg i/Hannover]: Ueber die chemische Zusammensetzung des Vesuvians .... Göttingen, Druck d. Univ.-Buchdr. v. E. A. Huth, 1887; 60 S. 8°.
Göttingen, Phil. Fak., Inaug.-Diss. v. 28. Dez. 1886.

Vogel, Joh. H., üb. die chemische Zusammensetzung d. Vesuvians. Inaug.-Diss. gr. 8. (58 S.) Göttingen 887. (Vandenhoeck & Ruprecht's Verl.) n. 1. 40

Vogel, Johann Jakob, s.a. Vogel, Jakob

Vogel, Joh. Jac., Leipziger Chronik, od. Annales v. 1661 — 1714. Fol. Lpz. Junius. (Gleditsch.) 714.

— Leben d. Ablaßkrämers Johann Tetzel. 8. Ebend. 727.

Vogel, Joh. Karl Christoph, s. Vogel, Karl

Vogel, Johann Ludwig Andreas, s.a. Stilling der Zweite.

— s.a. Almanach des Ernstes und Scherzes, für Ärzte.

Vogel, Lud., Almanach d. Ernstes u. Scherzes, f. Aerzte, Chirurgen u. Geburtshelfer, a. d. J. 1800. 1r Jahrg. mit 4 K. 8. Erfurt, Keyser. 1 —

— — desselb. 2r Jahrg. f. 1802, m. 1 K. hat a. den Titel: (Alte u. neue Zeit od. Herzenserleicht. üb. medicin. Neuigk. neumod. Charlatanerie ɪc.) 8. Ebend.

Vogel, Jh. Ldw. Andr., Blumen auf den Pfad edler Menschen gestreut, mit 1 Kpf. (A. u. d. T.: Stunden des Trostes u. d. Erholung. 1r Thl.) 8. Rudolst. 798. Klüger. 16 gr.

— Elisabeth, dramat. Gedicht, den Frauenzimmern des Vaterlandes geweiht. 8. Gotha 816. Ettinger. 12 gr.

Vogel, Jo. L. Andr., De fatuitate. 22 pp. Jen. 4°. 1794

— allgem. medicin. pharmaceut. Formel- od. Receptlexicon ɪc. e. Handbuch f. Aerzte u. Apotheker. 3 Bde. gr. 8. Ebend. 802—5. (I. 1 Rthlr. 8 gr. II. 1 Rthlr. III. 20 gr.) 3 4

— allgem. medicin.-pharmaceut. Formel- oder Recept-Lexikon, enthalt. e. möglichst vollständ. Samml. derjen. zusammengesetzten Arzneimittel u. pharmaceut. Zubereitungsmethoden, welche als besond. merkwürdig u. heilsam ɪc. aufgestellt worden sind. Ein Handbuch für Aerzte u. Apotheker. 3 Bde. gr. 8. Erfurt 804, 5. Keyser. 3 ℛ 4 gr.

— Gesundheitszeitung. 2 Jahrg. für 1802, 3. 8. Erfurt, Keyser. (à 4 ℛ) 8 ℛ

— Gesundheitszeitung für 1805—8. 6 Hefte. 8. Rudolst., Klüger. (Hildebrandt in Arnst.) 2 ℛ

— — derselbe, die Heilkunst d. venerischen Krankheiten. s. a. Kunst d. äußerl. u. chirurg. Krankheiten d. Menschen zu heilen ɪc. 2r Bd.

Vogel, Ludwig: Die Heilkunst der venerischen Krankheiten. 293 S., gbd.

Gotha: Hennings 1817
(Kunst die äußerlichen und chirurgischen Krankheiten der Menschen zu heilen, nach den neuesten Verbesserungen in der Wundarzneiwissenschaft. Th.2)

JB 4.683/2

— d. Heilkunst d. Krätze, d. Flechten ɪc. Die Heilkunst d. vener. Krankheiten. Die Heilkunst d. Wunden, Frakturen, Gliederstümpfe ɪc., s. Kunst, d. äußerl. u. chirurg. Krankheiten d. Menschen zu heilen ɪc. 1r, 2r u. 4r Bd.

— — derselbe, die Heilkunst d. Wunden, Frakturen, Gliederstümpfe ɪc. s. Kunst, die äußerl. u. chirurg. Krankheiten d. Menschen zu heilen ɪc. 1r Bd.

— s.a. Huldigungen der Freude, des Edelmuthes und der Zufriedenheit.

HULDIGUNGEN der Freude, des Edelmuthes u. der Zufriedenheit (von *Joh. Ludw. Andreas v. Vogel*). Arnstadt u Rudolstadt 1799. 8°. (80 Pfg. M. Hauptvogel, Gotha, 1907.)

— Hygiea, Zeitschrift für Religion, Gesundheit, Frieden. 3 Stcke. 8. Sondersh. 815. Voigt in Ilmenau. (à 4 gr.) 12 gr.

— diätetisches Lesebuch für Jünglinge. 8. Gotha 808. Perthes. 9 gr.

— diätet. Lexikon, oder theoret.-prakt. Unterricht über Nahrungsmittel u. d. mannigfalt. Zubereitung derselben, üb. Verdauung, Ernährung rc. Ein Familienbuch. 3 Thle. gr. 8. Erfurt 800—803. Keyser. 2 Thlr. 8 Gr. Holl. P. 3 Thlr. 4 Gr. (3r Thl. A. u. d. T.: Seelendiätetik, oder Anleit. zu d. Kunst, ruhig u. zufrieden zu leben rc. 12 Gr.)

— — die Liebe auf Erden. s. Liebe auf Erden.

LIEBE, Die, auf Erden. Mein Wunsch und meine Hoffnung . . . . (von *Joh. Ludw. Andreas v. Vogel*). Gotha 1819.

Anon.-Lex. III. p. 59 (nach Meusel u. dem Neuen Nekrol.).

STILLING d. Zweite (d. i. *Joh. Ludw. Andr. Vogel*, Dr. med. u. Schwarzb.-Rudolst. Rath zu Arnstadt). — Liebe auf Erden; mein Wunsch und meine Hoffnung. Von *Stilling dem Zweiten*. Mit 1 Kupfer. Erfurt u. Gotha 1819. 8⁰. (1 Mk., ohne Angabe des Kupfers, Scheible, Cat. 215, no. 1518:)

Religiös-theosoph. Buch in Jung-Stilling's Weise. — Rassmann p. 176.

Ludwig Vogel
1771 - 1840

(Diätetisches Lexikon.[Teilausg.]) Seelendiätetik oder Anleitung zu der Kunst dauerhaft ruhig und zufrieden zu leben, Geisteszerrüttungen zu verhüten und bereits entstandene glücklich zu behandeln. Hrsg. von Ludwig Vogel. Ein Abdr. aus dem diätetischen Lexikon. Erfurt: Keyser 1803. XXIV,164 S. 8⁰

Vogel, Ludwig: Taschenbuch für angehende Geburtshelfer, enthaltend eine vollständige Anleitung zur medizinischen und chirurgischen Praxis der Geburtshülfe. 216 S., gbd.

Erfurt: Keyser 1798

JB 6.645

—Taschenbuch für angehende Geburtshelfer. 8. Erfurt 798. (A. u. d. T.: vollständ. Lehrbuch d. medicin. u. chirurg. Geburtshülfe). 8. Ebd. 802. Keyser. 14 Gr.

(Vorr.), s. Wetzel, Karl Fr. Glo.: Sieg über die Hypochondrie . . .

— d. Wunder des Magnetismus. gr. 8. Erfurt u. Gotha 818. Hennings. 1 Thlr.

Vogel, Johann Nepomuk, s. Vogl

v. *Vogel*, Jh. Nik., (†...) specimen biblioth. German. Austriacae sive notitia scriptorum rerum Austriacarum, quotquot auctori innotuerunt. Opus posthumum. Curante Jos. Wendt de Wendtenthal et Leop. Gruber. III Tom. 8maj. Wien 779—85. Kötzl. 5 Thlr.

Vogel, Johann Samuel (Erfurt) A. S. 176/6

Dissertatio inauguralis iuridica de legitimatione liberorum per subsequens matrimonium.
Präs. Rudolph Christoph Henne.
Erfurt (Hering) 20. V. 1754. 32 S.

35284

Vogel, Johann Theodor (Eilenburg) A. S. 1147/10

Dissertatio inauguralis medica de connubio aquarum mineralium cum lacte longe saluberrimo.
Präs. Friedrich Hoffmann.
Halle (Hilliger) VIII. 1726. 32 S.

35285

Vogel, Jh. Thdr., kleines Lehrbuch für Schulen, enthalt. Buchstabir-, Lese- u. Schreib-Regeln rc. 8. Langerfeld (Duisb.) 806. Bädeker. 3 Gr.

— kleine deutsche Sprachlehre, nebst Aufgaben zur Uebung der im Brief- u. Lesebuche für Schulen enthalt. Regeln zur Orthographie rc. 8. Langerfeld 810. (Duisb., Bädeker). 4 Gr.

Vogel, Johann Valentin (Schleusingen) A. S. 1116/27

Dissertatio inauguralis medico-practica de podagra retrocedente in corpus. Präs. Friedrich Hoffmann. Halle (Krebs) XII. 1700. 20 S.

35286

Vogel, Joh. Wilh., 10jähr. ostindianische Reisebeschreibung. 8. Altenburg. 716.

Vogel, Johannes [approb. Arzt aus Mainz]: Beitrag zur Lehre vom Ulcus ventriculi simplex. Aus der med. Klinik des Herrn Prof. Riegel in Giessen . . . Karlsruhe, Druck d. Actienges. „Badonia", 1887; 27 S. 8⁰.

Giessen, Med. Fak., Inaug.-Diss. v. 1887.

Vogel, Johannes, Beitrag zur Lehre vom Ulcus ventriculi simplex. Aus der med. Klinik des Herrn Prof. Riegel in in Giessen. Diss. Giessen 1886, J. Rickersche Buchh. 8⁰. 27 S.

Vogel, Johannes: Die Pädagogik Fichtes in ihrem Verhältnis zu derjenigen Schleiermachers dargestellt und kritisch gewürdigt. Borna-Leipzig 1910: Noske. VIII, 131 S. 8°
Erlangen, Phil. Diss. v. 31. Jan. 1910, Ref. Hensel
[Geb. 30. Nov. 73 Sandow i. P.; Wohnort: Plön; Staatsangeh.: Preußen; Vorbildung: Gymn. Zeitz Reife M. 93; Studium: Berlin 4, Leipzig 1, Halle 3 S.; Rig. 22. Dez. 09.] [U 10. 910

VOGEL, Josef (Binhel): Bericht über die chirurgische Abteilung des städtischen Krankenhauses München r.I. für die Jahre 1890 und 1891. (Titel nach der Urkunde)
16.3.1893 - Urk; Chr 1892/93,17
Diss. Ingolst.-Landsh.-Mchn.

Vogel, Jos., das Wichtigste aus der Naturlehre f. österreichische Volksschulen. 8. (45 S.) Wien 887. (Szelinski.) n. — 50

Vogel, Jules, Album. Natur- und Lebens-Bilder in Malerei und Vers. Ein Angebinde für Freundinnen der Kunst. 32 Bilder, in Holzschn. und in Farbendr. 4. Frankfurt a. M. 860, Dondorf. *

Vogel, Julius

Vogel, Jul., pathologische Anatomie, s.a. v. Sömmering, S. T., vom Baue d. menschl. Körpers, 8. Bd. 1. Abthl.

Vogel, Julius: Pathologische Anatomie des menschlichen Körpers. Abth.1, 491 S., gbd., Tab.

Leipzig: Voß 1845
(Samuel Thomas von Sömmerring: Vom Baue des menschlichen Körpers. Neue umgearb.und vervollst.Original-Ausg. Bd 8/1)

JB 707/8

Vogel, Jul., Anleitung zur qualitativen u. quantitativen Analyse d Harns, s: Neubauer, C.

Vogel, Julius: Anleitung zum Gebrauch des Mikroskopes zur zoochemischen Analyse und zur mikroskopisch-chemischen Untersuchung überhaupt.

Leipzig: Voss
Bd 1: Vogel, J.: Beiträge zur Kenntniss der Säfte und Excrete des menschlichen Körpers im gesunden und kranken Zustande. 1841

JB 1.118

Vogel, Julius: Beiträge zur Kenntnis der Säfte und Excrete des menschlichen Körpers im gesunden und kranken Zustande. 600 S., gbd., 2 Taf.

Leipzig: Voss 1841
(Vogel, J.: Anleitung zum Gebrauch des Mikroskopes zur zoochemischen Analyse und zur mikroskopisch-chemischen Untersuchung überhaupt. Bd 1)

JB 1.118/1

Vogel, Jul., Beitraege z. Kenntniss d. Saefte u. Excrete d. menschl. Koerpers im gesunden u. kranken Zustande. 1. Bd. — A. u. d. T.: Anleitung z. Gebr. d. Mikroskopes z. zoochem. Analyse u. z. mikroskopisch-chem. Untersuchung überhaupt. gr. 8. (33 B. u. 3 Stnt.) Leipzig 841, Voss. *

Vogel, Jul., Bramante u. Raffael, s.a. Studien, kunstwissenschaftliche. 4. Bd.

Bramante und Raffael. Ein Beitrag z. Geschichte d. Renaissance in Rom. Von Julius Vogel. Mit 6 Taf. Leipzig: Klinkhardt & Biermann 1910. 114 S. 4°(8°)
(Kunstwissenschaftliche Studien. Bd 4) [10. 16060]

Vogel, Jul., die Cholera, s. Hausbücher, medicinische.

Vogel, Jul., s.: Clichés-Katalog.

Vogel, Julius, aus Muggensturm: Ueber die Einwirkung von Stickoxyd auf Allylacetessigester und Isoamylacetessigester. Berlin (1898): E. Ebering. (38 S.) 8°
Berlin, Phil. Diss. v. 19. Nov. 1898.

Vogel, Julius: Erläuterungstafeln zur pathologischen Histologie mit vorzüglicher Rücksicht auf sein Handbuch der pathologischen Anatomie.

s.: Vogel, J.: Icones histologiae pathologicae... - Erläuterungstafeln zur pathologischen Histologie... (Lat.u.Dt.) Lipsiae: 1843

JB 6.293

— Farbentabelle f. den Urin, s.: Neubauer, C.

Vogel, Jul. (III.), Friedhof-Predigten, gehalten in der Friedhofskapelle zu Plauen i. V. gr. 8. (16 S.) Plauen 884, Neupert.

—— Gedächtniß-Predigt, zur Erinnerung an die große Wasserfluth vom 22. Juli 1834 gehalten in der Hauptkirche zu Plauen i. V. am Dienstag, den 22. Juli 1884. 8. (8 S.) Ebendas. 884. *

— Gedächtniß-Predigt, zur Erinnerung an die große Wasserfluth vom 22. Juli 1834 geh. in der Hauptkirche zu Plauen i. V. am Dienstag, den 22. Juli 1884. 8. (8 S.) Ebend. 886. n. — 15

Vogel, Jul., Geschichtstabellen f. den Religionsunterricht an höheren Lehranstalten. gr. 8. (55 S.) Berlin 889. H. Spamer. n. — 70; geb. n. — 80

—— über die Gesetze, nach welchen die Mischung von Flüssigkeiten u. ihr Eindringen in permeable Substanzen erfolgt, mit besonderer Rücksicht auf die Vorgänge im menschl. u. thierischen Organismus. gr. 8. (2⅝ B.) Göttingen 846, Vandenhoeck u. Ruprecht.
Aus: Göttinger Studien 1845, besond. abgedruckt.

Vogel, Jul., s.a. Graff, Ant., Bildnisse v. Zeitgenossen.

Anton Graff. Bildnisse v. Zeitgenossen d. Meisters in Nachbildgn der Originale. Ausgew. u. erkl. v. Julius Vogel. *Leipzig: Breitkopf & Härtel 1898.* (5 Bl., 61 S., 4 Bl., 61 Taf.) 1 Bd 2.(4.)
(Königl. Sächs. Commission f. Geschichte.) [98. 11480]

Otto Greiner von Julius Vogel. *Leipzig: E. A. Seemann 1903.* (39 S.) 4° [03. 8130]

— Otto Greiner. (40 S. m. Abbildgn. u. 6 Taf.) Fol. Ebd. 903. Kart. n. 6. —

— das römische Haus in Leipzig. Ein Beitrag zur Kunstgeschichte des 19. Jahrh. Mit 12 Lichtdr.-Taf. u. 26 Orig.-Abbildgn. im Text. (VII, 84 S.) gr. 4. Leipzig 903. Breitkopf & Härtel. Geb. n. 20. —

Vogel, Julius: Icones histologiae pathologicae. Tabulae histologiam pathologicam illustrantes. - Erläuterungstafeln zur pathologischen Histologie mit vorzüglicher Rücksicht auf sein Handbuch der pathologischen Anatomie. (Lat.u.Dt.) 128 S., gbd., 26 Taf.

Lipsiae - Leipzig: Voss 1843

JB 6.293

—— Icones histologiae pathologicae. — Tabulae histol. pathol. illustrantes. XXVI tab. continentes CCXCI figuras, quarum CCLXX ad naturam delineatae sunt. — Erläuterungstafeln zur patholog. Histologie, mit vorzügl. Rücksicht auf sein Handbuch der patholog. Anatomie. Imp.-4. (26 zum Theil ill. Kpfrtaf. u. 17¼ B. lat. u. deutscher Text.) Lipsiae 843, Voss. *

— Max Klinger. [Aus: „Zeitschr. f. bild. Kunst".] gr. 4. (14 S. m. 2 [1 farb.] Taf.) Leipzig 897. Seemann & Co. n. 2. —

— u. J. Goliner, Korpulenz, s.a. Hausbücher, gesundheitliche, Bd. 30.

Vogel, Julius: Korpulenz, bearb. v. J. Goliner, s.a. Hausbücher f. Gesundheitspflege. 30. Bd.

Vogel, Jul., Korpulenz. Ihre Ursachen, Verhütung u. Heilung durch einfache diätetische Mittel. Mit Benutzung der Erfahrungen von Will. Banting. 1. u. 2., unveränd. Abdr. Leipzig 861. Denicke. gr. 8. (XII, 59 S.) n. 10 ngr.

Vogel, Jul., Korpulenz. Ihre Ursachen, Verhütung und Heilung durch einfache diätet. Mittel. Auf Grundlage des Banting-Systems. 1.—10. Aufl. gr. 8. (XII und 60 S.) Leipzig 864—67, Denicke. *

—— Korpulenz. Ihre Ursachen, Verhütung und Heilung durch einfache diätet. Mittel. Auf Grundlage des Banting-Systems. 11. Aufl. 1870, und 12. Aufl. gr. 8. (66 S.) Berlin 875, Denicke's Verlag. *

Vogel, Jul., Korpulenz. Ihre Ursachen, Verhütung und Heilung durch einfache diätet. Mittel. Auf Grundlage des Banting-Systems. 13. und 14. Aufl. gr. 8. (64 S.) Berlin 876,77, Denicke's Verlag. *

—— dass. — 15.—17. Aufl. gr. 8. (64 S.) Berlin 878,79, Münchhoff. *

Vogel, Jul. (II.), Korpulenz. Ihre Ursachen, Verhütung und Heilung durch einfache diätet. Mittel. Auf Grundlage des Banting-Systems. 18.—20. Aufl. gr. 8. (64 S.) [Berlin 881, Münchhoff.] Hampel. *

Vogel, Jul., Korpulenz. Ihre Ursachen, Verhütung u. Heilung durch einfache diätet. Mittel. Auf Grundlage des Banting-Systems. 20. Aufl. gr. 8. (64 S.) Berlin 882. Leipzig, Hucke. n. 1. —

Vogel, Jul., Korpulenz. Ihre Ursachen, Verhütg. u. Heilg. durch einfache diätet. Mittel. 21. Aufl., nach den neuesten wissenschaftl. Forschgn. bearb. v. J. Goliner. gr. 8. (68 S.) Berlin-Friedenau 889. Hampel. n. 1. —

[F.] Korpulenz. Ihre Ursachen, Verhütg u. Heilg durch einfache diätet. Mittel. Von Prof. Dr. med. Julius Vogel. 22. Aufl., nach d. neuest. wissenschaftl. Forschgn bearb v. Dr. med. J[osef] Goliner, pr. Arzt ... *Berlin: W. Möller [1897].* (78 S., 1 Bl.) 1 Bd 8.
= Hausbücher, Gesundheitliche. Bd 30 (97. 7355

Korpulenz. Ihre Ursachen, Verhütung u. Heilung durch einfache diätet. Mittel. Von Prof. Dr. med. Julius Vogel. 23. Aufl. nach d. neuesten wissensch. Forschungen bearb. von Dr. med. J[osef] Goliner, prakt. Arzt. *Berlin: W. Möller [1903].* (88 S.) 8° [F.]
= Hausbücher f. Gesundheitspflege. Bd 30. (03. 7355

Korpulenz. Ihre Ursachen, Verhütung u. Heilung durch einfache diätet. Mittel. Von Prof. Dr. med. Julius Vogel. 24. Aufl. nach d. neuesten wissenschaftl. Forschungen bearb. von Dr. J[osef] Goliner, pr. Arzt. Berlin: W. Möller [1904]. (88 S.) 8°
(Hausbücher f. Gesundheitspflege. Bd 30.)

Vogel, J., Krankheiten der harnbereitenden Organe, s. Handbuch der speciellen Pathologie und Therapie.

— die Lebenskunst, s. a. Hausbücher, medicinische.

—— Lebenskunst. Anleitung sich körperlich und geistig gesund zu erhalten, dadurch glücklich zu werden und ein hohes Alter zu erreichen. (In 8 Lfgn.) 1.—3. Lfg. gr. 8. (S. 1—240 mit zahlreichen Abbild. in eingedr. Holzschn.) Leipzig 868, Denicke. à Lfg. * 5 Ngr. *

— Lebenskunst. Anleitung sich körperlich u. geistig gesund zu erhalten, dadurch glücklich zu werden u. ein hohes Alter zu erreichen. (In 8 Liefgn.) 1—4. Liefg. Ebend. 868,69. gr. 8. (S. 1—320 mit zahlreichen Abbildgn. in eingedr. Holzschn.) Jede Liefg. n. 5 ngr.

—— Lebenskunst. Anleitung sich körperlich und geistig gesund zu erhalten, dadurch glücklich zu werden und ein hohes Alter zu erreichen. 6 Lfgn. gr. 8. (VII, 488 S. mit zahlreichen Abbild. in eingedr. Holzschn.) Ebendas. 868—72. à Lfg. * 50 Pf. *

—— dass. — Handbuch einer vernunftgemäßen Gesundheitslehre des Körpers und Geistes. 8. (VIII, 488 S. mit zahlreichen eingedr. Abbild. in Holzschn.) Ebendas. 873. * M 4.; geb. *

Vogel, Jul., Lebenskunst. 8. Berlin 873, Münchhoff. * 4 —

Vogel, Jul., Lebenskunst. Handbuch e. vernunftgemäßen Gesundheitslehre d. Körpers u. Geistes. M. zahlr. Abb. 3. Aufl. 8. (VI, 488 S.) Berlin (880). W. Möller. 4. — ; geb. n. 5.25

Vogel, Jul., Luther-Feier, s.: Familienabend, der. 19. Hft.

Vogel, Jul., kirchliche Luther-Feier. Eine Lutherdichtg. in 9 Gedichten, begleitet v. Musik u. Gesang, f. Kirche, Schule u. Haus verf. 12. (VI, 46 S.) Plauen i/V. 893. F. E. Neupert's Verl. n. — 50

—— das Mikroskop und die Methoden der mikroskop. Untersuchung in ihren verschiedenen Anwendungen. 2. verm. Aufl. gr. 8. (VIII, 274 S. mit 118 eingedr. Holzschn.) Berlin 877, Denicke's Verlag. *

—— dass. — 3. verm. Aufl. gr. 8. (VII, 281 S. mit 116 Orig.-Holzschn.) Ebendas. 879. *

—— das Mikroskop und die wissenschaftlichen Methoden der mikroskopischen Untersuchung in ihrer verschiedenen Anwendung. 4. Aufl., vollständig neu bearb. von Otto Zacharias, unter Mitwirkung von E. Hallier und E. Kalkowsky. 6 Lfgn. gr. 8. (289 S. mit eingedr. Holzschn.) Leipzig 884, [Denicke's Verlag.] Felix. à Lfg. * M 1. *

—— das Mikroskop ein Mittel der Belehrung und Unterhaltung für Jedermann sowie des Gewinns für Viele. 8. (X und 272 S. mit 119 Orig.-Holzschn.) Leipzig 867, Denicke. cart. *

— s.: Mit Goethe in Italien.

Vogel, Jul., das städtische Museum zu Leipzig von seinen Anfängen bis zur Gegenwart. Mit 10 Radirgn., 19 Kpfr.-Lichtdr. u. 20 in den Text gedr. Abbildgn. Mit Unterstützg. der Siftg., f. die Stadt Leipzig. gr. 4. (V, 100 S.) Leipzig 892. E. A. Seemann. Geb. in Leinw. n. 21. —; auf chines. Pap. n. 25. —

—— Prodromus disquisitionis sputorum in variis morbis excreator., cont. sputor. elementa chem. et microscopica. Dissertat. inaug. 8maj. ($1\frac{1}{4}$ B.) Monachi 838. (Erlangae, F. Enke.) *

— s.: Rats-Register v. Plauen.

Vogel, Jul., Reformations-Festspiel. Die Einführung der Reformation in Plauen im Vogtland. gr. 8. (VIII, 81 S.) Gotha 888. F. A. Perthes. n. 1. 20

— dasselbe. 2., völlig umgearb. Aufl. gr. 8. (XII, 66 S.) Ebd. 890. n. 1. 20

— s.: Seemann's Wandbilder.

Vogel, Jul., der Selbstarzt in Geschlechtskrankheiten. Eine deutliche Anweisung, sich durch die einfachsten Mittel und in der kürzesten Zeit von allen Formen der Syphilis radical zu heilen. Sammt Rathschlägen zur Wiedererlangung des verlorenen Zeugungsvermögens, so wie zur Bewahrung vor Ansteckung. Nach den neuesten und bewährtesten medicin. Grundsätzen bearb. 3., verm. Aufl. 16. (X und 191 S.) Wien 850, Tendler und Comp.

—— der Selbstarzt in der Syphilis, oder deutliche Anweisung sich durch die einfachsten Mittel und in der kürzesten Zeit von allen Formen der Syphilis radical zu heilen. Sammt Rathschlägen das verlorene Zeugungsvermögen wieder zu erlangen. gr. 12. (96 S.) Wien 849, Tendler und Comp. (Leipzig, Spamer.) *

—— dass. — für das weibliche Geschlecht. gr. 12. (76 S.) Ebds. 849. *

Max Klingers Leipziger Skulpturen. Salome. Kassandra. Beethoven. Das badende Mädchen. Franz Liszt. Erl. von Prof. Dr. Julius Vogel, Custos zu Leipzig. Mit 30 Abb. nach d. Originalen. Leipzig: H. Seemann Nachf. 1902. (116 S.) 8°

— Max Klingers Leipziger Skulpturen. Salome, Kassandra, Beethoven, das bad. Mädchen, Franz Liszt. Erläutert. Mit 30 Abb. nach den Originalen. 2. Aufl. gr. 8. (121 S.) Leipzig 902. Berlin, H. Seemann Nachf. n. 3. —

⑧ — Max Klingers Leipziger Skulpturen. 902. — Toteninsel 902. (KBL 32.) Jetzt: Leipzig, Klinkhardt & Biermann.

Vogel, Jul., Goethes Leipziger Studentenjahre. Ein Bilderbuch zur Dichtung u. Wahrheit als Festgabe zum 150. Geburtstage des Dichters. gr. 8. (VII, 87 S. m. Abbildgn.) Leipzig 899. [E. Meyer's graph. Institut.] Berlin, H. Seemann Nachf. Geb. n. 4. —

— Goethes Leipziger Studentenjahre. Bilder u. Erläutergn. zu Dichtg. u. Wahrheit. 3. vollständig neubearb. u. stark verm. Aufl. (VIII, 147 S. m. Abb. u. 1 farb. Bildnis.) Lex. 8. Leipzig 909. Klinkhardt & Biermann. 4.—; geb. 4. 50

— dasselbe, s. a. Goethe als Student.

– s. Studien und Entwürfe ält. Meister im städt. Museum zu Leipzig.

Vogel, Jul., Scenen Euripideischer Tragödien in griechischen Vasengemälden. Archäologische Beiträge zur Geschichte d. griech. Dramas. gr. 8. (VI, 156 S.) Leipzig 886. Veit & Co. n. 4. —

Vogel, Jul., aus Goethes römischen Tagen. Kultur- u. kunstgeschichtl. Studien zur Lebensgeschichte des Dichters. Mit 1 Orig.-Radierg. v. Bruno Héroux u. 32 Taf. in Kpfr.-Autotyp. (IX, 330 S. m. 13 Bl. Erklärgn.) gr. 8. Leipzig 905. E. A. Seemann. n. 8. —; geb. n. 9. —

Vogel, Julius. Toteninsel und Frühlingshymne. Zwei Gemälde Boecklins im Leipziger Museum. [Mit 4 Tafeln.] 40 S. 8. Leipzig, Hermann Seemann Nachfolger, 1902. [M. 1. –]

! - Toteninsel. 1902. Jetzt: Leipzig: Klinkhardt & Biermann.

—— die Trichinenkrankheit und die zu ihrer Verhütung anzuwendenden Mittel. Nach zahlreichen eigenen Erfahrungen allgemein faßlich geschildert. Lex.-8. (32 S.) Leipzig 864, Denicke. *

— die Trichinenkrankheit u. die zu ihrer Verhütung anzuwendenden Mittel. Nach zahlreichen eigenen Erfahrgn. allgemein faßlich geschildert. Nach dem Stande der neuesten Forschgn. bearb. v. O. Reyher. 2. Aufl. Mit Gratisbeilage d. „Trichinenspiegels" (in Fol.). gr. 8. (54 S.) Ebend. 883. n. — 60; Trichinenspiegel ap. — 25

Vogel, Jul., physiolog.-patholog. Untersuchungen üb. Eiter, Eiterung u. die damit verwandten Vorgänge. Eine nach fremden u. eigenen Forschungen bearb. Monographie. Mit e. einleit. Vorw. v. Rud. Wagner. gr. 8. (16 1/2 B. u. 1 Kpfrt.) Erlangen 838, Palm u. Enke. Thlr.

Vogel, Jul., Weihnachts-Singspiel, aus d. hl. Schrift u. d. geistl. Lied zusammengestellt. 8. (16 S.) Plauen 894. Leipzig, F. E. Neupert's Verl. n. — 20

Vogel, Julius, appr. Arzt aus Hamburg: **Aus d. pharmakol. Institut.** Ueber die **Wirkung** des Phosphors auf die roten Blutkörperchen bei Hühnern. *(München) 1902.* (15 S.) 8°
¶ Aus: Internat. Archiv f. Pharmakodynamie u. Therapie, Bd 10.
München, Med. Diss. v. 1902

—— die Wunder Jesu als Gleichnisse. Eine erbauliche Auslegung der Lebensgeschichte des Heilands. 1. und 2. unveränd. (Titel-)Aufl. 8. (140 S.) Halle 880,82, Strien Verlag. *

Vogel, Julius Friedrich Anton (Strassburg) A. S. 188/19

Dissertatio inauguralis juridica de matrimonii metu initi stabilitate.
Strassburg (Kürsner) 29. III. 1757. 14 S.

35287

Vogel, Julius Rud. Theod. (geb. Berlin 1812): Generis Cassiae synopsis. Berolini (1837). (72 S.) 8°
Berlin, Phil. Diss. v. 5. Aug. 1837

Vogel, Justin, Altenkunstadt: Ueber die **Ausscheidung** des Brom durch die Faeces. *Würzburg 1902: A. Borst.* (15 S.) 8°
Würzburg, Med. Diss. v. 1902

Vogel, K. Ueber die neue Einrichtung u. den Zweck der mit der Scheutenschen Stiftung vereinigten höh. Stadtschule zu C. 14 S.
Progr. Crefeld 1826

Vogel. K. Kurze Geschichte d. Anstalt in den Jahren 1819—25. 4 S.
Progr. Crefeld 1832

Vogel. K. Gesetze für die Schüler. 5 S.
Progr. Crefeld 1827

Vogel, K., Rechenbuch f. Volksschulen, s.: Löser, J.

Vogel. K. Schulrede am Stiftungstage der Scheutenschen Anstalt. 5 S.
Progr. Crefeld 1827

Vogel. K. Ueber Zweck u. Plan der höh. Stadtschule zu Crefeld. Vgl S. 3.
Progr. Crefeld 1833

Vogel, Karl, s. Balbi, Adrian: Allgemeine Erdbeschreibung ...

Vogel, Carl *Hubert* [aus Overath]: **Aus d. Laboratorium d. medicin. Univ.-Klinik in Bonn. Beitrag zur Kenntnis der als Russel'sche Fuchsinkörperchen beschriebenen Carcinomeinschlüsse ... Bonn, Druck v. E. Heydorn,** *1895;* 36 S. 8.
Bonn, Med. Fak., Inaug.-Diss. v. [22. Febr.] 1895

Vogel, Carl [aus Ansbach]: **Ein Beitrag zur Therapie des Orbicularkrampfes ... München, Druck v. A. Gradinger & C.,** 1894; 27 S. 8.
München, Med. Fak., Inaug.-Diss. v. 1894

Vogel, (Carl Joh. Chrstph.), **Beiträge zur Geschichte der leipziger Bürgerschule.** (Einladungsprogramm zur festl. Feier des 50jähr. Jubiläums der ersten Bürgerschule zu Leipzig am 2. Jan. 1854.) gr. 4. (42 S. mit Dir. Gedicke's lithogr. Bildniß.) Leipzig 853, (Hinrichs'sche Buchh.) *

Vogel, Carl, Beiträge zur Geschichte der chinesischen Stiftung in Kurhessen u. der Gützlaff'schen Mission in China. Frankfurt a. M. 853. Völcker. gr. 8. (30 S.) 5 ngr.

Vogel, Karl, Bericht üb. die Weltausstellung in Chicago 1893, im Auftrage der Handels- u. Gewerbekammer in Pilsen erstattet. gr. 8. (94 S.) Pilsen 894. (Prag, F. Řivnáč.) n. 1. 50

Vogel, Karl, aus Reitzenhain i. Erzgeb.: Die **Besteuerung** des Großbetriebs im Kleinhandel im Königreich Sachsen. *Annaberg, Erzgeb. 1903: C. O. Schreiber.* (111 S.) 8° [J.]
Gießen, Phil. Diss. v. 1903

Vogel's, Carl (Joh. Chrstph.), geographische Bilder zur Länder- und Völker-Physiognomik. 1. Lfg.: Polarländer, Brasilien, die Schweiz. Imp.-Fol. (3 Chromolithogr.) Mit 1 Heft Erläuterungen in (Lex.-)8. (16 S.) Carlsruhe 859, Veith. *
Ist nicht weiter erschienen.

– s. Bildersaal, Naturhistorischer, des Thierreiches.

Vogel, (Carl Joh. Chrstph.), die **Bürgerschule** zu Leipzig im Jahre 1842. Ein Bild nach dem Leben. gr. 8. (10 1/8 B. u. 2 Ans.) Leipzig 842, Barth.

(Vogel, [Joh.] Karl [Chrstph.],) **Cours préparatoire de la langue française, s. a. Cours.**

Vogel, (Direktor) **Karl, Cours préparatoire** de la langue française. Oder methodisch geordnete Lehr- u. Uebersetzungen für d. ersten Anfänger d. franz. Sprache. 3e verb. Aufl. 12. Leipzig 839. Fr. Fleischer. 1 n ngr

— s. Cruveilhier, über d. Erweichung des Magens.

Vogel, Karl: Darlegung und Beurtheilung des Verhältnisses der Grundlehren von David Ricardo und J. St. Mill über den Arbeitslohn zu der Gesetzgebung des deutschen Reichs, betreffend die Unfall- und Krankenversicherung der Arbeiter. ... Rastatt, Druck v. J. G. Vogel, 1889; 70 S. 8°

Heidelberg, Phil. Fak., Inaug.-Diss. v. [27. Febr.] 1889

Vogel, Carolus (geb. am 31 Juli 1826 in Bonn): Quaedam disiunctionis saxorum vulcanicorum exempla ... Bonnae, form. C. Georgii 1849. 2 Bl., 10 S., 1 Bl., 4 Taf. 4.

Bonn, Phil. Fak., Diss. v. 13 Aug. 1849

Fabellese für die deutsche Jugend, s. Vogel: Kinderfreund. I. 1.

Vogel, Carl (Joh. Chrph.), zur festlichen Feier des 50jährigen Jubiläums der ersten Bürgerschule zu Leipzig am 2. Jan. 1854 rc. Beigegeben sind: Beiträge zur Geschichte der Leipziger Bürgerschule und Dir. Gedike's (lith.) Bildniß. Leipzig 853. (Hinrichs.) gr. 4. (42 S.) n. 10 ngr.

—— Frauenliebe u. Dichterleben. Ein literar. Album f. gebildete Frauen. Lex.-8. (20 B. u. Margarethe Klopstock's Bildn.) Leipzig 839, Bernh. Tauchnitz jun.

Vogel, Carl, Frauenliebe und Dichterleben. Ein literar. Album für die deutsche Frauenwelt. 2. Aufl., neu bearb. von Julie Dohmke, geb. Vogel. 1872, und 3. Aufl. 8. (IX, 660 S. mit 1 Stahlst.) Leipzig 873, Barth. * 7 50
geb. * 8 50

Vogel, Carl (Joh. Chrstph.), Germania. Vaterländisches Lesebuch für die reifere deutsche Jugend. 1. Aufl. (VIII und 503 S.) 1847. 1 Thlr. 15 Ngr. und 2., verm. und verb. Aufl. Lex.-8. (XVI und 542 S.) Leipzig 848, Barth.

Vogel, Carl, Germania. Vaterländisches Lesebuch für die reifere Jugend. 1. und 2. Thl. 3. Aufl., völlig umgearb. von Karl Ramshorn. gr. 8. Leipzig 872, Barth. à Thl. *M* 1,50

Inhalt:
Thl. 1. Deutsches Land. (VI, 224 S.)
" 2. Deutsches Volk. (IV, 252 S.)

—— Geschichtsbilder. Ein Handbuch zur Belebung des geograph. Unterrichts u. für Gebildete überhaupt; zunächst als Erklärung z. Schulatlas der neueren Erdkunde. gr. 8. (35¾ B.) Leipzig 845, Hinrichs'sche Buchh. Thlr.

Bildet auch den 2. Thl. der „Naturbilder" des Verfassers.

Vogel, (Carl Joh. Chrstph.), allgemeine Geschichtstabelle auf geograph. Grunde. (8 Bl. in xylograph. Farbendruck von J. B. Hirschfeld. 75 Zoll hoch u. 72 Z. breit.) Leipzig 844, Hinrichssche Buchh.
Auf Leinwd.

Vogel, Carl (II.), Goethe in amtl. Verhältnissen. Aus d. Acten, besond. durch Correspondenzen zwischen ihm u. d. Großh. Carl August, Geh. Rath v. Voigt u. A. dargest. v. seinem letzten Amts-Gehülfen. gr. 8. (27 B.) Jena 834, Frommann.

—— Grundlehren d. ärztl. Praxis in ihrem gesammten Umfange. gr. 8. (7 B.) Jena 832, Frommann.

Vogel, Carl, der Guano. Seine Entstehung, Fundorte, Geschichte; seine chemischen Bestandtheile u. Sorten; seine Prüfung u. Werthbestimmung rc. auf Grund der bewährtesten Erfahrungen u. nach den besten Quellen dargestellt. Mit 1 Abbildg. (in Holzschn.) Berlin 860. Schotte & Co. (Stuttgart, Johannssen.) gr. 8. (VIII, 122 S.) n. 20 ngr.

Vogel, Carl, der Guano in seiner richtigen Anwendung eine Goldquelle für den Landwirth. Auf Grund der bewährtesten Erfahrungen und nach den besten Quellen dargestellt. 1. Aufl. 1860. * 20 Ngr. und 2., billige (Titel-)Aufl. gr. 8. (VIII und 122 S. mit 1 Abbild. in Holzschn.) Berlin (860)62, Schotte und Comp. *

—— Handbuch zur Belebung geographischer Wissenschaft für Lehrer und Gebildete überhaupt. 1. Thl. A. u. d. T.: Naturbilder. 3., verb. und verm. Aufl. gr. 8. (XIII und 446 S.) Leipzig 852, Hinrichs'sche Buchh.

—— dass. — 3. Thl. A. u. d. T.: Geographische Landschaftsbilder. gr. 8. (XII und 479 S.) Leipzig 851, Hinrichs'sche Buchh.

Der 2. Thl. erschien u. d. T.: Geschichtsbilder ebendas. 1845 und kostet 2 Thlr.

Vogel, (Carl Joh. Chrstph.), Handbuch zur Belebung geographischer Wissenschaft für Lehrer und Gebildete überhaupt. 2. Thl. A. u. d. T.: Geschichtsbilder. 2., verm. und verb. Aufl. gr. 8. (XV und 495 S.) Leipzig 854, Hinrichs'sche Buchh. Thlr. 1

1. Thl. (3. Aufl.) und 3. Thl. Ebendas. 1852 und 1851. 3 Thlr. 7½ Ngr.

—— Handbuch zur Belebung geographischer Wissenschaft für Lehrer und Gebildete überhaupt. 3. Thl. A. u. d. T.: Geographische Landschaftsbilder. 2., verm. und verb. Aufl. gr. 8. (XVI und 423 S.) Leipzig 857, Hinrichs'sche Verlagsb. 1

1. Thl. 3. Aufl. 1852. und 2. Thl. 2. Aufl. 1854. Ebendas. 3 Thlr. 7½ Ngr.

Vogel, C., die preussische Provinz Hannover, Oldenburg und Braunschweig, Lippe und Schaumburg-Lippe und die freien und Hansestädte Hamburg, Lübeck und Bremen. 1 : 925,000. Fol. Gotha 868, J. Perthes. * — 75

(Vorr.), s. Hoffmann, E. G. W.: Erzählungen für die Jugend. — Ders. Schneeflocken.

—— üb. d. Idee, Ausführung u. Benutzung des „neuen Schulatlas", nebst kurzer Erklär. d. dazu gehör. Randzeichnn. Ein Hülfsb. f. Lehrer u. Schüler. gr. 12. (3½ B.) Leipzig 839, Hinrichs'sche Buchh.

—— über die Idee, Ausführung u. Benutzung des „neuen Schulatlas" nebst kurzer Erklärung der dazu gehörigen Randzeichnungen. Ein Hülfsbuch f. Lehrer u. Schüler. 2., verb. u. verm. Aufl. 8. (5 B.) Leipzig 843, Hinrichs'sche Buchh.

— s.a. Idee, Über die, und die Einrichtung e. höhern Bürger- oder Realschule ...

(——) üb. d. Idee u. d. Einrichtung e. höh. Bürger- od. Realschule f. Knaben, u. e. höh. Mädchenschule, zunächst nach d. Bedürfnissen d. Stadt Leipzig. 2. Aufl. gr. 8. (1 B.) Leipzig 839, Barth.

Vogel, Karl, aus Barbecke (Braunschw.): Ueber **Jodoso-,** Jodo- und **Jodiniumverbindungen,** die sich von 2-Jod-5-nitrotoluol ableiten. *Freiburg i. B.: Speyer & Kaerner 1900.* (35 S.) 8°

Freiburg i. B., Phil. Diss. v. 1900

Vogel, Karl, über Jodoso-, Jodo- u. Jodiniumverbindgn., die sich v. 2-Jod-5-nitrotoluol ableiten. Diss. gr. 8. (35 S.) Freiburg i/B. 900, Speyer & Kaerner. n. 1. 20

Vogel, C. Italien 1 : 1500000. Gotha 1889. 4 Bl. (auf 1 Bl. aufgezogen) c. K. Fl. nebst Namensregister.

Vogel, Karl, Jubiläums-Predigt üb. Jesus Sirach 50 v. 24—26, geh. am XIX. p. Trin. (30. Septbr.) 1894 in Veranlassung d. 25jähr. Jubel-Feier d. kgl. Unteroffizierschule zu Weißenfels. 8. (12 S.) Weißenfels 895. M. Lehmstedt. n.n. — 15

Vogel, C. Karte der Balkanhalbinsel in 4 Blättern. 1 : 1,500,000. [Aus: Stieler's Hand-Atlas.] Kpfrst. u. color. (67×82 cm.) Mit Namenverzeichnis. 8. (42 S.) Gotha 891, J. Perthes.
Auf Leinw. in Carton * 6 —

Vogel, C., Karte von Frankreich in 4 Blättern. 1 : 1,500,000. [Stieler's Hand-Atlas Bl. Nr. 34—37.] Kpfrst. und color. gr. Fol. Gotha 882, J. Perthes.
Zusammengesetzt mit Leinw.-Streifen in Carton * 4 —
Auf Leinw. in Mappe * *M* 4,80.; mit Stäben * 6 40

Vogel, C., Karte von Frankreich in 4 Blättern. 1 : 1,500,000. [Stieler's Hand-Atlas Bl. Nr. 28—31.] [Neue Ausg. 1885—1888.] Kpfrst. und color. gr. Fol. Gotha, J. Perthes.
Zusammengesetzt mit Leinw.-Streifen in Carton * 4 —
Auf Leinw. in Mappe * ℳ 4.80.; mit Stäben * 6 40

Vogel, C. Karte v. Frankreich in 4 Blättern. 1 : 1,500,000. [Aus: Stieler's Hand-Atlas.] Kpfrst. u. color. (67×82 cm.) Mit Namenverzeichnis. 8. (90 S.) Gotha 889, J. Perthes.
Auf Leinw. in Taschenformat * 6 —

Vogel, C., Karte der deutsch-österreichisch-russischen Grenzländer. 1 : 1,500,000. Mit Hervorhebung der Festungen und Unterscheidung der Eisenbahnen in ein- und zweigleisige. Chromolithogr. qu. gr. Fol. Gotha 888. J. Perthes. 2 —

Vogel, C. Karte von Italien in 4 Blättern. 1 : 1,500,000. Neubearbeitung. [Aus Stieler's Hand-Atlas.] Kpfrst. u. color. (67×82 cm.) Mit Namenverzeichnis. gr. 8. (41 S.) Gotha 889, J. Perthes.
Auf Leinw. in Taschenformat * 6 —

Vogel, Karl, Karte der preussischen Regierungsbezirke Cassel und Wiesbaden, des Grossherzogthums Hessen und der Fürstenthümer Waldeck und Lippe. M. 1 : 925000 der natürl. Länge. Gotha, J. Perthes, 1867. gr. Fol. Kupferst. u. kolor.

VII. Internat. Geographen-Kongr., Berlin 1899. Karte des Mittleren Norddeutschland in 2 Blättern im Massst. von 1:500,000. (Hrsg. von Dr. C. **Vogel**.) Gotha: J. Perthes (1899). (2 Kartenbl. je 60x45.) 8°
Ausschnitt aus d. Karte d. Deutschen Reichs . . . hrsg. v. Dr. C. Vogel.

Vogel, C., Karte von Oesterreich in 2 Blättern. 1 : 1,500,000. [Stieler's Hand-Atlas Bl. Nr. 27. 28.] Kpfrst. und color. gr. Fol. Gotha 882, J. Perthes.
Zusammengesetzt mit Leinw.-Streifen in Carton * 2 —
Auf Leinw. in Futteral * 2 40

Vogel, C., Karte von Oesterreich-Ungarn in 4 Blättern. 1 : 1,500,000. Neu bearb. 1886. Kpfrst. und color. qu. Fol. Gotha 886, J. Perthes. à Bl. * — 80
Zusammengesetzt mit Leinwandstreifen in Carton * 4 —
Aufgezogen in Futteral * 4 80
Aufgezogen mit Stäben * 6 40
Aus: Stieler's Handatlas.

Vogel, C. Karte v. Osterreich-Ungarn in 4 Blättern. 1 : 1,500,000. (Aus Stieler's Hand-Atlas.) Kupferst. u. color. (67×82 cm.) Mit Namenverzeichnis. 8. (78 S.) Gotha 892, J. Perthes.
Auf Leinw. in Taschenformat * 6 —

Vogel, Karl, J. Perthes' Karte der deutsch-französischen Grenzländer von Köln bis Bern und von Metz bis Ulm. M. 1 : 925000. Bearb. von C. Vogel. A. Petermann red. Gotha, J. Perthes. 1870. . . . . (Br. Mus.)

Vogel, C., Karte des Deutschen Reiches in 4 Blättern. 1 : 1,500,000. [Stieler's Hand-Atlas Bl. Nr. 19—22.] Kpfrst. und color. gr. Fol. Gotha 882, J. Perthes.
Zusammengesetzt mit Leinw.-Streifen in Carton * 4 —
Auf Leinw. in Futteral * ℳ 4,80.; mit Stäben * 6 40

Vogel, C., Karte des Deutschen Reiches in 4 Bl. 1 : 1,500,000. [Stieler's Hand-Atlas Bl. Nr. 10—13.] Kpfrst. und color. gr. Fol. Gotha 889, J. Perthes.
Zusammengesetzt mit Leinw.-Streifen in Carton * 4 —
Auf Leinw. in Futteral * ℳ 4.80.; mit Stäben * 6 40

Vogel, C. Karte d. Deutschen Reichs in 4 Blättern. 1 : 1,500,000. [Aus: „Stieler's Hand-Atlas".] Kupferst. u. color. (67×82 cm.) qu. Fol. Mit Namenverzeichnis. 8. (83 S.) Gotha 890, J. Perthes.
Auf Leinw. in Carton * 6 —

Karte des Deutschen Reiches in 4 Bl. 1 : 1,500,000 aus Stielers Handatlas. Bearb. von Dr. C[arl] **Vogel**. (Berichtigt von C. Scherrer.) Mit Namenverzeichnis. [Mit 1 Nebenkarte.] Gotha: J. Perthes [1905]. (1 Kartenbl. 82×66 cm, 96 S.) 8° [gestochen] [kol.] [05. 14090

Karte des Deutschen Reichs. 27 Blätter in Kupferstich im Maßst. von 1:500,000 unter Red. von Dr. C[arl] **Vogel** ausgeführt in J. Perthes' Geogr. Anst. in Gotha. Umdruck-Ausg. [Nebst] Alphab. Namenverzeichnis. Gotha: J. Perthes 1907. (27 Kartenbl., 74 S.) 2° [07. 17430

Vogel, C., Karte von Spanien und Portugal in 4 Blättern. 1 : 1,500,000. [Stieler's Hand-Atlas Bl. Nr. 39—42.] Kpfrst. und color. gr. Fol. Gotha 882, J. Perthes.
Zusammengesetzt mit Leinw.-Streifen in Carton * 4 —
Auf Leinw. in Mappe * ℳ 4,80.; mit Stäben * 6 40

Vogel, C., Karte von Spanien und Portugal in 4 Blättern. 1 : 1,500,000. [Stieler's Hand-Atlas Bl. Nr. 33—36.] Kpfrst. und color. gr. Fol. Gotha 888, J. Perthes.
Zusammengesetzt mit Leinw.-Streifen in Carton * 4 —
Auf Leinw. in Mappe * ℳ 4.80.; mit Stäben * 6 40

Vogel, C. Karte von Spanien u. Portugal. 1 : 1,500,000. [Aus: Stieler's Hand-Atlas.] 4 Bl. Kpfrst. u. color. (67×82 cm.) Mit Namenverzeichnis. 8. (72 S.) Gotha 889, J. Perthes.
Auf Leinw. in Taschenformat * 6 —

—— Karte von Süd-West-Deutschland und der Schweiz in 2 Blättern. 1 : 925,000. [Stieler's Hand-Atlas Bl. Nr. 24 und 25.] Kpfrst. und color. gr. Fol. Ebendas. 882.
Zusammengesetzt mit Leinw.-Streifen in Carton * 2 —
Auf Leinw. in Futteral * 2 40

—— Karte von Süd-West-Deutschland und der Schweiz in 2 Bl. 1 : 925,000. [Stieler's Hand-Atlas Bl. Nr. 15 und 16.] Kpfrst. und color. gr. Fol. Ebendas. 889.
Zusammengesetzt mit Leinw.-Streifen in Carton * 2 —
Auf Leinw. in Futteral * 2 40

Vogel, C. Topographische Karte vom Thüringer Wald und seinen Vorlanden. 1 : 150000. Gotha 1863—1866. 4 Bl. K. Fl.
Desgl. Gotha 188.. 1 Bl. c. K. Fl.

Vogel, C., topographische Karte vom Thüringer Wald und seinen Vorlanden, in 4 Bl. 1870. 1 : 150,000. Mit Text. Gotha 875, J. Perthes. * ℳ 6.; aufgez. in Carton *
Westlicher und östlicher Theil aufgez. à *
Ausg. auf geleimtes Pap. in 1 Bl. *

— und **Arenz**, Katechismus der Geographie, s. a. Weber's illustrirte Katechismen.

Vogel, Karl, Katechismus der Geographie. 3. Aufl., besorgt v. Otto Delitsch. Mit 24 in den Text gedr. Karten u. Abbildgn. (in Holzschn.) 3. Aufl. 8. (219 S.) Leipzig 873. Weber. n. 1. 20

—— der deutsche Kinderfreund, od.: Samml. sittl. u. nützl. unterhalt. u. belehr. Jugendschriften. Eine Familienbibliothek f. alle Stände. In Verbind. mit mehr. Erziehern hrsg. 2 Abthln. od. 12 Bde. gr. 12. Leipzig, Fr. Fleischer. à 3/4 Thlr.
Zusamm. genomm. nur *

A. u. d. Tiln.:

1. Abthl. 6 Bde.
Bd. 1. Fabellese f. d. deutsche Jugend. Gesammelt v. K. Vogel. (10 B., 1 Kpfr. u. 8 Holzschn.) 836.
" 2. Märchen u. Sagen. Von verschied. Verfn. Hrsg. v. K. Vogel. (10 B. u. 2 Kpfrt.) 838.
" 3. Moralische Erzählungen f. d. Jugend. Von E. G. W. Hoffmann, Lina Reinhardt, geb. Wagner, u. Andern. (11 B. u. 1 Kpfrt.) 837.
" 4. Beispiele d. Guten u. Bösen aus d. wirkl. Leben. Nach d. Wahrheiten d. Pflichtenlehre geord. u. f. d. reif. Jugend bearb. v. Chrstn. Friedr. Liebegott Simon. — Allgem. Tugendlehre u. Pflichten d. Menschen geg. sich selbst. (11 1/2 B. u. 2 ill. Kpfrt.) 836.
" 5. Schauspiele f. d. Jugend v. Lina Reinhardt. (10 B.) 837.
" 6. Spiele u. nützl. Beschäftigungen f. d. Jugend, bearb. v. Karl Bormann. (8 1/2 B. u. 8 Stnt.) 836.

2. Abthl. 6 Bde.
Bd. 1. Bibl. Geschichten in poet. Bearbeitung v. K. Bormann. (11 B. u. 1. Kpfrt.) 837.
" 2. Lebensbeschreibungen u. Denkwürdigkeiten aus d. allgem. Weltgeschichte bis z. westphäl. Frieden. Für d. Jugend bearb. v. A. Merget. (13 B. u. 1 Kpfrt.) 839.
" 3. Naturgeschichte f. d. Jugend, v. A. B. Reichenbach. (14 1/6 B. u. 5 Taf. Abbild.) 838.
" 4. Anfangsgründe d. Naturlehre. Zur belehr. Unterhalt. f. d. reif. Jugend bearb. v. Jul. Michaelis. (13 1/2 B. u. 3 Stnt.) 839.
" 5. Schilderungen aus d. Länder- u. Völkerkunde f. d. Jugend. Von H. Gräfe. (11 B. u. 1 Karte.) 836.
" 6. Ausführl. Beschreibung merkwürdiger Bauwerke, Denkmale, Brücken, Anlagen, Wasserbauten, Kunstwerke, Maschinen, Instrumente, Erfindungen u. Unternehmungen d. neueren u. neuesten Zeit. Für d. reif. Jugend bearb. v. Ernst Schick. (11 B. u. 2 Stnt.) 838.

— die letzte Krankheit Goethe's, beschrieben und nebst einigen andern Bemerkungen über denselben mitgetheilt. Nebst e. Nachschrift v. C. W. Hufeland. (Aus Hufeland's u. Osann's Journal abgedr.) 8. Berlin 833. Reimer. 1/4 ₰

—— u. Herm. Pomper, Leitfaden der Naturgeschichte f. Mädchenschulen u. zum Selbstunterricht. 1. u. 2. Abthl. gr. 8. Leipzig 845, Barth.
Abthl. 1. Zoologie. (13½ B.) 18 Ngr.
» 2. Botanik u. Mineralogie. (17⅜ B.) 21 Ngr.

Vogel, Karl, Leitfaden f. d. Unterr. in d. Erdbeschreibung in Stadt- u. Landschulen. gr. 8. (8½ B.) Bonn 835, Habicht.

—— Leitfaden f. d. Unterr. in d. deutschen Sprache in Stadt- u. Landschulen. gr. 8. (4½ B.) Bonn 835, Habicht.

Vogel, Karl, deutsches Lesebuch f. Schule u. Haus, s. a. Lesebuch, deutsches.
[Aus Versehen wurde am a. O. als Verf. F. A. W. Diesterweg genannt, der jedoch zu streichen u. durch obigen zu ersetzen ist. — Auch möge bemerkt sein, daß bereits die 3. u. 4. Aufl. (à 24½ B.) mit Stereotypen gedruckt erschien, wovon jede nur 8 Gr. kostet.]

— Deutsches Lesebuch für Schule und Haus. Zunächst zur Beförderung religiös-sittlicher Bildung in Elementar- und Bürgerschulen. 5e Aufl. Mit Stereotypen gedruckt. 8. Leipzig 836. Fr. Fleischer. n. ⅓ ℛ — 6e Aufl. Mit Stereotypen gedruckt. 8. Ebd. 838. n. ⅓ ℛ — 7e Aufl. 839. n. ⅓ ℛ — 8e Aufl. 840. ⅓ ℛ

—— deutsches Lesebuch f. Schule u. Haus. Zunächst zur Beförderung religiös-sittl. Bildung in Elementar- u. Bürgerschulen. 9. Aufl. (24½ B.) 842. u. 10. u. 11. Aufl. Mit Stereotypen gedruckt. 12. (à 16⅓ B.) Leipzig 844, 47, Friedr. Fleischer. à *

—— deutsches Lesebuch für Schule und Haus. Zunächst zur Beförderung religiös-sittl. Bildung in Elementar- und Bürgerschulen. 11. Aufl. 1847. und 12. Aufl. 8. (VIII und 384 S.) Leipzig 849, Fr. Fleischer. *

—— deutsches Lesebuch für Schule und Haus. Zunächst zur Beförderung religiös-sittl. Bildung in Elementar- und Bürgerschulen. 13. Aufl. Mit Ster. gedr. 8. (VIII und 384 S.) Leipzig 853, Fr. Fleischer. *

— deutsches Lesebuch für Schule und Haus. Zunächst zur Beförderung religiös-sittlicher Bildung in Elementar- u. Bürgerschulen. 14. Aufl. Mit Stereot. gedr. Leipzig 860. Fr. Fleischer. 8. (VIII, 384 S.) n. 10 ngr.

—— deutsches Lesebuch für Schule und Haus. 3 Abthlgn. 15., völlig umgearb. Aufl. 8. Leipzig, Fr. Fleischer. [1. Abthl. (IV und 204 S.) 864. geb. * 7½ Ngr., 2. Abthl. (X und 346 S.) 866. * 15 Ngr., 3. Abthl. (VIII und 376 S.) 868. * 15 Ngr.] *

Vogel, C., neues engl. Lesebuch. Zunächst f. Real-Gymnasien, höhere Bürger-, Gewerb- u. Handels-Schulen bestimmt. gr. 8. (21⅛ B.) Crefeld 831, Funcke.

—— neues englisches Lesebuch. Zunächst f. Real-Gymnasien, höh. Bürger-, Gewerb- u. Handelsschulen bestimmt. 2., verm. u. verb. Aufl. Lex.-8. (19 B.) Leipzig 839, Fr. Fleischer.

— erste Nachricht über die beabsichtigte Organisation des Bürger-Schulwesens der Stadt Leipzig. Programm. gr. 8. Leipzig 833. Teubner. ¼ ℛ

—— Naturbilder. Ein Handbuch zur Belebung des geograph. Unterrichtes u. f. Gebildete überhaupt; zunächst als Erklärung zum Schulatlas der neueren Erdkunde. 1. Aufl. (27 B.) 842. 2 Thlr. u. 2., verb. u. verm. Aufl. gr. 8. (29½ B.) Leipzig 846, Hinrichs'sche Buchh.

—— Naturbilder. Handbuch zur Belebung geograph. Wissenschaft. 3., sehr verb. und verm. Aufl. (Neue Ausg.) gr. 8. (XIII und 446 S. mit 6 Illustrationen.) Leipzig 859, Hinrichs'sche Verlagsh. geb.
Die Illustrationen: „6 Holzschnitte zur Charakteristik der sechs Erdtheile. Gezeichnet von H. Leutemann." Mit 8 S. Text apart.

—— Netz-Atlas zum Kartenzeichnen für Schulen. 6 Blätter auf Wachspapier: Europa, Asien, Afrika, Nord-Amerika, Süd-Amerika, Deutschland. Fol. Leipzig 851(52,) Hinrichs'sche Buchh. **
Einzelne Blätter à **

—— dass. — Supplementblatt: Königr. Sachsen. 1 Bl. Fol. Ebds. 852. **

—— Netz-Atlas auf Wachspapier zum Kartenzeichnen für Schulen. 2. Aufl. 1853. und 3. Aufl. in 7 Blatt: Europa, Asien, Afrika, Nord-Amerika, Süd-Amerika, Deutschland, österreich. Monarchie. qu. Fol. Leipzig 855, Hinrichs'sche Buchh. In Mappe. **
Mit Heimathskunde **
Mit Heimathskunde und Königr. Sachsen **
Einzelne Blätter **

Vogel, Carl, Netzatlas auf Wachspapier zum Kartenzeichnen in Schulen. 7. Aufl. 1863. und 8. Aufl. in 7 Blatt. qu. Fol. Leipzig 868, Hinrichs'sche Verlagsh. In Couvert. *
Mit 3 Ergänzungsblättern * 20 Ngr.; einzelne Blatt *

Vogel's, Carl, Netzatlas auf Wachspapier zum Kartenzeichnen in Schulen. 9. Aufl. in 7 Blatt. qu. Fol. Leipzig 875, Hinrichs'sche Buchh. In Mappe * 1 50

Karl Vogel
1798 - 1864

Carolus Vogel: De pancreatis Nosologia generali. Halis Sax. (1819): Grunert. 46 S. 8°
Halle-Wittenberg, Med. Diss. v. 17. Juni 1819

— Papier-Industrie, keramische u. Glas-Industrie auf der Weltausstellung in Chicago, s.: Bericht, officieller, der k. k. österr. Central-Commission f. die Weltausstellung in Chicago 1893.

Vogel, Carl *Emil Friedrich Paul* [aus Berlin]: Über Pneumotyphus. . . . Berlin, Buchdr. v. G. Schade, *1890;* 29 S., 1 Bl. 8°
Berlin, Med. Fak., Inaug.-Diss. v. 23. Aug. 1890

Vogel, Carl (II.), die medicinische Polizeiwissenschaft, theoretisch und practisch dargestellt. Für Polizeibeamte, Aerzte und Apotheker. gr. 8. (XIX und 196 S.) Jena 853, Frommann.

Vogel, Carolus [Wilinaburgensis]: Quaestiones Plutarcheae . . . Marburgi Cattorum, typ. Friederici typogr. acad., 1889; 2 Bl. + 53 S. + 1 Bl. 8°
Marburg, Phil. Fak., Inaug.-Diss. v. [3. Mai] 1889.

Vogel, C., quaestiones Plutarcheae. Inaug.-Diss. gr. 8. (53 S.) Marburgi Cattorum 889. (Leipzig, Fock.) n. 1. 20

[ß.] Die dritte französische Republik bis 1895 v. Karl Vogel, Kabinetsr. a. D. . . . M. Bildn. d. Präsid. F. Faure . . . *Stuttgart, Leipzig, Berlin, Wien: Deutsche Verl.-Anst. 1895.* (XI, 730 S., 1 Portr.) 1 Bd 8.
= Vogel, K.: Am Schluss e. Jahrhunderts. Reihef. 1. Bd 1. [96. 151]

– (Vorr.), s. Schlimpert, Mor.: Neuer Leseapparat . . .

Vogel, Karl, am Schluß e. Jahrhunderts. Allgemeine Rundschau d. europ. Völker- u. Staatenkunde m. Hinblick auf d. Hauptfragen d. Gegenwart. (In 10 Bdn.) 1. Reihefolge. Die Großmächte. 1. Bd. Die 3. französ. Republik bis 1895. M. Bildnis d. Präsidenten Felix Faure. gr. 8. (XI, 730 S.) Stuttgart 895. Deutsche Verlags-Anstalt. n. 7. 50; geb. n. 9. 50

– s. Schrader, Gtfr. Leop.: Erstes elementarisches Lesebuch für Kinder zum Lesenlernen.

Vogel, Karl, s. Schriften des Vereins f. Socialpolitik. (Verfassung u. Verwaltungsorganisation der Städte Österreichs.)

—— **Schulatlas d. neueren Erdkunde. (Für Gymnasien u. Bürgerschulen, nach d. Forderungen e. wissenschaftl. Methode d. geograph. Unterrichts bearb. u. zusammengestellt. 1. u. 2. Aufl. (à 14 ill. Karten m. Randzeichnn. u. 2 Bl. Text.) 836—38., 3. verb. Aufl. Fol. (15 ill. Karten, Kpfrst.) Leipzig 841, Hinrichssche Buchh.** à *
Die Erklärung d. Rand-Zeichnungen vgl. Deff., üb. d. Idee, Ausführung u. Benutzung d. neuen Schulatlas x.

—— **Schulatlas der neueren Erdkunde. Für Gymnasien u. Bürgerschulen. Nach den Forderungen einer wissenschaftl. Methode des geograph. Unterrichts bearb. u. zusammengestellt. 4. Aufl. 843. u. 5., verb. Aufl. qu. Fol. (15 ill. Bl. mit Randzeichn. u. 2 Bl. Text.) Leipzig 846, Hinrichssche Buchh.**

—— **Schul-Atlas der neueren Erdkunde. Mit Randzeichnungen. Für Gymnasien und Bürgerschulen nach den Forderungen einer wissenschaftl. Methode des geograph. Unterrichtes bearb. und erläut. 6. Aufl. 1848. und 7., verb. Aufl. Fol. (15 ill., 1 schw. Bl. in Kpfrst. und 1 Bl. Text.) Leipzig 851, Hinrichssche Buchh.**

—— **Schulatlas der neueren Erdkunde. Mit Randzeichnungen. Für Gymnasien und Bürgerschulen nach den Forderungen einer wissenschaftl. Methode des geograph. Unterrichtes bearb. und erläutert. 8., umgearb. und verb. Aufl. In 16 (in Kpfr. gest. und ill.) Bl. Fol. (4 S. Text.) Leipzig 855, Hinrichs'sche Buchh.**
2 Ausg.: Für Sachsen und für Oesterreich.

—— **kleiner Schulatlas der Elementargeographie. Neue Ausg. 6 (lithochrom.) Karten entw. und gez. von Otto Delitsch. Mit naturhistor. Randzeichnungen. — Petit atlas de géographie élémentaire. 6 Cartes ornées de 207 illustrations des plantes et des animaux charactéristiques. — Illustrated school-atlas of elementary geography. 6 Maps with 207 engravings of the characteristical plants and animals. Fol. (6 S. Text.) Leipzig 855, Hinrichs'sche Buchh.** *

—— **kleiner Schulatlas d. reinen Elementargeographie. Mit Randzeichnn. u. deren Erklär. Fol. (6 ill. Bl. in Kpfrst. u. 1 Bl. Text.) Leipzig 840, Hinrichssche Buchh.**

—— Schulatlas mit Randzeichnungen. 9. Aufl. in 22 Blättern (wovon 9 in Kpfrst. und Buntdr., 7 in Kpfrst. und ill. und 6 chromolithogr.) Umgearbeitet, verbessert und mit Höhenschichten versehen von Otto Delitsch. Imp.-4. (4 S. Text.) Leipzig 861, Hinrichs'sche Verlagsh. geb. *

—— **des Kindes erstes Schulbuch. Zunächst f. die Elementarclasse der leipziger Bürgerschule bestimmt. 1. Aufl. 843. u. 2. Aufl. 8. (25 Holzschnitttaf. u. $^{1}/_{8}$ B. Text.) Leipzig 843, Friedr. Fleischer.** à *

—— **des Kindes erstes Schulbuch. Zunächst für die Elementarclasse der leipziger Bürgerschulen bestimmt. 4. und 5. Aufl. (X und 50 S.) 1848, 49. und 6. Aufl. 8. (XIV und 50 S. mit eingedr. Holzschn.) Leipzig 851, Fr. Fleischer.** *

—— **des Kindes erstes Schulbuch. Zunächst für die Elementarclasse der leipziger Bürgerschulen bestimmt. 7. Aufl. 8. (XIV und 50 S. mit eingedr. Holzschn.) Leipzig 856, Fr. Fleischer.** *

—— des Kindes erstes Schulbuch. Zunächst für die Elementarclasse der leipziger Bürgerschule bestimmt. 8. Aufl. gr. 16. (XIV und 50 S. mit eingedr. Holzschn.) Leipzig 860, Fr. Fleischer. geb. *

—— des Kindes erstes Schulbuch. Zunächst für die Elementarclasse der Leipziger 1. Bürgerschule bestimmt. 9., veränd. und verb. Aufl. 1864. und 10. Aufl. br. 8. (III und 37 S. mit eingedr. Holzschn.) Leipzig 868, Fr. Fleischer. geb. *

— **des Kindes zweites Schulbuch. Zunächst für die Elementarklassen der allgemeinen Bürgerschule zu Leipzig bestimmt. 8. (IV u. 188 S.) Ebd. 848. — 2. verb. Aufl. 8. (IV u. 188 S.) Ebd. 851. n. 8** ℳ

—— des Kindes zweites Schulbuch. Zunächst für die Elementarklassen der allgem. Bürgerschule zu Leipzig bestimmt. 2., verb. Aufl. 8. (IV und 188 S.) Leipzig 851, Fr. Fleischer. *
Vgl.: Schulbuch.

—— des Kindes zweites Schulbuch. Zunächst für die Elementarklassen der allgemeinen Bürgerschule zu Leipzig bestimmt. 3. Aufl. 8. (IV und 188 S.) Leipzig 855, Fr. Fleischer. *

—— des Kindes zweites Schulbuch. 4. Aufl. 1862. und 5. Aufl., gänzlich neu bearb. von O. Kindler. 8. (IV und 188 S.) Leipzig 866, Fr. Fleischer. geb. *

— eine Schulrede; am 30sten Jahrestage der Eröffnung der Bürgerschule zu Leipzig geh. gr. 8. Leipzig 834. Barth. $^{1}/_{8}$ ℳ

Vogel, (Joh.) Karl (Chrstph.), Schul-Wörterbuch d. deutschen Sprache. Mit besond. Rücksicht auf Erleichterung u. Förderung d. Orthographie bearb. Stereot.-Ausg. 16. ($38^{1}/_{4}$ B.) Leipzig 841, Bernh. Tauchnitz jun. Thlr.

— Schul-Wörterbuch der deutschen Sprache. Mit besond. Rücksicht auf Erleichterung u. Förderung der Orthographie bearb. Stereotypausgabe. 16. Leipzig 841, Tauchnitz jun. $^{3}/_{4}$ ℳ — 2. Stereot.-Ausg. Ebend. 842. $^{3}/_{4}$ ℳ

Vogel's, [Carl], Schul-Wörterbuch der deutschen Sprache. Mit besond. Rücksicht auf Erleichterung und Förderung der Orthographie. 2. verm. und verb. Ster.-Ausg., bearb. von Max Moltke. 8. (XVIII, 590 S.) Leipzig 877, B. Tauchnitz. 2 25

— die Staaten des deutschen Bundes. Ein historisch-geograph. Rundgemälde zur Belebung des Unterrichtes in der Vaterlandskunde. Nebst einer Charte mit Randzeichnungen. Aus d. Verf. „Geschichtsbildern" besonders abgedr. gr. 8. Leipzig 844, Hinrichs'sche Buchh. $^{5}/_{12}$ ℳ

Vogel, Karl, die Stedinger. Trauerspiel in 5 Akten. gr. 8. (63 S.) Mannheim 884. (Dieter.) n. 1. 50

Vogel, Carl (I.), topograph. Terrain-Darstellungs-Kunde im Planbilde, in drei Hauptabthln., als: Terrainlehre, Theorie d. Terrainzeichnens u. Aufnehmen d. Terrains in Abschnitten, wobei d. sphäroid. Gestalt d. Erde nicht in Betracht kommt, mit Hinweisung auf das genauere Verfahren bei größeren Landesvermessungen. gr. 8. (23 B. u. 8 Stnt. Fol.) Berlin 823, Reimer.

Vogel, Carolus: Theses medicae loco dissertationis de capite amphibiorum osseo propediem edendae. Halis Saxonum (1819): Grunert. 2 Bl. 8°
Halle-Wittenberg, Med. Thesen v. 17. Juni 1819

Vogel, Carolus: De pancreatis nosologia generali. Halis Saxonum (1819): Grunert. 46 S. 8°
Halle-Wittenberg, Med. Diss., nachgeliefert von dem am 17. Juni 1819 auf Thesen promovierten Verf.
Geb. Dessau 21.4.1798. V.

—— J. Perthes' Übersichtskarte der westdeutschen Grenzlande von Kopenhagen bis Basel und von Châlons bis München. M. 1 : 1850000. Bearb. von C. Vogel. A. Petermann red. Gotha 1870. . . . . (Br. Mus.)

Vogel, Karl, J. Perthes' Übersichtskarte der norddeutschen Küstenländer von Emden und Borkum bis Königsberg und Memel. M. 1 : 1850000. Bearb. von C. Vogel. A. Petermann red. Gotha 1870. . . . . (Br. Mus.)

Vogel, Karl, die Umsatzsteuer-Frage in Sachsen. (Diss.) (II, 112 S.) 8. Annaberg 904. (Graser's Verl.) n. 2. 50

Vogel, Carl, das staatsärztl. Verfahren; für Aerzte, Chirurgen, Apotheker, Thierärzte u. f. Rechtsgelehrte theoret. u. prakt. dargestellt. Nebst e. Anh., Formularien zu staatsärztl. Geschäftsschriften enthalt. gr. 8. (13¾ B.) Jena 836, Frommann.

(——) kurze Verständigung üb. d. Idee u. d. Einrichtung e. höhern Bürger- u. Realschule rc., s. Verständigung.

—— Versuch e. neuen Darstellung d. pract. Heilmittellehre. gr. 8. (29 B.) Berlin 830, Dümmler.

Vortrag in der Arbeits □ im g[oldnen] A[pfel in Dresden] d. 4ten Mai 1821. [Unterz.:] K[arl] Vogel. [Dresden 1821.] 7 S. 8° [Kopftit.]
Kl. 1224b. Üb. das Ziel d. Mrbundes.

Vogel, C. und Fils, A. W. Der Thüringer Wald. 1 : 60 000. Gotha 1858. 5 Bl (Eisenach, Liebenstein, Friedrichsroda, Georgenthal, Ilmenau) c. K. Ff

Vogel, Carl, und Otto Delitsch, Wandkarte der Hemisphären (auf Wachstuch). Neue verb. Aufl. 2 Bl. 151 + 150 Cm. Leipzig 879, Hinrichs'sche Buchh.
Auf schwarzem Grunde mit Rollen *
Auf blauem Grunde *

Vogel, Karl, und Otto Delitsch, Wandkarte von Mitteleuropa auf Wachstuch, auf schwarzem oder blauem Grunde. Leipzig, Hinrichs, 1862. Imp.-Fol.

—— Worte väterl. Liebe, bei d. Entlassung der am 10. April 1838 aus d. Bürgerschule zu Leipzig abgeh. Schüler u. Schülerinnen zu ihnen gesprochen. gr. 8. (1 B.) Leipzig 838, Barth.

Vogel, Carl Augustus [illegible]
[illegible]
Berlin [illegible] 1844

Vogel, Karl Glo., der treue, kluge Arbeiter im Dienste des Herrn. Cyclus von Predigten. gr. 8. Penig 845, Sieghart u. Voigt. (Leipzig, Kollmann.) ¼ ℳ

Vogel, Karl Gottlob (Zwickau) A. S. 605/54

Quaedam de patria potestate, dissertatio.
Präs. Heinrich Gottfried Bauer.
Leipzig (Langenheim) 10. IV. 1775. 8 S.
35288

Vogel, Carl Gust., der homöopathische Hausarzt für Stadt und Land. Ein leichtfaßlicher u. praktischer Rathgeber für Alle, welche die am häufigsten vorkommenden Krankheiten schnell, sicher u. wohlfeil selbst heilen wollen. Nach eigenen Erfahrungen am Krankenbette u. unter Berücksichtigung der neuesten Ergebnisse der Wissenschaft bearb. 1—4. Aufl. Berlin 863, 64. Schotte & Co. gr. 8. (IV, 223 S.) 25 ngr.

Vogel, Carl Gust., der homöopathische Hausarzt für Stadt und Land. Ein prakt. Rathgeber für alle Diejenigen, welche die am häufigsten vorkommenden Krankheiten schnell, sicher und wohlfeil selbst heilen wollen. 4.—6. Aufl. gr. 8. (V und 278 S.) Berlin 864—66, Schotte und Comp. [München, Ackermann.] cart.

—— dass. — Nach dem Tode des Verf. neu bearb. von H. Billig. 7., verb. Aufl. gr. 8. (290 S.) Berlin 868, Schotte und Comp.

Vogel, (Carl Gust.), homöopatischer Hausarzt. Ein leichtfaßl. und prakt. Rathgeber für Alle, welche die am häufigsten vorkomm Krankheiten schnell, sicher und wohlfeil selbst heilen wollen. Nach dem Tode des Verf. neu bearb. von H. Billig. 8.—13. Aufl. 8. (307 S.) Berlin [Leipzig] 868—74, H. Voigt. cart.

Vogel's, [Carl Gust.], homöopathischer Hausarzt. Ein leichtfaßl. und prakt. Rathgeber für Alle, welche die am häufigsten vorkommenden Krankheiten sicher, schnell und auf angenehme Weise selbst heilen wollen. Nach dem Tode des Verf. neu bearb. von H. Billig. 14. und 15. Aufl. 8. (XI, 269 S.) Leipzig 876,77, [H. Voigt.] Dr. Schwabe's homoeopath. Buchh. geb. 3 75

Vogel's [Carl Gust.], homöopathischer Hausarzt. Ein leichtfaßl. und prakt. Rathgeber für Solche, welche die am häufigsten vorkommenden Krankheiten sicher, schnell und auf gefahrlose Weise selbst heilen wollen. Nach dem Tode des Verf. neu bearb. von Hugo Billig. 18. wesentlich verm. und verb., mit zahlreichen Abbild. versehene Aufl. 8. (XI, 431 S.) Leipzig 882, Schwabe's Homöopath. Buchh. * 3 75
16. und 17. Aufl. (XII, 269 S.) Leipzig, H. Voigt. * ℳ 3.

Vogel's homöopathischer Hausarzt. Ein leichtfaßl. und prakt. Rathgeber für Solche, welche die am häufigsten vorkommenden Krankheiten sicher, schnell und auf gefahrlose Weise selbst heilen wollen. Nach dem Tode des Verf. neu bearb. von Hugo Billig. 19. wesentlich verm. und verb., mit zahlreichen Abbild. verseh. Aufl. 8. (XIV, 471 S.) Leipzig 886, W. Schwabe. * 3 75
geb. * 4 50

Vogel's, C. G., homöopathischer Hausarzt. Nach dem Tode d. Verf. neu bearb. v. H. Billig. 20., verm. u. m. zahlr. Abbildgn. verseh. Aufl. 8. (XII, 471 S.) Leipzig 890. Dr. W. Schwabe. n. 3. 75; geb. n. 4. 50

Vogel's homöopathischer Hausarzt. Ein leichtfaßl. u. prakt. Rathgeber f. Solche, welche die am häufigsten vorkomm. Krankheiten sicher, schnell u. auf gefahrlose Weise selbst heilen wollen. Nach dem Tode des Verf. neu bearb. v. Hugo Billig. 21., verb. u. m. zahlreichen Abbildgn. verseh. Aufl. 8. (XII, 474 S.) Leipzig 893. Dr. W. Schwabe. n. 3. 75; geb. n.n. 4. 50

Vogel's, homöopathischer Hausarzt. Ein leichtfaßl. u. prakt. Rathgeber f. Solche, welche die am häufigsten vorkomm. Krankheiten sicher, schnell u. auf gefahrlose Weise selbst heilen wollen. Nach dem Tode des Verf. neu bearb. v. Hugo Billig. 22., m. zahlr. Abbildgn. verseh. Aufl. (XII, 474 S.) 8. Leipzig 900. Dr. W. Schwabe. n. 3. 75;
geb. in Leinw. n. 4. 50

Vogel's, (Carl Gust.), homöopathischer Hausarzt. Ein leichtfaßl. u. prakt. Ratgeber zur Behandlg. der am häufigsten vorkomm. Krankheiten nach den Grundsätzen der homöopath. Heilkunst. Neu bearb. v. J. Voorhoeve. 23., m. zahlr. Abbildgn. verseh. Aufl. (XX, 560 S. m. Bildnis.) 8. Leipzig 910. Dr. W. Schwabe. 4. 25;
geb. in Leinw. n 5.—; in Halbfrz. 5. 50

—— Mutterpflichten und Mutterfreuden. Ein homöopath. Rathgeber für Schwangere, Niederkommende und Wöchnerinnen, nebst Behandlung und Erziehung der Kinder in den ersten Lebensjahren. 1. Aufl. 1865. und 2. Aufl. 8. (IV und 188 S.) Berlin 866, Schotte und Comp. cart.

Vogel, Karl Gust., Mutterpflichten u. Mutterfreuden. Ein homöopath. Rathgeber f. Schwangere, Niederkommende u. Wöchnerinnen nebst Behandlg. u. Erziehg. der Kinder in den ersten Lebensjahren. Nach eigenen Erfahrgn. bearb. 3. Ausg. 8. (IV, 188 S.) Leipzig 875. Voigt
geb. 2. —

— Mutterpflichten u. Mutterfreuden. Ein Ratgeber f. junge Frauen u. Mütter zur Behandlg. der in den Familien vorkomm. Frauen- u. Kinderkrankheiten nach den Grundsätzen der homöopath. Heilkunst. Nebst Anweisgn. zum naturgemäßen Verhalten vor, in u. nach dem Wochenbette, wie auch zur richt. Pflege u. Erziehg. der Kinder. Nach d. Verf. Tode neu bearb. u. hrsg. v. e. prakt. Arzte. 3. Aufl. 8. (VIII, 166 S. m. 5 Abbildgn.) Leipzig 890. Dr. W. Schwabe. n. 2. —;
geb. n. 2. 50

— Mutterpflichten u. Mutterfreuden. Ein Ratgeber f. junge Frauen u. Mütter zur Behandlg. der in den Familien vorkomm. Frauen- u. Kinderkrankheiten nach d. Grundsätzen d. homöopath. Heilkunst. Nebst Anweisgn. zum naturgemäßen Verhalten vor, in u. nach d. Wochenbette, wie auch zur richt. Pflege u. Erziehg. der Kinder. 4. verb. u. verm. Aufl. v. J. Voorhoeve. (VIII, 183 S. m. 5 Abb.) 8. Ebd. 907. 2.40; geb. nn 2. 90

—— der homöopathische Selbstarzt für Stadt und Land. Ein leichtfaßl. und prakt. Rathgeber für Alle, welche die am häufigsten vorkommenden Krankheiten schnell, sicher und wohlfeil selbst heilen wollen. Nach eigenen Erfahrungen am Krankenbette und unter Berücksichtigung der neuesten Ergebnisse der Wissenschaft bearb. 1. und 2., unveränd. Aufl. 8. (IV und 223 S.) Berlin 863, Schotte und Comp. cart. *

Vogel, Karl Heinrich

Vogel, Heinr. (I.), Anthropologie und Gesundheitslehre. Für die Hand der Schüler bearb. gr. 8. (24 S. mit 16 eingedr. (Holzschn.-)Abbild. Leipzig 879, Peter's Verlag. cart. *
Aus: Naturgeschichte für mehrklass. Volks- und Töchterschulen, besonders abgedruckt.

Vogel, Heinr., Anthropologie u. Gesundheitslehre. Für die Hand der Schüler bearb. Mit 18 (eingedr.) Abbildgn. 2. Aufl. gr. 8. (32 S.) Leipzig 883. Peter. cart. n. — 20

Vogel, Heinr., Anthropologie und Gesundheitslehre. Für Schüler mehrklass. Volks- und Töchterschulen bearb. 5. Aufl. gr. 8. (32 S. mit 18 Abbild.) Leipzig 888, Peter's Verlag. *

Vogel, K. H., Anthropologie u. Gesundheitslehre f. Lehrer u. zum Selbstunterricht. Mit besond. Berücksicht. d. Baues der Tiere bearb. Mit 97 Abbildgn. gr. 8. (III, 431 S.) Spandau 888. Hopf'sche Verlagsbuchdr. 6. —; geb. 7. —

Vogel, Heinr., Anthropologie u. Gesundheitslehre. Für Schüler mehrklass. Volks- u. Töchterschulen bearb. 8. Aufl. [41.—50. Tausf.] gr. 8. (32 S. m. 18 Abbildgn.) Leipzig 893. E. Peter. n. — 20

Vogel, Heinr., Anthropologie u. Gesundheitslehre. Für Schüler mehrklass. Volks- u. Töchterschulen bearb. 11. Aufl. (71.—80. Tausf.) gr. 8. (32 S. m. 18 Abb.) Leipzig 898. E. Peter. n. — 20

Vogel, K. Heinr., Anthropologie u. Gesundheitslehre. Für Schüler mehrklass. Volks- u. Mädchenschulen bearb. 14. Aufl. (101.—110. Tausf.) gr. 8. (32 S. m. 18 Abb.) Leipzig 902. E. Peter. n. — 20

Vogel, K. Heinr., Anthropologie u. Gesundheitslehre. Wiederholungsbuch für mehrklass. Volks- u. Mädchenschulen. 16., verb. u. verm. Aufl. (121.—130. Tausf.) Gedr. in neuester Rechtschreibg. (47 S. m. 22 Abbildgn.) gr. 8. Leipzig 905. Dürr'sche Buchh. n.n. — 25

Vogel, Karl Heinr., Anthropologie u. Gesundheitslehre. Wiederholungsbuch f. mehrklass. Volks- u. Mädchenschulen. 19., verb. Aufl. (151.—160. Tausf.) (48 S. m. 16 Abbildgn.) 8. Leipzig 909. [Dürr'sche Buchh.] E. Peter's Verl. nn — 25

—— Chemie. Für mehrklass. Volks- und Töchterschulen bearb. 2. verb. Aufl. 3. Tl. von des Verf.'s Naturkunde. gr. 8. (79 S. mit vielen Abbild.) Ebendas. 888. *
cart. *

— Chemie. Für mehrklass. Volks- u. Töchterschulen bearb. M. vielen Abb. 3., verb. Aufl. 3. Tl. v. des Verf. Naturkunde. gr. 8. (80 S.) Ebd. 897. n. — 50; geb. n. — 60

Vogel, K. Heinr. Erdkunde. Ausg. A. Für mehrklass. Volks- u. Töchterschulen bearb. 3 Hefte. gr. 8. Wittenb. 891, Herrosé. * 1 —
1. Das Deutsche Reich. (52 S.) * — 30.
2. Europa m. Ausschluß d. Deutschen Reiches. (IV, 84 S.) * — 45.
3. Asien, Afrika, Amerika u. Australien. (VI, 48 S.) * — 25.

—— dass. — Ausg. B. Für einfache Schulverhältnisse bearb. 2 Hefte. gr. 8. Ebd. 891. * — 70
1. Das Deutsche Reich. (40 S.) * — 25.
2. Die Erdteile. (VI, 85 S.) * — 45.

Vogel, K. Heinr., Erdkunde. Ausg. A. 1. Hft. Geographie d. Deutschen Reiches. Ausg. A. Für mehrklass. Volks- u. Töchterschulen bearb. 2., verb. Aufl. gr. 8. (64 S.) Wittenberg 898. R. Herrosé. n. — 30

— Erdkunde. Ausg. A. 2. Hft. Geographie v. Europa m. Ausschluß des Deutschen Reiches. Für mehrklass. Volks- u. Töchterschulen bearb. 2., verb. Aufl. gr. 8. (IV, 100 S.) Wittenberg 899. R. Herrosé. n. — 50

— Erdkunde. Ausg. A. 3. Heft. Geographie von Asien, Afrika, Amerika u. Australien. Für mehrklass. Volks- u. Töchterschulen bearb. 2., verb. Aufl. (III, 56 S.) gr. 8. Wittenberg 905. R. Herrosé. n. — 30

Vogel, Heinr., Flora v. Thüringen. Verzeichniss der in Thüringen wildwachs. u. allgemein cultivirten phanerogam. Gewächse. Im Anschluss an die „Schulflora v. Deutschland" v. Otto Wünsche u. dessen „Excursionsflora v. Sachsen" bearb. 8. (IV, 220 S.) Leipzig 875. Teubner. n. 2. —

— Geographie d. Deutschen Reiches. Ausg. A. Für mehrklass. Volks- u. Töchterschulen bearb. 1. Hft. gr. 8. (52 S.) Ebd. 891. n. — 30

— Gesundheitsregeln f. Schüler in Volksschulen. gr. 8. (32 S.) Ebd. 888. n. — 30

—— Grundzüge der Anthropologie. Mit besond. Berücksicht. der Gesundheitslehre. Materialien für Naturgeschichte in Oberklassen. 1. Thl. 8. (IV, 148 S.) Plauen 882, Neupert. *

—— Leitfaden zu einem methodischen Unterrichte in der Botanik und Mineralogie. In 3 Stufen bearb. 2 Hefte. 8. Plauen 876, Neupert. *
Inhalt:
Heft 1. [1. und 2. Stufe.] (III, 49 S.) * 40 Pf.
" 2. [3. Stufe.] (IX, 186 S.) * ℳ 1.

— Materialien für Naturgeschichte in Mittelklassen. 8. (IV, 288 S.) Ebend. 878. n. 1. 80

—— Materialien für Zoologie in Oberklassen. Mit Berücksicht. der Leutemann-Lehmann'schen zoolog. Tafeln bearb. Materialien für Naturgeschichte in Oberklassen. 2. Tl. gr. 8. (VIII, 430 S.) Plauen 885, Neupert. *
geb. *

—— Mineralogie, s. Sammelmappe, pädagogische, Heft 93.

— Mineralogie. Wiederholungsbuch f. Schüler in Mittelklassen u. mehrklass. Volksschulen. Mit 11 Abbildungen. 8. (30 S.) Leipzig 886. Siegismund & Volkening. n. — 30; cart. n. — 35

— Naturgeschichte. Für mehrklass. Volks- u. Töchterschulen bearb. 2 Hfte. gr. 8. Leipzig 879. Peter. n. 1. 50; in 1 Bd. geb. n. 1. 80
1. Zoologie u. Anthropologie. (96 S. m. 95 Holzschn.) n. — 70; cart. n. — 90
2. Botanik u. Mineralogie. (120 S. m. 59 Holzschn.) n. — 80; cart. n. 1. —

—— Naturgeschichte. Für mehrklassige Volks- und Töchterschulen bearb. 2. verb. und verm. Aufl. In 3 Stufen. Mit 275 Abbild. im Texte. gr. 8. Leipzig 884, Peter's Verlag. [1. Stufe. (48 S.) cart. * 30 Pf.; 2. Stufe. (68 S.) * 40 Pf.; geb. * 50 Pf.; 3. Stufe. (173 S.) * 80 Pf.; geb. * ℳ 1.] *
geb. in 1 Bd. *

— Naturgeschichte. Für mehrklass. Volks- u. Töchterschulen. 8., verb. u. verm. Aufl. In 3 Stufen. gr. 8. (176 S. m. 275 Abbildgn. im Text.) Ebd. 889. n. 1. 50

Vogel, Heinr. Naturgeschichte. Für mehrklass. Volks- u. Töchterschulen. 4. Aufl. In 3 Stufen. gr. 8. Lpz., Peter's Verlag. [1. Stufe. (48 S. m. 32 Abbildgn.) 891. * — 30; 2. Stufe. (68 S. m. 90 Abbildgn.) 892. geb. * — 50; 3. Stufe. (180 S. m. 153 Abbildgn.) 893. geb. * 1 —.] * 1 80
3. Aufl. Ebd. 1889.

— Naturgeschichte. Für mehrklass. Volks- u. Töchterschulen bearb. 1. Stufe. 5., verb. Aufl. gr. 8. (52 S. m. 25 Abb.) Ebd. 897. n. — 30

— Naturgeschichte. Für mehrklass. Volks- u. Töchterschulen bearb. 6., verm. Aufl. 2. Stufe. gr. 8. (70 S. m. 75 Abb.) Leipzig 898. E. Peter. Geb. n. — 50

— Naturgeschichte. Für mehrklass. Volks- u. Töchterschulen bearb. 1. u. 3. Stufe. gr. 8. Leipzig, E. Peter. n. 1. 80; vollständig, 3 Stufen in 1 Bd. geb. n. 1. 80
1. 6., verb. Aufl. (II, 56 S. m. Abbildgn.) (902.) n. — 30
3. 5., verm. Aufl. (182 S. m. 116 Abb.) (899.) Geb. n. 1. —

Vogel, Heinr., kleine Naturgeschichte für einfache Schulverhältnisse. 2 Hefte. gr. 8. (à Heft 48 S.) Leipzig 880, Peter's Verlag. cart. à Heft *
geh. in 1 Bd. *
cart. *

Inhalt:
Heft 1. Zoologie und Anthropologie. Mit 49 (eingedr. Holzschn.-)Abbild.
" 2. Botanik und Mineralogie. Mit 34 (eingedr. Holzschn.-)Abbild.

—— kleine Naturgeschichte für einfache Schulverhältnisse. 1. Heft: Zoologie und Anthropologie. 2. verb. Aufl. gr. 8. (48 S. mit 49 Abbild.) Ebendas. 888. *

— kleine Naturgeschichte f. einfache Schulverhältnisse. 1. Hft. Zoologie u. Anthropologie 3., verb. Aufl. gr. 8. (59 S. m. 49 Abbildgn.) Ebd. 893. n. — 30

— kleine Naturgeschichte f. einf. Schulverhältnisse. 2. Hft.: Botanik u. Mineralogie. 3., verb. Aufl. gr. 8. (60 S. m. 34 Abb.) Ebd. 896. n. — 30

— kleine Naturgeschichte. Für einfache Schulverhältnisse bearb. 1. Heft: Tierkunde u. Anthropologie m. Gesundheitslehre. 4., verb. Aufl. (72 S. m. 47 Abbildgn.) 8. Leipzig 905. Dürr'sche Buchh. n. — 40

— Naturgeschichtsbilder f. mehrklassige Volksschulen. [Aus: „H. Vogel u. H. Lettau, Realienbuch".] gr. 8. (II, 92 u. IV S. m. Abbildgn.) Ebd. 894. Geb. n. — 60

Vogel, Heinr. (I.), Naturkunde. Für mehrklass. Volks- und Töchterschulen. Mit vielen (Holzschn.-)Abbild. im Text und auf besondern Taf. 2. und 3. Thl. gr. 8. Leipzig 879, Peter's Verlag. *M 1,50.; geb. *

Inhalt:
Thl. 2. Physik. (167 S.) *M 1.; geb. *M 1,20.
" 3. Chemie. (76 S.) * 50 Pf.; geb. * 60 Pf.
Den 1. Thl. bildet: Vogel, H., Naturgeschichte. 2 Hefte.

— Naturkunde. 3. Tl. Chemie. Für mehrklass. Volks- u. Töchterschulen bearb. 4., verb. Aufl. (80 S. m. 6 Abb.) 8. Ebd. 910. Geb. — 60

—— illustrierte Naturkunde für gehobene Bürger-, Mittel- und höhere Töchter-Schulen. gr. 8. (200 S. mit 152 Holzschn.) Ebendas. 881. *M 1,15.; geb. *

—— kleine Naturlehre für einfache Schulverhältnisse. 1. und 2. verb. Aufl. gr. 8. (56 S. mit 90 Holzschn.-Abbild. im Text.) Ebendas. 880,84. cart. *

— kleine Naturlehre. Für einfache Schulverhältnisse bearb. Ausg. A. 4., verb. Aufl. gr. 8. (64 S. m. 81 Abb.) Ebd. 897. n.n. — 35

— kleine Naturlehre. Für einfache Schulverhältnisse bearb. Ausg. A. 5., verb. Aufl. (64 S. m. 81 Abbildgn.) 8. Ebd. 905. — 35

— dasselbe. Ausg. B. (Anfangsgründe der Naturlehre.) (33 S. m. 42 Abbildgn.) 8. Ebd. 890. — 20

— Physik. Für mehrklass. Volks- u. Töchterschulen bearb. 2., verb. Aufl. Mit 228 Abbildgn. im Text. gr. 8. (174 S.) Ebend. 886. n. 1. —; geb. n. 1. 20

— Physik. Für mehrklass. Volks- u. Töchterschulen bearb. 3., verb. Aufl. gr. 8. (176 S. m. 228 Abbildgn.) Ebd. 892. Geb. n. 1. 20

— Physik. Für mehrklass. Volks- u. Mädchenschulen bearb. 4., verb. Aufl. (227 S. m. 260 Abbildgn.) gr. 8. Ebd. 904. n. 1. 80; geb. n. 2. —

—— Physik u. Chemie. Für mehrklass. Volks- u. Töchterschulen. 2. verb. Aufl. gr. 8. (251 S. m. vielen Abbildgn.) (Lpz. 888, Fock.) * 1 50

—— illustriertes Realienbuch, s. Schreiber, C.

— u. Heinr. Lettau, Realienbuch f. mehrklass. Volksschulen. gr. 8. (VIII, 264 S. m. Fig. u. 27 farb. Karten.) Leipzig 895. E. Peter. n.n. 1. 30; geb. n.n. 1. 60; Ausg. ohne Karten n.n. 1. 10; geb. n.n. 1. 30

— dasselbe. 2., verm. Aufl. Mit vielen Abb. gr. 8. (XII, 264 S.) Ebd. 898. n. — 80; geb. n. 1. —; m. 36 farb. Karten n. 1. —; geb. n. 1. 25

—— Schul-Naturgeschichte. Ausg. A. Ein Handbuch für Lehrer. 7 Hefte oder 2 Tle. gr. 8. Meißen 886,87, Schlimpert. Heft 1—6 à *M 1.—.; Heft 7 *M 2.—. *
geb. *

Inhalt:
Tl. 1. Pflanzenkunde. (XI, 128, 200 S.) 886.
" 2. Tier- und Mineralienkunde. (VIII, 160, 200 S.) 887.
[Auf dem 1. Heft ist als Mitverfasser Aug. Krusche genannt; auf dem 2.—5. Hefte nur Heinr. Vogel.]

—— dass. — 2 Tle. 2. Aufl. gr. 8. (VIII, 128, 160; XVI, 200, 256 S.) Ebendas. 887,88.
1. Tl. *M 3.—.; 2. Tl. *M 5.—. *M 8.—.; geb. **

—— dass. — Pflanzenkunde für Lehrer an Volksschulen. gr. 8. (XI, 128, 200 S.) Ebendas. 887. *M 3.50.; geb. **

—— dass. — Tierkunde und Mineralogie für Lehrer an Volksschulen. gr. 8. (XII, 160, 256 S.) Ebendas. 888. *M 4.50.; geb. **

—— dass. — Ausg. B. Ein Wiederholungs-Buch für Schüler. 1. und 2. Heft. gr. 8. Ebendas. [1. Heft. (68 S.) 887. * 30 Pf.; 2. Heft. (76 S.) 888. * 36 Pf.] *

—— dass. — Ausg. C. Ein Wiederholungs-Buch für Schüler in einfachen Schulverhältnissen. 1. und 2. Heft. gr. 8. Ebendas. [1. Heft. (48 S.) 887. * 20 Pf.; 2. Heft. (60 S.) 888. * 25 Pf.] *

— Schul-Naturgeschichte. Ausg. B. Ein Wiederholungsbuch f. Schüler in Volksschulen. 1. Hft. 2. Aufl. gr. 8. (64 S.) Meißen 894. H. W. Schlimpert. n. — 30

Vogel, Heinr., Schul-Naturgeschichte. Ausg. C. Ein Wiederholungsbuch f. Schüler in einfachen Schulverhältnissen. 1. Hft. 2. Aufl. gr. 8. (48 S.) Meißen 896. H. W. Schlimpert. n.n. — 25

Vogel, K. Heinr., Schul-Naturgeschichte. Ausg. A. E. Handbuch f. Lehrer. 3. Aufl. (In 8 Hftn.) 1. Hft. gr. 8. (S. 1—88.) Meißen 898. H. W. Schlimpert. n. 1. –

— Schul-Naturgeschichte. Ausg. A. E. Handbuch f. Lehrer an Volksschulen. Pflanzenkunde. 2., verb. Aufl. 3 Hfte. gr. 8. (128 u. XII, 208 S.) Meißen 898. H. W. Schlimpert. à n. 1. — (kplt. geb. n.n. 3. 60; erh. Pr. n. 3. 50; geb. n.n. 4. 25)

— Schul-Naturgeschichte. Ausg. A. Ein Handbuch f. Lehrer. 3. verb. Aufl. 2.—8. Hft. gr. 8. (1. Tl. S. 89—128, 2. Tl. 164 S. u. 3. Tl. XI, 208 u. 256 S.) Meißen 898. 899. H. W. Schlimpert. à n. 1. —; auch in 2 Bdn. n. 8. —; geb. n. 9. 75
1. (VIII, 128 u. 164 S.) n. 3. —; geb. n. 3. 75
2. (XI, 208 u. 256 S.) n. 5. —; geb. n. 6, —

—— Tierkunde, s.a. Sammelmappe, pädagogische, Heft 88.

— Tierkunde. Wiederholungsbuch f. Schüler in Mittelschulen u. mehrklass. Volksschulen. Mit 44 Abbildgn. gr. 8. (104 S.) Leipzig 885. Siegismund & Volkening. n. — 60; geb. n. — 70

Vogel, K. Heinr., Tierkunde u. Mineralogie f. Lehrer an Volksschulen. 2., verb. Aufl. gr. 8. (XI, 164 u. 256 S.) Meißen 899. H. W. Schlimpert. n. 4. 50; geb. nn. 5. 50

—— erster Unterricht in der Naturgeschichte. 8. (VI, 153 S.) Halle 878, Buchh. des Waisenhauses. *

Vogel, Karl Joh. Christoph, s. V o g e l , Karl

Vogel, Karl Jul. [aus Penig i/S.]: Ueber S c e n e n Euripideischer Tragödien in griechischen Vasengemälden. Th. I . . . Leipzig, Veit u. Co., 1885: 2 + 47 + 1 S. 8°
Leipzig, Phil. Fak., Inaug.-Diss. v. 19. Nov. 1885.

Vogel, Clara, was die Ostseewellen rauschen, s.: Vogel, Anna.

Vogel, Konrad A. S. 1368/44

Dissertationis physico-mathematicae de triangulorum resolutione primario matheseos ad physicam applicatae fundamento, pars altera, de triangulis sphaericis. Präs. Johann Gesner.
Zürich (Gessner) II. 1758. 32 S., 1 Taf.

10 Resp. 35289

Vogel, Konr. Roman., s. Malczeski, Ant., Maria. Ukrain. Erzählung.

Vogel, Curt von, aus Hildburghausen, S.-M.: Ueber Einwirkung von Isodialursäure auf Sulfoharnstoff. *Hannover 1900: G. Jacob.* (37 S.) 8°
Rostock, Phil. Diss. v. [23. Dez.] 1899.

Vogel, Curt: Stenographie und Presse, s. Z e i t f r a g e n , Stenograph. 9. Heft.

Vogel, L., s. V o g e l , Johann Ludwig Andreas

Vogel, Leo. aus Zürich: Das Dispositionsrecht beim Transport. Zür. Orell Füssli Cie Dr. 1889. 100 S., 1 Bl. 8°.
Zürich. Jur. Diss [v. 5. Aug. 1889].

Vogel, Leonhard [pract. Thierarzt aus Rothenburg o/T.]: Über Bau und Entwickelung des Cysticercus fasciolaris (Rudolphi) . . . Osterwieck Harz. Buchdr. v. A. W. Zickfeldt, 1888; 31 S. 8°
Erlangen, Phil. Fak., Inaug.-Diss. v. 1888

Vogel, Leonh., über Bau und Entwickelung des Cysticercus fasciolaris [Rudolphi]. Inaugural-Dissertation. gr. 8. (31 S. mit Abbild.) Osterwieck 888, Zickfeldt. *

Vogel, Leop., neueste Entdeckung aus d. Thierreiche von den Zeisignestern u. ihrer Brut. 8. Wien 785. Trattner. 1¼ K

Vogel, Lor., Von denen, die da schlafen. 1. Thess. 4, 13—18. Letzte Predigt. Nebst der bei (des Verf.) Beerdigung gehalt. Grabrede. Dem Druck übergeben von G. Ch. Gademann. gr. 8. (19 S.) Nürnberg 854, Raw'sche Buchh.

Vogel, Louis, 1848. Illustrirter Volks-Kalender für 1849. 1. Aufl. 1848. und 2. Aufl. 8. (110 S. mit 30 eingedr. Holzschn.) Herisau 849, [Meisel's Sortimentsh.]

Vogel, Louis, 1848. Illustrirter Volkskalender für 1849. Mit 30 eingedr. Holzschn. 8. (109 S.) Herisau, Schläpfer. n. 1/6 ℛ — 2. Aufl. Mit 30 eingedr. Holzschn. 8. (110 S.) Ebd. 1/6 ℛ

(Vogel, Louis), Delenda Austria! Die Auflösung Oestreichs als eine Nothwendigkeit unserer Zeit. Herisau, M. Schläpfer, 1849. 72 S. 8°.

Vogel, Ludwig, s.a. V o g e l , Johann Ludwig Andreas

Vogel, Ludwig [aus Lauenburg a. d. E.]: Ueber die Bedeutung der retrograden Metastase innerhalb der Lymphbahn für die Kenntniss des Lymphgefässsystems der parenchymatösen Organe ... M. e. Taf. (Aus: Virchow's Arch. f. path. Anat. 125. Bd. 1891.) Berlin, *G. Reimer*, 1891; 29 S., 1 Taf. 8.
Strassburg, Med. Fak., Inaug.-Diss. v. 1891

Vogel, Ludolf [geb. Heteborn 1809]: De kreosoto. Berolini 1834. [illegible]
Berlin, Med. Diss. v. 18. Jan. 1834

Vogel, Ludwig Ferdinand Wilhelm Friedrich, s. V o g e l , Friedrich

Vogel, M., d. Buchführung u. d. schriftl. Geschäftsführung d. Arztes. gr. 8. (VIII, 204 S. m. 1 Tab.) Stuttgart 896. F. Enke. n. 4. —

— ärztl. Hauptbuch. (Ausg. A.) Fol. (200 Doppels. u. Register.) Eisleben 897. Kuhnt. Geb. n.n. 10. –; Ausg. B. (100 Doppels. u. Register). Geb. n.n. 7. 50

Vogel, M., das britische Colonialreich. Geographisch, geschichtlich u. statistisch beschrieben. Mit 1 Uebersichtskarte. gr. 8. (III, 144 S.) Berlin 887. Schneider & Co. Verl. n. 3. 50

Vogel, M. Alfr., eine Liebe. Gedichte. Buchschmuck von Maria Nessel. (137 S.) 4. München (904). G. D. W. Callwey. n. 3. —

Vogel, M. E., Die Erzeugung von Heiz- und Kraftgas aus minderwertigen Brennstoffen, insbesondere aus Aufbereitungsabgängen, im Ringgenerator und ihre Bedeutung für den Bergbau. Berlin, 1905. 12 S. mit 3 Abb.

Vogel, M. Jos., s. V o g e l , Max Joseph

Vogel, Marie, u. Vict. **Gardthausen**, die griechischen Schreiber des Mittelalters u. der Renaissance, s. Zentralblatt f. Bibliothekswesen. 35. Beiheft.

Die griechischen Schreiber des Mittelalters und der Renaissance bearb. v. **Marie Vogel** und Victor **Gardthausen**. Leipzig. 1909. 8° = Zentralblatt für Bibliothekswesen. Beiheft 33.

Vogel, Martin: Ueber Albinismus partialis. Halle (1869): Heynemann. 30 S. 8°
Halle-Wittenberg, Med. Diss. v. 20. Juli 1869
Geb. Taucha bei Weissenfels 25. 4. 1843. V.
Verf. erlebte die Diplomerneuerung 1919 als Geheimer Sanitätsrat in Jena.

Die erste Hilfe bei Unfällen mit bes. Berücks. der Unfälle im Bergbau u. in d. verwandten Betrieben. Mit 81 Abb. Von Dr. M[artin] **Vogel**, San.R. in Eisleben. Hrsg. vom Vorst. d. Knappschafts-Berufsgenoss. in Berlin. *Berlin: C. Heymann 1902.* (VIII, 111 S.) 8° [F.] 03. 3370

Die Erste Hilfe bei Unfällen, mit besond. Berücks. d. Unfälle im Bergbau u. in d. verwandten Betrieben. Mit 84 Abb. von Dr. M[artin] **Vogel**, Jena. 2. verb. Aufl. Hrsg. v. Vorst. d. Knappschafts-Berufsgenoss. in Berlin. Berlin: C. Heymann 1906. (XII, 116 S.) 8° [F.] 07. 369

Vogel, Matth., kurzer Begriff d. nothwend. Gebete für kathol. Christen. 12. Würzb. 776. Stahel. 6 x Dasselbe tl. Druck. 12. 791. 2 x Schrbp. 3 x in 18. 792. 1½ x Schrbp. 3 x Dass. 12. Bamb. 760. (Frankf. a. M., Wesché). 9 x Dass. im Auszuge. 12. Ebd. 796. 3 x

Vogel, Matthäus, der Führer zum Himmel. Gebet- und Belehrungsbüchlein zum Gebrauche für glaubenseifrige Katholiken beim kirchl. und häusl. Gottesdienste. 9. Aufl. gr. 16. (416 S. mit Stahlst.-Titel und 1 Stahlst.) Salzburg 879, Pustet. *

—— dass. — Gebet- und Belehrungsbüchlein für glaubenseifrige Katholiken. Ausg. Nr. 1. 10. Aufl. 24. (511 S. mit 1 Stahlst.) Ebendas. 882.
Ausg. Nr. 2. 10. Aufl. 16. (447 S. mit 1 Stahlst.)

Vogel, Matth., Gebetbuch für fromme kathol. Christen. Neue bearb. u. verm. Ausg. des mit Erlaubniß der Obern herausgeg. Originals. Mit 1 Stahlstich. 12. Augsburg 843, Kollmann. 3/8 fl.

Vogel, Matthäus, vollständ. geistreiches Gebetbuch für kathol. Christen. 6. verb. u. verm. Aufl. von Frz. Seraph. Riederer. Mit 1 Titelkpfr. 12. (XIV u. 354 S.) Regensburg 848, Manz. 3/8 fl.

Vogel, Matthäus, vollständ. geistr. Gebethbuch f. d. kathol. Jugend; brauchbar auch f. Erwachsene. Neue, verb. u. verm. Aufl. 8. (13 B. u. Ttlkpfr.) Augsburg 828, N. Doll. 8 Gr., 5., neu bearb. u. stark verm. Aufl. v. Frz. S. Riederer. 16. (20 B. u. Ttlkpfr.) Landshut 834. [Regensburg, Manz.]

Vogel, P. Matthäus, **vollständiges geistreiches Gebethbuch** für die kathol. Jugend; brauchbar auch für Erwachsene. 5e neu bearb. u. stark verm. Aufl. von Frz. S. Riederer. Mit Titelkpfr. 16. Landshut 834. Krüll. (Regensb., Manz.) 3/8 fl.

— geistreiches Gebetbüchlein für d. kathol. Jugend. N. Aufl., mit Titelkpf. 8. Augsb. 828. N. Doll. (Landsh., Krüll). 8 x

Vogel, Matthäus, geistr. Gebetbüchlein f. d. kathol. Jugend. 2., mit e. Anh. christl. Lebensregeln verm. Aufl. gr. 12. (11 B. u. Ttlkpfr.) Augsburg 830. (Regensburg, Manz.)

— nothwend. Gebete eines kathol. Christen, mit den 7 Bußpsalmen. 8. Weßlar 786. Winkler. 6 x

— kathol. Glaubensfragen. 8. Rotweil, Herder. 1 x

—— **Heiligen-Legende.** Leben u. Sterben d. Heiligen Gottes auf alle Tage d. zwölf Monate d. ganzen Jahres kurz erzählt, u. mit heilsamen Lehrstücken z. Nachfolge versehen. Im Geiste d. ersten Verf. neu bearb. u. hrsg. v. Frz. X. Weninger. 15 Hfte. gr. 8. (126¼ B. u. viel. Abbildn. in Holzschn.) Grätz 839, 40, [Kienreich's Vrls.-Compt.] à ⅓ Thlr.

—— Heiligen-Legende auf alle Tage u. Festzeiten des ganzen Jahres, mit 204 Abbild., bearb. u. verm. mit dem römischen Martyrologium von Frz. Xav. Weninger. 2 Thle. 2. Aufl. gr. 8. (142 B.) Grätz 842, Kienreich.

Vogel, Matthäus, Heiligen-Legende. Auf alle Tage u. Festzeiten d. ganzen Jahres, [in 3 Thln.] m. 3 Stahlst. u. 212 Abbildgn. (in Holzschn.) bearb. von Frz. X. Weninger. 3. verm. Aufl. gr. 8. (XXXII, 2524 u. 127 S.) Grätz 850. Kienreich. 5 fl.

Vogel's, (Matthäus), Krankenbuch, s. Krankenbuch.

Vogel, Matthäus, S. J., Leben der Heiligen Gottes auf alle Tage des Jahres, m. heilsamen Lehrstücken versehen. Neu bearb. u. hrsg. v. Joh. Heinr. Schoofs. 12 Hfte. gr. 4. (XI, 1304 S. m. Abbildgn.) Steyl 900. Missionsdruckerei. à — 75; kplt. geb. n. 10. 50; in 2 Bde. geb. n. 13. —; in 1 Prachtbd. n. 16. 50

— Leben und Sterben der Heiligen Gottes auf alle Tage und Festzeiten des ganzen Jahres, kurz erzählt, und mit heilsamen Lehrstücken versehen, der gesammten Christenwelt zur Nachfolge vorgestellt. Im Geiste des ersten Verfassers neu bearbeitet u. herausg. von Franz Xaver Weninger. 2 Bde., mit beinahe 300 Holzschnittbildern. gr. 8. Grätz ... Kienreich. Pränum.-Preis 3⅓ fl.

— Leben u. Sterben d. Heiligen Gottes, auf alle u. jede Tage d. 12 Monate &c. 2 Thle. gr. 4. Bamb. u. Würzb. 774. auch 788. Göbhard. 4 fl.

—— Lebensbeschreibung der Heiligen Gottes auf alle Tage des Jahres. Mit zur Nachfolge ermunternden Lehrstücken. Mit einer Vorrede von Ludw. Mehler. Neue, gänzlich umgearb., verm. und verb. Ausg. Mit 1 Stahlst. und 600 (eingedr.) Holzschn.-Bildern. 2 Bde. 10. Aufl. gr. 4. (808; 662 S.) Regensburg 882, Manz. *

— Lebensbeschreibb. d. Heiligen Gottes, auf alle Tage des Jahres, mit heilsamen Lehrstücken &c., krit. geprüft u. von verschiedenen Unrichtigkeiten gesäubert &c. von Rom. Schad. 2 Thle. gr. 4. Bamb. 788. a. 802. (Wesché in Frkf.) 4 fl 8 x N. Aufl. 823. (Aachen, Mayer). 4 fl 12 x

—— **Lebensbeschreibungen** d. Heiligen Gottes auf alle Tage d. Jahres, mit heilsamen Lehrstücken vers., allen ihres Heiles befliss. Christen zur Nachahm. dargestellt. Neu hrsg. v. ein. kathol. Weltpriester. 2 Thle. (à 12 Lfgn.) gr. 4. (205 B. u. 2 Stahlst.) Straubing 839—41, Schorner'sche Buchh. à L. 4 Gr.

—— dass. — mit heilsamen Lehrstücken versehen, allen ihres Heiles beflissenen Christen zur Nachahmung dargestellt. Neu hrsg. von einem kathol. Weltpriester, und mit einer Vorrede von Fr. Xav. Maßl, sowie auch mit einem alphabet. Namen- und einem vollständigen Sachregister verm. 2., verb. Aufl. 2 Thle. 4. (XLVIII und 1588 S. mit 2 Stahlst.) Straubing 853, Schorner.

Vogel's, M(atth.), Lebensbeschreibungen der Heiligen Gottes auf alle Tage des Jahres. Mit zur Nachfolge ermunternden Lehrstücken. Neue, gänzlich umgearb., verm. und verb. Aufl. Mit einer Vorrede von Ludw. Mehler. 2 Bde. 4. Regensburg, Manz. [1. (VIII und 888 S. mit Ttlkpfr.) 2. (677 S. mit Ttlkpfr.) 855.]

Vogel, Matth., Lebensbeschreibungen der Heiligen Gottes auf alle Tage des Jahres, mit heilsamen Lehrstücken versehen und allen ihres Heils beflissenen Christen zur Nachahmung dargestellt. Hrsg. von J. H. S. 2 Bde. gr. 8. (X und 1800 S.) Münster 861, Aschendorff'sche Buchh.

—— dass. — Mit einer Vorrede von Ludw. Mehler. Neue, gänzlich umgearb., verm. und verb. Aufl. Mit 1 Stahlst. und 600 (eingedr.) Holzschn. 2 Bde. in 13 Lfgn. gr. 4. (VIII und 808 S., 662 S.) Regensburg 863, 64, Manz. à Lfg. * 6⅔ Ngr. * geb. *

Vogel, Matthäus, Lebensbeschreibungen der Heiligen Gottes auf alle Tage d. Jahres, m. heilsamen Lehrstücken versehen u. allen ihres Heils beflissenen Christen zur Nachahmg. dargestellt. Neu bearb. u. hrsg. v. Joh. Heinr. Schoofs. 3. Aufl. 2 Bde. gr. 8. (VIII, 950 u. 868 S.) Münster 875. Aschendorff. 8. 50

Vogel's, M., Lebensbeschreibungen der Heiligen Gottes auf alle Tage d. Jahres. Mit zur Nachfolge ermunternden Lehrstücken. Mit e. Vorrede v. L. Mehler. Aufs Neue durchgesehen u. verb. v. e. Priester der Diöcese Hildesheim. Mit 1 Stahlst. u. e. Menge Holzschn.-Bildern. 12 Hfte. 4. (1. Bd. 832 u. 2. Bd. 664 S.) Regensburg 889. Verlags-Anstalt. à Hft. u. — 80

Vogel, Matth., Lebensbeschreibungen der Heiligen Gottes auf alle Tage des Jahres, m. heilsamen Lehrstücken versehen, u. allen ihres Heils beflissenen Christen zur Nachahmg. dargestellt. Ster.-Ausg. Neu bearb. u. hrsg. v. W. Cramer. Volks-Ausg. gr. 4. (VIII, 807 S. m. üb. 200 Bildern in Holzschn. u. 6 farb. Bildern.) Münster 898. Aschendorff. n. 7. —; geb. in Halbldr. n.n. 8. 60; in Leinw. n.n. 9. 80

[F. u. Ant.] Lebensbeschreibungen der Heiligen Gottes auf alle Tage des Jahres m. heilsamen Lehrstücken vers. ... v. P. Matthäus Vogel, Priester d. Ges. Jesu. 4. Aufl. Neu bearb. u. hrsg. v. W[ilh.] Cramer, Pfarrer. Nebst e. Anh., enth. Das Leben u. Leiden unseres Herrn u. Heilandes Jesu Christi u. seiner gebenedeiten jungfräul. Mutter Maria. Von d. ehrwürd. P. Martin v. Cochem ... 7. Aufl. Nach d. 6. Aufl. d. P. A. Parvilliers, Priester d. Ges. Jesu, neu bearb. v. e. Priester d. Diöz. Münster. Ill. Pracht-Ausg. m. roter Randeinfassg. M. üb. 250 Bild. in Holzschn., 1 Familien-Register. u. 15 Vollb. in reichstem Farbendr. *Munster i. W.: Aschendorff [1898].* (XV, 800, 144 S., 16 Taf.) 1 Bd 4.(8.) [98. 11687

— **Lebensbeschreibungen** der Heiligen Gottes auf alle Tage des Jahres, m. heilsamen Lehrstücken versehen, u. allen ihres Heils beflissenen Christen zur Nachahmung dargestellt. Neu bearb. nach d. Werke v. V. Ster.-Ausg. Mit Titelbild u. über 100 Bildern im Text. gr. 8. (XVI, 695 S.) Münster 902. Aschendorff. n. 2. —; geb. in Halbfrz. n. 3. —

Vogel, Matthäus, S. J., Lebensbeschreibungen der Heiligen Gottes auf alle Tage des Jahres, mit heilsamen Lehrstücken versehen u. allen ihres Heils beflissenen Christen zur Nachahmg. dargestellt. Neu bearb. nach dem Werke v. V. Ster.-Ausg. Mit Titelbild u. üb. 100 Bildern im Text. (XVI, 695 S.) 8. Münster 902. Aschendorff. Geb. in Halbfrz. n. 3. —

— dasselbe. Neu bearb. u. hrsg. v. W. Cramer. Volks-Ausg. Mit üb. 200 Bildern in Holzschn. u. 6 Vollbildern in reichstem Farbendr. (VI, 807 S.) Lex.-8. Ebd. 902. n. 7. —; geb. in Halbldr. n. 8. 60; in Leinw. n. 9. 80

Vogel's, Matthäus, S. J., Lebensbeschreibungen der Heiligen Gottes auf alle Tage des Jahres. Mit zur Nachfolge ermunt. Lehrstücken. Mit e. Vorrede v. Ludw. Mehler. Aufs neue durchgesehen u. verbessert von e. Priester der Diözese Hildesheim. 2 Bde. (832 u. 664 S. m. Abb. u. 2 farb. Titelbildern.) Lex.-8. Regensburg (904). Verlagsanstalt vorm. G. J. Manz. n. 6. —; geb. in Halbleinw. n. 7. 60; in Halbfrz. n. 9. 60

— goldene Legende, neue Bearbeitg., s.: Auer, Wilh.

Vogel's, Matthäus, Legende der Heiligen auf alle Tage und Festzeiten des ganzen Jahres. Durchaus verb. von Simon Buchfelner. 12 Hefte. Mit 12 Holzschnt. 4. Augsburg 857,58, Rieger'sche Buchh. [1. Bd. (627 S.) 2. (603 S.)] à Heft 6 Ngr.

Vogel, Matthäus. Maria, die Gnadenvolle . . . Köln 1875. H: *Schneider, Joseph.* (Jes)

— d. Schule d. Unschuld, Weisheit u. Tugend für d. blühende Alter. 2 Bdchen. N. Aufl. 8. Augsb. 828, Doll. 14 gGr.

—— Schule der Unschuld, Weisheit u. Tugend, f. d. blühende Alter. Ein Handb. f. Feiertagsschulen u. zum Gebr. f. Seelensorger, Eltern, Schullehrer u. a. Jugendfreunde. Neue, verb. u. verm. Aufl. (22½ B.) Augsburg 828, N. Doll. 14 Gr., 5., neu bearb. u. verm. Aufl. v. Frz. S. Riederer. (25½ B. u. Stlkpfr.) 8. Landshut 833. [Regensburg, Manz.]

—— monatliche Vorbereitung zu einem heiligen Tode durch Betrachtungen am Ende eines jeden Monats. Nebst Beicht- und Communion-Gebeten und kurzen Beispielen aus der Legende. Neu hrsg. von Dan. Pötsch. Neue Aufl. 8. (XIX und 843 S. mit 1 Stahlst.) Würzburg 866, Stahel'sche Buchh.

VOGEL, MATTHÄUS, S. J. Erste und fürnehmste Weiß dem Heiligen Meß-Opffer nutzlich und andachtig beyzuwohnen. Durch Betrachtung des bitteren Leydens und Sterbens Jesu Christi . . . Mannheim, Nic. Pierron, 1752. 4°. 197 S. (gezählt 196) *und 35 (statt 36?) Kupfertafeln von Philipp Andreas Kilian nach J. Ph. von Schlichten; ein Kupfer ist von J. G. Wisger.* Ld. d. Z. auf Bunden mit rotem Rsch. und verblaßter Rv.

De B.-S. VIII, 672 gibt diese 2. Ausgabe ohne Kollation an; da die 1. Ausgabe von 1741 aber mit 36 Kupfern verzeichnet ist, besteht die Möglichkeit, daß unserem Ex. ein Kupfer fehlt; allerdings wirkt es komplett

Vogel, Max. Beitrag zur Kenntnis der Hämophilie und der Blutgerinnung. Aus der Allgemeinen Poliklinik zu Basel.... Diss. Med. Basel. (Sonder-Abdruck aus der Zeitschrift für klinische Medizin. Band 71. Heft 3 und 4.) II + 10 S. 8. Berlin, L. Schumacher, 1910.

Vogel, Max, a. Thiengen (Großh. Baden): Über die Einwirkungsprodukte einer Schwefelsesquioxydlösung auf das Diamidodiorthotolylmethan und das Diäthyldiamidodiphenylmethan. Weida i. Th. 1907: Thomas & Hubert. (55 S.) 8°

Leipzig, Phil. Fak., Ref. Hantzsch-Beckmann, Diss. v. 14. Febr. 1908

[Geb. 24. Juni 78 Thiengen (Baden); Wohnort: Leipzig; Staatsangeh.: Baden; Vorbildung: Realgymn. Mannheim Reife Juli 07; Studium: Techn. Hochsch. Karlsruhe 2, Univ. Leipzig 6, Freiburg i. B. 1, Leipzig 8 S.]

Vogel, Max, die Entwicklung der Anilin-Industrie. Die Anilinfarben, ihre Entstehung, Herstellung und techn. Verwendung. Gemeinfasslich dargestellt. gr. 8. (VIII und 160 S.) Leipzig 866, Spamer. *

Vogel, Max, die Entwickelung der Anilin-Industrie. 2. Aufl. gr. 8. Leipzig 870. Halle, Knapp. * 4 —

Vogel, Max, die Entwicklung der Anilin-Industrie. II. Die Fortschritte in Theorie und Praxis der Anilinfarben seit dem J. 1865 gemeinfasslich dargestellt. br. 8. (VI, 98 S.) Leipzig 870, Spamer. *

—— dass. — Die Anilinfarben, ihre Entstehung, Herstellung und techn. Verwendung, sammt den Fortschritten in Theorie und Praxis seit dem J. 1865. Gemeinfasslich dargestellt. 2. stark erweiterte Aufl. gr. 8. (VIII, 258 S.) Ebendas. 870. *

20 Jahre Logenleben! Vorträge, Reden, Ansprachen, Trinksprüche von [Max] Vogel. Konitz, den 2. Sept. 1909. Konitz [1909]: Büchner. 242 S. 8°

Vogel, Max, Regeln f. das Fußballspiel ohne Aufnehmen des Balles (das engl. „Association"-Spiel). 8. (24 S.) Leipzig-Reudnitz 893. M. Hoffmann. n. — 50

Vogel, Max, zur Rentabilität des deutschen Hopfenbaues. gr. 8. (II, 44 S.) Nürnberg 881, (Schrag's Hofbuchh.) * 1 —

Vogel, M(ax) J(oseph): Die trockenen, kohlensauren Gasbäder zu Kaiser-Franzensbad. Geschichtlich, geognostisch und medizinisch dargestellt. 70 S., gbd.

Wien: Gerold 1847

JB 2.760

—— die Quelle von Vöslau. Eine Anleitung für Badegäste. gr. 8. (VIII und 69 S.) Wien 851, Gerold, Verlag. *

Vogel, M. J., das Sophienbad des Franz Morawetz in Wien. Eine Anleitung zum Gebrauche der Dampf- u. Douche-Bäder f. Gesunde u. Kranke. 12. (4 1/6 B.) Wien 845, Rohrmann. *

Vogel, Maximilianus: De quantitate ureae et materiarum, quae vulgo vocantur extractivae, in sanguine contenta, disquisitio. Halis (1866): Lipke. 30 S. 8°

Halle-Wittenberg, Med. Diss., nachgeliefert von dem am 8. Juni 1866 auf Thesen promovierten Verf.

Geb. Göttingen 15. 10. 1844 [hs. V.: 18. 10. 1807]. V.

Vogel, Maximilianus: Theses, loco dissertationis de ureae et materiarum quae vulgo extractivae vocantur, quantitate in sanguine contenta disquisitio mox edendae. Halis Saxonum (1866): Ploetz. 2 Bl. 8°

Halle-Wittenberg, Med. Thesen v. 8. Juni 1866

Vogel, Michael (Horn/NÖ.) A. S. 840/28

Dissertatio solennis de vita longa.
Präs. Johann Gottfried Berger.
Wittenberg (Gerdes) I. 1708. 52 S.

35290

Vogel, Mor., kleine Elementar-Musiklehre. D. Wichtigste aus d. Lehre v. Tonsystem u. d. Notenschrift, nach 3 Stufen methodisch geordnet, z. Gebrauche b. Gesangunterrichte hrsg. u. m. e. Anh., enth. 60 Treff- u. Zahlübgn., verf. gr. 8. (31 S.) Leipzig 897. Gebr. Hug & Co. n. — 25

Vogel, Mor., der Gesangunterricht in der Volksschule m. besond. Berücksicht. der Unter- u. Mittelstufe. Ein Beitrag zur Pflege des Gesanges, wie zur Hebg. der musikal. Bildg. im allgemeinen. Nach zum Tl. neuen, wesentlich auf „Anschaug." gegründeten Gesichtspunkten dargestellt u. in sieben Einzelabschnitten u. e. vollständ. Lehrplane ausführlich behandelt. (VI, 110 S.) 8. Leipzig (909). Hug & Co. 2. —

Der Gesangunterricht in der Volksschule mit besond. Berücks. d. Unter- u. Mittelstufe. Ein Beitrag z. Pflege d. Gesanges . . . Nach z. T. neuen . . . Gesichtspunkten dargest. . . . von Moritz Vogel, Kgl. Sächs. Musikdir. Leipzig & Zürich: Hug [1910]. V, 110 S. 8°

Vogel, Mor., Geschichte der Musik von den ersten Anfängen christl. Musik herab bis auf die Gegenwart. Mit besond. Berücksicht. d. deutschen Musik, speziell des deutschen Volksliedes, kurz u. leicht fasslich dargestellt. Mit e. Anh., enth. 12 deutsche Volkslieder aus dem 15. u. 16. Jahrh. gr. 8. (VIII, 218 S. m. 1 Taf.) Leipzig 901. Gobr. Hug & Co. 3. —

Vogel, Mor., neuer deutscher Jugendsang. 43 ein- und mehrstimmige Lieder für Schule und Haus. 8. (IV, 36 S.) Leipzig 881, Merseburger. * — 40

— Prakt. Kursus zum Selbstunterr. im Clavier-Spiel, s. Reinsdorf, O.

Vogel, Mor., Liederbuch f. höhere Mädchenschulen. Sammlung 1-, 2- u. 3stimm. Lieder u. Gesänge geistl. u. weltl. Inhalts, methodisch geordnet u. hrsg. 3 Stufen. 8. Leipzig 893. Gebr. Hug & Co. Kart. n. 1. 80

1. Unterstufe. (VIII, 63 S.) n. — 40. — 2. Mittelstufe. (VIII, 116 S.) n. — 60. — 3. Oberstufe. (VIII, 182 S.) n. — 80.

— Liederbuch f. höh. Mädchenschulen. Sammlg. ein-, zwei- u. dreistimm. Lieder u. Gesänge, geistl. u. weltl. Inhalts, method. geordnet u. hrsg. Mittelstufe. 2., unveränd. Aufl. gr. 8. (VIII, 116 S.) Leipzig 895. Gebr. Hug & Co. Kart. n. — 60

— dasselbe. Oberstufe. 2., unveränd. Aufl. gr. 8. (VIII, 182 S.) Ebd. 895. Kart. n. — 60

— Liederbuch f. höh. Mädchenschulen. Sammlung ein-, zwei- u. dreistimm. Lieder u. Gesänge, geistl. u. weltl. Inhalts, methodisch geordnet u. hrsg. 3 Tle. gr. 8. Ebd. Kart. n. 1. 80

1. Unterstufe. 3. Aufl. (VIII, 63 S.) 899. n. — 40
2. Mittelstufe. 4. Aufl. (VIII, 116 S.) 898. n. — 60
3. Oberstufe. 6. Aufl. (VIII, 182 S.) 900. n. — 80

— dasselbe. Oberstufe. Ergänzungsbd. (Zur Benutzung in besonders vorgeschrittenen Klassen v. Mädchenschulen u. in Lehrerinnen-Seminarien.) 8. (VIII, 211 S.) Ebd. 901. Kart. n. 1. —

— Liederbuch f. höhere Schulen. Sammlung 1-, 2-, 3- u. 4stimm. Lieder u. Gesänge geistl. u. weltl. Inhalts, methodisch geordnet u. hrsg. Mittelstufe. (Neue Ausg.) (VIII, 117 S.) 8. Ebd. 909. Geb. — 60

— dasselbe. Oberstufe. (VIII, 184 S.) 8. Ebd. 909. Geb. — 80

Vogel, Mor., „Ossian". 100 geistl. u. weltl. Gesänge älterer u. neuerer Komponisten f. Männerchor, zusammengestellt u. zunächst zum Gebrauche in Seminarien, Gymnasien u. Realschulen bestimmt. gr. 8. (VIII, 163 S.) Leipzig 884. Merseburger. 1. 50

— üb. Pflege u. Schonung d. Kinderstimme. Klangfarbe u. Vortrag. Zwei Abhandlungen, als e. Beitrag zur Förderg. d. Schulgesangunterrichtes u. d. Chorgesanges hrsg. 8. (35 S.) Leipzig 896. J. Klinkhardt. n. — 40

— deutsches Schulliederbuch. Sammlg. v. 200 1-, 2- u. 3stimm. Liedern u. Gesängen, nach e. eingeflochtenen method. Teile geordnet u. zum Gebrauche beim Gesangunterrichte in d. Mittel- u. Volksschule hrsg. 8. (190 S.) Leipzig 898. Gebr. Hug & Co. Kart. n. — 60

Vogel, Mor. Das Tonsystem u. die Notenschrift, im Anschluß an den Schulgesangunterricht entwickelt u. jüngeren Gesanglehrern zur Anregg. hrsg. 8. (IV, 76 S.) Lpz. 891, M. Hesse. * — 50

Vogel, Mor., chronologische und alphabetische Zusammenstellung der wichtigsten Gesetze, Verordnungen und Justiz-Ministerial-Rescripte von 1810 resp. 1839 bis 1. Juli 1853 nebst dem summar. Inhalte der letzteren. Zum Gebrauch für Justiz-Beamte hrsg. 8. (IV und 124 S.) Glogau 853, Flemming's Verlag. *

Vogel, N. P., kurzer Begriff d. nothwend. Gebete e. kathol. Christen. 12. Manh. 767. Löffler. 2 K

— Lehr- u. Gebetbüchlein für d. Jugend. 12. Manh. 760. (Löffler). 8 K

— kathol. Unterweisung wegen d. Ehe, welche zwischen zwei Personen von ungleicher Religion geschlossen wird. 12. Manh. 761. (Löffler). 1 K

Vogel, Nikol., Erziehung der Kinder im Geiste der katholischen Kirche. Ein Buch f. christl. Mütter u. Erzieherinnen. (255 S.) kl. 8. Steyl 905. Missionsdruckerei. Geb. in Leinw. n. 1. 50

Vogel, O. Über die Anwendung der Leuchtgas-sauerstoffflamme zu spectralanalytischen Mineraluntersuchungen. M. 2 Taf. In-8°. 33 S. Basel. Dissert. 1894.

Vogel, O. Bemerkungen zur französischen und englischen Lektüre in den oberen Realschulklassen. 20 S. **Progr.** *Perleberg* 1880.

Vogel, O., und E. Heinrich, 27 Formulare kaufmännischer Arbeiten, s. Heinrich, E.

(Vogel, O., Aug. Höpfner u. Wilh. Gercken) Katechetische Lehrproben aus verschiedenen Gebieten des Unterrichts. Ein Beitrag zur Methodologie. 32 S. **Progr.** *Perleberg* 1884.

Vogel, O., praktisches Lesebuch für ländliche Fortbildungsschulen. 2. Aufl. gr. 8. (VIII, 239 S.) Nossen 882, Schöne. * — 75

Vogel (O.), Ueber Meteoreisen und seine Beziehungen zum künstlichen Eisen. (Separat-Abdruck von Heft 3 der Mittheilungen des naturwissenschaftlichen Vereins zu Düsseldorf.) 8.

Vogel, O: Ueber Mitisgüsse und Aluminiumeisen. Wien (1890?)

Vogel, O. Übungen zur Lehre vom Satz und Aufsatz für die unteren Klassen. 33 S. **Progr.** *Perleberg* 1882.
Vgl. des Verf. Lehre vom Satz und Aufsatz. Ein Hülfs- und Übungsbuch f. den deutschen Unterricht in den unteren und mittleren Klassen höherer Schulen. (VIII, 86 SS.) 8. Potsdam 1883, Stein. 80 Pf.

Alt-Perleberg. Eine geschichtl. Studie von O[tto] **Vogel**. Perleberg 1902: F. Grunick. (41 S.) 8° [F.]
= **Vogel**: Perlebergische Geschichten. 3. 108. 16591

Vogel, *Otto* Bericht über den Versuch einer Konzentration des Unterrichts. 4 (34 S.). **Progr.** Rg. *Perleberg* 1888 (102).

Vogel, Otto, Betrachtungen üb. die materialistische Weltanschauung. 4. (39 S.) Berlin 874. (Weber.) n. 1. —

Vogel, Otto, die Bildung des persönlichen Fürwortes im Semitischen. Ein sprachvergleich. Versuch. gr. 4. (23 S.) Greifswald 866, Akademische Buchh. *

Vogel, O(tto) [Dir.]: (Über Disputierübungen in der Schule.) Perleberg, Druck v. F. Jacobson, 1890; S. 23–24; 4°
Perleberg, st. RG, OP 1890

Vogel, O[tto]: Zur Geschichte des Perleberger Schuhmacher- und Lohgerbergewerks. *Perleberg 1898: F. Mancke.* (25 S.) 4° [F.]
Perleberg, k. RG, OP 1898 (109)

Perlebergische Geschichten. [Verf.: Otto **Vogel**.] 1. Perleberg [1901]: F. Grunick. 8° [F.] 108. 16590

— s.: Glaubensbekenntnis, das apostolische.

—— und G. Vogel, Gudrun. Dramatisches Gedicht in 3 Aufzügen. In Musik gesetzt von Osc. Pasch. 8. (72 S.) Berlin 888, Winckelmann und Söhne. *

Vogel, Otto, Häckel u. die monistische Weltanschauung. Vortrag, geh. in der Philosoph. Gesellschaft zu Berlin. [Aus: „Verhandlgn. d. Philos. Ges. zu Berlin".] gr. 8. (62 S.) Heidelberg 877. Weiss' Verl. n. 1. 20

Vogel, Otto (I.), Häckel und die monistische Weltanschauung. Vortrag, gehalten in der Philosoph. Gesellschaft zu Berlin. gr. 8. (62 S.) [Leipzig 877, Kosobny.] Heidelberg, Weiss. * 1 20

Vogel, Otto, s.: Jahrbuch f. das Eisenhüttenwesen.

Vogel, O(tto) [Dir.]: Ueber Klassenunterricht. (Umschl.-Tit.: ... Ein Kapitel aus der allgemeinen Schuldidaktik.) Perleberg, Druck v. F. Jacobson, 1890; S. 1–11; 4°
Perleberg, st. RG, OP 1890

Vogel, Otto, Lehre vom Satz und Aufsatz. Ein Hülfs- und Übungsbuch für den deutschen Unterricht in den unteren und mittleren Klassen höherer Schulen. 8. (VIII, 86 S.) Potsdam 883, Stein's Verlagsh. cart. * — 80

Vogel, Otto, Lehre vom Satz u. Aufsatz. Ein Hülfs- u. Übungsbuch f. den deutschen Unterricht in den unteren u. mittleren Klassen höherer Schulen. 2. Aufl. (VIII, 93 S.) 8. Potsdam 910. A. Stein. Geb. 1.25

Vogel, Otto, aus der Lehrpraxis. I. Bericht über den Versuch einer Konzentration des Unterrichts. 4. (34 S.) Perleberg 888, (Krenkel's Buchh.) *

—— **Karl Müllenhoff und Felix Kienitz-Gerloff, Leitfaden für den Unterricht in der Botanik. Nach method. Grundsätzen bearb. 8. (XVI, 256 S. mit 5 lithogr. und chromolithogr. Taf.) Berlin 877, Winckelmann und Söhne.** * 2 —

—— —— —— dass. — 2. Aufl. 3 Hefte. 8. Ebendas. 879. [1. Heft. 1. und 2. Curs. § 1—50. (142 S. mit 5 lithogr. und chromolithogr. Taf.) * M 1,20.; 2. Heft. 3. und 4. Curs. § 51—100. (143 S.) * M 1,20.; 3. Heft. 5. und 6. Curs. § 101—130. (62 S.) * M 1.] * 3 40

Vogel, Otto, Karl Müllenhoff und Felix Kienitz-Gerloff, Leitfaden für den Unterricht in der Botanik. Nach method. Grundsätzen bearb. 3 Hefte. 8. Berlin, Winckelmann und Söhne. [1. Heft. Kursus 1 und 2. (§ 1—50.) 3.—5. unveränd. Aufl. (142 S. mit 5 lithogr. zum Theil farb. Taf.) 881,82. * M 1,20.; 2. Heft. Kursus 3 und 4. (§ 51—100.) 3. Aufl. (143 S.) 881. * M 1,20.; 3. Heft. Kursus 5. (§ 101—125.) 3. Aufl. (VIII, 82 S.) 882. * M 1.] cart. * 3 40

—— Karl Müllenhoff und Fel. Kienitz-Gerloff, Leitfaden für den Unterricht in der Botanik. Nach method. Grundsätzen bearb. 3 Hefte. 8. Ebendas. cart. *

Inhalt:

Heft 1. Kurs. 1 und 2. [§ 1—50.] 6. und 7. Aufl. (IV, 139 S. mit Abbild.) 885,86. * M 1.20; 8. und 9. Aufl. (IV, 172 S. mit 216 Abbild.) 887,88. * M 1.40.
» 2. Kurs. 3 und 4. [§ 51—100.] 5. Aufl. (143 S.) 885. * M 1.20.; 6. Aufl. (IV, 187 S.) 888. * M 1.40.
» 3. Kurs. 5. [§ 101—125.] 4. Aufl. (VII, 83 S.) 885. * M 1.—.

— Karl **Müllenhoff**, Fel. **Kienitz-Gerloff**, Leitfaden f. den Unterricht in der Botanik. Nach method. Grundsätzen bearb. 1. u. 2. Hft. 8. Ebd. 890. cart. à n. 1.40
1. Kurs. 1 u. 2. [§ 1—50.] 10., m. 216 Abbildgn. verseh. Aufl. (IV, 172 S.)
2. Kurs. 3 u. 4. [§ 51—100.] 7.; m. Abbildgn. verseh. Aufl. (IV, 187 S.)

Vogel, Otto, Karl Müllenhoff, Fel. Kienitz-Gerloff. Leitfaden f. den Unterricht in der Botanik. 3 Hefte. 8. Berl., Winckelmann u. Söhne. cart. * 3 80
1. Kurs. 1 u. 2. [§ 1—50.] 11. Aufl. (IV, 172 S. m. 216 Abbildgn.) 892. * 1 40.
2. Kurs. 3 u. 4. [§ 51—100.] 8. Aufl. (IV, 187 S. m. 143 Abbildgn.) 892. * 1 40.
3. Kurs. 5. [§ 101—125.] 6. Aufl. (91 S. m. 81 Abbildgn.) 891. * 1 —.

— Karl **Müllenhoff** u. **Kienitz-Gerloff**, Leitfaden f. den Unterricht in der Botanik. Nach method. Grundsätzen bearb. 3 Hfte. gr. 8. (Mit Abbildgn.) Berlin, Winckelmann & Söhne. Kart. n. 3. 80
1. Kurs. 1 u. 2. (§ 1—50.) 13. unveränd. Aufl. (IV, 172 S.) 894. n. 1. 40
2. Kurs. 3 u. 4. (§ 51—100.) 9. unveränd. Aufl. (IV, 187 S.) 893. n. 1. 40
3. Kurs. 5. (§ 101—126.) 6., durchgeseh. Aufl. (105 S.) 891. n. 1. —

Vogel, Otto, Karl **Müllenhoff** u. **Kienitz-Gerloff,** Leitfaden f. d. Unterricht in d. Botanik. Nach method. Grundsätzen bearb. 3. Hft. Kurs. 5. (§ 101—126.) 7., unveränd. Aufl. (V, 105 S. m. Abbildgn.) gr. 8. Berlin 894. Winckelmann & Söhne. Kart. n. 1. —

— — u. Paul **Röseler,** Leitfaden f. d. Unterricht in d. Botanik. Nach method. Grundsätzen bearb. I. Hft. Kurs. 1 u. 2. (§ 1—50.) Neue verb. u. verm. Ausg. m. 24 Taf. in Dreifarbendr. nach Aquarellen v. A. Schmalfuss. gr. 8. (IV, 164 S.) Ebd. 898. Kart. n. 1. 80

Leitfaden für den Unterricht in der Botanik. Nach method. Grundsätzen bearb. von Dr. Otto **Vogel**, Prov.Schulr. zu Berlin, Dr. Karl Müllenhoff, Prof. zu Berlin, Dr. Paul Röseler, Oberl. zu Berlin. H. 1–3. Berlin: Winckelmann & Söhne 1899. 3 Bde 8°
1. Kursus 1 u. 2. (§ 1–50.) neue verb. u. verm. Ausg. mit 24 Taf. nach Aquar. von A. Schmalfuss. 2. Aufl.
2. Kursus 3 u. 4. (§ 51–100.) Neue verb. u. verm. Ausg. mit 18 Taf. nach Aquar. von A. Schmalfuss.
3. Kursus 5. (§ 101–126.) 8., durchges. Aufl.

Vogel, Otto, Karl **Müllenhoff** u. Paul **Röseler,** Leitfaden f. den Unterricht in d. Botanik. Nach method. Grundsätzen bearb. I.—III. Hft. Neue Ausg. m. Taf. in Dreifarbendr. nach Aquarellen v. A. Schmalfuss. gr. 8. Berlin, Winckelmann & Söhne. Kart. 4. 60
I. Kurs. 1 u. 2. (§ 1—50.) 21. Aufl. 5. unveränd. Aufl. der neuen Ausg. (IV, 164 S. m. 325 Abb. u. 24 Taf.) 902. n. 1. 60
II. Kurs. 3 u. 4. (§ 51—100.) 15. Aufl. 4. unveränd. Aufl. d. neuen Ausg. (IV, 203 S. m. 118 Abb. u. 18 Taf.) 902. n. 1. 80
III. Kurs. 5. (§ 101—126.) 8., durchgeseh. Aufl. (VI, 90 S. m. 81 Fig.) 899. n. 1. —

Vogel, Otto, Karl **Müllenhoff** u. Paul **Röseler,** Leitfaden f. den Unterricht in der Botanik. Nach method. Grundsätzen bearb. 3 Hefte. 8. Berlin, Winckelmann & Söhne. Kart. n. 4. 60
I. Kurs 1 u. 2. (§ 1—50.) 23. Aufl. Unveränd. Abdruck der 22. Aufl. Mit 348 Abbildgn. im Text u. 24 Taf. in Dreifarbendr. (IV, 164 S.) 905. n. 1. 60
II. Kurs. 3 u. 4. (§ 51—100.) 16. durchgeseh. Aufl. Mit 265 Abbildgn. im Text u. 18 Taf. in Dreifarbendr. nach Aquarellen v. A. Schmalfuss. (IV, 208 S.) 905. n. 1. 60
III. Kurs. 5. (§ 101—126.) 10. unveränd. Aufl. (VI, 79 S. m. 81 Abbildgn.) 905. n. 1. —

Vogel, Otto, Karl **Müllenhoff,** Paul **Röseler,** Leitfaden f. den Unterricht in der Botanik. Nach method. Grundsätzen bearb. 3 Hefte. 8. Berlin, Winckelmann & Söhne. Kart. 4. 80
I. Kurs. 1 u. 2. (§ 1—50.) 25. Aufl. Unveränd. Abdr. der 24. Aufl. Mit 348 Abbildgn. im Text u. 24 Taf. in Dreifarbendr. (IV. 164 S.) 907. Kart. 1. 80
II. Kursus 3 u. 4. (§ 51—100.) 19. Aufl. Unveränderter Abdr. der 18. Aufl. Mit 265 Abbildgn. im Text u. neuen 18 Taf. in Dreifarbendr. nach Aquarellen v. A. Schmalfuss. (IV, 207 S.) 910. Kart. 2. —
III. Kursus 5. (§ 101—126.) 11. unveränd. Aufl. (VI, 79 S. m. 81 Fig.) 910. Kart. 1. —

— und Felix Kienitz-Gerloff

—— —— —— Leitfaden für den Unterricht in der Zoologie. Nach method. Grundsätzen bearb. 3 Hefte. 8. Ebendas. 879. [1. Heft. 1. und 2. Curs. § 1—50. (19 und IV, 168 S.) *ℳ 1,20.; 2. Heft. 3. und 4. Curs. § 51—100. (IV, 142 S.) *ℳ 1,20.; 3. Heft. 5. und 6. Curs. § 101—136. (IV, 96 S.) *ℳ 1.] * 3 40

—— —— —— Leitfaden für den Unterricht in der Zoologie. Nach method. Grundsätzen bearb. 3 Hefte. 8. Ebendas. [1. Heft. Kursus 1 und 2. (§ 1—50.) 2.—4. Aufl. (IV, 168 S.) 880—82. *ℳ 1,20.; 2. Heft. Kursus 3 und 4. (§ 51—100.) 2. Aufl. (IV, 142 S.) 880. *ℳ 1,20.; 3. Heft. Kursus 5 und 6. (§ 101—136.) 2. Aufl. (IV, 98 S.) 881. *ℳ 1.] cart. * 3 40

—— —— —— Leitfaden für den Unterricht in der Zoologie. Nach method. Grundsätzen bearb. 3 Hefte. 8. Ebendas. à Heft *ℳ 1.20. *
Inhalt:
Heft 1. Kurs. 1 und 2. [§ 1—50.] 6.—8. Aufl. (IV. 175 S.) 885—88.
» 2. Kurs. 3 und 4. [§ 51—100.] 6. Aufl. (IV, 151 S.) 885.
» 3. Kurs. 5 und 6. [§ 101—131.] 4. gänzl. umgearb. Aufl. (IV, 147 S. mit 137 Abbild.) 887.

— — — Leitfaden f. den Unterricht in der Zoologie. Nach method. Grundsätzen bearb. 3 Hfte. 8. Ebd. cart. à n. 1. 20
1. Hft. Kurs. 1 u. 2. [§ 1—50.] 9. Aufl. (IV, 175 S.) 889.
2. Hft. Kurs. 3 u. 4. [§ 51—100.] 7. Aufl. (IV, 150 S.) 889.
3. Hft. Kurs. 5 u. 6. [§ 101—131.] 4. Aufl. (IV, 147 S. m. 137 Abbildgn.) 887.

Vogel, Otto, **Karl Müllenhoff,** u. **Fel. Kienitz-Gerloff.** Leitfaden f. den Unterricht in der Zoologie. 3 Hefte. 8. Berl., Winckelmann u. Söhne. cart. à Heft * 1 20; * 3 60
1. Kurs. 1 u. 2. [§ 1—50.] 11. Aufl. (IV, 175 S.) 892.
2. Kurs. 3 u. 4. [§ 51—100.] 9. Aufl. (IV, 150 S.) 892.
3. Kurs. 5 u. 6. [§ 101—131.] 5. Aufl. (IV, 147 S. m. 137 Abbildgn.) 890.

— — — Leitfaden f. den Unterricht in der Zoologie. Nach method. Grundsätzen bearb. 3 Hfte. gr. 8. Ebd. 893. Kart. à n. 1. 20
1. Kurs. 1 u. 2. (§ 1—50.) 12. unveränd. Aufl. (IV, 175 S.)
2. Kurs. 3 u. 4. (§ 51—100.) 10. unveränd. Aufl. (IV, 150 S.)
3. Kurs. 5. (§ 101—121.) u. Anh. (§ 1—12). 6. Aufl., m. 137 Abbildgn. (IV, 147 S.)

— — und Paul Röseler

— — — Leitfaden f. d. Unterricht in d. Zoologie. Nach method. Grundsätzen bearb. 1. Hft. Kurs. 1 u. 2. (§ 1—50.) Neue illustr. Ausg. gr. 8. (VI, 204 S.) Ebd. 896. Kart. n. 1. 40

— — — dasselbe in der Zoologie. I.—III. Hft. gr. 8. Ebd. Kart. n. 4. —
I. Kurs. 1 u. 2. (§ 1—50.) 20. Aufl. 6., unveränd. Aufl. der neuen illustr. Ausg. (IV, 204 S.) 902. n. 1. 40
II. Kurs. 3 u. 4. (§ 51—100.) 17. Aufl. 5., unveränd. Aufl. d. neuen illustr. Ausg. (IV, 187 S.) 902. n. 1. 40
III. Kurs. 5. (§ 101—121) u. Anh. (§ 122—133). 7., verb. Aufl. m. 124 Abbildgn. (IV, 144 S.) 900. n. 1. 20

— — — dasselbe in der Zoologie. I. u. II. Heft. 8. Ebd. 904. Kart. à n. 1. 60
I. Kurs. 1 u. 2. (§ 1—50.) 21. verb. Aufl. Vermehrt um 4 Taf. in Dreifarbendr. u. m. zum Tl. neuen Abb. im Text. (IV, 188 S.)
II. Kurs. 3 u. 4. (§ 51—100.) 18. verb. Aufl. Verm. um 6 Taf. in Dreifarbendr. (IV, 160 S.)

Vogel, Otto, Karl **Müllenhoff,** Paul **Röseler,** Leitfaden f. den Unterricht in der Zoologie. 3 Hefte. 8. Berlin, Winckelmann & Söhne. Kart. 4. 40
I. Kurs. 1 u. 2. (§ 1—50.) 24. Aufl. Unveränd. Abdr. der 23. Aufl. Mit 4 Taf. in Dreifarbendr. u. vielen neuen Abbildgn. im Text. (IV, 188 S.) 907. Kart. 1. 60
II. Kurs. 3 u. 4. (§ 51—100.) 20. Aufl. Unveränd. Abdr. der 19. Aufl. Mit 6 Taf. in Dreifarbendr. (IV, 160 S.) 907. Kart. 1. 60
III. Kurs. 5. (§ 101—121) u. Anh. (§ 122—133). 8. verb. Aufl., m. 124 Abbildgn. (IV, 116 S.) 905. 1. 20

— Die Metalldampflampen m. besond. Berücksicht. der Quecksilberdampflampen. Für Elektrotechniker u. Installateure in leicht fassl. Weise auf Grund seiner längeren prakt. Erfahrgn. bearb. (IV, 103 S. m. 51 Fig.) gr. 8. Leipzig 907. O. Leiner. 2.75; geb. in Leinw. 3.50

Vogel, O[tto], (Dir.): Slavische Ortsnamen der Prignitz. Perleberg 1904: F. Mancke. (61 S.) 8° [F.]
Perleberg, k. RG P 1904 (119)

Slavische Personennamen. [Verf.: Otto **Vogel**.] Perleberg: F. Mancke 1901. (6 S.) 8° [F.] [08. 1-3,3

Vogel, Otto (II.), Pommernspeegel. Ut ollen Tieden. gr. 16. (III, 76 S.) Greifswald 869, Scharff. *

—— dass. — Tweet Uplag. 16. (IV, 141 S.) Ebendas. 873. *

Vogel, Otto, Rede bei der feierlichen Eröffnung der Handelsschule zu Plauen, s. Reden.

Der Perleberger Roland und Gral. Ein Referat von O[tto] **Vogel**. Perleberg 1907: F. Grunick (113 S.) 8° [F.]
= **Vogel**: Perlebergische Geschichten. No [8.] [08. 16392

—— Rügen. Ein Liederkranz. 8. (IV, 196 S.) Greifswald 887, Bamberg. *ℳ 2.25.; geb. *

Vogel, Otto, Russelbläder. En Strämel Plattdütsch. 8. (155 S.) Leipzig 878. G. Wigand. n. 1. 75; geb. n. 2. 50

Vogel, O[tto], (Dir.): Aus der älteren Schulgeschichte Perlebergs. *Perleberg (1900): F. Mancke.* (20 S.) 4° [F.]
Perleberg, k. RG, OP 1900 (111)

Vogel, *Otto* u. *Hermann* Dapper Uebungen zum Uebersetzen in das Französische und Englische für die oberen Klassen. 4 (24 S.).
Progr. Rg. *Perleberg* 1886 (102).

Vogel, Otto, wen wählt e. evangelische Gemeinde zu ihrem Pastor? Vortrag, geh. in der Versammlg. der kirchl. Vereinigg. am 4. Juni 1894. 8. (32 S.) Berlin 894. Evangel. Vereinsbuchh. n. — 25

—— und O. Ohmann, zoologische Zeichentafeln. Im Anschluss an den Leitfaden für den Unterricht in der Zoologie von O. Vogel, K. Müllenhoff und F. Kienitz-Gerloff hrsg. 1. und 2. Heft. qu. gr. 4. Nebst Vorwort und Verzeichniss der Abbild. gr. 8. Ebendas. [1. Heft. (16 Stnt. mit 14 S. Text.) 883. * 80 Pf.; 2. Heft. (24 Stnt.) 884. * ℳ 1,25.] * 2 5

—— und O. Ohmann, zoologische Zeichentafeln. Im Anschluss an den Leitfaden für den Unterricht in der Zoologie von O. Vogel, K. Müllenhoff, F. Kienitz-Gerloff hrsg. 3. Heft. qu. gr. 4. (14 Stnt.) Mit Text. 8. (15 S.) Ebendas. 886. *
1. und 2. Heft. Ebendas. 1883.84. * ℳ 2.05.

—— u. O. Ohmann. Zoologische Zeichentafeln. Im Anschluss an den Leitfaden für den Unterricht in der Zoologie von O. Vogel, K. Müllenhoff, F. Kienitz-Gerloff hrsg. 3 Hfte. qu. gr. 4. [Text in gr. 8.] Ebd. [1. Heft. 4. Aufl. (16 Steintaf. m. 14 S. Text.) 891. * — 80; 2. Heft. 3. Aufl. (24 Steintaf.) 887. * 1 25; 3. Heft. 3. Aufl. (14 Steintaf. m. 15 S. Text.) 892. * 1 —.] * 3 05

— u. O. **Ohmann,** zoologische Zeichentafeln. Im Anschluss an den Leitfaden f. den Unterricht in der Zoologie v. O. Vogel, K. Müllenhoff, F. Kienitz-Gerloff hrsg. 3 Hfte. qu. gr. 4. Ebd. n. 3. 5
1. 5. Aufl. (16 Taf., nebst Verzeichnis der Abbildgn. gr. 8. 4 S.) 893. n. — 80
2. 4. Aufl. (24 Taf., nebst Verzeichnis der Abbildgn. gr. 8. 15 S.) 893. n. 1. 25
3. 4. Aufl. (14 Taf., nebst Verzeichnis der Abbildgn. gr. 8. 15 S.) 892. n. 1. —

— u. O. **Ohmann,** zoologische Zeichentafeln. Im Anschluss an den Leitfaden f. den Unterricht in der Zoologie v. O. Vogel, K. Müllenhoff, P. Röseler hrsg. 1. u. 2. Hft. Ebd. n. 2. 05
1. (Taf. I—XVI, nebst tiergeograph. Taf.) 8. Aufl. qu. hoch 4. Nebst Text. 7. Aufl. gr. 8. (8 S.) 900. n. — 80
2. (Taf. I—XXIV.) 7. verb. u. verm. Aufl. qu. hoch 4. Nebst Text. (17 S.) gr. 8. 903. n. 1. 25

— u. O. **Ohmann,** zoologische Zeichentafeln. Im Anschluss an den Leitfaden f. den Unterricht in der Zoologie v. O. Vogel, K. Müllenhoff, P. Röseler hrsg. 2. u. 3. Heft. qu. hoch 4. Nebst Text. gr. 8. Ebd. 903. n. 1. 80
2. (Taf. I—XVI, nebst tiergeograph. Taf.) 9. Aufl. (8 S. Text.) n. — 80
3. (Taf. I—XVI.) 5. verb. u. verm. Aufl. (25 S. Text.) n. 1.—

— u. O. **Ohmann,** zoolog. Zeichentaf. Im Anschluss an den Leitfaden f. den Unterricht in der Zoologie von O. Vogel, K. Müllenhoff, P. Röseler u. zum Gebrauch neben anderen Lehrbüchern sowie zum selbständigen Unterrichtsgebrauch hrsg. Ausg. B. In Mappe u. m. systemat. Übersicht des Tierreichs. 3 Hefte. 22×30 cm. Nebst Text. 8. Ebd. 910. 3. 25
I. (Taf. I—XVI, nebst tiergeograph. Taf.) 12. Aufl. (8 S.) — 80
II. ([Zum Tl. farb.] Taf. I—XXIV.) 10. Aufl. (31 S.) 1. 35
III. ([Zum Tl. farb.] Taf. I—XVI.) 7. Aufl. (42 S.) 1. 10

Vogel, Otto E. [Thierarzt aus Kreuznach, Rheinprovinz]: (Aus dem zoologischen Institut [Prof. Studer] und dem Institut zur Erforschung der Infectionskrankheiten [Prof. Tavel] Bern.) Die Seuche unter den Agoni des lago di Lugano. (Colibacillosis alosae fintae.) (S.-A. aus „Zeitschrift für Hygiene und Infectionskrankheiten" 1903, Bd. XLIV.) Leipzig 1903. 46 S. 8°.
Bern. Phil. Diss. 1902 1903.

Vogel, Otto E. Die Seuche unter den Agoni des Lago di Lugano. ⟨Colibacillosis Alosae fintae.⟩ Diss. Phil. Bern. *Kopftitel:* ⟨Aus dem zoologischen Institut ⟨Prof. (Th[eophil] Studer⟩ und dem Institut zur Erforschung der Infectionskrankheiten ⟨Prof. (E[rnest]) Tavel⟩ Bern.⟩ ([Mit 4 Figuren.] — ... erscheint in der «Zeitschrift für Hygiene und Infectionskrankheiten» 1903, Band 44.) 46 S. 8. Leipzig, Veit & Comp., 1903.

Vogel, Otto Fr. Aug.

(—) vaterländ. Gedichte, in d. J. 1806—9. 2 Abtheill. 8. Berl. 809.

Vogel, Otto Fr. Aug., Schulgesangbuch. Ein Beitrag zur Verbreit. d. bessern Kirchengesänge. 8. Berl. 805. Reimer. 2½ Rthl.

– Dass., s.a. Vogel, Otto Friedrich Gottlob

— s. O. F. G. Vogel, Katechismus Lutheri.

Vogel, Otto Friedr., ein Fall von primärer, essentieller, progressiver, perniciöser Anämie. Inaugural-Dissertation. gr. 8. (24 S.) Göttingen 881, (Vandenhoeck und Ruprecht's Verlag.) * — 60

Vogel, Otto Friedrich Gottlob

Vogel, Otto Fr. Glo., († d. 16. März 1796.) Katechismus Lutheri, mit Sprüchen, Liedern u. Gebeten, vorzügl. als Lesebuch für Landschulen. 8. Berl. 792. 2e (von O. Fr. A. Vogel besorgte) Aufl. 805. Reimer. 2 Rthl. Anhang: Schulgesangbuch. 8. Ebd. 805. 2½ Rthl.

Vogel, Otto Friedrich Gottlob. Katechismus Lutheri, mit Sprüchen, Liedern und Gebeten ... 2. Aufl. O. O. 1805. H: *Vogel, Otto Frdr. August.* (Ky)

Vogel, O. F. G., Katechismus Lutheri, mit Sprüchen, Liedern u. Gebeten, vorzügl. als Lesebuch f. Landschulen. 8. Berlin, Realschulbuchhandl. 805. — 2

— Schulgesangbuch, Anhang z. Katechism. 8. Ebend. 805.

Dass., s.a. Vogel, Otto Fr. Aug.

Vogel, O. F. G., Zergliederung d. Katechismus Lutheri, z. Gebr. f. d. Schulhalter in den Landschulen. 8. Berlin, Realschulbh. 793. Rthlr. — 3

— Zergliederung d. Katechismus Lutheri, zum Gebrauch d. Schulhalter in den Landschulen. 8. Berl. 793. Reimer. 3 Rthl.

Vogel, P.

— s. Anekdoten u. Erzähll., pädagogische.

Vogel, P., Ueber die Curven 4. Ordnung vom Geschlechte eins. (Inaug.-Dissert.) München 1880. 8°. brosch. (33 S.)

Vogel, P., s. Lesebuch, Deutsches, für sächs. Gymnasien.

Vogel, P., Nautik, s.: Ludwig, E., u. E. Linder, Taschenbuch f. Schiffsingenieure u. Seemaschinisten.

Vogel, P., i W. Brennecke, Rachunki praktyczne ułożyli dla szkół przełożył zas na język polski J. Zaborowski. Część I. Oddział I. i 2. 8. (158 S.) Berlin 854, Th. Enslin. à Oddział * 6 Ngr. *

Vogel, (Lehrer) P., u. Lehrer W. Brennecke, praktisches Rechenbuch für die untern und mittleren Klassen der Gymnasien, Gewerbe- u. Bürgerschulen. 1r Thl., welcher in 3 Abthll. die vier Rechnungsarten mit ganzen Zahlen, gemeinen Brüchen u. Decimalbrüchen, nebst ihren vorzügl. Anwendungen auf Rechnungs-Aufgaben des bürgerl. Lebens, und am Schluß die Lehre von den Quadrat- u. Cubik-Zahlen u. Wurzeln enthält. 8. Berlin 837. Th. Enslin. ½ Rthl. — Antworten auf die Rechenaufgaben, welche in diesem Theile enthalten sind ꝛc. Von W. Brennecke. 8. Ebd. 837. ½ Rthl.

— dass. 2r Thl. A. u. d. T.: Prakt. Rechenbuch des gesammten angewandten kaufmänn. u. bürgerl. Rechnens. Von W. Brennecke. 1e Abthl. 8. Ebd. 838. 3/4 ℛ — Antworten auf die Aufgaben dieses Theiles. 8. Ebd. 838. n. 1/3 ℛ

Vogel, P., u. W. Brennecke, praktisches Rechenbuch für Schulen u. zur Selbstbelehrung. 1. Thl. 2 Athlgn. 2. verm. u. verb. Aufl. 8. (166 S.) Berlin 852, Th. Enslin. (à n. 6 ngl) n. 12 ngl

—— —— praktisches Rechenbuch für Schulen und zur Selbstbelehrung. 1. Thl. 2 Abthlgn. 3., verm. und verb. Aufl. 8. (166 S.) Berlin 852, Th. Enslin. à Abthl. * 6 Ngr. *

—— —— Antworten auf die Rechenaufgaben, welche in dem 1. Thl. des obigen enthalten sind, nebst einer kurzen Vorrede. 2., verb. Aufl. 8. (VI und 74 S.) Berlin 852, Th. Enslin. *

— Rechnungsaufgabe für d. weibl. Jugend. 8. Berl. 825. Enslin. 8 gl Facta dazu 2 gl

Vogel, P., Rechnungsaufgaben für d. männl. Jugend, nebst einer Anweis. zum Rechnen für d. bürgerl. Leben. Mit besond. Berücksichtigung d. Silbergroschen. 8. Berl. 825. Enslin. 8 gl Facta dazu 2 gl

Vogel, P.: Ueber die Schnee- und Gletscherverhältnisse auf Süd-Georgien. (S.-A.) Jahresbericht der Geographischen Gesellschaft in München für 1885. Heft 10 S. 78—89.) München 1885. 12 S. 8°

— d. drei denkwürd. Tage, d. 18. Oct. 1813, d. 31. März 1814, d. 18. Juni 1815. Für Schulen beschrieben mit einer einleitenden Uebersicht d. merkwürd. Ereignisse seit d. französ. Revolution. gr. 8. Berl. 818. 2e verm. Aufl. 819. Maurers B. (Heinemann in Stolp.) 6 gl

Vogel, P., „Und nun bleibet bei ihm". 1. Joh. II, 28. Mitgabe f. die Konfirmierten. Mit Titelbild v. Wilh. Steinhausen. (32 S.) 8. Leipzig (909). P. Eger. p — 15

Vogel, P., Weisheitslehren in Sprichwörtern, dargelegt in Fabeln, Parabeln, Mährchen, Erzählungen, Gesprächen, Erläuterungen und in einem Anhange von Denksprüchen. Zur Unterhaltung u. Belehrung für jede Klasse von Lesern, vorzüglich f. die Jugend. Mit 12 Federzeichnungen. 12. Berlin 844. (Oehmigke's Buchh.) n. 2/3 ℛ

Vogel, P. A., siehe: *Geschichtsfreund.*

Vogel, P. J., In Dinarchum curae grammaticae rhetoricae criticae. Diss. 1877. 71 S.

Vogel, P. M., Unterweisung in dem wahren kathol. Glauben oder kathol. Katechismus nach Canisius. 3 Bde. 4. Köln 774. (Haslinger in Linz). 8 ℛ

Vogel, Paul, a. Leipzig: Fichtes philosophisch-pädagogische Ansichten in ihrem Verhältnis zu Pestalozzi. Langensalza 1907: H. Beyer & Söhne. (175 S.) 8°
Leipzig, Phil. Fak., Ref. Volkelt-Heinze, Diss. v. 25. Mai 1907
[Geb. 9. Nov. 77 Leipzig; Wohnort: Bautzen; Staatsangeh.: Sachsen; Vorbildung: Seminar Oschatz Wahlfähigkeitszeugnis Nov. 00; Studium: Leipzig 6 S.; Rig. 24. Juli 06.]

Vogel, Paul, Fichtes philosophisch-pädagogische Ansichten in ihrem Verhältnis zu Pestalozzi, s. a. Magazin, pädagog.

Fichtes philosophisch-pädagogische Ansichten in ihrem Verhältnis zu Pestalozzi. Von Dr. Paul Vogel. Langensalza: Beyer 1907. 175 S. 8°
(Pädagogisches Magazin. H. 300.)

Vogel, Paul, Auswahl mittelhochdeutscher lyrischer Gedichte, als Anh. zu der Lachmannschen Nibelungen-Ausgabe f. den Schulgebrauch zusammengestellt. 8. (28 S.) Berlin 893. G. Reimer. n. — 60

Vogel, Paul *Johannes* [Dr.]: Kritische und exegetische Bemerkungen zu Ovids Tristien. Schneeberg, Druck v. C. M. Gärtner, 1891: S. 21—40; 4°
Schneeberg, k. G. m. Realkl., Festschr. 1891 (540)

Vogel, Paul: [Bericht über die Errichtung und Einweihung der Anstalt.] S. 8—18. 4.
Progr. Königin Carola-Gymn. (2. Staatsgymn.) *Leipzig* 1903 (620).

—: [Bericht über die Feier der Weihe der neu gestifteten Schulfahne.] S. 5—7. 4.
Progr. Königin Carola-Gymn. (2. Staatsgymn.) *Leipzig* 1905 (651).

Vogel, Paul, Prof. Dr., Rekt.: [Bericht über den Neubau u. die Einweihung des Königin Carola-Gymnasiums.] *Leipzig 1903: A. Edelmann.* (S. 7—17.) 4°
Leipzig, Königin Carola-G (2. Staats-G), OP 1903 (620)

Vogel, Paul, die Bewirtschaftung der Moor- u. Heideteiche u. ihre Sonderstellung im modernen Teichwirtschaftsbetrieb, e. Spezial-Lehrbuch der modernen Teichwirtschaft unter besond. Würdigg. der Karpfen- u. Schleienzucht, der Forellenkultur in Teichen, auf Moor- u. Heideböden u. Oedländereien besond. Art, hrsg. nach den neuesten Erfahrgn. des modernen Teichwirtschaftsbetriebes, mit e. Führer durch die moderne Teichwirtschaftslehre. (In 10—12 Lfgn.) 1.—7. Lfg. (VI u. S. 1—368.) gr. 8. Bautzen (904. 905). E. Hübner. à n. 1. —

Vogel's, Paul, teichwirthschaftliche Buchführung. Fisch-Bestand-Buch. gr. Fol. (III S. u. 99 Doppels.) Bautzen (899). E. Hübner. Geb. in Leinw. n. 8. —

— dasselbe. Teich-Beschreibg. gr. Fol. (I S. u. 99 Doppels.) Ebd. (899). Geb. in Leinw. n. 8. —

— dasselbe. Teich-Hauptbuch. gr. Fol. (I S. u. 101 Doppels.) Ebd. (899). Geb. in Leinw. n. 8. —

Vogel, Paul: Denkschrift zur Feier des 400jährigen Bestehens der Kgl. privilegierten Feuerschützengesellschaft Rosenheim (Bayern). Rosenheim, 1886 2375

— die Fischfütterung, e. Spezial-Lehrbuch der rationellen künstl. Ernährg. v. Karpfen, Schleien u. Forellen in Teichen u. die Steigerg. der natürl. Ernährg. in den Wildgewässern, nebst e. Studie üb. den Fischgroßhandel Deutschlands u. Oesterreich-Ungarns u. dessen Bedeutg. f. die Teichfischverwertg. (VI, 437 S. m. Abb.) gr. 8. Ebd. 907. n. 8. 60; geb. n. 10. —

Vogel, Paul, bei Gelegenheit. Altbayerische Reime aus Rosenheim. 8. (VIII, 70 S.) München 887, Th. Ackermann, Verlag. cart. *

Vogel, Paul, Katalog f. Fischerei- u. Teichwirtschaft, unentbehrl. Nachschlageheft f. Fischer u. Teichbesitzer. Ausg. 1908. 3. Jahrg. (78 u. 21 S.) 8. Bautzen 908. E. Hübner. — 20

Vogel, Paul, ausführl. Lehrbuch der Teichwirthschaft. Ein Rathgeber f. Land- u. Forstwirthe, angeh. u. erfahrene Teichwirthe. gr. 8. (551 u. Reg. XXIV S.) Bautzen 898. E. Hübner. n. 10. —; geb. n. 11. 50

— ausführliches Lehrbuch der Teichwirthschaft, Ergänzungsbd., als Ergänzg. des Hauptbandes durch erweiterte Bearbeitg. der einzelnen Special-Capitel hrsg., als e. weiterer Rathgeber f. die Besitzer des ausführl. Lehrbuches der Teichwirthschaft bearb. gr. 8. (727 u. XXVII S. m. Abb. u. 5 Taf.) Bautzen 900. E. Hübner. n. 12. —; geb. n. n. 13. 50
Hauptwerk Ebd. 898. n. 10. —; geb. n. 11. 50.

— ausführliches Lehrbuch der Teichwirtschaft. 3. Bd. als weitere Ergänzg. der beiden Vorbände f. die alljährl. Teichbodenkultur — Teichdüngg. — sommerl. Teichwasserdüngg. — Spezialbewirtschaftg. der Moor- u. Heideteiche — moderne Karpfen- u. Schleienzucht — Stammbuch der Karpfen-Rassen u. Stämme Deutschlands u. Oesterreich-Ungarns — moderne Forellenzucht im Großbetrieb u. der Kleintierhaltg. im Teichwirtschaftsbetrieb. Aus der Praxis f. die Praxis nach den neuesten Erfahrgn. moderner Teichwirtschaftsbetriebe, m. e. Führer durch die [Fischerei- u.] moderne Teichwirtschaftslehre. (IV, 902 S. m. Abbildgn. u. 2 Taf. u. 56 S.) gr. 8. Ebd. 905. n. 12.—; geb. n.n. 13.50 (1—3.: 34.—; geb. n.n. 38.50)

Vogel's, Paul, illustr. praktischer Ratgeber f. die rationelle Besetzg. v. Fischteichen u. f. e. sachgemäße, erfolgreiche Hebung der Fischbestände in Landseen, Flüssen, Bächen u. Feldtümpeln. gr. 8. (134 S.) Ebd. 901. n. 1.—

Vogel, Paul, Fritz Reuter's Ut mine Stromtid, s.a. Dichter, deutsche, des 19. Jahrh. 1. Bdchn.

Fritz Reuter. Ut mine Stromtid von Prof. Dr. Paul Vogel in Leipzig. *Leipzig & Berlin: B. G. Teubner 1902.* (36 S.) 8° [F.]
= Dichter, Deutsche, des neunzehnten Jahrhunderts. Bdch. 1. [03. 1146]

— die Schleienzucht als Nebennutzg. in Karpfenteichen. Lehrbuch der Schleienbruterzeugg. u. Aufzucht der Speiseschleien nach modernsten Grundsätzen der Praxis, nebst e. Anh.: Bezugsquellenanzeigen der Karpfen-, Schleien- u. Forellenteichwirtschaften. (VI, 92 S. m. Abbildgn. u. 2 Taf.) gr. 8. Bautzen 905. E. Hübner. n. 1.60; geb. in Leinw. n. 2.—

Vogel, Paul, Schülerkommentar zu Lysius' ausgewählten Reden. (45 S.) kl. 8. Leipzig 905. G. Freytag. — Wien, F. Tempsky. n. —50

— dasselbe, s.a. Lysias' ausgewählte Reden.

— Die Teichwirtschaft des Königr. Böhmen sowie der anderen Länder Österreich-Ungarns. I. Tl. Nachweis üb. die Bewirtschaftungsweise u. Hektarenerträge v. 128 Karpfenteichwirtschaften Österreich-Ungarns. II. Tl. Lehrbuch der Praxis der modernen Karpfen-, Schleien- u. Forellenzucht in Teichen. III. Tl. Illustr. beschreib. Sammelwerk üb. die Teichwirtschaftsbetriebe Österreich-Ungarns. (X, 521 S.) gr. 8. Ebd. 909. 10.50; geb. in Leinw. 12.—

Vogel, Paul, mit Verlaub! Altbayerische Reime. 8. (VII, 108 S.) München 883. Th. Ackermann's Verl. cart. n. 1.80

— Wegweiser durch die neue Aera d. modernen Teichwirtschaftslehre. (99 S.) 8. Ebd. 910. —80

Vogel, Paul, Referendar in Chemnitz: Das Zurückbehaltungsrecht nach dem Rechte des Bürgerlichen Gesetzbuchs. Borna-Leipzig 1904: R. Noske. (VIII, 39 S.) 8°
Leipzig, Jur. Diss. v. 1904.

Vogel, Paul Heinrich (Erfurt) A.S.1246/16

Dissertatio medica inauguralis de sanguificatione in homine, secundum et praeter naturam.
Erfurt (Grosch) IV. 1710. 28 Bl.

35292

Vogel, Paul Joach. Sigm., Abschiedspredigt, b. 7. August 1808 in Altdorf gehalten. gr. 8. Nürnb. 808. Lechner. (v. Ebner). 2 gr.

— Aufsätze theolog. Inhalts. 2 Stücke. 8. Nürnb. 796—99. Monath u. K. 1 rthl. 2 gr.

— Biographie großer u. berühmter Männer des Alterthums. 2 Bde. gr. 8. Nürnb. 788—90. (Eichhorn; a. Lauffer in Leipz.) 2 rthl.

— Biographie großer u. berühmt. Männer d. Alterthums. 2 Bde. gr. 8. Nürnb. Grattenauer. 788—90. 2 —

— s.a. Briefe, die Freimaurerei betreffend.

Briefe die Freimaurerei betreffend. [Von Paul Joachim Siegm. Vogel.] Samml. 1—3. Nürnberg: Grattenauer 1783—1785. 8°
1. Üb. d. Tempelherren. 422 S. 1783.
2. Briefe üb. d. Mysterien. 224 S. 1784.
3. Briefe üb. d. Frmrei. 163 S. 1785.
Recens: WJ. 1, 4 (1785) S. 215—216; 2, 4 (1785) S. 223—225.
cf. D. neuesten Religionsbegebenheiten. 9 (1786) S. 230—231.
Kl. 454, 2237, 2821, 3825, Tt. 357, 840, 2734. Selten.

Briefe über die Freimaurerei. [Von Paul Joachim Siegm. Vogel.] [Nürnberg: Grattenauer 1785.] 163 S. 8°
(Vogel, P. J. S.: Briefe, die Frmrei betr. 3.)
Kl. 2821, Tt. 2734. Betr. den Ursprung der Frmrei.

Briefe über die Mysterien. [Von Paul Joach. Siegm. Vogel.] [Nürnberg: Grattenauer 1784.] 224 S. 8°
(Vogel, P. J. S.: Briefe d. Frmrei betr. 2.)
Kl. 3825, Tt. 2734. Bekämpft Starcks „Üb. die alten u. neuen Mysterien“, insbes. die Abhandl. üb. die Frmrei.

Briefe über die Tempelherren. [Von Paul Joachim Siegm. Vogel.] [Nürnberg: Grattenauer 1783.] 422 S. 8°
(Vogel, P. J. S.: Briefe die Frmrei betr. 1.)
Kl. 2237, Tt. 840. Widerlegung der Annahme der Abstammung der Frmr von den Tempelherren.

PAUL JOACHIM SIEGMUND VOGEL, Denkmahl der Freundschaft dem verewigten Herrn D. Philipp Ludwig Wittwer, ordentlichem Physicus in Nürnberg, und Mitgliede des Blumenordens daselbst errichtet im Namen der Gesellschaft. Nürnberg, im December 1793. 4°.

Actenmässige Geschichte der Fr. M. ▭ zu den drei Pfeilen von Nürnberg und Darstellung ihres gegenwärtigen Verhältnisses gegen die englische und eklektische Fr.M—ei. [Von Paul Joachim Siegm. **Vogel.**] Als Ms. für die mit ihr vereinigten und correspondirenden Meister ▭. [Erfurt 1792: Schlegel.] 66 S. 2° [Umschlagtit.]
Kl. 2937, Tt. 689. Enth. Aktenstücke üb. Bodes deutschen Frmrbund u. das Verfahren der Prov.loge zu Frankfurt a. M. gegen die Gothaer Loge infolge der Gründung dieses Bundes.

— Glaube u. Hoffnung, in Briefen an Selmar u. Elisa. 8. Sulzb. 806. v. Seidel. 20 gl (A. u. d. T.: 1) über d. letzten Gründe des menschl. u. des christl. Glaubens, Briefe an Selmar. 10 gl 2) über d. Hoffnung des Wiedersehens, Briefe an Elisa. 12 gl)

P. Jo. Sgm. **Vogel** üb. die letzten Gründe d. menschl. u. christl. Glaubens; Briefe. *Sulzb.*, Seidel. 806. 8° 20 gl

— Ideen zu einer Metaphysik d. Menschenverstandes. 1r Thl. 8. Nürnb. 801. Felßecker. 1 rß 8 gl

— Compendium d. christl. Moral zu academ. Vorlesungen. gr. 8. Nürnb. 805. 2e A. 824. Monath u. K. 1 rß 4 gl

— Lehrbuch d. christl. Moral zu acad. Vorlesungen. gr. 8. Nürnb. 803. Monath u. K. 1 rß 12 gl

— über d. Philosophische u. d. Christliche in d. christl. Moral. 1e u. 2e Abtheil. gr. 8. Erlang. 823. Palm u. E. 1 rß 12 gl

Vogel, Paul Joach. Sigm., Predigt über d. Pflichten gegen d. Obrigkeit, mit Beziehung auf d. Abschaffung d. Feiertage. gr. 8. Nürnb. 805. Lechner. (v. Ebner). 2 gl

s. R a u , Johann Wilhelm: Materialien zu Kanzelvorträgen.

s.a. R e d e n über den Zweck, die Beschaffenheit ... der Freymaurerei.

Reden über den Zweck, die Beschaffenheit und den Ursprung der Freimaurerei. Gehalten in den Logen J[oseph] z[ur] E[inigkeit] und z[u] d[en] d[rei] Pf[eilen] in N[ürnberg] von P[aul] J[oach.] S[iegm.] V[ogel]. Berlin: Maurer 1791. 139 S. 8°
cf. ALZ. 1792 S. 437; IdJALZ. 1792 S. 709. Kl. 1103, Tt. 1920. 6 Reden, die beweisen wollen, dass das Wesen der Mrei in den 3 symbolischen Graden allein bestehe. 23. 25.

Vogel's, Paul Joachim Siegmund, Synodal-Vorträge. Aus d. theol. Annalen besonders abgedruckt. gr. 8. Bayreuth 837. Grau. n. $^1/_3$ rß

— Progr. de conjecturae usu in crisi Novi Test. c. brevi comment. de IV. Esdrae libro. 4. Nürnb. 795. Monath u K. 4 gl

Vogel, P. J. S., de religionum historiae usu, ad judicium de religione christ. rezundum. Erl. 1815. 8.

— Versuch über d. Religion d. alten Aegyptier u. Griechen. gr. 8. Nürnb. 793. Frauenholz. 1 rß 8 gl Mit 14 Kpf. 2 rß 12 gl

Vogel, Paul Wilhelm, Ref. in Dresden: Der Begriff des gegen die guten Sitten verstoßenden Rechtsgeschäftes nach § 138 Abs. 1 BGB. Borna-Leipzig 1906: R. Noske. (VIII, 78 S.) 8° [J.]
Leipzig, Jur. Fak., Diss. v. 11. Juni 1906
[Geb. 6. Juli 77 Chemnitz; Wohnort: Dresden; Staatsangeh.: Sachsen; Vorbildung: Vitzthumsches Gymn. Dresden Reife O. 97; Studium: Lausanne 1, Freiburg i. B. 4, Leipzig 5 S.; Rig. 6. Febr. 02.]

Vogel, Pet., d. diamantene Herz, s.: Dilettantenbühne, kathol.

Vogel, Pet., die Miethserhöhung, s.: Dilettanten-Bühne, katholische.

Vogel, Ph., ich weiß, an wen ich glaube! Kurze Verantwortg. unsres evang. Glaubens, nach Luthers kleinem Katechismus f. Konfirmanden zusammengestellt. gr. 8. (24 S.) Dresden 895. J. Naumann. n. — 20

Vogel, Ph., ich weiß, an wen ich glaube! Kurze Verantwortg. unseres evangel. Glaubens nach Luthers kleinem Katechismus f. Konfirmanden zusammengestellt. 4. Tauf. (24 S.) gr. 8. Dresden (903). C. L. Ungelenk. n. — 20

Vogel, Phil. Gerh., Recht u. Pflicht evangel. Gemeindeglieder gegenüber falscher Lehre auf Kanzel u. Katheder. Vortrag, geh. auf der Chemnitzer Konferenz am 20. II. 1906. (31 S.) 8. Leipzig 906. Krüger & Co. n. — 40

Vogel, R., Blocksignale, s.: Handbuch der Elektrotechnik. XI, 2.

Vogel, R., architektonische Formenlehre, s.: Stade, Frz., die Schule des Bautechnikers. 14. Bd.

Vogel, R. P., kurz. Begriff. d. nothw. Gebete e. kathol. Christen. 12. Mannheim, Loffler. 767. — 2

J e s u s , der göttliche Kinderfreund. Gebetbüchlein f. d. lieben Kleinen, von P. R. P. **Vogel**. Saarlouis: Hausen & Co. 1902. (190 S.) 8°

Vogel, R. P., Jesus, der göttliche Kinderfreund. Gebetbüchlein f. die lieben Kleinen. 24. (190 S. m. Abb.) Saarlouis 902. F. Stein Nachf. Geb. n. — 18

Jesus, der göttliche Kinderfreund. Gebetbüchlein f. d. lieben Kleinen von P. R. P. Vogel. *Saarlouis: F. Stein Nachf. 1903.* (190 S.) 8° [J.] 04. 3043

Vogel, R. P., das fromme Kind in der Andacht. Ein Gebetbuch für die kathol. Jugend. 32. (192 S. m. 1 color. Holzschn.) Saarlouis 851. Stein. $2^1/_4$ ngr

[J.] Das fromme Kind in der Andacht. E. Gebetb. f. d. kathol. Jugend v. R. P. Vogel. 21. Aufl. ... *Saarlouis: Hausen & C. [1892].* (192 S.) 1 Bd 8. 98 3901 10

Vogel, R. P., das fromme Kind in der Andacht. Ein Gebetbuch f. die kathol. Jugend. 21. Aufl. 32. (192 S. m. Titelbild.) Saarlouis 892. F. Stein Nachf. — 15

— das fromme Kind in seiner Andacht. Gebetbüchlein f. die lieben Kleinen. 24. (96 S. m. Abb.) Ebd. 902. Geb. n. n. — 10

Vogel, R. P., das fromme Kind. Gebetbüchlein f. d. lieben Kleinen. (VIII, 86 S. m. Abb.) 10×6 cm. Saarlouis 908. F. Stein Nachf. Geb. — 15

— Lehr- u. Gebetbüchlein f. d. Jugend. 12. Ebend. 760.

— kathol. Unterweisung weg. der Ehe welche zwis. 2 Personen v. ungleicher Religion geschloss. wird. 12. Ebend. 761. — 1

Vogel, Reinhold (geb. 5. 6. 1833): De variis anchyloseos formis usque curandis. Berolini (1856). (27 S.) 8°
Berlin, Med. Diss. v. 9. Aug. 1856

Vogel, Rich. Beitrag zur Casuistik der Hirnmanteldefecte. [Porencephalie.] Diss. gr. 8. (46 S. m. 1 Lichtdr.-Taf.) Dorpat 889, (Karow). * 1 20

Vogel, Richard: Die Entwickelung des Schultergürtels u. des Brustflossenskelettes der Forelle (Trutta fario). Jena: Fischer 1909. 46 S. 8° ¶(Aus: Jenaische Zeitschrift f. Naturwiss. Bd 45. N. F. 38, H. 2.)
Jena, Phil. Diss. v. 22. Dez. 1909, Ref. Ziegler
[Geb. 7. Jan. 81 Sonneberg; Wohnort: Sonneberg; Staatsangeh.: Sachsen-Meiningen; Vorbildung: Gymn. Holzminden Reife O. 00; Studium: Leipzig 1, Jena 6 S.; Rig. 14. Mai 09.] [U 10. 2383

—— s. Festschrift zur Einweihung d. neuen Gebäudes der Drei-König-Schule in Dresden.

Vogel, R., Ornamente der italienischen Renaissance, s.: Ravoth, M.

—— Rede zur Einweihungsfeier d. neuen Gebäudes der Drei-König-Schule (Realgymnasium zu Dresden-Neustadt) am 4. Nov. 1892. gr. 8. (16 S.) Dresd. 892, (Höckner's Sort.). * — 50

Vogel, Richard, geprüft. Arzt a. Wöllstein (Hessen): Untersuchungen über das räumliche Verhalten des normalen und deformen weiblichen Beckens. Freiburg (Baden) 1904: K. Kuss. (60 S.) 8°
Freiburg i. B., Med. Fak., Ref. Hegar, Diss. v. 1904
[Geb. 27. Juli 79 Wöllstein; Wohnort: Freiburg; Staatsangeh.: Hessen; Vorbildung: Gymn. Mainz Reife Juli 99; Studium: München 2, Würzburg 2, Straßburg 1, Berlin 2, Freiburg 2 S.; Coll. 24. Juni 04; Approb. 11. Juli 04.]

Vogel, Robert

Vogel, R., der Verein f. Säuglingsfürsorge Basel. Denkschrift zur Eröffng. des Säuglingsheims u. der Basler Milchküche. (66 S. m. Titelbild.) 8. Basel 907. Helbing & Lichtenhahn. 2.—

Vogel, Rob(ert), med. pract. aus Dachsen (Zürich): Aus dem pathologischen Institut der Universität Zürich. Über das Wachstum des Myxoms. Zür. Orell Füssli Dr. 1896. 33 S., 1 Taf. 8°.
Zürich, Med. Diss. [v. 14. Oct. 1896].

Vogel, Roland Will, das Mädchen vom See. Romantischer Lieder-Cyclus. gr. 8. Lindau 845, Stettner. 1/4 ℛ

Vogel, Rud., s.: Aus Wald u. Grund, Neue Folge.

Vogel, Rud., kritische Bearbeitung und Darstellung der Geschichte des thüringisch-hessischen Erbfolgekrieges 1247—1264, s. Ilgen, Th.

Vogel, Rud., Herr Minister Buchenberger u. der Antisemitismus. gr. 8. (30 S.) Müllheim i/B. 894. (Leipzig, H. Beyer.) — 30

Herr Minister Buchenberger und der Antisemitismus. Von Rudolph Vogel. Müllheim i.B.: Müller 1894. 30 S. 8°

Vogel, [illegible]

— Glückskindle (der „Frau Märe" 2. Bd.). Märchen u. Schwänke f. Jung u. Alt. Seinen Kindern erzählt. Mit Bildern v. Johs. Gehrts. gr. 8. (III, 239 u. 12 S.) Ebd. (902). Geb. in Leinw. n. 4.50

(B) — Glückskindle 902. (KVL 32.) Jetzt: Gotha, F. A. Perthes. Geb. 4. —

Vogel, Rud., jedermann in 100 Minuten Erfinder, s.: Poresch, Bruno Th.

Vogel, Rudolf, aus Hamburg: Über pyridinhaltige Kobaltammoniake. Hamburg 1905. 56 S. 8°.
[19. VI. 05.]
Zürich. Phil. Diss. II. S. 1904/1905.

Vogel, Rudolf. Über pyridinhaltige Kobaltammoniake. Diss. Phil. [II.] Univ. Zürich. 56 S. 8. Hamburg, Klindworth & Neuenhaus, 1905.

Vogel, Rud., Lutherrede, geh. zu Zell im Wiesenthale am 11. Novbr. 1883. 8. (18 S.) Freiburg i/Br. 884. (Ragoczy.) n. — 50

— Frau Märe. Märchen u. Schwänke f. Jung u. Alt. Seinen Kindern erzählt. 8. (III, 154 S.) Freiburg i/B. 898. P. Waetzel. Geb. n. 2.50

Vogel, Rud., Frau Märe. Märchen u. Schwänke f. Jung u. Alt. Seinen Kindern erzählt. 2., verm. Aufl. m. Bildern v. Johs. Gehrts. gr. 8. (III, 218 S.) Freiburg i/B. (901). P. Waetzel. Geb. in Leinw. n. 4.50

Vogel, Rud., Frau Märe. Märchen u. Schwänke f. Jung u. Alt. Seinen Kindern erzählt. 3. Aufl. m. Bildern v. Johs. Gehrts. (III, 218 S. m. Bildnis.) gr. 8. Freiburg i/B. (905). P. Waetzel. Geb. in Leinw. n. 3.80

(B) — Frau Märe 905. (KVL 34.) Jetzt: Ebd. Geb. 4. —

Vogel, Rudolf, a. Göttingen: Über einige Metallverbindungen des Goldes. (Leipzig 1906: Metzger & Wittig.) (73 S., 6 Taf.) 8° ¶(Aus: Zeitschrift f. anorgan. Chemie Bd 45. 46. 48. 50.)
Göttingen, Phil. Fak., Ref. Tammann, Diss. v. 24. Sept. 1906
[Geb. 13. Febr. 82 Zell i. W. (Baden); Wohnort: Göttingen; Staatsangeh.: Preußen; Vorbildung: Realgymn. Goslar Reife M. 01; Studium: Göttingen 9 S.; Rig. 12. Juni 06.]

Vogel, Rud., Badenweilerer Novellen. II. 8. Freiburg i/B. 910. J. Bielefeld. 1.—; geb. in Leinw. 1.50
II. Der Schrei vom Waldsee. Eine Badenweilerer Bergmannsgeschichte. (61 S.) 910.

Vogel, R(udolf), Assistenzarzt d. Fremdenhosp. in Karlsbad: Zur manuellen Placentar-Lösung. *Leipzig 1903: B. Georgi.* (17 S.) 4°
Leipzig, Med. Diss. v. (6. Juni) 1903

— Simeamas—? Eine Kunde aus der klass. Badezeit Badenweilers. Badenweilerer Novellen. (45 S.) kl. 8. Freiburg i/B. (909). J. Bielefeld. 1.—; geb. in Leinw. 1.50

Vogel, Rud., Spielmannsglück. Märchenspiel in 5 Aufzügen. (79 S.) kl. 8. Freiburg i/B. 907. P. Waetzel. Kart. 1.50

— Spinnweiblein (der „Frau Märe" 3. Bd.) Märchen u. Schwänke f. Jung u. Alt. Seinen Kindern erzählt. Mit Bildern v. Johs. Gehrts. (V, 188 S. m. Bildnis.) gr. 8. Ebd. 905. Geb. in Leinw. n. 3.80

(B) — Spinnweiblein 905. (KVL 34.) Jetzt: Gotha, F. A. Perthes. Geb. 4. —

Vogel, Rudolf Augustin

— Abhandl. von dem zu Ilefeld gestorb. u. geöffneten Vielfraß u. Steinfresser. 8. Berl. 781. Hesse. 4 gGr. (Stuhr das.) 1 Rthlr. (Außerdem viele Dissertationen u. Programme.)

– Dass., s.a. V o g e l , Samuel Gottlieb

Vogel, Rud. Aug., et J. Wilh. **Jansen,** Diss. animadversiones super morbis incurabilibus etiam de iis, qui chirurgici sunt generis. Gott. 4°. *Haller,* Bibl. chir. II, 467. 1760

— medicin. Bibliothek. 2 Bde oder 20 Thle. 8. Erfurt 751—53. Weber. 1 Rthlr. 16 gGr.

— neue medicin. Bibliothek. 8 Bde oder 48 Stücke. 8. Götting. 754—773. Vandenhöck u. R. (à Stück 2 gGr.) 4 Rthlr.

Vogel, Rud. Aug., Diss. sistens cognationem morborum. Gott. 4°. 1763

Rudolf Augustin Vogel

De Curatione cancri occulti et aperti per aquam calcis vivae potam praestita. [Resp.:] Gottfried Michael Herm[ann] Baumbach. Goettingae (1769:) Barmeier. 22 S. 8°

Göttingen, Med. Diss. v. 18. März 1769

— definitiones generum morborum. 4. Götting. 764. Bossiegel. 2 gGr.

Vogel, Rud. Aug., Diss. de nonnullis parentum deliciis in morbos infantum plerumque degenerantibus. Gott. 4°.

1767

Vogel, Rud. Aug., Epistola de comate sanguineo, arteriae temporalis sectione sanato. Goett. 4°.

1775

VOGEL, RUDOLF AUGUSTIN.

Experimenta chemicorum de incremento ponderis corporum quorundam igne calcinatorum examinat. Göttingæ, *n. d.* [1753]. pp. 24, 4to.

The author was unacquainted with the work of Jean Rey, published in 1630.

— Gedanken von d. Hornviehseuche. 4. Erfurt 750.

Vogel, Rudolph Augustin [Praes.], s. H e m p e l , Aug. Fried. Christ.: Terrarum atque lapidum partitio.

Vogel R. A.: Historia materiae medicae ad novissima tempora producta ... Ed. nova correctior ac emendatior. Francof. et Lips. 1760. 410 (16) S.

Rudolf Augustin Vogel

Rudolph[us] August[inus] Vogel, Historia materiae medicae ad novissima tempora producta. ... Ed.nova corr.ac em. Francofurti & Lipsiae 1764. 410 S. 8°

— Historia materiae medicae ad novissima tempora producta in usum academicum. 8. maj. Lpz. Breitkopf et H. (a. Gebhardt in Bamberg.) 768.

— **historia materiae medicae ad novissima tempora producta in usum academicum. 8maj. Leyd. u. Leipz. 768. Breitkopf u. H. 1 Rthlr. Nachgedruckt, mit d. Lüge auf d. Titel: Editio nova correctior et emendat. 8. (Bamb.) 760. u. 774. (Wesché in Frankf.) 1 Rthlr.**

Vogel, Rudolph August(in): Historia materiae medicae ad novissima tempora producta. Editio nova correctior. 404 S., gbd.

Francofurti et Lipsiae: Goebhardt 1774

JB 1.364

Rud. Augustin. V o g e l historia materiae medicae ad novissima tempora producta. Lugd. B. 1758. 8.; Francof. et Lips. 1760. 8.; ib. 1774. 8.; ib. 1784. 8.

Vogel, Rudolph Augustin [Praes.], s. J a n s e n , Johann Jacob: De simulatis morbis et quomodo eos dignoscere liceat.

— **de incrustato agri Gottingens. comment. phys. chem. 8maj. Gütting. 756. Vandenhöck u. R. 2 gGr.**

Rudolf Augustin Vogel

Rudolphi Augustini Vogel Institutiones chemiae ad lectiones academicas accommodatae. Gottingae: Luzac 1755. 412 S. 8°

— **institutiones chemiae ad lectiones academicas accommodatae. 8maj. Götting. 755. Ed. II. Leyd. u. Leipz. 757. Breitkopf u. H. 1 Rthlr.**

Institutiones chemiæ ad lectiones academicas accommodatæ. Editio nova polita et locupleta. Francofurti et Lipsiæ, 1762. 8vo.

[Earlier editions]. Göttingæ, 1755, and Leyden, 1757.

Lehrsätze der Chemie. Ins deutsche übersetzt und mit Anmerkungen versehen von Johann Christian Wiegleb. Weimar, 1775. 8vo.

— institutiones c h e m i a e ad lectiones academicas accommodatae. 8. maj. Lpz. Breitkopf et H. 767.

Vogel, Rudolph Augustin [Praes.], s. K e i s e r , Simon Heinrich Adolph: De vomica pulmonum sine cystide.

Vogel, Rudolph Augustin [Praes.], s. K n o r r , Johann Gottfried: Observationes chemicae miscellae.

Rudolf Augustin Vogel

Rudolph Augustin Vogel's [Institutiones chemiae Deutsch:] Lehrsätze der Chemie. Ins Deutsche übers.u.mit Anm.vers. von Johann Christian Wiegleb. Weimar: C.L.Hoffmann 1775. XII, 648 S. 8°

— Lehrsätze d. Chemie, mit Anmerkk. übersetzt von Jh. Chr. Wiegleb. gr. 8. Weimar 785. Hoffmann. 1 Rthlr. 18 gGr.

Rudolf Augustin. V o g e l de Pauli Aeginetae meritis in medicinam imprimisque chirurgiam prolusio I. et II. Gotting. 1768. 1769. 4.

—, Diss. de febrium interm. metastasibus. Gött. 4°. 1775

Rudolf Augustin Vogel

Practisches Mineralsystem, entworfen von Rudolf Augustin Vogel. Leipzig: Breitkopf 1762. 518 S. 8°

— prakt. Mineralsystem. gr. 8. Leipz. 762. u. 776. Breitkopf u. H. 1 Rthlr. 12 gGr.

Vogel, Rud. Aug., resp. A. *Ebeling,* J. C. *Stoffregen,* Fr. *Lohr,* E. *Weigel,* Ch. *Otto,* P. *Riesenberger,* F. *Jungsschulz de Roebern,* H. *Rhan,* B. de *Ziegler,* J. *Burgauer,* W. *Möller,* Ch. *Stromeyer,* A. *Wienholt,* F. *Tolle,* Ch. *Westendorf,* A. *Albrecht* et P. *Swertner,* Obs. binae de asthmate singulari ex cartilaginum costarum osseescentia. 11 pp. Gött. 4°. Weiz, N. Ausz. Lps. 1766, V, 132. 1773

Rudolf Augustin Vogel

Rud[olfus] Augustinus Vogel:Observationes physico- medico- chirurgicae. [Resp.:] Ioannes Ioachimus Schoenberg.Goettingae (1768:) Hager. 31 S. 8°

Göttingen, Med. Diss. v. 28. März 1768

Rudolf Augustin Vogel

[Teils.] Rudolphi Augustini Vogel Opuscula medica selecta. Antea sparsim ed. nunc autem in unum coll. recognita aucta et em. Gottingae: Kübler 1768. X,273 S. 8°

Rudolf Augustin Vogel

Rudolphi Augustini Vogel Academicae Praelectiones de cognoscendis et curandis praecipuis corporis humani affectibus. Gottingae: Vandenhoeck 1772. 668 S. 8°

Vogel, Rud. August., († d.5.April 1774.) academicae praelectiones de cognoscendis et curandis praecipuis corporis humani affectibus. 8maj. Götting. 772. Ed. II. correct. 785. Vandenhöck u. R. 1 Rthlr 16 gr Cum praef. Tissoti. 8maj. Lausanne 789. Pott. 1 Rthlr 16 gr

— — idem liber. II Tom. 8. maj. Bamb. Göbhard. 781.

— ausgesuchte academ. kleine Schriften; aus d. Latein. von G. G. Vogel. 2 Thle. 8. Lemgo 778. Meyer. 14 gr

Rudolf Augustin Vogel

Schutzschrift für das Mutterkorn, als einer angeblichen Ursache der sogenannten Kriebelkrankheit Von Rudolph Augustin Vogel. Göttingen: Vandenhoeck 1771. 32 S. 8°

— Schutzschrift für d. Mutterkorn, als e. angebl. Ursache d. sogenannten Kriebelkrankheit. 8. Götting. 772. Vandenhöck u. R. 2 gr

Rudolf Augustin Vogel

Stymatosis vulgo haemorrhagia penis dicta. Morbus rarus et portentosus ex historiis medicorum erutus et explanatus. [Resp.:] Iustus Hermannus Seedorff. Gottingae (1765:) Schulz. 26 S. 8°

Göttingen, Med. Diss. v. 14. Sept. 1765

Rud. Aug. Vogel progr. de usu circumcisionis medico. Gotting. 1763. 4.

Rudolf Augustin Vogel

De Insigni venenorum quorundam virtute medica, imprimisque cantharidum ad morsum animalium rabidorum praestantia. [Resp.:] Ioannes Ernestus Wichmann Gottingae (1762:) Schultz. 40 S. 8°

Göttingen, Med. Diss. v. 1762

Vogel, Rudolf Augustin: Vorlesungen über die Kenntniß und Heilung der vornehmsten Krankheiten des menschlichen Körpers. (Academicae praelectiones de cognoscendis et curandis praecipuis corporis humani affectibus. Dt.) Nebst Anmerkungen...hrsg.von Johann Enhrenfried Pohl. 800 S., gbd.

Leipzig: Weygand 1780

JB 2.185

Rudolf Augustin Vogel

De gemino coli Vulnere non letali. [Resp.:] Ioannes Hermannus Vogel. Gottingae (1762:) Schulz. 50 S. 8°

Göttingen, Med. Diss. v. 7. Aug. 1762

Vogel, Rud. Jac. Heinr. (geb. Fischelbach in Westf. 30. 9. 1827). De signis cranii trepanationem indicantibus. Berolini (1850). (27 S.) 8°
Berlin, Med. Diss. v. 22. März 1850

Vogel, Ruprecht Arnold, Auch der Gustav-Adolf-Verein ein Mitarbeiter an Deutschlands nationaler Einheit und Größe. Predigt beim Jahresfest des Zweig-Vereins der Gustav-Adolf-Stiftung im Dekanate Kronberg am 1. Jahrestage der Schlacht bei Wörth und Spicheren, 6. Aug. 1871, in der Simultankirche zu Ried gehalten. gr. 8. (16 S.) Weilburg 871, (Lesimple.) *

Vogel, Ruprecht Arnold, auch der Gustav-Adolf-Verein e. Mitarbeiter an Deutschlands nationaler Einheit u. Größe. Predigt beim Jahresfest d. Zweig-Vereins der Gustav-Adolf-Stiftg. im Dekanate Kronberg am 1. Jahrestage der Schlacht bei Wörth u. Spicheren, 6. Aug. 1871, in der Simultankirche zu Ried geh. gr. 8. (16 S.) Weilburg 871. (Mertens.) n. — 20

Vogel, S. Betrachtgn üb. d. Begründg u. Erhaltg e. frohen Alters. Rostock 1832. 4.

Vogel, S., u. J. Schmid, Festreden an d. Schlachtfeier in Sempach v. 9. Juli 1894. gr. 8. (25 S. m. 1 Abb.) Luzern 894. Räber & Co. n. — 40

Vogel, Sam., († d. 2. Nov. 1794.) Grundriß d. Staatskunde über d. Großherzogthum Oesterreich u. die demselben einverleibten deutschen Erbländer. gr. 8. Wien 776. Trattner. 4 gr

Vogel, Samuel [app. Arzt aus Neustadt a/Aisch]: Zur Casuistik der Aneurysmen an den Arterien der Gehirnbasis ... Neustadt a. d. Aisch, Druck v. W. Renz, 1895; 33 S. 8.
Erlangen, Med. Fak., Inaug.-Diss. v. 23. Juli 1895

Vogel, auch Fogel, Sam., († ...) helvetische Kleinigkeiten, in Kurland geschrieben. 1e Liefer. 8, Riga 793. (46 S.)

— Novitäten. 8. Riga 806. (64 S.)

— Wiesenfrüchte. Für d. J. 1808. 16 Bdchen. 8. St. Petersb. 808. (15 S.)

Vogel, Samuel Gottlieb

— Abhdl. v. d. zu Ilefeld gestorb. u. geöffnet. Vielfraß u. Steinfresser. 8. Berlin, Hesse. 781.

– Dass., s.a. Vogel, Rudolf Augustin

— neue Annalen d. Seebades von Dobberan. 7 Hefte von 1803—1809. 8. Ebend. 804—11. (I. II. à 16 gr. III. 8 gr. IV. 16 gr. V. 12 gr. VI. 16 gr. VII. 12 gr.) 4 —

— neue Annalen des Seebades von Dobberan. 10 Hefte, von 1803—1812. 8. Ebd. 5 Rthlr 12 gr

Vogel, S. G., neue Annalen des Seebades zu Doberan. 10s Heft, nebst e. Abhandlung von dem Einflusse d. Moralität auf das physische Wohl des Menschen. 8. Rostock, Stiller. 813. Rthlr.

Vogel, Ritter Sam. Gli., Annalen des Seebades von Dobberan von 1798—1802. 8. Rostock, Stiller. 1 Rthlr 16 gr

Vogel, Samuel Gottlieb: Kurze Anleitung zum gründlichen Studium der Arzneywissenschaft. Stendal 1791. XIV, 208 S.

— kurze Anleit. zum gründl. Studium d. Arzneiwissenschaft. 8. Stendal 791. Franzen u. Gr. 12 gr

Samuel Gottlieb Vogel

Allgemeine Baderegeln. Zum Gebr. für Badelustige überhaupt u. diejenigen insbes., welche sich des Seebades in Doberan bedienen. ...von S[amuel] G[ottlieb] Vogel. Stendal: Franz & Große 1817. XIV,159 S. 8°

— allgemeine Baderegeln zum Gebrauch für Badelustige u. solche, welche sich des Seebades in Dobberan bedienen wollen. 8. Stendal 817. Neuer Abdruck 822. Franzen u. Gr. 12 gr

– (Vorr.), s. Becker, Johann Hermann: Versuch einer allgemeinen und besonderen Nahrungsmittelkunde.

— ein Beitrag zur gerichtsärztl. Lehre von d. Zurechnungsfähigkeit. Für Rechtsgelehrte u. Aerzte. 2e verb. u. verm. Aufl. gr.8. Stendal 825. Franzen u. Gr. 1 rß (NB. Die 1e Aufl. war in Rust's Magazin 11r u. 12r Bd. abgedruckt.)

v. Vogel's, Sam. Gtlieb., medicin. Beobachtungen u. Memorabilien aus der Erfahrung. gr. 8. Stendal 834. Franzen u. Grosse. 3/4 rß

Vogel, Ritter Sam. Gli., Beweis d. unschädl. u. heilsamen Wirkungen des Badens im Winter, nebst Belehrungen über d. zweckmäßigste Art des Gebrauchs d. Bäder u. Trinkkuren zur Winterszeit. 8. Berl. 828. Th. Enslin. 6 gr

— diatribe medico-politica de caussis, quare tot submersi in vitam non revocentur. 8. Hamb. 790. Hoffmann. 7 gr Deutsch, s. Vogel: Untersuchung d. Ursachen ꝛc.

– s. Curtis, J.: Tagebuch einer Reise in die Barbarei im J. 1801.

— einige anthropolog. u. medicin. Erfahrungen. 8. (Stendal) 805. Franzen u. Gr. 12 gr

— Diss. inaug. de exitu tot morborum sinistro, arti salutari non imputando. 8. Rostock 793.

— Handbuch d. prakt. Arzneiwissenschaft zum Gebrauch für angehende Aerzte. 6 Thle. gr.8. Stendal 781–800. (1r Thl. 2e A. 785. 3e A. 794. 4e A. 820. 1 rß 12 gr 2r Thl. 3e A. 820. 1 rß 12 gr 3r Thl. 2e A. 794. 3e A. 820. 1 rß 18 gr 4r u. 5r Thl. N. Aufl. 821. 2 rß 12 gr 6r Thl. 816. 1 rß 12 gr) Franzen u. Gr. 8 rß 18 gr (5r Thl. A. u. d. T.: Handbuch zur Kenntniß u. Heilung d. Blutflüsse. 18 gr)

Samuel Gottlieb Vogel

Samuel Gottlieb Vogel's Handbuch der praktischen Arzneywissenschaft z. Gebr. für angehende Aerzte. Th.1-6. Stendal: Franz & Grosse 1781-1816. 8°

Th.1: 1781.
Th.2: 1785.
Th.3: 1788.
Th.4: 1795.
Th.5: 1800.
Th.6: 1816.

Samuel Gottlieb Vogel

Samuel Gottlieb Vogel's Handbuch der practischen Arzneywissenschaft z.Gebr. f. angehende Aerzte. Th.1-3. Stendal: Franz & Grosse 1785-94. 8°

Th.1: 2.,verb.u.sehr verm.Ausg. 1785.
Th.2: 2. Ausg. 1789.
Th.3: 2., viel verm.Ausg. 1794.

Samuel Gottlieb Vogel

Samuel Gottlieb Vogel's Handbuch der practischen Arzneywissenschaft z. Gebr. für angehende Aerzte. 3.Ausg. Th.1. Stendal: Franz & Grosse 1789. 8°

Th.1: 1789.

Vogel, Samuel Gottlieb: Handbuch der praktischen Arzneywissenschaft zum Gebrauch für angehende Aerzte. (Th.1 - 2: 2.Aufl.) Th.1 - 5, gbd.

Wien: typ.v.Trattnern 1796 - 1801

JB 2.188

Vogel, Samuel Gottlieb: Handbuch der practischen Arzneywissenschaft zum Gebrauche für angehende Aerzte. 2.viel verm.Ausg. Th.1 - 4, gbd.

Wien: typ.v.Trattnern 1801

JB 2.189

— Handbuch zur Kenntniß u. Heilung d. Blutflüsse. gr. 8. Stendal 800. N. Aufl. 820. (Franzen u. Gr.) 18 gr Wien 801. Gerold. 16 gr

Samuel Gottlieb Vogel

Handbuch zur richtigen Kenntniß und Benutzung der Seebadeanstalt zu Doberan. ... von Sam[uel] G[ottlieb] Vogel. Stendal: Franz & Große 1819. VI,185 S. 8°

Samuel Gottlieb Vogel

Handbuch zur richtigen Kenntniß und Benutzung der Seebadeanstalt zu Doberan. ...von Sam[uel] G[ottlieb] Vogel. Stendal: Franz u. Große 1819. VI, 186 S. 8°

— Handbuch zur richtigen Kenntniß u. Benutzung d. Seebadeanstalt zu Dobberan. Den Badegästen daselbst gewidmet. 8. Stendal 819. Franzen u. Gr. 12 gr

Samuel Gottlieb Vogel

Samuel Gottlieb Vogels [Vogel]Kranken-Examen. Oder: Allgemeine philosophisch medicinische Untersuchungen zur Erforschung der Krankheiten des menschlichen Körpers. Stendal: Franz & Grosse 1796. XVI,355 S. 8°

Spätere Aufl.e. Vogel: Allgemeine medicinisch-diagnostische Untersuchungen.

Vogel, Samuel Gottlieb von: Kranken-Examen. Oder: allgemeine philosophisch-medicinische Untersuchungen zur Erforschung der Krankheiten des menschlichen Körpers. 232 S., gbd.

Wien: v.Trattnern 1797

JB 1.179

– (Hrsg.), s. Löffler, Adolph Friedrich: Vermischte Aufsätze ...

— manuale praxeos medicor., illam auspicaturorum usui dicatum. Ex edit. germ. recentissima una cum additamentis auctor. omnib. loco suo suppletis, in linguam lat. transtulit notasque hinc inde adj. suas J. B. Keup. III T. 8maj. Stendal 790—92. Franzen u. Gr. 3 ₰ 4 ℊ

— zur Nachricht u. Belehrung f. Badegäste in Dobberan. 2 Stcke. 8. Rostock 798, 99. Stiller. 10 ℊ Beilage: über d. Seebadekuren in Dobberan ꝛc. 8. Ebd. 799.

— über den Nutzen u. Gebrauch d. Seebäder, nebst e. Beschreib. d. Seebadeanstalt, welche an d. Ostsee in Mecklenburg neuerlich eingerichtet worden. 1r Thl., mit Kpf. 8. Stendal 794. Franzen u. Gr. 12 ℊ

Samuel Gottlieb Vogel

Samuel Gottlieb Vogel, über den Nutzen und Gebrauch der Seebäder. Nebst der Ankündigung einer öffentl. Seebadeanstalt, welche an der Ostsee in Mecklenburg angelegt wird. Bdch.1. Stendal: Franz & Grosse 1794. 8°

Bdch.1: 1794.

Samuel Gottlieb Vogel

De Polyphago et lithophago Ilfeldae nuper mortuo ac dissecto commentatio historico- medica. Goettingae (1771:) Rosenbusch. 56 S. 8°

Göttingen, Med. Diss. v. 30. Dez. 1771

— Diss. inaug. de polyphago et lithophago Ilefeldae nuper mortuo ac dissecto comment. historico-medica. 4. Gotting. 771. Dieterich. 3 ℊ

Samuel Gottlieb Vogel

Samuel Gottlieb Vogel an das Ratzeburgische Publikum zur Nachlese über eine vor kurzem im Druck erschienene Schmähschrift unter dem Titel: kurzer Briefwechsel des...Samuel Gottlieb Vogel's und ... Bernard Rust über die letzte Krankheit der seligen Organistin Jona. o.O. 1779. 56 S. 8°

— kleine Schriften zur populären Medicin. Für gebildete Leser, die d. Arzneiwissenschaft unkundig sind. 1s Bdchen. A. u. d. T.: über Kopf- u. Zahnschmerzen. 8. Berl. 814. Dümmler. 12 ℊ 2s u. 3s Bdchen. 8. Ebd. 817. 20 ℊ

— Unterricht für Eltern, Erzieher u. Kinderaufseher, wie das unglaublich gemeine Laster d. Selbstbefleckung am sichersten zu entdecken, zu verhüten u. zu heilen sey. 8. Stendal 786. 2e A. 789. Franzen u. Gr. 12 ℊ

Samuel Gottlieb Vogel

Samuel Gottlieb Vogel's Allgemeine medicinisch-diagnostische Untersuchungen zur Erweiterung und Vervollkommnung seines Kranken-Examens. Th.1.2. Stendal: Franz & Große 1824-31. 8°

Vogel, Samuel Gottlieb: Allgemeine medicinisch-diagnostische Untersuchungen zur Erweiterung und Vervollkommung seines Kranken-Examens. Th.2, 338 S., gbd.

Stendal: Franzen & Große 1831

JB 1.112

Samuel Gottlieb Vogel

Samuel Gottlieb Vogel's (Diatribe medico- politica de causis, quare tot submersi in vitam non revocantur. [Deutsch:]) Medicinisch- politische Untersuchung der Ursachen, welche die Wiederherstellung Ertrunkener so selten machen. Aus d. Lat. übers. u. mit Zusätzen verm. von dem Verf. Voran geht die Geschichte e. glücklich wiederbelebten Ertrunkenen. Hamburg: Hoffmann 1791. XIV, 178 S. 8°

Vogel, Samuel Gottlieb: Medicinisch-politische Untersuchungen der Ursachen, welche die Wiederherstellung Ertrunkener so selten machen. Voran geht die Geschichte eines glücklich wiederbelebten Ertrunkenen. (Diatribe medico-politica de causis, quare tot submersi in vitam non revocentur. Praemissa est historia memorabilis cujusdam fausti exempli. Dt.) Aus dem Lateinischen übers.und mit Zusätzen vermehrt von dem Verfasser. 178 S., gbd.

Hamburg: Hoffmann 1791

JB 5.224

— Versuch einiger medicin.-prakt. Beobachtungen, nebst Anhang einiger kurzen Bemerkungen vermischten Inhalts. 8. Götting. 777. Dieterich. 4 ℊ

— s. Vogel, Rudolf Augustin: Kleine Schriften.

— summarische Zusammenstellung d. sämmtl. Gesichtspunkte, worauf d. Physiker in ihrem Wirkungskreise ihr Augenmerk zu richten haben. gr. 8. Rostock 832. Oeberg u. Comp. 14 ℊ

Vogel, Simon [cand. med. aus Spenge i. W.]: Tertiäres Amylcarbamid als Hypnoticum. . . Strassburg, Buchdr. C. Goeller, 1890, 31 + 1 S. 8°
Strassburg, Med. Fak., Inaug.-Diss. v. 1890

Vogel, Steph. Siegfredus, De spirituum ardentium usu et abusu diaetetico. 36 pp. Hal. 4°. 1732.

- Dass., s.a. Alberti, Michael

Vogel, T.

— De A. Gellii copia vocabulorum. Pr. 1862. 82 S. 4°.

Vogel, T., Mit welchem Rechte nennt man das Volk d. Griechen vor allen andern Völkern das classische? S.-A. 1878. 20 S. -.75

Vogel, T., De A. Gellii vita, studiis scriptis narratio et judicium. Pr. 1860. 25 S. 4°.

(Vogel, Th., R. O. Gilbert u. M. Wohlrab) Abschiedsrede des Rektor Th. Vogel. — Einweisungsrede des Geh. Rates Dr. Gilbert. — Antrittsrede des Rektor Wohlrab. 16 S. G. *Chemnitz* 1878.
Progr.

Vogel, Th. Antrittsrede des Rektors Th. V. S. 21—32. Nik. *Leipzig* 1878.
Progr.

Vogel, Th., in der Aula der Dreikönigschule. Schulreden, geh. in den J. 1884—1904. (258 S.) 8. Dresden (904). [C. Damm] Meißen, H. W. Schlimpert. n. 3.—

Vogel, Th., siehe: *Wochenschrift.*

Vogel, [Theodor] (Geh. Schulrat): [Ansprache bei der Trauerfeier für den am 27. Mai 1901 verstorbenen Rektor der Anstalt Richard Immanuel Richter.] S. 4. 4. König Albert-Gymn. *Leipzig* 1902 (600).
Progr.

Vogel, Theodor: [Über die gegen den neuen Lehrplan der Anstalt erhobenen **Bedenken.**] *Dresden (1898): C. Heinrich.* (56—58 S.) 4°
Dresden-Neustadt, Drei-König-S (RG), OP 1898 (578)

Vogel, Th., Beitrag zur Kenntniß d. Laubknospen. — Ueber das Albumen, insbesond. der Leguminosen, s. Acta nova phys.-med. Acad. Caes. Leop. Carol. XIX. et XIX. Prs. II.

Vogel, *Theodor* [Prof. Dr., Rekt.]: *Bericht über die Feier des Umzuges in das neue Schulgebäude.* Dresden, Druck v. C. Heinrich, *1893;* 29—34 S. 4.
Dresden-Neustadt, Drei-König-S (RG), OP 1893 (552)

Vogel, Thdr., zur Charakteristik d. Lukas nach Sprache u. Stil. E. Laienstudie. gr. 8. (49 S.) Leipzig 897. Dürr'sche Buchh. n. — 85

Vogel, Thdr., zur Charakteristik des Lukas nach Sprache u. Stil. Eine philolog. Laienstudie. 2. vornehmlich f. jüngere Theologen völlig umgearb. Aufl. gr. 8. (70 S.) Leipzig 899. Dürr'sche Buchh. n. 1. 20

Vogel, Thdr., die Drei-König-Schule (Realgymnasium zu Dresden-Neustadt) im Hause an der Königstrasse (1854—1892), s.: Festschrift zur Einweihung d. neuen Gebäudes der Drei-König-Schule.

Vogel, Theodor [Prof. Dr., Rekt.]: Festrede zur Feier des Wettinfestes, gehalten am 17. Juni 1889 . . . Dresden, Druck v. C. Heinrich (1890); S. 30—34; 4°
Dresden, Neustädter RG, OP 1890 (546)

Vogel, Thdr., s. a. Geschichtsleitfaden f. Sexta.

Geschichtsleitfaden für Sexta im Anschluß an das Döbelner Lesebuch. (Verf.: Prof. Dr. [Theodor] **Vogel**, Rektor a. D.) Erzählungen aus d. Sage u. Geschichte Griechenlands. 2. Aufl. Leipzig & Berlin: B. G. Teubner 1906. (IV, 59 S.) 8° [F.] [07. ...]

— Gott, Gemüt u. Welt. Goethes Selbstzeugnisse über seine Stellg. zur Religion u. zu religiös-kirchl. Fragen. In zeitl. Folge zusammengestellt. 4. Aufl. (VI, 256 S.) 8. Leipzig 911. B. G. Teubner. Geb. in Leinw. 4. —

Vogel, Thdr., u. Adf. **Schwarzenberg,** Hilfsbücher f. d. Unterricht in d. latein. Sprache an gymnasialen Anstalten m. lateinlosem Unterbau (Reform-Gymnasien, Reform-Realgymnasien). I. u. II. Tl. A. u. B. gr. 8. Leipzig, B. G. Teubner. Geb. in Leinw. n. 7. 20
I. Latein. Schulgrammatik. Von Thdr. Vogel. (XV, 266 S.) 897. n. 2. 80
II. Latein. Lese- u. Uebungsbuch. Von Adf. Schwarzenberg. A. Untertertia. (VII, 244 S.) 897. n. 2. 40
II. Dasselbe. B. Obertertia. (VI, 139 S.) 898. n. 2. —

— u. Adf. **Schwarzenberg,** Hilfsbücher f. den Unterricht in der lateinischen Sprache (an gymnasialen Anstalten m. lateinlosem Unterbau). II. Tl. C. gr. 8. Ebd. Geb. in Leinw. n. 2. 80; (I u. II, A. B. u. C. n. 10.—)
Lateinisches Lese- u. Übungsbuch. Von Adf. Schwarzenberg. C. Sekunda. (VI, 208 S.) 900.

Vogel, Thdr., die Lebensweisheit des Horaz, eine übersichtl. Zusammenstellung der schönsten Sentenzen aus den Werken desselben für Lernende und Freunde des Dichters. gr. 8. (64 S.) Meissen 868, Mosche. [Leipzig, Teubner.]

Vogel, Theodor, Rekt. Prof. Dr.: **Lehrplan** für den deutschen Unterricht in den lateinlosen Unterklassen der Dreikönigschule (Realgymnasium zu Dresden-Neustadt). [T. 1.] *(Dresden 1899: C. Heinrich.)* (S. 3—18.) 4° ¶ [Erschien vollst. 1899 bei Teubner in Leipzig.]
Dresden-Neustadt, Drei-König-S (RG), OP 1899 (584)

Vogel, Thdr., Lehrplan f. den deutschen Unterricht in den lateinlosen Unterklassen d. Dreikönigschule (Realgymnasium Dresden-N.), als Entwurf e. Lehrplans f. den deutschen Unterricht in den Unterklassen der Reform-Anstalten u. Realschulen. gr. 8. (VIII, 83 S.) Ebd. 899. n. 2. —

— Leitfaden f. den Geschichts-Unterricht auf der Unterstufe der sächs. Human- u. Realgymnasien. III. Quarta. Bilder aus der Geschichte des Mittelalters u. der Neuzeit bis 1648. (IV, 156 S.) 8. Dresden 906. L. Ehlermann.
Vergl.: Geschichtsleitfaden. Geb. n. 1. 50

— dasselbe auf der Unterstufe der sächsischen Human- u. Realgymnasien. IV. Untertertia. Bilder aus der Geschichte der Neuzeit bis zum Ausgange des 19. Jahrh. (Schluß.) (VI, 152 S.) 8. Dresden 907. L. Ehlermann. Geb. 1. 50

— Leitfaden f. den Geschichts-Unterricht auf der Unterstufe der Human- u. Realgymnasien. II. 8. Ebd. 908. — 80
II. Quinta. Bilder aus der Sage u. Geschichte Roms. Mit e. Anh.: Bilder aus der deutschen Vorgeschichte. 2. Aufl. (III, 80 S.)

— Deutsches Lesebuch, s.: Klecke, Rob. Heinr.

Vogel, *Georg Theodor* Rede zur Einweihungsfeier des neuen Gebäudes der Drei-König Schule (Realgymnasium zu Dresden-Neustadt) am 4. November 1892 gehalten von Th. V. 8 (16 S.) Dresden-N. C. Höckners Buchh. 1892. 50 Pf
Drei König-Sch. (Rg.) *Dresden-Neustadt 1892.*
Nicht im Tauschverkehr
Progr

— Rede zur Einweihungsfeier d. neuen Gebäudes der Drei-König-Schule (Realgymnasium zu Dresden-Neustadt) am 4. Novbr. 1892. gr. 8. (16 S.) Dresden 892. C. Höckner's Sort. n. — 50

Vogel, Theodor [Prof. Dr., Rekt.]: Die Schule im Hause an der Königstraße. (1854—1892.) (Unter Mitwirkung v. Kollegen zsgest.) Dresden, Druck v. C. Heinrich, 1892; 3 50 S., 1 Taf. 4.
Dresden-Neustadt, Drei-König-S (RG), Festschr. 1892

Lateinische Schulgrammatik für gymnasiale Anstalten mit lateinlosem Unterbau (Reform-Gymn., Reform-Realgymn.) von Oberstud.R. Prof. Dr. Theodor **Vogel**. 2. Aufl. Leipzig & Berlin: B. G. Teubner 1906. (XII, 258 S.) 8° [F.] [06. 8...]

Vogel, Th., Goethe's Selbstzeugnisse üb. seine Stellung zur Religion u. zu religiös-kirchlichen Fragen. In zeitl. Folge zusammengestellt. gr. 8. (IV, 199 S.) Leipzig 888. Teubner. n. 2. 40

— Goethes Selbstzeugnisse üb. seine Stellung zur Religion u. zu religiös-kirchlichen Fragen. In zeitl. Folge zusammengestellt. 2. Aufl. gr. 8. (VI, 242 S.) Leipzig 900. B. G. Teubner. n. 2. 80; geb. in Leinw. n. 3. 40

Vogel, Thdr., Goethes Selbstzeugnisse üb. seine Stellung zur Religion u. zu religiös-kirchlichen Fragen. In zeitl. Folge zusammengestellt. 3. Aufl. Mit Buchschmuck v. Erich Kuithan. (VI, 262 S.) gr. 8. Leipzig 903. B. G. Teubner. n. 3. 20; geb. in Leinw. n. 4. —

Vogel, Thdr., de dialogi, qui Taciti nomine fertur, sermone judicium. [Aus: „Jahrbb. f. class. Philol. 12. Suppl.-Bd."] gr. 8. (34 S.) Leipzig 881. Teubner. n 1. 20

Vogel, Theodorus: De supellectili in Homeri Iliade et Odyssea illustranda. Halis (1866): Heynemann. 35 S. 8°
Halle-Wittenberg, Phil. Diss. v. 11. Jan. 1866
Geb. Taucha (Kr. Weissenfels) 5. 7. 1839. V.
Im Buchhandel Halis (Berlin: Calvary) 1866. 37 S. 8°

— de supellectili in Homeri Illiade et Odyssea illustranda. Dissertatio inauguralis. Halis 866. (Berlin, Calvary & Co.) gr. 8. (37 S.) n. 10 ngr.

—— Symbolae ad linguae latinae thesauros. gr. 4. (22 S.) Meissen 867, (Mosche.)

Vogel, Thdr., Synopsis generis cassiae. 8maj. Berolini 837. Logier. 1/4 Thlr.

— zur sittlichen Würdigung Goethes. Vortrag, geh. in der gemeinnütz. Gesellschaft zu Dresden am 24. I. 1906. (39 S.) 8. Dresden 906. L. Ehlermann. n. — 95

Vogel, Thdr., das Zeitalter der Entdeckungen 1440—1540. Geschichte der großen Seefahrten u. Entdeckgn. der Portugiesen u. Spanier. Mit 12 Tonbildern v. H. Merté u. 1 (chromolith.) Karte (in Fol.) gr. 8. (343 S.) Bielefeld 874. Velhagen & Klasing. n. 5. 50

Vogel, Theodor Moritz [aus Rudelsdorf]: Leben und Verdienste Valentin Ickelsamers. E. Beitr. z. Gesch. d. speciellen Methodik ... Leipzig-R., Druck v. O. Schmidt, 1894; 86 S., 1 Bl. 8.
Leipzig, Phil. Fak., Inaug.-Diss. v. [12. Febr.] 1894

Vogel, Theophil (Herford) A. S. 727/20

Dissertatio de licito usu et abusu juramentorum.
Präs. Heinrich Bodinus. Rec.
Halle (Henckel) o. J. 20 S.

Diss. IV. 1694. 35293

Vogel, V., praktische Anweisung zum kaufmännischen Rechnen für Handlungslehrlinge, Commis und Alle, welche sich auf eine leichtfaßliche Weise mit der merkantilischen Rechnungsmethode bekannt machen wollen. Nördlingen 857. Beck in Comm. gr. 8. (VI, 129 S.) n. 12 ngr.

Vogel, Victor [aus Creglingen]: Ueber einen interessanten Fall von Hydrops ovarii ... Würzburg, Buchdr. d. „Neuen Bayer. Landeszeitg", 1895; 36 S. 8.
Würzburg, Med. Fak., Inaug.-Diss. v. 1895

Vogel, W., Aufbau v. neueren Hochspannungsausschaltungen, s.: Sammlung berg- u. hüttenmännischer Abhandlungen.

Vogel, W., die Bienenzucht, s. Thaer-Bibliothek.

Vogel, W. (II.), die Dose des Marquis, } s. Familien-Bibliothek.

Vogel, W., das Duell-Mandat, oder: Ein Tag vor der Schlacht bei Roßbach. Drama in 5 Aufz. gr. 8. (7 B.) Wien 843, Wallishausser.

Vogel, W., die Elektrizität in Gewerbe u. Industrie. Grundzüge f. die Praxis üb. den Ausbau u. Betrieb elektr. Licht- u. Kraftanlagen. Mit 182 Schaltungsskizzen u. Abb. gr. 8. (VIII, 136 S.) Leipzig 899. B. F. Voigt. 6. —; geb. 7. 50

Vogel, W., die Elemente des geometrischen Zeichnens. 1. und 2. Thl. gr. 8. (8 S. mit 40 Stnt., und 8 S. mit 35 Stnt.) Stuttgart 874, Grüninger. In Mappe à Thl. ** ℳ 3. ** 6 —

Vogel, W., Die Entwickelung der wirtschaftlichen Verhältnisse in der Gegenwart, ihre Natur und ihre Probleme. Bearb. von B. Schulz-Briesen. Essen-Ruhr, 1906. 35 S.

Vogel, W., siehe: *Familien-Bibliothek.*

Vogel, W., e. Geschäftsgeheimniß, s.: Familien-Bibliothek.

Vogel, W., Ein Handbillet Friedrichs II., oder Incognito's-Verlegenheiten. Lustspiel in 3 Aufz. gr. 8. (12 1/2 B.) Wien 843, Wallishausser. Thlr. -

Vogel, W., das Lied der Mutter, s.: Familien-Bibliothek.

Vogel, W., Mittheilungen über einen Sammelband des Stadtarchives zu Rotenburg an der Tauber. Ein Beitrag zur Rechts- und polit. Geschichte von Franken. gr. 8. (39 S.) Erlangen 876, Deichert. * 1 —

Vogel, W., der Onkel aus Wien, oder: Die ungleichen Pflegetöchter, Schauspiel in 4 Aufzügen, frei nach d. Italien. 8. Augsburg 839. (Karlsruhe, Groos.) 1/2 Thlr.

— der wilde Onkel, s. Blüthen, bramatische.

Vogel, W., Witzigungen, oder wie fesselt man die Gefangenen? Lustsp. in 3 Aufz. Nach dem Engl. gr. 8. Wien 843, Wallishausser. 3/4 Thlr.

Vogel, W., das preußische Zündnadelgewehr und seine Vorzüge, sowie die verbesserten Handfeuerwaffen der Infanterie überhaupt, nebst Beiträgen zur Theorie des Schießens. Potsdam 865. Döring. gr. 8. (VIII, 87 S. u. 1 lith. Taf. in Fol.) 18 ngr.

Vogel. W. Friedr. [aus Magdeburg]: Erzbischof Ludolf von Magdeburg. 1192—1205 .... Leipzig, Druck v. A. T. Engelhardt, 1885: 47 + 1 S. 8°.
Leipzig, Phil. Fak., Inaug.-Diss. v. 24. Nov. 1885.

Vogel, W. Friedr., Erzbischof Ludolf von Magdeburg. 1192—1205. Diss. Leipzig 1885, Gustav Fock. 8°. 47 S.

Vogel's W H, Photographie fur Liebhaber und Fachleute. 2. Auflage von H Sporl. (324 S 2 T) Braunschweig 1909

Vogel, Walter, Eines schickt sich nicht für Alle, } s. Familien-Bibliothek.
—— **die beiden Herren Collegen,**

Vogel, Walther, a. Dresden: Die Normannen und das Fränkische Reich bis zur Gründung der Normandie ‹799—911› ‹Kap. 1› Heidelberg: C. Winter 1906. (VII, 48 S.) 8° [F.] ¶ [Erschien vollst. 1906 als: Heidelberger Abhandlungen zur mittleren und neueren Geschichte H. 14.]
Berlin, Phil. Fak., Ref. Schäfer, Diss. v. 3. Febr. 1906
[Geb. 19. Dez. 80 Chemnitz; Wohnort: Dresden; Staatsangeb.: Sachsen; Vorbildung: Vitzthumsches Gymn. Dresden Reife O. 99; Studium: München 2, Berlin 3, Heidelberg 2, Berlin 2 S.; Rig. 10. Juli 05.]

Vogel, Walth., die Normannen u. das Fränkische Reich bis zur Gründung der Normandie (799—911). s. a. Abhandlungen, Heidelberger, zur mittleren u. neueren Geschichte.

Die Normannen und das Fränkische Reich bis zur Gründung der Normandie ‹799-911›. Von Walther **Vogel.** Mit 1 Karte. Heidelberg: C. Winter 1906. (XV, 442 S.) 8° [F.]
= **Abhandlungen,** Heidelberger, z. mittl. u. neueren Geschichte. H. 14. [illegible]

— Der Pfannkuchenteller, s. Familien-Bibliothek.

Vogel, Walter, Referendar: Der Schatzerwerb nach gemeinem Recht und dem Recht des Bürgerlichen Gesetzbuchs. *Berlin 1903: Wildgrube & Co.* (40 S.) 8°
Rostock, Jur. Diss. v. [25. Apr.] 1903

Vogel, Walth., nordische Seefahrten im früheren Mittelalter, s.a. Meereskunde. I, 7.

Nordische Seefahrten im früheren Mittelalter von Dr. W. **Vogel**. Berlin: E. S. Mittler & Sohn 1907. (40 S.) 8° [Umschlagt.]
— **Meereskunde**. Jg. 1, H. 7. 07. 15106

— Eine Wanderung durch altniederländische Seestädte, s.a. Meereskunde. IV, 7.

Eine Wanderung durch altniederländische Seestädte von Dr. Walther **Vogel**, Ass. am Inst. f. Meereskunde. Berlin: Mittler 1910. 40 S. 8° [Umschlagt.]
(Meereskunde. Jg. 4. H. 7) 10. 11537

Vogel, Werner, Referendar in Meerane: Der **Bankier** als Verwahrer von Wertpapieren nach geltendem Recht. *Borna-Leipzig 1904: R. Noske.* (VIII, 84 S.) 8° [F.]
Leipzig, Jur. Diss. v. 1904

Vogel, Wilhelm, a. Plauen i. V.: Über den Titel „Advocatus" der Herren von Weida, Gera und Plauen, Vorfahren des Fürstenhauses Reuss. Eine Rechtshistorische Untersuchung. Plauen i. V. 1905: Neupert. (55 S.) 8°
Jena, Phil. Fak., Ref. Cartellieri, Diss. v. 28. Apr. 1905
[Geb. 10. Febr. 81 Plauen i. Vgtl.; Wohnort: Plauen; Staatsangeh.: Sachsen; Vorbildung: Gymn. Plauen O. 01; Studium: Leipzig 2, Heidelberg 1, Jena 3 S.; Rig. 14. Dez. 04.]

— der Amerikaner. Lstspl. in 5 A.; nach d. Italien. des Federici; herausg. (v. N. G. Brämer). 8. Hamb., Vollmer. (Herold jun.) 14 $\mathcal{K}$

VOGEL, Wilhelm 1772 - 1843
Der Amerikaner. Ein Lustspiel in fünf Aufzügen nach dem italiänischen von Federici frei bearbeitet von Vogel.
Herausgegeben von N. H. Brämer.
Hamburg-Altona: Vollmer. [1798?]. 174 S. 8°.
Stadtbibliothek Braunschweig
Erscheinungsjahr vermutet auf Grund der Besprechung einer Berliner Aufführung mit Iffland in Berlinisches Archiv der Zeit, Febr. 1799, Bd. 1, S. 157-158.
N H Brämer
Camillo Federici, 1749-1802

Vogel, Wilhelm. Der Amerikaner. Lustspiel in fünf Akten . . . Hamburg [18??]. H: *Brämer, N. G.* (Ky)

Vogel, Wilhelm [pract. Arzt in Homberg a. d. Ohm]: Ueber supravaginale Amputation des schwangeren Uterus wegen Myom. . . . Giessen, Curt v. Münchow, Univ.-Buch- & Steindr., 1886; 26 S. u. 2 Taf. 8°.
Giessen, Med. Fak., Inaug.-Diss. v. 1886.

Vogel, Wilhelm, über supravaginale Amputation des schwangeren Uterus wegen Myom. Diss. Giessen 1886, J. Rickersche Buchh. 8°. 26 S. mit 2 Taf.

Aufbau von neueren Hochspannungsschaltanlagen. Erfahrungen aus d. Betrieben d. oberschlesischen Berg- u. Hüttenindustrie. Von W[ilhelm] **Vogel**, Kattowitz. Vortrag, geh. 1909. Kattowitz: Böhm 1909. 55 S. 8°
(Sammlung Berg- u. Hüttenmännischer Abhandlungen. H. 50.)

Vogel, Wilh., des Ritters Ludwig v. Eyb des Aelteren Aufzeichnung über das kaiserliche Landgericht des Burggrafthums Nürnberg mit Einleitung und Erläuterungen. Habilitationsschrift. 1. Abthl. gr. 8. (81 S.) Erlangen 867, Deichert. *

Vogel, Wilhelm, z. Z. Vol.-Assist. an d. med. Klinik d. Hrn Prof. Naunyn, aus Straßburg i. E.: **Bericht** über die von April 1894 bis August 1901 in der Straßburger Frauenklinik ausgeführten Prolaps-Operationen. *Straßburg i. E. 1904: C. Müh & Co.* (75 S.) 8°
Straßburg, Med. Diss. v. 1904

Vogel, (W.,) der Erbvertrag. Dram. Gedicht in 2 Abtheilungen, nach E. T. A. Hoffmann. gr. 8. Wien 827, Wallishauser. — 18

Vogel, W., der Erbvertrag. Dramat. Dichtung in 2 Abthln. Nach e. Erzähl. des E. F. (E. T.?) A. Hoffmann. gr. 8. (8 B.) Wien 828, Wallishausser.

— der Ersatz. Schspl. in 4 A. 8. Wien, Wallishausser. 8 $\mathcal{K}$

Vogel, W.: Handbuch d. öffentlichen Rechts d. Königr. Bayern, s. Handbuch des öffentlichen Rechts der Gegenwart.

Vogel, Wilhelm, aus Uhlfeld (Bayern): Ueber die **Konstitution** der Porphyrexide und ihre Beziehungen zum Isatin und Indigo. *Erlangen 1903: E. Th. Jacob.* (46 S.) 8°
München, Phil. Diss. v. 1903

Vogel, Wlh., deutsches Lesebuch für Bürgerschulen. 8. Helmstedt 839. Fleckeisen. 1/2 ₰

Vogel, Wilhelm: Der Mädchenhandel und seine Bekämpfung im internationalen Recht. S. 38-44 in: Vogel: Der Schutz wissenschaftl., religiöser u. sittl. Interessen im Völkerrecht.
Göttingen, Jur. Diss. 1908.

Vogel, Wlh., Nachspiele für stehende Bühnen u. Privattheater. 2 Thle. (1r Thl. Enth.: 1) Der Invalide. 2) 4 Schildwachen auf einen Posten. 3) Der König u. der Stubenheizer. 4) Das seltene Recept. 2r Thl. 1) Die Gäste. 2) Der Put. 3) Die Versuchung.) 8. Frankf. 809. Simon. 1 ₰ 20 $\mathcal{K}$

Vogel, Wilh., die Pensions-Gesetze für das Reichsheer und die Marine vom 27. Juni 1871 und 4. April 1874 und die Pensionaire. gr. 8. (VII, 74 S.) Bonn 876, Cohen und Sohn. * 1 20

Vogel, W. Pflicht und Liebe. Schauspiel in fünf Akten. [Hamburg 18??] H: *Brämer, N. G.* (Ky)

— Pflicht u. Liebe. Schspl. in 5 A.; herausg. (v. N. G. Brämer). 8. Hamb., (Herold jun.) 14 $\mathcal{K}$

Vogel, W. Reue und Ersatz. Schauspiel in fünf Akten. Hamburg 18?? H: *Brämer, N. G.* (Ky)

— Reue u. Ersatz. Schspl. in 5 A.: (herausg. v. N. H. Brämer). 8. Hamb., (Herold jun.) 18 $\mathcal{K}$

— der Schleier. Schspl. in 4 A. 8. Hamb., (Herold jun.) 12 $\mathcal{K}$ (NB. Die 5 letztern Stücke werden von Vogel für unächt erklärt.)

Vogel, Wilh., die interessantesten alten Schlösser u. Burgen Sachsens, s.: Metzsch-Reichenbach, Carl v.

Vogel, Wilhelm: Der Schutz wissenschaftlicher, religiöser und sittlicher Interessen im Völkerrecht. Frankfurt a. M. 1908: Vogel. XIV, 76 S. 8°
Göttingen, Jur. Diss. v. 29. Okt. 1908, Ref. Schön
[Geb. 30. Apr. 85 Frankfurt a. M.; Wohnort: Frankfurt a. M.; Staatsangeh.: Preußen: Vorbildung: Gymn. Frankfurt a. M. Reife O. 03; Studium: Heidelberg 2, Berlin 2, Marburg 2 S.; Rig. 24. Juli 08.] [U 09. 1295

— kleine dramat. Spiele für stehende Bühnen und Privattheater. (Inh.: Die Rückkehr der Krieger. — Die junge Indianerin. — General Moreau, oder die 3 Gärtner. — Die Prozeßvermittelung. — Die Heimlich-Vermählten. — Die Rückkehr der Gatten.) 8. Aarau 817. Sauerländer. 1 ₰ 6 $\mathcal{K}$

Vogel, W. (I.), das Staatsrecht des Königr. Bayern, s. Handbuch des öffentlichen Rechts der Gegenwart.

Vogel, Wilh. (I.), das Staatsrecht des Königreichs Bayern. 1.—3. Lfg. Lex.-8. (S. 1—177.) Freiburg i. Br. 884—86, Mohr. *
Vgl. die Anmerkung zu: Handbuch des öffentlichen Rechts der Gegenwart. 3. Bd.

Vogel, W., bayr. Staatsrecht, s.: Handbuch d. öffentlichen Rechts, Anmerkg. zum 3. Bd. 1. Halbbd. 1. Abth.

Vogel, Wilh. (II.), Studien zur Geschichte des Frankfurter Parlaments bis zum März 1849. gr. 8. (176 S.) Würzburg 881, (Thein'sche Druckerei.)
Nicht im Handel.

Vogel, Wlh., Unterhaltungsstunden für Gebildete, eine Samml. kleiner Romane, Erzählungen, Anekdoten, Charakterzüge u. witziger Einfälle. 8. Aarau 819. Sauerländer. 1 ℛ 4 ℊ

—— zu den Untersuchungen über Schussverletzungen und die Wirkung der modernen Handfeuerwaffen bei Schüssen aus grosser Nähe. Zwei Vorträge, gehalten in der medicin. Section der niederrhein. Gesellschaft für Natur- und Heilkunde in Bonn am 19. und 26. Juli 1875. gr. 8. (52 S.) Ebendas. 876. — 75

—— die Verfolgung von Rechtsansprüchen aus dem Reichs-Militair-Pensions-Gesetz vom 27. Juni 1871. Ein actenmäß. Beitrag zur Kenntniß der Pensions- und Rechtsverhältnisse der ausgeschiedenen Militairpersonen des Reichsheeres, nebst Erörterung der natürl. und gesetzl. Pensionsberechtigung. gr. 8. (VIII, 192 S.) Leipzig 879, O. Wigand. 3 —

Vogel, Wilhelm Julius Augustin

Vogel, W. J. A., Grundriß e. auserles. gemeinnützl. Literatur f. d. physisch-medicin. Aufklärung z. Begründ. der Felicität im Staate, in d. Gesellschaft nach Anleit. d. Faust'schen Gesundheitskatechism. Hufelands Makrobiotik u. Salzmanns menschl. Elend u. Himmel auf Erden. gr. 8. Jena, Gabler. 802.

— Hercules secundum graecorum poetas et historicos antiquiores descriptus et illustr. — Supposita est annalium scholae latinae Halensis Part. V. auctore J. G. Dieck. 4maj. Halle 830. Waisenh.-B. 12 ℊ

— s. Hygiea, e. Zeitschrift.

— Chr. Heinr. Vogel's Leben u. Charakter, geschildert. gr. 8. Erfurt 792. (Eisenach, Wittekind). 6 ℊ

— d. Mineralquellen d. Königr. Baiern. Nach ihren quantitativen Bestandtheilen chemisch untersucht. 8. Münch. 829. (J. Lindauer). 15 ℊ

— Reflexionen u. Memorabilien für d. Criminaljustiz in Beziehung auf d. Aetiologie d. Verirrungen u. Verbrechen überhaupt, so wie auf d. Sinken d. Kultur u. Moralität unter den Menschen, Staate, in d. Gesellschaft u. im häusl. Leben insbesondere. 8. Pirna 814. Friese. 8 ℊ

Wilhelm Julius Augustin Vogel

Synopsis anthropologiae physico-medicae, nimirum ac forensis; commentariis, de rebus selectis atque memorabilibus, maxime nostro aevo gestis, illustrata. In 2 Bden vom Wilhelm Julius Augustin Vogel
Bd 1. Jena u. Leipzig: Gabler 1802. 8°

[Nebent.:] Vogel: Grundriß einer auserlesenen gemeinnützlichen Literatur für die phys.-medizinische Aufklärung...

Bd 1 Geist der Humanität und Misanthropie, im Tempel der Hygiea. 1802.

Vogel, Wlh. Jul. Aug., synopsis anthropologiae, physico-medicae nimirum ac forensis, commentariis de rebus selectis atque memorabilibus, maxime nostro aevo gestis, illustrata. In 2 Bden. 1r Bd. Geist d. Humanität u. Misanthropie, im Tempel d. Hygiea. 8. Jena 802. Gabler. (Leipz., Cnobloch). 3 ℛ A. u. d. T.: Grundriß e. auserles. gemeinnützl. Literatur für d. physisch-medicin. Aufklärung, zur Begründung d. Felicität im Staate, in d. Gesellschaft u. im häusl. Leben ꝛc.

— analyt. Versuche über den Tantalit oder Columbit bei Rabenstein. gr. 8. Münch. 820. (Franz). 7 ℊ

Vogel, Wlh. Jul. Aug., analyt. Versuche über Weizen, Hafer u. Reis ꝛc., nebst Betrachtt. über Brodgährung u. chemische Natur des Brodes. gr. 4. Münch. 820. (Franz). 12 ℊ

— über d. Vorkommen d. Benzoesäure in einigen deutschen Gräsern. gr. 4. Münch. 825. (Franz). 2 ℊ

— von d. Wirkung d. Schwefelsäure auf salzsaure Salze. gr. 4. Münch. 820. (Franz). 7 ℊ

Vogel, Willy, appr. Arzt, Assistent d. Königl. Dermatol. Universität-Klinik [!] zu Breslau: Aus d. Königl. Psychiatrischen u. Nervenklinik d. Univ. Breslau. ⟨Direktor: Prof. Dr. Bonhoeffer.⟩ Beitrag zur Klinik der Puerperalpsychosen und zur Prognose der Katatonie. Breslau 1908: Breslauer Genossenschafts-Buchdruckerei. (59 S.) 8°
Breslau, Med. Fak., Ref. Bonhoeffer, Diss. v. 22. Juli 1908
[Geb. 26. Mai 81 Breslau; Wohnort: Breslau; Staatsangeh.: Preußen; Vorbildung: Matthias-Gymn. Breslau Reife O. 02; Studium: Breslau 5, München 1, Breslau 4 S.; Coll. 18. Juni 08; Approb. 24. Juni 08.]

Vogel, Woldem., der Distanzritt. Ein Kleinstadtereignis an 3 Tagen. (VII, 133 S.) 8. Dresden (909). E. Pierson. 2. —

Ankauf, Einrichtung und Pflege des Motorzweirades. Von Wolfgang **Vogel**, Ingen. Mit vielen Abb. Grunewald-Berlin: Phönix-Verl. 1904. (XIII, 144 S.) 8°
— [Motorfahrzeug-Bibliothek. Bd 1.] 05. 1 926

— dasselbe. 2. Aufl., s. a. Motorfahrzeug-Bibliothek. I.

Ankauf, Einrichtung und Pflege des Motorzweirades von Wolfgang **Vogel**, Ingen. 2. erw. Aufl. Mit vielen Abb. Berlin: Phönix-Verl. 1905. (XIV, 173 S.) 8°
— [Motorfahrzeug-Bibliothek. Bd 1.] 05. 1 927

Vogel, Wolfgang (Red.), s. Arzt, Der kraftfahrende.

— der Motorwagen u. seine Behandlung, s. a. Motorfahrzeug-Bibliothek. III.

Der Motorwagen und seine Behandlung von Wolfgang **Vogel**, Ingen. Mit vielen Abb. Berlin (Schöneberg): Phönix-Verl. 1906. (X, 192 S.) 8°
(Motorfahrzeug-Bibliothek. Bd 3.)

Vogel, Wolfg., das Motor-Zweirad u. seine Behandlung. 12. (VII, 164 S. m. 62 Abb.) Berlin 902. G. Schmidt. Kart. n. 1. 50

— das Motor-Zweirad u. seine Behandlg. 2. durchgeseh. Aufl. (VII, 142 S. m. 53 Abbildgn.) kl. 8. Berlin 905. [G. Schmidt.] Leipzig, Mittelbach's Verl. Kart. n. 1. 50

— Ratschläge f. den Ankauf v. Motorfahrzeugen jeder Art, s. a. Motorfahrzeug-Bibliothek. II.

Ratschläge für den Ankauf von Motorfahrzeugen jeder Art. Von Wolfgang **Vogel**, Ingen. Mit vielen Abb. Grunewald-Berlin: Phönix-Verl. 1905. (VII, 97 S.) 8°
— [Motorfahrzeug-Bibliothek. Bd 2.] 05. 15948

Schule des Automobil-Fahrers von Wolfgang **Vogel**. Mit 100 Abb. u. 12 Vollbild. Berlin: G. Schmidt 1902. (VIII, 189 S.) 8°

(B) **Vogel,** Wolfg., Schule d. Automobilfahrens. 902. (KBL 32.) Jetzt: Leipzig, Mittelbach. Ern. Pr. 2.75; geb. 3.30

Vogel, Zacharias

— Abhandl. aller Arten d. Brüche, wie solche sowohl gründl. zu erkennen, als auch wie d. Operation d. Herniotomie auf eine leichte Art ohne Castration zu verrichten ꝛc. Mit e. Vorrede von Gerh. Wagner. Mit Kpf.... 2e Ausg. 8. Coburg u. Leipz. 746. — 8. Glogau 783. Chr. Fr. Günther. 12 ℛ

Vogel, Zacharias: Abhandlung aller Arten der Brüche, wie solche so wol gründlich zu erkennen, als auch wie die Operation der Herniotomie ohne Castration auf eine leichte Art zu verrichten. Mit raren Observationibus...erläutert...von Johann Gerhard Wagner. 290 S., gbd., 2 Taf.

Glogau: Günther 1769

JB 3.232

Zacharias Vogel

Zacharias Vogel, Abhandelung [Abhandlung] aller Arten der Brüche, wie solche sowol gründlich zu erkennen, als auch wie die Operationen der Herniotomie ohne Castration... zu verrichten. Mit raren Observationibus... erl., u. mit e. Vorr. versehen von Johann Gerhard Wagner. 3., verm. u. verb. Aufl. Glogau: Günther 1783. 267 S. 8°

Beigeb.: Duverré, [...]: [Hémoire sur les moyens de reconnaître les contre- coups dans le corps humain. Deutsch:] Abhandlung über die Mittel die Gegenstöße im menschl. Körper zu entdecken,... Leipzig 1781.

Zachariar Vogel

Anatomische, chirurgische und medicinische Beobachtungen und Untersuchungen von Zacharias Vogel. Rostock: Koppe 1759. 432 S. 8°

Vogel, Zachar., († d. 18. April 1772.) anatom.-chirurg. u. medicin. Beobachtungen u. Untersuchungen. gr. 8. Rostock 759. Koppe. (Stiller). 20 ℛ

Vogel, Zacharias (Hrsg.):

s.: Goulard, (Thomas): Chirurgische Werke. (Oeuvres de chirurgie. Dt.) Übers.von (Johann Ernst) Wichmann. 2...verm.Aufl. Bd 1 - 2. Lübeck: 1773

JB 3.038

Vogel, Zacharias: Merkwürdige Kranken-Geschichte und nützliche Erfahrungen aus der Geneskunst und Wundarzney. Erste Sammlung. 192 S., gbd.

Rostock u.Wißmar: Berger & Boedner 1756

JB 3.232

Vogel v. Falkenstein, General. Ein Lebensbild für Preußens Jugend und Volk zusammengestellt von J. M. 8. (24 S.) Königsberg in Pr. 867, Richter.

Vogel v. Falkenstein, General, und der hannoversche Feldzug 1866, s. Wengen, F. v. der.

Vogel von Falckenstein, E., s. Vogel von Falkenstein

Vogel von Falckenstein, Eckbert: Der Straßburger Schützenverein 1876 bis 1901. Straßburg, 1901. 2648

Vogel v. Falckenstein, Kurt, aus Schweidnitz: **Einwirkung** von Aldehyden auf Acetonoxalester. *Kiel 1901: P. Peters.* (70 S.) 8°
Kiel, Phil. Diss. v. [2. Jan.] 1902

Vogel von Falkenstein, Eduard

Vogel v. Falckenstein, E. Der Preussische Antheil des Riesengebirges. 1:100000. 1 Bl. K. Ff.
Desgl. neuere Ausgabe m. d. T.: Karte des Hirschberger Thales mit dem preussischen Antheil des Riesengebirges. 1 Bl. L. Ff.

Vogel v. Falkenstein, E. und v. Hartwig, E.: Fürstenstein mit seinen nächsten Umgebungen, eine topographische Darstellung von der Thalbildung des Hellbaches und des Salzbaches vor ihrer Vereinigung zur Polsnitz; nach eigenen Aufnahmen gezeichnet und entworfen. 1:10000. Berlin 1840. 1 Bl. K. Ff.

Vogel v. Falckenstein, Karte des Hirschberger Thales mit dem preussischen Antheile des Riesengebirges. 1:100,000. In Kpfr. gest. von H. Brose. qu. gr. Fol. Glogau 879, Flemming. 1 50

Vogel v. Falckenstein, E. Karte d. Hirschberger Thales mit dem preussischen Antheile des Riesengebirges. 1:100,000. Lithogr. u. color. qu. Fol. Glogau 889, Flemming. * 1 —

Vogel v. Falckenstein, E. **Karte d. Hirschberger Thales** m. dem preuss. Anteile d. Riesengebirges. 1:100,000. Ausg. 1890. Lith. u. color. qu. Fol. Glogau, Flemming. In Carton * 1 —

Vogel v. Falckenstein, topographische Karte der Gegend um Berlin nebst der neuen Verbindungsbahn. Revid. von J. Schultz. 1:25,000. Fol. Berlin 870—74, Schropp'sche Landkartenh. ℳ 2.; color. * 3 —

Vogel v. Falkenstein. Manöver-Plan der Gegend um Berlin. 1:100000. Berlin 4 Bl. c. K. Ff.

Plan des Schlachtfeldes von Schleswig. (Aufgen. u. gez. v. **Vogel** v. **Falckenstein.** 1848.) 1:15000. Lithogr. 1 Bl. Fol., 51,8/54 cm. Aufgez. a. Leinen.
Mit einer Ansicht von Schleswig.
Aus: Darstellung der Begebenheiten des Deutsch-Dänischen Krieges von 1848. Abth. 3. Berlin. 1854. (Beiheft zum Militair-Wochenblatt für Februar bis einschliesslich September 1854.)

Salzbrunn, Görbersdorf und Charlottenbrunn. Entw. von [Eduard] **Vogel** v. Falckenstein u. E. v. Hartwig. Gest. v. Heinr. Brose u. Jäck. (Nach d. neuesten Materialien rev. u. erg. 6. Aufl.) Massst. 1:50,000. *Glogau: C. Flemming [1901].* (1 Kartenbl. 53×46 cm.) 8°
[Umschlagt.:] Touristen-Karte f. Salzbrunn ... [01. 13176

Das Hirschberger Thal. Entw. u. gez. von E[duard] V(ogel) v. Falckenstein. Gest. von Heinr. Brose, Schrift von Jäck. Maassst. 1:100,000. *Glogau: C. Flemming [1900].* (1 Kartenbl. 44×32 cm.) 8°
[Umschlagt.:] Vogel v. Falkenstein. Karte d. Hirschberger Thales und d. preuss. Anteile d. Riesengebirges. [01. 13175

Salzbrunn. — Vogel v. Falkenstein, E., u. E. v. Hartwig. Touristen-Karte von Salzbrunn, Görbersdorf u. Charlottenbrunn. 1:50,000. 5. Aufl. Lithogr. u. color. qu. gr. Fol. Glogau 890, (Flemming). * 1 —

Vogel v. Falkenstein, E. und v. Hartwig, E.: Umgegend von Salzbrunn in Schlesien, ein topographisch-geognostisches Bid von dem Waldenburger Porphyr-Gebirge mit den angrenzenden Steinkohlen-Lagern, nach Original-Aufnahmen entworfen. 1:50000. Berlin 1838. 1 Bl. K. Ff.

Vogel von Glarus, Festgabe für die liebe Jugend. gr. 16. (32 S.) Glarus 866. (Amriswеil, Häberlin.)

Vogel v. Glarus, Gedichte. Mit e. biographisch-krit. Einleitg. v. J. J. Honegger. 14., verm. Aufl. 16. (XVI, 192 S. m. Bildnis in Stahlst.) Glarus 890. J. Vogel. Geb. 3. —

— Die Glocke im Lichte der deutschen Dichtung, s. Morel, Gall.

Vogel-Saluzzi, Heinr.: Bericht über die landwirthschaftliche Ausstellung in Paris im Jahre 1856. Bern 1857.

Vogel vom Spielberg, Anna, s.a. Astl-Leonhard, Anna.

Vogel vom Spielberg, A., das Kukuksei. Ein Familiendrama in 4 Aufzügen. gr. 8. (III, 43 S.) Wien 892. (Leipzig, Literar. Anstalt A. Schulze.) n. 1. —

Vogel vom Spielberg, Anna (Anna Astl-Leonhard), Frau Lear. Sein Kind. Hangen u. Bangen, s.: Collection Hartleben, 5. Jahrg., 7. Bd.

— das Recht der Lebenden. Roman. 8. (319 S.) Wien 895. Literar. Gesellschaft. n. 4. 20; geb. n. 5. —

— Irrende Seelen, s. Collection Hartleben.

Vogel v. Vogel: Schönheiten u. Schrecknisse der schweizerischen Alpenwelt, s. Bandlin, J. B.

Vogel **v. Vogelstein, C., die Hauptmomente von Goethe's Faust, Dante's Divina commedia und Virgil's Aeneis. Bildlich dargestellt und nach ihrem innern Zusammenhange erläutert. gr. Fol. (3 Kpfrt. und 14 S. Text.) München 861, [Merhoff's Verlag.]** *

VOGEL VON VOGELSTEIN, Johann (Dresden): De juris paroemia: In universitatibus juris res succedit in locum pretii et pretium in locum rei. (Titel nach der Urkunde)
29.6.1850 - Urk; F 49
Diss. Ingolst.-Landsh.-Mchn.

Vögel, die, nach d. Aristophanes v. J. W. v. Göthe. 8. Lpz. Göschen. 787. — 4

Vögel m. 24 Bildern. (12 col. Taf.) 4. Wien 845, Müller. 1 Thlr.

Vögel. **Neues A. B. C. und Bilderbuch zur angenehmen und belehr. Unterhaltung für Kinder. 8. (8 S. mit 26 lithogr. und ill. Abbildungen.) Nürnberg 849, [Renner's Erbe.]**

Vögel, die. Erzählungen für kleine Knaben und Mädchen. Mit vielen Bildern (in eingedr. Holzschn.) ausgestattet. Herausg. vom Kinderfreund. Bremen 864. Verlag des Tractathauses. 16. (IV, 102 S. u. 2 Holzschntaf.) n. 12½ ngr.

Vögel, die. **Erzählungen für kleine Knaben und Mädchen. Mit vielen Bildern ausgestattet. Hrsg. vom Kinderfreund. br. 8. (IV, 102 S. mit eingedr. color. Holzschn. und 2 color. Holzschntaf.) Bremen 870, Verlag des Tractathauses.** geb. * 4 50

Vögel **aus Asien, Africa, America und Neuholland, in Abbildd. nach der Natur, mit Beschreibungen von mehreren Naturkundigen. 19e Lfrg. (6 illum. Kpfr. u. Text.) gr. 4. Nürnberg** 836. Lechner. n. $1\frac{1}{3}$ Thlr.

Vögel auf Blumenzweigen. Naturstudien in Aquarellmanier. 4 Blatt Malvorlagen. Fol. Plauen i/V. 892. Ch. Stoll. n. 6. —

Vögel, Deutschlands nützliche. 1 chromolithogr. Tafel. Dresden 1888. gr. Fol.

Vögel. Die einheimischen nützlichen V. = Les oiseaux indigènes utiles. Explication – Erläuterungstext – Esplicazione. [Illustriert.] Selbstverlag der Herausgeber: J. J. Bucher ..., H. Guggenheim & Cie., Art. Institut in Zürich. 8. (Zürich) 1893.

Fliegende Vögel v dt-anischen Freiheitsbund. Bezifferter Generalbaß zur Melodie ... no. 1, 2, 3, 4. St. L. 1863.

—— 100, aus allen Ländern. Zur Anschauung und Belehrung für die Jugend in Farbendr. ausgeführt. Lex.-8. (8 Chromolithogr.) Stuttgart 865, H. Müller. cart.

Vögel **des heiligen Landes. 16. (10 Bl. Chromolithogr. mit Text.) Basel 878, Spittler.** * 1 60

— die lustigen. Ein illustrirtes Anekdotenbuch. 8. (224 S.) Stuttgart 847, Dittmarsch & Co. in Comm. n. ½ Thlr.

Vögel, **die lustigen. Ein illustrirtes Anekdotenbuch.** 8. (224 S.) **Stuttgart 847, (Literarisch-artistische Anstalt.)** *

— die, und ihre Nester. Mit 63 Abbildd. 12. Leipzig 835. Weber. ⅞ Thlr. — Vergl. Naturgeschichte des Thierreichs ꝛc. **2 Bdchen.**

Vögel, die nützlichen, od. die Freunde d. Landmannes. Beschreibung der f. die Landwirtschaft nützlichsten Vogelarten nach C. G. Friedrich. Mit 60 Holzschn., ausgeführt nach den Gemälden v. Paul Robert. 8. (127 S.) Lausanne 886. Bern, Nydegger & Baumgart. n. 1. 50

Vögel, schöne und merkwürdige. gr. 8. (8 ill. Stnt.) Fürth 859, Löwensohn. **

Vögel, Geo. v., Alt-Hohenems. E. Blatt d. Erinnerg. 8. (31 S.) Bregenz 897. (J. N. Teutsch.) n. — 80

Vogel-ABC-Buch in drei Sprachen. 8. (12 ill. Stnt.) Schalkau 858. (Coburg, Riemann jun.)

Vögel-Alphabet, neues, (24 lithogr. u. illum. Abbildd. aus der Naturgeschichte, in alphabet. Ordnung.) 16. (Fulda 835. Müller.) 5/12 Thlr.

Vogelarten, nützliche, u. ihre **Eier**. gr. 8. (61 S. m. 25 farb. Taf.) Gera 895. F. E. Köhler. Geb. n. 2. —

Vogelarten, nützliche, u. ihre Eier. 48 prächt. Bilder auf 25 (farb.) Taf. m. Text. 41.—45. Tausend. (VIII, 69 S.) 8. Halle (905). H. Gesenius. Geb. in Leinw. n. 2. —

Nützliche Vogelarten und ihre Eier. 48 Bilder auf 25 Taf. mit Text. 46.—51. Taus. Halle a. S.: Gesenius (1907). X, 68 S. 8° 107. 1850

Vogelarten, nützliche, u. ihre Eier. 48 prächt. Bilder auf 25 (farb.) Taf. m. Text. 46.—51. Tausend. (X, 68 S.) 8. Halle (908). H. Gesenius. Geb. in Leinw. p 2. —

— schädliche. 35 prächt. Bilder auf 24 (farb.) Taf. m. Text. 19.—24. Tausend. Mit e. Anh.: Vogelschutzgesetz vom 30. V. 1908. (VI, 66 S.) 8. Ebd. (908). Geb. in Leinw. p 2. —

Vogelbach, H. Über die Erfolge der Uterusausschabungen bei der Endometritis fungosa. In-8°. 20 S. Basel. These. 1894.

Vogelbach, J., das Leben Dr. Mart. Luther's für Sonntagsschulen und Familien. gr. 16. (104 S. mit Luther's lithogr. Portr.) Philadelphia 859. (Schäfer und Koradi.) geb. *

—— Rede bei der Leichen- und Gedächtnißfeier des Ehrw. J. Weinmann, Pastor an der luther. Dreieinigkeits-Kirche in Baltimore, umgekommen bei dem Brande der „Austria" am 13. Septbr. 1858. Nebst einem kurzen Lebensabriß des Seligen. gr. 8. (15 S.) Baltimore 858. (Philadelphia, Schäfer und Koradi.) *

Vogelbacher, Jh. Bapt., Anleitung zur nützlichen Bienenzucht, besonders für den Landmann und die Schulen. Kurz aber doch vollständig bearbeitet. 2e verb. u. verm. Aufl. gr. 16. Freiburg 832. Fr. Wagner. 1/4 ♁

Vogelbacher, Joh. Bapt., Anleitung zur nützlichen Bienenzucht besonders für den Landmann u. die Schulen. Kurz aber doch vollständ. bearb. 3. Aufl. 12. (130 S.) Freiburg i. Br. 851, Wagner. 6 ngl

Vogelbacher, Joh. Bapt., Anleitung zur nützlichen Bienenzucht besonders für den Landmann und die Schulen. Kurz aber doch vollständig bearb. 4. Aufl., verm. mit der Beschreibung der neuen Dzierzon'schen Bienenzuchtmethode. 12. (140 S.) Freiburg im Br. 856, Wagner'sche Buchh. *

— d. nöthigsten u. nützlichsten Grundsätze u. Erfahrungen d. Landwirthschaft. Beobachtet für den Landmann u. d. Schulen. 12. Frburg 831. Wagner. 9 Ẋ

VÖGELE der Maggid (ps.), Gut Schabbes! 1862.
Weller, Lex. Ps. p. 597, wo noch Ausgaben von 1876. 77.

Der Pessimismus und das Tragische in Kunst und Leben. Von Dr. Albert **Vögele**. Von d. Tübinger Univ. mit d. 1. Preis gekr. Schrift. 2., bed. verm. Aufl. Freiburg i. Br. [usw.]: Herder 1910. X, 317 S. 8° [10. 15138

Vögele, A., das Tragische in der Welt u. Kunst u. der Pessimismus. Von der Tübinger Universität m. dem I. Preis gekrönte Schrift. (IV, 97 S.) 8. Stuttgart 904. O. Hager. n. 1. —

Das Tragische in der Welt und Kunst und der Pessimismus. Von d. Tübinger Univ. gekr. Schrift von Dr. A[lbert] **Vögele**. Stuttgart: Prechter [in Komm.] 1904. (IV, 96 S.) 8° [J.] [08. 378 11

Vögelein, der, Jahresgruß. Jugend-Kalender f. 1894 m. Märchen u. Gedichten v. M. Müller-Herrneck u. Ruth Müller-Herrneck. Hrsg. v. dem Deutschen Bund zur Bekämpfg. des Vogelmassenmordes f. Modezwecke. gr. 16. (94 S. m. Titelbild.) Wiesbaden 893. W. Zimmer's Buchdr. — 40

Vogeleis, M., u. E. Bronner, Cantate Domino. 50 zwei- u. dreistimm. latein. Kirchengesänge f. Landchöre. Gesammelt u. hrsg. 2. verb. Aufl. Partitur. (IV, 38 S.) Lex. 8. Strassburg (909). F. X. Le Roux & Co. 2. —

Vogeleis, Mart., Festschrift zum internationalen Kongress f. gregorianischen Gesang, 16.—19. VIII. 1905 zu Strassburg i. E. (99 S. m. Abbildgn.) gr. 8. Strassburg 905. F. X. Le Roux & Co. n. 2. 20

— der Strassburger Chronist Königshofen als Chorallst, s: Mathias.

Voegelen, Emil, aus Stuttgart: 1. **Zur Kenntnis** der sogenannten Isoamide und der echten Säureamide. 2. Unterschiede zwischen echten Säuren und Pseudosäuren durch Leitfähigkeit in wässrigem Alkohol. *Würzburg 1901: F. Scheiner.* (49 S.) 8°
Würzburg, Phil. Diss. v. 1901

Vogeler, Frau, L. † Seele, Ida.

Vogeler, s.a. Vogler

Vogeler, die Bau- u. Kunstdenkmäler v. Westfalen, s.: Ludorff, A.

Vogeler, der norddeutsche Feldarzt. Gedrängte Darstellung sämmtl. den Sanitätsdienst der norddeutschen Bundesarmee im Felde betr. Instructionen. 8. (40 S.) Mainz 870, v. Zabern. — 75

Vogeler, A., Braunlage im Harz. [Aus: „Aerztl. Monatschr."] gr. 8. (4 S.) Leipzig 898. H. Hartung & Sohn. n. — 50

Diätetische Therapie nebst Diätbeispielen. Von Dr. med. A. **Vogeler**. Wolfenbüttel: Zwißler 1906. 107 S. 8° [11. 5508 7

Vogeler, Adolf. Paulus Diaconus und die Origo gentis Langobardorum. (Umschlagtitel: ... Ein Beitrag zur Kritik der Historia Langobardorum.) 4 (S. 3—15).
Progr. Andreas-Rg. *Hildesheim* 1887 (308)

Vogeler, Adolf [Dr.]: Grundriß der Allgemeinen Geographie für die oberen und mittleren Klassen höherer Lehranstalten. Hildesheim, Druck v. Gebr. Gerstenberg, 1890; 31 S., 1 Taf. 8°
Hildesheim, k. Andreas-RG, OP 1890 (319)

Vogeler, Adf., Herodias. Histor. Novelle aus d. Zeit d. Pariser Bluthochzeit. 12. (115 S.) Leipzig 895. Berlin, G. H. Meyer. n. 1. 50; geb. in Leinw. n. 2. 50

(B) **Vogeler, Adf.,** Herodias. 895. (KVL 30.) Jetzt: Berlin, Heilbrunn & Co.

Vogeler, Adolf, Dr.: **Iphigenie** im Drama der Griechen und bei Goethe. Eine dramaturg. Studie. *Hildesheim 1900: Gebr. Gerstenberg.* (116 S.) 8°
Hildesheim, k. Andreas-RG, OP 1900 (352)

Vogeler, [Adolf]: Katalog der Lehrer-Bibliothek. Hildesheim 1909: Gerstenberg. 63 S. 8°
Hildesheim, k. Andreas-RG m. R OP 1909 (437) [S 09 479

—— die schöne Melusine. Gedicht, gesprochen bei der Aufführung der lebenden Bilder zu Gunsten des Martha-Heims am 8. Febr. 1888. 8. (19 S.) Hildesheim 888, (Gerstenberg'sche Buchh.) * — 50

Vogeler, Adf., Otto v. Nordheim in den Jahren 1070—1083. Beitrag zur Geschichte König Heinrich's IV. gr. 8. (118 S.) Minden 880. Körber & Freytag. n. 2. —

— König Rudolf. Trauerspiel in 5 Akten. 8. (III, 96 S.) Minden 887. Bruns. n. 1. 50

Vogeler, Ad., die Sturmglocke. Trauerspiel in 5 Akten. 8. (180 S.) Berlin 901. G. H. Meyer. n. 2. 50

Vogeler, Ad., die Sturmglocke. Trauerspiel in 5 Akten. 2. Aufl. (180 S.) 8. Minden (904). J. C. C. Bruns. n. 3. —; geb. n. 3. 50

— wer liebt? Schausp. in 1 Aufz. 8. (60 S.) Ebd. 896. n. 1. —

(B) — **Wer liebt? 896. (KVL 30.) Jetzt: Berlin, F. Wunder.**

Vogeler, Adf., das Wunder vom Rosenstock. Romantisches Schauspiel in 1 Aufzuge, nebst e. Vorspiel. 12. (52 S. m. Titelbild.) Hildesheim 893. A. Lax. Geb. m. Goldschn. n. 2. —

Vogeler, Bernh., Pflegekunde der Pferdehufe u. Pferdebeine in Wort u. Bild. 8. (VII, 184 S. m. 176 Abb.) Erfurt (901). (Leipzig, M. Busch.) Kart. n. 2. —

Vogeler, C. A., s. Vogler, Chr. Aug.

Vogeler, Eduard: Geschichte des Soester Archigymnasiums. IV. Teil. Vom Jahre 1678 bis zur zweiten Säkularfeier der Augsburgischen Konfession und bis zum Tode des Rektors Rumpäus, † 1730. (Forts. d. P.-Beil. 1883. 85. 87.) Soest, Nasse'sche Buchdr., 1890; S. 3–52; 4°
Soest, Archi-G, OP 1890

Vogeler, Eduard: Das Leben des Geheimen Oberfinanzrats und ersten Präsidenten der Oberrechnungskammer Johann Rembert Rode. (Ein Beitr. z. Geschichte Friedr. d. Großen u. d. Stadt Soest.) T. 1. 1724—1763. Soest 1909: Nasse. VI. 129 S. 8° ¶ [Ersch. auch als: Zeitschr. d. Vereins f. d. Gesch. v. Soest u. d. Börde. H. 25.]
Soest, k. Archi-G OP 1909 (489) [S 09. 480

[J.] Märchen, Geschichten und Erzählungen v. Elisabeth Vogeler. M. 6 farb. Ill. v. Martin Brandenburg. *Berlin: G. Hempel 1899.* (159 S., 1 Bl., 6 Taf.) 1 Bd 8. [98. 11688

Vogeler, Elisab., **Märchen,** Geschichten u. Erzählungen. M. 6 farb. Illustr. v. Mart. Brandenburg. 8. (198 S.) Berlin 899. G. Hempel. Geb. in Leinw. n. 3. —

Vogeler, F. W., **Atlas** von dem preussischen Staate bearb. für den Schulgebrauch. qu. 4. (8 lithogr. und ill. Karten.) Berlin 861, A. Meyer. *

—— Friedrich I. Markgraf von Brandenburg und seine Ahnen die Grafen und Burggrafen von Nürnberg aus dem Hause Hohenzollern. 8. (VII und 76 S.) Berlin 861, (Uthemann und Müller.) *

Vogeler, F. W., Friedrich I. Markgraf von Brandenburg und seine Ahnen die Grafen und Burggrafen von Nürnberg aus dem Hause Hohenzollern. 2. Aufl. 8. (VIII und 76 S.) Berlin 863, Boettcher. *

—— **Theodor Körner.** Eine Gedenkschrift zu dem 50jähr. Todestage des Dichters am 26. Aug. 1863. 8. (83 S. mit dem Portr. Körner's in Holzschn.) Berlin 863, Boettcher. *

— Leitfaden für den gymnastischen Unterricht in den Elementar-, so wie in den unteren Klassen der Real- und Gymnasialschulen. Berlin 860. Schroeder. 8. (43 S.) n. 5 *ngr.*

Vogeler, F. W., Lese-Freude. 265 Erzählungen und 33 Gedichte für die leselustige Jugend von 7 bis 9 Jahren. br. 8. (VIII, 303 S. mit 4 lithogr. und color. Bildern.) Berlin 868, Winckelmann und Söhne. cart. 2 25

—— **Schul-Atlas** über alle Theile der Erde. 4. (9 lithogr. und ill. Karten.) Berlin 863, A. Meyer. *

—— **Schul-Atlas** über alle Theile der Erde, mit besond. Rücksicht auf den preuss. Staat. qu. 4. (17 lithogr. und ill. Karten.) Berlin 864, J. Abelsdorff. *

— **Schul-Atlas über alle Theile der Erde, mit besonderer Rücksicht auf den preussischen Staat.** 16. neu revid. u. verm. Aufl. Berlin 869. J. Abelsdorff. qu. 4. (19 chromolith. Karten.) n. 5 *ngr.*

Vogeler, F. W., Schul-Atlas über alle Theile der Erde mit besond. Rücksicht auf den preussischen Staat. 16. und 17. Aufl. 1872,74. * 50 Pf., und 18. neu revid. und verm. Aufl. 20 Karten. qu. 4. Berlin 875, A. Abelsdorff. * — 75

—— Schulfeier des deutschen Nationaltages. [Zum 2. Septbr.] Lieder, Gedichte und Geschichte. 1.—3. Aufl. 8. (16 S.) Berlin 873—75, Musfalla. — 15

— die Volksschule und die Gymnastik. Ein Wort für die allgemeine Einführung der Gymnastik in die Volksschule an Schulvorstände, Lehrer u. Alle gerichtet, welche ein Interesse an der Volkserziehung haben. Berlin 860. Schroeder. 8. (36 S.) n. 5 *ngr.*

Vogeler, F. W., Kaiser Wilhelm. Zur Schulfeier des 79. Geburtstages Kaiser Wilhelm's den 22. März 1875. — Biographisches, Geschichtliches und Poetisches. 1. und 2. Aufl. gr. 8. (31 S. mit Portr. des Kaisers in Holzschn.) Berlin 875, Haack. * — 25

—— **dass. — Zur Feier patriot. Gedenktage und der Geburtstage Kaiser Wilhelm's. 3. Aufl. gr. 8. (31 S. mit dem Holzschn.-Portr. Kaiser Wilhelm's.) Ebendas. 879.** — 25

Vogeler, Fr., stenographisches Lesebuch. Im Anschluss an H. Bungenstocks Lehrmittel der vereinfachten Stenographie, Stolze-Schrey, zum Gebrauch in Anfänger- u. Fortbildungskursen m. Einrichtg. f. Wettlesen u. Wettschreiben bearb. (32 S.) gr. 8. Hannover (902). (Leipzig, J. H. Robolsky.) n.n. — 60

Vogeler, Friedrich Wilhelm Heinrich, s. Vogeler, Heinrich

Vogeler, G. H., Anleitung zum elementaren Landschaftszeichnen nach Vorlegeblättern. Ein Beitrag zur prakt. Methodik des Zeichenunterrichts an öffentl. Schulen. gr. 8. (26 S. mit 5 lithogr. Zeichnungen und 1 lithogr. Wandtaf. in Imp.-Fol.) Halberstadt 870, (Schimmelburg.) * 2 —
Vorlagen apart * — 80

—— einige Bemerkungen über den ersten Unterricht im Körperzeichnen zur Vorbereitung auf die Perspective in unsern öffentl. Schulen, mit besond. Bezuge auf die anlieg. 21 Vorlegeblätter nebst Anleitung zum Copiren derselben. — Anleitung zum Zeichnen der einfachen Körperformen nach 21, in Stufenfolge geordn. Vorlegeblättern zur Vorbereitung auf die Perspective mit beilieg. 13 Taf. Instructionszeichnungen. gr. 8. (37 S. mit 37 Stnt.) Halberstadt 871, (Fischer.) * 6 —

Vogeler, Ghold., Gedichte. (126 u. III S.) 8. Leipzig-Gohlis 909. Raschwitz b/Leipzig, B. Volger. 2. —

Vogeler, Gotthold Ferd. Gust. (geb. Berlin 1. 6. 1834): De febri puerperali. Berolini (1860). (29 S.) 8°
Berlin, Med. Diss. v. 13. Apr. 1860

Vogeler, Heinr., s.: Aus Worpswede.

Dir. Gedichte von Heinrich **Vogeler**, Worpswede. Berlin: Schuster & Loeffler 1899. (29 Bl.) 8°

Vogeler-Worpswede, Heinr., Dir. Gedichte. (2. Aufl.) (28 Bl. m. Vignetten.) Lex. 8. Leipzig 907. Insel-Verlag. Geb. in Halbperg. 10. —

Vogeler-Worpswede, Heinr., an den Frühling. Radierungen. Fol. (10 Bl.) Berlin (899). Schuster & Loeffler. In Mappe n.n. 25. —

— **d. versunkene Glocke (v. Gerh. Hauptmann) in Bildern. Fol. (10 farb. Bl. m. farb. Titel u. 1 Bl. Text.) Berlin 898. Fischer & Franke.** Auf Kpfrdr.-Pap. n. 3. —; auf Japanpap. in Mappe 30. —

Vogeler, *Friedrich Wilhelm* Heinrich [Arzt aus Bonn]: Aus d. psychiatr. Klinik zu Bonn. Ueber die Verwertbarkeit der Ulnarisanalgesie für die Differentialdiagnose ... Bonn, Buchdr. v. J. Bach Wwe, 1895; 36 S. 8.
Bonn, Med. Fak., Inaug.-Diss. v. [2. Aug.] 1895

— **s.: Vom Weyerberg.**

Vogeler, Julius, approb. Arzt aus Schanghai: Aus d. patholog. Institute zu Kiel. Ein Fall von abgelaufenem tubaren Aborte. *Kiel 1898: P. Peters.* (21 S.) 8°
Kiel, Med. Diss. v. [17. Okt.] 1898

Vogeler, Jul., deutsche Gedichte. [Von A. v. Haller bis zur Gegenwart.] Ein Lesebuch zum Gebrauch beim Unterricht in der deutschen Literatur. gr. 8. (III, 486 S.) Berlin 882. Burmester & Stempell. n. 2. 25

Vogeler, Carl (Theoph.) (geb. Poggenmühle in Westf. [illegible] 1841): De gonorrhoea et mutationibus ea in urethra virili effectis. Berolini (1867) [illegible] 8°
Berlin, Med. Diss. v. 11. Okt. 1867

Vogeler, Ludov., quae a. u. 710 [44 a. Chr.] post mortem C. Julii Caesaris acta sint in senatu romano. Dissertatio. gr. 4. (45 S.) Kiel 877, Haeseler. * 2 —

Die Symbolik der Rose. Vortrag, gehalten in der Gr. Loge Royal York zur Freundschaft [in Berlin] am Johannisfest, den 24. Juni 1890, von Rich. **Vogeler.** [Berlin 1890: Langenscheidt.] 14 S. 8°
Abgedr. in: MitthR. 1890—1891 S. 14—24.

Vogeler, W.: Die pädagogische Gymnastik und ihr Einfluss auf das materielle und geistige Gedeihen des Einzelnen u. des Staates. Berlin 1860. S. 1—20, 97—114.

Vogelewitz, Heinrich [cand. med.]: Ueber die bleibenden Kennzeichen der Hereditären Syphilis ... Königsberg i. Pr., Druck v. R. Schenk, 1896; 22 S., 2 Bl., 1 Taf. 4.
Königsberg, Med. Fak., Inaug.-Diss. v. 12. Dez. 1896

Vogelewitz, Heinr., üb. d. bleibenden Kennzeichen d. hereditären Syphilis. Diss. gr. 4. (23 S. m. 1 Taf.) Königsberg 896. (W. Koch.) n. 1. 40

Vogeley (Hrsg.). s. Anzeigen des landwirthschaftlichen Centralvereins für den Regierungs-Bezirk Kassel.

Vogeley, Karl, a. Alsfeld: Untersuchungen über die landwirtschaftlichen Betriebsverhältnisse Rheinhessens mit besonderer Berücksichtigung des Weinbaus. Berlin 1907 [Buchdr. „Die Post".] (104 S.) 8° [F.] [Aus: Arbeiten d. deutschen Landwirtschafts-Gesellschaft H. 133.]
Gießen, Phil. Fak., Ref. Gisevius, Diss. v. 20. Jan. 1908
[Geb. 9. Sept. 79 Alsfeld; Wohnort: Alzey; Staatsangeh.: Hessen; Vorbildung: Realgymn. Gießen Reife O. 97; Studium: Halle 8 S.; Rig. 30. Mai 07.]

Vogeley, R., Betriebsverhältnisse der deutschen Landwirtschaft. i.: Arbeiten d. deutschen Landwirtschaftsgesellschaft. (Stenthoff, G.)

Vogelfang, Der, verschiedener Art ... 2. Bd. Nürnberg 1804. V: *Heppe, Johann Christoph.* (will)

Vogelfänger, der, oder d. Vogelspiel, zur lehrreichen Unterhaltung für Kinder, mit 58 ill. Kpf. Berl. 815. Fr. Pauli. 16 gr.

Vogelfänger, der, oder Anweisung, Vögel mittelst Vogelleim, Meisekasten, Erbsen, Wasser, Dohnen, einer Leuchte, einer Papiertüte, einem Korbe u. eines Vogelheerdes zu fangen; ingleichen vom Fang der wilden Enten. 2. Aufl. 8. Quedlinburg 844, Ernst. 1/6 Thlr.

Vogelfänger, Der kleine; ein Buch, zunächst für Knaben ... Leipzig 1798—99. N. A. Leipzig 1810. V: *Albrecht, Erdmann Hannibal.* (MGT) (EngOec) »Leipzig 1819« (Ky)

Vogelfänger, d. kleine, e. Hulfsbuch f. Jäger, Oekonomen, Vögelliebhaber. 5 Thle. 8. Leipzig, Linke. (Hinrichs.) 809. 1 16

— d. kleine, e. Hülfsbuch für Jäger, Oekonomen, Vögelliebhaber, (von Erdm. H. Albrecht). 5 Thle. 8. Leipz. 819. (Hinrichs). 1 Thlr 16 gr. Hbg. Pr. 1 Thlr

— der, u. Vogeljäger, in seinen verschied. Arten nach vieljähr. Erfahrung dargestellt von einem quiescirten Waidmann. 2 Thle, mit 23 Kpf. 8. Nürnb. 823. Bauer u. R. 3 Thlr

— d. vollkommene, Beitrag zum Vergnügen d. Städter auf dem Lande, so wie d. Landleute selbst. 8. Hamb. 809. Vollmer. (Herold jun.) 3 gr.

Vogelfänger-Lied, Das Höttinger. ... Innsbruck 1895. H: *Fischnaler, Konrad.* (Margr)

Vogelfreund. Ueber Pflege u. Behandlg. einheim Vögel, sowie des Kanarienvogels. Hrsg. vom Verein der vereinigten Vogelhändler Berlins u. Umgegend. gr. 8. (15 S.) Berlin (902). (Berolina-Versand-Buchh.) n. — 20

„**Vogelfreund**", Monatsschrift zum Schutze u. zur Erforschung der heim. Vogelwelt. Organ des westfäl.-lipp. Vogelschutz- u. Kanarienzüchter-Verbandes. Geeignetstes Fach- u. Anzeigenblatt f. alle Vogelfreunde. Schriftleiter: P. Wemer. 5. Jahrg. 1909. 12 Nrn. Mit der Beilage: Kanarienfreund 24 Nrn. (à ca. 12 S. m. Abbildgn.) 31,5×24 cm. Münster i/W., Heinr. Buschmann. 2.40; f. Westfalen, Lippe-Rheinland 1.80

Vogelgang, Carl F., möglichst kurze Grammatik der englischen Sprache. Mit Uebungsstücken zum Lesen u. Uebersetzen. gr. 8. (6 B.) Augsburg 844, Rieger'sche Buchh.

—— neue Methode zur Erlernung der englischen Aussprache, nebst Aussprache-Wörterbuch (pronouncing Dictionary), vermöge welcher man der Hülfe eines Lehrers die möglichst kürzeste Zeit bedarf, u. dann durch eigenes Studium die engl. Sprache erlernen kann. Eine Zugabe zu allen bisher erschien. Grammatiken, bearb. vorzüglich nach Walker's System mit Zuziehung der besten neueren Orthoepisten, besonders Flügel's. A. u. d. Tit.: Orthoepie. — Schlüssel zur engl. Aussprache rc. gr. 8. (16 B.) Augsburg 842, Rieger'sche Buchh. -

Vogelgesang, s.: Missions-Vorträge, acht.

Vogelgesang, Carl, s. Vogelgesang, Karl

Vogelgesang, Eman., Bericht des Sonderkomitees IX der „Deutschen-Frauen-Abteilung bei der Weltausstellung in Chicago 1893", s.: Pappenheim, E.

Vogelgesang, Eman., d. Echo meiner Liebe. Lyrische Gedichte. 8. (102 S.) Berlin 894. B. Paul. n. 2. 50

— zur Frage der Erziehung unserer „höheren Töchter" unter Benutzung d. Kindergartens, s. a. Sammlung pädagogischer Vorträge.

Vogelgesang, Emanuel: Zur Frage der Erziehung unserer „höheren Töchter" unter Benutzung des Kindergartens. — Bielefeld: Helmich (1893). 34 S. 8° (Sammlung pädagog. Vorträge. Bd 5, H. 9.)

Vogelgesang, E., Kindergarten u. Schule, s. a. Sammlung pädagog. Vorträge, Bd. XI, Hft. 4.

Kindergarten und Schule v. E(manuel) Vogelgesang. *Bonn, Berlin, Leipzig: F. Soennecken [1898].* (24 S.) 8.
= Sammlung pädagogischer Vorträge. Bd XI. H. 4. [vgl. 6971]

Vogelgesang, Eman., des Kindes Liederborn. Gedichte, Reigentänze, Festspiele u. Singspiele f. das zarte Kindesalter. gr. 8. (VIII, 87 S.) Wien 899. A. Pichler's Wwe. & Sohn. n. 1.60

— das Thränenthor. Ein lyrisch-episches Gedicht m. einleit. Kassubenliedern. 8. (175 S.) Berlin 893. F. Luckhardt. n. 3. —

— das Thränenthor. Ein lyrisch-episches Gedicht m. einleit. Kassubenliedern. 2. (Titel-) Aufl. 8. (175 S. m. Titelbild.) Ebd. (893) 894. 3. —; geb. m. Goldschn. n. 4. —

Vogelgesang, Gust. Herm. (geb. Thiergart in Westpr. 23. 9. 1839): De lithotripsia. Berolini (1865). (31 S.) 8°.
Berlin, Med. Diss. v. 3. März 1865

Vogelgesang, Heinr. (Julius) (geb. Thiergart in Westpr. 15. 6. 1840): De eczemate. Berolini (1864). (32 S.) 8°.
Berlin, Med. Diss. v. 16. Aug. 1864

Vogelgesang, Joh. (Cochlaeus), ein heimlich Gespräch von der Tragedia Johannis Hussen, s.: Neudrucke deutscher Litteraturwerke des XVI. u. XVII. Jahrh.

Vogelgesang, J., unentbehrliches Kochbuch. 8. Wien, v. Mösle. 805.

VOGELGESANG, JOH., Unentbehrliches Küchenbuch für alle Haushaltungen. Altona und Lpz. 1788.

— unentbehrliches Küchenbuch. 8. Altona, Kaven. (Gräff in Leipzig.) 802.

Vogelgesang, Karl

Vogelgesang, Carl, zur Geschichte des Aachener Münzwesens. (78 S.) gr. 8. Aachen 903. Cremer. n. 2. —
Sonderabdruck aus: „Aus Aachens Vorzeit".

Vogelgesang, Mor., Lehrbuch der Eisen-Emaillirkunst. Mit 2 Kpfrtaf. (in qu. gr. 4.) gr. 8. (VI u. 86 S.) Braunschweig 851, Vieweg & Sohn. n. 1 ß

Vogelgesang, Paul (geb. Berlin 11. 5. 1859): Resultate der antiseptischen Behandlung der Amputationen und Exarticulationen des Jahres 1881 in der Charité nebst einer Uebersicht zehnjähriger Ergebnisse der gleichen Operationen. Berlin (1882). (38 S.) 8°.
Berlin, Med. Diss. v. 31. Okt. 1882

Vogelgesang R, der Bürger als Feuerwehrmann. Plan zur Organisation des Feuerlöschwesens in kleineren und Mittelstädten. Annaberg 1860

Vogelgesang, Guil. (Ferd. Car.) (geb. Potsdam 17. 9. 1814): De arthritide. Berolini (1841). (32 S.) 8°
Berlin, Med. Diss. v. 27. März 1841

Vogelgesang, Wilhelm, Medizinalprakt.: Aus d. Universitätskl. für Ohrenkrankh. Über multiple Sarkome des Rachens. Mit 2 Abb. Wiesbaden: Bergmann 1910. 19 S., 2 Taf. 8°
¶ (Aus: Zeitschr. f. Ohrenheilk. Bd 61.)
Straßburg, Med. Diss. v. 3. Nov. 1910, Ref. Chiari
[Geb. 30. Jan. 85 Niederhagental; Wohnort: Gebweiler; Staatsangeh.: Elsaß-Lothringen; Vorbildung: Gymn. Gebweiler Reife Juli 04; Studium: Straßburg 2, München 1, Straßburg 7 S.; Coll. 16. Juni 10; Approb. 15. Dez. 09.] [U 11. 4272

Vogelgesang, Wolfg., die Erzlagerstätten bei Freiberg, siehe: Gangstudien, Bd. II. 1. Hft.

— Przibramer Erzniederlage, siehe: Gangstudien. (I. Bd.) 3. Hft.

Vogelsang, Jh., unentbehrl. Küchenbuch für alle Haushaltungen rc. 8. Altona 797. 2e A. 798. N. A. 802. Kaven. (Wienbrack in Leipz.) 8 gr

Vogelsang, Johann Jakob Fr.

Vogelsang, J. J. F., Aenigmata, quae vocant Charadeu. 8. Nördling. Beck. (Feind, Lips.) 810. — 20

— Erndtepredigt am 1. Oct. 1820. 8. Nördl. 820. Beck. 6 gr

— d. vier Evangelien zu synthetischen Homilien skizzirt. 8. Nördl. 801. Beck. 16 gr

— Gebete u. Lieder zu Förderung e. vernünft. Gottesdienstes. 8. Nördl. 800. Beck. 16 gr

— abgekürzte Predigten über d. sonntägl. Evangelien d. Trinitatissonntage. 8. Nördl. 818. Beck. 6 gr

— Predigtentwürfe über d. sonn- u. feiertägl. Evangelien. 2 Thle. 8. Nördl. 796. Beck. 1 ß

— Predigtentwürfe über d. Leidensgeschichte Jesu Christi, nach Matthäus u. Johannes. 8. Nördl. 799. Beck. 12 gr

Vogelsang, Louis, die Contorwissenschaft. Handelscorrespondenz, Buchhaltung und die übrigen Contorarbeiten, nebst kaufmänn. Terminologie. Praktisch und theoret. bearb. Als Anh. und unentbehrl. Rathgeber: Das allgemeine deutsche Handelsgesetzbuch mit Ausnahme des Seerechts und die deutsche Wechselordnung. gr. 8. (VIII und 311 S.) Stuttgart 867, Koch. cart.

Vogelheerd, der, oder zweckmäßigste Vorlegeblätter zum Vogelzeichnen. Ein Geschenk f. angehende Zeichner, um die richtigste und natürlichste Schatten-Construction praktisch zu erlernen. 12. Carlsruhe 836. Cabinet für Literatur, Kunst u. Musik. In verziert. Schachtel 7/12 ß

Vogelhold, Zachäus, Werbung, Trauung u. Hochzeitsfest von Robin Rothkehlchen u. Jenny Zaunkönig. Nebst einem Anh. von Robin's frühzeitigem, traurigem Tode. Für die liebe Jugend hrsg. 8. (16 Bl. m. eingedr. color. Holzschn.) Leipzig 850, Baumgärtner. 12 ngr

Vogelhuber, s. Voglhuber.

Vögeli s. *auch* Vögelin.

Anon.: Hans Heinrich Vögeli. Zürich, Kantonsschule, Progr. 1875.

Vögeli, A., Plan der Stadt Zürich und ihrer Umgebungen. Gestochen von H. Müllhaupt. Fol. Zürich 869, Leuthold.

Vögeli, Albert

Vögeli, Alb., zur Situation der Nordostbahn. Denkschrift an die Aktionaire dieser Unternehmung. gr. 8. (82 S.) Zürich 878, (Meyer und Zeller.) * 2 —

Vögeli, A. Zur Situation der Nordostbahn. Eine Denkschrift an die Actionnäre dieser Versammlung. 81 Seit. 8°. Zürich, Selbstverlag. 1878.

Vögeli, Cornelius, s. Vögeli, Kornelius

Voegeli, Franc. (Anton.) (geb. Zurich 22. 10. 1825): De duobus novis acidi phosphorici cum aethere connubiis. Berolini (1848). (26 S.) 8°.
Berlin, Phil. Diss. v. 26. Aug. 1848

Vögeli, Geo., der konstanzer Sturm im Jahre 1548, mit ergänz. Zusätzen aus dem gleichzeit. Chronisten Christ. Schultheiß span. Ueberfall der Stadt Constanz u. urkundlichen Beilagen. gr. 8. (12½ B. u. 1 Portr.) Belle-Vue 846, Verlags-Buchh.

Vögeli, H[ans] H[einrich]. Schweizerische Chronik 1873. 8. Basel 1874.

Vögeli, Hans Heinr., Geschichte des europäischen Staatensystems vom Zeitalter der Reformation bis zur ersten französischen Revolution. (In 2 Abthlgn.) I. Abthl. Vom Zeitalter der Reformation bis zur Selbstherrschaft von Ludwig XIV. (1519 — 1661.) gr. 8. (XXX und 639 S.) Zürich 856, Meyer und Zeller's Verlag. *

Vögeli. Hans Heinrich: Carl V. auf dem Reichstag von Augsburg 1530 mit Bezug auf die Schweizerischen Angelegenheiten. Zür. Orell Füssli Cie Dr. 1849. 32 S. 4°.
Programm der züreher. Kantonsschule 1849.

Vögeli, Hans Heinr., die Leibesübungen, hauptsächlich nach Elias. gr. 8. (16½ B. u. 16 Stnt.) Zürich 843, Meyer u. Zeller. *

Vögeli, H. H., u. J. J. Hottinger, Heinr. Bullingers Reformationsgeschichte, s. Bullinger, H.

Vögeli, Hans Heinrich: Urkundliches über das franz.-schweiz. Defensivbündniss von 1777. Zür. Zürcher u. Furrer Dr. 1861. 1 Bl., 32 S. 4°.
Programm der Kantonsschule in Zürich 1861.

Vögeli, Hans Heinrich: Zum Verständniss von Meister Hämmerli's Schriften (bis auf die Costnizer-Versammlung, 1414). Zür. F. Schulthess Dr. 1873. 1 Bl., 31 S. 4°.
Programm der Kantonsschule in Zürich 1873.

Vögeli, Hans Heinr[ich]: Versuch einer kritischen Ausgabe der wichtigsten Staatsverträge, welche die Schweiz mit dem Auslande schloss. Zür. Orell Füssli Cie Dr. 1847. 30 S., 1 Bl. 4°.
Programm der züreher. Kantonsschule 1847.

Vögeli, J. Heinr., neue Kirchenzeitung f. d. reform. Schweiz, s. Kirchenzeitung.

Vögeli, Jb. Edw., († 1793.), s. Christus u. seine Lernjünger.

Vögeli, Kornelius

(Vögeli, Cornelius.) **Antwort auf die Botschaft des hohen Regierungsrates vom 21. März 1902 betreffend die Salinenfrage und Kontrollbohrung. An den h. Grossen Rat des Kantons Aargau. ([Vom] Entdecker des Salzlagers Klingnau-Koblenz: Kornelius Vögeli. 1902 Oktober 10.) 14 S. 8. [Aarau, H. R. Sauerländer & Co.]**
Mit Beilage: (Eingabe desselben Verf. vom 15. Mai 1902.) 3 S.

Vögeli, Otto, med. pract. von Frauenfeld: **Statistische Vergleiche über männliche und weibliche Trinker.** Basel 1906. 14 S. 8°. [28. VI. 06.]
Zürich. Med. Diss. 1905/1906.

Vögeli, Otto. Statistische Vergleiche über männliche und weibliche Trinker. Diss. Med. Univ. Zürich. [Sep.-Abdr. aus: Internationale Monatsschrift zur Erforschung des Alkoholismus und Bekämpfung der Trinksitten. Jahrg. 16, Heft 6.] 13 S. 8. Basel, Friedrich Reinhardt, 1906.

Vögeli-Nünlist, Glieb., s. Gesangstext des Passionsspieles in Selzach.

(Vogelin. Salomon V.) Njbl. s.a. [Vögelin, Anton Salomon]

Vögelin, Salomon. [Zürich 1850.] V: *Vögelin, Anton Salomon.* (Cat. d. Stadtbibl. Zürich. Zürich 1864—97.)

Vögelin, [Anton] Sal[omon]. Agis und Kleomenes. Oeffentlicher Vortrag, gehalten den 14. Januar 1858. 8. Zürich 1858.

— Aischylos, s. Vorträge, akademische, von Zürcherischen Dozenten.

[Vögelin, Anton Salomon.] (Das Alumnat für Studirende der Theologie in Zürich. [Mit 1 Tafel.]) Njbl. Hülfsges. Zürich 1841. 4. [Zürich.]

[Vögelin, Anton Salomon.] (Franz Urs von Balthasar, 1689–1763. [Mit 1 Portrait-Tafel.]) Njbl. Stadtbibl. Zürich 1832. 4. [Zürich.]

[Vögelin, Anton Salomon.] Die Becher der ehemaligen Chorherrenstube (in Zürich). [Mit Illustrationen und 1 Tafel.] Njbl. Stadtbibl. Zürich 1860. 4. Zürich.

—— die literarische Bedeutung Zürichs um die Mitte des vorigen Jahrhunderts, } s. Vorträge, akademische.

[Vögelin, Anton Salomon.] Beleuchtung des „freien Wortes" an die freien Zürcher", betreffend Doktor [David Friedrich] Strauss und seine Lehre. 8. Zürich und Frauenfeld 1839.

[Vögelin, Anton Salomon.] Die Briefe der Johanna Grey und des Erzbischofs (Thomas) Cranmer ([in der Zürcher] Stadtbibliothek). [Mit 2 Tafeln.] Njbl. Stadtbibl. Zürich 1864. 4. Zürich.

Vögelin, A. S., Herders Cid, die französische und die spanische Quelle zusammengestellt. 8. (X, 366 S.) Heilbronn 879, Gebr. Henninger. * 8 —

—— das zürcherische Diptychon des Consuls Areobindus, s.a. **Mittheilungen der antiquar. Gesellschaft in Zürich.**

Vögelin, Salomon: Das Zürcherische Diptychon des Consuls Areobindus. — L[udwig] **Ettmüller:** Einiges über den Ritterstand und über die bei der Ertheilung dieser Würde einst üblichen Gebräuche. — Heinrich **Schweizer:** Blicke in die Götterwelt der arischen Inder. (Zur Feier des fünfzigjährigen Amtsjubiläums Herrn Heinrich Escher Dr. Philos., Professor der Geschichte am obern Gymnasium am 2. Februar 1857 überreicht von seinen Collegen den Lehrern des Zürcherischen Gymnasiums.) [I u. II = Mitteilungen der antiquar. Ges. in Zür. XI 4]. Zür. Zürcher u. Furrer Dr. 1857. IV, 5–43, 2 Taf. 4°.

Vögelin, S[alomon]: Zur Erinnerung an Herrn Dr. Johann Ulrich Fäsi, Professor und Rektor am zürcherischen Gymnasium. Zür. Zürcher u. Furrer Dr. 1870. 1 Bl., 26 S. 4°.
Programm der Kantonsschule in Zürich 1870.

[Vögelin, Anton Salomon.] Erinnerungen an 1804, einem kleinsten kreise von jahrgangern vorgelesen am 12. mai 1854. (Als handschrift gedruckt.) 8. (Zürich.)

[Vögelin, Anton Salomon.] Erinnerungen an (Ulrich) Zwingli. [Mit 1 Portrait-Tafel.] Njbl. Stadtbibl. Zürich 1865. 4. Zürich.

Vogelin, Salomon. Aus der Familiengeschichte der Keller vom Steinbock in Zürich; von S. V. Festschrift, Herrn Dr. Ferdinand Keller zu seinem achtzigsten Geburtstage am 20. December 1880 dargebracht von der I. Section der philosophischen Facultät der Hochschule Zürich. Zür. Zürch. u. Furr. Dr. 1880. IV, 5–24 S. 4°.

[Vögelin, Anton Salomon.] (Johann Ulrich Fäsi, Professor am Zürcherischen Gymnasium, geb. 1796, gest. 1865. [Mit 1 Portrait-Tafel.]) Njbl. Waisenh. Zürich 1870. 4. [Zürich.]

[Vögelin, Anton Salomon.] Das Freischiessen von 1504 (in Zürich). [Mit 3 Tafeln.] Njbl. Stadtbibl. Zürich 1867. 4. Zürich.

[Vögelin, Anton Salomon.] Geschichte des ehemaligen Chorherrngebäudes beim Grossmünster (in Zürich). (2 Abtheilungen.) [Je Mit 1 Tafel.] Njbl. Stadtbibl. Zürich 1853 u. 1854. 4. Zürich.

[Vögelin, Anton Salomon.] (Friedrich Ludwig Hafner, geb. ... 1802, gest. den 19. Mai 1833. [Mit 1 Portrait-Tafel.]) Njbl. Waisenh. Zürich 1846. 4. [Zürich.]

[Vögelin, Anton Salomon.] (Isaac Iselin, 1728–1782. [Mit 1 Illustration und 1 Portrait-Tafel.]) Njbl. Hülfsges. Zürich 1857. 4. [Zürich.]

[Vögelin, Anton Salomon.] Der Kalender von 1508 (alteste[r] Zürcher K'). [Mit 3 Tafeln.] Njbl. Stadtbibl. Zürich 1868. 4. Zürich.

Vögelin, [Anton] S[alomon]. Das ehemalige Kloster Kappel im Kanton Zürich. Geschichte des Klosters von Professor S. V'. und Bemerkungen über die Bauart der Kirche von Ferdinand Keller. [Mit 1 Grundriss und 2 Tafeln.] (Mittheil. Ant. Ges. Zürich....) 4. (Zürich 1845.)

Ausg. A. (Mittheil.... Band 3. Heft 1.)
Ausg. B. u. d. T.: Gesch' des Kl' Kappel. zumeist nach (Heinrich) Bullinger ([nebst] Bemerkungen uber die Bauart der Kirche.) (Mittheil.... [Njbl.] 9.) – *Anonym*

Vögelin, Anton Salomon *s.* Keller, Ferdinand. und Vögelin, Anton Salomon – Vögelin, Salomon. Geschichte der Wasserkirche... in Zürich. [Heft 6 *u.* 7.]

Vögelin, [Anton] S[alomon]. Notizen uber das Stift zum Grossmünster vor der Reformation *s.* Keller, Ferdinand. Nachtragliche Bemerkungen uber die Bauart des Grossmunsters in Zurich.... (Zürich 1843.)

[Vogelin, Anton Salomon.] Konrad Pellican (1478-1556). ([Mit einem] Theil der Uebersetzung von Pellicans „Chronicon oder Lebensbeschreibung" [und 1 Porträt-Tafel].) Njbl. Stadtbibl. Zurich 1871. 4. Zürich.

Vögelin, A. Sal., s. Plutarchi vita M. Bruti.

Vögelin. [Anton] Salomon. Konrad Schmid (1476–1531). Comtur zu Kussnach. [SA.] 8. [Zurich 1862.]

Vogelin. [Anton] S[alomon]. Schreiben an das Comite der Chorherren-Baute [in Zurich]. Als Manuscript fur Freunde. 8. [Zurich] 1850.

Vögelin, A. Salomon, über Aristophanes Vogel. Ein Blatt an Hrn. Prof. Dr. Köchly. Zurich (857.) Höhr. 8. (24 S.) n. 7 ngr.

Vögelin, Sal., über Aristophanes Vögel. Lex.-8. (24 S.) Zürich 858, Höhr. *

[Vogelin. Anton Salomon.] (Salomon Vogelin [1774–1849]. [Mit 1 Portrat-Tafel.]) Njbl. Waisenh. Zurich 1850. 4. [Zurich.]

[Vogelin, Anton Salomon.] (M. Otto Werdmuller. 1513–1552.) [Mit 1 Portrat-Tafel.] Njbl. Stadtbibl. Zurich 1838. 4. [Zurich.]

Vögelin, Chr. Har., s. 1) Kaffeehaus, das. 2) Nikokles, Geschichte.

Voegelin, David A.S. 1368/43

Dissertatio physico-mathematica de triangulorum resolutione primario matheseos ad physicam applicatae fundamento, cum annexis thesibus physicis.
Präs. Johann Gesner.
Zürich (Gessner) II. 1757. 28 S.

10 Resp. 35237

Vögelin, Franz. De [illegible] acidi phosphorici cum aethere connubiis. Berolini 1848.

Vögelin, Friedrich Salomon

Vögelin, S., Arbeiten üb. Zürcher Druckwerke, Nachtrag, s.: Heitz, Paul, die Zürcher Büchermarken.

(Vögelin, [Friedrich] S[alomon].) Sebastian Münsters Cosmographey. [A.] 8. [Basel 1882.]

Vogelin. [Friedrich] S[alomon]. Denkmaeler der Weltgeschichte. Eine Sammlung der hervorragendsten Monumente [ca. 200 Tafeln], grosstentheils nach Originalansichten. Geschichtlich und kunsthistorisch erlautert von S. V'.... 2 Bande. [*je* Mit illustriertem Vortitel. 52 Lieferungen.] 4. Basel [1870–1878].

Vögelin, S., Denkmäler der Weltgeschichte in malerischen Orig.-Ansichten in Stahlst. Geschichtlich und kunsthistorisch beschrieben. (In 40—50 Lfgn.) 1.—22. Lfg. gr. 4. (Sp. 1—352 mit 96 Stahlst.) Basel 870—74. Leipzig, Seemann. à Lfg. *M. 1,25. 27 50

Vogelin. [Friedrich] Salomon. Utz Eckstein [Schweizer Dichter aus dem XVI. Jahrhundert]. [A.] 8. [Zürich 1882.]

(V[ögelin, Friedrich] S[alomon].) Zur Erinnerung an Frau Carolina Louisa Voegelin. geb. Escher, geboren... 1814. gestorben 21. Juni 1883. 8. (Zurich.)

Vögelin, Sal. Die Errichtung eines schweiz. National-Museums. Rede, geh. im schweiz. Nationalr. den 9. VII. 1883. S.-A. aus d. Anzeiger d. Bez. Uster. Uster, Druck v. J. Weilenmann. In-8°. 13 Sn.

Vogelin. [Friedrich] Salomon. Geschichte der Kirchgemeinde Uster im XVI. und XVII. Jahrhundert. [Neujahrsgabe fur Uster. Nr. 2. 1867.] 4. Uster 1867.

— **F. Sal.** (Prof.) Die Holzschneidekunst in Zürich im 16. Jahrh. 1. Heft. In-4°. Mit 2 Tfln. Zürich, Druck von Orell F. & Cie. 1 50
*** Züricher Neujahrsblatt der Stadtbibliothek für 1879.

Winterthurer

— *Stadtbibliothek.* Die Holzschneidekunst in Zürich im 16. Jahrh. 2. Heft. Von Prof. *F. S. Vögelin.* In-4°, 22 S. u. 1 Taf. Zürich, Druck v. Orell Füssli & Cie. 1880.

— *Stadtbibliothek.* Die Holzschneidekunst in Zürich im XVI. Jahrhundert. 3. Heft. Von Prof. *S. Vögelin.* In-4°, 20 S. mit 2 Tafeln. Zürich, Druck von Orell Füssli & Cie. 1881. 1 50

s. Jaspers: Der Holbeinstisch auf der Stadtbibliothek zu Zürich.

Vögelin, F. Salomon, Kunst und Volksleben, s. Vorträge, öffentliche, gehalten in der Schweiz.

Neujahrsblatt der Stadtbibliothek in Zürich. 1872. Zurich, Druck v. Orell, Füssli & Co. 18 Stn. 4. Mit 1 Abbildung. 1. 20
Inhalt: (Professor Sal. Vögelin) Die ehemalige Kunstkammer auf der Stadtbibliothek zu Zürich.

Neujahrsblatt von der Stadtbibliothek in Zürich f. 1873. Mit Abbildung. 38 Stn. 4. Zürich, Druck von Orell, Füssli & Co. 1. 20
Inhalt: (Prof. S. Vögelin) Die ehemalige Kunstkammer auf der Stadtbibliothek zu Zürich. 2. Heft (Schluss).

(Vögelin. [Friedrich] Salomon.) Das Leben Ludwig Vogels (1788–1879). Kunstmalers von Zürich. [Mit Illustrationen und 4 Tafeln. 2 Theile.] Njbl. Künstlerges. Zürich 1881 *u.* 1882. 4. [Zürich.]
[Theil 1.] Njbl. .. 1881 – [Theil 2.] Fortsetzung und Schluss. Njbl. ... 1882.

[Vögelin, Friedrich Salomon.] Lebensabriss von A(nton) Salomon Vogelin (1804–1880), Dr. phil. und Professor. [2 Theile. *je* Mit 1 Tafel.] Njbl. Stadtbibl. Zürich 1886 *u.* 1887. 4. Zürich.

[Vögelin. Friedrich Salomon.] Lebensabriss von Salomon Vogelin (1774–1849). Pfarrer und Kirchenrath. [2 Theile. *je* Mit 1 Tafel.] Njbl. Stadtbibl. Zürich 1884 *u.* 1885. 4. Zürich.

[Vögelin, Friedrich Salomon.] Die Legende des h. Eligius. [Mit 1 Tafel.] Njbl. Stadtbibl. Zürich 1874. 4. Zürich.

—— die Madonna v. Loretto. Eine kunstgeschichtl. Untersuchung. Mit einer Beilage, enth. das Verzeichniss der während der französ. Invasion aus Italien weggeschleppten Kunstwerke. gr. 8. (VII, 106 S. mit 1 Photogr.) Zürich 870, Orell, Füssli und Comp. * 3 —

Vögelin, F[riedrich] Salomon. Niklaus Manuel als Künstler. SA. 8. [Frauenfeld 1878.]

Vögelin, F.S. (Prof.) Siehe: „Neujahrsblatt d. Stadtbibliothek in Zürich.“

Vögelin, F. S., das Kloster Rüti, s.a. Mittheilungen der antiquarischen Gesellschaft in Zürich.

Vögelin, F[riedrich] Salomon. Das Kloster Rüti. Stiftung der Freiherren von Regensberg und Grabstätte der Grafen von Toggenburg. [Mit 5 Tafeln.] (Mittheil. Ant. Ges. Zürich ...) 4. Zürich 1862.
Ausg A (Mittheil .. Band 14, Heft 2.)
Ausg B (Mittheil .. [Njbl.] 26.) – *Anonym*

Neujahrsblatt, hrsg. von der Stadtbibliothek in Zürich auf d. J. 1876. Mit 1 Portrait. 39 Stn. 4. Zürich, Druck von Orell Füssli & Co.
* Inh: (Sal. Fr. Vögelin.) Die Sammlung von Bildnissen zürcherischer Gelehrter, Künstler und Staatsmänner auf der Stadtbibliothek in Zürich. 2. Heft. Schluss.

Vögelin, [Friedrich] Salomon. Ueber die neuentdeckte Katakombe San Calisto zu Rom. Vortrag, gehalten in der Antiquarischen Gesellschaft zu Zürich 15. Nov. 1862 von S. V., Sohn. [A.] 8. [Bern 1863.]

Vögelin, Sal. Aegidius Tschudi's epigraphische Studien in Südfrankreich u. Italien, s.a. Mittheilungen der antiquarischen Gesellschaft in Zürich.

Vögelin, [Friedrich] S[alomon]. Ægidius Tschudi's epigraphische Studien in Südfrankreich und Italien. Ein Beitrag zur Geschichte des deutschen Humanismus. 4.
Ausg A (Mittheil. Ant. Ges. Zürich Band 23, Heft 1.) Leipzig 1886. [?]
Ausg B ([Gelegenheitsschrift. Sep.-Ausg. von:] Mittheil. Ant. Ges. Zürich. Band 23. [Heft] 1.) Zürich 1887.

Vögelin, [Friedrich] S[alomon]. Ueber Tendenz und Methodik des Geschichtsunterrichts in der Ergänzungsschule. Vortrag, gehalten auf Veranstaltung der Erziehungsdirektion in den Versammlungen der zürcherischen Schulkapitel. 8. Zürich 1874.

—— über das Verhältniss der Christen zur bild. Kunst während der ersten vier Jahrh., s.a. Vorträge, öffentliche.

Vögelin, Prof. S., über das Verhältniss der Christen zur bildenden Kunst während der ersten 4 Jahrhunderte. Vortrag. 8. Basel, Schweighauser. —. 80

Vögelin S. über das Verhältnis der Christen zur bildenden Kunst während der ersten vier Jahrhunderte. (Vorträge, Öffentliche II, 3) Basel 1872

Vögelin, F. Salomon, Wandgemälde im bischöflichen Palast zu Chur, s.a. Mittheilungen der Antiquar. Gesellschaft in Zürich.

Vögelin, F. S. Die Wandgemälde im bischöflichen Palast zu Chur mit den Darstellungen der Holbeinischen Todesbilder. (Mittheil. d. antiq. Gesellsch. zu Zürich. Bd. XX. Abth. 2, Heft 1.) 4⁰, Zürich, Orell F. &. Cie. 1878. 8 75

Vögelin, F. Salomon, Wandgemälde im bischöflichen Palast zu Chur mit den Darstellungen der Holbeinischen Todesbilder. Eine kunstgeschichtl. Untersuchung. Hrsg. von der Antiquar. Gesellschaft in Zürich. gr. 4. (83 S. m. 4 Steintaf. u. 1 Tab.) Zürich 878. Orell, Füssli & Co. in Comm. n. 7. —

Vögelin, [Friedrich] Salomon. Wer hat zuerst die römischen Inschriften in der Schweiz gesammelt und erklärt? [A.] 8. [Zürich 1886.]

Vögelin, Salomon. Das Alte Zürich. 2 Bände. 8. Zürich 1878–1890.
Band 1. Eine Wanderung durch Z. im Jahr 1504 von S. V. 2. durchaus umgearbeitete Aufl. von Dr. Arnold Nüscheler und F[riedrich] Salomon Vögelin. [Mit Illustrationen und 7 Tafeln.] ([9] Lieferungen.) – *A. u. d. T.*: Das A. Z. historisch und antiquarisch dargestellt von S. V. 2. durchaus umg. und vermehrte Aufl. 1878(–1883).
Band 2. Beiträge zur Geschichte der Stadt Z. und ihrer Nachbargemeinden. Hrg. von einer Vereinigung zürcherischer Geschichtsfreunde. ([13] Lieferungen.) (1888–)1890.

—— das alte Zürich. Historisch und antiquarisch dargestellt. 2. durchaus umgearb. und verm. Aufl. 5 Lfgn. gr. 8. (224 S. mit 4 Holzschntaf. und 1 Lichtdr.) Zürich 879, Orell, Füssli und Comp. à Lfg. * ℳ 1,50. * 7 50

—— das alte Zürich. Historisch und antiquarisch dargestellt. 2. durchaus umgearb. und verm. Aufl. 6.—11. (Schluss-) Lfg. gr. 8. Zürich, Orell, Füssli und Comp. [6.—10. Lfg. (S. 225—480 mit 2 Holzschntaf.) 880—83. à *ℳ 1,50.; 11. Lfg. (XII, S. 481—671.) 883. *ℳ 3.] * 10 50
compl. *ℳ 18.; geb. * 20 —
1.—5. Lfg. Ebendas. 1879. à *ℳ 1,50.

—— das alte Zürich. 2. Bd.: Beiträge zur Geschichte der Stadt Zürich und ihrer Nachbargemeinden. Hrsg. von einer Vereinigung züricher. Geschichtsfreunde. 1. und 2. Lfg. gr. 8. (S. 1—128.) Zürich 888, Orell, Füssli und Comp., Verlag. à Lfg. * 1 50
1. Bd. Ebendas. 1879—83. *ℳ 16.—.

—— Das alte Zürich. 2. Bd. Beiträge zur Geschichte der Stadt Zürich u. ihrer Nachbargemeinden. Hrsg. v. e. Vereinigg. zürcher. Geschichtsfreunde. 3.—13. (Schluss-) Lfg. gr. 8. (S. 129—752.) Zürich 889,90, Orell, Füssli Verlag. à Lfg. * 1 50; * 16 50
1 Bd. u. 2 Bd., Lfg. 1. 2. Ebd. 1879—88. * 21 —; 2 Bde. compl. geb. * 45 —.

Vögelin, [Friedrich] S[alomon]. Ulrich Zwingli. Vortrag, gehalten ... in Basel am 10. Februar 1868. 8. Winterthur 1868.

Vögelin, [Friedrich] Salomon. Ulrich Zwingli. Rede bei der von den Grütlivereinen Zürich und Neumünster den 13. Januar 1884 ... [zu Zürich] veranstalteten Zwingli-Gedenkfeier gehalten von Prof. S. V., Nationalrath. Nach stenographischer Aufzeichnung. Hrg. von J. Enderli-Brunner ... 8. Zürich.

Vögelin, H[ans] H[einr.] [illegible] 1661. Zürich 1856.

Vögelin, H[ans] H[einr.] [illegible] Zürich 1843.

Vögelin, H[ans] H[einr.] Schweizer [illegible] 1873. Basel 1874.

Vögelin, H[ans] H[einr.] [illegible] Zürich 1873.

Vögelin, Hans Konr., s. Webb, Untersuchung.

Vögelin, Heinrich: Schmalspurige und billige Eisenbahnen. Liestal 1870.

Vögelin, H., Schmalspurige u. billige Eisenbahnen. Eine Studie angesichts der mancherlei heutigen Eisenbahnbestrebungen. 43 Stn. u. 1 Taf. Profile. 8. Liestal, gedr. bei A. Brodbeck. 1871 1.

Vögelin, Hermann, aus Karlsruhe i. B.: **Zur Pathogenese und pathologischen Anatomie des Mal perforant du pied.** *Freiburg i. B. 1899: Ch. Lehmann's Nachf.* (57 S.) 8°
Freiburg i. B., Med. Diss. v. 1899

Vögelin, Johann Konrad

Vögelin, J. C., histor.-geograph. Atlas der Schweiz in 14 Bl. nach den Angaben der bewährtesten schweiz. Geschichtschreiber u. Geographen u. nach urkundl. Quellen bearb. 1. u. 2. Lfg. Imp.-Fol. (Bl. 1—4.) Zürich 846, 47. à L. *

Vögelin, J. C., und G(erold) Meyer von Knonau, historisch-geographischer Atlas der Schweiz in 14 Blättern. 3. und 4. Lfg.: Nr. 5—8. Lithogr. und ill. gr. Fol. Zürich 850—52, Schulthess. à Lfg. * 1 Thlr. *
1. und 2. Lfg. Ebendas. 1846—47. * 2 Thlr.

—— und G(erold) Meyer v. Knonau, historisch-geographischer Atlas der Schweiz in 14 Bl. 5. Lfg. enth. Bl. 9. und 10. Lithogr. und ill. gr. Fol. Zürich 855, Schulthess. Thlr. *
1—4. Lfg. Ebendas. 1846—52. * 4 Thlr.

—— und G. Meyer v. Knonau, historisch-geographischer Atlas der Schweiz. 6. und 7. Lfg. Lithogr. und ill. qu. Imp.-Fol. Zürich 868, Schulthess. [6. Lfg. Blatt 11 und 12. * 1 Thlr., 7. Lfg. Blatt 13—15. * 1 Thlr. 4 Ngr.] *
1.—5. Lfg. Ebendas. 1846—55. * 5 Thlr.

Vöglin, J. C., Geschichte der Schweizer Eidgenossenschaft. 1r Bd. gr. 8. Zürich, Geßner. 820.

Vögelin, Jh. Konr., Geschichte d. Schweiz. Eidgenossenschaft. 3 Bde. gr. 8. Zürich 821—25. Geßner. 3 ꝛß 20 gr 1r Thl. 2e Aufl. gr. 8. Ebd. 827. 1 ꝛß 21 gr

Vögelin, Joh. Conr., Geschichte d. Schweizer. Eidsgenossenschaft 1. Bd. u. 2. Bd. 1. Abthl. 2., umgearb. u. verb. Aufl. gr. 8. . . . Zürich 827, [Siegfried.]
hrbgs. Pr. 1 Thlr. 12 Gr., wß. Pap.

Vögelin, Jh. Konr., Geschichte der schweizer. Eidgenossenschaft. 2e umgearb. u. verm. Aufl. 1r Bd u. 2r Bd. 1e Abthl. gr. 8. Zürich 827—32. (Leipzig, Fr. Fleischer.) 2 ꝛß

Vögelin, Joh. Conr., Geschichte d. schweizer. Eidsgenossenschaft. Supplementbd. z. 1. Aufl. — 2. Bd. 2. Abthl. 2., umgearb., verb. u. bis auf d. neuste Zeit fortgeführte Aufl. (1700—1838.) gr. 8. (46 B.) Zürich 838, Schultheß. *
1. Bd. u. 2. Bd. 1. Abth. Ebendas. 1827. * 1 Thlr. 22 Gr.

Vögelin, J. Conr., Geschichte der schweizerischen Eidsgenossenschaft. 3., nach dem Hinscheide des Verf. ganz umgearb. Aufl. von Heinr. Escher. 1. Bd. gr. 8. (XII und 549 S.) Zürich 854(55,) Schultheß. *

Vögelin, J. Conr., Geschichte der schweizerischen Eidsgenossenschaft. 3., nach dem Hinscheide des Verf. ganz umgearb. Aufl. von Heinr. Escher. 2—4. (Schluß-)Bd. gr. 8. Zürich, Schultheß. [2. Bd. (VII und 628 S.) 856. * 1 Thlr. 18 Ngr., 3. (VII und 486 S.) 857. * 1 Thlr. 14 Ngr., 4. (V und 436 S.) 859. * 1 Thlr. 14 Ngr.] *
1. Bd. Ebendas. 1854. * 1 Thlr. 18 Ngr.

Vögelin, J. Konr., Geschichte der schweizerischen Eidgenossenschaft. 4 Bde. 3., nach dem Hinscheiden des Verf. ganz umgearb. Aufl. von Heinr. Escher. gr. 16. (3019 S.) Zürich 860,61, Schultheß. *

—— dass. — s. Volksbibliothek, schweizerische.

— über die Heimathlosen und die Pflicht ihrer Versorgung u. Einbürgerung. Ein Vortrag. Gedruckt auf Verlangen der gemeinnütz. Gesellschaft des Bezirks Andelfingen. 8. Frauenfeld 838. Beyel. 1/8 ꝛß

Vögelin, J[ohann] C[onrad]. Die Schweizer-Geschichte für Schulen. 8. Zürich.
[1. Aufl.] 1833. – 2. Aufl. 1836.
3. Aufl. 1852. – 4. Aufl. 1862.
5. von A[nton] Färber durchgesehene und bis auf die neueste Zeit fortgesetzte Aufl. 1868.
6. von A[nton] Färber theilweise veränderte und bis 1872 fortgesetzte Aufl. 1872.

—— die Schweizer-Geschichte f. Schulen. 8. (17 B.) Zürich 833, Schultheß.

—— die Schweizergeschichte f. Schulen. 2. Aufl. 8. (..B.) Zürich 836, Schultheß.

Vögelin, J. C., die Schweizer-Geschichte für Schulen. 5. und 6. von A. Färber durchges. und bis auf die neueste Zeit fortges. Aufl. 8. (IV, 250 S.) Zürich 868,72, Schultheß. 1 20

Vögelin, Martin: Staatl. obligator. Mobiliarversicherung, s. Lenz, Johann

Vögelin, O[scar]. Das Kadettenkorps Meilen. Gedenkschrift zu dessen 50-jährigem Bestande. (1858—1908.) Verfasst im Auftrage der Kadettenkommission von O. V'.... [Mit Illustrationen und 5 Tafeln.] II + 66 S. 8. Meilen, H. Ebner, 1908.

Vögelin, S, Internationale Fabriksgesetzgebung. 8⁰. Chur 1880.

Vögelin, S., u. J. J. **Müller,** Lehr- u. Lesebuch für die Volksschule, 7.—9. Schuljahr. II. Theil. Allgem. u. vaterländische Geschichte. 1. Lehrbuch. 418 Stn. 8. und 2. Lesebuch. 449 Stn. 8. Mit 20 Holzschn. Zürich, Commissionsverlag v. J. Wurster & Co. 1874. 5. —

Vögelin, S., über das Wesen und die Zielpunkte der Sozialdemokratie. Rede, gehalten im Zürcher. Kantonsrathe den 9. Aug. 1881. gr. 8. (39 S.) Bern 881, Lang und Comp. * — 80

Vögelin, Salomon, s.a. Vögelin, Anton Salomon
Vögelin, Friedrich Salomon

[Vögelin, Salomon.] (Das Brandunglück von Sargans 1811. – Ulrich Hofmeister, Altlandvogt von Sargans. 1750–1812. [Mit 1 Tafel.]) Njbl. Hülfsges. Zürich 1813. 4. [Zürich.]

Vöglin, S., prakt. Erklärung des Zürcherischen Katechismus, für angehende Prediger und Katecheten, nach dem Bedürfniß unserer Zeit. 8. Zürich. (Leipzig, Fr. Fleischer.) 816. Rthlr. 1 6

Vögelin, Sam., prakt. Erklärung des Züricherischen Katechismus, für angehende Prediger u. Katecheten, nach d. Bedürfniß unserer Zeit. (A. u. d. T.: Handbuch d. evangel.-reform. Glaubenslehre, nach Anleit. d. Züricher Katechismus). 8. Zürich 816. Schultheß. 1 ꝛß 12 gr

Vögelin, Salomon. Erweckungs-Predigt zu einer milden Steuer für die Cantone Schwyz und Unterwalden. Gehalten... zu Zürich... den 23. Wintermonat 1806. 8. Zürich 1806.

[Vögelin, Salomon.] (Heinrich Escher, geb. 1713, gest. 1777. [Mit 1 Porträt-Tafel.]) Njbl. Chorh. Zürich 1835. 4. [Zürich.]

— d. Fragen d. Züricherischen Katechismus in sogenannten Applikationen oder Schulreden durch bibl. Geschichten erläutert, oder d. prakt. Erklärung d. Zürich. Katechismus ꝛc. 2r Thl. gr. 8. Zürich 825. Schultheß. 1 ꝛß 12 gr

— s. a. Cyh. Froschauer.

(Vögelin, S[alomon].) Christoph Froschauer († 1564), erster berühmter Buchdrucker in Zurich, nach seinem Leben und Wirken, nebst Aufsatzen und Briefen von ihm und an ihn (°*Umschlag:* Zur vierten Säkularfeier der Erfindung der Buchdruckerkunst den 24. Juni 1840). [Mit 2 Vignetten.] 4. Zürich 1840.

(Vögelin, Sal.,) Christoph Froschauer, erster berühmter Buchdrucker in Zürich, nach seinem Leben u. Wirken, nebst Aufsätzen u. Briefen von ihm u. an ihn. gr. 4. (3½ B. u. 2 farb. Holzschnittvign.) Zürich 840, (Höhr.) Thlr. *

Vögelin, Salom., die Geschichte Jesu und der Ursprung der christlichen Kirche. Für das Volk und die höheren Volksschulen dargestellt. 8. (183 S.) Rapperswyl 867. (Leipzig, Zander.)

[Vögelin, Salomon.] (Geschichte des Spitals in Zürich. [Mit 1 Tafel.]) Njbl. Hulfsges. Zurich 1831. 4. [Zurich.]

Vögelin. Salomon. Geschichte der Wasserkirche und der Stadtbibliothek in Zürich. 7 Hefte. [*Je* Mit 1 Tafel.] Njbl. Stadtbibl. Zurich 1842–1848. 4. Zurich (1842–)1848.
Heft 6 u. 7 [vollendet von Anton Salomon Vögelin].

Vögelin, S[alomon, und] Keller, Ferdinand. Der Grossmunster in Zurich. 2 [Theile. Mit Figuren und 4 Tafeln]. (Mittheil. Ant. Ges. Zürich ....) 4. (Zurich 1840–1841.)
[Theil] 1. Geschichte. Von S. V. .. — [Theil] 2. Architectur. Von F. K. ..
Ausg. A. (Mittheil. . Band 1. Heft 1–5.)
Ausg. B. (Mittheil. . [Njbl.] 1–5.) — *Anonym.*

— — **Handbuch der evangelisch-reformirten Glaubenslehre nach Anleitung des Zurcherischen Katechismus, für angehende Prediger und Katecheten, nach dem Bedürfniß unserer Zeit. 8. Ebend. (Ebend. in Comm.) 816. x 6**

[Vögelin, Salomon.] (Wolfgang Joner. Abt von Cappel. 1471–1531. [Mit 1 Tafel.]) Njbl. Chorh. Zurich 1830. 4. [Zurich.]

Vögelin. S[alomon]. Der Kreuzgang beim Grossmunster in Zurich. Mit 16 Kupfertafeln. 4. Zurich.
Ausg. A. ([4] Hefte. Mittheil. Ant. Ges. [Zürich. Band 1. Heft 6].) [1841.]
Ausg. B. SA. 1845.

[Vögelin. Salomon.] (Die Legende von der heiligen Verena und [die Entwicklung] der Krankenpflege durch das weibliche Geschlecht. [Mit 1 Tafel.]) Njbl. Hulfsges. Zürich 1834. 4. [Zurich.]

— **christl. Liederbüchlein, von dem Zürcherischen Erziehungsrathe verordnet für die Schulen des Kantons. Stereotyp-Ausg. 16. Zürich, Schultheß. 1 nß**

[Vögelin, Salomon.] (Josua Mahler, 1529–1598 [*d. i.* 1599]. [Mit 1 Portrait-Tafel.]) Njbl. Chorh. Zürich 1804. 4. [Zürich.]

Vögelin, Sal., s. Platon's Unterredungen über d. Gesetze.

Vögelin, Salomon. Predigt bey Anlaase des am 2ten Herbstmonat erfolgten schauervollen Natur-Ereignisses im Kanton Schwyz. Gehalten... zu Zürich... den 21. Herbstmonat 1806. 2. Aufl. 8. Zürich 1806.

Vögelin, S[alomon]: Probe einer Uebersetzung aus Aristophanes Fröschen (757–1533). Zür. Zürcher u. Furrer Dr. 1854. 38 S., 1 Bl. 4°.
Programm der zürcher. Kantonsschule 1854.

Vögelin, S[alomon]: Probe einer Uebersetzung von Aischylos Persern (1–[600 Herm.]). Zür. Zürcher u. Furrer Dr. 1859. 23 S. 4°.
Programm der zürcher. Kantonsschule 1859.

[Vögelin, Salomon.] Rettung des Menschenlebens aus der Gefahr in den Fluthen unterzugehen. [Mit 1 Tafel.]) Njbl. Hulfsges. Zurich 1823. 4. [Zürich.]

Vögelin. S[alomon]. Zürich's ehemalige Stadtthore. Ein Beitrag zur Geschichte der Stadt Zürich. Bearb. von S. V. [Mit 8 Tafeln. 2 Lieferungen.] 8. Zürich 1840.

[Vögelin, Salomon.] (Johannes Stumpf. 1500–1566. [Mit 1 Portrait-Tafel.]) Njbl. Stadtbibl. Zurich 1836. 4. [Zürich.]

[Vogelin, Salomon.] (Die Thurbrucke bei Bischofzell. [Mit 1 Tafel.]) Njbl. Hulfsges. Zurich 1829. 4. [Zürich.]

Vögelin, S[alomon]: Uebersetzung von Demosthenes dritter Philippischer und der Rede über die Dinge im Chersones. Zür. Zürcher u. Furrer Dr. 1856. 29 S. 4°.
Programm der zürcher. Kantonsschule 1856.

—— welche Veränderungen u. Verbesserungen sollten in uns. evangel.-reform. Kultus vorgenommen werden? Auszug aus e. Reihe v. Vorlesn. vor d. ascet. Gesellschaft in Zürich, geh. in d. J. 1817, 1820 u. 1821. gr. 8. (6 B.) Frauenfeld 837, [Zürich,] Beyel.

Vögelin, Sal., das alte Zürich, histor.-topograph. dargest. Od. e. Wanderung durch dasselbe im J. 1504. Mit Erläutern. u. Nachträgen bis auf d. neueste Zeit. gr. 8. (23¼ B. u. 3 Ansichten.) Zürich 829, Orell, Füßli u. Comp.

— s. u. Zwingli, sämmtl. Schriften.

Vogelius, Joh. Ge.: Ad locum Ciceronis de offic. lib. 2. c. 5 pauca diss. de quaestione: An bello plures, quam alia ratione e vita discedant homines. Budissae 1767.

Vogelius, Lauritz Spandet, üb. den Alkohol, speciell sein Einfluss auf die Respiration, den Harn u. die Körpertemperatur. Eine physiolog. Untersuchg. gr. 8. (112 S. m. 1 Steintaf.) Kiel 885. (Lipsius & Tischer.) n. 2. 40

Vogelkalender, s.: Natur, die deutsche, in Monatsbildern.

Vogel- und Aquarienkunde, Zeitschrift für Vogel- und Aquarienliebhaber, Züchter, Händler und Sammler. [Verkehrsblatt für Kauf und Tausch.] Hrsg. von Guido Findeis. Mit den Beilagen: „Vom Geflügelhof" und „Der Kanarienvogel". 5. Jahrg. 1887. 12 Nrn. (à Nr. 2—2½ Bog.) gr. 4. Wien, (O. Frank's Nachf.) * 6 —

—- dass. — Hrsg. von Guido Findeis. 6. Jahrg. 1888. 24 Nrn. (Bog.) gr. 4. (Ebendas.) * 4 —

Vogell, (Hofbau-Inspector,) Kunst-Arbeiten aus Niedersachsens Vorzeit. Heft I. gr. Fol. (6 Steindrucktaf., von welchen 3 in Farbendruck, mit Text.) Hannover 843, Schrader'sche Hof-Kunsth. (Leipzig, R. Weigel.) n. ⅔ nß

Vogell, F.

— Samml. theils gedruckter, theils bisher ungedruckter Urkunden, woraus d. Versuche e. Geschlechtsgeschichte d. Hochadel. Hauses 2c. entworfen ist. 4. Ebd. 815.

Vogel, F., üb. d. Ursprung des Calands. Hannov. 1813. 4.

Vogell, F., Versuch einer Geschlechtsgeschichte des Hauses v. Behr im Hannöverschen u. Kurländischen. gr. 4. Celle (Hannov.) 815. Hahn. 3 nß

— Versuch e. Geschlechtsgeschichte d. Reichsgräfl. Hauses v. Schwicheldt, nebst Urkunden. gr. 4. Hannov. 824. Hahn. 3 nß 12 K

Vogelleim, Friedrich

Vogelleim, Fr., gen. F. F. Franke, s.a. Gegen Georg Herwegh.

Vogelleim, Friedrich, genannt F. F. Franke. Gegen Georg Herwegh. Mit je zwei Musikbeilagen. Berlin, A. W. Hayn 1843. 76 S. 8.

Vogel-Liebhaber, der. Anleitung zur Pflege und Zucht der beliebtesten in- und ausländischen Sing- und Ziervögel. Von einem erfahrenen Vogelwirthe. 8. (154 S.] [Elberfeld 879.] Köln, Püttmann.

Vogel-Liebhaber, der. Anleitung zur Pflege u. Zucht der beliebtesten in- u. ausländ. Sing- u. Ziervögel. Hrsg. v. erfahrenen Vogelwirten. 2. Aufl. 8. (156 S.) Köln 885. Püttmann. 1.50

Vogelliebhaber, der. Blätter für Vogelkunde, -Zucht u. -Pflege, insbesondere der Stubenvögel. Red.: C. Wahl. 1. Jahrg. April 1890—März 1891. 24 Nrn. (1/2 B.) gr. 8. Leipzig, Exped. d. Allgemeinen deutschen Geflügelzeitung. n. 2. —

Vogelliebhaber, der. Blätter f. Vogelkunde, -Zucht u. -Pflege, insbesondere der Stubenvögel. Nebst Gratis-Beilage: Geflügelmarkt. Red.: Carl Wahl. 2. u. 3. Jahrg. 1891. 1892. à 24 Nrn. (1/2 Bog.) gr. 8. Leipzig, Exped. d. Allgem. deutschen Geflügelzeitung. à Jahrg. n. 2. —

— dasselbe. 4. u. 5. Jahrg. 1893. 1894. à 26 Nrn. (Bog.) gr. 4. à Jahrg. n. 2. —

Vogelliebhaber, der. Blätter f. Vogelkunde, Zucht u. Pflege, insbes. d. Stubenvögel. Nebst Gratis-Beilage: Geflügel-Markt. Red.: Carl Wahl. 6. Jahrg. 1895. 26 Nrn. (à ca. 2 Bog.) gr. 4. Leipzig, Allgem. Deutsche Geflügelzeitg. n. 2. —

— dasselbe. Red.: Carl Wahl. 7. u. 8. Jahrg. 1896 u. 1897. à 26 Nrn. (à ca. 1 Bog. m. Abb.) Fol. Ebd. n. 2. —
Mit der „Allgem. Deutschen Geflügel-Zeitung" verschmolzen.

Vogelmann, A., Notizen über die Pferdezucht, Gestütseinrichtungen, Veterinärschulen, Marställe und Trainiranstalten in Deutschland und Frankreich. gr. 8. (VII, 93 S.) Karlsruhe 868, Braun'sche Hofbuchh. *

Vogelmann, Albert, Bemerkungen zu Dr. G. T. A. Krüger's Grammatik der lateinischen Sprache. gr. 8. (VI und 39 S.) Ellwangen 849. (Tübingen, Fues' Sortimentsh.) *

Vogelmann, Alb., Bruchstücke zur vergleichenden Rhythmik und Metrik. gr. 8. (III und 45 S.) Ellwangen 864. (Tübingen, Fues'sche Sortimentsh.) *

— 55 mehrstimmige Lieder und Gesänge ohne Begleitung für den Familienkreis. Ebend. (857.) qu. 4. (96 S.) 18 ngr.

—— 90 Lieder und Gesänge, s.a. Lieder und Gesänge.

Vogelmann, Alb., 90 Lieder und Gesänge, theils mit bekannten, theils mit eigenen Weisen für den Familienkreis. Regensburg 856. Manz. qu. 4. (208 S.) 1 Thlr. 3 ngr.

— Metrik der latein. Sprache, s.a. Högg, Grammatik.

—— Metrik der lateinischen Sprache für Schulen. gr. 8. (IV und 24 S.) Nördlingen 854, Beck'sche Buchh. *

Vogelmann, Alb., über metrische und rhythmische Schlüsse. gr. 8. (23 S.) Tübingen 873, Fues'sche Sortimentsh.

Vogelmann, A., über Taktgleichheit in der antiken Metrik, mit besond. Rücksicht auf den Dochmius, s. Festschrift der Gymnasien und evangelisch-theologischen Seminarien Württembergs zur 4. Säkularfeier der Universität Tübingen.

Vogelmann, (Lehrer) A., über d. Wirkungen d. Musik. Progr. 4. Ellwang. 830. Schönbrod. 8 Kr

Vogelmanni, M. Geo., elegantiae latini sermon. exempl. Cicerou. et aliundo petitis illustrat. 12. Lpz. Weidmann. 711.

Vogelmanni, G., Elegantiae latini sermonis. Tremon. 566. 12. und öfter. Cum expositionibus J. J. de Brinken. Luneb. 730. 12.

Vogelmann, Johann A.S. 1278/12

Disputatio inauguralis physico medica, de machina microcosmica per motum animata.
Präs. Johann Friedrich de Pre.
Erfurt (Grosch) XI. 1719. 40 S.

W. v.: Präs. 35294

Vogelmann, Johann Baptist

Vogelmann, J. B., üb. d. chemischen Kennzeichen u. der Bestandtheile d. Mineralien, als Einleit. z. Mineralogie. gr. 8. Bamb. Göbhard. 805.

Vogelmann, Jh. Bapt., († d. 22. April 1821.) üb. d. chemischen Kennzeichen u. d. Bestandtheile d. Mineralien, als Einleit. zur Mineralogie. gr. 8. Würzb. 805. (Wesché in Frankf. a. M.) 16 Kr

— s.a. Untersuchung über d. Brennbare.

Untersuchung über das Brennbare in der Salpetersaure als ein Bestandtheil derselben. [Verf.: Johann Baptist Vogelmann.] Helmstädt: Kühnlin 1785. 36 S. 8°

— über d. Vortheile d. Feuerungsverbesserungen. gr. 8. Bamb. 803. (Wesché in Frankf.) 4 Kr

Vogelmann, Robert: Ueber intravenöse Aethernarkose. Heidelberg 1910: Hörning. 30 S. 8°
Heidelberg, Med. Diss. v. 9. Juni 1910, Ref. Völcker
[Geb. 27. Jan. 84 Kürnbach; Wohnort: Heidelberg; Staatsangeh.: Württemberg; Vorbildung: Gymn. Heilbronn Reife M. 02; Studium: Gießen 4, Heidelberg 6 S.; Coll. 24. Mai 10; Approb. 28. Jan. 09.] [U 10. 2099

Vogelmann, Vollrath

Vogelmann, V., amtl. Bericht üb. d. Versammlung deutscher Landwirthe zu Dresden ꝛc., s.a. Bericht.

Vogelmann, Vollrath, die Forstpolizei-Gesetzgebung bezüglich der Privatwaldungen im Großherzogth. Baden. Mit einer forst- und landwirthschaftl. Beleuchtung der geschloss. Hofgüter des Schwarzwaldes. gr. 8. (V, 150 S.) Karlsruhe 871, Braun'sche Hofbuchh. *

Vogelmann, (Vollrath), das Gesetz über die Bewässerungs- u. Entwässerungsanlagen im Großherzogth. Baden. Mit Erläuterungen u. mit Belehrungen für den Vollzug. gr. 8. (134 S.) Karlsruhe 851, Braun. n. 1/2 Thlr

—— der Hanfbau im Großhrzgth. Baden. gr. 8. (..B.) Carlsruhe 840, Braun.

Vogelmann, die badische Militär-Verwaltung. Als Handbuch für Offiziere und Kriegsbeamte und als Anleitung zu Vorlesungen für das Kadettenkorps bearb. gr. 8. (XII und 392 S.) Karlsruhe 853, Braun'sche Hofbuchh. *

VOGELMANN, Vollrath: Die Reutberge des Schwarzwaldes. - Karlsruhe 1871. 83 S. 2. Aufl. v. W. Funk

—— die Zehnt-Ablösung im Großhrzth. Baden, ihr Fortgang u. ihre Folgen. Nebst d. Zehntgesetz u. allen Vollzugsverordnn. u. Instruktionen. gr. 8. (19¾ B.) Karlsruhe 838, Groos.

Vogel-Massenfang, der, in Südtirol. Hrsg. vom tirolisch-vorarlberg. Thierschutz-Verein. gr. 8. (23 S.) Innsbr. 892, (Wagner). * — 60

Vogelnestchen, Das. Eine neue Erzählung für Kinder und Kinderfreunde. Von dem Verfasser der Ostereier. Regensburg 1832. V: *Schmid, Christoph.* (RUSSELL IX, 791)

Vogelnestchen, das, eine neue Erzählung für Kinder u. Kinderfreunde. Von d. Verf. d. Ostereier. 12. Landsh. 832. Krüll. 1 gl

Vogelnestchen, das, e. neue Erzähl. f. Kinder u. Kinderfreunde. Von d. Verf. der „Ostereyer" (Chrstph. Schmidt). 12. (1½ B.) Landshut 832. [Regensburg, Manz.]
Vgl. Erzählungen, neue, f. Kinder u. Kinderfreunde, 2. Bdchn.

Vogelperspective des Eilandes, der Hafen und der Befestigungen von Kronstadt. Berlin 1854 1 Bl. 1.

Vogelperspektive des Hambacher Festes, aufgenommen von e. Polen. gr. 12. Manh. 832. Schwan u. G. 8 gl

Vogel-Perspektive der Stadt, Häfen und Forts von Odessa. Verlag von L. T. Neumann in Wien. Lith. Q.-Fol. 1 Bl. 1854.

Vogelpoel, Eugène, Arzt aus Holland, geb. in Salatiga, Java: **Herniae und Pseudo-Herniae musculares.** *Freiburg i. B. 1898: Ch. Lehmann's Nachf.* (71 S.) 8°
Freiburg i. B., Med. Diss. v. 1898

Vogelreich, das kleine. Ein ABC- u. Lesebuch zum leichtfaßl. Unterricht für gute Kinder rc. Mit 25 illum. Abbildd. 8. Nürnberg ... Renner u. Comp. ¼ rl

Vogelreuter, O. Geschichte des griechischen Unterrichts in deutschen Schulen seit der Reformation. gr. 8. (III, 67 S.) Hannov. 891, C. Meyer. * 1 20

Vogelreuter, O., De praepositionibus, quae cum ternis casibus construuntur, apud Aristophanem. Diss. 1884. 67 S. 1.25

Vogels, Anton

Lehrbuch und Ratgeber für Gartenbesitzer und Blumenfreunde von Cöln und Vororten, sowie f. Orte gleicher Klimaten u. Localverhältnisse. Von A[nton] **Vogels**. 1. Aufl. Cöln (1904): B. Hahn. (219 S.) 8° 103. 11491

Vogels, Egidius

Vogels, E., kommet Alle zu mir! 40 verschiedene Andachtsübungen zum würd. u. segensreichen Empfange der heil. Communion. Hinterlassene Schriften. 16. (VIII, 503 S. m. 1 Bild.) Dülmen 887. Laumann. n. 1. —; geb. von n. 1. 60 bis n. 10. —

Vogels, Egidius: Kommet Alle zu Mir! 40 verschiedene Andachtsübungen z. würd. u. segensreichen Empfange d. heil. Communion. Hinterlassene Schriften d. ehrw. P. Egidius Vogels, Priester. 2. durchges. Aufl. Dülmen: A. Laumann 1901. (VIII, 476 S.) 8⁰

Vogels, Egidius, C. SS. R., die öftere hl. Kommunion. 31 verschiedene Andachtsübgn. aus den Schriften des ehrwürd. V. Neue Ausg. v. D. Korbinian M. Wirz, O. S. B. 3. Aufl. (384 S. m. Titelbild.) 16. Dülmen (909). A. Laumann. Geb. in Leinw. 1. —

— 42 Kreuzweg-Andachten, od.: die Seele in Vereinigg. m. ihrem Erlöser auf dem Leidenswege. Nebst e. geistl. Association gottlieb. Seelen. Zugefügt sind: 7 Gebete zu Ehren der 7 freudenvollen u. der 7 schmerzensreichen Geheimnisse d. hl. Joseph. [Nach der 6. holländ. Aufl.] 12. (XVI, 760 S.) Paderborn 890. F. Schöningh. n. 2. —; geb. n. 2. 80

— Meeresstern. Maria, die Mutter v. der immerwähr. Hülfe. Beherzigungen auf jeden Tag e. belieb. Monats, insbesondere des Monats Mai. Aus dem Nachlaß. 16. (VIII, 248 S. m. 1 Farbendr.) Dülmen 890. Laumann. n. — 50; geb. n. — 75

Vogels, Aegidius, vertrauliche Zwiegespräche mit Jesus im heiligsten Altarssakramente und mit der allerseligsten Jungfrau Maria. 16. (XI, 544 S. mit 1 Stahlst.) Dülmen 863, Laumann'sche Verlagsh. * geb. von * M 1,50. bis *

Vogels, Aegidius, vertrauliche Zwiegespräche m. Jesus im heiligsten Altarssacramente u. m. der allerseligsten Jungfrau Maria. 2. Aufl. 16. (XVI, 544 S.) Dülmen 886. Laumann. n. 1. —; geb. von n. 1. 60 bis n. 6. —

Vogels, Egidius: Vertrauliche Zwiegespräche mit Jesus im heiligsten Altarssacramente und mit der allerseligsten Jungfrau Maria. Verf. von P. Aegidius Vogels, Redempt. 4. Aufl. Dülmen: A. Laumann 1901. (XVI, 528 S.) 8⁰

Vogels, Heinrich Josef

— s.: Festgabe, Alois Knöpfler zur Vollendung des 60. Lebensjahres gewidmet.

Vogels, Heinr. Jos., die Harmonistik im Evangeliontext des Codex Cantabrigiensis, s.a. Texte u. Untersuchungen zur Geschichte der altchristlichen Literatur.

Vogels, Heinrich Joseph: Die Harmonistik im Evangelientext des Codex Cantabrigiensis. Ein Beitrag z. neutestamentl. Textkritik von Dr. theol. Heinrich Joseph Vogels, Religions- u. Oberl. Leipzig: Hinrichs 1910. IV, 119 S. 8⁰
(Texte u. Untersuchungen z. Geschichte d. altchristl. Literatur.)

Vogels, Heinrich Joseph [Privatgeistlicher]: St. Augustins Schrift De consensu evangelistarum. Freiburg i. B.: Herder 1908. (48 S.) 8° ¶(Nur Einl. — Erschien vollst. u. d. T.: „St. Augustins Schrift De consensu evangelistarum unter vornehmlicher Berücksichtigung ihrer harmonistischen Anschauungen" als: Biblische Studien Bd 13 H. 5.)
München, Theol. Fak., Ref. Bardenhewer, Diss. v. 26. Mai 1906
(Nur in beschränkter Anzahl für den Austausch)
[Geb. 12. Jan. 80 Langenberg (Rheinland); Wohnort: Bonn; Staatsangeh.: Preußen; Vorbildung: Gymn. Siegburg Reife O. 98; Studium: Bonn 5, Freiburg i. B. 1, München 4 S.; Rig. 26. Mai 06.]

Vogels, Heinr. Jos., St. Augustins Schrift de Consensu evangelistarum, s.a. Studien, biblische. XIII, 5.

St. Augustins Schrift De consensu evangelistarum, unter vornehml. Berücks. ihrer harmonist. Anschauungen. Eine bibl.-patrist. Studie von Dr. Heinrich Joseph **Vogels**. Freiburg i. Br.: Herder 1908. (148 S.) 8°
Erscheint auch als Inaug.-Diss. München.
= **Studien**, Biblische. Bd 13, H. 5. [08. 1,64?]

Vogels, J[ohann]: Abschiedsfeier zu Ehren des Direktors Prof. Dr. Schorn. S. 17—22. 4.
Progr.

Vogels, [Johann], Dir. Dr.: [**Bericht über seine Einführung als Direktor.**] *Köln 1900: M. DuMont Schauberg.* (S. 31—35.) 4°
Köln, Handels-S u. Handelsklasse, OP 1900 (533a)

—: Die Einführung des neuen Direktors Dr. Vogels. S. 22—27. 4.
Progr. Städt. Gymn. u. Realgymn. in der Kreuzgasse *Cöln* 1904 (524).

Vogels, [Johann], Dir. Dr.: Zur **Frage** der Weiterentwicklung der Schule. *Cöln 1902: Kölner Verl.-Anst. u. Druckerei.* (S. 3—6.) 4° ¶ [Vgl. Progr. 1901.]
Cöln, Handels-S u. Handelsklasse, OP 1902 (557)

Vogels, J(ohann) ⟨geb. am 27 Aug. 1853 in Kapellen Kr. Geldern⟩: Der syntaktische Gebrauch der Tempora und Modi bei Pierre de Larivey im Zusammenhange der historischen französ. Syntax. Tl 1 ... Sep.-Abdruck aus d. Roman. Studien hrsg. v. Eduard Böhmer. Bonn, F. Weber 1880. 1 Bl., 445—497 S., 1 Bl. 8. ¶ Vollständig ebenda V 1880 S. 445—556.
Bonn, Phil. Fak., Diss. v. 13 Aug. 1880

Vogels, [Johann], Dir. Dr.: Die Kölner **Handelsschule.** [Umschlagt.: ... ihre Entstehung und ihre Organisation.] *Köln 1900: M. DuMont Schauberg.* (S. 3—12.) 4°
Köln, Handels-S u. Handelsklasse, OP 1900 (533a)

Vogels, [Johann], Dir. Dr.: [1.] Der **Neubau** der Handelsschule. [2.] Die Einweihung der neuen Schule. *Cöln 1902: Kölner Verl.-Anst. u. Druckerei.* (S. 30—39.) 4° ¶ (I im wesentl. nach d. Kölnischen Volkszeitung.)
Cöln, Handels-S u. Handelsklasse, OP 1902 (557)

Vogels, *Johann*: Scholia in Ciceronis Aratea aliaque ad astronomiam pertinentia e codice Musei Britannici Harleiano 647. Pars II. 4 (S. III—XI). **Progr.** Rg. *Crefeld* 1887 (442).

Vogels, Johann [Oberl. Dr.]: Handschriftliche Untersuchungen über die englische Version Mandeville's. (Vgl. Festschr. 1882 u. P-Beil. 1886. — Die „Unters." sowie d. Ausg. ersch. später gesondert.) Crefeld, Druck v. G. Kühler, *1891;* S. 3—52; 4°
Crefeld, RG, P 1891 (472)

Vogels, J. Das Verhältnis der italienischen Version der Reisebeschreibung Mandeville's zur französischen. S. 37—45. G. *Crefeld* 1883.
Progr.

Vogels, J. Das Verhältnis der italienischen Version der Reisebeschreibung Mandeville's zur französischen. Crefeld, G., 1885. S. 37—45. **Progr.**

Vogels, J. Die ungedruckten lateinischen Versionen Mandeville's. Crefeld, G., 1886. 23 S. 4. **Progr.**

Vogels, [Johann], Dir. Dr.: Die **Weiterentwicklung** der Handelsschule. Die Obersekunda, (ihre Organisation, ihr Lehrplan). *Köln 1901: Kölner Verl.-Anst. u. Druckerei.* (S. 3—9.) 4°
Köln, Handels-S u. Handelsklasse, OP 1901 (542)

Vogels, [Johann]: Die Weiterentwicklung der Schule. Der Lehrplan der Obersekunda. S. 3—9. 4.
Progr. Handelsschule u. Handelsklasse der Stadt *Köln* 1901 (542).

Vogels, Peter [Referendar aus M.Gladbach]: Zur gemeinrechtlichen Lehre von der Legitimation durch nachfolgende Ehe ... M.Gladbach, Druck v. M. Scheer, *1896;* 59 S., 1 Bl. 8.
Erlangen, Jur. Fak., Inaug.-Diss. v. 1896

Vogelsand, Emil David (Kassel) A. S. 578/23

Dissertatio juridica inauguralis de fide instrumenti per contrariam scripturam evertenda.
Marburg (Müller) 16. V. 1737. 54 S.
35295

VOGELSANG: Gedanken über Forstorganisation. - Leipzig 1881. 75 S.

Vogelsang, Dr. ..., s. Zeitschrift für Philosophie.

Vogelsang, Arthur

Vogelsang, A. Beiträge zur Castration des Weibes bei nicht neoplastischen Erkrankungen der Uterusanhänge. M. 1. Taf. In-8°. 43 S. Bern. These. 1894.

Vogelsang, A., Erfahrungen über Tarasper Kuren. gr. 8. (96 S.) Bern 897. (Schmid & Francke.) n. 1. 80

Vogelsang, A[rthur]. Die Heilmittel und Indicationen von Tarasp-Schuls-Vulpera. (Engadin.) 59 S. 8. Basel, M. Werner-Riehm [Georg & Cie.], 1901. [fr. 1. —]

Vogelsang, A., die Schlaffheit des Magens, s. a. Sammlung klinischer Vorträge.

Die Schlaffheit des Magens v. A. Vogelsang, (Tarasp-Schuls). *Leipzig: Breitkopf & Hartel 1899.* (28 S.) 8.
= Sammlung Klinischer Vorträge. N. F. No 233.

Vogelsang, A[rthur]. The Springs and Climate of Tarasp-Schuls-Vulpera, Engadine — Switzerland. ([With an illustrated Appendix:] The Lower Engadine. General remarks by M[oritz] Schlatter.) II + 63 + *Appendix* 19 p. 8. Samaden, Simon Tanner, 1902.

(Vogelsang, A[rthur, und] Schlatter, M[artin].) Der Kurort Vulpera-Tarasp, geschildert für Aerzte und Laien. ([Hrg. durch] Die Direktion der Hotelgesellschaft Waldhaus, Vulpera.) [Illustriert.] II + 94 S. 8. (Aarau, A. Trüb & Cie., [1905].)

Vogelsang, B. A. J., das Hamburger Waisenhaus. (Geschichtlich u. beschreibend dargestellt. Von 1597 bis auf die neuere Zeit. gr. 8. (212 S. m. Abbildgn. u. Beilagen.) Hamburg 889. O. Meißner's Verl. n. 5. —

Vogelsang, C., und Cl. Müller, der ophthalmologische Congress zu Brüssel, s. Müller, Cl.

Vogelsang, C. Rob., der Bürger als Feuerwehrmann. Plan zur Organisation des Feuerlöschwesens in kleineren und Mittelstädten. Mit 12 lith. Taf. (in 8. u. 4.) Annaberg 860. Rudolph & Dieterici. gr. 8. (V, 64 S.) n. 22½ ngr.

Vogelsang, C. R., die Dorf-Feuerwehr. Winke und Vorschläge zur Errichtung von Feuerwehren auf dem Lande. gr. 8. (VII und 29 S. mit erläut. Abbild. auf 5 Holzschntaf.) Annaberg 863, Ronne. *

— die Dorf-Feuerwehr. Winke und Vorschläge zur Errichtung von Feuerwehren auf dem Lande. Mit erläuternden Abbildgn. (auf 5 Holzschntaf.) Annaberg 863. (Hildburghausen,) Ronne. gr. 8. (VII, 29 S.) n. 10 ngr.

Vogelsang, C. Rob., die Dorf-Feuerwehr. Winke u. Rathschläge zur Errichtg. v. Feuerwehren auf dem Lande. Mit erläut. Abbildgn. (5 Holzschntaf.) gr. 8. (VII, 29 S.) Hildburghausen 876. Kesselring. n. 1. —

Vogelsang, C. R., Leitfaden beim Unterichte im Turnen. Nach der Spieß'schen Turnlehre. 16. (IV u. 54 S.) Buchholz 851, Adler. n. ⅙ ₰

Vogelsang, Rob., Leitfaden beim Unterrichte im Turnen. Nach der Spieß'schen Turnlehre bearb. 2. verb. und verm. Aufl. 8. (XVI, 104 S. mit 1 Stnt. in qu. gr. 4.) Hildburghausen 875, Kesselring'sche Hofbuchh.

Vogelsang (**C. W.**). Der Flugmotor und seine Behandlung (Volckmann's Bibl. f. Flugwesen. II). (kart. M. 2.80

Vogelsang, Carl Frhr. v., s. Vogelsang, Karl Frhr. v.

Vogelsang, Ch.A. Qualis sit legislator idoneus. Orat. 7 S. (Schließt mit einer tabula legum für die Schüler.) . . . . .
Schweidnitz, Progr. 1828

Vogelsang, Conrad Heinrich Dieter, s. Vogelsang, Konrad

Vogelsang, Cph., (†...) Diss. inaug. de efficacia insitionis variolarum in curandis nonnullis morbis chronicis exhib. 8. Götting. 788. Brosé. 3 ℋ

Vogelsang, Eduard. (geb. Hilden im Rheinl. 1838): De alcoholismo chronico. Berolini (1865). (32 S.) 8°
Berlin, Med. Diss. v. 11. Aug. 1865

Vogelsang, Elise, In Lust u. Leid. Lieder aus der Fremde. (XI, 61 S.) 8. Dresden (906). E. Pierson. n. 1. 50; geb. n. 2. 50

Vogelsang, Frdr. Frhr. v., s.: Freistatt, die.

Vogelsang, F., u. Alan H. **Gardiner**, die Klagen des Bauern, s.a. Papyrus, hieratische, aus den königl. Museen zu Berlin. IV, 1.

Vogelsang, Friedrich, aus Höntrop: Die **Klagen** des Bauern. (Aus Papyrus 3023 u. 3025 d. Kgl. Museen zu Berlin.) *(Berlin 1904: B. Paul.)* (36 autogr. S.) 4° ¶ (Enthält nur Klage 1—3 u. Teile von Klage 4 u. 7. — Erscheint vollst.)
Berlin, Phil. Diss. v. 30. Juli 1904

Vogelsang, Heinrich Joseph

De ἀναμαρτησίᾳ Iesu Christi testimonio Iudae proditoris confirmata commentatio, qua orationem de religionis natura et indole ad professoris theol. cath. ord. in universitate litt. Bonnensi munus rite suscipiendum a sese d. IX Dec. 1839 ... habendam indicit H[enricus] I[osephus] **Vogelsang** ... Bonnae, typ. C. Georgii 1839. 16 S. 8.

Vogelsang, H. J., Anfangsgründe der Katholischen Religion. gr. 8. Bonn 840. Henry u. Cohen. $^{7}/_{8}$ ℛ

Vogelsang, H. J., kurze Belehrung üb. d. nothwendigsten Wahrheiten d. Heiles. gr. 12. (5½ B.) Köln 834, DuMont-Schauberg.

Vogelsang, Henricus Josephus *(geb Wiedenburg in Westf. 1803)*: Fides Nicaena de filio dei sanctorum patrum atque doctorum, qui tribus primis saeculis continua successione in ecclesia floruerunt, traditione confirmata. Coloniae: M. Dumont-Schauberg 1829. (XII, 110 S.) 8°
Breslau, Kath.-theol. Dr.-Diss. v. [7. Apr.] 1829

— Lehrbuch der christlichen Sittenlehre. 1r Bd., enthaltend die Religionswissenschaft. gr. 8. Bonn 834. Habicht. $^{5}/_{6}$ ℛ

— dass. 2r Bd., enthaltend die theologische Pflichtenlehre gegen Menschen. gr. 8. Ebd. 837. $^{5}/_{6}$ ℛ

— dass. 3r Bd., enthaltend die katholische Ascetik. gr. 8. Ebd. 839. $^{1}/_{2}$ ℛ

Sacram memoriam ... Friderici Gvilelmi III vniversitatis Fridericiae Gvilelmiae Rhenanae conditoris ... ab eadem vniversitate d. III m. Avg. a. 1860 ... recolendam victorvmqve renvntiationem e litt. certaminibvs prodevntivm ... indicit Henricvs Iosephvs **Vogelsang**, ord. theol. cath. h. a. decanvs. — Seqvvntvr observationes locvm Ioan. 1, 3—4 illvstrantes. Bonnae, form. C. Georgi (1860). 14 S., 1 Bl. 4.

Der Arbeiter-Ausschuß im Bergbau. Von Herm. **Vogelsang**. Essen: Der Bergknappe (1908). (72 S.) 8° [F.] [08. 16394

Vogelsang, Herm., der Arbeiter-Ausschuß im Bergbau. (72 S.) 8. Essen (908). Cöln, Christl. Gewerkschafts-Verlag. — 50

Vogelsang, Herm., die Krystalliten. Nach dem Tode des Verf. hrsg. von Ferd. Zirkel. gr. 8. (175 S. mit 16 lithogr. und chromolithogr. Taf.) Bonn 875, Cohen und Sohn. *

Vogelsang, H., Philosophie der Geologie und mikroskopische Gesteinsstudien. gr. 8. (VI und 230 S. mit 10 Kpfrt. in Farbendr. und 10 Blatt Erklärungen.) Bonn 867, Cohen und Sohn. *

Vogelsang, Hermannus (geb. am 11 Apr. 1838 in Minden): Quomodo venarum spatia primum formata atque deinde mutata sint. Dissertatio physico-geologica ... Bonnae, typ. expr. P. Neusser 1863. 2 Bl., 30 S., 1 Bl. 8.
Bonn, Phil. Fak., Diss. v. 25 Febr. 1863

— über die Systematik der Gesteinslehre u. die Eintheilung der gemengten Silikatgesteine. [Aus: „Zeitschrift d. Deutschen geologischen Gesellschaft."] gr. 8. (32 S.) Ebend. 873. n. 1. —

Vogelsang, Herm., über die natürlichen Ultramarin-Verbindungen. gr. 8. (39 S. mit 3 chromolithogr. Taf. in gr. 8. und qu. 4.) Bonn 873, Cohen und Sohn. *

— Verfassung u. Verwaltung des Gewerkvereins christl. Bergarbeiter Deutschlands, s.a. Gewerkschaftsbibliothek. 2. Heft.

Vogelsang, H, Verfassung und Verwaltung des Gewerkvereins christlicher Bergarbeiter Deutschlands. Hrsg. vom Gesamtverband der christlichen Gewerkschaften.
Köln, 1910. 29 S.

Vogelsang, J. Wlh., Bereitung d. ächten Champagner-Weins. Nach Gesetzen der Natur. gr. 8. Würzburg 834. Stahel'sche Buchh. Verklebt n. $^{5}/_{6}$ ℛ

Vogelsang, J. W.: „Die systematische Landwirthschaft im Felde der Erfahrung, gestützt auf Chemie, um dieselbe in ein besseres Leben zu richten; für angehende Oekonomen, Wirthschaftsvorsteher und Landwirthe, nach Gesetzen der Natur in der organischen Welt begründet", Volkach 1829. 2. verbesserte Auflage ebenda 1834.

— systematische Landwirthschaft im Felde der Erfahrung gestützt auf Chemie, um dieselbe in ein besseres Leben zu rufen, für angehende Oekonomen, Wirthschaftsvorsteher u. Landwirthe, für Lehrer als Leitfaden zum Unterrichte u. alle Freunde des Ländlich-Nützlichen, nach Gesetzen d. Natur in d. organischen Pflanzenwelt begründet. 2e verb. Original-Ausg. gr. 8. (Frankfurt 834. Hermann.) n. $^{11}/_{12}$ ℛ

Vogelsang, J. Wilh., systemat. Landwirthschaft im Felde d. Erfahrung gestützt auf Chemie, um dieselbe in ein besseres Leben zu rufen, f. angeh. Oekonomen, Wirthschaftsvorsteher u. Landwirthe, f. Lehrer als Leitfaden z. Unterr. u. alle Freunde d. Ländlich-Nützlichen, nach Gesetzen d. Natur in d. organ. Pflanzenwelt begründet. 2., verb. Orig.-Ausg. gr. 8. (14¾ B.) Frankfurt a. M. 834, (Kettembeil.) *

—— der Weinbau in d. Werkstätte d. Natur, veranlaßt v. e. Gesellschaft natur- u. sachkund. Männer, erfahrner Weinbergsbesitzer u. Freunde d. Weinbaues. — Oenochemie. 1. Lfg. gr. 8. (11 B.) Frankfurt a. M. 835, (Kettembeil.) *

Vogelsang, J. Wilh., d. Weinbau in d. Werkstätte d. Natur, veranlasst v. e. Gesellschaft natur- u. sachkundiger Männer, erfahrener Weinbergsbesitzer u. Freunde d. Weinbaues. — Oenochemie. 1. Lief. gr. 8. Würzburg, 1835. (Frankfurt, Hermann). — 27½

Vogelsang, Joh. Jac. Fr., Aenigmata quae vocant Charaden. Nördlingae 1810. 12⁰. (1 Mk. 20 Pfg. Th. Ackermann. München. 1913.)

Vogelsang, Jos., Daniel, s.a. Dilettanten-Theater. 54.

Vogelsang, Joseph: Daniel, ein biblisches Schausp. in 5 Akten m. Musikeinlage. Von Joseph Vogelsang, Priester. 2., wesentl. veränd. Aufl. Paderborn: F. Schöningh [1899]. (60, 2 S.) 8⁰ (Dilettanten-Theater. H. 54.)

Vogelsang, Jos., Andreas Hofer u. der Freiheitskampf Tirols im J. 1809. Ein Trauerspiel in 5 Acten. 8. (208 S.) Innsbruck 874. Wagner in Comm. n. 1. 60

Vogelsang, Joseph, a. Werden a. d. Ruhr: Zur Kenntnis der Agaricinsäure. (Berlin 1907: M. Driesner.) (27 S.) 8°
Berlin, Phil. Fak., Ref. Gabriel, Diss. v. 13. Juli 1907
[Geb. 14. März 76 Werden a. d. Ruhr; Wohnort: Berlin; Staatsangeh.: Preußen; Vorbildung: Gymn. Coesfeld Reife O. 05; Studium: Berlin 9 S.; Rig. 13. Juni 07.]

Vogelsang, Josephine Freyin von [Mädchenname]
s. Perin, Josephine von [Frauenname]

Vogelsang, Karl

Vogelsang, C. Frhr. v., Agrarreformen. 8⁰. Wien 1882.

Vogelsang, Frhr. C. v., gesammelte Aufsätze über socialpolitische und verwandte Themata. 1.—12. Heft. gr. 8. (S. 1—672.) Augsburg 885—87, Literar. Institut von Dr. M. Huttler. à Heft *M 1.—. *

Vogelsang, Frhr. C. v., die Bauernbewegung in den österreichischen Alpenländern. Eine Scizze. gr. 8. (24 S.) [Wien 881, Kirsch.] Augsburg, Haugg. *

— die socialpolitische Bedeutung der hypothekarischen Grundbelastung. [Aus: „Oesterr. Monatsschr. f. Gesellschaftswissensch."] gr. 8. (60 S.) Wien 881. Kirsch. n. — 80

Vogelsang, Karl [Bergreferendar]: Beiträge zur Kenntniss der Trachyte und Basalte der Eifel. . . . (Aus: Zeitschr. d. Deutsch. geolog. Ges.) Berlin, Druck v. J. F. Starcke, 1890; 1 Bl. + 57 + 1 S. 8°
Leipzig, Phil. Fak., Inaug.-Diss. v. 3. Mai 1890

Vogelsang, Baron v., Betrachtungen über die Gesetze. Nach einem Mscr. des Grafen Bréda. gr. 8. (46 S.) Würzburg 877, Woerl.

Vogelsang, Karl, die Goldfelder Australasions, s.: Schmeisser, Karl.

Vogelsang, Carl Frhr. v., die Grundbelastung und -Entlastung. Eine social-politische These. Erweiterter Sep.-Abdr. aus dem „Vaterland". gr. 8. (16 S.) Wien 879, Kirsch. *

— die Konkurrenzfähigkeit in der Industrie. gr. 8. (24 S.) Wien 883. Kirsch. n. — 40

— s.a. Lage (Die materielle) des Arbeiterstandes.

— Die materielle Lage des Arbeiterstandes in Oesterreich. 3 Thle. gr. 8⁰. Wien 1883—84.

—— Leitfaden beim Unterrichte im Turnen. Nach der Spieß'schen Turnlehre bearb. 2., verb. und verm. Aufl. 8. (XVI und 104 S. mit 1 Stnt. in qu. 4.) Annaberg 862, Ronne. *

Vogelsang, K., Mitteilungen über den Kupferbergbau in Nordamerika. Berlin, o. J. 29 S.

— s. Monatsschrift für Gesellschaftswissenschaft.

Vogelsang, Frhr. Karl v., s.: Monatsschrift f. christl. Social-Reform.

—— die Nothwendigkeit einer neuen Grundentlastung. Eine Studie. gr. 8. (47 S.) Ebendas. 880. *
Vorstehende vier Schriften sind aus: Oesterreichische Monatsschrift für Gesellschaftswissenschaft, besonders abgedruckt.

Vogelsang, Carolvs (geb. 1835 in Minden): De strvctvra ventricvli mammalivm et avivm, adiectis nonnvllis de ventricvlo ranae observationibvs . . . Bonnae, form. H. B. Koenig 1860. 22 S., 2 Bl. 8.
Bonn, Med. Fak., Diss. v. 17 Aug. 1860

—— Zins und Wucher. Ein Separatvotum in dem vom deutschen Katholikentage eingesetzten socialpolit. Comité. gr. 8. (93 S.) Ebendas. 884. *
Aus: Oesterreichische Monatsschrift für christliche Socialreform rc., besonders abgedruckt.

Vogelsang, Karl A., s. Phädri Aesop. Fabeln.

Vogelsang, Karl F., möglichst kurze Grammatik der englischen Sprache. Mit Uebungsstücken zum Lesen und Uebersetzen. gr. 8. Augsburg 844, M. Rieger'sche Buchh. ½ ℛ

Vogelsang, Konrad

Vogelsang, Conr. (Henr. Ditericus) (geb. Brakel in Westf. 5. 6. 1830): De gangraena pulmonum ejusque metastasi. Berolini (1854). (31 S.) 8°
Berlin, Med. Diss. v. 2. Mai 1854

Vogelsang, Moritz Philipp Karl (Kreuznach)
A. S. 604/34

De iis, quae circa palos terminales aquarum et molendinorum vulgo Sicher- und Heeg-Pfähle, ex arte cognitu necessaria et aequa sunt, dissertatio mathematica. Präs. Johann Georg Liebknecht.
Giessen (Vulpius) 23. XII. 1728. 32 S.
35296

Vogelsang, Otto

Vogelsang, (Werner.) Otto (Meinhard.) (geb. Halle in Westf. 3. 7. 1837): De substitutione quasi pupillari. Berolini (1866). (49 S.) 8°
Berlin, Jur. Diss. v. 31. Jan. 1866

Vogelsang, Otto, de substitutione quasi pupillari. Dissertatio inauguralis. gr. 8. (51 S.) Berlin 866, (Calvary und Comp.) *

Vogelsang, (Land- u. Stadtger.-Assessor) P., d. Grundbesitz mit Ausschluß des Lehns, oder d. gutsherrl.-bäuerl. Verhältniß nach gegenwärt. Rechte im vormal. Fürstenthume Minden u. dessen Umgegend. 8. Minden 832. Eßmann. 1 ₰

Vogelsang, Robert, s. Vogelsang, C. Robert

Vogelsang, Walter, a. Leipzig: Zur Kenntnis der Wismut-Salze. (Berlin 1905: O. Elsner.) (52 S.) 8°
Berlin, Phil. Fak., Ref. Landolt, Fischer, Diss. v. 21. Jan. 1905
[Geb. 12. Aug. 74 Leipzig; Heimatsort: Berlin; Staatsangeh.: Preußen; Vorbildung: Luisenstädtische Ober-Realschule Berlin Reife O. 03; Studium: Leipzig 1, Berlin 8 S.; Rig. 19. Dez. 04.]

Vogelsang, Werner Otto Meinhard, s. Vogelsang, Otto

Vogelsang, Wilh., Rektor F. W. Dörpfeld. Kurze Darstellg. seines Lebens u. Wirkens. gr. 8. (28 S.) Hilchenbach 894. L. Wiegand. n. — 60

Vogelsang, Willem, holländische Miniaturen d. späteren M.-A., s.a. Studien zur deutschen Kunstgeschichte.

Vogelsang, Willem: Holländische Miniaturen des späteren Mittelalters. *Strassburg 1899: J. H. E. Heitz.* (42 S.) 8°
¶ [Erschien vollst. als H. 18 d. Studien zur Deutschen Kunstgeschichte.]
München, Phil. Diss. v. 1899

Vogelsang W. holländische Möbel im Niederländischen Museum zu Amsterdam (56 S 64 T) 4° Amsterdam 1909

Vogelsang, Willem, holländische Möbel im niederländischen Museum zu Amsterdam. (64 Taf. m. VIII, 48 S. illustr. Text.) 37×27,5 cm. Amsterdam (910). Leipzig, K. W. Hiersemann. In Leinw.-Mappe 100. —

— Holländische Patrizierhäuser, s.: Muller Fz., S.

Vogelsang, W., Vorschläge zur Reform der allgemeinen Bestimmungen v. 15. X. 1872, s.a. Magazin, pädagogisches.

Vogelsang, Wilhelm: Vorschläge zur Reform der Allgemeinen Bestimmungen vom 15. Oktober 1872. Von W[ilhelm] Vogelsang, Rektor. Langensalza: Beyer 1907. 39 S. 8°
(Pädagogisches Magazin. H. 318.)

Vogelsang, Wolfgang Moritz

(Angekündigt.) Eine Abhandlung über die meteorologischen und klimatischen Verhältnisse von Mannheim. Mannheim, P 1887

Dr. Wolfgang Moritz Vogelsang. (Gaea in Mannheim. Eine geologische Skizze. 45 S. Mannheim, P 1886

Vogelsanger, Joseph, k. k. Gubernialrath zu Inssbruck, in seinem Leben und Wirken. Innsbruck 1862. V: *Rapp, Ludwig.* (Margr)

Vogelsanger, Ambros., Iurisdictio episcoporum proximo a Deo deducta. Innsbruck, Wagner. 1779.

Vogelsanger, Ernst. Gewerbliche Bleivergiftungen. Vortrag gehalten am 3. März 1903 in der Schaffhauser Lokalsektion der schweizerischen Vereinigung zur Förderung des internationalen Arbeiterschutzes. 19 S. 8. Aarau, H. R. Sauerländer & Co., 1903. [fr. —. 60]

Vogelsanger, E[rnst]. Erhebungen über die gesundheitsgefährlichen Industrien in der Schweiz. Bericht von Dr. E. V' (Schaffhausen), Adjunkt des eidgenössischen Fabrikinspektors des III. Kreises an das internationale Arbeitsamt. [Sep.-Abdr. aus: Gesundheitsgefährliche Industrien. Berichte ... hrg. von Prof. Dr. Stephan Bauer ... in Basel.] 44 S. 8. [Jena, Gustav Fischer, 1903.]

Vogelsanger, Ernst. Zur Kenntniss der Oxydiketone. (Bern) Schaffhausen, 1892.

Vogelsanger, J., der schweizerische Grütliverein. Dessen Entstehung, Geschichte und Thätigkeit. **Im Auftrage des** Zentral-Komités **auf die schweizer. Landes-Ausstellung 1883** bearb. gr. 8. (IV, 160 S.) **St. Gallen 883.** (Chur, Kellenberger'sche Buchh.) *

(Vogelsanger, J[acob].) Zur Beurteilung der Konflikte im Gaswerk [der Stadt Zürich in] Schlieren: Meine Betätigung im Fall (des Maschinisten Emil) Bleuler. ([Von] J. V', Stadtrat. Zürich, 1. September 1905.) 11 S. 8. [Zürich, Grütli-Buchdr., 1905.]

Vogelsanger, J[acob]. Die Volkszählung vom 1. Dezember 1900. Rede, gehalten in der Nationalrats-Sitzung vom 17. Dezember 1901.... Separatabzug aus den »Schweiz. Blättern für Wirtschafts- u. Socialpolitik«. Heft 1, Jahrg. 10, 1902. II + 10 S. 8. Bern, C. Sturzenegger, 1902.

Vogelsanger, Theodor, prakt. Arzt aus Schaffhausen: Spätblutungen im Wochenbett. Ein Fall von Aneurysma spurium der Arteria uterina. Leipzig 1908. 47 S. 8°. S.-A. aus den Beiträgen zur Geburtshilfe und Gynækologie. Bd. 12. 1908.
Basel Med. Diss. 1907/08.

Vogelsanger, Theodor. Spätblutungen im Wochenbett. Ein Fall von Aneurysma spurium der Arteria uterina. Diss. Med. Basel. [Mit Figuren. Sep.-Abdr. aus: Beiträge zur Geburtshilfe und Gynaekologie... . Band 12.] 47 S. 8. Leipzig, Georg Thieme, 1908.

Vogelsberg [Schlagwort]

Vogelsberg, s.a. Hessen-Nassau. Roth.

Vogelsberg, s.a. Oberhessen.

Vogelsberg. Ravenstein, L., u. H. Ravenstein. Karte vom Vogelsberg u. Spessart m. Wetterau u. Kinzigthal. 1:170,000. Chromolith. gr. Fol. Mit 2 Nebenkarten: Der Oberwald im Vogelsberg u. der südl. Spessart. gr. 4. Frankfurt a. M. 888. Ravenstein. n. 4.—; auf Leinw. in Leinw.-Carton n. 5. —

Vogelsberg. Touristenkarte, neue, vom Vogelsberg m. Wegmarkierungen. Hrsg. vom Vogelsberger Höhen-Club. 1 : 80,000. 34,5×45 cm. Farbdr. Nebst genauem Routenverzeichnis. (XVI S.) kl. 8. Giessen (905). E. Roth. n. — 60; auf Leinw. n. 1. —

Vogelsberg [Verfasser]

Vogelsberg, Karl Rud., die Kaninchenzucht, s.: Nebares, M.

— Zeitung f. Geflügel-Züchter. Amtliches Organ des Verbandes deutscher Kaninchen- u. Geflügel-Züchter. Beiblatt zu Vogelsbergs Zeitg. f. Kaninchen-Züchter. Red.: Karl Rob. Vogelsberg. Jahrg. 1906. 52 Nrn. (à ca. 4 S. m. Abb.) 4. Leipzig, Neudietendorf, Fr. Nagel. 2. —

— Zeitung f. Geflügel-Züchter, Fortsetzg., s.: Zeitung f. Geflügel-Züchter.

— Zeitung f. Kaninchen-Züchter. Illustriertes Fachblatt zur Hebg. der Schlacht- u. Sportkaninchenzucht. Amtliches Organ des Verbandes deutscher Kaninchen- u. Geflügel-Züchter usw. Unter Mitwirkg. v. Adf. Krieger u. Frdr. Nagel u. anderer bewährter Züchter hrsg. Jahrg. 1906. 52 Nrn. (à ca. 8 S.) 4. Ebd. 3.—

Vogelsberg's Zeitung f. Kaninchen-Züchter. Illustriertes Fachblatt zur Hebg. der Schlacht- u. Sportkaninchenzucht. Amtliches Organ des Verbandes deutscher Kaninchen- u. Geflügel-Züchter usw. Unter Mitwirkg. hervorrag. Züchter hrsg. v. Frdr. Nagel. 3. Jahrg. 1907. 52 Nrn. (à ca. 8 S.) Mit dem Beiblatt: Zeitung f. Geflügel-Züchter. 26 Nrn. (à 4 S.) 32×23 cm. Neudietendorf, Frdr. Nagel. (Nur direkt.) 3.—
Fortsetzung, s.: „Allgemeine Kaninchen-Zeitung".

— **Universal-Bezugsquellenbuch.** Ein Nachschlagewerk f. den deutschen Buch-, Kunst-, Musikalien-, Galanterie-, Papier- u. Schreibwarenhandel u. die verwandten Zweige des graph. Gewerbes. Mit e. Einleitg.: Der buchhändler. Geschäftsverkehr. (129 S.) gr. 8. Leipzig (905). G. Uhl. n.n.n. 1.—

VOGELSBERGER, Der verliebte, in den merkwürdigen Begebenheiten Jobst Schlehendorns, mit untermischten artigen Liebesgeschichten anderer Personen, worinnen insonderheit bewähret wird, wie eine reine Beständigkeit jederzeit einen beglückten Ausgang zur Belohnung zu erhalten pfleget. Copenhagen u. Leipzig, b. Fr. Chrn. Pelt, 1754. 8⁰. (3 Frcs. Schweizer Antiqu. [Albert Unflad]. Zürich, c. 1890; jetzt viel theurer!)

Vogelsberger, Albert [Apotheker aus Usingen '(Nassau)']: Ueber die systematische Bedeutung der anatomischen Charaktere der Hedysareen ... Greifswald, Druck v. J. Abel, 1893; 3 Bl., 59 S. 8.
Erlangen, Phil. Fak., Inaug.-Diss. v. Febr. 1893

Vogelsberger, Ernst, appr. Arzt a. Duisburg, Unterarzt im 9. Bad. Inf.-Reg. Nr. 170: ⟨Aus der Univ.-Kinderklinik der Kgl. Charité, Dir.: G. Medizinalrat Prof. Dr. Heubner⟩. Über die Anwendung eines neuen Serums bei Diphtherie. Berlin (1905): E. Ebering. (29 S.) 8°
Berlin, Med. Fak., Ref. Heubner, Diss. v. 15. Apr. 1905
[Geb. 27. März 78 Duisburg; Heimatsort: Duisburg; Staatsangeh.: Preußen; Vorbildung: Gymn. Wiesbaden Reife O. 97; Studium: Bonn 1, Berlin, K. Wilh.-Akad. 8 S.; Coll. 8. Apr. 05; Approb. 3. Apr. 05.]

Vogelschaukarte der Schweiz. Bl. 6 u. 12. qu. Fol. Zür. 890, Orell Füssli Verlag. à Bl. * 1 50
6. Zürich u. Umgebung. — 12. Glarus. — Ragaz. — Chur.
Diese 2 Blätter bilden Theile d. nachstehend verzeichneten Volks-Atlas.

Vogelschau-Plan von Wien. Mai 1873. Fol. Wien 873, Lechner's Verlag.

Vogelschießen, das, Lustsp. in 5 Akten v. Lindenheimer. 8. Frankf. Eßlinger. 804. — 12

Vogelschiessen, Das ohne Farben u. Pinsel nach seinem natürlichen Umfange abgeschilderte solenne, bey der Residenz-Stadt Dresden, in Ernst u. Scherz entworfen v. einem ausgedienten Vogel-Schützen. 1776. 4⁰. Höchst selten! (2 Mk. P. Neubner, 1881; jetzt theurer!)

— — Dasselbe. O. O. (Dresden.) 1828. 8⁰. (Scheible, c. 1890, in e. Sammelbde.)

Vogelschießen, d., zu Oschatz, s. Ewald.

Vogel- u. Scheibenschießen, das, in drei unterhalt. Würfelspielen, für Kinder in Couvert. Quedlinb. 815. Ernst. 8 gGr.

— das, auf d. Tische, bestehend in einem schön gezeichneten Doppeladler, zum Zusammensetzen d. einzelnen 48 Federn u. Kleinode, 3 Würfel u. e. Anweis. zum Spielen dieses Vogelschießens. In Futteral. Pirna, Friese. 16 gGr.

Vogelschießen, das, auf dem Tische. Ein höchst unterhaltendes Gesellschaftsspiel für kleine und große, junge und alte Leute, bestehend in einem Doppeladler mit 16 Spänen u. 1/2 Bogen Beschreibung. 3e verb. Aufl. 8. Leipzig 835. Friese. Illum. 2/3 Thlr.

Vogelschießen, das, durch Würfel, ein unterhalt. Gesellschaftsspiel. 8. Dresd. 811. Beger. 16 gGr.

Vogelschutzbuch. Kurzgefaßte Naturgeschichte aller einheimischen Vögel. Leipzig 1881. V: *Russ, Carl.* (Russell VII, 2, 1379)

Vogelschutzgesetz. Landesgesetz vom 12. IV. 1908, L. G. u. V. Bl. Nr. 10, betr. den Schutz der f. die Bodenkultur nützl. Vögel. Redaktionelle Beilage des kärntner. Gemeindeblattes v. Juli 1910. (5 S.) gr. 8. Klagenfurt (910). (J. Heyn.) nn —24

Das deutsche **Vogelschutzgesetz** vom 30. Mai 1908 nebst den d. Flugwild betr. Bestimmungen d. Preuß. Jagdordnung v. 15. Juli 1907 erl. von Dr. iur. Leo v. Boxberger. Berlin: J. Guttentag 1909. (57 S.) 8° [J.]
= **Sammlung**, Guttentag'sche, Deutscher Reichsgesetze. No 89. 108. 18417

Das Reichs-Vogelschutzgesetz [**Vogelschutzgesetz**] vom 30. Mai 1908 mit erl. Anm. von [Hermann] Görcke, Amtsger.R. in Eberswalde. (Zugleich Nachtrag z. 4. Aufl. d. 'Preußischen Jagdgesetze' von Kohli-Görcke. 1908.) Berlin: H. W. Müller 1909. 12 S. 8⁰

Vogelschutzgesetz für das Deutsche Reich vom 30. Mai 1908 nebst d. einschläg. Gesetzen, Verordnungen u. polizeilichen Bestimmungen sowie e. Sachreg. hrsg. von Dr. Robert Heindl. München & Berlin: Schweitzer 1909. 42 S. 8⁰
(Schweitzers Textausgaben mit Anm.)

Vogelsohn, Abraham, aus Moskau (Russland): Ueber die Einwirkung von Organextrakten auf Nitrate und Nitrite. Bern 1907. 60 S. 8°. [21. II. 07.]
Bern. Phil. Diss. 1906/1907.

Vogelsohn, Abraham. Ueber die Einwirkung von Organextrakten auf Nitrate und Nitrite. Diss. Phil. Bern. 30 S. 8. Bern, W. Wälchli, 1907.

Vogelstein, Heinemannus *(geb. Lage in Lippe 13. 2. 1841)*: Adnotationes quaedam ex litteris orientalibus petitae ad fabulas, quae de Alexandro Magno circumferuntur. Vratislaviae (1865). (46 S.) 8° *[Im Buchhandel 1865 bei Skutsch in Breslau.]*
Breslau, Phil. Diss. v. 1. Sept. 1865

Vogelstein, Heinemann., Adnotationes quaedam ex litteris orientalibus petitae ad fabulas, quae de Alexandro Magno circumferuntur. Dissertatio inauguralis. gr. 8. (VII und 48 S.) Breslau 865. (Schletter'sche Buchh.) *

Vogelstein, Heynemann, s.: Geiger, Abraham.

Vogelstein, Herm., die Anfänge des Talmud u. die Entstehung des Christentums. Vortrag, geh. im Verein f. jüd. Geschichte u. Literatur zu Königsberg am 19. II. 1902. gr. 8. (28 S.) Königsberg 902. Ostdeutsche Buchh. n. —50

Vogelstein, H., Betrüget nicht Einer den Andern! Predigt, gehalten im israelit. Tempel zu Pilsen am Sabbath „Behar-Bechukothaj" [9. Mai 1874]. gr. 8. (12 S.) Pilsen 874, (Maasch.) *

Vogelstein, Hermann: Zur Feier des hundertjährigen Bestehens der Wohltätigen Gesellschaft zu Königsberg i.Pr. 1809. 29. Januar. 1909. (Verf.: Dr. [Hermann] Vogelstein, Rabbiner.) Königsberg i.Pr. 1909: Hartung. 47 S. 8⁰

—— Festreden zur Feier der silbernen Hochzeit des Allerhöchsten Kaiserpaares, gehalten im israelit. Tempel zu Pilsen am 23. und 24. April 1878. gr. 8. (15 S.) (Ebendas.) 879. *

Vier Fragen. Predigt geh. in d. Neuen Synagoge zu Königsberg am Versöhnungstage 5667 ⟨29. Sept. 1906⟩ von Dr. Hermann **Vogelstein**, Rabb. Königsberg i. Pr. 1906: Hartung. (15 S.) 8° [07. 16968 10

Vogelstein, Herm., israelitisches Gebetbuch. Im Auftrage des Verbandes der Synagogen-Gemeinden Westfalens bearb. 1. Thl. Gebete f. Wochentage, Sabbath u. die 3 Feste. 8. (VIII, 518, 5 u. 19 S.) Rödelheim 894. (Frankfurt a/M., J. Kauffmann.) Geb. in Leinw. n.n. 3. —; m. Goldschn. n.n. 4. —; in Ldr. m. Goldschn. n. 7. 50; in Sammt m. Goldschn., Eckenbeschlag u. Schloß n. 12. —

[Hebr.] Sêder tefillâ. [F.] Israelitisches Gebetbuch für Schule u. Haus '(m. e. Anh. f. Jugendgottesdienst)'. Im Auftr. d. Verb. d. Synagogen-Gemeinden Westfalens bearb. v. Dr. [H.] **Vogelstein**, Rabb. in Stettin. *Bielefeld: Selbstv.; Dr. v. H. Itzkowski, Berlin 1897.* (IV, 306 S.) 1 Bd 8. [98. 2252

Vogelstein, Herm., s.: Geiger, Abraham.

Geschichte der Juden in Rom v. Dr. Hermann **Vogelstein** u. Dr. Paul Rieger. Bd 1. 2. *Berlin: Mayer & Müller 1895. 96.* 2 Bde 8.
1. 1896. [A. T.:] ... 139 v. Chr. — 1420 n. Chr. ... (VIII, 511 S.)
2. 1895 [A. T.:] ... 1420 — 1870. Von ... Rieger ... (3 Bl., 450 S.) [96. 7861

Vogelstein, H., der Kampf zwischen Priestern u. Leviten seit den Tagen Ezechiel's. Eine historisch-krit. Untersuchung. gr. 8. (IV, 140 S.) Stettin 889. Nagel. n. 3. —

— der Kampf zwischen Priestern u. Leviten seit den Tagen Ezechiel's. gr. 8. (IV, 140 S.) Stettin 889. Berlin, M. Poppelauer. n. 3. —; erm. Pr. n. 1. 50

Vogelstein, Hermann [aus Stettin]: Die Landwirtschaft in Palästina zur Zeit der Mišnah. Tl 1.: Der Getreidebau ... Breslau, Druck v. Grafs, Barth & C., *1894;* 4 Bl., 78 S., 1 Bl., 1 Taf. 8.
Breslau, Phil. Fak., Inaug.-Diss. v. 11. Aug. 1894

Vogelstein, Herm., die Landwirtschaft in Palästina zur Zeit der Mišnâh. I. Tl. Der Getreidebau. gr. 8. (III, 78 S. m. 1 Taf.) Berlin 894. Mayer & Müller. n. 2. 50

— Militärisches aus der israelitischen Königszeit. Progr. (18 S.) 8. Königsberg 906. (Frankfurt a/M., J. Kauffmann.) — 50

— die orthodoxe Presse u. d. neue westfäl. Gebetbuch. Ein Mahnwort an d. freisinn. jüd. Gemeinden. gr. 8. (8 S.) Stettin 895. (Berlin, E. Apolant.) — 25

Vogelstein, Herm., Rede, geh. anlässlich der Feier des 100. Geburtstags des Dr. Rapheal Kosch am 4. X. 1903 auf dem alten jüdischen Friedhof zu Königsberg i. Pr. (8 S.) gr. 8. Königsberg (903). Hartung. n. — 20

Vogelstein, Thdr., die Industrie der Rheinprovinz 1888—1900, s. a. Studien, Münchener volkswirtsch.

Vogelstein, Theodor: Die Industrie der Rheinprovinz 1888—1900. Ein Beitrag zur Frage d. Handelspolitik u. d. Kartelle. *Stuttgart 1902: Union.* (112 S.) 8° [= Münchener volkswirtsch. Studien, Stück 47.]
München, Staatswirtsch. Diss. v. 1902

Vogelstein, Theodor: Die Industrie der Rheinprovinz 1888–1900. Ein Beitrag z. Frage d. Handelspolitik u. d. Kartelle von Theodor Vogelstein, Dr. Mit e. Vorbemerkung von Prof. Dr. Walther Lotz. Stuttgart & Berlin: J. G. Cotta Nachf. 1902. (112 S.) 8°
(Studien, Münchener Volkswirtschaftliche. St. 47.)

Organisationsformen der Eisenindustrie und Textilindustrie in England und Amerika. Von Theodor **Vogelstein**. Leipzig: Duncker & Humblot 1910. XV, 277 S. 8°
(Vogelstein: Kapitalistische Organisationsformen in d. modernen Großindustrie. Bd 1.) [10. 7749

Vogelstein, Theodor: Kapitalistische Organisationsformen in der modernen Grossindustrie. Bd 1. Organisationsformen der Eisenindustrie und Textilindustrie in England und Amerika. Leipzig: Duncker & Humblot 1910. XV, 277 S. 8° ¶ (Im Buchh. ebd.)
München, Staatswirtsch. Hab.-Schr. v. 1910 [U 11. 3872

Vogelstein, Thdr., kapitalistische Organisationsformen in der modernen Grossindustrie. 1. Bd. Organisationsformen der Eisenindustrie u. Textilindustrie in England u. Amerika. (XVI, 277 S.) gr. 8. Leipzig 910. Duncker & Humblot. 6. 50

Vogelstein, Thdr., die Störungen in der deutschen Montan- u. Eisenindustrie, s.: Bosselmann, Otto.

Vogelsteller, der, oder d. Kunst, allerlei Arten von Vögeln, sowohl ohne, als auch auf d. Vogelheerd bequem u. in Menge zu fangen; nebst den dahin gehör. Kupfern u. e. Naturgeschichte d. bekannten u. neuentdeckten Vögel. 8. Leipz. ... Joachim. 12 K

Vogelstimmen, s.: Jugend-Bücherei, farbig illustr.

Vogel-Strumwelpeter, der. qu. gr. 4. (12 farb. S. m. Text.) Lpz. 891, Meißner u. Buch. * 1 50

Vogelstudien, japanische. Fol. (12 farb. Bl.) Wien 895. Verlag d. österreich. Handels-Museums. In Mappe n. 7. —

Vogel-Wandtafel. Der Schule und dem Hause gewidmet vom deutschen Vereine zum Schutze der Vogelwelt. 2. verbesserte Auflage. Druck und Verlag von Fr. Eugen Köhler in Gera-Untermhaus. (Min.-Erl. v. 11. März 1897, Z. 5951.) Preis 6.—

Vogelweibchen: Das Vogelweibchen v. L'Utschella.

(**Vogelweid**, H.) Pfirt und Umgebung. Führer für Touristen nach dem Elsassischen Jura, mit Historischen Notizen über das Schloss, die Stadt und das Pfirterland. [Mit Illustrationen und 2 Karten.] 8. Altkirch [1892].

Vogelwelt, die, s. a.: Monatsschrift f. Aquarienfreunde.

Vogelwelt, die. Zeitschrift über Vogelschutz, Züchtung von ausländ. Sing- und Schmuckvögeln, insbesondere von Harzer Canarien, und über Geflügelzucht. Organ des Vereins der Vogelfreunde zu Heilbronn. Hrsg. von Carl Ritsert. 1. Jahrg. 1879. 12 Nrn. (Bog.) gr. 4. Heilbronn, (Schmidt.) *

Vogelwelt, die. Zeitschrift über Vogelschutz, Züchtung von ausländ. Sing- und Schmuckvögeln, insbesondere von Harzer Canarien, und über Geflügelzucht. Organ des Landesverbandes der Vereine der Vogelfreunde in Württemberg. Hrsg. von Carl Ritsert. 2. Jahrg. 1880. 12 Nrn. (Bog.) gr. 4. Heilbronn, (Becker.) *
—— dass. — 3. und 4. Jahrg. 1881 und 1882. à Jahrg. 24 Nrn. (Bog.) gr. 4. (Ebendas.) à Jahrg. *

—— die. Zeitschrift über Vogelschutz, Züchtung von ausländ. Sing- und Schmuckvögeln, und über Geflügelzucht, mit der Monatsbeilage „Der süddeutsche Canarienzüchter". Central-Organ des Landesverbandes der Vereine der Vogelfreunde in Württemberg. Hrsg. von Carl Ritsert. 5. und 6. Jahrg. 1883 und 1884. à Jahrg. 24 Nrn. (Bog.) gr. 4. (Ebendas.) à Jahrg. *

Vogelwelt, die. Zeitschrift über Vogelschutz, Züchtung von ausländ. Sing- und Schmuckvögeln und über Geflügelzucht, mit der Monatsbeilage: „Der süddeutsche Kanarienzüchter". Central-Organ des Landesverbandes der Vereine der Vogelfreunde in Württemberg. Hrsg. von Carl Ritsert. 7. Jahrg. 1885. 24 Nrn. (Bog.) gr. 4. Heilbronn. (Kaiserslautern, Kayser.) *
—— dass. — mit der Monatsbeilage: Deutsche „Kanarienzeitung". 8. Jahrg. 1886. 24 Nrn. (Bog.) Fol. Kaiserslautern, Kayser.

Vogelwelt, die. Central-Organ f. Vogelzucht, Vogelkunde, Vogelschutz. Seit 1896 verein. m. d. „Monatsschrift f. Aquarienfreunde". Mittheilgn. f. Liebhaber v. Aquarien, Terrarien, Schmetterlingen etc. Organ f. sämmtl. Thierschutzbestrebgn. Hrsg. v. Max Bröse unter Mitwirkg. hervorrag. Fachschriftsteller. 6. u. 7. Jahrg. 1896 u. 1897. à 12 Nrn. (Bog. m. Abb.) 4. Leipzig-Volkmarsdorf, M. Bröse. à Jahrg. 1. 50

Vogelwiese, Die Dresdner. Gereimte Beschreibung in 54 Strophen, mit 1 Abbildung. Lithographie. (8 Mk. Jos. Baer & Co., 1896.)

Vogelwiese, Die Dresdener, zur Belustigung für's Publikum herausgegeben. Gr. Fol. Blatt. Mit 54 Tableaux Darstellungen und einer gleichen Anzahl von Strophen. (2 Mk., unterlegtes Expl., G. Priewe, 1895.)

Vogelwiese, Dresdner, im Jahre 1812. Nach Kellerthaler. Lithogr. 4°. (75 Pfg. G. Priewe, 1895.)

Vogelwiese, Die Dresdner, im Jahre 1612. Lithograph. Ansicht mit historischer Beschreibung. 21 : 30 cm. (10 Mk. Jos. Baer & Co., Frankf., 1891.)

Vogelwiesen-Buch, neues. Leiden und Freuden und tragikom. Abenteuer auf der Vogelwiese gesammelt von Hilarius Jocosus. Mit gar schönen Bildern (eingedr. Holzschn.) illustr. 16. (61 S.) Dresden 863, Dreyer.

Vögely, Fritz, Harmonielehre. (VII, 207 S.) 8. Berlin 910. C. Habel. Geb. in Leinw. 5. —

Voges, Carl, s. Voges, Karl

Voges, Daniel Wilhelm Otto, s. Voges, Otto

Voges, E., im jüdischen Zeitalter. E. Betrachtg. uns. heut. Zustände in wirthschaftl., polit., sozialer u. religiöser Beziehg. gr. 8. (22 S.) Nordhausen 895. (Berlin, Deutsch-nation. Buchh. u. Verl.-Anst.) n. — 50

Voges, Emil, aus Magdeburg: Über die Lutidintricarbonsäure, Lutidinbase und Pyridindicarbonsäure aus Collidindicarbonsäure. *Leipzig 1904: Metzger & Wittig.* (22 S.) 8°
Leipzig, Phil. Diss. v. 1904

Chronik der Bürgerlichen Ressource zu Stettin 1808–1908. Hrsg. von deren Vorstande u. in dessen Auftr. bearb. von E[rich] **Voges**. Stettin (1908): P. & R. Beran. (78 S.) 8° [F.] [08. 1356, 9

Voges, Ernst, der Obstbau, s. a. Aus Natur u. Geisteswelt.

Der Obstbau. Von Dr. Ernst **Voges**. Mit 13 Abb. Leipzig: B. G. Teubner 1906. (138 S.) 8°
= **Natur**, Aus, u. Geisteswelt. Bdch. 107. [07. 9033

Voges, Ernst, das Pflanzenleben des Meeres. gr. 8. (83 S. mit 25 Holzschn.-Illustr.) Leipzig 886. [Frohberg.] Bulbamus. *

Voges, Ernst, an der See. Reisebriefe aus dem Moore und von der Nordsee. 8. (V, 178 S.) Emden 884, Haynel. *

— Ferdinand Ambrecht. Ein Lebensbild. (III, 118 S.) gr. 8. Hannover 906. A. Sponholtz Verl. n. 2. —

Voges, Hermann

Voges, H. Beiträge zur Geschichte des Feldzuges 1715. (Berlin 1903.) 8°. (Balt. Studien. N. F. 7.)

Voges, Hermann, aus Wolfenbüttel: **Beiträge** zur Geschichte des Feldzuges von 1715 gegen Karl XII. von Schweden. *Stettin 1904: Herrcke & Lebeling.* (32 S.) 8° [F.] ¶ (Erscheint vollst. in: Baltische Studien, N. F. Bd 7—9.)
Göttingen, Phil. Diss. v. [2. Juli] 1904

Voges, Johann August. Über die organischen Komparationsformen des Altfranzösischen. 1 (42 S.) **Progr.** Stadtg. *Stettin* 1887 (131)

Voges, Karl

Voges, Carl [aus Hannover]: Die Ermüdung des Gesichtsfeldes, neue Versuche m. krit. Verwerthg d. bisher. Arbeiten. Am 29. Mai 1895 v. d. med. Fak. d. Univ. Göttingen gekr. Preisschrift. Göttingen, Druck d. Dieterich'schen Univ.-Buchdr., 1895; 34 S. 8.
Göttingen, Med. Fak., Inaug.-Diss. v. [3. Aug.] 1895

Voges, Otto. Das Geheimniß v. Montebello, s. Gaben, humoristische, f. Vergnügungsvereine.

Voges, O., und W. **Schütz**: Ueber Impfungen zum Schutze gegen den Rothlauf der Schweine und zur Kenntniß des Rothlaufbacillus. Leipzig 1898

[F.] Der Kampf gegen die Tuberkulose des Rindviehs. Von Dr. med. O[tto] **Voges**, Berlin. '(A. d. Inst. f. Infektionskrankh. Berlin.)' *Jena: G. Fischer 1897.* (1 Bl., 82 S.) 1 Bd 8. [97. 1318

Voges, Otto, Klein Däumling. Märchen m. Gesang u. Tanz in 7 Bild. Musik v. Wilh. Meyer-Stolzenau. 8. (80 S.) Hannover 897. (München, Rubinverl.) n. 1. —

Voges, *Daniel Wilhelm* Otto: Ueber die Mischung der stickstoffhaltigen Bestandtheile im Harn bei Anämie und Stauungszuständen. '(Aus d. med. Klinik d. Herrn Geheimr. Gerhardt.)' ... Berlin, gedr. bei L. Schumacher, 1892; 39 S. 8.
Berlin, Med. Fak., Inaug.-Diss. v. 12. März 1892

Voges, Otto: Das pactum in der narratio de electione Lotharii ....
Halle, *Druck v. Frz. Rosenthal i. Berlin*, 1885; 4 + 56 S. 8°.
Halle, Phil. Fak., Inaug.-Diss. v. [11. Sept.] 1885.

Voges, O., Engelmann's Rache, s.: Büller, C. W.

Voges, O. Engelmanns Rache, s. Universal-Bibliothek.

— d. Rad in Wort u. Bild, s. a. Bloch's, Ludw., Gallerie lebender Bilder, Lfg. 31.

Das Rad in Wort und Bild. Festspiel in 12 Bildern mit Prolog u. verbindendem Text von Otto **Voges**. *Berlin: E. Bloch (1898).* (22 S.) 8° [F.]
= **Gallerie, Ludwig Blochs**, lebender Bilder. Lfg 31. [01. 10223

Voges, Th., Erzählungen aus der Geschichte der Stadt Wolfenbüttel. Für Haus u. Schule zusammengestellt. gr. 8. (VI, 144 S. m. 1 Lichtdr.) Wolfenbüttel 882. Zwißler. n. 1. 50; cart. n. 2. —

Voges, Th., aus der Heidenzeit des braunschweigischen Landes. Hrsg. v. dem Pestalozzivereín des Herzogt. Braunschweig. (IV, 60 S. m. 22 Abb.) 8. Braunschweig 910. E. Appelhans & Co. 1. —

Voges, Th., Sagen aus d. Lande Braunschweig. 8. (XVI, 340 S.) Braunschweig 895. W. Goeritz. n. 4. —; geb. in Leinw. n. 4. 60

— Übersicht üb. die Vorgeschichte des Landes Braunschweig. (IV, 40 S.) gr. 8. Wolfenbüttel 906. (J. Zwissler). 1. —

V(oges), Th., Wolfenbüttel. Ein Führer f. Einheimische u. Fremde. gr. 16. (42 S.) Wolfenbüttel 888. Zwißler. n. — 50

— Wolfenbüttel. Ein Führer f. Einheim. u. Fremde. H. d. Zwecke d. Verschönerungs-Vereins hrsg. 2., illustr. Aufl. 8. (60 S.) Wolfenbüttel 898. (J. Zwißler.) n. — 60

Voges, W., Deutsches Lesebuch für Bürgerschulen. 8. Helmstedt 839. Fleckeisen. n. 1/2 ℳ

Kurze Darstellung der Geschichte des Ordenshauses der Gr. Landesloge der Freimaurer von Deutschland. Zur Einweihung des Festtempels am 18. Nov. 1900. [Unterz.:] W[ilh.] V[oges]. Mit 3 Beil.: Grundrisse des Ordenshauses. Berlin: 1900 Mittler & S. 26 S. 2°
vgl. BZC. 29 (1900) S. 518—519; H. 12 (1901) No 7, 8.

Fest-Lied zum 50jährigen Andreas-Maurer-Jubiläum des gel. Br. Adolf Busch. 6. Jan. 1905. [Unterz.:] W[ilh.] V[oges]. [Berlin 1905.] 2 Bl. 8° [Umschlagtit.]
Ohne Noten: „Das war vor fünfzig Jahren doch . . .“

Winning, Fel. v.: Festlied zum 25jährigen Maurer-Jubiläum des geliebten Brs Fel. v. Winning. 1877. 20. April. 1902. [Unterz.:] W[ilh.] V[oges]. [Friedenau 1902: L. Schultz.] 2 Bl. 4° [Umschlagtit.]
Ohne Noten: „Jubelklang und Wonnesang...“

Busch, Adolf: **Festlied zum 50jähr. Maurer-Jubiläum des geliebten Brs. Adolf Busch. 1852. 27. Nov. 1902. [Unterz.:] W[ilh.] V[oges]. Friedenau [1902]: L. Schultz. 2 Bl. 8° [Umschlagtit.]**
Ohne Noten: „Lasst lodern hoch des Herzens heisse Flammen, . . .“

Vogesen [Sachliches OW]

Vogesen, die. Zeitschrift f. Touristik u. Landeskunde. Mit der Beilage: Wasigenstein. Beiträge zur Förderg. heimatl. Poesie, Kunst u. Geschichte. Hrsg. u. Red.: Adrian Mayer. 1.—4. Jahrg. 1907—1910. à 24 Nrn. (364, 512, 668 u. 628 S. m. Abbildgn.) Lex. 8. Strassburg. Colmar, Strassburger Druckerei u. Verlagsanstalt Filiale Colmar. 1. u. 2. Jahrg. à 4.—; 3. u. 4. Jahrg. à nn 5. —

Die Vogesen und Strassburg. 5. Aufl. neu bearb. von E. König. Mit 7 Karten. Berlin: A. Goldschmidt 1902 03. (IV, 101 S.) 8°
(Reisebücher, Griebens. Bd 77.)

Vogesen [Schlagwort]

— s. a.: Elsass-Lothringen.

— s. a. Schwarzwald.

Vogesen, s. a. Woerl's Reisehandbücher.

Vogesen. Fuchs, Alb., durch die Vogesen. Touristen-Karte m. Wegemarkiergn. u. Routenverzeichnis. 3. Blatt: Zabern-Süd, Wangenburg, Dagsburg, Alberschweiler, Donon, zu den Blättern Strassburg u. Saarburg der Generalstabskarte im Massstab 1 : 100,000. 29,5×47 cm. Nebst Text. (8 S. m. Fig.) 22×12 cm. Farbdr. Zabern 908. A. Fuchs. 1. —

Vogesen. Karte der Vogesen. Hrsg. vom Central-Ausschuss des Vogesen-Clubs. 1 : 50,000, Blatt XI. Oberes Breuschthal. 39×44 cm. Farbendr. Strassburg 894. (J. H. E. Heitz.) Auf Leinw. n.n. 1 60
Blatt I—X erscheinen später.

Vogesen. Karte der Vogesen. 1 : 50,000. Hrsg. vom Central-Ausschuss des Vogesen-Clubs. Blatt IX, X u. XII. Farbendr. Strassburg (J. H. E. Heitz). Auf Leinw. à n.n. 1. 60
IX. Alberschweiler—Dagsburg. 38,5×45 cm. 895.
X. Molsheim. 39×44 cm. 896.
XII. Odilienberg. 38,5×44,5 cm. 895.

Vogesen. Karte der Vogesen. 1 : 50,000. Hrsg. vom Central-Ausschuss des Vogesen-Clubs. Blatt VIII, XI, u. XIV—XX. Farbdr. Strassburg (J. H. E. Heitz). n.n. 15. 35; Aufzüge auf Leinw. à n.n. — 25
VIII. Zabern. 39×47,5 cm. 897. n.n. 1. 75
XI. Oberes Breuschthal. 2. neu bearb. Aufl. 39×44,5 cm. 900. n.n. 1. 75
XIV. Schlettstadt—Rappoltsweiler. 39×44,5 cm. 901. n.n. 1. 75
XV. Schlucht—Gérardmer. 36×44,5 cm. 899. n.n. 1. 60
XVI. Kaysersberg—Münster. 36×44,5 cm. 898. n.n. 1. 75
XVII. Wildenstein. 36×44,5 cm. 900. n.n. 1. 75
XVIII. Gebweiler. 36×44,5 cm. 900. n.n. 1. 75
XIX. XX. Masmünster—Thann. 36,5×66 cm. 900. n.n. 2. 75

Vogesen. Karte der Vogesen. 1 : 50,000. Hrsg. vom Centralausschuss des Vogesen-Clubs. Blatt V—VII. X. XIII. XV u. XVI. Farbdr. Strassburg (J. H. E. Heitz). n.n. 12. 25; Aufzüge auf Leinw. à n.n. — 25
V. Lützelstein. 39×48 cm. 903. n.n. 2. —
VI. VII. Niederbronn-Wörth. 39×71 cm. 904. n.n. 2. 75
X. Molsheim. 2., neu bearb. Aufl. 38,5×44,5 cm. 903.
XIII. Markirch. 38,5×44,5 cm. 902. n.n. 2. —
XV. Schlucht-Gérardmer. 2., neu bearb. Aufl. 36×44,5 cm. 904. n.n. 1. 75
XVI. Kaysersberg-Münster. 2., neu bearb. Aufl. 36×44,5 cm. 904. n.n. 1. 75

— **Karte der Vogesen.** 1 : 50,000. Hrsg. vom Central-Ausschuss des Vogesen-Clubs. Blatt II/III, IV, IX, XV, XIX u. XX. Farbdr. Strassburg, (J. H. E. Heitz). nn 10.75; auf Leinw. nn 12. —
II/III. Bitsch-Stürzelbronn. 40×65 cm. 909. nn 2.75; auf Leinw. nn 3. —
IV. Weissenburg. 39,5×44 cm. 907. nn 1.75; auf Leinw. nn 2. —
IX. Alberschweiler-Dagsburg. 3. Aufl., bearb. v. Max Seeger. 39×44 cm. 910. nn 1.75; auf Leinw. nn 2. —
XV. Schlucht—Gérardmer. 3., neu bearb. Aufl. 37×44 cm. 909. nn 1.75; auf Leinw. nn 2. —
XIX.XX. Masmünster-Thann. 2., neu bearb. Aufl. 36,5×67 cm. 909. nn 2.75; auf Leinw. nn 3. —

— **Lorenz' neueste Vogesen-Karte.** 1 : 400,000. 45,5 × 36 cm. Farbdr. Freiburg i/B. 897. Lorentz & Waetzel. Auch in französischem Umschlag. n. 1. —

Vogesen. Zorn, Ludw., die wichtigsten Höhenverhältnisse der Vogesen. 1 : 10,000. 15,5 × 28,5 cm. Farbdruck. Freiburg i/B. (Bursengang 1 u. 3) 897. H. Schick. — 25

Der **Vogesendurchstich**. Generalbericht. ('Percée des Vosges'. Rapport général.) Hrsg. ... v. Comité commercial franco-allemand zu Paris u. d. Deutsch-franz. Wirtschaftsverein zu Berlin. (1. je in deutscher u. franz. Sprache. 2.) (Paris) 19(09–)11: (Alcan-Lévy [Berlin: Deutsch-franz. Wirtschaftsverein].) 4°(8°) [Umschlagt.]

1. [Deutscher Text u. d. T.:] Die historische Entwickelung d. Frage d. Vogesendurchstichs von Lucien Coquet. (Paris 1911.)
1. [Franz. Text u. d. T.:] 'Percée des Vosges'. Rapport général. P. 1. Exposé hist. par Lucien Coquet. Paris 1909.
2. Rapports et cartes présentés au Comité ... Paris 1909. [11. 1112]

Vogesengrün. Ein elsäss. Familienkalender von Maria Rebe. 1887—89. 8. (186; 184; IV, 187 S. mit Illustr.) Straßburg, Heitz. cart. à Jahrg.

Vogesengrün. Ein elsäss. Familienkalender v. Maria Rebe. 1890—1893. 8. (à Jahrg. ca. 160 S. m. Bildern.) Straßb. i. E. 892, Heitz. à Jahrg. cart. 1 50

Vogesengrün. Ein elsäss. Familienkalender, begründet v. Maria Rebe. Hrsg. v. E. Hertzog. 1895. 8. (202 S. m. Abbildgn.) Straßburg 894. J. H. E. Heitz. Kart. 1.50

Vogesengrün. Ein elsäss. Familienkalender, begründet v. Maria Rebe. Hrsg. v. E. Hertzog. 1896. 8. (150 S. m. Abb.) Straßburg, J. H. E. Heitz. Kart. 1. 50

*Vogeser, Joseph: Zur Sprache der griechischen Heiligenlegenden. 1907. XI, 46 S. 8. Kgl. Progymn. *Schäftlarn* 1908. **Progr.**

Vogeser, Joseph, a. Rettenbach: Zur Sprache der griechischen Heiligenlegenden. München 1907: F. X. Seitz. (XI, 46 S.) 8°
München, Phil. Fak., Ref. Krumbacher, Diss. v. 15. Juni 1906
[Geb. 26. Nov. 76 Rettenbach, B.-A. Günzburg a. D.; Wohnort: Schäftlarn; Staatsangeh.: Bayern; Vorbildung: Gymn. Dillingen a. D. Reife Juli 96; Studium: München 10 S.; Rig. 15. Juni 06.]

Vogesigena, Philesius, s.: Ringmann, Mathias.

Voget, Alb. K. R., s. Voget, Alb. R. L.

Voget, Alb. R. L.

Voget, A. R. L., Anleitung für Eltern, Lehrer und Erzieher zu nützlichen und unterhaltenden Spielen und Beschäftigungen für Kinder beiderlei Geschlechts von 4 bis 9 Jahren, außer der Schule. 8. (31 S.) Heinsberg 852. (Crefeld, Gehrich und Comp.)

Voget, Alb. K. L., Anleit. zur Kenntniß d. vorzügl. Giftpflanzen u. deren Wirkung auf d. Leben u. d. Gesundheit d. Menschen u. Thiere; nebst Angabe allgem. Hülfsmittel bei Vergiftungsfällen durch Pflanzengifte. Ein Handbuch für Volksschulen u. jeden Laien d. Botanik. Mit 9 Abbildd. 2e Aufl. 8. Crefeld 830. Schüller. 12 gr. ill. 18 gr.

Voget, A. R. L., neue wohlfeile Methode, ohne Papier od. Leinewand Landschaften und andere Gegenstände naturgetreu, flach erhaben (bas relief) darzustellen, welche sich als effektvolle Zimmerzierde u. für verschied. prakt. Anwendungen ganz besonders empfiehlt etc. Mit 1 lithogr. Tafel. 12. Crefeld 836. Schüller. Geh. u. verklebt 1/2 ℳ

Voget, A. L. R., Notizen aus dem Gebiete der Pharmacie, s.a. Notizen.

— **Notizen aus dem Gebiete der practischen Pharmacie und deren Hülfswissenschaften.** 1r—4r Bd. à 12 Lfrgg. Mit Steindrucktafeln. 8. Ebd. 836—40. à n. 1 1/3 ℳ — Vgl. Notizen.

—— allgem. Rettungsmittel bei Verunglückten aller Art, od. kurze Anweis., wie man sich bei d. vorzügl. Unglücksfällen d. menschl. Lebens zu verhalten hat, u. eine schleunige zweckmäß. Hülfe leisten kann. Ein nothwend. Hülfsb. f. jeden, dem Menschenwohl am Herzen liegt etc. Nach größern Werken bearb. 8. (5 B.) Crefeld 831, Schüller.

— **allgemeine Rettungsmittel bei Verunglückten aller Art, oder kurze Anweisung, wie man sich bei den vorzügl. Unglücksfällen d. menschl. Lebens zu verhalten hat etc. 8. Crefeld 831. 2e mit e. Anh. verm. Aufl. 8. Crefeld 832. Schüller. 8 gr.**

—— Tafel über die giftigen u. unschädlichen Farben zur Belehrung u. Verhütung von Unglücksfällen für Volksschulen u. Gewerbtreibende aufgestellt. Fol. Crefeld 841. Schüller.*

—— **das Zuckerbier u. seine Bereitung; e. neues, höchst angenehmes, gesundes, wohlf. u. leicht zu bereit. Getränk f. Jedermann. Nebst Vorschriften z. künstl. Darstell. d. Champagnerweins, Honigweins (Meth) u. ein. treffl. moussir. Essigs (Vinaigre de l'Empereur). Beachtungswerth f. jeden Hausvater, Gastwirth, Weinhändler etc. 8. (1 1/2 B. u. 1 Stnt.) Crefeld 835, Schüller. Verklebt.**

Voget, Albert. Unterscheid der wahren und falschen Gotts-Gelahrtheit . . . Zürich 1748. Ü: *Werdmüller, Beat.* (ML) (Cat. d. Stadtbibl. Zürich. Zürich 1864—97.)

Voget, Albr., Unterschied der wahren und falschen Gottesgelahrtheit. 8. Zürich, Orell. 741.

Voget, Carl Octavius, s. Voget, Karl Octavius

Voget, F. B., s. Voget, Fr. L.

Voget, Fr. L., über staatsbürgerl. Anforderungen unserer Zeit, insbesondere an d. neue Verfassungswerk für den Brem'schen Freistaat. gr. 8. Bremen 831. Kaiser. 21 gr. Hbg. Pr. 9 gr.

Voget, F. B. Die Giftmörderin Gesche Marg. Gottfried in der Gefangenschaft bis zur Hinrichtung. 2 Teile. Bremen 1831.

—— Lebensgeschichte d. Giftmörderin Gesche Margarethe Gottfried, geb. Timm. Nach erfolgtem Straferkenntnisse höchster Instanz, hrsg. v. dem Defensor ders. gr. 8. (20 B.) Bremen 831, Kaiser.

—— dass. 2. Thl. — A. u. d. T.: Die Giftmörderin Gesche Margarethe Gottfried, in d. Gefangenschaft bis zur Hinrichtung. Nach Vollzug d. Todesurtheils hrsg. von d. Defensor ders. 2 Abthln. gr. 8. (29¼ B.) Bremen 831, Schünemann. 1 Thlr. 12 Gr., hrbgf. Pr. Thlr.

— Dass. nach Voget. Mit Zusätzen u. Anmerkk. u. d. Bildn. d. Verbrecherin. 8. Augsb. ... (v. Jenisch u. St.) 6 gr.

(*Ders.*): Lebensgesch. nach VOGET. Mit Zusätzen u. Anmerkgn. u. d. Bilde d. Verbecherin. *Augsburg*, v. Jenisch u. Stage. 831. 8. (6 Gr.)

Voget, Herm., Liebe und Leben. Schauspiel in 5 Aufzügen mit einem Vorspiel. 8. (122 S.) Hamburg 864, J. F. Richter.

Voget, Herm., die Stedinger. Dramatisches Gedicht. 8. (160 S.) Bremen 860, (Geisler.) *

Voget, Herm., Versöhnt. Schauspiel in 4 Aufzügen. 8. (78 S.) Wien 878, Rosner. *

Voget, Karl Octavius

Voget, Carl Octav., Ermunterungs-Töne auf d. Wege zur Heimath. (Gedichte.) 8. (3¼ B.) Hamburg 845, (Agentur des Rauhen Hauses.) *

Voget, Carl Octavius, Ermunterungs-Töne auf dem Wege zur Heimat und Kampf- und Siegeslieder. 2. verm. und mit dem Lebensabriß des Verf. vers. Aufl. 8. (96 S.) Hamburg 887, Agentur des Rauhen Hauses. cart. *
Ausg. auf Velinpapier in Leinw. geb. *

Voget, Carl Octavius, ermunternte Wallfahrtsklänge aus dem Pfarrhause zu Hinta f. die so e. besseres Vaterland suchen. 16. (IV, 78 S.) Emden 878. Haynel. n. 1. —

Voget, P., Leitfaden beim Unterrichte in der Heimatkunde. Zunächst für Ostfrieslands Volksschulen. 8. (38 S.) Aurich 875, Reents. *

Voggler, A., Schützenhauptmann Josef Sterzinger und das Geschlecht der Sterzinger. Gr.-8°. (42 S.) K —
Innsbruck: Wagner 1903.

Voghera, Guido [illegible] 1.50
Separatabdruck

Voghera, Guido, Zusammenstellung der irreduziblen komplexen Zahlensysteme in sechs Einheiten. 32×25 cm. Wien 908. A. Hölder. 4.50
Sonderabdruck aus: „Denkschr. d. k. Akad. d. Wiss."

Voght, s.a. Vogt. Vogts. Vogtt. Voight. Voigt. Voigts.

Voght, H. A., über Besteuerung. 8. Hannov. 816. Hahn. 3 gr.

Voght, H. A. Einrichtung des Armenwesens im Canton Grone. 8. *Göttingen, Dankwerts.* 1810

Voght, Kaspar Frhr. v.

v. Voght, (Freihr.) meine Ansicht d. Statik d. Landbaues im J. 1817, mit angehängten, in spätern Jahren hinzugef. Anmerkk. gr. 8 Hamb. 825, Fr. Perthes.

v. Voght, Frhr. Ksp., meine Ansicht d. Statik des Landbaues im J. 1817, mit angehängten, in spätern Jahren hinzugekommenen Anmerkk. gr. 8. Hamb. 826. Fr. Perthes. 1 ℛ

Voght, Kasp. Frh. v., über d. Hamburg. Armen-Anstalt v. J. 1788 bis 1794. In e. Briefe an einige Armenfreunde in England. A. d. Engl. übers. v. J. J. Eschenburg (1796). 2. Aufl. Angehängt: Die Hamburg. Armen-Anstalt 1830. Von C. W. Asher. 2. Aufl. gr. 8. (4½ B.) Lüneburg 832, Herold u. Wahlstab.

Voght, Kaspar. Ueber Hamburgs Armen-Anstalten. Aus dem Englischen übersetzt von J. Jo. Eschenburg. Mit Zusätzen des Verfassers. *Braunschweig und Lüneburg, Herold.* 1796

s.a. Armenwesen über Hamburgs.

Voght, üb. Hamburgs Armenwesen, a. d. Engl. v. Eschenburg. gr. 8. Hamb. (Herold u. W. in Lüneb.) 798. — 6

s. Art, über d. vortheilhafteste, Kochöfen rc. einzurichten, u. setze hinzu: (von Frhr. K. v. Voght). Hamb 799.

v. Voght, Frhr., Auszug aus dem der patriotischen Gesellschaft abgelegten und dem Armen-Kollegium mitgetheilten Bericht über Flachsgarn-Spinnerei u. Weberei. Den Armenfreunden in Hamburg gewidmet. gr. 8. Hamburg 834. (Herold.) n. ¼ ℛ

Voght, Freyh. v., Bemerkungen über die Vor- und Nachtheile des mit der Bemergelung verbundenen Rapsaatbaues. s.a. Schriften der Schleswig-Holst. patr. Gesellschaft. 2r Bd. 3s Heft. 1ste Abth.

Voght v.: Bemerkungen üb. die Vortheile u. Nachtheile d. mit der Bemergelung verbundenen Rapsaat-Baues ... veranlasst durch Martens Abhandlung. Altona 1820. 52 S.
(= Schriften d. schleswig-holstein. patriot. Gesellschaft. Bd. 2 H. 3 Abth. 1). 731. (Sml. Iversen).

— Einrichtung des Armenwesens im Kanton Grone. 8. Götting. 810. (Vandenhöck u. R.) 8 gr.

— Flotbeck u. dessen diesjähr. Bestellung, mit Hinsicht auf d. durch dieselbe beabsichtigten Erfahrungen; e. Wegweiser für d. landwirthschaftl. Besucher desselben rc. gr. 8. Altona 822. (Aue). 16 gr.

— Flotbeck u. dessen diesjähr. Bestellung, mit Hinsicht auf d. durch dieselbe beabsichtigten Erfahrungen; ein Wegweiser f. die landwirthschaftl. Besucher desselben rc. gr. 8. Altona 822. Busch.

Voght, v., Gesammeltes aus d. Geschichte d. Hamburg. Armen-Anstalt während ihrer 50jähr. Dauer. Lex.-8. (10¼ B.) Hamburg 838, Meißner.

—— Flottbecks hohe Kultur, den zahlreichen landwirthschaftl. Besuchern im J. 1829 vor Augen gelegt, nebst d. Darlegung d. Grundsätze, durch deren Befolgung ein an sich schlechter Boden zur höchsten Ertragsfähigkeit gebracht worden ist. gr. 8. (3½ B.) Hamburg 829, Nestler.

s. Nachricht von d. Einrichtung d. Hamburg Armen-Anstalten.

— Sammlung landwirthschaftl. Schriften. 1r Thl. gr. 8. Hamb. 825, Fr. Perthes.

— Samml. landwirthschaftl. Schriften. 1r Thl. gr. 8. Hamb 826. Fr. Perthes. 1 ℛ 16 gr.

—— über d. Vortheile d. flachen Eineggens d. Saat. Aus e. Briefe an d. verstorb. Prof. Karsten in Rostock. gr. 8. (2½ B. u. 3 Stnt. Fol.) Hamburg 831, Herold.

— über manche noch nicht genug gekannte Vortheile d. grünen Bedüngung. Mit den Resultaten d. letzten Jahre, u. Zusätzen über d. Düngwirkung d. Rapsaat, d. Roggens, d. Klees u. d. grünen Kartoffelkräuter. Mit 1 Kpft. gr. 8. Hamb. 832. Herold jun. 16 gr

— über manche noch nicht genug gekannte Vortheile der grünen Bedüngung. Nebst Zusätzen über die Dungwirkung der Rappsaat, des Rockens, des Klees, des grünen Kartoffelkrautes und mancher Feldfrüchte und Gewächse, sowie eine Darstellung der vorzügl. landwirthschaftl. Verbesserungen desselben. Mit 1 Steintafel. gr. 8. Hamburg 834. Herold. 2/3 rf

Voght, v., über manche noch nicht genug gekannte Vortheile der grünen Bedüngung mit den erzeugten Resultaten. Neue Ausg. gr. 8. (10½ B.) Quedlinburg 840. Ernst'sche Buchh.

Vögtler, Gust. Adph., die concessionirte Heilanstalt für Stotternde in Gera. Gera 861. Kanitz in Comm. gr. 8. *(15 S.) n. 4 ngr.

Vogl, Johann Nepomuk, s. Klassiker, moderne.

Vogl, Joh. Nep., als Mensch und Dichter, s. Schmidt, Aug.

Vogl, s.a. Vogel

Vogl, Beobachtungen von Nebelflecken u. Sternhaufen am 6' Refractor und 12' Aequatoreal der Leipziger Sternwarte ausgeführt. Leipzig 1867. 8°.

Vogl: De vitarum Plutarchi lectione adolescentibus commendanda. P.I. 24 S. Magdeburg D., Progr. 1858

Vogl. Mauerwerks-Sprengungen zu Linz 1871 bis 1873. Special-Beilage zu den „Mittheilungen über Gegenstände des Artillerie- und Geniewesens". — Wien 1874.

Vogl, A., Gesetz, die Einkommen-Steuer betr., vom 9. VI. 1899. Mit erläut. Anmerkgn. 8. (163 S.) Ansbach 900. C. Brügel & Sohn. Geb. in Leinw. n. 2. —

— Gesetz, die Kapitalrenten-Steuer betr., v. 9. VI. 1899. Mit erläut. Anmerkgn. 8. (114 S.) Ebd. 900. Geb. in Leinw. n. 1. 80

Vogl, A. B. Adalb., Mit Gott fang an, mit Gott hör auf! Vollständiges Gebetbuch für kathol. Christen, enth. eine reiche Auswahl von Liedern, öffentl. und Privatandachten, aus den beliebtesten approbirten Gebetbüchern zusammengestellt. gr. 16. (IV, 576 S. mit 1 Stahlst.) Kissingen 869, Schachenmayer. *

Vogl, Adolf: Maja. Dramat. Dichtung mit Musik in 2 Aufz. angeregt durch Michael Beers Trauerspiel: Der Paria. Von . [Textbuch.] Stuttgart: Feuchtinger [1908]. 76 S. 8°

Vogl, Adf. Die Sprache in ihren Beziehungen zu den Sprachwerkzeugen. gr. 8. (32 S.) Graz 892, (Leykam). * — 80

Vogl, Alois

Vogl, Al., Fragen u. Antworten aus der biblischen Geschichte f. die lieben Kleinen. 12. (48 S.) Kempten 887. Kösel. — 30

Vogl, Alois. Katechesen üb. den Beichtunterricht. — Kommunion-Unterricht f. Erstkommunikanten, s. Handbibliothek, katechetische.

Vogl, Aloys, Willibalds-Büchlein. Lebensgeschichte des heil. Willibald, ersten Bischofs und Apostels der Diözese Eichstädt, und Andachts-Uebungen für seine dankbaren Verehrer. 16. (IV und 136 S. mit 1 Stahlst.) Ingolstadt 866, Krüll'sche Buchh. *

Vogl, Aloys, Willibalds-Büchlein. Lebensgeschichte des heil. Willibald, ersten Bischofs und Apostels der Diöcese Eichstätt, und Andachts-Uebungen für seine dankbaren Verehrer. 2. Aufl. Festgabe zur 1100jähr. Todtenfeier des heil. Willibald. 16. (VIII, 152 S. mit 1 Stahlst.) Eichstätt 881, Hornik. *

Vogl, Anton von

Vogl, v., üb. d. Aufgabe d. „Vereins zur Gründung e. Sanatoriums f. Lungenkranke in Bayern". Vortrag, geh. in d. Ausschuss-Sitzung in München am 14. V. 1898. gr. 8. (35 S.) München 898. Piloty & Loehle. n. — 40

Vogl, Ant., Beiträge zur Geschichte von Kuttenberg u. seiner Umgebung. Mit Bemerkk. u. Winken hinsichtl. des Bergbaues, v. A. Chr. Eichler. Mit 1 Kpf. 8. Prag 825. Kronberger u. W. 10 gr

— — über die Entstehung der Typhus-Epidemie in der Garnison Passau im Sommer 1895. München 1896. 18 S.

Vogl, Ant., Erfahrungen über Cholera mit besond. Würdigung und Darlegung der Temperatur-Verhältnisse des menschl. Körpers in den verschiedenen Stadien dieser Krankheit. gr. 8. (72 S. mit 8 Temperatur-Taf. auf 3 lithogr. Blättern in qu. gr. 4.) München 874, Th. Ackermann. *

— — Fortbildung der bayer. Sanitäts-Offiziere. München 1897. 5 S.

Vogl, Ant., Frühlingslied. Gedichtet von Ant. Batik. Für Männerchor componirt. Partitur und Stimmen. Lex.-8. (6 Blatt.) Wien 865, Pichler's Witwe und Sohn.

—— vom Gefechts- zum Verband-Platze. Eine feldärztl. Studie. gr. 8. (52 S. mit 3 lithogr. Taf. Abbild.) München 873, J. A. Finsterlin. *

Vogl, Ant. v., über die Influenza-Epidemie 1889/90 in der bayer. Armee, s.: Schott, Thdr., Influenza u. chron. Herzkrankheiten.

Vogl, Ant. v., die wehrpflichtige Jugend Bayerns. (III, 96 S.) gr. 8. München 905. J. F. Lehmann's Verl. n. 2. 40

— 8 Kartogramme nebst erklärendem Text zu Die wehrpflicht. Jugend Bayerns. à 32,5×43,5 cm. Farbdr. Mit Text. (2 S.) 4. Ebd. (906). In Umschlag n. 1. 60

Vogl, Ant., Liederbuch für österreichische Gymnasien, Realschulen und verwandte Lehranstalten. gr. 8. (IV, 111 S.) Wien 878, Pichler's Wwe. und Sohn.

Vogl, Ant., Liederbuch f. österr. Gymnasien, Realschulen u. verw. Lehranst. 4. Aufl. 8. (107 S.) Wien 895. A. Pichler's Wwe. & Sohn. Kart. n. 1. 16

Vogl, Ant., und A. Chr. Jessen, Liederbuch für österreichische Volks- und Bürgerschulen. 4 Hefte. 8. Wien 879, Pichler's Wwe. und Sohn.

Inhalt:
Heft 1. 1. und 2. Schuljahr. (30 S.) 20 Pf.
„ 2. 3. und 4. Schuljahr. (37 S.) 20 Pf.
„ 3. 5. und 6. Schuljahr. (56 S.) 30 Pf.
„ 4. 7. und 8. Schuljahr. (71 S.) 30 Pf.

— — Die Militärdiensttauglichkeit vor der (bayer.) Abgeordnetenkammer. München 1894. 6 S.

Vogl, Dr. A. v. Mitteilungen aus dem Münchener Garnisons-Lazarette. München 1881. 35 S.

Vogl, Dr. A. v. Mitteilungen aus zwei Scharlach-epidemien in den Jahren 1884/85 und 1894/95 in der Münchener Garnison. München 1895. 21 S.

—— **Mittheilungen über 50 Typhus-Fälle**, s. **Mittheilungen und Auszüge aus dem ärztl. Intelligenz-Blatt.**

Vogl, Dr. A. v. Das Schulturnen und der Waffendienst. Berlin 1907. 10 S.

Vogl, v., **die Sterblichkeit der Säuglinge in ihrem territorialen Verhalten in Württemberg, Bayern u. Österreich u. die Wehrfähigkeit der Jugend m. besond. Rücksichtnahme auf die Anforderung an die Marschfähigkeit.** (III, 74 S. m. 1 farb. Karte.) gr. 8. München 909. J. F. Lehmann's Verl. 2. 40

VOGL, Dr. v.
Hydriatische Tagesfragen. Prof. Dr. Wesener in Aachen und Generalstabsarzt z. D. Dr. v. Vogl in Munchen uber Kneipp und sein Heilverfahren. Nach offiziellen stenographischen Versammlungsberichten herausgegeben v. Dr. Baumgarten. 1901. Buchdruckerei und Verlagsanstalt, Wörishofen

—— **über den praktischen Werth der Brustmessungen beim Ersatzgeschäfte.** gr. 8. (23 S. mit 1 lithogr. Curventaf.) München 877, J. A. Finsterlin. *
Aus: Aerztliches Intelligenz-Blatt, besonders abgedruckt.

Vogl, August, s. Vogl, August Emil

Vogl, August Emil

Vogl, A. E., **anatomischer Atlas der Pharmakognosie.** 60 Taf. in Holzschn. Lex.-8. (IV, 121 S.) Wien 887. Urban & Schwarzenberg. n. 20. —; geb. n. 22. 50; auch in 4 Hftn. à n. 5. —

Vogl, Aug., Beiträge zur Kenntniss der sogenannten falschen Chinarinden. Mit 1 (lith.) Taf. [Aus: „Festschr. der k. k. zool.-botan. Ges. in Wien."] gr. 8. (26 S.) Wien 876. (Braumüller. — Leipzig, Brockhaus' Sort.) n. 2. 40

[illegible]
Separatabdruck

Vogl, Aug., phytohistologische Beiträge. I. Kamala. Mit 1 (lith.) Taf. u. 1 Holzschn. (Abdr. aus den Sitzungsber. der k. Akad. d. Wiss.) Wien 864. (Gerold.) gr. 8. (12 S.) n. 4 *ngr.*

Vogl, Aug. E., die Chinarinden des Wiener Grosshandels u. der Wiener Sammlungen. Mikroskopisch untersucht u. beschrieben. Wien 867. Gerold's Sohn. gr. 8. (VIII, 135 S.) n. 24 *ngr.*

[illegible]
Separatabdruck

—— **über die Intercellularsubstanz und die Milchsaftgefässe in der Wurzel des gemeinen Löwenzahns. Ein Beitrag zur Histologie der Pflanzen. Lex.-8. (28 S. mit 2 Stnt. in qu. gr. 4.) Wien 864, (Gerold's Sohn.)** *

Vogl, Aug. Commentar zur 7. Ausg. der österreichischen Pharmacopoe, s. **Schneider, Fr. C.**

Vogl, Aug. v., u. Ernst Ludwig, Kommentar zur 8. Ausgabe der österreich. Pharmakopöe. Ein Handbuch f. Apotheker, Drogisten, Sanitätsbeamte u. Aerzte. 3. Bd.: Text der 8. Ausgabe in deutscher Uebersetzg. 2. Aufl. (XVI, 281 S.) Lex.-8. Wien 906. C. Gerold's Sohn. n. 10. —; geb. in Halbfr. n. 12. 60

Vogl, Aug. v., Ernst **Ludwig**, u. Alois **Kremel**, Kommentar zur 8. Ausg. der österreich. Pharmakopöe. Ein Handbuch f. Apotheker, Drogisten, Sanitätsbeamte u. Ärzte. I. Bd. 1. Hälfte u. II. Bd. Lex. 8. Wien, C. Gerold's Sohn. 26. 50
I, 1. Pharmazeutische Präparate, bearb. v. Alois Kremel. (VII, 134 S.) 908. 4. 50
II. Arzneikörper aus den drei Naturreichen in pharmakognostischer Beziehung, bearb. von Aug. v. Vogl. Mit 161 Abbildgn. im Text. (VIII, 590 S.) 908. 22. —; geb. in Halbfrz. 25. —
Die 2. Hälfte des I. Bds. ist noch nicht erschienen.

—— Nahrungs- und Genussmittel aus dem Pflanzenreiche. Anleitung zum richt. Erkennen und Prüfen der wichtigsten im Handel vorkomm. Nahrungsmittel, Genussmittel und Gewürze mit Hülfe des Mikroskops. Zum allgemeinen sowie zum speciellen Gebrauche für Apotheker, Droguisten, Sanitätsbeamte etc. gr. 8. (VIII, 138 S. mit 116 feinen eingedr. Holzschnittbildern.) Wien 872, Manz. *

Die wichtigsten vegetabilischen **Nahrungs-** und Genussmittel m. bes. Berücks. der mikroskop. Untersuchung auf ihre Echtheit, ihre Verunreinigungen u. Verfälschungen v. Dr. A[ugust] E[mil] **Vogl**, Prof. an d. Wiener Univ. M. 271 Holzschn. *Berlin u. Wien: Urban & Schwarzenberg 18(98.)99.* (XV, 575 S.) 1 Bd 8.

—— **Pharmakognosie.** Ein Lehr- u. Handbuch f. Studierende, Apotheker, **Drogisten**, Sanitätsbeamte u. Aerzte. Sep.-Ausg. d. II. Bds. vom **Commentar** zur neuen österreich. **Pharmacopoe** (Arzneikörper **aus den drei Naturreichen** in pharmakognost. Beziehg.). Lex.-8. (VI, 693 S. m. **215** Abbildgn.) Wien 892, Gerold's Sohn. * 20 —; geb. in Halbfrz. * 22 —

Vogl (A.). Ueber die intercellular Substanz und die Milchsaftgefaesse in der Wurzel des gemeinen Loewenzahns. Ein beitrag zur Histologie der Pflanzen. Wien, 1864. 8°.

—— Text der neuen **Pharmacopoe in deutscher Uebersetzung mit Bemerkungen, s. Schneider, F. C.**

—— die gegenwärtig am häufigsten vorkommenden Verfälschungen und Verunreinigungen des Mehles und deren Nachweisung. gr. 8. (9 S. mit 11 eingedr. Holzschn.) Wien 880, Manz'sche Hofverlagsh. *

—— über das Vorkommen von Gerb- und verwandten Stoffen in unterirdischen Pflanzentheilen. Lex.-8. (28 S.) Wien 866, (Gerold's Sohn.)
Vorstehende drei Schriften des Verf. wurden aus: Sitzungsberichte der k. Akademie der Wissenschaften, besonders abgedruckt.

Vogl, Balthasar

Vogl B.: **Flora der Umgebung Salzburgs. Analyt. behandelt.** 29. 35. Salzburg Priv. 88. 89.
Progr.

— [illegible]
Progr.

Vogl Balthasar: Die Schmetterlingsblütler des salzburgischen Flachlandes. 48. Salzburg Priv G. 91.
Progr.

Vogl, Berthold., Disquisitio de Romano itinere atque primatu s. Petri contra sectarios atque Duppinium . . . Salzburg, gegen 1714.

Vogl C. r.: Beitrag zur Kenntnis unseres Bergbaues. 10 Innst. R. 79.
Progr.

Vogl, Cajetan, s. V o g l , Kajetan

Vogl, Carl, s. V o g l , Karl

Vogl, F. Ueber drei neue Mineral-Vorkommen von Joachimsthal. Abdruck. Wien, 1853.

Vogl, Frz., s. G o l l o w i t z, Dom., Pastoraltheologie. — K u g l e r, Jos., der Priester nach d. Geiste d. kathol. Kirche.

Vogl, Frz. Leben der allerseligsten Jungfrau u. Gottesmutter Maria, s. M a r i a v. Jesus.

— **Maria, Mutter v. der immerwährenden Hilfe. Gebetbuch f. Verehrer der allerseligsten Jungfrau, insbesondere f. Mitglieder der Erzbruderschaft U. L. Fr. v. der immerwähr. Hilfe u. des hl. Alphonsus. 4., verb. Aufl. 16. (X, 500 S. m. farb. Titelbild.) Regensburg 896. F. Pustet. 1. 20; geb. in Leinw. n. 1. 70; m. Goldschn. n. 2. —; in Ldr. m. Goldschn. n. 2. 40; in Chagrin m. Goldschn. n. 2. 80**

Vogl, Frz., C. Ss. R., Maria, Mutter v. der immerwähr. Hilfe. Gebetbuch f. Verehrer der allersel. Jungfrau, insbesondere f. Mitglieder der Erzbruderschaft U. L. Fr. v. der immerwähr. Hilfe u. des hl. Alfonsus. 5., verb. Aufl. (X, 496 S. m. 1 Farbdr.) 16. Regensburg 904. F. Pustet. 1. 20; geb. in Leinw. 1. 70; in Ldr. m. Goldschn. 2. 40; in Chagrin m. Goldschn. 2. 80

Vogl, F., Pastoraltheologie, s.a. Gollowitz.

Vogl, Frz., Pastoraltheologie. Nach den Grundzügen des Dominicus Gollowitz hrsg. 2 Bde. 6. Aufl. gr. 8. (XXVIII und 1139 S.) Regensburg 851, Manz.

Vogl, Frz., Quartal-Schrift f. prakt. Schulwesen, s. Q u a r t a l-s c h r i f t.

—— die heil. Schrift u. ihre Interpretation durch d. heil. Väter d. Kirche dargestellt. gr. 8. (7½ B.) Augsburg 836. (Regensburg, Manz.)

Vogl, Friedrich: Beiträge zur Verständigung über Zahlensymmetrie und Responsion im sophokleischen Drama 8 (S. 3–26). K. k. Staats-Real- u. Oberg. *Ungarisch-Hradisch* 1896 **Progr.**

VOGL, Friedrich: Die Recitativ-Partien im sophokleischen Aias hinsichtlich ihrer symmetrischen Composition. — 1882. 125 S. Diss. Graz, Univ.

Vogl, Friedrich [aus Burghausen]: Genaue anatomisch-histologische Untersuchung von zwölf Ovarialtumoren ... München, Th. Ackermann, kgl. Hof-Buchh., 1895; 38 S. 8.
München, Med. Fak., Inaug.-Diss. v. 1896

Vogl, Frdr., genaue anatomisch-histolog. Untersuchg. v. zwölf Ovarientumoren. gr. 8. (38 S.) München 896. Th. Ackermann. n. — 80

Vogl, Georg [Gymnasialassistent in Straubing]: Die ausführliche Historie des jetzigen bayrischen Krieges von Caesar Aquilinius. ⟨E. quellenkrit. Untersuchung z. Gesch. d. span. Erbfolgekrieges.⟩ München 1907: Kastner & Callwey. (40 S.) 8° [J.] ¶ (Erschien vollst. im: „Oberbayer. Archiv f. vaterländ. Gesch.“ Bd 54 H. 1 S. 1—87, 1907.)
München, Phil. Fak., Ref. v. Heigel, Diss. v. 27. Juli 1907
[Geb. 1. Dez. 79 München; Wohnort: Straubing; Staatsangeh.: Bayern; Vorbildung: Gymn. Regensburg Reife Juli 99; Studium: München Jura 3, Phil. 5 S.; Rig. 27. Juli 07.]

Vogl, Heinrich: 'Der F r e m d l i n g'. Oper in 3 Aufzügen. '(Dichtg v. Felix Dahn.)' '(Scen. Anordng v. Komp.)' Komp. v. –. Klavierausz. v. Hans Steiner . . . Leipzig: Breitkopf & Härtel 1899. (1 Bl., 187 S.) 1 Bd 8°

Vogl, Heinrich: Der F r e m d l i n g . Operndichtung in 3 Aufz. von Felix Dahn. Scenische Anordnung vom Komp. Mus. von –. Leipzig: Breitkopf & Härtel [1899]. (32 S.) 8°
(Textbibliothek, Breitkopf & Härtel's. No 122.)

Vogl, J., Abhandl. von den L a s t e r n. 8. Wien, Camesina. 764.

— — v. d. **T u g e n d e n**. 8. Ebend. 765.

Vogl, J., allgemeine Gerichts- u. Concursordnung mit den bis zum November 1787 erlass. höchsten Erläuterungen. gr. 8. Grätz 787. Ferstl. 8 K

Vogl, J., allgemeine Gerichts- u. Concursordnung m. d. b. z. Novemb. 1787. erlass. höchst. Erläuterungen. gr. 8. Grätz, Ferstl. 788.

VOGL, J. v., Die Schöne vom Wasserglacis oder: Sünder im Frack, Sittenroman aus Wiens Vergangenheit. Mit Holzschnitten. Wien, o. J. Kl. 8°. Selten!
(5 Kr. Gilhofer & Ranschburg, 1908.)

Vogl, I., s.: Taschen-Fahrplan sämmtlicher Eisenbahn-Züge in Tirol u. Vorarlberg.

Vogl J. N. Thalia. Taschenbuch für das Jahr 1853. 8. Wien, J. Dirnböck.

Vogl, Joh., praktischer Lehrgang des Lautir-Unterrichtes in Verbindung mit dem Schreiben auf Grundlage der in den katholischen Volksschulen Oesterreichs eingeführten Fibel. Graz 860. Hesse. 8. (51 S.) n. 8 ngr.

Vogl, Joh., praktischer Lehrgang im Lese-Unterrichte nach der Lautir-Methode in Verbindung mit dem Schreiben auf Grundlage der in den kathol. Volksschulen Oesterreichs eingeführten Fibel. 2., verb. Aufl. 8. (55 S.) Graz 867, Hesse's Buchh. *

Vogl, Joh. Bapt., und Friedr. Wolf, Gaeta-Album, s. G a e t a-A l b u m.

Vogl, Joh. Bapt., Gedichte. gr. 8. (9⅜ B.) Bamberg 846, Hoh-bach'sche Buchh.

Vogl, Jh. Bapt., Gedichte. gr. 8. Bamberg 846, Literar.-artist. Institut. 7/8 rf

Vogl, Johann Nepomuk

— Auszug u. alphabetische Zusammenstellung des I. Teils der Dienstvorschriften für alle Waffen des kgl. bayer. Heeres. Mit den seit 29. XI. 1823 hierauf bezügl. Allerh. Verordnungen u. Abänderungen. München 1851. 340 S.

Vogl, Joh. Nep., Balladen u. andere erzählende Gedichte, s.a. National-Bibliothek, allgemeine.

VOGL, Johann Nepomuk
(F) Balladen und andere erzählende Gedichte. Von Johann Nepomuk V o g l. In Auswahl herausgegeben und mit Biographie des Dichters eingeleitet. [Allgemeine National-Bibliothek. Nr. 228—229.] Wien. [1899] Daberkow. 8°. 87 S. fl. —.20

Vogl, Joh. Nep., Balladen u. Romanzen. 1. Aufl. (13½ B.) 835., u. 2., durchgeseh. A. gr. 8. (14½ B.) Wien 841, Wallishausser. à 18 Gr., Vlnp.

—— dass. (Neue Folge.) gr. 8. (11 B.) Ebds. 837. 18 Gr., f. Pap.

—— dass. (Neueste Folge.) gr. 8. (12¾ B.) Ebds. 841. 18 Gr., f. Pap.

Vogl, Joh. Nep., Balladen, Romanzen, Sagen u. Legenden. 12. (30⅞ B. u. V's. Portr.) Wien 846, Wallishausser.

Vogl, J. N., Belehrung d. Soldaten im Garnisons- u. im Felddienste, wie in allen Vorkommnissen ihres Standes. In Fragen u. Antworten bearb. 2., verb. u. verm. Aufl. 16. (17 B.) Augsburg 840, Kollmann'sche Buchh. *

— Belehrung u. Verhalten der Unteroffiziere im Garnisons- u. Felddienste wie in allen Vorkommnissen ihres Standes. Augsburg 1840. 244 S.

— Bilder aus dem Soldatenleben. [Mit 15 Illustrat. (in eingedr. Holzschn.)] hoch 4. (55 S.) Wien 851, Sollinger. 24 ngr.

— Bilder aus dem Soldatenleben. 2. verm. Aufl. Mit 23 Illustrationen (Holzschn. im Text). Wien 853. Sollinger. (Typogr.-liter.-artist. Anstalt.) Ler.-8. (78 S.) 24 ngr.

— lyrische Blätter. gr. 12. Wien 836. Rohrmann (u. Schweigerd.) ⅔ Thlr.

—— Blätter u. Trauben. Lieder f. heitere Kreise mit Melodien v. den vorzüglichsten Componisten Oesterreichs. 2. Aufl. gr. 8. (8⅝ B.) Wien 844, [Jasper, Hügel u. Manz.] -

— Blumen. Romanzen, Lieder u. Sprüche. 16. (118 S.) Wien 852, Pfautsch & Voß. ¾ Thlr. cart. n. 27 ngr.

— Blumen. Romanzen, Lieder u. Sprüche aus der Blumenwelt. 2. verm. Aufl. Wien 857. Pfautsch u. Voß. 16. (130 S.) 22½ ngr.

Vogl, Joh. Nep., Blumen der Heimath in Bild und Lied, s. a. Blumen.

Vogl, Dr. Joh. Nep., Blumen der Heimath in Bild u. Lied. Der erste Frühling, wilde Rosen, Wald, Wiese, Feld u. Alpe. Dichtung. Mit 7 Bildern in Oelfarbendruck nach den Originalen von A. Lach. gr. Fol. (8 S. Text.) (Wien.) Olmütz, Hölzel. 1862. 10 fl.
Mappe hiezu in engl. Lwd. 2 fl. mit 15%
" " " Seiden-Peurlin 5 fl. mit 15%

Vogl, J. N., die Familie Bonaparte. Nach Naervin's (Norvin's?) Geschichte Napoleon's. Mit dem Bildnisse Kaiser Napoleons III. (in Holzschn.) München 853. Deschler. (Leipzig, Thomas.) 12. (92 S.) n. 10 ngr.

Vogl, J. N., die Familie Bonaparte. Nach Naervin's Geschichte Napoleon's. Mit dem Bildn. Kaiser Napoleon's III. gr. 12. (92 S. mit 1 Holzschn.) München 853. (Leipzig, Thomas.) *

—— Declamatorium f. die Jugend. 16. (16 B.) Wien 841, [Tendler u. Comp.]

—— neueste Dichtungen. gr. 12. (9½ B.) Pesth 843, Heckenast.

—— Dom-Sagen. gr. 12. (4 B. u. gest. Ttl.) Wien 845, Haas'sche Buchh. *

— Dom-Sagen. 4. verm. Aufl. Wien 853. Sollinger. (Typogr.-liter.-artist. Anstalt.) 8. (105 S. u. 2 Holzschn.) 12 ngr.

— Erzählung eines Großmütterchen. Mit Titelvign. gr. 12. Leipzig 840. (Wien, Tendler u. Schäfer.) 1 Thlr.

—— neue Erzählungen u. Novellen. 8. (19⅓ B.) Wien 841, Wallishausser.

Vogl, Joh. N., Frauenlob. Taschenbuch, s. Frauenlob.

—— Fruchtkörner aus deutschem Grund u. Boden. Ein Volksbüchlein. (Altdeutsche Sprüche.) 16. (7 B.) Wien 830, Adolph. (Leipzig, Cnobloch.)

Vogl, Joh. Nepom., Gedichte: Lieder, Sagen u. Balladen, s.: Jugendschriften, hrsg. vom Lehrerhausverein f. Oberösterreich.

—— lyrische Gedichte. 2., verm. Aufl. 12. (10 B.) Wien 844, Rohrmann.

— lyrische Gedichte, Balladen u. Erzählungen. 8. (XVI, 318 S.) Wien 902. C. Konegen. n. 3.60; geb. n. 4.50

—— neue Gedichte, Epigrammatisches und Sprüchliches. 16. (VII und 194 S.) Leipzig 855(56,) Kollmann.

— der Generalsbefehl. Volksdrama in 3 Abtheilgn. [Mit Benützung eines ältern französ. Sujets.] gr. 8. (91 S. m. 1 col. Lith.) Wien 850, Pichler's Wwe. ⅓ Thlr.

—— schöne Geschichten aus alter und neuer Zeit. Volksbuch mit vielen schönen Bildern. 8. (178 und 180 S.) Wien 865, Fromme. *

— Handbuch der Kriegswissenschaften zum Selbstunterricht rc. München 1852. 399 S.

— Handbuch für junge Offiziere u. Unteroffiziere im kgl. bayer. Heere. München 1850. 397 S.

— Handbuch einer Ordre-Sammlung für Offiziere und Militärbeamte im bayer. Heere. Abt. 1. 2. München 1854. 1855.

—— Jägerbrevier. Waidmannsscherze, Waldreime und Jägerlieder, für alle Monate. 8. (IV und 80 S. mit eingedr. Holzschn.) Wien 862, Markgraf. *

—— humoristischer Jäger-Kalender für 1863. Mit Beiträgen von F. Frhrn. v. Wiedersperg, Ferd. Botgorscheck u. A. 8. (XXXXIV und 79 S. mit eingedr. Holzschn.) Wien 862, Markgraf. *

—— humoristischer Jäger-Kalender für 1863. Mit Beiträgen von F. v. Wiedersperg, Ferd. Botgorscheck u. A. Ebend. 8. (XXXXIV, 79 S. m. Holzschn.) n. 10 ngr.

—— poetisch-humoristisch-satyrischer Jäger-Kalender für 1862. 8. (III und 80 S.) Wien 861, Markgraf. *

—— der Josephsberg bei Wien, u. seine Schicksale. Erinnerungsblätter f. d. Besucher dess., nebst e. Ballade. gr. 8. (1 B.) Wien 841, (Pfautsch u. Voß.)

— Illustrirte Kalender-Geschichten aus alter u. neuer Zeit. Volksbuch mit vielen Holzschn. Ebend. 865. 8. (174 und 172 S.) n. 6 ngr.

— Karthäusernelken. Sagen u. Legenden aus der christl. Vorzeit. gr. 8. Wien 845, Strauß Wwe. u. Sommer. 1⅙ Thlr.

—— aus dem Kinderparadiese. Dichtungen. 8. (V und 153 S. mit 64 Illustr. in eingedr. Holzschn. von W. Kraupa.) Wien 861, Markgraf. *

Vogl, Joh. Nep., aus dem Kinderparadiese. Gedichte für Kinder und Kinderfreunde. 2. Aufl. 8. (V und 153 S. mit 64 Illustr. in eingedr. Holzschn. von W. Kraupa.) Wien 865, Lechner's Universitäts-Buchh. cart.

—— Klänge und Bilder aus Ungarn. In Dichtungen. gr. 12. (6½ B. u. B's Bildn.) Wien 839, [Tendler u. Comp.]

—— Klänge u. Bilder aus Ungarn. Dichtungen. 2., verm. Aufl. 12. (8 B.) Wien 844, [Tendler u. Comp.]

— Klänge u. Bilder aus Ungarn, Dichtungen. 3. stark verm. u. (m. 6 Holzschn.) illustr. Aufl. gr. 8. (VIII u. 180 S.) Wien 848. Pesth, Hartleben. (Leipzig, Hübner.) 27 ngr

Vogl, Joh. Nep., Marko Kraljevits. Serbische Heldensage. gr. 8. (X u. 208 S.) Wien 851, Sollinger. 1½ Thlr.

— — Kriegerbildung oder sittliche und praktische Bildung der Unteroffiziere und Soldaten. München 1853. 435 S.

Vogl, Jh. Nep., deutsche Lieder. gr. 8. Jena 845, Mauke. ⅔ Thlr.

—— neuer Lieder-Frühling. (9¼ B.) Wien 841, Wallishausser.

— Zwei Märchen, s.: Kinderbücher, neue.

— neue Methode zur Erlernung der Englischen Aussprache, nebst Aussprache-Wörterbuch (pronouncing Dictionary) vermöge welcher man der Hülfe eines Lehrers die möglichst kürzeste Zeit bedarf, u. dann durch eigenes Studium die Englische Sprache erlernen kann. Eine Zugabe zu allen bisher erschien. Grammatiken, bearb. vorzüglich nach Walker's System mit Zuziehung der besten neueren Orthoëpisten, besonders Flügel's. — A. u. d. T.: Orthoepie. — Schlüssel zur Englischen Aussprache rc. gr. 8. Augsburg 842, Matth. Rieger'sche Buchh. ⅛ Thlr.

—— der Minstrell, s. Minstrell.

—— österreichisches Morgenblatt, s. Morgenblatt.

Vogl, Joh. Nep. — Kloster Neuburg. Balladen-Cyclus. Mit einem Titelkupfer. 8. (40 S.) Wien. Druck und Verlag von J. P. Sollingers Witwe. 1854.

— Novellen. 8. Wien 837. Rohrmann (u. Schweigerd.) ⅝ Thlr.

—— Passiflore. Ein Sagenciklus. gr. 4. (52 S. mit eingedr. Holzschn.) Wien 854. (Leipzig, Hübner.) *

— Passiflore. Ein Sagenciklus. Wien 854. Sommer. (F. Klemm.) gr. 4. (26 Bl. m. Holzschn. im Text.) n. 1 Thlr. 10 ngr.

— die Poesie beim Weine. Wien 857. Wallishausser's Hoftheaterdr. 16. (2 Bl., 138 S.) n. 14 ngr.

s. F. Raimund, sämmtl. Werke.

— der Retter, s.: Jugend-Bibliothek des katholischen Schulvereines f. Oesterreich. I. 2.

Vogl, Dr. Johann Nep. — Romanzen, Lieder und Sprüche aus der Blumenwelt von — —. 2te vermehrte Aufl. Wien, 1857. Pfautsch und Voß. Buchdr. von Friedr. Manz in Wien. (136 S. 8.)

—— der fahrende Sänger. Nachbildungen alter Legenden, Balladen u. Reime. gr. 8. (8½ B.) Wien 839, Wallishausser.

—— Schatten. (Neue Novellen u. Erzählungen.) gr. 12. (11⅓ B.) Wien 844, [Jasper, Hügel u. Manz.] -

—— Schenken- und Kellersagen. Altes und Neues. 16. (90 S.) Wien 858, [Mayer und Comp.]

— Schenken- und Kellersagen. Altes und Neues. Wien 858. Wendelin. 16. (90 S.) n. 10 ngr.

—— dass. — 2. Aufl. 8. Wien 860, [Gerold's Sohn.]

—— Dr. J. N., Schenken- u. Kellersagen. 2. Aufl. kl. 8. Wien, Tendler & Comp. 1860. 60 kr.

—— Scherzhaftes. (Gedichte.) Illustr. von Cajetan und C. Geiger. 8. (116 S.) Wien 850, [Zamarski.] *

— Schnadahüpfln, s. a. National-Bibliothek, allgemeine.

— Schnadahüpfln. Ein Beitrag zur österr. Volkspoesie. 16. (VIII u. 108 S.) Wien 850. Tendler & Co. 12 ngr

(F) Vogl, J. N., Schnadahüpfln. [Allg. National-Bibliothek. Nr. 312.] 8°. (38 S.) Wien: Daberkow 1902. K —.20

—— Soldaten-Kalender, s. a. Soldaten-Kalender.

Vogl J. N. Soldaten-Kalender f. d. Jahr 1853. 8. Wien, J. P. Sollinger's Witwe.

Vogl, Dr. Joh. N. — Soldaten-Kalender für das Gemeinjahr 1854. Von — —. 8. (XXXII, 96 S.) Wien. Druck und Verlag von J. P. Sollingers Witwe.

—— Soldaten-Lieder. Mit Singweisen. 1. und 2. Aufl. br. gr. 8. (59 S. mit Bildern in Holzschn.) Wien 849, Gerold, Verlag. *

—— Soldaten-Lieder. Mit Bildern (in eingedr. Holzschn.) und Singweisen. 3., verm. Aufl. 4. (61 S.) Wien 855(56,) Gerold's Sohn. *

Vgl.: Soldaten-Kalender.

—— poetisches Sylvester-Büchlein. Mit Illustrationen. 2. Aufl. 8. (88 S.) Wien 850, [Typografisch-literarisch-artistische Anstalt.] *

Vgl.: Klassiker, moderne.

—— poetisches Sylvester-Büchlein. 2., unveränd. Aufl. gr. 16. (III und 84 S. mit Illustr. in eingedr. Holzschn.) Wien 858, Typographisch-literarisch-artistische Anstalt. *

Vogl, Joh. Nep., aus der Teufe. Bergmännische Dichtungen. Mit Bildern (in Holzschn.) u. Singweisen. br. gr. 8. (71 S.) Wien 849, Gerold. n. 16 ngr

Vogl, Joh. Nep., Aus der Teufe. Bergmännische Dichtungen. Mit Bildern (in eingedr. Holzschn.) und Singweisen. 2., verm. Aufl. 4. (73 S.) Wien 855(56,) Gerold's Sohn. *

Vogl, Joh. Nep., Thalia, s. Thalia.

—— Trommel u. Fahne. Ein Liedercyklus, enthaltend: Die kleine Marketenderin, mit Melodien von den vorzügl. Capellmeistern der österr. Armee. gr. 8. (3⅜ B.) Wien 844, [Jasper, Hügel u. Manz.] Thlr. -

—— Twardowski, der polnische Faust. Ein Volksbuch. gr. 16. (78 S. mit Illustr. in eingedr. Holzschn. von V. Katzler.) Wien 861, Markgraf. *

—— Volkskalender für das J. 1850. 2. Aufl. 8. (XXVIII und 216 S. mit eingedr. Holzschn.) Wien 850. (Leipzig, Hübner.) *

—— Volks-Kalender für die J. 1858—62. (14—18. Jahrg.) Mit Zeichnungen von Haßlwander, Katzler, Kollarz, F. Laufberger, C. Swoboda ꝛc. (in eingedr. Holzschn. und 1 Holzschnt.) 8. Wien, Tendler und Comp. [1858. 1. und 2. Aufl. (192 S.) 1859. (208 S.) 1860. (210 S.) 1861. 1—3. Aufl. (VI und 203 S.) 1862. (VI und 211 S.)] à Jahrg. *

—— Volkskalender für die J. 1863—68. 19.—24. Jahrg. Mit Beiträgen von Aug. Schmidt, Fr. Steinebach, Rud. Hinterhuber u. m. A., Zeichnungen von V. Katzler, Jos. Bauer, L. Petrowits u. m. A. (in eingedr. Holzschn. und 1 Holzschntaf.) 8. (à Jahrg. ca. 210—230 S.) Wien, Fromme. à Jahrg. *

Vogl's, Joh. Nep., Volks-Kalender für die J. 1869—1875. Beiträge von Adf. Schirmer, Fr. Steinebach, Max Huybensz, Hedwig Wolf u. A. 25.—31. Jahrg. 8. (à ca. LX, 180—200 S. mit eingedr. Holzschn.) Wien, Fromme. à Jahrg. *

Vogl's, Joh. Nep., Volks-Kalender für das Schaltj. 1876. Beiträge von Adf. Schirmer, Fr. Steinebach, Max Huybensz ꝛc. 32. Jahrg. 8. (LX, 184 S. mit eingedr. Holzschn. und Holzschntaf.) Wien, Fromme. *

—— dass. — für das J. 1877. Redig. von Aug. Silberstein. Mit Beiträgen von W. Constant, R. Hinterhuber, Max Huybensz ꝛc. 33. Jahrg. 8. (LIX, 176 S. mit eingedr. Holzschn. und Holzschntaf.) Ebendas. *

—— dass. — für das J. 1878. Redig. von Aug. Silberstein. Mit Beiträgen von W. Constant, L. A. Frankl, C. E. Franzos ꝛc. 34. Jahrg. 8. (LIX, 176 S. mit eingedr. Holzschn. und 1 Holzschntaf.) Ebendas. *
geb. in Leinw. *

—— dass. — für das J. 1879. Redig. von Aug. Silberstein. Mit Beiträgen von Ed. Bauernfeld, M. A. Grandjean, K. A. Kaltenbrunner ꝛc. 35. Jahrg. 8. (LIX, 176 S. mit eingedr. Holzschn. und 2 Holzschntaf.) Ebendas. *ℳ 1,30.; geb. *

—— dass. — für das Schaltj. 1880. Redig. von Aug. Silberstein. Mit Beiträgen von F. Frank, M. A. Grandjean, Carl Haselbach ꝛc. und einer Composition von Joh. Strauß. 8. (LX, 176 S. mit eingedr. Holzschn. und Holzschntaf.) Ebendas. geb.

Vogl's, Joh. Nep., Volks-Kalender für die J. 1881—1885. Redig. von Aug. Silberstein. Mit Beiträgen von Ludw. Foglar, Heinr. Littrow, J. Newald ꝛc. 37.—41. Jahrg. 8. (à Jahrg. ca. LX, 175 S.) Wien, Fromme.
Jahrg. 1881—1883 à *ℳ 1,30.; geb. *
Jahrg. 1884 und 1885 à *ℳ 1,20.; geb. *

Vogl's, Joh. Nep., Volkskalender für das J. 1886. Redig. von Aug. Silberstein. Mit Beiträgen von Carl Frey, M. A. Grandjean [Nachlaß], Heinr. Littrow ꝛc. und einer Composition von Ant. Wökl. 42. Jahrg. 8. (LV, 177 S.) Wien, Fromme. geb. *

—— dass. — für das J. 1887. Redig. von Aug. Silberstein. Mit Beiträgen von Leop. Hörmann, Hugo Klein, Heinr. Littrow ꝛc. und mit einer Composition von Ed. Kremser. 43. Jahrg. 8. (LV, 179 S. mit Illustr.) Ebendas. ℳ 1.20.; geb. *

—— dass. — für das J. 1888. Redig. von Aug. Silberstein. Mit Beiträgen von R. v. Freisauff, Carl Haselbach, J. G. Hauer ꝛc. und mit einer Composition von Joh. Brandl. 44. Jahrg. 8. (LV, 160 S. mit Illustr.) Ebendas. ℳ 1.20.; geb. *

—— dass. — für das J. 1889. Redig. von Aug. Silberstein. 45. Jahrg. 8. (LVI, 164 S. mit Illustr.) Ebendas. geb. *

Vogl's, Joh. Nep., Volks-Kalender f. d. J. 1890—1893. Redig. v. Aug. Silberstein. 46.—49. Jahrg. gr. 8. (à Jahrg. ca. LV, 120 S. m. Illustr.) Wien, Fromme. à Jahrg. * — 80; geb. * 1 60

Vogl's, Joh. Nep., Volks-Kalender f. d. J. 1894. Red. v. Aug. Silberstein. Mit Beiträgen v. Hans Fraungruber, Hugo Klein, Heinr. Noë u. A. u. m. e. Composition v. Alfr. Grünfeld. 50. Jahrg. gr. 8. (LV, 122 S. m. Illustr.) Wien, C. Fromme. n. — 80; in Leinw. geb. n. 1. 60

— dasselbe f. d. J. 1895. Mit Beiträgen v. F. Amberg, Hugo Klein, Ladisl. v. Neugebauer u. A. u. m. e. Composition v. R. Gound. 51. Jahrg. gr. 8. (LV, 122 S. m. Illustr.) Ebd. n. — 80; geb. in Leinw. n. 1. 60

Vogl's, Dr. Joh. Nepomuk, Volkskalender für das Jahr 1896. Redigirt von Dr. Aug. Silberstein. 56. Jahrgang. Mit vielen Illustrationen. Gr.-8. (LVI, 122 S.) —.40, in Lnwd. geb. * —.80
Wien: Fromme 1895.

Vogl's Dr. Joh. Nepomuk, Volkskalender für das Jahr 1898. Redigirt von Dr. Aug. Silberstein. 54. Jahrgang. Mit vielen Illustrationen. Gr.-8. (LVI, 124 S.) —.40, in Lnwd. geb. * —.80
Wien: Fromme 1897.

Vogl's, Joh. Nep., Volks-Kalender f. d. J. 1899. Red. v. Aug. Silberstein. Mit Beiträgen v. J. Amthor, Stef. Bársony, Greg. Csiky u. A. u. m. e. Composition v. Frz. Mögele. 55. Jahrg. gr. 8 (LV, 127 S. m. Abb.) Wien, C. Fromme. n. — 80; geb. in Leinw. n 1. 60

(F) Dr. Joh. Nep. Vogl's Volks-Kalender für das Jahr 1901. Redigirt von Josef Wichner. Mit Beiträgen von J. Beneš, H. Bormann-Riegen, B. Del-Pero etc. Mit Illustrationen von: F. Gareis, Berthold Löffler, Koloman Moser etc. LVII. Jahrgang. Wien. Fromme. Gr.-8°. LV, 133 S. K —.70

— Volks-Kalender f. d. J. 1903. Red. v. Jos. Wichner. Mit Beiträgen v. J. Beneš, Hans Fraungruber, Therese Rak u. a. 59. Jahrg. gr. 8. (LXIV, 118 S. m. Abb.) Wien, C. Fromme. n. — 70; geb. in Leinw. 1. 60

Dr. Joh. Nep. Vogl's Volks-Kalender. 1904. 60. Jahrg. Gr.-8°. (LXIV, 129 S.) Wien: Fromme 1903. K —.70

Vogl's, Joh. Nep., Volks-Kalender f. d. J. 1905. Red. v. Jos. Wichner. Mit Beiträgen v. Kurt Dietzschold, Karl Maria Heidt, O. Kernstock u. a. Mit Illustr. v. Leop. Forstner, Alex. Hartmann. 61. Jahrg. (LXIV, 120 S.) gr. 8. Wien, C. Fromme. — 70; geb. in Leinw. 1. 60

s. a. Volks-Kalender, Oesterreichischer.

Vogl Dr. Joh. N. Oesterreichischer Volkskalender für 1853, 9. Jahrh. 8. (174 S.) Wien, Leop. Sommer, 1853.

Vogl, Dr. Johann Nep. — Oesterreichischer Volkskalender für das Jahr 1854. Von — —. 3. 4. und 5. Auflage. 8. (XXVI, 174 S.) Wien. Druck und Verlag von Leop. Sommer.

Vogl, Dr. Joh. Nep. — Oesterreichischer Volkskalender für 1854. 5. Auflage. 8. (XXVI und 174 pag.) Wien. Verlag und Druck von Leop. Sommer.

Vogl, Dr. Joh. Nep. — Oesterreichischer Volkskalender für 1856. Von — —. Zwölfter Jahrgang. Zweite Auflage. Illustrirt von Kajetan J. Haßlwander, J. Klein und A. Zampis. In Holz geschnitten von J. Cohn u. a. m. Verlag Druck und Papier von Leopold Sommer. (199 S. 4 Bl. 8.) Ebenso die 3. Auflage.

Vogl, Dr. Joh. Nep. — Oesterreichischer Volkskalender für das Jahr 1857 von — —. Illustrirt von Cajetan, J. Haßlwander und B. Katzler. In Holz geschnitten von J. Cohn u m. A. Wien. Verlag, Druck und Papier von Leop. Sommer. (208 S. 4 Bl. 8.)

—— Volksmährchen. gr. 12. (10 B.) Wien 831, [Tendler u. Comp.]

— Volksmährchen. gr. 12. Wien 837. Tendler. 3/4 Rthlr

—— die ältesten Volksmärchen d. Russen. 8. (17¼ B.) Wien 841, [Pfautsch u. Voß.]

Vogl, Johann Nep. — Ferdinand Raimund's sämmtliche Werke. Herausgegeben von — —. Erstes Bändchen. Ferdinand Raimund's Biographie nebst dessen lyrischen und prosaischen Dichtungen. Neue Auflage. Wien, 1855. Verlag von Karl Hölzl. (VI. 52 S. 8.) (Geb. am 1. Juni 1790 in Wien, gest. am 5. September 1836.)

—— aus dem alten Wien. gr. 8. (IV und 271 S.) Wien 865, Prandel. *

—— oestreichisches Wunderhorn, s. Wunderhorn.

— s. Zeitschrift für Philosophie u. kathol. Theologie.

Vogl, Joh. Ect., die Kommune. 8. (53 S.) Zürich 891. Verlags-Magazin. n. — 80

Vogl, Jos., Anleitung zur praktischen Behandlung der im k. k. Schulbücher-Verlage zu Wien erschienenen Fibel nach der analytisch-synthetischen Schreiblese-Methode. gr. 8. (132 S m. 1 lith. Schrifttaf.) Krems 884. Löhner. n. 1. 20

—— Anleitung zur praktischen Behandlung der im k. k. Schulbücherverlage zu Wien erschienenen Fibel nach der analytisch-synthetischen Schreiblese-Methode. 3. Aufl. Mit Anh.: Der kleine Zeichner. gr. 8. (188 S.) Wien 890, (Sallmayer'sche Buchh.). ** 2 40

Vogl, Jos., Anleitung zur prakt. Behandlung der im k. k. Schulbücherverlage zu Wien erschienenen Fibel nach der analytisch-synthet. Schreiblese-Methode. 3. Aufl. Als Anh.: Der kleine Zeichner m. 200 Nachbildgn. leichter, dem Sachunterrichte entnommener Gegenstände. gr. 8. (188 S.) Wien 890. (Sallmayer'sche Buchhandlg.) n.n. 2. 40

Vogl, Jos., Anleitg. z. prakt. Behandlg. d. im k. k. Schulbücherverlage zu Wien erschien. Fibel nach d. analytisch-synthet. Schreiblese-Methode. 4. Aufl. (D. geänd. u. verm. Fibel entsprechend bearb.) gr. 8. (168 S. m. 9 lith. Taf.) Krems 896. (F. Oesterreicher.) n. 2. —

VOGL, Josef (Waging)): Bemerkungen zur allgemeinen Narkose.- München: Wolf 1884. 51 S. 31.7.1884 - Urk ('Titel De narcosi generali.); Chr 1884/85,19
Diss. Ingolst.-Landsh.-Mchn.

— der kleine Zeichner im 1. u. 2. [bezw. 3.) Schuljahre. 374 Übgn., darunter 200 Nachbildgn. leichter, dem Sachunterrichte entnommener Gegenstände. gr. 8. (11 Steintaf.) Krems 885. (Wien, Sallmeyer.) n.n. — 40

— der kleine Zeichner im 1. u. 2. [bezw. 3.] Schuljahre. 347 Übungen, darunter 200 Nachbildungen leichter, dem Sachunterrichte entnommener Gegenstände. 3. Aufl. gr. 8. (11 lith. Taf.) Krems 890. Selbstverl. d. Verf. n.n. — 40

Vogl, Josef, Der kleine Zeichner im ersten und zweiten (beziehungsweise dritten Schuljahre). 374 Uebungen, darunter 200 Nachbildungen leichter, dem Sachunterrichte entnommener Gegenstände. 3. Aufl. 8. (XI S.) In Comm. —.20
Wien: Sallmayer 1891.

Vogl, Jos. Florian, Gangverhältnisse und Mineralreichthum Joachimsthals. gr. 8. (XVI und 199 S. mit 1 lithogr. geognost. Karte in gr. Fol.) Teplitz 856(57), Pohlig. (Leipzig, C. F. Fleischer.) *

Vogl, Kajetan

Vogl, Caj., XVII Psalmi et Magnificat ad Vesperas cum IV Antiphonis marianis. Fol. Münch.... Lentner. 3 Rthlr 15 Ngr

Vogl, Karl

Vogl, Carl, der moderne Mensch in Luther. (Mit Buchausstattg. v. F. H. Ehmcke.) (229 S.) 8. Jena 908. E. Diederichs. 4. — ; geb. 5. —

Vogl, Karl: Anatomische Studien über Blatt und Achse der einheimischen Daphne-Arten mit besonderer Berücksichtigung der Bastfasern. S. 3–29. 8. **Progr.** K. k. Staats-Gymn. *Oberhollabrunn* 1910

Vogl, M. J., Dankfeier gegen Gott u. d. Landesfürsten, für d. wohlthät. 15jähr. Jubel-Beherrschung Sr. königl. Majestät von Baiern Maximilian Joseph. 4. Straub. 825. Schorner. 2 Ngr

Vogl, Martin, s. Vogt

Vogl, Sebastian: Die Physik Roger Bacós. (13. Jahrh.) Erlangen 1906: Junge & Sohn. (X, 105 S.) 8°
Erlangen Phil. Fak., Ref. Wiedemann, Diss. v. 9. Mai 1906
[Geb. 21. Mai 72 Reisach bei Oberaudorf; Wohnort: Neu-Ötting; Staatsangeh.: Bayern; Vorbildung: Gymn. Passau Reife Juli 92; Studium: Lyzeum Passau 8. München 12 S.; Rig. 19. Juli 04.]

Vogl Silvester: Botenlaubens Gedichte. (Kritik, Bau des Leiches, Metrik). 51. Kalksburg 97.
Progr.

Vogl, Th. Programm für den Festzug der Stadt Wien zur Feier der silbernen Hochzeit Ihrer Majestäten des Kaisers und der Kaiserin ... Wien 1879. Im Selbstverlage der Herausgeberin. Buchdruckerei „Steyrermühl"
30 S. 8°

v. Vogl, W. H., s. Samml. der ausgezeichnetsten u. humorist. Romane.

Vogl [illegible] vgr
Separatabdruck

Vöglein und ihr Hund. — Meister Kundig u. sein Peter. Zwei Erzählgn. 3. Aufl. Hamburg: J. G. Oncken Nachf. [1897]. (96 S.) 1 Bd 8°

Vöglein ohne Nest. Für die deutsche Jugend. Hrsg. vom deutschen Hülfsbund f. christl. Liebeswerk im Orient, E. V., Frankfurt a. M. (45 S. m. Abbildgn.) 8. Frankfurt a/M. 906. Verlag Orient. n. — 30

Vöglein Roth u. Vöglein Blau. Dramatisches Märchen f. große u. kleine Kinder. Von der Verfasserin der Häschen- u. Kätzchen-Geschichte. Mit 4 (lith. u. color.) Zeichnungen von Th. Hosemann. 8. (78 S.) Berlin 848, Simion. — 2. Aufl. 8. (78 S. m. 4 lith. u. color. Zeichnungen.) Ebd. 851. (jetzt: Leipzig, Voigt & Günther). 1/3 ℛ (siehe auch: Jugend-Bibliothek von Nieritz. 48. Bdchn.)

Vogler, Abt Georg Joseph. Sein Leben etc., s. Schafhäutl, Karl Emil v.

Vogler, s.a. Vogeler.

Vogler, A.

— üb. harmonische Akustik u. ihren Einfluß. 4. 807.

Vogler, A., Elektrizitäts-Unterricht. Lehrbuch, Lehrmittel u. Anleitg. f. den Unterricht in Magnetismus u. Elektrizität f. Lehrer u. zur Selbstbelehrg. (208 S. m. 148 Abbildgn.) 8. Leipzig 903. M. Schäfer. 3. —; geb. 3. 50

Vogler, A., Jedermann Elektrotechniker. Anleitung zur Herstellg. der hauptsächlichsten elektr. Apparate u. elektr. Leitgn. u. zur Anstellg. elektr. Versuche. 8. (71 S. m. 12 Taf.) Leipzig 890. Schäfer. 1. 50

Vogler, A., Jedermann Elektrotechniker. Anleitung zur Herstellg. der hauptsächlichsten elektr. Apparate u. elektr. Leitgn. u. zur Anstellg. elektr. Versuche. 1. u. 2. Bdchn. 8. Leipzig 892. M. Schäfer. 2. 70
1. 2., verm. u. verb. Aufl. (V, 88 S. m. 65 Holzschn.) 1. 50
2. Die Wechselströme. (III, 68 S.) 1. 20

— dasselbe. 1. Bdchn. 8., verm. u. verb. Aufl. 8. (V, 89 S. m. 66 Holzschn.) Ebd. 894. 1 50

— dasselbe. Anleitg. z. Herstellg. d. hauptsächlichsten elektr. Apparate u. elektr. Leitgn. 2. Bdchn. Die Wechselströme. 2., verm. u. verb. Aufl. (III, 73 S. m. 47 Holzschn.) 8. Ebd. 896. 1. 20

Vogler, A., Jedermann Elektrotechniker. Anleitg. z. Herstellg. d. hauptsächlichsten elektrotechn. Apparate u. elektr. Leitungen u. z. Anstellg. elektr. Versuche. 1. Bdchn. 5., verm. u. verb. Aufl. 8. (106 S. m. 82 Abb.) Leipzig 898. M. Schäfer. 1. 50

Vogler, A., Jedermann Elektrotechniker. Anleitung zur Herstellg. der hauptsächlichsten elektr. Apparate u. elektr. Leitgn. u. Anstellg. elektr. Versuche. 1.—4. Bdchn. 8. Leipzig, M. Schäfer. 5. 45; geb. n. 7. 45
1. 6., verm. u. verb. Aufl. (110 S. m. 83 Holzschn.) 901. 1. 50; geb. 2. —
2. Die Wechselströme. 3., verm. u. verb. Aufl. (74 S. m. 44 Holzschn.) 900. 1. 20; geb. 1. 70
3. Winke u. Ratschläge f. Anlage u. Betrieb elektr. Kraft- u. Beleuchtungs-Anlagen. (119 S. m. 66 Abbildgn.) 900. n. 2. —; geb. 2. 50
4. Die elektrischen Wellen, deren Erzeugung u. Anwendung zur drahtlosen od. Funkentelegraphie, Regelung der Uhren u. Fernzeiger, Steuerung der Torpedos etc. etc. (44 S. m. 19 Abbildgn.) 901. — 75; geb. n. 1. 25

Vogler, A., jedermann Elektrotechniker. Anleitung zur Herstellg. der hauptsächlichsten elektr. Apparate u. elektr. Leitgn. 2. u. 3. Bdchn. 8. Leipzig, M. Schäfer. 3.20; geb. n 4. 20
2. Die Wechselströme. 4., verm. u. verb. Aufl. (82 S. m. 52 Holzschn.) 910. 1.20; geb. n 1. 70
3. Winke u. Ratschläge f. Anlage u. Betrieb. elektr. Kraft- u. Beleuchtungs-Anlagen. 2. verm. u. verb. Aufl. (152 S. m. 69 Abbildgn.) 907. 2.—; geb. n 2. 50

Vogler, A., Handbuch z. Harmonielehre u. f. d. Generalbaß; n. d. Grundsätzen d. Mannheimer Tonschule, z. Gebr. der öffentl. Vorles. im Orchestrionssaale auf d. K. K. Karl-Ferdinands Universität zu Prag, mit 12 Notenbl. gr. 8. Prag, Barth. 802.

Vogler, A: Die elektrischen Wellen, deren Erzeugung und Anwendung zur drahtlosen oder Funkentelegraphie, Regelung der Uhren und Fernzeiger, Steuerung der Torpedos usw. Leipzig 1901

Vogler, Albert: Aus dem pathologischen Institut in Giessen. Beitrag zur Kenntnis der sogenannten „embryonalen Drüsengeschwulst" der Nierengegend im Kindesalter. *München 1897: Kastner & Lossen.* (48 S.) 8°
München, Med. Diss. v. 1897

Vogler, August, s. Vogler, Chr. August

Vogler, Bernh., die Fortbildungsschulen, insbesondere deren Stand im Regierungsbezirke Schwaben und Neuburg im J. 1870. gr. 8. (70 S.) Augsburg 870, Rieger'sche Buchh.

Vogler, C. G., hamburg-altona-lübecker Eisenbahn- und Dampfschiff-Agenda oder der unentbehrliche Führer für Reisende von und nach Norddeutschland. Enthaltend: die Reiserouten nach allen bedeutenderen Plätzen Europa's, nebst Fahrpreisen und vielen anderen wichtigen Notizen über die Communicationswege mit Bädern etc. mit einer (lithogr.) Eisenbahn-Karte von Central-Europa und einer (lithogr.) topograph. Karte der Umgegend Hamburg's (in qu. 4.) Mit Benutzung officieller Quellen bearb. 16. (71 S.) Hamburg 853, Heller. **

Vogler, Carl Heinrich, s. Vogler, Karl Heinrich

Vogler, Chr. Aug., Abbildungen geodätischer Instrumente. Mit Bewilligg. d. königl. Ministeriums f. Landwirtschaft, Domänen u. Forsten hrsg. 36 Lichtdr.-Taf. nebst Text. Fol. (VII, 77 S. m. 24 Fig.) Berlin 892. P. Parey. In Leinw.-Mappe. n 12. —

Vogler, Ch. Aug., Anleitung zum Entwerfen graphischer Tafeln u. zu deren Gebrauch beim Schnellrechnen, sowie beim Schnellquotiren mit Aneroid u. Tachymeter. Für Ingenieure, Topographen u. Alpenfreunde. Mit 6 Lichtdr.-Taf. u. vielen in den Text eingedr. Holzschn. Lex.-8. (VIII, 196 S.) Berlin 877. Ernst & Korn. n. 10. —

Vogler, Chr. Aug., eine mathematische Aufgabe für Südamerika. Rede bei Eröffnung seines Hoersaals für Mathematik an der San Carlos Universität zu Córdova gehalten vor Studenten und Freunden der Wissenschaft, am 31. März 1874. gr. 8. (24 S.) Leipzig 874, Mentzel. *

— graphische Barometertafeln zur Bestimmung von Höhenunterschieden durch eine blosse Subtraktion. Entworfen von Hugo Feld. Fol. (IV, 8 S. m. 1) Steintaf.) Braunschweig 880. Vieweg & Sohn. n. 4. —

Vogler, Chr. Aug. Entwurf eines Nivellirinstrumentes für Präcisionsarbeiten und sein Gebrauch. 1877.

Vogler, Aug., moderne Entwürfe f. die Praxis des Dekorations-Malers. 2. u. 3. Serie (à 16 Taf.) hoch 4. Berlin (904. 906). M. Spielmeyer. à Ser. 2. 50

Vogler, Aug., moderne Entwürfe f. die Praxis des Dekorationsmalers. 4. Serie. (32 S.) 8. Berlin (907). M. Spielmeyer. 2. 50

Vogler, Ch. Aug., s.a. Grundlehren der Kulturtechnik.

Vogler, Ch. Aug., Grundlehren der Kulturtechnik. Unter Mitwirkung v. M. Fleischer, P. Gerhardt, E. Giesoler, M. Grantz, L. Wittmack hrsg. gr. 8. (XVIII, 696 S. m. 534 Abb.) Berlin 896. P. Parey. Geb. in Leinw. n. 16. —

— dasselbe. 2., erweit. Aufl., unt. Mitwirkg. v. M. Fleischer, P. Gerhardt, E. Gieseler etc. hrsg. 1. Bd. M. 604 Textabb. u. 7 Taf. gr. 8. (XX, 820 S.) Ebd. 898. Geb. in Leinw. n. 20. —

Vogler, Ch. Aug., Grundlehren der Kulturtechnik. 2., erweit. Aufl., unter Mitwirkg. v. M. Fleischer, P. Gerhardt, E. Gieseler etc. hrsg. 2. Bd. Mit 18 Textabbildgn. u. 7 Taf. gr. 8. (XIV, 462 S.) Berlin 899. P. Parey. Geb. in Leinw. n. 13. —; (kplt. n. 33. —)

Vogler, Ch. A: Grundlehren der Kulturtechnik. 3. Aufl. Berlin
Bd 1. T. 1. 2. 1903
Bd 2. 1908

— Grundzüge der Ausgleichungsrechnung. Elementar entwickelt. gr. 8. (XI, 218 S.) Ebendas. 883. *

— Johann Heinrich Lambert u. die praktische Geometrie. Festrede zur Feier des Geburtstages Sr. Maj. des Kaisers, geb. am 25. I. 1902. gr. 8. (21 S.) Ebd. 902. n. 1. —

Vogler, Ch. Aug., Lehrbuch der praktischen Geometrie. 1. Tl. Vorstudien u. Feldmessen. Mit 248 Holzst. u. 10 Taf. gr. 8 (XVII, 688 S.) Braunschweig 885. Vieweg & Sohn. n. 16. —

— Lehrbuch der praktischen Geometrie. 2. Tl. Höhenmessungen. 1. Halbbd. Anleitung zum Nivellieren od. Einwägen. gr. 8. (VIII, 422 S. m. 1 Tab., 90 Holzst., 4 Zinkätzgn. u. 5 Taf.) Braunschweig 894. F. Vieweg & Sohn. n. 11. — (I u. II, 1.: n. 27. —)

— sechs graphische Tafeln zum Schnellrechnen und zum Schnellquotiren mit Aneroid und Tachymeter, nebst Gebrauchsanweisung [Sonderausg.]. Lex.-8. (9 S. mit 6 Lichtdruck-Taf.) Ebendas. 877. *

Vogler, Ch. A., geodätische Übungen f. Landmesser u. Ingenieure. gr. 8. (VII, 216 S.) Berlin 890. Parey. geb. n. 7. —

— geodätische Übungen für Landmesser u. Ingenieure. 2., erweit. Aufl. 1. u. 2. Tl. gr. 8. Ebd. Geb. in Segeltuch n. 14. 50
1. Feldübungen. (VII, 270 S. m. 56 Abbildgn.) 899. n. 9. —
2. Winterübungen. (VI u. S. 273—426 m. 25 Abb.) 901. n. 5. 50

— Geodätische Übungen f. Landmesser u. Ingenieure. 3. Aufl. 1. Tl.: Feldübungen. (VIII, 311 S. m. 69 Fig.) gr. 8. Berlin 910. P. Parey. Geb. in Leinw. 10. —

Vogler, Chr. Aug. Zur Untersuchung der Beobachtungsfehler geometrischer Nivellements. 1877.

— über Ziele und Hülfsmittel geometrischen Präcisions-Nivellements. gr. 8. (VII, 103 S.) München 873, Literarisch-artistische Anstalt. *

Vogler, Christian Friedr., Musenklänge, s. Weidemann, Hugo.

Vogler, Chrph., s.: Verzeichnis der evangel. Gemeinden u. Geistlichen im Bezirk königl. Consistoriums zu Cassel.

Vogler, Conrad, s. Vogler, Konrad

Vogler, Franz Anton (Strassburg) A. S. 798/6

Theses juridicae de adoptione.
Präs. Johann Heinrich Feltz.
Strassburg (Welper) VI. 1716. 8 S.

35299

Vogler, Geo., s. Jh. Bapt. Vogler.

Vogler, Geo. Fr., († d. 19. Mai 1782.) Commentatio de Christo Diacono, ad Rom. XV, 9. 4. Dresd. 773.

Vogler, G. F., de Christo diacono; ad Rom. 15, 8—9. Fridericop. 1796. 4.

— Denkschrift auf M. Jh. Gli. Fiedler, Past. u. Super. in Colditz, unt. d. Tit.: d. Schoos Abrahams. 4. Dresd. 780.

— zufällige Gedanken von d. Eintracht. 8. Dresd. 772.

— d. wahre Güte, Größe u. Stärke des menschl. Herzens. 4. Dresd. 775.

— die Schönheit d. Geistes u. deren Einfluß in d. Glück des Ehestandes. 4. Dresd. 774.

Vogler, Georg Josef

— über d. harmon. Akustik u. ihren Einfluß auf alle musikal. Bildungszweige; e. Rede. 8. Münch. 807.

Vogler, Geo. Jos., († d. 12. Juni 1814.) gründl. Anleit. zum Klavierstimmen für die, welche ein gutes Gehör haben. 8. Stuttg. 807.

— Betrachtung d. Manheimer Tonschule. 12 Stücke. 8. Manh. 778. Varrentrapp. 7 rß 8 gr

Vogler, 12 Choräle von Sebast. Bach, umgearbeitet von Vogler, zergliedert von C. M. Weber. Fol. Leipz. Kühnel. 811.

— Choralsystem. 8. Kopenh. 800.

Vogler, Abt. Data zur Akustik. Leipzig 1801.

— Handbuch d. Harmonielehre u. für den Generalbaß, nach den Grundsätzen d. Manheimer Tonschule. Zum Behuf öffentl. Vorlesungen etc. Mit Kpf. 8. Prag 802. Barth. 2 rß

— s. J. H. Knecht, Erklärung etc.

Vogler, Geo. Jos., Praeludien, s. Orgel-Vorspiele.

— erste musikal. Preisaustheilung für d. J. 1791; nebst 14 Kpft. die aus d. Magnificat beider Preisträger ein Stück u. d. Umarbeitung beider Stücke vom Preisrichter liefern. 8. Frankf. a. M. 794. (Varrentrapp). 2 rß

Vogler, Georg Joseph. Stimmbildungskunst. Mannheim 1776.

— Stimmbildkunst. 8. Manh. 777. Schwan u. G. 4 gr

Vogler, Georg Joseph. System für den Fugenbau. Offenbach a. M. (1811).

— Kurpfälzische Tonschule, enthalt. d. Tonkunst, nebst Gründen d. Kurpfälz. Tonschule in Beispielen. 8. Manh. 778. Varrentrapp. 2 rß 16 gr

— Tonwissenschaft u. Tonsetzkunst. 8. Manh. 777. Schwan u. G. 9 gr

— Uebung für d. Ueberspringen d. zweiten Fingers d. linken Hand. Dresd., Hilscher. 6 gr

— Vergleichungsplan der nach seinem Simplificationssystem umgeschaffenen Neu=Münster Orgel in Würzburg. gr. 4. Würzb. Stahel. 812.

Vogler, Gottfried (Dresden) A.S. 60/32

Dissertatio inauguralis juridica, de homicidio linguae. Präs. Christian Thomasius. Rec.
Halle (Henckel) 1708. 46 S.

Diss. 4.IV.1699.
W.v.: Präs. 35305

Vogler, Gottfried (Dresden) A.S. 352/28

Dissertatio inauguralis juridica, de homicidio linguae. Präs. Christian Thomasius. Rec.
Halle (Henckel) 1720. 46 S.

Diss. 4.IV.1699.
W.v.: Präs. 35306

Vogler, Gustav [app. Arzt aus Hamburg]: Ueber Extrauterinschwangerschaft m. bes. Berücks. ihrer Therapie ... München, Buchdr. v. M. Ernst, 1891; 50 S. 8.
München, Med. Fak., Inaug.-Diss. v. [27. Juli] 1891

Vogler, H., Handels- u. Gewerbs-Zeitung, s. Handels- u. Gewerbs-Zeitung.

—— Uebersicht d. Rettungsmittel bei allen Arten v. Scheintod, in andern plötzlich eintretenden Lebensgefahren u. bei d. vorzüglichsten Vergiftungszufällen. Zur Belehr. u. Hülfe f. Jedermann. 3., völlig umgearb. u. verm. Aufl. Roy.=Fol. (1 B.) Potsdam 836. [Berlin, Bethge.]

Vogler, Heinrich Buchhändler, s.a. Vogler, Johann Heinrich

Vogler, Heinrich, s.a. Vogler, Karl Heinrich

Vogler, Heinrich

Vogler, H. Kurz Bericht üb. d. Tätigkeit d. Vereins-Lazarettes f. verwund. u. erkr. Krieger. Panorama f. Ems 1870/71. Koblenz 1871.

Vogler, Henri, Ems, ses environs et ses eaux ou guide pratique du malade. Avec gravure et 1 nouveau plan (lith.) d'Ems (in Fol.). Ems 859. Kirchberger. 12. (208 S.) 1 ℛ

—— Ems, ses environs et ses eaux thermales ou guide pratique du malade. 2. édit. revue et augmentée. Avec gravure et un nouveau plan d'Ems (lithogr. in qu. Fol.) 8. (IV und 223 S.) Ems 865, Kirchberger. *

Vogler, Heinr., Ems, seine Heilquellen und Umgebungen in medicinischer, topographisch=klimatischer und socialer Beziehung geschildert. 8. (VIII und 172 S. mit Kpfr. und 1 neu angefertigten lithogr. Situationsplan von Ems in qu. Fol.) Ems 858, Kirchberger.

Vogler, Heinr., Ems, seine Heilquellen und Umgebungen, mit besond. Berücksichtigung der Kur und des Verhaltens des Brunnengastes. 2. Aufl. 12. (VI und 176 S. mit Kpfr. und 1 neu angefertigten lithogr. Situationsplan von Ems in qu. Fol.) Ems 864, Kirchberger. cart. -

Vogler, Heinr., Ems, seine Heilquellen und Umgebungen, mit besond. Berücksicht. der Wirkungsweise der Quellen, der Kur und des Verhaltens des Brunnengastes. 3. neu umgearb. Aufl. 8. (VIII, 145 S. mit Titel=Kpfr. und lithogr. Karte der Umgegend von Ems in qu. Fol.) Ems 869, Kirchberger. cart.

—— Ems, seine Heilquellen, Kur=Einrichtungen, wie medicinische Anwendung. 4. neu bearb. Aufl. 16. (VI, 146 S. mit Ansicht, Stahlst., nebst lithogr. Karte der Umgegend von Ems in qu. 4.) Ebendas. 873. *

Vogler, H., Ems, seine Heilquellen, Kur-Einrichtungen, wie medicinische Anwendung. 6. neu bearb. Aufl. von O. Vogler. 8. (VIII, 147 S. mit Karte der Umgegend von Ems.) Ems 888, Kirchberger. cart. *

Vogler, H[einrich]. Exkursionskarte vom Kohlfirst und Umgebung. Lithographiert u. hrg. von H. V', Graph. Anst., Schaffhausen, [1906]. 1 Bl. quer-fol., *zus.-gefaltet mit Titel* 8. fr. 1.50
Auf dem Blatt: (Rheinau-Schlatt *resp.* Schaffhausen-Trüllikon.) Massstab: 1:25000. 804/840 mm. Graph. Anstalt H. Vogler, Schaffhausen. — *Rückseite des Bl. bedruckt.*

Vogler, Heinrich, a. Ottensen: Die literargeschichtlichen Kenntnisse und Urteile des Jean-Louis Guez de Balzac. Altona 1906: Chr. Adolff. (x, 219 S.) 8°
Kiel, Phil. Fak., Ref. Körting, Diss. v. 20. Juli 1906
[Geb. 9. Febr. 82 Ottensen bei Altona; Wohnort: Ottensen; Staatsangeh.: Preußen; Vorbildung: Realgymn. Altona Reife O. 00; Studium: Marburg 3, Tübingen 2, Paris 1, Kiel 5 S.; Rig. 20. Jan. 06.]

Vogler, Heinrich, Assistenzarzt im kgl. 16. Inf.-Reg. aus Ebersbach: Ein Peritheliom der Inguinaldrüsen. *Würzburg 1903: A. Borst.* (34 S.) 8°
Würzburg, Med. Diss. v. 1903

Vogler, J., das provisorische Gesetz über die Stämpel rc., siehe: Hornstein, Ant.

Vogler, J. C. G., de salium neutrorum compositione chemica cum effectibus comparata. gr. 4. Heidelb. 816. (Groos). 5 Gr.

Vogler, J. H. C., de maculis ante oculos volitantibus. 4. Helmst. 795. Fleckeisen. 5 Gr.

Vogler, J. K. W., die Quellen zu Wiesbaden. gr. 8. (XVI u. 375 S.) Wiesbaden 848, Kreidel. n. 1 ℛ 16 ngr

Vogler, Ida, s.: Seele, Ida.

VOGLER, Ignaz (Oberdorf): Cur tanti momenti sit in sanandis morbis, constitutionem aeris stationariam et annuam regnantem diligentissime respicere? - Monachii: Giesser 1836. 16 S.
9.4.1835 - Urk: F 62
Diss. Ingolst.-Landsh.-Mchn.

Vogler, Ioh., juris cultor theologicus circa obligationes et restitutiones in genere. 8. Ingolstadt, Krüll. 733.

— de rebus naturalibus ac medicis. 4. Helmstaedt. 701. -

Vogler, Joh. Andreas (Darmstadt)
Dissertatio inauguralis botanica sistens polypodii speciem nuperis auctoribus ignotam, polypodium montanum vocatam.
Giessae [21.] Dec. 1781: Joh. Jac. Braun. 16 S. 4°
pro gradu doctoris.

Vogler, Johann August

Vogler, J. A., über den Gebrauch d. Mineralquellen, insbesond. derer zu Ems. Mit 1 Karte der Umgebungen von Ems. gr. 8. Frankfurt a. M. 840. Sauerländer. n. 1½ ℛ

Die Heilquellen zu Ems, auch über Heilquellen im allgemeinen. Von J[ohann] A[ugust] Vogler. Coblenz: Pauli 1821. X, 173 S. 8°

—— de l'usage des eaux minérales, et en particulier de celles d'Ems. 16. (19 B. u. 1 Carte.) Francfort s. l. M. 841, [Sauerlaender's Verl.]

Vogler, Jh. Bapt., ehedem Georg, (†d. 26. Juni 1820.) kurze Anleit. zum Briefschreiben nach Mustern für d. Jugend. 8. Ulm 787. Wohler. 4 Gr.

— Betrachtt. über Jesu Leiden am Oelberge. 2 Thle. 8. Kempt. 785, 86. Typograph. (Köhler in Leipz.) 8 gl.

— d. suchende u. seligmachende Jesus, eine Rede. 8. Ebend. 79².

— Jak. Danzers letzte Lebenstage in Buchau. 12. ... 796.

— Sittenphilosophie für d. reifere Jugend. 8. Ulm 786. Wohler. 8 gl.

— systema studii ecclesiastici quod in Canonia Sorethana suis auditoribus explicavit. 8maj. Ulm 783.

Vogler, Johann Heinrich

Vogler, H., u. F. H. Bothe, Altes u. Neues, f. Geschichte u. Dichtkunst, s. Altes.

Vogler, Dr. (Jh.) Hnr., (Buchhändler), d. Courier, e. polit. Zeitblatt. 1s Vierteljahr. 4. Halberst. ... Vogler in Potsd. 1 ₰

s. Gyrinus, Herr, u. setze hinzu: Albrecht. 1 Thlr. 4 Gr.

— Halberstädt. Mittheilungen. 4. Halberst. 822—24. Vogler in Potsd. ...

s. Polyhistor, e. Wochenschrift.

Vogler, Johann Heinrich Christoph

Vogler, (Jh.) Hnr., (auch Psdn.: H. Glover), s. Herrmann Georg.

HERRMANN, Georg, eine wahre Geschichte von Dr. V. (d. i. *Joh. Heinr. Chp. Vogler*, 1772—1836). Leipzig 1805. 8°. Goedeke VI, 394, 30, 1.

Vogler, Johann Philipp

— Abhandl. vom Sommerspelz oder Emmer. 4. Wetzlar 777.

— Anzeige wohlfeiler Mittel gegen d. Ruhr. 4. Wetzlar 781. 2e Aufl. 8. Ebd. 785.

— — Bemerkungen über die Viehpest. gr. 8. Ulm, Stettin. M. 2.—

— Erfahrungen im Felde d. medicin. Praxis, s. Arzt, d. freimüthige hippokratische.

— Erfahrungen im Felde d. medic. Praxis, s. Hippokrat. Aphor.

Vogler, Jh. Ph., († d. 14. April 1816.) Erfahrungen über Geburt u. Geburtshülfe. 8. Marb. 797. Krieger. 12 gl.

— von d. Gelbsucht u. ihrer Heilart. 8. Wetzlar 791. Winkler. (Fr. Fleischer in Leipz.) 5 gl.

— Geschichte einer Blatterninoculation, die mit Gefahr verknüpft war u. einen fatalen Ausgang hatte. 4. Wetzlar 787.

Vogler, Johannes Philipp (Darmstadt)
Dissertatio inauguralis botanico-medica de muscis et algis notioribus, valetutini servientibus.
Giessae [30.] März 1773: Jo. Jak. Braun. 36 S. 4°
pro gradu doctoris.

— Pharmaca quaedam selecta observationibus clinicis instructa et descripta. 8. Wetzlar 777. Ed. II. 788. Ed. III. 792. Ed. IV. 8. Marb. 803. Ed. V. 808. Krieger. 16 gl.

— Anweisung zum Gebrauch derselben. 8. Ebd. 808. 6 gl.

— Pharmaca selecta, auserlesene Arzneimittel am Krankenbette bestätigt. 8. Marb. 799. N. Aufl. 808. Krieger. 16 gl.

Vogler, Johann Philipp: Pharmaca selecta. Auserlesene Arzneimittel, durch Beobachtungen am Krankenbett bestätigt. (Pharmaca quaedam selecta, observationibus clinicis instructa et descripta. Editio novissima. Dt.) Neue Aufl. 180 S., gbd.

Frankfurt u.Leipzig: Schellenberg 1800

JB 1.578

Vogler, Johann Philipp: Pharmaca selecta. Auserlesene Arzneymittel, durch Beobachtungen am Krankenbett bestätigt. (Pharmaca quaedam selecta, observationibus clinicis instructa et descripta. Editio novissima. Dt.) 3.Aufl. 118 S., gbd.

Wien: mit v.Ghelenschen Schriften 1801

JB 1.579

— Pharmacologia, sive pharmaca selecta. 8. Giessen 801. Heyer. 10 gl.

— von d. Ruhr u. ihrer Heilart. 1r Thl. gr. 8. Gießen 797. Heyer. 20 gl.

— Schediasmata botanica duorum graminum nondum satis extricator. 8. Giessen 776. Krieger. 1 gl.

s. M. G. Thilenius, Unterricht.

— Versuch mit Scharlachbeeren zum Nutzen d. Färbekunst. 8. Wetzlar 780. N. Ausg., mit Veränd. u. Zusätzen. 8. Gießen 790. Krieger. 4 gl.

— Versuch mit Scharlachbeeren z. Nutz. d. Färbekunst. 8. Wetzlar, Winkler. (Krieger in Marb.) 790. — 4

Vogler, Joh. Ph., Die Vorbauungs- und Rettungsmittel bei gegenwärtig grassierender Rindviehseuche. 8. Wetzlar 796. Krieger.

— die Vorbauungs- u. Rettungsmittel bei gegenwärtig grassir. Rindviehseuche. 4. Wetzlar 796. Winkler.

— s. Worte, ein paar, über d. Dr. Bernstein.

Vogler, Josef, die Volksschule im freien Staate. Lex.-8. (16 S.) Wien 863, (Sallmayer und Comp.) *

Vogler, Karl

Vogler, K., die militärische Erziehung der Jugend durch die Schule. Vortrag gehalten am 21. März 1870 zu Schaffhausen. Schaffhausen 870. Brodtmann. gr. 8. (23 S.) n. 4 ngr.

Vogler, Karl Heinrich

Vogler, Carl Heinrich, von Schaffhausen: Beitrag zur Kenntniss der Opilioniden. Zür. E. Kiesling Dr. 1858. 32 S., 1 Taf. 8°.
Zürich, Med. Diss. v. 11. Dec. 1858.

Vogler, C. H., allgemeines Gestüt-Buch. Ein Verzeichniss der Vollblut-Pferde nebst ihrer Abstammung, welche sich in allen deutschen Staaten, sowie den nicht zum deutschen Bunde gehörigen Landestheilen der preuss. und dän. Monarchie, desgl. in Ungarn und seinen Nebenländern, in Siebenbürgen und Gallizien befinden. 1. und 2. Bd. gr. 8. Berlin, (Asher und Comp.) [1. (L und 520 S. mit 1 Tab. in gr. Fol.) 847. * 6 Thlr., 2. (XXXIX und 303 S.) 852. * 4 Thlr.] Thlr. *

Vogler, C. H., allgemeines Gestut-Buch. Ein Verzeichniss der Vollblut-Pferde nebst ihrer Abstammung, welche sich in allen deutschen Staaten, sowie den nicht zum deutschen Bunde gehörigen Landestheilen der preussischen und dänischen Monarchie, desgleichen in Ungarn und seinen Nebenländern, in Siebenburgen und Galizien befinden. 3. u. 4. Bd. Berlin 856, 61. Asher & Co. in Komm. gr. 8. (CV, 576 S.) Jeder Bd. n. 4 ℳ

Vogler, C. H., der Maler u. Bildhauer Joh. Jakob Oechslin aus Schaffhausen, s. a. Neujahrsblatt, 13. u. 14., des Kunstvereins usw. Schaffhausen.

Vogler, C[arl] H[einrich]. Der Maler und Bildhauer Joh[ann] Jakob Oechslin aus Schaffhausen. (2 Hälften.) Schaffhauser Neujahrsblätter 1905 u. 1906. Mit 7 Lichtdruck-Tafeln und 38 Abbildungen im Text. II + 48 S. 4. Schaffhausen, Verlag des historisch-antiquarischen Vereins und des Kunstvereins, 1906.
1. Hälfte. Mit 5 Tafeln in Lichtdruck und 16 Abb' im Text. II + 20 S. Schaffh', Selbstverlag der Herausgeber .... fr. 2.—. — 14. Neujahrsblatt des Kunstvereins und des Historisch-antiquarischen Vereins Schaffhausen 1905.
2. Hälfte. Mit 2 Tafeln in L' und 22 Abb' im Text. II + II S. + S. 21—48. Schaffh', Selbstv' der H' .... fr. 2.—. — 15. Neujahrsblatt des K' und des H'-a' V' Sch' 1906.

— der Bataillenmaler Johann Georg Ott aus Schaffhausen, s.: Neujahrsblatt, 12., des historisch-antiquarischen Vereins usw. der Stadt Schaffhausen.

Vogler, C. H., Renn-Kalender für Deutschland nebst mehr. Registern. Jahrg. 1843—46. à 2 Thle. 12. Berlin 844—47, Asher u. Comp. [843. (12⅞ B.) 44. (13 B.) 45. (14 B.) 46. (14⅓ B.) à J. * 2 Thlr.] *
Vgl.: Taschen-Rennkalender.

—— Renn-Kalender für Deutschland nebst mehreren Registern. (Berichte über die stattgehabten Rennen.) Jahrg. 1847—51. gr. 12. Berlin, Asher und Comp. [1847. (VIII und 177 S.) 1848. (IV und 106 S.) à * 1 Thlr., 1849. 2 Hefte. (VI und 107 S. und IV und 94 S.) 1850. 2 Hefte. (VI und 92 S. und IV und 106 S.) 1851. 2 Hefte. (VIII und 80 S. und IV und 106 S.) à Jahrg. * 2 Thlr.] *
Vgl. 10. Bd. 2. Abthl. S. 380.

Vogler, C. H., deutscher Renn-Kalender für die J. 1852—55. enth. die Propositionen zu den Rennen für 1852—55 und die folgenden Jahre nebst Registern. gr. 12. Berlin, Asher und Comp. [1852. 2 Hefte. (VIII und 91 S. mit 1 Tab. in qu. 4. und IV und 144 S.) 1853. 2 Thle. (XII und 237 S.) 1854. 2 Thle. (VIII und 95 S. mit 1 Tab. in qu. 4. und IV und 159 S.) 1855. 2 Thle. (VIII und 85 S. mit 1 Tab. in qu. 4. und IV und 145 S.) à Jahrg. * 2 Thlr.] *

Vogler, C. H., deutscher Renn-Kalender für das J. 1856. 1. Thl. enth. die Propositionen zu den Rennen für 1856. und die folgenden Jahre nebst Registern, Zusammenstellung der Vollblut-Beschäler Deutschlands, Farben der Jockey's etc. gr. 12. (VIII und 101 S. mit 1 Tab. in 4.) Berlin, Asher und Comp. Thlr. *

—— Renn-Kalender für Deutschland. Jahrg. 1856. 2. Thl. bis 1862. 1. Thl. à Jahrg. 2 Thle. 12. Berlin, Asher und Comp. [1856. 2. Thl. (IV und 155 S.) 1857. 2 Thle. (XII und 306 S. mit 2 Tab. in qu. 4.) 1858. 2 Thle. (XII und 314 S. mit 1 Tab. in qu. 4.) 1859. 2 Thle. (XII und 311 S. mit 1 Tab. in 4.) 1860. 2 Thle. (XII und 313 S. mit 1 Tab. in 4.) 1861. 2 Thle. (XII und 338 S. mit 1 Tab. in 4.) 1862. 1. Thl. (VIII und 144 S.)] à Thl. * 1 Thlr. à Jahrg. *

Vogler, C. H., Renn-Kalender für Deutschland. Jahrg. 1862. 2. Thl. und Jahrg. 1863. 1. Thl. 12. (IV und 220 S.; VIII und 154 S.) Berlin, Asher und Comp. à Thl. * 1 Thlr. *
Vgl.: André, F.

Vogler, C. H., **der Künstler u. Naturforscher Lorenz Spengler aus Schaffhausen, s. a. Neujahrsblatt des Kunstvereins etc. zu Schaffhausen, 1898.**

Vogler, C. H.: Der Künstler und Naturforscher Lorenz Spengler aus Schaffhausen v. ... (Hälfte 1. 2.) Schaffhausen: Lang 1898. 99. 2 Bde 4°
(1. Der Lebenslauf. M. d. Portr. u. 1 Taf. m. Abb. v. Werken Spenglers.) 1898. (1 Bl., 28 S., 2 Taf.)
(2. Der Künstler u. Naturforscher. M. 2 Taf. Abb. v. Werken ... Spenglers.) 1899. (29–58 S., 2 Taf.)
(Neujahrsblatt d. Kunstvereins u. d. hist. antiquar. Vereins zu Schaffhausen. [No] VIII. IX.)

— s. Taschen-Renn-Kalender.

Vogler, C. H., der Bildhauer Alexander Trippel aus Schaffhausen. 1. u. 2. Hälfte. [Neujahrsblatt d. Kunstvereins u. d. historisch-antiquar. Vereins zu Schaffhausen 1892 u. 1893.] gr. 4. Schaffhausen, (C. Schoch). à n. 2. 50
1. **Die Lebensgeschichte m. dem Portr. Trippels nach Clemens & Schulze u. e. Schlussvignette. (50 S.) 892.**
2. **Die Werke u. die Beurteilung Trippels; Beilagen, m. 4 (Lichtdr.) Taf., Abbildgn. v. Werken Trippels. (III u. S. 51—94.) 893.**

Vogler, Konrad

Vogler, Conradus, Demonstratio veritatis catholicae adversus sectas patriae. Breslau 1727. 12°. Budapesth 1765. 8°.

Vogler, **Konr., demonstratio veritatis catholicae adversus sectas patriae. 8. Ofen 765. Typ. Soc. 6 𝒦**

— Summa totius theolog. moralis ex opp. Franc. Suarez. 5 Ptes. 4. Ingolstadt, Krüll. 740.

Vogler, üb. Luftverderbniss u. deren Ermittelung. gr. 4. (19 S. m. 1 Steintaf.) Schaffhausen 878. (Schoch.) n. 1. 80

(Vogler, C[onrad]). Statistische Zusammenstellungen betreffend die Stadt- und Spital-Waldungen Schaffhausens für die Jahre 1864 bis 1903. ([Mit 4 graphischen Tabellen. Hrg. von] K. V', Forstmeister.) 22 S. 4. Schaffhausen, Paul Schoch, 1904.

Vogler, Ludw., s.: Schriften des Vereins f. Socialpolitik (Verfassung u. Verwaltungsorganisation der Städte Österreichs).

Vogler, Max

Vogler, M., im Dorf der Schmied. Eine Geschichte aus dem Elsaß. 8. (XVI, 234 S.) Leipzig 887. Kuß. n. 3. —; geb. n. 4. —

Vogler, Max: Über einen Fall von Uterus-Sarkom. *Tübingen: H. Laupp 1898.* (28 S.) 8° ¶ (Aus: Beiträge zur klinischen Chirurgie, Bd 21 H. 1.)
Heidelberg, Med. Diss. v. [14. Dez.] 1897

Vogler, Max (I.), in den Gewittern der Zeit. Roman aus der Gegenwart. gr. 8. (219 S.) Bremen 879, [Kühtmann und Comp.] Fischer. *

Vogler, Max, in den Gewittern der Zeit. Roman aus der Gegenwart. gr. 8. (219 S.) Norden 880. Fischer Nachf. n. 3. —

Vogler, Max, der Herr Kommerzienrath. Eine moderne Geschichte. 8. (230 S.) München 886. Viereck. 3. —

— Ferdinand Lassalle, s.a. Volks-Bibliothek d. menschlichen Wissens.

Vogler, Dr. Max, Ferdinand Lassalle. Sein Leben und Wirken. 1. u. 2. Lfg. (Bibliothek d. menschl. Wissens.) Dresden 1888—90.

Vogler, Max (II.), s. Sjúrðar kvæði.

Vogler, Max, die Verwahrlosung des modernen Charakters. Ein Straf- u. Mahnwort an die Zeitgenossen. gr. 8. (VI, 89 S.) Leipzig 880. Frohberg. n. 1. 20

Vogler, Max, die Verwahrlosung d. modernen Charakters. Ein Straf- u. Mahnwort an die Zeitgenossen. 2. Aufl. gr. 8. (VI, 89 S.) Leipzig 884. Frohberg. n. 1. 20

Vogler, Otto [appr. Arzt]: Zur Statistik des engen Beckens. Freiburg i. B., Univ.-Buchdr. von Chr. Lehmann. 1876. 8. 28 S.

Vogler, Otto, med. pract. aus Frauenfeld. Assistenzarzt am Kantonsspital Glarus: Aus der chirurgischen Klinik des Herrn Professor Dr. Krönlein in Zürich. Über das Vorkommen, die Symptomatologie, Diagnose & Therapie der primären Trachealtumoren. Zür. F. Lohbauer Dr. 1896. 39 S., 1 Tab. 8°.
Zürich, Med. Diss. [v. 30. März 1896].

Vogler, Paul

Vogler, P., Botanik, s. Sprockhoff, A.

Vogler, Paul, die Eibe (Taxus baccata L.) in der Schweiz, s.a. Exkursionen, botanische, u. pflanzengeographische Studien in der Schweiz. 5. Hft.

Vogler, Paul. Die Eibe ⟨Taxus baccata L.⟩ in der Schweiz. Mit einer Verbreitungskarte und zwei Tafeln nach photographischen Aufnahmen. (Separatabdruck aus dem Jahrbuch der St. Gallischen Naturwissenschaftlichen Gesellschaft [für das Vereinsjahr 1903. St. Gallen] 1904.) II + 56 S. 8. Zürich, Albert Raustein, 1905. [fr. 3. —]
Botanische Exkursionen und pflanzengeographische Studien in der Schweiz... Heft 5.

VOGLER, Paul: Die Eibe (Taxus baccata L.) in der Schweiz. - Zürich 1905. 56 S., 1 Kt., 2 Taf. - (Bot. Exkurs. u. pflanzengeogr. Studien i. d. Schweiz H. 5)

— das Königl. evangelische Schullehrer-Seminar zu Drossen in den ersten 25 Jahren seines Bestehens. Geschichtlicher Überblick. Mit Abbildgn. v. der Stadt Drossen, dem Seminar u. der Präparanden-Anstalt. 8. (XVI, 65 S.) Frankfurt a/O. 890. Waldow's Verl. n. 1. 20

Vogler, Paul. Variationskurven bei Pflanzen mit tetrameren Blüten. [Mit 4 Figuren.] Sonderabdruck aus Jahrg. 47, 1902 [der] Vierteljahrsschrift der Naturforschenden Gesellschaft in Zürich.... II S. + S. 429—436. 8. Zürich, Zürcher & Furrer.
(Arbeiten aus dem botanischen Museum des eidg. Polytechnikums.... [Heft] 10.)

Vogler, Paul [aus Frauenfeld]: Über die Verbreitungsmittel der schweizerischen Alpenpflanzen. München 1901. 137 S. 4 Taf. 8°. (S.-A. aus Flora oder Allg. Bot. Zeitung. Bd. 89, Ergänzungsband.)
Zürich. Phil. Diss. II. S. 1900/1901.

Vogler, Paul. Ueber die Verbreitungsmittel der schweizerischen Alpenpflanzen. Mit 4 Tafeln. Diss. Phil. II. Univ. Zürich. *Kopftitel:* Arbeit aus dem botanischen Museum des eidgenössischen Polytechnikums Zürich. — Sonderabdruck aus «Flora oder Allgem. Bot. Zeitung» 1901, Bd. 89, Ergänzungsband. IV + 137 S. 8. München, Val. Höfling, 1901.

Vogler, R., s.: Landes-Vermessung, grossherzogl. mecklenburg.

VOGLER, VALENTIN HEINRICH. Introductio universalis in notitiam cujusque generis bonorum scriptorum cum notis et augmento Hermanni Meibomii. Editio secunda multis in locis auctior et correctior. Helmstedt, G. W. Hamm, 1700. 8 Bl. 210 S. 6 Bl.

Vogler, W. F., Anleitung zur Einübung d. griech. Formenlehre, in kurzen Uebersetzungsstücken, nach genauer Stufenfolge. 8. Lüneb. 823. Herold u. W. 4 gGr.

— Leitfaden beim ersten Unterricht in d. Länder- u. Völkerkunde, für Gymnasien u. Bürgerschulen. 8. Hannov. 822. Hahn. 4 gGr.

Vögler, Adam, aus Semd i. Hessen: **Einfluss** der Erkrankung der Kühe an Maul- und Klauenseuche auf die Zusammensetzung der Milch und auf die Beschaffenheit des Milchfettes. *Leipzig 1900: Storm & Koppe.* (40 S.) 8°
Leipzig, Phil. Diss. v. [30. Juli] 1900.

Voegler, Karl [aus Ronneburg]: Beitraege zur Kenntniss der Reizerscheinungen an Samenfäden der Farne ... (Aus: Bot. Zeitg 1891.) Leipzig, *Druck v. Breitkopf & Härtel,* 1891; 1 Bl., 18 S., 1 Bl. 8.(4.)
Leipzig, Phil. Fak., Inaug.-Diss. v. [16. Nov.] 1891.

Vögler, Max, der prakt. Rechenmeister od. die Kunst, schnell u. sicher zu rechnen. Ein Beitrag zur Hebg. u. Förderg. d. Rechenkunst. Leichtfaßl., d. Neuzeit entsprech., nach eigner Methode bearb. Rechenbuch v. d. einfachsten bis zu den schwierigsten Rechenarten unt. Berücksicht. v. staunenerreg. Vorteilen, Kürzgn. ꝛc. Zum Gebrauche u. Selbstunterr. bearb. f. jedermann. gr. 8. (X, 422 S.) Wiesbaden 896. G. Quiel. n.n. 3. 25; geb. in Leinw. n.n. 3. 90

Vögler, Richard

Vögler, R.: Die Entwicklung des Schulturnens in der Stadt Altenburg. Altenburg 1905. 48 S.

Vögler, Richard, Festschrift zum 25jähr. Jubiläum des Reußischen Turngaues, Altenburg 1908, 58 S., 8°.

Vögler, Rob., Präparationen für den Naturgeschichtsunterricht in der Volksschule. Lektionen aus der Schulpraxis, auf Grundlage der Forderungen der Allg. Bestimmungen vom 15. Okt. 1872: „Die Schüler zu aufmerksamer Beobachtung und sinniger Betrachtung der Natur zu erziehen" bearb. I. und II. gr. 8. Dresden 888, Bleyl und Kaemmerer. *
Inhalt:
I. Der Nadelwald und seine Glieder. (X, 50 S.) * ℳ 1.50.
II. Der Sumpf und die Wiese. (89 S.) * ℳ 2.—.

Voegler, Rob., d. Präparator u. Konservator. E. prakt. Anleitg. z. Erlernen des Ausstopfens, Konservierens u. Skelettierens v. Vögeln u. Säugetieren. Für Naturfreunde hrsg. 8. (136 S. m. 34 Abb.) Magdeburg 895. Creutz. n. 2. —; geb. n. 2. 50

Voegler, Rob., der Präparator u. Konservator. Eine prakt. Anleitg. zum Erlernen des Ausstopfens, Konservierens u. Skelettierens v. Vögeln u. Säugetieren. Für Naturfreunde hrsg. 2., verb. u. erweit. Aufl. (148 S. mit 86 Abbildgn.) 8. Magdeburg (903). Creutz. n. 2. —; geb. n. 2. 50

Voegler, Rob., der Präparator u. Konservator. Eine prakt. Anleitg. zum Erlernen des Ausstopfens, Konservierens u. Skelettierens v. Vögeln u. Säugetieren. Für Naturfreunde hrsg. 3., verb. u. erweit. Aufl. (154 S. m. 38 Abbildgn.) kl. 8. Magdeburg (910). Creutz. 2.—; geb. 2. 50

Vögler, Romulus, German grammar, s.: Greenwood, Ellis.

—— Lehrbuch der deutschen Sprache zum Selbstunterricht. 1. Heft. 8. (32 S.) Hamburg 888, O. Meißner's Verlag. *

Vögler, Romulus. Lehrbuch der deutschen Sprache zum Selbstunterricht. Mit besond. Berücksicht. der schwier. u. zweifelhaften Fälle. 8. (VIII, 260 S.) Hamb. 889, O. Meißner's Verlag. 2 40; geb. 3 —

Vögler, Romulus, Lehrbuch der deutschen Sprache zum Selbstunterricht m. besond. Berücksicht. der schwierigen u. zweifelhaften Fälle. 2., verb. Aufl. m. e. Register. (VIII, 266 S.) 8. Hamburg 904. O. Meißner's Verl. n. 2. 40; geb. n. 3. —

Vögler, Romulus, englische Sprech- u. Schreibweise, s.: Greenwood, Ellis.

VOGLHUEBER Josef. Practische Anleitung wie eine Verlassenschafts-Abhandlung über ein freyvererbliches Vermögen der Unterthanen in den k. k. deutschen Erbländern . . . nach Rechtsgrundsätzen eingerichtet werden solle . . . von . . . J. G. Mössle, Wien 1789. 1 vol. 2 Bl. + 291 S.

VOGLHUBER, Jos.: Vollst. u. durch Stammtafeln vorgetragene Erklärung der in den gesammten k. k. Erblanden in dem freyvererblichen Vermögen d. k. k. Unterthanen eingeführt. Erbrechtsordn. Mit 8 ill. Tab. 2. Aufl. *Wien*, v. Mösle (u. Braumüller.) (786.) 789. fol. (1 Thl. 16 Gr.)

Voglhuber, Jos., vollständ. u. durch Stammtafeln vorgetragene Erklärung der in den gesammten k. k. Erblanden in den frei vererbl. Vermögen d. k. k. Unterthanen eingeführten Erbrechtsordnung. Mit 8 ill. Tabellen. Fol. Wien 786. 2e Aufl. 789. v. Mösle. 1 ᵲβ 16 ℊ

VOGLHUBER, Jos.: Versuch üb. d. Fideicommisse in den österreich-deutschen Erblanden. *Wien*, v. Mösle (u. Braumüller.) 801. gr. 8. (1 Thl.)

— Versuch über d. Fideicommisse in den österreich-deutschen Erblanden. gr. 8. Wien 803. (v. Mösle). 1 ᵲβ

Vöglin, s.a. **Vögelin.**

Voeglin, Friedrich Wilhelm (Durlach) A. S. 1288/3

Dissertatio inauguralis medica, de haemorrhagiis.
Präs. Johann Adolph Wedel.
Jena (Ritter) XII. 1718. 32 S.

W. v.: Johann Philipp Gronau, F. E. Bruckmann.

35238

VOGLSPERGER, MICHAEL: Das SaLz Der ErDen Ist eIn grosser HeiLIger Kirchen-Lehrer: Wahrer Ertz-Vatter / WVnderbarer Stifter VILer geistlIChen OrDens-StänDe AVgVsti / nVs: Durch die hocherleuchtete Lehren und vollkommenen Tugenden erWiesen an seinen Vergangenen Festtag in AVgVsto, in der Kloster-Kirchen deren WW. EE. PP. Augustinern auf der Landstraße in Ungarn. Ofen o. J.: Gedr. b. Leop. Franz Landerer. 24 S. - kl. 4°

Betrachtungen über die Verdauung im menschlichen Magen. ... Von Athanasius Vogorides. Würzburg 1817: Nitribitt. 55 S. 8°

Vogrich, Max, der Buddha. Grosse Oper in 3 Aufzügen u. 1 Vorspiele. Worte u. Musik v. V. Textbuch. 8. (66 S.) Leipzig 901. F. Hofmeister. — 80

Vogrich, Max, die Hochland-Witwe. Eine dramat. Szene nach Walt. Scott. (Textbuch.) (24 S.) 8. Leipzig 904. F. Hofmeister. — 50

Vogrin, Benedikt. Sanctus Joannes Sahaguntinus, ord. erem. S. Augustini, planetarum proles. Clagenfurth, Khleinmayr, 1692. Quart. 48 S.

Vogrinec, Ant., Nostra maxima culpa! Die bedrängte Lage der kathol. Kirche, deren Ursachen u. Vorschläge zur Besserg. (X, 339 S.) gr. 8. Wien 904. C. Fromme. n. 3. 40

Vogrinz, Gottfried

Vogrinz, Gfr., Beiträge zur Formenlehre d. griechischen Verbums. gr. 8. (36 S.) Paderborn 886. F. Schöningh. n. -- 50

Vogrinz, Gottfried: Kritische Bemerkungen zum Lehrstoff der philosophischen Propädeutik 8 (S. III- XXXVI) **Progr.** K. k. Staats-G. *Villach* 1897

Vogrinz Gottfried: Der Homerische Gebrauch der Partikel εἰ, εἰ mit dem Indicativ und Überblick über die Formen der Bedingungssätze bei Homer. (20). Brünn II. St. G. 93 **Progr.**

Vogrinz, G.: Gedanken zu einer Geschichte des Casussystems m. 2 Excursen. 33 S. Leitmeritz, Progr. 1884.

Vogrinz, G., Grammatik d. homerischen Dialektes. [Laut-, Formen-, Bedeutungs- u. Satzlehre.] gr. 8. (XVI, 416 S.) Paderborn 889. F. Schöningh. n. 7. —

Vogrinz, G., Jahresbericht üb. homer. Syntax u. Sprachgebrauch f. 1881—1884. S.-A. 1884. 22 S. —.75
— — f. 1884—1885. S.-A. 1885. 15 S. —.60
— — f. 1886. S.-A. 1886. 16 S. —.60

Vogrinz, Gottfr. Zur Kasustheorie. 28 S. u. Tab. Nachträge u. Berichtigungen. 7 S. 8 **Progr.** G *Leitmeritz* 1882. 1883

Vogrinz, *Gottfried*: Katalog der Lehrerbibliothek. 8 (S. III- XXVII). (Schluss.) 8 (S. III- XXV) **Progr.** K. k. Staats-G. *Villach* 1898. 1899.

— Semasiologie und Psychologie 8 (S. III XVIII) **Progr.** K. k. Staats-G. *Villach* 1900

Vogt, Edm., s.: Zur Erinnerung an ihn.

Vogt, Karl, s. Klassiker, moderne.

Vogt, s.a. Voght. – Vogts. – Vogtt. – Voight. – Voigt. – Voigts.

Vogt und Schmid, amtlicher Bericht über die Epidemieen der asiatischen Cholera des J. 1866 in den Regierungsbezirken Unterfranken und Aschaffenburg, Schwaben und Neuburg. Lex.-8. (274 S. mit 15 Steint., wovon 3 color., in 4., qu. 4. und qu. Fol. und 13 Tab. in 4. und gr. 4.) München 868, Literarisch-artistische Anstalt. [Stuttgart, Cotta'sche Buchh.] *

Vogt. Grundriss der Stadt Cöln. 1815. 1 Bl. K.

Vogt. Lesebuch der Teutschen Schulen. Bremen 1801. H: *Rotermund, Hnr. Wilhelm & Joh. David Nicolai.* (MGT)

Vogt, s.: Rechtsprechung des Oberlandesgerichts Colmar i. Els. in Strafsachen.

— s.: Taschen-Kalender f. d. studier. Jugend.

Vogt, A., aus der Irrmühle, oder: Schuld u. Sühne. St. Gallen 868. Altwegg-Weber. 8. (110 S.) 10 ngr

—— ein Sohn der Berge, oder: Schicksalsstürme über einen Schweizer in seiner Heimath und in Amerika. Eine wahre, höchst merkwürdige Begebenheit aus neuester Zeit. 2. Aufl. 8. (102 S.) St. Gallen 867, Altwegg-Weber.

Vogt, A.: Théorie des équations reciproques. 1865. 8°
Diss. Freiburg i/B.

Vogt, A. E., prakt. Beitrr. für Steuerofficianten d. Königr. Hannover. Mit Genehmigung des K. Finanzdepartements herausgeg. 1s, 2s Heft. 8. Hannov. 828, 29. (Helwing). 10 gr

Vogt a St. Germano Adauct, († d. 18. Oct. 1787.) acta literaria Bohemiae et Moraviae. II Voll. (à IV Ptes.) 8. Prag 774—83. Gerle. 2 rß

Vogt a St. Germano Adauct, von d. Alterthume u. Gebrauche des Kirchengesanges in Böhmen. 8. Prag 775.

— Beschreib. der bisher bekannten Böhmischen Münzen, nach chronolog. Ordnung; nebst einem kurzen Begriff des Lebens der Münzfürsten u. anderer, auf die sie geprägt worden rc. 4 Bde Mit Kpf. gr. 4. Prag 771—87. Gerle. 10 rß 16 gr

— über den Geist d. Böhm. Gesetze, in den verschied. Zeitaltern; e. Preisschrift von d. Böhm. Gesellschaft d. W. 4. Dresd. 788. Walther. 1 rß

— Leben Franz, Fürsten und Kardinals v. Dietrichstein. Mit Anmerkk. und e. Anh. von Fulg. Schwab. 8. Leipz. 792. Göschen. 9 gr

— Numi Germaniae medii aevi, qui in numophylacio Caesareo Vindobonensi adservantur. Prs. I. 8maj. Wien 783.

— Schreiben an e. Freund von den bei Podmokl in Böhmen gefundenen Goldmünzen. Mit Kpf. gr. 8. Prag 771. Widtmann. 3 gr

— Untersuchung über d. Einführung, den Gebrauch u. d. Abänderung d. Buchstaben u. des Schreibens in Böhmen. 8. Prag 775.

— Versuch e. Geschichte der Prager Universität. gr. 8. Prag 776. Gerle. 6 gr

Vogt, Adolf, s.a. Voigt

Vogt, Dr. Ad. u. Dr. Ad. Ziegler, ärztlicher Bericht über die Nervenfieber-Epidemie in Reconvillier 1871/72, nebst Vorschlägen u. s. w. 26 Stn. 8. Bern, Druck v. A. Fischer. 1872.

Vogt, Adolf, aus Bernburg i. A.: Ben Jonsons Tragödie Catiline his Conspiracy und ihre Quellen. *Halle 1903: (Engelhard-Reyher in Gotha).* (57 S.) 8° [F. u. Ant.]
Halle, Phil. Diss. v. 1903

Vogt, Adf., Ben Jonsons Tragödie Catiline his conspiracy u. ihre Quellen. Diss. (57 S.) gr. 8. Halle 903. (Leipzig, Buchh. G. Fock.) n. 1.20

Vogt, Adf., angenehme u. unangenehme Glossen zu dem Berichte der städtischen Sanitätskommission üb. meine Mortalitäts-Tabellen nebst e. kleinen statist. Studie u. e. üblen Nachrede auf den Gemeinderath der Stadt Bern. gr. 8. (41 S.) Bern 870. Fiala in Comm. n. — 70

Vogt, Adf., das Impfen bei Pocken-Ausbrüchen. gr. 8. (30 S.) Bern 894. A. Siebert. n.n. — 75

Vogt, Adf., der alte und der neue Impfglaube. gr. 8. (XVI, 278 S.) [Bern 881, Dalp'sche Buchh.] Schmid, Francke und Comp. *

Vogt, Adf., für und wider die Kuhpockenimpfung und den Impfzwang, oder polem., krit. und statist. Beiträge zur Pocken- und Impffrage, mit zahlreichen statist. Tabellen. Den schweizer. Bundesbehörden gewidmet. gr. 8. (III, 248 S.) Bern 879, Dalp'sche Buchh. *

—— die Pocken- und Impffrage im Kampfe mit der Statistik. Eine kritisch-statistische Studie. gr. 8. (53 S.) Ebendas. 877. *

—— die Pockenseuche und Impfverhältnisse in der Schweiz. Im Auftrage des Vereins gegen Impfzwang dargestellt für Aerzte und gebildete Laien. 8. (59 S. mit 17 Tab.) Ebendas. 882. *

Vogt, Adolf. Ein Rückblick auf die Sterblichkeitsverhältnisse in der Schweiz von 1876 bis 1900. Separatabdruck aus der »Zeitschrift für schweizerische Statistik«, Jahrg. 1904. 40 S. 4. [Bern, Stämpfli & Cie.]

Vogt, Adf. v., Sammlung kirchlicher u. staatlicher Verordnungen f. das Bisth. Rottenburg. gr. 8. (VII, 828 S.) Schwäb. Gmünd 876. Schmid. n. 10. —

Vogt, Adf. (I.), über Städtereinigung [Kanalisation, Abfuhr] und ein neues System ventilirter Latrinenfässer nebst einem neuen Ventilationshut. gr. 8. (VIII, 84 S. mit 3 Stnt. in 4.) Bern 873, Haller. *

Vogt, Adf., üb. die gesundheitliche Stellung d. Buchdruckergewerbes in der Schweiz m. besond. Berücksicht. der Lungenschwindsucht. Vortrag. 8. (23 S.) Basel 884. (Bernheim.) n. — 40

—— Trinkwasser oder Bodengase. Eine Streitschrift zur Beleuchtung der Tagesfragen über die Entstehung des Typhus und dessen Bekämpfung. 4. (75 S. mit 2 lithogr. Taf.) Basel 874, Schweighauser'sche Buchh. *

Vogt, Adf., kirchliche Verordnungen für das Bisthum Rottenburg. Schw. Gmünd 863. Schmid. gr. 8. (X, 467 S.) n. 1 rß 20 ngr

Vogt, Adf. (II.), kirchliche Verordnungen für das Bisth. Rottenburg. Neue Folge. gr. 8. (XXX, 237 S.) Schw. Gmünd 870, Schmid. *

Vogt, Alb., la farce de l'Avocat Pathelin. Ein Beitrag zur französ. Metrik. 4. (22 S.) Fellin 881. (Dorpat, Karow.) *

Vogt, Alb., der Katholizismus in Japan, s.: Wissenschaft u. Religion. 24. Heft.

Vogt, Alfred. Dislocatio lentis spontanea als erbliche Krankheit. ⟨Aus der Universitäts-Augenklinik in Basel: Prof. (Carl) Mollinger.⟩ Sonder-Abdruck aus Zeitschrift für Augenheilkunde. Bd. 14 [1905]. H[eft] 2.... II S. + S. 153—165. 8. Berlin, S. Karger.

Vogt, Alfred. Frühzeitiges Ergrauen der Zilien und Bemerkungen über den sogenannten plötzlichen Eintritt dieser Veränderungen. Mit 1 Abbildung. (Aus der Universitäts-Augenklinik Basel. Prof. Dr. C[arl] Mellinger.) Sonder-Abdruck aus Jahrg. 44, 1906 ⟨Neue Folge Band 1⟩ Februar—März [von:] Klinische Monatsblätter für Augenheilkunde.... II S. + S. 228—242. 8. Stuttgart, Ferdinand Enke.

Vogt, Alfred. Weitere experimentelle und klinische Untersuchungen über den schädlichen Einfluss von künstlichen Anilinfarben auf das Auge. Diss. Med. Basel. (Sonder-Abdruck aus der Zeitschrift für Augenheilkunde. Bd. 13. *Kopftitel:* Aus der Universitäts-Augenklinik in Basel. ⟨Prof. [Carl] Mellinger.⟩ 49 S. 8. Berlin, S. Karger, 1905.

Vogt, Alfred. Weitere experimentelle und klinische Untersuchungen über den schädlichen Einfluss von künstlichen Anilinfarben auf das Auge. (Sonder-Abdruck aus Zeitschrift für Augenheilkunde.... [Bd. 13.]) *Kopftitel:* Aus der Universitäts-Augenklinik in Basel ⟨Prof. [Carl] Mellinger⟩. II S. + S. 7—49. 8. (Berlin, S. Karger, [1905].)

Ausg. B. — Ausg. A: Diss. Med. Basel; *s. Bulletin 1905, S. 106.*

Vogt, Anton., Dissertatio an Cephas a Paulo Antiochiae redargutus sit Petrus, vel an Petrus circa fidem peccaverit. Mainz, 1788.

Vogt, Antonius, Commentarius in libros Novi Testamenti eorumque sensum maxime litteralem una cum textu continens. Opus postumum recognitum, emendatum atque in locis quam plurimis auctum edidit D. Chr. Ries. Mainz, 1789—1791, 8°.

Vogt, **Ant, († 1784.) commentarius in libros novi Testamenti recogn. emend. a D. C. Ries. Tom. 1, 2, 4 et 5tus. 8maj Mogunt. 790, 91 (Frankf. a. M., Streng). 3 ₰**

— Philosophia rationalis. 8. Heidelb. 764.

Vogt, Arthur, aus Bonndorf (Baden): Experimentelle Tektonik. Nachahmung komplizierter Faltenformen. [Mit 23 Figuren im Text.] Freiburg (Schweiz). St.-Paulus-Druckerei. 1910. 64 S. 8°.

Freiburg i. Schw. Math.-naturw. Diss. 1910/11.

Vogt, Arthur. Experimentelle Tektonik: Nachahmung komplizierter Faltenformen. Diss. Math.-Naturw. Freiburg, Schweiz. [Mit Figuren.] 64 S. 8. Freiburg ⟨Schweiz⟩, St.-Paulus-Druckerei, 1910.

Vogt, B: Preisbuch der Seilerwaaren-, Angel- und Netz-Fabrik, Draht- und Hanftau-Seilerei. Breslau (1897?)

Vogt, Benno, Faullenzer zur Berechnung der Gemeinde- u. Distrikts-Umlagen [v. 2 Gulden bis 30 Krzr. inclus. d. Steuergulden]. Anh.: Zinsberechnungs-, Besoldungs- u. Liedlohntabelle rc. gr. 8. (40 S.) München 872. Stahl. — 60

Vogt, Benno, deutsche Sprach- und Aufsatzlehre mit 300 Uebungs-Aufgaben, für Volksschulen wie zum Handgebrauche für Lehrer bearb. 8. (128 S.) Augsburg 858, Kollmann'sche Buchh. Thlr.

Vogt, Bernh. Heinr.: Einleitung zur Geschichte und Ausführung der Religions-Beschwerden der Evangel.-Luther. Kirche in denen Hertzogthümern Jülich und Berg [usw.]. Berlin (1748). fol.

Vogt, C., Abc-, Buchstabir- u. Lesebuch f. Privat-, Bürger- u. Landschulen. 8. (1½ B.) Cassel 829, (Luckhardt.)

Vogt, (Buchbinder) C. W., die Kunst des Vergoldens bei der Buchbinderei. 16. Berl. 832. (Bechtold & Hartje). 8 gl.

Vogt, Carl, s. Vogt, Karl

Vogt, Carl Wilhelm, s. Vogt, Karl Wilhelm

Vogt, Cécile, u. Osk. Vogt, zur Erforschung der Hirnfaserung, s. a. Denkschriften der medicinisch-naturwissensch. Gesellschaft zu Jena. IX. 1.

Vogt, Cécile und Oskar Vogt: Zur Erforschung der Hirnfaserung. Von —. Mit Taf. 1—58 u. 25 Fig. (Jena: G. Fischer 1902.) (145 S.) 2°(4°)
(Arbeiten, Neurobiologische. Ser. 1, Bd 1, Lfg 1.)
(Denkschriften d. med.-naturw. Gesellschaft zu Jena. Bd 9, 1.)

— u. **Osk. Vogt,** zur Kenntnis der elektrisch erregbaren Hirnrinden-Gebiete bei den Säugetieren, s.: Journal f. Psychologie u. Neurologie. 18. Bd. Erg.-Heft.

Vogt, Cécile, u. Osk. Vogt, die Markreifung des Kindergehirns während der ersten 4 Lebensmonate u. ihre methodologische Bedeutung, s. a. Denkschriften der medicinisch-naturwissenschaftlichen Gesellschaft zu Jena. IX.

Vogt, Cécile, und Oskar Vogt: Die Markreifung des Kindergehirns während der ersten vier Lebensmonate und ihre methodologische Bedeutung. Mittheilung 1. Jena: G. Fischer 1904. 2°(4°)
(Arbeiten, Neurobiologische. Ser. 1, Bd 1, Lfg 2.)
(Denkschriften d. med.-naturw. Gesellschaft in Jena. Bd 9, 2.)

Vogt, Cécile, la myéloarchitecture du Thalamus du cercopithèque, s.: Journal f. Psychologie u. Neurologie. 22. Bd. Erg.-Heft.

Vogt, Christian [aus Würzburg]: Ueber die Verknöcherung des Hohlhandbandes und andere Sesambeine der Säuger nebst Bemerkgn über Gliedmassenmuskeln ders. ... Landshut, Druck d. J. Thomann'schen Buchdr., 1894; 44 S., 1 Bl., 1 Taf. 8.
Tübingen, Naturw. Fak., Inaug.-Diss. v. 1894

Vogt, Curt, s. Vogt, Kurt

Vogt, E. Das Kriegervereinswesen im Großh. Hessen. Darmstadt 1882. 8°.

[Umschlagt.:] Schul-Wandkarte zu Schillers Wilhelm Tell. Entw. v. E. Vogt. 2 Blätter, Massst. 1:45000. *Breslau: E. Morgenstern 1896.* (1 Ktnbl. $\frac{78}{76}$ in 2 Bl.) 1 Bd 2. (96. 91)

Vogt, E. Schul-Wandkarte zu Schillers Wilhelm Tell. Entworfen von E. Vogt. 2 Blätter, Massstab 1:45000. *zus.* 821/1010 mm. *3. Aufl.* 2 Bl. fol. *in Umschlag.* Breslau, E. Morgenstern, *1902.* [M. 4.—]
Titel auf den Blättern: Schul-Wandkarte — — Vogt. 3. verbesserte Aufl. Massstab 1: 45000. Breslau, E. Morgenstern. Bearb. im Kartographischen Institut von Carl Flemming A. G., Glogau.

Vogt, C. A., die katholische Sonntagsfeier mit Bezug auf Geschichte, Religiosität und Volkswohl. Eine Schutzschrift zunächst für die preuß. Rheinstädte. 8. (40 S.) Trier 856, Gall's Vrlgsh.

Vogt, Edmund

Vogt, E., Krit. Bemerk. z. Geschichte d. Gildon. Krieges. S.-A. 1879. 20 S. —.75

Vogt, Ed.: Die politischen Bestrebungen Stilichos während seiner Verwaltung des west-römischen Reiches. 1. Th. Einleitung u. Quellen. 24 S. – Köln, Ap., Progr. 1870.

Vogt, Edmundus (geb. am 19 März 1839 in Opladen): De C. Claudiani carminum quae Stiliconem praedicant fide historica ... Bonnae, typ. expr. P. Neusser 1863. 2 Bl., 68 S. 8. ¶ Erschien zugleich selbständig bei Cohen & Sohn in Bonn.
Bonn, Phil. Fak., Diss. v. 16 März 1863

Vogt, Edm., Cl. Claudiani carminum, quae Stiliconem praedicant, fides historica ex comparatione ceterorum fontium recensetur. gr. 8. (66 S.) Bonn 863, Cohen und Sohn. *

Vogt, Edmund, s. Horaz, 13 Satiren.

Vogt, Eduard. (Guil.) (geb. Lippstadt 1812): Cholerae Asiaticae anatomia pathologica. Berolini (1837). (32 S.) 8°
Berlin, Med. Diss. v. 19. Dez. 1837

Vogt, Eduard: Aufgaben aus der mathematischen Geographie. Speier a. Rh., J. Kranzbühler & Cie., 1890; 1 Bl., 68 S., 2 Taf. 8°
Speier, k. StA, P 1890

Vogt, Edu., der heil. Franciskus von Assisi. Ein biograph. Versuch. Mit e. Anh., die Lieder d. Heiligen in d. Ursprache enth. gr. 8. (14½ B. u. Bildn. d. h. Franciskus.) Tübingen 840, Laupp'sche Buchh.

—— Gedichte. 8. (19¼ B.) Stuttgart 839, Hallberger'sche Verlsbuchh.

Vogt, Eduard, die hl. Handschrift Gottes. Naturbetrachtungen f. kathol. Christen. (IX, 370 S.) 12. Breslau 903. G. P. Aderholz. n. 1. 20; geb. in Leinw. n. 1. 80

—— Meßgesang. Für Sopran, Alt, Tenor u. Baß im Choral-Styl gesetzt v. Conr. Kocher. 8. (1¼ B.) Stuttgart 837, Hallberger'sche Verlsbuchh.

Vogt, Ed., eine Predigt über das Evangelium vom Senfkorn. Mit e. Gedichte u. e. Anhang über die kathol. Missionsthätigkeit. gr. 8. Tübingen 843, Laupp'sche Buchh. n. ⅓ ₰

[F.] Aus alten Tagen. Geschichtsbilder aus d. Vergangenheit des Kirchspiels Sabschütz in Oberschlesien. Nach pfarramtl. Urkunden bearb. v. Eduard **Vogt**. *Leobschütz: Commo. d. Marzellus Dr.; Dr. d. Schles. Volkszeitg. Breslau 1898.* (256 S.) 1 Bd 8. [98 12570

Vogt, Ed., aus alten Tagen. Geschichtsbilder aus der Vergangenheit d. Kirchspiels Sabschütz in Oberschlesien. Nach pfarramtl. Urkunden bearb. gr. 8. (256 S.) Leobschütz 898. (G. Schnurpfeil.) n. 1. 40

s. Veuillot, L., der heil. Rosenkranz.

— s. Walsh, Graf Theobald, 14 Tage in Rom.

Vogt, Egidius Gottlieb (Surinam) Diss. Halle 1780/3

Dissertatio iuridica quamdiu valeat testamentum militare ? Präs. Heinrich Johann Otto Koenig.
Halle (Curtius) (19.) V. 1780. 30 S.

Gew.: Jakob Vogt (Vater).
W. v.: Johann Kaspar Ludwig Mencken, Konrad Traugott Haeymann, Franz Joachim Dreissig.
35313

Vogt, Emil, leichtfaßliche Anleitung zur Anwendung des schweizerischen Obligationenrechts im alten Theile des Kantons Bern. 2 Hefte. gr. 8. (323 S.) Bern 882,83, Jenni's Buchh. à Heft * ℳ 3. *

Vogt, Emil, leichtfaßliche Anleitung zur Anwendung d. schweizerischen Obligationenrechts im alten Theile d. Kantons Bern. 2. (Schluß-)Hft. gr. 8. (S. 161—323.) Bern 883. Jenni. n. 3. — (cplt.: n. 6. —)

— dasselbe. Neue Ausg. gr. 8. (323 S.) Ebend. 885. n. 3. 50

Vogt, Emil, leichtfaßliche Anleitung zur Anwendung des schweizerischen Obligationenrechts im alten Theile des Kantons Bern. Neue (Titel-)Ausg. gr. 8. (323 S.) Bern 885, Köhler'sche Buchh. *

Vogt, Emil, Medizinalprakt.: Aus d. Heidelberger Universitätsklinik f. Ohren-, Nasen- u. Kehlkopfkranke. Über Dauererfolge bei der konservativen Behandlung der Otitis media chronica purulenta. Wiesbaden: Bergmann 1909. 14 S. 8°
¶ (Aus: Zeitschrift f. Ohrenheilk. Bd 58.)
Heidelberg, Med. Diss. v. 25. Jan. 1910, Ref. Kümmel
[Geb. 12. Jan. 85 Waghäusel; Wohnort: Waghäusel; Staatsangeh.: Baden; Vorbildung: Gymn. Bruchsal Reife Juli 03; Studium: Heidelberg 10 S.; Coll. 15. Dez. 08; Approb. 19. Jan. 10.] [U 10. 2100

—— zur Einbürgerung des schweizerischen Obligationenrechtes besonders im Kanton Bern. Nebst krit. Darstellung der Grundideen desselben. 2. Heft: Schweizerisches Obligationenrecht. gr. 8. (112 S.) Bern 880, [Dalp'sche Buchh.] Schmid, Francke und Comp. *
1. Heft. Ebendas. 1874. * ℳ 2,80.

Vogt, Emil, Entwurf eines schweizerischen Obligationenrechtes besprochen. 1. Heft: Einleitung und Artikel 1—77. gr. 8. (III, 156 S.) Bern 877, Dalp'sche Buchh. *
Nicht weiter erschienen.

Vogt, Emil, Kritik d. Entwurfes e. bürgerlichen Gesetzbuches f. den Kanton Bern. Buch I: Personen- u. Familienrecht. gr. 8. (215 S.) Bern 871. Jent & Reinert. n. 2. 40

Vogt, [Emil], Vorschullehrer: [**Nachruf** bei der Gedächtnisfeier für den am 18. Juli 1900 in den Alpen abgestürzten Turnwart Wilhelm Weigand.] *Berlin 1901: W. Formetter.* (S. 18—22.) 4°
Berlin, Askanisches G, OP 1901 (50)

Vogt, E. u. W. Munzinger, (Profess. in Bern), die Rechtsverhältnisse an der grossen Brunnquelle in Biel. Ein Gutachten. IV u. 132 Stn. 8. Bern, Druck v. Rieder & Simmen. 1872.

Vogt, E., und **R. Niggeler**, Sammlung der Civil- und Civilproceßgesetze des Kantons Bern, s. Niggeler, R.

Vogt, E. Sammlung der Civil- u. Civilprozessgesetze d. Kant. Bern, s. Civil- u. Civilprozessgesetze, bernische.

(Vogt, Emil.) Vorstellung der Offiziere der ehemaligen Grossbritann. Schweizerlegion an die h. Bundesversammlung der schweizerischen Eidgenossenschaft: betreffend ihre Forderung an die Regierung Englands für rückständigen Retraitegehalt. 8. Bern 1865.

Vogt, Erich, a. Vetschau (Niederlausitz), Referendar zu Berlin: Das Anwachsungsrecht bei der fortgesetzten Gütergemeinschaft. Borna-Leipzig 1908: R. Noske. (XI, 67 S.) 8° [F.]
Erlangen, Jur. Fak., Ref. Binder, Diss. v. 27. Jan. 1908
[Geb. 30. Juli 81 Vetschau; Wohnort: Berlin; Staatsangeh.: Preußen; Vorbildung: Kaiserin-Augusta-Gymn. Charlottenburg Reife M. 01; Studium: Freiburg i. B. 1, München 1, Berlin 4 S.; Rig. 30. Juli 07.]

Vogt, Erich, aus Arbon: Rechtmässige Eingriffe des Staates in subjektive Privatrechte nach der Praxis des schweizerischen Bundesgerichts. Aarau 1909. VI + 152 S. 8°. Zürcher Beiträge zur Rechtswissenschaft. Heft 26. [23. XII. 09.]
Zürich. Univ. Staatswiss. Diss. 1909/10.

V o g t , Erich. Rechtmässige Eingriffe des Staates in subjektive Privatrechte nach der Praxis des schweizerischen Bundesgerichts. VI + 152 S. 8. Aarau, H. R. Sauerländer & Co.
Ausg. A: Diss. Staatsw. Univ. Zürich. 1909.
Ausg. B: Von Dr. jur. E'V'. 1910. [fr. 3. —.] — Zürcher B e i t r ä g e zur Rechtswissenschaft .... [Heft] 26.

Vogt, Erich, rechtmässige Eingriffe des Staates in subjektive Privatrechte nach der Praxis des schweizerischen Bundesgerichts, s.a. B e i t r ä g e, Zürcher, zur Rechtswissenschaft.

Vogt, Erich: Rechtmäßige E i n g r i f f e des Staates in subjektive Privatrechte nach d. Praxis d. schweizer. Bundesgerichts. Von Dr. jur. Erich Vogt. Aarau: Sauerländer 1910. IV,152 S. 8°
(Zürcher Beiträge z. Rechtswissenschaft. 26.)

Vogt, Ernst, aus Darmstadt: Erzbischof **Balduin** von Trier und die Frage der Thronentsagung Kaiser Ludwigs des Bayern. 1332—1334. *Gotha 1901: F. A. Perthes.* (IV, 50 S.) 8° ¶ [Erschien vollst. im gleichen Verlage u. d. T.: Die Reichspolitik des Erzbischofs Balduin von Trier in d. J. 1328—1334.]
Giessen, Phil. Diss. v. 1900

Vogt, Ernst

Geschäftsaufsätze und Postverkehr. Muster- u. Übungsheft f. Volks- u. Fortbildungsschulen. Hrsg. von Lehrer E[rnst] **Vogt** u. Rektor H[ermogenes] Ziesché. Breslau: W. G. Korn 1905. (57 S.) 4° [Å] 106. 1661

Vogt, Ernst, Erzbischof Mathias v. Mainz (1321—1328). (V, 68 S.) gr. 8. Berlin 905. Weidmann. n. 2. —

Vogt, Ernst, s.: R e g e s t e n der Erzbischöfe v. Mainz.

Vogt, Ernst, die Reichspolitik des Erzbischofs Balduin v. Trier in den J. 1328—1334. Ein Beitrag zur Geschichte Kaiser Ludwigs des Bayern. gr. 8. (V, 112 S.) Gotha 901. F. A. Perthes. n. 1. 60

Vogt, Ernst, aus Langd: **Verhalten von Kobaltchlorür, Quecksilberchlorid und Stannochlorid in Aceton.** *Gießen 1903: v. Münchow.* (34 S.) 8°
Gießen, Phil. Diss. v. 1903

Vogt, F.: Zur B e h a n d l u n g der Lungentuberkulose mit Thiocol. Von Dr. F. Vogt, gewes. Assist. an d. med. Fak. zu Genf. Vortrag geh. zu Paris 1901. Basel: Schweiz. Verl.-Dr. 1902. 15 S. 8° [Umschlagt.]

Vogt. F, Repertorium der preuß. Bau- und Feuer-Polizeigesetze (Verordnungen für den Regier.-Bezirk Breslau enth.). Breslau. 1845. 8. 10 Sgr.

VOGT, Felix (Spalt): Zur Aetiologie der Elephantiasis.- München: Schreiber 1883. 20 S.
30.7.1883 - Urk (Titel: De elephantiasis aetiologia.); Chr 1883/84,13
Diss. Ingolst.-Landsh.-Mchn.

V o g t, **Felix, zur Aetiologie des Elephantiasis. Inaugural-Dissertation.** gr. 8. (20 S.) München 883. (Lingen, v. Acken.)

V o g t, **de metris Pindari quaestiones tres**, s. D i s s e r t a t i o n e s philologicae Argentoratenses.

Vogt, Frz., Anstandsbüchlein f. das **Volk.** Kurzgefaßte Unterweisgn. üb. das anständ. Benehmen in verschiedenen Lebenslagen. 16. (176 S.) Donauwörth 894. L. Auer. Kart. n. — 50

Vogt, Frz., A n s t a n d s b ü c h l e i n. Kurzgef. Unterweisgn. üb. d. anständ. Benehmen in verschied. Lebenslagen, zunächst f. bürgerl. Kreise. 3. Aufl. gr. 16. (168 S.) Donauwörth 897. L. Auer. Kart. n. — 50

Vogt, Frz., Anstandsbüchlein. Kurzgefaßte Unterweisgn. üb. das anständ. Benehmen in verschiedenen Lebenslagen, zunächst f. bürgerl. Kreise. 5., verb. Aufl. gr. 16. (172 S.) Donauwörth 899. L. Auer. Kart. n. — 50

Vogt, Frz., Anstandsbüchlein. Unterweisungen üb. das anständ. Benehmen in verschiedenen Lebenslagen, zunächst f. bürgerl. Kreise. 9.—13. Aufl. (192 S.) 16. Donauwörth (902—906). L. Auer. Kart. n. — 50

Vogt, Frz., Anstandsbüchlein. Unterweisungen üb. das anständ. Benehmen in verschiedenen Lebenslagen, zunächst f. bürgerl. Kreise. 14.—18. Aufl. (192 S.) 16. Donauwörth (907—10). L. Auer. Kart. — 50

Vogt, Frz., der 6. A u g u s t. Militärisches Festspiel in 1 Act. gr. 8. (20 S.) Berlin (901). M. Böhm. 1. 50

V o g t, Frz., höchstnöth. erbaul. u. tröstl. E i n k e h r u n g in sich selbst 2c. a. d. Sonn- und Festtagsevangel. vorgetrag. 4. Lemgo, Meyer. 732.

— L u s t i g ! Lustig am Rhein! Lustspiel in 1 Act (2 Bildern). gr. 8. (24 S.) Ebd. (901). 1. 50

Vogt, Franz Ernst

V o g t, F. E., Kurze A b f e r t i g u n g des u n g e n a n d t e n a u t o r i s, welcher in seinem so getaufften modesto examine corollariorum lauter ungereimte Gründe und boshaffte Lästerungen ausgekrahmet und auf dem K i e l e r U m s c h l a g feil bieten lassen. Kiel 1714. (In Rostock, Landesbibl.) Höchst selten!

Vogt, Franz Ernst [Praes.], s. B e r c k e n t h i n, Christian August von: De solennitatibus in genere, earum natura, jure usu et abusu.

Francisci Ernesti Vogt Commentatio academica in leges Juticas de homicidio, illustrationi et explicationi juris Germanici accomodata. Antea aliquot Dissertationibus in universitate Kiloniensi publice ventilata ac defensa à Johanne Petro Stein. Kilonii. 1712. 4°k.

Ordinis iuridici in academia Christian-Albertina decanus Franciscus Ernestus **Vogt** ad disputationem H e n r i c i W i l h e l m i S c h u h m a c h e r i de communione bonorum inter coniuges eiusque effectu praesertim secundum iura L u b e c e n s i a, pro supremis in utroque iure honoribus consequendis 1722. solemniter habendam, invitat. Kiliae. (1722.) 4°k.

Dissertatio solemnis de c o m m u n i o n e b o n o r u m inter coniuges eiusque effectu praesertim secundum iura Lubecensia quam praeside Francisco Ernesto **Vogt**, pro licentia summos in iure honores et privilegia doctoris consequendi publico eruditorum examini submittet 1722. H e n r i c u s W i l h e l m u s S c h u m a c h e r. Kiliae. (1722.) 4°k.

Dissertatio inauguralis prudentiae legislatoriae specimen exhibens, quam in Christian-Albertina sub praesidio Francisci Ernesti **Vogt** pro summis in utroque iure honoribus rite obtinendis publico eruditorum examini submittit auctor L u d o v i c u s F r i d e r i c u s H u d e m a n n, anno 1730. Kiliae. (1730.) 4°k.

Den hoffnungs-vollen Grund unserer Zufriedenheit . . . [Glückwunschgedicht bei Antretung d. Pro-Rectorats, von den meisten in Kiel Studirenden, auf Franciscus Ernestus **Vogt**, Prof. d. Rechtswiss., 1732.] — Kiel [1732]: Bartsch. 2 Bl. 2°

Dissertatio juris Germanici de jure coniugum in bona, speciatim et sigillatim de praecipuo, quod viduis nobilium in ducatibus, Slesvicensi et Holsatiae, ex iure fasciae capillaris competit, vulgo Von der Huvenbands-Gerechtigkeit, quam sub praesidio Francisci Ernesti **Vogti** publico eruditorum examini submittit H a n s L e o p o l d R a n z o v i u s anno 1711. Kilonii. (1714.) 4°k.

— Das mit Teutschlandes Wohlfart ewig verknüpffte und höchst-weiszlich wieder besetzte Kayserthum nach der d. 12. Oct. 1721 zu Franckfurt am Mayn vollenzogenen Kayser-Wahl Caroli VI. Kiel. 1712. 4.

Dissertatio juris gentium et publici de lytro incendiario quod vocant Brand-Schatzung, quam publico eruditorum examini submittunt praeses **Franciscus Ernestus Vogt** et respondens Petrus Hansen. 1713. Kilonii. 4° k.

Kurtze Nachricht von dem Seiter Anno 1682 beym Kayserlichen Höchstpreisslichen Cammer-Gericht rechtshängig gewesenen Processu, das in Hollstein belegene Adeliche Lehen-Guth Bothkamp betreffend, nebst Vorläuffiger Anzeige Was der jetzige Herr und Besitzer des besagten Lehen-Guths und der dabey befindlichen Allodial-Meyerhöfe und Dörffer, Herr Heinrich von Ahlefeldt, Salvo regressu adversus venditores ratione praestandae evictionis, abzutreten gehalten, falls die von dem Kayserlichen Cammer-Gericht zu Wetzlar den 22. Octobris 1725 eröffnete Urthel in Sachen Christian Friederich, Grafen von Brockdorff, auf Kleetkamp, wider Frauen Benedicten Margarethen, Gräfin zu Reventlau und Baron Woldemar von Löwendahl zur würcklichen Execution gebracht werden sollte. [Von Franz Ernst **Vogt**?] Mit Beylagen. Kiel. 1726. 4° k.

Francisci Ernesti **Vogt** Oratio de maiestate imperantium legibus alligata habita Kiliae in academia Christian-Albertina 1732, cum prorectoris munus susciperet. Kiliae. (1732.) 4° k.

Oratio solemnis quam Franciscus Ernestus **Vogt**, cum Iohanni Zachariae Hartmanno, ordinis iuridici decano, facultatem et potestatem, Ioachimum de Friccius, iuris utriusque doctorem creandi, concederet tribueretque Kiliae anno 1733. habuit. (Kiliae. 1733.) 4° k.

VOGT, FRANC. ERNEST, Diss. jur. de solennitatibus in genere, earum natura, jure, usu et abusu. Kilonii. 1712. 4. [Resp. Chr. Aug. de Berckenthin].

Dissertatio solemnis de testamentis secundum jura Slesvicensia et Holsatica, quam pro consequendis doctoris privilegiis anno 1721. publico eruditorum examini submittet Franciscus Ernestus **Vogt**, praeses respondentis simul partes sustinente Friderico Christiano Prangen. Kiliae. (1721.) 4° k.

Franciscus Ernestus **Vogt** Themidos cultoribus salutem dicit eosque ad audiendas publicas privatasque praelectiones, officiose ac peramanter invitat. Kilonii. (1712.) 4° k.

De studii juris privati utilitate, cumque jure publico necessaria connexione, et de fundamentis, in utroque rite ponendis, brevis disquisitio, praelectionibus, in utramque Jurisprudentiam privatim instituendis, praemissa à Francisco Ernesto **Vogt**. Kilonii. (1713.) 4° k.

[VOGT, FRANC. ERNEST], F. E. V., Unvorgreifliche Vorschläge von Verbesserung des Justitz-Wesens und sonderlich des Processus bey dem Land-Gericht in Herzogthume Hollstein. U. St. 1740. 4. P.

Vogt, Frdr., s.: Abhandlungen, germanistische.

Vogt, Friedr., die schwäbische Alp. Beschreibung und Wegweiser mit histor. Rückblicken, Angabe der Entfernungen, Aussichtspunkte, Gasthäuser rc., einem Anhange von Tagestouren und Ortsregister. gr. 16. (IV und 364 S. mit 1 lithogr. Specialkarte der Alp in qu. gr. Fol.) Stuttgart 854, Metzler'sche Buchh. [Verlags-Conto.] *

— Der Bedeutungswandel des Wortes edel, s. a. Reden, Marburger akademische. Nr. 20.

Der Bedeutungswandel des Wortes edel. Rede beim Antritt d. Rektorats geh. 1908 von Friedrich **Vogt**. Marburg: Elwert 1908. 36 S. 8°
(Marburger akademische Reden. 20.)

Vogt, Friedr., s. Dichtungen, die deutschen, von Salomon und Markolf.

Vogt, Friedrich: Dornröschen — Thalia. *Breslau 1896.*
in: Beiträge z. Volkskunde. Festschr. K. Weinhold z. 50j. Doktorjubil. dargebr.
= Abhandlungen, Germanistische, begr. v. K. Weinhold. H. 12.

— u. Max Koch, Geschichte d. deutschen Litteratur v. d. ältesten Zeiten bis z. Gegenwart. M. 126 Abb. im Text, 25 Taf. in Farbendr., Kpfrst. u. Holzschn., 2 Buchdr.- u. 32 Fksm.-Beilagen. gr. 8. (X, 760 S.) Leipzig 897. Bibliogr. Institut.
Geb. in Halbfrz.: n. 16. —
Erschien auch in 14 Hftn. à n. 1 —.

Geschichte der Deutschen Literatur von den ältesten Zeiten bis zur Gegenwart von Prof. Dr. Friedrich **Vogt** u. Prof. Dr. Max Koch. 2., neubearb. Aufl. 16 Lfgen. H. 1. *Leipzig & Wien: Bibliogr. Inst. 1903.* 4°(8°) [F.]

— u. **Max Koch**, Geschichte der deutschen Literatur von den ältesten Zeiten bis zur Gegenwart. 2., neubearb. u. verm. Aufl. 2 Bde. Lex.-8. Leipzig 904. Bibliographisches Institut.
Geb. in Halbfrz. à n. 10. —; auch in je 8 Lfg. à n. 1. —
1. Mit 88 Abbildgn. im Text, 18 Taf. in Farbendr. u. Holzschnitt u. 16 Fksm.-Beilagen. (X, 355 S.)
2. Mit 107 Abbildgn. im Text, 9 Taf. in Kpfrst., Holzschn. u. Kupferätzg., 2 Buchdruck-Beilagen u. 17 Fksm.-Beilagen. (X, 600 S.)

— u. Max Koch, Geschichte der deutschen Literatur von den ältesten Zeiten bis zur Gegenwart. 3., neubearb. u. verm. Aufl. 2 Bde. Mit 173 Abbildgn. im Text, 31 Taf. in Farbendr., Kpfrst., Holzschn. u. Tonätzg., 2 Buchdr.- u. 43 Fksm.-Beilagen. (X, 373 u. X, 675 S.) Lex. 8. Leipzig 910. Bibliograph. Institut.
Geb. in Halbldr. à 10. —

— **Geschichte** der mittelhochdeutschen Literatur. 2. verb. u. verm. Aufl. gr. 8. (III, 202 S.) Strassburg 902. K. J. Trübner. n. 4. 50; geb. n. 5. 50
Sonderabdruck aus: „Paul's Grundr. d. german. Philol."

— Geschichte der mittelhochdeutschen Literatur. Der 2. verb. u. verm. Aufl. 2. Abdr. (VII u. S. 161—362.) Lex. 8. Strassburg 906. K. J. Trübner. 4.50; geb. in Leinw. 5. 50
Sonderabdr. aus: „Paul's Grundr. d. german. Phil."

Vogt Friedrich. Die sozialen Gewohnheiten des römischen Patriziates um das Jahr 60 v. Chr.
II. 1898 PN 1150 Diss. Wien, Univ. 818

— Das Königs- u. Kaiserideal in der deutschen Dichtung des Mittelalters, s. a. Reden, Marburger akademische. Nr. 19.

Vogt, Friedrich: Das Königs- und Kaiserideal in der deutschen Dichtung des Mittelalters. Kaisergeburtstagsrede von . Marburg: N. G. Elwert 1908. (28 S.) 8°
(Reden, Marburger akademische. No 19.)

Vogt, Frdr., Leben u. Dichten der deutschen Spielleute im Mittelalter. Vortrag, geh. im wissenschaftl. Verein zu Greifswald am 29. Novbr. 1875. (32 S.) Halle 876. Lippert'sche Buchh. n. — 80

Vogt, Friedr., Leben und Dichten der deutschen Spielleute im Mittelalter. Vortrag, gehalten im wissenschaftl. Verein zu Greifswald am 29. Novbr. 1875. 8. (32 S.) Halle 876, Niemeyer. *

Vogt, Friedr., s. Minnesangs Frühling, des.

— s.: Mitteilungen der schles. Gesellschaft f. Volkskunde.

Vogt, Friedr., Sammlung von Basculen als Vorlagen zum Zeichnungs-Unterricht wie zur Ausführung zu gebrauchen, lith. v. Heinr. Steck. qu. Fol. (12 Bl.) Stuttgart 844, Ebner'sche Kunsthdlg. *

Vogt, Fr., Sammlung von praktisch ausgeführten Bramah-Schlössern neuester Construction mit englischen Eingericht. 2 Hefte. gr. Fol. (12 Chromolithogr.) Stuttgart 863, Uhler. à Heft * 2 Thlr. 4 Ngr. *

Vogt, Fr., Sammlung von schmiedeisernen Geländern zum prakt. Gebrauch für Schlosser und techn. Schulen. 1—3. Heft. Fol. (à Heft 12 Stnt.) Uttweil 858. 59. [Stuttgart,] Uhler. à Heft * 28 Ngr. *

Vogt, Fr., Sammlung neuester Constructions-Schlösser. Zum prakt. Gebrauch für Schlosser und techn. Schulen. 3 Hefte. Fol. (à 6 Chromolithogr.) Stuttgart 863, Uhler. à Heft * 22 Ngr. *

—— Sammlung von Schlössern, als Vorlagen zum Zeichnungs-Unterricht wie zur Ausführung zu gebrauchen, lith. v. Max Wieser. I. u. II. 1/2 Fol. (24 Bl.) Stuttgart 842, Ebner'sche Kunsthdlg.

— s.: Schlesien's volksthümliche Ueberlieferungen.

— die schlesischen Weihnachtspiele, s.a. Schlesiens volkstümliche Ueberlieferungen. I.

Vogt, Friedrich: Die Schlesischen Weihnachtsspiele. Von . Mit Buchschmuck von M. Wislicenus sowie 4 Gruppenbildern d. Batzdorfer Weihnachtsspiele. Leipzig: B. G. Teubner 1901. (XVI, 500 S.) 8°
(Überlieferungen, Schlesiens volkstümliche. Bd 1.)

Vogt, Fritz, approb. Arzt aus Biedenkopf: Aus d. Pathol. Institut zu Marburg. Untersuchungen über den Pigmentgehalt von transplantierter Meerschweinchenhaut. *Marburg 1902: H. Bauer.* (27 S.) 8°
Marburg, Med. Diss. v. 30. Dez. 1902

Vogt, Fritz, a. Berlin: Das Wesen des Gewissens. Greifswald 1908: H. Adler. (62 S.) 8°
Greifswald, Phil. Fak., Ref. Rehmke, Diss. v. 13. Juli 1908
[Geb. 19. Mai 74 Berlin; Wohnort: Greifswald; Staatsangeh.: Preußen; Vorbildung: Friedrich-Wilhelms-Gymn. Berlin Reife O. 93; Studium: Berlin 9, Heidelberg 2, Greifswald 1 S.; Rig. 30. Juni 08.]

Vogt, Gabriel Gottfried (Danzig) A. S. 1380/18

Commentatio III. de abstinentia primorum Saxoniae electorum principum in suscipienda stabiliendaque Lutheri doctrina. Präs. Karl Daniel Freyberg. Wittenberg (Eichsfeld) X. 1752. S. 57 - 88.
35314

Vogt, Gabriel Gottfried (Danzig) A. S. 1357/42

De non contemnenda antiquissimorum inter Christianos doctorum scientia antelogii sectio altera.
Präs. Samuel Luther Geret.
Wittenberg (Scheffler) 30. XII. 1752. S. 38 - 50.
35315

Vogt, Georg (Giessen)
Ueber die Respirationsbewegungen der Frösche in ihrer Abhängigkeit von der medulla oblongata.
Giessen: Brühl 1860. 20 S. + 2 Bl. Thesen.
Diss. med. 2.7.1860. vorh. 7.

Vogt, Geo., sie brachten Kindlein zu Jesu. Ein Jahrgang kirchl. Arbeit an den Kindern im Kindergottesdienst. 1. Tl.: Die Festzeit. (XI, 259 S.) 8. Berlin 909. Deutsche Sonntagsschulbuchh. 2.50; geb. 3. —

—, Georg Heinr. Die Quadraturen des Archimedes. I. Die Kreismessung. XII S. **Progr.** *Langen al. a. 1882*

Vogt, Gideon

-- Zur Gründungssage von Zankle-Messane. S.-A. 1891. 9 S. 4°.

Vogt, Gideon. Das Leben und die pädagogischen Bestrebungen des Wolfgang Ratichius. 1. Abt. 50 S. 2. Abt. 43 S. 3. Abt. 40 S. 4. Abt. 57 S. **Progr.** G. *Cassel* 1876. 1877. 1879. 1881.

Vogt, Gideon. Quellen- und Hülfsschriften zur Geschichte des Didaktikers Wolfgang Ratichius. 34 S. **Progr.** G. *Cassel* 1882.

Vogt, Gideon, Wolfgang Ratichius, der Vorgänger des Amos Comenius, s.: Klassiker, die, der Pädagogik.

Vogt, G. De rebus Megarensium usque ad bella Persica. (91) 8. Marburgi 1857

Vogt, Gideon, de rebus Megarensium usque ad bella persica. Dissertatio inauguralis. gr. 8. (IV und 91 S.) Marburg 858, (Elwert'sche Universitäts-Buchh.)

Vogt, Gideon. Statistische Rückblicke auf die Geschichte des Gymnasiums. 64 S. **Progr.** G. *Cassel* 1885.

Vogt, Gfr., neuvermehrter physikal. Zeitvertreiber. 12. Stettin, Kunkel. 721. —

Vogt, Gotthold [aus Stuttgart, app. Arzt]: **Ueber Meningitis spinalis. . . . Berlin u. Leipzig, Verl. v. Georg Thieme, 1888; 24 S. 8°**
Tübingen, Med. Fak., Inaug.-Diss. v. 1888

Vogt, Ghold., über Meningitis spinalis. Inaugural-Dissertation. gr. 8. (24 S.) Berlin und Leipzig 888, G. Thieme. (Tübingen, Moser'sche Buchh.) **

Vogt, Gottl. H.

—, Bedenken v. d. Vampyris u. üb. d. Raisonnement vom Weltgeist. Lpz. 8°.
1732

Vogt, Gttl. H., Der eingeschlichene, nun aber wieder ausgemerzte dritte Theil des Menschen, nebst angehängter Quelle vieler Irrthümer, nehmlich der Lehre von denen Temperamenten, darinnen denn auch die besten u. bindigsten Beweißgründe von denen 2 Theilen des Menschen, ingleichen der Unterschied des Lebens des Menschen od. Thiere, u. des verworffenen Welt-Geistes u. Harmonia praestabil. vorkommen. 40 S. Lpz. 12°.
1732

Vogt, Gottlieb. Hypothekarverhältnisse im Kanton Solothurn. Liegenschaftsverkehr und Bodenverschuldung mehrerer Gemeinden. Eine agrarpolitische Untersuchung. Begutachtet von den Herren Professor Dr. Th[eophil] Kozak und Professor Dr. St[ephan] Bauer an der Universität Basel. Separatabdruck aus der «Zeitschrift für schweiz. Statistik», Jahrg. [39,] 1903 [Liefg. 1]. IV + 150 S. 4. Bern, Stämpfli & Cie., 1903.

Vogt, Gust., Beiträge zur Kritik und Geschichte der Administrativjustiz im Kanton Bern. gr. 8. (51 S.) Bern 869, Huber und Comp. *
Aus: Zeitschrift des bern. Juristen-Vereins, besonders abgedruckt.

Vogt, Gustav. Zur Charakteristik der schweizerischen Mediationsakte vom 19. Februar 1803. Von Gustav Vogt. (S. 3: Der Hochschule Bern zur Feier ihres fünfzigjährigen Bestandes gewidmet von Rektor und Senat der Hochschule Zürich.) Zür. Zürch. u. Furr. Dr. 1884. 30 S., 1 Bl. F.

Dr. Vogt, G., Namens der Direktion der Gotthardbahn. Duplik der Gotthardbahngesellschaft gegen Hrn. Louis Favre, Unternehmer des grossen Gotthardtunnel. Zürich, Genossenschafts-Buchdruckerei. 4. 60 Stn. 1876.

Vogt, Gust., die Grundlagen des modernen Wirtschaftslebens. Eine gemeinverständl. systemat. Darstellung der wichtigsten Begriffe der Nationalökonomie. (VIII, 100 S.) 8. Hannover 905. Hahn. Geb. n. 1. 50

Vogt, G. Gutachten betr. die Steuerfreiheit der Gotthardbahn-Gesellschaft im Kanton Luzern. 8°. Luzern 1896.

Vogt, G., Prof. Dr., siehe: *Guyer-Zeller*.

Vogt, G., Handbuch des schweizerischen Bundesrechts. 1. Liefg. Solothurn 860. Jent & Gaßmann. gr. 8. (VIII, S. 1—191.) 1 ℛ 6 ngr.

Vogt, Gust., Hausmittel- u. Kräuterbuch zugleich II. Tl. der arzneilosen anticollämischen Radikalkur. 2., unveränd. Aufl. (III, 190 S. m. Abbildgn. u. 7 farb. Taf.) gr. 8. Leipzig (906). G. Vogt. Geb. n. 5. 50

Vogt, Gustav: Eine neue Heilmethode. Die arzneilose anticollämische Radikalkur gegen alle Krankheiten und chronischen Leiden ... Zur Selbstbehandlung bearb. u. gemeinverständlich dargest. von G[ustav] Vogt. 11., unveränd. Aufl. Leipzig: G. Vogt [1905]. V, 287, III S. 8°

Vogt, Gust., der Nordostbahnstreit. 8. (32 S.) Zürich 894. (J. Frey.) — 80

Vogt, Gust., die arzneilose anticollämische Radikalkur gegen alle Krankheiten u. chron. Leiden, kombiniert nach d. epochemach. Entdeckung der Collämie durch Alex. Haig, sowie der erprobten Methoden u. Theorien von A. Cantani, Schroth, Lahmann, Kellogg, Liébeault u. Lévy. Zur Selbstbehandlg. bearb. u. gemeinverständlich dargestellt. (Eine neue Heilmethode.) 14. u. 15. unveränd. Aufl. (VII, 296 S. m. 1 Bildnis.) gr. 8. Leipzig (905). G. Vogt. Geb. n. 6. 50

Vogt, Gustav: Rechtsgutachten betr. die Abberufung von Mitgliedern des Verwaltungsrathes der Jura-Simplon-Bahn. Von Prof. Dr. -. Zürich: Dr. d. Art. Inst. Orell Füssli 1892. (VII, 41 S.) 1 Bd 8°

Vogt, G. Dr., Rechtsgutachten betr. die rechtliche Natur der Eisenbahngesellschaft Bern-Luzern. 31 S. 8. Zürich, Genossenschafts-Buchdruckerei. 1876.

Vogt, G., Revision der Lehre von den eidgenössischen Konkordaten. gr. 8. (31 S.) Bern 865, (Dalp'sche Buchh.) *
Aus: Zeitschrift des berner Juristenvereins, besonders abgedruckt.

Vogt, Gustav [Referendar]: Über die sog. tacita substitutio ... Breslau, Druck v. Grass, Barth u. C., *1896;* 61 S., 1 Bl. 8.
Breslau, Jur. Fak., Inaug.-Diss. v. 14. Apr. 1896

Vogt, Gust., üb. die sog. tacita substitutio. Diss. gr. 8. (61 S.) Breslau 896. (Schlotter.) n. 1. —

Vogt, Gust. Zur Tessiner-Frage. — Was nun? Ein Beitrag zur Lösg. der Eisenbahnfrage, s. Zeitfragen, Schweizer.

Vogt, Gust., die Vorteile der Invalidenversicherung u. ihr Einfluß auf die deutsche Volkswirtschaft. Zur Selbstbelehrg. u. f. Vorträge bearb. (XV, 452 S.) gr. 8. Grunewald-Berlin 905. Gr.-Lichterfelde, Verlag der Arbeiter-Versorgg. A. Troschel. n. 6. —; geb. n. 7. —

— was nun? Ein Beitrag zur Lösg. der Eisenbahnfrage, s.: Zeitfragen, Schweizer.

Vogt, Gust., die Wäscherei im Klein-, Neben- u. Grossbetrieb, s.a. Bibliothek der gesamten Technik.

Vogt, Gustav: Die Wäscherei im Klein-, Neben- und Grossbetrieb. Von —. Mit 14 Abb. Hannover: M. Jänecke 1907. (152 S.) 8°
(Bibliothek d. gesamten Technik. Bd 25.)

Vogt, G., s. Zeitschrift, Schweizerische, für Gemeinnützigkeit.

Vogt, H. A., s. Voght, H. A.

Vogt, H. H., das Wichtigste aus der Linear-Perspektive zur Erleichterung der Kontrolle beim Modell-Zeichnen. gr. 8. (8 S. mit 2 lithogr. Taf.) Kiel 883, Lipsius und Tischer. *

Vogt, H[ans], Dr., Assistenzarzt der Klinik: Aus der medizinischen Klinik zu Marburg. Der zeitliche Ablauf der Eiweißzersetzung bei verschiedener Nahrung. Braunschweig 1906: F. Vieweg und Sohn. (24 S.) 8°
Marburg, Med. Fak., Hab.-Schr. v. 1906

Vogt, Hans, pract. Arzt aus Biedenkopf: (Aus d. pharmakolog. Institut zu Marburg.) Über die Folgen der Durchschneidung des Nervus splanchnicus. *Leipzig: Veit & Co.* (übergeklebt: *Marburg) 1898.* (13 S.) 8° ¶(Aus: Archiv f. Anatomie u. Physiologie, 1898, Physiol. Abth.)
Marburg, Med. Diss. v. 24. Sept. 1898

Vogt, Heinr., über die Anatomie, das Wesen u. die Entstehung mikrocephaler Missbildungen, nebst Beiträgen über die Entwickelungsstörungen d. Architektonik d. Zentralnervensystems, s.a. Arbeiten aus dem hirnanatomischen Institut in Zürich. 1.

Vogt, Heinrich. Über die Anatomie, das Wesen und die Entstehung mikrocephaler Missbildungen, nebst Beiträgen über die Entwickelungsstörungen der Architektonik des Zentralnervensystems. Mit 71 Abbildungen im Text und 11 Figuren auf Tafel 1. VIII + 204 S. gr.-8. Wiesbaden, J. F. Bergmann, 1905. [M. 8. —]
Arbeiten aus dem hirnanatomischen Institut in Zürich, hrg. von Prof. Dr. C[onstantin] v[on] Monakow.... Heft 1....

Vogt, Heinr., Epilepsie im Kindesalter, m. besond. Berücksicht. erzieherischer, unterrichtlicher u. forensischer Fragen dargestellt. (V, 225 S.) gr. 8. Berlin 910. S. Karger. 5.—; geb. 6. 20

Vogt, Heinrich, aus Kandel (Rheinpfalz): Ueber einen Fall von Weil'scher Krankheit. *München 1898: R. Oldenbourg.* (22 S.) 8°
Heidelberg, Med. Diss. v. [26. Sept.] 1898

Vogt, Heinrich, Prof. Dr.: Über Gleichheit und Endlichkeit von Prismen und Pyramiden. Breslau 1904: R. Nischkowsky. (XXI S.) 4°
Breslau, k. Friedrichs-G OP 1904 (211)

Vogt, Heinr., über Gleichheit u. Endlichgleichheit von Prismen u. Pyramiden. Progr. (XXI S. m. 3 Taf.) Lex.-8. Breslau 904. (Maruschke & Berendt.) n. 1. —

Vogt, Heinrich *(geb. Crossen a. O. 1.10.1850)*: Der sphärische Kegelschnitt. Breslau 1873. (42 S.) 8° *(Gekürzte Überarb. einer Breslauer gekr. Preisschr.) [Buchausg. 1873 bei Korn in Breslau.]*
Breslau, Phil. Diss. v. 26. Nov. 1873

Vogt, Heinr., der sphärische Kegelschnitt. Inaugural-Dissertation. gr. 8. (42 S.) Breslau 873. Korn. n. 1. 20

— Klinik u. Biologie der Thymusdrüse, s.: Klose, Heinr.

Vogt, Heinr., Mathematik u. Reformgymnasium. (40 S.) gr. 8. Leipzig 907. Dürr'sche Buchh. — 75

VOGT, Heinrich (Minfeld): Ueber acute Myringitis (Trommelfellentzündung).- München: Weiss 1867. 19 S. 19.6.1866 - Urk (Titel: De myringitide acuta.); F 71
Diss. Ingolst.-Landsh.-Mchn.

Vogt, Heinrich, appr. Arzt aus Nürnberg: Die Paralyse des Nervus facialis im Anschlusse an Otitis media acuta. Ein Beitrag zur Lehre von d. otogenen Gesichtslähmung. *o. O. [1899].* (55 S.) 8°
Heidelberg, Med. Diss. v. [15. Mai] 1899

Vogt, Heinr., das Tetraeder mit Höhenschnittpunkt. 4. (12 S. mit eingedr. Fig.) Breslau 881, Maruschke und Berendt. *

— s.: Zeitschrift f. die Erforschung u. Behandlung des jugendlichen Schwachsinns usw.

Vogt, Hnr. Cph., († d. 16. März 1798.) Commentatio philol. ethico — historica de avaritia saepius clericis temere exprobrata; quod illustratur exemplo D. Joh. Bugenhagii. 4. Erf. 780.

Vogt, Hnr. Jos., s. Ernstfeuerwerkerei.

Vogt, Hnr. Jos., Grundzüge d. militär. Wissenschaften, als ein Leitfaden beim Unterricht. 1r Cursus. 8. Berl. 826. Reimer. 1 ꝛf

Vogt, Herrm., 1870/71. Kriegstagebuch e. Truppenoffiziers. gr. 8. (III, 295 S.) Berlin 886. Eisenschmidt. n. 5. —

Vogt, Herrm. Albert, König v. Sachsen, s. a. Soldaten-Bibliothek.

Vogt, Hermann: Albert, König von Sachsen. Ein Fürsten- u. Heldenbild. Dem Volke u. Heere zugeeignet von Hermann Vogt, Oberstlt. a. D. Rathenow: M. Babenzien [1889]. (40 S.) 8°
[Soldatenbibliothek. H. 2.]

—— Auf u. nieder. Sportroman. Mit 100 Illustr. v. H. Albrecht. 8. (254 S.) Stuttg. 890, Krabbe. * 3 —; geb. * 4 —

Vogt, Herm., August Borsig. Ein Lebensbild. Vortrag, gehalten im Verein für die Geschichte Berlins. gr. 8. (24 S.) Berlin 880, Drewitz.

—— das Buch vom deutschen Heere, dem deutschen Volke gewidmet. 3 Abtlgn. gr. 8. (VI, 569 S. mit etwa 150 Illustr. von R. Knötel.) Bielefeld 885, Velhagen und Klasing. à Abtl. * ℳ 3.—. * geb. *

Vogt, H. Das Buch vom deutschen Heere. Bielefeld 1886. 8°. (Verm. Jähns.)

—— Das Buch vom deutschen Heere, dem deutschen Volke gewidmet. 2. verm. u. bis auf die neueste Zeit fortgeführte Aufl., bearb. durch Hanns v. Zobeltitz. Mit etwa 150 Illustr. v. R. Knötel. 3 Abtlgn. gr. 8. (IX, 475 S.) Bielef. 891, Velhagen u. Klasing. à Abtl. * 2 50; * 7 50; geb. * 9 —

Vogt, Herrm., das VIII. deutsche Bundesschießen zu Leipzig 1884. Enthaltend die Festbauten in 11 Lichtdr.-Bildern nach photogr. Aufnahmen, nebst e. histor. Uebersicht. Mit e. vollständ. Verzeichniß der Schießresultate, m. Angabe der Preise u. der Namen der Sieger, auf Grund der officiellen Statistik d. Schießausschusses. Fol. (33 S.) Leipzig 884. Gebhardt. In Leinw.-Mappe. n. 20. —

—— durch Dick und Dünn. Allerlei Sport aus Wald und Feld. Illustrirt von Rich. Knötel. 8. (III, 232 S.) Rathenow 888, Babenzien. * ℳ 3.—.; geb. *

Vogt, Herrm., Oberstlieut., die kriegerischen Ereignisse in Ägypten während des Sommers 1882. Mit 1 (chromolithogr.) Spezialkarte von Unter-Ägypten und dem Suez-Kanal. gr. 8. (VIII, 160 S.) Leipzig 882, Grunow. *

—— Prinz Friedrich Karl von Preußen, s. Aus dem Reiche für das Reich.

Vogt, Geschichte des 3. Posenschen Infanterie-Regiments Nr. 58, s.: Lehmann, E.

— Geschichte der deutschen Reiterei in Einzelbildern. Nach dem Tode des Verf. fortgesetzt von Hans v. Trützschler. Illustr. v. R. Knötel. 1.—4. Hft. gr. 8. Rathenow, Babenzien. à n. 1. —
1. Hannoversche Reiter in Spanien. (29 S.) 888.
2. Die Schlacht bei Fehrbellin. (S. 31–64.) 889.
3. Sachsen in Russland. (S. 65—100.) 890.
4. Die Kriegserlebnisse der preuss. Garde du Corps. (S. 101–135.) 890.

Vogt, Herrm., Geschichte der deutschen Reiterei in Einzelbildern. Nach dem Tode desselben fortgesetzt v. Hans v. Trützschler. Illustrirt v. Rich. Knötel. 5.–7. Hft. gr. 8. Rathenow, Babenzien. à n. 1. —
5. Deutsches Reiterleben im 30jährigen Kriege. (S. 137–175.) 891.
6. Die Husaren d. grossen Königs. (S. 177—216 m. 1 Tab.) 891.
7. Zwei Ehrentage der friedericianischen Reiterei (Hohenfriedberg – Rossbach). Von Hans v. Trützschler. (S. 221–255 m. 2 Karten u. 2 Bl. Erklärgn.) 892.

—— aus dem alten Hannover. Erinnerungen und Erfahrungen. gr. 8. (VII, 346 S.) Berlin 887, Eisenschmidt. * geb. *

— deutsches Heer- u. Wehrbuch. Zum Nachschlagen f. Jung u. Alt. Nach amtl. Quellen zusammengestellt. 12. (IX, 290 S.) Berlin 886. v. Decker. cart. n. 3. —

— deutsches Heer- u. Wehrbuch. Nachtrag: Die Eintheilg. d. deutschen Reichs-Heeres nach dem Gesetz vom 11. März 1887, betr. die Friedenspräsenzstärke. 12. (24 S.) Berlin 887. v. Decker. — 15
(cplt. m. Nachtrag: n. 3. 15)

—— die europäischen Heere der Gegenwart. Illustrationen von Rich. Knötel. 31 Hefte. 8. Rathenow 886—88, Babenzien. à Heft * 50 Pf. *
Inhalt:
Heft 1. 2. Die Kriegsmacht der Franzosen. (36 S.)
» 3. 4. Die Wehrkraft des österr.-ungarischen Kaiserstaates. (36 S.)
» 5—7. Der russische Koloss. (48 S.)
» 8. 9. Grossbritannien zu Lande und zur See. (32 S.)
» 10. 11. Italiens Wehrkraft. (32 S.)
» 12. 13. Spanien und Portugal. (32 S.)
» 14. 15. Die Neutralen. Schweiz. Belgien. Niederlande. (32 S.)
» 16. 17. Die skandinavischen Reiche. Schweden. Norwegen. Dänemark. (S. 255—286.)
» 18. 19. Halbasien. I. Türkei. Bulgarien. Ostrumelien. (S. 287—319.)
» 20. 21. —— dass. — II. Rumänien. Serbien. Griechenland. (S. 321—350.)
» 22—25. Das Kriegswesen des Deutschen Reiches. (S. 351—400.)
» 26. 27. Vergleichende Zusammenstellung der Stärke aller europäischen Heere und der auf ihre Unterhaltung verwendeten Summen. (S. 401—444.)
» 28—31. Ergänzungshefte. (83 S.)

—— dass. 2. Aufl. 1.—7. Heft. gr. 8. Ebendas. 888. à Heft * 50 Pf. *

Inhalt:

Heft 1. 2. Die Kriegsmacht der Franzosen. (40 S.)
» 3. 4. Die Wehrkraft des Oesterr.-Ungarischen Kaiserstaates. (36 S.)
» 5—7. Der russische Koloss. (48 S.)

—— Die europäischen Heere der Gegenwart. [Fortgesetzt von Hans v. Trützschler.] Illustr. v. Rich. Knötel. 32.—35. Heft. Ergänzungsheft 1889, 36.—39. Heft. Ergänzungsheft 1890, von Hans v. Trützschler. gr. 8. (74; 63 S.) Rathenow 890,91, Babenzien. à Ergänzungsheft * 2 —; * 4 —

—— Katechismus d. deutschen Heerwesens s.a. Weber's, J. J., illustr. Katechismen Nr. 125.

— Katechismus d. deutschen Heerwesens. Nach dem Tode d. Verf. hrsg. von R. v. Hirsch. 8. (X, 224 S. m. eingedr. Abbildgn. u. e. Tab.) Leipzig 890. J. J. Weber. geb. n. 2. 50

—— Drei Merksteine der preußischen Heeresgeschichte. I. Das Heer d. Großen Kurfürsten. II. Die Friedericianische Armee. III. Die preußische Armee der Befreiungskriege. Mit vielen Abbildgn. v. Rich. Knötel. gr. 8. (III, 48 S.) Lpz. 889, Hirt u. Sohn. — 75

——s.a. Militärbilderbuch, das.

Vogt, H., u. Jul. Lohmeyer. *Das Militärbilderbuch.* Die Armeen Europas. Glogau, C. Flemming [c. 1885]. Mit 36 Bildern von Richard Knötel in Farbendruck und 14 Vign. Gr.-4°. OrHlwd. m. farb. Deckelbild. 20.—
Schönes Militär-Kostümalbum. — Einband leicht benutzt, einige Bll. lose. Name a. d. Titel.

— zum 18. October! Friedrich Wilhelm, Kronprinz d. deutschen Reiches u. Kronprinz v. Preußen. Ein Fürstenbild. Dem gesammten Volke in Waffen als patriot. Festgabe zugeeignet. 8. (IV, 64 S. m. Holzschn.-Bild.) Berlin 886. Eisenschmidt. n. — 60

Vogt, Herrm., die Straßen-Namen Berlins, s.a. Schriften des Vereins für die Geschichte Berlins.

⊙ Die Straßennamen Berlins v. Hermann Vogt. Berlin. 1885. 8°. = Schriften des Vereins f. d. Geschichte Berlins. H. 22.

—— Kaiser Wilhelm. Ein Fürsten- und Heldenbild. Dem Volk in Waffen gewidmet. 8. (64 S. mit Bild.) Leipzig 888, H. Bredt. *

—— Kaiser Wilhelm und seine Paladine, s. Laverrenz, Vict., das deutsche Heer.

—— Kaiser Wilhelm II., s.a. Soldaten-Bibliothek.

Vogt, Herrmann: Kaiser Wilhelm II. Ein Fürstenbild. Dem deutschen Heere . . . gewidmet von Herrmann Vogt, Oberstlt. a. D. Rathenow: M. Babenzien [1889]. (42 S.) 8° [Soldatenbibliothek. H. 1.]

Vogt, Hugo, approb. Arzt: Ueber einen Fall von angeborener Pulmonalstenose. *München 1901: M. Ernst.* (24 S.) 8°
München, Med. Diss. v. 1901

Vogt, J., Abhandlung von der Schaafzucht. 8. Wien 786. (Heubner). 3 Kr

Vogt, J.: Einige Bemerkungen betreffend das Fachsystem in seinem Verhältnisse zu dem im Orgs.E.f.öst.G. gestellten höchsten Zweck der Gymnasialbildung, „dass aus derselben ein edler Charakter hervorgehe. – Kronstadt ev. Progr. 1854.

Vogt, J., Onkel Toms Hütte od. Der Sklavenhandel in Amerika, s.: Heibelmann's, A., Theaterbibliothek.

Vogt, J., de patria Const. M. Viteb. 1716. 4.

Vogt, J., de synoditis vet. ecclesiae. Viteb. 1717. 4.

Vogt, J. C., Licht d. Natur, od. Anweis. z. natürl. Gottesgelahrheit. 8. Bautzen. 732. –

Vogt, J. G., das illustr. Buch der Erfindungen. Eine geschichtl. u. techn. Darstellg. aller Erwerbs- u. Produktionszweige, unt. besond. Berücksicht. d. heut. Technik u. Großindustrie, sow. d. heut. Weltverkehrs. Unt. Mitwirkg. namhafter Fachmänner: C. Blecken, J. Brix, Dolezalek, A. Künkler u. a. hrsg. 1.—89. Lfg. gr. 8. (1. Bd. 719 S. u. 2. Bd. S. 1—704.) Leipzig 895—896. E. Wiest Nachf. à Lfg. — 10; auch in Hftn. à — 50 (1. Bd. kplt. geb. in Leinw.: 6. 50; in Halbfrz.: 7. 50)

-- Dasselbe, Fortsetzg., s. Vogt, J. G.: Illustrirte Welt der Erfindungen.

—— Das Empfindungsprinzip u. die Entstehung d. Lebens, s. Sammlung gemeinverständlicher Erkenntnisschriften.

Vogt, J. G., das Empfindungsprinzip u. das Protoplasma auf Grund e. einheitlichen Substanzbegriffes, s.: Sammlung v. Erkenntnisschriften.

Vogt, J. G., Entstehen und Vergehen der Welt, s.a. Sammlung gemeinverständlicher Erkenntnisschriften.

Vogt, J. G., Entstehen u. Vergehen der Welt als kosmischer Kreisprozess. Auf Grund pyknot. Substanzbegriffes. 2. umgearb. u. erweit. Aufl., ergänzt durch die Behandlung der wichtigsten Probleme e. realen Weltanschaug. v. durchaus neuen Gesichtspunkten: das erkenntnistheoret. Problem, die Raumanschaug., die Kunst, die Entstehung des Lebens, das Problem der Vererbg., das Darwinische Entwickelungsprinzip in geklärter u. erweiterter Form, die Ethik. Mit erläut. Illustr. gr. 8. (VIII, 1005 S.) Leipzig 901. E. Wiest Nachf. n. 12. —; geb. in Halbfrz. n. 15. —

— d. natürl. Entwicklg. d. religiösen Begriffe. (Teilweise nach Herbert Spencer.) [Aus: „V., Welt- u. Lebensanschaug."] gr. 8. (132 S.) Leipzig 893. E. Wiest Nachf. n. 1. 50

Vogt, J. G., etwas üb. d. Uebel, e. Gedicht. 8. Gera, Rothe. (Schumann in Zwickau.) 793. –

Vogt, J. G., physiologisch-optisches Experiment, die Identität correspondirender Netzhautstellen, die mechanische Umkehrung der Netzhautbilder, etc. endgültig erweisend. Sep.-Abdr. aus einem demnächst erscheinenden grösseren Werke: Die Kraft einer real-monist. Weltanschauung. gr. 8. (30 S. mit eingedr. Holzschn. und 1 Lichtdr.) Leipzig 878, C. F. Fleischer's Sortiment. *

—— die Geistesthätigkeit des Menschen und die mechanischen Bedingungen der bewußten Empfindungsäußerung auf Grund einer einheitlichen Weltanschauung. Vorträge. gr. 8. (IV, 140 S. mit erläut. Holzschn.) Leipzig 887, M. A. Schmidt. *

—— dass. — 2. Aufl. gr. 8. (140 S.) Leipzig 888, Gottwald. *

Vogt, J. G. Die Geistesthätigkeit d. Menschen. 2. Aufl. gr. 8. Lpz. 888, Wiest. * 2 50

— illustr. Geschichte d. deutschen Litteratur mit ausgewählten Proben aus d. Hauptwerken hervorrag. Dichter. 25.—89. Hft. gr. 8. (1. Bd. 893 u. 3 S. m. 1 Farbdr. u. 2. Bd. S. 1—528 m. 1 Farbdr.) Ebd. 897—898. à Hft. — 10; auch in 28 Hftn. à — 50 (1. Bd. geb. in Halbleinw.: 8. 50)

— illustrierte Geschichte der deutschen Litteratur m. ausgewählten Proben a. d. Hauptwerken hervorragender Dichter. 90.—112. (Schluß-) Hft. gr. 8. (2. Bd. S. 529—896.) Ebd. 899. à —10; auch in 22 Hftn. à — 50 u. 1. Hft. — 20

Vogt, J. G., Jesus, mein Heil und meine Liebe. Ein Lehr- und Gebetbuch für kathol. Christen, zur Beförderung häusl. u. öffentl. Andacht. Mit 1 Holzschnitt. gr. 12. Weißenburg 834. (Carlsruhe, Marx.) n. $1^1/_8$ ℛ

—— die Kraft. Eine real-monist. Weltanschauung. 1. Buch: Die Contraktionsenergie, die letztursächl. einheitl. mechan. Wirkungsform des Weltsubstrates. gr. 8. (VIII, 655 S.) Ebendas. 878. *

— die Menschwerdung. Die Entwickelg. d. Menschen aus der Hauptreihe der Primaten u. die Begründg. der weiten Kluft zwischen Tier u. Mensch, abschliessend m. der vollständ. Lösg. d. Willensproblems, d. Problems der jurid. Verantwortlichkeit u. d. teleolog. Principes in der menschl. Weiterentwickelg. Mit erläut. Holzschn. gr. 8. (IV, 392 S.) Leipzig 892. E. Wiest Nachf. n. 6. —

Vogt, J. G., der Realmonismus, e. naturwissenschaftliche Weltanschauung m. besond. Berücksicht. des Geistes- u. Lebensproblems. (VII, 134 S.) Lex. 8. Leipzig 908. Hildburghausen, Thüringische Verlags-Anstalt. 3. —

— die Unfreiheit d. Willens [der Determinismus] u. die Frage der Verantwortlichkeit f. unsere Handlungen. gr. 8. (32 S.) Ebd. 892. n. — 80

— die illustr. Welt d. Erfindungen. E. geschichtl. u. techn. Darstellg. aller Erwerbs- u. Produktionszweige, unt. besond. Berücksicht. d. heut. Technik u. Großindustrie, sow. d. heut. Weltverkehrs. Unter Mitwirkg. namhafter Fachmänner: C. Blecken, J. Brix, Dolezalek u. A. hrsg. 90.—294. Hft. gr. 8. (2. Bd. S. 705—719; 3.—6. Bd. 719; IV, 715; IV, 714 u. III, 716 S. u. 7. Bd. S 1—384 m. 1 Farbdr.) Ebd. 896—898. à Hft. — 10; auch in Hftn. à — 50 (Geb. in Leinw. à Bd. 6. 50; in Halbfrz. 7. 50)

— die illustrierte Welt der Erfindungen. Eine geschichtl. u. techn. Darstellg. aller Erwerbs- u. Produktionszweige, unter besond. Berücksicht. der heut. Technik u. Großindustrie, sowie des heut. Weltverkehrs. Unter Mitwirkg. namhafter Fachmänner: C. Blecken, J. Brix, Dolezalek u. A. hrsg. 295.—360. (Schluß-) Hft. gr. 8. (7. Bd. S. 385—720 u. III S.; 8. Bd. 571 S. m. 6 Taf. u. Anh. 144 S.) Ebd. 899. 900. à — 10; auch in Hftn. à — 50

e. Welt- u. Lebensanschauung f. das Volk m. besond. Berücksicht. der wirtschaftlichen u. gesellschaftlichen Fragen. 83 Lfgn. gr. 8. (VIII, 1343 S.) Ebd. 892. 893. à — 10

— dasselbe. 2. Aufl. 1.—13. Lfg. gr. 8. (S. 1—208.) Ebd. 894. à — 10

Vogt, J. G., eine Welt- u. Lebensanschauung f. das Volk, m. besond. Berücksicht. d. wirtschaftlichen u. gesellschaftl. Fragen. 2. Aufl. 14.—29. Lfg. gr. 8. (S. 209—468.) Leipzig 895. E. Wiest Nachf. à Lfg. — 10

— illustr. Weltgeschichte f. das Volk, m. besond. Berücksicht. der Kulturentwickelung. 1.—175. Hft. gr. 8. 1. Bd. IV, 624 S.; 2. Bd. 623 S.; 3. Bd. XXX, 576 S.; 4. Bd. II, 622 S. m. 2 farb. Karten u. 1 Tab.; 5. Bd. S. 1—320.) Ebd. 893. 894. à — 10

— illustr. Weltgeschichte f. d. Volk m. bes. Berücksicht. d. Kulturentwickelung. 176.—241. (Schluß-) Hft. gr. 8. (5. Bd. IV u. S. 321—650 m. 1 Karte u. 6. Bd. XXXI, 688 S.) Ebd. 895. à Hft. — 10 (in 6 Bdc. geb. à n. 5. 50)

Vogt, J G(ottfried). Erinnerungen der ehemaligen Scharfschützen-Compagnie Nr. 4 von Bern an ihre Grenzbesetzung im Kanton Graubündten im Jahre 1859 während des französisch-italienisch-österreichischen Krieges. (Mit Bild [Tafel].) (2. Aufl.) 8. Bern 1886.

Voigt, J. G., Erinnerungen der ehemaligen Scharfschützen-Compagnie Nr. 4 von Bern an ihre Grenzbesetzung im Kanton Graubünden im J. 1859 während des französisch-italienisch-österreichischen Krieges. 8. (46 S. mit 1 Abbild.) Bern 886, Büchler.

Vogt, J. H. L., über anchi-monomineralische u. anchi-eutektische Eruptivgesteine. (Videnskabs-selskabets skrifter. I. Math.-naturv. klasse 1908. Nr. 10.) Udgivet for Fridtjof Nansens fond. (III, 104 S.) Lex. 8. Christiania 908. J. Dybwad. nn 3. 50

— Die Lagerstätten der nutzbaren Mineralien u. Gesteine, s.: Beyschlag, F.

Vogt, J. H. L., die Silikatschmelzlösungen m. besond. Rücksicht auf die Mineralbildung u. die Schmelzpunkt-Erniedrigung. I. u. II. Lex.-8. Christiania (J. Dybwad.) n.n. 15.75

I. Ueber die Mineralbildg. in Silikatschmelzlösgn. (Videnskabs-selskabets skrifter.) Udgivet for Fridtjof Nansens fond. (VI, 162 S. m. 24 Fig. u. 2 Taf.) 903. n.n. 6. 25

II. Ueber die Schmelzpunkt-Erniedrigg. der Silikatschmelzlösungen. (Videnskabs-selskakets skrifter.) Udgivet for Fridtjof Nansens fond. (III, 236 S. m. 26 Fig. u. 4 Taf.) 904. n.n. 9. 50

— Ueber das Spinell: Magnetit-Eutektikum. (26 S. m. 1 Taf.) Lex. 8. Christiania 910. J. Dybwad. nn 1. —
Sonderabdr. aus: „Videnskabs-selskabets skrifter".

Vogt, J. S. Die Kommune. In-8°. 53 S. Zürich, Verlags-Magazin (J. Schabelitz). 1891. 1 —

Vogt, Jak., kurze Abbhandlung, von den Lastern u. Untugenden. 8. Wien 794. (Heubner). 10 ℊ

Vogt, Jean

Vogt, J., die Auferweckung des Lazarus, s. Breitkopf und Härtel's Text-Bibliothek Nr. 47.

Vogt, Jean, Lazarus, s.: Breitkopf & Härtel's Textbibliothek. Nr. 47.

Vogt, Ioh., de altaribus veterum christianorum. 8. Hamb. 709. -

Vogt, Joh., Beiträge zur Gymnasial-Pädagogik. I. Das Alumnatsleben auf dem ev. Gymnasium A. B. zu Kronstadt in Siebenbürgen in den J. 1829/30—1839/40. 8. (183 S.) Kronstadt 886. Buchdruckerei Alexi. n. 1. —

Programm des evangelischen Gymnasiums zu Kronstadt in Siebenbürgen nebst Anschluß des unter derselben Direktion stehenden Lehrerseminars sowie auch der Unterreal- und Volksschule. am Schlusse des Schuljahres $18^{53}/_{54}$. 4. (38 S.) Kronstadt. Gedruckt bei Joh. Gött. 1854.
Inhalt: Einige Bemerkungen, betreffend das Fachsystem in seinem Verhältnisse zu dem im Organisationsentwurf für österreichische Gymnasien gestellten höchsten Zweck der Gymnasialbildung: „Daß aus derselben ein edler Charakter hervorgehe." Von Joh. Vogt. — Schulnachrichten.

— Bibliotheca historiae haeresiologicae. 2 Tom. 8. Hamburg, Herold. 723.

Vogt, Johann. Catalogus historico-criticus librorum rariorum . . . Francof. et Lips. [Nürnb.] 1793. H: *Truckenbrot, Mich.* (Ebert) (Ky)

Vogt, Jh., († d. 28. Aug. 1764) Catalogus historico-criticus librorum rariorum, sive ad scripta hujus argumenti spicilegium, index et accessiones. 8. Hamb. 734. Ed. nova priori vel quadruplex auctior, et tam ex propriis ejusd. auctoris adnotat. suppleta, quam plurimis aliorum doctiss. viror. observat. insigniter locupletata, ac curante Jano Librario. 8. Ibid. 737. — Curis tertiis recognitus, pluribus etc. 747. — Curis quartis recogn. et auctus. 753. post curas tertias et quartas denuo recogn. pluribus locis emendatus et copiosiori longa accessione adauctus, (Mch. Truckenbrot.) Frankf. u. (Nürnb.) 793. (Leipz., Barth.) 1 Thl. 16 gr.

— Catalogus historico-criticus librorum rariorum, post curas tertias et quartas denuo recognitus, pluribus locis emendatus et copiosiori longa accessione adauctus. 8. Hamb. Herold. (Stebner in Nrnb.) 793.

— die Erkenntniß Gottes u. unseres Heils. 8. Bremen ... 3e A. 760.

— historia fistulae eucharisticae, cujus ope sugi solet e calice vinum benedictum, ex antiquitate eccles. et scriptorib. medii aevi illustr. 4. Bremen 740. Recusa, cum spicilegio editoris. 772. Cramer. 5 gr.

— historia literaria Const. M. Hamb. 1720. 8.

— monumenta inedita rerum germanicarum praecipue Bremensium; ungedruckte zur Historie d. Landes u. der Stadt Bremen ꝛc. gehörige Nachrr., Documente u. Urkunden ꝛc. II Tomi. 8. Bremen 740—64. Förster, 2 Thl.

Vogtii, J., Thysiasterologia sive de altaribus veterum Christianorum. Ed. J. A. Fabricius. Cum figg. Hamb. 709. 8. 8 gr. Jezt 12 gr.
Vgl. Voigt, Gothof

Vogt, Jh. Cph., († ...) kurzer Abriß d. christl. Religionswahrheiten in d. Glaubens- u. Sittenlehre. 8. Bremen 781.

— s. Erdbeschreibung, oder Erfahrung ꝛc.

Vogt, Johann Christoph (Bremen) A. S. 1396/28

Dissertatio historica de pietate Ludovici Pii imp. Aug. Präs. Christian Wilhelm Walch.
Jena (Ritter) 21. IX. 1748. 54 S.
35320

— Unterweis. zur Seligkeit, über den kleinen Katechismus Lutheri. 8. Bremen 775.

Vogt, Joh. Gtlo., Leben u. Schicksale, s. Leben.

Vogt, Jh. Glo., (vormal. kaiserl. russ. Rittmeister u. nachheriger königl. niederländ. Hauptmann) Leben u. Schicksale; von ihm selbst beschrieben. 3 Thle. gr. 8. Gotha 829—31. (Flinzer.) 4 Thl. 12 gr. (bei Reichenbach in Leipz.) Hbg. Pr. 3 Thl.

Voigt. Leben und Schicksale des Johann Gottlieb Voigt, ehemaligen Kaiserlich Russischen Rittmeisters, nachher Königl. Niederländischen Hauptmanns. Von ihm selbst beschrieben. 3 Thl. (57 B.) 8. Naumburg (Erfurt) 1829—31. 13,00.

Vogt, Johann Gustav

— das Wesen der Elektrizität u. der Magnetismus, s. a. Beck, W., die Elektrizität u. ihre Technik.

— das Wesen der Elektrizität u. d. Magnetismus, auf Grund e. einheitlichen Substanzbegriffes. 1. Tl. Die Konstellationen der einheitl. Substanz als die Träger der physikal. Kraftäussergn. Mit erklär. Holzschn. gr. 8. (VI, 472 S.) Leipzig 891. Wiest. n. 8.--

Das Wesen der Elektrizität und des Magnetismus auf Grund eines einheitlichen Substanzbegriffes. Von J[ohann] G[ustav] **Vogt**. Populärer Auszug aus d. demnächst erscheinenden 2. Bde d. gleichbetitelten größ. Werkes d. Verf. *Leipzig: E. Wiest Nachf. 1897.* (134 S.) 8° [J.] 7337

— dasselbe, s. a. Beck, W., d. Elektrizität.

Vogt, Johann Heinrich

Vogt, J. H., ein Denkmahl des Verstorbenen . . . Mainz 1791. H: *Dietler, Wilhelm.* (ML) (Ky)

Vogt, Jh. Hnr., († d. 23. Nov. 1789.) ein Denkmal; nebst Fragmenten d. Verstorbenen herausg. (v. W. Dintler). 8. Mainz 791. Satorius. (Fr. Fleischer in Leipz.) 16 gr. N. A. 8. Ebd. 814. Kupferberg. 8 gr.

Vogt, Johann Heinrich. Fragmente aus [dem] Nachlass. Mainz 1786. H: *Dietler, Wilhelm.* (ML)

Vogt, Jh. Hnr., Ideen, herausg. für Vogts Freunde u. d. Freunde der Menschenkunde u. Weisheit. 8. o. O. (Frankfurt a. M.) 792. Andrä. 22 gr.

VOGT, Joh. Heinr. (geb. 1749, † 1789 zu Mainz), Ideen (über Liebe u. Ehe). Hrsg. (von W. D.) für Vogts Freunde und die der Menschenkunde und Weisheit. Mit Erläuterungen und Anmerkungen. O. O. 1792. 8°. 216 u. 81 S. (8 Mk. Max Harrwitz, Berlin, 1904:)

***Vogt**, J[ohann] J[akob], [von Bern]: Das Armenwesen und seine Bedeutung für die Entwiklung der öffentlichen Zustände. Ein Beitrag zur glüklichen Lösung gesellschaftlicher Lebensfragen. Wolfeile [um den 'Vorbericht' und die 'Beurteilungen' vermehrte Titel-] Volksausgabe. Erster Band [auch unter dem Titel]: Das Armenwesen. Beleuchtung der Armutszustände und Vorschläge zu einer gründlichen Armenreform. Ein Beitrag etc.): Erste Abteilung: Armutszustände. Zweite Abteilung: Die Armenreform. Zweiter Band: Die Staatsanstalten [auch unter dem Titel]: Die Staatsanstalten. Beleuchtung derselben in ihren Beziehungen zum Armenwesen. mit besonderer Berücksichtigung der Zwangsarbeitsanstalt. Ein Beitrag etc.). Bern Huber u. Cie 1856. 3 Bl., XIII. S. 5—275; 1 Bl., S. 7—241; 474 [l. 447] S. 8°.
Promotion v. 14. Juli 1857.

Vogt, J. J., das Armenwesen und seine Bedeutung für die Entwiklung der öffentlichen Zustände. Ein Beitrag zur glükl. Lösung gesellschaftl. Lebensfragen. Wolfeile Volks(Titel-)Ausg. 2 Bde. gr. 8. Bern 856, Huber und Comp.

Inhalt:

Bd. 1. Das Armenwesen. Beleuchtung der Armutszustände und Vorschläge zu einer gründl. Armenreform. 2 Abthlgn. (Armutszustände. — Die Armenreform.) (516 S.)

" 2. Die Staatsanstalten. Beleuchtung derselben in ihren Beziehungen zum Armenwesen, mit besond. Berüksicht. der Zwangsarbeitsanstalt. (474 S.)

—— das Armenwesen und die diesfälligen Staatsanstalten; Leztere mit besond. Berüksicht. der Zwangsarbeitsanstalt. Ein Beitrag zur Lösung gesellschaftl. Lebensfragen. 1. Bd. A. u. d. T.: Das Armenwesen. Beleuchtung der Armutszustände, und Vorschläge zu einer gründl. Armenreform. gr. 8. (516 S.) Bern 853, (Huber und Comp.) *

—— dass. — 2. (lezter) Bd. A. u. d. T.: Die Staatsanstalten. Beleuchtung derselben in ihren Beziehungen zum Armenwesen, mit besond. Berüksicht. der Zwangsarbeitsanstalt. gr. 8. (147 S.) Ebds. 854. *

Vogt, J.J. (Hrsg.), s. Armenzeitung, Schweizerische.

Vogt, J. J., pädagogische Fragmente oder Geschichte der erzieherischen Umbildung einer Anzahl verwahrloster Knaben. Ein Buch für Schule und Haus. gr. 8. (VIII und 271 S.) Thun 856. (Bern, Huber und Comp.) Thlr. *

Vogt, J. J., Grundzüge der Erziehung, mit besonderer Berücksichtigung der anstaltlichen Mädchen-Erziehung. Eine von der hohen Regierung des Kantons Bern gekrönte Preisschrift. Bern 860. Blom in Comm. 8. (XII, 108 S. u. lith. Portr. des Verf.) n. 18 ngr.

Vogt, J. J., die Hebung des Handwerkerstandes. Eine von der gemeinnütz. Gesellschaft des Kantons Bern mit dem ersten Preise gekrönte Preisschrift. 8. (XII und 148 S.) Bern 850, Jent und Reinert.

Vogt, Joh. Jakob. Die Politik. Bern 1847.

Vogt, Jh. Thom., Gebetbuch für katholische Christen. Mit Titelkpf. 8. Gmünd 810. 2e A. 814. 3e A. 821. (Metzler in Stuttg.) 12 kr. Postp. 18 kr.

Vogt, J. Thom., Gebetbuch f. kathol. Christ. 8. Landsh. Weber. (Ritter in Gmünd.) 810.

Schreibp.
Postp.

Vogt, Joh. Thom., Gebetbuch f. kathol. Christen, mit K. 2te verb. u. verm. Aufl. 8. Gmünd, Ritter. 814.

Schreibp. -
Postp. -

Vogt, J. Th., Gebetbuch für kathol. Christen. 3te Aufl. 8. Gmünd, Ritter. 821.

Vogt, (J. Th.) Gebetbuch f. kathol. Christen. 3e Aufl. 8. Stuttg. 823, Metzler.

Vogt, (J. Th.) Gebetbuch rc., im Ausz. vom Verf. selbst bearb. gr. 12. Stuttg. 826, Metzler. 6 gr. Velinp. Rthlr.

Vogt, Joh. Thom., Gebeth-Buch f. kathol. Christen. 4. Aufl. 8. (21½ B. u. Titvign.) Stuttgart 833, Metzler.

— Gebetbüchlein für Kinder. Mit 4 Kpf. 18. Gmünd 813. 2e A. 817. (Stuttg., Metzler.) 4 kr.

— Gebetbüchlein für Kinder. 2e Aufl. Mit 4 Kupf. 18. Ebd. 826, Ebd.

— dass. im Auszuge. 32. Ebd.

— kleineres Gebetbüchlein für Kinder. Ein Auszug aus d. Größern. 32. Gmünd 817. (Metzler in Stuttg.) 2 kr.

— die Leidens- u. Auferstehungsgeschichte Jesu, in 8 Predigten. 8. Gmünd 810. Ritter. 12 kr.

— Predigten auf d. heilige Fastenzeit. 2 Bde. 8. Gmünd 818—22. (Metzler in Stuttg.) 1 Rthlr. 8 kr.

— — Predigten auf alle Fest- und Feyertage des Jahrs. 1r und 2r Band. 8. Ebend. 820 u. 821. à 16 Gr.

— Predigten auf alle Fest- u. Feiertage d. Jahres. Nebst einigen Gelegenheitspredigten. 3 Bde. 3e Aufl. 8. Gmünd 820—23, Metzler in Stuttg.

— Predigten über die Geschichte u. Schriften d. Apostel. 6 Bde. gr. 8. Gmünd 811—16. Ritter. 10 Rthlr.

— Predigten auf alle Sonntage des Jahres. 1r u. 2r Bd. 8. Gmünd 810. 2e A. 811, 12. 3e A. 3 Bde. 817—21. Metzler in Stuttg. 2 Rthlr.

— die letzten Worte des Abschied nehmenden u. sterbenden Jesus. In 11 Predigten vorgetragen. 8. Gmünd 812. Ritter. 12 kr.

Vogt, *Johannes*. Die planimetrische Konstruktionsaufgabe im Gymnasialunterricht. 4 (S. 3—20). **Progr.** G. *Mainz* 1886 (580)

Vogt, Johannes Karl

Horoskop Napoleons III., das, von dem Astrologen u. Seher *Johannes Karl Vogt* († 4. Mai 1860 durch Selbstmord) zu München, u. dessen neueste Vorhersagungen über die Geschichte Europa's etc., mit Bezugnahme auf die grosse Sonnenfinsterniss vom 18. Juli 1860. Hrsg. von *Ludw. Hauff*. München, Giel, 1860. 8°. Cart. *)
27 S. u. 1 gefalt. Taf. auf gelb. Pap. — S. auch Nr. 1255.

Vogt, Jos., das kirchliche Eherecht. 3. Aufl. (VIII, 253 S.) gr. 8. Cöln 910. H. Theissing.
Geb. in Leinw. 3. 60

**Vogt, Jos., Handbuch des katholischen Eherechts. 2. Aufl. (VII, 219 S.) gr. 8. Cöln 904. H. Theissing.
Geb. in Leinw. n. 3. —**

Das kirchliche Vermögensrecht. Von Dr. Jos. Vogt, Prof. 2. Aufl. Cöln: Theissing 1910. VII, 222 S. 8° [11. 3192

Vogt, Karl

Vogt, Carl, Agassiz's geologische Alpenreisen rc., s. a. Agassiz.

Vogt, Carl s. Desor, E[douard]: Agassiz geologische Alpenreisen. Frankfurt... 1844 — Agassiz' und seiner Freunde geologische Alpenreisen.... Frankfurt 1847.

Vogt, Carl, Altes und Neues aus Thier- und Menschenleben. Mit dem Portr. des Verf. (in Stahlst.) u. 1 (lith.) zoologischen Abbildg. 2 Bde. Frankfurt a. M. 859. Literarische Anstalt. 8. (XXIX, 828 S.) n. 2 Rthlr. 20 ngr.

Vogt, Karl, zur Anatomie d. Amphibien. gr. 4. (3 B. u. 1 Stnt.) Bern 839, Jenni, Sohn. *

Vogt, Carl, Andeutungen zur gegenwärtigen Lage. gr. 8. (93 S.) Frankfurt a. M. 864, (Baist.) *

Vogt, Carl, frommer Angriff auf die heutige Wissenschaft, s. a. Bücherei, deutsche.

Vogt (C.), Ein frommer Angriff auf die heutige Wissenschaft. (Deutsche Bücherei.) Breslau 1882. 8.

Vogt, (Prediger) Karl, Antrittspredigt am Sonntag Judica 1835 in der Dreifaltigkeitskirche zu Berlin gehalten. gr. 8. Berlin 835. Herbig. 1/6 ℛ

Vogt, Carl, Atlas der Zoologie. 33 Taf. in Holzschn. nebst erläut. Text. [Aus: „Bilder-Atlas. 2. Aufl."] qu. Fol. (115 S.) Leipzig 875. Brockhaus. n. 8. —; geb. n. 11. –

— die Aufgabe der Opposition in unserer Zeit. gr. 8. (66 S.) Gießen 849, Ricker. *

Vogt, Carl [aus Trier]: Beitrag zur chemischen Kenntniss der Wachholderbeeren ... Düren, Actienges. f. Zeitungsverl. u. Druckerei, 1889; 30 S. 8.
Erlangen, Phil. Fak., Inaug.-Diss. v. 1889

Vogt, Karl, appr. Arzt u. 1. Assist. am Inst. f. Pharmakol. u. physiol. Chemie: Kritische Beiträge zur Cholinforschung. Güstrow 1909: Michaal. 50 S. 8°
Rostock, Med. Diss. v. 3. Nov. 1909, Ref. Kobert
[Geb. 19. Nov. 80 Hirschberg i. Schl.; Wohnort: Rostock; Staatsangeh.: Preußen; Vorbildung: Askan. Gymn. Berlin Reife O. 01; Studium: Berlin Phil. 1, Med. 8, Rostock 2 S.; Coll. 24. Juni 09; Approb. 6. März 07.] [U 10. 3931

Vogt, Carl. Beiträge zur Naturgeschichte der schweizerischen Crustaceen. [Mit 2 Tafeln.] (N. Denkschr. Schweizer. Ges. für Naturwiss. Band 7.) 4. (Neuchâtel 1845.)

Vogt, Karl, Referendar aus Bernburg i. Anh.: Die **Besitzverhältnisse** an einer gepfändeten Sache. *Rostock 1903: (A. Vogt in Hess.-Lichtenau).* (63 S.) 8° [F.]
Rostock, Jur. Diss. v. [30. Juni] 1903

— **Bilder aus dem Thierleben.** Mit 120 in den Text gedr. Holzschn. gr. 8. (VIII u. 452 S.) Frankfurt a. M. 852, Literarische Anstalt. n. 2 ℛ

Vogt, Carl (I.), Physiologische Briefe f. Gebildete aller Stände. 3 Abthlgn. gr. 8. (31¾ B.) Stuttgart 845, 46, Cotta'sche Bh.*

— physiologische Briefe für Gebildete aller Stände. 3. Abthlg. gr. 8. (S. 281—492.) Stuttgart 847, Cotta. n. 1⅓ ℛ (1—3. n. 2⅔ ℛ)

— physiologische Briefe für Gebildete aller Stände. 2., verm und verb. Aufl. 1. und 2. Abthl.: Das vegetative Leben. — Das animalische Leben. gr. 8. (S. 1—431 mit eingedr. Holzschn.) Gießen 854, Ricker. à Abthl. * 1 Thlr. *

— dass. — 3. (letzte) Abthl.: Zeugung und Entwickelung. 2., verm. und verb. Aufl. gr. 8. (S. 433—690.) Ebds. 854. *

— physiologische Briefe für Gebildete aller Stände. 3., verm. und verb. Aufl. 3 Abthlgn. gr. 8. (XXII und 705 S. mit eingedr. Holzschn.) Gießen 861, Ricker. [1. und 2. Abthl. à * 1 Thlr., 3. Abthl. * 1 Thlr. 10 Ngr.] *

Vogt, Carl, physiologische Briefe für Gebildete aller Stände. 3 Lfgn. 4. verm. und verb. Aufl. gr. 8. (XXIV, 740 S. mit eingedr. Holzschn.) Gießen 874, Ricker. à Lfg. * ℳ 4. *

— politische Briefe an Frdr. Kolb. gr. 8. (54 S.) Biel 870. Steinheil. — 50

— zoologische Briefe. Naturgeschichte der lebenden und untergegangenen Thiere, für Lehrer, höhere Schulen und Gebildete aller Stände. Mit 1500 in den Text gedr. Holzschn. 2 Bde. gr. 8. Frankfurt a. M., Literarische Anstalt. [1. (719 S.) 851., 2. (640 S.) 852.]

— s. **Brillat-Savarin, Physiologie des Geschmacks.**

Vogt, Carl, der lange Christian u. andere Novellen, s.: Hesse's, Max, Volksbücherei. Nr. 812.

Vogt, Karl Darstellung und Beurteilung der Kantschen und Hegelschen Christologie. 18 S. Progr. G. *Marburg H.* 1878.

Vogt, Carl, Eduard Desor, s. a. Bücherei, deutsche.

Vogt, Carl. Eduard Desor (1811–1882). Lebensbild eines Naturforschers. [Mit 1 Vignette.] ⟨S.A.⟩ 8. Breslau 1882.

Vogt, C. Eduard Desor. Lebensbild eines Naturforschers. Gr. in-8°, 37 S. Breslau, Schottländer. 1882. — 80

Vogt, Karl, **Embryologie des Salmones, s. Agassiz.**

Vogt, Karl, pr. Arzt: Aus d. Univ.-Augenklinik zu Giessen. Über den Erfolg der Cyklodialyse bei Glaukom nach dem Material der Giessener Universitäts-Augenklinik. Leipzig 1909: Brockhaus. 31 S. 8°
Gießen, Med. Diss. v. 23. Okt. 1909, Ref. Vossius
[Geb. 24. Juli 78 Fürstenwalde a. S.; Wohnort: Rödelheim; Staatsangeh.: Preußen; Vorbildung: Gymn. Fürstenwalde Reife M. 97; Studium: Berlin 1, Leipzig 7, Tübingen 2 S.; Coll. 3. Aug. 09; Approb. 13. Juni 03.] [U 10. 1169 13

Vogt, Karl, s.: **Ergänzungsbestimmungen** zu den neuen japanischen Gesetzen betr. den Schutz des gewerblichen Eigentums.

Vogt, Karl [Cand. med. aus Würzburg]: Ein Fall von seltener Bewegungsstörung .... (Aus d. Münch. Med. Wochenschr.) München, Jos. Ant. Finsterlin, 1888; 1 Bl. + 11 S. 8°
Würzburg, Med. Fak., Inaug.-Diss. v. 1888

Vogt, Karl [app. Arzt aus Philadelphia V. St.]: Über einen Fall von Magenaktinomykose beim Rind ... Freiburg i. B., Buchdr. H. Epstein, 1895; 29 S. 8.
Freiburg i. B., Med. Fak., Inaug.-Diss. v. 1895

— die künstliche Fischzucht. Mit 59 Abbildgn. in (eingedr.) Holzschn. Leipzig 859. Brockhaus. 8. (VIII, 159 S.) n. 1 ℛ 10 ngr.

— **die künstliche Fischzucht.** Nebst e. Anh. üb. Krebszucht. 2. verm. u. verb. Aufl. Mit 58 (eingedr.) Abbildgn. in Holzschn. gr. 8. (X, 195 S.) Leipzig 875. Brockhaus n. 4. —; geb. n. 5. —

Vogt, Carl (II.), Fürchte dich nicht, du kleine Heerde! Predigt über Luc. XII, 32 am 17. Juni 1845 beim Missionsfeste zu Greifswald gehalten. gr. 8. (1 B.) Greifswald, Koch's Brlgsh. *

Vogt, C., Im Gebirg u. auf den Gletschern. 8. (10½ B.) Solothurn 843, Jent u. Gaßmann.

Vogt, Dr. C., Geologie u. Petrefaktenkunde. Braunschweig 1846/47. 2 Bde. 8°.

— **natürliche Geschichte der Schöpfung,** s. a. **Geschichte.**

Vogt, C. Geschichte, natürliche, der Schöpfung des Weltalls, der Erde und der auf ihr befindlichen Organismen, begründet auf die durch die Wissenschaft errungenen Thatsachen. Aus dem Engl. nach der sechsten Auflage der Vestiges of the natural history of creation von Carl Vogt. Braunschweig 1851. 8.

Vogt (C.), Natürliche Geschichte der Schöpfung des Weltalls, der Erde und der auf ihr befindlichen Organismen. Braunschweig 1858. 8

Die unterirdischen **Gewässer,** deren Beziehungen und Bedeutung für die Binnenschiffahrt. Von [Karl] **Vogt** auf d. Umschl.: Voigt-)Nürnberg, Bauamtmann a. D. Mit 6 Taf. *Berlin: A. Troschel 1902.* (14 S.) 8° = Deutsch-Oesterr.-Ung. **Verband** f. Binnenschiffahrt. **Verbands-Schriften.** N. F. No 15. [o]. [illegible]

—— Grundriss der Geologie. 8. (XXVII und 524 S. mit 473 in den Text gedr. Holzschn. und 1 Tab. in gr. Fol.) Braunschweig 860, Vieweg und Sohn. *

Vogt, Karl, Handbuch f. Vorturner, s.: Buley, Wilh.

Vogt, Carl (I.), an Se. Hochw. den Hrn. Prof. Dr. Hengstenberg in Berlin. Zur Berichtigung des Urtheils über die kirchl. Zustände Greifswalds; ein offener Brief. gr. 8. (9 S.) Greifswald 852, Koch's Verlag.

—— die Herkunft der Eingeweidewürmer des Menschen. Vortrag, gehalten in der 5. Sitzung des internationalen Congresses für medicin. Wissenschaften in Genf, Septbr. 1877. gr. 8. (62 S. mit 60 Holzschn.-Abbild. im Text.) Basel 878, Georg. *

Vogt, Karl [Hrsg.], s. Homilieensammlung.

— Katechismus f. Vorturner, s.: Buley, Wilh.

—— Köhlerglaube und Wissenschaft. Eine Streitschrift gegen Hofrath Rudolph Wagner in Göttingen. 1. Aufl. 15 Ngr. und 2—4., mit einem dritten Vorwort verm. Aufl. 1. und 2. Abdr. gr. 8. (LXV und 126 S.) Gießen 855—56, Ricker. *

—— dass. — Vorwort zur 3. und 4. Aufl., für die Besitzer der beiden ersten Aufl. besonders abgedruckt. gr. 8. (LXV S.) Gießen 855, Ricker. *

— Körperkultur, aber wie — — u. warum? Ein Ratgeber f. Jedermann. (125 S. m. Abb.) gr. 8. Berlin 909. Priber & Lammers. 1.20

Vogt, Carl, aus meinem Leben. Erinnergn. u. Rückblicke. gr. 8. (VI, 202 S. m. Bildn.) Stuttgart 896. E. Nägele. n. 4.50; geb. n. 5.50

Vogt, Carl, und Emil Yung, Lehrbuch der praktischen vergleichenden Anatomie. 1.—14. Lfg. oder 1. Bd. gr. 8. (VIII, 907 S. mit zahlreichen Abbild.) Braunschweig 885—88, Vieweg und Sohn. à Lfg. *ℳ 2.—. *

Vogt, C., u. E. Yung, Lehrbuch der praktischen vergleichenden Anatomie. Mit zahlr. Abbildgn. 2. Bd. 1.—6. Lfg. gr. 8. (S. 1—384.) Braunschweig 889. 890. Vieweg & Sohn. à Lfg. n. 2.—

Vogt, Carl, u. Emil Yung, Lehrbuch der praktischen vergleichenden Anatomie. 2. Bd. 7.—15. (Schluss-)Lfg. gr. 8. (X u. S. 385—958 m. Abbildgn.) Braunschweig 891—894. F. Vieweg & Sohn. à n. 2. — (kplt.: n. 58. —)

—— Lehrbuch der Geologie u. Petrefactenkunde. Zum Gebrauch bei Vorlesungen u. zum Selbstunterrichte. Theilweise nach L. Elie de Beaumonts Vorlesungen an der Ecole des mines. 2 Bde. Mit viel. Illustr. in Holzst. gr. 8. Braunschweig, Vieweg u. Sohn. [1. (28 B. u. 2 Kpfrt.) 846. * 2 Thlr. 5 Ngr., 2. (32½ B., 8 Kpfrt. u. 7 Karten.) 47. * 2 Thlr. 20 Ngr.] *
Vgl.: Agassiz, L., geolog. Alpenreisen.

—— Lehrbuch der Geologie und Petrefactenkunde. Zum Gebrauche bei Vorlesungen und zum Selbstunterrichte. 2 Bde. 2., verm. und umgearb. Aufl. gr. 8. Braunschweig, Vieweg und Sohn. [1. (XXXI und 672 S. mit 12 Kpfrt. und 672 eingedr. Holzschn.) * 3 Thlr. 20 Ngr., 2. (XXIX und 642 S. mit 16 Kpfrt. und 1136 eingedr. Holzschn.) 854. * 3 Thlr. 25 Ngr.] *
Vgl.: Klaffiter, moderne.

—— Lehrbuch der Geologie und Petrefactenkunde. Zum Gebrauche bei Vorlesungen und zum Selbstunterrichte. 3., verm. und gänzlich umgearb. Aufl. 1. Bd. 4 Lfgn. gr. 8. (XXIX und 728 S. mit eingedr. Holzschn. und 2 Stnt.) Braunschweig 866—68, Vieweg und Sohn. à Lfg. * 1 Thlr. *

—— Lehrbuch der Geologie und Petrefactenkunde. Zum Gebrauch bei Vorlesungen und zum Selbstunterrichte, mit zahlreichen in den Text eingedr. Holzst. und angehängten Taf. 2. Bd. 4 Lfgn. 3. verm. und gänzl. umgearb. Aufl. gr. 8. Braunschweig, Vieweg und Sohn. [1.—3. Lfg. (S. 1—556 S.) 871,72. à Lfg. *ℳ 3.; 4. Lfg. (XXVII, S. 557—889.) 873. *ℳ 5.1 *

Vogt, Carl, Lehrbuch der Geologie und Petrefaktenkunde. Zum Gebrauche bei Vorlesungen und zum Selbstunterrichte. 2 Bde. 4. verm. und verb. Aufl. gr. 8. (XXXIII, 756; XXII, 925 S.) Braunschweig 879, Vieweg und Sohn. *

Vogt, Carl (geb. Iserlohn 8. 12. 1851): Einige seltene congenitale Lipome. Berlin (1876). (30 S.) 8°
Berlin, Med. Diss. v. 5. Aug. 1876

—— Mémoire sur les microcéphales ou hommes-singes. (Tome XI des Mémoires de l'Institut national genévois.) gr. 4. (209 S. mit 26 Stnt.) Basel 867, Georg. * *

— u. W. Buley, Methodik d. Turnunterrichtes, s.: Lehrbuch der speciellen Methodik.

Vogt, C. Naturgeschichte der lebenden und untergegangenen Thiere. (Auch unter dem Titel: Zoologische Briefe.) 2 Vol. Frankfurt. 1851—1854. 8.

— Neoplatonismus und Christenthum. Untersuchungen über die angeblichen Schriften Dionysius des Areopagiten, mit Rücksicht auf verwandte Erscheinungen. 1r Thl. Neoplatonische Lehre. gr. 8. Berlin 836. Herbig. 5/6 ℛ

— Nissen. Ein Kapitel Bühnen-Genossenschaft. (46 S.) 8. Berlin 910. A. Pulvermacher & Co. — 60

—— Nord-Fahrt, entlang der norwegischen Küste, nach dem Nordkap, den Inseln Jan Mayen und Island auf dem Schooner Joachim Hinrich unternommen während der Monate Mai bis Oktbr. 1861 von Dr. Geo. Berna in Begleitung von C. Vogt, H. Hasselhorst, A. Greßly und A. Herzen. Mit einem wissenschaftl. Anh. Lex.-8. (XV und 429 S. mit 3 lithogr. Karten, und 50 theils in Farben gedr. [lithogr.], theils in Holz geschn. Illustr. nach Orig.-Zeichnungen von H. Hasselhorst, in 8., gr. 4. und qu. Fol.) Frankfurt a. M. 863, (Jügel's Sortiment.) geb. *

— Ocean u. Mittelmeer. Reisebriefe. 2 Bde. 8. (578 S. m. 2 lith. Taf.) Frankfurt a. M. 848, Literarische Anstalt. n. 2¼ ℛ

Vogt, C., Pfiffig u. Genossen. Novellen. 8. (268 S.) Breslau 889. [Schottlaender.] Schlesische Verlags-Anstalt. n. 4.—; geb. n. 5.—

—— mein Prozess gegen die Allgemeine Zeitung. Stenographischer Bericht, Dokumente und Erläuterungen. gr. 8. (VIII und 280 S.) Genf 859. Bern, Vogt's Verlag. (Leipzig, Köhler.) *

Vogt, Carl, u. Frdr. Specht, die Säugetiere in Wort u. Bild. (In ca. 25 Lfgn.) 1. Lfg. Fol. (S. 9—24 m. eingedr. Holzschn. u. 4 Holzschntaf.) München 882. Verlags-Anstalt f. Kunst u. Wissenschaft. n. 1.50

— u. F. Specht, die Säugetiere in Wort u. Bild. 2—28. (Schluß-)Lfg. Fol. (XXII u. S. 1—8 u. 25—440 m. eingedr. Holzschn. u. Holzschntaf.) München 883. Verlags-Anstalt f. Kunst u. Wissenschaft. à n. 1.50 (cplt. cart: n. 45.—; geb. n. 48.—)

— Schauspieler-Kunst. Eine Hochschulfrage. (16 S.) 8. Berlin (908). Priber & Lammers. — 50

Vogt, Karl: Johann Balthasar Schupp. Von —. (Kassel: Scheel 1910.) 15 S. 4° [Kopft.]
(Aus: Hessenland, Ztschr. f. hess. Gesch. u. Lit. Jg. 24. 1910.)

—— der achtzehnte September in Frankfurt. Im Auftrage der Clubbs der Linken vom deutschen Hofe und vom Donnersberge geschildert. 1. Aufl. (86 S.) und 2. Aufl. 8. (80 S.) Frankfurt a. M. 848, Literarische Anstalt.

—— über den heutigen Stand der beschreibenden Naturwissenschaften. Rede gehalten am 1. Mai 1847 zum Antritte des zoolog. Lehramtes der Universität Gießen. 8. (44 S.) Gießen 847, Ricker. *

Vogt, Carl. Studien zur gegenwärtigen Lage Europas. (Genf, den 31. März 1859.) 8. Bern und Genf 1859.
[1. Aufl.]
[2. Aufl.] ([Mit] Nachwort [vom] 6. Juni 1859.)

Vogt, Carl, Studien zur gegenwärtigen Lage Europas. Genf 859. Bern. 8. (X, 134 S.) n. 7½ ngr.

—— Studien zur gegenwärtigen Lage Europas. 8. (X und 134 S.) Bern 859, Vogt's Verlag. (Leipzig, Köhler.) *

Vogt, Carl, und Hofer, Bruno. Die Süsswasserfische von Mittel-Europa, hrg. von Wilhelm Grote in Barmen †, verfasst von Prof. Dr. C' V' in Genf † und Prof. Dr. B' H' in München. 2 Teile. Frankfurt a. M., Druck Werner & Winter; Leipzig, Comm. Wilhelm Engelmann, 1908—1909. [geb. *zus.* M. 300.—]
Teil 1: Text, enthaltend XXIV und 558 Seiten T' mit 292 Textfiguren [sowie 3 Porträts]. XXIV + 559 S. 4. 1909.
Teil 2: Atlas, enthaltend 31 Chromolithographische Tafeln und 31 Deckblätter mit Figurenerklärung ([sowie] Verzeichnis der Abbildungen auf den Tafeln). II S. + 31 Tafeln. quer-fol. + Verz' 8 S. 4. 1908 *u.* 1909.

Vogt, Carl. Geologische Theorien. [SA.] 8. [Köln] *o. J.* [ca. 1864].

Vogt, Car.: Theses theologicae. * Exemplar nicht nachweisbar.
Berlin, Theol. Thes. v. 28. Juli 1830

Vogt, Karl, und Buley, Wilhelm, Theoretisch-praktisches Turnbuch für Lehrer- und Lehrerinnen-Bildungsanstalten. Mit zahlreichen Abbildungen. Umgearbeitete Ausgabe. Wien 1896. K. k. Schulbücher-Verlag. (Min.-Erl. v. 11. Nov. 1895, Z. 25008.) In Leinwand gebunden 1.—

Vogt, K., & W. **Buley:** Theoretisch-praktisches Turnbuch für Lehrer- und Lehrerinnen-Bildungsanstalten. Wien 1898. 232 S. m. Abb.
— — 11. Aufl. 1909. 246 S.

Vogt Karl und **Buley Wilhelm,** Theoretisch-praktisches Turnbuch für Lehrer- und Lehrerinnenbildungsanstalten mit zahlreichen Illustrationen. 10., veränderte Auflage. Wien 1906. K. k. Schulbücherverlag. In Leinwand geb. K 2.—.

— das Turnen in der Volks- u. Bürgerschule, s.: Buley, Wilh.

Vogt Karl und **Buley** Wilhelm, Theoretisch-praktischer Turnleitfaden für Lehrer- und Lehrerinnen-Bildungsanstalten, sowie zum Gebrauche für Lehrer und Lehrerinnen an den Volks- und Bürgerschulen Oesterreichs. Mit besonderer Berücksichtigung des ersten Theiles des österreichischen Exercier-Reglements für die k. k. Fusstruppen. Unter Mitwirkung mehrerer Schulmänner von —. Mit 162 Figuren. Wien 1881. K. k. Schulbücherverlag. Preis eines Exemplars, steif gebunden, 90 kr.

Vogt, K., & W. **Buley:** Theoretisch-praktischer Turnleitfaden für Lehrer- und Lehrerinnen-Bildungsanstalten. Wien 1881. 163 S. m. Abb.
— — 2. Aufl. 1884. 181 S.

Vogt, Karl, u. Buley, Wilhelm, Theoretisch-praktischer Turnleitfaden für Lehrer- und Lehrerinnen-Bildungsanstalten, 1.—4. Aufl., Wien 1881 bis 1891, 8°. 4 Bde.

Vogt, Carl und Gabr. de Mortillet. Geologische Untersuchung des Terrains der Eisenbahnlinie zwischen Lausanne und dem Lac-de-Bret. Bern 1856.

—— Untersuchungen über die Absonderung des Harnstoffs und deren Verhältniss zum Stoffwechsel. Lex.-8. (65 S.) Giessen 861, Ferber'sche Universitäts-Buchh. *
Aus: Untersuchungen zur Naturlehre des Menschen und der Thiere, hrsg. von Jac. Moleschott, besonders abgedruckt.

Vogt, Carl (III.), Untersuchungen über die Entwickelungsgeschichte der Geburtshelferkröte (Alytes obstetricans). gr. 4. (18¼ B. u. 3 Stnt.) Solothurn 842, Jent u. Gassmann. *

— Untersuchungen über Thierstaaten. Mit 3 (lith.) Abbildgn. gr. 8. (XVI u. 248 S.) Frankfurt a. M. 851, Literarische Anstalt. 1½ ₰

Vogt, Carl: La vie d'un homme. s. Vogt, William

—— Vorlesungen über den Menschen, seine Stellung in der Schöpfung und in der Geschichte der Erde. 2 Bde. in 4 Lfgn. gr. 8. (VIII und 298 S., XV und 328 S., mit eingedr. Holzschn.) Gießen 863, Ricker. à Lfg. * 24 Ngr. *

—— Vorlesungen über nützliche und schädliche, verkannte und verläumdete Thiere. 8. (IV und 239 S. mit 64 Abbild. in eingedr. Holzschn.) Leipzig 864, Keil. *

—— naturwissenschaftliche Vorträge, s. Biber, R.

— über Vulkane, s. a. Vorträge, öffentliche.

Vogt, C., über Vulkane. Vortrag. gr. 8. Basel, Schweighauser'sche Verlagshdl. 1874. 1. 20

— Wegweiser durch d. Gebiet d. Geräteübungen, s.: Buley, Wilh.

—— Widerlegung, s. Balser, Joh. Bapt.

Vogt, Karl Aug. Traug., Antrittspredigt am Sonntag Judica 1835 geh. gr. 8. (1 B.) Berlin, Herbig.

Vogt, K. A. Tr., Johannes Bugenhagen Pomeranus, s. a. Leben und ausgewählte Schriften der Väter und Begründer der luther. Kirche.

Johannes Bugenhagen Pomeranus. Leben und ausgewählte Schriften v. Karl August Traugott Vogt. Elberfeld. 1867. 8°

—— Neoplatonismus u. Christenthum. Untersuchungen üb. d. angebl. Schriften Dionysius d. Areopagiten, mit Rücksicht auf verwandte Erscheinungen. 1. Thl. Neoplatonische Lehre. gr. 8. (10½ B.) Berlin 836, Herbig.

Vogt, Karl Aug. Trg., Rede bei der Legung des Grundsteins zu einem neuen Universitäts-Krankenhause am 400jähr. Jubelfeste der K. Universität Greifswald den 17. Octbr. 1856 gehalten. Greifswald 857. Koch. gr. 8. (8 S.) n. 2 ngr.

Vogt, Karl Aug. Traug., die Stärke am inwendigen Menschen. Abschiedspredigt über Ephes. 3, 14—17, in der Dreifaltigkeitskirche zu Berlin gehalten am 17. Sonnt. n. Trinit. 1837. gr. 8. 838. Halle, Coldit'sche Buchh. 1/12 ₰

Vogt, Karl Frdr., der Kampf um Jerusalem. Eine deutl. Erklärg. des Propheten Daniel u. der Offenbarg. Johannes. 2 Tle. gr. 8. Stuttgart 902. (Bonn, J. Schergens.)
n. 6. 50; in 1 Bd. n. 6.—; geb. n. 7. 50
1. Der Prophet Daniel in kurzer u. prakt. Auslegung. (248 S.) n. 3.—
2. Die Offenbarung Johannes in kurzer u. prakt. Auslegung od. die Zeichen der Zeit. 2. umgearb. Aufl. (340 S.) n. 3.50

Vogt, Karl Wilhelm

Vogt, Carl Wilh., Album des Königreichs Bayern, s. Heyn, Carl, Album.

Vogt, Karl Wilh., der Begleiter auf der Eisenbahn von München nach Holzkirchen, Aibling, Rosenheim, Kufstein u. Innsbruck. Augsburg 859. Jaquet. 16. (45 S.) 4½ ngr.

Vogt, Karl Wilh., Belvedere d. Hochlande von d. Bodensee u. d. Lechquellen bis zur Isar, von d. Oetzthalerferner bis z. Würmsee. gr. 12. (8 B., 1 ill. Stahlst., 1 Stnt., 1 Karte u. 4 Bl. musik. Beiln.) Augsburg 841, Rieger'sche Buchh.

Vogt, Karl Wlh., Belvedere der Hochlande von dem Bodensee u. den Lechquellen bis zur Isar, von dem Oetzthalerferner bis zum Würmsee. Mit 1 (illum.) Stahlst., 1 Reisekarte u. einigen musikal. Beilagen (auf 4 Blättern.) gr. 12. (Mit 1 lith. Ansicht v. Lechthal.) Augsburg u. Lindau 841, Matth. Rieger'sche Buchh. 1 Thlr. — 2. Aufl. Mit 2 Ansichten, 1 Reisekarte u. Musikbeil. 12. Lindau 846, Stettner. geb. 5/6 Thlr.

Vogt, Carl Wilh., Belvedere der Hochlande von dem Bodensee und den Lechquellen bis zur Isar, von den Oetzthalerferner bis zum Würmsee. 2. Aufl. 12. (XII und 177 S. mit 2 Ansichten in gr. 4., 1 Reisekarte in Fol. und 3 Musikbeil.) Lindau 847, Stettner.

— Beschreibung des Schlosses Hohenschwangau und dessen Umgebungen. Mit 4 Ansichten u. 1 Stahlstiche. gr. 12. München 837. Lindauer'sche Buchh. (Sauer.) n. ½ Thlr.

— Beschreibung des Schlosses Hohenschwangau und seiner Umgebungen, mit historischer Erklärung der dortigen Gemälde. 2. verm. Aufl. Mit den Ansichten v. Hohenschwangau und Füßen. gr. 12. München 841, Lindauer'sche Buchh. (Sauer.) geb. n. ½ Thlr.

—— freimüthige Briefe aus München. Von freisinn. Standpunkte aufgefaßte Beleuchtung und Erörterung wichtiger Zeitfragen, namentlich vaterländ. Angelegenheiten mit besond. Rücksicht auf das Volk. 24. (24 S.) München 848, (Henzel.)

Vogt, Karl Wlh., Dichtungen. gr. 12. Augsburg u. Lindau 840. Math. Rieger'sche Buchh. (Himmer.) ¾ Thlr.

—— Hohenschwangau's histor. Gemälde. 8. (6¾ B.) München 836. [Augsburg, Jaquet's Vrlsbuchh.]

— Ludwig der Bayer und Friedrich der Schöne. Historisch-dramat. Dichtung in 4 Abthll. 8. München 837. Franz. n. 5/12 Thlr.

(Vogt, Karl Wilh.:) Lola Montez mit ihrem Anhange, und Münchens Bürger u. Studenten! Ein dunkler Fleck u. ein Glanzpunkt in Baierns Geschichte. Münchens edlen hochherzigen Bürgern u. Studenten in tiefgefühlter Verehrung zugeeignet von einem Unpartheiischen. München, Dr. Wild'sche Buchh., 1848. 12°. Cart.
16 S. Name d. Verf. am Schluss.

Vogt, Carl Wilh., Venediger Nächte. 2. Aufl. 12. (5½ B.) München 840. [Augsburg, Jaquet's Verl.] *

—— Panorama d. Bodensee's. gr. 12. (3⅔ B. u. 1 Karte.) Augsburg 840, Rieger'sche Buchh.

— Panorama des Bodensee's. Mit 1 Karte. 8. Augsburg 840. (Lindau, Stettner.) ½ Thlr. ohne Karte ¼ Thlr.

—— Seerosen, s. a. Seerosen.

— Seerosen. gr. 8. Lindau 839. (Stettner.) 1 Thlr.

— der Sängerin Seufzer. Komödie in 2 Akten. 8. Lindau ..., Stettner. ¼ Thlr.

Vogt, Kurt

Vogt, Curt: Über Abhängigkeit des Laubblattes von seiner Assimilationsthätigkeit. *Erlangen 1898: A. Vollrath.* (47 S. mit Taf.) 8°
Erlangen, Phil. Diss. v. 10. Febr. 1898

Vogt, L., zur deutschen Rechtschreibung. Ihre mögl. Vereinfachg. (Deutsche Fragen.) (32 S.) 8. Grossenhain (905). Baumert & Ronge. n. — 55

Vogt, Lorenz, Arzt: Wanderniere ⟨Ren mobilis⟩. Rostock 1909: Hinstorff. 20 S. 8°
Rostock, Med. Diss. v. 25. Juni 1909, Ref. Martius
[Geb. 19. Aug. 76 Husum; Wohnort: Husum; Staatsangeb.: Preußen; Vorbildung: Gymn. Husum Reife O. 96; Studium: Jena 1, Berlin 9 S.; Coll. 3. Jan. 08; Approb. 16. April 08.] [U 09. 3730

Vogt, M. F., Adreßbuch der Stadt Breslau, s. Adreßbuch.

Vogt, M. F., über die gegenseitigen Rechte u. Verbindlichkeiten der Meister, Gesellen u. Lehrlinge, u. die Competenz der Communal- u. Polizei-Behörden in Bezug auf die Beurtheilung der zwischen denselben vorfallenden Streitigkeiten nach preuß. Rechte, namentlich den Vorschriften der allgemeinen Gewerbe-Ordnung vom 17. Januar 1845. Ein unentbehrliches Handbuch für Handwerks-Meister rc. 2. Aufl. gr. 8. (IV u. 32 S.) Breslau 847, Frdr. Aderholz. n. ⅙ Thlr.

—— Repertorium der preuß. Bau- u. Feuer-Polizeigesetze, s. a. Repertorium.

Vogt, M. F.: Repertorium der Preußischen Bau- und Feuer-Polizeigesetze. E. Handbuch ... Enth. sowohl die allgemein geltenden, als auch die speziell für Breslau und den Breslauer Regierungs-Bezirk erlassenen Vorschriften. Breslau 1845.

— Zusammenstellung der Rechte u. Verbindlichkeiten der Miether u. Vermiether nach preuß. Recht. Ein unentbehrliches Handbuch für Grundbesitzer u. Miether. 4. verm. u. verb. Aufl. gr. 8. (32 S.) Breslau 852, Gosohorsky. n. 4 ngr

Vogt, Marie Louise, die Grafen v. Harten. Roman in 2 Bdn. gr. 8. (VII und 405 S.) Mannheim 855, (Löffler.) *

Vogt, Marie Luise (L. Küchler), verschiedene Lebenswege. Drei Erzählungen. 16. (VII und 338 S.) Mannheim 866, Wittwer. *
geb. *

Vogt, Martin, Beruf und Leibesübung, München, 32 S., 8°.

Vogt, Martin, aus Würzburg: Der **Buchtitel** in der römischen Poesie. *Würzburg 1900: Stahel.* (98 S.) 8°
München, Phil. Diss. v. 1900

Vogt, Martin: Dschiu-Dschitsu der Japaner — das alte deutsche Freiringen. Eine kulturhistor. Studie. München 1909: Seyfried. 66 S. 8°
München, k. Theresien-G P 1909* [S 09. 481

Vogt, Mart., Dschiu-Dschitsu der Japaner — das alte deutsche Freiringen. (66 S. m. Abb.) gr. 8. München (909). [C. A. Seyfried & Co.] Leipzig, A. F. Schlöffel. (Urspr. Pr. 1. 50)

— s.: Fürsorgewesen.

Vogt, Martin, Das neue Heim des M. T. V. München, Turnanstalt f. Männer u. Knaben, Frauen u. Mädchen, 25 S., 8°.

— Jugendspiele an den Mittelschulen. Vortrag, geh. in der Münchener Eltern-Vereinigg. (50 S.) gr. 8. München 907. Verlag der ärztl. Rundschau. 1. 20

Vogt, M.: Untersuchungen zu den gymnastischen Knabenspielen der alten Hellenen. München 1905. S. 561—603. Aus: Blätter f. d. Gymnasialschulwesen. 39.

Vogt, Mart., s.: Untersuchungen zur älteren griech. Prosalitteratur.

Vogt, Minna, das Glas Wasser. Ein bergmännisches Familien-Gemälde. 12. (180 S.) Schwiebus 850, Wagner. n. 1/3 Thlr

Vogt, Nikolaus

— Abriß einer Geschichte der Deutschen für Mütter u. Lehrerinnen. 8. Frankf. 810. Andreä. 16 gGr

Vogt, Nikol., Abriß einer Geschichte von Mainz. 1r Thl. gr. 8. Frankf. 792. Varrentrapp. 16 gGr

(—) mahler. Ansichten des Rheins, von Mainz bis Düsseldorf, mit 32 nach der Natur von Schütz aufgenommenen und Günther gestoch. Kpf. gr. 8. Frankf. 807. Williams. 18 Thlr Velinp. 22 Thlr 12 gGr Die Kupfer auf größeres Papier besonders 15 Thlr. Vergl. Ansichten des Rheins.

Vogt, Nikol., Ansichten des Rheins. Heft 1—3. 32 Kupfer u. 1 Karte. Frankfurt a. M. 1801—6. 8. . . . . . . (D.)
—, —— Heft 1. 2. wesentl. veränd. Aufl. Frankfurt a. M. 1806. 8. [Der Rhein von Mainz bis Dusseldorf.] . . . . . . (D.)

— u. J. Weitzel, Rheinisches Archiv für Geschichte u. Literatur, für d. Jahre 1810—12. gr. 8. Mainz 810—12. Kupferberg. 15 Thlr Hbg. Pr. 7 Thlr 12 gGr J. 1813, 14. gr. 8. Wiesbad., Schellenberg. 10 Thlr Hbg. Pr. 5 Thlr

Vogt, Nicol., u. J. Weitzel, rheinisches Archiv f. Geschichte u. Literatur, f. die J. 1811—15. jed. Jahrg. in 12 Heften. gr. 8. Ebend. (à 5 Rthlr.) 2

— Rheinische Bilder. 1r Thl. 8. Mainz 792. Fischer. (Wienbrack in Leipz.) 8 gGr (Enth.: Fust, d. Erfinder der Buchdruckerei.)

— rheinische Bilder. In 24 Steinzeichnungen. Mit Balladen, gezeichnet von Perour und in Steindruck ausgeführt von Susenbeth. Mit beigedruckten Balladen. gr. Fol. Frankf. a. M. 819. Hermann. Gewöhnl. Ausgabe in schw. Abdrucken auf schweiz. Velinp. 16 Thlr Hbg. Pr. 8 Thlr Prachtausgabe auf bestem engl. Velinp., die Abdrücke mit größter Sorgfalt ausgetuscht. 192 Thlr. Fein ausgemalt 288 Thlr

Vogt, Niclas, rheinische Bilder. In 24 Steinzeichnungen. Mit Balladen, gezeichnet von Perour und in Steindruck ausgeführt von Susenbeth. Mit beygedruckten Balladen. gr. Fol. Frankfurt a. M., Herrmann. 821. Gewöhnl. Ausg. in schw. Abdrucken auf Schw. Velinp. 16

— — Prachtausgabe auf bestem engl. Velinp., die Abdrücke mit größter Sorgfalt ausgetuscht. 192
Fein ausgemalt 288

s. **K. Th. v. Dallberg, Betrachtt. über d. Charakter Karl d. Gr.**

— histor. Darstellung d. Europäischen Völkerbundes. 1r Thl. gr. 8. Frankf. a. M. 808. Andreä. 1 Thlr 4 gGr

— histor. Erläuterung d. pantomim. Stellung von Henriette Hendel rc. gr. Fol. Frankf. a. M. 810.

FRAUENLOB, Heinrich, oder der Sänger und der Arzt (von *Nicolaus Vogt*). Mainz 1792.
Anon.-Lex. II. p. 119 (nach Kayser u. Meusel). — Rar!

s. **Geschichte der französ. Revolution v. 1355.**

— rheinische Geschichten und Sagen. 3 Bde. gr. 8. Frankf. a. M. 817. Hermann. 6 Thlr Hbg. Pr. 4 Thlr Velinp. 8 Thlr

Vogt, Nikl., rheinische Geschichten u. Sagen. 4. (letzt.) Bd. — A. u. d. T.: Geschichte d. Verfalls u. Untergangs d. rhein. Staaten d. alten deutschen Reichs. gr. 8. (19 3/4 B.) Frankfurt a. M. 836. [Leipzig, Kersten.] *

—— **Grund- u. Aufriß d. christl.-german. Kirchen- u. Staats-Gebäudes im Mittelalter, nach unverwerfl. Urkunden u. Zeugnissen dargestellt. 2., durch e. Anh. verm. Ausg. (Mit d. Seitenstück: Grund- u. Aufriß d. philadelph.-columb. Tempels auf Panama.) gr. 8. (15 3/4 B.) Bonn 836, Marcus.**

— Gustav Adolph, König in Schweden, als Nachtrag zur Europäischen Republik. 2 Thle. gr. 8. Frankf. a. M. 790. Varrentrapp. 1 Thlr 4 gGr Mit Kpf. 2 Thlr

Vogt, Nikl., s. Heinrich Frauenlob.

— die deutsche Nation u. ihre Schicksale. gr. 8. Frankf. a. M. 810. Andreä. 1 Thlr 12 gGr

— d. gescheiderten Projekte, dieses u. d. vorigen Jahrhunderts nach öffentlichen u. geheimen Nachrichten. gr. 8. Frankf. a. M. 804. Andreä. 6 gGr

s. a. **Republik, europ.**

— üb. d. europäische Republik. 5 Thle. 8. Frankf. Varrentrapp u. W. (einzeln d. III. 10 gr. IV. 14 gr. V. 18 gr.)

— die Ruinen am Rhein. 1r Th. gr. 8. Heidelb. 809. Mohr. 1 Thlr

s. **Shakespeare's Beruf.**

* **Vogt, Nicol., der deutsche Spiegel. Beitrag zu den Friedenspräliminarien. 8. Frankf. Andreä. 814.**

— Europäische Staatsrelationen. 13 Bde. zu 3 Stück. gr. 8. Frankf. a. M. 804—809. Andreä. (à Stück 8 gGr) 13 Thlr 14r Bd. gr. 8. Heidelb. 809. Mohr. 1 Thlr Supplementheft hierzu für 1809. gr. 8. Mainz 810. Kupferberg. 9 gGr

— **System des Gleichgewichts und der Gerechtigkeit,** s. a. **System.**

VOGT, Nic.: System d. Gleichgewichts u. der Gerechtigkeit. *Frankf. a. M.* 802. 2 Thle. 8.

s. **System d. Weltgeschichte.**

— histor. Testament. 3 Thle., mit 12 Taf. 8. Mainz 814, 15. Kupferberg. 2 Thlr 16 gGr

Vogt, Nic., Unterhaltungen über die vorzügl. Epochen der alten Geschichte. Maynz 791. 8. 5 gr.

— Unterhalt. über d. vorzügl. Epochen der alten Geschichte. 8. Mainz 792. Fischer. (Wienbrack in Leipz.) 5 gGr

Vogt, Nikl., s. a. Urtheil, das, des Paris.

URTHEIL, Das, des Paris. Farce in drei Aufzügen (von *Nicolaus Vogt*). Mainz 1792.
Anon.-Lex. IV. p. 277 (nach Kayser, Engelmann, Kehrein).

— über die politischen Verhältnisse des östlichen Frankreichs. 8. Frankf. 789. Varrentrapp. 6 gr.

Vogt, Nicol. Detlef, feurige Jesusliebe, a. d. Evangelio am Sonntag Estomihi ꝛc. 4. Hamb. 722.

Vogt, Nils Colletti, Harriet Blich, s.: Frauen-Bibliothek, mod.

Vogt, O.

Dr. Johannes Bugenhagens Briefwechsel. Im Auftrage der Gesellschaft für pommersche Geschichte und Alterthumskunde gesammelt und herausgegeben durch O. VOGT. Stettin. 1888. In Kommission bei Léon Saunier. 8°.

Vogt, Osk., s.: Arbeiten, neurobiologische.

Vogt, Osk., die direkte psychologische Experimentalmethode in hypnot. Bewusstseinszuständen. Erweit. Darstellg. e. auf d. III. internationalen Psychologencongresses zu München geh. Vortrags. [Aus: „Ztschr. f. Hypnotismus, Psychotherapie etc."] gr. 8. (64 S.) Leipzig 897. J. A. Barth. n. 2. —

Vogt, Osk., zum Feierabende. Heitere u. ernste Geschichten aus dem schles. Gebirge. In dessen Mundart erzählt. gr. 8. (IV, 64 S.) Wüstegiersdorf 889. Jacob. n. — 75

Vogt, Osk., 3 Hornschloß-Sagen. Nach e. alten Ueberlieferg. erzählt. 8. (23 S.) Wüstegiersdorf 894. M. Jacob. n. — 30

Vogt, Osk., 3 Hornschloß-Sagen. Nach e. alten Ueberlieferg. erzählt. 2. Aufl. (32 S.) 8. Wüstegiersdorf 910. M. Jacob. — 40

— d. Hypnotismus, s.: Forel, Aug.

— s.: Journal f. Psychologie u. Neurologie.

— Zur Kenntnis der elektrisch erregbaren Hirnrinden-Gebiete bei den Säugetieren, s.: Vogt, Cécile.

— die Markreifung des Kindergehirns, s.: Vogt, Cécile.

Vogt, Osk., „der goldene Spiegel" u. Wielands politische Ansichten, s.a. Forschungen zur neueren Literaturgeschichte.

Vogt, Oscar: Der goldene Spiegel und die Entwicklung der politischen Ansichten Wielands. T. 1. *Berlin: A. Duncker 1903.* (VII, 33 S.) 8° ¶ [Erschien vollst. als: Forschungen zur neueren Literaturgesch., Bd 26.]
Breslau, Phil. Diss. v. 27. Nov. 1903

Vogt, Oskar: 'Der goldene Spiegel' und Wielands politische Ansichten. Von . Berlin: A. Duncker 1904. (X, 101 S.) 8°
(Forschungen z. neueren Literaturgeschichte. 26.)

— ei der Summerfrische. Humoreske in schles. Gebirgsmundart. gr. 8. (53 S.) Ebd. 890. n. — 60

Vogt, Osk., aus vergangenen Tagen. Geschichtliche Mittheilungen über Wüstegiersdorf und sämmtliche Ortschaften der Umgegend unter Benützung von Handschriften, Documenten, Geschichtswerken, Denkschriften und Lokalnachrichten gesammelt und hrsg. gr. 8. (79 S.) Wüstegiersdorf 878, Jacob. *

Vogt, Osk., aus vergangenen Tagen. Geschichtliche Mitteilgn. üb. Wüstegiersdorf u. sämtl. Ortschaften der Umgegend, gesammelt u. hrsg. 2., vollständ. umgearb. u. erweit. Aufl. gr. 8. (111 S.) Wüstegiersdorf 895. W. Jacob. n. 2. —

— s.: Zeitschrift f. Hypnotismus.

Vogt, Osw., der Salon-Komiker. Eine Blütenlese d. durchschlagendsten u. beliebtesten Vortragsstücke f. Deklamation u. Gesang. 2. Aufl. 12. (62 S.) Köln 897. J. Püttmann. — 30

Vogt, O[tto]: Frauenthätigkeit und Christenthum. Beitrag zur Verständigung über eine Zeitfrage. — Berlin: Prochnow 1876. 126 S. 8°

— unser Glaube ist der Sieg der die Welt überwindet. Predigt geh. am Sonntag Quasimodogeniti. 16. (12 S.) Berlin 873. Beck. n. — 20

Vogt, Otto. Untersuchung der bedeutenderen in der Schweiz angewandten Verfahren zur Reinigung des Dampfkessel-Speisewassers ausserhalb des Kessels zur Beurteilung ihrer Leistungsfähigkeit, mit besonderer Berücksichtigung des Soda-Regenerirverfahrens. (Bern) Frauenfeld, 1893.

Vogt, P. G. A., Westentaschenbuch f. Kaufleute, Fabrikanten u. Oekonomen, enth. vielerlei Gegenstände in Tabellenform, welche f. benannte Geschäftsleute nützlich u. angenehm sind. kl. 12. (10½ B.) Weimar 839, Voigt.

Vogt, P. G. A., Westentaschenbuch f. Kaufleute, Fabrikanten u. Oeconomen, enth. vielerlei Gegenstände in Tabellenform, welche f. benannte Geschäftsleute nützlich u. angenehm sind. 2., verm. Aufl. 18. (8 B.) Weimar 843, Voigt.

Vogt, Paul [aus Prausse in Schlesien]: Beiträge zur Kenntnis des p-Tolylphenylketons .... Freiburg i. B., Buchdr. v. Chr. Ströcker, 1888; 41 S. + 1 Bl. 8°
Freiburg i. B., Phil. Fak., Inaug.-Diss. v. 1887

Vogt, Paul, Dir. Prof. Dr.: Kleine Beiträge zur Geschichte der Chatten. *Cassel 1901: Weber & Weidemeyer.* (S. 3—21.) 4°
Cassel, k. Wilhelms-G, OP 1901 (418)

Vogt, Paul, s.: Beowulf.

Vogt, Paul: *De choro Aristophaneo. 50 [vielmehr: 49] S. 4° (2°)
Halle-Wittenberg, Phil. Diss. v. 21. Febr. 1876
Geb. [Bunzlau 16. 11. 1851]

Vogt, *Paul* Das Deutsche als Ausgangspunkt im fremdsprachlichen Unterricht (Durchgeführt an einigen Kapiteln der lateinischen Syntax.) 4 (S. 3—24) **Progr.** G. u. Rg. *Neuwied* 1886 (115)
Vgl. denselben Titel. 8 (45 S.) Neuwied und Leipzig 1886, Heuser's Verlag. ℳ 1.

Vogt, das Deutsche als Ausgangspunkt im fremdsprachlichen Unterricht. Durchgeführt an einigen Kapiteln der lateinischen Syntax. (45 S.) Neuwied 887, Heuser's Verlag. *

Vogt, Paul, Entscheidungen des hanseatischen Oberlandesgerichts in Strafsachen aus den J. 1879—1897. Geordnet u. hrsg. gr. 8. (IX, 758 S.) Hamburg 899. H. Seippel. n. 15. —; geb. n. 18. —

Vogt, Paul, Entscheidungen des hanseatischen Oberlandesgerichts in Strafsachen, Fortsetzg., s.: Entscheidungen.

—— über deutsche besonders Neuwieder Familiennamen. 8. (55 S.) Ebendas. 888.

Vogt, Paul, Fortbildungs-Buch f. den Esperanto-Unterricht, s.: **Irmscher**, Ludw.

Vogt, P., die hamburgischen Gesetze üb. die öffentliche Jugendfürsorge, s.: **Boysen's** Sammlung hamburg. Gesetze. Nr. 8. (Petersen, L.)

Vogt, P., üb acute Knochenentzündungen in der Wachsthumsperiode, s.: **Sammlung** klinischer Vorträge.

Vogt, Paul, die chirurgischen **Krankheiten** der oberen Extremitäten, s.a. **Chirurgie**, deutsche.

Vogt, Paul: Die chirurgischen Krankheiten der oberen Extremitäten. Mit 116 Holzschn. u. 2 Taf. Stuttgart 1881. XXXV, 292 S.
(Deutsche Chirurgie. Lfg 64.)

Vogt, P., s.a. **Mittheilungen** aus der chirurgischen Klinik in Greifswald.

Vogt, Prof. Dr. P., Mittheilungen aus der chirurgischen Klinik in Greifswald. (XVIII u. 198 S.) Wien, Urban & Schwarzenberg. 3 fl. 60 kr.

Vogt, Paul [Prof. Dr., Dir.]: Nachträge zur Programm-Abhandlung des vorigen Jahres über die Ortsnamen im Engersgau. Neuwied, Strüder'sche Buchdr., *1891;* S. 11–13; 4°
Neuwied, k. G m. RPG, OP 1891 (450)

Vogt, Paul, die Nerven-Dehnung als Operation in der chirurgischen Praxis. Eine experimentelle und klin. Studie. gr. 8. (V, 81 S. mit 10 eingedr. Holzschn. und 1 chromolithogr. Taf. in qu. gr. 4.) Leipzig 877, F. C. W. Vogel. *

Vogt, Paulus [Cassellanus]: De Luciani libellorum pristino ordine quaestiones. Particula I.... Marpurgi Cattorum, typ. Ludovici Doell Cassellani, 1889: 1 Bl. + 40 S. + 6 Bl. 8°
Marburg, Phil. Fak., Inaug.-Diss. v. 15. Aug. 1889

Vogt, Paul. De Luciani libellorum pristino ordine quaestiones. Particula I. gr. 8. (40 S. m. 5 Tab.) Marpurgi Cattorum 889. (Cassel, Hühn.) * 1 50

—— moderne Orthopädik. 1. Die mechan. Behandlung der Kyphose. 2. Die Behandlung des angeborenen Klumpfusses. gr. 8. (IV, 62 S. mit 5 lithogr. Taf.) Stuttgart 880, Enke. *

—— dass. — I. Die mechan. Behandlung der Kyphose. II. Zur Behandlung des angeborenen Klumpfusses. III. Die Scoliose und ihre Behandlung. 2. umgearb. und verm. Aufl. gr. 8. (IV, 167 S. mit 19 lithogr. Taf. und 19 Bl. Taf.-Erklärungen.) Ebendas. 883. *

Vogt, Paul [Prof. Dr. Oberl.]: Die Ortsnamen im Engersgau. Eine Untersuchung. Neuwied, Strüder'sche Buchdr., 1890; 2 Bl., 61 S. 8°
Neuwied, k. G m. RPG, OP 1890

Vogt, Paul [Prof. Dr.]: Die Ortsnamen auf -scheid und -auel '(ohl)'. E. Beitr. z. Geschichte d. fränk. Wandergn u. Siedelgn. Neuwied, L. Heuser's Buchdr., 1895; 63 S., 2 Kt. 8.
Neuwied, k. G m. RPG, OP 1895 (405)

Vogt, Paul, (Dir.) Prof. Dr.: Die **Ortsnamen** auf -seifen, -siefen, -siepen, -sick, -seih. *Cassel 1900: Weber & Weidemeyer.* (27 S.) 4°
Cassel, k. Wilhelms-G, OP 1900 (412)

Vogt, Paul: [Professor Karl Wagner, gestorben am 11. April 1903.] S. 19. 4. **Progr.** Kgl. Wilhelms-Gymn. *Cassel* 1904 (449).

—: [Professor Julius Zülch † am 15. Februar 1905.] S. 21. 4. **Progr.** Kgl. Wilhelms-Gymn. *Cassel* 1905 (459).

Vogt, Paul Heinr. Der Grenzbegriff in der Elementarmathematik. 53 S. 8. **Progr.** Fr. G. *Breslau* 1885.

Vogt, Paul Heinr. Das Tetraeder mit Höhenschnittpunkt. 12 S. **Progr.** Fr. G. *Breslau* 1881.

Vogt, Paul Richard, Referendar in Dresden: Das gesetzliche Erbrecht des Fiskus. Leipzig: Dr. Seele & Co. 1906. (32 S.) 8°
Leipzig, Jur. Fak., Diss. v. 8. Nov. 1906
[Geb. 27. Nov. 79 Großschönau; Wohnort: Dresden; Staatsangeh.: Sachsen; Vorbildung: Gymn. Zittau Reife O. 99; Studium: Leipzig 7 S.; Rig. 9. Febr. 03.]

Vogt, Pet., S. J., die **Grundwahrheiten** der Exerzitien des hl. Ignatius, ausführlich dargelegt in Aussprüchen der hl. Kirchenväter. (VIII, 774 S.) 8. Regensburg 908. F. Pustet. 5.—; geb. in Halbfrz. 6. 80

– Herz-Jesu-Büchlein der seligen Margaretha Maria Alacoque, s.: **Hausherr**, M.

Vogt, Pet., S. J., Himmelskrone, s.: **Hausherr**, M.

— **Lebensquell** zur Erneuerung der Welt. Mit e. kurzen Anh. v. Gebeten. (222 S.) 16. Trier 909. Paulinus-Druckerei. Geb. in Leinw. — 80

Vogt, Pet., S. J., **Maria** in ihren Vorbildern. Marienpredigten, zurechtgelegt zu Lesgn. auf d. Feste d. seligsten Jungfrau u. f. d. Marienmonate Mai u. Oktober. gr. 8. (XVI, 383 S. m. farb. Titelbild.) Regensburg 898. F. Pustet. 1. 80; geb. in Halbldr. n. 2. 40

— **Maria** in ihren Vorbildern. Marienpredigten, zurechtgelegt zu Lesgn. auf die Feste der seligsten Jungfrau u. f. die Marienmonate Mai u. Oktober. 2., neu durchgeseh. Aufl. (XVI, 384 S. m. farb. Titelbild.) 8. Regensburg 907. F. Pustet. 2.40; geb. in Halbfrz. 3. 20

Vogt, Pet., S. J., der Stammbaum Christi bei den hl. Evangelisten Matthäus u. Lukas, s.a. **Studien**, biblische. XII, 3.

Der Stammbaum Christi bei den heiligen Evangelisten Matthäus und Lukas. Eine hist.-exeget. Untersuchung von Peter **Vogt** S. J. Freiburg i. Br.: Herder 1907. (XX, 121 S.) 8°
= **Studien**, Biblische. Bd 12, H. 3. [07. 9642 9

-- **Stundenbilder** der philosophischen Propädeutik. 2 Bde. gr. 8. Freiburg i/B. 909. Herder. 11.—; geb. in Leinw. 12. 10
1. Psychologie. (XVII, 476 S.) 7.—; geb. in Leinw. 7. 60
2. Logik. (XI, 281 S.) 4.—; geb. in Leinw. 4. 50

Vogt, Philipp Friedrich Wilhelm

Vogt, Ph. Fr. Wlh., über die Erweichung des Gehirns und des Rückenmarks. gr. 8. Heidelberg 840. Groos. $1^1/_2$ ℛ

Vogt, [Philipp Friedrich] Wilhelm. L'établissement des bains de Hof-Ragaz ‹en Suisse›. Pour médecins et simples particuliers. ‹Traduit de l'Allemand.› 8. Ragaz 1863.

Vogt, P. F. W., der Kurort Hof-Ragaz in der Schweiz. Fur Aerzte u. Laien. Giessen 857. Ricker. 8. (2 Bl., 100 S.) n. 10 *ngr.*

Vogt, Ph. Fr. W., Lehrbuch der Pharmakodynamik. 1r Bd. gr. 8. Giessen, Heyer. 821.

Vogt, (Ph. Fr. W.,) Lehrbuch der Pharmakodynamik. 2r Bd. gr. 8. Gießen 823, Heyer sen. 2 Rthl. 8 gr. Beide Bde.

Vogt, Ph(ilipp) Fr(iedrich) W(ilhelm): Lehrbuch der Pharmakodynamik. 2.verm.u.verbess. Aufl. Bd 1 - 2, gbd.

Giessen: Heyer 1828

JB 1.497

Vogt, Ph(ilipp) Fr(iedrich W(ilhelm): Lehrbuch der Pharmakodynamik. 2.verm.u.verbess. Aufl. Bd 1 - 2, gbd.

Wien: Lechner 1831

JB 1.498

Vogt, Phil. Fr. Wilh., Lehrbuch d. Pharmakodynamik. 2 Bde. 3., verm. u. verb. Aufl. gr. 8. ... Giessen 832, Heyer, Vater.

—— Lehrbuch d. Pharmakodynamik. 2 Bde. 4., verm. u. verb. Aufl. 838. 5⅓ Thlr., u. 4. Aufl. 2., wohlfeil. Ausg. (4 Lfgn.) gr. 8. (à 96½ B.) Giessen 842, [Heyer's Verl.] *

Vogt, Ph(ilipp) Fr(iedrich) W(ilhelm): Lehrbuch der Receptirkunst für Aerzte. 371 S., gbd., 1 Tab.

Giessen: Heyer 1829

JB 1.624

Vogt, Ph(ilipp) Fr(iedrich) W(ilhelm): Lehrbuch der Receptirkunst für Aerzte. 356 S., gbd., 1 Tab.

Wien: v.Haykul 1830

JB 1.625

— Lehrbuch der Receptirkunst für Aerzte. gr. 8. Ebd. 829. u. 838. Herabgef. Pr. n. 1 ₰

Vogt, P. F. Wilh., Monographie der Ruhr. gr. 8. (VIII und 227 S.) Giessen 856, Ricker. *

Vogt, [Philipp Friedrich] W[ilhelm]. Die Curorte Pfäfers und Hof-Ragaz. SA. 8. Bern 1844.

Vogt, Philipp Friedrich Wilhelm (Dauernheim)
Thesen aus der gesammten Heilkunde, welche den 21. Sept. zur Erlangung der Doctorwürde in der Medicin, Chirurgie und Geburtshülfe öffentlich vertheidigen wird: Philipp Friedrich Wilhelm Vogt aus Dauernheim.
Giesen: Schröder 1812. 8 S.
Dr. med., chir. & obst . 21.9.1812. vorh. 26.

Vogt, Polykarpus Josephus *(geb. Pfaffendorf in d. Oberlausitz 17. 2. 1822)*: An acatholici secundum principia juris canonici impedimentis juris mere ecclesiastici teneantur, nec ne, quaeritur. Vratislaviae (1848). (35 S.) 8°
Breslau Jur. Diss. v. 9. Nov. 1848

Vogt, Polycarp Jos., Kirchen- und Eherecht der Katholiken und Evangelischen in den königl. preuß. Staaten, s. a. Kirchen- und Eherecht.

Vogt, Polycarp Jos., Kirchen- und Eherecht der Katholiken und Evangelischen in den Königl. Preuß. Staaten. Für Justiz- und Regierungsbehörden, Geistliche und Kirchenpatrone. 2 Thle. 1. Thl.: Kirchenrecht. — 2. Thl.: Eherecht. Breslau 857. Kern. Lex.-8. (IV, 632; 360 S.) n. 4 ₰. 20 ngr.

Vogt, Richard, a. Rudelstadt, Kr. Bolkenhain in Schlesien: Das Adjektiv bei Christopher Marlowe. (Berlin: Mayer & Müller 1908.) (VI, 68 S.) 8°
Berlin, Phil. Fak., Ref. Brandl, Diss. v. 12. Aug. 1908
[Geb. 23. Juli 83 Rudelstadt; Wohnort: Rudelstadt; Staatsangeh.: Preußen; Vorbildung: Realgymn. Landeshut in Schles. Reife O. 02; Studium: Genf 2, München 2, Berlin 8 S.; Rig. 23. Juli 08.]

Vogt, Rich., das Adjektiv bei Christopher Marlowe. Diss. (VIII, 69 S.) gr. 8. Berlin 908. Mayer & Müller. 1.50

Vogt, Rupert, Rechtsprakt.: Die Bankgesetznovelle vom 1. Juni 1909 in ihrer rechtlichen Bedeutung. Borna-Leipzig 1910: Noske. VI, 58 S. 8°
Erlangen, Jur. Diss. v. 24. Dez. 1910, Ref. Sehling
[Geb. 30. April 87 Illertissen; Wohnort: Illertissen; Staatsangeh.: Bayern; Vorbildung: Gymn. Kempten Reife 06; Studium: München 2, Berlin 1, Erlangen 5 S.; Rig. 14. Nov. 10.] [U 11. 881

Vogt, Siegfried: De Galeni in libellum Κατ' ἰητρεῖον commentariis. Marpurgi Catt. 1910: Noske Bornensis. 47 S. 8°
Marburg, Phil. Diss. v. 18. Okt. 1910, Ref. Kalbfleisch
[Geb. 24. Juli 86 Kiel; Wohnort: Marburg; Staatsangeh.: Preußen; Vorbildung: Gymn. Marburg Reife O. 04; Studium: Marburg 3, Berlin 3, Marburg 6 S.; Rig. 3. März 10.] [U 11. 3503

Vogt, Theodor

— Immanuel Kants Biographie, s.: Bibliothek pädagogischer Klassiker. 13. Bd.

Vogt, Thdr., J. J. Rousseau's Biographie, s.: Bibliothek pädagogischer Klassiker.

Vogt, Thdr., der Encyklopädismus und die Lesebücher. Mit Rücksicht auf die österreich. Lesebücher und einem Anhang über die „freien Vorträge". 8. (30 S.) Wien 878, Gerold's Sohn. *

Vogt, Thdr., Form und Gehalt in der Aesthetik. Eine krit. Untersuchung über Entstehung und Anwendung dieser Begriffe. gr. 8. (IV und 208 S.) Wien 865, Gerold's Sohn.

Vogt, Thdr., s.: Jahrbuch des Vereins für wissenschaftliche Pädagogik.

— Lotts Kritik der Herbartschen Ethik und Herbarts Entgegnung. S. 78. 165 ... 60
Separatabdruck

Vogt, Theod., Lott's Kritik der Herbart'schen Ethik u. Herbart's Entgegnung. [Aus: „Sitzungsber. d. k. Akad. d. Wiss."] Lex.-8. (40 S.) Wien 874. Gerold's Sohn. n. — 60

—— Lott's Kritik der Herbart'schen Ethik und Herbart's Entgegnung. Lex.-8. (40 S.) (Ebendas.) 877. *
Aus: Sitzungsberichte der k. Akademie der Wissenschaften, besonders abgedruckt.

Vogt Theodor J. J. Rousseaus Leben. S. 63. 261 ... 1 50
Separatabdruck

—— J. J. Rousseau's Leben. Lex.-8. (114 S.) Wien 870, (Gerold's Sohn.) *
Aus: Sitzungsberichte der k. Akademie der Wissenschaften, besonders abgedruckt.

Vogt, Theod., Franz Karl Lott. gr. 8. (24 S.) Wien 874, Gerold's Sohn. *

—— die österreichischen Realgymnasien. gr. 8. (41 S.) Leipzig 873, Gräbner. *

— die österreichischen Realgymnasien. gr. 8. (41 S.) Leipzig 873. Verlag f. erzieh. Unterricht. n. — 75

Vogt, Thdr., J. G. Fichte's Reden an d. deutsche Nation u. Biographie, s.: Bibliothek pädagog. Klassiker, Bd. 20.

Vogt, Theod. (Prof. a. d. Wiener Universität) und E. v. Sallwürk (Grossherzogl. Bad. Oberschulrath). J. J. Rousseau. 2 Bde. 8°. Langensalza, Beyer. 1878.

— s.: **Seminar-Reform**, die neue preussische, unter pädagogischer Beleuchtung.

Vogt, Thdr., das pädagogische Universitäts-Seminar in seinem Verhältniss zu den in Preussen u. Österreich bestehenden gesetzlichen Vorschriften üb. die Bildung der Lehrer an höheren Schulen. gr. 8. (64 S.) Leipzig 884. Veit & Co. n. 1.20

Vogt, Traugott Karl August: Anatomisch-physiologisch-chirurgische Abhandlung eines sehr seltenen zusammengesetzten Bruchs beyder Schulterblätter und des rechten Schlüsselbeins. 92 S., gbd., 2 Taf.(fehlen!)

Leipzig: Tauchnitz 1800

JB 3.140

Vogt, Traugott Karl August [Praes.], s. Arnold, Carl Gottfried: Diss. erysipelatis pathologiam complectens.

Vogt, Traugott Karl August [Praes.], s. Boenisch, Johann Gottfried: De metrorrhagia.

Vogt, Tr. K. A., De condimentis corporis imprimis faciei. 16 pp. Viteb. 4°.

1791

Vogt, Traugott Karl August [Praes.], s. Exss, Johann Heinrich August: De vomitu sympathico haud raro perutili.

Vogt, Traugott Karl August [Praes.], s. Ficinus, Heinrich David August: De hydrope. Specim. nosolog.

Vogt, Traugott Karl August [Praes.], s. Friedel, Christian Gottlieb: De vario capitis foetus in utero imprimis sub partu situ perverso.

Vogt, Traugott Karl August [Praes.], s. Fritzsche, Johann Theophil: De medicinae practicis ad artem faciendam nec cognitione ac peritia satis exornatis, nec legitime admissis, eorumque delendorum quibusdam remediis.

De Habitu oculi cum habitu cutis maxime consentiente agitur. P. 3. (Vitebergae 1802: Charisius.) 8°

P.3: (1802.)
[Einladungsschrift zur Dr. med.- Promotion von Christian Friedrich Heiner, Wittenberg, 8. Okt. 1802.]

Vogt, Traugott Karl August [Praes.], s. Heyne, Karl August: De tinea capitis.

Vogt, Traugott Karl August [Praes.], s. Hoppe, Johann Christian Friedrich: De natura et divisione tumorum, qui physconiae dici solent, viscera abdominalia insolito modo prementium.

Vogt, Traugott Karl August [Praes.], s. Kreysig, Karl August: Quasdam continens meditationes de morbis syphiliticis, nec non de mercurii contra eos effectu.

Vogt, Traugott Karl August [Praes.], s. Liebhold, Aug. Ludw.: De ulceribus.

Vogt, Traugott Karl August [Praes.], s. Marggraf, Gottfried Lebrecht: Existentia animalculorum spermaticorum in semine virili probatur.

Vogt, Traugott Karl August [Praes.], s. Massalien, Karl Heinrich: De usu epithematum frigidorum in capitis laesionibus magno per novam experientiam probato.

Vogt, Traugott Karl August [Praes.], s. Meinicke, Johann Georg: Mammarum structuram et morbos sistens.

Vogt, Traugott Karl August [Praes.], s. Neumann, Christian Wilhelm: De paronychia.

Vogt, Traugott Karl August [Praes.], s. Richter, August Gottfried: De Junipero Sabina eiusque virtute salutari.

— s. J. G. Wünsch, enumeratio.

Die Schulfrage. Gemeinverständl. dargest. von Val. **Vogt**, Red. Köln: Theissing 1910. 68 S. 8°
Aus: Rhein. Merkur. [11. 3191

Vogt, W., über die fieberunterdrückende Heilmethode und ihre Anwendung bei acuten Krankheiten überhaupt. (Abdr. aus der „Schweizerischen Monatsschrift für praktische Medicin.") Bern 859. (Blom.) gr. 8. (81 S.) n. 10 ngr.

—— **die essentielle Lähmung der Kinder.** gr. 8. (86 S.) Bern 858, (Blom.) *
Vorstehende zwei Schriften des Verf. wurden aus: Schweizerische Monatschrift für praktische Medizin, besonders abgedruckt.

Vogt, W., Lehrbuch der Naturkunde, s.: Schirlitz, P.

Vogt, Walther, aus Breslau: Die Wortwiederholung ein Stilmittel im Ortnit und Wolfdietrich A und in den mittelhochdeutschen Spielmannsepen Orendel, Oswald und Salman und Morolf. T. 1. *Breslau: M. & H. Marcus 1902.* (VI, 40 S.) 8° ¶[Erschien vollst. 1902 als: Germanist. Abhandl., H. 20.]
Breslau, Phil. Diss. v. 7. Juni 1902

Vogt, Walth., die Wortwiederholung, e. Stilmittel im Ortnit u. Wolfdietrich A u. in den mittelhochdeutschen Spielmannsepen Orendel, Oswald u. Salman u. Morolf, s.a. Abhandlungen, germanistische.

Vogt, Walther: Die Wortwiederholung ein Stilmittel im Ortnit und Wolfdietrich A und in den mittelhochdeutschen Spielmannsepen Orendel, Oswald u. Salman u. Morolf von Walther Vogt. Breslau: M. & H. Marcus 1902. (VIII, 86 S.) 8°
(Abhandlungen, Germanistische. H. 20.)

Vogt, W(alther) H(einrich): Zur Komposition der Egils Saga Kpp. 1—66. Görlitz (1909): Hoffmann & Reiber. 65 S. 8°
Görlitz, G Augustum P 1909 (264) [S 09. 482

Vogt, W. H., zur Komposition der Egils-Saga Kpp. I—LXVI. Progr. (IV, 65 S.) 8. Görlitz 909. (H. Tzschaschel.) 1.50

Vogt, Wilh., Antheil der Reichsstadt Weissenburg a/Nordgau an der reformatorischen Bewegung in d. J. 1524—1530. Vorzugsweise aus den Quellen d. Nürnberger u. Weissenburger Archive. gr. 8. (64 S.) Erlangen 874. Deichert. n. 1. —

Vogt, Wilhelm: ⟨Aus dem pathologischen Institut zu Marburg.⟩ **Beitrag** zur Pathologischen Anatomie der Cholera. *Marburg 1897: J. Hamel.* (50 S.) 8°
Marburg, Med. Diss. v. 18. Sept. 1897

Vogt, Wilhelm, s. Bibliothek des litterarischen Vereins in Stuttgart CXXVIII.

Vogt, *Wilhelm* [Prof. Dr.]: Die Bodenseebauern und ihr Hauptmann Junker Dietrich Hurlewagen im grossen Bauernkrieg. E. Beitr. z. Gesch. d. Bauernkrieges. Augsburg, Druck d. Literar. Inst. v. Haas & Grabherr, 1892; 36 S. 8.
Augsburg, k. RG, P 1892*

Sender. — **Vogt,** Wilhelm. Die Augsburger Chronik des Clemens ..... Sonderabdruck aus: „Zeitschrift des historischen Vereines für Schwaben und Neuburg." XXI. Jahrgang.
8. Augsburg 1895.

Vogt, Wilhelm [aus Nordlünern]: Zur Entstehung der cylindrisch. Abgüsse in der Niere ... Würzburg, Buchdr. d. „Neuen Bayer. Landeszeitg", 1895; 21 S., 1 Bl. 8.
Würzburg, Med. Fak., Inaug.-Diss. v. 1895

—— **Dr. Georg Karl Frommann. Nekrolog,** s.a. **Mittheilungen des Vereins für Geschichte der Stadt Nürnberg.**

Vogt, Wilh., Dr. Georg Karl Frommann. Ein Wort der Erinnerung. gr. 8. (18 S. mit Lichtdr.-Bild.) Nürnberg 888, (Ballhorn.) *

Geschichte des Landauer Zwölfbrüderhauses (im Volksmund genannt das Landauerkloster). Mit 6 Bildertafeln. — Von Dr. Wilhelm Vogt, G.-R. — 1900, Nürnberg, G. P. J. Bieling-Dietz. — P. 3-29[1]. (Festgabe zum Einzug des K. Realgymnasiums in sein neues Heim.)
Progr. Nürnberg, Realgymn.

Vogt, Wilh. **Elias Holl, der Reichsstadt Augsburg bestellter Werkmeister,** s.a. **Bibliothek, bayerische.**

Vogt W, Elias Holl (Bayerische Bibliothek 7) Bamberg 1890

Vogt, Wilhelm, a. Gütersloh: Die Ästhetische Idee bei Kant. Gütersloh 1906: C. Bertelsmann. (65 S.) 8°
Erlangen, Phil. Fak., Ref. Falckenberg, Diss. v. 14. Juli 1906
[Geb. 25. Juni 81 Gütersloh; Wohnort: Gütersloh; Staatsangeh.: Preußen; Vorbildung: Gymn. Gütersloh Reife O. 01; Studium: Bonn 2, Greifswald 1, Berlin 4, Erlangen 2 S.; Rig. 30. Mai 06.]

—— die Korrespondenz des Nürnberger Rates mit seinen zum Augsburger Reichstag von 1530 abgeordneten Gesandten, } s. **Mittheilungen des Vereins für Geschichte der Stadt Nürnberg.**

*Vogt, W[ilhelm]: (Die) Wiltensin'sche Norica-Sammlung. S. 62—66 der Schuln. 8. **Progr.** K. Bayer. Realgymn. *Nürnberg* 1903.

Vogt, Wilh., die bayrische Politik im Bauernkrieg und der Kanzler Dr. Leonhard v. Eck, das Haupt des schwäbischen Bundes. gr. 8. (XVI, 489 S.) Nördlingen 883, Beck'sche Buchh. *

Vogt, Wilh. Bayerns Stimmung und Stellung im Bauernkrieg von 1525. Eine kritisch-historische Studie. 68 S. 8.
Progr. Alt. G. *Regensburg* 1877.

Vogt, Wilhelm: Synthesen in der Imidazolreihe. Philippsburg 1908: Löb II. 30 S. 8°
Freiburg i. B., Phil. Diss. v. 1909, Ref. Gattermann
[Geb. 14. Febr. 79 Schönau b. Heidelberg; Wohnort: Schönau; Staatsangeh.: Baden; Vorbildung: Gymn. Bruchsal Reife Juli 97; Studium: Freiburg i. B. 9 S.; Rig. 23. Jan. 09.] [U 09. 1053

—— die Vorgeschichte des Bauernkrieges, s.a. **Schriften des Vereins für Reformationsgeschichte.**

— Die Vorgeschichte des Bauernkrieges. 8°. Halle 1887.

Vogt, Wilh., Welt- u. Zeitgeschichte von 1862—1890. gr. 8. (VI, 559 S.) Heidelberg 892. C. Winter. n. 8. —

— dasselbe, s.a. **Dittmar, Heinr.,** die Geschichte der Welt.

Vogt, Wilh., s.: Zeitschrift, bayerische, f. Realschulwesen.

Vogt, William, la vie d'un homme. Carl Vogt. Avec 2 portraits par Otto Vautier. Imp.-4. (265 S. m. 1 Taf.) Paris 896. Stuttgart, E. Nägele. n.n. 12. —

Vogt, Wolbr., zwiefaches Zeugniß, bey den Strafgerichten Gottes über andere durch ein erstaunlich. Erdbeben öffentlich abgelegt. 4. Bremen. 756.

Vogt, Wolfgang: Korrelative Räume bei gegebener Punktkernfläche. Breslau 1906: H. Fleischmann. (69 S.) 8°
Breslau, Phil. Fak., Ref. Sturm, Diss. v. 20. Okt. 1906
[Geb. 21. Okt. 83 Breslau; Wohnort: Breslau; Staatsangeh.: Preußen; Vorbildung: Friedrichs-Gymn. Breslau Reife O. 02; Studium: Jena 1, Breslau 9 S.; Rig. 25. Juli 06.]

Vogt, Wolfg., synthetische Theorie der Cliffordschen Parallelen u. der linearen Linienörter des elliptischen Raumes. (VIII, 58 S. m. Fig.) gr. 8. Leipzig 909. B. G. Teubner. 2. 40

Vogt, Xav., Auszüge aus den Regeln der deutschen Sprachkunst 2c. 8. Cobl. 808. (Hergt). 3 kr

v. Vogtberg, Ritter Jh. B., Grammatica francese etc. gr. 8. Wien 819. (Schaumburg). 1 fl 16 kr

— nouvo Grammatica volgarizzata italiana e francese. 2 Tomi. gr. 8. Wien 820. (Volke). 1 fl 4 kr

— Hülfsbuch zur Beförderung des Selbstunterrichts u. zur Erleichterung d. öffentlichen Vortrags. gr. 8. Wien 824. (Volke). 18 kr

— französ. Sprachlehre zum öffentl., Privat- u. Selbstunterricht, nebst prakt. Anleit. in 50 Lectionen, Französ. lesen, schreiben u. sprechen zu lernen. 2 Thle. gr. 8. Wien 812. 2e A. 823. 3e A. 830. (Volke). 1 fl 4 kr

—— Supplimento ad ogni Dizionario Italiano-Tedesco e Tedesco-Italiano. — Supplement-Bd. zu jedem italien.-deutschen u. deutsch-italien. Wörterbuche, enth. alle neolog., techn., mercantil. u. Marine-Ausdrücke; dann die Curialien, u. sehr viele, heut zu Tage gebräuchl., aber in d. italien. Dictionären nicht enth. Wörter u. Provinzialismen. gr. 8. (11½ B.) Wien 831, (Volke.)

— Taschenbuch zum Studium d. französ. Sprache, enthalt. eine vollständ. Uebersicht aller Sprachregeln, im Sinne d. französ. Academie, de Wailly, de Levizac etc. grammatical. nach Mozin bearbeitet. 16 Bdchn. 12. Wien 810. (Schaumburg). 16 kr Hbg. Pr. 12 kr 26 Bdchn. enthaltend die Synonymik u. eine französ. Chrestomathie in Prosa; eine Abtheil. über d. Ursprung u. die Fortschritte d. französ. Sprache. 12. Ebd. 818. Kaulfuß. 20 kr

— Traité de la prosodie et de la poésie française, oder Taschenbuch zum Studium d. französ. Sprache, enth. d. Prosodie u. Poesie, d. i. eine vollständ. Abhandl. d. Accente, der Aspiration, des Sylbenmaßes, d. Homonymen, d. Dichtung im Allgem. u. d. Gedichtgattungen im Besonderen. 12. Wien 828. (Volke). 20 kr

— kurzer faßl. Unterricht in d. französ. Sprache für Anfänger. gr. 8. Wien 825. 2e A. 830. (Volke). 10 kr

Vogtberg, Jean Chev. de, kurzer, faßl. Unterricht in der französ. Sprache f. die Jugend u. die ersten Anfänger. Durch Sprechübungen versinnlicht u. s. w. 3., verm. u. verb. Aufl. mit e. Anhange v. Uebersetz.-Uebungen. gr. 8. (8½ B.) Wien 816, Volke's Buchh.

— kurzer faßl. Unterricht in d. italien. Sprache, für d. ersten Anfänger. Durch sehr viele Sprech= u. Uebersetzungsübungen versinnlicht, u. mit besond. Rücksicht auf das zartere Geschlecht u. Alter abgefaßt. gr. 8. Wien 830. Volke. 10 gl.

Vogtei, Die Würzburgische, über die Abtei Ebrach . . . O. O. 1786. V: *Montag, Eugenius.* (Pütter, Litt. d. Teutsch. Staatsr. Gött. 1773—91. IV, 690.)

Vogther, Conrad Burckard, s. Vogtherr, Konrad Burckard

Vogtherr, A., s. Wochenblatt f. d. Transportwesen.

Vogtherr, Albrecht

Vogtherr, A., Liebes=Plänkelei, s. a. Novitäten=Bühne, Frankfurter.

Vogtherr, Albr., Liebes=Plänkelei. Dramat. Plauderei in 1 Aufz. 8. (31 S.) Frankfurt a. M. 883. (Berlin, M. Böhm.) 1. —

Vogtherr, E.

—— u. Bruno Wille. Ansprachen zur Feier der Jugendaufnahme in der freireligiösen Gemeinde (zu Berlin) am 14. April 1889 u. am 30. März 1890. 8. (30 S.) (Ebd.) 890. — 15

Vogtherr, E., das Christentum u. der Krieg. Nach e. in Berlin, München u. Stettin geh. Vortrag. 2., erweit. Aufl. (20 S.) gr. 8. Berlin (906). A. Hoffmann. n. — 20

Vogtherr, E., christlicher u. vorchristlicher Geisterglaube. Vortrag. 8. (16 S.) Berlin 890. (Rubenow.) — 15

Vogtherr, E., moderne Ketzergerichte. Ein Schul= u. Ideen=Kampf der freireligiösen Gemeinde zu Berlin. gr. 8. (108 S.) Berlin 891. (W. Rubenow.) n. n. — 50

Vogtherr, E., Menschendienst statt Götzendienst. Eine Anregg. zu neuem freidenker. Wirken m. Hilfe sozialer Moral. (40 S.) gr. 8. Frankfurt a/M. 908. Neuer Frankfurter Verlag. — 50

Vogtherr, Eug., der Humanismus. Synodalrede gehalten am 28. Juni 1857 zu Freiburg in Schlesien. (Glogau, Zimmermann.) 16. (20 S.) 3 ngr.

Vogtherr, Eug., Nachklänge aus Weihestunden, s. Nachklänge.

Vogtherr, Eug., Zeugnisse für christkath. Leben. 3 Predigten: Der Herr ist nahe! Des Christen Weihnachtsfeier. Mache Dich auf, werde Licht! 8. (3 B.) Breslau 846, Trewendt.

Vogtherr, Friedrich: Chronik der Familie Vogtherr v. Dr. jur. Friedrich Vogtherr, Rechtspraktikant. Ansbach 1892: G. Brügel & Sohn. (IV, 99 S.) 8°

Vogtherr, Frdr., Geschichte der Familie Vogtherr im Lichte des Kulturlebens. 2., verm. u. illustr. Aufl. (V, 175 S. m. 9 [1 farb.] Taf. u. 1 Stammtaf.) gr. 8. Ansbach 908. (F. Seybold.) 3. 50

Vogtherr, Friedrich [Rechtspraktikant]: Die lutherische Kirchengemeinde im Königreich Bayern diesseits des Rheins ... Ansbach, C. Brügel & Sohn, 1892; 2 Bl., 51 S. 8.
Erlangen, Jur. Fak., Inaug.-Diss. v. 1892

— das Wuchergesetz vom 24. Mai 1880 / 19. Juni 1893. Mit Einleitg., Anmerkgn., Vollzugsvorschriften u. Sachregister. gr. 16. (IV, 46 S.) Ebd. 893. Kart. n. — 50

Vogtherr, Hans [aus Meiningen]: Über die Einwirkung von p.-Amidodimethylanilin auf Ketone. — Über eine neue Aufschliessungsmethode der Silikate ... Frankfurt a. M., Druckerei Gebr. Fey, 1892; 49 S., 1 Bl. 8.
Heidelberg, Naturw.-math. Fak., Inaug.-Diss. v. [3. Mai] 1892

Vogtherr, Hans, aus Kindelbrück: 1. Synthese von Methylacetylmorpholchinon. 2. Über die Einwirkung verflüssigter Halogenwasserstoffsäuren auf Morphin. *Neudamm 1903: J. Neumann.* (31 S.) 8°
Berlin, Phil. Diss. v. 6. Aug. 1903

Vogtherr, Karl, Medizinalpraktikant a. München: Aus d. Prosektur d. städt. Krankenhauses r. d. Isar. ⟨Prosektor: Privatd. Dr. Oberndorfer.⟩ Über Cystennieren und Nierencysten. München 1907: C. Wolf & Sohn. (33 S.) 8°
München, Med. Fak., Ref. v. Bollinger, Diss. v. 27. Febr. 1908
[Geb. 11. Juni 82 München; Wohnort: München; Staatsangeh.: Bayern; Vorbildung: Luitpold-Gymn. München Reife Juli 01; Studium: München 7, Heidelberg 2, München 1 S.; Coll. 27. Febr. 08; Approb. 25. Jan. 08.]

Vogtherr, Konrad Burkhard (Ansbach) A. S. 842/21

Disputatio medica, pathologico-practica de malignitatis, praecipue febrilis, indole.
Präs. Georg Ernst Stahl.
Halle (Henckel) II. 1702. 34 S.

W. v.: Präs. 35325

Vogther, Konrad Burckard (Ansbach) A. S. 1212/9

Disputatio medica, pathologico-practica de malignitatis praecipuae febrilis indole.
Präs. Georg Ernst Stahl. Rec.
Halle (Henckel) 1707. 34 S.

Diss. II. 1702.
Gew.: Den Kammerräten der M. Brandenburg.
W. v.: Präs. 35327

(= Stahl: Dissertationes medicae. P.3[,9].)

Vogther, Konrad Burckard (Ansbach) A. S. 1204/15

Dissertatio medica, pathologico-practica de malignitatis, praecipue febrilis, indole.
Präs. Georg Ernst Stahl. Rec.
Halle (Henckel) 1723. 34 S.

Diss. II. 1702.
Gew.: Den Kammerräten der M. Brandenburg.
W. v.: Präs. 35328

Vogther, Konrad Burkhard (Ansbach) Altd. Med. 19/33

Disputatio inauguralis medica, pathologico-practica, de morbis moerentium.
Altdorf (Meyer) 28. VI. 1703. 48 S.
35326

Vogtherr, Lorenz Immanuel (Ansbach) A. S. 474/49

Altera de incendiis disputatio.
Präs. Lorenz Andreas Hamberger.
Jena (Müller) 1713. 21 gez. Bl.
35329

Vogtherr, Max, die Chemie, s. a. Hausschatz des Wissens.

Die Chemie von Dr. Max **Vogtherr**, Berlin. 421 Abb., 5 Taf. Neudamm: J. Neumann [1905]. (vII, 847 S.) 8° [F.]
— **Hausschatz** d. Wissens. Abt. 3. (Bd 5.) [06. 380]

Vogtherr, M., Einführung in die Massanalyse. Für junge Pharmazeuten zum Unterricht u. zum Selbststudium. Unter Berücksicht. d. Arzneibuches f. das deutsche Reich [Pharm. Germ. III]. gr. 8. (IX, 198 S. m. 18 Holzschn.) Neuwied 891. Heuser's Verl. n. 4. —

— dasselbe, massanalytisches Uebungs-Buch dazu. 4. (III, 36 Bl.) Ebd. 891. n. 1. —

— dasselbe. Unter Berücksicht. des Arzneibuches f. das deutsche Reich [Pharm. Germ. III] u. der Ergänzgn. desselben durch die ständ. Kommission f. die Bearbeitg. dieses Arzneibuches. 2., verm. Aufl. gr. 8. (XII, 214 S. m. 18 Holzschn.) Ebd. 896. 4. —

Vogtherr, Max *Adalbert Theodor Eugen* [aus Weimar]: Ueber die Früchte der Randia dumetorum Lam. . . . Berlin, Buchdr. G. Schenck, Kgl. Hofbuchh., 1894; 2 Bl., 44 S., 1 Taf. 8.
Erlangen, Phil. Fak., Inaug.-Diss. v. 1894

— s.: Köhler's neueste u. wichtigste Medicinal-Pflanzen.

Vogtland [Sachliches OW]

Vogtland erläutertes, od. Nachricht v. d. Gräfl. Reußischen Historie. 4 Thle. 8. Dresden. 732.

Vogtland, unser. Heimatkundliche Lesestücke f. die Schulen des sächs. Vogtlandes. Bearb. v. e. Kommission Plauenscher Lehrer. gr. 8. (127 S.) Leipzig 893. Dürr'sche Buchh. Geb. n. — 50

Vogtland, unser. Heimatkundl. Lesestücke f. d. Schulen d. sächs. Vogtlandes. Bearb. v. e. Kommission Plauenscher Lehrer. 3.—6. Tausend. Verm. u. verb. Neudr. gr. 8. (143 S. m. Titelbild u. 7 Abb.) Leipzig 894. Dürr'sche Buchh. Geb. n.n. — 70

— unser. Monatsschrift f. Landsleute in der Heimat u. Fremde, hrsg. v. Gfr. Doehler. 1. Jahrg. Apr. 1894 —März 1895. 12 Hfte. gr. 8. (1. Hft. 48 S. m. 1 Bildnis.) Leipzig, Th. Leibing. n. 4. 80; einzelne Hfte. n. — 60

Vogtland, unser. Monatsschrift f. Landsleute in d. Heimat u. Fremde, begründet u. hrsg. v. Gfr. Doehler. 2. Jahrg. Apr. 1895—März 1896. 12 Hfte. (à ca. 40 S. m. Abb.) gr. 8. Leipzig. Berlin (w, 57, Bülowstr. 32), Dr. G. Doehler. n. 4. 80; einz. Hfte. n. — 60

— dasselbe. Halbmonatsschrift f. Landsleute in d. Heimat u. Fremde, begründ. u. hrsg. v. Gfr. Doehler. 3. Jahrg. Apr. 1896—März 1897. 24 Hfte. (à ca. 24 S.) gr. 8. Ebd. 6. —; einz. Hfte. n. — 40

— dasselbe. 4. Jahrg. Apr.—Oktbr. 1897. 12 Hfte. (à ca. 24 S.) gr. 8. 3. —; einz. Hfte. n. — 40
(erm. Preis I—III u. IV, 1. à n.n. 2. —)

— dasselbe. Illustr. Jahrbuch f. Landsleute in d. Heimat u. Fremde, begründet u. hrsg. v. Gfr. Doehler. 4. Bd. d. Zeitschrift Unser Vogtland. 2. Tl., Oktbr. 1897—April 1898. gr. 8. (IV u. S. 285—532.) Berlin (w, 57, Bülowstr. 32). Dr. G. Doehler. n. 3. 60; erm. Pr. n. 3. — (4. Bd. kplt. geb.: n. 7. —)

Vogtland [Schlagwort]

— s. a.: Radfahrerkarten. Karte.

Vogtland. Bomsdorff, O. v., Special-Karte d. Vogtlandes, d. Herzogth. Sachsen-Altenburg u. der Fürstenthümer Reuss. Auf Grund neuester Materialien entworfen u. gezeichnet. 1 : 125,000. Farbendr 63 × 47,5 cm. Chemnitz 891. Troitzsch. n. 1. 20

Vogtland. Bomsdorff, O. v., Touristen-Karte des Vogtlandes, des Herzogth. Sachsen-Altenburg u. der Fürstenthümer Reuss. Auf Grund neuest. Materialien entw. u. gezeichnet. 1 : 125,000. 2. Aufl., bericht. u. gedr. v. der geograph. Anstalt Wagner & Debes in Leipzig. 62 × 48 cm. Farbendr. Chemnitz 896. B. Troitzsch Nachf. n. 1. 20

Vogtland. Bomsdorff, O. v., Touristen-Karte des Vogtlandes, des Herzogt. Sachsen-Altenburg u. der Fürstentümer. Auf Grund neuester Materialien entworfen u. gezeichnet. 4. Aufl., berichtigt v. B. Schlegel. 1 : 125,000 63,5×49 cm. Farbdr. Chemnitz (905). B. Troitzsch Nachf. n. 1. 20

Vogtland. Franke u. Albert, Karte des Vogtlandes u. oberen Saaletales m. Angabe der vom Verbande vogtländ. Gebirgsvereine einheitlich markierten Wege. 1 : 100,000. 2. Aufl. 66,5×77 cm. Lith. Plauen (909). A. Kell. 2.—; auf Leinw. in Hülse 3. —

Vogtland. Franke, A. R., Karte vom sächsischen Vogtland. 1 : 100,000. 3. Aufl. Ausg. ohne Terrain. Lith. Imp.-Fol. Plauen 887. Kell. n. 1. 20; Ausg. m. Terrain. Chromolith. n. 1. 50

— **Franke, Alk. Rud., Karte vom sächsischen Vogtland. 1 : 100,000. 3. Aufl. Ausg. 1891. Farbendr. 65,5 × 52 cm. Plauen i/V. 891. Kell. n. 1. 20; m. Terrainzeichng. n. 1. 50**

— Franke, das sächsische Vogtland, u. Das Saaletal v. Albert. Karte m. Angabe der vom Verbande vogtländ. Gebirgsvereine einheitlich markierten Wege. 1 : 100,000. 6. Aufl. 66,5×77,5 cm. Farbdr. Plauen (906). A. Kell. n. 2. —

Vogtland. Gaebler, Ed., Handkarte des Vogtlandes. 1 : 200,000. 39,5 × 29,5 cm. Farbdr. Plauen (901). R. Neupert jr. n. — 20

— Gaebler, Ed., kleine Karte des Vogtlandes. Reichend von Zwickau bis Eger u. von Hof bis Schneeberg. 1 : 200,000. 4. Aufl. 39,5×29,5 cm. Farbdr. Plauen (909). R. Neupert jr. — 30

— Gaebler, Eduard, Schulhandkarte des Vogtlandes. 3. Aufl. 1 : 200,000. 39,5×29,5 cm. Farbdr. Plauen (906). R. Neupert jr. n.n. — 25

— — **Wandkarte des Vogtlandes. 1 : 40,000. Ausg. A. Hervorhebg. des phys. Bildes. 4 Blatt à 98,5 × 74 cm. Farbdr. Plauen (901). R. Neupert jr. n.n. 18. —; auf Leinw. m. Stäben n.n. 24. —; m. Patentverschluss n.n. 25. —; Ausg. B. Hervorhebung des polit. Bildes, zu gleichen Preisen.**

Vogtland. Jacob, Karl, kleine Karte des Vogtlandes. Reichend von Greiz bis Eger u. von Hof bis Eibenstock. 1 : 200,000. 35 × 29 cm. Farbdr. Ebd. (895). n. — 30

— Jakob, K., Karte des Vogtlandes. 1 : 200,000. 35 × 29 cm. Farbendr. Plauen 895. Leipzig, F. E. Neupert's Verl. n. — 20

— Lohse, L., Karte d. Vogtlands f. die Hand der Schüler im Anschlusse an die Schulwandkarte. 1 : 250,000. Farbendr. Fol. Plauen i/V. 890. Kell. n.n. — 25

— — Schulwandkarte d. Vogtlands. 1 : 50,000. 4 Blatt. Farbendr. Imp.-Fol. Ebd. 890. n.n. 7. 50

— Rössel, Th., Karte d. gesammten Vogtlandes. 1 : 200,000, rev. v. L. G. Herold. 7., rev. Abdr. vom J. 1884. Neue currentgestellte Ausg. v. 1891. Farbendr. 42,5 × 45,5 cm. Plauen, F. E. Neupert's Verl. n. 1. 25

— Uebersichts- u. Wegekarte zu Metzner's Führer durch das Vogtland. (Umschlag: Spezialkarte des gesamten Vogtlandes.) 1 : 200,000. Lith. Plauen (892). Annaberg, Graser. — 50

Vogtländer Heinr., Schul-Naturgeschichte. Lehrstoffe zu e. schulgemäßen Behandlg. des Wichtigsten aus der Naturgeschichte u. Menschenkunde. Für Lehrer an Volksschulen bearb. gr. 8. (VIII, 336 S.) Dresden 893. F. Jacobi. n. 2. 40; geb. n. 3. —

Vogtländer, Heinr., Schul-Naturgeschichte. Lehrstoffe zu e. schulgemäßen Behandlg. des Wichtigsten aus der Naturgeschichte u. Menschenkunde. Für Lehrer an Volksschulen bearb. 2. [Titel-]Aufl. (VIII, 335 S.) gr. 8. Arnsberg [893] 908. J. Stahl. Geb. 1. 50

Vogtlandese, Paul, die Tageszeiten, für Bänkelsänger. Mit e. komischen Anhange. 12. Gotha 803. Becker. 4 gGr.

Voegtle, Anselm. Das Pilocarpin m. Rücksicht auf seine gegenwärtige therapeutische Bedeutung. Diss. gr. 8. (45 S.) Ueberlingen 887. (Bern, Koerber.) * — 80

Vögtlin, Adolf. Heinrich Manesses Abenteuer u. Schicksale. Mitgeteilt von A' V'. [Mit 1 Vignette.] 420 S. 8. Leipzig, H. Haessel, 1910. [M. 4. —, geb. 5. —]

[Vögtlin, Adolf.] (Les Bains de) Baden (en Suisse et ses environs). Schweiz — Switzerland — Suisse. [Traduit de l'allemand. Avec des illustrations et 1 carte.] II + 65 p. 8-obl. Zürich, Hofer & Co. [1901].

[Vögtlin, Adolf.] (Der Thermal-Kurort) Baden (und seine Umgebung). Schweiz — Switzerland — Suisse. [Mit Illustrationen und 1 Karte.] II + 64 S. quer-8. Zürich, Hofer & Co, [1901].

Vögtlin, A., s. Bibliothek des litterarischen Vereins in Stuttgart CLXXX.

Vögtlin, Adolf. Geschichte der deutschen Dichtung. Leitfaden für den Unterricht in den oberen Klassen der Mittelschulen. [Mit 12 Porträt-Tafeln.] VIII + 262 S. 8. Zürich, Schulthess & Co., 1910. [geb. fr. 3. 60]

Voegtlin, Adf., d. neue Gewissen. Erzählg. 8. (310 S.) Leipzig 897. H. Haessel. n. 3. —; geb. n. 4. —

Voegtlin, Adolf. Das neue Gewissen. Roman. 2. Aufl. VIII + 310 S. 8. Leipzig, H. Haessel, 1901. [br. M. 3. —, geb. M. 4. —]

Voegtlin, Adf., Meister Hansjakob der Chorstuhlschnitzer v. Wettingen. Culturgeschichtliche Novelle. 12. (275 S.) Leipzig 891. H. Haessel. n. 3. —; geb. in Leinw. n. 4. —

— dasselbe. 2. Aufl. 8. (277 S.) Ebd. 892. n. 3. —; geb. in Leinw. n. 4. —

Voegtlin, Adolf. Meister Hansjakob, der Chorstuhlschnitzer von Wettingen. Novelle. 3., durchgesehene Aufl. VIII + 276 S. 8. Leipzig, H. Haessel, 1901. [br. M. 3. —, geb. M. 4. —]

— das letzte Haus, s.: Verein f. Verbreitung guter Schriften. Basel, Nr. 32.

Vögtlin, Adolf. Jugendliebe. Novellen und Skizzen. 234 S. 8. Zürich und Berlin, Arnold Bopp, 1907. [fr. 2. 50]
(Neue Sammlung Schweizer Autoren.)

Vögtlin, Adolf. Liebesdienste. Novellen und Geschichten. VI + 322 S. 8. Stuttgart, Adolf Bonz & Comp., 1904. [M. 2. 60, geb. M. 3. 60]

— heilige Menschen. Novellen. 8. (III, 313 S.) Leipzig 895. H. Haessel. n. 3. —; geb. in Leinw. n. 4. —

Voegtlin, Adolf. Heilige Menschen. Novellen. 2. Aufl. VIII + 314 S. 8. Leipzig, H. Haessel, 1901. [br. M. 3. —, geb. M. 4. —]

Vögtlin, Adolf. Rentier Säger. Komödie in 3 Aufzügen. 187 S. 8. Aarau, H. R. Sauerländer & Co., 1901. [fr. 2. 80]

— Sephora, s.: Hesse's, Max, Volksbücherei.

Vögtlin, Adolf. Stimmen und Gestalten. Gedichte. 208 S. 8. Zürich, Müller, Werder & Co, 1901. [fr. 3. —]

— das Vaterwort, s. a. Verein f. Verbreitung guter Schriften, Zürich.

— das Vaterwort. Nach d. Tagebuch e. Freundes. 8. (117 S.) Altenburg 897. St. Geibel. n. 1. 50; geb. n. 2. 50

Vögtlin, Adolf. Das Vaterwort. Nach dem Tagebuch eines Freundes. 72 S. 8. Zürich, Jacques Bollmann, August 1906. fr. —. 15
Verein für Verbreitung guter Schriften. (Zürich) No. 63. 1906.

Voegtlin, Adolf (aus Brugg (Schweiz)): Walther von Rheinau und seine Marienlegende. [illegible] Aarau, Druck u. Verl. v. H. R. Sauerländer, 1886. [illegible] 73 S. 8°.
Strassburg, Phil. Fak., Inaug.-Diss. v. 1886.

Voegtlin, Adf., Walther v. Rheinau u. seine Marienlegende. Inaugural-Dissertation. gr. 8. (V, 73 S.) Aarau 886. Sauerländer. n. 1. 60

Voegtlin, Karl, a. Basel (Schweiz): Beiträge zur Kenntnis des Phenyläthers und seiner Homologen. Freiburg i. B.: Speyer & Kaerner 1904. (38 S.) 8°
Freiburg i. B., Phil. Fak., Ref. Gattermann, Diss. v. 27. Sept. 1904
[Geb. 28 Juli 79 Basel; Wohnort: Freiburg; Staatsangeh.: Schweiz; Vorbildung: Oberrealschule Basel Reife M 97; Studium: Basel 2, München 2, Basel 1, Genf 3, Freiburg 3 S.; Coll. 29. Juli 04.]

Voegtlin, Karl, Beiträge zur Kenntnis des Phenyläthers u. seiner Homologen. Diss. (38 S.) 8. Freiburg i/B. 904. Speyer & Kaerner. n. 1. —

Vögtlin, Marie, aus Brugg (Kt. Aargau): Ueber den Zustand der Genitalien im Wochenbett. [S. A. aus: Berichte u. Studien aus dem k. sächs. Entbindungs-Institute in Dresden: v. F. Winckel. Leipz. S. Hirzel 1874.] Leipz. Metzger u. Wittig Dr. 1874. 1 Bl., 32 S., 1 Bl. Thesen. 8.
Zürich, Med. Diss. [v. 11. Juli 1874].

Vogtner, Silvester, († d. 13. Febr. 1813.) die Religion in Erklärungen u. Gesprächen nach Anleit. des in d. k. k. Staaten eingeführten Katechismus, praktisch abgehandelt. 4 Thle. gr. 8. Grätz 2e A. 796. 3e A. 802. 4e A. 806.

Vogtordnung, verbesserte, der Stadt Basel. 1747. fol.

Vogts, s.a. Voght. — Vogt. — Vogtt. — Voight. — Voigt. — Voigts.

Vogts, B. W., Bericht über die Ausstellung Deutscher Kunst- und Industrie-Erzeugnisse. London 1891. (Berlin 1892.) 8. . . . . (LHK.)

Vogts, Hans, das Mainzer Wohnhaus im 18. Jahrh., s.a. Beiträge zur Geschichte der Stadt Mainz. 1.

Vogts, Hans, Kgl. Reg.-Bauführer: Das Mainzer Wohnhaus im 18. Jahrhundert. 1909. IV, 74 S., 4 Taf. 4° ¶ Um einen 2. Teil verm. als: Beiträge zur Geschichte d. Stadt Mainz. 1. 1910. Darmstadt, Dr.-Ing.-Diss. v. 23. 11. 1909

Das Mainzer Wohnhaus im 18. Jahrhundert. Von Hans **Vogts**. Mit 50 Abb. u. 5 Taf. Mainz: Wilckens in Komm. 1910. VI, 143 S. 4° (Beiträge z. Geschichte d. Stadt Mainz. 1.) [10. 5210

Vogts-Ordnung für die Landschafft Basel. 1752. fol.

Vogtt, s.a. Voght. — Vogt. — Vogts. — Voight. — Voigt. — Voigts.

Vogtt, J., anthropolog. Betrachtungen. gr. 8. (9½ B. u. 1 ill. Stnt.) Coesfeld 829, Wittneven. (Riese.)

—— Versuch e. geschichtl. Darstellung d. ansteck. Typhus, welcher v. J. 1819—1824 im Kreise Ahaus, Regierungs-Bezirks Münster, herrschte. gr. 8. (10½ B.) Coesfeld 828, Wittneven. (Riese.)

Vogtt, Joan. Joseph. Bernard. (geb. Stadtlohn 2. 2. 1816): De tractus intestinorum inflammationibus. Berolini (1840). (31 S.) 8°
Berlin, Med. Diss. v. 11. Sept. 1840

Vogtt, Josef

Vogtt, J., Betrachtungen f. Lehrpersonen. (132 S.) 12. Geldern (903). L. N. Schaffrath. Geb. in Leinw. n. 1. —

Vogtt, J., St. Joseph, s.: Dilettantenbühne, kathol.

— der gute Kongreganist. Marianisches Vereinsbuch f. kathol. Jünglinge. (XVI, 224 S. m. 1 Titelbild.) 16. Dülmen 904. A. Laumann. Geb. in Leinw. n. — 75

Vogtt, J., Laurentius, s.: Dilettanten-Bühne, katholische.

— Predigten auf den weißen Sonntag. (40 S.) 8. **Ebd. 903.** n. — 50

Vogüé, Vicomte Eug. Melch. de, **russische Wintergeschichten.** Autor. Uebersetzg. aus d. Franz. v. Ida Brendel. Neue Titel-Aufl. (der Wintermärchen). 8. (207 S.) Berlin (888) 890. München, M. Schorß. 1. 50; geb. n. 2. —

Vogüé, Vicomte Eug. Melch. de, Wintermärchen. Autoris. Uebersetzg. aus dem Franz. 8. (207 S.) Neubrandenburg 888. Brünslow. n. 3. —

*Voh, Jernej. Obrednik za cerkvenike ali natančen poduk za vse cerkvene služebnike. V Celovcu, St. Hermagoras-Druck., 1876. Sedez. 156 S.

Vohl, E., s. Organ, allgem., für Handel ꝛc. — Wochenblatt, gemeinnützigstes, des Gewerb-Vereins zu Köln.

Vöhl, Emma, fröhlicher Unterricht, s.: Böttner, Magda.

Vöhl, M. Tamerlan der Grosse von Christopher Marlowe, übersetzt. Helmstedt, H. T., 1893. 140 S. Progr.

Vohla, M. J., Liederbuch für katholische Schulen so wie für Gymnasien u. Realschulen. Enthltd.: Zwei-, drei- u. vierstimmige Lieder. Halle (858.) Schmidt. 8. (IV, 60 S.) n. 4 ngr.

Vohla, M. J., Liederbuch für katholische Schulen sowie für Gymnasien und Realschulen. Enth.: 2-, 3- und 4stimmige Lieder. 2. Aufl. Halle 861. Schmidt's Verlag. 8. (IV, 60 S.) n. 4 ngr.

Eisenkonstruktionen, Bau- und Kunstschlosserei Vohland & Bär, Basel. [Illustrierte Beschreibung.] Separatabdruck aus: Die Industrielle und Kommerzielle Schweiz beim Eintritt ins XX. Jahrhundert. II S. + 8 Bl. quer-gr.-8. Zürich, Polygraphisches Institut A.-G., [1902].

Vöhrenbach [Schlagwort]

Vöhrenbach. Lorenz' Karte v. Vöhrenbach u. Umgebung. 1 : 50,000. 24×32 cm. Farbdr. Freiburg i/B. (906). F. P. Lorenz. n. — 50

Vöhringer, G(otthilf), Stadtvikar in Schramberg: Die ethischen Prinzipien der Erziehungslehre Schleiermachers. Dresden-Blasewitz: Bleyl & Kaemmerer [1907]. (66 S.) 8° (Aus: Jahrbuch d. Vereins f. wissenschaftl. Paedagogik Bd 40, 1908.)

Tübingen, Phil. Fak., Ref. Maier, Diss. v. 28. Aug. 1907

[Geb. 13. Jan. 81 Ehingen; Wohnort: Schramberg; Staatsangeb.: Württemberg; Vorbildung: Sem. Blaubeuren Reife M. 99; Studium: Tübingen 8 S.; Coll. 28 Febr. 07.]

Vöhringer, Ludw., Rechenschule. Stufenmäßig geordnete Beispielsammlung für das mündliche u. schriftliche Rechnen in niederen u. höheren Schulen. Methodisch bearb. 1—3. Hft. 8. Stuttgart 881. Neff. cart. n. 2. 20
1. Die grundlegenden Elemente im 1. u. 2. Schuljahr. (VI, 108 S.) n. — 80
2. Das Rechnen mit unbenannten u. einfach benannten ganzen Zahlen im 3. Schuljahr. (VI, 68 S.) n. — 60
3. Das Rechnen mit mehrfach benannten ganzen Zahlen im 4. Schuljahr. (VIII, 124 S.) n. — 80

Vöhringer, Ludw., Rechenschule. Stufenmäßig geordnete Beispielsammlg. f. das mündl. u. schriftl. Rechnen in niederen u. höheren Schulen. 2. u. 3. Bdchn. 2. Aufl. 12. Eßlingen 890. A. Lung. Kart. n. 1. 55
2. 3. Schulj. (IV, 56 S.) n. — 65. — 3. 4. Schulj. (VIII, 111 S.) n. — 90.

Vöhringer, Ludw., Rechenschule. Stufenmäßig geordn. Beispielsammlg. f. d. mündl. u. schriftl. Rechnen in nied. u. höh. Schulen m. Anwendg. d. Bestimmgn. d. Bundesrats v. 8. X. 1877. III. Bdchn. Das Rechnen m. mehrf. benannten ganzen Zahlen im 4. Schulj. 3. Aufl. 8. (VII, 119 S.) Eßlingen 897. Stuttgart, A. Lung. Kart. n. — 90

—— deutsches Rechtschreib- und Aufsatzbuch, nebst sprachlichen Übungen, in 4 stufenmäßig geordneten Kursen für höhere und niedere Schulen, mit Berücksicht. der amtlich festgestellten Regeln, sowie des Normallehrplanes für die württemberg. Volksschulen, methodisch bearb. 4 Kurse. 8. Göppingen 881. (Stuttgart, Metzler'sche Buchh.) [1. und 2. Kursus. (56; 64 S.) à ** 35 Pf.; 3. und 4. Kursus. (77; 80 S.) à ** 45 Pf.] **

—— dass. — Mit Berücksicht. der amtlich festgestellten Regeln über die neue Orthographie, sowie des Normallehrplanes für die württemberg. Volksschulen, auch mit Anschluß an den 1. Tl. des Lesebuchs für die evangel. Volksschulen Württembergs, methodisch bearb. 2. Aufl. 4 Kurse. 8. Stuttgart 884, Metzler'sche Buchh. [1. und 2. Kursus. (IV, 52; IV, 60 S.) à * 35 Pf.; 3. und 4. Kursus. (72; IV, 76 S.) à * 45 Pf.]

— Deutsches Rechtschreib- u. Aufsatzbuch nebst sprachlichen Übungen, in 4 stufenmäßig geordneten Kursen f. höhere u. niedere Schulen in Berücksicht. der amtlich festgestellten Regeln üb. die neue Orthographie, sowie d. Normallehrplans f. die württemberg. Volksschulen methodisch bearb. 4. Kurs. 3. Aufl. 8. (IV, 88 S.) Stuttg. 892, Metzler's Verlag. * * — 55

— deutsches Rechtschreib- u. Aufsatzbuch nebst sprachlichen Übungen in 4 stufenmäßig geordneten Kursen f. höhere u. niedere Schulen in Berücksicht. der amtlich festgestellten Regeln üb. die neue Orthographie, sowie des Normallehrplans f. die württemb. Volksschulen methodisch bearb. 2.—4. Kurs. 3. Aufl. 8. Stuttgart, J. B. Metzler's Verl. n.n. 1. 50
2. (IV, 65 S.) 893. n.n. — 45. — 3. (IV, 80 S.) 893. n.n. — 50. — 4. (IV, 88 S.) 892. n.n. — 55.

— deutsches Rechtschreib- u. Aufsatzbuch nebst sprachl. Uebgn. in 4 stufenmäß. geordn. Kursen f. höh. u. nied. Schulen in Berücksicht. d. amtl. festgest. Regeln üb. die neue Orthographie, sow. d. Normallehrplans f. d. württemb. Volksschulen method. bearb. 1. u. 2. Kurs. 8. Stuttgart, J. B. Metzler's Verl. n. — 85
1. 3. Aufl. (IV, 62 S.) 896. n. — 40
2. 5. u. 6. Aufl. (IV, 70 S.) 898. n. — 45

Böhringer, Ludw., deutsches Rechtschreib- u. Aufsatzbuch nebst sprachlichen Übungen, in 4 stufenmäßig geordneten Kursen f. höhere u. niedere Schulen m. Berücksicht. der amtlich festgestellten Regeln üb. die neue Rechtschreibg., sowie des Normallehrplans für die württemberg. Volksschulen methodisch bearb. 1.—4. Kurs. 8. Stuttgart 902. J. B. Metzler. Kart. n. 2. 30
I. 5. Aufl. (IV, 61 S.) n. — 50. — II. 8. Aufl. (IV, 66 S.) n. — 55
III. 7. Aufl. (VI, 77 S.) n. — 60. — IV. 5. Aufl. (IV, 79 S.) n. — 65

Böhringer, Ludw., deutsches Rechtschreib- u. Aufsatzbuch nebst sprachlichen Uebungen, in 4 stufenmäßig geordneten Kursen f. höhere u. niedere Schulen m. Berücksicht. der amtlich festgestellten Regeln über die neue Rechtschreibg., sowie des Normallehrplanes f. die württemberg. Volksschulen methodisch bearb. 2. Kurs. 9. u. 10. Aufl. (IV, 66 S.) 8. Stuttgart 906. J. B. Metzler. Kart. n. — 55

Böhringer, Ludw., deutsches Rechtschreib- u. Aufsatzbuch nebst sprachlichen Übungen, in 4 stufenmäßig geordneten Kursen f. höhere u. niedere Schulen m. Berücksicht. der amtlich festgestellten Regeln üb. die neueste Rechtschreibg., sowie des Normallehrplans f. die württemberg. Volksschulen methodisch bearb. 3. Kurs. 9. u. 10. Aufl. (IV, 75 S.) 8. Stuttgart 908. J. B. Metzler. Kart. — 60

— sieh mich an! Leporello-Album. qu. 8. (23 z. Tl. farb. S. m. Text auf Pappe.) Ebd. 896. n. 2. —

Böhringer, L., s.: Glaube, unser.

Vohsen, Ernst, Deutschland u. der Kongostaat. Ein Appell an die deutschen Handelskammern. Referat, erstattet in der Sitzg. vom 8. X. des kolonialwirtschaftlichen Fachausschusses der Handelskammer in Berlin. Mit 1 Karte zur Darstellg. des konventionellen Handelsgebietes u. des Erschliessungsgebietes der deutsch-ostafrikan. Seenbahnen. (72 S.) gr. 8. Berlin 908. D. Reimer. 1. —

Vohsen, Ernst, e. Kolonial-Programm f. Ostafrika. gr. 8. (24 S.) Berlin 891. F. Fontane. n. — 50

— s.: Rundschau, koloniale.

Vohsen, Ernst, zur deutsch-ostafrikanischen Seenbahn-Frage. Mit e. Karte von Afrika zur Uebersicht der Eisenbahnen, d. Freihandelsgebiets u. d. Erschliessungsgebiets der deutschen Seenbahnen nach der Deutsch-Ostafrika-Küste. gr. 8. (30 S.) Berlin 901. D. Reimer. n. — 60

Vohsen, Ernst, zum deutsch-englischen Vertrag. Vortrag geh. am 1. Juli 1890. gr. 8. (26 S.) Berlin 890. Fontane. n. — 50

Vohsen, Karl: Beiträge zur Kenntniss des Gelenkrheumatismus im Kindesalter. Leipzig, Druck von B. G. Teubner, 1882. 8. 24 S.

Vohsen, Karl, Richard Wagner und das Kunstwerk der Zukunft. gr. 8. (80 S.) Heidelberg 880, C. Winter's Universitäts-Buchh. *

Vohwinkel, Karl, aus Kley (Westf.): Beitrag zur Genese des Hydramnion. *Würzburg 1890 [vielm. 1901/02]: Becker.* (31 S.) 8°
Würzburg, Med. Diss. v. 1890

Voják, Ladisl., Bau und Betrieb der Secundär- und Tertiärbahnen, s. Handbuch für specielle Eisenbahn-Technik.

Vojáček, Václ., velký slovník latinsko-česko-německý. Sešit 1. i 2. Prag 864. Kober. gr. 8. (S. 1—128.) Jedes Heft n. 10 ngr.

Voïart, Elisa, e Amable Tastu, il libro dei fanciulli. Racconti delle fati. 1. ediz. 1864 e 2. ediz. 8. (84 S. mit 4 Stnt.) Triest 865, Coen. *

Voïart, Mad. Elise, Briefe über d. Toilette d. Damen. Aus d. Französ. übers. u. d. Gebildetern d. schönen Geschlechts gewidmet von Geo. Fr. Krug. 16. Gotha 824. Ettinger. 1 ₰ 8 gr

The Voice of the People : Die Stimme des Volkes : 1900 f.
Issued for free distribution by Social-Democratic Party. p. 1, half German, also p. 2, 3 (p. 4 in Bohemian). No. 3–6, Oct. 15, 22, 29, Nov. 5, 1910. 7. Series. For V. Berger. No. 1–4, Mar. 10, 17, 24, 31, 1918.
Milwaukee, WI

Vojdisek, Jos., s. *Szechenyi*, Graf Steph., über Pferde.

Voic, la sainte et sure, de la foi du chretien evangelique 24. Halle 768. Waisenhaus-B. 2 gr

Voies secrètes de l'âme. Nouvelles et récits par Madame la Baronne S. H***. Traduction de l'allemand. gr. 8. (VIII, 443 S.) Strassburg 896. F. X. Le Roux & Co. n. 2. —

Voigdt, K. F. Andeutungen über eine künftige hebr. Synonymik. 10 S. .
Königsberg, F., Progr. 1833

Voigdt, zur Erinnerung an J. F. Herbart. Worte, gesprochen am 28. Okt. 1841 in d. öffentl. Sitzung d. k. deutschen Gesellschaft zu Königsberg. gr. 8. (5 B.) Königsberg 841, Theile.

Voiges, Heinrich Friedrich Wilhelm, s. Voiges, Wilhelm

Voiges, Lisa, Glut. Skizze. (13 S.) kl. 8. Leipzig 908. Verlag f. Literatur, Kunst u. Musik. — 50

Voiges, Paul: Über einige Aminoderivate der Pyrazolreihe. Jena 1908: Kämpfe. 47 S. 8°
Jena, Phil. Diss. v. 5. Nov. 1908, Ref. Knorr
[Geb. 15. Apr. 78 Wiesbaden; Wohnort: Hamburg; Staatsangeh.: Hamburg; Vorbildung: Realgymn. Wiesbaden Reife O. 02; Studium: Erlangen 2, Jena 11 S.; Rig. 7. März 07.] [U 09. 2231

Voiges, W., das Automobil, seine Vorgeschichte u. sein Einfluß auf die Straßen. (28 S. m. 4 Fig.) gr. 8. Wiesbaden (908). R. Bechtold & Co. — 75

Voiges, *Heinrich Friedrich* Wilhelm [app. Arzt aus Böckelse in Hannover]: Aus d. Univ.-Frauenklinik zu Kiel. Beitrag zur Statistik, Prognose und zu den Indicationen der Symphysiotomie ... Kiel, Druck v. H. Fiencke, 1896; 21 S., 1 Bl. 8.
Kiel, Med. Fak., Inaug.-Diss. v. [3. Aug.] 1896

Voiges, Wilh., Irrenanstalten, s.: **Handbuch d. Architektur. IV. 5.**

Voight, s.a. Voght. – Vogt. – Vogts. – Vogtt. – Voigt. – Voigts.

Voight, W., Anleitung zum Gebrauche der Kaltwasser-Kur, für Diejenigen, welche sich der im Alexandrinen-Bade zu Freienwalde a. O. im Jahre 1838 entdeckten, nicht mineralischen, vortrefflichen, kohlengesäuerten Quelle in ihrem natürl., 3 — 7° Reaum. betrag. Wärmegrade bedienen, oder sich zum Schutz gegen Krankheiten, zum kalten Baden und Wassertrinken gewöhnen wollen. gr. 8. Berlin 840. Fernbach jun. 1/8 ₰

Voight, Wilhelm: Aufruf zur Gründung der Niederlassung (Colonie) „Neu-Deutschland" im Freistaate Uruguay in Südamerika .... — Freienwalde: Selbstverl. 1852. 15 S.

Voight, Wilh., Auszüge aus der heil. Schrift, s.a. Auszüge.

Voight, Wlh., Auszüge aus d. heil. Schrift, welche den Glaubenslehren, d. Gemeinde-Verfassung u. dem Wirken d. freien Christen z. Grunde dienen. gr. 8. Berl. 846, Fernbach. n. 4 ngl

Voigt, s.a. Voght. – Vogt. – Vogts. – Vogtt. – Voight. – Voigts.

Voigt, v. Abhandlung über Sparöfen. Berlin 1789

Voigt, kurze Anleitung zum Betriebe der Rindviehzucht. gr. 8. (32 S.) Neudamm 902. J. Neumann. n. — 50

Voigt. Ueber formale und syntaktische Aehnlichkeiten der französischen und der griechischen Sprache. Eisenberg, L., 1875. 16 S. Progr.

Voigt. Ueber die Brechung des Lichts in sphärischen Linien. 16 S. u. Figt.
Dortmund, Progr. 1860

Voigt, der Croy-Teppich der Universität zu Greifswald. Ein Vortrag gehalten zu Greifswald. gr. 8. (22 S.) Stralsund 869, Hingst's Nachf. *
Aus: Pommersches Jahrbuch, besonders abgedruckt.

Voigt, Garten u. Gebirgsgegend, s.: Strübing, F., Sprachstoff zu den Bildern f. den Anschauungs- u. Sprachunterricht.

Voigt's Garten-Kalender für die J. 1879 und 1880. (1. und 2. Jahrg.) Hrsg. unter Mitwirkung von H. Jäger, Fr. Göschke u. A. 16. (225; IV, 128; 110 S.) Leipzig, H. Voigt.
geb. in Leinw. à Jahrg. * ℳ 2.; geb. in Leder à *
Große Ausg. geb. in Leinw. à Jahrg. *
geb. in Leder à Jahrg. *

Voigt, die unterirdischen Gewässer, deren Beziehungen u. Bedeutung f. die Binnenschiffahrt, s.: **Verbands-Schriften des deutsch-österr.-ungar. Verbandes für Binnenschiffahrt. N. F. 15.**

Voigt (II.), s. **Handbuch der klassischen Altertumswissenschaft.**

—— Jagd-Kalender für das Deutsche Reich auf die J. 1879 und 1880. (1. und 2. Jahrg.) Unter Mitwirkung namhafter Fachschriftsteller hrsg. gr. 16. (IV, 126, 51; IV, 128, 51 S.) Ebendas.
geb. in Leinw. à Jahrg. * ℳ 1,50.; geb. in Leder à *

Voigt, s.: Jesus u. die Menschen seiner Zeit.

Voigt, (Schneider-Mstr.,) s. Moden-Verein, Berliner.

Voigt und Günther's Orbis pictus. Bilderbuch zur Anschauung und Belehrung. Bearb. von Lauckhard. Mit ca. 600 ill. Abbildungen. (In ca. 30 Lfgn.) 1. und 2. Lfg. gr. 4. (III und S. 1—28 mit 6 ill. Stahlst.) Leipzig 856, Voigt und Günther. à Lfg. * 10 Ngr. *

Voigt und Günther's Orbis pictus. Bilderbuch zur Anschauung und Belehrung. Bearb. von Lauckhard. Mit ca. 600 ill. Abbild. 3—30. (Schluß-)Lfg. à Lfg. mit 3 ill. Stahlst. gr. 4. Leipzig 857—60, Voigt und Günther. [1. Bd. (148 S.) 2. (VI und 138 S.) 3. (VI und 204 S.)] à Lfg. * 10 Ngr. *

Voigt, Reductionstabelle v. franz. Gelde auf Conventions- Hannov. u. Preuß. Geld. Fol. Halberst. Groß. — 16

Voigt: Rede am Friedensfeste am 10. November 1866. Berlin.
Schul-/Univ.-Schrift

Voigt, Sendschreiben an D. Friedländer über seinen Vertrag z. Geschichte der Verfolgungen der Juden im 19ten Jahrhundert durch Schriftsteller. 8. Königsberg, Universitätsbuchhandlung. 821.

Voigt: Brandenburgische Studien. 26 S.–Berlin Elis., Progr. 1858

Voigt: Historisch-geographische Studien. 26 S.–Berlin Elis., Progr. 1854

Voigt: Unterricht für Lehrlinge, s. Schröder, Friedrich Ludwig

Voigt, Villa bei München, s.: **Dietrich.**

Voigt, der Weltuntergang am 13. XI. des J. 1899. Wissenschaftl. erläut. in e. Vortrage in d. freireligiösen Gemeinde (Humboldthalle) zu Apolda. Stenograph. aufgenommen u. bearb. von Paul Schaub. 8. (14 S.) Leipzig 896. (M. Oelsner.) — 25

Voigt (I.), über d. Zahnen d. Kinder, s. Zanders.

(**Voigt [II.],**) Zeichnung u. Beschreibung e. Branntweinbrennerei u. Mühle, s. Zeichnung.

Voigt, ..., physikal. Zeitvertreib. 12. Stettin 821. (Horvath ir Potsd.) 6 gl

Voigt, A., s.: **Acker,** der.

Voigt (A.). Beitrag zur vergleichenden Anatomie der Marchantiaceen. Leipzig, 1880. 4°.

Voigt, A., über d. Erhaltung u. Pflege d. Zähne, Heilung d. verschiedenartigen Krankheiten derselben u. Ersetzung verloren gegangener Zähne durch künstliche. 8. Düsseld. ... Stahl. 12 gl

Voigt, A. Geschäftsresultate der deutschen Feuerversicherungs-Gesellschaften in 1883 unter Bezugnahme auf den Zirkularerlaß des Handelsministers Fürsten v. Bismarck vom 19. III. 1883. Rostock 1884.

Glaube, Liebe, Hoffnung. Zur Erinnerung an die am 24. Juni 1858 in der g. u. v. St. Johannisloge Georg zur gekrönten Säule i. O. v. Clausthal u. Zellerfeld gehaltenen Schwesterloge. In Druck gegeben vom Br. A. **Voigt.** Osterode [1858]: Einschlägel. 16 S. 8⁰ [Umschlagtit.]
Gedicht: „Die drei Sterne des Lebens" von W. Mejer, Rede von A. Voigt.

Voigt, A., Grundbegriffe und Grundfragen der Volkswirtschaft. Hamburg, 1907. 10 S.

Voigt, A., Friedrich Wilhelm Klatt. Lex.-8. (S. 99—106 m. 1 Bildnis.) Hamburg 899. (L. Gräfe & Sillem.) n. — 50
Sonderabdr. a.: „Jahrb. d. hambg. wiss. Anstalten, 8. Beihft."

Voigt, A., Schul-Bibel. Die Geschichtsbücher der heiligen Schrift in den Händen der Unmündigen. Nebst einer Beschreibung des heiligen Landes, einer Spruchsammlung und Dr. Mart. Luther's kleinem Katechismus. Hamburg 864. Jowien. gr. 8. (XIII, 352 S.) n. 1 ₰

Voigt, A. (H.), Schul-Bibel. Ein Auszug aus der heil. Schrift zum Gebrauch in Schulen. Nebst einer Beschreibung des heil. Landes, einer Spruchsammlung und Dr. Martin Luther's kleinem Katechismus. 2. verb. und verm. Aufl. gr. 8. (XIV, 352 S.) Hamburg 876, Jowien. * ℳ 2,40.; geb. **

—— Tabellen zur Hamburgischen Geschichte, nebst einer chronolog. Uebersicht der bedeutendsten Unfälle, welche die Stadt im Laufe der Zeiten betroffen haben. Für Schule und Haus zusammengestellt. 8. (30 S.) Hamburg 864, B. S. Berendsohn. *

Voigt, A., Teplitz u. seine Umgebungen. Ein Wegweiser f. Fremde. 8. Dresd. 826. Walther. 10 gr.

Voigt, A. F., Anleitung zum Betriebe der Seidenzucht, s. Bibliothek der Viehzucht.

— die Maulbeerbaumzucht als nothwendige Grundlage zu einer rationellen Seidenzucht, nebst Angabe des richtigen Maulbeerbaumschnittes. Bearb. auf Grund vieljähriger praktischer Erfahrungen. Mit 9 in den Text gedr. Holzschn. Berlin 861. Schotte & Co. (Stuttgart, Johannssen.) 8. (VIII, 40 S.) 7½ ngr.

—— die Seidenzucht. Gründliche Anleitung zum prakt. und einträgl. Betriebe. Bearb. auf Grund vieljähr. prakt. und neuester Erfahrungen. gr. 8. (VII und 52 S. mit 36 Abbild. auf 3 Stnt.) Berlin 861, Schotte und Comp.

Voigt, Ad., s. Vogt, Adauct

Voigt, Adam, Fr. Chr.

Voigt, A. F. C., Beantwort. d. Frage: durch welche Mittel könnten unsere Handwerker dazu gebracht werden, Verbesserungen ihrer Gewerbe zu nutzen? 8. Weißenfels, Severin. 799.

— Beantwortung d. Frage: durch welche Mittel könnten unsere Handwerker dazu gebracht werden, Verbesserungen ihrer Gewerbe zu nutzen? 8. Weißenfels 799. (Leipz., Weygand). 4 gr.

Voigt, Adm. Fr. Chr., († d. 6. März 1809.) Beantwortung d. Preisfr.: welches sind die wirksamsten Mittel, um den Einwohnern kleiner Staaten, besond. der Reichsstädte d. nachtheil. Hang zu ausländ. Produkten rc. zu benehmen rc. 8. Erlang. 800. Heyder. 8 gr. (Vergl. Karl Fr. Mohl).

Voigt, Adolf

Voigt, A., Anweisung zur Behandlung der biblischen Geschichte als Vorstufe zum systematischen Religionsunterrichte in der Schule. gr. 8. (X, 201 S.) Gotha 884. Thienemann. n. 2. 60

Voigt, A., Anweisung zur Behandlung der biblischen Geschichte als Vorstufe zum systematischen Religionsunterrichte in der Schule. 2. Aufl. gr. 8. (X, 201 S.) Gotha 899. E. F. Thienemann. n. 2. 60; geb. n.n. 3. 10

Vogt, Adf., die Bibelkunde. Als Leitfaden u. Wiederholungsbuch f. evang. Schulen bearb. 8. (III, 67 S.) Dessau 895. P. Baumann. n. — 40

Vogt's, A., Bibelkunde f. evangelische Mittel-, Bürger- u. Volksschulen. Leitfaden u. Wiederholungsbuch. 2. Aufl., bearb. v. F. Resow. (IV, 60 S.) 8. Dessau 908. Hofbuchdr. C. Dünnhaupt. — 40

—— biblische Geschichte als Vorstufe zum systematischen Religionsunterrichte. 2. und 3. Aufl. 8. (VIII, 136 S.) Ebendas. 883,84. geb. **

Voigt, A., biblische Geschichte als Vorstufe zum systematischen Religionsunterrichte. 4. Aufl. [2. Abdr.] 8. (VIII, 136 S.) Gotha 887, Thienemann. cart. **

Voigt, A., biblische Geschichte als Vorstufe zum systemat. Religionsunterrichte. 5. Aufl. 8. (VIII, 136 S.) Gotha 889. Thienemann. cart. n.n. — 60

Voigt, A., biblische Geschichte als Vorstufe z. systemat. Religionsunterrichte. 7., unveränd. Aufl. 8. (VIII, 136 S.) Gotha 897. E. F. Thienemann. Kart. n.n. — 60

— biblische Geschichte als Vorstufe zum systematischen Religionsunterrichte. 10. Aufl. gr. 8. (VIII, 136 S.) Ebd. 902. Geb. n. — 60

Voigt, A., biblische Geschichte als Vorstufe zum systematischen Religionsunterrichte. 12., unveränd. Aufl. (VIII, 136 S.) 8. Gotha 906. E. F. Thienemann. Geb. n.n. — 60

Voigt, A., biblische Geschichte als Vorstufe zum systemat. Religionsunterrichte. 13., unveränd. Aufl. (VIII, 136 S.) 8. Gotha 909. E. F. Thienemann. Geb. nn — 60

—— Geschichtliches und Kritisches über die Vorbildung zum Seminar in Gotha. gr. 8. (64 S.) Gotha 878, Thienemann. *

Vogt, A., Hülfsbuch f. den ersten Religionsunterricht in Haus u. Schule. (40 S.) gr. 8. Hannover 904. C. Meyer. n. — 30

— Lehrplan für den evangelisch-lutherischen Religionsunterricht in Schulen m. e. Lehrer. 1. Tl. Unterstufe. (III, 48 S.) gr. 8. Ebd. 904. n. — 80

Voigt, Adf., unsrer Jugend Not u. Hilfe. Eine Werbeschrift f. die christl. Vereine junger Männer u. Jünglingsvereine. 8. (48 S.) Leipzig 899. J. C. Hinrichs' Verlag. n. — 50

Voigt, Alb., kurzer Abriß der Geschichte der Deutschen. Ein Schlüssel zu der Karte der geschichtl. denkwürdigen Ortschaften, Schlösser, Burgen, Ruinen, Klöster, Gewässer und Berge des deutschen Reiches und der ihm benachbarten Teile seiner Grenzstaaten. gr. 8. (53 S.) Leipzig 882, Siegismund und Volkening. *

Mit Karte * ℳ 1,50.; Karte allein *

Voigt, A. (L), kurze Beschreibung des Herzogth. Sachsen-Altenburg. 8. (60 S.) Plauen 877, Hohmann. *

Voigt, Alb., kurze Beschreibung d. Herzogt. Sachsen-Altenburg u. der Unterherrschaft Gera d. Fürstent. Reuß j.L. 8. (16 S. m. 1 lith. u color. Karte.) Leipzig 883. Siegismund & Volkening. n. — 50

Voigt, A. (I.), Elementar-Cursus im Freihandzeichnen. 1. Heft. qu. 4. (8 Stnt.) Clausthal 865, Grosse'sche Buchh. In Couvert. *

Voigt, Alb. Erlebnisse eines Dresdner Mutterkindes des Matrosen Louis Weigand, während einer 50jähr. Dienstzeit auf der niederländ. Marine. Nach dessem Tagebuche und mündl. Mittheilungen bearb. 8. (295 S. mit 3 Chromolithogr.) Dresden 863, (Schöpff.) *

—— zur Luxemburger Frage. Ein Beitrag zur Tagesgeschichte. gr. 8. (13 S.) Braunschweig 867, Graff und Müller. *

Voigt, Alb., Geschäfts- und Reisekarte des Herzogt. Sachsen-Altenburg und der Unterherrschaft Gera und Fürstent. Reuß jüngerer Linie. 3. Aufl. Lithogr. und color. qu. Fol. Nebst Beschreibung. 8. (16 S.) Leipzig 883, (Siegismund und Volkening.) * — 50

Voigt, A., Geschichtstafeln für Volksschulen. 8. (27 S.) Bremerhafen 870, v. Vangerow.

—— die Götterlehre der alten Griechen und Römer, s.a. Sammelmappe, pädagogische.

— die Götterlehre der alten Griechen u. Römer in alphabetisch geordneten Artikeln. Mit besond. Berücksicht. der Schiller'schen Gedichte bearb. gr. 8. (71 S.) Ebend. 880. n. — 60

Voigt, A., Hand-Karte des Herzogth. Sachsen-Altenburg. 4. Aufl. Lithogr. und color. qu. Fol. Altenburg 887, Schnuphase'sche Hofbuchh. — 30

Voigt, Alb., Karte des Deutschen Reiches und der benachbarten Theile seiner Grenzstaaten in Bezug auf die geschichtlich denkwürdigen Ortschaften, Gewässer, Berge etc. 1 : 2,800,000. Chromolithogr. gr. Fol. Nebst Schlüssel: Kurzer Abriß der Geschichte der Deutschen. gr. 8. (53 S.) Leipzig 882, Siegismund und Volkening. * 1 50

Schlüssel allein * — 50

Karte allein * 1 20

—— der deutsche Krieg 1866 nach officiösen Quellen für das Volk bearb. 2. Aufl. gr. 8. (60 S.) Braunschweig 867, Graff und Müller. *

Voigt, Alb., Lehrbuch der Pflanzenkunde f. den Unterricht an höh. Schulen, sowie f. die erste selbständige Fortbildung der in den Anfangsgründen der Pflanzenkunde geschulten Jugend. 1. Tl. 8. Hannover, Hahn. Geb. 1.80; m. Geleitschrift dazu: Die botanischen Schulbücher. (34 S.) Unentgeltlich.

Die höheren Pflanzen im allgemeinen od. die Pflanze, ihre Werkzeuge nach Beruf u. Herkunft u. ihre Lebensgeschichte. (VII, 255 S. m. Zeichenblock.) 906.

Voigt, Alb., **Lehrbuch der Pflanzenkunde f. den Unterricht an höh. Schulen, sowie f. die erste selbständ. Fortbildung der in den Anfangsgründen d. Pflanzenkunde geschulten Jugend. 3. Tl. Anfangsgründe der** Pflanzengeographie od. Ökologisch-pflanzengeograph. Heimatkunde m. Ausblicken auf die fremdländ. Pflanzenwelt u. m. Berücksicht. wicht. Kulturpflanzen. (XVII, 371 S.) 8. Hannover 908. Hahn. Geb. 2.80; Geleitschrift dazu: Die Pflanzengeographie in den botan. Schulbüchern. (23 S.) Unentgeltlich.

Voigt, Alb., kurzgefaßte deutsche Vaterlandskunde für Alt und Jung im lieben Vaterlande. Entworfen nach den Resultaten des Krieges von 1866. 8. (126 S.) Bremerhaven 868. Bremen, Tannen. *

Voigt, Alb., wie wird der Unterricht der Jugend eine Seelsorge? Pädagogische Abhandlung. Gekrönte Preisschrift. gr. 8. (30 S.) Leipzig 861, C. F. Fleischer. *

Voigt, Albert [aus Immenrode]: Ueber den Bau und die Entwicklung des Samens und des Samenmantels von Myristica fragrans .... Göttingen, Druck d. Dieterichschen Univ.-Buchdr. W. Fr. Kaestner, 1885; 36 S. + 1 Bl. 8°.

Göttingen, Phil. Fak., Inaug.-Diss. v. 1885.

Voigt, Alb., üb. den Bau u. die Entwickelung d. Samens u. Samenmantels v. Myristica fragans. gr. 8. (36 S.) Göttingen 885. (Vandenhoeck & Ruprecht.) n. 1. —

Voigt, Albert (Hrsg.), s. Denkwürdigkeiten. Thorner, ..

Voigt, Alb., Thorner Denkwürdigkeiten von 1346–1547, s.: Mitteilungen des Coppernicus-Vereins f. Wissenschaft u. Kunst in Thorn. XIII.

Voigt, Albert, appr. Arzt a. Demmin: Die Milchsterilisierung in ihrer gesundheitlichen Bedeutung und praktischen Ausführung. Leipzig 1906: B. Georgi. (75 S.) 8°

Leipzig, Med. Fak., Ref. Hofmann, Diss. v. 29. Juni 1906

[Geb. 25. Jan. 74 Demmin; Wohnort: Berlin; Staatsangeh.: Preußen; Vorbildung: Gymn. Bromberg Reife O. 95; Studium: Kaiser Wilh.-Akad. Berlin 9 S.; Coll. 29. Jan. 06; Approb. 13. Juli 01.]

Voigt, Albert. Frid. Paulus (geb. Anklam 18. 6. 1833): De rhinoplastice. Berolini (1856). (29 S.) 8°

Berlin, Med. Diss. v. 17. März 1856

Voigt, Alexander: Über die Druckverteilung im Eisen vor einer eindringenden Schneide. 1907. S. 443—535. 4° ¶ Aus: Verhandlungen d. Vereins zur Beförderung d. Gewerbfleißes. Jg. 86.

Karlsruhe, Dr.-Ing.-Diss. v. 20. 7. 1907

Die botanischen Institute der freien und Hansestadt Hamburg. Im Auftr. d. Oberschulbehörde. Von Dr. A(lfred) **Voigt**, Assist. am Botan. Mus. M. 12 Lichtdrucktaf. u. 6 Abb. im Text. *Hamburg & Leipzig L. Voss 1897.* (2 Bl., 102 S., 1 Bl., 12 Taf.) 1 Bd 4. [97 4840

Voigt, Alfred [aus Hamburg]: Localisirung des ätherischen Oeles in den Geweben der Allium-Arten. . . . (Aus: Jahrb. d. Hamburg. Wiss. Anstalten. VI.) Hamburg, gedr. bei Lütcke & Wulff, E. H. Senats Buchdr., 1889; 18 S. 8°

Jena, Phil. Fak., Inaug.-Diss. v. 1889

Voigt, A. (II.). Localisirung d. ätherischen Oeles in den Geweben der Allium-Arten. Lex.-8. (18 S.) Humb. 889, (Graefe u. Sillem). * 1 —

Aus: Jahrb. d. Hamburg. wiss. Anstalten, besonders abgedruckt.

Voigt, Alwin

Voigt, A., Anleitung zum Photographieren freilebender Tiere, s.: Kiesling, Mart.

Voigt, Alwin [Oberl. Dr.]: Anleitung zum Studium der Vogelstimmen. Leipzig, Druck v. C. G. Naumann, *1892;* 1—21 S. 4.
Leipzig, I. st. R, OP 1892 (565)

Voigt, Alwin [Oberl. Dr.]: Anleitung zum Studium der Vogelstimmen. Leipzig, Druck v. C. G. Naumann, *1892;* 1—21 S. 4.
Leipzig, I. st. R, OP 1892 (565)

Voigt, Alwin, Anleitung zum Studium der Vogelstimmen. Progr. gr. 4. (22 S.) Leipzig 892. (Kössling.) n.n. —50

— Exkursionsbuch zum Studium der Vogelstimmen. Praktische Anleitg. zum Bestimmen der Vögel nach ihrem Gesange. 8. (VII, 213 S.) Berlin 894. R. Oppenheim. Geb. in Leinw. n. 2. 50

Voigt, Alwin, Exkursionsbuch zum Studium der Vogelstimmen. Praktische Anleitg. zum Bestimmen der Vögel nach ihrem Gesange. 4. verm. u. verb. Aufl. (312 S.) 8. Dresden 906. [H. Schultze.] Leipzig, E. Nägele. Geb. in Leinw. n. 3.—

Voigt, Alwin, Excursionsbuch zum Studium der Vogelstimmen. Praktische Anleitg. zum Bestimmen der Vögel nach ihrem Gesange. 5. verm. u. verb. Aufl. (326 S.) 8. Leipzig (909). Quelle & Meyer. Geb. in Leinw. 3.—

— Deutsches Vogelleben, s.a. Aus Natur u. Geisteswelt.

Deutsches Vogelleben. Dargest. von Prof. Dr. Alwin **Voigt**, Leipzig. Leipzig: B. G. Teubner 1908. (IV, 156 S.) 8° [F.]
= **Natur**, Aus, u. Geisteswelt. Bdch. 221. [08. 11317

v. Voigt, Amal., geb. Ludecus, s.a. **Cäcilie;**

CÄCILIE *(Amalie v. Voigt)*, Erzählungen und Novellen von —. Erfurt 1816. 8°. (1 fl. 30 xr. Scheible.)
Weller, Lex. Ps. p. 91. — Das Anon.-Lex. I. p. 293 hat als Vf.: „Johanna Caroline Amalie Ludecus" (nach Engelmann).
Zahm. Inh.: 1. Clementine. 2. Novellen von F. Sacchetti. 3. Novellen einiger mit Boccaccio gleichzeitigen, oder wenig neuern Novellisten. 4. Novellen von F. Grazzini.

Cäcilie (d. i. *Amalie v. Voigt*), Geschichte der Margarethe v. Valois und deren Tochter Johanna d'Albret, Königin von Navarra. (In: Großherzoglich Hessischer Hofkalender für das Jahr 1819. Mit 10 Kpfrn. von Lips, Esslinger u. Haldenwang. Darmstadt, b. Heyer & Leske. 12°. Calend. u. 365 S. Orig.-Cart. m. G.)

Voigt, Andreas, s.a. Voigt, Andreas Heinrich

Voigt, Andreas: Die Akademie für Social- und Handelswissenschaften zu Frankfurt a. M. Eine Denkschrift vom Geschäftsführer d. Instituts f. Gemeinwohl Dr. —. Frankfurt a. M. 1899: Boch & Englert. (24 S.) 8°

Voigt, Andr., die Akademie für Social- u. Handelswissenschaften zu Frankfurt a/M. Eine Denkschrift. gr. 8. (24 S.) Frankfurt a/M. 899. (A. Detloff.) n. —50

Voigt, Andreas, Die Bodenbesitzverhältnisse, das Bau- und Wohnungswesen in Berlin und seinen Vororten. Schriften d. Ver. f. Soz.-Pol., Bd. 94. gr. 8°. Leipzig 1901.

— **u. Paul Geldner, Kleinhaus u. Mietkaserne. Eine Untersuchung der Intensität der Behausung vom wirtschaftl. u. hygien. Standpunkte.** (XVI, 324 S. m. Abbildgn. u. 1 lith. Taf.) gr. 8. Berlin 905. J. Springer. n. 6.—

— Zum Streit um Kleinhaus u. Mietkaserne. Eine Antwort auf die Angriffe v. Dr. Rudolf Eberstadt in Berlin u. Prof. Dr. Carl Johannes Fuchs in Freiburg i. B. (31 S. m. Fig.) Lex. 8. Dresden 907. O. V. Böhmert. —50
Sonderabdr. aus: „Krit. Blätter f. d. ges. Sozialwiss."

Voigt, Andr., die sozialen Utopien. 5 Vorträge. (VIII, 146 S.) 8. Leipzig 906. G. J. Göschen. n. 2.—

Voigt, Andreas: Wie um die Bauordnung gekämpft wird. Von Prof. Dr. —. Berlin (1909): Berliner Verlagsbuchdr. 88 S. 8°
(Schriften d. Zentralverbandes d. städt. Haus- u. Grundbesitzer-Vereine Deutschlands. N. F. Bd 14, H. 3.)

Voigt, Andr., wie um die Bauordnung gekämpft wird. (88 S.) gr. 8. Berlin 909. K. Reuschel. 1.—

Voigt, Andreas Heinrich [aus Flensburg]: Die Auflösung von Urtheilssystemen, das Eliminationsproblem und die Kriterien des Widerspruchs in der Algebra der Logik. . . . Freiburg i. B., Univ.-Buchdr. v. Chr. Lehmann, 1890; 90 S. + 1 Bl. 8°
Freiburg i. B., Phil. Fak., Inaug.-Diss. v. 1890

Voigt, Andr. Die Auflösung v. Urtheilssystemen, das Eliminationsproblem u. die Kriterien d. Widerspruchs in der Algebra der Logik. gr. 8. (92 S.) Lpz. 890, Danz. * 2 —

Voigt, Frau Anna. Vergißmeinnicht, ein Strauß geistlicher Gedenkblüten. Chicago, 1896

Voigt, Arno: Versuche zum Aufbau einer Isocumarilsäure u. Isocumaranilsäure. Rostock 1908: Boldt. 67 S. 8°
Rostock, Phil. Diss. v. 30. Juli 1908, Ref. Stoermer
[Geb. 27. Mai 79 Zillbach b. Meiningen; Wohnort: Rostock; Staatsangeh.: Preußen; Vorbildung: Oberrealsch. Bonn bis M. 98; Studium: München 2, Jena 6, Rostock 8 S.; Rig. 27. Juli 08.] [U 09. 3771

Voigt, Arnold Justus (Calenberg) A. S. 574/7

De iureiurando in litem affectionis in emtione venditione cessante. Präs. Johann Friedrich Eisenhart. Helmstedt (Drimborn) 29. VIII. 1750. 15 S.

W. v.: Präs. 35332

Voigt, B., Choräle f. zwei Soprane u. Alt, z. Gebrauche f. Schulen bearb. 9. Aufl. 8. (72 S.) Hamburg 898. O. Meißner's Verl. Geb. n. —80

Verzeichnis
— — vollständiges, der im Verlage von **B. F. Voigt** in **Weimar** erschienenen Bücher, Musikalien und Kupferwerke. Von Gründung der Firma 1812 bis Mitte des Jahres 1861. **Weimar 1861. 8°.**

VOIGT, Bdct.: Ueb. d. Geist d. Böhm. Gesetze in d. verschied. Zeitaltern; e. Preisschr. *Dresden*, Walther. 788. 4. (1 Thl.)

Voigt, Bernhard Friedrich

Voigt, Bhrd. Fr., (Buchhändler), s. 1) Feldzug, der, von 1806 in Deutschland, u. setze hinzu; (v. B. Fr. Voigt.)

(Voigt, Bernh. Friedr.,) Neuer Nekrolog der Deutschen, s. Nekrolog.

—— deutscher Regentenalmanach, s. Regentenalmanach.

Voigt, Bruno [app. Arzt aus Leipzig]: Aus d. Pathalog.[!] Institut zu Kiel. Beitrag zur Aetiologie der Genitaltuberculose ... Leipzig, Druck v. G. Kreysing, 1896; 20 S., 1 Bl. 8.
Kiel, Med. Fak., Inaug.-Diss. v. [17. Nov.] 1896

Voigt, Bruno: Zur Kasuistik der Bauchfelltuberkulose ... Leipzig, G. Fock, 1896; 36 S. 8.
Jena, Med. Fak., Inaug.-Diss. v. [21. Dez.] 1896

Voigt, C., Choräle für 2 Soprane und Alt zum Gebrauche für Schulen bearb. 3. Aufl. 8. (72 S.) Hamburg 872, O. Meißner. * 60 Pf.; geb. *

Voigt, C., Choräle f. 2 Soprane u. Alt zum Gebrauche f. Schulen. 4. Aufl. 8. (72 S.) Hamburg 876. O. Meißner. n. — 60

Voigt, C., Choräle für zwei Soprane und Alt, zum Gebrauche für Schulen bearb. 5. Aufl. (72 S.) 1880. * 60 Pf.; 6. Aufl. 8. (72 S.) Hamburg 884, O. Meißner's Verlag. cart. *

Voigt, C., Choräle f. zwei Soprane u. Alt, zum Gebrauche f. Schulen bearb. 10. Aufl. (72 S.) 8. Hamburg 902. O. Meißner's Verl. Geb. n. — 80

Voigt, C., Choräle f. 2 Soprane u. Alt, zum Gebrauche f. Schulen bearb. 13. verm. Aufl. v. L. Brodersen. (III, 100 S.) 8. Hamburg 910. O. Meißner's Verl. Geb. 1.

Voigt, C., Choräle für zwei Sopranstimmen und eine Altstimme zum Gebrauche für Schulen bearb. Mit untergelegten Liederversen des Hamburg. Gesangbuches. 2. Aufl. 8. (IV und 68 S.) Hamburg 863, O. Meißner. *

—— Sing-Uebungen. 2. Aufl. 8. (49 S.) Hamburg 863, O. Meißner. cart. *

— Sing-Uebungen. 3. Aufl. 8. (51 S.) Ebend. 872. geb. n. — 60

—— Sing-Uebungen. 4. Aufl. 1875; 5. Aufl. 8. (51 S.) Ebendas. 879. geb. *

Voigt, C., Sing-Uebungen. 6. Aufl. 8. (51 S.) Hamburg 889. O. Meißner's Verl. cart. n. — 60

Voigt, C., De trimetri iambici usu apud poetas Graecos. Pr. 1864. 29 S.

Voigt, C. A. Otto, das allgemeine Schachspiel. Ein Vorschlag zu e. Erweiterg. d. Schachspiels. 8. (III, 69 S.) Dresden 887. Höckner, Sep.-Cto. n. 1. —

Voigt, C. D., Prospecte von vorzüglich schönen Gegenden Schleswigs u. Holsteins. 2 Hefte, jeder in 4 colorirt. Blättern. qu. Fol. Hamb. ... Gundermann. 15 ß

Voigt, C. E. T., s. Voigt, Christian Friedrich Traugott

Voigt, C. F. F., s. Voigt, Christian Friedrich Traugott

Voigt, C. G., psychologische Depesche Gottes an die Menschheit. 8. Chemnitz 854, Verlag des Verfassers.

Voigt, C. H., Volksweisen. Für die reifere Jugend gesammelt und eingerichtet. 1. Heft. 8. (60 S.) Berlin 860, Trautwein'sche Buchh. *

Voigt, C. H., Volksweisen. Für die reifere Jugend gesammelt u. eingerichtet. 2. Hft. 3. Aufl. Nebst einem Anh., enth. 4 verschiedene Liturgien. 8. (52 S.) Berlin 879. Bahn. n. — 40

Voigt, C. H., Volksweisen. Für die reifere Jugend gesammelt und eingerichtet. 2 Hefte. 8. Berlin, Bahn. [1. Heft. 9. Aufl. (60 S.) 880; 2. Heft. Nebst einem Anhang, enth. 4 verschiedene Liturgien. 3. Aufl. (52 S.) 879.] à Heft * 40 Pf. *

Voigt, C. T., De eo quod antiquissimi poetae, historici et philosophi ad eloquentiam effingendam contulerint. 1782.

Voigt, Carl, s. Voigt, Karl

Voigt, Ch. A.
Widerlegung der Weissagungen des sogenannten flüchtigen Paters. 8. Leipz. Deer. 747.

Voigt, Charles A., d. Lawn-Tennis Spiel u. d. Kunst zu spielen. E. eingeh. Beschreibg. u. techn. Besprechg. d. Spiels m. 13 Illustr. nach photograph. Aufnahmen, nebst e. Anh., enth. d. Spielregeln, e. Liste d. engl. Meisterspieler, Vorgabe-Tabellen u. s. w. 12. (VII, 72 S.) Magdeburg 895. A. Rathke. In Leinw. kart. n. 2. —

VOIGT, Chr.: Abhandlng. üb. einz. Gegenst. d. Rechts u. d. Gesch. *Halle*, Gebauer. 782. 8.

Voigt, Chr., f.: Hülfsbuch bei dem geograph., geschichtl., naturgeschichtl., physikal. u. deutschen Unterrichte in Volksschulen.

Voigt, Christian

Flensburg keine Gründung. Eine Entgegnung auf die Schrift des Geh. Justizrats Mohr „Flensburgs Ursprung" v. Christian Voigt. [Flensburg. 1910.] 8°

Voigt, Christian, Literatur- u. Urkundenverzeichnis zur Geschichte der Stadt Flensburg. Gesammelt u. zusammengestellt. (VI, 79 S.) gr. 8. Flensburg 908. (Huwald.) 2. —

Literatur- und Urkundenverzeichnis zur Geschichte der Stadt Flensburg. Gesammelt u. zsgest von Christian **Voigt.** Flensburg 1908: Schmidt. VI, 79 S. 8° (11. 1133) 8

Voigt, Christian August

— [illegible]
Separatabdruck

Voigt, Chrn. Aug., Abhandlung über die Richtung der Haare am menschlichen Körper. gr. 4. (50 S. mit 2 chromolithogr. Taf. in gr. Fol. und Imp.-Fol.) Wien 857, (Gerold's Sohn.) *
Aus: Denkschriften der k. Akademie der Wissenschaften, besonders abgedruckt.

— Beiträge zur Dermatoneurologie nebst der Beschreibung und Abbildung eines Systems neu entdeckter Linien an der Oberfläche des menschlichen Körpers und der von denselben begrenzten Hauptverästelungsgebiete der Hautnerven. (Auszug.) S. 46. 1. 36 . . . . Ngr.
Separatabdruck

Voigt, Chrn. Aug., Beiträge zur Dermato-Neurologie nebst der Beschreibung eines Systems neu entdeckter Linien an der Oberfläche des menschl. Körpers. gr. 4. (40 S. mit 2 Stnt.) Wien 864, (Gerold's Sohn.) *
Aus: Denkschriften der k. Akademie der Wissenschaften, besonders abgedruckt.

Voigt Christian August Dr., Über ein System neu entdeckter Linien an der Oberfläche des menschlichen Körpers und über die Hauptverästelungsgebiete der Hautnerven nebst der Art der Vertheilung der Hautnerven in denselben. (Auszug.) S. 22. 29. . . . . Ngr.
Separatabdruck

— über ein System neu entdeckter Linien an der Oberfläche des menschlichen Körpers u. über die Hauptverästlungs-Gebiete der Hauptnerven nebst der Art der Vertheilung der Hauptnerven in denselben. (Aus d. Sitzungsberichten d. k. Akad. d. W.) Wien 856. Gerold in Comm. gr. 8. (11 S.) 3 ngr.

—— über ein System neu entdeckter Linien an der Oberfläche des menschlichen Körpers und über die Hauptverästlungs-Gebiete der Hauptnerven nebst der Art der Vertheilung der Hauptnerven in denselben. Lex.-8. (11 S.) Wien 857, (Gerold's Sohn.)
Aus: Sitzungsberichte der k. Akademie der Wissenschaften, Jahrg. 1856, besonders abgedruckt.

Voigt, Christian Friedrich Jakob

Voigt, Chr. Fr. Jak., Hülfsbuch für Prediger. 1r Bd. 1s Stück. 8. Hamb. 795. Gundermann. 14 gr

Voigt, Christian Friedrich Traugott

— Abschiedspredigt in d. Kirche zu Tharand am 2n Pfingstfeiertag 1813 gehalten. gr. 8. Dresd., Arnold. 3 gr

Voigt, Chr. Fr. Traug., († d. 5. Jan. 1814.) Altarrede u. Predigt bei Einweihung der neuen Orgel in der Kirche zu Tharant bei Dresden. gr. 8. Dresd. 806. Walther. 4 gr

Voigt, Chr. Fr. Tr., s. Athelin v. Brutthow.

— Auftritte aus d. Jugendalter, oder Kinderidyllen. 8. Leipz. 794. N. A. 798. (Krappe.) 8 gr

— Auftritte aus d. Jugendalter, od. Kinderidyllen. 8. Lpz. Hilscher. (Compt. f. Lit.) 798.

– s. Bettlermädchen, das.

Voigt, Chr. Friedr. Traug., s.: Delille, Jac.

— prakt. Erläuterungen der bibl. Abschnitte d. heil. Schrift auf alle Sonn- u. Festtage, welche 1810 im Königreich Sachsen d. öffentl. Vortr. in den evangel. Kirchen z. Grund gelegt werden sollen, für christliche Stadt- u. Landschulen 2c. 12 Hefte. gr. 8. Leipz. 810. Liebeskind. 1 rthl 16 gr

— prakt. Erläuterungen d. im J. 1811 in den evangel. Kirchen d. Königreichs Sachsen zu erklär. bibl. Texte, für Prediger, Schullehrer 2c. 5 Hefte. gr. 8. Dresd. 811. Arnold. 1 rthl 6 gr

— d. Gärten, ein Lehrgedicht in 4 Gesängen; nach de Lille. Mit Kpf. 8. Leipz. 796. (Schmid in Jena). 1 rthl 8 gr Velinp. 1 rthl 12 gr

Voigt, C. F. T., die Gefahren d. Jugend, e. Buch zur Lehre f. reifende Söhne u. Töchter aus d. höhern u. mittlern Ständen. Neue Aufl. 8. (14 B. u. Titkpfr.) Leipzig .... [Quedlinburg, Ernst'sche Buchh.]

Voigt, Chr. Fr. Traug., die Gefahren der Jugend, ein Buch zur Lehre für reifende Söhne u. Töchter aus den höhern u. mittlern Ständen. N. Aufl., mit 1 Kpfr. u. 1 Titelkpfr. ... Leipzig ... (Melzer.) 1/2 rthl

– Gefahren

— —, Die, der Jugend, ein Buch zur Lehre für reifere Söhne und Töchter (von *Chrn. Friedr. Traugott Voigt*). Leipzig, Seger, 1804. 8°.
Anon.-Lex. II. p. 164 (nach Meusel). Meusel's in Coburg Lhbiblcat. 1822. no. 9710.

— d. Gefahren d. Jugend; ein Buch zur Lehre für reifende Söhne u. Töchter. 8. Leipz. 804. Neue Aufl. mit 1 Titelkpf. 8. Leipz. 822. (Wohlbrecht). 20 gr Hbg. Pr. 12 gr

Voigt, (C. F. T.,) die Gefahren d. Jugend; ein Buch zur Lehre f. reifende Söhne u. Töchter. Neue Aufl. mit 1 Titelkpf. 8. Leipz. 822, Seeger. — 20

– s.a. **Handwörterbuch f. d. Geschäftsführung.**

Voigt, Chrn Fridr. Traug., Deutsches Handwörterbuch für die Geschäftsführung, den Umgang und die Lecture. Bd. 1. 2. Leipzig 1805. 8.

(Voigt, C. F. F.): „Vollständiges deutsches Handwörterbuch für die Geschäftsführung, den Umgang und die Lectüre", Band I in 2 Abteilungen, Band II; insgesamt 3 Bände, Leipzig 1805—1807 (Seeger). — Vorh.: Bücherei der Industrie- und Handelskammer Leipzig. — 2., von Hofrat Reinhard umgearbeitete Auflage, 3 Bde., Altona 1817 (Hammerich).

HAUSBEDARF für Verlobte und Neuverehelichte und solche die es noch werden wollen (von *C. F. T. Voigt*, Superint. zu Artern, vorher Prediger zu Tharand bei Dresden). Neue, durchgesehene und verbesserte Auflage. Mit 1 reizenden, altcolor. Titelbild. Leipzig, bei C. Theodor Seeger, o. J. (1821). 12°. (Bibl. des Herrn Sanitätsraths Dr. Gerster, Braunfels a/L.)
Tit., „Zur Nachricht" 1 Bl., Inh.-Verz. 1 Bl., 188 bez. Seiten. Im Vorbericht Name des Verfassers. — Fehlt im Anon.-Lex.
„Enthält ausser einer Fülle brauchbarer allgemeiner Ratschläge auch viele von hygienischem Wert." (Sanitäts-Rath Dr. Carl Gerster.)

s.a. **Heirathsgeschenk f. Neuverehelichte.**

Voigt, Chr. F. T., Heiraths-Geschenk f. Neuverehelichte u. Verlobte, sie mögen es seyn od. noch werden. 3., verb. u. verm. Aufl. 8. (10 B. u. Titkpfr.) Leipzig 829, (Kupfer.) Ernst

— Heirathsgeschenk für Verlobte u. Neuvermählte, oder solche, die es werden wollen. 3e verb. u. verm. Aufl. Mit 1 Titelkpfr. 8. Leipzig ... (Melzer.) 1/2 rthl

—— Heirathsgeschenk f. Verlobte u. Neuverehelichte 2c., 3., verb. u. verm. Aufl. 8. (10 B. u. Titkpfr.) Leipzig .... [Quedlinburg, Ernst'sche Buchh.]

— über N. F. Morus Leben u. Verdienste. 8. Leipz. 792. (Nauck). 3 gr

– s.a. **Leipzigs Gefahr, Noth u. Rettung.**

— Lieder f. d. Herz, z. Beförder. e. edlen Genusses in der Einsamkeit u. Gesellschaft. 8. Lpz. Kohler. (Niepsel) 799.

— Lieder für das Herz, zur Beförderung e. edlen Genusses in der Einsamkeit u. Gesellschaft. 8. Leipz. 799. 2e umgearb. Aufl. 812. (Knobloch). 20 gr

— Lieder f. das Herz, z. Beförderung eines edlen Genusses in d. Einsamkeit u. Gesellschaft. 2te Auflage. 8. Ebend. 813.

MORITZ und Auguste oder die Kleinen, wie sie seyn sollten. Vom Verfasser des Robert oder der Mann wie er seyn sollte *(Christian Friedr. Traugott Voigt)*. Mit Titelkupfer von W. Böhm. Leipzig 1800. 8°. Zahm. (2 Mk. 50 Pfg. A. Buchholz, München, 1908.)

Voigt, Chr. Fr. Traug., Morus, Beitrag zur Charakteristik des unsterblichen Mannes. 8°. Leipzig, Sommer, 1792.

s.a. C. F. R. Morus, Vorlesungen.

— Tharands schöne Natur, in geselligen Liedern gefeiert. 16. Dresd. 809. (Arnold). 2 gr

— Tharands schöne Natur, in gesellig. Liedern gefeyert. 12. Dresden, Beger. 809.

Nebenstunden für Verlobte.

— Rede bei d. Feier des hocherfreulichen Geburtsfestes Sr. Maj. d. Kaisers aller Reußen, Alexanders I. am 24 Dec. 1813 gehalten. Herausg. v. M. Jh. Fr. Müller. 8. Frankenhausen 814.

— Reden ans Volk über Stellen der heil. Schrift zur Beförderung der ältesten Religiosität. 8. Leipz. 797. Hilscher. (Compt. f. Litt.) 8 gr

— Religionsvorträge, im letzten Jahre d. 18. u. d. ersten des 19. Jahrhund. in Tharand gehalten. gr. 8. Dresd. 803. Neuer Abdruck 811. Hilscher. 1 Rthlr 6 gr

s. Robert, od. der Mann wie er sein sollte.

— die Thurm- u. Glockenweihe in Tharand, am 9. Oct. 1808. 8. Dresd. 808.

* **VOIGT** C. F. T., d. f. K. M. (d. i. *Chrn. Frdr. Voigt*, der freienKünste Magister, geb. 1770, † 1814), Triumpf des deutschen Witzes in einer Sammlung der stechendsten Sinngedichte u. witzigsten Einfälle deutscher Köpfe. 2 Bdchn. Mit 12 reizenden satirischen Kpfrn. (Radirungen nach Rosmäsler u. Berggold, gest. v. Tromlitz u. C. Schule, z. Th. mit Erklärungen.) Leipzig, bey F. G. Baumgärtner, 1798—99. 12°. Lat. Lett. (In Berlin: Yf 5241, 2 voll.) (50 Mk., Expl. mit Orig.-Umschl., Bernh. Liebisch, Lpz., 1909; 105 Mk. Auction Deneke, 1909, no. 787.)

— Triumph des deutschen Witzes, in einer Samml. der stechendsten Sinngedichte, der witzigsten Einfälle deutscher Köpfe. 2 Thle. Mit 12 Kpf. 12. Leipz. 799. N. A. 800. u. 809. Baumgärtner. 2 Rthlr Hbg. Pr. 1 Rthlr

— die Ueberschwemmungen. Ein beschreibendes Gedicht, durch einen Charakterzug Friedrich Augusts zu Sachsen veranlaßt. gr. 8. Leipz. 799.

— die Ueberschwemmungen rc., setze hinzu: (Joachim). 1/8 Rthlr —

— Wie d. Größe u. Macht, die Weisheit u. Güte Gottes sich auch bei Theuerung u. Mangel verherrlicht. Eine Predigt am 7. Sonnt. nach Trinit. 1805 gehalten. gr. 8. Dresd., Arnold. 2 gr

(—) die Zusammenkunft Napoleons des Großen, u. Friedrich Augusts des Gerechten nach dem Doppelfrieden von Tilsit, ein Gedicht. 4. Dresd. 807. Walther. 4 gr

— Zustand d. kirchl. Gemeinde in Tharand im ersten Jahrzehend d. 19. Jahrh., in Absicht auf Verehelichungen, Geburten, Todesfälle u. Abendmahlsfeier, mit vergleichenden Rückblicken auf d. Vorzeit u. e. kurze Geschichte d. ältern kirchl. Verfassung Tharands. 8. Dresd. 811.

Voigt, Christoph Arnold von (Bremen)
U. S. Giessen 1710/1

Notitia veteris Francorum regni usque ad excessum Ludovici Pii. Präs. Johann Nikolaus Hertius. Giessen (Müller) V. 1710. 256 S.

W. v. s. Präs., Gossel Ernst von Berner (Opp.), Anselm Franz Fhr. von Hees. 35333

Voigt, Clara, s. Voigt, Klara

Voigt, Clemens, s. Voigt, Klemens

Voigt, Cornelie, s. Voigt, Kornelie

† **VOIGT**, E., Guckkastenbilder, nach dem Leben gezeichnet ... Breslau, Krone, 1849. 8°. 16 S.

Voigt, E., die wichtigsten Pilze, s.: Lehrmeister-Bibliothek.

† — — Friedrich des Grossen Promenaden durch Breslau im Jahre 1850. Erste Promenade. Breslau, Storch. 8°. 8 S.

Voigt, E. W. K., patriotische Zuschrift d. Preußen an die mit dem preuß. Staat vereinigten Sachsen. 8. Berl. Maurer. 815.

Voigt, Edm., Döben—Golzern. Was wir aus ihrer Vergangenheit wissen. (103 S.) 8. Grimma 908. (G. Gensel.) nn 1.50

Voigt, Edmund: Gegenstände und Verwendung der Naturschilderungen Shakespeares. Heidelberg: Winter 1908. 118 S. 8° ¶(Ersch. vollst. als: Anglistische Forschungen. H. 28.)

Leipzig, Phil. Diss. v. 30. Dez. 1908, Ref. Wülker, Birch-Hirschfeld

[Geb. 19. Juni 85 Ehrenfriedersdorf; Wohnort: Altenberg i. Erzgeb.; Staatsangeh.: Sachsen; Vorbildung: Kreuz-Gymn. Dresden Reife O. 05; Studium: Genf 1, Leipzig 6 S.; Rig. 15. Juli 08.] [U 09. 3079

Voigt, Edm., Shakespeares Naturschilderungen, s.a. Forschungen, anglistische. 28. Heft.

Voigt, Edmund: Shakespeares Naturschilderungen von Edmund Voigt. Heidelberg: Winter 1909. VIII, 146 S. 8°
(Anglistische Forschungen. H. 28.)

Voigt, Edm., zweckmäßiger Obstbau im landwirtschaftlichen Mittel- u. Kleinbetrieb unter Wahrung der Landwirtschaft als Hauptbetrieb! Eine Preisschrift. (44 S. m. Fig.) gr. 8. Dresden 904. C. Heinrich. n. — 75

Voigt, Edmund, Dipl.-Ing. aus Berlin: Über elliptische Polarisation bei Interferenz zweier monochromatischer bipolarer polarisierter Lichtwellensysteme. *Rostock 1904: Adlers Erben.* (56 S.) 8°
Rostock, Phil. Diss. v. [11. Juni] 1904

Voigt, Eduard, Yosemite. Reiseerinnerungen aus Californien. (VIII, 112 S. m. 19 Vollbildern.) gr. 8. Berlin 909. D. Reimer. Geb. in Leinw. 3. —

Voigt, Elisab., das neue ABC. Mit Bildern u. Reimen. 2 Sorten. (à 12 S. m. z. Tl. farb. Abbildgn.) Lex.-8. Wesel (905). W. Düms. n. — 30; auf Pappe. (13 S.) Geb. — 90; auf Leinw. (12 Bl.) Geb. 1. 50

Voigt, E., auf, laßt uns singen! Ein Bilderbuch m. Liedern f. fröhl. Kinder. Orig.-Zeichngn. v. E. V. gr. 4. (12 farb. Taf. m. 23 S. illustr. Text.) Elberfeld 892. S. Lucas. Kart. 3. —

Voigt, Elise, auf, laßt uns singen! Ein Bilderbuch m. Liedern f. fröhl. Kinder. Orig.-Zeichngn. v. V. gr. 4. (12 Farbdr. mit 24 S. illustr. Text.) Duisburg 897. J. A. Steinkamp. Kart. 2. 50

— Bilder u. Lieder. Auf, laßt uns singen! Ein Bilderbuch m. Liedern f. fröhl. Kinder. Orig.-Zeichngn. v. E. V. gr. 4. (4 farb. Taf. m. 7 S. illustr. Text.) Ebd. 892. Kart. — 80

— Bilderlust. E. neues unzerreißbares Bilderbuch für uns. Kleinen. M. 6 Taf. Farbdr.-Bild. u. illustr. Text v. V., Reime v. Cornelie Lechler. hoch 4. (10 S. auf Pappe.) Stuttgart 897. F. Loewe. Geb. n. 2. —

Voigt, Elisab., junges Blut, frohgemut, s.: Steinkamp, A.

— Draußen u. Daheim. Bilder u. Geschichten für die Kleinen. Orig.-Zeichngn. v. V. m. Versen v. A. Steinkamp u. Erzählgn. v. H. Weinert. Fol. (9 Farbdr. m. eingedr. u. 16 S. illustr. Text.) Duisburg 897. J. A. Steinkamp. Kart. 1. 50

Voigt, Elise, fürs Forsthaus. Ein wirtschaftl. Ratgeber f. die Frau des Forstmannes. (XI, 275 S. m. 101 Abbildgn.) 8. Neudamm 906. J. Neumann. n. 3. 50; geb. in Leinw. n. 4. 50

Voigt, Elise, Freud' u. Scherz allerwärts. Bilder u. Geschichten f. d. Kleinen. Orig.-Zeichngn. v. V. Verse v. A. Steinkamp. Erzählgn. v. H. Weinert. gr. 4. (12 Farbdr. m. eingedr. u. 23 S. Text.) Duisburg 897. J. A. Steinkamp. Kart. 2. 50

— dasselbe. Unzerreißbares Bilderbuch f. d. Kleinen. gr. 4. (12 Farbdr. m. eingedr. u. 1 S. Text, auf Pappe.) Ebd. 897. Kart. 1. 50

— Freude überall. Orig.-Zeichngn. m. Liedern, Sprüchen u. Reimen. hoch 4. (4 Farbdr.-Taf. m. eingedr. u. 8 S. Text m. Bildern.) Stuttgart 891. F. Loewe. Kart. — 90

— Freude überall. Orig.-Zeichngn. v. V. m. Liedern, Sprüchen u. Reimen. Fol. (4 Farbdr. m. eingedr. u. 7 S. illustr. Text.) Ebd. 897. — 50

— des Jahres Freuden, s.: Steinkamp, A.

— der Kindheit Freuden. Orig.-Zeichngn. v. V. gr. 4. (8 Farbdr. m. eingedr. u. 2 S. Text.) Ebd. 897. — 50

Voigt, E., lustige Gesellschaft. Ein unzerreißbares Bilderbuch m. 12 Farbdr.-Taf. auf Pappdeckel m. eingedr. Text. gr. 4. Stuttgart 890. Loewe. cart. 2. 70

— u. Johs. Trojan, lustige Gesellschaft. Ein Bilderbuch f. unsere Kleinen. Orig.-Zeichngn. v. E. V., Verse v. J. T. 4. (24 farb. Blatt m. eingedr. Text.) Dresden 898. C. C. Meinhold & Söhne. Geb. n. 3. 50

— grüß Gott, s.: Steinkamp, A.

— für unser Herzblättchen. Unzerreißbares Bilderbuch f. die Kleinen. gr. 8. (8 farb. S. auf Pappe m. eingedr. u. 3 S. illustr. Text.) Duisburg (902). J. A. Steinkamp. Kart. — 75

— immer fröhlich, s.: Steinkamp, A.

— dem artigen Kind. Ein unzerreißbares Bilderbuch. qu. 8. (12 z. Tl. farb. S. m. Text auf Pappe.) Stuttgart 896. F. Loewe. Geb. n. 1. —

— für unser Kind, s. a. Steinkamp, A.

— H. Krause u. F. Schmidt, f. unser Kind. Unzerreißbares Bilderbuch m. Versen v. A. Steinkampf u. Orig.-Zeichngn. v. V., K. u. S. 4. (8 farb. Taf. m. eingedr. u. 1 S. Text.) Ebd. 894. Geb. 2. —

— für fröhliche Kinder. Ein Bilderbuch m. Liedern. Orig.-Zeichngn. v. E. V. gr. 4. (4 farb. Taf. m. 7 S. illustr. Text.) Elberfeld 892. S. Lucas. Kart. — 80

— u. J. Speranza, f. frohe Kinderherzen. Bilder nach Aquarellen v. V.; Text v. S. hoch 4. (32 S. m. z. Tl. farb. Bildern.) Ebd. 894. Kart. 3. 60

— Kinderleben. Ein Bilderbuch f. unsere Kleinen. Mit Bildern u. Reimen. hoch 4. (9 Farbdr.-Taf. auf Pappe m. eingedr. Text.) Stuttgart 891. F. Loewe. Kart. 2. 70

— Kinderleben. Ein unzerreißbares Bilderbuch f. die lieben Kleinen. 4. (10 farb. S. m. Text auf Pappe.) Ebd. 896. Geb. n. 2. —

— Kinderleben v. Lust umgeben. Orig.-Zeichngn. v. E. V. m. Liedern, Sprüchen u. Reimen. gr. 4. (5 farb. Taf. m. eingedr. u. 5 S. illustr. Text.) Elberfeld 892. S. Lucas. Kart. — 80

— Kinderleben v. Lust umgeben. Orig.-Zeichngn. v. V. m. Liedern, Sprüchen u. Reimen. Fol. (5 Farbdr. m. eingedr. u. 5 S. illustr. Text.) Duisburg 897. J. A. Steinkamp. n. — 50

Voigt, E., Kinderlust u. Kinderleben. Bilder m. unterhalt. Text für's kleine Volk. Orig.-Zeichngn. v. E. V. gr. 4. (6 farb. Taf. m. eingedr. u. 3 S. Text.) Elberfeld 892. S. Lucas. Kart. — 80

— Kinderlust u. Kinderleben. Bild. m. unterhalt. Text für's kleine Volk. Orig.-Zeichngn. v. V. gr. 4. (6 Farbdr. m. eingedr. u. 3 S. Text.) Ebd. 897. — 50

— u. C. Lechler, fröhliche Kinderwelt. Mit 12 Buntbildern v. E. V. u. illustr. Text v. C. L. qu. 12. (12 S.) Stuttgart 894. F. Loewe. Auf Pappe, kart. n. 2. —

-- und A. Steinkamp

— — **aus der schönen Kinderzeit.** Unzerreißbares Bilderbuch zur Lust u. Lehre f. die Kleinen. Zeichnungen v. E. V., Verse v. A. St. 4. (10 farb. S. auf Pappe m. eingedr. Text.) Ebd. 893. Kart. n. 2. 25

— — **aus d. schönen Kinderzeit.** Unzerreißbares Bilderbuch zur Lust u. Lehre f. d. Kleinen. Zeichngn. v. V. Verse v. St. gr. 4. (9 Farbdr. m. eingedr. Text, auf Pappe.) Ebd. 897. Kart. 2. —

— Kinderglück, s.: Steinkamp, A.

— goldene Kindheit, s.: Steinkamp, A.

— zum alten Klang e. neuer Sang, s.: Steinkamp, A.

— für unsere Kleinen, s.: Steinkamp.

— dasselbe, s.: Claudius, Wilh.

— unsere Kleinen, s.: Steinkamp, A.

u. A. Steinkamp, **für kleine Leute.** Unzerreißbares Bilderbuch m. feinen Farbendr.-Bildern, nach Aquarellen v. V. u. Versen v. S. 4. (8 S. auf Pappe m. eingedr. u. 1 S. Text.) Duisburg (902). J. A. Steinkamp. Kart. 1. 50

— für unsere Lieblinge, s.: Claudius, Wilh.

— des Kindes Lieblingsbuch, s.: Steinkamp, A.

— Lieder-Buch fürs kleine Volk, s.: Steinkamp, A.

— Lust u. Freud d. Kinderzeit. Mt. 8 Farbdr.-Bild. v. V. u. Textillustr. v. Fritz Reiß u. A. qu. gr. 8. (17 z. Tl. farb. S. m. Text auf Pappe.) Stuttgart 896. F. Loewe. Geb. 2. 50

— u. A. Steinkamp, **der Kinder Lust u. Müh' am Tage spät u. früh.** Bilder u. Verse f. die Kleinen. Orig.-Zeichngn. v. E. V., Verse v. A. St. 4. (8 farb. Taf. m. eingedr. u. 18 S. Text.) Elberfeld 893. S. Lucas. Kart. n. 2. —

— u. A. Steinkamp, der Kinder Lust u. Müh' am Tage spät u. früh. Bilder u. Verse für die Kleinen. Orig.-Zeichngn. v. V. Verse v. St. gr. 4. (8 Farbdr. m. 16 S. Text.) Duisburg 897. J. A. Steinkamp. Kart. 1. 50

— für Mädchen u. Bübchen, s.: Steinkamp, A.

— aus des Lebens Mai, s.: Steinkamp, A.

— im Morgenrot, s.: Steinkamp, A.

— für's Nesthäkchen. 24 Bilder nach bekannten Kinderreimen, in Farben ausgeführt. gr. 4. Dresden 890. Meinhold & Söhne. geb. n. 3. 50

— **Sang u. Klang.** Ein Bilderbuch m. Liedern f. fröhliche Kinder. Orig.-Zeichngn. v. E. V. gr. 4. (4 farb. Taf. m. 7 S. illustr. Text.) Ebd. 892. Kart. — 80

Voigt, Elisab., u. A. Steinkamp, im Sonnenschein. Ein Buch m. Reimen u. Bildern, die Freuden der Kindheit zu schildern. Zeichnungen v. V., m. Versen v. S. 4. (8 farb. S. auf Pappe m. eingedr. u. 1 S. Text.) Ebd. (902). Kart. 1. 50

— frohe Stunden, s.: Claudius, Wilh.

-- u. A. Steinkamp

— — **ein Tag aus dem Kinderleben.** Bilder u. Verse f. die Kleinen. Orig.-Zeichngn. v. E. V., Verse v. A. St. 4. (32 S. m. 16 farb. Taf.) Ebd. 893. Kart. n. 3. 50

-- u. A. Steinkamp

— — ein Tag aus d. Kinderleben. Bilder u. Verse f. d. Kleinen. Orig.-Zeichngn. v. V. Verse v. St. gr. 4. (16 Farbdr. m. 32 S. Text.) Ebd. 897. Kart. 2. 50

— glückliche Tage, s.: Steinkamp, A.

—— Der Kindheit goldene Tage. Bilder m. unterhalt. Text für's kleine Volk. Orig.-Zeichngn. v. E. V. gr. 4. (6 farb. Taf. m. eingedr. u. 3 S. Text.) Ebd. 892. cart. — 80

— der Kindheit goldene Tage. Bilder m. unterhalt. Text fürs kleine Volk. Orig.-Zeichngn. v. V. gr. 4. (6 Farbdr. m. eingedr. u. 3 S. Text.) Ebd. 897. — 50

u. A. Steinkamp

— — sonnige Tage. Unzerreißbares Bilderbuch m. feinen Farbendr.-Bildern, nach Aquarellen v. V. u. Versen v. S. 4. (8 S. auf Pappe m. eingedr. u. 1 S. Text.) Ebd. 902. Kart. 1. 50

—— u. Julia v. Twerdi. Eine Tanten-Geschichte in Bildern u. heiteren Reimen. gr. 8. (20 S. m. Abbildgn. u. 8 farb. Taf.) Dresd. 891, Meinhold u. Söhne. cart. * 2 —

— viel zu seh'n. Ein neues Anschaubilderbuch f. die Kleinen. 4. (8 farb. Taf.) Duisburg (902). J. A. Steinkamp. Kart. — 50

Voigt, E., kleines Volk. Bilder und Geschichten zur Lust und Lehre für die Kleinen. Zeichnungen von E. V. Erzählungen von M. Th. May. Verse von W. Emil Stephan. gr. 4. (20 Chromolithogr. mit eingedr. und 40 S. Text.) Dresden 885, Meinhold und Söhne. geb. *

– u. C. Lechler

— — **für kleines Volk.** Leporello-Album. Mit 12 Buntbildern v. E. V. u. illustr. Text v. C. L. qu. 12. (10 S.) Ebd. 894. Auf Pappe. n. 2. —

— lustiges Volk, s.: Claudius, Wilh.

— dasselbe, s.: Steinkamp, A.

— was Großmütterchen erzählt, s.: Weinert, H.

Voigt, E.: Weihnachts-Bilderbuch, s. Weinert, Herm.

— u. A. Steinkamp

— — wie sie leben u. sich freu'n, uns're lieben Kinderlein. Bilder u. Verse f. die Kleinen. Orig.-Zeichngn. v. E. V. Verse v. A. St. gr. 4. (8 Farbendr. m. 16 S. Text.) Ebd. 892. Kart. n. 2. —

— — wie sie leben u. sich freu'n, uns're lieben Kinderlein. Bilder u. Verse f. die Kleinen. Orig.-Zeichngn. v. V. Verse v. St. gr. 4. (8 Farbdr. m. 16 S. Text.) Ebd. 897. Kart. 1. 50

— goldene Zeiten, s.: Steinkamp, A.

Voigt, Emil, Referendar: Das Reichsgesetz betreffend die Abzahlungsgeschäfte vom 16. 5. 1894 in seinen wichtigsten Streitfragen. Borna-Leipzig 1908: Noske. IX, 58 S. 8°
Leipzig, Jur. Diss. v. 3. Dez. 1908
[Geb. 23. Aug. 81 Hannover; Wohnort: Aurich; Staatsangeh.: Preußen; Vorbildung: Lyz. II Hannover Reife O. 01; Studium: Freiburg i. B. 5, Göttingen 2 S.; Rig. 28. Nov. 08.] [U 09. 2710

Voigt, Emil, Referendar in Leipzig: Der Scheinkaufmann (§ 5 H.G.B.). Borna-Leipzig 1907: R. Noske. (IX, 54 S.) 8°
Leipzig, Jur. Fak., Diss. v. 11. Dez. 1907
[Geb. 22. Nov. 81 Penig (Sachsen); Wohnort: Leipzig; Staatsangeh.: Sachsen; Vorbildung: Thomas-Gymn. Leipzig Reife O. 02; Studium: Leipzig 8 S.: Rig. 22. Jan. 07.]

Voigt, Erich, a. Berlin, Referendar am Kgl. Amtsgericht zu Müncheberg: Die Bedeutung des gesetzlichen Formzwanges für den obligatorischen Immobiliarveräußerungsvertrag. Berlin 1908: R. Saling & Co. (53 S.) 8°
Erlangen, Jur. Fak., Ref. Oertmann, Diss. v. 25. April 1908
[Geb. 25. Jan. 83 Berlin; Wohnort: Buckow (Kr. Lebus); Staatsangeh.: Preußen; Vorbildung: Askanisches Gymn. Berlin Reife O. 03; Studium: Greifswald 1, Berlin 6 S.; Rig. 11. März 08.]

Voigt, E., kleinere lateinische Denkmäler der Thiersage aus dem 12. bis 14. Jahrh., s.: Quellen u. Forschungen zur Sprach- u. Culturgeschichte der germanischen Völker.

Voigt, E., Ecbasis captivi, das älteste Thierepos d. Mittelalters, s.: Quellen u. Forschungen zur Sprach- u. Culturgeschichte der germanischen Völker.

Voigt, E[rnst], Dir. Prof. Dr.: Das 50jährige Jubiläum (des Friedrichs-Gymnasiums zu Berlin. Bericht über d. Feier.) *Berlin 1901: O. Lange.* (S. 12—22.) 4°
Berlin, Friedrichs-G, OP 1901 (53)

Voigt, Ernst, aus Granschitz, Prov. Sachsen: Über **Messungen** hoher Spannungen. *Lüchow 1903: E. Köhring.* (50 S.) 8°
Würzburg, Phil. Diss. v. 1903

Voigt, E., Odo de Ciringtonia u. seine Quellen. — Tierfabeln u. Tierbilder des beginnenden XI. Jhs. S.-A. 1879. 36 S. 1 —

Voigt, Ernestus: Schedae criticae de poetis Graecorum tragicis. Halis Saxonum (1854 [vielmehr: 1864]): Ploetz. 25 S. 8°
Halle-Wittenberg, Phil. Diss. v. 29. Okt. 1864
Geb. Magdeburg 22. 6. 1843. V.

Voigt, E., Untersuchungen üb. den Ursprung der Ecbasis captivi. Pr. 1874. 29 S. 4°. 1.50

Voigt, F. A., Beiträge z. Mythologie des Ares u. der Athena. Diss. 1881. 89 S.

Voigt, F. Alb., Lehrbuch d. Arithmetik, als Leitfaden beim Unterricht auf Gelehrtenschulen. 8. Zwickau 831. Gebr. Schumann. 20 Gr.

Voigt, F. Hermann

Voigt, F. H., vollständiges Lehrbuch der Weberei, } s.a. Schauplatz, neuer, der Künste und Handwerke.

Voigt, F. H., Vollständiges Lehrbuch der Weberei und ihres commerziellen Geschäftsbetriebes, umfassend den theoret. und den prakt. Unterricht zur Kenntniss der Urstoffe nach ihrer Natur, nach den Behandlungsarten. 2. Aufl. Weimar 1869. Bd. 1: Die Weberei auf Handstühlen in ihrer Entwicklung und Fortbildung. Text 8°. Atlas von 19 Tfln. 4°.

Voigt, F. H., die Weberei, s.a. Schauplatz, neuer, der Künste und Handwerke. 256.—258. Bd.

Voigt, F. Herm., die Weberei in ihrer sozialen u. technischen Entwicklung u. Fortbildung, nebst dem kommerziellen Geschäftsbetrieb derselben. Vollständiges Lehr-, Hand- u. Hilfsbuch für Weber, Fabrikanten, Kaufleute, techn. u. kaufmänn. Beamte in Webereigeschäften. Nebst den zur Fabrikations-Kalkulation u. Buchführung notwend. Schematas u. Tabellen. 3., verm. u. verb. Aufl., nach einem neuen Plane vollständig umgearb. Mit einem Atlas von 27 (lith. Fol.-)Taf. m. 383 Abbildungen (u. 2 S. Text). gr. 8. (XII, 446 S.) Weimar 882. B. F. Voigt. 15. —

Voigt, F. Traug., d. Gefahren d. Jugend, e. Buch z. Lehre f. reisende Söhne u. Töchter. 8. Lpz. Seeger. 804.

Voigt, F. W.: Beweisführung, daß aus sanitäts-polizeilichen Gründen es unstatthaft ist, Kloaken durch Waterclosets und Kanäle nach öffentlichen Wasserläufen abzuleiten; mit besonderer Bezugnahme auf den Plan der Kloakenkanalisirung Berlins. Berlin 1862

Voigt, F. W.: Promemoria, die planmäßige Entfernung und Unschädlichmachung der städtischen Abgänge Berlins . . . enthaltend. Berlin 1862

Voigt, Felix, appr. Arzt a. Spandau: Über die Entwickelung und den feineren Bau des Ligamentum spirale in der Gehörschnecke. München 1905 (Hildburghausen: F. W. Gadow & Sohn). (31 S.) 8°
München, Med. Fak., Ref. Mollier, Diss. v. 31. Jan. 1905
[Geb. 2. März 77 Spandau; Wohnort: Spandau; Staatsangeh.: Preußen; Vorbildung: Gymn. Spandau Reife M. 97; Studium: Berlin 4, Göttingen 3, München 2 S.; Coll. 31. Jan. 05; Approb. 27. Jan. 03.]

Voigt, Ferd. De primis belli Hannibalici annis quaestiones criticae. (26) 4. Berlin 1861.

Voigt, F[erd.]. Selbsterlebtes aus grosser Zeit. Berlin [1916]. 8°.

Voigt, Fr., s. Glossen, althochdeutsche.

Voigt, Fr. Chr. Traug., s. Fürst, der, als Mensch.

— s. Leidenschaft u. Pflicht.

— s. Radegunde v. Thüringen.

Voigt, Fr. Wilhelm

— neue Beiträge z. Verbesserung mathemat.-physisch-chemischer Apparate, mit 4 Kpf. gr. 8. Erf. 803. Rudolphi. (Centr.-Cpt. in Leipz.) 12 Gr.

Voigt, Fr. Wlh., († d. 24. Aug. 1803.) Beitrr. z. Verfertig. und Verbesser. d. Barometers. 1s u. 2s Heft mit 5 Kpf. gr. 8. Lpz. 799. Fr. Fleischer. 1 rß 16 gr

— das Toposcop, oder d. sogenannte Pyrotelegraph, einige Worte über dessen Erfindung, Verbesserung u. Gebrauch, vorzüglich aber über d. deshalb geführten Streit zwischen Fricke u. Pansner. Mit (2) Kpft. 8. Zwickau 803. Schumann. 1 rß

— Versuch krit. Nachträge u. Zusätze zur Luzischen Beschreib. älterer u. neuerer Barometer u. anderer meteorolog. Werkzeuge. Mit 7 Kpft. gr. 8. Leipz. 802. (W. Vogel). 2 rß 12 gr

Voigt Fr. Wlh., u. Frz. Fr. Herrm., s. Weg, der wahre, zur Frömmigkeit u. Tugend.

Voigt, Frz. Fr. Herm., s. Sophiens Briefwechsel.

Voigt, (Friederike,) Weihestunden e. edlen Seele. Eine Samml. neubearb. David'scher Psalmen, nebst e. Auswahl eigner Gedichte. Herausgeg. v. Tiedge. gr. 8. Dresden 826, Wagner.

Voigt, Friedrich

Voigt, F., histor. Atlas der Mark Brandenburg. (Nebst Erläuterungen.) 2 Liefg. Fol. (Mit Text.) Berlin 845, 46, Reimer. n. $3^1/_3$ rß

Voigt, F., Beiträge zum 25jährigen Stiftungsfest der Turngemeinde in Berlin am 3. und 4. Mai 1873, Berlin 1873, 29 S., 8°.

Voigt, F. Die Belagerung von Metz. Authent. Erlebn. Zsgest. o. O. u. J.

Brudergruss. Der g. u. v. St. Johannisloge Friederike zur Unsterblichkeit im Or. von Stade am Tage ihrer Installation, den 25. Sept. 1845. Dargebracht von Georg Aug. Thiemann und Friedr. Voigts. o. O. [1845]. 2 Bl. 4° [Umschlagtit.]
Gedicht: „Wo immer nur ein Tempel sich erhebt . . .“

Voigt, F. Der Feldzug des Darius gegen die Skythen. (14) 4. Berlin 1854.

Voigt, F., Geschichte des brandenburgisch-preußischen Staates. 6 Lfgn. gr. 8. (X und 654 S.) Berlin 860, Dümmler's Verlagsh. à Lfg. * 10 Ngr. cplt. geb. *

Voigt, F., Geschichte des brandenburgisch-preußischen Staates. 2 Thle. 2., verb. Aufl. Berlin 867. Dümmler's Verlag. gr. 8. (XIV, 753 S.) n. 2 rß

Voigt, F., Geschichte d. brandenburgisch-preußischen Staates 3. verb. Aufl., bearb. v. F. Voigt. (In 7 Lfgn.) 1—4. Lfg. Mit der Brecherschen (chromolith.) Karte (in qu. gr. Fol.) gr. 8. (S. 1—368.) Berlin 876. Dümmler's Verl. à n. 1. —

Voigt, F., Geschichte des brandenburgisch-preußischen Staates. 3., verb. Aufl., bearb. v. F. Voigt. Mit der Karte der territorialen Entwickelung des brandenb.-preuß. Staates v. Adf. Brecher. 5—7. Lfg. gr. 8. (XII, u. S. 369—673.) Berlin 877. 78. Dümmler's Verl. à n. 1. —; cplt. geb. n. 8. —

Voigt, F., Geschichte des brandenburgisch-preußischen Staates. 3. verb. Aufl., bearb. von F. Voigt. Mit der Karte der territorialen Entwickelung des brandenburg.-preuß. Staates von Adf. Brecher. 7 Lfgn. gr. 8. (XII, 673 S.) Berlin 878, Dümmler's Verlagsh. à Lfg. * ℳ 1. * geb. in Leinw. *

Voigt, F. Über die Grenzen der von dem Markgrafen Waldemar im Jahre 1310 an den deutschen Orden abgetretenen Gebiete von Danzig, Dirschau und Schwetz. 12 S. . .
Berlin, K. R. Sch., Progr. 1847

—— Grundriß der alten Geschichte. 1. Aufl. 1862. und 2. Aufl. gr. 8. (VI und 61 S.) Berlin 867, Dümmler's Verlag. *

Voigt, F. (I.), Grundriß der alten Geschichte. 3. Aufl. gr. 8. (60 S.) Berlin 873, Dümmler's Verlag. *

Voigt, F., Grundriß der alten Geschichte. 4. Aufl., bearb. von F. Voigt. gr. 8. (IV, 56 S.) Berlin 880, Dümmler's Verlagsh. *

—— Grundriß der brandenburgisch-preußischen Geschichte in Verbindung mit der deutschen. gr. 8. (VI und 84 S.) Berlin 861, Dümmler's Verlagsh. *

—— Grundriß der brandenburgisch-preußischen Geschichte in Verbindung mit der deutschen. 2.—4. Aufl. 8. (VIII und 87 S.) Berlin 863—67, Dümmler's Verlag. *

—— Grundriß der brandenburgisch-preußischen Geschichte in Verbindung mit der deutschen. 5. Aufl. gr. 8. (VI, 87 S.) Ebendas. 870. *

—— Grundriß der brandenburgisch-preußischen Geschichte in Verbindung mit der deutschen. 6. und 7. Aufl. gr. 8. (VI, 100 S.) Ebendas. 874,80.

Voigt, F., Grundriß der brandenburgisch-preußischen Geschichte in Verbindung m. der deutschen. Durchgesehen u. neu hrsg. v. R. Foß. 8. Aufl. gr. 8. (VIII, 112 S.) **Berlin 894. F. Dümmler's** Verl. n. — 80

Voigt, Friedrich, aus Sangerhausen: Über den **Kontokorrent-Vertrag**. *Sangerhausen 1902: A. Schneider.* (40 S.) 8°
Erlangen, Jur. Diss. v. 5. Juni 1902

Voigt, F., Leitfaden beim geograph. Unterricht. Nach den neuesten Ansichten entworfen. 8. Berl. 830. Logier. 8 gr

Voigt, F., Leitfaden beim geograph. Unterricht. Nach d. neueren Ansichten entworfen. 3—5. verb. u. verm. Aufl. 8. (à $11^1/_2$ B.) Berlin 836—40, Logier.

Voigt, F(riedr.), Leitfaden beim geographischen Unterricht. Nach den neueren Ansichten entworfen. 9. Aufl. (VIII und 190 S.) 1848, 10. Aufl.? und 11., verb. und verm. Aufl. 8. (VIII und 192 S.) Berlin 852, Logier. Thlr.

Voigt, F., Leitfaden beim geographischen Unterricht. Nach den neueren Ansichten entworfen. 12., verb. und verm. Aufl. 8. (VIII und 198 S.) Berlin 854, Logier. *

Voigt, F., Leitfaden beim geographischen Unterricht. Nach den neueren Ansichten entworfen. 12—16. verb. ꝛc. Aufl. Berlin 854—58. Logier. 8. (X, 202 S.) 10 ngr

— Leitfaden beim geographischen Unterricht. Nach den neueren Ansichten entworfen. 17. Aufl. 859. — 18. Aufl. 860. — 19. verb. u. verm. Aufl. Berlin 862. Logier. 8. (X, 202 S.) n. 10 ngr

— Leitfaden beim geographischen Unterricht. Nach den neueren Ansichten entworfen. 20—22., verb. u. verm. Aufl. Berlin 865,66. Logier's Buchh. 8. (X, 206 S.) n. 10 ngr.

—— Leitfaden beim geographischen Unterricht. Nach den neuern Ansichten entworfen. 23.—26. verb. und verm. Aufl. 8. (X, 200 S.) Berlin 869—72, Schirmer.

—— dass. — 27. verb. und verm. Aufl. 8. (X, 200 S.) Berlin 873, Barthol und Comp. *

—— Leitfaden beim geographischen Unterricht. Nach den neueren Ansichten entworfen. 28. und 29. verb. Aufl. 8. (X, 200 S.) Berlin 875,78, Barthol und Comp. *

—— Leitfaden beim geographischen Unterricht. Nach den neueren Ansichten entworfen. 30. verb. und verm. Aufl. 8. (VIII, 199 S.) Berlin 882, Barthol und Comp. *

Voigt, F. Leitfaden beim geographischen Unterricht. 32. verb. u. verm. Aufl. 8. (VIII, 200 S.) Berl. 891, Dümmler's Verlag. * 1 20; geb. * 1 50

Voigt's, Friedr., maurerischer Nachlass. Herausg. von G. A. Thiemann. Hannover, Klindworth. 1862. 8. VIII. 183 S. nebst dem lithogr. Bildniss des Verf.

—— Schul-Atlas der alten Geographie. qu. gr. 4. (14 lithogr. und ill. Karten.) Berlin 853, [Nicolaische Vrlgsh.] *

—— Schul-Atlas der alten Geographie. 2., verb. und verm. Aufl. qu. gr. 4. (16 lithogr. und ill. Bl.) Berlin 861, Nicolai'sche Verlagsbuchh. *

— Schul-Atlas der alten Geographie. 3. verb. u. verm. Aufl. Hrsg. v. F. Voigt. qu. Fol. (16 lith. u. color. Taf.) Berlin 871. Nicolai's Verl. n. 3. 75

— Schul-Atlas der alten Geographie. 3., verb. u. verm. Aufl. Hrsg. v. F. Voigt. qu. gr. 4. (16 lith. u. color. Karten.) Berlin 877. Nicolai's Verl. n. 3. —

Voigt, F., Schul-Atlas der alten Geographie. 4. verb. und verm. Aufl. Hrsg. von F. Voigt. qu. gr. 4. (16 lithogr. und color. Karten.) Berlin 877, Nicolai'sche Verlagsh. * 3 —

—— Schul-Atlas der neueren Geographie in 24 (lithogr. und) ill. Karten. 4. Aufl. qu. Imp.-4. Berlin 854, Schroeder's Verlag. *

—— historisch-geographischer Schul-Atlas der mittleren und neueren Zeit. qu. Fol. (17 lithogr. und ill. Karten.) Berlin 856, Nicolaische Buchh. *

—— historisch-geographischer Schul-Atlas der mittleren und neueren Zeit. 2. Aufl. qu. Fol. (17 lithogr. und ill. Karten) Berlin 862, Nicolai'sche Verlagsh. *

Voigt, F., historisch-geographischer Schul-Atlas der mittleren und neueren Zeit. 8. Aufl. qu. Fol. (17 lithogr. und color. Karten.) Berlin 877, Nicolai'sche Verlagsh. *

—— Schul-Atlas über alle Theile der Erde in 24 ill. Karten. qu. gr. 4. Berlin 846, Schröder's Verl.
Einzelne Karten à 1¼ Ngr.

— Schul-Atlas über alle Theile der Erde in 24 (lith. u.) color. Karten. 2. Aufl. qu. gr. 4. Berlin 849, Schroeder. — 3. Aufl. qu. Imp. 4. Ebd. 850. 1 ℛ︎ℊ︎ einzelne Karten à 1½ ngr

—— Supplement zum Schul-Atlas über alle Theile der Erde (1. Aufl.) in 24 ill. Karten. qu. gr. 4. (4 lithogr. und ill. Bl.) Berlin 848, Schröder's Verlag.

[Sonett.] Dem hochverehrten und geliebten Jubilar Br. Joh. Anton Rosenbach, am Tage seines Wiegenfestes, den 8. Jan. 1845, bei Aufstellung seines Bildnisses, in brüderlichster Liebe dargebracht von den Mitgliedern der g. u. v. St. Johannisloge Pythagoras zu den drei Strömen im Or. von Münden. [Unterz.: Friedr.] Voigts. Hannover [1845]: Jänecke. 2 Bl. 8° [Umschlagtit.]
„Ein Bild, das Liebe hat ins Herz gegraben…"

Voigt, Friedr., An der Tanzbuche, Turnerisches Gemälde, Gera 1901, 32 S., 8°.

Voigt, Friedr., die Ursachen und Folgen der Geldcalamität und die Mittel für deren dauernde Beseitigung. Ein Vortrag gehalten im kaufmänn. Verein zu Breslau. gr. 8. (20 S.) Breslau 857, (Kern.) *

Voigt, F., s.: Vierlande, die, bei Hamburg.

Voigt, Frdr. Adf., was sollen wir tun? Ein Laienvotum zur gegenwärt. Krisis in der evangel. Kirche. (88 S.) 8. Neumünster (909). Vereinsbuchh. G. Ihloff & Co. 1.--

Voigt, Friedr. Alb., Schullehrer-Concordanz. Ein Hülfsbuch für Lehrer beim Religionsunterrichte. gr. 8. (49 S.) Leipzig 861, C. F. Fleischer. *

— Englisch-Deutsches Wörterbuch, siehe: Dielitz, Thdr.

Voigt, Frid. Ern. (geb. Ichtershausen 6. 4. 1802): De Iunipero Sabina. Berolini (1826). (46 S.) 8°
Berlin, Med. Diss. v. 20. Okt. 1826

Voigt, Friedrich Otto: Die Klosterpolitik der salischen Kaiser und Könige mit besonderer Berücksichtigung Heinrichs IV. bis zum Jahre 1077. Ein Beitrag zur Geschichte der Reichsabteien. . . . Leipzig, *Fischer & Kürsten*, 1888; 4 Bl. + 79 S. 8°
Leipzig, Phil. Fak., Inaug.-Diss. v. 5. Nov. 1888

Voigt, Fritz, die Klosterpolitik der salischen Kaiser und Könige mit besond. Berücksicht. Heinrichs IV. bis zum J. 1077. Ein Beitrag zur Geschichte der Reichsabteien. gr. 8. (79 S.) Leipzig 888, Fock. *

Voigt, Friedrich Siegmund

Voigt, Fr. Siegm., Almanach d. Natur. Mit 1 Kpf. 16. Jena 832. Frommann. 12 gr. Velinp. 18 gr.

Voigt (F. S.). Cat. pl. . . . jenensi et belvederensi . . . Jenae, 1812. 8°.

Fridericus Sigismundus Voigt: Conspectus tractatus de plantis hybridis. Jenae (1802): Prager. 14 S. 8°

Jena, Med.Diss.v.31.Dez.1802

— s. v. Cuvier, G., das Thierreich.

— Darstell. d. natürl. Pflanzensystems von Jussieu ꝛc. Mit Tabb. Fol. Leipz. 806. Reclam. 2 ℛ

— die Farben der organischen Körper, wissenschaftl. bearbeitet. 8. Jena 816. Cröker. 16 ℊ

Voigt (F. S.). Flora . . . botanischen Gartens zu Jena Jena, 1819. 12°.

— Diss. de Generatione. 8. Jena 804.

Voigt, Frdr. Siegmund, Geschichte des Pflanzenreichs. 12 Lfgn. gr. 8. (1. Bd. 599 S. 2. Bd. IV u. 564 S.) Jena 847—50, Mauke. (à 12 ngr) 4 ℛ 24 ngr

— Grundlage einer Naturgeschichte, als Geschichte der Entstehung und weitern Ausbildung der Naturkörper. Mit 3 Kpf. gr. 8. Frankf. a. M. 817. (Brönner). 3 ℛ 1827. Hbg. Pr. 1 ℛ

— — Grundzüge einer Naturgeschichte, als Geschichte der Entstehung und weitern Ausbildung der Naturkörper. gr. 8. Mit 3 Kupfern. Frankfurt a. M., Brönner. 817. 3 —

— Grundzüge e. Naturgeschichte d. deutschen Sprache, wohlf. Ausg. gr. 8. Frankf., Brönner.

Voigt, Frdr. Sgmd, Handbuch der praktischen Botanik, enthaltend die Geschichte, Beschreibung und Anwendung sämmtlicher in Deutschland wildwachsenden und in den Gärten und Gewächshäusern cultivirten Pflanzen. Bd. 1. 2. Jena 1850. 8.

— Handwörterbuch der botanischen Kunstsprache. 8. Jena 803. Stahl. 16 ℊ 2e verm. Aufl. 8. Ebd. 824. Schmid. 1 ℛ

Voigt, F(riedrich) S(iegmund): Lehrbuch der Botanik. 2.umgearb.Aufl. 485 S., gbd.

Jena: Schmid 1827
angeb.: Luedersdorff, F(riedrich): Das Auftrocknen der Pflanzen für Herbarien, und die Aufbewahrung der Pilze... 1827

JB 65

Voigt, F. S., Lehrbuch der Zoologie, s. a. Naturgeschichte der drei Reiche.

Voigt, Friedr. Sigm., Lehrbuch der Zoologie. 1r — 5r Bd., mit 13 Kpfrtaf. gr. 8. Stuttgart 835 — 39. Schweizerbart. 9¼ ℛ

Voigt, F. S., Lehrbuch der Zoologie. 6. Bd. Spezielle Zoologie. — Eingeweide-Würmer; Seequallen; Sternthiere; Polypen; Infusorien. Mit Abbild. (auf 22 Taf. mit Erklärung.) gr. 8. Stuttgart 840, 42, Schweizerbart. 1¼ ℛ

s. Naturgeschichte der drei Reiche.

— Diss. inaug. de plantis hybridis. 4. Jena 802.

s. L. C. Richard, Analyse d. Frucht ꝛc.

Voigt, F., die Rohmaterialien zur Bierproduktion unter Lupe u. Mikroskop, s. a. Centralblatt, landwirthschaftliches, f. Deutschland.

Voigt, F: Die Rohmaterialien zur Bierproduction unter Lupe und Mikroskop, nebst Mittheilungen über Malzdarren. Berlin 1872

Voigt, F(riedrich) S(iegmund) (Übers.):

s.: Saussure, (Nicolas) Théodore de: Chemische Untersuchungen über die Vegetation. (Recherches chimiques sur la végétation. Dt.) Leipzig: 1805

JB 341

— System der Botanik, mit 4 Kpf. 8. Jena 808. Akadem. Buchh. 1 ℛ 16 ℊ 2e Ausg. 8. Ebd. 827. Schmid. 2 ℛ 12 ℊ

— System d. Natur u. ihre Geschichte. 8. Jena 823. Schmid. 3 ℛ

— Uebersicht d. Naturgeschichte zum Gebrauch für höhere Schulen ꝛc. Mit 4 Kpf. gr. 8. Jena 818. Bran. 1 ℛ 18 ℊ

— über den Werth der Naturgeschichte. gr. 8. Jena 816. Cröker. 3 ℊ

— über die Wichtigkeit des natur. Studiums. gr. 8. Jena 814. Schreiber; (a. Central-Compt. in Leipz.) 3 ℊ

— Wörterbuch d. botan. Kunstsprache. 2e sehr verm. u. verb. Aufl. 8. Jena 824, Schmid.

Voigt, F. S., Zoologie, s. Naturgeschichte der drei Reiche.

Voigt, Fritz, s. Voigt, Friedrich Otto

Voigt, G., Militär-Geschäftskenntnis. Ein Nachschlagebuch f. Offiziere, Feldwebel ꝛc. der bayer. Armee. 2. verm. u. veränd. Aufl. Umgearb. von Ed. v. Lilier. 2 Tle in 1 Bd. gr. 8. (X, 135 u. 152 S.) Neuburg a/D. 885. Griessmayer. n. 4. —; 1. Tl.: Schriftenverkehr, ap. (VIII, 135 S.) n. 2. —

(Voigt, G. L.,) arithmet. Vorlege-Blatt (welches Aufgaben üb. d. vier Species in unbenannten Zahlen enthält). 4. (¼ B. lith.) Wettin 829. (Halle, Kümmel.)

—— Facit-Buch hierzu. Nebst e. Anleit. zum Gebr. dieses Vorlegeblattes. 8. (6 lith. u. ½ gedr. B.) Ebds. 829.

Voigt, G. L., Facit-Buch s. a. Vorlegeblatt, arithmetisches.

Voigt, G. L., arithmetisches Vorlegeblatt, welches Aufgaben über die 4 Species in unbenannten Zahlen enthält, nebst Facit-Buch. 2. Aufl. 8. (⅛ B. u. 46 lith. Bl.) Halle 845, (Knapp.)

Voigt, G. L., arithmetisches Vorlegeblatt, welches Aufgaben über die 4 Species in unbenannten Zahlen enthält, nebst Facit-Buch. 2. Aufl. 8. (1 Blatt u. 46 lith. Blätter.) Halle 845, Kümmel's Sort.-Buchh. Knapp. 6 ngr

Voigt, Georg

Voigt [illegible]
Separatabdruck

Voigt, Geo., die Briefsammlungen Petrarca's und der venetianische Staatskanzler Benintendi. gr. 4. (101 S.) München 882, (Franz'sche Buchh.)
Aus: Abhandlungen der k. bayr. Akademie der Wissenschaften besonders abgedruckt.

Voigt, Geo., die Denkwürdigkeiten [1207—1238] des Minoriten Jordanus von Giano hrsg. und erläutert. boch 4. (125 S.) Leipzig 870, Hirzel.

— Friedrich Rückerts Gedankenlyrik nach ihrem philosophischen Inhalte dargestellt. 8. (III, 110 S.) Annaberg 881, Graser.

Voigt, Geo., Friedrich Rückert's Gedankenlyrik, nach ihrem philosophischen Inhalte dargestellt. 2. (Titel-)Ausg. 12. (III, 110 S.) Annaberg 891. H. Graser's Verl. n. 1. —

Voigt, Geo., Friedrich Rückerts Gedanken-Lyrik, nach ihrem philosoph. Inhalte dargest. 3. [Titel-]Ausg. 8. (III, 110 S.) Annaberg (881) 897. Graser. n. 1. —

— die Geschichtsschreibung üb. den Schmalkaldischen Krieg. [Aus: „Abhandlgn d. k. sächs. Gesell. d. Wiss."] hoch 4. (IV, 191 S.) Ebend. 874. n. 6. —

Voigt, Geo., die Geschichtschreibung üb. den Zug Karl's V. gegen Tunis [1535]. [Aus: „Abhandlgn. der philologisch-histor. Classe der königl. sächs. Gesellsch. der Wiss."] Lex.-8. (83 S.) Leipzig 872. Hirzel in Comm. n. 2. —

— Hermann von Salza, Hochmeister des deutschen Ritterordens in seiner weltgeschichtlichen Bedeutung. Ein Vortrag. Königsberg 856. Koch. gr. 8. (27 S.) n. 6 ngr.

Voigt, Georg: Vier otogene Hirnabscesse mit letalem Ausgange. Rostock 1909: Adler. 36 S. 8°
Rostock, Med. Diss. v. 15. April 1910, Ref. Körner
[Geb. 14. Aug. 76 Sonnenburg; Wohnort: Rostock; Staatsangeh.: Preußen; Vorbildung: Gymn. Greifenberg i. P. Reife M. 96; Studium: Jura Berlin, Tübingen, Greifswald, Med. Rostock 6, Leipzig 2, Rostock 2 S.; Coll. 18. Juni 09; Approb. 3. März 10.] [U 10. 3932

Voigt, Georg: Ulrich von Hutten in der deutschen Litteratur. Eine stoffgeschichtliche Untersuchung. Leipzig 1905: B. A. Dathe. (76 S.) 8° [F.]
Leipzig, Phil. Fak., Ref. Köster, Volkelt, Diss. v. 3. Okt. 1905
[Geb. 16. April 81 Leipzig; Wohnort: Leipzig; Staatsangeh.: Sachsen; Vorbildung: Thomas-Gymn. Leipzig Reife O. 00; Studium: Leipzig 2, München 2, Leipzig 8 S.; Rig. 20. Juni 05.]

— die Kiffhäusersage. Vortrag geh. am 3. März 1871 im Gewandhaussaale zu Leipzig. (Aus: „Vorträge zum Besten der deutschen Invaliden.") br. 8. (16 S.) Leipzig 871. Hinrichs' Verl. — 40

Voigt, G., Ueb. die Lucretia-Fabel u. ihre literarischen Verwandten. Ak. 1883. 36 S. 1.—

— Moritz v. Sachsen 1541—1547. Mit Portr. (in Stahlst.) gr. 8. (XII, 444 S.) Leipzig 876. B. Tauchnitz. n. 9. —

Voigt, Geo., Enea Silvio de' Piccolomini, als Papst Pius II., und sein Zeitalter. 1. Bd. gr. 8. (XXX und 450 S. mit dem lithogr. Bildnisse des Papstes.) Berlin 856, G. Reimer.

Voigt, Geo., Enea Silvio de' Piccolomini, als Papst Pius II., und sein Zeitalter. 2. und 3. Bd. gr. 8. Berlin, G. Reimer. [2. Bd. (XII und 377 S.) 862. 1 Thlr. 20 Ngr., 3. Bd. (XX und 724 S.) 863. 3 Thlr.]

Voigt, Georg (Hrsg.), s. Studien, Historische.

Voigt, G., Die handschriftl. Ueberlieferung von Ciceros Briefen. Ak. 1879. 25 S.

Voigt, Geo., die Wiederbelebung des classischen Alterthums oder das erste Jahrhundert des Humanismus. gr. 8. (XII und 486 S.) Berlin 859, G. Reimer. *

— die Wiederbelebung des classischen Alterthums oder das erste Jahrhundert des Humanismus. 2 Bde. 2. umgearb. Aufl. gr. 8. (XII, 595; VIII, 547 S.) Berlin 880,81, G. Reimer. à Bd. * ℳ 8. *

Voigt, Geo., die Wiederbelebung des classischen Alterthums od. das 1. Jahrhundert des Humanismus. 2 Bde. 3. Aufl., besorgt v. Max Lehnerdt. gr. 8. (XVI, 591 u. VIII, 543 S.) Berlin 893. G. Reimer. à 10. —

Voigt, Georg Christian U. S. Erfurt 1771/4

Dissertatio inauguralis iuridica de natura et indole actionis ad palinodiam, et quid intersit, eam esse aut poenalem aut rei persecutoriam.
Präs. Adam Ignaz Turin.
Erfurt (Nonnius) 12. XI. 1771. 27 S.
35335

Voigt, Geo. Chr. Gotthlf., s. Frank, Jos., Grundsätze der prakt. Heilkunde.

Voigt, Georg Christian Gotthilf (Hrsg.):

s.: Frank, Johann Peter: System einer vollständigen medicinischen Polizey. Suppl.-Bd 2 - 3: Nach den hinterlassenen Papieren des...Verfassers. Leipzig: 1825 - 1827

JB 5.433/Suppl. 2 - 3 a b

Voigt, Geo. Elias, der Erfurter Gemüse-Gärtner. 16. Erfurt 844, Hennings u. Hopf. 5/12 ℳ

Voigt, Georg Friedrich Gottlieb, Referendar, Marienwerder: Die erbrechtliche Auflage nach dem Bürgerlichen Gesetzbuche. Danzig: Springer 1910. 80 S. 8°
Leipzig, Jur. Diss. v. 4. Nov. 1910
[Geb. 22. Dez. 82 Danzig; Wohnort: Danzig; Staatsangeh.: Preußen; Vorbildung: Kgl. Gymn. Danzig Reife M. 01; Studium: Tübingen 2, Leipzig 2, Halle 4 S.; Rig. 24. Okt. 05.] [U 11. 2971

Voigt, Gerhard Ludwig (Calenberg) 4°Jur. IX, 89b

De iure principis circa loca et opera publica.
Präs. Georg Boehmer.
Göttingen (Schultz) 15. VI. 1747. 90 S.
Gew.: Rudolph Johann Fhr. von Wrisberg, Heinrich Fhr. von Grote, Gerlach Adolph Fhr. von Münchhausen, Ernst von Steinberg, Philipp Adolph Fhr. von Münchhausen, Karl Diede von Fürstenstein, Otto Christian von Lenthe.
W. v.: Heinrich Ludwig Reinbold, Friedrich Lukas Bacmeister.
35337

Voigt, Gothof. Thysiasteriologia sive de altaribus Veterum Christianorum Liber posthumus, Nunc primum in lucem editus a Jo. Alberto Fabricio. Hamburgi 1709. 8°.
Vgl. Vogt, Jh.

Voigt, Gottfried, approb. Arzt aus Weimar: Aus d. medicin. Klinik zu Jena. Ein Fall von Pustula maligna. *Jena 1898: G. Neuenhahn.* (32 S.) 8°
Jena, Med. Diss. v. (26. Okt.) 1898

***Voigt,* Gf., sex latinitatis corruptae atque incorrupt. indic., discip. suis privat. dictat. 8. Leipz. 783. Weidmann. 3 gr.**

Voigt, Gf. Chr., (✝ d. 15. Nov. 1791.) Abhandl. über einzelne Gegenstände des Rechts u. der Geschichte. gr. 8. Halle 782. Gebauer. 21 gr.

— gemeinnützige Abhandlungen. 8. Lpz. 792. Weidmann. 1 ℛ 6 ℊℊ

— Geschichte des Stifts Quedlinburg. 3 Bde. Mit Kpf. 8. Lpz. 786—91. Schwickert. 4 ℛ

— dasselbe im Auszuge. 3 Bde. 8. Quedlinb. 792. Ernst. 1 ℛ 12 ℊℊ

Voigt, Gottl., tract. de addictione ad manus praesertim Saxonica. 4. Francof. (Cröcker, Jena.) 724. — 3

Voigt, Günther [aus Danzig]: Bischof Bertram von Metz. 1180—1212 ... Metz, Druckerei d. Lothr. Zeitg, 1893; 3 Bl., 156 S. 4.
Strassburg, Phil. Fak., Inaug.-Diss. v. 1893

Voigt, Günther, Dr.: Die **Dichter** der Aufrichtigen Tannengesellschaft zu Strassburg. *(Gross-Lichterfelde 1899: J. Unverdorben.)* (39 S.) 8°
Gross-Lichterfelde, R, OP 1890 (135)

Voigt, Gustav

Voigt, G. Die Bedeutung der Herbartschen Pädagogik f. die Volksschule. gr. 8. (82 S.) Schönebeck 891, Neumeister. * 1 20

Voigt, Gust., die Bedeutung der Herbartschen Pädagogik f. die Volksschule. 2., durchgesch. Aufl. gr. 8. (92 S.) Leipzig 901. Dürr'sche Buchh. n. 1. 20

Voigt, Gust., die Bedeutung der Herbartischen Pädagogik f. die Volksschule. 4. verb. Aufl. (116 S.) gr. 8. Leipzig 908. [Dürr'sche Buchh.] Berlin, Union, Zweigniederlassg. 1. 80

Voigt, Gust., anatomisch-physiologische Bilder. [Aus: „V., Zukunftsmedizin".] 8. (IV, 158 S.) Leipzig 892. M. Voigt, Verl. n. 1. —

Voigt, G. (I.), Buddhismus und Christentum, s. Zeitfragen des christlichen Volkslebens.

— Christentum u. Bildung. Ein Vortrag. 1. u. 2. durchgesch. Aufl. gr. 8. (29 bezw. 31 S.) Ebd. 899. 903. n. — 60

— Adolf Diesterweg u. die evangelische Volksschule. Vortrag, geb. auf dem VI. evangel. Schulkongreß zu Erfurt. gr. 8. (31 S.) Gotha 891, Thienemann. * — 40

— Das Erziehungsideal in Fichtes Reden an die deutsche Nation, s.: Beiträge zur Lehrerbildung. 44. Heft.

Voigt, Gust., **Flächenmasstabelle** für das Königr. Preussen. Umrechnung des ehemal. preuss. Flächenmasses: Morgen, □Ruten, □Fuss, □Zoll in Hektar, Ar u. □Meter, u. umgekehrt, Hektar, Ar, □Meter in Morgen, □Ruten, □Fuss u. □Zoll. 12. (13 S.) Merseburg (899). G. Voigt. n.n. — 60

Voigt, Gust., Flächenmasstabelle f. das Königr. Preussen. Umrechnung des ehemal. preuss. Flächenmasses: Morgen, □Ruten, □Fuss, □Zoll in Hektar, Ar u. □Meter, u. umgekehrt, Hektar, Ar, □Meter in Morgen, □Ruten, □Fuss u. □Zoll. 2. Aufl. (13 S.) kl. 8. Merseburg (908). Halle, F. F. Ch. Müller. — 65

Voigt, G., für oder wider die Vivisektion? 8. (94 S.) Leipzig 879, [H. Voigt.] (Fr. Schneider.) *

— Naturärztliche Hausapotheke. 8. (IV, 153 S.) Ebd. 892. 1 —
Vorstehende 2 Schriften sind aus d. Verf.: Zukunftsmedizin, besonders abgedruckt.

Voigt, Gust., Hundehändel und die Hundesperre im J. 1884, eine Vertheidigung unseres treuesten Hausfreundes. gr. 8. (84 S.) Leipzig 881, (F. Schneider.) *

— **Kurs-Tabelle** in **Markwährung** f. ausländische Münzen, Banknoten u. Wechselwerthe für Francs, Sterling (£), Dollar ($), Krone ö. W., Krone nord. Währung, Rubel, Gulden holl. Währung; je 40 Kurse in Mark, f. Beträge 1 bis 900,000. 8. (7 Doppels. u. 1 S.) Ebd. 900. n. 1. —

— Kurs-Tabelle in Markwährung f. ausländische Münzen, Banknoten u. Wechselwerthe f. Francs, Sterling (£), Dollar ($), Krone ö. W., Krone nord. Währung, Rubel, Gulden holl. Währung; je 40 Kurse in Mark, f. Beträge 1 bis 900000. 2. Aufl. (7 Doppels. u. 1 S.) 8. Ebd. (908). 1. 25

Voigt, Gust., Lehrbuch der Pädagogik, s.: Schumann, J. Chr. Glob.

— Lehrbuch der pädagogischen Psychologie, s. a. Bibliothek, pädagog.

Voigt, Gustav: Lehrbuch der pädagogischen Psychologie von Prof. —, Prov.Schulrat in Berlin. 3. verb. Aufl. Hannover, Berlin: C. Meyer 1903. (VIII, 254 S.) 8°
(Schumann, J. Chr. Gottlob: Lehrbuch d. Pädagogik. T. 2. 12. Aufl.)
(Bibliothek, Pädagogische. Bd 2, T. 1.)

Lehrbuch der pädagogischen Psychologie von Prof. Gustav **Voigt**, Prov.-Schulrat in Berlin. 4. verb. u. verm. Aufl. Hannover, Berlin: C. Meyer 1905. (VIII, 278 S.) 8° [F.]
= Schumann, J. Chr. Gottlob, u. G. Voigt: Lehrbuch d. Pädagogik. T. 2. 13. Aufl.
= **Bibliothek**, Pädagogische. Bd 2, T. 1. 06. 1466 11

Voigt, Gust., der Erzengel Michael. Die guten u. die bösen Engel. Eine Michaelis-Predigt. 8. (12 S.) Berlin 885. Deutsche Evangel. Buch- u. Tractat-Gesellschaft. n. — 15

Voigt, Gust., **Münzen-Umrechnungstabellen**, d. Werthberechng. e. Landesmünze in d. and., auf Grundlage d. Goldwährg. nach gesetzl. Bestimmgn. d. Feingehalts u. Feingewichts geprägter Goldmünzen der Länder Deutschland, Oesterreich, England, Frankreich, Verein. Staaten v. Nordamerika u. Russland. [Belgien, Schweiz, Italien (Lire), Spanien (Pesetas), Griechenl. (Drachm.), Serbien (Dinar), Rumänien (Leï), wie Frankreich (Spalte Francs).] In deutscher, engl. u. französ. Sprache. 8. (27 S.) Merseburg 897. G. Voigt. n. 1. 60

Voigt, Gust., Münzen-Umrechnungstabellen, die Wertberechng. e. Landesmünze in die andere, auf Grundlage der Goldwährung nach gesetzlichen Bestimmgn. des Feingehalts u. Feingewichts geprägter Goldmünzen der Länder Deutschland, Oesterreich, England, Frankreich, Vereinigte Staaten v. Nordamerika, Russland (Dänemark, Schweden, Norwegen), Holland. [Belgien, Schweiz, Italien (Lire), Spanien (Pesetas), Griechenl. (Drachm.), Serbien (Dinar), Rumänien (Leï), wie Frankreich (Spalte Francs).] In deutscher, engl. u. französ. Sprache. 2. erweit. Aufl. (35 S.) gr. 8. Merseburg (903). G. Voigt. n. 2. —

— Münzen-Umrechnungstabellen, die Wertberechng. e. Landesmünze in die andere, auf Grundlage der Goldwährg. nach gesetzl. Bestimmgn. des Feingehalts u. Feingewichts geprägter Goldmünzen der Länder Deutschland, Oesterreich, England, Frankreich, Vereinigte Staaten v. Nordamerika, Russland, (Dänemark, Schweden, Norwegen), Holland, [Belgien, Schweiz, Italien (Lire), Spanien (Pesetas), Griechenl. (Drachm.), Serbien (Dinar), Rumänien (Léi), wie Frankreich (Spalte Francs).] Titel u. Text in deutscher, engl. u. französ. Sprache. 3. Aufl (35 S.) 8. Ebd. (909.) 2. —

Voigt, Gust., Papiergewichts-Tabellen f. Papier-Fabriken, Papierwaaren-Fabriken u. Papier-Großhandlungen. Umrechnung der Papier-Formate v. 8×22,5 cm bis 76×111 cm aus dem Kilogrammgewicht pro 1000 Bogen in Grammgewicht pro □-Meter. Lex.-8. (96 S.) Merseburg 894. G. Voigt. n. 3. 50; geb. n. 4. —

— Papiergewichtstabellen f. den Papier-Export u. Import-Handel. (Titel u. Text in deutscher, engl. u. französ. Sprache.) gr. 8. (48 S.) Ebd. (902). 2. 50

—— Der moderne Pessimismus, s. Zeitfragen d. christlichen Volkslebens.

Voigt, G., die Pocken, deren Impfung u. arzneiliche Behandlung im Gegensatz zur naturgemäßen Verhütung u. Heilung derselben. Einführungsschrift in die Impffrage, Naturheilkunde u. naturgemäße Gesundheitspflege. gr. 8. (IV, 20 S.) Mansfeld 890. Frauendorf, Gesundheitsblätter-Verlag. n n. — 30

— **evangelisches Religionsbuch** insbesondere f. Lehrerseminare u. f. Religionslehrer. 1. Bd. Aus der Urkunde der Offenbarg. gr. 8. (X, 400 S.) Schönebeck 893. R. Neumeister. n. 5. 60; geb. n. 6. 40

— evangelisches Religionsbuch insbesondere f. Lehrerseminare u. Religionslehrer. 1. Bd. Aus der Urkunde der Offenbarg. 3. verb. Aufl. (XII, 277 S.) gr. 8. Leipzig 904. Dürr'sche Buchh. n. 4. 60; geb. in Leinw. n. 5. 40

— evangelisches Religionsbuch insbesondere f. Lehrerseminare u. Religionslehrer. 1. Bd. Aus der Urkunde der Offenbarg. 3. verb. Aufl. (XII, 277 S.) gr. 8. Leipzig 904. Dürr'sche Buchh. n. 4. 60; geb. in Leinw. n. 5. 40

— Evangelisches Religionsbuch. 1. Bd. Aus der Urkunde der Offenbarg. 4., verb. Aufl. (XII, 347 S.) gr. 8. Leipzig 909. [Dürr'sche Buchh.] Berlin, Union, Zweigniederlassg. 5.40; geb. 6.—

— Religionsunterricht od. Moralunterricht? Vortrag, geh. in der Hauptversammlg. des preuß. Rektoren-Vereins. (55 S.) gr. 8. Leipzig 907. Dürr'sche Buchh. 1. 20

— die Simultanschule — warum darf sie nicht die Schule der Zukunft sein? Vortrag, geh. auf dem 8. deutschen evangel. Schulkongreß zu Dresden. 2. Aufl. (v. Ein Wort f. die konfessionelle Volksschule). gr. 8. (32 S.) Berlin 894. Buchh. der Deutschen Lehrer-Zeitung. n. — 40

Voigt, Gust., Tabellen zur schnellen Ermittelung der Tage bei Zinsen- u. Discont-Berechnungen, A., (das Jahr zu 365 Tagen), nebst 2 Tabellen in kurzer Darstellung, B., fürs Jahr zu 365 u. C., zu 360 Tagen. 12. (29 S.) Ebd. 898. n. 1. 20

Tabellen zur schnellen Ermittelung der Tage bei Zinsen- und Discont-Berechnungen, A., (das Jahr zu 365 Tagen), nebst 2 Tab. in kurzer Darstellung, B., fürs Jahr zu 365, u. C., zu 360 Tagen. Bearb. u. hrsg. von Gustav **Voigt**, Merseburg. (*Merseburg: G. Voigt 1899.*) (25 S.) 8° (∞. 254

Baden-Baden: **[Toast auf die Schwestern von Gustav Voigt.] 27tes Stiftungs- und Schwesternfest der Loge Badenia zum Fortschritt am 15. Januar 1899. [Baden-Baden 1899: Kölblin.] 2 Bl. 8°. [Umschlagtit.]**

— Vergleichungstabellen über 1. Längenmaasse: engl. Zoll (inches) in Centimeter, Gleichung: 36 Zoll (inches) = 0,91438348 m. 2. Gewichte: engl. Pfund (pound) in Kilogramm, Kilogramm in engl. Pfund (pound). Gleichg.: 1 engl. Pfund = 0,45359265 kg., 1016,047536 kg. = 2240 engl. Pfund = 1 Tonne. 3. Preisberechng.: Pence (d) pro engl. Pfund in Pfennigen u. Centimes (c) pro kg. Gleichg.: 1 Pfd. Sterling (£) = 20,40 Mk. = 25,50 Fr. Bearb. u. hrsg. in 3. Ausg. deutsch, französisch u. englisch. 12. (à 32 S.) Ebd. 897. à n. 1. 60

— Vergleichungstabellen über 1) Längenmaasse: Inches u. Yards in Centimeter u. Meter; Centimeter u. Meter in Inches u. Yards. 2) Gewichte: engl. Pfunde (lbs) in Kilogramme; Kilogramme in engl. Pfunde (lbs). 3) Hohlmaasse: Imperial Gallons in Liter; Liter in Imperial Gallons. 4) Preisberechnung: Pence in Shillings pro Yard, pro 1 engl. Pfund (lb), pro 1 Gallon; in Pfennigen u. Mark pro 1 Meter; pro 1 kg., pro 1 Liter; in Hellern u. Kronen Ö. W. pro 1 Meter, pro 1 kg., pro 1 Liter; in Centimes u. Francs pro 1 Meter, pro 1 kg., pro 1 Liter; in Oeren u. Kronen N. W. pro 1 Meter, pro 1 kg., pro 1 Liter; in Cents u. Dollar pro 1 Yard, pro 1 engl. Pfund (lb), pro 1 Gallon, u. umgekehrt in allen Währgn. Titel u. Text in deutscher, engl. u. französ. Sprache. 2. erweit. Aufl. 12. (80 S.) Ebd. (901). 3. —

— Vergleichungstabellen üb. 1) Längenmaasse: Inches u. Yards in Centimeter u. Meter; Centimeter u. Meter in Inches u. Yards. 2) Gewichte: engl. Pfunde (lbs) in Kilogramme; Kilogramme in engl. Pfunde (lbs). 3) Hohlmaasse: Imperial Gallons in Liter; Liter in Imperial Gallons. 4) Preisberechnung: Pence u. Shillings pro 1 Yard, pro 1 engl. Pfund (lb), pro 1 Gallon; in Pfennigen u. Mark pro 1 Meter, pro 1 kg., pro 1 Liter; in Hellern u. Kronen ö. W. pro 1 Meter, pro 1 kg., pro 1 Liter; in Centimes u. Francs pro 1 Meter, pro 1 kg., pro 1 Liter; in Oeren u. Kronen n. W. pro 1 Meter, pro 1 kg., pro 1 Liter; in Cents u. Dollar pro 1 Yard, pro 1 engl. Pfund (lb), pro 1 Gallon, u. umgekehrt in allen Währgn. Titel u. Text in deutscher, engl. u. französ. Sprache. 3. Aufl. (80 S.) kl. 8. Merseburg (908). Halle, F. F. Ch. Müller. 3.—

Voigt, G., **welche Aufgaben stellt die Gegenwart an die Arbeit der Volksschule?** gr. 8. (21 S.) Leipzig 891. F. Richter. n. — 30

— Wie wird man u. wie bleibt man gesund. Lehrbuch der naturgemäßen b. i. arzneilosen Heilkunde [Naturheilkunde]. 8 Lfgn. gr. 8. (IX, 567 S.) Ebd. 889–91. à Lfg. * 1 —; * 8 — geb. in Leinw. 10 —

— **e. Wort f. die konfessionelle Volksschule. Vortrag, geh. auf dem 8. deutschen evangel. Schulkongreß zu Dresden. gr. 8. (34 S.) Ebd. 893.** n. — 75

Voigt, Gustav: Zinszahlen-Tabelle für Banken, Sparkassen . . . zur schnellen Berechng v. Zinsen . . . für jeden denkbaren Kapitalbetrag bis zu 900 000 Mk. Bearb. u. hrsg. v. –. ... Merseburg: Dr. v. Ch. Hottenroth & Sohn [1899]. (11 Bl.) 1 Bd 8°

— **Zinszahlen-Tabelle f. Banken, Sparkassen Kapitalisten u. Gewerbetreibende zur schnellen Berechnung v. Zinsen, Discont u. Contocorrent-Zinsen. 1 Tag fortlaufend bis 360 Tage, f. jeden denkbaren Kapitalbetrag bis zu 900000 Mark. 2. Aufl. (III S. u. 9 Doppels.) gr. 8. Halle (909). F. F. Ch. Müller. 1.25**

Voigt, Gust. (II.), Zins-Tabellen für Institute, Banken, Sparkassen, Kapitalisten und Gewerbtreibende zur Berechnung der Zinsen von 1 bis 900 000 Mark, Gulden, Franc, Rubel, Dollar, Pfd. Sterling etc., bearb. auf 20 Tabellen in 20 Zinsfüssen $\frac{1}{8}$, 1, $1\frac{1}{4}$, $1\frac{1}{2}$, $1\frac{3}{4}$, 2, $2\frac{1}{4}$, $2\frac{1}{2}$, 3, $3\frac{1}{3}$, $3\frac{1}{2}$, $3\frac{3}{4}$, 4, $4\frac{1}{4}$, $4\frac{1}{2}$, $4\frac{3}{4}$, 5, $5\frac{1}{2}$, 6, $6\frac{1}{2}$ Procent für Jahr, Monate und Tage, nebst einer gründl. Anweisung im Zinsen-Kurzrechnen. qu. gr. 4. (IV, 20 S.) Wiesbaden 885, (Bechtold und Comp.) *

—— Zins-Tabellen für Institute, Capitalisten, Landwirthe und Gewerbtreibende zur Ermittelung der Zinsen von 1 bis 100 000 Mark, Gulden, Franc, Rubel, Dollar, Pfd. Sterling etc. bearb. auf 20 S. Tabellen in 10 Zinsfüssen 1, 2, 3, $3\frac{1}{3}$, $3\frac{1}{2}$, $3\frac{3}{4}$, 4, $4\frac{1}{4}$, $4\frac{1}{2}$ und 5 Procent [%] für Jahr, Monate und Tage, nebst einer Anweisung über prakt. Rechnen. Lex.-8. (24 S.) Leipzig 888, Ernst Meissner. * geb. **

— Zins-Tabellen f. Institute, Capitalisten, Landwirthe u. Gewerbtreibende zur Ermittelung der Zinsen von 1—100 000 Mark, Gulden, Franc, Rubel, Dollar, Pfd. Sterling etc., bearb. in 10 Zinsfüssen, 1, 2, 3, $3\frac{1}{3}$, $3\frac{1}{2}$, $3\frac{3}{4}$, 4, $4\frac{1}{4}$, $4\frac{1}{2}$ u. 5 Prozent (%) f. Jahr, Monate u. Tage, nebst e. Anweisg. üb. prakt. Rechnen. 3. Aufl. gr. 8. (24 S.) Ebd. 898. n. 1. —; geb. n. 1.40

Voigt, Gust., Zins-Tabellen f. Institute, Capitalisten, Landwirthe u. Gewerbetreibende zur Ermittelung d. Zinsen von 1—100000 Mark, Gulden, Franc, Rubel, Dollar, Pfd. Sterling etc., bearb. auf 20 S. Tabellen in 10 Zinsfüssen 1, 2, 3, $3\frac{1}{3}$, $3\frac{1}{2}$, $3\frac{3}{4}$, 4, $4\frac{1}{4}$, $4\frac{1}{2}$ u. 5 Prozent (%) f. Jahr, Monate u. Tage, nebst e. Anweisg. üb. prakt. Rechnen. 4. Aufl. (24 S.) Lex. 8. Merseburg (908). Halle, F. F. Ch. Müller. Geb. 1.50

— Zinstabellen $3\frac{1}{2}$ Prozent f. Sparkassen, Kapitalisten u. Geld-Institute zur Ermittelung der Zinsen f. laufende Kapitalbeträge von 1 ℳ bis 999 ℳ u. von 1000 ℳ bis 20000 ℳ f. monatliche Verzinsung. (28 S.) Lex. 8. Ebd. (908). Geb. in Leinw. 4. —

Voigt, G. [Hygin], Zukunftsmedizin oder Anleitung sich selbst der beste Arzt zu sein, d. h. Krankheiten zu verhüten. 12 Hefte. gr. 8. (XX, 1072 S.) Leipzig 876—79, Scholtze. à Heft * ℳ 1. *

A. u. d. T.: Der Gesundheits-Rath. 2 Bde. ℳ 12.; geb. *ℳ 14.

Voigt, Gustav, Referendar: Die Zwangsvollstreckung in nicht dem Schuldner gehörige bewegliche Sachen. Borna-Leipzig 1909: Noske. 54 S. 8°

Greifswald, Jur. Diss. v. 8. März 1910, Ref. Pescatore

[Geb. 16. März 86 Posen; Wohnort: Züllichau; Staatsangeh.: Preußen; Vorbildung: Joachimsth. Gymn. Berlin Reife O. 04; Studium: Grenoble 1, Heidelberg 1, Greifswald 3, Göttingen 1, Berlin 3 S.; Rig. 3. Juli 09.] [U 10. 1554

Voigt, H., Ueb. einige neugefundene kyprische Inschriften. S.-A. s. a. 5 S. u. 2 Taf.

Voigt, H.: Oratio de coena domini cum annotationibus in doctrinam de persona Christi. Regimonti Pr. 11 S. 1865.

Schul-/Univ.-Schrift

Voigt, H., Kochen u. Heizen mittels des elektrischen Stromes. Eine Studie üb. die wichtigsten jetzt existier. elektr. Koch- u. Heizapparate u. deren Anwendung. gr. 8. (III, 96 S. m. Abb.) Halle 899. W. Knapp. n. 2.40

Voigt, Hans [pr. Arzt]: Ueber die Eigentümlichkeiten der Geburt macerirter Früchte in der zweiten Schwangerschaftshälfte. ... Tribsees, Druck v. M. Henk's Buchdr., 1889; 1 Bl. + 38 S. + 1 Bl. 8°

Marburg, Med. Fak., Inaug.-Diss. v. 11. Jan.] 1890

Voigt, Hans [Dr. phil.]: Zur Geschichte der Nicolaischule im achtzehnten Jahrhundert. (Soll fortges. werden.) Leipzig, Druck v. O. Dürr, 1893; 1 Bl., 34 S. 4.

Leipzig, Nicolai-G, OP 1893 (539)

Voigt, Hans, zur Geschichte der Nicolaischule im 18. Jahrh. Progr. gr. 4. (34 S) Leipzig 893. (J. C. Hinrichs' Sort.) n. 2. —

Voigt, *Nikolaus* Heinrich [app. Arzt]: Aus d. Laboratorium d. medizin. Klinik zu Kiel. Über secundäre Degenerationen bei totaler Querschnittsläsion des Rückenmarks ... Kiel, Druck v. H. Fiencke, 1896; 15 S., 1 Taf. 8.

Kiel, Med. Fak., Inaug.-Diss. v. [20. Juli] 1896

Voigt, Heinr., Fundamentaldogmatik. Eine zusammenhäng. historisch krit. Untersuchg. u. apologet. Erörterg. der Fundamentalfragen christl. Dogmatik. gr. 8. (XXXII, 684 S.) Gotha 874. F. A. Perthes. n. 13. 20

Voigt, Heinrich: Der Gemeindewaisenrat, seine Rechte und Pflichten. Mit e. Anh.: das Preussische Gesetz über d. Fürsorgeerziehung Minderjähriger vom 2. Juli 1900. Von Dr. [Heinrich] Voigt, Magistratsass. in Berlin. Berlin-Gr.-Lichterfelde: Schulze & Co. 1901. (90 S.) 8°

Gesetzessammlung, Brandis. No 21.)

Voigt, Heinr., die Lehre des Athanasius von Alexandrien oder die kirchl. Dogmatik des 4. Jahrh. auf Grund der bibl. Lehre vom Logos. In geordnetem Zusammenhange, wie im Kampf mit ihren häret. Gegensätzen dargestellt. gr. 8. (XIX und 346 S.) Bremen 861, Müller. *

Voigt, H., Paul und Johann, die braven Söhne einer armen Witwe, oder: Denen ahmt nach. Eine moralische Erzählung für die reifere Jugend. Frei nach dem Französ. bearb. 12. (235 S. mit 1 Stahlst.) Augsburg 863, Schmid's Verlag.

Voigt, Heinr., die deutsche Reichsfahne. Gespräch dreier Knaben mit einem Landwehrmanne. Zur Feier patriotischer Gedenktage. 2. Aufl. gr. 8. (15 S.) Berlin 878, [Keller und Sohn.] Keller.

Aus: Deutsche Schulzeitung, besonders abgedruckt.

—— Theodor, das Muster eines Sohnes, der seine Eltern liebte und ehrte und dem es daher wohl ging auf Erden. Moralische Erzählung für die reifere Jugend. Frei nach dem Französ. bearb. 2., umgearb. Aufl. 12. (191 S. mit 1 Stahlst.) Augsburg 865, Schmid's Verlag.

Voigt, Heinr., was muß ich thun, daß ich das ewige Leben ererbe? Eine Predigt, gehalten am 18. Sonntage nach Trin., über Ev. Luc. 10, 23—42. 16. (22 S.) Stade 859, Pockwitz. Thlr. *

Voigt, H. G., Adalbert v. Prag. E. Beitrag zur Geschichte d. Kirche u. d. Mönchtums im 10. Jahrh. Mit 2 Orig.-Heliogravüren, 1 Photolith. u. 1 Karte. gr. 8. (VI, 369 S.) Berlin-Westend 898. Berlin, Deutsche ev. Buch- u. Tractat-Gesellschaft. n. 6. —

Ⓑ **Voigt,** Heinr. Gisb., Adalbert v. Prag. 898. (KVL 30.) Jetzt: Stuttgart, J. F. Steinkopf.

Voigt, Heinr. Gisb., die ältesten Berichte über die Auferstehung Jesu Christi. Eine historisch-krit. Untersuchg. (168 S.) gr. 8. Stuttgart 906. J. F. Steinkopf. n. 2. —

— Die v. dem Přemysliden Christian verfasste u. Adalbert v. Prag gewidmete Biographie des heil. Wenzel u. ihre Geschichtsdarstellung. (III, 88 S.) gr. 8. Prag 907. F. Řivnáč. 2. —

— Brun v. Querfurt. Mönch, Eremit, Erzbischof der Heiden u. Märtyrer. Lebenslauf, Anschauungn. u. Schrift. e. deutschen Missionars u. Märtyrers um die Wende des 10. u. 11. Jahrh., e. Beitrag zur Geschichte Deutschlands u. Italiens im Zeitalter Ottos III. u. zur ältesten Kirchengeschichte Ungarns, Rußlands, Polens, Schwedens u. Preußens. Mit 4 Lichtdr.-Taf. u. 6 lith. Taf. (XII, 525 S.) gr. 8. Stuttgart 907. J. F. Steinkopf. 16. —; geb. in Halbfrz. 18. —

— Brun v. Querfurt als Missionar des römischen Ostens. (89 S. m. 1 Karte.) Lex. 8. Prag 908. (F. Řivnáč.) — 80

Sonderabdruck aus: „Sitzungsber. d. böhm. Gesellsch. d. Wiss."

— Brun v. Querfurt u. seine Zeit, s. a. Neujahrsblätter, hrsg. v. der histor. Kommission f. die Prov. Sachsen. 33.

Voigt, Heinrich Gisbert: Brun von Querfurt und seine Zeit. Von H[einrich] G[isbert] Voigt. Halle: Hendel 1909. 42 S. 8°
(Neujahrsblätter. Hrsg. von d. Hist. Kommission f. d. Prov. Sachsen. 33.)

— Die christliche Kirche des Mittelalters an der deutschen Seeküste. Gedichte. (45 S.) 8. Stuttgart 907. J. F. Steinkopf. Kart. — 80

Voigt, H. G., der Missionsversuch Adalberts von Prag in Preussen. gr. 8. (81 S. m. 1 Karte.) Königsberg 901. F. Beyer. n. 1. 60
Sonderabdruck aus: „Altpreuss. Monatsschrift".

Der Missionsversuch Adalberts von Prag in Preussen. Von H[einrich] G[isbert] Voigt. ⟨Mit 1 Karte.⟩ *Königsberg in Pr.: Thomas & Oppermann 1901.* (81 S.) 8°
Aus: Altpr. Monatsschrift. Bd. 38, H. 5 6. [01. 12091 10

— Perpetua. Dramatisches Gemälde aus der Zeit der Christenverfolgungen in 5 Aufzügen. (95 S.) 8. Ebd. 905. Kart. n. 1. 20

Voigt, Henricus Gisbertus [minister verbi divini]: Quae sint indicia veteris ab Epiphanio in relatione de Cataphrygibus (Pan. Haer. XLVIII) a secunda paragrapho usque ad tertiam decimam usurpati fontis. . . . Regimonti, ex offic. Leupoldiana, 1890: 1 Bl. + 45 + 1 S. + 1 Bl. 8°
Königsberg. Theol. Fak., Inaug.-Diss. v. 20. März 1890

Voigt, H. G., der Sermon von der Uebertragung des H. Wenzel. (7 S.) Lex.-8. Prag 906. (F. Řivnáč.) n. — 20

Voigt, Heinr. Gisbert, e. verschollene Urkunde d. antimontanistischen Kampfes. Die Berichte d. Epiphanius üb. die Kataphryger u. Quintilianer. gr. 8. (VII, 351 S.) Leipzig 891. Fr. Richter. n. 8. —

Der Verfasser der römischen Vita des heiligen Adalbert. Eine Untersuchung mit Anm. über d. anderen ältesten Schriften über Adalbert, sowie einige strittige Punkte s. Geschichte. Von H[einrich] G[isbert] **Voigt**. Prag: Kgl. Böhm. Ges. d. Wiss. 1904. (171 S.) 8°
Aus: Sitzungsber. d. Böhm. Ges. d. Wiss. [04. 2000 2

— Wendungen. Historisch-dramat. Dichtg. über die Zeit Gregors VII. in 5 Aufzügen. (80 S.) 8. Ebd. 905. Kart. n. 1. 20

Voigt, Helene, s. Voigt-Diederichs, Helene.

Voigt, Henriette, geb. Kuntze. Briefwechsel, s. Schumann, Rob.

Voigt, Herm., Aeolsharfe. Lyrische Nachklänge aus Gottes Wort. 16. (VIII, 148 S.) Berlin 869, Rauh.

Voigt, Herm., die Erhebung einer Gebühr für das Halten von Hunden. Gesetz vom 2. Juni 1876. Sammlung der hierauf bezügl. bis auf die neueste Zeit erschienenen Verordnungen, Bekanntmachungen, Vollzugs-Vorschriften 2c. Handbüchlein zum Gebrauche der königl. Aufschlag-Einnehmer, Zollbeamten, Thierärzte und Bürgermeister. 3. verm. und autoris. Aufl., neu bearb. 8. (74 S.) Ansbach 881, Brügel und Sohn.

Voigt, Hermann von (Grafenberg)
Das Erschöpfungsdelirium. Ein Beitrag zu den acuten Irrseinsformen.
Giessen: Brühl 1883. 20 S.
Diss. med. 30.7.1883. vorn. 26. 7. la.

Voigt, Hermann, a. Langenburg ⟨Württ.⟩: Gleichnisse und Metaphern in Shakespeare's Dramen und in seinen Quellenschriften. Strassburg i. E. 1908: Müh & Cie. (XV, 117 S.) 8°
Straßburg, Phil. Fak., Ref. Koeppel, Diss. v. 14. Dez. 1907
[Geb. 21. Dez. 84 Langenburg (Württemberg); Wohnort: Straßburg i. E.; Staatsangeh.: Württemberg; Vorbildung: Oberrealsch. Straßburg i. E. Reife Sommer 04; Studium: Straßburg 7 S.]

Voigt, Herm., Kronprinzjäger in Feindesland. 1870—1871. Tagebuchblätter u. Erinnergn. Mit 1 Uebersichtskarte u. 4 Skizzen. (VIII, 205 S. m. 1 Bildnistaf.) 8. Leipzig 903. F. E. Fischer. Geb. in Leinw. n. 2. 50

— unsere Taufnamen erklärt u. mit kurzen Biographieen, Denksprüchen u. Liederversen versehen. Halle 868. Petersen. gr. 8. (XVI, 208 S.) n. 18 ngr.

Voigt, Herm., unsere Taufnamen erklärt u. m. kurzen Biographien, Denksprüchen u. Liederversen vers. 2. Aufl. 8. (XVI, 208 S.) Halle 896. [J. Krause.] Leipzig, C. F. Tiefenbach. 1. 80

Voigt, Hugo, a. Spandau: Ein Fall von Zungenabszess. München 1905: Kastner & Callwey. (18 S.) 8°
München, Med. Fak., Ref. v. Angerer, Diss. v. 8. Mai 1905
[Geb. 14. Nov. 79 Spandau; Wohnort: Spandau; Staatsangeh.: Preußen; Vorbildung: Gymn. Spandau Reife M. 99; Studium: Berlin 1, Göttingen 2, München 4 S.; Coll. 9. März 05; Approb. 11. Juli 04.]

Voigt, Hugo [Berolinensis]: De fontibus earum quae ad artes pertinent partium nat. hist. Plinianae quaestiones.... Halis Saxonum, typ. fratrum Unger (Th. Grimm), 1887; 25 + 1 S. 8°
Halle, Phil. Fak., Inaug.-Diss. v. [9. Nov.] 1887

Voigt, Hugo: Über das Lehrverfahren und den Lehrgang des botanischen Unterrichts an Gymnasien. Wandsbeck, Druck v. F. Puvogel, 1892; I—XIV S. 4.
Wandsbeck, Matthias Claudius-G m. RPG, OP 1892 (287)

Voigt, J., kirchliche Armenpflege. Vortrag, geh. auf der Diözesan-Versammlung Leipzig-Land am 17. Dezbr. 1895. gr. 8. (24 S.) Leipzig 896. G. Wigand. — 30

Voigt, J., über die Gefangenschaft des Herzogs Christoph von Bayern. gr. 4. (40 S.) München 854, (Franz.) * * —
Aus: Abhandlungen der k. bayer. Akademie der Wissenschaften, besonders abgedruckt.

Voigt, J., Stieldrehung e. ungewöhnlich grossen Hydrosalpinx bei einer Sechzigjährigen. (Aus der Privatfrauenklinik v. Dr. J. Voigt-Göttingen.) (6 S.) gr. 8. Leipzig 909. B. Konegen. 1.—
Sonderabdruck aus: „Der Frauenarzt“.

Voigt, J. A., Mittheilungen über das Unterrichtswesen Englands und Schottlands. Gesammelt während eines mehrmonatlichen Aufenthalts in beiden Ländern. gr. 8. (XVI und 454 S.) Halle 857, Anton.

Voigt, J. A., Mittheilungen über das Unterrichtswesen Englands und Schottlands. Gesammelt während eines mehrmonatlichen Aufenthalts in beiden Ländern. Neue Ausg. Halle 863. Fricke. gr. 8. (XVI, 454 S. u. 1 Tab. in 4.) n. 1 ₰ 10 ngr.

Voigt, J. A. Nugarum grammaticarum part. I. Rhetorisch-grammatische Collectaneen mit besonderer Beziehung auf den Gebrauch des Adjectivum bei Horaz. 54 S.
Halle, Päd., Progr. 1844

Voigt, J. A., Skizzen aus dem Leben Friedrich David Ferdinand Hoffbauers, weil. Pastor zu Ammendorf. Ein Beitrag zur Geschichte des Lützow'schen Corps. Halle 869. Buchh. des Waisenhauses. gr. 8. (XII, 404 S.) n. 1 ₰ 15 ngr.

Voigt, J. C., christl. Lehre erweitert, u. in tabell. Form gebracht. 8. Magdeb. Keil. 797.

Voigt, J. C.: „Sieben Vorschläge zur Oeconomie eines Landes und Verbesserung derselben“, Berlin 1753.

Voigt, J. E.: „Forstkatechismus oder Unterricht im Forstwesen“, Hannover 1777 (Hahn).

Voigt, J. E.: „Vorschläge zur Oeconomie eines Landes und Verbesserung derselben“, Berlin 1753.

Voigt, J. G., s. a. Vogt, J. Gottfried

Voigt, J. G. III., cosmograph. Entwickelung aller Begriffe und Kenntnisse, welche bei der zweckmäß. Benutzung d. künstl. Himmels- u. Erdkugeln erforderlich sind. Mit Rücksicht auf die beiden neuen, zugleich erschienenen, 12zolligten Globen. Mit 1 Kpft. gr. 8. Weimar 810. Geograph. Institut. 1 ₰ 6 gr

Voigt, J. G. I., Etwas üb. das Uebel. Ein Lehrgedicht. 8. Gera 794. (Schumann in Zwickau). 4 gr

Voigt, J. G. II., Mittheilungen eines Schäfers über Veredlungen u. Pflege d. Schaafe u. Heilung ihrer Krankheiten. 8. Neustadt 825. Wagner. 6 gr

Voigt, J. Geo., die Evangelien im Zusammenhang, zur Ehrenrettung der heiligen Geschichte Jesu Christi gegen neuere Angriffe. Hameln 863. Schmidt & Suckert. gr. 8. (XI, 533 S.) 2 ₰

Voigt, J. J., s. Vogt, Johann Jakob

Die kirchliche Fürsorge für die heranwachsende männliche Jugend auf dem Lande. Referat, gehalten auf d. 16. ordentl. Synode d. Propstei Sudangeln v. [J. L. F.] **Voigt**. Kappeln. 1894. 8°.

Lieder zum Gebrauch der unter der Constitution der Grossen Provinzial-Loge von Hamburg und Niedersachsen arbeitenden Logen. [Hrsg. von J. Ludw. **Voigt.**] Als Ms. f. Brr. [Hamburg: ca 1750.] 264 S. 4°

[Dasselbe.] Ebendas. [1801]. 264 S. 8°
Kl. 1632. 132 Gesänge ohne Noten.

Voigt, J. O., hortus suburbanus Calcuttensis. A Catalogue of the plants which have been cultivated in the hon. East India company's botanical garden, Calcutta, and in the Serampore botanical garden, generally known as Dr. Carey's garden, etc. printed under the superintendence of W. Griffith. Lex.-8. Calcutta 845. (Copenhagen, Reitzel.) baar 9⅞ ₰

Voigt, Johann, s. Voigts, Johann Gerl. Justus

[**Voigt**, Ioannes Augustus]: *De causis, cur Socrates ab Atheniensibus capitis condemnatus sit, commentatio philologica. 17 Bl. 2°
Halle-Wittenberg, Phil. Diss. v. 14. Juni 1841
Geb. [Profen (Kr. Zeitz) 14. 7. 1810]
Verf. erlebte das goldene Dr.-Jubiläum 1891 als Gymnasial-Professor a. D. in Halberstadt.

Voigt, Jh. Chr., († d. 28. Juni 1810.) das Aufschneiden d. Blattern, eine sichere Heilart, wodurch die Narben der Pockengruben verhindert werden, u. einige Sätze wider die Inokulation. 4. Küps 765.

— physikal. Bemerkk. über die Bienen, u. eine ihrer Krankheiten. 8. Schwarzbach 775.

— von der Elektricität u. ihrer Wirkung, aus dem Lichtwesen erläutert. 8. Küps 760.

— Gedanken üb. die Naturkräfte thier. Körper in dem Zeugungsgeschäfte, besonders der Bienen. 8. Schwarzbach 778.

— s. Geschichte der Drohnenmütter.

— Gutachten über die 1770 u. 71 in Deutschland epidemisch grassirenden Faul- u. schleimartigen Fieber. 8. Schwarzbach 771. Culmbach. ...

— über die Kur eines zurückgetretenen Podagra u. Glossagra. 8. Thurnau 756.

— Notanda circa lactis naturam, ejus partes constituentes ac de salubri usu medico, de quibus examen chymicum aliave experimenta de industria instituta sunt. Schwarzbachi. 8. 772.

— Sendschreiben über den Grundstoff der Blattern u. derselben Einimpfung. 8. Küps 759.

— Sendschreiben: I. welchen großen Einfluß die neumodischen Arzneimittel auf unsere prakt. Heilkunde haben? II. ob der öftere u. lange Gebrauch von dem Boerhavischen grauen Temperir- u. Resolvirpulver rc. dem Körper schädlich rc. sein könne? 4. Schwarzbach. (Culmbach) 794.

Voigt, J. E., Skizze meiner medicinischen prakt. u. literär. Laufbahn. 8. Culmbach. (Lübeck in Bayreuth.) 804. — 3

—die auf Vernunft u. Erfahrung gegründete Verbesserung der Oefen. 8. Thurnau 756.

Voigt, Johann Emanuel (Ronneburg) A. S. 90/28

Dissertatio iuris Germanici de instrumentorum post iuratam eorum diffessionem fide.
Präs. Karl Friedrich Walch.
Jena (Strauss) 5. IV. 1758. 18 S.

W. v.: F. V. C. de Lynar, Präs. 35343

Voigt, Johann Friedrich

(Voigt, J. F.,) Aphorismen üb. d. hamburg. Hypothekenwesen, s. Aphorismen.

Voigt, J. F., über den Fischereibetrieb auf der Unter-Elbe. Hamburg 870. Grüning. gr. 8. (III, 27 S.) n. 6 ngr.

Voigt, J. F., das Fischereigesetz für den preußischen Staat vom 30. Mai 1874, nebst den Ausführungs-Verordnungen für die Provinzen Hannover und Schleswig-Holstein vom 2. Novbr. 1877, mit einem erläut. Sachregister. 8. (53 S.) Lüneburg 878, Herold und Wahlstab'sche Buchh. cart. *

—— Geschichtliches über die Gärten um Hamburg. 1. und 2. Aufl. gr. 16. (46 S.) Ebendas. 870. *

Voigt, J. F., Geschichtliches über die Versorgung Hamburgs m. Milch. (VI, 63 S. m. 6 Abbildgn.) gr. 8. Hamburg 903. C. Boysen. n. 1. 50

—— Gewerkschaften von Handwerkern und Fabrikarbeitern. Ein Vorschlag zu einem neuen Titel der deutschen Gewerbeordnung. gr. 8. (32 S.) Jena 879, Fischer. *

— die Hamburgische Landgemeinde Groß Hansdorf-Schmalenbek. (III, 84 S.) gr. 8. Hamburg 906. O. Meißner's Verl. n. 1. 50

Voigt, Joh. Friedr., die Haftbarkeit des Einkaufskommissionairs für die Bestellungsmäßigkeit der den Kommittenten übersandten Waare, begründet durch das Handelsgewohnheitsrecht und die Analogie des Art. 347 des Handelsgesetzbuchs. gr. 8. (29 S.) Hamburg 884, Gräfe.

Voigt, J. F., Hamburg u. seine Beziehungen zum deutschen Reich. Festrede, vorgetragen am 20. April 1871 bei der Jahres-Feier d. Hamburg. Gesellschaft zur Beförderg. der Künste u. nützl. Gewerbe. 8. (30 S.) Hamburg 871. Grüning. n. — 50

Voigt, J. F., s.: Hochzeits- u. Kleiderordnungen, die Hamburgischen, v. 1583 u. 1585.

Voigt, Joh. Frdr., Leben, Abenteuer u. Reisen, s. a. Pfeifer, Mart.

Leben, Abenteuer und Reisen Johann Friedrich **Voigts**, weil. Bürgers, Lohgerbers u. Stadtwachtmeisters zu Eisenberg, von ihm selbst beschrieben. Bearb. u. neu hrsg. v. Martin Pfeifer. *Altenburg: St. Geibel 1897.* (VIII, 255 S.) 1 Bd 8. [97 7639

Mitteilungen zur Geschichte der Gemeinden Altengamme und Kurslak in den Vierlanden bei Hamburg. Von Dr. J[ohann] F[riedrich] **Voigt**. Bergedorf 1904: E. Wagner. (30 S.) 8° [F.]
(Veröffentlichung d. Vereins f. Vierländer Kunst u. Heimatkunde.) [07. 16969

Einige Mitteilungen über die Hufnerfamilie Puttfarcken in Altengamme. Zsgest. von Dr. J[ohann] F[riedrich] **Voigt**. Bergedorf 1905: E. Wagner. (7 S.) 8° [F.] [07. 16576

— topographische Nachrichten üb. die Stadt Bergedorf. gr. 8. (IV, 32 S.) Hamburg 888. (Mauke Söhne.) n. — 60

Voigt, Johann Friedrich (Ronneburg) A. S. 46/31

Principia iuris Germanici in successione adscendentium feudali. Präs. Karl Friedrich Walch.
Jena (Strauss) 7. VIII. 1767. 34 S.

Gew.: Johann Fhr. von Rothkirch.
W. v.: Präs., I. C. L. von Schellwitz, Jo. August Reichardt, Ludwig Hartmann Richmann (Opp.).
35344

Die Hufnerfamilie Schaumann in den Vierlanden und in der Billwärder Marsch. Zsgest. von Dr. J[ohann] F[riedrich] **Voigt**. Hamburg 1905: E. Wagner. (37 S.) 8° [F.] [07. 16577

Voigt, J. F., zum See-Assecuranz-Recht. Vergleichende Zusammenstellung der Bestimmungen des revidirten allgemeinen Plans hamburg. See-Versicherungen mit den die See-Assekuranz betr. Artikeln des allgemeinen deutschen Handelsgesetzbuchs mit erläut. Anmerkungen. [Abdr. aus dem Neuen Archiv für Handelsrecht, unter Hinzufügung eines Sachregisters.] gr. 8. (IV und 232 S.) Hamburg 863, Mauke Söhne. *

Voigt, Joh. Friedr., zum See- und Versicherungsrecht. Durchgehende Connossemente. Neue Connossements-Clauseln zur Sicherstellung der Rheder. Versicherung des Gesammtrisico durchgehender Güter, Haftpflicht der Eisenbahnen. Bedingungen der Land- und Flußtransport-Versicherer. gr. 8. (IV, 87 S.) Ebendas. 880. *

—— das deutsche Seeversicherungs-Recht. Commentar zu Buch 5 Titel 11 des Allgemeinen deutschen Handelsgesetzbuchs und zu den „Allgemeinen Seeversicherungs-Bedingungen von 1867". 1. Abthl., den 1. Abschnitt des Titels 11 „von den Allgemeinen Grundsätzen" betr. gr. 8. (VIII, 170 S.) Jena 884, Fischer. *

Voigt, Joh. Friedr. (I.), das deutsche Seeversicherungs-Recht. Commentar zu Buch 5 Titel 11 des Allgemeinen deutschen Handelsgesetzbuchs und zu den „Allgemeinen Seeversicherungs-Bedingungen von 1867". 2. Abthl., den 2. und 3. Abschnitt des Titels 11 „Anzeigen bei dem Abschluß des Vertrages" und „Verpflichtungen der Versicherten aus dem Versicherungsvertrage" betr. gr. 8. (IX—XII, S. 171—374.) Jena 885, Fischer. *
—— dass. — 3. Abthl., den 4. Abschnitt des Titels 11 „Umfang der Gefahr" betr. gr. 8. (XIII—XVII, S. 375—630.) Ebendas. 886. *
—— dass. — 4. (Schluß-)Abthl., die Abschnitte 5—8 des Titels 11, Umfang des Schadens, Bezahlung des Schadens, Aufhebung der Versicherung und Rückzahlung der Prämie und Verjährung betr. Nach dem Tode des Verf. bearb. und nebst einer histor. Einleitung und einem ausführl. Sachregister hrsg. von J. Seebohm. gr. 8. (XVII—XXXIV, S. 631—816.) Ebendas. 887. *

—— die neuen Unternehmungen zum Zweck der Ausgleichung der Verschiedenheiten der in den Seestaaten geltenden Havariegrosse- und Seefracht-Rechte. gr. 8. (IV, 35 S.) Ebendas. 882. *

Voigt, Johann Georg Jakob (Camitz/Laus.) A. S. 565/55

Quaestio iuris controversi an fictio unitatis personae hodie noceat pacto inter patrem et filium inito.
Präs. Christian Heinrich Breuning.
Leipzig (Rumpf) 18. IV. 1771. 16 S.
35345

Voigt, Johann Gottlieb, s. a. Vogt.

Voigt, Johann Gottlieb (Dornburg) A. S. 601/39

De accuratis et e re ipsa petendis iuris ac iustitiae, iuris item naturalis gentiumque ac civilis definitionibus ac divisionibus.
Präs. Johann Jakob Lehmann.
Jena (Buch) I. 1726. 50 S.

W. v.: Präs. 35346

Voigt, Jh. Glo., Bergwerksstadt des Ober- u. Unterharzes, mit Anmerkk. herausg. von J. J. Madihn. 8. Braunschw. 771. Meyer. 10 gr.

Voigt, J. G. und Sprengel, J. F. Beschreibung der harzischen Bergwerke nach ihrem ganzen Umfange. Berlin. 1753.

Voigt, Johann Heinrich

Voigt, Joh. Heinr., Calendrier universel des Catholiques et des Protestans avec des tables indicatives pour y trouver toutes les années de l'Ere chrétienne depuis 1 jusqu'a 2200 etc. gr. 8. Weimar, L. Ind. Compt. 809.

— commentatio mathematica, exhibens tentamen rationis distincte completa lineae rectae etc. 4. Jena (789.) (Hennings in Neisse). 5 gr.

— Entwickelung d. physischen Beschaffenheit d. Kometen und ihres dadurch begründeten Einflusses auf andere Weltkörper, mit 1 Kpft. gr. 8. Rudolst. 808. Hofbuchh. 9 gr.

— kosmograph. Entwickelung aller Begriffe u. Kenntnisse, welche bey d. zweckmäss. Benutz. d. künstl. Himmels u. Erdkugeln erforderlich sind etc. m. 1 K. gr. 8. Weimar, Geogr. Instit. 810.

Voigt, Jh. Hnr., Grundkenntnisse vom Menschen, u. einiger zu seiner frühern Bildung gehörigen Wissenschaft, mit 1 Kpf. 8. Gotha 780. Ettinger. 14 gr.

— Grundkenntnisse v. Menschen, u. einiger zu seiner frühern Bildung gehörig. Wissenschaft. m. 1 K. 8. Gotha, Ettinger. 787.

— Grundlehren der angewandten Mathematik. 1e Abtheil. mit 8 Kpf. 8. Jena 794. (Hennings in Neiße). 1 rthlr. 8 gr. Hbg. Pr. 1 rthlr.

— Grundlehren der reinen Mathematik, mit 8 Kpf. 8. Jena 791. (Hennings in Neiße). 1 rthlr.

s. Hauy's Grundlehren d. Physik.

Voigt, Jh. Hnr., († d. 6. Sept. 1823.) allgem. immerwährender kathol.-protestant. Kalender; mit e. tabellar. Nachweisung für die Jahre d. christl. Zeitrechnung von 1 bis 2200, u. e. chronolog. Einleit. in d. Geschichte d. gesammt. Kalenderwesens. Deutsch u. französisch. Auch u. d. T.: Calendrier universel et perpetuel pour 2200 années de l'Ere chrétienne. gr. 8. Weimar 812. Landes-Industrie-Compt. 3 rthlr. ders. einzeln geheftet im Futteral zum Zerlegen beim Geschäfts- u. Comtoirgebrauch. Ebd. 3 rthlr. 6 gr. (Rahmen dazu von Mahagoni u. Glas mit einem Schieber zum Einlegen. 18 gr.)

— populaires Lehrbuch der Sternkunde, sowohl zum Gebrauch für Schulen, als zum Selbstunterrichte für Liebhaber der Astronomie, mit Kpf. gr. 8. Weimar 799. Geogr. Instit. 1 rthlr. 18 gr.

s. a. Magazin f. Physik etc.

Voigt, J. H.: „Magazin für den neuesten Zustand der Naturkunde, mit Rücksicht auf die dazu gehörigen Hülfswissenschaften", 12 Bände. Jena 1797—1806. — Vorh.: Preuß. Oberbergamt Dortmund

— Magazin f. d. neuesten Zustand d. Naturkunde in Rücksicht auf die dazu gehörigen Hülfswissenschaften. 1r Bd. 4 Stücke mit Kpf. 8. Jena 797—800. Hennings in Neiße. (à 12 gr.) 2 rthlr. 2r—12r Bd. mit Kpf. 8. Weim. 800—4. Ind.-Compt. 25 rthlr.

— 1r Unterricht vom Menschen; ein Lesebuch für Schulen. 8. Gotha 781. N. A. 794. Perthes. 4 gr.

— Versuch e. neuen Theorie des Feuers, der Verbrennung, der künstlichen Luftarten, des Athmens, der Gährung, der Elektricität, der Meteoren, des Lichts u. des Magnetismus, mit 1 Kpf. 8. Jena 793. (Hennings in Neiße). 1 rthlr. 4 gr.

— allgemeine Witterungslehre, oder Entwickelung des physischen Zustandes unserer Atmosphäre u. d. daher rührenden Witterung. gr. 8. Rudolst. 808. Hofbuchh. 12 gr.

Voigt, Johann Karl [Präs.] u. Joh. Friedr. Wilh. Lüttgendorff (Kassel) [Auctor et Resp.]
Dissertatio inauguralis medico-chirurgica de abscessu lapillos quosdam continente.
Gissae 23. Dez. 1762: Braun. 50 S. 4°
pro doctoris gradu rite consequendo.

Voigt, Joh. Karl [Präs.] u. Joh. Chrn. Reinhard Liebknecht (Gießen) [Resp.]
Dissertatio inauguralis medico-chirurgica de iis quae in membrorum amputatione observanda sunt.
Giessae 20. Nov. [im Marb. Ex. korr. zu 26. Nov.] 1761: Braun. 24 S. 4°
pro doctoris gradu

Voigt, Jh. Karl, s. Lektionsplan.

Voigt, Joh. Karl [Präs.] u. Christoph Ludwig Nebel (Nidda) [Resp.]
Dissertatio inauguralis medico-chirurgica, de mola seu conceptu fatuo.
Gissae 12. Nov. 1761: Braun. 40 S. 4°
pro gradu doctoris more maiorum legitime obtinendo.

Voigt, Joh. Karl [Präs.] u. Jac. Agathangelus LeRoi [Resp.]
Dissertatio inauguralis medica, de oleo tartari foetido.
Gissae 24. April 1760: Braun. 24 S. 4°
pro gradu doctoris rite obtinendo

Voigt, Jh. Karl Wlh., († d. 1. Jan. 1821.) mineral. u. bergmann. Abhandll. 2 Thle. mit Kpf. 8. Leipz. 789, 790. Müller. (Joachim). 1 rthlr. 16 gr. 3r Thl. 8. Weimar 791. Hoffmann. 16 gr.

— über Aquamarin u. Topas, s. a. J. Gh. Heyer, chem. Versuche.

Voigt (Joh. Carl Wilh.). Ueber Aquamarin und Topas. Erfurt 1787. 4.

— mineralog. Beschr. d. Hochstifts Fulda u. einig. merkwürd. Gegenden am Rhein u. Mayn, m. 1 petrograph. Karte. gr. 8. Lpz. Gräff. 794. — 18

— mineralog. Beschreib. des Hochstifts Fulda u. einiger merkwürd. Gegenden am Rhein u. Main, mit 1 petrograph. Karte. gr. 8. Dessau u. Leipz. 783. Mit n. Tit. Leipz. 794. (Wienbrack). 18 gr.

— 3 Briefe üb. die Gebirgslehre für Anfänger u. Unkundige. 8. Weim. 785. 2e A. 786. Hoffmann. 6 gr.

– s. Dolomieu, Bemerkk.

— s. Jh. Jak. Ferber, Relation.

— prakt. Gebirgskunde, mit 1 Kpf. gr. 8. Weim. 792. 2e A. 797. Ind.-Compt. 1 ₰

— Generaltabelle über sämmtliche jetzt bekannte Gebirgsarten. Fol. Weimar 792. Ind.-Compt. 4 gr.

— Geschichte des Ilmenauischen Bergbaues, nebst einer geognostischen Darstellung der dasigen Gegend u. e. Plane, wie das Werk mit Vortheil wieder anzugreifen. Nebst 1 Kpf., 1 Karte u. 3 Steinbrücken. gr. 4. Sondersh. 821. Voigt in Ilm. 2 ₰ 8 gr.

— mineralog. Kabinet d. Gebirgskunde, ein Kästchen mit dazu gehöriger Erklärung. .. Weim.... (Hoffmann). 5 ₰ 8 gr.

— nouv. lettres sur les montagnes, ou livre classique etc. gr. 8. Lpz. Hinrichs. 787.

— mineralog. Reise nach den Braunkohlenwerken u. Basalten in Hessen, wie auch den Schieferkohlenwerken des Unterharzes. 8. Weim. 802. Hoffmann. 21 gr.

— mineralogische Reisen durch d. Herzogth. Weimar u. Eisenach u. and. angränz. Gegenden in Briefen. 1r Thl. mit 6 illum. Kpf. gr. 8. Dessau 782. Gelehrten-Buchh (Wienbrack in Leipz.) 15 gr. 2r Thl. gr. 8. Weim. 785. Hoffmann. 12 gr.

— mineralogische Reise von Weimar über den Thüringer Wald 2c. bis Hanau. 8. Leipz. 787. Müller. (Joachim). 4 gr.

s. K. F. W. Schall, Bibliothek.

— kleine mineralog. Schriften. 2 Thle. Mit Kpf. 8. Weim. 799. 800. (Henning in Greiz). 1 ₰ 16 gr.

— Versuch e. Geschichte der Steinkohlen, der Braunkohlen u. des Torfs, nebst Anleit. diese Fossilien kennen und unterscheiden zu lernen, sie aufzusuchen u. nützl. anzuwenden, mit Kpf. gr. 8. Weim. 802—5. Hoffmann. 2 ₰ 5 gr.

— erklär. Verzeichniß s. neuen Kabinets von Gebirgsarten. gr. 8. Weim. 792. 2e A. 797. 3e A. 805. Ind.-Compt. 3 gr.

— erklär. Verzeichn. e. Samml. v. Gebirgsarten 2c. 8. Leipz. 787. Müller. (Joachim). 2 gr.

Voigt, Johann Ludwig

— Lehrbuch für die Luthers-Schule in Riga. Herausg. v. der literär.-prakt. Bürgerverbindung in Riga. 8. Riga 817. (Unvollendet.)

Voigt, Jh. Ldw., Reise der Zöglinge des Lübeckischen Erziehungsinstituts nach Hamburg. 8. Gotha 787. Ettinger. 14 gr.

— Dass., s.a. Voigt, K. C.

Voigt, Johann Peter (Bayreuth) F, zc/4

Theoria appetitus. Dissertatio inauguralis medica. Präs. Heinrich Friedrich Delius. Erlangen (Camerarius) (27.) VIII. 1750. 26 S.

Gew.: Kasimir Christoph Schmiedel.

35349

v. Voigt, Joh. Wilhelmine Juliane, († d. 29. Dec. 1814.) s. Just. Möser, patriot. Phantasien.

Voigt, Johanna (wirkl. Name), s.a. Ambrosius, Johanna (Pseud.)

Voigt, Johs., Markgraf Albrecht Alcibiades von Brandenburg-Kulmbach. 2 Bde. gr. 8. (XXIII und 653 S. mit 1 Titelbilde in Holzschn. und Tondr.) Berlin 852, Deckersche geheime Ober-Hofbuchdr. *

Voigt, Joh. Beitraege zur Geschichte der Familie v. Auerswald. [Als Manuscr. gedr.] 8. Königsberg 1824.

Voigt, Johs., Blicke in das kunst- und gewerbreiche Leben der Stadt Nürnberg im 16. Jahrh. gr. 8. (XXXI und 64 S. mit Portr. in Holzschn.) Berlin 862, Brigl.

Voigt, Johannes, s. v. Bohlen, P., Autobiographie.

Voigt, Johannes, Briefwechsel der berühmtesten Gelehrten des Zeitalters der Reformation mit Herzog Albrecht v. Preußen. Beiträge zur Gelehrten-, Kirchen- und politischen Geschichte des 16. Jahrhunderts, aus Originalbriefen dieser Zeit. gr. 8. Königsberg 841, Gebr. Bornträger. 3 ₰

— Briefwechsel des Freiherrn Sigismund von Herberstein mit dem Herzog Albrecht von Preußen. 1531—1556. Ar 17. 98. . . . ngr.
Separatabdruck

Briefwechsel des Freiherrn Sigismund von Herberstein mit dem Herzog Albrecht von Preussen. Von Johannes Voigt. (Aus dem 17. Bande des Archivs für Kunde österreichischer Geschichtsquellen besonders abgedruckt. Wien 1856.) 8°.

Briefwechsel des Hans Engelhard Freiherrn von S... mit dem Herzog Albrecht von Preußen. Ar 20. 87 . . . 1
Separatabdruck

Voigt, (Joh.,) Comment. de ordinis equitum teutonicor. certamine cum judiciis Westphaliae secretis gesto. 8maj. Regiom. (822) Bornträger.

—— Codex diplomaticus prussicus, s.a. Codex.

Voigt, Johns., Codex diplomaticus prussicus. — Urkunden-Sammlung zur ältern Geschichte Preußens aus d. kgl. geheimen Archiv zu Königsberg, nebst Regesten. 2. Bd. gr. 4. (31 ½ B.) Königsberg 842, Gebr. Bornträger. *
1. Bd. Ebendas. 1836. * 1 Thlr. 20 Ngr.

Voigt, Johns., Codex diplomaticus Prussicus. Urkunden-Sammlung zur ältern Geschichte Preussens aus dem k. geh. Archiv zu Königsberg, nebst Regesten. 3. Bd. gr. 4. (XXIV und 200 S.) Königsberg 848, Gebr. Bornträger. *
1. und 2. Bd. Ebendas. 1836—42. * 3 Thlr. 20 Ngr.

— übersichtl. Darstellung der Rechtsverfassung Preußens während der Zeit der Ordensherrschaft. gr. 8. Marienwerder 834. Baumann. ⅓ ₰

Voigt, Johannes, Darstellung d. ständischen Verhältnisse Ost-Preußens, vorzüglich d. neuesten Zeit. 8. Königsb. 822. Bornträger. 12 gr.

—— Darstellungen alt. Preuss. Schlösser etc., s. Darstellungen.

Voigt, Johannes: Die Erb-Ansprüche des Brandenburgischen Hauses an die Herzogthümer Schleswig-Holstein. Eine historisch-diplomatische Abhandlung v. –. (Aus: Allgemeine Zeitschrift für Geschichte. Hrsg. v. W. Adolf Schmidt. Jg. 4, Bd. 7, Heft 3, S. 195 ff.) Berlin 1847. 8°

— die Erwerbung der Neumark, Ziel und Erfolg der brandenburgischen Politik unter den Kurfürsten Friedrich I. und Friedrich II. 1402—1457. Nach archivalischen Quellen. Berlin 863. Brigl. gr. 8. (XV, 438 S.) n. 2 ₰ 25 ngr.

— die Westphälischen Femgerichte in Beziehung auf Preußen, aus den Quellen dargestellt u. durch Urkunden erläut. gr. 8. Königsberg 836. Gebr. Bornträger. 1¼ ₰

— Das urkundliche Formelbuch des königlichen Notars Heinricus Italicus aus der Zeit der Könige Ottokar II. und Wenzel II. von Böhmen. Ar. 29. 1 ... vgr.
Separatabdruck

—— das urkundliche Formelbuch des königl. Notars Heinricus Italicus aus der Zeit der Könige Ottokar II. und Wenzel II. von Böhmen. Lex.-8. (184 S.) Wien 863, (Gerold's Sohn.) *
Aus: Archiv für Kunde österreichischer Geschichtsquellen, besonders abgedruckt.

Voigt Johannes Geschichte der Ballei des deutschen Ordens in Böhmen. Aus urkundlichen Quellen. D 12. 87 ... vgr.
Separatabdruck

—— Geschichte der Ballei des deutschen Ordens in Böhmen. Aus urkundl. Quellen. gr. 4. (62 S.) Wien 863, (Gerold's Sohn.) *
Aus: Denkschriften der k. Akademie der Wissenschaften, besonders abgedruckt.

— Geschichte d. Eidechsen-Gesellschaft in Preußen. gr. 8. Königsb. 823. (Bornträger). 1 ₰ 8 gr

— Geschichte des Lombardenbundes und seines Kampfes mit Kaiser Friedrich I. Aus d. Quellen dargestellt. gr. 8. Königsb. 818. (Hinrichs in Leipz.) 1 ₰ 20 gr Schrbp. 2 ₰ 8 gr

— Geschichte Marienburgs, der Stadt u. d. Haupthauses d. deutschen Ritter-Ordens in Preußen. gr. 8. Königsb. 824. Bornträger. 3 ₰

—— Geschichte Preußens, von d. ältesten Zeiten bis zum Untergange d. Herrschaft d. Deutschen Ordens. 1—6. Bd. gr. 8. Königsberg, Gebr. Bornträger. 18 12
Bd. 1. Die Zeit d. Heldenthums. (48½ B. u. 1 Kpfrt.) 827. 3 Thlr. 12 Gr.
» 2. Die Zeiten v. der Ankunft d. Ordens bis zum Frieden 1249. (45½ B. u. 1 Karte.) 827. 3 Thlr.
» 3. Die Zeit v. Frieden 1249 bis zur Unterwerfung d. Preußen 1283. (40 B. u. 1 Kpfrt.) 828. 3 Thlr.
» 4. Die Zeit v. d. Unterwerfung d. Preußen 1283 bis zu Dietrichs v. Altenburg Tod 1341. (40½ B. u. 1 Stnt. qu. Fol.) 830. 3 Thlr.
» 5. Die Zeit vom Hochmeister Ludolf König v. Weizau 1342 bis zum Tode d. Hochmeisters Konrad v. Wallenrod 1393. (46½ B. u. Titelkpfr.) 832. 3 Thlr.
» 6. Die Zeit d. Hochmeisters Konrad v. Jungingen v. 1393—1407. Verfassung d. Ordens u. d. Landes. (48½ B.) 834. 3 Thlr.

—— Geschichte Preußens, von d. ältesten Zeiten bis z. Untergange d. Herrschaft d. deutschen Ordens. 7—9. (letzt.) Bd. gr. 8. Königsberg, Gebr. Bornträger.
Bd. 7. Die Zeit v. Hochmeister Ulrich v. Jungingen 1407 bis z. Tode d. Hochmeisters Paul v. Rußdorf 1441. (50¼ B., 1 Stnt. u. 1 Karte.) 836. 3 Thlr.
Bd. 8. Die Zeit v. Hochmeister Konrad v. Erlichshausen 1441 bis z. Tode d. Hochmeisters Ludwig v. Erlichshausen 1467. (45½ B.) 838. 3 Thlr.
» 9. Die Zeit v. Tode d. Hochmeisters Ludwigs v. Erlichshausen 1467 bis z. Untergange d. Herrschaft d. Ordens unt. d. Hochmeister Albrecht v. Brandenburg 1525. (50¼ B. u. d. Verf. Bildn.) 838. 3 Thlr.
1—6. Bd. Ebendas. 1827—34. 18 Thlr. 12 Gr. — Blnp. 9 Bde. vollst. * 38 Thlr.

Voigt, Johs., Geschichte des deutschen Ritterordens in seinen zwölf Balleien in Deutschland. 2 Bde. gr. 8. Berlin, G. Reimer. [1. Bd. (XII und 675 S.) 857. 2 Thlr. 25 Ngr., 2. (XXII und 698 S.) 859. 3 Thlr.]

—— Geschichte des sogenannten Tugend-Bundes oder des sittlich-wissenschaftl. Vereins. Nach den Original-Acten. gr. 8. (V und 120 S.) Berlin 850, Deckersche geheime Ober-Hofbuchdr.

— Diss. de Gregorio VII. 8. Halle 812.

—— Handbuch d. Geschichte Preußens bis z. Zeit d. Reformation. 3 Bde. gr. 8. Königsberg, Gebr. Bornträger. [1. (30 B.) 841., 2. (31 B.) 842., 3. (32 B.) 843. à 2½ Thlr.] Thlr.

—— Handbuch der Geschichte Preußens bis zur Zeit der Reformation. 3 Bde. 2., verm. (Titel-)Aufl. gr. 8. Königsberg 850, Gebr. Bornträger. [1. (XVI und 464 S. mit 1 Kpfrt.) 2. (XXIV und 472 S. mit 1 Kpfrt.) 3. (XII und 497 S. mit 1 Kpfrt.)]

— Hildebrand als Papst Gregor VII. u. sein Zeitalter. 2 Thle. gr. 8. Weimar 813. Ind.-Compt. 2 ₰ 12 gr

Voigt, Joh., Hildebrand als Papst Gregor VII. u. sein Zeitalter. 2 Thle. gr. 8. Weim. Ind. Comt. 815.

— Hildebrand, als Papst Gregorius VII. u. sein Zeitalter, aus Quellen dargestellt. 2., veränd. Aufl. gr. 8. (41¾ B. u. 1 Portr. Papst Gregorius VII.) Weimar 846, Landes-Industrie-Compt.

—— das Leben d. kgl. preuß. Staatsministers Friederich Ferdinand Alexander Reichs-Burggrafen u. Grafen zu Dohna-Schlobitten, General-Landschafts-Director v. Ostpreußen, Ritter d. großen rothen Adler-Ordens u. d. eisernen Kreuzes. gr. 8. (2⅓ B.) Leipzig 833, Brockhaus.
Aus den „Zeitgenossen" abgedruckt.

— — das Leben des Prof. Chr. Jac. Kraus. s. Kraus, Chr. Jac., vermischte Schriften.

s. Jh. v. Lindenblatt, Jahrbücher.

Voigt, Johannes [aus Sangerhausen]: Ueber eine Luxation der **Patella**. . . . Jena, Frommannsche Buchdr. (Hermann Pohle), 1889; 2 Bl. + 24 S. + 1 Bl. 8°
Jena, Med. Fak., Inaug.-Diss. v. [23. Dez.] 1889

Voigt, Johs. Ueber e. Luxation der Patella. Diss. gr. 8. (25 S.) Jena 889, (Pohle). * — 80

— das Ordenshaus Marienburg, s. Marienburg.

(Voigt, J.) Das Ordenshaus Marienburg. 8. Halle 1820. 0,75.
2. Aufl. Königsberg 1826. 3. Aufl. ib. 1823. 0,75.

— Mittheilungen aus d. Correspondenz des Herzogs Albrecht von Preußen mit Martin Luther, Philipp Melanchthon u. Georg Sabinus. Ein Nachtrag zum Briefwechsel der berühmt. Gelehrten des Zeitalters der Reformation mit Herzog Albrecht von Preußen. (Aus dem Preuß. Provinzial-Kirchenblatt besonders abgedruckt.) gr. 8. Königsberg 841. (Gebr. Bornträger.) n. ⅓ ₰

Voigt, Joh., Monumenta inedita rerum germanic. praecipue Bremens. od. ungedruckte, zur Historie d. Landes u. d. Stadt Bremen gehörige Nachrichten u. Urkunden. 2 Bde. 8. Lpz. Kummer. 740–63. 2 —

—— Namen-Codex der deutschen Ordens-Beamten, Hochmeister, Landmeister, Großgebietiger, Komthure, Vögte, Pfleger, Hochmeister-Kompane, Kreuzfahrer u. Söldner-Hauptleute in Preußen. A. u. d. Tl.: Der Ritter-Orden S. Mariä des deutschen Hauses zu Jerusalem in Preussen. gr. 4. (20½ B.) Königsberg 843, (Gebr. Bornträger.) *

s. J. G. Scheffner, mein Leben.

— Sendschreiben an D. Friedländer üb. seinen Beitrag z. Geschichte d. Verfolgungen d. Juden im 19n Jahrh. 8. Königsb. 821, Universit.-B.

—— Sendschreiben an August Theiner, Priester des Oratoriums, in Betreff des von ihm behaupteten Uebertritts des Herzogs Albrecht von Preußen zur kathol. Religion. gr. 8. (4 B.) Königsberg 846, (Bornträger's Sort.-Buchh.) *

— Commentatio de societate lacertarum ex fontibus hucusque ineditis conscripta etc. 8maj. Königsb. (822.) Hartung. 6 ℛ

—— Streithändel zwischen den Herzogen Ludwig dem Bärtigen von Ingolstadt und Heinrich dem Reichen von Landshut über die Landestheilung von 1392. gr. 4. (22 S.) München 856(58), (Franz.) *

Aus: Abhandlungen der k. bayer. Akademie der Wissenschaften, III. Cl. VIII. Bd. II. Abthl., besonders abgedruckt.

Voigt, Johannes Karl (Giessen)
Dissertatio inauguralis medico-chirurgica de capite infantis abrupto, variisque illud ex utero extrahendi modis.
Giessae 6. Sept. 1743: E. H. Lammers. (2), 60 S. u. 1 Falttaf. m. Abb. 4°
pro gradu doctoris rite et majorum more impetrando.
und in: Haller, Disp. chir. Lausanne 1755. III, 439-473.
deutsch in: Levret, Wahrnehmungen. Lübeck 1758. S. 305-404.

Voigt, Johannes Carl Friedrich, s. V o i g t , Karl

Voigt, Julius, cand. med. aus Göttingen: ⟨Aus d. anatom. Institut zu Göttingen.⟩ Beitrag zur Entwickelung der Darmschleimhaut. *Wiesbaden: J. F. Bergmann 1899.* (20 S.) 8° ¶(Aus: Anatom. Hefte, Abt. 1, H. 38 ⟨Bd 12, H. 1⟩.)
Göttingen, Med. Diss. v. [25. Apr.] 1899

Voigt, Julius: Vom Besitz des Sequester nach dem Römischen Recht zur Zeit der klassischen Jurisprudenz .... Freiburg i. B., Akademische Verlagsbuchh. v. J. C. B. Mohr (Paul Siebeck), 1885; 8 + 68 S. 8°.
Freiburg i. B., Jur. Fak.. Inaug.-Diss. v. 1885.

Voigt, Jul., vom Besitz d. Sequester nach dem römischen Recht zur Zeit der klassischen Jurisprudenz. gr. 8. (68 S.) Freiburg i/Br. 885. Mohr. n. 1. 60

Voigt, Julius: Die Pöhlder Chronik und die in ihr enthaltenen Kaisersagen. Halle a/S. 1879: o. Dr. 35 S. 8°
Halle-Wittenberg, Phil. Diss. v. [23. Dez.] 1879
Geb. Stade 5. 11. 1857. V.
Nicht gedruckt sind: Th. 1 über den Verf., den Abfassungsort u. die Quellen der Chronik und der letzte Theil über die Sagen über deutsche Kaiser nach den Zeiten Heinrichs I.

Voigt, Jul., Goethe's Faust. Gemeinfaßlich dargestellt. gr. 8. (86 S.) Berlin 866, Mittler und Sohn.

Voigt, Johs., d. Naturgefühl in d. Litteratur d. franz. Renaissance, s.a. Beiträge, Berliner, zur german. u. roman. Philologie, Roman. Abtlg. Nr. 8.

Voigt, Julius *Johannes* [Altenburg Sa.]: Das Naturgefühl in der Litteratur der französischen Renaissance. Tl 1 ... (Erscheint vollst. als No 8 von: Berliner Beitr. z. german. u. roman. Philol., Roman. Abt.) Berlin, Druck v. E. Ebering, *1897;* 2 Bl., 64 S., 2 Bl. 8.
Berlin, Phil. Fak., Inaug.-Diss. v. 11. Aug. 1897

Das Naturgefühl in der Litteratur der französischen Renaissance. Von Julius Voigt, Dr. phil. *Berlin: E. Ebering 1898.* [S. 1—64 erschien als Berliner Dissertation 1897.] (2 Bl., 130 S., 1 Bl.)
— Beiträge, Berliner, z. germanischen u. roman. Philologie. No 15. Roman. Abt. No 8. [98. 705

Voigt, Julius, Direktor Dr.: Patriotismus und internationalistische Weltfriedensbestrebungen innerhalb der französischen Volksschule. (S. 3—21 o. O. u. J.) 4°
Ilmenau, st. R OP 1906 (844)

Voigt, Julius, aus Altona: Ueber einige **Versuche** zur Darstellung von α-Phenyladipinsäure sowie eine Darstellungsweise von β-Phenyladipinsäure und die Destillation ihres Calciumsalzes. *Leipzig 1902: B. Georgi.* (42 S.) 8°
Leipzig, Phil. Diss. v. [25. Juli] 1902

Voigt, Justus Adolph (Oerzen) A. S. 582/10

Commentatio juris publici universalis de iure quod in delictis personarum illustrium obtinet.
Präs. Christ. Friedrich Georg Meister.
Göttingen (Vandenhoeck) 31. X. 1748. 24 S.

W. v.: Präs. 35350

Voigt, K. E., Reise d. Zöglinge d. Lübeckschen Erziehungsinstituts nach Hamburg. 8. Gotha, Ettinger. 787.

— Dass., s.a. V o i g t , Johann Ludwig

Voigt, Karl, aus Göttingen: **Beiträge** zur Diplomatik der langobardischen Fürsten von Benevent, Capua und Salerno ⟨seit 774⟩, mit einem Anhang: Die Fälschungen im Chronicon Beneventani monasterii S. Sophiae bei Ughelli. *Göttingen 1902: Dieterich.* (71 S.) 4°
Göttingen, Phil. Diss. v. [28. Mai] 1902

Voigt, Karl, Beiträge zur Diplomatik der langobardisch. Fürsten v. Benevent, Capua u. Salerno (seit 774) m. e. Anh.: Die Fälschgn. im Chronicon Beneventani monasterii S. Sophiae bei Ughelli. Diss. gr. 4. (82 S. m. 6 Taf.) Göttingen 902. (Akad. Buchh. von G. Calvör.) n. 3. —

Voigt, *Johannes* Carl *Friedrich* [aus Rochlitz]: '(Aus d. pharmakolog. Institut d. Univ. Leipzig.)' Cotarnin und Hydrastinin ... Leipzig, Druck v. F. Richter, 1896; 18 S., 1 Bl. 8.
Leipzig, Med. Fak., Inaug.-Diss. v. 24. Febr. 1896

Voigt, Carl [pract. Arzt, bisher Assistent der Kinderklinik zu Strassburg i. Els.]: Ueber die Diphtheritis in der Strassburger Kinderklinik, ihre Beziehungen zu andern Infectionskrankheiten und zur Spitalhygiene. Leipzig, Druck von B. G. Teubner, 1882. 8. 31 S.

Voigt, Karl, die königlichen Eigenklöster im Langobardenreiche. (IV, 174 S.) 8. Gotha 909. F. A. Perthes. 3. —

Voigt, Karl [aus Erfurt]: Ueber d. Einwirkung von primären aromatischen Aminen auf Benzoïn .... Leipzig, Druck v Metzger u. Wittig, 1886; 29 + 1 S. 8°.
Leipzig, Phil. Fak., Inaug.-Diss. v. 13. Mai 1886.

V o i g t , K a r l , über die Einwirkung von primären aromatischen Aminen auf Benzoïn. Diss. Leipzig 1886, Gustav Fock. 8°. 29 S.

Voigt, Karl, Volontärassistent der Frauenklinik: Erfahrungen mit der Morphium-Scopolamin-Narkose bei gynäkologischen Operationen. Berlin: S. Karger 1905. (32 S.) 8° ¶(Aus: Monatsschrift für Geburtshülfe und Gynäkologie Bd 22.)
Jena, Med. Fak., Ref. Franz, Diss. v. 18. Dez. 1905
[Geb. 19. Juli 79 Frömmstedt; Wohnort: Borne; Staatsangeh.: Preußen; Vorbildung: Gymn. zum Kloster Unser lieben Frauen Magdeburg Reife O. 99; Studium: Jena 4, Kiel 1, Berlin 1, München 1, Jena 2 S.; Coll. 29. Juni 05; Approb. 15. Mai 04.]

Voigt, Karl, Arzt aus Bonn: Aus d. med. Klinik zu Bonn. Ueber anscheinende Heilung von multipler Sclerose. *Bonn 1901: K. Drobnig's Nachf.* (39 S.) 8°
Bonn, Med. Diss. v. 11. Mai 1901

Voigt, Karl, Kometen u. Meteore, s.: Aufwärts! Nr. 9.

Voigt, Karl, die Lehre der Formula Concordiae v. der Prädestination [m. Berücksicht. der missourischen Lehre]. 8. (56 S.) Schwerin 886. (Schmale.) n. — 80

Voigt, Karl, das Passionsspiel in Oberammergau. gr. 8. (46 S.) Offenbach 880. Strauß in Comm. n. — 50

Voigt, Carl, appr. Arzt a. Danzig: Die Peritonitis tuberculosa und ihre Behandlung. Halle a. S. 1907: C. A. Kaemmerer & Co. (75 S.) 8°
Halle, Med. Fak., Ref. v. Bramann, Diss. v. 25. Okt. 1907
[Geb. 26. Febr. 80 Danzig; Wohnort: Halle a. S.; Staatsangeh.: Preußen; Vorbildung: Realgymn St. Johann Danzig Reife O. 01; Studium: Tübingen 3, Halle 1, Leipzig 1, Königsberg 1, Leipzig 1, Halle 3 S.; Coll. 9. Juli 07; Approb. 14. Okt. 07.]

Voigt, Karl, Stabilität u. Entwickelung. Ein Wort zur Steuer der Wahrheit gegen die Broschüre: Was haben wir v. der freien student. Vereinigg. zu Jena zu erwarten? gr. 8. (15 S.) Jena 872. E. Frommann. — 30

Voigt, Karl Chr., neue praktische Entdekk. in der Geometrie, mit 6 Kpf. 8. Quedlinb. 781. Ernst. 12 ℊ

Voigt, K. Chr., neue prakt. Entdeckungen in d. Geometrie, m. 6 K. 8. Quedlinb. Ernst. 793.

— etwas wider die neuen Reformatoren, besond. d. Schulmeister zu Gibeon. 8. Dessau 783. Gel. Buchh. 6 ℊ

— noch etwas wider die neuen Reformatoren, besonders gegen die fliegenden Blätter. 8. Frankf. u. Leipz. 784.

— neueste Versuche zur Erleichterung der prakt. Geometrie, mit 22 Kpft. gr. 8. Leipz. 792. Weidmann. 1 ℛ 12 ℊ Zusätze dazu mit 1 Kpf. gr. 8. Ebd. 794. 10 ℊ

Voigt, Carl Chrn. Ed., Napoleon I. Ein Lebensbild in Gesängen. gr. 8. (VI und 201 S.) Marienberg 859, Schreiber. *

Voigt, Karl Fr., († d. 5. März 1822.), s. Toze Gesch. d. mittl. Zeit.

Voigt, Karl Wilhelm

Lola Montez mit ihrem Anhange, und Münchens Bürger u. Studenten! Ein dunkler Fleck u. ein Glanzpunkt in Baierns Geschichte. Münchens edlen hochherzigen Bürgern u. Studenten in tiefgefühlter Verehrung zugeeignet von einem Unpartheiischen *(Karl Wilhelm Voigt)*. München, Dr. Wild'sche Buchdruckerei, 1848. 12°. 36 S.
Name des Verfassers am Schluss. — Anon.-Lex. III. p. 86 (nach Ztschr. f. Bücherfreunde II, 125).

Voigt, Karl Wilhelm Theodor

K. W. Thdr. **Voigt** üb. Freiheit u. Nothwendigk. aus d. Standpunkt christl.-theist. Weltansicht; e. philos.-theol. Untersuch. *Lpz.*, Hartmann (j. Wöller). 828. gr8° 16 ℊ

Voigt, K. W. Th., über Freiheit u. Nothwendigkeit, aus dem Standpunkt christlich-theistischer Weltansicht. Eine philosoph.-theolog. Untersuchung. gr. 8. Leipz. 828. Lehnhold. 16 ℊ

Voigt, Car. Guil. Theod.: Theses theologicae. Berolini (1829). (2 Bl.) 4°
Berlin, Theol. Thes. v. 29. Apr. 1829

Voigt, Klara

Voigt, Clara, Lebensspiegelungen in Vers u. Prosa. 8. (VII, 173 S.) Dresden 900. E. Pierson. n. 3. —; geb. n. 4. —

Voigt, Klemens

Voigt, Clemens: Einige Stellen des Buches Hiob besprochen. Leipzig, Druck v. W. Drugulin, 1895; 31 S. 4.
Lauban, k. G, OP 1895 (195)

Voigt, Kornelie

Pfarrer August Voigt. Ein Lebensbild, zu d. 100. Wiederkehr d. Geburtstags am 1. Jan. 1904, zunächst f. s. Enkelkinder u. Nachkommen, verf. von s. Tochter Cornelie **Voigt**. Wiesbaden 1903: C. Ritter. (57 S.) 8°
[F.] [03. 1808] 6

Voigt, Kurt, Referendar am Grh. Sächs. Amtsgericht Weimar: Die Fälle der Causalhaftung des Bürgerlichen Gesetzbuches. *Weimar 1902: G. Uschmann.* (IV, 103 S.) 8°
Jena, Jur. Diss. v. (2. Juni) 1902

Voigt, Kurt, aus Teuchern: Estienne Pasquiers Stellung zur Pleiade. *Leipzig 1902: Pöschel & Trepte.* (50 S.) 8°
Leipzig, Phil. Diss. v. [14. Nov.] 1902

Voigt, L. Die Mirakel der Pariser HS. 819, welche epische Stoffe behandeln, auf ihre Quellen untersucht. Diss. Leipzig 1883. 77 S.

Voigt, L.: Ill. Preisliste der Vetschauer Maschinen-Fabrik. Vetschau N. L. (1897)

Voigt, Leonh., Beobachtungen üb. Impfschäden u. vaccinale Mischerkrankungen, s. a. Sammlung klin. Vorträge.

Beobachtungen über Impfschäden und vaccinale Mischerkrankungen von Leonhard **Voigt**. Hamburg. *Leipzig: Breitkopf & Härtel 1903.* (22 S.) 8°
— Sammlung klinischer Vorträge. N. F. No 355. [03. 8337]

Voigt, Leonh., üb. den Einfluss der Pockenkrankheit auf Menstruation, Schwangerschaft, Geburt u. Fötus, s.: Sammlung klinischer Vorträge.

Voigt, Leonh., der Erfolg mit der animalen Vaccine in der Hamburger Impfanstalt. gr. 8. (28 S.) Leipzig 879, F. C. W. Vogel. *

Voigt, Leonh., das erste Jahrhundert d. Schutzimpfg. u. die Blattern in Hamburg, s.: Festschrift zur Feier d. 80jähr. Stiftungsfestes des ärztl. Vereins zu Hamburg.

Voigt, L., und J. E. Schacht, Preise von Arzneimitteln, s. Schacht, J. E.

Voigt, Veränderungen der Preise von Arzneimitteln, s. Veränderungen.

Voigt, Ludw. Aufgaben zur Einübung der Lehre v. den Satzzeichen. gr. 8. (24 S.) Dresd. 889, Huhle. * — 25

— u. Jul. **Weyde**, Einführung in die deutsche Handelscorrespondenz. Ein Leitfaden f. kaufmänn. Fortbildungsschulen. I. u. II. Thl. gr. 8. Wien, A. Hölder. Kart. à n. — 84
I. (1. Unterrichtsj.) (62 S. m. 1 Formular.) 900.
II. (2. Unterrichtsj.) (III, 64 S.) 902.

— u. Jul. **Weyde**, Einführung in die deutsche Handelskorrespondenz. Ein Leitfaden f. kaufmänn. Fortbildungsschulen. 2., durchgeseh. Aufl. (V, 124 S. m. 1 Formular.) gr. 8. Wien 907. A. Hölder. Geb. 1. 30

Voigt, Ludw., s.: Entwurf e. Normallehrplans f. Handelsrealschulen.

Voigt, Ludw., französische Grammatik f. Handelsschulen. gr. 8. (VI, 108 S.) Wien 893. A. Hölder. Kart. n. 1. 28

Voigt, Ludw., kleine französische Grammatik f. Handelsschulen. 2., im wesentlichen unveränd. Aufl. (V, 109 S.) 8. Wien 904. A. Hölder. Geb. n. 1. 24

— u. Alex. **Doerr**, Handelsbetriebslehre. 1. u. 2. Tl. gr. 8. Leipzig, B. G. Teubner. Geb. in Leinw. n. 3. —
1. Kleinhandel u. Großhandel. (Sammlung kaufmänn. Unterrichtsbücher, hrsg. v. Ludw. Voigt.) 2., verb. Aufl. (VII, 148 S.) 906. n. 1. 80
2. Bankgeschäft u. gewerbl. Unternehmgn. (Sammlung kaufmänn. Unterrichtsbücher, hrsg. v. Ludw. Voigt.) (VI, 75 S.) 905. n. 1. 20

Voigt, Ludwig: Die Handelsrealschule. Frankfurt a. M. 1909: Kumpf & Reis. S. 9—11. 4° ¶ [Ersch. auch in Frankfurter Ztg. 1908, 7. Dez.]
Frankfurt a. M., st. Handelslehr-A u. Handels-R P 1909 (562) [S 09. 483

Voigt, Ludw., Hilfsbuch f. d. deutschen Unterricht in kaufmänn. u. and. Fortbildungsschulen. Aufgaben aus der Rechtschreibg., Satzzeichenlehre u. Grammatik. gr. 8. (32 S.) Wien 898. A. Hölder. n. — 40

— Hilfsbüchlein f. den deutschen Unterricht, enth. das Wichtigste aus der Literaturgeschichte, Metrik u. Poetik. 8. (32 S.) Ebd. 892. n. — 40

Voigt, Dr. Ludwig, Hilfsbüchlein für den deutschen Unterricht, enthaltend das Wichtigste aus der Literaturgeschichte, Metrik und Poetik. 2. Auflage. Wien 1909. A. Hölder. Geh. K —.40.

— s.: **Kalender f. Handelslehranstalten.**

— deutsches Lesebuch f. Handelsschulen. 1. u. 2., durchgeseh. Aufl. gr. 8. (VIII, 320 S.) Dresden 891. 893. A. Huhle. n. 2. —; geb. in Leinw. n. 2. 40

— deutsches Lesebuch f. Handelsschulen. 4. u. 5., unveränd. Aufl. gr. 8. (VIII, 323 S.) Dresden 896. A. Huhle. n. 2. —; geb. in Leinw. n. 2. 40

Voigt, Ludw., deutsches Lesebuch f. Handelsschulen. 8.—10. neu durchgeseh. u. verm. Aufl. gr. 8. (VIII, 380 S.) Dresden 901. A. Huhle. Geb. in Leinw. n. 2. 50

— deutsches Lesebuch f. Handelsschulen. 17.—20. Aufl. (IX, 416 S.) 8. Dresden 905. A. Huhle. Geb. n. 2. 50

— dasselbe, Winke zur Benutzung, s.: **Orlopp, Werner.**

— Deutsches Lesebuch f. Handelsschulen. 25. Jubiläums-Aufl. (Mit der 22.—24. Aufl. gleichlautend.) (X, 420 S.) gr. 8. Dresden 909. A. Huhle. Geb. 2. 60

— dasselbe. Kleine Ausg. 1.–5. Taus. (VIII, 248 S.) gr. 8. Ebd. 908. Geb. 1. 60

— u. Alfr. **Schneider**, Musterbriefe u. Aufgaben f. den Unterricht in der deutschen Handelskorrespondenz, s.a. Sammlung kaufmänn. Unterrichtsbücher.

— u. Alfr. **Schneider**, Musterbriefe u. Aufgaben f. den Unterricht in der deutschen Handelskorrespondenz. (Sammlung kaufmänn. Unterrichtsbücher, hrsg. v. Ludw. Voigt.) I. u. II. Tl. Ebd. n. 2. 40
I. 2., verb. (Doppel-)Aufl. (VII, 81 S.) 907. n. — 80
II. (IV, 132 S.) 905. Kart. n. 1. 60

Voigt, Ludwig: Musterbriefe und Aufgaben für den Unterricht in der deutschen Handelskorrespondenz. Von Dr. Ludwig Voigt, Dir., u. Alfred Schneider, Oberl. in Frankfurt a. M. 2., verb. (Doppel-)Aufl. T. 1. 2. Leipzig & Berlin: Teubner 1907–09. 8°
(Sammlung kaufmännischer Unterrichtsbücher.)

— die Organisation des kaufmännischen Unterrichtswesens in Frankfurt a. M. Ein Wort zur Einführung. (27 S.) gr. 8. Frankfurt a/M. 903. Kesselring. n. — 40

Garlieb, Andr. Wilh.: Skizze von dem Leben und Charakter [Br.] Andr. Wilh. Garliebs vorgestellt in der Loge zum Fruchthorn in Lübeck von Ludw. **Voigt.** Den 30. Mårz 1787. [Lübeck 1787.] 16 S. 8° [Umschlagtit.]

Voigt, Ludwig: Luigi Fontana-Russos Handelspolitische Theorien. Stuttgart 1910: Union. 96 S. 8° ¶ (Auch als: Münchener volkswirtsch. Studien. Stück 106.)
München, Staatswirtsch. Diss. v. 13. Juli 1910, Ref. Lotz
[Geb. 15. Nov. 85 Würzburg; Wohnort: München: Staatsangeh.: Bayern; Vorbildung: Maximilians-Gymn. München Reife Juli 04; Studium: Jura u. Staatsw. München 8 S.; Rig. 13. Juli 10.] [U 11. 3580

Voigt, Ludw., Luigi Fontana-Russo's handelspolit. Theorien, s.a. Studien, Münchener volkswirtschaftliche. 106.

Luigi Fontana-Russos handelspolitische Theorien. Von Ludwig **Voigt.** Stuttgart & Berlin: Cotta 1910. 96 S. 8°
(Münchener Volkswirtschaftliche Studien. 106.) [11. 1009 4

— Übungsaufgaben zur Lehre v. den Satzzeichen. 2., verb. Aufl. gr. 8. (28 S.) Ebd. 893. n. — 30

— Uebungsaufgaben zur Lehre v. den Satzzeichen. 4., verb. Aufl. (28 S.) 8. Dresden 904. A. Huhle. n. — 30

— Ubungsbuch zur französischen Grammatik f. Handelsschulen. 2 Thle. gr. 8. Wien 894. A. Hölder. Kart. n. 2. 56
1. Unterstufe. (IV, 113 S.) n. 1. 36
2. Oberstufe; Einführung in die französ. Handelscorrespondenz. (IV, 94 S.) n. 1. 20

— Uebungsbuch zur französischen Grammatik f. Handelsschulen. I. Tl. (Unterstufe). 2., verb. Aufl. (103 S.) gr. 8. Wien 903. A. Hölder. Kart. n. 1. 24

— Ubungsbuch zur französischen Grammatik f. Handelsschulen. II. Tl. (Oberstufe; Einführung in die französ. Handelskorrespondenz.) 2. Aufl. (Inhaltlich unveränd., nach der neuen Rechtschreibg. hergestellter Abdr. der 1. Aufl. (IV, 94 S.) gr. 8. Wien 908. A. Hölder. Kart. 1. 10

Voigt, Ludw., malendes Zeichnen. Anleitung f. Schule u. Haus. (16 S. m. Abb.) 8. Altenburg 909. Schnuphase. -- 80

Voigt, Ludwig Christian (Schwarzach) F, ze/22

Dissertatio inauguralis medica de corporum primitiva. Präs. Jakob Friedrich Isenflamm. Erlangen (Walther) 23. VIII. 1775. 48 S.

Gew.: Kasimir Christoph Schmidel, Johann Christian Voigt (Vater).
W. v.: Präs., Heinrich Friedrich Delius, Johann Christian Voigt, Christian Masius (Opp.), Johann Ulrich Gottl. Schaeffer, A. E. Etlinger (Opp.).

35352

Voigt, Luise s. Familienbibliothek, Schweizer. Nr. 30.

Voigt, Luise, v. Herz zu Herz. Novellen. gr. 8. (248 S.) Danzig 890. Hinstorff. n. 3. —; geb. n. 4. --

Voigt, Luise, Von Herz zu Herz. Novellen. Gr.-8. (248 S.) In Leinwd. geb. Wien: Daberkow 1893.

Voigt, Luise, kein Opfer, s.: **Enßlin's Roman- u. Novellenschatz.**

— das Vermächtnis, s.: **Fischer's Roman-Bibliothek.**

— Schloß Werdenberg. Feigheit, s.: **Fischer's Roman-Bibliothek.**

Voigt, M., 12 Wasser-Heilmittel z. Hausgebrauch. M. 12 Abb. im Text. 8. (20 S.) Leipzig 898. M. Voigt. n.n. — 25

VOIGT, M. F. T., Die Gefahren der Jugend. Ein Buch zur Lehre für reifende Sohne und Töchter. Neue Aufl. Mit 1 Kpf. Leipzig, Seeger 1807. 8°, (5/6 Rthl.)
Anzeige des Verlegers.

Voigt, Marie, Lehrbuch f. den Unterricht im Kochen u. in der Hauswirtschaft. I. Bd.: Die Methode f. den Kochunterricht u. die Praxis des Kochens. Theoretisch-praktische Anleitg. f. Hausfrauen u Lehrerinnen. Zum Gebrauch an Haushaltungsschulen u. Seminaren. (327 S. m. 3 Taf.) gr. 8. Erfurt 910. (H. Güther.) Geb. in Leinw. nn 4. 50

Voigt, Max [aus Cottbus]: Beitrag zur Frage der primären Darmresektion bei gangränösen Hernien ... Halle a. S., Hofbuchdr. v. C. A. Kaemmerer & C., 1891; 38 S., 2 Bl. 8.
Halle, Med. Fak., Inaug.-Diss. v. 8. Dez. 1891

Voigt, Max: Beiträge zur Oxydation des Phosphors im basischen Konverter. 1910. 81 S., 4 Taf. 8°
Dresden, Dr.-Ing.-Diss. v. 10. 12. 1909

Voigt, Max, a. Berlin: Die basischen Eruptivgesteinsgänge des Lausitzer Granitgebietes. Eine petrographisch-chemische Studie. Weida i. Th. 1906: Thomas & Hubert. (49 S. m. Taf.) 8°
Leipzig, Phil. Fak., Ref. Zirkel-Beckmann, Diss. v. 2. Jan. 1907
[Geb. 20. Mai 77 Berlin; Wohnort: Leipzig; Staatsangeh.: Preußen; Vorbildung: Victoria-Institut (Realgymn.) Falkenberg (Mark) bis Obersekunda M. 95; Approb. als Apotheker Dresden Nov. 03; Studium: Leipzig 8 S.; Rig. 19. Juli 06.]

Voigt, Max: Fieberbehandlung nach Galen. *Berlin (1898): G. Schade.* (30 S.) 8°
Berlin, Med. Diss. v. 12. Aug. 1898

Voigt, Max [app. Arzt aus Frankenberg in Sachsen]: Über Krebs der Speiseröhre ... Tübingen, Druck v. W. Armbruster & O. Riecker, 1894; 50 S. 8.
Tübingen, Med. Fak., Inaug.-Diss. v. 1894

Voigt, Max, üb. Krebs der Speiseröhre. Diss. gr. 8. (50 S.) Tübingen 894. (F. Fues.) n. 1. —

Voigt, Max, die Praxis d. naturkundlichen Unterrichts. Ein Handbuch f. Lehrer aller Schulgattgn. u. f. Sammler. (XIV, 282 S. m. 92 Fig.) 8. Leipzig 909. Dieterich. Geb. 3. 80

Voigt, Max [aus Hof in Bayern]: Die Rotatorien und Gastrotrichen der Umgebung von Plön. (Mit 7 Tafeln.) [S.-A. aus d. Forschungsber. d. biolog. Station Plön. Bd. 9.] Stuttgart 1904. 178 + 1 S. 8°.
Basel. Phil. Diss. 1903/1904.

Voigt, Max. Die Rotatorien und Gastrotrichen der Umgebung von Plön. Diss. Phil. Basel. ([Mit Textabbildungen und 7 Tafeln. Sep.-Abdr. aus:] Forschungs-Berichte [aus der Biologischen Station zu] Plön, T[eil] 11.) VI + 180 S. 8. Stuttgart, Erwin Nägele, 1904.

Voigt, Max, Referendar: Die rechtliche Stellung des Nacherben vor dem Nacherbfall, unter besonderer Berücksichtigung der ihm in dieser Zeit gegenüber dem Vorerben zur Verfügung stehenden Sicherungsmittel. Borna-Leipzig 1910: Noske. IX, 104 S. 8°
Leipzig, Jur. Diss. v. 8. März 1910
[Geb. 25. Sept. 79 Dippoldiswalde; Wohnort: Dresden; Staatsangeh.: Sachsen; Vorbildung: Gymn. Wurzen Reife M. 01; Studium: Leipzig 8 S.; Rig. 20. Juli 07.] [U 10. 2915

Voigt, Meta, Brüderchen u. Schwesterchen. Ein Bilderbuch. (32 S. m. z. Tl. farb. Abbildgn., auf Pappe.) 4. Stuttgart (905). G. Weise. Geb. 3. —; auf dicker Pappe 3. 60

Voigt, Meta, f. frohe Kinderherzen, s.: **Hohneck, Marie.**

— Kinderreime aus Großmutters Jugendzeit, s.: Hohneck, Maria.

— Ringel-Ringel-Reihe, s.: **Hohneck, Marie.**

— Die Uhr schlägt sechs!, s.: Hohneck, Maria.

VOIGT, MICHAEL: Ehren-Rede So an dem glorreichen Fest-Tag der heiligen Jungfrauen, und Blut-Zeugin Ursulä, den 21. Monats-Tag Octobris 1755 da die feyerliche Einkleidung der hochgebohrnen Fräulein Maria Anna Gräfin Erdödy von Monyókerék, nunmehro Schwester Maria Ursula ... in Preßburg vorgegangen. Preßburg 1755: Joh. Mich. Landerer. 19 f. - 4°

VOIGT, MICHAEL: Ehren-Rede So an dem glorreichen Fest-Tag Unser Lieben Frauen Mariä Schnee Den 5-ten August 1755 ... in Preßburg gehalten. Pressburg 1755: Joh. Mich. Landerer. (19 S) - 4°

VOIGT, MICHAEL: Geistliches Jubel-Fest, in welchem die hochw. gnädige Frau Maria Innocentia von der göttlichen Weisheit, gebohrne Szegedy von Mező-Szeged, würdigste Frau Vorsteherinn des Ordenshauses von der Gesellschaft der heil. Ursula zu Preßburg die nach 50. Jahr gewöhnliche Gelübdes-Erneuerung ... 1762 ... abgelegel, mit einer Ehren-Rede gezieret. Preßburg 1762. Gedr. bey Joh. Mich. Landerer. 12 f. - 4°

VOIGT, MICHAEL S. J.: Lob- und Ehren-Rede, so an dem hohen Fest-Tag der glorreichen Himmelfahrt Mariä, den 15. Augusti 1756 da die Wohlehrw. Frau Maria Eligia Kneidlin unter Seiner Bischöflichen Gnaden Herrn Carl Grafen Esterhazy von Galantha &c. verrichteten geistlichen Function, die heilige Ordens-Gelübde feyerlich abgeleget Pressburg gedr. bey Joh. Mich. Landerer 7 f. - 2°

VOIGT, MICHAEL: Dreyfaches Zeugnuss von der wesentlichen Gegenwart des Leibes und des Blutes Jesu Christi . . . Als die . . . Procession den 15. Brachmonats 1762 aus der Kirche . . . Sanct Salvator wurde in einer heiligen Streitt-Rede vorgetragen von P. Michael Voigt aus der Gesellschaft Jesu. Pressburg 1762: Landerer. (8 S.)

VOIGT, MICHAEL S. J.: Dreyfaches Zeugnuß von der Transsubstantiation, das ist: von der wesentlichen Verwandlung in dem allerheiligsten Altars-Sacrament; als die jährlich-gewöhnliche Gottes-Leichnams-Procession den 26. des Maymonats 1761. geführet wurde: in einer Streitt-Rede vorgetragen. Preßburg, gedruckt bey Joh. Mich. Landerer. 8 f. - 4°

Voigt, Michael Wenz

— s. Aristoteles, Rhetorik u. über die Seele.

Voigt, Mch. Wenz., die Art, wie die studirende Jugend geprüft u. classifizirt zu werden pflegt. 8. Lemberg 811.

— die Quellen der Seelenruhe, so wie sie der Mensch in s. Gemüthe findet, zur innern Beruhigung für denkende Männer. 8. Prag 799. (Eggenberger). (Krappe in Leipz.) 12 K

Voigt, M. W., die Quellen der Seelenruhe. 8. Prag. 799. Ist jetzt Verlag von Hartmann das.

Voigt, Mor., über das Aelius- und Sabinus-System, wie über einige verwandte Rechts-Systeme. hoch 4. (53 S. mit 6 Tab. in gr. 4. und gr. Fol.) Leipzig 875, Hirzel. *
Aus: Abhandlungen der k. sächs. Gesellschaft der Wissenschaften, besonders abgedruckt.

Voigt, Mor., über die Bankiers, die Buchführung und die Litteralobligation der Römer. Lex.-8. (66 S.) Leipzig 887, Hirzel. *

— Die röm. Baugesetze. Ak. 1908. 25 S.

— über den Bedeutungswechsel gewisser die Zurechnung u. d. öconomischen Erfolg e. That bezeichnender techn. latein. Ausdrücke. Lex.8. (160 S.) Ebd. 872. n. 4. —; erm. Pr. n. 2. —

Voigt, Mor., über den Bedeutungswechsel gewisser die Zurechnung und den öconomischen Erfolg einer That bezeichnender technischer lateinischer Ausdrücke. Lex.-8. (160 S.) Leipzig 872, Hirzel. *
Aus: Abhandlungen der philologisch-histor. Classe der k. sächs. Gesellschaft der Wissenschaften, besonders abgedruckt.

Voigt, M., Bericht über die die röm. Privat- u. Sacral-Altertümer betr. Litteratur. 8 Tle.
Für 1877/78. S.-A. 1878. 49 S. —.75
— — 1878/79. S.-A. 1879. 82 S. —.75
— — 1879/80. S.-A. 1881. 22 S. —.75
— — 1881. S.-A. 1883. 88 S. —.75
— — 1882. S.-A. 1883. 17 S. —.75
— — 1882/83. S.-A. 1884. 26 S. —.75
— — 1884. S.-A. 1885. 27 S. —.75
— — 1884/85. S.-A. 1886. 25 S. —.75

— Der Bestand und die historische Entwickelung der Servituten und Servitutenklagen während der römischen Republik. S.-A. 1874. 68 S. 2.—

—— über den Bestand und die historische Entwickelung der Servituten und Servitutenklagen während der römischen Republik. gr. 8. (71 S.) Ebendas. 875. *

— M., De caussa hereditaria inter Claudios patricios et Marcellos acta, quam commemorat Cic. de orat. I, 39. Hab. 1853. 26 S. 3.—

Voigt, Mor., über die condictiones ob causam und über causa und titulus im Allgemeinen. gr. 8. (XVI und 849 S.) Leipzig 862, Günther. *

Voigt, M., De fetialibus populi Romani quaestionis specimen. Diss. 1852. 56 S.

Voigt, M., Ueber die agrimensor. genera controversiarum u. die actio finium regundorum. S.-A. 1873. 68 S. 2.—

— Ueb. die Geschichte des röm. Executionsrechtes. Ak. 1882. 45 S.

—— das jus naturale, aequum et bonum und jus gentium der Römer. 2. Bd.: Das jus civile und das jus gentium der Römer. 1. und 2. Abthl. gr. 8. Leipzig 858, Voigt und Günther. [1. Abthl. (544 S.) * 2 Thlr. 25 Ngr., 2. (XII und S. 545—958.) * 2 Thlr. 5 Ngr.] *

—— dass. — 4. Bd. 2. Abthl. Beilagen IX—XVI zu Bd. II. enth. gr. 8. (332 S.) Ebendas. 858.
1. Bd. Ebendas. 1856. * 3 Thlr. 10 Ngr.

Voigt, Mor., das jus naturale, aequum et bonum und jus gentium der Römer. 3. Bd. 2 Abthlgn. und 4. Bd. 1. und 3. Abthl. gr. 8. Leipzig, C. J. Günther. *
Inhalt:
Bd. 3. 1. Abthl. Das strictum jus und aequum et bonum der Römer. 1. Abthl. (S. 1—398.) 871. *ℳ 7,50.; 2. Abthl. (S. 399—1253.) 875. *ℳ 18.
" 4. 1. Abthl. Die gemeinsame Tendenz des jus naturale, aequum et bonum und jus gentium der Römer. 1. Abthl. (S. 1—54.) 875. *ℳ 1.
" 4. 3. Abthl. Beilagen XVII—XXI zu Bd. 3 enth. (IV, S. 333—616.) 871. *ℳ 5.
1. und 2. Bd. und 4. Bd. 2. Abthl. Ebendas. 1856—58. *ℳ 30,25.

Voigt, Mor., das jus naturale, aequum et bonum et jus gentium der Römer. Register. gr. 8. (LX S.) Leipzig 876, [C. J. Günther.] Liebeskind.
Hauptwerk. 4 Bde. Ebendas. 1856—75. ℳ 61,75.

-- Ueb. die Clientel u. Libertinität. Ak. 1878. 78 S.

—— über die Clientel und Libertinität. gr. 8. (76 S.) Ebendas. 879. *
Vorstehende zwei Schriften sind aus: Berichte der k. sächs. Gesellschaft der Wissenschaften, besonders abgedruckt.

Voigt, Mor., drei epigraphische Constitutionen Constantin's des Grossen und ein epigraph. Rescript des praef. praet. Ablavius gelesen, restituirt und commentirt nebst einer Untersuchung über die Verfassung der pagi und vici des röm. Reiches. Lex.-8. (X und 242 S.) Leipzig 860, Voigt und Günther. *

Voigt, Mor., üb. die leges Iuliae iudiciorum privatorum u. publicorum. [Aus: „Abhandlgn. d. k. sächs. Gesellsch. d. Wiss."] Lex.-8. (68 S.) Leipzig 893. S. Hirzel. n. 2. 60

—— über die Leges regiae. I. und II. hoch 4. Leipzig, Hirzel. *
Inhalt:
I. Bestand und Inhalt der Leges regiae. (87 S.) 876. *ℳ 4.
II. Quellen und Authentie der Leges regiae. (184 S.) 877. *ℳ 8.
Aus: Abhandlungen der k. sächs. Gesellschaft der Wissenschaften, besonders abgedruckt.

Voigt, Mor., die Lehre vom jus naturale, aequum et bonum und jus gentium der Römer. gr. 8. (VIII und 632 S.) Leipzig 856, Voigt und Günther. *

Voigt, M., Die Lex Fabia de Plagiaris. S.-A. 1885. 27 S.

—— die Lex Maenia de dote vom J. 568 der Stadt. Festschrift zu Gust. Friedr. Hänel's 50jähr. Doctor-Jubiläum. 4. (III und 84 S.) Weimar 866, Landes-Industrie-Comptoir. *

— Das pignus d. Römer bis zu s. Umwandlung zu Rechtsinstitute. Ak. 1889. 49 S.

—— über die staatsrechtliche possessio und den ager compascus der römischen Republik. Lex.-8. (52 S.) Ebendas. 887. *
Vorstehende zwei Schriften sind aus: Abhandlungen der k. sächsischen Gesellschaft der Wissenschaften, besonders abgedruckt.

— röm. Privataltertümer u. Kulturgeschichte, s.: Handbuch der klassischen Altertumswissenschaft. 4. Bd.

Voigt, Mor. Die technische Produktion u. die bezüglichen römischrechtlichen Erwerbtitel. Lex.-8. (42 S.) Lpz. 890, Hirzel. * 2 —
Aus: Abhandlungen d. k. sächs. Gesellsch. d. Wiss., besonders abgedruckt.

— Römische Rechtsgeschichte. 1. Bd. gr. 8. (XII, 844 S.) Lpz. 892, Liebeskind. * 27 —

— römische Rechtsgeschichte. 2. u. 3. Bd. gr. 8. Stuttgart, J. G. Cotta Nachf. n. 42. —; (kplt. n. 71 —)
2. (VII, 1030 S.) 899. n. 32. —. 3. (VI, 373 S.) 902. n. 12. —.

— Ueb. das röm. System der Wege im alten Italien. Ak. 1872. 62 S.

Voigt, Mor., die XII Tafeln. Geschichte u. System d. Civil- u. Criminal-Rechtes, wie -Processes der XII Tafeln, nebst deren Fragmenten. 2 Bde. gr. 8. Leipzig, Liebeskind. n. 30. —
1. Geschichte u. allgemeine jurist. Lehrbegriffe der XII Tafeln, nebst deren Fragmenten. (XII, 859 S.) 884. n. 16. 40
2. Civil- u. Criminalrecht der XII Tafeln. (X, 845 S.) 883. n. 13. 60

— über das Vadimonium. Lex.-8. (75 S.) Leipzig 881, Hirzel. *
Aus: Abhandlungen der k. sächs. Gesellschaft der Wissenschaften, besonders abgedruckt.

Voigt, Nikolaus Heinrich, s. Voigt, Heinrich

Voigt, O., Historiens du XIXe siècle, s.a. Schriftsteller, englische u. französische, der neueren Zeit.

Voigt, Oskar

Historiens du XIXe siècle. Morceaux choisis de J. Michelet [u. a.] ... Ausgewählt u. erkl. von Dr. O[skar] Voigt, Oberl. zu Elberfeld. (Ausg. A.) [Text u.] Worterbuch. Glogau: C. Flemming (1905[–06].) 2 Bde 8°
— Schriftsteller, Englische u. franz., d. neueren Zeit. Bdch. 32. [07. 11164

Voigt, Oskar [aus Königsee]: Das Ideal der Schönheit und Hässlichkeit in den altfranzösischen chansons de geste ... Marburg, Druck v. J. Hamel, 1891; 2 Bl., 61 S., 1 Bl. 8.
Marburg, Phil. Fak., Inaug.-Diss. v. [7. Sept.] 1891

Voigt, Otto: Über die Acetylierung der Zellulose. [1906.] 31 S. 8° ¶ Vgl. Zeitschrift f. angewandte Chemie. Jg. 19, 1. S. 998 ff. Hannover, Dr.-Ing.-Diss. v. 29. 6. 1906

Voigt, Otto, Referendar zu Angermünde: Bedingung und Befristung bei empfangsbedürftigen Willenserklärungen. *Rostock 1903: C. Hinstorff.* (87 S.) 8° [F.]
Rostock, Jur. Diss. v. [8. Juni] 1903

Voigt, Otto *Wilhelm* (in d. Vita: Wilhelm Otto) [aus Zorbau]: Über den Einfluss der Massage auf den Stoffwechsel und die Assimilation der Nahrung ... Halle a. S., Hofbuchdr. v. C. A. Kaemmerer & C., 1896; 38 S., 2 Bl. 8.
Halle, Med. Fak., Inaug.-Diss. v. 5. März 1896

Voigt, Otto, Fabrikation, Berechnung u. Visiren der Fässer, Bottiche u. anderer Gefäße. Hand- u. Hilfsbuch f. Böttcher, Binder u. Faß Fabrikanten, Büttner, Schäffler, Küfer, Küper u. A. 8. (VIII, 317 S. m. Tab. u. 104 Abbildgn.) **Wien 893. A. Hartleben.** n. 6. —; geb. n. 6. 80

Voigt, Otto, Fortschritte im Bohrwesen, namentlich bei den Unter- und Mittelstücken, vom Anfang bis auf die jetzige Zeit; nebst Beschreibung der neuesten Untersuchungs- und Schachtbohr-Apparate. gr. 8. (32 S. und 1 Stnt. in qu. 4.) Eisleben 850, Reichardt. *

Voigt, Otto, **unsere nützlichen Gartenvögel u. deren Hegung. Ein Buch f. Vogelliebhaber u. Freunde der Natur. gr. 8. (29 S. m. Abb. u. 8 farb. Taf.) Gernrode (898). (Leipzig, H. Dege.)** n. 1. —

Voigt, Otto, uns. **nützlichen Gartenvögel u. deren Hegg. E. Buch f. Vogelliebhaber u. Freunde d. Natur. gr. 8. (30 S. m. 6 Abb. u. 8 Farbdr.-Taf.) Gernrode 898. Th. Voigt.** n. 1. —

Voigt, Otto: Das Gesangbuch der drei neuvorpommerschen Städte und das neue Provinzialgesangbuch. Skizze e. Vergleichung beider von Lic. O[tto] Voigt, Weitenhagen. Greifswald: F. W. Kunike [1896]. (18 S.) 8° [F. u. Ant.]

Voigt, Otto, s.a. **Kalender** f. Böttcher etc.

Voigt, Kalender für Binder, Böttcher, Küfer und Faßholzhandlungen auf das Jahr 1899. 16. (80 S. mit Notizblättern.) In Lwdb. geb. 1.60
Wien: Perles 1898.

Voigt, Otto, Landschaften. Uebungen für junge Zeichner. Langensalza 861. Greßler. qu. 4. (8 lith. Bl.) 9 ngr.

Voigt, Otto Ludwig (Hannover) A. S. 813/44

Dissertatio juridica de praefectis eorumque requisitis, vulgo Von Amtleuten und Schössern.
Leiden (Elzevir) 25. II. 1709. 46 Bl.
35353

Voigt, Paul, aus Lissas erster Blütezeit. 2. Aufl. Mit 3 Bildern v. Lissa, 1 Bilde der Kreuzkirche u. 1 Beilage Lissa vor dem letzten Brande. (152 S.) 8. Lissa 906. O. Eulitz. n. 2. —

Voigt, Paul, Referendar: Geschichte der Entwicklung des Wahlrechts zum preußischen Abgeordnetenhause. Borna-Leipzig 1910: Noske. 39 S. 8°
Greifswald, Jur. Diss. v. 31. Okt. 1910, Ref. Hubrich
[Geb. 28. Nov. 89 Neu-Ruppin; Wohnort: Schöneberg b. Berlin; Staatsangeh.: Preußen; Vorbildung: Joachimsth. Gymn. Berlin Reife O. 07; Studium: Greifswald 3, Berlin 3 S.; Rig. 18. Juli 10.] [U 11. 1621

Voigt, Paul, Grundrente u. Wohnungsfrage in Berlin u. seinen Vororten. Eine Untersuchg. ihrer Geschichte u. ihres gegenwärt. Standes. 1. Tl. Mit 1 Karte u. 5 Plänen im Text. Hrsg. vom Institut f. Gemeinwohl zu Frankfurt a. M. gr. 8. (XIV, 276 S.) Jena 901. G. Fischer. n. 6. —

Voigt, Paul, Das deutsche Handwerk nach den Berufszählungen von 1882 u. 1895. Schriften des Vereins f. Socialpolitik, Bd. 70. gr. 8°. Leipzig 1897.

— Die Hausindustrie in der deutschen Möbelfabrikation. Schriften d. Vereins f. Socialpol., Bd. 87. gr. 8°. Leipzig 1899.

Voigt, Paul, Hypothekenbanken u. Beleihungsgrenze. Ein Beitrag zur Frage d. Mündelsicherheit der Hypothekenpfandbriefe. gr. 8. (41 S.) Berlin 899. G. Stilke. n 1. —

— Die Lage des Handwerkes in Eisleben. Schriften des Vereins f. Socialpolitik, Bd. 70. gr. 8°. Leipzig 1897.

Voigt, Paul, Sorani Ephesii liber de etymologiis corporis humani quatenus restitui possit. gr. 8. (49 S.) Gryphiswaldiae 882. (Berlin, Mayer & Müller.) n. 1. —

Voigt, Paul, Das Tischlergewerbe in Berlin. (Schrift. d. Ver. f. Soz.-Pol., Bd. 65.) gr. 8°. Leipzig 1895.

[F.] **Voigt**, Paul [aus Gottesberg in Schles.]: Untersuchungen über die Lage des Handwerks. Tischlerei u. Drechslerei in einigen Orten bei Berlin u. im Spreewald ... (Erschien vollst. in: Schriften d. Ver. f. Socialpol., Bd. 65, 68 u. 70.) Leipzig, Duncker & Humblot, 1897; 2 Bl., 40 S., 2 Bl. 8.
Berlin, Phil. Fak., Inaug.-Diss. v. 12. Aug. 1897

Voigt, Paul, was sollen unsere Kinder werden, s.: Führer durch Lehr- u. Erziehungs-Anstalten f. Angehörige der besseren Gesellschaftskreise.

Voigt, Paul, die deutsche Wechsel-Ordnung in Fragen u. Antworten. Bearb. zur Selbstinformation f. Handel- u. Gewerbetreibende, nebst e. Zusammenstellg. des Metall- u. Papiergeldes der m. Deutschland durch Handel im direkten Verkehr steh. Völker. 12. (40 S.) Leipzig 894. G. A. Gloeckner. Kart. n. — 70

Voigt, Paul, die deutsche Wechsel-Ordnung in Fragen u. Antworten. Bearb. f. Handelsschulen u. zur Selbstinformation für Handel- u. Gewerbetreibende. 2. Aufl. 12. (34 S.) Leipzig 898. G. A. Gloeckner. Kart. n. — 50

— die deutsche Wechsel-Ordnung in Fragen u. Antworten. Bearb. f. Handelsschulen u. zur Selbstinformation für Handel- u. Gewerbetreibende. 3. Aufl. 12. (34 S.) Leipzig 900. G. A. Gloeckner. Kart. n. — 50

Voigt, Paul, die deutsche Wechsel-Ordnung in Fragen u. Antworten. Bearb. f. Handelsschulen u. zur Selbstinformation f. Handel- u. Gewerbetreibende. 4. Aufl. (34 S.) kl. 8. Leipzig 907. G. A. Gloeckner. Kart. n. — 50

Voigt, Paul R(udolf), a. Langensalza: Neue Untersuchungen über die Zersetzung des Antimonwasserstoffs. (Berlin 1908: A. W. Schade.) (34 S.) 8°
Berlin, Phil. Fak., Ref. Fischer, Diss. v. 4. Aug. 1908
[Geb. 18. Sept. 85 Langensalza; Wohnort: Meißen a. d. Elbe; Staatsangeh.: Preußen; Vorbildung: Oberrealsch. Weißenfels Reife O. 04; Studium: Halle 1, Berlin 2, Leipzig 1, Berlin 4 S.; Rig. 9. Juli 08.]

Voigt, R., anno Domini 2000. Zukunftsbilder f. das deutsche Volk. 2. Aufl. (VII, 168 S.) 8. Hamburg 909. Deutschlands Großloge II. Geb. in Leinw. 2. 50

Voigt, R., die Blumenzwiebel-Kultur in ihrem ganzen Umfang. — Orchideen, s. a. Radetzki, gärtner. Kultur-Anweisungen.

Die Blumenzwiebel-Kultur in ihrem ganzen Umfang, unter besond. Berücks. derjenigen Zwiebeln u. Knollen, welche sowohl als Topfpflanze, wie als Schnittblume werthvoll sind. Nach d. Stande d. Jetztzeit u. unter Beachtung moderner Anforderungen bearb. nach eigenen Erfahrungen von R. **Voigt**, Obergärtner, Gera. Aus d. Praxis f. d. Praxis. Berlin: Berliner Gärtnerbörse [1904]. (44 S.) 8°
= [**Kultur-Anweisungen**, Gärtnerische. H. 23.] 106. 185

— Münchner Kindls „Erdenwallen". Erdachtes u. Erlebtes. 2 Tle. in 1 Bd. (125 S.) 8. Chemnitz 909. J. Feller. 1.50; geb. in Leinw. 2. —

Orchideen. Die Kultur d. Orchideen z. Blumenschnitt von R. **Voigt**, Obergärtner zu Gera. Berlin: Berliner Gärtner-Börse [1904]. (20 S.) 8°
= **Kultur-Anweisungen**, Gärtnerische. H. 15. 106. 177

Voigt, R.: Preis-Liste des Fabrik-Lagers von Bierflaschen aller Gattungen, Patent-Verschlüssen, Kellerei-Maschinen und Materialien. Dresden-N. 1897

Voigt, R., De amorum Ovidii et Propertii elegiarum similitudine. Pr. 1861. 32 S.

— Das Tagebuch einer Fünfjährigen. (39 S. m. Titelbild.) 8. Reutlingen (910). (Mimir.) — 80; geb. in Leinw. 1.10

Voigt, Reinhold Dietrich (Danzig) A. S. 282/9

De haereticis misera morte extinctis dissertatio prior. Präs. Heinrich Klausing.
Wittenberg (Gerdes) III. 1716. 65 S.
35355

Voigt, Richard [Kgl. Regierungs-Baumeister z. Zt. Lehrer an der m. d. Kgl. Ober-Realsch. verbund. techn. Fachsch.]: Eisenbahnhygiene. E. allgem. Beleuchtg derjenigen Eisenbahnbetriebseinrichtgn, welche f. d. gesundheitl. Wohlbefinden u. f. d. Sicherheit d. Reisenden vorhanden oder viell. erwünscht sind. Gleiwitz, Neumann's Stadtbuchdr., *1896*; 37 S., 1 Taf. 4.
Gleiwitz O/S., k. OR u. techn. Fach-S, OP 1896 (230)

Voigt, Richard [pr. Arzt aus Pommern]: Über zwei Fälle von Angioma cavernosum ... Greifswald, Druck v. J. Abel, 1893; 27 S. 8.
Greifswald, Med. Fak., Inaug.-Diss. v. 14. Aug. 1893

Voigt, Rich., de quarto Propertii libro. Dissertatio. gr. 8. (111 S.) (St. Petersburg 872. Haessel.) n. 2. —

VOIGT, RICHARD. Ueber die durch Oxydation von β-Collidin erhaltene symmetrische Pyridintricarbonsäure. Leipzig, 1884.

Voigt, Robert: Der Landkreis Erfurt unter preussischer Herrschaft. Ein Bericht über d. Jahre 1802–1902 von [Robert] Voigt, kgl. Landrath zu Erfurt. Erfurt: Selbstverl. [1902]. (52 S.) 4°

Voigt, Robert [Dr.]: Über die Polymorphie im Englischen. (Th. 1.) Berlin, R. Gaertner, 1892; 23 S. 4.
Berlin, Sophien-RG, OP 1892 (99)

Voigt, Robert [Referendar in Bremen]: „Schuldübernahme ist Zahlung." ... Bremen, Druckerei v. H. Frese, 1891; 41 S. 8°
Göttingen, Jur. Fak., Inaug.-Diss. v. 5. Mai 1891

Voigt, Rob., „Schuldübernahme ist Zahlung". Diss. gr. 8. (41 S.) Göttingen 891. (Vandenhoeck & Ruprecht.) n. 1. —

Voigt, Rob., Winke f. Eheleute. 16. (20 S.) Heidelberg 895. (Frankfurt a/M., J. Schergens.) — 12

— Winke f. Jungfrauen. 16. (34 S.) Ebd. 895. n. — 25

Voigt, **Rudolf**: Geschichte des Finanzwesens der Stadt Köpenick im 19. Jahrhundert. Ein Beitr. z. Gemeindefinanzstatistik. Borna-Leipzig 1910: Noske. IV, 73 S. 8°
Münster, Rechts- u. staatsw. Diss. v. 13. Mai 1910, Ref. v. Heckel, Schmöle
[Geb. 9. Okt. 85 Köpenick; Wohnort: Köpenick; Staatsangeh.: Preußen; Vorbildung: Gymn. Freienwalde Reife O. 06; Studium: Berlin 4, Heidelberg 1, Münster 2 S.; Rig. 16. Nov. 09.] [U 10. 3757

Voigt, Th., de Atrei et Thyestae fabula, s. a. **Dissertationes philologicae Halenses.**

Voigt, Theodorus [Halensis]: De Atrei et Thyestae fabula .... Halis, form. E. Karras, 1885; 32 S. 8°.
Halle, Phil. Fak., Inaug.-Diss. v. [28. Sept.] 1885.

Voigt, Theodorus, de Atrei et Thyestae fabula. Diss. Halle 1885. 8°. 32 S.
Sonder-Abdruck aus: Dissertationes philologicae Halenses vol. VI pars 2. Halle, Max Niemeyer.

Voigt, Theodor [aus Göttingen]: Beiträge zur Entstehung des Krebses auf chronischen Entzündungen und auf Narben ... Berlin, Buchdr. v. G. Schade, *1893;* 28 S., 2 Bl. 8.
Berlin, Med. Fak., Inaug.-Diss. v. 15. Aug. 1893

— Neuestes Buch der Reden u. Toaste. Eine Sammlg. v. ernsten u. humorist. Musterreden f. alle im privaten u. öffentl. Leben vorkomm. Gelegenheiten. (384 S.) 8. Ebd. 908. Geb. in Leinw. 3. —

Voigt, Th., deutsche Gedichte für den Schulgebrauch ausgewählt und nach Jahreskursen geordnet. 8. (XII, 116 S.) Basel 876, Bahnmaier's Verlag. cart. *

Voigt, Th., deutsche Gedichte, für den Schulgebrauch ausgewählt und nach Jahreskursen geordnet. 2. Aufl. (XII, 147 S.) [Mülhausen i. E. 883.] Berlin, Bufleb. cart. *

Voigt, Theodor: Grundsätzliches zum deutschen Unterricht. 1. Der Schüler und das Gedicht. Wongrowitz 1909: Schwarz. 28 S. 8°
Wongrowitz, k. G OP 1909 (240) [S 09. 484

Voigt, Thdr., Liebertwolkwitz in den Tagen der Schlacht bei Leipzig vom 14. bis 18. Octbr. 1813 nebst einer kurzen Chronik der Parochie u. Beschreibung der am 19. Octbr. 1847 auf dem Monarchenhügel stattgefund. Feier. gr. 8. (47 S.) Leipzig 848. Orthaus in Comm. n. 1/6 ₰

— aus der Schule. Pädagogische Skizzen. gr. 8. (IV, 215 S.) Bielefeld 884. Velhagen & Klasing. n. 2. —

Voigt, Thdr. Carl Otto, Seelentöne. Gedichte. (47 S.) 8. Leipzig 904. Modernes Verlagsbureau. n. 1. —

Voigt, Th. K. Otto, der Untergang Kyrenaikas. Historische Tragödie in 5 Akten. (132 S.) kl. 8. Leipzig 907. Verl. f. Literatur, Kunst u. Musik. 2. — ; geb. n 3. —

Voigt, Theodor Paul

Voigt, Thdr. P., Berufswahl f. Knaben, s. a. **Ullstein's Sammlung prakt. Hausbücher. 8.**

Berufswahl für Knaben. Ein kurzer Führer durch d. gebildeten u. besseren Männerberufe. Von Theodor P[aul] Voigt. *Berlin: Ullstein & Co. [1901].* (158 S.) 8° [F.]
= Sammlung, Ullstein's, prakt. Hausbücher. Bd 8.

Voigt, Th. P., moderner deutscher Briefsteller. Eine prakt. Anleitg. zur richt. Abfassg. v. Briefen aller Art, die im Familien-, gesellschaftl. u. geschäftl. sowie im Verkehr m. Behörden vorkommen. (400 S.) 8. Berlin 908. R. Wichert. Geb. in Leinw. 3. —

[F.] Die preussische Garde. Ihre Entwickelg u. ihre Ruhmesthaten. Von Theodor Paul **Voigt,** Rektor. M. 2 farb. Uniformtaf. nach Zeichn. v. R. Knötel. *Dresden-Leipzig: A. Köhler [1898].* (201 S., 2 Taf.) 1 Bd 8.
= Voigt, Th. P.: Deutsches Schwert f. Deutschen Herd! [Bd] 1. [98. 10285

[F.] Preussische Husarengeschichten. Entwickelg u. Thaten d. preuss. Husaren v. 1721 bis 1806. Von Theodor Paul **Voigt,** Rektor. M. 2 farb. Uniform-Taf. nach Zeichngn v. R. Knötel. *Dresden-Leipzig: A. Köhler [1898].* (4 Bl., 151 S., 2 Taf.) 1 Bd 8.
= Voigt, Th. P.: Deutsches Schwert f. Deutschen Herd! [Bd] 2. [98. 11461

Voigt, Thdr. Paul, mein Kind. Ein Erziehungsbuch. (III, 800 S.) 8. Leipzig 906. Th. Thomas. n. 3. 50; geb. n. 4. 50

— Lebens- u. Amtschronik. gr. 4. (64 S. m. 3 Bl. zum Einstecken v. 24 Photographien.) Breslau (900). F. Hirt. Geb. in Leinw. n. 6. —

— moderne Mädchen- u. Frauenberufe, s. a. **Ullstein's Sammlung prakt. Hausbücher. 9.**

Voigt, Theodor P[aul]: Moderne Mädchen- und Frauenberufe. Ein Wegweiser bei d. Berufswahl unserer Mädchen u. ein Ratgeber f. d. Erwerb suchende Frau. — Berlin: Ullstein [1901]. 147 S. 8° (Ullstein's Samml. prakt. Hausbücher. Bd 9.)

Voigt, Thdr. Paul, deutsches Schwert f. deutschen Herd! Bilder aus d. Geschichte d. deutschen Heeresteile. Unter Mitwirkg. militär. Fachmänner d. Volke zu Ehr' — d. Jugend zur Lehr dargest. 1. u. 2. Bd. 8. Dresden 898. A. Köhler. à n. 1. 20; geb. à n. 2. —
1. Die preuß. Garde. Ihre Entwickelg. u. ihre Ruhmesthaten. M. 2 farb. Uniformtaf. nach Zeichngn. v. R. Knötel. (201 S.)
2. Preuß. Husarengeschichten. Entwickelg. u. Thaten d. preuß. Husaren von 1721—1866. Mit 2 farb. Uniform-Taf. nach Zeichngn. v. R. Knötel. (VII, 161 S.)

Voigt, Traug., die Stärke am inwendigen Menschen. Abschiedspredigt über Epheser 3, 14 — 17. 8. Berlin 838. Wohlgemuth. 1/12 ₰

Voigt, W. (I.), über die Kirchenmusik J. S. Bach's. Ein Vortrag. gr. 8. (51 S.) Königsberg 881, (Meyer und Comp.) *

Voigt, W., Leitfaden z. Confirmanden-Unterrichte. Nachgelass. Manuscript. Hrsg. v. W. Jacobi. 8. (4 B.) Leipzig 840, Karl Tauchnitz.

—— **Predigten, an d. Sonn- u. Festtagen d. Kirchenjahres gehalten. Nach seinem Tode hrsg. v. J. W. L. Schröder. gr. 8. (31 1/4 B.) Leipzig 839, Karl Tauchnitz.**
Vgl. Vogt.

Voigt, W., Händels Samson u. Bachs Matthäus-Passion. Ein Vortrag. gr. 8. (31 S.) Göttingen 885. Vandenhoeck & Ruprecht's Verl. n. — 80

Voigt, W., Unterrichts-Briefe f. das Selbst-Studium der englischen Sprache, s.: Allen, D. A.

Voigt, Walther: Die operative Behandlung des Mastdarmcarcinoms. Halle a. S. 1885: Karras. 48 S. 8°
Halle-Wittenberg, Med. Diss. v. 3. Juni 1885
Geb. Magdeburg 25. 5. 1860. V.

Voigt, Walt., u. Ferd. **Wirtgen,** Bericht über die Vorarbeiten zur Herausgabe eines forstbotanischen Merkbuches f. die Rheinprovinz. (22 S.) 8. Bonn 905. (F. Cohen.) n. — 30
Sonderabdruck aus: „Verhandlgn. d. naturhistor. Ver. d. preuss. Rheinlande u. Westfalens".

Voigt, Walther, Dr. jur.: Der Einfluß des Konkurses auf die schwebenden Prozesse des Gemeinschuldners. *Leipzig: Veit & Co. 1903.* (XII, 241 S.) 8°
Leipzig, Jur. Diss. v. 1903

Voigt, Walth., der Einfluss des Konkurses auf die schwebenden Prozesse des Gemeinschuldners. (XII, 241 S.) gr. 8. Leipzig 903. Veit & Co. n. 6. —

Voigt, W(alther), approb. Arzt aus Dessau: Aus d. Kgl. chirurg. Universitätsklinik zu Kiel. Exstirpation eines Blasensarkoms unter Resektion der Symphyse. *Kiel 1904: Schmidt & Klaunig.* (15 S.) 8°
Kiel, Med. Diss. v. [13. Juli] 1904

Voigt, Walter, Gerichtsassessor in Weimar: Hat der Dritteigentümer des mit einem Grundstücke zwangsweise versteigerten Zubehörs gegen den Vollstreckungsgläubiger Anspruch auf Herauszahlung des Erlöses und eventuell nach welchen Grundsätzen? Borna-Leipzig 1906: R. Noske. (IV, 42 S.) 8°
Rostock, Jur. Fak., Ref. Wachenfeld-Matthiaß, Diss. v. 5. Sept. 1906
[Geb. 26. Mai 74 Weimar; Wohnort: Weimar; Staatsangeh.: Sachsen-Weimar; Vorbildung: Gymn. Weimar Reife O. 94; Studium: Jena 4, München 2, Berlin 2 S.; Rig. 15. März 06.]

Voigt, Walther [aus Eisleben]: Über die Radikaloperation der Hydrocele testis ... Berlin, Buchdr. v. G. Schade, *1894;* 29 S., 1 Bl. 8.
Berlin, Med. Fak., Inaug.-Diss. v. 5. Juni 1894

Voigt, Walt., s.: Verhandlungen des naturhistorischen Vereins der preuss. Rheinlande u. Westfalens.

Voigt, Wilhelm

Voigt, W., der Bau, die Leistungen u. die krankhaften Erscheinungen des Nervensystems; die Ursachen u. die hygienisch-diätet. Behandlg. seiner Erkrankgn. Mit Illustr. Für seine Patienten geschrieben. Im Anh.: Oeynhausen u. seine Bäder. gr. 8. (III, 103 S.) Oeynhausen 893. G. Ibershoff. n. 1. 50

Voigt, Wilhelm [pr. Arzt aus Würzburg Assistenzarzt I. Kl. im Fion. Bat. No. 16 in Metz]: Beiträge zur Geschichte der Lehre von der Tuberculose. ... Würzburg, Druck d. k. Universitätsdr. v. H. Stürtz, 1890; 31 S. 8°
Jena, Med. Fak., Inaug.-Diss. v. [10. Okt.] 1890

Voigt, Wilh., Beiträge zur Geschichte der Lehre v. der Tuberculose. Diss. gr. 8. (61 S.) Würzburg 890. (Rudolstadt, Dabis.) n. 1. —

Voigt, Wilh., Chronik der Stadt u. Festung Spangenberg, s.: **Siebald,** Wilh.

Voigt, W. (III.), die Curmittel Oeynhausens [Rehme's], ihre Anwendungsweise und ihr Nutzen in den verschiedenen mit ihnen behandelten Krankheiten. Im Anhang: Beschreibung Oeynhausens und seiner den Kurgast interessirenden Einrichtungen. 8. (IV, 172 S.) Braunschweig 883, Wreden. * geb. *

Voigt, W., die Curmittel des Bades Oeynhausen, ihre Anwendungsweise u. ihr Nutzen in den verschiedenen m. ihnen behandelten Krankheiten. Im Anh.: Bad Oeynhausen in Bezug auf seine Lage, Geschichte, Gebäude, Einrichtgn., Tarife u. s. w. 2. gänzlich umgearb. Aufl. gr. 8. (V, 227 S.) Bad Oeynhausen 899. G. Ibershoff. n. 2. 50; geb. n. 3. 20

Voigt, s.: Oeynhausen u. s. Indicationen.

Voigt, Wilhelm: Die Einwirkung von unterbromigsaurem Natron auf organische stickstoffhaltige Verbindungen. 1911. 50 S. 8°
Dresden, Dr.-Ing.-Diss. v. 7. 12. 1910

Voigt, Wilh., genannt Hauptmann v. Köpenick, wie ich Hauptmann v. Köpenick wurde. Mein Lebensbild. Mit e. Vorwort v. Hans Hyan. (153 S. m. 2 Bildnissen.) 8. Leipzig (909). Stuttgart, J. Püttmann. 1. 20

Voigt, Wilhelm Erich, aus Ziebingen: Geschichte der Unsterblichkeitsidee in der Stoa. *Berlin 1900: Berliner Buchdr.-Act.-Ges.* (32 S.) 8°
Erlangen, Phil. Diss. v. 20. Juni 1900

Voigt, Wilh. Erich, auf Vorposten. Ein Zeugnis deutsch. evangel. Arbeit im Auslande in Predigten u. Reden. (340 S.) 8. Berlin 909. E. B. Voigt. 4.—; geb. 5. —

Voigt, Wilh. Friedr. Ernst, Rechts- und Eigenthums-Verhältnisse der Uferbesitzer an öffentlichen und Privat-Gewässern, die Erwerbung von Alluvionen ꝛc., dargestellt in einer Sammlung von Entscheidungen des königl. Ober-Tribunals. gr. 8. (VIII, 127 S.) Potsdam 878, Linf. *

Voigt, Wilhelm Konstantin

Voigt, Wlh. Const., schreckliche Folgen der Rachsucht, des Aberglaubens, Leichtsinns und Müssiggangs in notorischen Beispielen neuerer Zeit, als Warnungstafel für den Knaben, Jüngling und Mann. fl. 8. Ilmenau 842. (Saalfeld, Niese.) 1/6 ₰

Voigt, Willi, Gerichtsreferendar: Das Aufgebot der Nachlaßgläubiger nach dem BGB. Berlin 1906: B. Paul. (39 S.) 8°
Rostock, Jur. Fak., Ref. Matthiaß, Diss. v. 10. Aug. 1906
[Geb. 28. Mai 79 Berlin; Wohnort: Berlin; Staatsangeh.: Preußen; Vorbildung: Französ. Gymn. Berlin Reife O. 99; Studium: Marburg 1, Leipzig 1, Freiburg i. B. 1, Berlin 4 S.; Rig. 5. Juli 06.]

Voigt, Willy, prakt. Arzt zu Dahle, Kr. Altena (Westf.), Assistenzarzt d. Res.: Aus d. Universitäts-Augenklinik zu Gießen. Der gegenwärtige Stand der Lehre von der Tabak- und Alkoholamblyopie mit Benutzung des Materials der Gießener Universitäts-Augenklinik. Gießen 1906: v. Münchow. (29 S.) 8°
Gießen, Med. Fak., Ref. Vossius, Diss. v. 12. Mai 1906
[Geb. 4. März 74 Cassel; Wohnort: Dahle; Staatsangeh.: Preußen; Vorbildung: Wilhelmsgymn. Cassel Reife M. 93; Studium: Marburg 4, Leipzig 1, Göttingen 1, Greifswald 1, Berlin 1, Gießen 2 S.; Coll. 23. Febr. 06; Approb. 22. April 05.]

Voigt, Woldemar

Voigt, W. [illegible] Potential der inneren Kräfte [illegible] —.10
Separatabdruck

Voigt, W., einige Bemerkgn. zu Hrn. Jos. Finger's Abhandlung „Das Potential der inneren Kräfte etc." [Aus: „Sitzungsber. d. k. Akad. d. Wiss."] Lex.-8. (4 S.) Wien 894. (C. Gerold's Sohn.) n n. — 10

Voigt, W., Bestimmung der Constanten der Elasticität u. Untersuchung der inneren Reibung f. einige Metalle. [Aus: „Abhandlgn. d. k. Gesellsch. d. Wiss. zu Göttingen".] gr. 4. (86 S. m. 1 Taf.) Göttingen 892. Dieterich's Verl. n. 6. 50

Die fundamentalen physikalischen Eigenschaften der Krystalle in elementarer Darstellg v. Dr. Woldemar **Voigt,** o. ö. Prof. . . . an d. Univ. Göttingen. M. 52 Fig. im Text. *Leipzig: Veit & C. 1898.* (VIII, 243 S.) 1 Bd 8. [98. 7441

Festrede im Namen der Georg-Augusts-Universität zur akademischen Preisvertheilung am IV. Juni 1894 geh. v. Woldemar Voigt. [Von der Aufsuchung und der Erklärung der Eigenschaften der Materie.] Göttingen, Druck d. Dieterichschen Univ.-Buchdr., *1894;* 25 S. 8.

Voigt, W., zum Gedächtniss v. G. Kirchhoff. Rede, geh. in der öffentl. Sitzg. der k. Gesellschaft der Wissenschaften am 5. Decbr. 1887. gr. 4. (10 S.) Göttingen 888. Dieterich's Verl. n. – 60

Voigt, Wold., Kompendium der theoretischen Physik. (In 2 Bdn.) 1. Bd. gr. 8. Leipzig 895. Veit & Co. n. 14. —
Mechanik starrer u. nichtstarrer Körper. Wärmelehre. (X, 610 S.)

— Kompendium der theoretischen Physik. (In 2 Bdn.) 2. Bd. gr. 8. Ebd. 896. n. 18. — (kplt.: n. 32. —; geb. in Halbfrz. n. 36. —)
Elektricität u. Magnetismus. Optik. (XIV, 810 S.)

Voigt, Woldem., Lehrbuch d. Kristallphysik, s.a. Teubner's, B. G., Sammlung v. Lehrbüchern auf dem Gebiete der mathematischen Wissenschaften. XXXIV.

Lehrbuch der Kristallphysik (m. Ausschluß d. Kristalloptik). Von Dr. Woldemar **Voigt,** Prof. in Göttingen. Mit 213 Fig. u. m. 1 Taf. Leipzig & Berlin: Teubner 1910. XXIV, 964 S. 8°
(Teubners Sammlung von Lehrbüchern auf d. Geb. d. mathemat. Wiss. Bd 34.) [10. 13658 2

— **Magneto- u. Elektrooptik,** s. a. Vorlesungen, mathemat., an der Universität Göttingen. III.

Voigt, Woldemar: Magneto- und Elektrooptik von Dr. Woldemar Voigt, Prof., Göttingen. Mit 75 Fig. Leipzig: B. G. Teubner 1908. (XIV, 396 S.) 8°
(Vorlesungen, Mathematische, an d. Univ. Göttingen. 3.)

Voigt, W., elementare Mechanik als Einleitung in das Studium der theoretischen Physik. gr. 8. (VIII, 483 S. m. 55 Textfig.) Leipzig 889. Veit & Co. n. 12. —

Voigt, Wold., elementare Mechanik als Einleitung in das Studium der theoretischen Physik. 2. umgearb. Aufl. gr. 8. (X, 578 S. m. 56 Fig.) Leipzig 901. Veit & Co. n. 14. —; geb. in Halbfrz. n. 16. —

Voigt, W., üb. die innere Reibung der festen Körper, insbes. der Krystalle. [Aus: „Abhandlgn. d. k. Gesellsch. d. Wiss."] gr. 4. (47 S.) Göttingen 890. Dieterich's Verl. n. 2. 80

— theoretische Studien üb. d. Elasticitätsverhältnisse der Krystalle. [Aus: „Abhandlgn. d. k. Gesellsch. d. Wiss. zu Göttingen".] gr. 4. (100 S.) Ebd. 887. n. 5.—

— Allgemeine Theorie der piëzo- u. pyroelectrischen Erscheinungen an Krystallen. gr. 4. (99 S.) Ebd. 890. * 5 —
Vorstehende 3 Schriften sind aus: Abhandlgn. d. kgl. Gesellsch. d. Wiss. zu Göttingen, besonders abgedruckt.

Voigt, W., Thermodynamik, s. a. Sammlung Schubert.

Voigt, Woldemar: Thermodynamik von Dr. W[oldemar] Voigt, Prof., Göttingen. Bd 1. 2. Mit Fig. Leipzig: G. J. Göschen 1903–04. 2 Bde 8°
1. Einl.: Thermometrie, Kalorimetrie, Wärmeleitung. T. 1. Thermisch-mechan. Umsetzungen. 1903.
2. T. 2: Thermisch-chem. Umsetzungen. T. 3: Thermisch-elektr. Umsetzungen. Mit 1 Kurventaf. 1904.
(Sammlung Schubert. 39. 48.)

— Woldemar, Untersuchung der Elasticitats-Verhältnisse des Steinsalzes. (Inaug.-Dissert.) Leipzig [o. J.]

Voigt-Alihausen, Max, die Bibel der Gottlosen. Zwanglose Bekenntnisse eines konfessionslosen, königstreuen Sozialisten. gr. 8. (235 S.) Zürich 888, Verlags-Magazin. *

Helene **Voigt**[-Diederichs], Abendrot. Aus d. Schleswigschen Volksleben. Den Buchschmuck zeichnete Heinr. Vogeler-Worpswede. Leipzig: E. Diederichs 1899. (156 S.) 8° [F.] [08. 18148 9

Itisu. Ein Schauspiel im nordostarab. Mesopotamien z. Z. d. Gründung Babels in 4 Akten von Max **Voigt**-Aly. Dresden: H. Schultze 1904. (X, 192 S.) 8°
= **Voigt**-Aly: Der Lawiring. T. 1. [07. 6809

Voigt-Aly, Max, der Lawiring. Eine Tetralogie des Menschentums. 1. Tl.: Itisu. Ein Schauspiel im nordostarab. Mesopotamien zu Zeit der Gründung Babels in 4 Akten. (192 S.) 8. Dresden 904. H. Schultze. 3. —

Voigt-Aly, Max, Nicotinchen, e. moderne Götternovize in Walhall. Götterposse mit Gesang u. Tanz. gr. 8. (XIX, 57 S.) Berlin 898. E. Bloch. n. 1. 50

— die Welt im Munde. E. gemeinverständl. prakt. Plauderei über die Verhältnisse uns. Zähne u. uns. Mundes. Lex.-8. (VII, 87 S. m. 1 Taf.) Frankfurt a/M. 898. Mahlau & Waldschmidt. n. 2. —

Voigt-Diederichs, Helene,

— Abendrot. Aus dem schleswigschen Volksleben. Den Buchschmuck zeichnete Heinr. Vogeler-Worpswede. 8. (156 S.) Leipzig 899. Jena, E. Diederichs. n. 2. —; geb. n. 3. —

Voigt-Diederichs, Helene (Frau Helene Diederichs), die Balsaminen. Mittagsstunde, s.: Volksbücher, Wiesbadener.

Es war einmal. Kindheitserinnerungen v. Helene **Voigt-Diederichs.** (Braunschweig. 1909.) 8° Ausschnitt aus: Westermanns Monatshefte. Jg. 54, H. 2. Nov. 1909.

Voigt-Diederichs, Helene (Frau Helene Diederichs), Nur e. Gleichnis. (187 S.) 8. Jena 909. E. Diederichs. 2.50; geb. 3. 50

— Aus Kinderland. (109 S.) 8. Ebd. 907. 2.—; geb. 3. —

Voigt, Helene, Schleswig-Holsteiner Landleute. Bilder aus d. Volksleben. M. e. Vorwort von Heinr. Sohnrey. 8. (VIII, 240 S.) Leipzig 898. Berlin, G. H. Meyer. n. 2. —; geb. n. 3. —

— Schleswig-holsteiner Landleute. 3. Aufl. Einband u. Buchornamente v. Emil Rud. Weiß. (197 S.) 8. Leipzig 904. Jena, E. Diederichs. n. 2. 50; geb. n. 3. 50

— Schleswig-Holsteiner Landleute. (4. Aufl.) (179 S.) 8. Ebd. 908. 2.50; geb. 3. 50

Voigt-Diederichs, Helene (Frau Helene Diederichs), Leben ohne Lärmen. (Mit Buchschmuck v. J. G. Veldher.) (205 S.) 8. Leipzig 903. Jena, E. Diederichs. n. 2.50; geb. n. 3.50

— zwischen Lipp' u. Kelchesrand, s.: Volksbücher, Wiesbadener.

— dreiviertel Stund vor Tag. Roman aus dem niedersächs. Volksleben. (Einband u. Schmuck v. E. R. Weiß.) 1.—4. Taus. (312 S.) 8. Jena 905. 906. E. Diederichs. n. 4. —; geb. n. 5. —; Liebhaberausg. n. 15. —

— Unterstrom. Gedichte. Buchschmuck v. J. V. Cissarz. gr. 8. (95 S) Leipzig 901. Jena, E. Diederichs. n. 4. —; geb. n. 5. 50

— Vorfrühling, s. a. Hesse's, Max, Volksbücherei.

Voigt-Diederichs, Helene: Vorfrühling. 5 ausgew. Novellen von –. Mit e. Einl. v. Ludwig Schröder. Leipzig: Hesse (1905). 136 S. 8°

— Regine Vosgerau. Aus d. schleswigschen Volksleben. Mit Buchausstattg. v. Horst Schulze. 8. (185 S.) Ebd. 901. n. 2. 50; geb. n. 3. 50

— s.: Ziegler, H. v.

Voigt & Haeffner: Preisliste der Fabrik von Apparaten für elektrische Beleuchtung, Kraftübertragung und Elektrolyse. Frankfurt a. M.-Bockenheim 1898

Voigtel, Fragm. semiol. obstetrit. Hal. 4°. 1792

Voigtel, Uebersicht der Literatur des deutschen Handelsrechts seit Einführung des allgemeinen deutschen Handelsgesetzbuchs 1862—1875, nebst Anhang, ein Verzeichniß der deutschen jurist. Zeitschriften und period. Urtheils-Sammlungen enth. gr. 8. (VIII, 191 S.) Berlin 876, C. Heymann's Verlag. *

Voigtel, Carl Eduard, s. Voigtel, Karl Eduard

Voigtel, Fr. Gttlf., († d. 24. Febr. 1813.) Handbuch der patholog. Anatomie, mit Zusätzen herausg. von P. F. Meckel. 3 Bde. gr. 8. Halle 804. 5. Schwetschke u. S. 6 ₰ 20 ℊ

— vollständiges System d. Arzneimittellehre. Herausg. v. K. G. Kühn. 2 Thle. gr. 8. Leipz. 816. 17. Cnobloch. 7 ₰ 12 ℊ

Voigtel, Friedrich Wilhelm

— s. Archiv, Magdeburg. patriot.

Voigtel, Ritter Fr. Wlh., Bruchstücke aus d. Zeichenlehre d. Entbindungskunst; aus d. Latein. übers. v. C. F. E. (Elias), mit 6 Kpft. gr. 8. Marb. 799. Krieger. 20 ℊ

Voigtel, Friedrich Wilhelm. Der A. W. D. Bruchstücke aus der Zeichenlehre der Entbindungskunst, a. d. Lat. ... Marburg 1800. Ü: *Elias, Christoph Frdr.* (MGT) (EngM)

Voigtel, Fr(iedrich) Wil(helm): Fragmenta semiologiae obstetriciae. 80 S., gbd., 6 Taf. 1 Tab.

Halae: Hendel 1792

JB 4.147

— Tabellen für Geburtshelfer u. Hebammen, zur leichtern Uebersicht derjenigen Geburtsfälle, welche durch eine widernatürl. Stellung d. Theile d. Kindes zur Geburt bestimmt werden. Aus d. Latein. v. J. H. Wigand. 8. Hamb. 798. Gundermann. 2 ℊ

Voigtel, Frid. Guil. Luther (geb. Magdeburg 3. 4. 1811): De hydrocephalo adjecta morbi historia. Berolini (1835). (29 S.) 8°
Berlin, Med. Diss. v. 23. Apr. 1835

Voigtel, Hans [aus Berlin]: Das Empyem und seine Behandlung durch den frühzeitigen Doppelschnitt mit Rippenresection und Drainage der Brusthöhle .... Berlin, Druck v. M. Driesner (1888); 89 S. 8°
Berlin, Med. Fak., Inaug.-Diss. v. 11. Aug. 1888

Voigtel, Karl Eduard

Voigtel, Carolus Eduardus: De causis mechanicis quae liberum ciborum stercorisque transitum per canalem cibarium impediunt. Halae (1823): Grunert. 76 S. 8°
Halle-Wittenberg, Med. Diss. v. 25. März 1823
Geb. Magdeburg 30. 11. 1801. V.

Voigtel, Markus Augustus Traugott (Eisleben)
U.S. Halle 1750/16

Cogitationum philosophicarum de iurisprudentia naturali in statu integritatis et corrupto praeprimis de origine iuris perfecti et imperfecti ex statu corrupto dissertatio posterior. Präs. Christian Weber. Halle (Grunert) 27. IV. 1750. 44 S.

35357

Voigtel, Max: Die direkten Staats- und Gemeindesteuern im Großherzogtum Baden, eine Darstellung ihrer Entwickelung und Ergebnisse von 1886—1901. *Jena: G. Fischer 1903.* (119 S.) 8°
Heidelberg, Phil. Diss. v. 1903

Voigtel, Max, die direkten Staats- u. Gemeindesteuern im Grossherzogt. Baden, eine Darstellung ihrer Entwickelung u. Ergebnisse v. 1886—1901. (V, 120 S.) gr. 8. Jena 903. G. Fischer. n. 2. 80

Voigtel, Nikolaus

* Geometria ſubterranea, oder Markſcheidekunſt — durch *Nicolaus Voigteln*. h. t. Churfürſtl. Sächſ. und reſpective Hoch-Gräffl. Mannsfeld. Zehendnern in der Grafſchaft Mannsfeld, und *Berg*-Voigt in Thüringen, auch Markſcheidern etc. Mit Churfürſtl. Sächſ. Gnädigſten Privilegio. In Verlegung des Autoris ſelbſten. Eisleben, Gedruckt durch Johann Dietzeln. In Folio. 1 Titelk. 4 Bogen Titel etc. 152 Seiten, 9 Kupfertafeln, ganze Bog. 1686.

– Eisleben. Eine neue Auflage auf Koſten des Verf. fol. 2 Alph. 13 pl. 10 tab. 1713.

Voigtel, P. G. Geschichte des deutschen Reiches unter Otto dem Grossen. 8. Halle 1802.

Voigtel, Traug. Gttlf., Actenstücke nebst Anmerkk. z. Beurtheilung s. Streites mit Wolff, dem unpartheil. Publiko vorgelegt. 8. Halle 807. Kümmel. 6 ℊ

— Diss. de linguarum consensu. 8. Halle 796.

Voigtel, T. G., deutsche Geschichte v. d. ältesten bis zu den gegenwärtigen Zeiten. gr. 8. Halle, Hemmerde und Schw. 818. 1 16

— deutsche Geschichte v. d. ältesten bis zu den gegenwärtigen Zeiten. gr. 8. Halle 818. Schwetschke u. S. 1 Rthl. 16 gGr.

— Geschichte d. deutschen Reichs unter Otto d. Großen. gr. 8. Hall, Hemmerde u. Schw. 802. 1 4

— Geschichte des deutschen Reichs unter Otto dem Großen. gr. 8. Halle 802. Schwetschke u. S. 1 Rthl. 4 gGr.

s.a. Handwörterbuch d. deutschen Sprache ꝛc., u. setze hinzu (v. T. G. Voigtel).

Voigtel, Trg. Ghf, Handwörterbuch der deutschen Sprache mit besonderer Rücksicht auf die Synonymen derselben. Hallo 1804. 8. — (Anhang:) Verdeutschungswörterbuch. 1804. 8. . . . . [illegible]

s. J. Chrstph. Krause, Einleit. in d. Gesch. des deutschen Reichs.

— Lehrbuch der deutschen prosaischen Schreibart f. Akademien u. Gymnasien. 8. Halle, Hemmerde u. S. 802.

— Lehrbuch der deutschen, prosaischen Schreibart f. Akademien u. Gymnasien. 8. Halle 802. Schwetschke u. S. 16 gGr.

s. Literatur-Zeitung, allgemeine.

s. J. A. Remer, Lehrbuch d. Geschichte.

Voigtel, Traugott Ghelf., Stammtafeln zur Geschichte der europaeischen Staaten. Neu hrsg. von Ludw. Adf. Cohn. (In 5 Heften.) 1.—3. Heft. 1. Abthl. qu. Fol. Braunschweig, Schwetschke und Sohn. [1. Heft. (IX und 58 S.) 864. * 1 Thlr. 6 Ngr., 2. Heft. (76 S.) 865. * 1 Thlr. 10 Ngr., 3. Heft. 1. Abthl. (46 S.) 867. * 25 Ngr.] *

Voigtel, Traugott Ghelf., Stammtafeln zur Geschichte der europaeischen Staaten. Vollständig umgearb. von Ludw. Adf. Cohn. 3. Heft 2. und 3. Abthl. qu. Fol. Braunschweig Schwetschke und Sohn. [2. Abthl. (42 S.) 870. *M 2,50.; 3. Abthl. (V, 33 S.) 871. *M 2,40.] *

— genealog. Tabll. z. Erläut. d. europ. Staatengeschichte, f. Freunde d. Wissenschaft u. Studirende auf Schulen und Universitäten. Querfol. Ebend. 810. Schreibp.

— genealog. Tabellen z. Erläuterung d. europ. Staatengeschichte, für Freunde der Wissenschaft und Studirende auf Schulen u. Universitäten. 2 Thle. qu. Fol. Halle 811 u. 29. Schwetschke u. S. 6 Rthl. 18 gGr. Schreibp. 7 Rthl.

— Versuch e. hochdeutschen Handwörterbuchs für die Aussprache, Orthographie, Biegung, Ableitung, Bedeutung u. Verbindung der Wörter. 3 Thle. gr. 8. Halle 793—95. Gebauer. 6 Rthl.

— Versuch einer Statistik des preußischen Staats, für Freunde der Wissenschaft, Geschäftsmänner u. höhere Unterrichtsanstalten. 8. Halle 820. Kümmel. 1 Rthl. 2e, umgearbeitete u. mit einer Hand-Generalkarte des preuß. Staats versehene Ausgabe. gr. 8. Ebd. 830. Ebd. 1 Rthl.

Voigtel, Traug. Gthe., Versuch e. Statistik d. preuß. Staates f. Freunde d. Wissenschaft, Geschäftsmänner u. höh. Unterrichtsanstalten. 3., umgearb. Ausg. (17¾ B. u. 1 Karte.) 835. * 1 Thlr. 3 Gr., u. 4., mit Benutzung amtl. Quellen umgearb. Ausg. gr. 8. (18 B. u. 1 Karte.) Halle 837, [Knapp.] *

Voigtel, Trgtt Ghilf, Versuch eines hochdeutschen Wörterbuchs für die Aussprache, Orthographie, Biegung, Ableitung, Bedeutung und Verbindung. Th. 1—3. Hallo 1793—95. 8. . . . . [illegible]

Voigtel-Bolgiani, Valeska

s. Bolgiani, Valeska

Voigtgast, Heinr., Tafel zur Angabe des Wochentages vom 1. Jan., vom J. 525 ab bis zum J. 1925 nach Chr. Geb.; sowohl nach dem Julian. als auch nach dem Gregorian. beziehungsweise dem verbesserten Kalender, nebst einer Anleitung zur schnellen Bestimmung des Wochentages von jedem belieb. Kalendertage. gr. 8. (16 S.) Königsberg 876, (Nürmberger's Buchh.)

Voigtland [Sachliches OW]

Voigtland, Erläutertes, oder vermischte der . . . Historie dienliche Anmerkungen. Graitz 1726—27. V: *Büchner, Johann Gottfried.* (Kat. d. stat. Bureaus. Dresden 1890.)

Voigtland [Schlagwort]

Voigtlandischen Creisses — Accurate geogr. Delineation des zu dem Churfurstenthum Sachsen gehorigen — etc. Amsterdam bey Peter Schenk 1758. 1 : 128,000. 1 Bl.

Voigtland [Verfasser]

Voigtland, F., Tacitus' Agricola übers. Pr. 1862. 19 S. 4°.

Voigtland, Fr. Dissertatio de brevitate Quintiliana. 14 S. Schleusingen, Progr. 1846

Voigtland, Fr.: Quid senserit Tacitus de divina rerum humanarum moderatione. 17 S. - Schleusingen, Progr. 1870.

Voigtland, Ueber die ethischen Tendenzen des platonischen Staates. 4°. Gotha 1853.

Voigtland: Ueber die ethischen Tendenzen des platonischen Staates. 19 S.—Schleusingen, Progr. 1853

Voigtland, F. Ueber den histor. Unterricht auf Gymn. 22 S. . . . . Progr. Schleusingen 1841

(Voigtländer.) — Akademiker Professor Dr. Joseph Petzval in Wien beleuchtet vom Optiker Voigtländer in Braunschweig. Eine Streitschrift über das von Herrn Prof. Dr. Petzval angeblich „neu berechnete" Landschafts-Objectiv. Braunschweig 859. Vieweg & Sohn. Lex.-8. (2 Bl., 113 S.) n. 10 *ngr.*

Voigtländer, A., s. Lucian's Todtengespräche.

Voigtländer, A., De loco Horatii Od. III 8, 49—52. Pr. 1828. 18 S.

Voigtländer, Albr., Kinkerlitzkens. Berliner Grütze, Grips, Jeist un Jammer. Ein neues Declamatorium. 8. (VIII, 95 S.) Berlin 893. Deutsche Schriftsteller-Genossenschaft. n. 1. —

Voigtländer, Anton Felix: Über Diffusion in Agargallerte. . . . (Aus: Zeitschr. f. physikal. Chem. Bd. III.) Leipzig, Wilhelm Engelmann, 1889; 22 S. + 1 Bl. 8°
Leipzig, Phil. Fak., Inaug.-Diss. v. 20. Apr. 1889

Voigtländer, Else, vom Selbstgefühl. Ein Beitrag zur Förderg. psycholog. Denkens. (V, 119 S.) 8. Leipzig 910. R. Voigtländer. 2. —

Voigtländer, Else: Über die Typen des Selbstgefühls. Leipzig: Voigtländer 1910. V, 119 S. 8° ¶(Im Buchh. ebd. u. d. T.: Vom Selbstgefühl.)
München, Phil. Diss. v. 19. Nov. 1909, Ref. Lipps, v. Hertling
[Geb. 14. April 82 Kreuznach; Wohnort: Leipzig; Staatsangeh.: Sachsen; Vorbildung: Kgl. Gymn. Dresden-N. Reife M. 03; Studium: Leipzig 3, München 9 S.; Rig. 19. Nov. 09.] [U 11. 3859

Voigtlaender, E(rich), appr. Arzt a. Güsen ⟨Prov. Sachsen⟩: Ueber Pseudarthrosen. Leipzig 1905: B. Georgi. (33 S.) 8°
Leipzig, Med. Fak., Ref. Trendelenburg, Diss. v. 23. Dez. 1905
[Geb. 4. April 79 Güsen; Wohnort: Güsen; Staatsangeh.: Preußen; Vorbildung: Gymn. Burg b. Magdeburg Reife O. 00; Studium: Marburg 5, Leipzig 6 S.; Coll. 23. Dez. 05; Approb. 12. Sept. 05.]

Voigtländer, F., Lehrbuch der gerichtlichen Chemie, s.: Baumert, Geo.

Voigtlaender, Hans: Unterkühlung und Kältetod der Pflanzen. Halle a. S. 1909. 60 S. 8° ¶(Aus: Beiträge z. Biol. d. Pflanzen. Bd 9, H. 3.)
Halle, Phil. Diss. v. 10. Juli 1909, Ref. Mez
[Geb. 16. Mai 82 Neundorf, Anhalt; Wohnort: Neundorf; Staatsangeh.: Anhalt; Vorbildung: Gymn. Zerbst Reife O. 03; Studium: Marburg 2, Halle 9 S.; Rig. 14. Nov. 08.] [U 09. 1718

Voigtlaender, Joach. Andr. Christ(ophorus) (geb. Sylpke bei Gardelegen 1815): Platonis sententia de animorum praeexistentia. Pars I. De principio philosophiae Platonicae. Berolini (1843). (25 S.) 8°
Berlin, Phil. Diss. v. 14. Juni 1843

Voigtländer, J. A. Chr., eine Untersuchung über die Natur des menschl. Wissens mit Berücksichtig. des Verhältnisses der Philosophie zum Empirismus. gr. 8. (6 B.) Berlin 845, Springer. *

Voigtländer, Jh. Andr., Briefe über das Christenthum. Ein Gegenstück zu den Briefen über den Rationalismus u. denen üb. d. Supernaturalismus. 8. Dresd. u. Leipz. 828. Arnold. 12 𝒦

— Christenthum und Widerchristenthum. Ein Versuch, die evangel. Wahrheit darzustellen u. zu vertheidigen. 8. Dresd. 821. 2e A. 828. Arnold. 8 𝒦

Voigtländer, J. A., Entwickelung d. Christenthums z. Welt- u. Staatsreligion, in Fragmenten nach Spinoza. Ein Beitr. zu gerechter Würdigung seiner Theologie u. Philosophie. gr. 8. (4¼ B.) Halle 836, [Knapp.]

Voigtländer, J. A., Entwickelung des Christenthums zur Welt- und Staatsreligion, in Fragmenten nach Spinoza. Ein Beitrag zu gerechter Würdigung seiner Theologie u. Philosophie. gr. 8. Halle 836. Kümmel. ⅓ ℛ

— Festrede bei der ersten akad. Erinnerungsfeier, d. 3. Okt. 1871 auf d. Schlosse zu Königsbrück gehalten. 8. Dresd. 821. Arnold. 2 𝒦

—— der Rationalismus nach seinen philosoph. Hauptformen u. in seiner histor. Gestalt. Ein neuer Beitr. zur Geschichte u. Kritik dieser Lehre, in Briefen an e. Freund. 8. (5½ B.) Leipzig 830, Vogel.

Voigtländer, Jh. Fr., Geist der Bibel beim Schlusse seiner dreijährigen bibl. Vorles. 8. Leipz. 818. Fr. Fleischer. 4 𝒦

Voigtländer, Joh. Fr., der kleine Katechismus D. M. Luthers, s. Luther.

— s. M. Luther's Katechismus.
(NB. soll auch Verf. des (Loskiel) zugeschrieb. Buchs: Etwas fürs Herz auf d. Wege zur Ewigkeit, sein.)

— Plan einer in allen ihren Theilen vollendeten Reformation der christlichen Kirche. gr. 8. Dresd. 809. Arnold. 1 ℛ 8 𝒦

— der Plan des Reichs Gottes. 8. Leipz. 820. (Kummer). 20 𝒦 weiß Pap. 1 ℛ

—— der Priester Gottes im Dienste d. Kirche u. d. Staates unt. Einem Regenten. Drei Predigten nebst e. Vorw. gr. 8. (2¼ B.) Döbeln 838, Thallwitz.

— reine Sittlichkeit im Geiste d. Christenthums. 8. Dresd. 800.

— die Würde des Christenthums in eine Reihe von Betrachtungen zur Beförderung der häuslichen Erbauung. gr. 8. Dresd. 806. (Schöps in Zittau). 12 𝒦

***Voigtländer*, Jh. Glo. Aug., de Digamma libellus. 8maj. (Leipz.) 816.**

Voigtländer, J. G. A., Observationum in Xenophontis Memorabilia et Anabasin Progr. I et II. Schneeb. 820. 8. (I. 40 Seiten. II. 32 S.)

Voigtländer, Karl, der Nahewein. M. Zeichngn. v. Alb. Knab nach photograph. Aufnahmen. qu. gr. 8. (48 S. m. 1 Karte.) Kreuznach 898. R. Voigtländer's Buchdr. Geb. n. 1. —

--- Ders.: Der Nahewein. Text von Karl Voigtländer. Mit Zeichn. von Albert Knab nach photographischen Aufnahmen. Kreuznach: R. Voigtländer 1898. 44 S. -- 121*
--- Dass. 2. Aufl. Ebd. 1901. 44 S. -- 121*

Voigtländer, Carl Friedr., die Anatomie des Pferdes für Künstler und Pferdeliebhaber in 5 lithogr. (zum Theil farb.) Tafeln mit beschreib. Text. qu. gr. Fol. (14 S.) Dresden 876, Th. Meinhold. *

Voigtländer, Carl Friedr., der pathologische Prozeß an der Impfstelle nach der Impfung zum Schutz gegen die Lungenseuche des Rindes. gr. 8. (11 S.) Dresden 866, (am Ende.)

Voigtländer, Carl Friedr., Wandtafeln zur Naturgeschichte, s. Ruprecht, H. J., Wand-Atlas.

—— leipziger Post- u. Eisenbahn-Bericht über alle k. sächs. Postanstalten u. die wichtigsten Orte, Provinzen u. Länder des Auslandes, in alphabet. Ordnung mit Angabe des einfachen Briefporto's, die Schlußzeiten u. s. w. 2., berichtigte u. verm. Ausg. gr. 4. (1 B.) Ebds. 846. * *

Voigtländer, Max Rob., Post-Coursbuch f. d. Königr. Sachsen. Mit Genehmigung der kgl. Ober-Post-Direction. 3. Aufl. (3½ B.) 843., 4. Aufl. (4⅝ B.) 844. u. 5., verm. u. berichtigte Ausg. gr. 8. (5⅛ B.) Leipzig 846, Teubner. *

Voigtländer's, R., rheinischer Fahrplan. Winterdienst 1874—75 und Sommerdienst 1875. gr. 16. (48; 52 S.) Kreuznach, Voigtländer. à

Voigtländer's, R., rheinischer Fahrplan. Ausg. vom 15. Octbr. 1875/76. gr. 16. (51 S.) Kreuznach 875, Voigtländer.
Nicht weiter erschienen.

—— Bad Kreuznach und Bad Münster am Stein. Ein Reiseführer durch das Nahethal. 8. verb. und verm. Aufl. Mit 1 (lithogr.) Stadtplan von Kreuznach (in 4.) und (lithogr.) Karte. gr. 16. Ebendas. 873. *

—— Bad Kreuznach, Bad Münster am Stein und das Nahethal. Für die Besucher des Nahethals. Mit (chromolithogr.) Karte (in 4.) und (lithogr.) Plan von Kreuznach und Münster (in 8. und qu. 4.). 8. (VI, 94 S.) Ebendas. 876. geb. *

Voigtländer's Bad Kreuznach, Bad Münster am Stein u. das Nahethal. Führer für Besucher des Nahethals. 10. Aufl. Mit (lith.) Karten u. (lith.) Plan von Kreuznach. 8. (VI, 98 S.) Kreuznach 880. Voigtländer's Sort. geb. 2. —

Voigtländer's Bad Kreuznach, Bad Münster am Stein u. das Nahethal. Führer f. Besucher d. Nahethals. 11. Aufl. Mit Karten u. Plan v. Kreuznach. 12. (VIII, 106 S.) Kreuznach 884. Voigtländer's Sort. cart. n. 1. 50

Voigtländer's Bad Kreuznach, Bad Münster a/Stein u. das Nahethal. Führer f. Besucher d. Nahethals. In 12. Aufl. neu bearb. v. L. Geisenheyner. Mit Karten u. 1 Plan v. Kreuznach. 8. (VIII, 103 S.) Kreuznach 887. Voigtländer's Sort. cart. n. 1. 50

Voigtländer's Bad Kreuznach, Bad Münster am Stein u. das Nahethal. Führer f. Besucher d. Nahethals. In 13 Aufl. neu bearb. v. L. Geisenheyner. Mit Karten u. 1 Plan v. Kreuznach. 12. (VIII, 109 S.) Kreuznach 892. R. Voigtländer's Sort. Kart. n. 1. 50

—— Bad Kreuznach und das Nahethal. Handbuch und Führer für die Besucher des Nahethals. 6. Aufl. 1868, und 7. Aufl. gr. 16. (VIII, 103 S.) Ebendas. 871. geb. *

Voigtländer's Bad Kreuznach, neue Aufl., s.: Messer, J., Führer durch Bad Kreuznach usw.

—— Pfalzführer. Wegweiser für die Besucher der bayr. Pfalz und der Städte Mannheim, Heidelberg, Carlsruhe, Weissenburg, Worms, Mainz, Saarbrücken, Kreuznach und Bingen. gr. 16. (VIII, 96 S. mit 3 chromolithogr. Uebersichtskarten in 4.) Ebendas. 873. geb. *

—— Pfalzführer. Wegweiser für die Besucher der bayr. Pfalz und der Städte Mannheim, Heidelberg, Carlsruhe, Weissenburg, Worms, Mainz, Saarbrücken, Kreuznach und Bingen. 2. umgearb. Aufl. Mit 4 (chromolithogr.) Uebersichtskarten (in qu. 4.). 8. (VIII, 138 S.) Ebendas. 876. geb. *

—— Pfalzführer. Wegweiser für die Besucher der bayr. Pfalz und der Städte Mannheim, Heidelberg, Karlsruhe, Weissenburg, Worms, Mainz, Saarbrücken, Kreuznach und Bingen. Mit 4 (chromolithogr.) Uebersichtskarten. 3. Aufl. (VIII, 176 S.) 1878. * ℳ 1,60.; 4. umgearb. Aufl. 8. (VIII, 200 S.) Kreuznach 882, Voigtländer's Verlag. geb. *

—— Pfalzführer. Wegweiser für die Besucher der bayer. Pfalz und der Städte Mannheim, Heidelberg, Karlsruhe, Weissenburg, Worms, Mainz, Saarbrücken, Kreuznach und Bingen. 5. umgearb. Aufl. 8. (VIII, 226 S. mit 4 Übersichtskarten.) [Kreuznach 885, Voigtländer's Verlag.] Neustadt a. H., Gottschick-Witter's Buchh. geb. *

— Pfalzführer. Wegweiser f. d. Rheinpfalz u. deren Nachbarstädte. 6., umgearb. Aufl., hrsg. v. C. Mohlis. Mit 4 Kärtchen. 12. (VIII, 242 S.) Neustadt a. d. H. 889. Gottschick-Witter. geb. n. 2. —

Voigtlaender's Pfalzführer. Wegweiser f. die Rheinpfalz u. deren Nachbarstädte. 6. umgearb. Aufl. (VIII, 242 S. m. 4 Kärtchen.) 889; 7. umgearb. Aufl., hrsg. v. C. Mehlis. 12. (X, 268 S. m. 4 Kärtchen.) Neustadt a. d. H. 891, Gottschick-Witter's Verlag. geb. * 2 —

Voigtländer's Pfalzführer. Wegweiser f. d. Rheinpfalz u. ihre Nachbarstädte. 8., neubearb. Aufl., hrsg. v. C. Mehlis. M. 4 Kärtchen u. Markierungskärtchen der Mittel- u. Südpfalz. 12. (VIII, 240 S.) Neustadt a H. 895. Ludw. Witter. Geb. in Leinw. n. 2. —

Voigtländer's Pfalzführer, Ersatz, s.: Heuser's Pfalz-Führer.

—— an den Rhein. Führer für Rheinreisende. Mit 1 (lithogr. und color.) Panorama des Rheines von Mainz bis Cöln und 1 (lithogr.) Eisenbahnkarte (in 4.). 8. (VII, 303 S.) Ebendas. 876. geb. *

Voigtländer's Rheinbuch. Handbuch und Führer für Rheinreisende. 1. und 2. Aufl. 1865. * 24 Ngr. und 3., revid. und verm. Aufl. 8. (X und 358 S. mit 13 chromolithogr. Karten, 4 lithogr. Stadtplänen in 4. und Fol. und Illustr. in Holzschn.) Kreuznach 865, Voigtländer. geb. *

—— Rheinbuch. Handbuch und Führer für Rhein-Reisende. 4. revid. und verm. Aufl. gr. 16. (XII, 375 S. mit 21 Karten und Stadtplänen lithogr. und chromolithogr., in 8., qu. 4., Fol. und qu. Fol.) Ebendas. 872. geb. *

Voigtländer's Wandtafeln zur Naturgeschichte, s. Ruprecht, H. J., Wand-Atlas.

Voigtländer, Rich. (geb. Dessau 14. 5. 1859): Die Luftheizung vom hygienischen Standpunkt. Berlin (1882). (32 S.) 8°
Berlin, Med. Diss. v. 18. März 1882

Voigtländer, Rob., zur Entwickelung d. Verlagsrechts. Geschichte. — Wünsche. [Aus: „Börsenblatt f. d. deutschen Buchhandel."] gr. 8. (24 S.) Leipzig 892. R. Voigtländer. n. — 60

Voigtländer, Rob., die Gesetze betr. das Urheberrecht u. das Verlagsrecht an Werken der Litteratur u. der Tonkunst, s.: Handbibliothek, Leipziger juristische.

Die Gesetze betreffend das Urheberrecht und das Verlagsrecht an Werken der Litteratur und der Tonkunst vom 19. Juni 1901. Sachl. erl. von Robert **Voigtländer**, Verlagsbuchh. Mit e. Anh., enth. die Litterar. Gesetze von Österreich, Ungarn, d. Schweiz, die Berner Uebereinkunft u. d. wichtigsten Staatsverträge. *Leipzig: Rossberg & Berger 1901.* (357 S.) 8° [F.]
→ Handbibliothek, Leipziger Juristische. Bd 138. [01. 8.59

Voigtlaender, Robert, u. Theodor *Fuchs*: Die Gesetze betr. das Urheberrecht und das Verlagsrecht an Werken der Literatur und der Tonkunst vom 19. Juni 1901 mit d. Novelle v. 22. Mai 1910 erl. Mit e. Anh. enth. d. Ges. betr. d. Urheberrecht an Werken d. bild. Künste u. d. Photographie v. 9. Jan. 1907. 2. Aufl. Leipzig 1914. 8°. *[1. Aufl. 1901.]*

— das Verlagsrecht an Schriftwerken, musikalischen Kompositionen u. Werken der bildenden Künste. Ein Handbuch der Verlagspraxis f. Buchhändler (m. Vertragsbeispielen). 2. Aufl. 8. (IX, 195 S.) Ebd. 893. Geb. in Leinw. n. 4. —

— dasselbe f. Autoren u. Buchhändler (ohne Vertragsbeispiele). 2. Aufl. 8. (IX, 137 S.) Ebd. 893. n. 2. 50; geb. in Leinw. n. 3. —

Voigtländer, Rob. Der Verlags-Vertrag. Zum Geschäftsgebrauch der Verleger bearb. gr. 8. (III, 46 S.) Lpz. 889, Voigtländer. * 1 20

— der Verlags-Vertrag üb. Schriftwerke, musikalische Kompositionen u. Werke der bildenden Künste. Ein Handbuch d. Verlagspraxis f. Buchhändler. 3. Aufl. 8. (62 S.) Leipzig 901. Roßberg'sche Verlagsbuchh. Kart. n. 1. 20

Voigtländer, Titus, von innrer Mission. Ein Ruf an's evangelische Deutschland. gr. 16. (VII und 42 S.) Zwickau 854, Gebr. Thost.

Voigtländer, Titus, der Missionsberuf christlicher Gemeinde. Predigt über Matth. 5, 14 am Missionsfest zu Annaberg den 28. Aug. 1867 in der Marienkirche daselbst gehalten. Annaberg 867. Graser. gr. 8. (15 S.) n.n. 2½ ngr.

Voigtländer, Titus, die geistliche Schlacht. Kriegspredigt über Römer 7. 18—25. [Epistel vom 13. Sonntag nach Trinitatis im 2. Jahrg. des sächs. Pericopenbuches.] gr. 8. (8 S.) Dresden 871, (Naumann.)

Voigtlaender-Tetzner, Herbert, Referendar b. d. Königl. Amtshauptmannschaft Borna: Das Blankett zur Herstellung einer mit Namensschrift unterzeichneten privaten rechtsgeschäftlichen Urkunde einfacher gesetzlicher (§ 126 B.G.B.) oder gewillkürter (§ 127 B.G.B.) Form unter Berücksichtigung des Wechselblankettes. Borna-Leipzig 1908: R. Noske. (IX, 59 S.) 8°
Leipzig, Jur. Fak., Diss. v. 3. März 1908
[Geb. 4. Febr. 80 Schweizerthal; Wohnort: Borna b. Leipzig; Staatsangeh.: Sachsen; Vorbildung: Kgl. Gymn. Chemnitz Reife M. 99; Studium: Lausanne 1, Berlin 1, Leipzig 5 S.; Rig. 1. Juli 05.]

Voigtländer-Tetzner, Ruth, allerlei Geschichten aus dem Dorf. (V, 153 S.) 8. Dresden (907). E. Pierson. 2.50; geb. n 3.50

Voigtländer-Tetzner, Walter [aus Schweizerthal]: Beiträge zur Kenntnis der Orthotoluolsulfinsäure ... Rostock, C. Hinstorffs Buchdr., 1896; 51 S. 8.
Rostock, Phil. Fak., Inaug.-Diss. v. [25. Juli] 1896

Voigtländer-Tetzner, Walt., der Pflanzensammler, s.: Taschenbücher, illustrierte, f. die Jugend.

Voigtmann, Chrstph. Gtli., vollständ. theoret.-pract. Anleitung z. richtigen Aussprache d. Englischen. Als Einleit. u. Grundlage zu e. engl. Aussprache-Wörterbuch f. Deutsche, auf d. Wege d. Zifferbezeichn. bearb. gr. 8. (21¼ B. u. 1 Tab.) Coburg 835, Riemann'sche Buchh.
Fortsetzung, vgl. unten: Dess., a new critical dictionary etc. u. neue pract. Uebungen rc.

Voigtmann, Chrph. Gottl., Dr. Max Müller's Bauwau-Theorie u. der Ursprung der Sprache. Ein Wort zur Verständigung an den Herausgeber der „Vorlesungen über die Wissenschaft der Sprache". Leipzig 865. Schlicke. gr. 8. (VIII, 175 S.) n. 1 Thlr. 5 ngr.

—— Cours complet de la langue française. Part. I. — A. u. d. T.: Vorschule der franz. Sprache, od. erste grammat. Grundlegung d. franz. Unterrichts. Neu u. selbstständig bearb. gr. 8. (17 B.) Jena 840, Mauke.

—— a new critical pronouncing and explanatory dictionary of the engl. language. Published on an entirely new plan. — A. u. d. T.: Engl. Aussprache-Wörterbuch f. d. Deutschen. Als Fortsetz. seiner vollständ. Anleitung z. richt. Aussprache d. Englischen. Breit gr. 8. (25¼ B.) Leipzig 837, Fr. Fleischer.
Vgl. oben: Dess., Anleitung.

Voigtmann, das Gesetz der Polarität in der Sprache. Ein Versuch schwierige etymolog. Fragen auf Grundlage dieses Gesetzes naturgemäß zu lösen. 4. (III und 32 S.) Göttingen 854, (Dieterich'sche Buchh.) *

Voigtmann, Chrstph. Gtli., die Grundsätze der Syllabirung des Englischen mit vergleichender Rücksicht auf Etymologie u. Orthoepie. Als Einleitung zu e. vergleichenden etymolog.-orthoepischen Wörterbuche der engl. Sprache hrsg. A. u. d. Tl.: Gulliver's Voyage to Lilliput by Jon. Swift. Erstes Uebungsbuch f. Anfänger zum Lesen u. zum Uebersetzen aus dem Englischen ins Deutsche u. aus dem Deutschen ins Englische rc. gr. 8. (29 B.) Jena 844, Luden.

—— etymologische Studien mit besond. Rücksicht auf das Polaritätsgesetz der Sprache. In zwanglosen Heften hrsg. 1. Heft. 8. (VIII und S. 1—84.) Coburg 855, Riemann'sche Hofbuchh. *

—— neue pract. Uebungen im richtigen Lesen u. Sprechen d. Englischen. Als Fortsetz. u. Schluß seiner vollständigen Anleitung zur richtigen Aussprache des Englischen. — A. u. d. Ttln.: The school for scandal, a comedy in five acts by Rich. Brinsley Sheridan. — Die Läster-Schule, Lustspiel in fünf Acten von Rich. Brinsley Sheridan. Uebers. u. mit nöthiger Sach- u. Worterklärung versehen. gr. 8. (31⅛ B.) Coburg 839, Riemann'sche Buchh. *
Vgl. oben: Dess., Anleitung.

—— Vorschule der französ. Sprache f. Anfänger. In stufenweiser Entwickelung des Unterrichts bis zum unregelmäß. Zeitwort. gr. 8. (6½ B.) Jena 843, Hochhausen.

Voigtmann, Chrstph. Gtli. Vorschule der französ. Sprache für Anfänger. In stufenweiser Entwickelung des Unterrichts bis zum unregelmäß. Zeitwort. Neue (Titel-)Aufl. gr. 8. (IV und 99 S.) Jena 848, Hochhausen's Verlag.

—— vollständ. Wörterbuch der engl. Sprache. Umfassend die vergleichende Silbenbrechung des Englischen mit Rücksicht auf die Etymologie u. Orthoepie, so wie die genaueste Bezeichnung der Aussprache rc. Mit e. neuen, das Wörterbuch einleitenden krit. Untersuchung der Grundsätze der Aussprache des Englischen, wie sie vom Standpunkte der Wissenschaft als die allein richtigen erscheinen. 1. Lfg. (A—Ballad.) Lex.-8. (9 B.) Jena 845, Luden. *

Voigtmann G.: Führer durch die in Deutschland hergestellten u. gehandelten landwirtschaftlichen Maschinen m. e. Anh.: Bedarfsartikel f. den landwirtschaftlichen Maschinenbau. Artern 1910. 215 S. Fig.

Voigtmann, Rich. Jul., das neuere kirchliche Orgelspiel im evangelischen Cultus. Eine gedrängte Darlegung der Grundzüge u. der wesentlichsten ästhet. Momente desselben, sowie eine Beleuchtung eigenthüml. Ansichten über dieselben. Leipzig 870. Matthes. 8. (191 S.) 24 ngr.

Voigts, s.a. Voght. - Vogt. - Vogts. Vogtt. Voight. Voigt.

Voigts, Carl Daniel, s. Voigts, Karl Daniel

Voigts, Frdr., Abendstunden. Freunden ernster u. heiterer Unterhaltung gewidmet. 8. (VI u. 378 S.) Hildesheim 852, Lax. 1½ Thlr.

Grebe, Jos. Maxim. Brudergruss dem Br. Grebe dargebracht an dessen 72sten Geburtstage 15. Nov. 1846 von Friedr. **Voigts.** [Hildesheim 1846.] 2 Bl. 8⁰ [Umschlagtit.]
Gedicht: „Es rauscht der Pfeil vom Bogen, wohin? o sag' es mir!"

Bundeslied. Johannisfest 1843. [Unterz.:] Friedr. **Voigts.** [o. O. 1843.] 1 Bl. 8⁰ [Kopftit.]
Ohne Noten: „Lasst rauschen hin die Jahre..."

Bundeslied. Johannisfest 1843. [Unterz.:] Friedr. **Voigts.** [Hannover 1843.] 1 Bl. 8⁰ [Kopftit.]
Ohne Noten: „Lasst rauschen hin die Jahre..."

Es ist gross und schön! Der g. u. v. Freimaurer-Loge zum goldnen Hirsch im O. von Oldenburg zum Jubelfeste des 6. Dec. 1852 in brüderlichster Ergebenheit dargebracht von Friedr. **Voigts.** [Hannover 1852: Jänecke.] 2 Bl. 4⁰ [Umschlagtit.]

Gedicht. „Wie ist es gross und schön, durch alle Zeiten, . . .“

Die Freimaurer-Logen im Königreiche Hannover. Geschichtl. Abriss von Friedr. **Voigts.** 2. Aufl. Hannover 1855: Jänecke. 30 S. 8⁰ [Umschlagtit.]

Aus: Zeitschrift d. histor. Vereins f. Niedersachsen. 1851 S. 361—388.

Recens: FZ. 9 (1855) S. 63—64; Frmr-Kalender 1855—1856 S. 82—93 (H. Bretschneider). Tt. 424.

[Gedicht.] Seiner Majestät dem Könige. Am Felix-Tage des Maurerjahres 5857. [Verf. von Friedr. **Voigts.**] [Hannover 1857: Klindworth.] 6 Bl. 2⁰ [Umschlagtit.]

[Dasselbe.] Ebendas. 1857. 1 Bl. 2⁰ [Kopftit.]

„O schöner Tag, wo leuchtend aufgegangen . . .“

[Gedicht.] Dem Br. Georg Heinr. Thiemann, Begründer des Freimaurer-Sterbe-Cassen-Vereins zu Hannover, am Tage seiner 25 jährigen Wallfahrt zwischen Zirkel und Winkelmaass, den 5. Nov. 1854, brüderlichst dargebracht. [Unterz.:] Friedr. **Voigts.** Hildesheim [1854]: Lax. 2 Bl. 8⁰ [Umschlagtit.]

„Tage kommen, Jahre schwinden . . .“

Geschichte der g. u. v. Freimaurerloge Friedrich zum weissen Pferde im Or. von Hanover [!]. In Anlass ihrer Säcularfeier aus den Acten der Loge zsgest. von Friedr. **Voigts.** Ms. f. Brr. Hanover [!] 1846: Kius. 133 S. 8⁰

Recens: A. 12 (1846—1847) S. 251—253 (L. Bechstein); Archiv f. Frmrei. 4, 1 (1847) S. 101—108.

cf. L. 8 (1846) S. 146—150 (E. Althaus), abgedr. in: Archiv f. Frmrei. 4, 1 (1847) S. 108—114 u. HZC. 125 (1847) S. 26—30. Vgl. ferner: L. 9 (1847) S. 124—126.

Nebst Verzeichn. der M. v. St. der Loge von 1746—1846.

[Neubearb. u. Forts. u. d. Tit.:] Geschichte der ger. und vollk. Freimaurerloge Friedrich zum weissen Pferde im Or. von Hannover. In Anlass ihres 150 jährigen Bestehens verf. von H[einr.] Wanner, dem Älteren. Mit 8 Licht-dr.-Taf.] Hannover 1896: [Schrader]. 184 S. 8⁰

Auszug in: Bh. 39 (1896) S. 196—198.

Recens: ML. 24 (1895—1896) S. 149 (O. Henckel); Bh. 36 (1896) S. 168 (C. Gotthold); Bbl. 10 (1896) S. 208—209 (A. W. Sellin); FZ. 50 (1896) S. 56 (K. Pilz); L. 19 (1896) S. 40; SL. 16 (1896) S. 52

cf. Bk. 15 (1896) No 48 (M. Corens); L. 19 (1896) S. 50—51 (H. Wanner d. Ae.); HL. 29 (1896) S. 2397—2398 (K. Wiebe?); S. 3 (1896) S. 30—31 (J. G. Findel); BZC. 25 (1896) S. 154—160 (F. Seckt).

Voigts, (Fr.,) Glossen, s. Glossen.

Brandis, Friedr.: Gruss der Liebe dem Br. Brandis an seinem 67. Geburtstage, den 20. Dec. 1841 dargebracht von den Brüdern der Loge zum schwarzen Bär [in Hannover. Von Friedr. **Voigts**]. [Hannover 1841.] 2 Bl. 8⁰ [Umschlagtit.]

Lied ohne Noten: „Sei mit Blumenschmuck umwunden, . . .“

Gruss der Liebe. Dem Br. Georg Phil. Holscher an seinem 50sten Geburtstage und 25sten Jahrestage seiner Aufnahme in den Maurerbund den 10. Nov. 1842. Dargebracht von der Loge Pythagoras zu den drei Strömen in Münden. [Unterz.:] Friedr. **Voigts.** Hannover [1842]: Jänecke. 2 Bl. 4⁰ [Umschlagtit.]

Gedicht: „Was der Maurer Herzen bindet Brust an Brust und Hand in Hand, . . .“

Das Himmelreich. Zum Johannisfeste 1853. [Unterz.:] Friedr. **Voigts.** [Hannover 1853: Schlüter.] 1 Bl. 8⁰ [Kopftit.]

Gedicht; „Das Himmelreich, so sprach der Meister, . . .“

Voigts, Friedr., Hölty. Roman. gr. 12. (16½ B.) Hannover 844, Hahn'sche Hofbuchh. Thlr.

Katalog der maurerischen Büchersammlung der Freimaurer-Loge Friedrich zum weissen Pferde in Hannover. [Zsgest. von Friedr. **Voigts.**] Hannover 1855: [Schlüter]. VI, 66 S. 8⁰ [Umschlagtit.]

Die Kunst der Freimaurerei im Lichte von Fürstenstimmen und im Urtheile großer und edler Männer. Aus dem Nachlasse eines Hochgeachteten im Staate und dem Freimaurerbunde hrsg. von Friedr. **Voigts.** Hannover: Rümpler 1858. 48 S. 8⁰
Recens: A. 20 (1858) S. 330—331; Bh. 1 (1858) S. 47; FZ. 12 (1858) S. 254—255; °Hannov. Courier 1858 No 1186, abgedr. in: FZ. 12 (1858) S. 332—334.
cf. FZ. 12 (1858) S. 276 (W. Keller); L. 15 (1858) S. 177—181 (F. L. Meissner).
Tt. 358. Kurze histor. Mitteil. üb. das Logenwesen in den europ. Staaten, besonders hinsichtl. der Teilnahme fürstl. u. anderer hervorragender Männer am Frmrbunde.

Voigts, F., Latomiablumen, s.: Rauschenbusch, E.

[Lied.] Den geliebten Schwestern zur maurerischen Feier in der St. Joh. Frmr.-Loge, Pforte zum Tempel des Lichts in Hildesheim, am 4. April 1850. [Unterz.:] Fr[iedr.] **Voigts.** Hildesheim 1850: [Lax]. 2 Bl. 8⁰ [Umschlagtit.]
Ohne Noten: „Was wir auch empfangen haben, . . .“

Rosenbach, Joh. Anton: Lied der Weihe zum fünfzigjährigen Maurer-Jubiläo des Brs. Joh. Anton Rosenbach am 5. Jan. 1842. [Unterz.:] Fr[iedr.] **Voigts.** Hannover [1842]: Jänecke. 2 Bl. 4⁰
Ohne Noten: „Wie ist es schön, ein thatenreiches Leben . . .“

— s.a. Lieder f. Liebende.

VOIGTS, Fr., Lieder f. Liebende von deutschen Dichtern. Hannover 1847. 8⁰. (1 Mk. Jul. Neumann, Magdeb., 1906.)

Boedeker, Wilh. Friedr. Siegfr.: Morgengruss. Ihrem Br. Wilh. Friedr. Siegfr. Boedeker, zum 30. Juni 1855 dargebracht von den dankbaren Brüdern der Freimaurer-Loge Friedrich zum weissen Pferde im O. von Hannover. [Verf. von Friedr. **Voigts.**] [Hannover 1855.] 2 Bl. 4⁰ [Umschlagtit.]
Gedicht: „Nicht ist der Jahre lange Reihe . . .“

Friedr. **Voigts** maurerischer Nachlass. Hrsg. von G[eorg] A[ug.] Thiemann. Ms f. Frmr. Hannover 1862: Klindworth. 183 S. 1 Bildn. 8⁰
Recens: FZ. 16 (1862) S. 383-384; L. 22 (1863) S. 147—148.
Tt. 1920a. Lebensbeschreibung d. Br. Voigts von K. Fiedler, Logenreden, Tafelsprüche, Gedichte.

Voigts, Friedr., Novellen. 2 Thle. gr. 12. (800 S.) Leipzig 848, Brockhaus.

Rosen. Maurer-Gedichte von Friedr. **Voigts.** Hannover 1848: Jänecke. 100 S. 8⁰
Recens: Archiv f. Frmrei. 4 (1848) S. 448 bis 449; FZ. 2 (1848) S. 71—72; L. 12 (1848) S. 149—150; A. 14 (1849) S. 293—294.

Leunig, C.: Weihegruss dem Br. C. Leunig, am Tage seines fünfundzwanzigjährigen Maurer-Jubiläums, 4. Sept. 1854. Dargebracht von Friedr. **Voigts.** [Hannover 1854.] 2 Bl. 8⁰ [Umschlagtit.]
Gedicht: „Das Licht, das in der Jugend Tagen . . .“

Xenion zum Johannisfeste 1850 vom Br Friedr. **Voigts.** Hildesheim 1850: Lax. 2 Bl. 8⁰ [Umschlagtit.]
„Wie sich das Geschick auch wende, . . .“

Voigts, Heinrich, appr. Arzt a. Dinstorf, Volontär-Assistent am pathologischen Institut zu Marburg: Aus dem pathologischen Institut zu Marburg. Der Aufbau der normalen Aorta und die an den einzelnen Bestandteilen derselben auftretenden regressiven Veränderungen. Marburg 1904: H. Bauer. (34 S.) 8⁰
Marburg, Med. Fak., Ref. Aschoff, Diss. v. 8. Nov. 1904
[Geb. 8. Mai 78 Dinstorf, Prov. Hannover; Wohnort: Marburg; Staatsangeh.: Preußen; Vorbildung: Gymn. Hannover Reife O. 95; Studium: Göttingen, Berlin, München, Göttingen; Coll. 19. Sept. 04; Approb. 25. März 03.]

v. **Voigts**, J. W. J., geb. Möser, s. Möser, Just., sämmtl. Werke.

Voigts, Johann Friedrich, s. Voigt.

Voigts, Jh. Gerl. Just., († d. 23. Febr. 1797.) Beherzigungen für diejenigen, welche sich d. Forsthaushalte zu widmen gedenken. Mit 1 Kpft. 8. Lemgo 782. Meyer. 18 K
(NB. der (J. Es. Voet) zugeschriebene Forstkatechismus, soll auch von ihm sein.)

VOIGTS, J. v. (Hrsg.): Forst-Catechismus oder kurzer Unterricht vor junge Leute, die sich dem Forstwesen als Unterbediente zu widmen gedenken, in Fragen und Antworten eingerichtet. - Osnabrück 1775. 8 Bog. - 2. Aufl. ebd. 1777. 135 S., 1 Skiz.

Voigts, Karl Daniel

Flämhude mit dessen See. Von der Eyderbrücke zu Achterwehre anzusehen. Carl Daniel **Voigts** fecit. Kiliae. 1805. Kupferst., kol. 1 Bl. 4⁰. 24/32 cm. (beschn.).

Karte von der Stadt **Kiel** mit der umliegenden Gegend, nach der Kiesselschen verb., gestochen und hrgg. v. **C. D. Voigts.** (o. O.) 1806. Kupferstich. 1 Bl. Fol., 39,5/48,5 cm.

Luisenlund an der Schley. Ohnweit Schleswig, von der Meyerey anzusehen. Carl Daniel **Voigts** fecit (Kiliae) 1805. Kupferst., kol. 1 Bl. 4⁰. 24/32 cm (beschn.).

Neumühlen an der Schwentine. Ohnweit Kiel, von der Bleiche anzusehen. Carl Daniel **Voigts** fecit. Kiliae. 1805. Kupferstich. kol. 1 Bl. 4⁰. 24/32 cm (beschn.)

Die Schleuse von dem Canal zu Knoop. In der Nähe von Kiel. Carl Daniel **Voigts** fecit. Kiliae. 1805. Lithogr., kol. 1 Bl. 4⁰. 24/32 cm. (beschn.)

Voigts, Konr., einige Mißverständnisse und Mißbräuche im Wechselverkehr. gr. 8. (13 S.) Berlin 887, Trowitzsch und Sohn.

Voigts, Konr., Vorschläge zur Aenderung d. sächs. Landtagswahlrechts. (13 S.) 8. Dresden (905). A. Urban. n. — 40

Voigts-Koenig, v., s. a. Geschichte des Infanterie-Regiments Großherzog Friedrich Franz II. v. Mecklenburg-Schwerin (4. brandenburgisches) Nr. 24.

Voigts-König, v., üb. künstl. Schlittenbahnen, Eisenbahnen, Lokomotive u. Waggons, so wie üb. d. Land-Transport durch Lokomotive überhaupt. gr. 8. (1¼ B. u. 1 Figtaf.) Berlin 838, Heymann. *
Aus der: Kammeralist. Zeitung f. 1838, besond. abgedruckt.

Voigts-König, Hermann v.: Geschichte des 4. Brandenburgischen Infanterie-Regiments Nr. 24. Von [Hermann] v. Voigts-König, Hauptmann. Von 1838–1869. 2., durchges. u. verb. Aufl. Mit 5 Skizzen u. 3 Plänen. Berlin: E. S. Mittler & Sohn 1908. (VII, 248 S.) 8°
(Geschichte d. Infant.-Regiments Großherzog Friedrich Franz II. von Mecklenburg-Schwerin Nr. 24. Bd. 2, T. 1.

Voigts-Rhetz, Konstantin Bernhard von

Voigts-Rhetz, (Const. Bernh. v.) Antwort auf den offenen Brief des Herrn General-Major v. Willisen an den Major von Voigts-Rhetz. (Als Manuscript gedruckt.) Berlin 1848. 30 S. 8.

Voigts-Rhetz, C. v., die strategische Bedeutung des Großherzogth. Posen bei einem Kriege Rußlands gegen Preußen und Deutschland. Eine militair. Denkschrift. gr. 8. (24 S. mit 1 lithogr. und ill. Charte der Provinz Posen in Fol. und der Demarkations-Linie des General v. Pfuel.) Berlin 848, Mittler und Sohn.

Briefe des Generals der Infanterie (Constantin) v. **Voigts-Rhetz** aus den Kriegsjahren 1866 und 1870/71 hrsg. von s. Neffen Dr. A[lbrecht] v. Voigts-Rhetz, Gesandten a. D. Mit 1 Bildn. Berlin: E. S. Mittler & Sohn 1906. (VII, 377 S.) 8° [06. 6611]

Voigts-Rhetz, v., Briefe aus den Kriegsjahren 1866 u. 1870/71; hrsg. von seinem Neffen A. v. Voigts-Rhetz. Mit 1 Bildnis in Lichtdr. (VIII, 377 S.) gr. 8. Berlin 906. E. S. Mittler & Sohn. n. 6. —; geb. n. 7. 50

Voigts-Rhetz, Constantin Bernh.) von. Aktenmäßige Darstellung der polnischen Insurrektion im Jahre 1848 und Beleuchtung der durch dieselbe entstandenen politischen und militärischen Fragen. Posen 1848. 48 S. 8.

Voigts-Rhetz, C(onstantin Bernh.) von. Denkschrift über die politische Stellung der Provinz Posen zur preußischen Monarchie und die nationale Berechtigung ihrer polnischen Bewohner. Nach staatsrechtlichen Urkunden und offiziellen Dokumenten. Berlin 1849. 117 S. 8.

Voigts-Rhetz, v., Geschichte d. großherzogl. mecklenburgischen Grenadier-Regiments Nr. 89, s.: Langermann u. Erlenkamp, Frhr. v.

Voigts-Rhetz, W. v., Ist die heutige Bewegung gegen die Vivisection berechtigt oder nicht? Ein Beitrag zur Geschichte dieser Bewegung. 8. (16 S.) Hannover 881, (Schmorl und v. Seefeld.) *

v. Voigts-Rhetz, W., s. Sucher, Herzog von Albufera.

VOJKOVSKY, Franz: Die sogenannte missa sicca und die Stellung der Kirche zu derselben. — (1910) 91 S. 4° (Handschr.) Diss. 701
Diss. Wien, Univ.

[Russ. u. Ant.] **Vojna** 1904 goda. Otkliki pered načalom vojny i pervych mèsjacev eja tečenija. (Aufgeklebt: Der Krieg 1904. [Stimmen vor Beginn d. Krieges u. in d. ersten Monaten s. Verlaufes.] La guerre 1904. Berlin: H. Steinitz 1904.) (101 S.) 8° [Umschlagt.] [06. 66]

Voinea, J[ean], aus Rumänien (Bukarest): Ueber die Entwicklung der Kiemen der Najaden. *München 1903: M. Ernst.* (45 S.) 8°
München, Phil. Diss. v. 1903

Vojnović, Ivo, Novellen, s.: Stockton, Frank R., der Seeteufel.

— die Sirene, s.: Bibliothek der fremden Zungen.

Vojnović, Kosta v., s.: Statuta confraternitatum et corporationum Ragusinarum.

Voinovich L. Graf, Dr.: Depeschen des Francesco Gondola, Gesandten der Republik Ragusa, bei Pius V. und Gregor XIII. 1570–1573. Ar. 98. 495 . . . . K 3.70
Separatabdruck

Voinovich, L. Graf, Depeschen des Francesco Gondola Gesandten der Republik Ragusa, bei Pius V. und Gregor XIII., (1570—1573.) [Aus: Archiv für österr. Geschichte. 98. Band, II. Hälfte, separat abgedruckt.] Gr.-8°. (159 S.) † K 3.70
Wien: Hölder 1909.

Voinovich, L. Graf, s.: Gondola, des Francesco, Depeschen.

Voirin, Valentin, städt. Thierarzt zu Frankfurt a. M.: Zur **Morphologie** und Biologie einiger Coccidienformen, Coccidium oviforme Leuckart und Coccidium fuscum Olt. Beiträge zur Kenntniss d. Coccidien. Mit 1 Taf. *Jena: G. Fischer 1900.* (48 S.) 8° ¶ (Aus: Zool. Jahrbücher, Abth. f. Anat. u. Ontogenie d. Thiere, Bd 14, H. 1.)
Rostock, Phil. Diss. v. [20. Dez.] 1899

Voirol, August. Ein Beitrag zur Ätiologie und Kasuistik des Lupus erythematodes. Diss. Med. Bern. II + 40 S. 8. Berlin, Leonhard Simion Nf., 1903.

Voirol, Io. Georg., Dissertatio de infallibilitate et notis verae ecclesiae. Biennae 1780, 234 pp., in 8°.
Recens. Nova bibliotheca Frib. VI, 170—1.

Bei Fragen zur Produktsicherheit wenden Sie sich bitte an:
If you have any questions regarding product safety,
please contact:

Walter de Gruyter GmbH
Genthiner Straße 13
10785 Berlin
productsafety@degruyterbrill.com